原子量は，国際純正・応用化学連合（IUPAC）の原子量委員会
数字4桁で示した。
安定同位体が存在しない元素は，その元素の最長の半減期をも
を（　　　）の中に示した。
Br と Hg は常温で液体。放射性元素の中で，Rn は常温で気体
$_{104}$Rf 以降の元素は，超アクチノイド元素などとよばれ，詳しいことはわかっていない。

JN112204

典型金属元素

典型非金属元素

遷移元素

10	11	12	13	14	15	16	17	18	族／周期
								4.003 0.18 −268.9	1
			5 B ホウ素 10.81 2.37 2079	6 C 炭素 12.01 3.51(ダイヤ) 3550(黒鉛)	7 N 窒素 14.01 1.25 −195.8	8 O 酸素 16.00 1.43 −183.0	9 F フッ素 19.00 1.69 −188.1	10 Ne ネオン 20.18 0.89 −246.0	2
			13 Al アルミニウム 26.98 2.70 660.4	14 Si ケイ素 28.09 2.33 1410	15 P リン 30.97 1.82(黄) 44.1	16 S 硫黄 32.07 2.07(斜) 112.8	17 Cl 塩素 35.45 3.21 −34.6	18 Ar アルゴン 39.95 1.78 −185.7	3
28 Ni ニッケル 58.69 8.91 1453	29 Cu 銅 63.55 8.96 1083.4	30 Zn 亜鉛 65.39 7.13 419.6	31 Ga ガリウム 69.72 5.90 29.8	32 Ge ゲルマニウム 72.61 5.32 937.4	33 As ヒ素 74.92 5.78(灰) 613 昇華	34 Se セレン 78.96 4.79(灰) 217	35 Br 臭素 79.90 3.10 58.8	36 Kr クリプトン 83.80 3.73 −152.3	4
46 Pd パラジウム 106.4 12.02 1554	47 Ag 銀 107.9 10.50 961.9	48 Cd カドミウム 112.4 8.65 320.9	49 In インジウム 114.8 7.31 156.6	50 Sn スズ 118.7 7.27(白) 232.0	51 Sb アンチモン 121.8 6.69(白) 630.7	52 Te テルル 127.6 6.24 449.5	53 I ヨウ素 126.9 4.93 113.6	54 Xe キセノン 131.3 5.88 −108.1	5
78 Pt 白金 195.1 21.45 1769	79 Au 金 197.0 19.32 1064.4	80 Hg 水銀 200.6 13.55 356.6	81 Tl タリウム 204.4 11.85 303.5	82 Pb 鉛 207.2 11.35 327.5	83 Bi ビスマス 209.0 9.75 271.3	84 Po ポロニウム (210) 9.32 254	85 At アスタチン (210) — 302	86 Rn ラドン (222) 9.73 −71	6
110 Ds ダームスタチウム (281)	111 Rg レントゲニウム (280)	112 Cn コペルニシウム (285)	113 Nh ニホニウム (278)	114 Fl フレロビウム (289)	115 Mc モスコビウム (289)	116 Lv リバモリウム (293)	117 Ts テネシン (293)	118 Og オガネソン (294)	7

63 Eu ユウロピウム 152.0	64 Gd ガドリニウム 157.3	65 Tb テルビウム 158.9	66 Dy ジスプロシウム 162.5	67 Ho ホルミウム 164.9	68 Er エルビウム 167.3	69 Tm ツリウム 168.9	70 Yb イッテルビウム 173.0	71 Lu ルテチウム 175.0	ランタノイド
95 Am アメリシウム (243)	96 Cm キュリウム (247)	97 Bk バークリウム (247)	98 Cf カリホルニウム (251)	99 Es アインスタイニウム (251)	100 Fm フェルミウム (257)	101 Md メンデレビウム (258)	102 No ノーベリウム (259)	103 Lr ローレンシウム (262)	アクチノイド

理系大学受験

化学の新研究

第3版

化学基礎収録

卜部吉庸［著］
Urabe Yoshinobu

CHEMISTRY

三省堂

はじめに

現行の教育課程の導入以降，教科書に発展的内容が盛り込まれるようになり，学校では十分な指導がない内容についても入試では出題可能となり，最近十年余りの大学入試は確実に難化しています。「もはや教科書や市販の問題集ではとても対応しきれない。何を勉強すればいいのですか。」という生徒たちの悲痛な声をよく耳にします。

また，現在の教科書には，多くの化学事象に対する記述が淡々と列挙されていますが，さらにもう一歩突っ込んだ「なぜそうなるのか？」という生徒たちの素朴な疑問にはほとんど答えられていません。その一方で，難関大学の入試では，高校での学習範囲を超えた問題が簡単な導入文を与えることで，平気で出題されています。

本書は，このような大学を目指して，日夜勉学に励んでおられる高校生や受験生諸君の知的要求を満たし，その志望をかなえさせるために書かれたものです。

本書の特徴は，**教科書の本文の一字一句を徹底的に詳しく解説した**ことであり，普通の参考書の 1.5 倍以上の頁数を備えています。また，内容重視の方針を貫き，まとめ・覚え方などは極力省き，その分をすべて解説にあてましたので，内容の深まりは他書の 2 倍以上あると思います。そのため，本書を使って真剣に学習すれば，知らず知らずのうちに化学に対する深い理解が得られることと思います。

なお，本書は高校化学の内容を網羅しているため膨大な文字量になっており，最初から最後まで漏れなく読み切ることは，時間的にも体力的にもなかなか困難です。また，この方法が本書の効果的な使用法とも言えません。他の問題集や大学の過去問での演習の際，解説に腑に落ちない所やわからない所が出てきたり，なぜそうなるのかという疑問が湧いてきたとき，本書を辞書のように使って頂き，より深い理解を得ることが本書の最適の使用法と考えます。また，SCIENCE BOX では，化学に関する最近の話題，日常生活のコラム以外に，難関大で今後取り上げられると予想されるテーマについても解説してあります。勉強の合間や通学時間など短い隙間時間を利用して，1つずつ新しい知識を増やしておかれることをお勧めします。

本書の初版が 1996 年に発行されて 25 年余，多くの受験生にご愛用頂けたことは，著者として望外の喜びであり，誠に感謝に堪えません。また，これまでに多くの受験生や先生方から貴重なご意見・ご教示をいただきましたこと，深くお礼申しあげます。

第 3 版では，この度の新教育課程の実施に伴い，本文の内容を点検・修正するとともに，医科系大学の入試問題を中心に 40 題以上の例題を追加しました。また，SCIENCE BOX も 50 項目以上を新たに執筆して入れ替え，さらなる充実を図りました。

最後に，本書を活用して所期の目的を達成されますことを心より祈念するとともに，これまで同様のご支援とご愛顧を賜りますよう心からお願い申しあげます。

2023 年 1 月

著者　　卜部　吉庸

本書の構成と利用法

本書は，多くの教科書で行われている系統的・標準的な単元配列を採用していますので，どの教科書にも併用して学習が進められるようになっています。次に本書の構成と，その特色および利用法についてまとめておきます。

本　文……やや大きな文字で書かれており，本書の中心となる部分です。本書は，自分で繰り返し熟読することによって，その内容が十分に理解されるように意図して書かれているので，最初から飛ばさずにじっくりと読んでいってください。このとき，“なぜ”という疑問をもちながら，一字一句を噛み締めるように読んでいくことが大切です。

また，本文中の重要語句は**太字**で，筆者が強調したい内容には波線をつけました。また，重要な法則や基本公式は □ で囲んであります。

なお，**詳説** や **補足** の後など，本文の始まりがわかりにくい部分には►を付け，明瞭な区別ができるようにしました。

詳説❶……本文の記述をさらに深く理解するための詳しい説明や，本文の内容を確実に理解するためのポイントが書かれています。できるだけ，本文と一緒に読んでいくようにしてください。

補足❷……本文の記述を補足する内容や，**詳説** に比べてやや重要度が低い事項が書かれています。初めて学習するときは飛ばしても構いません。

参考………本文の記述とは直接関係のない内容ですが，化学全体を理解するという視点から書かれています。

例題………本文中の重要な法則や基本公式を十分に理解するために，入試問題の中から最も適切と思われるものを厳選してのせました。本文を読んで基本公式が理解できたら，この **例題** を自力で解いてみてください。ただし，この **例題** だけでは演習量が不足するので，他の問題集で問題演習を積んでおくことをお勧めします。

SCIENCE BOX…高校での学習範囲を超えているが，一部の難関大学では出題が予想される内容(大学教養レベルの内容を含む)や，小論文対策として，近年話題となったトピックス的な内容を取り上げました。余裕のできた人は，これをもとに，さらに現代化学への興味・関心・教養を培ってほしいと思います。ただし，読み飛ばしても，それ以降の学習にはまったく支障はありません。

実験や観察については，本書では割愛しましたが，実験計画の立て方，実験の際の注意事項などについて，基礎が身につくように，十分に配慮しました。

「化学の新研究 第3版」もくじ

第４編　無機物質の性質

第５編　有機物質の性質

第６編　高分子化合物

[SCIENCE BOX] もくじ

(注. 見出し語は，一部を省略して表してある。)

■第5編　有機物質の性質

■第6編　高分子化合物

化学の歴史

〔1〕 **エジプトの化学** 古代のエジプトでは，古墳等の発掘により，金属の冶金，染色法，ガラス，セッケンなどの製造が行われていたことがわかっている。なお，化学 Chemistry の語源は，Alchemy(錬金術)や khem(エジプトの黒い土)にあると言われる。

〔2〕 **ギリシャの四元素説** 古代ギリシャの哲学者たちは，物質をつくる根源的な成分(**元素**)として，タレスは水，クセノファネスは土，アナクシメネスは空気，ヘラクレイトスは火などをあげ，それぞれ**一元論**を唱えた。その後，エンペドクレスは，万物は火・土・空気・水より構成されるとする**四元素説***1 を提唱した。さらに，アリストテレスは，この４つの元素は不変のものではなく，温・冷・乾・湿の作用で，互いに変化し得ると唱えた（右図)。物質の変換が可能であるとするこの考えは，以後，約 2000 年にわたって人々の物質観を支配し続けた。

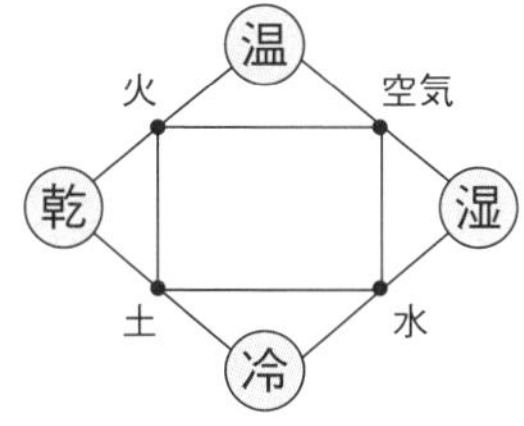

＊1 現在の元素の概念とは少し異なる。すなわち，多くの物質に見られる属性を抽象化した概念で，火はエネルギー，空気，水，土は，それぞれ気体，液体，固体の代表とみるべきである。

〔3〕 **錬金術** 鉛や鉄などの卑金属を金に変換しようとする**錬金術**（Alchemy）は，2〜3 世紀にエジプトで誕生し，アラビアを経て，11 世紀にヨーロッパに伝えられた。その後，錬金術は 18 世紀初頭まで，多くの人々によって試みられたがすべて失敗に終わった*2。その過程で，多くの物質に対する知識の集積や実験器具や操作法の開発などが行われた。

＊2 ヨーロッパ中世の錬金術師の多くは，パラケルススの唱えた，金属，非金属，その化合物を代表する物質として，水銀，硫黄，塩(えん)の３種の物質を元素とする**三元素説**を信じていた。

〔4〕 **近代化学の誕生** ボイルは，従来の錬金術の元素観を批判し，元素は，化学的にそれ以上分解できない物質であるとした。また，化学が哲学的な思想から脱却して，実験観察の重要性を主張した（1661 年)。一方，ラボアジェは，化学実験に天秤を持ち込み，化学に定量的な近代科学の手法を導入した。すなわち，右図のような実験により，当時信じられていた物質の燃焼に関する**フロジストン説***3 を否定し，新しい燃焼理論を打ち立てた(1774 年)。また，彼は，自らの著書の中で，33 種類の物質を元素として示した。

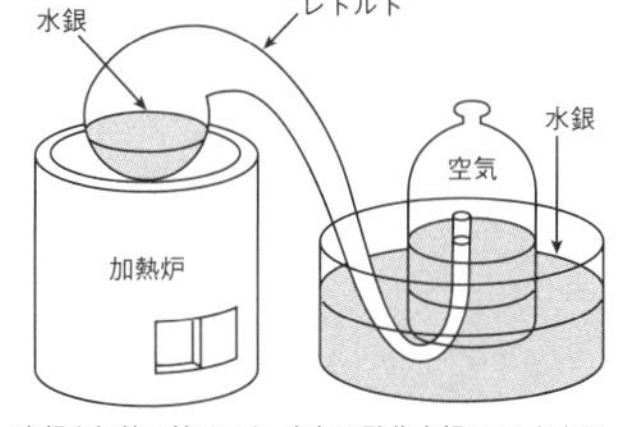

水銀を加熱し続けると，赤色の酸化水銀 HgO となり，空気の体積の1／5が減少する。

＊3 燃焼とは「物質中に含まれるフロジストン(燃素)が空気中に放出される現象」とする説。

〔5〕 **近代化学の発展** 19 世紀以降，最終的な分解生成物が元素であるという考え方がほぼ定着し，新しい元素が発見されていった。電気分解や炎色反応などにより，アルカリ金属元素やアルカリ土類金属元素が，19 世紀末には，空気の液化技術の進歩により貴ガス元素が発見された。20 世紀に入ると，原子核反応の技術の進歩により，超ウラン元素が次々につくられるようになり，現在では 118 種類の元素の存在が確認されている。

元素発見の歴史

〔1〕 **元素記号の誕生**　**原子説**を提唱したドルトンは著書「化学の新体系」の中で，これまで錬金術師たちが秘密に用いてきた元素の記号（図1）に代わって，元素を表す円形の記号（図2）を考案した（1807年）。一方，ベルセリウスは各元素のラテン語やギリシャ語の名称から1字，2字をとって表す**元素記号**を提唱した（1813年）。この方法は，現在，国際的に広く普及している。

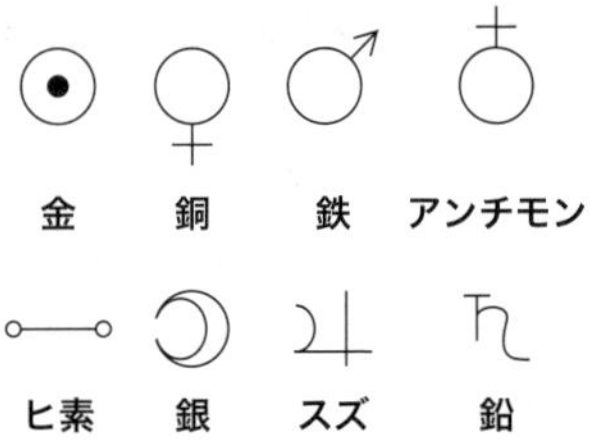

金　銅　鉄　アンチモン

ヒ素　銀　スズ　鉛

図 1

〔2〕 **アルカリ金属元素，アルカリ土類金属元素の発見**　1800年に発明されたボルタの電堆（でんたい）を用いて，デービーは白金電極を用いたKOHやNaOHの**溶融塩電解**により，KやNaの単体を得た（1807年）。続いて，水銀電極を用いた塩化物などの溶融塩電解により，Ba，Sr，Ca，Mgなどの単離にも成功した（1808年）。また，ブンゼンとキルヒホッフは，温泉水や紅雲母の炎色反応における**輝線スペクトル**を解析し，新元素のセシウムCs（ラテン語で，青色）とルビジウムRb（ラテン語で，赤色）をそれぞれ発見した（1860，1861年）。

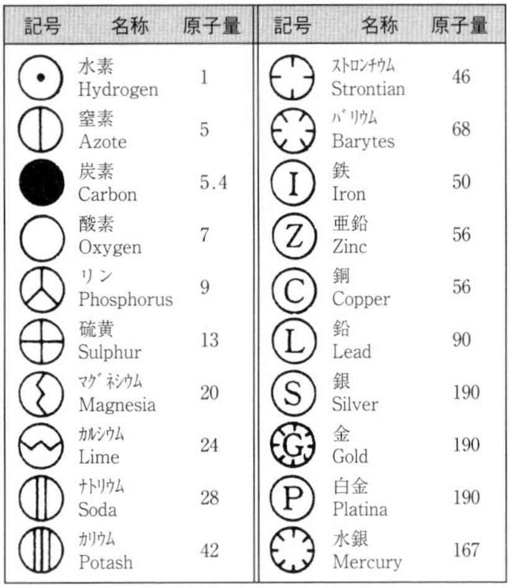

記号	名称	原子量	記号	名称	原子量
	水素 Hydrogen	1		ストロンチウム Strontian	46
	窒素 Azote	5		バリウム Barytes	68
	炭素 Carbon	5.4	I	鉄 Iron	50
	酸素 Oxygen	7	Z	亜鉛 Zinc	56
	リン Phosphorus	9	C	銅 Copper	56
	硫黄 Sulphur	13	L	鉛 Lead	90
	マグネシウム Magnesia	20	S	銀 Silver	190
	カルシウム Lime	24	G	金 Gold	190
	ナトリウム Soda	28	P	白金 Platina	190
	カリウム Potash	42		水銀 Mercury	167

図 2

〔3〕 **貴ガス元素の発見**　レイリーは空気から単離したN_2の密度が，亜硝酸アンモニウムNH_4NO_2の分解で得たN_2の密度よりも約0.5%大きいことに気づいた（1894年）。そこで，ラムゼーと協力して，空気から単離したN_2の中から極めて反応性に乏しい気体を発見し，アルゴンAr（ギリシャ語で，怠け者）と命名した（1895年）。これ以降，ラムゼーは1898年までに液体空気を慎重に分留する方法で，ネオンNe（ギリシャ語で，新しい），クリプトンKr（ギリシャ語で，隠れた），キセノンXe（ギリシャ語で，珍しい）という新元素を次々に発見し，周期表の中に新しい族を完成させた。

〔4〕 **空白の元素の発見**　モーズリーはX線管の対陰極から発生する特性X線[*1]の波長と対陰極物質の原子番号との間に一定の関係が成り立つことを発見した（1913年）。これ以降，各元素の原子番号が確定され，周期表の$_{92}$Uまでに9個の未発見元素があることがわかり，これらの元素が捜し求められた。最後まで残った4元素は，**サイクロトロン**[*2]などを用いた方法でつくられ，1945年に周期表の$_{92}$Uまでの空白は解消された。

〔5〕 **超ウラン元素の発見**　$_{92}$U以降は**超ウラン元素**とよばれ，すべて人工元素である。原子核に高速の陽イオンや中性子を衝突させると，**原子核反応**がおこり新しい原子核をもつ元素が創出できる。この方法で，現在，$_{118}$Ogまでの元素の存在が確認されている。

＊1　加速電子を対陰極（陽極）に当てたとき発生するX線で，対陰極物質に固有の波長をもつ。

＊2　装置の中心部でつくった陽イオン（陽子，重陽子，α粒子などを含む）に，磁場と電場を与えながら繰り返し回転させる方法で加速する装置。この装置で加速した高速の陽イオンを試料物質に衝突させることで，原子核反応をおこさせ，新元素を創出することができる。

割合（**組成**）によってその性質が少しずつ変化する。たとえば，海水を加熱していくと100℃より少し高い温度で沸騰が始まり，さらに加熱して海水の濃度が大きくなると，その沸点がしだいに高くなっていく。このように，混合物の性質はその成分の割合によって変化し，純物質のように一定の沸点や融点などを示さないことが多い。したがって，物質の融点や沸点を調べると，その物質が混合物であるか純物質であるかが判定できる。

2　混合物の分離法

物質の性質をより詳しく調べるためには，混合物から目的の純物質を取り出す必要がある。この操作を**分離**といい，さらに，分離した物質から不純物を除いて，その純度を高める操作を**精製**という(化学では，単に物質というときは純物質をさす)。

1　ろ過

砂粒の混じった塩化ナトリウム水溶液を下図のようにろ紙上に注ぐと，水に溶けない砂粒はろ紙上に残り，塩化ナトリウム水溶液は**ろ液**として分離される。このように，液体とその液体に不溶な固体の混合物を，ろ紙などを用いて分離する操作を**ろ過**という❸。ろ過は，粒子の大きさの違いを利用した分離法であり，ふつうのろ紙の目の直径は10^{-5}～10^{-6}m 程度なので，これより小さな固体粒子は分離することはできない。

詳説❸　沈殿量が多かったり，ろ過しにくい粘稠(ねんちょう)な沈殿の場合には，下図のように細かな穴がついた吸引漏斗(ろうと)(ブフナー漏斗)，吸引びん，水流ポンプ(アスピレーター)を用いてろ過すればよい。水流ポンプで空気を排気しながらろ過を行うと，吸引びん内が減圧状態となる。このように，漏斗の上下の圧力差を大きくして，ろ過速度を大きくする方法を**吸引ろ過**という。

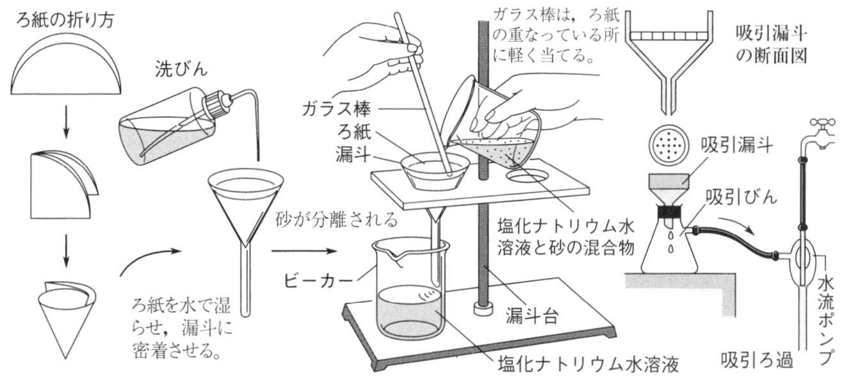

ろ過の操作についての基本事項

(1)　四つ折りにしたろ紙を円錐状に開き，漏斗に当て，蒸留水(使用する液体)を少量注いで，漏斗の内壁にろ紙を密着させる。

(2)　ろ過する溶液が跳ね飛ばないように，溶液はガラス棒に伝わらせて静かに注ぐ。

(3)　漏斗の先(長い方)をビーカーの内壁につけておく。理由は，ろ液が跳ねるのを防ぐためと，ろ液が絶え間なく流れ落ちるようにして，ろ過速度を大きくするためである。

(4)　ろ過する溶液は，ろ紙の高さの8分目ぐらいまで入れる(入れすぎるのはよくない)。

(5)　ろ過する溶液は，あらかじめ静置して固体を沈殿させ，上澄み液からろ過し始めるとよい

(固体の粒子がろ紙の目を塞ぐと，ろ過に時間がかかるため)。

2 蒸留

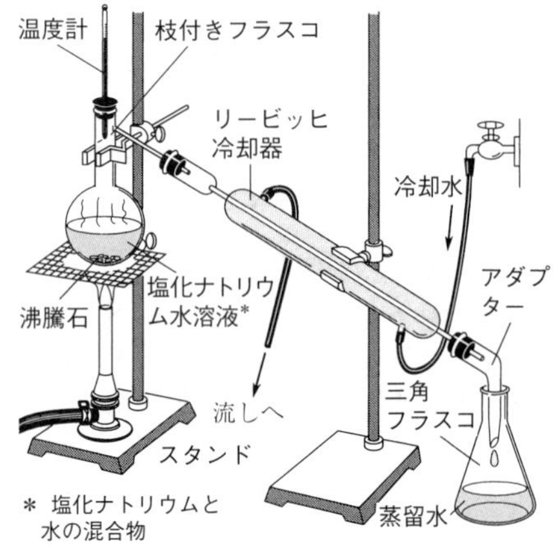

塩化ナトリウム水溶液を枝付きフラスコに入れ，沸騰石を加えて穏やかに沸騰させると，溶液中から水だけが蒸気となる。その蒸気をリービッヒ冷却器で冷却すると，純粋な水(蒸留水)が得られる。一般に，液体(揮発性物質)に固体(不揮発性物質)が均一に溶け込んだ混合物を加熱すると，揮発性物質だけが蒸発し，これを冷却すると，純粋な液体として分離できる。この操作を**蒸留**という❹。一般に，沸点差の大きい液体混合物(溶液)の分離で行われる。

詳説❹　蒸留の操作についての基本事項

(1) フラスコに入れる液量はフラスコの容量の $\frac{1}{2}$ 以下にする。多く入れすぎると，激しく沸騰した際，溶液の飛沫がフラスコの枝のほうへ入り込み，そのまま留出する恐れがある。

(2) フラスコ内に**沸騰石**(多孔質の素焼きの小片など)を数粒入れて蒸留を行う。加熱により沸騰石中に含まれていた空気が気泡として発生すると，これが沸騰のきっかけとなって液体内部での円滑な沸騰が行われるようになり，突沸を防ぐことができる。**突沸**とは液体が沸点以上になっても沸騰せず，急激に沸騰する現象のことで，わずかの刺激によって，溶液が外へ吹き出したり，はなはだしいときは器具が破損することもあり危険である。

(3) 蒸気の温度を正確に測るために，温度計の球部は，フラスコの枝元の位置にくるようにする（冷却器に向かう蒸気の温度を正確に測るためであり，その温度が目的物質の沸点とほぼ一致していれば，その留出液は純物質であると判断してよい)。

(4) リービッヒ冷却器の中を水で満たすために，冷却水は下から上へ流すようにする。逆にすると，冷却器に水がたまらず冷却効率が低下する。

(5) アダプターと受け器(三角フラスコ)をゴム栓で密閉して蒸留すると，装置全体が加圧状態となり，接続部がはずれたり，器具を破損する恐れがある。また，通気性を保ちつつ外部からの異物の混入を防ぐため，受け器を脱脂綿で軽く塞ぐか，アルミ箔などで覆うとよい。

(6) ビーカーやフラスコなどに入れた液体を熱するときは，必ず金網を敷き，均一に加熱されるようにすること。直火で熱すると，局部的に熱せられ，器具が割れる恐れがある。また，引火性の液体(エタノールやエーテルなど)を蒸留するときは，**水浴**(右図)や電気ヒーターを用いて間接的に熱するとよい。しかし，水浴では100℃以上には加熱できないから，沸点が100℃以上

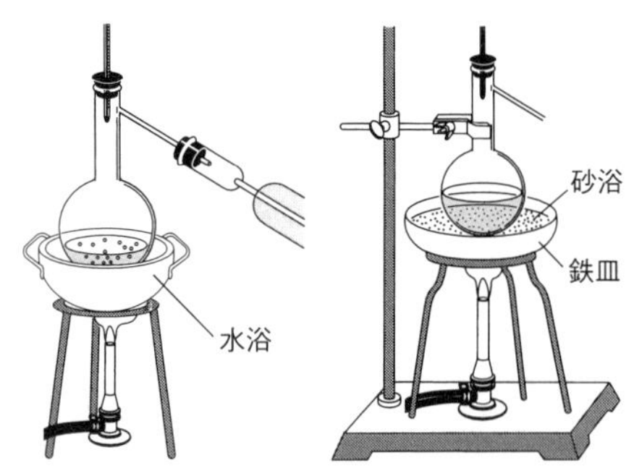

の液体については**油浴**(100〜180℃)，180℃以上の場合は**砂浴**を用いて蒸留する。

(7) 蒸留の初めと終わりに留出する液体には，不純物を含むことが多く，捨てたほうがよい。

3 分留(分別蒸留)

2種以上の液体の混合物を沸点の違いを利用して，複数の成分に分離する操作を**分留**という。

たとえば，空気を窒素と酸素に分離するには，まず空気を冷却して液体空気にしたのち，ゆっくりと温度を上げていく。すると，沸点の低い窒素（−196℃）を多く含む蒸気が得られる。この蒸気を冷却・凝縮させ，再び蒸留すると，さらに窒素を多く含む蒸気が得られる。このとき，残る液体のほうには少しずつ高沸点の酸素(−183℃)を多く含むようになる。この操作を繰り返すことにより，各成分に分離できる。

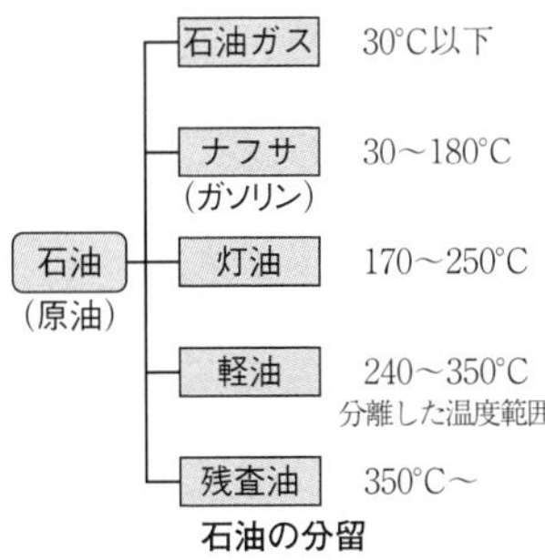

石油の分留

石油のように沸点の異なる炭化水素の混合物では，加熱したときに出てくる気体を適当な温度範囲ごとに区切って集めると，ガソリンや灯油などの各成分に分離できる。

4 再結晶法

たとえば，不純物として食塩を含んだ硝酸カリウムの結晶を高温の水に溶かして飽和溶液をつくる。高温のままろ過して不溶物を除いたのち，この溶液を徐々に冷却していくと，硝酸カリウムの結晶が析出してくる（多くの固体物質の溶解度は，低温になるほど減少するため)。一方，食塩の含有量は少量なので，食塩は溶液中にそのまま残り，結晶としては析出せず，純粋な硝酸カリウムの結晶だけが得られる。このように，温度による溶解度の差を利用した固体物質の精製法を**再結晶法**という。

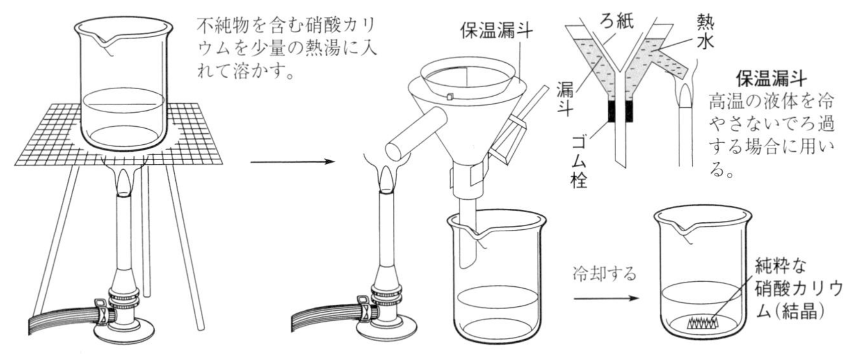

5 抽出

固体または液体の混合物に，その中に含まれる特定の成分だけをよく溶かす液体（溶媒)を加えてよく振り混ぜて，特定の成分を溶かし出す分離法を**抽出**という❺。

補足❺ 抽出に用いる溶媒は，分離しようとする物質に対して溶解度が大きく，他の物質に対しては溶解度が小さいものを選ぶ。たとえば，臭素は水よりもヘキサンによく溶ける。そこで，臭素水にヘキサンを加えてよく振ると，臭素は水層(下層)からヘキサン層(上層)へ移り，

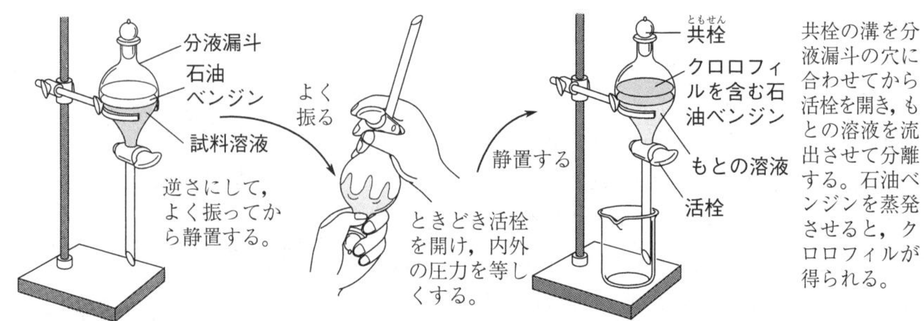

分離できる。また，植物の葉をミキサーにかけたものをガーゼ布でろ過すると，緑色の溶液が得られる。これを分液漏斗に入れ，石油ベンジン(ガソリンを精製してできた工業用の溶剤)を加えてよく振ったのち静置すると，クロロフィル(葉緑素)は水よりも石油ベンジンに溶けやすいので，クロロフィルは水層(下層)から石油ベンジン層(上層)に分離される。

6　昇華法

固体を加熱したとき，液体を経ないで直接気体になる現象を**昇華**という。この性質を利用して，ヨウ素・ナフタレンなどの昇華性をもつ物質を精製する方法を**昇華法**という。

たとえば，不揮発性の不純物(塩化ナトリウム)を含んだヨウ素をビーカーに入れ穏やかに加熱すると，ヨウ素だけが昇華して紫色の蒸気(気体)となる。この蒸気が上方にある冷水を入れたフラスコで冷やされると，純粋な黒紫色のヨウ素の結晶が析出する。

7　クロマトグラフィー

ろ紙の一端に調べたい混合物の溶液をつけて乾燥させる。下図のように，ろ紙の下端を適当な溶媒（展開液）に浸すと，展開液が毛細管現象でろ紙を上昇するのに伴って，各成分が異なる位置に分離される❻。このようにろ紙を使って物質を分離する方法を**ペーパークロマトグラフィー**といい，主に色素の分離に用いる。

補足❻　ろ紙に対する吸着力が小さく，展開液に対する溶解度が大きい物質ほど上部まで移動するが，この逆の性質をもつ物質ほどあまり移動しない。ろ紙の代わりに薄層プレート(ガラス板にシリカゲルなどの吸着剤の粉末を塗布したもの)を用いる方法を**薄層クロマトグラフィー**という。一方，シリカゲルやアルミナゲルなどの細粒をガラス管に詰め，上部から試料溶液，続いて展開液をゆっくりと流すと，溶液中の各成分が帯状に分離される。このような方法を**カラムクロマトグラフィー**という。分離された部分を別々の容器に取り出し，適当な溶媒に溶かせば，各成分の純物質を得ることができる。

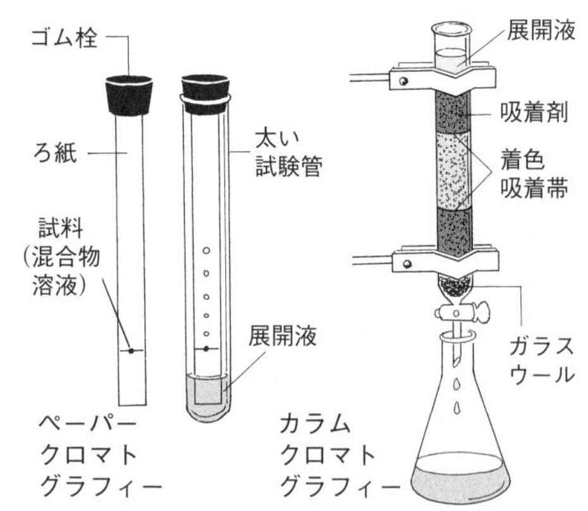

3 物理変化と化学変化

食塩を水に溶解したり，水を加熱して水蒸気としても，成分の物質そのものには変化がない。このように物質の種類が変化せず，その状態だけが変わる変化を**物理変化**という。混合物を純物質に分離する操作は，いずれも物理変化を利用したものである。

右図のような装置を用いて水に直流電流を通じると，水を水素と酸素に分けることができる。このように，ある物質がもとと異なる別の物質に変わる変化を**化学変化**，または**化学反応**という。

化学変化のうち，1種類の物質から2種類以上の物質が生じる変化を**分解**，2種類以上の物質（単体）から1種類の物質が生じる変化を**化合**という。また，2種類の物質から新しい2種類の物質が生じる変化を**複分解**という。

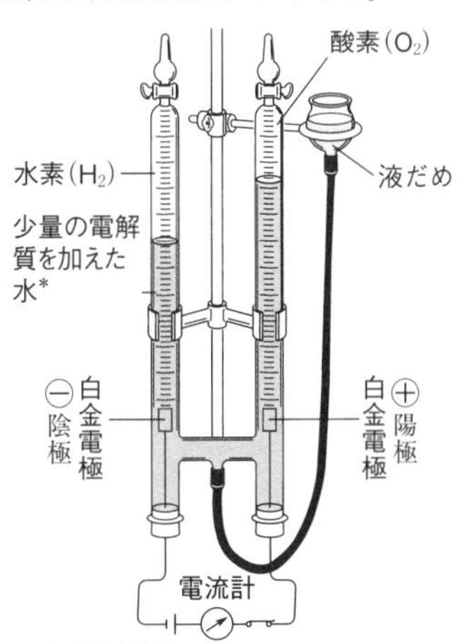

水の電気分解

*純粋な水はほとんど電流を通さないので，硫酸や水酸化ナトリウムなどの電解質を少量加え，電流を流れやすくして分解する。

4 元素，単体と化合物

純物質である水は，電気分解によって水素と酸素に分けることができるが，水素や酸素は，化学変化や他のいかなる方法を用いても，別の物質に分けることはできない。したがって，水素や酸素は，水という物質を構成する究極の成分であるといえる。水素や酸素のように，物質を構成する基本的な成分を**元素**（element）という。現在，118種の元素が知られており，自然界の物質は，これらの元素の組み合わせでできている❼。

補足❼　20世紀前半には，$_{1}H$〜$_{92}U$（$_{43}Tc$，$_{61}Pm$，$_{85}At$，$_{87}Fr$ を除く）の元素が発見されていた。

►元素の種類は，世界共通の**元素記号**を用いて表され，ラテン語やギリシャ語名などの頭文字からとったアルファベット1文字（大文字で活字体のみ）で表す。ただし，頭文字が同じ場合には，もう1文字（小文字で活字体，筆記体のどちらでも可）を添えて区別する。

元素の名称と元素記号　　無印はラテン語，（ギ）はギリシャ語

日本語名	元素記号	英語名など	名称の由来
水素	H	hydrogenium	水をつくるもと
酸素	O	oxygenium	酸をつくるもと
塩素	Cl	chlorum	黄緑色のもと
窒素	N	nitrogenium	硝石を生じるもの
炭素	C	carboneum	木炭のもと
硫黄	S	sulphurium	火のもと
ヨウ素	I	iodine	すみれ色
ケイ素	Si	siliconium	火打ち石，石英
ナトリウム	Na	natrium	鉱物性アルカリ
カリウム	K	kalium	木灰，植物性アルカリ
カルシウム	Ca	calcium	石灰
マグネシウム	Mg	magnesium	マグネシア（地名）
臭素	Br	bromos（ギ）	臭気，臭い
銅	Cu	cuprum	キプロス産の鉱物
鉄	Fe	ferrum	強い金属
金	Au	aurum	暁の女神

水素や酸素のように，1種類の元素で構成されている物質を**単体**という。一方，水や塩化ナトリウムのように，2種類以上の元素で構成されている物質を**化合物**という❽。

単体と元素は，同じ名称でよばれることが多く，混同されやすいので注意が必要である。たとえば，「水は**水素**と酸素でできている」という場合の水素は，物質を構成する成分の種類をさしており，具体的な性質をもたないので，元素の意味で用いられている。一方，「水を電気分解すると**水素**と酸素が発生する」という場合の水素は，可燃性で軽い気体という具体的な性質をもった現存する物質の種類をさしているので，単体の意味で用いられていると判断できる。

物質の分類

物　質	混　合　物		例 空気・海水・石油・岩石・青銅・黄銅(真鍮)・インキ・牛乳・ワイン
	純物質	単　体	例 水素・ダイヤモンド・黒鉛・窒素・酸素・オゾン・ネオン・ナトリウム・アルミニウム・硫黄・塩素・鉄・銅・銀・金・白金
		化合物	例 水・二酸化炭素・アンモニア・塩化水素・塩化ナトリウム・硫酸・硝酸銀・グルコース(ブドウ糖)・デンプン・エタノール

補足❽ 化学変化を利用した方法により，2種類以上の元素の単体に分けることができる物質が**化合物**，分けることができない物質が**単体**といえる。

5 同素体

多くの元素では，その単体は1種類しか存在しないが，S，C，O，Pなどの元素には性質の異なる単体が2種類以上存在する。同じ元素からなる単体で，性質の異なる物質どうしを，互いに**同素体**という。たとえば，ダイヤモンドと黒鉛はいずれも炭素の同素体であるが，**ダイヤモンド**は無色透明で極めて硬く，電気を通さないのに対して，**黒鉛**は黒色不透明で軟らかく，電気を通す。この性質の違いは，炭素原子の結合の仕方が違うためである❾(p. 90)。

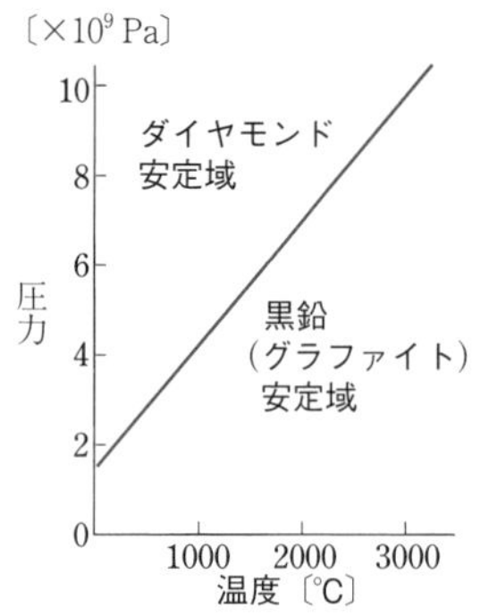

詳説❾ ダイヤモンドを空気を絶って5×10^9 Pa，約1500℃に熱すると黒鉛に変化し，黒鉛を約2000℃で1×10^{10} Paに長時間保っておくとダイヤモンドに変化する。また，ダイヤモンドも黒鉛も空気中で燃焼させると，いずれも二酸化炭素CO_2になる。

►硫黄の同素体には，斜方硫黄，単斜硫黄，ゴム状硫黄などがある。**斜方硫黄**と**単斜硫黄**では硫黄の環状分子S_8の並び方が異なっている。常温では斜方硫黄が安定であるが，

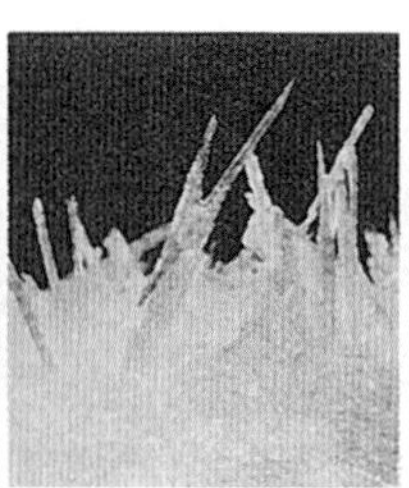

硫黄の同素体
写真は左から，
斜方硫黄（黄色）
単斜硫黄（黄色）
ゴム状硫黄（暗褐色）
高純度の結晶硫黄からつくられたゴム状硫黄は黄色を示す。

9 化学式

すべての物質は，**原子**とよばれる粒子からできている。この原子の種類を表す記号を**原子記号**といい，元素記号をそのまま用いる。一般に，物質を元素記号を用いて表した式を**化学式**という。化学式には，分子そのものや分子からできている物質を表す**分子式**，イオンを表す化学式(イオン式)，分子をつくらない物質を表すための**組成式**，分子内の原子の結合状態を表すための**構造式**などがある。

10 分子式

分子でできている物質は，分子を構成する原子の種類を元素記号で，原子の数を元素記号の右下に書き添えた**分子式**で表す⑯。ただし，原子の数が1のときは省略する。たとえば，水分子は，水素原子2個と酸素原子1個からできているので，分子式は H_2O となる。分子式は，分子でできた物質であれば，その状態が異なっていても，共通に用いる。たとえば，CO_2 は気体の二酸化炭素だけでなく，固体のドライアイスにも用いる⑰。

詳説⑯ 分子を構成している原子の数によって，分子は次のように区別される。ネオン Ne やアルゴン Ar は，原子の状態でも安定に存在するので，それぞれの原子は分子と見なす。このように，1個の原子からなる分子を**単原子分子**という。これに対して，水素 H_2，窒素 N_2，酸素 O_2，塩素 Cl_2 のように，2個の原子からなる分子を**二原子分子**，オゾン O_3，水 H_2O，二酸化炭素 CO_2 のように，3個の原子からなる分子を**三原子分子**，三原子分子以上を**多原子分子**という。

四原子分子		五原子分子		六原子分子		八原子分子	
アンモニア	NH_3	メタン	CH_4	メタノール	CH_4O	斜方硫黄	S_8
黄リン	P_4	硝酸	HNO_3	四酸化二窒素	N_2O_4	エタン	C_2H_6

多原子分子の例

分子式は，陽性の成分を前に，陰性の成分を後に書く。陽性，陰性の各成分が2種類以上あるときは，それぞれアルファベット順に書く。ただし，水素は陽性の成分であるが，次の例外では後にくることもある。例 NH_3，CH_4 など。

分子式は，後ろの陰性の成分から前の陽性の成分の順に読む。ただし，陰性の成分が単原子の場合は「～化」，酸素を含む多原子の場合は「～酸」(例外あり)と語尾を変える。陽性の成分は元素名をそのまま読む。このとき，原子の数を含めて読むことがある。

例 CCl_4 四塩化炭素，CS_2 二硫化炭素など。

とくに，酸化物のように，2種以上の化合物があって紛らわしいときは，原子の数(漢数字で)をあわせて読む。ただし，数詞の一は混乱がなければ省略してよい。

例 N_2O 一酸化二窒素，NO 一酸化窒素，NO_2 二酸化窒素，N_2O_4 四酸化二窒素など。

古くからの習慣上の名称(慣用名)が使われている場合，その名称をそのまま使う。

例 H_2O 水，NH_3 アンモニア，CH_4 メタン，C_2H_6 エタン，HNO_3 硝酸など。

酸素を含む酸(**オキソ酸**という)の化学式は「H原子 ＋ 中心原子 ＋ O原子」の順に並べる。その命名は，最も一般的なオキソ酸を基準とし，酸素原子の多少は次の接頭語をつけて表す。

過…1つ多い，亜…1つ少ない，次亜…2つ少ない

例 H_2SO_4 硫酸と H_2SO_3 亜硫酸，$HClO_3$ 塩素酸と $HClO_4$ 過塩素酸など。

補足⑰ ただし，硫黄 S は常温では S_8 分子で存在するが，高温では S_4，S_2 などの分子となる。このように，温度によって分子式が変わる場合，最も簡単な組成式 S を用いて表す。

名　称	水　素	ヘリウム	窒　素	酸　素	水
分子式	H_2	He	N_2	O_2	H_2O
分子模型					

名　称	塩　素	二酸化炭素	塩化水素	アンモニア	メタン
分子式	Cl_2	CO_2	HCl	NH_3	CH_4
分子模型					

►分子中の原子の結合のようすを**価標**とよばれる線(-)で表した化学式を**構造式**といい，水素分子はH-H，水分子はH-O-Hなどと書かれる。また，アルコールとよばれる物質群には，-OH(ヒドロキシ基)の部分を原因とする共通した性質が見られる。このように，有機化合物の特性を示す原子団を**官能基**(p. 569)といい，官能基のヒドロキシ基-OHとそれ以外の部分(炭化水素基)とを組み合わせて示したCH_3OH，C_2H_5OHなどの化学式を**示性式**という。示性式は，分子の特性がわかるように構造式を簡略化したものである。

11　イオンを表す化学式(イオン式)

物質を構成する粒子には，電気的に中性な原子や分子のほかに，電荷をもつ**イオン**がある。イオンには，正の電荷をもつ**陽イオン**と負の電荷をもつ**陰イオン**とがある。

イオンを表す化学式(イオン式)は，それを構成する原子の種類を元素記号で表し，その原子の数を元素記号の右下に書き添え，さらに，右上にイオンの電荷を示す数(**イオンの価数**という)と正・負の符号をつけて表す(価数の1は省略)。また，マグネシウムイオンのように，1個の原子からなるイオンを**単原子イオン**，硫酸イオンのように，2個以上の原子団からなるイオンを**多原子イオン**という⑱。

詳説⑱　イオンの名称のつけ方は次の通りである。

(1)　**単原子の陽イオン**……元素名に「イオン」をつけるだけでよい。ただし，鉄や銅など2種以上の価数をもつイオンが存在する場合，名称においてもイオンの価数をローマ数字(Ⅰ，Ⅱ，Ⅲ，Ⅳ，Ⅴ，…)で記し，かっこでくくって区別する。

例　Fe^{2+} 鉄(Ⅱ)イオン，Fe^{3+} 鉄(Ⅲ)イオン

陽イオン	化学式	価数	陰イオン	化学式	価数
水素イオン	H^+	1	フッ化物イオン	F^-	1
ナトリウムイオン	Na^+		塩化物イオン	Cl^-	
カリウムイオン	K^+		ヨウ化物イオン	I^-	
銅(Ⅰ)イオン	Cu^+		水酸化物イオン	OH^-	
アンモニウムイオン	NH_4^+		硝酸イオン	NO_3^-	
マグネシウムイオン	Mg^{2+}	2	硫化物イオン	S^{2-}	2
カルシウムイオン	Ca^{2+}		硫酸イオン	SO_4^{2-}	
銅(Ⅱ)イオン	Cu^{2+}		炭酸イオン	CO_3^{2-}	
アルミニウムイオン	Al^{3+}	3	リン酸イオン	PO_4^{3-}	3

(2)　**単原子の陰イオン**……元素名の語尾を「化物イオン」に変える。

たとえば，Cl^- では，塩素の「素」を「化物イオン」に変えて塩化物イオン，S^{2-} では硫化物イオンという。水素の場合は語尾を変えないで，H^- を水素化物イオンという。ただし，2原子からなる OH^- と CN^- だけは水酸化物イオン，シアン化物イオンと読む。

(3)　**多原子の陽イオン**……固有の名称でよばれるものが多く，覚えておく必要がある。

例　NH_4^+ アンモニウムイオン，H_3O^+ オキソニウムイオンなど。

(4)　**多原子の陰イオン**……酸から H^+ がとれてできたものが多く，「○酸イオン」とよばれる。

例　NO_3^- 硝酸イオン，SO_4^{2-} 硫酸イオン，PO_4^{3-} リン酸イオン，CO_3^{2-} 炭酸イオン，CH_3COO^- 酢酸イオン，HCO_3^- 炭酸水素イオンなど。

12　組成式

塩化ナトリウムの結晶では，多数の Na^+ と Cl^- が交互に規則正しく並んでいるだけで，1個ずつの Na^+ と Cl^- からなる分子に相当する単位粒子は見当たらない。このようなイオンからできている物質を化学式で表すには，イオンの電荷を省略して，イオンになっている原子の種類とその割合を最も簡単な整数比（1は省略）で示した**組成式**が用いられる。たとえば，塩化ナトリウムの結晶では Na^+ と Cl^- が 1：1 の割合で結合しているので，組成式は NaCl と表される⑲。

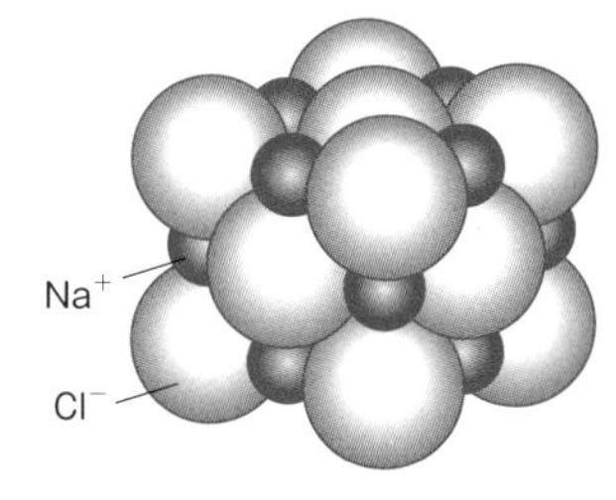

詳説⑲　イオンからできている物質の組成式の書き方

たとえば，Ca^{2+} と Cl^- からできている物質を組成式で表す場合，①陽イオン→陰イオンの順に各イオンの電荷を省略して並べる。② Ca^{2+} と Cl^- が結合する割合を考える。つまり，イオンでできた物質では，**(正電荷の総和)＝(負電荷の総和)** であるから，Ca^{2+} と Cl^- の結合する割合は，$Ca^{2+}:Cl^-=1:2$（イオンの価数とは逆比になる）でなければならない。したがって，組成式は $CaCl_2$ となる。

同様に，NH_4^+ と SO_4^{2-} からなる物質の場合，NH_4^+ と SO_4^{2-} の結合する割合は，$NH_4^+:SO_4^{2-}=2:1$ となる。したがって，組成式は $(NH_4)_2SO_4$ となる。

このように，同じ原子団が2個以上含まれる場合は，(　)で原子団をくくり，その数を右下に書き添える。ただし，原子団が1個の場合は，(　)と1はともに不要である。

イオンからできている物質の組成式の読み方

イオン名から「イオン」または「物イオン」を省き，陰イオン→陽イオンの順に読む。

(1)　陰イオンが Cl^-，Br^-，O^{2-} などの単原子イオンの場合，陰イオン名から「物イオン」を省き，その後に陽イオン名から「イオン」を省いた名前を読む。

$CaCl_2$ ならば，塩化(物イオン) ＋ カルシウム(イオン)　⇨　塩化カルシウム

(2)　陰イオンが NO_3^-，SO_4^{2-}，PO_4^{3-} などの多原子イオンの場合，陰イオン名から「イオン」を省き，その後に陽イオン名から「イオン」を省いた名前を読む。

$(NH_4)_2SO_4$ ならば，硫酸(イオン) ＋ アンモニウム(イオン)　⇨　硫酸アンモニウム

►また，金属の単体には，分子に相当する粒子は存在しない。また，ダイヤモンドのように炭素原子が多数結合してできた結晶もある。これらを化学式で書くときは，元素記号をそのまま用いた組成式，たとえば，鉄 Fe，銅 Cu，ダイヤモンド C と表す。

1-2　原子とイオン

1　原子を構成する粒子

物質を構成する最小の基本粒子を**原子**という。**ドルトン**は，原子をそれ以上分割できず，化学変化においても生成も消滅もしない粒子と考えた。しかし，20世紀に入り，いろいろな実験事実から，原子はさらに小さい何種類かの微細な粒子(**素粒子**という)から構成されていることが明らかになった。

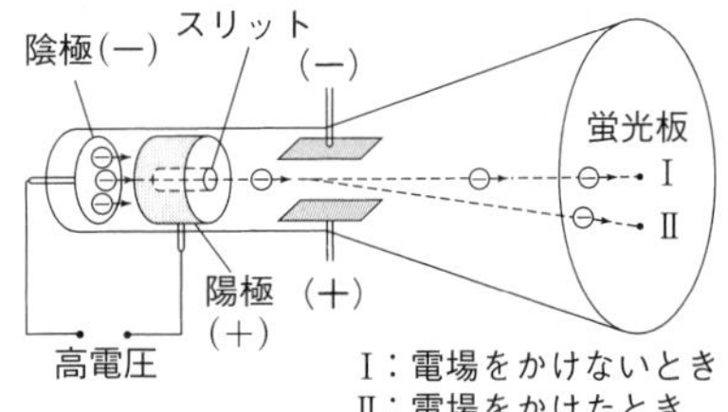

陰極線の実験

1897年，イギリスの**トムソン**は，真空放電の際に陰極から一種の放射線(**陰極線**という)が出てガラス面に蛍光があらわれること，途中に電圧を与えると直進していた陰極線が＋(プラス)極側に曲がることから，陰極線は負の電荷をもった微粒子(**電子**という)の流れであることを発見した。また，陰極の金属の種類を変えても，同様の陰極線が発生するので，電子はすべての原子に共通して含まれる素粒子であることがわかった。

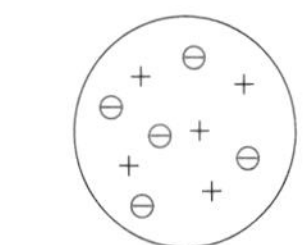
トムソンの原子模型(1903)

一方，物質はふつう電気的に中性だから，この電子の負電荷とつり合うだけの正電荷をもった粒子が原子中に存在しなければならない。トムソンは，「原子は一様に正電荷を帯びた球体の中に，その正電荷を打ち消すだけの電子が散らばっている」という，いわゆる“ブドウパン”構造を提唱した(1903年)。

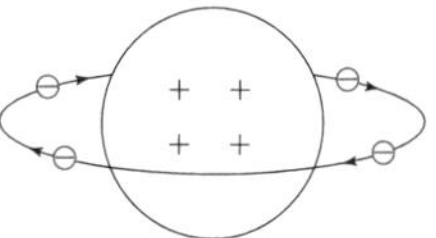
長岡の原子模型(1903)

これに対し，1903年，日本の**長岡半太郎**は，「原子は，正電荷を帯びた粒子の周りを，ちょうど太陽の周りを惑星が公転するように，負電荷を帯びた電子が円軌道を描いて回っている」という原子模型を発表した。これは，分割できないと信じられていた原子を正電荷と負電荷を帯びた素粒子に分割して考えており，当時としてはかなり大胆な仮説であったが，実験的に証明されてはいなかった。

1911年，イギリスの**ラザフォード**は，真空中でごく薄い金ぱくにラジウム $_{88}$Ra から放射される α 線（高速度の正電荷を帯びたヘリウム原子 He の原子核 $^{4}_{2}$He の流れ）を照射すると，ほとんどの α 粒子は真っ直ぐに金ぱくを突き抜けたが，ごくわずかの α 粒子だけが進行方向を大きく曲げられた。この実験から，原子の占める体積の大部分は非常に密度の低い空間であり，原子の質量の大部分が原子の中心

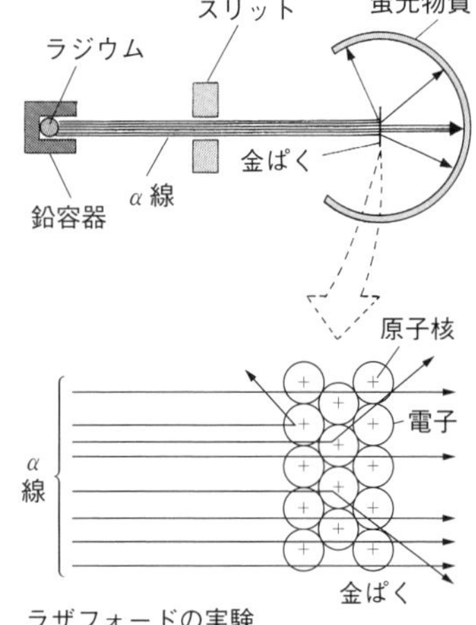

ラザフォードの実験

部(**原子核**という)に集中しており，また α 粒子の跳ね返され方から，原子核は正電荷を帯びていることもわかった❶。

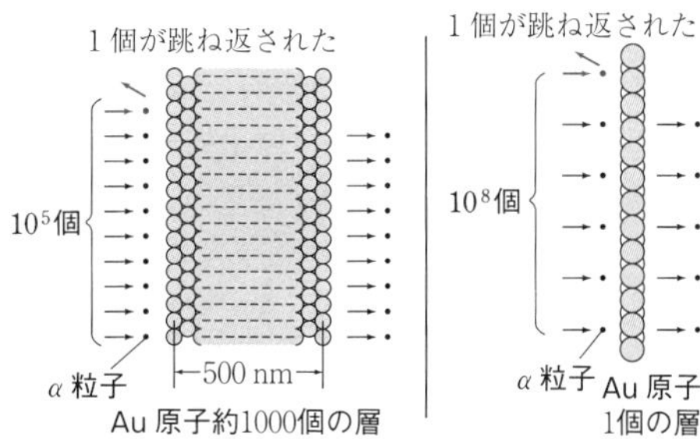

ラザフォードの実験

補足❶　ラザフォードの原子模型は，長岡のものより原子核がずっと小さいのが特徴である。負電荷をもつ電子は，原子核よりもずっと広い空間を運動しており，原子の占める体積の大部分は空間である。したがって，原子核へ接近したり，原子核と衝突した α 粒子だけが，非常に強い静電気的な反発力を受けて，その進行方向が大きく曲げられたと考えられる。

参考　ラザフォードの実験によると，厚さ 500 nm($1\ \mathrm{nm}=10^{-9}\mathrm{m}$)の金ぱくに α 線を照射した結果，α 粒子約 10 万個に 1 個の割合で逆方向へ跳ね返された。厚さ 500 nm の金ぱくは，金原子 Au の直径を約 0.5 nm とすると，約 1000 個の Au 原子が積み重なっている。もし，金ぱくを Au 原子 1 個の層にしたとすると，α 粒子の跳ね返される割合は，10 万（$=10^5$)$\times1000=10^8$ 個に 1 個の割合になる（上図）。金ぱくに照射された α 粒子の数に対する跳ね返された α 粒子の数の割合は，原子の断面積に対する原子核の断面積の割合に等しいと考えると，

$$\frac{\text{原子核の断面積}}{\text{原子の断面積}}=\frac{\pi\times(\text{原子核の半径})^2}{\pi\times(\text{原子の半径})^2}\fallingdotseq\frac{1}{10^8}\qquad\therefore\ \frac{\text{原子核の半径}}{\text{原子の半径}}\fallingdotseq\frac{1}{10^4}$$

上記の結果より，原子核は原子の約 1 万分の 1 の大きさをもつことがわかった。

また，1919 年，ラザフォードは N 原子に α 線を強く衝突させると，正電荷を帯びた素粒子(**陽子**)が放出されることを発見した。

$${}^{14}_{7}\mathrm{N}+{}^{4}_{2}\mathrm{He}\longrightarrow{}^{17}_{8}\mathrm{O}+{}^{1}_{1}\mathrm{p}\ (\text{陽子})$$

さらに，1932 年，イギリスの**チャドウィック**は Be 原子に α 線を強く衝突させると，電荷をもたない素粒子(**中性子**という)が放出されることを発見した。

$${}^{9}_{4}\mathrm{Be}+{}^{4}_{2}\mathrm{He}\longrightarrow{}^{12}_{6}\mathrm{C}+{}^{1}_{0}\mathrm{n}\ (\text{中性子})$$

なお，中性子は核外へ出ると，10.3 分の半減期(p. 28)で陽子と電子に分解してしまう。

参考　**指数の計算方法について**

100000000(1 億）は，1 に 10 を 8 個かけた数で，1×10^8 と表す。一般に，ある数 **A** に 10 を $\boldsymbol{n}$ 個かけた数を $\mathbf{A\times10^{n}}$ と表し，この $\boldsymbol{n}$ を**指数**という。ただし，A=1 のときは単に 10^n と表す。

また，指数が 0 のときは，$10^0=1$，指数がマイナスのときは，もとの数の逆数を表し，$10^{-n}=\dfrac{1}{10^n}$ である。よって，0.00006 は 6×10^{-5} と表す。

公式(1)　$\mathbf{10^a\times10^b=10^{a+b}}$　より　$10^3\times10^{-5}=10^{3+(-5)}=10^{-2}$

公式(2)　$\mathbf{10^a\div10^b=10^{a-b}}$　より　$10^3\div10^{-5}=10^{3-(-5)}=10^8$

公式(3)　$\mathbf{(10^a)^b=10^{ab}}$　より　$(10^2)^3=(100)^3=10^6$

なお，指数のついた数は，指数の部分とそれ以外の部分とに分けて，次のように計算する。

例　$(3.0\times10^{-6})\times(5.0\times10^3)=15\times10^{-3}=\mathbf{1.5\times10^{-2}}$　答

15×10^{-3} と 1.5×10^{-2} はまったく同じ数であるが，$\mathrm{A}\times10^{-n}$ で表す場合，A は $1\leqq\mathrm{A}<10$ の数にする約束があるので，1.5×10^{-2} と表すほうがよい。

2 原子の構造

原子の中心部には，正電荷をもつ**陽子**と電荷をもたない**中性子**からなる1つの**原子核**があり，その周りを負電荷をもつ何個かの**電子**が取り巻いている❷。電子は原子核を中心として高速で運動しており，その運動範囲が各原子の大きさとなる。原子の大きさは，その種類によっていくらか違うが，その直径は 10^{-8}cm 程度であり，原子核の直径(10^{-13}〜10^{-12}cm 程度)は，原子の直径に比べてかなり小さい。

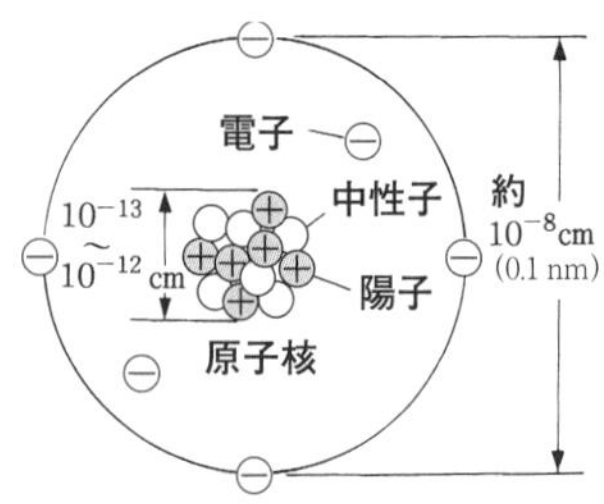

この図では電子の分布の断面が描いてあるが，実際には，電子は原子核をつつみ込むように球状に分布している。また，原子核の大きさは実際よりも拡大してある。

詳説❷ すべての原子中で最も簡単な構造をもつのが水素原子で，陽子1個だけで原子核が構成されている。しかし，陽子が2個以上になると，陽子どうしの静電気的な反発力を避けるために，適当な数の中性子が原子核内に存在しているものと思われる。

原子核の中には，陽子間に働く静電気的な反発力を抑えて，原子核を安定化させる相互作用(**核力**という)を媒介する素粒子が存在する。この素粒子は陽子と電子の中間程度の質量をもつので，**中間子**と命名された。その存在は1934年**湯川秀樹**によって予言されていたが，1947年**パウエル**（イギリス）が宇宙線の中から発見した。中間子のうち，原子核内での核力の発生にかかわるものは π（パイ）中間子とよばれ，その質量は電子の260倍程度で，電荷の異なる π^+ 中間子，π^- 中間子，π^0 中間子の3種類が存在する。陽子と中性子の間でこれらの中間子が光速に近い速さで交換されることで，陽子と中性子の間には陽子間に働く静電気的な反発力の10倍以上の核力が働き，原子核は安定に存在できると考えられている。

►陽子1個のもつ電気量 $+1.60\times10^{-19}$C(クーロン）と電子1個のもつ電気量 -1.60×10^{-19}C は (p. 411)，大きさが等しく符号が逆の関係にあり，それぞれは電気量の最小単位にあたるので，**電気素量**とよばれる。

また，どんな原子でも，正電荷をもつ陽子の数と負電荷をもつ電子の数は等しく，全体として電気的に中性である。

3 原子番号と質量数

原子核中に含まれる陽子の数を，その原子の**原子番号**という。原子の種類ごとに陽子の数は異なっており，原子核中の陽子の数，つまり原子番号によって原子や元素の種類が区別される。たとえば，原子番号6は炭素というように，原子番号は各元素の原子に固有の数となる❸。

補足❸ $_{1}$H から $_{20}$Ca までの元素名と元素記号および原子番号は，必ず覚えておくこと。

$_{1}$H	$_{2}$He	$_{3}$Li	$_{4}$Be	$_{5}$B	$_{6}$C	$_{7}$N	$_{8}$O	$_{9}$F	$_{10}$Ne	$_{11}$Na	$_{12}$Mg	$_{13}$Al	$_{14}$Si	$_{15}$P	$_{16}$S	$_{17}$Cl	$_{18}$Ar	$_{19}$K	$_{20}$Ca
水	兵	リーベ (love のドイツ語)		ぼ	く		の		船	なな		まがり (進路を何回も曲げること)		シップス (ship's)		クラーク (船長の名)			か

►後で学ぶように，原子の化学的性質は，電子の数によって決まる。しかし，電子の数と陽子の数は等しいから，結局，陽子の数によって原子の種類と性質がほぼ決まる。

素粒子		電気量〔C〕	質　量〔g〕	質量比
原子核	陽　子	$+1.602\times10^{-19}$	1.673×10^{-24}	1
	中性子	0	1.675×10^{-24}	1
電　子		-1.602×10^{-19}	9.109×10^{-28}	$\frac{1}{1840}$

原子を構成する素粒子
電気量の単位はクーロン〔C〕である。1アンペア〔A〕の電流で，1秒〔s〕間に運ばれる電気量を，1クーロン〔C〕という。

上表を見ると，陽子と中性子の質量はほとんど等しいが，電子の質量は陽子と中性子の質量の約 $\frac{1}{1840}$ しかない。したがって，原子の質量は陽子と中性子によってほぼ決まる。そこで，原子核中の陽子の数と中性子の数の和を，その原子の**質量数**という。

このように，原子の質量は極めて小さな原子核に集中しており，その原子の質量数にほぼ比例して大きくなる。したがって，質量数は各原子の質量の大小を比較するための数値として用いられる(質量そのものを表しているのではない)。原子の構成を原子番号や質量数を含めて表すときは，元素記号の左下に原子番号を，左上に質量数を書き添える。たとえば，原子番号6，質量数12の炭素原子は，次のように表される。 例 ${}^{12}_{6}C$

4 同位体

原子の質量を詳しく調べると，同一元素の原子でも原子核中の中性子の数の違う原子が何種類も存在する❹。たとえば，天然に存在する水素原子には，原子核が陽子1個だけからなる ${}^{1}H$(軽水素(プロチウム)) が大部分を占めるが，陽子1個と中性子1個からなる少量の ${}^{2}H$(重水素(ジュウテリウム))や，陽子1個と中性子2個からなる ${}^{3}H$(三重水素(トリチウム))もごくわずかに存在する。

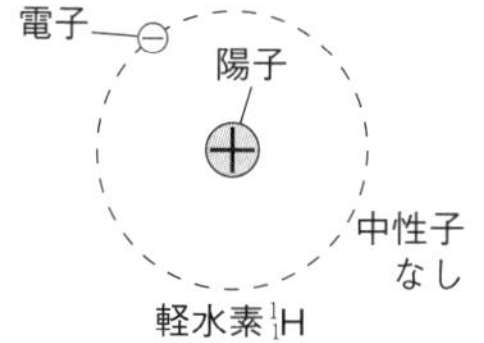

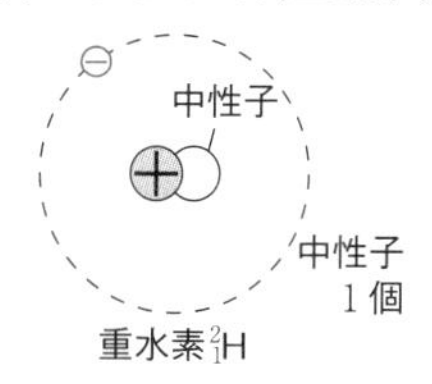

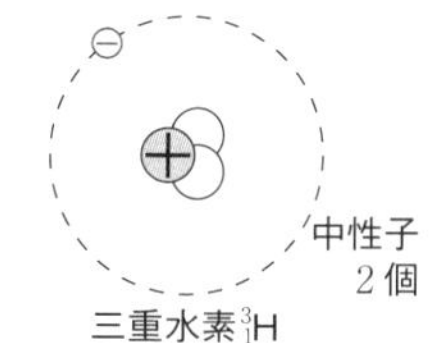

このように，原子番号が同じで，質量数の異なる原子を互いに**同位体** (isotope(アイソトープ)) という。同位体は，質量が異なるだけで，化学的性質にはほとんど差がない❺。

一方，${}^{40}Ar$，${}^{40}K$，${}^{40}Ca$ のように，質量数が等しく原子番号の異なる原子は互いに**同重体**とよばれることがある。

補足❹ 同位体を分析するのに，**アストン**の開発した**質量分析計**が使われる。原子に電子線を照射してイオン化したとき，同位体はすべて同じ電荷をもつ1価の陽イオンになるが，質量 m の違いによって，電場・磁場を加えたときの曲がり方が異なり，写真乾板上での感光する位置も異なる(曲がりの程度は，イオンの質量が小さいほど大きい)。また，感光した像の濃淡から，同位体の存在比が求められる。右図は，3種のネオンの同位体 ${}^{20}Ne$，${}^{21}Ne$，${}^{22}Ne$ を1価

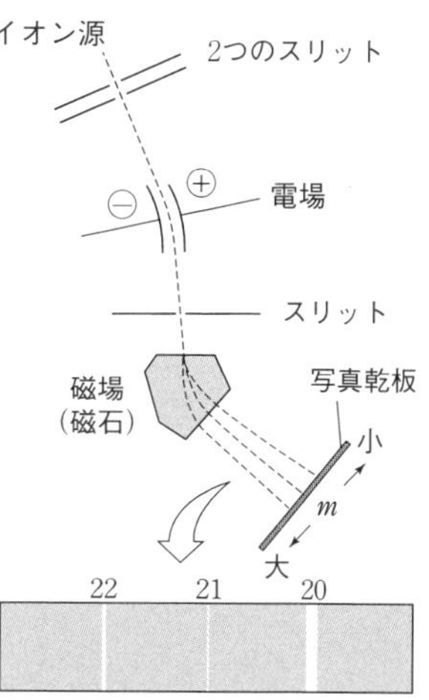

の陽イオンとして質量分析計で測定した結果を示し，^{20}Ne 約91%，^{21}Ne 約0.3%，^{22}Ne 約9% という存在比が求められた。

詳説❺ 原子の化学的性質は，原子核の周りを回る電子の数(＝陽子の数)によって決まり，中性子の数にはふつう関係しない。ところで，重い同位体は軽い同位体に比べて運動の速度が小さいため，化学反応の速度が遅くなる傾向がある。これが最も顕著にあらわれるのは，^1H と ^2H の同位体の場合である。また，^2H と ^1H は質量に2倍の違いがあるので，物理的性質にも若干の違いがあらわれる（右表)。このように，分子中にある原子を同位体で置換したとき，物理的・化学的性質に差異が生じることを**同位体効果**という。

水の物理的性質	^1H_2O	^2H_2O
融点〔℃〕	0	3.8
沸点〔℃〕	100	101.4
蒸発熱〔kJ/mol〕沸点での値	40.7	42.7
融解熱〔kJ/mol〕融点での値	6.01	6.28
密度〔g/cm³〕20℃	0.998	1.105
$[H^+][OH^-]$〔(mol/L)²〕25℃	1.0×10^{-14}	1.6×10^{-15}
最大密度を示す温度〔℃〕	3.8	11.6
蒸気圧〔Pa〕25℃	3.16×10^3	2.72×10^3

たとえば，軽水 ^1H_2O のほうが重水 ^2H_2O よりも電気分解されやすい。これは，水が H^+ と OH^- に電離する割合が，軽水のほうが重水よりも大きいためである。したがって，電気分解されずに残った水には重水の割合がしだいに多くなる。このように，質量の違いから生じる微妙な化学的性質の違いを利用して，各同位体を分離できる。なお，同位体とは元素の周期表(p. 43)で同じ場所を占めるという意味のギリシャ語，iso(同じ)topos(場所)に由来する。

► ^3H，^{14}C，^{32}P，^{60}Co のように，原子核が不安定で放射線を放出してより安定な原子に変化する(**壊変**という)ものがある。このような同位体を**放射性同位体**という。なお，放射性同位体がもとの量の半分になる時間を**半減期**といい，温度・圧力，およびその放射性同位体の量によらず一定となる。一方，放射線を出さない同位体を**安定同位体**という。

天然に存在する元素には，Be，F，Na，Al，P，Sc，Mn，Co のように，ただ1種類の安定同位体しか存在しない元素もあるが，多くの元素にはいくつかの安定同位体が存在する（下表)。自然界に存在する各同位体の存在比は，どの単体・化合物においてもほぼ一定である。これは，各同位体の化学的性質は非常によく似ているため，同位体の混合割合は，化学反応がおこっても変化することなく，一定に保たれるからである。

放射性同位体のうち，^3H は地下水の年代測定，^{14}C は古生物の遺物の年代測定，^{32}P は生体内での元素の動きを追跡するトレーサーや DNA の塩基配列の解析，^{60}Co はがん治療の放射線源として利用されている。

同位体の存在比　天然の酸素原子の3種の同位体の存在比は，空気中の酸素でも，水を構成する酸素でも，岩石を構成する酸素でも，みな一定である。

元素	同位体	存在比〔%〕	元素	同位体	存在比〔%〕	元　素	同位体	存在比〔%〕
水素	^1H	99.985	酸素	^{16}O	99.762	アルゴン	^{36}Ar	0.337
	^2H	0.015		^{17}O	0.038		^{38}Ar	0.063
	^3H(放射性)	極微量		^{18}O	0.200		^{40}Ar	99.60
炭素	^{12}C	98.90	塩素	^{35}Cl	75.76	カリウム	^{39}K	93.258
	^{13}C	1.10		^{37}Cl	24.24		^{40}K	0.012
	^{14}C(放射性)	1.2×10^{-10}					^{41}K	6.730

SCIENCE BOX 放射線同位体

物体から放出される高エネルギーの粒子線のα線，β線，中性子線や，電磁波のγ線などを総称して**放射線**という。放射性同位体の原子核が放射線を放出して，安定な原子核へ変化していく現象を**壊変**(**崩壊**)といい，α壊変とβ壊変の2種類がある。

〈**α壊変**〉 **α線**とはヘリウム He の原子核 $^{4}_{2}He$(陽子2個と中性子2個) からなるα粒子の流れであり，1回のα壊変で原子番号が2，質量数が4減少する。主に，原子番号83のビスマス Bi 以上の重い原子核でおこりやすい。

例 $^{226}_{88}Ra \longrightarrow ^{222}_{86}Rn + ^{4}_{2}He$($\alpha$線)

〈**β壊変**〉 **β線**とは電子 e^- の流れであり，この電子は核外電子ではなく，核内の中性子が陽子に変わったときに生じた電子が核外へ放出されたものである。したがって，中性子から陽子への変化により，原子番号が1増加するが，質量数は変化しない。とくに，陽子数と中性子数の比のバランスが悪い原子核でおこりやすい。

例 $^{14}_{6}C \longrightarrow ^{14}_{7}N + e^-$($\beta$線)

γ線はX線より波長の短い ($\sim 10^{-8}$cm) 高エネルギーの電磁波で，α壊変，β壊変に伴って余分になったエネルギーがγ線として放出されることが多い。ただし，原子番号・質量数ともに変化はおこらない。

β壊変では，核内で中性子が陽子に変化し，このとき質量がわずかに減少し，この分のエネルギーが e^- と一緒に放出される。よって，この変化は自発的におこる。一方，核内で陽子が中性子に変化する場合には，核外に陽電子 e^+ が放出され，原子番号が1減少することになる。しかし，陽子から中性子に変化するには質量が増加しなければならず，外部からのエネルギーを与えない限り，この変化が自発的におこることは少ない。

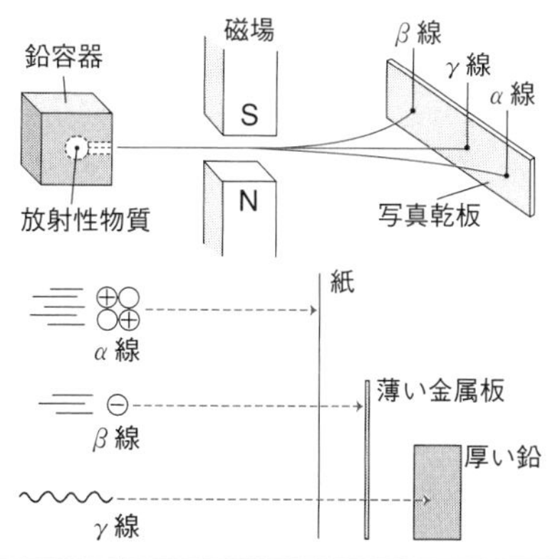

太陽からの宇宙線の影響により，大気中の窒素原子に中性子が当たって，炭素の放射性同位体 ^{14}C が絶えずつくられている。

$$^{14}_{7}N + ^{1}_{0}n \longrightarrow ^{14}_{6}C + ^{1}_{1}p$$

(n：中性子，p：陽子を表す)

この ^{14}C は，絶えず宇宙線との衝突によって生成されているので，大気中での ($^{12}C+^{13}C$)：$^{14}C=1:1\times10^{-12}$ はほぼ一定している。生きている動植物体内における ^{14}C の存在比は大気中と同じ値を保っているが，その生物が死滅すると，外界からの ^{14}C の供給がなくなり，^{14}C の存在比はβ壊変により一定の割合で減少していく。

一般に，放射性同位体が壊変していき，もとの量の半分になるまでの時間を**半減期**といい，^{14}C の半減期は約5730年である。したがって，生物の遺体(木材，貝殻，骨，化石など) の ^{14}C の存在比を測定すれば，死後経過時間がわかり，逆に，それらが生存していた年代を推定するのに利用できる。

たとえば，遺跡から発掘された木片中の ^{14}C の量が現在の生木中の ^{14}C の量の $\frac{1}{4}$ であれば，この木片は ^{14}C の半減期の2倍に相当する約11460年前のものと推定できる。

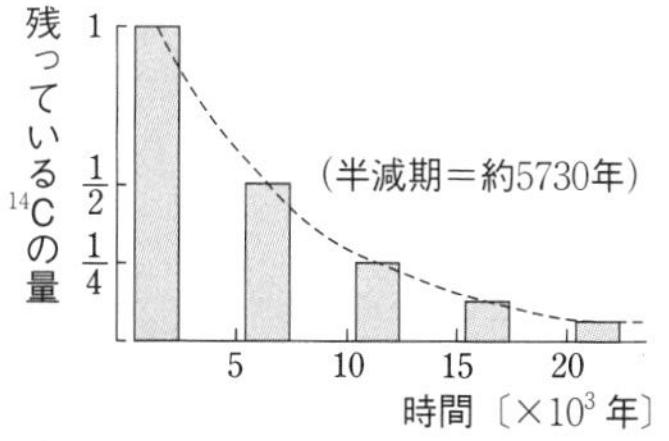

例題 放射性同位体の壊変する速さは，温度・圧力，および放射性同位体の量によらず一定である。最初にあった放射性同位体の数を N_0，時間 t が経過した後の放射性同位体の数を N，放射性同位体が元の半分の量になるのに要する時間（半減期という）を T とすると，①式の関係が成り立つことが知られている。

$$\frac{N}{N_0}=\left(\frac{1}{2}\right)^{\frac{t}{T}} \quad \cdots\cdots ①$$

いま，放射性同位体 $^{137}_{55}Cs$ は，次式のように β 壊変して安定同位体 $^{137}_{56}Ba$ に変化する。

$$^{137}_{55}Cs \longrightarrow {}^{137}_{56}Ba + e^- \quad (\beta 線)$$

^{137}Cs の β 壊変による半減期を30年として，次の各問いに答えよ。

($\log_{10}2=0.30$，$\log_{10}3=0.48$，$\sqrt{2}=1.41$，$\sqrt[3]{2}=1.26$ とする。)

(1) ^{137}Cs が現在の量の10%になるのに何年を要するか。

(2) ^{137}Cs が現在の量の30%になるのに何年を要するか。

(3) ^{137}Cs は10年後には最初の何%が壊変しているか。

(4) ^{137}Cs は75年後には最初の何%が残存しているか。

［**解**］ (1) t〔年〕を要するとして，$\frac{N}{N_0}=\frac{1}{10}$，$T=30$〔年〕を①式へ代入すると

$$\frac{1}{10}=\left(\frac{1}{2}\right)^{\frac{t}{30}}$$

両辺の常用対数をとると　$\log_{10}10^{-1}=\log_{10}(2^{-1})^{\frac{t}{30}}$

$$-1=-\frac{t}{30}\log_{10}2 \qquad t=\frac{30}{\log_{10}2}=\frac{30}{0.30}=\mathbf{100}〔年〕$$ 答

(2) t〔年〕を要するとして，$\frac{N}{N_0}=\frac{3}{10}$，$T=30$〔年〕を①式へ代入すると

$$\frac{3}{10}=\left(\frac{1}{2}\right)^{\frac{t}{30}}$$

両辺の常用対数をとると　$\log_{10}3-1=-\frac{t}{30}\log_{10}2$

$$t=\frac{30(1-\log_{10}3)}{\log_{10}2}=\frac{15.6}{0.30}=\mathbf{52}〔年〕$$ 答

(3) $t=10$〔年〕，$T=30$〔年〕を①式へ代入すると

$$\frac{N}{N_0}=\left(\frac{1}{2}\right)^{\frac{1}{3}}=\sqrt[3]{\frac{1}{2}}=\frac{1}{\sqrt[3]{2}}=\frac{1}{1.26}=0.793$$

$N=0.793N_0$ となり，10年間で壊変した ^{137}Cs の割合は

$$\frac{1-0.793}{1}\times100=20.7\fallingdotseq\mathbf{21}〔\%〕$$ 答

(4) $t=75$〔年〕，$T=30$〔年〕を①式へ代入すると

$$\frac{N}{N_0}=\left(\frac{1}{2}\right)^{\frac{5}{2}}=\left(\frac{1}{2}\right)^{2+\frac{1}{2}}=\left(\frac{1}{2}\right)^{2}\times\left(\frac{1}{2}\right)^{\frac{1}{2}}$$

$$=\frac{1}{4}\times\frac{1}{\sqrt{2}}=\frac{1}{4}\times\frac{1}{1.41}=\frac{1}{5.64}\fallingdotseq0.177$$

$N=0.177N_0$ より，残存している ^{137}Cs の割合は **18〔%〕** 答

SCIENCE BOX　質量欠損

同位体を含めた原子の相対質量は ^{12}C=12 を除いて，質量数とは必ずしも一致しない。たとえば，^{23}Na の原子核 $^{23}_{11}$Na には，陽子 11 個，中性子 12 個が含まれている。右の表から，陽子 11 個と中性子 12 個の相対質量の和を求めると，

	相対質量
陽　子	1.007276
中性子	1.008665
電　子	0.000549

1.007276×11＋1.008665×12
＝23.184016 となる。

^{23}Na の原子核 1 個の相対質量は 22.98373 で，上記の質量の和より 0.200286 だけ小さい。一般に，原子核の質量は，これを構成する陽子と中性子の質量の和より小さい。この質量の差を**質量欠損**という。これは，陽子と中性子が集まって安定な原子核を構成するとき，その質量の一部が原子核の結合エネルギーに変換され，その結合に使われるためと考えられる。たとえば，太陽の中心部では次式のような水素の原子核 $^{1}_{1}$H の核融合反応で生じたエネルギーで，約 2000 万℃の高温が生み出されている。

$$4\,^{1}_{1}\mathrm{H} \longrightarrow \,^{4}_{2}\mathrm{He} + 2\,\mathrm{e}^{+}\quad(陽電子)$$

4×1.0073　4.0015　0.000549×2〔g〕

この反応では，水素の原子核 4×1.0073 g あたり約 0.0266 g の質量欠損分に相当するエネルギーが放出される。アインシュタインの相対性理論によると，質量とエネルギーは等価なものであり，次の関係が成り立つ。　$E=mc^2$

(E：エネルギー，m：質量欠損，c：光速度)

$E=0.0266\times10^{-3}$〔kg〕$\times(3.00\times10^{8})^2$〔(m/s)^2〕

≒2.39×10^{12}〔J〕となる。

すなわち，質量欠損が大きくなるほど原子核の結合エネルギーが大きく，その原子核はより安定に存在できる。右上図より，結合エネルギーが最も大きく，安定な原子核をもつのは $^{56}_{26}$Fe である。$^{56}_{26}$Fe よりも質量数の大きな原子核(ウラン $^{238}_{92}$U など)は，**核分裂**すると安定な原子核をもつ原子に変わり，$^{56}_{26}$Fe よりも質量数の小さな原子核は，**核融合**すると安定な原子核をもつ原子に変わる。原子核の質量変化に伴って取り出されるエネルギーを**核エネルギー**という。

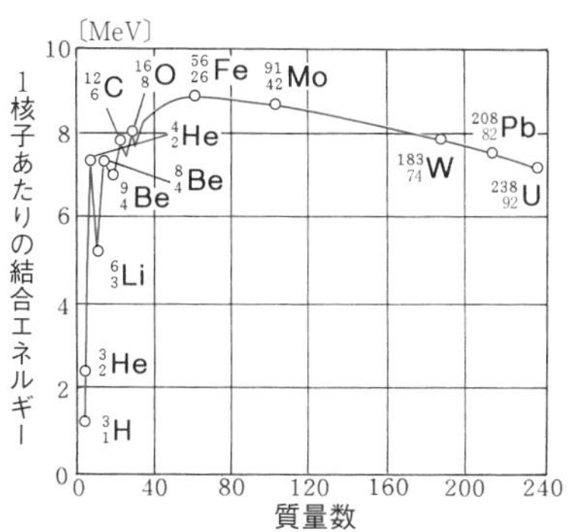

ところで，自然界に存在する原子の原子核について，陽子数(Z)と中性子数(N)の関係を調べると，Zが小さいうちはほぼ$Z=N$であるが，Zが約 20 を超えると，Nの割合が多くなる傾向を示す(下図)。これは，大きな原子核になると，陽子どうしの静電気的な反発力が強くなるので，陽子よりも中性子が少し多目に存在して，陽子どうしの反発を抑えないと，原子核をまとめることが困難になるためと考えられる。

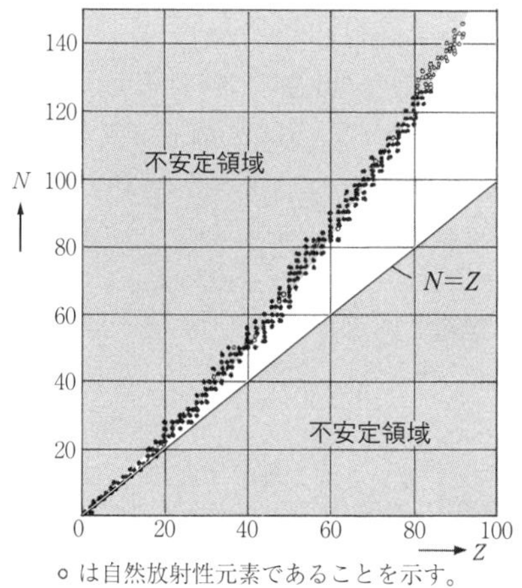

○は自然放射性元素であることを示す。

5 電子殻

原子内では，原子番号に等しい数の電子が，原子核の周りに分布している。この電子は一定数個がグループをつくり，原子核の周りをいくつかの層に分かれて運動している。この電子の存在できる層状の空間を**電子殻**という。

電子殻は原子核に近いものから順に**K殻，L殻，M殻，N殻**，…とよばれる❻。各電子殻に収容できる電子の最大数は，K殻から順に**2，8，18，32**個，……と決まっている。一般に，各電子殻に内側から自然数n(1，2，3，…)を対応させると，n番目の電子殻には最大$2n^2$個の電子が収容される。

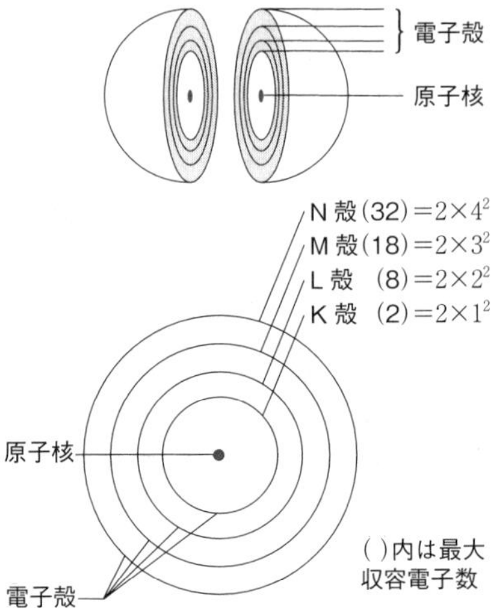

電子殻のモデル

補足❻ バークラ(イギリス)は，各種の金属の薄板に電子を当てたときに発生するX線には2種類あり，波長の短い方をK列，長い方をL列とした。その後，X線はエネルギーの高い外側の電子殻から内側の電子殻へ電子が移るときに発生することがわかった。そして，最も内側の電子殻に電子が移る際，波長の短いほうのK列のX線が発生することから，内側の電子殻から順にK殻，L殻，M殻，…とよぶようになった。

6 電子配置

原子内の電子は，内側の電子殻にあるほど原子核に強く引きつけられ，エネルギーの低い安定な状態にある❼。このため，(1) 電子は，原則として内側の電子殻から外側の電子殻へと配置されていく。また，(2) 電子は，各電子殻の最大収容数を超えて配置されない。以上の規則に基づく，各電子殻への電子の配列の仕方を**電子配置**という。

詳説❼ 内側の電子殻にある電子を，外側の電子殻へ移動させるには，(原子核からの引力)×(移動距離)に相当する仕事を電子に与えなければならない。外側の電子殻へ移動させられた電子は，加えた仕事分だけエネルギーを多く保有し，より不安定な状態となっている。

►たとえば，$_{11}$Na原子では，まずエネルギーの最も低いK殻に2個，次のL殻に8個，残った1個だけがM殻へ配置されることになる。

H，Heの電子はいずれもK殻に入り，HeでK殻の電子は2個で満杯になる。LiからはL殻に電子が入り，NeでL殻の電子が8個で満杯となる。

HeのK殻，NeのL殻のように，各電子殻が最大数の電子で満たされたとき，電子殻は**閉殻**であるといい，このとき原子は非常に安定な状態となる。

NaからはM殻に電子が入り，ArではM殻（最大収容数18個）に8個の電子が入った状態となる。このとき，8個の電子はすべて対(つい)をつくって安定化しており，この状態は閉殻と同じように安定である。この電子配置を**オクテット**という❽。

補足❽ Arの次のKやCaでは，M殻に8個の電子が入ったオクテットの状態のまま，その外側のN殻に電子1個または2個の電子がそれぞれ配置される(p. 35)。

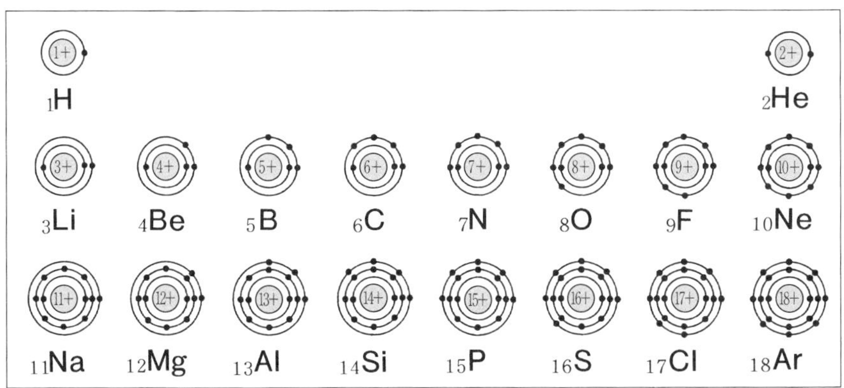

原子の電子配置（模式図） 模式図の同心円は，内側から順にK殻，L殻，M殻を表す。

►電子の中で，最も外側の電子殻(**最外殻**という)に属する電子を**最外殻電子**という。これに対して，内殻に存在する電子を**内殻電子**という。最外殻電子は，内殻電子に比べてエネルギーが高く，他の原子と相互作用しやすい。

また，元素記号の周りに最外殻電子を点・で表したH·，·C·，·O·のような化学式を**電子式**(p. 57)といい，原子間の結合の状態を表すときに便利である。

7 貴ガスの電子配置

右下の表に示した6種の原子は，空気中に単原子分子の気体として存在し，**貴ガス**(**希ガス**)と総称される。

貴ガスの電子配置を見ると，ヘリウムHe，ネオンNeでは，K殻，L殻それぞれが閉殻となっている。一方，アルゴンArからラドンRnまでは，最外殻がすべて電子で満たされているわけではないが，最外殻電子の数が8個でオクテットになっている。

貴ガスの原子が単独で存在し，他の原子と結合をつくらないのは，これらの電子配置が特に安定であるためである。一般的には，貴ガスの原子の電子配置はすべて閉殻であるとみなされ，**貴ガス型の電子配置**とよばれる。

原子	原子番号	電子殻					
		K	L	M	N	O	P
He	2	②					
Ne	10	2	⑧				
Ar	18	2	8	⑧			
Kr	36	2	8	18	⑧		
Xe	54	2	8	18	18	⑧	
Rn	86	2	8	18	32	18	⑧

◯の数字は最外殻電子の数を表す

最外殻電子は，原子の最も外側にあり，内殻電子と比べると原子核からの引力が最も弱い。また，最外殻電子は他の原子に最も近づきやすい位置にあるので，原子がイオンになったり，原子どうしが結合するときに重要な役割を果たすので，**価電子**とよばれる。

価電子の数が等しい原子どうしは，化学的性質が互いによく似ている。ただし，貴ガスの原子は，イオンになったり他の原子と結合することはほとんどない。そこで，貴ガスの原子の価電子の数は0とする。

参考 キセノンXeとフッ素F_2の混合気体を約400℃に加熱することにより，四フッ化キセノンXeF_4とよばれる白色結晶が生成された。

SCIENCE BOX

電子軌道(オービタル)

水素以外の種々の原子の輝線スペクトル(p. 36)に磁場をかけて調べると，これまで1本だったスペクトル線が，さらに数本の線に分かれる。このことから，K殻以外の電子殻は，それぞれ少しずつエネルギー準位の異なるいくつかの**電子軌道（オービタル）**に分かれていることがわかった。

オービタルはその形状によって，**s軌道，p軌道，d軌道，f軌道，**……と区別され，K殻（$n=1$）には，s軌道1種のみ，L殻（$n=2$）には，s軌道とp軌道の2種が，M殻（$n=3$）には，s軌道，p軌道，d軌道の3種が，N殻($n=4$)には，s軌道，p軌道，d軌道，f軌道の4種がそれぞれ存在する*1。

＊1　電子殻は，原子核に近いものから順に$n=1, 2, 3, 4$, …の数が与えられているが，この自然数nを，**主量子数**という。

また，各オービタルは，それぞれが所属する電子殻の主量子数をつけて，1s，2s，2p，3s，3p，3d，4s，4p，4d，4f軌道，……と区別されている。

s軌道は球形の軌道で，原子核からの広がりは，1s<2s<3s<4s…の順になる。

p軌道は亜鈴（あれい）形の軌道で，形は等しく方向性の異なる3つの軌道からなる。

d軌道は形と方向性の異なる5つの軌道からなる。

f軌道は形と方向性の異なる7つの軌道からなる。

各オービタルのエネルギー準位は，一般に，次のような関係にある。

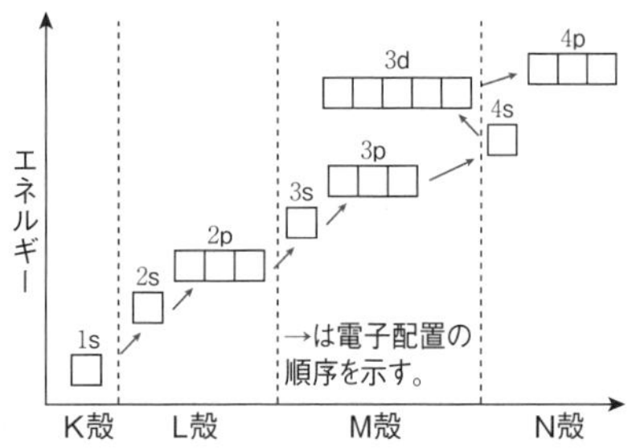

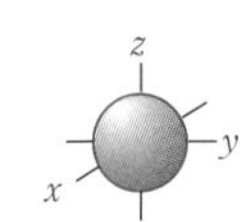

s軌道
球対称で方向性をもたない。

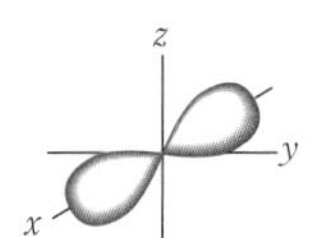

p_x軌道
x軸について軸対称

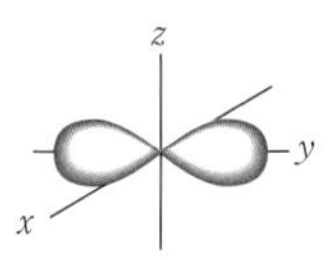

p_y軌道
y軸について軸対称

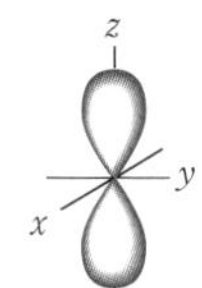

p_z軌道
z軸について軸対称

s軌道およびp軌道(3種類)

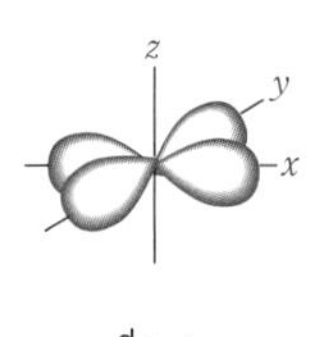

$d_{x^2-y^2}$

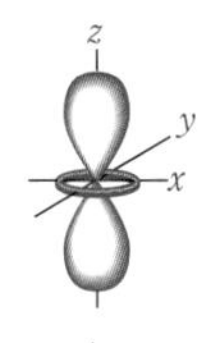

d_{z^2}

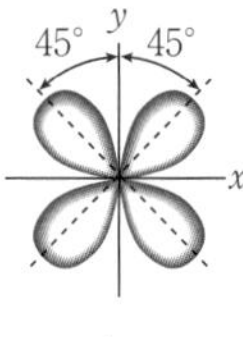

d_{xy}

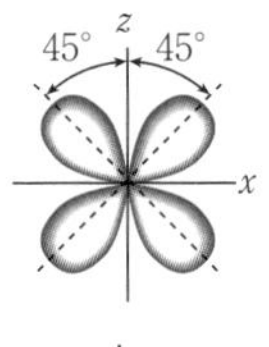

d_{xz}

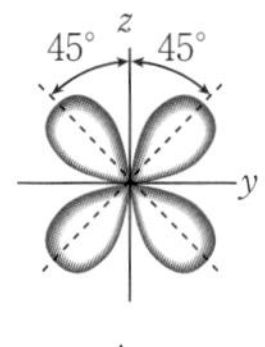

d_{yz}

5種類のd軌道

〔1〕　各オービタルには回転[*2]方向の異なる2個の電子しか入ることはできない。これを**パウリの禁制律**という。よって，s軌道には1×2＝2個，p軌道には3×2＝6個，d軌道には5×2＝10個，f軌道には7×2＝14個の電子しか入れない。

＊2　電子は固有の回転の自由度をもち，この自由度に相当する角運動量（**スピン**という）をもつことが知られている。この電子のスピンの方向性には2種類あって，通常，↑および↓の記号で区別する。

この規則に従い，エネルギー準位の低いオービタルから順に電子を入れていけば，基底状態(p. 36)における各原子の電子配置が書ける(下表)。

$_{1}$H では1s軌道に1個の電子が，$_{2}$He では2個の電子が入り，K殻が閉殻となる。

$_{3}$Li の3番目の電子，および $_{4}$Be の4番目の電子はともに2s軌道に入る。たとえばBe の電子配置は，各軌道の右上に存在する電子の数を書き，$1s^2$，$2s^2$ と表す。

〔2〕　$_{5}$B，$_{6}$C，$_{7}$N では，エネルギー準位の等しい3つの2p軌道に対して，電子は最初，1個ずつ分かれて入る。これを**フントの規則**という[*3]。その後，$_{8}$O，$_{9}$F，$_{10}$Ne では，各2p軌道にもう1個ずつ電子が入り，$_{10}$Ne ではL殻が閉殻となる。

原子	原子番号(電子数)	電子配置 1s	2s	2p		
He	2	↑↓				
Li	3	↑↓	↑			
Be	4	↑↓	↑↓			
B	5	↑↓	↑↓	↑		
C	6	↑↓	↑↓	↑	↑	
N	7	↑↓	↑↓	↑	↑	↑
O	8	↑↓	↑↓	↑↓	↑	↑
F	9	↑↓	↑↓	↑↓	↑↓	↑
Ne	10	↑↓	↑↓	↑↓	↑↓	↑↓
		K殻	L殻			

＊3　電子のスピンによって，原子はごく小さな磁石の性質をもつことになるが，$_{2}$He，$_{4}$Be，$_{10}$Ne では電子のスピンがすべて対(つい)になり，外部磁場にはほとんど反応しない。このような原子を**反磁性**であるという。一方，その他の原子は，電子のスピンが対をなしていない電子(**不対電子**という)をもつ。このような原子は**常磁性**であるといい，外部磁場に対して小磁石のように振るまう。

$_{11}$Na～$_{18}$Ar では，まず3s軌道に電子が2個入ったのち，3p軌道に6個の電子が入り，$_{18}$Ar でオクテットとなる。

$_{19}$K，$_{20}$Ca では，M殻の3d軌道を空にしたまま，先にN殻の4s軌道へ電子が入る[*4]。続く $_{21}$Sc から $_{30}$Zn までは，N殻の4p軌道よりもエネルギー準位の低いM殻の3d軌道へ再び電子が入っていく[*5]。

＊4　$_{19}$K，$_{20}$Ca では，N殻の4s軌道はM殻の3d軌道よりも原子核からのオービタルの広がりが大きい。このことから4s軌道は3d軌道よりもエネルギー準位が高いと判断してはいけない。電子軌道の形を考慮すると，s軌道，p軌道，d軌道の順に，その形が複雑になるほど，電子は原子核から離れた場所に存在する確率が高くなり，そのエネルギー準位が高くなるのである。結局，M殻の3d軌道よりもN殻の4s軌道のほうがわずかにエネルギー準位が低くなる。このため，$_{19}$K，$_{20}$Ca の19，20番目の電子は，M殻の3d軌道ではなく，N殻の4s軌道に入ることになる。

＊5　3d軌道に電子が入っていない $_{19}$K，$_{20}$Ca では，4s軌道のほうが3d軌道よりも少しだけエネルギー準位が低くなる。しかし，$_{21}$Sc から3d軌道に電子が入り始めると，内殻にある3d軌道の電子が，原子核からの静電気力をより強く遮蔽(しゃへい)するように働く（**遮蔽効果**）ので，4s軌道の電子に働く静電気力が弱くなり，エネルギー準位は少し高くなる。このため，$_{22}$Ti では4s軌道と3d軌道のエネルギー準位はほぼ等しくなる。したがって，$_{23}$V 以降では，4s軌道よりも3d軌道のほうが相対的にエネルギー準位が低くなり，3d軌道に電子が入りやすいことに留意したい。たとえば，$_{24}$Cr の電子配置は，($3d^4$，$4s^2$)ではなく($3d^5$，$4s^1$)であるのは，4s軌道よりも3d軌道の方がエネルギー準位が低く，3d軌道に電子が入りやすいことを示す。

SCIENCE BOX　電子殻の発見

電子殻が何層かに分かれていることが明らかになったきっかけは，水素の発光スペクトルの解析であった。ガラス管に封入した低圧の水素ガスに高電圧をかけると，水素原子を生じ，これが赤紫色に発光する。この光を下図のようにプリズムで分けると，波長の決まった数本の輝いた光の線が観測される。これを水素原子の**輝線スペクトル**という。これを説明するために，デンマークの**ボーア**は，次のような考えを提唱した(1913年)。水素原子内の1個の電子は，通常では，エネルギーの最も低いK殻に存在する。この状態を**基底状態**という。この水素原子が熱や放電などのエネルギーを受けると，その電子はエネルギーの高い外側のL，M，N，…の電子殻へ移動する(吸収したエネルギーが大きいほど，より外側の電子殻へ移る)。このエネルギーの高い状態を**励起状態**という。励起状態に置かれた電子は，直ちにエネルギーの低い内側の電子殻へ戻るが，このとき，そのエネルギー差に相当する光を放出する。これが輝線スペクトルの生じる原因である。

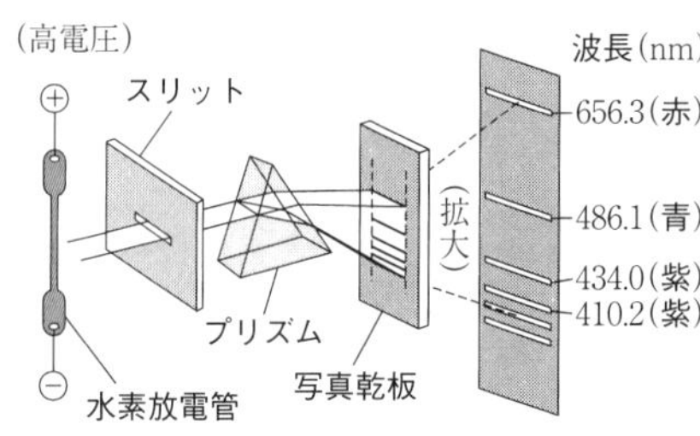

水素原子の可視部輝線スペクトル

水素原子では，外側の電子殻からK殻へ電子が移るときの光は紫外線，M殻へ移るときの光は赤外線で，いずれも目に見えない。しかし，L殻へ移るときの光だけが可視光線で，このとき656.3 nmの赤色光の強度が最も大きく，434.0 nm，410.2 nmの紫色光がこれに次ぐので，赤紫色に発光することになる。すなわち，電子に外部からエネルギーが与えられた場合，電子は連続的にエネルギーの高い状態に移っていくのではなく，不連続なエネルギー状態しかとり得ない。つまり，原子内の電子は，原子核を中心とした飛び飛びのエネルギー準位に対応するいくつかの電子殻に分かれて運動しているという結論に到達した。

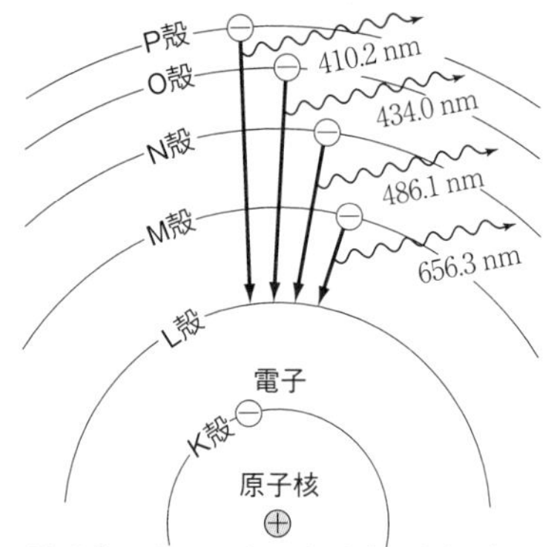

励起状態の電子がL殻に戻るときに発する光が，水素原子の可視光領域のスペクトルである。

原子内の電子は原子核の周囲に存在するが，実際の電子は粒子と波動の二重性をもつため，粒子としての電子の位置と運動量を正確に決定することはできない。決めることができるのは，電子が空間のどの部分により多く存在するかという確率だけである。この電子の存在する確率の大小を濃淡で表すと，下図左のようになり，ちょうど原子核を電子が雲のように包んでいるように見えるので**電子雲**という。電子雲の中で電子の存在する確率の最も大きい部分を**電子殻**といい，便宜上，原子核を中心とした同心円で表しているに過ぎない。

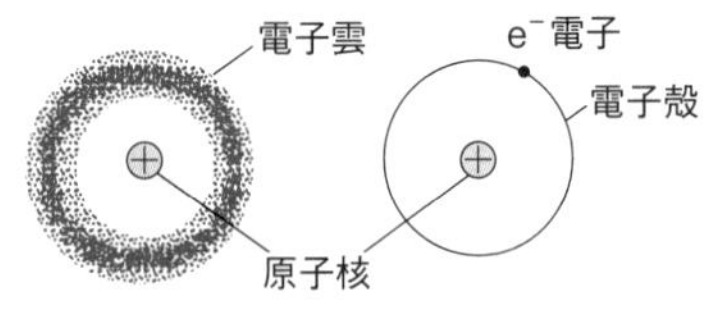

8 イオンの生成

原子では正電荷を帯びた陽子の数と負電荷を帯びた電子の数が等しいため，原子全体としては電気的に中性である。しかし，何らかの原因により，原子が電子を放出したり，受け取ったりすると，原子全体として電荷を帯びた状態になる。このように電荷をもった粒子を**イオン**という。電気的に中性な原子が電子を失うと**陽イオン**となり，また，電子を受け取ると**陰イオン**が生成する。イオン生成の際に授受した電子の数が**イオンの価数**に等しい。また，イオンには，1個の原子だけでできた**単原子イオン**と，2個以上の原子からなる原子団からできた**多原子イオン**がある。

貴ガスの原子では，最外殻電子が8個(He は2個)であり，安定な電子配置をとっている。この状態では，最外殻電子は飛び出しにくく，また，最外殻へ電子が取り込みにくくなっているので，貴ガスの原子がイオンになることは極めて困難である。

一方，ナトリウム原子 Na では，K 殻に2個，L 殻に8個，および最外殻の M 殻に1個の電子が配置されている。この最外殻電子は，他の内殻電子に比べて原子核より遠くに存在しているので，原子核からの引力が弱く，原子から離れやすい状態にある。この電子1個が放出されると，その電子配置は貴ガスのネオン Ne と同じになって安定化できる。このため，Na 原子は1価の陽イオンである Na^+ に変化しやすい。このように，原子が陽イオンになる性質を**陽性**という。

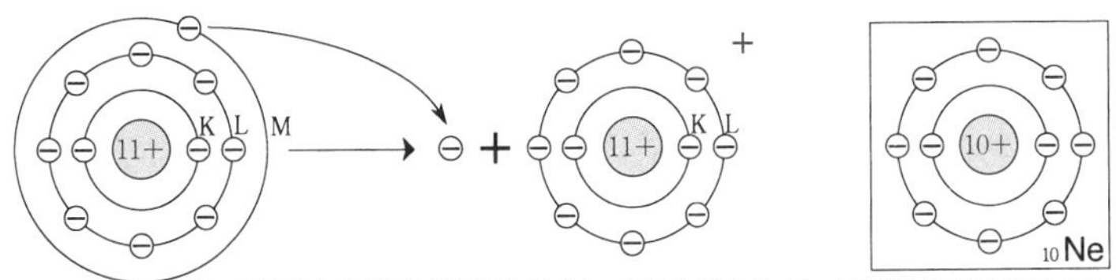

Naの M殻から電子が1個放出されて Na^+ができ，Neと同じ電子配置になる。

また，塩素原子 Cl では，K 殻に2個，L 殻に8個，および最外殻の M 殻に7個の電子が配置されている。この M 殻に，さらに1個の電子が取り込まれると，その電子配置が貴ガスのアルゴン Ar と同じになって安定化できる。このため，Cl 原子は1価の陰イオンである Cl^- に変化しやすい。このように，原子が陰イオンになる性質を**陰性**という。

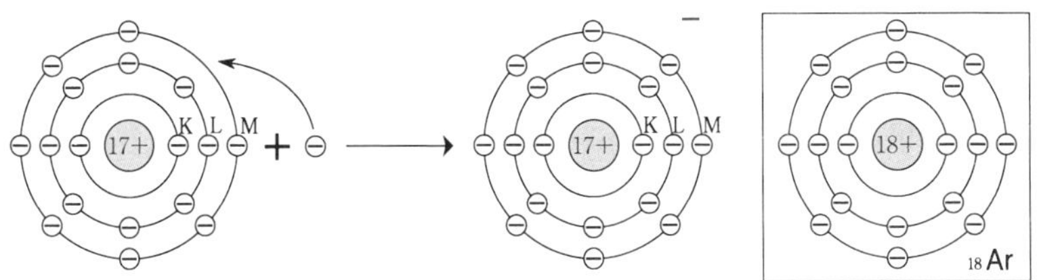

Clの M殻に電子が1個取り込まれて Cl^-ができ，Arと同じ電子配置になる。

このように，原子には，原子番号が最も近い貴ガスの原子と同じ電子配置をとって，安定化しようとする傾向が見られる。そのため，貴ガス以外の原子は価電子を放出して陽イオンになったり，電子を取り込んで陰イオンに変化したりすると考えられる。

一般に，価電子の数が1，2，3個の原子では，価電子を放出して陽イオンになりやすい。たとえば，1個の価電子をもつLi，Na，K原子は，Li^+，Na^+，K^+という1価の陽イオンに，2個の価電子をもつMg，Ca，Zn原子は，Mg^{2+}，Ca^{2+}，Zn^{2+}という2価の陽イオンに，3個の価電子をもつAl原子はAl^{3+}という3価の陽イオンになりやすい。

$$Na \longrightarrow Na^+ + e^- \qquad Mg \longrightarrow Mg^{2+} + 2e^- \qquad Al \longrightarrow Al^{3+} + 3e^-$$

価電子の数が6，7個の原子では，電子を受け取って陰イオンになりやすい。たとえば，7個の価電子をもつF，Cl，Br原子は，それぞれF^-，Cl^-，Br^-という1価の陰イオンに，6個の価電子をもつO，S原子はO^{2-}，S^{2-}という2価の陰イオンになりやすい。

$$F + e^- \longrightarrow F^- \qquad O + 2e^- \longrightarrow O^{2-}$$

一方，価電子の数が4，5個の原子は，陽イオン，陰イオンのいずれにもなりにくい[9]。

補足[9]　4個の価電子をもつ炭素原子では，4個の価電子を全部放出してC^{4+}になるか，または外部から電子を4個取り込んでC^{4-}にもなれる可能性がある。しかし，いずれの場合にも莫大なエネルギーの出入りを伴い，通常では炭素原子をイオンにするのは困難である。

►イオンの大きさは，一般に，陽イオンになると，もとの原子よりも小さくなり，陰イオンになると，もとの原子よりも大きくなる[10]。

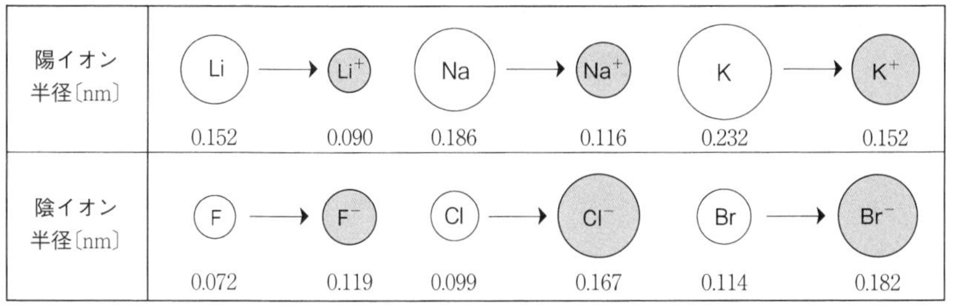

詳説[10]　原子が陽イオンになると，最外殻の電子が失われて1つ内側の電子殻が最外殻となるからである。また，同一元素の陽イオンでは価数が大きいほどサイズは小さくなる。これは，失われた電子による遮蔽効果(p. 35)がなくなり，有効核電荷(p. 40)が増すためと考えられる。

例　Fe^{2+} 0.075 nm　　Fe^{3+} 0.069 nm　　Cu^+ 0.091 nm　　Cu^{2+} 0.087 nm

一方，原子が陰イオンになっても，最外殻そのものには変わりはないが，新たに入った電子ともとの電子との間の反発力が生じることや，入ってきた電子による遮蔽効果が加わるため，有効核電荷が減り，陰イオンの半径はもとの原子半径よりも大きくなると考えられる。

►O^{2-}，F^-，Na^+，Mg^{2+}，Al^{3+}のように，すべて同一の電子配置をもつイオンの場合，原子番号が大きくなるほどイオン半径は小さくなる。これは，電子配置は同じでも，原子核の正電荷がこの順に増加し，電子がより強く原子核に引きつけられるためである。

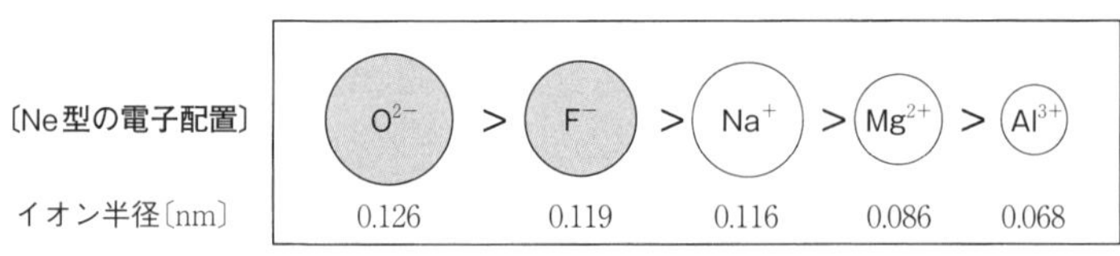

9 イオン化エネルギー

原子を陽イオンにする場合，原子核からの引力に逆らって電子を無限遠点まで引き離すためのエネルギーを外部から加える必要がある。気体状態の原子から電子 1 個を取り去って，1 価の陽イオンにするのに必要なエネルギーを**第一イオン化エネルギー**という。さらに 1 価の陽イオンから 2 個目の電子を取り去るのに必要なエネルギーを**第二イオン化エネルギー**といい，以下同様，第三，第四，…第 n イオン化エネルギーが定義される。単にイオン化エネルギーといえば，第一イオン化エネルギーのことをさす。

例　Na(気) ＋ 496 kJ ⟶ Na^+(気) ＋ e^-

　　Na^+(気) ＋ 4562 kJ ⟶ Na^{2+}(気) ＋ e^-

同一の原子においては，第一，第二，第三，…の順でイオン化エネルギーが大きくなる。これは，陽イオンの価数が大きくなると，原子核からの引力だけでなく，イオンの正電荷とこれから取り去ろうとする電子との間に働く静電気力 (p. 46) に相当するエネルギーを，余分に加えなければならないからである。また，Na 原子では第一と第二イオン化エネルギーの間に大きな飛躍が見られるが，Mg 原子では，第二イオン化エネルギーに比べて第三イオン化エネルギーが非常に大きい[11]。

詳説[11] 一般に，貴ガス型の電子配置になるまでのイオン化エネルギーは比較的小さいが，貴ガス型の電子配置を壊すときのイオン化エネルギーは非常に大きくなる。これは貴ガス型の電子配置が極めて安定であることを示している。通常の化学反応では，このような大きなエネルギーはやり取りされないので，Na^{2+}，Mg^{3+} のような貴ガス型の電子配置を壊すようなイオンは生成されないと考えてよい。

►イオン化エネルギーは，原子がもつ電子の出しにくさを表す指標となる。すなわち，イオン化エネルギーの小さい原子ほど，陽イオンになりやすい。また，イオン化エネルギーの大きい原子ほど，陽イオンになりにくいことを示す。

参考 電極を備えた容器に気体を入れ，電極に電圧を加えておく。いま，一定波長の光を当てたプリズムを回転して，気体に照射する光の波長を短く(エネルギーを大きく)していくと，ある所で気体がイオン化して，電流が流れる。このときの光エネルギーがイオン化エネルギーとなる。

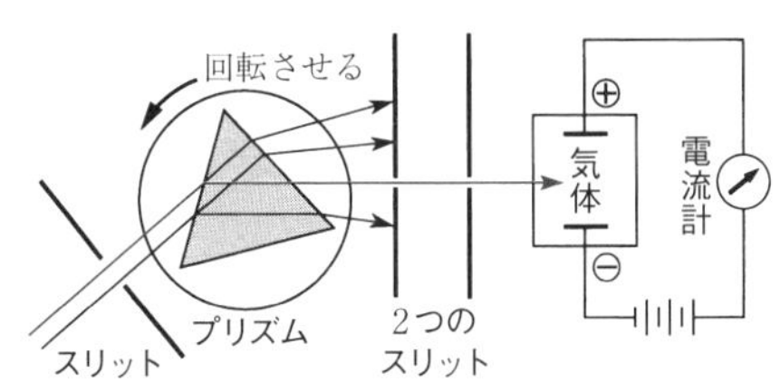

イオン化次数	1	2	3	4	5	6	7	8
$_{11}Na$	496	4562	6912	9543	13353	16610	20115	25490
$_{12}Mg$	738	1451	7733	10540	13630	17995	21704	25656
$_{13}Al$	578	1817	2745	11577	14831	18378	23295	27459
$_{14}Si$	787	1577	3232	4356	16091	19785	23786	29252
$_{15}P$	1012	1903	2912	4957	6274	21269	25397	29854
$_{16}S$	1000	2251	3361	4564	7013	8496	27106	31670
$_{17}Cl$	1251	2297	3822	5158	6542	9362	11018	33604
$_{18}Ar$	1521	2666	3931	5771	7238	8781	11995	13842

原子のイオン化エネルギー（数字の単位：kJ/mol）

⇦ イオン化エネルギーに大きな飛躍の見られる部分

►原子の第一イオン化エネルギーを原子番号順にグラフに表すと，右図のようになり，一定の規則的な関係（**周期性**，p. 43）が見られる。

同一周期（Li～Ne や Na～Ar など）の原子のイオン化エネルギーは，原子番号が大きくなるにつれて増加する傾向を示す[12]。これは，原子核の正電荷が順次大きくなると，最外殻電子が原子核に強く引きつけられるためである。

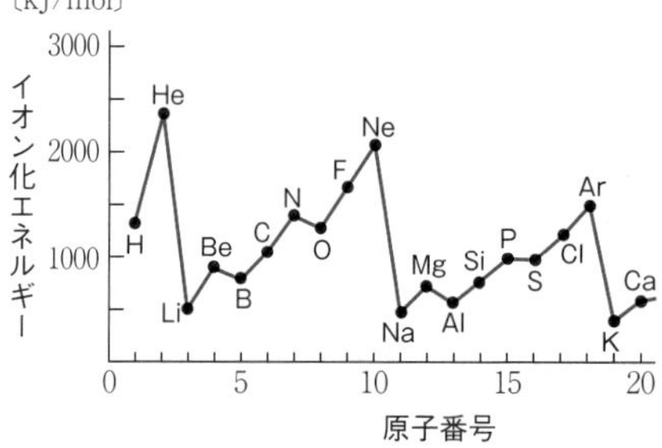

原子番号と第一イオン化エネルギーの関係

そして，He，Ne，Ar などの貴ガスの原子のイオン化エネルギーは極大値をとる。これは，貴ガスの電子配置がとくに安定化しており，電子を取り去るのに強い抵抗があることを示す。また，Li，Na，K 原子では，それぞれ He，Ne，Ar より1つ外側の電子殻へ電子1個が収容されているので，内殻電子の遮蔽（しゃへい）効果（p. 35）により原子核からの静電気力もかなり弱くなって，イオン化エネルギーは極小値をとる[13]。

詳説[12]　たとえば，Be($1s^2, 2s^2$)，N($1s^2, 2s^2, 2p^3$) のイオン化エネルギーは，原子番号の1つ大きい B($1s^2, 2s^2, 2p^1$)，O($1s^2, 2s^2, 2p^4$) のイオン化エネルギーよりも少し大きい。これは，Be では 2s 軌道が閉殻で電子配置が安定であり，また，N では 2p 軌道が半閉殻（それぞれの電子軌道に1個ずつ電子が入った状態）で，この電子配置はフントの規則 (p. 35) によると比較的安定であるため，いずれの場合も最外殻電子がやや放出されにくく，イオン化エネルギーが少し大きくなる。

	1s	2s	2p				1s	2s	2p		
${}_4$Be：	↑↓	↑↓				${}_7$N：	↑↓	↑↓	↑	↑	↑

一方，B では 2p 軌道の電子を1個放出すれば，Be と同じ 2s 軌道が閉殻の状態になれる。また，O では 2p 軌道の電子を1個放出すれば，N と同じ 2p 軌道が半閉殻の状態になれるので，いずれの場合も電子1個がやや放出されやすく，イオン化エネルギーが少し小さくなる。

	1s	2s	2p				1s	2s	2p		
${}_5$B：	↑↓	↑↓	↑			${}_8$O：	↑↓	↑↓	↑↓	↑	↑

詳説[13]　同族の原子 (Li，Na，K など) で，原子番号が増えるほどイオン化エネルギーが小さくなるのは，原子半径が大きくなり最外殻電子に働く原子核からの静電気力 (p. 46) が弱くなるからである。たとえば，${}_3$Li の電子配置は ($1s^2$，$2s^1$) で K 殻は閉殻になっており，K 殻にある2個の電子は原子核の正電荷+3のうちほぼ+2相当分を打ち消している。したがって，L 殻の最外殻電子に働く原子核の正電荷は近似的に+1と考えられる。このように，原子核の正電荷のうち，最外殻電子に有効に働くとみなせる見かけの電荷を**有効核電荷**という。Li，Na，K の有効核電荷はいずれも+1で等しいから，原子半径が大きくなるほど，最外殻電子に働く原子核からの静電気力が弱くなり，イオン化エネルギーが小さくなるのである。

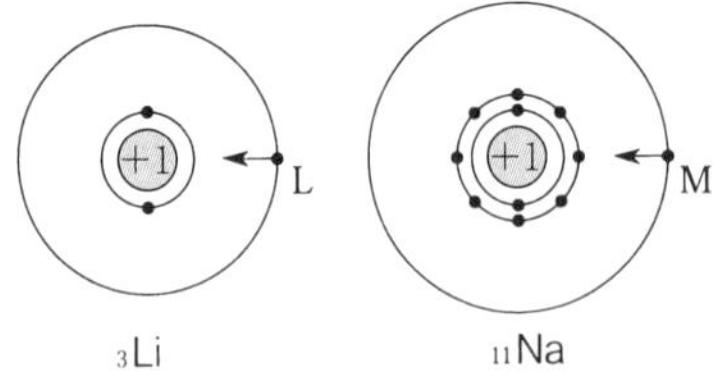

10 電子親和力

電気的に中性な原子が電子を取り込んで陰イオンになるとき，エネルギーが放出されることが多い。原子が電子１個を取り込み，１価の陰イオンになるときに放出されるエネルギーを**電子親和力**という⓮。

電子親和力は，原子の陰性の強さを比較するのに用いられ，電子親和力の大きい原子ほど，陰イオンになりやすく，生成した陰イオンは安定である。とくに，F，Cl，Br などのハロゲンの原子では，加えた電子は原子に強く引きつけられ，大きなエネルギーを放出して安定化するため，電子親和力が大きくなる。一方，貴ガスの原子では，その電子配置が極めて安定であるため，電子親和力はわずかに負の値を示す。

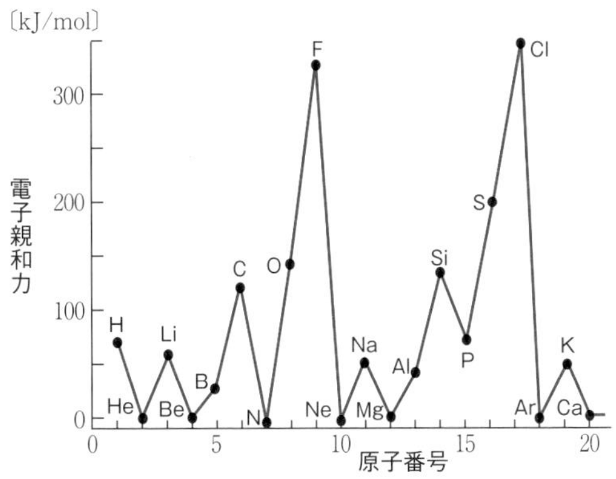

原子番号と電子親和力の関係

補足⓮ ふつう，第一電子親和力を電子親和力という。電気的に中性な原子に電子１個が加わったとき，原子核からの静電気的な引力による安定化と，もとから存在する最外殻電子との静電気的な反発力による不安定化が同時におこる。多くの原子では，前者の効果が後者の効果を上回り発熱することが多い。しかし，第二，第三以上の電子親和力はすべて負の値となり，電子を取り込むと，エネルギーの高い不安定な状態になる。これは，陰イオンに負電荷をもつ電子を近づけると，大きな静電気的な反発力が働くからである。

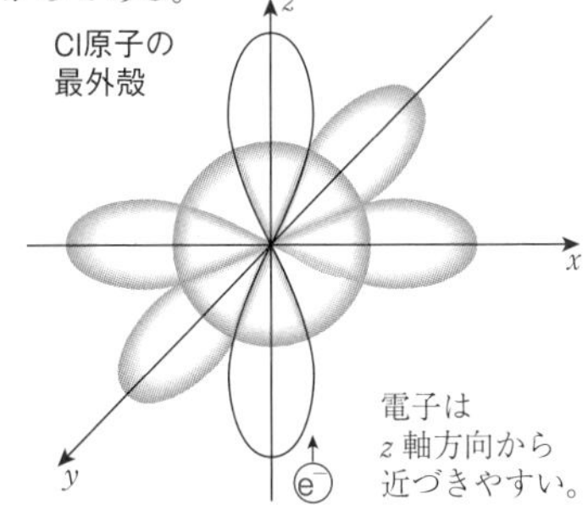

►原子核に束縛されている電子を，無限遠点まで移動させるにはエネルギーを必要とした。一方，電気的に中性な原子に負の電荷をもつ電子を近づけても，本来，それほど大きな引力や反発力は働かない。したがって，電子親和力の値は，通常，イオン化エネルギーに比べてかなり小さな値をとる。とくに，最外殻電子がほとんど球対称に分布している貴ガス（ns^2, np^6 の電子配置）や２族（ns^2 の電子配置）の原子の場合，原子に近づいた電子が原子核から受ける引力よりも，他の最外殻電子から受ける反発力のほうが少し大きいので，電子親和力はわずかに負の値になる。しかし，電子親和力の大きい Cl 原子の電子配置を (Ne)$3s^2 3p_x^2 3p_y^2 3p_z^1$ とすると，最外殻の電子密度は x, y 軸方向に比べて，z 軸方向のほうが少し低くなる。したがって，電子が z 軸方向から近づいた場合には，他の最外殻電子との反発力が x, y 軸方向に比べてやや小さくなること，また，$3p_z$ 軌道に電子が入ることで，3p 軌道全体としての対称性が向上し，安定な電子配置になることから，電子親和力が大きくなると考えられる。

SCIENCE BOX　電子親和力

電子親和力とは，原子外の電子が原子に取り込まれることにより，エネルギー的にどれだけ安定になるかを示す量で，次の熱化学反応式で表せる(E は原子)。

E(気)＋e^- ⟶ E^-(気)　(＋Q kJ) ……①

E^-(気)　⟶　E(気)＋e^-(－Q kJ) ……②

②式より，電子親和力は E^- のイオン化エネルギーの符号を変えたものに等しい。

E^- から電子を奪う場合，あとに残るのは電気的に中性な原子 E だから，電子は少し離れればもう静電気力(p. 46)は受けない。一方，E から電子を奪う場合，あとに残るのは E^+ だから，電子は少し離れても静電気力を受け，完全に電子を E^+ から引き離すには，さらに大きなエネルギーが必要となる。したがって，同一原子のイオン化エネルギーと電子親和力を比べると，前者のほうがずっと大きな値となる。

原子番号と電子親和力の関係(p. 41)を見ると，イオン化エネルギーと同様に，一定の周期性が認められる。

貴ガス元素では，電子配置が s^2p^6 で安定だから，取り込んだ電子は一つ外側の電子殻に入らなければならず，電子に働く原子核からの静電気力は弱い。したがって，電子親和力はわずかに負の値を示す。

17 族元素では，電子 1 個を取り込むことで，貴ガスの電子配置(s^2p^6)が達成され，エネルギー的な安定性が大きい。したがって，電子親和力は大きな正の値を示す。

一般に，周期表を右に進むと，電子親和力は増加の傾向を示す。これは，同一の周期を右に進むほど，原子核の正電荷が大きくなるので，有効核電荷 (p. 40) も増加し，取り込まれる電子が，原子核から受ける静電気力が大きくなるためである。

しかし，この一般的傾向から少しはずれるのが 2 族元素と 15 族元素である。

2 族元素では，s 軌道が**閉殻**になっているので，取り込まれた電子は，それ以外の電子によって遮蔽されたエネルギー準位の高い p 軌道に入らなければならない。したがって，電子親和力はわずかに負の値を示す。

15 族元素では，p 軌道に電子 3 個が入った**半閉殻**の状態にあるので，電子 1 個を取り込むと，p 軌道のいずれか 1 つに電子 2 個を収容しなければならず，電子間の反発力 (**静電反発**) が大きくなる。したがって，電子親和力は小さくなる。

電子配置は p 軌道が閉殻のとき最も安定で，次に，s 軌道が閉殻のときも安定である。さらに，p 軌道が半閉殻のときもかなり安定である。

これに対し，1 族，14 族元素の電子親和力がやや大きいのは，1 族元素が電子 1 個を取り込むと s 軌道が閉殻となり，14 族元素が電子 1 個を取り込むと p 軌道が半閉殻となり，エネルギー的に安定になるからである。

一般に，同族元素で周期表を下へ進むと，電子軌道が原子核から遠ざかり，原子核からの静電気力が弱まるため，電子親和力は減少する。しかし，第 2 周期元素では，電子軌道が原子核近くに分布するので，原子核からの強い静電気力が働き，大きな電子親和力が期待される。一方，電子軌道が小さな狭い空間に電子が閉じ込められることは，電子間に働く静電反発も大きくなることを意味し，この 2 つの効果の兼ね合いにより，第 2 周期元素の電子親和力は第 3 周期元素のそれよりも少し小さくなる*。これが，Cl よりも陰性の強い F のほうが電子親和力が少し小さくなる理由である。

＊　第 4 周期以降の元素では，d 軌道，f 軌道が存在し，それらの電子による原子核の正電荷の遮蔽効果は小さく，これらの元素の有効核電荷は意外と大きい。したがって，第 4 周期以降の典型元素の電子親和力は，第 3 周期の典型元素の電子親和力とほぼ同程度の値を示す。

11　元素の周期表

元素を原子番号の順に並べると，元素の化学的性質はしだいに変化し，性質のよく似た元素が周期的にあらわれる。この規則性を**元素の周期律**という。周期性を示す元素の性質として，単体の融点，原子のイオン化エネルギー，価電子数，および原子容（固体の単体 1 mol が占める体積）などがある⓯。元素の周期律が成り立つのは，原子番号の増加に伴い，価電子の数が下図のように規則的に変化するためである⓰。

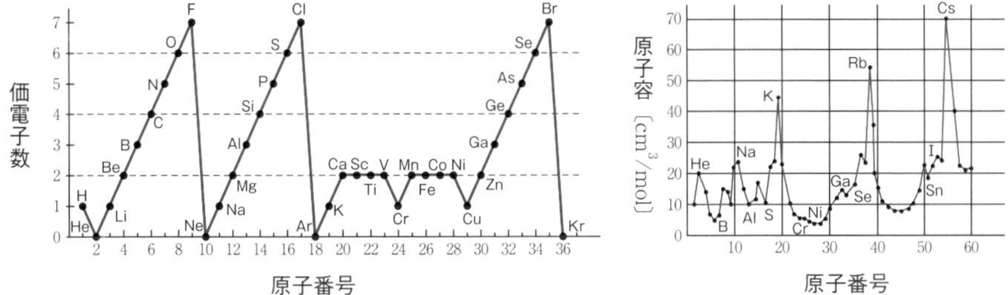

補足⓯　1 族元素の原子容が，同周期の他の元素の原子容に比べて著しく大きいのは，原子核の有効核電荷(p. 40)が同周期の他の元素に比べて小さく，原子核が最外殻電子を引きつける力が弱いためと考えられる。

詳説⓰　価電子の数が同じということは，原子の表面の状態がよく似ていることを示す。化学変化とは，原子どうしの結合の組み合わせが変化することだから，原子の表面の状態がよく似た原子では，よく似た化学的性質(反応性)を示すことが理解できる。

►元素を原子番号順に並べ，性質のよく似た元素が同じ縦の列に並ぶように配列した表を**元素の周期表**という。1869 年，ロシアの**メンデレーエフ**は，元素を原子量（p. 95）の順に並べて元素の周期律を発見し，周期表の原型をつくった。その後，元素を原子番号の順に並べた方が，化学的性質のよく似た元素がうまく縦の列に並べられることがわかり，改良が加えられた。現在，一般に用いられている周期表を下に示す。

族 / 周期	1	2	3	4	5	6	7	8	9	10	11	12	13	14	15	16	17	18
1	$_{1}$H																	$_{2}$He
2	$_{3}$Li	$_{4}$Be											$_{5}$B	$_{6}$C	$_{7}$N	$_{8}$O	$_{9}$F	$_{10}$Ne
3	$_{11}$Na	$_{12}$Mg											$_{13}$Al	$_{14}$Si	$_{15}$P	$_{16}$S	$_{17}$Cl	$_{18}$Ar
4	$_{19}$K	$_{20}$Ca	$_{21}$Sc	$_{22}$Ti	$_{23}$V	$_{24}$Cr	$_{25}$Mn	$_{26}$Fe	$_{27}$Co	$_{28}$Ni	$_{29}$Cu	$_{30}$Zn	$_{31}$Ga	$_{32}$Ge	$_{33}$As	$_{34}$Se	$_{35}$Br	$_{36}$Kr
5	$_{37}$Rb	$_{38}$Sr	$_{39}$Y	$_{40}$Zr	$_{41}$Nb	$_{42}$Mo	$_{43}$Tc	$_{44}$Ru	$_{45}$Rh	$_{46}$Pd	$_{47}$Ag	$_{48}$Cd	$_{49}$In	$_{50}$Sn	$_{51}$Sb	$_{52}$Te	$_{53}$I	$_{54}$Xe
6	$_{55}$Cs	$_{56}$Ba	ランタノイド 57～71	$_{72}$Hf	$_{73}$Ta	$_{74}$W	$_{75}$Re	$_{76}$Os	$_{77}$Ir	$_{78}$Pt	$_{79}$Au	$_{80}$Hg	$_{81}$Tl	$_{82}$Pb	$_{83}$Bi	$_{84}$Po	$_{85}$At	$_{86}$Rn
7	$_{87}$Fr	$_{88}$Ra	アクチノイド 89～103	$_{104}$Rf	$_{105}$Db	$_{106}$Sg	$_{107}$Bh	$_{108}$Hs	$_{109}$Mt	$_{110}$Ds	$_{111}$Rg	$_{112}$Cn	$_{113}$Nh	$_{114}$Fl	$_{115}$Mc	$_{116}$Lv	$_{117}$Ts	$_{118}$Og

遷移元素……………………（濃い網掛け）
典型元素 { 金属元素…………（薄い網掛け） / 非金属元素………（白） }
詳しいことがわからない元素 …（点描）

元素の周期表

周期表の横の行を**周期**といい，第1～第7周期まである。第1周期には2種類の元素，第2，第3周期には8種類の元素，第4，第5周期には18種類の元素，第6，第7周期には32種類の元素が含まれる。また，周期表の縦の列を**族**といい，左から順に1族，2族，…，18族まである。同じ族に属する元素群を**同族元素**といい，価電子の数が等しく，互いに化学的性質がよく似ている。

同族元素のうち，固有の名称でよばれるものがある。たとえば，H を除く1族元素を**アルカリ金属**，2族元素を**アルカリ土類金属**，17族元素を**ハロゲン**，18族元素を**貴ガス(希ガス)**という[17]。

詳説[17] アルカリ金属は陽性の強い元素で，1価の陽イオンになりやすい。その単体は反応性に富む軽金属である。アルカリ土類金属も陽性の元素で，2価の陽イオンになりやすい。その単体はアルカリ金属に次いで反応性に富む。貴ガスは，融点・沸点が非常に低く，常温でいずれも気体である。その電子配置は安定で，ふつう，化合物やイオンになることはない。ハロゲンは陰性の強い元素で，1価の陰イオンになりやすく，その単体は反応性に富む。

12　元素の分類

周期表の両側にある1族，2族および13族から18族までの元素を**典型元素**という。典型元素では，周期表の左から右へ向かって価電子の数が1つずつ増え，その化学的性質も周期的に変化する。典型元素の原子の価電子の数は，18族(貴ガス)が0個のほかは，族番号の下1桁の数字と一致する。

一方，第4周期以降にあらわれる3族から12族までの元素群を**遷移元素** (p. 517) という。ただし，12族元素は遷移元素に含めない場合もある。遷移元素では，典型元素に見られる周期性はあまりはっきりせず，同族元素だけでなく，同一周期で隣り合う元素どうしもよく似た性質を示す。これは，遷移元素の最外殻電子の数はいずれも2，または1個であり，原子番号が増加しても最外殻ではなく，その1つ内側の電子殻のd軌道 (p. 34) へ電子が配置されていくからである。したがって，族番号が変わっても，元素の化学的性質はあまり変化しない[18]。

また，遷移元素では，最外殻電子だけでなく，内殻電子の一部も価電子として働くことがあるために，いろいろな価数をもつイオンが生成することがあり[19]，その化合物やイオンには，特有の色を示すものが多い。

補足[18] 第6周期のランタノイドや第7周期のアクチノイドは，最外殻から数えて2つ内側の電子殻のf軌道へ電子が詰まっていく元素群で，**内部遷移元素**とよばれる。物理・化学的性質はいずれも極めてよく似ており，周期表ではそれらはまとめて1つの欄に示される。

詳説[19] 鉄 $_{26}Fe$ 原子の電子配置は次の通りである。

1s	2s	2p	3s	3p	3d	4s
↑↓	↑↓	↑↓ ↑↓ ↑↓	↑↓	↑↓ ↑↓ ↑↓	↑↓ ↑ ↑ ↑ ↑	↑↓

まず，最外殻の4s軌道から電子2個が放出されて，鉄(Ⅱ)イオン Fe^{2+} になる。さらに3d軌道からも電子1個が放出されると，鉄(Ⅲ)イオン Fe^{3+} となる。このとき，3d軌道は ↑ ↑ ↑ ↑ ↑ のように半閉殻となり，比較的安定な電子配置となっている。

►銅や銀のように単体が金属光沢を示し，電気や熱をよく導くなど，いわゆる金属としての性質を示す元素を**金属元素**という。その原子は，価電子を放出して陽イオンになりやすい。

一方，金属元素以外の元素を**非金属元素**といい，すべて典型元素である。その原子は，貴ガスを除くと陰イオンになりやすいものが多い。ただし，水素は陽イオンになるが，その単体 H_2 は電気を通さないなど金属としての性質を示さないため，非金属元素に分類されるので注意してほしい。周期表では，金属元素は左下へいくほど陽性が強く，非金属元素は貴ガスを除き，右上へいくほど陰性が強くなる[20]。

詳説[20] たとえば，周期表で1族を上から下へ進むと，原子半径が大きくなり，原子核が最外殻電子を引きつける力が弱くなる。これは，原子番号が増加して原子核の正電荷が増加しても，内殻電子が閉殻の状態にある場合は，原子核の正電荷が有効に遮蔽(しゃへい)されるので，実際に最外殻電子に作用する原子核の正電荷（**有効核電荷** p. 40）は，アルカリ金属の場合はどれも +1 である。したがって，最も陽性の強い元素は，原子半径の大きなフランシウム Fr となる。

また，周期表で第2周期を左から右へ進むと，原子番号の増加に伴い有効核電荷も増加するので，原子核が最外殻電子を引きつける力は，原子半径の小さいフッ素 F で最高となる。

周期表では，金属と非金属は13族から16族へ引いた斜めの線で区分されるが，その境界近くの約10種類の金属元素の単体は，酸・塩基水溶液のいずれとも反応するので**両性金属**とよばれる。その代表としては，Al，Zn，Sn，Pb の4種を覚えておくとよい。

SCIENCE BOX 元素の周期律の発見

メンデレーエフは，当時発見されていた63種の元素を系統的に分類・整理しようとして，元素を原子量の順に並べ，化学的性質の類似した元素が同じ縦の列にくるように配列した**周期表**をつくった(1869年)。

当時，多くの化学者は，発見されていた元素だけを無理に並べようとしていた。一方，彼は，当時正しいと思われていた原子量によって決まる位置から，化学的性質の関係から決まる他の位置へ移したほうがよい元素が17個もあることを指摘し，そのことから逆に元素の正しい原子量を推定した。また，彼の偉大さは，63種の元素を無理に並べようとせず，原子量に飛躍があり，どうしてもつながらないところは，大胆にも空欄として残した点にある。ここにはやがて発見されるであろう未知の元素がくるものと考え，さらに空欄の元素の性質を，周期表の上下，左右の関係から予言した*。

彼の周期表が発表されてから6年後，彼の予言した通りの性質をもつガリウム Ga が，17年後にはゲルマニウム Ge が発見されるに及んで，彼のつくった周期表はより信頼すべきものとして広く世間にも認められるようになった。

* 彼は亜鉛（原子量65）とヒ素（原子量75）の間に，それぞれ Al と Si と類縁関係にある2つの元素エカアルミニウム（Ea）とエカケイ素（Es）の存在を予言した。このうち，エカケイ素とゲルマニウム（Ge）の性質（下表）を比較すると，驚くほどぴったりと一致している。

エカケイ素とゲルマニウムの比較

	Es	Ge
原子量 原子価	約72 4	72.63 4
単体	密度 5.5 g/cm^3 灰白色	密度 5.32 g/cm^3 灰色
酸化物	密度 4.7 g/cm^3，TiO_2 より塩基性が弱い。	密度 4.70 g/cm^3，塩基性は弱い。
塩化物	$EsCl_4$，沸点 57〜100 ℃，密度 1.9 g/cm^3	$GeCl_4$，沸点 86℃，密度 1.879 g/cm^3

1-3　化学結合

1　イオン結合

加熱したナトリウム Na を塩素 Cl_2 中に入れると，激しく反応して白色の塩化ナトリウムを生成する。このとき，陽性の強い Na 原子は電子を放出して Na^+ になる一方，陰性の強い Cl 原子はその電子を受け取って Cl^- になる❶。こうして生じた Na^+ と Cl^- は，陽イオンと陰イオンとの間に働く**静電気力**(**静電気的な引力，クーロン力**)により強く結びつく。このような陽イオンと陰イオンの静電気力による結合を**イオン結合**という❷。

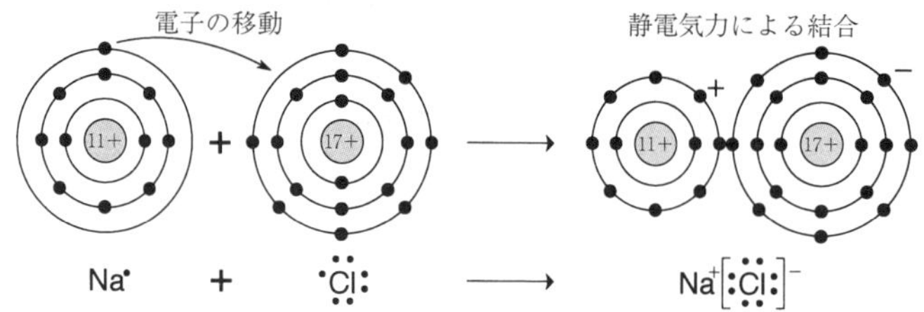

補足❶ このとき生成した Na^+ と Cl^- は，それぞれ貴ガスの Ne，Ar と同じ安定な電子配置となっている。また，イオンの大きさは，陽イオンではもとの原子よりもかなり小さく，陰イオンではもとの原子よりも少し大きくなっている。

詳説❷ 一般に，周期表で左側にある陽性の強い金属原子と周期表の右側にある陰性の強い非金属原子との間では，容易に電子が受け渡しされてイオン結合をつくりやすい。静電気力は，2つの電荷の積に比例し，その電荷間の距離の2乗に反比例する(**クーロンの法則**)。

すなわち，イオン結合の強さは，陽・陰イオンの価数が大きく，両イオンの半径が小さいほど強くなる。また，陽イオンと陰イオンは互いに近づくほど大きな静電気力で引き合うため，ポテンシャルエネルギーはより低くなる。しかし，あまり接近しすぎると，電子雲どうしの反発力が急激に大きくなり，エネルギー的に不安定になる。結局，Na^+ と Cl^- の間にできるイオン結合は，ある一定の距離(0.28 nm)を保って安定に維持されることになる。

►静電気力には方向性がない(空間のあらゆる方向に引力が及ぶ)ので，Na^+ と Cl^- が1個ずつ結合しただけでは，イオン結合は飽和されない。Na^+ の周囲には空間的に可能な限りできるだけ多くの Cl^- が，Cl^- の周囲にもできるだけ多くの Na^+ が集まり，常温・常圧では Na^+ と Cl^- が三次元的に配列した立方体の結晶がつくられる。これは，Na^+ がただ一つの Cl^- と結合するよりも，その周囲に多くの Cl^- を引き付けて結合の数を増やしたほうが，全体のエネルギーが低下し，その安定度が大きくなるからである。

一般に，構成粒子が規則正しく配列した固体を**結晶**というが，NaCl のように，陽イオンと陰イオンがイオン結合してできた結晶を**イオン結晶**という。

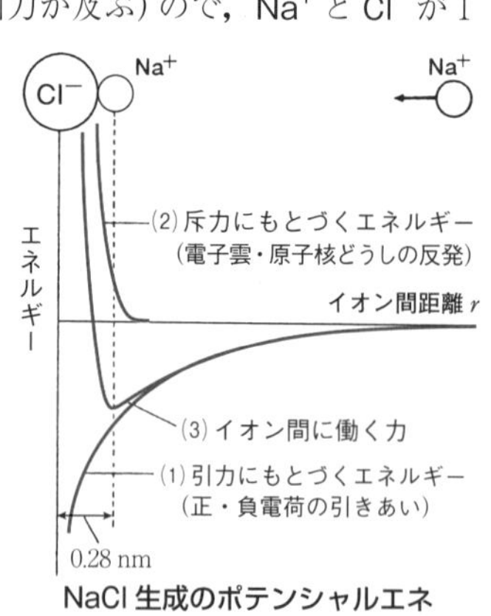

NaCl 生成のポテンシャルエネルギー曲線

2　イオン結合性の物質の表し方

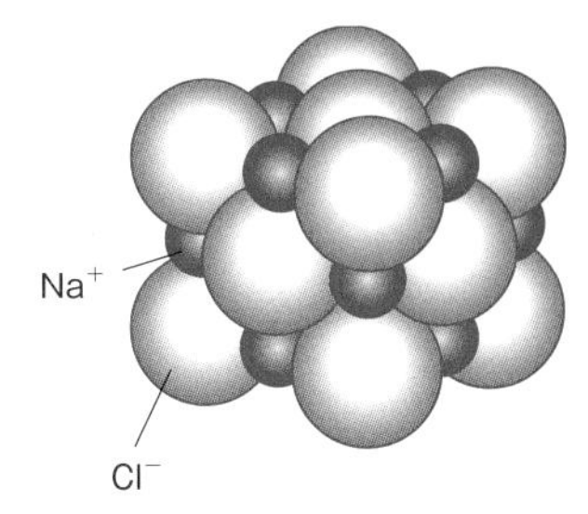

塩化ナトリウムの結晶中には，NaCl という独立した分子は存在せず，Na^+ と Cl^- が互いの電荷を打ち消すような割合で連続的に集まり，結晶を構成している。したがって，イオン結晶を化学式で表す場合，構成するイオンの種類とその個数の割合を最も簡単な整数比で表した**組成式**を用いる❸。

詳説❸ たとえば，塩化マグネシウムでは Mg^{2+}：Cl^-＝1：2の割合で結合しており，組成式では $Mg^{2+}Cl_2{}^-$ ではなく，イオンの電荷を省略して $MgCl_2$ と表す。

このように，イオン結合性の物質の組成式は，陽イオンを左側に，陰イオンを右側に書き，イオンの個数の割合はそれぞれの元素記号の右下に書き添える(ただし，1は省略する)。

►一般に，イオン結合性の物質では，次の関係が成り立つので，この関係から結合する陽イオンと陰イオンの個数の比が求められ，組成式を書くことができる。

(陽イオンの価数)×(陽イオンの数)＝(陰イオンの価数)×(陰イオンの数)

(陽イオンの数)：(陰イオンの数)＝(陰イオンの価数)：(陽イオンの価数)

硫酸アルミニウムの場合は，Al^{3+} と $SO_4{}^{2-}$ の価数の比が3：2なので，結合する Al^{3+} と $SO_4{}^{2-}$ の個数の比は2：3(逆比)となる。組成式は電荷を省略して $Al_2(SO_4)_3$ となる❹。

詳説❹ イオン結合性の物質の組成式の名称は，陰イオン名を先に，陽イオン名を後によぶ。その際，Cl^-，O^{2-}，S^{2-} のような単原子の陰イオン，および OH^-，CN^- の陰イオンは，「塩化…」「酸化…」「硫化…」「水酸化…」「シアン化…」のように「物イオン」を省略してよぶが，オキソ酸(酸素を含む酸)に由来する $SO_4{}^{2-}$，$NO_3{}^-$，$CO_3{}^{2-}$ のような多原子の陰イオンについては，単に「硫酸…」「硝酸…」「炭酸…」のように「イオン」を省略してよぶ。

また，Fe^{2+} や Fe^{3+} のように，2種類以上の価数をもつイオンを含む化合物では，価数をローマ数字で(　)をつけて表す。例　$FeSO_4$　硫酸鉄(Ⅱ)　　$FeCl_3$　塩化鉄(Ⅲ)

3　イオン結晶の性質

イオン結合性の物質では，結晶を構成する静電気力がかなり強いため，一般に融点・沸点の高いものが多い❺。

また，イオン結晶は硬いものが多いが，強い外力を加えると特定の面に沿って簡単に割れてしまう（この性質を**へき開**という）など，脆(もろ)い性質をもつ。これは，結晶中のイオンの配列が少しでもずれると，同符号のイオンどうしが向き合い，大きな反発力が働くためである。

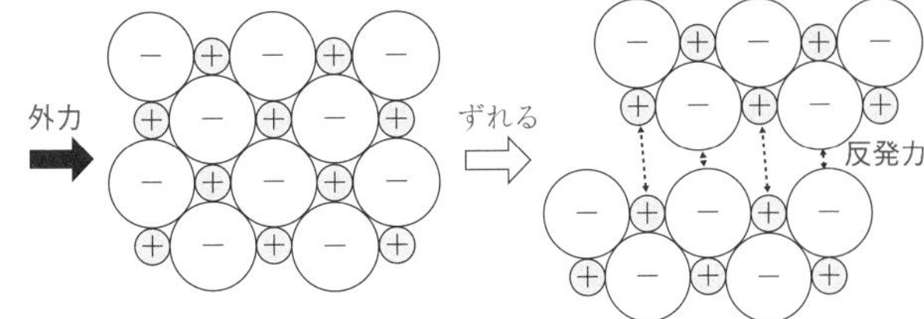

イオン結晶に外力を加え，イオンの配列がずれると簡単に割れてしまう。

化学式	LiF	LiCl	LiBr	LiI	MgO	CaO	SrO	BaO
イオン間距離〔nm〕	0.207	0.255	0.270	0.294	0.205	0.239	0.253	0.275
融　点〔℃〕	870	614	547	446	2826	2572	2430	1923
モース硬度	3.3	3.0	2.5	2.0	6.5	4.5	3.5	3.2

モース硬度とは，固体表面につけたひっかき傷の有無で，硬さを1(軟)～10(硬)の数値で表したもの。1. 滑石(かっせき)，2. 石膏(せっこう)，3. 方解石，4. ホタル石，5. リン灰石，6. 正長石，7. 水晶，8. 黄玉(おうぎょく)(トパーズ)，9. 鋼玉(こうぎょく)(コランダム)，10. ダイヤモンド

詳説❺ イオン結合性の物質は，クーロンの法則よりイオンの価数が大きく，イオン半径が小さいほど，静電気力が強くなり，融点が高くなる。

価数の大きいイオンどうしが結合した物質のほうが，融点が高い。また，イオンの価数が同じならば，イオン半径の小さいイオンからなる物質のほうが，融点が高い傾向を示す。

►イオン結合性の物質には，AgCl，$BaSO_4$，および$CaCO_3$のように水に溶けにくいものもあるが，多くは水に溶けやすい。また，イオン結晶は固体の状態では，陽イオンと陰イオンの位置が固定されており電気は導かないが，加熱して融解したり，水に溶かして溶液にすると，構成イオンが自由に動けるようになるので，電気を導く。

4　イオン結晶

結晶内での粒子の空間的な配列を表したものを**結晶格子**といい，その繰り返しの最小単位を**単位格子**という。陽イオンと陰イオンの数の比が1:1であるイオン結晶の構造には，陽・陰イオンの大きさの違いから，(i) **塩化ナトリウム(NaCl)型構造❻**と (ii) **塩化セシウム(CsCl)型構造**，(iii) **硫化亜鉛(ZnS)型構造**の3種類がある。

補足❻ イオン結合は方向性をもたないので，1個の陽イオンの周りに何個の陰イオンが取り囲めるかは，陽イオンと陰イオンの大きさの比で決まる。(Li^+, Na^+, K^+, Rb^+) と (F^-, Cl^-, Br^-, I^-) の組み合わせからなるイオン結晶はいずれもNaCl型の結晶格子をとる。

(a)

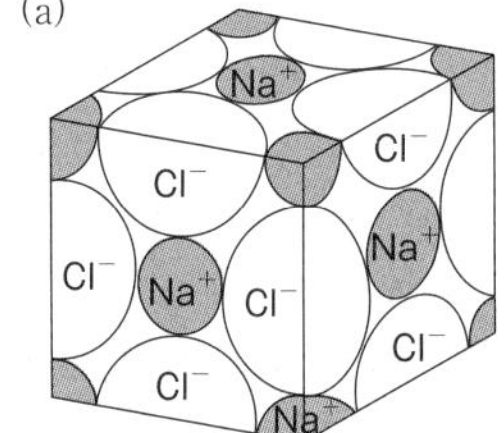

(b)

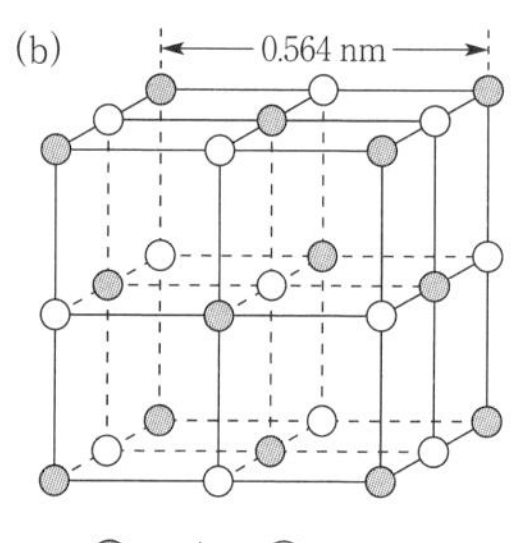

● Na^+　○ Cl^-

NaCl結晶の単位格子

► NaCl結晶の単位格子のうち，右図の(a)は実際のイオンの実寸法のままで表したもので，内部の構造がよくわからない。そこで，各イオンの中心の位置を●や○印で表し，内部の構造をわかるように隙間をあけて表したものが(b)である。NaCl結晶の単位格子の中心にあるCl^-は，その周りの6個のNa^+と接しており，Na^+もその周りの6個のCl^-と接している。イオン結晶では，あるイオンを取り囲む反対符号のイオンの数を**配位数**といい，NaCl結晶の場合では，各イオンの配位数はどちらも6である❼。

補足❼ NaClの結晶では，陽イオン，陰イオンのみの配列に着目すると，いずれも面心立方格子(p. 83)で，それぞれが稜線方向に$\frac{1}{2}$格子分だけずれて重なった構造をしている。

►単位格子内に存在する Na^+ と Cl^- の数は，それぞれ次のようにして求められる。

① 各頂点にある粒子は，単位格子にその $\frac{1}{8}$ を含む。

② 各面の中心にある粒子は，単位格子にその $\frac{1}{2}$ を含む。

③ 各辺の中心にある粒子は，単位格子にその $\frac{1}{4}$ を含む。

④ 立方体の中心にある粒子は，単位格子には **1 個**を含む。

∴ Na^+：$\frac{1}{8}\times8+\frac{1}{2}\times6=4$ 個　Cl^-：$\frac{1}{4}\times12+1=4$ 個

よって，組成式では NaCl である。

CsCl の結晶では，単位格子の中心にある Cs^+ はその周りの 8 個 Cl^- と接しており，Cl^- もその周りの 8 個の Cs^+ と接しており，各イオンの配位数はどちらも 8 である❽。

補足❽ CsCl 型の結晶は，陽イオン・陰イオンのみの配列に着目すると，それぞれ**単純立方格子**（単位格子の立方体の頂点のみに粒子が配列された結晶格子）であり，それらが対角線方向にその $\frac{1}{2}$ 格子分だけずれて重なった構造といえる。

Na^+(0.116 nm) よりも大きい Cs^+(0.181 nm) になると，その周りを取り囲む Cl^- の数(配位数)が 6 から 8 へと増加している。逆に，陰イオンが同種の場合，陽イオンが小さくなると，陰イオンの配位数は減少する。また，陽イオンが同種の場合，陰イオンが大きくなると陰イオンどうしが接触しやすくなり，陰イオンの配位数は減少する。

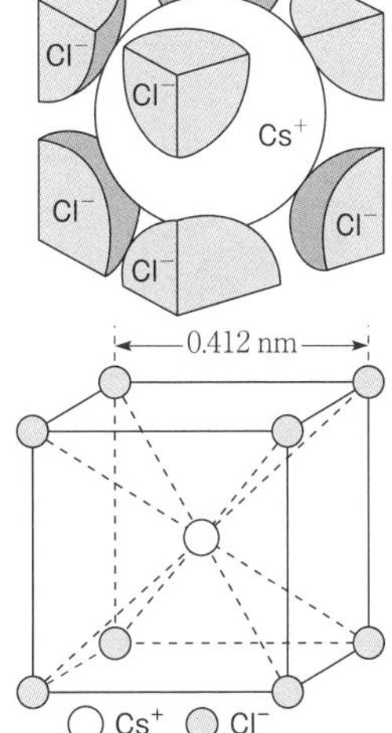

CsCl 結晶の単位格子

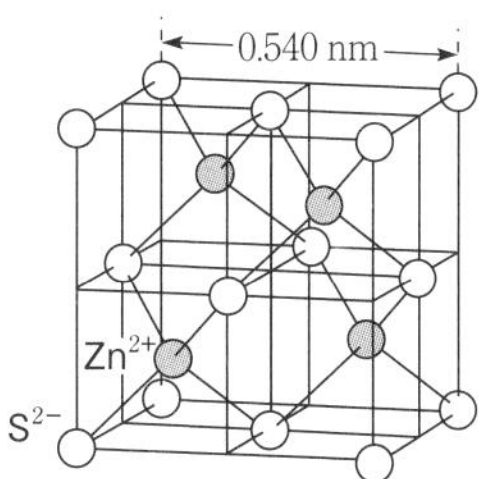

ZnS 結晶の単位格子

► ZnS の結晶では，S^{2-} は面心立方格子の配列をとり，Zn^{2+} は単位格子を 8 等分した小立方体の中心を 1 つおきに占めている。したがって，各イオンの配位数はどちらも 4 である。

SCIENCE BOX　イオン結晶の限界半径比

イオン結合には方向性がないので，イオン結晶では，あるイオンの周りを取り囲む反対符号のイオンの数(**配位数**)が多いほど，イオン結晶は安定になると予想される。しかし，配位数の大きい結晶構造をとったとき，一般に，陽イオンよりも陰イオンのほうが大きいため，ある限度よりも陽イオンが小さくなると，陰イオンどうしが接触し，結晶は不安定となってしまう（右図）。そこで，陰イオンどうしが接触しないように，配位数の小さな別の結晶構造へ変わっていく。

陽イオンと陰イオンが接触した状態で，陽イオンを小さく(陰イオンを大きく)していくとすると，陰イオンどうしが接触し，それ以降は単位格子の一辺の長さは変化しなくなる。この極限状態での陽イオンの半径 r^+ と陰イオンの半径 r^- の比 $\frac{r^+}{r^-}$ をイオン結晶の**限界半径比**という。

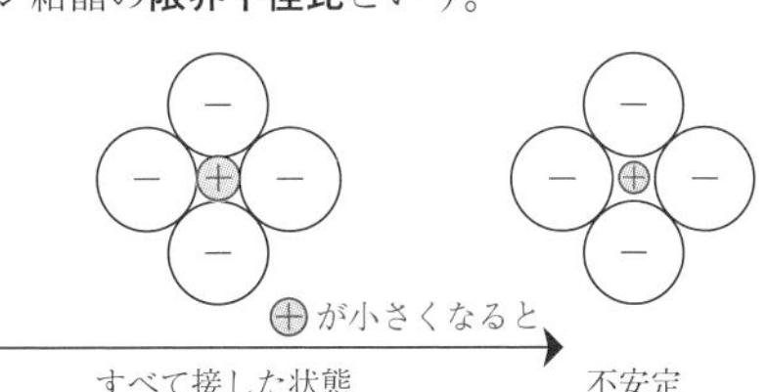

陽イオンと陰イオンの割合が1：1からなるイオン結晶には次の3種類があり，それぞれの限界半径比は次のようになる。

〔1〕 NaCl 型(6配位)の結晶構造

単位格子を真横から見た(a)と，その極限状態(b)は下図の通りとなる。

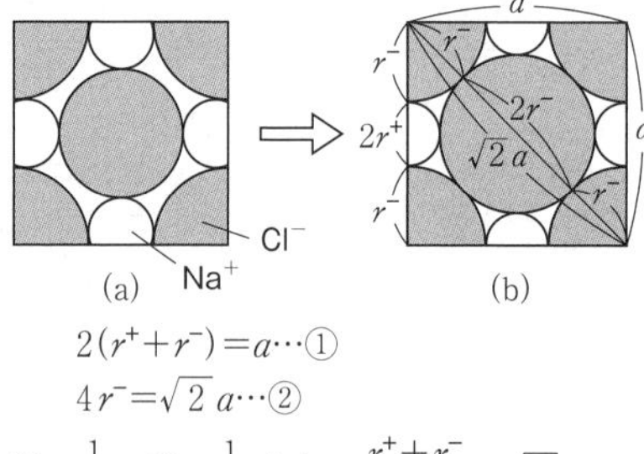

$2(r^+ + r^-) = a$…①

$4r^- = \sqrt{2}a$…②

①$\times\frac{1}{2}\div$②$\times\frac{1}{4}$ より，$\frac{r^+ + r^-}{r^-} = \sqrt{2}$

∴　**限界半径比：$\frac{r^+}{r^-} = \sqrt{2} - 1 ≒ 0.41$**

〔2〕 CsCl 型(8配位)の結晶構造

単位格子(a)の ABCD 断面に着目すると，その極限状態(b)は下図の通りとなる。

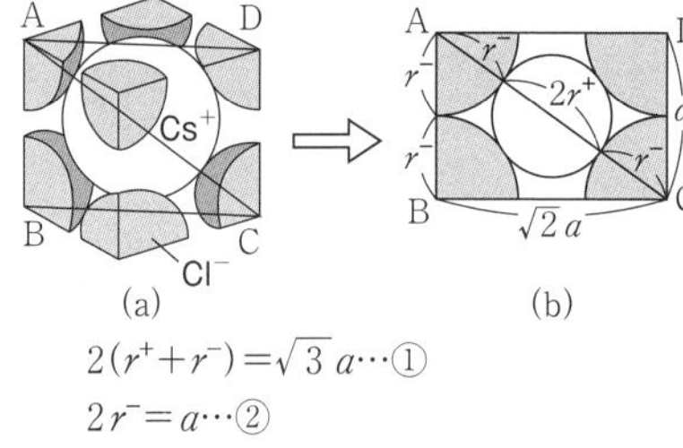

$2(r^+ + r^-) = \sqrt{3}a$…①

$2r^- = a$…②

①÷②より，$\frac{r^+ + r^-}{r^-} = \sqrt{3}$

∴　**限界半径比：$\frac{r^+}{r^-} = \sqrt{3} - 1 ≒ 0.73$***

*　一般には，$r^+ < r^-$ なので限界半径比は $\frac{r^+}{r^-}$ で考えるとよい。ところが，CsCl 結晶の場合は，Cs^+：0.181 nm，Cl^-：0.167 nm なので，$\frac{r^+}{r^-} = 1.08$ となる。限界半径比は1.0を超えることはないので，CsCl 結晶の限界半径比は $\frac{r^-}{r^+}$ で考える必要があり，$\frac{r^-}{r^+} = 0.92$ となる。

〔3〕 ZnS 型(4配位)の結晶構造

単位格子を8等分した Zn^{2+} を含む小立方体(a)の ABCD 断面に着目すると，その極限状態(b)は下図の通りとなる。

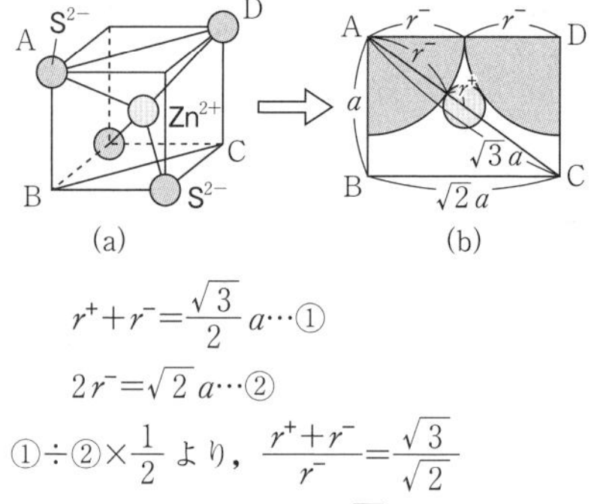

$r^+ + r^- = \frac{\sqrt{3}}{2}a$…①

$2r^- = \sqrt{2}a$…②

①÷②$\times\frac{1}{2}$ より，$\frac{r^+ + r^-}{r^-} = \frac{\sqrt{3}}{\sqrt{2}}$

∴　**限界半径比：$\frac{r^+}{r^-} = \frac{\sqrt{3}}{\sqrt{2}} - 1 ≒ 0.23$**

	ZnS 型	NaCl 型	CsCl 型
限界半径比	0.23〜0.41	0.41〜0.73	0.73〜1.0

一般に，温度・圧力などの変化により，結晶構造が変化することを**相転移**という。

RbCl 結晶の場合は，Rb^+：0.166 nm，Cl^-：0.167 nm なので，$\frac{r^+}{r^-} = 0.99$ となり，CsCl 型をとると予想されるが，常温では NaCl 型の構造をとり，−190℃以下で CsCl 型の構造への変化がおこる。また，CsCl は469℃以上になると，NaCl 型の結晶構造へと変化する。

このことは，高温では粒子の熱運動が激しく，Cl^- の占有空間が広がり，配位数の小さな結晶構造のほうが安定となる。一方，低温では粒子の熱運動が穏やかで，配位数の大きな結晶構造のほうが安定となることを示す。

また，限界半径比に近いイオン半径比をもつ結晶では，高圧にすると，より配位数の大きな高密度の構造へ変化する場合もある。たとえば，RbCl 結晶は，常温・常圧では NaCl 型の構造をとるが，5×10^8 Pa 以上では，CsCl 型の構造へと変化する。

SCIENCE BOX　面心立方格子の隙間

結晶格子の中には，球形をした原子どうしの間に隙間があり，その中で特に広くなっている部分を結晶格子の**空間**という。

最密構造である面心立方格子中にも，このような空間が2種類ある。その1つは上下・前後・左右の6個の原子に囲まれた空間a（**正八面体孔**）であり，もう1つは，4個の原子に囲まれた空間b（**正四面体孔**）である。

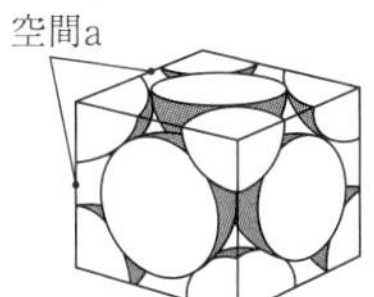

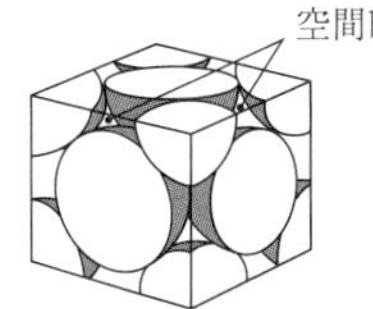

空間aは，上図左に示すように，単位格子の立方体の各辺の中点と，立方体の中心（図では隠れて見えない）にあり，各辺の中点にある隙間は単位格子に$\frac{1}{4}$個だけ含まれる。よって，単位格子中に含まれる空間aは，$\frac{1}{4}\times 12+1=4$個である。

空間bは，上図右に示すように，単位格子を8等分してできた小立方体の中心，すなわち，単位格子の各頂点にある原子のすぐ内側あたりに計8個存在する。

したがって，面心立方格子中には，
原子：空間a：空間b＝1：1：2の割合で存在することになる。

イオン結晶では，イオン半径の大きな陰イオンが最密充塡の配置をとり，小さな陽イオンが空間a，bに配置されることが多い（例外もある）。

たとえば，NaClの結晶では，Cl^-が面心立方格子を形成し，空間aのすべてにNa^+が配置された構造（p.48）をとる。また，ZnSの結晶では，S^{2-}が面心立方格子を形成し，空間bの半分に交互にZn^{2+}が配置された構造（p.49）をとる。

ホタル石CaF_2の結晶では，Ca^{2+}が面心立方格子を形成し，空間bのすべてにF^-が配置された**ホタル石型構造**＊をとる。

さらに，フッ化ビスマス（Ⅲ）BiF_3の結晶では，Bi^{3+}が面心立方格子を形成し，空間aおよび空間bのすべてにF^-が配置された構造をとる。

＊　Li_2Oの結晶では，O^{2-}が面心立方格子を形成し，空間bのすべてにLi^+が配置されている。この結晶構造はホタル石型構造とは陽イオンと陰イオンの配置が逆転しているので，**逆ホタル石型構造**という。

次に，原子半径をrとして，正八面体孔（空間a），正四面体孔（空間b）に入る球の最大半径x_1，x_2を求めてみよう。

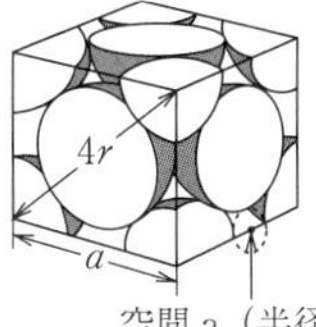

左図より，

$$a=2(r+x_1)\cdots①$$

また，面対角線の長さは$\sqrt{2}a=4r$より，

$$a=2\sqrt{2}r\cdots②$$

これを①式に代入すると，

$$x_1=(\sqrt{2}-1)r\fallingdotseq 0.41r\cdots Ⓐ$$

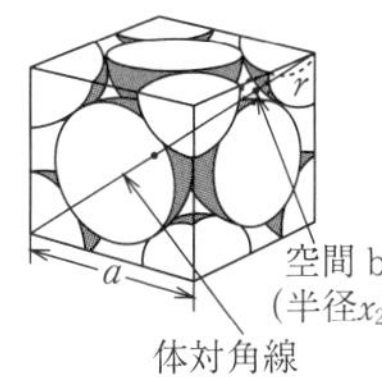

空間bの中心は，単位格子の体対角線の長さ$\sqrt{3}a$の$\frac{1}{4}$の位置にある。

$$r+x_2=\frac{\sqrt{3}}{4}a\cdots③$$

②，③式より，

$$x_2=\left(\frac{\sqrt{3}\cdot\sqrt{2}}{2}-1\right)r\fallingdotseq 0.22r\cdots Ⓑ$$

金属パラジウムPdの結晶は面心立方格子からなり，それを水素気流中で加熱したのち冷却すると，結晶格子の隙間に水素原子が取り込まれる（**吸蔵**という）。ただし，Ⓐ，Ⓑより，空間aは空間bより大きいので，H原子は選択的に空間aに吸蔵される（H原子は空間bには吸蔵されない）。そのため，金属Pdの結晶が最大限に水素を吸蔵したとすると，Pd原子：H原子＝1：1（物質量比）となる。

SCIENCE BOX　閃亜鉛鉱とウルツ鉱の結晶構造

(1)　閃亜鉛鉱の結晶構造

大きいS^{2-}が面心立方格子の配列をとり，その隙間に小さなZn^{2+}が存在している(p.49)。この結晶中には，八面体孔：四面体孔：S^{2-}=1：2：1で存在し，Zn^{2+}は四面体孔の半分を1つおきに占めている。また，Zn^{2+}とS^{2-}の配位数はともに4である。

(2)　ウルツ鉱の結晶構造

大きいS^{2-}が六方最密構造の配列をとり，その隙間に小さなZn^{2+}が存在する。六方最密構造の単位格子は，底面が一辺aの菱形で，高さhの四角柱である。

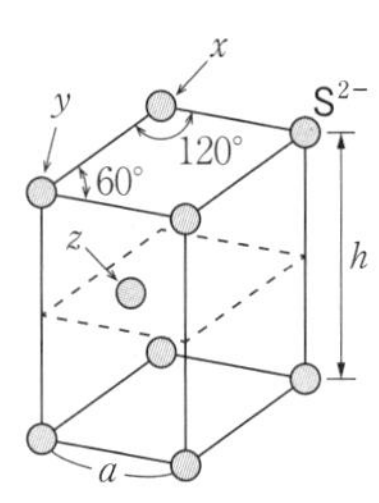

単位格子に含まれるS^{2-}の数は

$$\frac{1}{6}(x)\times4+\frac{1}{12}(y)\times4+1(z)=2(個)$$

ウルツ鉱でも，八面体孔：四面体孔：S^{2-}=1：2：1であるから，この単位格子中には四面体孔は4個存在するが，その半分をZn^{2+}が占め，その位置は次のようになる。この結晶の配位数は4なので，Zn^{2+}は4個のS^{2-}で正四面体状に取り囲まれ，その重心にZn^{2+}が存在する。同時に，S^{2-}も4個のZn^{2+}で正四面体状に取り囲まれ，その重心にS^{2-}が存在する。よって，ウルツ鉱の単位格子は次図のようになる。

例題　ZnSがウルツ鉱の構造（一辺をa，高さをh）をとるとき，Zn^{2+}の底面からの高さx，yをhを用いて表せ。

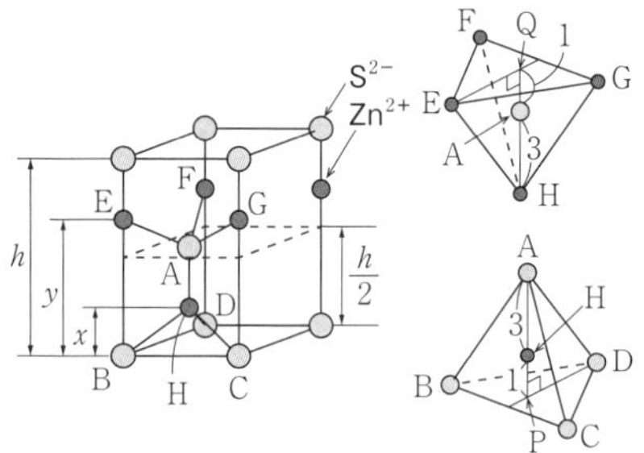

［解］　S^{2-}のつくる正四面体ABCDに着目する。頂点Aから底面に下した垂線の足をP，ABCDの重心をHとすると，

$$\mathrm{AH}:\mathrm{HP}=3:1,\quad \mathrm{AP}=\frac{h}{2}\ より$$

$$\therefore\quad x=\mathrm{HP}=\frac{h}{2}\times\frac{1}{4}=\boldsymbol{\frac{1}{8}h}\quad 答$$

Zn^{2+}のつくる正四面体EFGHに着目する。頂点Hから底面に下した垂線の足をQとすると，EFGHの重心はAなので，

$$\mathrm{HA}:\mathrm{AQ}=3:1,\quad \mathrm{HQ}=\frac{h}{2}\ より\ \mathrm{AQ}=\frac{h}{8}$$

$$\therefore\quad y=\mathrm{PQ}=\frac{h}{2}+x=\frac{h}{2}+\frac{h}{8}=\boldsymbol{\frac{5}{8}h}\quad 答$$

例題　ZnSがウルツ鉱の構造(一辺をa，高さをh〔cm〕)をとり，ZnSの式量をM，アボガドロ定数をN〔/mol〕として，ZnS結晶の密度を，a，h，M，Nを用いて表せ。ただし，根号は開平しなくてよい。

［解］　単位格子中のZn^{2+}とS^{2-}の数は

$$Zn^{2+}:\left(\frac{1}{3}\times2\right)+\left(\frac{1}{6}\times2\right)+1=2(個)$$

$$S^{2-}:\left(\frac{1}{6}\times4\right)+\left(\frac{1}{12}\times4\right)+1=2(個)$$

単位格子の底面積をS（一辺aの正三角形2個分），その体積をVとすると，

$$S=\frac{1}{2}\times a\times\frac{\sqrt{3}}{2}a\times2=\frac{\sqrt{3}}{2}a^2〔\mathrm{cm}^2〕$$

$$V=Sh=\frac{\sqrt{3}\,a^2}{2}\times h=\frac{\sqrt{3}\,a^2h}{2}〔\mathrm{cm}^3〕$$

単位格子中に，ZnS 2個が含まれるから

$$密度=\frac{単位格子の質量}{単位格子の体積}=\frac{\frac{M}{N}\times2}{\frac{\sqrt{3}\,a^2h}{2}}$$

$$=\frac{4M}{\sqrt{3}\,a^2hN}=\boldsymbol{\frac{4\sqrt{3}\,M}{3\,a^2hN}}\quad 答$$

参考　硫化亜鉛ZnSは，天然には立方晶系の閃亜鉛鉱として産出するが，稀には六方晶系のウルツ鉱として産出することがある。一般に，低温側では閃亜鉛鉱のほうが安定だが，高温側ではウルツ鉱のほうが安定である。

SCIENCE BOX　AX_2 型のイオン結晶の構造

(1)　ホタル石型構造について

ホタル石 CaF_2 の結晶は立方晶系（単位格子は立方体で，一辺の長さ $a=0.55$ nm）である。Ca^{2+} が面心立方格子の格子点を占め，F^- が単位格子を8等分した小立方体の全部の中心を占める。

F^- は4個の Ca^{2+} で正四面体状に取り囲まれ，配位数は4である。一方，Ca^{2+} は8個の F^- で立方体状に取り囲まれ，配位数は8である。すなわち，CaF_2 は8：4の配位型の結晶といえる。

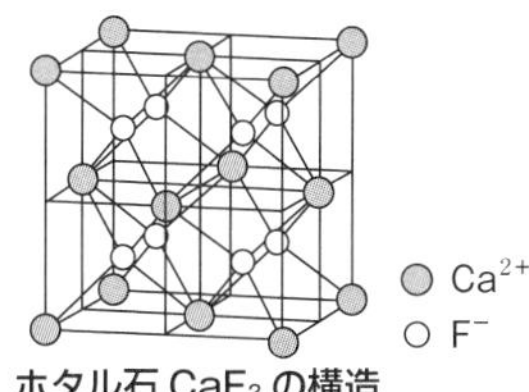

ホタル石 CaF_2 の構造

Ca^{2+} と F^- の半径比を求めると，$\frac{r^+}{r^-}=\frac{0.114}{0.119}=0.96$ となり，限界半径比0.73よりも大きいので，ホタル石 CaF_2 の結晶は，配位数の大きな8：4型の構造をとる。

(2)　ルチル型構造について

ルチル(金紅石) TiO_2 の結晶は，正方晶系(単位格子は直方体で，一辺の長さは $a=0.46$ nm，$c=0.30$ nm)である。

Ti^{4+} は，直方体の各頂点と中心を占め，O^{2-} は，直方体の上面と下面にある正方形(一辺 a) にそれぞれ面対角線を引き，その両端から約 $\frac{1}{4}$ の位置に2個ずつある。残る2つの O^{2-} は，直交座標 (x, y, z) で示すと，($0.8a$, $0.2a$, $0.5c$) と ($0.2a$, $0.8a$, $0.5c$)の座標の位置にある。

Ti^{4+} は6個の O^{2-} で正八面体状（4個は近く，2個はやや遠い）に取り囲まれ，配位数は6である。一方，O^{2-} は3個の Ti^{4+} で正三角形状に取り囲まれ，配位数は3である。すなわち，TiO_2 は6：3の配位型の結晶といえる。

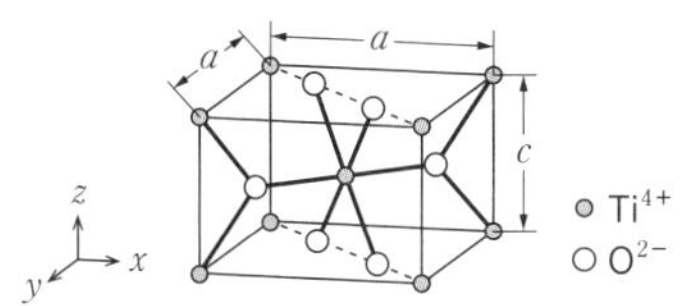

ルチル TiO_2 の構造
底面と上面は正方形，残りの側面は長方形である。

Ti^{4+} と O^{2-} の半径比を求めると，$\frac{r^+}{r^-}=\frac{0.061}{0.126}=0.48$ となり，限界半径比0.73～0.41の範囲にあるので，TiO_2 の結晶はホタル石型の結晶よりも配位数の小さな6：3型の構造をとる。

(3)　シリカ型構造について

シリカ（石英)SiO_2 の高温安定型のクリストバライトの結晶は，立方晶系（単位格子は立方体で，一辺の長さ $a=0.71$ nm)である。Si^{4+} が面心立方格子の格子点と，単位格子を8等分した小立方体の中心を1つおきに占め，O^{2-} は最近接の2つの Si 原子の中点に位置する。

Si^{4+} は4個の O^{2-} で正四面体状に取り囲まれ，配位数は4である。一方，O^{2-} は2個の Si^{4+} で直線状に取り囲まれ，配位数は2である。すなわち，SiO_2 は4：2の配位型の結晶といえる。

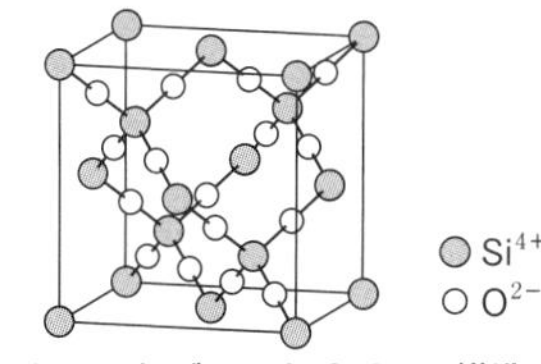

クリストバライト SiO_2 の構造

Si^{4+} と O^{2-} の半径比を求めると，$\frac{r^+}{r^-}=\frac{0.040}{0.126}=0.32$ となり，限界半径比が0.41～0.22の範囲にあるので，SiO_2 の結晶はルチル型の結晶よりも配位数の小さな4：2型の構造をとる。

このように，AX_2 型の結晶においても，イオン半径比 $\frac{r^+}{r^-}$ が小さくなると，配位数の小さな結晶構造への移行が認められる。

SCIENCE BOX　ペロブスカイト型結晶構造

ペロブスカイト（灰チタン石）$CaTiO_3$ と同じ結晶構造を，**ペロブスカイト型構造**という。一般式で，ABO_3 で表される複酸化物（p. 535）が，この結晶形をとることが多い。この結晶構造は，立方晶系のうち面心立方格子の配列をとり，O^{2-} はその面心の位置を，大型の陽イオンBはその頂点の位置を占めている*。

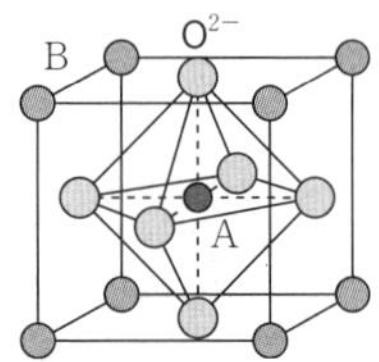

＊　上図より，O^{2-} を取り囲むBの数（O^{2-} の配位数）は12である。一方，Bを取り囲む O^{2-} の数（Bの配位数）は，図から読み取ることは難しいがやはり12である。なぜなら，Bと O^{2-} の粒子はどちらも面心立方格子の配列の一部を占めているため，どちらの配位数も最密構造の配位数12と等しいからである。

一方，小型の陽イオンAは O^{2-} によって正八面体状に取り囲まれている。

ペロブスカイト型結晶の分極について

携帯電話や電子機器のコンデンサーとして広く利用されているチタン酸バリウム $BaTiO_3$ は，この結晶構造をとる。この物質は**絶縁体**であるが，コンデンサーに用いると電気的に分極をおこし，コンデンサーの電気容量を増やす働きがある。

ペロブスカイト型の $BaTiO_3$ の結晶（右上図）では，その中心に大きな Ba^{2+} が存在し，周囲を O^{2-} が隙間なく取り囲んでいる。一方，小さな Ti^{4+} もその周囲を O^{2-} に取り囲まれているが，こちらには多少の隙間があり，イオンが動く余地がある。中央の Ba^{2+} が O^{2-} の正八面体を押し広げると，その O^{2-} に囲まれた Ti^{4+} は隙間を移動して，Ba^{2+} から少し遠ざかる位置に偏る。こうして，結晶内に＋と－の電気的な偏りを生じる。この性質を**圧電性**といい，力学的エネルギーを電気エネルギーに変換できるので，スピーカーやガスの点火装置などに利用されている。

例題　右図はチタン酸バリウム $BaTiO_3$ の結晶構造を示す。単位格子は一辺 $a=0.380$ nm の立方体で，各イオンは剛球で，最近接の異符号のイオンは密着しているが，同符号のイオンは離れているとする。アボガドロ定数を 6.0×10^{23}/mol，$\sqrt{2}=1.41$，原子量を Ba＝137，Ti＝48，O＝16 とする。

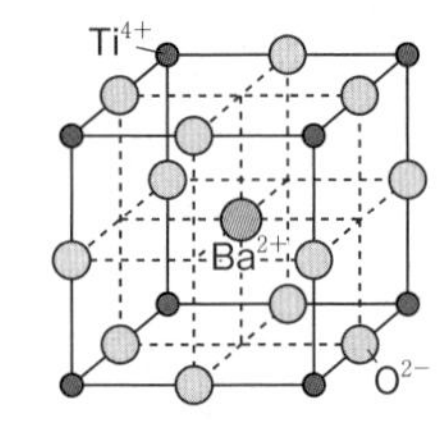

(1)　O^{2-} のイオン半径を 0.126 nm として，Ba^{2+} と Ti^{4+} のイオン半径〔nm〕を求めよ。

(2)　この結晶の密度〔g/cm^3〕を求めよ。

［解］(1)　Ba^{2+} と O^{2-} を含む面に着目する。Ba^{2+} と O^{2-} は面対角線上で接するから，Ba^{2+} の半径を x〔nm〕とすると，$2(x+0.126)=\sqrt{2}\,a$

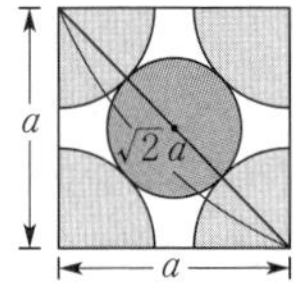

よって，$x=0.1419≒$**0.142〔nm〕**　答

Ti^{4+} と O^{2-} を含む面に着目する。Ti^{4+} と O^{2-} は稜線上で接するから，Ti^{4+} の半径を y〔nm〕とすると，

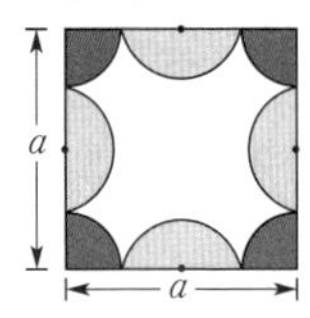

$$2(y+0.126)=a$$

よって，$y=$**0.0640〔nm〕**　答

(2)　単位格子中の各イオンの数は，

Ba^{2+}：1個，

Ti^{4+}：$\frac{1}{8}\times8=1$ 個，O^{2-}：$\frac{1}{4}\times12=3$ 個

単位格子中には組成式 $BaTiO_3$（式量233）で表される粒子が1個分含まれるから，

$$\frac{単位格子の質量}{単位格子の体積}=\frac{\frac{233}{6.0\times10^{23}}}{(3.80\times10^{-8})^3}≒7.077$$

$$≒\mathbf{7.08〔g/cm^3〕}$$　答

（注）　上左図と上右図は，いずれもペロブスカイト型の結晶構造を表しているが，結晶格子の原点のとり方による相違である。

例題　2種類の陽イオン M_A と M_B と1種類の陰イオン X からなるイオン結晶には，右図に示すペロブスカイト型構造がある。その単位格子は一辺の長さが a の立方体として問いに答えよ。

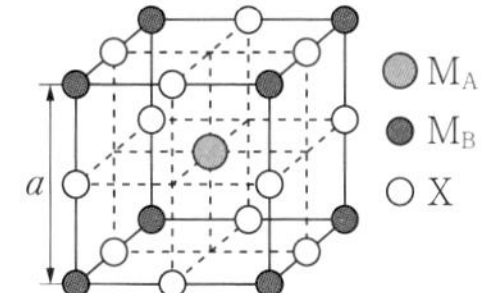

(1)　右図のイオン結晶の組成式を M_A，M_B，X を用いて表せ。

(2)　M_A および M_B の配位数をそれぞれ答えよ。

(3)　右図の結晶構造をもつ物質として，M_A が Sr^{2+}，M_B が Ti^{4+}，X が O^{2-} であるチタン酸ストロンチウムがある。その $a=0.390$ nm，O^{2-} のイオン半径を 0.130 nm とするとき，Sr^{2+} および Ti^{4+} のイオン半径は何 nm か。ただし，O^{2-} は Sr^{2+}，および Ti^{4+} のいずれとも接しているとする。($\sqrt{2}=1.41$，$\sqrt{3}=1.73$)

(4)　表にある M_A と M_B からそれぞれ1つずつ選んで上図の構造のイオン結晶を作るとき，イオンの価数の観点から安定な M_A と M_B の組み合わせをすべて答えよ。

(5)　(4)で選択したイオン結晶の安定性を比べる尺度に，次のパラメーターを利用する。

$$u=\frac{r_A+r_X}{r_B+r_X}\quad\left(\begin{array}{l}r_A,\ r_B,\ r_X \text{ は}\\ M_A,\ M_B,\ X\text{ のイオン半径}\end{array}\right)$$

M_A	Ca^{2+}	Cs^{+}	La^{3+}	Ce^{4+}
r_A〔nm〕	0.134	0.188	0.136	0.144

M_B	Fe^{3+}	Zr^{4+}	Mo^{6+}	Ta^{5+}
r_B〔nm〕	0.065	0.072	0.059	0.064

X が O^{2-} のとき，(4)で選択した M_A と M_B の組み合わせで，パラメーター u の値に基づき，最も安定なものは何か。また，その理由も記せ。

［**解**］(1)　単位格子(一辺の長さ a の立方体)に含まれる各イオンの数は，

M_A：1(個)，M_B：$\frac{1}{8}\times8=1$(個)，X：$\frac{1}{4}\times12=3$(個)　　組成式は $\mathbf{M_AM_BX_3}$ 答

(2)　イオン結晶の配位数は，あるイオンを最も近い距離で取り囲む反対符号のイオンの数である。

M_A(◉)を最も近い距離で取り囲む X(○)は12個あるので **M_A の配位数は 12** 答

M_B(●)を最も近い距離で取り囲む X(○)は M_B の前後，左右，上下に6個あるので，

M_B の配位数は 6 答

(3)　チタン酸ストロンチウム $SrTiO_3$ の結晶において，

Sr^{2+}(半径 r_A〔nm〕と O^{2-}(半径 0.130 nm)は面対角線(長さ $\sqrt{2}a$)上で接するから

$2(r_A+0.130)=\sqrt{2}\times0.390$　　∴　$\boldsymbol{r_A \fallingdotseq 0.145}$ **nm** 答

Ti^{4+}(半径 r_B〔nm〕と O^{2-}(半径 0.130 nm)は単位格子の各辺(長さ a)上で接するから

$2(r_B+0.130)=0.390$　　∴　$\boldsymbol{r_B \fallingdotseq 0.065}$ **nm** 答

(4)　イオン結晶では，**(正電荷の総和)＝(負電荷の総和)**が成り立つ。

負電荷の総和は $-2\times3=-6$ なので，M_A と M_B の正電荷の総和は $+6$ でなければならない。

該当するのは(M_A，M_B)＝(Ca^{2+} と Zr^{4+})，(Cs^{+} と Ta^{5+})，(La^{3+} と Fe^{3+})。 答

(5)　ペロブスカイト型構造が安定であるためには，M_A と X が接し，M_B と X も接することが望ましい。(3)より，

$2(r_A+r_X)=\sqrt{2}a$ ……①

$2(r_B+r_X)=a$ ……②

$\frac{①}{②}$ より $u=\frac{r_A+r_X}{r_B+r_X}=\sqrt{2}$　($u>\sqrt{2}$ では M_B と X が離れる，$u<\sqrt{2}$ では M_A と X が離れる)

Ca^{2+} と Zr^{4+}…$u=\frac{0.264}{0.202}=1.31$　Cs^{+} と Ta^{5+}…$u=\frac{0.318}{0.194}=1.64$　La^{3+} と Fe^{3+}…$u=\frac{0.266}{0.195}=1.36$

最も安定なものは La^{3+} と Fe^{3+}。　(理由)　M_A と X，M_B と X がともに接するとき，$u=\sqrt{2}$ となる。(4)で選択したイオンのうち u の値が $\sqrt{2}$ に最も近いから。 答

5 共有結合

2個の水素原子がある距離まで近づき，最外殻の一部が互いに重なり合うようになると，それぞれのH原子の価電子は，自身の原子核だけではなく，相手の原子核からも引力を受けるようになる。こうして，それぞれの価電子は2つの原子核を同時に引きつけることになり，結果的に2つのH原子が結ばれた状態となる。このように，2個の原子がそれぞれ価電子(厳密には不対電子)を1個ずつ出し合って電子対をつくり，この電子対が2個の原子に共有されることによってできる結合を**共有結合**という❾。このとき，2個の原子に共有されている電子対を**共有電子対**という。下図に，2個の水素原子が共有結合を形成して水素分子ができるようすを示す。

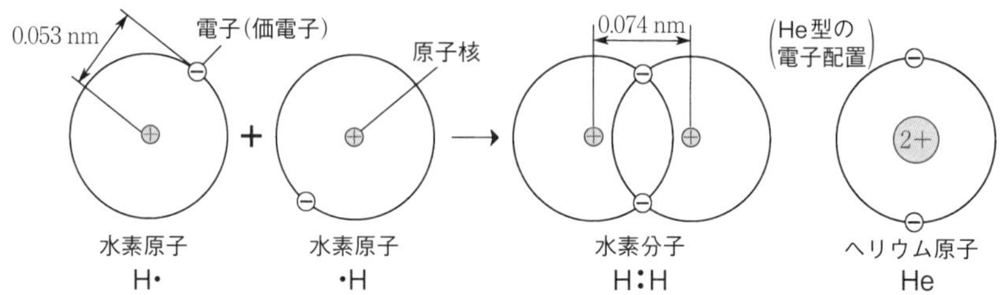

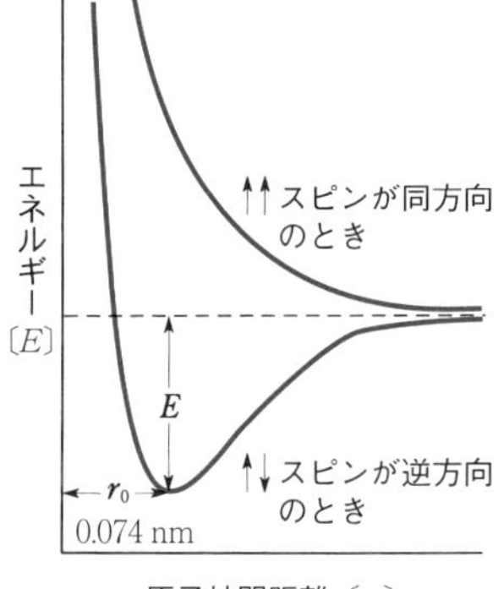

水素分子の核間距離とエネルギー

生成した水素分子中の各水素原子は，いずれもHe原子と同じ電子配置になっているため，H_2分子は安定な状態で存在できる。

共有結合とは，貴ガスに比べていくらか価電子の少ないC，H，Oなどの非金属元素の原子が，不足する電子を相手原子と共有することで，貴ガスと同じ電子配置をとろうとして形成された結合であるといえる。

補足❾　2個のH原子が出した価電子を，2つの原子で共有し合うためには，どうしても電子対をつくらねばならない。電子自身は回転の自由度に相当する角運動量（**スピン**という）をもち，互いに逆方向のスピンをもつ不対電子どうしが出合うと，2つの電子雲は重なり合って共有結合を形成できる。しかし，電子のスピンが同方向をもつ不対電子どうしが出合っても，2つの電子雲は重なり合わないので，共有結合は形成されない。このように各原子軌道の相互作用により分子の形成を説明する方法を**原子軌道法**という。

一方，互いに逆向きのスピンをもつH原子の1s軌道が重なり合うようになると，今までの原子軌道は消滅し，新しい分子軌道がつくられる。この軌道は2つの原子核を包み込むように広がり，2つの原子を結びつける。このような考え方を**分子軌道法**という。原子軌道法では，電子は各原子に所属していると考えるが，分子軌道法では，電子は各原子から解放され，分子全体に広がっていると考える。

原子軌道法の考え

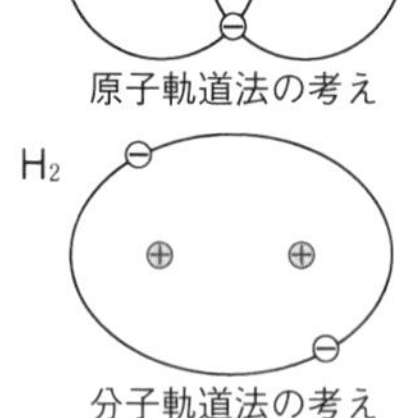

分子軌道法の考え

6　電子対と不対電子

最外殻電子のうち，2 個で対(つい)になったものを**電子対**，対になっていないものを**不対電子**という。たとえば，酸素原子 O は 6 個の最外殻電子をもつが，そのうち 4 個は 2 組の電子対をつくり，残り 2 個は不対電子として存在する。最外殻電子は 2 個で対になったとき，安定になるという性質がある。

元素記号の周囲に最外殻電子を点・で表した式を**電子式**という。電子式では電子対(：)と不対電子(・)を区別する必要があり，次のように書き表す。

① 第 2・第 3 周期の原子では，元素記号の上下左右に電子の入る 4 つの場所を考える。
② 4 個目までの電子は，別々の場所に入れ，すべて**不対電子**とする。
③ 5 個目からの電子は，既に 1 個ずつ入った電子と**電子対**をつくるように入れる。

ある原子が，水素原子との間に何個の共有結合をつくるかを示す数を**原子価**という。原子価は，通常，その原子のもつ不対電子の数，および価標の数にも等しい。

第 2 周期元素の不対電子の数と原子価

電子式	Li·	·Be·	·B·	·C·	·N·	:O·	:F·	:Ne:
最外殻電子の数	1	2	3	4	5	6	7	8
不対電子の数	1	2	3	4	3	2	1	0
原子価	1	2	3	4	3	2	1	0

原子の電子式では，不対電子や電子対の位置は決められておらず，O 原子の電子式は，·O: と書いても ·O· と書いてもよいが，:O: のように書いてはいけない。なお，第 1 周期の He は電子が入る場所が 1 つしかないので，電子式は，·He· ではなく He: と書く。

2 個の不対電子をもつ酸素原子が，水素原子 1 個と共有結合を形成すると，H 原子の周囲は He 型の電子配置となり安定化するが，O 原子にはまだ不対電子が 1 個残っている。さらにもう 1 個の水素原子と共有結合を形成すると，O 原子の周囲も Ne 型の電子配置となり，安定な H_2O 分子が生成する。

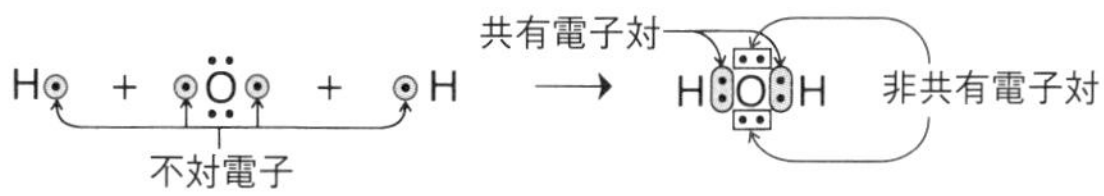

H· ＋ ·O· ＋ ·H ⟶ H:O:H

共有電子対　非共有電子対　不対電子

C，N，S，F 原子と H 原子との間に共有結合が形成され，それぞれメタン CH_4，アンモニア NH_3，硫化水素 H_2S，フッ化水素 HF 分子ができるようすを次図に電子式で示す。

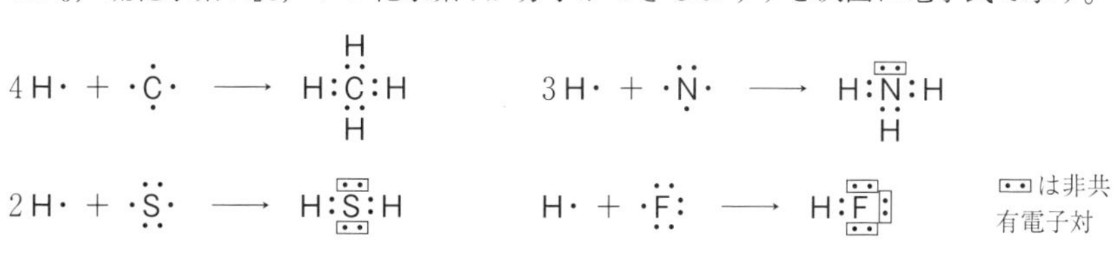

4H· ＋ ·C· ⟶ H:C:H（上下に H）　　3H· ＋ ·N· ⟶ H:N:H（下に H）

2H· ＋ ·S· ⟶ H:S:H　　H· ＋ ·F: ⟶ H:F:

［··］は非共有電子対

このうち，アンモニア，硫化水素，フッ化水素分子には，共有結合に使われていない電子対(**非共有電子対**)が，それぞれ 1，2，3 対(組)ずつ存在する。

このように，共有結合によってできた分子を構成するすべての原子は，それぞれ安定な貴ガス型の電子配置をとっている⑩。

以上より，各分子の電子式を書いたとき，各原子の最外殻電子・の数をチェックできる。

補足⑩ 例外として，貴ガス型の電子配置になっていない原子(下図)もある(p. 61)。

⊙は不対電子，⊂:⊃ は共有電子対

7個　　6個（三フッ化ホウ素）　　10個（五塩化リン）

7 共有結合の種類

水素分子 H_2 のように，1組の共有電子対による共有結合を**単結合**という。酸素分子 O_2 のように，2組の共有電子対による共有結合を**二重結合**，窒素分子 N_2 のように3組の共有電子対による共有結合を**三重結合**という。

:Ö:: Ö: —— O=O（電子式　構造式）　　:N⋮N: —— N≡N（電子式　構造式）

1組の共有電子対の代わりに，**価標**とよばれる1本の線を使って，分子中の原子の共有結合のようすを表した化学式を**構造式**という（構造式では，非共有電子対は省略される)。また，二重結合は2本の価標で，三重結合は3本の価標で表す。

構造式は，分子中の原子の結合のようすを平面的に示したものであって，実際の分子の形を正確に表したものではない⑪。

詳説⑪ 実際のメタン分子は正四面体形をしているが，構造式では平面的に書いてもよい。また，実際の水分子は折れ線形をしているが，構造式では直線的に H-O-H と表してもよい。

参考 典型元素では s, p 軌道を用いた三重結合(σ，π，π 結合)までしか存在しない(p. 603)が，遷移元素では s, p, d 軌道を用いた四重結合(σ，π，π，δ 結合)の存在が知られている。

分子の表し方

分子名	メタン	アンモニア	水	二酸化炭素	窒素
分子式	CH_4	NH_3	H_2O	CO_2	N_2
電子式	H:C:H（上下にH）	H:N:H（下にH）	H:O:H	:O::C::O:	:N⋮N:
構造式	H-C-H（上下にH）	H-N-H（下にH）	H-O-H	O=C=O	N≡N
共有結合の種類	単結合	単結合	単結合	二重結合	三重結合
分子の形状	C 109.5° 正四面体形	N 106.7° 三角錐形	O 104.5° 折れ線形	O C O 直線形	N N 直線形

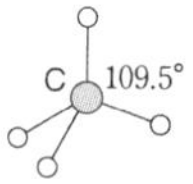

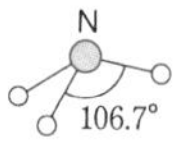

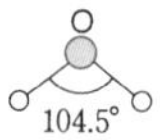

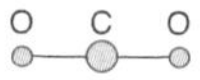

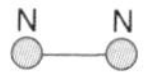

8 分子の形

分子をつくる共有結合には方向性があるので，分子は特定の形をもつ。通常，分子中の価電子はペア(対)を形成しているが，そのうち，2原子間に共有されているものを**共有電子対**，共有されてないものを**非共有電子対**という。これらは，いずれも負電荷をもつので互いに反発し合い，分子内では最も離れた位置関係をとろうとする。つまり，分子内では，各電子対の反発が最小となるような立体構造が最も安定となる。このような考え方を，**電子対反発則**といい，1939年，**槌田龍太郎**(つちだ)によって初めて提唱された。この考え方に基づいて，多原子分子の立体構造(形)を次のように推定することができる。

XY_n(n=1, 2, …)形の多原子分子において，Xを中心原子，X以外の原子をYとする。

① 分子の形は中心原子の電子対(共有電子対と非共有電子対を含む)の数で決まる。
② 二重結合や三重結合をつくる電子対は，まとめて1組の電子対として扱う。
③ 実際の分子の形は，共有電子対が空間に伸びる方向で決まる。

電子対の数(組数)から考えられる立体構造[12](●はX，●はYを表す)

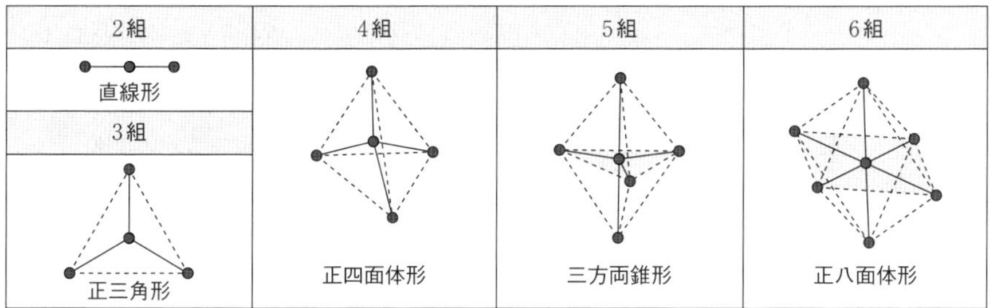

2組
直線形
3組
正三角形
4組
正四面体形
5組
三方両錐形
6組
正八面体形

詳説[12] (1) CO_2分子…中心原子Cには，共有電子対が4組あるが，二重結合をつくるために，均等に2組ずつに分かれて存在しており，非共有電子対は存在しない。したがって，2組の電子対が空間に対して最も離れた180°の方向に伸びており，CO_2分子の形は**直線形**となる。

(2) 三フッ化ホウ素BF_3分子…中心原子Bには，共有電子対が3組あり，非共有電子対は存在しない。したがって，3組の電子対が空間に対して最も離れた120°の方向に伸びており，BF_3分子の形は**正三角形**となる。

(3) CH_4分子…中心原子Cには，共有電子対が4組あり，非共有電子対は存在しない。したがって，4組の電子対が空間に対して最も離れた109.5°の方向に伸びており，CH_4分子の形は**正四面体形**となる。

(4) NH_3分子…中心原子Nには，共有電子対が3組と非共有電子対が1組ある。したがって，4組の電子対が空間に対して正四面体の頂点方向に伸びることになるが，実際のNH_3分子の形は，H原子が結合した共有電子対の伸びる方向だけで決まるので，**三角錐形**となる。

(5) H_2O分子…中心原子Oには，共有電子対と非共有電子対が2組ずつある。したがって，4組の電子対が空間に対して正四面体の頂点方向に伸びることになるが，実際のH_2O分子の形は，H原子が結合した共有電子対の伸びる方向だけで決まるので，**折れ線形**となる。

SCIENCE BOX　メタンの混成軌道

炭素C原子のL殻の電子配置は下図の通りで，球形をした2s軌道と，x，y，z方向に伸びた3つの亜鈴形の2p軌道が存在する。基底状態では不対電子が2個しかなく，原子価2の化合物しかつくれない。原子価4のメタンCH_4をつくるには，エネルギーを与えて2s軌道の電子1個を，空の2p軌道へ励起させて不対電子を4個にする必要がある。しかし，3本の2p軌道は90°の結合角をもち，2s軌道は方向性をもたないので，この状態では，まだ結合角109.5°のメタン分子はつくれない。

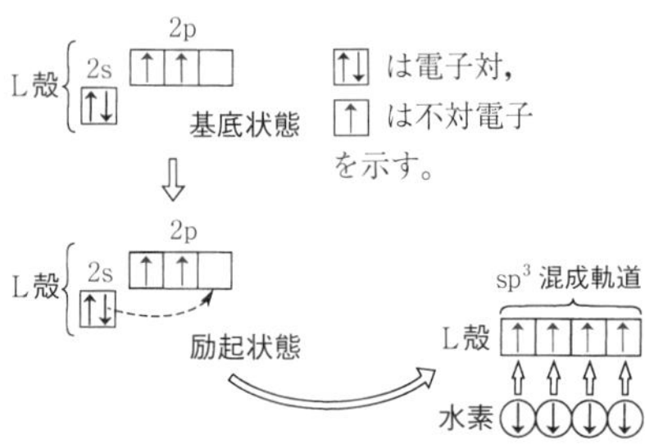

炭素原子のL殻の電子配置

そこで，**ポーリング**は，このs軌道1個とp軌道3個が混じり合って4個の等価な電子軌道がつくられると考えた。これを**sp^3混成軌道**という。この軌道は，p軌道と形がよく似ているが，とくに片方だけに大きく膨らんだ亜鈴形をしている。

このsp^3混成軌道(C原子の4個の価電子が1個ずつ入る）は，各軌道間の反発をできるだけ小さくするため，空間的に最も離れた方向，つまりC原子を中心に正四面体の頂点に向かう方向に伸びている。この混成軌道に入った不対電子と，H原子の1s軌道の不対電子がスピンが逆向きになるように出合うと，C-H間に共有結合が形成される。こうしてできたメタン分子の結合角(∠HCH)は，ちょうど109.5°となる。

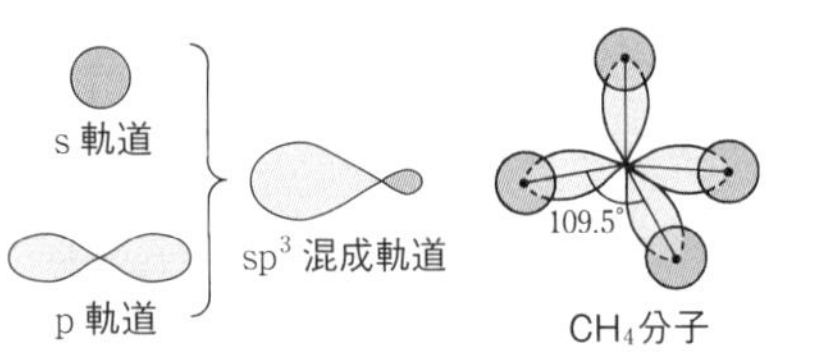

また，N原子のL殻の電子配置（基底状態）は下図の通りで，このままでH原子と共有結合をつくった場合，できたアンモニアNH_3分子の結合角は90°に近い値になり事実に合わない。そこで，NH_3の場合も正四面体の中心から頂点に伸びるsp^3混成軌道をつくり，4つの軌道のうち1つは非共有電子対で満たされ，残りの3つの軌道に入った不対電子がH原子と共有結合をつくると，三角錐形の分子ができる。ただし，非共有電子対は，他の共有電子対と強く反発するので，NH_3の結合角(∠HNH)はCH_4の結合角109.5°よりやや小さくなる*。

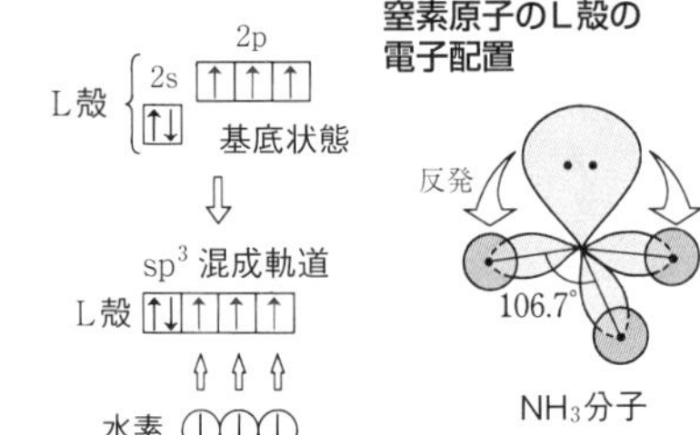

* これは，1つの原子核からの引力しか受けない非共有電子対の軌道は，2つの原子核からの引力を受ける共有電子対の軌道よりも電子雲の空間容積が大きい(膨らんでいる)ためである。

H_2O分子では，2組の非共有電子対があるため，これらによる反発がNH_3分子よりもさらに強くなり，H_2O分子の結合角(∠HOH)はNH_3分子の結合角106.7°よりもさらに小さくなる。

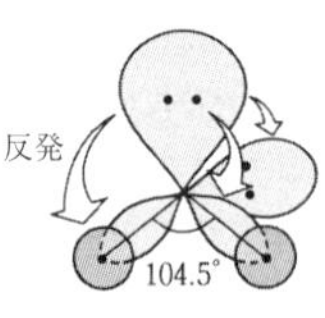

H_2O分子

SCIENCE BOX　16 族水素化合物の結合角の変化

16 族水素化合物の結合角を調べると，H_2O だけが大きく，他の 3 種はほぼ 90° に近い値をもつ。この理由を考えてみたい。

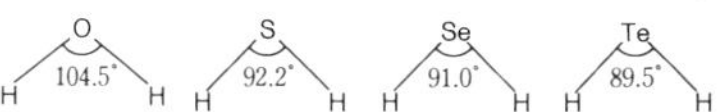

O 原子の電子配置（基底状態）では，$2p_y$ と $2p_z$ 軌道に不対電子をもつので，この状態で H 原子と共有結合すれば，H_2O の結合角は 90° となる。δ+をもつ H 原子間の反発により実際の水分子の結合角 104.5° まで広がったと考えるのは少し無理がある。

ところで，C 原子の場合は，sp^3 混成軌道をつくるときに 2 s 軌道の電子を励起させるのに必要なエネルギーは，炭素の原子価が 2 価から 4 価になったことによる結合エネルギーの増加で十分に補償されていた。

O　2s　2p　基底状態
sp^3混成軌道
O　→ H_2O
H

しかし，O 原子が水分子を形成するとき，C 原子と同じ sp^3 混成軌道が形成されるとすると，酸素の原子価は 2 のままであるから，sp^3 混成軌道をつくるとき 2 s 軌道の電子を励起させるのに必要なエネルギーは，どこから補償されているのだろうか。それは，O 原子は 2 p 軌道を解消して膨らみの大きい sp^3 混成軌道をつくるほうが，相手の H 原子の 1 s 軌道と十分に重なり合うことができるからである。つまり，より強い O-H 結合が形成されることで，多くの結合エネルギーが放出されるからだと考えられる。

ただし，S 原子の場合，3 p 軌道は原子核から遠くまで広がりをもつので，そのままでも相手の H 原子の 1 s 軌道と十分な重なりのある強い共有結合をつくることができる。むしろ，S 原子にとっては O 原子のように sp^3 混成軌道をつくるメリットが少ないのである。これは，S 原子が sp^3 混成軌道をつくるのに要したエネルギーは，S-H 結合の生成によって放出される結合エネルギーでは十分に補償されないからである。むしろ，$3p_y$ と $3p_z$ 軌道はそのままで H 原子と共有結合をつくるほうがエネルギー的には有利となり，H_2S 分子中の結合角は 90° に近い値をもつと考えられる。

一般に，原子半径の大きい硫黄 S，セレン Se，テルル Te などが sp^3 混成軌道をつくりにくいのは，次のような理由による。第 3 周期の S 原子にとっては，3 s 軌道と 3 p 軌道の電子 1 個ずつを 3 d 軌道に昇位させて sp^3d^2 混成軌道をつくったとすると，原子価が 2 から一挙に 6 になり，共有結合の数を増やすことができる。さらに，このとき放出される結合エネルギーによって，電子の励起に用いたエネルギーも十分に補償される。

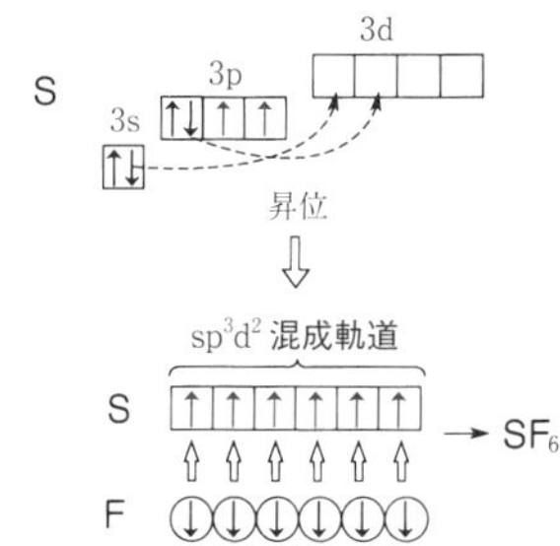

こうしてつくられた分子が六フッ化硫黄 SF_6 である。またリン P では 3 s 軌道の電子 1 個を 3 d 軌道へ昇位させ，sp^3d 混成軌道をつくり 5 個の Cl 原子と共有結合すると，下図のような五塩化リン PCl_5 ができる。

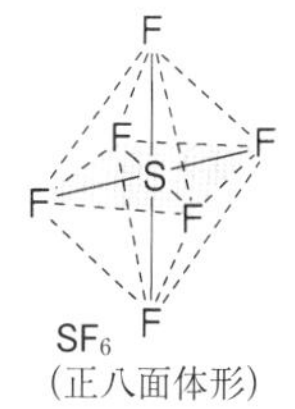

SF_6
（正八面体形）

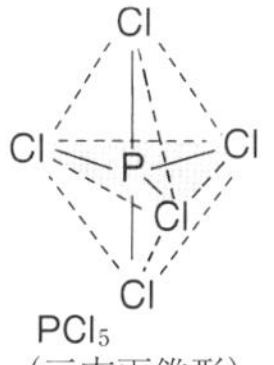

PCl_5
（三方両錐形）

SCIENCE BOX　分子の形と電子対反発則

分子やイオンの形を推定するのに，以下に述べる**電子対反発則**(p. 59)を用いると便利である。以下，非共有電子対を lp，共有電子対を bp，不対電子を up と略記する。

(1)　分子（イオン）の中心原子の電子対は，その種類を問わず互いに反発し合うので，できるだけ離れるように配置する。

(2)　各電子対の反発は，lp－lp 間＞lp－bp 間＞bp－bp 間の順に小さくなり，up の反発が最も小さい。

(3)　中心原子の周囲にある電子対の総数に応じて，分子（イオン）の基本構造が決まる。すなわち，電子対が 2，3，4，5，6，7，8 組のとき，基本構造はそれぞれ，直線（sp 混成），正三角形（sp^2 混成），正四面体形（sp^3 混成），三方両錐形（sp^3d 混成），正八面体形（sp^3d^2 混成），五方両錐形（sp^3d^3 混成），六方両錐形（sp^3d^4 混成）などとなる*。

*　分子（イオン）の立体構造は，σ結合（p. 580）によって決まり，π結合（p. 580）は関係しない。なお，電子対反発則の考え方は，d 軌道の電子が結合に深く関与する，遷移元素の化合物にはあまり有効ではない。

(1)　SO_2　二酸化硫黄

中心の S 原子が sp^2 混成軌道をつくると，

S　3s [↑↓]　3p [↑↓|↑|↑]　⟶　sp^2 混成軌道 [↑↓|↑↓|↑] (a)(b)(c)　3p [↑] (d)

(c)と(d)の不対電子で O 原子と二重結合，(b)の電子対は別の O 原子に提供され配位結合をする。(a)の電子対は結合する相手がないので lp として残る。配位結合 S→O は単結合 S–O と等価だから，S と O の間の結合は平均して 1.5 重結合（0.143 nm）となる。S の周囲には 3 組の電子対があり，正三角形の基本構造となるが，分子の形としては，折れ線形になる。

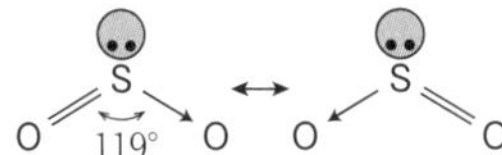

∠OSO は 119° で，本来の 120° とあまり変わらない。これより，lp と bp 間の反発は，2p 軌道よりも 3p 軌道のほうが小さくなっていることがわかる。

(2)　SO_3　三酸化硫黄

中心の S 原子が sp^2 混成軌道をつくると，

S　3s [↑↓]　3p [↑↓|↑|↑]　⟶　sp^2 混成 [↑↓|↑↓|↑] (a)(b)(c)　3p [↑] (d)

(c)と(d)の不対電子で O 原子と二重結合，(a)，(b)の電子対はそれぞれ O 原子に提供され，配位結合を 2 本つくる。

S の周囲には 3 組の電子対があり，SO_3 分子の形は正三角形となる。

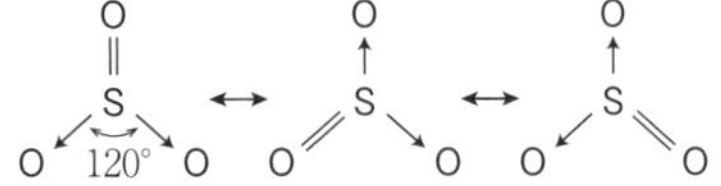

(3)　SO_4^{2-}　硫酸イオン

電気陰性度の大きい O 原子 2 つにそれぞれ－1 の電荷をもたせ，中心の S が sp^3 混成軌道をつくると，

S　3s [↑↓]　3p [↑↓|↑|↑]　⟶　sp^3 混成軌道 [↑↓|↑↓|↑|↑] (a)(b)(c)(d)

(c)と(d)の不対電子はそれぞれ O^- と単結合を 2 本，(a)と(b)の電子対はそれぞれ O 原子に提供され，配位結合を 2 本つくる。

S 原子の周囲には 4 組の電子対があり，SO_4^{2-} の形は正四面体形となる。

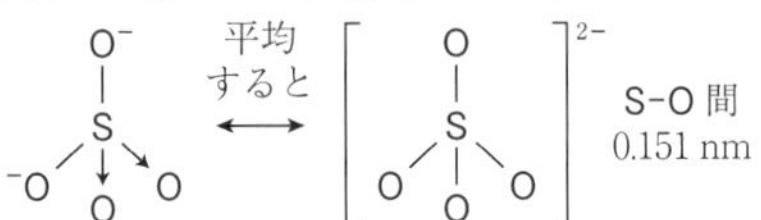

(4)　SO_3^{2-}　亜硫酸イオン

中心の S 原子が sp^3 混成軌道をつくると，SO_3^{2-} の形は三角錐形となり，lp の反発により，∠OSO は本来の 109.5° よりやや狭まり，105° になる。

9 配位結合

濃アンモニア水と濃塩酸のついたガラス棒を近づけると，空気中で反応して塩化アンモニウムの白煙を生じる。このとき，NH_3 分子中の非共有電子対が空軌道をもつ水素イオン H^+ に提供され，それを両原子で共有してアンモニウムイオン NH_4^+ が生成する。

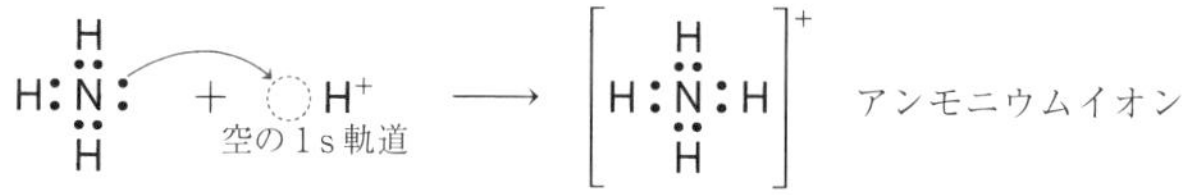

$$H:\ddot{N}: + \bigcirc H^+ \longrightarrow \left[H:\ddot{N}:H\right]^+$$

空の 1s 軌道　　アンモニウムイオン

このように，非共有電子対が一方の原子から他方の原子やイオンに提供されてできる結合を**配位結合**という。配位結合は，結合のできるしくみが異なるだけで，できた結合は普通の共有結合とまったく変わらない。つまり，NH_4^+ のもつ 4 本の N-H 結合はすべて同じ性質(結合距離，結合の強さなど)をもっており，どれが配位結合によるものかを区別することはできない。したがって，配位結合は共有結合の一種とみなされる⑬。

補足⑬ 水分子が水素イオンと配位結合すると，オキソニウムイオン H_3O^+ を生じる。

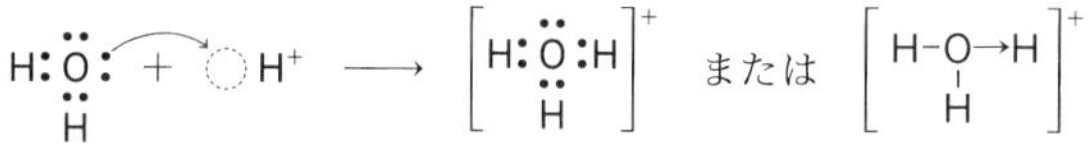

$$H:\ddot{O}: + \bigcirc H^+ \longrightarrow \left[H:\ddot{O}:H\right]^+ \quad \text{または} \quad \left[H-O\rightarrow H\right]^+$$

H_3O^+ に残った非共有電子対がさらに H^+ と配位結合するかというと，H_3O^+ と H^+ との間には静電気的な反発力が働くために両者はうまく近づけず，H_4O^{2+} は生成しないと考えられる。

配位結合のようすを構造式で表したいときは，非共有電子対を与えているドナー原子から受け入れているアクセプター原子に向かって矢印(→)で書くこともある。また，配位結合は，水素イオンだけでなく，NH_3 分子と三フッ化ホウ素 BF_3 分子間にも形成される。

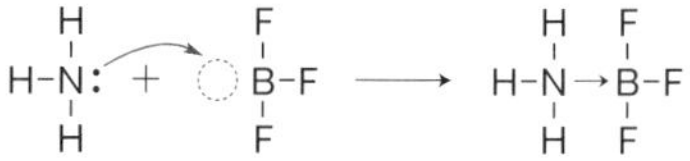

$$H_3N: + \bigcirc BF_3 \longrightarrow H_3N\rightarrow BF_3$$

非共有電子対をもつ分子や陰イオンが金属イオンに配位結合すると**錯**(さく)**イオン** (p. 520) が形成される。 例 $H_3N: \bigcirc Ag^+ \bigcirc :NH_3 \longrightarrow H_3N\rightarrow Ag^+ \leftarrow NH_3$　$[Ag(NH_3)_2]^+$ の生成

►このほか，硫酸，硝酸などのオキソ酸分子中にも，配位結合が存在する。H_2SO_4 では，中心の S 原子は 2 組の非共有電子対を使って 2 個の O 原子と，HNO_3 では中心の N 原子は 1 組の非共有電子対を使って 1 個の O 原子と配位結合している⑭。

詳説⑭ H_2SO_4 では，まず $\cdot\ddot{S}\cdot$ が $\cdot\ddot{O}:H$ 2 個と共有結合をつくり，$H:\ddot{O}:\ddot{S}:\ddot{O}:H$ となる。

次に，O 原子中で $:\dot{O}\cdot \Longrightarrow :\ddot{O}\bigcirc$ のように，電子が移動して空軌道がつくられる。そこへ S 原子の非共有電子対が O 原子に配位結合すれば，下左図のように H_2SO_4 分子ができる。

一方，HNO_3 分子の形成は下右図の通りである。

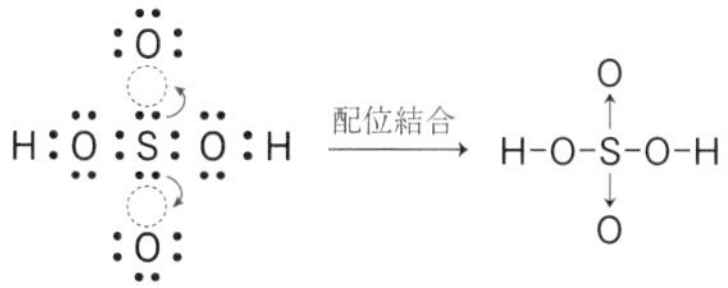

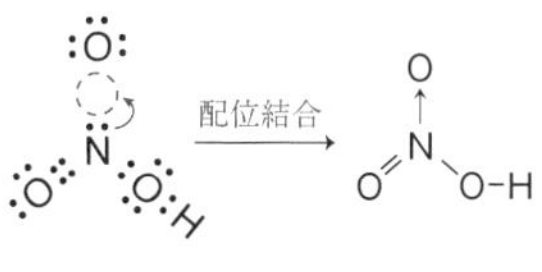

配位結合　$H-O-S(\rightarrow O)(\rightarrow O)-O-H$

配位結合　$O=N(\rightarrow O)-O-H$

SCIENCE BOX

超原子価化合物

共有結合で生じた多くの分子では，各原子の周囲は，H を除いて価電子の総数が 8 個になると安定化する（**オクテット則**）。しかし，原子の周囲の価電子の総数が 8 個を超える化合物も存在し，これらを**超原子価化合物**という。たとえば，PCl_5（P は 10 個），SF_6（S は 12 個）などがあり (p. 61)，その構造はそれぞれ三方両錐形，正八面体形となる。これ以外の超原子価化合物について，その立体構造を考えてみよう。

(1)　SF_4　四フッ化硫黄

中心の S 原子が 4 個の F 原子と単結合をつくるには，3 p 軌道の電子 1 個を 3 d 軌道に昇位させ，**sp³d 混成軌道**をつくればよい。

S　3 s [↑↓]　3 p [↑↓|↑|↑]　——→　sp³d 混成 [↑↓|↑|↑|↑|↑]
(a) (b) (c) (d) (e)

(b)〜(e)の不対電子を 4 個の F 原子との単結合に使い，かつ，(a)の電子対は共有結合には使わず，非共有電子対とすればよい。

S 原子の周囲には 5 組の電子対があるから三方両錐形の基本構造をとり，さらに，非共有電子対の反発ができるだけ小さくなるように，SF_4 分子の構造が決まる。

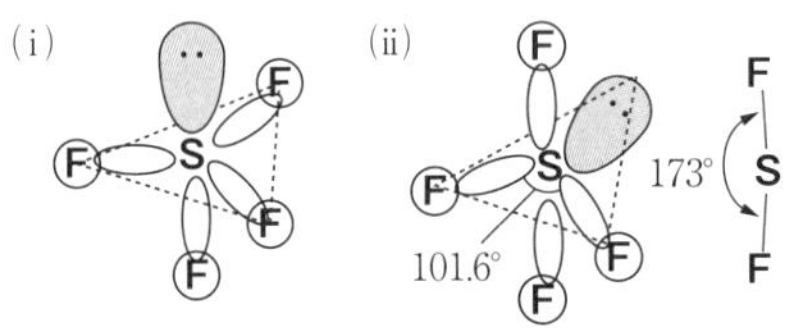

(i)のように，非共有電子対が z 軸上にあるとき，非共有電子対と赤道面との角度は 90° で非共有電子対の反発は大きいが，構造上，非共有電子対は赤道面を押し下げられない。(ii)のように，非共有電子対が赤道面上にあるとき，面内にある共有電子対との角度は約 120° で，構造上，非共有電子対は他の共有電子対を反対側に押しやることができるので，(ii)が最も安定な SF_4 の構造となる*。

* 赤道面内の∠FSF は 120° から 101.6° に，z 軸方向の∠FSF は 180° から 173° となっている。

(2)　I_3^-　三ヨウ化物イオン

中央に I^- を置く。I^- があと 2 個の I 原子と単結合をつくるためには，5 p 軌道の電子 1 個を 5 d 軌道に昇位させ，**sp³d 混成軌道**をつくればよい。

I^-　5 s [↑↓]　5 p [↑↓|↑↓|↑↓]　——→　sp³d 混成 [↑↓|↑↓|↑↓|↑|↑]
(a) (b) (c) (d) (e)

(d)，(e)の不対電子を 2 個の I 原子との単結合に使い，かつ，(a)，(b)，(c)の電子対は結合には使わず，非共有電子対とすればよい。

I^- の周囲には 5 組の電子対があるから，I_3^- は三方両錐形の基本構造をとり，さらに，非共有電子対の反発ができるだけ小さくなるように，I_3^- の構造が決まる。

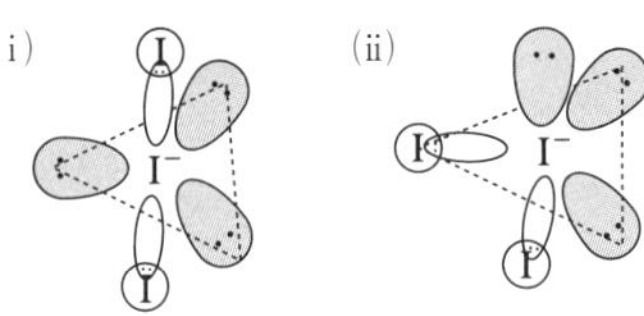

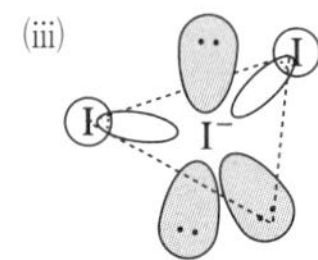

(i)のように，非共有電子対が 3 つとも赤道面上にあるとき，非共有電子対は互いに 120° 離れている。(ii)では非共有電子対 2 つが赤道面上にあり，(iii)では非共有電子対 1 つが赤道面上にある。(ii)，(iii)では，z 軸上の非共有電子対と赤道面上の非共有電子対の角度が 90° となり，(i)より反発が大きい。よって，I_3^- は(i)の直線形の構造をとる。

10 電気陰性度

原子が共有結合を形成したとき，それぞれの原子が共有電子対を引きつける強さの程度を数値で表したものを，**電気陰性度**という。電気陰性度の値が大きい原子ほど陰性が強いことを示す。

貴ガスの原子は他の原子とほとんど結合しないので，貴ガスの電気陰性度の値は省略されることが多い。典型元素の電気陰性度の値を比較すると，同一周期では原子番号が大きくなるにつれて増加し，ハロゲンで極大値を示す。また，全元素の中では，ハロゲン元素で原子半径の小さいフッ素 F が最大値を示す⑮。

主要な非金属元素の電気陰性度は，F>O>Cl>N>C>H の順である。

補足⑮ 同一周期では，原子番号が大きくなるにつれて，原子核の**有効核電荷**（原子核の正電荷から内殻電子の遮蔽（しゃへい）による正電荷の減少分を除いたもの。つまり，最外殻電子に有効に働く原子核の正電荷を表す。p. 40）が大きくなる。一方，有効核電荷の同じハロゲン元素では，原子半径が小さいほど，共有電子対を引きつける強さ，つまり電気陰性度が大きくなる。

元素の電気陰性度（ポーリングの値） この値は，厳密には単結合だけに当てはまるものである。 （－）は省略を示す。

周期＼族	1	2	3	4	5	6	7	8	9	10	11	12	13	14	15	16	17	18
1	H 2.2																	He (－)
2	Li 1.0	Be 1.6											B 2.0	C 2.6	N 3.0	O 3.4	F 4.0	Ne (－)
3	Na 0.9	Mg 1.3											Al 1.6	Si 1.9	P 2.2	S 2.6	Cl 3.2	Ar (－)
4	K 0.8	Ca 1.0	Sc 1.4	Ti 1.5	V 1.6	Cr 1.7	Mn 1.6	Fe 1.8	Co 1.9	Ni 1.9	Cu 1.9	Zn 1.7	Ga 1.8	Ge 2.0	As 2.2	Se 2.6	Br 3.0	Kr (－)
5	Rb 0.8	Sr 1.0	Y 1.2	Zr 1.3	Nb 1.6	Mo 2.2	Tc 1.9	Ru 2.2	Rh 2.3	Pd 2.2	Ag 1.9	Cd 1.7	In 1.8	Sn 2.0	Sb 2.1	Te 2.1	I 2.7	Xe (－)
6	Cs 0.8	Ba 0.9	La 1.1	Hf 1.3	Ta 1.5	W 2.4	Re 1.9	Os 2.2	Ir 2.2	Pt 2.3	Au 2.5	Hg 2.0	Tl 2.0	Pb 2.3	Bi 2.0	Po 2.0	At 2.2	Rn (－)

11 結合の極性

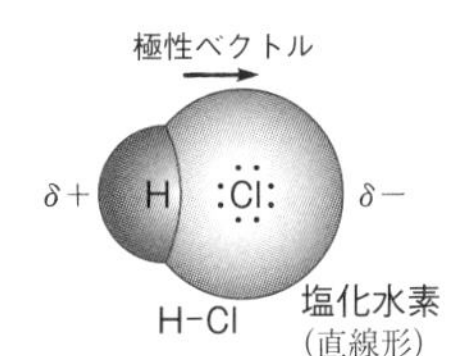

水素分子 H_2 や塩素分子 Cl_2 のように，同種の原子からなる二原子分子では，共有電子対は均等に分布しており，電荷の偏りは見られない。このような分子を**無極性分子**という。一方，塩化水素分子 HCl のように，異種の原子からなる二原子分子では，共有電子対は電気陰性度の大きい Cl 原子のほうへ少し引きつけられ，H 原子はいくらか正の電荷 δ（デルタ）+を，Cl 原子はいくらか負の電荷 δ−を帯びる（上図）。このように，共有結合に電荷の偏りがある状態を，その結合に**極性**があるという。また，結合に極性があり，分子全体として極性をもつ分子を**極性分子**という⑯。

詳説⑯ 共有結合に電荷の偏りを生じる現象を**分極**という。結合に極性があっても，その極性が互いに打ち消しあって，分子全体としては無極性分子になることもある。

SCIENCE BOX　電気陰性度の求め方

アメリカの**マリケン**は，着目した原子のイオン化エネルギーが大きいほど自身の電子を引きつける力が強く，また，電子親和力が大きいほど相手の電子を引きつける力が強いと考え，各原子の電気陰性度は，イオン化エネルギー I と電子親和力 E（いずれも，電子ボルト〔eV〕* 単位で表したもの）の平均値で表されると考えた(1934年)。

原子	イオン化エネルギー I〔kJ/mol〕	電子親和力 E〔kJ/mol〕
F	1681	328
Cl	1251	349
Br	1140	325
I	1008	295

$$\text{電気陰性度}=\frac{I+E}{2}$$

*　**電子ボルト** (electron volt) とは，電子1個が1Vの電位差で加速されるときに得られるエネルギーをいう。

$$1\,[\mathrm{eV}]=1.602\times10^{-19}\,[\mathrm{C}]\times1\,[\mathrm{V}]$$
$$=1.602\times10^{-19}\,[\mathrm{J}]$$

電子1molあたりで表すと，

$$1.602\times10^{-19}\,[\mathrm{J}]\times6.022\times10^{23}\,[/\mathrm{mol}]$$
$$\fallingdotseq96.48\,[\mathrm{kJ/mol}]$$

たとえば，フッ素Fの電気陰性度（マリケンの値)を求めてみると，

$$\mathrm{F}:\quad\frac{1681+328}{2}\times\frac{1}{96.48}\fallingdotseq10.4$$

電子親和力は，その陰イオンのイオン化エネルギーから求める方法や，ボルン・ハーバーサイクル (p. 232) から間接的に求める方法があるが，いずれも正確な値を求めることがむずかしい。そのため，マリケンの方法では，すべての原子の電気陰性度を正確に求められないという欠点がある。

アメリカの**ポーリング**は，原子間の結合エネルギー (p. 227) の大きさに基づいて，各原子の電気陰性度を相対的に求める方法を提案した (1932年)。現在は，この値が広く用られており，その算出根拠は次の通りである。

異種の原子からなるA-B結合の結合エネルギーは，同種の原子からなるA-A結合，B-B結合の結合エネルギーの平均値よりもいつも大きな値となる。これは，A-B結合にはA，B原子の電気陰性度の違いにより $A^{\delta+}$-$B^{\delta-}$ という結合の極性が含まれているためである。A-B結合をA原子とB原子に切断するには，単なる共有結合を切断するエネルギーに加えて，両原子が正と負に分極していることから生じる静電気力が加わるので，より多くのエネルギーが必要になると考えられる。よって，A，B両原子の電気陰性度の差が大きいほど，A-B結合の極性が大きく，その結合エネルギーも大きくなるはずである。

いま，A，B原子の電気陰性度を x_A，x_B，A-B，A-A，B-B各結合の結合エネルギーを D_{AB}，D_{AA}，D_{BB}〔kJ/mol〕とすると，次式が成り立つ。

$$|x_A-x_B|=\sqrt{\frac{1}{96.48}\left(D_{AB}-\frac{D_{AA}+D_{BB}}{2}\right)}$$

（根号内96.48は〔kJ〕を〔eV〕単位に換算するためのものである。）

現在では，水素の電気陰性度を2.2と定め，上式で得られた値から各原子の電気陰性度が求められている。

たとえば，H-H結合，Cl-Cl結合，H-Cl結合の結合エネルギーを，それぞれ436 kJ/mol，243 kJ/mol，432 kJ/molとすると，

$$|x_H-x_{Cl}|=\sqrt{\frac{1}{96.48}\times\left(432-\frac{436+243}{2}\right)}$$
$$\fallingdotseq0.96$$

よって，Hの電気陰性度を2.2とすると，Clの電気陰性度は約3.2となる。

なお，マリケンの電気陰性度 x_M とポーリングの電気陰性度 x_P の間には，ほぼ

$x_M\fallingdotseq2.78\,x_P$　の関係がある。

12 分子の極性

多原子分子では，たとえ結合に極性があっても，分子全体では結合の極性が互いに打ち消し合い，無極性分子になることもある。

たとえば，CO_2 分子（O=C=O）の結合角は 180° で，3 個の原子が直線状に結合しているため，左右の C=O 結合の極性が互いに打ち消し合って，分子全体としての極性は 0 となる⑰。

分子全体としての極性の有無は，簡単には，正電荷の重心と負電荷の重心が一致するかどうかを調べればよい⑱。

補足⑰ 共有結合では中心原子の電子軌道（オービタル）の伸びる方向が決まっているので，隣り合う 2 つの共有結合はある決まった角度（**結合角**という）となり，分子は特有の形をとることになる。

δ− δ+ δ−
O ══ C ══ O

極性ベクトルの和は 0

詳説⑱ 極性のように，大きさと方向をもつ量を**ベクトル**という。化学では極性ベクトルの方向を δ+ → δ− とし，その大きさを**双極子モーメント**（p. 69）で表す。右図のように，2 つの極性ベクトルは大きさが等しく逆向きであるから，その和は 0 である。また，分子全体としての正電荷の重心は C 原子上に，負電荷の重心も同じ C 原子上にあるから，極性の合成ベクトルは 0 となる。いずれの方法で考えても，CO_2 は分子全体としては極性がなくなり，無極性分子である。

► また，正四面体形のメタン CH_4，四塩化炭素 CCl_4 や，正六角形のベンゼン C_6H_6 も無極性分子である⑲。

詳説⑲ 電気陰性度は C(2.6) ＞H(2.2) なので，結合の極性は右図のようになる。

ベンゼンでは，負電荷および正電荷の重心はともに正六角形の重心 a にある。よって，極性の合成ベクトルは 0 となる。

メタンでは，負電荷と正電荷の重心はともに正四面体の重心（C 原子の位置）にあり，極性の合成ベクトルは 0 となる。

ベンゼン　メタン

► これに対して，水分子は右図のような折れ線形の構造をしているため，2 つの O−H 結合の極性は打ち消し合うことなく，分子全体として極性を示す⑳。

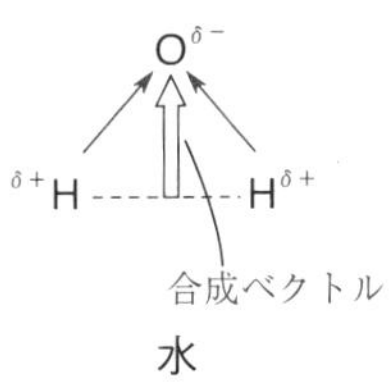

水

詳説⑳ 負電荷の重心は O 原子に，正電荷の重心は 2 つの H 原子を結んだ線分の中点にある。よって，右図のような極性の合成ベクトル⇧が書けるので，極性分子である。

► また，アンモニア分子の N−H 結合にも極性があり，NH_3 分子は三角錐形をしているので，分子全体として極性を示す㉑。

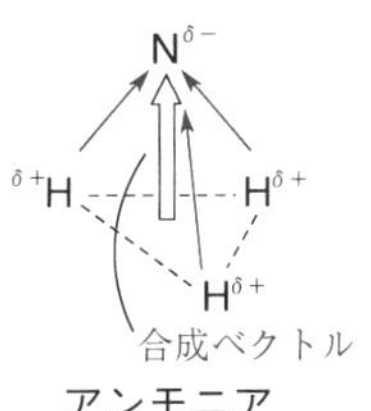

アンモニア

詳説㉑ 負電荷の重心は N 原子に，正電荷の重心は N 原子の真下にある H 原子でつくられる正三角形の重心にある。よって，右図のような極性の合成ベクトル⇧が書けるので，極性分子である。

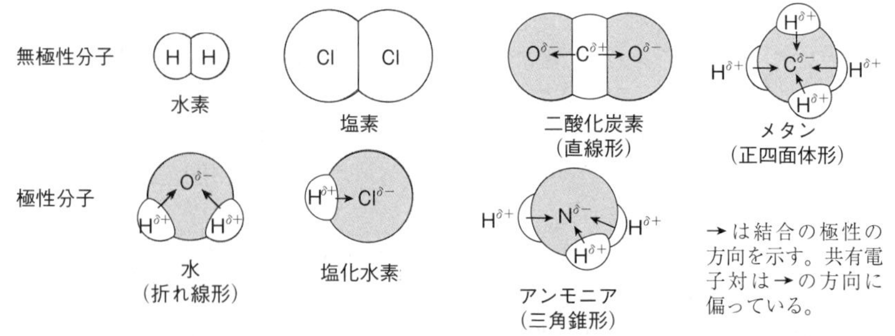

化学式	双極子モーメント〔D〕	化学式	双極子モーメント〔D〕	化学式	双極子モーメント〔D〕
HF	1.94	H_2O	1.85	NH_3	1.47
HCl	1.08	H_2S	0.95	PH_3	0.55
HBr	0.78	H_2Se	0.4	AsH_3	0.22
HI	0.38	H_2Te	0.2	SbH_3	0.12
CH_3OH（メタノール）	1.70	$C_2H_5OC_2H_5$（ジエチルエーテル）	1.16	CH_3COCH_3（アセトン）	2.7

分子の極性(上図)**と双極子モーメント**(上表，単位はデバイ〔D〕)

►メタンやベンゼンのように，多原子分子で無極性分子となるのは，分子内に対称中心をもつ場合に限られる㉒。すなわち，非共有電子対をもつ分子では，中心の原子に対して，水素原子が対称的に結合していないため，対称中心が存在せず，分子全体としては正電荷の重心と負電荷の重心とが一致しない。よって，極性分子となってしまう。

補足㉒　図形AとA′がある点Pに関して点対称である場合，この点Pを**対称中心**という。さらに，分子内に対称中心をもつ場合とは，ある図形Aのすべての点(x, y, z)を点$(-x, -y, -z)$に移した図形A′をつくる操作により，その図形が完全にもとの図形と重なる場合をいう。

参考　**ホスフィン PH_3 分子の極性について**

PH_3 は NH_3 と同じ三角錐形の分子であるが，P，Hの電気陰性度はともに2.2なのでP-H結合に極性はないはずである。しかし，P原子の非共有電子対には，P原子の原子核から非共有電子対の伸びる方向に向かう電荷の偏り（結合の極性）が存在し，これを考慮すると，PH_3 分子全体では，0.55 D（デバイ）の双極子モーメントを示す極性分子であることが理解できる。

このように，中心となる原子に非共有電子対をもつ分子では，各結合の極性ベクトルの和だけでなく，非共有電子対の極性による寄与分を考慮して，分子の極性を考える必要がある。たとえば，アンモニア NH_3 分子では，3本のN-H結合の極性ベクトルの和の方向と，N原子の非共有電子対による極性ベクトルの方向が一致するので，分子全体の双極子モーメントは大きな値(1.5 D)を示す。一方，三フッ化窒素 NF_3 分子では，3本のN-F結合の極性ベクトルの和の方向と，N原子の非共有電子対による極性ベクトルの方向が逆になるので，分子全体の双極子モーメントはかなり小さな値(0.2 D)を示す。

SCIENCE BOX 双極子モーメント

塩化水素 HCl 分子のように，正の電荷 δ＋と負の電荷 δ－とが距離 l だけ離れて存在しているとき，このような電荷の配置を**電気双極子**という。

電気双極子は，電荷の電気量 δ と電荷間の中心距離 l の積で表される**双極子モーメント** μ をもつ。　$\mu = \delta \cdot l$

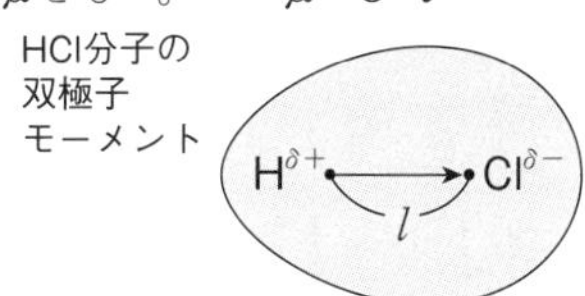

この双極子モーメントは，与えた電場に対する応答で測定される。つまり，コンデンサー(蓄電器)中に目的の物質を入れたとき，真空中のときに比べてコンデンサーの電気容量が何倍になるかという**誘電率**（p. 154）の測定から，その物質の双極子モーメントが計算される。この双極子モーメントは，分子の極性や結合の極性の大きさを比較する際に重要な指標として用いられる。

いま，電荷の最小単位である電気素量 4.8×10^{-10}〔esu〕$=1.6\times10^{-19}$〔C〕の電気量をもつ $+q$ と $-q$ の電荷が 1.0×10^{-8}cm だけ離れて存在したとする*。双極子モーメントは $\mu = \delta \cdot l$ より，

$$\mu = 4.8\times10^{-10}\times1.0\times10^{-8}$$
$$= 4.8\times10^{-18}\text{〔esu·cm〕}$$

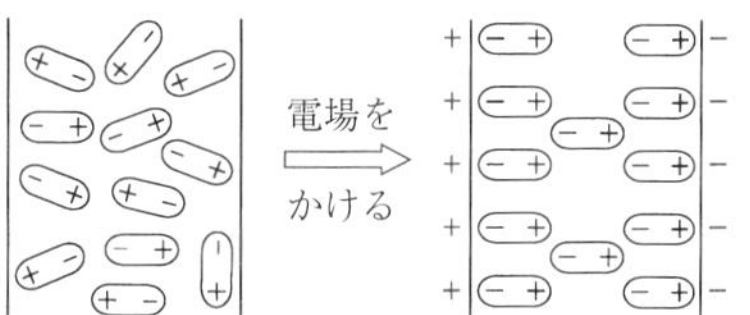

いま，1.0×10^{-18}esu・cm を 1 D(デバイ)とおくと，$\mu = 4.8$ D となる。

HCl の双極子モーメントは 1.08 D，その結合距離は 1.27×10^{-8}cm だから，$\mu = \delta \cdot l$ より，

$$1.08\times10^{-18} = \delta\times1.27\times10^{-8}$$
$$\therefore\ \delta = 0.85\times10^{-10}\text{〔esu〕}$$

この電気量が電気素量の何倍にあたるかを計算すると，$\dfrac{0.85}{4.8} \fallingdotseq 0.18$ 倍　である。

よって，$H^{0.18+}$-$Cl^{0.18-}$ となり，H-Cl 結合のイオン結合性は約 18％となる。

メタンの塩素置換体では，無極性分子である CCl_4 を除くと，Cl 原子の数が増すに従い双極子モーメントは減少している（下図）。これは，Cl 原子が増すにつれて C 原子の δ＋の度合いが大きくなるので，Cl 原子が共有電子対を引き寄せにくくなり，Cl 1 原子あたりの δ－の度合いが小さくなったためと考えられる。

＊　1 静電単位〔esu〕とは，等量の電荷が真空中で 1 cm 離れて存在するとき，その間に 10^{-5} ニュートン〔N〕の力が作用するような電気量。

結合の双極子モーメント　　単位はデバイ〔D〕

結　合	双極子モーメント	結　合	双極子モーメント	結　合	双極子モーメント
H-F	1.94	H-O	1.51	C-Cl	1.46
H-Cl	1.08	H-N	1.31	C-O	0.74
H-Br	0.78	H-C	0.40	C=O	2.3
H-I	0.38	C-F	1.41	C≡N	3.5

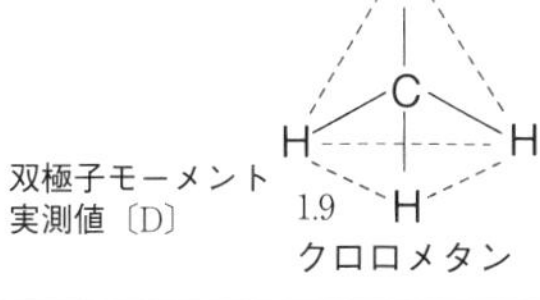

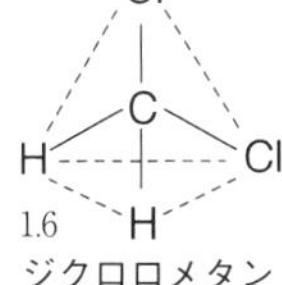

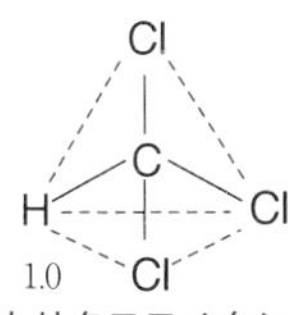

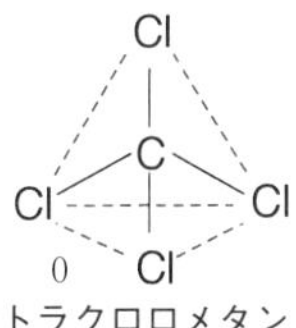

SCIENCE BOX　電子レンジのしくみ

電子レンジは，マイクロ波（電波の一種）を使って，食品を加熱するためにつくられた調理器具であり，英語では microwave oven という。マイクロ波はアマチュア無線や携帯電話にも使われる比較的波長の短い高エネルギーの電波の一種で，空気，ガラス，陶磁器などをよく透過するが，金属に当たると反射される性質がある。

電子レンジの原理は，1945年，アメリカのスペンサーが軍事用レーダーの研究中，マイクロ波の実験をしていたときに，偶然，ポケットに入れてあったチョコレート菓子が軟らかくなっているのに気づき，その理由を調べたら，マイクロ波が物体中の水分に作用して熱を発生させている現象を発見したことによる。

電子レンジの内部には，マグネトロンと呼ばれる部分があり，ここでマイクロ波を発生させる。マイクロ波は，電子レンジの内面を覆っている金属板で反射を繰り返し，食品に均一に照射されるように工夫されている。電子レンジでは，液体の水分子が最も温まりやすい周波数，2450 MHz（メガヘルツ），すなわち，1秒間に24億5千万回も＋と－の電場が変化するマイクロ波が利用されている。食品中の水は極性分子であるため，このマイクロ波をよく吸収して，多数の水分子が動き出し*，摩擦熱が発生することで，食品の内部から温まる。

* 電子レンジで使用するマイクロ波のエネルギーは，水分子間に形成された水素結合を切断する程度で大きくはない。したがって，食品を直火（赤外線）で温めたときのように，水分子の並進運動（p. 119）が激しくなるのではなく，与えられた電場の変化に対して，水分子の回転が激しくなる程度なので，電子レンジで温めた食品は，直火で温めた食品より冷めやすい。

なお，電子レンジを使うと，水やアルコールなどの極性分子は，電場の変化でよく回転して温まるが，ヘキサンや四塩化炭素などの無極性分子はマイクロ波による電場の変化の影響を受けにくいので，温まりにくい。

ところで，電子レンジで使用されるマイクロ波は，液体の水が最も温まりやすい周波数に調節してあるので，固体の氷はうまく加熱することはできない。

なぜなら，氷の結晶中の水分子は液体の水分子に比べてずっと動きにくい状態にあり，2450 MHz の周波数の電波では速すぎて，うまく動かすことができないからである。氷を融解するには，もっと低い周波数（915 MHz）の電波を当てる必要がある。

逆に，氷の解凍専用に調節した電波では，液体の水にとって振動が遅すぎるので，氷が融けた水を 0℃以上に加熱することはできない。

電子レンジ（外観）

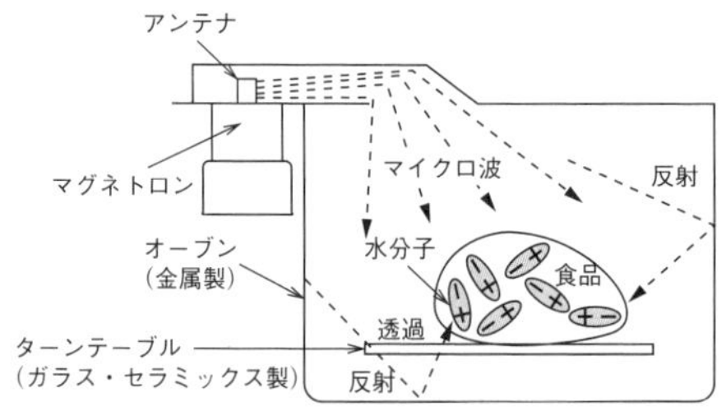

電子レンジの内部構造

13 分子間の相互作用

HCl のような極性分子の間には，分子の極性に基づく静電気力(**極性引力**ともいう)が働いている。一方，N_2，O_2，CO_2 のような無極性分子であっても，冷却していくと液体や固体に変化するので，これらの分子間にも何らかの引力が働いていることが予想される。一般に，極性，無極性を問わず，すべての分子間に働く弱い引力 (**分散力** (p. 72)という)と，極性分子間に働く極性引力をまとめて**ファンデルワールス力**という㉓。

補足㉓ ファンデルワールス力は分子が極めて近い距離にあるとき (固体や液体) には有効に働くが，分子間距離が大きい気体ではほとんど0になる。ファンデルワールス力は，ある一定の分子間距離の範囲内では，分子間距離の 6 乗に反比例するといわれている。

たとえば，分子間距離が 2 倍になると，ファンデルワールス力は $\frac{1}{2^6}$ $(=\frac{1}{64})$ に急減する。ファンデルワールス力は化学結合 (イオン結合，共有結合，金属結合) に比べると約 $\frac{1}{100}$ 程度の小さい引力であるが，万有引力に比べると桁違いに大きな力である。ただし，分子どうしがさらに近づき，お互いの電子雲が接触するようになると，静電気的な反発力が強く働くため，分子はある一定の距離内に近づくことはできない。

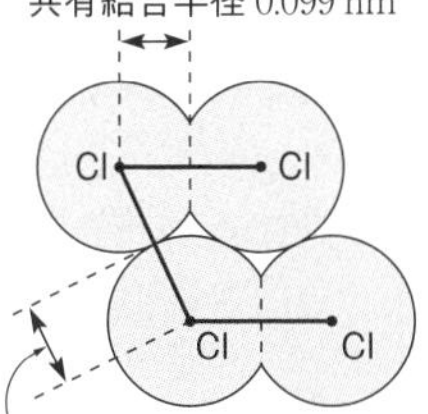

同種の二原子が共有結合しているときの原子間距離の $\frac{1}{2}$ を原子の**共有結合半径**，分子が隣の分子と接触しているときの原子間距離の $\frac{1}{2}$ を原子の**ファンデルワールス半径**という。ファンデルワールス半径は共有結合半径より常に大きい。

► ドライアイスは，二酸化炭素 CO_2 分子が右図のように多数集まってできた結晶である。このように，多数の分子が分子間力 (p. 76) によって規則正しく配列してできた結晶を**分子結晶**という㉔。

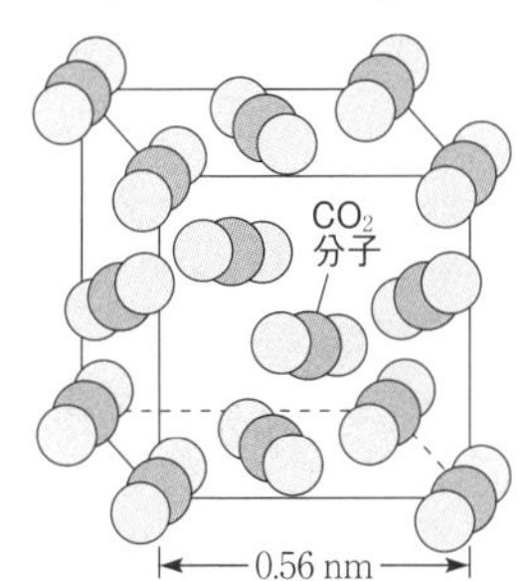

二酸化炭素の結晶構造(−190℃)
実際の分子を縮小して，内部の構造がわかるように示したもの。

詳説㉔ 分子間力には共有結合のような方向性がないので，分子は密に集まった最密構造をとりやすい。ドライアイスでは，CO_2 分子の重心はほぼ面心立方格子の配列をとっている。

► 常温において分子結晶として存在するものには，ヨウ素 I_2 やナフタレン $C_{10}H_8$ などがある。また，貴ガスや O_2，N_2 などは常温では気体であるが，極めて低温では分子の熱運動が弱まり，分子間に分子間力が有効に働いて凝縮・凝固し，分子結晶となる。分子結晶は，一般にイオン結晶や共有結合の結晶 (p. 90) に比べて軟らかく，融点も低い。とくに，無極性分子からなる分子結晶は，昇華性を示すものが多い㉕。また，電気的に中性な分子からできており，固体でも液体でも電気を通さない。

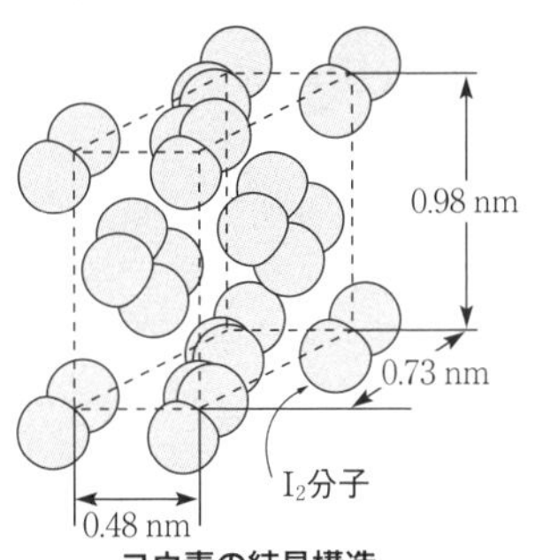

ヨウ素の結晶構造

補足㉕ これは，わずかに温度が上がっただけでも，分子の熱運動のエネルギーが分子間力を上回り，分子が容易に結晶から飛び出すようになるからである。

14 ファンデルワールス力

どの原子も原子核を中心に電子が運動しており，時間的に平均をとれば，原子の電子分布は球対称であって，どの部分も同じはずである。しかし，各瞬間瞬間では，電子分布の乱れによって，部分的には常にごくわずかの電荷の偏り(**極性**)を生じている。

いま，無極性分子Aの電子分布が少し変化して瞬間的に分極したとする。この極性により生じた電場によって，近くにある無極性分子Bが分極させられる。このとき，分子AとBが引き合うように分極するほうが系のエネルギーが低くなるので，反発力を生じるように分極するよりも少しだけ実現しやすく，結果的にAとBの間に働く引力が反発力をわずかに上回るようになる。すなわち，長い時間にわたって平均すれば，分子AとBは常に引き合っていることになる。このように，極性の有無によらず，すべての分子間に働く弱い引力は**分散力**とよばれる㉖。

補足㉖ **ロンドン**(ドイツ)は，分子内に生じた瞬間的な電荷の偏り(極性)によって，すべての分子間に引力が働くことを明らかにしたので，この引力を**ロンドン力**ともいう。ところで，無極性分子間には分散力しか働かないが，極性分子間には分散力に加えて，分子の極性に基づく静電気力(**極性引力**)も働くため，分子量がほぼ同程度の分子性物質を比較すると，極性分子のほうが無極性分子よりも融点・沸点が高くなる。

►分散力の原因の一つに，分子内に生じる瞬間的な極性がある。一般に，分子の相対質量（**分子量**，p. 97）が大きい分子ほど，分子内に存在する電子の総数が多く，電子分布の偏りも大きくなり，分散力も強くなると考えられる。

一般に，分子量が大きいほど分子サイズも大きくなり，最外殻電子に働く原子核の静電気力は弱くなり，電荷の分布がより変化しやすくなる。たとえば，ハロゲン分子の場合，原子核からの引力が強くて硬く締まったF_2分子よりも，原子核からの引力が弱くて柔らかく膨らんだI_2分子のほうが，瞬間的な電荷の偏りは大きくなるので，分散力も強くなると考えられる。

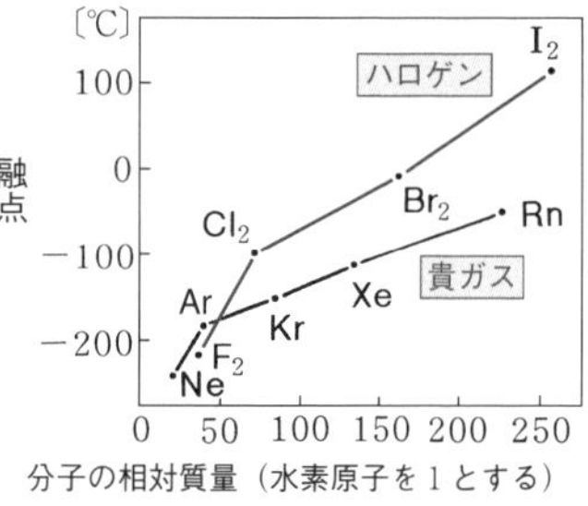

無極性分子の相対質量と融点

極性・無極性分子を問わず，一般に，構造がよく似た分子では，分子量が大きいほどファンデルワールス力が強くなり，融点・沸点が高くなる。

さらに，分子量がほぼ等しい分子では，分子の表面積が小さい(分子の形が球形に近い)ほど，ファンデルワールス力は弱くなる。これは，分子が接近したとき，分子の表面に誘起される瞬間的な極性は，分子の表面積が小さくなるほど相対的に小さくなるからである。また，分子量・表面積がともに同程度ならば，分子に枝分かれが少なく分子が接近しやすいほど，瞬間的な極性の生じる確率が高くなるので，ファンデルワールス力は強くなり，沸点は高くなる(p. 582)。

$CH_3-CH_2-CH_2-CH_2-CH_3$　36℃

$CH_3-CH(CH_3)-CH_2-CH_3$　28℃

$C(CH_3)_4$（$CH_3-C(CH_3)_2-CH_3$）　9.5℃

アルカン(ペンタン)の沸点

15 水素結合

14～17 族の水素化合物の沸点を調べてみると，14 族の水素化合物の沸点は分子量が大きくなるにつれてしだいに高くなっている。これに対して，15～17 族の水素化合物のうち，アンモニア NH_3，水 H_2O，フッ化水素 HF だけは分子量が小さいにもかかわらず，他の同族の水素化合物から予想される値よりも沸点・融点が著しく高い。このことから，NH_3，H_2O，HF では他の同族の水素化合物に比べて，とくに強い分子間相互作用が働いていると推察される。

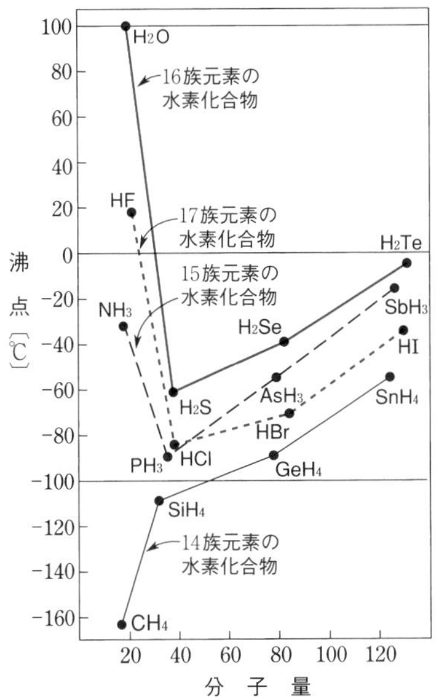

14 族元素の水素化合物は無極性分子なので，15, 16, 17 族元素の水素化合物より沸点が低く，分子量が大きくなるにつれて沸点は高くなる。

たとえば，フッ化水素分子では，F と H との電気陰性度の差が大きいので，かなり強い極性分子になっている。そして，HF 分子の $\delta+$ を帯びた H 原子と，隣り合う HF 分子の $\delta-$ を帯びた F 原子が主に静電気力で引き合う。

一般に，HF，H_2O，NH_3 などの分子間では，原子半径が小さく，電気陰性度が大きな原子 X（F，O，N の 3 種に限る）と結合した正電荷を帯びた H 原子が，近くの電気陰性度の大きい原子 Y の非共有電子対の方向へ近づき，主に静電気力に基づく結合が形成される。このような結合を**水素結合**といい，X-H···Y のような点線で示される[27]。

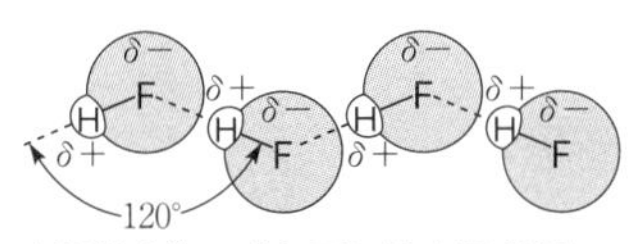

水素結合(----)している HF 分子

詳説[27] 原子半径が小さく，電気陰性度の大きな原子 X，Y（＝F, O, N）と結合した H 原子の電子雲は X 原子のほうへ引き寄せられ，部分的には裸の原子核（プロトン H^+）に近い状態になっている。また，非常に小さく，かつ内殻電子をもたない H 原子は，他の陰性原子 Y に十分に接近できる。したがって，両原子間にはかなり強い静電気力が働くことが理解される。しかも，H 原子が近づく方向は，いつも陰性原子 Y の非共有電子対の伸びた方向と決まっている。正電荷を帯びた H 原子には電子受容性があり，隣の陰性原子 Y に十分に近づくと，その非共有電子対を自身の電子軌道へ受け入れることができる。すると，いままでの H-X 結合は切れるが，新たに H-Y 結合が生成される。このように 2 つの陰性原子 X，Y が，その間に挟（はさ）まれた H 原子を絶えず H^+ の形でやりとりしながら，互いに結びついているのが水素結合の本質と考えられる。

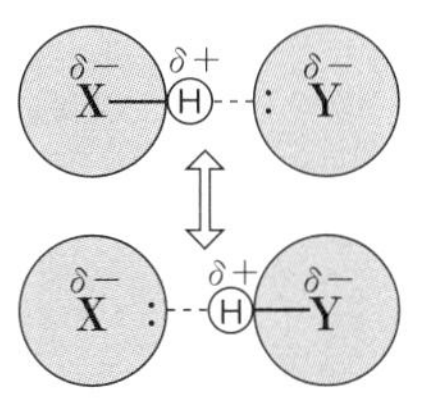

水素結合のモデル

参考 氷における H-O···H の原子間距離は次頁図のようである。左側の O-H 間の結合距離 0.101 nm は，O(0.066 nm) と H(0.030 nm) の共有結合半径の和 0.096 nm より少し長い。一方，右側の H-----O 間の結合距離 0.175 nm は，O(0.14 nm)，H(0.12 nm) のファンデルワールス半径の和 0.26 nm よりかなり短い。このことは，水素結合の結合力が，ファンデルワールス力よりも明らかに強いことを示す。また，水素結合を単に静電気力だけによる結合と単純に考えてはいけない。H 原子が 2 つの電気陰性度の大きな原子 X と Y を結ぶ一直線上に並んだときに，最も効果的に H^+ の授受を行うことができ，水素結合の結合力が最大になる。つまり，水素結合は共有結合としての特徴である方向性をもった結合なのである。したがって，水素結合でできた結晶(たとえば氷)では，分子は特定の方向の分子としか水素結合を形成しないから，その分子結晶の配位数は小さく，隙間の多い構造となる。

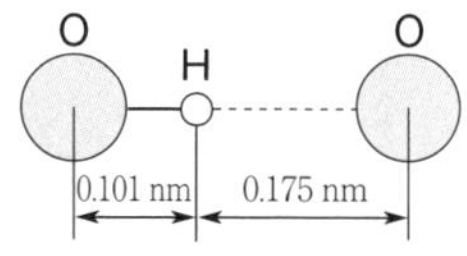

補足㉗ Cl は電気陰性度が 3.2 で，非共有電子対も存在するのに，HCl では水素結合が形成されないのはなぜか。正電荷を帯びた H 原子が陰性の強い原子に近づいていく場合を考える。原子半径の小さい N 原子の場合は，負の電荷密度が大きく，$H^{\delta+}$ 原子との間に強い静電気力が働くので，$H^{\delta+}$ 原子を十分に引き寄せて有効な水素結合が形成できる。一方，原子半径の大きい Cl 原子の場合は，負の電荷密度が小さく，$H^{\delta+}$ との間にはあまり強い静電気力が働かないので，$H^{\delta+}$ 原子を十分に引き寄せて水素結合をつくることができないと考えられる。

►分散力と極性引力をあわせたファンデルワールス力，および水素結合など，分子間に働く引力を総称して**分子間力**という。

水素結合の強さは，化学結合(共有結合，イオン結合，金属結合)に比べるとずっと弱いが，ファンデルワールス力よりは強い㉘。したがって，HF，H_2O，NH_3 など，水素結合を形成している分子性物質は，水素結合を形成しない同程度の分子量をもつ分子性物質に比べて，融点や沸点，および融解熱や蒸発熱もかなり大きい㉙。

補足㉘ 一般に，水素結合の強さは，共有結合の強さの 1/10～1/20 程度であるが，ファンデルワールス力に比べると 10 倍程度強い。また，水素結合の強さは常温程度の熱エネルギーでも容易に切れる程度なので，生体内でおこる生化学反応に重要な役割を果たしている。

補足㉙ これは，分子どうしを引き離して気体にするのに，水素結合を切断するための余分なエネルギーが必要となるからである。また，水素結合は，同種の分子間だけでなく，異種分子間にも存在する。たとえば，水とメタノール CH_3OH 分子間には O−H…O が，水とアンモニア NH_3 分子間にも O−H…N など，いろいろな形の水素結合が存在する。

水素結合	結合エネルギー〔kJ/mol〕	水素結合	結合エネルギー〔kJ/mol〕
F−H------F−H	29	H_3N------$H-NH_2$ (H−N(H)(H)------H−N(H)(H))	17
O(H)−H------O(H)−H	21		

参考 原子を構成する素粒子の運動を支配する量子力学によると，質量の小さな電子や陽子は，粒子性のほかに強い波動性をもつ。つまり，与えられたエネルギーが反応に必要な活性化エネルギー(p. 241) 以下であっても，波動性をもつ素粒子は，ある確率で活性化エネルギーの障壁を通り抜けることができる。この現象を**トンネル効果**という。X−H…Y または X…H−Y で表される水素結合における H^+(プロトン)の移動は，典型的なトンネル効果の例といわれる。

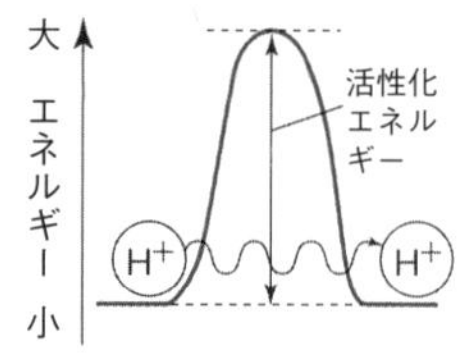

SCIENCE BOX 水素結合

〔1〕 水素結合とは

F，O，N などの電気陰性度の大きな X 原子の間に H 原子がはさまれたとき，H 原子がこれらの原子を仲介するように働く結合が**水素結合**であり，その結合力は化学結合よりかなり弱いが，ファンデルワールス力よりも強く，分子間力として総称される。

水素結合の中心的な相互作用は，通常，電気的に陽性($\delta+$)な H 原子が，周囲の電気的に陰性($\delta-$)な X 原子との間に働く静電気力であると説明されている。しかし，水素結合がイオン結合と大きく異なる点は，その方向性の有無である。イオン結合，ファンデルワールス力はあらゆる方向に働く方向性のない結合であるが，水素結合は H 原子と電気陰性度の大きな X 原子との非共有電子対が一直線上に並んだときに最も結合力が強くなるという性質があり，共有結合と同様，方向性のある結合である。すなわち，水素結合はイオン結合と共有結合の両方の性質を合わせ持った結合といえる。

〔2〕 水素結合の方向性について

水素結合において，電気陰性度の大きな X 原子の非共有電子対が，ほとんど裸に近いプロトン H^+ の状態になった H 原子に対して電荷移動をおこすには，H–X 結合の共有電子対の電子軌道（下図の－を色で囲んだ部分）との重なりをできるだけ避ける必要がある。X 原子の非共有電子対が下図の①の方向から H 原子に近づいた場合，この重なりが幾分生じて電荷移動の割合が低下し，強い水素結合は形成されない。一方，X 原子の非共有電子対が H 原子と一直線上に並んだ②の方向から近づいた場合，この重なりが最小となって電荷移動の割合が最大となり，最も強い水素結合が形成できる。

〔3〕 1分子あたりの水素結合の数について

水素結合は，電気的に陽性な H 原子と電気陰性度の大きな F，O，N 原子の非共有電子対とが 1：1 の割合で生じる結合である。すなわち，H 原子の数が多くても非共有電子対の数が少なければ，形成される水素結合の数は少なくなり，逆の場合も同様である。

H 原子の数と非共有電子対の数，すなわち，分子間に形成される**水素結合の数は，1分子あたりの H 原子の数と非共有電子対の数のうち，どちらか少ないほうで決まる。**

水素結合の結合エネルギーを，F…H 29 kJ/mol，O…H 21 kJ/mol，N…H 17 kJ/mol とすると，次の表のようになる。

分子	H 原子の数	非共有電子対の数	水素結合の数（1 分子当たり）	結合エネルギー（最大値）
HF	1 個	3 個	**1 本**	29 kJ
H_2O	2 個	2 個	**2 本**	42 kJ
NH_3	3 個	1 個	**1 本**	17 kJ

したがって，分子全体でみた水素結合の強さは，H_2O(沸点 100℃)＞HF(沸点 20℃)＞NH_3(沸点－33℃)の順となる。

〔4〕 アンモニア NH_3 の水素結合について

1 個の NH_3 分子に限定すれば，H 原子 3 個に対して，近くの NH_3 分子の非共有電子対を無理に水素結合させることは可能であろう。しかし，これを続けていくと，H 原子が余る一方，非共有電子対は足りなくなり，水素結合できない H 原子が続出する。結局，NH_3 分子 1 個が形成する水素結合の数は，H 原子の数と非共有電子対の数のうち，その少ない方の 1 本となる*。

＊ 固体状態では，NH_3 の非共有電子対は近接する NH_3 分子の決まった H 原子と水素結合しているが，液体状態では，水素結合する相手の H 原子を刻々と変えていると考えられている。

SCIENCE BOX　分子間力

分子間に働く相互作用には，引力と反発力があり，分子どうしが近づくとき，一定距離 Re までは引力が働き，系のポテンシャルエネルギーは減少するが，Re より近づくと大きな反発力が働くようになり，系のポテンシャルエネルギーは急激に増加する。この関係を下図に示す*。

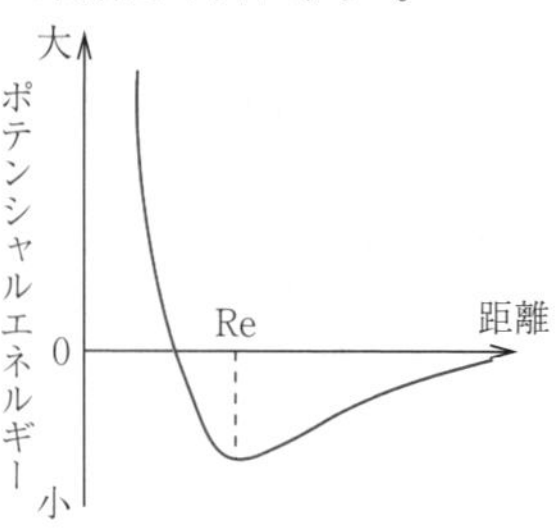

分子間のエネルギー曲線

* 分子間力によるポテンシャルエネルギー(位置エネルギー)が極小となる原子間距離が Re で，その $\frac{1}{2}$ がファンデルワールス半径(p. 71)に等しい。

分子間に働く引力は，**ファンデルワールス**(オランダ)が行った実在気体の状態方程式の研究によって明らかにされたため，**ファンデルワールス力**とよばれる。このほか，電気陰性度の大きな原子(F，O，N)の間に水素原子がはさまれることによって，**水素結合**(p. 73)が形成される。これらをまとめて**分子間力**という。すなわち，分子が非常に接近したときに働く反発力*2 は分子間力には含めないのが普通である。

*2 反発力は，負電荷の電子雲の重なりと，正電荷の原子核間の静電気的な反発による。

なお，ファンデルワールス力の生じる要因には，次の3つが考えられる。

(1)　極性分子間の相互作用

極性分子どうしが近づくと，分子の熱運動があまり激しくないときは，互いに＋と－が向かい合うように配向する確率が高く

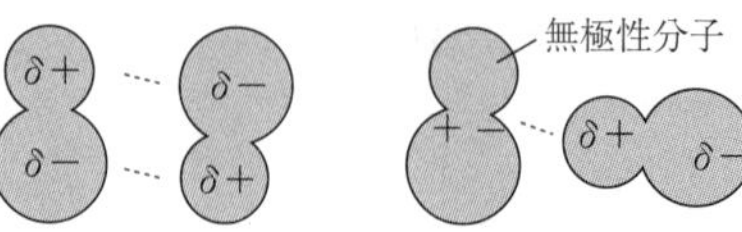

配向効果
(δ+とδ−の部分が向き合う)

誘起効果
(+, −は誘起された極性を示す)

なり，分子間に引力を生じる。この現象を**配向効果**(上の左図)という。

(2)　極性-無極性分子間の相互作用

極性分子が無極性分子に近づくと，極性分子が無極性分子の内部に極性を生じさせ，分子間に引力を生じさせる。この現象を**誘起効果**(上の右図)*3 という。

*3 誘起効果は，上の左図のように，極性分子の間に生じることもある。

(3)　無極性分子間の相互作用

貴ガスのような球状の無極性分子の間にも引力が生じることは，**ロンドン**(ドイツ)によって解明された。すなわち，無極性分子であっても，各原子中の原子核と電子の相対的な位置関係は時々刻々変化しており，瞬間的にはわずかな極性を生じている(下図)。この極性が隣接する分子に極性を誘起し，分子間に引力を生じる。この現象を**分散効果**といい，生じた引力を**分散力**(**ロンドン力**) という。極性分子にあっては要因(1)が，無極性分子にあっては要因(3)がファンデルワールス力の大部分を占めている。

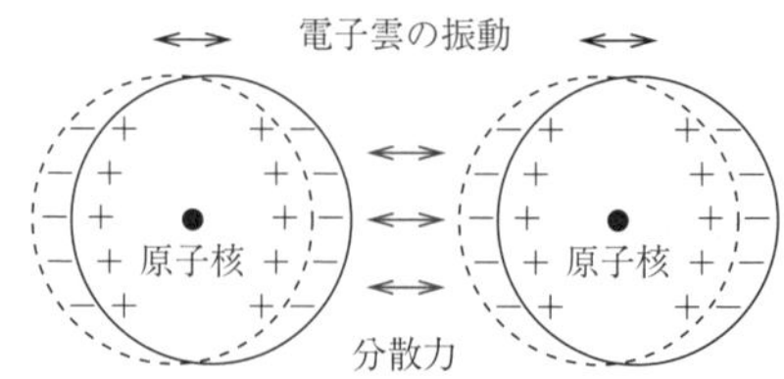

分散効果

原子核と電子雲の相対的な位置の変化（振動）により，分子間に分散力が生じる（実線は現在の状態，点線は次の瞬間を示す）。

16 氷と水素結合

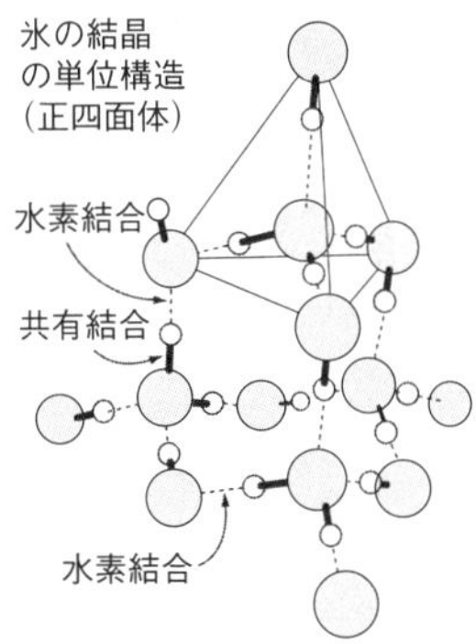

氷の結晶中では，1個の水分子は他の4個の水分子と水素結合によって，正四面体構造をとっている㉚。

補足㉚ 氷の結晶では，O原子の位置は完全に固定されており，∠OOO＝109.5°である。一方，H原子の位置は完全には固定されておらず，水分子の結合角（∠HOH）は，水蒸気の結合角104.5°に近い約105°と考えられている。つまり，氷の結晶中では，H原子は非結晶の状態にあるといえる。

一般の分子結晶では，多くの分子ができるだけ密に集まった**最密充塡**(じゅうてん)（充塡率74%）をとりやすいが，氷の結晶は配位数4(充塡率32%）であり，かなり隙間の多い構造をしている。これは，水素結合に方向性があるためである。ただし，2×10^8 Pa以上の高圧状態で安定な氷の密度は1.1 g/cm³以上で，液体の水に沈む。

►また，ほとんどの物質が，融解すると，粒子1個あたりの運動空間が広がって体積が増加(密度が減少)するが，水は融解しても，その逆の傾向を示す数少ない物質(ゲルマニウムGe，ビスマスBiなど)である。しかも，水は，4℃で最大密度(体積最小)を示すという特異な性質をもつ㉛。

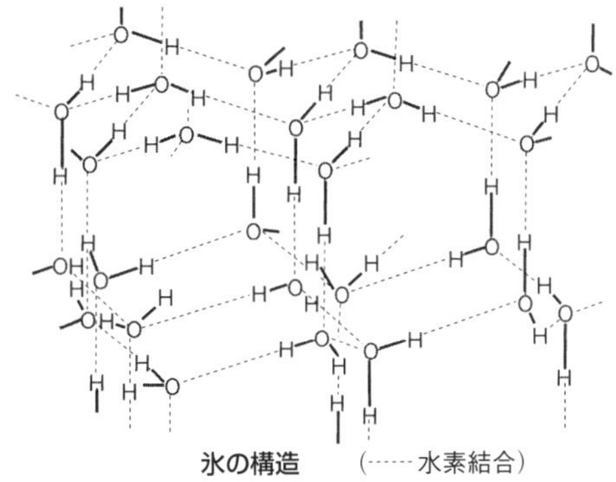
氷の構造 (…… 水素結合)

詳説㉛ 氷が融けて水に変化する際，水素結合の一部が切断されるため，結晶中の隙間を埋めるように，自由になった水分子が入り込む。そのため，0℃で氷から水へ状態変化すると，急激に体積が減少(密度が増加)する。しかし，① 0℃を過ぎてもまだ体積の減少(密度の増加)が続くのは，液体の水の中には部分的な氷の構造(**クラスター構造**，p. 442)が残っているからであり，温度を上げると，この構造がしだいにこわれて体積はさらに減少する。

一方，②温度が上がると水分子の熱運動が激しくなり，1分子の占める運動空間が大きくなり，体積が増加(密度は減少)する傾向を示す。

4℃以下では，①の効果＞②の効果であったものが，4℃以上では①の効果＜②の効果となるので，結局，この相反する2つの効果の兼ね合いにより，4℃で水の密度が最大(1.000 g/cm³)になる。

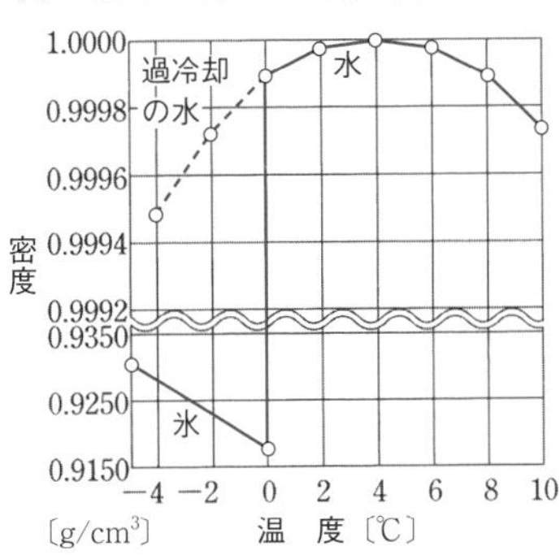

温度による水の密度の変化

補足㉛ 厚い水の層を上から見ると，淡青色に見えるのは，空の青色が映し出されたためではない。1個の水分子が熱運動するとき，それぞれ水素結合をしている水分子を押したり引っ張ったりする。このとき，赤色光～近赤外光がわずかに吸収されるので，吸収されずに残った青い色調があらわれてくる(p. 205)。

SCIENCE BOX

高圧での氷の構造

(1) 氷の相転移

現在，約10種類の氷が知られており，発見順にローマ数字で区別される。通常，私達が目にする氷は，六方晶系の**氷Ⅰ$_h$**である。−130℃以下では，ダイヤモンドと同じ立方晶系の**氷Ⅰ$_c$**(準安定)も存在する。

0℃以下で氷Ⅰ$_h$を加圧すると融点は低下し，−22℃，2×10^8 Pa(0.2 GPa)で氷Ⅲに相転移する。氷Ⅲの低温側には氷Ⅱの領域，氷Ⅲの高圧側には氷Ⅴの領域がある。

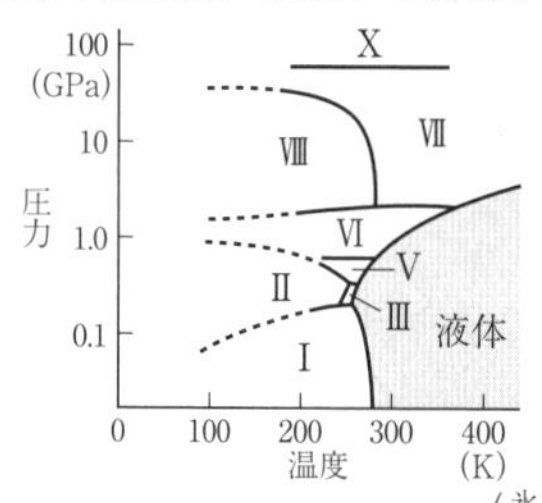

水と氷の状態図（氷Ⅴの領域の内部に氷Ⅳの領域がある。）

(2) 氷Ⅱ，氷Ⅲ，氷Ⅴの構造

氷Ⅰの密度は0.92/cm^{3}であるが，氷Ⅱ，Ⅲ，Ⅴの密度は，それぞれ1.17，1.14，1.23 g/cm^{3}である。また，氷Ⅱ，氷Ⅲ，氷Ⅴは，氷Ⅰと同じ4配位の結晶構造であるが，酸素原子Oのつくる四面体構造が少しずつ異なる。

氷Ⅱ，Ⅲ，Ⅴでは水素結合O···Hの働く方向が氷Ⅰの直線方向からずれ，最近接の水素結合O···Hの距離が少し伸び，水素結合の結合力が氷Ⅰより弱い。このため，第2，第3近接の水分子がその近くにある隙間に入り込み，配位数が4より少し大きくなり，密度が増加している。

(3) 氷Ⅵ，氷Ⅶ，氷Ⅷの構造

氷Ⅴの高圧側には氷Ⅵの領域，氷Ⅵの高圧側には氷Ⅶ，Ⅷの領域がある。氷Ⅵ，Ⅶ，Ⅷの密度はそれぞれ1.30，1.50，1.50 g/cm^{3}で，氷Ⅱ，Ⅲ，Ⅴよりさらに密度が大きい。

氷Ⅵでは，O原子のつくる四面体構造(A構造)の中に，A構造がc軸の周りに90°回転した構造(B構造)が組み合わさった正方晶系の結晶で，氷Ⅴより密度が大きい。

氷Ⅶ，Ⅷでは，氷Ⅰ$_c$のダイヤモンド構造の隙間に，同じ氷Ⅰ$_c$の構造が入り込んだ8配位の結晶構造をとり，その密度は氷Ⅰの密度の2倍より小さな値(1.50/cm^3)をとる。これは，氷Ⅶ，Ⅷの結晶中では近接する8個の水分子のうち，4個のO原子間には水素結合が働くが，他の4個のO原子間には水素結合が働かないためである。

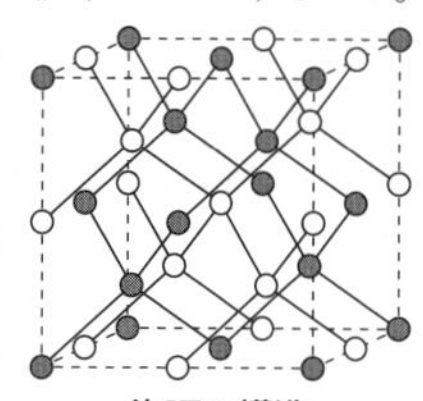

氷Ⅶの構造（氷Ⅰ$_c$の構造が2つ入り込んでいる。）

(4) 氷Ⅹの構造

8×10^{10} Pa(80 GPa)以上の高圧で存在する氷Ⅹの密度は，1.50/cm^{3}以上と推定される(未測定)。一般に，氷の結晶を強く圧縮すると，O···Hの水素結合の距離は短くなり，O−H共有結合の距離に近づく。氷Ⅹでは，H原子は2つのO原子のちょうど中間点に存在し，水は分子として存在できなくなる(**分子解離**という)。

(5) 秩序氷と無秩序氷

絶縁体に電場を加えたとき，その物質に電気的な分極がおこる度合いを**誘電率**といい，物質中では，電荷をもつ陽子や電子が動きやすいほどその値は大きい。氷の結晶では，O原子の位置は固定されており，H原子が動きやすいほど，誘電率は大きくなる。(下表の値は，水および氷の真空に対する比誘電率を示す。)

水	氷Ⅰ	氷Ⅱ	氷Ⅲ	氷Ⅴ	氷Ⅵ	氷Ⅶ	氷Ⅷ
80	99	4	117	144	193	150	小

氷ⅡとⅧは，H原子の位置が固定されているので**秩序氷**，氷Ⅰ，Ⅲ，Ⅴ，Ⅵ，Ⅶは，H原子の位置が固定されていないので**無秩序氷**と呼ばれる。一般に，圧力一定では，低温側で秩序氷，高温側で無秩序氷が表れやすい傾向がある。

SCIENCE BOX

ヨウ素の結晶の構造変化

球形の貴ガスの分子結晶は，立方晶系(単位格子は立方体)の最密構造をとりやすい。一方，直線形のハロゲンの分子結晶は，分子の対称性が低下したことにより，正方晶系（単位格子の3軸は直交し，各辺の長さはa=a≠b)や斜方晶系(単位格子の3軸は直交し，各辺の長さはa≠b≠c）の結晶構造をとるものが多い。

〔1〕 常温・常圧下でのヨウ素の結晶

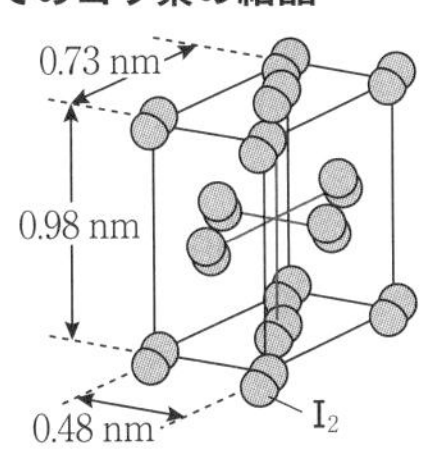

ヨウ素I_2は，常温・常圧下では，右図に示すような直方体の各頂点と各面の中心にヨウ素分子の重心が配列した面心斜方格子となる。この結晶の密度〔g/cm^3〕と充填率〔%〕を求めると次のようになる。

・**密度**：単位格子中のI_2分子の数は，

$\frac{1}{8}$(頂点)×8＋$\frac{1}{2}$(面心)×6＝4 個

(単位格子の質量)＝(I_2分子4個分の質量)

分子量I_2=254よりモル質量254 g/molだから，$\frac{254}{6.0\times10^{23}}\times4\fallingdotseq1.693\times10^{-21}$〔g〕

単位格子の体積Vは，

$V=(9.8\times10^{-8})\times(4.8\times10^{-8})\times(7.3\times10^{-8})$
$\fallingdotseq3.433\times10^{-22}$〔cm^3〕

∴密度$=\frac{1.693\times10^{-21}〔g〕}{3.433\times10^{-22}〔cm^3〕}\fallingdotseq$**4.93〔g/cm^3〕**

・**充填率**：I_2分子を構成するI原子の半径は，共有結合半径（0.140 nm）とファンデルワールス半径（0.198 nm）の平均値の0.169 nm(=1.69×10^{-8}cm)と考えると，

$$充填率=\frac{I原子8個分の体積}{単位格子の体積}\times100$$

$$=\frac{\frac{4}{3}\pi\times(1.69\times10^{-8})^3\times8〔cm^3〕}{3.43\times10^{-22}〔cm^3〕}\times100$$

≒**47.1〔%〕***

〔2〕 超高圧下でのヨウ素の結晶

ヨウ素の結晶に非常に高い圧力をかけると，隙間の少ない別の結晶構造への変化が見られる。たとえば，3.0×10^{10}Paの下では，I_2の分子結晶が変形するとともに，I_2分子内と分子間の距離がすべて0.30 nmで等しくなる。つまり，各々のヨウ素が分子の性質を失い，原子の状態になる。このような現象を**分子解離**といい，このとき，ヨウ素の結晶は金属のような電気伝導性を示すことが知られている。

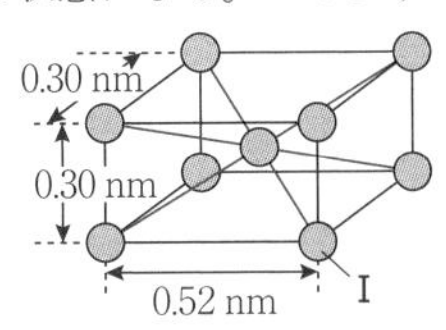

3.0×10^{10}Paにおけるヨウ素の結晶は，右上図のように，I原子が直方体の単位格子の各頂点と，その中心に配列した体心正方格子となる。この結晶の密度〔g/cm^3〕と充填率〔%〕を求めると次のようになる。

・**密度**：単位格子中のI原子の数は，

$\frac{1}{8}$(頂点)×8＋1(中心)＝2 個

(単位格子の質量)＝(I原子2個分の質量)

原子量I=127よりモル質量127 g/molだから，$\frac{127\times2}{6.0\times10^{23}}\fallingdotseq4.233\times10^{-22}$〔g〕

単位格子の体積Vは，

$V=(3.0\times10^{-8})^2\times(5.2\times10^{-8})$
$\fallingdotseq4.68\times10^{-23}$〔cm^3〕

∴ 密度$=\frac{4.233\times10^{-22}〔g〕}{4.68\times10^{-23}〔cm^3〕}$

≒**9.04〔g/cm^3〕**

・**充填率**：I原子は，単位格子（直方体）の短辺上で接するから，原子半径は，原子間距離の$\frac{1}{2}$の0.15 nmと考えると，

$$充填率=\frac{I原子2個分の体積}{単位格子の体積}\times100$$

$$=\frac{\frac{4}{3}\pi\times(1.5\times10^{-8})^3\times2〔cm^3〕}{4.68\times10^{-23}〔cm^3〕}\times100$$

≒**60.4〔%〕***1

* ヨウ素I_2の結晶はかなり充填率が低いが，高圧下でのヨウ素Iの結晶は体心立方格子の充填率(68%)に匹敵する充填率を示す。

17 金属結合

多数の金属原子が集合すると，最外殻の電子殻は相互に重なり合うことによって，すべての金属原子がつながった状態になる。しかも，金属原子は一般にイオン化エネルギーが小さく，陽イオンになりやすい。そこで，各金属原子の価電子は，互いにつながった電子殻に入り，特定の金属原子に所属することなく，金属中を自由に動き回ることができるようになる。このような電子を**自由電子**という。すなわち，自由電子は正電荷をおびた金属原子の周りを動き回ることによって，ばらばらになろうとする多数の金属原子を結びつける働きをしている。

このように，自由電子による金属原子間の結合を**金属結合**という㉜。

金属結合では，各原子の価電子は共有結合のように特定の原子間で共有されているのではなく，極端にいえば，すべての金属原子の間で共有されていると考えることができる㉝。したがって，金属結合には共有結合のような方向性は見られない。

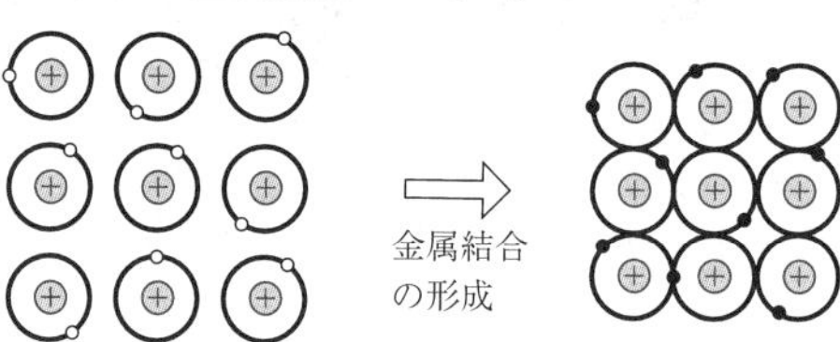

⊕は原子核，○は価電子，●は自由電子を示す。
金属原子が別々に離れている状態(左側)から，金属原子の最外殻の電子殻が重なり合って，金属結合が形成されている状態(右側)を示す。

詳説㉜ 金属結合の本質は，自由電子と金属原子間に働く静電気力がもとになっている。したがって，多くの金属原子が寄り集まる(金属原子の配位数が大きい)ほど，電子軌道の重なる部分が多くなり，自由電子がより動きやすくなる。つまり，金属結合が強化された分だけ，金属全体としては，よりエネルギー的に安定化するので，多くの金属は最密構造(p. 85)，またはそれに近い構造をとりやすい。

補足㉝ 金属には分子に相当する粒子が存在せず，化学式では，銀は Ag，銅は Cu などのように組成式を用いる。

18 金属の特性

金属が電気や熱の良導体であるのは，自由電子の移動によって，電気や熱のエネルギーが容易に運ばれるからである。とくに，Ag，Cu，Au，Al などの金属は，電気伝導率や熱伝導率が大きく，下図のように互いに正の相関関係をもっていることがわかる㉞。

金属は，高温になるほど金属原子の熱運動が激しくなり，自由電子が結晶中を通過しにくくなる。よって，金属は高温になるほど電気抵抗は大きくなる。逆に，温度が低くなるほど，金属原子の熱運動が穏やかになり，また，外部から加えた電場によって自由電子が動きやすくなり，電気抵抗は小さくなる㉟。

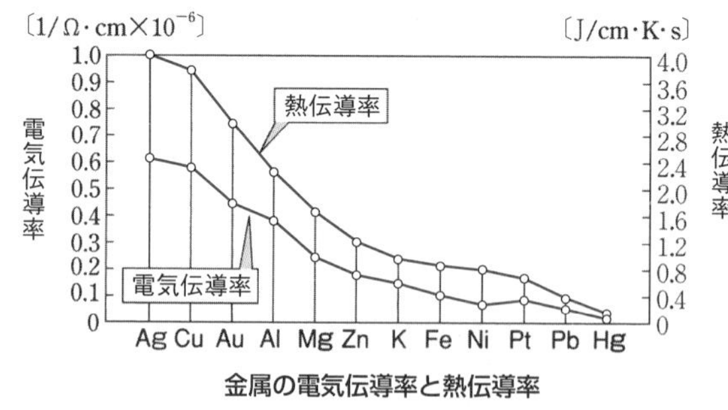

金属の電気伝導率と熱伝導率

高温になるほど，自由電子は結晶中を通過しにくくなる。

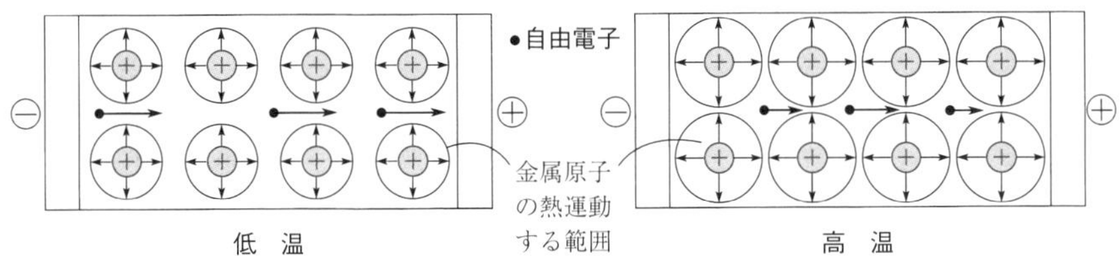

詳説㉞ 金属を局部的に加熱すると，その部分の電子の熱運動が激しくなる。この電子は周囲の金属原子に衝突しながら金属中を移動していくが，この衝突の際に，もっているエネルギーの一部を金属原子に渡すので，エネルギーを受け取った金属原子の熱運動は激しくなり金属の温度が上昇する。このように，金属では電気や熱を伝える役割はいずれも自由電子が担っているので，電気伝導率と熱伝導率の比は，同一温度では金属の種類によらず一定となる。

補足㉟ 極低温（絶対零度に近い温度）において物質の電気抵抗が著しく減少することがある。たとえば，Hg は 4 K（ケルビン）以下になると，電気抵抗が 0 となる。この現象を**超伝導**という。

►また，金属には**展性**（二次元的に薄く箔（はく）状に広げられる性質）や，**延性**（一次元的に細長く線状に引き延ばされる性質）がある。とくに，金・銀・銅ではこの性質が大きい㊱。これは，共有結合のような方向性のある結合とは異なり，金属結合では原子相互の位置が多少ずれても，すぐに自由電子が移動して金属原子を包み込み，以前と同じ結合力を回復できるからである。

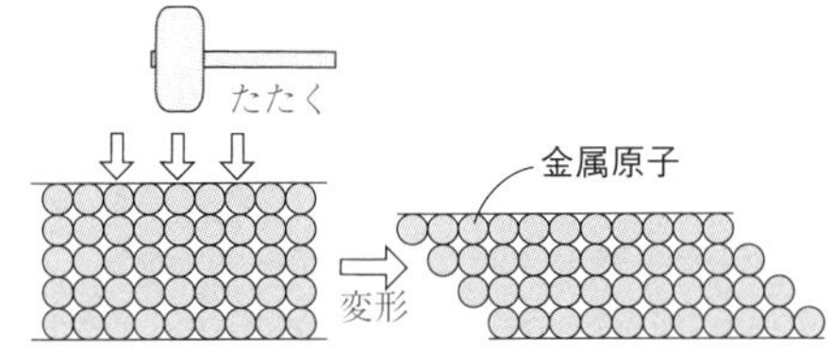

金属の展性と延性

補足㊱ 金は展性・延性が最大の金属である。金 1 g を薄く広げると約 0.5 m^2（厚さ 10^{-4}mm）の箔となり，引き延ばすと約 3200 m の線となる。

►また，金属には特有の**金属光沢**が見られる。これは，自由電子が入射した可視光線のほとんどを反射してしまうからである㊲。金属結合は共有結合ほど強くはないが，1原子あたりの自由電子の数が多いほど，金属結合は強くなり，融点も高くなる。また，1原子あたりの自由電子の数が同じならば，金属原子が小さいほど金属結合は強くなる。とりわけ，アルカリ金属は，1原子あたりの自由電子の数が少なく，金属原子も大きいので金属結合が弱く，金属の中では軟らかく，融点の低いものが多い㊳。

補足㊲ 多くの金属では，可視光線をいったんすべて吸収し，直ちにその光のほとんどを再放射するので，反射しているように見える。たとえば，銀では約 310 nm（紫外線）より波長の長い可視光線は，上記のようにしてすべて反射するので白色に輝く。しかし，銅では，可視光線のうち約 580 nm（黄色光）より波長の短い光は吸収し，それより長波長の赤色光を主に反射するので，赤色の光沢があらわれる。同様に，金では，約 500 nm（緑色光）より波長の短い光を吸収し，それより長波長の黄色光を主に反射するので，黄色の光沢があらわれる。

補足㊳ 一般に，典型元素の金属は軟らかくて低融点のものが多く，遷移金属は硬くて高融点のものが多い。これは，遷移金属では，最外殻の s 軌道の電子だけでなく，内殻の d 軌道の電子の一部が自由電子として働き，金属結合が強くなるためである。

SCIENCE BOX

バンド理論

原子が分子をつくると，結合性軌道と反結合性軌道という**分子軌道**（p. 435）をつくる。分子を構成する原子数が増えると，分子軌道の数も多くなり，これらが重なり合うので，エネルギー準位の連続した帯（**バンド**）を生じる。固体中の電子をエネルギー準位の低いバンドから順に満たしていくとき，電子が存在できるバンドを**許容帯**，電子が存在できないバンドを**禁制帯**という。

たとえば，Li では（$1s^2$，$2s^1$）だから，1sバンドは完全に電子で満たされ，2sバンドの半分だけを電子が満たしている。許容帯のうち，電子が満たされたバンドを**価電子帯**，その上の電子が満たされていないバンドを**伝導帯**という。なお，価電子帯の最高部と伝導帯の最低部とのエネルギー差 E_g を**バンドギャップ**といい，価電子帯で電子が占める最高のエネルギー準位を**フェルミ準位**という。下図のように，バンドギャップは，金属では0であるが，半導体，絶縁体ではさらに大きくなる*。

＊ 半導体の Si の E_g は 1.1 eV，絶縁体の C（ダイヤモンド）では E_g=5.4 eV である。

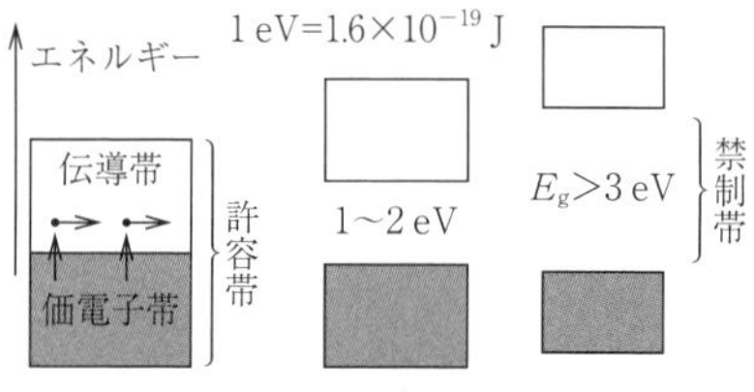

バンド構造による固体の分類

1族元素の Na では，3sバンドの半分だけを電子が満たしている。価電子帯にある電子のうち，エネルギー準位の最も高いもの，すなわち，フェルミ準位の近傍にある電子が伝導帯へ熱的に励起されると，電子は自由に動くことができるので，Na は電気伝導性を示す。

2族元素の Mg では，本来は，3sバンドの全部を電子が満たして価電子帯を構成しており，電子は自由に動くことができないはずである。しかし，3sバンドと3pバンドの一部は重なっているので，3sバンドを満たしていた電子が熱的に励起されると，その一部が3pバンドの伝導帯に流れ込み，自由に動けるようになる。一方，3sバンドに生じた伝導帯でも，電子は自由に動けるようになり，Mg も電気伝導性を示す。

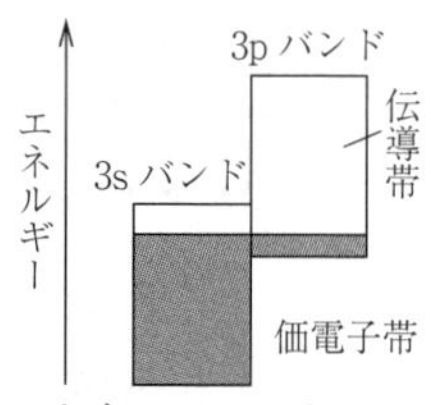

遷移金属の Fe でも，4sバンドと3dバンドの一部が重なっている。いずれの場合も，価電子帯でフェルミ準位の近傍にある電子が伝導帯へ熱的に励起されると，電気伝導性を示す。

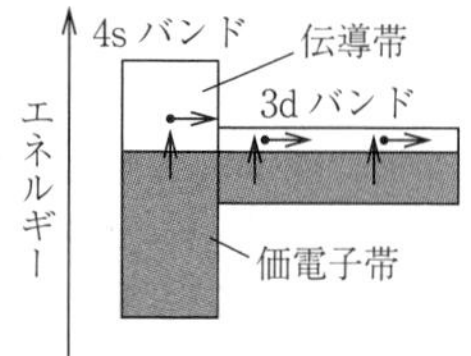

ところで，金属は，不純物の存在や，結晶格子の熱振動などの原因により，自由電子の移動が妨げられ，電気伝導性が低下する。一般に，電子の動きやすさは，球形のsバンドで最も大きく，亜鈴形のpバンドではやや小さく，四ツ葉型のdバンドではさらに小さくなることが知られている。したがって，1族元素はsバンドのみを電子が動くので，電気伝導性は比較的大きいが，2族元素ではs，pバンドの両方を電子が動くので，電気伝導性はやや小さくなる。また，dバンドに空白部分をもつ多くの遷移金属では，sバンドの電子の一部がdバンドへ流れ込むため，電気伝導性はやや小さくなる。一方，dバンドが完全に詰まった11族元素の Cu，Ag，Au では，sバンドだけを電子が動くので，電気伝導性はかなり大きくなる。

19 金属結晶

金属原子が，金属結合によって規則正しく配列してできた結晶を**金属結晶**という。一般に，結晶中で規則正しく配列している粒子（原子や分子，イオン）の空間的配列を表したものを**結晶格子**という。また，結晶格子の最小となる単位を**単位格子**という。多くの金属結晶の結晶格子を調べてみると，**面心立方格子，体心立方格子，六方最密構造**の3種類に大別される。

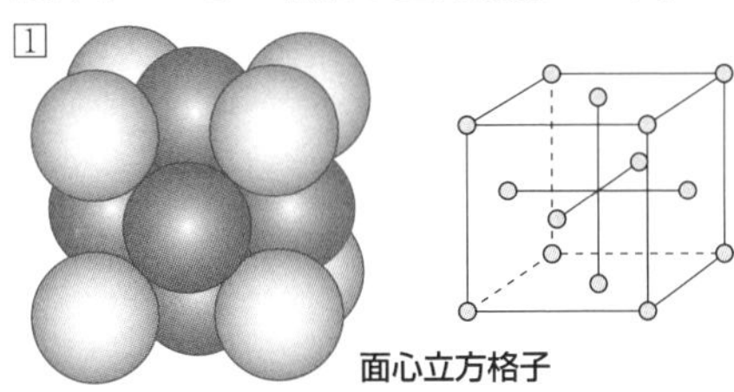

1 面心立方格子

1 面心立方格子 図1のように立方体の各頂点と各面の中心に同種の粒子が配列された結晶格子を**面心立方格子**という。

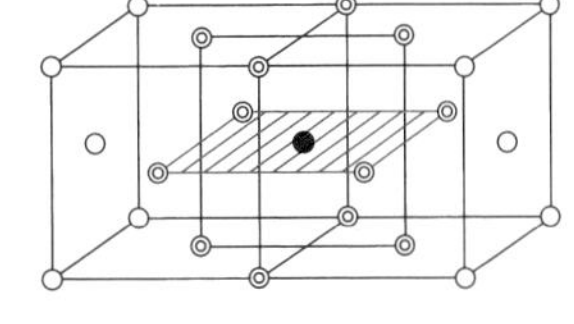

例 Al，Cu，Ag，Ni，Au，Pt など。

結晶格子において，1個の粒子に隣接する他の粒子の数を**配位数**という。面心立方格子の場合，配位数は12である[39]。

補足[39] 単位格子を2つ横に並べ，黒丸●の原子を中心に考えるとわかりやすい。●の原子は，斜線部の面にある4個の◎原子に接し，その面に垂直な2つの面の4個ずつの◎原子にも接しており，合計12個の原子に接している（右上図）。

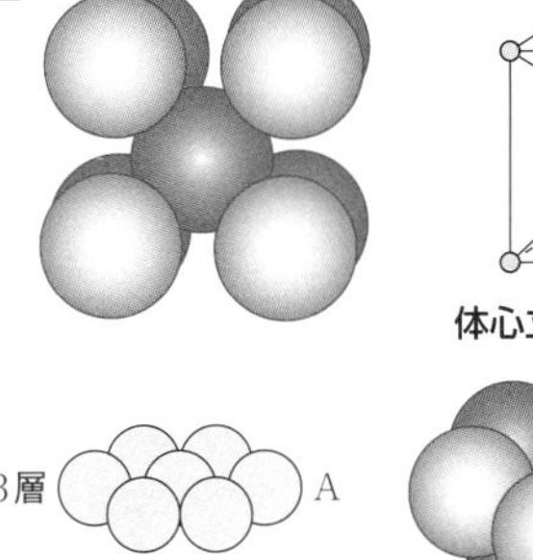
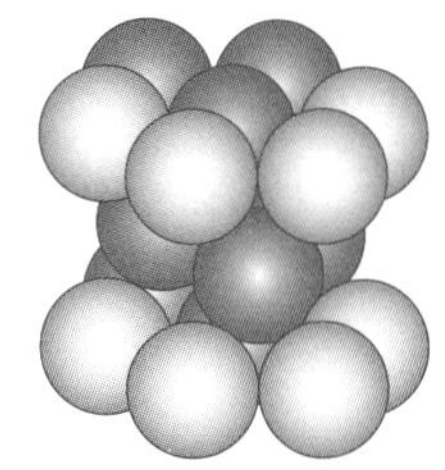

2 体心立方格子

2 体心立方格子 図2のように立方体の各頂点と立方体の中心に同種の粒子が配列された結晶格子を**体心立方格子**という。

例 アルカリ金属（Li, Na, K, …）と Ba，Fe など。

体心立方格子では，立方体の中心にある原子に着目すると，各頂点にある8個の原子と接しているので，配位数は8である。

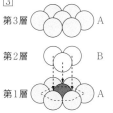

3

六方最密構造

3 六方最密構造 同じ大きさの球を最も密に積み重ねる方法の1つである。（図3で，第1層の中心にある1個の原子の周りに6個の原子が接している。第2層はこの7個の球の間にできた6個の凹みの1つおきに3個の原子がのる。さらに，その上の第3層には第1層と同じ位置に原子が配列する。このようなA－B－A－B…の順序で繰り返される結晶格

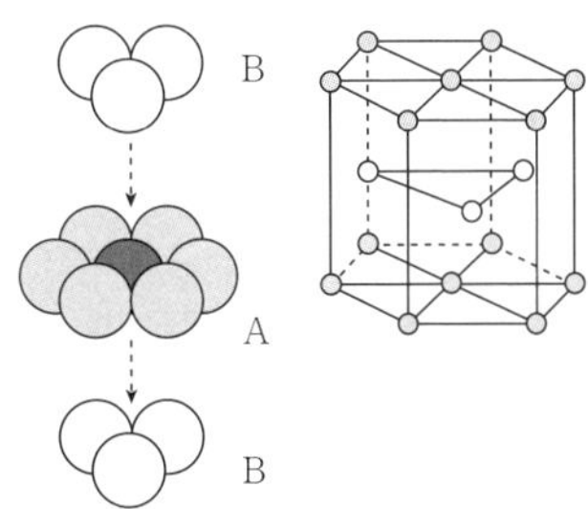

子を**六方最密構造**という。　例　Mg，Zn，Cd，Co，Ti など。

六方最密構造の場合，配位数は **12** である[40]。

補足[40]　A 層の中心にある原子は，同一平面上で 6 個の原子と接する。また，この層の上下には 6 つずつの凹みあるが，その 1 つおきに原子を置くことができるので，配位数は同一層で 6 個，上層で 3 個，下層で 3 個の合計 12 個となる。

► 各結晶格子の単位格子に関して，①単位格子中に含まれる原子の数　②単位格子の 1 辺の長さ(**格子定数**という)と原子半径の関係　③単位格子の体積に占める原子の体積の割合(**充塡率**という)については，しっかりと理解しておく必要がある。

4　単位格子中に所属する原子数

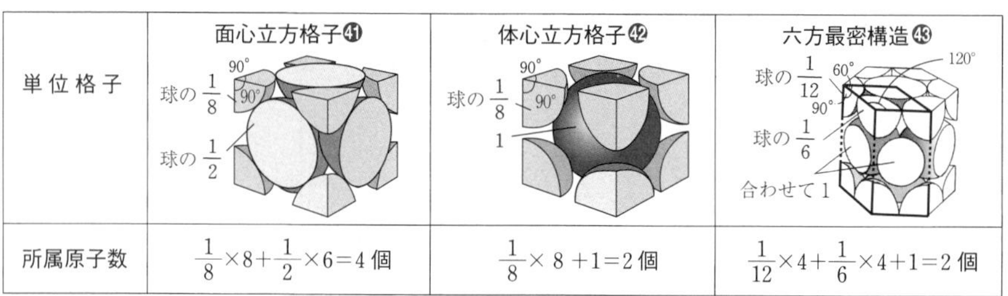

	面心立方格子[41]	体心立方格子[42]	六方最密構造[43]
単位格子			
所属原子数	$\frac{1}{8}\times8+\frac{1}{2}\times6=4$ 個	$\frac{1}{8}\times8+1=2$ 個	$\frac{1}{12}\times4+\frac{1}{6}\times4+1=2$ 個

補足[41]　各頂点にある 8 個の原子は，それぞれ 3 つの切断面をもつので，実質的にはこの立方体に $\frac{1}{8}$ 個ずつ含まれる。また，各面の中心にある 6 個の原子は，それぞれ 1 つの切断面をもつので，実質的にはこの立方体に $\frac{1}{2}$ 個ずつ含まれる。

補足[42]　各頂点にある 8 個の原子は，それぞれ立方体に $\frac{1}{8}$ 個ずつ含まれ，中心の原子は，そのまま 1 個含まれている。

補足[43]　六方最密構造の単位格子は，上図のような六方最密構造の正六角柱の $\frac{1}{3}$ にあたる。この単位格子中には，頂点にある中心角 60° の原子 4 個はそれぞれ単位格子に $\frac{1}{12}$ 個ずつ，中心角 120° の原子 4 個はそれぞれ単位格子に $\frac{1}{6}$ 個ずつ含まれる。また，第 2 層の原子は 2 つ合わせてちょうど 1 個分となる。

5　格子定数と原子半径の関係，および充塡率〔%〕

面心立方格子　右図のように，立方体の各面の対角線上で各原子(球)が接する。

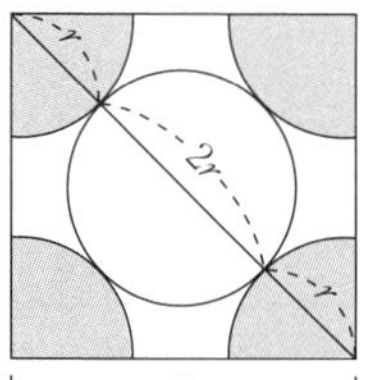

原子半径を r，格子定数を a とすると，

$$\sqrt{2}\,a=4r \text{ より，}\qquad r=\frac{\sqrt{2}}{4}a$$

面心立方格子では，単位格子中に 4 個の原子を含むから，

$$充塡率=\frac{球の占める体積}{単位格子の体積}\times100=\frac{\frac{4}{3}\pi r^3\times4}{a^3}\times100$$

$$=\frac{\frac{4}{3}\pi\times\left(\frac{\sqrt{2}}{4}a\right)^3\times4}{a^3}\times100=\frac{\sqrt{2}\,\pi}{6}\times100\fallingdotseq\mathbf{74}〔\%〕$$

体心立方格子　右図のように，立方体の対角線上で各原子(球)が接する。

原子半径を r，格子定数を a とすると，対角線の長さは $\sqrt{3}\,a$ となるから，$\sqrt{3}\,\boldsymbol{a}=4\,\boldsymbol{r}$ より，　$\boldsymbol{r}=\dfrac{\sqrt{3}}{4}\boldsymbol{a}$

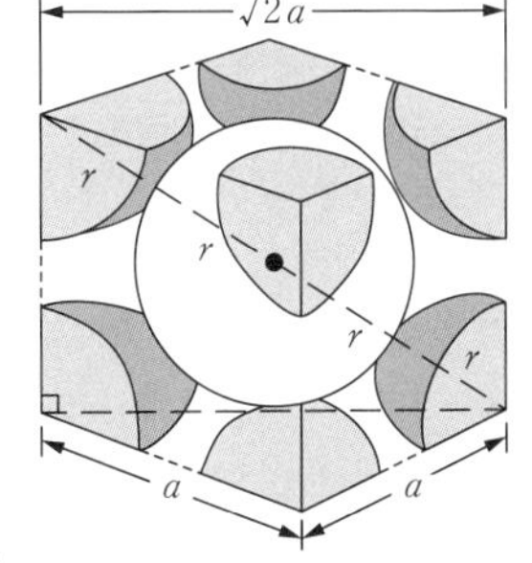

体心立方格子では，単位格子中に2個の原子を含むから，

$$\text{充填率}=\frac{\frac{4}{3}\pi r^3\times 2}{a^3}\times 100=\frac{\frac{4}{3}\pi\times\left(\frac{\sqrt{3}\,a}{4}\right)^3\times 2}{a^3}\times 100$$

$$=\frac{\sqrt{3}\,\pi}{8}\times 100\fallingdotseq \mathbf{68}\,[\%]$$

同じ大きさの球を空間に最も密に積み重ねた構造を**最密構造**という。最密構造をつくるには，まず，平面上で球を最も密に並べた層をつくる。この層の凹みの1つおきに球を積み重ねていくとよい。最密構造となる球の重ね方には，**六方最密構造**と**立方最密構造**(**面心立方格子**)とがある。

(a)　球を同一平面上で最も密に並べると，右図のように各球が6個の球と接するようになる(第1層，A層)。

(b)　第1層の3つの球のすき間にできる凹みBの上に球が積み上げられ，第2層が形成される(B層)。

(c)　第3層を積み上げる方法は，次の2通りがある。

1)　第1層の各球の中心Aの真上に積み上げると，第1層と第3層はまったく同じ配列となる。このような2層周期(ABAB…)の規則的な配列を，**六方最密構造**という[44]。

2)　第2層で使われなかった第1層の別の凹みCの上に球を積み上げると，第1層・第2層とは異なる第3層となる。このような3層周期（ABCABC…）の規則的な配列を，**立方最密構造**(**面心立方格子**)という[45]。

最密構造の第1層

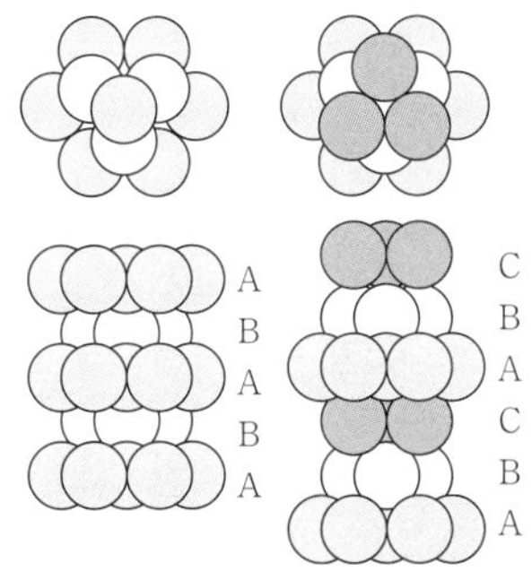

六方最密構造　　立方最密構造

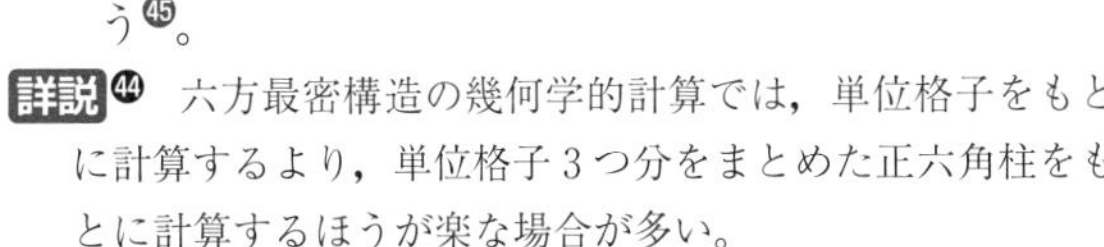

詳説[44]　六方最密構造の幾何学的計算では，単位格子をもとに計算するより，単位格子3つ分をまとめた正六角柱をもとに計算するほうが楽な場合が多い。

六方最密構造の層間距離は次のようにして求まる。次ページの右上図より，第2層の球は第1層の3個の球と接している。つまり，層間距離 h は4個の接触した球を取り出し，その球の中心を結んでできる正四面体の高さから求められる。原子半径を r とすると，次ページの右上図より，正四面体の頂点Aから底面に下ろした垂線の足Hは，正三角形BCDの重心と一致する。

DMは $\sqrt{3}\,r$ で，重心HはDMを2：1に内分する点であるから，$\mathrm{DH}=\dfrac{2}{3}\sqrt{3}\,r$ となる。

△AHDで三平方の定理を使うと，

$$h^2=(2\,r)^2-\left(\frac{2}{\sqrt{3}}\,r\right)^2=\frac{8}{3}r^2\text{ より，}\quad h=\frac{2\sqrt{6}}{3}\,r$$

補足㊺ 下図のように，立方最密構造のA，B，C，A層から，順に原子を1，6，6，1個ずつ抜き出したものを，斜め45°の方向から見ると，面心立方格子になっている。つまり，見る角度が違っているだけで，二つの構造はまったく同一である。

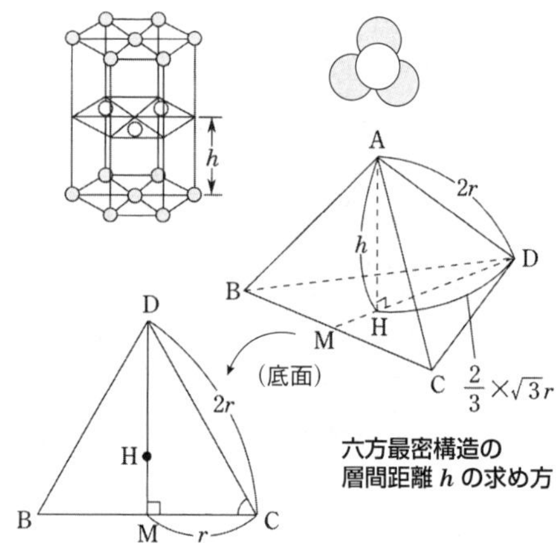

六方最密構造の層間距離 *h* の求め方

►最密構造では，1個の原子は同一層で6個，上下層で各3個，計12個の原子と接触しており，いずれも充塡率は74％である。最密構造より少し充塡率の低い構造が体心立方格子で，この構造では8個の原子と接触している(充塡率68％)。これらの配列は互いに近い関係にあり，温度や圧力などを変えると結晶構造が変化する(これを**相転移**という)ことがある㊻。

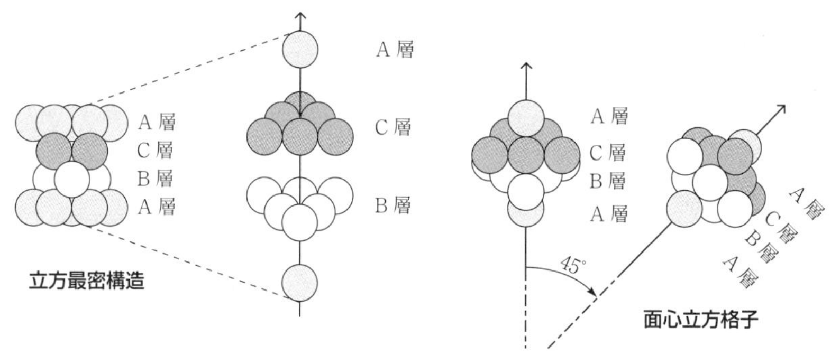

立方最密構造　　**面心立方格子**

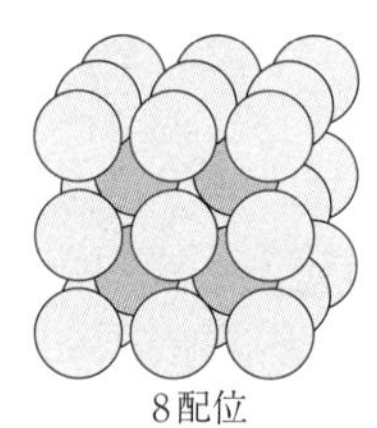
8配位
体心立方格子

補足㊻ たとえば，Ca：面心 $\xrightarrow{250℃}$ 六方 $\xrightarrow{450℃}$ 体心，Sr：面心 $\xrightarrow{213℃}$ 六方 $\xrightarrow{621℃}$ 体心，Fe：体心 $\xrightarrow{910℃}$ 面心 $\xrightarrow{1390℃}$ 体心，Co：六方 $\xrightarrow{417℃}$ 面心，Ti：六方 $\xrightarrow{882℃}$ 体心への変化が見られる。一般に，相転移をおこす多くの金属の場合，最も高温相では，すき間のやや大きな体心立方格子になることが知られている。一方，圧力を高くするとより充塡率の高い結晶構造へ変化する例もある。たとえば，セシウムCsは 2.2×10^9 Pa以上では，体心立方格子から面心立方格子へと変化する。

参考　面心立方格子と六方最密構造の違いは何か。

結晶格子中で原子が最も密に配列した部分(最密充塡面)を調べると，面心立方格子では4本の体対角線に垂直な4方向に見られるのに対して，六方最密構造ではA層とB層の間，つまり上下の1方向にしか見られない。以上の点から，面心立方格子のほうが六方最密構造よりも，最密充塡面ですべりがおこりやすく，展性・延性が大きくなる。

展性の大きさの順は，Au＞Ag＞Al＞Cu＞Sn＞Pt＞Pb＞Zn＞Fe＞Niである。

延性の大きさの順は，Au＞Ag＞Pt＞Al＞Fe＞Cu＞Ni＞Zn＞Sn＞Pbである。

SCIENCE BOX 六方最密構造

六方最密構造に関する計算は，右図の正六角柱（単位格子 3 個分）で考えたほうがわかりやすい。たとえば，この正六角柱に含まれる原子の数は，次のように計算される。

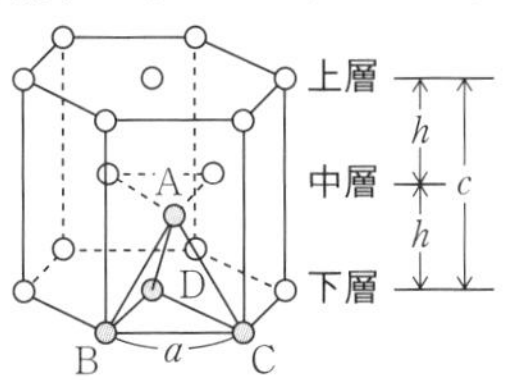

$$\underbrace{\left(\frac{1}{6}\times 12\right)}_{\text{頂点}}+\underbrace{\left(\frac{1}{2}\times 2\right)}_{\text{上下の面の中心}}+\underbrace{3}_{\text{中間層}}=6\text{ 個}$$

正六角柱の体積を求めるには，正六角柱の底面の一辺の長さを a として，その高さを a を使って表す必要がある。正六角柱の高さ c は，層間距離 h の 2 倍である。この h は，水平方向から見たとき，原子 4 個がつくる正四面体の高さに等しい（右下図）。正四面体 ABCD に着目すると，各辺では 2 個の原子（半径を r とする）が接しているから，$a=2r$

原子 A, B, C, D がつくる立体は，正四面体である。

また，△BCD において，$\mathrm{DE}=\dfrac{\sqrt{3}\,a}{2}$

点 F は△BCD の重心だから，DF：FE＝2：1

よって，$\mathrm{DF}=\dfrac{\sqrt{3}\,a}{2}\times\dfrac{2}{3}=\dfrac{\sqrt{3}\,a}{3}$

△ADF において，$h^2=a^2-\left(\dfrac{\sqrt{3}\,a}{3}\right)^2=\dfrac{2a^2}{3}\quad\therefore\quad h=\dfrac{\sqrt{6}\,a}{3}$

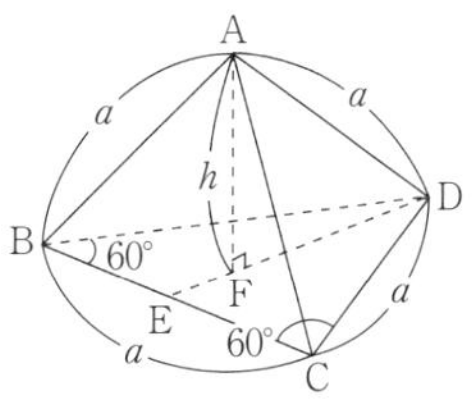

よって，正六角柱の高さ c は，$c=2h=\dfrac{2\sqrt{6}\,a}{3}$

正六角柱の底面積 S は，一辺 a の正三角形の 6 個分だから，

$$S=\frac{1}{2}\times\left(a\times\frac{\sqrt{3}\,a}{2}\right)\times 6=\frac{3\sqrt{3}\,a^2}{2}$$

よって，正六角柱の体積 V は，$V=Sc=\dfrac{3\sqrt{3}\,a^2}{2}\times\dfrac{2\sqrt{6}\,a}{3}=3\sqrt{2}\,a^3$

原子のモル質量を M，アボガドロ定数を N とすると，原子 1 個分の質量は $\dfrac{M}{N}$ だから，

$$\text{密度}=\frac{\text{原子 6 個分の質量}}{\text{正六角柱の体積}}=\frac{\dfrac{M}{N}\times 6}{3\sqrt{2}\,a^3}=\frac{6M}{3\sqrt{2}\,a^3N}=\frac{\sqrt{2}\,M}{a^3N}$$

$$\text{充塡率}=\frac{\text{原子 6 個分の体積}}{\text{正六角柱の体積}}=\frac{\dfrac{4}{3}\pi r^3\times 6}{3\sqrt{2}\,(2r)^3}=\frac{\pi}{3\sqrt{2}}=\frac{\sqrt{2}\,\pi}{6}\fallingdotseq 0.74$$

六方最密構造において，$\dfrac{c}{a}$（**軸比**という）の理論値は，$\dfrac{2\sqrt{6}\,a}{3}\div a=\dfrac{2\sqrt{6}}{3}\fallingdotseq 1.63$ である。

六方最密構造をとる金属結晶の軸比の実測値は右表の通りである。多くの金属では理論値とほぼ一致しているが，Zn，Cd では理論値より 13～15% も大きい。したがって，Zn や Cd の充塡率は，理論値（0.74）より約 10% も低下し，体心立方格子（0.68）並みの値となっている。

Mg	1.62	Sc	1.59
Ca	1.64	Co	1.62
Ti	1.60	Zn	1.85
Cr	1.62	Cd	1.88

SCIENCE BOX　六方最密構造の隙間

(1)　六方最密構造の隙間について

面心立方格子では，原子，6個の原子で囲まれた**正八面体孔**，4個の原子で囲まれた**正四面体孔**が，1：1：2の割合で存在する(p. 51)。同じ最密構造の六方最密構造には，正八面体孔と正四面体孔がいくつあるかを考えよう。

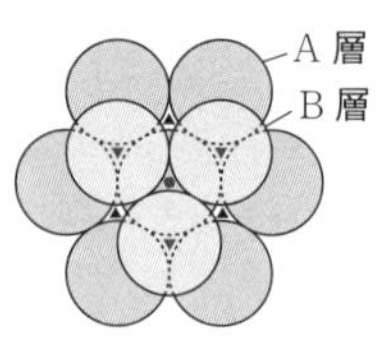

六方最密構造のA層にできた凹みのうち，B層で原子をのせた場所▼と，新たにB層にできた凹み●には4個の原子で囲まれた正四面体孔ができる。一方，B層で原子をのせなかった場所▲には6個の原子で囲まれた正八面体孔ができる(上図)。

六方最密構造の正六角柱の下半分で考えると，正八面体孔は，B層に原子が存在していない3つの正三角形の重心から下ろした垂線上に3個の☆印がある。正六角柱全体では合計6個存在する。

正四面体孔は，B層に存在する原子の中心から下ろした垂線上に3個の◎印，A層の中心にある原子からB層の中心に上げた垂線上に1個の■印がある。さらに，正六角柱の長辺上にも6個の▲印がある。正六角柱全体では合計$\left\{3+1+\left(\frac{1}{3}\times6\right)\right\}\times2$=12個存在する。

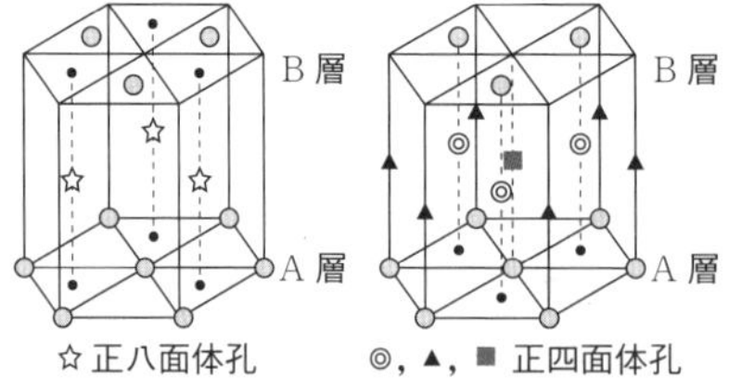

また，正六角柱全体に含まれる原子の数は，$\frac{1}{6}$(頂点)×12+$\frac{1}{2}$(上，下面)×2+3(中間層)=6個なので，原子：正八面体孔：正四面体孔=1：1：2となり，面心立方格子とまったく同じであることがわかる。

(2)　正八面体孔と正四面体孔の大きさ

六方最密構造の場合，正八面体孔と正四面体孔の位置関係がわかりにくい。そこで，イオン結晶の限界半径比(p. 49)の考え方を適用して，その大きさを求めてみよう。

正八面体孔の大きさは，6配位のイオン結晶であるNaCl型結晶の限界半径比から次のように求められる(p. 50)。

陽イオンの半径をr^+，陰イオンの半径をr^-，単位格子の一辺の長さをaとすると，陽イオンと陰イオンは，常に単位格子の辺上で接しているから，

$$2(r^+ + r^-) = a \quad \cdots①$$

陽イオンが小さくなると，陰イオンどうしが面対角線(長さ$\sqrt{2}a$)上で接するから，

$$4r^- = \sqrt{2}a \quad \cdots②$$

①×$\frac{1}{2}$÷②×$\frac{1}{4}$より限界半径比は，

$$\frac{r^+}{r^-} = \sqrt{2} - 1 = 0.41$$

$r^+ = 0.414r^-$となり，正八面体孔の半径r^+は原子半径r^-の約0.41倍と求められる。

正四面体孔の大きさは，4配位のイオン結晶であるZnS型結晶の限界半径比から次のように求められる(p. 50)。

陽イオンの半径をr^+，陰イオンの半径をr^-，単位格子を8等分した小立方体の1辺の長さをaとすると，陽イオンと陰イオンは，常に体対角線（長さ$\sqrt{3}a$）上で接しているから，

$$2(r^+ + r^-) = \sqrt{3}a \quad \cdots③$$

陽イオンが小さくなると，陰イオンどうしが面対角線上で接するようになるから，

$$2r^- = \sqrt{2}a \quad \cdots④$$

③÷④より，限界半径比は，

$$\frac{r^+}{r^-} = \frac{\sqrt{3}}{\sqrt{2}} - 1 = 0.23$$

$r^+ = 0.23r^-$となり，正四面体孔の半径r^+は原子半径r^-の約0.23倍と求められる。

SCIENCE BOX 体心立方格子の隙間

〔1〕 八面体孔のある場所と数について

体心立方格子の**八面体孔**は，単位格子(一辺の長さ a)の各面の中心◎と，各辺の中点●にも存在する。

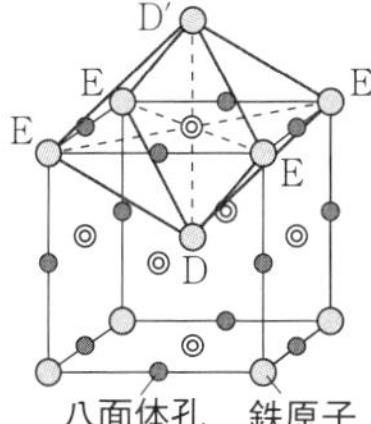

立方体の各面の中心にある八面体孔◎は，立方体の中心原子Dと隣接する中心原子D′と，着目した面の各頂点の4個の原子E，合計6個で取り囲まれている。ただし，八面体孔とD，D′との距離は $\frac{a}{2}$ でやや近いが，八面体孔とEとの距離は $\frac{\sqrt{2}\,a}{2}$ で，やや遠い。

立方体の各辺の中点にある八面体孔も，立方体の中心原子Dと隣接する中心原子D′4個と，着目した辺の両端にある2個の原子E，合計6個の原子で取り囲まれている。

各面の中心にある八面体孔は単位格子に $\frac{1}{2}$ 個分，各辺の中点にある八面体孔は単位格子に $\frac{1}{4}$ 個分含まれるから，単位格子に含まれる八面体孔の総数は，

$\left(\frac{1}{2}\times 6(\text{面})\right)+\left(\frac{1}{4}\times 12(\text{辺})\right)=6$ 個である。

〔2〕 四面体孔のある場所と数について

体心立方格子の**四面体孔**は，単位格子の各面にそれぞれ4個ずつ存在する。その位置を平面座標 $(x,\ y)$ で示すと，次のとおり。

$\left(\frac{a}{2},\ \frac{a}{4}\right),\ \left(\frac{a}{2},\ \frac{3a}{4}\right),\ \left(\frac{a}{4},\ \frac{a}{2}\right),\ \left(\frac{3a}{4},\ \frac{a}{2}\right)$

着目した立方体の面にある平面座標 $(x,\ y)=\left(\frac{a}{4},\ \frac{a}{2}\right)$ の四面体孔は，立方体の中心原子Fと隣接する立方体の中心原子F′と，その面の両端にある2個の原子G，合計4個で取り囲まれている。

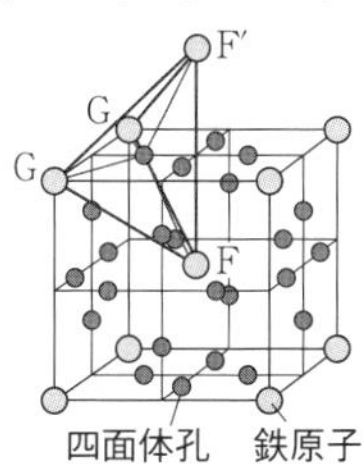

各面にある四面体孔は単位格子に $\frac{1}{2}$ 個分含まれるから，単位格子に含まれる四面体孔の総数は，

$\frac{1}{2}\times 4(\text{個/面})\times 6(\text{面})=12(\text{個})$ である。

結局，体心立方格子では原子：八面体孔：四面体孔＝1：3：6の割合で存在する。

〔3〕 八面体孔の大きさについて

原子半径を r とすると，八面体孔に入る球の最大半径(x_1 とする)は，立方体の各辺上で原子と八面体孔が並んでいるから，

$a=2(r+x_1)$ ……①

また，体心立方格子では $\boldsymbol{\sqrt{3}\,a=4\,r}$ が成り立つから，$a=\frac{4}{3}\times\sqrt{3}\,r$ を①に代入すると，

$2\,x_1=\left(\frac{4\sqrt{3}}{3}-2\right)r$

$\sqrt{3}=1.73$ を代入して，$\boldsymbol{x_1=0.15\,r}$ となる。

〔4〕 四面体孔の大きさについて

原子半径を r とすると，四面体孔に入る球の最大半径(x_2 とする)は，

平面座標 $(x,\ y)=\left(\frac{a}{2},\ \frac{a}{4}\right)$ に中心がある四面体孔Bとその面の両端にある2個の原子Aとの位置関係は次の通りである。

△ABCの斜辺ABの長さを c とすると，三平方の定理より，

$c=\frac{\sqrt{5}\,a}{4}$

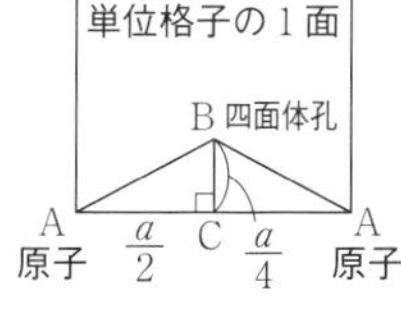

AB上で原子と四面体孔が並んでいるから，

$r+x_2=\frac{\sqrt{5}\,a}{4}$ ……②

$a=\frac{4}{3}\times\sqrt{3}\,r$ を②に代入して，

$r+x_2=\frac{\sqrt{15}\,r}{3}$

$\sqrt{15}=3.87$ を代入して，$\boldsymbol{x_2=0.29\,r}$ となる。

面心立方格子とは異なり，体心立方格子では八面体孔よりも四面体孔のほうが大きい。

20 共有結合の結晶

一般に，非金属の原子が共有結合で結びつくと，H_2 や H_2O のような分子ができる。しかし，炭素 $\cdot\dot{\underset{\cdot}{\mathrm{C}}}\cdot$ やケイ素 $\cdot\dot{\underset{\cdot}{\mathrm{Si}}}\cdot$ やホウ素 $\cdot\dot{\underset{\cdot}{\mathrm{B}}}$ のように，原子価を多くもつ原子では，多数の原子が次々に共有結合だけでつながり，目に見えるほどの巨大な結晶を形成することができる。このように，多数の原子が共有結合だけで結びついてできた結晶は，**共有結合の結晶**とよばれる。

共有結合の結晶には，ダイヤモンドと黒鉛(グラファイト)のほか，ケイ素 Si の単体，二酸化ケイ素 SiO_2(石英，水晶)，炭化ケイ素 SiC(カーボランダム)，窒化ホウ素 BN などがある。共有結合の結晶では，結晶内のすべての原子が強い共有結合で結合しているため，次のような性質が見られる㊼。

(1)　原子間の共有結合が強固であるため，非常に硬くて，極めて高い融点をもつ。

(2)　価電子がすべて共有結合に使われているため，電気を通さない。(例外，黒鉛)

(3)　小さな分子やイオンに分かれないので，水，その他の溶媒にも溶けない。

補足㊼　共有結合には方向性があるので，できた結晶の配位数は一般に小さい。したがって，共有結合の結晶の密度はそれほど大きくはない。

►ダイヤモンドと黒鉛は互いに炭素の同素体であるが，結晶構造の違いにより，その性質もかなり異なる。

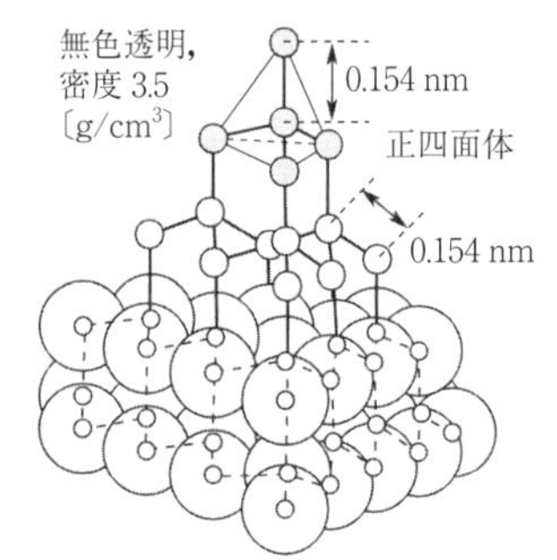

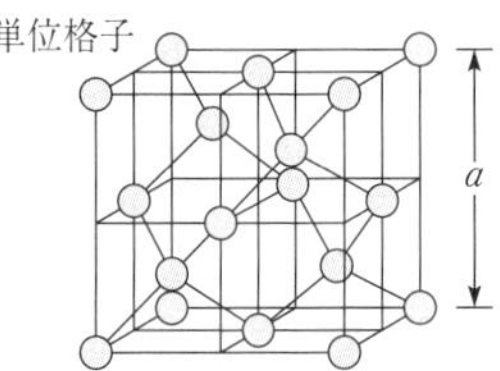

ダイヤモンドの結晶構造

ダイヤモンド　炭素原子が4個の価電子の全部を使って隣接する4個の炭素原子と共有結合し，正四面体が連続した立体の網目構造をつくっている。ダイヤモンドは，結晶中のすべての炭素原子が強い共有結合で結合しており，極めて硬い。また，融点も非常に高く，自由に動ける電子がないので電気を導かない㊽。

詳説㊽　共有結合の結晶では，独立した分子が存在しないので，化学式ではダイヤモンド C，二酸化ケイ素 SiO_2 という組成式で表す。ダイヤモンドの結晶構造(単位格子)は右図の通りで，原子間の結合距離を x とすると，単位格子の体対角線の $\frac{1}{4}$ に相当する。$\sqrt{3}\,a=4x$ より，$x=\frac{\sqrt{3}}{4}a$ となる。

黒鉛　炭素原子が3個の価電子を使って隣接する3個の炭素原子と共有結合し，正六角形が連続した平面の層状構造をつくっている。この平面構造どうしは，互いにファンデルワールス力で積み重なって結晶をつくっている。このため，黒鉛は薄くはがれやすく，軟らかい。また，各炭素原子に残る1個の価電子は，平面構造の中を比較的自由に動けるので，黒鉛は共有結合の結晶の中では，例外的に電気をよく導く㊾。

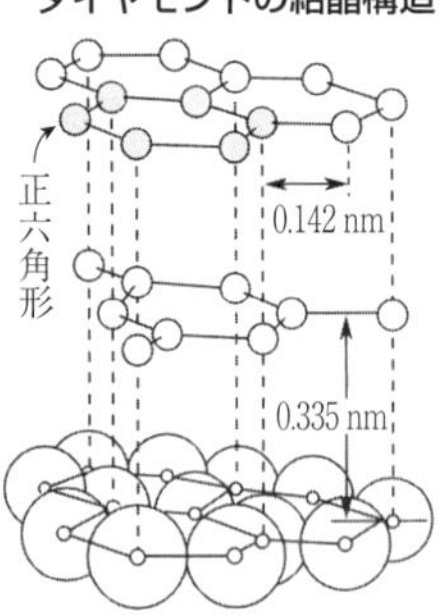

黒色不透明，密度 2.3〔g/cm³〕

黒鉛の結晶構造

補足㊾ 黒鉛の場合，各炭素原子に共有結合に使われずに残った1個の価電子が平面構造の上下に伸びた亜鈴形のp軌道に入っており，この軌道の重なりを使って平面構造の中を自由に移動できる。黒鉛では，各層に垂直な方向の電気伝導度は，各層に平行な方向に比べて約1000分の1しかない。これは，層と層の間の距離が大きく，軌道の重なりが十分でないので，電子が動きにくいためである。また，この電子が可視光線の大部分を吸収するので黒色に見える。

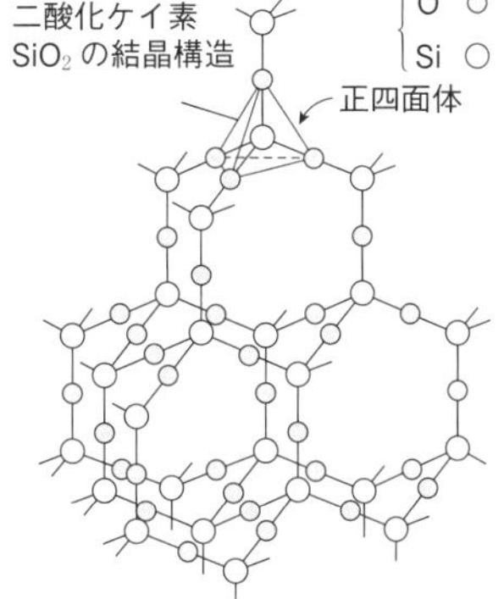

►二酸化ケイ素は組成式 SiO_2 で表され，ダイヤモンドの C-C 結合を Si-O-Si 結合で置き換えた構造をもつ。すなわち，Si 原子と結合した O 原子は Si 原子を中心とした正四面体の頂点に位置した立体の網目構造をとっている㊿。

補足㊿ 1つの Si 原子に着目すると，4個の O 原子と結合しているが，組成式は SiO_4 ではない。O 原子は2つの Si 原子に共有されているから，実質は $\frac{1}{2}$ 個が Si 原子に所属していると考えて，組成式は SiO_2 となる。

21 化学結合と物質の性質

これまで学んできた共有結合，イオン結合，金属結合をまとめて**化学結合**という。また，分子間力にはファンデルワールス力，水素結合などを含むが，分子間力による結合が切れても分子の性質は変わらないので，分子間力は化学結合には含めない。各種の物質の性質の違いは，その物質中に含まれる結合の種類によりある程度説明できる。

化学結合の強さは，その結合を切断するのに必要なエネルギー(**結合エネルギー**)で比較される。ふつう，共有結合1 mol を切るには，400 kJ 程度の結合エネルギーを必要とし，化学結合の中では最も大きい。これに対して，イオン結合の強さは一般に共有結合の数分の一程度であるが，共有結合のような方向性がなく，1つのイオンの周りに反対符号のイオンを多く集めて結合数を増やすことにより，かなり高い安定性を保っている。また，金属結合では，価電子が自由電子となって結晶全体で共有されており，電子が特定の原子の間に固定されていない。つまり，方向性のない結合なので，金属結晶は最密構造をとりやすい。金属結合の強さは，水銀 Hg やアルカリ金属のように弱いものから，遷移金属のように比較的強いものまでさまざまである。

ファンデルワールス力は化学結合に比べてはるかに弱く，化学結合の100分の1程度の強さである。また，方向性がないので，分子結晶は最密構造をとりやすい。水素結合は，ファンデルワールス力に比べて10倍程度の強さをもつので，分子量や分子構造のよく似た物質を比較すると，水素結合を形成する物質の融点・沸点は，水素結合を形成しない物質に比べて著しく高くなる51。

補足51 分子間力の中で，ファンデルワールス力には方向性がないが，水素結合は方向性をもつ。したがって，水素結合の結晶はかなり隙間の多い構造となる。ただし，極性分子の HCl の結晶（融点は−114℃）は，高温型では分子がいろいろな方向に向いた面心斜方格子であるが，−175℃になると面心立方格子の構造をとる低温型へと相転移する。

SCIENCE BOX　ダイヤモンドと黒鉛の密度

例題 ダイヤモンドの結晶の単位格子は，右図のような構造をもつ。図を参考にして，ダイヤモンドの密度〔g/cm³〕を求めよ。

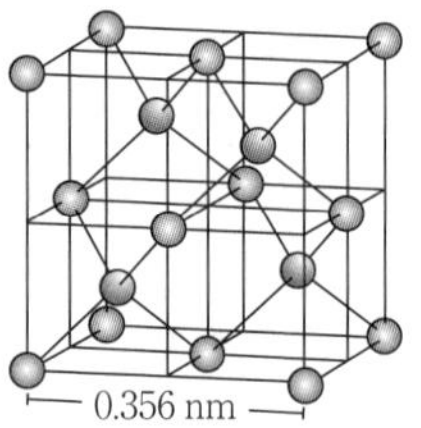

アボガドロ定数は 6.02×10^{23}/mol，原子量は C＝12.0，$3.56^3=45.11$ とする。

［解］ この単位格子中の炭素原子数は，

立方体の頂点の原子$\left(\frac{1}{8}\text{個}\right)$が8つ，

立方体の面上の原子$\left(\frac{1}{2}\text{個}\right)$が6つ，

立方体の内部の原子(1個)が4つ。

合計：$\left(\frac{1}{8}\times8\right)+\left(\frac{1}{2}\times6\right)+(1\times4)=8$ 個

炭素原子1個の質量は，

$$\frac{12.0}{6.02\times10^{23}}\fallingdotseq1.993\times10^{-23}〔g〕$$

また，0.356 nm＝3.56×10^{-8} cm だから，

$$密度=\frac{炭素原子8個分の質量}{単位格子の体積}$$

$$=\frac{1.993\times10^{-23}\times8}{(3.56\times10^{-8})^3}$$

$$\fallingdotseq\frac{15.94〔g〕}{4.511〔cm^3〕}\fallingdotseq\mathbf{3.53〔g/cm^3〕}$$ 答

例題 黒鉛は，下図に示すように，正六角形が連続した平面構造が，いくつも層状に積み重なった構造をもつ。図と説明文を参考にして黒鉛の密度〔g/cm³〕を求めよ。アボガドロ定数は 6.02×10^{23}/mol，原子量は C＝12.0，$\sqrt{3}=1.73$ とする。

ただし，第1層と第3層は同じ配置であるが，第2層は上下の層とは少しずれた配置をとる。

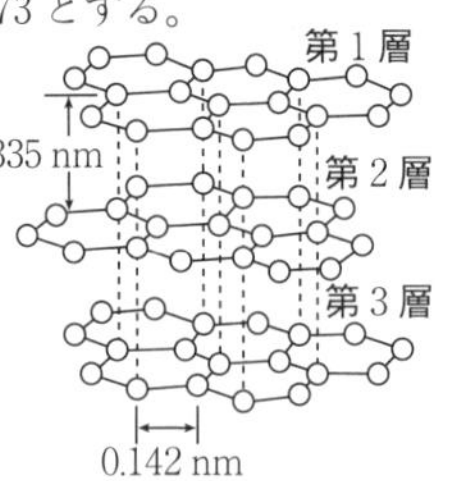

すなわち，第2層に含まれる炭素原子4個のうち，3個は上下の層に重なる位置にあるが，もう1個は上下の層の正六角形の重心を結ぶ線上の位置にあるものとする。

［解］ 題意より，下図のような正六角柱をもとにして密度を求めればよい。

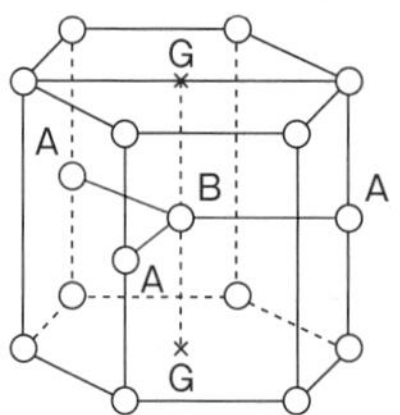

第2層の原子Aは，第1層，第3層と重なる位置にあり，原子Bは，第1層，第3層の正六角形の重心Gを結ぶ線上にある。

この正六角柱に含まれる炭素原子数は，

正六角柱の頂点の原子$\left(\frac{1}{6}\text{個}\right)$が12つ，

正六角柱の辺上の原子$\left(\frac{1}{3}\text{個}\right)$が3つ，

正六角柱の内部の原子(1個)が1つ。

合計：$\left(\frac{1}{6}\times12\right)+\left(\frac{1}{3}\times3\right)+1=4$ 個

底面の正六角形の面積は，1辺 1.42×10^{-8}cm の正三角形の面積（下図）の6倍だから，

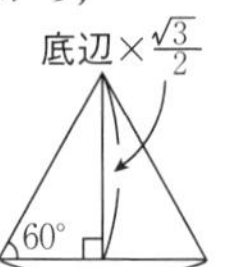

$$(1.42\times10^{-8})^2\times\frac{\sqrt{3}}{2}\times\frac{1}{2}\times6$$

$$\fallingdotseq5.232\times10^{-16}〔cm^2〕$$

正六角柱の高さは，3.35×10^{-8}cm の2倍だから，

正六角柱の体積

$$=5.232\times10^{-16}\times3.35\times10^{-8}\times2$$

$$\fallingdotseq35.05\times10^{-24}〔cm^3〕$$

炭素原子1個の質量は，

$$\frac{12.0}{6.02\times10^{23}}\fallingdotseq1.993\times10^{-23}〔g〕$$ だから，

$$密度=\frac{炭素原子4個分の質量}{正六角柱の体積}$$

$$=\frac{1.993\times10^{-23}\times4}{35.05\times10^{-24}}$$

$$=\frac{7.972〔g〕}{3.505〔cm^3〕}\fallingdotseq\mathbf{2.27〔g/cm^3〕}$$ 答

［別解］ 第1層と第2層の間にできる斜めの六角柱（右図）をもとに考えても，黒鉛の密度が求められる。

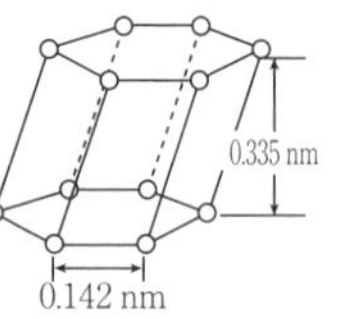

いろいろな結晶の性質のまとめ

結晶の種類		分子結晶	共有結合の結晶	イオン結晶	金属結晶
結合の種類		分子内：共有結合 分子間：分子間力	共有結合	イオン結合	金属結合
構成粒子		分　子	原　子	陽イオンと 陰イオン	原子と 自由電子
構成元素		非金属—非金属	非金属(14 族)	金属—非金属	金属—金属
性質	融　点	分子間力が弱いので，低い。 昇華しやすいものが多い。	共有結合が非常に強いので， 非常に高い。	静電気力がかなり強いので， かなり高い。	典型金属： 低い～高い(多様) 遷移金属： かなり高い。
	機械的性　質	軟らかくて，砕けやすい。	極めて硬い。	硬い。叩くと特定の面に沿って割れる。	展性・延性がある。 (例外　Hg は液体)
	電　気伝導性	導かない。	導かない。 (例外　黒鉛)	導かない。 (融解液，水溶液では，電導性あり)	よく導く。
	水への溶解度	溶けにくい。	溶けない。	溶けやすいものが多い。	溶けない。
化学式		分子式で表す。	結晶全体が巨大分子。組成式で表す。	分子が存在せず， 組成式で表す。	分子が存在せず， 組成式で表す。
物質の例		ドライアイス CO_2 ナフタレン $C_{10}H_8$ ヨウ素 I_2	ダイヤモンド C 二酸化ケイ素 SiO_2 炭化ケイ素 SiC	塩化カリウム KCl 硫酸カリウム K_2SO_4 フッ化カルシウム CaF_2	鉄　Fe 銅　Cu アルミニウム　Al

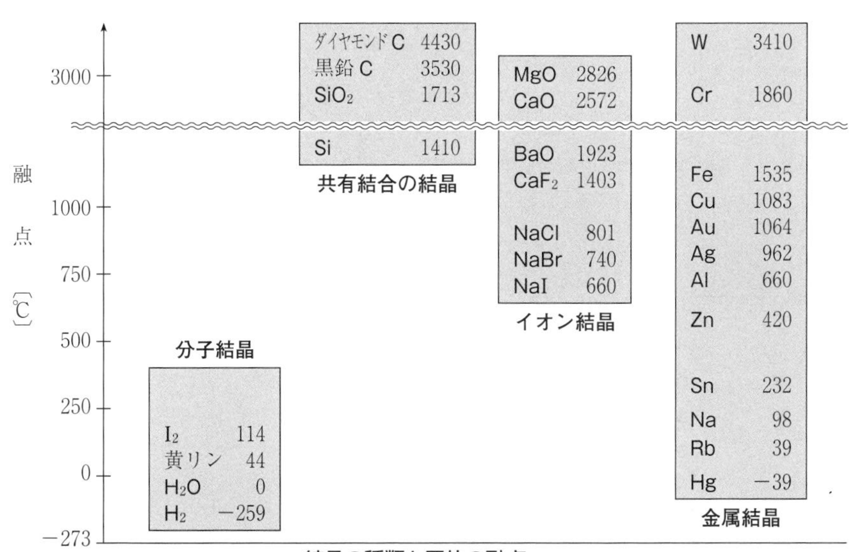

結晶の種類と固体の融点

第2章　物質量と化学反応式

1-4　原子量・分子量と物質量

1　原子の相対質量

下表に示したように，原子1個の質量は10^{-24}～10^{-23}g程度で，非常に小さな値をもつ。このような非常に小さな質量をそのまま取り扱うことはとても不便である。そこで，ある特定の原子の質量を基準として，他の原子の質量がその原子の質量の何倍にあたるかという比の値を使って表した質量(**相対質量**)を用いると便利である。

現在，炭素の同位体の1つの^{12}C原子1個の相対質量をちょうど12(端数なし)として，これを基準として他の原子1個の相対質量が決められる。これを**原子の相対質量**という❶。

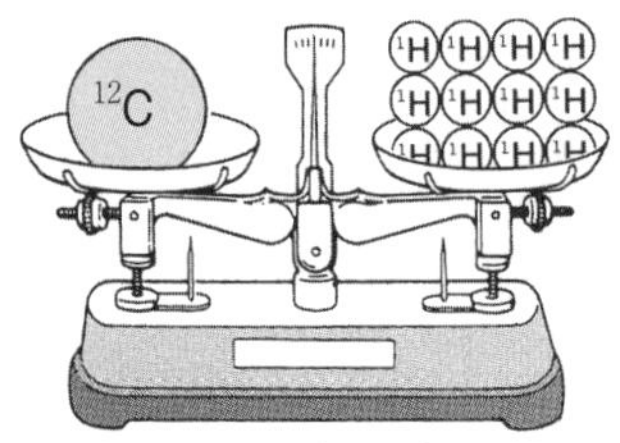

原子の相対質量　^{1}Hは^{12}Cの質量の約$\frac{1}{12}$の質量をもつことがわかる。

原子の相対質量は，質量そのものではなく，あくまでも質量の相対値(数値)であるから，単位はつけない(単位をもたない数を無名数(むめいすう)という)。また，原子の相対質量はIUPAC(国際純正・応用化学連合)(p. 583)により統一して定められており，原子の質量を表す数値として広く用いられている❷。

補足❶　たとえば，Na原子1個の質量を3.82×10^{-23}g，^{12}C原子1個の質量を1.99×10^{-23}gとして，Na原子の相対質量は次のように求められる。

Na原子の相対質量をxとおくと，定義より^{12}C原子の相対質量は12だから

^{12}C原子：Na原子$=1.99\times10^{-23}\text{g}:3.82\times10^{-23}\text{g}=12:x$

$$x=\frac{3.82\times10^{-23}\text{g}}{1.99\times10^{-23}\text{g}}\times12\fallingdotseq23.0$$

詳説❷　電子の質量は，陽子や中性子の質量に比べて無視できるほど小さい。また，陽子と中性子の質量はほとんど等しいので，陽子の相対質量を1とすると，原子の相対質量は，陽子数と中性子数の和，つまり質量数にほぼ等しくなる。しかし，厳密には，原子の相対質量と質量数は一致しない(下表)。これは，原子核中の陽子と中性子の数が増えるにつれて，質量欠損(p. 30)が大きくなるためと考えられる。

原　子		質量〔g〕	相対質量	質量数
水　素	^{1}H	1.6735×10^{-24}	1.0078	1
ヘリウム	^{4}He	6.6465×10^{-24}	4.0026	4
炭　素	^{12}C	1.9926×10^{-23}	12（定義）	12
窒　素	^{14}N	2.3253×10^{-23}	14.004	14
酸　素	^{16}O	2.6560×10^{-23}	15.995	16
ナトリウム	^{23}Na	3.8175×10^{-23}	22.990	23
塩　素	^{35}Cl	5.8067×10^{-23}	34.969	35
アルゴン	^{40}Ar	6.6359×10^{-23}	39.962	40

主な原子の質量
水素原子^{1}Hの質量は，陽子1.67262×10^{-24}gと，電子9.1094×10^{-28}gの和から求められる。しかし，他の原子の質量については，アストンの開発した質量分析計(p. 27)を使って測定される。

2 原子量

元素	主な安定同位体	相対質量	存在比〔%〕	原子量
水素	^{1}H ^{2}H	1.0078 2.0141	99.985 0.015	1.008
炭素	^{12}C ^{13}C	12(基準) 13.003	98.90 1.10	12.01
窒素	^{14}N ^{15}N	14.003 15.000	99.634 0.366	14.01
酸素	^{16}O ^{17}O ^{18}O	15.995 16.999 17.999	99.762 0.038 0.200	16.00
ナトリウム	^{23}Na	22.990	100	22.99
塩素	^{35}Cl ^{37}Cl	34.969 36.966	75.77 24.23	35.45
銅	^{63}Cu ^{65}Cu	62.930 64.928	69.17 30.83	63.55

自然界には，F，Na，Al，P のように同位体の存在しない元素もある。しかし，多くの元素では，相対質量の異なる数種類の同位体が存在し，それらは右表に示すように一定の割合で混じって存在している（各同位体の存在比は，地球上どこでもほぼ一定である）。したがって，各元素の原子の相対質量を求めるときには，同位体の存在比を考慮しなければならない。つまり，各同位体の相対質量にそれぞれの存在比を掛けて求めた平均値が，その**元素の原子量**となる❸(一般に，元素の原子量を単に，**原子量**という)。

たとえば，天然の炭素には ^{12}C と ^{13}C の2種の安定同位体があり，それぞれの相対質量と存在比は，上の表に示すとおりである。よって，炭素の原子量は次のように求められる。

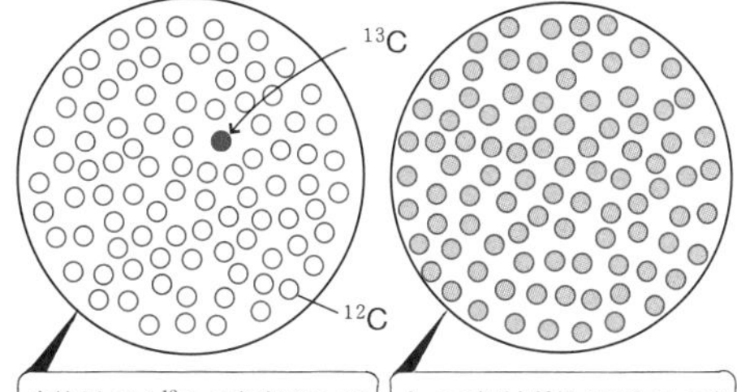

^{13}C
^{12}C
自然界では ^{12}C の炭素原子 99 個に対し ^{13}C の炭素原子がほぼ1個の割合で存在している。
すべて相対質量が 12.01 の炭素原子が 100 個あるとして取り扱うのが便利である。

炭素の原子量：$12\times\frac{98.90}{100}+13.003\times\frac{1.10}{100}\fallingdotseq 12.01$

すなわち，天然の炭素は，すべて相対質量が 12.01 の炭素原子だけから構成されているとみなして取り扱うことができる。

詳説❸ 同位体の存在しない元素（F，Na，Al，P など）の原子量は，それらの原子の相対質量に一致する。しかし，同位体の存在する元素の場合，1つの同位体の存在比がとくに大きい元素(H，C，N など)では，原子量は整数値に極めて近い値となるが，それぞれの同位体の存在比に大きな差がない元素(Mg，Cl，Cu など)では，その原子量は整数値から離れた値となる。

例題 天然の塩素原子は，^{35}Cl(相対質量 34.97) と ^{37}Cl(相対質量 36.97) の2種類の同位体からなり，それぞれの存在比は 75.77%，24.23% である。このことから，塩素の原子量を有効数字4桁で求めよ。

［**解**］ $34.97\times\frac{75.77}{100}+36.97\times\frac{24.23}{100}\fallingdotseq 35.453\fallingdotseq \mathbf{35.45}$ 答

注意 原子量は化学計算の際，最も基本的な数値として重要である。周期表には有効数字4桁の数値が示されているが，高校では，とくに指示がある場合を除いて，有効数字2桁もしくは3桁の原子量の概数値で計算を行うことが多い。なお，原子量は問題に与えられているので，覚える必要はない。

SCIENCE BOX　測定値と有効数字

計量器で測定した値を**測定値**という。測定値は，計量器の精度や測定者自身の目盛りの読み取り能力の限界などから，どうしても真の値からのずれを生じる。この測定値と真の値との差を**誤差**という。

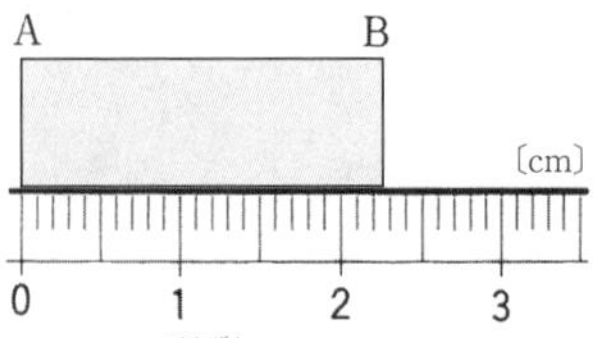

ものさしや天秤(てんびん)などで長さや質量を測定するとき，最小目盛りの $\frac{1}{10}$ までを目分量で読み取るのがふつうである。いま，物体の AB 間の長さを，2.27 cm と読み取ったとする。この場合，最後の桁の 7 という数は目分量で読み取ったため，多少不確実である。しかし，6 や 8 とするよりは 7 としたほうが真の値に近いという意味で，測定値の数値 2，2，7 はいずれも意味のある**有効数字**としてみなされる*。

* 有効数字の最後の桁を四捨五入で求めたものとすると，±0.005 程度が測定値の誤差と考えてよい。真の値 x〔cm〕は，$2.265 \leqq x < 2.275$ の範囲にある。

有効数字の桁数を明確に表すには，有効数字は整数部分が 1 桁の数 A $(1 \leqq A < 10)$ で表し，それに 10 の累乗 10^b を掛けて，$\boldsymbol{A \times 10^b}$ と表す。たとえば，123 は 1.23×10^2，0.00123 は 1.23×10^{-3} と表せばよい。ところで，数字 0 は，有効数字である場合と，位取りの(有効数字でない)場合がある。たとえば，2500 m と表すと有効数字が 2〜4 桁のどれであるかが明らかでない。そこで，有効数字が 2 桁ならば 2.5×10^3m，3 桁ならば 2.50×10^3m と表す必要がある。

〔1〕 有効数字の桁数が不揃いな測定値の加減算の場合

2 つの測定値 4.64 cm と 2.3 cm の和は，そのまま計算すると 6.94 cm となる。しかし，2.3 は小数第 1 位に誤差を含んでいるので，計算値の小数第 1 位にすでに誤差を含み，小数第 2 位以降は全く無意味な数である。よって，有効数字の末位がいちばん高い位，すなわち小数第 1 位にそろえ，次のように計算すればよい。

4.6＋2.3＝6.9〔cm〕

```
   4 . 6 4
+) 2 . 3
   6 . 9 4
   ↑   ↑ ↑
  確実 不確実 無効
```

しかし，多数の測定値の加減算では，位取りの最も高い値よりも 1 桁多くとって計算し，最後に四捨五入して位取りの最も高い数にそろえるほうがより正確な計算値が得られる。

1.33＋10.5＋8.34＝20.17⇒　20.2〔cm〕

〔2〕 有効数字の桁数が不揃いな測定値の乗除算の場合

2 つの測定値 4.64 cm と 5.3 cm の積は，そのまま計算すると 24.592〔cm^2〕となるが，確実なのは最初の 1 桁だけで，2 桁目は多少不確実であり，3 桁目以下は全く無意味な数である。

```
       4 . 6 4
  ×)       5 . 3
     1 3 9 2
  2 3 2 0
  2 4 . 5 9 2
  ↑ ↑   └─┘
 確実 不確実 無効
```

よって，有効数字 3 桁と 2 桁の数の掛け算では，最終的には有効数字の桁数の少ないほうの 2 桁で決まってしまう。したがって，2.5×10〔cm^2〕と答えればよい。しかし，はじめから 2 桁にそろえて掛け算を行ってしまうと計算値の誤差が大きくなってしまう。やはり，有効数字の最も桁数の少ないものより 1 桁多くとって計算を進め，最後に答えを出すときに，四捨五入により最少の桁数に合わせるようにすべきである。また，掛け算と割り算の混ざった計算では，掛け算を先にすませ，割り算を一番最後にするほうが誤差が少なくなる。

〔3〕 問題文に「答えの数値は，有効数字

2桁で求めよ。」などと，有効数字の指示があった場合，途中は有効数字3桁（4桁目以降は切り捨て）で計算を行い，最後に有効数字3桁目を四捨五入して，有効数字2桁に合わせるようにする。

もし，有効数字の指示がない場合には，問題文中の数値の有効数字にできるだけ合わせる。たとえば，「5.0 g の塩化ナトリウムを 100 g の水に溶かしたら，何％の溶液になるか。」という問題では，有効数字が2桁と3桁でそろっていないが，常識的にはこのうち少ないほうの2桁で答えればよい。

〔4〕 誤差を含まない確定した定数(測定値以外に定義した数値など）については，有効数字の桁数には入れない（反応式の係数や物質 1 mol あたりの質量であるモル質量など)。また，「水 1 L 中に食塩 5.85 g に溶かした～，1 kg 中に～」の 1 は，有効数字1桁ではなく，1.00…L，1.00…kg という意味である。

3 分子量

分子からなる物質についても，原子量の場合と同様に，$^{12}C=12$ を基準としたときの分子 1 個の相対質量を**分子量**という。原子量と同じ基準を用いているので，分子量は分子を構成する元素の原子量の総和として求められる。

したがって，分子式に示された分子を構成する原子の種類と数から，与えられた原子量の概数値(下表)を用いて，分子量を計算することができる。

例 CO_2 の分子量：(C の原子量)＋(O の原子量)×2＝12.0×1＋16.0×2＝44.0
　 H_2SO_4 分子量：1.0×2＋32.1×1＋16.0×4＝98.1

分子量も相対質量であるから，単位はつけない。

4 式　量

塩化ナトリウム NaCl のようにイオンからなる物質や，銀 Ag のように金属などの物質では，分子に相当する単位粒子が存在しないので，物質を表すのに組成式（物質を構成する原子数の比を表した化学式)が用いられる(p. 23)。

一般に，組成式やイオンの化学式に含まれる元素の原子量の総和を**式量**といい，分子の存在しない物質にあっては分子量の代わりに用いられる❹。

詳説❹ 電子の質量は，原子の質量と比べて無視できるほど小さいので，イオンの質量は，そのイオンを構成する原子の質量に等しいと考えてよい。したがって，イオンの式量は，そのイオンの化学式に含まれる原子の原子量の総和として求めることができる。

また，銀や銅などの単体では，元素記号が組成式になるので，原子量がそのまま式量となる。

NO_3^- の式量：(N の原子量)＋(O の原子量)×3＝14.0＋16.0×3＝62.0

NaCl の式量：(Na の原子量)＋(Cl の原子量)＝23.0＋35.5＝58.5

元素の原子量の概数値

水素 H	炭素 C	窒素 N	酸素 O	ナトリウム Na	マグネシウム Mg	アルミニウム Al
1.0	12.0	14.0	16.0	23.0	24.3	27.0

硫黄 S	塩素 Cl	カリウム K	カルシウム Ca	鉄 Fe	銅 Cu	亜鉛 Zn	銀 Ag
32.1	35.5	39.1	40.1	55.8	63.5	65.4	108

SCIENCE BOX　原子量の基準の変更

原子の質量そのものは，以前から一定で変化していない。しかし，相対質量である**原子量**は，どの原子を基準に選ぶか，またその相対質量をいくらに定めるかによって，いろいろと変遷を繰り返してきた。その歴史的経緯をふり返ってみよう。

記号	名称	原子量	記号	名称	原子量
⊙	水素 Hydrogen	1		ストロンチウム Strontian	46
	窒素 Azote	5		バリウム Barytes	68
●	炭素 Carbon	5.4	Ⓘ	鉄 Iron	50
○	酸素 Oxygen	7	Ⓩ	亜鉛 Zinc	56
	リン Phosphorus	9	Ⓒ	銅 Copper	56
⊕	硫黄 Sulphur	13	Ⓛ	鉛 Lead	90
	マグネシウム Magnesia	20	Ⓢ	銀 Silver	190
	カルシウム Lime	24	Ⓖ	金 Gold	190
	ナトリウム Soda	28	Ⓟ	白金 Platina	190
	カリウム Potash	42		水銀 Mercury	167

ドルトンの原子記号と原子量

原子説を提唱した**ドルトン**（イギリス）は，最も軽い水素原子を基準とし，H=1とする最初の原子量表を発表した（1805年）。この値は，現在から見るとあまり正確なものとはいえなかった。

ベルセリウス(スウェーデン)は，多くの元素と化合物をつくる酸素原子を基準とすれば，他の元素の原子量を直接求めることができる（当時は，原子量を元素が化合するときの質量比の測定から求めていた）と考え，O=100とする原子量表を発表した(1818～1826年)。この値は，現在から見てもかなり精度の高いもので，多くの化学者に利用されたが，不便な点もあった。

スタス(ベルギー)は，酸素原子を基準とし，O=16とすることを提唱した(1865年)。これは，O=100とすると1000以上の原子量の元素が出てくること，最も軽い水素原子の原子量を1に近づけるためである。結局，1898年，国際的に原子量をO=16を基準とすることが決定された。

しかし，20世紀に入って，酸素原子にも ^{16}O，^{17}O，^{18}O という3種の同位体が発見された。以後，化学では，従来通りの3種の酸素の同位体の相対質量の平均値を16とした原子量(**化学的原子量**)を使用したのに対して，物理学では，個々の同位体の質量を厳密に比較する必要性から，1920年以降，^{16}O=16を基準とした原子量（**物理的原子量**）を使用するようになった。このように，原子量の基準が2つに分かれているのは何かと不便なことが多かった。また，その後の研究から，自然界の同位体の存在比にはわずかな変動があることがわかってきたので，やはり，しっかりした原子量の基準を決める必要があるという機運が生まれてきた。そこで，1960年，物理学会，化学学会は合同協議を行い，それまでの2つの原子量の数値の変更幅ができるだけ小さくてすむように，^{12}C=**12**を基準にする新しい原子量が決められ，1961年から2つの原子量は1つの原子量に統一された。この新基準に ^{12}C=12を選んだ理由は，^{16}O=16(物理的原子量)に統一すると，従来の化学的原子量は0.027%も大きな値に変更しなければならないが，^{12}C=12にすると従来の化学的原子量が0.0043%だけ小さな値に変更するだけですみ，有効数字4桁以内の計算では，従来の原子量で求めた計算値をそのまま使えるからであった(新基準では，従来の物理的原子量が0.032%だけ小さくなった)。つまり，新しい原子量の基準は，1種類の同位体の質量を基準とするという点では物理学会の主張を取り入れ，一方，従来の原子量との差をできるだけ少なくするという点では，化学学会の主張を取り入れた妥協の産物であるといえよう。

5 物質量

私たちが日常，物質の量を扱うときは，質量や体積を用いることが多い。しかし物質は原子・分子・イオンなどの粒子からなり，化学変化の際には粒子の組み合わせが変化する。そこで，化学では物質中に含まれる粒子の個数に着目して，物質の量を表すと便利である。ところで，原子や分子は非常に小さな粒子なので，1個ずつ数えることはできない。また，私たちが日常扱う1g～1kg程度の物質中に含まれる粒子の数は，10^{22}～10^{25}個という莫大な数となり，単に粒子の個数で表しただけではとても不便である。

そこで，野球のボールや鉛筆などは12個を1まとめにして1ダースとして扱うように，化学で物質を扱うときは，ある個数の粒子の集団を1まとめとして扱うと便利である。

いま ^{12}C 原子12g中に含まれる ^{12}C 原子の数は，^{12}C 原子1個の質量が約 1.99×10^{-23} g なので，次のように計算される。

$$\frac{12\,[\mathrm{g}]}{1.99 \times 10^{-23}\,[\mathrm{g}]} \fallingdotseq \mathbf{6.02 \times 10^{23}}$$

この数を，分子説(p.20)を提唱したアボガドロにちなんで**アボガドロ数**という❺。

アボガドロ数(6.02×10^{23})個の同一粒子の集団を**1モル**(記号 **mol**)という❻。

今後，化学で物質の量を表すときは，アボガドロ数個の粒子の集団を1単位として，物質の構成粒子の量を数えていくことにする。このように，粒子の個数をもとに表した物質の量を**物質量**(単位 **mol**)という❼。

補足❺　これまで，アボガドロ数は，「^{12}C 原子12g中に含まれる ^{12}C 原子の数」と定義されていた。しかし，質量1kgの基準となる白金-イリジウム合金でつくられたキログラム原器は，長い年月の間にわずかな質量の変動があることがわかった。したがって，厳密にはアボガドロ数もこの質量の変動の影響を受けることになる。そこで，2019年5月から，キログラム原器の質量の変動の影響を受けないようにするために，アボガドロ数は $6.02214199 \times 10^{23}$(測定値)から，X線回折法による Si 単結晶の計測や他の物理的方法で求められた $6.02214076 \times 10^{23}$(定義値)へと変更された。これまでは，$^{12}C$ 原子12g中に含まれる原子の数はアボガドロ数と完全に一致したが，これからはアボガドロ数とほぼ一致するということになる。しかし，実用上は等しいと考えてよく，本書では，これ以降等しいものとして扱う。また，アボガドロ数の変更は，有効数字7桁目以降のわずかなものであり，高校や大学入試で行われる有効数字2桁，3桁の計算では，従来と全く変わりなく行うことができる。本書では，今後，計算を簡単にするため，アボガドロ数に 6.0×10^{23} を用いることにする。

補足❻　モルの語源は，ラテン語の moles にあり，「ひと山の」，「ひと塊の」，「ひと盛りの」という意味をもつ。

詳説❼　国際単位系(SI)では，すべての**物理量**(単位をもつ量)は，次の7種の基本単位と，基本単位の積または商で誘導される組立単位，およびニュートン〔N〕など人名にちなんだ22の固有の名称などで表される。

長さ：メートル〔m〕，質量：キログラム〔kg〕，時間：秒〔s〕，電流：アンペア〔A〕，温度：ケルビン〔K〕，光度：カンデラ〔cd〕，物質量：モル〔mol〕が7種の基本単位である。

物質量 1 mol あたりの粒子の数を**アボガドロ定数**(記号 N_A)といい，

$N_A = 6.0 \times 10^{23}$/mol である。アボガドロ定数は，粒子の数と物質量の変換に用いられる❽。

$$\text{物質量〔mol〕} = \frac{\text{粒子の数}}{\text{アボガドロ定数}} = \frac{\text{粒子の数}}{6.0 \times 10^{23}/\text{mol}}$$

補足❽ 上式で，粒子の数をアボガドロ数で割ってしまうと，物質量の単位がなくなってしまう。そこで，両辺の単位を統一するため，粒子の数をアボガドロ定数で割る必要がある。

物質量〔mol〕を表すときは，着目する構成粒子(原子，分子，イオン)の種類を明示する必要がある。ただし，粒子の種類が明らかなとき(とくに，分子の場合)は，省略されることもある❾。また，組成式で表されるイオン結合性の物質などについては，組成式で表される単位粒子を仮定して，その粒子がアボガドロ数個存在する集団を 1 mol とする。つまり，$MgCl_2$ 1 mol といえば，$MgCl_2$ という仮想の単位粒子が 6.0×10^{23} 個含まれる集団のことであり，その中には，Mg^{2+} が 1 mol と Cl^- が 2 mol 含まれる。

詳説❾ たとえば，酸素 1 mol といえば，ふつうは酸素分子 1 mol のことをさし，酸素原子の物質量をいう場合は，酸素原子 1 mol というように粒子の種類を明示する必要がある。酸素分子 1 mol 中には，酸素原子 2 mol が含まれるから，構成粒子の種類を見誤ると，物質量や質量の値がまったく違った値になってしまうので注意を要する。

6　物質 1 mol の質量

物質 1 mol あたりの質量を**モル質量**といい，質量の単位にグラムを用いると，モル質量の単位は **g/mol** となる。モル質量は，粒子 1 個の質量〔g〕とアボガドロ定数 N_A ($= 6.0 \times 10^{23}$/mol)の積で表される。

C 原子　　　H_2O 分子

原子量 12　：　分子量 18

原子・分子を 6.0×10^{23} 個集める

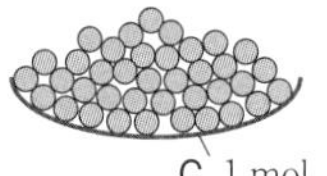

C 1 mol　　　H_2O 1 mol

12 g　：　18 g

原子量，分子量，式量は，いずれも ^{12}C 原子の質量を 12 としたとき，他の原子，分子，イオンなどの相対質量を表したものである。いま，原子，分子，イオンの数を 1 個から同数ずつ増やしていく限り，これらの質量比は，原子量，分子量，式量の比と等しい。ついに，原子，分子，イオンを 1 mol($= 6.0 \times 10^{23}$ 個) ずつ集めたときの質量(＝モル質量)の比も，原子量，分子量，式量の比と等しくなる。

よって，原子，分子，イオンなどのモル質量は，原子量，分子量，式量に単位 g/mol をつけたものに等しい。たとえば，分子量が 18 である水のモル質量は 18 g/mol となる。モル質量は，物質の質量と物質量の変換に用いられる。

$$\text{物質量〔mol〕} = \frac{\text{物質の質量〔g〕}}{\text{モル質量〔g/mol〕}}$$

たとえば，CO_2(分子量：44)8.8 g の物質量〔mol〕を求めたい場合，CO_2 のモル質量は 44 g/mol だから，CO_2 8.8 g の物質量は，$\dfrac{8.8\text{〔g〕}}{44\text{〔g/mol〕}} = 0.20\text{〔mol〕}$ と求められる。

7 アボガドロ定数の測定

〔方法〕 油脂の構成成分であるステアリン酸 $C_{17}H_{35}COOH$ は，分子中に水になじみやすい**親水基** ($-COOH$) と水になじみにくい**疎水基** ($C_{17}H_{35}-$) をもつ(右上図)。ステアリン酸をヘキサン（溶媒）に溶かして水面に滴下すると，右下図のように，親水基の部分は水中に，疎水基の部分は空気中に向けて水面上に一層に並ぶ**単分子膜**をつくる性質がある。

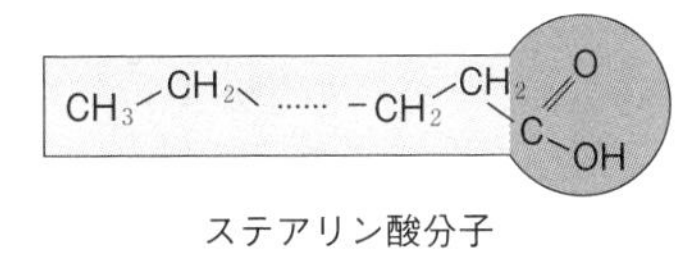

ステアリン酸分子

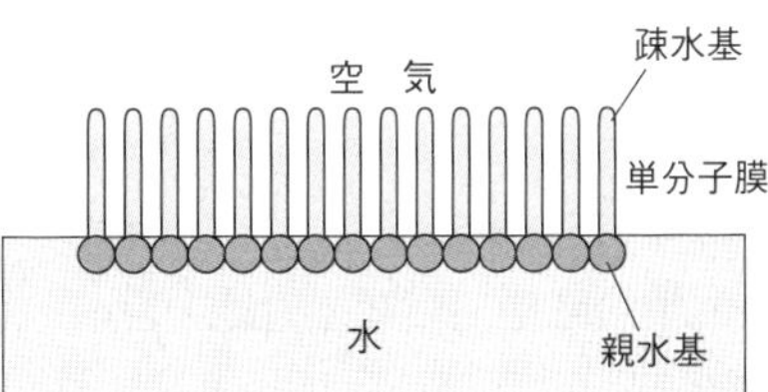

まず，水槽の水面を白色の滑石（かっせき）（タルク）の細粉で覆う。ここへ一定量のステアリン酸を溶かしたヘキサン溶液をピペットで数滴落とす。2〜3分放置すると，ヘキサンは蒸発して水面上にステアリン酸の単分子膜が生成する。このとき，滑石の粉末は単分子膜に押しやられ，水槽の中央に透明な水面があらわれる。この単分子膜の面積を方眼紙を用いて測定すれば，次のようにアボガドロ定数を求めることができる。

〔考察〕 単分子膜をつくったステアリン酸の質量を w〔g〕，そのモル質量を M〔g/mol〕とすると，滴下したステアリン酸の物質量は $\frac{w}{M}$〔mol〕である。

また，単分子膜を構成するステアリン酸分子の数は，アボガドロ定数を N_A〔/mol〕とすると

$$\frac{w}{M}\times N_A=\frac{N_A w}{M}\text{〔個〕} \quad \cdots\cdots ①$$

水面上につくられた単分子膜の面積を S〔cm^2〕とし，水面上でステアリン酸1分子が占める面積を x〔cm^2〕とすると，

単分子膜に含まれるステアリン酸分子の数は，$\frac{S}{x}$〔個〕 ……②

①＝②より $\frac{N_A w}{M}=\frac{S}{x}$ よって，$N_A=\frac{MS}{wx}$〔/mol〕

例題 ステアリン酸(分子量284) 0.030 g をヘキサンに溶かして100 mL の溶液をつくる。この溶液 0.050 mL をピペットで清浄な水面に滴下したところ，ヘキサンは蒸発し，面積 68 cm^2 のステアリン酸の単分子膜ができた。水面上でステアリン酸1分子が占める面積を $2.2\times10^{-15}cm^2$ とすると，ステアリン酸の物質量と分子数の関係を利用して，この実験結果からアボガドロ定数を求めよ。

［解］ 水面上で単分子膜を形成したステアリン酸の分子の数に着目すると，

(i) 滴下したステアリン酸の物質量と，求めるアボガドロ定数との関係。

(ii) 単分子膜全体の面積と，ステアリン酸1分子が水面上で占める面積との関係。

(i)と(ii)で求めたステアリン酸分子の数は，互いに等しくなる。

滴下したステアリン酸の物質量：$\frac{0.030}{284}\times\frac{0.050}{100}\fallingdotseq5.28\times10^{-8}$〔mol〕

単分子膜中のステアリン酸分子の数は，

$$\frac{\text{単分子膜全体の面積}}{\text{ステアリン酸1分子が水面上で占める面積}}=\frac{68}{2.2\times10^{-15}}\fallingdotseq3.09\times10^{16}$$

アボガドロ定数をN_A〔/mol〕とおくと，ステアリン酸分子の数に関する①式が成り立つ。

$$5.28\times10^{-8}\times N_A=3.09\times10^{16}\quad\cdots\cdots\cdots①$$

よって，$N_A\fallingdotseq5.85\times10^{23}$〔/mol〕　　答 **$5.9\times10^{23}$/mol**

8 気体1molの体積

1811年，**アボガドロ**（イタリア）は，気体の体積と分子数との間に次のような関係が成り立つことを提唱した。すなわち，「同温・同圧のもとで，同体積の気体は，その種類に関係なく，同数の分子を含む」。

この関係は，その後，正しいことが実証され，現在，**アボガドロの法則**とよばれている。この法則を逆に読むと，「同数の分子を含む（物質量が等しい）気体は，同温・同圧のもとでは，同じ体積を占める。」となる。

0℃，1.013×10^5 Pa（1 atm）における気体1molの体積は，その気体の密度の測定値とモル質量から計算で求めることができる[10]。

補足[10] 気体の体積は，温度・圧力によって大きく変わるので，気体の体積を扱うときは，ふつう基準となる状態が選ばれる。この基準に選ばれた0℃，1.013×10^5Paの状態を**標準状態**という。以後，気体の体積を表す場合，必ず温度と圧力の条件をいっしょに示さなければならないことを銘記しておいてほしい。**パスカル〔Pa〕**は圧力の単位で，1 N（ニュートン）の力が1 m^{2}の面積に働くときの圧力，すなわち，1 N/m^{2}を1 Paという。なお，**標準大気圧**（海水面上での大気圧の平均値）の1気圧〔atm〕は，1.013×10^5Paに等しい。

►密度とは単位体積あたりの質量を表した物理量で，固体，液体の密度は〔g/cm^3〕で表すが，**気体の密度**は，体積1Lあたりの質量〔g/L〕で表す。標準状態における各種の気体の密度〔g/L〕を右表に示す。

気体	モル質量〔g/mol〕	密度〔g/L〕
H_2	2.0	0.089
Ne	20.2	0.90
N_2	28.0	1.25
O_2	32.0	1.43
Ar	40.0	1.78

たとえば，標準状態における酸素O_2 1molの占める体積は，そのモル質量32.0g/molと密度1.43g/Lを用いて次のように計算される。

$$\frac{32.0\text{〔g/mol〕}}{1.43\text{〔g/L〕}}\fallingdotseq22.4\text{〔L/mol〕}$$

他の気体についても，酸素とほぼ同じ値が得られる。

すなわち，「気体1molあたり（6.0×10^{23}個の分子を含む）の占める体積は，その種類によらず，**標準状態**では**22.4 L/mol**である（これを**気体のモル体積**という）[11]」。この関係は，1種類の気体だけでなく，混合気体についても成り立つ。

気体1molの体積（実測値）

気体分子	1モルの体積〔L〕
H_2	22.42
Ne	22.43
N_2	22.40
O_2	22.39
CO_2	22.26

気体のモル体積は，気体の体積（標準状態）と物質量の変換に用いられる。

$$\textbf{気体の物質量〔mol〕}=\frac{\textbf{標準状態の気体の体積〔L〕}}{\textbf{22.4〔L/mol〕}}$$

標準状態で，1 molの気体をとると，その体積は22.4 Lであり，n〔mol〕の気体をとると，その体積は$22.4 \times n$〔L〕となる。したがって，同温・同圧のもとでは，気体の体積はその中に含まれている気体の分子数，つまり物質量〔mol〕に比例することになる。

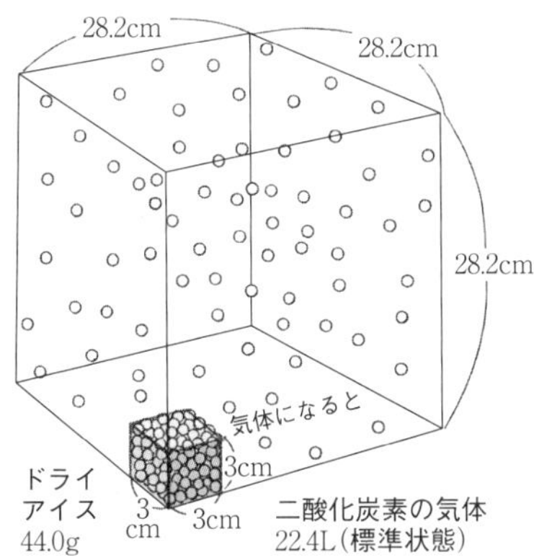

気体1モルの占める体積

詳説⑪ 気体の種類によって，その分子の大きさには多少の差はあるが，この関係は，分子の動きうる空間（これが，気体の体積に他ならない）に比べて，分子自身の占める体積は非常に小さいという理想的な条件下ではよく成り立つ。

補足⑪ **アボガドロの法則が成り立つ理由**

気体分子は常に激しく動き回っており，容器の壁に衝突して，器壁にある一定の圧力を及ぼす。この気体の圧力は，気体分子の衝突の回数，つまり，一定容器中に含まれる気体分子の数，および衝突の激しさ，つまり，分子のもつ平均の運動エネルギーに比例すると考えられる。

温度一定ならば，どんな気体であっても平均の運動エネルギーは等しいから，気体1分子あたりの器壁に及ぼす圧力も等しい。したがって，同温・同圧の気体を同体積だけとれば，気体の種類を問わず，必ず同数の分子を含んでいるはずである。

9　物質量と粒子の数，質量，気体の体積の関係

粒子の数，質量，気体の体積と物質量(mol)の間には下図のような関係がある。

粒子の数と質量と気体の体積の間で相互変換するときは，いずれの場合も，物質量(mol)を経由して行うとよい。

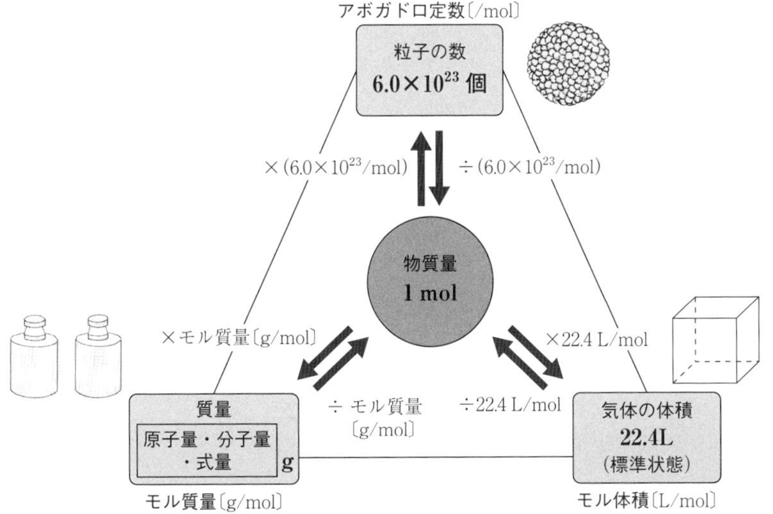

10　気体の分子量の簡易測定

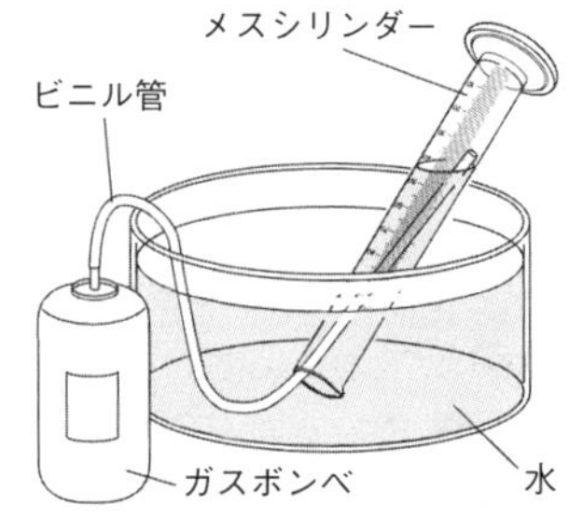

例　①　ガスライターのボンベの質量を精密はかりで正確に測定する。

②　図のようにボンベのガスをメスシリンダーに約1.0L取り出し，数分間放置した後，正確に体積をはかる。そのときの水温を測定し，気体の温度とする。

③　ボンベの質量を測定する。はじめの質量との差が取り出したガスの質量である。

分子量を求める計算

温度と1molの気体の体積（圧力は1.0×10^5Pa）

温度〔℃〕	0	15	20	25	30	35
体積〔L〕	22.4	23.6	24.0	24.5	24.9	25.3

❶　ボンベの質量は，はじめ31.83gで，終わりが29.61gであった。取り出したガスの質量mは，$m=31.83-29.61=2.22$〔g〕

❷　実験時の水温は20℃，大気圧は1.0×10^5Paで，捕集した気体の体積は1.02Lであった。この温度，圧力における気体1molの体積は，上表より24.0Lである。

❸　したがって，この気体1molの質量〔g〕を求め，単位を除いた数値が分子量となる。

$2.22\times\dfrac{24.0}{1.02}\fallingdotseq52.2$〔g〕より，単位を除くと，分子量は**52.2** 答

11　気体の分子量の求め方

(1)　標準状態での気体の密度〔g/L〕から，その気体1mol(＝22.4L)の分子量を求める。

例　ある気体の標準状態での密度は1.25g/Lであった。この気体の分子量を求めよ。

1.25〔g/L〕×22.4〔L/mol〕＝28.0〔g/mol〕　単位を除くと，分子量は**28.0** 答

(2)　同温・同圧・同体積において，その気体と分子量既知の気体との質量を比較する。

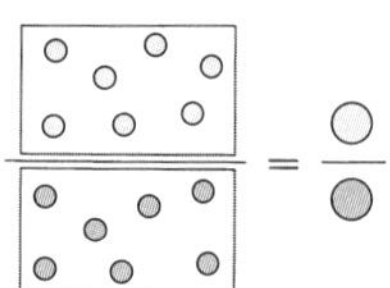

アボガドロの法則より，同温・同圧・同体積の気体中には，必ず同数の分子を含む。よって，同温・同圧・同体積の2種の気体の質量の比が，そのまま，それぞれの分子の分子量の比に等しくなる。

12　平均分子量

混合気体を純粋な1種類の分子のみからなる気体と考え，求められた見かけの分子量を**平均分子量**という。

空気は，$N_2:O_2=4:1$(物質量比) からなる混合気体なので，空気1mol中には，N_2 0.80mol，O_2 0.20molを含む。空気1molの質量は，

28.0〔g/mol〕×0.80〔mol〕
＋32.0〔g/mol〕×0.20〔mol〕＝28.8〔g〕

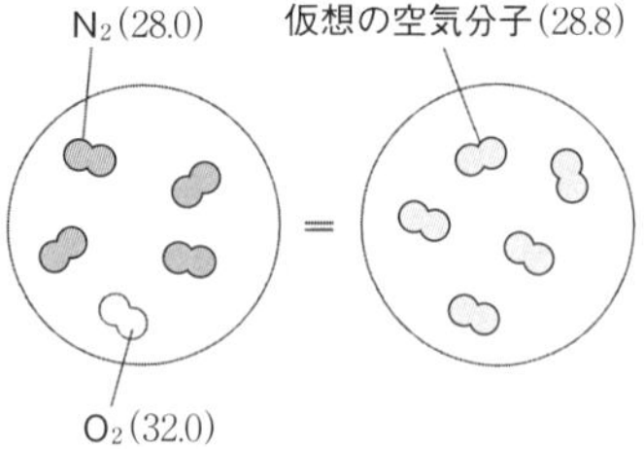

この質量から単位を除くと，空気の平均分子量が28.8と求まる。空気の平均分子量28.8を知っていると，ある気体が空気より軽いか重いかを判断するのに便利である。

1-5　化学反応の量的関係

1　化学反応式

水素 H_2 を燃焼させると，水 H_2O を生じる。このように物質の種類が変わる変化を**化学変化**(**化学反応**)という。化学変化においては，原子間の化学結合の組み換えがおこるだけで，原子自身が消滅したり，新たに生成することはない❶。

補足❶　水素の燃焼では水素分子の H–H 結合と酸素分子の O=O 結合が切れる代わりに，新たに O–H 結合がつくられて水分子が生成する。

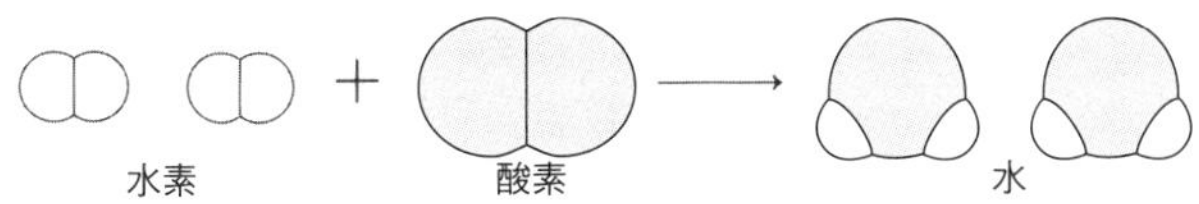

化学変化がおこると，物質の種類が変わるので，物質の種類を言葉で表すよりも元素記号を用いた化学式で表すほうが，より簡単でしかも正確である。

そこで，化学変化を化学式を用いて表した式を，**化学反応式**または**反応式**という。

化学反応式は，次のような規則に従い書き表す。

1. 反応前の物質(**反応物**という)の化学式を左辺に，反応後の物質(**生成物**という)の化学式を右辺に書き❷，変化の方向を矢印──→で結ぶ。
2. 両辺にある各原子の数が等しくなるように，各化学式の前に**係数**をつける。係数は最も簡単な整数比となるようにし，係数の 1 は省略する。
3. 反応の前後で変化しない物質(溶媒の水や触媒など)は，反応式には書かない❸。

補足❷　反応物や生成物が複数あるときは，それぞれを＋でつなぐ。また，反応物や生成物の一部が省略されている場合，必要に応じて補う必要がある。特に，物質の燃焼に必要な酸素 O_2 や反応で生成する水 H_2O は省略されることが多い。また，両辺の各原子の数が合っていても実際に進行しない反応は反応式では表せない。たとえば，銅と希硫酸とは反応しないので，

$Cu + H_2SO_4 \longrightarrow CuSO_4 + H_2$ という反応式を書くことはできない。

補足❸　反応の前後で変化せず，反応を促進させる物質を**触媒**(p. 255)といい，その代表として酸化マンガン(Ⅳ)MnO_2 がある(説明のために──→の近くに示すことがある)。また，化学反応式において，↑は気体の発生，↓は沈殿の生成を表す(強調するためにつけることがある)。

►化学反応式の係数をつける方法として，ある物質の係数を 1 とおき，両辺を見ながら目算(もくさん)(暗算)で他の物質の係数を決めていく方法(**目算法**)がある。

① 化学式中で，最も複雑そうな(多種類の元素を含む)物質の係数を 1 とおく。
② 登場回数の少ない原子から順に，その数を合わせる。
③ 登場回数の多い原子は，最後にその数を合わせる。
④ 係数が分数になったら，分母を払って整数にし，係数の 1 は省略する。
⑤ 最後に，両辺の各原子の種類と数が合っているかを再確認する。

例題 プロパン C_3H_8 の燃焼を表す反応式に係数をつけよ。

$$C_3H_8 + O_2 \longrightarrow CO_2 + H_2O$$

［解］ ① 最も複雑そうな物質 C_3H_8 の係数を1とおく。

$$1\,C_3H_8 + O_2 \longrightarrow CO_2 + H_2O$$

② 左辺のC原子の数(3個)❹から，右辺の CO_2 の係数は3となる。

$$1\,C_3H_8 + O_2 \longrightarrow 3\,CO_2 + H_2O$$

③ 左辺のH原子の数(8個)から，右辺の H_2O の係数は4となる。

$$1\,C_3H_8 + O_2 \longrightarrow 3\,CO_2 + 4\,H_2O$$

④ 右辺のO原子の数(10個)から，左辺の O_2 の係数は5となる。

$$1\,C_3H_8 + 5\,O_2 \longrightarrow 3\,CO_2 + 4\,H_2O$$

⑤ 最後に，係数の1を省略すると化学反応式が完成する。

$$\mathbf{C_3H_8 + 5\,O_2 \longrightarrow 3\,CO_2 + 4\,H_2O}$$ 答

補足❹ 各原子の数は，係数と各原子の右下の数を掛けた数に等しい。たとえば，$1\,C_3H_8$ におけるC原子の数は，係数の1とC原子の右下の数3を掛けた数の3個となる。

例題 エタン C_2H_6 を完全に燃焼させたときの化学反応式を書け。

［解］ エタン C_2H_6 が酸素 O_2 と反応すると，二酸化炭素 CO_2 と水 H_2O を生じる。

$$C_2H_6 + O_2 \longrightarrow CO_2 + H_2O$$

C_2H_6 の係数を1とおく。登場回数の少ないC，H原子の数を先に合わせ，登場回数の多いO原子の数を最後に合わせる。

左辺のC原子の数(2個)から，右辺の CO_2 の係数は2となる。

$$1\,C_2H_6 + O_2 \longrightarrow 2\,CO_2 + H_2O$$

左辺のH原子の数(6個)から，右辺の H_2O の係数は3となる。

$$1\,C_2H_6 + O_2 \longrightarrow 2\,CO_2 + 3\,H_2O$$

右辺のO原子の数(7個)から，左辺の O_2 の係数にひとまず $\frac{7}{2}$ をつける。

$$C_2H_6 + \frac{7}{2}O_2 \longrightarrow 2\,CO_2 + 3\,H_2O$$

化学反応式の係数を最も簡単な整数比とするため，両辺の係数をそれぞれ2倍する。

$$\mathbf{2\,C_2H_6 + 7\,O_2 \longrightarrow 4\,CO_2 + 6\,H_2O}$$ 答

参考 化学反応式の限界は？

化学反応式は，反応物の種類と生成物の種類，およびその間の量的関係を示したものである。しかし，反応式からは反応の途中のようすや反応の速さなどを知ることはできない。また，反応がいつ終了するか，あるいは反応が途中で止まった状態になるかなどについては何も示してはいない。

多くの化学反応式の係数は，上記で説明した目算法によって決められるが，複雑な化学反応式の係数を決める場合，各係数を未知数 x，y，z…で表し，両辺の各原子の数が等しいことに基づく連立方程式を立て，これを解いて係数を求める**未定係数法**がある。この方法は確実であるが時間がかかるので，できるだけ目算法で係数を決めるほうがよい。

> **例題**　次の化学反応式の係数 a～e を定めよ。
> $$a\,Cu + b\,HNO_3(\text{希}) \longrightarrow c\,Cu(NO_3)_2 + d\,NO + e\,H_2O$$

［解］　両辺において，各原子の数がそれぞれ等しくなるように連立方程式を立てると，

Cu について：　$a=c$　………①

H について：　$b=2e$　………②

N について：　$b=2c+d$　………③

O について：　$3b=6c+d+e$　………④

未知数が5つに対して，方程式が4つしかないので，この連立方程式は解けない。そこで，ある未知数を1とおく(できるだけ多くの原子を含む複雑な物質がよい)。

$b=1$ とおくと，②より，　$e=\frac{1}{2}$

③より，　$1=2c+d$………③′　　④より，　$\frac{5}{2}=6c+d$………④′

④′－③′ より，$c=\frac{3}{8}$　　①より，$a=\frac{3}{8}$　　③に代入して，　$d=\frac{1}{4}$

以上を整理すると，

$$\frac{3}{8}Cu + HNO_3 \longrightarrow \frac{3}{8}Cu(NO_3)_2 + \frac{1}{4}NO + \frac{1}{2}H_2O$$

分母を払って，係数を最も簡単な整数比にするため，両辺を8倍する。

$$3\,Cu + 8\,HNO_3 \longrightarrow 3\,Cu(NO_3)_2 + 2\,NO + 4\,H_2O$$　答

2　イオン反応式

硝酸銀 $AgNO_3$ 水溶液と塩化ナトリウム NaCl 水溶液を混合すると，塩化銀 AgCl の白色沈殿を生じる。この反応は，次の化学反応式で表される。

$$AgNO_3 + NaCl \longrightarrow AgCl\downarrow + NaNO_3$$

水溶液中では，$AgNO_3$ も NaCl もそれぞれイオンに分かれて存在している。これらを混合すると，Ag^+ と Cl^- が出合って AgCl という水に不溶性の沈殿を生じる。

一方，Na^+ と NO_3^- は出会っても結合しないので，水溶液中にイオンのまま存在する。

$$Ag^+ + NO_3^- + Na^+ + Cl^- \longrightarrow AgCl\downarrow + Na^+ + NO_3^-$$

よって，反応で変化しなかったイオンの Na^+ と NO_3^- を省略すると，

$Ag^+ + Cl^- \longrightarrow AgCl\downarrow$　という反応式が得られる。

このように，イオンが関係する反応で，反応に関係するイオンだけで表した反応式を**イオン反応式**という。イオン反応式の両辺では，原子の数だけでなく電荷の総和も等しくなることに留意すること❺。

補足❺　硝酸銀水溶液に銅板をつるすと，銅板の表面に銀が析出する。

$$Ag^+ + NO_3^- + Cu \longrightarrow Ag\downarrow + Cu^{2+} + NO_3^-$$

反応によって変化しなかった NO_3^- を省略すると，

$$Ag^+ + Cu \longrightarrow Ag\downarrow + Cu^{2+}$$

両辺の原子の数と電荷が等しくなるように係数をつけると，イオン反応式が得られる。

$$2\,Ag^+ + Cu \longrightarrow 2\,Ag\downarrow + Cu^{2+}$$

SCIENCE BOX　やや複雑な反応式の係数のつけ方

目算法で係数がつけにくい反応式の場合，目算法と未定係数法を併用することによって，比較的に簡単に係数をつけることができる。その例をいくつか紹介したい。

(1)　$NH_3 + O_2 \longrightarrow NO + H_2O$

各原子の登場回数は，N は２回，H は２回，O は３回であるから，登場回数の少ない N か H の数から先に合わせる。N の数は一致しているので，H の数を合わせる。左辺は３個，右辺は２個なので，最小公倍数の６に合わせると，NH_3 の係数は２，H_2O の係数は３となる。

N の数は左辺が２個なので，NO の係数は２となる。最後に O の数は右辺に５個なので，O_2 の係数は $\frac{5}{2}$。

$$2\,NH_3 + \frac{5}{2}O_2 \longrightarrow 2\,NO + 3\,H_2O$$

全体を２倍して，分母を払う。

$4\,NH_3 + 5\,O_2 \longrightarrow 4\,NO + 6\,H_2O$ 答

(2)　$Fe_2O_3 + CO \longrightarrow Fe + CO_2$

各原子の登場回数は，Fe は２回，C は２回，O は３回であるから，登場回数の少ない Fe か C の数から先に合わせる。C の数は一致しているので，Fe の数を合わせる。

Fe_2O_3 の係数を１とおくと，Fe の係数は２。残った物質 CO，CO_2 の係数を a，b とおく。

$1\,Fe_2O_3 + a\,CO \longrightarrow 2\,Fe + b\,CO_2$

C の数　$a=b$

O の数　$3+a=2b$

$\therefore\ a=3,\ b=3$

$Fe_2O_3 + 3\,CO \longrightarrow 2\,Fe + 3\,CO_2$ 答

(3)　$NO_2 + H_2O \longrightarrow HNO_3 + NO$

各原子の登場回数は，H は２回，N は３回，O は４回であるから，登場回数の少ない H の数から先に合わせる。

H_2O の係数を１とおくと，HNO_3 の係数は２。残った物質 NO_2，NO の係数を a，b とおく。

$a\,NO_2 + 1\,H_2O \longrightarrow 2\,HNO_3 + b\,NO$

N の数　$a=2+b$

O の数　$2a+1=6+b$

$\therefore\ a=3,\ b=1$

$3\,NO_2 + H_2O \longrightarrow 2\,HNO_3 + NO$ 答

(4)　$Cr^{3+} + OH^- + H_2O_2 \longrightarrow CrO_4^{2-} + H_2O$

各原子の登場回数は，Cr は２回，H は３回。O は４回であるから，登場回数の少ない Cr の数から先に合わせる。

CrO_4^{2-} の係数を１とおくと，Cr^{3+} の係数は１。残った物質 OH^-，H_2O_2，H_2O の係数を a，b，c とおく。

$1\,Cr^{3+} + a\,OH^- + b\,H_2O_2 \longrightarrow 1\,CrO_4^{2-} + c\,H_2O$

H の数　$a+2b=2c$　……①

O の数　$a+2b=4+c$　……②

電荷のつり合い　$3-a=-2$　……③

$\therefore\ a=5,\ c=4,\ b=\frac{3}{2}$

全体を２倍して，分母を払う。

$2\,Cr^{3+} + 10\,OH^- + 3\,H_2O_2 \longrightarrow 2\,CrO_4^{2-} + 8\,H_2O$ 答

(5)　$C_2H_4 + HCl + O_2 \longrightarrow C_2H_4Cl_2 + H_2O$

各原子の登場回数は，C は２回，H は４回，Cl は２回，O は２回であるから，登場回数の少ない C，Cl，O の数から先に合わせる。C の数は一致しているので，O の数を合わせる。O_2 の係数を１とおくと，H_2O の係数は２，残った物質 C_2H_4，HCl，$C_2H_4Cl_2$ の係数を a，b，a とおく。

$a\,C_2H_4 + b\,HCl + O_2 \longrightarrow a\,C_2H_4Cl_2 + 2\,H_2O$

Cl の数　$b=2a$　……①

H の数　$4a+b=4a+4$　……②

$\therefore\ a=2,\ b=4$

$2\,C_2H_4 + 4\,HCl + O_2 \longrightarrow 2\,C_2H_4Cl_2 + 2\,H_2O$ 答

3 化学反応式の意味

化学反応式は，単に反応物と生成物を化学式で表したものではなく，それらの係数比から，反応に関係する物質間の量的関係も表している。たとえば，メタン CH_4 が空気中で完全燃焼すると，二酸化炭素 CO_2 と水 H_2O を生じる変化は，次の化学反応式で表せる。

$$CH_4 + 2\,O_2 \longrightarrow CO_2 + 2\,H_2O$$

この反応式に示された係数は，各物質が化学変化するときの分子数の比を表している。すなわち，メタン CH_4 1分子は酸素 O_2 2分子と反応し，その結果，二酸化炭素 CO_2 1分子と水 H_2O 2分子が生成することを示す。この比は，分子数を同じ割合ずつ増やしていく限り変わらないはずである。

いま，それぞれの分子の数を 6.0×10^{23} 倍したとすると，CH_4 分子 6.0×10^{23} 個と O_2 分子 $2\times6.0\times10^{23}$ 個から，CO_2 分子 6.0×10^{23} 個と H_2O 分子 $2\times6.0\times10^{23}$ 個が生成することになる。6.0×10^{23} 個の粒子の集団は 1 mol だから，上の文章は，CH_4 分子 1 mol と O_2 分子 2 mol から CO_2 分子 1 mol と H_2O 分子 2 mol が生成することを表している。すなわち，化学反応式の係数の比は，各物質の物質量〔mol〕の比を表す。

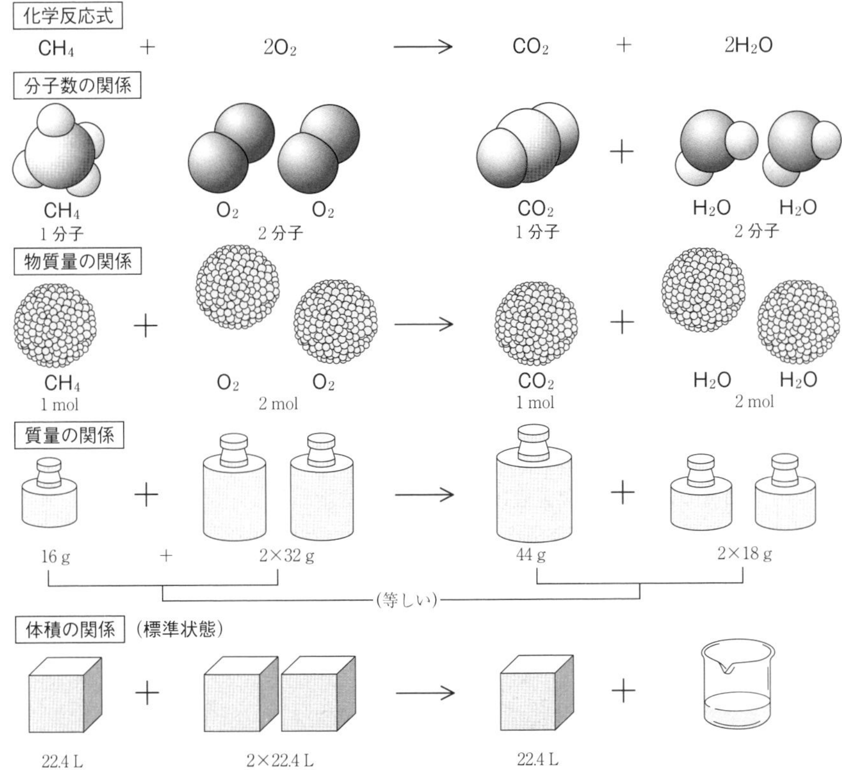

化学反応式と分子数，物質量〔mol〕，質量，体積の関係

この化学反応に関係する物質の分子量は，それぞれ CH_4＝16，O_2＝32，CO_2＝44，H_2O＝18 である。各物質のモル質量は，分子量(式量)に単位〔g/mol〕をつけたものである。したがって，メタン 1 mol と酸素 2 mol が反応すると，二酸化炭素 1 mol と水 2 mol が生成する関係を質量で表現すれば，メタン 1×16〔g〕と酸素 2×32〔g〕が反応すると，二酸化炭素 1×44〔g〕と水 2×18〔g〕が生成することになる。このとき，反応物の質量は 16＋64＝80〔g〕で，生成物の質量 44＋36＝80〔g〕と等しくなり，化学反応の前後で，物質の質量の総和は変化しないという**質量保存の法則**(p. 19)が成立している。

また，標準状態では，どの気体 1 mol をとっても 22.4 L の体積を占める。したがって，標準状態で比較すると，メタン 1×22.4〔L〕と酸素 2×22.4〔L〕が反応すれば，二酸化炭素 1×22.4〔L〕を生じる。このとき，気体の体積の比は 1：2：1 という簡単な整数比(係数の比)となり，**気体反応の法則**(p. 20)が成立している❻。

補足❻　アボガドロの法則によれば，同温・同圧において同数の分子は，気体の種類に関係なく同体積を占める。たとえば，気体分子の数が 2，3…倍になれば，その体積も 2，3，…倍になる。したがって，気体については**物質量の比＝体積の比**となり，気体である CH_4 と O_2 と CO_2 の同温・同圧での体積の比は，物質量の比である 1：2：1 と等しくなる(ただし，液体の水の体積は，気体に比べて小さく無視してよい)。

4　化学反応の量的計算

化学反応において，反応物や生成物の量的関係を求めるためには，まず，正しい化学反応式を書くことが先決である。その後，次の①→②→③の順序に従い計算を進めていけばよい。

① 与えられた物質の質量〔g〕→物質量〔mol〕，または標準状態の気体の体積〔L〕→物質量〔mol〕への変換は，次のように行う。

$$\textbf{物質量〔mol〕} = \frac{\textbf{物質の質量〔g〕}}{\textbf{モル質量〔g/mol〕}} = \frac{\textbf{標準状態の気体の体積〔L〕}}{\textbf{22.4〔L/mol〕}}$$

② ①で求めた物質量と化学反応式の係数比から，求める物質の物質量がいくらになるかを求める(このため，反応式の係数は正確につけておかなければならない)。

③ 求める物質の物質量から，題意に応じて，物質量〔mol〕→質量〔g〕，または物質量〔mol〕→標準状態の気体の体積〔L〕への変換を，次のように行う。

物質の質量〔g〕＝物質量〔mol〕×モル質量〔g/mol〕

標準状態の気体の体積〔L〕＝物質量〔mol〕×22.4〔L/mol〕

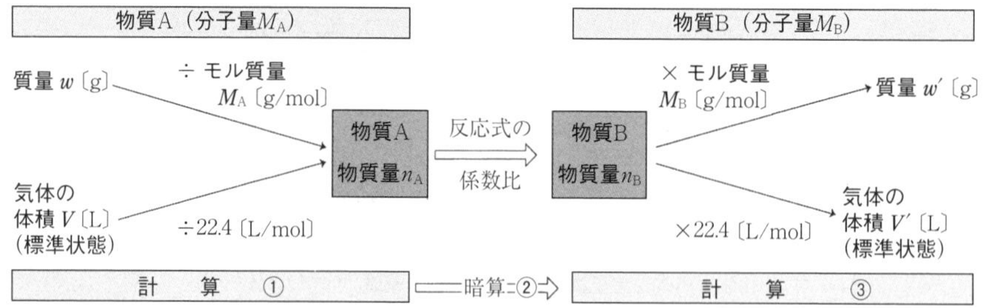

1　反応式による質量・体積関係の計算

例題　標準状態のプロパン(C_3H_8) 5.6 L を空気中で完全燃焼させた。次の問いに答えよ。
(1)　この反応で生成する二酸化炭素の質量は何 g か。(原子量：C＝12，O＝16)
(2)　燃焼に必要な酸素の体積は，標準状態で何 L か。

［解］　プロパンの体積（標準状態）を物質量に変換する。次に，反応式の係数比を利用して，CO_2，O_2 の物質量を求め，それらを質量，体積に変換する。

化学反応式から，反応物と生成物の物質量の関係は，次のようになる。

$$C_3H_8 \quad + \quad 5\,O_2 \quad \longrightarrow \quad 3\,CO_2 \quad + \quad 4\,H_2O$$
1 mol　　5 mol　　3 mol　　4 mol

(1)　プロパン 5.6 L(標準状態)を物質量〔mol〕に変換すると，

プロパンの物質量：　$\dfrac{5.6〔L〕}{22.4〔L/mol〕}=0.25〔mol〕$

反応式より，C_3H_8 と CO_2 の物質量の比は 1：3 であるから，

C_3H_8 0.25 mol から生成する CO_2 の物質量は　0.25×3＝0.75〔mol〕　である。

CO_2(分子量 44)のモル質量 44 g/mol を用いて，生成する CO_2 の質量を求めると，

0.75〔mol〕×44〔g/mol〕＝33〔g〕　　答　**33 g**

(2)　反応式より，C_3H_8 と O_2 は物質量の比 1：5 で反応するから，

C_3H_8 0.25 mol と反応する O_2 の物質量は　0.25×5＝1.25〔mol〕である。

標準状態の気体 1 mol あたりの体積(モル体積)は，22.4 L/mol であるから，

必要な酸素の体積は，　1.25〔mol〕×22.4〔L/mol〕＝28〔L〕　　答　**28 L**

2　反応式による気体の体積関係の計算

同温・同圧のもとでは，同体積の気体は同数の分子を含む（アボガドロの法則）より，気体どうしが反応する場合には，**体積の比＝物質量の比＝係数の比**の関係が成り立つ。この関係を利用すると，気体の体積を物質量に変換しなくても，**体積の比＝係数の比**の関係だけで量的計算を行うことができる。なお，液体や固体の体積は，気体の体積に比べて著しく小さいので，計算上，無視してよい。

例題　水素と一酸化炭素の混合気体 80 mL に，酸素 100 mL を加えて完全燃焼させたら，反応後に 90 mL の気体が残った。はじめの混合気体中には，水素と一酸化炭素がそれぞれ何 mL ずつ含まれていたか。ただし，気体の体積はすべて標準状態で測定した値とする。

［解］　H_2 と CO の燃焼する化学反応式を書き，混合気体中の H_2 を x〔mL〕，CO を y〔mL〕とおく。気体間の反応では**体積の比＝係数の比**だから，体積変化の量的関係は次のようになる。

	$2\,H_2$	＋ O_2	⟶ $2\,H_2O$	$2\,CO$	＋ O_2	⟶ $2\,CO_2$
反応前	x	100	0〔mL〕	y	100	0〔mL〕
反応後	0	$100-\dfrac{x}{2}$〔mL〕	0(液体)	0	$100-\dfrac{y}{2}$	y〔mL〕

反応前の混合気体の体積：　$x+y=80$　………①

反応後に残った気体は，未反応の O_2 と生成した CO_2 であり，液体の水の体積は無視できる。

反応後に残った気体の体積：　$\left(100-\dfrac{x}{2}-\dfrac{y}{2}\right)+y=90$　………②

①，②より，　$x=50$〔mL〕，　$y=30$〔mL〕　　答　**H_2：50 mL　CO：30 mL**

3　反応物に過不足がある場合の計算

2種類の反応物に過不足がある場合，少ないほうの物質はすべて反応するが，多いほうの物質は一部が残ることになる。したがって，すべて反応する(不足する)ほうの反応物の物質量を基準として，生成物の物質量を求めなければならない。

まず，与えられた2種類の反応物の物質量を求め，反応式の係数の比と比較して，どちらの物質がすべて反応するか(不足するか)を判断し，その反応物の物質量を基準として，生成物の物質量を求める必要がある❼。

問題文中に反応物の量(質量や体積など)がともに与えられている場合は，過不足のある問題とみて注意すること。

補足❼　たとえば $A+2B \longrightarrow C$ の反応において，反応物Aに2 mol，Bに3 mol与えた場合，生成物Cは何mol生成するか。

単に，物質量の少ないほうの反応物Aの物質量（2 mol）を基準とすると，生成物Cは2 mol生成すると考えるのは誤りである。

反応式の係数の比は A：B＝1：2 より，A 2 mol は B 4 mol と過不足なく反応する。しかし，Bは3 molしか与えられていないので，Bのほうが不足する。よって，Bの物質量(3 mol)を基準とすると，生成物Cは1.5 mol生成すると考えられる。

例題　亜鉛Znは，希塩酸に溶けて水素を発生する。亜鉛6.5 gを15％希塩酸73 gに溶かしたとき，次の問いに答えよ。ただし，原子量をZn＝65，分子量をHCl＝36.5とする。

(1)　発生する水素は，標準状態で何Lか。

(2)　計算上，あと何gの亜鉛を溶かすことができるか。

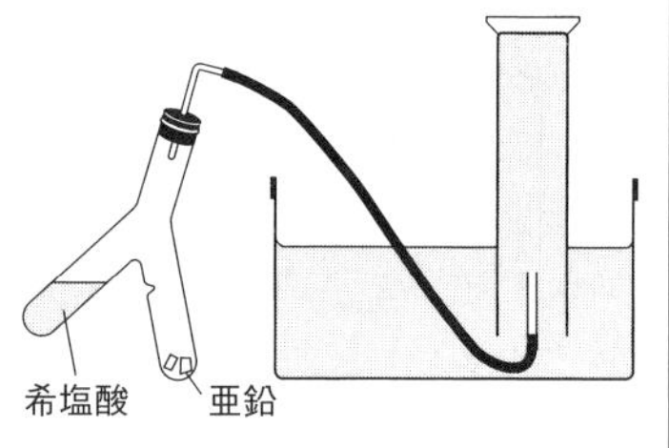

［解］　化学反応式は次の通りである。

$$Zn + 2HCl \longrightarrow ZnCl_2 + H_2$$

反応物のZnとHClの質量がともに与えられているので，過不足のある問題と考えられる。過不足なく反応し合う物質量比は，Zn：HCl＝1：2である。

(1)　反応物の物質量を計算すると，

$$Zn: \frac{6.5\,[g]}{65\,[g/mol]}=0.10\,[mol] \qquad HCl: \frac{73\times 0.15\,[g]}{36.5\,[g/mol]}=0.30\,[mol]$$

よって，Znの物質量のほうが不足するので，発生する H_2 の物質量はZnの物質量と同じ0.10 molである。

標準状態での気体のモル体積は22.4 L/molだから，

発生する H_2 の体積＝0.10〔mol〕×22.4〔L/mol〕＝2.24〔L〕　　**答　2.2 L**

(2)　(1)の反応で残ったHClの物質量は，　0.30−0.10×2＝0.10〔mol〕　である。

反応式の係数比より，　Zn：HCl＝1：2（物質量比）　で反応するから，

0.10 molのHClとさらに反応するZnの物質量は，　$0.10\times\frac{1}{2}=0.050$〔mol〕

よって，さらに溶けるZnの質量は，　0.050〔mol〕×65〔g/mol〕＝3.25〔g〕　　**答　3.3 g**

4 混合物の純度の計算

固体の混合物が反応したときに生じた生成物の量（沈殿の質量や気体の体積など）から，実際に反応した目的物の質量を逆算すれば，混合物の**純度**は次の式で求められる。

$$純度〔\%〕=\frac{反応した目的物の質量〔g〕}{混合物の質量〔g〕}\times 100$$

> **例題** 不純物を含んだ石灰石（主成分は炭酸カルシウム $CaCO_3$）1.0 g をとり，十分量の希塩酸と反応させたところ，二酸化炭素が標準状態で 196 mL 発生した。この石灰石の純度は何%か。ただし，石灰石中の不純物は希塩酸と反応しないものとする。また，原子量は H＝1.0，C＝12，O＝16，Ca＝40 とする。

［解］ 炭酸カルシウムと希塩酸との反応は，次の化学反応式で表せる。

$$CaCO_3 + 2\,HCl \longrightarrow CaCl_2 + H_2O + CO_2\uparrow$$

反応式の係数の比より，$CaCO_3$ 1 mol から CO_2 1 mol が発生する。

CO_2 196 mL（標準状態）を発生させるのに必要な $CaCO_3$ の質量を x〔g〕とすると，$CaCO_3$ の式量は 100 より，$CaCO_3$ のモル質量は 100 g/mol なので，

$$\frac{x〔g〕}{100〔g/mol〕}=\frac{196〔mL〕}{22400〔mL/mol〕} \qquad \therefore\ x=0.875〔g〕$$

よって，この石灰石の純度は，$\dfrac{0.875〔g〕}{1.0〔g〕}\times 100=87.5〔\%〕$　　答 **88%**

5 化学反応式を用いない質量計算

化学変化の量的計算は，化学反応式を正しくつくって解くのが原則である。しかし，反応物中の特定の原子が，目的とする生成物中にすべて移行するような問題の場合，途中の化学反応式を省略してよい。この場合，次のような順序で解いていくとよい。

① 最初の原料物質と最終生成物の化学式を書き，特定の原子の数に着目して係数を決める。

② 係数比から，原料物質と最終生成物の物質量の比がわかり，従前と同じ計算をする。

> **例題** 純度 80%の硫黄鉱石 1.0 kg を燃焼させて二酸化硫黄とし，さらにこの二酸化硫黄を酸化して三酸化硫黄に変え，これを水と反応させて 98%の濃硫酸を製造した。これらの反応はすべて完全に進行したものとして，得られる濃硫酸は何 kg か。
> ただし，原子量を H＝1.0，O＝16，S＝32 とする。

［解］ 硫黄鉱石から硫酸 H_2SO_4 が生成するまでの化学反応の流れを見ると，

$\underline{S} \rightarrow \underline{S}O_2 \rightarrow \underline{S}O_3 \rightarrow H_2\underline{S}O_4$　と，硫黄 S 原子はすべて最終的に硫酸分子に移行している。

よって，　S(1 mol) $\longrightarrow$ H_2SO_4(1 mol)　となる。

S＝32，H_2SO_4＝98 より，S と H_2SO_4 のモル質量は，それぞれ 32 g/mol，98 g/mol。

得られる 98%濃硫酸を x〔kg〕おくと，

$$\frac{1.0\times 10^3\times 0.80〔g〕}{32〔g/mol〕}=\frac{x\times 10^3\times 0.98〔g〕}{98〔g/mol〕}$$

よって，　$x=2.5$〔kg〕　　答 **2.5 kg**

例題 不純物を含む石灰石（主成分は炭酸カルシウム $CaCO_3$）にある濃度の塩酸 20 mL を加え完全に反応させ，発生した気体の体積（標準状態）を測定した。石灰石の質量を変えて同じ操作を行い，その結果から右のグラフが得られた。石灰石中の不純物は塩酸とは反応しないものとし，式量は $CaCO_3=100$ とする。

(1) この塩酸と過不足なく反応した炭酸カルシウムの質量は何 g か。

(2) 用いた塩酸の濃度は何 mol/L か。

(3) この石灰石の純度は質量パーセントで何%か。

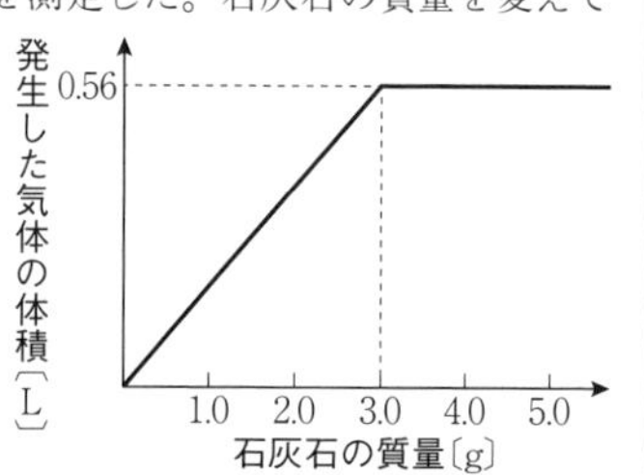

［**解**］ (1) グラフより，次のようなことがわかる。

①石灰石の質量が 3.0 g までは，石灰石の質量に比例して CO_2 の発生量が増加しているので，石灰石のほうが不足している。

②石灰石の質量が 3.0 g 以上では，CO_2 の発生量が一定になっているので，HCl のほうが不足している。

すなわち，**$CaCO_3$ と HCl が過不足なく反応したのは，グラフの屈曲点である**ことを示している。

石灰石には不純物が含まれるので，グラフの屈曲点における石灰石の質量（3.0 g）は塩酸と反応した炭酸カルシウムの質量ではないことに留意する。

本問では，グラフの屈曲点における CO_2 の発生量（0.56 L）から塩酸と反応した炭酸カルシウムの質量が求められる。

反応式	$CaCO_3$	＋	2 HCl	⟶	$CaCl_2$	＋	H_2O	＋	CO_2
物質量比	**1 mol**	：	**2 mol**	：	**1 mol**	：	**1 mol**	：	**1 mol**

反応式の係数の比より，（反応した $CaCO_3$ の物質量）＝（発生した CO_2 の物質量）である。

CO_2 0.56 L（標準状態）を発生したとき，反応した $CaCO_3$ の質量を x〔g〕とすると

$$\frac{x〔g〕}{100〔g/mol〕}=\frac{0.56〔L〕}{22.4〔L/mol〕}$$

∴　$x=2.5$〔g〕　　答　**2.5 g**

(2) 反応式の係数の比より，$CaCO_3$：HCl＝1：2（物質量の比）で反応するから，

グラフの屈曲点において，$CaCO_3$ 2.5 g と過不足なく反応した塩酸の濃度を y〔mol/L〕とすると

$$\frac{2.5〔g〕}{100〔g/mol〕}\times 2=y〔mol/L〕\times\frac{20}{1000}〔L〕$$

$y=2.5$〔mol/L〕　　答　**2.5 mol/L**

(3) グラフの屈曲点より，2.5 mol/L 塩酸 20 mL と過不足なく反応した石灰石の質量は 3.0 g であり，その中に $CaCO_3$ が 2.5 g 含まれているから

$$石灰石の純度=\frac{2.5〔g〕}{3.0〔g〕}\times 100=83.3\fallingdotseq 83〔\%〕$$

答　**83%**

ボイル(Robert Boyle，1627〜1691，イギリス)　貴族の子として生まれ，8歳でイートン校に入学。11歳で家庭教師とともにフランス・イタリアへ留学し自然科学を学ぶ。1644年に帰国後は，父親の遺産をもとに，一生涯，研究と著述に力を注いだ。著書『懐疑的化学者』の中では，実験事実を忠実に観察する必要性を述べた。近代化学の方法を打ち立てた先駆者で，化学の父とも呼ばれる。

第2編
物質の状態

シャルル(Jacques Alexandre Charles，1746〜1823，フランス)　1787年，定圧下で一定質量の気体の熱膨張を調べ，すべての気体は同じ体膨張率をもつという法則を発見。しかし，彼はこの法則を公表せず，1802年にゲーリュサックが同内容を詳細に追試して発表したため，ゲーリュサックの法則とも呼ばれる。また，初めて水素気球の製作を行い，その有人飛行に成功した(1783年)。

ファン デル ワールス(Johannes Diderik van der Waals，1837〜1923，オランダ)　初等および中等学校の教師をしながら，独学で物理学を学んだ。1873年，分子間に働く引力と分子の体積を考慮した気体の状態方程式を示し，液体と気体の臨界現象の説明に成功した。1876年，アムステルダム大学の教授となり，そこで30年間の研究生活を送る。1910年，ノーベル物理学賞を受けた。

ファント ホッフ(Jacobus Henricus van't Hoff，1852〜1911，オランダ)　希薄溶液では溶質粒子は気体分子と同様の挙動をすることを示し，浸透圧の測定により，分子量を測定する方法を示した(1887年)。また，メタンの正四面体構造を提案し，不斉炭素原子に関する鏡像異性体の理論を打ち立てた(1874年)。1901年，反応速度および浸透圧の研究により第1回ノーベル化学賞を受けた。

第１章　物質の状態変化

2-1　粒子の熱運動と拡散

1　粒子の拡散速度

右図のように，赤褐色の臭素 Br_2 を入れた集気びんの上に，酸素の入った集気びんを置き，仕切り板をとって放置する。やがて，Br_2 分子は上方へ移動しはじめ，ついに全体が均一な混合気体になる。このように，物質の構成粒子が全体にゆっくりと広がっていく現象を**拡散**❶という。

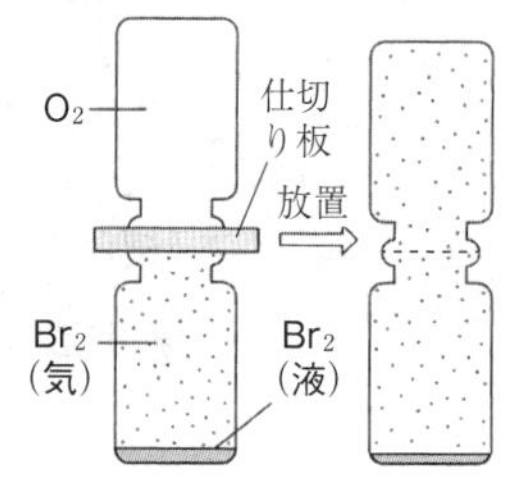

上の例でわかるように，物質の構成粒子は，空間で静止しているのではなく，その温度に応じた運動エネルギーをもち，絶えず不規則な運動を繰り返している。このような粒子の運動を**熱運動**という。

詳説❶　この現象は，気体分子だけでなく，液体中の分子やイオンにも見られる。たとえば，水に青色の $CuSO_4\cdot5H_2O$ の結晶を入れて長時間放置すると，Cu^{2+} の拡散により全体が一様に青色に着色するのが観察される。このように液体中での拡散は，気体中での拡散よりはるかに時間がかかる。これは，液体粒子間の間隔が気体の場合に比べてはるかに小さく，より頻繁に衝突を繰り返しながら拡散していくためである。拡散では，溶質粒子は濃度の高いほうから低いほうへ向かって自発的に移動していき，その変化は全体の濃度が均一になるまで続く。しかし，この逆方向への変化は自然界では決しておこらない。

また，気体分子は，熱運動により空間をいろいろな方向に飛び回って頻繁に衝突し合う。各気体分子は衝突により運動量を交換し合うので，その速度は絶えず変化する。**マクスウェル**と**ボルツマン**は同じ温度であっても，すべての気体分子が同じ速度で運動しているのではなく，個々の気体分子は温度によって決まった速度分布曲線（右図）に従って運動していることを導いた❷。高温になるほど，速度の大きい分子の割合が増加して，速度分布を表すグラフのピークが右側へずれていく❸。

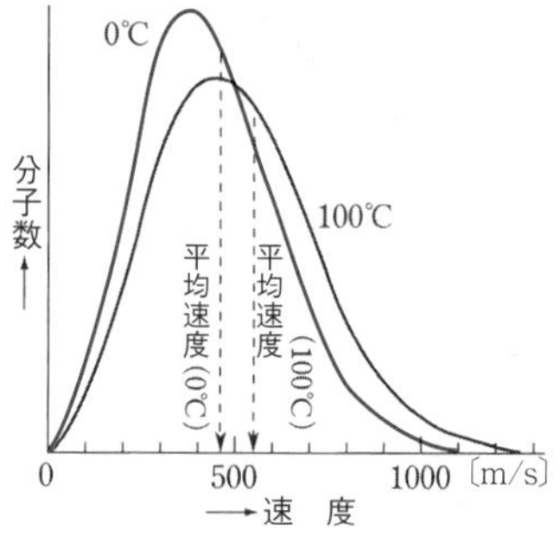

酸素分子の速度分布曲線

補足❷　これを**マクスウェル・ボルツマン分布**といい，平均的な速度をもつ分子が最も多く，極端に速い分子，遅い分子になるほどその数は少なくなる。分布曲線のピークを表す速度（最大確率速度）と平均速度は厳密には一致しない。これは速度分布曲線の形が左右対称ではなく，少し高温側にすそ野が広がっているためである。

詳説❸　高温になるほど速い分子の割合が増し，グラフの山はさらに高温側へすそ野が広がった形になる。ところで，山の面積は気体の総分子数を表しているが，山の高さが一定ですそ野だけが広がったとすると，山の面積がもとより大きくなってしまう。温度によらず気体分子の数は一定なので，山の高さは必ず低くならなければならない。また，いくら高温になっても衝突によって速度０となる分子も存在するから，高温になって山のピークが右へずれた分だけ，グラフの山の形も全体としてなだらかになる。また，次頁の表から，同温でも気体の分子量が小さいほど，その平均速度は大きくなる❹。

詳説❹　質量 m，速度 v の物体のもつ運動エネルギー E は，物理学の公式より $E=\frac{1}{2}mv^2$ で表される。いま，分子量 M_1，M_2 の気体分子の同一温度における平均の速度を $\bar{v}_1$，$\bar{v}_2$ とする。**温度**とは，物質の構成粒子の運動エネルギーの大きさを表す物理量で，物質の種類にはよらない状態量の1つである。したがって，温度が一定ならば，どの気体分子も同じだけの平均運動エネルギーをもっている。よって，気体分子の平均速度は $\sqrt{分子量}$ に反比例することがわかる(**グレアムの法則**)。

気体分子の平均速度(0℃，真空中)

分子式	分子量 M	平均速度 $\bar{v}$
H_2	2	1840 m/s
NH_3	17	630 m/s
O_2	32	460 m/s
HCl	36.5	430 m/s

$$\frac{1}{2}M_1\bar{v}_1{}^2=\frac{1}{2}M_2\bar{v}_2{}^2 \quad より，\quad \frac{\bar{v}_1{}^2}{\bar{v}_2{}^2}=\frac{M_2}{M_1} \qquad よって，\quad \frac{\bar{v}_1}{\bar{v}_2}=\frac{\sqrt{M_2}}{\sqrt{M_1}}$$

H_2($M_1=2$)の平均速度を $\bar{v}_1=1840$ m/s(0℃)とすると，O_2($M_2=32$)の $\bar{v}_2$ は

$$\frac{1840}{\bar{v}_2}=\frac{\sqrt{32}}{\sqrt{2}}=\sqrt{16}=4 \quad より，\quad \bar{v}_2=\frac{1840}{4}=460〔m/s〕$$ と求められる。

2　気体の圧力

容器に入れた気体分子は，熱運動によって容器の壁（器壁）に絶えず衝突し，器壁に対して一定の力を及ぼす。このとき，器壁が受ける単位面積あたりの力を**気体の圧力**という。気体の圧力は，温度が高いほど，また単位時間あたりに衝突する分子の数が多いほど大きくなる❺。

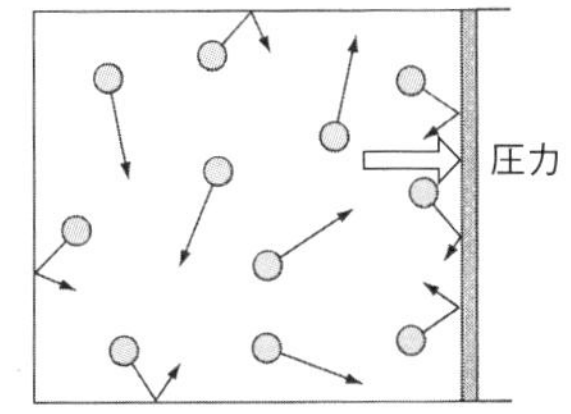

補足❺　容器の体積を小さくすると，単位体積あたりの気体分子の数が増え，衝突回数が増える。また，加熱により気体分子の熱運動が激しくなると，分子が衝突するときに器壁に及ぼす力が大きくなり，圧力が増す。

►大気中の N_2 や O_2 の分子は，絶えず地上の物体に衝突して圧力を及ぼす。この大気の圧力を**大気圧**といい，1643年，**トリチェリー**（イタリア）は，下図のようにして大気圧を測定した。一端を閉じた約1mのガラス管に水銀を満たし，これを水銀の入った容器中で倒立させると，管内の水銀柱は約76cmの高さで止まる。このとき，管上部の空間は事実上，真空❻とみなせるので，容器の水銀面に働く大気圧と約76cmの水銀柱に働く重力による圧力がつり合う。つまり，気体の圧力は，水銀柱の高さによって表すことができ，1mmの水銀柱の示す圧力を，1mmHg(**ミリメートル水銀柱**）という。標準大気圧(p. 102)は**1気圧**(記号 atm)といい，**1 atm＝760 mmHg** と定義される❼。

補足❻　これを**トリチェリーの真空**という。管上部の空間には，水銀の蒸気が存在するが，その圧力は極めて小さくほぼ真空とみなせる。

補足❼　国際単位系での圧力の単位は，Pa(パスカル）と定められ，1 m^2 の面に垂直に1N(ニュートン)の力が働くときの圧力，すなわち，1 N/m^2 を **1 Pa** という。水銀の密度を 13.60×10^3 kg/m^3，地球の重力加速度を 9.80 m/s^2 とすると，力＝質量×加速度より，

$$1\,\mathrm{atm}=76.0\times10^{-2}〔\mathrm{m}〕\times13.60\times10^{3}〔\mathrm{kg/m^3}〕\times9.80〔\mathrm{m/s^2}〕$$
$$\fallingdotseq1.013\times10^{5}〔\mathrm{N/m^2}〕 \qquad \mathbf{1\,atm=1.013\times10^{5}\,Pa}$$

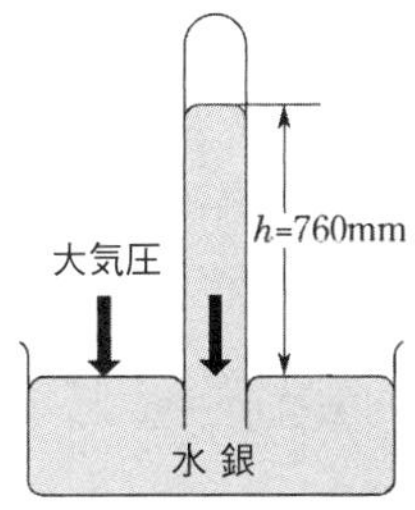

2-2　物質の三態と状態変化

1　物質の三態

原子，分子，イオンなどの粒子から構成されている物質は，一般に，温度や圧力を定めると，固体 (solid)，液体 (liquid)，気体 (gas) のいずれかの状態をとる。これら三つの状態を**物質の三態**といい，温度や圧力を変化させると，この三態の間で**状態変化**がおこる❶。たとえば，水は常温・常圧では液体として存在するが，0℃以下に冷却すると固体に，100℃以上に加熱するとすべて気体になる。

補足❶　状態変化は物理変化の1つであり，物質の構成粒子の集合状態が変化しているだけで，構成粒子そのものが変化するわけではない。したがって，温度・圧力条件をもとへ戻すと，物質の状態も必ずもと通りになる。

►決められた温度と圧力のもとで，ある物質が三態のうちのいずれの状態をとるかは，その物質の構成粒子の間に働く引力の大きさと，粒子の熱運動の激しさとの大小関係によって決まる❷。

詳説❷　物質の構成粒子は絶えず不規則な熱運動をしており，この運動は粒子をばらばらにする方向に作用する。一方，粒子間には引力が働いており，この引力は粒子を互いに集合させる方向に作用する。この相反する2つの作用の大小関係によって物質の状態が決まる。もう少し詳しくいうと，粒子の熱運動は温度が高くなるほど激しくなるが，粒子間に働く引力は温度を上げてもそれほど変化しない。このため，低温では粒子の熱運動よりも粒子間の引力の影響が大きいが，圧力一定で温度を上げていくと，粒子の熱運動がさかんになり，粒子間の引力よりも粒子の熱運動の影響が大きくなって，固体→液体→気体への状態変化がおこると考えられる。

粒子間に働く引力 (- - - -)
熱運動の方向 (⟹)

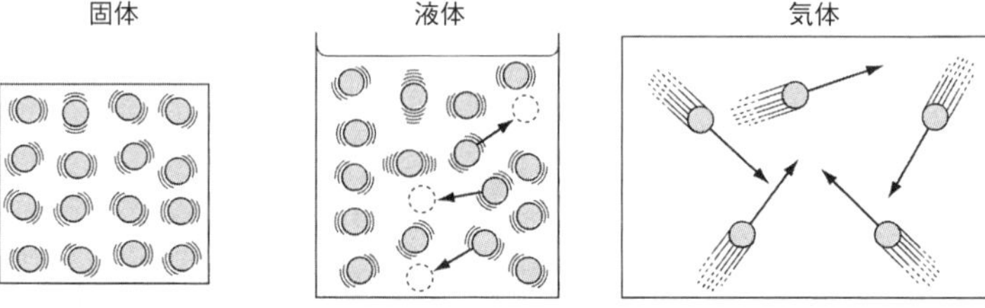

►固体では，粒子の熱運動よりも粒子間に働く引力の影響が大きく，各粒子は互いの引力によって束縛され，一定の位置に固定されている❸。しかし，この定位置を中心としたわずかの振動・回転による熱運動は行っている。

固体では，粒子がその位置を自由に変えることができないので，一定の形と体積を示す(粒子が移動しなければ，形は変化しない)。

詳説❸　多くの固体物質は，粒子が規則正しく配列した構造をもつ**結晶**と考えてよい。しかし，固体のなかには粒子が不規則に配列し，結晶化していないものもある。このような固体を**非晶質**(**アモルファス**)または**無定形固体**といい，一定の融点をもたない。無定形固体の例として，ガラス，ゴムやプラスチックなどがある。

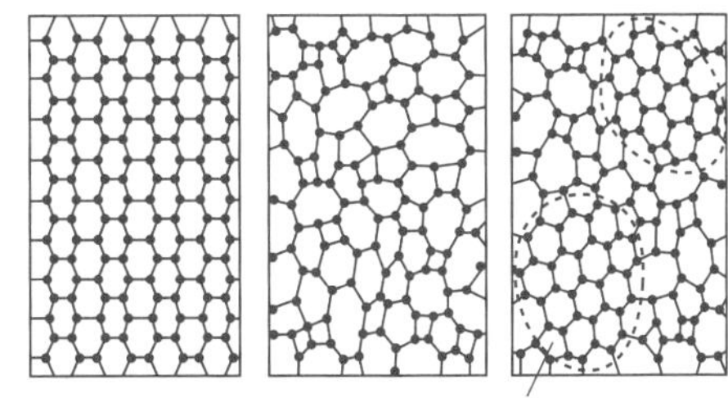

(a) 結晶　(b) アモルファス　(c) アモルファス

低分子の液体をゆっくり冷却した場合，粒子が規則的に並んだ結晶をつくりやすい。しかし，高分子(分子量1万以上)の液体では，よほどゆっくり冷却しないと結晶（右図(a)）は生じにくい。これは，冷却速度が大きいと，巨大な分子が規則的に配列しようとする前に凝固してしまうからである。こうしてできた固体が**アモルファス**(右図(b)，(c))である。ふつうは結晶となる金属でも超高速で冷却すれば，アモルファス金属をつくることができる。

►固体を加熱していくと，ある温度で融解がおこり，液体になる。一般に，多くの固体が液体になると10%程度の体積増加（粒子間距離では数%程度増加）がおこる。したがって，液体には体積増加によって生じた空所が存在することになる。この空所に別の粒子が移動して，そのとき生じた空所にまた他の粒子が移動するという具合に，各粒子は互いの位置を交換するような移動を繰り返している。このような状態が液体である❹。ただし，水は固体から液体になると，約9%の体積(分子間距離で3%)減少がおこるので，例外的である。

液体では，固体のように粒子の位置が固定されておらず，部分的ではあるが，粒子は移動することができるので，**流動性**(自由に形が変えられる性質)を示す。

詳説❹　液体中に生じた空所はそれほど多くはないので，すべての粒子がいっせいに移動することはできない。実際に液体中で移動している粒子の割合は，全体の粒子に比べるとごく少数である。また，液体では，ある瞬間に移動を行った粒子でも，次の瞬間にはただ振動を行っているだけという具合に，互いの粒子の位置の入れ換えが繰り返し行われているにすぎない。このように，液体では，粒子間に働く引力がまだ強く，部分的には粒子間の距離が変化したとしても，全体としての粒子間の平均距離はほぼ一定に保たれており，体積はほとんど一定である。

►次に，液体をさらに加熱していくと，粒子の熱運動はさらに激しくなり，粒子間の引力に打ち勝って空間に飛び出すようになる。このような状態が気体である。一般に，液体から気体になると，体積は約1000倍に(粒子間距離で約10倍)増加する。粒子間の距離がこれだけ大きくなると，粒子間に働く引力はほとんど0になる。

したがって，気体ではすべての粒子が広い空間をまったく自由に直線運動（このような運動を**並進運動**(へいしん)という）しているから，一定の形を示さない。また，この並進運動によっていくらでも空間に拡散することができるので，一定の体積を示さない。また，気体は容易に膨らんだり縮んだりできる。

このように，気体は熱運動によってどんどん拡散していくから，容器に閉じ込めておかなければならない。なお，気体分子が容器の壁に衝突したとき，単位面積あたりに及ぼす力を**気体の圧力**という。

2 状態変化とエネルギー

一般に，物質の三態変化は温度と圧力の変化によっておこるが，以後は説明を簡単にするため，1.0×10^5 Pa のもとで，水などの分子性物質を中心に状態変化と熱エネルギーの関係を考えていくことにする。

温度・圧力の変化により，物質の状態が三態の間で変化することを**状態変化**という。

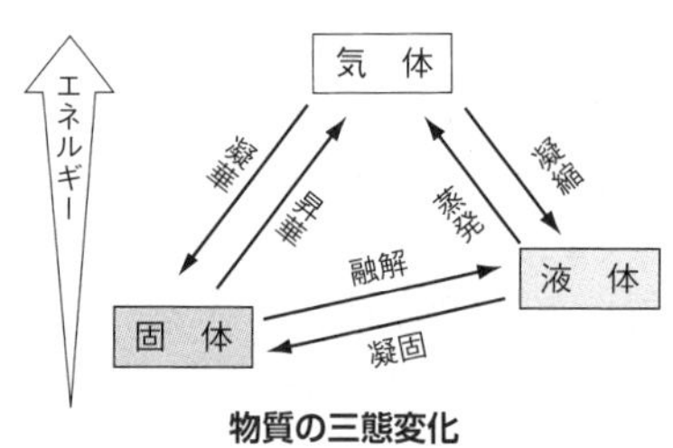

物質の三態変化

固体が液体になる状態変化を**融解**，液体が固体になる状態変化を**凝固**という。また，液体から気体になる状態変化を**蒸発**，気体から液体になる状態変化を**凝縮**という。さらに，固体から直接気体になる状態変化を**昇華**，気体から固体になる状態変化を**凝華**という❺。

詳説❺ 右図のように，ヨウ素の固体をビーカーに入れて穏やかに加熱すると，ヨウ素が昇華して紫色のヨウ素の蒸気(気体)となる。この蒸気が上部にある冷水を入れたフラスコに触れると，ヨウ素が凝華して黒紫色のヨウ素の板状の結晶が析出する。

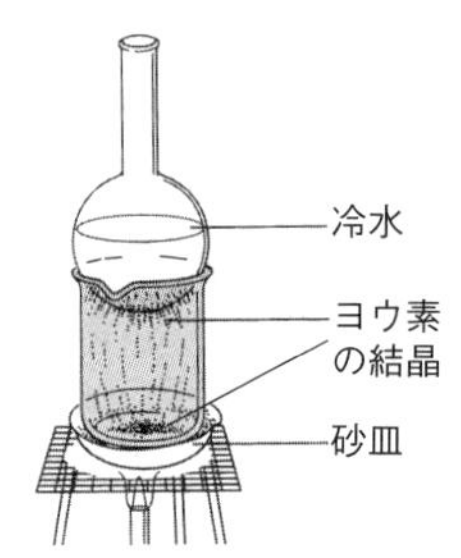

►固体(結晶)の状態では，分子は定位置を中心にした振動(熱運動)を行っている。固体を加熱していくと，熱運動が激しくなって温度が上昇するが，ある温度になると，固体中の分子の規則的な配列がくずれ始める。この現象を**融解**といい，このときの温度を**融点**という❻。融解が始まって固体と液体が共存するようになると，外部から加えられた熱エネルギーは分子の運動エネルギーを大きくするためではなく，もっぱら分子間の平均距離を大きくする位置エネルギーの増加のためだけに使われる。したがって，融解が進行している間は加熱しているにもかかわらず，その物質の温度は上昇しない❼。

補足❻ ふつう，融点は 1.0×10^5 Pa 下で，その物質の固体と液体が共存するときの温度と定義される。融点の測定は，純物質であるかどうかの確認によく利用される。

詳説❼ 分子間力に逆らって分子間の距離を大きくするには，エネルギーが必要となる。このエネルギーは，分子間の位置エネルギーとして蓄えられ，運動エネルギーは変化しない。

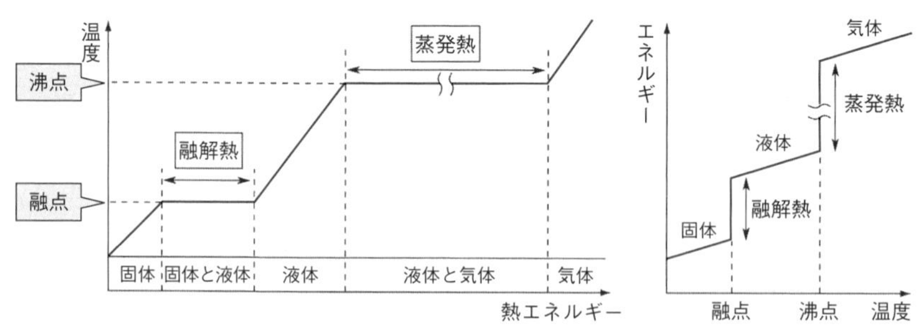

融点において，固体 1 mol が液体になるときに吸収する熱量を**融解熱**という。たとえば，氷の融解熱は 6.0 kJ/mol と表す。一般に，粒子間に働く引力の強い物質ほど融点は高く，融解熱も大きくなる。具体的には，イオン間に働く静電気力は，分子間に働く分子間力よりもずっと強いので，イオン結晶は分子結晶よりも融解熱はかなり大きい。

一方，融解とは逆に，液体を冷却していくと，ある温度で液体の一部が凝固し始める。このときの温度を**凝固点**という。純粋な物質では，融点と凝固点とは等しい。また，液体 1 mol が凝固して固体になるときには，融解熱と同量の熱エネルギーが放出され，この熱量を**凝固熱**という❽。

補足❽　液体が凝固し始めると，冷却しているにもかかわらず，温度は一定に保たれる。これは，液体が凝固する際に，液体が余分にもっていたエネルギーが放出されるからであり，凝固熱による発熱と冷却による吸熱がつり合って温度が一定になる。

►液体を加熱していくと，分子の熱運動はしだいに激しくなるが，いかなる温度でも各分子のもつ運動エネルギーは同じではなく，ある一定の分布（マクスウェル・ボルツマン分布，p. 116）にほぼ従う。液体表面にあって，比較的大きな運動エネルギーをもつ分子は，分子間力を振り切って空間へ飛び出していく。この現象が**蒸発**である❾。

詳説❾　液体中から比較的大きな運動エネルギーをもった分子が蒸発していくと，あとに残った液体分子の平均運動エネルギーは，もとに比べて相対的に小さくなり温度が下がる。したがって，液温を一定に保つためには，その分だけ熱エネルギーを加え続けなければならない。液体 1 mol が蒸発して気体になるときに吸収する熱量を**蒸発熱**という。

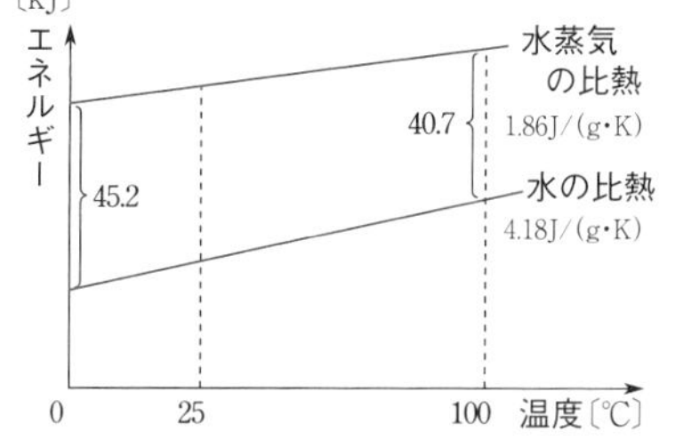

一般に，分子間に働く引力の強い物質ほど沸点は高く，蒸発熱も大きくなる。また，水の 0℃ での蒸発熱は 45.2 kJ/mol，25℃ で 44.2 kJ/mol，100℃ では 40.7 kJ/mol のように，蒸発熱は測定した温度により変化し，高温ほど小さくなる傾向を示す。25℃ での水の蒸発熱は，25℃ での水と水蒸気の比熱をそれぞれ 4.18，1.86 J/(g·K) とすると，次式で求められる。

$$45.2〔\mathrm{kJ}〕+\frac{1.86\times18\times25}{1000}〔\mathrm{kJ}〕-\frac{4.18\times18\times25}{1000}〔\mathrm{kJ}〕\fallingdotseq 44.2〔\mathrm{kJ/mol}〕$$

すなわち，水の比熱よりも水蒸気の比熱が小さいので，高温ほど水の蒸発熱は小さくなることがわかる。ふつう単に蒸発熱といえば，その液体の沸点における値で表されることが多い。

►逆に，気体 1 mol が凝縮して液体になるとき，蒸発熱と同量の熱エネルギーが放出される。この熱量を**凝縮熱**という。

固体 1 mol が気体になるときに吸収する熱量を**昇華熱**というが，固体，液体，気体の温度がすべて同じならば，右図のように，昇華熱は融解熱と蒸発熱を加えたものに等しくなる。

昇華熱＝融解熱＋蒸発熱

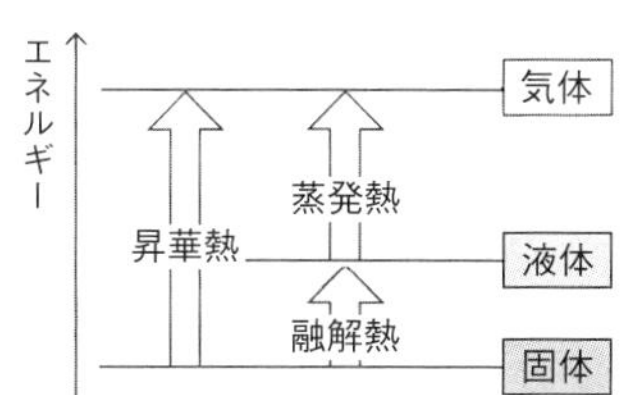

3 融解熱と蒸発熱と粒子間の引力

同一物質で比較すると，一般に，融解熱よりも蒸発熱のほうがかなり大きくなる。これは，融解熱は，固体粒子内に働く結合の一部を切断し，各粒子が移動できる空間をつくり出すのに必要なエネルギーであるのに対して，蒸発熱は，液体粒子間に働く結合の全部を切断し，さらに，粒子間の引力に逆らって，各粒子を十分に引き離すのに必要なエネルギーであるためである。なお，融解や蒸発の際に吸収された熱エネルギーは，いずれも，粒子間の位置エネルギーとして蓄えられることになる。

一般に，融点や沸点の高い物質では，融解熱や蒸発熱も大きくなる傾向が見られるので，沸点だけでなく蒸発熱の大きさを比較しても，その物質を構成する粒子間に働く引力の大きさが推定できる❿。

1.0×10^5 Pa における融解熱・蒸発熱

	物質	融点〔K〕	融解熱〔kJ/mol〕	沸点〔K〕	蒸発熱〔kJ/mol〕
分子性物質	N_2	63	0.72	77	5.58
	HCl	159	1.97	188	16.2
	Cl_2	172	6.41	239	20.4
	C_2H_5OH	159	5.02	351	38.5
	H_2O	273	6.01	373	40.7
イオン性物質	NaCl	1074	28.2	1686	171
	MgO	3099	77.3	3873	474
金属	Ag	1234	11.3	2739	254
	Cu	1356	13.3	2843	305
	Fe	1808	15.1	3003	354

補足❿ 上表では，左側の分子性物質よりも右側のイオン性物質・金属のほうが，粒子間に働く引力がずっと大きいことがわかる。

右図より，多くの分子性物質では沸点と蒸発熱とが直線関係にあることがわかる。

液体の蒸発熱を L_v〔J/mol〕，その沸点を T_b〔K〕とすると，経験的に次の関係が成り立つ。　$\dfrac{L_v}{T_b}\fallingdotseq$ **85 J/(K·mol)**

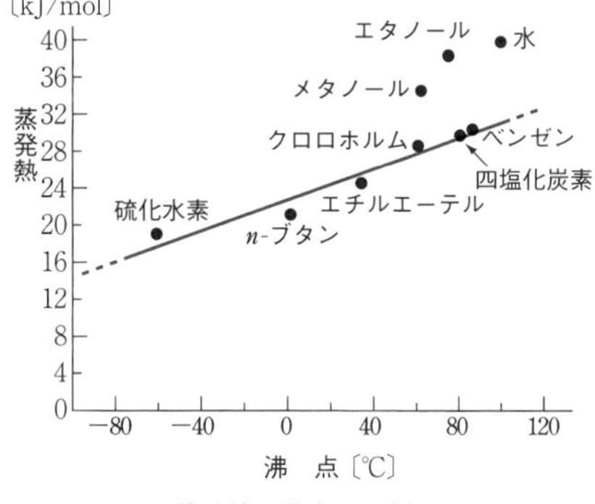

蒸発熱と沸点の関係

これを**トルートンの法則**という（沸点が高すぎず，低すぎない分子量100前後の物質でよく成立する）。一方，水やアルコールでは，分子間の水素結合によってその液体中に局部的に規則性の高い構造(**クラスター構造**)をもつため，その構造をもたない他の物質に比べて大きな蒸発熱をもつことが上図よりわかる。

$N_2：\dfrac{5580}{77}\fallingdotseq72.5$　　$HCl：\dfrac{16200}{188}\fallingdotseq86.2$　　$Cl_2：\dfrac{20400}{239}\fallingdotseq85.4$　　$H_2O：\dfrac{40700}{373}\fallingdotseq109$

固体の融解熱を L_m〔J/mol〕，その融点を T_m〔K〕とすると，次の関係が成り立つ。

$$\frac{L_m}{T_m}\fallingdotseq 8.8\ \mathrm{J/(K\cdot mol)}$$

これを**リチャーズの法則**という。代表的な金属ではほぼ成立するが，ヒ素 As，アンチモン Sb やビスマス Bi などの金属と非金属の境界付近にある元素では成立しにくい。

$Ag：\dfrac{11280}{1234}\fallingdotseq9.1$　　$Cu：\dfrac{13260}{1356}\fallingdotseq9.8$　　$Au：\dfrac{12550}{1337}\fallingdotseq9.4$　　$Fe：\dfrac{15100}{1808}\fallingdotseq8.4$

SCIENCE BOX　液晶とは何か

物質の中には，一定の温度範囲で液体と固体(結晶)の中間的な状態を示すものがある。この状態，またはこのような状態にある物質を**液晶**という。液晶は，その構成分子の配列が結晶ほど完全ではなく，ある程度の運動の自由度をもつ。

液晶を示す物質のほとんどは有機化合物で，しかも，細長い棒状の極性分子である。

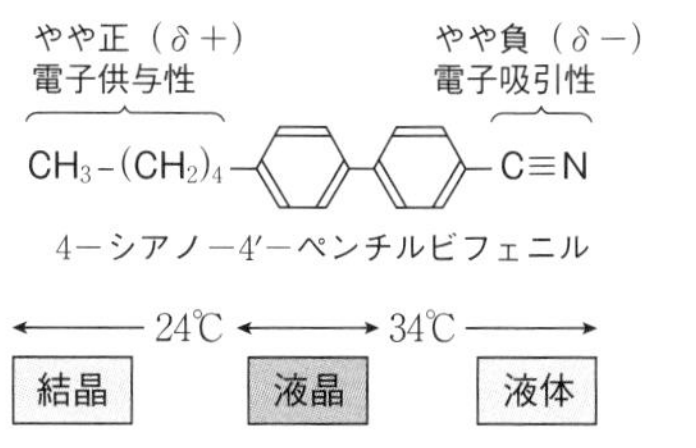

上の分子は代表的な液晶分子で，この結晶を温めると，24℃～34℃では，普通の透明な液体とは違う少し濁った粘性の大きな液晶状態となる。このとき，各分子はその長軸を一定方向に向けているが，その重心は一定ではない。このような液晶を**ネマチック液晶**という。一方，**スメクチック液晶**は各分子の長軸を一定方向に向けており，その重心もほぼ一致し，層状構造をとっているが，各層中での分子間の距離は一定ではない[*1]。このほか，ネマチック型，またはスメクチック型の層状構造が少しずつ向きを変えながら，らせん状に積み重なった**コレステリック液晶**もある。

＊1　スメクチック液晶は，ネマチック液晶よりも低温側で出現し，分子の配向がより結晶に近い。一般的には，結晶 → スメクチック液晶 → ネマチック液晶 → 液体と変化する。

電導性のある 2 枚の透明電極の間にネマチック液晶を約 10 μm の厚さに封入し，その両側に 2 枚の偏光板を 90° ねじった方向に取り付ける。電源オフのとき，液晶分子と偏光との間の相互作用により，偏光が 90° 回転されるので，光が透過する（下左図）。電源オンのとき，電場に対して液晶分子が一定方向に配列するので，偏光は回転されず，光は透過しない(下右図)。

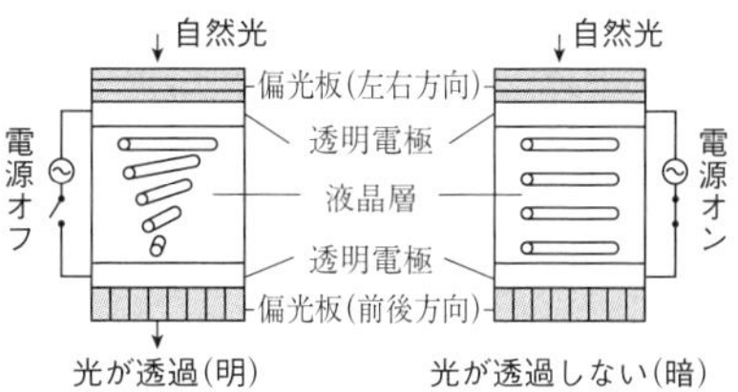

この原理を生かして，ネマチック液晶は電卓，腕時計，パソコン，テレビ，スマートフォンなどの表示装置として広く利用されている。なお，液晶画面は，薄型で低電圧でも作動し，消費電力が極めて小さいという特徴をもつ[*2]。

＊2　スメクチック液晶は，粘性が大きく，その電圧変化に対する応答は，ネマチック液晶ほど敏感ではないので，その応用はあまり進んでいない。

コレステリック液晶は，各面ごとの分子の並び方の周期(ピッチ)の違いにより，特定の光を反射する性質がある。すなわち，コレステリック液晶は，電圧や温度などに応じて，そのピッチが変化して色が変わる。この特性を生かして，カラー表示パネルや色の変わる温度計などがつくられている。

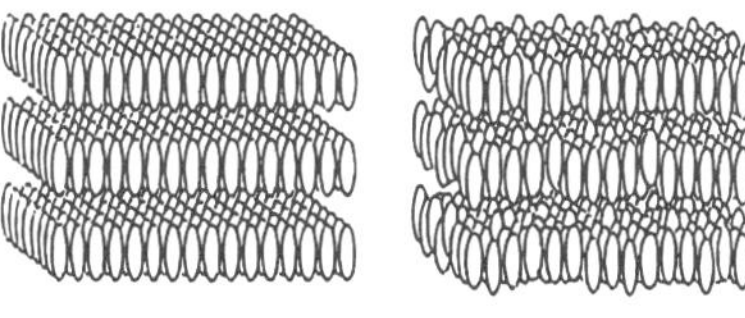

結晶　　スメクチック液晶

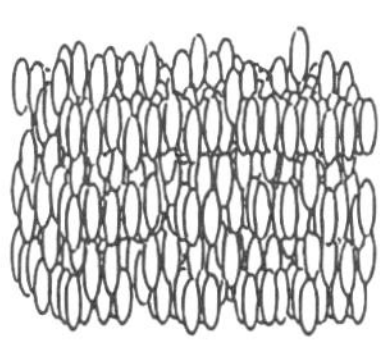

ネマチック液晶

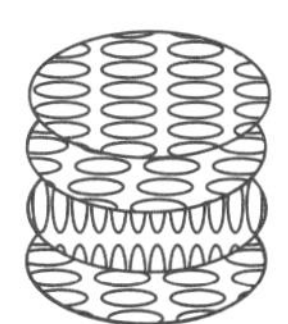

コレステリック液晶

2-3　液体の蒸気圧と沸騰

1　気液平衡

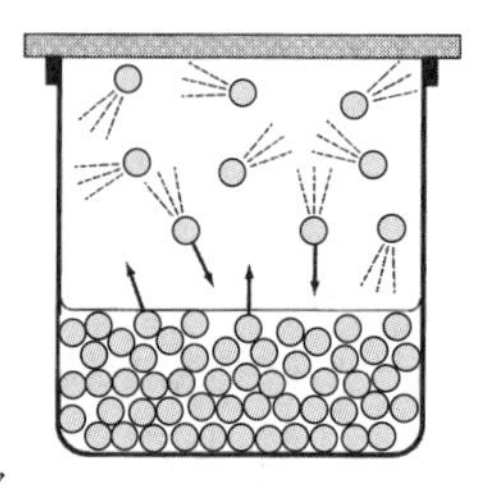

右図のように密閉容器に液体を入れ，一定温度で放置すると，はじめは液体の蒸発が盛んにおこり，液体の量が減少する。ところが，ある時間が経過すると液体の量は一定となり，見かけ上，液体の蒸発が止まったような状態となる❶。このような状態を**気液平衡**という❷。これは，単位時間あたりに蒸発する分子の数 n_1 は変わらないが，蒸発の進行につれてしだいに凝縮する分子の数 n_2 が増え，ついに $n_1=n_2$ となったためである。

詳説❶　液体分子も気体分子と同様に熱運動をしており，各分子の運動エネルギーはその温度に応じたほぼ一定の**マクスウェル・ボルツマン分布** (p. 116) に従う。液面付近にあって比較的大きな運動エネルギーをもつ分子は，周囲の分子との間に働く分子間力を振り切って空間へ飛び出す。この現象が**蒸発**であり，単位時間あたりに蒸発する分子の数 n_1 は，液体が存在する限り一定である。一方，空間へ飛び出した気体分子の運動エネルギーもその温度に応じた一定の分布を示す。そのうち比較的小さな運動エネルギーをもつ分子は，液面に衝突すると液体分子間に働く分子間力によって液体中に引き戻される。この現象が**凝縮**である。

蒸発が進んで，空間を占める気体(蒸気)分子の数が増えるにつれて，単位時間あたりに凝縮する分子の数 n_2 は多くなり，ついには $n_1=n_2$ となる。このとき，見かけ上，何の変化もおこっていないように見えるが，実際には，蒸発と凝縮が等しい速さでおこっている。

詳説❷　一般に，２力がつり合って天秤(てんびん)が静止しているような状態を**平衡**という。つまり，力が働かずに静止しているのではなく，働いている力がちょうどつり合って物体が静止しているような状態をいう。また，化学反応において，正反応と逆反応 (p. 259) の反応速度が等しくなり，反応が止まったように見える状態を**化学平衡**といい，液体から気体への状態変化など，物理変化に伴っておこる平衡を**物理平衡**という。

►液体と気体が共存し，その間で平衡が成り立っていれば**気液平衡**という。また，固体と液体が共存するときの**固液平衡**や，固体と気体の間での**固気平衡**もある。

気液平衡の状態になると，容器内の空間に存在する気体(蒸気)の分子の数もこれ以上増加せず，いわゆる**飽和状態**となっている。このとき，空間を満たす蒸気の示す圧力を，その液体の**飽和蒸気圧**，または単に**蒸気圧**という。液体の蒸気圧は下図のような水銀圧力計を用いて測定することができる。

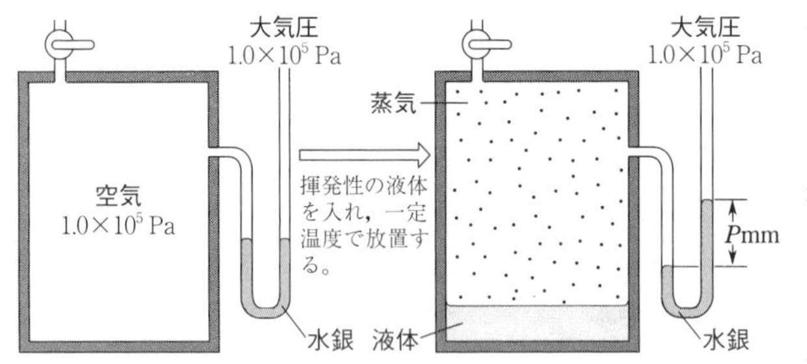

水銀圧力計
図のようにすると，液面差 P〔mm〕を生じる。このことから，この液体の飽和蒸気圧は P〔mmHg〕とわかる。

2 蒸気圧の性質

液体の蒸気圧は，温度が一定ならば，それぞれの物質について決まった値をもつ。

また，液体の蒸気圧は，温度が高くなるほど急激に大きくなる❸。液体の蒸気圧と温度との関係を示した曲線を**蒸気圧曲線**という。

詳説❸ 水の飽和蒸気圧は，温度上昇により表のように変化する（−20～−5℃は氷の蒸気圧）。温度が上がると，蒸気圧が大きくなる理由は次の通りである。液体の温度が高くなると，液体中で大きな運動エネルギーをもった分子の割合が増えるから，蒸発する分子の数が増える。一方，空間から液面へ衝突して凝縮する分子は，空間に存在する分子の中では比較的運動エネルギーの小さい分子で，このような分子は温度が高くなるほど少なくなる。にもかかわらず，気液平衡の状態では単位時間あたりに蒸発分子の数と凝縮分子の数が等しくならなければならないから，空間にはより多くの気体分子が存在する必要がある。つまり，高温ほど蒸気圧が大きくならなければならない。

温度〔℃〕	−20	−15	−10	−5（氷）	0（水）	5	10	20
飽和蒸気圧〔$\times 10^4$ Pa〕	0.010	0.017	0.026	0.040	0.061	0.087	0.123	0.233

30	40	50	60	70	80	90	100	110	120
0.423	0.736	1.23	1.98	3.11	4.72	7.00	10.1	14.3	20.2

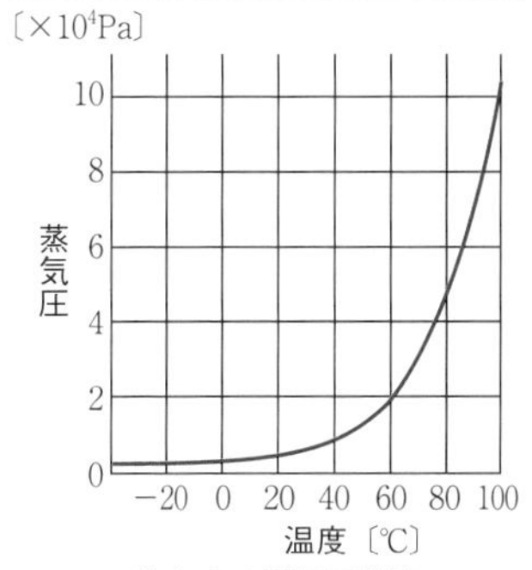

氷と水の蒸気圧曲線

►蒸気圧は，温度一定ならば，下図のように，容器の体積には関係なく常に一定の値を示す❹。また，蒸気圧は温度のみの関数であって，空間に他の気体が存在しても存在しなくても，常に一定の値を示す❺。

恒温槽
蒸気
液体
P〔Pa〕
ゆっくり体積を増加させる
蒸発が進む
気液平衡
P〔Pa〕

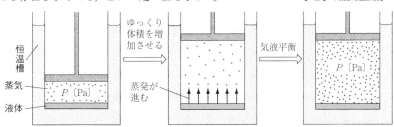

詳説❹ 容器の体積を大きくすると，一時的には蒸気圧は飽和蒸気圧 P〔Pa〕よりも小さくなる。しかし，液体が存在する限り蒸発する分子の数 n_1 は一定で，凝縮する分子の数 n_2 は蒸気圧が小さくなったことで減少し，$n_1 > n_2$ となる。すると，$n_1 = n_2$ になるまで蒸発がさらに進んで，蒸気圧が P〔Pa〕になったとき，再び気液平衡の状態となる。

詳説❺ 他の気体が含まれた空間でも，蒸発した分子が動き回れる間は十分にある。したがって，他の気体が液体の蒸発を妨害することはない。厳密には，25℃，1.0×10^5 Pa の空気中での水の飽和蒸気圧は 3.16×10^3 Pa であるが，1.0×10^6 Pa では 3.18×10^3 Pa（0.63％増），1.0×10^7 Pa では 3.40×10^3 Pa（7.6％増）と少しずつ大きくなる。これは，液体分子がより接近し，互いの反発力が増し，外へ飛び出そうとする勢いが強くなるからである。

3 沸　騰

開放容器中で液体を加熱していくと，液面のすぐ近くの蒸気の圧力は，その温度で決まる飽和蒸気圧まで増加しており，やがて外圧（ふつうは大気圧）と等しくなる。このとき，液体の表面だけでなく，液体内部からも激しく蒸気（気泡）が発生するようになる❻。この現象を液体の**沸騰**といい，このときの温度を**沸点**という。

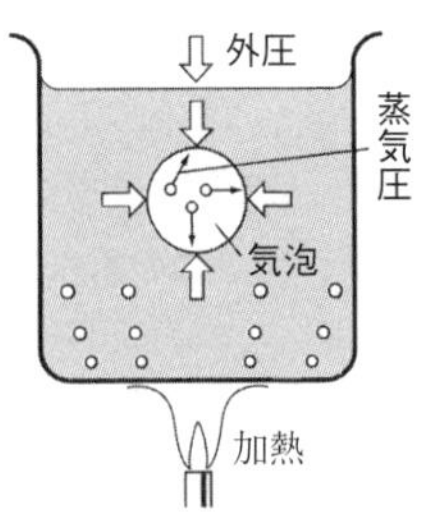

沸騰の原理

詳説❻ 液面より少し下方の液体内部に，比較的運動エネルギーの大きな分子がいくつか集まり，周りの分子を押しのけて小さな気泡がつくられたとする。この気泡には，内側からは液体の蒸気圧が，外側からは外圧（大気圧）がはたらいている。もし，蒸気圧＜外圧ならば，生じた気泡は直ちにつぶされ，液体中に存在することができない。

しかし，蒸気圧＝外圧になると，生じた気泡はつぶれることなく液体中に存在できる。この気泡は周囲よりも密度が小さいので，浮力で液面まで上昇し，大気中へ放出される。ただし，沸騰が始まると液温は一定に保たれ，蒸気圧はそれ以上増加しない。よって，蒸気圧＞外圧になることはない。

液面よりさらに下方では，大気圧＋水圧に相当する外圧に対抗しうるだけの蒸気圧が必要となり，より温度を高くしなければ沸騰がおこらないことになる。

それでは，液面近くで沸騰がおこりやすいかというと必ずしもそうではない。液面付近では水圧≒0であるが，液体の蒸発が盛んなため蒸発熱が奪われて，かえって液温が下がっている。これに対して，バーナーで直接熱せられている底面付近は高温になりやすく，水圧がかかっているにもかかわらず，かえって気泡がよく発生しているのを見かけることが多い。

補足❻ 液体内部からおこる沸騰は，容器の器壁（無数の凹凸などがある）に付着している小さな気泡や液体中に溶解した気体が，蒸気発生の核（中心）となることが多い。一度煮沸して溶解していた気体をほとんど除いた液体を，清浄で凹凸の少ない滑らかな容器を用いて加熱した場合などでは，沸点に達してもなかなか沸騰しないことがある。この現象を**過熱**という。

とくに，容器の加熱部分付近の液体が著しく過熱状態となり，ある限度を超えると大きな気泡を生じて激しい沸騰がおこることがある。この現象を**突沸**といい，とくに試験管内の液体を加熱しているときにおこると，高温の液体が噴き出し，大変危険である。突沸がおこると，蒸発熱が多量に奪われて温度が下がり，しばらく静かな状態が続くが，加熱を続けていると，再び突沸がおこるという繰り返しになる。

突沸を防ぐためには，液体中に一端を閉じた毛細管や多孔質の素焼きの小片など（**沸騰石**という）を入れておくとよい。これらは少しずつ空気の小泡を放出するので，その中へ液体が蒸発して，円滑な沸騰を助ける役割を果たす。

すなわち，沸騰石中に含まれる空気が蒸気発生の核として利用されているわけである。使用済みの沸騰石中の空孔には，空気ではなく水が満たされてしまっており，その役に立たないが，よく乾燥すると，再び利用できるようになる。

その液体の蒸気圧が外圧と等しくなる温度が**沸点**であるから，外圧を高くすると，蒸気圧の大きくなる高温にならないと沸騰がおこらない。一方，外圧を低くすると，蒸気圧の小さくなる低温でも沸騰がおこるようになる。

このように，同じ物質でも融点は外圧によりほとんど変化しないが，沸点は大きく影響を受ける。たとえば，水は 2.0×10^5 Pa では約 120℃，0.6×10^5 Pa では約 87℃で沸騰する。したがって，外圧が 1.0×10^5 Pa のときの沸点（**標準沸点**という）を示すときは，外圧を示す必要はないが，外圧が 1.0×10^5 Pa 以外のときの沸点は，外圧を示す必要がある。

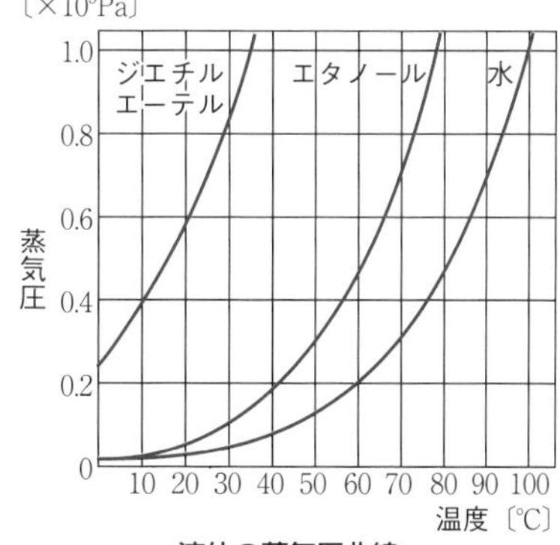

液体の蒸気圧曲線

> **例題**　上の蒸気圧曲線を見て，次の各問いに答えよ。
> (1)　ジエチルエーテルの沸点は，約何℃か。
> (2)　大気圧が 8.0×10^4 Pa の山頂では，水は約何℃で沸騰するか。
> (3)　エタノールを 50℃で沸騰させるには，外圧を何 Pa にすればよいか。

［解］ (1)　外圧が示されていない場合，液体の沸点は，外圧が 1.0×10^5 Pa のときの沸点となる。ジエチルエーテルの沸点は，グラフより約 35℃。　答　**35℃**

(2)　グラフより，水の蒸気圧が 0.8×10^5 Pa になる温度を読み取ると約 94℃。　答　**94℃**

(3)　50℃でのエタノールの蒸気圧は 3.0×10^4 Pa なので，これと等しい外圧をかけたとき，エタノールは沸騰し始める。　答　**3.0×10^4 Pa**

4　状態図

ある温度・圧力のもとで，物質がどの状態で存在するかを表した図を**状態図**という。

たとえば，1×10^5 Pa 下で固体を加熱していくと，ある温度で液体への状態変化がおこる。融点とは融解がおこる温度であるとともに，固体と液体が共存し，両者が固液平衡の状態にあるときの温度でもある。この融点の圧力変化を表した曲線が**融解曲線**であり，融点の圧力変化はごく小さいので，そのグラフはほとんど垂直に近い。また，融解曲線は固体と液体が共存できる点を結んだ線でもある。

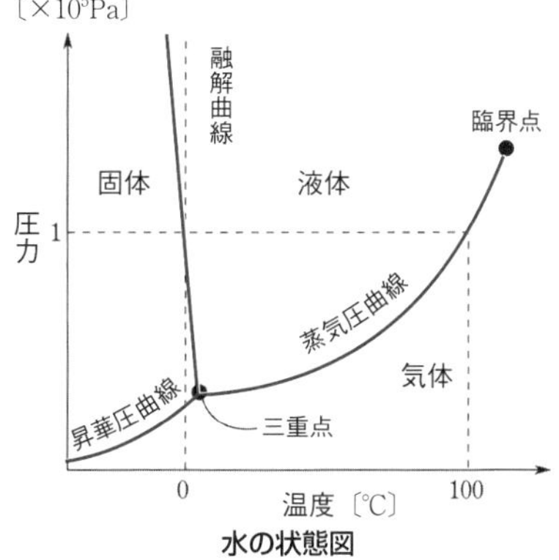

水の状態図

一方，密閉容器中で液体を加熱していくと，液体の蒸気圧がしだいに高くなる。この蒸気圧の温度変化を表した曲線が**蒸気圧曲線**である。また，蒸気圧曲線は，液体と気体が共存し，両者が気液平衡の状態にある点を結んだ線でもある❼。

詳説❼ 右図のようなピストン付き容器に水を入れ，ある温度で，飽和蒸気圧より大きい圧力をピストンに加え続けたとする。やがて，外圧によってピストン内の空間は押しつぶされ，水蒸気はすべて液体の水になる。一方，飽和蒸気圧より小さな圧力を加え続けると，水がどんどん蒸発してピストンを押し上げ，水がすべて水蒸気となり，さらにピストンにかけた圧力に等しくなるまで膨張する。すなわち，ピストンに飽和蒸気圧と等しい圧力をかけたときだけ，液体と気体が共存できる。よって，蒸気圧曲線より上側(高圧側)は液体，下側(低圧側)は気体が安定に存在できる領域を示す。このとき，状態図の縦軸は蒸気圧ではなく外圧を示す。

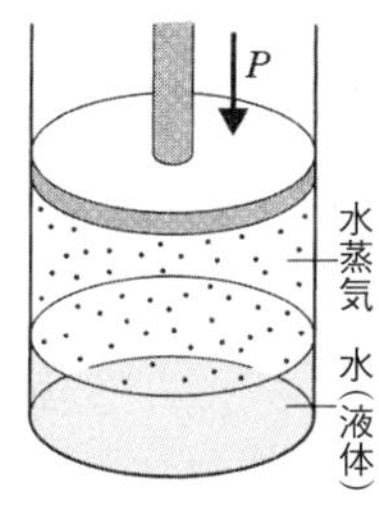

►また，密閉容器に氷を入れ0℃以下に放置すると，氷が昇華して固体と気体の共存する固気平衡の状態となる。このとき，固体と接した気体の示す圧力を**昇華圧**といい，昇華圧の温度変化を表した曲線を**昇華圧曲線**という。昇華圧曲線の上側は固体，下側は気体が安定に存在できる領域を表す。また，水の昇華圧曲線と蒸気圧曲線は0℃付近で交わる。この点は，固体，液体，気体が平衡状態を保って共存しうる物質固有の定点で**三重点**という。とくに，水の三重点(0.01℃，611 Pa)は温度の定点として利用されている❽。

補足❽ 歴史的には，水の凝固点を0℃，沸点を100℃としてセルシウス温度が定められていたが，水の三重点は厳密に測定できるので，1990年から，水の三重点の温度（0.01℃）を基準にした国際温度目盛りが採用された。この基準によると，1.013×10^5 Pa における水の凝固点は0.00024℃，水の沸点は99.974℃となった。

参考　水の融解曲線の傾きについて

水の融解曲線はわずかに左に傾いている。この現象は，水以外ではゲルマニウム Ge やビスマス Bi，ガリウム Ga などごく限られた物質に見られるだけである。水を加圧すると，密度の増加する液体方向へ状態変化がおこる。状態図でいうと，圧力が高くなるほど液体領域が広がることを意味する。たとえば，1.0×10^7 Pa での水の融点は−0.75℃に降下し，2.1×10^8 Pa では−22℃に達するが，これ以上の圧力では融解曲線は右に傾くようになり，融点は上昇する(氷Ⅰ(密度 0.92 g/cm^3)から氷Ⅲ(密度 1.14 g/cm^3)へ相転移するためである(p. 78))。

たとえば，スケートで滑ろうとする方向へ体重をかけると，細い刃先(エッジ)に強い圧力がかかる。この圧力によって氷が部分的に融け，液体の水が生じ，これが減摩剤となって滑ることができる。そして，圧力がなくなると，水は直ちにもとの氷に戻る(**復氷**という)ので，0℃以下ならば，いくらたくさんの人が滑っても，スケートリンクが融けることはない。

上記の現象は，次のような実験により確かめられる。両端におもりをつけた糸を氷の上に置く。すると，糸は氷を切断することなく，上端から下端へとゆっくり通り抜けていく。この理由は次のように説明される。この実験では，糸につけたおもりによって氷に強い圧力が加わるので，糸の下方では氷が融け，糸が食い込む。しかし，糸の上方では強い圧力がなくなるので，再び凝固して復氷がおこる。したがって，氷は分断されることなく，糸だけが上端から下端へと通り抜けていく。

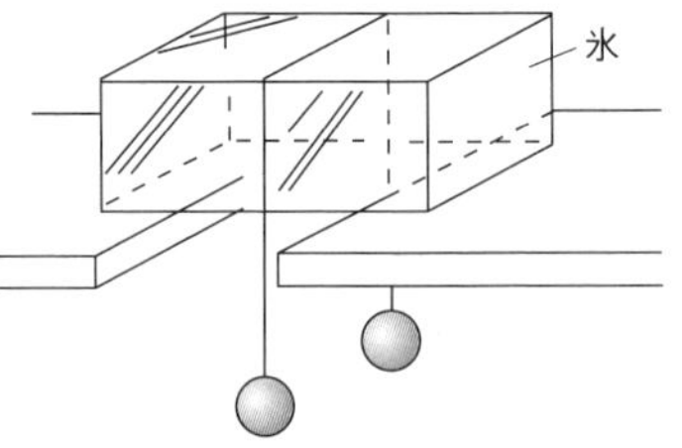

この実験は，0℃の室内で行うものとする。

SCIENCE BOX 臨界点と超臨界流体

二酸化炭素のように三重点の高い物質では，1.0×10^5 Pa では液体にならず，固体↔気体の状態変化(**昇華・凝華**)を示す。

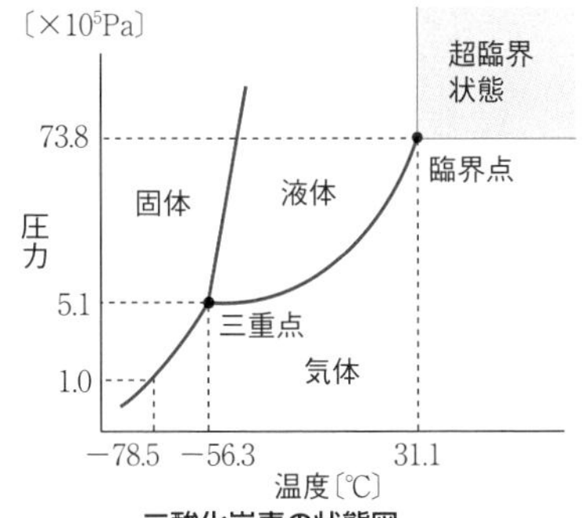

二酸化炭素の状態図

すなわち，1.0×10^5 Pa のもとで，CO_2 の固体（ドライアイス）を空気中に放置すると，融解することなく−78.5℃で昇華する。CO_2 を液体にするには，5.1×10^5 Pa 以上の圧力を要する。市販の CO_2 ボンベ内の圧力は 5.7×10^6 Pa で，液体の CO_2 が存在する。

また，CO_2 など多くの物質では，融解曲線が右に傾いている。したがって，液体の CO_2 を加圧すると，密度増加の方向，すなわち液体から固体への状態変化がおこる。

CO_2 固体(密度大) $\rightleftarrows$ CO_2 液体(密度小)

ところで，CO_2 の状態図を見ると，31.1℃，7.38×10^6 Pa の点で蒸気圧曲線が途切れている。この点を**臨界点**といい，このときの温度，圧力を**臨界温度，臨界圧力**という。

すべての気体は，それぞれ固有の臨界温度以上では，どんなに加圧しても液体にできない。すなわち，臨界温度はその気体を液体にできる最高温度を表している。

気体	He	H_2	N_2	O_2	CH_4
臨界温度〔℃〕	−268	−240	−147	−119	−82

C_2H_4	CO_2	C_3H_8	NH_3	C_2H_5OH	H_2O
9.2	31	97	132	243	374

分子間力が小さいほど，臨界温度は低くなる。

物質の温度，圧力を臨界温度，臨界圧力以上にすると，気体とも液体とも区別のつかない状態となる。この状態を**超臨界状態**といい，次のような特徴をもつ。

(1) 液相と気相の界面がなく，一相となる。

(2) 密度など物理的性質がすべて等しい。

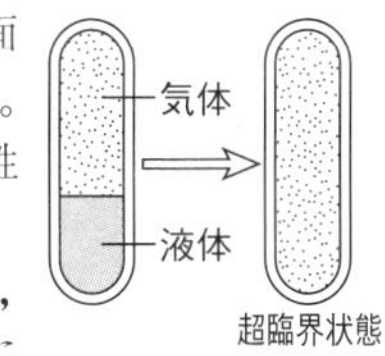

別の見方をすると，超臨界状態は，余りにも分子の運動エネルギーが大きく，自身の分子間力では，もはや分子どうしを結びつけ，液体状態を保つことができなくなった状態と考えられる。

超臨界状態にある物質は**超臨界流体**とよばれ，気体としての性質（拡散性）と，液体としての性質（溶解性)をあわせもつ。

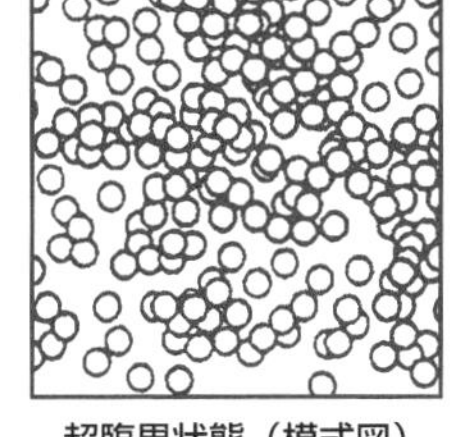

超臨界状態（模式図）
分子どうしが密な部分と疎な部分とからなる。

超臨界流体は，液体の溶媒に比べ粘性が低く，固体への浸透が速く，抽出後，目的物質との分離が容易である，という特徴をもつ。

たとえば，コーヒー豆を CO_2 の超臨界流体の中に入れ，温度・圧力を変え，カフェインだけが溶け出しやすい状態をつくり出すことで，低カフェインコーヒーが製造される。この他，CO_2 の超臨界流体は，柑橘類の香気成分，ホップの苦味エキス，鰹節の旨味エキスの抽出などに利用されている。

近年注目されている超臨界水は，無極性溶媒に近い性質をもち，多くの有機物を溶かすと同時に，高い加水分解能力をもつ*。

＊ この性質を利用して，500℃，2.5×10^7 Pa 程度の超臨界水を用い，PCB(ポリ塩化ビフェニル) などの分解しにくい有機塩素化合物を処理する研究が進められている。

第２章　気体の性質

2-4　気体の性質

気体は温度や圧力によってその体積が大きく変化する。また，圧力や温度による気体の体積変化の間には，すべての気体について共通した関係式(法則)が成立する。

(1)　**気体の体積**（Volume）　記号 V で表す。気体の体積とは，気体分子自身の体積ではなく，気体分子の動きうる空間の大きさをさす。ふつう，気体分子は質量をもつが大きさのない質点とみなすので，気体の体積は容器の体積とも等しい。

(2)　**気体の圧力**（Pressure）　記号 P で表す。気体分子が容器の壁に衝突したとき，単位面積あたりに及ぼす力をいう。

(3)　**気体の温度**（Temperature）　記号 T で表す。気体分子の熱運動の激しさ，つまり，気体分子のもつ平均運動エネルギーと関連づけられる量。

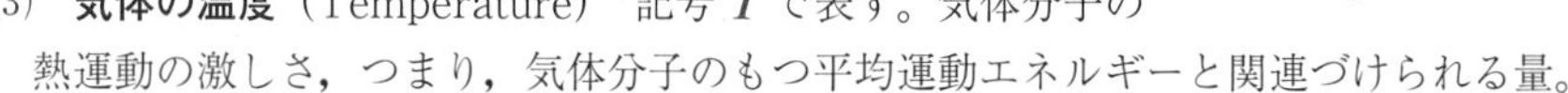

1　ボイルの法則

一定量の気体を下図のようなシリンダーに詰め，温度一定のもとでピストンをゆっくり押していく。このとき，加える圧力をもとの２倍にすると，気体の体積はもとの $\frac{1}{2}$ となり，圧力が３倍になれば体積は $\frac{1}{3}$ になる。1662 年，**ボイル**（イギリス）は，この関係がすべての気体について普遍的に成り立つことを発見した。すなわち，「一定温度において，一定量の気体の体積 V は，圧力 P に反比例する」。この関係を**ボイルの法則**という❶。

$$PV=k \qquad (k \text{ は定数})$$

上記の式は，個々の状態 $(P_1,\ V_1)$，$(P_2,\ V_2)$ に対しても PV は常に一定なので，右辺の k を消去すれば，次式が得られる。　$\boldsymbol{P_1V_1=P_2V_2}$

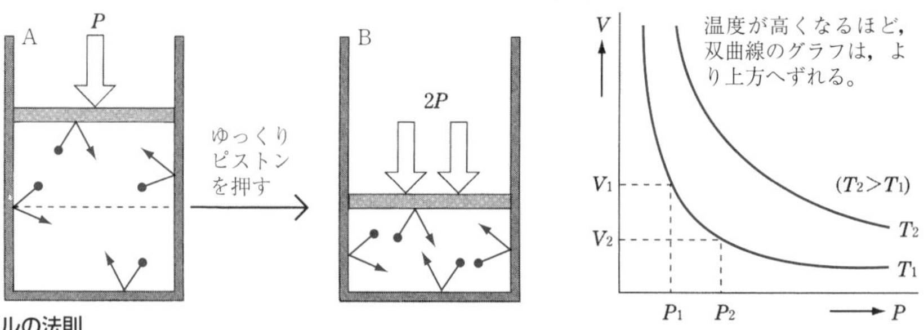

ボイルの法則

詳説❶　ボイルの法則を分子運動論で説明すると次の通りである。いま，温度を上げないように上図 A のピストンをゆっくり押して気体の体積を半分に減らし，B の状態にする。温度が一定だから，気体分子の平均の速さは変わらず，衝突１回あたりの容器の壁(器壁)へ衝突する力は A，B ともに等しい。また，単位体積(B の体積を単位体積とする)の中に含まれる分子の数は，A では２個，B では４個となり，一定時間内に一定面積の器壁に衝突する分子の数も2倍となって，圧力も2倍になる。つまり，気体の体積を $\frac{1}{2}$ にすることは，その中に含まれる分子数の密度を2倍にすること，すなわち，器壁への衝突回数が2倍になる。

2　シャルルの法則

1787年，**シャルル**（フランス）は，「一定圧力のもとで，一定量の気体の体積は，温度が1℃上下するごとに0℃のときの体積の $\frac{1}{273}$ ずつ増減する。」という関係を見つけた❷。

補足❷　この関係をはじめて発見したのはシャルルであるが，温度1℃あたりの気体の体膨張率を正確に測定したのは，フランスの**ゲーリュサック**である(1801年)。

►たとえば，0℃のときの気体の体積を V_0，t℃のときの体積を V として，上記の関係を式で表すと①式のようになる。

$$V=V_0+V_0\times\frac{t}{273}=V_0\left(1+\frac{t}{273}\right)=V_0\left(\frac{273+t}{273}\right) \quad \cdots\cdots\cdots①$$

気体の体積は必ず正の値でなければならない（物質が負の体積になることはない）から，$273+t>0$ である。すなわち，$t>-273$℃でなければならない。そこで，-273℃を温度の基点とし，セルシウス温度と同じ目盛り間隔で表した温度を**絶対温度**として，単位記号にK（ケルビン）を用いて表す。0 K（正確には -273.15℃）をとくに**絶対零度**といい，これ以下の温度は存在しない❸。

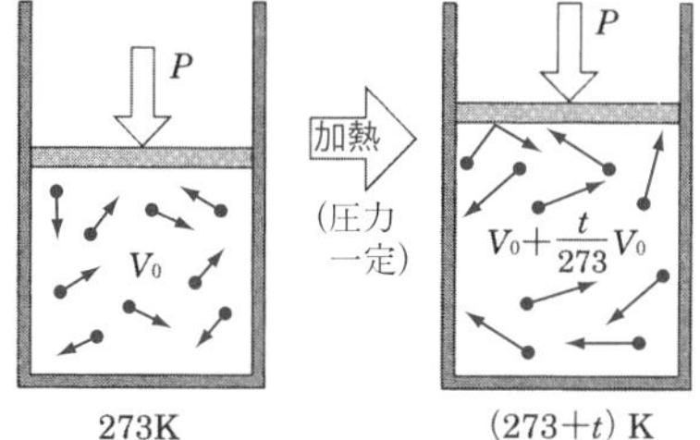

シャルルの法則

詳説❸　①式に $t=-273$℃を代入すると，気体の体積は理論上0となる。つまり，気体の体積が0になる温度とは，気体分子の熱運動が完全に停止していることを表す。温度とは分子の運動エネルギーを表す尺度であるから，分子の熱運動が行われなくなる-273℃が最低の温度である。

10^{-5} K程度の極低温を得るには，次のような常磁性体(p. 35)の**断熱消磁**という現象が利用される。

常磁性体は電子のスピンに由来する磁気モーメント（磁極の強さを q，両極間の距離を l とすると，ql で表される量)をもつが，これを液体Heで冷却しながら強い磁場をかけると，電子のスピンは磁場の方向に揃った状態になる。次に，断熱状態で，かけていた磁場を取り去ると，電子のスピンはもとの乱雑な状態に戻るとともに，常磁性体自身の温度が下がるというものである。

►絶対温度 T〔K〕とセルシウス温度 t〔℃〕との関係は，$\boldsymbol{T=t+273}$**〔K〕**で表され，この関係を①式へ代入すると，$V=\frac{V_0}{273}T$ となり，$\frac{V_0}{273}=k'$（k' は定数)とおくと，

$$V=k'T \quad \cdots\cdots\cdots②$$

②式より，「圧力一定のとき，一定量の気体の体積 V は絶対温度 T に比例する。」となる。

この関係を**シャルルの法則**という❹。

詳説❹ 温度が高くなると，気体分子の平均の速さが大きくなり，気体分子が器壁に衝突するときの衝撃の力が増す。また，一定時間内に一定面積の器壁に衝突する回数も増すので，圧力が大きくなる。ところで，体積を一定に保って気体を加熱すると，その圧力は増加し，圧力を一定に保って気体を加熱すると，その体積は増加することになる。

3 ボイル・シャルルの法則

ボイルの法則とシャルルの法則をまとめると，「一定量の気体の体積 V は，圧力 P に反比例し，絶対温度 T に比例する。」となる。この関係を**ボイル・シャルルの法則**といい❺，次の式で表される。

$$V=k\frac{T}{P} \qquad (k：気体の物質量により決まる定数)$$

詳説❺ ボイル・シャルルの法則は，次のように導かれる。まず，温度を T_1 に保ったまま圧力を P_1 から P_2 へと変化させる。次に，圧力を P_2 に保ったまま温度を T_1 から T_2 まで変化させると考える。これらの変化は，次のように表され，V' は中間の状態での気体の体積を表す。

初めの状態		中間の状態		終わりの状態
P_1，V_1，T_1	⟹	P_2，V'，T_1	⟹	P_2，V_2，T_2

第一の過程では，温度が一定なので，ボイルの法則が成り立つ。

$$P_1V_1=P_2V' \qquad \cdots\cdots\cdots ①$$

第二の過程では，圧力が一定なので，シャルルの法則が成り立つ。

$$\frac{V'}{T_1}=\frac{V_2}{T_2} \qquad \cdots\cdots\cdots ②$$

①，②式より V' を消去する。②式より，$V'=\dfrac{V_2T_1}{T_2}$ を①式へ代入して，

$$P_1V_1=\frac{P_2V_2T_1}{T_2} \text{ より，} \qquad \boldsymbol{\frac{P_1V_1}{T_1}=\frac{P_2V_2}{T_2}} \qquad \cdots\cdots\cdots ③$$

►ボイル・シャルルの法則は，実際には③式の形で計算によく用いられる。このとき，温度は，必ず絶対温度を用いなければならないが，圧力・体積は，単位を両辺で統一していればいずれの単位を用いてもよい。また，ボイル・シャルルの法則に厳密に従う気体を**理想気体**といい，実在する気体についても，常温・常圧付近においては，上記の関係式がよく成り立つことが確かめられている。

4 気体の状態方程式

ボイル・シャルルの法則は $\dfrac{PV}{T}=k$（一定）と表される通り，一定量の気体については P，V，T がさまざまに変化しても，$\dfrac{PV}{T}$ は一定である。

いま，標準状態（0℃，1.013×10^5 Pa）では，気体 1 mol あたりの体積（モル体積）V_m は 22.4 L/mol なので，1 mol の気体について，比例定数 k の値を求めてみると，

$$k=\frac{PV_m}{T}=\frac{1.013\times10^5\,[\text{Pa}]\times22.4\,[\text{L/mol}]}{273\,[\text{K}]}\fallingdotseq\boldsymbol{8.31\times10^3}\left[\frac{\text{Pa·L}}{\text{K·mol}}\right]$$

この値は気体の種類に関係しない普遍的な定数で，**気体定数**と呼ばれ，記号 R で表される❻。この気体定数 R を用いてボイル・シャルルの法則を表すと，次のようになる。

$$\frac{PV_{\mathrm{m}}}{T}=R \quad \cdots\cdots\cdots①$$

補足❻　気体定数の値は，圧力や体積の単位のとり方によって異なってくる。たとえば，$P=1.0\,\mathrm{atm}$，$V_{\mathrm{m}}=22.4\,\mathrm{L/mol}$，$T=273\,\mathrm{K}$ を使って計算すると，

$$R=\frac{1.0〔\mathrm{atm}〕\times 22.4〔\mathrm{L/mol}〕}{273〔\mathrm{K}〕}\fallingdotseq \mathbf{0.0821}〔\mathrm{atm\cdot L/(K\cdot mol)}〕$$

$P=1.013\times10^5\,\mathrm{Pa}$，$V_{\mathrm{m}}=22.4\times10^{-3}\,\mathrm{m^3/mol}$，$T=273\,\mathrm{K}$ を使って計算すると，

$$R=\frac{1.013\times10^5〔\mathrm{Pa}〕\times 22.4\times10^{-3}〔\mathrm{m^3/mol}〕}{273〔\mathrm{K}〕}\fallingdotseq \mathbf{8.31}〔\mathrm{Pa\cdot m^3/(K\cdot mol)}〕$$

また，$1\,\mathrm{Pa}=1\,\mathrm{N/m^2}$ であり，$1\,\mathrm{N\cdot m}=1\,\mathrm{J}$ より，

$$R=8.31〔\mathrm{N\cdot m/(K\cdot mol)}〕=8.31〔\mathrm{J/(K\cdot mol)}〕$$

►物質量 n〔mol〕の気体の体積 V は，1 mol あたりの体積 V_{m} の n 倍である。すなわち，$V=nV_{\mathrm{m}}$ となるので，$V_{\mathrm{m}}=\dfrac{V}{n}$ を①式に代入すると，

$$\frac{PV}{T}=nR \quad \text{より，} \quad \boldsymbol{PV=nRT} \quad \cdots\cdots\cdots②$$

②式を**気体の状態方程式**といい，圧力 P〔Pa〕，体積 V〔L〕，絶対温度 T〔K〕，物質量 n〔mol〕の 4 つの変数のうち，3 つが決まれば，あと 1 つはこの式を用いて求められる❼。

詳説❼　②式の左辺 PV のもつ次元を考えると，圧力は単位面積あたりにはたらく力，体積は面積×長さより，

$$PV=\text{圧力}\times\text{体積}=\frac{\text{力}}{\text{面積}}\times\text{面積}\times\text{長さ}=\text{力}\times\text{長さ}$$

となり，PV は仕事またはエネルギーの次元をもつことがわかる。よって，気体の状態方程式は，気体のもつエネルギーはその種類を問わず，絶対温度 T と気体の物質量 n に比例することを表す。このときの比例定数が気体定数 R にほかならない。

参考　気体の状態方程式において，気体定数 R として 8.31×10^3〔Pa・L/K・mol〕を用いるときは，圧力には **Pa**，体積には **L**，温度には **K** の単位を必ず用いなければならない。もし誤って他の単位を用いたときは，気体の状態方程式は成立しなくなることに注意せよ。

►分子量 M の物質 1 mol あたりの質量は M〔g/mol〕であり，これは**モル質量**に等しい。モル質量 M〔g/mol〕の気体が w〔g〕あるとき，その物質量 n〔mol〕を求めると，

$n=\dfrac{w}{M}$〔mol〕　となる。これを気体の状態方程式の②式へ代入すると，

$$\boldsymbol{PV=\frac{w}{M}RT} \quad \longrightarrow \quad \boldsymbol{M=\frac{wRT}{PV}} \quad \cdots\cdots\cdots③$$

③式から，気体の質量 w，圧力 P，体積 V および絶対温度 T を実測することにより，気体のモル質量 M〔g/mol〕が求められる。また，モル質量から単位 g/mol を除くと，気体の分子量 M を決定することができる。

常温・常圧で液体や固体の物質でも，完全に気化させ，w，P，V，T を測定すれば，気体の状態方程式(③式)を利用して，その物質の分子量 M が求められる。

5 気体の分子量測定

1 昇華性物質の分子量測定

例題 ある昇華性の固体0.52gを広口びんAに入れ，手早くガラス管つきの栓をして，右図のような装置を組み立てた。固体が消失した後にメスシリンダーと水槽の水面を合わせてから気体の体積を量ると280mLであった。大気圧は1.0×10^5Pa，室温は27℃とし，水の蒸気圧を無視して，この固体物質の分子量を有効数字2桁で求めよ。気体定数$R=8.3\times10^3$Pa・L/(K・mol)とする。

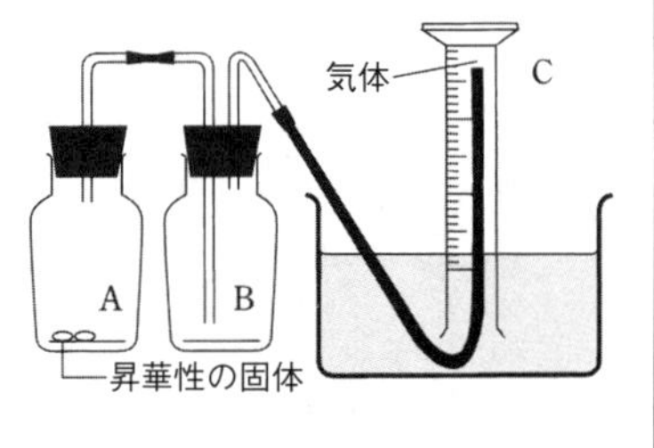

［解］ メスシリンダーCには，空びんBから押し出された空気が捕集される。その体積は，固体が昇華して生じた気体の体積と等しい。

容器AとメスシリンダーCとの間に，空気の入った空びんBをつないでいるのは，昇華してできた気体が水に溶ける場合，水上捕集すると，正確な体積が測定できないからである。

固体物質のモル質量をM〔g/mol〕として，$P=1.0\times10^5$Pa，$V=0.28$L，$w=0.52$g，$R=8.3\times10^3$Pa・L/(K・mol)，$T=300$Kを公式(p.133の③式)に代入すると，

$$1.0\times10^5\times0.28=\frac{0.52}{M}\times8.3\times10^3\times300$$

$\therefore\ M\fallingdotseq46.2$〔g/mol〕　　よって，分子量は**46** 答

2 揮発性液体の分子量測定(デュマ法)

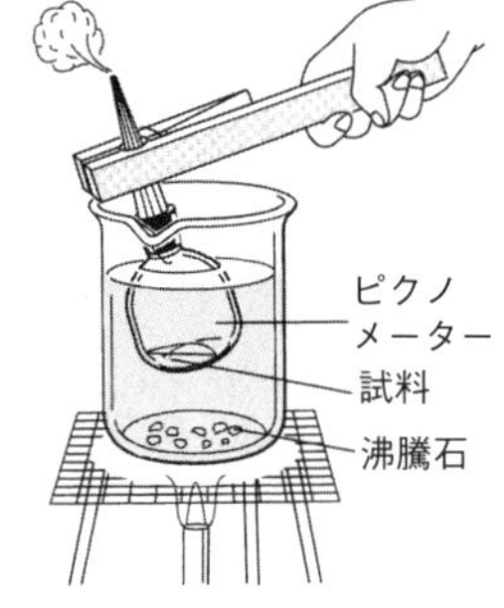

右図のようなピクノメーター(比重びん)に，気化しやすい液体試料を適当量だけ入れ，沸騰水中に保持する。蒸発した気体の密度は空気より大きいので，はじめにピクノメーターを満たしていた空気は下から押し上げられ，やがて容器からほぼ完全に追い出される。最後には余分な液体試料の蒸気も追い出され，ちょうど液体がなくなった時点で容器内を試料の蒸気だけが満たすことになる。このとき蒸気の圧力が大気圧とつり合う。そして，蒸気の質量w，圧力P，体積V，絶対温度Tの値を気体の状態方程式に代入すれば，液体試料の分子量が求まる。

注意 容器内を満たした蒸気の質量を求める方法は少し厄介である。最初，空の容器は空気を含めて質量を量っているので，容器が完全に蒸気で満たされた状態（空気が完全に追い出されている）との質量差を計算すると，蒸気の質量から容器を満たした空気の質量分だけ不足することになる。

したがって，容器を満たした蒸気の正確な質量は，冷却して蒸気を完全に液化させ，容器内に空気を戻した状態で質量を量る必要がある。具体的には，ピクノメーターを取り出し室温まで冷却後，容器の外側の水をよく拭いてから量った質量w_2〔g〕と，最初，空の状態のピクノメーターの質量w_1〔g〕との差，つまり，(w_2-w_1)〔g〕が容器を満たした蒸気の質量w〔g〕に等しくなる。

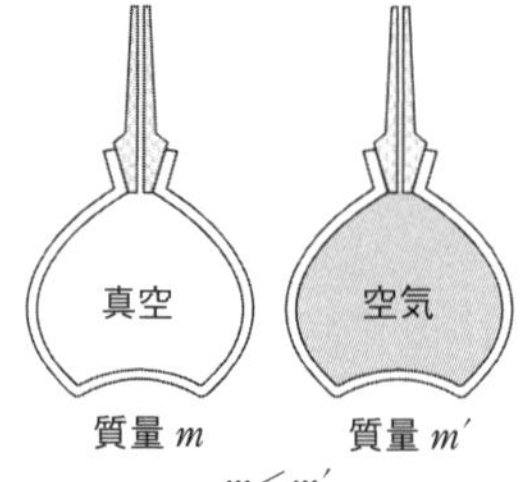

この方法で分子量が求められるのは，①沸点が恒温槽の温度より低い，②蒸気の密度が空気よりも大きい，ときである。液体の蒸気圧を考慮すると，揮発性液体の分子量は次の**例題**のように求められる。

> **例題** 内容積が0.10 Lのピクノメーターに約1 gの液体物質を入れ，100℃で液体をすべて蒸発させた。次に，これを室温まで冷却してから質量を量ったところ，空の容器よりも0.450 g重くなっていた。ただし，この実験中の大気圧は1.0×10^5 Paで変わらず，室温27℃でのこの液体の蒸気圧を1.5×10^4 Pa，空気の密度を1.1 g/Lとして，この液体物質の分子量を整数値で求めよ。気体定数$R=8.3\times10^3$ Pa·L/(K·mol)とする。

［解］ 冷却後，容器内には27℃での液体物質の蒸気圧が1.5×10^4 Pa存在しているので，空気は$1.0\times10^5-1.5\times10^4=8.5\times10^4$〔Pa〕分しか入っていない。最初の空の容器には$1.0\times10^5$ Paの空気が入っていた。つまり，液体の蒸気圧に相当する分の空気が排除され，その空気の質量分だけ軽くなるので，その空気の質量を加える必要がある。空気の排除分の質量は，0.10 L，1.5×10^4 Pa分だから，

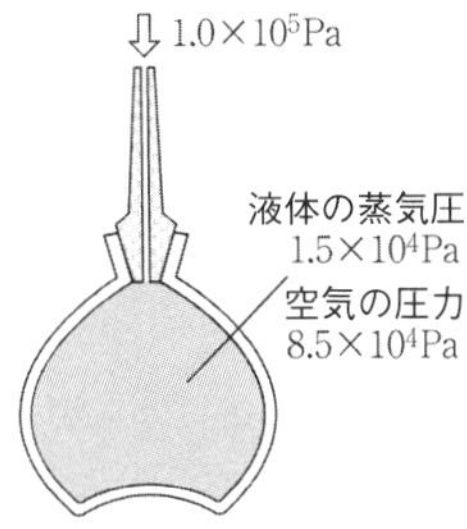

$$1.1\times0.10\times\frac{1.5\times10^4}{1.0\times10^5}=0.0165〔g〕$$

この値をもとにして，気体の分子量Mを求める。

$w=0.450+0.0165=0.4665$ g，$P=1.0\times10^5$ Pa，$V=0.10$ L，$T=373$ Kだから，

$PV=\dfrac{w}{M}RT$より，　$1.0\times10^5\times0.10=\dfrac{0.4665}{M}\times8.3\times10^3\times373$　∴　$M\fallingdotseq144.4$　**答 144**

3　揮発性物質の分子量測定（ビクトル・マイヤー法）

右図のように，外管Aには水を加えて沸騰させ，発生した水蒸気で内管Bを一定の温度に保っておく。図のHには正確に質量w〔g〕を量った液体試料を入れた肉薄のガラス小球がある。Bがよく熱せられてから，コックD，Gを開き，Eの液面を目盛り0に合わせコックGを閉じる。その後，Cの棒を引くと，ガラス小球が落下して，Bの底部で破砕し，試料が蒸発する。試料の蒸気は内管Bにある空気をガスビュレットEのほうへゆっくりと押し出すので，Eの液面はしだいに下がる。液面がほぼ一定の高さになったら，コックDを閉じ加熱をやめる。約15分放置し，捕集した空気が室温t〔℃〕になるまで冷却したのち，液面FとEの高さを合わせてから，空気の体積v〔mL〕を読み取る。ただし，ガスビュレットに捕集された空気には，水蒸気が含まれているので，正確には大気圧P〔Pa〕から常温での飽和水蒸気圧P_{H_2O}〔Pa〕を引いた，空気だけの圧力$(P-P_{H_2O})$〔Pa〕を求め，気体の状態方程式(p. 133の③式)に代入する。

$$(P-P_{H_2O})\times v\times10^{-3}=\frac{w}{M}\times R\times(t+273)\quad より，$$

液体試料の分子量Mが求められる。

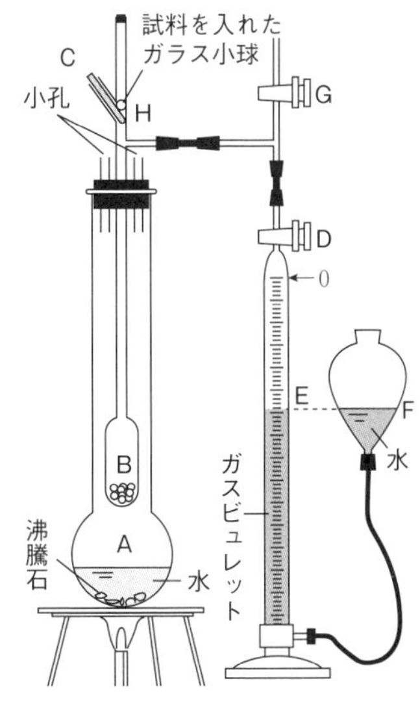

ビクトル・マイヤー法

注意 100℃で蒸発した試料の蒸気をまず内管の空気に置き換え，さらにその体積を室温t〔℃〕まで冷やした状態で測定していることに注意したい。

2-5　混合気体と蒸気圧

1　全圧と分圧の関係

互いに化学反応しない２種の気体Ａ，Ｂを混合したとき，生じた混合気体の示す圧力を**全圧**，各成分気体Ａ，Ｂがそれぞれ単独で混合気体と同じ体積を占めたとしたときに示す圧力を，各成分気体の**分圧**という。いま，n_A〔mol〕の気体Ａとn_B〔mol〕の気体Ｂを体積V〔L〕の容器に入れ，温度T〔K〕に保ったとき，混合気体の全圧がP〔Pa〕を示したとする。仮に，Ａの気体だけを容器中に残し，Ｂの気体をすべて容器の外へ出したとしたときに示すＡの分圧をp_A〔Pa〕，同様に，Ｂの分圧をp_B〔Pa〕とする。

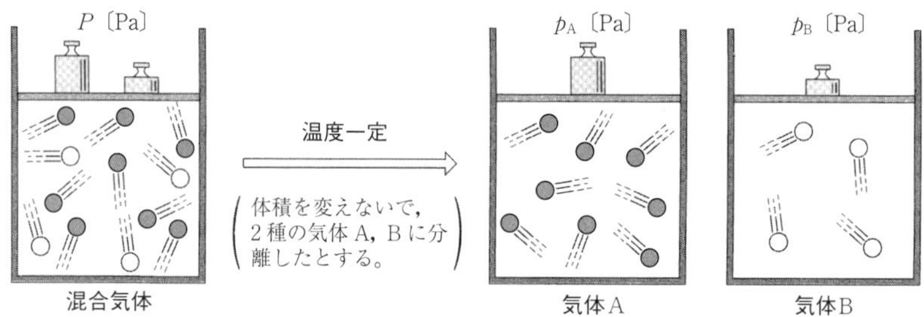

各成分気体だけでなく，混合気体に対しても気体の状態方程式が成立するので，

$$PV=(n_A+n_B)RT \quad \cdots\cdots\text{①}$$

$$p_AV=n_ART \quad \cdots\cdots\text{②}$$

$$p_BV=n_BRT \quad \cdots\cdots\text{③}$$

②＋③より，　$(p_A+p_B)V=(n_A+n_B)RT \quad \cdots\cdots\text{④}$

④式と①式を比較すると，　$\boldsymbol{P=p_A+p_B}$　となる。

すなわち，「混合気体の全圧Pは，各成分気体の分圧p_A，p_B，p_C，……の和に等しい」。この関係は，1801年にイギリスの**ドルトン**が発見したので，**ドルトンの分圧の法則**という❶。

詳説❶　２種以上の気体を混合した場合，１つの成分気体の示す分圧は，他の成分気体が存在するか否かに関係なく常に一定であるから，各成分気体の分圧の和が全圧に等しくなる。つまり，分圧の法則が成り立つのは，気体状態では，分子間距離が極めて大きく，混合した気体分子は互いに影響しあうことなく，独立に熱運動して器壁に対して圧力を及ぼすからである。ドルトンは，この法則を「１つの気体にとって，他の気体の存在は真空に等しい」と表現した。混合気体の全圧は実測できるが，分圧は計算によらなければ求められない。しかし，気体の反応を考える際に分圧をよく用いるのは，その量的関係を計算するのに便利だからである。

►また，上式の②÷③より，

$$\frac{p_A}{p_B}=\frac{n_A}{n_B} \qquad \text{よって，}\quad \boldsymbol{p_A : p_B = n_A : n_B}$$

すなわち，**(分圧の比)＝(物質量の比)**　の関係が成り立つ❷。(同体積のとき)

詳説❷ 気体分子1個あたりの衝突による圧力は，温度が一定ならば，どの気体も同じである。したがって，混合気体中の各成分気体の分圧は，温度が一定ならば，気体の種類によらず，容器内に存在する分子の数，つまり，物質量に比例して大きくなる。

►また，$\frac{②}{①}$ より，$\frac{p_A}{P}=\frac{n_A}{n_A+n_B}$　よって，$\boldsymbol{p_A=P\times\frac{n_A}{n_A+n_B}}$

$\frac{③}{①}$ より，$\frac{p_B}{P}=\frac{n_B}{n_A+n_B}$　よって，$\boldsymbol{p_B=P\times\frac{n_B}{n_A+n_B}}$

上式に含まれる $\frac{n_A}{n_A+n_B}$ と $\frac{n_B}{n_A+n_B}$ は，混合気体の総物質量に対する各成分気体A，Bの物質量の割合を示し，それぞれ**Aのモル分率，Bのモル分率**という。

各成分気体の分圧は，全圧に各成分気体のモル分率をかけると求められる。

(Aの分圧)＝(全圧)×(Aのモル分率)

(Bの分圧)＝(全圧)×(Bのモル分率)

つまり，各成分気体の物質量の比に応じて，全圧を比例配分したものが分圧となる。

たとえば，空気は窒素と酸素が物質量の比で4：1(一定圧力下では体積の比が4：1)の混合気体なので，1.0×10^5 Paの空気中の酸素の分圧 p_{O_2} は次式で求められる。

$$p_{O_2}=1.0\times10^5\,\text{Pa(全圧)}\times\frac{1}{4+1}\text{(酸素のモル分率)}=2.0\times10^4\,\text{〔Pa〕}$$

例題 容積の等しい2つのフラスコを図のように連結し，2つのフラスコにはともに27℃で 1.00×10^5 Paの空気を満たしておく。連結部分の体積と，温度によるフラスコの体積変化は無視できるとして，次の問いに答えよ。

(1) コックを閉じ，Aを0℃，Bを100℃に保つと，それぞれのフラスコ内の圧力は何Paになるか。

(2) 次に，その温度に保ったままコックを開くと，それぞれのフラスコ内の圧力は何Paになるか。

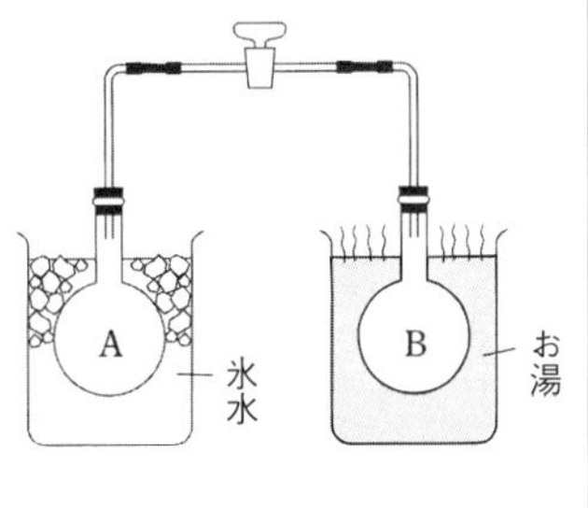

［解］ (1) コックを閉じているから，A～B間での気体分子の移動はおこらない。

$PV=nRT$ より，V：一定，n：一定のとき，気体の圧力は絶対温度に比例する。

A：$1.00\times10^5\times\frac{273}{300}=\boldsymbol{9.10\times10^4}$ **〔Pa〕** 答　B：$1.00\times10^5\times\frac{373}{300}\fallingdotseq\boldsymbol{1.24\times10^5}$ **〔Pa〕** 答

(2) コックを開き，熱平衡に達したときのA，B共通の圧力を P〔Pa〕とする。

$\boldsymbol{P}=\frac{(0.910+1.24)\times10^5}{2}=1.08\times10^5$〔Pa〕 (この解法は，コックを開いたときにおこる，高温側Bから低温側Aへの気体分子の移動をまったく考慮していないので，誤りである。)

フラスコBからAへの気体分子の移動により，Aでは(1)より物質量が増え，Bでは物質量が減少するので，ボイル・シャルルの法則(物質量：一定)は使えない。そこで，フラスコA，Bの容積を V〔L〕，A，B内の気体の物質量をそれぞれ n_A，n_B〔mol〕とすると，

$P\times V=n_A\times R\times273$ より，$n_A=\frac{PV}{273R}$　また，$P\times V=n_B\times R\times373$ より，$n_B=\frac{PV}{373R}$

27℃，1.00×10^5 PaにおいてA，B両方に含まれる気体の総物質量を n〔mol〕とすると，

$1.00\times10^5\times2\,V=n\times R\times300$ より，　$n=\dfrac{2.00\times10^5 V}{300\,R}$

気体の総物質量はフラスコA，Bにそれぞれ含まれる気体の物質量の和に等しいから，

$$\frac{PV}{273\,R}+\frac{PV}{373\,R}=\frac{2.0\times10^5 V}{300\,R}$$　よって，$P\fallingdotseq\mathbf{1.05\times10^5}$ **〔Pa〕** 答

2 水上捕集した気体の圧力

水素のように水に溶けにくい気体は，右図のような**水上置換法**で捕集される。このとき，メスシリンダー内に集めた気体には飽和水蒸気が含まれており，水素と水蒸気との混合気体になっていることに注意しなければならない。よって，捕集した気体のうち，水素だけの分圧 p_{H_2} は，大気圧 P から水蒸気の分圧 p_{H_2O}(その温度における飽和水蒸気圧)を引いた値に等しい❸。

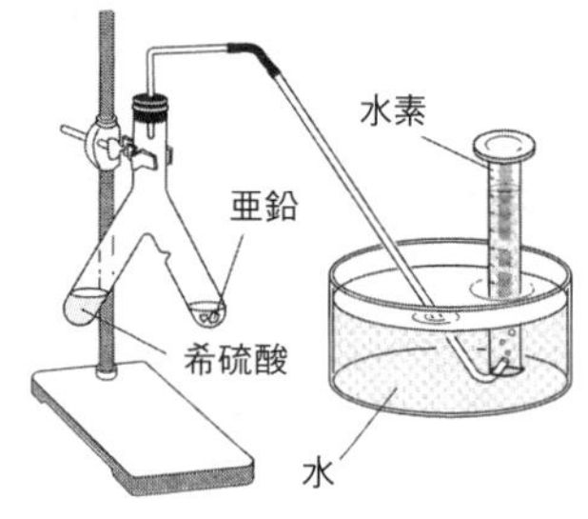

$$\therefore\ \boldsymbol{p_{H_2}=P-p_{H_2O}}$$

詳説❸ 気体の捕集後，そのままメスシリンダーの目盛りを読んではいけない。必ずメスシリンダーを上下させて水槽との水面を一致させてから，気体の体積を量る必要がある。このとき，右図のように，水素の分圧 p_{H_2} と飽和水蒸気圧 p_{H_2O} の和が，外圧(大気圧) P とつり合うことになる。

もし，メスシリンダー内の水面が高かった場合，厳密には水面差に相当する水圧が水素の分圧に影響する。

(大気圧)＝(捕集気体の圧力)＋(飽和水蒸気圧)＋(水圧)

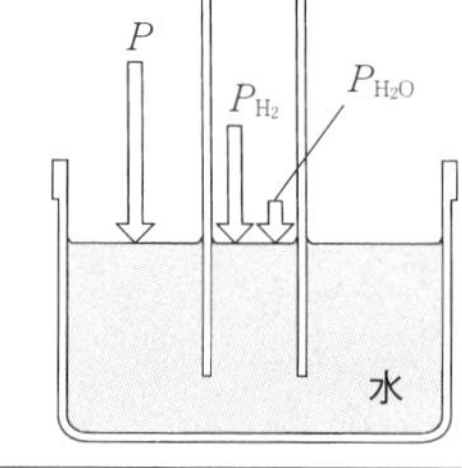

> **例題** 27℃，大気圧が 1.01×10^5 Pa の状態で，発生した水素を水上置換法で捕集し，さらに水面を一致させてから，その体積を測定したところ，360 mL であった。このとき得られた水素の物質量は何 mol か。ただし，27℃における飽和水蒸気圧は 3.0×10^3 Pa であるとする。また，気体定数 $R=8.3\times10^3$ Pa·L/(K·mol)とする。

［**解**］ 水上置換法で捕集した気体は，水中をくぐってきたので，水素と飽和水蒸気の混合気体となっている。水素の分圧は，大気圧から27℃における飽和水蒸気圧を差し引いて求められる。

水素の分圧：　$1.01\times10^5-3.0\times10^3=9.8\times10^4$〔Pa〕

結局，27℃で 9.8×10^4 Pa の水素を 0.360 L だけ捕集したことになるから，これらの値を $PV=nRT$ の式に代入して，

$$9.8\times10^4〔\text{Pa}〕\times0.360〔\text{L}〕=n〔\text{mol}〕\times8.3\times10^3\left[\frac{\text{Pa·L}}{\text{K·mol}}\right]\times300〔\text{K}〕$$

$\therefore\ n\fallingdotseq0.0141$〔mol〕　　答 **0.014 mol**

> **例題** 27℃，757 mmHg の状態で，発生した酸素を水上置換法で捕集したとき，次図のように，水面が一致しなかった。このときの酸素の分圧は何 mmHg になるか。ただし，水銀の密度は 13.6 g/cm³，水の密度は 1.0 g/cm³，27℃の飽和水蒸気圧は 27 mmHg とする。

［解］　水柱の高さ20.4 cmは，水銀柱x〔cm〕に相当するかを計算すればよい。水の密度は1.0 g/cm^{3}であるから，同じ圧力を水銀（密度13.6 g/cm^3）で生じさせるためには，水柱の高さの$\frac{1}{13.6}$で済むことが予想される。

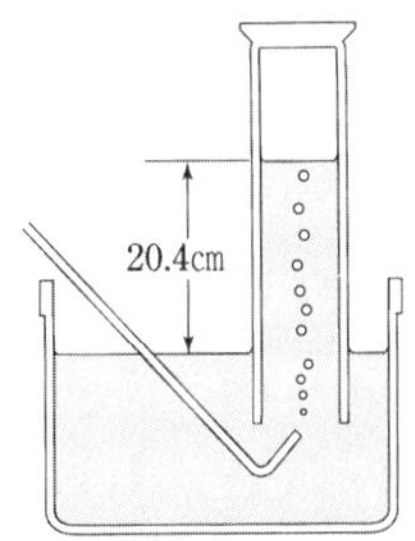

次式のように，圧力に関する等式を立ててもよい。

x〔cm〕×13.6〔g/cm^3〕＝20.4〔cm〕×1.0〔g/cm^3〕　より，

x＝1.5〔cm〕 ⟹ 15〔mm〕

これより，水柱による圧力は15 mmHgとなる。

よって，捕集管内の酸素の分圧は，

757－15(水柱の圧力)－27(飽和水蒸気圧)＝**715〔mmHg〕**　答

3　平均分子量

2種以上の異なる気体分子が，ある決まった割合で混合している混合気体がある。この混合気体を，ただ1種類の仮想の分子からなる気体として考えたときの見かけの分子量を，その混合気体の**平均分子量**という。

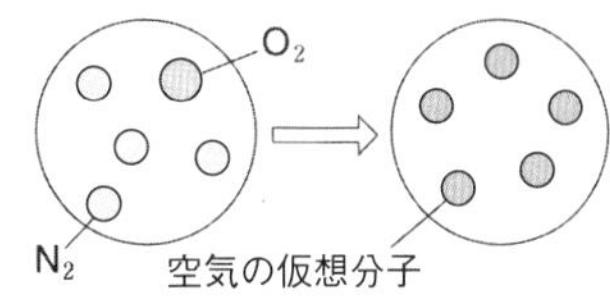

たとえば，空気は窒素：酸素＝4：1(物質量比）の混合気体であり，窒素，酸素のモル質量がそれぞれ28.0 g/mol，32.0 g/molなので，空気1 molあたりの質量は，

$$28.0〔\mathrm{g/mol}〕\times\frac{4}{5}+32.0〔\mathrm{g/mol}〕\times\frac{1}{5}=28.8〔\mathrm{g/mol}〕\cdots\cdots①$$

また，仮想の空気分子の平均分子量をMとすれば，その1 molあたりの質量(モル質量)はM〔g/mol〕に等しい。

したがって，仮想の空気分子の平均分子量は，28.8 g/molから単位を取った28.8となる(この数値は覚えておくこと)。平均分子量を使うと，混合気体でも単一の気体とみなして気体の状態方程式が適用できるので，便利なことが多い。

> **例題**　空気10 gを5.2 Lの密閉容器に詰め，27℃に保った。このとき，容器内の全圧と酸素，窒素の分圧をそれぞれ求めよ。ただし，気体定数R＝8.3×10^3 Pa･L/(K･mol）とし，空気はN_2：O_2＝4：1(物質量比)からなる混合気体とする。

［解］　①式より，空気の平均分子量は28.8であり，空気のモル質量は28.8 g/molである。

よって，空気10 gの物質量は$\frac{10}{28.8}$ molで，$PV=nRT$に数値を代入して，

$P\times5.2=\frac{10}{28.8}\times8.3\times10^3\times300$　∴　$P\fallingdotseq1.66\times10^5$〔Pa〕　　全圧：**1.7×10^5 Pa**　答

(酸素の分圧)＝(全圧)×(酸素のモル分率)より，

$p_{O_2}=1.66\times10^5\times\frac{1}{4+1}=3.32\times10^4$〔Pa〕　　酸素の分圧：**3.3×10^4 Pa**　答

(窒素の分圧)＝(全圧)×(窒素のモル分率)より，

$p_{N_2}=1.66\times10^5\times\frac{4}{4+1}\fallingdotseq1.32\times10^5$〔Pa〕　　窒素の分圧：**1.3×10^5 Pa**　答

4 蒸気圧のふるまい

下図のように，ピストン付きの密閉容器に質量 w〔g〕の揮発性液体を入れ，一定温度 T〔K〕に保ちながら，ピストンをゆっくり上昇させていくものとする。ピストンと液体との間にまったく空間が存在しない状態を(A)とし，このときの容器の体積を V〔L〕とする。

次に，ピストンを少し上昇させると，液体の一部が蒸発して(B)の状態となり，容器の体積は V_1〔L〕，容器内の圧力は P〔Pa〕を示したとする。このとき，容器内は液体と気体が共存した気液平衡の状態となり，P〔Pa〕は，T〔K〕におけるこの液体の飽和蒸気圧に等しくなっている。

さらに，ピストンを上昇させていく途中で，容器内のすべての液体がちょうど消失した状態が(C)である。(C)までは気液平衡が成り立ち，容器内の圧力は P〔Pa〕を示していた。(C)での容器の体積を V_2〔L〕とすると，気体の状態方程式を適用して $PV_2=\frac{w}{M}RT$ を計算すれば，揮発性液体の分子量 M が決定できる。

さらにピストンを引き上げて容器の体積を大きくした状態が(D)である。このとき容器内には液体が存在せず，気体の圧力と体積はボイルの法則に従った変化をしている（双曲線のグラフとなる）。

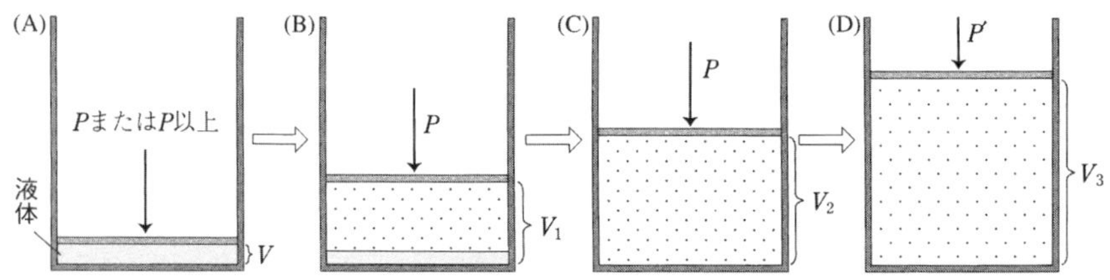

次に，状態(A)からピストンを下に押した場合を考えてみる。(A)での体積 V〔L〕は液体の体積を表しており，P〔Pa〕以上の圧力をかけても，液体の体積はほとんど減少しない。よって，加える圧力だけが急上昇して，P-V グラフはほとんど垂直となる(右図)。

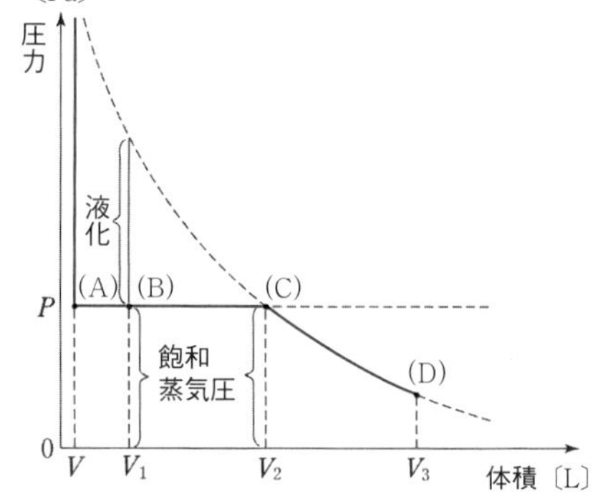

蒸気圧の関係した問題では，まず容器内に液体が存在するか否かの判定（**気液の判定**）をしなければならない。

(D)のように，容器に入れた液体がすべて蒸発したと仮定して求めた仮の圧力 P が，その温度における飽和蒸気圧 P_V よりも小さければ，蒸気は未飽和であり，すべて気体として存在する。

$P<P_V$ …… すべて気体として存在。 ➡ 真の圧力は P

(B)のように，容器に入れた液体がすべて蒸発したと仮定して求めた仮の圧力 P が，その温度における飽和蒸気圧 P_V よりも大きければ蒸気は過飽和であり，その過剰分は凝縮し，やがて気液平衡の状態となり，容器内の圧力はその温度における飽和蒸気圧 P_V と等しくなる。

$P>P_V$ …… 液体が存在し，気液平衡となる。 ➡ 真の圧力は P_V

> **例題** 内容積 10 L の容器に空気 0.10 mol と水 0.10 mol を加えて密閉した。水の飽和蒸気圧を 27℃では 3.5×10^3 Pa，80℃では 4.7×10^4 Pa として，次の問いに答えよ。ただし，気体定数 $R=8.3\times10^3$ Pa･L/(K･mol)とする。
>
> (1) 27℃における水蒸気の分圧は何 Pa か。
>
> (2) 80℃における容器内の全圧は何 Pa か。

［解］ まず，容器内に液体の水が存在するか否かを判定する必要がある。

(1) 27℃において，0.10 mol の水がすべて蒸発したときの仮の圧力を P〔Pa〕とすると，$P\times10=0.10\times8.3\times10^3\times300$ より，$P=2.49\times10^4$ Pa

この値は，27℃の飽和水蒸気圧 3.5×10^3 Pa を超えている。したがって，液体の水が存在し，気液平衡の状態にある。

よって，水蒸気の分圧は，27℃の飽和水蒸気圧の **3.5×10^3 Pa** 答

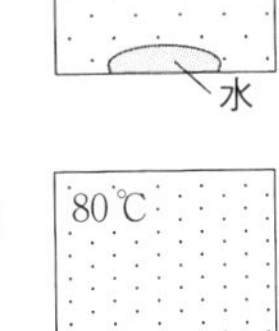

(2) 80℃において，0.10 mol の水がすべて蒸発したときの仮の圧力を P'〔Pa〕とすると，$P'\times10=0.10\times8.3\times10^3\times353$ より，$P'\fallingdotseq2.93\times10^4$〔Pa〕

この値は，80℃の飽和水蒸気圧 4.7×10^4 Pa より小さく，液体の水は存在しない。よって，水蒸気の分圧は，すべて気体であるとして求めた 2.93×10^4 Pa である。また，80℃で 0.10 mol の空気が示す圧力は，水蒸気の分圧と同じ 2.93×10^4 Pa である。以上より，全圧は，2.93×10^4(空気)$+2.93\times10^4$(水蒸気)$\fallingdotseq$**5.9×10^4 Pa** 答

1 一定体積の容器に液体を入れ，徐々に温度を上げていく場合の圧力変化

比較的低温では，液体が共存して気液平衡の状態にあるので，気相は飽和蒸気圧に等しい圧力を示す。温度が上昇すると，(i) 温度上昇による気体分子のもつ運動エネルギーの増加と，(ii) 気相に含まれる気体の分子数の増加，という 2 つの効果によって，圧力は蒸気圧曲線にしたがって放物線状に急激に増加する。

液体がすべて蒸発した温度 T_2 以降は，気相に含まれる気体の分子数は一定となる。

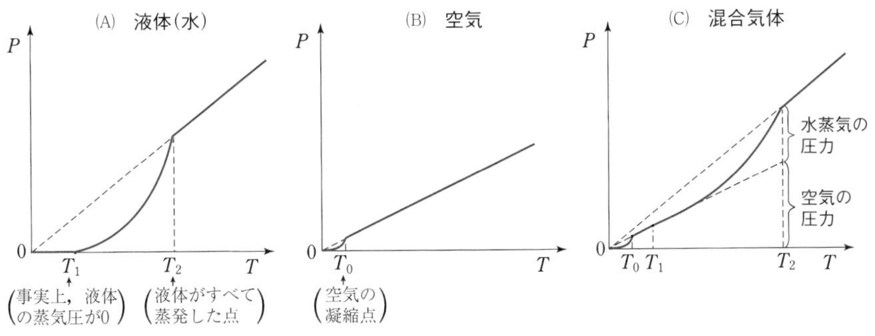

このように，蒸気圧をもつ物質を含んだ混合気体では，蒸気圧をもつ物質の圧力とそれ以外の気体の圧力とを別々に計算し，それらを最後に加算して全圧を求めるようにする。

よって，これ以降は前記(i)の要因だけにより，圧力が増加するのみである。圧力はシャルルの法則にしたがって，絶対温度に比例して増加する。

一方，空気は極低温（T_0）以下でない限り液化しないので，常温付近では理想気体として扱ってよい。空気を一定体積の条件で加熱すると，圧力は常に絶対温度に比例して増加する。よって，(A), (B)のグラフを合成すると，混合気体の P-T グラフ(C)が得られる。

[2]　体積可変の容器に空気と水蒸気（物質量比 1：1）の混合気体を入れ，一定圧力（1.0×10^5 Pa）を保ちながら，徐々に温度を下げていく場合の圧力変化

空気は極低温まで液化せずに理想気体としてふるまうが，水蒸気は凝縮しやすく，凝縮した時点からは理想気体からはずれたふるまいをするようになる。水蒸気が凝縮するまでは，シャルルの法則に従い，ある一定の割合でピストンが少しずつ下がり，各気体の分圧は 0.5×10^5 Pa（一定）に保たれる（下左図）。

次に，t_1〔℃〕で水蒸気の凝縮が始まり，さらに冷却すると，水蒸気の分圧は 0.5×10^5 Pa を保てなくなり，蒸気圧曲線に従って急激に減少し始める。一方，空気の分圧 $P_{air}=0.5\times10^5$ Pa を一定に保とうとしても，水蒸気の凝縮による水蒸気の分圧の減少により，ピストンが急激に下がるので，空気の分圧は 0.5×10^5 Pa より上昇を始める。

以後は，$P_{air}=P(1.0\times10^5\text{ Pa})-P_{H_2O}$（飽和水蒸気圧）に従って変化することになる。

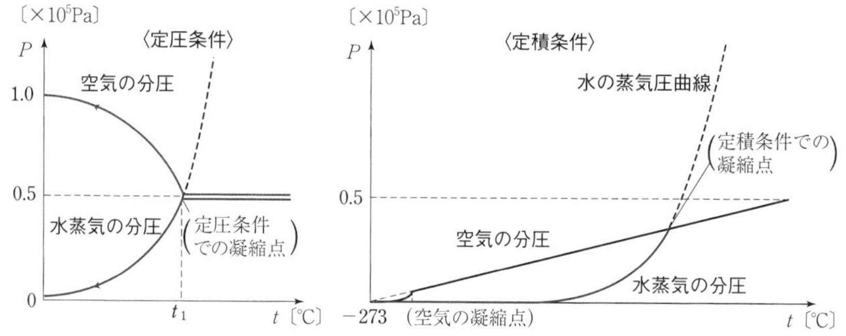

例題　温度と体積が調節可能な密閉容器に窒素 0.40 mol およびベンゼン 0.10 mol を入れ，1.0×10^5 Pa，100℃に保った。この混合気体を 1.0×10^5 Pa に保ったままゆっくりと冷却するものとする。右図のベンゼンの蒸気圧曲線を参考にして，次の問いに答えよ。ただし，窒素はベンゼンには溶解しないものとする。

(1)　ベンゼンの凝縮が始まるのは，約何℃か。

(2)　この混合気体を30℃まで冷却するとき，加えたベンゼンの何％が凝縮しているか。ただし，30℃でのベンゼンの飽和蒸気圧を 1.4×10^4 Pa とする。

(3)　温度を30℃に保ちながら，混合気体の圧力を 2.0×10^5 Pa にすれば，ベンゼンの凝縮する割合は何％になるか。

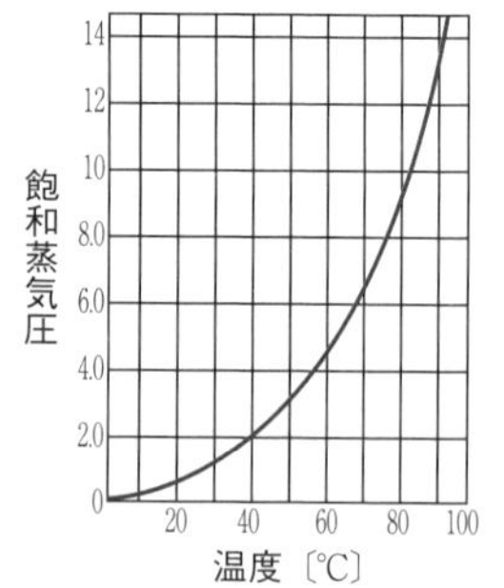

［解］ (1)　ベンゼンがすべて気体であるとすれば，**(分圧)＝(全圧)×(モル分率)** より，ベンゼンの分圧は，　$1.0\times10^5\times\dfrac{0.10}{0.40+0.10}=2.0\times10^4$〔Pa〕

この分圧は，100℃のベンゼンの飽和蒸気圧よりも小さいので，ベンゼンはすべて気体として存在する。

圧力一定で温度を下げていくと，ベンゼンが凝縮するまでは各気体の分圧は一定である。

∴　$P_{ベンゼン}=2.0\times10^4$ Pa とベンゼンの蒸気圧曲線との交点(前ページの図より **約 40℃** 答)で凝縮が始まる。

(2)　30℃で蒸発したベンゼンを x〔mol〕とおくと，気体の**(分圧比)**＝**(物質量比)**の関係より，

$$1.4\times10^4 : (1.0\times10^5-1.4\times10^4)=x : 0.40 \qquad \therefore\ x\fallingdotseq0.0651\text{〔mol〕}$$

よって，凝縮したベンゼンの割合は，　$\dfrac{0.10-0.0651}{0.10}\times100=34.9$　　答　**35%**

(3)　圧力を 2.0×10^5 Pa にしても，ベンゼンの液体が存在する限り，ベンゼンの分圧は 1.4×10^4 Pa で変化しない。蒸発したベンゼンの物質量を y〔mol〕とおくと，

気体の**(分圧比)**＝**(物質量比)**の関係より，

$$1.4\times10^4 : (2.0\times10^5-1.4\times10^4)=y : 0.40 \qquad \therefore\ y\fallingdotseq0.0301\text{〔mol〕}$$

よって，凝縮したベンゼンの割合は，　$\dfrac{0.10-0.0301}{0.10}\times100=69.9$　　答　**70%**

SCIENCE BOX　水飲み鳥のしくみ

まず，水飲み鳥を運動させるには，頭部に水を含ませる必要がある。頭についた水が蒸発するとき，多量の蒸発熱が奪われる。このため，頭部のA空間の温度が下がり，A空間における液体の蒸気圧が低下する(下図)。水飲み鳥の内部の液体には，沸点の低いジクロロメタン CH_2Cl_2(沸点 40℃)，またはジエチルエーテル $C_2H_5OC_2H_5$(沸点 34℃) などの蒸発しやすい揮発性液体が用いられている。これは，温度差による蒸気圧の変化が大きいほど，液体が腹部から頭部へ移動しやすいためである。

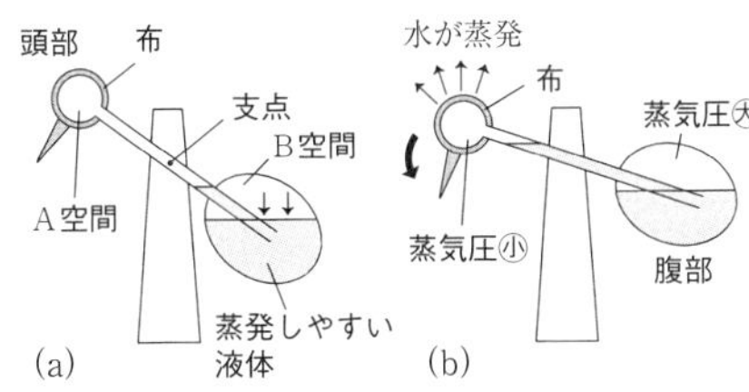

一方，B空間は常温のままであるから，相対的に，A空間の蒸気圧<B空間の蒸気圧となり，この圧力差によって，液体は頭部のほうへ押し上げられていく(左下図(b))。

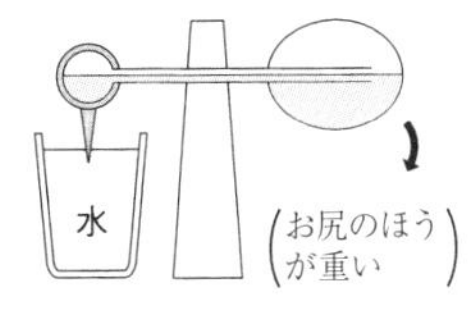

液体が押し上げられると，頭部のほうが重くなって，ついに水飲み鳥は水平となり，再びコップの水に口を突っ込む(上図)。そのとき，A空間とB空間がつながり蒸気圧は等しくなる。すると，水飲み鳥の重心はもともと腹部寄りになるようにつくられている (つまり，頭よりもお尻のほうが重い) ので，圧力差がなくなった時点で，液体は自然に腹部のほうへ流れ落ちていき，やがてもとの状態(左図(a))に戻る。

こうして，水飲み鳥の頭部が上がると，A空間とB空間が再び隔てられる。以上のように，水飲み鳥は頭部が湿っている(つまり，水を飲ませ続ける) 限り，この運動を繰り返すことになる。

例題 図のような両端にコックのついた内容積 20 L の容器があり，滑らかに動く隔壁により A 室(V_A〔L〕)と B 室(V_B〔L〕)に分けられている。A 室にエタノール 0.15 mol，B 室にベンゼン 0.050 mol を入れ，コック a，b を閉じた。ただし，エタノール，ベンゼンの飽和蒸気圧は表の値とする。また，気体定数 $R=8.3\times10^3$ Pa・L/(K・mol) とする。

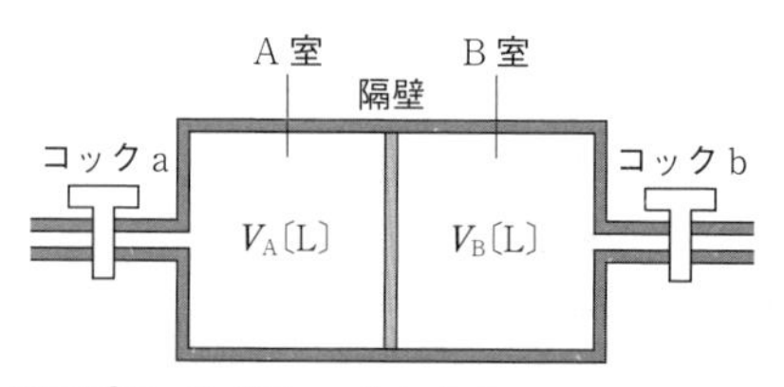

(1) 57℃のとき，$\dfrac{V_A}{V_B}$ の値を求めよ。

(2) 27℃のとき，$\dfrac{V_A}{V_B}$ の値を求めよ。

	27℃	57℃
エタノール	1.0×10^4 Pa	4.4×10^4 Pa
ベンゼン	1.5×10^4 Pa	5.2×10^4 Pa

［**解**］ 本問では，A 室と B 室の圧力が常に等しくなるように隔壁が移動する。A 室と B 室の体積の和は 20 L であるが，各室の体積 V_A，V_B は未定である。そこで，A 室のエタノール，B 室のベンゼンがともにすべて気体で存在すると仮定し，各室の圧力と体積を計算し，その結果に矛盾がなければそれが正解となる。もし，その結果に矛盾があれば，最初の仮定が誤っており，液体が存在するとして，再度，計算し直す必要がある。

(1) 57℃で，A 室，B 室ともにすべて気体で存在すると仮定する。

圧力一定では，気体の(物質量比)＝(体積比)の関係より

$V_A : V_B = 0.15 : 0.050 = 3 : 1$　　$\therefore$ $V_A = 15$ L，$V_B = 5.0$ L

A 室のエタノール蒸気の圧力を P_A〔Pa〕とすると，

$P_A\times15 = 0.15\times8.3\times10^3\times330$　　$\therefore$ $P_A \fallingdotseq 2.7\times10^4$〔Pa〕

この圧力は，57℃のエタノールの飽和蒸気圧より小さいので，A 室のエタノールはすべて気体として存在する。

隔壁の移動により，B 室のベンゼン蒸気の圧力 P_B も 2.7×10^4 Pa になり，この圧力は，57℃のベンゼンの飽和蒸気圧より小さいので，B 室のベンゼンもすべて気体で存在する。これは最初の仮定と矛盾しない。

$$\therefore\ \frac{V_A}{V_B}=\frac{15}{5.0}=\mathbf{3.0}\ \text{答}$$

(2) 27℃で A 室，B 室ともにすべて気体で存在すれば，(1)より $V_A=15$ L，$V_B=5.0$ L

A 室のエタノール蒸気の圧力を P_A'〔Pa〕とすると，

$P_A'\times15 = 0.15\times8.3\times10^3\times300$　　$\therefore$ $P_A' \fallingdotseq 2.5\times10^4$〔Pa〕

この圧力は，27℃のエタノールの飽和蒸気圧 1.0×10^4 Pa より大きいので，A 室にはエタノールの液体が存在し，エタノール蒸気の圧力は 1.0×10^4 Pa と等しい。

隔壁の移動により，B 室のベンゼン蒸気の圧力 P_B' も 1.0×10^4 Pa になる。この圧力は 27℃のベンゼンの飽和蒸気圧より小さいので，B 室のベンゼンはすべて気体で存在する。

改めて B 室のベンゼン蒸気に対して $PV=nRT$ を適用すると，

$1.0\times10^4\times V_B = 0.050\times8.3\times10^3\times300$

$V_B = 12.45 \fallingdotseq 12.5$〔L〕　　$V_A = 20-12.5 = 7.5$〔L〕

$$\therefore\ \frac{V_A}{V_B}=\frac{7.5}{12.5}=\mathbf{0.60}\ \text{答}$$

2-6 理想気体と実在気体

1 理想気体とは

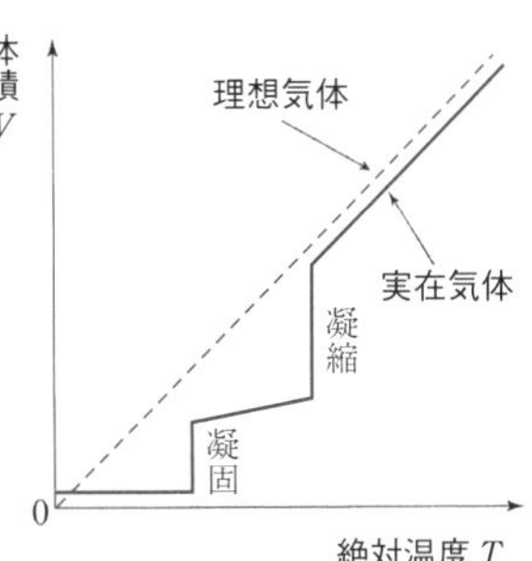

気体の状態方程式 $PV=nRT$(物質量 n：一定)では，温度 T 一定で，P を大きくすると，V は限りなく0に近づき（ボイルの法則)，また，圧力 P 一定で，T を限りなく0に近づけると，V は限りなく0に近づく(シャルルの法則)はずである。しかし，実際に存在する気体(**実在気体**という)では，圧縮して圧力を十分大きくしたり，冷却して十分に温度を下げた場合，気体から液体や固体への状態変化がおこり，体積が0にはならない(上図)。

このように，実在気体は厳密には気体の状態方程式に従わない。これに対して，常に気体の状態方程式が厳密に成立すると仮想した気体を，**理想気体**という。つまり，気体の状態方程式を完全に満足させるには，気体に次の条件を与える必要がある。

(1) 分子間に働く引力を0とすると，いくら温度が下がり分子の熱運動のエネルギーが小さくなっても，気体は凝縮したり凝固することはない。

(2) 分子自身の体積を0とすると，圧力を高くするほど体積は限りなく0に近づく。

上の(1)，(2)の条件を満たす気体ならば，厳密に気体の状態方程式に従うはずである。すなわち，理想気体とは，分子間に分子間力が働かず，分子自身の体積が0(ただし，固有の質量をもつ完全弾性体とする)とみなせる気体のことである。

2 実在気体の理想気体からのずれ

実在気体が理想気体からどれくらいのずれを示すかを知るのに，0℃，1.0×10^5 Pa で，気体1molの占める体積を比較する方法がある。気体の種類によって分子の大きさや分子間力が異なるので，気体1molの体積も少しずつ違っている(右表)❶。

気体1molの体積（0℃，1.0×10^5 Pa)

	化学式	分子量	沸点〔℃〕	1モルの体積〔L〕
A群	H_2	2	−253	22.42
	He	4	−269	22.43
B群	N_2	28	−196	22.41
	Ar	40	−186	22.39
	O_2	32	−183	22.40
	CH_4	16	−164	22.37
C群	HCl	36.5	−85	22.24
	CO_2	44	−79	22.26
	NH_3	17	−33	22.09
	Cl_2	71	−34	22.06
	SO_2	64	−10	21.89

補足❶ 標準状態での理想気体の体積22.414Lがどのようにして求められたかを簡単に説明する。0℃における各種の実在気体の圧力 P と体積 V を次々に実測し，PV と P の関係をグラフに表す。

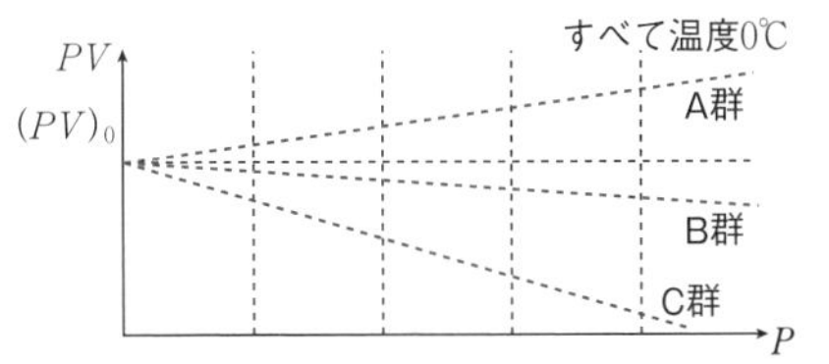

多くの実在気体では，上図のようになる。各気体のグラフを $P\to0$ に外挿して求めた値，すなわち，

$\lim_{P \to 0} PV = (PV)_0$ の値から，標準状態での気体 1 mol の体積が 22.414 L と求められた。

▶ A 群の気体のように，分子量が小さな無極性分子は理想気体の体積に近い値を示すが，C 群の気体のように，無極性分子であっても分子量が比較的大きい CO_2 や Cl_2，および HCl や NH_3 のような極性分子は，理想気体の体積より小さな値をとる❷。

補足❷　A 群の気体では，分子間力よりも分子自身の体積の影響が大きく，C 群の気体では，分子自身の体積よりも分子間力の影響が大きい。一方，B 群の気体では，分子間力と分子自身の体積の影響がほぼ相殺し合い，理想気体に最も近い値を示す。

▶ n mol の理想気体については，状態方程式から導かれる次の値 Z(通常，**圧縮率因子**といい，実在気体の理想気体からのずれを表す指標に用いられる）は，どんな圧力および温度であっても，常に 1 であるはずである。

$$PV = nRT \qquad \therefore \quad \frac{PV}{nRT} = Z$$

右図は，窒素の 3 つの異なった温度における Z と圧力 P の関係を示す。窒素では，その沸点(−196℃)より十分に高温の 200℃ 付近で，約 50×10^5 Pa 以下ならば，Z の値は 1 に近い。しかし，低温になるほど，また，圧力が高くなるほど，Z の値が 1 から大きくずれ，理想気体からのずれが大きくなる❸。

詳説❸　分子間に引力が働くと，分子が集合しようとして，実在気体の体積は理想気体の体積よりも減少する。本来，分子間力（分散力）の大きさは温度に依存しないが，温度が上がると分子の運動エネルギーが大きくなり，相対的に，分子間力によって実在気体の体積を減少させる効果が弱められる。

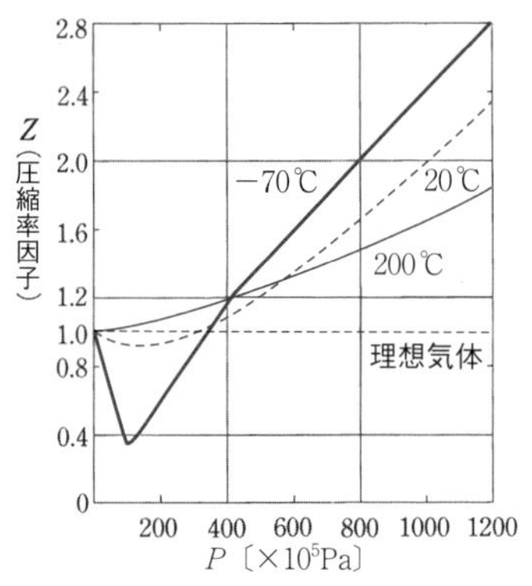

窒素の Z–P 曲線

▶右図は，0℃における各種の気体における Z と P の関係を示す。CO_2 や CH_4 の場合，圧力がそれほど高くない範囲では，Z の値が減少する。これは，P が大きくなるにつれて，実在気体の体積の実測値がボイルの法則で求めた体積の計算値（理論値）よりも小さくなったことを示す。つまり，加圧により分子間距離が小さくなると，分子間力が強く作用して引き合い，実在気体の体積がより減少したためである。

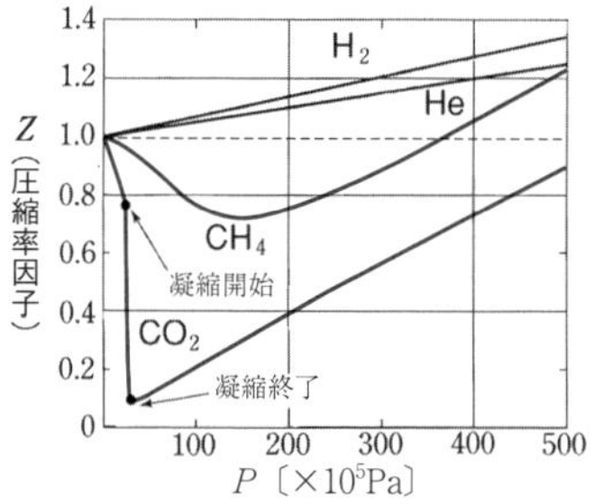

各種気体の Z–P 曲線（0℃）

圧力をさらに高くすると，Z の値が増加する。これは，高圧で分子間距離がある限度より小さくなると，いままで働いていた分子間の引力に対して，分子間に互いの電子雲の重なりによる強い反発力が働くようになるためである。また，気体の体積に対して気体分子自身の体積が無視できなくなり，実在気体の体積の実測値がボイルの法則で求めた体積の計算値(理論値)よりも大きくなり，結果的に Z の値が大きくなるためである。

つまり，グラフの $Z<1$ の範囲では，分子間力の影響＞分子自身の体積の影響であることを，$Z>1$ の範囲では，分子自身の体積の影響＞分子間力の影響であることを示す❹。

詳説❹ H_2 や He は，0℃では分子間力の影響がほとんどあらわれず，分子自身の体積の影響により Z のグラフは右上がりに直線的に増加している。一方，0℃で CO_2 を圧縮すると，Z の値は急激に減少（グラフはほぼ垂直に降下）して，約 40×10^5 Pa で凝縮してしまう。このあとは，液体の圧縮となるから体積の減少がおこりにくく，曲線は急勾配で上昇する。

CO_2 の臨界温度は 31℃（p. 129）であるから，これ以上の温度では凝縮することはない。CO_2 を 80℃で同様に圧縮すると，CH_4 によく似た滑らかな曲線となる。すなわち，0℃の CO_2 での Z-P 曲線の変化がとくに激しいのは，凝縮とそれに伴う液体の圧縮のためであり，他の気体は 0℃ではすべて気体として存在しているので，グラフの形がかなり違っている。

►このように，実在気体では低温・高圧になるほど理想気体からのずれが大きくなり，高温・低圧になるほど理想気体に近づくようになる。一般に，常温以上で圧力が $(1\sim10)\times10^5$ Pa 程度の実在気体は，いずれも理想気体からのずれはほとんどなく，気体の状態方程式がよくあてはまる❺。

詳説❺ 高圧下では，気体分子が自由に運動できる空間が狭くなり，気体の体積に対して気体分子自身の体積が無視できなくなるし，分子間の平均距離が小さくなると，分子間力の影響も大きくなってくる。また，低温下では，分子の運動エネルギーが小さくなるので，分子間力の影響が相対的に大きくなり，無視できなくなるためである。

一方，低圧下では，単位体積中の分子の数が少ないので，気体の体積に対して気体分子自身の体積が無視できるし，分子間距離が大きくなると分子間力の影響も小さく無視できる。また，高温になっても分子間力は小さくなるわけではないが，分子のもつ運動エネルギーは飛躍的に大きくなるので，相対的に分子間力の影響は小さくなり，無視できるようになる。

3 ファンデルワールスの状態方程式

実在気体は，高圧や低温になると理想気体から外れた挙動を示すようになる。この原因は，(1) 気体分子が有限の体積をもつ，(2) 気体分子間に分子間力が働く，ためである。そこで，オランダの**ファンデルワールス**は，これらの効果を補正することにより，実在気体にも成り立つ状態方程式を導いた。

いま，温度 T〔K〕，物質量 n〔mol〕，圧力 P'〔Pa〕，体積 V'〔L〕の実在気体があり，この P'，V' を理想気体の圧力，体積に補正した値を P〔Pa〕，V〔L〕とする。

1 分子自身の体積の影響の補正

実在気体においては，1 mol あたりの分子自身が占める体積を b とすると，この分だけ気体の占める空間は大きくなる❻。たとえば，同じ大きさの容器中で同数の理想気体と実在気体の分子が同じ程度の激しさで熱運動をしているとする。実在気体では自身の体積分だけ分子の動き回れる空間が狭くなっており，この分だけ衝突回数が多くなるので，器壁に対する圧力は増す。圧力一定の条件ならば，実在気体の体積は，自身の体積分だけ大きくならなければならない。すなわち，気体の体積とは，分子が自由に動き回れる空間にほかならない(これが理想気体の体積に相当する)。よって，理想気体 n〔mol〕の占める体積 V は，実在気体の体積 V' から自身の占める体積分 nb を引いたものとなる。

$$\therefore \quad V=(V'-nb) \quad \cdots\cdots\cdots ①$$

詳説❻ 本当は，b は分子 1 mol あたりの実体積ではなく，分子 1 mol あたりの排除体積のことである。分子自身が一定の大きさをもつために，同時に空間の同一場所を占めることはできない。つまり，各分子はその周囲に他の分子の侵入を排除する空間をもつ。この空間の体積を**排除体積**という。

理想気体の体積 V
（分子に大きさがない。）

実在気体の体積 V'
排除体積
（分子に大きさがある。）

いま，半径 r の分子 A に半径 r の分子 B が近づく場合を考えよう。右図のように，分子 B の中心は分子 A の中心から半径 $2r$ の球の範囲内には入り込むことはできない。この体積は，分子 A の実体積の 8 倍分に相当する。

$$\frac{4}{3}\pi(2r)^3=\frac{4}{3}\pi r^3\times 8$$

A
B
2r

この結果から，直ちに，分子 A，B それぞれの排除体積が実体積の 8 倍分とはならない。なぜなら，上記で考えた分子 A と分子 B の排除体積には重複があるからである。すなわち，実体積の 8 倍分の排除体積は，A と B の 2 分子について考えたものなので，1 分子あたりで考えると，その半分の 4 倍分の体積となる。つまり，気体 1 分子あたりの排除体積は，その気体 1 分子の実体積の 4 倍に等しい。

さらに，A，B，C 3 分子が同時に衝突した場合までを考えると，A の排除体積（実体積の 8 倍分）を，3 分子で分けることになるから，実体積の $\frac{8}{3}$ 倍ということになる。しかし，実際には気体 3 分子が同時に衝突する確率は極めて小さいから，通常は 2 分子衝突だけを考えればよい。

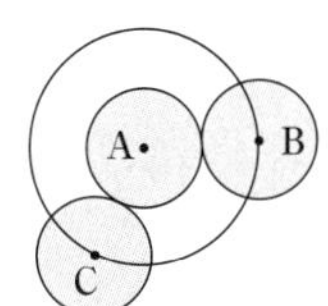

2　分子間力の影響の補正

気体の圧力とは，分子が容器に衝突するときに器壁に及ぼす圧力のことで，この衝突の力は分子間力により弱められる。したがって，実際に測定された実在気体の圧力 P' に分子間力による減少分を加えると，理想気体の圧力 P に補正することができる。

この分子間力の大きさは，1 個の分子を固定して考えるとよい。この分子を A，それを取り巻く各分子を B とすると，分子 A は分子 B から引力を受けるので，分子 A に作用する引力は，分子 B の濃度 $\frac{n}{V'}$ に比例する（分子 B の濃度は，気体分子の全体の濃度に等しいと考えてよい）。さらに，以上のことは，各分子 B を分子 A と見なして固定しても同様である。したがって，気体全体での分子間力の大きさは，$\frac{n}{V'}\times\frac{n}{V'}=\left(\frac{n}{V'}\right)^2$ に比例する。すなわち，分子間力による圧力の減少分は，気体分子の濃度の 2 乗に比例することになる。

いま，a をそれぞれの気体に固有の分子間力に関する比例定数とすると，$a\times\left(\frac{n}{V'}\right)^2$ が分子間力による圧力の減少分となる。よって，実在気体の圧力 P' に上記の補正分を加えたものが，理想気体の圧力 P となる。

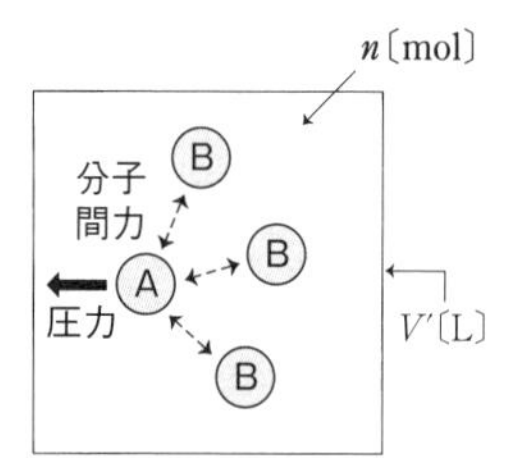

$$\therefore \quad P=\left(P'+\frac{an^2}{V'^2}\right) \quad \cdots\cdots\cdots ②$$

①，②式を理想気体の状態方程式 $PV=nRT$ に代入すると，次の方程式が得られる。

$$\left(P'+\frac{an^2}{V'^2}\right)(V'-nb)=nRT \quad \cdots\cdots ③$$

③式を，**ファンデルワールスの状態方程式**といい，実在気体のかなり広い圧力範囲で成立する❼。a，b は**ファンデルワールス定数**とよばれ，各気体でそれぞれ固有の値をとるが，a が大きいほど分子間力の影響が大きい気体，b が大きいほど分子自身の体積の影響が大きい気体と考えてよい。

ファンデルワールス定数

気体	a 〔kPa·L^2/mol^2〕	b 〔L/mol〕	分子直径〔nm〕
He	3.4	0.0237	0.266
H_2	24.2	0.0264	0.276
N_2	135	0.0391	0.314
O_2	136	0.0318	0.293
CH_4	225	0.0428	0.323
CO_2	356	0.0427	0.323
H_2O	546	0.0305	0.290

補足❼ 上の③式を 1 mol の気体について考えると，$n=1$ を代入して次の④式が得られる。

$$\left(P'+\frac{a}{V'^2}\right)(V'-b)=RT \quad \cdots\cdots ④$$

320 K における CO_2 1 mol の体積を比較すると（右表），低圧ではいずれも実測値とよく一致しているが，高圧になるほど理想気体の状態方程式からのずれは大きくなるが，ファンデルワールスの状態方程式による計算値と実測値は比較的よく一致している。

P〔×10^5 Pa〕	CO_2 1 mol の体積（320 K）		
	理想気体の式	ファンデルワールス式	実測値
1	26.3	26.2	26.2
10	2.63	2.53	2.52
40	0.66	0.55	0.54
100	0.26	0.10	0.098

(1) 分子間力の影響が分子自身の体積の影響よりも大きい場合には，④式に $b=0$（分子自身の体積を無視）を代入して，

$$\left(P'+\frac{a}{V'^2}\right)V'=RT \quad \therefore \quad \frac{P'V'}{RT}=1-\frac{a}{V'RT}<1 \quad \left(\frac{a}{V'RT}>0 \text{ より}\right)$$

よって，$Z=\dfrac{P'V'}{RT}$ のグラフは，1 より下方へのずれを示す（p. 146）。

(2) 分子自身の体積の影響が分子間力の影響よりも大きい場合には，④式に $a=0$（分子間力を無視）を代入して， $P'(V'-b)=RT \quad \therefore \quad \dfrac{P'V'}{RT}=1+\dfrac{bP'}{RT}>1 \quad \left(\dfrac{bP'}{RT}>0 \text{ より}\right)$

よって，$Z=\dfrac{P'V'}{RT}$ のグラフは，1 より上方へのずれを示す。

参考 一般に，低圧（数十×10^5 Pa 以下）では，気体の圧縮率因子 Z は，低温で $Z<1$，高温で $Z>1$ となるが（p. 146 上図），その間に $Z=1$，すなわちボイルの法則に従う温度が存在する。この温度を**ボイル温度**という。たとえば，窒素 N_2 のボイル温度 T_b は次のように求められる。

④式より， $P'V'=RT+bP'-\dfrac{a}{V'}+\dfrac{ab}{V'^2}$ （低圧では V' は大きいので第 4 項は無視できる。） ……⑤

ボイル温度では，$P'V'=RT$ が成り立つから，第 2 項と第 3 項は等しくなる。

⑤式において， $bP'-\dfrac{a}{V'}=0 \quad \therefore \quad b=\dfrac{a}{P'V'}$

また，ボイル温度 T_b では，$P'V'=RT_b$ が成り立つから， $b=\dfrac{a}{RT_b} \quad \therefore \quad T_b=\dfrac{a}{bR}$

上表の a，b の値を用いて， $T_b=\dfrac{135\times10^3}{0.0391\times8.3\times10^3}\fallingdotseq416$〔K〕

SCIENCE BOX　ファンデルワールスの状態方程式と臨界点

下図は，温度一定の条件で，1 mol の CO_2 についての圧力 P と体積 V の関係を調べた曲線(**等温線**)を示す。

30.0℃の場合，A 点の気体を圧縮していくと，圧力は曲線 AB に従って増加する。B 点で凝縮が始まり，さらに圧縮しても圧力は変化しない（この圧力は 30.0℃での CO_2 液体の飽和蒸気圧を示す）。そして，C 点で凝縮が完了する。さらに圧縮すると，以後は液体の圧縮となるので，等温線 CD は急激に上昇する。

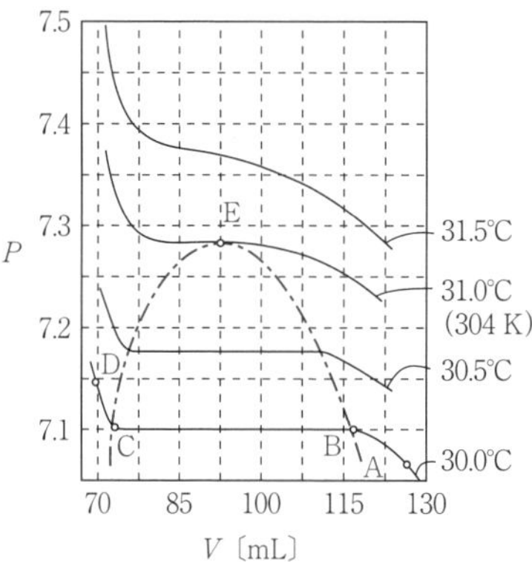

31.0℃の場合，液体の存在する水平部分はなくなり，どんなに高い圧力を加えても気体の凝縮はおこらない。このような点 E を**臨界点**といい，その圧力，体積，温度をそれぞれ**臨界圧力 P_c**，**臨界体積 V_c**，**臨界温度 T_c** といい，各物質ごとに固有の値をとる。臨界温度とは，気体を凝縮できる最高温度のことであり，この温度以上になると，気体と液体の界面は消失し，その区別がつかない**超臨界流体**(p. 129)となる。

臨界点は，実在気体 1 mol に関する**ファンデルワールスの状態方程式**(①式)の定数 a，b から理論的に計算で求められる。

$$\left(P+\frac{a}{V^2}\right)(V-b)=RT \quad \cdots\cdots ①$$

a，b は，気体の種類により決まる正の定数で，**ファンデルワールス定数**という。

①式を展開して整理すると，V に関する三次方程式(②式)が得られる。

$$V^3-\left(b+\frac{RT}{P}\right)V^2+\frac{a}{P}V-\frac{ab}{P}=0 \quad \cdots ②$$

②式は，$T=270$ K のとき，極大値と極小値をもつ曲線で，下図の x と y の部分の面積が等しくなるように，P＝一定の直線を引くと，この線上では CO_2 は液体と気体が共存する気液平衡の状態となり，この範囲内で，V は３つの解をもつ。

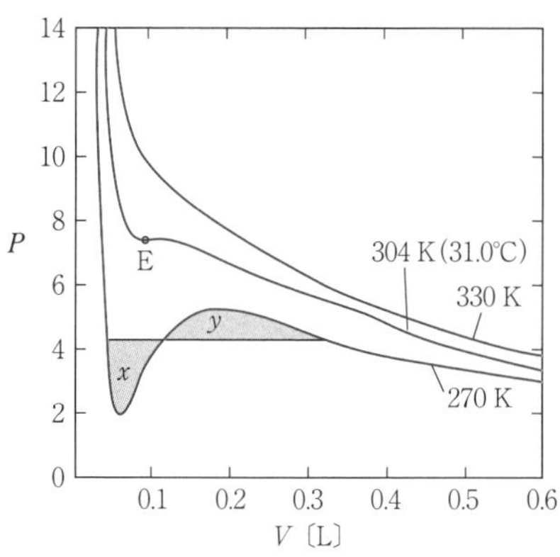

$T=304$ K では，３つの解が完全に一致する点があり，それが臨界点（上図の E 点）である。したがって，

$$(V-V_c)^3=0$$

$$V^3-3V_cV^2+3V_c^2V-V_c^3=0 \quad \cdots\cdots ③$$

②，③式の係数を比較して（臨界点では $T=T_c$，$P=P_c$ である），

$$3V_c=b+\frac{RT_c}{P_c} \quad \cdots\cdots ④$$

$$3V_c^2=\frac{a}{P_c} \quad \cdots\cdots ⑤ \qquad V_c^3=\frac{ab}{P_c} \quad \cdots\cdots ⑥$$

⑥÷⑤より　$\boldsymbol{V_c=3b}$　……⑦

⑦を⑥へ代入　$\boldsymbol{P_c=\frac{a}{27b^2}}$　……⑧

⑦，⑧を④へ代入　$\boldsymbol{T_c=\frac{8a}{27bR}}$

例題 ファンデルワールスは，1 mol の実在気体について，圧力 P〔Pa〕，体積 V〔L〕，絶対温度 T〔K〕，気体定数 R〔Pa･L/(K･mol)〕とするとき，①式の状態方程式を提唱した。

$$\left(P+\frac{a}{V^2}\right)(V-b)=RT \quad \cdots\cdots①$$

①式において，a は分子間力の影響，b は分子自身の体積の影響をそれぞれ補正するためのファンデルワールス定数であり，各気体によって異なる値を示す。なお，理想気体の場合は $a=0$，$b=0$ である。

1 mol の実在気体について，$\dfrac{PV}{RT}=Z$(圧縮係数)は，簡単に②式のように表せる。

$$Z=1-k_1+k_2 \quad \cdots\cdots②$$

なお，k_1 は分子間力の影響，k_2 は分子自身の体積の影響をそれぞれ表す正の値であり，P，T，および気体の種類によって変化する。

(1) k_1，k_2 を P，V，R，T，a，b のうち，必要なものを用いて表せ。

(2) 実在気体であっても，ある温度では $Z=1$ となり理想気体のように振るまうことがある。この温度をボイル温度 T_B〔K〕という。T_B を a，b，R を用いて表せ。

(3) 二酸化炭素の Z の値は圧力の増加とともに最初は減少するが，極小点を経て，やがて増加する。一方，水素の Z の値は圧力が増加しても極小点はあらわれず，単調に増加する。この違いについて説明せよ。

［解］ (1) ①式を展開すると，$PV=RT-\dfrac{a}{V}+bP+\dfrac{ab}{V^2} \quad \cdots\cdots③$

分子自身の体積の影響が無視できる場合，③式に $b=0$ を代入して

$$PV=RT-\frac{a}{V} \quad (\div RT) \qquad \frac{PV}{RT}=1-\frac{a}{RTV} \qquad \therefore\ \boldsymbol{k_1=\frac{a}{RTV}}$$ 答

分子間力の影響が無視できる場合，③式に $a=0$ を代入して

$$PV=RT+bP \quad (\div RT) \qquad \frac{PV}{RT}=1+\frac{bP}{RT} \qquad \therefore\ \boldsymbol{k_2=\frac{bP}{RT}}$$ 答

(2) 比較的低圧では $V\to$㊅，$V^2\to$さらに㊅なので，③式の右辺の第 4 項は第 1，2，3 項に比べて微小量となるので無視できる。

$$PV=RT-\frac{a}{V}+bP \quad \cdots\cdots④$$

ボイル温度 T_B では，④式の右辺の第 2 項と第 3 項は等しいから，$\dfrac{a}{V}=bP$

また，状態方程式 $PV=RT_B$ が成り立つから，$\dfrac{a}{b}=PV=RT_B \qquad \therefore\ \boldsymbol{T_B=\dfrac{a}{bR}}$ 答

(3) **CO_2 の場合，中圧領域では，圧力の増加に伴って分子密度が増加し，分子間の平均距離が減少するので，分子間力の影響(k_1)が大きくあらわれ，Z の値は減少し，極小点が現れる。**

高圧領域では，分子密度がさらに増加し，分子の運動できる空間が減少し，分子自身の体積の影響(k_2)が大きくあらわれ，Z の値が増加する。

H_2 の場合，無極性分子で分子量も小さいので，分子間力の影響(k_1)は小さく，極小点はあらわれない。すべての圧力領域で，分子自身の体積の影響(k_2)があらわれ，Z の値が単調に増加する。

答

SCIENCE BOX 圧縮率因子の温度依存性

(1) 圧縮率因子について

実在気体 1 mol では，一定温度で圧力を変えて体積を測定し $\frac{PV}{RT}$ 値を求めると，1より増減する。そこで，この $\frac{PV}{RT}=Z$（**圧縮率因子**という）は，実在気体の理想気体からのずれを表す指標として用いられる。

すなわち，$Z<1$ では，分子間力により分子どうしが引き合い，実在気体の体積が理想気体の体積よりも減少しており，$Z>1$ では，分子自身の体積の影響により，実在気体の体積が理想気体の体積よりも増加していることを示す。

実在気体では Z は P の影響を受けるので，Z を P の関数で表し，次のように級数展開(**ビリアル展開**)することができる。

$$Z=1+B'P+C'P^2+\cdots \qquad \cdots①$$

また，圧力 P は体積 V に反比例するから，Z は V の関数でも表せる。

$$Z=1+\frac{B}{V}+\frac{C}{V^2}\cdots \qquad \cdots②$$

B，C は，第2，第3**ビリアル係数**という*。

* 第1ビリアル係数は1である。②式は低圧では第1項，中圧～高圧では第2項まで考慮すればよく，第3項以降は考慮する必要はない。

(2) ファンデルワールスの状態方程式について

実在気体 1 mol について，ファンデルワールスの状態方程式は次式で表される。ただし，a は分子間力，b は分子自身の体積でそれぞれ決まる正の定数で，**ファンデルワールス定数**という。

$$\left(P+\frac{a}{V^2}\right)(V-b)=RT \qquad \cdots③$$

$$P=\frac{RT}{V-b}-\frac{a}{V^2}$$

両辺に $\times\frac{V}{RT}$　$\frac{PV}{RT}=\frac{V}{V-b}-\frac{a}{VRT}$

$$\frac{PV}{RT}=\frac{1}{1-\frac{b}{V}}-\frac{a}{VRT}$$

右辺の第1項をビリアル展開すると，

$x\ll1$ のとき，$\frac{1}{1-x}=1+x+x^2+\cdots$ なので，

$$Z=\frac{PV}{RT}=1+\frac{b}{V}-\frac{a}{VRT}+\left(\frac{b}{V}\right)^2\cdots$$

$$Z=\frac{PV}{RT}=1+\frac{1}{V}\left(b-\frac{a}{RT}\right)+\left(\frac{b}{V}\right)^2\cdots \quad \cdots④$$

$\left(b-\frac{a}{RT}\right)$：**第2ビリアル係数**(以下，係数 B という)

(3) ボイル温度について

実在気体でもボイルの法則に従う温度を**ボイル温度** T_b といい，実在気体の T_b は，④式の第2ビリアル係数 B が0になる温度といえる。

ファンデルワールス定数	a [Pa·L²/mol²]	b [L/mol]
水素　H_2	2.42×10^4	2.64×10^{-2}
窒素　N_2	1.35×10^5	3.91×10^{-2}

$b-\frac{a}{RT}=0$ より，$T_b=\frac{a}{bR}$　$\cdots⑤$

水素 H_2 のボイル温度 T_b は，

$$T_b=\frac{a}{bR}=\frac{2.42\times10^4}{2.64\times10^{-2}\times8.3\times10^3}$$

$$=110.5\fallingdotseq111\ \mathrm{K}$$

同様に，N_2 の $T_b\fallingdotseq416$ K となる。

(4) 圧縮率因子の温度依存性について

圧縮率因子 Z の温度依存性は，第2ビリアル係数 B の温度変化(下表)で理解できる。

水素	第2ビリアル係数	窒素	第2ビリアル係数
80 K	−8.9	200 K	−35.5
100 K	**−1.7**	300 K	−0.9
200 K	11.2	**400 K**	**9.1**
320 K	14.9	500 K	16.7
400 K	15.8	600 K	21.2

化学便覧　基礎編　改訂6版　(2021)　p.685

上表より，$T<T_b$ では係数 B は負であり，$\frac{a}{RT}>b$ となり，分子間力の影響が分子自身の体積の影響よりも大きくなる。

$T=T_b$ では係数 B は0であり，$\frac{a}{RT}=b$ となり，分子間力の影響と分子自身の体積の影響がほぼ釣り合う。

$T>T_b$ では係数 B は正であり，$\frac{a}{RT}<b$ となり，分子自身の体積の影響が分子間力の影響よりも大きくなる。

第3章　溶液の性質

2-7　溶解のしくみ

1　溶液とは

水に少量の食塩を加えてかくはんすると，やがて食塩の結晶はなくなり，全体が均一な食塩水ができる。このように，液体中に他の物質が混合して均一な液体となる現象を**溶解**という。このとき，水のように他の物質を溶かす液体を**溶媒**，塩化ナトリウムのように溶け込んだ物質（固体，液体，気体）を**溶質**という❶。また，溶解によって生じた均一な液体の混合物を**溶液**という❷。単に溶液といえば，水溶液をさす。

補足❶　液体どうしの溶解では，物質量の多いほうを溶媒，少ないほうを溶質とする。また，アルコール水溶液とは，水に比較的少量のアルコール（溶質）を溶かしたものを，ヨードチンキはアルコールに少量のヨウ素（約2%）を溶かしたヨウ素のアルコール溶液をさす。

補足❷　溶解の過程において，溶質粒子は熱運動をしながら溶媒分子中へ拡散していく。いったん溶液となったものは，温度，圧力などの条件が変化しない限り，自然に，もとの溶質と溶媒の状態へ戻ることはない。

►水 H_2O，エタノール C_2H_5OH のように極性分子からなる溶媒は**極性溶媒**，ベンゼン C_6H_6 や四塩化炭素 CCl_4 およびヘキサン C_6H_{14} のように無極性分子からなる溶媒は**無極性溶媒**とよばれる。一方，塩化ナトリウム NaCl や塩化水素 HCl のように水に溶けたとき，正や負のイオンに電離する物質を**電解質**といい，電解質の水溶液は電気を導く性質をもつ。さらに，電解質は塩化ナトリウムのように水に溶けてほぼ完全に電離する**強電解質**と，酢酸のように溶けた分子のうち一部しか電離しない**弱電解質**に分けられる。

電解質と非電解質

電解質	強電解質	硝酸カリウム KNO_3 水酸化ナトリウム NaOH
	弱電解質	酢酸 CH_3COOH，アンモニア NH_3
非電解質		グルコース $C_6H_{12}O_6$ 尿素 $CO(NH_2)_2$

$$NaCl \longrightarrow Na^+ + Cl^- \qquad CH_3COOH \rightleftharpoons CH_3COO^- + H^+$$

これに対して，エタノール C_2H_5OH やグルコース（ブドウ糖）$C_6H_{12}O_6$ のように水に溶けても電離しない物質を**非電解質**といい，非電解質の水溶液は電気を導かない。

2　イオン結晶の水への溶解

水が多くのイオン結晶をよく溶かすのは，水分子が図のように O 原子がやや負（$\delta-$）に，H 原子がやや正（$\delta+$）に帯電した極性分子であるからである。塩化ナトリウムの結晶を水に入れると，結晶の表面にある Na^+ には水分子中の $O^{\delta-}$ 原子が，Cl^- には水分子中の $H^{\delta+}$ 原子が静電気力により引きつけられる。このように，溶質粒子が水分子によって取り囲まれ安定化する現象を**水和**という。結晶表面にある多くの Na^+ や Cl^- に対して水和がおこると，イオン結晶を構成する静電気力が弱められ，結晶が崩れやすくなる❸。やがて，各イオ

δ−
O
H　H
δ+　δ+

ンは周囲にいくつかの水分子が取り囲まれた**水和イオン**となり，熱運動によって水中へ拡散し，均一な溶液となる。これがNaCl結晶の水への溶解の全過程である❹。

詳説❸ NaClなどのイオン結晶は，Na^+とCl^-の間に働く静電気力で結晶が構成されている。

$$f=\frac{1}{4\pi\varepsilon}\cdot\frac{q_1q_2}{r^2}$$

（f：静電気力，q_1，q_2：イオンの電荷，π：円周率
r：イオン間の距離，ε：溶媒の誘電率）

空気と水の誘電率はそれぞれ1，80であるから，空気中でのNa^+とCl^-間の静電気力の強さを1とすると，水中では$\frac{1}{80}$に弱まる。つまり，**誘電率**とは加えた電場によって，物質が分極(p. 65)する度合いを表した量といえる。つまり，極性は個々の分子をミクロに見たときの分極の度合いを表しているのに対し，誘電率は液体全体をマクロに見たときの分極の度合いを表している。つまり，イオン結晶を水のような強い極性溶媒中に入れると，結晶中に働く静電気力が水中へ漏れ出していくため，静電気力が弱まると考えればよい。

〈誘電率〉　空気(真空)1　水80　エタノール24　四塩化炭素2.2
ベンゼン2.3　ジエチルエーテル4.3　メタノール33　酢酸6.2

詳説❹ 水中ではイオン結晶中の静電気力がかなり弱まっているので，水分子と各イオンの間に働く静電気力とはほぼ等しい状態となる。それでは，イオン結晶のどのような部分から溶解が進んでいくのかというと，結晶の頂点に位置するイオンでは，結晶内部に$\frac{1}{8}$しか含まれていないので，結晶内部のイオンの間に働いている静電気力に比べるとかなり弱い。

一方，残る$\frac{7}{8}$の部分は周囲を水分子と接しているから，水分子との間に働く静電気力はかなり強い。このような部分では，イオンは水和により容易に水和イオンとなって結晶外へ運び出しやすいと考えられる。

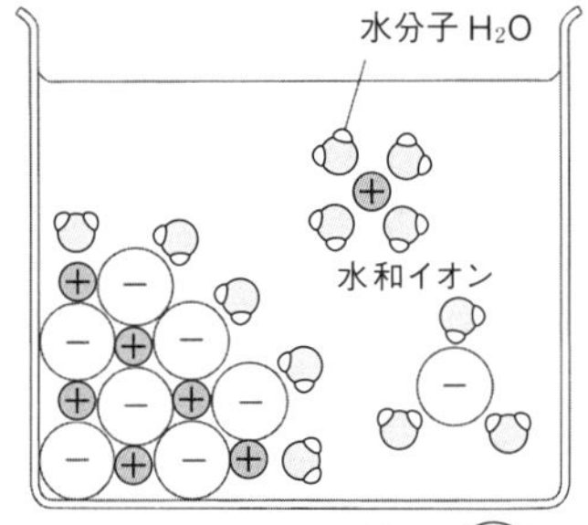

NaClの水への溶解　⊕ Na^+　⊖ Cl^-

►つまり，NaClの結晶が水に溶けるのは，(1) イオンと水分子との間に引き合う静電気力によって水和がおこること，(2) Na^+とCl^-の間に働く静電気力が弱められていること，という2つの条件が満たされるからである。

一方，イオン結晶がベンゼンのような無極性溶媒に溶けにくいのは，(1) イオンと無極性分子との間にはほとんど引力が働かないこと，(2) 無極性溶媒は，誘電率が小さいので，Na^+とCl^-の間に働く静電気力が弱められないこと，などが原因と考えられる。

しかし，イオン結晶でも$BaSO_4$，$CaCO_3$，$Ca_3(PO_4)_2$のように，陽イオンおよび陰イオンの価数がともに大きく，強い静電気力が働く場合には，結晶表面のイオンに水和がおこっても，これらのイオンを水中へ運び出すことはできないので，水に溶けにくい❺。

補足❺ NaClは水によく溶けるのに，AgClは水にほとんど溶けない理由は次の通りである。

NaClではNaとClの電気陰性度の差が大きいので，イオン結合性が強い。一方，AgClではAgとClの電気陰性度の差が小さいので，共有結合が強い。一般に，水和により，イオン結合の結合力は弱まるが，共有結合の結合力は変わらない。したがって，AgClは強い共有結合性のために水に溶けにくくなる。

<u>Na</u> <u>Cl</u>　差 2.3
0.9　3.2

<u>Ag</u> <u>Cl</u>　差 1.3
1.9　3.2

（下線の下の数値は電気陰性度）

3 分子性物質の溶解性

分子性物質のエタノール C_2H_5OH や糖類のグルコース $C_6H_{12}O_6$ が水に溶けやすいのは，分子中に極性をもつ**ヒドロキシ基** -OH が存在し，水分子が水素結合によって水和しやすいからである。水和がおこりはじめると，エタノール分子間の水素結合はしだいに切れ，エタノールは“水和分子”の状態となって，水中に拡散していく❻。

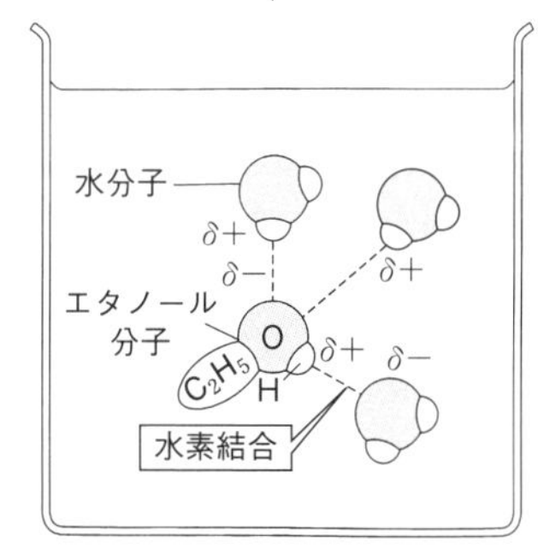

エタノール分子の水和

エタノール分子中の -OH のように，極性をもち水和しやすい部分を**親水基**という。また，エチル基 C_2H_5- のような炭化水素基 C_mH_n- (p. 569) の部分は，極性がなく水和されにくいので**疎水基**とよばれる❼。

補足❻ グルコース分子には右図のように5個のヒドロキシ基が存在し，この部分で水和がおこりやすいので，水によく溶ける。

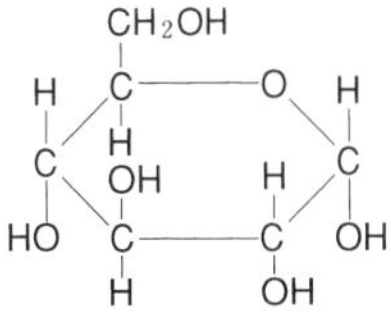

詳説❼ ブタノール C_4H_9OH のように，疎水基の部分が大きくなると，分子全体に占める疎水基の影響が親水基の影響を上回るようになり，水に溶けにくくなる。アルコールでは，親水基の影響が強ければ水に溶けやすく，疎水基の影響が強ければ無極性溶媒であるベンゼン C_6H_6 やヘキサン C_6H_{14} などに溶けやすくなる傾向がある。

アルコール	溶解度〔g/100 g 水〕
C_3H_7OH	∞
C_4H_9OH	7.4
$C_5H_{11}OH$	2.2
$C_6H_{13}OH$	0.6

►さて，無極性分子であるヨウ素 I_2 を水中に加えた場合を考える。ヨウ素分子には極性がないので，極性分子の水との間には弱いファンデルワールス力しか働かない。一方，水分子どうしは，比較的強い水素結合によって集合しているので，I_2 分子には水和がおこらず，水とヨウ素は互いに溶け合わない❽。

このように，溶質が溶媒中に溶けるためには，溶質粒子が溶媒分子に取り囲まれ安定化する必要がある。この現象を**溶媒和**といい，とくに溶媒が水の場合を**水和**という。溶媒和がおこると，溶質粒子間に働いていた引力が弱まり，やがて溶媒和された溶質粒子が熱運動によって溶媒中に拡散するので，溶質と溶媒が均一に混合して溶液となる。

詳説❽ 同様に，グルコースのような極性分子は，四塩化炭素 CCl_4 のような無極性溶媒には溶けにくい。これは，溶質のグルコース分子が比較的強い水素結合で集合しているのに対して，無極性の CCl_4 分子と極性のあるグルコース分子の間には弱いファンデルワールス力しか働かないためである。たとえ，グルコースに対して四塩化炭素が溶媒和したとしても，比較的強い水素結合で集合しているグルコース分子を溶媒中へ運び出すことが困難と考えられる。

►ヨウ素 I_2 やナフタレン $C_{10}H_8$ などの無極性分子は，無極性溶媒である四塩化炭素にはよく溶ける。一般的に，極性のよく似た2種の分子 A, B による混合の場合，A-A 分子間，B-B 分子間，A-B 分子間に働く分子間力の強さはいずれも同程度であるから，どのような結合をつくってもエネルギー的には大差がない。すると，A，B 分子は自由に配置を交換できるので，A，B 分子が別々に分かれて存在する確率よりも，A，B 分子が混じり合って存在する確率のほうがずっと大きい。したがって，まったく自由な配置が許される反応系では，A，B 分子がそれぞれ別々に分離した乱雑さの小さな状態から，A，B 分子が混合した乱雑さの大きな状態へ向かう変化が優勢となり，溶解が進行する❾。

詳説❾ たとえば，アンモニア水を入れたびんのふたをとると，アンモニアの臭いが空気中に広がっていく。このように，気体分子が熱運動により広い空間へ拡散していくのは，熱運動している各分子が，自由度の小さな規則性のある状態から，より自由度の大きな乱雑な状態になりやすい傾向をもつためである。このように，物質の構成粒子がその配置の規則性を失ったり，運動の自由度を増す場合，**エントロピー**(＝系の**乱雑さ**の程度を表す指標)が増大するという。気体分子の間には，ほとんど引力が働いていないので，まったく自由な配置が許される。したがって，どのような気体でも任意の割合で完全に混合し合うことができる。

►液体どうしの混合の場合も，メタノールと水のような極性溶媒どうしや，ベンゼンと四塩化炭素のように無極性溶媒どうしはよく溶け合うが，水と四塩化炭素のような極性溶媒と無極性溶媒の組み合わせでは，溶け合わずに二層に分離してしまう。つまり，極性の似たものどうしがよく溶け合うといえる❿。

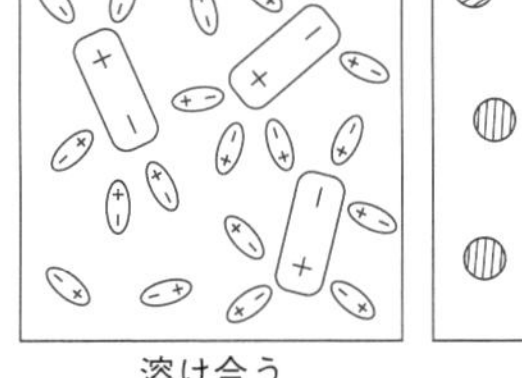

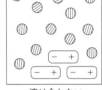

溶け合う　　溶け合わない

溶け合う

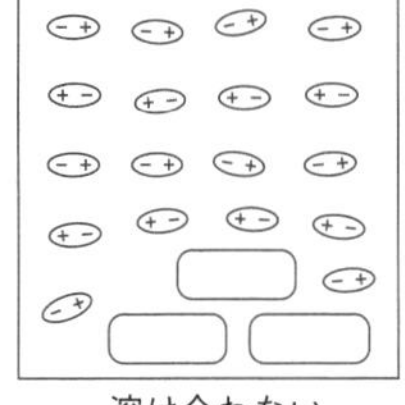

溶け合わない

詳説❿ 物質の溶けやすさは，主として極性の有無で決められるが，その他の要因として，分子の形や大きさがよく似ているものどうしほど溶けやすくなる傾向がある。

参考 A 分子と B 分子の溶解性を，A 分子と B 分子の間で引き合う力の大小関係，すなわちエネルギーの面から考えてみる。

⑴ (A−B 結合)≒(A−A 結合)≒(B−B 結合)のとき：A，B 分子は，より乱雑な配置である，エントロピーが増大する方向に向かって混じり合い，均一な溶液となる。

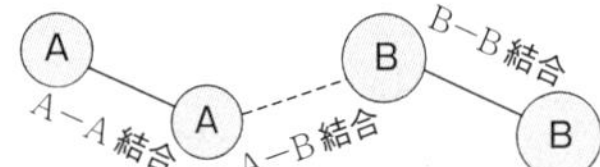

⑵ (A−B 結合)＞(A−A 結合)，(B−B 結合)のとき：A，B 分子は，混合によりエントロピー的な安定化が得られるほか，エネルギー的な安定化も得られるので，混合はより促進される。すなわち，A，B 分子は無制限に溶け合う(このような例は少ないが，水とエタノール，水と硫酸などがある)。

⑶ (A−B 結合)＜(A−A 結合)，(B−B 結合)のとき：A−A 間または B−B 間の引き合う力が強くなるほど，A，B 分子の混合を抑制させる働きをもつ(一般には溶解平衡 (p. 159)の状態となる)。

⑷ (A−B 結合)≪(A−A 結合)，(B−B 結合)のとき：水と油のような場合で，同種の分子どうしが集まっているほうが，異種の分子どうしが混じり合うよりもエネルギー的にずっと安定であるから，A，B 分子は混じり合わずに 2 層に分離する。

SCIENCE BOX 混合による溶液の体積変化

ベンゼン C_6H_6 10 mL とトルエン C_7H_8 10 mL を混合すると，完全に溶け合って，混合溶液の体積はちょうど 20 mL になる。

しかし，2 種の液体を混合したときの体積は，混合前の各液体の体積の和とは等しくならないことが多い。たとえば，エタノール 52 mL と，水 48 mL の混合溶液の体積は，約 96.5 mL となる。

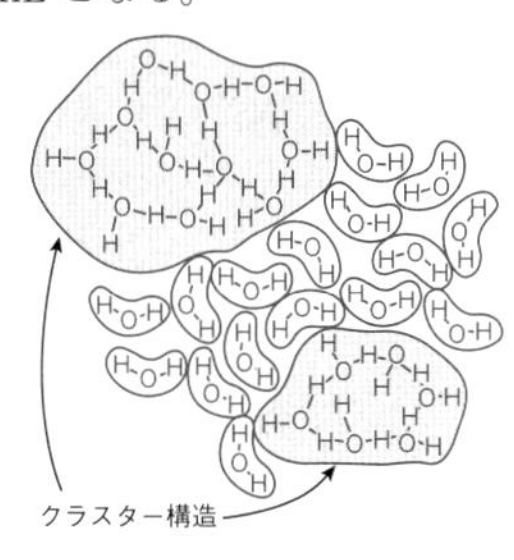

これは，液体の水の中には，部分的に氷の構造(**クラスター構造**)が残っており，その隙間にエタノールのエチル基 C_2H_5- が入り込み，一方，ヒドロキシ基 -OH は別の水分子と置き換わり，混合溶液の体積増加が抑制されるためと考えられている。

また，水に酢酸を加えた場合，酢酸分子の電離で生じた各イオンが，周囲の水分子を強く引きつけて水和する。水和水は，自由な水分子に比べて圧縮された状態にあるから，混合溶液の体積はもとに比べて減少する*。この現象を**静電収縮**という。

* 酢酸 1 mol を水で無限希釈した場合の体積減少量は，20℃で 10.4 cm^3 と測定された。

一方，2 液の混合により体積が増加する例もある。2 mol/L HCl 水溶液 50 mL と，2 mol/L NaOH 水溶液 50 mL の混合溶液の体積は，100 mL ではなく約 102 mL となる。電解質水溶液では，イオンの周囲を取り囲む水和水は，それ以外の自由な水分子に比べてやや圧縮された静電収縮の状態にある。したがって，下の①式の中和反応がおこると，溶液中の総イオン濃度が減少

$$H^+ + Cl^- + Na^+ + OH^- \longrightarrow Na^+ + Cl^- + H_2O \quad \cdots①$$

するので，イオンに水和していた圧縮性の水分子の割合が減る。その一方で，非圧縮性の自由な水分子の割合が増すので，混合溶液の体積は増加することになる。

次に，液体と固体が溶解するときの体積変化について考える。水に結晶を溶かしたとき，混合溶液の体積が，もとの水と結晶の体積の和よりも，(1)減少する場合と，(2)増加する場合とがある。

たとえば，塩化ナトリウム水溶液の体積は，もとの純水の体積よりも増加するが，水と塩化ナトリウム(結晶)の体積の和よりは減少する。

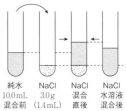

純水 10.0 mL 混合前　NaCl 3.0 g (1.4 mL)　NaCl 混合直後　NaCl 水溶液 混合後

Li^+ や Na^+ などの比較的小さな 1 価の陽イオンや，F^-，Cl^-，OH^- など比較的小さな 1 価の陰イオン，および Mg^{2+}，Ca^{2+}，Al^{3+} などの多価の陽イオンを含む塩では，各イオンに水分子が強く水和（**正の水和**）し，静電収縮がおこるため，混合溶液の体積は，もとの水と塩の体積の和よりも減少する(下表)。

一方，K^+，Rb^+，Cs^+，NH_4^+ などの比較的大きな 1 価の陽イオンや，Br^-，I^-，NO_3^-，SO_4^{2-} などの比較的大きな陰イオンを含む塩では，各イオンに水分子が弱く水和(**負の水和**)しており，静電収縮はおこらず，水分子の熱運動が盛んな水和殻の B 領域 (p. 164) が広がるため，混合溶液の体積は，もとの水と塩の体積の和よりも増加する(下表)。

1 mol の塩の無限希釈水溶液の体積変化

(25℃)　＋は体積増加，－は体積減少

LiF	$-1.8\ cm^3$	CsCl	$+1.6\ cm^3$
NaF	$-0.8\ cm^3$	NH_4Cl	$+2.3\ cm^3$
NaCl	$-0.7\ cm^3$	NH_4NO_3	$+7.5\ cm^3$

SCIENCE BOX

液体の相互溶解度

化学変化の進行方向は，$\Delta G = \Delta H - T\Delta S$（$G$：ギブスの自由エネルギー，$H$：エンタルピー，$S$：エントロピー（乱雑さ））の増減により判断できる*（p. 271）。

*　H はエンタルピーなので，発熱反応（$Q>0$）のときは $\Delta H<0$，吸熱反応（$Q<0$）のときは $\Delta H>0$ となる（p. 215）。

> $\Delta G<0$…自発的に進行する。
> $\Delta G>0$…自発的に進行しない。
> $\Delta G=0$…平衡状態となる。

液体AとBの溶解熱 Q が発熱のとき，溶解が進むと，$\Delta H<0$，$\Delta S>0$ より，$\Delta G<0$ となり，AとBの溶解はさらに進む。一方，液体AとBの溶解熱 Q が吸熱のとき，溶解が進むと，$\Delta H>0$，$\Delta S>0$ より，Q の絶対値が大きくなければ，$\Delta G<0$ となり，さらに溶解が進み，やがて $\Delta G=0$ となって，溶解平衡となる。Q の絶対値が大きいときは，$\Delta H>0$ の影響が大きく，$\Delta S>0$ であっても $\Delta G>0$ となり，溶解は進まない。

〔1〕水とフェノールの相互溶解度

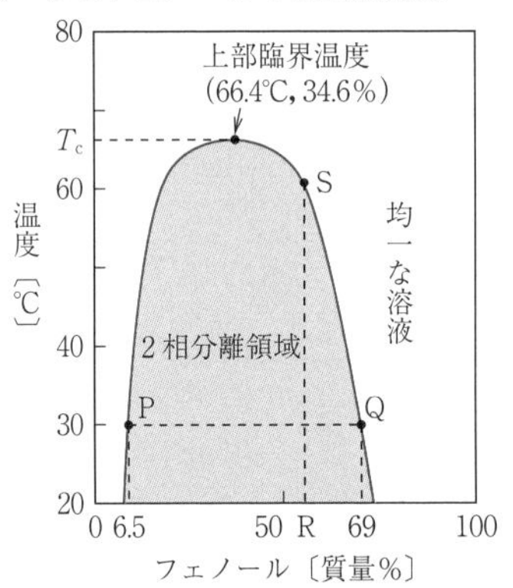

30℃では，P点（フェノール6.5%）以下とQ点（フェノール69%）以上では均一に溶け合うが，P〜Q点の組成では2相に分離する（上図）。組成Rの混合物の温度を上げると，S点で2相の境界が消失し，均一な溶液となる。一般に，温度が高くなると，2相に分離する組成の範囲が狭くなり，ある温度 T_c 以上では任意の割合で混合し合う。この温度をこの系の**上部臨界温度**という。水とフェノールの系が上部臨界温度をもつ場合，相互の溶解熱 Q が大きな吸熱のため，両者を混合すると $\Delta H>0$ となり，混合によるエントロピー項 $T\Delta S>0$ の効果を十分に補えず，$\Delta G>0$ となって2相に分離する。しかし高温にすると，エントロピー項 $T\Delta S>0$ の効果が $\Delta H>0$ を十分に補って $\Delta G<0$ となり，相互に溶解する。

〔2〕水とトリエチルアミンの相互溶解度

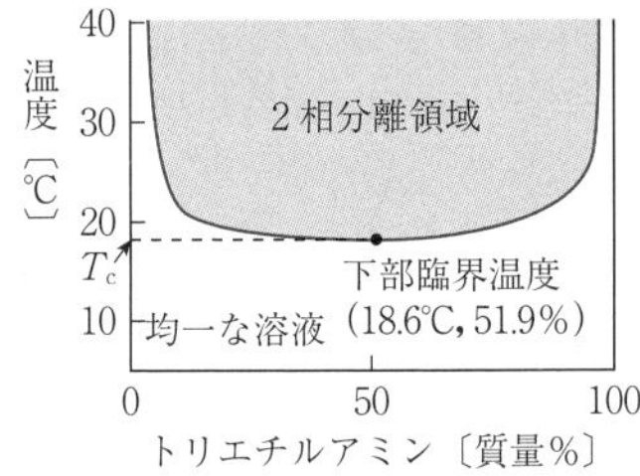

トリエチルアミン分子(A)どうしは，分子間にエチル基−エチル基，エチル基−窒素，窒素−窒素の3種類の配向性がある。また，水分子(B)どうしは，水素結合を形成しているが，常に相手を変えており，その配向性は比較的自由である。

(A)，(B)を混合すると，下図のような水素結合が生じ，その配向性はほぼ決まる。この新たな水素結合の形成により，溶解熱 Q はやや発熱となる。溶解が進むと，ΔS はやや減少するが，ΔH は大きく減少するので，$\Delta G<0$ となり，(A)と(B)は相互に溶解する。しかし，高温にするとエントロピー項 $T\Delta S$ は多少増加するが，分子(A)と(B)は水素結合しにくくなり，$\Delta H>0$ となる。したがって，$\Delta G>0$ となり，2相に分離する。以上のことから，この系は**下部臨界温度**をもつ。

C_2H_5　水素結合
C_2H_5—N：---H
C_2H_5　　O
トリエチルアミン　H

2-8　固体の溶解度

1　溶解平衡

たとえば，20℃で水100gにNaClの結晶をかき混ぜながら加えていくと，35.8gまでは溶けるが，それ以上加えても，結晶は溶けずに容器の底に残ってしまう。このように，一定量の溶媒に溶けうる溶質の量には限度がある。この限度量まで溶質を溶かした溶液を**飽和溶液**，まだ溶質が溶けることができる溶液を**不飽和溶液**という。

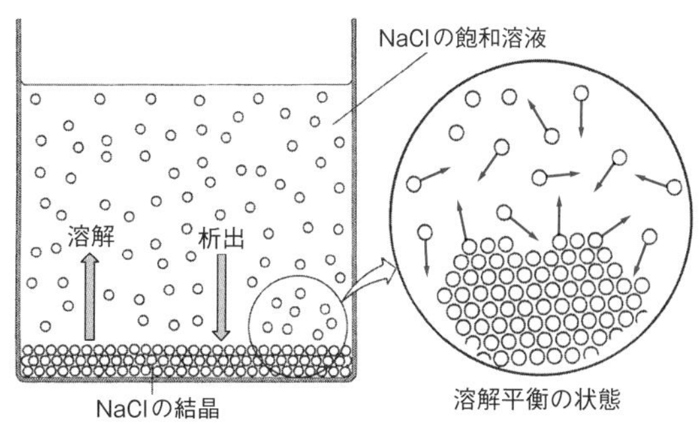

飽和溶液では，溶解が完全に停止したように見えるが，本当はそうではない。結晶表面にあるイオンは，絶えず水和により，溶媒中へ溶け出していく。一方，溶け出した水和イオンのうち，運動エネルギーが小さいものは結晶表面に衝突したとき，結晶に戻ってしまうものもある。溶解の初期には，結晶から溶媒中へ溶け出すイオンのほうが圧倒的に多いが，溶液が濃くなるにつれて，しだいに溶液中から結晶に戻っていくイオンの数が増えてくる。やがて，単位時間に結晶から水和イオンとなって溶解していくイオンの数と，溶液中から結晶に戻る(これを**析出**という)イオンの数とがちょうど等しくなり，見かけ上，溶解が停止したような状態となる。この状態を**溶解平衡**といい，このとき，溶液の濃度はこれ以上濃くならないので，**飽和溶液**となっている❶。

補足❶　溶解平衡の状態において，絶えず溶解と析出が等しい速さで行われていることは，次の実験で確かめられた。水に難溶性のヨウ化鉛(Ⅱ)PbI_2の黄色結晶を加えると，わずかに溶けて飽和溶液ができる。ここへ放射性の^{128}Iで標識した$Pb^{128}I_2$の結晶を加え，一定時間ごとに溶液の一部を取り出して放射線計数管で計測すると，しだいに溶液中に放射性の$^{128}I^-$が増加するのが確認された。これは，溶液が飽和していても$Pb^{128}I_2$の結晶は溶解し続けていることを示す。しかし，溶液の濃度は変化していないことから，はじめの溶液中に存在していた非放射性の$^{127}I^-$の一部が再び結晶として析出していることが予想される。

詳説❶　温度一定のとき，溶質(固体)からの溶解の速さは，固体の表面積に比例するので，終始ほぼ一定と考えられる。一方，固体への析出の速さは，固体の表面積とともに溶液の濃度にも比例する。このうち，溶解の速さはほぼ一定なのに対して，析出の速さは溶解の進行によってしだいに大きくなり，やがて溶解の速さと析出の速さが等しくなり，溶解平衡の状態に到達する。溶解平衡を支配する因子は，(1) 系のエネルギーを小さくする傾向と，(2) 系のエントロピー(p.156)を大きくする傾向の2つである。

$$NaCl(固) + aq \rightleftharpoons Na^+aq + Cl^-aq \quad (-3.9\,kJ) \qquad (aqは多量の水を表す)$$

規則正しく配列したNaClの結晶のもつエネルギーは，水に溶けたばらばらの水和イオンのもつエネルギーよりも1molあたり3.9kJだけ小さい。したがって，(1)の因子の従うところによると，自然におこる変化は左向きとなる。他方，規則正しい NaCl 結晶の状態よりも溶解したばらばらの水和イオンのほうが乱雑さは大きいから，(2)の因子の従うところによると，自然におこる変化は右向きということになる。この相反する傾向がちょうどつり合った状態が溶解平衡であり，たとえば，温度を上げると粒子の熱運動が激しくなり，乱雑さを増大させる右方向への変化が優勢となる(p. 260)。

2　固体の溶解度

一定量の溶媒に溶ける溶質の最大質量を**溶解度**といい，溶解度は溶媒や溶質の種類だけでなく，温度によっても変化する。固体の溶解度は，溶媒 100 g に溶ける溶質の最大質量〔g〕の数値で表す。また，水和水をもつ結晶を**水和物**といい，水に対する水和物の溶解度は，飽和溶液中の水 100 g に溶ける無水物の質量〔g〕の数値で表す。たとえば，硫酸銅(Ⅱ)五水和物 $CuSO_4 \cdot 5H_2O$ の溶解度では，溶解後も溶質として働く $CuSO_4$(無水物)の質量だけで考え，その水和水の 5 H_2O は溶媒に加わる。すなわち，20℃での硫酸銅(Ⅱ)の溶解度が 20 g/100 g 水ということは，100 g の水に無水物の $CuSO_4$ が 20 g 溶けていることを表し，水 100 g に五水和物の $CuSO_4 \cdot 5H_2O$ が 20 g 溶けていることではない。

例題　硝酸カリウムの水に対する溶解度は，40℃で 60，60℃で 110 である。いま，40℃の硝酸カリウムの飽和水溶液 120 g を 60℃に加熱すると，あと何 g の硝酸カリウムを溶かすことができるか。

［解］　固体の溶解度は，溶媒(水)100 g に溶ける溶質の最大質量〔g〕の数値で表される。

40℃の飽和水溶液 120 g 中に含まれる KNO_3 を x〔g〕とおくと，

$$\frac{溶質量}{溶液量}=\frac{x}{120}=\frac{60}{100+60}\quad より，\quad x=45〔g〕$$

60℃の飽和水溶液にするのに，あと y〔g〕の KNO_3 が必要とすると，

$$\frac{溶質量}{溶液量}=\frac{45+y}{120+y}=\frac{110}{100+110}\quad より，\quad y=37.5〔g〕$$

答　**37.5 g**

例題　ある温度で水 100 g に $CuSO_4 \cdot 5H_2O$ が 60 g 溶けて飽和水溶液となった。このことから，この温度での $CuSO_4$ の水への溶解度を整数値で答えよ。ただし，式量は $CuSO_4=160$，$CuSO_4 \cdot 5H_2O=250$ とする。

［解］　水和物を構成する無水物の質量は，与えられた水和物の質量を無水物と水和水の式量に従い，比例配分すればよい。無水物(溶質)の質量は，

$$60\times\frac{160}{250}=38.4〔g〕$$

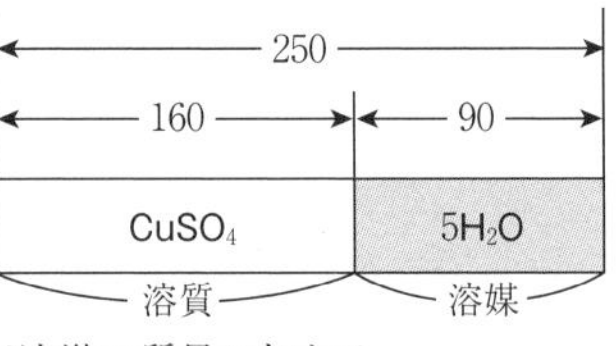

水和水の質量は 60−38.4＝21.6〔g〕で，溶解後，水和水が溶媒の質量に加わる。

この温度での $CuSO_4$ の水への溶解度を x〔g/100 g 水〕とすると，

$$\frac{溶質量}{溶媒量}=\frac{38.4}{100+21.6}=\frac{x}{100}\quad より，\quad x\fallingdotseq 31.6〔g〕$$

または，$$\frac{溶質量}{溶液量}=\frac{38.4}{100+60}=\frac{x}{100+x}\quad より，\quad x\fallingdotseq 31.6〔g〕$$

答　**32**

SCIENCE BOX 溶媒に2種以上の溶質が溶けた場合の溶解度

飽和食塩水では，NaCl と溶けたイオンの間で，次のような溶解平衡が成立する。

$$NaCl(固) \rightleftharpoons Na^+ + Cl^-$$

飽和食塩水に HCl ガスを通じると，溶液中に Cl^- が増加するので，(NaCl の溶解速度)<(NaCl への析出速度)となり，溶解平衡は左向きに移動して，新たに NaCl の結晶が析出する(下図)。

同様に，飽和食塩水に NaOH の結晶を溶かすと，溶液中に Na^+ が増加するので，溶解平衡は左向きに移動し，NaCl の結晶が析出する。このように，平衡に関係するイオンを含む塩を加えると，平衡が移動して塩の溶解度が本来の値よりも減少する。この現象を**共通イオン効果**(p. 273)という。

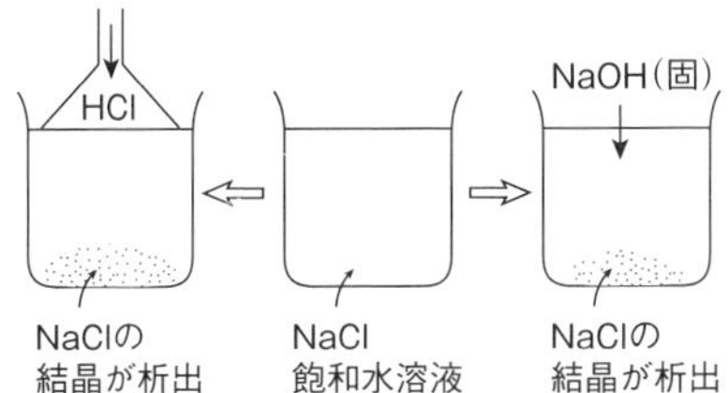

ところで，塩の飽和水溶液に共通イオンを含まない別の溶質を加えた場合，上記の平衡は移動しないので，溶解度は変化しないように思われる。しかし，実際には，加えた溶質の分子やイオンの相互作用によって溶解度は減少することが知られている。

たとえば，NaCl の飽和水溶液に KNO_3 を溶かしていく場合を考える。NaCl の飽和水溶液中では，Na^+ と Cl^- の水和に多量の水分子が使われている。このような水和水は，溶質粒子と行動をともにするから溶質の一部と考えられ，溶媒としての水はそれだけ減少することになる。その分だけ KNO_3 を溶解しうる水分子が減少しており，このような条件下では，KNO_3 は本来の溶解度よりも小さな値しか溶解できないことになる。

一般に，同一の溶媒に2種以上の溶質を混合して溶解させた場合，互いに水和水の奪い合いがおこるので，どちらも単独で純水に溶解したときの本来の溶解度よりも少量しか溶解できなくなる。

もう少し詳しく説明すると，NaCl の飽和水溶液にスクロースを溶かしていく場合，NaCl の飽和水溶液中では，Na^+ と Cl^- の水和に多量の水分子が使われているので，溶媒としての水分子は減少している。ここへスクロースを溶かすと，Na^+，Cl^- とスクロース分子との間で水分子の奪い合いがおこるが，水和力は Na^+ と Cl^- のほうが強いので，スクロースに水和できる水分子の数が減少する。このように，NaCl の飽和水溶液中では，水和力の弱いスクロースの溶解度は大きく減少するが，水和力の強い NaCl の溶解度はさほど減少しない。

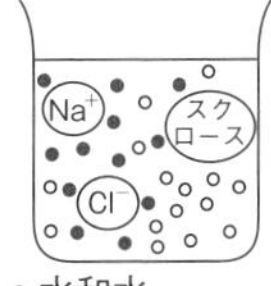

一方，NaCl の飽和水溶液にエタノールを加えた場合，エタノールは水よりも誘電率 (p. 154) が小さいので，混合溶液の誘電率が低下し，NaCl に働く静電気力が強くなり，NaCl が結晶化しやすくなる。この方法は，NaCl の再結晶法の1つとして利用されている(p. 163)。

NaOH の飽和水溶液にエタノールを加えていく場合，水和力は NaOH>エタノールなので，エタノールは NaOH 飽和水溶液から水和水を奪えずに，NaOH 飽和水溶液の上層に油状となって分離する。

一般に，同一の溶媒に2種以上の溶質を混合して溶解した場合，それぞれの溶質の溶解度は，単独で溶媒に溶かしたときの溶解度よりも減少する。しかし，溶媒を奪う力の強い溶質では溶解度はさほど減少しないのに対して，溶媒を奪う力の弱い溶質ほど，溶解度の減少量は大きくなる。

3 溶解度の温度変化

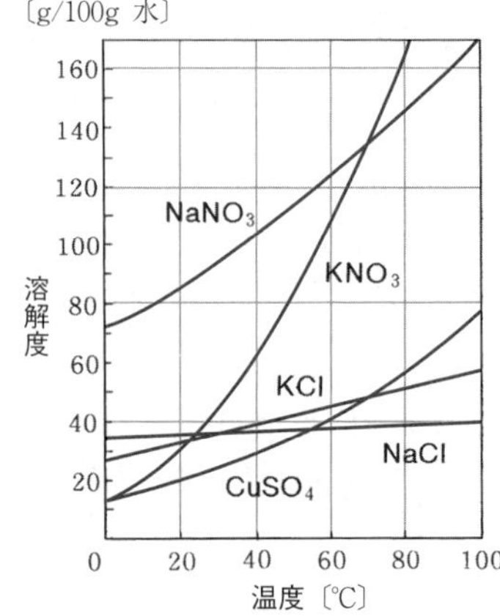

固体の溶解度は，溶媒の温度によって変化するが，溶解度の温度変化を示したグラフを**溶解度曲線**という。一般に，固体の溶解度は温度が高くなるほど増加するものが多い❷。

詳説❷ $Ca(OH)_2$，Li_2CO_3，Li_2SO_4 のように，高温ほど溶解度が減少する物質もある(下表)。

温度〔℃〕	0	20	40	60	80	100
$Ca(OH)_2$	0.171	0.156	0.134	0.112	0.091	0.074
Li_2CO_3	1.54	1.33	1.17	1.01	0.85	0.72

〔g/100 g 水〕

このような固体の溶解度の温度依存性は，その物質の溶解熱と関係がある。

KNO_3(固) ＋ aq $\rightleftarrows$ KNO_3aq （−34.9 kJ），　NaCl(固) ＋ aq $\rightleftarrows$ NaClaq （−3.9 kJ）

溶解熱が吸熱の固体物質では，高温ほど溶解度が大きくなる傾向がある。これは，飽和溶液中では溶解平衡が成り立ち，ルシャトリエの原理(p. 272)を適用すると，高温では，吸熱方向(右方向)へ平衡が移動するため，溶解度が大きくなるからである。また，KNO_3 のように溶解熱の大きい物質ほど，温度上昇に伴う平衡の移動量が大きくなり，溶解度が大きく増加する。

$Ca(OH)_2$(固) ＋ aq $\rightleftarrows$ $Ca(OH)_2$aq (＋16.7 kJ)，NaOH(固) ＋ aq $\rightleftarrows$ NaOHaq (＋44.5 kJ)

一方，$Ca(OH)_2$ のように，溶解熱が発熱で水和物をつくらない固体物質では，ルシャトリエの原理より，高温ほど溶解度が小さくなる。しかし，NaOH のように，溶解熱が発熱であっても水和物をつくる固体物質では，高温ほど溶解度が大きくなる場合がある。

NaOH の水への溶解は，次の2段階の過程からなる。

① NaOH(無水物)が水と反応し，NaOH の水和物をつくる。この過程は発熱の不可逆反応で，溶解平衡にはならない。　NaOH(固) ＋ n H_2O ⟶ NaOH·n H_2O　(＋Q kJ)

② NaOH の水和物が水に溶解し，NaOH 水溶液になる。この過程は吸熱の可逆反応で溶解平衡となる。　NaOH·n H_2O ＋ aq $\rightleftarrows$ NaOHaq　(−Q' kJ)

溶解平衡が成り立つのは②の過程だけであり，ルシャトリエの原理を②の過程に適用すると，高温ほど平衡は右へ移動し，NaOH の溶解度は大きくなる。ただし，NaOH の溶解熱は①と②の過程の総和であり，Q(発熱量)＞Q'(吸熱量)のため，全体で溶解熱は発熱となる。

4 再結晶

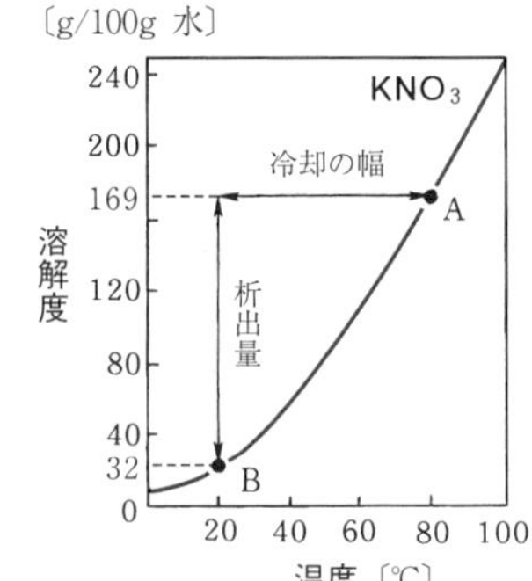

硝酸カリウム KNO_3 のように，温度によって溶解度が大きく変わる物質では，高温で飽和溶液をつくり，その溶液を冷却すれば，その溶解度の差に応じた量の溶質が結晶として析出する。このとき，もとの結晶に少量の不純物が存在していても，飽和に達しないため，溶液中に残ることになり，結晶中の不純物を取り除いて精製することができる。このように，結晶を一度溶解させたのち，再び結晶として析出させる操作を**再結晶**という❸。

詳説❸ 少量の NaCl を含む KNO_3 の結晶を 80℃の温水 100 g に飽和するまで溶かす。この溶液 269 g を 20℃まで冷却すると，169−32＝137 g の純粋な KNO_3 の結晶が析出する。

►塩化ナトリウムのように，温度により溶解度があまり変化しない物質では，飽和溶液を冷却してもほとんど結晶が析出しない。そこで，飽和溶液を濃縮する方法で再結晶を行う❹。また，溶媒の違いによる溶解度の差を利用して，結晶を精製することもある❺。

詳説❹ 海水の平均塩分濃度は約3.4%で，その内訳は右表の通りである。海水を濃縮していく場合，その体積が$\frac{1}{2}$になる頃から，最も溶解度の小さい $CaCO_3$ が析出し始める。 $Ca(HCO_3)_2 \longrightarrow CaCO_3\downarrow + H_2O + CO_2$

海水 1 kg 中に含まれる主なイオン					
Na^+	10.56 g	0.4600 mol	Cl^-	18.98 g	0.5354 mol
Mg^{2+}	1.27 g	0.0523 mol	SO_4^{2-}	2.65 g	0.0276 mol
Ca^{2+}	0.40 g	0.0100 mol	HCO_3^-	0.14 g	0.0023 mol
K^+	0.38 g	0.0097 mol	Br^-	0.07 g	0.0008 mol

次に，体積が$\frac{1}{5}$になる頃から $CaSO_4$ が析出する。さらに，体積が$\frac{1}{10}$になる頃から NaCl の析出が始まるので NaCl を採取する。体積が$\frac{1}{50}$になる頃に加熱を止めると，あとに残った溶液(これを**苦汁**(にがり)という)からは $MgCl_2$ や $MgSO_4$ などが採取される。

補足❺ NaCl 飽和水溶液にエタノールを加えると，NaCl の結晶が析出する。これは，加えたエタノールにより，混合溶液全体の誘電率 (p. 154) が下がり，Na^+ と Cl^- の間に働く静電気力が強くなり，NaCl が結晶化しやすくなるためと考えられる。

5 水和水をもつ結晶の析出量の計算

水和水をもつ結晶を水に溶かすと，その水和水の質量分だけ溶液中の溶媒(水)が増加する。一方，冷却によって水和水をもつ結晶が析出する場合，溶液中に残った溶媒(水)はその水和水の質量分だけ減少する。また，結晶析出後の残溶液は，必ずその温度における飽和水溶液であることから，水和水をもつ結晶の析出量の計算では，溶媒量と溶質量の比，または溶液量と溶質量の比を溶解度に比例させて解く。

例題 80℃の硫酸銅(Ⅱ)の飽和水溶液 100 g を 20℃まで冷却すると，硫酸銅(Ⅱ)五水和物 $CuSO_4\cdot5H_2O$ の結晶は何 g 析出するか。ただし，硫酸銅(Ⅱ)の水に対する溶解度は，20℃で 20，80℃で 56〔g/100 g 水〕とし，式量は $CuSO_4$＝160，$CuSO_4\cdot5H_2O$＝250 とする。

［解］ 飽和水溶液中の溶質(無水物)を a〔g〕とし，溶質と溶媒(水)の質量をそれぞれ求めると，

$\frac{溶質}{溶液}=\frac{56}{100+56}=\frac{a}{100}$ より，$a=35.9$〔g〕 ∴ 水の質量は，100−35.9＝64.1〔g〕

20℃に冷却したときに析出する $CuSO_4\cdot5H_2O$ の質量を x〔g〕とし，その中に含まれる無水物と水和水の質量は，無水物と水和物の式量を使って計算すると，

$CuSO_4$： $\frac{160}{250}x$〔g〕　　$5H_2O$： $\frac{90}{250}x$〔g〕

結晶析出後の残溶液は，20℃における飽和溶液であるから，

$\frac{溶質}{溶媒}=\frac{35.9-\frac{160}{250}x}{64.1-\frac{90}{250}x}=\frac{20}{100}$ または，$\frac{溶質}{溶液}=\frac{35.9-\frac{160}{250}x}{100-x}=\frac{20}{120}$

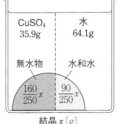

∴ $x=$**40.6〔g〕** 答

結晶 x〔g〕

SCIENCE BOX　イオンの水和とイオン結晶の溶解度

溶質粒子が水（溶媒）に溶けるためには，溶質粒子が水分子に取り囲まれ，安定化する必要があり，この現象を**水和**という。

イオンの水和がおこるためには，まず，水のクラスター構造(p.77)を破壊しなければならない。

(1)　1価で半径の小さいイオンや，価数の大きいイオン（Li^+，Na^+，Mg^{2+}，Ca^{2+}，F^-など）は，その電荷密度が大きいので，周囲にある水分子を強く引きつけることができる。また，この際に放出されるエネルギー（水和熱）は大きい。このような水和を，**正の水和**という。

(2)　1価で半径の大きなイオン（K^+，Rb^+，Cs^+，$NH_4{}^+$，Br^-，I^-など）は，その電荷密度が小さいので，周囲にある水分子をあまり強く引きつけられない。また，この際に放出されるエネルギー（水和熱）も小さい。このような水和を，**負の水和**という。

(3)　無極性分子が水に溶ける場合，水分子と無極性分子は水素結合を形成できない。そこで，水分子は水素結合によってかご状の構造をつくって，その中に無極性分子を取り囲み水和する。このような水和を，**疎水性水和**という。

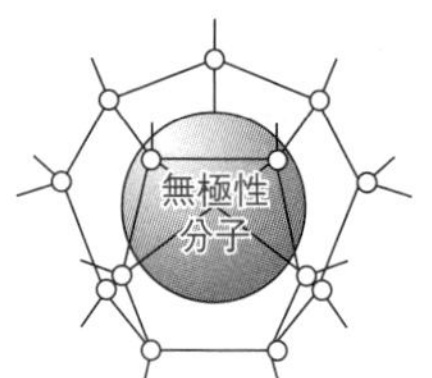

水和イオンの周囲にある水分子は，次の3領域に分けられる。

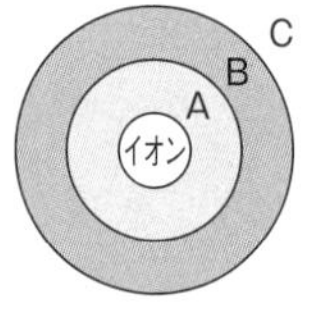

正の水和イオン

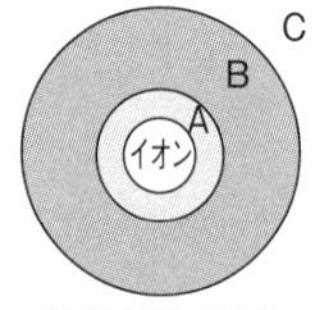

負の水和イオン

A 領域：イオンに比較的強く結合している水分子の層。水分子は一定方向に配向しており，イオンと行動をともにする*。

B 領域：イオンに比較的ゆるく結合している水分子の層。水分子は一定方向に配向せず，イオンと行動をともにしない。最も自由な水分子である*。

C 領域：クラスター構造が残っている本来の水分子の集団。

*　正の水和を行うイオンは，水の構造化を促進するので，水の粘性を増加させる。水の構造形成イオンともいう。一方，負の水和を行うイオンは，水の構造化を妨害するので，水の粘性を減少させる。水の構造破壊イオンともいう。以降，A，B，Cの各領域をそれぞれ**水和殻**ということにする。

水溶液中で，各水和イオンが共存すると，イオンの影響を受けた水和殻どうしが重なり合う。このとき，同種の水和殻をもつ水和イオンどうしは無理なく重なり合う（相性が良い）ので，イオンどうしがより接近し，沈殿への移行がより容易におこる。一方，異種の水和殻をもつ水和イオンどうしは重なりにくい(相性が悪い)ので，沈殿への移行は容易にはおこらない。

一般に，相性の良いイオンどうしの塩は溶解度が小さく，相性の悪いイオンどうしの塩は溶解度が大きい傾向がある。たとえば，正の水和イオンの代表であるLi^+と，正の水和イオンとの塩LiF(0.133 g/100 g水)，Li_3PO_4(0.03 g/100 g水）は難溶性だが，負の水和イオンとの塩$LiClO_4$(37.5 g/100 g水)は易溶性である。

一方，負の水和イオンであるK^+と負の水和イオンとの塩$KClO_3$(2.0 g/100 g水）は難溶性だが，正の水和イオンとの塩KF(50.4 g/100 g水)，K_3PO_4(51.4 g/100 g水)は易溶性である。また，負の水和イオンである$MnO_4{}^-$と，負の水和イオンとの塩$KMnO_4$(7.1 g/100 g水）は，正の水和イオンとの塩$NaMnO_4$(61.6 g/100 g水）より難溶性である。さらに，OH^-は正の水和イオンに属し，アルカリ土類金属の水酸化物の溶解度は，$Ca(OH)_2 < Sr(OH)_2 < Ba(OH)_2$の順になる。

SCIENCE BOX 硫酸ナトリウムの溶解度曲線

硫酸ナトリウムの溶解度曲線は，下図のように32.4℃で折れ曲がっている。この点を**転移点**といい，32.4℃より低い温度では10分子の水和水をもつ結晶 $Na_2SO_4 \cdot 10H_2O$（密度 1.46 g/cm^3，単斜晶系）が析出するが，32.4℃より高い温度では水和水をもたない無水物 Na_2SO_4（密度 2.66 g/cm^3，斜方晶系）が析出する。その理由は，高温では H_2O 分子の熱運動が激しくなり，Na^+ や SO_4^{2-} が H_2O 分子を水和水として引き留めておくことが難しくなるからである。なお，ちょうど32.4℃では Na_2SO_4 と $Na_2SO_4 \cdot 10H_2O$ が共存できるから，両者が混ざり合って析出することになる*。

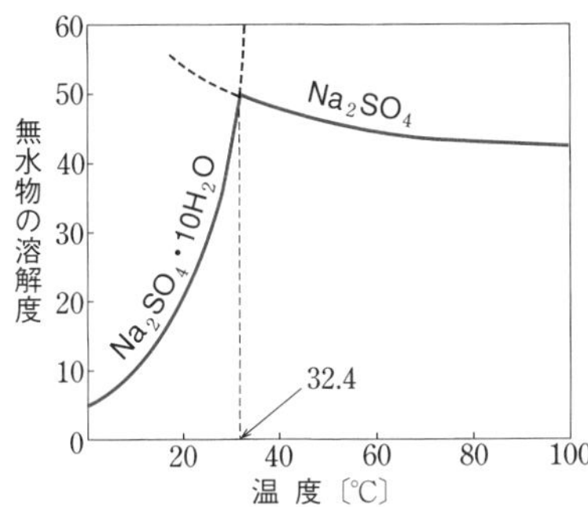

* 32.4℃までは，温度が上がると溶解度が増加するが，32.4℃を超えると，溶解度は減少していく。これは，十水和物の溶解熱が −56.0 kJ（吸熱）であるのに対して，無水物の溶解熱が +2.34 kJ（発熱）であるためである。

いま，32.4℃より高温の Na_2SO_4 飽和水溶液に，$Na_2SO_4 \cdot 10H_2O$ の結晶を加えたとする。この温度では，飽和水溶液と $Na_2SO_4 \cdot 10H_2O$ との間には平衡は存在しえないので，まず $Na_2SO_4 \cdot 10H_2O$ が溶解する。その後，過剰となった溶質があれば，Na_2SO_4 として析出することになる。

例題 60℃で水100 gに Na_2SO_4 45 gを含んだ飽和水溶液がある。ここへ $Na_2SO_4 \cdot 10H_2O$ を20 g加えたら，何 gのどんな結晶が析出するか。ただし，式量を $Na_2SO_4 = 142$，$Na_2SO_4 \cdot 10H_2O = 322$，60℃での Na_2SO_4 の水への溶解度を45とする。

［**解**］ 60℃では，析出する結晶は無水物の Na_2SO_4 であり，この質量を x〔g〕とおく。加えた $Na_2SO_4 \cdot 10H_2O$ 20 g中の Na_2SO_4 と $10H_2O$ の質量を求めると，

$$Na_2SO_4: \quad 20 \times \frac{142}{322} \fallingdotseq 8.82\text{〔g〕}$$

$$10H_2O: \quad 20 \times \frac{180}{322} \fallingdotseq 11.18\text{〔g〕}$$

結晶析出後の残溶液は，必ず60℃での飽和水溶液でなければならないから，

$$\frac{溶質}{溶媒} = \frac{45 + 8.82 - x}{100 + 11.18} = \frac{45}{100}$$

$$\therefore \quad x \fallingdotseq 3.78\text{〔g〕}$$

3.8 g の Na_2SO_4 が析出する。答

次に，32.4℃より低温の Na_2SO_4 飽和水溶液に，Na_2SO_4 の無水物を加えたとする。この温度では，飽和水溶液と Na_2SO_4 の無水物との間には平衡は存在しないので，過剰になった溶質は $Na_2SO_4 \cdot 10H_2O$ として析出することになる。

例題 30℃で水100 gに Na_2SO_4 40 gを含む飽和水溶液がある。ここへ，Na_2SO_4 20 gを加えたら，何 gのどんな結晶が析出するか。30℃での Na_2SO_4 の溶解度を40とする。

［**解**］ 析出する $Na_2SO_4 \cdot 10H_2O$ の質量を y〔g〕とおくと，結晶析出後の残溶液は，必ず30℃での飽和水溶液でなければならないから，

$$\frac{溶質}{溶媒} = \frac{40 + 20 - \frac{142}{322}y}{100 - \frac{180}{322}y} = \frac{40}{100}$$

$$\therefore \quad y = 92\text{〔g〕}$$

92 g の $Na_2SO_4 \cdot 10H_2O$ が析出する。答

例題 硫酸ナトリウムの水への溶解度は，水の温度上昇に伴い，十水和物 $Na_2SO_4 \cdot 10H_2O$（式量 322）の場合は増加するが，無水物 Na_2SO_4（式量 142）の場合は減少する。硫酸ナトリウムの溶解度〔無水物 g/水 100 g〕を，20℃で 20，30℃で 40，60℃で 45 とする。

また，$\frac{142}{322}=0.44$，$\frac{180}{322}=0.56$ とせよ。

(1) 60℃の硫酸ナトリウム飽和水溶液 145 g に $Na_2SO_4 \cdot 10H_2O$ 100 g を加え十分に混合したら，何 g の結晶が析出するか。

(2) 20℃の硫酸ナトリウム飽和水溶液 120 g に Na_2SO_4 16.4 g を加え十分に混合したら，何 g の結晶が析出するか。

(3) 30℃の硫酸ナトリウム飽和水溶液 140 g から水 60 g を蒸発させた後，20℃に冷却したら何 g の結晶が析出するか。

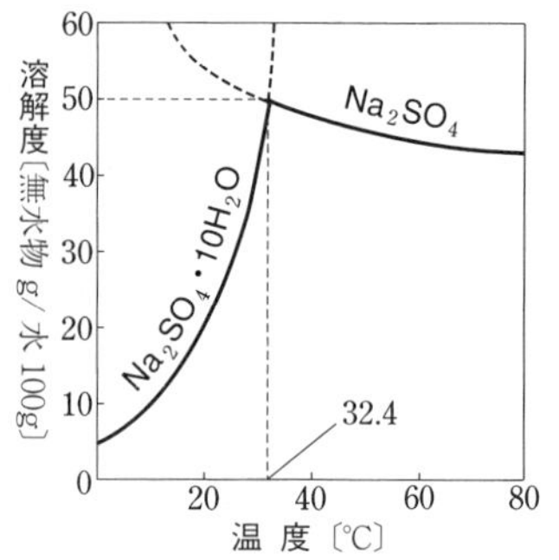

ルシャトリエの原理より，温度を上げると，吸熱の方向へ平衡が移動する。$Na_2SO_4 \cdot 10H_2O$ の溶解度曲線が右上り（正の傾き）なので，$Na_2SO_4 \cdot 10H_2O$ の水への溶解は吸熱反応である。一方，Na_2SO_4 の溶解度曲線が右下り（負の傾き）なので，Na_2SO_4 の水への溶解は発熱反応である。

［解］ (1) 60℃の Na_2SO_4 飽和水溶液 145 g 中に含まれる Na_2SO_4 の質量は 45 g。

$Na_2SO_4 \cdot 10H_2O$ 100 g 中に含まれる Na_2SO_4 の質量は，$100\times\frac{142}{322}=44$〔g〕

混合水溶液中に含まれる Na_2SO_4 は，$45+44=89$〔g〕

60℃では，Na_2SO_4 飽和水溶液からは Na_2SO_4（無水物）が析出し，その質量を x〔g〕とおく。結晶析出後の残溶液は，60℃の飽和水溶液であるから，

$$\frac{溶質量}{溶液量}=\frac{89-x}{245-x}=\frac{45}{145} \qquad x=18.8\fallingdotseq\mathbf{19}〔g〕 \quad 答$$

(2) 20℃の Na_2SO_4 飽和水溶液 120 g 中に含まれる Na_2SO_4 の質量は 20 g。

混合水溶液中に含まれる Na_2SO_4 は，$20+16.4=36.4$〔g〕

20℃では，Na_2SO_4 飽和水溶液からは $Na_2SO_4 \cdot 10H_2O$（十水和物）が析出し，その質量を y〔g〕とおく。結晶析出後の残溶液は 20℃の飽和水溶液であるから，

$$\frac{溶質量}{溶液量}=\frac{36.4-0.44y}{136.4-y}=\frac{20}{120} \qquad y=\mathbf{50}〔g〕 \quad 答$$

(3) 30℃の Na_2SO_4 飽和水溶液 140 g 中には Na_2SO_4 40 g が含まれ，これより水 60 g を蒸発させたので，飽和溶液は 80 g である。20℃において析出する $Na_2SO_4 \cdot 10H_2O$ の質量を z〔g〕とおく。結晶析出後の残溶液は 20℃の飽和水溶液であるから，

$$\frac{溶質量}{溶液量}=\frac{40-0.44z}{80-z}=\frac{20}{120} \qquad z=97.5〔g〕$$

水 60 g を蒸発させた溶液が 80 g しかないのに，80 g 以上の結晶が析出するわけがない。最初，水は 100 g あり，そのうち 60 g を蒸発させたから，残りは 40 g である。これがすべて水和水となって $Na_2SO_4 \cdot 10H_2O$ w〔g〕が析出したとすると，$0.56w=40$　$w=71.4$〔g〕。残る $80-71.4=8.6$〔g〕は Na_2SO_4（無水物）として析出する。

∴ 析出した結晶は，71.4 g（十水和物）と 8.6 g（無水物）の合計 **80〔g〕** 答

SCIENCE BOX ドナー数とアクセプター数

〔1〕 溶質粒子と溶媒分子の相互作用

溶質が溶媒に溶解するには，何らかの相互作用によって，溶質粒子が溶媒分子によって取り囲まれ，安定化すること(**溶媒和**)が必要である。水分子によって溶質粒子が溶媒和される現象は，とくに**水和**と呼ばれる。溶質粒子と溶媒分子間に働く相互作用には次のような種類がある。

① 塩化ナトリウム NaCl の場合，Na^+ や Cl^- などのイオンと水分子間に働く静電気力がある。

② グルコース $C_6H_{12}O_6$ の場合，極性分子と水分子間に働く水素結合がある。

③ ヨウ素 I_2 やヘキサン C_6H_{14} の場合，分子間に働くファンデルワールス力がある。

④ ある電子対供与性の分子 D(**ドナー**)から，他の電子対受容性の分子 A(**アクセプター**) に対して非共有電子対が供与される，配位結合的な相互作用 (**電荷移動相互作用**)もある。

〔2〕 ドナー数とアクセプター数

溶質粒子と溶媒分子間の電荷移動相互作用の大小を考えるために，**ガッターマン**らはドナー分子の非共有電子対の供与性の尺度として**ドナー数**を，また，アクセプター分子の非共有電子対の受容性の尺度として**アクセプター数**を提案した。

溶媒	ドナー数	アクセプター数	溶媒	ドナー数	アクセプター数
アセトン	17.0	12.0	水	18.0	54.8
エタノール	20.0	37.1	ヘキサン	—	0
メタノール	19.0	41.3	ベンゼン	0.1	8.1

大滝仁志『溶液の化学』大日本図書(1987)p. 46

一般に，ドナー数の大きな分子とアクセプター数の大きな分子間での電荷移動相互作用は大きく，溶媒和しやすい。逆に，ドナー数の小さな分子とアクセプター数の小さな分子間での電荷移動相互作用は小さく，溶媒和しにくい。

また，ドナー数が圧倒的に大きな溶媒分子であれば，相手がアクセプター数の小さな溶質分子であっても，両者の間の電荷移動相互作用はかなり大きく，溶媒和が可能である。また，逆の場合も同様である。

水はドナー数，アクセプター数ともに大きく，ベンゼンやヘキサンはドナー数もアクセプター数もともに小さい。アセトンはドナー数は大きいが，アクセプター数はかなり小さい。エタノールやメタノールのドナー数は大きいが，アクセプター数はやや小さい。

一般に，ドナー数の大きな溶媒は，強い**ルイス塩基**(電子の供与体)であり，アクセプター数の大きな溶質だけでなく，比較的アクセプター数の小さな溶質でも溶解可能である。逆に，アクセプター数の大きな溶媒は，強い**ルイス酸**(電子の受容体)であり，ドナー数の大きな溶質だけでなく，比較的ドナー数の小さな溶質でも溶解可能である。また，ドナー数の大きな溶媒は陽イオンに対して溶媒和する力が強く，アクセプター数の大きな溶媒は陰イオンに対して溶媒和する力が強い傾向がある。

ほぼ同じドナー数をもつエタノール，メタノール，水という溶媒に対する塩化ナトリウム NaCl の溶解度 (20℃) は，それぞれ $10^{-3.0}$，$10^{-1.6}$，$10^{0.7}$ mol/L であり，アクセプター数が大きい溶媒ほど NaCl の溶解度が大きい。これは，Na^+ に対して溶媒和する力はエタノール，メタノール，水でほぼ変わらないが，Cl^- に対して溶媒和する力はエタノール，メタノール，水の順に大きくなるためと理解できる。逆に，ほぼ同程度のアクセプター数をもつ溶媒について比較すると，ドナー数の大きな溶媒ほど NaCl の溶解度が大きくなるという関係もある。総合的にみて，ドナー数とアクセプター数がともに大きな水は，イオン結晶を最もよく溶かす溶媒であるといえる。

2-9　気体の溶解度

1　溶解度と温度の関係

水を加熱すると，沸騰が始まる以前に気泡が発生することがある。これは，温度が高くなると，気体の溶解度が小さくなり，水に溶けていた空気が気体となって発生したものである。このように，圧力一定では温度が上昇すると，気体の溶解度はほぼ例外なく減少する❶。

気体の溶解度は，気体の圧力が 1.0×10^5 Pa のとき，溶媒 1 L に溶解する気体の物質量〔mol〕，または気体の体積〔L〕（標準状態に換算した値）で表されることが多い❷（下表）。

気体の水に対する溶解度

温度	0	20	40	60	80	100℃
H_2	0.021	0.018	0.016	0.016	0.016	0.016
N_2	0.023	0.015	0.012	0.010	0.010	0.010
O_2	0.049	0.031	0.023	0.020	0.019	0.019
CO	0.035	0.023	0.018	0.015	0.014	0.014
CO_2	1.72	0.88	0.53	0.37	0.28	…
HCl	510	453	419	349	…	…
NH_3	477	319	206	130	82	51

1.0×10^5 Pa の気体が水 1 L に溶ける体積（L）を標準状態に換算した値

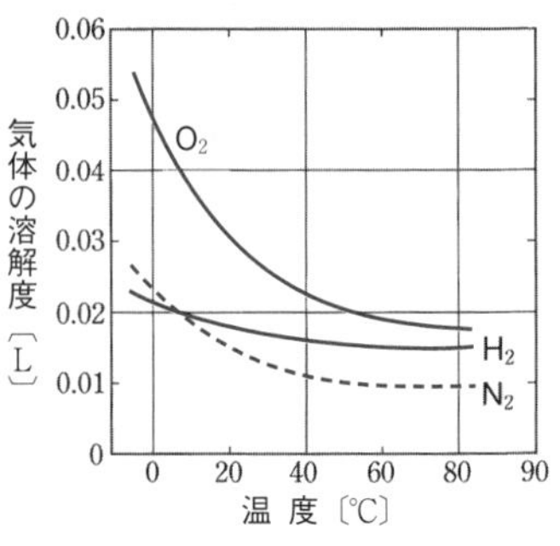

参考　1.0×10^5 Pa のもとで，開放容器で空気を溶解した水を加熱していくと，沸点の 100℃になると，水面付近では水蒸気圧が 1.0×10^5 Pa になる。その代わりに，水面付近では酸素や窒素の分圧は小さくなる。したがって，水中に溶け込む酸素や窒素の溶解度は 80℃のときよりもっと減少するはずである。ところで，上表では 100℃での気体の溶解度は 80℃のときとほぼ同程度である。これは，水面上に 1.0×10^5 Pa の水蒸気と，1.0×10^5 Pa の分圧をもつ各気体がともに存在するという条件下で，気体の溶解度を測定したものだからである。

詳説❶　低温では，気体分子の熱運動はあまり活発ではないので，比較的容易に水分子中に溶かしておくことができる。液体の温度が上昇すると，気体分子の熱運動が活発になり，液体分子との分子間力に打ち勝って，溶液外に飛び出す分子の数が増える。もう少し詳しくいうと，気体が水に溶けると，気体のもっていた運動エネルギーが余るので必ず発熱する。つまり，気体の溶解熱は正の値をもつ。ルシャトリエの原理より，高温ほど平衡は吸熱方向（左方向）に移動するので，気体の溶解度は減少する。　例　O_2(気) ＋ aq $\rightleftarrows$ O_2aq　（＋11.7 kJ）

一方，気体が水に溶けると，気体のもっていた運動の自由度，すなわちエントロピーは著しく減少する。つまり，多くの気体の溶解エントロピーは負の値をもつ。高温ほどエントロピーの増大する方向への変化がおこりやすくなるので，気体の溶解度は減少する。

ところで，He と Ne の水への溶解度は，低温のうちは温度とともに減少するが，40～50℃以上では温度とともに増加し始める。これらの気体は溶解度が極めて小さく，溶解熱は正であるがその値は小さく，溶解エントロピーもわずかに正の値をもつ。そのため，エネルギー効果が支配的である低温では溶解度が減少するが，エントロピー効果が支配的である高温では溶解度は増加することになる。

補足❷ 溶媒中に溶解している気体の体積は，その気体を煮沸してすべて気体として追い出して得られた気体から水分を除き，さらに標準状態に換算した体積で表される。

A グループ	常温・常圧で溶解度が0.1 L 以下の気体	H_2，N_2，O_2，CO，CH_4 など
B グループ	常温・常圧で溶解度が1〜数 L 程度の気体	CO_2，Cl_2，H_2S など
C グループ	常温・常圧で溶解度が非常に大きい気体	NH_3，HCl など

►水に対する溶解度の違いにより，気体を大きく3つのグループに分類できる(上表)。

A グループの気体は，いずれも分子量の比較的小さな無極性分子で，水に対する溶解度はかなり小さい。水中でも水分子と反応することなく，もとの分子の状態を保ったまま溶解している。液体の水には，水素結合によるかご状の空間がかなり多く残っており，この空間に気体分子がすっぽりと入り込む形で溶けている(p. 164)と考えられる。

B グループの気体は，水中で水分子とわずかに反応するが，多くは分子の状態を保って溶解している。水と反応した分だけ，A グループに比べて溶解度が大きくなる。

C グループの気体は，水中で水分子とかなり反応してイオンに電離し，分子の状態を保ったものは少ない。このような場合には，水に対する溶解度は極めて大きくなる。

B，C グループの気体は，水分子と反応して溶けるという共通点をもつが，B グループは無極性または極性の小さな分子であるのに対して，C グループは極性が大きい分子であるという点に違いがある。

2 溶解度と圧力の関係

炭酸飲料の栓を抜くと，盛んに気泡が発生するのを日常よく経験する。これは，高圧で CO_2 を溶かしてある炭酸飲料は，栓を抜くと外圧が下がって，いままで水中に溶けていた CO_2 が気体として発生したためである。以上のことから，気体は温度が一定でも，圧力が高くなるほど溶解度が増加し，圧力が低くなると溶解度が減少することがわかる。気体の溶解度と圧力との間には，次の関係がよく成立する。

「溶解度が小さい気体の場合，一定温度で，一定量の溶媒に溶ける気体の物質量(質量)は，その気体の圧力に比例する❸」(次頁の上図)。この関係は，1803 年，イギリスの**ヘンリー**が発見したので，**ヘンリーの法則**とよばれる。また，空気のような混合気体の水への溶解に際して，気体間に何の反応もおこらないときは，各成分気体の溶解度はそれぞれの気体の分圧に比例する。すなわち，着目した気体の溶解に関しては，他の気体の存在はまったく無視して計算してよい。

詳説❸ ヘンリーの法則は，H_2，N_2，O_2 のような溶解度が小さく，水と反応しない気体，つまり，水中でも分子のままで存在するような気体でよく成立する。一方，HCl や NH_3 のように，水に対する溶解度が非常に大きい気体，つまり，水に溶解して電離し，水中でイオンとして存在するような気体は，ヘンリーの法則には従わない。これは，HCl の溶解平衡は，気体中の HCl 分子と溶液中でも HCl 分子の形で存在するものの間でしか成立せず，水と反

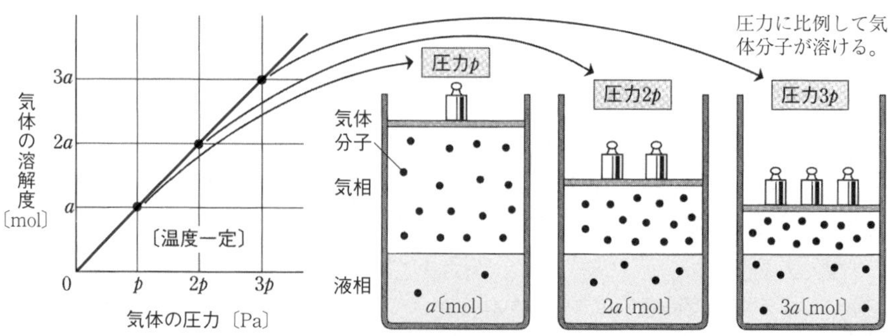

応して H^+ や Cl^- に変化したものについては平衡が成立しなくなり，H^+ や Cl^- はいくら圧力を低くしてももとの気体に戻ることはできないからである。また，溶解度がさほど大きくない CO_2 では，低圧ではヘンリーの法則にほぼ従うが，高圧では従わなくなる。

補足❸　ヘンリーの法則が成り立つ理由

P〔Pa〕の気体を水に溶かして，気相と液相との間で気体分子の濃度比が一定となり，溶解平衡に達したとする。いま，圧力を nP〔Pa〕にした瞬間を考えると，気相に存在する気体分子の濃度はもとの n 倍になる。すると気相から液相へ飛び込む分子の数も n 倍になる。溶解平衡が成り立つのは，液相に存在する気体分子の濃度も n 倍となり，液相から気相へ飛び出す分子の数も n 倍になった時点である。すなわち，気相の圧力を n 倍にすると，液相に含まれる気体分子の濃度も n 倍となって，はじめて溶解平衡が保たれるようになるのである。

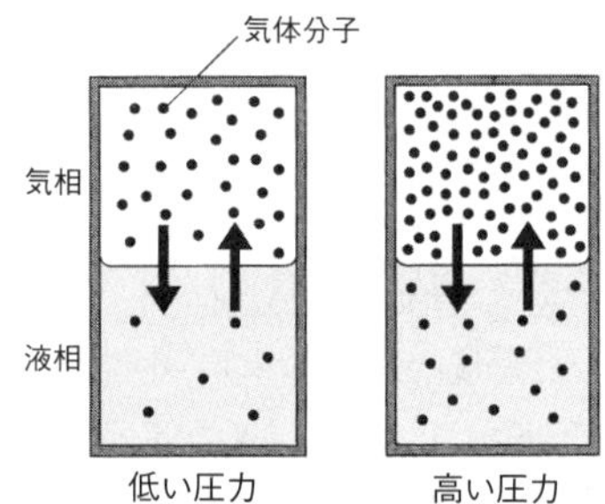

►気体の溶解度を体積で表現するときは，その測定条件に十分に注意する必要がある。

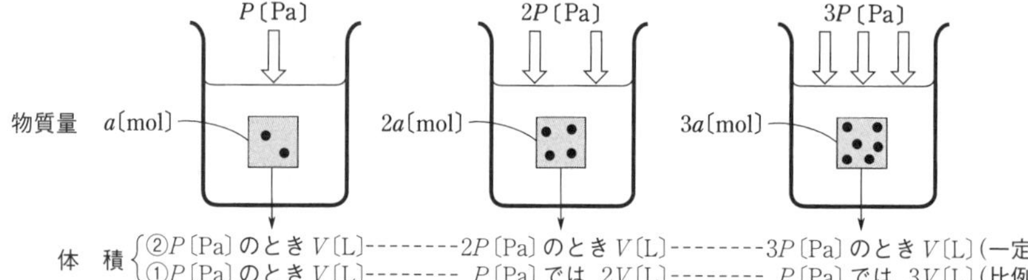

①溶解した気体の体積は，決まった圧力（たとえば 1×10^5 Pa）のもとで比較すると，その体積は物質量と同様に，圧力に比例している。一方で，②溶解した気体の体積は，溶解したときの圧力のもとで比較したとする。たとえば，圧力が 1×10^5 Pa のとき溶解した気体の体積を V〔L〕とすると，圧力を 2×10^5 Pa にすれば気体の体積は $2V$〔L〕になるかというとそうではない。ボイルの法則によって体積は $\frac{1}{2}$ となるから，2×10^5 Pa の状態で溶けた気体の体積はやはり V〔L〕のままで，1×10^5 Pa のときと変わらないという結果となる。

すなわち，ヘンリーの法則は，「一定量の溶媒に溶ける気体の体積は，溶解したときの圧力のもとで比較すると，圧力に関係なく一定である。」と言い換えることができる❹。

補足❹ ヘンリーの法則は，体積ではなく，なるべく物質量〔mol〕で考えていくほうが間違いが少なく，計算も確実になる。また，水に溶けた気体分子は，水分子の水素結合でつくられたかご状の空間に取り込まれたような状態で存在する（p. 164）。したがって，水に溶けた気体の体積とは，この分子を集めて気体の状態にあるものとして量った体積のことである。

例題 20℃，1.0×10^5 Pa のもとで，水 1.0 L に溶ける窒素と酸素の体積は，標準状態に換算した値で，それぞれ 16 mL，32 mL である。ただし，空気は窒素と酸素が体積比で 4：1 の割合で混合した気体とし，分子量を $N_2=28$，$O_2=32$ とする。

(1) 20℃，5.0×10^5 Pa の酸素が 10 L の水と接しているとき，水に溶解している酸素の質量は何 g か。

(2) 20℃，1.0×10^5 Pa の空気が 10 L の水と接しているとき，水に溶解している窒素と酸素の標準状態における体積比はいくらか。

(3) 20℃，1.0×10^5 Pa の空気が 10 L の水と接しているとき，水に溶解している窒素と酸素の質量比はいくらか。

［**解**］(1) ヘンリーの法則より，溶解した気体の物質量（質量）は，その気体の圧力に比例する。また，気体の溶解量は，溶媒（水）の量にも比例する。

O_2 のモル質量は 32 g/mol より，

求める質量は，$\dfrac{32\times10^{-3}〔L〕}{22.4〔L/mol〕}\times5\times10\times32〔g/mol〕\fallingdotseq2.28〔g〕$ 　**答 2.3 g**

(2) 窒素，酸素の分圧をそれぞれ P_{N_2}，P_{O_2} とすると，

$P_{N_2}=1.0\times10^5\times\dfrac{4}{5}=0.8\times10^5〔Pa〕$ 　　$P_{O_2}=1.0\times10^5\times\dfrac{1}{5}=0.2\times10^5〔Pa〕$

また，空気の水への溶解の場合，酸素の溶解度を考えるときは，酸素の分圧だけを考えればよく，その際，窒素の分圧はまったく無視してよい。

ヘンリーの法則は，「溶解した各気体の体積は，溶解した各気体の分圧のもとで比較すれば，常に一定である。」ともいえる。

20℃の水 1.0 L に $P_{N_2}=0.8\times10^5$ Pa のもとで N_2 が 16 mL（標準状態での値）溶ける。また，$P_{O_2}=0.2\times10^5$ Pa のもとで O_2 が 32 mL（標準状態での値）が溶ける。これらを 1.0×10^5 Pa に換算したとき，N_2，O_2 の体積をそれぞれ x〔mL〕，y〔mL〕とすると，ボイルの法則より，

$0.8\times10^5\times16=1.0\times10^5\times x$ より，$x=12.8$〔mL〕

$0.2\times10^5\times32=1.0\times10^5\times y$ より，$y=6.4$〔mL〕

よって，N_2 と O_2 の標準状態における体積比は，12.8：6.4＝2：1 　**答 2：1**

(3) ヘンリーの法則より，「溶解した気体の物質量（質量）は，各成分気体の分圧に比例する」。

N_2 のモル質量は 28 g/mol，O_2 のモル質量は 32 g/mol より，

溶けた N_2 の質量：$\dfrac{16\times10^{-3}〔L〕}{22.4〔L/mol〕}\times0.8\times28〔g/mol〕$

溶けた O_2 の質量：$\dfrac{32\times10^{-3}〔L〕}{22.4〔L/mol〕}\times0.2\times32〔g/mol〕$

N_2 と O_2 の質量比は，16×0.8×28：32×0.2×32＝7：4 　**答 7：4**

SCIENCE BOX　高山病と潜水病

大気の組成は，およそ N_2：O_2＝4：1(体積比)だから，1×10^5 Pa の空気中での酸素分圧は 2×10^4 Pa である。通常，私たちの体は，この 2×10^4 Pa の酸素を呼吸に利用していることになる。

ところで，高い山に登ったとき，気圧の低下に伴う酸素の欠乏のため，頭痛，息切れ，動悸(どうき)，吐き気，眠気，運動障害などがおこることがある。このような症状をまとめて**高山病(低酸素症)**という。たとえば，標高 3000 m の山頂では，大気圧は約 7×10^4 Pa なので，酸素分圧は $7\times10^4\times\frac{1}{5}=1.4\times10^4$ Pa しかない。

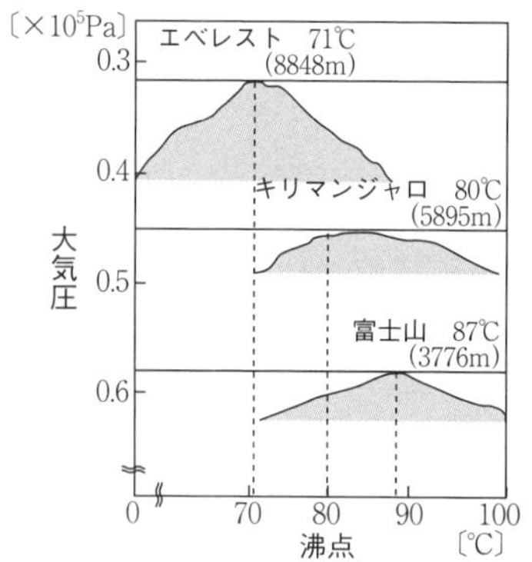

ヒマラヤなどの高山へ登るときは，緊急用の酸素ボンベが必要とされている。これは，大気圧が約 3×10^4 Pa のエベレスト山頂では，空気中の酸素分圧が $3\times10^4\times\frac{1}{5}=6\times10^3$ Pa しかなく，自力での呼吸がかなり困難となるためである。そこで，ボンベから 100％の酸素を吸えば，3×10^4 Pa の酸素が肺に入ることになる。それでも，日常，呼吸している空気中の酸素分圧 2×10^4 Pa の 1.5 倍しかなく，高山の登頂をめざす人々にとって，酸素ボンベは，食糧，衣類などと並んでなくてはならない必需品である。

一方，水中で作業するとき，潜水士（ダイバー）は，水深に従った高圧の空気を呼吸しなければならない。すなわち，水深 10 m ごとに，水圧が 1×10^5 Pa ずつ増加するので，水深 40 m での圧力は，4×10^5(水圧)＋1×10^5(大気圧)＝5×10^5 Pa，水深 100 m での圧力は，1.1×10^6 Pa となる。

通常の潜水で用いるボンベの中身は，酸素ではなく空気である。水深 40 m の地点では，ダイバーは $5\times10^5\times\frac{1}{5}=1\times10^5$ Pa の酸素分圧の空気を吸うことになる（これは，地上で純酸素を吸うのと同じことであり，同時に 4×10^5 Pa の窒素を吸っていることになる)。

このような高圧の状態では，血液中への空気の溶解度が増加している。作業を終え深い水中から急に浮上すると，圧力の減少に伴って空気の溶解度が減り，血液中に溶けていた空気が気泡となって遊離してくる(このうち O_2 は，やがて体の組織で消費されるが，N_2 はそのまま血液中に残り，やがて筋肉・脂肪組成にも蓄積される)。

この気泡が血液の流れを阻害するので，各組織が酸素不足になり，とくに，関節や筋肉に激痛がおこったり，脳の毛細血管の血流が阻害されると，脳細胞が壊死(えし)して，運動障害や知覚障害が生じるだけでなく，後遺症が残ることもある。このような症状をまとめて**潜水病(減圧症)**とよんでいる。

潜水病を防ぐにはできるだけゆっくり浮上する必要がある。とくに深い水中で作業する場合は，空気ボンベの代わりに，O_2 と He の混合気体を詰めたボンベが用いられる。He は人体にとって無害であり，水に対する溶解度が N_2 の約 40％と小さいので，生じる気泡の量がずっと少ない。また，He は N_2 よりも軽い気体のため，肺でのガス交換の速度が N_2 よりも大きく，速く体外に排出されるので，N_2 に比べて潜水病をおこしにくい気体というわけである。

3　密閉容器での気体の溶解度

たとえば，開放系の容器に入れた水に対する，大気中の CO_2 の溶解を考える場合には，CO_2 は大気中に多量にあるから，CO_2 が溶解しても CO_2 の分圧は一定のままである。

一方，水の入った密閉容器に一定量の CO_2 を封入した直後は，CO_2 の分圧が 1×10^5 Pa であっても，CO_2 が溶解するに従って CO_2 の分圧は減少していく。やがて，溶解平衡の状態に到達したとき，CO_2 の分圧が $x\times10^5$ Pa であったとすると，CO_2 の溶解量は，この $x\times10^5$ Pa に比例して決定されることになる。

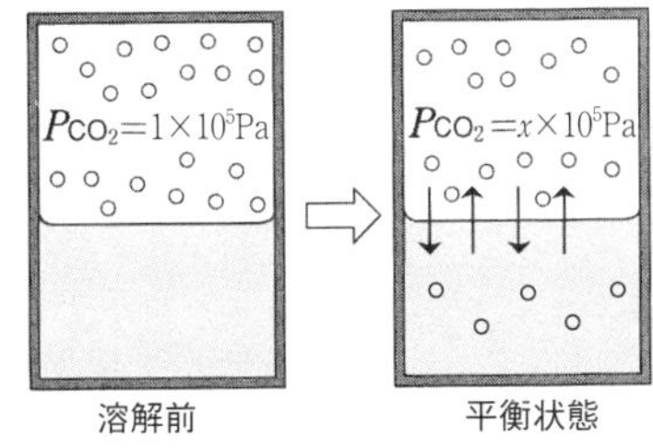

この x の値を直接求めようとすると，水に溶解した CO_2 の物質量を知る必要があり，これを知るには，結局，CO_2 の分圧が必要となる。

そこで，もう一度振り返って考えてみると，溶解平衡の状態において，封入した CO_2 は必ず気相か液相のいずれかに存在するから，CO_2 に関する**物質収支の条件**を解くと，x の値がわかり，その値から，CO_2 の溶解量などが簡単に求められる。

例題　0℃，1.0×10^5 Pa の CO_2 が水 1.0 L に溶ける体積は，標準状態に換算して，0℃で 1.7 L，20℃では 0.88 L である。1.0 L の水を入れた 3.24 L の密閉容器に 0.10 mol の CO_2 を封入した。ただし，水の蒸気圧は無視できるものとし，CO_2 の分子量は 44 とする。

(1)　0℃で溶解平衡に到達させた場合，水中に溶解した CO_2 は何 g か。

(2)　20℃で溶解平衡に到達させた場合，容器内の圧力は何 Pa になるか。

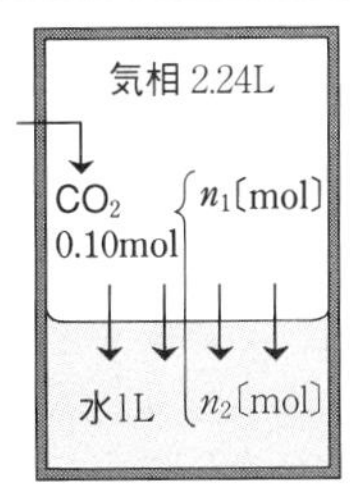

［解］　(1)　溶解平衡に達したときの CO_2 の圧力を P〔Pa〕とし，気相に存在する CO_2 を n_1〔mol〕とすると，気体の状態方程式より，

$$P\text{[Pa]}\times2.24\text{[L]}=n_1\text{[mol]}\times8.3\times10^3\left[\frac{\text{Pa}\cdot\text{L}}{\text{K}\cdot\text{mol}}\right]\times273\text{[K]}$$

$$\therefore\quad n_1\fallingdotseq9.88\times10^{-7}P\text{[mol]}\qquad\cdots\cdots\text{①}$$

液相に溶解した CO_2 を n_2〔mol〕とすると，ヘンリーの法則より，

$$n_2=\frac{1.7\text{[L]}}{22.4\text{[L/mol]}}\times\frac{P}{1.0\times10^5}\fallingdotseq7.58\times10^{-7}P\text{[mol]}\qquad\cdots\cdots\text{②}$$

最初に加えた 0.10 mol の CO_2 は，気相または液相のいずれかに存在するから，CO_2 に関して物質収支の条件式を立てると，$n_1+n_2=0.10$　より，

$$9.88\times10^{-7}P+7.58\times10^{-7}P=0.10\qquad\therefore\quad P\fallingdotseq5.72\times10^4\text{[Pa]}$$

よって，②式に代入すると水中に溶解した CO_2 の物質量がわかり，$CO_2=44$〔g/mol〕より，

$$7.58\times10^{-7}\times5.72\times10^4\times44\fallingdotseq1.90\text{[g]}$$

答　**1.9 g**

(2)　溶解平衡時の CO_2 の圧力を P'〔Pa〕とし，気相と液相に存在する CO_2 をそれぞれ n_1'〔mol〕，n_2'〔mol〕とすると，　$P'\times2.24=n_1'\times8.3\times10^3\times293$　　$\therefore\quad n_1'\fallingdotseq9.21\times10^{-7}P'$〔mol〕

$$n_2'=\frac{0.88}{22.4}\times\frac{P'}{1.0\times10^5}\fallingdotseq3.92\times10^{-7}P'\text{[mol]}$$

物質収支の条件式より，　$9.21\times10^{-7}P'+3.92\times10^{-7}P'=0.10$

$$\therefore\quad P'\fallingdotseq7.61\times10^4\text{[Pa]}$$

答　**7.6×10^4 Pa**

SCIENCE BOX　気体の溶解度の温度変化

ある気体Aが水に溶解するとき，系のエネルギー変化を次のように考えてみよう。

(1)　ある温度で気体Aを凝縮させ，液体Aに変える。

(2)　生じた液体Aを水と混合し，気体Aの水溶液をつくる。

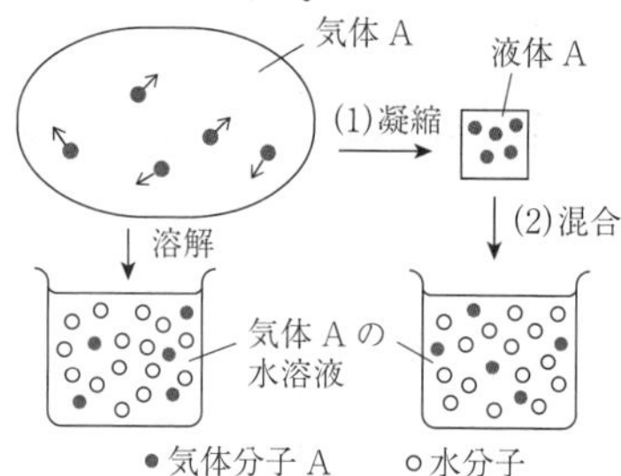

(1)の過程では，気体の凝縮に伴う発熱があり，系のエネルギーが大きく減少する。(2)の過程では，気体分子間の分子間力の切断に伴う吸熱量よりも，水分子と気体分子間の分子間力の生成に伴う発熱量のほうがやや大きいので，全体として発熱があり，系のエネルギーが減少する。結局，気体が水に溶けると必ず発熱する。つまり，気体の溶解熱は例外なく正の値をもつ。

ある気体が水に溶解するとき，系のエントロピー(乱雑さ)の変化を考えてみよう。

①　空間を自由に飛び回っていた気体分子が液体という限られた空間に閉じ込められるので，系のエントロピー（**溶解エントロピー**[*1]という)は大きく減少する。

②　液体中に気体分子が混合するので，系のエントロピー（**混合エントロピー**[*1]という)は増加する。

＊1　一般に，多くの気体では，溶解エントロピー(負の値)は，混合エントロピー(正の値)よりも大きな絶対値をもつ。

水への溶解度が比較的大きな Cl_2，H_2S，CO_2 などの気体では，溶解時の発熱量が大きく，気体の溶解過程において，エネルギー効果のほうが支配的になる（エントロピー効果は小さく，無視してよい)。したがって，各気体の水への溶解を表す熱化学反応式に対して，ルシャトリエの原理を適用すれば，高温になるほど平衡は吸熱方向(左)に移動し，気体の溶解度が減少することが理解できる。

Cl_2(気) + aq ⟶ Cl_2aq (+23.4 kJ)

H_2S(気) + aq ⟶ H_2Saq (+19.1 kJ)

CO_2(気) + aq ⟶ CO_2aq (+20.3 kJ)

ところで，水への溶解度が極めて小さいHe，Neなど貴ガスの気体では，低温のうちは温度上昇ともに溶解度が減少するが，ある温度以上になると溶解度が増加し始めるという不思議な現象が観察される(下図)。

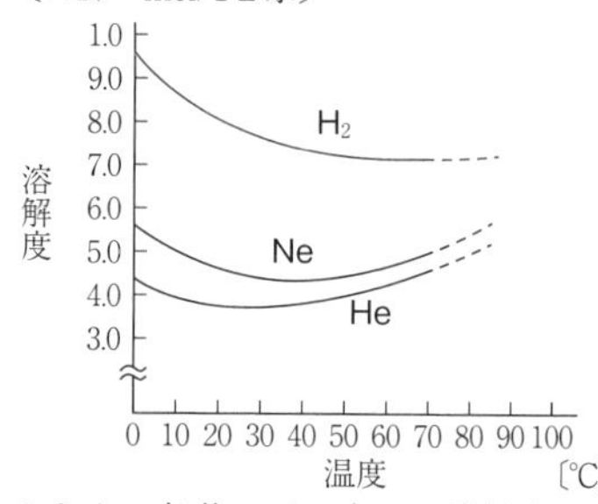

これらの気体では，水への溶解時の発熱量が極めて小さい[*2]。

Heの場合，低温で溶解度が比較的大きい間は，①の溶解エントロピーの減少効果が，②の混合エントロピーの増加効果を上回るので，系全体としてのエントロピーは減少する。したがって，気体の溶解が抑制され，気体の溶解度は温度とともに減少傾向を示すと考えられる。しかし，高温になるにつれて気体の溶解度が小さくなるので，①の溶解エントロピーの減少効果よりも，②の混合エントロピーの増加効果が上回るようになり，系全体としてのエントロピーは増加する。したがって，気体の溶解が促進され，気体の溶解度は温度とともに増加傾向を示すと考えられる。

＊2　He(気) + aq ⟶ Heaq (+1.7 kJ)

Ne(気) + aq ⟶ Neaq (+4.6 kJ)

2-10　溶液の濃度

溶液中に存在する溶質の割合を**濃度**といい，その表し方にはふつう質量パーセント濃度，モル濃度，質量モル濃度などがあり，目的に応じて使い分けられている。

1　質量パーセント濃度

溶液（溶媒＋溶質）中に溶けている溶質の割合を百分率（パーセント）で表した濃度を，**質量パーセント濃度**といい，単位記号に % を用いる❶。

$$\text{質量パーセント濃度〔\%〕}=\frac{\text{溶質の質量〔g〕}}{\text{溶液の質量〔g〕}}\times 100$$

補足❶　液体どうしの混合では，混合前の溶媒と溶質の体積の和に対する溶質の体積の割合を表す体積パーセント濃度が使われることもある。この場合には，体積%または vol%という表示をつける必要がある。単に何%といわれたら，質量%（wt%）のことをさす。

►また，たとえば微量の環境汚染物質などの濃度を表すのに，百万分率 **ppm**（parts per million）が用いられることがある。100 万分の 1，つまり $\frac{1}{10^6}$ を 1 ppm と定義しているので，ppm で表したいときは，計算で求めた値を単に 10^6 倍すればよい。

例　1 kg の溶液中に 10 mg（$=10\times10^{-3}$g）の溶質を含む溶液の濃度は何 ppm か。

［解］　$\frac{\text{溶質}}{\text{溶液}}=\frac{10\times10^{-3}\text{〔g〕}}{1\times10^{3}\text{〔g〕}}\times10^{6}=\mathbf{10〔ppm〕}$　答

質量パーセント濃度は，計算しやすく，日常生活では最もよく使われる濃度である。

2　モル濃度

溶液 1 L に溶けている溶質の量を物質量〔mol〕で表した濃度を**モル濃度**といい，単位記号に **mol/L** を用いる❷。

$$\text{モル濃度〔mol/L〕}=\frac{\text{溶質の物質量〔mol〕}}{\text{溶液の体積〔L〕}}$$

補足❷　モル濃度は体積モル濃度ともよばれ，単位記号には mol/L の代わりに M が用いられることもある。

►たとえば，溶液中で粒子 A と B が 1：1 の割合で反応する場合を考える。

同じ質量%濃度の溶液を同質量ずつ反応させても，必ずしも過不足なく反応するとは限らない。一方，同じモル濃度の溶液を同体積ずつ反応させると，必ず過不足なく反応する。このように，溶液中での化学反応の量的関係を考えるときは，質量%濃度よりも溶質粒子の数，つまり物質量に基づくモル濃度のほうが有用である。

また，溶液は質量よりも体積のほうが測定しやすいので，溶液の体積を測定するだけで，溶液中に含まれる溶質の物質量がすぐにわかるモル濃度が最もよく用いられる❸。

補足❸　1.0 mol/L の NaCl 水溶液 100 mL 中に含まれる NaCl の物質量を求めてみよう。
溶質の物質量〔mol〕＝モル濃度〔mol/L〕×溶液の体積〔L〕より，この溶液中に含まれる NaCl の物質量は，$1.0\text{〔mol/L〕}\times\frac{100}{1000}\text{〔L〕}=0.10\text{〔mol〕}$となる。

3　1 mol/L NaCl 水溶液の調製

1 mol/L の NaCl 水溶液 1 L をつくるのに，NaCl 1 mol(=58.5 g) を水 1 L に溶かしても正確な 1 mol/L 溶液にはならない。なぜなら，溶媒の体積と溶液の体積とは等しくならないからである（通常，溶解前の溶媒の体積に比べて，溶解後の溶液の体積のほうが若干大きくなる)。したがって，NaCl 1 mol を水に溶かした後，溶液全体の体積をちょうど 1 L としなければ正確な 1 mol/L の NaCl 水溶液を調製できない。そのため，一定量の液体の体積を正確に測定できる**メスフラスコ**というガラス器具を用いる❹。

詳説❹　メスフラスコ(定容フラスコ)は，細長い首をもつ共栓付きの平底フラスコである。首の部分を細めてあるのは，液体の体積を正確に読み取れるようにするためである。20℃の溶液を標線まで入れると，その体積(内容積)が表示された体積になるように標線が刻まれている。

〈1.0 mol/L NaCl 水溶液 1 L のつくり方〉

① ビーカー内で NaCl 58.5 g を半分量程度（約 500 mL）の純水で完全に溶解させ，常温になるまで放置する。その溶液をすべてメスフラスコに移す❺。

② ビーカーの内壁，およびガラス棒などに付着している溶質は，少量の純水で洗い落とし，その洗液もメスフラスコに加える。

③ 標線まで純水を加えていく。このとき，**メニスカス**（液体の表面張力によりその表面にできる三日月形の曲面)の底部を標線にきちんと合わせる。

④ 共栓をして，メスフラスコを上下によく振って濃度が均一になるようにする。

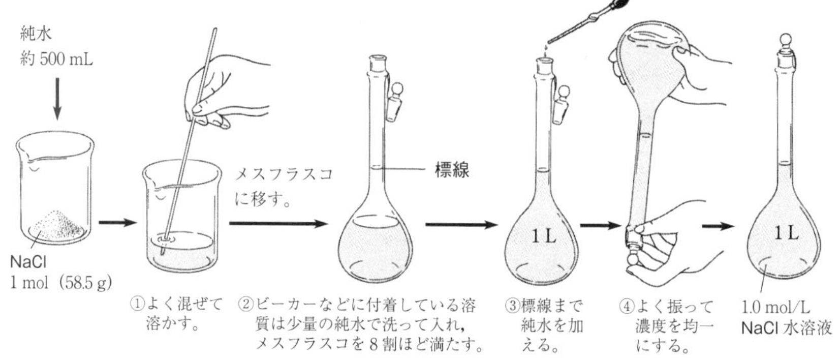
純水
約 500 mL
NaCl
1 mol（58.5 g）
メスフラスコ
に移す。
標線
1 L
1 L
①よく混ぜて
溶かす。
②ビーカーなどに付着している溶
質は少量の純水で洗って入れ，
メスフラスコを 8 割ほど満たす。
③標線まで
純水を加
える。
④よく振って
濃度を均一
にする。
1.0 mol/L
NaCl 水溶液

詳説❺　溶質を直接メスフラスコの中で溶かさないこと。これは，NaCl やグルコースのように溶解熱がさほど大きくない溶質もあるが，NaOH や H_2SO_4 のように溶解熱の大きな溶質では，溶液の温度が規定の 20℃を大きく超えてしまうので，溶液の体積とメスフラスコに表示された体積が厳密には一致しなくなるためである。一般的に，物質の溶解時には必ず発熱や吸熱がおこるので，いったん別の容器(ビーカーなど)で完全に溶かし，常温になるまで放置してから，溶液をメスフラスコの中に加えるようにする。

ところで，メスフラスコのように標線のついたガラス器具は，絶対に加熱乾燥してはならない。メスフラスコが熱により変形してしまうと表示体積を示さなくなるからである。

4　質量モル濃度

溶媒 1 kg に溶けている溶質の量を物質量〔mol〕で表した濃度を**質量モル濃度**といい，単位記号には **mol/kg** を用いる❻。

$$\text{質量モル濃度〔mol/kg〕}=\frac{\text{溶質の物質量〔mol〕}}{\text{溶媒の質量〔kg〕}}$$

詳説❻　溶媒の質量に基づく質量モル濃度は，溶液の体積（温度によりわずかに変化する）を基準に求められたモル濃度と異なり，温度によって値が変化しない特徴をもつ。そこで，質量モル濃度は，溶液の温度変化を伴う沸点上昇や凝固点降下でのみ特別に用いられる。

►溶媒の物質量に比べて溶質の物質量がずっと小さな溶液（**希薄溶液**という）では，モル濃度と質量モル濃度の値がほとんど等しくなる❼。

補足❼　希薄溶液とは，一般に 0.1 mol/L 以下の溶液をさす。このような溶液では，溶液の質量に比べて溶質の質量が非常に小さいので，溶液の質量≒溶媒の質量，および溶液の密度≒溶媒の密度とみなせるから，　C mol/L≒C mol/kg　となる。

> **例題**　シュウ酸二水和物 $(COOH)_2\cdot 2H_2O$ の結晶 63.0 g を水に溶かして 500 cm^3 とした。この水溶液の密度を 1.04 g/cm^3 として，この水溶液の (1)質量パーセント濃度，(2)モル濃度，(3)質量モル濃度 をそれぞれ求めよ。ただし，式量は $(COOH)_2=90$，$(COOH)_2\cdot 2H_2O=126$ とする。

［**解**］ (1)　まず，シュウ酸二水和物中の無水物（溶質）と水和水（溶媒に加わる）の質量は，それぞれの式量を使って次のように求められる。

$$\text{シュウ酸(無水物)}：63.0\times\frac{(COOH)_2}{(COOH)_2\cdot 2H_2O}=63.0\times\frac{90}{126}=45.0\text{〔g〕}$$

$$\text{水和水}：63.0\times\frac{2H_2O}{(COOH)_2\cdot 2H_2O}=63.0\times\frac{36}{126}=18.0\text{〔g〕}$$

溶液の質量は，500〔cm^3〕×1.04〔g/cm^3〕＝520〔g〕

$$\therefore\ \frac{\text{溶質の質量}}{\text{溶液の質量}}\times 100=\frac{45.0}{520}\times 100\fallingdotseq 8.65\text{〔\%〕}$$

答　**8.65%**

(2)　シュウ酸二水和物（結晶）が水に溶けると，次式のように無水物（溶質）と水和水（溶媒）になる。

$$(COOH)_2\cdot 2H_2O \longrightarrow (COOH)_2 + 2H_2O$$
　　1 mol　　　　　　1 mol　　　2 mol

上式の係数比より，シュウ酸二水和物の物質量はシュウ酸無水物（溶質）の物質量と等しい。

$$\text{シュウ酸二水和物の物質量}：\frac{63.0\text{〔g〕}}{126\text{〔g/mol〕}}=0.500\text{〔mol〕}$$

よって，シュウ酸二水和物の物質量をシュウ酸無水物（溶質）の物質量と読み替えると，

$$\therefore\ \frac{\text{溶質の物質量}}{\text{溶液の体積}}=\frac{0.500\text{〔mol〕}}{0.500\text{〔L〕}}=1.00\text{〔mol/L〕}$$

答　**1.00 mol/L**

(3)　**（溶媒の質量）＝（溶液の質量）－（溶質の質量）**より，

溶媒の質量は 520－45.0＝475〔g〕である。

$$\therefore\ \frac{\text{溶質の物質量}}{\text{溶媒の質量}}=\frac{0.500\text{〔mol〕}}{0.475\text{〔kg〕}}\fallingdotseq 1.05\text{〔mol/kg〕}$$

答　**1.05 mol/kg**

5 モル濃度と質量パーセント濃度の変換

日常生活でよく使われる質量パーセント濃度〔%〕と，化学分野でよく使われるモル濃度〔mol/L〕における，溶液と溶質の関係は次のとおりである。

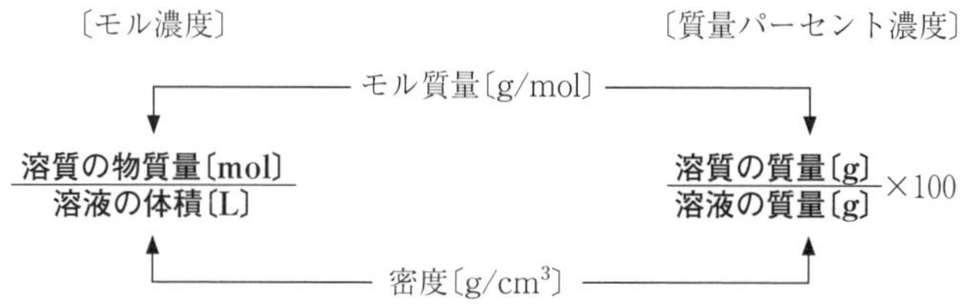

モル濃度は溶液の体積を基準に，質量パーセント濃度は溶液の質量を基準にしており，溶液の**密度**が与えられると，相互に変換が可能となる。

また，モル濃度は溶質の物質量を基準に，質量パーセント濃度は溶質の質量を基準にしており，溶質の**モル質量**がわかれば，相互に変換が可能となる。

質量%濃度では，溶液の質量は特に決まっていない(いくらでも構わない)が，モル濃度では，**溶液の体積が 1 L** と決められている。そこで，モル濃度→質量%濃度への変換のときも，質量%濃度→モル濃度への変換のときも，いずれも**溶液 1 L(＝1000 cm^3) あたり**で考えるとよい。

例題 次の(1)，(2)の水溶液の濃度を，指定された濃度に変換せよ。いずれも水酸化ナトリウムの式量は，NaOH＝40 とする。

(1) 6.0 mol/L 水酸化ナトリウム水溶液(密度 1.2 g/cm^3)の質量パーセント濃度を求めよ。

(2) 8.0%水酸化ナトリウム水溶液(密度 1.1 g/cm^3)のモル濃度を求めよ。

［解］ (1) NaOH 水溶液 1 L(＝1000 cm^3)の質量は，密度が 1.2 g/cm^3 なので

$$1000〔cm^3〕\times 1.2〔g/cm^3〕=1200〔g〕$$

NaOH(溶質) 6.0 mol の質量は，NaOH のモル質量が 40 g/mol なので

$$6.0〔mol〕\times 40〔g/mol〕=240〔g〕$$

$$\therefore\ \frac{溶質の質量〔g〕}{溶液の質量〔g〕}\times 100=\frac{240〔g〕}{1200〔g〕}\times 100=20〔\%〕$$

答　**20%**

(2) NaOH 水溶液 1 L(＝1000 cm^3)の質量は，密度が 1.1 g/cm^3 なので

$$1000〔cm^3〕\times 1.1〔g/cm^3〕=1100〔g〕$$

NaOH(溶質)の質量は，NaOH 水溶液の質量%が 8.0%なので

$$1100〔g〕\times \frac{8.0}{100}=88〔g〕$$

NaOH 88 g の物質量は NaOH のモル質量が 40 g/mol なので

$$\frac{88〔g〕}{40〔g/mol〕}=2.2〔mol〕$$　モル濃度は 2.2 mol/L

答　**2.2 mol/L**

2-11　希薄溶液の性質

1　希薄溶液とは

溶液の濃度が小さな**希薄溶液**では，溶質粒子を溶媒和するのに十分な量の溶媒分子が存在し，溶質粒子間の距離が大きい。したがって，圧力の低い気体が分子の種類に関係なく理想気体の状態方程式を満たすように，希薄溶液でも溶媒の種類が同じであれば溶質の種類に関係なく，溶液中の溶質粒子の数，つまり濃度だけによって決定される共通した性質(**束一的性質**という)を示す。

一方，**濃厚溶液**では，溶質粒子どうしが接近する機会が多くなり，溶質粒子間の相互作用の影響があらわれる。よって，溶液は溶質の種類によりそれぞれ異なる性質を示すようになり，その取り扱いは一層難しくなる。

● 溶質粒子
○ 溶媒分子

希薄溶液
希薄溶液では，溶質粒子は多数の溶媒分子によって溶媒和され，互いに離れている。

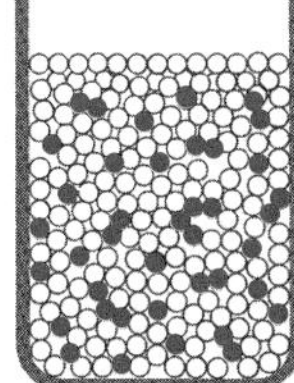

濃厚溶液
濃厚溶液では，溶質粒子どうしが接近することがある。

2　蒸気圧降下

純粋な溶媒(純溶媒)は一定温度で一定の蒸気圧を示し，その表面では分子が絶えず蒸発と凝縮を繰り返している。ところが，その液体にスクロースや塩化ナトリウムのような不揮発性物質（その温度で蒸気圧が非常に低い物質）を溶かして溶液にすると，もとの純溶媒に比べて蒸気圧が低くなる。このような現象を**蒸気圧降下**という❶。たとえば，海水でぬれた衣類が真水でぬれた衣類よりも乾きにくいのは，海水では，水の蒸気圧が小さくなっているからである。

h は蒸気圧降下を表す。
純溶媒
溶液
h
流動パラフィン
(a)
(b)
不揮発性の溶質粒子
純溶媒
溶液

蒸気圧降下

詳説❶　液体の飽和蒸気圧は，温度によって一定の値を示すが，結局，単位時間あたりに蒸発する溶媒分子の数に一致することを，上図を用いて考えてみよう。

ある温度において，単位時間あたりで，液面を占める溶媒２分子から１分子の割合で蒸発がおこると仮定すると，純溶媒(a)の場合，単位時間あたり４分子の溶媒分子が蒸発することになる。一方，同じ溶媒中に不揮発性の溶質粒子を溶かした溶液(b)の場合，溶質粒子を加えた分だけ溶液全体に占める溶媒分子の割合が低下するので，単位時間あたりに蒸発する溶媒分子の数が３個へと減少したとする。純溶媒(a)と溶液(b)を放置すると，やがて平衡状態（気液平衡）となるが，このとき，(a)と(b)の飽和蒸気圧の比は，単位時間あたりに蒸発する溶媒分子の数の比，つまり４：３と一致することになる。

前記の関係は溶質が揮発性物質のときには成立しない。たとえば，水に揮発性のメタノール（沸点64℃）を加えると混合溶液の蒸気圧は上昇する。揮発性物質どうしが溶解する場合，二硫化炭素 CS_2（沸点46℃）にベンゼン C_6H_6（沸点80℃）を加えていくと，溶液の蒸気圧は低下するが，ベンゼンに二硫化炭素を加えていくと混合溶液の蒸気圧は上昇する。

SCIENCE BOX　ラウールの法則

溶媒に不揮発性の溶質を溶かした溶液の蒸気圧 P は，もとの純溶媒の蒸気圧 P_0 より小さくなる。この現象を**蒸気圧降下**という。フランスの**ラウール**は1887年，不揮発性物質（溶質）の溶けた希薄溶液では，その蒸気圧は溶液中の溶媒のモル分率 $\frac{N}{N+n}$ に比例することを発見した。

$$P=\frac{N}{N+n}P_0 \quad \left(\begin{array}{l}N：溶媒の物質量\\ n：溶質の物質量\end{array}\right)$$

この関係を**ラウールの法則**という。

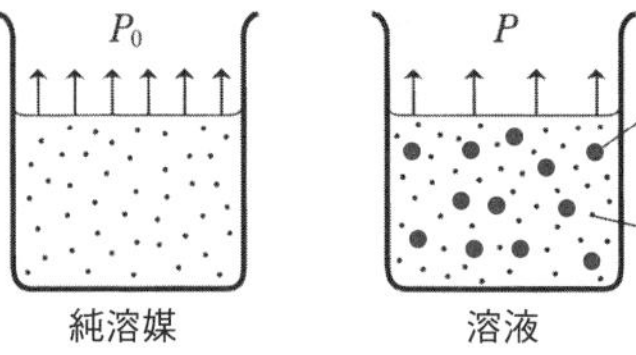

また，純溶媒の蒸気圧と溶液の蒸気圧の差（P_0-P）は**蒸気圧降下度** ΔP とよばれ，次の①式で表される。

$$\Delta P=P_0-\frac{N}{N+n}P_0=\frac{n}{N+n}P_0 \quad \cdots\cdots①$$

よって，ΔP は溶液中の溶質のモル分率 $\frac{n}{N+n}$ に比例する。

一方，希薄溶液では $N \gg n$ なので，$N+n \fallingdotseq N$ と近似できる。よって，①式は次の②式のように簡略化できる。

$$\Delta P=\frac{n}{N}P_0 \quad \cdots\cdots②$$

②式の $\frac{n}{N}$ は，溶媒 N〔mol〕に対して溶質が n〔mol〕の割合で含まれていることを表しているが，溶媒1 kgあたりに換算すると質量モル濃度 m〔mol/kg〕と考えることができる。そこで，溶媒の質量を W〔kg〕，そのモル質量を M〔g/mol〕とすると，溶媒の物質量が N〔mol〕より，

$$\frac{1000\,W〔g〕}{M〔g/mol〕}=N〔mol〕$$

これを②式へ代入して，

$$\Delta P=\frac{nM}{1000\,W}P_0 \quad \cdots\cdots③$$

たとえば，27℃，100℃における水の飽和蒸気圧をそれぞれ 3.5×10^3 Pa，1.0×10^5 Paとし，0.10 mol/kgの非電解質水溶液の27℃，100℃における蒸気圧降下度を③式を使って求めると，

$$27℃：\Delta P=\frac{0.10\times18}{1000\times1}\times3.5\times10^3 \fallingdotseq 6.3〔Pa〕$$

$$100℃：\Delta P=\frac{0.10\times18}{1000\times1}\times1.0\times10^5 \fallingdotseq 1.8\times10^2〔Pa〕$$

当然，同じ濃度でも飽和蒸気圧の大きい高温ほど，蒸気圧降下度 ΔP は大きくなる。

③式で，$\frac{n}{W}$〔mol/kg〕を質量モル濃度 m，$\frac{MP_0}{1000}$ をまとめて溶媒に固有の定数 k とおくと，　$\boldsymbol{\Delta P=k\cdot m}$　……④

つまり，蒸気圧降下度 ΔP は，溶質の種類に関係なく，その溶液の質量モル濃度 m に比例するという関係が導ける。蒸気圧降下度が，溶質の種類と無関係に，溶質粒子の数（物質量）だけで決まる束一的性質（p. 179）を示すのは不思議なことである。しかし，この関係は希薄溶液でのみ成り立つという前提条件を理解すると納得がいく。つまり，溶液の濃度が極めて薄く，溶質粒子が互いに離れている状態では，気体と同様に，その溶質粒子の個性はまったくあらわれてこないのである。溶液の濃度が濃いと，溶質粒子どうしが接近するようになり，溶質粒子のもつ個性があらわれるようになるので，束一的性質は示さなくなる。

SCIENCE BOX　2種の揮発性液体の蒸気圧変化

(1)　ベンゼンとトルエンの混合溶液

ベンゼンとトルエンは，分子の大きさ，分子間力の大きさともによく似ているので，混合しても熱の発生と体積の変化はほとんど見られない。このような混合溶液を**理想溶液**という。

ベンゼン　トルエン

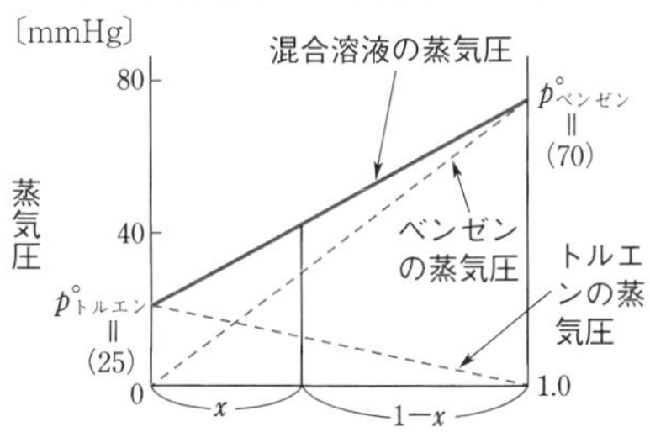

ベンゼンのモル分率(20℃)

上図の横軸は，右へいくほどベンゼンのモル分率が増加し，ベンゼンの蒸気圧に近づく。逆に，左へいくほどトルエンのモル分率が増加し，トルエンの蒸気圧に近づく。すなわち，「各成分の蒸気圧は，混合溶液中の各成分のモル分率に比例する。」(**ラウールの法則**)がよく成立する。

ベンゼンのモル分率を x とすると，トルエンのモル分率は $(1-x)$ と表される。この混合溶液におけるベンゼン，トルエンの蒸気圧を $p_{ベンゼン}$，$p_{トルエン}$とすれば，

$$p_{ベンゼン}=p^\circ_{ベンゼン}\times x$$

$$p_{トルエン}=p^\circ_{トルエン}\times(1-x)$$

(p° はそれぞれ純溶媒の蒸気圧を示す)

$$\therefore\quad 全圧\ P=p_{ベンゼン}+p_{トルエン}$$

たとえば，トルエン 60 mol%，ベンゼン 40 mol%の混合溶液(20℃)の蒸気圧 P は，

$$p_{ベンゼン}=70\times0.4=28〔mmHg〕$$

$$p_{トルエン}=25\times0.6=15〔mmHg〕$$

$$\therefore\quad P=28+15=43〔mmHg〕となる。$$

(2)　クロロホルムとアセトンの混合溶液

同種の分子間には極性引力しか働かないのに対して，異種分子間には右上図のような比較的強い静電気力が形成される。よって，混合後は異種分子間に働く引力が強くなるので，エネルギーの低い安定な状態となり，溶液中の各成分は蒸気相へ逃げ出しにくくなる。つまり，混合溶液の蒸気圧は，理想溶液から予想される値より**負のずれ**を示し，同時に熱の発生・体積の減少を伴う。また，混合溶液の沸騰曲線を書くと，蒸気圧の減少により極大点を生じる(p. 187)。

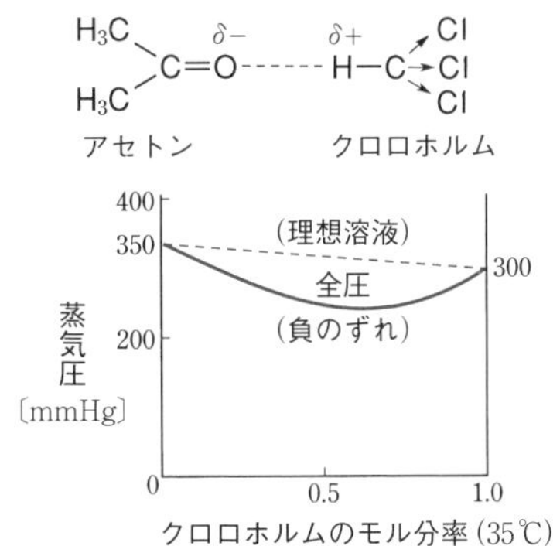

クロロホルムのモル分率(35℃)

(3)　四塩化炭素とメタノールの混合溶液

混合前には CCl_4 はファンデルワールス力で，CH_3OH は水素結合で引き合っているが，混合後の異種分子間には水素結合は形成されなくなる。したがって，混合後は異種分子間に働く引力が弱くなるので，エネルギーの高い不安定な状態となり，溶液中の各成分は蒸気相へ逃げ出しやすくなる。つまり，混合溶液の蒸気圧は，理想溶液から予想される値より**正のずれ**を示し，同時に，熱の吸収・体積の増加を伴う。また，混合溶液の沸騰曲線を書くと，蒸気圧の上昇により極小点を生じる(p. 187)。

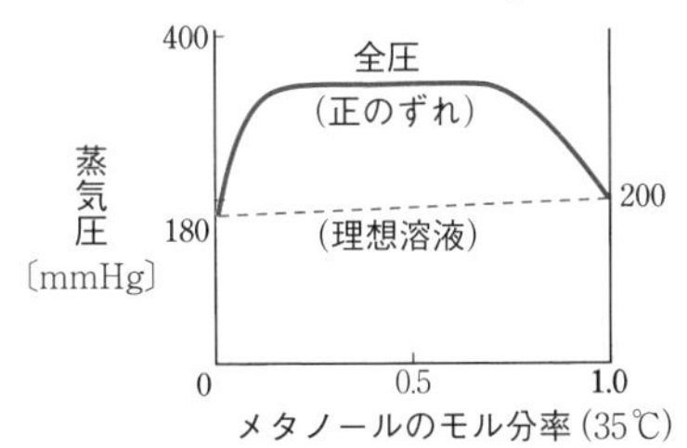

メタノールのモル分率(35℃)

3 沸点上昇

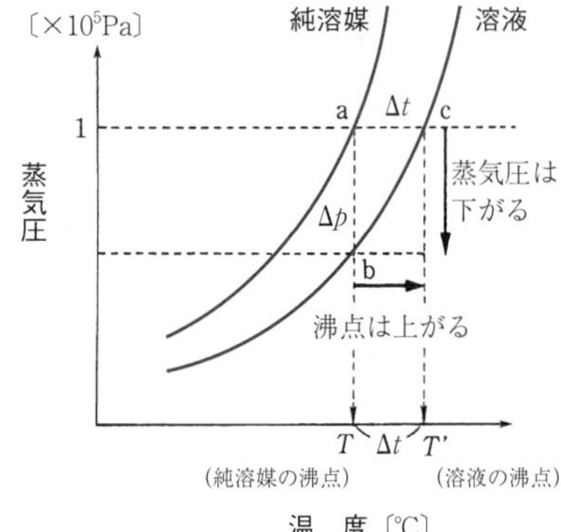

溶液の蒸気圧が純溶媒の蒸気圧より小さくなる結果，溶液の束一的性質がどのように変化するのかを考えてみよう。

その液体の蒸気圧が大気圧 (1.0×10^5 Pa) に達すると，液体内部からも沸騰がおこる。このときの温度がその液体の**沸点**である。

蒸気圧降下により，溶液の蒸気圧はどの温度範囲においても，純溶媒の蒸気圧より低くなる。したがって，右図のように溶液の蒸気圧曲線は，純溶媒のそれよりも常に下側にくる。蒸気圧が 1.0×10^5 Pa に達した a 点の温度 T〔℃〕が純溶媒の沸点であるが，この温度では，溶液の蒸気圧は b 点まで下がるから沸騰はおこらない。この蒸気圧降下を補うために，さらに温度を上げて，溶液の蒸気圧を b 点→ c 点に高めると，溶液が沸騰するようになる。このときの温度 T'〔℃〕が溶液の沸点となる。このように，不揮発性物質の溶けた溶液の沸点 T' が，純溶媒の沸点 T よりも高くなる現象を**沸点上昇**といい，純溶媒と溶液との沸点の差 ($T'-T$) を**沸点上昇度** Δt という❷。希薄溶液の沸点上昇度 Δt は，溶液の質量モル濃度 m に比例し，次式で表される❸。

$$\boldsymbol{\Delta t = k_b \cdot m} \quad \cdots\cdots\cdots ⑤$$

⑤式において，k_b は**モル沸点上昇**とよばれる比例定数である。いま，⑤式で $m=1$〔mol/kg〕とおくと，$\Delta t = k_b$ となるから，k_b は 1 mol/kg の溶液の沸点上昇度を表し，各溶媒によりそれぞれ固有の値をもつ(右表)。

溶　媒	沸点〔℃〕	k_b〔K·kg/mol〕
水	100	0.52
ベンゼン	80.1	2.53
二硫化炭素	46.2	2.35
ジエチルエーテル	34.5	1.82
エタノール	78.3	1.16

たとえば，1 mol/kg の非電解質水溶液の沸点は，100＋0.52＝100.52℃となる。

補足❷ たとえば，セルシウス温度で 0.1℃を表すのは今まで通りであるが，0.1 度だけ温度が上昇した場合のように，温度差を表すときは，絶対温度と同じ単位記号 K(ケルビン) を用いて 0.1 K と表す。

詳説❸ 希薄溶液では，溶媒と溶液の蒸気圧曲線はほとんど接近しており，曲線の傾きは等しく，狭い範囲では直線とみなせる。つまり，希薄溶液とみなせる濃度範囲では，傾きの等しい平行な直線を何本も引くことができる。

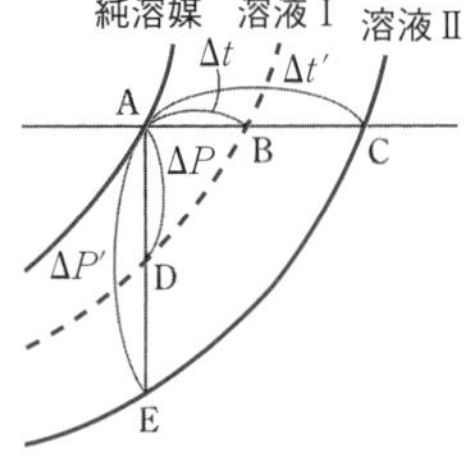

右図において，△ADB ∽ △AEC より，（∽は相似，∝は比例を表す）

$\Delta P : \Delta P' = \Delta t : \Delta t'$ 　∴ $\Delta P \propto \Delta t$

また，ラウールの法則の p. 180 の④式より，$\Delta P \propto m$

∴ $\Delta t \propto m$ 　$\cdots\cdots\cdots$⑤′

すなわち，沸点上昇度 Δt は，溶液の質量モル濃度 m に比例するという⑤′式の関係が導ける。ただし，溶液の濃度が濃くなると，⑤′式の比例関係は崩れてくる。これは，純溶媒と溶液の蒸気圧曲線の傾きが，厳密には等しくないためであり，これらの傾きがほぼ等しい希薄溶液でのみ⑤式の関係が成立する。

4 凝固点降下

1.0×10^5 Pa において，純水はふつう0℃で凝固するが，海水は約−1.9℃にならないと凝固しない。希薄溶液を冷却していくと，ある温度で溶液中から溶媒が先に凝固し始める❹（溶液では，溶媒と溶質がいっしょに凝固するのではない）。この温度をその**溶液の凝固点**という。また，溶液の凝固点が純溶媒の凝固点よりも低くなる現象を**凝固点降下**といい，純溶媒と溶液との凝固点の差 Δt を**凝固点降下度**という❺。

希薄溶液の凝固点降下度 Δt は，溶液の質量モル濃度 m に比例する。

$$\Delta t = k_f \cdot m \quad \cdots\cdots\cdots⑥$$

⑥式における k_f は**モル凝固点降下**とよばれる定数で，1 mol/kg の溶液の凝固点降下度を表し，各溶媒によってそれぞれ固有の値をもつ❻（右表のように，k_b とは値が異なる。問題には与えられるので覚える必要はない）。

溶　媒	凝固点〔℃〕	k_f〔K·kg/mol〕
水	0	1.85
ベンゼン	5.5	5.12
ナフタレン	80.3	6.9
ショウノウ	178.8	37.7
酢　酸	16.7	3.9

沸点付近の蒸気圧曲線の傾きよりも三重点付近の昇華圧曲線の傾きのほうが小さいので，k_b よりも k_f のほうが大きな値を示す。

補足❹　溶質粒子の周囲を取り巻いている水和水と，水和水ではない溶媒の水（自由水）とはやや性質が異なる。水和水は溶質粒子に対して特定の配向性をもつため，うまく正四面体形の氷の結晶はつくれない。したがって，実際に凝固して氷になるのは，自由水のほうである。

詳説❺　**溶液の凝固点降下はどうしておこるのか。**

いま，図(a)のように，断熱容器に0℃の氷と水が入れてある。0℃では，凝固する水分子の数と融解する水分子の数が等しく，固液平衡の状態にある。このように，水と氷が安定に共存できる温度が水の凝固点にほかならない。つまり，溶媒分子について，固相⇄液相間の移動速度が等しい。

(a)

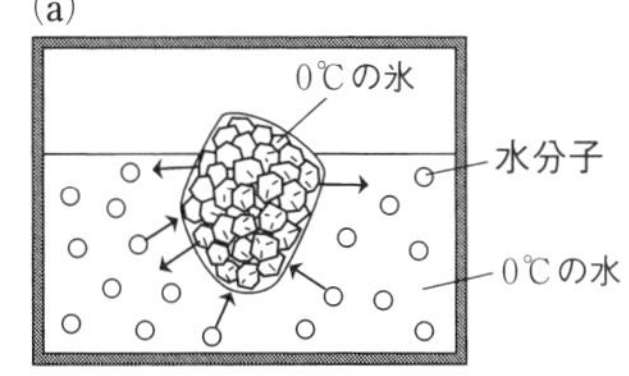

凍る水分子＝融ける水分子
（平衡状態）

図(b)では，0℃の氷を0℃の水溶液に加えた状態を表す。このとき，融解する水分子の数は図(a)のときと変わらないが，凝固する水分子の数は，溶質が加わり，溶媒の割合が減少したため，図(a)のときより減少する。よって，氷はさらに融解することになるが，このとき固体〜液体間の平衡は成り立っていないことに留意したい。

ある程度の量の氷が融けると，融解熱を吸収するから，さらに液温が下がる。すると，温度が下がったため，融解する水分子の数が少なくなり，逆に，凝固する水分子の数が増え，固液平衡の状態になる。この温度が，この溶液の凝固点となる。

見方を変えると，水溶液の場合，0℃では融解する水分子の数＞凝固する水分子の数であるから，固液平衡の状態にするには，さらに低温にして凝固する水分子の数を増やしてやらなければならないことになる。

(b)

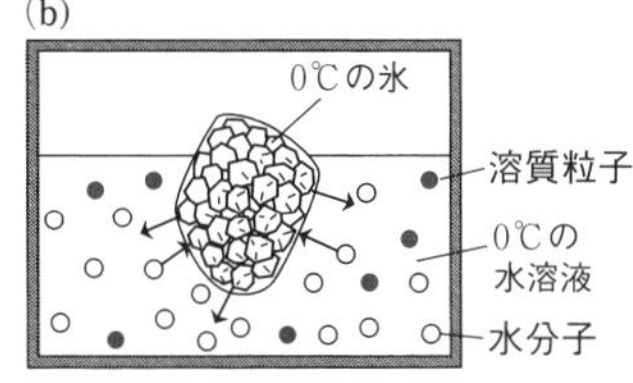

凍る水分子＜融ける水分子
（非平衡状態）

参考　沸点上昇は不揮発性の物質を溶かした溶液のみで起こるが，凝固点降下は不揮発性，揮発性を問わずすべての溶液で起こる。

補足❻　k_b, k_f の値は，1 mol/kg の溶液の Δt の測定値から求めたものではない（1 mol/kg は濃厚すぎて，$\Delta t=k\cdot m$ の式が成立しない）。希薄溶液における Δt の測定値を，1 mol/kg の値に換算して得られたものである。

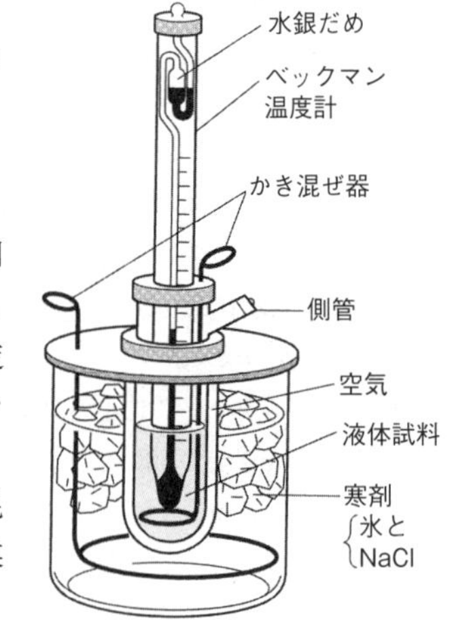

5　凝固点降下度の測定

溶媒や溶液の凝固点は，右図のような装置により測定する。一般に，凝固点降下度 Δt の値は小さいので，1，$\frac{1}{10}$ K の目盛りの普通の温度計では十分な精度で測定できない。そこで，$\frac{1}{100}$ K の目盛りをもつ**ベックマン温度計**を用いる❼。

① 側管をもつ試験管に，ベックマン温度計とかき混ぜ器をさし込み，この中へ質量を正確に量った溶媒を入れる。これらはさらに太いガラス管（この中の空気層は，寒剤による冷却が急激に進むのを防止する）にはめ込み，これらを寒剤（溶媒が水の場合は氷と食塩の混合物，ベンゼンの場合は氷と水でよい）の中へ浸す。

② 試験管内のかき混ぜ器を1～2秒ごとに上下して，液体試料を均一に冷却するようにして，20秒ごとに温度計の目盛りを読み取り，右図のⅠのようなグラフ（**冷却曲線**）を描く❽（溶媒の凝固点の決定）。

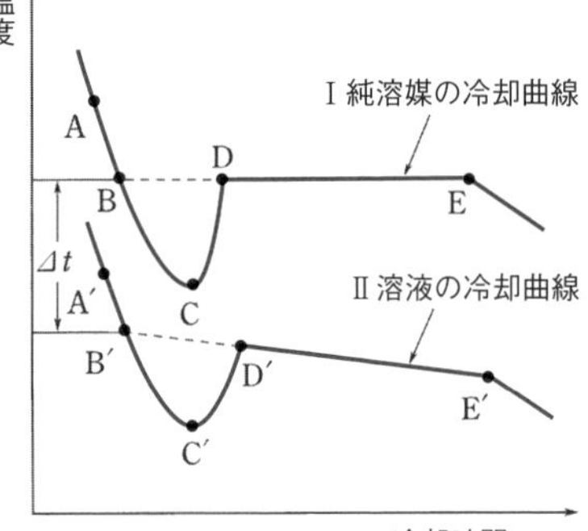

冷却曲線と凝固点降下度 Δt

③ 次に，試験管を外へ取り出し，溶媒を完全に融解させた後，側管から質量を正確に量った溶質を加えて完全に溶解させる。そして，②と同じようにして，上図のⅡのような冷却曲線を描く❾（溶液の凝固点の決定）。

補足❼　この温度計は非常に目盛りを細かく刻んである分だけ，全体では温度差が5～6 K しか測れない。したがって，ふつうの温度ではなく，微小な温度変化を測るための温度計である。そのため，上部には水銀だめがついており，高い温度で測定するときは，管内の水銀量を減らし，低い温度で測定するときは管内の水銀量を増やすことにより，任意の温度範囲で使用できる。

いま，使用しようとする温度よりも，さらに3～4 K 高い温度の水にベックマン温度計の球部をつける。そして，水銀柱の上端が水銀だめに達したら，温度計の頭部を軽くたたいて，余分な水銀は水銀だめに分離してから使用すればよい。

詳説❽　液温は時間とともに一定の割合で降下するが，通常，凝固点（水では0℃）に達しても凝固は始まらずに温度は下がり続ける。このように，本来固体になっていなければならない凝固点以下の温度になっても，液体のままで存在している状態を**過冷却**という（上図のB→C，B′→C′点の部分）。この状態は溶媒の**結晶核**（結晶の核となる微粒子）ができるまでの不安定な状態といえる。

さらに温度が下がったC点では，過冷却を脱して急激に溶媒の結晶が析出し始める。このとき，急激な凝固がおこるので，多量の凝固熱（液体から固体になるとき，余ったエネルギーが熱として放出される）が発生し，一時的に温度がD点まで上昇する。

以後，冷却しているにもかかわらず温度が一定に保たれるのは，寒剤が吸収した熱量に相当する分だけ溶媒の凝固が進み，その発熱量と吸熱量とがつり合っているからである。E点で溶媒がすべて凝固すると，凝固熱の発生が止まるので，温度は一定の割合で低下していく。

補足❽　過冷却はどうしておこるのか。

液体の水は，部分的な水素結合により不規則なクラスター構造をとっているが，氷は水素結合で規則的に配列した結晶構造をとる。そのため，凝固するためには水分子の配列を規則的な正四面体構造にそろえる必要がある。しかし，冷却速度が速すぎたり，水の純度が高く，結晶核ができにくい場合には，凝固速度が冷却速度に追いつかずに，水分子は乱雑な液体の状態のまま温度だけが下がっていく。この状態が**過冷却**とよばれる状態(B→C点)である。

過冷却の状態でさらに温度が下がると，水分子の熱運動はさらに弱くなり，いままで不規則な水分子のクラスター構造から，微小な氷の結晶核を生じるようになる。すると，本来凝固すべき温度以下に達していた水分子は，生じた氷の結晶核にめがけて一斉に集まってきて，急激な凝固がおこり，過冷却の状態を脱する(C→D点)。

過冷却にならないためには，できるだけゆっくり冷却したり，結晶核(種結晶)を加えたり，振動などの刺激を加えたりして，結晶化をおこりやすくする必要がある。

詳説❾　溶液の冷却曲線の特徴は，純溶媒のそれとは異なり，凝固が進むにつれて，液温がゆっくりと下がっていく点である（D′E′が水平ではなく，右下がりになっている）。これは，溶液の凝固では，溶媒だけが凝固していく（p. 183の補足❹）ので，凝固が進むにつれて，残った溶液の濃度がしだいに増加していき，凝固点降下の進行により液温がしだいに下がるからである。したがって，過冷却がなく理想的に凝固が始まったとみなせる温度（真の溶液の凝固点）は，凝固開始後の冷却曲線D′E′を逆方向に延長し(外挿(がいそう)する)，凝固開始前の冷却曲線との交点B′として求められる。また，この溶液の凝固点B′と純溶媒の凝固点Bとの温度差が**凝固点降下** Δt となる。

補足❾　溶液の冷却曲線でさらに温度が下がるとどうなるか。

溶液の凝固では，溶媒だけが凝固するので，溶液の濃度はしだいに濃くなっていく。やがて，ある一定濃度の溶液となると，あたかも純物質であるかのように，溶媒と溶質が一緒になって凝固する(E′点)。このとき析出した溶媒と溶質からなる微小な結晶の混合物を**共晶**といい，このときの温度を**共晶点**という。これ以降，溶液の濃度は一定となり，凝固点降下は進行せず，溶液がすべて凝固し終わる(F′点)まで，液温は一定に保たれる。F′点以降は凝固熱の発生は止まり，温度は一定の割合で低下する。

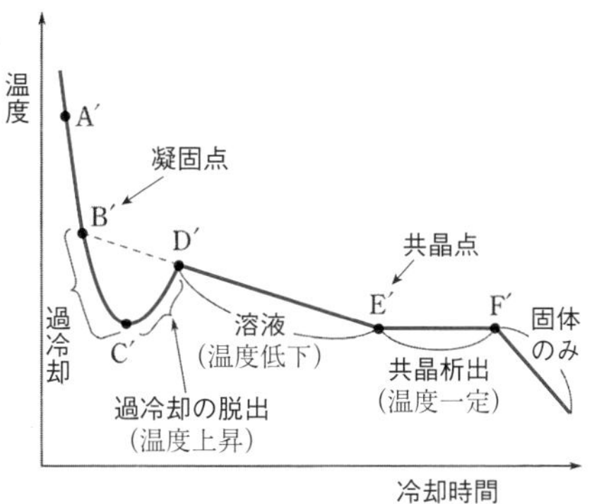

溶液の冷却曲線

SCIENCE BOX　過冷却現象

水の冷却の際には，**過冷却**（p. 184）が顕著に見られるが，各種の溶媒についての冷却曲線を描くと，溶媒の種類によって，過冷却がおこりやすいものと，おこりにくいものがあることが明らかになった。

〔1〕 各溶媒の冷却曲線について

水を冷却すると−4.8℃まで徐々に温度が低下したが，その後，液温が急上昇し，一定温度（0.2℃）を示した。水の場合，過冷却は顕著にあらわれ，その温度差は5.0 Kであった。

酢酸（99%）を冷却すると6.5℃まで徐々に温度が低下したが，その後，液温が急上昇し，一定温度（14.4℃）を示した。酢酸の場合，過冷却は水よりもさらに顕著で，その温度差は7.9 Kもあった。

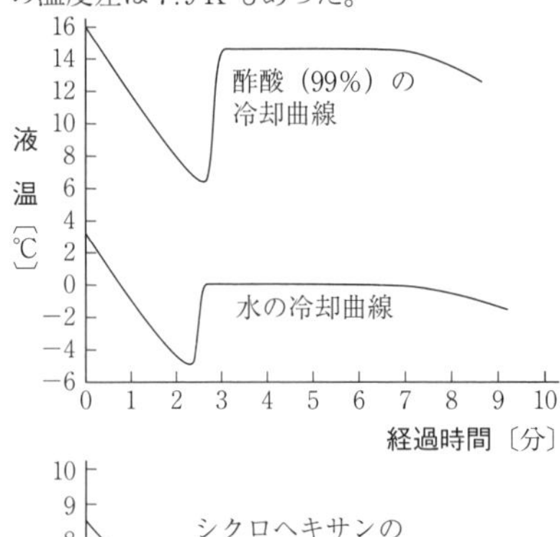

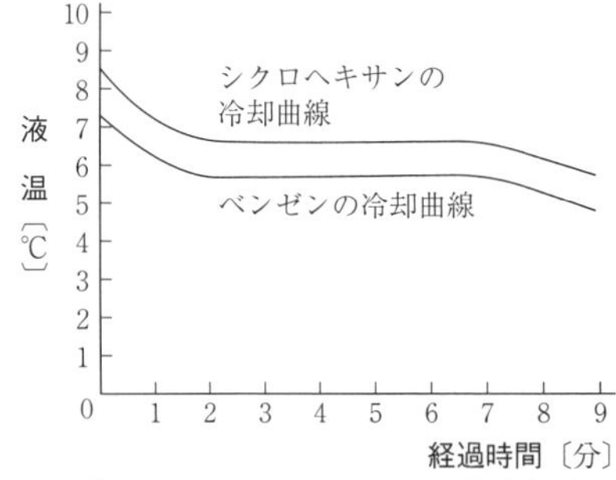

一方，シクロヘキサン C_6H_{12} を冷却すると，過冷却に伴う液温の急上昇はほとんど見られなかった。また，ベンゼン C_6H_6 を冷却しても過冷却に伴う液温の急上昇はほとんど見られなかった。

〔2〕 実験結果の考察

水や酢酸において過冷却の現象が顕著にあらわれたのは，水や酢酸では凝固点以下でも，かなり溶媒の結晶核が生成しにくい特殊な要因があるためと考えられる。

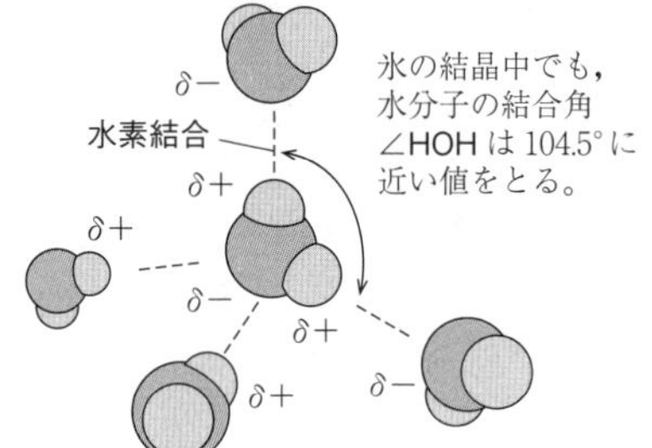

液体の水分子が，正四面体構造をした氷の結晶核をつくるには，水分子のH原子と他の水分子のO原子の非共有電子対が一直線方向から近づき，水素結合をつくる必要がある。この方向がうまく合致しないと氷の結晶核をつくることができない。一方，酢酸分子間では，カルボニル基 >C=O のO原子(δ^-)とヒドロキシ基 −OH のH原子(δ^+)の間でより強い水素結合(------)が形成されるが，この方向がうまく合致しないと，酢酸の結晶核は形成されない。

$$\mathrm{H_3C{-}C(=O^{\delta-}\cdots\cdots H^{\delta+}{-}O{-})\ (-O{-}H^{\delta+}\cdots\cdots O^{\delta-}=)C{-}CH_3}$$

水，カルボン酸，アルコールのように，強い方向性のある水素結合によって分子結晶をつくる物質では，結晶核をつくるのは容易ではなく，過冷却がおこりやすいと考えられる。一方，シクロヘキサンやベンゼンが凝固するには，これらの分子がどの方向から近づいても，ファンデルワールス力が有効に働き，凝固することができる。このような分子の場合，結晶核をつくるのは比較的容易であるので，過冷却はおこりにくいと考えられる。

SCIENCE BOX　分留の理論

液体A(沸点a)と液体B(沸点b)の混合溶液の沸点は，AとBの混合割合（**組成**）により変化する。下図において，下側の曲線は，混合溶液の組成と沸点の関係を示した**液相線**(**沸騰曲線**)であり，上側の曲線は沸騰している混合蒸気の組成と温度の関係を示した**気相線**(**凝縮曲線**)である。

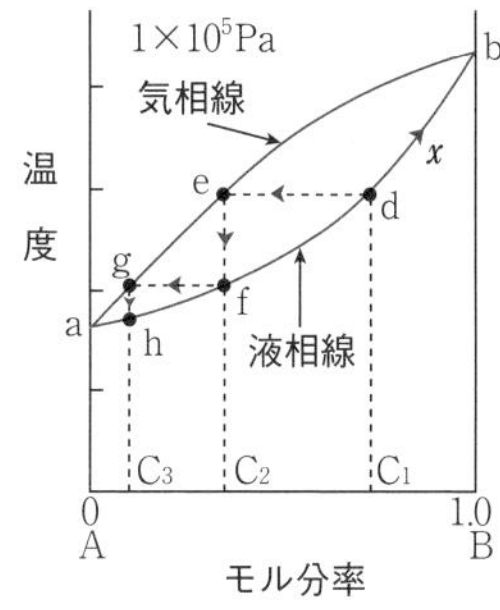

液体空気ではAが窒素，Bが酸素で沸点aは−196℃，bは−183℃である。気相線と液相線の間は，液体と気体が共存する状態を示す。

二成分系の状態図

いま，ある組成 C_1 の溶液を加熱すると，d点で沸騰する。このとき，蒸気の組成はeで表され，もとより低沸点の成分Aを多く含むことがわかる。eの蒸気を冷却すると組成 C_2 の溶液が得られ，これはf点で沸騰し，組成gの蒸気を生じる。このように，蒸発→凝縮を何回も繰り返していくと，やがて，凝縮液は低沸点の成分Aに近づいていく。この操作が**分留**である。

一方，残液のほうは，高沸点の成分Bの割合が多くなり，図の矢印 x(↗)の方向へ向かって組成が変化し，やがて高沸点の成分Bに近づいていく。

工業的に分留を行うには，右図のような**精留塔**が用いられる。塔の内部には，何段ものプレートと，蒸気の通る穴Aと，液体が流れ落ちる管BおよびキャップCがある。蒸気は矢印の方向に上昇し，プレート上の液体をくぐって上段に達する。このとき，蒸気の一部は凝縮するが，一方，その蒸気のもってきた熱で液体の一部は蒸発する。このように，各段のプレートで凝縮と蒸発が繰り返され，上段ほど低沸点の成分が多くなる。また，凝縮液がたまると下段へ流れ落ちるので，下段ほど高沸点の成分が多くなる[*1]。

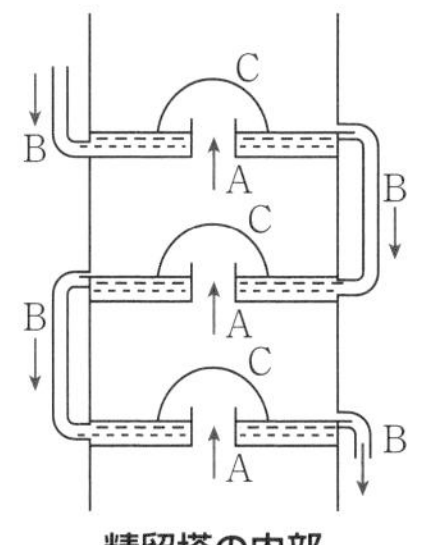

精留塔の内部

＊1　精留塔の効率は，完全に分留するのに必要なプレートの数(**理論段数**)で表され，沸点の接近した混合物ほど，より多数の理論段数が必要である。

ところで，二成分の分子間に予想以上に強い分子間力が働く場合，混合溶液の蒸気圧が下がり，状態図に極大沸点Pを生じる(下左図)。また，二成分の分子間に予想以上に反発力が働く場合，混合溶液の蒸気圧が上がり，状態図に極小沸点Qを生じる(下右図)。この点P, Qをそれぞれ**共沸点**という。

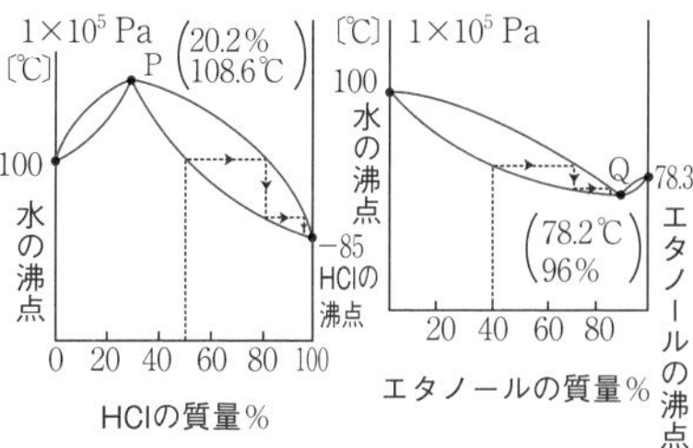

たとえば，水とエタノールの混合溶液を分留すると，図の点線のように，蒸気の組成はQ点に向かって移動し，Q点では，溶液と蒸気の組成がまったく同じになる。この組成にある混合物は**共沸混合物**とよばれ，これ以上の分留は不可能となる[*2]。

＊2　最初，Q点の組成をもつ化合物が存在すると考えられていたが，圧力を変えるとQ点の組成も変化することから，共沸混合物と名付けられた。この共沸混合物（96%エタノール，4%水）に生石灰 CaO を加えて水を吸収させた後，再び蒸留すると，はじめて100%のエタノールが得られる。

SCIENCE BOX　寒剤で温度の下がる理由

氷に食塩を混ぜると，氷の凝固点よりずっと低い温度をつくり出すことができる。このような混合物を**寒剤**という。下表に各種寒剤を，図には寒剤として最も多く用いられる $NaCl$-H_2O 二成分系の状態図を示す。

塩類〔wt%〕		氷〔wt%〕	最低温度〔℃〕
NH_4Cl	20	80	−15.8
$NaCl$	22.4	77.6	−21.2
$CaCl_2 \cdot 6H_2O$	59	41	−55

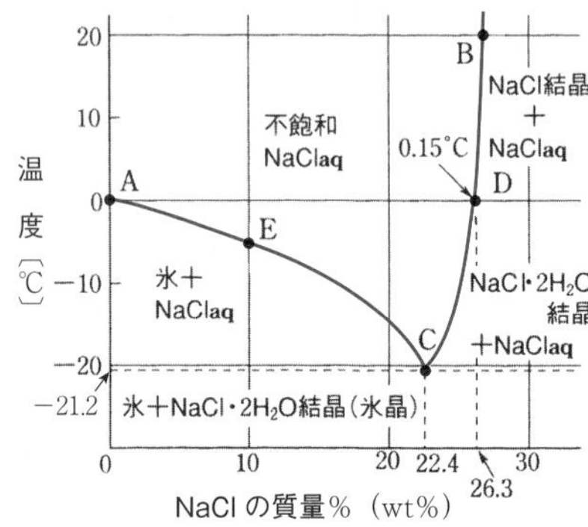

図の曲線BDは $NaCl$ の溶解度曲線で，温度が下がると，$NaCl$ の溶解度がわずかに低下することを示す。曲線BDの右側では，飽和 $NaClaq$ と $NaCl$ 結晶が共存している。曲線ACは種々の濃度の $NaClaq$ を冷却したとき，氷の結晶が生じ始める温度，つまり，$NaClaq$ の凝固点を示す曲線である。

C点では液の組成は一定となり，塩化ナトリウム二水和物 $NaCl \cdot 2H_2O$ の結晶と氷の混合物(**共晶**，**氷晶**という)が共存している限り，液温は最低温度−21.2℃を保つ。

一方，10%の $NaClaq$ を冷却した場合には，E点で氷が析出し始める。このため，残った $NaClaq$ の濃度は少しずつ大きくなりながら，曲線ECに沿って液温が下がっていく。やがてC点に達すると，氷の析出と同時に $NaCl \cdot 2H_2O$ の結晶の析出がおこり，$NaClaq$ の濃度は変化しなくなる。よって，これ以上，凝固点降下はおこらなくなり，液温も最低温度−21.2℃を保つ。

一方，曲線DCの範囲の濃度（22.4〜26.3 wt%）の $NaClaq$ を冷却すると，$NaCl \cdot 2H_2O$ の結晶だけを生じる。

いま，26.3%の $NaClaq$ を冷却した場合は，D点で飽和に達し，さらに冷却すると $NaCl \cdot 2H_2O$ の結晶を析出するので，残った $NaClaq$ の濃度は少しずつ小さくなりながら，曲線DCに沿って液温が下がる。やがてC点に達すると，$NaCl \cdot 2H_2O$ の析出と同時に氷の析出が始まる。C点（$NaClaq$ 22.4%，−21.2℃）は，$NaCl \cdot 2H_2O$ と氷が共存できる唯一の点で，**共晶点**(**氷晶点**)という。

最後に，氷に $NaCl$ の結晶を混ぜると，液温が下がる理由を説明しよう。

今，0℃の純粋な氷が断熱容器中に十分にあり，その表面はわずかに融けて水となり，氷の表面を覆っている。ここへ十分量の $NaCl$ の結晶を混ぜたとする。まず $NaCl$ が氷の表面の水に溶けて食塩水となり，$NaCl$ の溶解熱−3.9 kJ/mol が吸収される。こうして0℃の氷と0℃の食塩水（本当は0℃よりわずかに低い）が共存するが，この状態は平衡状態ではない。なぜなら，食塩水中では(氷の融解速度)＞(水の凝固速度)…①だからである（p. 183の詳説❺）。よって，一部の氷が融解して，融解熱（−6.0 kJ/mol)が吸収されて，液温が下がる。

もし，$NaCl$ が少量しかなければ，それで平衡状態となり温度は一定となるはずであるが，$NaCl$ が多量にある場合は，融解して生じた水に $NaCl$ が溶け込み，濃厚な $NaClaq$ ができる。すると，平衡状態は破れ，再び①の状態となり，さらに氷が融解して温度がまた下がる。この繰り返しにより，系の温度はしだいに下がっていく。この温度低下は，氷または $NaCl$ のいずれか一方が消失するまで続く。両者が十分に与えられていると，系の温度が共晶点の−21.2℃まで達し，やがて平衡状態となる。

6 分子量の測定

質量モル濃度 m〔mol/kg〕の溶液の凝固点降下度 Δt〔K〕は，溶媒のモル凝固点降下を k_f〔K･kg/mol〕とすると，次式のように表せる。

$$\Delta t = k_f \cdot m \quad \cdots\cdots\cdots ①$$

いま，質量 W〔kg〕の溶媒に不揮発性の非電解質(分子量を M) w〔g〕を溶かしたとき，この溶液の質量モル濃度 m〔mol/kg〕は，次式の通りである。

$$m = \frac{\frac{w}{M}}{W}\text{〔mol/kg〕}$$ これを①式へ代入して，

$$\Delta t = k_f \times \frac{\frac{w}{M}}{W}$$ より， $$M = \frac{k_f \cdot w}{\Delta t \cdot W}$$ となる。

したがって，溶媒の質量 W，溶質の質量 w と溶液の Δt を測定すれば，溶質の分子量 M が求められる。分子量測定では，できるだけ k の大きい溶媒を選ぶほうがよく，同一の溶媒では k_b より k_f のほうが大きいので，同じ濃度であっても Δt の値が大きくなり，分子量測定の精度を上げることができる。

7 溶質が電解質の場合

電解質溶液の場合，溶質がイオンに電離するので，同濃度の非電解質溶液に比べて溶質の粒子数が多くなり，沸点上昇度・凝固点降下度もそれだけ大きくなる[10]。

たとえば，水 1 kg に NaCl 0.1 mol を溶かした水溶液では，NaCl が完全に電離すると，$NaCl \rightarrow Na^+ + Cl^-$ より，Na^+ と Cl^- が 0.1 mol ずつ生じ，合計 0.2 mol のイオンを含む水溶液となる[11]。よって，0.1 mol/kg の非電解質溶液の 2 倍の沸点上昇度・凝固点降下度を示す。

一般に，沸点上昇や凝固点降下は，溶質粒子の種類(分子，イオン)には関係せず，溶質粒子の数だけで決まるという性質をもつ。

沸点上昇度・凝固点降下度は，電離によって溶質粒子の数が増える場合，増加した溶質粒子の総物質量に比例する。一方，2 個以上の分子が共有結合以外の分子間相互作用により結合し，1 個の分子のようにふるまう現象を**会合**(かいごう)といい，とくに二分子の会合体を**二量体**という。このように分子どうしが会合する場合は，Δt は会合によって減少した溶質粒子の総物質量に比例する。

詳説[10] 電解質・非電解質の区別については，金属と非金属元素の化合物は電解質，非金属元素だけの化合物は非電解質であると考えてよい。ただし，NH_4Cl はすべて非金属元素だけからなるが，電解質である。

電解質	非電解質
NaCl Na_2SO_4 $CaCl_2$	グルコース $C_6H_{12}O_6$ 尿素 $(NH_2)_2CO$ スクロース $C_{12}H_{22}O_{11}$

詳説[11] 電解質が水に溶けるときは，まず電離したイオンに水和がおこって溶解していくから，水中では完全に電離しているはずである。しかし，実際に電解質水溶液の凝固点降下度を測定すると，希薄溶液では，ほぼ完全に電離した結果が得られるのに対して，濃厚溶液では，**電離度**(電解質が溶液中で電離する割合)が 1 より小さな値となる。これは，電解質水溶液の濃度が大きくなると，イオン間に静電気力が働いて個々のイオンが独立して行動しにくくな

り，いくつかのイオンがまとまって行動することを暗示する。このため，Δt に寄与する溶質粒子の数が少なくなり，見かけ上，電離度の低下するという結果になったのである。

一方，糖類などの非電解質の濃厚水溶液では，溶質分子と水分子との間に強い水素結合が形成されるため，溶液中において実質的に溶媒として働く水分子の数が減少する。結果的に溶液の濃度がさらに増加したことになり，理論値よりも大きな Δt を示すことがある。

►電解質水溶液の場合，とくに電離度が指示されていなければ，完全電離（$\alpha=1$）として計算してよい。ただし，電解質の電離度が１でない場合には，必ず電離式を書いて，電離して生じたイオンと電離していない粒子の総物質量を次のように求める。

質量モル濃度 m〔mol/kg〕の $CaCl_2$ 水溶液での電離度を α とすると，

〔電離式〕	$CaCl_2$	$\rightleftarrows$	Ca^{2+}	+	$2Cl^-$		
はじめ	m		0		0	（計）	m〔mol/kg〕
電離後	$m(1-\alpha)$		$m\alpha$		$2m\alpha$	（計）	$m(1+2\alpha)$〔mol/kg〕

すなわち，m〔mol/kg〕の非電解質水溶液の $(1+2\alpha)$ 倍の凝固点降下度を示す。

例題　0.50 mol/kg の Na_2SO_4 水溶液の凝固点は -2.50℃であった。この水溶液中における Na_2SO_4 の電離度を求めよ。ただし，水のモル凝固点降下を 1.85 K･kg/mol とする。

［**解**］　この水溶液中での Na_2SO_4 の電離度を α とすると，

〔電離式〕	Na_2SO_4	$\rightleftarrows$	$2Na^+$	+	SO_4^{2-}		
電離後	$0.50(1-\alpha)$		$2\times0.50\alpha$		$0.50\times\alpha$	（計）	$0.50(1+2\alpha)$〔mol/kg〕

$\Delta t=k_f\cdot m=1.85\times0.50(1+2\alpha)=2.50$　　$\therefore\ \alpha\fallingdotseq0.851$　　答　**0.85**

例題　ベンゼン 50.0 g に酢酸 CH_3COOH 1.20 g を溶かした溶液の凝固点は 4.44℃であった。この溶液中での酢酸の見かけの分子量を求めよ。また，その結果から，ベンゼン中での酢酸の会合度（分子どうしが溶液中で会合する割合）を求めよ。なお，ベンゼンの凝固点は 5.50℃とし，ベンゼンのモル凝固点降下は 5.12 K･kg/mol，分子量：$CH_3COOH=60$ とする。

［**解**］　ベンゼン中での酢酸の見かけの分子量を M とすると，酢酸のベンゼン溶液の質量モル濃度 m は，

$$m=\left(\frac{1.20}{M}\times\frac{1000}{50.0}\right)\text{〔mol/kg〕}$$

δ−　δ+
O……H−O
H_3C-C　　$C-CH_3$
O−H……O
δ+　δ−

これを，$\Delta t=k_f\cdot m$ の式へ代入すると，

$$(5.50-4.44)\text{〔K〕}=5.12\text{〔K･kg/mol〕}\times\left(\frac{1.20}{M}\times\frac{1000}{50.0}\right)\text{〔mol/kg〕}\quad\therefore M\fallingdotseq115.9\fallingdotseq\mathbf{116}$$ 答

この値は酢酸の真の分子量 60 のおよそ２倍の値を示す。これは，ベンゼンのような無極性溶媒中では，酢酸２分子が極性の強いカルボキシ基の部分で上図のように会合して，主に，二量体として存在していることを示す。

$2CH_3COOH \rightleftarrows (CH_3COOH)_2$　会合度を β とすると，

$m(1-\beta)$　　$m\times\dfrac{\beta}{2}$　　（計）　$m\left(1-\dfrac{\beta}{2}\right)$〔mol/kg〕

よって，$(5.50-4.44)=5.12\times\left(\dfrac{1.20}{60}\times\dfrac{1000}{50.0}\right)\times\left(1-\dfrac{\beta}{2}\right)$　　$\therefore\ \beta\fallingdotseq0.9648$

$\fallingdotseq\mathbf{0.965}$ 答

真の分子量を入れること

SCIENCE BOX　沸点上昇度の測定

液体を加熱すると，通常，沸点に達しても沸騰しないことが多く，この状態を**過熱**という。ある程度過熱が続くと，液体内部から激しく蒸気の泡が発生する(**突沸**)。突沸がおこると，多量の蒸発熱が奪われ液温が下がる。このような現象が繰り返されるため，液体の沸点を正確に求めるには，過熱と突沸を避ける工夫が必要となる。

図は，液体の沸点を正確に測定する装置で，内管Ｂに質量を測定した試料と溶媒(適量）を，外管Ａには同じ溶媒を入れる。Ａの溶媒を弱火で加熱して静かに沸騰させ，その蒸気をＢの中に導き，その熱でＢの溶液を間接的に加熱する（余った蒸気はＢの上方の穴から出ていく)。やがて，Ｂ内の液体が沸騰し始めたら，ベックマン温度計の目盛りで沸点を読み取ると同時に，Ａの加熱を止め，冷却後，Ｂの目盛りで溶液の体積を読み取る。これと溶媒の密度より，各濃度における溶液の沸点が求まり，その平均値を用いて溶質の分子量が求められる*。

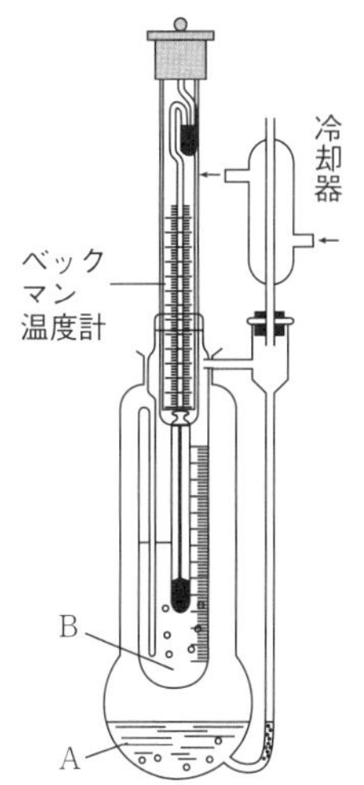

＊　溶液の密度と溶媒の密度は厳密には異なるが，希薄溶液では同じとみなせる。また，溶媒の沸点での密度は，厳密には常温での値と異なるが，後者の値を用いても，さしつかえない場合が多い。

SCIENCE BOX　凝固点降下の利用

塩化カルシウム $CaCl_2$ は，冬季の道路が凍結する前に散布する**凍結防止剤**として利用される。それは，$CaCl_2 \longrightarrow Ca^{2+} + 2\,Cl^-$ のように電離すると粒子数が3倍となり，凝固点降下が大きくあらわれるからである。

また，降雪後に $CaCl_2$ を道路上へ散布すると，吸湿性が強いため周囲から水を吸収して融ける。このとき，溶解熱（81.8 kJ/mol）が発生するため，氷の一部が融解する。時間がたつと，$CaCl_2$ はさらに周囲の氷雪を融かしながら融解域を広げ，やがて路面まで融解域が到達するので，氷を融かす**融雪剤**としても利用される(下図)。

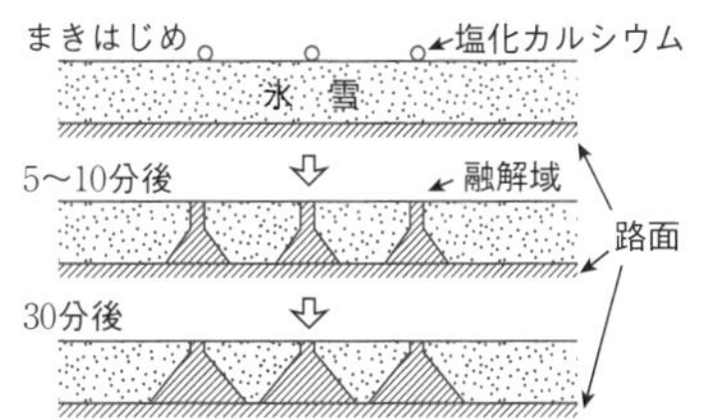

また，寒冷地では冬季に，自動車エンジンのラジエーターにエチレングリコール $HO(CH_2)_2OH$ を**不凍液**として加えるが，その理由は，次の通りである。

(1)　水に極めてよく溶け，十分に濃い水溶液をつくることができる。

(2)　沸点（198℃）が高く，蒸発によって失われにくい。

(3)　ラジエーターをつくる金属類を腐食しない。

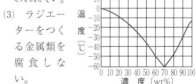

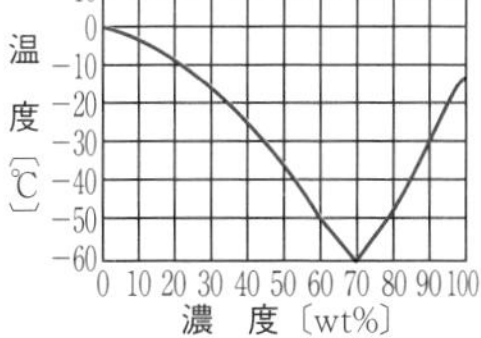

エチレングリコール水溶液の凝固点

エチレングリコール水溶液の凝固点は，上図のように，加えたエチレングリコールの濃度により変化するので，寒冷地の最低温度を予想し，最適なエチレングリコールの濃度を決めればよい。

2-12 浸透圧

1 半透膜とは

小さな溶媒分子は通すが，大きな溶質粒子は通さないという選択性をもつ膜を**半透膜**という。その例として，セロハン膜，動物のぼうこう膜，生物の細胞膜などがあるが，その種類により透過できる溶質の種類はそれぞれ違っている❶。

詳説❶ 一般に，溶液中のある成分は透過させるが，他の成分は透過させないような膜をいう。たとえば，セロハン膜には直径3〜4 nmの細孔があって，水分子(約0.14 nm)はよく通すが，デンプンのような大きな分子は通さないので，デンプン水溶液に対しては半透膜の働きをする。一方，セロハン膜はNa^+やCl^-は透過させることがあるので，NaCl水溶液に対しては完全な半透膜とはいえない。また，素焼きの容器内に$CuSO_4$水溶液を入れ，これをヘキサシアニド鉄(Ⅱ)酸カリウム$K_4[Fe(CN)_6]$水溶液に浸しておくと，素焼き容器の細孔の中で両液が反応して，ヘキサシアニド鉄(Ⅱ)酸銅(Ⅱ) $Cu_2[Fe(CN)_6]$の半透膜ができる。

この膜は，水分子をよく透過させるが，スクロース(ショ糖)分子は通さないので，スクロース水溶液に対しても半透膜として作用する。以後，浸透圧を説明するための半透膜は，溶媒分子だけを自由に通し，他の溶質粒子(分子，イオン)を一切通さないという，理想的な半透膜であるとして話を進めていく。

2 浸透圧の意味

下図のように，中央を半透膜で仕切られたU字管の左右に，溶液と純溶媒を液面の高さが等しくなるように入れる。しばらく放置すると，溶媒分子が半透膜を通り抜けて，溶液側へ浸入してくる。この現象を溶媒の**浸透**という❷。最終的には，(b)のように溶液側の液面は$\frac{h}{2}$だけ上昇し，純溶媒側の液面は$\frac{h}{2}$だけ下降し，左右の液面差がhになったところで，溶媒の浸透が止まり平衡状態になる❸。もし，溶媒の浸透を阻止して，左右の液面を同じ高さに保つためには，(c)のように溶液側に余分な圧力を加えなければならない❹。この圧力をその溶液の**浸透圧**といい，ふつう記号Π(パイ)で表す。

詳説❷ 全体の濃度が均一になるには，溶質粒子が溶液側から純溶媒側へ拡散すればよいが，溶質粒子は半透膜を透過できない。その代わりに，溶媒分子が純溶媒(溶媒の濃度が大)側か

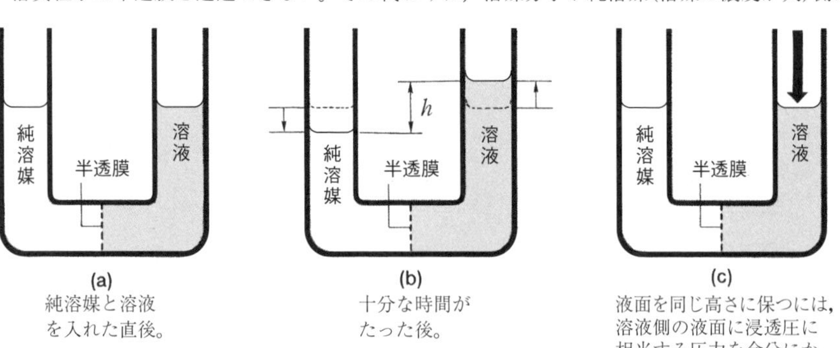

(a) 純溶媒と溶液を入れた直後。

(b) 十分な時間がたった後。

(c) 液面を同じ高さに保つには，溶液側の液面に浸透圧に相当する圧力を余分にかける必要がある。

浸透圧

ら溶液(溶媒の濃度が小)側へと移動して，溶液の濃度を薄めようとする現象(溶媒の**浸透**)がおこる。半透膜の両側に濃度の異なる溶液が接している場合，濃度の小さい溶液から大きい溶液へと溶媒分子の浸透がおこる。

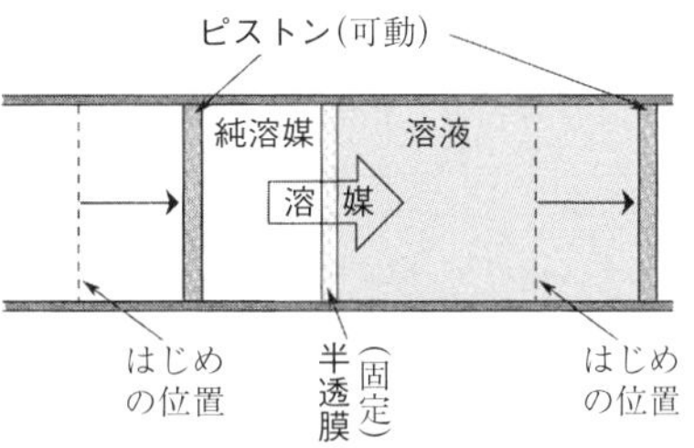

詳説❸ なぜ，溶媒の浸透が止まるかというと，溶液側に液面差を生じ，これが下向きの圧力となって，溶媒の浸透を妨げるからである。

したがって，この高さ h の液柱に相当する圧力を求めれば，このとき管内に存在する溶液(厳密には，最初に調製した溶液ではなく，溶媒の浸透により少し薄められた溶液) の浸透圧を間接的に測定したことになる。もし，溶媒の浸透を妨げる力がなければ，溶媒は限りなく溶液中に浸透してくることになる(右上図)。

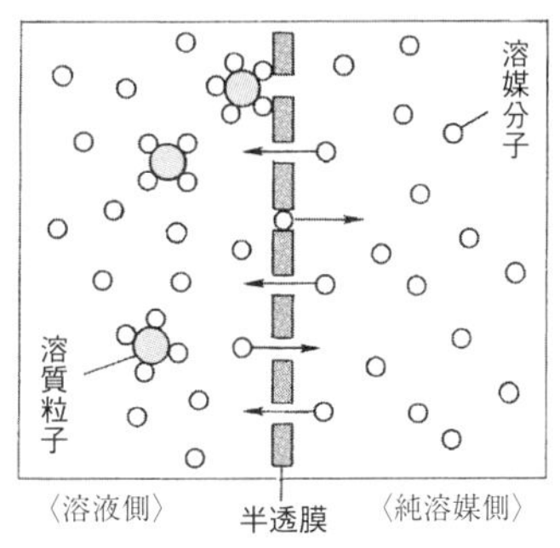

半透膜(模式図)

詳説❹ 右図のように溶液側に圧力を加える前には，単位時間あたり溶液側から溶媒側へ出ていく溶媒分子の数 (2 個) と，溶媒側から溶液側へ入ってくる溶媒分子の数 (3 個) は等しくない。これは，溶液中では溶質を加えた分だけ，溶媒分子の割合が小さくなっているためである。しかし，溶液側に余分な圧力 p をかけると，単位時間に溶液側から溶媒側へ出ていく溶媒分子の数を増やすことができる。

こうして，半透膜を透過する溶媒分子の数を等しくつり合わせることができる。すなわち，浸透圧とは，単位時間に半透膜を透過する溶媒分子の数の違いによって生じる見かけの圧力であるといえる。

もう少し詳しくいうと，半透膜を自由に透過できる溶媒分子にとっては，乱雑さの小さい純溶媒中にいるよりも，乱雑さの大きい溶液中にいるほうが，エントロピー的には安定な状態にある。よって，エネルギー的にその傾向を阻止するために外部から加えた圧力とつり合うまで，溶媒分子は半透膜を通って溶媒側から溶液側へと浸透していくと考えられる。

補足❹ 溶液側に半透膜が耐えうるまで外圧を加えていくと，半透膜を通してその溶液側から溶媒側へと溶媒だけを分離することができる。この方法を**逆浸透法**という。

いま，酢酸セルロース系の半透膜でつくられた細い中空の繊維 (中空糸) の外側に海水 (浸透圧約 2.5×10^6 Pa) を導き，これに大きな圧力 ($5\sim6\times10^6$ Pa) をかけると，海水中の水分子だけが中空糸の内部に押し出される。実際には，中空糸を数万本束ねたものを何組か合わせて用いる。

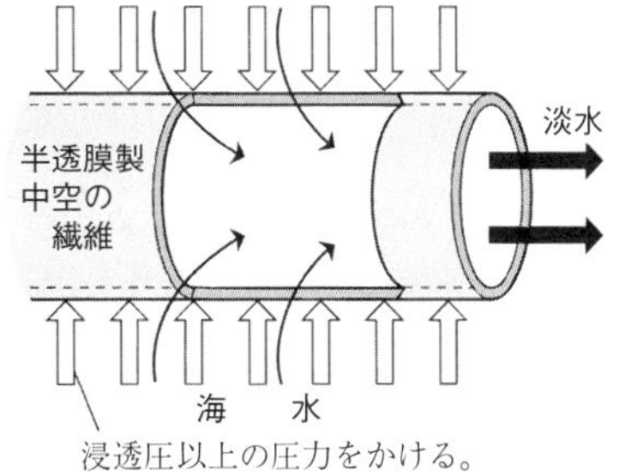

この方法により，砂漠地帯や離島，および大型船舶などで，海水の淡水化が行われている。ほかにも，この技術は工場排水の処理，電子工業用の超純水，製薬用の無菌水の製造，天然果汁の濃縮など，各用途に利用されている。

3 浸透圧の測定

右図のような，素焼きの容器に細長いガラス管をつけた装置で，スクロース水溶液の浸透圧が測定できる❺。

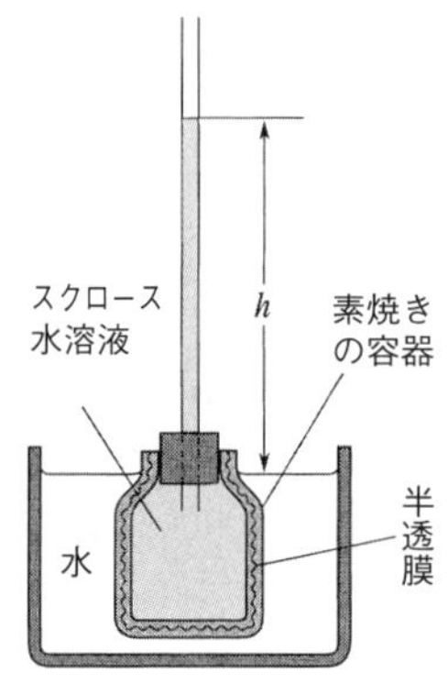

(1) 素焼き円筒の細孔中にヘキサシアニド鉄(Ⅱ)酸銅(Ⅱ)の半透膜をあらかじめつくっておき，外側の水面と管内のスクロース水溶液の液面の高さを一致させておく。

(2) 時間がたつと，外側の水の一部が半透膜を通ってスクロース水溶液の中へ浸透してくるので，ガラス管の液面が上昇する。この液面の最高の高さ h〔cm〕を測定する。

(3) 水溶液の密度を d〔g/cm³〕，水銀の密度を 13.6〔g/cm³〕とすると，このスクロース水溶液の浸透圧は，$\dfrac{h\times d\times 10^5}{76\times 13.6}$〔Pa〕で表される❻。

補足❺ 上の装置では，細いガラス管を使用しているので，水が少し浸透しただけでも液面が急激に上昇する。したがって，実際にガラス管内に浸透した水の体積はごくわずかで，濃度をほとんど変化させずに，スクロース水溶液の浸透圧が測定できる。

詳説❻ 測定した水溶液柱の圧力 h〔cm 液柱〕は，水溶液の密度 d〔g/cm³〕と水銀の密度 13.6〔g/cm³〕を使うと，水銀柱の圧力 x〔cmHg〕に変換できる。一般に，液体の密度と液柱の高さは反比例の関係になる。つまり，同じ圧力を生み出すのに，液体の密度が大きいほど，生じる液柱の高さは小さくなると考えてよい。

$$\therefore\ h\times d=13.6\times x \qquad よって，\ x=\frac{h\times d}{13.6}〔cmHg〕$$

さらに，76 cmHg＝1 atm＝1.0×10^5 Pa より，$\dfrac{h\times d\times 10^5}{76\times 13.6}$〔Pa〕 となる。

4 浸透圧の公式

1874年，ドイツの**ペッファー**は，ヘキサシアニド鉄(Ⅱ)酸銅(Ⅱ)の半透膜を用いてスクロース水溶液の浸透圧と濃度及び温度との関係を調べ，次の実験結果を得た（上図参照）。

温度一定のとき：

$$\frac{\Pi}{C}=k_1\ (一定)\quad すなわち\quad \Pi=k_1C \quad \cdots\cdots ①$$

濃度一定のとき：

$$\frac{\Pi}{T}=k_2\ (一定)\quad すなわち\quad \Pi=k_2T \quad \cdots\cdots ②$$

①，② より $\Pi=kCT \quad \cdots\cdots ③$

① 温度 T＝288 K(15℃)のとき			② 濃度 C＝3.00×10^{-2} mol/L のとき		
濃度 C〔mol/L〕	浸透圧 Π〔Pa〕	$\dfrac{\Pi}{C}$	絶対温度 T〔K〕	浸透圧 Π〔Pa〕	$\dfrac{\Pi}{T}$
3.0×10^{-2}	7.2×10^4	2.4×10^6	280（7℃）	7.0×10^4	2.5×10^2
6.0×10^{-2}	1.4×10^5	2.3×10^6	295（22℃）	7.3×10^4	2.5×10^2
1.0×10^{-1}	2.3×10^5	2.3×10^6	308（35℃）	7.5×10^4	2.4×10^2

③式は，「希薄溶液の浸透圧Π〔Pa〕は，その溶液のモル濃度C〔mol/L〕と絶対温度T〔K〕に比例し，溶質や溶媒の種類には無関係である。」ことを示す。

オランダの**ファントホッフ**は，ペッファーの求めた実験結果を③式に代入した結果，この比例定数kが8.3×10^3〔Pa・L/(K・mol)〕となり，気体定数Rと一致することに着目した。すなわち，

$$\boldsymbol{\Pi=CRT}\quad（R は気体定数）\quad\cdots\cdots\cdots④$$

溶液の体積をV〔L〕，溶質の物質量をn〔mol〕とすると，モル濃度Cは$\dfrac{n}{V}$に等しい。

これを④式へ代入すると，　$\Pi=\dfrac{n}{V}RT$　　これを整理して，

$$\boldsymbol{\Pi V=nRT}\quad（R は気体定数）\quad\cdots\cdots\cdots⑤$$

注意　単位は，Π→〔Pa〕，V→〔L〕，n→〔mol〕，T→〔K〕である。

►すなわち，溶液の浸透圧に関しても気体の状態方程式と同じ関係式が成り立つことを発見した(1885年)。この関係を**ファントホッフの法則**という❼。

⑤式を用いれば，溶液の浸透圧の測定値から，溶質(とくに高分子化合物)の分子量を求めることができる❽。また，溶質が電解質の場合には，溶質の電離度に応じて，溶質粒子の数が増加する。その場合は，沸点上昇・凝固点降下と同様に，電離式を書いて，溶質粒子(分子やイオン)の総物質量を計算し，公式$\Pi V=nRT$に代入すればよい。

詳説❼　どうして希薄溶液の浸透圧にも$PV=nRT$と同じ関係式が成立するのか。

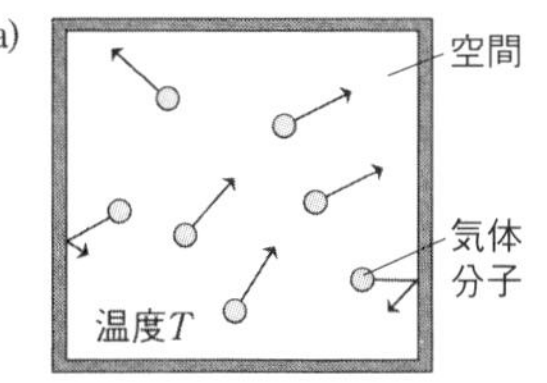

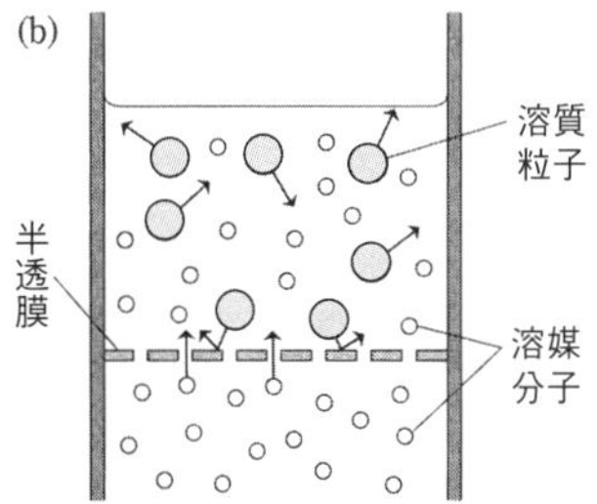

気体分子は，熱運動によりできるだけ広い空間を占めようとして，容器の壁に衝突し，温度と粒子数（物質量）で決まる一定の圧力Pを生み出す(図(a))。一方，半透膜によってさえぎられた空間内に存在する溶質粒子も，できるだけ広い空間を占めようとして膜に衝突する。この動きが原因となって半透膜の細孔から溶媒分子が浸透して，溶液の浸透圧Πが生み出される。もう少し詳しくいうと，溶質粒子も熱運動により広い空間に散らばったほうがエントロピー的に安定になるから，溶質粒子の広がろうとする勢いが強いほど，より強い勢いで溶媒分子が浸透するので，溶液の浸透圧も大きくなる。

図(b)の下端は半透膜で仕切られており，下方へは広がることはできない。左右にも壁があり，広がることはできない。上端は，開放された溶液の自由表面であり，このままでは溶質粒子は広がることはできないが，溶媒分子が浸透してきて液面が上昇してくれば，その部分へは広がっていくことが可能である。このような状態において，溶質粒子の熱運動が激しい高温ほど，溶媒分子が溶液中へ浸透する圧力も強くなると考えられる。すなわち，「溶液の浸透圧は，溶液中からすべての溶媒分子を取り除いたとき，溶質粒子の自由な熱運動によって引きおこされる。この圧力は，空間中を気体分子が自由に熱運動することによって生じる気体の圧力と同じである。」とファントホッフは考えたのである。この研究により，彼は第1回ノーベル化学賞を受賞した(1901年)。

> **例題** 分子量 1.0×10^4 の高分子化合物 1.0 g をベンゼン 1.0 kg に溶かした溶液の凝固点降下度は何 K か。また，27℃での浸透圧は何 Pa か。ただし，ベンゼンの密度を $0.90\ g/cm^3$，ベンゼンのモル凝固点降下を 5.1 K･kg/mol，水銀の密度を $13.6\ g/cm^3$，気体定数を $R=8.3\times10^3$ Pa･L/(K･mol)とする。

［解］ 凝固点降下度を Δt とすると，$\Delta t=k_f\cdot m$ より，

$$\Delta t[K]=5.1[K\cdot kg/mol]\times\frac{1.0}{1.0\times10^4}[mol/kg] \qquad \therefore\ \Delta t=\mathbf{5.1\times10^{-4}[K]}$$ 答

希薄溶液だから，溶液の質量≒溶媒の質量(=1000 g)，溶液の密度≒溶媒の密度($=0.90\ g/cm^3$) とみなせる。

27℃でのこの溶液の浸透圧を Π[Pa]とすると，　$\Pi V=nRT$　より，

$$\Pi[Pa]\times\frac{1.0}{0.90}[L]=\frac{1.0}{1.0\times10^4}\times8.3\times10^3\times(273+27) \qquad \Pi\fallingdotseq2.24\times10^2[Pa]$$

2.2×10^2 Pa 答

詳説❽ 最も精密なベックマン温度計の最小目盛りが $\frac{1}{100}$ K であるので，5.1×10^{-4} K の温度差の実測は困難である。

一方，1.0×10^5 Pa=76 cmHg であるから，$2.24\times10^2\times\frac{76}{1.0\times10^5}\fallingdotseq0.170$[cmHg]

この水銀柱の圧力に相当するベンゼン液柱の高さを x[cm]とすると，

$0.170[cm]\times13.6[g/cm^3]=x[cm]\times0.90[g/cm^3]$　より，$x\fallingdotseq2.56\fallingdotseq2.6$[cm]

すなわち，液柱の高さ 2.6 cm は，十分な精度で測定することが可能である。そこで，低分子化合物の分子量測定は，主に凝固点降下法で行われるが，高分子化合物の分子量測定は，凝固点降下法ではなく，浸透圧法で行われるのはこのような理由による。

SCIENCE BOX　梅酒をつくるのに氷砂糖を使うのはなぜか

梅の実を氷砂糖の入った焼酎(しょうちゅう)（約 40%のアルコール水溶液）の中に漬けておくと，最初は梅の実の内部の濃度のほうが大きく，梅の実は容器の中で沈んでいる。この間に外部から内部へどんどんアルコールが入ってきて，梅の実が膨らむ。

こうして，入ってきたアルコールに梅の味や香りが十分に溶けた頃，外部では氷砂糖がゆっくりと溶け出し，濃い砂糖のアルコール水溶液となっている。

そこで，今度は，梅の味や香りを十分に溶かし込んだアルコールが梅の実の内部から外部へ出ていく。

こうして，梅の実が少し縮んで上へ浮かんできた頃になると，おいしい梅酒が出来上がるという訳である。なお，梅の強い酸味は，砂糖の甘味で打ち消されて，まろやかな味に変わっている。

しかし，梅の実を粉砂糖の入った焼酎に漬けておくと，梅の実の水分は濃い砂糖のアルコール溶液を薄めようとして，急激に外部へ出ていき，梅の実は縮んでしまう。つまり，アルコールはまったく梅の実の中には入れないので，梅の味や香りを含まない甘いだけの焼酎ができてしまうことになる。

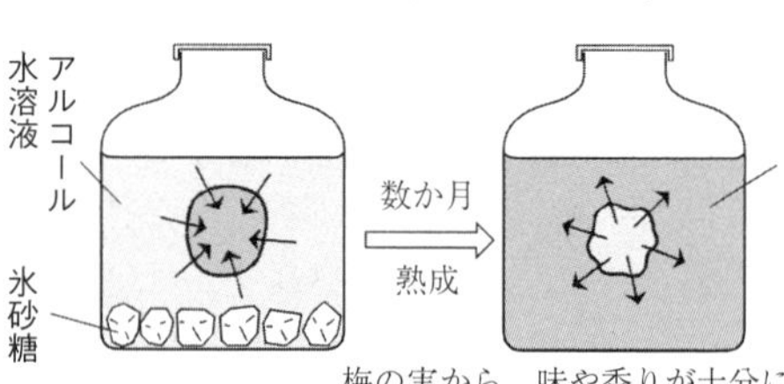

梅の実から，味や香りが十分に溶け出し，おいしい梅酒ができあがる。

例題 U字管の中央に半透膜を取りつけた浸透圧測定装置の左側に純水 50 mL，右側に 0.50 g のタンパク質を溶かした水溶液 50 mL を入れ，さらに，右側に 30 g のおもりをのせて，両液面を同じ高さに合わせた。U字管の断面積を 5.0 cm^2，浸透圧の測定は 27℃で行い，ピストンの質量は無視できるものとする。1.0×10^5 Pa=76 cmHg，水溶液と水銀の密度を 1.0 g/cm^3，13.5 g/cm^3，気体定数 $R=8.3\times10^3$ Pa·L/(K·mol)，$\sqrt{2.0}=1.41$，$\sqrt{2.2}=1.48$ とする。

(1) この水溶液の浸透圧は何 Pa か。

(2) タンパク質の分子量はいくらか。

(3) おもりを取り除くと，水溶液の液面が上昇し止まった。このとき，U字管の左右の液面差は何 cm になるか。

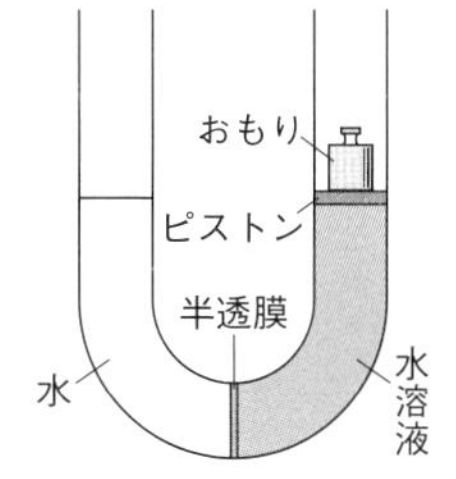

［解］(1) おもりによる圧力は，$\dfrac{30\ \text{g}}{5.0\ \text{cm}^2}=6.0$〔g/cm^2〕

これは，6.0 cm の水溶液柱の圧力に等しい。

1.0×10^5 Pa=76 cmHg より，76 cm の水銀柱の圧力を水溶液柱の圧力 x〔cm 水柱〕で表すと

76〔cmHg〕×13.5〔g/cm^3〕=x〔cm 水柱〕×1.0〔g/cm^3〕　$x=1026$〔cm 水柱〕

よって，おもりによる圧力をパスカル単位 y〔Pa〕で表すと

1.0×10^5〔Pa〕：1026〔cm 水柱〕=y〔Pa〕：6.0〔cm 水柱〕

$y=5.85\times10^2$〔Pa〕　答 **5.9×10^2 Pa**

(2) ファントホッフの法則　$\Pi V=\dfrac{w}{M}RT$　に各数値を代入すると

$$5.85\times10^2\times\frac{50}{1000}=\frac{0.50}{M}\times8.3\times10^3\times300$$

$\therefore\ M=4.25\times10^4$　答 **4.3×10^4**

(3) おもりを取り除くと，水の浸透により，純水側が $\dfrac{h}{2}$〔cm〕下がり，溶液側が $\dfrac{h}{2}$〔cm〕上がり，液面差が h〔cm〕となる。このとき，溶液の浸透圧は h〔cm〕の水溶液柱の圧力に等しい。

また，水溶液の体積は，$\left(50+\dfrac{h}{2}\times5.0\right)=(50+2.5\,h)$〔mL〕となることに留意する。

ファントホッフの法則 $\Pi V=nRT$ において，n，T が一定では ΠV=一定となるから，おもりを取り除く前後の ΠV は等しく，次式が成り立つ。

6.0〔cm 水柱〕×50〔mL〕=h〔cm 水柱〕×$(50+2.5\,h)$〔mL〕

$h^2+20\,h-120=0$　$h=-10\pm\sqrt{220}=-10\pm10\sqrt{2.2}$　（負号は捨てる）

$h=4.8$ cm 答

［別解］Hg の密度の代わりに，重力加速度 $g=9.8$ m/s^2 が与えられている場合，質量 m〔kg〕の物体に働く重力 W〔N〕は，$W=mg$ で表され，1 Pa=1 N/m^2 なので

(1) $\dfrac{3.0\times10^{-2}\text{〔kg〕}\times9.8\text{〔m/s}^2\text{〕}}{5.0\times10^{-4}\text{〔m}^2\text{〕}}=5.88\times10^2$〔N/m^2〕≒**$5.9\times10^2$〔Pa〕**

(3) h〔cm〕の水溶液（密度 1.0 g/cm^3）柱の圧力は h〔g/cm^2〕に等しいから

$$\frac{h\times10^{-3}\text{〔kg〕}\times9.8\text{〔m/s}^2\text{〕}}{1.0\times10^{-4}\text{〔m}^2\text{〕}}=98\,h\text{〔N/m}^2\text{〕}=98\,h\text{〔Pa〕}$$

おもりを取り除く前後の ΠV は等しく，次式が成り立つ。

5.88×10^2〔Pa〕×50〔mL〕=$98\,h$〔Pa〕×$(50+2.5\,h)$〔mL〕　**$h=4.8$ cm**

例題 中央を半透膜で仕切ったU字管（断面積を 1.0 cm^2 とする）の左側に純水 50 mL を入れ，右側には 0.15 g の非電解質 X を純水に溶かして 50 mL とした水溶液（溶液 1）を入れ，直後にしっかりと栓をして空気の出入りを遮断した。このとき，左右の液面の高さは等しく，閉じこめられた空気の圧力はいずれも 1.0×10^5 Pa であった（図(a)）。その後，十分な時間放置すると，左右の液面差が 20 cm で一定となった（図(b)）。以降，U字管の右側の溶液を溶液 2，左側の空気相を空気 1，右側の空気相を空気 2 と呼ぶ。実験は，27℃，1.0×10^5 Pa で行われ，水銀の密度を 13.5 g/cm^3，水および水溶液の密度を 1.0 g/cm^3，1.0×10^5 Pa＝76 cmHg，気体定数 R＝8.3×10^3 Pa･L/(K･mol) とする。次の問いに有効数字 2 桁で答えよ。

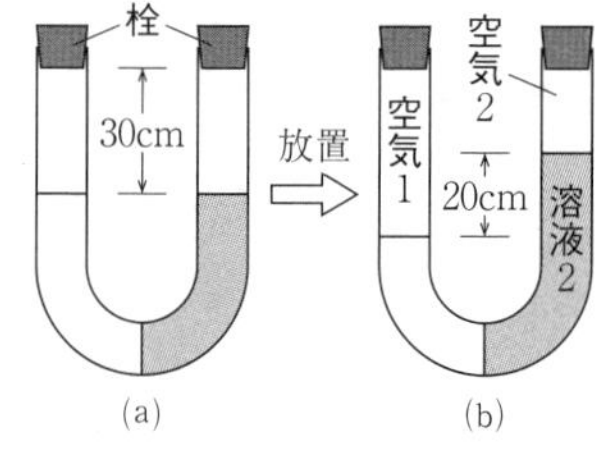

(1) 図(b)の状態にある空気 1，空気 2 の圧力はそれぞれ何 Pa か。
(2) 図(b)の状態にある溶液 2 の浸透圧は何 Pa か。
(3) 最初に調製した溶液 1 の浸透圧は何 Pa か。また，非電解質 X の分子量を求めよ。

［解］ (1) 液面差が 20 cm になるとき，溶液側の液面が 10 cm 上がり，溶媒側の液面が 10 cm 下がっている。状態(a)から状態(b)になるとき，温度は一定なので，ボイルの法則 $P_1V_1=P_2V_2$ が成り立つ。

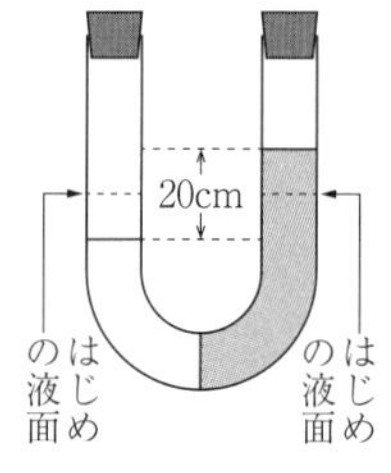

空気 1，空気 2 の圧力を，それぞれ x〔Pa〕，y〔Pa〕とおくと，

(30×1)〔cm^3〕$\times1.0\times10^5$〔Pa〕$=(40\times1)$〔cm^3〕$\times x$

(30×1)〔cm^3〕$\times1.0\times10^5$〔Pa〕$=(20\times1)$〔cm^3〕$\times y$

∴ $x=7.5\times10^4$ Pa　　$y=1.5\times10^5$ Pa

答 空気 1：7.5×10^4 Pa，空気 2：1.5×10^5 Pa

(2) 1.0×10^5〔Pa〕＝76〔cmHg〕＝z〔cm 水柱〕とすると，

$z=76$〔cm〕$\times13.5$〔g/cm^3〕$=1026$〔g/cm^3〕$\Longrightarrow$ 1026〔cm 水柱〕

20 cm の水溶液柱の圧力を w〔Pa〕とすると

1.0×10^5〔Pa〕：1026〔cm 水柱〕＝w〔Pa〕：20〔cm 水柱〕　　$w=\dfrac{20}{1026}\times10^5$〔Pa〕

平衡状態(b)における溶液 2 の浸透圧を Π〔Pa〕とおくと，状態(b)では，**空気 1 の圧力＋溶液 2 の浸透圧＝空気 2 の圧力＋20 cm の水溶液柱の圧力**の関係が成り立つ。

$$7.5\times10^4+\Pi=1.5\times10^5+\frac{20}{1026}\times10^5$$

∴ $\Pi=7.69\times10^4$〔Pa〕　　**答 7.7×10^4 Pa**

(3) 溶液 1（V＝50 mL）と溶液 2（V＝60 mL）では，含まれる溶質の物質量 n は等しいから，ファントホッフの法則 $\Pi V=nRT$ より，n，T が一定のとき，$\Pi V=k$（一定）となり，溶液の浸透圧 Π と溶液の体積 V は反比例する。溶液 1 の浸透圧を Π'〔Pa〕とおくと，

Π'〔Pa〕$\times50$〔mL〕$=7.69\times10^4$〔Pa〕$\times60$〔mL〕

∴ $P'=9.22\times10^4$〔Pa〕　　**答 9.2×10^4 Pa**

溶液 1 に対して，ファントホッフの法則を適用すると，

$\Pi V=\dfrac{w}{M}RT$ より，$M=\dfrac{wRT}{\Pi V}=\dfrac{0.15\times8.3\times10^3\times300}{9.22\times10^4\times0.050}\fallingdotseq81.0$　　**答 81**

2-13　コロイド溶液

1　コロイドとは

食塩水やグルコース水溶液のように，ほぼ同程度の大きさの溶質粒子と溶媒分子が均一に混合した溶液を，**真の溶液**という❶。一方，デンプンやゼラチンの水溶液では，溶質粒子が溶媒分子中に均一に分散してはいるが，やや不透明で粘性があり，真の溶液とは性質が少し異なる。これは，デンプンやゼラチンの水溶液では，水分子に比べて大きなデンプン分子やタンパク質の分子が水中に分散しているからである。

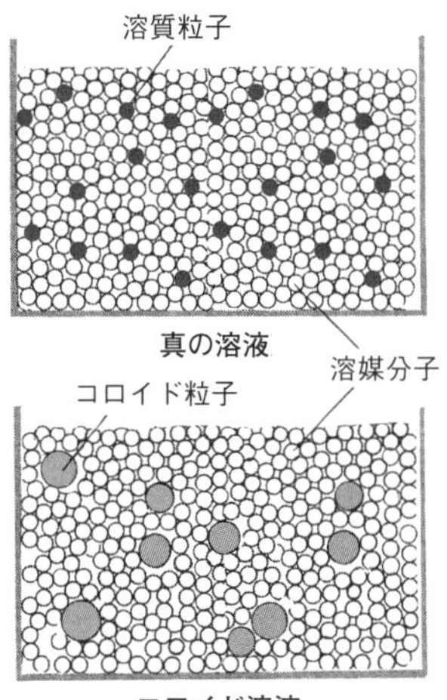

一般に，物質の種類には関係なく，直径 10^{-9}m～10^{-6}m(1 nm～1 μm) 程度の大きさをもつ粒子を**コロイド粒子**といい，コロイド粒子が液体中に均一に分散した溶液を**コロイド溶液**という❷。一般に，コロイド粒子が分散した状態，あるいはその状態にある物質を**コロイド**という。コロイドにおいて，コロイド粒子を分散させている物質を**分散媒**，分散している物質（コロイド粒子）を**分散質**という❸。たとえば，牛乳では水が分散媒，脂肪やタンパク質などが分散質である。また，分散媒と分散質を合わせて**分散系**という。

補足❶　真の溶液中の溶質粒子は，光の波長に比べて著しく小さいので，光はほとんど散乱されることなく，そのまま通過するので透明に見える。一方，コロイド溶液では，その中に分散しているコロイド粒子が大きくなるほど，光の散乱がおこりやすく，濁りが強くあらわれるようになる。

詳説❷　コロイド(colloid)とは，ギリシャ語で colla…膠(にかわ)，-oid…似たもの，という意味をもつ。なお，直径 10^{-9}～10^{-7}m 程度の大きさの粒子をコロイド粒子とする場合もある。

ドイツの**オストワルト**は，コロイド粒子を直径 10^{-9} m～10^{-6} m 程度の粒子とした（1907年）。この定義は，コロイド粒子が球形のときには都合がよいが，コロイド粒子には棒状など種々の形のものがある。原子 1 個の直径を仮に 0.1 nm とし，最小のコロイド粒子（1 辺 1 nm の立方体とする）中に含まれる原子数は 10^3 個となり，最大のコロイド粒子（1 辺 1000 nm の立方体）中に含まれる原子数は $(10^4)^3=10^{12}$ 個となる。そこで，ドイツの**シュタウディンガー**は，コロイド粒子をその形に

名　称	分散媒	分散質	例
気体コロイド(エーロゾル)	気体	液体	霧(大気中の水滴)，雲
		固体	煙(空気中の炭素粒)，粉塵
液体コロイド(コロイド溶液)	液体	気体	ビールの泡，セッケンの泡
		液体	牛乳，マヨネーズ
		固体	絵の具，墨汁，ペンキ
固体コロイド	固体	気体	マシュマロ，スポンジ，シリカゲル
		液体	ゼリー，豆腐，寒天
		固体	色ガラス(ガラスに金属)，オパール

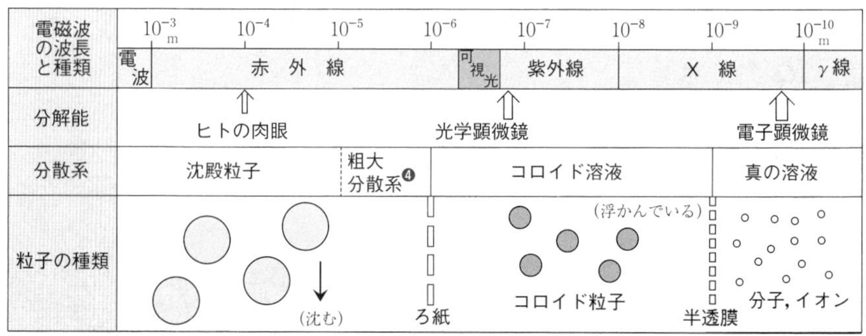

コロイド粒子の大きさと性状

かかわらず，10^3～10^{12} 個の原子を含むような粒子と定義した。

詳説❸ 分散媒には気体，液体，固体のものが存在するが，分散質には液体と固体のものしか存在しない。これは，気体分子でコロイド粒子の大きさをもつものはないからである。これらの分散媒と分散質の組み合わせにより，さまざまなコロイドが存在する(p. 199 表)。

補足❹ コロイド溶液において，分散質が液体のものを**乳濁液**（**エマルション**），分散質が固体のものを**懸濁液**(**サスペンション**)という。なお，コロイド粒子よりもやや大きな液体や固体の粒子が液体中に分散した場合でも，粒子が沈殿しなければ，それぞれ乳濁液，懸濁液ということがある。これらをまとめて**粗大分散系**という。

2 コロイド粒子の分類

デンプンやタンパク質などの高分子化合物では，分子1個でコロイド粒子の大きさをもつ。このようなコロイドを**分子コロイド**といい，水に溶かすだけでコロイド溶液になる。また，セッケン分子は親水基と疎水基の部分からできており，セッケン水がある程度の濃度になると，コロイド溶液となる。これは，50～100 個程度のセッケン分子が疎水基の部分どうしを内側に，親水基の部分を外側に向けるように集まって，コロイド粒子をつくるからである。このようなコロイドを**会合コロイド**または**ミセルコロイド**という❺。

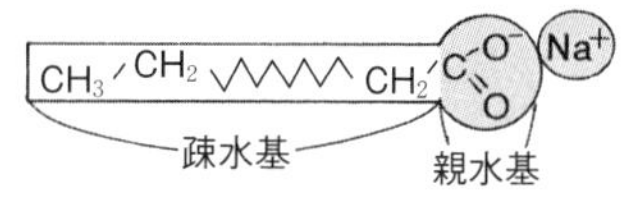

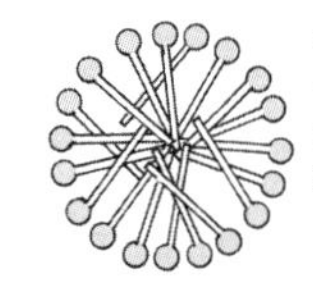
セッケンのコロイド粒子（ミセル）は，ふつう球状をしている。

補足❺ 複数の分子が，共有結合以外の比較的弱い分子間力などで結びつくことを**会合**といい，その集合体を**ミセル**という。分子コロイドも会合コロイドも，水との親和力の強い**親水コロイド**であるが，会合コロイドは分子コロイドほど安定ではなく，水で薄めると解体してしまう。

►一方，金属，金属水酸化物や粘土のように，水に溶けにくい無機物質を適当な方法でコロイド粒子の大きさに分割して，水などに分散させたコロイドを**分散コロイド**という❻。

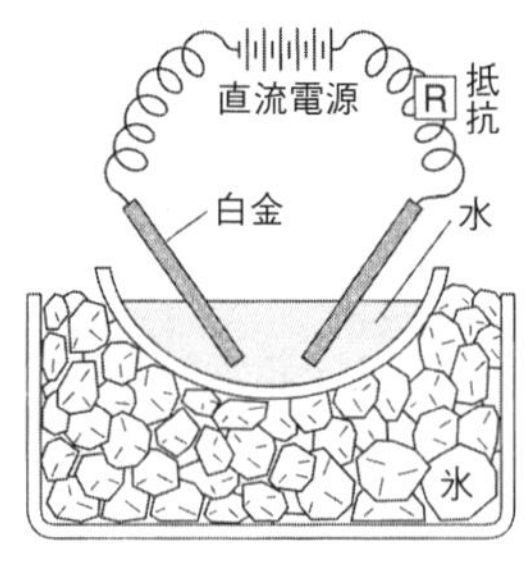

補足❻ 白金を電極とし，水中で約 100 V の直流電圧をかけて，図のようにアーク放電(p. 452)を行う。アーク(電弧)の高熱のため白金がいったん蒸気になり，氷水で急冷されて白金のコ

ロイドができる。白金電極の代わりに，金電極，銀電極を用いると，金のコロイド，銀のコロイドができる。これら金属のコロイドは，すべて水との親和力の弱い**疎水コロイド**である。

3 ゾルとゲル

薄いデンプン水溶液のように，流動性をもったコロイドを**ゾル**という。一方，比較的濃いデンプン水溶液は，高温ではゾルの状態であるが，低温ではゼリー状に固化する。このように，流動性を失った半固体状のコロイドを**ゲル**といい❼，ゆで卵，豆腐，寒天，こんにゃくなどがその例である。

ゲルは，コロイド粒子どうしが立体網目状につながり，その隙間に多くの水を含んだ状態にある。ゲルを乾燥させて水分を除いたものを**キセロゲル**(乾燥ゲル)といい，棒状の寒天やゼラチンのほか，高野豆腐，シリカゲルなどがある。

キセロゲルはゲルに比べて体積が小さく，水が抜け出したため，隙間の多い構造をもつものが多く，水に浸すと，水を吸収してゲルに戻る。これを**膨潤**という。

補足❼ ゾル sol とは solution(溶液) を，ゲル gel とは gelatin(ゼラチン) を語源とする。ゾルがゲルに変わることを**ゲル化**といい，コロイド粒子が分子間力などで会合することでおこり，粘度上昇，弾性増加などの変化があらわれる。

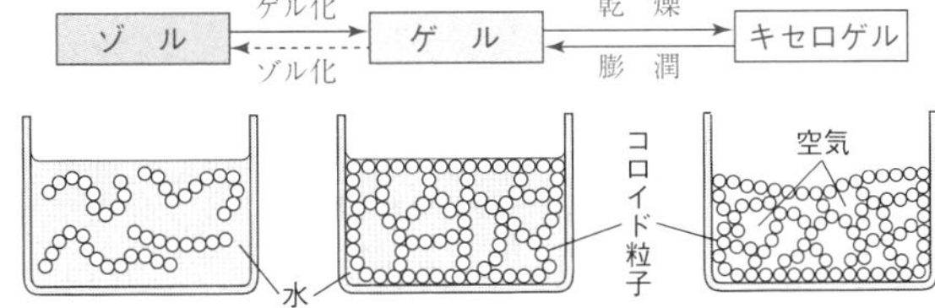

ゾル・ゲル・キセロゲルの関係

一定濃度以上のゾルを冷却したとき，ゲル化しやすい。一般に球状よりも棒状のコロイド粒子のほうがゲル化しやすい。また，親水コロイドにはゾル↔ゲルのように可逆性のものが多く，疎水コロイドにはゾル→ゲルのように不可逆性のものが多い。

4 コロイド溶液の調製と透析

沸騰水に塩化鉄(Ⅲ)$FeCl_3$ 水溶液を少量加えると，次式の右向きの反応がおこり，赤褐色の酸化水酸化鉄(Ⅲ) $FeO(OH)$のコロイド溶液が得られる。

$$FeCl_3 + 2H_2O \rightleftarrows FeO(OH) + 3HCl$$ ❽

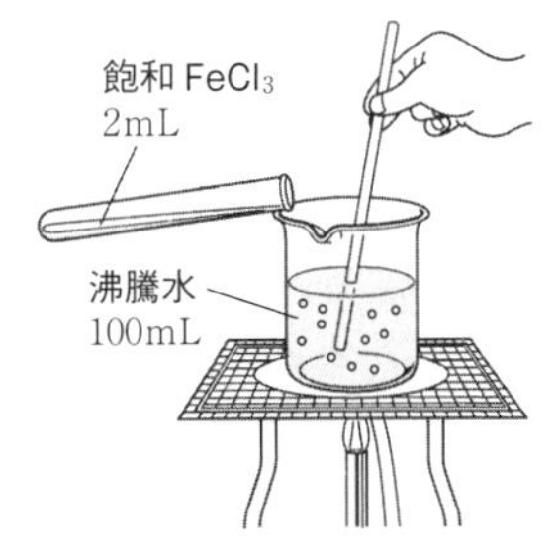

詳説❽ 左向きが酸・塩基の中和反応，右向きが塩の**加水分解反応**である。常温では，上式の平衡は大きく左に偏り，右向きへの反応は殆ど進行しないが，高温では反応が急速に進行する。生成した $FeO(OH)$ (p. 536) は水への溶解度が極めて小さく，水溶液中ではすぐに過飽和状態となり，多量の $FeO(OH)$ の結晶核が生じ，沈殿粒子まで成長することなく，コロイド粒子の段階で成長が止まり，コロイド溶液が生成したと考えられる。なお，従来，生成物と考えられていた水酸化鉄(Ⅲ)$Fe(OH)_3$ は実在せず，$Fe(OH)_3$ どうしが脱水縮合してできた複雑な構造をもつ高分子化合物として存在している。教科書の中では，水酸化鉄(Ⅲ)は1つの化学式で表せないので化学式を省略しているものが多い。本書ではその代表的なものの1つとして，$Fe(OH)_3 - H_2O = FeO(OH)$と表している。

参考　粘土のコロイド……薄い水酸化ナトリウム水溶液に粘土を加えてよくかき混ぜる。
硫黄のコロイド……細かく粉砕した硫黄の粉末を温めたエタノールに溶かし，そのろ液を水に少しずつ加えていくと，乳白色のコロイド溶液ができる。

►前ページの反応式でつくったコロイド溶液には，FeO(OH)のコロイド粒子のほか，不純物として H^+ や Cl^- が含まれる。この混合液を下図のようにセロハン膜に包んで流水中につけておくと，H^+ や Cl^- はこの膜を通って水中へ拡散していくが，FeO(OH) のコロイド粒子はセロハン膜の穴よりも大きいので，水中へは拡散しない。

このように，半透膜を利用してコロイド溶液中に含まれる不純物を除く操作を**透析**という❾。透析により，コロイド溶液を精製することができる。

補足❾　透析速度は，温度が高くなるほど大きくなる(たとえば，30℃では20℃のときの約2倍になる)。図中の透析外液に $AgNO_3aq$ を加えると，白濁 (AgCl) することから Cl^- の存在がわかり，メチルオレンジを加えると，赤色に変化することから H^+ の存在がわかる。

図のように，絶えず流水を注いで H^+ や Cl^- を外へ流し出すようにすると，セロハン袋の内側には，ほぼ純粋な FeO(OH) のコロイド溶液だけを残すことができる。

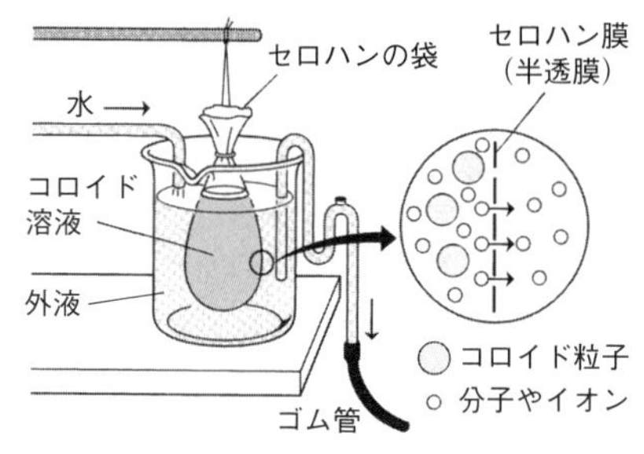

SCIENCE BOX　人工透析

ヒトの腎臓内にある腎小体（糸球体とボーマンのう）という部分では，血球や血しょうタンパク質以外の血中成分は，すべて細尿管へとろ過され，低濃度の**原尿**がつくられる。原尿中に含まれるグルコース，金属イオン，水などの体に必要な成分は，選択的に血液中へ再吸収され，残りの不要な成分が濃縮されて**尿**となる。

腎臓の機能が低下すると，血液中に有害な成分(尿素・尿酸・クレアチニンなど)が蓄積してくるので，これらを取り除くために**人工透析**を行わなければならない。

それは，右図のように酢酸セルロース系の半透膜からできた多数の細い中空糸に，血液をゆっくり流し，その周りに血液に必要な成分を含んだ透析液をゆっくり逆方向から流すという方法で行われる。

透析液に純水を用いた場合，不要成分だけでなく，必要成分も取り除かれてしまうので具合が悪い。そこで，必要な成分をあらかじめ溶かしておき，さらに浸透圧を調整した透析液を用いて人工透析を行う。すると，グルコースや金属イオンなどの必要な成分は，半透膜の内外での濃度差がないので拡散せず，血液中に残る。しかし，不要な成分の尿素などは濃度差により血液中から透析液へと拡散していくので，血液の浄化が行われることになる。

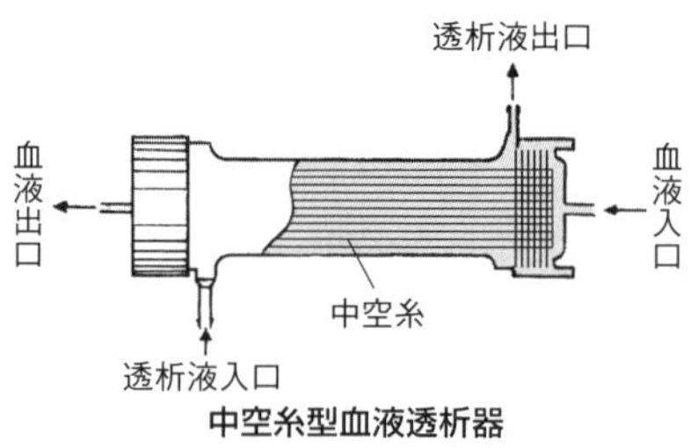

中空糸型血液透析器

血液は中空糸の内部を，透析液はその外側を互いに逆方向に流す（向流法）。

5 コロイドの光学的性質

コロイド溶液に横から強い光(レーザー光など)を当てると，光の進路が明るく輝いて見える。この現象を**チンダル現象**という。これは，コロイド粒子の大きさが光の波長と同程度であるため，その表面で光がよく散乱されるためである[10]。これに対して，真の溶液では，光の波長に比べて溶質粒子がずっと小さいため，光はほとんど散乱されずにそのまま直進するので透明に見える。したがって，チンダル現象の有無により，真の溶液とコロイド溶液とを区別できる。

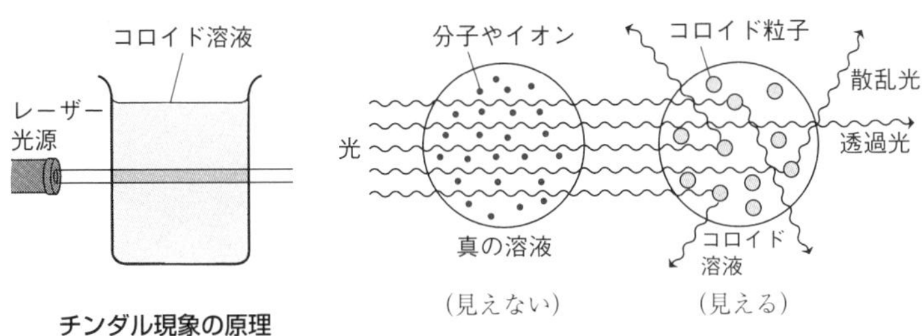

チンダル現象の原理

補足[10] チンダル現象は，コロイド粒子と分散媒との光の屈折率が異なるほどおこりやすい。したがって，親水コロイドよりも疎水コロイドのほうがはっきりあらわれる。

►チンダル現象の原理を応用すると，ふつうの光学顕微鏡では見えないコロイド粒子の動きが観察できる。すなわち，コロイド溶液に横から強い光を当て，その散乱光を観察できるように工夫した顕微鏡を**限外顕微鏡**(げんがい)という[11]。視野を暗黒にし，限外顕微鏡を使ってコロイド溶液を観察すると，コロイド粒子そのものは見えないが，ちょうど夜空に輝く星のようにコロイド粒子の存在が確認できる。このとき，小さな光る点が不規則なジグザグ運動をしているのがわかる。このようなコロイド粒子の動きを**ブラウン運動**という[12]。

これは，コロイド粒子の周囲で激しく熱運動している分散媒の水分子が，大きなコロイド粒子に不規則に衝突するため，コロイド粒子の動く方向が絶えず変化させられるためである。この動きは，コロイド粒子自身の動きではなく，直接見ることのできない水分子の熱運動を間接的に示したものにほかならない。

詳説[11] 光学顕微鏡では最高倍率でも見えない微粒子を，チンダル現象を利用して輝点として観察できるように改良したものが限外顕微鏡である。

右上図のような装置でブラウン運動を観察しようとしても，余程強い光を当てない限り，散乱光

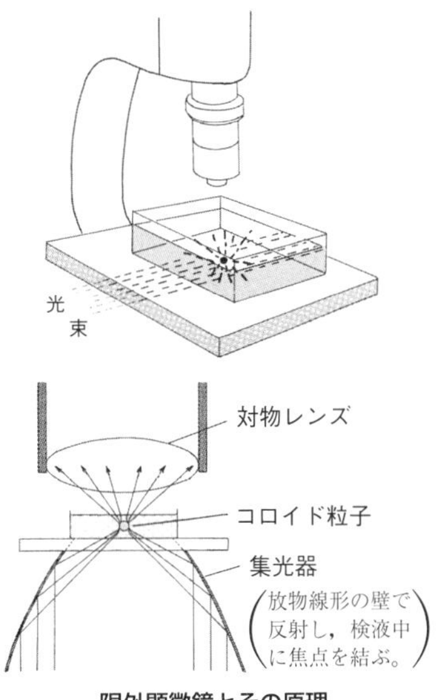

限外顕微鏡とその原理

が弱すぎて見えない。そこで，最近では，普通の光学顕微鏡に**集光器**を取り付けたものが限外顕微鏡としてよく使われる。コロイド溶液中の一点に集光器で集めた強い光を当てると，コロイド粒子が発光体となり，対物レンズ上ではもとの粒子よりはるかに大きい直径の光点として観察される。ふつうの光学顕微鏡では，分解能が200 nm 程度に対して，限外顕微鏡では4 nm ぐらいまで解像が可能である。

詳説⑫ イギリスの植物学者**ブラウン**は，水中に浮遊する植物の花粉(本当は，花粉から出たデンプン粒など)の動きを詳細に研究した。以前は，この動きは花粉の生命力によるものと考えられていたが，彼はあらゆる物質の微小粒子に共通した現象であることを確認した(1828年)。しかし，その運動の本質についてはそれ以上追究しなかった。

ブラウン運動は，(1) 不規則・永久的であること，(2) 高温ほど活発であること，(3) コロイド粒子が小さいほど活発であり，ある程度の大きさ以上になると，止まってしまうこと，(4) 分散媒の粘性が小さいほど活発であること，などから，この運動が分散媒の水分子の熱運動に関連しておこる，見かけの現象であることが明らかになった。

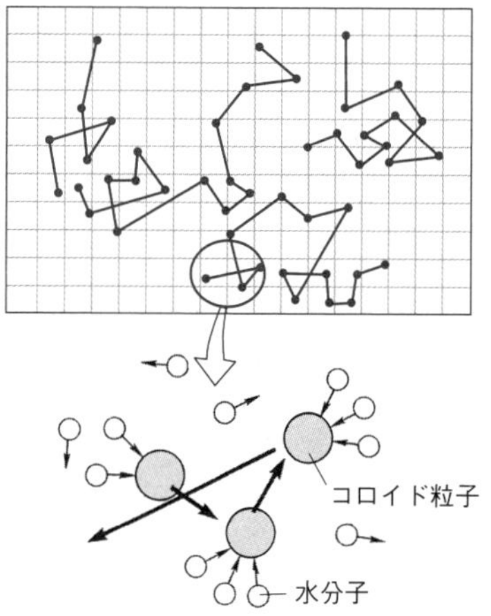

ブラウン運動
コロイド粒子を取り囲んでいる多数の分散媒の水分子が，各瞬間ごとに，不規則に衝突する結果，大きなコロイド粒子がジグザグ状に動かされる。

> **例題** 沸騰させた純水 99 mL に，1.5 mol/L 塩化鉄(Ⅲ)水溶液 1.0 mL を加えると，赤褐色の酸化水酸化鉄(Ⅲ)のコロイド溶液が得られた。この溶液を精製したのち，27℃で浸透圧を測定したところ，2.5×10^2 Pa を示した。以上より，このコロイド粒子1個には，平均何個の鉄原子が含まれているかを求めよ。ただし，気体定数 $R=8.3\times10^3$ Pa・L/(K・mol) とし，コロイド粒子の生成，および精製途中での鉄原子の損失はないものとする。

［解］　塩化鉄(Ⅲ)水溶液を沸騰水に入れると，酸化水酸化鉄(Ⅲ)のコロイド溶液が生成する。

$$FeCl_3 + 2H_2O \longrightarrow FeO(OH) + 3HCl$$

加えた $FeCl_3$ 水溶液中の Fe^{3+} の物質量は，

$$1.5〔mol/L〕\times\frac{1.0}{1000}〔L〕=1.5\times10^{-3}〔mol〕$$

生成したコロイド粒子の物質量を n〔mol〕とおくと，浸透圧の公式 $\Pi V=nRT$ より，

$$2.5\times10^2〔Pa〕\times0.10〔L〕=n\times8.3\times10^3\left[\frac{Pa\cdot L}{K\cdot mol}\right]\times300〔K〕$$

$$\therefore\quad n\fallingdotseq1.00\times10^{-5}〔mol〕$$

FeO(OH) のコロイド粒子は，FeO(OH) が x 個集合したもの。

FeO(OH) のコロイド粒子は，FeO(OH) の単位粒子が x 個集まったものと考えると，コロイド粒子の物質量の x 倍が Fe^{3+} の物質量に等しい。

$1.00\times10^{-5}\times x=1.5\times10^{-3}$　　$\therefore\quad x=1.5\times10^2$

答　**1.5×10^2 個**

SCIENCE BOX 空が青く，海が青く見える理由

太陽はいろいろな波長の電磁波を宇宙空間へ放出している。これを**太陽放射**という。このうち，私たちの目で光として感じるのは約 400〜750 nm の可視光線だけである。

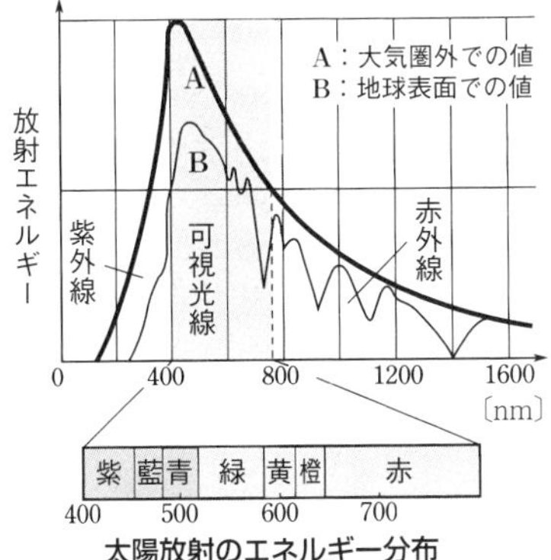

太陽放射のエネルギー分布

空気中の水滴，氷晶，砂塵など可視光線の波長と同程度のサイズの粒子によっておこる光の散乱を**ミー散乱**という。この散乱は可視光線の波長に関係なくおこる特徴がある。したがって，大気中の水滴や氷晶などのコロイド粒子によるミー散乱によって，雲や霧が白く見えるのである。

一方，空気中の N_2，O_2 分子や微小な浮遊塵など可視光線の波長より小さいサイズの粒子によっておこる光の散乱を**レイリー散乱**という。この散乱は長波長の赤色光よりも短波長の紫〜青色光が散乱されやすい特徴がある。したがって，可視光線のうち最も多量に散乱されるのは紫〜青色光なので，晴天の昼間の空は青く見えるのである。大気層を通過した可視光線はレイリー散乱により紫〜青色光の一部を失うため，昼間の太陽は黄色く見え，夕方になり太陽の高度(太陽と地平面とのなす角度)が低くなると，可視光線は大気層を通過する距離が最も長くなり，より波長の長い黄色光までがレイリー散乱されるようになり，私たちの目に入る可視光線は橙色〜赤色光となる。これが朝日，夕日が赤色に見える理由である。

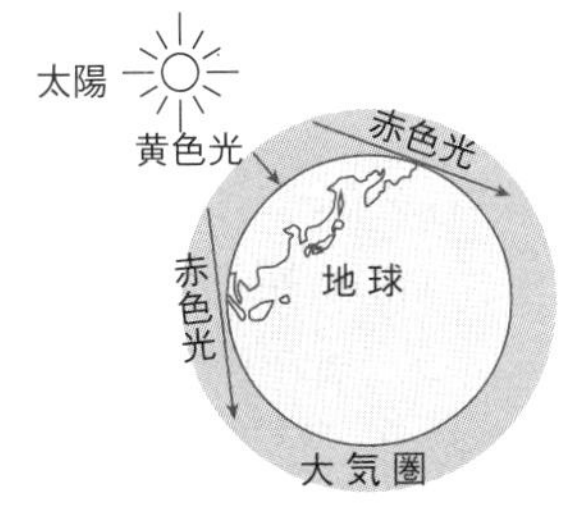

一方，海や湖の水が青色に見えるのは，空の青色を映したためではなく，水分子自身が赤色光をわずかに吸収するためである。

液体の水分子には 2 個の -OH があり，その変角運動と伸縮運動による吸収ピークは，いずれも赤外線領域にある。

変角運動	伸縮運動
（吸収ピーク 約 6300 nm）	（吸収ピーク 約 2700 nm）

この基準振動に対して，2, 3, … n 倍の振動数をもつ**高次振動**が存在し，その吸収ピークは，いずれも近赤外線領域にあり，この吸収帯の裾野は可視光線領域の長波長側（赤〜黄色光域）まで広がっている。すなわち，純水は赤色光をわずかに吸収するがその吸収能力はごくわずかで，水の層が 5 m 以上になってはじめて，やっと目に感じる程度の量となり，水がやや青く見えるのである*。

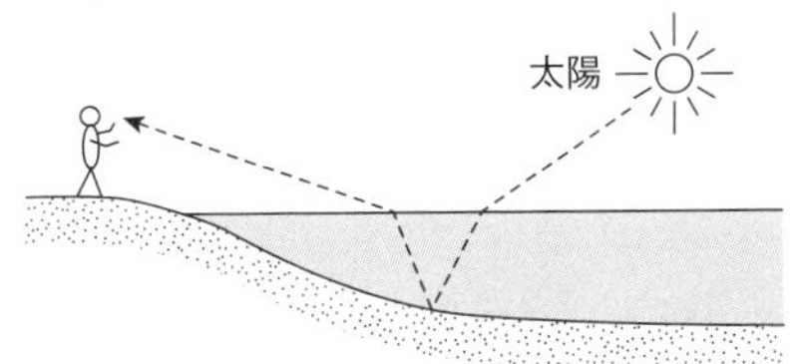

可視光線は浅い海底で反射され，水の吸収をうけて目に到達する。

＊ 水深が深くなると，可視光線の吸収は赤色から橙〜黄色光域に移るので，透明度の高い黒潮では深い藍(あい)色に見える。ただし，プランクトンを多量に含む親潮では，その葉緑素（クロロフィル)のためやや濁った青緑色に見える。

6 コロイドの電気的性質

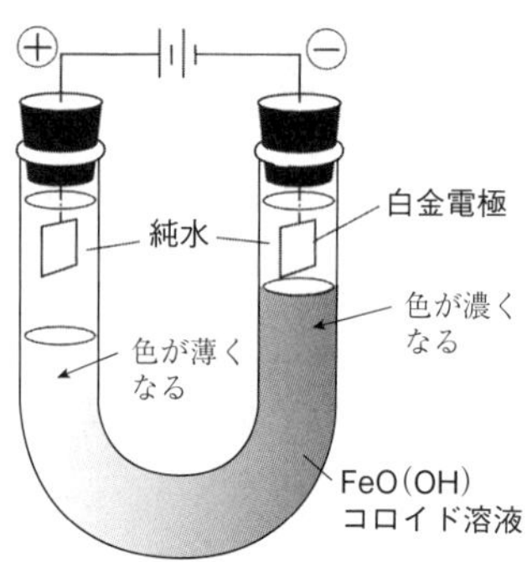

電気泳動

透析したコロイド溶液を入れたU字管に純水を静かに注ぎ直流電圧をかける。純水を加えるのは，コロイド溶液が電気分解されてしまうのを防ぐためである。

コロイド溶液をU字管に入れ，100V程度の直流電圧をかけておくと，コロイド粒子は一方の電極へ向かって移動していく。この現象を**電気泳動**といい，移動方向によりコロイド粒子の帯電の正負がわかる。たとえば，酸化水酸化鉄(Ⅲ)のコロイドは，陰極へ移動するので正電荷をもつ**正コロイド**であり，硫黄のコロイドは，陽極へ移動するので**負コロイド**であるとわかる⑬。

種　類	例
正コロイド	FeO(OH)，$Al(OH)_3$，メチレンブルー
負コロイド	粘土，S，Ag，Au，セルロース

補足⑬ タンパク質のコロイド溶液は，酸性になれば正(＋)，塩基性になれば負(－)の電荷をもつようになる。また，正コロイドの溶液では分散媒が負に，負コロイドの溶液では分散媒が正に帯電しており，いずれも溶液全体としては電気的中性が保たれている。また，コロイド粒子の移動速度は，粒子の大きさや形などによっても変化する。

►コロイド粒子がすべて同種の電荷をもつ主な原因は，次の2つが考えられる。

(1) コロイド粒子が溶液中の陽イオンか陰イオンのいずれかを選択的に吸着する⑭。どちらのイオンを吸着しやすいかは，コロイド粒子の種類，とくに表面の状態で異なる。

(2) コロイド粒子を構成する物質自身が一部電離して，正または負の電荷を帯びる⑮。

補足⑭ マグネチックスターラーで撹拌しながら0.01 mol/L $AgNO_3$ 水溶液10 mLに0.01 mol/L KBr水溶液10 mLを少量ずつ混合すると，次の反応により淡黄色（実際には白色に見える）のAgBrを生成する。

$$AgNO_3 + KBr \longrightarrow AgBr\downarrow + KNO_3$$

これは，Ag^+ と Br^- が等量のために生じたAgBrが無電荷となり，粒子どうしが衝突しても，電気的な反発力が働かずに大きな沈殿粒子に成長したと考えられる。

ところが，撹拌しながら0.02 mol/L $AgNO_3$ 水溶液10 mLに0.01 mol/L KBr水溶液10 mLを少量ずつ混合していくと，生じたAgBr粒子の表面に Ag^+ が吸着され，正電荷をもつコロイド粒子(図(a))が生成する。

また，撹拌しながら0.02 mol/L KBr水溶液10 mLを0.01 mol/L $AgNO_3$ 水溶液10 mLを少量ずつ混合していくと，生じたAgBr粒子の表面に Br^- が吸着され，負電荷をもつコロイド粒子(図(b))が生成する。

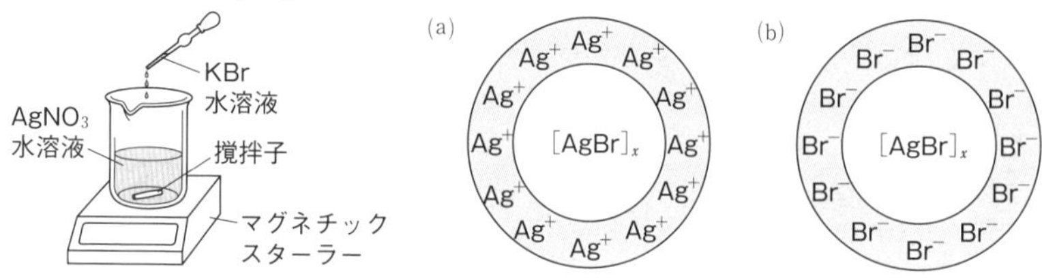

詳説⑮　酸化水酸化鉄(Ⅲ)のコロイド粒子 FeO(OH)は，その一部が水溶液中から H^+ を吸着するので，正電荷を帯びると考えられている。

セッケンのコロイドでは，$(R\text{-}COONa)_n \longrightarrow (R\text{-}COO^-)_n + n\,Na^+$
のように電離するので，負電荷を帯びる。また，セルロースも水に浸すと，ヒドロキシ基のごく一部が　$R\text{-}OH \rightleftarrows R\text{-}O^- + H^+$　のように電離するので，負電荷を帯びる。粘土のコロイドでは，粘土を構成するアルミノケイ酸塩 (p. 475) から Na^+ や K^+ の一部が電離して失われるので，残りの部分は負電荷を帯びることになる。

7　疎水コロイドと凝析

コロイド溶液を放置したとき，沈殿することなく，比較的安定な状態を保っているのは，すべて同種の電荷を帯びたコロイド粒子が互いに静電気的に反発し合っているためである。ところが，酸化水酸化鉄(Ⅲ)，粘土，硫黄，金属などのコロイド溶液に，少量の電解質水溶液を加えると，容易に沈殿がおこる。このようなコロイドを**疎水コロイド**という。疎水コロイドは，水との親和力が弱い(表面に水分子を引きつける力が弱い)コロイドであるが，電気的反発力のため沈殿するのを免れていたのである。

疎水コロイドに少量の電解質を加えると，帯電したコロイド粒子にそれと反対符号のイオンが強く吸着される。その結果，コロイド粒子間には静電気的な反発力は働かなくなる。一方，一定以上の分子間力が有効に働くようになり，互いに凝集して大きな粒子となって沈殿する。このように，疎水コロイドが少量の電解質によって沈殿する現象を**凝析**(ぎょうせき)という。

疎水コロイドを凝析させる力(**凝析力**)は，加えた電解質から生じたイオンの価数によって異なる。つまり，コロイド粒子と同符号のイオンには影響されず，反対符号のイオンで，しかもその価数が大きいほど，凝析力は著しく強くなる(つまり，少量でも凝析がおこるようになる)。

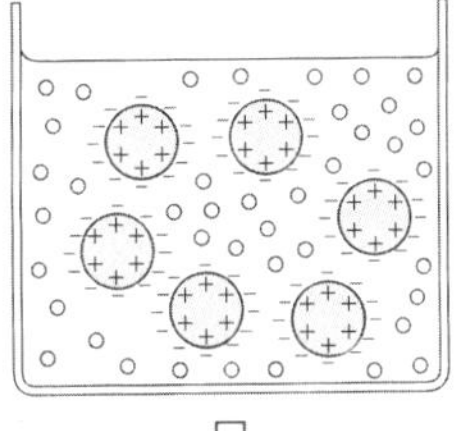

凝析　＋少量の電解質

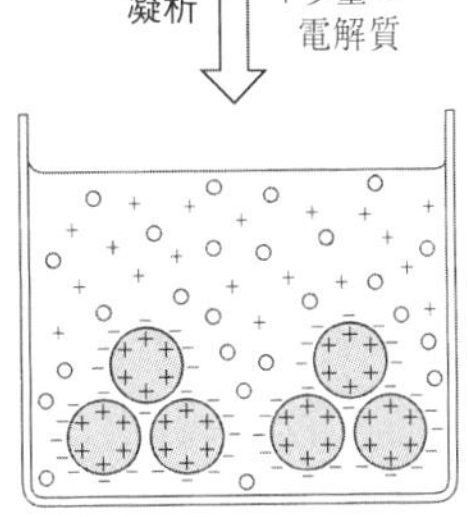

たとえば，正コロイドに対しては，Cl^- よりも $SO_4{}^{2-}$，さらに $PO_4{}^{3-}$ を含む電解質のほうが有効である。また，負コロイドに対しては，Na^+ に比べて Ca^{2+} はより少量で，Al^{3+} はさらに少量で凝析させることができる⑯。

詳説⑯　濁った河川水には，粘土のコロイドが最も多く含まれるが，その他にも，種々の無機物や有機物のコロイドも含まれる。この濁りを取り除き，水を透明にする清澄剤(せいちょうざい)として硫酸アルミニウム $Al_2(SO_4)_3$ 水溶液がよく使われるのは次の理由による。

負電荷をもつ粘土などのコロイド粒子は，価数の大きなアルミニウムイオン Al^{3+} によって容易に凝析されるが，同時に正電荷をもつコロイド粒子は価数の大きな硫酸イオン $SO_4{}^{2-}$ によって凝析されるので，少量の $Al_2(SO_4)_3$ 水溶液を加えただけでも，多量の濁った河川水を効率よく透明な水に処理できるからである。また，河川の水が海に流れ込む河口付近で三角州(デルタ)ができやすいのは，粘土のコロイド粒子が海水中の電解質の陽イオンによって容易に凝析されて，沈殿・堆積するためである。

SCIENCE BOX　疎水コロイドの凝析力

疎水コロイドの凝析に必要な電解質の物質量(**凝析価**)は，コロイド粒子の電荷と反対符号のイオンの価数1，2，3に対して，ほぼ $\frac{1}{1^6}:\frac{1}{2^6}:\frac{1}{3^6}$ と，イオンの価数の6乗に反比例するという関係がある。これを，**シュルツ・ハーディの法則**という。

以上のことは，疎水コロイドに電解質を加えたとき，コロイド粒子にその反対符号のイオンが吸着されて電荷が中和され，静電気的な反発力を失って凝析がおこるのではないことを示唆している。単に，コロイド粒子の電荷を中和するだけなら，1価のイオンに対して，2価のイオンは $\frac{1}{2}$，3価のイオンは $\frac{1}{3}$ の量で凝析がおこりそうであるが，実際には，2価のイオン，3価のイオンは1価のイオンに比べて数十倍，数百倍の凝析力をもつことは説明できない。

コロイド粒子は一定の電荷を帯びているが，決して裸の状態で存在しているのではない。コロイド溶液中には，コロイド溶液と反対符号のイオン（**対**(たい)**イオン**という）と，同符号のイオン(**副イオン**という)が存在するが，コロイド粒子の周りには対イオンが多く取り囲み，**電気二重層**ができている。

電解質を加える前は，図(a)のように電気二重層が大きく広がっており，コロイド粒子はこの反発により，分子間力の働く範囲までは接近できないので，沈殿しない。

電解質を加えると，コロイド溶液中のイオン濃度が大きくなった影響で，コロイド粒子を取り囲む対イオンは，図(b)のようにコロイド粒子のほうへ圧縮され，電気二重層の厚さが薄くなる*1。

＊1　この効果は，価数の大きな対イオンほど優先的にコロイド粒子を取り囲み，コロイド粒子の電荷を強く遮蔽(しゃへい)するので，コロイド粒子のもつ有効な電荷量が減少して，電気二重層の厚さが薄くなる。

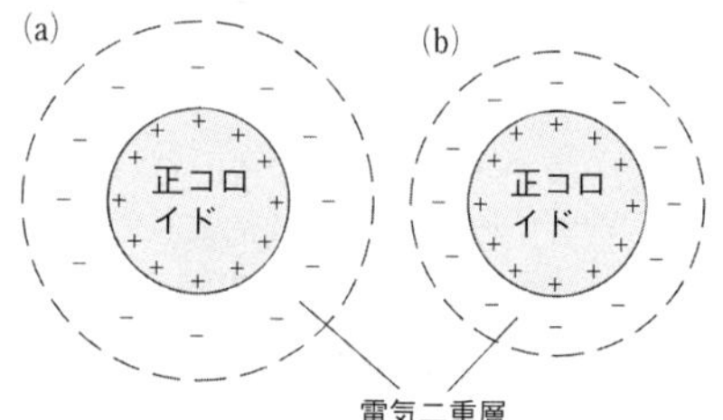

このように，電気二重層の厚さが薄くなるほど，各コロイド粒子はブラウン運動で衝突した際，より近くまで接近することになり，やがてコロイド粒子間に働く分子間力の作用する範囲に入って強く凝集し，やがて沈殿すると考えられている。この考え方は提唱した4人の科学者の名前をとって**DLVOの理論***2 という。

25℃，価数 Z の電解質水溶液の濃度が C〔mol/L〕のとき，電気二重層の厚さを d〔nm〕とすると，次のようになる*3。

$$d=0.3\times\frac{1}{Z\sqrt{C}}$$

25℃で，電解質水溶液の濃度が0.01 mol/Lのとき，電気二重層の厚さ d(nm)は，1価の塩では $d\fallingdotseq 3$ nm，2価の塩では $d'\fallingdotseq 1.5$ nm，3価の塩では $d''\fallingdotseq 1$ nm となる。ファンデルワールス力(分散力)の大きさ U は，$U=\frac{k}{r^6}$（k：比例定数）である。この r に，電気二重層の厚さ $d:d':d''=1:\frac{1}{2}:\frac{1}{3}$ を代入すると，

$U:U':U''=1^6:2^6:3^6$ となる。

すなわち，凝析価 $z:z':z''=\frac{1}{1^6}:\frac{1}{2^6}:\frac{1}{3^6}$ となり，ハーディ・シュルツの法則が成り立つことが理解できる。

＊2　疎水コロイドの安定性を電気二重層間の相互作用に基づいて説明した理論。旧ソ連のデリャーギン（Derjaguin）とランダウ（Landau），およびオランダのフェルウェー（Verwey）とオーバービーク（Overbeek）によって提出されたものである。

＊3　大島広行　分散理論の基礎 p. 331(2004)より

SCIENCE BOX 豆腐・バターのつくり方

(1) 豆腐のつくり方

① 大豆 100 g に水 300 g を加え，約 1 日放置後，これをミキサーでよく粉砕する。こうしてできた汁を**呉**（ご）という。

② 呉に水 300 mL を加えて，15〜20 分間加熱する。

③ 煮沸した呉を熱いうちに，ガーゼ布を用いてろ過する（下図左）。このろ液を**豆乳**，布に残った固体を“**おから**”という。

④ 豆乳の温度を約 75℃に維持しながら，凝固剤（天然にがり約 3 mL）を加え，手早く全体を 2〜3 回かき混ぜ，数分間放置する。この操作を“寄せ”といい，豆腐づくりで最も熟練を要する。

⑤ 全体が固まったら，凝固物をガーゼを敷いた型へ流し込み（下図右），布で包みふたをして軽く重石（おもし）をのせ放置すると，余分な水がぬけ“**木綿豆腐**”ができる。

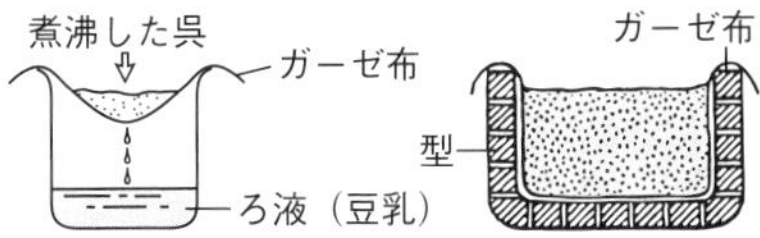

大豆のタンパク質（グリシニン）は熱変性しにくいので，熱水に抽出できる。豆乳は，タンパク質からなる親水コロイドであり，$MgCl_2$，$CaSO_4$ などの塩類（凝固剤）を加えると，Mg^{2+} や Ca^{2+} により，タンパク質の**架橋構造**が形成されて凝固し，豆腐ができる（p. 210）。凝固剤には，従来，“苦汁（にがり）”とよばれる $MgCl_2$ を主成分とする水溶液が用いられてきたが，現在は，苦味の少ない $CaSO_4$ を用いることが多い。凝固剤の量は，原料の大豆の質量の 1〜2％が適当とされている。

なお，濃厚につくった豆乳に，グルコノ-δ-ラクトン*1 などの強力な凝固剤を加え，豆乳全体を固めたものが，“**絹ごし豆腐**”である。2 種類の豆腐中の主な栄養成分量（100 g 当たりの平均値）は次の通りで，水分を減らした木綿豆腐のほうが栄養価は少し高い。

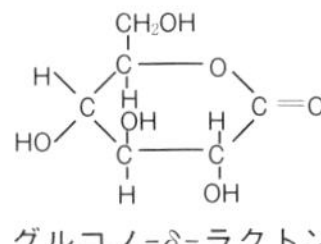

グルコノ-δ-ラクトン（グルコン酸の分子内エステル）

	エネルギー	水	タンパク質	脂質	Ca
木綿豆腐	77 kcal	85.1 g	7.6 g	4.2 g	0.12 g
絹ごし豆腐	59 kcal	88.5 g	5.8 g	3.0 g	0.09 g

＊1 水に溶けるとグルコン酸 $C_6H_{12}O_7$ を生じ，その酸性（pH≒4.5）により大豆のタンパク質が凝固する。

(2) バターのつくり方

牛乳（ホルスタイン種）中の構成成分の質量〔%〕は下表の通りで，乳脂肪の大部分は脂肪球の形で水中に分散している。

水	タンパク質	脂肪	糖類	ミネラル	その他
88	3.2	3.7	4.7	0.7	少量

生乳を長時間放置すると，脂肪球が浮上し，クリーム層をつくるが，工業的には遠心分離機で，約 10％のクリーム（上層）と，残りの脱脂乳（下層）に分離する*2。

＊2 クリームは，バター，ケーキやアイスクリームなどに，脱脂乳は，スキムミルク，乳酸菌飲料，チーズなどの原料に用いる。

クリームを殺菌後，一晩，冷蔵した後，回転ドラム（チャーン）に入れ，約 1 時間攪拌し，機械的衝撃を与える（**チャーニング**という）。すると，脂肪球の膜が壊れて，脂肪球同士が集まり，小豆粒状のバター粒子ができる。チャーニングによるバター粒子の生成は，**水中油滴型（O/W 型）エマルション**であるクリームから，**油中水滴型（W/O 型）エマルション**であるバターへの**転相**がおこったためである（p. 212）。

バター粒子が形成されたら，液状のバターミルクを排出し，再び冷水を入れて攪拌・洗浄し，食塩（約 2％）を加えて練り，余分な水分を除くと，**バター**ができる*3。

＊3 食塩を加えると，バターの保存性と風味が向上する。また，油脂の酸化防止のためにビタミン E（トコフェロール）が添加されることがあるが，その他の食品添加物はほとんど加えられていない。

8 親水コロイドと塩析

デンプンやゼラチンのコロイド溶液は，少量の電解質を加えても凝析はおこらない[17]。これらのコロイド粒子は，その表面にある親水性の基(-OH，-COOH，$-NH_2$)がいずれも水素結合で水分子を強く引きつけている。このように，水との親和力の強いコロイドを**親水コロイド**という。

補足[17] 親水コロイドを沈殿させるためには，まず，コロイド粒子を取り巻く水和水を奪い取る必要がある。そのためには，これらの親水基よりも強く水分子を引きつけるイオン，すなわち電解質を多量に加えればよい。

►親水コロイドの水溶液に多量の電解質水溶液，(または多量のアルコールでもよい)を加えると，加えたイオンのほうに強く水和がおこるようになるため，コロイド粒子の表面の親水基を取り囲んでいた水分子が引き離される（このために，多量の電解質が必要となる)。すなわち，コロイド粒子の周りの水和水がほとんど除かれた後，凝析と同じ変化が引き続いておこり，分子間力によって沈殿するようになる。一般に，親水コロイドが多量の電解質によって沈殿する現象を**塩析**という[18]。

水分子　　親水コロイド粒子

詳説[18] 電解質による塩析の効果の順は，1888年，**ホフマイスター**によってゼラチン水溶液（親水コロイド）に対して調べられたもので，**ホフマイスター順列**とよばれる。

例　陰イオン：$SO_4^{2-} > CH_3COO^- > Cl^- > Br^- > NO_3^- > I^-$

陽イオン(1価)：$Li^+ > Na^+ > K^+ > Rb^+ > Cs^+$

陽イオン(2価)：$Mg^{2+} > Ca^{2+} > Sr^{2+} > Ba^{2+}$

この順番は，イオンの水和の強さ（水和力）とほぼ一致するが，陰イオンのほうが陽イオンよりも塩析の効果が大きい。

塩析の例として，セッケン水溶液に飽和食塩水を加えてセッケンを析出させたり，ゼラチン水溶液に飽和硫酸ナトリウム水溶液を加えるとゼラチンが遊離するなどがある[19]。

補足[19] 従来，豆乳ににがり（主成分 $MgCl_2$）を加えて豆腐をつくるのは，親水コロイドの塩析の利用例であるとされてきたが，豆乳に加えるにがりの量がかなり少量であること，2価の金属イオンのみが豆乳の凝固に有効であることなどから，Mg^{2+} によって，豆乳中のタンパク質の主成分であるグリシニンの側鎖の$-COO^-$ に**架橋構造**が形成されることによって，豆乳が凝固すると考えるべきである。

	疎水コロイド	親水コロイド
成　分	金属，硫黄，炭素，FeO(OH)，$Al(OH)_3$，As_2S_3 など，主として無機物質	セッケン，デンプン，寒天，ゼラチン，タンパク質など，主として有機物質
特　色	(1) 粒子の外側に吸着（水和）している水分子は少量。 (2) 粒子が集合して沈殿しないのは，主として同種の電荷の反発力による。	(1) 粒子に吸着している水分子は多量。 (2) 粒子が集合して沈殿しないのは，主として水和水が粒子の集合を妨げるからである。
凝　析	少量の電解質でも，粒子が互いに集合して凝析する。	少量の電解質では凝析しないが，多量に電解質を加えれば塩析する。
チンダル現象	はっきりあらわれる。	弱い。
電気泳動	移動速度は大きい。	水和水のため移動速度は小さい。

9 保護コロイド

疎水コロイドに一定量以上の親水コロイドを加えると，親水コロイド粒子が疎水コロイド粒子を取り囲み，少量の電解質を加えても凝析がおこらなくなる。このような作用を親水コロイドの**保護作用**といい，この目的で加えられた親水コロイドを，**保護コロイド**という[20]。タンパク質の一種であるゼラチンは，特に保護作用が強い。

補足[20] これは，疎水コロイドの周りを親水コロイドが取り囲み，さらにその周りを水分子が水和しているため，少量の電解質を加えただけでは，そのイオンの影響は内部にある疎水コロイドには及びにくくなっているからである。とくに，疎水コロイドをより安定化させたいときに保護コロイドがよく使われる。

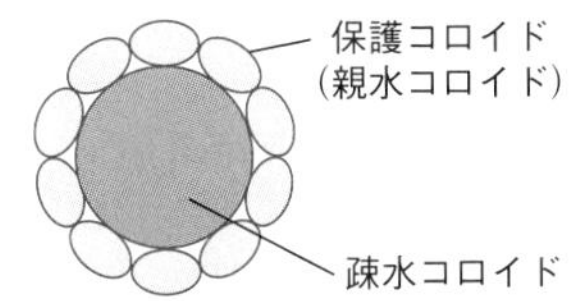

保護コロイド
疎水コロイドに適当な親水コロイドを加えると，疎水コロイドは親水コロイドで覆われ，安定化する。

それでは，親水コロイドのゼラチンが，どうして疎水コロイドを取り囲むのかを考えてみよう。タンパク質であるゼラチンには，カルボキシ基 $-COOH$ やアミノ基 $-NH_2$ が存在する (p. 796)。これらの基は，水中では解離して $-COO^-$ や $-NH_3^+$ として存在する。たとえば，正電荷をもつ炭素のコロイドでは，その表面を対(たい)イオンである OH^- が取り巻き電気二重層を形成している。この場合，ゼラチンは $-NH_3^+$ の部分で炭素のコロイドの対イオンの OH^- と静電気力で結びつき，強固な被膜を形成する。一方，他端の $-COO^-$ の部分は溶液中の水分子と水和することによって，炭素のコロイドは親水コロイドのように安定化する。また，負電荷をもつ金のコロイドでは，その表面を対イオンである H^+ が取り巻いている。この場合，ゼラチンは $-COO^-$ の部分で金のコロイドの対イオンの H^+ と静電気力で結合し，強固な被膜を形成する。一方，他端の $-NH_3^+$ の部分は溶液中の水分子と水和することによって，金のコロイドの安定性が向上する。

このように，タンパク質は多くの解離基 ($-NH_3^+$, $-COO^-$) をもち，正・負いずれの電荷をもつ疎水コロイドに対しても良好な保護作用を示す。

一方，デンプン(多糖類)はゼラチンのような解離基をもたず，疎水コロイドの正・負の電荷に対して静電気力が働かず，ゼラチンほど強固な被膜は形成されないが，比較的高濃度の溶液では疎水コロイドに対しても保護作用を示す。

►たとえば，墨汁は，疎水コロイドである炭素のコロイドに対して，親水コロイドであるニカワ[21]を保護コロイドとして加えることにより，安定なコロイド溶液としたものである。また，ポスターカラーには，**アラビアゴム**（アカシア属の樹液から得られる水溶性の多糖類）が保護コロイドとして加えられており，色素(疎水コロイド)が塊になって沈殿するのを防いでいる。

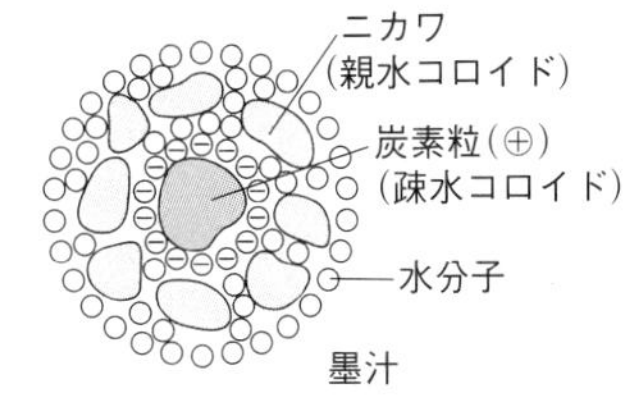

墨汁

補足[21] 動物の骨や皮などを水で煮た液を乾かし固めたものがにかわ (膠) である。にかわを精製して不純物を減らしたものが**ゼラチン**であり，タンパク質のコラーゲンを熱水処理して得られた誘導タンパク質の一種である。

SCIENCE BOX　乳化とエマルション

水と油のように，互いに溶け合わない2種の液体を振り混ぜたとき，一方の液体Aが他方の液体Bの中に，小粒子となって分散する現象を**乳化**という（このとき，Aが分散質，Bが分散媒である）。乳化によって生じたコロイド溶液を**乳濁液**（**エマルション**）というが，2液を振り混ぜただけではすぐに分離する。そこで，安定なエマルションをつくるのに**乳化剤**を加える必要がある。乳化剤には，セッケンのような水と油の両方の性質をもつ**界面活性剤**(p. 673)が多く利用される。

エマルションには，次の2つの型がある。

(1) **水中油滴型(O/W 型)エマルション**
水の中に油の微粒子が分散したもので，水に溶け，水で薄めることができる。
例　牛乳，マヨネーズ，バニシングクリームなど

(2) **油中水滴型(W/O 型)エマルション**
油の中に水の微粒子が分散したもので，水に溶けず，有機溶媒で薄めることができる。
例　マーガリン，バター，クレンジングクリームなど

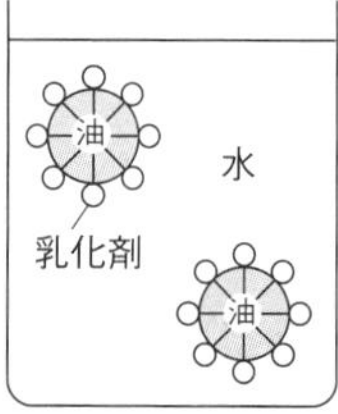

O/W 型エマルション

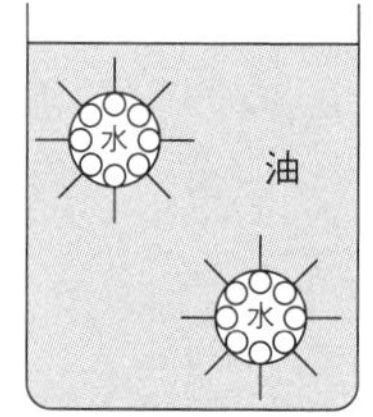

W/O 型エマルション

生成するエマルションがどちらの型になるかは，主に次の因子が関与している。

① 両液体の体積比
② 容器の水または油に対する濡れやすさ
③ 乳化剤の種類

このうち，とくに重要な因子は③であり，水溶性の乳化剤を用いると，O/W 型エマルションが，油溶性の乳化剤を用いると，W/O 型エマルションができやすいことが経験的に知られている。

たとえば，セッケン R-COONa を乳化剤として用いてエマルションをつくると，O/W 型エマルションになる。一方，金属セッケン $(R\text{-}COO)_2Ca$ を用いてエマルションをつくると，W/O 型エマルションになる。

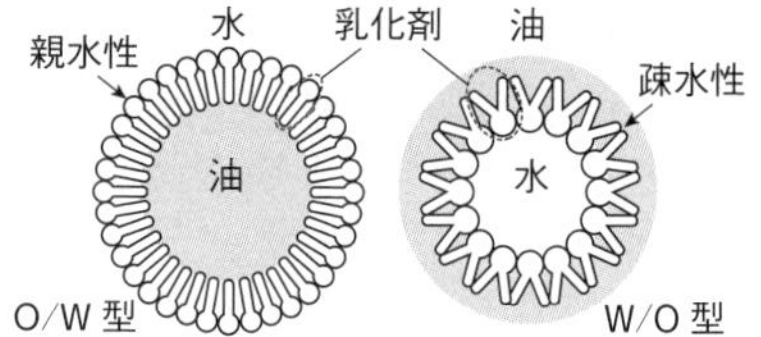

ところで，セッケンで乳化した O/W 型エマルションに，塩化カルシウムを加えると，W/O 型エマルションに変化する。これをエマルションの**転相**といい，分散媒と分散質の交換によっておこる。転相は，水と油の体積差が少なく，疎水性と親水性のバランスのとれた乳化剤を用いた場合におこりやすい。

(1) **牛乳**　分散媒を乳清といい，その中に脂肪球が分散している。このときの乳化剤は，リンタンパク質のカゼインである。乳脂肪の含有量は，3.0～3.5%（牛乳の場合）である。

(2) **マヨネーズ**　標準的な組成は次の通り。

食用油	70%	砂糖	3.5%
卵　黄	10%	水	4%
食　酢	10%	カラシ	0.9%
食　塩	1.5%	コショウ	0.1%

ボールに卵黄，食酢，食塩，カラシを加えてかき混ぜる。これをよく攪拌しながら食用油を少しずつ加えていくと，O/W 型のエマルションができる。このときの乳化剤は，卵黄のレシチン*であり，カラシは W/O 型への転相を防ぐ役割を果たす。

* レシチンは細胞膜を構成するリン脂質の一種で，分子中に親水基と疎水基をもつため，乳化剤として働く。マヨネーズは酢の割合が多いと軟らかく，油の割合が多いと硬くなる。

ファラデー (Michael Faraday, 1791～1867, イギリス)　貧しい鍛冶屋の子に生まれ，製本屋で奉公しながら，独学で物理，化学を学んだ。21歳のとき，王立科学研究所のデービー教授に懇願し，その助手に採用され，後に，彼のあとを継いで教授・所長となる。ベンゼン，電磁誘導の発見，発電機・変圧器の発明，電気分解の法則など，電磁気の基本原理を明らかにする大きな業績を残した。

第3編
物質の変化

アレニウス (Svante August Arrhenius, 1859～1927, スウェーデン)　3歳で読書力があったほど，幼時から神童の誉れが高かった。25歳のとき，学位論文で電解質は電場の存在下で電離するのではなく，電場の存在に無関係に電離するという電離説を発表した。また，反応速度の温度依存性を表す式や活性化エネルギーの概念を提唱した。1903年，電離説に対してノーベル化学賞を受けた。

ボルタ (Alessandro Volta, 1745～1827, イタリア)　コモの王立学院卒業後，29歳で王立学院の教授になる。1800年，2種の異なる金属が湿った導体に触れると電流が流れることを発見し，はじめて化学電池をつくった。その後，種々の電池の起電力を測定し，金属のイオン化傾向の順番(イオン化列)を決定した。電圧の単位のボルト(V)は，彼の名を記念してつけられたものである。

ル シャトリエ (Henry Louis Le Chatelier, 1850～1936, フランス)　セメントの焼成，硬化の研究から，高温における化学平衡論を研究し，1884年，平衡に及ぼす温度と圧力の影響を一般化した平衡移動に関する法則(ルシャトリエの原理)を発表した。また，彼は高温における諸物質の性質を研究するため，熱電対の改良，金属顕微鏡の開発など，窯業や金属工学の発展に力を尽くした。

第１章　化学反応と熱・光

3-1　化学反応と熱

1　発熱反応と吸熱反応

物質が化学変化すると，必ず熱の出入りを伴う。たとえば，メタン 1 mol が完全燃焼すると 891 kJ(キロジュール)の熱量❶を放出して，二酸化炭素と水になる。

$$CH_4 + 2O_2 \longrightarrow CO_2 + 2H_2O \quad (891\ \mathrm{kJ/mol}\ 発熱) \quad \cdots\cdots(1)$$

このように，熱を放出する反応を**発熱反応**という。

一方，赤熱した黒鉛に水蒸気を吹きつけると，黒鉛 1 mol あたり 131 kJ の熱量を吸収して，一酸化炭素と水素になる。

$$C(黒鉛) + H_2O \longrightarrow CO + H_2 \quad (131\ \mathrm{kJ/mol}\ 吸熱) \quad \cdots\cdots(2)$$

このように，熱を吸収する反応を**吸熱反応**という。

補足❶　国際単位系 (SI) では，エネルギーの単位に**ジュール** (**記号** J) を用いる。物体に 1 ニュートン (N) の力が作用し，その力の方向に 1 m 動かす仕事 1 N·m を **1 J** という。なお，1000 J＝1 kJ である。

►化学反応に伴って出入りする熱量を**反応熱** (**記号** Q) といい，ふつう，着目する物質 1 mol あたりの熱量で表され，単位には kJ/mol が用いられる❷。

詳説❷　反応熱は，物質が化学変化したときに出入りする熱量だけでなく，物質の状態変化や溶解など，いわゆる物理変化に伴う熱の出入りも含めて反応熱とよばれる。

►次に，物質が化学変化すると熱の出入りがおこる理由を考えてみよう。すべての物質は，**化学エネルギー**とよばれる固有のエネルギーをもつ。化学変化によって，化学結合の組み換えがおこると，各物質のもつ化学エネルギーの大きさが変化する❸。したがって，化学変化がおこると，反応物のもつ化学エネルギーと生成物のもつ化学エネルギーの間に過不足が生じ，その差が反応熱としてあらわれることになる。

詳説❸　各物質は主に化学結合の形でエネルギーを蓄えている。このエネルギーを**化学エネルギー**といい，その絶対値がいくらであるかを決めることはできない。ただし，ある状態（たとえば単体の状態）を基準にしたとき，他の状態にある物質の化学エネルギーの大小は，反応熱を調べることによって知ることができる。また，各物質は化学結合以外にも，分子間の相互作用による位置エネルギーや，分子の熱運動による運動エネルギーをもっているが，これらは化学結合による化学エネルギーに比べるとかなり小さい。

2　反応エンタルピー

化学反応には，一定体積中で行われる反応(**定積反応**)と，一定圧力下で行われる反応(**定圧反応**)がある。高校段階では，主に定圧反応を学習する。

定圧反応において，各物質がもつ化学エネルギーの量を，その物質の**エンタルピー**(**熱含量**)といい，記号 H(単位は J)で表す。また，定圧下において，化学反応に伴って放出・吸収される熱量，つまり**エンタルピーの変化量**を**反応エンタルピー**といい，記号 ΔH で表す。

反応エンタルピー ΔH は次式で求められる。

ΔH＝(生成物のエンタルピーの和)－(反応物のエンタルピーの和)

発熱反応 ($Q>0$) では，反応系のエンタルピーが減少するので，ΔH は負の値になる。吸熱反応($Q<0$)では，反応系のエンタルピーが増加するので，ΔH は正の値になる。

このように，反応熱 Q と反応エンタルピー ΔH は大きさは等しいが，互いに符号が逆になることに十分に注意する必要がある❹。

(1)式の反応では，CH_4 1 mol と O_2 2 mol のエンタルピーの和が CO_2 1 mol と H_2O 1 mol のエンタルピーの和より 891 kJ 大きい。その差が外部に熱として放出され，発熱反応となる。つまり，Q=891 kJ/mol，ΔH=−891 kJ/mol である。

(2)式の反応では，C(黒鉛)1 mol と H_2O 1 mol のエンタルピーの和が CO 1 mol と H_2 1 mol のエンタルピーの和より 131 kJ 小さい。その差が外部から熱として吸収され，吸熱反応となる。つまり，Q=−131 kJ/mol，ΔH=131 kJ/mol である。

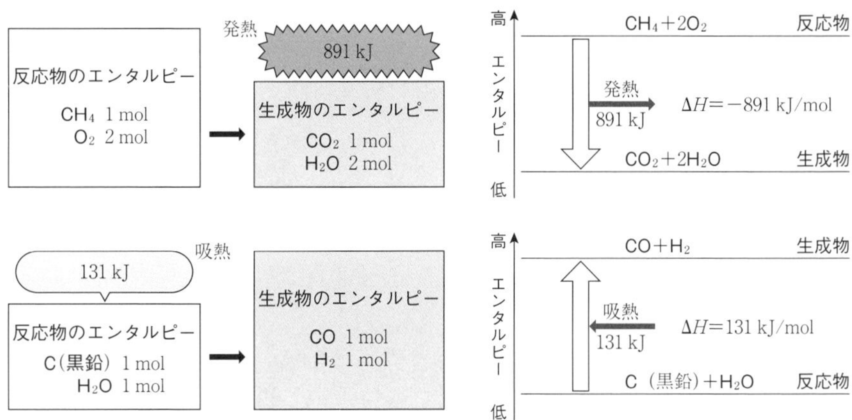

詳説❹ 反応にかかわる物質の集まりを**反応系**といい，その外側を**外界**という。反応熱 Q は外界で観測されるエネルギー量の増減を表しているのに対して，反応エンタルピー ΔH は反応系内の物質のもつエネルギー量の増減を表している点が異なる。たとえば，発熱反応では，反応系から熱エネルギーが放出されるので外界では $Q>0$ となるが，一方，反応系内の物質のもつエネルギー量は放出されたエネルギー分だけ減少するので，$\Delta H<0$ となる。

3 エンタルピー図

定圧反応において，各物質のもつエンタルピーの大小関係を表した図を**エンタルピー図** (上右図) という。エンタルピー図においては，エンタルピーの大きい物質を上位に，小さい物質を下位に書く。したがって，上から下へ向かう反応が発熱反応であり，下から上へ向かう反応が吸熱反応となる。また，反応物と生成物のエンタルピーの差が反応エンタルピー ΔH を表し，発熱反応では $\Delta H<0$，吸熱反応では $\Delta H>0$ となる。(反応エンタルピーは，必ず，生成物の値 H_2 から反応物の値 H_1 の差(H_2-H_1)で表すこと。)

SCIENCE BOX　エンタルピー(熱含量)

〔1〕 定積反応と定圧反応について

一定体積 V のもとで行われる**定積反応**では，反応に伴って外部に対して行う仕事 $P\Delta V=0$ である。したがって，反応系の内部エネルギー*の増加量 ΔE は，外部から反応系に加えられた熱量 Q_V と等しくなる。

* **内部エネルギー**とは，反応系内の粒子がもつ運動エネルギーと分子間力などによる位置エネルギーの総和である。

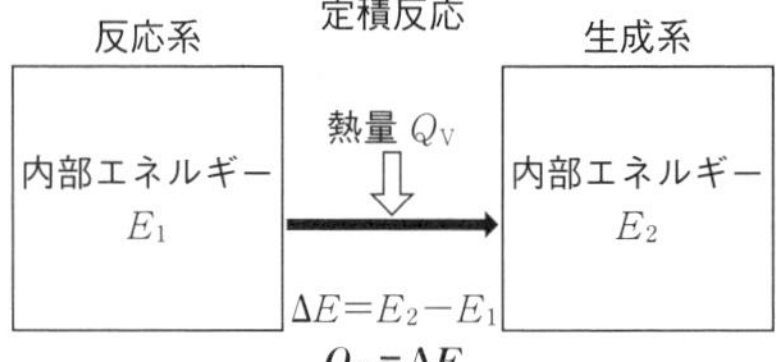

$Q_V=\Delta E$

一定圧力 P のもとで行われる**定圧反応**では，反応に伴って体積変化 ΔV がおこることが多い。たとえば，加熱により反応系の体積が増大した場合，外部に対して $P\Delta V$ の仕事を行うことになり，反応系の内部エネルギーの増加量 ΔE は，外部から反応系に加えられた熱量 Q_p から，$P\Delta V$ に相当するエネルギーを差し引いたものになる。

$$\Delta E=Q_p-P\Delta V$$

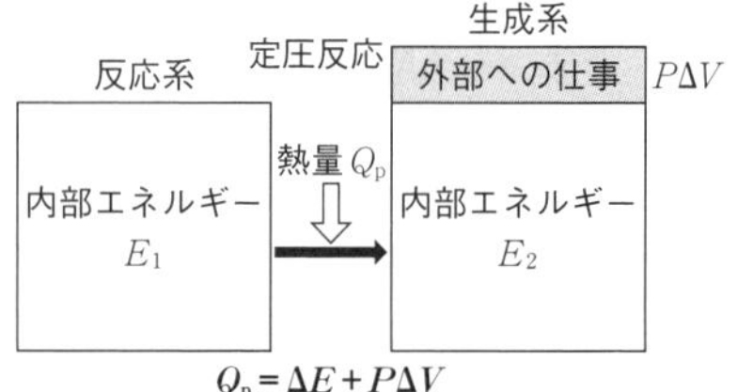

$Q_p=\Delta E+P\Delta V$

すなわち，定圧反応において反応熱を取り扱う場合は，反応系の内部エネルギー E に対して，外部に対して行われた仕事分のエネルギー，または外部から行われた仕事分のエネルギー PV を考慮する必要がある。

〔2〕 エンタルピー(熱含量)について

そこで，新たに，$H=E+PV$ という状態量を定義し，この H を**エンタルピー（熱含量）**という。

定圧反応における反応系のエンタルピーの変化量を ΔH とすると，$\boldsymbol{\Delta H=\Delta E+P\Delta V}$ で表される。

すなわち，定積条件で測定された反応熱（**定積反応熱**）Q_v は，反応系の内部エネルギーの変化量 ΔE と等しい。一方，定圧条件で測定された反応熱（**定圧反応熱**）Q_p は，反応系のエンタルピーの変化量 ΔH と等しくなり，これを**反応エンタルピー**と呼ぶ。

なお，発熱反応では，反応の進行によって反応系のエンタルピーが減少するので，$\Delta H<0$ となる。一方，吸熱反応では，反応の進行によって，反応系のエンタルピーが増加するので，$\Delta H>0$ となる。

〔3〕 定積反応熱 Q_V と定圧反応熱 Q_p の関係

気体が圧力 P を保ったまま，体積 ΔV だけ変化したときの仕事は $P\Delta V$〔J〕に等しい。もし，反応系に固体や液体が含まれる場合，固体や液体の体積は気体の体積に比べ無視できるほど小さく，体積変化 ΔV は気体成分についてだけ考えればよい。

いま，反応に伴って気体の物質量が Δn だけ変化したとすると，気体の状態方程式より，$P\Delta V=\Delta nRT$ の関係が成り立つ。

例　H_2(気) $+\ \frac{1}{2}O_2$(気) $\longrightarrow$ H_2O(液)

の反応の $Q_v=282.5$ kJ として Q_p を求めよ。

反応物の気体の物質量は 1.5 mol，生成物の気体の物質量は 0 mol なので，物質量の変化 Δn は 1.5 mol の減少である。よって，この反応において，気体が外部からされた仕事 $P\Delta V=\Delta nRT$ より，ΔnRT に，$\Delta n=1.5$〔mol〕，$R=8.3$〔J/(K･mol)〕，$T=298$〔K〕を代入すると，

$\Delta nRT=1.5\times8.3\times298=3710$〔J〕

Q_p は Q_v よりも 3.71 kJ だけ大きくなる。

$Q_p=282.5+3.71\fallingdotseq286.2$〔kJ〕

4 熱化学反応式

化学反応式に反応エンタルピー ΔH を書き加えた式を**熱化学反応式**という。熱化学反応式は，次のような約束に従って書き表す。

(1) 25℃，1.0×10^5 Pa(**熱化学の標準状態**) における反応エンタルピー ΔH を，化学反応式のあとに付記する。このとき，反応エンタルピー $\Delta H(=H_{反応後}-H_{反応前})$ は，反応熱 Q の符号を逆にした値になるので，発熱反応なら−，吸熱反応なら＋(省略される)の符号をつける❺。

(2) 反応エンタルピーは着目する物質 1 mol あたりの値で表されるので，着目した物質の係数が 1 になるようにしてから，化学反応式に書き加える。このため，他の物質の係数が分数になっても構わない。

(3) 反応エンタルピーの値は物質の状態によって異なるので，必要に応じて化学式の後に物質の状態を(気)，(液)，(固)のように付記する。また，同素体の存在する単体では，その種類を(黒鉛)，(ダイヤモンド)のように区別する❻。

補足❺ 発熱反応では，反応物のエンタルピーよりも生成物のエンタルピーが減少するので，$\Delta H<0$ となる。吸熱反応では，反応物のエンタルピーよりも生成物のエンタルピーが増加するので，$\Delta H>0$ となる。

詳説❻ 25℃，1.0×10^5 Pa において，物質の状態が明らかな場合，たとえば H_2(気)，O_2(気) などは H_2，O_2 と省略してもよいが，水の場合，25℃，1.0×10^5 Pa において，気体，液体どちらの状態でも存在しうるので，H_2O(液)，H_2O(気) と区別しなければならない。また，気体 gas は(g)，液体 liquid は(l)，固体 solid は(s)と示すこともある。

►たとえば，水素 1 mol が完全燃焼して水（液体）を生成するときに 286 kJ の熱量が発生した。この反応を熱化学反応式で表す手順は次の通りである。

① 水素が完全燃焼するときの化学反応式を書く。

$$2H_2 + O_2 \longrightarrow 2H_2O$$

② 着目する物質(H_2)の係数が 1 になるようにする。

$$H_2 + \frac{1}{2}O_2 \longrightarrow H_2O$$

③ 反応エンタルピー ΔH は，発熱反応なので−の符号と単位 kJ をつけて，反応式の右辺のあとに書き加える❼。

$$H_2 + \frac{1}{2}O_2 \longrightarrow H_2O \qquad \Delta H=-286\text{ kJ}$$

④ 25℃，1.0×10^5 Pa における各物質の状態を化学式の後に付記する。

$$H_2(気) + \frac{1}{2}O_2(気) \longrightarrow H_2O(液) \qquad \Delta H=-286\text{ kJ}$$

補足❼ 反応エンタルピーは着目する物質 1 mol あたりの熱量で表されるので，その単位は〔kJ/mol〕である。しかし，熱化学反応式においては，着目する物質の係数を 1 にしており，その物質が 1 mol あることを示しているので，反応エンタルピーは /mol を省略して単位は〔kJ〕を用いる。

5 反応エンタルピーの種類

反応エンタルピーは，反応の種類によって固有の名称でよばれ，着目する物質1 molあたりの熱量(単位：kJ/mol)で表される。

●燃焼エンタルピー　物質1 molが完全燃焼するときに放出する熱量を**燃焼エンタルピー**という。完全燃焼では，炭素はCO_2，水素はH_2O，窒素はN_2，硫黄はSO_2に変化すると考える[8]。また，H_2Oが生成する場合は，ふつうは液体になるときの値で示す。たとえば，プロパンC_3H_8の燃焼エンタルピーは−2219 kJ/molである。

$$C_3H_8(気) + 5\,O_2(気) \longrightarrow 3\,CO_2(気) + 4\,H_2O(液) \qquad \Delta H = -2219\,\text{kJ}$$

補足[8] 次の熱化学反応式は，炭素1 molが不完全燃焼して一酸化炭素に変化しており，炭素1 molが完全燃焼したわけではないので，$\Delta H = -111$ kJ/molは炭素の燃焼エンタルピーとはいえない。

$$C(黒鉛) + \frac{1}{2}O_2(気) \longrightarrow CO(気) \qquad \Delta H = -111\,\text{kJ}$$

燃焼エンタルピー〔kJ/mol〕

物質	化学式	燃焼エンタルピー
水素	H_2(気)	−286
炭素(黒鉛)	C(黒鉛)	−394
メタン	CH_4(気)	−891
エタン	C_2H_6(気)	−1561
プロパン	C_3H_8(気)	−2219
エチレン	C_2H_4(気)	−1411
エタノール	C_2H_5OH(液)	−1368

●溶解エンタルピー　物質1 molを多量の溶媒に溶解したとき，放出または吸収する熱量を**溶解エンタルピー**という[9]。物質の溶解では，物質そのものが別の物質に変化したわけではないので，厳密には化学反応とはいえない。しかし，溶解の過程では，分子やイオン間の結合の切断，および溶媒との結合の生成などの要素を含んでいるので，広義には反応エンタルピーとして取り扱う。たとえば，NaOH(固)の水への溶解エンタルピーは−44.5 kJ/molである[10]。

$$NaOH(固) + aq \longrightarrow NaOH\,aq \qquad \Delta H = -44.5\,\text{kJ}$$

補足[9] 塩化水素HCl 1 molを水に溶かしていくと，水の物質量と発熱量の関係は右図のようになり，水200 mol(3.6 L)以上では発熱量は一定となる。すなわち，塩化水素(気)の溶解エンタルピー−74.9 kJ/molとは，HCl(気)1 molを無限希釈(ふつう，水200 mol)したときの発熱量を表している。したがって，高濃度の溶液を溶媒で薄めたとき熱の放出または吸収がおこる。この熱量を**希釈エンタルピー**という。

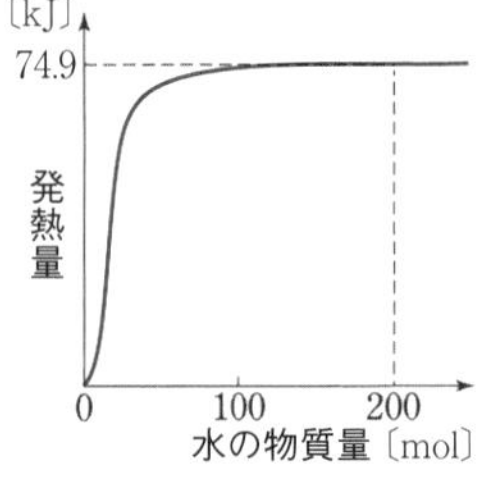

HCl(気)の水への溶解

補足[10] 上式のaqは，ラテン語のaqua(水)の略号で，溶媒としての多量の水を表す。また，NaOHaqのように，化学式の後につけたaqは，aqueous solution(水溶液)の略号で，希薄な水溶液を表す。なお，水溶液中では各イオンは水和イオン(p.154)として存在するので，NaOHaqは$Na^+aq + OH^-aq$と表してもよい。

溶解エンタルピー〔kJ/mol〕

物質	化学式	溶解エンタルピー
塩化ナトリウム	NaCl(固)	3.9
硝酸カリウム	KNO_3(固)	34.9
硫酸	H_2SO_4(液)	−95.3
アンモニア	NH_3(気)	−34.2
塩化水素	HCl(気)	−74.9
水酸化ナトリウム	NaOH(固)	−44.5
塩化アンモニウム	NH_4Cl(固)	14.8

●中和エンタルピー　酸・塩基の水溶液が中和 (p. 308) して，水 1 mol を生じるときに放出される熱量を**中和エンタルピー**という。たとえば，塩酸と水酸化ナトリウム水溶液の中和エンタルピーは，−56.5 kJ/mol である。

$$HCl\,aq + NaOH\,aq \longrightarrow NaCl\,aq + H_2O(\text{液}) \quad \Delta H = -56.5\,kJ$$

上式を反応に関係したイオンだけで示したイオン反応式で表すと，次の通りとなる。

$$H^+aq + OH^-aq \longrightarrow H_2O(\text{液}) \quad \Delta H = -56.5\,kJ$$

よって，希薄な強酸と強塩基水溶液の中和エンタルピーは，その種類に関係なく，ほぼ一定の値を示すことがわかる⓫。

補足⓫　強酸・強塩基の希薄水溶液はほぼ完全に電離している。これらの中和反応では，酸の陰イオンや塩基の陽イオンは反応に全く関係せず，$H^+aq + OH^-aq \longrightarrow H_2O$(液)の反応だけがおこるからである。しかし，強酸と弱塩基，および弱酸と強塩基の中和エンタルピーは，強酸と強塩基の中和エンタルピーに比べてやや小さな値となる。これは，弱酸や弱塩基が関係する中和反応では，中和に先立って，弱酸・弱塩基が電離しなければならず，これに必要な熱量(**電離エンタルピー**)を反応系から吸収するためと考えられる。ただし，酢酸は例外である。

中和エンタルピー〔kJ/mol〕

酸	塩基	中和エンタルピー
HCl	KOH	−56.7
HNO_3	$NaOH$	−55.7
$\frac{1}{2}H_2SO_4$	$NaOH$	−56.6
HCl	NH_3	−46.0
$\frac{1}{3}H_3PO_4$	$NaOH$	−43.5
CH_3COOH	$NaOH$	−56.8

参考　**酢酸と NaOH との中和エンタルピーが予想値より大きな値をとる理由**

酢酸と NaOH 水溶液との中和エンタルピーは−56.8 kJ/mol と測定されており，強酸と強塩基の中和エンタルピーの値(56.5 kJ/mol)とほぼ変わらない値を示す。

$$CH_3COOH\,aq + OH^-aq \longrightarrow CH_3COO^-aq + H_2O(\text{液}) \quad \Delta H = -56.8\,kJ \quad \cdots\cdots(1)$$

$$H^+aq + OH^-aq \longrightarrow H_2O(\text{液}) \quad \Delta H = -56.5\,kJ \quad \cdots\cdots(2)$$

(1)−(2)より $CH_3COOH\,aq \longrightarrow CH_3COO^-aq + H^+aq \quad \Delta H = -0.3\,kJ \quad \cdots\cdots(3)$

(3)より，酢酸 1 mol が水中で完全に電離したとすれば，0.3 kJ の発熱がある。多くの弱酸の電離エンタルピーが $\Delta H > 0$(吸熱反応) であるのに対して，酢酸の電離がわずかではあるが発熱反応になるのはなぜだろうか。これは，酢酸の電離で生じた酢酸イオンに原因がある。実は，酢酸イオンには，右図(A)，(B)のような，負電荷が 2 個の O 原子に分散された共鳴構造 (p. 440) があり，電子の非局在化によってエネルギー的に安定化している。このように，水溶液中での酢酸の電離は発熱反応であるから，自発的に進行するはずだが，実際には，酢酸の電離はごく一部しか進行せず，酢酸の電離定数 K_a (p. 293) は小さな値をもつ。これは，前述の酢酸イオンにおいて負電荷が非局在化している部分に多くの水分子が水和するため，水分子の自由度が低下して，その結果，系のエントロピーが大きく減少し，酢酸の電離を強く抑制していることが主な原因と考えられる。

$CH_3-C(=O)-O^-$ ⇄ $CH_3-C(-O^-)=O$

(A)　　(B)

●生成エンタルピー　化合物 1 mol がその成分元素の安定な単体から生成するときに放出または吸収する熱量を**生成エンタルピー**という⓬。生成エンタルピーは，発熱 (−) と吸熱 (+) の場合があり，その原料となる安定な単体の生成エンタルピーを 0 kJ/mol としている。生成エンタルピーは，その化合物の単体に対するエネルギー的な安定性を比較したり，他の反応エンタルピーを計算で求めるときなどに用いられる⓭。

詳説⓬ 成分元素の単体に同素体が存在する場合，25℃，1.0×10^5 Pa で安定な方，つまり，エンタルピーの小さいほうを選ぶ。具体的には，炭素 C は黒鉛，硫黄 S は斜方硫黄，リン P は赤リンである。たとえば，黒鉛とダイヤモンドの燃焼エンタルピーを比較すると，黒鉛は $\Delta H = -394$ kJ/mol，ダイヤモンドは $\Delta H = -395$ kJ/mol であるから，黒鉛のほうが 1 mol あたり 1 kJ だけ保有するエンタルピーが小さく，エネルギー的に安定であるといえる。

生成エンタルピー〔kJ/mol〕

物質	化学式	生成エンタルピー
水	H_2O(液)	−286
水蒸気	H_2O(気)	−242
一酸化炭素	CO(気)	−111
二酸化炭素	CO_2(気)	−394
アンモニア	NH_3(気)	−45.9
メタン	CH_4(気)	−74.9
エタン	C_2H_6(気)	−83.8
エチレン	C_2H_4(気)	52.5
アセチレン	C_2H_2(気)	226.7
塩化水素	HCl(気)	−92.3

補足⓭ 生成エンタルピーの負の値 ($\Delta H < 0$) が大きい化合物ほど，成分元素の単体に比べて保有するエンタルピーが小さく，エネルギー的に安定である。一方，生成エンタルピーの正の値 ($\Delta H > 0$) が大きい化合物ほど，成分元素の単体に比べて保有するエンタルピーが大きく，エネルギー的に不安定である。上表より，同じ炭素数をもつエタン，エチレン，アセチレンを比較すると，生成エンタルピーが負の値をもつエタンが最も安定で，大きな正の値をもつアセチレンが最も不安定である(圧縮すると爆発する性質がある)とわかる。

6　状態変化に伴う反応エンタルピー

同じ物質であっても，その物質がもつエンタルピーは状態によって異なる。したがって，融解，蒸発，昇華などの状態変化に伴う熱の出入りも，熱化学反応式で表すことができる。

たとえば，1.0×10^5 Pa のもとで，0℃で氷 1 mol が融解するときに吸収する熱量（**融解エンタルピー**）は 6.0 kJ/mol，25℃で水 1 mol が蒸発するときに吸収する熱量（**蒸発エンタルピー**）は 44 kJ/mol，0℃で氷 1 mol が昇華するときに吸収する熱量（**昇華エンタルピー**）は 51 kJ/mol である。

いずれも吸熱反応なので，反応エンタルピー ΔH は正の値になる⓮。

H_2O(固) ⟶ H_2O(液)　$\Delta H = 6.0$ kJ　……(1)

H_2O(液) ⟶ H_2O(気)　$\Delta H = 44$ kJ　……(2)

H_2O(固) ⟶ H_2O(気)　$\Delta H = 51$ kJ　……(3)

また，(1)式の左辺と右辺を入れ替えると，0℃で水 1 mol が凝固するときに放出する熱量(**凝固エンタルピー**)を表すこともできる。

H_2O(液) ⟶ H_2O(固)　$\Delta H = -6.0$ kJ　……(4)

詳説⓮ 同一物質で比較したとき，固体よりも液体，液体よりも気体のほうが保有するエンタルピーは大きい。したがって，融解熱，蒸発熱，昇華熱はいずれも吸熱となり，融解エンタルピー，蒸発エンタルピー，昇華エンタルピーはいずれも正の値になる。

融解エンタルピーと蒸発エンタルピーの和が昇華エンタルピーに一致しないのは，状態変化に伴う反応エンタルピーのうち，融解エンタルピーはその物質の融点での値であるが，蒸発エンタルピーは25℃での値であり，互いに測定温度が違うからである。

そこで，25℃での水の蒸発エンタルピー 44 kJ/mol を0℃での値に変換するために，H_2O(液) のモル比熱 75.3 J/(mol·K)，H_2O(気) のモル比熱 37.7 J/(mol·K) を用いて，次のように計算する。

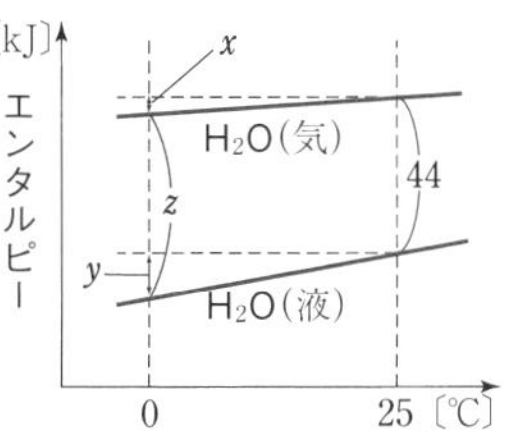

0℃における水の蒸発エンタルピーを z kJ/mol とおくと，右図より，$z=44-x+y$ なので

$$x=37.7\times25\times10^{-3}=0.9425〔kJ〕$$

$$y=75.3\times25\times10^{-3}=1.8825〔kJ〕$$

$$\therefore\ z=44.94〔kJ〕$$

よって，0℃での水の昇華エンタルピーは，6.0＋44.94＝50.94≒51〔kJ/mol〕

7 反応エンタルピーの測定法

反応エンタルピーの測定は，外部との熱の出入りがないような断熱容器（**熱量計**という）内で反応を行い，熱量計中の水の温度変化から，反応エンタルピーが測定される。たとえば，燃焼エンタルピーの測定では，鉄製ボンベと熱量計を組み合わせた右図のような**ボンベ熱量計**が用いられる⓯。

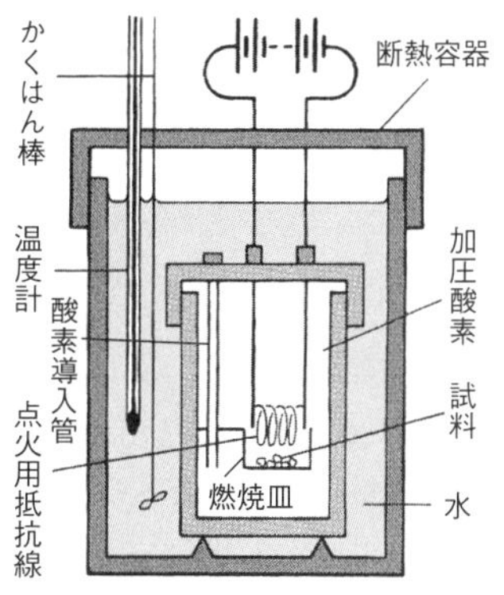

詳説⓯ ボンベ中の燃焼皿(白金製)に一定質量の試料を入れ，ボンベを閉じ，酸素導入管より O_2 を約 25×10^5 Pa 程度に充塡する。これを右図のように一定量の水が入った熱量計に沈める。水温が一定になったら，試料に点火し完全燃焼させる。このとき発生した熱は周囲の水に十分に吸収させた後，水の温度変化を測定し，試料の燃焼によって発生した熱量を計算する。

例題 ボンベ熱量計で炭素 1.0 g を完全燃焼させたら，熱量計内の水 1.0 kg の温度が 7.5 K 上昇した。水の比熱を 4.2 J/(g·K)，熱量計の熱容量を 160 J/K として，炭素の燃焼エンタルピー〔kJ/mol〕を求めよ。(原子量：C＝12)

［解］ **発熱量〔J〕＝比熱〔J/(g·K)〕×質量〔g〕×温度変化〔K〕**より，

発熱量〔J〕＝4.2×1000×7.5＋160×7.5＝32700〔J〕＝32.70〔kJ〕
(水の温度上昇分)　(熱量計の温度上昇分)

これを炭素 1 mol(＝12 g)あたりに換算すると

32.70×12＝394.2〔kJ〕

炭素の燃焼エンタルピーは，上記の値に－の符号をつけた **－394.2 kJ/mol** 答

参考 ボンベ内は閉鎖系なので，この実験で求められたのは，厳密には**定積反応熱** Q_v である。

C(黒鉛) ＋ O_2(気) ⟶ CO_2(気)の反応では，反応前後での気体の物質量は変わらない。

したがって，気体が外部に対して行う仕事（$P\Delta V$）は0となり，定圧条件で求められた**定圧反応熱** Q_p とも等しくなる。よって，上記の答の－394.2 kJ/mol は炭素の燃焼エンタルピーと考えてよい。

水酸化ナトリウムの水への溶解エンタルピーの測定

例題 図のようなふた付きの発泡ポリスチレン製コップに水 100 mL を入れ，液温を測定する。次に，このコップに水酸化ナトリウムの結晶 2.0 g を正確に量りとって入れ，撹拌棒を使ってよくかき混ぜて，水酸化ナトリウムを完全に溶かす。このとき，溶解を開始してから 30 秒ごとに液温を測定しておく。時間を横軸に，温度を縦軸にとって液温の変化のようすを表したのが，右のグラフである。このグラフに基づいて，次の各問いに答えよ。ただし，水溶液の比熱を 4.2 J/(g･K)，水の密度を 1.0 g/mL，NaOH の式量を 40 とする。

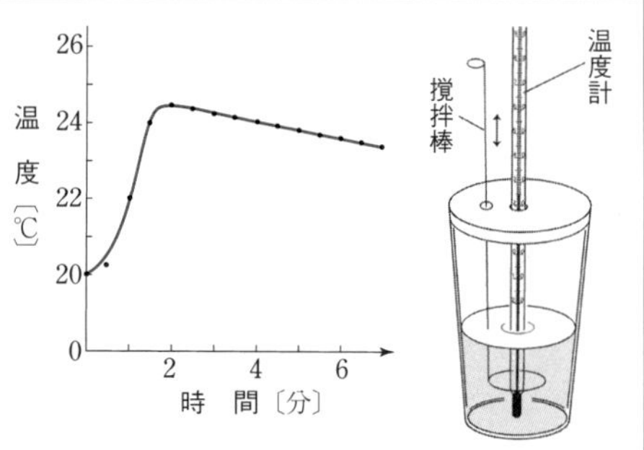

(1)　この実験で発生した熱量は何 kJ か。

(2)　この実験より，水酸化ナトリウムの水への溶解エンタルピーを求めよ。

［解］(1)　右図において A 点から溶解熱の発生により液温が上昇し，B 点では液温の上昇が止まったので，この時点で NaOH の溶解が終了している。しかし，B 点の温度 (24.5℃) は NaOH の溶解による真の最高温度ではない。NaOH を完全に水に溶かすのに，この実験では 2 分かかっている。この間にも発生した熱の一部は周囲へ逃げている。この周囲への放冷により失われた熱量は，次のように補正できる。すなわち，瞬間的に溶解して周囲への放冷がなかったとすると，この実験での真の最高温度は，放冷を示す直線を $t=0$ まで延長(外挿(がいそう)という)して求めた交点 C の温度(25.0℃)となる。

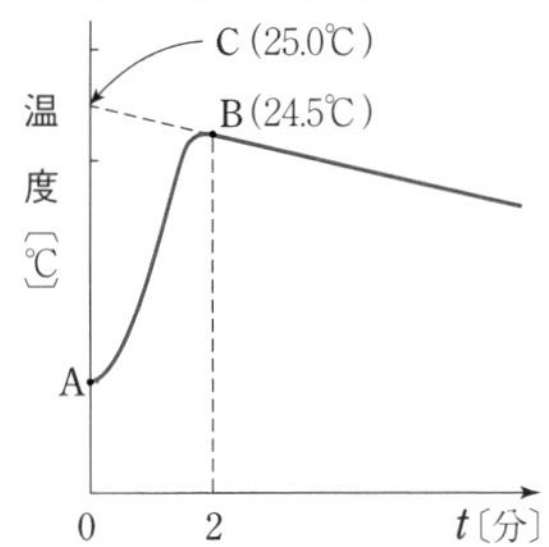

よって，温度変化は，$\Delta t=25.0-20.0=5.0$〔K〕となる。

発熱量 Q〔J〕＝比熱 C〔J/(g･K)〕×質量 m〔g〕×温度変化 Δt〔K〕より，

∴　$Q=4.2$〔J/(g･K)〕×(100＋2.0)〔g〕×5.0〔K〕＝2142〔J〕　　答 **2.1 kJ**

(2)　(1)の発熱量を NaOH 1 mol あたりに換算すると

NaOH＝40 g/mol より，NaOH 2.0 g の物質量は　$\dfrac{2.0\text{〔g〕}}{40\text{〔g/mol〕}}=0.050$〔mol〕

∴　$2.14\text{〔kJ〕}\times\dfrac{1\text{〔mol〕}}{0.050\text{〔mol〕}}\fallingdotseq 42.8$〔kJ〕

よって，NaOH の水への溶解エンタルピーは　−42.8 kJ/mol　　答 **−42.8 kJ/mol**

参考　NaOH の溶解エンタルピーの測定は，水溶液だけでなく，容器(温度計，撹拌棒を含む)の温度も上昇させることを考慮すべきである。測定精度を上げるには，容器の熱容量（物体の温度を 1 K 上昇させるのに必要な熱量を x〔J/K〕とする)を求めておく必要がある。容器に水 50 mL を加えて温度を測ると 20℃であった。ここへ，50℃のお湯 50 mL を入れ，よくかき混ぜた後，液温を測ると 34℃とする。　(お湯の失熱量)＝(水と容器の得熱量)　より，

$$4.2\times50\times(50-34)=4.2\times50\times(34-20)+x\times(34-20)\qquad\therefore\ x=30\text{〔J/K〕}$$

例題の(1)では温度変化 $\Delta t=5.0$〔K〕であったので，容器の得た熱量は，30×5.0＝150〔J〕。これを，(1)の発熱量に足し合わせると，真の発熱量は 2142＋150＝2292〔J〕となる。

SCIENCE BOX 携帯用カイロと冷却パックの働き

携帯用カイロは，鉄粉が酸素の作用によって錆びるときの発熱反応を利用している。

$$Fe + \frac{3}{4}O_2 + \frac{1}{2}H_2O \longrightarrow FeO(OH) \quad \Delta H = -394\,kJ$$

その組成の一例は，鉄粉 55%，活性炭 15%，木粉 5%，食塩 5%，水 20%である。食塩は鉄の酸化を促す触媒，木粉は保水剤として働くが，活性炭はどんな役割をしているのだろうか。

鉄粉と食塩水を混合しても発熱量はわずかであるが，活性炭を加えると発熱量はかなり増加する。これは，カイロ内では，鉄粉が負極，食塩水が電解液，活性炭を正極とする (−)Fe | NaClaq | C・O_2(+) のような局部電池(起電力約 0.75 V)が形成され，次のような酸化還元反応が進行しているからである。

負極(−)　$Fe \longrightarrow Fe^{2+} + 2e^-$ ……①

正極(+)　$O_2 + 2H_2O + 4e^- \longrightarrow 4OH^-$ ……②

全体　$2Fe + O_2 + 2H_2O \longrightarrow 2Fe(OH)_2$ ……③

①，②式の反応は互いに共役な関係にあり，②式の O_2 の還元反応が進行するほど，①式の Fe の酸化反応の進行が促進されることになる。

活性炭を加えない場合，①，②式の反応はともに Fe 粉の表面で競合して進行するので，その反応速度は遅くなる。一方，活性炭を加えた場合，①式の反応は Fe 粉の表面，②式の反応は活性炭の表面と反応場所が分かれるので，それぞれの反応速度は速くなる。このように，活性炭は，その表面に O_2 を吸着し，カイロ内の O_2 濃度を高めるという働きのほかに，鉄ー炭素電池を形成することによって，鉄の酸化を促進するという触媒の役割を果たしていると考えられる。

＊1　③式の反応で生成した水酸化鉄(Ⅱ)は水溶液中の O_2 によって酸化されて，酸化水酸化鉄(Ⅲ) FeO(OH)に変化する。

冷却パックは，硝酸アンモニウム(硝安) NH_4NO_3 や尿素 $(NH_2)_2CO$ の水への溶解度が大きく，さらに溶解エンタルピーが正であり，その値が大きいことを利用している。

外袋にはこれらの結晶が，内袋には水がほぼ等質量ずつ入れてあり，使用時に外袋を叩くと，内袋が破れ，結晶の水への溶解が始まる仕組みになっている。

(1)　硝安だけの製品は，温度低下は大きいが，保冷時間はやや短い傾向がある。

(2)　硝安：尿素＝1：1 の製品は，温度低下はやや小さいが，保冷時間は長い傾向がある。

よって，より低温を得たいときは(1)を，保冷時間を長く得たいときは(2)を使えばよい。

	溶解エンタルピー	溶解度(25℃)
NH_4NO_3	26 kJ/mol	192
尿素	15 kJ/mol	108
KNO_3	35 kJ/mol	32

(硝安と尿素は水への溶解度が大きく，溶解エンタルピーは硝安のほうが値が大きいので，より低温が得られる＊2。)

硝安に尿素を加えると保冷時間が長くなる理由を考えてみる。硝安が水に溶けると電離し，NH_4^+，NO_3^- は水和イオンとなり溶液中に拡散する。一方，尿素は水に溶けても電離せず，$(NH_2)_2CO$ は水和分子の状態で溶液中に拡散する。NH_4^+，NO_3^- の水和イオンよりも $(NH_2)_2CO$ の水和分子のほうがサイズが大きいので，拡散速度は小さくなると予想される。固体物質の溶解過程は，「水和→拡散」で進行するが，拡散速度の小さな尿素の水への溶解は徐々に進行するので，保冷時間は長くなると考えられる。

＊2　水 100 g に 3 種の物質を 100 g ずつ溶解すると，NH_4NO_3 と尿素はすべて溶解するが，KNO_3 は溶け残る。吸熱量を求めると，

NH_4NO_3：$\frac{100}{80} \times 26 \fallingdotseq 35$〔kJ〕が最大となり，

尿素：$\frac{100}{60} \times 15 \fallingdotseq 25$〔kJ〕，$KNO_3$：$\frac{32}{101} \times 35 \fallingdotseq 11$〔kJ〕が最小となる。

3-2　ヘスの法則（総熱量保存の法則）

1　ヘスの法則

1840 年，スイス生まれのロシアの化学者**ヘス**は，さまざまな反応の反応エンタルピーを異なる方法で測定した結果，「反応エンタルピーは，反応の初めの状態と終わりの状態だけで決まり，途中の反応経路には無関係である。」ことを発見した。この関係を**ヘスの法則（総熱量保存の法則）**という。

ヘスの法則が成り立つのは，すべての物質はそれぞれ決まった固有のエンタルピーをもち，それらの差が反応エンタルピーとしてあらわれるからである❶。

たとえば，水素と酸素から液体の水をつくるとき，２つの反応経路が考えられる。

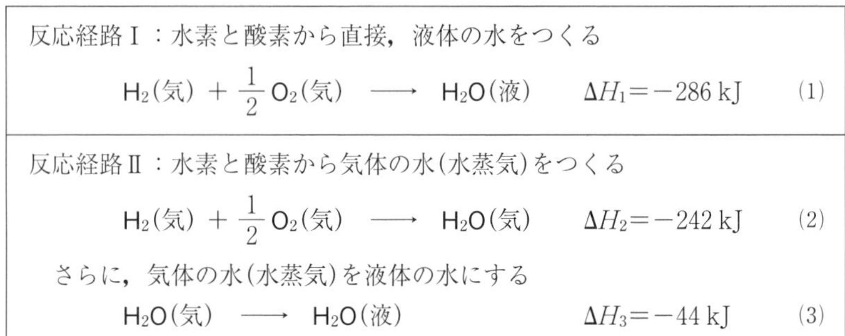

反応経路Ⅰ：水素と酸素から直接，液体の水をつくる

$$H_2(気) + \frac{1}{2}O_2(気) \longrightarrow H_2O(液) \qquad \Delta H_1 = -286\ \mathrm{kJ} \qquad (1)$$

反応経路Ⅱ：水素と酸素から気体の水（水蒸気）をつくる

$$H_2(気) + \frac{1}{2}O_2(気) \longrightarrow H_2O(気) \qquad \Delta H_2 = -242\ \mathrm{kJ} \qquad (2)$$

さらに，気体の水（水蒸気）を液体の水にする

$$H_2O(気) \longrightarrow H_2O(液) \qquad \Delta H_3 = -44\ \mathrm{kJ} \qquad (3)$$

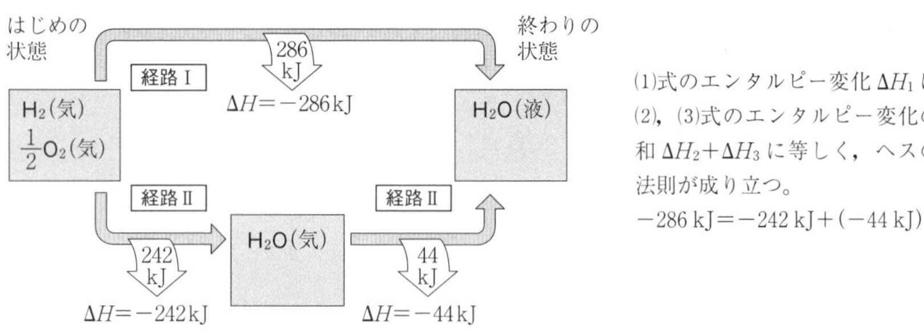

(1)式のエンタルピー変化 ΔH_1 は(2)，(3)式のエンタルピー変化の和 $\Delta H_2 + \Delta H_3$ に等しく，ヘスの法則が成り立つ。
$-286\ \mathrm{kJ} = -242\ \mathrm{kJ} + (-44\ \mathrm{kJ})$

詳説❶　ヘスの法則は次のように言い換えることができる。すなわち，「反応が何段階で進行しても反応の最初と最後の状態が同じであれば，反応エンタルピー（エンタルピーの変化量）ΔH の総和は変わらない。

2　ヘスの法則の応用

ヘスの法則を利用すると，実際に測定することが困難な反応の反応エンタルピーでも，測定可能な別の反応の反応エンタルピーから計算で求めることができる。

たとえば，炭素 C（黒鉛）と酸素 O_2 から一酸化炭素 CO が生じる反応の反応エンタルピーは，同時に二酸化炭素 CO_2 を生じる副反応がおこるので，直接測定することはできない。しかし，いずれも測定可能な C（黒鉛）の燃焼エンタルピーと CO の燃焼エンタルピーを用いれば，次のような計算により，CO の生成エンタルピーを求めることができる。

$$C(黒鉛) + O_2(気) \longrightarrow CO_2(気) \qquad \Delta H_1 = -394\ \mathrm{kJ} \qquad (1)$$

$$CO(気) + \frac{1}{2}O_2(気) \longrightarrow CO_2(気) \qquad \Delta H_2 = -283\ \mathrm{kJ} \qquad (2)$$

求めるCOの生成エンタルピー(x kJ/molとする)を表す熱化学反応式は，

$$C(黒鉛) + \frac{1}{2}O_2(気) \longrightarrow CO(気) \qquad \Delta H = x\ \mathrm{kJ} \qquad (3)$$

(1)，(2)式から不要なCO_2(気)を消去するため，(1)−(2)を計算する❷。

$$C(黒鉛) - CO(気) + \frac{1}{2}O_2(気) \longrightarrow 0 \qquad \Delta H = -111\ \mathrm{kJ}$$

$$C(黒鉛) + \frac{1}{2}O_2(気) \longrightarrow CO(気) \qquad \Delta H = -111\ \mathrm{kJ}$$

よって，COの生成エンタルピーは，−111 kJ/molである。

このように，与えられた熱化学反応式を代数的に四則計算して目的の熱化学反応式が導かれたとき，各式に付随するΔHも同様の計算を行うことにより，目的の熱化学反応式に付随するΔH，すなわち反応エンタルピーを求めることができる。

補足❷　このように，与えられた熱化学反応式の中から不要な物質を消去して，目的の熱化学反応式を導く方法が**消去法**である。一方，与えられた熱化学反応式の中から必要な物質を選び出し，それらを組み合わせて目的の熱化学反応式を導く方法が**組立法**である。次の**例題**でその方法を紹介する。

例題　次の熱化学反応式を用いて，エタノールC_2H_5OH(液)の燃焼エンタルピーを求めよ。

$$C(黒鉛) + O_2(気) \longrightarrow CO_2(気) \qquad \Delta H = -394\ \mathrm{kJ} \qquad \cdots\cdots①$$

$$H_2(気) + \frac{1}{2}O_2(気) \longrightarrow H_2O(液) \qquad \Delta H = -286\ \mathrm{kJ} \qquad \cdots\cdots②$$

$$2\,C(黒鉛) + 3\,H_2(気) + \frac{1}{2}O_2(気) \longrightarrow C_2H_5OH(液) \qquad \Delta H = -276\ \mathrm{kJ} \qquad \cdots\cdots③$$

［**解**］　求めるエタノールC_2H_5OH(液)の燃焼エンタルピー(x〔kJ/mol〕とおく)を表す熱化学反応式を書き，計算の手順を考えればよい。

$$C_2H_5OH(液) + 3\,O_2(気) \longrightarrow 2\,CO_2(気) + 3\,H_2O(液) \qquad \Delta H = x\ \mathrm{kJ} \qquad \cdots\cdots④$$

④式の右辺の2 CO_2(気)を集める。　①式の右辺のCO_2(気)に着目し，①式を2倍する。

④式の右辺の3 H_2O(液)を集める。　②式の右辺のH_2O(液)に着目し，②式を3倍する。

④式の左辺のC_2H_5OH(液)を集める。

③式の右辺のC_2H_5OH(液)に着目し，③式を(−1)倍する。

(なお，C_2H_5OH(液)を移項すると符号が逆になることを考慮し，③式は(−1)倍しておく。)

④式の左辺の3 O_2は特に集める必要はない。なぜなら，O_2のように登場回数の多い物質では，そのほかの必要な物質を集める過程で，自動的に集まってしまうからである。

結局，④式は，①式×2＋②式×3−③式を計算すれば求められる。

ΔHの部分に対しても，同様の計算を行うと，

$$x = (-394 \times 2) + (-286 \times 3) - (-276) = -1370〔\mathrm{kJ}〕$$

よって，C_2H_5OH(液)の燃焼エンタルピーは−1370 kJ/mol　　答　**−1370 kJ/mol**

3 生成エンタルピーと反応エンタルピーの関係

反応に関係する各物質の生成エンタルピーの値がわかっている場合，その反応の反応エンタルピーを次のように求めることができる。

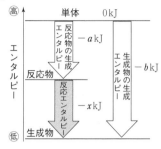

ある発熱反応において，反応物の生成エンタルピーの和を $-a$〔kJ/mol〕，生成物の生成エンタルピーの和を $-b$〔kJ/mol〕，反応エンタルピーを $-x$〔kJ/mol〕とすると，

反応物 ⟶ 生成物　　$\Delta H = -x$ kJ　……(1)

(1)式を単体のもつ生成エンタルピーを0(基準)として，エンタルピー図で表すと，上の図の通りである。エンタルピー図より，$-a+(-x)=-b$ より，$x=b-a$〔kJ/mol〕

よって，次の関係が成り立つ❸。

(反応エンタルピー)＝(生成物の生成エンタルピーの和)－(反応物の生成エンタルピーの和)

詳説❸ 各化合物の生成エンタルピーは，その成分元素の単体のもつ生成エンタルピーを0(基準)としているので，反応物と生成物のエンタルピーの差をとれば，その反応の反応エンタルピーが求められる。なお，反応エンタルピー $\Delta H = (H_{反応後} - H_{反応前})$ の約束に従うと，**(反応エンタルピー)＝(生成物のエンタルピーの和)－(反応物のエンタルピーの和)**と一致する。

例題 炭素（黒鉛），水（液体），メタノール（液体）の生成エンタルピーは，それぞれ -394 kJ/mol，-286 kJ/mol，-239 kJ/mol である。これらの値から，メタノール(液体)の燃焼エンタルピーを求めよ。

［解］ メタノール(液体)の燃焼エンタルピーを x〔kJ/mol〕とおき，メタノール(液)の燃焼エンタルピーを表す熱化学反応式を書く。

$$CH_3OH(液) + \frac{3}{2}O_2(気) \longrightarrow CO_2(気) + 2H_2O(液) \qquad \Delta H = x\ \mathrm{kJ}$$

反応に関係する全物質の生成エンタルピーが与えられているので，次の関係式を利用する。

(反応エンタルピー)＝(生成物の生成エンタルピーの和)－(反応物の生成エンタルピーの和)

ただし，単体 O_2 の生成エンタルピーは定義により0kJとする。

$x=\{(-394)+(-286)\times 2\}-\{(-239)+0\}$

$x=-727$〔kJ〕　　　　答 **-727 kJ/mol**

参考 たとえば，$C(黒鉛) + O_2(気) \longrightarrow CO_2(気) \qquad \Delta H = -394\ \mathrm{kJ}$　……(1)

$$H_2(気) + \frac{1}{2}O_2(気) \longrightarrow H_2O(液) \qquad \Delta H = -286\ \mathrm{kJ} \quad \cdots\cdots(2)$$

(1)，(2)式より，C(黒鉛)の燃焼エンタルピー，H_2 の燃焼エンタルピーが問題に与えられた場合，それぞれを CO_2(気)の生成エンタルピー，H_2O(液)の生成エンタルピーと読み替えると，上記の関係式が利用できるので，容易に反応エンタルピーを求めることができる。

一般に，炭素，水素に限らず，各元素の単体を完全燃焼させたときの燃焼エンタルピーは，その燃焼生成物の生成エンタルピーと読み替えることができる。

3-3 結合エンタルピー

1 結合エンタルピー

化学反応では，原子間の結合の組み換え(結合の切断と生成)がおこるが，各結合の強さはそれぞれ異なる。このことが原因となって熱の出入りがおこる。

一般に，気体分子内の共有結合 1 mol を切断するのに必要なエネルギーを，その結合の**結合エンタルピー(結合エネルギー)**❶といい，単位〔kJ/mol〕で表される。

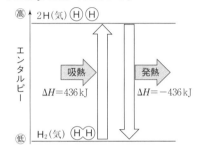

たとえば，水素分子 1 mol をばらばらの水素原子 2 mol にするには，436 kJ のエネルギーが必要である。すなわち，H-H 結合の結合エンタルピーは 436 kJ/mol である。

$$H_2(気) \longrightarrow 2H(気) \quad \Delta H = 436\ kJ$$

逆に，水素原子 2 mol が共有結合を形成して，水素分子 1 mol になるとき，436 kJ のエネルギーが放出される。

$$2H(気) \longrightarrow H_2(気) \quad \Delta H = -436\ kJ$$

補足❶ 結合エンタルピーと結合エネルギーの値は全く同じであり，結合の切断(吸熱反応)と結合の生成(発熱反応)の両方に使えるように**絶対値**で表される。ただし，熱化学反応式で表す場合，結合が切断されるときは吸熱反応なので ΔH の符号は＋(省略される)，結合が生成されるときは発熱反応なので ΔH の符号は－になることに留意すること。また，結合エンタルピーを慣例的に結合エネルギーともいう。

結合エネルギーを与えて共有結合を切断するには 2 通りの方法が考えられるが，2 個の共有電子対を 1 個ずつの不対電子に均等開裂(例 H:H ⟶ H・ ＋ ・H)させることであって，陽イオンと陰イオンに不均等開裂(例 H:H ⟶ H^+ ＋ :H^-)させることではない。

2 解離エンタルピー

気体分子 1 mol 中に含まれる共有結合をすべて切断して，ばらばらの原子にするのに必要なエネルギーを，その分子の**解離エンタルピー(解離エネルギー)**という。

H_2 や O_2 などの二原子分子では，解離エンタルピーと結合エンタルピーの値は一致する。一方，NH_3 や CH_4 などの多原子分子では，解離エンタルピーはその分子を構成する各結合の結合エンタルピーの和に等しくなる。

たとえば，メタン 1 mol をばらばらの原子に解離するのに 1664 kJ のエネルギーが必要である。

$$CH_4(気) \longrightarrow C(気) + 4H(気) \quad \Delta H = 1664\ kJ$$

高校段階では，メタン 1 分子中には C-H 結合が 4 本あり，各結合の強さがすべて等しいと仮定して，メタンの解離エンタルピー 1664 kJ/mol を 4 本の C-H 結合に均等に割り当てた平均値，すなわち，1664÷4＝416 kJ/mol を C-H 結合の結合エンタルピーとしている❷。

結合エンタルピー〔kJ/mol〕（25℃，1.0×10^5 Pa）

H-H	436	H-Cl	432	C-Cl（CH_3Cl）	342	C-C（ダイヤモンド）	357
C-H（CH_4）	416	H-F	563	O=O	498	C-C（C_2H_6）	370
O-H（H_2O）	463	Cl-Cl	243	C=O（CO_2）	803	C=C（C_2H_4）	723
N-H（NH_3）	391	F-F	153	N≡N	945	C≡C（C_2H_2）	960

多原子分子では，物質の種類により結合エンタルピーの値が異なるので，その物質の種類を（　）で示してある。結合エンタルピーが大きいほどその結合は切れにくく，安定な結合であることを意味する。

詳説❷　メタン分子中にある４個のC−H結合を順次切断していく場合，厳密にはCに結合しているH原子の数によって，４つのC−H結合の切れやすさは，それぞれ異なる。

CH_4(気) ⟶ CH_3(気) ＋ H(気)　$\Delta H=434$ kJ　……①

CH_3(気) ⟶ CH_2(気) ＋ H(気)　$\Delta H=449$ kJ　……②

CH_2(気) ⟶ CH(気) ＋ H(気)　$\Delta H=426$ kJ　……③

CH(気) ⟶ C(気) ＋ H(気)　$\Delta H=355$ kJ　……④

①＋②＋③＋④より　CH_4(気) ⟶ C(気) ＋ 4H(気)　$\Delta H=1664$ kJ

また，同じ種類の結合エンタルピーであっても，厳密には分子の種類や結合の位置の違いによって少しずつ値が異なっている。たとえば，O−H結合では，次の通りである。

水	(HO-H)	463 kJ/mol
メタノール	(CH_3O-H)	436 kJ/mol
酢　酸	(CH_3COO-H)	442 kJ/mol

しかし，高校段階ではこれらの違いは無視して，いくつかの化合物から求めた結合エネルギーの平均値で計算することが多い。ただし，上表ではO-H結合の場合，できるだけ他の結合を含まない水分子におけるO-H結合の値を基準値として示してある。

3　結合エンタルピーと反応エンタルピーの関係

ある化学反応に関係する物質中に含まれるすべての共有結合の結合エンタルピーの値がわかっている場合，その反応エンタルピーは次のように近似的に求めることができる。

すなわち，化学反応は原子間の化学結合の組み換え(結合の切断と生成)によっておこると仮定する。また，気体分子の場合，分子間の相互作用(分子間力)は無視できるほど小さいので，その物質が保有するエンタルピーは，その物質中に存在するすべての結合エンタルピーの和に等しい。したがって，比較的簡単な気体分子どうしの反応では，反応物のもつ結合エンタルピーの和と生成物のもつ結合エンタルピーの和から，その反応の反応エンタルピー $\Delta H(=H_{反応後}-H_{反応前})$ が求められる。

ある発熱反応の反応エンタルピー ΔH を x〔kJ/mol〕とすると，

反応物 ⟶ 生成物　$\Delta H=x$ kJ　……①

①式を，ばらばらの原子の結合エンタルピーを0(基準)としてエンタルピー図で表すと，次のようになる❸。

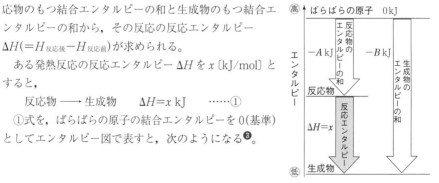

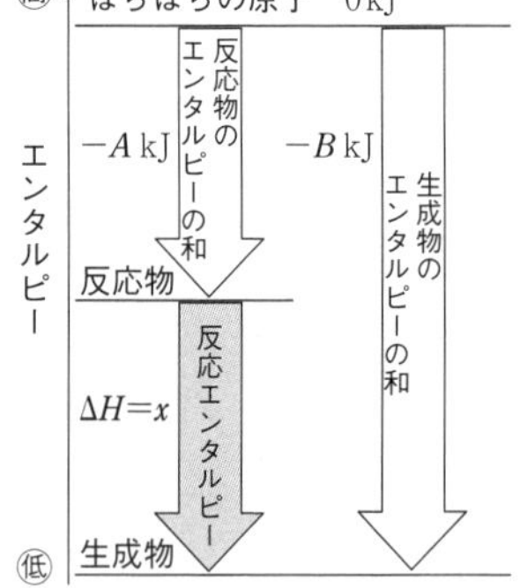

詳説❸ 反応物の結合エンタルピーの和を A〔kJ/mol〕，生成物の結合エンタルピーの和を B〔kJ/mol〕とする。結合エンタルピーを用いて，ある反応の反応エンタルピーを求める場合，ばらばらの原子の状態のエンタルピーを0(基準) とする約束がある。この基準に従うと，前ページの図のように，反応物のもつエンタルピーの和は $-A$〔kJ/mol〕，生成物のもつエンタルピーの和は $-B$〔kJ/mol〕となり，それぞれ，反応物の結合エンタルピーの和，および生成物の結合エンタルピーの和に－の符号をつけた負の値になる。

よって，反応に伴うエンタルピー変化，すなわち，反応エンタルピー $\Delta H=(H_{反応後}-H_{反応前})$ の一般原則に従うと，$\Delta H=(-B)-(-A)=A-B$〔kJ/mol〕となり，結局，次の公式が得られる。

> **(反応エンタルピー)＝(反応物の結合エンタルピーの和)**
> **－(生成物の結合エンタルピーの和)**

この公式を使えば，結合エンタルピーの値に符号をつけずに，絶対値として代入できる。

> **例題** H-H，Cl-Cl，H-Cl の結合エンタルピーは，それぞれ 436 kJ/mol，243 kJ/mol，432 kJ/mol である。これらを用いて，次の気体反応の反応エンタルピー ΔH を求めよ。
>
> H_2(気) ＋ Cl_2(気) ⟶ 2 HCl(気)　……①

［**解**］ ①式の反応エンタルピーを x〔kJ/mol〕とする。上の公式を利用すると，

$x=$ (436＋243)［反応物の結合エンタルピーの和］ － (432×2)［生成物の結合エンタルピーの和］ ＝－185〔kJ〕　　答　**－185 kJ**

結合エンタルピーの値を用いて反応エンタルピーが求められるのは，気体どうしの反応に限られる。もし，生成物が液体であるときは，気体であるとして求めた反応エンタルピーに，気体→液体で発生する熱量(凝縮エンタルピー)を加えればよい。(ただし，符号によく注意すること。)

例外として，共有結合の結晶 (C や Si など) は固体であっても，他の分子間の相互作用が無視できるほど小さいので，結合エンタルピーを用いて求めた反応エンタルピーは，実験値とよく一致する。

> **例題** H-H，N≡N，H-N の結合エンタルピーを，それぞれ 436 kJ/mol，945 kJ/mol，391 kJ/mol とする。これらを用いて，次の気体反応の反応エンタルピーを求めよ。
>
> N_2(気) ＋ 3 H_2(気) ⟶ 2 NH_3(気)　……②

［**解**］ ②式の反応エンタルピーを x〔kJ/mol〕とする。

H_2(気) ⟶ 2 H(気)　　$\Delta H=436$ kJ　……(i)

N_2(気) ⟶ 2 N(気)　　$\Delta H=945$ kJ　……(ii)

NH_3(気) ⟶ N(気) ＋ 3 H(気)　　$\Delta H=(391\times3)$ kJ　……(iii)

②式は，(ii)式＋(i)式×3－(iii)式×2 を計算すれば求められる。

ΔH の部分に対しても同様の計算を行うと，

$x=(945+436\times3)-(391\times6)=-93$〔kJ〕　　答　**－93 kJ/mol**

［**別解**］ **(反応エンタルピー)＝(反応物の結合エンタルピーの和)－(生成物の結合エンタルピーの和)**の公式に各値を代入すると，

$x=(945+436\times3)-(391\times6)=-93$〔kJ〕

SCIENCE BOX　固体の溶解エンタルピーの求め方

水に水酸化ナトリウムの結晶を加えてかき混ぜると，発熱によって液温が上昇し，水中に溶けていた空気が細かな気泡となって発生するのが観察される。

$$NaOH(固)+aq \rightarrow Na^{+}aq+OH^{-}aq \quad \Delta H=-44.5\,kJ$$

一方，水に硝酸カリウムの結晶を加えてかき混ぜたときは，吸熱によって液温が降下するので，気泡の発生は見られず，その代わりに，ビーカーの外壁に水滴がつくのが観察される。

$$KNO_3(固)+aq \rightarrow K^{+}aq+NO_3^{-}aq \quad \Delta H=34.9\,kJ$$

このように，固体を水に溶かすとき，発熱する場合と吸熱する場合とがある理由を考えてみよう。

〔1〕　溶質粒子の解離に伴う熱の吸収

固体の NaCl は Na^+ と Cl^- からなるイオン結晶で，この結合をすべて切断してばらばらのイオンにするには，外部からのエネルギーを必要とする。1 mol のイオン結晶をばらばらの気体状のイオンにするのに必要なエネルギーを，その結晶の**格子エンタルピー**といい，NaCl の格子エンタルピーは 771 kJ/mol である。

$$NaCl(固) \rightarrow Na^{+}(気)+Cl^{-}(気) \quad \Delta H=771\,kJ$$

〔2〕　溶質粒子の水和に伴う熱の発生

気体状態の各イオンは，直ちにその周囲を水分子で取り囲まれて安定化する（**水和**）。水和がおこると，イオンと水分子との間に新たな結合が生じ，これに相当するエネルギーが放出される。

気体状態のイオン 1 mol が水和する際に放出される熱量を，そのイオンの**水和エンタルピー**という。

$$Na^{+}(気)+aq \rightarrow Na^{+}aq \quad \Delta H=-400\,kJ$$
$$Cl^{-}(気)+aq \rightarrow Cl^{-}aq \quad \Delta H=-367\,kJ$$

よって，Na^+(気) と Cl^-(気) の水和エンタルピーの合計は−767 kJ/mol となる。

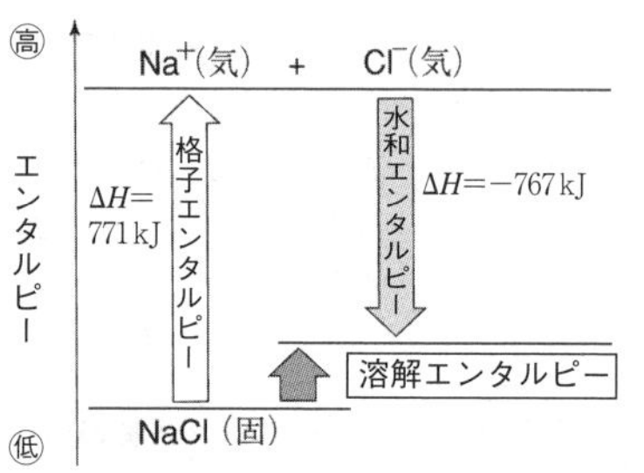

このように，固体の溶解に関しては，溶質粒子の解離に伴うエネルギーの吸収と，溶質粒子の水和に伴うエネルギーの放出が同時におこると考えて，両者のエネルギーの収支*を計算すれば，その固体の溶解エンタルピーが求められる。

$$\begin{pmatrix}溶解\\エンタルピー\end{pmatrix}=\begin{pmatrix}結晶の格子\\エンタルピー\end{pmatrix}+\begin{pmatrix}各イオンの水和\\エンタルピー\end{pmatrix}$$

$\Delta H>0$（吸熱）　$\Delta H<0$（発熱）

NaCl(固)の水への溶解エンタルピーは，

$771+(-767)=4$〔kJ〕

∴　**4 kJ/mol(吸熱)**となる。

NaOH(固)の格子エンタルピーは 868 kJ/mol。Na^+(気) と OH^-(気) の水和エンタルピーの合計が−912 kJ/mol なので，NaOH(固)の水への溶解エンタルピーは，

$868+(-912)=-44$〔kJ〕

∴　**−44 kJ/mol(発熱)**となる。

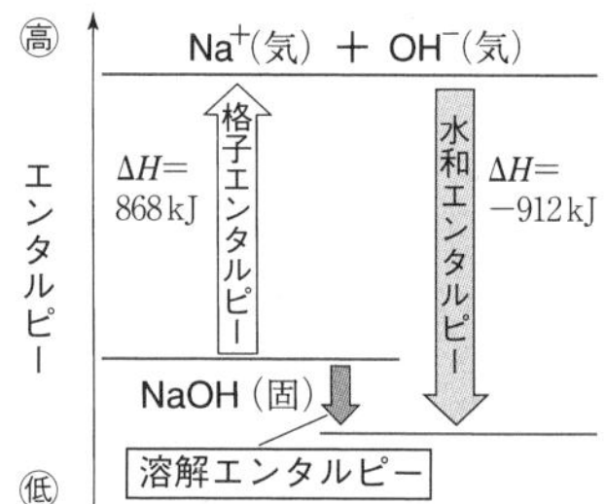

＊　符号をつけた格子エンタルピー，水和エンタルピーの値はその符号によって，発熱・吸熱が区別されているので，両者の和を計算すれば，溶解エンタルピーが求められる。

SCIENCE BOX　溶解エンタルピーと溶解度の関係

水にNa_2CO_3を溶かすと発熱するが，$Na_2CO_3 \cdot 10H_2O$を溶かすと吸熱する。その理由を考えてみよう。

化学式	溶解エンタルピー〔kJ/mol〕
Na_2CO_3	−24.7
$Na_2CO_3 \cdot H_2O$	−10.5
$Na_2CO_3 \cdot 10H_2O$	66.5

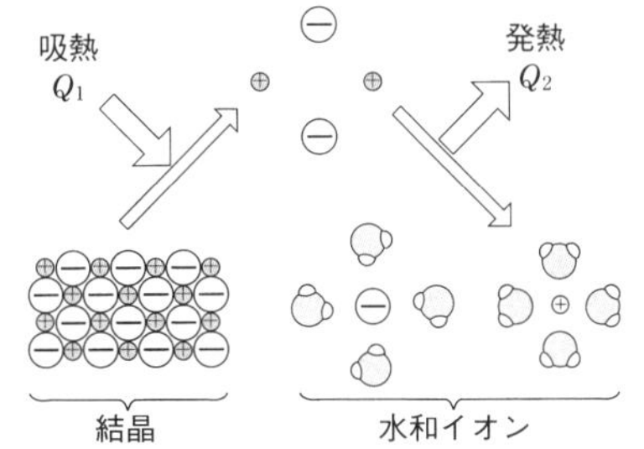

(1)　ある溶質が水に溶ける場合，溶質粒子が水分子によって水和される。このとき，溶質粒子と水分子との間には下図のような弱い結合ができ，このエネルギーに相当する分の発熱(気体状態のイオン1 molが水和するときに放出される熱量を**水和エンタルピー**という）がおこる。このエネルギーは周囲に熱の形で放出されるほか，(2)の結合の切断にも使われる。

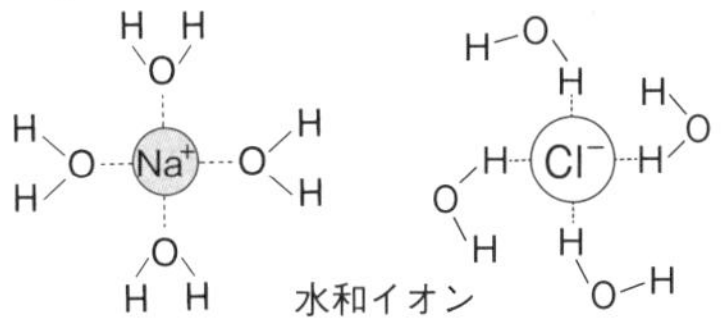

(2)　固体や液体の溶質粒子が水和されるためには，まず溶質粒子間の結合を切断する必要がある。このとき必要なエネルギーは，周囲から熱の形で吸収される。イオン結晶1 molを，その構成するイオンにまで解離させるのに必要なエネルギーを，その結晶の**格子エンタルピー**という。

物質の水への溶解に際し，溶解エンタルピーは，(i)構成イオンの水和エンタルピーの和＞結晶の格子エンタルピー　のときは，発熱となる。一方，(ii)結晶の格子エンタルピー＞構成イオンの水和エンタルピーの和　のときは吸熱となる。Na_2CO_3を水に溶解して発熱したのに，$Na_2CO_3 \cdot 10H_2O$を水に溶解して吸熱したのは，結晶水をもつ$Na_2CO_3 \cdot 10H_2O$のほうが，水和による発熱量が少なくなるためである。

自然界では，系のエネルギーが減少する方向への変化がおこりやすい。よって，溶解熱が発熱のときは溶解は促進され，吸熱のときは溶解が抑制されるはずである。しかし，溶解熱が吸熱でも溶解度が大きい物質もあれば，溶解熱が発熱でも溶解度の小さい物質もあり，固体の溶解度の大小は，溶解熱の大小だけでは決まらない。

溶解度を決めるもう1つの要素は，**エントロピー**(乱雑さ)である。自然界では，系のエントロピーが増大する方向への変化がおこりやすい。イオン結晶は溶解してその配列がばらばらになれば，系のエントロピーは増大する。一方，溶解により，イオンの周囲の水分子が整然と配列(**水和**)させられるので，水のエントロピーは減少する。

1価のイオンどうしのイオン結晶(NaCl，KCl，$AgNO_3$など）の場合，溶解熱の吸熱量はそれほど大きくない。また，溶解により溶質粒子のエントロピーは増大し，あまり強い水和がおこらないので，水和による水のエントロピーの減少は少ない。よって，系のエントロピーは増大し，溶解度は大きな値となる。一方，多価のイオンどうしのイオン結晶の場合，(i)$CaCO_3$や$CaSO_4$などは，溶解熱は発熱であるが，強い水和により，水のエントロピーが大きく減少するので，溶解度は小さな値となる。(ii)$BaSO_4$は溶解熱が吸熱であり，系のエントロピーも大きく減少するので，溶解度はさらに小さな値となる。

SCIENCE BOX　イオン結晶の格子エンタルピー

イオン結晶 1 mol を，それを構成する気体状のイオンにまで解離させるのに必要なエネルギーを，その結晶の**格子エンタルピー**という。たとえば，NaCl(固)の格子エンタルピーは 771 kJ/mol であるが，この値は直接測定により求められたものではない。

格子エンタルピーはイオン結晶の安定性を比較する目安となる。

NaCl の固体（結晶）を加熱していくと，800℃で融解がおこり液体となる。さらに加熱すると，1413℃で沸騰し気体となる。NaCl は気体となった状態でも，Na^+ と Cl^- として存在しているわけではなく，NaCl という単一の分子の状態で存在している(これは，Na^+ と Cl^- が強い静電気力で引き合っているためである)。

正・負のイオンが同一容器内で互いに分子をつくらずに，別々のイオンのままで存在する状態を**プラズマ**という。この状態に到達するには 10^5～10^6 K 程度の温度が必要とされるが，通常の実験室ではこのような高温をつくり出すことは極めて難しい。したがって，イオン結晶の格子エンタルピーを直接測定で求めることは困難である。

そこで，「化学反応で出入りした反応エンタルピーの総和は，反応の最初と最後の状態が同じであれば一定である。」というヘスの法則を用いて，NaCl 結晶の格子エンタルピーを，次の手順により間接的に求めることができる。

① NaCl の生成エンタルピーは次の通り。

$$\text{Na(固)} + \frac{1}{2}\text{Cl}_2\text{(気)} \rightarrow \text{NaCl(固)} \quad \Delta H = -411\ \text{kJ}$$

② Na の昇華エンタルピーは次の通り。

$$\text{Na(固)} \rightarrow \text{Na(気)} \quad \Delta H = 93\ \text{kJ}$$

③ Cl−Cl 結合の結合エンタルピーは次の通り。

$$\text{Cl}_2\text{(気)} \rightarrow 2\,\text{Cl(気)} \quad \Delta H = 240\ \text{kJ}$$

④ Na のイオン化エネルギーは次の通り。

$$\text{Na(気)} \rightarrow \text{Na}^+\text{(気)} + e^- \quad \Delta H = 496\ \text{kJ}$$

⑤ Cl の電子親和力は次の通り。

$$\text{Cl(気)} + e^- \rightarrow \text{Cl}^-\text{(気)} \quad \Delta H = -349\ \text{kJ}$$

これらの値をエンタルピー図に表すと，下図のようになる。

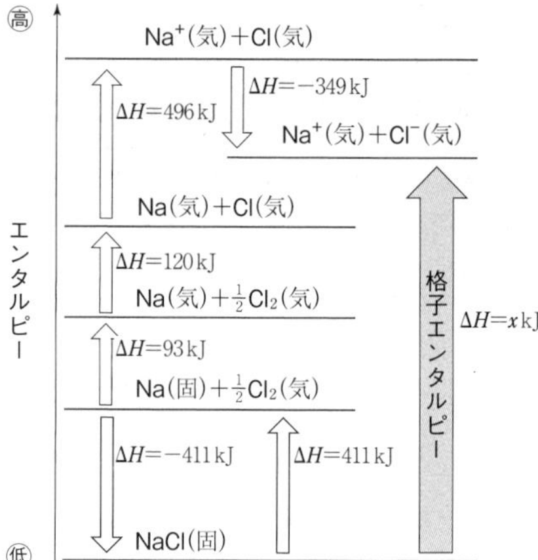

ボルンと**ハーバー**は，1919 年，直接測定できないイオン結晶の格子エンタルピーを間接的に求めるために，関係する反応エンタルピーを組み合わせて図のような循環過程をつくった。これを**ボルン・ハーバーサイクル**という。このサイクルをひと回りして元へ戻れば，そのときの反応エンタルピーの総和は 0 になる。

NaCl(固) の格子エンタルピーを x〔kJ/mol〕とし，NaCl(固)を出発して NaCl(固)に戻るひと回りの循環過程を考える。ただし，上向きの吸熱反応は＋の符号，下向きの発熱反応は－の符号をつけると，反応エンタルピーΔH の総和は 0 になることから，次式が成り立つ。

$$411 + 93 + 120 + 496 - 349 - x = 0$$

$$x = 771\,〔\text{kJ/mol}〕$$

よって，

$$\text{NaCl(固)} \rightarrow \text{Na}^+\text{(気)} + \text{Cl}^-\text{(気)}$$

$\Delta H = 771$ kJ となる。

SCIENCE BOX　黒鉛・ダイヤモンド・フラーレンの結合エンタルピー

固体が昇華して気体になると，固体を構成する原子間の結合が切れる。炭素の同素体のダイヤモンド，黒鉛，フラーレン中のC-C 結合の結合エンタルピーは，それぞれの昇華エンタルピーの値から次のように求められる。

〔1〕 ダイヤモンドのC-C 結合の強さ

ダイヤモンドの昇華エンタルピーは 715 kJ/mol なので，ダイヤモンド 1 mol 中のC-C 結合をすべて切断してばらばらのC原子にするのに 715 kJ を要する。

ダイヤモンド中のC原子は他の 4 個のC原子と共有結合して，立体網目構造を形成している（右図）。

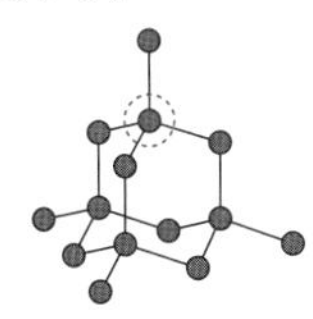

1 個のC原子は 4 本のC-C 結合で囲まれているが，各C-C 結合は 2 個のC原子で共有されているので，ダイヤモンド 1 mol 中に存在するC-C 結合は $\frac{4}{2}=2$ mol である。よって，ダイヤモンドのC-C 結合の結合エンタルピーは，

715÷2≒**358 kJ/mol** である。

〔2〕 黒鉛のC-C 結合の強さ

黒鉛の昇華エンタルピーは 716 kJ/mol なので，黒鉛 1 mol 中のC-C 結合をすべて切断してばらばらのC原子にするのに 716 kJ を要する。

黒鉛中のC原子は他の 3 個のC原子と共有結合して，平面層状構造を形成している（右図）。

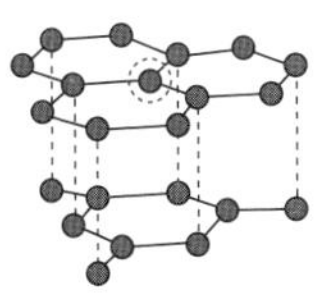

1 個のC原子は 3 本のC-C 結合で囲まれているが，各C-C 結合は 2 個のC原子で共有されているので，黒鉛 1 mol 中に存在するC-C 結合は $\frac{3}{2}=1.5$ mol である。よって，黒鉛のC-C 結合の結合エンタルピーは，716÷1.5≒**477 kJ/mol** である。

〔3〕 フラーレンのC-C 結合の強さ

フラーレンの昇華エンタルピーは，フラーレンの燃焼エンタルピーと，黒鉛の昇華エンタルピー，黒鉛の燃焼エンタルピーから次のように求められる。

$C(黒鉛)+O_2 \rightarrow CO_2 \quad \Delta H=-394\ \mathrm{kJ}$ …①

$C_{60}(フ)+60\,O_2 \rightarrow 60\,CO_2 \quad \Delta H=-26110\ \mathrm{kJ}$ …②

$C(黒鉛) \rightarrow C(気) \quad \Delta H=716\ \mathrm{kJ}$ …③

フラーレンの昇華エンタルピーを x〔kJ/mol〕とおくと

$C_{60}(フ) \rightarrow 60\,C(気) \quad \Delta H=x\ \mathrm{kJ}$ …④

②式＋③式×60－①式×60 より

$\Delta H=(-26110)+(716\times60)-(-394\times60)$
$=40490$〔kJ〕

フラーレン分子中ではC原子の五員環構造 12 個と，六員環構造 20 個が隣接するように配置され，各C原子は 3 本のC-C 結合で囲まれている。したがって，C原子 1 個あたりのC-C 結合の数は $\frac{3}{2}=1.5$ 本である。また，フラーレン 1 分子中にはC原子が 60 個あるので，そのC-C 結合の結合エンタルピーは，

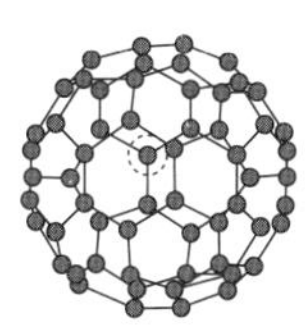

40490÷60÷1.5≒**450 kJ/mol** となる。

黒鉛のC-C 結合の結合エンタルピーは，完全な単結合であるダイヤモンドのC-C 結合の結合エンタルピーの約 33％も大きく，約 1.5 重結合の強さに相当する。

フラーレンのC-C 結合の結合エンタルピーは，黒鉛のC-C 結合の結合エンタルピーより約 6％ほど小さい*。

＊ 黒鉛は平面構造であるため π 結合（p. 580）の重なりが大きいが，フラーレンは球状分子であるため π 結合の重なりが小さいことが主原因と考えられる。

3-4　化学反応と光

1　光とエネルギー

光は電気と磁気の性質を合わせもつ電磁波の一種で，その波長によって次のように分類される❶。

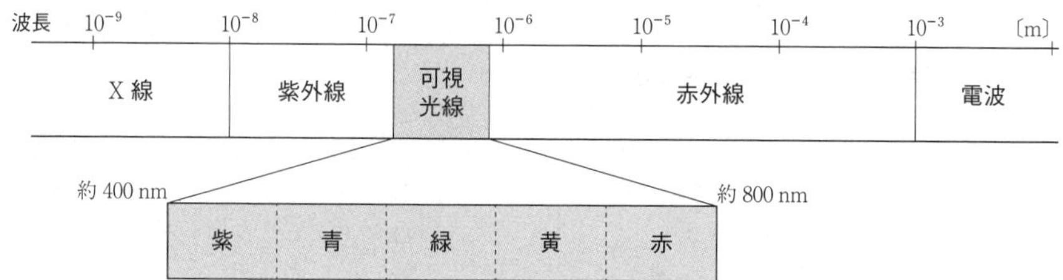

ヒトの目に見える光を**可視光線**(波長約 400～約 800 nm)といい，波長によって各種の色に見える。

補足❶ **アインシュタイン**によれば，光はエネルギーをもった粒子，**光子**(**フォトン**)の性質をもち，そのエネルギー E は次式で表せる。$E=h\nu=h\cdot\dfrac{c}{\lambda}$ (h：プランク定数，ν：光の振動数，c：光の速度，λ：光の波長を表す)。上式より，光のもつエネルギーはその波長に反比例し，光の波長が短いほど，そのエネルギーは大きくなる。

2　光を放出する反応

各物質は固有の化学エネルギーをもっているが，光を吸収するとよりエネルギーの高い不安定な状態(**励起状態**)となるが，直ちに，エネルギーの低い安定な状態(**基底状態**)に戻ることになる。このとき，基底状態と励起状態とのエネルギー差に相当する光が放出されることがあるが，その光の波長が可視光線の範囲にある場合のみ，私達の目に発光が感じられることになる。

たとえば，Na 原子に熱エネルギーが与えられると，最外殻電子はより外側の電子殻へと移動する。この状態は不安定であるから，電子は直ちに元の電子殻へと戻っていく。このとき，基底状態と励起状態のエネルギー差に相当するのが黄色光 (波長 589 nm) であり，これが Na の**炎色反応**として観察されることになる。

化学反応がおこると，反応物のもつ化学エネルギーと生成物のもつ化学エネルギーとの差，あるいは，その差の一部が光エネルギーとして放出されることがある。このような現象を**化学発光**(**ケミカルルミネセンス**)という。

化学発光による光の波長は，基底状態と励起状態とのエネルギー差が大きいほど短くなり，エネルギー差が小さいほど長くなる。

たとえば，ルミノール ($C_8H_7N_3O_2$) は，塩基性条件下で鉄 Fe などを触媒として過酸化水素で酸化すると，明るい青色の発光 (波長 460 nm) を示す。この反応は**ルミノール反応**とよばれ，科学捜査における微量の血痕の鑑定に用いられる。

プラスチック容器を折り曲げて，中のガラス製アンプルを折ると，化学反応がおこり光が放出される**ケミカルライト**という製品がある。プラスチック容器には，過酸化水素水が，アンプル内には発光物質であるシュウ酸ジフェニルと各蛍光色素が入っている。

2種の溶液を混合すると，シュウ酸ジフェニルが過酸化水素によって酸化される。このとき生じた反応中間体が CO_2 に分解されるとき，共存する色素にエネルギーが与えられ，色素が励起状態となり，元の基底状態に戻るときに可視光線を放出する。なお，色素の種類を変えると，放出される可視光線の波長，つまり色を変えることができる。

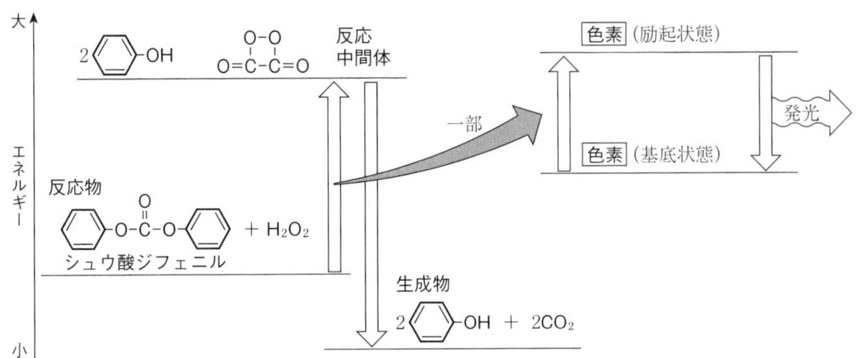

生物が行う発光を**生物発光**（**バイオルミネセンス**）という。たとえば，ホタルの場合，発光物質のルシフェリンが酵素ルシフェラーゼとATPのエネルギーによって酸化され，酸化ルシフェリン(励起状態)となり，それが基底状態に戻るときに可視光線を発する。化学発光では，温度が高くなるほど反応速度が増して，発光が強くなるが，生物発光では，一定温度以上になると，酵素の働きが失活し，発光能力を失う。

3　光を吸収する反応

光合成は，緑色植物などが光エネルギーを吸収して，化学エネルギーの低い CO_2 や H_2O(無機物)から，化学エネルギーの高い糖類(有機物)をつくる反応である。

このように，光のエネルギーの吸収によっておこる反応を，**光化学反応**という。

たとえば，光合成の反応は，次のような熱化学反応式で表せる。

$$6\,CO_2(\text{気}) + 6\,H_2O(\text{液}) \longrightarrow C_6H_{12}O_6(\text{固}) + 6\,O_2 \qquad \Delta H = 2803\,\text{kJ}$$

光合成の反応エンタルピー ΔH は正の値が大きな吸熱反応であり，自発的には進行しない。その進行には光エネルギーの供給が必要である。

水素と塩素を混合して光を当てると，爆発的に反応して塩化水素を生成する反応も代表的な光化学反応である❷。

補足❷ $H_2+Cl_2 \longrightarrow 2\,HCl$ の反応は，塩素分子 Cl_2 が光エネルギーを吸収して塩素原子 Cl· を生じることで開始される。Cl· のように不対電子をもつ原子や原子団を**遊離基**（**ラジカル**）といい，反応性が非常に高い。いったん，Cl· が生成されると，(1)，(2)の反応が連続的に繰り返されて爆発的に反応が進行する。このような反応を**連鎖反応**という。

$$Cl\cdot + H_2 \longrightarrow HCl + H\cdot \quad \cdots\cdots(1) \qquad H\cdot + Cl_2 \longrightarrow HCl + Cl\cdot \quad \cdots\cdots(2)$$

SCIENCE BOX 化学発光と生物発光

化学反応に際して，熱が放出される代わりに光が放出される現象を**化学発光**（**ケミカルルミネセンス**）という。一方，ホタルの発光のように，生物が関与する発光を**生物発光**(**バイオルミネセンス**)という。生物発光は酵素を利用しているため，化学発光に比べて光への変換割合(発光効率)が高いのが特徴である。

(1) 化学発光の例

ルミノールと NaOH の混合溶液と，過酸化水素と $K_3[Fe(CN)_6]$ の混合溶液を混ぜると，青色（極大波長 460 nm）に光る。この反応は**ルミノール反応**とよばれ，科学捜査における血痕の鑑定に利用されている。それは，血液中に含まれるヘモグロビンの中心部に存在する Fe^{2+} が，この反応の触媒作用を示すからである[*1]。

この反応では，ルミノールが酸化される際に生成する環状の反応中間体(下図)はエネルギーが大きく，励起状態にある。この中間体が生成物となって基底状態に戻るときに発光がおこると考えられている。

＊1　Fe^{2+} を含む新鮮な血液より，酸化されて Fe^{3+} となった古い血痕のほうが発光は強くなる。

ルミノール $\xrightarrow{2OH^-}$ ルミノール陰イオン $\xrightarrow{H_2O_2}$ 反応中間体 $\xrightarrow{-N_2}$ 3-アミノフタル酸陰イオン

軽く折り曲げるだけで化学発光がおこる商品(**ケミカルライト**)は，夜釣りの浮きやイベントなどに広く用いられる。これは，右上図のような二重構造になっており，プラスチック製の外筒内には，サリチル酸ナトリウム（触媒）を加えた過酸化水素水（酸化液）が，ガラス製の内筒には，各色の蛍光色素を加えたシュウ酸ジエステルの水溶液(蛍光液)が入っている。使用時に，内側のガラス管を折って2液を混合すると，シュウ酸ジエステルが H_2O_2 によって酸化される。環状構造の反応中間体(下図)がもつエネルギーが大きく，CO_2 に分解されるとき，共存する蛍光色素にエネルギーが移動して蛍光色素が励起状態となり，これが基底状態に戻るとき，用いる蛍光色素の種類によって，各色に発光する。この発光の持続時間は長く，発光効率は約15%と，ルミノール反応の約4%と比べてかなり高い。

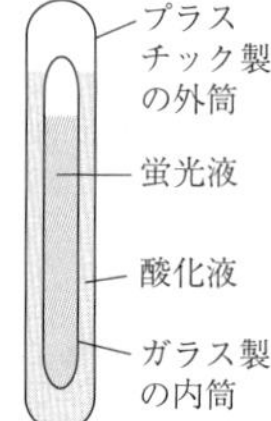

シュウ酸ジフェニル $\xrightarrow{H_2O_2}$ 2 フェノール ＋ ペルオキシシュウ酸無水物(反応中間体) → $2CO_2$（蛍光色素 → 蛍光色素＊）

（＊印：励起状態，無印：基底状態）

(2) 生物発光の例

ホタルは，尾部にある発光細胞内で，発光物質ルシフェリンが酵素ルシフェラーゼと Mg^{2+} と ATP(アデノシン三リン酸) と O_2 によって酸化され，酸化ルシフェリンとなるときに黄緑色に発光する。一方，ウミホタルは，上唇部の分泌腺から，ホタルとは構造の異なるルシフェリンとルシフェラーゼを体外に分泌し，海水中の O_2 によってルシフェリンが酸化されるときに青色に発光する。

ホタルの発光には ATP が必要で，昼夜を問わず発光しているが，ウミホタルの発光には ATP は必要でなく，体に刺激を受けたときだけ発光する点が異なる[*2]。

＊2　発光効率はホタルが41%，ウミホタルは28%で，生物発光ではホタルが最高である。

第２章　反応の速さと平衡

3-5　化学反応の速さ

1　速い反応・遅い反応

塩化ナトリウム NaCl 水溶液に硝酸銀 $AgNO_3$ 水溶液を加えると，直ちに塩化銀 AgCl の白色沈殿を生じる。また，酸 (H^+) と塩基 (OH^-) の中和のようにイオンどうしが反応する場合や，プロパン(気体)の爆発のように，ほとんど瞬間的におこる**速い反応**がある。

一方，鉄や銅が空気中の酸素や水分によってさびていく反応や，微生物の発酵により味噌や醤油をつくる反応のように，長い年月をかけて進む**遅い反応**もある。

このように，反応の速さは，反応の種類によってそれぞれ大きく異なっている。しかし，同じ反応でも，温度，反応物の濃度の変化，および少量の第三の物質の添加などにより，反応の速さを変化させることができる。私たちの生活の中では，さまざまな化学反応が利用されている。たとえば，化学工業で有用な物質をつくろうとする場合，経済性を重視すると，反応をできるだけ速やかに進行させるのが望ましい。一方，金属製品を長期間使用するには，その腐食をできるだけ抑える工夫も必要となる。これから，反応の速さを決める要因について学んでいくことにする。

2　反応速度の表し方

化学反応では，反応の進行により反応物が減少するとともに，生成物が増加していく。化学反応の速さは，ふつう，単位時間に減少した反応物の物質量〔mol〕，または単位時間に増加した生成物の物質量〔mol〕で表し，これを**反応速度**という。

ところで，ある反応物が 1 分間あたり 0.1 mol だけ減少したとする。この反応が，(i)　1 L の容器で行われた場合と，(ii)　100 mL の容器で行われた場合とを比較すると，後者のほうがより激しく反応していることは明らかである。よって，反応が一定体積中で行われるには，反応速度は，モル濃度の変化量で表すのが最も合理的である。体積 1 L を基準にとれば，(i)の反応速度は 0.1 mol/(L・分)，(ii)の反応速度は 1.0 mol/(L・分) となる。なお，気体反応の場合は，濃度の変化量の代わりに分圧の変化量で表してもよい。

$$\text{反応速度}\quad v=\frac{\text{反応物の濃度の減少量}}{\text{反応時間}}\quad \text{または}\quad v=\frac{\text{生成物の濃度の増加量}}{\text{反応時間}}$$

反応物 A のモル濃度が，時刻 t_1 のとき $[A]_1$，時刻 t_2 のとき $[A]_2$ とすると，反応時間 $\Delta t=t_2-t_1$ の間に，反応物 A のモル濃度が $\Delta[A]=[A]_2-[A]_1$ だけ変化したので，時刻 t_1 から t_2 の間の反応物 A の**平均の反応速度** $\bar{v}$ は，次式で表される❶。

$$\bar{v}=-\frac{[A]_2-[A]_1}{t_2-t_1}=-\frac{\Delta[A]}{\Delta t}$$

Δ(デルタ)は変化量を示す記号である。

以後，各物質のモル濃度は，[化学式]の記号で表すものとする。

詳説❶　平均の反応速度 $\bar{v}$ は，次ページのグラフでは直線 ab の傾きの大きさを表す。また，

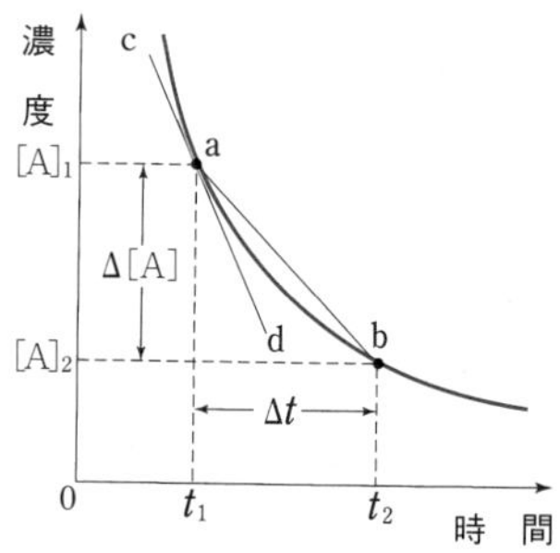

反応速度は常に**正の値**で示す約束がある。Δt は常に正だが，この場合は $\Delta[A]$ は負の値になる。よって，A の反応速度も負となり，つまり逆反応がおこっていることになる(実際には，逆反応はおこっていない)。そこで，反応速度を正の値に直すために，全体に－の符号をつける必要がある。また，ある時刻 t_1 における**瞬間の反応速度** v は，濃度の変化量を時間で微分した値で表される。

$$v=\lim_{\Delta t\to 0}-\frac{\Delta[A]}{\Delta t}=-\frac{d[A]}{dt}$$

(グラフでは，接線 cd の傾きの大きさに等しい)

グラフの式が与えられているならば，瞬間の反応速度を求めることは可能であるが，未知の化学反応でグラフの式自体が不明の場合には，瞬間の反応速度を実験で求めることは不可能である。そこで，測定可能な一定の時間間隔 Δt における平均の反応速度を数多く測定する。以後，化学の実験で測定される反応速度は，平均の反応速度であると考える。

►水素 H_2 とヨウ素 I_2 を同じ物質量ずつ同一の容器に入れ，数百℃に加熱すると，次式のように反応がおこり，ヨウ化水素 HI が生成する。

$$H_2 + I_2 \longrightarrow 2HI$$

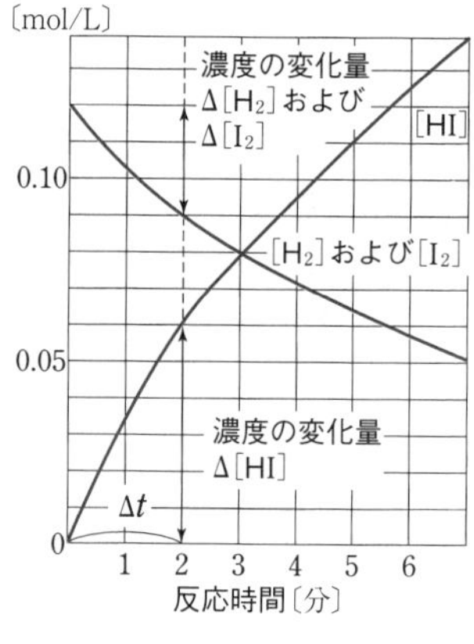

このとき，各物質のモル濃度を $[H_2]$，$[I_2]$，[HI] とし，ある短い時間 Δt の間におこった濃度変化を $\Delta[H_2]$，$\Delta[I_2]$，Δ[HI] とすると，それぞれの反応速度は次式で表される。

$$v_{H_2}=-\frac{\Delta[H_2]}{\Delta t},\quad v_{I_2}=-\frac{\Delta[I_2]}{\Delta t},\quad v_{HI}=\frac{\Delta[HI]}{\Delta t}$$

この反応では，H_2，I_2 が 1 mol 反応 (減少) すれば，必ず HI が 2 mol 生成 (増加) する。すなわち，各物質の反応速度の比は，反応式の係数の比に等しい。

つまり，$\boldsymbol{v_{H_2} : v_{I_2} : v_{HI} = 1 : 1 : 2}$　となる。

したがって，　$\boldsymbol{v=-\frac{\Delta[H_2]}{\Delta t}=-\frac{\Delta[I_2]}{\Delta t}=\frac{1}{2}\frac{\Delta[HI]}{\Delta t}}$　となる❷。

詳説❷　反応式の中に 2 や 3 の係数がある場合には，どの物質を基準に選ぶかによって，反応速度の値が異なることになる。同一の反応を考えているにもかかわらず，選ぶ物質の種類によって v の値が異なると混乱するので，ふつう，どの物質に着目しても同じ値が得られるように規格化しておく。つまり，得られた反応速度を各物質の係数で割った値，つまり，係数が 1 である物質の反応速度に統一しておくとよい。ただし，問題文にとくに HI の反応速度というように指示されている場合は，この限りではない。したがって，反応式中のいずれかの物質の反応速度がわかると，他の物質の反応速度は反応式の係数比を使って簡単に求められる。

例題　上のグラフで t=2～4 分間の H_2 の平均の反応速度を求めよ。

［解］　$v=-\frac{(0.072-0.090)〔mol/L〕}{(4-2)〔分〕}=\frac{0.018}{2}=\boldsymbol{9.0\times10^{-3}〔mol/(L\cdot 分)〕}$ 答

3　反応速度の測定

五酸化二窒素 N_2O_5 の四塩化炭素溶液を，約 45℃に温めると，次式のように分解して酸素を発生する❸。

$$2\,N_2O_5(気) \longrightarrow 2\,N_2O_4(気) + O_2\uparrow$$

係数比より，発生した酸素の体積の 2 倍が，分解した五酸化二窒素の体積となる。初めの五酸化二窒素の物質量から，ある時間内に反応した五酸化二窒素の物質量を引いて，残っている五酸化二窒素の物質量を求め，それをモル濃度に直したものを下表に示す。

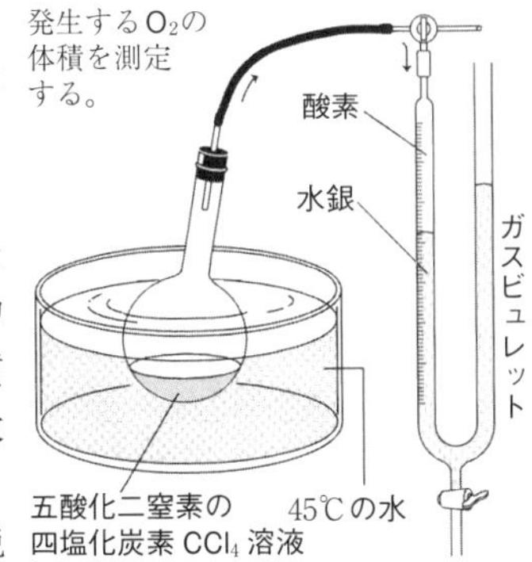

詳説❸　五酸化二窒素は，純硝酸に十酸化四リン P_4O_{10}(脱水剤) を加えて蒸留すると得られる。これは無色の結晶で，0℃以上では不安定で，昇華点は 32.4℃，45℃では完全に分解する。生成物のうち，四酸化二窒素 N_2O_4 は四塩化炭素によく溶け吸収されるので，酸素だけが捕集されることになる。

CCl_4 中での N_2O_5 の分解(45℃)

時刻〔s〕	$[N_2O_5]$〔mol/L〕
0	1.40
400	1.10
800	0.87
1200	0.68
1600	0.53
2000	0.42

► 時刻 t=0～400，400～800，800～1200，1200～1600，1600～2000〔s〕の各区間における平均の N_2O_5 の分解速度を求める。

(i)　t=0～400〔s〕　$\bar{v}=-\dfrac{1.10-1.40}{400-0}$

$=7.50\times10^{-4}$〔mol/(L・s)〕

(ii)　t=400～800〔s〕　$\bar{v}=-\dfrac{0.87-1.10}{800-400}=5.75\times10^{-4}$〔mol/(L・s)〕

(iii)　t=800～1200〔s〕　$\bar{v}=-\dfrac{0.68-0.87}{1200-800}=4.75\times10^{-4}$〔mol/(L・s)〕

(iv)　t=1200～1600〔s〕　$\bar{v}=-\dfrac{0.53-0.68}{1600-1200}=3.75\times10^{-4}$〔mol/(L・s)〕

(v)　t=1600～2000〔s〕　$\bar{v}=-\dfrac{0.42-0.53}{2000-1600}=2.75\times10^{-4}$〔mol/(L・s)〕

(i)　たとえば，t=0～400〔s〕間の平均の分解速度 $\bar{v}$ は，7.50×10^{-4} mol/(L・s) であるが，この値は中間の時刻 t=200〔s〕における瞬間の反応速度と近似できる。また，t=200〔s〕における $[N_2O_5]$ の値は測定されていないが，t=0〔s〕での $[N_2O_5]$ と t=400〔s〕での $[N_2O_5]$ の平均値，$\overline{[N_2O_5]}=\dfrac{1.40+1.10}{2}=1.25$〔mol/L〕で求められる。

平均の濃度はその区間の最初と最後の濃度の平均値で求める。

(ii)　t=400～800〔s〕

$\overline{[N_2O_5]}=\dfrac{1.10+0.87}{2}=0.985$〔mol/L〕

(iii)　t=800～1200〔s〕

$\overline{[N_2O_5]}=\dfrac{0.87+0.68}{2}=0.775$〔mol/L〕

(iv)　t=1200～1600〔s〕

$\overline{[N_2O_5]}=\dfrac{0.68+0.53}{2}=0.605$〔mol/L〕

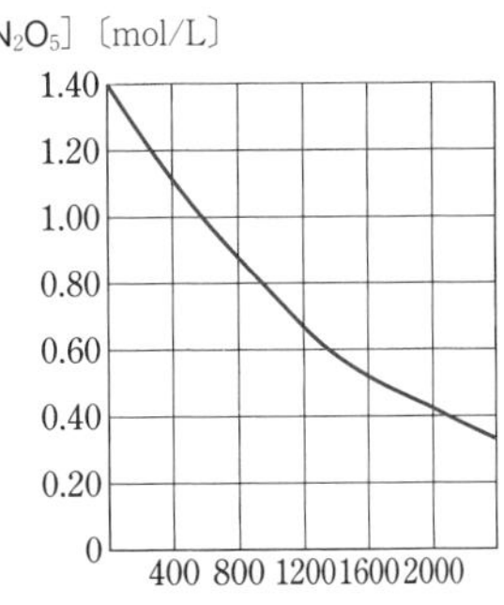

(v)　$t=1600\sim2000$〔s〕

$$\overline{[N_2O_5]}=\frac{0.53+0.42}{2}=0.475〔mol/L〕$$

各区間の平均の反応速度 v とそれに対応する平均の濃度$\overline{[N_2O_5]}$との関係をグラフに表すと，図のような原点を通る直線となる。よって，N_2O_5 の分解速度 v は，$[N_2O_5]$に比例していることがわかる。

$$\boldsymbol{v=k[N_2O_5]} \quad \cdots\cdots\cdots①$$

①式のように，反応速度と反応物の濃度との関係を表した式を**反応速度式**という。

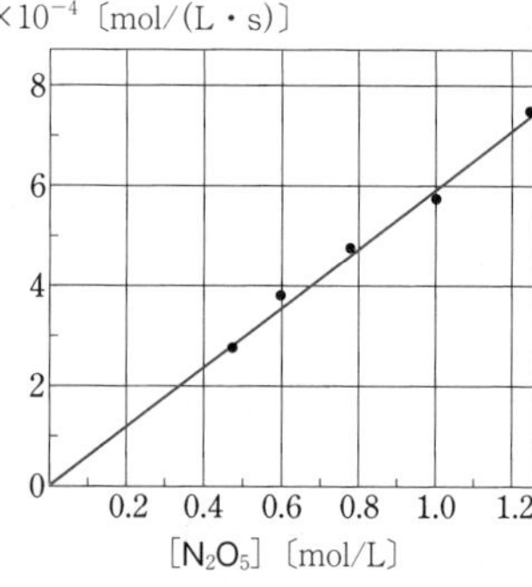

この比例定数 k は，**反応速度定数**(**速度定数**)とよばれる反応の種類と温度によって決まる定数で，反応物の濃度には無関係である。また，k はグラフの傾きを表すとともに，$[N_2O_5]$ ＝1.0 mol/L のときの反応速度 v を表し，上記のような実験に基づいて決められる❹。

グラフの傾きより，　$k=\dfrac{6.0\times10^{-4}〔mol/(L\cdot s)〕}{1.0〔mol/L〕}=6.0\times10^{-4}〔/s〕$

詳説❹　すなわち，反応速度を求める目的は，k の値を求めることにあるといっても過言ではない。真の k の値は，各区間についての k を求め，さらに平均するほうがよい。

$$k_{0\sim400}=\frac{7.50\times10^{-4}}{1.25}=6.00\times10^{-4}〔/s〕,\quad k_{400\sim800}=\frac{5.75\times10^{-4}}{0.985}\fallingdotseq5.84\times10^{-4}〔/s〕$$

$$k_{800\sim1200}=\frac{4.75\times10^{-4}}{0.775}\fallingdotseq6.13\times10^{-4}〔/s〕,\quad k_{1200\sim1600}=\frac{3.75\times10^{-4}}{0.605}\fallingdotseq6.20\times10^{-4}〔/s〕$$

$$k_{1600\sim2000}=\frac{2.75\times10^{-4}}{0.475}\fallingdotseq5.79\times10^{-4}〔/s〕$$

$$k=\frac{(6.00+5.84+6.13+6.20+5.79)\times10^{-4}}{5}〔/s〕より,\quad k\fallingdotseq6.0\times10^{-4}〔/s〕$$

k が求まると，いかなる濃度における瞬間の反応速度も直ちに計算で求めることができる。たとえば，$t=800$〔s〕，$[N_2O_5]=0.87$ mol/L における瞬間の反応速度 v は，

$v=k[N_2O_5]=6.0\times10^{-4}\times0.87=5.22\times10^{-4}$〔mol/(L・s)〕　となる。

►反応速度式において，$v=k[N_2O_5]$ のように表される反応，つまり反応速度が反応物の濃度の１乗に比例する反応を**一次反応**という。同様に，$v=k[A]^2$ または $v=k[A][B]$ のような反応を**二次反応**という❺。また，$v=k[A][B]$ 型の二次反応の場合，A に対して B が大過剰にあれば，[B]は一定とみなせるので，これを k の中に含めて，$v=k'[A]$ のようになる。このような反応を**擬一次反応**という。

詳説❺　一次反応とは，１つの原子や分子が，他の原子や分子の影響を受けずに自発的に変化していく反応といえる。その例として，放射性同位体の壊変反応（温度，圧力などの外的条件には影響されない）がある。二次反応とは，２分子が衝突することにより進む反応のことである。N_2O_5 の分解反応の反応速度式は，$v=k[N_2O_5]^2$ ではなく，$v=k[N_2O_5]$ である。このことから，この反応が N_2O_5 分子どうしの衝突でおこるのではなく，N_2O_5 分子自身が器壁や触媒分子との衝突によっておこる一次反応であることを示唆している。

4 化学反応のしくみ

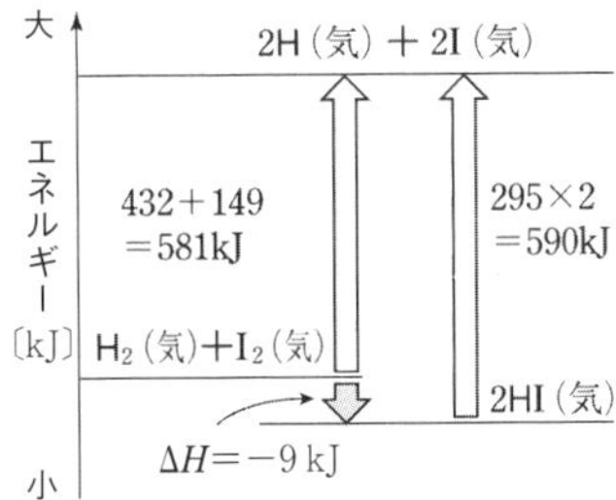

密閉容器中に水素とヨウ素を入れて加熱していくと，しだいにヨウ化水素が生成する。

$$H_2(気) + I_2(気) \rightleftarrows 2HI(気) \quad \Delta H = -9\,kJ$$

右図に示すように，1 mol の H_2，I_2 分子がそれぞれ 2 mol の H 原子，I 原子に解離するには，それぞれの結合エンタルピーの和 432＋149＝581 kJ に相当するエネルギーを与える必要がある。そのためには，数千℃以上の高温にしなければならないが，実際には，約 400℃程度に加熱するだけで HI が生成し始める。このことは，H_2 分子と I_2 分子が，いったん原子の状態に解離したのち，それらが再結合して HI 分子ができるのではないことを示す。

しかし，H_2，I_2 分子が離れている状態では，H−H，I−I の結合を切って，新しい H−I 結合をつくることはできない。やはり，反応がおこるためには，H_2 分子と I_2 分子どうしが衝突することが必要である。

アレニウスは，ある一定以上のエネルギーをもつ H_2 分子と I_2 分子が衝突したとき，はじめて反応がおこると考えた。つまり，十分な運動エネルギーをもった分子が反応に都合のよい方向から衝突すると，原子の組み換えのおこるエネルギーの高い状態になる。この状態を**遷移状態**（**活性化状態**）といい，このときに生じた原子の複合体を**活性錯体**（さくたい）という。また，反応物が遷移状態になり，活性錯体 1 mol を形成するのに必要な最小のエネルギーを，その反応の**活性化エネルギー**という❻。

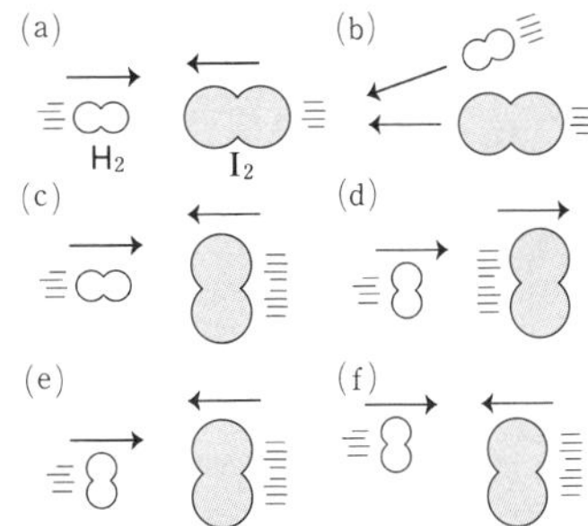

H_2分子と I_2分子は，(e)の方向から衝突したときが最も活性錯体をつくりやすい。

活性化エネルギー〔kJ/mol〕	
$2HI \longrightarrow H_2+I_2$	183
$2N_2O_5 \longrightarrow 2N_2O_4+O_2$	103
$2NH_3 \longrightarrow N_2+3H_2$	326
$HCOOH \longrightarrow CO+H_2O$	92

一般に，反応物の濃度や温度などの条件が同じであれば，活性化エネルギーの小さい反応ほど，エネルギーの障壁を越えられる分子の割合が多くなるので，反応速度は大きくなる❼。

詳説❻ 反応がおこるのに必要な最小のエネルギーが

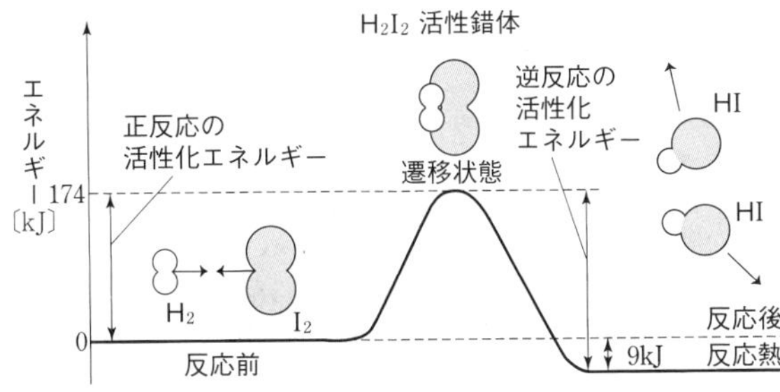

左図は H_2 と I_2 の各分子が衝突して，遷移状態となり，エネルギーを放出して HI 分子になる過程を示したものである。十分に大きな運動エネルギーをもった H_2 と I_2 が衝突すると，頂上の遷移状態を乗り越えて HI になるが，衝突の際の運動エネルギーが小さいときは頂上にたどりつけず，逆戻りして H_2 と I_2 に戻ってしまう。

活性化エネルギーであり，その大きさは各反応で異なる。単に，活性化エネルギーといえば，正反応(右向き)の場合をさし，反応物と遷移状態のエネルギーの差を活性錯体1 molあたりで表す。この反応では174 kJ/molとなる(前ページ図)。また，逆反応の活性化エネルギーは，正反応の活性化エネルギーに反応熱を加えたもので，174＋9＝183 kJ/molとなる。

補足❼ 水溶液中でおこるイオン反応の場合，反応するイオンの間には静電気力が働くので，衝突した際にはほとんどすべてのイオンが活性化エネルギーを越えてしまう。つまり，活性化エネルギーは非常に小さくゼロに近いと思われる（それらのイオンを取り巻く水分子と離れるだけのエネルギーがあればよい)。また，活性化エネルギーの大きな反応ほど，エネルギーの障壁を越えられる分子の割合が少なくなるので，反応速度は小さくなる。

SCIENCE BOX　遷移状態とはどんな状態か

H_2分子もI_2分子も，その周囲は負電荷を帯びた電子雲で包まれているので，電子雲が接触する（ファンデルワールス半径の内部）まで近づくと，静電気的な反発力が働く。しかし，この反発力に打ち勝つのに十分な運動エネルギーをもったH_2，I_2分子が下図のような方向で正面衝突したとき，両者が合体できる。このとき，H_2，I_2の運動エネルギーの和が活性化エネルギーを上回っている場合は合体して活性錯体をつくれるが，H_2，I_2の運動エネルギーの和が活性化エネルギーを下回っている場合は合体できず，活性錯体をつくれない。

さて，激しく衝突したH_2，I_2分子のもっていた運動エネルギーは，静電気的な反発力に抗してH原子とI原子を接近させる仕事に使われる。やがて，運動エネルギーはすべてHとI原子間の位置エネルギーに変換され，両分子は衝突方向に対して少しゆがんだ形となり，空間の一か所に静止した状態となる(運動エネルギーが0なので，動き回ることはない)。この状態にある原子の複合体が**活性錯体**とよばれる。

H原子とI原子との距離がより近づいたことにより，HとIとの間に新しい共有結合が形成されるようになる。このとき放出されるエネルギーによって，いままでのH-HおよびI-Iの共有結合が切断されていく。

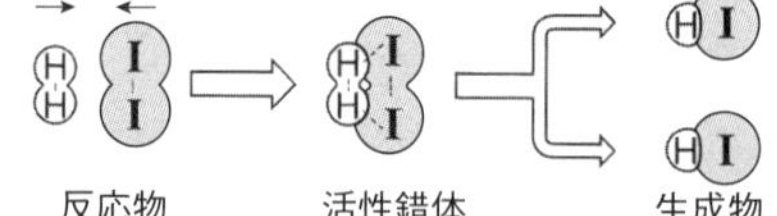

このように，活性錯体の中では，古いH-H結合，I-I結合が弱まるとともに，新しいH-I結合の生成が進行している。このような状態が**遷移状態**の真の姿なのである。そして，遷移状態では，結合の組み換えはほとんど瞬間的に行われ，これまで蓄えられていた位置エネルギーはもとの運動エネルギーに変換され，再び2個のHI分子となって離れていくことになる。

反応物は，反応の途中にある活性化エネルギーに相当するエネルギーの障壁を越えなければ，生成物になることはできない。ふつうは加熱などの方法によってこのエネルギーを供給して，反応が進みやすいようにしている。

H_2とI_2からHIが生成する反応は，典型的な二分子反応 (p. 245) と考えられていたが，700 K以上の高温では，まずI_2分子がI原子に解離し，**ラジカル反応** (p. 250) によって反応が進むことが明らかにされている。

$I_2 \longrightarrow 2I\cdot$ ……①（開始）

$I\cdot + H_2 \longrightarrow HI + H\cdot$ ……②（連鎖）

$H\cdot + I_2 \longrightarrow HI + I\cdot$ ……③（連鎖）

$H\cdot + I\cdot \longrightarrow HI$ ……④（停止）

（I·，H·は不対電子をもつ化学種で，**遊離基**（ラジカル）とよばれ，反応性が大きい。）

5 反応速度と濃度との関係

以前に，反応速度と反応物の濃度の関係を表す反応速度式について学んだ(p. 240)。これからは，反応速度と濃度との定量的な関係についてもう少し深く学んでいく。

化学反応がおこるためには，まず反応する分子どうしが衝突しなければならない。単位時間あたりの反応する分子どうしの衝突回数が多いほど，反応速度は大きくなるはずである。また，反応する分子どうしの衝突回数は，単位体積中に存在する反応する分子の数，つまり，反応物の濃度に比例する[8]。

$v \propto$[反応物]　(∝は比例を表す記号)

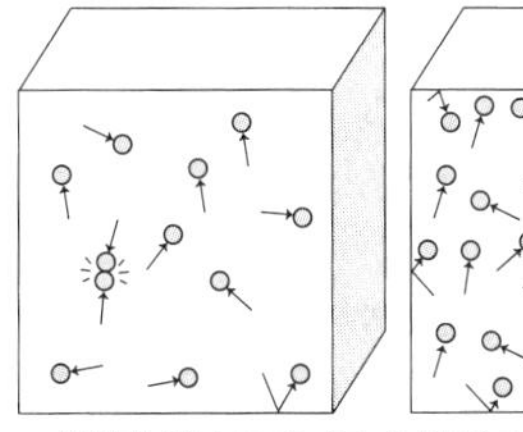

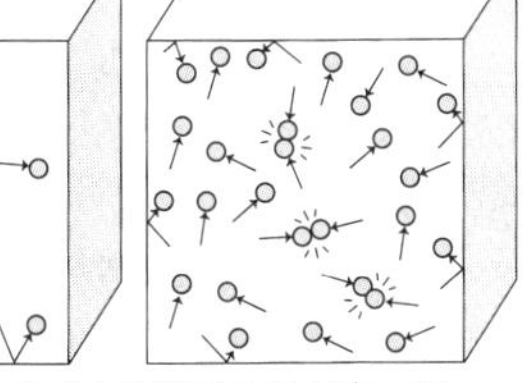

単位体積中に含まれる粒子の数が多いほど，互いに衝突する回数が多くなる。

詳説[8] 空気中で鉄線を熱しても表面が酸化されるだけである。しかし，酸素中に熱した鉄線を入れると火花を出して激しく燃焼する。これは，酸素中では燃焼に必要な酸素の濃度が空気中の5倍も大きいからである。

一方，鉄線ではなくスチールウールが空気中でもよく燃焼するのはなぜだろうか。反応物に固体が含まれている場合，反応は固体の表面でしか行われない。一般に，固体 - 気体間，または固体 - 液体間の反応のように，反応場所が界面だけに限定される反応を**不均一系反応**という。このような反応では，反応速度は界面の面積にも関係することになるので，固体の表面積を大きくすると，反応する分子どうしの衝突回数が大きくなって，反応速度が大きくなる。

同じ濃度の塩酸に亜鉛の塊を入れた場合と，亜鉛の粉末を入れた場合を比較すると，後者のほうが水素の発生が激しい。また，炭坑内で生じた炭塵(じん)(石炭の微粉末)は，空気との接触面積が大きいので，しばしば自然爆発をおこす危険があり，散水して爆発の危険を抑えている。また，気体どうしの反応では，反応する気体を圧縮して圧力を大きくすると，反応物の濃度を大きくしたことになり，反応速度も大きくなる。

►いま，A，B 2種類の分子が一定体積中で反応する場合を考える。単位時間内にA分子が特定のB 1分子に衝突する回数はAの個数，つまり，Aのモル濃度[A] に比例する(下図)。全衝突回数は，Aのモル濃度だけでなく，衝突される側のBのモル濃度[B] にも比例する。よって，全衝突回数はAとBのモル濃度の積に比例することになる。

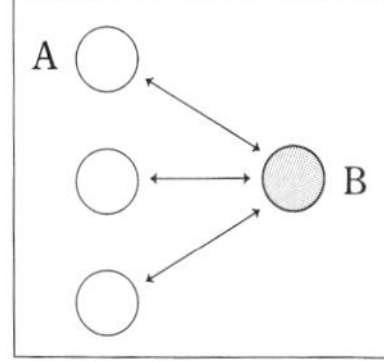

単位体積中のBの個数は一定で，Aの濃度を2, 3倍にすると，AとBの衝突回数も2, 3倍になる。

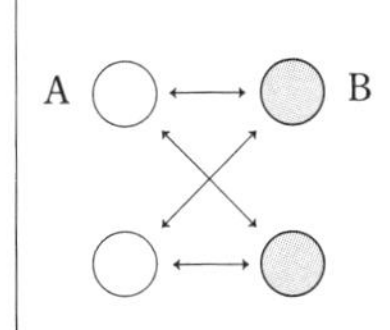

A，Bの濃度をそれぞれ2倍にすると，AとBの衝突回数は2×2=4倍になる。

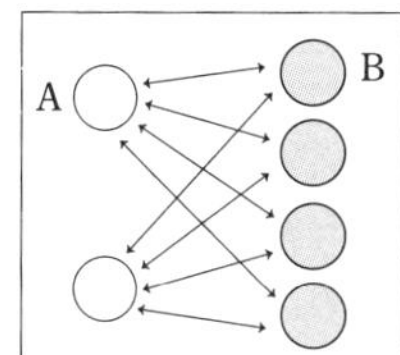

Aの濃度を2倍，Bの濃度を4倍にすると，AとBの衝突回数は2×4=8倍になる。同様に[A]→ m 倍，[B]→ n 倍にすると，$m \times n$ 倍になる。

しかし，A分子，B分子が衝突しても必ず反応がおこるわけではない。分子の運動エネルギーが活性化エネルギーを超えなければならず，また，反応をおこすのに都合のよい方向から分子が衝突しなければならない。一般に，全衝突回数に対して，反応のおこる有効な衝突の割合はそれほど多くはない❾。この割合を k とおくと，反応速度式は，

$\boldsymbol{v=k[\mathrm{A}][\mathrm{B}]}$　で表されることになる。

上式の k を**反応速度定数**といい，反応の種類によってそれぞれ異なる値をもち，高温ほど k の値は大きくなるが，温度が一定ならば反応中もその値は変化しない(p. 240)。

補足❾　たとえば，1Lの容器に H_2，I_2 を1molずつ入れ，427℃に保った場合，反応初期では，H_2，I_2 分子は1秒間に約 10^{35} 回の衝突がおこっているという。このうち，実際に反応して生成するHI分子は1秒間に 10^{22} 個程度にすぎない。このことから，約 10^{13} 回の衝突のうち，1回程度の割合でしか反応がおこらないことがわかる。

►次に，同種のC 2分子が衝突する回数を調べてみよう。たとえば，密閉容器中でヨウ化水素HIを加熱すると，分解して H_2 と I_2 になる反応がおこる。

$2\,\mathrm{HI} \longrightarrow H_2+I_2$　この反応速度を v とすると，$v=k[\mathrm{HI}]^2$　で表される❿。

詳説❿　n 個のHI分子の衝突回数は，次のように考えるとよい。特定のHI分子1個に着目すると，その1個につき $(n-1)$ 本の線分が引ける(右図)。これが n 個分あるから，合計 $n(n-1)$ 本ということになる。しかし，それぞれの線分1本は重複して数えている（◎⇄◎のように1本の線分を往復して2本分としている）ので，全体を2で割ると，$\dfrac{n(n-1)}{2}$ 本となる。また，全衝突回数もこれと同じ数になるが，n が大きな数になると，$n-1 \fallingdotseq n$ と近似できるので，$\dfrac{n^2}{2}$ 回となる。さらに，衝突したHI分子のうち，実際に反応のおこる割合である k(定数) の中に $\dfrac{1}{2}$ を含めてしまうと，　$\boldsymbol{v=k[\mathrm{HI}]^2}$　という式が導ける。

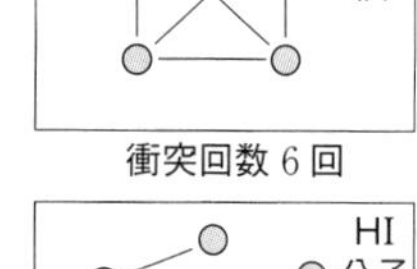

衝突回数6回

衝突回数 $\dfrac{n(n-1)}{2}$ 回

►一般に，化学反応が単純に2分子の衝突によって進むような場合には，反応速度はこれらの2分子の濃度の積に比例する。このように，1段階だけで完結する反応を**素反応**という。反応全体が1つの素反応でできている反応(**単純反応**)では，反応式の係数が反応速度式の反応の次数(p. 245)に一致する。

例　$2\,\mathrm{HI} \longrightarrow H_2 + I_2$　　　$v=k[\mathrm{HI}]^2$

$H_2 + I_2 \longrightarrow 2\,\mathrm{HI}$　　　$v=k[H_2][I_2]$

しかし，実際に化学反応を調べてみると，上記のような単純反応は極めて少なく，複数の素反応が組み合わさって進む反応，つまり，いくつかの反応中間体を経て進む反応が多い。このような反応を**多段階反応**(**複合反応**)という。多段階反応においては，必ずしも反応式の係数が反応速度式の反応の次数には一致しないので，反応の次数は実験によって決定しなければならない⓫(理由は，次ページの“SCIENCE BOX”を参照)。

例　$2\,H_2O_2 \longrightarrow 2\,H_2O + O_2$　　　$v=k[H_2O_2]$

$2\,N_2O_5 \longrightarrow 4\,NO_2 + O_2$　　　$v=k[N_2O_5]$

$H_2 + Br_2 \longrightarrow 2\,\mathrm{HBr}$　　　$v=k[H_2][Br_2]^{\frac{1}{2}}$

詳説⑪ 一般に，$aA+bB \rightarrow cC$(A，B は反応物，C は生成物，a，b，c は係数) の反応の反応速度式は，$\boldsymbol{v=k[A]^x[B]^y}$ (k は反応速度定数) で表される。このとき，濃度の項についている指数 x，y を，各成分の**反応次数**といい，この反応の場合，A について x 次，B について y 次であるという。また，各反応次数の和 $x+y$ をこの反応全体の**反応次数**といい，この反応は **$(x+y)$ 次反応**であるという。一般的には，$a \neq x$，$b \neq y$ であり，係数 a，b は必ず整数であるが，次数 x，y は整数になるとは限らない(小数や負の値になることもある)。

ところで，反応次数を決定するには，次のような実験結果がよく利用される。たとえば，$A+B \rightarrow C$ の反応において，C の生成速度を v, A, B の濃度を[A], [B]とする。まず，[B]を一定として，[A] を 2，3 倍に増やしたとき，反応開始直後の v を測定する。その結果，v が 2，3 倍に増えたとすると，v は[A]に比例しており，$v=k$[A]とわかる。同様に，[A]を一定として，[B] を 2，3 倍に増やしたとき，v が 4，9 倍に増えたとすると，v は$[B]^2$ に比例しており，$v=k[B]^2$ とわかる。よって，これらの結果をまとめると，この反応の反応速度式は，$\boldsymbol{v=k[A][B]^2}$ と決定される。

SCIENCE BOX 反応の分子数と反応次数の関係

反応式 $aA+bB \rightarrow cC$ において，左辺の係数和 $a+b$ は，3，4，5，…と大きな値の場合があるが，反応次数 $x+y$ はせいぜい 3(まれに 4)である理由を考えよう。

一般に，1 個の分子が分解するような反応を**単分子反応**，2 個の分子間でおこる反応を**二分子反応**という。このように，反応に関係する分子の数を**反応の分子数**という。たとえば，異種の分子 A，B が反応するためには，各分子が衝突しなければならず，その反応速度は，単位時間あたりの A と B の衝突回数に比例するから，結局，A と B の濃度に比例することになる。すなわち，反応速度式は $v=k$[A][B]，反応次数は 2 となり，この反応は**二次反応**となる。

空間において，2 分子が同時に衝突する確率はかなり高いので，2 分子反応すなわち二次反応の例はかなり多い。しかし，空間で 3 分子が同時に衝突する確率はかなり低く，3 分子反応すなわち，三次反応の例はかなり少ない。ましてや，空間で 4 分子が同時に衝突する確率はもっと低くなり，4 分子反応すなわち，四次反応の例は極めて少ない。なお，5 分子反応すなわち，五次反応の例は知られていない。

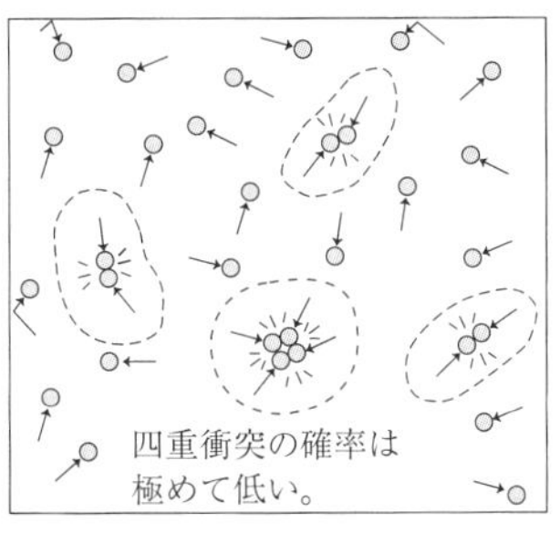

このように，反応の分子数と反応次数が一致するのは，その反応が 1 つの素反応のみからなる**単純反応**の場合だけであることに留意してほしい。また，多くの化学反応のように，いくつかの素反応から成り立つ**多段階反応**の場合，反応の分子数と反応次数が一致するとは限らず，むしろ一致しないことのほうが多いことにも留意する必要がある。

反応の分子数という概念は，各素反応ごとの反応機構から推定される値であり，その値は 1，2，3 のように，常に正の整数をとる。一方，反応次数という概念は，実験において，反応全体の反応速度の測定値から求められたものであり，その値は正の整数とは限らず，0.5，1.5，−1，−0.6 のような小数や分数，また，負の値などさまざまな値をとる。

SCIENCE BOX　反応速度式の決定法

一般に，反応速度式（速度式）は化学反応式から推測することはできず，次のような方法を用いて，実験的に決定される。

〔1〕 初速度法

反応初期の反応物の濃度（初濃度）を変化させ，反応開始直後の反応速度（初速度）の変化を測定する。たとえば，A+B→C の反応において，速度式を $v=k[\mathrm{A}]^m[\mathrm{B}]^n$（$m$，$n$：各成分の反応次数，$k$：反応速度定数）と仮定する。

反応物Bの初濃度 $[\mathrm{B}]_0$ を一定にして，反応物Aの初濃度 $[\mathrm{A}]_0$ のみを変えながら，反応初期のCの生成速度 v を測定する。その結果から，反応物Aに関する反応次数 m が求められる。また，反応物Aの初濃度 $[\mathrm{A}]_0$ を一定にして，反応物Bの初濃度 $[\mathrm{B}]_0$ のみを変えながら，反応初期のCの生成速度 v を測定する。その結果から，反応物Bに関する反応次数 n を求める。

最後に，2つの速度式から全体の速度式を組み立てることができる。たとえば，反応物Aについて一次反応，反応物Bについて二次反応であれば，反応全体の反応速度式は，$v=k[\mathrm{A}][\mathrm{B}]^2$ となる。

例題 下表より，A+B→C の反応の反応速度式を求めよ。速度定数は k とする。

実験	Aの初濃度 [A]〔mol/L〕	Bの初濃度 [B]〔mol/L〕	反応初期のCの生成速度 v〔mol/(L·s)〕
1	0.40	0.20	8.0×10^{-3}
2	0.80	0.20	1.6×10^{-2}
3	0.80	0.10	4.0×10^{-3}

［解］ 実験1と2より，[B] 一定で [A] を2倍にすると，v は2倍になる。よって，v は [A] に比例している。

実験2と3より，[A] 一定で [B] を2倍にすると，v は4倍になる。よって，v は $[\mathrm{B}]^2$ に比例している。以上より，この反応の反応速度式は，

$$\boldsymbol{v=k[\mathrm{A}][\mathrm{B}]^2}$$ 答

〔2〕 擬一次・擬二次の速度式法

A+B→C　の反応において，速度式 $v=k[\mathrm{A}]^m[\mathrm{B}]^n$ が成り立つと仮定する。いま，注目する反応物以外の反応物は大過剰となるような条件で，反応速度を測定する。

たとえば，反応物Aよりも反応物Bを大過剰にして反応させた場合，反応が進んでAがかなり減少しても，Bの濃度は初濃度 $[\mathrm{B}]_0$ とほとんど変わらず，ほぼ一定とみなせる。したがって，

$$v=k[\mathrm{B}]_0[\mathrm{A}]=k'[\mathrm{A}]$$

このような結果が得られたとき，上式の右辺のように表される速度式を，**擬一次の速度式**という。

逆に，反応物Bよりも反応物Aを大過剰にして反応させた場合，実際上，Aの濃度は初濃度 $[\mathrm{A}]_0$ とほとんど変わらず，ほぼ一定とみなせる。したがって，

$$v=k[\mathrm{A}]_0[\mathrm{B}]^2=k''[\mathrm{B}]^2$$

このような結果が得られたとき，上式の右辺のように表される速度式を，**擬二次の速度式**という。

これらの結果から，反応全体の反応速度式は，$v=k[\mathrm{A}][\mathrm{B}]^2$　と求められる。

〔3〕 初濃度と初速度のプロット法

反応物Aに対する速度式を，$v=k[\mathrm{A}]^a$（a：反応次数）とする。

反応の初速度を v_0，Aの初濃度を $[\mathrm{A}]_0$ とすると，$v_0=k[\mathrm{A}]_0{}^a$　…①

①式の両辺の常用対数をとると，

$$\log_{10}v_0=\log_{10}k+a\log_{10}[\mathrm{A}]_0 \quad \cdots②$$

初濃度 $[\mathrm{A}]_0$ を変えながら初速度 v_0 を測定し，横軸を $\log_{10}[\mathrm{A}]_0$，縦軸を $\log_{10}v_0$ として測定値をプロットすれば，②式より直線が得られると予想される。このとき，得られたグラフは直線が得られた場合，その y 切片が $\log_{10}k$ を，傾きが反応物 [A] に対する反応次数 a を表している。

SCIENCE BOX

一次反応の半減期

反応物Aの濃度[A]が初濃度$[A]_0$の半分になる時間を**半減期**といい，反応速度の目安として使われる。

反応速度式が$v=k[A]$で表される一次反応の半減期を求めてみよう($\log_e 2=0.69$)。

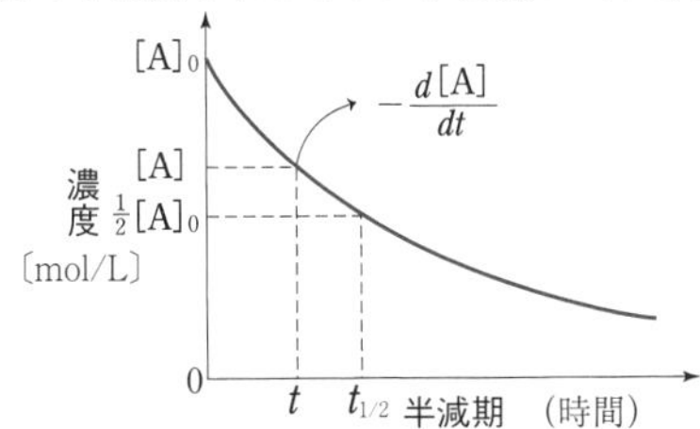

ある時刻tにおけるAの反応速度（瞬間の反応速度）は，Aの濃度を時間で微分した値で，それがその時刻におけるAの濃度[A]の1乗に比例するから，

$$v=-\frac{d[A]}{dt}=k[A] \quad (k:\text{速度定数})$$

左辺に[A]の項，右辺にtの項を分離し，左辺を$[A]_0$から[A]まで，右辺を0からtまで積分すると，

$$\int_{[A]_0}^{[A]}\frac{d[A]}{[A]}=\int_0^t -k\,dt$$

$\frac{1}{[A]}$を積分すると$\log_e[A]$より，

$$\Big[\log_e[A]\Big]_{[A]_0}^{[A]}=-k\Big[t\Big]_0^t$$

$$\therefore\quad \log_e[A]-\log_e[A]_0=-kt$$

$$\boldsymbol{\log_e\frac{[A]}{[A]_0}=-kt} \quad \cdots\cdots①$$

$$\boldsymbol{[A]=[A]_0\,e^{-kt}} \quad \cdots\cdots②$$

②より，一次反応では反応物の濃度が指数関数的に減少することがわかる。一次反応の半減期を$t_{\frac{1}{2}}$で表し，$[A]=\frac{1}{2}[A]_0$を①式に代入すると，$\log_e\frac{1}{2}=-kt_{\frac{1}{2}}$

$$\therefore\quad t_{\frac{1}{2}}=\frac{\log_e 2}{k}=\frac{0.69}{k}$$

したがって，一次反応の半減期は反応物の初濃度に無関係で，反応速度定数kだけで決まる。

例題 $2H_2O_2 \longrightarrow 2H_2O+O_2$ の反応速度式は，$v=k[H_2O_2]$（k：速度定数）で表される。いま，20℃でのkを9.0×10^{-2}/分として，この分解反応の半減期を求めよ。また，H_2O_2の濃度がもとの$\frac{1}{5}$になるのに何分かかるか($\log_e 2=0.69$，$\log_e 5=1.61$)。

［解］ $[A]=[A]_0e^{-kt}$より，両辺の自然対数をとると，$\log_e[A]=\log_e[A]_0-kt$

$$\log_e\frac{[A]}{[A]_0}=-kt$$

$[A]=\frac{1}{2}[A]_0$を代入して，

$$-\log_e 2=-kt$$

$$\therefore\quad t=\frac{0.69}{9.0\times10^{-2}}\fallingdotseq\mathbf{7.7}\text{〔分〕}$$ 答

同様に，$[A]=\frac{1}{5}[A]_0$を代入して，

$$-\log_e 5=-kt'$$

$$\therefore\quad t'=\frac{1.61}{9.0\times10^{-2}}\fallingdotseq\mathbf{18}\text{〔分〕}$$ 答

例題 放射性元素Aの壊変速度は，残ったAの濃度[A]に比例する(一次反応)。いま，Aの初濃度を$[A]_0$，時間t後に残ったAの濃度を[A]，壊変定数をkとすると，

$[A]=[A]_0e^{-kt}$…Ⓐ が成り立つ。

放射性同位体^{137}Csがβ線を放出して^{138}Baに壊変するときの半減期は30年である。

(1) 壊変定数k〔/年〕を求めよ。($\log_e 2=0.69$)

(2) ^{137}Csがもとの$\frac{1}{10}$になるのに要する時間〔年〕を求めよ。($\log_e 10=2.3$)

［解］(1) Ⓐ式の両辺の自然対数をとると，

$$\log_e\frac{[A]}{[A]_0}=-kt\cdots Ⓑ$$

$[A]=\frac{1}{2}[A]_0$を代入して，

$$-\log_e 2=-kt$$

$$\therefore\quad k=\frac{\log_e 2}{t}=\frac{0.69}{30}$$

$$=\mathbf{2.3\times10^{-2}}\text{〔/年〕}$$ 答

(2) Ⓑ式に，$[A]=\frac{1}{10}[A]_0$を代入して，

$$-\log_e 10=-kt$$

$$\therefore\quad t=\frac{\log_e 10}{k}=\frac{2.3}{2.3\times10^{-2}}$$

$$=\mathbf{1.0\times10^{2}}\text{〔年〕}$$ 答

SCIENCE BOX　二次反応の半減期

反応速度式が $v=k[\mathrm{A}]^2$ で表される二次反応の半減期を求めてみよう。

ある時刻 t における A の反応速度 v は，A の濃度[A] を時間 t で微分した値に等しく，それが[A]の2乗に比例するから，

$$v=-\frac{d[\mathrm{A}]}{dt}=k[\mathrm{A}]^2 \quad (k：速度定数)$$

左辺に [A] の項，右辺に t の項を分離し，左辺を$[\mathrm{A}]_0$から[A]，右辺を0から t まで積分すると，

$$\int_{[\mathrm{A}]_0}^{[\mathrm{A}]}\frac{d[\mathrm{A}]}{[\mathrm{A}]^2}=\int_0^t -k\,dt$$

$$\left[-\frac{1}{[\mathrm{A}]}\right]_{[\mathrm{A}]_0}^{[\mathrm{A}]}=-k\left[\,t\,\right]_0^t$$

$$-\frac{1}{[\mathrm{A}]}+\frac{1}{[\mathrm{A}]_0}=-kt$$

$$\therefore\quad \boldsymbol{\frac{1}{[\mathrm{A}]}-\frac{1}{[\mathrm{A}]_0}=kt}\quad\cdots\cdots①$$

二次反応の半減期を $t_{\frac{1}{2}}$ とし，$[\mathrm{A}]=\frac{[\mathrm{A}]_0}{2}$ を①式へ代入すると，

$$\frac{1}{\frac{[\mathrm{A}]_0}{2}}-\frac{1}{[\mathrm{A}]_0}=kt_{\frac{1}{2}}$$

$$\frac{1}{[\mathrm{A}]_0}=kt_{\frac{1}{2}}\quad\therefore\quad \boldsymbol{t_{\frac{1}{2}}=\frac{1}{k[\mathrm{A}]_0}}$$

一次反応の半減期は反応物の初濃度$[\mathrm{A}]_0$に無関係であったが，二次反応の半減期は反応物の初濃度$[\mathrm{A}]_0$に反比例する。

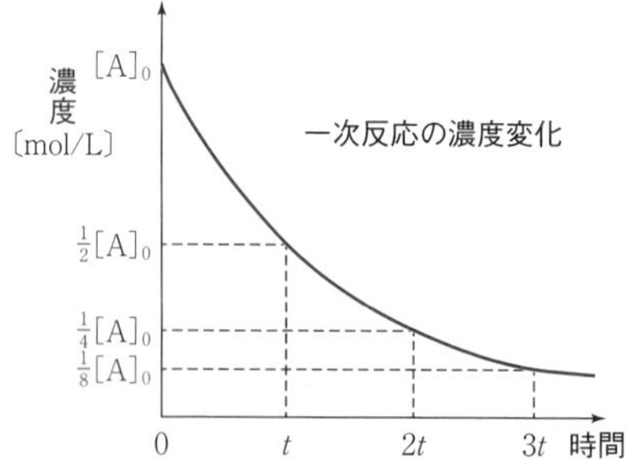

$[\mathrm{A}]_0\rightarrow\frac{1}{2}[\mathrm{A}]_0$ にかかる時間，$\frac{1}{2}[\mathrm{A}]_0\rightarrow\frac{1}{4}[\mathrm{A}]_0$ にかかる時間，$\frac{1}{4}[\mathrm{A}]_0\rightarrow\frac{1}{8}[\mathrm{A}]_0$ にかかる時間はすべて等しい。

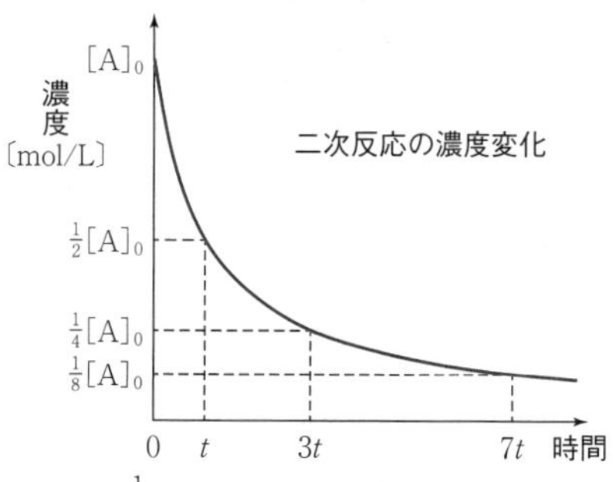

$[\mathrm{A}]_0\rightarrow\frac{1}{2}[\mathrm{A}]_0$ にかかる時間を t とすると，$\frac{1}{2}[\mathrm{A}]_0\rightarrow\frac{1}{4}[\mathrm{A}]_0$ は $2t$，$\frac{1}{4}[\mathrm{A}]_0\rightarrow\frac{1}{8}[\mathrm{A}]_0$ は $4t$ となり，しだいに長くなる。

例題 二次反応で分解する物質Aがある。いま，物質Aの初濃度 $[\mathrm{A}]_0=0.20$ mol/L のとき，45分で25%が分解した。二次反応では，$\frac{1}{[\mathrm{A}]}-\frac{1}{[\mathrm{A}]_0}=kt\cdots①$ が成り立つ。

(1) この反応の速度定数 k を求めよ。

(2) この反応の半減期 $t_{\frac{1}{2}}$〔分〕を求めよ。

(3) [A]が$[\mathrm{A}]_0$の $\frac{1}{10}$ になるのに要する時間〔分〕を求めよ

［解］ (1) ①式より $\frac{[\mathrm{A}]_0-[\mathrm{A}]}{[\mathrm{A}][\mathrm{A}]_0}=kt\cdots②$

$[\mathrm{A}]_0=0.20$ mol/L，$[\mathrm{A}]=(0.20\times0.75)$ mol/L，$t=45$ 分を②式に代入して，

$$\frac{0.20-(0.20\times0.75)}{(0.20\times0.75)\times0.20}=k\times45$$

$k\fallingdotseq0.0370\fallingdotseq\boldsymbol{0.037}$**〔L/(mol・分)〕** 答

(2) ①式に$[\mathrm{A}]=\frac{1}{2}[\mathrm{A}]_0$を代入すると，

$$\frac{1}{[\mathrm{A}]_0}=k\,t_{\frac{1}{2}}\qquad\therefore\quad t_{\frac{1}{2}}=\frac{1}{k[\mathrm{A}]_0}$$

$$t_{\frac{1}{2}}=\frac{1}{0.0370\times0.20}\fallingdotseq135.1$$

$\fallingdotseq$**135〔分〕** 答

(3) ②式に，$[\mathrm{A}]=0.020$ mol/L，$[\mathrm{A}]_0=0.20$ mol/L，$k=0.0370$ L/(mol・分)

を代入して，$\frac{(0.20-0.020)}{0.020\times0.20}=0.0370\times t$

$$t=\frac{0.18}{0.0040\times0.0370}\fallingdotseq1.21\times10^3$$

$\fallingdotseq\boldsymbol{1.2\times10^3}$**〔分〕** 答

例題 A ⟶ B の反応において，その反応速度 v_1 は，$v_1=k_1[\mathrm{A}]$（k_1：速度定数，[A] は A のモル濃度）で表される。反応開始時の A のモル濃度を $[\mathrm{A}]_0$，反応時間 t のときの A のモル濃度を [A] とすると，この反応速度式から $\log_e\dfrac{[\mathrm{A}]}{[\mathrm{A}]_0}=-k_1t$ が成り立つ。2C ⟶ D の反応において，その反応速度 v_2 は，$v_2=k_2[\mathrm{C}]^2$ で表され，この速度反応式から $\dfrac{1}{[\mathrm{C}]}-\dfrac{1}{[\mathrm{C}]_0}=k_2t$ が成り立つ。ただし，[C] の添字の意味は [A] の場合と同じである。

表 1

t〔s〕	[A]〔mol/L〕
0	1.0
30	0.50
60	0.25

表 2

t〔s〕	[C]〔mol/L〕
0	1.0
20	0.50
60	0.25

(1) 表 1 のデータを用いて，速度定数 k_1 を求めよ。($\log_e 2=0.693$)

(2) 表 2 のデータを用いて，速度定数 k_2 を求めよ。

(3) 表 1 において，$t=20$〔s〕における [A] は何 mol/L か。
($\sqrt{2}=1.41$，$\sqrt[3]{2}=1.26$，$\sqrt[3]{4}=1.59$)

(4) 表 2 において，$t=50$〔s〕における [C] は何 mol/L か。

〔**解**〕 (1) $v_1=k_1[\mathrm{A}]$ で表される一次反応の半減期を $t_{\frac{1}{2}}$ とすると，

$$\log_e\frac{\frac{[\mathrm{A}]_0}{2}}{[\mathrm{A}]_0}=\log_e 2^{-1}\qquad -\log_e 2=-k_1t_{\frac{1}{2}}\qquad t_{\frac{1}{2}}=\frac{\log_e 2}{k_1}$$

一次反応の半減期は，初速度 $[\mathrm{A}]_0$ に無関係なので，どの時間間隔でも半減期は等しい。
表 1 より，この一次反応の半減期 $t_{\frac{1}{2}}=30$〔s〕であるから，

$$k_1=\frac{\log_e 2}{t_{\frac{1}{2}}}=\frac{0.693}{30}=2.31\times10^{-2}\fallingdotseq\mathbf{2.3\times10^{-2}}〔/\mathrm{s}〕$$ 答

(2) $v_2=k_2[\mathrm{C}]^2$ で表される二次反応の半減期を $t'_{\frac{1}{2}}$ とすると，

$$\frac{1}{\frac{[\mathrm{C}]_0}{2}}-\frac{1}{[\mathrm{C}]_0}=\frac{1}{[\mathrm{C}]_0}\qquad \frac{1}{[\mathrm{C}]_0}=k_2t'_{\frac{1}{2}}\qquad \therefore\ t'_{\frac{1}{2}}=\frac{1}{k_2[\mathrm{C}]_0}$$

二次反応の半減期は，初速度 $[\mathrm{C}]_0$ に反比例し，各時間間隔で半減期は異なる。（注意）
$t=0$ ～ 20〔s〕では，[C] が 1.0 mol/L から 0.50 mol/L に半減したので，

$$k_2=\frac{1}{t'_{\frac{1}{2}}[\mathrm{C}]_0}=\frac{1}{20\times1.0}=\mathbf{5.0\times10^{-2}}〔\mathbf{L/(mol\cdot s)}〕$$ 答

〔**別解**〕 $t=20$ ～ 60〔s〕では，[C] が 0.50 mol/L から 0.25 mol/L に半減したので，

$$k_2=\frac{1}{t'_{\frac{1}{2}}[\mathrm{C}]_0}=\frac{1}{40\times0.50}=5.0\times10^{-2}〔\mathrm{L/(mol\cdot s)}〕$$ となり，上と同じ答になる。

(3) $t=20$〔s〕はこの反応の半減期の $\dfrac{2}{3}$ 倍なので，[A] はもとの $\left(\dfrac{1}{2}\right)^{\frac{2}{3}}$ 倍に変化する。

$$\left(\frac{1}{2}\right)^{\frac{2}{3}}=2^{-\frac{2}{3}}=\frac{1}{\sqrt[3]{2^2}}=\frac{1}{\sqrt[3]{4}}=\frac{1}{1.59}=0.628\fallingdotseq\mathbf{0.63}〔\mathbf{mol/L}〕$$ 答

(4) $t=50$〔s〕における C の濃度を $[\mathrm{C}]_{50}$ とすると，

$$\frac{1}{[\mathrm{C}]_{50}}-\frac{1}{1.0}=5.0\times10^{-2}\times50\qquad [\mathrm{C}]_{50}=\frac{1}{3.5}=0.285\fallingdotseq\mathbf{0.29}〔\mathbf{mol/L}〕$$ 答

SCIENCE BOX 多段階反応と律速段階

多くの化学反応は，いくつかの素反応が組み合わさった**多段階反応**(**複合反応**)である場合が多い。多段階反応には，逐次反応，併発反応，連鎖反応，可逆反応などがある。

〔1〕 $A \xrightarrow{\text{I}} B \xrightarrow{\text{II}} C \xrightarrow{\text{III}} D$ のように，いくつかの素反応が直列的に進む反応を，**逐次反応**という。素反応Ⅰ，Ⅱ，Ⅲの反応速度が異なる場合，そのうち最も遅い素反応を**律速段階**といい，これが全体の反応速度を決定する。

たとえば，五酸化二窒素 N_2O_5 の分解反応，$2N_2O_5 \longrightarrow 4NO_2 + O_2$ は，次の3つ素反応が連続して進む逐次反応である。

$$\begin{cases} N_2O_5 \longrightarrow N_2O_3 + O_2 & \cdots\cdots ① \\ N_2O_3 \longrightarrow NO + NO_2 & \cdots\cdots ② \\ N_2O_5 + NO \longrightarrow 3NO_2 & \cdots\cdots ③ \end{cases}$$

①+②+③より，$2N_2O_5 \longrightarrow 4NO_2 + O_2$

調べてみると，上の3つの素反応のうち，①の反応速度が最も遅いことがわかった。つまり，①の素反応さえおこれば，②，③の素反応はすぐに進行するので，全体の反応速度は，①の素反応の反応速度だけで決定される。したがって，全体の反応速度式は，①の素反応の反応速度式 $v = k[N_2O_5]$ で表される(k：速度定数)。

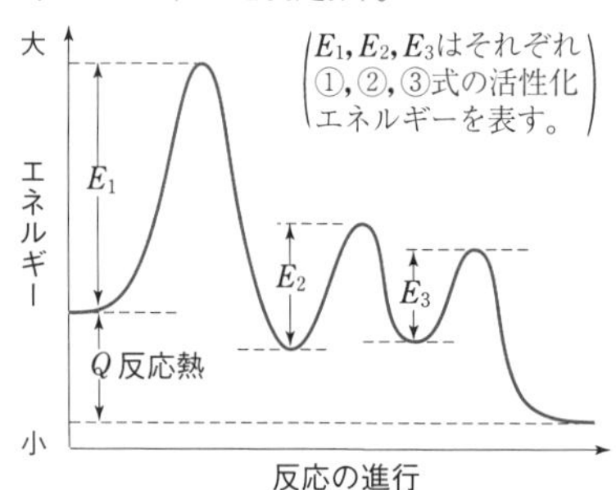

〔2〕 $A \begin{cases} \xrightarrow{\text{I}} X \\ \xrightarrow[\text{II}]{} Y \end{cases}$ 左のように，いくつかの素反応が並列的に進む反応を**併発反応**(**競争反応**)という。素反応Ⅰ，Ⅱの反応速度が異なる場合，そのうち最も速い素反応による生成物が多く生成する。

たとえば，エタノール C_2H_5OH の熱分解反応は，次のような併発反応である。

$$C_2H_5OH \begin{cases} \longrightarrow C_2H_4 + H_2O & \cdots ④ \\ \longrightarrow CH_3CHO + H_2 & \cdots ⑤ \end{cases}$$

Al 触媒を使うと④の反応が速くなり，エチレン C_2H_4 の生成量が多くなる。一方，Cu 触媒を使うと⑤の反応が速くなり，アセトアルデヒド CH_3CHO の生成量が多くなる。このように，適当な触媒を選ぶことで，目的の生成物の収量を増やすことができる。

〔3〕 水素と塩素の混合気体に日光を当てると爆発的に反応して，塩化水素が生成する。

$$H_2 + Cl_2 \longrightarrow 2HCl$$

この反応は，H_2 と Cl_2 が衝突しておこる2分子反応ではなく，次のような多段階反応であることがわかっている。

(1) 一部の Cl_2 分子が光を吸収して，Cl 原子(塩素ラジカル)(Cl•)に解離する*。

$$Cl_2 \xrightarrow{\text{光}} 2Cl\cdot \quad \cdots\cdots ⑥$$

(2) Cl•が H_2 分子と反応する。

$$Cl\cdot + H_2 \longrightarrow HCl + H\cdot \quad \cdots\cdots ⑦$$

(3) H 原子(水素ラジカル)(H•)が Cl_2 分子と反応する。

$$H\cdot + Cl_2 \longrightarrow HCl + Cl\cdot \quad \cdots\cdots ⑧$$

いったん Cl•が生成されると，⑦，⑧の反応が連続して繰り返される(1個の Cl•から生じる HCl 分子は 10^4～10^6 個といわれる)。このような反応を**連鎖反応**といい，物質の燃焼反応などに多くの例が見られる。

* Cl 原子のように不対電子をもつ原子，原子団を**遊離基**(**ラジカル**)といい，他の分子や原子団などと非常に結合しやすい性質をもつ。また，ラジカルの関係する反応を**ラジカル反応**という。

〔4〕 $A \underset{v_2}{\overset{v_1}{\rightleftarrows}} B$ のように，左右どちらにも進む**可逆反応**(p. 259)も，2つの素反応からなる多段階反応の一種と見ることができる。全体の反応速度 v は，正反応と逆反応の反応速度の差 $v_1 - v_2$ と等しく，平衡状態になると，$v = 0$，すなわち $v_1 = v_2$ となる。

例題 希塩酸中で一定温度を保って酢酸メチル CH_3COOCH_3 の加水分解を行ったところ，次表のような結果が得られた。

反応式 $CH_3COOCH_3 + H_2O \rightleftarrows CH_3COOH + CH_3OH$

この反応では，酢酸メチルの分解速度 v は，酢酸メチルのモル濃度 $[CH_3COOCH_3]$ だけに比例するものとする。

反応時間(min)	0	5	10	15	…
酢酸メチルのモル濃度 $[CH_3COOCH_3]$	1.0	0.82	0.68	0.56	…
酢酸メチルの平均分解速度 $\bar{v}$		(ア)	2.80×10^{-2}	2.40×10^{-2}	〔mol/L·min〕
酢酸メチルの平均濃度 $\overline{[CH_3COOCH_3]}$		0.910	(イ)	0.620	〔mol/L〕
反応速度定数 k		3.96×10^{-2}	3.73×10^{-2}	(ウ)	〔min^{-1}〕

(1) 表の空欄(ア)，(イ)，(ウ)に該当する数値(有効数字 3 桁)を答えよ。

(2) 反応速度定数の平均値を用いて，酢酸メチルの濃度が 0.50 mol/L のとき，瞬間の酢酸メチルの分解速度〔mol/L·min〕を求めよ。

(3) 酢酸メチルの濃度が 0.50 mol/L になるのに要する時間（半減期）を求めよ。ただし，反応物の初濃度を $[A]_0$，ある時間 t〔min〕後の反応物の濃度を $[A]$，反応速度定数を k とすると，$[A]=[A]_0e^{-kt}$ の関係が成り立つものとする。($\log_e 2=0.69$)

［解］ (1) (ア) 酢酸メチル CH_3COOCH_3 の平均の分解速度を $\bar{v}$ とおくと，

$$\bar{v}=-\frac{\Delta[CH_3COOCH_3]}{\Delta t}=-\frac{C_2-C_1}{t_2-t_1}$$

$t_1=0$〔min〕のとき $C_1=1.0$ mol/L，$t_2=5$〔min〕のとき $C_2=0.82$ mol/L を代入して，

$$\bar{v}=-\frac{0.82-1.0}{5-0}=\mathbf{3.60\times10^{-2}}\text{〔mol/(L·min)〕}$$ 答

(イ) $t=5\sim10$〔min〕における酢酸メチルの平均の濃度は，

$$\overline{[CH_3COOCH_3]}=\frac{0.82+0.68}{2}=\mathbf{0.750}\text{〔mol/L〕}$$ 答

(ウ) 題意より，反応速度式 $\boldsymbol{v=k}[CH_3COOCH_3]$ (k：反応速度定数)が成り立つから，どの時間間隔においても，$\bar{v}=k\overline{[CH_3COOCH_3]}$ の関係が成り立つ。

$$\therefore\ k=\frac{\bar{v}}{\overline{[CH_3COOCH_3]}}=\frac{2.40\times10^{-2}}{0.620}=\mathbf{3.87\times10^{-2}}\text{〔min}^{-1}\text{〕}$$ 答

(2) $t=0\sim5$，$5\sim10$，$10\sim15$〔min〕の 3 つの時間間隔の k の平均値は，

$$\frac{(3.96+3.73+3.87)\times10^{-2}}{3}\fallingdotseq3.85\times10^{-2}\text{〔min}^{-1}\text{〕}$$

反応速度式 $v=k[CH_3COOCH_3]$ の式に数値を代入すると，

$$v=3.85\times10^{-2}\times0.50=\mathbf{1.93\times10^{-2}}\text{〔mol/(L·min)〕}$$ 答

(3) $[A]=[A]_0e^{-kt}$ に $[A]=\frac{[A]_0}{2}$ を代入して，$\frac{[A]_0}{2}=[A]_0e^{-kt}$　$\frac{1}{2}=e^{-kt}$

両辺に自然対数をとると，$-\log_e 2=-kt$　$\therefore\ t=\frac{\log_e 2}{k}$

$$t=\frac{0.69}{3.85\times10^{-2}}=17.9\fallingdotseq\mathbf{18}\text{〔min〕}$$ 答

6 反応速度と温度の関係

五酸化二窒素の分解反応は，$v=k[N_2O_5]$ の反応速度式で表される。いま，N_2O_5 の濃度を一定にしたまま，絶対温度 T と反応速度定数 k との関係を調べたものが右図である。

図より，温度の上昇に伴って，反応速度定数は急激に大きくなる。反応速度は，発熱反応，吸熱反応を問わず温度が高くなるほど大きくなる。一般の気体反応では，「温度が 10 K 上昇するごとに，反応速度は 2〜4 倍になるものが多い⓬」。

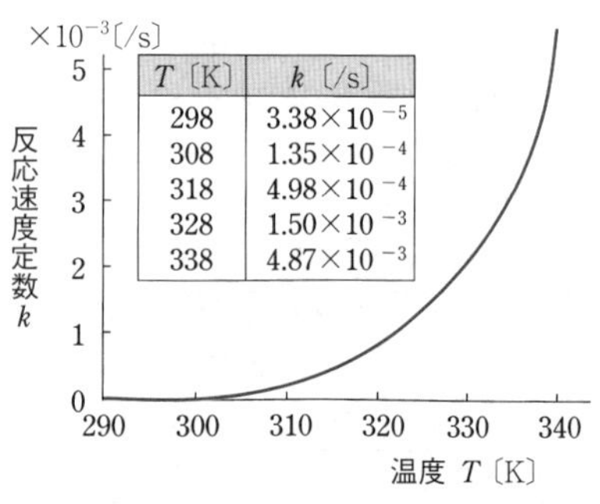

T〔K〕	k〔/s〕
298	3.38×10^{-5}
308	1.35×10^{-4}
318	4.98×10^{-4}
328	1.50×10^{-3}
338	4.87×10^{-3}

N_2O_5の分解反応の反応速度定数と温度の関係

補足⓬ 10 K ごとに反応速度が 2 倍になる反応では，50 K 上昇すれば $2^5=32$ 倍，100 K 上昇では $2^{10}=1024$ 倍となる。10 K ごとに反応速度が 3 倍になる反応では，50 K 上昇すれば $3^5=243$ 倍，100 K 上昇すれば $3^{10}\fallingdotseq59000$ 倍となる。

►次に温度上昇によって，反応する分子の衝突回数がどの程度増大するかを考えてみる。

分子の平均速度を $\bar{v}$，分子量を M，絶対温度を T とすると，分子のもつ平均運動エネルギーは，絶対温度に比例して大きくなり，また，同種の分子ならば M は一定なので，

$$\frac{1}{2}M\bar{v}^2\propto T \text{ より，}\quad \bar{v}\propto\sqrt{\frac{2T}{M}}\qquad \text{よって，}\quad \bar{v}\propto\sqrt{T}$$

たとえば，絶対温度 308 K と 318 K における分子の平均速度の比は，

$$\frac{\bar{v}_{318}}{\bar{v}_{308}}=\sqrt{\frac{318}{308}}\fallingdotseq1.02\text{〔倍〕　となる。}$$

もし，反応速度が反応する分子の衝突回数だけに比例するならば，温度が 10 K 上昇したときの反応速度の増加の割合は数％に過ぎないことになる。しかし，多くの化学反応では，温度が 10 K 上昇すると，反応速度が 2〜4 倍つまり 200〜400％も増加するという事実があり⓭，この事実を衝突回数の増加だけで説明することはできない。

補足⓭ 気体分子は，空間の中をあらゆる方向にいろいろな速度で自由に熱運動している。同じ温度で比較すると，分子量の小さい分子ほど平均速度が大きく，分子量の大きい分子ほど平均速度は小さい。しかし，平均の運動エネルギーに換算すると，どの気体も同じエネルギーの分布曲線(**マクスウェル・ボルツマンの分布曲線**)が得られる(下図)。

温度が高くなると，分布曲線が全体的に高エネルギー側へ移行する（つまり，曲線のピークが右側へずれるとともに，高エネルギー側のすそ野が広がる)。高温になると，反応速度が急激に大きくなるのは，衝突回数が増加することに加えて，活性化エネルギー E_a 以上の運動エネルギーをもつ分子の割合(図の斜線をつけた部分の面積)が，急激に増加するためである。

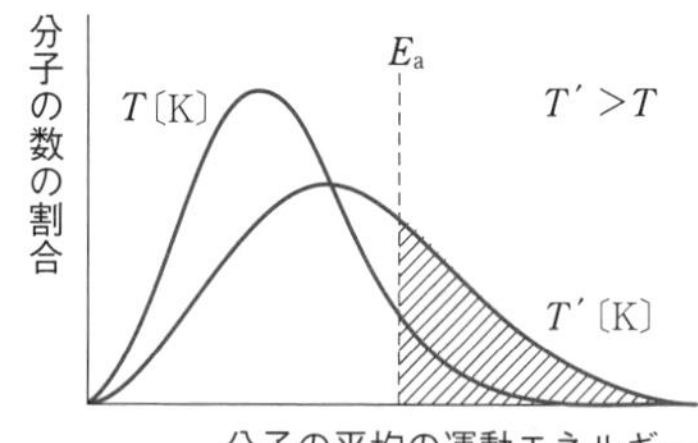

参考 反応速度と反応物の濃度と温度の関係を，自動車の衝突事故との関係でたとえてみる。一定区域内

で走る自動車の数(濃度)が増えると，事故の発生件数(反応速度)も大きくなる。また，自動車の平均スピード(温度)が増すと，衝突の回数が増えるだけでなく，衝突事故につながる危険な運転が増える。それに伴って，衝突事故の発生件数(反応速度)も急激に増加することになる。

SCIENCE BOX　反応速度とアレニウスの式

自由なエネルギーの交換が許された N_0 個の気体分子中で，あるエネルギー E より高いエネルギーをもつ分子の数 N は，ボルツマンにより次式のように示された。

$$\frac{N}{N_0}=C\cdot e^{-\frac{E}{RT}} \quad \cdots\cdots①$$

$$e\left(=1+\frac{1}{1}+\frac{1}{2!}+\frac{1}{3!}+\cdots=2.718\cdots\right)$$

$n!=n\cdot(n-1)\cdot\cdots\cdot 2\cdot 1$ とする。

e は自然対数の底，$e^{-\frac{E}{RT}}$ は全分子に対する E 以上のエネルギーをもつ分子の割合を表すボルツマン因子，C は定数である。

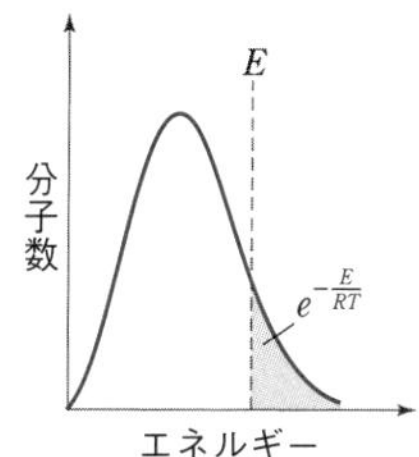

①式の E を活性化エネルギー E_a とみなすと，N は活性化エネルギーを上回るエネルギーをもつ分子の数を表す。

ところで，1秒間で濃度 1 mol/L 中にあるすべての分子の衝突回数を Z とすると，比較的簡単な二分子反応では，およそ $Z=4\times10^{10}\sim10^{11}$ L/(mol·s) と求められている。複雑な分子では衝突の方向によっては反応がおこらないことがあり，立体的な反応のおこりやすさを示す**立体因子** P(単原子分子は1，多原子分子では構造が複雑になるほど小さくなる)を考慮する必要がある。

例　$H_2+I_2 \longrightarrow 2HI$　　$P=0.28$

　　$2HI \longrightarrow H_2+I_2$　　$P=0.44$

分子の衝突回数 Z と立体因子 P の積 PZ を A(**頻度因子**) とおくと，反応速度定数 k は，この A に活性化エネルギーを上回るエネルギーをもつ分子の割合を表すボルツマン因子 $e^{\frac{-E_a}{RT}}$ をかけて求められる。

この関係式を**アレニウスの式**という*。

$$\boldsymbol{k=A\cdot e^{\frac{-E_a}{RT}}}$$

* A：頻度因子（単位時間あたりの反応分子間の有効な衝突回数を表す因子)，E_a：活性化エネルギーで，それぞれ反応によって決まった値をもち，温度により変化しない。また，R は気体定数である。

上式の両辺の自然対数をとると，

$$\log_e k=-\frac{E_a}{RT}+\log_e A \quad \cdots\cdots②$$

②式は自然対数で扱いにくいので，底の変換公式を用いて常用対数に直すと，

$$\frac{\log_{10}k}{\log_{10}e}=-\frac{E_a}{RT}+\frac{\log_{10}A}{\log_{10}e} \quad \cdots\cdots③$$

③式の両辺に $\log_{10}e$ をかけると，

$$\log_{10}k=-\frac{E_a}{RT}\log_{10}e+\log_{10}A$$

$$\log_{10}e=0.43=\frac{1}{2.3} \quad \text{より，}$$

$$\boldsymbol{\log_{10}k=-\frac{E_a}{2.3RT}+\log_{10}A} \quad \cdots\cdots④$$

④式より，$\log_{10}k$ は，$1/T$ に対して直線的な一次関数の関係があることがわかる。

ある反応の絶対温度 T と反応速度定数 k との関係を実測し，$\log_{10}k$ を縦軸，$1/T$ を横軸にして右図のようにグラフ化したものを**アレニウス・プロット**という。

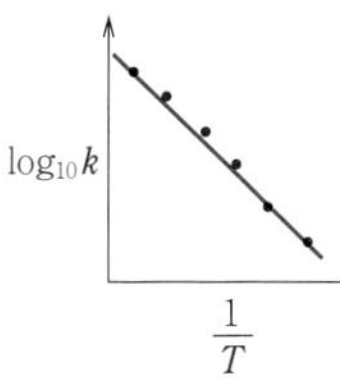

このグラフの傾きが $-\frac{E_a}{2.3R}$ であり，これから活性化エネルギー E_a が求められる。また，グラフの y 切片から頻度因子 A が求められる。

例題　右の $\log_{10}k$ と $\frac{1}{T}\times10^3$ の関係図（アレニウス・プロット）を用いて，

$$2\,\mathrm{HI}\longrightarrow \mathrm{H_2}+\mathrm{I_2}$$

の反応の活性化エネルギー E_a〔kJ/mol〕を整数で求めよ。

ただし，k は反応速度定数，R は気体定数 8.3 J/(K･mol)とする。

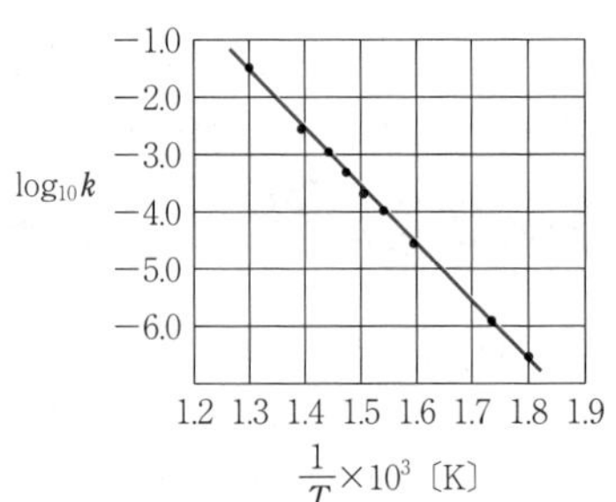

［解］　p. 253 の④式より，グラフの傾きと $-\frac{E_a}{2.3R}$ が等しいから，

$$-\frac{E_a}{2.3\times8.3}=\frac{-6.5-(-1.5)}{(1.8-1.3)\times10^{-3}}=\frac{-5.0}{0.5\times10^{-3}}$$

注意　横軸は，10^3 倍した値が示してあるので，10^{-3} 倍してもとの値に戻しておくこと。

$$0.5\times10^{-3}E_a=5.0\times2.3\times8.3$$

$$\therefore\quad E_a=190.9\times10^3\ \mathrm{J/mol}$$

答　**191 kJ/mol**

注意　正確には，$\log_{10}k$ と 1/T のグラフの傾きより活性化エネルギーが求められるが，グラフを書けるだけの k の測定値がない場合，次の **例題** のように，2つの温度における k の値より，その温度範囲内での活性化エネルギーを求める方法もある。

例題　反応速度定数 k と反応温度 T〔K〕との間には，一般に次の関係が成り立つ。

$$k=A\cdot e^{\frac{-E_a}{RT}}\qquad\left(\begin{array}{l}R\ \text{は気体定数}(=8.3\ \mathrm{J/(K\cdot mol)}),\\ E_a\ \text{は活性化エネルギー},\ A\ \text{は定数}\end{array}\right)$$

反応温度が 27℃から 37℃になると，反応速度が 3 倍になる反応の活性化エネルギー〔kJ/mol〕を小数第 1 位まで求めよ。ただし，$\log_{10}3=0.48$，$\log_{10}e=0.43$ とする。

［解］　上式の両辺の自然対数をとると，

$$\log_e k=-\frac{E_a}{RT}+\log_e A\quad\cdots\cdots①$$

自然対数 $\log_e x$ を常用対数 $\log_{10}x$ に直すには，$\boldsymbol{\log_e x=\frac{\log_{10}x}{\log_{10}e}=\frac{\log_{10}x}{0.43}=2.3\log_{10}x}$

つまり，自然対数を常用対数に直すには，2.3 を掛ければよい。①式を常用対数に直すと，

$$2.3\log_{10}k=-\frac{E_a}{RT}+2.3\log_{10}A\qquad(\div2.3)\text{より，}\quad\boldsymbol{\log_{10}k=-\frac{E_a}{2.3RT}+\log_{10}A}$$

$$\log_{10}k=-\frac{E_a}{2.3R\times300}+\log_{10}A\quad\cdots\cdots②$$

$$\log_{10}(3k)=-\frac{E_a}{2.3R\times310}+\log_{10}A\quad\cdots\cdots③$$

③−②より，$\log_{10}(3k)-\log_{10}k=\frac{E_a}{2.3R\times300}-\frac{E_a}{2.3R\times310}$

$$\log_{10}3=\frac{E_a}{2.3R}\left(\frac{1}{300}-\frac{1}{310}\right)=\frac{E_a}{2.3R}\left(\frac{310-300}{300\times310}\right)$$

$$0.48=\frac{E_a}{2.3\times8.3}\left(\frac{10}{300\times310}\right)\qquad\therefore\quad E_a\fallingdotseq85218\ \mathrm{J/mol}$$

答　**85.2 kJ/mol**

7 反応速度と触媒

室温では過酸化水素水はほとんど分解しないが，少量の $FeCl_3$ 水溶液または酸化マンガン(Ⅳ)MnO_2 の粉末を加えると，激しく分解が始まり酸素を発生する。反応終了後，残っている Fe^{3+} や MnO_2 の量を調べても，反応前に加えた量と変化は見られない。

このように，反応の前後でそれ自身は変化しないが，少量でも反応速度を変化させる物質を**触媒**という⓮。

詳説⓮ 反応速度を大きくする触媒を**正触媒**といい，ふつう単に触媒といえば正触媒のことをさす。逆に，反応速度を小さくする触媒を**負触媒**といい，過酸化水素水の分解を抑えるために加えるリン酸やその塩などがその例である。H_2O_2 の分解反応は，溶液がアルカリ性の場合や，溶液中に存在する Fe^{3+}, Mn^{2+}, Cu^{2+} などで促進されるが，リン酸は溶液を酸性に保ち，金属イオンの触媒作用を遮蔽(しゃへい)するので，結果的に H_2O_2 の分解が抑えられる。

また，ある物質が存在すると，触媒作用が著しく低下する場合，この物質を**触媒毒**といい，NH_3 の合成で使用する鉄触媒に対する CO などがその例である。ときには，反応の生成物が触媒作用を示すことがある。これを**自触媒作用**という。酸性条件における過マンガン酸イオンによる酸化作用は，その生成物であるマンガン(Ⅱ)イオンによって著しく促進される(p. 553)。これは，Mn^{2+} による自触媒作用の例である。

►触媒の働き方は，大きく 2 つに分類される。過酸化水素水に加えた $FeCl_3$ 水溶液の場合のように，反応物と均一に混じり合った状態で働く触媒を**均一系触媒**といい，Fe^{3+} だけでなく，H^+ や OH^- などの酸・塩基がよく使われる。均一系触媒の場合，触媒と反応物が結合して，不安定な反応中間体(これが活性錯体に相当する)をつくる。この中間体が自ら分解したり，他の分子と衝突したりして，安定な生成物に変化するとともに，触媒が再生される。この過程の繰り返しにより反応が進んでいく⓯。

反応物 ＋ 触媒 ⟶ ［反応中間体］ ⟶ 生成物 ＋ 触媒

補足⓯ ギ酸 HCOOH の水溶液は，次式のように分解する。 $HCOOH \longrightarrow H_2O + CO\uparrow$ その活性化エネルギーは 92 kJ/mol であるが，少量の濃硫酸を加えると H^+ が触媒として働き，活性化エネルギーは 75 kJ/mol に低下し，その反応速度定数は 300 K のとき約 1050 倍になる。

$$\frac{k(\text{触媒})}{k(\text{無触媒})}=\frac{e^{-\frac{75000}{RT}}}{e^{-\frac{92000}{RT}}}=e^{-\frac{75000}{RT}+\frac{92000}{RT}}=e^{\frac{17000}{RT}}=2.7^{6.8}\fallingdotseq 1050(\text{倍})$$

27℃では，$RT=8.3\times300=2490$〔J/mol〕$\fallingdotseq 2.5$〔kJ/mol〕，$e\fallingdotseq 2.7$ とする。

►これに対して，$2H_2O_2 \longrightarrow 2H_2O+O_2$ の反応における酸化マンガン(Ⅳ)MnO_2 や，$H_2+I_2 \longrightarrow 2HI$ の反応における白金 Pt のように，反応物とは均一に混じり合わない状態で働く触媒を**不均一系触媒**という。気体や溶液中に加えた固体触媒がすべてこれに該当する。

不均一系触媒を用いた反応は，触媒表面で反応がおこるので，その働きは**接触作用**ともよばれる。すなわち，① 触媒表面上の活性点への反応物の**吸着**，② 触媒表面上での吸着分子または原子どうしでおこる**表面反応**，③ 生成物の触媒表面からの**脱離**，という過程の繰り返しにより反応が進んでいく。

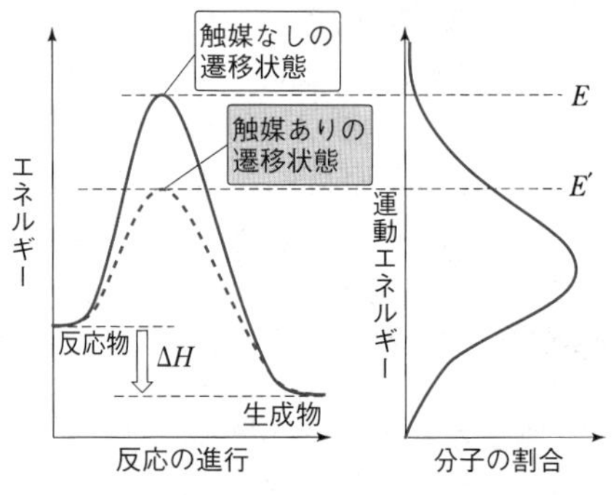

一般に，触媒はより活性化エネルギーの小さな別の反応経路をつくる働きをもち，触媒のない場合に比べて，反応にあずかる分子の割合が増え，反応速度も大きくなる。また，触媒は反応の途中に関与するだけで，反応の前後では何も変化していない。つまり，触媒を加えることによって，反応物のもつエネルギーと生成物のもつエネルギーはまったく変化しないので，反応エンタルピー ΔH の大きさは変化しない[16]。

反応の例	活性化エネルギー (kJ/mol)	下記の触媒のあるときの活性化エネルギー(kJ/mol)	
$H_2+I_2 \longrightarrow 2\,HI$	174	白金 Pt	49
$N_2+3\,H_2 \longrightarrow 2\,NH_3$	234	鉄 Fe	96
$2\,SO_2+O_2 \longrightarrow 2\,SO_3$	251	酸化バナジウム(V) V_2O_5	63
$CH_2=CH_2+H_2 \longrightarrow CH_3-CH_3$	117	ニッケル Ni	42
$2\,H_2O_2 \longrightarrow 2\,H_2O+O_2$	75	白金 Pt	49
$2\,H_2O_2 \longrightarrow 2\,H_2O+O_2$	75	カタラーゼ(酵素)	約 8

活性化エネルギーが 20 kJ/mol 程度であれば，30～40℃でも容易に反応が進行する。

補足[16] 触媒の働きは，峠越えの山道に新しいトンネルを掘ることと同じで，トンネルを通れば峠越えよりもずっと早く隣町へ到達できる。触媒には本来どうしてもおこらないような反応を進行させる能力はない。触媒は，本来おこりうる反応であっても，反応速度が極めて遅いために，進行しにくかった反応を促進させる働きをもつ第三の物質のことである。

►化学工業における重要な反応には，その目的に応じて最も適当な触媒が選択され使用される。たとえば，窒素 N_2 と水素 H_2 からアンモニア NH_3 をつくる反応（**ハーバー・ボッシュ法**）では四酸化三鉄 Fe_3O_4 や $Fe-K_2O-Al_2O_3$ が触媒として使用されている[17]。

従来，高温・高圧でしか製造できなかった物質でも，触媒を用いて反応速度を大きくすることにより，より低温・低圧で，しかも短時間で製造できるようになる。現在，化学工業のプロセスの80%以上では，触媒を用いて操業されており，新たな触媒の開発・発見が，今後の化学工業の発展に重要な役割を果たすものと期待されている[18]。

補足[17] 主成分は Fe_3O_4 であるが，反応時にはこれが高温の H_2 で還元されて，生じた多孔質の Fe が触媒作用を示す。現在では，Fe を主成分とし，助触媒として Al_2O_3(約 5%)と K_2O(約 1%）を添加したものが実際に使われている。触媒作用において，Al_2O_3 は Fe の粒子を分散させて表面積を大きくし，K_2O は N_2 の解離吸着(p. 257)を助ける働きをする。

補足[18] 触媒は日常生活の中でもさまざまな役割を果たしている。たとえば，自動車の排気ガス中には，窒素酸化物や一酸化炭素，炭化水素(未燃焼のもの)などが多く含まれ，そのまま放出すれば大気汚染の原因となる。これらは，マフラー中にある Al_2O_3 に Pt や Pd，Rh を付着させた三元触媒(p. 258)により，無害な N_2，CO_2，H_2O に変えて大気中へ放出される。

（主反応）　$2\,NO+2\,CO \longrightarrow 2\,CO_2+N_2$

SCIENCE BOX　固体触媒の働き

固体内部の原子は，それを取り囲む上下，左右の原子と規則正しく結合しており，すべての結合が満たされた安定な状態にある。一方，固体表面の原子では，外側に向かう結合には相手がなく，余分な結合力を残した不安定な状態にある。そこで，この余分な結合力が原因となって，多くの気体分子が固体表面に集まってくる。このように，気体分子が固体表面に濃縮された状態になる現象を**吸着**という。単に，ファンデルワールス力によっておこる可逆的な吸着を**物理吸着**といい，吸着力は弱い。吸着した分子と触媒表面の原子との間に一種の化学結合が形成される吸着を**化学吸着**といい，吸着力は強い。

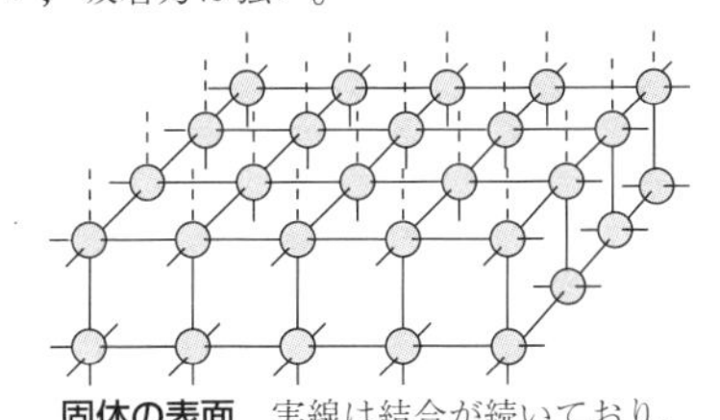

固体の表面　実線は結合が続いており，破線は結合の相手がないことを示す。

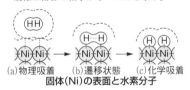

HH　H⋯H　H H
Ni Ni → Ni Ni → Ni Ni
(a)物理吸着　(b)遷移状態　(c)化学吸着

固体(Ni)の表面と水素分子

たとえば，H_2 分子が Ni 表面に化学吸着されると，新たに Ni-H 結合がつくられるため，もとの H-H 結合が弱められる。これは，いままで H-H 結合にあずかっていた電子の一部が Ni-H 間の結合に使われるようになったためである。また，H_2 分子は低温では(a)のように分子状態を保った物理吸着の状態にあるが，温度が上がると，(b)を経て(c)のように H 原子に解離した状態で化学吸着されるようになる。このような化学吸着の状態を**解離吸着(活性化吸着)**という。このような解離吸着の状態になる温度は，結合エネルギーの大きな分子ほど高くなる。

一般に，ある固体物質が触媒作用を示すためには，少くとも反応物の 1 つが化学吸着され，さらに解離吸着に近い状態になることが必要とされる。

たとえば，Ni 触媒上でエチレン $CH_2{=}CH_2$ と水素 H_2 からエタン $CH_3{-}CH_3$ に変化する反応機構は次のように考えられる。

解離吸着されて生じた H 原子は，触媒表面上を動き回る自由度をもつ (①)。エチレンは二重結合のうち弱いほうの π 結合が開いて，2本足で Ni に化学吸着している(②)。この C 原子に対して，両隣から H 原子が攻撃すると水素付加がおこる (③)。その結果，エタンが生成して Ni 表面から脱離する(④)。

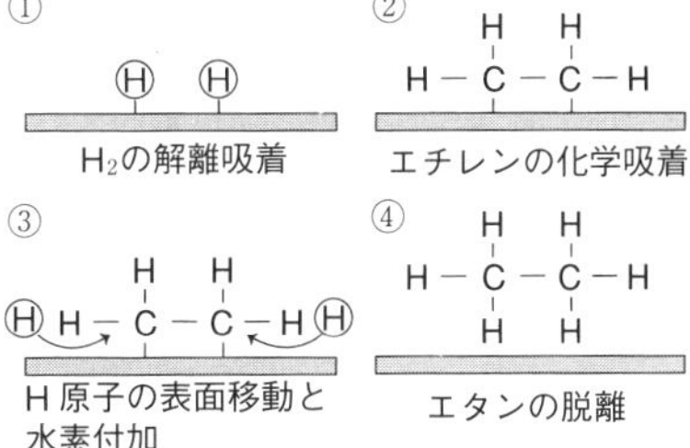

アンモニア合成反応 $N_2+3\,H_2 \longrightarrow 2\,NH_3$ では，一般によく使われる Pt や Ni は使われない。それは，N_2 分子の解離エネルギーが非常に大きいため，Pt や Ni よりもさらに強く化学吸着させる Fe，Ru，Os などの金属を触媒として用いなければならず，ふつう，この中では最も安価な Fe が用いられる。Fe 表面に化学吸着された N_2 を解離吸着の状態にするには，最低 450℃ 以上の温度が必要である (工業的には，触媒を約 500℃ で反応させている)。N_2 を解離吸着させるような条件では，N_2 よりも結合エネルギーの小さい H_2 は，H 原子に解離した状態にある。よって，アンモニア合成反応では，触媒表面上でほぼ原子状態となった N 原子に，活発に動き回る H 原子が衝突を繰り返して，水素化が進行していくと思われる。

SCIENCE BOX　いろいろな触媒

〔1〕 自動車の排気ガス浄化用触媒

ガソリン車の排気ガスに含まれる有害成分は，主に酸化性の NO と還元性の CO，炭化水素 C_mH_n（未燃焼）である。これらの処理に用いる触媒は，Al_2O_3 を蜂の巣状（ハニカム状）の形状にした担体に，白金 Pt，パラジウム Pd，ロジウム Rh の微粒子を付着させたもので，**三元触媒**とよばれ，次のような反応で無害化される。

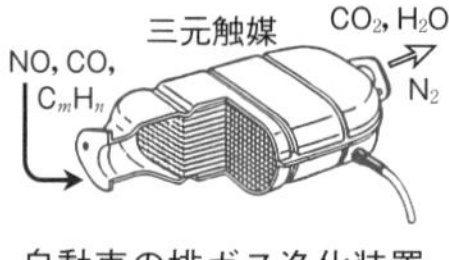

自動車の排ガス浄化装置

$$2NO + 2CO \rightarrow N_2 + 2CO_2$$

$$2NO + C_mH_n \rightarrow N_2 + CO_2 + H_2O \text{（係数略）}$$

3成分がすべて有効に除去されるためには，燃料が完全燃焼され，排気ガス中に適当量の NO，CO，C_mH_n が存在するという条件が必要である。このため，エンジンに送る燃料に対する空気の質量比（**空燃比**：空気／燃料）を一定の範囲内に保つ必要がある。そのため，酸素センサーで排気ガス中の O_2 濃度を測定し，かつ燃料噴射量を調節することにより，空燃比が最適範囲になるよう制御している[*1]。

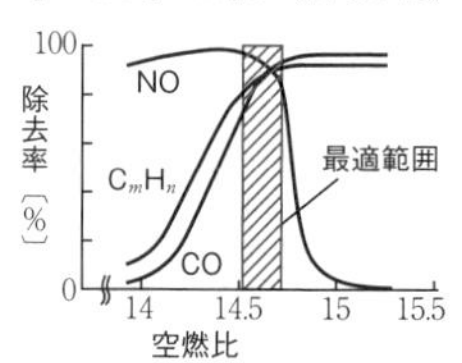

＊1　ただし，ディーゼルエンジンでは燃料を酸素過剰の状態で燃焼・爆発させるため，上記の三元触媒は利用できない。

〔2〕 石油ストーブの有害物質除去用の触媒

開放型石油ストーブでは，着火時及び消火時に強い灯油臭がするほか，使用中には不完全燃焼により CO が発生する。これらの有害成分である CO や炭化水素は，燃焼筒の上部に設けられた触媒層に燃焼ガスを接触させることで，無害な CO_2 や H_2O に転化して除去している。この触媒には，ハニカム構造の多孔質の金属表面に，Pt や Pd の粉末を付着させたものが多い。

〔3〕 酸化チタン(Ⅳ)の光触媒作用

酸化チタン(Ⅳ) TiO_2 電極と，白金 Pt 電極をつないで希硫酸に浸し，TiO_2 表面に光を照射すると，電流が流れ，TiO_2 表面では O_2 が，Pt 表面では H_2 が発生する[*2]（**本多・藤嶋効果**，1972年）。

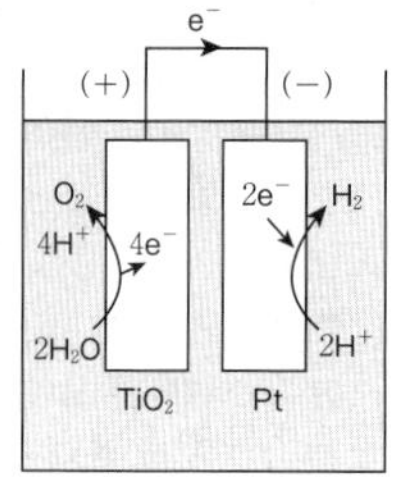

＊2　TiO_2 は光を受容すると**光触媒**として作用し，それに接触する汚れやにおいの物質（有機物）を酸化分解して，その表面を清潔に保持できるので，TiO_2 の薄膜で覆ったタイル，衛生陶器などが登場している。また，TiO_2 に Pt を付着させた光触媒は，有機物を光分解して H_2 を発生させる。この反応は，水素の新しい生産手段としても注目されている。

〔4〕 ゼオライト（結晶性アルミノケイ酸塩）

ゼオライトは，SiO_4 四面体と AlO_4 四面体が立体網目状に結合した共有結合の結晶で，石油の**接触分解**（p. 613）において，高い触媒作用を示すことが発見された。

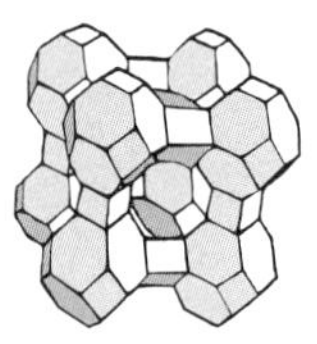
A型ゼオライト

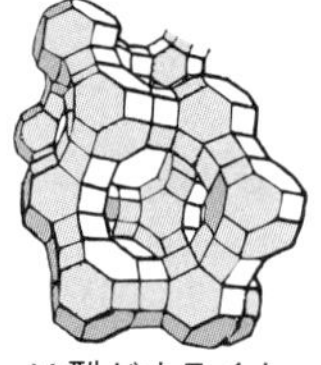
Y型ゼオライト

0.5 nm の開口部をもつA型には，分枝状のアルカンは入れず，直鎖状のアルカンだけが入り，内部で低分子量のアルカンに分解される。0.8 nm の開口部をもつY型では，さらに大きな芳香族炭化水素（p. 679）の反応も可能となる。このように，ゼオライトは，内部の空洞の内壁が触媒機能を示し，かつ開口部が決まった大きさをもつため，特定の分子だけを選び出して（**分子篩**（ふるい）**機構**）反応させることができる。

3-6 化学平衡

1 可逆反応と不可逆反応

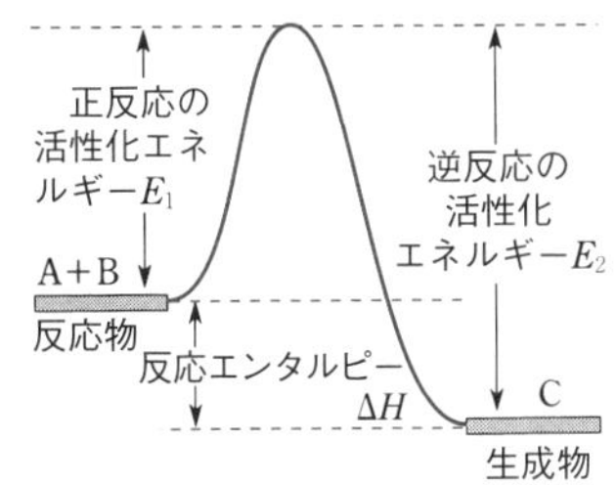

右図の化学反応では，反応物 A と B が活性化エネルギー E_1 の山を乗り越えて，生成物 C へと変化する。一方，生成物 C は活性化エネルギー $E_2(=E_1+Q)$ の山を乗り越えると，反応物 A，B に戻ることもできる。

以上を化学反応式で $A+B \rightleftarrows C$ のように表したとき，左辺から右辺へ向かう反応を**正反応**，右辺から左辺へ向かう反応を**逆反応**という。また，条件により，正反応，逆反応いずれにも進む反応を**可逆反応**といい，記号 $\rightleftarrows$ を用いて表す。

たとえば，水素とヨウ素を密閉容器に入れて一定温度に保つと， $H_2+I_2 \longrightarrow 2\,HI$ という反応が進んで，ヨウ素(紫色)が減少して，ヨウ化水素(無色)が増加する。

一方，無色のヨウ化水素のみを密閉容器に入れて一定温度に保つと，$2\,HI \longrightarrow H_2+I_2$ という反応が進んで，水素，ヨウ素(紫色)を生成するようになる。

以上をまとめると，$H_2+I_2 \rightleftarrows 2\,HI$ と表すことができる❶。

詳説❶ 代表的な可逆反応として，$H_2+I_2 \rightleftarrows 2\,HI$ $\Delta H=-9\,kJ$，$2\,NO_2 \rightleftarrows N_2O_4$ $\Delta H=-57.2\,kJ$，および $N_2+3\,H_2 \rightleftarrows 2\,NH_3$ $\Delta H=-92\,kJ$ などがある。これらの反応は，反応エンタルピーがさほど大きくないので，正反応と逆反応の活性化エネルギーの差がそれほど大きくない。さらに，閉鎖系での反応では，反応物と生成物が共存でき，生成物を逃さないようにすると可逆反応となりやすい。可逆反応では，正反応と逆反応の区別は便宜的なものであって，反応式の与え方によって変わる。たとえば， $2\,HI \rightleftarrows H_2+I_2$ と書いてある場合でも，右向きが正反応，左向きが逆反応となる。

►一方，$Zn+H_2SO_4 \longrightarrow ZnSO_4+H_2\uparrow$，$BaCl_2+H_2SO_4 \longrightarrow BaSO_4\downarrow+2\,HCl$，および $CH_4+2\,O_2 \longrightarrow CO_2+2\,H_2O$ のように，一方向にしか進まない反応を**不可逆反応**という。燃焼のような反応エンタルピーの大きな反応や，気体が発生したり，水溶液中で沈殿を生成するような反応には，不可逆反応の例が多く見られる❷。

詳説❷ 開放容器を用いて亜鉛 Zn と希硫酸 H_2SO_4 を反応させた場合，発生した水素が大気中へどんどん拡散していくので，逆反応がおこらず不可逆反応となる。しかし，発生した水素を逃がさないような密閉容器中で反応を行ったとすると，水素の圧力が非常に高くなった時点で，逆反応がおこりはじめる可能性がある。

一般に，反応物と生成物が共存していれば，正反応と逆反応のいずれの反応も進行する可能性があるから，この意味においては，すべての化学反応が可逆反応になる可能性がある。さらに，反応系から不溶性の固体が沈殿して除かれていく場合にも，事実上，逆反応はおこらない。また，物質の燃焼のように，反応エンタルピーが非常に大きい場合には，正反応に比べて逆反応の活性化エネルギーがずっと大きくなり，逆反応がおこりにくい。

このように，逆反応が非常におこりにくいか，または逆反応の反応速度が著しく小さい場合に限って，不可逆反応になるものと考えられる。

2 化学反応のおこる方向

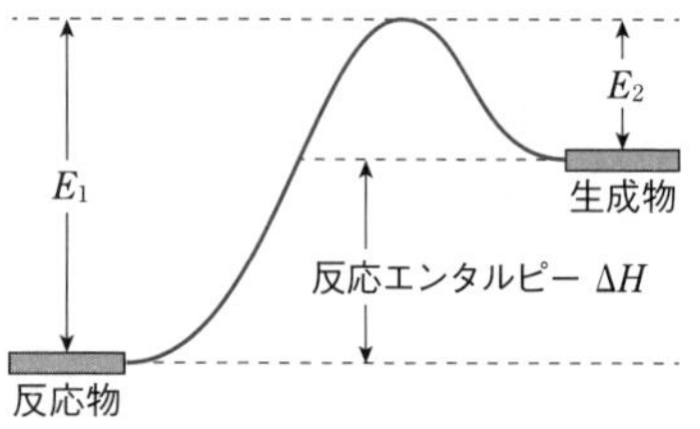

いま，A＋B $\rightleftarrows$ 2 C $\Delta H = Q$ kJ ($Q>0$) の可逆反応において，正反応を吸熱反応 ($\Delta H>0$) とすると，逆反応は発熱反応 ($\Delta H<0$) となる。また，正反応の活性化エネルギーを E_1，逆反応の活性化エネルギーを E_2 とすれば，$E_2=E_1-\Delta H$ となり $E_1>E_2$ となる。したがって，活性化エネルギーの山の低い E_2 のほうが越えやすいので，発熱反応のほうが進行しやすい。一方，活性化エネルギーの山の高い E_1 のほうが越えにくいので，吸熱反応のほうが進行しにくい。

自然界にある物質およびその構成粒子は，エネルギーを多くもっている不安定な状態から，エネルギーの少ない安定した状態へ変化する傾向をもつ。しかし，室温でも水に $NaNO_3$ や KNO_3 を溶かすと，吸熱反応がおこり液温が下がる。以上より，吸熱反応であっても自発的にその方向への変化が進行することがある。このことは，化学変化の進む方向がエネルギーの減少する方向だけで決まるのではないことを示している。

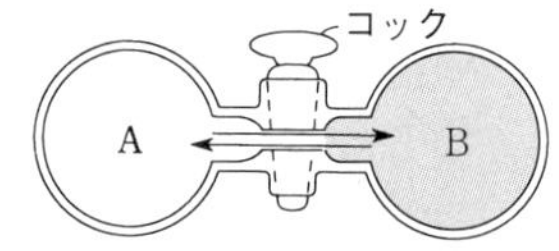

いま，同温・同圧の2種の気体A，Bが図のような細い管でつながれ，別々の容器に入っている。コックを開いて放置すると，A，Bの気体はやがてまったく同じ組成をもつ均一な混合気体になる。しかし，この逆変化は自然には決しておこらない。気体の拡散においては，外部とのエネルギーのやりとりはまったく行われていないものとする。

それでは，拡散の原因は何かというと，容器中にA分子だけ，B分子だけと別々に分かれて存在する秩序正しい状態よりも，A，B分子が混ざり合って存在する無秩序な状態，いわゆる**エントロピー**(**乱雑さ**という)の大きいほうが実現する確率がずっと大きいからである。

以上より，化学変化の進む方向を決める要因には，**エネルギーの減少する傾向**と**エントロピーの増大する傾向**の2つがあり，その兼ね合いによって化学変化の進む方向が決まるといえる。すなわち，発熱反応で乱雑さが増大する反応は，自発的に一方的に進む。

例　$2\,O_3 \longrightarrow 3\,O_2$　　$\Delta H = -285$ kJ

その反対に，吸熱反応で乱雑さが減少する反応は，自発的には進行しない。

例　$6\,CO_2 + 6\,H_2O \not\longrightarrow C_6H_{12}O_6 + 6\,O_2$　$\Delta H = 2800$ kJ

発熱反応でも乱雑さが減少する場合には，可逆反応になることが多い。

例　$N_2 + 3\,H_2 \rightleftarrows 2\,NH_3$　$\Delta H = -92$ kJ ❸

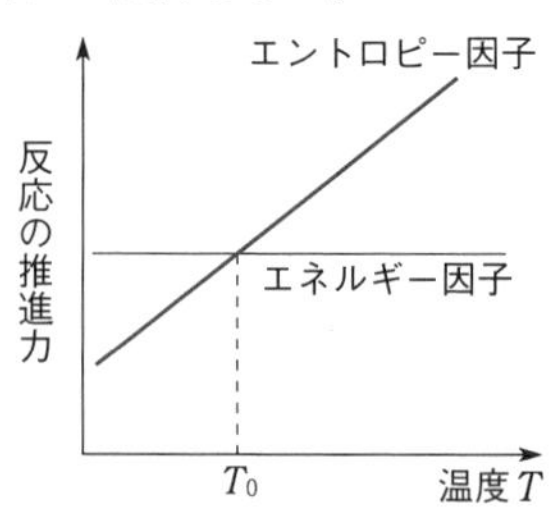

詳説❸　この反応は，エネルギー因子から考えると，エネルギーの低い状態へ向かう発熱方向すなわち，右向きへの反応の進行が期待される。一方，左辺の反応物は気体 4 mol，右辺

の生成物は気体 2 mol しかないので，反応の進行によって系のエントロピー S は減少する。

同一物質では，固体→液体→気体になるにつれてエントロピーは大きくなる。一般に，エネルギー因子による反応の推進力は，温度が変わってもさほど変化しないが，エントロピー因子による反応の推進力は，エントロピー項が $T\Delta S$ (p. 271) より，$\Delta S>0$ の場合は高温ほど大きくなる。

3 平衡状態

水素とヨウ素を密閉容器に入れて加熱し一定温度に保つと，H_2 分子と I_2 分子との間に衝突がおこり，ヨウ化水素 HI が生成する。 $H_2 + I_2 \underset{v_2}{\overset{v_1}{\rightleftarrows}} 2HI$

このとき，HI の生成速度を v_1 とすると，$v_1=k_1[H_2][I_2]$ で表されるから，正反応の進行により H_2，I_2 の濃度がともに減少し，v_1 は小さくなる。一方，時間がたつと HI の濃度が増加するので，HI 分子どうしの衝突がおこり始め，H_2，I_2 に戻るものがあらわれる。このとき，HI の分解速度を v_2 とすると，$v_2=k_2[HI]^2$ と表されるから，v_2 は時間経過とともに大きくなる。

やがて，HI の生成速度と HI の分解速度の差は小さくなり，十分に時間がたつと，ついに $\boldsymbol{v_1=v_2}$ となる。つまり，HI の生成速度と HI の分解速度が等しくなり，HI の濃度は一定となり，見かけ上，変化が認められなくなった状態となる。このような状態を**化学平衡の状態**，または単に**平衡状態**という❹。

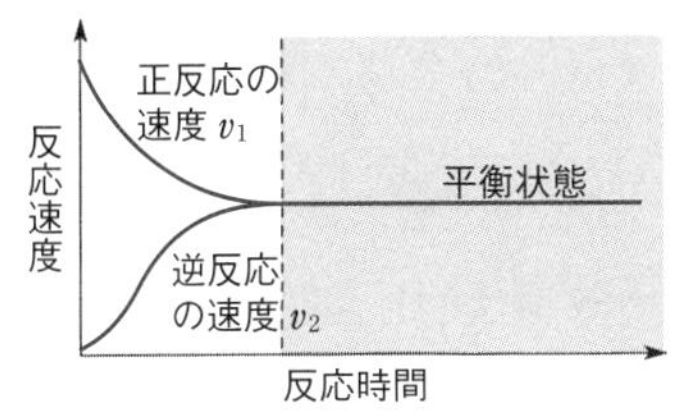

$$\begin{cases} v_1=k_1[H_2][I_2] \\ v_2=k_2[HI]^2 \end{cases}$$

k_1，k_2：反応速度定数

ヨウ素蒸気の色（紫）から反応の進行の度合いがわかる。紫色の濃さが一定になって変化しなければ，平衡状態と判断できる。

詳説❹ 平衡状態とは，個々の反応がまったく停止した状態ではない。微視的（ミクロ）には正反応と逆反応が絶え間なくおこっているが，正反応の反応速度 v_1 と逆反応の反応速度 v_2 が等しくなり，巨視的（マクロ）な世界にいる私たちがこの状態を認識できないだけである。

►平衡状態になると，HI だけでなく H_2，I_2 など各成分の濃度も一定になり，それ以上時間がたっても濃度は変化しなくなる❺。このときの各成分の濃度を**平衡濃度**といい，このような混合物は**平衡混合物**とよばれる。

補足❺ 反応開始直後は，反応物である H_2，I_2 の濃度が大きいので，正反応による H_2，I_2 の減少速度も大きいが，時間がたつと，H_2，I_2 の減少速度は小さくなる。一方，生成物の HI の濃度は大きくなるので，逆反応による H_2，I_2 の増加速度はしだいに大きくなっていく。やがて，

（H_2，I_2 の減少速度）＝（H_2，I_2 の増加速度）

となる。可逆反応が，閉鎖系で長時間放置されたとき，いきつく終着点が平衡状態ということになる。

►右図(a)は，1 L の容器に H_2 と I_2 をそれぞれ 0.5 mol ずつ入れ，448℃に保ったときの各物質の濃度変化を示す。

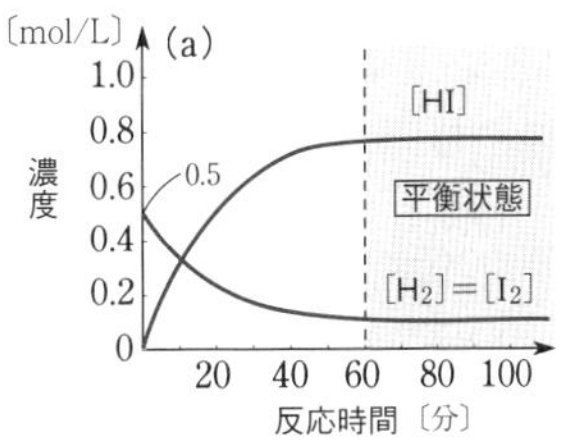

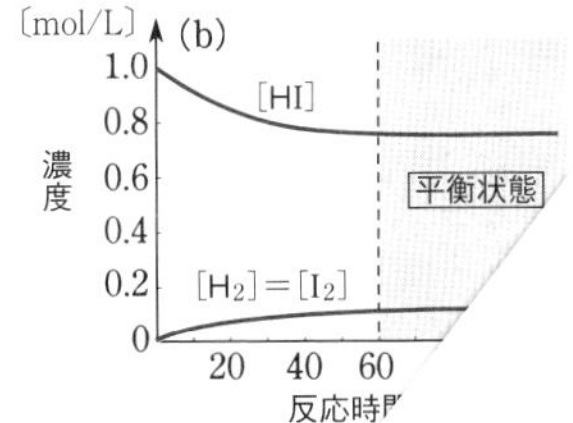

一方，1Lの別の容器にHIだけを1mol入れ，448℃に保ったときの各物質の濃度変化を前ページの図(b)に示す。図(a)，(b)より，温度が一定で，反応系の中に含まれる各元素の物質量（この場合はH原子，I原子とも1mol）が同一であれば，左辺から出発しても右辺から出発しても，得られる平衡混合物の組成はまったく同じである。

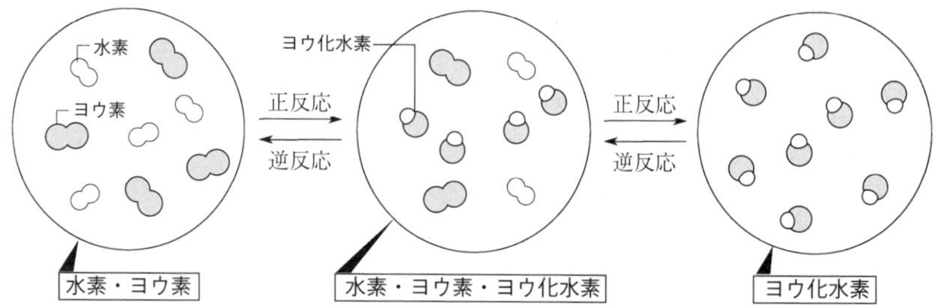

化学平衡 水素とヨウ素各0.5molの混合気体を反応させても，ヨウ化水素1.0molを反応させても，温度一定では，同じ組成の水素，ヨウ素，ヨウ化水素の平衡混合物が得られる。

4 平衡定数

可逆反応 $H_2+I_2 \rightleftarrows 2HI$ が平衡状態になったとき，正反応の速度 $v_1=k_1[H_2][I_2]$ と，逆反応の速度 $v_2=k_2[HI]^2$ とが等しいので，次式が成り立つ。

$$k_1[H_2][I_2]=k_2[HI]^2 \quad \cdots\cdots ①$$

①式を，各物質のモル濃度を左辺に，反応速度定数を右辺にまとめて変形すると，

$$\frac{[HI]^2}{[H_2][I_2]}=\frac{k_1}{k_2}=K \quad \cdots\cdots ②$$

さらに，k_1 と k_2 はそれぞれ温度の関数であるから，$\frac{k_1}{k_2}$ も温度で決まる定数となる。これを改めて K と表し，$\boldsymbol{K}$ をこの化学平衡の**平衡定数**という❻。

②式は，可逆反応が平衡状態となったとき，反応物の濃度の積と生成物の濃度の積の比が一定になることを示す。つまり，②式は平衡状態における，反応物と生成物の濃度の間に成り立つ量的関係を表した重要な関係式である❼。

詳説❻ 同一の反応では，温度さえ一定ならば，最初の各物質の濃度をどのように選んでも，平衡定数 K の値は変化しない。また，その単位は各反応ごとに異なることに留意せよ。

ドイツの**ボーデンシュタイン**は，まず，一定量の H_2 と I_2 をガラス管に封じて恒温槽に入れ，一定温度に長時間保って平衡に到達させた。次に，取り出したガラス封管を急冷して平衡状態のままで凍結させた後，封管を破ってその中に含まれるヨウ素を定量する方法で，448℃での平衡混合気体の組成が，H_2，I_2 各11%，HI 78%(mol%)と測定した。

$[H_2]\times10^{-2}$〔mol/L〕	$[I_2]\times10^{-2}$〔mol/L〕	$[HI]\times10^{-2}$〔mol/L〕	$K=[HI]^2/[H_2][I_2]$
1.000 → 0.223	1.000 → 0.223	0 → 1.554	48.5
1.200 → 0.560	0.700 → 0.060	0 → 1.280	48.8
0 → 0.170	0 → 0.170	1.521 → 1.181	48.3
0 → 0.421	0 → 0.421	3.785 → 2.943	48.9

平衡定数 $\boldsymbol{K}$ の値（448℃のとき）

詳説❼ 平衡定数は，化学反応式で表した左辺（反応物）の濃度を分母に，右辺（生成物）の濃度を分子に書く約束がある。もし，反応式が $2HI \rightleftarrows H_2+I_2$ のように与えられていた場合は，

$\dfrac{[H_2][I_2]}{[HI]^2}=K'$ と表され，②式の平衡定数 K の逆数，$K'=\dfrac{1}{K}$ となる。

また，本来，可逆反応は $\rightleftarrows$，平衡状態は $\rightleftharpoons$ と区別して表すが，本書ではどちらも $\rightleftarrows$ で表す。

5 化学平衡の法則

一般に，次式に示す可逆反応が平衡状態にあるとき，平衡定数 K は③式で表される。

$$aA + bB \rightleftarrows cC + dD$$

（A，B，C，D は物質の化学式を，a，b，c，d はそれぞれの物質の係数を表す。）

$$\frac{[C]^c[D]^d}{[A]^a[B]^b}=K \quad \cdots\cdots\cdots③$$

（ただし，[A]，[B]，[C]，[D] は平衡時における各物質のモル濃度を表す。）

③式は，平衡状態における反応物と生成物の濃度の間に成り立つ唯一の関係式で，反応を開始したとき反応物と生成物の濃度がどのようであっても，平衡状態では，上記の関係を満たすような一定の濃度になっていることを示す。

この関係を**化学平衡の法則**という❽。たとえば，可逆反応 $N_2+3H_2 \rightleftarrows 2NH_3$ が平衡に達していると，次の関係が成り立つ。

$$\frac{[NH_3]^2}{[N_2][H_2]^3}=K$$

（反応式の係数はモル濃度の累乗に必ず一致する）

補足❽ ノルウェーの**グルベルグ**と**ワーゲ**は，正反応の反応速度式と逆反応の反応速度式において，$v_1=v_2$ となる状態が平衡状態であるとして，①式から②式の平衡定数の式を導いた。しかし，一般的には，反応式の係数と反応速度式の反応次数は一致しないことから，上記の導出は厳密には正しいとはいえない（偶然に，$H_2+I_2 \rightleftarrows 2HI$ の正反応，逆反応ともに素反応（p. 244）であったため，反応式の係数と反応速度式の反応次数が一致しただけである）。

のちに，**ファントホッフ**は，厳密に熱力学の理論から化学平衡の法則が導き出されることを証明した。それによると，その反応がいくつかの素反応の組み合わせからなる多段階反応であっても，平衡状態においては化学平衡の法則が必ず成り立つ。

参考 多段階の可逆反応についても，化学平衡の法則が成り立つ理由は次の通りである。

いま，$AB+C \rightleftarrows AC+B$ という可逆反応が，次の 2 つの素反応からなる多段階反応であるとする。

$$AB \rightleftarrows A+B \quad \cdots\cdots(a)$$

$$A+C \rightleftarrows AC \quad \cdots\cdots(b)$$

反応全体が平衡状態にあるとき，それぞれの素反応も平衡状態にあるはずである。

(a)について，$k_1[AB]=k_1'[A][B]$ より，$\dfrac{[A][B]}{[AB]}=\dfrac{k_1}{k_1'}$ ………(c)

(b)について，$k_2[A][C]=k_2'[AC]$ より，$\dfrac{[AC]}{[A][C]}=\dfrac{k_2}{k_2'}$ ………(d)

中間生成物 A の[A]は，反応全体の平衡定数の式には登場しないので，これを消去すると，

(c)×(d)より，$\dfrac{[AC][B]}{[AB][C]}=\dfrac{k_1}{k_1'}\cdot\dfrac{k_2}{k_2'}=K$

（すなわち，(a)，(b)のどちらが律速段階であっても，平衡状態では反応式の係数の通りに化学平衡の法則が成り立つ。）

> **例題** 溶液中の可逆反応 A $\rightleftarrows$ B ＋ C において，正反応と逆反応の反応速度を v_1，v_2 とすると，$v_1=k_1[A]$，$v_2=k_2[B][C]$（k_1，k_2 は正反応と逆反応の速度定数，[A]，[B]，[C] は各物質のモル濃度）の反応速度式で表され，$k_1=1.0\times10^{-6}$/s，$k_2=6.0\times10^{-6}$ L/(mol·s) であった。いま，[A] =1.0 mol/L，[B] =[C] =0 mol/L で反応を開始したとき，平衡状態での[B]は何 mol/L か。（反応中に温度は変化しないものとする。）

［解］ 平衡状態では，**正反応の反応速度 v_1＝逆反応の反応速度 v_2** より，次式が成り立つ。

$k_1[A]=k_2[B][C]$ ……①

①式を整理すると，この可逆反応の平衡定数 K は次のように求められる。

$$K=\frac{[B][C]}{[A]}=\frac{k_1}{k_2}=\frac{1.0\times10^{-6}}{6.0\times10^{-6}}=\frac{1}{6}\text{〔mol/L〕}$$

平衡状態に達するまでに A が x〔mol/L〕反応したとすると，

	A	$\rightleftarrows$	B	＋	C	
平衡時	$1.0-x$		x		x	〔mol/L〕

$$K=\frac{[B][C]}{[A]}=\frac{x^2}{1.0-x}=\frac{1}{6}$$

$6x^2+x-1=0$　　$(2x+1)(3x-1)=0$

$x=\frac{1}{3}$〔mol/L〕，$-\frac{1}{2}$〔mol/L〕（$0<x<1$ より不適）　　答　**0.33 mol/L**

> **例題** 一定体積の密閉容器に水素 2.0 mol とヨウ素 2.0 mol を封入して，700 K に保ったところ，次式に示すように反応がおこり，ヨウ化水素が 3.2 mol 生じて平衡状態に達した。
>
> H_2(気) ＋ I_2(気) $\rightleftarrows$ 2 HI(気)
>
> (1) この反応の平衡定数 K はいくらか。
>
> (2) 上記の平衡混合物にさらに水素 1.0 mol を加え，700 K で放置したとき，ヨウ化水素は何 mol 存在することになるか。$\sqrt{10}=3.2$ とする。

［解］ (1) 平衡状態に達するまでに，H_2，I_2 が x〔mol〕ずつ反応したとすると，

	H_2	＋	I_2	$\rightleftarrows$	2 HI	
反応前	2.0		2.0		0	〔mol〕
(変化量)	↓ $-x$		↓ $-x$		↓ $+2x$	〔mol〕
平衡時	$(2.0-x)$		$(2.0-x)$		$2x$	〔mol〕

よって，平衡時の HI の物質量……$2x=3.2$　　∴ $x=1.6$〔mol〕

容器の体積を V〔L〕とすると，平衡定数は，平衡時の各物質のモル濃度より計算できる。

$$K=\frac{[HI]^2}{[H_2][I_2]}=\frac{\left(\frac{3.2}{V}\right)^2\text{〔mol/L〕}^2}{\left(\frac{0.40}{V}\right)\left(\frac{0.40}{V}\right)\text{〔mol/L〕}^2}=64$$

答　**64**

（両辺の係数和が等しい場合，体積 V は平衡定数では消去されるので省略してもよい。）

(2) 上記の平衡混合物にさらに H_2 1.0 mol を加えた場合でも，最初に H_2 3.0 mol，I_2 2.0 mol から反応を開始した場合でも，到達する平衡状態はまったく変わらない（平衡に達する時間だけが異なる）。　平衡状態になるまでに反応した H_2，I_2 をそれぞれ y〔mol〕とおくと，

	H_2	＋	I_2	$\rightleftarrows$	$2\,HI$	
反応前	3.0		2.0		0	〔mol〕
(変化量)	↓$-y$		↓$-y$		↓$+2y$	〔mol〕
平衡時	$(3.0-y)$		$(2.0-y)$		$2y$	〔mol〕

(両辺の係数和が等しい場合，体積 V は平衡定数では消去されるので，省略できる。)

$$K=\frac{[HI]^2}{[H_2][I_2]}=\frac{(2y)^2}{(3.0-y)(2.0-y)}=64$$

$$15y^2-80y+96=0$$

$ax^2+bx+c=0$ の解は，$x=\dfrac{-b\pm\sqrt{b^2-4ac}}{2a}$　……①

$ax^2+2b'x+c=0$ の解は，$x=\dfrac{-b'\pm\sqrt{b'^2-ac}}{a}$　……②

解の公式②より，$y=\dfrac{40\pm\sqrt{1600-1440}}{15}=\dfrac{40\pm4\sqrt{10}}{15}$

$y=1.81$〔mol〕(適)，3.52〔mol〕($0<y<2$ より不適)

∴　HI：　$2y=2\times1.81=3.62$〔mol〕　　答　**3.6 mol**

例題　容積 10 L の密閉容器に四酸化二窒素 N_2O_4 0.50 mol を入れて 27℃に保ったところ，その 20%が解離して二酸化窒素 NO_2 となり，次式のような平衡状態に達した。

N_2O_4(気) $\rightleftarrows$ $2\,NO_2$(気)　……①

気体定数 $R=8.3\times10^3$ Pa･L/(K･mol)，原子量：N=14，O=16 とする。

(1)　この平衡混合気体の全圧は何 Pa か。

(2)　この平衡混合気体の平均分子量を求めよ。

(3)　27℃における①式の反応の平衡定数を求めよ。

［解］　(1)　ある物質が可逆的に分解することを**解離**という。

N_2O_4 0.50 mol の 20%は 0.10 mol である。平衡時の N_2O_4，NO_2 の物質量は次のようになる。

	N_2O_4	$\rightleftarrows$	$2\,NO_2$		
反応前	0.50		0	〔mol〕	
(変化量)	↓-0.10		↓$+0.20$	〔mol〕	
平衡時	0.40		0.20	〔mol〕	計　0.60〔mol〕

平衡混合気体について，気体の状態方程式 $PV=nRT$ を適用すると

P〔Pa〕×10〔L〕=0.60〔mol〕×8.3×10^3〔Pa･L/(K･mol)〕×300〔K〕

∴　$P=1.49\times10^5$〔Pa〕　　答　**1.5×10^5 Pa**

(2)　**(混合気体の平均分子量)=(成分気体の分子量)×(モル分率)の総和**で求められる。

分子量は，N_2O_4=92，NO_2=46 より

$$92\times\frac{0.40}{0.60}+46\times\frac{0.20}{0.60}=76.6$$

答　**77**

(3)　平衡定数の式に，平衡時の N_2O_4，NO_2 のモル濃度の値を代入すると，

$$K=\frac{[NO_2]^2}{[N_2O_4]}=\frac{\left(\dfrac{0.20}{10}\right)^2}{\left(\dfrac{0.40}{10}\right)}=\frac{0.20^2}{10\times0.40}=1.0\times10^{-2}\text{〔mol/L〕}$$

答　**1.0×10^{-2}mol/L**

(両辺の係数和が等しくない場合，平衡定数では体積 V は消えずに残ってくる。注意！)

6 圧平衡定数

気体どうしの反応の場合には，濃度よりも圧力のほうが測定しやすいので，各成分気体の分圧を用いて平衡定数が表されることが多い❾。このような平衡定数を**圧平衡定数**といい，記号 $\boldsymbol{K_P}$ で表す。たとえば，$N_2+3\,H_2 \rightleftarrows 2\,NH_3$ の場合，平衡時の N_2，H_2，NH_3 の分圧をそれぞれ P_{N_2}，P_{H_2}，P_{NH_3} とすると，K_P は①式で表される。

$$K_P=\frac{P_{NH_3}{}^2}{P_{N_2}\cdot P_{H_2}{}^3}\ \cdots\cdots\cdots①\qquad K_C=\frac{[NH_3]^2}{[N_2][H_2]^3}\ \cdots\cdots\cdots②$$

一方，これまでのモル濃度で表した平衡定数は**濃度平衡定数** $\boldsymbol{K_C}$ とよばれ，②式で表される。ただし，単に平衡定数 K といわれたら，K_C のほうをさす。

K_P と K_C は，理想気体の状態方程式を用いて，次のような関係にある。

反応容器の体積を V，N_2，H_2，NH_3 の物質量を n_{N_2}，n_{H_2}，n_{NH_3} とすると，各成分気体について，理想気体の状態方程式から次の関係が成り立つ。したがって，分圧とモル濃度は比例関係にあることがわかる。

$$P_{N_2}V=n_{N_2}RT \qquad P_{H_2}V=n_{H_2}RT \qquad P_{NH_3}V=n_{NH_3}RT$$

$$\Downarrow \qquad\qquad \Downarrow \qquad\qquad \Downarrow$$

$$P_{N_2}=\frac{n_{N_2}}{V}RT=[N_2]RT \qquad P_{H_2}=\frac{n_{H_2}}{V}RT=[H_2]RT \qquad P_{NH_3}=\frac{n_{NH_3}}{V}RT=[NH_3]RT$$

これらを K_P の式に代入すると，

$$K_P=\frac{P_{NH_3}{}^2}{P_{N_2}\cdot P_{H_2}{}^3}=\frac{[NH_3]^2(RT)^2[\mathrm{Pa}]^2}{[N_2][H_2]^3(RT)^4[\mathrm{Pa}]^4}=K_C(RT)^{-2}[\mathrm{Pa}^{-2}]\ \cdots\cdots\cdots③$$

一定温度では，RT および K_C も一定値をとるから，K_P も温度のみの関数となり，圧力の影響は受けない（あまり高圧になると理想気体からはずれてくるので，一定値を示さなくなる。また，③式で，$(RT)^{-2}$ の累乗-2と，単位の Pa^{-2} の累乗-2は一致していることに注目せよ）。また，③式のような関係式を使うと，必要に応じて $K_P \longleftrightarrow K_C$ の変換を行うことができる。とくに，K_P を使うと，圧力変化による平衡状態の変化を定量的に考察するのに便利である。

詳説❾　窒素と水素の混合気体（物質量比 1：3）を，圧力が 100×10^5 Pa になるように一定体積の容器に詰め，さらに一定温度に保って反応させるものとする。反応の進行に伴い，圧力がしだいに低下し，全圧が 80×10^5 Pa で一定となれば，この時点から平衡状態に達したと判断してよい。また，反応式の係数により，平衡時の各気体の分圧は次のように簡単に求められる。しかし，モル濃度では平衡に達したかどうかの判定は容易ではなく，また，直接測定することもむずかしい。

（物質量比）＝（分圧比）の関係より，最初は $P_{N_2}=25\times10^5$ Pa，$P_{H_2}=75\times10^5$ Pa である。

平衡に達するまでに，N_2 が x〔Pa〕分だけ反応（減少）したとすると，

	N_2	＋ $3\,H_2$	$\rightleftarrows$ $2\,NH_3$		
反応前	25×10^5	75×10^5	0	〔Pa〕	
平衡時	$25\times10^5-x$	$75\times10^5-3\,x$	$2\,x$	〔Pa〕	（計）$100\times10^5-2\,x$〔Pa〕

∴　$100\times10^5-2\,x=80\times10^5$　　　$x=10\times10^5$〔Pa〕

よって，平衡時には，$P_{N_2}=15\times10^5$〔Pa〕，$P_{H_2}=45\times10^5$〔Pa〕，$P_{NH_3}=20\times10^5$〔Pa〕となる。

> **例題** 四酸化二窒素 N_2O_4 0.50 mol を，内容積 10 L の真空容器に入れ 67℃ に保ったところ，$N_2O_4 \rightleftarrows 2\,NO_2$ で表される平衡状態に達し，平衡混合気体の全圧は 2.4×10^5 Pa を示した。以下の問いに答えよ。ただし，気体定数 $R=8.3\times10^3$ Pa・L/(K・mol) とする。
>
> (1) このときの N_2O_4 の解離度はいくらか。
>
> (2) この反応の 67℃ における濃度平衡定数 K_C と圧平衡定数 K_P をそれぞれ求めよ。
>
> (3) 同じ温度で全圧を 4.0×10^5 Pa にすると，N_2O_4 の解離度はいくらになるか。

［解］ ある物質が可逆的に分解することを**解離**といい，その割合を**解離度**という。もし，N_2O_4 の解離がまったくおこらないとしたとき，67℃ で x〔Pa〕を示したとする。

$$x\times10=0.50\times8.3\times10^3\times340 \qquad \therefore\ x \fallingdotseq 1.41\times10^5\text{〔Pa〕}$$

(1) 実際に 2.4×10^5 Pa を示したのは，N_2O_4 の一部が解離して気体の総物質量が増加したためである。

与えられた N_2O_4 の物質量を C〔mol〕，その解離度を α とすると，

$$N_2O_4 \rightleftarrows 2\,NO_2$$

(平衡時)　$C(1-\alpha)$　　$2\,C\alpha$〔mol〕　　(計)　$C(1+\alpha)$〔mol〕

平衡混合気体についても，気体の状態方程式 $PV=nRT$ が成り立つから，

$$2.4\times10^5\text{〔Pa〕}\times10\text{〔L〕}=0.50(1+\alpha)\text{〔mol〕}\times8.3\times10^3\text{〔Pa・L/(K・mol)〕}\times340\text{〔K〕}$$

$\therefore\ \alpha \fallingdotseq 0.700$　　　　答 **0.70**

(2) 平衡時の N_2O_4 と NO_2 のモル濃度を平衡定数の式に直接代入するよりも，平衡定数を文字式で計算したものに，あとから数値を代入するほうが少し楽である。

$$K_C=\frac{[NO_2]^2}{[N_2O_4]}=\frac{\left(\dfrac{2\,C\alpha}{V}\right)^2}{\left(\dfrac{C(1-\alpha)}{V}\right)}=\frac{4\,C^2\alpha^2\times V}{V^2\times C(1-\alpha)}=\frac{4\,C\alpha^2}{V(1-\alpha)}\text{〔mol/L〕}$$

ここへ，$C=0.50$〔mol〕，$\alpha \fallingdotseq 0.700$，$V=10$〔L〕を代入すると，

$$K_C=\frac{4\times0.50\times0.70^2}{10\times(1-0.70)} \fallingdotseq 0.326\text{〔mol/L〕}$$

平衡時の N_2O_4 と NO_2 の分圧 $P_{N_2O_4}$，P_{NO_2}〔Pa〕を文字式で求め，K_P の式へ代入する。

(分圧)＝(全圧)×(モル分率)であるから，全圧を P〔Pa〕とすると，

$$P_{N_2O_4}=P\times\frac{C(1-\alpha)}{C(1+\alpha)}=\frac{1-\alpha}{1+\alpha}P\text{〔Pa〕} \qquad P_{NO_2}=P\times\frac{2\,C\alpha}{C(1+\alpha)}=\frac{2\,\alpha}{1+\alpha}P\text{〔Pa〕}$$

$$\therefore\ K_P=\frac{{P_{NO_2}}^2}{P_{N_2O_4}}=\frac{\left(\dfrac{2\,\alpha}{1+\alpha}\right)^2P^2}{\dfrac{1-\alpha}{1+\alpha}P}=\frac{4\,\alpha^2P^2}{(1+\alpha)^2}\times\frac{1+\alpha}{(1-\alpha)P}=\frac{4\,\alpha^2}{1-\alpha^2}P\text{〔Pa〕}$$

ここへ，$P=2.4\times10^5$ Pa，$\alpha \fallingdotseq 0.700$ を代入すると，

$$K_P=\frac{4\times0.700^2}{1-0.700^2}\times2.4\times10^5=\frac{1.96}{0.51}\times2.4\times10^5 \fallingdotseq 9.22\times10^5\text{〔Pa〕}$$

答 $\begin{cases} K_C=\mathbf{0.33\ mol/L} \\ K_P=\mathbf{9.2\times10^5\ Pa} \end{cases}$

(3) 圧力が変わっても，温度が一定ならば，K_P は変化しないので，

$$\frac{4\,\alpha^2}{1-\alpha^2}\times4.0\times10^5=9.22\times10^5$$

$16\alpha^2=9.22-9.22\alpha^2$ より，　$\therefore\ \alpha \fallingdotseq 0.604$　　　　答 **0.60**

加圧すると解離度が減少したので，気体の分子数が減少する左方向へ平衡が移動した。

7 固体を含む平衡

赤熱した炭素(コークス)と水蒸気を密閉容器に入れて高温に保つと，次式のような平衡状態に達する。　$C(固) + H_2O(気) \rightleftharpoons CO + H_2$

固体と気体が関係する不均一系の平衡では，固体の濃度は常に一定とみなせるので，平衡定数 K の中にまとめて簡略化できる[10]。$K[C(固)]$ を改めて新しい K とおくと，

$$K=\frac{[CO][H_2]}{[C(固)][H_2O]}$$ より，　$$K[C(固)]=\frac{[CO][H_2]}{[H_2O]}$$

まとめる　定数

$$K=\frac{[CO][H_2]}{[H_2O]}$$ となる。

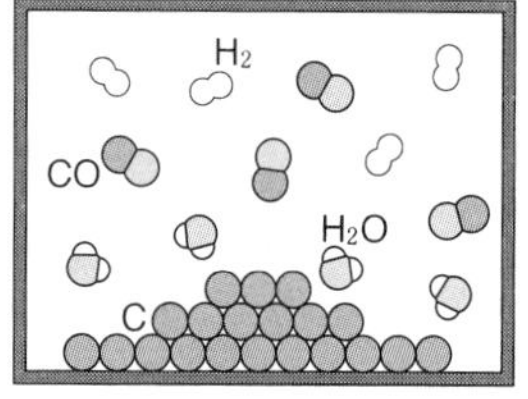

このように，固体と気体の関係する平衡の場合，平衡定数は固体成分を除いて表せばよい。すなわち，平衡定数の式は気体成分についてだけ成り立つ（固体成分は，反応に必要な最小限の量が存在していればよく，その量の多少は平衡には影響を与えない[11]）。

詳説[10]　[C(固)] は炭素（固体）のモル濃度を表しているが，そもそも固体のモル濃度とは，炭素の物質量(mol)を反応容器の体積 V ではなく，自身の体積 v で割ったものなのである。すなわち，固体の構成粒子は密に詰まった状態にあり，気体とは異なり，温度や圧力を変えても，単位体積あたりの粒子数(物質量)を変化させることは事実上不可能である。よって，固体の濃度は常に一定であるとみなしてよいのである。

補足[11]　仮に，水蒸気（気）の物質量を2倍にしたとすると，直ちに容器全体に拡散して，単位体積 V あたりの物質量が2倍になり，モル濃度も2倍になる。しかし，炭素（固）の物質量を2倍に増やしても，自身の体積 v から $2v$ と同じ割合で増えるだけで，モル濃度は一定である。したがって，固体の物質量をいくら増やしても，濃度は一定のままで，平衡には影響を与えない(ただし，反応容器の体積 V に対してあまり多量に加えないものとする)。

8 平衡定数と反応の進む方向

ある可逆反応　$aA+bB \rightleftharpoons cC+dD$　が平衡状態にあるか否かを判断する方法を考えよう。温度・体積一定で，問題に与えられた任意のモル濃度 [A]，[B]，[C]，[D] を平衡定数の式 $K=\frac{[C]^c[D]^d}{[A]^a[B]^b}$ に代入したところ，その計算値 K' が与えられた平衡定数 K よりも大きかったとする。これは，平衡状態ではないので，この値 K' を小さくして平衡定数 K に近づける方向，すなわち，逆反応が進み，やがて平衡状態に到達する。

一方，計算値 K' が平衡定数 K よりも小さかった場合，この値 K' を大きくして K に近づける方向，すなわち，正反応が進み，やがて平衡状態に到達する。

このように，各物質の任意の濃度から反応がどちらへ進むかは，計算値 K' と平衡定数 K との大小関係から判断すればよい。

$K'>K$ のとき	逆反応(←──)が進み，やがて平衡になる。
$K'=K$ のとき	平衡状態で，どちらの方向へも変化しない。
$K'<K$ のとき	正反応(──→)が進み，やがて平衡になる

例題 炭素(固体)0.50 mol，および水蒸気 0.40 mol を容積可変の反応容器に入れ，642℃，1.0×10^5 Pa で反応させたところ，①式で示すような平衡状態に到達し，気体の全体積は 48 L となった。次の問いに答えよ。

$C(固) + H_2O(気) \rightleftharpoons CO + H_2$ ……①

ただし，642℃，1.0×10^5 Pa における気体 1 mol の体積は 75 L とし，気体定数 $R=8.3\times10^3$ Pa・L/(K・mol)とする。

H₂O(気)
CO　H₂
C(固)

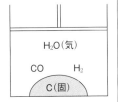

(1) 平衡混合気体中の一酸化炭素と水素の物質量をそれぞれ求めよ。

(2) ①式の反応の濃度平衡定数と圧平衡定数を求めよ。

(3) 同温・同圧で，炭素 1.0 mol，水蒸気 0.80 mol，一酸化炭素 0.40 mol，水素 0.40 mol を 10 L の反応容器に封入した。反応は左右どちらの向きに進行するか。濃度平衡定数を用いて説明せよ。

［解］ (1) CO および H_2 がそれぞれ x〔mol〕生成したところで，平衡に到達したとすると，

	$C(固)$	+	$H_2O(気)$	$\rightleftharpoons$	CO	+	H_2	
(平衡時)	$(0.50-x)$		$(0.40-x)$		x		x	〔mol〕

気体成分の全物質量は，$(0.40-x)+x+x=0.40+x$〔mol〕

平衡時の気体の全体積は 48 L で，このとき気体 1 mol の体積は 75 L だから，混合気体の物質量は，$\dfrac{48}{75}=0.64$〔mol〕

$\therefore\ 0.40+x=0.64 \quad x=0.24$〔mol〕　　CO：**0.24 mol**　H_2：**0.24 mol** 答

(2) 固体と気体の関係する平衡では，固体の濃度は常に一定とみなせるので，濃度平衡定数は気体成分のモル濃度だけで表される(固体は必要最小限の量が存在していれば十分である)。

①式の濃度平衡定数は次式で表される。平衡時の各気体のモル濃度を次式へ代入すると，

$$K_c=\frac{[CO][H_2]}{[H_2O(気)]}=\frac{\left(\dfrac{0.24}{48}\right)\times\left(\dfrac{0.24}{48}\right)}{\left(\dfrac{0.40-0.24}{48}\right)}=\frac{0.24^2}{0.16\times48}=\mathbf{7.5\times10^{-3}}\text{〔mol/L〕} \text{ 答}$$

固体成分の分圧は常に一定とみなせるので，圧平衡定数も気体成分の分圧だけで表される。

$PV=nRT \Rightarrow P=\boxed{\dfrac{n}{V}}RT$ より，(＝モル濃度)

$$K_P=\frac{P_{CO}\cdot P_{H_2}}{P_{H_2O}}=\frac{[CO]RT\times[H_2]RT}{[H_2O]RT}$$

$$=K_cRT=7.5\times10^{-3}\times8.3\times10^3\times915\fallingdotseq\mathbf{5.7\times10^4}\text{〔Pa〕} \text{ 答}$$

(3) 与えられた各物質のモル濃度を求め，濃度平衡定数の式に代入して K_c' を計算すると，

$$K_c'=\frac{[CO][H_2]}{[H_2O(気)]}=\frac{\left(\dfrac{0.40}{10}\right)\times\left(\dfrac{0.40}{10}\right)}{\left(\dfrac{0.80}{10}\right)}=\frac{0.40^2}{0.80\times10}=2.0\times10^{-2}\text{〔mol/L〕}$$

この計算値 K_c' は，真の濃度平衡定数 $K_c=7.5\times10^{-3}$ よりも大きいので，反応はこの計算値が小さくなる方向，つまり，左向きに進む。 答

例題 ベンゼンに酢酸を溶かすと，その一部は水素結合により会合して二量体を形成する。

$$2\,CH_3COOH \rightleftharpoons (CH_3COOH)_2 \quad \cdots\cdots①$$

平衡状態における酢酸の会合度βは次式で定義され，ベンゼン溶液の濃度により変化する。

$$\beta=\frac{\text{二量体を形成している酢酸分子の全物質量}}{\text{溶けている酢酸分子の全物質量}} \quad (0<\beta<1)$$

また,平衡状態における酢酸の会合平衡における平衡定数(会合定数)Kは次式で定義される。

$$K=\frac{[(CH_3COOH)_2]}{[CH_3COOH]^2}$$ （本来のKはモル濃度で表されるが，本問では質量モル濃度で考えるものとする。）

(1)　ベンゼン100gに酢酸1.20gを溶かした溶液(溶液A)の凝固点降下度は0.768Kであった。これより，溶液Aの凝固点における酢酸の会合度βを求めよ。(ベンゼンのモル凝固点降下を5.12K·kg/mol，原子量：H=1.0，C=12，O=16とする。)

(2)　溶液Aにおける酢酸の会合平衡の平衡定数(会合定数)を求めよ。

(3)　ベンゼン100gに酢酸3.60gを溶かした溶液(溶液B)の凝固点における会合度β'を求めよ。ただし，凝固点が変化しても酢酸の会合定数Kは変化しないものとする。

［解］(1)　酢酸が電離も会合もせず，単量体として存在するとしたときの溶液Aの質量モル濃度mは

$$m=\frac{1.20}{60}\text{〔mol〕}\div\frac{100}{1000}\text{〔kg〕}=0.20\text{〔mol/kg〕}$$

水素結合
$CH_3-C(=O\cdots H-O)(-O-H\cdots O=)C-CH_3$
酢酸の二量体

溶液Aにおいて酢酸がベンゼン溶液中で会合して二量体を形成する割合(会合度)βは，

会合平衡　$2\,CH_3COOH \rightleftharpoons (CH_3COOH)_2$

平衡時　$m\times(1-\beta)$　　$m\times\frac{\beta}{2}$〔mol/kg〕　（合計）$m\left(1-\frac{\beta}{2}\right)$〔mol/kg〕

Δt(凝固点降下度)$=k_f$(モル凝固点降下)$\times m$(質量モル濃度)より

$$0.768=5.12\times0.20\left(1-\frac{\beta}{2}\right) \quad \therefore\ \beta=0.50$$

答 **0.50**

(2)　溶液Aの平衡状態における各物質の質量モル濃度は，次の通り。

$$[CH_3COOH]=m(1-\beta)=0.20\times0.50=0.10\text{〔mol/kg〕}$$

$$[(CH_3COOH)_2]=\frac{m\beta}{2}=\frac{0.20\times0.50}{2}=0.050\text{〔mol/kg〕}$$

$$K=\frac{[(CH_3COOH)_2]}{[CH_3COOH]^2}=\frac{0.050}{(0.10)^2}=\mathbf{5.0\,[(mol/kg)^{-1}]}$$ 答

(3)　溶液Bにおいて，酢酸がすべて単量体として存在するとしたときの質量モル濃度は，0.60mol/kgである。溶液Bの平衡状態における各物質の質量モル濃度は，次の通り。

$[CH_3COOH]=0.60(1-\beta')$〔mol/kg〕　$[(CH_3COOH)_2]=0.30\beta'$〔mol/kg〕だから，

溶液Aと溶液Bの会合定数Kは一定なので，上記の値をKの式に代入すると，

$$K=\frac{0.30\beta'}{\{0.60(1-\beta')\}^2}=5.0 \qquad 6\beta'^2-13\beta'+6=0$$

$(3\beta'-2)(2\beta'-3)=0$　　$0<\beta'<1$より　$\beta'=\frac{3}{2}$(不適)　$\frac{2}{3}$(適)

答 **0.67**

参考　(2)の会合定数を用いて，各濃度mにおける酢酸の会合度βを求めると次表のようになる。よって，酢酸の濃度が大きくなるほど，①式の平衡が右へ移動し，会合度が大きくなることがわかる。

m〔mol/kg〕	0.20	0.30	0.40	0.50	0.60	0.80
β	0.50	0.57	0.61	0.64	0.67	0.71

SCIENCE BOX　化学反応の進む方向

ある温度・圧力のもとで，次の化学反応が自発的に進むかどうかを考えてみよう。

$$\mathrm{A + B \longrightarrow C}$$

高い所にある物体が自然に低い所に落下するように，一般に，化学反応はエネルギーの高い状態からエネルギーの低い状態となる方向(発熱方向)に進むことが多い。しかし，化学反応の中には，外部から熱エネルギーを吸収して，エネルギーの低い状態からエネルギーの高い状態となる吸熱方向にも進行することがある。

たとえば，氷→水→水蒸気という状態変化は，自発的に進む吸熱変化である。この場合，固体の氷では水分子が規則的に配列して結晶を構成しており，秩序ある状態にあるが，液体の水では分子の配列がやや不規則であり，気体の水蒸気では分子の配列がさらに無秩序な状態にある。このとき，氷よりも水，さらに水蒸気のほうが，系の**乱雑さ**が大きいという。

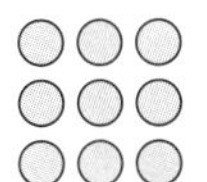

分子やイオンが規則的に並んだ状態
粒子密度の高い状態

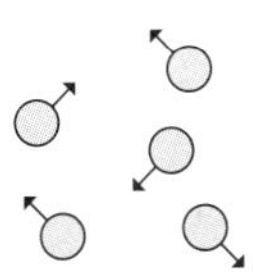

分子やイオンが動き回る状態
粒子密度の低い状態

たとえば，常温で気体のアンモニアと気体の塩化水素が反応して固体の塩化アンモニウムを生成する反応がある。

$$NH_3 + HCl \underset{\text{高温}}{\overset{\text{低温}}{\rightleftarrows}} NH_4Cl \quad \Delta H = -Q\,\mathrm{kJ}$$

気体のほうが固体よりもずっと乱雑さが大きいので，反応が右へ進むと，系の乱雑さは減少する。また，右向きへの変化は発熱反応なので，反応が進むと系のエネルギーは減少する。

一方，この逆反応は吸熱反応なので，反応が左に進むと，系のエネルギーは増加するが，気体を生成するので乱雑さは増加する。

一般に，温度が低いときは，エネルギーの減少による効果が，乱雑さの増加による効果を上回ることが多く，発熱方向へ反応が進行しやすい。一方，温度が高くなると，エネルギーの減少による効果を，乱雑さの増加による効果が上回ることが多く，吸熱方向への反応が進行しやすくなる。

化学反応の進行する方向は，系のエネルギー変化と乱雑さの変化という2つの要因によって決まる。なお，系のエンタルピー H は温度により変化しないが，乱雑さは絶対温度 T に比例して大きくなるので，熱力学では，乱雑さの度合いを表す物理量を**エントロピー** S(各物質の種類・状態で異なる値をもつ) として新たに定義し，ST で系の乱雑さを表すことにする。

化学反応の進行はこの2つの要因に支配されるので，この2つをまとめて表すと便利である。ただし，H と ST の変化の方向が反対なので，符号を合わせるため，$G=H-ST$ と決め，この G を**ギブスの自由エネルギー***という。

化学反応の進行方向については，反応前後の $\Delta G=\Delta H-T\Delta S$ の符号を調べ，$\Delta G<0$ では自然に進行し，$\Delta G>0$ では自然に進行しないと判断すればよい。また，$\Delta G=0$ では，その反応は平衡状態となる。

ΔH 減少	$T\Delta S$ 増加	…$\Delta G<0$ (自然におこる)
ΔH 増加	$T\Delta S$ 減少	…$\Delta G>0$ (自然にはおこらない)
ΔH 減少	$T\Delta S$ 減少	…(低温ではおこりやすい)
ΔH 増加	$T\Delta S$ 増加	…(高温ではおこりやすい)

*　系のもつ内部エネルギーのうち，仕事に変わりうるエネルギーを**自由エネルギー**，変わりえないエネルギーを**束縛エネルギー**という。H は自由エネルギー，ST は束縛エネルギーに相当するので，系の自由エネルギーは H から ST を差し引いたものになる。

9 ルシャトリエの原理

$N_2 + 3H_2 \rightleftarrows 2NH_3$ で表される可逆反応が平衡状態にあるとき，温度を上げると NH_3 が解離する方向へ，また，圧力を上げると NH_3 が生成する方向へ反応がいくらか進んで，それぞれ新たな平衡状態になる。このように，可逆反応が平衡状態にあるとき，平衡を支配する条件(**温度，圧力，濃度**)を変化させると，正反応または逆反応がいくらか進んで，新しい条件に応じた平衡状態となる。このような現象を**化学平衡の移動**，または**平衡の移動**という。

可逆反応を利用してある物質を効率的に製造する場合，反応速度を大きくするだけでなく，平衡を有利な方向に移動させる工夫が必要となる。このためにはどのような条件を設定したらよいのかを学ぼう。

1884年，フランスの**ルシャトリエ**は，種々の可逆反応について，平衡となる条件をいろいろ変化させた場合の平衡移動の方向を研究した結果，次のような原理を発見した。

「可逆反応が平衡状態にあるとき，外部から平衡を支配する条件(温度，圧力，濃度)を変えると，その影響を緩和する方向へ平衡が移動し，新しい平衡状態となる⑫。」

これを**ルシャトリエの原理**という。これは，化学平衡に限らず，気液平衡や溶解平衡など，化学変化を伴わない物理平衡(p. 124)にも，よくあてはまる普遍的な原理である⑬。

詳説⑫ 化学反応のおこりやすさは，反応物どうしが反応をおこす力(**化学親和力**)と，反応物の濃度や圧力などが関係する。なお，化学親和力は，これまでに学習した反応速度定数(p. 240)に相当するもので，化学親和力の強さには温度が主に関係する。

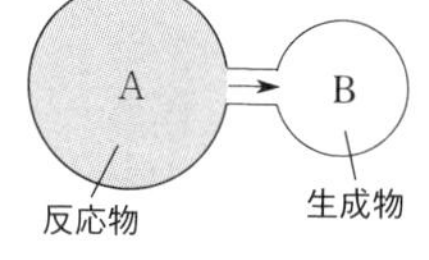

一般に，濃度，圧力，温度などの変数は，系に存在する粒子の数(物質量)には関係しない変数なので**示強変数**という。

一方，質量，体積などの変数は，系に存在する粒子の数(物質量)に比例する変数なので**示量変数**という。反応しようとする勢いは示強変数のみに依存しているという事実がある。したがって，3つの示強変数(濃度，圧力，温度)のいずれかを変化させた場合には，ルシャトリエの原理がよくあてはまるが，示量変数である体積を変化させた場合は，ルシャトリエの原理はうまく成立しないことに注意したい。

したがって，以後は，体積を減少させる ⇨ 圧力を増加させる，また，体積を増加させる ⇨ 圧力を減少させると置き換えて，ルシャトリエの原理を適用するように心掛けてほしい。

補足⑬ たとえば，平衡状態にある系に圧力を加えれば，その圧力増加を緩和する方向へいくらか平衡移動がおこる。このとき，周囲との熱の出入りが十分行えないほど急激に圧縮したとすると，断熱圧縮により系の温度が上昇してしまう。

しかし，上記に述べている「圧力を加える」というのは，「温度を変化させないようにして，圧力だけを大きくする」という意味である。すなわち，周囲との熱の出入りを十分に行わせながらゆっくりと圧縮していくことを意味している。また，平衡状態にある系の温度を上げると，その温度上昇を緩和する方向へ平衡が移動する。このときも，「系の圧力は一定になるようにして，温度だけを上昇させていく」という意味である。したがって，密閉容器ではなく，容積可変のピストン付き容器で反応を行っていると考えてほしい。

10 濃度変化と平衡の移動

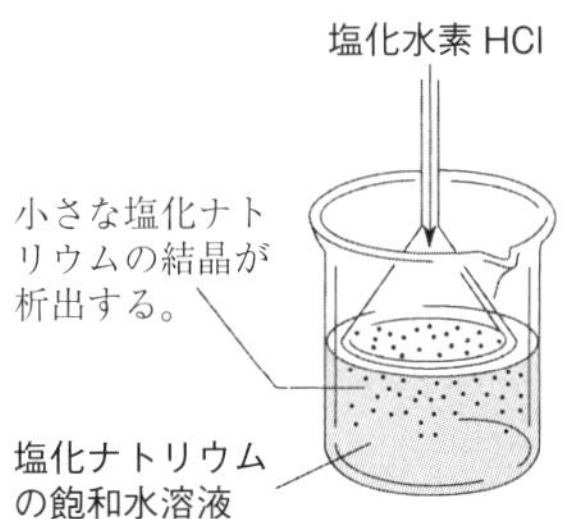

塩化ナトリウムの飽和水溶液では，次の溶解平衡が成立している。

$$NaCl(固) \rightleftharpoons Na^+ + Cl^- \quad \cdots\cdots\cdots ①$$

ここへ塩化水素 HCl ガスを通じると，塩化ナトリウムの微結晶が析出するので，溶液は白濁する（この方法で，純粋な NaCl 結晶がつくれる)。これは，塩化水素が水に溶けて H^+ と Cl^- に電離し，水溶液中の塩化物イオン Cl^- の濃度が大きくなり，①式の平衡が左向きに移動したためである。ルシャトリエの原理を使うと，Cl^- 濃度を大きくしたので，その影響を緩和する方向，つまり，左向きに平衡移動がおこったと説明される。このように，ある種のイオンを含む電解質水溶液が平衡状態にあるとき，平衡に関係するイオンを含む別の電解質を加えると，平衡移動により前者の溶解度や電離度が減少する。このような現象を**共通イオン効果**(p. 161)という[14]。

補足[14] 難溶性塩である AgCl の飽和水溶液でも，$AgCl(固) \rightleftharpoons Ag^+ + Cl^-$ のような溶解平衡が成立している。この平衡は易溶性塩である NaCl に比べると，著しく左に偏っている。ここへ，塩化水素 HCl を通じると，Cl^- の共通イオン効果により，AgCl の溶解度は著しく減少する。この効果は，易溶性塩である NaCl の場合よりもかなり大きく，定量関係が成り立つ。

►アンモニア水中では，次式で示すような平衡が成立し[15]，フェノールフタレインを加えておくと赤色を呈している。

$$NH_3 + H_2O \rightleftharpoons NH_4^+ + OH^- \quad \cdots\cdots\cdots ②$$

ここへ塩化アンモニウム NH_4Cl の結晶を加えると，その赤色が薄くなる。これは，塩化アンモニウムが水に溶けてアンモニウムイオン NH_4^+ の濃度が大きくなり，この共通イオン効果により②式の平衡が左に移動して，同時に OH^- の濃度が減少したためである。

詳説[15] 電解質のうち，NaCl，Na_2SO_4，HCl，NaOH のように，水中でほぼ完全に電離する物質を**強電解質**，CH_3COOH や NH_3 のように水中で一部だけしか電離しない物質を**弱電解質**という。$C_6H_{12}O_6$ のように水中でまったく電離しない物質は**非電解質**とよばれる。

上記のうち，弱電解質が水に溶けると，電離したイオンと電離していない分子との間で，次式のような平衡状態が成立する。このような平衡をとくに**電離平衡**という。

$$CH_3COOH + H_2O \rightleftharpoons CH_3COO^- + H_3O^+ \quad \cdots\cdots\cdots ③$$

③式を平衡定数の式で表すと，次のようになる。

$$K = \frac{[CH_3COO^-][H_3O^+]}{[CH_3COOH][H_2O]} \quad \rightleftharpoons \quad K[H_2O] = \frac{[CH_3COO^-][H^+]}{[CH_3COOH]}$$

（$[H_2O]$：一定，$K[H_2O]$：まとめる）

H_2O は，他の化学種に比べると，溶液中に圧倒的に多量に存在し，電離や平衡移動によって消費・生成される量は，全体量に比べると無視できるので，上式の $[H_2O]$ は一定とみなせる。また，オキソニウムイオン H_3O^+ は，ふつう水を省略した H^+ の形で表すので，$K[H_2O]$ を K_a とおくと，$K_a = \frac{[CH_3COO^-][H^+]}{[CH_3COOH]}$ で表される。この K_a を**酸の電離定数**という。

次のような場合，酢酸の電離平衡はどちらの方向に移動するか考えてみる。

⑴　平衡に関係するイオン(共通イオン)を加えた場合：

CH_3COONa を加えると，$CH_3COONa \longrightarrow CH_3COO^- + Na^+$ のように電離して，溶液中の$[CH_3COO^-]$が増加し，この影響を緩和するために③式の平衡は左へ移動する。

⑵　電離しない物質(水 H_2O)が生成する場合：

NaOH を加えると，この電離で生じた Na^+ と OH^- は共通イオンではないが，平衡に関係するイオン H^+ と中和反応して，$[H^+]$が減少するから，③式の平衡は右へ移動する。

⑶　純水で希釈した場合：

	CH_3COOH	$\rightleftarrows$	CH_3COO^-	+	H^+	
希釈前	a〔mol/L〕		b〔mol/L〕		b〔mol/L〕	溶液は1Lとする。
希釈後	$\dfrac{a}{V}$〔mol/L〕		$\dfrac{b}{V}$〔mol/L〕		$\dfrac{b}{V}$〔mol/L〕	溶液は VL とする。

$$K_a' = \frac{[CH_3COO^-][H^+]}{[CH_3COOH]} = \frac{\left(\frac{b}{V}\right)\left(\frac{b}{V}\right)}{\left(\frac{a}{V}\right)} = \frac{b^2}{aV}\text{〔mol/L〕（希釈直後）}$$

$$\text{平衡定数 } K_a = \frac{b^2}{a}\text{〔mol/L〕（温度が変わらないので，一定である。）}$$

よって，希釈により平衡が移動しないとして求めた計算値 K_a' は，真の平衡定数 K_a の $\dfrac{1}{V}$ 倍に減る。したがって，K_a の値に近づけるように平衡は右へ移動する。

►いま，$H_2 + I_2 \underset{v'}{\overset{v}{\rightleftarrows}} 2HI$ の可逆反応が平衡状態にあるとき，温度，体積を一定に保って外部から一定量の水素を加えたとする。加えた瞬間，反応系は非平衡状態となる。

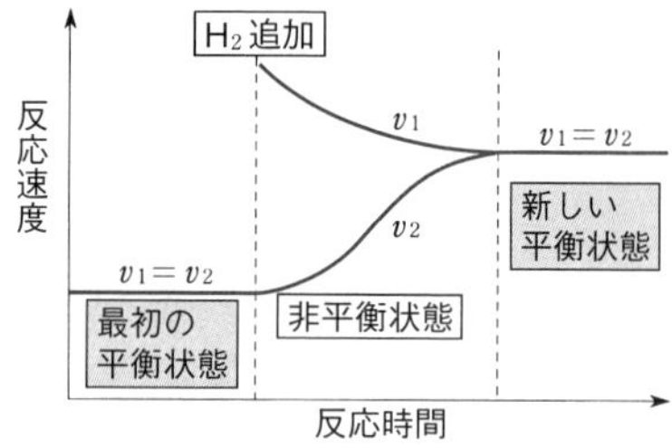

H_2 の濃度が増えたため，正反応の速度 $v_1 = k_1[H_2][I_2]$ が急に大きくなるが，HI の濃度はそのままなので，逆反応の速度 $v_2 = k_2[HI]^2$ は変化しない。やがて，正反応の進行により$[H_2]$や$[I_2]$が減少し，$[HI]$が増加するので，v_1 は小さくなる一方，v_2 は大きくなり，やがて $v_1 = v_2$ という新たな平衡状態となる。次に，濃度変化による平衡移動を，平衡定数をもとに考えてみたい。

$$\frac{[HI]^2}{[H_2][I_2]} = K \quad \cdots\cdots\cdots④$$

平衡混合物に H_2 を加えて$[H_2]$ を2倍にしたとする。平衡が移動しないとすると，④式の計算値は最初の K の $\dfrac{1}{2}$ になってしまう。そこで，HI が増え，H_2，I_2 が減り，④式の計算値がもとの K の値に戻るまで，反応がいくらか右に進むことになる⑯ (このとき，各物質の濃度は以前の平衡状態のときの値とは当然異なってはいるが，K の値そのものは同じである)。

詳説⑯　注意すべきは，平衡移動により$[H_2]$ がもとの平衡状態より小さくなるわけではないことである。もとより$[H_2]$が小さくなれば，$[I_2]$が減少した分だけ分母の値が小さくなり，計算値が逆に K よりも大きくなってしまう (平衡が右へ行きすぎたことになる)。H_2 が増加した影響を平衡移動により少し緩和した程度で，新しい平衡状態になるという意味である。

11 圧力変化と平衡の移動

0〜140℃付近では，二酸化窒素 NO_2(赤褐色の気体) は，この二量体である四酸化二窒素 N_2O_4(無色の気体)との間で，次式のような平衡状態にある⓱。

$$2\,NO_2(気) \rightleftarrows N_2O_4(気) \quad \cdots\cdots ①$$

$$2\,NO_2 \rightleftarrows N_2O_4$$

補足⓱ 銅に濃硝酸を加えるか，硝酸鉛(Ⅱ)を加熱して NO_2 を発生させる。

$$2\,Pb(NO_3)_2 \longrightarrow 2\,PbO + 4\,NO_2 + O_2$$

►いま，発生させた NO_2 を，下図のような注射器に取り，一定温度で放置したとする。

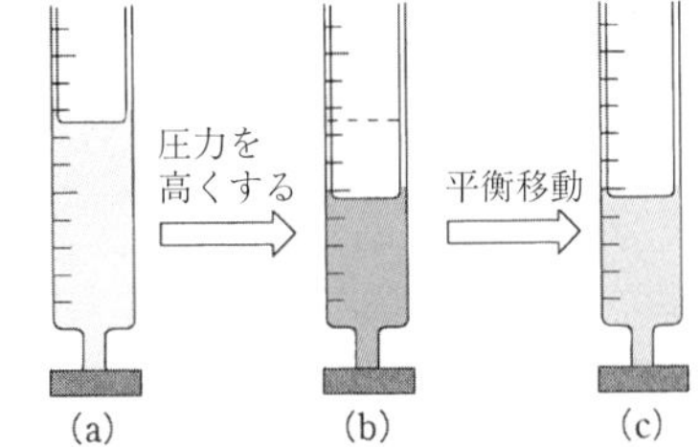

温度を一定に保ちながら，混合気体(a)の圧力を高くすると，NO_2 の濃度が大きくなり，一時的に褐色が濃くなるが，この圧力増加を緩和するために，気体の分子数が減少する方向(→)へ平衡が移動する（平衡が移動した結果，(b)と(c)を比べると(c)のほうが褐色が幾分薄くなる)。

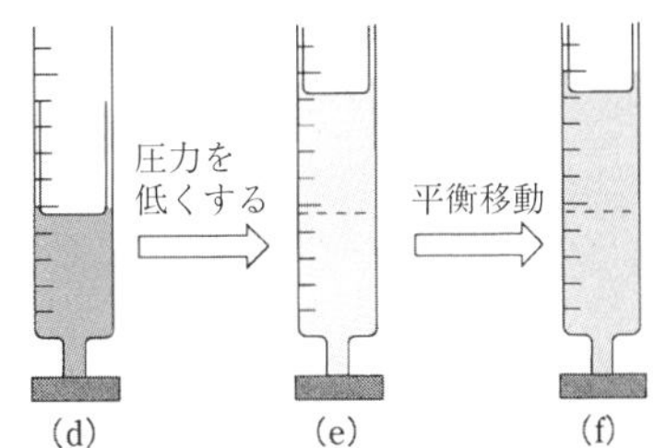

また，温度一定で混合気体(d)の圧力を低くすると，膨張したために NO_2 の濃度が小さくなり，一時的に褐色が薄くなるが，この圧力減少を緩和するために，気体の分子数が増加する方向(←)へ平衡が移動する（平衡が移動した結果，(e)と(f)を比べると(f)のほうが褐色が幾分濃くなる)。

このように，平衡状態にある混合気体の圧力を高くすると，その圧力増加を緩和する方向，つまり，気体の分子数が減少する向きに平衡が移動する。気体の圧力は，一定体積中に含まれる分子の数に比例するから，気体の分子数が減少する方向へ平衡が移動すると，圧力を減少させることができる。

一方，圧力を低くすると，その圧力減少を緩和する方向，つまり，気体の分子数が増加する方向に平衡が移動することになる。

しかし， $H_2+I_2 \rightleftarrows 2\,HI$ のように，反応の前後で気体の分子数が変化しない場合には，圧力の変化による平衡移動はおこらない。

次に，①式の平衡移動を圧平衡定数 K_P を使って考えてみる。

平衡時の NO_2，N_2O_4 の分圧をそれぞれ P_{NO_2}，$P_{N_2O_4}$〔Pa〕とすると，K_P は温度が変わらなければ常に一定値をとる。いま，容器内の全圧を2倍にすると，各気体の分圧もそれぞれ $2\,P_{NO_2}$，$2\,P_{N_2O_4}$〔Pa〕となる。これを圧平衡定数の式に代入すると②式となる。

$$K_P=\frac{P_{N_2O_4}}{{P_{NO_2}}^2} \quad より，\quad K_P'=\frac{2\,P_{N_2O_4}}{(2\,P_{NO_2})^2}=\frac{P_{N_2O_4}}{2\,{P_{NO_2}}^2}=\frac{1}{2}K_P \quad \cdots\cdots\cdots ②$$

(計算値 K_P' は圧平衡定数 K_P より小さいので，本来の K_P の値に近づけるためには，N_2O_4 の分圧が増え，NO_2 の分圧が減る方向，つまり右向きに平衡が移動することが理解できる。)

12 温度変化と平衡の移動

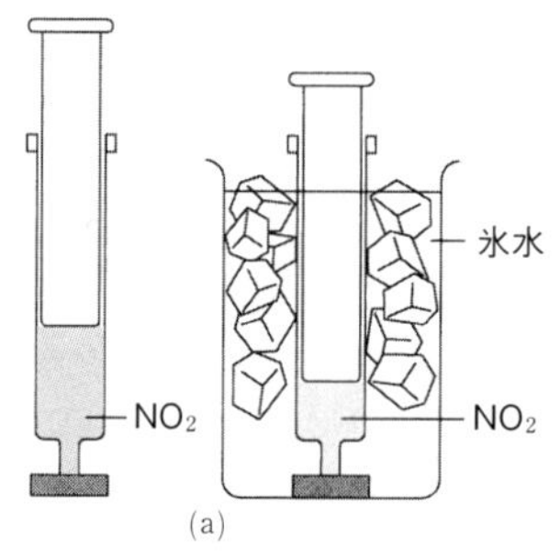

(a)

注射器に詰めたNO_2を図(a)のように，圧力一定（ピストン可動の状態）に保ちながら冷却すると，ピストンが下がり気体の体積が減少したにもかかわらず，褐色が薄くなる。

$2NO_2$(赤褐色) $\rightleftharpoons$ N_2O_4(無色)　$\Delta H = -57.2\,\mathrm{kJ}$

これは，上式の平衡が冷却した影響を緩和する方向，つまり，発熱反応の方向(→)へ移動して，NO_2の分子数が減少したためである。

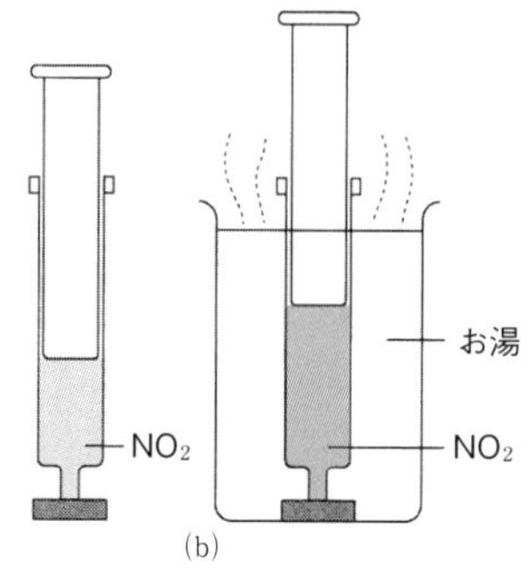

(b)

図(b)のように，圧力を一定に保ちながら加熱すると，ピストンが上がり気体の体積が増加したにもかかわらず，褐色は濃くなる。これは，上式の平衡が加熱した影響を緩和する方向，つまり，吸熱反応の方向(←)へ移動して，NO_2の分子数が増加したためである[18]。いずれも，ルシャトリエの原理に従う平衡の移動が観察される。

補足[18] 平衡が吸熱反応の方向へ移動しても，気体の温度が元に比べて下がるわけではない。平衡移動のため，加えた熱エネルギーの一部が吸収されるので，気体の温度上昇はその分だけ抑えられるだけである。図(b)の場合，気体とその周囲のお湯との間の熱交換が自由に行えるので，最終的には気体とお湯の温度は同じになる。

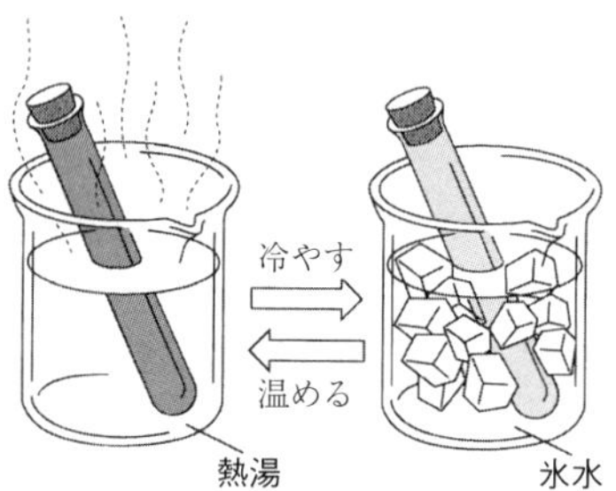

$2NO_2 \rightleftharpoons N_2O_4$　$\Delta H = -57.2\,\mathrm{kJ}$

詳説[18] 2本の試験管にNO_2を詰め，右図のように一方を氷水に，他方を熱湯につけたら，平衡はどうなるか。

今度は，体積一定の条件で加熱するから，温度も上昇するが，圧力も上昇する。ルシャトリエの原理によれば，温度が上がると平衡は吸熱反応の方向(←)へ移動する。一方，加熱によって圧力が上がると，平衡は気体の分子数が減少する方向(→)へ移動する。という相反する結果が予想される。

実験では，加熱前に比べて褐色が濃くなるという結果が得られる。このことは，平衡が左方向へ平衡が移動したので，加熱した場合は，温度上昇の影響がそれに伴って生じる圧力増加の影響を上回っていたことを示す。

一般に，加熱という外部条件の変化に対してルシャトリエの原理を適用して，左方向へ平衡が移動すると導くのはよい。しかし，加熱によって生じる圧力上昇という内部条件の変化に対して，ルシャトリエの原理を適用すると，右方向へ平衡が移動するという誤った結論が得られてしまう。つまり，温度上昇という外部条件の変化の影響が，それに伴って生じる圧力上昇という内部条件の変化の影響を必ず上回るので，平衡移動の方向を推定するときは，外部条件の変化に対してのみ，ルシャトリエの原理を適用しなければならない。

SCIENCE BOX　平衡混合気体の色の変化

注射器に NO_2 と空気の混合気体を封入し，その先にゴムを突き刺し，温度を一定に保ってピストンを押し，もとの体積の $\frac{1}{2}$ になるまで圧縮した。このとき，混合気体の色の変化を下図の(1)，(2)の方向から観察したとき，違いがあらわれるだろうか。

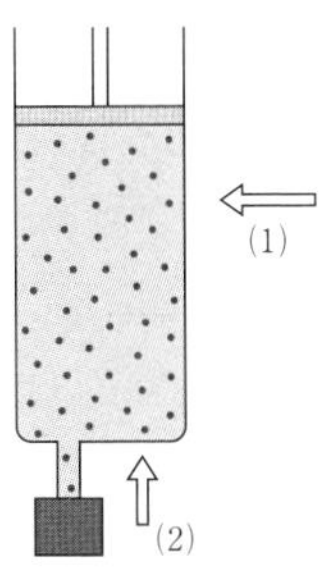

最初の状態をA，圧縮直後の状態をB，平衡移動後の状態をCとする。また，話を単純化するため，NO_2 分子の数を，AとBでは各6個，Cでは4個であるとする。

平衡時：　$2\,NO_2$(赤褐色) $\rightleftarrows$ N_2O_4(無色)

(1)　(1)の方向から観察したとき

すべて同体積の条件で比較するため，B，Cでの体積を V(基準)とすると，Aの体積は $2\,V$ である。Aでは体積 $2\,V$ 中に NO_2 が6個入っているから，体積 V 中に NO_2 が3個入っているのと同じである。

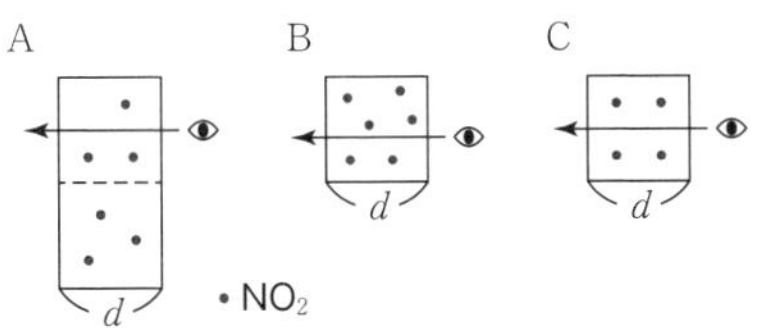

注射器を(1)の方向から眺めたとき，いずれも奥行き(光の通過距離を**光路**という)はすべて同じ d である。

すなわち，色の濃さは，見ている光路の中に含まれる有色分子(NO_2)の数で決まることになる。

結局，Aでは3個，Bでは6個，Cでは4個の NO_2 分子が含まれるから，色の濃さは，Aが最も薄く，Bが最も濃く，CはAとBの中間程度の濃さに見える。

つまり，(1)の方向のように，奥行き(光路)が同じときは，色の濃さは単位体積中に含まれる有色分子の数，すなわち濃度に比例することになる。

したがって，ピストンを押したとき，(1)の方向から観察すると，圧縮直後は色が濃くなり，やがて右向きに平衡移動がおこって色はやや薄くなる。

(2)　(2)の方向から観察したとき

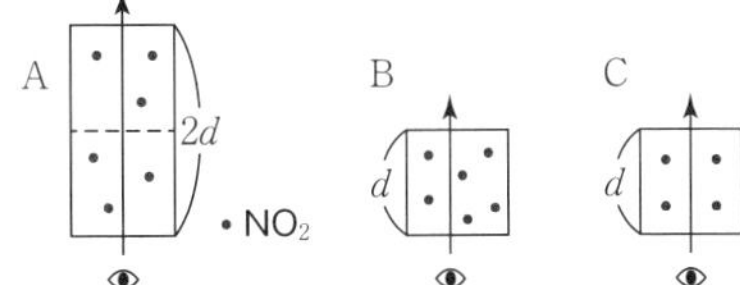

(1)の方向から観察したとき，Aの場合の光路は d であったが，今回，Aの光路は $2\,d$ であるので，体積 V の容器を2つ積み重ねることになり，色の濃さは光路 d のときの2倍で，Bの濃さと同じに見えることになる。このように，奥行きが2倍になると，その中に見えている NO_2 分子の数も2倍になり，2倍の色の濃さを感じることになる。

つまり，奥行き(光路)が異なるときは，色の濃さは単位体積中に含まれる有色分子の数，すなわち濃度には比例しない。正確には，色の濃さは，有色分子の濃度と奥行き(光路)にも比例することに留意しなければならない。

したがって，(2)の方向から観察すると，ピストンを押しても色の変化はないが，やがて右向きに平衡移動がおこって色はやや薄くなる。

SCIENCE BOX　平衡定数の温度変化

平衡状態にある物質の濃度や圧力を変えても，平衡定数は変化しないが，温度を変えると平衡定数そのものが変化する。したがって，温度変化による平衡移動の向きを理解するには，平衡定数の温度変化の傾向を知る必要がある。

$N_2O_4 \rightarrow 2\,NO_2$　$\Delta H = 57.2\,kJ$　のような吸熱反応では，高温ほど平衡定数が大きくなり，正反応がおこりやすくなるのに対して，　$H_2 + I_2 \rightarrow 2\,HI$　$\Delta H = -9.4\,kJ$　のような発熱反応では，高温ほど平衡定数が小さくなり，逆反応がおこりやすくなる（下図）。これは，温度が上昇すると，活性化エネルギーの大きい反応ほど，反応速度がより大きくなるためである。

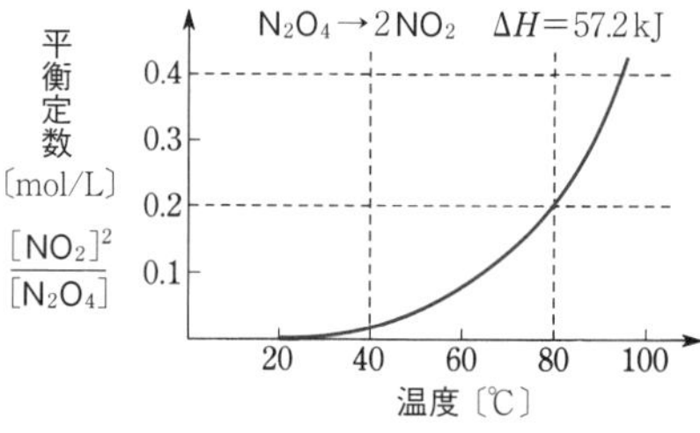

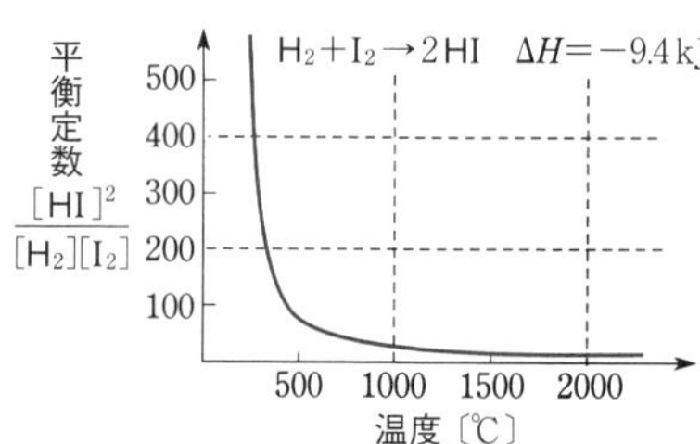

$N_2O_4 \underset{v_2}{\overset{v_1}{\rightleftarrows}} 2\,NO_2$　$\Delta H = 57.2\,kJ$　において，正反応の活性化エネルギー E_1 は，逆反応の活性化エネルギー E_2 よりも，57.2 kJ だけ大きい。

$$\left.\begin{array}{l} v_1 = k_1[N_2O_4] \\ v_2 = k_2[NO_2]^2 \end{array}\right\} \text{より，}\quad K = \frac{[NO_2]^2}{[N_2O_4]} = \frac{k_1}{k_2}$$

アレニウスの式(p. 253)より，$k = A \cdot e^{-\frac{E_a}{RT}}$

$$\therefore\quad \log_e k = -\frac{E_a}{R} \cdot \frac{1}{T} + \boxed{\log_e A}_{\text{定数}}$$

縦軸に $\log_e k$，横軸に $\frac{1}{T}$ をとり，アレニウス・プロット(p. 253)をとると，活性化エネルギー E_a が大きいほど，グラフの傾きは大きくなる。

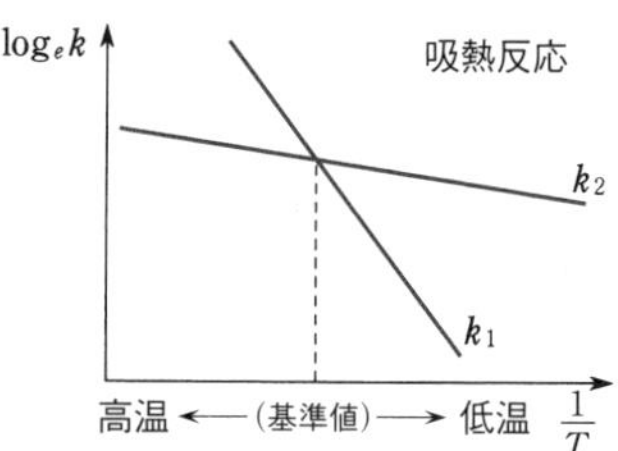

吸熱反応では，正反応の活性化エネルギー E_1 は大きいため，k_1 の傾きは大きい。逆反応の活性化エネルギー E_2 は小さいため，k_2 の傾きは小さい。

グラフの横軸は，右へ行くほど低温となり，基準値より右側では $k_2 > k_1$ である。

$K = \frac{k_1 \leftarrow \text{小}}{k_2 \leftarrow \text{大}}$ だから K は小さくなる。

グラフの横軸が左へ行くほど高温となり，基準値より左側では $k_1 > k_2$ である。

$K = \frac{k_1 \leftarrow \text{大}}{k_2 \leftarrow \text{小}}$ だから K は大きくなる。

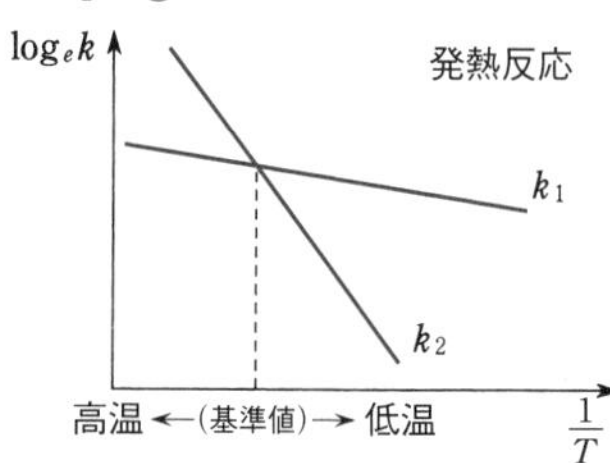

逆に，発熱反応では，正反応の活性化エネルギー E_1 が小さいので k_1 の傾きは小さく，逆反応の活性化エネルギー E_2 が大きいので k_2 の傾きは大きい。

$\frac{1}{T}$ が大（$T \rightarrow$ 低温）ほど（$k_1 > k_2$），

$K = \frac{k_1 \leftarrow \text{大}}{k_2 \leftarrow \text{小}} \Longrightarrow K$ は大きくなる。

$\frac{1}{T}$ が小（$T \rightarrow$ 高温）ほど（$k_2 > k_1$），

$K = \frac{k_1 \leftarrow \text{小}}{k_2 \leftarrow \text{大}} \Longrightarrow K$ は小さくなる。

SCIENCE BOX 温度上昇で反応が遅くなる反応

硝酸の工業的製法の第二段階の反応では，一酸化窒素 NO を空気酸化すると二酸化窒素 NO_2 が生成する。

$$2\,NO + O_2 \longrightarrow 2\,NO_2 \quad \cdots①$$

この反応は高温では進行しにくく，140℃以下に冷却すると，ほぼ完全に進行する。このように，NO の酸化反応は温度が上昇すると反応速度が減少する極めて珍しい反応である。この理由を考えてみよう。

①式の反応速度式は，次のように求められている。NO_2 の生成速度を v，速度定数を k とすると，

$$v=k[NO]^2[O_2] \quad \cdots②$$

ただし，①式の反応は，1つの素反応からなる単純反応ではなく，次の③，④式が連続して進む**多段階反応**(**複合反応**)である。

まず，2分子の NO が会合して二量体 $(NO)_2$ となる。$(NO)_2$ は解離して NO に戻ることもある。すなわち，③式は可逆反応であり，やがて平衡状態となる。

$$2\,NO \rightleftarrows (NO)_2 \quad \cdots③$$

続いて，この $(NO)_2$ が O_2 と反応して，NO_2 が生成する。この④式は，不可逆反応である。

$$(NO)_2 + O_2 \longrightarrow 2\,NO_2 \quad \cdots④$$

③式の正反応，逆反応の反応速度を v_1，v_2，④式の反応速度を v_3 とおくと，各素反応の反応速度式は，次のようになる。

$$v_1=k_1[NO]^2 \quad \cdots⑤$$

$$v_2=k_2[(NO)_2] \quad \cdots⑥$$

$$\boldsymbol{v_3=k_3[(NO)_2][O_2]} \quad \cdots⑦$$

ただし，v_1，v_2 は速いが，v_3 が最も遅いので，④式の素反応がこの反応全体の**律速段階**である*。

* ④式で $(NO)_2$ が消費されても，直ちに③式の平衡が右向きに移動するので，反応中 $(NO)_2$ の濃度はほぼ一定に保たれる。

この反応において，③式では平衡状態が成立しており，その平衡定数は次式で表される。

$$\boldsymbol{K=\frac{[(NO)_2]}{[NO]^2}=\frac{k_1}{k_2}} \quad \cdots⑧$$

反応中間体の $[(NO)_2]$ を K と $[NO]$ を用いて表すと，$[(NO)_2]=K[NO]^2$

これを⑦式に代入すると，

$$\boldsymbol{v=v_3=K\cdot k_3[NO]^2[O_2]} \quad \cdots⑨$$

$K\cdot k_3$ をまとめて k と表すと，②式と一致する。

$$v=k[NO]^2[O_2] \quad \cdots②$$

NO 分子が会合する③式の正反応は発熱反応なので，温度が上昇すると，③式の平衡は吸熱方向（左向き）に移動し，二量体 $(NO)_2$ の濃度は減少する。よって，⑧式の平衡定数 K の値は減少する。一方，温度上昇により，反応速度定数 k_1，k_2，k_3 はすべて増加する。

したがって，温度上昇により，⑨式において，k_3 が増加しても，それ以上に K が大きく減少したとすれば，二量体 $(NO)_2$ の濃度が減少して，全体の反応速度 v は減少するはずである。逆に，温度低下により，k_3 が減少しても，それ以上に K が増加したとすれば，二量体 $(NO)_2$ の濃度が増加して，全体の反応速度 v は増加する。

⑨式で，K と k_3 の温度依存性を調べるため，$\log_e K$ と $\log_e k_3$ と $\frac{1}{T}$ の関係をグラフ化すると下図のようになる。$\log_e K\cdot\log_e k_3$ $=\log_e K+\log_e k_3$ となるから，左2つのグラフを合成すると右のグラフが得られる。

温度上昇により，K が大きく減少すれば，k_3 が多少増加しても，$K\cdot k_3$ をまとめた k は減少し，全体の反応速度が減少することが理解できる。

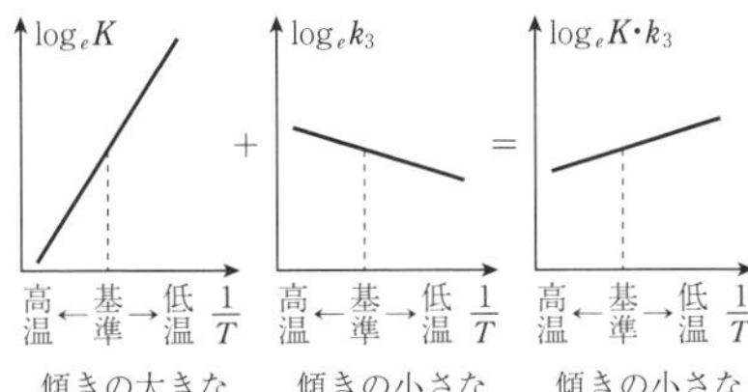

SCIENCE BOX　ルシャトリエの原理の適用とその限界

アンモニアの合成反応が，ある温度・圧力のもとで平衡状態にあるとする。

$N_2 + 3H_2 \rightleftarrows 2NH_3$

いま，温度一定の条件で，圧力を増加させた場合，ルシャトリエの原理によれば，圧力の増加を和らげる方向，つまり，NH_3 が生成する右方向に平衡が移動する。

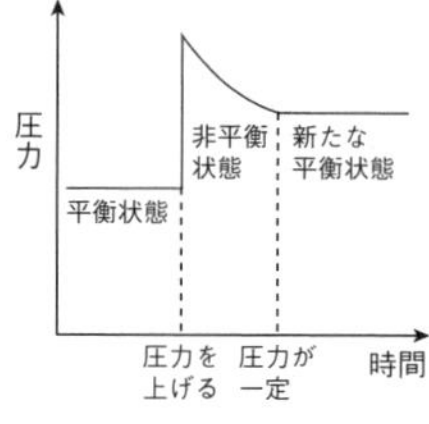

さて，温度一定で圧力を増加させるということは，気体の体積を減少させることと同じである。そこで体積の変化についてルシャトリエの原理を適用すると，体積を減少させると，これを和らげるには，体積が増加する方向，つまり，NH_3 が分解する左方向へ移動すると予想される。

このように，圧力の変化と，体積の変化で考えた場合では，平衡移動の方向が逆という奇妙な結果となる。熱力学の理論的考察によれば，ルシャトリエの原理を適用する際に変化させる変数は，示強変数*でなければならないという前提がある。

* 物質の状態を規定する変数のうち，物質の量によらない変数を**示強変数**といい，温度，濃度，圧力，密度などがある。一方，物質の量に依存する変数を**示量変数**といい，体積，質量，エネルギーなどがある。また，示量変数である質量と体積の比に相当する濃度や密度などは示強変数である。

したがって，示量変数である体積の変化に対してルシャトリエの原理を適用するのは誤りである。この意味で，反応系を加熱した際，熱量ではなく温度の変化に対して，ルシャトリエの原理を適用すべきである。

次に，600 K，5.0×10^7 Pa において，$N_2 + 3H_2 \rightleftarrows 2NH_3$ の反応が平衡状態にあるとき，N_2，H_2，NH_3 の各物質量を $n_{N_2} = 8.0$ mol，$n_{H_2} = 1.2$ mol，$n_{NH_3} = 0.80$ mol とする。

また，N_2，H_2，NH_3 の各モル分率を x_{N_2}，x_{H_2}，x_{NH_3} とすると，各物質のモル分率で表した平衡定数 K は，

$$K = \frac{{x_{NH_3}}^2}{x_{N_2} \cdot {x_{H_2}}^3} = \frac{{n_{NH_3}}^2}{n_{N_2} \cdot {n_{H_2}}^3} \cdot n^2$$

（ただし，$n = n_{N_2} + n_{H_2} + n_{NH_3}$）

ここへ，温度・全圧一定で N_2 4.0 mol を加えたとすると，ルシャトリエの原理を適用すれば，N_2 の濃度増加を和らげる方向，つまり，平衡は右へ移動し，NH_3 の生成量は増加するはずである。

しかし，平衡定数の値から計算すると，新しい平衡状態では，$n_{N_2} = 12.0$ mol，$n_{H_2} = 1.27$ mol，$n_{NH_3} = 0.75$ mol となり，H_2 は増加し，NH_3 は減少し，N_2 も小数第2位では増加しており，このことは平衡は左へ移動したことを示している。

ルシャトリエの原理は，温度・圧力の変化に対しては常に成り立つが，濃度の変化に対して常に成り立つとは限らないことに留意してほしい。

すなわち，反応式の係数が小さい N_2 が反応系に多量に含まれている場合（モル分率で $\frac{1}{2}$ より大）は，右方向へ平衡が移動すると，係数の大きい x_{H_2} が急激に減少し，反応系全体でみると，x_{N_2} がかえって増加してしまう（これは，係数の大きい物質では，モル分率の変化が激しいためである）。今回の場合，むしろ左方向へ平衡が移動すると，多量に生成する H_2 によって，x_{N_2} は減少することになるのである。

今回のような特別な条件下では，N_2 の添加によって，N_2 が増加する方向へ平衡が移動することになり，ルシャトリエの原理が成立しない。ルシャトリエの原理が成立するには，x_{N_2} が $\frac{1}{2}$ より小さいことが必要条件とされている。つまり，平衡定数を使って求めた結果が，常に，平衡移動の正しい方向を示していることになる。

13 触媒と平衡の移動

温度変化によって，平衡定数 K の値は変化するが，触媒が存在しても平衡定数 K は変化しない。なぜなら，触媒は活性化エネルギーを下げる働きをもつが，正反応の k_1 と逆反応の k_2 を同じ割合で変化（増加）させるので，両者の比を表す平衡定数は変化しないからである[19]。したがって，触媒を加える前が非平衡状態ならば，より速く平衡状態に到達するし，平衡状態に達していれば，やはり平衡状態のままで変化しない。

詳説[19] 正反応，逆反応の活性化エネルギーをそれぞれ E_1，E_2 とし，触媒を加えたことにより，活性化エネルギーがいずれも ΔE だけ低下したとする。アレニウスの式(p. 253)を用いて，

$$K=\frac{k_1}{k_2}=\frac{A_1 e^{-\frac{E_1-\Delta E}{RT}}}{A_2 e^{-\frac{E_2-\Delta E}{RT}}}=\frac{A_1}{A_2}e^{\frac{-E_1+\Delta E+E_2-\Delta E}{RT}}$$

$$=\frac{A_1}{A_2}e^{\frac{E_2-E_1}{RT}}=\frac{A_1}{A_2}e^{\frac{Q}{RT}}\quad (Q：反応熱)$$

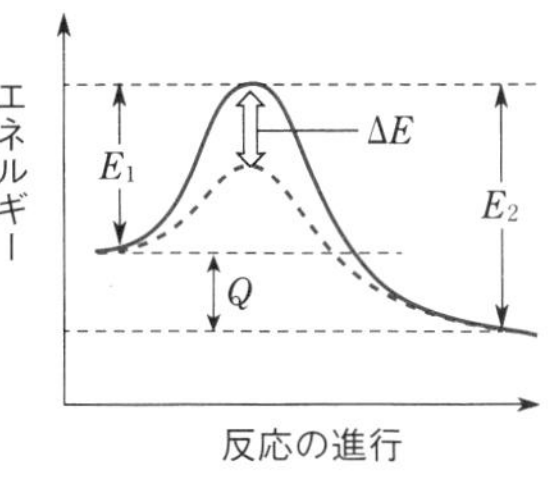

触媒を加えても，反応熱 Q は変化しないので，平衡定数も一定 ⟹ 平衡は移動しない。

14 平衡に無関係な物質の添加

1 $N_2+3H_2 \rightleftarrows 2NH_3$ に，温度・体積一定でアルゴン Ar を加える。

アルゴンを加える前の平衡濃度を$[N_2]$，$[H_2]$，$[NH_3]$とし，体積一定で Ar を加えた瞬間を考えると，N_2，H_2，NH_3 の物質量，体積のいずれも一定なので，$[N_2]$，$[H_2]$，$[NH_3]$ は変化しない。また，温度も一定なので，平衡定数も不変である。したがって，平衡移動はおこらない[20]。

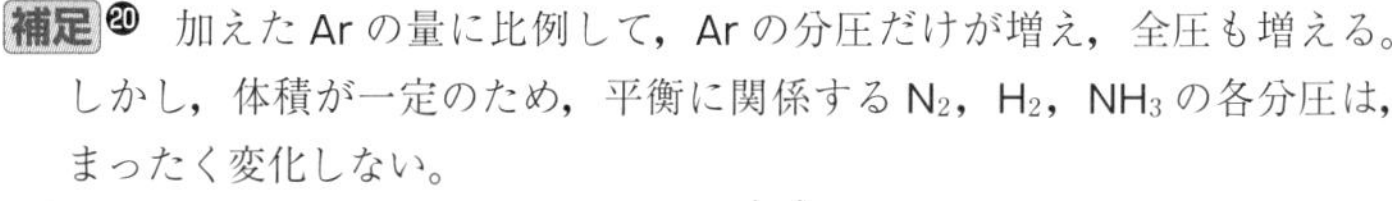

補足[20] 加えた Ar の量に比例して，Ar の分圧だけが増え，全圧も増える。しかし，体積が一定のため，平衡に関係する N_2，H_2，NH_3 の各分圧は，まったく変化しない。

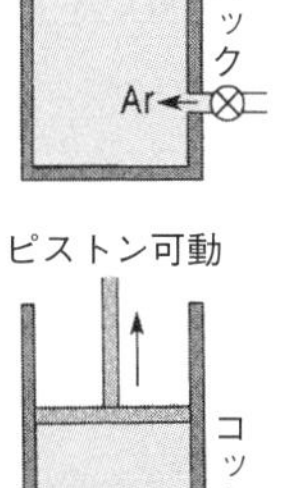

2 $N_2+3H_2 \rightleftarrows 2NH_3$ に，温度・全圧一定でアルゴン Ar を加える。

アルゴンを加えてもなお全圧が一定であるためには，気体の体積が大きくなる必要がある。つまり，平衡に関係する N_2，H_2，NH_3 の分圧はそれぞれ減少することになる。言いかえると，平衡混合気体の全圧を下げたことになり，その圧力減少を緩和する方向，つまり，気体の分子数が増加する方向(←)へ平衡が移動する。

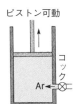

15 化学平衡とその応用

アンモニアは，工業的には鉄を主成分とする触媒を用いて，窒素と水素を直接反応させて合成される。この方法を**ハーバー・ボッシュ法**（1913 年）という。この製法は，ルシャトリエの原理を実際の化学工業に応用して，成功した例として知られている。

$$N_2+3H_2 \rightleftarrows 2NH_3 \quad \Delta H=-92\,\mathrm{kJ}$$

この反応は典型的な可逆反応であり，平衡状態でのアンモニアの生成量を多くするには，右向きへの平衡移動の条件を考えればよい。右向きへの反応が，気体分子数の減少する反応であるから，圧力が高いほど NH_3 の生成率が高くなる。一方，右向きへの反応は

発熱反応であるから，温度が低いほど NH_3 の生成率が高くなる（右図）。化学平衡の面からは，低温・高圧の条件にするほど，平衡が右向きに移動し，NH_3 の生成率が高くなる。しかし，平衡が移動するということは，反応がおこる可能性を示すだけで，実際に反応が進みやすいかどうかは反応速度の大きさで判断する必要がある。

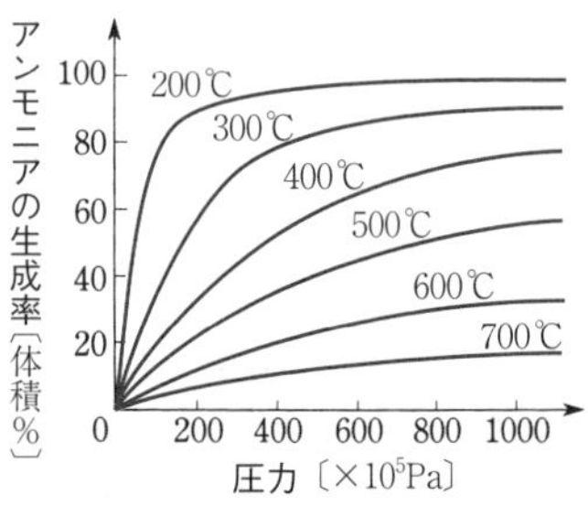

アンモニアの生成率の温度および圧力への依存性

低温（400℃以下）では，反応速度が小さくなり，NH_3 が生成するまでに時間がかかりすぎる。そこで，もう少し高温（500℃前後）にすると，平衡時での NH_3 の生成率は少し低くなるが，短時間で反応がおこるので，この操作を何回も繰り返すほうが経済的に有利である㉑。

しかし，500℃でも反応速度は十分大きくはならないので，**ハーバー**らは，2500 近い物質の中から，この反応に最もよく適合する触媒として，四酸化三鉄 Fe_3O_4 を主成分とした触媒（H_2 で還元されて生じた多孔質の Fe が良好な触媒作用を示す。）を見つけ出し，工業化への道を開いた。

補足㉑　たとえば 10 K 上昇するごとに反応速度が 2 倍になる反応があったとする。500℃で平衡に達するのに 10 分間を要したとすると，同じ反応を 200℃で行うと，$2^{30} \fallingdotseq 1.1 \times 10^9$ 倍もの時間を要し，計算すると平衡に達するまでに何と 22000 年もかかることになる。

►次に，平衡の面からは高圧ほど NH_3 の生成率が高くなるが，装置の強度の面から，高圧にするにも一定の限度がある㉒。工業的には $3 \sim 5 \times 10^7$ Pa 程度の圧力で操業されている。

補足㉒　高温・高圧の H_2 を反応させる場合，反応塔に普通の鋼（こう）を用いると，しだいに H_2 が鋼中に溶け込み，成分である炭素（鋼に強度を与える役割をもつ）と反応して CH_4 として除かれていくため，鋼の強度が低下し（**水素脆性**（ぜいせい）），爆発することがあった。**ボッシュ**は，内側には炭素をほとんど含まない軟鋼で H_2 との反応を抑え，外側には炭素を多く含んだ硬鋼で強い圧力を支えるという，NH_3 合成用の特殊な二重鋼管を開発し，この問題を解決した。

►最後に，生成した平衡混合気体（NH_3 は約 20 体積%で，完全には平衡に到達していない）を冷却装置に導くと，凝縮されて NH_3 だけが混合気体中から取り除かれる。残った混合気体に，さらに新しい原料ガス（$N_2 : H_2 = 1 : 3$（物質量比））を加えたものが，再び反応塔に送られ，上記の反応が循環的に繰り返される。このように，工業的に有用な物質を合成する場合，適合する触媒と適当な反応条件を見つけることが重要となる。

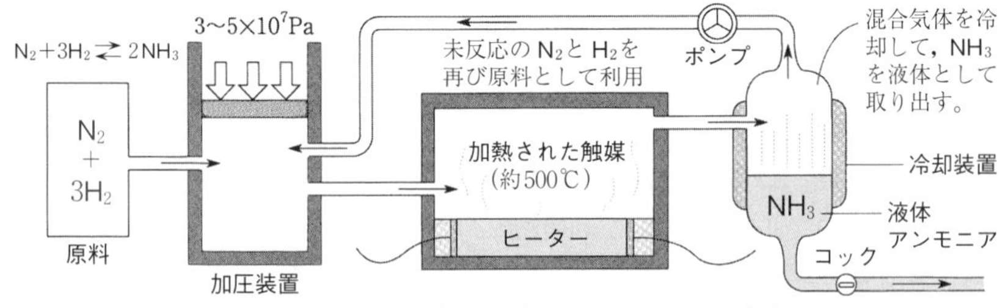

ハーバー・ボッシュ法によるアンモニアの合成

SCIENCE BOX 硫酸銅(Ⅱ)水和物の飽和蒸気圧と風解

硫酸銅(Ⅱ)の結晶には，五水和物，三水和物，一水和物などがあり，これらはいずれも加熱すると，融解する前に水蒸気を放出して分解する。つまり，一定温度では決まった飽和蒸気圧を示す。

いま，純粋な $CuSO_4 \cdot 5H_2O$ の結晶を排気可能なデシケーターに入れ，50℃を保ちながら，ゆっくりと容器内の圧力を下げて脱水していく。下図は，容器内の水蒸気圧と，これに接する硫酸銅(Ⅱ)の結晶中に含まれる $CuSO_4$ の質量パーセントの関係を示す。

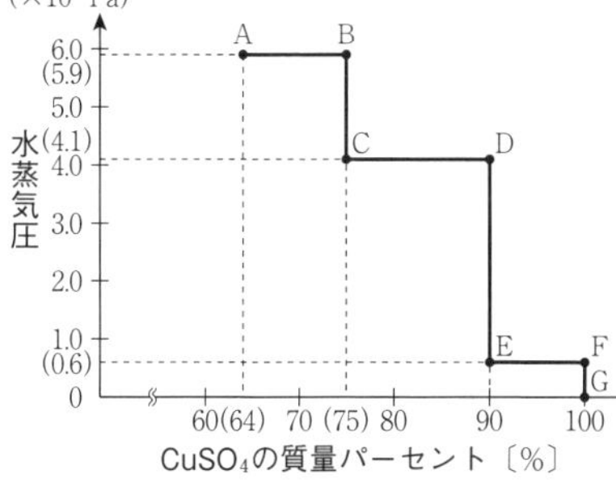

実験開始時（A 点）の水蒸気圧は 5.9×10^3 Pa であった。A～B 間は排気しているにもかかわらず，一定圧力を示していた。このとき，①式で示す平衡が成立している*1。

$$CuSO_4 \cdot 5H_2O \rightleftarrows CuSO_4 \cdot 3H_2O + 2H_2O \quad \cdots\cdots①$$

＊1　排気により水蒸気圧を低下させても，$CuSO_4 \cdot 5H_2O$ が分解されて水蒸気が放出されるため，一定の水蒸気圧を保つ。一方，外部から水蒸気を供給して水蒸気圧を上昇させても，$CuSO_4 \cdot 3H_2O$ が水蒸気を吸収するため，一定の水蒸気圧を保ち続ける。

反応系内に $CuSO_4 \cdot 5H_2O$ が残っている間は，5.9×10^3 Pa の水蒸気圧が保たれるので，この値を 50℃での $CuSO_4 \cdot 5H_2O$ の飽和蒸気圧という。

$CuSO_4 \cdot 5H_2O$ がすべて消失し，$CuSO_4 \cdot 3H_2O$ だけになった瞬間，急激な水蒸気圧の低下がおこる*2(B～C 間)。

＊2　$CuSO_4 \cdot 5H_2O$ がなくなると，排気による水蒸気圧の低下を補えない。すなわち，①式の平衡が成立しなくなったことを意味する。

$CuSO_4 \cdot 3H_2O$ だけになると，直ちに $CuSO_4 \cdot H_2O$ への分解が始まり，水蒸気圧は 4.1×10^3 Pa(一定) を示す (C～D 間)。このとき，②式で示す平衡が成立している。

$$CuSO_4 \cdot 3H_2O \rightleftarrows CuSO_4 \cdot H_2O + 2H_2O \quad \cdots\cdots②$$

系内に $CuSO_4 \cdot 3H_2O$ が残っている間は，4.1×10^3 Pa の水蒸気圧が保たれるので，この値が 50℃での $CuSO_4 \cdot 3H_2O$ の飽和蒸気圧となる。$CuSO_4 \cdot 3H_2O$ がすべて消失し，$CuSO_4 \cdot H_2O$ だけになった瞬間，急激な水蒸気圧の低下がおこる(D～E 間)。

$CuSO_4 \cdot H_2O$ だけになると，直ちに $CuSO_4$ への分解が始まり，水蒸気圧は 5.9×10^2 Pa (一定) を示す (E～F 間)。このとき，③式で示す平衡が成立している。

$$CuSO_4 \cdot H_2O \rightleftarrows CuSO_4 + H_2O \quad \cdots\cdots③$$

系内に $CuSO_4 \cdot H_2O$ が残っている間は，5.9×10^2 Pa の水蒸気圧を示すので，この値が 50℃での $CuSO_4 \cdot H_2O$ の飽和蒸気圧となる。

$CuSO_4 \cdot H_2O$ がすべて消失すると(G 点)，$CuSO_4$ だけとなり，水蒸気圧はほぼ 0 となる。

一般に，水和物の結晶を空気中に放置したとき，その温度における水和物の結晶の飽和蒸気圧が，空気中の水蒸気の分圧より高ければ，その結晶から水が蒸発し続け，水和水の少ない結晶へ変化していく。この現象を**風解**という(p. 495)。

例題 25℃で $CuSO_4 \cdot 5H_2O$ の飽和蒸気圧を 1.1×10^3 Pa，飽和水蒸気圧を 3.2×10^3 Pa とする。$CuSO_4 \cdot 5H_2O$ が風解して $CuSO_4 \cdot 3H_2O$ になるのは，空気中の相対湿度が何％以下のときか。

［**解**］　その相対湿度を x〔%〕とすると

$$3.2\times10^3\times\frac{x}{100}=1.1\times10^3$$

$\therefore\ x \fallingdotseq 34.3 \fallingdotseq$ **34〔%〕** 答

第３章　酸と塩基

3-7　酸と塩基

1 アレニウスの定義

塩酸 HCl，硫酸 H_2SO_4 や酢酸 CH_3COOH などの薄い水溶液は，酸味をもち，青色リトマス紙を赤変させたり，亜鉛，鉄などの金属と反応して水素を発生させるなどの共通した性質をもつ❶。このような性質を**酸性**という。この性質は，酸の水溶液中に共通して存在する水素イオン H^+ の働きによる。

1887 年，スウェーデンの**アレニウス**は，「**酸**とは，水溶液中で水素イオン H^+ を放出する物質である。」と定義した。

補足❶　金属と酸との反応を，イオン反応式で示すと次のようになる。つまり，$Zn + 2H^+ \longrightarrow Zn^{2+} + H_2\uparrow$（$2e^-$）となり，金属原子と酸の水溶液中に存在する H^+ との間で，電子 e^- が授受されることによっておこる酸化還元反応(p. 352)にほかならない。

►酸性の原因である H^+ は，水素原子がその１個の電子を失ったもので，陽子(プロトン)そのものである。その後の研究によると，H^+ は水溶液中では単独に存在することはなく，水分子と配位結合して，主に**オキソニウムイオン** H_3O^+ として安定に存在していることが明らかとなった❷。

詳説❷　電子をまったくもたない H^+ の直径は約 10^{-13} cm で，10^{-8} cm 程度のふつうのイオンに比べるとずっと小さい。したがって，H^+ の電荷密度は強大で，その周囲には極めて強い電場を生じている。ふつうのイオンならば，極性のある水分子を周りに引きつけて水和する程度であるが，H^+ はさらに強く水分子を引きつける。通常は，そのうちの１分子と配位結合を形成して，オキソニウムイオン H_3O^+ として存在している。

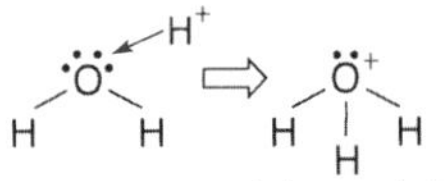

H⁺ + H₂O ⇨ オキソニウムイオン

►たとえば，塩化水素 HCl を水に溶かした場合，まず HCl 分子が電離して水素イオン H^+ と塩化物イオン Cl^- を生じるが，H^+ は直ちに水分子と配位結合して H_3O^+ となり，酸性を示す。したがって，塩酸の電離式は正式には次のように表すべきである❸。

$$HCl + H_2O \longrightarrow H_3O^+ + Cl^-$$

詳説❸　最近の詳しい研究によると，オキソニウムイオン H_3O^+ は，さらに３分子の水が結合した $H_9O_4^+$ のようなかなり大きいイオンとして存在しているという実験事実もある。しかし，水溶液中の水素イオンを H_3O^+，まして $H_9O_4^+$ のように表すと，反応式そのものが大変複雑になってしまう。

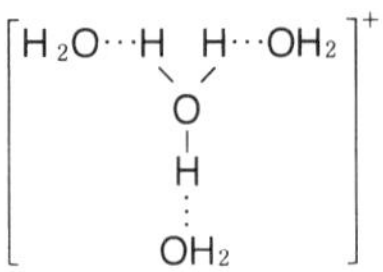

$[H_2O\cdots H\ \ H\cdots OH_2$ / O / H / $\vdots$ / $OH_2]^+$
$H_9O_4^+$

そこで，とくに必要のある場合を除いては，水溶液中でのオキソニウムイオン H_3O^+ は，H^+ に結合した水分子を省略して，便宜上，H^+ と書き表すことが多い。この約束に従うと，上の電離式は，$HCl \longrightarrow H^+ + Cl^-$ と簡略化することができる。

一方，水酸化ナトリウム NaOH や水酸化カルシウム $Ca(OH)_2$ の薄い水溶液は，手につけるとぬるぬるし，赤色リトマス紙を青変させ，酸と反応してその性質を打ち消すなどの共通した性質をもつ。このような性質を**塩基性**または**アルカリ性**という❹。この性質は，塩基の水溶液中に共通して存在する水酸化物イオン OH^- の働きによる。1887 年，スウェーデンの**アレニウス**は，「**塩基**とは，水溶液中で水酸化物イオン OH^- を放出する物質である。」と定義した。

補足❹ アルカリ alkali とは，アラビア語で al- は定冠詞，-kali は植物の灰を意味する。灰の浸出液のように強い塩基性の水溶液をアルカリとよぶようになった。現在では，アルカリ金属の水酸化物 LiOH，NaOH，KOH，…や，アルカリ土類金属の水酸化物のうち，$Ca(OH)_2$，$Ba(OH)_2$ のように水に溶けやすい塩基を，とくに**アルカリ**とよぶ。上記以外の水酸化物はほとんど水に溶けないので，アルカリとは言わないが，ただ，酸を中和する能力だけはもっている。そこで，一般的には，酸と中和する能力をもっている一群の物質を**塩基**という。塩基が酸の性質を打ち消すのは，塩基の出す OH^- と酸の出す H^+ とが反応して，水を生成するからである(**中和反応**)。また，純水や塩化ナトリウム水溶液のように，酸性も塩基性も示さない水溶液は，**中性**であるという。

►たとえば，水酸化ナトリウムや水酸化カルシウムは，水溶液中では，次のように電離する❺。

$$NaOH \longrightarrow Na^+ + OH^-$$
$$Ca(OH)_2 \longrightarrow Ca^{2+} + 2\,OH^-$$

補足❺ HCl や CH_3COOH などの酸はいずれも分子性物質で，分子内の結合は共有結合でできている。これらを水に溶かすと，水と反応して電離がおこり，$H_3O^+(H^+)$が生じる。

一方，分子性物質である NH_3 を除く，NaOH や $Ca(OH)_2$ など多くの塩基はイオン性物質で，もともとイオンの状態で存在しており，水に溶けるということは，それまで整然と並んでいた陽イオンと陰イオンがばらばらに分かれることを意味する。

すなわち，酸の場合は水に溶けても，酸の分子がすべて電離するとは限らないのに対して，NH_3 を除く多くの塩基の場合は水に溶けたものはすべて電離するものと考えてよい。これが，酸と塩基の電離において大きく異なる点である。

►アンモニア NH_3 は，分子中にヒドロキシ基 -OH をもたないので，自身から OH^- を直接出すことはできない。しかし，その水溶液が塩基性を示すのは，アンモニアの一部が次のように水分子と反応して，水酸化物イオンを生じるからである。

$$NH_3 + H_2O \rightleftarrows NH_4^+ + OH^-$$

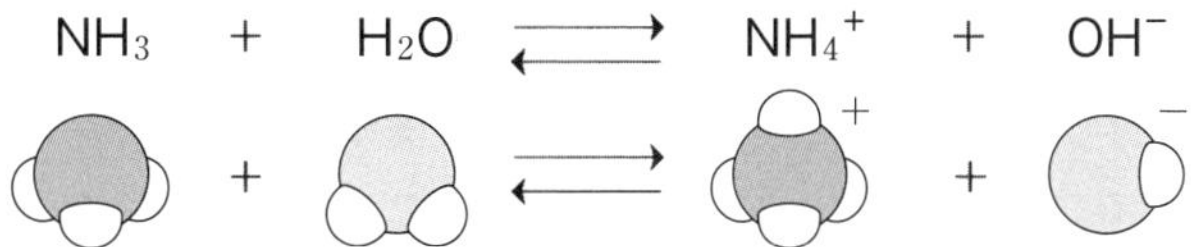

アレニウスの酸・塩基の定義では，「水溶液中で H^+，OH^- を放出する物質を，それぞれ酸・塩基という。」としている。そのため，(1) 水以外を溶媒とする溶液(非水溶液という) 中での酸・塩基の区別ができない，(2) 水にほとんど溶けない $Cu(OH)_2$ や $Al(OH)_3$ が塩基であることの合理的な説明ができない，(3) ヒドロキシ基をもたないアンモニアが，実質的に塩基性を示すことの十分な説明ができない，などの欠点がある。

2 ブレンステッド・ローリーの定義

アレニウスの酸・塩基の定義は，いずれも水溶液中でそれぞれ $H_3O^+(H^+)$，OH^- を放出する物質であった。しかし，水の存在がなくても，たとえば塩化水素(気)とアンモニア（気）が空気中で出合うと，直ちに塩化アンモニウム NH_4Cl の白煙を生じる反応がおこる。この反応も，明らかに酸・塩基の反応と考えられるが，非水溶液の反応であるため，アレニウスの定義では酸・塩基の区別ができなかった。

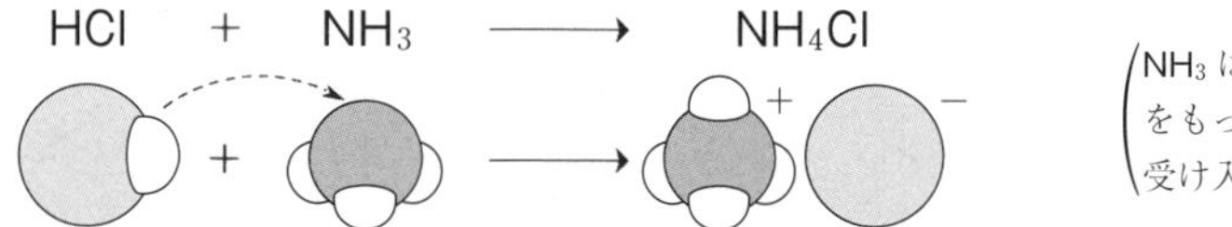

（NH_3 は非共有電子対をもっており，H^+ を受け入れやすい。）

この反応では，HCl は H^+ を放出して Cl^- に変化する一方，NH_3 は H^+ を受け取って NH_4^+ になっている。すなわち，HCl は H^+ を与える酸として，NH_3 は H^+ を受け取る塩基として働いている。

そこで，1923 年，デンマークの**ブレンステッド**とイギリスの**ローリー**は互いに独立に，水以外を溶媒とする溶液(非水溶液)や気相中での酸・塩基の反応にも適用できるように，新しい酸・塩基の定義を提案した。すなわち，「**酸**とはプロトン H^+ を相手に与える物質，**塩基**とはプロトン H^+ を相手から受け取る物質である」。これを，**ブレンステッド・ローリーの酸・塩基の定義**という❻。

補足❻　この定義によると，酸の定義はこれまでとあまり変わらないが，塩基は OH^- を放出して酸と反応するのではなく，H^+ を受け取るものと定義されている。したがって，NaOH が塩基であるというよりも，NaOH 中の OH^- 自身が塩基であるということになる。

また，氷酢酸(100％)中にアンモニアを通じると，その一部は次式のように反応する。

$$CH_3COOH + NH_3 \rightleftharpoons CH_3COO^- + NH_4^+ \quad \text{(非水溶液の反応)}$$

CH_3COOH は NH_3 に H^+ を与えているので酸，NH_3 は H^+ を受け取っているので塩基である。また，逆反応では，CH_3COO^- が H^+ を受け取っているので塩基，NH_4^+ が H^+ を与えているので酸として働いている。このように，アレニウスの定義では酸・塩基として区別できなかった CH_3COO^- や NH_4^+ などのイオン自身についても，ブレンステッド・ローリーの定義では酸・塩基として区別できるようになった。たとえば，酢酸水溶液中の酢酸の電離では，CH_3COOH が H_2O に H^+ を与えているから酸であり，H_2O は H^+ を受け取っているから塩基である。

$$CH_3COOH + H_2O \rightleftharpoons CH_3COO^- + H_3O^+ \quad (H^+: CH_3COOH \to H_2O)$$

また，アンモニア水中のアンモニアの電離の場合は，NH_3 が H_2O から H^+ を受け取っているから塩基であり，H_2O は H^+ を与えているので酸である。

$$NH_3 + H_2O \rightleftharpoons NH_4^+ + OH^- \quad (H^+: H_2O \to NH_3)$$

つまり，アレニウスの定義では酸・塩基のいずれでもなかった水 H_2O は，ブレンステッド・ローリーの定義では，相手物質によって酸にも塩基にもなりうる両性物質として働くことがわかる。また，アレニウスの定義では，物質によってそれぞれ決まった酸・塩基の性質をもつという物質中心の考え方をとっていたが，ブレンステッド・ローリーの定義は，反応中心の考え方をとっており，酸・塩基の性質は反応する相手によって，その働きが変わることを示している。たとえば，水の場合では，自分より強い酸に対しては塩基として，自分より強い塩基に対しては酸として働くという具合に，その働きはあくまでも相対的なものである。

また，$Al(OH)_3$，$Fe(OH)_2$，$Cu(OH)_2$ など多くの金属の水酸化物は，ほとんど水に溶けないので，アレニウスの定義では塩基に分類することができなかった。しかし，ブレンステッド・ローリーの定義に従うと，酸の水溶液から H^+ を受け取って中和されるので，やはり塩基として分類されることになる。

$$Al(OH)_3 + 3H^+ \longrightarrow Al^{3+} + 3H_2O$$

3 H^+

3 共役な酸・塩基

ブレンステッド・ローリーの定義では，酸・塩基の区別を H^+ の授受で統一しているから，次の関係が成り立つ。

$$HA \rightleftarrows A^- + H^+ \quad \cdots\cdots\cdots ①$$

たとえば，酸 HA が H^+ を放出してできた A^- は，逆に H^+ を受け取ることができるので塩基である。このとき，HA と A^- を互いに**共役**(きょうやく)**な酸・塩基**であるという❼。このように，H^+ の授受に基づく一連の反応を**酸・塩基の反応**という。

(共役)

$$酸\ HA + 塩基\ B^- \rightleftarrows 塩基\ A^- + 酸\ HB \quad \cdots\cdots\cdots ②$$

(共役)

詳説❼ 酸 HA が強いほど①式の平衡は右に偏るから，その共役塩基 A^- は弱くなる。逆に，酸 HA が弱いほど①式の平衡は左に偏るから，その共役塩基 A^- は強くなる関係がある。

►もし，②式の平衡が大きく右に偏っているならば，両辺にある 2 つの酸の強さを比べると，$HA > HB$ であると判断できる。また，両辺にある 2 つの塩基の強さを比べても，$B^- > A^-$ であると判断できる。このように，酸・塩基の反応における平衡の偏りから，酸・塩基の強弱がそれぞれ判断できる。逆に，酸・塩基の強弱がわかると，酸・塩基の反応の進む方向も予想することができる。

以上より，一般に，すべての酸・塩基の反応は，強い酸と強い塩基が反応して，それぞれ弱い塩基，弱い酸を生成する方向に進むということがいえる。

参考 濃硫酸 (98%)，氷酢酸 (100%) のように，ほとんど水分を含まない酸は，電離がおこりにくく，ほとんど酸性を示さない理由は次の通りである。酸はプロトン H^+ を放出しようとする性質をもってはいるが，H^+ は遊離の状態ではほとんど存在することはない。したがって酸が H^+ を放出するためには，H^+ の受容体である塩基の存在がどうしても必要となる。多くの場合，この塩基の働きをしているのが水分子 H_2O である。そこで，濃硫酸をある程度水で薄めると電離がおこりやすくなり，酸性が強くあらわれるようになる。また，同じ酸であっても，溶かす溶媒の種類が変わるとその強さが変化する。たとえば，強い酸を酸性溶媒である氷酢酸に溶かすと酸の強さは弱まり，弱い酸を塩基性溶媒である液体アンモニアに溶かすと酸の強さは強まる。あくまでも，酸・塩基の強弱は相対的なものである。

4 酸・塩基の価数

酸1分子が放出することができる水素イオン H^+ の数を**酸の価数**という。一方，塩基はふつうイオン性の物質であるから，組成式で表される（NH_3 を除く）。したがって，塩基の組成式から放出することができる水酸化物イオン OH^- の数，または塩基1分子が受け取ることができる H^+ の数を**塩基の価数**という[8]。酸・塩基は，その価数に応じて，次表のように分類される。なお，2価以上の酸・塩基を**多価の酸**，**多価の塩基**という。

酸		塩　基	
1価の酸	HCl，HNO_3，CH_3COOH	1価の塩基	KOH，$NaOH$，NH_3
2価の酸	H_2SO_4，$(COOH)_2$，H_2S	2価の塩基	$Ca(OH)_2$，$Ba(OH)_2$，$Cu(OH)_2$*
3価の酸	H_3PO_4	3価の塩基	$Al(OH)_3$*

酸・塩基の価数の大小と，酸・塩基の強弱とはまったく無関係である。＊印は水に不溶。

補足[8] 酢酸 CH_3COOH では，メチル基 $-CH_3$ の3個のHはいかなる条件でも H^+ として電離しない。H^+ として電離できるのは，カルボキシ基 $-COOH$ のHだけなので1価の酸である。酢酸のような有機酸では，分子中に電離しないHが存在するので，単に，酸1分子中に含まれるH原子の数が酸の価数とはならない。一方，アンモニア NH_3 は，分子中にヒドロキシ基 $-OH$ を持たないが，他の物質から H^+ を1個受け取ることができるので1価の塩基である。

5 酸・塩基の電離

酸はすべて分子性の物質であるから，多価の酸を水に溶かした場合，1個の分子から一度に2個以上の H^+ が電離するのではなく，次式のように，H^+ が1個ずつ**段階的な電離**を行う。リン酸と硫酸の電離のようすを表すイオン反応式(**電離式**)を以下に示す。

$$\begin{cases} H_3PO_4 \rightleftarrows H^+ + H_2PO_4^- & \text{(第一電離)} \\ H_2PO_4^- \rightleftarrows H^+ + HPO_4^{2-} & \text{(第二電離)} \\ HPO_4^{2-} \rightleftarrows H^+ + PO_4^{3-} & \text{(第三電離)} \end{cases}$$

$$\begin{cases} H_2SO_4 \longrightarrow H^+ + HSO_4^- \\ HSO_4^- \rightleftarrows H^+ + SO_4^{2-} \end{cases}$$

このような段階的な電離においては，第一段の電離（第一電離）が最もおこりやすく，第二段の電離(第二電離)，第三段の電離(第三電離)の順におこりにくくなる[9]。

塩基は NH_3 を除いてイオン性の物質であるから，塩基が水に溶けさえすれば，構成イオンまで電離すると考えてよい。したがって，$Ca(OH)_2$ や $Ba(OH)_2$ などの水に溶ける多価の強塩基では，段階的な電離ではなく，一段階の電離を行うと考えてよい[10]。

$$Ca(OH)_2 \longrightarrow Ca^{2+} + 2\,OH^- \qquad Ba(OH)_2 \longrightarrow Ba^{2+} + 2\,OH^-$$

詳説[9] 一般に，強酸・強塩基の電離式では，強酸・強塩基がほぼ完全に電離するので，右向きの矢印 $\longrightarrow$ で表す。一方，弱酸・弱塩基の電離式では，弱酸・弱塩基は完全には電離せず，逆向きへの反応がおこるので，両向きの矢印 $\rightleftarrows$ で表す。ただし，強酸である硫酸の第一電離はほぼ完全に行われるので $\longrightarrow$ で表し，第二電離はややおこりにくいので $\rightleftarrows$ で表すのが適切である。

詳説[10] 水に溶けにくい多価の弱塩基では，次のような段階的な電離を考える必要がある(p. 294)。

$$Cu(OH)_2 \rightleftarrows Cu(OH)^+ + OH^- \qquad Cu(OH)^+ \rightleftarrows Cu^{2+} + OH^-$$

6 酸・塩基の強弱

酸の水溶液が酸性を示すのは，H_3O^+ の働きによるものであり，水溶液中の H^+（厳密には H_3O^+）の濃度が大きいほど，酸性は強いということになる。酸の濃度が違えば H^+ の濃度が変わるのは当然であるから，一般には，酸の強弱は，一定濃度になるように酸を溶かしたとき，水溶液中に生じる水素イオン H^+ の多少で決めている。

ともに1価の酸である塩酸と酢酸の 0.1 mol/L 水溶液に，同量の亜鉛粒を加えて反応のようすを比較すると，塩酸のほうが酢酸よりもずっと激しく水素が発生する。

$$Zn + 2H^+ \longrightarrow Zn^{2+} + H_2\uparrow$$

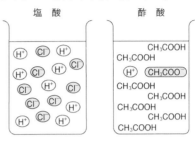

塩酸と酢酸のモル濃度が同じだから，同体積中に同数の分子が溶けているはずである。それにもかかわらず，反応の激しさに大きな差を生じたのは，塩酸ではほとんどが H^+ と Cl^- に電離しているのに対して，酢酸ではごく一部しか H^+ と CH_3COO^- に電離しておらず，H^+ の濃度にかなりの違いがあるためである。

塩　酸
H^+ Cl^- H^+ Cl^- H^+ Cl^- H^+ Cl^- H^+ Cl^- Cl^- Cl^- H^+ H^+ Cl^- H^+

酢　酸
CH_3COOH CH_3COOH H^+ CH_3COO^- CH_3COOH CH_3COOH CH_3COOH CH_3COOH CH_3COOH

酸を水に溶かすと電離するが，このときすべての酸分子が電離するわけではない。酸の種類によっては，塩酸のようにほとんどが電離してしまうもの，酢酸のように少ししか電離しないものとさまざまである。

一般に，酸や塩基のような電解質を水に溶かしたとき，溶解した電解質の物質量（またはモル濃度）に対する，電離した電解質の物質量（またはモル濃度）の割合を**電離度**という⓫。

$$\textbf{電離度}\ \alpha = \frac{\textbf{電離した電解質の物質量(モル濃度)}}{\textbf{溶解した電解質の物質量(モル濃度)}} \qquad (0 < \alpha \leqq 1)$$

補足⓫　25℃での 0.1 mol/L の酢酸と硫酸では，次式のように電離度が計算される。

	CH_3COOH	$\rightleftarrows$ CH_3COO^-	+ H^+		H_2SO_4	$\rightleftarrows$ $2H^+$	+ SO_4^{2-}	
平衡前	0.1	0	0	〔mol/L〕	0.1	0	0	〔mol/L〕
平衡時	(0.1−0.0016)	0.0016	0.0016	〔mol/L〕	(0.1−0.062)	0.124	0.062	〔mol/L〕

$$\alpha = \frac{0.0016}{0.1} = 0.016 \qquad \alpha = \frac{0.062}{0.1} = 0.62$$

►同じ 0.1 mol/L の塩酸と酢酸で比較すると，塩酸の電離度が酢酸の電離度に比べてずっと大きいため，水溶液中に存在する H^+ の濃度は塩酸のほうがはるかに多くなる。

強酸・強塩基，弱酸・弱塩基の電離度

強　酸	塩酸　HCl	0.94	弱　酸	酢酸　CH_3COOH	0.016
	硝酸　HNO_3	0.92		炭酸　H_2CO_3	0.0017
	硫酸　H_2SO_4	0.62		硫化水素　H_2S	0.0007
強塩基	水酸化カリウム　KOH	0.91	弱塩基	アンモニア　NH_3	0.013
	水酸化ナトリウム　$NaOH$	0.91		（いずれも 0.1 mol/L 水溶液の 25℃ における電離度の値である。）	
	水酸化バリウム　$Ba(OH)_2$	0.80			

このように，同じモル濃度で比較したとき，電離度が1に近い酸や塩基を**強酸**，**強塩基**という⑫。一方，電離度が1よりも著しく小さい酸や塩基を**弱酸**，**弱塩基**という⑬。

詳説⑫ リン酸 H_3PO_4 の電離度は 0.1 mol/L，25℃のとき 0.27 であるから，中程度の強さの酸となるが，強いて分類すると，弱酸に分類される。本来，強酸・強塩基の電離度は1に近い値をもつはずであるが，実測すると1よりやや小さな値が得られる。これは，強電解質では電離して生じた陰・陽イオンの間に静電気力が働き，それぞれのイオンの行動がやや拘束されて，見かけ上，電離度が下がっているためである。1907年，**ルイス**は，ある強電解質のイオン濃度 m のうち，ある割合 γ のものだけが完全に自由に行動できると考え，その濃度を**活量** a とよんだ。 a，γ，m には $a=\gamma m$ の関係があり，γ を**活量係数**という。イオン濃度が希薄になるほど($m\to 0$)，$\gamma\to 1$ となる。したがって，前ページの強酸，強塩基の電離度は，正しくは活量係数のことである。ところで，高校の段階では，あまり濃厚でない 1 mol/L 以下の濃度では，強酸・強塩基の電離度は1(完全電離)として計算してよい。

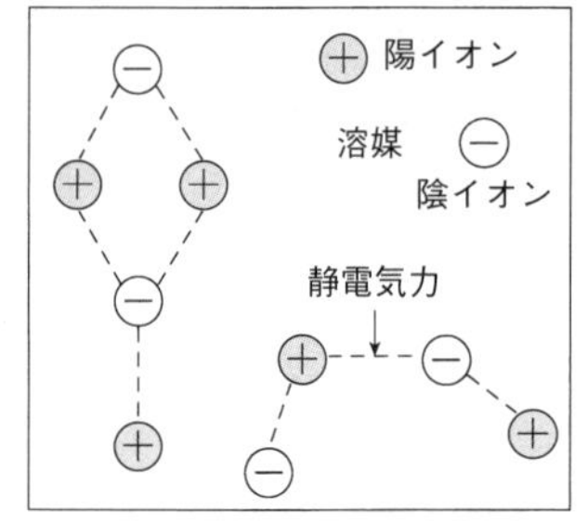

詳説⑬ 弱酸・弱塩基の電離度は，濃度で大きく変化し，濃度が小さくなるほど，電離度が大きくなるという関係がある(右図)。これは，ルシャトリエの原理から，p. 273 の③式では，水で薄めるほど H_2O の増加を緩和する右方向，すなわち酢酸が電離する方向へ平衡が移動するためである。いずれの濃度においても，弱酸の水素イオン濃度 $[H^+]$ は酸のモル濃度 C と電離度 α との積になる。

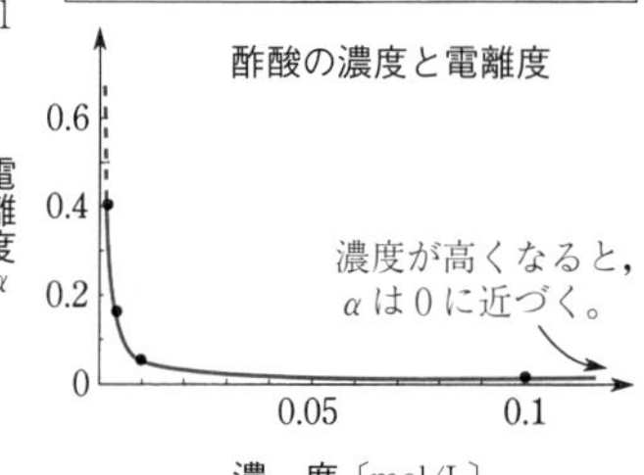

酢酸の濃度 C	1.0	0.1	0.01	0.001	0.0001	〔mol/L〕
H^+ の濃度 $[H^+]$	0.0051	0.0016	0.00051	0.00015	0.000040	〔mol/L〕
電離度 α	0.0051	0.016	0.051	0.15	0.40	

参考 酸・塩基の強弱は，同一の濃度(ふつうは 0.1 mol/L)での電離度の大小で決められる。とくに，塩基については，アンモニアのように電離度の小さい塩基のほか，$Cu(OH)_2$，$Al(OH)_3$ のような水に溶けにくい水酸化物も弱塩基に分類されることが多い。

これに対して，水に溶けやすい塩基は，NH_3 を除いてみな強塩基として分類される。

参考 **溶媒の水平化効果(均一化効果)とは**

代表的な強酸の H_2SO_4，HCl，HNO_3 は，水溶液中では K_a(p. 292) の値が極めて大きく，酸の強弱は決められない。これは，溶媒に用いた H_2O の H^+ を受け取る能力が大きいため，水中では強酸は100%電離して，H_3O^+ と各共役塩基である HSO_4^-，Cl^-，NO_3^- になるからである。見方を変えると，どんな強酸であっても，水溶液中では H^+ を放出する能力(酸としての強さ)は，H_3O^+ まで低下してしまう。この現象を水の**水平化効果**という。強酸どうしの強弱を比較する場合，H_2O よりもさらに H^+ を受け取りにくい溶媒，たとえば氷酢酸を用いる。氷酢酸中では強酸であっても弱酸のように振るまうので，K_a の値が求められる。こうして，強酸どうしの強弱の順番が次のように決定された。　$HI > HBr > HCl > H_2SO_4 > HNO_3$

SCIENCE BOX 塩基(水酸化物)の強弱

$MgCl_2$ と $AgNO_3$ は強酸と弱塩基からなる正塩なので，その水溶液は弱い酸性を示すと予想される。しかし，各水溶液の pH を調べるとほぼ中性を示す。これは，$Mg(OH)_2$ や AgOH が弱塩基でないことを示唆している。この理由を明らかにしたい。

一般には，イオン性物質である金属の水酸化物 $M(OH)_m$ の場合，水への溶解度が大きいものを強塩基，小さいものを弱塩基と大まかに区別している。しかし，塩基の強弱は，厳密には，塩基の電離定数 K_b の大小で比較すべきである。それでは，$M(OH)_m$ の K_b はどのようにして決まるのだろうか。

金属イオンは水中では水和イオン (p. 154) として存在するが，金属イオンと水分子の間に配位結合が形成されると，金属イオンは水分子から電子を引きつけるので，O–H 結合は分極して，H^+ を放出しやすくなる。これを**金属イオンの加水分解**といい，その程度は，次の例で表されるように，酸の電離定数 K_a で表される。K_a が大きいほど金属イオンの酸性度は強くなる(p. 510)。

例 $[Fe(H_2O)_6]^{3+} + H_2O \rightleftarrows [Fe(OH)(H_2O)_5]^{2+} + H_3O^+$

$$K_a = \frac{[[Fe(OH)(H_2O)_5]^{2+}][H_3O^+]}{[[Fe(H_2O)_6]^{3+}]}$$

水和イオン	酸の電離定数 K_a
$[Mg(H_2O)_6]^{2+}$	4×10^{-12} mol/L
$[Ag(H_2O)_2]^+$	2×10^{-12} mol/L
$[Zn(H_2O)_6]^{2+}$	1×10^{-9} mol/L
$[Cu(H_2O)_6]^{2+}$	5×10^{-8} mol/L
$[Al(H_2O)_6]^{3+}$	1×10^{-5} mol/L
$[Fe(H_2O)_6]^{3+}$	6×10^{-3} mol/L

上表より，$[Mg(H_2O)_6]^{2+}$ や $[Ag(H_2O)_2]^+$ は K_a が小さく，ほとんど加水分解せず 0.1 mol/L の Mg^{2+}，Ag^+ の水溶液は，ほぼ中性(pH≒6.5)を示す。

(1) 正電荷が大きく，比較的サイズの小さな金属イオン(X^{n+}とする)を水に溶かすと，強い水和がおこり，X^{n+} と水分子 (O–H で表す) との間に X ← O–H という強い配位結合(←)が形成される。この配位結合によって，O から X への電荷移動がおこる。その影響により，O–H 結合の極性が大きくなり，H^+ は放出されやすくなる。つまり，X^{n+} の水和イオンは加水分解しやすく，その水溶液の酸性は強くなる。

一方，X^{n+} と水分子間の配位結合が強くなるほど，X–O 結合は切れにくくなる。つまり，この金属の水酸化物 $X(OH)_n$ は，OH^- を電離しにくくなり，弱塩基としての性質を示す[*1]。

＊1 $[Al(H_2O)_6]^{3+}$ の K_a は大きく，加水分解しやすいので，水酸化物 $Al(OH)_3$ の K_b は小さく弱塩基となる。

(2) 正電荷が小さく，比較的サイズの大きな金属イオン (Y^{n+} とする) を水に溶かした場合は，弱くしか水和しないので，Y^{n+} と水分子の間には，配位結合が形成されないか，または弱い配位結合しか形成されない。Y–O–H のうち，O から Y への電荷移動はないので，O–H 結合の極性にも変化はない。つまり Y^{n+} の水和イオンは加水分解しにくく，その水溶液はほぼ中性を示す。

一方，Y^{n+} と水分子の間に形成される配位結合が弱くなるほど，Y–O 結合は切れやすくなる。つまり，この金属の水酸化物 $Y(OH)_n$ は，OH^- を電離しやすくなり，強塩基としての性質を示す[*2]。

ここで，$Mg(OH)_2$，AgOH は水への溶解度が小さいので，一般には弱塩基のように思われているが，その水和イオンは加水分解しにくい (K_a が小さい)。すなわち，その水酸化物の K_b は大きく，強塩基としての本性をもつ。したがって，$MgCl_2$ や $AgNO_3$ は強酸と強塩基からなる正塩と考えられ，水溶液は中性を示すことになる。

＊2 $[Mg(H_2O)_6]^{2+}$ の K_a は小さく，加水分解しにくいので，水酸化物 $Mg(OH)_2$ の K_b は大きくなり，強塩基としての性質をもつ。

7 電離平衡と電離定数

強酸・強塩基および多くの塩類（NaCl，K_2SO_4 など）は，水に溶けるとほとんど完全に電離する。このような電解質を**強電解質**という。

$$HCl \longrightarrow H^+ + Cl^-$$

一方，酢酸やアンモニアのような弱酸や弱塩基は，水に溶けても一部の分子が電離するだけで，大部分は分子のままで存在する。このような電解質を**弱電解質**という。たとえば，酢酸を水に溶かすと，酢酸分子の一部が電離して，生じたイオンと未電離の酢酸分子との間に，次式に示すような**電離平衡**が成立する。

$$CH_3COOH + H_2O \rightleftarrows CH_3COO^- + H_3O^+ \quad \cdots\cdots\cdots①$$

①式に対して化学平衡の法則を適用すると，

$$K=\frac{[CH_3COO^-][H_3O^+]}{[CH_3COOH]\boxed{[H_2O]}} \quad \cdots\cdots\cdots② \qquad (\boxed{[H_2O]}\text{は一定})$$

弱酸の希薄水溶液では，溶質に比べて溶媒（水）は多量にあり，溶質の電離によって消費される水の物質量，および電離平衡の移動による水の物質量の増減はほとんど無視できる。そこで，$[H_2O]$ は常に一定とみなせるので，K にまとめると $K[H_2O]$ も定数となるから，それを改めて K_a で表し，$[H_3O^+]$ を $[H^+]$ と略記すると，②式は③式のように簡略化して表すことができる。

$$K_a=\frac{[CH_3COO^-][H^+]}{[CH_3COOH]} \quad \cdots\cdots\cdots③$$

（K_a の添字 a は，酸 acid の略号を意味する。）

この $\boldsymbol{K_a}$ を**酸の電離定数**といい，温度が一定ならば，酸の濃度に関係なく一定値をとる。

酸・塩基の強さは電離度の大小によって決まるが，弱酸・弱塩基では濃度によって電離度が変化するので，同じ濃度における電離度の大小を比較しなければならない。しかし，いちいち同じ濃度の電離度を調べるのは面倒であるから，弱酸・弱塩基の強弱は，濃度に影響されない電離定数の大小で比較するのが，最も合理的である。

電離定数の大きい酸ほど $[H^+][A^-]$ の積の値が $[HA]$ に比べて大きいので，電離しようとする傾向が強い。すなわち，K_a が大きい酸ほど強い酸であり，K_a が小さい酸ほど弱い酸であるといえる[14]。

補足[14] K_a の数値の逆数の常用対数をとったもの $\log_{10}\dfrac{1}{K_a}$ $(=-\log_{10}K_a)$ を **pK_a（酸解離指数）** といい，この大小で酸の強さを比較すると便利である。すなわち，pK_a が小さいほど強い酸，pK_a が大きいほど弱い酸といえる。

酸の種類	電　離　式	電離定数〔mol/L〕	pK_a
ギ　酸	$HCOOH \rightleftarrows H^+ + HCOO^-$	$2.7\times10^{-4}=10^{-3.57}$	3.57
酢　酸	$CH_3COOH \rightleftarrows H^+ + CH_3COO^-$	$2.7\times10^{-5}=10^{-4.57}$	4.57
炭　酸	$H_2CO_3 \rightleftarrows H^+ + HCO_3^-$ $HCO_3^- \rightleftarrows H^+ + CO_3^{2-}$	$K_1=4.5\times10^{-7}=10^{-6.35}$ $K_2=4.8\times10^{-11}=10^{-10.32}$	6.35 10.32
リン酸	$H_3PO_4 \rightleftarrows H^+ + H_2PO_4^-$ $H_2PO_4^- \rightleftarrows H^+ + HPO_4^{2-}$ $HPO_4^{2-} \rightleftarrows H^+ + PO_4^{3-}$	$K_1=1.4\times10^{-2}=10^{-1.83}$ $K_2=2.4\times10^{-7}=10^{-6.63}$ $K_3=3.5\times10^{-12}=10^{-11.46}$	1.83 6.63 11.46

電離定数K_aには2通りの表し方がある。たとえば，ギ酸の場合，2.7×10^{-4} mol/L$=10^x$ mol/Lとおき($\log_{10}2.7=0.43$とする)，両辺の常用対数をとると，$\log_{10}(2.7\times10^{-4})=\log_{10}10^x$

$\therefore\ -4+\log_{10}2.7=x$より，$x=-4+0.43=-3.57$

よって，ギ酸の$K_a=2.7\times10^{-4}$ mol/Lは$10^{-3.57}$mol/Lとも表せる。

► C〔mol/L〕の酢酸水溶液の電離度をαとすると，電離平衡のとき，酢酸イオンと水素イオンの濃度はともに$C\alpha$〔mol/L〕，酢酸分子の濃度は$C-C\alpha$〔mol/L〕となる。

$$CH_3COOH \rightleftharpoons CH_3COO^- + H^+$$

平衡時　$C(1-\alpha)$　　$C\alpha$　　$C\alpha$〔mol/L〕

これらをK_aの式に代入して整理すると，次の式が得られる。

$$K_a=\frac{[CH_3COO^-][H^+]}{[CH_3COOH]}=\frac{C\alpha\cdot C\alpha}{C(1-\alpha)}=\frac{C\alpha^2}{1-\alpha} \quad \cdots\cdots\cdots④$$

ドイツの**オストワルト**は，弱電解質の水溶液についても気体の平衡と同様に，化学平衡の法則が適用できることを示した。したがって，④式の関係は**オストワルトの希釈律**とよばれる。ただし，強電解質の水溶液では，この関係は成立しない。

④式を変形してα(ただし，$0<\alpha\leqq1$)について解くと，

$$\boldsymbol{C\alpha^2+K_a\alpha-K_a=0} \quad \therefore\ \alpha=\frac{-K_a+\sqrt{K_a{}^2+4CK_a}}{2C}$$ ($\sqrt{\ }$の前の負号は不適)

酢酸の場合，$C=10^{-1}$ mol/Lのとき，電離度は$\alpha=0.016$と小さいため，$1-\alpha\fallingdotseq1$と近似できる。このように，弱酸の濃度があまり小さくない($C\gg K_a$の範囲)ときは，電離度について，$1-\alpha\fallingdotseq1$の近似が成立する。

よって，④式は，　$\boldsymbol{K_a=C\alpha^2}$　すなわち　$\boldsymbol{\alpha=\sqrt{\frac{K_a}{C}}}$　となる⑮。

一方，水素イオン濃度$[H^+]$は次のように表せる。　$\boldsymbol{[H^+]=C\alpha=\sqrt{CK_a}}$

詳説⑮ 酢酸を水で薄めて，濃度Cを$\frac{1}{4}$にした場合，電離定数K_aは，温度が変わらなければ，溶液の濃度に関係なく一定であるから，αは2倍に増える。よって，$[H^+]=\frac{1}{4}\times2=\frac{1}{2}$倍になる。強酸ならば$C$を$\frac{1}{4}$倍にすると，$[H^+]$も$\frac{1}{4}$になるが，弱酸では水で薄めると，電離平衡が電離の方向へ移動してH^+を供給するので，$[H^+]$の減少は強酸よりも少ない。

►一方，アンモニアのような弱塩基の水溶液にも，次式のような電離平衡が成立する。

$$NH_3 + H_2O \rightleftharpoons NH_4^+ + OH^-$$

$$K=\frac{[NH_4^+][OH^-]}{[NH_3][H_2O]}$$ ($[H_2O]$は定数)

弱酸のときと同様に，$[H_2O]$は定数とみて，$K[H_2O]$を新たな定数K_bで表すと，次式のようになる。この$\boldsymbol{K_b}$を**塩基の電離定数**といい，弱塩基の強さが比較できる。

$$K_b=\frac{[NH_4^+][OH^-]}{[NH_3]}$$ (K_bの添字bは，塩基baseの略号を意味する。)

pK_bが小さいほど強い塩基，pK_bが大きいほど弱い塩基といえる。

塩基の種類	電離式	電離定数〔mol/L〕	pK_b
アンモニア	$NH_3 + H_2O \rightleftharpoons NH_4^+ + OH^-$	$2.3\times10^{-5}=10^{-4.64}$	4.64
メチルアミン	$CH_3NH_2 + H_2O \rightleftharpoons CH_3NH_3^+ + OH^-$	$4.8\times10^{-4}=10^{-3.32}$	3.32
アニリン	$C_6H_5NH_2 + H_2O \rightleftharpoons C_6H_5NH_3^+ + OH^-$	$5.3\times10^{-10}=10^{-9.28}$	9.28

SCIENCE BOX　多価の酸・塩基の電離式の書き方

(1)　多価の酸の電離式

酸は，すべて分子からなる物質なので，多価の酸を水に溶かした場合，1分子中に含まれる酸の性質をもつH原子から，一度に全部のH^+が電離するのではなく，次のような**段階的な電離**が行われる。

$H_3A \rightleftarrows H^+ + H_2A^-$　…①　第一電離

$H_2A^- \rightleftarrows H^+ + HA^{2-}$　…②　第二電離

$HA^{2-} \rightleftarrows H^+ + A^{3-}$　…③　第三電離

これは，第一電離では電気的に中性なH_3A分子からH^+を電離するのに対して，第二電離では1価の陰イオンH_2A^-とH^+との間に働く静電気力が，第三電離では2価の陰イオンHA^{2-}とH^+との間に働く静電気力が，H^+の電離を妨げるように作用し，第一電離，第二電離，第三電離の順に電離がおこりにくくなるからである。すなわち，酸1分子中のH原子から一度に複数個のH^+が電離することは困難である。

また，①式，②式，③式の酸の電離定数をそれぞれK_{a1}，K_{a2}，K_{a3}とすれば，次のような**ポーリングの規則**（p. 307）が成り立つ。すなわち，「一般に，オキソ酸（p. 443）では，$K_{a1} \gg K_{a2} \gg K_{a3}$の関係があり，通常，$K_{a1} : K_{a2} : K_{a3} \fallingdotseq 1 : 10^{-5} : 10^{-10}$ mol/L のような関係がある」。

たとえばリン酸の電離式は，次の三段階で表される。

$H_3PO_4 \rightleftarrows H^+ + H_2PO_4^-$

$H_2PO_4^- \rightleftarrows H^+ + HPO_4^{2-}$

$HPO_4^{2-} \rightleftarrows H^+ + PO_4^{3-}$

リン酸の場合，$K_{a1} : K_{a2} : K_{a3} = 10^{-1.8} : 10^{-6.6} : 10^{-11.5}$であり，ポーリングの規則がよく成立している。また，シュウ酸$(COOH)_2$の電離式は，次の二段階で表される。

$H_2C_2O_4 \rightleftarrows H^+ + HC_2O_4^-$

$HC_2O_4^- \rightleftarrows H^+ + C_2O_4^{2-}$

シュウ酸は，$K_{a1} : K_{a2} = 10^{-1.7} : 10^{-3.6}$であり，リン酸の場合に比べてその差は小さい。これは，シュウ酸のほうがH^+の電離する場所が離れているためである（p. 307）。

(2)　多価の塩基の電離式

NH_3を除く塩基のほとんどは，金属の水酸化物$B(OH)_n$である。これらはイオンからなる物質であり，水に溶けさえすれば陽イオンと陰イオンに完全に電離する。したがって，$Ca(OH)_2$や$Ba(OH)_2$のような水溶性の多価の強塩基では，第一電離も第二電離も極めて大きく，多価の酸のような段階的な電離は考える必要はない。むしろ，その塩基を構成する各イオンまで電離する，一段階の電離式を書くべきである。

$Ca(OH)_2 \longrightarrow Ca^{2+} + 2OH^-$

$Ba(OH)_2 \longrightarrow Ba^{2+} + 2OH^-$

しかし，水に難溶性の多価の弱塩基は，その塩基が水に溶けてもOH^-を自発的に電離することはなく，酸を加えることによって，次式のように中和されていく。すなわち，加えた酸の量の多少によって，多価の弱塩基の電離は段階的に進行していく。

$B(OH)_2 + HCl \longrightarrow BCl(OH) + H_2O$　…④

$BCl(OH) + HCl \longrightarrow BCl_2 + H_2O$　…⑤

④式では，塩基$B(OH)_2$は酸で部分中和されて塩基性塩$BCl(OH)$が生成され，⑤式では，塩基性塩$BCl(OH)$は酸で完全中和されて，正塩BCl_2が生成されている。

また，④式，⑤式の塩基の電離定数を，それぞれK_{b1}，K_{b2}とすれば，$K_{b1} > K_{b2}$である。これは，第一電離は電気的に中性な$B(OH)_2$からのOH^-の電離であるのに対して，第二電離は生じた陽イオン$B(OH)^+$とOH^-との間に働く静電気力が，OH^-の電離を妨げるように作用するためである。したがって，水に難溶性の$Cu(OH)_2$や$Al(OH)_3$などの弱塩基では，次のような多段階の電離を考える必要がある。

$Al(OH)_3 \longrightarrow Al(OH)_2^+ + OH^-$

$Al(OH)_2^+ \longrightarrow Al(OH)^{2+} + OH^-$

$Al(OH)^{2+} \longrightarrow Al^{3+} + OH^-$

8 水の電離平衡

ふつう，水はCO_2やわずかの電解質を含み，いくぶん電流を流す。そこで，これらの不純物を除去して純水をつくり，精密に電気伝導度を測定したところ，やはりわずかな電流が流れることが確かめられた⑯。このことから，純水の中では，水分子がわずかに電離して水素イオンH^+と水酸化物イオンOH^-を生じ，未電離のH_2O分子との間で①式のように電離平衡が成立していると考えられる。また，その平衡定数は②式で表される。

$$H_2O \rightleftarrows H^+ + OH^- \quad \cdots\cdots\cdots①$$

$$K=\frac{[H^+][OH^-]}{[H_2O]} \quad \cdots\cdots\cdots②$$

補足⑯ ドイツの**コールラウシュ**は，特別の蒸留装置で，空気にもガラスにも接触させずに42回の蒸留を繰り返して純水をつくった。さらに，この純水の電気伝導度を測定し，25℃で$5.5\times10^{-8}/(\Omega\cdot cm)$という一定値を得て，水が一種の弱電解質であることを明らかにした。

►水の電離度は極めて小さいので，②式中の電離していない水のモル濃度$[H_2O]$は一定値とみなせる⑰。そこでKの中にまとめて，$K[H_2O]$を新たな定数K_wとおくと，

$$[H^+][OH^-]=K_w \quad \cdots\cdots\cdots③$$ （K_w 添字 w は，水 water の略号を表す。）

このK_wを**水のイオン積**といい，温度によって決まる定数であり，水の電離定数の代わりとして用いられる。

詳説⑰ 25℃の純水（密度 1.0 g/mL）の電離度は次のようになる。

1 L=1000 mL なので，$[H_2O]=\frac{1000〔mL〕\times1.0〔g/mL〕}{18〔g/mol〕}\fallingdotseq55.5〔mol/L〕$

このうち，電離で生じた$[H^+]$と$[OH^-]$は，精密な電気伝導度の測定により，それぞれ1.0×10^{-7}mol/L と求められているから，水の電離度は $\frac{1.0\times10^{-7}}{55.5}\fallingdotseq1.8\times10^{-9}$ となる。

►純水では，25℃で$[H^+]=[OH^-]=$**1.0×10^{-7}mol/L** である。この値を③式に代入すると，25℃での水のイオン積は次のようになる⑱

$$K_w=[H^+][OH^-]=1.0\times10^{-14}\ (mol/L)^2 \quad (25℃) \quad \cdots\cdots\cdots④$$

④式は，水溶液中では$[H^+]$と$[OH^-]$は反比例することを示す。どんな水溶液でもH^+とOH^-は共存しており，一方だけが存在し他方がまったく存在しない水溶液はない。

詳説⑱ 水のイオン積K_wは，温度が高くなるほど少しずつ大きくなる。これは，①式の正反応が中和の逆反応にあたり，吸熱反応であるためである。

$$H_2O \longrightarrow H^+ + OH^- \quad \Delta H=56.5\,kJ$$

したがって，ルシャトリエの原理より高温ほど吸熱方向へ平衡が移動するので，水の電離がおこりやすくなる。室温付近で水溶液を取り扱う場合，とくに温度が示されていない場合でも，25℃で求めたK_w値の1.0×10^{-14} $(mol/L)^2$を使用してよい。

温度〔℃〕	水のイオン積$(mol/L)^2$
0	0.113×10^{-14}
10	0.292×10^{-14}
25	1.008×10^{-14}
40	2.917×10^{-14}
50	5.17×10^{-14}
60	9.61×10^{-14}
100	58.2×10^{-14}

K_wの温度依存性

►④式の関係は，純水や中性の水溶液だけでなく，水の電離が妨害されないような希薄な酸や塩基，および

その他の塩類水溶液中でもよく成立する（ただし，非常に濃厚な水溶液や有機溶媒との混合水溶液では，K_w からのずれが大きくなり，④式は成立しない）。

たとえば，純水に酸 H^+ を加えた場合，そのままでは $[H^+][OH^-]>1.0\times10^{-14}(mol/L)^2$ となってしまう。そこで，$[H^+][OH^-]=1.0\times10^{-14}(mol/L)^2$ が成り立つまで H^+ と OH^- が結合して水ができる（水の電離平衡が左向きに移動する）。その結果，$[H^+]>[OH^-]$ ではあるが，K_w はやはり一定に保たれる。結局，25℃の水溶液では，$K_w=1.0\times10^{-14}(mol/L)^2$ の関係は常に保たれていることに留意したい。

$[H^+]>[OH^-]$ を満たす水溶液は**酸性の水溶液**，$[OH^-]>[H^+]$ を満たす水溶液は**塩基性の水溶液**，$[H^+]=[OH^-]$ を満たす水溶液は**中性の水溶液**とよばれる。

25℃の純水中では，$[H^+]=[OH^-]=1.0\times10^{-7}$ mol/L の関係が成り立っているから，

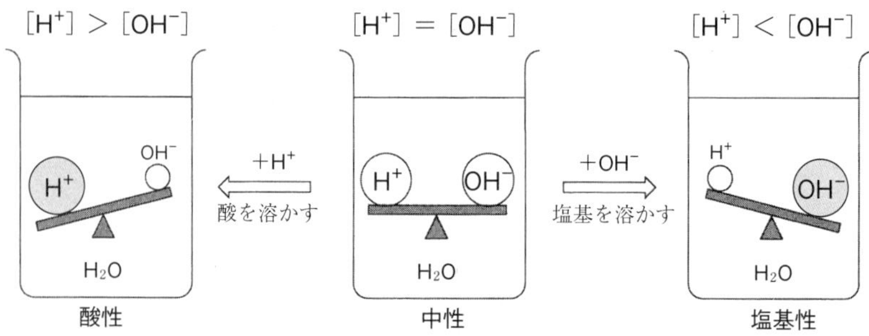

水溶液中の $[H^+]$ と $[OH^-]$ の円の大小は，それぞれの濃度の大小を表す。

これを基準として表せば，次のようになる。

酸　性	⟹	$[H^+]>1.0\times10^{-7}$ mol/L $>[OH^-]$
中　性	⟹	$[H^+]=1.0\times10^{-7}$ mol/L $=[OH^-]$
塩基性	⟹	$[H^+]<1.0\times10^{-7}$ mol/L $<[OH^-]$

上表から，水溶液の酸性，塩基性の程度は $[H^+]$ と $[OH^-]$ のいずれかで表すことができるが，ふつうは水素イオン濃度 $[H^+]$ の大小だけで表される。

例題　0.10 mol/L の水酸化ナトリウム水溶液の水素イオン濃度 $[H^+]$ を求めよ。

［**解**］　水酸化ナトリウムは強塩基なので，水溶液中では完全に電離する。

$$NaOH \longrightarrow Na^+ + OH^-$$

（電離後）　0.10 → 0　　0.10　　0.10〔mol/L〕　　∴　$[OH^-]=1.0\times10^{-1}$〔mol/L〕

25℃の水溶液中では，$[H^+][OH^-]=1.0\times10^{-14}$〔$(mol/L)^2$〕の関係が常に成り立つから，

$$[H^+]=\frac{1.0\times10^{-14}}{[OH^-]}=\frac{1.0\times10^{-14}}{1.0\times10^{-1}}=\mathbf{1.0\times10^{-13}}\text{〔mol/L〕}$$　答

（すなわち，水の電離で生じた $[OH^-]_{H_2O}$ は，$[H^+]$ と同じ 1.0×10^{-13}〔mol/L〕であり，NaOH の電離で生じた $[OH^-]$ の 1.0×10^{-1}〔mol/L〕に比べてずっと少なく，無視して構わないことがわかる。）

9 水素イオン指数

一般に，水溶液の酸性・塩基性の強弱は，水素イオン濃度 $[H^+]$ の大きさで表す。しかし，$[H^+]$ の値は一般に小さく，水溶液の酸性・塩基性の程度によっては $1 \sim 10^{-14}$ mol/L という広い範囲で変化するので，そのままの数値では扱いにくい。

そこで，$[H^+]$ の大小を簡単な数値で表すために，$[H^+]$ の常用対数にマイナスをつけた数値が用いられる。この値を**水素イオン指数**といい，記号 **pH**（英語読みでピーエイチ，ドイツ語読みでペーハーと読む）で表す[19]。たとえば，$[H^+] = 1 \times 10^{-7}$ mol/L の水溶液の場合，$pH = -\log_{10}[H^+] = -\log_{10}(1 \times 10^{-7}) = 7$ と求められる[20]。

$$\mathbf{pH = -\log_{10}[H^+] = \log_{10}\frac{1}{[H^+]}} \quad \text{または} \quad \mathbf{[H^+] = 10^{-pH}}$$

pH を用いると，希薄な水溶液の酸性・塩基性の強弱が，0〜14 の範囲の数値で表されるので，化学だけでなく医学・農学・生物学・薬学などでも広く利用される。

補足[19] デンマークの**セーレンセン**は，1909 年，水素イオン濃度の数値を $[H^+] = 10^{-n}$ の形で表したとき，指数の負号をとった値 n を水素イオン指数とよび，pH と表すことを提案した。p とは power（累乗）の意味である。$[H^+]$ は一般には 1 mol/L より小さいので，その数値にそのまま常用対数をとると負の値が得られる。そこで pH を正の値とするために，$[H^+]$ の数値の常用対数にマイナスをつけることにしたのである。たとえば，$[H^+] = a \times 10^{-n}$ mol/L のとき，$pH = -\log_{10}(a \times 10^{-n}) = n - \log_{10} a$ となる。なお，pH は測定値そのものではなく，常用対数によって求められた数値なので，pH には有効数字の考え方は適用すべきではない。

補足[20] 化学における常用対数（底を 10 とする対数）の計算法則は，次の通りである。

$$\log_{10} 10^n = n \qquad \log_{10} 10^{-n} = -n \qquad \log_{10} 1 = 0$$

$$\log_{10}(a \times b) = \log_{10} a + \log_{10} b \qquad \log_{10}\left(\frac{a}{b}\right) = \log_{10} a - \log_{10} b \qquad \log_{10} a^b = b \log_{10} a$$

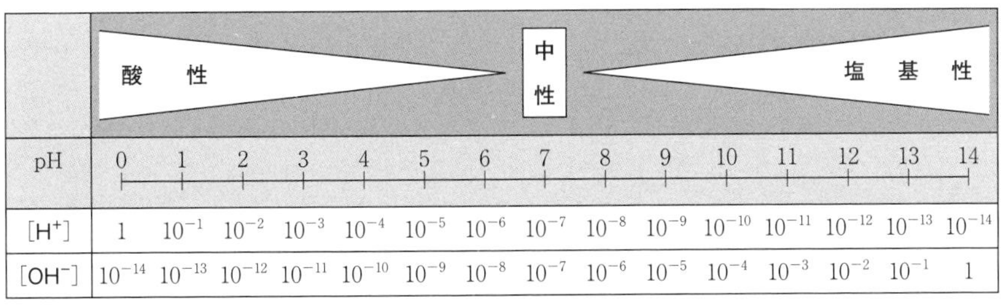

pH	0	1	2	3	4	5	6	7	8	9	10	11	12	13	14
$[H^+]$	1	10^{-1}	10^{-2}	10^{-3}	10^{-4}	10^{-5}	10^{-6}	10^{-7}	10^{-8}	10^{-9}	10^{-10}	10^{-11}	10^{-12}	10^{-13}	10^{-14}
$[OH^-]$	10^{-14}	10^{-13}	10^{-12}	10^{-11}	10^{-10}	10^{-9}	10^{-8}	10^{-7}	10^{-6}	10^{-5}	10^{-4}	10^{-3}	10^{-2}	10^{-1}	1

► $pH < 7$ の水溶液は酸性を示し，pH が小さくなるほど酸性が強くなる。pH が 1 だけ小さくなると，$[H^+]$ は 10 倍，pH が 2 だけ小さくなると，$[H^+]$ は 100 倍となる。

一方，$pH > 7$ の水溶液は塩基性を示し，pH が大きくなるほど塩基性が強くなる。pH が 1 だけ大きくなると，$[H^+]$ は $\frac{1}{10}$ 倍，$[OH^-]$ は 10 倍，2 だけ大きくなると，$[H^+]$ は $\frac{1}{100}$ 倍，$[OH^-]$ は 100 倍になる[21]。

補足[21] たとえば$[H^+]=10$ mol/L では pH＝−1，$[OH^-]=10$ mol/L では，$[H^+]=10^{-15}$ mol/L なので，pH＝15 となるが，pH は本来，希薄な酸・塩基の水溶液に用いられるもので，このような濃厚溶液の場合には通常 pH は用いず，モル濃度をそのまま用いて表す。

10 pH の計算

強酸・強塩基の水溶液中では，溶質はほぼ完全電離（電離度≒1）しており，純水を加えて水溶液を薄めると，その割合に応じて pH が変化する（ただし，酸や塩基の水溶液を極端に薄めた場合，水の電離の影響が無視できなくなるので，注意が必要である）。

例題 (1) 0.2 mol/L の塩酸の pH を求めよ。ただし，$\log_{10}2=0.30$ とする。
(2) 1.0×10^{-5} mol/L の塩酸を純水で 1000 倍に希釈した水溶液の pH を求めよ。ただし，$\log_{10}1.05=0.02$ とする。

［解］ (1) HCl は水溶液中で完全に電離するので，$[H^+]_{HCl}=2\times10^{-1}$mol/L となる。このとき，水の電離で生じた$[H^+]_{H_2O}$ は$[H^+]_{HCl}$ に比べるとずっと少ない。これは，酸の電離で生じた多量の H^+ によって，水の電離平衡 $H_2O \rightleftarrows H^+ + OH^-$ が大きく左に偏っているためで，全水素イオン濃度$[H^+]_{total}$ は酸の電離で生じた 2×10^{-1} mol/L だけを考慮すればよい。

$\therefore$ $pH=-\log_{10}[H^+]=-\log_{10}(2\times10^{-1})=1-\log_{10}2=\mathbf{0.70}$ 答

(2) 1.0×10^{-5}mol/L とは $[H^+]_{HCl}=1.0\times10^{-5}$ mol/L を表しているから，1000 倍に薄めると，$[H^+]_{HCl}=1.0\times10^{-8}$ mol/L である。これをそのまま pH に直すと 8.0 となり，塩基性を示すことになる。しかし，酸をいくら水で薄めても塩基性になることはないので，この答えは誤りである。純水中には$[H^+]$が 1×10^{-7} mol/L 存在するから，極めて薄い酸の水溶液(酸濃度が 10^{-6} mol/L 以下が問題となる）では，水の電離で生じた$[H^+]_{H_2O}$ を無視して pH を求めることはできないことに注意しなければならない。

$$HCl \longrightarrow \underset{10^{-8}}{H^+} + Cl^- \quad \cdots\cdots①\ [\text{mol/L}]$$

$$H_2O \rightleftarrows \underset{x}{H^+} + \underset{x}{OH^-} \quad \cdots\cdots②\ [\text{mol/L}]$$

（$[H^+]_{HCl}$…塩酸の電離による水素イオン濃度
$[H^+]_{H_2O}$…水の電離による水素イオン濃度
$[H^+]_{total}$…全水素イオン濃度）

塩酸の濃度が大きいとき（10^{-5} mol/L 以上）は，①式で生じた$[H^+]_{HCl}$が大きく，$[H^+]_{HCl}$ を$[H^+]_{total}$ としてよい。しかし，塩酸が極めて薄くなると，①式で生じた$[H^+]_{HCl}$が小さくなるので，②式の平衡がかなり右へ移動する。そのため，$[H^+]_{H_2O}$ は$[H^+]_{HCl}$ に対して無視できなくなる。よって，$[H^+]_{total}=[H^+]_{HCl}+[H^+]_{H_2O}$ として計算しなければならない。

水の電離で生じた$[H^+]_{H_2O}$，$[OH^-]_{H_2O}$ をともに x[mol/L]とすると，

水のイオン積 $[H^+]_{total}\cdot[OH^-]_{total}=10^{-14}$ より，

$(10^{-8}+x)\times x=10^{-14}$　$\therefore$ $x^2+10^{-8}x-10^{-14}=0$

$$x=\frac{-10^{-8}\pm\sqrt{10^{-16}+4\times10^{-14}}}{2}$$

$$=\frac{-10^{-8}\pm\sqrt{401\times10^{-16}}}{2}\ (\sqrt{401\times10^{-16}}\fallingdotseq20\times10^{-8})$$

$x>0$ より，$x\fallingdotseq9.5\times10^{-8}$[mol/L]

$[H^+]_{total}=1.05\times10^{-7}$[mol/L]

よって，$pH=-\log_{10}(1.05\times10^{-7})=7-\log_{10}1.05$
$=\mathbf{6.98}$ 答

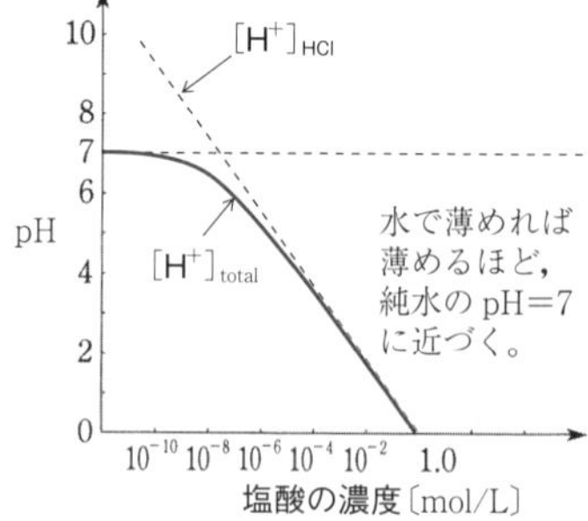

例題 0.10 mol/L のアンモニア水(電離度は 0.013)の pH を小数第2位まで求めよ。ただし，$\log_{10}1.3=0.11$ とする。

塩基の水溶液でまず求められるのは，$[H^+]$ ではなく $[OH^-]$ の数値である。したがって，水のイオン積 $[H^+][OH^-]=1.0\times10^{-14}(mol/L)^2$ の関係を用いて，$[OH^-]$ を $[H^+]$ に変換したのち，pH を求めるのが一般的である。

あるいは，pH と同様の方法で**水酸化物イオン指数 $pOH=-\log_{10}[OH^-]$** を求めて，**pH＋pOH＝14** の関係を使って pH に変換する方法もある。

上式は，$[H^+][OH^-]=1.0\times10^{-14}$ 両辺の常用対数をとり，-1 を掛けると得られる。

$\log_{10}[H^+][OH^-]=\log_{10}10^{-14}$ より， $\log_{10}[H^+]+\log_{10}[OH^-]=-14$ ……(＊)

(＊)×(−1)より， $\boxed{-\log_{10}[H^+]}\ \boxed{-\log_{10}[OH^-]}=14$

$$\mathbf{pH}+\mathbf{pOH}=\mathbf{14}$$

［解］ $NH_3 + H_2O \rightleftarrows NH_4^+ + OH^-$

(平衡時) $C(1-\alpha)$ 一定 $C\alpha$ $C\alpha$ 〔mol/L〕

$\therefore\ [OH^-]=C\alpha=0.10\times0.013=1.3\times10^{-3}$〔mol/L〕

$K_w=[H^+][OH^-]=1.0\times10^{-14}$〔mol/L〕^{2} より

$$[H^+]=\frac{K_w}{[OH^-]}=\frac{1.0\times10^{-14}}{1.3\times10^{-3}}=\frac{1}{1.3}\times10^{-11}\text{〔mol/L〕}$$

$\therefore\ pH=-\log_{10}(1.3^{-1}\times10^{-11})=11+\log_{10}1.3=$ **11.11** 答

［別解］ $pOH=-\log_{10}(1.3\times10^{-3})=3-\log_{10}1.3=2.89$ $\therefore\ pH=14-2.89=$ **11.11** 答

参考 塩基の水溶液の pH を求める計算では，［別解］のように，水酸化物イオン指数 pOH から pH＋pOH＝14 の関係を使う方が水のイオン積 K_w を使うよりも少しだけ計算が楽である。また，必要な常用対数の値は必ず与えられる(覚える必要はない)。

例題 酢酸の電離平衡について，次の問いに答えよ。ただし，25℃における酢酸の電離定数は 2.7×10^{-5} mol/L，$\log_{10}2.7=0.43$ とする。

(1) 0.10 mol/L の酢酸水溶液の pH を求めよ。

(2) 3.0×10^{-5} mol/L の酢酸水溶液の水素イオン濃度 $[H^+]$ を求めよ。

［解］ (1) 強酸・強塩基では，濃度の値にかかわらず，電離度は一定($\alpha=1$)であった。

一方，弱酸・弱塩基では，濃度が変わると，電離度も変化するという厄介な関係がある。そこで，温度一定なら電離定数 K_a は一定であるから，まず，電離定数の式を用いて，酢酸の濃度 C〔mol/L〕と電離度 α との関係を求め，最後に $[H^+]$ を求める方法がよい。

$CH_3COOH \rightleftarrows CH_3COO^- + H^+$

(平衡時) $C(1-\alpha)$ $C\alpha$ $C\alpha$〔mol/L〕

これらを，酢酸の電離定数の式に代入すると，

$$K_a=\frac{[CH_3COO^-][H^+]}{[CH_3COOH]}=\frac{C\alpha\cdot C\alpha}{C(1-\alpha)}=\frac{C\alpha^2}{1-\alpha}\fallingdotseq C\alpha^2$$

(酢酸は弱酸で，ふつう α は1に比べて著しく小さいので，$1-\alpha\fallingdotseq1$ と近似できる。)

$\therefore\ \boldsymbol{\alpha=\sqrt{\frac{K_a}{C}}}$ また， $\boldsymbol{[H^+]=C\alpha=C\sqrt{\frac{K_a}{C}}=\sqrt{CK_a}}$

この関係式が頭に入っていると，弱酸の水溶液の pH は簡単に求めることができる。

$[H^+]=\sqrt{CK_a}=\sqrt{0.10\times2.7\times10^{-5}}=\sqrt{2.7\times10^{-6}}=2.7^{\frac{1}{2}}\times10^{-3}$〔mol/L〕

$\therefore\ \ pH=-\log_{10}\left(2.7^{\frac{1}{2}}\times10^{-3}\right)=3-\frac{1}{2}\log_{10}2.7=2.785$　　答　**2.79**

(2)　酢酸の濃度 C が小さくなって K_a の値に近づくと，α が大きくなり，$1-\alpha\fallingdotseq1$ の近似が成立しなくなる。このような場合，近似する前の二次方程式を解いて α を求める必要がある。

$K_a=\dfrac{C\alpha^2}{1-\alpha}$ より，　$\boldsymbol{C\alpha^2+K_a\alpha-K_a=0}$

ここへ，$C=3.0\times10^{-5}$ mol/L，$K_a=2.7\times10^{-5}$ mol/L を代入すると，

$3.0\times10^{-5}\alpha^2+2.7\times10^{-5}\alpha-2.7\times10^{-5}=0$　より，$10\alpha^2+9\alpha-9=0$

$\therefore\ \ (2\alpha+3)(5\alpha-3)=0\qquad \alpha=0.6,\ -1.5$（$\alpha>0$ より不適）

よって，$[H^+]=C\alpha=3.0\times10^{-5}\times0.60=1.8\times10^{-5}$〔mol/L〕　　答　**$1.8\times10^{-5}$ mol/L**

参考　だいたい $\alpha>0.05$ になると，$1-\alpha\fallingdotseq1$ の近似は使えないと判断する。実際には，近似が成り立つと仮定して α の値を概算してみる。その結果，$\alpha>0.05$ となるようであれば，改めて二次方程式を解いて，正しい α の値を求め直すという，二段構えの方法で臨むしかない。

例題　25℃の純水に，空気を長く接触させて平衡状態に到達させた。この水溶液の pH を計算せよ。ただし，空気中の二酸化炭素の体積百分率は 0.040% とし，25℃，1.0×10^5 Pa の二酸化炭素は，1.0 L の水に対して 3.0×10^{-2} mol 溶ける。なお，炭酸の電離定数は次の通りとし，$\log_{10}2=0.30$ とする。

$$\begin{cases} H_2CO_3 \rightleftarrows H^+ + HCO_3^- \quad \cdots\cdots① \quad K_1=4.0\times10^{-7}\ \text{mol/L} \\ HCO_3^- \rightleftarrows H^+ + CO_3^{2-} \quad \cdots\cdots② \quad K_2=5.5\times10^{-11}\ \text{mol/L} \end{cases}$$

［**解**］　25℃の水 1.0 L に溶けている CO_2 の物質量は，ヘンリーの法則より

CO_2 の分圧 $=1.0\times10^5\times\dfrac{0.040}{100}=40$〔Pa〕に比例する。

$\therefore\ \ 3.0\times10^{-2}〔mol〕\times\dfrac{40〔Pa〕}{1.0\times10^5〔Pa〕}=1.2\times10^{-5}〔mol〕$

炭酸のような多価の弱酸では，上の①，②式のように段階的な電離を行うが，このとき，各段階の電離定数 K_1 と K_2 を比べると，$K_1\gg K_2$ の関係が成り立つ。つまり，水溶液中に存在する H^+ のほとんどは第一電離で生成したものであって，第二電離からの寄与分は非常に少ない（第一電離で生じた H^+ が，第二電離を十分に抑えていると考えられる）。

よって，多価の弱酸の水溶液の pH は，第二電離以降を無視して，第一電離だけを考えればよい。

H_2CO_3 のモル濃度を C〔mol/L〕，電離度を α とすると，

$$H_2CO_3 \rightleftarrows H^+ + HCO_3^-$$

（平衡時）　$C(1-\alpha)$　　$C\alpha$　　$C\alpha$　〔mol/L〕

よって，　$K_1=\dfrac{[H^+][HCO_3^-]}{[H_2CO_3]}=\dfrac{C\alpha\cdot C\alpha}{C(1-\alpha)}=\dfrac{C\alpha^2}{1-\alpha}=4.0\times10^{-7}$〔mol/L〕

ここで，$C=1.2\times10^{-5}$ mol/L は小さいので，電離度 α がかなり大きいことが予想される。したがって，$1-\alpha\fallingdotseq1$ は成り立たず，二次方程式 $C\alpha^2+K_a\alpha-K_a=0$ を解いて α を求める必要がある。

$1.2\times10^{-5}\alpha^2+4.0\times10^{-7}\alpha-4.0\times10^{-7}=0$ より，$30\alpha^2+\alpha-1=0$

$(6\alpha-1)(5\alpha+1)=0$　　$\alpha=\dfrac{1}{6}$，$-\dfrac{1}{5}$（$\alpha>0$ より不適）

$\therefore$　$[H^+]=C\alpha=1.2\times10^{-5}\times\dfrac{1}{6}=2.0\times10^{-6}$〔mol/L〕

$pH=-\log_{10}(2.0\times10^{-6})=6-\log_{10}2=5.7$　　　　答 **5.7**

> **例題** (1) 0.010 mol/L の希硫酸の水素イオン濃度$[H^+]$を求めよ。($\sqrt{2}=1.41$)
> (2) pH 2.0 の希硫酸をつくるには硫酸の濃度を何 mol/L に調製すればよいか。
> ただし，硫酸の第一段の電離は完全に行われるものとし，硫酸の第二段の電離定数は $K_2=1.0\times10^{-2}$ mol/L とする。

［解］(1) 硫酸の第一電離　$H_2SO_4 \longrightarrow H^+ + HSO_4^-$　は完全に行われる。

まず，第一電離により，0.10 mol/L の H^+ と 0.10 mol/L の HSO_4^- が生じる。

HSO_4^- が第二電離により，さらに x〔mol/L〕だけ電離したとすると，

	HSO_4^-	$\rightleftarrows$ H^+	+ SO_4^{2-}	
(平衡前)	0.010	0.010	0	〔mol/L〕
(平衡後)	$(0.010-x)$	$(0.010+x)$	x	〔mol/L〕

$$K_2=\frac{[H^+][SO_4^{2-}]}{[HSO_4^-]}=\frac{(0.010+x)x}{(0.010-x)}=1.0\times10^{-2}$$

$x^2+2\times10^{-2}x-10^{-4}=0$　$\left(ax^2+2bx+c=0 \text{ のとき } x=\dfrac{-b\pm\sqrt{b^2-ac}}{a}\right)$

$x=-1\times10^{-2}\pm\sqrt{2}\times10^{-2}$　　$\therefore$　$x=0.41\times10^{-2}$，-2.41×10^{-2}（$x>0$ より不適）

よって，　$[H^+]=0.010+0.0041=1.41\times10^{-2}$〔mol/L〕　　　答 **$1.4\times10^{-2}$ mol/L**

(2) $pH=2.0$ にしたいのだから，平衡時の$[H^+]=1.0\times10^{-2}$〔mol/L〕となればよい。

硫酸の濃度を x〔mol/L〕とすると，$[H^+]$は，第一電離による x〔mol/L〕と，HSO_4^- がさらに第二電離して生成した y〔mol/L〕との和に等しい。

$x+y=1.0\times10^{-2}$〔mol/L〕　　$\therefore$　$x=1.0\times10^{-2}-y$〔mol/L〕

$$K_2=\frac{[H^+][SO_4^{2-}]}{[HSO_4^-]}=\frac{(x+y)y}{x-y}=\frac{1.0\times10^{-2}y}{1.0\times10^{-2}-2y}=1.0\times10^{-2}$$

$\therefore$　$y\fallingdotseq3.33\times10^{-3}$〔mol/L〕

よって，　$x=1.0\times10^{-2}-3.33\times10^{-3}$

$=6.67\times10^{-3}$〔mol/L〕　　　答 **6.7×10^{-3} mol/L**

11 pH 指示薬

水溶液の pH に応じて色調が変化する物質を **pH 指示薬，酸塩基指示薬**（単に，**指示薬**ともいう）といい，その色調の変わる pH の範囲を，指示薬の**変色域**という。pH 指示薬は，多くの場合，それ自身が弱い酸または塩基であり，水溶液の pH，すなわち，水素イオン濃度の変化によって，指示薬の分子の構造と色が変化する。代表的な pH 指示薬であるフェノールフタレイン（以下，H_2A と表す）は弱酸（$K_a\fallingdotseq3\times10^{-10}$ mol/L）であって，水溶液中では次のような電離平衡が存在する。

$H_2A \rightleftarrows H^+ + HA^-$　　$HA^- \rightleftarrows H^+ + A^{2-}$　……①

(a) H₂A　pH 8.0 以下（無色）　⇄　(b) キノン型の構造　A^{2-}　pH 9.8 以上（赤色）　⇄　(c) $A(OH)^{3-}$　pH 13 以上（無色）

図(a)の H_2A の希薄水溶液に塩基を加えると，▒の部分から H^+ が電離して，①式の平衡が右へ移動する。その結果，水溶液中の H_2A または HA^-（いずれも無色）が減少し，図(b)の A^{2-} が増加し，溶液の色はキノン型の構造（□の部分で示す）による赤色を示す。一方，A^{2-} の希薄水溶液に酸を加えると，①式の平衡は左へ移動し，ほぼ全部が H_2A または HA^- による無色を示す[22]。

各指示薬の変色域は，その指示薬の電離定数 K_a で定まる酸解離指数 pK_a（p. 292）を中心としたほぼ ±1 の範囲にある。指示薬は水溶液の pH を知るのに使用される[23]。

補足[22]　H_2A や HA^- にはラクトン（環状エステル）の構造が存在し，ベンゼン環どうしの π 電子の移動がおこらないので，無色を示す。一方，A^{2-} にはキノン型の構造が存在し，ベンゼン環どうしが共役二重結合でつながり，可視光線の吸収がおこり，赤色を示す。A^{2-} が強い塩基性（pH>13）になると，その中心の C 原子に OH^- が付加する。生じた $A(OH)^{3-}$ には，キノン型の構造がなくなり，無色を示す。

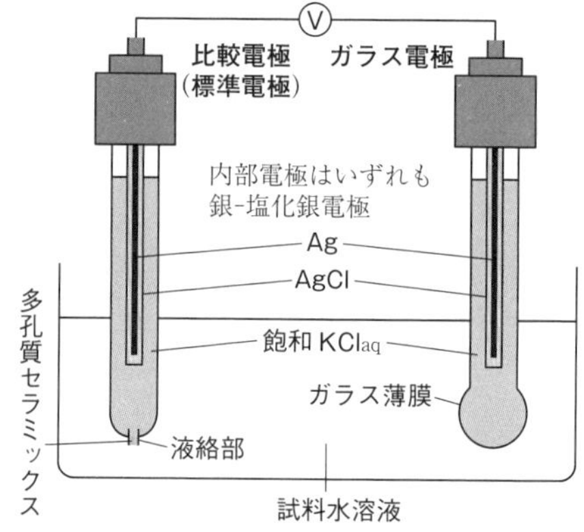

補足[23]　複数の pH 指示薬を混合してろ紙に染み込ませて乾燥させたものが**万能 pH 試験紙**である。これを試料水に浸し，その色調と標準変色表を比較することによって，水溶液のおよその pH が測定できる。さらに，水溶液の正確な pH は，右図のような **pH メーター**で測定できる。

pH メーターは，図のような**ガラス電極**と**比較電極**からなる。ガラス電極の先端には H^+ に敏感に応答する特殊なガラスの薄膜（厚さ約 0.1 mm）がある。このガラス膜の両側に 2 種の水溶液を接触させると，ガラス膜の内外に水溶液の pH の差に応じた電位が発生する。ガラス膜の内側に発生した電位はガラス電極の内部にある**銀-塩化銀電極**[24]で測定できる。もう 1 本の電極である比較電極の先端には多数の小孔があって，試料水溶液と連絡している。この部分を**液絡部**といい，多孔質のセラミックス板が使用される。こうして，ガラス膜の外側に発生した電位は比較電極の内部にある銀-塩化銀電極で測定できる。

補足[24]　銀-塩化銀電極は，銀板の表面を塩化銀で覆ったもの（銀板を 0.1 mol/L 塩酸中で電気分解して得られる。）を，1 mol/L KCl 水溶液に浸したもので，25℃では，試料水の組成や濃度に関係なく，常に一定の電位（+0.236 V）を発生するので，標準水素電極（p. 389）に代わる簡便な基準電極として使用される。

SCIENCE BOX　pH 指示薬の理論

水溶液中のある pH の範囲で変色する物質を **pH 指示薬** (pH indicator) といい，その変色によって，酸・塩基の中和滴定における中和点の判定に用いられる。

pH 指示薬 (以下，指示薬という) は，いずれも弱い酸(または塩基)であり，水溶液中では，①式のような電離平衡の状態にある(HIn は酸の指示薬)。

$$\mathrm{HIn} \rightleftharpoons \mathrm{H^+} + \mathrm{In^-} \quad \cdots\cdots①$$

酸性が強くなると，①式の平衡は左に移動し，溶液は分子 HIn の色を示す。一方，塩基性が強くなると，①式の平衡は右に移動し，溶液はイオン $\mathrm{In^-}$ の色を示す。HIn と $\mathrm{In^-}$ との色調の差が顕著なものほど，優れた指示薬となる。

①式の電離定数は**指示薬定数** K_{In} とよばれ，②式のように表される。なお，メチルオレンジの K_{In} は約 3.0×10^{-4} mol/L である。

$$K_{\mathrm{In}}=\frac{[\mathrm{H^+}][\mathrm{In^-}]}{[\mathrm{HIn}]} \quad \cdots\cdots②$$

各指示薬において，肉眼で色の変化が認められる pH の範囲を，指示薬の**変色域**という。たとえば，メチルオレンジの変色域は pH3.1～4.4 の範囲にある。

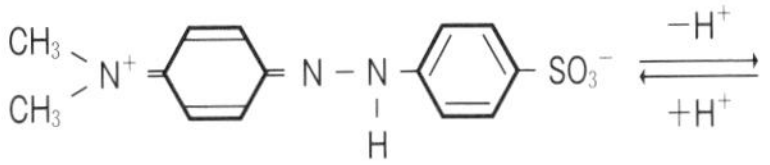

酸性側：赤色

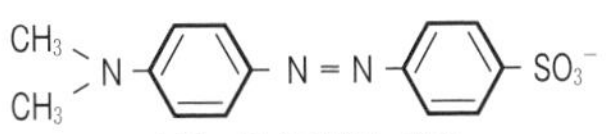

中性～塩基性側：黄色

一般に，肉眼で色の変化が認められる範囲は，およそ，変色域の中間点を基準として，溶液中の $\frac{[\mathrm{HIn}]}{[\mathrm{In^-}]}\geqq10$ ならば，溶液の色は HIn の色を示し，$\frac{[\mathrm{HIn}]}{[\mathrm{In^-}]}\leqq\frac{1}{10}$ ならば，溶液の色は $\mathrm{In^-}$ の色を示す。

したがって，メチルオレンジの変色域は，HIn と $\mathrm{In^-}$ の濃度比が③式の範囲内にあり，その色は赤色と黄色の中間の橙色である。

$$\frac{1}{10}\leqq\frac{[\mathrm{HIn}]}{[\mathrm{In^-}]}\leqq10 \quad \cdots\cdots③$$

変色域の中間点では $\frac{[\mathrm{HIn}]}{[\mathrm{In^-}]}=1$ だから，これを②式へ代入すると，

$$[\mathrm{H^+}]=K_{\mathrm{In}}$$

$$\therefore\quad \mathrm{pH}=-\log_{10}K_{\mathrm{In}}=\mathrm{p}K_{\mathrm{In}}$$

この $\mathrm{p}K_{\mathrm{In}}$ を，**指示薬の解離指数**という。

以上のことから，指示薬の変色域は，通常 $\mathrm{p}K_{\mathrm{In}}$ を中心とした±1 の範囲にある。

メチルオレンジの場合，

$$\mathrm{p}K_{\mathrm{In}}=-\log_{10}(3.0\times10^{-4})$$
$$=4-\log_{10}3 \qquad (\log_{10}3=0.48)$$
$$=3.52\fallingdotseq3.5 \quad \text{なので,}$$

変色域は，およそ $2.5\leqq\mathrm{pH}\leqq4.5$ となる。

一方，フェノールフタレインのように $\mathrm{In^-}$ のみが呈色する指示薬では，色の変化は単に $\mathrm{In^-}$ の濃度だけで決まる。フェノールフタレインの K_{In} を 5.0×10^{-10} mol/L とし，$[\mathrm{In^-}]=5.0\times10^{-6}$ mol/L 以上になると赤色を呈するものとする。

ある水溶液 30 mL に 3.0×10^{-2} mol/L のフェノールフタレイン溶液 0.050 mL を加えたとき，溶液の pH がいくら以上になると赤色を呈するかを求めてみる。

溶液中のフェノールフタレインの全濃度は，$3.0\times10^{-2}\times\frac{0.050}{1000}\times\frac{1000}{30+0.05}$

$$\fallingdotseq5.0\times10^{-5}\,[\mathrm{mol/L}]$$

$$\therefore\quad [\mathrm{HIn}]+[\mathrm{In^-}]=5.0\times10^{-5}$$

$[\mathrm{HIn}]=5.0\times10^{-5}-[\mathrm{In^-}]$ と $[\mathrm{In^-}]=5.0\times10^{-6}$ を②式へ代入して，

$$5.0\times10^{-10}=\frac{[\mathrm{H^+}]\times5.0\times10^{-6}}{(5.0\times10^{-5}-5.0\times10^{-6})}$$

$$\therefore\quad [\mathrm{H^+}]=4.5\times10^{-9}\,[\mathrm{mol/L}]$$

$$\mathrm{pH}=-\log_{10}(5\times3^2\times10^{-10}) \qquad (\log_{10}5=0.70)$$
$$=10-\log_{10}5-2\log_{10}3=8.34\fallingdotseq8.3$$

よって，フェノールフタレインは pH がおよそ 8.3 になると赤色に変色し始めることがわかる。

SCIENCE BOX　pH メーターの原理

水溶液の正確な pH の値は，**pH メーター**を用いて測定される。pH メーターは，水溶液の pH に敏感に応答する**ガラス電極**(測定電極) と，もう１本の**比較電極** (標準電極)からなる。

これらを試料溶液に浸し，２本の電極間に生じた電位差(電圧)を測定することにより，水溶液の pH が測定できる。ガラス電極には，化学的に安定な特殊なガラスの薄膜(以下，ガラス膜という)を使用する*。

＊　ガラスは負に帯電したケイ酸塩の立体網目構造の中に Na^+ などの陽イオンを含む。小さな H^+ はこの Na^+ とイオン交換することにより，ガラス膜を透過できるが，陰イオンは透過できない。

ガラス膜の内外に pH の異なる水溶液を置くと，H^+ はガラス膜を透過して，高濃度側から低濃度側へと拡散する。一方，陰イオンはガラス膜を透過できないから，ガラス膜の内外に一定の電位差を生じる。

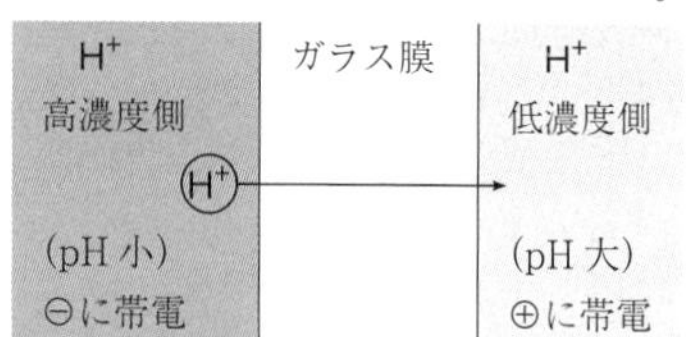

一般に，水溶液が 30℃のとき，２つの水溶液の pH の差が１違うごとに，約 60 mV の電位差を生じる(p. 404，ネルンストの式で求められる)。

通常，ガラス電極の内部には pH 7 に調整された塩化カリウム飽和水溶液が入っているので，試料溶液の pH が７のときは，電位差は０となる。一方，試料溶液の pH が７から離れるほど大きな電位差を生じ，この電位差から pH を求めることができる。

pH を測定する場合，まず，(a)のガラス電極を pH 7 の標準液に浸し，０点調整を行う。次に，電極部分を純水で洗った後，試料溶液に浸して pH を測定する。ただし，塩基性の溶液を測定する場合は，pH 9 の標準溶液で再度０点調整を，酸性の溶液を測定する場合は，pH 4 の標準溶液で再度０点調整を行っておく必要がある*2。

＊2　pH メーターは，pH 2〜11 の範囲では信頼性の高い値が測定できるが，pH 11 より大きくなるとアルカリ誤差，２より小さくなると酸誤差を生じるので，それぞれの補正が必要となる。

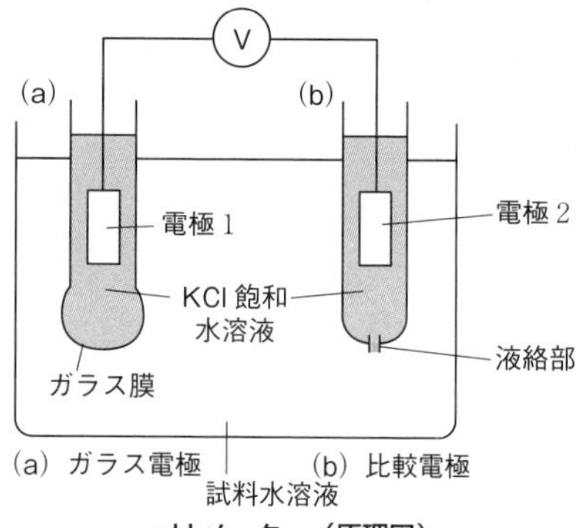

pH メーター（原理図）

ところで，ガラス膜の内側の電位は電極１で測定できるが，ガラス膜の外側の電位は電極１では測定できない。そこで，もう１本の比較電極が必要となる。(b)の比較電極の先端の液絡部では直径数 10 μm の小孔や，セラミックスなどによって試料水溶液と連絡している。したがって，ガラス膜の外側の電位は電極２で測定することができる。また，電極１と電極２を接続することにより，ガラス膜内外の電位差が測定でき，試料水溶液の pH が求められる。

近年は，ガラス電極と比較電極を一体化した複合電極や，半導体センサーを用いた簡易型の pH メーターが普及している。

pH メーター（簡易型）

SCIENCE BOX 弱酸の混合水溶液の電離度

強酸と弱酸の混合水溶液の場合，強酸(塩酸)は水溶液中で完全電離するが，弱酸(酢酸)は一部だけが電離して電離平衡となる。

$CH_3COOH \rightleftarrows CH_3COO^- + H^+$ ……①

ただし，強酸の電離で生じた多量の H^+ により，①式の電離平衡は著しく左へ移動し，酢酸の電離は事実上，無視することができる。よって，強酸と弱酸の混合水溶液のpHは，ほぼ強酸のみで決まると考えてよい。

しかし，電離定数のあまり違わない弱酸の混合水溶液の場合，その全水素イオン濃度(以下，$[H^+]_t$ と表す)は2つの弱酸の電離定数を用いて次のように求められる。

モル濃度 C_A の弱酸HA(電離定数 K_A)とモル濃度 C_B の弱酸HB(電離定数 K_B)の混合水溶液があり，この中での各酸の電離度をそれぞれ α_A，α_B とし，$\alpha_A \ll 1$，$\alpha_B \ll 1$ とする。なお，混合水溶液では，酸HAと酸HBの電離で生じた H^+ はまったく区別できないため，それぞれの電離定数の式の $[H^+]$ を $[H^+]_t$ としなければならないことに留意する。

$$HA \rightleftarrows H^+ + A^-$$

平衡時 $C_A(1-\alpha_A)$　$C_A\alpha_A$　$C_A\alpha_A$〔mol/L〕

$$HB \rightleftarrows H^+ + B^-$$

平衡時 $C_B(1-\alpha_B)$　$C_B\alpha_B$　$C_B\alpha_B$〔mol/L〕

$$K_A = \frac{[H^+]_t[A^-]}{[HA]} \quad ……②$$

$$K_B = \frac{[H^+]_t[B^-]}{[HB]} \quad ……③$$

$$[H^+]_t = C_A\alpha_A + C_B\alpha_B \quad ……④$$

$\alpha_A \ll 1$，$\alpha_B \ll 1$ より，次の近似が成り立つ。

$$[HA] = C_A(1-\alpha_A) \fallingdotseq C_A$$

$$[HB] = C_B(1-\alpha_B) \fallingdotseq C_B$$

これらを②，③式へ代入して，

$$K_A = \frac{[H^+]_t \cdot C_A\alpha_A}{C_A} = [H^+]_t\alpha_A \quad ……②'$$

$$K_B = \frac{[H^+]_t \cdot C_B\alpha_B}{C_B} = [H^+]_t\alpha_B \quad ……③'$$

$$\alpha_A = \frac{K_A}{[H^+]_t} \quad …②'' \qquad \alpha_B = \frac{K_B}{[H^+]_t} \quad …③''$$

これらを④式へ代入して α_A，α_B を消去。

$$[H^+]_t = C_A\frac{K_A}{[H^+]_t} + C_B\frac{K_B}{[H^+]_t}$$

$$[H^+]_t^2 = C_AK_A + C_BK_B$$

$$\therefore \quad [H^+]_t = \sqrt{C_AK_A + C_BK_B} \quad ……⑤$$

たとえば，HAを酢酸($K_A = 2.8\times10^{-5}$ mol/L)，HBを安息香酸($K_B = 1.0\times10^{-4}$ mol/L)，$C_A = C_B = 1.0\times10^{-2}$ mol/Lとすると，これらの値を⑤式へ代入して，

$$[H^+]_t = \sqrt{2.8\times10^{-7} + 1.0\times10^{-6}}$$

$$= \sqrt{128\times10^{-8}} \leftarrow (\sqrt{2} = 1.41 とする)$$

$$\fallingdotseq 1.12\times10^{-3}〔mol/L〕$$

この混合水溶液中での酢酸の電離度 α_A は，②″式より，

$$\alpha_A = \frac{K_A}{[H^+]_t} = \frac{2.8\times10^{-5}}{1.12\times10^{-3}} = 2.5\times10^{-2}$$

一方，1.0×10^{-2} mol/L酢酸の電離度 α は，

$$\alpha = \sqrt{\frac{K_A}{C}} = \sqrt{\frac{2.8\times10^{-5}}{1.0\times10^{-2}}}$$

$$= \sqrt{28\times10^{-4}} \leftarrow (\sqrt{7} = 2.64 とする)$$

$$= 5.28\times10^{-2}$$

酢酸の電離度の減少率は，

$$\frac{\alpha - \alpha_A}{\alpha} = \frac{2.78\times10^{-2}}{5.28\times10^{-2}} \times 100 \fallingdotseq 53〔\%〕$$

また，この混合水溶液中での安息香酸の電離度 α_B は，③″式より，

$$\alpha_B = \frac{K_B}{[H^+]_t} = \frac{1.0\times10^{-4}}{1.12\times10^{-3}} \fallingdotseq 8.92\times10^{-2}$$

1.0×10^{-2} mol/L安息香酸の電離度 α' は，

$$\alpha' = \sqrt{\frac{K_B}{C}} = \sqrt{\frac{1.0\times10^{-4}}{1.0\times10^{-2}}} = 1.0\times10^{-1}$$

安息香酸の電離度の減少率は，

$$\frac{\alpha' - \alpha_B}{\alpha'} = \frac{1.08\times10^{-2}}{1.0\times10^{-1}} \times 100 \fallingdotseq 11〔\%〕$$

これは，酢酸と安息香酸の混合水溶液中では，それぞれが放出した H^+ によって，互いの電離が抑制される結果，それぞれの電離度が本来の電離度に比べてやや小さくなることを示している。ただし，強いほうの酸である安息香酸の電離はそれほど抑制されていないが，弱いほうの酸である酢酸の電離はより強く抑制されている。

SCIENCE BOX　弱酸の電離平衡の正確な取り扱い

濃度C〔mol/L〕の弱酸HA水溶液中では，次の電離平衡が成立している。

$$HA \rightleftarrows H^+ + A^-$$
$$H_2O \rightleftarrows H^+ + OH^-$$

HAの電離定数K_a，水のイオン積K_wは

$$K_a=\frac{[H^+][A^-]}{[HA]} \quad \cdots\cdots①$$

$$K_w=[H^+][OH^-] \quad \cdots\cdots②$$

弱酸の物質量Cに関して，次の**物質収支の条件式**が成り立つ。

$$C=[HA]+[A^-] \quad \cdots\cdots③$$

水溶液中では，次の**電気的中性の条件式**が成り立つ。

$$[H^+]=[A^-]+[OH^-] \quad \cdots\cdots④$$

②，④より

$$[A^-]=[H^+]-[OH^-]=[H^+]-\frac{K_w}{[H^+]}$$

②，③，④より

$$[HA]=C-[A^-]=C-[H^+]+\frac{K_w}{[H^+]}$$

これらを①へ代入

$$\frac{[H^+]\left([H^+]-\dfrac{K_w}{[H^+]}\right)}{C-[H^+]+\dfrac{K_w}{[H^+]}}=K_a \quad \cdots\cdots⑤$$

$$[H^+]^3+K_a[H^+]^2-(CK_a+K_w)[H^+]-K_aK_w=0 \quad \cdots\cdots⑥$$

上式を解くのは容易ではないので，適当な近似を導入する。

(i)　水溶液が十分に酸性ならば，

$[H^+]\gg[OH^-]$　$[OH^-]\fallingdotseq 0$と近似できる。

④より　$[H^+]=[A^-]+[OH^-]\fallingdotseq[A^-]$

⑤より　$\dfrac{[H^+]^2}{C-[H^+]}=K_a$

$$[H^+]^2+K_a[H^+]-CK_a=0$$

$$[H^+]=\frac{-K_a+\sqrt{K_a{}^2+4CK_a}}{2} \quad \cdots\cdots⑦$$

(ii)　HAの電離度が十分に小さいならば，

$[HA]\gg[A^-]$　$[A^-]\fallingdotseq 0$と近似できる。

③より　$C=[HA]+[A^-]\fallingdotseq[HA]$

⑤より　$\dfrac{[H^+]\left([H^+]-\dfrac{K_w}{[H^+]}\right)}{C}=K_a$

$$[H^+]^2=CK_a+K_w$$

$$[H^+]=\sqrt{CK_a+K_w} \quad \cdots\cdots⑧$$

例題　次の水溶液の水素イオン濃度$[H^+]$を求めよ。($\sqrt{2}=1.4$，$\sqrt{3}=1.7$，$\sqrt{5}=2.2$)

(1)　1×10^{-2} mol/L $NaHSO_4$水溶液

($HSO_4{}^-$の電離定数$K_a=1.0\times10^{-2}$ mol/L)

(2)　1×10^{-4} mol/LフェノールC_6H_5OH水溶液(フェノールの$K_a=1.0\times10^{-10}$ mol/L)

［**解**］(1)　K_aが大きく十分に酸性であるので，$[H^+]\gg[OH^-]$が成立する。

HAの電離度が大きく$[HA]\gg[A^-]$は成立しない。

∴　⑦式を適用して$[H^+]$が求められる。

$$[H^+]=\frac{-10^{-2}+\sqrt{10^{-4}+4\times10^{-4}}}{2}$$
$$=\frac{\sqrt{5}-1}{2}\times10^{-2}$$
$$\fallingdotseq \mathbf{6.0\times10^{-3}}\text{〔mol/L〕}$$

(2)　K_aが小さく，十分に酸性ではないので，$[H^+]\gg[OH^-]$は成立しない。

HAの電離度が小さく$[HA]\gg[A^-]$は成立する。

∴　⑧式を適用して$[H^+]$が求められる。

$$[H^+]=\sqrt{10^{-4}\times10^{-10}+10^{-14}}$$
$$=\sqrt{2}\times10^{-7}$$
$$\fallingdotseq \mathbf{1.4\times10^{-7}}\text{〔mol/L〕}$$

参考　(i)，(ii)の近似がともに成立しない場合，⑥式の三次方程式を近似して得られる二次方程式を解き，$[H^+]$を求める。

(例)　1×10^{-7} mol/L酢酸水溶液の$[H^+]$。

(酢酸の$K_a=2\times10^{-5}$ mol/L)

仮に$[H^+]=1\times10^{-7}$ mol/Lを⑥へ代入

$[H^+]^3$の項：1×10^{-21} mol/L

$[H^+]^2$，$[H^+]$，定数項：2×10^{-19} mol/L

$[H^+]^3$が他項に比べて小さいので無視する。

$$2\times10^{-5}[H^+]^2-2\times10^{-12}[H^+]-2\times10^{-19}=0$$

$$[H^+]^2-10^{-7}[H^+]-10^{-14}=0$$

これを解くと，$[H^+]\fallingdotseq1.6\times10^{-7}$ mol/L。

SCIENCE BOX 多価の酸の電離定数の大小関係

(1) リン酸の三段階電離

酸は，分子性の物質であるから，多価の酸を水に溶かした場合，次のような段階的な電離が行われる。

$H_3A \rightleftharpoons H^+ + H_2A^-$ …① 第一電離
$H_2A^- \rightleftharpoons H^+ + HA^{2-}$ …② 第二電離
$HA^{2-} \rightleftharpoons H^+ + A^{3-}$ …③ 第三電離

また，①式，②式，③式の酸の電離定数をそれぞれ，K_1，K_2，K_3 とすれば，$K_1 : K_2 : K_3 \fallingdotseq 1 : 10^{-5} : 10^{-10}$ mol/L の関係がある(**ポーリングの規則**)。

> **オキソ酸の酸性度に関するポーリングの規則**
> (1) 中心元素 M のオキソ酸の化学式が $MO_m(OH)_n$ のとき，酸解離指数 pK_a は次式で表される。 $\boldsymbol{pK_a = 8 - 5m}$
> (2) 同一元素のオキソ酸の酸解離指数 pK_a は，H^+ が 1 回電離するごとに，約 5 ずつ増加する。

リン酸 H_3PO_4 $(PO(OH)_3)$ についてポーリングの規則を適用すると，$pK_a = 8 - 5 \times 1 = 3$ なので，理論値は $K_1 = 10^{-3}$，$K_2 = 10^{-8}$，$K_3 = 10^{-13}$ mol/L となる。その実測値は $K_1 \fallingdotseq 10^{-1.8}$，$K_2 \fallingdotseq 10^{-6.6}$，$K_3 \fallingdotseq 10^{-11.5}$ mol/L なので，両者はほぼ一致している。

(2) 亜硫酸と炭酸の二段階電離

亜硫酸 H_2SO_3 $(SO(OH)_2)$ についてポーリングの規則を適用すると，$pK_a = 8 - 5 \times 1 = 3$ なので，理論値は $K_1 = 10^{-3}$，$K_2 = 10^{-8}$ mol/L となる。実測値は $K_1 \fallingdotseq 10^{-1.7}$，$K_2 \fallingdotseq 10^{-6.8}$ mol/L なので，両者はほぼ一致している。

炭酸 H_2CO_3 $(CO(OH)_2)$ についてポーリングの規則を適用すると，$pK_a = 8 - 5 \times 1 = 3$ となり，理論値は $K_1 = 10^{-3}$，$K_2 = 10^{-8}$ mol/L となる。しかし，実測値は $K_1 \fallingdotseq 10^{-6.4}$，$K_2 \fallingdotseq 10^{-10.3}$ mol/L であり，両者は一致していない。これは例外で，水に溶けた CO_2 の大半が H_2CO_3 ではなく，CO_2 のままで存在しているためであり，水に溶けた CO_2 がすべて H_2CO_3 になったとすると，その pK_1 は 3.6 程度と試算されている。

(3) 多価のオキソ酸と有機酸の電離定数

オキソ酸の場合，第一段と第二段の H^+ の電離場所は同一元素 M に結合した OH であるため，第二段の OH からの電離は，第一段の電離で生じた負電荷の影響を強く受け，第二段の H^+ の電離が抑制される。したがって，K_1 と K_2 の差が大きくなり，ポーリングの規則では，その差が 10^5 程度になる。

一方，有機酸の場合は少し事情が異なる。たとえば，シュウ酸 $(COOH)_2$ の電離定数 K_a の実測値は $K_1 \fallingdotseq 10^{-1.3}$，$K_2 \fallingdotseq 10^{-4.3}$ mol/L であり，オキソ酸に比べて K_1 と K_2 の値が接近している。また，酒石酸 $(CH(OH)COOH)_2$ の K_a の実測値は $K_1 \fallingdotseq 10^{-3.0}$，$K_2 \fallingdotseq 10^{-4.3}$ mol/L であり，K_1 と K_2 の値がさらに接近している。

シュウ酸の場合は，2 個の -COOH が直結しているため，第一段と第二段の電離場所が比較的近く，第二段の H^+ の電離は，第一段の電離で生じた負電荷の影響を受けやすく，K_1 と K_2 の比が 10^3 程度になる。一方，酒石酸の場合は，-COOH が別々の C 原子に結合しているため，第一段と第二段の電離場所はシュウ酸よりも離れており，第二段の H^+ の電離は，第一段の電離で生じた負電荷の影響を受けにくく，K_1 と K_2 の比が $10^{1.3}$ 程度に縮小している。

逆に，第一段と第二段の電離場所がさらに接近していれば，K_1 と K_2 の比はもっと大きくなることが予想される。たとえば，硫化水素 H_2S の電離定数 K_a の実測値は $K_1 \fallingdotseq 10^{-7.0}$，$K_2 \fallingdotseq 10^{-13.9}$ mol/L である。つまり，第二段で H^+ が電離するとき，第一段の電離で生じた HS^- の負電荷の影響を非常に強く受けていることを示している。

3-8　中和反応と塩

1　中和反応

酸と塩基が反応すると，酸から塩基へ H^+ が移り，互いの性質が打ち消される。このような現象を**中和**といい，その反応を**中和反応**という❶。たとえば，塩酸 HCl と水酸化ナトリウム NaOH 水溶液とを混合すると，ただちに次の反応がおこる。

$$HCl + NaOH \longrightarrow NaCl + H_2O \quad \cdots\cdots\cdots ①$$

HCl, NaOH は水溶液中ではともに完全にイオンに電離しており，②式のように表せる。

$$H^+ + Cl^- + Na^+ + OH^- \longrightarrow Na^+ + Cl^- + H_2O \quad \cdots\cdots\cdots ②$$

反応の前後で Na^+ と Cl^- は変化していないので，これらを消去すると中和のイオン反応式は③式のようになる。

$$H^+ + OH^- \longrightarrow H_2O \quad \cdots\cdots\cdots ③$$

補足❶　火山地帯を流れる群馬県吾妻(あがつま)川の上流の水は pH が約 2.1 で非常に酸性が強く，魚や昆虫のすめない「死の川」であったが，1964 年以降，川に石灰石の細粉を水と混合した石灰乳を投入して中和する事業が実施された結果，農業用水や発電用水として利用されている。

►③式は，中和反応の本質が酸の H^+ と塩基の OH^- が結合して，水 H_2O ができることと，H^+ と OH^- は 1：1(物質量比)で混合したとき，完全に中和することを示している❷。また，中和後の溶液から水を蒸発させると，塩化ナトリウム NaCl の結晶が得られる。NaCl のように，中和反応により水とともに生成する物質を**塩**(えん)という❸。

詳説❷　強酸と強塩基の中和エンタルピーは，酸・塩基の種類に関係なく，ほぼ $\Delta H = -56.5$ kJ/mol である（p. 219）。このことからも，中和反応の本質が H^+ と OH^- との結合する反応であって，他の共存するイオンには無関係であることを示している。

詳説❸　アンモニア NH_3 が関与する中和反応の場合，NH_3 は OH を持たないので，水は生成せず塩だけが生成する。　$2\,NH_3 + H_2SO_4 \longrightarrow (NH_4)_2SO_4$

塩は，酸の陰イオンと塩基の陽イオンからなる物質のことであったが，一般的には，イオン結合性の化合物のうち，水酸化物，酸化物を除いたものはすべて**塩**と総称される。

►中和の反応式は，酸と塩基が過不足なく反応した(＝完全に中和した)ときの量的関係を正しく表すように書く必要がある。すなわち，酸の H と塩基の OH が余ることのないように塩の化学式を決め，それに基づいて酸・塩基の係数をつけていくとよい❹。

詳説❹　硫酸と水酸化ナトリウム水溶液との中和反応では，2 通りの化学反応式が書ける。

$$H_2SO_4 + NaOH \longrightarrow NaHSO_4 + H_2O \quad \cdots\cdots\cdots ④$$

H　H　　OH ……部分中和

$$H_2SO_4 + 2\,NaOH \longrightarrow Na_2SO_4 + 2\,H_2O \quad \cdots\cdots\cdots ⑤$$

H　H　　OH　OH ……完全中和

④式では，H_2SO_4 が完全に中和されていないので，中和反応の途中までの反応を示したもので正しい中和の反応式とはいえない。⑤式では，H_2SO_4 も NaOH ともに完全に中和されているから，これが正しい中和の反応式である。

2　塩の生成

塩は，酸と塩基の中和反応のほか，次のようなさまざまな反応によっても生成する。

酸化物の中には，酸や塩基と同じような働きをするものがある。金属元素の酸化物のうち，水に溶けて塩基性を示したり，水に溶けにくいが酸と反応して塩を生じるなど，塩基の働きをするものは，**塩基性酸化物**とよばれる❺。

$Na_2O + H_2O \longrightarrow 2\,NaOH$　　　$CaO + H_2O \longrightarrow Ca(OH)_2$

$CuO + H_2SO_4 \longrightarrow CuSO_4 + H_2O$

以上より，Na_2O，CaO はともに 2 価の塩基と同じ働きをしていることがわかる。

非金属元素の酸化物の中には，水に溶けて酸性を示したり，水に溶けにくいが塩基と反応して塩を生じるなど，酸の働きをするものがあり，これらは**酸性酸化物**とよばれる❻。

$CO_2 + H_2O \longrightarrow H_2CO_3$　　　$SO_2 + H_2O \longrightarrow H_2SO_3$

$SiO_2 + 2\,NaOH \longrightarrow Na_2SiO_3 + H_2O$

以上より，CO_2，SO_2 はともに 2 価の酸と同じ働きをしていることがわかる。

主な酸化物の例

酸性酸化物	塩基性酸化物	両性酸化物
NO_2，P_4O_{10}，CO_2，SO_2 SO_3，SiO_2*，Cl_2O_7	Na_2O，CaO，BaO，K_2O MgO*，CuO*，Fe_2O_3*	Al_2O_3*，ZnO* SnO*，PbO*

＊ 水に溶けにくいものを示す。

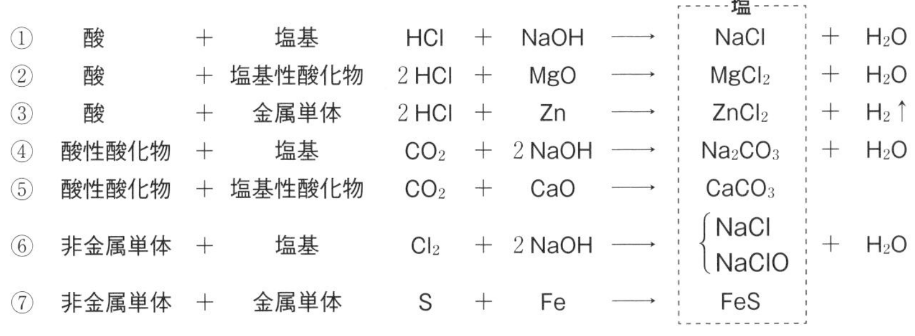

								塩		
①	酸	＋	塩基	HCl	＋	$NaOH$	⟶	$NaCl$	＋	H_2O
②	酸	＋	塩基性酸化物	$2\,HCl$	＋	MgO	⟶	$MgCl_2$	＋	H_2O
③	酸	＋	金属単体	$2\,HCl$	＋	Zn	⟶	$ZnCl_2$	＋	$H_2\uparrow$
④	酸性酸化物	＋	塩基	CO_2	＋	$2\,NaOH$	⟶	Na_2CO_3	＋	H_2O
⑤	酸性酸化物	＋	塩基性酸化物	CO_2	＋	CaO	⟶	$CaCO_3$		
⑥	非金属単体	＋	塩基	Cl_2	＋	$2\,NaOH$	⟶	$\{NaCl$ $NaClO$	＋	H_2O
⑦	非金属単体	＋	金属単体	S	＋	Fe	⟶	FeS		

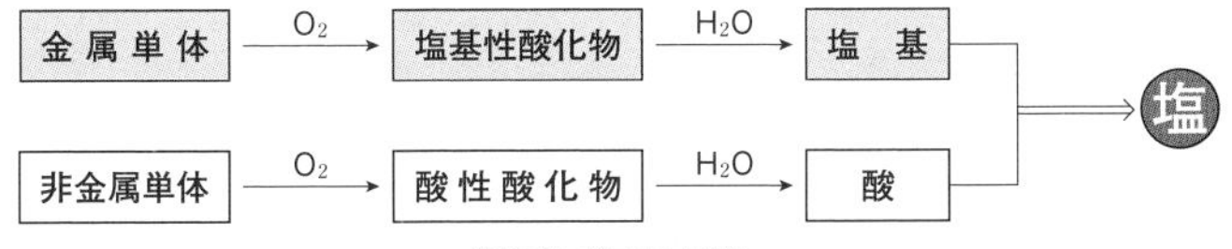

塩の生成する反応

詳説❺　金属元素のうち，周期表で非金属元素との境界付近に位置する Al，Zn，Sn，Pb などの酸化物は，酸とも塩基とも反応して塩を生じるので，とくに**両性酸化物**とよばれる。

補足❻　非金属の酸化物でも，一酸化窒素 NO と一酸化炭素 CO は，水にも溶けず，酸性も示さないので，ふつう，酸性酸化物には分類されない。

狭い意味での中和反応とは，　酸＋塩基 ⟶ 塩＋水　の反応をいう。酸性酸化物や塩基性酸化物から塩を生じる反応も，広い意味での中和反応とよばれる。

3 塩の分類

塩化ナトリウム NaCl は，塩化水素 HCl の H^+ を他の陽イオンの Na^+ で置き換えた化合物とも見られるし，水酸化ナトリウム NaOH の OH^- を他の陰イオンの Cl^- で置き換えた化合物とも見られる。塩を酸と塩基との反応で生じたものとするとき，化学式中に酸の H や塩基の OH がまったく残っていない塩を**正塩**という。1価の酸と1価の塩基との中和によって生じる塩は，ただ1種類しかなく，すべて正塩である。

しかし，酸または塩基が2価以上の場合は，電離の各段階に応じて2種類以上の塩ができることがある。たとえば，2価の酸である硫酸 H_2SO_4 を1価の塩基である水酸化ナトリウム水溶液で中和する場合，加える塩基の量によって次の2通りの反応がおこる。

$$H_2SO_4 + NaOH \longrightarrow NaHSO_4 + H_2O \quad \cdots\cdots\cdots ①$$

$$H_2SO_4 + 2\,NaOH \longrightarrow Na_2SO_4 + 2\,H_2O \quad \cdots\cdots\cdots ②$$

②式の反応で生じた塩 Na_2SO_4 は，H_2SO_4 の H^+ 2個がすべて Na^+ と置き換わっているので，正塩である。一方，①式の反応で生じた塩 $NaHSO_4$ は，H_2SO_4 の H^+ 1個だけが Na^+ と置き換わっているだけである。このように，化学式中に酸の H が残っている塩を**酸性塩**という。すなわち，硫酸の第一電離で生じた塩が $NaHSO_4$ で，第二電離で生じた塩が Na_2SO_4 である❼。酸性塩は，多価の酸が塩基によって部分的に中和されたときに生成する塩であり，一方，正塩は，酸を塩基で完全に中和したときに生成する塩である。

同様に，とくに水に溶けにくい多価の塩基を酸で部分的に中和した場合には，多価の塩基中に含まれる OH^- の一部を，他の陰イオンで置き換えた MgCl(OH) のような塩が生成することがある。

このように，化学式中に塩基の OH が残っている塩を**塩基性塩**という。

$$Mg(OH)_2 + HCl \longrightarrow MgCl(OH) + H_2O$$

$$Mg(OH)_2 + 2\,HCl \longrightarrow MgCl_2 + 2\,H_2O$$

塩の種類	塩　の　例
正　塩	$MgCl_2$ 塩化マグネシウム　CH_3COONa 酢酸ナトリウム Na_2CO_3 炭酸ナトリウム　$(NH_4)_2SO_4$ 硫酸アンモニウム
酸 性 塩	$NaHCO_3$ 炭酸水素ナトリウム　$NaHSO_4$ 硫酸水素ナトリウム NaH_2PO_4 リン酸二水素ナトリウム　Na_2HPO_4 リン酸水素二ナトリウム
塩基性塩	MgCl(OH) 塩化水酸化マグネシウム　$Cu_2CO_3(OH)_2$ 炭酸二水酸化二銅(Ⅱ)

補足❼ 多価の酸の中和において，まず化学式中に H が残った酸性塩が得られるのは，多価の酸では，第一段に比べて第二段の電離度が小さいためである。したがって，第一電離による中和が第二電離による中和に対して優先的に行われるので，酸性塩が生成することになる。さらに，塩基を加えていくと，第二電離による中和が行われるようになり，中和が完了した時点では，正塩が得られることになる。

►正塩，酸性塩，塩基性塩は，塩の組成を区別するための形式的な分類であって，それぞれの塩の水溶液の性質が，必ずしも中性，酸性，塩基性を示すわけではないことに十分注意する必要がある。

たとえば，正塩の水溶液では，NaCl は中性，NH_4Cl は酸性，CH_3COONa は弱い塩基性を示し，また，$NaHCO_3$ は酸性塩であるが，水溶液は塩基性を示す。

K_2SO_4 と $Al_2(SO_4)_3$ の混合水溶液からは，硫酸カリウムアルミニウム十二水和物 $AlK(SO_4)_2 \cdot 12\,H_2O$（ミョウバン）という塩が結晶として析出する。

このように，2 種以上の塩が一定の割合で組み合わさった塩を**複塩**という❽。複塩は，結晶としてだけ存在し，水に溶かすと各成分イオンに分かれる性質をもつ。

$$AlK(SO_4)_2 \cdot 12\,H_2O \longrightarrow Al^{3+} + K^+ + 2\,SO_4^{2-} + 12\,H_2O$$

補足❽ 組成式を 2 倍すると，$Al_2(SO_4)_3 \cdot K_2SO_4 \cdot 24\,H_2O$ となり，$Al_2(SO_4)_3$ と K_2SO_4 が 1：1（物質量比）で組み合わさってできた塩と考えられる。しかし，ミョウバンの結晶中には，$Al_2(SO_4)_3$ や K_2SO_4 という塩が存在するのではなく，$[Al(H_2O)_6]^{3+}$ と $[K(H_2O)_6]^+$ が NaCl 型の結晶格子をつくり，そのすき間に SO_4^{2-} が配置された結晶構造をしている（p. 510）。

4 塩の名称

塩の化学式は，陽イオン→陰イオンの順に並べるが，複塩のように複数の陽イオンを含んだり，塩基性塩のように複数の陰イオンを含む場合は，アルファベット順に並べるのが原則である。ただし，アルファベットが同じ場合は，MnO(OH) のように単原子イオンは多原子イオンよりも前に並べる。

塩の名称は，塩を構成する陰イオン名＋㊋＋陽イオン名とし，次のように読む。

たとえば，Na_2S では，陰イオンが硫化物イオンで，陽イオンがナトリウムイオンなので，下線部だけを取り出し硫化ナトリウムと読む。複塩の $AlK(SO_4)_2$ の場合，陰イオンは硫酸イオンだけで，陽イオンは陰イオンに近いほうからカリウムイオン，アルミニウムイオンなので，名称は硫酸カリウムアルミニウムとなる。また，塩基性塩 MgCl(OH) の場合，陰イオンは陽イオンに近いものから塩化物イオン，水酸化物イオン，最後に陽イオンのマグネシウムイオンを読むので，名称は塩化水酸化マグネシウムとなる。

また，$FeSO_4$ では，硫酸イオン→鉄(Ⅱ)イオンの順で，名称は硫酸鉄(Ⅱ)となる。

このように，金属イオンが複数の価数をもつ遷移元素（Fe^{2+} と Fe^{3+}，Cu^+ と Cu^{2+} など）や，一部の典型元素（Sn^{2+} と Sn^{4+}，Pb^{2+} と Pb^{4+} など）では，名称の後に(　)をつけて，その価数をローマ数字のⅡ，Ⅲ，Ⅳ，…で示す必要がある。

5 塩の加水分解

化学式中に酸の H も塩基の OH もまったく残っていない正塩を水に溶かすと，その水溶液は中性になると予想される。しかし，実際には正塩を水に溶かしたとき，その水溶液が酸性や塩基性を示すことがある。これは，塩を構成するイオンの一部が水と反応して，もとの酸や塩基に戻ってしまうためである。このような現象を**塩の加水分解**といい，この結果として，塩の水溶液が酸性や塩基性を示すようになる。

たとえば，弱酸と強塩基の塩である酢酸ナトリウム CH_3COONa を水に溶かした場合を考えてみよう。酢酸ナトリウムはイオン結合性の物質（塩）で，水に溶けたものは完全にイオンに分かれる（電離度 $\alpha=1$）。

$$CH_3COONa \longrightarrow CH_3COO^- + Na^+ \quad \cdots\cdots\cdots ①$$

一方，溶媒の水分子もごくわずかに電離し，平衡状態になっている。

$H_2O \rightleftarrows H^+ + OH^-$ ………②

このように，水溶液中では CH_3COO^-，H^+，Na^+，OH^- という4種のイオンが共存した状態にある。このうち，CH_3COO^- は水の電離で生じた H^+ と結びつきやすいので，CH_3COO^- の一部は H^+ と結びついて，酢酸分子 CH_3COOH に戻っていく[9]。

$CH_3COO^- + H^+ \rightleftarrows CH_3COOH$ ………③

③式が，塩の加水分解の最も中心的な反応である。

詳説[9] CH_3COO^- と H^+ がなぜ結びつきやすいのかというと，生成する CH_3COOH が弱酸だからである。わかりやすくいうと，弱酸は CH_3COO^- と H^+ とに分かれているよりも，互いに結合して CH_3COOH という分子の状態で存在するほうが安定な物質ということである。それでは，水溶液中のすべての CH_3COO^- が H^+ と結合して CH_3COOH に戻ってしまうのかというとそうではない。$CH_3COO^- + H^+ \rightleftarrows CH_3COOH$　という平衡が存在するので，CH_3COO^- の一部が H^+ と結合して CH_3COOH に戻った時点で平衡状態となり，見かけ上，変化はおこらなくなる。

一方，Na^+ と OH^- は結びつきにくく（生成する NaOH が強塩基であるため），両イオンは水中でイオンの状態のままで安定に存在する。

►上記の③式の反応の進行により，水溶液中の $[H^+]$ は減少するが，一方，水のイオン積 K_w は一定であるから，$[H^+]$の減少を補うために，水の電離がいくらか進んで$[OH^-]$が増加する。このような変化は，②式，③式がともに平衡状態になるまで続けられる。よって，酢酸ナトリウムの水溶液中では，純水に比べて $[OH^-]>[H^+]$ となり，弱い塩基性を示すことになる[10]。このように，塩の加水分解には水の電離平衡も関係しているので，③式と②式を1つにまとめると，④式のイオン反応式ができあがる。

$CH_3COO^- + H_2O \rightleftarrows CH_3COOH + OH^-$ ………④

④式を見ると，弱酸のイオンである CH_3COO^- は，弱酸の分子 CH_3COOH に戻る際に，水分子から H^+ を受け取るブレンステッド・ローリーの塩基として働いていること，および塩の加水分解は，中和の逆反応に相当することもわかる。

$CH_3COONa \longrightarrow$ CH_3COO^- $+ Na^+$

$H_2O \rightleftarrows$ H^+ $+ OH^-$

⇩

CH_3COOH

その結果，　$[H^+]<[OH^-]$……塩基性を示す。

④式の両辺に Na^+ を加えると，化学反応式に直すことができる。

$CH_3COONa + H_2O \rightleftarrows CH_3COOH + NaOH$ ………⑤

（弱酸）（強塩基）

⑤式より，弱酸と強塩基から生じた塩が加水分解すると，必ず同数の弱酸と強塩基が生成する。弱酸のほうはほとんど電離しないで分子のまま存在するが，強塩基のほうは完全に電離して OH^- を放出する。よって，水溶液は弱い塩基性を示すと考えてもよい。

すなわち，加水分解の結果，生成する酸と塩基に強弱の差があるときは，その強いほうによって水溶液の性質(**液性**という)が決定される。簡単には，塩の水溶液の液性は，加水分解したときに生成する酸・塩基の強弱を比較することによって判定される。ただし，この判定は正塩についてのみ成り立つことに注意すること。

補足❿ CH_3COO^- のうち，実際に③式のように CH_3COOH になるのは約1万個に1個の割合ぐらいで，大部分は CH_3COO^- のまま存在する。よって，水溶液も弱い塩基性を示すにすぎない。

►同様に，塩化アンモニウム NH_4Cl の水溶液の液性について調べてみよう。

水に溶けた NH_4Cl は，ほとんど完全に電離する。また，溶媒の水も電離平衡の状態にあるから，水溶液中には NH_4^+，OH^-，H^+，Cl^- という4種のイオンが共存する。このうち，NH_4^+ は OH^- と結合しやすい(生成する NH_3 が弱塩基であるため)ので，一部は次のように反応する。

$NH_4Cl \longrightarrow NH_4^+ + Cl^-$
$H_2O \rightleftarrows H^+ + H^+$
⇩
$NH_3 + H_2O$
その結果，$[H^+] > [OH^-]$…酸性

$$NH_4^+ + OH^- \rightleftarrows NH_3 + H_2O \quad \cdots\cdots⑥$$

一方，H^+ と Cl^- は結合しにくい(生成する HCl が強酸であるため)ので，水溶液中ではイオンのまま存在する。⑥式の反応により，水溶液中の$[OH^-]$が減少するが，K_w は一定であるから，$[OH^-]$の減少を補うために水の電離が少し進んで，$[H^+]$が増加する。よって，NH_4Cl の水溶液は，純水に比べて弱い酸性を示すことになる。

⑥式の両辺に H^+ を加え，NH_4^+ が H_2O と反応した形に書き改めると，⑦式となる。

$$NH_4^+ + H_2O \rightleftarrows NH_3 + H_3O^+ \quad \cdots\cdots⑦$$

⑦式では，NH_4^+ のような弱塩基のイオンは，水分子に対して H^+ を与えるブレンステッド・ローリーの酸として働いていることがわかる⓫。

詳説⓫ ブレンステッド・ローリーの酸・塩基の考え方を使うと，弱塩基のイオン NH_4^+ が水分子に H^+ を与えて NH_3 分子に戻るときに，酸としての働きをすることがわかる。一方，H^+ と Cl^- は互いに何の反応もしないので，NH_4Cl を水に溶かした場合，NH_4^+ の酸性だけがあらわれることになり，水溶液が酸性を示すとも考えられる。

►強酸と強塩基から生じた塩の NaCl を水に溶かすと，ほぼ完全に電離して Na^+，OH^-，H^+，Cl^- という4種のイオンが共存した状態になる。NaOH は強塩基，HCl は強酸であり，イオンに分かれているほうが安定なため，そのままの状態で存在する（すなわち，加水分解はしない)。よって,水の電離平衡が移動することもなく,水溶液は中性を示す。

弱酸と弱塩基から生じた塩では，たとえば，酢酸アンモニウム CH_3COONH_4 のように，加水分解により生成する酸と塩基に強さの差がなければ中性となり，差がある場合には，強いほうの性質があらわれることになる（p. 340 "SCIENCE BOX" を参照)。

中和による塩の生成

酸と塩基	塩の例
強酸＋強塩基	NaCl，Na_2SO_4，KNO_3，$CaCl_2$
強酸＋弱塩基	$ZnCl_2$，$CuSO_4$，NH_4Cl，$FeCl_3$
弱酸＋強塩基	Na_2CO_3，CH_3COONa，Na_2S，Na_2SO_3
弱酸＋弱塩基	CH_3COONH_4，$(NH_4)_2CO_3$

6 酸性塩の水溶液の液性

炭酸水素ナトリウム $NaHCO_3$ は，水に溶けると完全に電離して Na^+ と HCO_3^- に分かれる。水もわずかに電離して H^+ と OH^- を生じている。水溶液中では，Na^+ と OH^- はほとんど結合しない（生成する NaOH が強塩基だから）。一方，HCO_3^- は H^+ と結合しやすい(生成する H_2CO_3 が弱酸だから)。　$HCO_3^- + H^+ \longrightarrow H_2CO_3$　(＊)

(＊)の反応により水溶液中から$[H^+]$が減少し，K_w を一定に保つため，水がいくらか電離するので，結果的に$[H^+]<[OH^-]$となり，$NaHCO_3$ の水溶液は弱い塩基性を示す。

ところで，炭酸水素イオン HCO_3^- が水中でさらに電離する可能性があるかないかを調べておく必要がある。

$$H_2CO_3 \rightleftarrows H^+ + HCO_3^- \qquad K_1 = 10^{-6.4}\,[\text{mol/L}]$$

$$HCO_3^- \rightleftarrows H^+ + CO_3^{2-} \qquad K_2 = 10^{-10.3}\,[\text{mol/L}]$$

K_1，K_2 より，炭酸 H_2CO_3 の第一電離はわずかしかおこらず，さらに第二電離は第一電離に比べて無視できるほど小さいと考えてよい。すなわち，HCO_3^- には酸としての H が残っているが，酸の性質 (H^+ を出す) は極めて弱く，むしろ，塩基の性質 (H^+ をもらう)性質のほうが強いので，水溶液は弱い塩基性を示すことになる。

硫酸水素ナトリウム $NaHSO_4$ も水に溶けると，完全に電離する。

$$NaHSO_4 \longrightarrow Na^+ + HSO_4^- \qquad H_2O \rightleftarrows H^+ + OH^-$$

水溶液中では，Na^+ と OH^-，H^+ と HSO_4^- はいずれも結合しない(生成する NaOH が強塩基，H_2SO_4 が強酸だから)。強酸である硫酸の第一電離はほぼ完全におこる。一般的に，第二電離は第一電離よりも小さくなるが，硫酸の第一電離は極めて大きいために，第二電離もかなり高い割合でおこる。よって，硫酸水素イオンは次のように電離し，生じた H^+ のために$[H^+]>[OH^-]$となり，水溶液は酸性を示す。

$$HSO_4^- \longrightarrow H^+ + SO_4^{2-}$$

同じ多価の酸と塩基からできている酸性塩の水溶液を比較した場合，H 原子が多く含まれるほど，酸性が強くなる傾向を示す⓬。

補足⓬　これは，多価の酸では，H 原子を多く含むほど酸としての性質が強く，H^+ を放出しやすくなるのに対して，H 原子が少なくなるほど酸としての性質が弱くなり，H^+ を放出しにくくなるからである(p. 288)。

$H_2CO_3 > HCO_3^-$

$K_1 = 10^{-6.4}$　$K_2 = 10^{-10.3}\,[\text{mol/L}]$

$H_2SO_3 > HSO_3^-$

$K_1 = 10^{-1.7}$　$K_2 = 10^{-6.8}\,[\text{mol/L}]$

$H_3PO_4 > H_2PO_4^- > HPO_4^{2-}$

$K_1 = 10^{-1.8}$　$K_2 = 10^{-6.6}$　$K_3 = 10^{-11.5}\,[\text{mol/L}]$

►塩基性塩はほとんど水に溶けないので，塩と水との反応，つまり，塩の加水分解についてはほとんど考える必要はない(出題されることもない)。

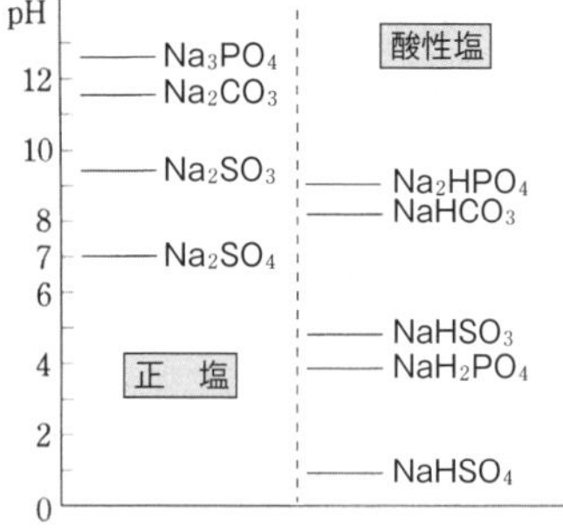

いろいろな塩の水溶液のpH(0.1 mol/L)

7　中和の量的関係

これまでは，強酸と強塩基の中和を考えてきたが，弱酸である酢酸 CH_3COOH を強塩基の水酸化ナトリウム NaOH で中和する場合の量的関係を考えてみる。

酢酸は弱酸なので，電離度は小さく，水溶液中の H^+ の濃度は小さい。たとえば，1 mol/L の酢酸（電離度 0.005）1 L 中には，H^+ は 0.005 mol しか存在しない。ここへ 1 mol/L の NaOH 水溶液（電離度 1）5 mL（＝0.005 mol）を加えたら，中和が完了するかというとそうではない。実験してみると，1 mol/L の酢酸 1 L を中和するには，やはり 1 mol/L の NaOH 水溶液 1 L が必要なのである。確かに，1 mol/L 酢酸 1 L に 1 mol/L の NaOH 水溶液 5 mL 加えると，最初の液中に存在していた H^+ 0.005 mol は中和されて H_2O になる。しかし，酢酸には　$CH_3COOH \rightleftarrows CH_3COO^- + H^+$　という電離平衡が存在するので，水溶液中から減少した H^+ を補うために，上式の平衡が右へ移動して H^+ を供給するので，なお酸性を示す（すなわち，NaOH 水溶液 5 mL 加えただけでは，中和は完了しない）。さらに NaOH 水溶液を加え続けていくと，このような変化が次々と繰り返される。結局，最初に加えた酢酸 1 mol がすべてなくなるまで中和は完了せず，このために必要な NaOH はやはり 1 mol であることに留意したい。

つまり，弱酸の場合，中和反応にあずかるのは最初に電離していた H^+ だけではない。電離せず，分子の状態で存在していたものすべてが中和し終わるまで，中和は完了しない。よって，中和の量的関係には，酸・塩基の強弱はまったく無関係であるといえる。

すなわち，1 価の酸 1 mol と 1 価の塩基 1 mol とは，その強弱に関係なく，過不足なく中和する。塩酸や酢酸のように 1 価の酸 1 mol は H^+ 1 mol を放出できるし，硫酸のような 2 価の酸 1 mol は H^+ 2 mol を放出できる。このことから，酸の放出する H^+ の物質量は，酸の物質量×酸の価数で表せる。また，塩基についても同様である。

酸と塩基が過不足なく中和するためには，酸の放出する H^+ と塩基の放出する OH^- の物質量がちょうど等しくならなければならないから，次の関係が成り立つ。

（酸の物質量）×（酸の価数）＝（塩基の物質量）×（塩基の価数）　………①

つまり，中和の量的関係では，酸・塩基の価数の違いに十分注意を払う必要がある。

濃度 c〔mol/L〕の n 価の酸 v〔mL〕をとると，その中には物質量 $\frac{cv}{1000}$〔mol〕の酸が含まれ，さらに，この酸は $\frac{ncv}{1000}$〔mol〕の H^+ を放出することができる。

一方，濃度 c'〔mol/L〕の n' 価の塩基 v'〔mL〕中には，物質量 $\frac{c'v'}{1000}$〔mol〕の塩基が含まれ，さらに，この塩基は $\frac{n'c'v'}{1000}$〔mol〕の OH^- を放出することができる。

よって，酸と塩基の水溶液が過不足なく中和したとき，次式の関係が成り立つ。

$$\frac{ncv}{1000} = \frac{n'c'v'}{1000} \quad \cdots\cdots\cdots ② \qquad \text{または} \qquad ncv = n'c'v' \quad \cdots\cdots\cdots ③$$

この関係式を**中和の公式**という。酸と塩基が水溶液のときは②式，③式が使えるが，酸や塩基に固体や気体を含むときは②式，③式は使えないので，①式を使う必要がある。

8 中和滴定

中和の公式を利用すると，酸(塩基)のいずれか一方のモル濃度がわかっていれば，これとちょうど中和した他方の塩基(酸)のモル濃度を求めることができる。

たとえば，濃度が正確にわかっている n 価の酸の水溶液（**標準溶液**という）の体積 v〔mL〕を量り取り，ここへ濃度を求めたい n' 価の塩基の水溶液(**被検液**という)を少しずつ加え（この操作を**滴定**という），ちょうど中和したときの体積 v'〔mL〕を求めれば，中和の公式に数値を代入して，未知の塩基の水溶液の濃度が求められる。このようにして，酸や塩基の濃度を決定する操作を**中和滴定**という⓭。

補足⓭ 中和滴定のように，反応する溶液の体積を測定して目的物質の定量を行う方法を**容量分析**という。一方，試料中から目的成分を分離し，その質量を測定して目的成分の定量を行う方法を**重量分析**という。一般に，重量分析は容量分析よりも正確とされているが，容量分析のほうが操作が簡単であるので広く行われる。

詳説⓭ 酸と塩基が過不足なく反応して中和反応が理論的に完了する点を**中和点**という。通常，あらかじめ加えてある pH 指示薬（p. 301）の色の変化により中和点が検出されるが，実際に指示薬の変色で知り得るのは滴定の**終点**である。したがって，滴定の終点ができるだけ中和点に一致するように適切な指示薬を選択しなければならない。

1 **標準溶液の調製**　酸の標準溶液をつくる試料として，ふつう，シュウ酸二水和物 $H_2C_2O_4 \cdot 2H_2O$ の結晶が用いられる⓮。たとえば，シュウ酸二水和物 $H_2C_2O_4 \cdot 2H_2O$(式量 126）の結晶 6.30 g を天秤(てんびん)で正確に量り取る。約半分量の純水にシュウ酸をすべて溶かして室温にしたのち，1 L のメスフラスコに完全に移す（ビーカーに残ったシュウ酸は純水でよくゆすぎ，その洗液もメスフラスコに加える)。さらに純水を加えて液面(表面張力により形成される三日月形の液面を**メニスカス**という）の最下端を水平方向から見て標線と一致させる。栓をして上下によく振り混ぜ，濃度を均一にすると，0.0500 mol/L のシュウ酸の標準溶液ができる⓯。

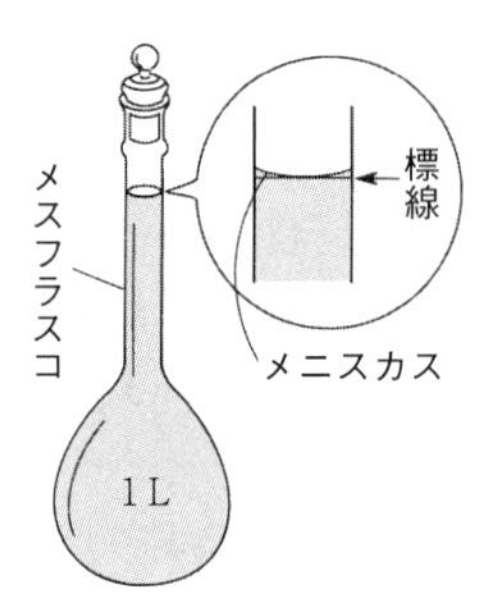

詳説⓮ シュウ酸二水和物の結晶が用いられる理由は，再結晶で容易に純度の高い結晶（固体）が得られること，潮解性・風解性がなく，正確に秤量できること（シュウ酸無水物は吸湿性があり，正確に秤量できないので不適）である。他にも，塩酸は揮発性の酸で溶質の HCl が揮発して濃度が変化しやすいので，また，硫酸は不揮発性ではあるが吸湿性があり，空気中の水分を吸収して濃度が変化しやすいので不適である。

一方，NaOH は固体であっても潮解性が強く，空気中の CO_2 を吸収して表面からしだいに Na_2CO_3 に変質していくので，正確な秤量や濃度を得ることはむずかしい。しかし，比較的薄い水溶液にした場合には，かなり濃度が変化しにくくなるので，使用直前に酸の標準溶液で滴定することにより，正確な濃度が決定される。

補足⓯ 最初につくったシュウ酸水溶液などは**一次標準溶液**とよばれる。一次標準溶液を用いて中和滴定によって濃度を決定した水酸化ナトリウム水溶液などを**二次標準溶液**という。この二次標準溶液を用いて，別の酸の水溶液の濃度を決定することができる。

2　**pH 指示薬**　中和滴定に際して中和点を知るために加えられる試薬を **pH 指示薬**（**指示薬**）という。指示薬は，水溶液の pH に応じて色が変わる物質のことであり，分子構造が変わって変色する pH の範囲を**変色域**という。下図に中和滴定に用いる代表的な指示薬を示すが，指示薬自身は，弱い酸または塩基の性質をもつ[16]。ふつう，中和点は指示薬の色の変化で判定するが，中和滴定で用いる酸・塩基の強弱の組み合わせによって，中和点の pH が異なるので，最も適切な指示薬を選択する必要がある(p. 326)。

補足[16]　指示薬自身が弱い酸・塩基の性質をもつので，指示薬を加えすぎると，滴定結果に狂いを生じる。したがって，加える指示薬の量は可能な限り少量にとどめるべきである。

pH 指示薬　（変色域の pH）	2　3　4　5　6　7　8　9　10　11　12　13
メチルオレンジ　(3.1 ～ 4.4)	赤 [橙] 黄　　　[　] が変色域
メチルレッド　(4.2 ～ 6.2)	赤 [橙] 黄
BTB（ブロモチモールブルー）(6.0 ～ 7.6)	黄 [緑] 青
フェノールフタレイン (8.0 ～ 9.8)	無 [淡赤] 赤
リトマス[17]　(4.5 ～ 8.3)	赤 [紫] 青

補足[17]　リトマスは変色域の範囲が広く，変色が鋭敏でないので，中和滴定の指示薬にはふつう用いない。定性的に，水溶液の酸性・塩基性を判断するときだけに用いる。

3　**シュウ酸水溶液で水酸化ナトリウム水溶液を滴定**

(1)　ホールピペットを用いて，シュウ酸水溶液 10.0 mL を正確に量り取り，これをコニカルビーカーに入れる。指示薬としてフェノールフタレイン溶液を 1～2 滴加えておく。

(2)　被検液の水酸化ナトリウム水溶液をビュレットに入れ，使用する前にコックを開いて少量の溶液を勢いよく流し，先端部にも水溶液を満たす。このあと，ビュレットの液面の目盛り V_1 を1の要領で読む。

(3)　シュウ酸水溶液を入れたコニカルビーカーに，ビュレットから被検液を少しずつ滴下し，その都度よく振り混ぜる。水溶液全体が淡赤色になり，軽く振り混ぜても，この色が消えなくなったころが終点であり，検液の滴下を止め，ビュレットの液面の目盛り V_2 を読む。この操作は少なくとも 3 回行い，その平均値を滴定値とする。

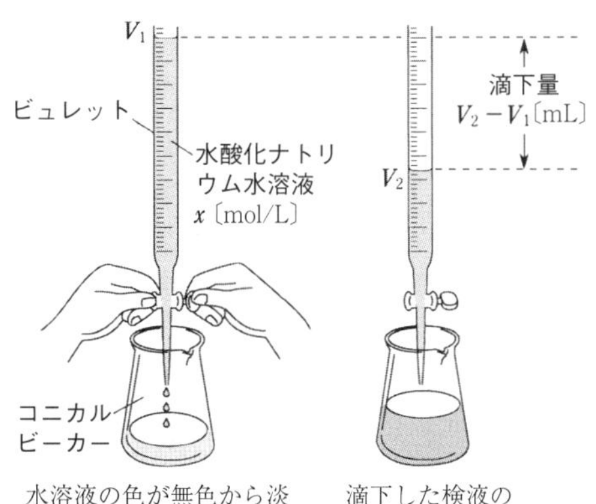

水溶液の色が無色から淡赤色になるまで滴下する。　滴下した検液の体積を読み取る。

量り取った 0.0500 mol/L のシュウ酸水溶液 (2 価) の体積は 10.0 mL で，

これとちょうど中和した水酸化ナトリウム水溶液（1 価）の濃度を x〔mol/L〕とし，滴下量（V_2-V_1）の平均値を 8.30 mL とすると，中和の公式 $ncv=n'c'v'$ より，

$$2\times0.0500\times10.0=1\times x\times8.30 \qquad \therefore\ x=0.120〔\text{mol/L}〕$$

9　滴定に使用する器具

ホールピペット　一定量の液体を正確に量り取る計量器具で，ピペットの中では最も精度が高い。標線まで液体を吸い上げ，この液体を自然流下させたとき，流出した液体の体積（流出量）が表示された体積になるように標線が付けてある[18]。

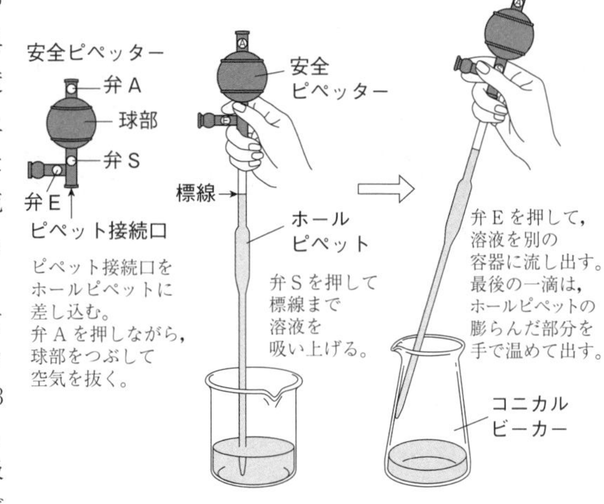

詳説 [18]　液体をピペットを使って計量するときに**安全ピペッター**が使用される。ゴム球には 3 つのバルブ（弁）がついており，A は Air（空気），S は Suck（吸う），E は Empty（空）の意味がある。すなわち，弁 A は排気弁，弁 S は吸液弁，弁 E は排液弁である。

参考　メスシリンダーは管径が広く，あまり正確な計量器具とはいえず，中和滴定には用いない。ホールピペットのように管径を細くしたほうが，液体の体積が正確に測定できる。

ビュレット　中和滴定のとき，加えた液体の滴下量（体積）を正確に測定するために用いる。細長い目盛り付きのガラス管で，下部にある活栓（コック）の開閉により，液体を少量ずつ滴下できるようになっている[19]。通常は無色のビュレットを用いるが，$AgNO_3$ 水溶液や $KMnO_4$ 水溶液のように光に不安定な物質は，褐色のビュレットを用いる。

補足 [19]　滴下前と滴下後の液面の差が，滴下した液体の体積となる。ただし，ビュレットの目盛りは上から下へとつけてあるので，右図の目盛りの読みは，目分量で最小目盛りのさらに 1/10，つまり 13.46 mL と小数第 2 位まで読む（13.45 mL～13.47 mL でも可）。

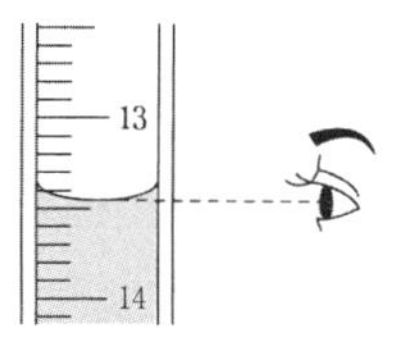

メスフラスコ　溶液の濃度を正確に薄めたり，標準溶液をつくるのに用いる。細長い首をもつ共栓つきの平底フラスコで，定容フラスコともいう。標線まで 20℃の液体を入れると，その内容積がちょうど表示された体積になるように標線が付けてある。

秤量びん　吸湿性固体や揮発性液体の質量を正確に測定するための共栓付き容器で，秤量中の質量変化を防ぐ目的で用いる。

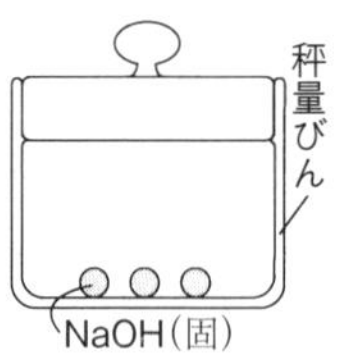

コニカルビーカー　conical は円錐形の意。振っても液体が飛び出さないように，上部の口をやや細めたビーカーで，三角フラスコでも代用できる。

SCIENCE BOX　適切な中和滴定の操作法

塩基の標準溶液を用いて，酸の水溶液の濃度を求める中和滴定を**酸滴定**，逆に，酸の標準溶液を用いて，塩基の水溶液の濃度を求める中和滴定を**塩基滴定**という。

中和滴定において，使用する酸・塩基の水溶液のうち，どちらをビュレットに入れるかについては，次のＡとＢのような原則がある。しかし，各滴定において，使用する指示薬の種類とその色の変化などを考慮して，できるだけ滴定誤差が少なくなるように総合的に判断する必要がある。

> Ａ．コニカルビーカーに試料溶液を入れる。濃度変化を避けるために，空気との接触機会の少ないビュレットに標準溶液を入れて滴定する。
> Ｂ．空気中の CO_2 の影響を避けるために，CO_2 を吸収しやすい塩基の水溶液をビュレットに入れて滴定する。

〔1〕 シュウ酸 $(COOH)_2$ の標準溶液で水酸化ナトリウム NaOH 水溶液を滴定する場合

⑴　Ａに従い，コニカルビーカーに NaOH 水溶液を入れ，ビュレットにシュウ酸水溶液を入れて滴定する。

⑵　Ｂに従い，コニカルビーカーにシュウ酸水溶液を入れ，ビュレットに NaOH 水溶液を入れて滴定する。

この滴定に使用できる指示薬の種類と色の変化を調べ，より適切な方法を選択する必要がある。

シュウ酸(弱酸)を NaOH(強塩基)で滴定したときの中和点は，生成した塩である $(COONa)_2$ が加水分解するので，弱い塩基性側にある。したがって，本滴定で使用する指示薬としては，塩基性側に変色域をもつフェノールフタレインが適切である。

一般に，中和滴定の終点を色の発現と消失で見分ける場合，視覚上，色の消失点よりも色の発現点を区別するほうが正確であり容易である*。

中和の終点は，⑴の方法では赤色→無色，⑵の方法では無色→赤色となる。したがって，本滴定は⑵の方法で行うのが適切であると考えられる。

*　溶液の色が無色から有色になったことは直ちに認識されるが，有色から無色になったことは，目の錯覚(慣れ)により，やや遅れる傾向がある。

〔2〕 塩酸 HCl の標準溶液でアンモニア NH_3 水を滴定する場合

この滴定の中和点は，生成した塩である NH_4Cl が加水分解するので，弱い酸性の側にある。したがって，本滴定で使用する指示薬としては，酸性側に変色域をもつメチルオレンジが適切である。

⑶　Ａに従い，コニカルビーカーに NH_3 水を入れ，ビュレットに塩酸を入れて滴定する。このとき，酸を塩基に滴下することになるので，中和の終点は黄色→赤色となる。

⑷　Ｂに従い，コニカルビーカーに塩酸，ビュレットに NH_3 水を入れて滴定する。このとき，塩基を酸に滴下することになるので，中和の終点は赤色→黄色となる。

中和の終点を判断するとき，黄色と赤色は同系色で区別しずらいが，視覚上，⑶のように，黄色に赤色味が加わるほうが，⑷のように，赤色に黄色味が加わるよりも確認しやすい。以上より，本滴定は⑶の方法で行うのが適切であると考えられる。

以上より，中和滴定の終点を指示薬の色の変化で判断する場合，できるだけ色の変化が区別しやすいように，使用する酸・塩基をビュレット，コニカルビーカーのどちらに入れるかを判断しなければならない。

なお，計量器による誤差を小さくするため，標準溶液，被検液ともに同じピペットで採取することが望ましい。

10 ガラス器具の洗浄

滴定誤差を少なくするためには，できるだけ同じ計量器具を用いるほうがよい。なお，同じ器具を繰り返し使用するには，よく水洗する必要があるが，自然乾燥する時間のないときは，次のようにすればよい。

(1) ホールピペットやビュレットは，水洗後，これから使用しようとする溶液で器具の内壁を洗う操作(**共洗い**(ともあらい)という)を2〜3回繰り返してから使用するとよい。これを行わないと，せっかく正確に濃度を決定した標準溶液の濃度が薄まり，これから量り取る酸・塩基の物質量が変化してしまう。そこで，あらかじめ，共洗いを行っておくと，標準溶液や被検液の濃度が変化することなく，正確に溶質の物質量を量り取ることができる。

一般に，標準溶液や被検液を計量しようとする器具は，必ず，これから使用する溶液で共洗いをしておく必要がある。

(2) 溶液を入れるだけのコニカルビーカーや，これから標準溶液を調製しようとするメスフラスコは，水洗後，ぬれたまま使用してよい。これは，コニカルビーカーに入れる溶液は，ホールピペットやビュレットによって含まれる溶質の物質量が正確に決定されているから，内壁がいくら水でぬれていても，量った溶質の物質量が変化することはない。むしろ，内壁を共洗いすると，量った溶質に余分な溶質が加わるので，正確な滴定結果が得られなくなり，かえって具合がわるい。

メスフラスコについても同様で，天秤で正確に計量した溶質を加えて，さらに，水を加えて薄めていくのだから，内壁が水でぬれていようと乾いていようと溶質の物質量にはまったく関係がない。内壁を共洗いすると，天秤で計量した溶質に余分な溶質が加わるので，所定の濃度の溶液がつくれなくなり，かえって具合がわるい。

(3) 正確な目盛りや標線が刻んであるガラス製の計量器具は，絶対に加熱乾燥してはならない。これは，熱により器具が変形して体積が変化し，冷却しても完全にはもとに戻らず，次に使用したとき，規定の体積を示さなくなるからである。

11 電導度による中和点の決定

指示薬を用いずに，溶液の電導度(電流の流れやすさ)から中和点を求める方法を**電導度滴定**という。たとえば，塩酸と水酸化ナトリウム水溶液の中和反応は，

$$H^+ + Cl^- + Na^+ + OH^- \longrightarrow H_2O + Na^+ + Cl^-$$

中和が進行すると，主に $H^+ + OH^- \longrightarrow H_2O$ の反応により，溶液中から移動速度の大きい H^+ の濃度が減り，電導度が減少する。中和点を越えると，加えた塩基によ

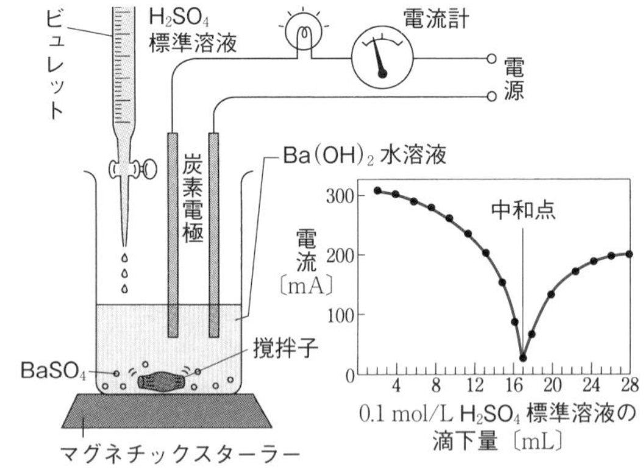

って移動速度の大きい OH^- の濃度が増し，再び電導度が増加する。よって，塩基の滴下量と電導度をグラフに表した場合，電導度が極小になる点がこの滴定の中和点となる。

さらに，$H_2SO_4 + Ba(OH)_2 \longrightarrow BaSO_4\downarrow + 2\,H_2O$ の中和反応では，中和により水に不溶性の塩 $BaSO_4$ を生じるので，前頁の図のように中和点の電導度はほぼ 0 になる。

12 逆滴定

中和滴定は，酸と塩基を水溶液の状態で反応させるのを原則とする。これは，水溶液では反応がおこりやすいからである。しかし，水溶液にすることが難しい水に不溶性の塩基や塩，および気体試料（NH_3 や CO_2 など）を中和滴定で定量したい場合には，少し手の込んだ方法がとられる。

1 NH_3（塩基性気体）の定量

発生させた NH_3 を，いったん，過剰の硫酸の標準溶液に通じて完全に吸収させる。硫酸が薄いと，NH_3 の一部は吸収されずに空気中へ逃げ去ってしまうが，硫酸の濃度を十分に濃くすることによって NH_3 を完全に吸収させることができる。残った硫酸に適当な pH 指示薬を加えたのち，改めて，別の NaOH 標準溶液で滴定し中和点を決定する[20]。この滴定は，塩基試料を 1 回目の中和（図 A）では酸で中和し，2 回目の中和（図 B）では残った酸を塩基で滴定している。ふつうは，塩基は酸で滴定するのに，2 回目ではその逆の滴定をしているので，**逆滴定**という。つまり，逆滴定とは，複数の酸または塩基を用いた中和滴定であるといえる。逆滴定の中和条件は，一番最後に到達した中和点において，次の関係が成り立つことである。

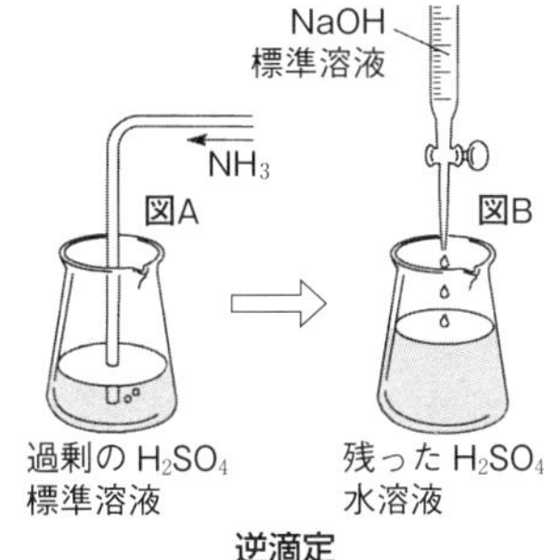

逆滴定

（酸の放出した H^+ の総物質量）＝（塩基の放出した OH^- の総物質量）

濃度未知の塩基試料を酸の標準溶液で滴定する場合，誤って酸を加え過ぎたとする。このような場合，続いて別の塩基の標準溶液で滴定して中和点に達したならば，最初の塩基試料の濃度を上の関係式を用いて求められる。これも，1 種の逆滴定である。

詳説[20] この場合の pH 指示薬は，酸性側に変色域をもつメチルオレンジまたはメチルレッドでなければならない。なぜなら，中和点において $(NH_4)_2SO_4$ と Na_2SO_4 という 2 種の塩を生じており，後者は強塩基と強酸からなる塩で中性であるが，前者は弱塩基と強酸からなる塩で，加水分解して弱い酸性を示すからである。つまり，中和点は酸性側に偏るからである。

2 CO_2（酸性気体）の定量

CO_2 を過剰の水酸化バリウム $Ba(OH)_2$ 標準溶液に通じて（図の①）完全に吸収させたのち，過剰の水酸化バリウムを酸の標準溶液で滴定し（図の②），中和点を決定する。$Ba(OH)_2$ に CO_2 を通じると，

$$Ba(OH)_2 + CO_2 \longrightarrow BaCO_3\downarrow + H_2O$$

の反応により，炭酸バリウムの白色沈殿を生成するから，しばらく放置して完全に沈殿させたのち，この上澄み液の全量または一定量を取り，酸の標準溶液で滴定するとよい。

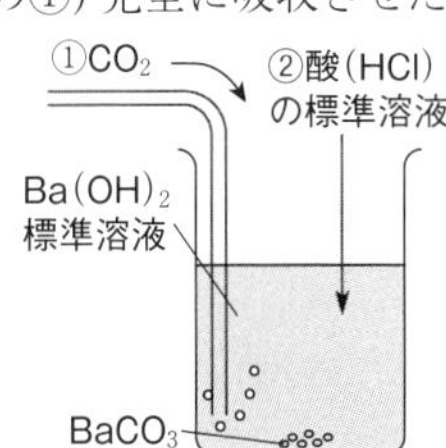

例題 ある量の二酸化炭素を，0.10 mol/L の水酸化バリウム水溶液 50 mL に完全に吸収させた。この溶液を十分静置して，生じた固体を沈殿させた。この上澄み液 10 mL を取り，残った塩基を 0.10 mol/L の塩酸で滴定したところ 12 mL を要した。吸収させた二酸化炭素の物質量はいくらであったか。

［解］ CO_2 は酸性酸化物で，水に溶けると　$CO_2+H_2O \rightleftarrows H_2CO_3$(炭酸)　となる。したがって，$CO_2$ は 2 価の酸として働く。また，CO_2 は 2 価の塩基 $Ba(OH)_2$ と次式のように中和する。

$$Ba(OH)_2 + CO_2 \longrightarrow BaCO_3\downarrow + H_2O$$

本問では，1 回目の中和は反応液が 50 mL で行われているが，2 回目の中和では反応液が 10 mL で行われていることにも留意する必要がある。

吸収させた CO_2 の物質量を x〔mol〕とおくと，

中和点では，**(酸の放出した H^+ の総物質量)＝(塩基の放出した OH^- の総物質量)** より，

$$2x + 0.10 \times \frac{12}{1000} \times 5 = 0.10 \times \frac{50}{1000} \times 2$$

（5：反応液の量を 50 mL に合わせるため）

∴　$x=2.0\times10^{-3}$〔mol〕　　　答　**2.0×10^{-3} mol**

例題 濃度未知の硫酸アンモニウム水溶液がある。この溶液の濃度を決定するために次の実験を行った。

この溶液 20.0 mL をフラスコ A に取り，さらに，濃厚な水酸化ナトリウム水溶液を加え，図のような装置で加熱した。発生する気体は，三角フラスコ B 内の 0.100 mol/L の塩酸 50.0 mL に完全に吸収させた。この後，三角フラスコ B に適当な指示薬を加えて，0.100 mol/L の水酸化ナトリウム水溶液で滴定したところ，30.6 mL 加えたところで中和点に達した。

(1)　フラスコ A を加熱したときの変化を，化学反応式で示せ。

(2)　はじめの硫酸アンモニウム水溶液のモル濃度を求めよ。

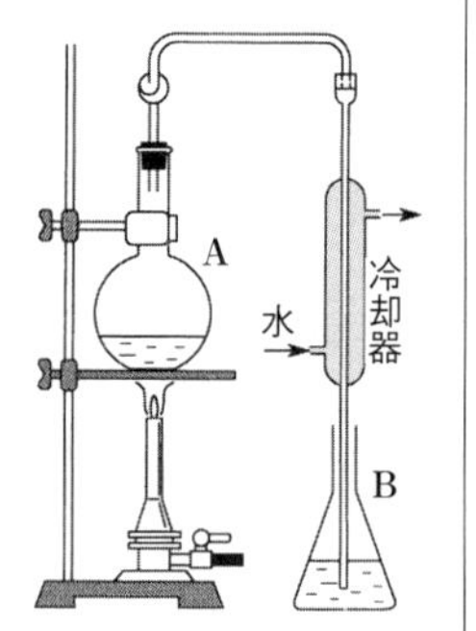

［解］ (1)　$(NH_4)_2SO_4$ は弱塩基の塩で，強塩基 NaOH を加えて熱すると，弱塩基の NH_3 が発生する。これは，NaOH に対して NH_4^+ がブレンステッドの酸として働いたためである。

$$(NH_4)_2SO_4 + 2\,NaOH \longrightarrow Na_2SO_4 + 2\,NH_3\uparrow + 2\,H_2O \quad \cdots\cdots①$$ 答

(2)　三角フラスコ B に吸収された NH_3 を x〔mol〕とおくと，NH_3 は 1 価の塩基であるから，中和点では，**(酸の放出した H^+ の総物質量)＝(塩基の放出した OH^- の総物質量)** より，

$$0.100 \times \frac{50.0}{1000} \times 1 = x + 0.100 \times \frac{30.6}{1000} \times 1 \qquad \therefore\ x=1.94\times10^{-3}\text{〔mol〕}$$

①式の係数比より，$(NH_4)_2SO_4$ 1 mol より NH_3 2 mol が発生するから，

$(NH_4)_2SO_4$ の物質量は，　$1.94 \times 10^{-3} \times \frac{1}{2} = 9.70 \times 10^{-4}$〔mol〕

∴　$(NH_4)_2SO_4$ のモル濃度は，$\frac{9.70\times10^{-4}\text{〔mol〕}}{0.0200\text{〔L〕}}$＝**$4.85\times10^{-2}$〔mol/L〕** 答

(注)　発生した NH_3 を冷却器に通すのは，NH_3 を冷却して水への溶解度を高めるためである。中和点は，NH_4Cl の加水分解により pH 5.3 付近になる。したがって，酸性側に変色域をもつ指示薬のうち，メチルオレンジ(変色域：pH 3.1～4.4)よりもメチルレッド(変色域：pH 4.2～6.2)を使用するのが最適である。

SCIENCE BOX 電導度滴定

(1) 電導度滴定とは

電解質溶液の電導度の変化を利用して，中和点を求める方法を**電導度滴定**という。電解質溶液の電導度は，溶液中のイオンの総濃度と各イオンの移動度(p.401)に比例する。

中和滴定において，塩基の滴下量を x 軸とし，反応溶液の電流値を y 軸としてグラフに描き，溶液の電流値が大きく変化する点から，中和点が求められる。この滴定は，0.01〜0.001 mol/L 程度の低濃度の試料溶液でも，正確な滴定ができる長所がある。

(2) 強酸＋強塩基の電導度滴定

$$HCl + NaOH \longrightarrow NaCl + H_2O$$

最初，強酸の HCl は完全電離しており，電導度は大きい。ここへNaOHを加えると，中和反応により塩 NaCl と水 H_2O を生成するが，塩は Na^+ と Cl^- に完全電離しており，見かけ上，H^+ が Na^+ に置き換わっただけで，イオンの総数は変わらず，ほぼ最初の電導度を維持すると予想される。しかし，水中でのイオンの移動度は，H^+ が Na^+ よりも約 7 倍も大きいので，中和点までは，移動度の大きな H^+ が減少し，移動度の小さな Na^+ が増加するので，溶液の電導度は減少する。中和点になると，Na^+ と Cl^- のみとなり，溶液の電導度は極小値を示す。

中和点以降は，加えた NaOH によって溶液中に Na^+ と OH^- が蓄積するので，溶液の電導度は再び増加する。しかし，中和点以降のグラフの傾きは中和点以前のグラフの傾きに比べてやや小さい。これは，OH^- の移動度が H^+ の移動度よりも少し小さいためである。

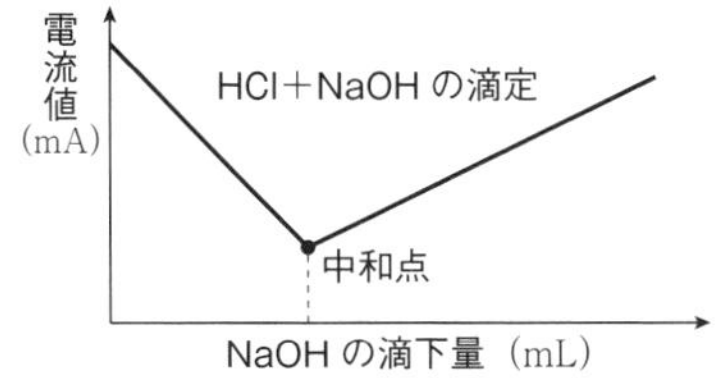

(3) 弱酸＋強塩基の電導度滴定

$$CH_3COOH + NaOH \longrightarrow CH_3COONa + H_2O$$

最初，弱酸の CH_3COOH は電離度は小さく，溶液の電導度は小さい。ここへ NaOHaq を加えると，中和により塩 CH_3COONa と水 H_2O を生成するが，塩は Na^+ と CH_3COO^- に完全電離するから，溶液中のイオンの総量は増加し，溶液の電導度はしだいに増加する。

中和点以降は，加えた NaOH によって溶液中に Na^+ と OH^- が蓄積するので，溶液の電導度は増加するが，OH^- は CH_3COO^- に比べて移動度は大きい。したがって，中和点以降のグラフの傾きは中和点以前のグラフの傾きよりも大きくなる。このグラフの屈曲点がこの滴定の中和点となる。

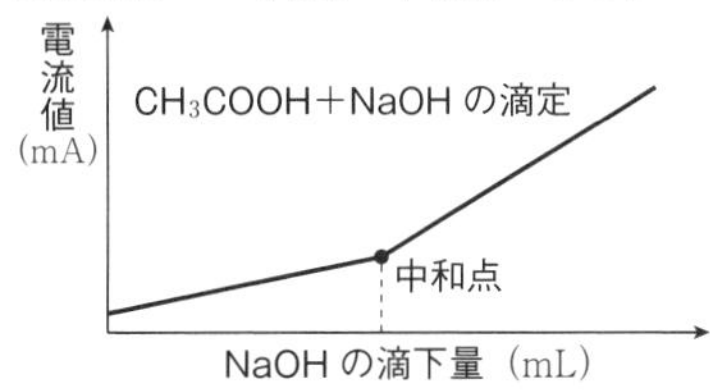

(4) 弱酸＋弱塩基の電導度滴定

$$CH_3COOH + NH_3 \longrightarrow CH_3COONH_4$$

最初，弱酸の CH_3COOH の電離度は小さく，溶液の電導度は小さい。ここへ NH_3 水を加えると，中和反応により塩 CH_3COONH_4 が生成するから，溶液中のイオンの総量は増加し，溶液の電導度はしだいに増加する。

中和点を過ぎても，電離度の小さい NH_3 を加えるだけで，塩は生成しないので，溶液中のイオンの総量は殆ど変化しない。したがって，中和点以降のグラフの傾きは x 軸にほぼ平行となる。このグラフの屈曲点がこの滴定の中和点となる。

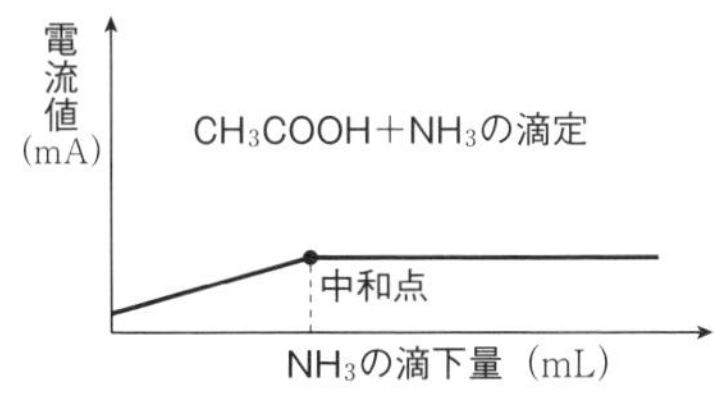

13 滴定曲線

中和滴定において，加えた酸または塩基の水溶液の体積と，混合水溶液の pH との関係を表した曲線を**滴定曲線**という。

1　0.10 mol/L HClaq 10.0 mL を 0.10 mol/L NaOHaq で滴定する場合

混合水溶液の pH 変化をまず計算で求めてみよう。$\log_{10}3=0.5$，$\log_{10}2=0.3$ とする。

① はじめの 0.10 mol/L HClaq では：

HClaq は強酸なので $\alpha=1$(完全電離)　　$[H^+]=1\times10^{-1}$〔mol/L〕　∴　pH=**1.0**

② NaOHaq を 5.0 mL 滴下したとき：

混合水溶液では HCl が過剰であるから，まず H^+ の物質量を求め，それを混合水溶液の体積で割ると，$[H^+]$が求まる。

$$[H^+]=\left(0.10\times\frac{10.0}{1000}-0.10\times\frac{5.0}{1000}\right)〔mol〕\div\frac{15}{1000}〔L〕=\frac{1}{3}\times10^{-1}〔mol/L〕$$

∴　$pH=1+\log_{10}3=\mathbf{1.5}$

③ NaOHaq を 9.9 mL 滴下したとき：

混合水溶液はまだ酸性であるから，$[H^+]$から pH が求められる。

$$[H^+]=\left(0.10\times\frac{10.0}{1000}-0.10\times\frac{9.9}{1000}\right)\div\frac{19.9}{1000}\fallingdotseq\frac{1}{2}\times10^{-3}〔mol/L〕$$

∴　$pH=3+\log_{10}2=\mathbf{3.3}$

④ NaOHaq を 10.0 mL 滴下したとき：

HClaq と NaOHaq は完全に中和する(この点を**中和点**という)。　∴　pH=**7.0**

⑤ NaOHaq を 10.1 mL 滴下したとき：

混合水溶液は塩基性なので，まず$[OH^-]$を求め，K_w の関係より$[H^+]$に変換する。

$$[OH^-]=\left(0.10\times\frac{10.1}{1000}-0.10\times\frac{10.0}{1000}\right)\div\frac{20.1}{1000}\fallingdotseq\frac{1}{2}\times10^{-3}〔mol/L〕\quad より，$$

$[H^+]=2\times10^{-11}$〔mol/L〕

∴　$pH=11-\log_{10}2=\mathbf{10.7}$

⑥ NaOHaq を 20.0 mL 滴下したとき：

$$[OH^-]=\left(0.10\times\frac{20.0}{1000}-0.10\times\frac{10.0}{1000}\right)\div\frac{30}{1000}=\frac{1}{3}\times10^{-1}〔mol/L〕より，$$

$[H^+]=3\times10^{-13}$〔mol/L〕

∴　$pH=13-\log_{10}3=\mathbf{12.5}$

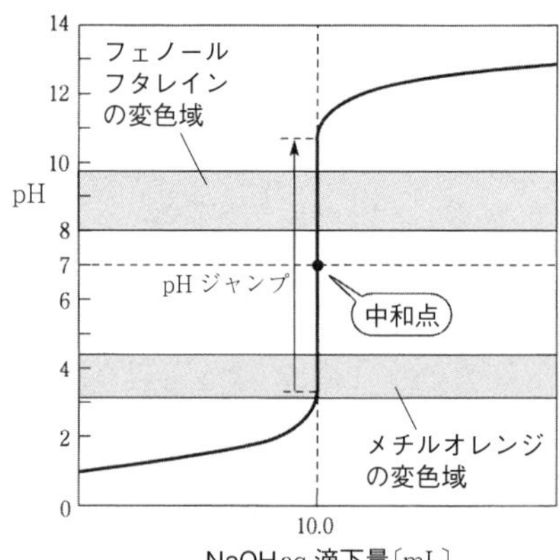

0.10 mol/L HClaq と 0.10 mol/L NaOHaq の滴定曲線

上記の計算結果をグラフに表すと，右図のようになり，実験結果ともよく一致している。

NaOHaq を滴下していくと，HClaq は少しずつ中和され，pH はゆるやかに上昇していく。しかし，中和点の前後では，加えた 1

滴の差で pH がほぼ 3 → 11 へと急激に変化する。このように，滴定曲線が垂直に立ち上がっている部分を **pH ジャンプ(pH 飛躍)** という㉑。

補足㉑ HClaq と NaOHaq との滴定曲線だけでなく，一般に強酸と強塩基の滴定曲線は前ページの図のように，広範囲に pH ジャンプが見られるのを特徴とする。ふつう，pH ジャンプの中点がその滴定の真の中和点と見なしてよい。

詳説㉑ 滴定曲線の pH が中和点前後で急激に変化する理由は，次の通りである。

pH が 1 → 2 への変化では，$[H^+]=10^{-1}\rightarrow10^{-2}$ と濃度が $\frac{1}{10}$ に，一方，pH が 5 → 6 への変化でも，$[H^+]=10^{-5}\rightarrow10^{-6}$ へと濃度が $\frac{1}{10}$ になっていることは共通している。しかし，溶液 1 L あたりの H^+ の物質量の変化量は，前者は後者の約 10^4 倍も大きい。このことから，

$$\frac{10^{-1}-10^{-2}}{10^{-5}-10^{-6}}\fallingdotseq10^4$$

pH を 5 → 6 に変化させる NaOHaq の体積は，pH を 1 → 2 へ変化させる NaOHaq の体積の約 1 万分の 1 ですむということになる。

同じ割合で NaOHaq を加えて中和滴定していく場合，pH が 1 → 2 まではなかなか変化しないが，pH が 5 → 6 へはあっという間に変化してしまうのはこのためである。

► 中和点を過ぎると，加えた NaOH が過剰になり，pH は再びゆるやかに上昇していくが，NaOHaq の滴下量が 20 mL になっても pH は 13 にはならない㉒。

補足㉒ 中和点以後，0.10 mol/L NaOHaq が 10 mL 加えられたので，これだけならば pH＝13 になる。しかし，中和点に達するまでに加えた酸・塩基が中和して，計 20 mL の NaClaq ができているから，最終的に水溶液の量が 30 mL となり，$[OH^-]=\frac{10^{-1}}{3}$〔mol/L〕 となる。

► 強酸-強塩基の中和滴定では，生じた塩が加水分解しないため，中和点は pH＝7 となっている。次に，この中和点を pH 指示薬によって見つける方法を考えていこう。

真の中和点は pH＝7 のただ 1 点であるから，これを指示薬で見つけるのは困難である。しかし，中和点を含んだ pH ジャンプの範囲では，滴定曲線が垂直に立ち上がっているから，どの部分の滴定値をとっても，真の中和点の滴定値とほとんど変わりはない。よって，指示薬を用いて中和点を求める場合，pH ジャンプの範囲は実質的に中和点の許容範囲とみなすことができる。つまり，これから使用しようとする pH 指示薬の変色域が，その滴定曲線の pH ジャンプの範囲に含まれていれば使用可能となる。たとえば，0.10 mol/L HClaq を 0.10 mol/L NaOHaq で滴定したときは，pH ジャンプが 3 → 11 の広範囲に見られる。そこで，フェノールフタレイン (変色域 8.0～9.8) やメチルオレンジ (変色域 3.1～4.4)は，いずれも使用できる㉓。しかし，酸・塩基の濃度が小さくなると，右図のように pH ジャンプの範囲がしだいに狭くなるので，指示薬の選定がむずかしくなる。

補足㉓ 実際には，フェノールフタレインが使用される。これは，フェノールフタレインはメチルオレンジに比べて色の変化（無色→赤色）が明瞭なので，肉眼での色の変化が判別しやすいからである。

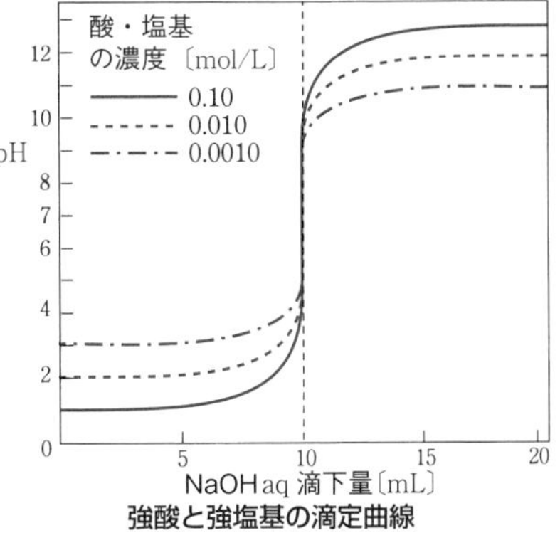

強酸と強塩基の滴定曲線

2 0.10 mol/L CH_3COOHaq 10 mL を 0.10 mol/L NaOHaq で滴定する場合

酢酸は弱酸であり，0.10 mol/L における電離度 α を 0.01 とすると，滴定開始時の pH は次の通りである。

$[H^+]=0.10\times0.01=1\times10^{-3}$〔mol/L〕

より，　pH＝**3**

NaOHaq を加えていくと，滴定のごく初期の pH 変化は，強酸の場合に比べて思ったよりも大きい[24]。しかし，すぐに緩衝溶液(p. 332)の領域に入るため，pH はあまり変化しない状態が長く続いたあと，中和点に近づくと，ほぼ pH 6→11 の範囲で pH ジャンプが見られる[25]。中和点を過ぎると，過剰の NaOH のため pH は少しずつ大きくなっていく。

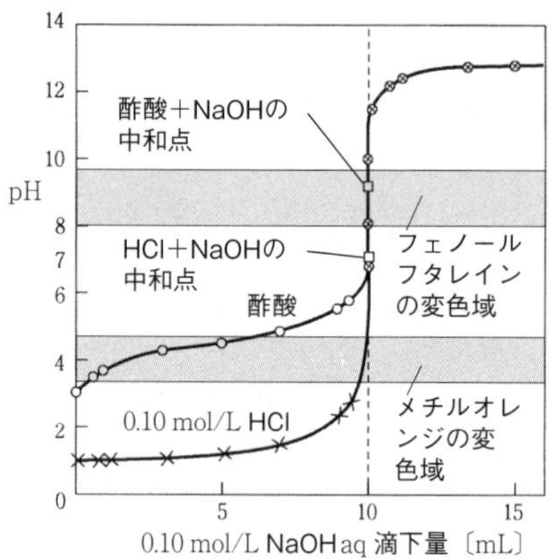

弱酸と強塩基の滴定曲線

弱酸-強塩基の滴定曲線は，一般に右上図のような形となり，強酸-強塩基の場合に比べると，pH ジャンプの範囲がやや狭く，塩基性側に偏っている[26]。このような場合，pH 指示薬の選択には注意が必要である。

したがって，塩基性側に変色域をもつフェノールフタレインは，この滴定の指示薬として使用できるが，酸性側に変色域をもつメチルオレンジは，中和点に達するかなり前に変色が始まるため，この滴定の指示薬としては不適当となる。

補足[24] 滴定前には，$[CH_3COO^-]$と$[H^+]$はいずれも 1.0×10^{-3}〔mol/L〕ずつ存在していた。ここへ 0.10 mol/L NaOHaq を 1 mL 加えたとする。

まず，$CH_3COOH+NaOH \longrightarrow CH_3COONa+H_2O$ の中和反応により，

$$[CH_3COONa]=\left(0.10\times\frac{1}{1000}\right)\div\frac{11}{1000}\fallingdotseq9.1\times10^{-3}\text{〔mol/L〕}$$

CH_3COONa は水溶液中で完全に電離するので，

$$[CH_3COO^-]=9.1\times10^{-3}\text{〔mol/L〕}$$

となり，滴定前に比べておよそ 9 倍になっている。上式の中和反応後の状態を考えると，水溶液中には $CH_3COOH \rightleftarrows CH_3COO^-+H^+$ の電離平衡が成り立つ。

中和反応で減少した H^+ を補うために，上式の電離平衡が右向きに移動するはずであるが，中和によって生じた CH_3COO^- による共通イオン効果 (p. 273) により，CH_3COOH の電離が抑制される結果，$[H^+]$ は滴定前に比べてかなり小さい状態で平衡状態となる。このことは，NaOHaq 1 mL 加えただけで，pH が思った以上に上昇することを示す。

詳説[25] 弱酸に強塩基を加えて中和する場合，混合水溶液の pH つまり$[H^+]$ がどのように変化するかは，結局，酢酸の電離定数で決まってしまう。

$$K_a=\frac{[CH_3COO^-][H^+]}{[CH_3COOH]} \xrightarrow{\text{変形して}} [H^+]=K_a\frac{[CH_3COOH]}{[CH_3COO^-]}$$

変形後の式で，中和されて生じた$[CH_3COO^-]$ と中和されずに残っている$[CH_3COOH]$ との比 $\frac{[CH_3COOH]}{[CH_3COO^-]}$ は，塩基を少しずつ加える限り，わずかずつしか減少しない。K_a は一定

なので，[H⁺] もわずかずつしか減少しない。つまり，pH でいえば，わずかずつしか増えないことになる。

NaOH aq を 5 mL 加えたとき，$\frac{[CH_3COOH]}{[CH_3COO^-]}$ がちょうど 1 となる。このとき，前ページの式より pH＝pK_a となる。酢酸の場合，K_a＝2.7×10^{-5}〔mol/L〕を代入すると，

$$pH=-\log_{10}(2.7\times10^{-5})=5-\log_{10}2.7=5-0.43\fallingdotseq4.6$$

となる。このときに緩衝作用 (p. 332) が最も強く，緩衝作用はほぼその酸の酸解離指数 pK_a ±1 の範囲(酢酸では 3.6≦pH≦5.6，NaOH aq の滴下量でいえば 1 mL → 9 mL 付近)に及ぶから，この範囲からはずれる滴定のはじめ(0 mL → 1 mL 付近)と中和点の前(9 mL → 10 mL 付近)では，緩衝作用があまり働かずに，pH が急激に変化するとも考えることができる。

詳説[26] 滴定の開始点の pH を比較すると，0.1 mol/L HCl aq では 1 なのに対して，0.1 mol/L CH_3COOH aq では約 3 である。したがって，滴定開始から中和点に達するまでの滴定曲線の前半部は，塩酸に比べて酢酸のほうが全体として pH 幅で 2 に相当する分だけ上へ押し上げられることになるが，中和点から滴定終了までの滴定曲線の後半部は変わりはない。よって，pH ジャンプの範囲はそれだけ狭くなる。また，中和点が塩基性側(pH が約 8.7)にあるのは，生成した塩の CH_3COONa が加水分解するためである。

③ 強酸の HCl aq を弱塩基の NH_3 aq で滴定する場合

右図のように pH ジャンプの範囲は，強酸-強塩基の場合に比べてやや狭く，酸性側に偏っている[27]。したがって，酸性側に変色域をもつメチルオレンジ(変色域 3.1～4.4) は，この滴定の pH 指示薬に使用できるが，塩基性側に変色域をもつフェノールフタレインでは，中和点をかなり越えてから変色が始まるので，指示薬として用いることはできない。

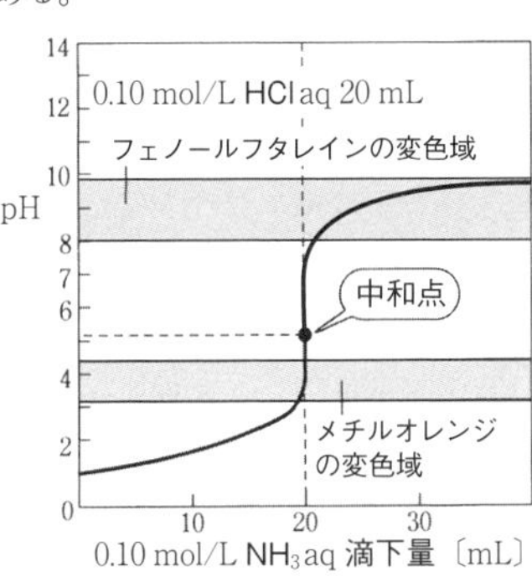

強酸と弱塩基の滴定曲線

補足[27] 中和点が酸性側(pH が約 5.3)にあるのは，生成した NH_4Cl が加水分解して，弱い酸性を示すためである。

中和点を判定する指示薬は，使用しようとする指示薬の変色域が，滴定曲線の pH ジャンプの範囲内に含まれていることが条件で，これを満たす指示薬が複数あるときは，できるだけ色の変化が明瞭なほうを選ぶ。

④ 弱酸の CH_3COOH aq を弱塩基の NH_3 aq で滴定する場合

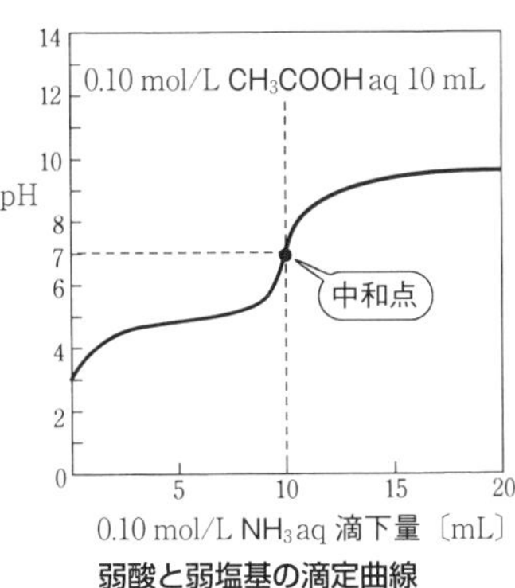

弱酸と弱塩基の滴定曲線

右図のように，中和点前後で pH ジャンプはほとんど見られず，pH はだらだらと上昇していく。指示薬はふつう pH 幅で約 2 に相当する変色域をもつので，原則的に pH ジャンプの範囲も 2 以上ないと，指示薬を使って中和点を判定することはできない[28]。そこで，指示薬を使って中和滴定するには，必ず一方に強酸または強塩基を用いる必要がある。

補足[28] この滴定でも，電導度滴定の測定結果から中和点を判定することはできる(p. 320)。

14 多段階の滴定曲線

２価の弱酸の炭酸 H_2CO_3 を強塩基の NaOH で中和滴定する場合を考えてみよう。

$$\begin{cases} H_2CO_3 \rightleftharpoons H^+ + HCO_3^- \cdots\cdots ① & K_1 = \dfrac{[H^+][HCO_3^-]}{[H_2CO_3]} = 10^{-6.4}\,\text{〔mol/L〕} \\ HCO_3^- \rightleftharpoons H^+ + CO_3^{2-} \cdots\cdots ② & K_2 = \dfrac{[H^+][CO_3^{2-}]}{[HCO_3^-]} = 10^{-10.3}\,\text{〔mol/L〕} \end{cases}$$

炭酸のように２価の弱酸であり，しかも K_1 と K_2 の差が大きい（通常，$\dfrac{K_1}{K_2} > 10^4$）場合には，右図のような２段階の滴定曲線があらわれる。

$K_1 \gg K_2$ ということは，H_2CO_3 から H^+ を取り去るよりも，HCO_3^- から H^+ を取り去るほうがずっとむずかしいことを示す。つまり，H_2CO_3aq に NaOHaq を加えて滴定する場合，電離しやすいほうの第一電離による中和が優先して行われることになり，電離しにくいほうの第二電離による中和は，第一電離による中和が終了するまではおこらない。

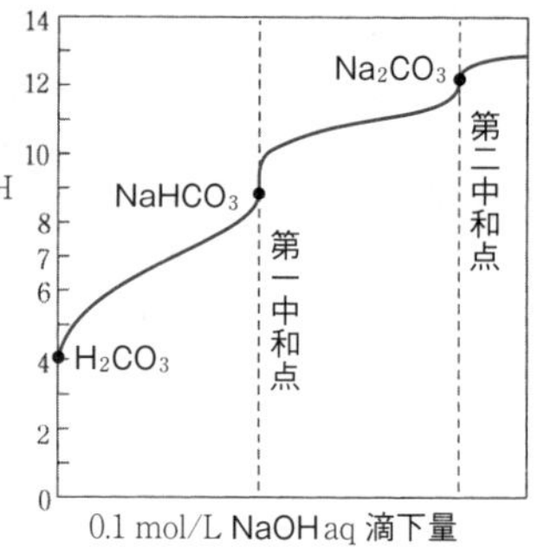

２価の弱酸と強塩基の滴定曲線

すなわち，炭酸水溶液に NaOHaq を加えていくと，まず第一電離による中和が行われて，pH は徐々に上昇していく。やがて，第一電離の終了の時点で１回目の pH ジャンプがおこる。この点を**第一中和点**といい，２価の炭酸が１価の酸として中和され，次の反応が完了した点である。　$H_2CO_3 + NaOH \longrightarrow NaHCO_3 + H_2O$

続いて NaOHaq を加えていくと，今度は第二電離による中和が行われるようになり，pH は再びゆるやかに上昇していく。やがて，第二電離の終了の時点で通常は２回目の pH ジャンプがおこる。この点を**第二中和点**といい，炭酸が２価の酸として中和され，次の反応が完了した点である㉙。　$NaHCO_3 + NaOH \longrightarrow Na_2CO_3 + H_2O$

補足㉙　炭酸の第二中和点は強い塩基性（pH≒12）にあるので，明確な pH ジャンプは観察できない。よって，第一中和点（$NaHCO_3$ の加水分解で pH≒8.5 を示す）は，指示薬のフェノールフタレインで見つけることはできるが，第二中和点は指示薬で見つけることはできない。

►また，硫酸のような２価の強酸（K_1 は極めて大，$K_2 \fallingdotseq 10^{-2}$ mol/L で大）の場合や，シュウ酸 $H_2C_2O_4$（$K_1 = 10^{-1.3}$，$K_2 = 10^{-4.3}$〔mol/L〕，$\dfrac{K_1}{K_2} = 10^3$）のように，K_1 と K_2 の差があまり大きくない場合は，第一電離による中和が完了しないうちに，比較的電離しやすい第二電離による中和が並行して行われることになる。

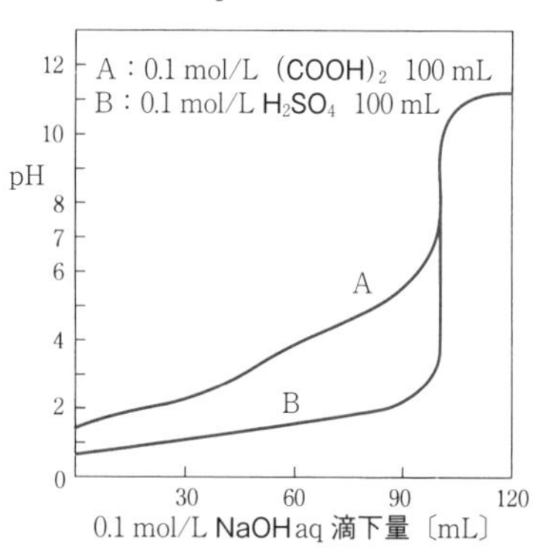

A：$(COOH)_2$　$\dfrac{K_1}{K_2} = 10^3$

B：H_2SO_4　K_1 は極めて大，$K_2 \fallingdotseq 10^{-2}$

よって，滴定を続けていくと，pH がだらだらと上昇していき，第一中和点がはっきりあらわれず，いわゆる第二中和点だけによる pH ジャンプが 1 回だけあらわれることになる。

リン酸 H_3PO_4(3 価の弱酸)を NaOHaq で滴定すると，次の 3 段階の中和反応がおこる。

$$\begin{cases} H_3PO_4 + NaOH \longrightarrow NaH_2PO_4 + H_2O & \cdots\cdots\cdots ① \\ NaH_2PO_4 + NaOH \longrightarrow Na_2HPO_4 + H_2O & \cdots\cdots\cdots ② \\ Na_2HPO_4 + NaOH \longrightarrow Na_3PO_4 + H_2O & \cdots\cdots\cdots ③ \end{cases}$$

①式の反応の終了を示したのが**第一中和点**で(右図)，リン酸がいわゆる 1 価の酸として中和されたことを示す。このときの溶液の pH は，生じた塩 NaH_2PO_4 の電離により約 4.1 を示すから，指示薬メチルオレンジ(変色域 3.1～4.4)で知ることができる。

さらに NaOHaq を加えていき，②式の反応の終了を示したのが**第二中和点**で，リン酸がいわゆる 2 価の酸として中和されたことを示す。このときの溶液の pH は，生成した塩 Na_2HPO_4 の加水分解により約 9.0 を示すから，指示薬フェノールフタレイン(変色域8.0～9.8)で知ることができる。

しかし，③式の終了を示す**第三中和点**は，かなり強い塩基性の領域（塩 Na_3PO_4 の加水分解により pH は約 12.3）にあり，加えた NaOHaq とほぼ pH が等しいので，pH ジャンプがおこらず，指示薬を使って知ることはできない。

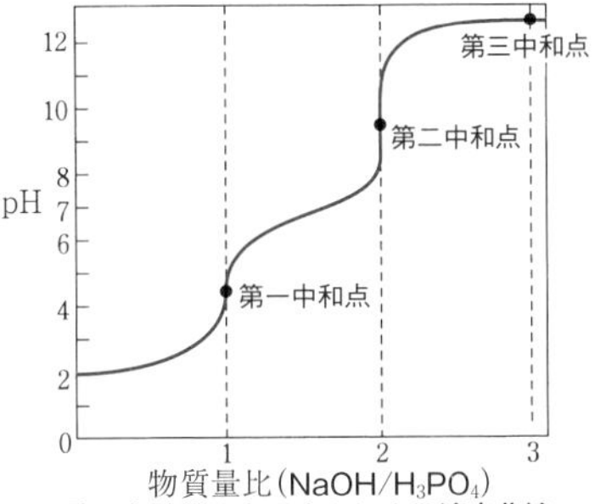

リン酸の水酸化ナトリウムによる滴定曲線

15 混合塩基の定量

NaOH と Na_2CO_3 の混合物（NaOH の結晶を空気中に放置すると，表面から白色の物質で覆われてくるが，これは NaOH が空気中の CO_2 と反応してできた Na_2CO_3 である）を水に溶かし，一定濃度の水溶液をつくる。これを塩酸の標準溶液で滴定し，混合物中の NaOH，Na_2CO_3 の各量を求める方法がある。この方法には，2 種の指示薬を順番に用いる**ワルダー法**と，あらかじめ Na_2CO_3 を沈殿として除いておく**ウィンクラー法**がある。

1 ワルダー法

NaOH と Na_2CO_3 の混合水溶液に，フェノールフタレイン溶液を指示薬として加えて，赤色に呈色させ，これを塩酸の標準溶液で滴定していくと，下の図のような滴定曲線が得られる。ここで，本題の説明に入る前に，OH^- と CO_3^{2-} と HCO_3^- の混合水溶液に，酸 H^+ を加えたとき，どのイオンから先に H^+ を受け取るか(中和されるか)を知っておく必要がある。

$$\begin{cases} (\text{i}) & OH^- + H^+ \rightleftarrows H_2O & K=10^{15.7} \\ (\text{ii}) & CO_3^{2-} + H^+ \rightleftarrows HCO_3^- & K=10^{10.3} \\ (\text{iii}) & HCO_3^- + H^+ \rightleftarrows H_2CO_3 & K=10^{6.4} \end{cases}$$

$\left(\begin{array}{l} K=10^{15.7} \text{ は，水の } K=10^{-15.7} \text{ の逆数} \\ K=10^{10.3} \text{ は，炭酸の } K_2=10^{-10.3} \text{ の逆数} \\ K=10^{6.4} \text{ は，炭酸の } K_1=10^{-6.4} \text{ の逆数} \end{array} \right)$

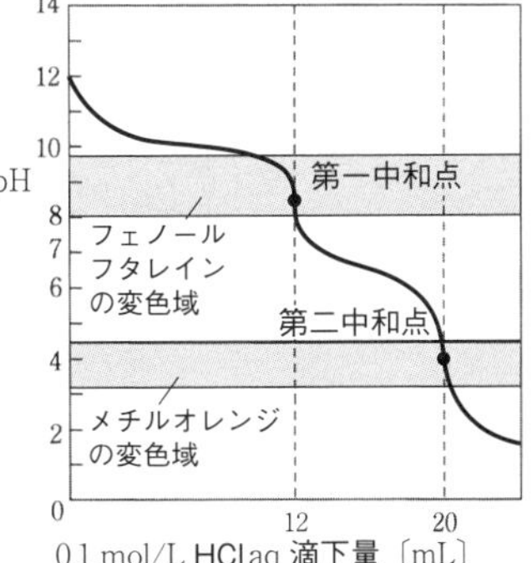

(i), (ii), (iii)式の K の値の比較により，H^+ の受け取りやすさは，$OH^- > CO_3^{2-} > HCO_3^-$ の順になる。よって，まず，$NaOH + HCl \longrightarrow NaCl + H_2O$ ……①　の反応がおこる。

①式の反応が終了しても，水溶液中には強い塩基性の $NaCO_3$ が残っているので，フェノールフタレインが赤色のままであり，肉眼では，①式の反応の終了はわからない。

続いて，$NaCO_3 + HCl \longrightarrow NaHCO_3 + NaCl$ ……②　の反応がおこる。

①,②式の反応が終了した時点が**第一中和点**で，生じた塩 $NaHCO_3$ の加水分解のため，pH≒8.5 となり，フェノールフタレインの赤色の消失でこの点を知ることができる。

さらにこの溶液に，指示薬としてメチルオレンジを加えると黄色を呈するが，ここに塩酸を加えると，次の反応がおこる。$NaHCO_3 + HCl \longrightarrow NaCl + H_2O + CO_2$ ……③

③式の反応が終了した時点が**第二中和点**で，生じた H_2CO_3 のため，pH≒4.0 となり，メチルオレンジが赤色に変色することでこの点を知ることができる[30]。

すなわち，第一中和点までに加えた HCl の物質量は，試料溶液中の NaOH の物質量と $NaCO_3$ の物質量の和に等しくなる。また，第一中和点から第二中和点までに加えた HCl の物質量は，②式で生じた $NaHCO_3$ の物質量，つまり，試料溶液中の Na_2CO_3 の物質量とも等しくなる。

詳説[30]　メチルオレンジの黄色がわずかに赤色を帯びた時点で滴定を一時中断し，反応液を穏やかに加熱する。溶液中の CO_2 を追い出した後，室温まで冷却する。さらに，滴定を続けて溶液の色が赤色になった時点を第二中和点とする。第一中和点を過ぎると，HCO_3^- と CO_2 による緩衝作用により pH の変化が緩慢になる。pH の変化を鋭敏にして，正確な第二中和点を見つけるには，反応液から CO_2 を除去することが必要となる。なお，第二中和点は，メチルオレンジ (変色域：pH 3.1 ～ 4.4) よりもメチルレッド (変色域：pH 4.2 ～ 6.2) を用いるほうが滴定の精度は高くなる。

> **例題**　NaOH と Na_2CO_3 を含む混合水溶液 20 mL を，上記の方法で 1.0 mol/L の塩酸で滴定したとき，滴定開始から第一中和点までに加えた塩酸が 8.0 mL，第一中和点から第二中和点までに加えた塩酸が 3.0 mL であった。このとき，混合水溶液中の NaOH および Na_2CO_3 のモル濃度をそれぞれ求めよ。

［解］　混合水溶液中の NaOH と Na_2CO_3 のモル濃度をそれぞれ x〔mol/L〕, y〔mol/L〕とする。本文の説明より，第一中和点までに，NaOH と Na_2CO_3 が中和される。本文の①，②式より，

$$x \times \frac{20}{1000} + y \times \frac{20}{1000} = 1.0 \times \frac{8.0}{1000}$$

第一中和点から第二中和点では，本文の③式のように $NaHCO_3$ が中和される。

また，本文の②式より Na_2CO_3 と $NaHCO_3$ の物質量は等しいから，

$$y \times \frac{20}{1000} = 1.0 \times \frac{3.0}{1000} \qquad \therefore \ y = 0.15\text{〔mol/L〕}, \quad x = 0.25\text{〔mol/L〕}$$

答　NaOH aq：**0.25 mol/L**　Na_2CO_3 aq：**0.15 mol/L**

2　ウィンクラー法

NaOH と Na_2CO_3 の混合水溶液を，2 個の三角フラスコに等分する。一方には，メチルオレンジを指示薬として加えて水溶液を黄色に呈色させておく。これを，塩酸の標準

溶液で滴定していくと，水溶液の色が赤色になるまでに次の中和反応がおこる。

$$NaOH + HCl \longrightarrow NaCl + H_2O$$

$$Na_2CO_3 + 2\,HCl \longrightarrow 2\,NaCl + H_2O + CO_2$$

メチルオレンジの変色した時点は第二中和点に相当するので，この時点で水溶液中の $NaOH$，Na_2CO_3 のすべてが，完全に中和されたことになる。したがって，滴定に要した HCl の物質量から，$NaOH$ と Na_2CO_3 の合計の物質量が求まる。

もう一方の三角フラスコには，これ以上沈殿が生じなくなるまで塩化バリウム $BaCl_2$ 水溶液を加える。この操作によって次の反応がおこり，水溶液中の Na_2CO_3 は水に不溶の $BaCO_3$ の白色沈殿として除かれる。 $Na_2CO_3 + BaCl_2 \longrightarrow BaCO_3\downarrow + 2\,NaCl$
塩基として $NaOH$ だけを含む水溶液に，指示薬としてフェノールフタレインを加え，そのまま塩酸の標準溶液で中和滴定する。フェノールフタレインの赤色が消失した時点で中和滴定を止め[31]，滴定に要した HCl の物質量から $NaOH$ の物質量が求められる。

詳説[31] $BaCO_3$ を完全に沈殿させた後，沈殿をろ過して得た上澄み液の全量を塩酸で滴定しても，$NaOH$ の物質量は求まる。しかし，ウィンクラー法では沈殿をろ過せずにそのまま塩酸で滴定している。この滴定では，フェノールフタレインの赤色が消失した塩基性の状態で止めるので，生成した $BaCO_3$ の沈殿は溶解せず，正しい滴定値が得られる（メチルオレンジが赤色になる酸性の状態まで続けると，$BaCO_3$ の溶解が始まるので，正しい滴定値は得られない）。

例題 不純物として Na_2CO_3 を含む $NaOH$ の結晶を水に溶かして 100 mL の水溶液とした。この水溶液 20.0 mL ずつを別々の容器に取り，一方にはメチルオレンジを指示薬として加え，1.00 mol/L の塩酸で滴定したところ，水溶液が変色するまでに 18.2 mL を要した。

また，他方には，白色沈殿が生じなくなるまで十分に $BaCl_2$ 水溶液を加えたのち，フェノールフタレインを指示薬として加え，よく振り混ぜながら 1.00 mol/L の塩酸で滴定したところ，水溶液が変色するまでに 12.2 mL を要した。このことから，最初の結晶中の $NaOH$ および Na_2CO_3 の質量〔g〕を求めよ。式量は，$NaOH=40$，$Na_2CO_3=106$ とする。

［**解**］ 最初の結晶中に含まれる $NaOH$，Na_2CO_3 の物質量をそれぞれ x〔mol〕，y〔mol〕とする。メチルオレンジを指示薬とした第二中和点までに，次の 2 つの反応が終了している。

$$NaOH + HCl \longrightarrow NaCl + H_2O$$

$$Na_2CO_3 + 2\,HCl \longrightarrow 2\,NaCl + H_2O + CO_2$$

よって，$NaOH$ の中和には HCl が x〔mol〕，Na_2CO_3 の中和には HCl が $2y$〔mol〕必要である。溶液 100 mL のうち，20.0 mL を使っているから，

$$(x+2y)\times\frac{20.0}{100}=1.00\times\frac{18.2}{1000} \quad より，\ x+2y=9.10\times10^{-2}$$

また，$BaCl_2$ 水溶液を十分に加えると，水溶液中の Na_2CO_3 を $BaCO_3$ の沈殿として除くことができ，塩基として $NaOH$ だけを含む溶液となる。

$$Na_2CO_3 + BaCl_2 \longrightarrow BaCO_3\downarrow + 2\,NaCl$$

フェノールフタレインを指示薬に用いると，中和点までに $NaOH$ だけが中和されるから，

$$x\times\frac{20.0}{100}=1.00\times\frac{12.2}{1000} \quad \therefore\ x=6.10\times10^{-2}\text{〔mol〕},\quad y=1.50\times10^{-2}\text{〔mol〕}$$

よって， $NaOH$：$6.10\times10^{-2}\times40=$ **2.44〔g〕**　Na_2CO_3：$1.50\times10^{-2}\times106=$ **1.59〔g〕** 答

16 緩衝溶液

純水に少量の酸や塩基を加えると，その水溶液の pH は大きく変化する。しかし，弱酸とその塩または弱塩基とその塩の混合水溶液には，外部から酸や塩基が加わっても水溶液の pH をほぼ一定に保つ働きがある。この働きを**緩衝作用**（かんしょう）といい，一般に，弱い酸性～弱い塩基性の範囲でも緩衝作用をもっている溶液を**緩衝溶液**という。

まず，酢酸とその塩の酢酸ナトリウムの混合水溶液の緩衝作用について考えよう。

酢酸は，水中ではその一部が電離して，①式のような電離平衡の状態にある。

$$CH_3COOH \rightleftarrows CH_3COO^- + H^+ \quad \cdots\cdots\cdots①$$

ここへ酢酸ナトリウム(塩)を加えると，ほぼ完全に電離する。

$$CH_3COONa \longrightarrow CH_3COO^- + Na^+$$

こうして，混合水溶液中に多量の酢酸イオンが供給されると，共通イオン効果により①式の平衡は大きく左に偏ることになり，酢酸の電離はかなり抑えられた状態となる[32]。よって，混合水溶液の$[H^+]$はもとの酢酸に比べて減少し，その分だけ pH は上昇する。

補足[32] 0.1 mol/L の酢酸の電離度は，1.6×10^{-2} であった。しかし，酢酸 0.1 mol と酢酸ナトリウム 0.1 mol の混合水溶液中では，酢酸の電離度は約 2×10^{-4} となり，もとの値の約 $\frac{1}{80}$ まで急減していることが計算により確かめられている。

►上記の酢酸と酢酸ナトリウムの混合水溶液に外部から酸 H^+ を加えると，水溶液中に多量に存在する CH_3COO^- と H^+ との反応がおこるため，溶液中の$[H^+]$はほとんど増加しない[33]。一方，外部から塩基 OH^- を加えると，水溶液中に多量に存在する CH_3COOH と OH^- との中和反応がおこるので，溶液中の$[OH^-]$はほとんど増加しない。

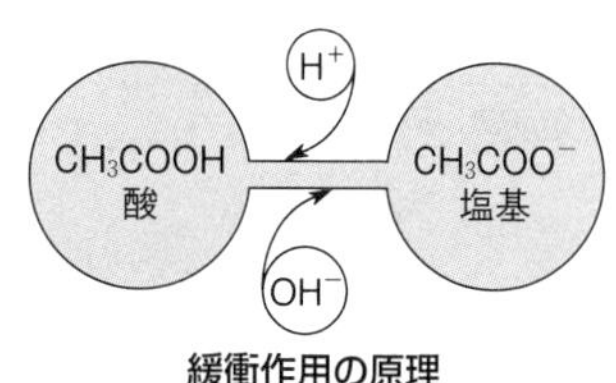

緩衝作用の原理

このように，緩衝溶液では pH を変化させようとする外部からの作用に対して，弱酸の電離平衡が移動することによって，その変化を緩和していることがわかる[34]。

補足[33] このとき，酢酸イオン CH_3COO^- は，他から H^+ を受け取る働きをしているので，ブレンステッド・ローリーの塩基として作用したことになる。

詳説[34] 外部から加わる酸 H^+ や塩基 OH^- に対して，十分な緩衝作用を発揮させるためには，溶液中の$[CH_3COOH]$や$[CH_3COO^-]$を十分に大きくしておけばよい。

►次に，弱塩基の NH_3 とその塩の NH_4Cl の混合水溶液の緩衝作用を考えてみよう。

アンモニア水では，②式のような電離平衡が成り立つ。

$$NH_3 + H_2O \rightleftarrows NH_4^+ + OH^- \quad \cdots\cdots\cdots②$$

ここへ NH_4Cl を加えると，多量の NH_4^+ と NH_3 を含んだ混合水溶液となる。

この溶液に酸 H^+ を加えると，水溶液中に多量に存在する NH_3(塩基) と次のような反応がおこるので，pH はあまり変化しない。　$NH_3 + H^+ \longrightarrow NH_4^+$

また，塩基 OH^- を加えると，水溶液中に多量に存在する NH_4^+(酸) と次のように中和反応がおこるので，pH はあまり変化しない。　$NH_4^+ + OH^- \longrightarrow NH_3 + H_2O$

17 緩衝溶液の pH

酢酸と酢酸ナトリウムからなる緩衝溶液中には，酢酸分子や酢酸イオンが存在するので，酢酸の電離平衡が存在する。

一般に，水溶液中に他のいかなる分子やイオンが溶解していようとも，弱酸およびそのイオンが少しでも共存していれば，その弱酸の電離平衡が存在すると考えてよい。

$$CH_3COOH \rightleftarrows CH_3COO^- + H^+ \quad \cdots\cdots\cdots ①$$

①式に対する電離定数の式を立てそれを変形すると，②式が得られる。

$$K_a = \frac{[CH_3COO^-][H^+]}{[CH_3COOH]} \xrightarrow{\text{変形}} [H^+] = K_a \frac{[CH_3COOH]}{[CH_3COO^-]} \quad \cdots\cdots\cdots ②$$

前ページの考察より，酢酸-酢酸ナトリウムの混合水溶液では，酢酸の電離平衡は著しく左に偏っているから，酢酸の電離は無視できるので，②式の$[CH_3COOH]$は最初の酢酸の濃度と等しいとみなしてよい。同様に，②式の$[CH_3COO^-]$は，酢酸の電離が無視できるので，溶かした酢酸ナトリウムの濃度と等しいとみなしてよい。

また，この緩衝溶液を水で薄めても，酢酸と酢酸ナトリウムは同じ割合で薄まるので，その濃度比は一定である。したがって，溶液の pH もほとんど変化しない[35]。

よって，　$[H^+] = K_a \cdot \frac{(\text{弱酸の濃度})}{(\text{塩の濃度})}$　の関係から緩衝溶液の pH が求められる[36]。

詳説[35] 高濃度の強酸・強塩基の水溶液は，外部から酸や塩基を加えても pH の変化は非常に小さいのに，緩衝溶液とはいわない。これは，強酸・強塩基の水溶液でも十分に希釈すれば，pH は変化するからである。たとえば，pH＝1 の塩酸を水で 10 倍に希釈すると pH＝2 になる。

これに対して，pH＝4.6 の酢酸-酢酸ナトリウムの緩衝溶液は，水で 10 倍に希釈しても$[CH_3COOH]$と$[CH_3COO^-]$の比が一定なので，pH はほとんど変化しない(約 0.07 上昇する)。

厳密には，緩衝溶液の pH は溶液の**イオン強度**（溶液中の全イオン間の相互作用の大きさを表す尺度）の影響を受ける。酢酸-酢酸ナトリウムの緩衝溶液の場合，濃縮や正塩の添加ではイオン強度が増加するので，$[CH_3COO^-]$の活量(p. 290)が減少し pH は低下する。希釈ではイオン強度が減少するので，$[CH_3COO^-]$の活量が増加し，pH は上昇する(アンモニア-塩化アンモニウムの緩衝溶液ではこの逆になる)。

詳説[36] 最初に溶かした酢酸の K_a と，酢酸に対する酢酸ナトリウム（塩）の濃度比によって，この緩衝溶液の pH が決定される(重要)。

さて，外部から加えられた酸・塩基のいずれに対しても，最大の緩衝作用を示すのは，弱酸とその塩の濃度比が 1：1 のときである。したがって，$[H^+] = K_a$ となり，両辺の逆数の常用対数をとると，$-\log_{10}[H^+] = -\log_{10}K_a$ より，　$\mathbf{pH = p}K_a$（$\mathrm{p}K_a$ は酸解離指数）

よって，緩衝溶液の pH は，用いる弱酸の $\mathrm{p}K_a$ によってほぼ決定される。ただし，弱酸とその塩の濃度比を変えることによって，$\mathrm{p}K_a \pm 1$ の範囲なら緩衝作用が認められるので，pH を微調整することは可能である。たとえば，酢酸の場合，$K_a = 2.7 \times 10^{-5}$ mol/L なので，$\mathrm{p}K_a = 4.6$ を中心にして，pH が 3.6～5.6 の範囲の緩衝溶液をつくることができる。

また，pH＝7.0 の緩衝溶液をつくろうとする場合には，リン酸の第二電離　$H_2PO_4^- \rightleftarrows H^+ + HPO_4^{2-}$　の電離定数 K_2 が 4.0×10^{-7} mol/L なので，$\mathrm{p}K_2 = 6.4$ であるから，リン酸塩の NaH_2PO_4 と Na_2HPO_4 を適切な割合に混合した溶液を調整すればよい。

例題 0.30 mol/L 酢酸 50 mL と 0.10 mol/L 水酸化ナトリウム水溶液 50 mL を混合した水溶液について，次の問いに答えよ。ただし，25℃の酢酸の電離定数を 2.7×10^{-5} mol/L，$\log_{10}2=0.30$，$\log_{10}3=0.48$ とする。

(1)　この混合水溶液の pH を求めよ。

(2)　(1)の混合水溶液 100 mL に，1.0 mol/L の水酸化ナトリウム水溶液 5.0 mL を加えた溶液の pH を求めよ。

(3)　(1)の混合水溶液 100 mL に，1.0 mol/L の塩酸 2.0 mL を加えた溶液の pH を求めよ。

［解］ (1)　まず，CH_3COOH と NaOH による中和反応がおこるので，反応式より，中和後の CH_3COOH と CH_3COONa の量的関係を求める。

	CH_3COOH +	NaOH ⟶	CH_3COONa +	H_2O
(中和前)	$0.30\times\frac{50}{1000}$	$0.10\times\frac{50}{1000}$ (すべて反応)	0	〔mol〕
(中和後)	1.0×10^{-2}	0	5.0×10^{-3}	〔mol〕

混合水溶液の全体積は，　50＋50＝100 mL になっているから，

$$[CH_3COOH]=\frac{1.0\times10^{-2}}{0.1}=1.0\times10^{-1}\,[\text{mol/L}],$$

$$[CH_3COONa]=\frac{5.0\times10^{-3}}{0.1}=5.0\times10^{-2}\,[\text{mol/L}]$$

混合溶液中では，酢酸の電離平衡が成立するから，

$$CH_3COOH \rightleftarrows CH_3COO^- + H^+ \quad \cdots\cdots\cdots①$$

CH_3COONa の電離で生じた多量の CH_3COO^- のため，①式の電離平衡はほとんど左に偏り，事実上，酢酸の電離は無視できる。

∴　$[CH_3COOH]$は中和されずに残った酢酸の濃度の 1.0×10^{-1}〔mol/L〕
∴　$[CH_3COO^-]$は生成した酢酸ナトリウムの濃度の 5.0×10^{-2}〔mol/L〕
} とみなせる。

これらを，酢酸の電離定数の式へ代入すれば，

$$[H^+]=K_a\cdot\frac{[CH_3COOH]}{[CH_3COO^-]}=2.7\times10^{-5}\times\frac{1.0\times10^{-1}}{5.0\times10^{-2}}=5.4\times10^{-5}\,[\text{mol/L}]$$

$$\text{pH}=-\log_{10}(54\times10^{-6})=6-\log_{10}(2\times3^3)=6-\log_{10}2-3\log_{10}3=4.26$$

答　**4.3**

(2)　水酸化ナトリウム水溶液を加えると，混合水溶液中で次の中和反応がおこる。

$$CH_3COOH + NaOH \longrightarrow CH_3COONa + H_2O$$

加えた NaOH は 5.0×10^{-3} mol だから，CH_3COOH は 5.0×10^{-3} mol 減少し，その代わり CH_3COONa つまり CH_3COO^- は 5.0×10^{-3} mol 増加する。

CH_3COOH の物質量：　$1.0\times10^{-1}\times\frac{100}{1000}-5.0\times10^{-3}=5.0\times10^{-3}$〔mol〕

CH_3COO^- の物質量：　$5.0\times10^{-2}\times\frac{100}{1000}+5.0\times10^{-3}=1.0\times10^{-2}$〔mol〕

混合水溶液の体積が同じ場合，モル濃度と物質量の比は同じであるから，

$$[H^+]=K_a\cdot\frac{CH_3COOH}{CH_3COO^-}=2.7\times10^{-5}\times\frac{5.0\times10^{-3}}{1.0\times10^{-2}}=\frac{3^3}{2}\times10^{-6}\,[\text{mol/L}]$$

$$\therefore\ \text{pH}=-\log_{10}\left(\frac{3^3}{2}\times10^{-6}\right)=6-3\log_{10}3+\log_{10}2=4.86$$

答　**4.9**

(3)　塩酸を加えると，混合水溶液中では次の中和反応がおこる。

$$CH_3COO^- + H^+ \longrightarrow CH_3COOH$$

加えた HCl は 2.0×10^{-3} mol だから，CH_3COO^- は 2.0×10^{-3} mol 減少し，その代わり CH_3COOH は 2.0×10^{-3} mol 増加する。

CH_3COOH の物質量：　$1.0\times10^{-2}+2.0\times10^{-3}=1.2\times10^{-2}$〔mol〕

CH_3COO^- の物質量：　$5.0\times10^{-3}-2.0\times10^{-3}=3.0\times10^{-3}$〔mol〕

$$\therefore\quad [H^+]=K_a\cdot\frac{CH_3COOH}{CH_3COO^-}=2.7\times10^{-5}\times\frac{1.2\times10^{-2}}{3.0\times10^{-3}}=3^3\times2^2\times10^{-6}\text{〔mol/L〕}$$

$$\therefore\quad pH=-\log_{10}(3^3\times2^2\times10^{-6})=6-3\log_{10}3-2\log_{10}2=3.96$$

答　**4.0**

18　緩衝溶液の応用

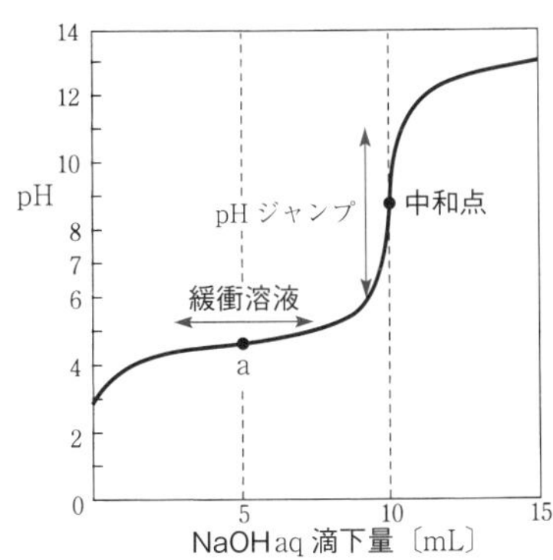

0.1 mol/L CH_3COOHaq 10 mL を同じ濃度の NaOHaq で中和滴定を行うと，pH の変化は右図のようになる。滴定の初期は，CH_3COO^- が少ないため緩衝作用が十分に作用せず，pH の上昇がおこる。やがて，緩衝作用があらわれてきて pH の変化は少なくなる。NaOHaq 5 mL 加えた a 点では，未反応の酢酸と中和で生じた酢酸ナトリウムの濃度が等しくなっており，この前後で緩衝作用が最も強い（pH の上昇が最も少ない）。さらに滴定を続けていき，中和点に近づくと未反応の CH_3COOH が少なくなり，緩衝作用が失われて pH が急激に上昇(pH ジャンプ)する。

酵素や微生物を用いた生化学の実験では，pH の急激な変化によりその活性が失われたり，反応や増殖が阻害されることがある。このような場合，pH の変化をできるだけ抑えるために，緩衝溶液が用いられることが多い。

また，ヒトの血液には血球と血しょうが含まれているが，血球の内液は，主に核酸の成分であるリン酸二水素イオンとリン酸水素イオンによる緩衝溶液 ($pK_2=6.4$) により，pH は約 6.9 に保たれている。　$H_2PO_4^-$(酸) $\rightleftarrows$ H^+ + HPO_4^{2-}(塩基)

一方，血しょうでは，主に細胞の呼吸で放出された二酸化炭素が溶液中に溶け込み，さらに炭酸が炭酸水素イオンとなって緩衝溶液をつくっている。

$$H_2CO_3\text{(酸)} \rightleftarrows H^+ + HCO_3^-\text{(塩基)}$$

このように，血しょうの緩衝溶液は炭酸の $K_1=4.3\times10^{-7}$〔mol/L〕なので，$pK_1=6.4$ で最も緩衝作用が強くなる。しかし，実際の血しょうの pH は約 7.4 であるから，かなり塩基性の状態にある。つまり，血しょう中では，酸に対する緩衝作用が塩基に対する緩衝作用よりもずっと大きくなっている[37]。

補足 [37]　これは，生体内での代謝生成物には酸性物質が多く，酸に対してより強い緩衝作用が必要であるためである。また，酸性や塩基性の医薬品を静脈注射や点滴で体内に大量に入れる場合，血液の pH が激変すると危険である。したがって，これらの医薬品類は，pH がちょうど 7.4 になるように調製した緩衝溶液に溶かしたものでなければならない。

19 塩の加水分解とpH

たとえば，弱酸と強塩基の中和で得られた酢酸ナトリウムCH_3COONa水溶液のpHは次のようにして求めることができる。CH_3COONaは強電解質で，水に溶けたものは完全電離する。このとき生成したNa^+は水分子とは反応しないが，弱酸のイオンであるCH_3COO^-の一部は，水分子からH^+を受け取ってCH_3COOHになり，次の①式で表す平衡状態となる。この現象を**塩の加水分解**といい，このとき生じたOH^-により，水溶液は弱い塩基性を示す。

ここで，酢酸ナトリウムの初濃度C〔mol/L〕の水溶液中で，CH_3COO^-が加水分解する割合を**加水分解度h**で表すと，平衡時における各化学種の濃度は次の通りである。

$$CH_3COO^- + H_2O \rightleftarrows CH_3COOH + OH^- \quad \cdots\cdots\cdots ①$$

(平衡時)　$C(1-h)$　　一定　　Ch　　Ch　〔mol/L〕

一方，塩の加水分解の平衡定数を**加水分解定数K_h**といい，次式で表される。

$$K_h = \frac{[CH_3COOH][OH^-]}{[CH_3COO^-]} \quad \cdots\cdots\cdots ②$$

（hやK_hの添字hは，加水分解hydrolysisの略号を意味する。）

②式の分母・分子に$[H^+]$をかけ，さらに水のイオン積をK_w，酢酸の電離定数をK_aとすると，③式の関係が得られ，K_hを求めることができる。

$$K_h = \frac{[CH_3COOH][OH^-][H^+]}{[CH_3COO^-][H^+]} = \frac{K_w}{K_a} \quad \cdots\cdots\cdots ③$$

③式より，加水分解定数K_hは弱酸の電離定数K_aに反比例している。すなわち，もとの酸が弱い(K_a→小)ほど，その塩の加水分解はおこりやすい(K_h→大)ことを示す。

さて，②式に　$[CH_3COO^-]=C(1-h)$〔mol/L〕，$[CH_3COOH]=[OH^-]=Ch$〔mol/L〕を代入して，hとK_hの関係を求めると，

$$K_h = \frac{Ch \cdot Ch}{C(1-h)} = \frac{Ch^2}{1-h}$$

①式の平衡は，酸が極めて弱い場合を除いて，大きく左に偏っている。したがって，hは小さく$1-h \fallingdotseq 1$で近似できる。

$$\therefore \quad K_h = Ch^2 \quad より， \qquad \boldsymbol{h = \sqrt{\frac{K_h}{C}}} \quad \cdots\cdots\cdots ④$$

①式より，　$$\boldsymbol{[OH^-] = Ch = \sqrt{CK_h}} \quad \cdots\cdots\cdots ⑤$$

④式より，加水分解度hは，塩の濃度Cが増加するほど小さくなるが，⑤式より加水分解で生じた$[OH^-]$は，塩の濃度Cが増加するほど大きいことは注目すべきである[38]。

また，⑤の関係式は，弱酸の$[H^+]=\sqrt{CK_a}$（K_a：弱酸の電離定数）と同じ形をしているので，覚えておくとあとの計算がずっと楽になる。

補足[38]　塩の水溶液を濃くするほど，加水分解度hは小さくなる。しかし，hが小さくなった影響よりも，濃度を大きくした影響のほうがずっと大きくあらわれ，$[OH^-]$が増加する。

これは，弱酸の水溶液を水で薄めると，電離度αは大きくなるが，この影響よりも濃度を小さくした影響のほうが強くあらわれ，$[H^+]$が減少することと同じである。

例題 0.10 mol/L の酢酸水溶液 10 mL に，0.10 mol/L の水酸化ナトリウム水溶液 10 mL を加えて，ちょうど中和させた。この中和点における pH を求めよ。

ただし，酢酸の電離定数を $K_a=2.0\times10^{-5}$ mol/L，水のイオン積を $K_w=1.0\times10^{-14}$ (mol/L)^2，また，$\log_{10}2=0.30$，$\log_{10}3=0.48$ とする。

［解］ まず，中和点で生成している塩 CH_3COONa のモル濃度を求める必要がある。

$$CH_3COOH + NaOH \longrightarrow CH_3COONa + H_2O$$ より，

CH_3COOH と NaOH はそれぞれ $0.10\times\frac{10}{1000}=1.0\times10^{-3}$ mol ずつ反応したので，中和点で生じる CH_3COONa も 1.0×10^{-3} mol である。しかし，2つの水溶液の混合により液量は 20 mL に増加しているから，CH_3COONa のモル濃度は次のようになる。

$$[CH_3COONa]=1.0\times10^{-3}\text{〔mol〕}\div\frac{20}{1000}\text{〔L〕}=5.0\times10^{-2}\text{〔mol/L〕}$$

加水分解定数 K_h を，$\boldsymbol{K_h=\frac{K_w}{K_a}}$ の関係より求めると，

$$K_h=\frac{K_w}{K_a}=\frac{1.0\times10^{-14}}{2.0\times10^{-5}}=5.0\times10^{-10}\text{〔mol/L〕} \quad\cdots\cdots①$$

塩 CH_3COONa は水中では完全電離するから，$[CH_3COONa]=[CH_3COO^-]=5.0\times10^{-2}$〔mol/L〕であり，このうち，$x$〔mol/L〕だけ加水分解したとすると，

$$CH_3COO^- + H_2O \rightleftarrows CH_3COOH + OH^-$$

(平衡時)　$(5.0\times10^{-2}-x)$　一定　x　x　〔mol/L〕

$$K_h=\frac{[CH_3COOH][OH^-]}{[CH_3COO^-]}=\frac{x^2}{(5.0\times10^{-2}-x)}\text{〔mol/L〕} \quad\cdots\cdots②$$

ここで，酸が極めて弱い(K_a が極めて小さい)場合を除き，K_h は非常に小さな値となるので，x は 5.0×10^{-2} に比べてずっと小さな値となり，$(5.0\times10^{-2}-x)\fallingdotseq5.0\times10^{-2}$ と近似できる。

①，②式より，$\frac{x^2}{5.0\times10^{-2}}=5.0\times10^{-10}$〔mol/L〕 $\Longrightarrow$ $x^2=25\times10^{-12}$〔(mol/L)^2〕

$x>0$ を考慮して，$x=[OH^-]=5.0\times10^{-6}$〔mol/L〕

水酸化物イオン指数 $pOH=-\log_{10}[OH^-]$ より，

$$pOH=-\log_{10}(5.0\times10^{-6})=6-\log_{10}\frac{10}{2}=6-(1-\log_{10}2)=5.3$$

$pH+pOH=14$ より，　$pH=14-5.3=8.7$　　答 **8.7**

参考 アシドーシスとアルカローシスについて

生命の維持にも酸・塩基の反応は重要な役割を果たしている。たとえば，体内にある約 5 L の血液はほぼ中性 (pH≒7.4) に保たれていて，何らかの原因でこれが崩れると，生命が危険な状態になることがある。

血液の pH が 7.1～7.2 に下がる状態を**アシドーシス**（**酸血症**）といい，その原因として，脳の呼吸中枢の機能低下などにより血液中の CO_2 濃度が高くなる場合と，下痢などにより胆汁やすい液などの塩基性の消化液を大量に失う場合などがある。

一方，血液の pH が 7.6～7.7 に上がる状態を**アルカローシス**(**アルカリ血症**)といい，その原因として，精神不安定などによって激しい呼吸(過呼吸)がおこり，血液中の CO_2 濃度が低くなる場合と，おう吐などによって胃液などの酸性の消化液を大量に失う場合などがある。

例題 二酸化硫黄 SO_2 は，水に溶けると亜硫酸 H_2SO_3 を生じ弱い酸性を示す。
亜硫酸は水溶液中で以下のように二段階に電離し，(1)式，(2)式の電離定数をそれぞれ $K_1 = 1.0\times10^{-2}$ mol/L，$K_2 = 1.6\times10^{-7}$ mol/L とし，水中に存在する SO_2 はすべて H_2SO_3 として存在するものとする。($\log_{10}2=0.30$，$\log_{10}3=0.48$)

$$H_2SO_3 \rightleftarrows H^+ + HSO_3^- \quad \cdots\cdots①$$

$$HSO_3^- \rightleftarrows H^+ + SO_3^{2-} \quad \cdots\cdots②$$

(1) $K_1 \gg K_2$ であることを考慮して，0.25 mol/L の亜硫酸水溶液の pH を求めよ。

(2) 亜硫酸水素イオンの加水分解(③式)の加水分解定数 K_h の値を求めよ。

$$HSO_3^- + H_2O \rightleftarrows H_2SO_3 + OH^- \quad \cdots\cdots③$$

(3) 亜硫酸水素イオンの不均化反応(p. 353) (④式)の平衡定数 K の値を求めよ。

$$2\,HSO_3^- \rightleftarrows H_2SO_3 + SO_3^{2-} \quad \cdots\cdots④$$

(4) $K_1 \gg K_2$，$K \gg K_h$ を考慮して，溶解直後の 0.25 mol/L の $NaHSO_3$ 水溶液の pH を求めよ。

［解］ (1) $K_1 \gg K_2$ より，亜硫酸の水溶液では，第二電離で生じる H^+ は無視できるほど小さく，第一電離で生じる H^+ だけで水素イオン濃度 $[H^+]$ を求めればよい。

H_2SO_3 水溶液の濃度を C〔mol/L〕，その電離度を α とすると

$$\begin{array}{lcccc} & H_2SO_3 & \rightleftarrows & H^+ & + & HSO_3^- & \\ \text{平衡時} & C(1-\alpha) & & C\alpha & & C\alpha & \text{〔mol/L〕} \end{array}$$

$$K_1 = \frac{[H^+][HSO_3^-]}{[H_2SO_3]} = \frac{C\alpha \times C\alpha}{C(1-\alpha)} = \frac{C\alpha^2}{1-\alpha}\text{〔mol/L〕}$$

K_1 がかなり大きいので，$\alpha \ll 1$ とみなして $1-\alpha \fallingdotseq 1$ とする近似は不成立となる。
そこで，α に関する二次方程式 $C\alpha^2 + K_1\alpha - K_1 = 0$ を解の公式で解く必要がある。

$$0.25\alpha^2 + 1.0\times10^{-2}\alpha - 1.0\times10^{-2} = 0 \quad (\times100) \quad 25\alpha^2 + \alpha - 1 = 0$$

$$\alpha = \frac{-1\pm\sqrt{101}}{50} \qquad \therefore\ \alpha \fallingdotseq 0.18,\ -0.22\ (\alpha>0\ \text{より不適})$$

$$[H^+] = C\alpha = 0.25\times0.18 = \frac{9}{2}\times10^{-2}\text{〔mol/L〕}$$

$$\text{pH} = -\log_{10}(3^2\times2^{-1}\times10^{-2}) = 2 - 2\log_{10}3 + \log_{10}2 = 1.34 \fallingdotseq \mathbf{1.3}$$ 答

(2) $K_h = \dfrac{[H_2SO_3][OH^-]}{[HSO_3^-]}$ の分母・分子に $[H^+]$ を掛けて整理すると

$$K_h = \frac{[H_2SO_3][H^+][OH^-]}{[HSO_3^-][H^+]} = \frac{K_w}{K_1} = \frac{1.0\times10^{-14}}{1.0\times10^{-2}} = \mathbf{1.0\times10^{-12}\text{〔mol/L〕}}$$ 答

(3) $K = \dfrac{[H_2SO_3][SO_3^{2-}]}{[HSO_3^-]^2}$ の分母・分子に $[H^+]$ を掛けて整理すると

$$K = \frac{[H_2SO_3]\times[H^+][SO_3^{2-}]}{[HSO_3^-][H^+]\times[HSO_3^-]} = \frac{K_2}{K_1} = \frac{1.6\times10^{-7}}{1.0\times10^{-2}} = \mathbf{1.6\times10^{-5}\text{〔mol/L〕}}$$ 答

(4) $K \gg K_h$ より，溶解直後の $NaHSO_3$ 水溶液の $[H^+]$ は④式のみを考慮すればよい。

$$\frac{[H^+]^2[SO_3^{2-}]}{[H_2SO_3]} = K_1\cdot K_2 = 1.0\times10^{-2}\times1.6\times10^{-7} = 16\times10^{-10}\text{〔(mol/L)}^2\text{〕}$$

④式より $[H_2SO_3] = [SO_3^{2-}]$ であるから，$[H^+]^2 = 16\times10^{-10}$〔mol/L〕

$[H^+] = 4\times10^{-5}$〔mol/L〕　　$\text{pH} = -\log_{10}(2^2\times10^{-5}) = 5 - 2\log_{10}2 = \mathbf{4.4}$ 答

参考 $NaHSO_3$ 水溶液の pH は，溶解直後は 4.4 であるが，時間がたつと HSO_3^- の電離が主反応となり，pH は約 3.7 に低下する。

例題 リン酸水溶液は次のように3段階に電離し，各電離定数は次の値である。($\log_{10}2=0.30$，$\log_{10}3=0.48$)

$H_3PO_4 \rightleftarrows H^+ + H_2PO_4^-$　$K_1=10^{-1.8}$〔mol/L〕

$H_2PO_4^- \rightleftarrows H^+ + HPO_4^{2-}$　$K_2=10^{-6.4}$〔mol/L〕

$HPO_4^{2-} \rightleftarrows H^+ + PO_4^{3-}$　$K_3=10^{-11.5}$〔mol/L〕

0.10 mol/L リン酸水溶液を 0.10 mol/L NaOH 水溶液で滴定すると，右図の滴定曲線を得た。図中の A，B，C 点の各 pH を小数第1位まで求めよ。

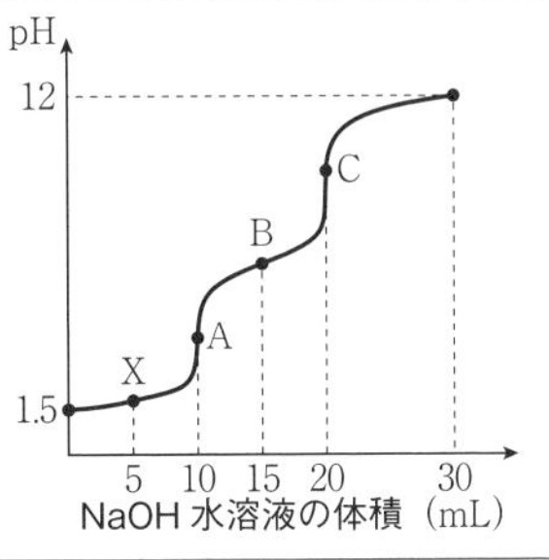

［解］ A 点は，$H_3PO_4+NaOH \longrightarrow NaH_2PO_4+H_2O$ の中和反応が完了した**第一中和点**である。A 点では塩 NaH_2PO_4 の電離で生じた $H_2PO_4^-$ は，次の3通りの反応をおこす可能性がある。

(i) $H_2PO_4^-$ が電離したとすると，　$H_2PO_4^- \rightleftarrows H^+ + HPO_4^{2-}$　$K_2=10^{-6.4}$〔mol/L〕

(ii) $H_2PO_4^-$ が加水分解したとすると，　$H_2PO_4^- + H_2O \rightleftarrows H_3PO_4 + OH^-$

$$K_h=\frac{[H_3PO_4]\ [OH^-]\times[H^+]}{[H_2PO_4^-]\qquad\times[H^+]}=\frac{K_w}{K_1}=\frac{10^{-14}}{10^{-1.8}}=10^{-12.2}〔mol/L〕$$

(iii) $H_2PO_4^-$ が不均化反応したとすると，$2H_2PO_4^- \rightleftarrows H_3PO_4 + HPO_4^{2-}$ ……①

$$K=\frac{[H_3PO_4][HPO_4^{2-}]\times[H^+]}{[H_2PO_4^-]^2\qquad\times[H^+]}=\frac{K_2}{K_1}=\frac{10^{-6.4}}{10^{-1.8}}=10^{-4.6}〔mol/L〕$$

$K>K_2\gg K_h$ なので，溶解直後は $H_2PO_4^-$ の不均化反応（p. 353）だけを考慮して pH を求めればよい。

①式より，$[H_3PO_4]=[HPO_4^{2-}]$ であるから，これを $K_1\times K_2$ の次式へ代入すると

$$K_1\times K_2=\frac{[H^+][H_2PO_4^-]}{[H_3PO_4]}\times\frac{[H^+][HPO_4^{2-}]}{[H_2PO_4^-]}=[H^+]^2$$

$\therefore$　$[H^+]=\sqrt{K_1\times K_2}=\sqrt{10^{-1.8}\times10^{-6.4}}=\sqrt{10^{-8.2}}=10^{-4.1}$〔mol/L〕　pH=**4.1** 答

B 点は，リン酸の第二電離が半分だけ進行した点であり，緩衝溶液となっている。このとき，$[H_2PO_4^-]=[HPO_4^{2-}]$ の関係が成り立ち，これを K_2 の式に代入すると

$K_2=\dfrac{[H^+][HPO_4^{2-}]}{[H_2PO_4^-]}$ より，$[H^+]=K_2=10^{-6.4}$〔mol/L〕　pH=**6.4** 答

C 点は，$NaH_2PO_4+NaOH \longrightarrow Na_2HPO_4+H_2O$ の中和反応が完了した**第二中和点**である。C 点では，塩 Na_2HPO_4 の電離で生じた HPO_4^{2-} は，次の3通りの反応をおこす可能性がある。

(i) HPO_4^{2-} が電離したとすると，　$HPO_4^{2-} \rightleftarrows H^+ + PO_4^{3-}$　$K_3=10^{-11.5}$〔mol/L〕

(ii) HPO_4^{2-} が加水分解したとすると，　$HPO_4^{2-} + H_2O \rightleftarrows H_2PO_4^- + OH^-$

$$K_h=\frac{[H_2PO_4^-][OH^-]\times[H^+]}{[HPO_4^{2-}]\qquad\times[H^+]}=\frac{K_w}{K_2}=\frac{10^{-14}}{10^{-6.4}}=10^{-7.6}〔mol/L〕$$

(iii) HPO_4^{2-} が不均化反応したとすると，　$2HPO_4^{2-} \rightleftarrows H_2PO_4^- + PO_4^{3-}$ ……②

$$K=\frac{[H_2PO_4^-][PO_4^{3-}]\times[H^+]}{[HPO_4^{2-}]^2\qquad\times[H^+]}=\frac{K_3}{K_2}=\frac{10^{-11.5}}{10^{-6.4}}=10^{-5.1}〔mol/L〕$$

$K>K_h\gg K_3$ なので，溶解直後は HPO_4^{2-} の不均化反応だけを考慮して pH を求めればよい。

②式より，$[H_2PO_4^-]=[PO_4^{3-}]$ であるから，これを $K_2\times K_3$ の次式へ代入すると

$$K_2\times K_3=\frac{[H^+][HPO_4^{2-}]}{[H_2PO_4^-]}\times\frac{[H^+][PO_4^{3-}]}{[HPO_4^{2-}]}=[H^+]^2$$

$\therefore$　$[H^+]=\sqrt{K_2\times K_3}=\sqrt{10^{-6.4}\times10^{-11.5}}=\sqrt{10^{-17.9}}=10^{-\frac{17.9}{2}}$〔mol/L〕　pH≒**9.0** 答

SCIENCE BOX　弱酸・弱塩基の塩の加水分解

例題 0.1 mol/L の酢酸アンモニウム CH_3COONH_4 の水溶液の pH を求めてみよう。$\log_{10}1.5=0.18$ とする。

［**解**］ 水溶液中では，CH_3COO^-，NH_4^+ がいずれも加水分解を行う。

$$\begin{array}{rl} & CH_3COO^- + H_2O \rightleftarrows CH_3COOH + OH^- \\ +) & NH_4^+ + H_2O \rightleftarrows NH_3 + H_3O^+ \\ \hline & CH_3COO^- + NH_4^+ \rightleftarrows CH_3COOH + NH_3 \end{array} \quad \cdots\cdots ①$$

$$K_h = \frac{[CH_3COOH][NH_3]}{[CH_3COO^-][NH_4^+]} \quad \cdots\cdots ②$$

②式の分母・分子に$[H^+][OH^-]$をかけて整理すると，

$$K_h = \frac{[CH_3COOH][NH_3]\cdot[H^+][OH^-]}{[CH_3COO^-][NH_4^+]\cdot[H^+][OH^-]} = \frac{K_w}{K_aK_b} \quad \left(\begin{array}{l}K_a,\ K_b \text{はそれぞれ酢酸,} \\ \text{アンモニアの電離定数}\end{array}\right)$$

①式に$[H^+]$や$[OH^-]$を含まないので，加水分解定数K_hを求めても，CH_3COONH_4 水溶液の pH を求めることはできない。

この塩の水溶液中では，酢酸の電離平衡とアンモニアの電離平衡の両方が成立する。

$$CH_3COOH \rightleftarrows CH_3COO^- + H^+$$

$$NH_3 + H_2O \rightleftarrows NH_4^+ + OH^-$$

$$K_a = \frac{[CH_3COO^-][H^+]}{[CH_3COOH]} \quad \cdots\cdots ③$$

$$K_b = \frac{[NH_4^+][OH^-]}{[NH_3]} \quad \cdots\cdots ④$$

0.1 mol/L CH_3COONH_4 水溶液中では，次の物質収支の条件式が成り立つ。

$$0.1 = [CH_3COOH] + [CH_3COO^-] \quad \cdots ⑤$$

$$0.1 = [NH_4^+] + [NH_3] \quad \cdots ⑥$$

水溶液中では，正電荷と負電荷の総和が等しく，次の電気的中性の条件式が成り立つ。

$$[NH_4^+] + [H^+] = [CH_3COO^-] + [OH^-] \quad \cdots ⑦$$

③より　$[CH_3COOH] = \dfrac{[CH_3COO^-][H^+]}{K_a}$

これを⑤へ代入して

$$0.1 = \frac{[CH_3COO^-][H^+]}{K_a} + [CH_3COO^-]$$

$$\therefore \quad [CH_3COO^-] = \frac{0.1\,K_a}{[H^+] + K_a} \quad \cdots\cdots ⑧$$

④より　$[NH_3] = \dfrac{[NH_4^+][OH^-]}{K_b}$

これを⑥へ代入して

$$0.1 = [NH_4^+] + \frac{[NH_4^+][OH^-]}{K_b}$$

$$\therefore \quad [NH_4^+] = \frac{0.1\,K_b}{K_b + [OH^-]} \quad \cdots\cdots ⑨$$

⑧，⑨を⑦へ代入して

$$\frac{0.1\,K_b}{K_b + [OH^-]} + [H^+] = \frac{0.1\,K_a}{[H^+] + K_a} + [OH^-]$$

$$\frac{K_b(0.1 + [H^+]) + K_w}{K_b + [OH^-]} = \frac{K_a(0.1 + [OH^-]) + K_w}{[H^+] + K_a}$$

$[H^+] \ll 0.1$，$[OH^-] \ll 0.1$ より

$$\frac{0.1\,K_b + K_w}{K_b + [OH^-]} = \frac{0.1\,K_a + K_w}{[H^+] + K_a}$$

$K_w \ll 0.1\,K_b$，$K_w \ll 0.1\,K_a$ より

$$\frac{0.1\,K_b}{K_b + [OH^-]} = \frac{0.1\,K_a}{[H^+] + K_a}$$

$$[H^+]K_b = [OH^-]K_a$$

また，$[OH^-] = \dfrac{K_w}{[H^+]}$ より

$$[H^+] = \frac{K_a[OH^-]}{K_b} = \frac{K_a \cdot K_w}{K_b[H^+]}$$

$$[H^+]^2 = \frac{K_aK_w}{K_b}$$

$$[H^+] = \sqrt{\frac{K_aK_w}{K_b}} \quad \cdots\cdots ⑩$$

以上より，弱酸・弱塩基の塩の水溶液の pH は，塩の濃度とは無関係に一定となる。酢酸の電離定数 $K_a = 2.7\times10^{-5}$ mol/L，アンモニアの電離定数 $K_b = 1.8\times10^{-5}$ mol/L 水のイオン積 $K_w = 1.0\times10^{-14}$ (mol/L)^2 を⑩へ代入すると

$$[H^+] = \sqrt{\frac{2.7\times10^{-5}\times1.0\times10^{-14}}{1.8\times10^{-5}}} = \sqrt{1.5\times10^{-14}}\,\text{〔mol/L〕}$$

$$\therefore \quad pH = \log_{10}\left(1.5^{\frac{1}{2}}\times10^{-7}\right) = 7 - \frac{1}{2}\log 1.5 = 7 - 0.09 = 6.91$$

答 6.9

SCIENCE BOX　炭酸水素ナトリウム水溶液の pH の時間変化

0.10 mol/L 炭酸水素ナトリウム $NaHCO_3$ 水溶液に少量のフェノールフタレイン溶液を加えておくと，最初はごく薄い赤色であるが，時間が経過すると，その赤色が濃くなる。このように，$NaHCO_3$ 水溶液の pH は溶解直後よりも時間がたつほど pH が少しずつ大きくなり，やがて一定値になるという不思議な性質を示す。この現象のおこる原因を考えてみよう。

〔1〕 溶解直後の $NaHCO_3$ 水溶液の pH

$NaHCO_3$ は水中では次のように電離する。

$$NaHCO_3 \longrightarrow Na^+ + HCO_3^-$$

HCO_3^- は弱酸由来のイオンであり，次の 3 種類の反応を行う可能性がある。ただし，炭酸の電離定数は次の値であるとする。

$H_2CO_3 \rightleftarrows H^+ + HCO_3^-$　$K_1 = 10^{-6.3}$〔mol/L〕

$HCO_3^- \rightleftarrows H^+ + CO_3^{2-}$　$K_2 = 10^{-10.3}$〔mol/L〕

$H_2CO_3 \rightleftarrows 2H^+ + CO_3^{2-}$　$K_a = 10^{-16.6}$〔(mol/L)^2〕

(1) HCO_3^- がさらに電離する。$K_2 = 10^{-10.3}$〔mol/L〕(K_2 の値が小さいので，この影響は無視できる。)

(2) HCO_3^- が加水分解する。

$$HCO_3^- + H_2O \rightleftarrows H_2CO_3 + OH^-$$

$$K_h = \frac{[H_2CO_3][OH^-]}{[HCO_3^-]} = \frac{K_w}{K_1} = 10^{-7.7}\text{〔mol/L〕}$$

(3) HCO_3^- どうしが自己酸化還元反応（**不均化反応**）(p. 353) する。

$$2HCO_3^- \rightleftarrows H_2CO_3 + CO_3^{2-}$$

$$K = \frac{[H_2CO_3][CO_3^{2-}]}{[HCO_3^-]^2} = \frac{K_2}{K_1} = 10^{-4.0}\text{〔mol/L〕}$$

K_h よりも K のほうが大きいので，$NaHCO_3$ を水に溶解した直後は，(3)の反応が主反応となると考えてよい。

$[H_2CO_3] = [CO_3^{2-}]$ を K_a の式に代入して

$$K_a = \frac{[H^+]^2[CO_3^{2-}]}{[H_2CO_3]} = 10^{-16.6}\text{〔(mol/L)}^2\text{〕}$$

$[H^+] = 10^{-8.3}$〔mol/L〕　∴ **pH＝8.3**

〔2〕 時間経過後の $NaHCO_3$ 水溶液の pH

しばらくすると，HCO_3^- の自己酸化還元反応だけでなく，CO_3^{2-} の加水分解もおこり始める。

$2HCO_3^- \rightleftarrows H_2CO_3 + CO_3^{2-}$　……①

$CO_3^{2-} + H_2O \rightleftarrows HCO_3^- + OH^-$　……②

①，②の反応が同時に進行するので，この 2 つの反応をまとめると，①＋②より，③式が得られる。

$HCO_3^- + H_2O \rightleftarrows H_2CO_3 + OH^-$　……③

結局，時間がたつと HCO_3^- の加水分解がおこることになる。HCO_3^- が x〔mol/L〕だけ加水分解したとすると，

$$K_h = \frac{[H_2CO_3][OH^-]}{[HCO_3^-]} = \frac{x^2}{0.1 - x} = 10^{-7.7}\text{〔mol/L〕}$$

（$0.1 \gg x$ より，$0.1 - x \fallingdotseq 0.1$ と近似する。）

$x^2 = 10^{-8.7}$〔(mol/L)^2〕

$x = [OH^-] = 10^{-\frac{8.7}{2}}$〔mol/L〕

$$pOH = -\log_{10}\left(10^{-\frac{8.7}{2}}\right) = 4.35$$

pH＋pOH＝14 より　pH＝14－4.35≒9.7

〔3〕 まとめ

このような現象は，$NaHCO_3$ 水溶液に限らず，Na_2HPO_4 や NaH_2PO_4 など弱酸の酸性塩では一般に見られる。たとえば 0.10 mol/L Na_2HPO_4 水溶液の場合，水中では次のように電離する。

$$Na_2HPO_4 \longrightarrow 2Na^+ + HPO_4^{2-}$$

(1) HPO_4^{2-} の電離は　$K_3 = 10^{-11.5}$〔mol/L〕(K_3 の値が小さいので，この影響は無視できる。)

(2) HPO_4^{2-} の加水分解は

$$K_h = \frac{K_w}{K_2} = 10^{-7.6}\text{〔mol/L〕}$$

(3) HPO_4^{2-} の自己酸化還元反応は

$$K = \frac{K_3}{K_2} = 10^{-5.1}\text{〔mol/L〕}$$

K_h よりも K のほうが大きいので，Na_2HPO_4 の溶解直後は(3)の反応がおこり pH≒9.0 を示す。しばらくすると，HPO_4^{2-} の加水分解がおこり始めるので，水溶液の pH は約 9.5 に上昇する (p. 339)。

20　難溶性塩の溶解度積

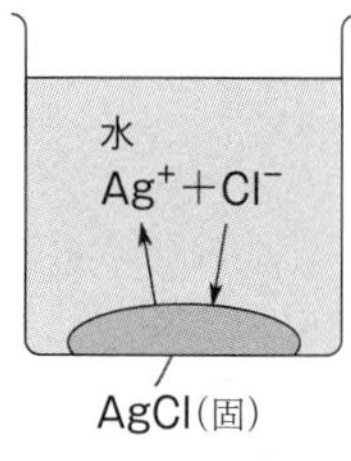

塩化銀 AgCl のような難溶性の塩でも，水に加えてよくかき混ぜると，微量の AgCl は水に溶けて飽和水溶液となる。このとき，水に溶けた AgCl は完全に電離して，次式のような**溶解平衡**が成立している。

$$\text{AgCl(固)} \rightleftarrows Ag^+ + Cl^- \quad \cdots\cdots①$$

①式の平衡に化学平衡の法則を適用すると，②式が得られる。

$$\frac{[Ag^+][Cl^-]}{[\text{AgCl(固)}]} = K \quad \cdots\cdots② \quad \left(\begin{array}{l} K\text{は温度によって} \\ \text{決まる定数} \end{array}\right)$$

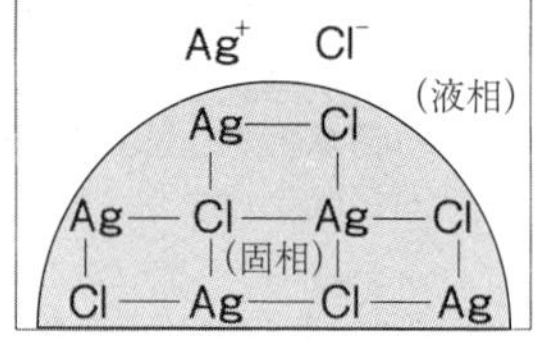

分母の［AgCl(固)］は，固体のモル濃度を表し，一定とみなせるから，これを K にまとめると，③式が得られる[39]。

$$[Ag^+][Cl^-] = K[\text{AgCl(固)}] = \boldsymbol{K_{sp}} \quad \cdots\cdots\cdots③$$

この $\boldsymbol{K_{sp}}$ を塩化銀の**溶解度積** (solubility product) といい，温度のみの関数で，物質固有の定数である。

詳説[39]　右上の下図のように，固体では Ag^+ と Cl^- が規則正しく配列して，結晶を構成している。つまり，Ag^+ と Cl^- のイオン間距離が決まっているから，その濃度（固体 1 L 中に含まれるイオンの物質量）も一定である。これに対して，水溶液中に存在する Ag^+ と Cl^- のイオン間距離は自由に変化できるから，その濃度である $[Ag^+]$ や $[Cl^-]$ は変数となる。

► 右上の図のように，純水に十分量の AgCl を加えて AgCl が沈殿している水溶液（AgCl の飽和水溶液）では，$\text{AgCl(固)} \rightleftarrows Ag^+ + Cl^-$ より，$[Ag^+] = [Cl^-]$ であるばかりか，

$[Ag^+][Cl^-] = \boldsymbol{K_{sp}}$　の関係が成立している。

いま，この AgCl の飽和水溶液に塩化水素 HCl ガスを通じると，新たに AgCl の沈殿が生成してくる。これは，溶液中の Cl^- が増加し，①式の平衡が左に移動したためである（**共通イオン効果**，p. 273）。このため，AgCl の溶解度は減少し，$[Ag^+] = [Cl^-]$ ではなくなり，$[Ag^+] < [Cl^-]$ となる。しかし，AgCl の沈殿が存在する限り，その上澄み液は AgCl に関する飽和水溶液であって，常に　$[Ag^+][Cl^-] = K_{sp}$　の関係が成立していることに留意しなければならない[40]。

補足[40]　$Al(OH)_3$ や Ag_2CrO_4 など，価数の異なるイオンからなる難溶性塩の溶解平衡では，

$$Al(OH)_3\text{(固)} \rightleftarrows Al^{3+} + 3\,OH^- \qquad K_{sp} = [Al^{3+}][OH^-]^3$$

$$Ag_2CrO_4\text{(固)} \rightleftarrows 2\,Ag^+ + CrO_4{}^{2-} \qquad K_{sp} = [Ag^+]^2[CrO_4{}^{2-}]$$

のように，K_{sp} を求めるとき，イオン濃度を係数乗するのを忘れないこと。

21　溶解度と溶解度積の関係

純水に対する難溶性塩の溶解度（単位は mol/L）から，溶解度積 K_{sp} が求められる。また，K_{sp} の値から共通イオンを含んだ水溶液中での難溶性塩の溶解度も計算できる。

例題　純水に対する塩化鉛(Ⅱ) $PbCl_2$ の溶解度は，15℃で 3.0×10^{-3} mol/L である。

(1)　15℃における $PbCl_2$ の溶解度積 K_{sp} を求めよ。

(2)　$PbCl_2$ は，15℃の 1.0×10^{-1} mol/L の塩酸 1 L 中には，何 mol 溶解するか。

［解］ (1) 水に溶解した $PbCl_2$ は次式のように完全に電離するから，

$PbCl_2 \rightleftarrows Pb^{2+} + 2\,Cl^-$

$[Pb^{2+}] = 3.0\times10^{-3}$〔mol/L〕 $[Cl^-] = 3.0\times10^{-3}\times 2 = 6.0\times10^{-3}$〔mol/L〕

$K_{sp} = [Pb^{2+}][Cl^-]^2 = (3.0\times10^{-3})\times(6.0\times10^{-3})^2 \fallingdotseq 1.08\times10^{-7}$〔(mol/L)^3〕

答 **1.1×10^{-7}(mol/L)^3**

(2) HCl は強酸で完全電離するから $[H^+] = [Cl^-] = 1.0\times10^{-1}$〔mol/L〕

この塩酸に $PbCl_2$ が x〔mol/L〕溶けて溶解平衡に達したとする。ここで，$[Pb^{2+}] = x$〔mol/L〕であるが，$[Cl^-] = (1.0\times10^{-1} + 2x)$〔mol/L〕となることに留意する。また，共通イオン Cl^- を含んだ溶液中でも，$[Pb^{2+}][Cl^-]^2 = K_{sp}$ の関係式は成立する。(重要)

よって $x(1.0\times10^{-1} + 2x)^2 = 1.08\times10^{-7}$

x は非常に小さい値なので， $(1.0\times10^{-1} + 2x) \fallingdotseq 1.0\times10^{-1}$ で近似できる。

∴ $1.0\times10^{-2}x = 1.08\times10^{-7}$ より，$x = 1.08\times10^{-5}$〔mol/L〕 答 **1.1×10^{-5}mol**

参考 AgCl のような難溶性塩では，溶解度積 $K_{sp} \fallingdotseq 10^{-10}$(mol/L)^2 とその値は小さいので，共通イオン Cl^- を少量加えただけでも溶解平衡は大きく左に移動し，塩の溶解度も大きく減少する。一方，NaCl のような易溶性塩では，$K_{sp} \fallingdotseq 50$(mol/L)^2 とその値が大きいので，共通イオン Cl^- を少量加えても溶解平衡は大きく左に移動せず，塩の溶解度もそれほど減少しない。

AgCl のような難溶性塩の場合，その飽和溶液は希薄溶液なので，化学平衡の法則，つまり $K_{sp} = [Ag^+][Cl^-] \fallingdotseq 10^{-10}$(mol/L)^2 の関係が厳密に成り立つ。一方，NaCl のような易溶性塩の場合，その飽和溶液は濃厚溶液なので，化学平衡の法則，つまり，$K_{sp} = [Na^+][Cl^-] \fallingdotseq 50$(mol/L)^2 の関係は厳密には成り立たない。

難溶性塩	溶解度積(25℃)，(mol/L)^2	
AgCl	$[Ag^+][Cl^-]$	1.8×10^{-10}
AgBr	$[Ag^+][Br^-]$	5.2×10^{-13}
AgI	$[Ag^+][I^-]$	2.1×10^{-14}
$Mg(OH)_2$	$[Mg^{2+}][OH^-]^2$	1.8×10^{-11}(＊1)
$Al(OH)_3$	$[Al^{3+}][OH^-]^3$	1.0×10^{-32}(＊2)
CuS	$[Cu^{2+}][S^{2-}]$	6.5×10^{-30}
CdS	$[Cd^{2+}][S^{2-}]$	2.1×10^{-20}
ZnS	$[Zn^{2+}][S^{2-}]$	2.2×10^{-18}

＊1 (mol/L)^3，＊2 (mol/L)^4 の単位をもつ。

22 溶解度積と沈殿の生成

溶解度積 K_{sp} は飽和溶液中に存在できる M^+ と X^- の最大濃度を表した数値といえる。いま，M^+ を含む溶液と X^- を含む溶液を混合した瞬間を考えてみると，両イオンの濃度の積とその塩の K_{sp} との大小関係から，次のようなことがいえる。

(i) **$[M^+][X^-] > K_{sp}$ のとき……沈殿を生成する。**
(ii) **$[M^+][X^-] \leqq K_{sp}$ のとき……沈殿を生じない。**

溶液中で両イオンの濃度の積が，溶解度積に達すると沈殿を生じ始め，それを超過した分だけ沈殿となる。

溶解度積 K_{sp} の小さい塩ほど，溶液中に存在しうるイオン濃度が小さい。つまり，溶解平衡 MX(固) $\rightleftarrows M^+ + X^-$ は大きく左に偏り，その塩は沈殿しやすい。たとえば，(AgCl の K_{sp}) > (AgBr の K_{sp}) > (AgI の K_{sp}) であるから，Cl^-，Br^-，I^- が等物質量ずつ含まれている溶液に Ag^+ を少しずつ加えていくと，まず AgI が沈殿し，次に AgBr が沈殿し，最後に AgCl が沈殿するという具合に，溶解度積の小さいものから順に沈殿させることができる。このような操作を**分別沈殿法**という。

例題 硫酸バリウム $BaSO_4$ の溶解度積を 1.0×10^{-10}(mol/L)^2 とする。1.0×10^{-4} mol/L の $BaCl_2$ 水溶液 10 mL に 5.0×10^{-5}mol/L Na_2SO_4 水溶液 10 mL を加えると沈殿を生じた。

(1)　このとき，溶液中に存在する$[Ba^{2+}]$と$[SO_4{}^{2-}]$をそれぞれ求めよ。($\sqrt{10.25}=3.2$)

(2)　1.0×10^{-5} mol/L $BaCl_2$ 水溶液 20 mL に，ある濃度の H_2SO_4 水溶液を加えていくと，10 mL を超えた時点で沈殿を生じ始めた。加えた H_2SO_4 水溶液の濃度は何 mol/L か。

［解］ (1)　2液を混合すると，溶液の体積増加による濃度変化を考えねばならない。混合直後の濃度は，液量が2倍になったのでもとの濃度の $\frac{1}{2}$ になる。

$$[Ba^{2+}]=1.0\times10^{-4}\times\frac{10}{10+10}=5.0\times10^{-5}\text{〔mol/L〕}$$

$$[SO_4{}^{2-}]=5.0\times10^{-5}\times\frac{10}{10+10}=2.5\times10^{-5}\text{〔mol/L〕}$$

ここで，$[Ba^{2+}][SO_4{}^{2-}]=1.25\times10^{-9}(mol/L)^2>K_{sp}$ より，混合直後の$[Ba^{2+}]$と$[SO_4{}^{2-}]$は図の点aで示される。点aは，K_{sp} のグラフの双曲線の上側にあり，沈殿が生成する。

$Ba^{2+}+SO_4{}^{2-}\longrightarrow BaSO_4\downarrow$ より，Ba^{2+} と $SO_4{}^{2-}$ は1:1の物質量比で反応するから，グラフ上では，+1の傾きをもつ直線abに沿って $[Ba^{2+}]$ および $[SO_4{}^{2-}]$ が変化し，双曲線との交点bが $[Ba^{2+}]$，$[SO_4{}^{2-}]$の平衡濃度となる。

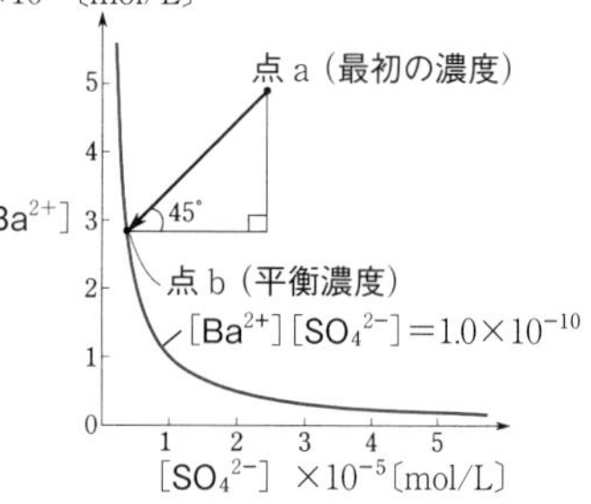

以上のことをもとに，K_{sp} を使って平衡時の$[Ba^{2+}]$と$[SO_4{}^{2-}]$を求めてみよう。

Ba^{2+} と $SO_4{}^{2-}$ のうち，少ないほうの $SO_4{}^{2-}$ はほぼ完全に $BaSO_4$ の沈殿になったとする。この $BaSO_4$ が x〔mol/L〕だけ溶解して平衡状態になったとする。

	$BaSO_4$	$\rightleftarrows$	Ba^{2+}	+	$SO_4{}^{2-}$	
(平衡時)	$2.5\times10^{-5}-x$		$x+2.5\times10^{-5}$ (沈殿しない残りの分)		x	〔mol/L〕

$[Ba^{2+}][SO_4{}^{2-}]=1.0\times10^{-10}$　に代入して，$(x+2.5\times10^{-5})x=1.0\times10^{-10}$

$x^2+2.5\times10^{-5}x-1.0\times10^{-10}=0$　　2次方程式を解くと，

$$x=\frac{-2.5\times10^{-5}\pm\sqrt{6.25\times10^{-10}+4\times10^{-10}}\,(\fallingdotseq3.2\times10^{-5})}{2}$$

∴　$x\fallingdotseq3.5\times10^{-6}$〔mol/L〕，$-2.85\times10^{-5}$〔mol/L〕（不適）

よって，$[Ba^{2+}]\fallingdotseq$**2.9×10^{-5}〔mol/L〕**，$[SO_4{}^{2-}]\fallingdotseq$**$3.5\times10^{-6}$〔mol/L〕** 答

(2)　加えた H_2SO_4 水溶液の濃度を y〔mol/L〕とし，混合直後の濃度を求めると，

$$[Ba^{2+}]=1.0\times10^{-5}\times\frac{20}{20+10}=\frac{2}{3}\times10^{-5}\text{〔mol/L〕}$$

$$[SO_4{}^{2-}]=y\times\frac{10}{20+10}=\frac{1}{3}y\text{〔mol/L〕}$$

$BaSO_4$ の沈殿が生成するとき，$[Ba^{2+}][SO_4{}^{2-}]=1.0\times10^{-10}$(mol/L)^2 が成り立つから，

$$[Ba^{2+}][SO_4{}^{2-}]=\frac{2}{3}\times10^{-5}\times\frac{1}{3}y=1.0\times10^{-10}\qquad y=\mathbf{4.5\times10^{-5}\text{〔mol/L〕}}$$ 答

23 硫化物の沈殿生成と pH

金属の硫化物は，水に難溶性のものが多く，硫化銅(Ⅱ)CuS や硫化亜鉛 ZnS の飽和水溶液中では，それぞれ次のような溶解平衡に達している。

$$CuS(固) \rightleftarrows Cu^{2+} + S^{2-}$$

$$K_{sp(CuS)} = [Cu^{2+}][S^{2-}] = 6.0\times10^{-30}〔(mol/L)^2〕$$

$$ZnS(固) \rightleftarrows Zn^{2+} + S^{2-}$$

$$K_{sp(ZnS)} = [Zn^{2+}][S^{2-}] = 2.0\times10^{-18}〔(mol/L)^2〕$$

CuS と ZnS の溶解度積 K_{sp} を比べると，CuS のほうがかなり小さいので，CuS のほうが ZnS よりも沈殿しやすいことがわかる。

次に，Cu^{2+} と Zn^{2+} を等物質量ずつ含む酸性の水溶液に，H_2S ガスを十分に通じると，CuS は沈殿するが，ZnS は沈殿しない理由を考えてみよう。

硫化水素は弱酸で，水溶液中では次のように2段階に電離する。

$$\begin{cases} H_2S \rightleftarrows H^+ + HS^- \quad \cdots\cdots ① \quad K_1 = 1\times10^{-7}〔mol/L〕 \\ HS^- \rightleftarrows H^+ + S^{2-} \quad \cdots\cdots ② \quad K_2 = 1\times10^{-14}〔mol/L〕 \end{cases}$$

①，②式をまとめると，　$H_2S \rightleftarrows 2H^+ + S^{2-}$ ……③

$$K = \frac{[H^+]^2[S^{2-}]}{[H_2S]} = K_1K_2 = 1\times10^{-21}〔(mol/L)^2〕$$

また，H_2S の飽和水溶液では，$[H_2S] \fallingdotseq 0.10$ mol/L とみなせるので，

$[H^+]^2[S^{2-}] = 1\times10^{-22}(mol/L)^3$ が成り立つ。

水溶液を酸性にすると，$[H^+]$ が大きくなるので，③式の平衡は左に移動し，溶液中の$[S^{2-}]$は小さくなる。このとき，K_{sp} の十分に小さい CuS では，$[S^{2-}]$の値が小さい酸性溶液中でも，$[Cu^{2+}]$と$[S^{2-}]$の積が CuS の K_{sp} を超え CuS が沈殿する。一方，K_{sp} の比較的大きい ZnS では，$[Zn^{2+}]$と$[S^{2-}]$の積が ZnS の K_{sp} に達せず ZnS は沈殿しない。

しかし，水溶液を中性～塩基性にすると，③式の平衡は右へ移動し，溶液中の $[S^{2-}]$ は大きくなる。このとき，K_{sp} の比較的大きい ZnS でも$[Zn^{2+}]$ と$[S^{2-}]$ の積が ZnS の K_{sp} を超え ZnS も沈殿するようになる。

このように，金属の硫化物は，水溶液の pH を変えることで $[S^{2-}]$ の値を変化させ，沈殿の生成を調節できる。こうして，複数の金属イオンを含む混合水溶液から，各金属イオンを別々の沈殿として分離できる。

24 沈殿滴定

濃度不明の NaCl 水溶液に濃度既知の $AgNO_3$ 水溶液を加えていくと

$Ag^+ + Cl^- \longrightarrow AgCl$ の反応がおこり，AgCl の白色沈殿を生じる。このとき指示薬として適量の K_2CrO_4 水溶液を加えておけば，AgCl がほぼ沈殿し終わった頃に，

$2Ag^+ + CrO_4^{2-} \longrightarrow Ag_2CrO_4$ の反応がおこり，Ag_2CrO_4 の赤褐色沈殿が生じる[41]。この色の変化によって，この滴定の終点を知ることができる。このように沈殿の生成を利用して特定のイオンを定量する方法を**沈殿滴定**といい，特に，K_2CrO_4 を指示薬に用いた Cl^-(または Br^-)の定量法を**モール法**という[42]。

補足[41] Cl^- と CrO_4^{2-} の混合水溶液に $AgNO_3$ の水溶液を加えていく場合，AgCl と Ag_2CrO_4 が同時に沈殿するのではない。AgCl のほうが Ag_2CrO_4 よりも水への溶解度が小さいので，白色の AgCl だけが優先的に沈殿する。さらに，$AgNO_3$ 水溶液を加えていくと，Cl^- がほぼすべて AgCl として沈殿し終わった頃，溶解度のやや大きい Ag_2CrO_4 の赤褐色沈殿が生成し始める。したがって，AgCl の白色沈殿に Ag_2CrO_4 の赤褐色沈殿が混じり始めた点がこの滴定の終点と判断できる。すなわち，モール法は AgCl と Ag_2CrO_4 の溶解度の差とその色の変化をうまく利用した沈殿滴定であるといえる。

補足[42] モール法は pH 7～10 程度で実施する。pH が低くなると，CrO_4^{2-} が $Cr_2O_7^{2-}$ となり，Ag^+ と沈殿をつくりにくくなるので，指示薬の機能が失われる。また，pH が高くなると，Ag_2O が生じて Ag^+ が Cl^- との反応以外に使われ，滴定結果に狂いが生じるからである。

参考 $AgNO_3$ 水溶液をチオシアン酸カリウム KSCN 標準水溶液で滴定する場合，指示薬として少量の Fe^{3+} を加えておくと，白色のチオシアン酸銀 AgSCN がほぼ沈殿し終わった後に，過剰となった SCN^- が Fe^{3+} と錯イオンをつくって赤色に呈色するので，滴定の終点を知ることができる。このような沈殿滴定を**フォルハルト法**という。

例題 1.0×10^{-2} mol の Cl^- と 1.0×10^{-4} mol の CrO_4^{2-} を含む混合水溶液 1.0 L がある。これに一定濃度の $AgNO_3$ 水溶液を少量ずつ加えていく。AgCl と Ag_2CrO_4 の溶解度積 K_{sp} は，それぞれ $2.0\times10^{-10}(\text{mol/L})^2$，$1.0\times10^{-12}(\text{mol/L})^3$ とし，$AgNO_3$ 水溶液の添加による溶液の体積変化は無視できるとする。

(1)　AgCl，Ag_2CrO_4 の沈殿が生成し始めるときの Ag^+ のモル濃度をそれぞれ求めよ。

(2)　Ag_2CrO_4 の沈殿が生成し始めるとき，Cl^- のモル濃度はいくらになっているか。

(3)　この滴定の終点において，ちょうど Ag_2CrO_4 の沈殿が生成し始めるようにするには，CrO_4^{2-} は何 mol 加えておかなければならないか。

［解］(1)　AgCl，Ag_2CrO_4 が沈殿し始めるときの$[Ag^+]$を，x〔mol/L〕，y〔mol/L〕とおく。

$K_{sp}=[Ag^+][Cl^-]=2.0\times10^{-10}(\text{mol/L})^2$ に$[Cl^-]=1.0\times10^{-2}$ mol/L を代入すると

$$x=\frac{2.0\times10^{-10}}{1.0\times10^{-2}}=\mathbf{2.0\times10^{-8}}\textbf{〔mol/L〕}$$ 答

$K_{sp}=[Ag^+]^2[CrO_4^{2-}]=1.0\times10^{-12}(\text{mol/L})^2$ に$[CrO_4^{2-}]=1.0\times10^{-4}$ mol/L を代入すると

$$y=\sqrt{\frac{1.0\times10^{-12}}{1.0\times10^{-4}}}=\mathbf{1.0\times10^{-4}}\textbf{〔mol/L〕}$$ 答

x のほうが y よりもはるかに小さいので，AgCl が先に沈殿し，Ag_2CrO_4 が後から沈殿する。

(2)　Ag_2CrO_4 が沈殿し始めるとき，(1)より，$[Ag^+]=1.0\times10^{-4}$ mol/L である。このとき，水溶液中には AgCl の沈殿が生成しており，$K_{sp}=[Ag^+][Cl^-]=2.0\times10^{-10}(\text{mol/L})^2$ の関係が成立する。

$$[Cl^-]=\frac{2.0\times10^{-10}}{1.0\times10^{-4}}=\mathbf{2.0\times10^{-6}}\textbf{〔mol/L〕}$$ 答

(3)　滴定の終点では，溶液中の$[Ag^+]=[Cl^-]$である*。$[Ag^+][Cl^-]=K_{sp}$ の関係より，

$K_{sp}=[Ag^+]^2=2.0\times10^{-10}(\text{mol/L})^2$　　$[Ag^+]=\sqrt{2}\times10^{-5}$ mol/L

Ag_2CrO_4 が沈殿し始めるときの$[CrO_4^{2-}]$は，$[Ag^+]^2[CrO_4^{2-}]=K_{sp}$ の関係より，

$$[CrO_4^{2-}]=\frac{K_{sp}}{[Ag^+]^2}=\frac{1.0\times10^{-12}}{2.0\times10^{-10}}=5.0\times10^{-3}\text{〔mol/L〕}$$　　$\mathbf{5.0\times10^{-3}}$ **mol** 答

*　滴定の終点を過ぎて Ag_2CrO_4 が沈殿し始めると，$[Ag^+]<[Cl^-]$となるためである。

例題 水溶液中の Cl^- の含有量を $AgNO_3$ 水溶液で沈殿滴定する際に，その終点を求めるために K_2CrO_4 を指示薬として用いる方法をモール法という。いま，$AgCl$，Ag_2CrO_4 の溶解度積 K_{sp} をそれぞれ $1.8\times10^{-10}(\mathrm{mol/L})^2$，$3.6\times10^{-12}(\mathrm{mol/L})^3$ とし，最初の$[Cl^-]=1.0\times10^{-2}$ mol/L とする。この滴定を開始すると，まず $AgCl$ の白色沈殿を生じる。さらに滴定を続け，$AgCl$ の新たな沈殿が生じなくなる当量点近傍での$[Ag^+]$は$[Cl^-]$に等しく［ ア ］mol/L となる。この $[Ag^+]$ において Ag_2CrO_4 の暗赤色沈殿を生じるためには，$CrO_4{}^{2-}$ の濃度は［ イ ］mol/L とすればよい。ただし，この濃度では，K_2CrO_4 の黄色が濃く，暗赤色の発色を認めるのが困難なので，通常それよりも薄い濃度の試薬を用いる。たとえば，$CrO_4{}^{2-}$ の濃度を 2.0×10^{-3} mol/L とした場合，暗赤色沈殿が生成する終点での $[Ag^+]$ は［ ウ ］mol/L となり，当量点の値よりやや多くなる。この滴定誤差のほか，着色を認めるまでの個人差をなくすために空試験（ブランクテスト）を行い，それを終点の値より差し引くことにより，正確な当量点が求められる。($\sqrt{1.8}=1.34$，$\sqrt{2}=1.41$，$\sqrt{3}=1.73$，$\sqrt{3.6}=1.90$)

（実験） 0.100 mol/L NaCl 水溶液 20.0 mL と 0.10 mol/L K_2CrO_4 水溶液 1.0 mL の混合水溶液を濃度未知の $AgNO_3$ 水溶液で滴定したところ，暗赤色の発色を認めるまでに 9.90 mL を要した。次に，醤油を水で 40 倍に薄めた溶液から 20.0 mL 取り，この $AgNO_3$ 水溶液を用いて同様に滴定したら 8.10 mL で終点に達した。なお，純水 20.0 mL に 0.10 mol/L K_2CrO_4 水溶液 1.0 mL を加えて空試験を行ったところ，同様の暗赤色の発色を認めるまでに 0.10 mL を要した。

(1) 文中の空欄［ ア ］～［ ウ ］に適切な数値（有効数字 2 桁）を入れよ。

(2) この実験で用いた $AgNO_3$ 水溶液のモル濃度を求めよ。

(3) この醤油（密度 1.12 g/cm^3）中の NaCl の質量パーセント濃度を求めよ。(NaCl＝58.5)

［解］ (1) ア 酸化剤と還元剤が過不足なく反応した点を**当量点**という。この滴定の当量点では，(Ag^+ の物質量)＝(Cl^- の物質量)のため，溶液中の$[Ag^+]$と$[Cl^-]$は等しい。

また，$AgCl$ が沈殿しているので，$K_{sp}=[Ag^+][Cl^-]=1.8\times10^{-10}(\mathrm{mol/L})^2$ が成り立つ。

$$[Ag^+]^2=1.8\times10^{-10} \qquad [Ag^+]=\sqrt{1.8}\times10^{-5}=1.34\times10^{-5}\fallingdotseq\mathbf{1.3\times10^{-5}}\,〔\mathbf{mol/L}〕$$ 答

イ Ag_2CrO_4 が沈殿し始めたとき，$K_{sp}=[Ag^+]^2[CrO_4{}^{2-}]=3.6\times10^{-12}(\mathrm{mol/L})^3$ が成り立つ。

$$\therefore\ [CrO_4{}^{2-}]=\frac{K_{sp}}{[Ag^+]^2}=\frac{3.6\times10^{-12}}{1.8\times10^{-10}}=\mathbf{2.0\times10^{-2}}\,〔\mathbf{mol/L}〕$$ 答

ウ $[CrO_4{}^{2-}]=2.0\times10^{-3}$ mol/L のとき，Ag_2CrO_4 が沈殿し始めるときの$[Ag^+]$は，

$$\therefore\ [Ag^+]=\sqrt{\frac{K_{sp}}{[CrO_4{}^{2-}]}}=\sqrt{\frac{3.6\times10^{-12}}{2.0\times10^{-3}}}=3\sqrt{2}\times10^{-5}=4.23\times10^{-5}\fallingdotseq\mathbf{4.2\times10^{-5}}\,〔\mathbf{mol/L}〕$$ 答

(2) $Ag^++Cl^-\longrightarrow AgCl$ より，$Ag^+:Cl^-=1:1$（物質量比）で反応するから，この $AgNO_3$ 水溶液のモル濃度を x〔mol/L〕とすると，

$$0.100〔\mathrm{mol/L}〕\times\frac{20.0}{1000}〔\mathrm{L}〕=x〔\mathrm{mol/L}〕\times\frac{(9.90-0.10)^*}{1000} \qquad x\fallingdotseq0.2040\fallingdotseq\mathbf{0.204}〔\mathbf{mol/L}〕$$ 答

(3) 醤油中の NaCl の濃度を y〔mol/L〕とおくと，

$$\frac{y}{40}〔\mathrm{mol/L}〕\times\frac{20.0}{1000}〔\mathrm{L}〕=0.2040〔\mathrm{mol/L}〕\times\frac{(8.10-0.10)^*}{1000} \qquad y\fallingdotseq3.264〔\mathrm{mol/L}〕$$

$$\frac{溶質量}{溶液量}=\frac{3.264〔\mathrm{mol}〕\times58.5〔\mathrm{g/mol}〕}{1000〔\mathrm{cm^3}〕\times1.12〔\mathrm{g/cm^3}〕}\times100\fallingdotseq17.04 \qquad \mathbf{17.0\%}$$ 答

＊各滴定値より，空試験による補正値 0.10 mL を差し引いた値を代入することに留意すること。

例題 硫化水素は水中で２段階に電離し，第一電離と第二電離の電離定数はそれぞれ $K_1=1.0\times10^{-7}$mol/L，$K_2=1.0\times10^{-14}$mol/L である。また，CuS と ZnS の溶解度積はそれぞれ $6.0\times10^{-30}(\text{mol/L})^2$，$2.0\times10^{-18}(\text{mol/L})^2$。硫化水素の飽和水溶液中での $[H_2S]$ は 0.10 mol/L とする。($\log_{10}2=0.30$，$\log_{10}3=0.48$)

(1) Cu^{2+} と Zn^{2+} の濃度がいずれも 1.0×10^{-2} mol/L である混合水溶液に H_2S を十分に通じて CuS だけを沈殿させるには，$[S^{2-}]$の範囲をいくらにすればよいか。

(2) (1)のためには，溶液の pH をいくらより小さくすればよいか。

(3) 1.0×10^{-2} mol/L の $Zn(NO_3)_2$ 水溶液に H_2S を十分に通じたとき，最初に存在していた Zn^{2+} の 80% が ZnS として沈殿していた。このときの水溶液の pH を求めよ。

［解］ (1) CuS，ZnS が沈殿するための$[S^{2-}]$をそれぞれ x〔mol/L〕，y〔mol/L〕とする。

$$[Cu^{2+}][S^{2-}]=1.0\times10^{-2}\times x>6.0\times10^{-30}〔(\text{mol/L})^2〕$$

$$\therefore\ x>6.0\times10^{-28}〔\text{mol/L}〕$$

$$[Zn^{2+}][S^{2-}]=1.0\times10^{-2}\times y>2.0\times10^{-18}〔(\text{mol/L})^2〕$$

$$\therefore\ y>2.0\times10^{-16}〔\text{mol/L}〕$$

よって，CuS だけが沈殿し，ZnS を沈殿させないための$[S^{2-}]$の範囲は

$$\mathbf{6.0\times10^{-28}〔mol/L〕<[S^{2-}]\leqq2.0\times10^{-16}〔mol/L〕}$$ 答

(2) ZnS を沈殿させないためには，$[S^{2-}]\leqq2.0\times10^{-16}$mol/L であればよい。

$$H_2S \rightleftarrows H^+ + HS^- \quad\cdots\cdots①\qquad HS^- \rightleftarrows H^+ + S^{2-} \quad\cdots\cdots②$$

$$K_1=\frac{[H^+][HS^-]}{[H_2S]} \quad\cdots\cdots③\qquad K_2=\frac{[H^+][S^{2-}]}{[HS^-]} \quad\cdots\cdots④$$

①，②式をまとめると，$H_2S \rightleftarrows 2H^+ + S^{2-}$ ……⑤

⑤式の電離定数を K とおくと，③×④より

$$K=\frac{[H^+]^2[S^{2-}]}{[H_2S]}=K_1\cdot K_2=1.0\times10^{-21}〔(\text{mol/L})^2〕$$

$$[H^+]^2=\frac{K\cdot[H_2S]}{[S^{2-}]}=\frac{1.0\times10^{-21}\times0.10}{2.0\times10^{-16}}$$

$$[H^+]^2=\frac{1}{2}\times10^{-6}〔(\text{mol/L})^2〕\qquad [H^+]=\frac{1}{\sqrt{2}}\times10^{-3}〔\text{mol/L}〕$$

$$\text{pH}=-\log_{10}\left(2^{-\frac{1}{2}}\times10^{-3}\right)=3+\frac{1}{2}\log_{10}2=3.15\fallingdotseq\mathbf{3.2}$$ 答

（ZnS を沈殿させないためには，水溶液の pH<3.2 であればよい。）

(3) Zn^{2+} の 80% が沈殿したので，水溶液中の$[Zn^{2+}]=2.0\times10^{-3}$ mol/L である。

ZnS が沈殿しているので，$[Zn^{2+}][S^{2-}]=K_{sp}$ の関係が成立する。

$$[S^{2-}]=\frac{K_{sp}}{[Zn^{2+}]}=\frac{2.0\times10^{-18}}{2.0\times10^{-3}}=1.0\times10^{-15}〔\text{mol/L}〕$$

$$[H^+]^2=\frac{K\cdot[H_2S]}{[S^{2-}]}=\frac{1.0\times10^{-21}\times0.10}{1.0\times10^{-15}}=1.0\times10^{-7}〔(\text{mol/L})^2〕$$

$$[H^+]=\sqrt{1.0\times10^{-7}}=1.0\times10^{-\frac{7}{2}}〔\text{mol/L}〕$$

$$\text{pH}=-\log_{10}(1.0\times10^{-\frac{7}{2}})=\mathbf{3.5}$$ 答

例題 2.0×10^{-2} mol/L の硝酸カドミウム $Cd(NO_3)_2$ 水溶液 100 mL に，2.0 mol/L の NaOH 水溶液を滴下すると，水酸化カドミウム $Cd(OH)_2$ の白色沈殿を生じる。$Cd(OH)_2$ の溶解度積 K_{sp} を 8.0×10^{-15}(mol/L)^3，$\log_{10}2=0.30$，NaOH 水溶液の滴下による溶液の体積変化は無視でき，いったん生じた沈殿は再溶解しないものとして，次の問いに答えよ。
(1) $Cd(OH)_2$ が沈殿し始めるときの水溶液の pH を小数第1位まで求めよ。
(2) NaOH 水溶液の滴下量が(a) 1.0 mL，(b) 3.0 mL のとき，生成した $Cd(OH)_2$ の物質量と，そのときの水溶液の pH を小数第1位まで求めよ。

［解］ (1) $Cd(OH)_2$ が沈殿し始めるとき，水溶液中では，$Cd(OH)_2(固) \rightleftarrows Cd^{2+}+2\,OH^-$ の溶解平衡の状態にあるから，$[Cd^{2+}][OH^-]^2=K_{sp}$ の関係式が成り立つ。

$$[OH^-]^2=\frac{K_{sp}}{[Cd^{2+}]}=\frac{8.0\times10^{-15}〔(mol/L)^3〕}{2.0\times10^{-2}〔mol/L〕}=4.0\times10^{-13}〔(mol/L)^2〕$$

$$[OH^-]=\sqrt{4.0\times10^{-13}}=2.0\times10^{-\frac{13}{2}}〔mol/L〕$$

$$pOH=-\log_{10}(2.0\times10^{-\frac{13}{2}})=6.5-\log_{10}2=6.2$$

pH＋pOH＝14 より，pH＝14－6.2＝**7.8**　答

(2) (a) 混合直後の $[OH^-]=2.0〔mol/L〕\times\frac{1.0}{1000}\times\frac{1000}{101}\fallingdotseq2.0\times10^{-2}〔mol/L〕$

混合直後のイオン濃度の積と K_{sp} を比較して $Cd(OH)_2$ の沈殿生成を判断すると

$$[Cd^{2+}][OH^-]^2=2.0\times10^{-2}\times(2.0\times10^{-2})^2=8.0\times10^{-6}〔(mol/L)^3〕>K_{sp}$$

よって，$Cd(OH)_2$ の沈殿は生成する。

	Cd^{2+}	＋ $2\,OH^-$	⟶ $Cd(OH)_2$	
反応前	2.0×10^{-3}	2.0×10^{-3}	0	〔mol〕
反応後	1.0×10^{-3}	ほぼ0	1.0×10^{-3}	〔mol〕

Cd^{2+} と OH^- の物質量を比較すると，OH^- のほうが不足する(Cd^{2+} は余る)。
よって，生成する $Cd(OH)_2$ の物質量は **1.0×10^{-3} mol**　答
反応後，水溶液中の OH^- はほぼ 0 mol になるが，Cd^{2+} は 1.0×10^{-3} mol 残る。
題意より，水溶液の体積は 100 mL とみなせるので，$[Cd^{2+}]=1.0\times10^{-2}$ mol/L。
水溶液中に $Cd(OH)_2$ が共存すれば，$[Cd^{2+}][OH^-]^2=K_{sp}$ の関係が成り立つ。

$$[OH^-]^2=\frac{K_{sp}}{[Cd^{2+}]}=\frac{8.0\times10^{-15}〔(mol/L)^3〕}{1.0\times10^{-2}〔mol/L〕}=8.0\times10^{-13}〔(mol/L)^2〕$$

$$[OH^-]=\sqrt{8.0\times10^{-13}}=2\sqrt{2}\times10^{-\frac{13}{2}}〔mol/L〕$$

$$pOH=-\log_{10}\left(2\times2^{\frac{1}{2}}\times10^{-\frac{13}{2}}\right)=6.5-\log_{10}2-\frac{1}{2}\log_{10}2=6.05$$

pH＋pOH＝14 より　pH＝14－6.05＝7.95　　**8.0**　答

(b)

	Cd^{2+}	＋ $2\,OH^-$	⟶ $Cd(OH)_2$	
反応前	2.0×10^{-3}	6.0×10^{-3}	0	〔mol〕
反応後	ほぼ0	2.0×10^{-3}	2.0×10^{-3}	〔mol〕

Cd^{2+} と OH^- の物質量を比較すると，Cd^{2+} のほうが不足する(OH^- は余る)。
生成する $Cd(OH)_2$ の物質量は **2.0×10^{-3} mol**　答
反応後，水溶液中の Cd^{2+} はほぼ 0 mol になるが，OH^- は 2.0×10^{-3} mol 残る。
題意より，水溶液の体積は 100 mL とみなせるので，$[OH^-]=2.0\times10^{-2}$ mol/L。

$pOH=-\log_{10}(2.0\times10^{-2})=2-\log_{10}2=1.7$　　pH＝14－1.7＝**12.3**　答

例題 アルミニウムイオン Al^{3+} を含む水溶液に強塩基を加えると，白色沈殿が生成する。

$Al^{3+} + 3OH^- \longrightarrow Al(OH)_3$ ……①

さらに，過剰の強塩基を加えると，水酸化アルミニウムの白色沈殿は溶解する。

$Al(OH)_3 + OH^- \longrightarrow [Al(OH)_4]^-$ ……②

いま，1.0×10^{-2}mol/L の塩化アルミニウム水溶液 1.0 L に水酸化ナトリウム水溶液を加えた。ただし，試薬の添加による溶液の体積変化は無視してよく，水溶液中に水酸化アルミニウムの沈殿が生成・溶解するとき，それぞれ③，④の関係式が成り立つとして，下の各問いに答えよ。($\log_{10}2=0.30$)

$K_{sp}=[Al^{3+}][OH^-]^3=1.0\times10^{-32}(mol/L)^4$ ……③

$K=\dfrac{[[Al(OH)_4]^-]}{[OH^-]}=40$ ……④

(1) ①式で水酸化アルミニウムの沈殿が生成し始めるときの pH を小数第1位まで求めよ。

(2) ②式で水酸化アルミニウムがすべて溶解したときの pH を小数第1位まで求めよ。

[解] (1) ③式は，水酸化アルミニウム $Al(OH)_3$ の溶解度積を表している。

ただし，①式の本来の平衡定数は，

$K'=\dfrac{[Al^{3+}][OH^-]^3}{[Al(OH)_3(固)]}$ である。ところが，分母の$[Al(OH)_3(固)]$のように，固体物質の濃度は，通常，一定とみなしてよいから，これを K' の中に含めることができる。

$K'\cdot[Al(OH)_3(固)]=[Al^{3+}][OH^-]^3(=一定)$

この左辺を改めて K_{sp} とおき，これを $Al(OH)_3$ の溶解度積と定義している。

水溶液中で，$[Al^{3+}][OH^-]^3 \geqq K_{sp}$ のとき，$Al(OH)_3$ の沈殿が生成する。

$Al(OH)_3$ の沈殿が生成し始めたとき，③式が成り立つから，

$[Al^{3+}][OH^-]^3=(1.0\times10^{-2})\times[OH^-]^3=1.0\times10^{-32}〔(mol/L)^4〕$

$\therefore\ [OH^-]^3=1.0\times10^{-30}〔mol/L〕 \Rightarrow [OH^-]=1.0\times10^{-10}〔mol/L〕$

水のイオン積 $K_w=[H^+][OH^-]=1.0\times10^{-14}(mol/L)^2$ (p. 295)より，

$[H^+]=\dfrac{K_w}{[OH^-]}=\dfrac{1.0\times10^{-14}}{1.0\times10^{-10}}=1.0\times10^{-4}〔mol/L〕$ 　　**答** **4.0**

(2) ②式の本来の平衡定数は，

$K'=\dfrac{[[Al(OH)_4]^-]}{[Al(OH)_3(固)][OH^-]}$ である。しかし，(1)と同様に，$[Al(OH)_3(固)]$ を K' の中に含めて整理し，$K'\cdot[Al(OH)_3(固)]$を改めて K とおくと，④式が得られる。

$Al(OH)_3$ がすべて溶解した瞬間には，ごく微量の $Al(OH)_3$ が残っていると考えて，④式がまだ成立している。

また，このとき，Al^{3+} はすべて$[Al(OH)_4]^-$ として存在していると考えてよいから，

$K=\dfrac{[[Al(OH)_4]^-]}{[OH^-]}=\dfrac{1.0\times10^{-2}}{[OH^-]}=40$

$\therefore\ [OH^-]=2.5\times10^{-4}〔mol/L〕$

$[H^+]=\dfrac{K_w}{[OH^-]}=\dfrac{1.0\times10^{-14}}{2.5\times10^{-4}}=4.0\times10^{-11}〔mol/L〕$

$pH=-\log_{10}(2^2\times10^{-11})=11-2\log_{10}2=10.4$ 　　**答** **10.4**

例題 塩化銀 AgCl の飽和水溶液中では①式のような溶解平衡の状態にある。

$AgCl(固) \rightleftarrows Ag^{+} + Cl^{-}$ ……①

このとき，溶液中の$[Ag^{+}]$と$[Cl^{-}]$の間には次の関係が成り立つ。

$K_{sp}=[Ag^{+}][Cl^{-}]=2.0\times10^{-10}(mol/L)^2$ ……② （K_{sp}：溶解度積という）

塩化銀は水に溶けにくいが，アンモニア水にはよく溶ける。それは，銀イオンがアンモニアと錯イオンをつくり，③式のような平衡状態となるからである。

$Ag^{+} + 2NH_3 \rightleftarrows [Ag(NH_3)_2]^{+}$ ……③

この反応の平衡定数 K は，次式で表される。次の各問いに答えよ。

$K=\dfrac{[[Ag(NH_3)_2]^{+}]}{[Ag^{+}][NH_3]^2}=1.6\times10^7〔(mol/L)^{-2}〕$ ……④

(1) 純水 1.0 L に溶解する塩化銀の物質量を求めよ。

(2) 2.0 mol/L アンモニア水 1.0 L に溶解する塩化銀の物質量を求めよ。($\sqrt{2}=1.4$)

［**解**］ (1) 純水 1.0 L に AgCl が x mol 溶解したとすると，

①式より，水溶液中の$[Ag^{+}]=[Cl^{-}]=x$〔mol/L〕であるから，

これらを②式へ代入すると，

$K_{sp}=[Ag^{+}]\cdot[Cl^{-}]=x^2=2.0\times10^{-10}〔(mol/L)^2〕$

$\therefore\ x=\sqrt{2}\times10^{-5}\fallingdotseq\mathbf{1.4\times10^{-5}}$**〔mol〕** 答

(2) 2.0 mol/L NH_3 水 1.0 L に AgCl が y〔mol〕溶解したとすると，

①式より，AgCl の溶解で生じた$[Cl^{-}]=y$〔mol/L〕である。

同時に，Ag^{+} も y〔mol〕だけ生じるが，直ちに NH_3 と反応して錯イオンを形成する。

$Ag^{+} + 2NH_3 \rightleftarrows [Ag(NH_3)_2]^{+}$ ……③

③式の平衡定数が非常に大きいので，Ag^{+} のほとんどが$[Ag(NH_3)_2]^{+}$に変化しており，

$\therefore\ [[Ag(NH_3)_2]^{+}]\fallingdotseq y$〔mol/L〕 と近似できる。

一方，水溶液中には錯イオンをつくらなかった遊離の$[Ag^{+}]$もわずかに存在する。

この$[Ag^{+}]$は$[Cl^{-}]$との間に①式の溶解平衡の状態にあるから，

$K_{sp}=[Ag^{+}][Cl^{-}]=2.0\times10^{-10}(mol/L)^2$ …② の関係を満たしている。

②式に$[Cl^{-}]=y$〔mol/L〕を代入すると，

$[Ag^{+}]=\dfrac{2.0\times10^{-10}}{y}$〔mol/L〕 となる。

また，溶解した NH_3 2.0 mol のうち，Ag^{+} との錯イオン形成のために $2y$〔mol〕だけ消費されるので，平衡時の$[NH_3]=(2.0-2y)$ mol/L となる。

これらの値を④式の平衡定数に代入すると，

$$K=\frac{[[Ag(NH_3)_2]^{+}]}{[Ag^{+}][NH_3]^2}=\frac{y}{\dfrac{2.0\times10^{-10}}{y}(2.0-2y)^2}=1.6\times10^7$$

$$\frac{y^2}{(2.0-2y)^2}=32\times10^{-4}$$

完全平方式なので，両辺の平方根をとると，$\dfrac{y}{2.0-2y}=4\sqrt{2}\times10^{-2}=5.6\times10^{-2}$

$1.112y=0.112$ $\therefore\ y\fallingdotseq\mathbf{1.0\times10^{-1}}$**〔mol〕** 答

第４章　酸化還元反応

3-9　酸化還元反応

1　酸化・還元の定義

銅の粉末を空気中で加熱すると，黒色の酸化銅(Ⅱ)CuOになる。このように，物質が酸素を受け取る変化を**酸化**といい，このとき，その物質は**酸化された**という。

$$2Cu+O_2 \longrightarrow 2CuO$$

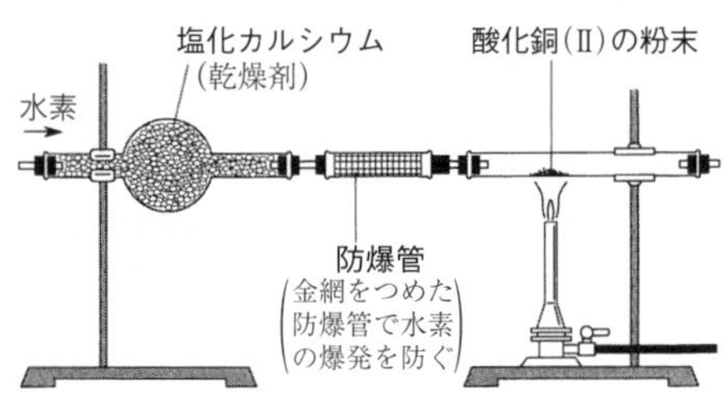

一方，右図のように，酸化銅(Ⅱ)の粉末を耐熱ガラス管に入れ，乾いた水素を送りながら加熱すると，酸化銅(Ⅱ)は赤色の金属光沢をもつ銅に戻り，ガラス管内には水滴が生じるのが観察される。このように,物質が酸素を失う変化を**還元**といい，このとき，その物質は**還元された**という。

$$CuO + H_2 \longrightarrow Cu + H_2O \quad \cdots\cdots①$$

（H_2→H_2O：酸化された，CuO→Cu：還元された）

①式の反応は，酸化銅(Ⅱ)が還元されたのと同時に，水素は酸化されていることを示す❶。一般に，酸化と還元は必ず同時におこり（**酸化還元反応の同時性**），それぞれの反応が単独におこることはない。そこで，このような反応を**酸化還元反応**という❷。

詳説❶　①式の反応をCuOを主体として表現する方法には，次の２通りがある。

Ⓐ　CuOはH_2を酸化した。　Ⓑ　CuOは(H_2によって)還元された。

Ⓐの表現では，目的語がないと文意が通じないのに対して，Ⓑの表現では目的語がなくても文意が通じる.したがって，化学では，Ⓐのような能動的表現ではなく，より簡潔・正確に反応の内容が伝えられるⒷのような受身的表現，すなわち，「○が酸化された」「○が還元された」という表現をすることを心がけてほしい。

補足❷　酸化・還元を酸素の授受で考えると，１つの反応では酸素原子を失う（還元される）物質があれば，必ずその酸素原子を受け取る(酸化される)物質があるはずである。これは，化学反応によって酸素原子が消滅したり生成することはないことからも明らかである。

►集気びんに集めた硫化水素H_2Sに，ほぼ等体積の空気を混合して点火すると，硫化水素は燃焼し，びんの内壁に硫黄Sが微粒子となって付着する。

$$2H_2S + O_2 \longrightarrow 2S + 2H_2O$$

（O_2→H_2O：還元された，H_2S→S：酸化された）

この反応は，硫化水素に酸素を反応させたので酸化反応であるが，このとき，硫化水素は水素を失っている。そこで，ある物質が水素を失う変化を**酸化**といい，逆に，ある物質が水素を受け取る変化を**還元**という。

マグネシウムを空気中で点火すると，強い閃光を放って激しく燃焼し，白色の酸化マグネシウムを生成する。

$$2\,Mg + O_2 \longrightarrow 2\,MgO$$

この反応に対しても，酸化還元反応の同時性は成り立つので，Mg が酸化されたと同時に，O_2 が還元されたということになる。

ところで，MgO は，Mg^{2+} と O^{2-} がイオン結合してできた物質であるから，上式の反応における電子(記号 e^-)の授受を調べると次のようになる。

$$2\,Mg \longrightarrow 2\,Mg^{2+} + 4\,e^- \quad \cdots\cdots②$$

$$O_2 + 4\,e^- \longrightarrow 2\,O^{2-} \quad \cdots\cdots③$$

マグネシウム原子 1 個あたり 2 個の電子を失い，マグネシウムイオン Mg^{2+} になる一方，酸素分子中の酸素原子 1 個につき 2 個の電子を受け取り，酸化物イオン O^{2-} になる。

このように，ある原子が電子を失う変化を**酸化**といい，このとき，原子（または，その原子を含む物質)が**酸化された**という。一方，ある原子が電子を受け取る変化を**還元**といい，このとき，原子(または，その原子を含む物質)が**還元された**という❸。

詳説❸　たとえば，化合物の酸化還元を考える場合，その化合物を構成するある原子が酸化されても，その原子を含む物質全体が酸化されたと表現する。これは，化合物を構成する原子のうち，一方の原子が酸化されても，他方の原子は酸化も還元もされていないことが多いからである。例外的に，同種の物質中で，一方の原子が酸化されると同時に他方の原子が還元されて，2 種以上の物質に変わる場合がある。このような反応を**自己酸化還元反応**（**不均化反応**）という(p. 437)。この場合，反応物質は酸化と還元の両方の反応を同時に行ったことになる。

► 赤熱した銅線を塩素 Cl_2 ガス中に入れると，下図のように褐色の煙をあげながら激しく反応して，塩化銅(Ⅱ)$CuCl_2$ が生成する。

$$Cu + Cl_2 \longrightarrow CuCl_2$$

$$\begin{cases} Cu \longrightarrow Cu^{2+} + 2\,e^- \\ Cl_2 + 2\,e^- \longrightarrow 2\,Cl^- \end{cases}$$

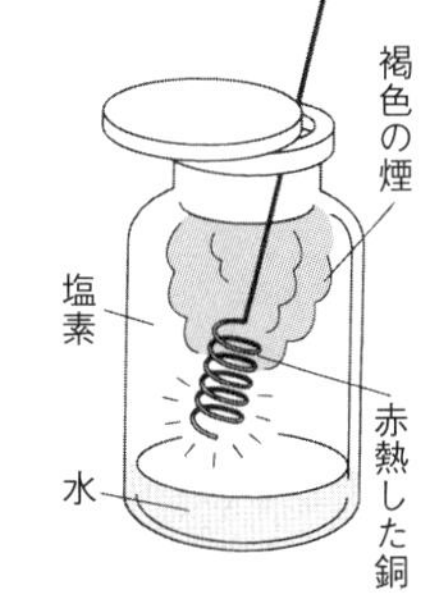

生成物を水に溶かすと，青色（Cu^{2+}）を示す。

この反応では，電子を失った Cu は酸化され，電子を受け取った Cl_2 は還元されたと判断できる。

以上のように，酸素の授受から出発した酸化・還元の定義は，現在では，すべての物質の普遍的な構成粒子である電子の授受に基づいて定義されている。このため，より広範囲の酸化還元反応を統一的に理解し説明できるようになったのである。

> 1 つの反応では，電子を失う（酸化される）原子があれば，必ず，その電子を受け取る（還元される）原子があるので，酸化と還元はいつも同時におこる。これを**酸化還元反応の同時性**という。

2 酸化数

物質の酸化・還元を統一的に理解するには，反応に際して，原子間でどのような電子の授受がおこったのか，つまり電子の数の増減を明らかにすることが必要となる。MgO，NaCl，CuO などイオンからなる物質が関係した反応では，電子の授受がはっきりしているので，酸化された物質や還元された物質が容易に判断できる。

しかし，CO，CO_2，H_2O など共有結合でできた分子が関係した反応では，どのように電子の授受がおこったのかがはっきりしないので，酸化された物質や還元された物質を判断することはむずかしい。

そこで，すべての酸化還元反応に共通して適用できる概念として，物質中の原子やイオンに対して，次に述べるような**酸化数**という数値が考案された。酸化数とは，原子１個当たりの酸化(または還元)の程度を表した数値であり，それぞれの原子が電気的中性の単体の状態にある場合を基準の０とする。化合物中で着目した原子が，電子を n 個失った（酸化された）状態にある場合，この原子の酸化数を $+n$ とする。また，ある原子が電子を n 個受け取った(還元された)状態にある場合，この原子の酸化数を $-n$ とする❹。

以上より，同種の原子で比較した場合，酸化数が大きいほど酸化された度合いが大きく，酸化数が小さいほど還元された度合いが大きいことを示す。

詳説❹　このように，酸化数は，着目した１個の原子が行った電子の授受に基づいて決められたものだから，必ず符号をもつ整数でなければならない（電子は分割できない粒子なので，酸化数が分数や小数になることはない）。

　また，イオンの価数は＋，２＋，３＋のように表すが，酸化数は＋1，＋2，＋3 のように表すので混同しないように注意する。さらに，酸化数は上記のアラビア数字のほか，＋Ⅱ，－Ⅲ，＋Ⅳのようなローマ数字で表すこともある。ただし，酸化数を物質の名称に用いるときは，酸化鉄(Ⅲ)のように必ずローマ数字を用いなければならない。

►イオン結合性の化合物では，各イオンの電荷をそのまま酸化数とみなす。一方，共有結合性の化合物では，イオンのように電子の完全な移動はないが，共有電子対は電気陰性度の大きい原子に引き寄せられているものとする❺。すなわち，共有電子対を電気陰性度の大きいほうの原子に割り当てたとき，各原子に残る電荷の数を，その原子の酸化数とする。

このようにして各原子に割り当てられた価電子の数を M とし，その原子のもつ本来の価電子の数を N とすると，$N-M$ がその原子の酸化数となる。このとき，電気陰性度の大きい原子は電子を受け取り負の酸化数を，電気陰性度の小さい原子は電子を失い正の酸化数をもつことになる。また，同種の原子間の共有結合では，両原子間には電子の移動はないとして，共有電子対は両方の原子に同数ずつ割り当てればよい。

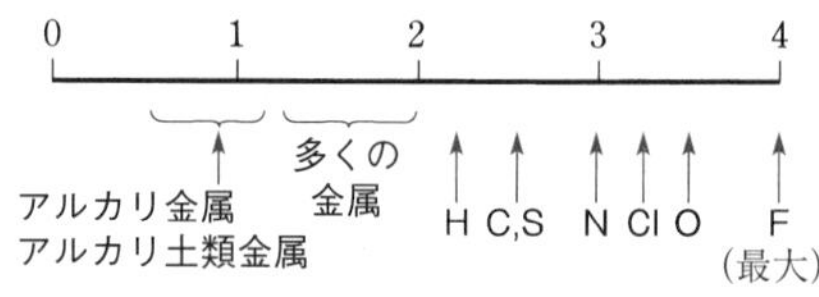

ポーリングの電気陰性度

補足❺　共有結合している原子が，共有電子対を引きつける強さを数値で表したものを，**電気陰性度**という (p. 65)。貴ガスを除く元素のうち，電気陰性度がほぼ2より大きいものが非金属元素，2より小さいものが金属元素である。

►たとえば，水H_2Oでは，電気陰性度はO>Hだから，O-H間の共有電子対はすべてO原子の所属と考える。すると，O原子の価電子の数は8個となり，本来の価電子の数は6個だから，電子を2個余分にもつことになり，酸化数は−2となる。一方，H原子はそれぞれ価電子を1個失ったことになるから，酸化数は+1となる。

H−O−H

H :Ö: H
(+1) (−2) (+1)

二酸化炭素では，電気陰性度がO>Cなので，共有電子対はすべてO原子の所属と考える。すると，C原子は4個の価電子をすべて失ったことになり，酸化数は+4となる，O原子はそれぞれ価電子を2個ずつ受け取ったことになり，酸化数は−2となる❻。

:Ö::C::Ö:

:Ö:: C ::Ö:
(−2) (+4) (−2)

補足❻ H_2OやCO_2でHの酸化数が+1，Cの酸化数が+4，Oの酸化数が−2といっても，決して分子中にH^+，C^{4+}，O^{2-}のイオン状態で存在しているわけではない。酸化数とは，酸化還元反応において，酸化された原子，還元された原子をはっきり区別するために決められた便宜的な数値であると認識しておくとよい。

►上記のように，分子の構造や電気陰性度に基づいて酸化数を求めるのは大変面倒であり，あまり現実的ではない。そこで，多くの場合，次の規則に基づいて，与えられた化学式から酸化数を機械的に求める方法がとられている。

酸化数を決める規則

(1) 単体中の原子の酸化数は0とする❼。	H_2 (0)　Cl_2 (0)　Fe (0)
(2) 単原子イオンの酸化数は，イオンの電荷に等しい。	Na^+ (+1)　Cl^- (−1)　S^{2-} (−2)
(3) 化合物中の水素原子Hの酸化数は**+1**，酸素原子Oの酸化数は**−2**(例外を除く)として，他の原子の酸化数を決める❽。このとき，電気的に中性な化合物では，構成原子の酸化数の総和は0とする❾。	H_2O：(+1)×2+(−2)=0 NH_3：(−3)+(+1)×3=0 SO_3：(+6)+(−2)×3=0
(4) 多原子イオンでは，構成原子の酸化数の総和がイオンの電荷に等しい❿。	$SO_4{}^{2-}$：(+6)+(−2)×4=−2 $NH_4{}^+$：(−3)+(+1)×4=+1
(5) 化合物中でのアルカリ金属の酸化数は+1，アルカリ土類金属元素の酸化数は+2で一定である。	KCl (+1)　$CaSO_4$ (+2)

イオン結合性物質中における塩素の酸化数は，Cl^-として存在しているため−1で一定である。

補足❼ 単体では，同種の原子が結合しており，互いに電子の授受がなく，酸化数は0である。

詳説❽ 水素は，非金属元素中では最も電気陰性度が小さく，ふつう+1の酸化数をとる。ただし，水素化カルシウムCaH_2のような電気陰性度が小さな金属との水素化物の場合は，HよりCaのほうが陽性なので，電子はHのほうへ移っており，酸化数はCaは+2，Hは−1となる。また，酸素は非金属元素中ではフッ素に次いで電気陰性度が大きいので，フッ素と化合物をつくる以外では，−2の酸化数をとる。

フッ素と酸素の化合物のフッ化酸素 OF_2 では，フッ素は化合物中では常に酸化数が-1であるから，酸素の酸化数は$+2$となる。

H-O-O-H
H :O:O: H
(+1) (−1) (−1) (+1)

さらに，H_2O_2 のような過酸化物（-O-O-結合をもつ化合物）では，中央の-O-O-結合は同種の原子の結合なので，電荷の偏りはなく，両端のO-H 結合だけに電荷の偏りがある。したがって，酸素の酸化数は-1となる。

詳説❾ 分子内の構成原子間に電荷の偏りがあり，これに基づいて電子の授受を考えることができる。電気的に中性な化合物では，化合物全体として見れば電子のやり取りをしていないので，化合物中の各原子の酸化数の総和を0とおくことができる。

たとえば，硝酸 HNO_3 中の窒素原子の酸化数をxとすると，次の式が成り立つ。

$$(+1)+x+(-2)\times3=0 \text{ より，}\quad x=+5$$

着目する同種の原子が2個以上ある場合でも，酸化数は必ず1原子あたりの値で表されている。たとえば，シュウ酸 $H_2C_2O_4$ 中の炭素原子の酸化数をyとすると，

$$(+1)\times2+2y+(-2)\times4=0 \text{ より，}\quad y=+3$$

補足❿ 構成原子のいずれかが他の分子やイオンと電子の授受を行った結果が，イオンの電荷としてあらわれることになるから，各原子の酸化数の総和をイオンの電荷とおけばよい。

たとえば，過マンガン酸イオン MnO_4^- 中のマンガン原子の酸化数をxとすると，

$$x+(-2)\times4=-1 \text{ より，}\quad x=+7$$

二クロム酸イオン $Cr_2O_7^{2-}$ 中のクロム原子の酸化数をyとすると，

$$2y+(-2)\times7=-2 \text{ より，}\quad y=+6$$

また，Fe_3O_4 中の Fe 原子の酸化数をzとすると，

$$3z+(-2)\times4=0 \text{ より，}\quad z=+\frac{8}{3}$$

しかし，酸化数は電子の授受を表した数であるから，整数でなければならない。そこで，Fe_3O_4 を $FeO\cdot Fe_2O_3$ と表せば，$Fe^{2+}:Fe^{3+}:O^{2-}=1:2:4$ の割合で結びついた**複酸化物**(p. 535)であると考えられる。Fe_3O_4 は，四酸化三鉄とも，酸化二鉄(Ⅲ)鉄(Ⅱ)ともよばれる。

このように，1つの化合物中の同種の原子でも，結合状態によって酸化数が異なることがある。その代表例としてチオ硫酸ナトリウム $Na_2S_2O_3$ がある。

チオ硫酸ナトリウムは，亜硫酸ナトリウム Na_2SO_3 の濃厚な溶液に硫黄 S を加えて，加熱しながら反応させると得られる。とくに，五水和物 $Na_2S_2O_3\cdot5H_2O$ は“ハイポ”とよばれ，写真の定着剤や水道水に含まれる塩素 Cl_2 を還元して，Cl^- として除去するのに用いられる。

このチオ硫酸イオン $S_2O_3^{2-}$ は，硫酸イオン SO_4^{2-} の O 原子1個が S 原子で置換された構造をもつ(チオとは酸素を硫黄で置換した化合物を命名する際に使う接頭語である)。電気陰性度は O>S なので，共有電子対の所属は，右図のようになる。それぞれの O 原子は S 原子から2個ずつ価電子を受け取り，酸化数はみな-2である。このため，中央の S 原子には，価電子は1個しか残らず，酸化数は$+5$となり，右端の S 原子には価電子が7個割り当てられており，酸化数は-1となる（一方，$S_2O_3^{2-}$ を SO_4^{2-} の1個の O 原子を S 原子で置き換えたものと考えれば，周囲の S 原子の酸化数はどれも-2，中心の S 原子の酸化数は SO_4^{2-} の S 原子と同じ$+6$と考えることもできる)。

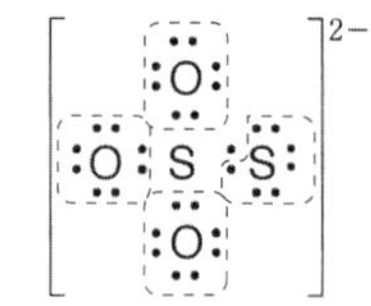

チオ硫酸イオンの電子式

3　酸化数の変化と酸化・還元

たとえば，銅と酸素が化合して酸化銅(Ⅱ)を生成する反応を考えてみる。

$$2\,\underset{(0)}{Cu} + \underset{(0)}{O_2} \longrightarrow 2\,\underset{(+2)}{Cu}\underset{(-2)}{O}$$

（Cu：酸化された，O：還元された）

銅原子は酸化されて酸化数が0から＋2へと増加し，酸素原子は還元されて酸化数が0から－2へと減少している。以上より，ある原子の酸化数が増加したとき，その原子，およびその原子を含む物質は**酸化された**といい，ある原子の酸化数が減少したとき，その原子，およびその原子を含む物質は**還元された**という。

$$\underset{(+4)}{MnO_2} + 4\,H\underset{(-1)}{Cl} \longrightarrow \underset{(+2)}{MnCl_2} + \underset{(0)}{Cl_2} + 2\,H_2O$$

（Cl：酸化された，Mn：還元された）

酸化マンガン(Ⅳ)と濃塩酸の反応では，MnO_2 の Mn の酸化数が＋4→＋2へと減少したので，Mn 原子は還元されたといい，また，Mn 原子を含む物質 MnO_2 も還元されたという。一方，HCl の Cl の酸化数が－1→0へと増加したので，Cl 原子は酸化されたといい，また，Cl 原子を含む物質 HCl も酸化されたという[11]。

詳説[11]　増加した酸化数の合計は，$\{(-1)\rightarrow 0\}\times 2=2$，減少した酸化数の合計は $\{(+4)\rightarrow(+2)\}\times 1=2$。したがって，1つの酸化還元反応では，酸化数の増加量と酸化数の減少量とは必ず等しい。これは，1つの酸化還元反応においては，必ず授受される電子の数が等しいためである。上記の関係を用いると，酸化還元反応式の係数を比較的簡単に求めることができる。

> **例題**　次の酸化還元反応式の係数 a～e を定め，反応式を完成させよ。
> $$a\,Cu + b\,HNO_3 \longrightarrow c\,Cu(NO_3)_2 + d\,NO + e\,H_2O$$

［**解**］　酸化数の変化した原子は，Cu と N であり，それぞれの酸化数の変化量を調べると，

$$\underset{(0)}{Cu} \longrightarrow \underset{(+2)}{Cu}(NO_3)_2 \quad (0)\text{―[2 増加]}\rightarrow(+2)$$

$$H\underset{(+5)}{N}O_3 \longrightarrow \underset{(+2)}{N}O \quad (+5)\text{―[3 減少]}\rightarrow(+2)$$

1つの反応式では，**酸化数の増加量＝酸化数の減少量**の関係が成り立つから，Cu の係数は3，HNO_3 の係数は2と決まる。

$$3\,Cu + 2\,HNO_3 \longrightarrow 3\,Cu(NO_3)_2 + 2\,NO + H_2O$$

両辺の N 原子の数は，左辺に2個，右辺に8個で，これを両辺とも8個に合わせると，HNO_3 の係数は8。最後に H 原子の数を合わせると，H_2O の係数は4と決まる。

$$\therefore\ \mathbf{3\,Cu + 8\,HNO_3 \longrightarrow Cu(NO_3)_2 + 2\,NO + 4\,H_2O}$$ 答

►一方，反応式中で構成原子の酸化数にまったく変化がなければ，その反応は酸化還元反応ではないと判断してよい[12]。

補足[12]　単体中の原子の酸化数は0であるのに対して，化合物中の各原子の酸化数は0以外の値をもつ。よって，反応式の左辺と右辺を見たとき，上式のように，単体から化合物に変化したり，逆に，化合物から単体に変化している場合は，酸化還元反応とみてよい。

4 酸化剤と還元剤

酸化還元反応において，相手の物質から電子を奪って相手を酸化する働きをもつ物質を**酸化剤**という。電子を受け取る傾向が強い物質ほど強力な酸化剤(電子受容体)となる。また，相手の物質に電子を与えて相手を還元する働きをもつ物質を**還元剤**という⓭。電子を放出する傾向の強い物質ほど強力な還元剤(電子供与体)となる。

酸化剤は，相手の物質を酸化すると同時に自身は還元されており，還元剤は，相手の物質を還元すると同時に自身は酸化されているのである。すなわち，一般的に還元されやすい物質が酸化剤として，逆に，酸化されやすい物質が還元剤として働く。

補足⓭ 「酸化剤が○を酸化した。」というように，酸化剤・還元剤を使って文をつくるときには，上記のような能動的表現がなされることが多い。

►電子の授受の立場から考えると，酸化還元反応とは，次式のように，還元剤が放出した電子を酸化剤が受け取る反応と見ることができる。

酸化された(電子を放出)（還元剤 → 生成物B）

酸化剤 ＋ **還元剤** ⟶ **生成物** A ＋ **生成物** B

還元された(電子を受容)（酸化剤 → 生成物A）

酸化還元反応式は，一般に複雑なものが多く，いきなりその化学反応式を書くことはむずかしい。しかし，酸化剤自身が電子を受け取って還元される反応式Ⓐと，還元剤自身が電子を放出して酸化される反応式Ⓑとを別々に書き，最後にそれらを組み合わせることにより，1つにまとめた酸化還元反応式を書くことは可能である。Ⓐ，Ⓑのように，酸化剤または還元剤それぞれの働きを電子 e^- を使って表したイオン反応式を，とくに酸化剤，還元剤の**半反応式**という⓮。

詳説⓮ たとえば，酸化されやすい塩化スズ(Ⅱ) $SnCl_2$ は代表的な還元剤で，Sn^{2+} は電子を2個失って Sn^{4+} になりやすい。反応に関係しない Cl^- は省略して，この反応を

$Sn^{2+} \longrightarrow Sn^{4+} + 2e^-$ ……①　と表したものが，還元剤 $SnCl_2$ の半反応式である。

$SnCl_2$ 水溶液に塩化鉄(Ⅲ) $FeCl_3$ 水溶液を加えると，Fe^{3+} は Sn^{2+} から放出された電子 e^- を受け取って Fe^{2+} へと還元される。反応に関係しない Cl^- を省略すると②式が得られる。

$Fe^{3+} + e^- \longrightarrow Fe^{2+}$ ……②　これが，$FeCl_3$ の酸化剤としての半反応式となる。

①，②式でやり取りする電子 e^- の数を等しくし，e^- を消去すると，①＋②×2より，

$Sn^{2+} + 2Fe^{3+} \longrightarrow Sn^{4+} + 2Fe^{2+}$　というイオン反応式を得る。

►次ページの表にいくつかの代表的な酸化剤と還元剤の化学式とその半反応式を示す。とくに，酸化剤や還元剤が反応したあとに，どんな物質が生成するのかが重要であり，まず右辺の［　］の化学式は覚えておくとよい。

酸化剤は，相手の物質から電子を奪い取る性質の強い物質のことであり，陰性の強い非金属単体(ハロゲン，O_3 など)や，酸化数の高い原子を含む化合物($KMnO_4$，$K_2Cr_2O_7$，HNO_3)などがある。

還元剤は，相手の物質に電子を与える性質の強い物質のことであり，陽性の強い金属単体(K，Na，Al など)や，酸化数の低い原子を含む化合物(H_2S)などがある。

主な酸化剤・還元剤とその半反応式　□を覚えればよい。

	物質		化学式	水溶液中での反応の例
酸化剤	オゾン	(酸性)	O_3	$O_3 + 2H^+ + 2e^- \longrightarrow$ $\boxed{O_2}$ $+ H_2O$
	過マンガン酸カリウム	(酸性)	$KMnO_4$	$MnO_4^- + 8H^+ + 5e^- \longrightarrow$ $\boxed{Mn^{2+}}$ $+ 4H_2O$
		(中性・塩基性)		$MnO_4^- + 2H_2O + 3e^- \longrightarrow$ $\boxed{MnO_2}$ $+ 4OH^-$
	二クロム酸カリウム	(酸性)	$K_2Cr_2O_7$	$Cr_2O_7^{2-} + 14H^+ + 6e^- \longrightarrow 2$ $\boxed{Cr^{3+}}$ $+ 7H_2O$
	濃硝酸		HNO_3	$HNO_3 + H^+ + e^- \longrightarrow$ $\boxed{NO_2}$ $+ H_2O$
	希硝酸		HNO_3	$HNO_3 + 3H^+ + 3e^- \longrightarrow$ $\boxed{NO}$ $+ 2H_2O$
	熱濃硫酸		H_2SO_4	$H_2SO_4 + 2H^+ + 2e^- \longrightarrow$ $\boxed{SO_2}$ $+ 2H_2O$
	塩素		Cl_2	$Cl_2 + 2e^- \longrightarrow 2$ $\boxed{Cl^-}$
	*過酸化水素	(酸性)	H_2O_2	$H_2O_2 + 2H^+ + 2e^- \longrightarrow 2$ $\boxed{H_2O}$
		(中性・塩基性)		$H_2O_2 + 2e^- \longrightarrow 2$ $\boxed{OH^-}$
	*二酸化硫黄		SO_2	$SO_2 + 4H^+ + 4e^- \longrightarrow$ $\boxed{S}$ $+ 2H_2O$
還元剤	ナトリウム		Na	$Na \longrightarrow$ $\boxed{Na^+}$ $+ e^-$
	水　素		H_2	$H_2 \longrightarrow 2$ $\boxed{H^+}$ $+ 2e^-$
	硫化水素		H_2S	$H_2S \longrightarrow$ $\boxed{S}$ $+ 2H^+ + 2e^-$
	シュウ酸		$(COOH)_2$	$(COOH)_2 \longrightarrow 2$ $\boxed{CO_2}$ $+ 2H^+ + 2e^-$
	*二酸化硫黄		SO_2	$SO_2 + 2H_2O \longrightarrow$ $\boxed{SO_4^{2-}}$ $+ 4H^+ + 2e^-$
	塩化スズ(Ⅱ)		$SnCl_2$	$Sn^{2+} \longrightarrow$ $\boxed{Sn^{4+}}$ $+ 2e^-$
	硫酸鉄(Ⅱ)		$FeSO_4$	$Fe^{2+} \longrightarrow$ $\boxed{Fe^{3+}}$ $+ e^-$
	ヨウ化カリウム		KI	$2I^- \longrightarrow$ $\boxed{I_2}$ $+ 2e^-$
	*過酸化水素		H_2O_2	$H_2O_2 \longrightarrow$ $\boxed{O_2}$ $+ 2H^+ + 2e^-$
	チオ硫酸ナトリウム		$Na_2S_2O_3$	$2S_2O_3^{2-} \longrightarrow S_4O_6^{2-} + 2e^-$ 四チオン酸イオン
	アスコルビン酸(ビタミンC)		$C_6H_8O_6$	$C_6H_8O_6 \longrightarrow C_6H_6O_6 + 2H^+ + 2e^-$ デヒドロアスコルビン酸

＊印の H_2O_2 と SO_2 は，反応する相手の物質により酸化剤・還元剤としての働きが変わる。

5　酸化数の範囲

各原子に存在する酸化数にはいくつかの段階がある。また，取りうる酸化数の範囲(上限と下限)は最大で8段階で，その原子のもつ価電子の数と一定の関連性がある。その上限の酸化数を**最高酸化数**，その下限の酸化数を**最低酸化数**という。

たとえば，硫黄原子の取りうる酸化数を図示すると右のようになり，以後，これを“酸化数のはしご”とよぶことにする。

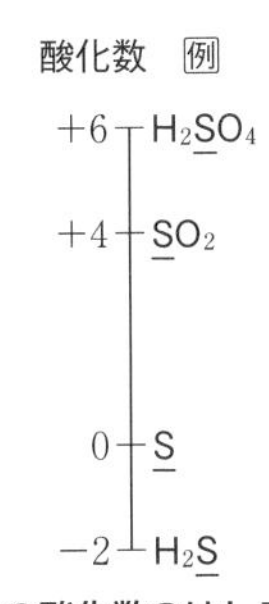

Sの酸化数のはしご

S原子の最高酸化数は H_2SO_4 の+6である。これは，S原子の価電子６個をすべて陰性の強い原子に与えてしまった状態である。一方，最低酸化数は H_2S の-2である。これは，S 原子が他の陽性の強い原子から価電子２個を受け取り，オクテットとなった状態である。つまり，各原子の取りうる酸化数の範囲は，電子配置でいうと，最外殻電子が０個から８個(オクテット)までの８段階である⑮。

補足⑮　よって，典型元素では，各原子のもつ価電子の数が最高酸化数に一致し，最低酸化数は，(価電子数-8)で表される。ただし，金属原子は価電子を放出することはあっても，電子を受け取ることはないので，最低酸化数は０である。また，この範囲内において，各原子の取りうる酸化数には，電子配置が比較的安定なものが多い。S 原子の取りうる４段階の酸化数を表す電子配置は次の通りである([Ne]は Ne のもつ閉殻構造，↑は価電子を示す)。

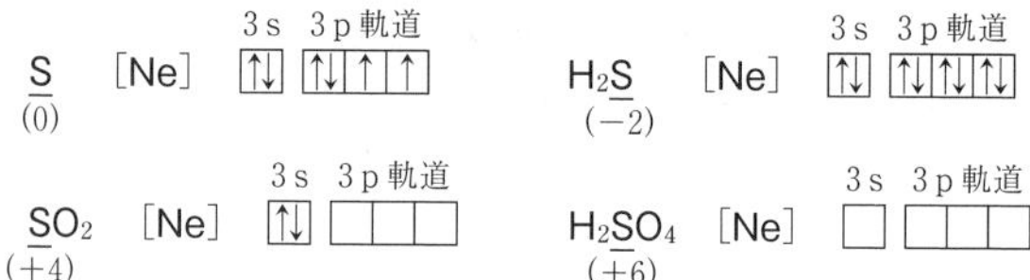

酸化数-2は[Ar]型，$+6$は[Ne]型，$+4$は3s軌道が満たされた状態にある。

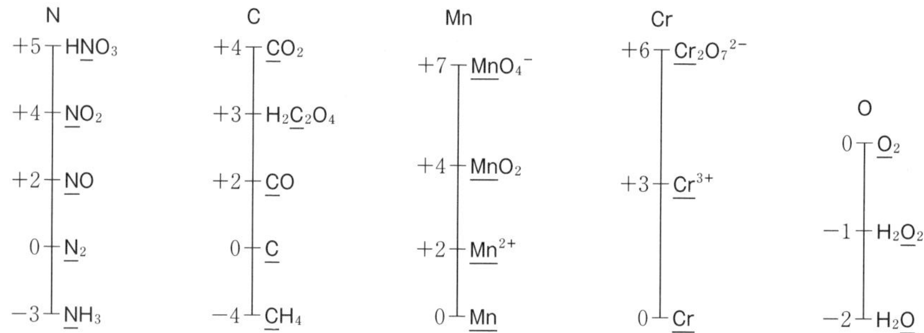

各原子の酸化数のはしごにおいて，最高酸化数をもつ化合物では，反応により酸化数は減少することはあっても増加することはありえない。このような化合物は，酸化剤としてのみ働く。一方，最低酸化数をもつ化合物では，反応により酸化数は増加することはあっても減少することはありえない。このような化合物は還元剤としてのみ働く。

また，中間の酸化数をもつ化合物では，反応する相手物質によって酸化数が減少することも増加することも可能である。したがって，反応する相手物質によっては，酸化剤・還元剤のいずれの働きも行う⑯。このように，酸化剤や還元剤の性質は，その物質に備わった固有の性質と見られがちであるが，実際には反応する相手物質によって変わりうる相対的なものと考えるべきである。

補足⑯　相手物質の酸化力が強力ならば，電子を奪われ，自らは酸化されてしまうから還元剤として作用する。逆に，相手物質の還元力が強力ならば，電子を与えられ，自らは還元されてしまうから酸化剤として作用することになる。このように，酸化剤・還元剤の両方の働きをする物質の代表には，あとで説明する過酸化水素 H_2O_2 と二酸化硫黄 SO_2 があげられる。しかし，中間段階の酸化数をもつすべての化合物が，酸化剤・還元剤の両方の働きをするとは限らない(たとえば，シュウ酸 $H_2C_2O_4$ は還元剤としてのみ作用する)。

6 半反応式のつくり方

1 酸化剤の二クロム酸カリウム $K_2Cr_2O_7$(酸性条件)の半反応式のつくり方

① 二クロム酸イオン $Cr_2O_7^{2-}$ は酸性条件では，クロム(Ⅲ)イオン Cr^{3+} になる。

$Cr_2O_7^{2-} \longrightarrow 2\,Cr^{3+}$ (Cr 原子の数を先に合わせておく)

② 両辺の O 原子の数を合わせるため，右辺に水 H_2O を加える。

$Cr_2O_7^{2-} \longrightarrow 2\,Cr^{3+} + 7\,H_2O$

③ 両辺の H 原子の数を合わせるため，左辺に水素イオン H^+ を加える。

$Cr_2O_7^{2-} + 14\,H^+ \longrightarrow 2\,Cr^{3+} + 7\,H_2O$

④ 両辺の電荷を合わせるため，左辺に電子 e^- を加える。

$Cr_2O_7^{2-} + 14\,H^+ + 6\,e^- \longrightarrow 2\,Cr^{3+} + 7\,H_2O$

2 酸化剤の過マンガン酸カリウム $KMnO_4$(中性・塩基性条件)の半反応式のつくり方

① 過マンガン酸イオン MnO_4^- は中性・塩基性条件では，酸化マンガン(Ⅳ)MnO_2 になる。

$MnO_4^- \longrightarrow MnO_2$

② 両辺の O 原子の数を合わせるため，右辺に 2 H_2O を加える。

$MnO_4^- \longrightarrow MnO_2 + 2\,H_2O$

③ 両辺の H 原子の数を合わせるため，左辺に 4 H^+ を加える。

$MnO_4^- + 4\,H^+ \longrightarrow MnO_2 + 2\,H_2O$

④ 両辺の電荷を合わせるため，左辺に 3 e^- を加える。

$MnO_4^- + 4\,H^+ + 3\,e^- \longrightarrow MnO_2 + 2\,H_2O$

⑤ 中性・塩基性条件では $[H^+]$ は極めて小さく，左辺に H^+ を残すのは適切でない。そこで，両辺に 4 OH^- を加え，左辺で水 H_2O が反応した形に書き改める必要がある。

$MnO_4^- + 2\,H_2O + 3\,e^- \longrightarrow MnO_2 + 4\,OH^-$

7 代表的な酸化剤・還元剤

1 過マンガン酸カリウム $KMnO_4$

過マンガン酸カリウムは黒紫色の結晶で，水に溶けると電離して，K^+ と濃い赤紫色の過マンガン酸イオン MnO_4^- になり，後者が酸性条件で強力な酸化作用を示す。このイオンの Mn の酸化数は+7 で，周期表 7 族元素の Mn にとっては最高酸化数にあたる。したがって，他の物質から電子を奪って，自身の酸化数を減少させようとする傾向が強い。高校化学で用いられる薬品中では，最も強い酸化剤と考えてよい。

(酸性)　$MnO_4^- + 8\,H^+ + 5\,e^- \longrightarrow Mn^{2+} + 4\,H_2O$

赤紫色の MnO_4^- は酸性溶液中では，他の物質から強力に電子を奪って，マンガン(Ⅱ)イオン Mn^{2+}(濃い溶液では淡桃色だが，希薄な溶液ではほとんど無色である）となる。しかし，中性・塩基性では，酸化数が+4 の酸化マンガン(Ⅳ)までしか還元されず，黒褐色の沈殿を生じる⑰。また，中性・塩基性での MnO_4^- の酸化力は酸性に比べて弱い。

(中性・塩基性)　$MnO_4^- + 2\,H_2O + 3\,e^- \longrightarrow MnO_2\downarrow + 4\,OH^-$

補足⑰ MnO_2 に希硫酸を加えると，再び酸化力をもつようになり，他の物質から電子を奪って，Mn^{2+} まで変化する。そのときの半反応式：$MnO_2 + 2\,e^- + 4\,H^+ \longrightarrow Mn^{2+} + 2\,H_2O$

2 二クロム酸カリウム $K_2Cr_2O_7$

二クロム酸カリウムは赤橙色の結晶で，水に溶けると電離して二クロム酸イオン $Cr_2O_7^{2-}$(赤橙色) を生じる。このイオンの Cr の酸化数は＋6 で，周期表 6 族の Cr にとって最高酸化数にあたる。酸性溶液中では他の物質から電子を奪って，酸化数が＋3 のクロム(Ⅲ)イオン Cr^{3+}(暗緑色)になる傾向をもち，強い酸化作用を示す。

$$Cr_2O_7^{2-} + 14H^+ + 6e^- \longrightarrow 2Cr^{3+} + 7H_2O$$

3 ハロゲン単体　F_2，Cl_2，Br_2，I_2

ハロゲンの単体は他の物質から電子を奪って，安定な電子配置をもつハロゲン化物イオンになる傾向をもち，酸化作用を示す。原子半径が小さいほど，最外殻電子が原子核に近く，電子を奪う力が強い。よって，酸化力は $F_2 > Cl_2 > Br_2 > I_2$ の順になる。

4 過酸化水素 H_2O_2

過酸化水素は，O−O 結合をもっているため，酸素の酸化数は－1 である。酸素の取りうる酸化数の中では，中間の状態にあり，安定な－2 の酸化数になろうとする傾向が強い。酸性条件のほうが酸化力が強いが，中性・塩基性条件でも酸化作用を示す。

(酸性)　$H_2O_2 + 2H^+ + 2e^- \longrightarrow 2H_2O$

(中性・塩基性)　$H_2O_2 + 2e^- \longrightarrow 2OH^-$

5 硝酸 HNO_3

硝酸 HNO_3 の N の酸化数は＋5 で，N 原子の取りうる最高酸化数をもつ。したがって，N 原子は他の物質から電子を奪って低い酸化数へ変化する傾向を示す。その際，濃硝酸では酸化数の変化が＋5 →＋4 で，二酸化窒素 NO_2(赤褐色) が発生するが，希硝酸では酸化数の変化が＋5 →＋2 で，一酸化窒素 NO(無色)が発生することに留意する[18]。

(濃硝酸)　$HNO_3 + e^- + H^+ \longrightarrow NO_2 + H_2O$　………①

(希硝酸)　$HNO_3 + 3e^- + 3H^+ \longrightarrow NO + 2H_2O$　………②

補足[18] 濃硝酸と希硝酸ではどちらが酸化力が強いか。

濃硝酸と希硝酸の標準電極電位 E° (p. 402) は，＋0.84 V，＋0.96 V であり，酸化力は希硝酸のほうが少し強いと予想される。しかし，①，②式から，硝酸が酸化力を示すには多量の H^+ が必要である。濃硝酸は濃度が約 13 mol/L に対し，希硝酸は 6 mol/L 程度なので，濃硝酸のほうが溶液中に硝酸分子や H^+ が多く存在する。したがって，総合的に判断すると，濃硝酸のほうが酸化力は強くなる。8～10 mol/L の硝酸濃度では，NO と NO_2 の混合気体が発生する。

6 熱濃硫酸 H_2SO_4

濃硫酸は比較的安定な化合物であるが，加熱すると，S 原子が他の物質から電子を奪って酸化数の低い二酸化硫黄 SO_2 に変化する傾向があり，酸化作用を示す。

7 硫化水素 H_2S

硫化水素中の S の酸化数は－2 で，これは S 原子の最低酸化数にあたる。空気中や水溶液中では，容易に他の物質に電子を与えて，硫黄の単体 S を生じて白濁する傾向があり，還元作用を示す。

$$H_2S \longrightarrow S\downarrow + 2e^- + 2H^+$$

8 酸化還元反応式

酸化剤の半反応式と還元剤の半反応式を組み合わせることにより，一見複雑に見える酸化還元反応式も，比較的容易につくることができる。このとき，酸化剤と還元剤が過不足なく反応するためには，授受した電子 e^- の数が等しくなる必要がある。したがって，電子 e^- の数が等しくなるように各半反応式を整数倍したものを足し合わせて，e^- を消去すれば，1つの**イオン反応式**が得られる。さらに，このイオン反応式に反応に直接関係しなかったイオンを両辺に加えて整理すると，**化学反応式**が完成する。

1 硫酸酸性のシュウ酸 $H_2C_2O_4$ 水溶液を約70℃に温めておいて，過マンガン酸カリウム $KMnO_4$ 水溶液を加えると，MnO_4^- の赤紫色が消え，気体が発生する。この反応を化学反応式で表すと次の通りである。

(酸化剤)酸性条件 $MnO_4^- + 8H^+ + 5e^- \longrightarrow Mn^{2+} + 4H_2O$ ……①

(還元剤) $H_2C_2O_4 \longrightarrow 2CO_2 + 2H^+ + 2e^-$ ……②

①，②式で e^- の数を等しくして，消去する。 ①×2+②×5 より，

$$
\begin{array}{rl}
 & 2MnO_4^- + 16H^+ + 10e^- \longrightarrow 2Mn^{2+} + 8H_2O \\
+) & 5H_2C_2O_4 \longrightarrow 10CO_2 + 10H^+ + 10e^- \\
\hline
 & 2MnO_4^- + 6H^+ + 5H_2C_2O_4 \longrightarrow 2Mn^{2+} + 10CO_2\uparrow + 8H_2O
\end{array}
$$

両辺に，$2K^+$ と $3SO_4^{2-}$ を加えて整理すると，次の化学反応式が得られる。

$$2KMnO_4 + 3H_2SO_4 + 5H_2C_2O_4 \longrightarrow 2MnSO_4 + K_2SO_4 + 10CO_2\uparrow + 8H_2O$$

2 過酸化水素 H_2O_2 は，通常は，相手物質から電子を奪うので酸化剤として働く。たとえば，硫酸酸性にした過酸化水素水にヨウ化カリウム KI 水溶液を加えると，ヨウ化物イオン I^- が酸化されてヨウ素 I_2 を遊離する[19]。

(酸化剤)酸性条件 $H_2O_2 + 2H^+ + 2e^- \longrightarrow 2H_2O$ ………③

(還元剤) +) $2I^- \longrightarrow I_2 + 2e^-$ ………④

$H_2O_2 + 2H^+ + 2I^- \longrightarrow I_2 + 2H_2O$ ………⑤

⑤式の両辺に省略していた $2K^+$ と SO_4^{2-} を加えて整理すると次の化学反応式を得る。

$$H_2O_2 + H_2SO_4 + 2KI \longrightarrow I_2 + 2H_2O + K_2SO_4$$

詳説[19] 一般に，酸化還元反応の反応速度は，酸塩基の中和反応に比べると反応速度の小さいものが多い。上の1でも，常温では反応速度が遅いので，加温をしているわけである。2の反応も1ほどではないが，反応が完全に進行するには少し時間がかかる。

2の反応で，生成した I_2 がまだ少量のときは，I_2 はまだ沈殿しない。生成した I_2 が溶液中に残っている I^- と次のように反応して，三ヨウ化物イオン I_3^-(褐色) となって溶解している。 $I_2 + I^- \rightleftarrows I_3^-$ この溶液を**ヨウ素溶液**とよんでいる。やがて，反応が進行すると，I^- が少なくなる一方，I_2 が多くなるので，やっと黒紫色のヨウ素 I_2 が沈殿するようになる。

参考 中性条件の H_2O_2 と KI との化学反応式は次のようになる。

(酸化剤)中性条件のとき $H_2O_2 + 2e^- \longrightarrow 2OH^-$ ………⑥

④+⑥より， $H_2O_2 + 2I^- \longrightarrow I_2 + 2OH^-$

両辺に $2K^+$ を加えて， $H_2O_2 + 2KI \longrightarrow I_2 + 2KOH$

►過酸化水素 H_2O_2 は，$KMnO_4$ や $K_2Cr_2O_7$ のような強い酸化剤に対しては，下の⑧式のように還元剤として働く[20]。このように，酸化剤・還元剤としての性質は，その物質に備わった固有の性質ではなく，反応する相手の物質によりその働きが変化することがある。

補足[20] 過酸化水素は，触媒（MnO_2 など）の存在下では，次式のように水と酸素に分解する。このとき，H_2O_2 自身は酸化剤・還元剤の両方の働きをしている。このような反応を，自己酸化還元反応(不均化反応)（p. 437）という。

酸化された(還元剤)

$$2\,H_2\underline{O}_2 \longrightarrow 2\,H_2\underline{O} + \underline{O}_2$$

(−1)　　　(−2)　　(0)

還元された(酸化剤)

③　硫酸酸性の二クロム酸カリウム $K_2Cr_2O_7$ 水溶液に過酸化水素水を加えた場合。

(酸化剤)酸性条件　$Cr_2O_7^{2-} + 14\,H^+ + 6\,e^- \longrightarrow 2\,Cr^{3+} + 7\,H_2O$ ………⑦

(還元剤)　$H_2O_2 \longrightarrow O_2 + 2\,H^+ + 2\,e^-$ ………⑧

⑦＋⑧×3 を計算して e^- を消去すると，

$$Cr_2O_7^{2-} + 8\,H^+ + 3\,H_2O_2 \longrightarrow 2\,Cr^{3+} + 3\,O_2\uparrow + 7\,H_2O \quad \cdots\cdots⑨$$

はじめは二クロム酸イオン $Cr_2O_7^{2-}$ の赤橙色であるが，反応後はクロム(Ⅲ)イオン Cr^{3+}(暗緑色)を生じるため溶液の色が変化する。

⑨式の両辺に，省略されていた $2\,K^+$ と $4\,SO_4^{2-}$ を加え整理すると，⑩式が得られる。

$$K_2Cr_2O_7 + 4\,H_2SO_4 + 3\,H_2O_2$$
$$\longrightarrow Cr_2(SO_4)_3 + K_2SO_4 + 3\,O_2\uparrow + 7\,H_2O \quad \cdots\cdots⑩$$

このように，反応する相手の物質によってその働きが変わる物質には，H_2O_2 のほかに二酸化硫黄 SO_2 がある。SO_2 は多くの場合，還元剤として働いて SO_4^{2-} に変わりやすい。

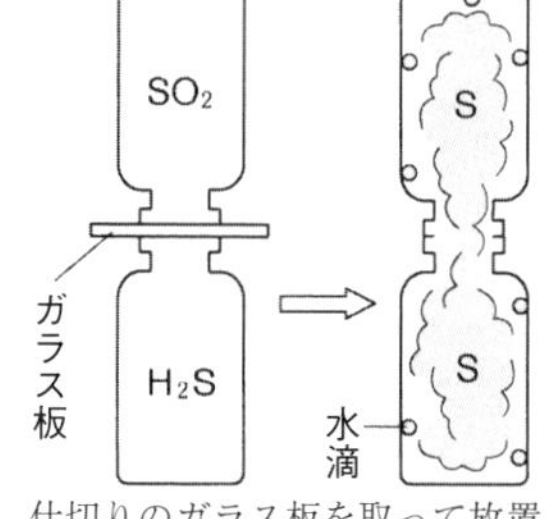

仕切りのガラス板を取って放置すると，淡黄色の硫黄と水滴を生じる。

④　ヨウ素ヨウ化カリウム水溶液（ヨウ素溶液）に二酸化硫黄 SO_2 を通じると，その還元作用により I_2 が還元され I^- となり，褐色のヨウ素の色が消える。

(還元剤)　$SO_2 + 2\,H_2O \longrightarrow SO_4^{2-} + 4\,H^+ + 2\,e^-$ ……⑪

(酸化剤)　+) $I_2 + 2\,e^- \longrightarrow 2\,I^-$ ……⑫

$$SO_2 + I_2 + 2\,H_2O \longrightarrow H_2SO_4 + 2\,HI$$

ただし，SO_2 はより還元力の強い硫化水素 H_2S との反応では，硫化水素から電子を受け取る酸化剤として働き，単体の硫黄 S を生成する。

⑤　硫化水素と二酸化硫黄を反応させると，単体の硫黄(淡黄色)を遊離する(上図)。

(還元剤)　$H_2S \longrightarrow S + 2\,e^- + 2\,H^+$ ……⑬

(酸化剤)　$SO_2 + 4\,e^- + 4\,H^+ \longrightarrow S + 2\,H_2O$ ……⑭

⑬×2＋⑭より，　$SO_2 + 2\,H_2S \longrightarrow 3\,S\downarrow + 2\,H_2O$

参考　この反応直後，生成した硫黄 S は微粒子のため白色に見える。やがて時間がたつと，硫黄の粒子が大きく成長するので淡黄色に見えるようになる。

SCIENCE BOX　身の回りの酸化剤・還元剤

(1)　酸化剤の利用例

ヨウ素 I_2 は，その穏やかな酸化力を利用して，殺菌剤・消毒薬に利用されている。ただし，ヨウ素は水に不溶なので，エタノール溶液(ヨードチンキ)の形で消毒薬に使用されてきた。しかし，皮膚・粘膜に対する刺激が強いため，比較的刺激の少ない**ポビドンヨード**(水溶性のヨウ素複合体)が開発された。その構造は，五員環のラクタム(p. 794)構造をもつピロリドンがビニル基でつながった重合体に，三ヨウ化物イオン I_3^- がイオン結合した複合体である。この水溶液中では，$I_2+I^- \rightleftarrows I_3^-$ の平衡が成立しており，I_2 が消費されてその濃度が減少すると，複合体中に保持されている I_3^- が解離し，不足分の I_2 が補われる。

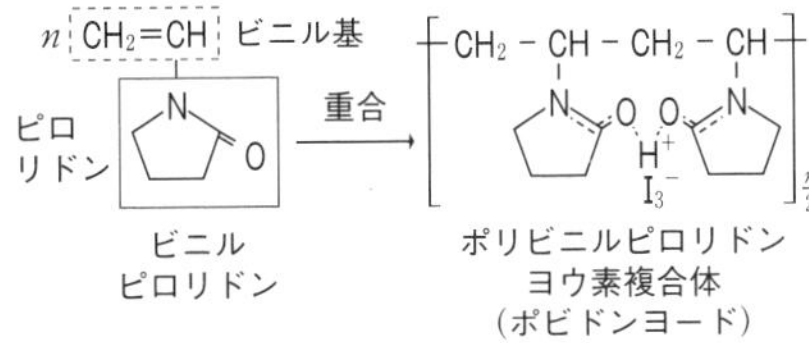

ポビドンヨードの殺菌力は，遊離状態の I_2 による酸化作用に基づき，次のような効果を発揮する。

(1)　タンパク質の >N-H 結合に作用して >N-I 結合を形成し，>N-H…O=C< の水素結合の形成を阻害することで，タンパク質を変性させる。

(2)　アミノ酸のシステインの -SH を酸化して，本来のジスルフィド結合(-S-S-)の架橋結合の形成を阻害する。

市販のポビドンヨードの原液は約 10% であるが，水で希釈すると複合体の I_3^- 保持力が弱くなり，100 倍希釈液(約 0.1%)で遊離 I_2 濃度が最大の約 25 ppm となり，最も強い殺菌効果を示す。ポビドンヨードは，細菌類・真菌類などさまざまな病原体に効果を示し，持続効果も高いので，外科手術の際の消毒薬として広範囲に利用されている。

(2)　還元剤の利用例

緑茶飲料は時間がたつとしだいに酸化され，色や風味が悪くなる。これを防ぐために，少量のビタミン C が添加されている。

ビタミン C は比較的強い還元剤であり，他の食品成分と共存しているときは，自身が先に酸化されることで，食品成分の酸化を防ぐ働きをする。このため，ビタミン C は緑茶飲料だけでなく，水分を含んだ多くの食品の酸化防止剤として使用されている[*1]。ただし，水溶性のビタミン C は油には溶けにくいので，油分を含んだ食品の酸化防止剤には，脂溶性のビタミン E(トコフェロール)が使用されている。

ビタミン C はアスコルビン酸 $C_6H_8O_6$ とも呼ばれ，グルコース $C_6H_{12}O_6$ を原料に大量合成される。ビタミン C は糖類の酸化生成物の一種で，C=C 結合にヒドロキシ基 -OH が 2 個結合した構造(エンジオール)をもつ。この構造は O_2，Br_2 や I_2 などのハロゲンにより容易に酸化され，カルボニル基を 2 個もつ構造(ジケトン)に変化しやすい。このため，ビタミン C は還元作用を示す。

L-アスコルビン酸（還元型）$\underset{+2H}{\overset{-2H}{\rightleftarrows}}$ L-デヒドロアスコルビン酸（酸化型）

エンジオール　ジケトン

エノール形の-OH は酸性を示し，③(3 位)の-OH は $K_1=10^{-4.3}$ mol/L，②(2 位)の-OH は $K_2=10^{-11.6}$ mol/L である。③(3 位)の-OH のほうの酸性がかなり強いのは，H^+ の電離で生じた陰イオンが共鳴構造をもつためである。

なお，L-アスコルビン酸(ビタミン C)の⑤(5 位)の立体配置が逆転した立体異性体を**エリソルビン酸**[*2] といい，食品添加物として利用される。

＊1　発酵茶であるウーロン茶も時間が経過すると，風味が落ちるので，ビタミン C が添加されている。

＊2　還元作用はビタミン C とほぼ同等であるが，ビタミン C としての効力は約 $\frac{1}{20}$ である。

9 酸化還元滴定

酸化剤または還元剤の標準溶液を用いて，これと過不足なく反応する還元剤，または酸化剤の濃度を滴定により決定する操作を**酸化還元滴定**という。使用する器具はメスフラスコ，ホールピペット，ビュレットなどで，操作方法も中和滴定とまったく同じである。

代表的な酸化剤である $KMnO_4$ は，水に溶かすと MnO_4^- を生じて濃い赤紫色を示す。硫酸酸性にした還元剤（$(COOH)_2$，H_2O_2，$FeSO_4$ など）の水溶液に，$KMnO_4$ 水溶液を滴下していくと，MnO_4^- は還元剤と反応して Mn^{2+}(希薄溶液中では無色）に変化する。しかし，還元剤がすべて反応し終わると，MnO_4^- の色が消えなくなり溶液全体が淡赤色を示す(この点を滴定の**終点**という)。このような酸化還元滴定を**過マンガン酸塩滴定**といい，$KMnO_4$ は酸化剤であるとともに指示薬の役割を兼ねており，別に指示薬を加える必要がないのがこの滴定の大きな特徴である㉑。

補足㉑ 正確な濃度の $KMnO_4$ 水溶液はなかなか調製しにくいので，別につくったシュウ酸の1次標準溶液（還元剤）で滴定して求めた $KMnO_4$ の2次標準溶液を用いて，別の還元剤の濃度が決定される。その理由として，(1) 再結晶法で精製した $KMnO_4$ の結晶にも少量の MnO_2 が含まれ，空気中の浮遊物や有機物との接触により容易に還元され，純度の低下が考えられること，(2) 脱イオン水（電解質は除去されているが，非電解質は除去されていない水）で水溶液を調製すると，含有する有機物などにより徐々に分解されて濃度が変化すること，(3) $KMnO_4$ は光に対して不安定で分解しやすいこと，などがあげられる。$KMnO_4$ 水溶液は褐色びんに保存され，滴定の際にも褐色ビュレットが用いられるが，これは(3)の理由による。

> **例題** シュウ酸二水和物 $(COOH)_2 \cdot 2H_2O$（式量 126）0.756 g を取り，水に溶かして 100 mL とする。このシュウ酸水溶液 10.0 mL をコニカルビーカーに量り取り，ここへ 6 mol/L 希硫酸 10 mL を加えたものを，約 70℃の湯で温めておく㉒。この溶液が温かいうちに，濃度未知の過マンガン酸カリウム水溶液をビュレットから滴下したところ，16.0 mL 加えた時点で，ちょうど溶液の色が無色から淡赤色へ変化した。
>
> この過マンガン酸カリウム水溶液のモル濃度を求めよ。

［解］ この問題には，2通りの解き方が考えられる。

(その1) 化学反応式をつくり，$(COOH)_2$ と $KMnO_4$ の係数比から量的関係を求めて解く。

$$aKMnO_4 + b(COOH)_2 + cH_2SO_4$$
$$\longrightarrow dK_2SO_4 + eMnSO_4 + fCO_2 + gH_2O$$

a〜g のすべての係数を決めるのは容易なことではないが，いま求められているのは a(酸化剤) と b(還元剤) の係数だけである。したがって，酸化還元反応においては，(酸化数の減少量)＝(酸化数の増加量)の関係を使って，a，b の係数だけを決めればよい。

$$K\underline{Mn}O_4 \longrightarrow \underline{Mn}^{2+}$$

酸化数の減少量：+7 →+2 ⟹ 5 減少

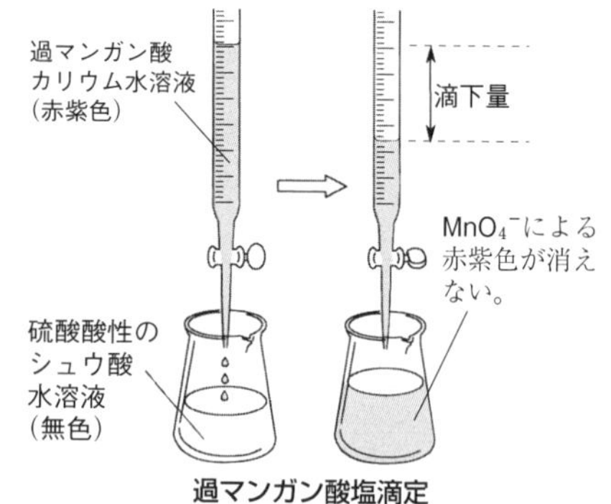

過マンガン酸塩滴定

$(\underline{C}OOH)_2 \longrightarrow 2\,\underline{C}O_2$　酸化数の増加量：$(+3 \rightarrow +4) \times 2 \Longrightarrow 2$ 増加

したがって，酸化数の増減量を 10 に合わせるため，$KMnO_4$ に係数 2，$(COOH)_2$ に係数 5 がつくことがわかる。

よって，$KMnO_4$ と $(COOH)_2$ は 2：5(物質量比) で過不足なく反応することから，過マンガン酸カリウム水溶液の濃度を x〔mol/L〕とすると，滴定の終点では次式が成り立つ。

$$\underbrace{\left(x \times \frac{16.0}{1000}\right)}_{KMnO_4\text{ の物質量}} : \underbrace{\left(\frac{0.756}{126} \times \frac{10.0}{100}\right)}_{(COOH)_2\text{ の物質量}} = 2 : 5 \qquad \therefore\ x = 0.0150\text{〔mol/L〕}$$

答　**1.50×10^{-2} mol/L**

(その 2)　化学反応式をつくる準備段階として，酸化剤・還元剤の半反応式をつくる必要がある。そこで，半反応式を書いて酸化剤・還元剤の価数を求めて解く。

1 mol の酸化剤，または還元剤が授受する電子の物質量を，それぞれ**酸化剤・還元剤の価数**という。

(酸化剤)　$\underset{1\,mol}{\underline{MnO_4^-}} + 8\,H^+ + \underset{5\,mol}{\underline{5\,e^-}} \longrightarrow Mn^{2+} + 4\,H_2O$

MnO_4^- は 5 価の酸化剤という。

(還元剤)　$\underset{1\,mol}{\underline{(COOH)_2}} \longrightarrow 2\,CO_2 + \underset{2\,mol}{\underline{2\,e^-}} + 2\,H^+$

$(COOH)_2$ は 2 価の還元剤という。

理論的に，酸化剤と還元剤が過不足なく反応する点を**当量点**という。酸化還元滴定の当量点では，授受した電子の物質量が等しいことから，次の関係が成り立つ。

(酸化剤の物質量)×(価数)＝(還元剤の物質量)×(価数)

$$\left(x \times \frac{16.0}{1000}\right) \times 5 = \left(\frac{0.756}{126} \times \frac{10.0}{100}\right) \times 2 \qquad \therefore\ x = 0.0150\text{〔mol/L〕}$$

答　**1.50×10^{-2} mol/L**

補足㉒　常温では，シュウ酸と $KMnO_4$ との反応速度はかなり小さい。そこで，シュウ酸(水溶液)を 70℃前後に温めておくと，反応速度が大きくなり，反応は速やかに進行する(ただし，80℃以上では $KMnO_4$ が分解し始めるので，80℃を超えないようにする)。いったん，反応がおこり始めると，生成した Mn^{2+} がこの反応の触媒として作用する(**自触媒作用**)ので，常温付近でも反応は速やかに反応する。

詳説㉒　酸化還元滴定で溶液を酸性にするのに希塩酸，希硝酸ではなく希硫酸を用いる理由

$KMnO_4$ は酸性条件で酸化力が強くなるので，滴定では十分量の強酸を加える必要がある。このとき，HCl を用いると，強力な酸化剤である $KMnO_4$ に対して HCl が還元剤として働き，Cl^- が Cl_2 に酸化されるため，$KMnO_4$ の一部が消費されてしまう。また，HNO_3 を用いると，HNO_3 が酸化剤として働き，$(COOH)_2$ の一部が酸化されてしまう。いずれの場合にも，加えた強酸によって本来の酸化剤と還元剤の反応による $KMnO_4 : (COOH)_2 = 2 : 5$(物質量比)の定量関係が崩れてしまい，滴定値に誤差を与える原因となるので不適切である。

なお，希硫酸は酸化力も還元力もなく，ただ酸としてだけの作用を示し，正確な酸化還元滴定の結果が得られるので都合がよい。よって，酸化還元滴定には常に希硫酸が用いられる。

参考　試料を加えない溶媒(水)に対して同じ滴定操作を行うことを**空試験**(くう)(ブランクテスト)という。空試験は，溶媒の有機物による汚染，滴定操作に原因する誤差の補正に役立つ。

上記の **例題** での空試験値が 0.80 mL とすると，滴定による真の $KMnO_4$ の濃度は，

$16.0 - 0.80 = 15.2$ mL　として計算すると，　$x \fallingdotseq 0.01578 \fallingdotseq 1.58 \times 10^{-2}$〔mol/L〕　となる。

SCIENCE BOX　COD(化学的酸素要求量)

水の汚染度を示す指標として，**BOD(生物化学的酸素要求量)** や **COD(化学的酸素要求量)** などがある。

BOD は試料水中に存在する好気性微生物の呼吸により消費される酸素量で示し，その値は微生物により分解される有機物の量を表す。一般には試料水を 20℃，暗所で５日間放置したときの酸素消費量〔mg/L〕で示す。

COD は試料水を強力な酸化剤を用いて処理したときに消費される酸化剤の量を，それに相当する酸素消費量〔mg/L〕に換算した値で示す。試料水中の酸化可能な物質(**被酸化性物質**)には有機物のほか，酸化されやすい無機物(NO_2^-，Fe^{2+}，S^{2-}，$S_2O_3^{2-}$ など）を含むので，COD は BOD よりも大きな値をとることが多い。特殊な水を除けば，COD は水中の有機物の量を表す目安と考えてよく，通常，その酸化剤には $KMnO_4$ か，$K_2Cr_2O_7$ が用いられる*1。

＊1　$KMnO_4$ は色の変化が明瞭で，滴定の終点を見つけやすいが，有機物に対する酸化率は必ずしも高くない。たとえば，糖類は酸化されやすいが脂肪酸，エステル，炭化水素および，アミノ酸，タンパク質など窒素 N を含む有機物の酸化率は低くなる。また，試料水中に塩化物イオン Cl^- を多く含む海水や汽水などの場合，酸性条件では Cl^- は MnO_4^- により酸化されるので，MnO_4^- の消費量が大きくなり，滴定誤差を生じる。そこで，あらかじめ，試料水に $AgNO_3$ 水溶液を加えて Cl^- を $AgCl$ として除去しておく前処理が必要となる。ただし，NO_3^- は酸性条件では酸化剤として作用するので，硫酸銀 Ag_2SO_4 の粉末を添加するほうがよい。ただし，Ag_2SO_4 は水に溶けにくいので，反応液を十分に撹拌する必要がある。海水 100 mL の場合，Ag_2SO_4 を約 10 g 添加するが，通常の河川水 100 mL の場合 Ag_2SO_4 は約 1 g でよい。

一方，$K_2Cr_2O_7$ は触媒として Ag_2SO_4 や $HgSO_4$ を少量加えておけば有機物に対する酸化率は $KMnO_4$ に比べてかなり高い。また，試料水中に Cl^- が含まれている場合でも，Cl^- は $Cr_2O_7^{2-}$ によって酸化されないので，前処理をしなくても直接CODが求められる。ただし，$Cr_2O_7^{2-}$ のような六価のクロムは毒性が強く，廃液処理には注意する必要がある。

JIS(日本工業規格）の水質試験法では，COD は 100℃ 30 分間の加熱における $KMnO_4$ による酸素消費量〔mg/L〕としており，その手順の概略は次の通り。

①　試料水 100 mL を硫酸酸性にした後，5.00×10^{-3} mol/L の $KMnO_4$ 水溶液（酸化剤)10.0 mL を加え，沸騰水浴中で 30 分間加熱する。

②　①の溶液に，1.25×10^{-2} mol/L の $(COONa)_2$ 水溶液（還元剤)10.0 mL を加え，未反応の MnO_4^- をすべて Mn^{2+} に還元し，脱色する。

③　②の溶液に 5.00×10^{-3} mol/L $KMnO_4$ 水溶液を溶液が薄赤色になるまで加え，逆滴定する*2。

＊2　①の溶液を直接 $(COONa)_2$ 水溶液で滴定すると終点（赤紫色→無色）が見つけにくい。また，過剰の MnO_4^- が生成した Mn^{2+} と反応して MnO_2 が生じる副反応などがおこり，滴定誤差が大きくなる。

酸性条件では，$KMnO_4$ は５価の酸化剤，$(COONa)_2$ は２価の還元剤として働く。

$$MnO_4^- + 5\,e^- + 8\,H^+ \longrightarrow Mn^{2+} + 4\,H_2O$$

$$C_2O_4^{2-} \longrightarrow 2\,CO_2 + 2\,e^-$$

最初に加えた $KMnO_4$ が受け取る e^- は，

$$5.00\times10^{-3}\times\frac{10.0}{1000}\times5=2.50\times10^{-5}\text{〔mol〕}$$

加えた $(COONa)_2$ が放出する e^- と等しい*3。

$$1.25\times10^{-2}\times\frac{10.0}{1000}\times2=2.50\times10^{-5}\text{〔mol〕}$$

最初に加えた $KMnO_4$ が受け取る e^-〔mol〕		後で加えた $KMnO_4$ が受け取る e^-〔mol〕
＝		
被酸化性物質が放出する e^-〔mol〕	$(COONa)_2$ が放出する e^-〔mol〕	

したがって，試料水中の被酸化性物質(還元剤)の量は，後から加えた $KMnO_4$ 水溶液の滴定値から求まる物質量と等しくなる。

＊3　通常，最初に加えた $KMnO_4$(酸化剤）と過不足なく反応する量(当量という)の $(COONa)_2$(還元剤)を加えるのが原則である。

SCIENCE BOX 溶存酸素の定量法

水中に有機物などの酸化されやすい物質が存在すると，**溶存酸素**（DO）が消費されるので，河川や湖沼の溶存酸素量を測定すると，水の汚染状態を知る重要な手掛りが得られる。O_2 の酸化力はさほど強くはないので，水中に含まれる O_2 を完全に反応させるためには，非常に酸化されやすい物質(強力な還元剤)を水中に生成させるという特別な方法がとられる。

水酸化マンガン(Ⅱ)$Mn(OH)_2$(白色）は，塩基性溶液中では極めて酸化されやすく，水中の酸素とも容易に反応して，酸化水酸化マンガン(Ⅳ)$MnO(OH)_2$(褐色）に変化する。

$$2Mn(OH)_2 + O_2 \longrightarrow 2MnO(OH)_2\downarrow \quad \cdots\cdots①$$

$MnO(OH)_2$は，塩基性では安定であるが，酸性にすると比較的強い酸化力を示し，KI 水溶液を加えると，自身は Mn^{2+} となる一方で，I^- を酸化して I_2 を遊離させる。

$$MnO(OH)_2 + 2I^- + 4H^+ \longrightarrow Mn^{2+} + I_2 + 3H_2O \quad \cdots\cdots②$$

ここで生じた I_2 を，デンプンを指示薬として $Na_2S_2O_3$ の標準溶液で滴定することにより，試料水中に含まれていた溶存酸素量を定量できる。この方法を**ウィンクラー法**といい，以下の手順で行われる。

$$2Na_2S_2O_3 + I_2 \longrightarrow 2NaI + Na_2S_4O_6 \quad \cdots\cdots③$$

(1) 正確に容量（V〔mL〕とする）のわかった共栓付きガラスびん(酸素びん)に試料水を満たし，ⓐ静かに栓をして余分の水をあふれさせ，びんの中に空気の泡が残らないようにしておく。

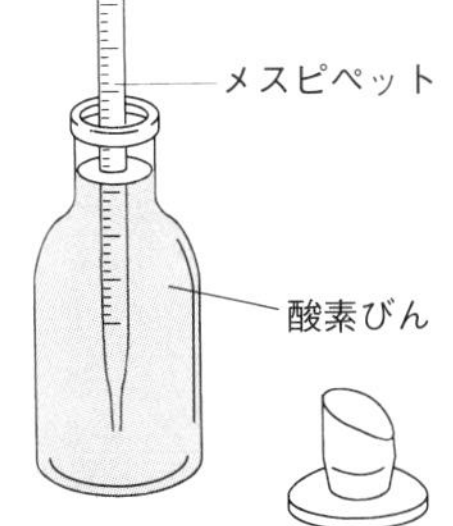

(2) びんの栓を取り，メスピペットを用いて $MnSO_4$ 水溶液 a〔mL〕，続いて KI-NaOH 水溶液 b〔mL〕を加える。このとき，図のようにⓑピペットの先端をびんの深くに入れて水溶液を注入し，速やかに栓をして余分の水をあふれさせる。

(3) ときどきびんを振って，しばらく放置し，褐色の沈殿が完全に沈降したら栓を取り，(2)と同様にメスピペットを用いて 6 mol/L 希硫酸 c〔mL〕を加える。再び栓をしてよく振り，沈殿を完全に溶解させる。このとき，I_2 が遊離するが，I_2 は過剰の I^- により I_3^- となって溶けている。

(4) 酸素びん中の溶液を三角フラスコに移し，デンプン水溶液を少量加えたのち，0.10 mol/L の $Na_2S_2O_3$ の標準溶液で滴定すると，d〔mL〕加えたところで終点に達した。

注) ⓐ 大気中の O_2 が溶解する可能性のある液面付近の水をあふれさせて除くとともに，気泡中の酸素が溶存酸素量に加算されることがないようにするためである。

ⓑ メスピペットをびんの中の深くまで入れるのは，生成した $Mn(OH)_2$ が大気中の O_2 によって酸化されるのを少しでも防ぐためである。

例題 上記の実験で，試料水 1 L 中に含まれる溶存酸素の体積 x〔mL〕（標準状態）を求めよ。

［解］ 反応式の係数比を見ると，

③より， $Na_2S_2O_3 : I_2 = 2:1$

②より， $MnO(OH)_2 : I_2 = 1:1$

①より， $MnO(OH)_2 : O_2 = 2:1$

∴ $Na_2S_2O_3 : O_2 = 4:1$(物質量比)

で過不足なく反応する。最終的に定量された試料水は$(V-a-b-c)$〔mL〕であるから，

$$\frac{x}{22400} \times \frac{(V-a-b-c)}{1000} \times 4 = 0.10 \times \frac{d}{1000}$$

$$\therefore \quad x = \frac{\mathbf{560\,d}}{(\boldsymbol{V-a-b-c})}\text{〔mL〕} \quad \text{答}$$

例題 河川などの水質汚染は主に有機物が原因と考えられる。化学的酸素要求量(COD)は，水質汚染の指標として利用され，試料水１L当たりに含まれる有機物を酸化するのに必要な酸素の質量〔mg〕で表される。ある河川水のCODを求める操作①～④を行った。

① 河川水を100 mL取り，硫酸酸性とした後，5.00×10^{-3} mol/Lの過マンガン酸カリウム水溶液10.0 mLを加え，沸騰水浴中で30分間加熱した。

② ①の水溶液に1.25×10^{-2} mol/Lのシュウ酸ナトリウム水溶液10.0 mLを加えて振り混ぜ，未反応の過マンガン酸カリウムをすべて還元した。

③ ②の水溶液を約60℃に保ち，5.00×10^{-3} mol/Lの過マンガン酸カリウム水溶液を溶液が淡赤色になるまで加えたところ，2.50 mLを要した。

④ 河川水の代わりに純水100 mLを用いて①～③の操作を行ったところ，操作③において，5.00×10^{-3} mol/Lの過マンガン酸カリウム水溶液0.10 mLを要した。

(1) 河川水100 mL中の有機物と反応した過マンガン酸カリウムの物質量を求めよ。

(2) この河川水のCOD〔mg/L〕の値を求めよ。(原子量：O＝16)

(3) 海に近い河川水や汽水の場合，最初にAg_2SO_4の粉末を加え十分に撹拌する必要がある。その理由を答えよ。

［解］ (1) 操作①では河川水中の有機物(還元剤)が$KMnO_4$(酸化剤)と反応する。沸騰水浴中で加熱するのは，この酸化還元反応の反応速度を大きくするためである。

硫酸酸性では，過マンガン酸イオンは次式のように**5価の酸化剤**として働く。

$$MnO_4^- + 8H^+ + 5e^- \longrightarrow Mn^{2+} + 4H_2O \quad \cdots\cdots(1)$$

操作②では，シュウ酸イオン$C_2O_4^{2-}$から生じたシュウ酸$H_2C_2O_4$(硫酸酸性なので，弱酸の$H_2C_2O_4$が遊離する)が，次式のように**2価の還元剤**として働く。

$$H_2C_2O_4 \longrightarrow 2CO_2 + 2H^+ + 2e^- \quad \cdots\cdots(2)$$

$KMnO_4$が受け取った電子の物質量：$5.00\times10^{-3}\times1.00\times10^{-2}\times5=2.5\times10^{-4}$〔mol〕

$(COONa)_2$が放出した電子の物質量：$1.25\times10^{-2}\times1.00\times10^{-2}\times2=2.5\times10^{-4}$〔mol〕

よって，最初に加えた$KMnO_4$と次に加えた$(COONa)_2$は過不足なく反応する当量関係にあることから，河川水中の有機物の量は，最後に加えた$KMnO_4$の量に相当することになる。

ただし，操作④のように，試料水の代わりに純水を用いて同様の操作を行うことを**空試験（ブランクテスト）**といい，溶媒中の不純物（有機物など），器具の材質，実験室の環境等の影響による滴定誤差の補正に役立つ。つまり，本試験の滴定値から空試験の滴定値を差し引く必要があり，真の滴定値は2.50－0.10＝2.40〔mL〕となる。

$5.00\times10^{-3}\times2.40\times10^{-3}=$**$1.20\times10^{-5}$〔mol〕** 答

(2) 酸素O_2は次式のように反応して**4価の酸化剤**として働く。

$$O_2 + 4H^+ + 4e^- \longrightarrow 2H_2O \quad \cdots\cdots(3)$$

(1)の$KMnO_4$が受け取るe^-の物質量とO_2(x molとする)が受け取るe^-の物質量が等しい。

$1.20\times10^{-5}\times5=x\times4$　∴ $x=1.50\times10^{-5}$〔mol〕

河川水1Lあたりの酸素の消費量をmg単位で表すと，O_2のモル質量は32 g/molより，

$1.50\times10^{-5}\times32\times10^3\times10=$**4.80〔mg/L〕** 答

(3) 海に近い河川水にはCl^-が多く含まれ，酸性条件で$KMnO_4$と加熱すると，Cl^-が酸化されてCODが大きく測定されるので，Ag_2SO_4を加えて$AgCl$の沈殿として除くため。 答

10 ヨウ素滴定

比較的温和な酸化剤であるヨウ素 I_2 の酸化力を利用して，濃度不明の還元剤を直接定量する方法を，**ヨウ素酸化滴定**(ヨージメトリー)という。

昇華などの方法により精製したヨウ素 I_2 の結晶を一定量秤量し，これをヨウ化カリウム KI 水溶液に溶かしてヨウ素の標準溶液をつくる㉓。

補足㉓ I_2 は無極性分子で水にはほとんど溶けない。しかし，ヨウ化カリウム水溶液に対しては，$I_2+I^- \rightleftarrows I_3^-$(三ヨウ化物イオン) となってよく溶ける。

この場合，KI は I_2 を溶かす溶媒として働いている。ヨウ素は温和な酸化剤であるので，上記の滴定は比較的強い還元剤(H_2S，SO_2，Sn^{2+} などごく限られたもの)しか定量できない。

例題 0.10 mol/L のヨウ素溶液(ヨウ化カリウムを含む)50 mL に，二酸化硫黄をゆっくりと通して完全に吸収させた。この吸収溶液中に残ったヨウ素を，デンプンを指示薬として 0.050 mol/L のチオ硫酸ナトリウム水溶液で滴定したところ，20 mL を加えたときに溶液の色が変化した㉔。吸収させた二酸化硫黄の物質量はいくらか。ただし，チオ硫酸ナトリウムとヨウ素とは，次のように反応するものとする。

$$I_2 + 2\,Na_2S_2O_3 \longrightarrow 2\,NaI + Na_2S_4O_6 \quad (\cdots\cdots\cdots Ⓐとする)$$

［解］ ヨウ素溶液に SO_2 を通じたとき，I_2 が酸化剤，SO_2 が還元剤として作用する。

$$I_2 + 2\,e^- \longrightarrow 2\,I^- \quad \cdots\cdots\cdots①$$

$$SO_2 + 2\,H_2O \longrightarrow SO_4^{2-} + 4\,H^+ + 2\,e^- \quad \cdots\cdots\cdots②$$

①+②より， $$I_2 + SO_2 + 2\,H_2O \longrightarrow 2\,HI + H_2SO_4 \quad \cdots\cdots\cdots③$$

残った I_2 と $Na_2S_2O_3$(還元剤) との反応はかなり複雑である ($Na_2S_2O_3$ の半反応式を書くのがむずかしい)ので，ふつうは，問題文に反応式(Ⓐ式)が与えられている。

以上より，1 種類の酸化剤 I_2 を，2 種類の還元剤 SO_2 と $Na_2S_2O_3$ と酸化還元反応させているから，酸化還元滴定における逆滴定の問題ということになる。

Ⓐ式でチオ硫酸イオン $S_2O_3^{2-}$ が酸化された部分だけをイオン反応式で表すと，

$$\underset{2\,mol}{2\,S_2O_3^{2-}} \longrightarrow S_4O_6^{2-} + \underset{2\,mol}{2\,e^-} \quad \cdots\cdots\cdots Ⓐ'$$

①式より I_2 は 2 価の酸化剤，②式より SO_2 は 2 価の還元剤，またⒶ′式より $S_2O_3^{2-}$ つまり $Na_2S_2O_3$ は 1 価の還元剤とわかる。したがって，この滴定の当量点では次の関係が成り立つ。

(酸化剤の受け取った電子の総物質量)＝(還元剤の放出した電子の総物質量)

吸収させた SO_2 の物質量を x〔mol〕とおくと，

$$\left(0.10 \times \frac{50}{1000}\right) \times 2 = 2x + \left(0.050 \times \frac{20}{1000}\right) \times 1 \quad \therefore \quad x = \mathbf{4.5 \times 10^{-3}}〔\mathbf{mol}〕$$ 答

補足㉔ I_2 は $Na_2S_2O_3$aq と反応して I^- に還元されると，溶液の色 (I_2：褐色) はしだいに淡くなり，ちょうど無色になった時点が終点である。しかし，これを肉眼で正確に確認することは困難である。そこで，溶液中の I_2 の色が淡くなってきたころにデンプン水溶液(約 1%)を加えると，溶液は青紫色を呈する(**ヨウ素デンプン反応**)。この呈色反応は非常に鋭敏であるため，正確に終点を見つけることができる。すなわち，溶液中から I_2 が完全になくなり，溶液の青紫色が消えて無色になった時点がこの滴定の終点となる。

また，滴定の初期にデンプン水溶液を加えると，ヨウ素・デンプン複合体の形成により，ヨウ素の反応(①式)の反応速度が低下するので，できるだけ終点の直前に加える方がよい。

►還元剤として作用するヨウ化物イオン I^- に対して，ある酸化剤を反応させると，ヨウ素 I_2 が遊離する。このヨウ素を，デンプンを指示薬としてチオ硫酸ナトリウム(還元剤)の標準溶液で滴定すると，濃度不明の酸化剤を間接的に定量することができる。この方法を**ヨウ素還元滴定**(**ヨードメトリー**)という。

例題　濃度未知の過酸化水素水 10 mL に，過剰のヨウ化カリウムの硫酸酸性溶液を加えたらヨウ素が遊離した。ここへ，デンプンを指示薬として加え，0.10 mol/L のチオ硫酸ナトリウム水溶液で滴定していくと，10 mL 加えたところで指示薬の色が消失した。もとの過酸化水素水のモル濃度を求めよ。

ただし，ヨウ素とチオ硫酸ナトリウムとの反応は次式の通りとする。

$$I_2 + 2\,Na_2S_2O_3 \longrightarrow 2\,NaI + Na_2S_4O_6$$

［**解**］　酸化剤の H_2O_2 と還元剤の $Na_2S_2O_3$ はいずれも無色のため，直接反応させたのでは終点が判別できない。そこで，終点を見つけるのにヨウ素デンプン反応による呈色を利用している。このように，ヨウ素が反応にあずかる酸化還元滴定を，どちらも**ヨウ素滴定**という。

まず過剰の KI aq に H_2O_2 aq を加えると，①式のように I^- が酸化されて I_2 を遊離する。

$$H_2O_2 + 2\,H^+ + 2\,I^- \longrightarrow I_2 + 2\,H_2O \quad \cdots\cdots①$$

次に，この I_2 を $Na_2S_2O_3$ aq で還元して，もとの I^- に戻す[25]。

$$I_2 + 2\,Na_2S_2O_3 \longrightarrow 2\,NaI + Na_2S_4O_6\text{(四(テトラ)チオン酸ナトリウム)} \quad \cdots\cdots②$$

(この一連の反応において，最終的には I^- はまったく変化しなかったことになる。)

酸化剤 H_2O_2 によって I_2 が遊離するが，反応した H_2O_2 と生成した I_2 の間には，①式の係数比より 1：1(物質量比)の関係がある。

また，②式より，I_2 と $Na_2S_2O_3$ との間には 1：2(物質量比)の関係がある。つまり，遊離した I_2 の物質量は，加えた $Na_2S_2O_3$ の物質量の $\frac{1}{2}$ にあたる。

$$\text{遊離した } I_2 \text{ の物質量} = \left(0.10\times\frac{10}{1000}\right)\times\frac{1}{2} = 5.0\times10^{-4}\,\text{〔mol〕}$$

また，①式より，H_2O_2 と等物質量の I_2 が遊離したことがわかるので，過酸化水素水のモル濃度を x〔mol/L〕とすると，

$$x\times\frac{10}{1000} = 5.0\times10^{-4}\,\text{〔mol〕} \qquad \therefore\ x = \mathbf{5.0\times10^{-2}}\,\text{〔mol/L〕}$$ 答

詳説[25]　チオ硫酸イオン $S_2O_3{}^{2-}$ は酸化されやすく，比較的弱い酸化剤の作用によっても，両端の S 原子からそれぞれ 1 個ずつ電子が放出されて，容易に -S-S- 結合(ジスルフィド結合)をつくり，四チオン酸イオン $S_4O_6{}^{2-}$ となりやすい。

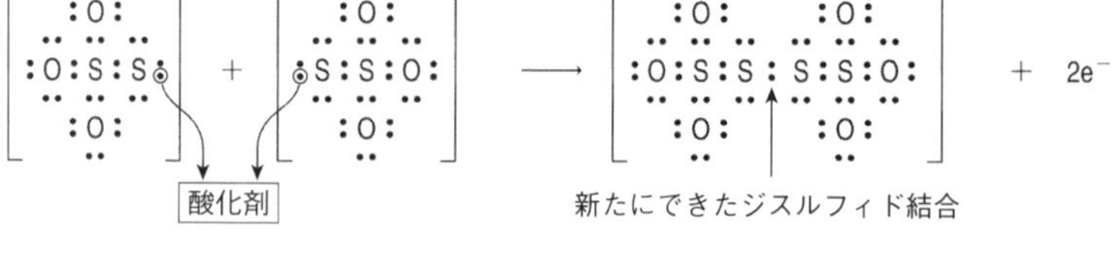

$$[S_2O_3]^{2-} + [S_2O_3]^{2-} \longrightarrow [S_4O_6]^{2-} + 2e^-$$

酸化剤

新たにできたジスルフィド結合

例題 ビタミンCは水溶性ビタミンの一種で，強い還元性をもつため，酸化防止剤として市販の飲料や食品に添加されている。ビタミンCの化学名はアスコルビン酸であり，酸化されたものをデヒドロアスコルビン酸という(右図)。

アスコルビン酸　デヒドロアスコルビン酸

A濃度未知のヨウ素溶液（ヨウ化カリウムを含む）10.0 mL に少量のデンプン水溶液を加え，0.0160 mol/L チオ硫酸ナトリウム水溶液で滴定すると，a終点までに 5.80 mL を要した。次に，B濃度未知のアスコルビン酸水溶液を正確に水で5倍に希釈し，その 10.0 mL に少量のデンプン水溶液を加え，上記のヨウ素溶液で滴定すると，b終点までに 7.60 mL を要した。ただし，ヨウ素とチオ硫酸ナトリウムは次のように反応するものとする。

$$I_2 + 2\,Na_2S_2O_3 \longrightarrow 2\,NaI + Na_2S_4O_6$$

(1) アスコルビン酸(還元剤)とヨウ素(酸化剤)の働きを電子 e^- を含むイオン反応式で示せ。
(2) 終点 a，b での溶液の色の変化をそれぞれ答えよ。
(3) 下線部Aのヨウ素溶液のモル濃度を求めよ。(有効数字3桁)
(4) 下線部Bのアスコルビン酸水溶液のモル濃度を求めよ。(有効数字3桁)

［解］ (1) アスコルビン酸(分子式：$C_6H_8O_6$)が還元剤として働くと，デヒドロアスコルビン酸(分子式：$C_6H_6O_6$)になる。その半反応式は次の通り。

$$C_6H_8O_6 \longrightarrow C_6H_6O_6 + 2\,H^+ + 2\,e^- \quad \cdots\cdots①$$ 答

ヨウ素 I_2 が酸化剤として働くと，ヨウ化物イオン I^- になる。その半反応式は次の通り。

$$I_2 + 2\,e^- \longrightarrow 2\,I^- \quad \cdots\cdots②$$ 答

(2) ヨウ素溶液にチオ硫酸ナトリウム水溶液を加えていくと，ヨウ素 I_2 が残っている間はヨウ素デンプン反応により青紫色を示すが，終点 a で I_2 がなくなると，ヨウ素デンプン反応を示さなくなり，溶液は無色になる。　**青紫色→無色** 答

アスコルビン酸水溶液にヨウ素溶液を加えていくと，アスコルビン酸が残っている間は I_2 が I^- に変化するため，ヨウ素デンプン反応は示さず無色であるが，終点 b でアスコルビン酸がなくなると，I_2 が溶液中に残りヨウ素デンプン反応の青紫色を示す。　**無色→青紫色** 答

(3) $I_2 + 2\,Na_2S_2O_3 \longrightarrow 2\,NaI + Na_2S_4O_6$ の反応式より，I_2 と $Na_2S_2O_3$ は 1：2(物質量比)で過不足なく反応する。

ヨウ素溶液中のヨウ素のモル濃度を x〔mol/L〕とおくと

$$\left(x\times\frac{10.0}{1000}\right):\left(0.0160\times\frac{5.80}{1000}\right)=1:2 \quad \text{より} \qquad \therefore\ x=\mathbf{4.64\times10^{-3}}\,\text{〔mol/L〕}$$ 答

(4) ①式より，還元剤のアスコルビン酸 1 mol は電子 2 mol を放出する。
②式より，酸化剤のヨウ素 1 mol は電子 2 mol を受け取る。

この酸化還元滴定の当量点では，次式の関係が成り立つ。

(酸化剤の受け取る電子の物質量)＝(還元剤の放出する電子の物質量)

アスコルビン酸水溶液のモル濃度を y〔mol/L〕とおくと

$$4.64\times10^{-3}\times\frac{7.60}{1000}\times2=\frac{y}{5}\times\frac{10.0}{1000}\times2$$

$$\therefore\ y\fallingdotseq1.763\times10^{-2}\fallingdotseq\mathbf{1.76\times10^{-2}}\,\text{〔mol/L〕}$$ 答

SCIENCE BOX　ヨウ素滴定の応用

〔1〕 ヨウ素滴定の種類

ヨウ素 I_2 を酸化剤とするヨウ素滴定を，**ヨウ素酸化滴定**という。I_2 は温和な酸化剤で，その標準電極電位は $E^\circ=+0.54$ V と，酸化剤としての E° があまり大きくないので，H_2S($E^\circ=-0.14$ V)，Sn^{2+}($E^\circ=-0.15$ V)，SO_2($E^\circ=-0.16$ V) など一部の還元剤とは反応し，定量できるが，Fe^{2+}($E^\circ=-0.77$ V) とは反応しないので，定量はできない。

ヨウ化カリウム KI を還元剤とするヨウ素滴定を，**ヨウ素還元滴定**という。I^- の標準電極電位は $E^\circ=-0.54$ V と，還元剤としての E° が比較的小さいので，Cl_2($E^\circ=+1.36$ V)，H_2O_2($E^\circ=+1.77$ V)，$Cr_2O_7{}^{2-}$($E^\circ=+1.33$ V)，Fe^{3+}($E^\circ=+0.77$ V) など多くの酸化剤と反応・定量ができる。

〔2〕 ヨウ素還元滴定による Cu^{2+} の定量

Cu^{2+} 水溶液に KI 水溶液を十分に加えると，I^- が酸化されて I_2 を生成する。同時に，Cu^{2+} は還元されて Cu^+ となり，I^- と結合してヨウ化銅(Ⅰ)CuI の白色沈殿を生成する。

$$Cu^{2+}+e^- \longrightarrow Cu^+ \quad \cdots\cdots① \qquad E^\circ=+0.16\text{ V}$$

$$I_2+2e^- \longrightarrow 2I^- \quad \cdots\cdots② \qquad E^\circ=+0.54\text{ V}$$

①×2−②より，

$$2Cu^{2+}+2I^- \longrightarrow 2Cu^++I_2 \quad \cdots\cdots③$$

$$E=+0.16-(+0.54)=-0.38\text{ V}$$

③式の $E<0$ より，この反応は自発的には右向きに進行しないはずである (p. 402)。しかし，(i) KI を過剰に加えて左辺の $[I^-]$ を大きくする，(ii) CuI を沈殿させて反応系から除き，右辺の $[Cu^+]$ を小さくする，といった工夫によって，③式の反応を右向きに進行させることにより，Cu^{2+} を定量することができる。

例題 ある濃度の硫酸銅(Ⅱ)$CuSO_4$ 水溶液 10.0 mL に十分量のヨウ化カリウム KI 水溶液を加えると，ヨウ化銅(Ⅰ)CuI の白色沈殿を生じるとともにヨウ素 I_2 が生成した。この溶液に少量のデンプン水溶液を加え，0.100 mol/L のチオ硫酸ナトリウム $Na_2S_2O_3$ 水溶液で滴定したところ，24.0 mL 加えた時点で溶液の色が変化し，終点*に達した。この硫酸銅(Ⅱ)水溶液の濃度は何 mol/L か。ただし，この滴定に関係する反応式は，次の通りとする。

$$2Cu^{2+} + 4I^- \longrightarrow 2CuI\downarrow + I_2 \quad \cdots\cdots Ⓐ$$

$$I_2 + 2Na_2S_2O_3 \longrightarrow Na_2S_4O_6 + 2NaI \quad \cdots\cdots Ⓑ$$

＊ このヨウ素滴定の終点は，反応溶液中の I_2 がすべてなくなったとき，すなわち，ヨウ素デンプン反応の青紫色が消失して無色になったときである。

［解］ 反応式Ⓐ，Ⓑが与えられているので，その係数比から酸化剤と還元剤の量的関係を求めることができる。

Ⓑ式より，$I_2 : Na_2S_2O_3=1:2$(物質量比) で反応するから，生成した I_2 の物質量は，加えた $Na_2S_2O_3$ の物質量の $\frac{1}{2}$ である。

$$\text{生成した } I_2 \text{ の物質量}=0.100\times\frac{24.0}{1000}\times\frac{1}{2}=1.20\times10^{-3}\text{〔mol〕}$$

また，Ⓐ式より，$Cu^{2+} : I_2=2:1$(物質量比) で反応・生成するから，反応した Cu^{2+} の物質量は，生成した I_2 の物質量の 2 倍である。

したがって，求める硫酸銅(Ⅱ)$CuSO_4$ 水溶液の濃度を x〔mol/L〕とおくと，

$$x\times\frac{10.0}{1000}=1.20\times10^{-3}\times2 \qquad \therefore\ x=\mathbf{0.240}\text{〔mol/L〕}$$ 答

SCIENCE BOX キレート滴定①

キレート錯体 (p. 526) の生成を利用した滴定を**キレート滴定**といい，エチレンジアミン四酢酸（以下，EDTA と略す）を標準溶液とした **EDTA 滴定**が，多価の金属イオンの定量に広く行われている。

$$\begin{matrix} HOOC-CH_2 & & CH_2-COOH \\ & N-CH_2-CH_2-N & \\ HOOC-CH_2 & & CH_2-COOH \end{matrix}$$

EDTA は，分子中に -COOH を 4 個もつ 4 価の酸で，次のように 4 段階に電離する。

$$H_4Y \rightleftarrows H^+ + H_3Y^-$$
$$H_3Y^- \rightleftarrows H^+ + H_2Y^{2-}$$
$$H_2Y^{2-} \rightleftarrows H^+ + HY^{3-}$$
$$HY^{3-} \rightleftarrows H^+ + Y^{4-}$$

水溶液中に存在する各化学種の割合は，溶液の pH により次図のように変化する。

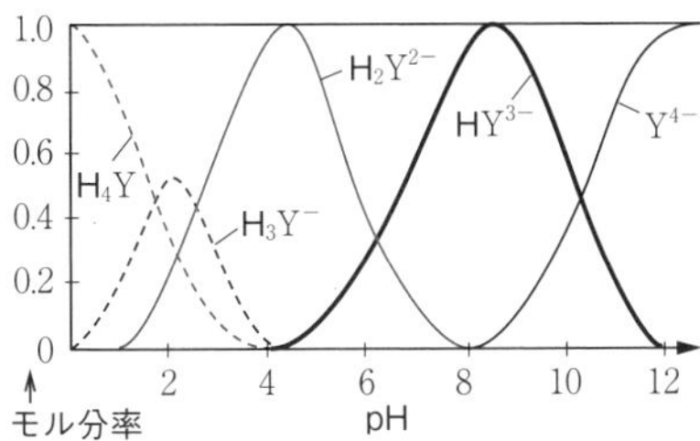

EDTA 各化学種の分布と pH の関係

pH が大きくなるほど平衡は右へ移動し，H_4Y の濃度は小さくなり，Y^{4-} の濃度は大きくなることがわかる。

EDTA の陰イオン (Y^{4-}) には金属イオンと配位結合できる非共有電子対が 6 組あり，4 配位および 6 配位の金属イオン M^{m+} (M^+ を除く）に対しては，いずれも物質量比 1：1 の割合で，安定な**キレート錯体**（右上図）をつくる。このときの反応は，次の①式で表され，キレート生成の平衡定数 K（**安定度定数**ともいう）は②式で表される。

$$M^{m+} + Y^{4-} \rightleftarrows MY^{m-4} \quad \cdots\cdots①$$

$$K = \frac{[MY^{m-4}]}{[M^{m+}][Y^{4-}]} \quad \cdots\cdots②$$

いま，0.02 mol/L M^{2+} 水溶液 10 mL を，0.02 mol/L EDTA 水溶液で滴定する場合，①式より，M^{2+} と Y^{4-} は，物質量比 1：1 でちょうど反応するから，必要な EDTA 水溶液は 10 mL である。よって，滴定後の溶液は 20 mL となり，M^{2+} と Y^{4-} がすべて反応したとしたら MY^{2-} の濃度は 0.01 mol/L となる。この滴定を 99.9％の精度，つまり，滴定が終点に達したとき，M^{2+} の 99.9％が MY^{2-} になったとすると，

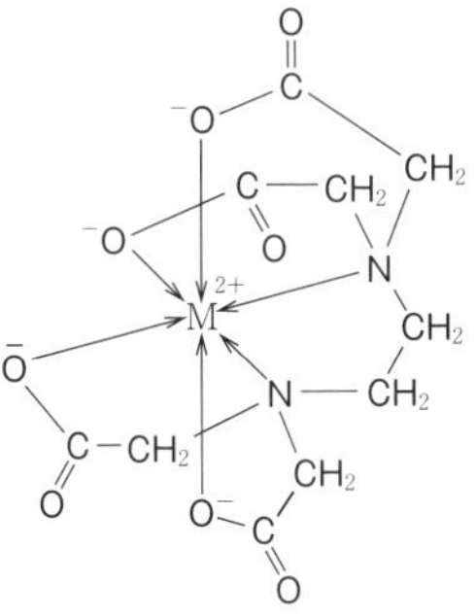

M^{2+} の 6 配位の EDTA キレート錯体

$$[MY^{2-}] = 0.01 \times \frac{99.9}{100} \fallingdotseq 10^{-2} \text{〔mol/L〕}$$

MY^{2-} にならなかった M^{2+} と Y^{4-} が 0.1％ずつ存在するから，

$$[M^{2+}] = [Y^{4-}] = 10^{-2} \times \frac{0.1}{100} = 10^{-5} \text{〔mol/L〕}$$

これらを②式へ代入して，

$$K = \frac{10^{-2}}{(10^{-5})^2} = 10^8 \text{〔L/mol〕}$$

したがって，金属イオンと EDTA とのキレート生成の安定度定数が 10^8 以上であれば，目的の金属イオンをキレート滴定で定量できると考えてよい。キレート滴定は，操作が簡単で，滴定の精度が高いので，1 価の金属イオンを除く，多くの金属イオンの定量に用いられる*。

＊ キレート滴定の終点を決定するには目的の金属イオンと反応して呈色する各種の**金属指示薬**を用いる。金属指定薬は有色の有機化合物で，滴定中は金属イオンとキレートをつくって異なる色を示しているが，終点では金属イオンはすべて EDTA とキレートをつくるため，本来の色に変化する。なお，Ca^{2+} の定量では，pH≒10 の緩衝液で行う。

SCIENCE BOX　キレート滴定②

(1) キレート滴定の注意点

キレート滴定では，試料水溶液の pH に十分に注意する必要がある。目的の金属イオンすべてが EDTA とキレート錯体を生成するには，EDTA が完全に電離した 4 価の陰イオンとなる pH≒10 の弱い塩基性に維持する必要がある。また，強い塩基性になると，金属イオンが水酸化物の沈殿に変化するため，正確な金属イオンの定量ができない。そこで，キレート滴定では水溶液の pH を一定に保つ緩衝溶液を用いる。

また，キレート錯体の生成反応は，普通のイオン反応に比べて遅いので，終点近くでは，滴定を 1 滴ずつ慎重に行う必要がある。

(2) キレート滴定の指示薬について

キレート滴定の終点を判定する指示薬は**金属指示薬**と呼ばれ，EDTA よりも金属イオンと弱くキレートをつくる有色のキレート剤が使用される。

代表的な金属指示薬である EBT 指示薬は，$-SO_3H$ と 2 個のフェノール性 $-OH$ をもつ 3 価の酸 H_3In で，pH≒10 では，$-SO_3H$ と 2 個の $-OH$ のうち 1 個が電離した HIn^{2-} の青色を示すが，金属イオン M^{2+} とキレート錯体をつくると，もう 1 個の $-OH$ が電離した In^{3-} の赤色を示す。また，NN 指示薬は，$-SO_3H$ と $-COOH$ と 2 個のフェノール性 $-OH$ をもつ 4 価の酸 H_4In で，pH 12〜13 では，$-SO_3H$，$-COOH$ と，2 個の $-OH$ のうち 1 個が電離した HIn^{3-} の青色を示すが，M^{2+} とキレート錯体をつくると，指示薬自身は In^{4-} の赤色を示す。

(a) EBT 指示薬

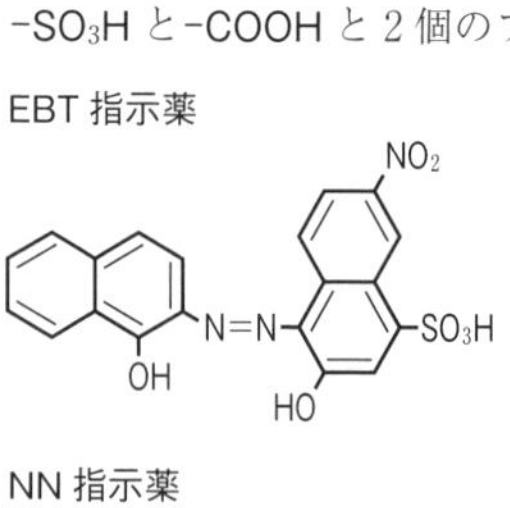

(b) NN 指示薬

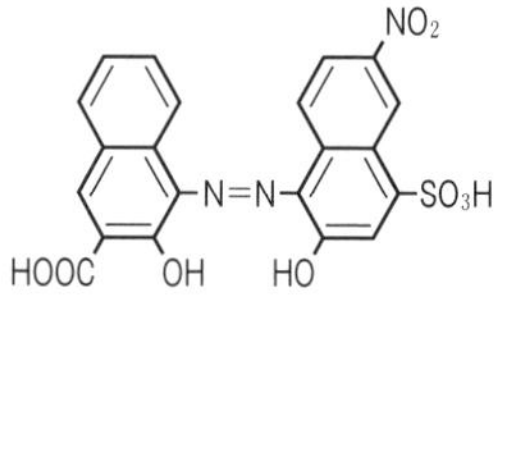

(3) 直接滴定法

Ca^{2+} を含む試料水 10 mL に 8 mol/L KOH 水溶液 2 mL を加え pH を 12〜13 に保つ。これに少量の NN 指示薬を加えよくかき混ぜると，指示薬はすべて Ca^{2+} とキレート錯体を生成し，赤色を呈する。ここへ 0.010 mol/L の EDTA の標準溶液を滴下すると，まず，EDTA は指示薬と結合していない遊離の Ca^{2+} とキレート錯体を生成するが，やがて，Ca^{2+} がなくなると，EDTA は Ca^{2+} と結合した指示薬からも Ca^{2+} を奪い取りキレート錯体を生成するため，NN 指示薬は本来の青色に戻る。すなわち，溶液が赤色から青色へ変化したところがこの滴定の終点である。この滴定では，Ca^{2+} は NN 指示薬よりも EDTA とより安定なキレート錯体をつくる性質を利用している。

(4) 逆滴定法

金属イオンとのキレート生成反応が遅い場合などに行われる。試料水に NH_3 緩衝溶液 (pH≒10.7) を加えたものに，一定過剰量の EDTA 水溶液を加えてキレート錯体を形成させておく。ここへ少量の EBT 指示薬を加えよくかき混ぜると，指示薬は本来の青色を呈する。さらに酢酸亜鉛の標準溶液を滴下すると，供給された Zn^{2+} はまず余剰の EDTA とキレート錯体を形成する。やがて，EDTA がなくなると，Zn^{2+} は EBT 指示薬ともキレートを形成するため，溶液の色が赤色に変化し始める。すなわち，溶液が青色から赤色に変化したところがこの滴定の終点である。

例題 Ca^{2+}，Mg^{2+} を含む試料水 10.0 mL に，pH 10 の緩衝溶液と少量の指示薬を加え，0.010 mol/L のエチレンジアミン四酢酸（EDTA）水溶液で滴定すると，10.0 mL で終点に達した。また，同じ試料水 10.0 mL に，適量の KOH 水溶液を加えて pH を 12 に保ち，少量の指示薬を加え，0.010 mol/L の EDTA 水溶液で滴定すると，6.0 mL で終点に達した。これより，試料水中の Ca^{2+}，Mg^{2+} それぞれのモル濃度を求めよ。ただし，pH 12 の塩基性条件では，Mg^{2+} は OH^- と反応して $Mg(OH)_2$ として完全に沈殿しているものとする。

［解］ 試料水中の Ca^{2+}，Mg^{2+} のモル濃度を，それぞれ x〔mol/L〕，y〔mol/L〕とする。

1 回目の滴定では，混合水溶液中の Ca^{2+}，Mg^{2+} がともに 1：1（物質量比）で EDTA とキレート錯体を形成するから，

$$(x+y)\times\frac{10.0}{1000}=0.010\times\frac{10.0}{1000}$$

pH 12 の塩基性条件では，Mg^{2+} は $Mg(OH)_2$ の沈殿に変化しており，EDTA とはキレート錯体を形成しない。

2 回目の滴定では，試料水中の Ca^{2+} のみが EDTA とキレート錯体を形成するから，

$$x\times\frac{10.0}{1000}=0.010\times\frac{6.0}{1000}$$

$\therefore$ $x=\mathbf{6.0\times10^{-3}}$**〔mol/L〕**，
$y=\mathbf{4.0\times10^{-3}}$**〔mol/L〕** 答

例題 Mg^{2+} を含む試料水 10.0 mL に，0.010 mol/L のエチレンジアミン四酢酸（EDTA）水溶液 10.0 mL を加えよく混合する。この溶液を NaOH 水溶液で中和した後，pH＝10 の NH_3/NH_4^+ 緩衝溶液 5 mL と少量の指示薬を加えたのち，0.010 mol/L の酢酸亜鉛 $(CH_3COO)_2Zn$ 水溶液を滴下したところ，5.0 mL 加えたところで終点に達した。これより，この試料水中の Mg^{2+} のモル濃度はいくらか。

［解］ この滴定では，
Mg^{2+}：Zn^{2+}：EDTA＝1：1：1（物質量比）で，キレート錯体を形成する。よって，EDTA と Mg^{2+} と Zn^{2+} の量的関係は次のようになる。

EDTA の物質量	
Mg^{2+} の物質量	Zn^{2+} の物質量

試料水中の Mg^{2+} のモル濃度を x〔mol/L〕とすると，

$$x\times\frac{10.0}{1000}+0.010\times\frac{5.0}{1000}=0.010\times\frac{10.0}{1000}$$

$x=\mathbf{5.0\times10^{-3}}$**〔mol/L〕** 答

例題 Cu^{2+} と Zn^{2+} を含む水溶液 10.0 mL に pH 5.5 の酢酸緩衝溶液 5 mL と少量の指示薬を加え，0.010 mol/L のエチレンジアミン四酢酸（EDTA）水溶液で滴定したら，終点までに 15.0 mL を要した。また，同じ試料水溶液 10.0 mL に 10％チオ硫酸ナトリウム $Na_2S_2O_3$ 水溶液 2 mL 加えてから，上記と同じ方法で EDTA 水溶液で滴定すると，終点までに 6.0 mL を要した。これより，この試料水中の Cu^{2+} と Zn^{2+} のモル濃度はそれぞれいくらか。

ただし，Cu^{2+} は $Na_2S_2O_3$ とは次のように酸化還元反応するものとする。

$$2\,Cu^{2+}+2\,S_2O_3^{2-}\longrightarrow 2\,Cu^{+}+S_4O_6^{2-}$$

［解］ 試料水中の Cu^{2+} と Zn^{2+} のモル濃度を x〔mol/L〕，y〔mol/L〕とする。

1 回目の滴定では，Cu^{2+} と Zn^{2+} がともに 1：1（物質量比）で EDTA とキレート錯体を形成するから，

$$(x+y)\times\frac{10.0}{1000}=0.010\times\frac{15.0}{1000}$$

2 回目の滴定では，Cu^{2+} は弱い酸化剤であり，$Na_2S_2O_3$ の還元作用により Cu^{2+} は Cu^+ に変化したため，EDTA とはキレート錯体を形成しない（この操作を**マスキング**という）。

2 回目の滴定では，Zn^{2+} だけが EDTA とキレート錯体を形成するから，

$$y\times\frac{10.0}{1000}=0.010\times\frac{6.0}{1000}$$

$\therefore$ $x=\mathbf{9.0\times10^{-3}}$**〔mol/L〕**，
$y=\mathbf{6.0\times10^{-3}}$**〔mol/L〕** 答

3-10　電池と電気分解

1　金属のイオン化傾向

亜鉛を希塩酸に入れると，亜鉛は水素を発生しながら溶ける。これは，亜鉛が電子を失って Zn^{2+} となり，液中の H^+ が電子を受け取って H_2 になったためである。

$$Zn + 2H^+ \rightleftarrows Zn^{2+} + H_2 \quad \cdots\cdots\cdots ①$$

一方，銅や銀を希塩酸に入れても，まったく反応はおこらない。これは，Cu や Ag は，水素よりも水溶液中で陽イオンになりにくいことを示す❶。

$$Cu + 2H^+ \rightleftarrows Cu^{2+} + H_2 \quad \cdots\cdots\cdots ②$$

このように，金属の単体が水溶液中で電子を放出して，陽イオンになろうとする性質を，**金属のイオン化傾向**という。イオン化傾向の大きさは，それぞれの金属の種類によって異なる。

補足❶　亜鉛は希塩酸と反応して水素が発生することから，①式の平衡は大きく右に偏っており，Zn は H_2 よりもイオン化傾向が大きいとわかる。銅や銀は希塩酸と反応しないことから，②式の平衡は大きく左に偏っており，Cu，Ag は H_2 よりイオン化傾向が小さいとわかる。

►上記の実験では，銅と銀のイオン化傾向の大小関係は不明である。一般に，2つの異なる金属のイオン化傾向は，ある金属を他の金属イオンを含む塩の水溶液に入れた際，その反応の有無で知ることができる。

たとえば，硝酸銀 $AgNO_3$ 水溶液（Ag^+ を含む）に銅板を浸すと，銅板の表面に黒色～灰色の苔（こけ）状の析出物（銀）が付着し，しばらく放置すると，白色の金属光沢をもつ樹枝状の結晶（**銀樹**という）に成長する❷。

一方，最初は Ag^+ のみで無色であった水溶液は，しだいに青味を帯びてくるので，銅（Ⅱ）イオンが生成していることがわかる。以上の変化をイオン反応式で表すと

金属の析出（還元）

$$Cu + 2Ag^+ \longrightarrow Cu^{2+} + 2Ag \quad \cdots\cdots ③$$

イオン化（酸化）

これに対して，硫酸銅（Ⅱ）$CuSO_4$ 水溶液に銀板を入れても，何の変化もおこらない。

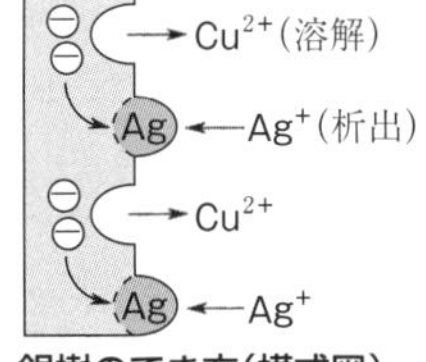

銀樹のでき方（模式図）

補足❷　一般に，イオン化傾向の違いによって，ある金属表面に別の金属が析出した場合に，樹枝状の結晶が見られることが多い。これを**金属樹**といい，銀樹のほか銅樹，鉛樹，スズ樹などがある。たとえば，③式では銅の溶解と銀の析出が同時に進行することになるが，いったん，Ag が析出すると，その部分からは Cu の溶解はおこらなくなる。

一方，Cu^{2+} の溶解している部分では，⊕のイオン雰囲気があり，Ag^+ はなかなか近づけない。したがって，Ag の析出した同じ場所に，Ag の析出が繰り返されることになり，樹枝状の銀の結晶が成長することになる。

►前ページで説明した銅と銀イオンの反応から，銅は単体よりもイオンのほうが安定であり，銀はイオンよりも単体のほうが安定であるとわかる。つまり，銅は銀よりもイオン化傾向が大きいことが理解できる❸。したがって，亜鉛，銅，銀のイオン化傾向の順番は，Zn＞Cu＞Ag となる。

補足❸ 金属 A のイオン A^{2+} と金属 B との間で，$A^{2+}+B \longrightarrow A+B^{2+}$ の反応がおこれば，イオン化傾向は B＞A であるし，おこらなければ A＞B であると判断できる。

2 イオン化列

以下に示すように，各種の金属をイオン化傾向の大きいものから順に並べたものを，**金属のイオン化列**といい，ボルタ(イタリア)によってはじめて決定された。

リッチに	貸そう	か	な,	ま	あ	あ	て	に	す	な	ひ	ど	す	ぎる	借	金
Li	K	Ca	Na	Mg	Al	Zn	Fe	Ni	Sn	Pb	(H_2)❹	Cu	Hg	Ag	Pt	Au

大 ← イオン化傾向 → 小

補足❹ ただし，水素は金属ではないが，金属と同様に陽イオン H^+ になること，また，金属と酸 (H^+ の水溶液) との反応性を考える上で必要なので，イオン化列の中に含めてある。イオン化列は，金属の化学的性質(反応性)を考える上で重要な指標となるので，上記のイオン化列は，“語呂合わせ” などを用いて完全に覚えてしまおう。なお，詳しいイオン化列は，

Li＞K＞Ba＞Sr＞Ca＞Na＞Mg＞Al＞Mn＞Zn＞Cr＞Fe＞Cd＞Co＞Ni＞Sn＞Pb＞(H_2)＞Cu＞Hg＞Ag＞Pt＞Au となっている。

►イオン化列のはじめの金属ほど，電子を失って陽イオンになりやすく，単体の反応性は大きい(酸化されやすい)。一方，終わりの金属ほど陽イオンになりにくく，単体の反応性は小さい。しかしながら，イオン化傾向の小さい金属イオンは，電子を受け取って単体に戻ろうとする性質は強いため，還元されやすいといえる。

SCIENCE BOX イオン化傾向とイオン化エネルギーの関係

金属原子のイオン化の難易を示すのに，イオン化傾向のほかに，イオン化エネルギーがあるが，両者はよく混同されるので注意が必要である。

イオン化傾向とは，単体の金属が水和イオンになるのに必要なエネルギーに対応しており，この値が小さいほど，イオン化傾向は大きくなる。一方，イオン化エネルギーとは，気体の金属原子から電子を取り去るのに要するエネルギーのことである。

ところで，単体の金属が水和イオンになるためには，次に述べる 3 つの過程を経なければならない。

(1) 金属単体(固体)中の結合をすべて切り，ばらばらの金属原子(気体)にする必要がある。このために必要なエネルギーは**昇華エンタルピー** (p. 220) に相当する。

(2) 金属原子から電子を取り去って金属イオンにするためには，**イオン化エネルギー**が必要である。

(3) 生じた金属イオンを水中に導いて水和イオンにするとき，発生する熱量は**水和エンタルピー**(p. 230)とよばれる。

アルカリ金属のイオン化傾向

－は発熱，－は吸熱を示す。

	Li	Na	K	Rb	Cs
①昇華エンタルピー〔kJ/mol〕	＋159	＋107	＋89	＋81	＋76
②イオン化エネルギー〔kJ/mol〕	＋520	＋496	＋419	＋403	＋376
③水和エンタルピー〔kJ/mol〕	－552	－443	－358	－333	－301
合　計	＋127	＋160	＋150	＋151	＋151

一般的に，イオン化エネルギーが小さい金属ほどイオン化傾向は大きくなり，逆に，イオン化エネルギーの大きい金属ほど，イオン化傾向が小さくなるという相関関係はある程度成り立つが，部分的には成り立たないところもある。その例として，アルカリ金属のイオン化エネルギーとイオン化傾向の関係を調べてみると次の通りとなる。

イオン化エネルギーの順序

Cs＜Rb＜K＜Na＜Li

イオン化傾向の順序

Li＞K≃Cs≃Rb＞Na

アルカリ金属の中では，Li のイオン化エネルギーが最大であるから，イオン化傾向が最小であるように思われるが，実際には Li のイオン化傾向が最大である。これは，Li^+ のイオン半径が小さいために，水和エンタルピーの負の値がかなり大きく，前記の(1)＋(2)＋(3)の全過程に必要なエネルギーを小さくしたと考えられる。一方，Cs^+ はイオン半径が大きいために，水和エンタルピーの負の値が小さく，前記の(1)＋(2)＋(3)の全過程に必要なエネルギーが大きくなったと考えられる。

3　イオン化列と金属の反応性

金属の化学的性質とイオン化列との関係は下表のようにまとめられる。

<table>
<tr><th>条件＼金属</th><th>Li</th><th>K</th><th>Ca</th><th>Na</th><th>Mg</th><th>Al</th><th>Zn</th><th>Fe</th><th>Ni</th><th>Sn</th><th>Pb</th><th>(H_2)</th><th>Cu</th><th>Hg</th><th>Ag</th><th>Pt</th><th>Au</th></tr>
<tr><td>空気中(常温)での反応</td><td colspan="4">速やかに内部まで酸化される。</td><td colspan="9">徐々に酸化され，表面に酸化被膜を生じる。</td><td colspan="4">酸化されない。</td></tr>
<tr><td>水との反応</td><td colspan="4">常温の水と反応し，水素を発生</td><td>熱水と反応</td><td colspan="3">高温の水蒸気と反応</td><td colspan="9">反応しない。</td></tr>
<tr><td>酸との反応</td><td colspan="11">塩酸・希硫酸に溶けて水素を発生する。</td><td colspan="4">酸化力のある酸に溶ける。</td><td colspan="2">王水にのみ可溶</td></tr>
<tr><td>自然界での産出</td><td colspan="11">化合物の状態で産出(単体では産出しない)。</td><td colspan="4">化合物または単体で産出</td><td colspan="2">単体のみ</td></tr>
<tr><td>金属の製錬</td><td colspan="6">電気分解で還元される。</td><td colspan="5">C，CO などで還元される。</td><td colspan="4">加熱により還元される。</td><td colspan="2"></td></tr>
</table>

1　空気中(常温)での反応

イオン化傾向の大きい Li, K, Ca, Na は，空気中では速やかに内部まで酸化されるが，イオン化列で Mg～Cu までの金属は，空気中に放置すると徐々に酸化されて，表面に酸化物の被膜を生じる❺。これに対して，イオン化傾向の小さい Ag，Pt，Au などは，空気中では酸化されず，いつまでも美しい金属光沢を保つ❻ (**貴金属**という)。また，これらの金属(Ag を除く)は，自然界では単体の状態で存在することが多い。

補足❺ 金属の腐食は，完全に乾燥した空気中ではほとんど進行しないが，湿った空気中ではよく進行する。その理由は，金属の表面にある原子は，結合の相手がないため，余分の結合力を有しており，この部分へ O_2 や水分が吸着することで金属の腐食が進行するからである。

補足❻ Hg と Ag は常温では湿った空気中でも酸化されない。また，Ag は空気中で加熱しても酸化されないが(p. 547)，Hg は 300～400℃に加熱すれば，酸化されて赤色の HgO を生成する。ただし，HgO は 400℃以上では Hg と O_2 に分解し始める。

2 水との反応

イオン化傾向がとくに大きい Li，K，Ca，Na などの金属は，常温でも水と激しく反応して水素を発生し，同時に水酸化物を生成する。

$$2Na + 2H_2O \longrightarrow 2NaOH + H_2$$

Mg は常温の水とはほとんど反応せず，熱水と徐々に反応して水素を発生する❼。

$$Mg + 2H_2O \longrightarrow Mg(OH)_2 + H_2$$

加熱した Al，Zn，Fe に高温の水蒸気を作用させると，次のように反応する。たとえば，鉄と高温の水蒸気との反応では，表面に黒色の四酸化三鉄が生成するが，密閉容器中では平衡状態となる❽。

$$3Fe + 4H_2O \rightleftarrows Fe_3O_4 + 4H_2$$

イオン化列で Ni～Au の金属は，水とはいかなる条件下においても反応しない。

補足❼ 熱水と反応する Mg は，それより激しい条件の高温の水蒸気を与えた場合，より激しく反応するはずである。このときは，高温のため水酸化物は脱水して酸化物が生成する。

詳説❽ 金属＋水$\rightleftarrows$酸化物＋水素 の関係が，鉄の場合にちょうど平衡になる。

(i) Fe よりイオン化傾向の大きい金属 (Li～Zn) の場合，上式の平衡が大きく右へ偏っているから，その酸化物は H_2 によって還元して単体にすることはできない。

(ii) Fe よりイオン化傾向の小さい金属 (Ni～Ag) の場合，上式の平衡が大きく左へ偏っているから，その酸化物は H_2 によって還元して単体に戻すことができる。

3 酸との反応

イオン化傾向が水素よりも大きい金属は，塩酸や希硫酸など酸化力のない酸にも水素を発生しながら溶ける❾。このとき，水溶液中にはそれぞれの金属の塩が生成する。

$$2Al + 6HCl \longrightarrow 2AlCl_3 + 3H_2\uparrow$$

$$Fe + H_2SO_4 \longrightarrow FeSO_4 + H_2\uparrow$$

これに対して，水素よりもイオン化傾向の小さい Cu，Hg，Ag は，酸の H^+ を還元することができず，塩酸や希硫酸には溶けない。

詳説❾ Pb は水素よりもイオン化傾向が大きいが，塩酸，希硫酸とはほとんど反応しない。これは，塩酸や希硫酸との反応で生じる塩 $PbCl_2$，$PbSO_4$ が水に不溶性のため，Pb の表面を覆い，内部の Pb と酸とが反応するのを妨げ，反応が停止してしまうからである。しかし，$PbCl_2$ は熱湯に可溶のため，Pb を塩酸に入れて加熱すると，Pb の溶解が進行する。

► Cu，Hg，Ag は，硝酸や加熱した濃硫酸(熱濃硫酸)など酸化力のある酸には溶ける。このとき，水素は発生せず，熱濃硫酸では二酸化硫黄 SO_2(無色)が，希硝酸では一酸化窒素NO(無色)が，濃硝酸では二酸化窒素NO_2(赤褐色)がそれぞれ発生する。これは，酸の陰イオンであるSO_4^{2-}やNO_3^-が酸化剤として働き，Cuから直接電子を奪い取り，それぞれ酸化数の小さい化合物に変化したためである。

$$Cu + 2H_2SO_4 \longrightarrow CuSO_4 + SO_2\uparrow + 2H_2O$$
$$3Cu + 8HNO_3 \longrightarrow 3Cu(NO_3)_2 + 2NO\uparrow + 4H_2O$$
$$Cu + 4HNO_3 \longrightarrow Cu(NO_3)_2 + 2NO_2\uparrow + 2H_2O$$

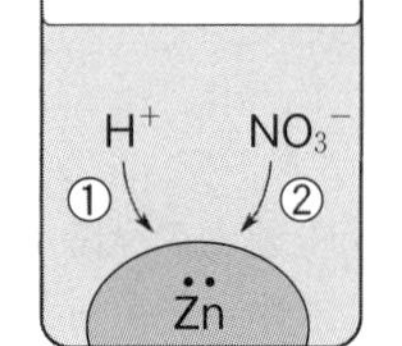

ただし，Al，Fe，Ni，Crの各金属は，希硝酸とは反応するが，濃硝酸ではかえって反応しない。このように，金属が本来反応すべき状態にあるにもかかわらず，化学的な反応性を失ってしまった状態を**不動態**という。これは，金属の表面に薄くて緻密な酸化被膜が生じ，これが内部を保護するためである。

参考　**Znのようなイオン化傾向の大きい金属と希硝酸との反応はどうなるか。**

Znの放出した価電子を，図の①のようにH^+が受け取るとH_2が発生し，②のようにNO_3^-が受け取るとNOが発生する。ただし，①，②の反応は，互いに競争しながら進行するので，硝酸の濃度により①，②のどちらの反応が優勢になるかが変わってくる。なお，Al，Zn，Sn，Pbは，周期表の非金属元素との境界付近に位置する金属元素で，酸だけでなく強塩基の水溶液にも水素を発生しながら溶解する。このような金属の単体を**両性金属**という。

► PtやAuは硝酸や熱濃硫酸にも酸化されないが，非常に強い酸化力をもつ**王水**(濃硝酸と濃塩酸の体積比1：3の混合物)には溶ける[10]。

補足[10]　濃硝酸と濃塩酸を混合すると，塩化ニトロシルNOCl，塩素，水を生成する。

$$HNO_3 + 3HCl \longrightarrow NOCl + Cl_2 + 2H_2O$$

Auは，塩化ニトロシルと塩素の共同作用によって酸化され，塩化金(Ⅲ)$AuCl_3$を生じる。

$$Au + NOCl + Cl_2 \longrightarrow AuCl_3 + NO$$

塩化金(Ⅲ)はさらにHClの作用により，錯イオン$[AuCl_4]^-$を形成し溶解する。

$$AuCl_3 + HCl \longrightarrow H[AuCl_4]$$ テトラクロリド金(Ⅲ)酸(黄色)

まとめて，$Au + HNO_3 + 4HCl \longrightarrow H[AuCl_4] + NO + 2H_2O$

一方，白金は温めた王水には次式のように溶解する(常温ではなかなか溶けない)。

$$3Pt + 4HNO_3 + 18HCl \longrightarrow 3H_2[PtCl_6] + 4NO + 8H_2O$$
ヘキサクロリド白金(Ⅳ)酸(橙色)

4　金属の製錬

金属をその鉱石から取り出すこと，すなわち，鉱石中に含まれる金属化合物を還元して金属の単体を取り出すことを，**金属の製錬**という。イオン化傾向の小さい金属の化合物は，加熱するだけで容易に還元され，金属の単体が得られる。イオン化傾向が中程度の金属は，酸化物，硫化物の形で産出することが多い。そこで，硫化物は，空気で酸化して酸化物にした後，炭素Cや一酸化炭素COで還元して金属の単体を得る。

(鉄の製錬)　$Fe_2O_3 + 3CO \longrightarrow 2Fe + 3CO_2$

イオン化傾向の大きい金属(Li～Al)の化合物は還元されにくく，炭素や水素によって還元することは困難である。そこで，最後の手段として，金属塩を融解状態にして電気分解を行うと，金属の単体が得られる。この方法を**溶融塩電解**という(p. 419)。

SCIENCE BOX　不動態の成因

不動態は，その成因によって次の3つに分類される。

① Al，Fe，Ni，Cr などの金属を濃硝酸に入れ軽く振ると，直ちに反応が停止する。このように，特定の金属を酸化力の強い酸に浸すときに形成される不動態を**化学的不動態**，または単に**不動態**という。

② Fe を陽極として希硫酸を電気分解した場合，電圧が低いときは，Fe は Fe^{2+} となって溶解するが，さらに電圧を高くすると電流が急減するとともに，Fe の溶解が止まり，やがて O_2 が発生するようになる。このように電気分解により，特定の金属を陽極として酸化するときに形成される不動態を**電気化学的不動態**という。

③ アルミニウムやステンレス鋼が空気中でも錆びにくいのは，表面に緻密な Al や Cr，Ni などの酸化被膜が形成されるからである。このように，空気中の O_2 によって，特定の金属や合金に形成される不動態を**自然不動態**という。

SCIENCE BOX　トタンとブリキの腐食

鉄板に Zn，Sn をめっき (p. 422) したものを，それぞれ**トタン**，**ブリキ**という*。イオン化傾向は Zn＞Sn であるから，傷がついていないときはブリキのほうがトタンよりもさびにくくて安定である。しかし，傷がつくと，ブリキのほうがトタンよりもさびやすくなる。その理由を説明しよう。

トタンの表面を覆う Zn めっきに，傷がついて Fe が露出し，この部分に水がたまり，さらに空気中の CO_2 が溶け込むと，

$\ominus$ Zn | H_2CO_3 aq | Fe $\oplus$

という**局部電池** (p. 539) ができる。イオン化傾向は Zn＞Fe であるから，Zn のほうがイオンとなって水中に溶け込みやすい。表面に Zn めっきが残っている間は，Zn によって電子が供給されるので，Fe は溶けにくい。つまり，傷がついた以降でも，Zn の存在する限り Fe の腐食が防止される。また，亜鉛の表面に生じたさびは塩基性炭酸亜鉛 $Zn_2CO_3(OH)_2$ で，緻密で空気を通さないため，鉄の腐食を防ぐ効果がある。

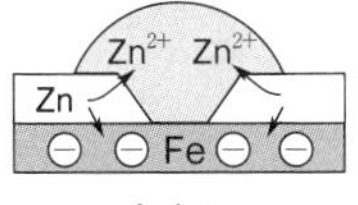

トタン

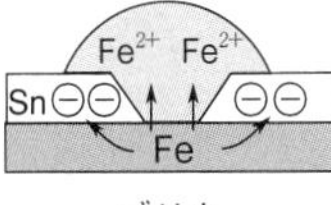

ブリキ

一方，ブリキの表面を覆う Sn めっきに傷がつくと，トタンと同様な過程で，

$\ominus$ Fe | H_2CO_3 aq | Sn $\oplus$

という局部電池ができる。イオン化傾向は Fe＞Sn であるから，Fe のほうがイオンとして水中に溶け込みやすい。しかも，Sn と接触しているため，Fe のほうが集中して腐食されることになる。その代わりに，Fe の供給する電子によって，Sn の腐食がよりおこりにくくなる。つまり，ブリキの場合，傷がついた時点で Sn による Fe の腐食を防止するめっきの効果はなくなってしまう。それどころか，傷のついた部分では，ふつうの鉄板以上にさびやすくなる。これは，局部電池の形成によって酸化反応と還元反応のおこる場所が別々に分かれたことにより，お互いの反応速度が大きくなったからである。

* 鉄板を Zn や Su の融解液に浸すことにより，トタンやブリキがつくられる。このようなめっきを**溶融めっき**といい，鉄の表面でめっきした金属との間で一種の合金が形成される。また，ブリキを缶詰の缶の内側に用いるのは，外部からの傷がつく恐れがないからである。

4 電池の原理

酸化還元反応に伴って放出される化学エネルギーを，電気エネルギーとして取り出す装置を**電池**という。つまり，自発的におこる酸化還元反応を同じ場所で行わせると熱が発生するだけであるが，酸化反応と還元反応を別々の場所で行わせ，その間を導線で結ぶと，一定方向へ電子が移動して，外部回路に継続的に直流電流が流れる。

一般に，イオン化傾向の異なる２種の金属を互いに接触しないようにして，電解質水溶液(**電解液**)に浸すと電池が形成される。このとき，電解液に浸した金属などの電導性物質を**電極**という。

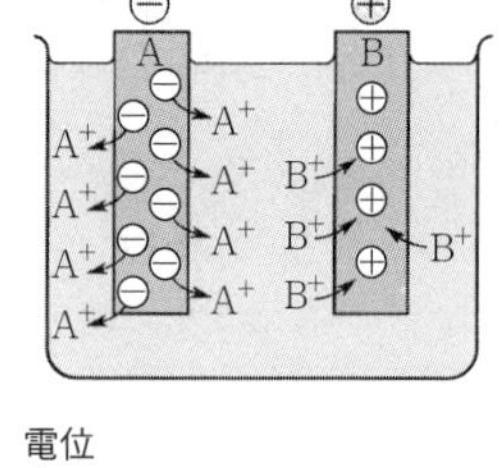

右図で，イオン化傾向が大きいほうの金属Ａは，溶液中に陽イオンA^+となって溶け出しやすいので，極板Ａは電子過剰(**電位が低い**という)となり，**負極**(記号⊖)とよばれる。

一方，イオン化傾向の小さい金属Ｂは，溶液中に陽イオンとして溶け出しにくいので，電極Ｂに残る電子は電極Ａよりも少ない。もし，溶液中にＢの陽イオンB^+が多く存在すれば，ＢはイオンB^+の状態よりも単体Ｂの状態のほうが安定なので，イオンB^+は電極Ｂから電子を受け取り，単体Ｂとして析出する。このため，電極Ｂは電子不足(**電位が高い**という)となり，**正極**(記号⊕)とよばれる。

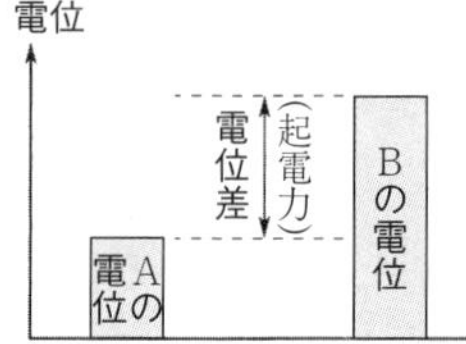

一般に，電池から電流を取り出さない(開回路という)状態における，正極と負極間の電位差(電圧)を**電池の起電力**という⓫。起電力の単位には，ボルト〔V〕を用いる。

いま，両電極を導線で結ぶと，電子過剰のＡ極から電子不足のＢ極へと電子が移動する。また，電子の動きに着目すると，外部回路へ電子が流れ出す電極が**負極**であり，外部回路から電子が流れ込む電極が**正極**である。電子の動く向きと電流の向きは逆方向と定義され，導線中を正極Ｂから負極Ａへ向かって電流が流れることになる。

電池の両電極を導線で接続して，電池から電流を取り出すことを**放電**といい，放電に伴って，負極では電子を放出する酸化反応，正極では電子を受け取る還元反応が進行する。

詳説⓫　電池に電圧計をつないで測った電圧は，厳密にはその電池の起電力とは一致しない。これは，回路に流れる電流iが大きくなるほど，電池の内部抵抗Rによる電圧降下iRも大きくなり，両電極の電位差が小さくなるためである。したがって，電池の起電力を測定するには，起電力の正確にわかった標準電池を用いて，外部から逆向きの電圧をかけて，回路に電流が流れない状態で測定しなければならない。

太さが一様な抵抗線に，起電力を測定したい電池と標準電池を図のように接続し，検流計Ⓖの目盛りが０となる抵抗の位置Ｃを捜す。電流０となったとき，測定したい電池の起電力E_aと標準電池の起電力E_sとの間には，次のような関係が成り立つ。

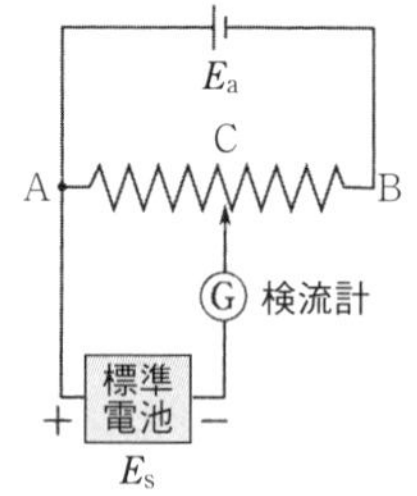

$$\frac{E_a}{E_s}=\frac{\text{AB間の抵抗値}}{\text{AC間の抵抗値}}=\frac{\text{ABの長さ}}{\text{ACの長さ}}$$

すなわち，電池の起電力とは，両電極間に生じた最大の電位差(電圧)のことで，電池が電流を流そうとする力にあたる。

5 ボルタ電池

図のように，希硫酸中に亜鉛板と銅板とを離して浸した電池を**ボルタ電池**という。この電池は**ボルタ**(イタリア)が1800年に最初に発明したものである。

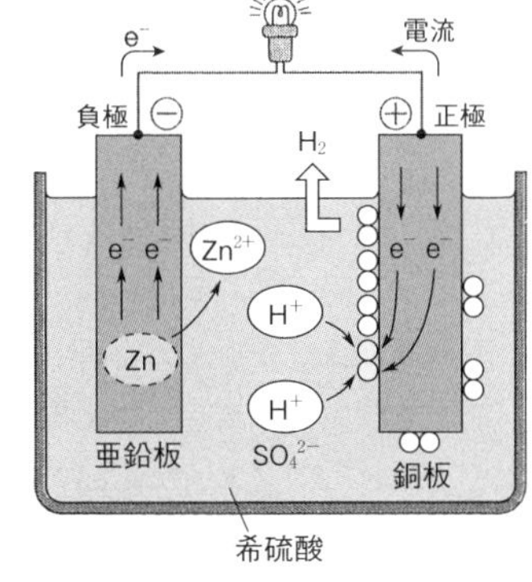

亜鉛は，水素よりもイオン化傾向が大きいので，亜鉛イオンとなって溶け出し，極板に電子が残る。

⊖極　　$Zn \longrightarrow Zn^{2+} + 2e^-$　(酸化反応)

一方，銅は水素よりもイオン化傾向が小さいので，イオン化はおこらず，銅板はまったく変化しない⑫。

このとき，亜鉛板の電位が低く負極となり，一方，何も変化していない銅板は，相対的に電位が高くなるので正極となる。

一般に，イオン化傾向の異なる2種の金属を電解液に浸して電池をつくったとき，電池の正・負極と金属のイオン化傾向の間には次の関係がある。すなわち，イオン化傾向の大きいほうの金属が負極，イオン化傾向の小さいほうの金属が正極となる。

詳説⑫　ボルタ電池では，開回路の状態にして放電していないにもかかわらず，亜鉛板では亜鉛の溶解と，水素の発生がかなり見られる。　$Zn + 2H^+ \longrightarrow Zn^{2+} + H_2$　この主原因は，亜鉛板内にイオン化傾向の小さな不純物が混在しているためである。このように，開回路の状態においても，電池の極板が電解液と反応して，電池の容量が少しずつ減少していく現象を電池の**自己放電**という。この反応は同じ電極の中で電子のやり取りが行われているだけで，外部に電流として取り出すことはできない無駄な反応といえる。乾電池の負極では，水素の発生による自己放電を少なくするため，従来は亜鉛板に薄く水銀を塗ってアマルガム(Hgと他金属との合金)化していたが，現在では亜鉛の純度を高く(99.99%程度)して自己放電を防いでいる。なお，高性能なアルカリ乾電池では，亜鉛に水素過電圧(p.410)の大きなビスマスBiやインジウムInなどを少量加えるなどして，さらに自己放電を防ぐ工夫をしている。

►ボルタ電池の両電極を導線で結ぶと，電子過剰の亜鉛板(負極)から電子不足の銅板(正極)へ向かって電子が移動していく。よって，電流は銅板(正極)から亜鉛板(負極)へ向かって流れることになる。また，正極では，Zn^{2+}よりもH^+のほうが電子を受け取りやすいので，結局，H^+が極板から電子を受け取って水素が発生する。

⊕極　　$2H^+ + 2e^- \longrightarrow H_2$　(還元反応)

電池の構成を表す化学式を**電池式**といい，左側に負極，中央に電解液，右側に正極の各物質を化学式で書き，それぞれの間を縦線｜で仕切って表す。

ボルタ電池の電池式は，⊖ $Zn | H_2SO_4 aq | Cu$ ⊕　のように表される。

一般に，両電極に用いる金属のイオン化傾向の差が大きいほど，その電池の起電力は大きくなる⑬。

補足⑬ Zn と Cu を電極に使った電池の起電力はみな約 1.1 V(一定) を示す。しかし，電解液の濃度を変えると，わずかに起電力が変化することが知られている (p. 404)。このように，電池の起電力のほとんどは，電極の種類によって決定されるといってよい。

►ボルタ電池の起電力は約 1.1 V であるが，放電するとすぐに電圧は 0.4〜0.5 V に低下してしまう。このように，電池の放電によって，起電力が急激に低下する現象を，**電池の分極**という。この原因を単なる電圧降下と考えるにはあまりにも値が大きすぎる。ボルタ電池の分極の原因として，次の3つが考えられる。

(1) 銅板に付着した水素がその表面を覆うと，水素は電気を導きにくい不導体のため，
$2H^+ + 2e^- \longrightarrow H_2$ の反応が妨げられる。

(2) 銅板を H_2 が完全に覆うと，銅(金属)が不活性化されて，一種の水素電極の性質をもつようになる。H_2 は Cu よりもイオン化傾向が大きいので，$H_2 \longrightarrow 2H^+ + 2e^-$ という逆反応がおこり，亜鉛板からの銅板への電子の流入を妨げる。このことが逆起電力を生み出す原因となる⑭。

(3) 負極付近の Zn^{2+} の濃度が大きくなり，亜鉛のイオン化が妨げられる。

補足⑭ 最初，Zn と Cu のイオン化傾向の差によって約 1.1 V の起電力が生じるのは，Cu 板上の酸化物が $Cu^{2+} + 2e^- \longrightarrow Cu$ のような反応をするからである。続いて，Cu 板への H_2 の付着によって，⊖ Zn | H_2SO_4 aq | H_2 ⊕ という新たな電池(起電力約 0.7 V)に置き換わり，さらに分極によって起電力が 0.4〜0.5 V に低下したものと考えることができる。

►分極を防ぐには，過酸化水素 H_2O_2 や二クロム酸カリウム $K_2Cr_2O_7$ などの適当な酸化剤を電解液に加え，正極に発生した H_2 を酸化して H_2O として水溶液中に除けばよい⑮。

詳説⑮ たとえば，H_2SO_4 aq に加える $K_2Cr_2O_7$ の役割は，単に正極板上の H_2 を H_2O として除くだけではない。電解液に $K_2Cr_2O_7$ 水溶液を加えると，両電極の電位差は最初の約 1.1 V を軽く超えてしまう。単に正極に発生した H_2 を酸化剤の $Cr_2O_7^{2-}$ が酸化して，H_2O として極板上から除くだけならば，電位差は約 1.1 V までしか回復しないはずである(理論的には，約 2.1 V 近くまで電位差は上昇する)。現在の電気化学では，加えた $Cr_2O_7^{2-}$ が，H^+ に代わって銅板上で，直接電子を受け取る還元反応をするようになるためと考えられている。

電池において，電気エネルギーを得るために実際に電子を授受した物質を**活物質**という。負極で電子を放出した物質(還元剤)を**負極活物質**，正極で電子を受け取った物質(酸化剤)を**正極活物質**という。ボルタ電池では，実際に電子を放出した Zn が負極活物質で，正極の Cu は反応していないので正極活物質ではなく，実際に電子を受け取った H^+ が正極活物質である。しかし，$K_2Cr_2O_7$ を加えると $Cr_2O_7^{2-}$ が正極活物質として働き，Zn との間に新たな電池が構成されたことになる。

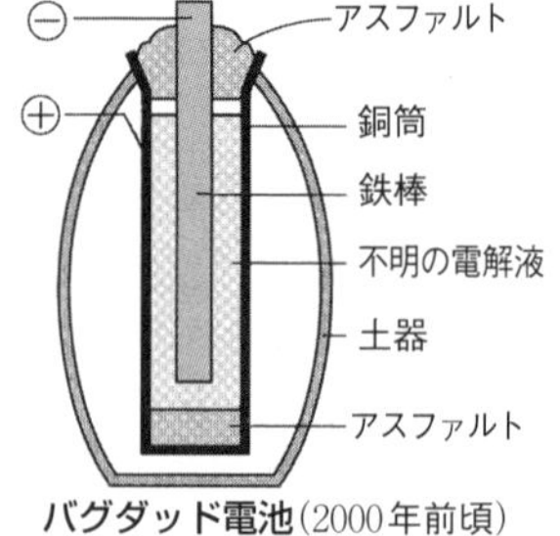

バグダッド電池(2000年前頃)

参考 1932 年，世界最古の電池がイラクのバグダッドの遺跡で発見された。負極として鉄，正極には銅を，電解液にはワインや酢などを入れると，起電力 0.4〜0.8 V の電池ができるという。この電池を**バグダッド電池**といい，これをいくつか直列につないで，装飾品に金や銀のめっきをするのに使われたのではないかと推定されている。

6 ダニエル電池

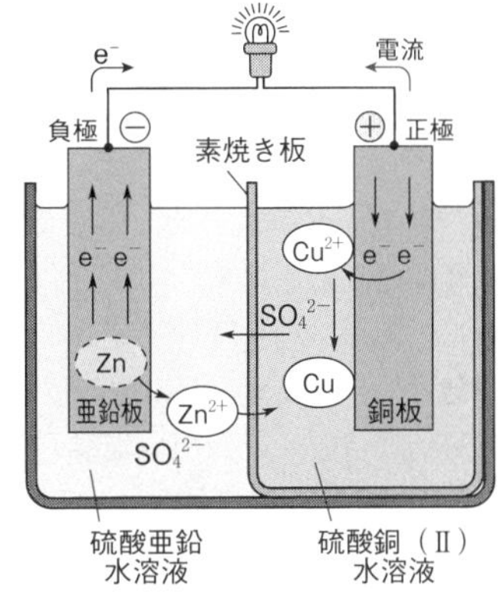

セロハン膜のような半透膜で2つの溶液を仕切ってもよい。

図のように，亜鉛板を浸した薄い硫酸亜鉛水溶液と，銅板を浸した濃い硫酸銅(Ⅱ)水溶液を，両液が混じり合わないように素焼き板などの隔膜（記号|）で仕切った電池を，**ダニエル電池**という⑯。この電池は，1836年，**ダニエル**（イギリス）によって考案されたものである。亜鉛のほうが，銅よりもイオン化傾向が大きいので，亜鉛板が負極となる。

⊖極　　$Zn \longrightarrow Zn^{2+} + 2e^-$　（酸化反応）

亜鉛板にたまった電子は，導線を伝わって銅板に移動し，銅板の表面で水溶液中の銅(Ⅱ)イオンと結合して，銅の単体が析出する。

⊕極　　$Cu^{2+} + 2e^- \longrightarrow Cu$　（還元反応）

ダニエル電池の構成は，⊖ $Zn | ZnSO_4 aq | CuSO_4 aq | Cu$ ⊕　の電池式で表され，起電力は約1.1Vである。ところで，正極表面では，ボルタ電池のように水素が発生しないので，分極はおこらず，起電力はなかなか低下しない。ダニエル電池の負極活物質は亜鉛，正極活物質は銅(Ⅱ)イオンであり，全体では　$Zn + Cu^{2+} \longrightarrow Zn^{2+} + Cu$　の反応で発生するエネルギー212kJ/molの一部を，電気エネルギーの形で得たことになる。

詳説⑯ ダニエル電池の素焼き板の役割は何か。

小さな細孔をもつ素焼き板は，$ZnSO_4 aq$ と $CuSO_4 aq$ の拡散による混合を防いでいる。両液を混合させたとすると，Znの溶解とCuの析出する反応　$Zn + Cu^{2+} \longrightarrow Zn^{2+} + Cu$ が亜鉛板上でのみおこるため，外部回路へ電流を取り出すことができなくなる。ダニエル電池は，長時間放置していると，Cu^{2+} が素焼き板を通って $ZnSO_4 aq$ へと拡散していくので，しだいに起電力が低下してしまう(電池の**自己放電**という)。

また，素焼き板は細孔を通じて両電解液間でのイオンの移動を可能にして，両液を電気的に接続する働きをしている。水溶液中では陽イオンの正電荷の総和と陰イオンの負電荷の総和がつり合うように各イオンが移動することで，電池内にも電流が流れるからである。

電池を放電すると，負極側の $ZnSO_4 aq$ では，Znの溶解により $[Zn^{2+}] > [SO_4{}^{2-}]$ となり，陽イオンが過剰となる。一方，正極側の $CuSO_4 aq$ では，Cuの析出により $[Cu^{2+}] < [SO_4{}^{2-}]$ となり，陰イオンが過剰となる。もし，2つの水溶液をガラス板などの絶縁体で仕切ったとすると，イオンの移動が止められてしまい，Zn板上の電子は水溶液中の陽イオンに引きつけられ動けなくなる。一方，Cu板では水溶液中の陰イオンによって，負極から正極への電子の移動が妨げられ，電流は流れなくなってしまう。しかし，細孔のある素焼き板で仕切った場合，両水溶液中の電荷のバランスを保つように，Zn^{2+} が $CuSO_4 aq$ 側へ，$SO_4{}^{2-}$ が $ZnSO_4 aq$ 側へ移動できるので，外部回路では電子の移動によりCu極からZn極の方向へ電流 i が流れ，電池内でもイオンの移動により

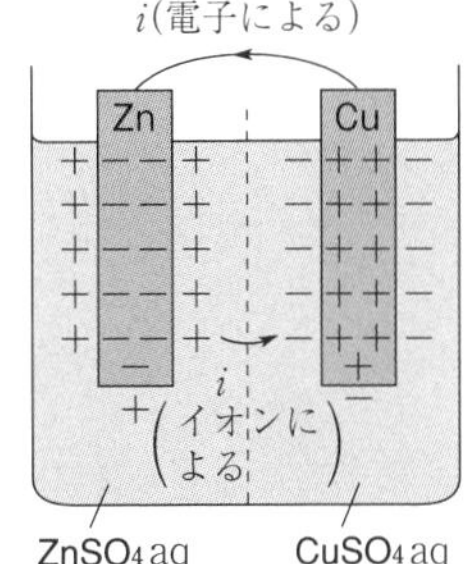

$ZnSO_4$aq から $CuSO_4$aq の方向へ電流 i が流れる。こうして，電池内外における電気回路が完成し，電流が流れ続けるわけである。もし，電気回路の1か所でも絶縁体で遮断すると，電流は流れなくなる。

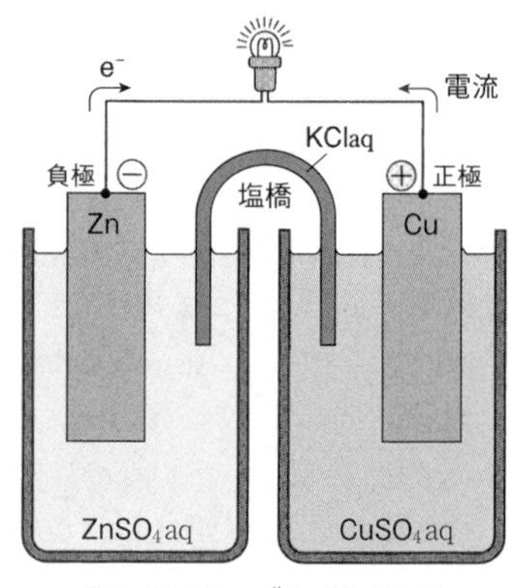

$\ominus$Zn | $ZnSO_4$aq ‖ $CuSO_4$ | Cu$\oplus$

►ダニエル電池は，亜鉛と硫酸亜鉛水溶液および銅と硫酸銅(Ⅱ)水溶液の組み合わせでできている。一般に，ある金属とそのイオンでつくられる電池を**半電池**という。2つの半電池の混合を防ぎつつ両液を電気的に接続するために**塩橋**(えんきょう)(記号‖)が用いられることがある⓱。塩橋は，U字管に KCl や KNO_3 などの塩の濃厚水溶液を満たし，これをゼラチンや寒天などで固めたもので，図のように2つの電解液の間に取り付けて用いる。水溶液中での K^+ と Cl^- の動きやすさ(移動度，p. 401)はほぼ等しく，放電を続けても両液の電位は放電前と等しく維持され，分極はほとんど生じない⓲。

詳説⓱ $ZnSO_4$aq 中の正電荷が過剰になると，それに引っ張られるように塩橋中から Cl^- が出てきて，正電荷を中和する。一方，$CuSO_4$aq 中の負電荷が過剰になると，それに引っ張られるように塩橋中から K^+ が出てきて，負電荷を中和する。長く使用すると，塩橋中の K^+，Cl^- の濃度が小さくなり，塩橋としての効果を失う。塩橋は大きな電流を流すことには向かないので，電池の起電力を測定するときなどに用いられることが多い。

補足⓲ Zn^{2+} と SO_4^{2-} の水溶液中での移動度を比べると，SO_4^{2-} が少し大きい。したがって，素焼き板で両液を仕切って長く放電を続けていると，上記のことが原因となって両液の界面に，本来の電池の起電力に対して逆向きの起電力が働くようになり，分極をおこすことになる。

右図を使って説明すると，単位時間あたり$\oplus$イオンは4個，$\ominus$イオンは7個移動するとした場合，イオンの移動後には両液界面に新たな電位差(**液間電位**という)を生じる。隔膜を用いたダニエル電池の場合，右図のように，$ZnSO_4$aq 側がより低電位となることがわかる。一般に，液間電位は移動度の大きいイオンを減速させ，小さいイオンをさらに減速させるので，もとの電池のもっていた起電力をさらに小さくするという新たな分極の原因となる。しかし，塩橋を用いると，このような液間電位をほとんど0にすることができるので好都合である。

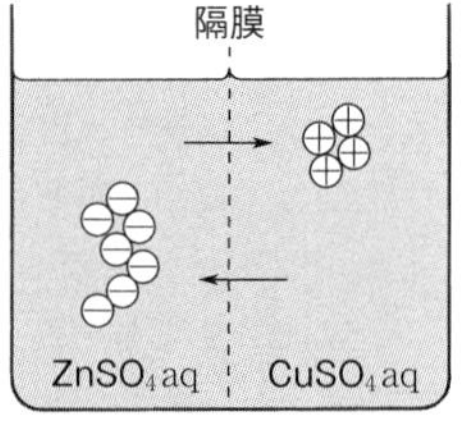

参考 Zn と Cu を電極に使っているダニエル電池の起電力は約1.1Vを示すが，水溶液の濃度を適切に変えると，わずかに起電力を上げたり，電池を長持ちさせることができる(p. 404)。

負極の反応は　$Zn \longrightarrow Zn^{2+} + 2e^-$　なので，$[Zn^{2+}]$ が小さいほど Zn のイオン化がおこりやすく，正極の反応は　$Cu^{2+} + 2e^- \longrightarrow Cu$　なので，$[Cu^{2+}]$ が大きいほど Cu^{2+} から Cu に戻りやすい(0.1mol/L $ZnSO_4$，1.0mol/L $CuSO_4$aq の濃度で約0.03Vの起電力上昇となる)。しかし，薄い $ZnSO_4$aq では電流が流れにくいので，電気抵抗を小さくするために少量の H_2SO_4 が加えられることがある。水溶液中の H^+ と OH^- の移動度は，隣接する水分子との水素結合を通して**プロトン移動**の形で行われるため(p. 401)，他のイオンに比べて5〜6倍も大きい。したがって，酸・塩基水溶液は他の電解質水溶液に比べて電気抵抗はかなり小さくなる。

7 濃淡電池

濃度の異なる硝酸銀水溶液を仕切りのある容器に入れ，その仕切りを取り去ると，均一な濃度になるまで拡散がおこる。一般に，電極物質は同じであるが，電解液の濃度差だけで働く電池を**濃淡電池**という。

右図のような銀の濃淡電池の場合，濃度の大きい水溶液側では，Ag^+ が電極に衝突する回数が多く，Ag^+ が電極から電子を受け取って単体になる。

⊕極　$Ag^+ + e^- \longrightarrow Ag$　(還元反応)

一方，濃度の小さい水溶液側では，Ag^+ が電極に衝突する回数が少なく，電極の Ag が溶解して Ag^+ となる。

⊖極　$Ag \longrightarrow Ag^+ + e^-$　(酸化反応)

この銀の濃淡電池は，⊖ Ag | 0.1 mol/L $AgNO_3$ aq ‖ 1.0 mol/L $AgNO_3$ aq | Ag ⊕　と表せるが，その起電力は約 0.06 V と非常に小さく，とても実用には向かない⑲。

補足⑲ 濃淡電池の原理は動物が情報伝達の手段として利用している。動物は神経細胞内外での Na^+ と K^+ 濃度の違いで生じた電位差を，電気信号に変えて体内の各部分に情報を伝えている。

8 電池の起電力と標準電極電位

電池の性能を表す起電力は，電極に用いた活物質の種類に強く影響される。一般に，金属板とそのイオンで構成される電池(**半電池**という)の電極電位は，その金属のイオン化傾向とイオン濃度で決まる。同じイオン濃度(1 mol/L) で比較したとき，Zn のようにイオン化傾向の大きい金属では，Zn の一部が溶解するので，その電極電位は低くなり，Cu のようにイオン化傾向の小さい金属では，Cu^{2+} の一部が Cu として析出するので，その電極電位は高くなる傾向がある。しかし，各金属の電極電位の高低は，直接測定することはできない⑳。

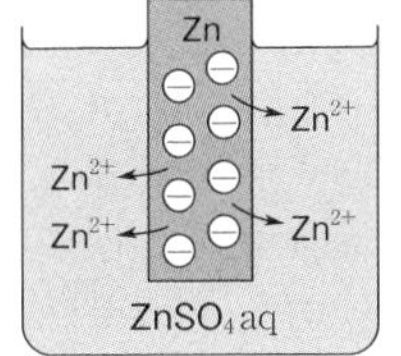

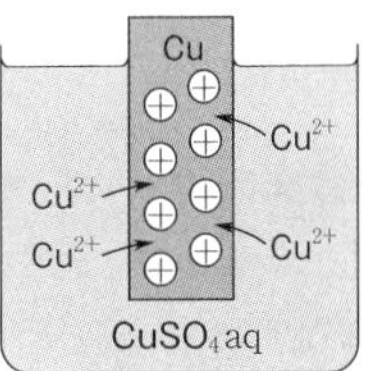

補足⑳ ある金属の電極電位を測定しようとして，電圧計を溶液中に浸した途端，電圧計の電極と目的の金属との間に新たな電池が形成されてしまう。このため，このとき測定された電位差は，目的の金属と電圧計の電極からなる電池の起電力を測定したことになるからである。

そこで，目的の金属の電極電位は，次のような**標準水素電極**を基準として決められる。標準水素電極とは，$[H^+]=1$ mol/L の塩酸中に多孔質の白金黒(こく)(黒色で微粉状の白金) 付きの白金電極を浸し，その表面に25℃，1.0×10^5 Pa の H_2 を吹き付けたものであり，その表面では，

$$H_2 \rightleftarrows 2H^+ + 2e^- \quad \cdots\cdots ①$$

の平衡が成立し，1つの半電池が形成されている。

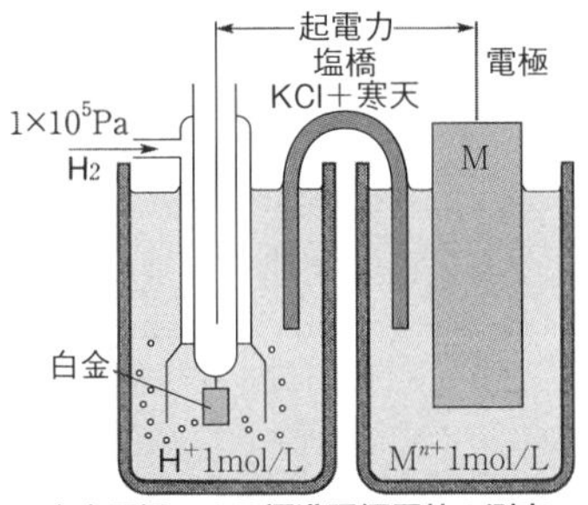

水素電極による標準電極電位の測定

この水素電極の電位を0V(基準)とすると，各金属の電極電位が決められる。この値を**標準電極電位**　記号：$E°$（下表）という。実際には，標準水素電極と各金属の半電池を，前ページの図のように塩橋で接続し，両電極間の電位差を測定することで，各金属の標準電極電位が求められている㉑。

金　属	Li	K	Ca	Na	Mg	Al	Zn	Fe	Ni	Sn
標準電極電位(V)	−3.04	−2.92	−2.87	−2.71	−2.37	−1.66	−0.76	−0.44	−0.25	−0.14

Pb	H_2	Cu	Hg	Ag	Pt	Au
−0.13	0	+0.34	+0.79	+0.80	+1.19	+1.52

Sn と Pb，Hg と Ag との間の電位差はごくわずかで，溶液の濃度を変えると，順番が逆転することがある。また，$Hg^{2+}+2e^-=Hg$，$E°=+0.85$ V　である。

詳説㉑　たとえば，亜鉛の半電池と水素電極を接続したとき，両電極間の電位差は0.76Vとなる。このとき，イオン化傾向は Zn＞H_2 より，Zn が負極になるので，Zn の $E°$は−0.76Vである。同様に，銅の半電池と水素電極を接続したとき，両電極間の電位差は0.34Vとなる。このとき，イオン化傾向は H_2＞Cu より，Cu が正極になるので，Cu の $E°$は+0.34Vである。

すなわち，金属のイオン化列は，各金属の標準電極電位の低いものから高いものへと並べた順番と一致する。これを利用すると，各種の半電池を組み合わせてつくったダニエル型電池の起電力は，次のように求められる㉒。

(電池の起電力)＝(正極の標準電極電位)−(負極の標準電極電位)

たとえば，(−)Zn｜$ZnSO_4$aq‖$CuSO_4$aq｜Cu(+)のダニエル電池の起電力 E は，

$E=+0.34-(-0.76)=+1.10$ V

同様に，(−)Zn｜$ZnSO_4$aq‖$FeSO_4$aq｜Fe(+)のダニエル型電池の起電力 E' は，

$E'=-0.44-(-0.76)=+0.32$ V

補足㉒　一般に，電位差を求めるときは，電位の高いほうの正極の標準電極電位から電位の低いほうの負極の標準電極電位を引く約束があるので，電池の起電力は必ず正の値となる。

9　乾電池

電池の電解液をゲル状に固め，携帯に便利なように工夫した実用電池を**乾電池**という。日常，最もよく使われている**マンガン乾電池**は，1868年，**ルクランシェ**（フランス）が発明したルクランシェ電池がその原型となっている㉓。

補足㉓　ルクランシェ電池(右図)は，正極に素焼きの円筒の中央に炭素棒を立て，その周囲に MnO_2 と C(黒鉛)の粉末を充填したものを，負極に亜鉛棒を NH_4Cl 水溶液に浸したものを用いた湿電池である。正極活物質の MnO_2，負極活物質の Zn はともに固体なので，長時間放電しても，両者の混合はおこらない。また，正極では H_2 の発生が予想されるが，MnO_2(酸化剤)によって H_2O に変えられるので，分極はおこらない。初期の乾電池は，この電解液にデンプン糊を加えてゲル状とし，密閉型としたものであった。

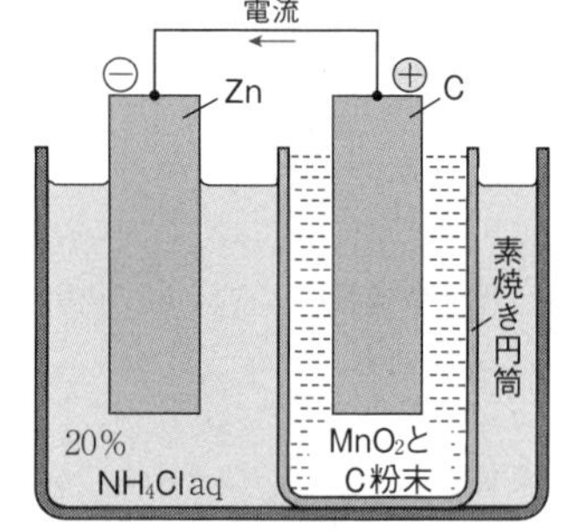

ルクランシェ電池の構造

10 マンガン乾電池

マンガン乾電池は，負極活物質には亜鉛，正極活物質には酸化マンガン(Ⅳ)(電池重量の 25～30%) と，黒鉛の粉末 (導電剤として電池重量の約 5%) を加え，電解液として塩化亜鉛に塩化アンモニウムを加えた水溶液 ($ZnCl_2$ 25%，NH_4Cl 7% (一例)) と練り合わせ，これにゲル化剤を加えてペースト状にした正極合剤の中央部に炭素棒を立てて固定したものである。さらに，正極合剤と亜鉛(負極)が直接接触するのを防ぐため，その間はセパレーター(隔膜)で仕切られている㉔。マンガン乾電池の電池式は次式で表され，起電力は 1.5 V である。

$(-)Zn\,|\,ZnCl_2aq,\ NH_4Claq\,|\,MnO_2\cdot C(+)$

補足㉔ 現在，ナイロンやビニロン製の多孔質で厚い不織布に，十分量の電解液を浸み込ませ，さらにゲル化剤を加えてペースト状にしたものがセパレーターとして使用されている。

►放電すると，負極では亜鉛イオンが溶け出し，電解液の H_2O と次のように反応する。

$$Zn + 2H_2O \longrightarrow Zn(OH)_2 + 2H^+ + 2e^-$$

さらに，$Zn(OH)_2$ は $ZnCl_2$ と次のような塩基性塩を生成する㉕。

$$ZnCl_2 + 4Zn(OH)_2 \longrightarrow ZnCl_2\cdot 4Zn(OH)_2$$

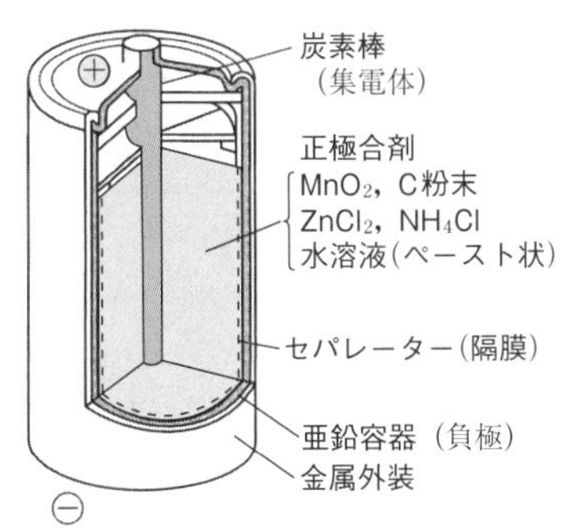

乾電池(マンガン乾電池)

一方，負極にたまった電子は，導線を通って正極の炭素棒へ移動する。炭素は化学的に安定で，電子を受け取らないので正極活物質ではない。しかし，正極では電子を伝達する役割をするので，**集電体**(**正極端子**ともいう)と呼ばれる。

正極では，正極活物質の酸化マンガン(Ⅳ)が隔膜を通って移動してきた H^+ と e^- を受け取り，酸化水酸化マンガン(Ⅲ)$MnO(OH)$に変化する。

$$MnO_2 + H^+ + e^- \longrightarrow MnO(OH)$$

詳説㉕ マンガン乾電池の電解液において，NH_4Cl は Zn^{2+} と錯イオン $[Zn(NH_3)_2]^{2+}$ や $[Zn(NH_3)_4]^{2+}$ を形成することによって，Zn の溶解を促進する役割をもつ。

また，$ZnCl_2$ は，従来のマンガン乾電池においては，亜鉛の自己放電(p. 385)を防ぐために，Zn^{2+} の共通イオンとして少量(約 5%)加えていただけであったが，現在のマンガン乾電池では多量 (約 25%) に加えている。また，負極では，水に不溶性の塩基性塩 $ZnCl_2\cdot 4Zn(OH)_2$ が生成することによって，Zn の溶解が促進されるので，従来のマンガン乾電池では多量(約 35%)に加えていた NH_4Cl の量は少量(約 7%)に減らしている㉖。

補足㉖ $ZnCl_2\cdot 4Zn(OH)_2 = Zn_5(OH)_8Cl_2$ より，その組成式は $Zn(OH)_{1.6}Cl_{0.4}$ と表せる。

$Zn(OH)_{1.6}Cl_{0.4}$(固) $\rightleftarrows Zn^{2+}aq + 1.6\,OH^- + 0.4\,Cl^-$ の溶解平衡より，$ZnCl_2\cdot 4Zn(OH)_2$ の $K_{sp} = [Zn^{2+}][OH^-]^{1.6}[Cl^-]^{0.4} \fallingdotseq 3\times10^{-15}\,[(mol/L)^3]$ である。したがって，電解液中に $ZnCl_2$ を加えて$[Zn^{2+}]$ と$[Cl^-]$ の濃度を大きくしておくと，$[OH^-]$ の比較的小さな弱い酸性の条件でも塩基性塩 $ZnCl_2\cdot 4Zn(OH)_2$ を沈殿させることができる。

11 アルカリマンガン乾電池

マンガン乾電池の電解液に，酸化亜鉛 ZnO を飽和させた 30～40％ KOH 水溶液を用いたものを，**アルカリマンガン乾電池**という。その中央部には，Zn 粉末を電解液と練りあわせ，ポリアクリル酸ナトリウムなどでゲル化した**負極合剤**を詰め，その外側には高純度の酸化マンガン(Ⅳ)と導電剤の黒鉛粉末を圧縮した**正極合剤**を置き，両者は合成樹脂製の厚い不織布に電解液を浸み込ませたセパレーターで仕切られている[27]。

(－)Zn｜KOHaq｜MnO_2(＋)　　起電力 1.5 V

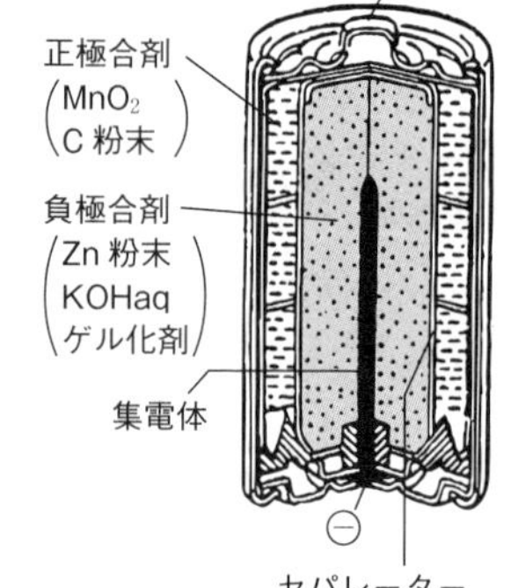

負極では，初め①式が進行し，$[Zn(OH)_4]^{2-}$ が飽和すると②式が進行するようになる。

$$Zn + 2OH^- \longrightarrow [Zn(OH)_4]^{2-} + 2e^- \quad \cdots\cdots ①$$

$$[Zn(OH)_4]^{2-} \longrightarrow ZnO + H_2O + 2OH^- \quad \cdots\cdots ②$$

正極では，主に③式が進行する。

$$MnO_2 + H_2O + e^- \longrightarrow MnO(OH) + OH^- \quad \cdots\cdots ③$$

詳説[27] 強酸の水溶液は，水中での移動度が最大である H^+ を多く含み高い電導性を示すが，金属を腐食させる性質が大きいので，電解液には不向きである。一方，強塩基の水溶液は，水中で 2 番目の移動度をもつ OH^- を多く含み電導性が大きく，金属を腐食させる性質が比較的小さいので，電解液として適している。その電解質として NaOH よりも KOH が用いられるのは，Na^+ よりも K^+ のほうが移動度が大きく，KOH 水溶液のほうが NaOH 水溶液よりも電気伝導性が大きいからである。

また，KOH 水溶液に ZnO を飽和させている理由は，自己放電(p. 385)を防ぐためである。つまり，ZnO を KOH 水溶液に加えておけば，①，②式の逆反応によって，放電していないときの Zn の溶解反応を抑えることができる。

► アルカリマンガン乾電池の特長は次の通りである[28]。

(1) マンガン乾電池の炭素棒を除いたり，正極合剤を圧縮することによるスペースの増加を利用して，負極合剤の量を増やし，電池容量を約 2 倍に高めている。

(2) 強塩基の KOH は電気伝導性が大きい(OH^- の移動度が大きいため)ので，大電流で放電しても，電圧降下が小さく，一定の電圧を長く維持することができる。

(3) KOH は水への溶解度が大きく，高濃度の溶液が調製できるので，凝固点降下も大きく，電解液は－20℃でも凍結せず，耐寒性に優れている。

(4) 放電時，負極では OH^- を消費するが，正極では OH^- を生成するので，電解液の濃度変化は少なく，長時間一定の電圧を保つことができる。

(5) 一般に，マンガン乾電池は，低負荷，間欠放電に適するが，アルカリマンガン乾電池は，高負荷，連続放電に適している。

補足[28] アルカリ乾電池の正極活物質 MnO_2 を酸化水酸化チタン(Ⅳ) $TiO(OH)_2$ に代えたアルカリ乾電池(エボルタ®)は，従来のアルカリマンガン乾電池の約 2 倍の電池容量をもつ。

12 一次電池と二次電池

電池を放電すると，その起電力は少しずつ低下する。ある程度放電した電池に，放電時とは逆向きの電流を流すと，放電時とは逆向きの反応がおこり起電力が回復することがある。この操作を**充電**という。

マンガン乾電池に放電時とは逆向きの電流を流しても，起電力は回復しない。このように，充電できない使い切りの電池を**一次電池**という。一方，鉛蓄電池のように，充電が可能で繰り返し使用できる電池を**二次電池**，または**蓄電池**という㉙。

補足㉙ ダニエル電池は二次電池といえるか？

ダニエル電池の充電時の各極の反応は，正極では $Cu \longrightarrow Cu^{2+} + 2e^-$ の反応がおこるが，負極では $Zn^{2+} + 2e^- \longrightarrow Zn$ の反応とともに，$2H^+ + 2e^- \longrightarrow H_2$ の反応も同時におこり，電解液の $ZnSO_4$ 水溶液が薄いほど後者の反応が優勢となる。また，長期間使用すると，両電解液が少しずつ拡散により混合する。よって，ダニエル電池は二次電池とはいえない。

13 鉛蓄電池

最も代表的な二次電池は，1859年，**プランテ**（フランス）が発明した**鉛蓄電池**であり，現在でも自動車のバッテリー，非常用の予備電源として広く使われている。

鉛蓄電池は，約35%（密度約1.25 g/cm³）の希硫酸中に，負極には鉛 Pb（灰色）を，正極には酸化鉛(Ⅳ)（黒褐色）を浸したものを何枚も並列に連ね，さらに，それらを直列につないで所定の起電力としたものである㉚。鉛蓄電池の電池式は，次式で表される。

$\ominus$ Pb | H_2SO_4aq | PbO_2 $\oplus$（起電力は約2.0 V）

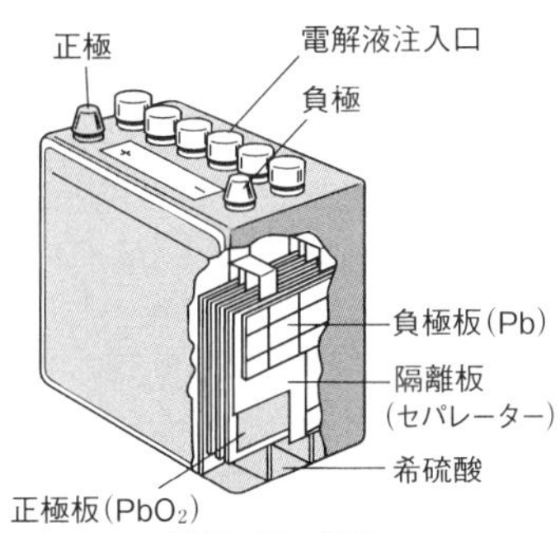

鉛蓄電池の構造

負極板と正極板の間には，互いの接触によるショートを防ぐために，多孔質の合成樹脂製の隔離板が入れてある。

放電時，負極では Pb が酸化されて Pb^{2+} になるが，直ちに液中の SO_4^{2-} と結合して，不溶性の硫酸鉛(Ⅱ) $PbSO_4$ となり極板に付着する。

$$\ominus\text{極}\quad \underset{(0)}{\underline{Pb}} + SO_4^{2-} \xrightarrow{\text{酸化反応}} \underset{(+2)}{\underline{Pb}SO_4} + 2e^- \quad \cdots\cdots①$$

正極では PbO_2（酸化剤）が電子を受け取って還元され，負極と同じ硫酸鉛(Ⅱ) $PbSO_4$ となる。

$$\oplus\text{極}\quad \underset{(+4)}{\underline{Pb}O_2} + 4H^+ + SO_4^{2-} + 2e^- \xrightarrow{\text{還元反応}} \underset{(+2)}{\underline{Pb}SO_4} + 2H_2O \quad \cdots\cdots②$$

詳説㉚ 鉛蓄電池は，アンチモン Sb（数%）を加えた硬鉛合金で格子体をつくり，この凹みに PbO と Pb 粉末とを希硫酸で練ったものを塗り込めて乾燥させてある。これを希硫酸中で電気分解すると，陰極では還元反応がおこり海綿状の Pb が，陽極では酸化反応がおこり PbO_2 が生成する。これを鉛蓄電池の**化成**という。こうして自動車用のバッテリーがつくられる。

►鉛蓄電池を放電すると，両電極板はともに表面が硫酸鉛(Ⅱ) $PbSO_4$（白色）で覆われてくる。また，放電により硫酸が消費され，水が生成するので，電解液の硫酸の濃度は減少する。これらの原因によって，徐々に鉛蓄電池の起電力が低下する㉛。

ある程度放電した鉛蓄電池は，起電力が1.8 V以下になる前に充電しなければならない[32]。充電は，鉛蓄電池の負極に外部電源の⊖端子，正極に外部電源の⊕端子をそれぞれ接続し，鉛蓄電池よりも少し高い電圧で直流電流を通じて行う[33]。すると，放電時とは逆反応がおこり，負極に付着していた$PbSO_4$は還元されてPbに，正極に付着していた$PbSO_4$は酸化されてPbO_2に変化する。また，硫酸の濃度は元通りとなり，起電力が回復する。

鉛蓄電池の放電，充電における反応式は次式の通りである。

$$Pb + PbO_2 + 2\,H_2SO_4 \underset{\text{充電}(2\,e^-)}{\overset{\text{放電}(2\,e^-)}{\rightleftarrows}} 2\,PbSO_4 + 2\,H_2O \quad \cdots\cdots\cdots ③$$

①，②式から$2\,e^-$を消去すると，③式の放電の反応式が得られる。つまり，2 molの電子が負極から正極へ移動したとき，負極板ではPb 1 molが$PbSO_4$ 1 molへ変化するので，96 g(SO_4 1 molの質量に相当）の質量が増加する。また，正極ではPbO_2 1 molが$PbSO_4$ 1 molへ変化するので，64 g(SO_2 1 molの質量に相当)の質量が増加するので，両極では160 gの質量が増加する。一方，電解液では，H_2SO_4 2 mol(196 g）が減少しH_2O 2 mol(36 g)が増加するので，合計160 gの質量が減少し，硫酸の濃度は減少する。

補足[31]　極板に電気を通しにくい$PbSO_4$が付着すると，極板とH_2SO_4との接触面積が少なくなる。また，電解液の濃度が減少すると，極板とH_2SO_4との反応がおこりにくくなり，ともに起電力低下の原因となる。しかし，鉛蓄電池の充電という観点から考えると，生成物の$PbSO_4$が水に不溶で極板に付着していることは，充電した場合，優先的に逆反応がおこって起電力を回復できるので，まことに好都合である。もし，$PbSO_4$が水に可溶であったならば，希硫酸中に溶け込んだPb^{2+}とH^+との間では，イオン化傾向が$Pb > H_2$であるため，いくら充電しても，⊖極では　$2\,H^+ + 2\,e^- \longrightarrow H_2\uparrow$　の反応がおこるだけである（充電されない)。二次電池となる条件として，放電生成物が水に不溶で，電極上に固定されること，つまり，電極反応(③式)が物理的にも化学的にもすぐれた可逆性を示すことが必要である。

補足[32]　放電直後，両極に生成した$PbSO_4$は柔らかく，コロイド粒子の状態にあり，電流がよく流れるので，充電すると直ちに元へ戻すことができる。しかし，過放電や長期放置などの苛酷な使用を繰り返すと，$PbSO_4$はしだいに凝集して硬い絶縁体の結晶に変化する。すると，電流が流れにくくなるので，充電しても元には戻らなくなる。このように，$PbSO_4$の結晶化がおこると，内部抵抗が増加し，電池容量が減少する。一般に，鉛蓄電池の電圧が1.8 V以下になるまで放電すると，極板の表面が$PbSO_4$の結晶で完全に覆われてしまい充電が困難になってしまう。

補足[33]　充電は同極どうしを接続する。放電時には鉛蓄電池の負極から電子が流出していたので，充電では外部電源から鉛蓄電池の負極へ向かって電子を流入させればよいからである。

参考　**鉛蓄電池の保守点検について。**　電解液のH_2SO_4は不揮発性なので，蒸発することはないが，H_2Oは蒸発したり，充電時にいくらか水の電気分解がおこるため，H_2，O_2となって空気中へ失われていく。よって，極板の上端が常に液面より下にあるように純水を補給する。また，シールド型の鉛蓄電池では，充電時に発生するH_2とO_2を蓄電池内部でH_2Oに戻すように工夫することで密閉化を実現した。すなわち，負極の海綿状鉛はO_2を吸収するので，通気性に優れた特殊なセパレーターを用いることで，正極で発生したO_2を負極上へ導き，次の反応により H_2O に変えるとともに，H_2 の発生をも抑制している。

$$Pb + 1/2\,O_2 + SO_4^{2-} + 2\,H^+ \longrightarrow PbSO_4 + H_2O$$

14 その他の一次電池

酸化銀電池 アルカリマンガン乾電池 (−)Zn|KOHaq|MnO_2(+) の正極活物質 MnO_2 の代わりに，酸化銀 Ag_2O を用いた一次電池で，起電力は 1.55 V である。

放電により，正極に Ag の単体が生成するので，正極合剤の電導性はしだいに向上し，電池の起電力は長く一定に保たれる。また，MnO_2 の場合よりも導電剤の C 粉末の量が減らせるので，小型化が可能となり，ボタン型の電池としても用いられる。

⊖極　アルカリマンガン乾電池と同じ(p. 392)。

⊕極　$Ag_2O + H_2O + 2\,e^- \longrightarrow 2\,Ag + 2\,OH^-$

空気電池 アルカリマンガン乾電池の正極活物質 MnO_2 の代わりに，酸素 O_2 を用いた一次電池で，起電力は 1.65 V である。正極活物質に空気中の O_2 を使うので，その分，負極活物質の量を増やせるため，小型でありながら電池容量は大きい。補聴器など低負荷用のボタン型の電池として使用される。使用時には，正極側の空気孔に貼ってあるシールをはがし，電池内に空気を導入すると 1 分前後で起電力が発生する。

⊖極　$Zn + 2\,OH^- \longrightarrow ZnO + H_2O + 2\,e^-$

⊕極　$O_2 + 2\,H_2O + 4\,e^- \longrightarrow 4\,OH^-$

リチウム電池 電池の起電力は，両電極物質のイオン化傾向の差で決まる。そこで，負極活物質にイオン化傾向が最大の Li を用いると，従来の Zn を用いた電池に比べて，高起電力で，電池容量の大きい理想的な一次電池ができる。しかし，金属 Li は水と激しく反応するので，電解液に水溶液は用いることはできない。そこで，電解液には，誘電率 (p. 154) が大きな有機溶媒であるエチレンカーボネートを用い，有機溶媒中でも Li^+ の輸率(p. 401)が大きな過塩素酸リチウム $LiClO_4$ を加えて電導性を高めている。

正極活物質には，電子 e^- と Li^+ を収容できる酸化マンガン(Ⅳ)やフッ化黒鉛 $(CF)_n$ などが用いられる。

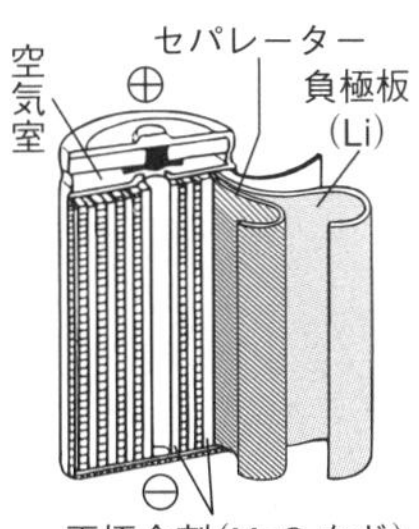

〈Li−MnO_2 電池　起電力 3.0 V〉

(−)Li|$LiClO_4$+有機溶媒|MnO_2(+)

⊖極　$Li \longrightarrow Li^+ + e^-$

⊕極　$MnO_2 + e^- + Li^+ \longrightarrow LiMnO_2$ [34]

補足[34] 正極活物質の MnO_2 は多孔質で，負極から流れ込む e^- によって，その細孔中に Li^+ を取り込むことができる。結果的に，MnO_2 の Mn の酸化数は+4 から+3 へと変化し，還元されることになる。

〈Li−フッ化黒鉛電池　起電力 2.8 V〉

(−)Li|$LiClO_4$+有機溶媒|$(CF)_n$(+)

⊖極　$Li \longrightarrow Li^+ + e^-$

⊕極　$(CF)_n + ne^- + nLi^+ \longrightarrow nC$ [35] $+ nLiF$

補足[35] この反応で生じた C は電導性に富むので，この電池は放電時に起電力が低下しにくい。

15 リチウムイオン電池

金属Liを用いた高起電力の二次電池では，充電の際，負極で金属Liの樹枝状結晶の析出に伴う正・負極のショート（短絡）による発火事故の危険性があった。そこで，Li^+を負極－正極間を往復させて安全に充・放電ができる**リチウムイオン電池**が開発された。リチウムイオン電池は，負極に黒鉛の層状構造にLi^+が収容された層間化合物（LiC_6と表す），正極に酸化コバルト(Ⅳ)CoO_2にLi^+が収容された層間化合物（$LiCoO_2$　コバルト(Ⅲ)酸リチウム）を用い[36]，電解液に有機溶媒のエチレンカーボネート$(CH_2O)_2CO$にヘキサフルオロリン酸リチウム$LiPF_6$を加えて電導性を高めたものが普及している[37]。

放電時，負極では，黒鉛からLi^+が脱離し，同時に電子が放出される(酸化反応)。

$$Li_xC_6 \longrightarrow C_6 + xLi^+ + xe^- \quad (0<x<0.5) \quad \cdots\cdots ①$$

Li^+は電解液中を，電子e^-は導線中をそれぞれ正極へ向かって移動する。

正極では，液中のLi^+がCoO_2の層状構造に収容され，$LiCoO_2$に変化する。このとき，Co原子は電子を受け取り，その酸化数は$+4 \rightarrow +3$に変化する(還元反応)。

$$Li_{1-x}CoO_2\,[38] + xLi^+ + xe^- \longrightarrow LiCoO_2 \quad (0<x<0.5) \quad \cdots\cdots ②$$

充電時，負極，正極ではそれぞれ①，②の逆向きの反応がおこる。

全体の反応　$Li_xC_6 + Li_{1-x}CoO_2 \underset{充電}{\overset{放電}{\rightleftarrows}} C_6 + LiCoO_2$

詳説[36] 負極の黒鉛は，正六角形を単位とする層状構造をしており，C原子6個当たり最大1個のLi^+が収容できるので，LiC_6と表す。正極の酸化コバルト(Ⅳ)CoO_2も層状構造をしており，最大1個のLi^+が収容できるので，$LiCoO_2$と表される。

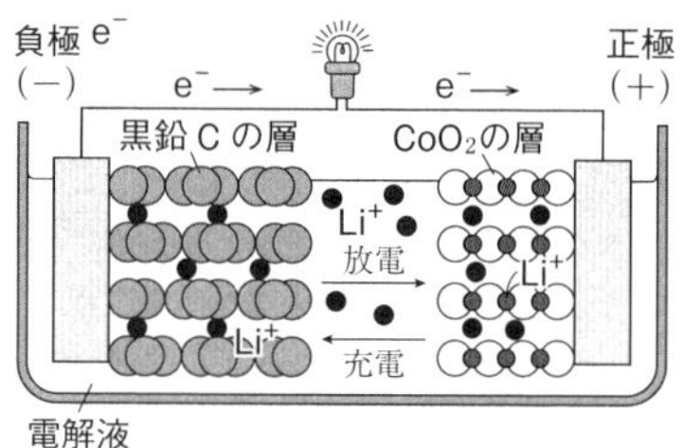

リチウムイオン電池の基本原理

補足[37] エチレンカーボネートは誘電率(p. 154)が大きく，電解質を多く溶解できる。また，電解質$LiPF_6$の電離で生じたPF_6^-はサイズが大きく，イオンの移動度が小さい分だけ，Li^+によって電荷が運ばれる割合(輸率p. 401)が大きくなる。

補足[38] 十分に充電された正極では，$LiCoO_2$から一部のLi^+が脱離した状態にある。このとき化合物中のLi^+の割合は整数では表せないので，Li^+が脱離した割合をxとおき，$Li_{1-x}CoO_2$と表す。たとえば，$Li_{0.5}CoO_2$は，$LiCoO_2$から半分のLi^+が脱離した状態を表す。これ以上Li^+が脱離すると，正極の層状構造が不安定になるので，これ以上は充電しない。

►リチウムイオン電池では，負極・正極間をLi^+が往復するだけのシンプルな反応であり，電極自身は変化していない。よって，二次電池としての可逆性は良好で，充・放電の繰り返しにも強い。また，電解液が有機溶媒なので，低温特性に優れる。

リチウムイオン電池の起電力は3.7Vと大きく，単位質量あたりの電池容量はNi－H電池の約2倍もあり，二次電池中で最大である。また，Ni－Cd電池やNi－H電池に見られるメモリー効果(p. 398)がおこらないので，小型・軽量で高性能な二次電池として，ノートパソコン，スマートフォン，電気自動車の電源として広く利用されている。

例題 リチウムイオン電池は，負極活物質に黒鉛 C_6，正極活物質にコバルト酸リチウム $LiCoO_2$，電解液に $LiPF_6$ などを溶解した有機溶媒を用いた二次電池で，起電力は3.7 V である。充電時には，正極から Li^+ が脱離して負極の黒鉛層間に取り込まれ，放電時には，黒鉛層間から Li^+ が脱離し，正極の CoO_2 層間に取り込まれる。充電時の正極・負極の反応は次式の通りである。(原子量：Li=7，C=12，O=16，Co=59)

正極： $LiCoO_2 \longrightarrow Li_{1-x}CoO_2 + x\,Li^+ + x\,e^-$ ……① $(0<x<0.5)$

負極： $C_6 + x\,Li^+ + x\,e^- \longrightarrow Li_xC_6$ ……② $(0<x<0.5)$

二次電池を満充電の状態からさらに充電することを過充電という。リチウムイオン電池を過充電すると，<u>$Li_{1-x}CoO_2$ が O_2 の発生を伴い，$LiCoO_2$ と Co_3O_4 へと分解する。</u>

(1) $x=0.5$ まで充電したリチウムイオン電池を放電したとき，電池全体の反応式を示せ。

(2) リチウムイオン電池の電解液に有機溶媒が用いられる理由を述べよ。

(3) 電池全体の反応において，活物質の合計1.0 g から得られる電気エネルギーを電池のエネルギー密度〔J/g〕という。$x=0.5$ まで充電されたリチウムイオン電池のエネルギー密度を求めよ。電気エネルギー〔J〕=電気量〔C〕×電圧〔V〕，ファラデー定数 $F=9.65\times10^4$〔C/mol〕とする。

(4) 下線部において，$x=0.5$ のとき，この分解反応の反応式を示せ。また，10.0 g の $Li_{0.5}CoO_2$ の30%が分解したとき，発生する O_2 の物質量を求めよ。

［解］ (1) 放電時には充電時の逆向きの反応がおこる。①′+②′ に $x=0.5$ を代入すると，

正極： $Li_{1-x}CoO_2 + x\,Li^+ + x\,e^- \longrightarrow LiCoO_2$ ……①′

負極： $Li_xC_6 \longrightarrow C_6 + x\,Li^+ + x\,e^-$ ……②′

$\mathbf{Li_{0.5}CoO_2 + Li_{0.5}C_6 \longrightarrow LiCoO_2 + C_6}$ 答

(2) **リチウムイオン電池の起電力が大きいため，電解液に水溶液を用いると水の電気分解がおこるため。** 答

ただし，有機溶媒の電導性を大きくするために $LiPF_6$ などの塩類を加える必要がある。

(3) 放電時の反応式より，$x=0.5$ のとき，この電池1 mol から得られる電子の物質量は0.5 mol である。このとき得られる電気エネルギーは，$(0.5\times9.65\times10^4\times3.7)$〔J〕

また，$x=0.5$ まで充電された正極活物質は $Li_{0.5}CoO_2$，負極活物質は $Li_{0.5}C_6$ なので，その式量は，$7+59+(16\times2)+(12\times6)=170$ よって，モル質量は170 g/mol。

∴ この電池のエネルギー密度は，

$$\frac{0.5\times9.65\times10^4\times3.7}{170}=1.05\times10^3\fallingdotseq\mathbf{1.1\times10^3}\text{〔J/g〕}$$ 答

(4) $Li_{0.5}CoO_2 \longrightarrow LiCoO_2 + Co_3O_4 + x\,O_2$

$LiCoO_2$ の係数を1とおくと，$Li_{0.5}CoO_2$ の係数は2。Co の数より，Co_3O_4 の係数は $\frac{1}{3}$。

O の数より，$4=2+\frac{4}{3}+2x$ $x=\frac{1}{3}$ 全体を3倍すると

$\mathbf{6\,Li_{0.5}CoO_2 \longrightarrow 3\,LiCoO_2 + Co_3O_4 + O_2}$ 答

$Li_{0.5}CoO_2$ の式量は94.5なので，モル質量は94.5 g/mol。反応式の係数比より $Li_{0.5}CoO_2$ 6 mol から O_2 1 mol が発生するから，

∴ O_2 の物質量は，$\frac{10.0}{94.5}\times0.3\times\frac{1}{6}=5.29\times10^{-3}\fallingdotseq\mathbf{5.3\times10^{-3}}$〔mol〕 答

過充電を行うと，Li^+ を脱離したことにより CoO_2 の構造が壊れるので，$x=0.5$ までに止める。

16 その他の二次電池

ニッケル・カドミウム電池　負極活物質にカドミウム Cd，正極活物質に酸化水酸化ニッケル(Ⅲ)，電解液に KOH 水溶液(約 30%)を用いた二次電池である。

(−)Cd | KOHaq | NiO(OH) (+)　起電力：約 1.3 V

⊖極　$Cd + 2\,OH^- \longrightarrow Cd(OH)_2 + 2\,e^-$　……①

⊕極　$NiO(OH) + H_2O + e^- \longrightarrow Ni(OH)_2 + OH^-$　……②

このとき，両極で生じた $Cd(OH)_2$ と $Ni(OH)_2$ はいずれも水に不溶で，電極に付着するので，その逆反応，すなわち充電が可能となる。$Cd(OH)_2$ や $Ni(OH)_2$ を放置しても，$PbSO_4$ のような結晶化がおこりにくく，充・放電の可逆性は良好である[39]。

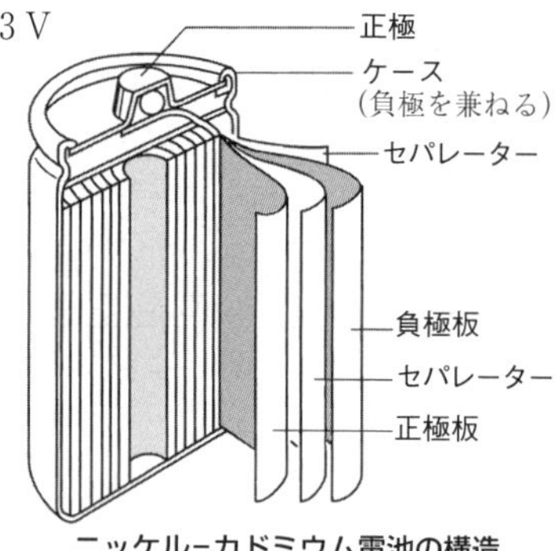

ニッケル-カドミウム電池の構造

①+②×2 より，

$$Cd + 2\,NiO(OH) + 2\,H_2O \underset{充電}{\overset{放電}{\rightleftarrows}} Cd(OH)_2 + Ni(OH)_2 \quad ……③$$

放電により，電解液の濃度が変化しないので，一定の電圧を長く維持できる。

補足[39]　この電池は完全に放電しても劣化せず，充電すれば元の起電力を回復する。つまり，過放電，長期放置などの過酷な使用にも耐える。しかし，短時間の浅い放電と充電を繰り返すと，電池の容量が減少する**メモリー効果**がおこる欠点がある。

ニッケル・水素電池　環境への配慮から，有害金属である Ni−Cd 電池の負極の Cd を，水素吸蔵合金[40]に置き換えた二次電池であるニッケル・水素電池が開発された。

(−)M・H | KOHaq | NiO(OH) (+)　起電力：約 1.3 V

補足[40]　水素吸蔵合金(p. 545)は，水素 H_2 をその結晶格子の隙間に H 原子の形で高密度に吸蔵・放出できる合金である。

► Ni−H 電池の起電力は Ni−Cd 電池とほぼ等しいが，約 2 倍以上の電池容量をもつ。

放電時，負極では金属水素化物 (MH と表す) から放出された H 原子は電子を放出して H^+ となるが，直ちに溶液中の OH^- と反応し，H_2O が生成する。

⊖極　$MH + OH^- \longrightarrow M + H_2O + e^-$　……①

正極では，酸化水酸化ニッケル(Ⅲ)が電子を受け取り，さらに H_2O と反応し，水酸化ニッケル(Ⅱ)が生成する。

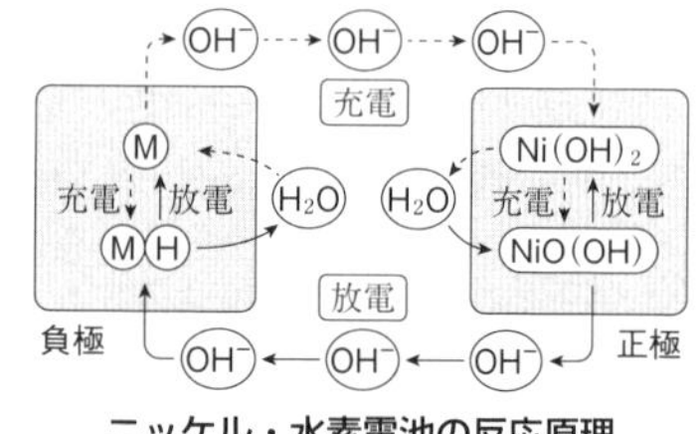

ニッケル・水素電池の反応原理

⊕極　$NiO(OH) + e^- + H_2O \longrightarrow Ni(OH)_2 + OH^-$　……②

充電時には，①，②式の逆反応がおこる。

①+②より，$MH + NiO(OH) \underset{充電}{\overset{放電}{\rightleftarrows}} M + Ni(OH)_2$

充・放電には，負極と正極の間を OH^- が移動するだけで，電解液の濃度は変化しない。したがって，起電力は長く一定に保たれ，現在，携帯用の電子機器やハイブリッド車などの電源に利用されている。

17 燃料電池

水素などの燃料と空気(酸素)を供給し，その燃焼によって熱エネルギーを得る代わりに，直接，電気エネルギーを取り出す装置を**燃料電池**という。

現在，負極にH_2，正極にO_2(空気) を供給し，電解液にリン酸H_3PO_4水溶液を，電極にはPt触媒を添加した多孔質の炭素板を用いた水素－酸素燃料電池が最も普及している[41]。

補足[41] 電極は，炭素粉末にPtの微粉末を混合して成型した炭素板を，さらにフッ素樹脂などで撥水処理(気体は通すが液体は漏れないようにするため)したものが用いられる。実際の各電極反応は，固相(触媒)と液相(電解液)，および気相(H_2，O_2)が互いに接触する部分(三相界面という)で進行する。そのため，なるべく電極の表面積を大きくした多孔質の構造で，多くの気体が電解液に接触するように工夫されている。

►右図は，リン酸形の水素－酸素燃料電池 ⊖ H_2 | H_3PO_4aq | O_2 ⊕の構造を示し，その起電力(理論値)は約1.2Vである[42]。

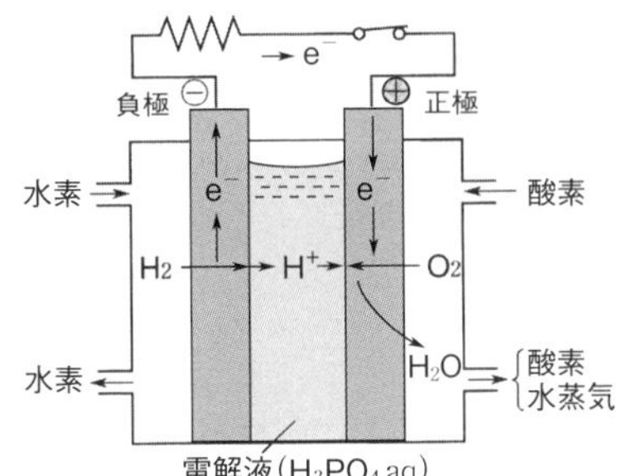

白金の触媒活性を維持するため高温(約200℃)で運転される。電解液には高温でも揮発しない濃リン酸(約95%)を用いる。

左側の電極にH_2を吹きつけると，Ptの触媒作用によって，H_2の一部はH^+となり溶液中に溶け込む。このとき，極板に電子を与える。

⊖極 $H_2 \xrightarrow{\text{酸化}} 2H^+ + 2e^-$ ……①

負極にたまった電子は，正極へ移動する。

右側の電極では，吹きつけたO_2が電極から電子を奪い，さらにH^+と反応してH_2Oになる。

⊕極 $O_2 + 4e^- + 4H^+ \xrightarrow{\text{還元}} 2H_2O$ ……②

①×2+②より $2H_2 + O_2 \xrightarrow{4e^-} 2H_2O$

燃料電池の特長は，電池の活物質を電池内部に蓄えているのではなく，外部から供給している点にある。すなわち，水素(燃料)と酸素(空気)を供給し続ける限り，いくらでも電流を取り出すことが可能である。また，燃料電池の発電効率(40～45%)は火力発電(30～35%)よりも高く，発電の際に出る排熱を給湯や冷暖房に利用すれば，エネルギーの利用効率は約80%に達する。水素－酸素燃料電池では，CO_2を排出しないので，クリーンなエネルギー源として，離島，病院，ホテルなどで分散型電源として利用されているほか，燃料電池自動車の電源として期待されている。

詳説[42] 電解液に30～45% KOH水溶液を用いたアルカリ形の水素－酸素燃料電池は，かつてアメリカの有人宇宙船アポロ号の電源として利用され，発電後に生じた水は乗組員の飲料水に使われたことがある。各電極での反応は，(－)極 $H_2 + 2OH^- \longrightarrow 2H_2O + 2e^-$，(＋)極 $O_2 + 2H_2O + 4e^- \longrightarrow 4OH^-$，全体では，$2H_2 + O_2 \longrightarrow 2H_2O$ である。

アルカリ形の水素－酸素燃料電池は，地球上で使用すると十分に機能が発揮できない。それは，空気中のCO_2と電解液中のKOHが反応してK_2CO_3が生成するため，電池の内部抵抗が大きくなり，電池の機能がしだいに低下するためである。

SCIENCE BOX　家庭用燃料電池のしくみ

燃料電池は，燃料が反応する負極，空気(酸素)が反応する正極，その間を埋める電解質で構成される。近年，電解質に固体の高分子膜を用いたものが注目され，作動温度が低く，装置が小型化できるなどの特長から，家庭用燃料電池（エネファーム®）として普及が進んでいる。

燃料電池の負極に供給される水素は，貯蔵・運搬が難しいので，電池本体と同じ場所で製造するのがよい。通常，メタン（都市ガスの主成分）と水蒸気との反応(**改質反応**)によってつくられる。

⑴　**改質反応**

メタンに水を加え，約 650℃ に加熱した Ni 系触媒層を通すと，次式のように反応する。

$$CH_4 + 2H_2O(気) \longrightarrow 4H_2 + CO_2 \quad \Delta H = 166\,kJ$$

$$CH_4 + H_2O(気) \longrightarrow 3H_2 + CO \quad \Delta H = 206\,kJ$$

いずれも吸熱反応なので，外部からの加熱がないと反応は進まない。

この反応では，CO 濃度，CO_2 濃度がそれぞれ約 10％程度を含む H_2 が得られる。

⑵　**変成反応**

⑴の生成ガスに少量の水を加え，約 250℃ に加熱した Fe−Cr 系および Cu−Zn 系触媒層に通すと，次式のように反応する。

$$CO + H_2O(気) \longrightarrow H_2 + CO_2 \quad \Delta H = -41\,kJ$$

この反応によって，H_2 中に含まれる CO 濃度を約 0.5％まで低下させる。

⑶　**選択的酸化反応**

⑵の生成ガスに少量の空気を加え，約 150℃ に加熱した Ni−Ru 系触媒層に通すと，次式のように CO だけが選択的に酸化される。

$$CO + \frac{1}{2}O_2 \longrightarrow CO_2 \quad \Delta H = -283\,kJ$$

この反応によって，H_2 中に含まれる CO 濃度を 10 ppm(0.001％)以下に減少させる[*1]。

＊1　CO は，燃料電池の本体の白金触媒の活性を著しく低下させるので，徹底的に除去する必要がある。一方，CO_2 は白金触媒の活性には影響はしないので，除去する必要はない。

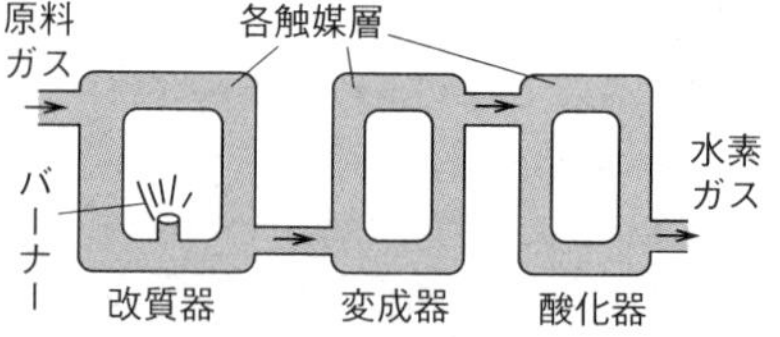

燃料電池の水素製造系（模式図）

⑷　**電池本体(セル)**

固体高分子型の燃料電池は，多孔質の黒鉛からなる電極表面に，白金粉末と陽イオン交換樹脂（フッ素系樹脂をスルホン化したもの）の混合物を塗布し圧着したものを，セパレーター(隔離板)で仕切った単位（セル）が，何層にも並んだ構造をもつ。

セパレーター
(高分子膜＋触媒)
電極
水素
酸素

燃料電池のセルの断面図

1 つのセルの起電力は約 0.7V であるが，400 セルを直列につないで自動車用電源に用いる。

負極には水素が供給され，白金の触媒作用で次のように電離する。

$$⊖極 \quad H_2 \longrightarrow 2H^+ + 2e^-$$

電子は導線を通って，H^+ は電解質の高分子膜を通って，それぞれ正極へ移動する。

正極には空気が供給され，次のように反応して水を生成する[*2]。

$$⊕極 \quad O_2 + 4H^+ + 4e^- \longrightarrow 2H_2O$$

$$全体 \quad 2H_2 + O_2 \longrightarrow 2H_2O$$

＊2　燃料電池では，電池本体だけでなく，変成器，酸化器でも熱が発生する。この熱を熱交換器を通して，冷水から温水をつくるのに利用できる。

SCIENCE BOX イオンの移動度と輸率

金属中では自由電子の移動により，電解質水溶液中ではイオンの移動により，それぞれ電流が流れる。いま，1 cm につき 1 V の電位差のある電場の中で，イオンが移動する速度を〔cm/s〕の単位で表したものを，イオンの**移動度**〔$cm^2/V·s$〕といい，イオンの移動のしやすさの指標に用いられる。

各種イオンの移動度 v（水溶液中，25℃）

v_+	$\times 10^{-4} cm^2/(V·s)$	v_-	$\times 10^{-4} cm^2/(V·s)$
H^+	36.3	OH^-	20.5
Li^+	4.0	F^-	4.9
Na^+	5.2	Cl^-	7.9
K^+	7.6	Br^-	8.1

H^+ と OH^- は特別として，他のイオンは式量が違っても移動度に大差はなく，式量の大きいほうがかえって移動度が大きい傾向がある（上表）。これは，水溶液中では各イオンは単独で存在するのではなく，**水和イオン**として存在するからである。一般に，小さなイオンほど電荷密度は大きくなるので，水和する水分子の数が多くなり，生成した水和イオンの有効半径が大きくなる*1。

＊1　イオン半径は Na^+ 0.095 nm，K^+ 0.133 nm であるが，水和イオンの有効半径は Na^+ 0.24 nm，K^+ 0.17 nm と推定されている。このため，半透膜は Na^+ よりも K^+ を通しやすい。

ところで，H^+ と OH^- の移動度が特に大きいのは，水やアルコールなど -OH をもった溶媒中だけである。これは，隣接する水分子の間で，次のような**プロトン移動**による**電荷リレー**がおこるためと考えられている。

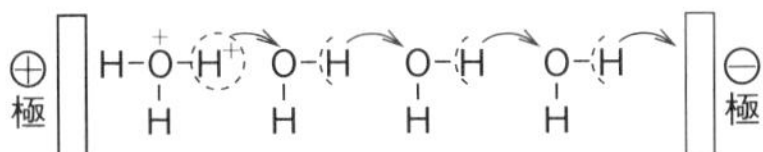

H^+ は水溶液中では H_3O^+ として存在する。左端の H_3O^+ からの H^+（陽子）が隣の H_2O 分子に飛び移る。これが繰り返されると，短時間に H_3O^+ が移動することができる。

電解質水溶液中を電流が流れたとき，各イオンが分担して運んだ電荷の割合を，イオンの**輸率**という。陽イオンの輸率を t_+，陰イオンの輸率を t_- とすると，

$$t_+ + t_- = 1$$

$$t_+ = \frac{v_+}{v_+ + v_-} \qquad t_- = \frac{v_-}{v_+ + v_-}$$

NaClaq の場合，左表の値を利用すると，

$$t_+ = \frac{5.2\times10^{-4}}{5.2\times10^{-4} + 7.9\times10^{-4}} \fallingdotseq 0.40$$

すなわち，流れた電流の 40％は Na^+ が，60％は Cl^- が運んだことになる。

電解質水溶液に電流を流すと，陰・陽イオンの移動度が異なる場合，両極付近の電解質の濃度が変化する。この濃度変化から各イオンの輸率が求められる（**ヒットルフの方法**）。

陰極を Hg，陽極を C として，食塩水に電子 1 mol 分の電気量を流して電気分解したとする。電解槽中でも，電子 1 mol 分の電気量が流れるから，Na^+，Cl^- の輸率を 0.4, 0.6 とすれば，隔膜を通って，Na^+ 0.4 mol が陰極室へ，Cl^- 0.6 mol が陽極室へ移動する。

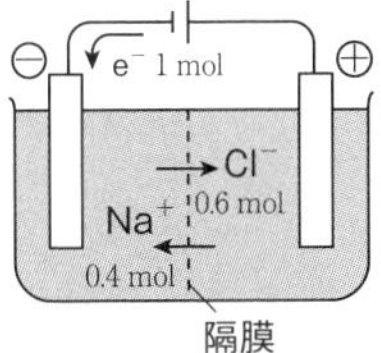

電気分解後，各室の NaCl の物質量は，

〔陰極室〕

消費された Na^+	−1.0 mol	差引
入ってきた Na^+	+0.4 mol	NaCl
出ていった Cl^-	−0.6 mol	0.6 mol 減少

〔陽極室〕

消費された Cl^-	−1.0 mol	差引
出ていった Na^+	−0.4 mol	NaCl
入ってきた Cl^-	+0.6 mol	0.4 mol 減少

$$\frac{\text{陰極での NaCl 減少量}}{\text{陽極での NaCl 減少量}} = \frac{0.6}{0.4} = \frac{t_-}{t_+}$$

こうして，各イオンの輸率がわかると，各イオンの移動度の比が求められる*2。

＊2　$t_+ + t_- = 1$ の関係を使うと，陰極・陽極どちらの減少量からでも，t_+，t_- がわかる。

SCIENCE BOX　標準電極電位と酸化還元反応の進行方向

電極反応	$E°$〔V〕	電極反応	$E°$〔V〕
$Li^+ + e^- \rightleftarrows Li$	−3.04	$Hg_2^{2+} + 2e^- \rightleftarrows 2Hg$	+0.79
$Na^+ + e^- \rightleftarrows Na$	−2.71	$Ag^+ + e^- \rightleftarrows Ag$	+0.80
$Al^{3+} + 3e^- \rightleftarrows Al$	−1.66	$Hg^{2+} + 2e^- \rightleftarrows Hg$	+0.85
$Fe^{2+} + 2e^- \rightleftarrows Fe$	−0.44	$2Hg^{2+} + 2e^- \rightleftarrows Hg_2^{2+}$	+0.92
$Cd^{2+} + 2e^- \rightleftarrows Cd$	−0.40	$Br_2 + 2e^- \rightleftarrows 2Br^-$	+1.09
$Sn^{2+} + 2e^- \rightleftarrows Sn$	−0.14	$Cr_2O_7^{2-} + 6e^- + 14H^+ \rightleftarrows 2Cr^{3+} + 7H_2O$	+1.33
$2H^+ + 2e^- \rightleftarrows H_2$	0		
$Sn^{4+} + 2e^- \rightleftarrows Sn^{2+}$	+0.15	$Cl_2 + 2e^- \rightleftarrows 2Cl^-$	+1.36
$Cu^{2+} + 2e^- \rightleftarrows Cu$	+0.34	$MnO_4^- + 5e^- + 8H^+ \rightleftarrows Mn^{2+} + 4H_2O$	+1.51
$I_2 + 2e^- \rightleftarrows 2I^-$	+0.54		
$Fe^{3+} + e^- \rightleftarrows Fe^{2+}$	+0.77	$H_2O_2 + 2H^+ + 2e^- \rightleftarrows 2H_2O$	+1.77

標準水素電極の電位を0(基準)としたときの各金属の電極電位を，**標準電極電位** $E°$〔V〕といい，その値はイオン化傾向の大きい金属ほど負，イオン化傾向の小さい金属ほど正の値を示す (p. 390)。その応用として，各電極の半反応式を組み合わせてつくった酸化還元反応の進行方向を，$E°$の符号から推定することができる。

まず，標準電極電位$E°$を各電極反応の進行方向と対応させるために，次のような規則が決められている。

(1)　電極反応は，すべて還元反応として表し，次のような形に書く。

酸化体$+ne^- \rightleftarrows$還元体　$E°=(\quad)$V

(2)　(1)の電極反応が自発的に右向きに進む場合には$E°$に正，自発的に左向きに進む場合には$E°$に負の符号をつける。よって，$E°$の正の値が大きいほど，右向きの反応の推進力が大きく，強い酸化剤であることを示す。逆に，$E°$の負の値が大きいほど，左向きの反応の推進力が大きく，強い還元剤であることを示す。

(3)　電極の半反応式を逆向きに書いた場合には，$E°$の符号も逆になる。しかし，電極の半反応式を整数倍しても，$E°$の値は変わらない($E°$は示強変数(p. 272)であるから，反応にあずかる物質の分量を2倍にしても，反応の推進力が2倍になるわけではなく，$E°$の値は変わらない)。

以下の反応について，上表から起電力Eを求め，反応が自発的に進む向きを調べてみる。

例1.　$Sn^{2+} + Hg^{2+} \longrightarrow Sn^{4+} + Hg$

$Hg^{2+} + 2e^- \rightleftarrows Hg$ …①　$E°=+0.85$ V

$Sn^{4+} + 2e^- \rightleftarrows Sn^{2+}$ …②　$E°=+0.15$ V

①−②より，$Sn^{2+} + Hg^{2+} \rightarrow Sn^{4+} + Hg$

$E=+0.85-(+0.15)=+0.70$〔V〕

正の起電力が得られたので，反応は右向きに自発的に進む。

例2.　$2Fe^{3+} + Cu \longrightarrow 2Fe^{2+} + Cu^{2+}$

$Fe^{3+} + e^- \rightleftarrows Fe^{2+}$ …③　$E°=+0.77$ V

$Cu^{2+} + 2e^- \rightleftarrows Cu$ …④　$E°=+0.34$ V

③×2−④より，

$2Fe^{3+} + Cu \rightarrow 2Fe^{2+} + Cu^{2+}$

$E=+0.77-(+0.34)=+0.43$〔V〕

正の起電力が得られたので，反応は右向きに自発的に進む。

例3.　$Sn^{4+} + 2Fe^{2+} \longrightarrow Sn^{2+} + 2Fe^{3+}$

$Sn^{4+} + 2e^- \rightleftarrows Sn^{2+}$ …⑤　$E°=+0.15$ V

$Fe^{3+} + e^- \rightleftarrows Fe^{2+}$ …⑥　$E°=+0.77$ V

⑤−⑥×2より，

$Sn^{4+} + 2Fe^{2+} \rightleftarrows Sn^{2+} + 2Fe^{3+}$

$E=+0.15-(+0.77)=-0.62$〔V〕

負の起電力が得られ，反応は左向きに自発的に進む(右向きには進まない)。

例4.　次の構成をした電池の起電力

⊖ Pt | KI aq ‖ KMnO$_4$ aq(硫酸酸性) | Pt ⊕

(KI aq, KMnO$_4$ aq の濃度はともに1 mol/L)

$MnO_4^- + 5e^- + 8H^+ \rightleftarrows Mn^{2+} + 4H_2O$ …⑦

$E°=+1.51$ V

$I_2 + 2e^- \rightleftarrows 2I^-$ …⑧　$E°=+0.54$ V

⑦×2−⑧×5より，

$2MnO_4^- + 10I^- + 16H^+$

$\rightarrow 2Mn^{2+} + 5I_2 + 8H_2O$

$E=+1.51-(+0.54)=+0.97$〔V〕

反応は右向きに自発的に進む。

SCIENCE BOX レドックス・フロー電池

電池は，電子を授受する物質(**活物質**)が電池に内蔵されているか否か，また，充電により反応物が再生されるか否かによって，次のように分類される。

充電＼反応物	内蔵されている	外部から供給
不可	一次電池	燃料電池
可能	二次電池	レドックス・フロー電池

夜間に余剰となった電気エネルギーを貯蔵するために研究・開発された電池に，溶液中で可逆的におこる酸化・還元（レドックス）反応を組み合わせた**レドックス・フロー電池***がある。

その代表的なものが（$Fe^{2+} \leftrightarrow Fe^{3+}$）と（$Cr^{2+} \leftrightarrow Cr^{3+}$）という2種の可逆反応を利用した，$Fe^{3+}-Cr^{2+}$系のレドックス・フロー電池である。その構造は，隔膜（イオン交換膜）で仕切られた一方の側に塩化クロム(Ⅱ)と塩化クロム(Ⅲ)の塩酸水溶液を，もう一方の側に塩化鉄(Ⅱ)と塩化鉄(Ⅲ)の塩酸水溶液を入れ，それぞれを多孔質の炭素電極で仕切ったものである(下図)。

* 酸化・還元（**ox**idation-**red**uction）を略して，レドックス(redox)という。

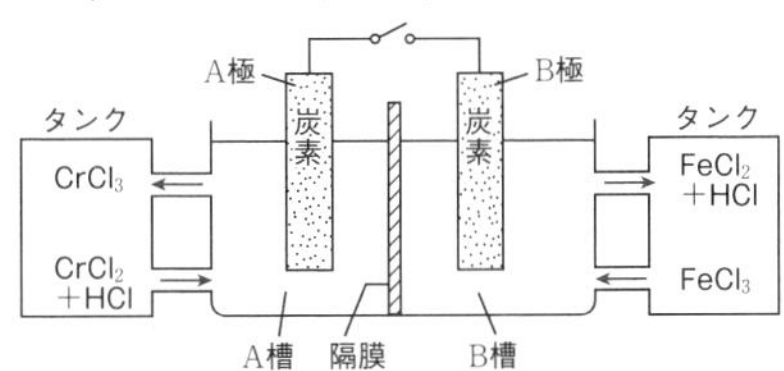

$Cr^{3+}+e^- \rightleftarrows Cr^{2+}$…① $E°=-0.41$ V

$Fe^{3+}+e^- \rightleftarrows Fe^{2+}$…② $E°=+0.77$ V

①，②式を起電力Eの値が正になるように組み合わせると(p. 402)，②−①より，

$Fe^{3+}+Cr^{2+} \rightleftarrows Fe^{2+}+Cr^{3+}$…③ $E=+1.18$ V

放電時，A極は，$Cr^{2+} \longrightarrow Cr^{3+}+e^-$ の酸化反応がおこるので，負極となる。一方，B極は，$Fe^{3+}+e^- \longrightarrow Fe^{2+}$ の還元反応がおこるので，正極となる。

このとき，A槽では正電荷が過剰に，B槽では負電荷が過剰になるので，隔膜として陽イオン交換膜を使えば，H_3O^+ がA槽からB槽へ，陰イオン交換膜を使えば，Cl^- がB槽からA槽へ移動することで，両槽の電荷のバランスが維持される。逆に，充電時には，③式の逆反応がおこる。たとえば，A槽に1.0 mol/L $CrCl_3$ 水溶液，B槽に1.0 mol/L $FeCl_2$ 水溶液1Lずつ入れ，これを充電後，各濃度が0.1 mol/Lずつになったとすると，この電池に蓄えられた電気エネルギーは，①，②式の係数比より，電子0.9 mol分の電気量約8.7×10^4 Cとなる。

この電池の特徴は，蓄電池としての機能をもち，電極自身が消耗することなく，反応液のタンクの容量を増加させれば，大容量の電気エネルギーを長く貯蔵できることである。

また，同じ目的で研究・開発が進められている電池に**亜鉛・塩素電池**がある。極板には亜鉛と多孔質の炭素電極を用い，電解液には塩化亜鉛水溶液を，タンク中には冷水にCl_2を水和物として蓄えてある。

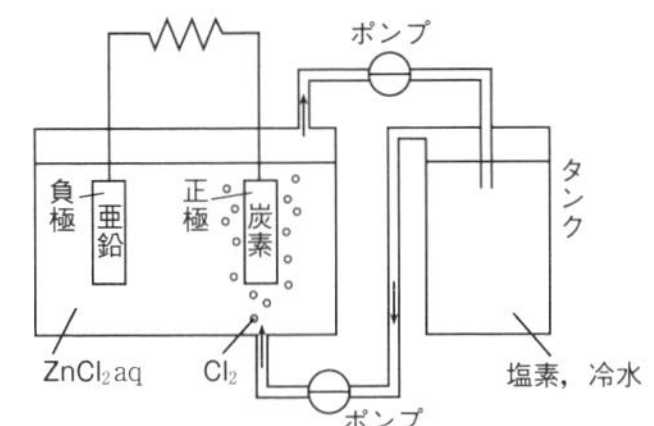

$Zn^{2+}+2e^- \rightleftarrows Zn$…④ $E°=-0.76$ V

$Cl_2+2e^- \rightleftarrows 2Cl^-$…⑤ $E°=+1.36$ V

④，⑤式を起電力Eの値が正になるように組み合わせると，⑤−④より，

$Cl_2+Zn \rightarrow 2Cl^-+Zn^{2+}$ $E=+2.12$ V

放電時には，タンク内に蓄えたCl_2を電解槽に送り込む必要があり，タンクを加熱する（充電時には冷却する)。このように，タンクを加熱・冷却することで電気エネルギーの貯蔵・供給を自由に調節できる。

SCIENCE BOX　ネルンストの式

金属とその金属イオンの水溶液でつくられた2種の半電池を組み合わせると，ダニエル型の電池ができる。その起電力は，各金属イオンの濃度を1 mol/Lとしたとき，各金属の**標準電極電位** E°(p. 390)の差に等しい。たとえば，ダニエル電池

⊖ $Zn|ZnSO_4aq\|CuSO_4aq|Cu$ ⊕

の場合，負極活物質のZnが溶け出す力は，$[Zn^{2+}]$ が小さいほど強く，正極活物質のCu^{2+}が析出する力は$[Cu^{2+}]$ が大きいほど強くなる。よって，$[Zn^{2+}]$ が小さいほど，また$[Cu^{2+}]$が大きいほど，起電力はともに1 mol/Lのときの理論値1.10 Vよりも少し大きくなる。ダニエル型電池の起電力と濃度の関係は，次のように求められる。

ある金属MをそのイオンM^{n+}を含む水溶液に接触させると，金属と水溶液の間に一定の電位(**電極電位**という)が発生する。

$$M^{n+}+ne^- \rightleftarrows M$$

この金属Mの電極電位 E〔V〕は，①式の**ネルンストの式**で表される。

$$\boldsymbol{E=E^\circ-\frac{RT}{nF}\log_e\frac{[M]}{[M^{n+}]}} \quad \cdots\cdots①$$

E°：金属Mの標準電極電位，R：気体定数
T：絶対温度，n：イオンの価数の変化量
F：ファラデー定数，$[M^{n+}]$：M^{n+}のモル濃度
$[M]$：金属(固体)のモル濃度は1とする。

$$E=E^\circ-\frac{RT}{nF}\log_e[M^{n+}]^{-1}$$

$$E=E^\circ+\frac{RT}{nF}\log_e[M^{n+}] \quad \cdots\cdots②$$

②式にR=8.31 J/(K·mol)，T=298 K，F=9.65×10^4 C/molを代入し，$\log_{10}e=0.434$として自然対数を常用対数に直すと，

$$E=E^\circ+\frac{RT}{nF}\times\frac{\log_{10}[M^{n+}]}{\log_{10}e}$$

$$=E^\circ+\frac{8.31\times298}{n\times9.65\times10^4}\times\frac{\log_{10}[M^{n+}]}{0.434}$$

$$\boldsymbol{E=E^\circ+\frac{0.059}{n}\log_{10}[M^{n+}]} \quad \cdots\cdots③$$

イオン濃度$[M^{n+}]$を横軸，電極電位Eを縦軸にとって③式を表したものが上図である。

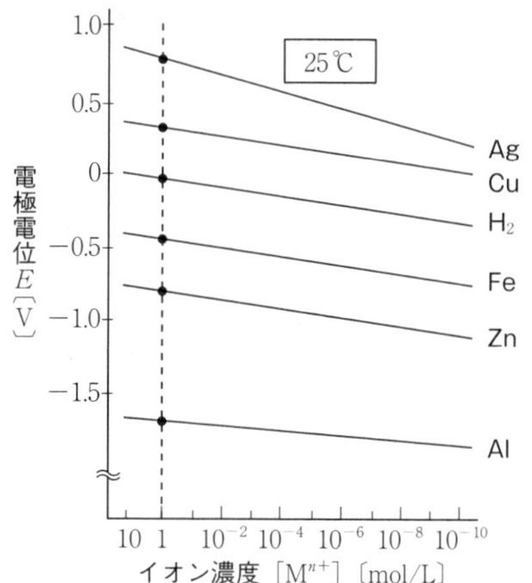

ダニエル電池で，$[Cu^{2+}]=[Zn^{2+}]$=1 mol/Lのとき，起電力は標準電極電位の差$E=E^\circ_{Cu}-E^\circ_{Zn}$=+0.34−(−0.76)=+1.1〔V〕である。

CuとZnの直線の傾きは等しいので，イオン濃度が同じ割合で小さくなっても，大きくなっても起電力は変化しない。しかし，$[Zn^{2+}]=10^{-2}$mol/L，$[Cu^{2+}]$=2 mol/L(飽和)の場合の起電力を③式から求めると，

$$E_{Zn}=-0.76+\frac{0.059}{2}\log_{10}10^{-2}$$

$$=-0.76-0.059=-0.819〔V〕$$

$$E_{Cu}=+0.34+\frac{0.059}{2}\log_{10}2 \quad (0.30とする)$$

$$=+0.34+0.009=+0.349〔V〕$$

$$\therefore \quad E=E_{Cu}-E_{Zn}=+0.349-(-0.819)$$

$$=+1.168≒1.17〔V〕$$

例題　⊖ $Ag|$0.01 mol/L $AgNO_3aq\|$0.1 mol/L $AgNO_3aq|Ag$ ⊕　で表される銀の濃淡電池の起電力を求めよ。

［解］　⊕極　$E=E^\circ+\frac{0.059}{1}\log_{10}10^{-1}$

$=E^\circ-0.059$〔V〕

⊖極　$E=E^\circ+\frac{0.059}{1}\log_{10}10^{-2}$

$=E^\circ-0.118$〔V〕

$E=E^\circ-0.059-(E^\circ-0.118)$

$=$**+0.059〔V〕**　答

18 電気分解の原理

電解質の水溶液や融解液に2本の電極を入れ，外部から直流電流を通じると，各電極で化学変化をおこすことができる。この操作を**電気分解**(略して**電解**)という。

電池とは，電極自身におこる自発的な酸化還元反応を利用して電気エネルギーを取り出す装置であるのに対して，電気分解では外部からの電気エネルギーによって，自然にはおこりえない酸化還元反応を強制的におこすことを目的としている。

酸化還元反応 $\underset{\text{電気分解}}{\overset{\text{電 池}}{\rightleftarrows}}$ 電気エネルギー

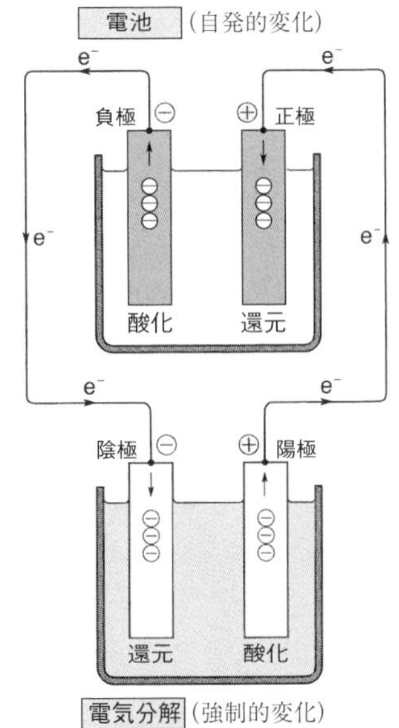

主に化学変化している部分を表す。

電気分解では，直流電源の負極につないだ電極を**陰極**といい，電源から電子 e⁻ が送り込まれるので，負に帯電している(右図)。一方，電源の正極につないだ電極を**陽極**といい，電源へ向かって電子 e⁻ が吸い取られるので，正に帯電している㊸。

詳説㊸ 電池の負極では，亜鉛などの還元剤が電子を放出する酸化反応がおこる。この電子は導線を伝わって陰極へ流れ込むから，電気分解の陰極では，この電子を受け取る還元反応がおこる。一方，電気分解の陽極では，電子を放出する酸化反応がおこる。この電子は導線を通って電池の正極へ入り，そこでは酸化マンガン(Ⅳ)などの酸化剤が電子を受け取る還元反応がおこる。

このように，負極と陰極，正極と陽極では，おこっている酸化反応と還元反応の種類がちょうど逆になっているので，はっきり区別する必要がある。

►一般に，陰極では陽イオンが電子を受け取る**還元反応**がおこる(右下図)。

⊖極　　陽イオン ＋ e⁻(陰極から) ⟶ 生成物

また，陽極では陰イオンが電子を放出する**酸化反応**がおこる㊹。

⊕極　　陰イオン ⟶ 生成物 ＋ e⁻(陽極へ)

このように，電解液中では陽イオンが陰極へ，陰イオンが陽極へ向かって移動することにより，電源と電解槽との間に電気回路が形成され，電流が流れることになる。

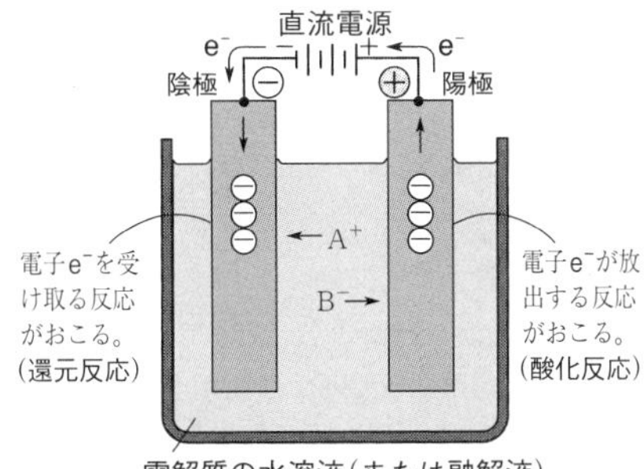

補足㊹ 電気分解における電極は，電解液に対して電子を送り込んだり，電子を吸い取ったりする役割を果たしている。そのため，電極の材料には化学変化しにくいことが求められ，ふつうは，化学的に安定な白金 Pt や黒鉛 C が選ばれている。

19　各極の電気分解反応

1　陰極での反応

陰極へは電源の負極から電子が流れ込むので，水溶液中の物質が電子を受け取る**還元反応**がおこる㊺。このとき，最も還元されやすい物質（分子やイオン）から還元される。たとえば，Ag^+，Cu^{2+}，Ni^{2+} を含む混合水溶液を電気分解したとき，イオン化傾向は Ni＞Cu＞Ag の順なので，まず最もイオン化傾向の小さな Ag^+ が還元されて Ag が析出し，次に Cu^{2+} が還元されて Cu が析出し，最後に Ni^{2+} が還元されて Ni が析出する。

一般に，陰極での反応をまとめると次のようになる。

> Ag^+ や Cu^{2+} のようなイオン化傾向の小さな金属イオンは還元されやすく，金属の単体(Ag や Cu)が析出する。
>
> $Ag^+ + e^- \longrightarrow Ag$　　　$Cu^{2+} + 2e^- \longrightarrow Cu$
>
> Li^+，K^+，Ca^{2+}，Na^+，Mg^{2+}，Al^{3+} のようなイオン化傾向の大きな金属イオンは還元されにくく，代わりに溶媒の水分子が還元されて H_2 を発生する。
>
> $2H_2O + 2e^- \longrightarrow H_2 + 2OH^-$
>
> ただし，酸の水溶液の場合，多量にある H^+ が還元されて H_2 を発生する。
>
> $2H^+ + 2e^- \longrightarrow H_2$

Zn^{2+}，Fe^{2+}，Ni^{2+} のようなイオン化傾向が中程度の金属イオンが高濃度で存在する場合，これらの金属イオンが還元されて金属の単体が生成する㊻。しかし，金属イオンが低濃度で，H^+ の濃度が大きくなると，H_2 の発生が優勢となる。すなわち，水溶液の濃度や電極の種類，および電流密度(電極面積 1 cm^2 あたりの電流値で表す)などの条件によって，金属イオンと H^+ との間で電子を受け取る**競争反応**がおこる㊼。

補足㊺　陰極で電子を受け取る物質には，陽イオン，水分子のほかに陰イオンもある。たとえば，銀めっきの陰極では次式の反応がおこる。　$[Ag(CN)_2]^- + e^- \longrightarrow Ag + 2CN^-$

詳説㊻　金属析出と異なり，気体発生の場合，次のような多段階反応を経なければならない。

①　$H^+ + e^- \longrightarrow H$　(H^+ の還元)　　②　$H + H \longrightarrow H_2$　(H_2 の生成)

①，②の各反応段階では，幾分かの反応の遅れを生じる。このように，金属イオンと H^+ の電子を受け取る力が全く同じであっても，H^+ の場合には，上記のような反応の遅れ(活性化エネルギーの大きな素反応を含む) を生じる。したがって，電気分解の反応速度を一定に保つためには，気体発生の場合，余分な電圧(**過電圧**という p. 410)が必要となる。

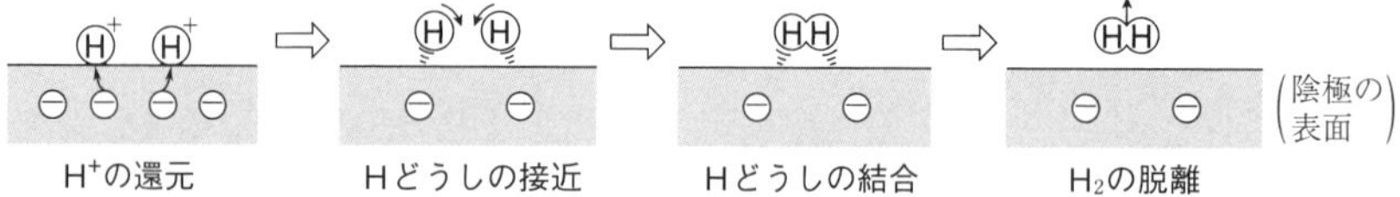

補足㊼　筆者の実験によると，Pt 電極を用いて 0.1 mol/L $ZnSO_4$ aq を電解すると，陰極には Zn だけが析出し，H_2 は発生しなかったが，0.1 mol/L $NiSO_4$ aq を電解すると，陰極では H_2 の発生と Ni の析出が見られた。すなわち，**水素過電圧** (p. 410) の大きな Zn では H_2 の発生が抑制されて Zn の析出だけが見られたのに対して，水素過電圧の小さな Ni では H_2 の発生が抑制されず，H_2 の発生と Ni の析出が同時に進行したと考えられる。

2 陽極での反応

陽極では，電源の正極へ向かって電子が流れ出るので，水溶液中の物質が電子を失う**酸化反応**がおこる㊽。このとき，最も酸化されやすい物質(分子やイオン)から酸化される。一般に，陽極での反応をまとめると次のようになる。

> Cl^-，Br^-，I^- のようなハロゲン化物イオンは酸化されやすく，ハロゲンの単体(Cl_2，Br_2，I_2)を生成する㊾。
>
> $$2Cl^- \longrightarrow Cl_2 + 2e^- \qquad 2Br^- \longrightarrow Br_2 + 2e^-$$
>
> SO_4^{2-}，NO_3^-，PO_4^{3-} のような多原子イオンは酸化されにくく㊿，代わりに溶媒の水分子が酸化されて O_2 を発生する。
>
> $$2H_2O \longrightarrow O_2 + 4H^+ + 4e^-$$
>
> ただし，塩基の水溶液の場合，多量にある OH^- が酸化されて O_2 を発生する。
>
> $$4OH^- \longrightarrow 2H_2O + O_2 + 4e^-$$

補足㊽ 陽極で電子を放出する物質には，陰イオン，水分子のほかに陽イオンもある。たとえば，$FeSO_4$ 水溶液を鉄電極で電気分解すれば，低電圧では $Fe^{2+} \longrightarrow Fe^{3+} + e^-$ の反応がおこる。

詳説㊾ ハロゲン化物イオン(F^-，Cl^-，Br^-，I^-)の場合，電気陰性度の大きいものほど電子を引きつける力が強く，電子を放出しにくい(＝酸化されにくい)。たとえば，Cl^-，Br^-，I^- の混合水溶液を電気分解した場合，電気陰性度は $Cl > Br > I$ なので，電気陰性度の最も小さい I^- から酸化され，次に Br^- が酸化され，最後に Cl^- が酸化される。ただし，電気陰性度が最大の F^- は極めて酸化されにくく，水溶液中では酸化されない。

詳説㊿ 各イオンの中心原子は，いずれも最高酸化数をとり，これ以上酸化することはできない。また，SO_4^{2-} では，負電荷が2個のO原子に局在化している(図a)のではなく，共鳴(p. 440)により4個のO原子に非局在化して安定化していること(図b)，およびO原子自体が電気陰性度が大きく電子を放出しにくいことが，SO_4^{2-} が酸化されにくい主原因と考えられる。

SO_4^{2-} (+6)　NO_3^- (+5)　PO_4^{3-} (+5)

(a) 平均すると (b)

しかし，水分をほとんど含まない濃硫酸を30℃以下で電解酸化すると，硫酸水素イオンは酸化されてペルオキソ二硫酸 $H_2S_2O_8$ となる。

$$2HSO_4^- \longrightarrow H_2S_2O_8 + 2e^-$$

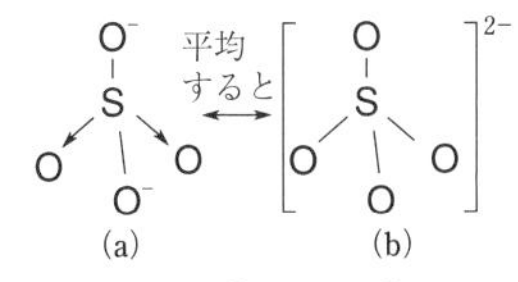

►電気分解の陽極に，銅 Cu や銀 Ag のような金属を用いた場合，陽極では電源の正極に向かって電子が流れ出るので，極板の金属自身が酸化されて陽イオンとなり，溶け出す反応(**極板の溶解**)がおこる(51)。

$$Cu \longrightarrow Cu^{2+} + 2e^- \qquad Ag \longrightarrow Ag^+ + e^-$$

なお，極板の溶解がおこっている間は，陽極では他の反応はおこらない。

補足(51) 陽極での極板の溶解を防ぐには，白金や炭素を陽極に用いるとよい。また，Cl_2 が発生する場合，Pt 電極は $[PtCl_6]^{2-}$ などに変化して徐々に侵されるので，C 電極を用いるほうがよい。O_2 が発生する場合，C 電極は CO_2 などに変化して徐々に侵されるので，Pt 電極を用いるほうがよい。最近では，Ti に TiO_2 や RhO_2 を被覆して耐食性を高めた電極が用いられる。一方，陰極では電源から電子が供給されるので，通常，極板の溶解はおこらない。

20 水溶液の電気分解

電極にはいずれも白金 Pt を用いるものとする。

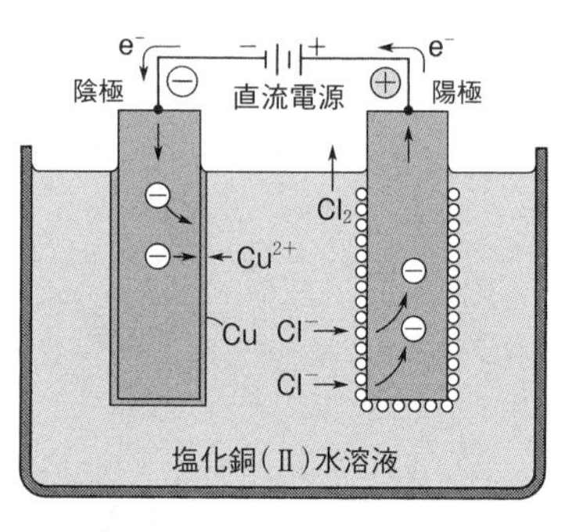

1　塩化銅(Ⅱ)水溶液の電気分解

塩化銅(Ⅱ)水溶液中には，$CuCl_2$ の電離で生じた Cu^{2+} と Cl^-，水分子 H_2O が存在する。

$$CuCl_2 \longrightarrow Cu^{2+} + 2Cl^-$$

陰極では，イオン化傾向の小さい Cu^{2+} は極板から電子 e^- を受け取り，銅 Cu が析出する。

⊖極　$Cu^{2+} + 2e^- \longrightarrow Cu$　(還元反応)

陽極では，Cl^- が極板に電子 e^- を放出し，塩素 Cl_2 が発生する。

⊕極　$2Cl^- \longrightarrow Cl_2 + 2e^-$　(酸化反応)

2　水酸化ナトリウム水溶液の電気分解

水酸化ナトリウム水溶液中には，NaOH の電離で生じた Na^+ と OH^-，および水分子 H_2O が存在する。

陰極では，Na^+ は変化せず（Na^+ はイオン化傾向が大きいので，水溶液中では還元されない），代わりに，水分子が電子 e^- を受け取って還元され，水素 H_2 が発生する[52]。

⊖極　$2H_2O + 2e^- \longrightarrow H_2\uparrow + 2OH^-$　……①

一方，陽極では，OH^- が酸化されて酸素 O_2 が発生する。

⊕極　$4OH^- \longrightarrow 2H_2O + O_2\uparrow + 4e^-$　……②

①×2＋②より，　$2H_2O \longrightarrow 2H_2 + O_2$　……③

結局，水が電気分解されたことになる[53]。

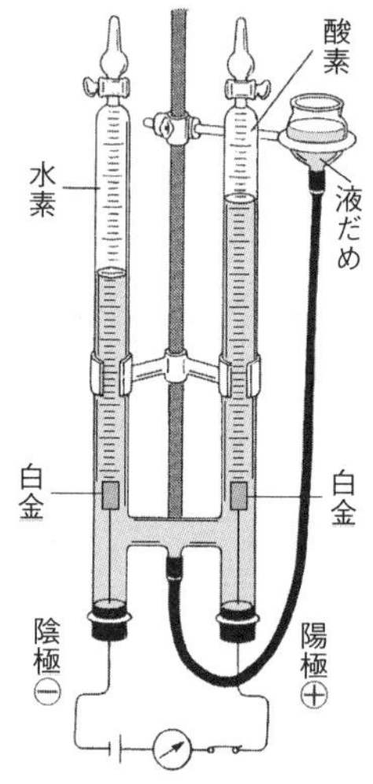

ホフマン型電解装置

気体の体積は，液だめを上下させ，液面を一致させてから測定する。

詳説[52] NaOH 水溶液を電気分解したとき，陰極では，水の電離で生じた H^+ が還元されて水素が発生するとも考えられる。しかし，NaOH 水溶液中には H^+ は微量しか存在せず，H^+ 自身が反応したとは考えにくい。やはり，水分子が陰極で電子 e^- を受け取って還元される，①式のような反応式を書くべきである。

補足[53] 純水中には H^+ や OH^- は少量しか存在せず，ほとんど電流は流れないので，電気分解は進行しない。そこで，純水に NaOH，H_2SO_4，Na_2SO_4 などの電解質を加えると水の電気分解が行われる理由を考えてみよう。たとえば，Na_2SO_4 水溶液の電気分解が進行すると，陰極は　$2H_2O + 2e^- \longrightarrow H_2 + 2OH^-$　の反応により，負電荷 (OH^-) が増加する。一方，陽極では，$2H_2O \longrightarrow O_2 + 4H^+ + 4e^-$　の反応により，正電荷 (H^+) が増加する。この電荷の不均衡を解消しようとして，電解液中の Na^+ が陰極側へ，SO_4^{2-} が陽極側へと移動する。このように各イオンが溶液内を動く結果，溶液内外の回路がつながり，水の電気分解が進行する。すなわち，電解液中を陽イオンが陰極へ，陰イオンが陽極へ向かって移動することによって電気分解が進行するのではなく，電気分解によって生じた電荷の不均衡を解消するために各イオンが移動した結果，電気分解が進行すると考えられる。

3 塩化ナトリウム水溶液の電気分解

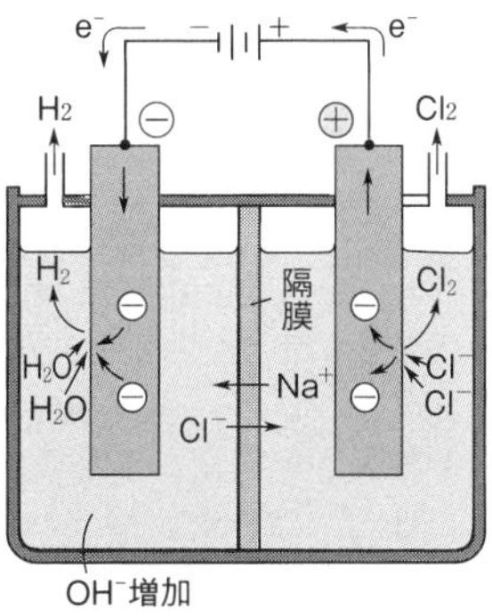

NaCl水溶液の電気分解

塩化ナトリウム水溶液中には，NaClの電離で生じたNa^+とCl^-，および水分子H_2Oが存在する。

$$NaCl \longrightarrow Na^+ + Cl^-$$

陰極では，Na^+はまったく反応せず，代わりに水分子H_2Oが電子e^-を受け取って還元され，水素H_2が発生する。

⊖極　$2H_2O + 2e^- \longrightarrow H_2\uparrow + 2OH^-$

そのため，陰極付近の水溶液ではOH^-の濃度が大きくなり，水溶液は塩基性となる[54]。

一方，陽極では，Cl^-が電子e^-を放出して酸化され，塩素が発生する[55]。

⊕極　$2Cl^- \longrightarrow Cl_2 + 2e^-$

補足[54] 陰極付近の水溶液では，OH^-の濃度が大きく(塩基性)なるにつれて，水溶液中の電荷のバランスを保つように，陽イオンのNa^+が陽極側から移動してくる。よって，水溶液中には多量のNa^+とOH^-が存在しており，電解後の陰極液を濃縮すると，NaOHの結晶を製造できる。

補足[55] NaCl水溶液の濃度が大きい間は，Cl_2が発生する。しかし，NaCl水溶液の濃度がごく小さくなると，Cl_2の代わりにO_2が発生するようになる。これは，Cl^-とH_2Oでは酸化のされやすさにさほど差がないためである。なお，陽極で発生したCl_2の一部は水に溶け，常温では，

$$Cl_2 + H_2O \rightleftarrows HCl + HClO\text{(次亜塩素酸)}$$

のように反応して，陽極側の水溶液は酸性を示す。したがって，陰極側の水溶液からNaOHを製造する場合は，中央部を石綿の隔膜で仕切って，両液が混合して中和しないようにして電気分解を行っていた。この方法を**隔膜法**(p. 416)という。

4 硫酸銅(Ⅱ)水溶液の電気分解

$CuSO_4$水溶液中には，次のイオンと水分子H_2Oが存在する。

$$CuSO_4 \longrightarrow Cu^{2+} + SO_4^{2-}$$

陰極では，水素よりもイオン化傾向の小さいCu^{2+}が還元されて，銅Cuが析出する。

⊖極　$Cu^{2+} + 2e^- \longrightarrow Cu$

一方，陽極では，SO_4^{2-}は酸化されないので，代わりに水分子が電子を放出して酸化され，酸素O_2を発生する[56]。

⊕極　$2H_2O \longrightarrow O_2\uparrow + 4H^+ + 4e^-$

そのため，陽極付近では，H^+の濃度が大きくなり，水溶液は酸性となる。

補足[56] $CuSO_4$水溶液は弱い酸性であるから，水溶液中にはOH^-は微量しか存在しない。したがって，陽極での反応は，水の電離で生じたOH^-が酸化されて酸素が発生するという次の反応式を書くべきではない。　$4OH^- \longrightarrow 2H_2O + O_2\uparrow + 4e^-$

►一般に，陰極でH_2，陽極でO_2が発生する場合は，水の電気分解となり，電解液のpHは変化しない。しかし，陰極だけでH_2が，陽極だけでO_2が発生する場合には，生成したOH^-またはH^+により，電解液が塩基性または酸性に傾き，pHが変化することになる。

SCIENCE BOX　分解電圧と過電圧

電気分解において，両極に加える電圧をしだいに大きくすると，図aのように初めはほとんど電流が流れないが，ある電圧に達すると急激に電流が流れるようになり，電気分解が開始される。このように，電気分解を開始するのに必要な最小の電圧を**分解電圧**という[*1]。分解電圧は，電極の種類，温度，電流密度などによって異なるが，1 mol/L H_2SO_4aq を白金電極を用いて電気分解したときの分解電圧は，1.67 V と測定されている。

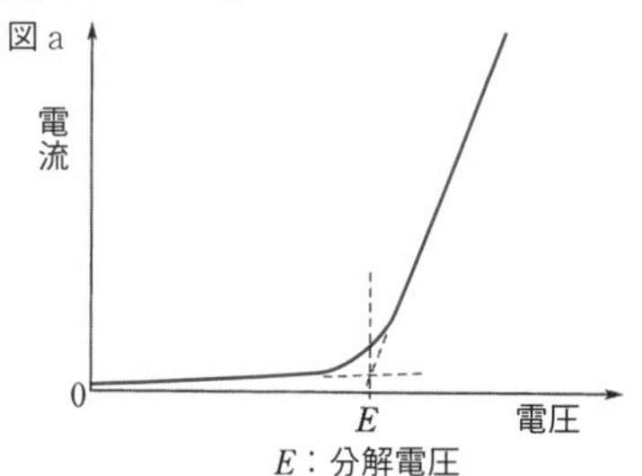

＊1　分解電圧以上の電圧をかけると，電流は電圧にほぼ比例して増大し，近似的にオームの法則が成立する。したがって，この直線の傾きから溶液の抵抗が求められる。

分解電圧以下では，電気分解が継続的に進行しないのは，電圧をかけ始めたとき，生成する物質が両電極の表面を覆って，次式で示すような電池を形成し，その起電力が常に外部から加えた電圧に対して逆向きに作用するからである(図b)。

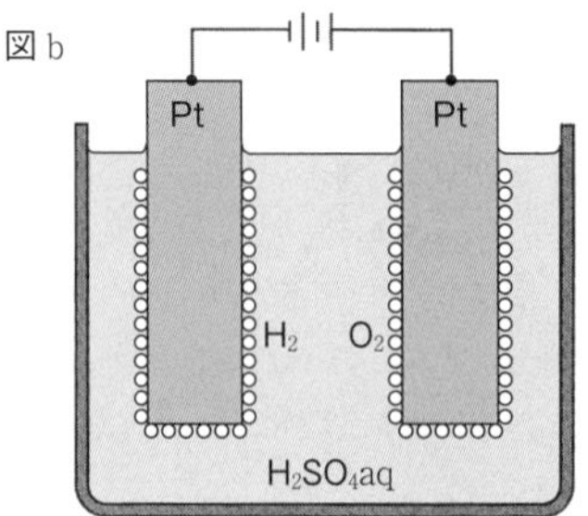

⊖ H_2｜H_2SO_4aq｜O_2 ⊕　起電力 1.23 V

したがって，この電池の起電力 1.23 V を上回る外部電圧を加えないと，電気分解を行うことができないことになる。

しかし，1 mol/L の H_2SO_4 水溶液の分解電圧は 1.67 V と測定されており，その差 1.67−1.23＝0.44 V だけさらに余分な電圧が必要となる。この余分に加えなければならない電圧を**過電圧**という。この過電圧は，電極に金属が析出する場合はほとんど 0 であるが，気体が発生する場合には必要になることが多い[*2]。とくに問題となるのは，水素が発生する場合の**水素過電圧**，酸素が発生する場合の**酸素過電圧**である。

陰極での水素過電圧は，0.5 mol/L H_2SO_4aq の場合，Pt＜Au＜Ag＜Ni＜Fe＜Cu＜C＜Pb＜Zn＜Hg の順に大きくなる。すなわち，水素過電圧の最小の白金電極を用いると，最も効率よく水素を発生させることができる。白金と同様に化学的に安定な金 Au は，水素過電圧が Pt よりも少し大きいので，水素を発生させるには Pt のほうがよい。

一方，陰極で水素を発生させたくない場合には，水素過電圧の最大の Hg を用いればよい。Hg 電極を用いたときは，とくに H^+ が陰極から e^- を受け取る還元反応がおこりにくくなり，H_2 の発生は見られなくなる。その代わりに，イオン化傾向の大きい金属の析出が見られるようになる。

＊2　過電圧は，主に気体発生の遅れが原因で必要となる電圧のことである。過電圧には，①**濃度過電圧**と②**活性化過電圧**などがある。

①の原因には，電解生成物の蓄積により，電極付近で反応物質に濃度勾配が生じて，電極反応に遅れを生じることなどがある。

②の原因には，H^+ の吸着→ H^+ の還元→ H の表面移動→ H_2 の形成→ H_2 の脱離など，気体発生に伴ういくつかの素反応のうち，いずれかの段階の活性化エネルギーが大きく，反応がおこりにくいために，電極反応全体に遅れを生じることなどがある。

21 電気分解の量的関係

電気分解は電子の授受によっておこる現象であるから，電気分解を行ったとき，各電極で発生または析出する物質の量は，電子の授受に関係したイオンの価数，および電気分解に使われた電気量，つまり，電子の物質量に関係しているはずである。

電子の存在が明らかでなかった1833年，**ファラデー**（イギリス）は，電気分解における物質の変化量と電気量(通じた電流の強さと時間の積)との間に，以下の関係が成り立つことを実験的に見い出した。これを**ファラデーの電気分解の法則**という。

(1) 各電極で変化するイオンの物質量は，流れた電気量に比例する[57]。

詳説[57] 物理学では，帯電体が運ぶ電気量を電流の強さと時間との積で表す。SI(国際単位系)によると，**電気量**はクーロン（記号C）という単位が用いられる。ここで，1クーロン〔C〕の電気量とは，1アンペア〔A〕の電流が1秒〔s〕間流れたときに運ばれる電気量のことである。たとえば，i〔A〕の電流がt〔s〕間流れたときに運ばれた電気量をQ〔C〕とすると，

電気量 Q〔C〕＝電流 i〔A〕×時間 t〔s〕 で表される。

クーロンの法則 $F=k\dfrac{q_1q_2}{r^2}$ （$k=9.0\times10^9\,\mathrm{N\cdot m^2/C^2}$） によると，ともに1クーロンの電気量をもつ帯電体を互いに1m離して置いたとき，その間に働く力の大きさが9.0×10^9Nとなる。すなわち，1クーロンはかなり大きな電気量であることがわかる。なお，ふつう摩擦で生じる電気量は約10^{-8}C，1回の落雷で地中に逃れる電気量でも数Cしかない。

参考 **電気量は，(電流の強さ)×(時間)で決まり，電圧の大小には無関係であるのはなぜか。**

電流の強さとは，導線の断面を一定時間に逆方向に移動する電子の電気量に比例するから，(電流の強さ)×(時間)は，結局，電子の数(物質量)に比例することになる。

電子を一定方向に移動させようとすると，金属イオンの熱運動などがそれを妨害する電気抵抗となる。その抵抗に打ち勝って電子を移動させるのに必要な力が電圧であって，電圧と実際に移動する電子の数(物質量)とは直接関係しない。しかし，電圧を上げていき，分解電圧を超えると，電流はほぼオームの法則$E=iR$に従った変化を示す。

ところで，溶液の抵抗は，溶液の組成（電解によって溶液の組成が変化する）や温度によって変化するので，電解においては，厳密にはオームの法則は成り立たないと考えるべきである。

►化学では，電子1molあたりの電気量の絶対値（大きさ）を**ファラデー定数F**といい，その値を求めておくと，電気分解の量的関係を考えるときに便利である。ファラデー定数Fは次のように求められる。

電子1個のもつ電気量の絶対値（この電気量を**電気素量**という）すなわち1.60×10^{-19}Cにアボガドロ定数6.02×10^{23}/molをかけると，約9.65×10^4C/molとなる。

よって，ファラデー定数$\boldsymbol{F=9.65\times10^4}$ **C/mol**は，物理学で使う電気量〔C〕と化学で使う電子の物質量〔mol〕を変換するための重要な定数であり，流れた電気量と電子の物質量を相互に変換するのに必ず使用するものである[58]。近年は，問題に与えられていることが多い。

たとえば，3Aの電流で100分間電気分解を行ったとき，回路に流れた電気量は，

$$3〔\mathrm{A}〕\times(100\times60)〔\mathrm{s}〕=1.80\times10^4〔\mathrm{C}〕$$

なので，この電気分解に関係した電子の物質量は，次のように計算できる。

$$\frac{1.80\times10^4\,[\mathrm{C}]}{9.65\times10^4\,[\mathrm{C/mol}]}\fallingdotseq1.87\times10^{-1}\,[\mathrm{mol}]$$

補足[58] すなわち，電源から 9.65×10^4 C の電気量が流れると，陰極では電子 1 mol を受け取る変化と，陽極では電子 1 mol を失う変化とが，同時におこることになる。

従来，電子 1 mol のもつ電気量の絶対値を 1 ファラデー(記号 F)と呼んでいたが，国際単位系によると，1 物理量→1 単位の原則により，電気量の単位にはクーロン〔C〕を用いることに決定したので，電気量に関するファラデー〔F〕という単位は使われなくなった。

なお，電気分解の反応速度は電気量のみに比例し，反応物の濃度やその他の条件には関係しないので，0 次反応(p. 245)に分類されている。

►(2) 同一の電気量（たとえば，9.65×10^4 C）で変化する各イオンの物質量は，物質の種類や電極の種類に関係なく，そのイオンの価数に反比例する[59]。

補足[59] (2)の関係は，$Ag^+ + e^- \longrightarrow Ag$，$Cu^{2+} + 2e^- \longrightarrow Cu$ のように，反応するイオンの価数と電子の係数が一致する場合にはよく成立するが，$MnO_4^{2-} \longrightarrow MnO_4^- + e^-$ や $Sn^{4+} + 2e^- \longrightarrow Sn^{2+}$ のように，反応するイオンの価数と電子の係数が一致しない場合には成立しない。電気分解において必ず成立するのは，(1)の関係だけである。

►例　硝酸銀 $AgNO_3$ 水溶液の電気分解(電極 Pt)では，各極で次の反応がおこる。

⊖極　$Ag^+ + e^- \longrightarrow Ag$
　　　　1 mol　　1 mol

⊕極　$2H_2O \longrightarrow O_2\uparrow + 4H^+ + 4e^-$
　　　　$\frac{1}{4}$ mol　　　　1 mol

9.65×10^4 C の電気量を流したとき，これは，電子 1 mol が運ぶ電気量に相当する。反応式の係数比より，陰極では 1 mol の Ag が析出し，陽極では $\frac{1}{4}$ mol の O_2 が発生する。

電気分解の量的計算の手順は，次のようにまとめられる。

> ①　電解槽に流れた電気量〔C〕を，電流の強さ〔A〕と通電時間〔s〕の積から求める。
> ②　①で求めた電気量を，ファラデー定数 $F=9.65\times10^4$ C/mol で割って，反応に関係した電子の物質量を求める。
> ③　各電極での反応式を書き，電子 e^- と生成物の係数比から，生成物の物質量を求める。
> ④　③で求めた生成物の物質量を，題意に応じて質量〔g〕や気体の体積〔L〕に変換する。

電解槽（A, B, …）の直列接続

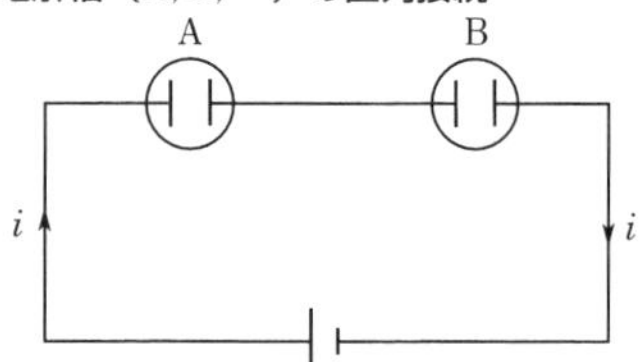

どの電解槽にも，同じ大きさの電流が同じ時間だけ流れるから，各電解槽を流れる電気量はすべて等しい。

$Q_A = Q_B = \cdots\cdots$

電解槽（A, B, …）の並列接続

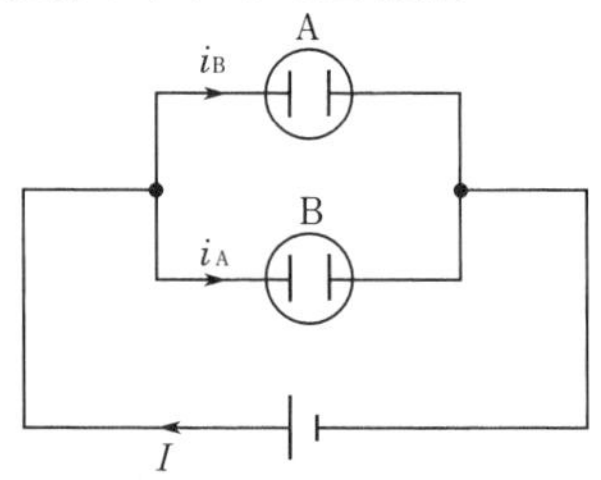

電源から出た全電流 I と，各電解槽を流れる電流 i_A，i_B，…の間には，

$I = i_A + i_B + \cdots\cdots$

の関係がある。また，電流が流れた時間は同じだから次の関係がある。

$Q = Q_A + Q_B + \cdots\cdots$

例題 図のような装置を組み立て，1.0 A の電流を 48 分 15 秒間流して電気分解を行ったところ，電解槽 A の陰極には Ag が 2.16 g 析出した。この電気分解は電流効率 100％で行われたものとして，次の問いに答えよ。ただし，Ag＝108，$\log_{10} 2=0.30$，ファラデー定数 $F=9.65\times10^4$ C/mol とする。

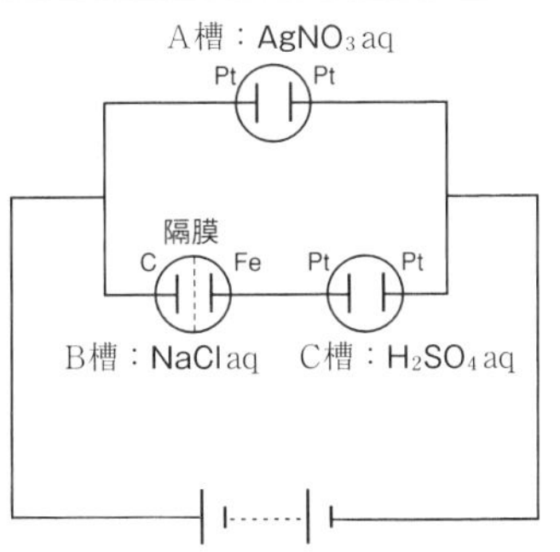

(1) A 槽の陽極に発生した気体の体積は，標準状態で何 mL か。

(2) C 槽の陰極に発生した気体の体積は，標準状態で何 mL か。

(3) B 槽の陰極液を 500 mL とすると，電気分解後の陰極液の pH はいくらになるか。

［解］ (1) A 槽の陰極では，$Ag^+ + e^- \longrightarrow Ag$ より，電子 1 mol で Ag 1 mol が析出する。

A 槽に流れた電子の物質量は， $\dfrac{2.16〔g〕}{108〔g/mol〕}=0.0200〔mol〕$

A 槽の陽極では， $2H_2O \longrightarrow O_2\uparrow + 4H^+ + 4e^-$ より，

電子 1 mol で O_2 $\dfrac{1}{4}$ mol が発生する。発生する O_2 の体積は，

$$0.0200〔mol〕\times\frac{1}{4}\times22.4\times10^3〔mL/mol〕=112〔mL〕$$ 答 **112 mL**

(2) 流れた全電気量は， $1.0〔A〕\times(48\times60+15)〔s〕=2895〔C〕$

A 槽に流れた電気量は， $0.0200〔mol〕\times9.65\times10^4〔C/mol〕=1930〔C〕$

∴ **(B，C 槽に流れた電気量)＝(全電気量)－(A 槽に流れた電気量)**

$=2895-1930=965〔C〕$

C 槽の陰極では，$2H_2O + 2e^- \longrightarrow H_2 + 2OH^-$ より，電子 1 mol から H_2 $\dfrac{1}{2}$ mol が発生する。ファラデー定数 $F=9.65\times10^4$ C/mol より，B，C 槽に流れた電子の物質量は，ともに $\dfrac{965〔C〕}{9.65\times10^4〔C/mol〕}=0.0100〔mol〕$ である。

発生する H_2 の体積は，$0.0100〔mol〕\times\dfrac{1}{2}\times22.4\times10^3〔mL/mol〕=112〔mL〕$ 答 **112 mL**

(3) B 槽の陰極では，Na^+ は放電せず，代わりに水分子が還元されて水素を発生する。

$$2H_2O + 2e^- \longrightarrow H_2 + 2OH^-$$

したがって，電気分解を続けると，溶液中の OH^- の濃度が大きくなり塩基性になる。

ここで，電子 0.0100 mol が流れると OH^- も 0.0100 mol が生成し，これが陰極液 500 mL 中に含まれるから，

$$[OH^-]=0.0100〔mol〕\div\frac{500}{1000}〔L〕=2.00\times10^{-2}〔mol/L〕$$

∴ $pOH=-\log_{10}(2.00\times10^{-2})=2-\log_{10}2=1.7$

$pH+pOH=14$ より，$pH=14-pOH=14-1.7=12.3$ 答 **12.3**

参考 NaCl 水溶液の電気分解では，陰極には安価で水素過電圧 (p. 410) が比較的小さくて H_2 の発生が容易な Fe が，陽極には Cl_2 に抵抗性のある C や Ti などが用いられる。

> **例題** 0.010 mol/L の硫酸銅(Ⅱ)水溶液 500 mL を，両極とも白金電極を用いて，1.2 A の電流で 16 分 5 秒間，電気分解を行った。次の問いに答えよ。ただし，この電気分解は電流効率 100％で行われ，その前後での溶液の体積変化は無視してよい。$\log_{10}2=0.30$，ファラデー定数 $F=9.65\times10^4$ C/mol とする。
> (1) 陽極で発生した酸素は，0℃，1.0×10^5 Pa で何 L か。
> (2) 陰極では，最初銅が析出し，次いで水素が発生する。析出した銅と発生した水素はそれぞれ何 g か。原子量を H=1.0，Cu=64 とする。
> (3) この水溶液の電気分解後の pH はいくらか。

［**解**］ (1) 電解槽に流れた電気量は，1.2〔A〕×(16×60+5)〔s〕=1158〔C〕

ファラデー定数 $F=9.65\times10^4$ C/mol より，電気分解に関係した電子の物質量は，

$$\frac{1158〔\mathrm{C}〕}{9.65\times10^4〔\mathrm{C/mol}〕}=0.0120〔\mathrm{mol}〕$$

陽極では，$SO_4{}^{2-}$ は放電せず，代わりに水分子が酸化されて O_2 が発生する。

$$2H_2O \longrightarrow O_2 + 4H^+ + 4e^-$$

1 mol の電子で O_2 $\frac{1}{4}$ mol を生じるから，発生した O_2 の体積(0℃，1.0×10^5 Pa)は，

$$0.0120〔\mathrm{mol}〕\times\frac{1}{4}\times22.4〔\mathrm{L/mol}〕=0.0672〔\mathrm{L}〕$$

答　**6.7×10^{-2} L**

(2) 陰極の反応は，　$Cu^{2+} + 2e^- \longrightarrow Cu$　より，水溶液中に Cu^{2+} が十分にあれば，

$0.0120\times\frac{1}{2}=0.00600$〔mol〕　の Cu が析出するはずである。

しかし，最初の水溶液中に存在する Cu^{2+} の物質量は，

0.010〔mol/L〕$\times\frac{500}{1000}$〔L〕$=0.00500$〔mol〕　である。

∴　析出する Cu の質量は，0.00500〔mol〕×64〔g/mol〕=0.320〔g〕

Cu の析出に使われた電子の物質量は，0.00500×2=0.0100〔mol〕で，残り 0.0120−0.010 =0.0020〔mol〕の電子は，$2H_2O + 2e^- \longrightarrow H_2 + 2OH^-$ の反応に使われ H_2 が発生する。

1 mol の電子で H_2 $\frac{1}{2}$ mol を発生するから，

発生した H_2 の質量は，　$0.00200〔\mathrm{mol}〕\times\frac{1}{2}\times2.0〔\mathrm{g/mol}〕=0.00200〔\mathrm{g}〕$

答　Cu：**0.32 g**　H_2：**2.0×10^{-3}g**

(3) 水溶液中の Cu^{2+} が析出し終わった後は，陰極から H_2，陽極から O_2 が発生するので，両極全体では水の電気分解となり，水溶液の pH の変化はなくなる。

つまり，水溶液の pH が変化するのは，Cu が析出している間だけである。

$$\oplus極\quad 2H_2O \longrightarrow O_2\uparrow + 4H^+ + 4e^-$$

より，電子 1 mol が流れると H^+ 1 mol が生成する。

Cu の析出に使われた電子の物質量は，(2)より 0.0100 mol であるから，生成した H^+ も 0.0100 mol である。これが水溶液 500 mL 中に含まれるから，

$$[H^+]=0.0100〔\mathrm{mol}〕\div\frac{500}{1000}〔\mathrm{L}〕=2.00\times10^{-2}〔\mathrm{mol/L}〕$$

∴　$\mathrm{pH}=-\log_{10}(2.00\times10^{-2})=2-\log_{10}2=1.7$

答　**1.7**

22 電解工業

1 水酸化ナトリウムの製造

電解槽の中央を陽イオン交換膜[60]（陽イオンだけを通す膜）で仕切り，陽極室には飽和食塩水，陰極室には約30％の NaOH 水溶液を入れ，陰極に鉄，陽極に炭素を用いて電気分解して NaOH を製造する方法を**イオン交換膜法**という[61]。

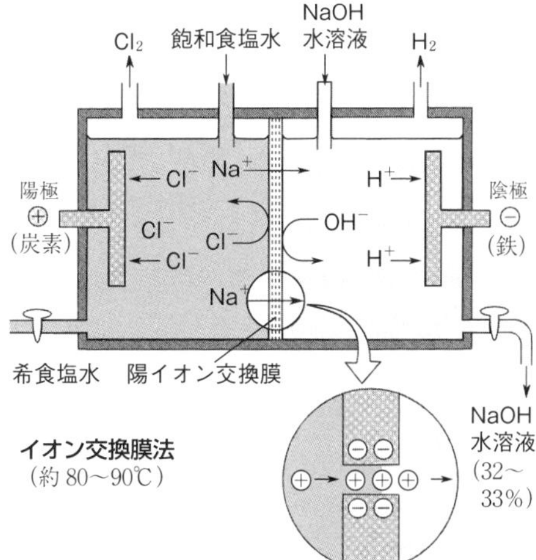

陽極では，Cl^- が酸化されて Cl_2 が発生する。

$$\oplus\text{極}\quad 2Cl^- \longrightarrow Cl_2 + 2e^-$$

相対的に過剰になった Na^+ は，陽イオン交換膜を通って陰極室へ移動する。

陰極では，Na^+ は反応せず，代わりに，水分子 H_2O が電子を受け取って還元され，水素 H_2 を発生し OH^- が生成する。

$$\ominus\text{極}\quad 2H_2O + 2e^- \longrightarrow H_2 + 2OH^-$$

相対的に過剰になった OH^- は，陽イオン交換膜を通れず，陰極室に残る。結局，OH^- と陽極室から移動してきた Na^+ が結合して，水酸化ナトリウム NaOH が生成する。この陰極液を濃縮すると，高純度の NaOH の固体(結晶)が得られる[62]。

補足[60] イオン交換膜法には，普通のポリスチレンスルホン酸系の陽イオン交換樹脂(p. 870)ではなく，耐塩基性のパーフルオロカルボン酸系の陽イオン交換膜が使用される。陽イオン交換膜の表面には，－(マイナス)の置換基(-COO^-)が結合しており，陽イオンは静電気的引力で吸着される。しかし，水溶液の電荷のバランスをとるために，次々に陽イオンが侵入してきて，やがて膜から押し出される。一方，陰イオンは静電気的反発力を受け，膜の内部には侵入できない。

詳説[61] 陰極には，安価で水素過電圧の比較的小さい Fe，陽極には，Cl_2 に対して耐性の大きな C を用いる。電気分解を続けると，陽極室の食塩水はしだいに薄くなるので，一部を取り出し，飽和食塩水としてから補給する。一方，陰極室の NaOH 水溶液はしだいに濃くなるので，最適濃度(約30％)を維持するために，約28％の NaOH 水溶液を適量補給する。

参考 飽和食塩水をつくる原料塩には，不純物として Ca^{2+} や Mg^{2+} が含まれる。これらのイオンは陽イオン交換膜に蓄積し，**電流効率**（加えた電気エネルギーのうち，電気分解に使われたエネルギーの割合）の低下や分解電圧(p. 410)の上昇の原因となるため，つくった飽和食塩水には，Na_2CO_3 や NaOH を添加し，Ca^{2+} は炭酸カルシウム $CaCO_3$，Mg^{2+} は水酸化マグネシウム $Mg(OH)_2$ として沈殿・分離させた NaCl 水溶液を電解液として利用している。

補足[62] 現在，NaOH は100％が NaCl 水溶液の電気分解(イオン交換膜法)で生産されているが，この方法では NaOH：Cl_2＝1：1(物質量比)の生成割合を変えることはできない。日本では，Cl_2 の需要よりも NaOH の需要が多かった時期もあったが，現在では NaOH の需要よりも Cl_2 の需要のほうがやや多くなっている。そのため，NaOH を輸出し，Cl_2 を輸入するなどして，需給のバランスをとりながら操業が行われている。

SCIENCE BOX　水酸化ナトリウム製造法の変遷

(1)　隔膜法について

電解槽を石綿(アスベスト)などでつくった多孔質の隔膜で仕切り，陰極に鉄 Fe，陽極に炭素 C を用いて，飽和塩化ナトリウム水溶液を電気分解して NaOH を製造する方法を**隔膜法**という。

陽極では，$2Cl^- \longrightarrow Cl_2 + 2e^-$ の反応がおこり，塩素 Cl_2 が発生する。

陰極では，$2H_2O + 2e^- \longrightarrow H_2 + 2OH^-$ の反応がおこり，水素 H_2 が発生するとともに NaOH が生成する。

隔膜がなければ，陰極側と陽極側の水溶液が混ざり合い，次の中和反応がおこり，生成した NaOH が無駄に消費されてしまう。

$$2NaOH + Cl_2 \longrightarrow NaCl + NaClO + H_2O$$

なお，隔膜を取り付けても，イオンの移動により，陽極液と陰極液が少しずつ混合することは避けられない。そこで，下図のように，生成物の NaOH と Cl_2 が接触しないように工夫している。すなわち，電解液の食塩水は上部の陽極側だけに入れ，陽極では塩素だけを発生させる。電解液は，すぐ下側にある隔膜と細かな鉄網(陰極)を浸み出す間に還元されて，NaOH を含む NaCl 水溶液が落下する。この流出液（NaOH 約10%，NaCl 約15%の混合液）を濃縮・乾固すると，純度約98%の NaOH の結晶が得られる。

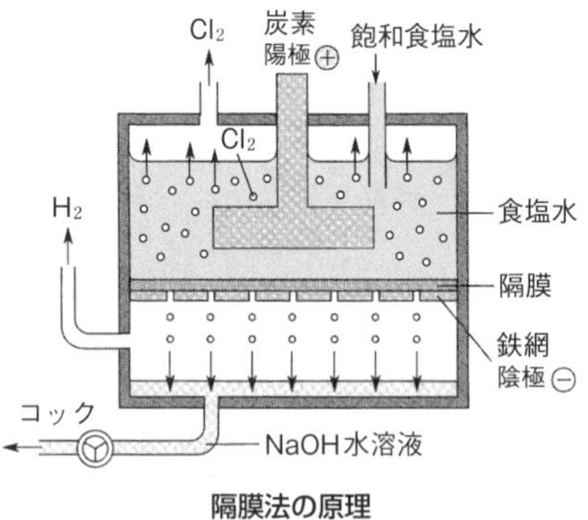

隔膜法の原理

(2)　水銀法について

陰極に水銀 Hg，陽極に炭素 C を用いて，飽和 NaCl 水溶液を電気分解して NaOH を製造する方法を**水銀法**という。

水銀 Hg は水素過電圧（p. 410）が著しく高く，陰極では $2H_2O + 2e^- \longrightarrow H_2 + 2OH^-$ の反応はおこらない。代わりに，Na^+ が電子を受け取る還元反応がおこる。

⊖極　$Na^+ + e^- \longrightarrow Na$

生じた Na は Hg と**アマルガム**(水銀と他金属との合金)をつくり溶け込む。この Na アマルガムは液状（Na 含有量が1%以下の場合）なので，ポンプで別室へ導く。ここで Na アマルガムを黒鉛(触媒)と接触させながら水と反応させると，濃い NaOH の水溶液が得られる。水銀法で得られる NaOH 結晶の純度は高い。

$$2Na + 2H_2O \longrightarrow 2NaOH + H_2$$

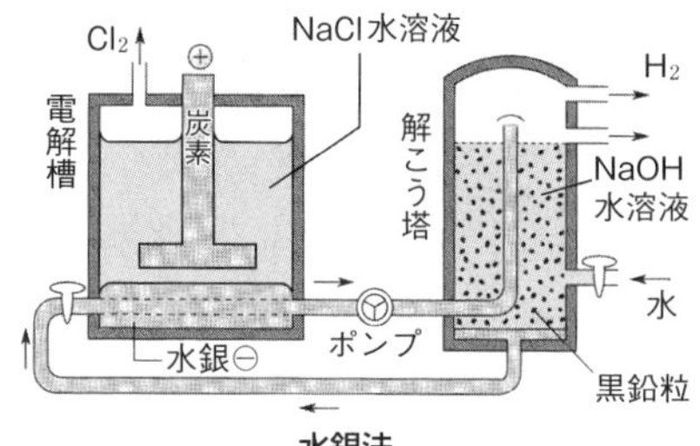

水銀法

(3)　イオン交換膜法への転換

水銀法は，廃液に含まれる Hg による水銀汚染の問題から，1986年以降，日本では姿を消した。また，隔膜に使われるアスベストによる健康被害の問題から，1999年以降，日本では隔膜法も姿を消した。現在，すべてイオン交換膜法によって NaOH が製造されている*。

＊　NaOH 1トンを製造するのに必要な電力量は，水銀法で3300 kWh，隔膜法で2750 kWh，イオン交換膜法で2300 kWh であり，エネルギー効率もイオン交換膜法が最もすぐれている。

2 銅の電解精錬

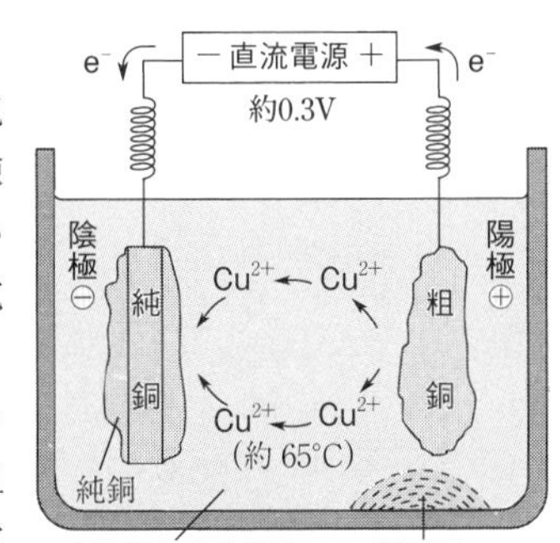

電気分解を利用すると，不純物を含んだ金属から純粋な金属をつくることができる。この方法を**電解精錬**という。不純物を含む銅は，電気伝導度が著しく低いため，電気材料として使用できない。そこで，銅の電解精錬によって電気材料に使う純銅を得ている。

銅鉱石を溶鉱炉でコークスCなどと加熱して得られた銅は，純度が約99％で**粗銅**とよばれる。厚い粗銅板を陽極，薄い純銅板を陰極とし，約0.3Vの低電圧で，硫酸で酸性にした硫酸銅(Ⅱ)水溶液の電気分解を行う[63]。陽極では，極板のCuがCu^{2+}となり溶解する。

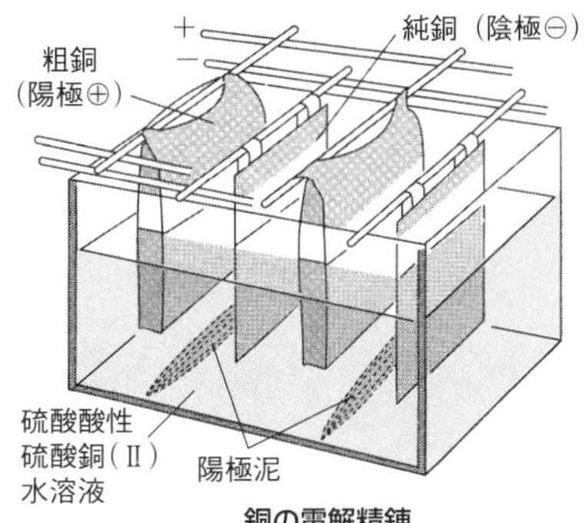

銅の電解精錬

⊕極　Cu(粗銅中)　⟶　Cu^{2+} ＋ $2e^-$

陰極ではCu^{2+}がCuとなって析出する。

⊖極　Cu^{2+} ＋ $2e^-$　⟶　Cu(純銅)

陽極では，加える電圧を低く保つことにより，粗銅中に含まれる銅よりもイオン化傾向の小さいAgやAuなどはイオン化せず，単体のまま粗銅から分離して陽極の下に沈殿する。これを**陽極泥**といい，これからAgやAuなどの貴金属が回収される[64]。

一方，銅よりもイオン化傾向の大きい金属（Ni，Fe，Znなど）は，銅と一緒にイオンとなり溶け出すが，低電圧・低濃度のため陰極には析出せず，溶液中にとどまる。ただし，不純物のPbはPb^{2+}として溶け出すが，溶液中のSO_4^{2-}と結合して$PbSO_4$となり，陽極泥といっしょに沈殿する。こうして，陰極には純度99.99％程度の**純銅**が得られる。

陽極がすべてなくなると，電気分解が終了する。陰極に析出した銅ははがされて，もとの厚さの純銅板として再使用される。

詳説[63] 電解液の$CuSO_4$水溶液に硫酸を加える理由

実際には，0.7〜0.9 mol/Lの$CuSO_4$水溶液に対して，2倍以上の1.7〜2.0 mol/Lの濃度(pH≒0程度)のH_2SO_4水溶液を加え強い酸性の条件で操業されている。

陽極では銅は電解液中に溶解したO_2によっても酸化され($Cu + \frac{1}{2}O_2 + 2H^+ \longrightarrow Cu^{2+} + H_2O$)，$H^+$が消費されてpHが上昇するので，陽極表面には$Cu(OH)_2$やCuOHの脱水で生じたCuOや$Cu_2O$が生成する。そのため，硫酸を加えて電解液を強い酸性に保つことによって，CuOやCu_2Oの生成する副反応を抑制する必要がある。

詳説[64] 陽極泥を反射炉で加熱すると，$PbSO_4$はPbOとなり表面に浮き，Ag，Auと分離される。底に残ったAuを含んだ粗銀を陽極，純銀板を陰極とし，硝酸酸性の$AgNO_3$水溶液中で再び電解精錬をすれば，Auのみを含んだ陽極泥が得られ，これを焼いてAuを回収する。粗銅1tから得られる陽極泥からは，Ag約1kg，Au約30gが回収できる。このような貴金属の回収は，銅の電解精錬の重要な収入源となっている。

例題 不純物として，銀，亜鉛，ニッケルを含む粗銅板を陽極，純銅板を陰極として，硫酸酸性の硫酸銅(Ⅱ)水溶液を一定電流で100時間電気分解を行ったところ，粗銅板の質量は66.15 g減少し，純銅板の質量は65.92 g増加した。また，この電気分解によって，水溶液中の銅(Ⅱ)イオンが0.030 molだけ減少し，生じた陽極泥の質量は0.32 gであった。次の問いに有効数字2桁で答えよ。原子量：Cu=64，Zn=65，Ni=59　ファラデー定数 $F=9.65\times10^4$ C/molとする。

(1)　この電気分解で流れた電流の平均値は何Aか。

(2)　粗銅66.15 g中のCu，Zn，Ni，Agの質量はそれぞれ何gか。

［**解**］(1)　陰極では，$Cu^{2+} + 2e^- \longrightarrow Cu$ の反応だけがおこる。

反応した電子 e^- の物質量は，析出したCuの物質量の2倍に等しい。

析出したCuの物質量：$\dfrac{65.92}{64}=1.03$〔mol〕

反応した e^- の物質量：$1.03\times2=2.06$〔mol〕

電気分解における電流の平均値を x〔A〕とすると，$F=9.65\times10^4$ C/molより

$2.06\times9.65\times10^4=x\times(100\times3600)$　　$x\fallingdotseq$ **0.552≒0.55〔A〕** 答

(2)　陽極では，CuおよびCuよりもイオン化傾向の大きな金属の溶解反応がおこる。

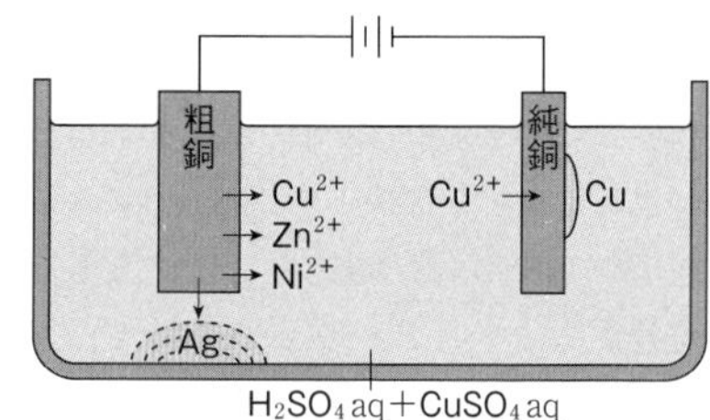

$Cu \longrightarrow Cu^{2+} + 2e^-$

$Zn \longrightarrow Zn^{2+} + 2e^-$

$Ni \longrightarrow Ni^{2+} + 2e^-$

粗銅板から溶解したCu，Zn，Niの物質量をそれぞれ x，y，z〔mol〕とおく。

陽極でCu，Zn，Niの溶解に使われた電子 e^- の物質量は，陰極でCuの析出に使われた電子 e^- の物質量と等しい。

$2x+2y+2z=2.06$　　$x+y+z=1.03$　……①

①より，(Cuの溶解量〔mol〕)＋(ZnとNiの溶解量〔mol〕)＝(Cuの析出量〔mol〕)の関係が成り立つから，

(ZnとNiの溶解量〔mol〕)＝(Cuの析出量〔mol〕)－(Cuの溶解量〔mol〕)となる。

∴　粗銅板から溶解したZnとNiの物質量の和は，水溶液中から減少した Cu^{2+} の物質量と等しい。

$y+z=0.030$　……②

粗銅板の質量減少量が66.15 gであることから，

モル質量は，Cu=64 g/mol，Zn=65 g/mol，Ni=59 g/molより，

$64x+65y+59z+\underbrace{0.32}_{\text{陽極泥}}=66.15$　……③

①，②より　$x=1.00$〔mol〕　　これを③へ代入すると，　$65y+59z=1.83$　……④

④－②×59より　　$y=0.010$〔mol〕，$z=0.020$〔mol〕

Cuの質量：$1.00\times64=64.0=$ **64〔g〕** 答　　Znの質量：$0.010\times65=$ **0.65〔g〕** 答

Niの質量：$0.020\times59=1.18\fallingdotseq$ **1.2〔g〕** 答　　Agの質量：陽極泥の質量に等しい。**0.32〔g〕** 答

3 溶融塩電解

イオン化傾向の大きい金属（たとえば，Li，K，Ca，Na，Mg，Al）は，そのイオンを含む水溶液を電気分解しても，水素が発生するだけで，金属の単体は析出しない。そこで，これらのイオンを含む無水塩を高温で融解させると，イオンが動ける状態となり，電気分解を行うことができる。このような電気分解を**溶融塩電解**（**融解塩電解**）といい，とくにイオン化傾向の大きい上記の金属の単体を得るのに利用される[65]。

詳説[65] 一般的には NaCl や $MgCl_2$，$CaCl_2$ などの塩化物が用いられるが，Al の場合には Al_2O_3 という酸化物が原料として用いられる。いずれの場合にも，融点を下げるために適切な他の塩を加え，融点が最低となる共融混合物(p. 544)付近の組成で，溶融塩電解が行われる。

金属	(融点)	原料	(融点)	電解液	組成(質量比)	融解温度
Na	98℃	NaCl	801℃	NaCl－$CaCl_2$	40：60	約 600℃
K	63℃	KCl	770℃	KCl－KF	50：50	約 600℃
Mg	649℃	$MgCl_2$	714℃	$MgCl_2$－NaCl	30：70	約 700℃
Ca	839℃	$CaCl_2$	780℃	$CaCl_2$－KCl	80：20	約 700℃

陽極には，生成する塩素 Cl_2 に対して抵抗性がある炭素，陰極には鉄，ニッケル，炭素などが電極として使用される。たとえば，NaCl の溶融塩電解の場合，NaCl に融点降下剤（自身は電気分解されない物質）として $CaCl_2$ を約 60％加えた混合物は約 600℃ で融解するので，陰極に Fe，陽極に C を用いて電気分解すると，陰極に金属 Na が析出する。このとき Ca は Na よりもイオン化傾向が少し大きいので，分解電圧を調節すれば，Na だけを析出させることができる。また，陰極に析出する金属の密度が融解塩よりも小さい Na，K の場合は，電解槽の上部に浮上するので，空気に触れないようにサイホンの原理で捕集される。一方，析出する金属の密度が融解塩よりも大きい Mg，Ca の場合は，電解槽の底に分離される。

4 アルミニウムの溶融塩電解

アルミニウムは，天然には**ボーキサイト**（主成分は $Al_2O_3 \cdot nH_2O$）という酸化物の形で産出するが，まず，不純物（Fe_2O_3 など）を取り除いた純粋な酸化アルミニウム Al_2O_3（**アルミナ**）を取り出す(p. 506，**バイヤー法**)。

純粋なアルミナの融点は高い（融点 2054℃）ので，そのままでは融解させることがむずかしい。そこで，融点の低いアルミニウム塩の**氷晶石** Na_3AlF_6（融点 1010℃）の融解液にアルミナを少しずつ溶かしながら，溶融塩電解する方法が，アメリカの**ホール**とフランスの**エルー**によって独立に考案された（1886 年）。この方法を**ホール・エルー法**という。

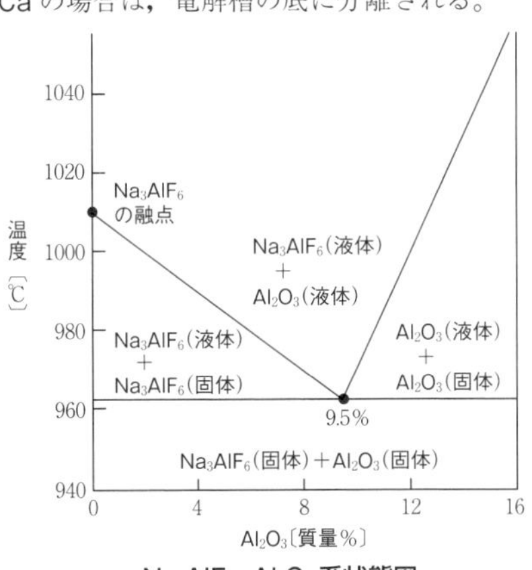

Na_3AlF_6－Al_2O_3 系状態図

アルミニウムの電解炉は，鉄製の電解槽を炭素（陰極）で内張りし，その上部から巨大な炭素棒（陽極）を差し込んだような構造をもつ（次ページ）。まず，氷晶石だけを電解炉に入れて通電すると，1010℃ で融解するので，ここへアルミナ（数％程度）を少しずつ加えていくと，前ページの図のように，凝固点降下（p. 183）の原理によって融点は約 960℃まで下がるので，この状態で電気分解が行われる。このとき，実際に電気分解されるのはアルミナだけであり，氷晶石自身は電気分解されない。

$$Al_2O_3 \longrightarrow 2Al^{3+} + 3O^{2-}$$

陰極では，Al^{3+} が還元されて Al となり，融解状態のまま炉底にたまる⑯。

$$\ominus極 \quad Al^{3+} + 3e^- \longrightarrow Al$$

補足⑯ 溶融塩電解では，加えた電気エネルギーのすべてが電気分解に使われるわけではない。一部は，電解槽を高温に保つための熱エネルギーにも使われる。そこで，加えた電気エネルギーに対して，電気分解に使われたエネルギーの割合を**電流効率**という。水溶液の電気分解の電流効率が 96～99％であるのに対して，Al の溶融塩電解のそれは 85～90％である。

►一方，陽極では O^{2-} が酸化されるが，高温のため，電極の炭素と反応して一酸化炭素，または二酸化炭素が生成する⑰。したがって，陽極では酸素は発生しない。また，陽極の炭素はしだいに消耗するので，絶えず補給する必要がある⑱。

$$\oplus極 \quad C + O^{2-} \longrightarrow CO + 2e^-, \qquad C + 2O^{2-} \longrightarrow CO_2 + 4e^-$$

詳説⑰ 陽極では O^{2-} が電極に e^- を与えて酸化されるが，O_2 は発生しない。これは，高温では電極に用いた炭素の反応性が高く，酸化物イオン O^{2-} が高温の C と直ちに反応して，CO や CO_2 が発生すると説明されている。一方，$2O^{2-} \longrightarrow O_2 + 4e^-$ の反応によって，いったん酸素 O_2 が生成した後，直ちに高温の C と反応して，CO_2 や CO が発生するという考え方もある。アルミナの理論分解電圧は，陽極に炭素などの消耗性物質を用いた場合は 3.9 V であるが，白金などの不活性物質を用いた場合は 4.9 V である。また，実際の Al の溶融塩電解は約 4 V で操業されていることから，陽極では O_2 は発生せず，O^{2-} が高温の C と直接反応して CO_2 や CO を発生するという考え方のほうが合理的である。

補足⑱ Al の電解炉のうち，陽極の構造によって，下図左のゼーターベルグ（人名）式と下図右のプリベーク（“pre-bake” あらかじめ焼成したという意味）式がある。**ゼーターベルグ式**は，電解槽の上部から原料の炭素を入れると，炉熱によって自動的に焼成されて炭素（黒鉛）電極となるので，連続操業が可能である。一方，**プリベーク式**は別の工場で炭素電極をつくり，これを電解槽に取り付ける。陽極がなくなったら，新しいものを取り換える必要があるが，陽極の構造は簡単で扱いやすい。ホール・エルー法の発明当初はプリベーク式で操業されていたが，しだいに，経済性の優れたゼーターベルグ式に置き換わった。近年は地球環境保護の観点から，CO_2 の排出量の少ないプリベーク式が再び主流となっている（Al 1 t あたり必要な炭素量は，ゼーターベルグ式が約 500 kg に対して，プリベーク式は約 400 kg である。）

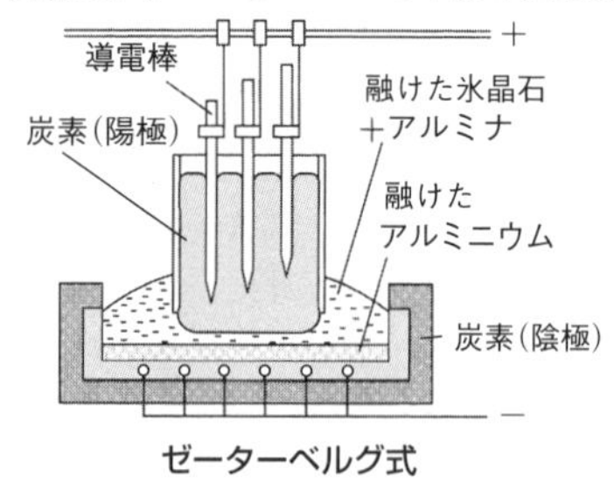

ゼーターベルグ式

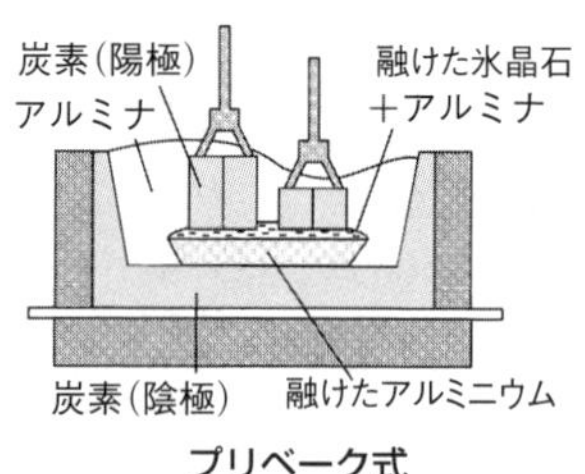

プリベーク式

5 電気透析法(食塩の製造)

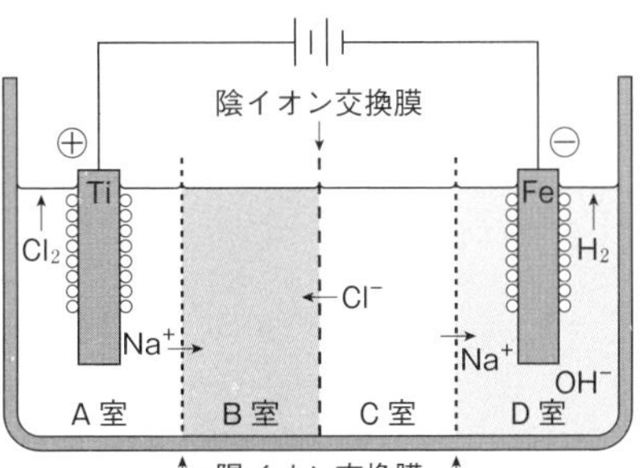

右図のように，陽イオン交換膜と陰イオン交換膜で交互に仕切った各室に食塩水を入れ，その両端に鉄(陰極)，チタン(陽極)を挿入して直流電流を通じる。陰極では H_2，陽極では Cl_2 が発生するが，他室では特定のイオンの移動だけがおこり，食塩水の濃縮室と希釈室が交互に得られる[69]。このように電気分解を利用して，溶質と溶媒を分離する方法を**電気透析法**といい，海水を淡水化したり，濃縮海水から食塩を製造したり[70]，工場排水を濃縮して有害な金属イオンを回収するなどに利用される。

補足[69] いま，各室に 1.0 mol/L 食塩水 1 L を入れ直流電流を流して，陽極から Cl_2 0.05 mol，陰極から H_2 0.05 mol 発生したとき，A～D の各室の食塩水の濃度を求めてみよう。

A 室：$2\,Cl^- \longrightarrow Cl_2 + 2\,e^-$ の反応により，Cl^- が 0.10 mol 消費される。Na^+ が 0.10 mol 過剰になるので，この分が B 室へ出ていく。結局，NaCl 0.10 mol 分が減少するので食塩水の濃度は 0.90 mol/L になる。

D 室：$2\,H_2O + 2\,e^- \longrightarrow H_2 + 2\,OH^-$ の反応により，OH^- が 0.10 mol 生成する。
この負電荷を中和するために C 室から Na^+ 0.10 mol が入ってくる。結局，NaOH 0.10 mol 分が増加するが，NaCl の物質量に変化はなく食塩水の濃度は 1.0 mol/L のままである。

B 室：A 室から Na^+ 0.10 mol が入ってくるので，正電荷が過剰になる。この正電荷を中和するために C 室から Cl^- 0.10 mol が入ってくる。結局，NaCl 0.10 mol 分が増加するので食塩水の濃度は 1.1 mol/L になる。

C 室：D 室へ Na^+ 0.10 mol が出ていき，B 室へ Cl^- 0.10 mol が出ていく。結局，NaCl 0.10 mol 分が減少するので，食塩水の濃度は 0.90 mol/L になる。

食塩水の濃度は，A 室は 0.90 mol/L で希釈室，B 室は 1.1 mol/L で濃縮室，C 室は 0.90 mol/L で希釈室，D 室は 1.0 mol/L で変化はないが，NaOH 水溶液の濃度が 0.10 mol/L に増加しており，全体としてみれば，濃縮室と希釈室が交互に得られることがわかる。

補足[70] 実際には，電気分解がおこらない程度の低電圧で操業されている。希釈室へ原料海水(約 3%)を導き，濃縮室から約 20% に濃縮した食塩水を取り出し，減圧下で煮沸して食用塩を製造している。近年，1 価のイオンだけを選択的に透過させる陽・陰イオン交換膜が開発された。これを用いた電気透析法により，Mg^{2+}，Ca^{2+}，$SO_4{}^{2-}$ などの不純物を希釈室に残し，Na^+ と Cl^- だけを濃縮室に導き，より純粋な食塩を得ている。この電気透析法で 3% 海水から 20% 海水 1 L に濃縮するのに必要な電気エネルギーは約 700 kJ である。これを水の蒸発で行う場合のエネルギーを求めてみる。3% 海水（密度 1.02 g/mL）x L を 20% 海水（密度 1.15 g/mL）1 L に濃縮すると，含まれる NaCl に関して，

$$x \times 10^3 \times 1.02 \times 0.03 = 1 \times 10^3 \times 1.15 \times 0.20 \quad \therefore \quad x \fallingdotseq 7.5\,[\mathrm{L}]$$

蒸発する水は，7.5−1=6.5〔L〕であるから，25℃の水の蒸発熱を 2.44 kJ/g とすると，必要なエネルギーは，$6.5 \times 10^3 \times 2.44 = 15860$〔kJ〕 よって，電気透析法は水の蒸発法の約 $\frac{1}{23}$ のエネルギーですむことになる。

SCIENCE BOX　めっき(鍍金)

物体の表面に，他の金属または合金を薄膜として付着させる操作を**めっき**という。めっきは，下地金属を保護してその腐食を抑えたり，装飾用としての価値を高めたいときなどに利用される。前者の例として，亜鉛，カドミウム，スズ，鉛などが，後者の例としては，金，銀，銅，ニッケル，クロムなどが主に使われる。一般に，装飾用には，めっき層を重ねる複相めっきが，防食用には，単層めっきが行われることが多い。これは，防食用に複相めっきを行うと，異種の金属が使われるため，組み合わせによっては，局部電池(p. 539)が形成され，より腐食しやすくなる場合があるためである。

めっきには，電気分解の原理を利用した**電気めっき**，酸化還元反応を利用した**化学めっき**，融解した金属に浸した**溶融めっき**，真空中で蒸発させた金属を表面に付着させた**蒸着めっき**などがある。

(1)　電気めっき　めっきしようとする金属を含む塩の水溶液をめっき液*1とし，めっきをつけたい製品を陰極，めっきしようとする金属，または不溶性の電極(黒鉛，ステンレスなど)を陽極とする。そして，両極を直流電源につないで，できるだけ低電流でゆっくりと電気分解を行う。陰極では金属が析出するが，陽極では金属が溶解するので，めっき液中の金属イオンの濃度はほぼ一定に保たれる(陽極が不溶性電極の場合は金属塩を補給する)。実際には，前処理として，研磨，脱銹(酸洗浄)，脱脂(塩基洗浄)，水洗の後，電気分解を行う。

*1　めっき液には，(1)pHを調節する緩衝剤，(2)電導性を高める電解質，(3)金属イオンの濃度を調節する錯化剤，(4)仕上りを美しくする添加剤などが加えられる。

前処理として，めっき液に$[Cu(NH_3)_4]^{2+}$を用いて金属製品の表面に銅めっきを行う。このあと，図のように陽極に純銀，陰極に銅めっきした金属製品をつなぎ，めっ

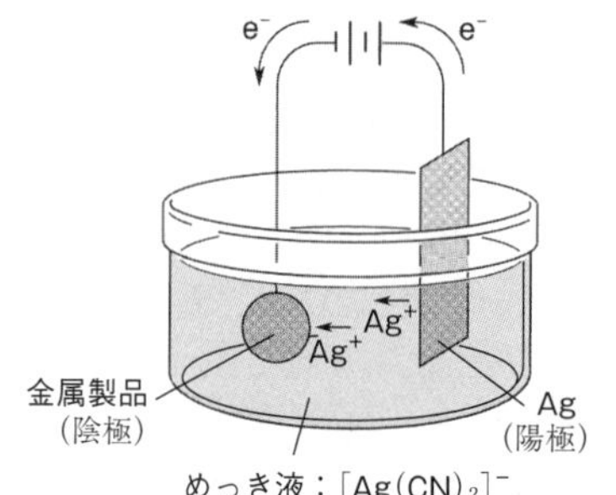

き液である硝酸銀$AgNO_3$とシアン化ナトリウム NaCN(錯化剤)の混合水溶液中で電気分解を行う。めっき液に$CuSO_4$aqや$AgNO_3$aqなどを用いると，Cu^{2+}やAg^+の濃度が大きいため，析出する金属の粒子が粗くはがれやすくなる。そこで，電解液としての電導性を維持しながら，金属イオンの濃度を常に小さく保つために，次のような錯イオンの解離平衡が利用される*2。

$$Ag^+ + 2CN^- \rightleftarrows [Ag(CN)_2]^-$$

*2　Ag^+がめっきに使われるにつれ，上式の平衡は少しずつ左へ移動するので，少量ずつAg^+が供給される。こうして，緻密で美しく丈夫な銀めっきができる。

(2)　化学めっき(無電解めっき)　金属のイオン化傾向の差を利用したり，金属イオンと還元剤を組み合わせると，電気分解せずに，めっきを行うことができる。たとえば，銀鏡反応(p. 631)のほか，$NiSO_4$水溶液に適当な還元剤を加えると，無電解でNiめっきができる。この方法を利用すると，プラスチックなどの非電導物質にも金属のめっきができる。まず，前処理として，クロム酸混液($K_2Cr_2O_7$と濃硫酸)で表面を腐食させ，微細な凹凸をつけておく。続いて，$SnCl_2$水溶液と$PdCl_2$の塩酸水溶液に浸す。すると，Pd^{2+}がSn^{2+}により還元され，プラスチック表面にPdが付着する。これを触媒として，プラスチック表面にいろいろな金属の電気めっきも行うことが可能となる。

デービー（Humphry Davy, 1778～1829, イギリス） はじめ医学を志していたが，ラボアジエの著書を読んで感銘を受け，独学で化学を学んだ。N_2O（笑気）ガスの発見の業績を認められ，1801 年，王立科学研究所の助手，翌年教授に昇進する。ボルタ電池を用いた溶融塩電解によりアルカリ金属を単離した。また，学歴のないファラデーを見い出したことが彼の最大の発見ともいわれる。

第4編 無機物質の性質

ソルベー（Ernest Solvay, 1838～1922, ベルギー） 20 歳のとき，叔父が経営するガス工場に従事する傍ら，アンモニアソーダ法の工業化の研究に着手し，1863 年 NH_3 の回収技術と，アンモニア・食塩水と CO_2 の混合方法の特許を取得し，1865 年より操業を開始した。晩年，企業家として成功した彼は，ソルベー研究所を設立するなど，基礎科学の発展に大きな力を尽くした。

オストワルト（Friedrich Wilhelm Ostwald, 1853～1932, ドイツ） アレニウスの電離説を支持し，弱電解質溶液の濃度と電離度の関係から希釈律を導き，その正しさを実証した。また，1902 年，アンモニアを白金触媒を用いて酸化して，工業的に硝酸を製造する方法を発明した。1909 年，化学平衡および触媒の研究により，ノーベル化学賞を受賞した。物理化学の創設者の一人でもある。

ハーバー（Fritz Haber, 1868～1934, ドイツ） 1909 年水素と窒素から直接アンモニアを合成する方法を，平衡論から徹底的に研究した。2 千回以上の触媒試験から，ついに $Fe\text{-}Al_2O_3\text{-}K_2O$ 系の触媒を開発して，その工業化の道を拓いた。1918 年，この業績によりノーベル化学賞を受賞したが，ユダヤ人であったため，1933 年，ナチスの迫害で国を追われ，失意のうちに死亡した。

第１章　非金属元素の性質

4-1　水素と貴ガス

1 水　素

水素は，宇宙に最も多く存在する元素であるが，地球上での存在率はさほど多くない❶。水素は，水や有機化合物の構成元素として生物にとって重要な元素である。

補足❶　水素は，宇宙（太陽系）の創成時に最初にできた元素である。その後，恒星内部でおこる核融合反応により He から Fe の元素が，さらに超新星の爆発により Fe より原子番号の大きい元素がつくられた。宇宙での水素の存在率は約 75％であるが，地球全体では約 0.9％しかない。これは，地球創成期の高温のため，水素が地球外へ拡散したためと考えられる。

►水素の単体 H_2 は，工業的には水の電気分解のほか，石油から得られたナフサの熱分解などでつくられる❷。実験室では，亜鉛に希硫酸を加えると発生する❸。右下図のような装置を用いると，必要量をむだなく取り出せて便利である❹。

補足❷　電気分解では高純度の水素が得られるが，製造コストが高い。赤熱したコークス（C）に水蒸気を吹きつけると，CO と H_2 の混合気体（**水性ガス**）が得られる。$C+H_2O(\text{気}) \longrightarrow CO+H_2 \quad \Delta H=131\ \text{kJ}$
水性ガスに水蒸気を加え，約 400℃に熱した鉄触媒中へ通すと，CO は次式のように酸化される。$CO+H_2O(\text{気}) \longrightarrow CO_2+H_2 \quad \Delta H=-41\ \text{kJ}$
この混合気体を加圧して NaOH 水溶液で洗うと，CO_2 は吸収されて H_2 が得られる。

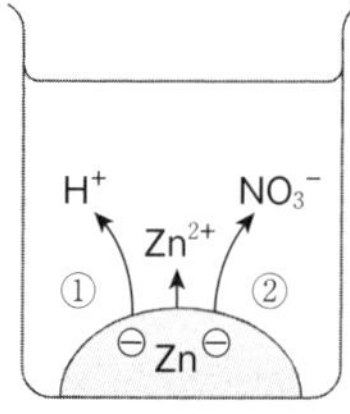

図(a)

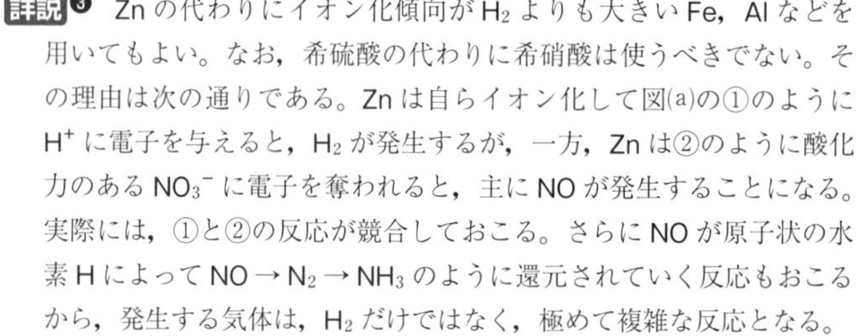
詳説❸　Zn の代わりにイオン化傾向が H_2 よりも大きい Fe，Al などを用いてもよい。なお，希硫酸の代わりに希硝酸は使うべきでない。その理由は次の通りである。Zn は自らイオン化して図(a)の①のように H^+ に電子を与えると，H_2 が発生するが，一方，Zn は②のように酸化力のある NO_3^- に電子を奪われると，主に NO が発生することになる。実際には，①と②の反応が競合しておこる。さらに NO が原子状の水素 H によって $NO \rightarrow N_2 \rightarrow NH_3$ のように還元されていく反応もおこるから，発生する気体は，H_2 だけではなく，極めて複雑な反応となる。

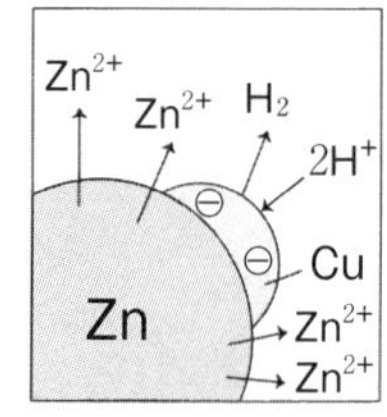

図(b)

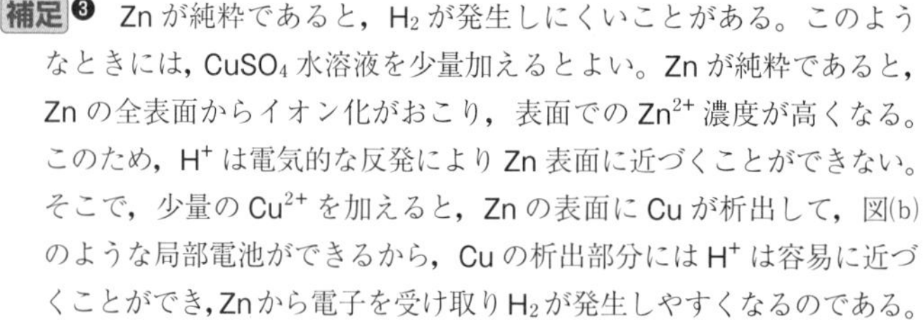
補足❸　Zn が純粋であると，H_2 が発生しにくいことがある。このようなときには，$CuSO_4$ 水溶液を少量加えるとよい。Zn が純粋であると，Zn の全表面からイオン化がおこり，表面での Zn^{2+} 濃度が高くなる。このため，H^+ は電気的な反発により Zn 表面に近づくことができない。そこで，少量の Cu^{2+} を加えると，Zn の表面に Cu が析出して，図(b)のような局部電池ができるから，Cu の析出部分には H^+ は容易に近づくことができ，Zn から電子を受け取り H_2 が発生しやすくなるのである。

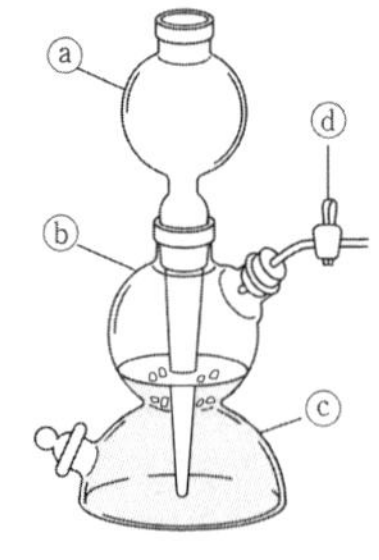

キップの装置

詳説❹　固体試薬に液体試薬を加えて常温で気体を発生させるときに，右図のような**キップの装置**を用いる。ⓑに亜鉛，ⓐに希硫酸を入れ，活栓ⓓを開くとⓑ内の圧力が下がって，希硫酸がⓐから流下しⓒを満たしてⓑまで入ってくるので，亜鉛と希硫酸が接触して水素が発生する。活栓ⓓを閉じると水素がⓑに閉じ込められ，その圧力で希硫酸はⓑからⓒ，さらにⓐまで押し上げられるので，亜鉛と希硫酸が分離されて，水素の発生が止まる。

►水素は無色無臭の気体で，すべての気体の中で最も軽い。また，無極性分子で水に溶けにくいので，水上置換で捕集する。空気中で水素に点火すると，ほとんど無色の炎をあげて燃焼し，多量の熱を発生する❺。　$2H_2 + O_2 \longrightarrow 2H_2O$

補足❺　右図のようなバーナーを用いて水素と酸素を完全燃焼させると，高温の炎(約 2500℃)が得られる。これを**酸水素炎**といい，金属の溶接や石英など融点の高い物質の溶融加工に利用される。また，水素の検出は，空気との混合気体に点火すると，ポンという爆鳴音を発して燃焼することを利用して行う。

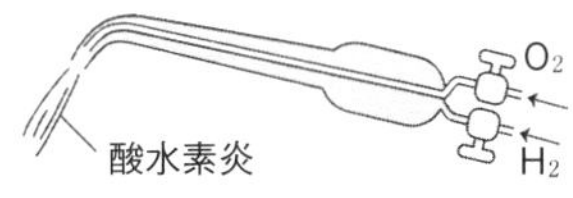

►水素は，高温では酸化物から酸素を奪う働きが強く，還元剤として利用される。

$$CuO + H_2 \longrightarrow Cu + H_2O$$

水素は，アンモニア，塩酸などの製造原料となるほか，最近では燃料電池やロケット燃料などに用いるクリーンなエネルギー源❻として注目されている。

補足❻　燃焼後に有害な物質 (SO_2，NO_2 など) や地球環境に影響を与える物質 (CO_2 など) をまったく発生しない利点がある。しかし，水素を大量に保管するのは難しく，体積で 850 倍もの水素を吸蔵できる水素吸蔵合金(Ni，Pd，Pt を含む)を利用した貯蔵，運搬法の開発が進行中である。

2　水素の化合物

水素は，貴ガスを除く多くの非金属元素と化合し，分子性物質の水素化合物をつくる❼。また，金属元素とも化合し，イオン結合性の**水素化物**をつくる❽。下の表をみると，原子番号が増加すると，結合する水素の数や性質が規則的に変化することがわかる。

	1族	2族	13族	14族	15族	16族	17族
水素化合物	NaH 水素化ナトリウム	MgH_2 水素化マグネシウム	AlH_3 水素化アルミニウム	SiH_4 シラン	PH_3 ホスフィン	H_2S 硫化水素	HCl 塩化水素
構　造	イオン結晶 (H_2 を発生して水酸化物になる)			正四面体	三角錐	折れ線	直　線
				分　子　性　物　質			
性　質	強い塩基性 ⟺ 弱い塩基性			中性 ⇨ 弱い塩基性 ⇨ 弱い酸性 ⇨ 強い酸性			

補足❼　水素と塩素の混合気体に光を当てると，爆発的に化合し塩化水素になる(**塩素爆鳴気**)。約 350℃に加熱した硫黄に水素を通じると，硫化水素を生成する。また，水素と窒素の混合気体に鉄を主成分とする触媒を加えて約 500℃に熱すると，アンモニアが生成する(p. 453)。

詳説❽　金属ナトリウムを水素気流中で 250〜350℃で反応させると，白色の水素化ナトリウム NaH が生成する。これを融解して電気分解すると，陰極にナトリウム，陽極に水素が発生することから，Na^+ と H^-(水素化物イオン) の存在がわかる。このように，水素が陽性の強い金属元素と反応した場合には，酸化数が−1 の化合物になることがある。水素化ナトリウムは常温で水と激しく反応して水素を発生する，還元性の強いイオン結合性の物質である。

$$NaH + H_2O \longrightarrow NaOH + H_2$$

3 貴ガス

周期表の18族元素のHe，Ne，Ar，Kr，Xe，Rn⑨などの元素は，**貴ガス**（**希ガス**）と総称される。空気中にわずかに存在し，ふつう液体空気の分留によって得られる⑩。

元素記号（原子量）	電子配置					ファンデルワールス半径〔nm〕	イオン化エネルギー〔kJ/mol〕	沸点〔℃〕	大気中の存在率〔体積%〕
	K殻	L殻	M殻	N殻	O殻				
He (4.0)	2					0.140	2372	−269	5.2×10^{-4}
Ne (20.2)	2	8				0.154	2081	−246	1.8×10^{-3}
Ar (40.0)	2	8	8			0.188	1521	−186	0.93
Kr (83.8)	2	8	18	8		0.202	1351	−153	1.1×10^{-4}
Xe (131)	2	8	18	18	8	0.216	1170	−108	8.7×10^{-6}

詳説⑨ 大気中のArの存在率が，他の貴ガスに比べて著しく大きい理由は次の通りである。

地殻中にはカリウムの放射性同位体 $^{40}_{19}$K(存在率0.0117%)がある。$^{40}_{19}$Kの89%は，原子核中の中性子が陽子と電子に分裂し，この電子が核外へ放出されるというβ壊変により$^{40}_{20}$Caに変化する。$^{40}_{19}$Kの11%は，原子核が核外電子1個を取り込み，その電子と陽子が結合して中性子に変化して，質量数は同じで原子番号が1つ小さい$^{40}_{18}$Arに壊変する。通常は，K殻の電子が捕獲される(**電子捕獲**という)。この特殊な核反応によって$^{40}_{18}$Arが生成したためである。

補足⑩ ヘリウムは一部の地域から産出するHeを含む天然ガスから分離される。また，ネオンは液体空気の分留で得た窒素留分から，アルゴンは酸素留分から再分留して得られる。

►貴ガスの電子配置は極めて安定で，他の原子と結合したり，化合物をつくることはほとんどない⑪。したがって，貴ガスの価電子数は0とみなされる。

詳説⑪ 貴ガスの電子配置はすべて閉殻，またはオクテットの構造をとっていることが原因と考えられる。原子状態ですでに安定化しているため，他種，または同種の原子と結合することがなく，貴ガスはすべて**単原子分子**として存在する。貴ガスは反応性に乏しいが，Xeのように原子半径が大きくなると，最外殻電子が幾分離れやすくなる。1962年にはXeとF_2を加熱することにより，XeF_2，XeF_4，XeF_6(いずれも白色固体)が初めて合成された。

►貴ガスは球形の無極性分子で，分子間力が小さいので，融点・沸点は非常に低い。なかでもヘリウムは，あらゆる物質中で最も低い沸点をもつ⑫。

また，ネオンは，減圧状態で放電管に封入し，低圧放電すると美しい赤色の光を発するので，ネオンサインとして広告灯に利用される。また，アルゴンは電球の封入ガスや金属（ステンレス鋼やチタンTiなど）の溶接をするとき，金属の酸化を防ぐための保護ガスとして用いられる⑬。

補足⑫ ある種の金属を極低温まで冷却すると，電気抵抗がほぼ0になる。この現象を**超伝導**といい，この状態のコイルに大電流を流すと強力な磁石ができる。液体Heはこの超伝導磁石の冷却剤，また，気体Heは軽くて不燃性なので，気球用の浮揚ガスとして利用される。

補足⑬ Ne原子がNe^+とe^-に分かれ，再びNeに戻るときに放出されるエネルギーが赤色光の正体である。電球にArやKrを充塡するとフィラメントの蒸発を防ぎ，電球の寿命を延ばすことができる。

SCIENCE BOX　キセノンの化合物

貴ガス元素のうち，キセノン Xe は反応性の最も大きいフッ素 F_2 とは反応して，化合物をつくることが知られている。

Xe 過剰の F_2 混合気体を加熱，または紫外線照射すると XeF_2 が得られ，F_2 過剰の Xe 混合気体を加熱すると XeF_4 が得られる。XeF_6 は，XeF_4 よりさらに F_2 過剰の Xe 混合気体を高温・高圧で反応させて得られる。

〔1〕 XeF_2　二フッ化キセノン

2 個の F 原子と結合するには，Xe の 5 p 軌道の電子 1 個を 5 d 軌道に昇位させ，**sp^3d 混成軌道**をつくる必要がある。

Xe　5s [↑↓]　5p [↑↓|↑↓|↑↓]　⟶　sp^3d 混成 [↑↓|↑↓|↑↓|↑|↑]

非共有電子対　Fと結合

中心の Xe は 5 つの電子対をもつので，三方両錐形の基本構造をとる。

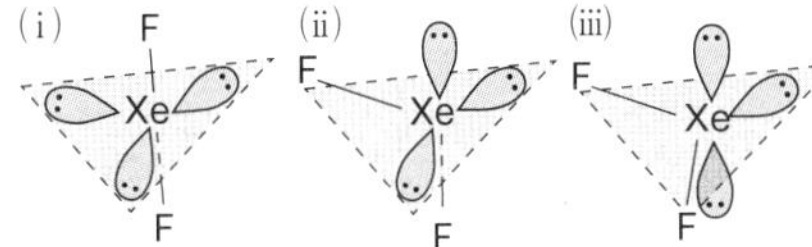

非共有電子対どうしの反発は，(i)のように非共有電子対が赤道面上にあるときが最も小さく，(ii)，(iii)のように z 軸上に非共有電子対があるときのほうが大きい。よって，XeF_2 は(i)の直線状の構造をとる。

〔2〕 XeF_4　四フッ化キセノン

Xe が 4 個の F 原子と結合するには，Xe の 5 p 軌道の電子 2 個を 5 d 軌道に昇位させ，**sp^3d^2 混成軌道**をつくる必要がある。

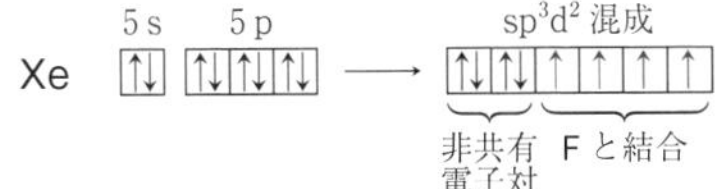

中心の Xe は 6 つの電子対をもつので，正八面体形の基本構造をとる。

(i) 2 個の非共有電子対が z 軸上にある。

(ii) 非共有電子対が z 軸上と赤道面上にある。

(iii)，(iv) 非共有電子対 2 個が赤道面上にある。

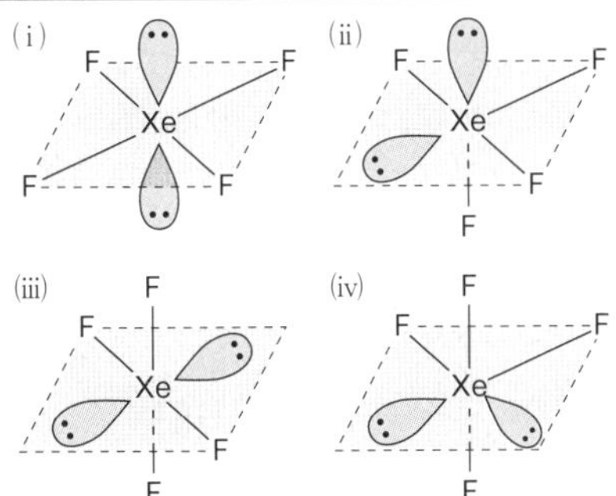

(iii)は回転すると(i)と重なり，(iv)も回転すると(ii)と重なるから，それぞれ同一物である。

(i)のほうが(ii)よりも非共有電子対どうしの反発が小さいので，XeF_4 は(i)の平面状の構造をとる。

〔3〕 XeF_6　六フッ化キセノン

Xe が 6 個の F 原子と結合するには，5 p 電子 3 個を 5 d 軌道に昇位させ，**sp^3d^3 混成軌道**をつくる必要がある。

Xe　5s [↑↓]　5p [↑↓|↑↓|↑↓]　⟶　sp^3d^3 混成 [↑↓|↑|↑|↑|↑|↑|↑]

中心の Xe は 7 つの電子対をもつので，五方両錐形の基本構造をとる。非共有電子対が(i)赤道面上にある，(ii) z 軸上にある，という 2 通りの構造が考えられる。

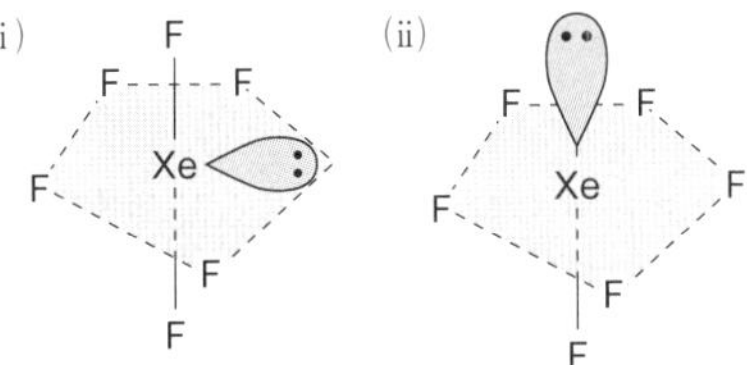

非共有電子対が赤道面上にある(i)のほうが，非共有電子対が z 軸上にある(ii)よりも，非共有電子対と共有電子対の反発がやや小さい*ので，Xe は(i)の構造をとる。

＊ Xe の非共有電子対と共有電子対とのなす角度は，(i)では 108° であるが，(ii)では 90° であるため。

4-2　ハロゲンとその化合物

周期表17族に属する元素F，Cl，Br，I，At（Tsを除く）を**ハロゲン**という。ハロゲンの原子はいずれも7個の価電子をもち，電子1個を得て1価の陰イオンになりやすい。金属元素とはイオン結合で塩（えん）を，非金属元素とは共有結合で分子をつくる❶。

補足❶　塩素はPt，Au以外の多くの金属と直接反応して，塩化物という塩をつくる。ハロゲンは，この「塩（halos）をつくる（gennao）」を意味するギリシャ語に由来する。また，陰性の強い非金属元素の原子とは互いに不対電子を出し合い，共有結合により分子をつくる。

例　Na・ :Cl: ⟹ $[Na]^+[:Cl:]^-$　　:Cl・ ・Cl: ⟹ :Cl:Cl:

1　ハロゲンの単体

ハロゲンの単体は，いずれも**二原子分子**で有毒である。その性質は原子番号に従って変化する。たとえば，その融点や沸点は，原子番号が大きいほど高くなる❷。

詳説❷　いずれも構造がよく似ており，分子量が大きくなるほど分子間力が強く働くためである。また，単体は可視光線の一部を吸収するのですべて有色で，原子番号が大きくなるほど長波長の光を吸収するので，その色は淡黄色→黒紫色へとしだいに濃くなっていく（p. 435）。

単体（分子量）	融点〔℃〕	沸点〔℃〕	状態（常温）	色	反応性	水素との反応	水との反応
F_2 (38)	−220	−188	気　体	淡黄色	酸化力（大）	低温・暗所でも爆発的に反応	激しく反応して，酸素を発生する。
Cl_2 (71)	−101	−34	気　体	黄緑色	↓	常温で光により爆発的に反応	少し溶け，その一部が水と反応する。
Br_2 (160)	−7	59	液　体	赤褐色	↓	加熱・触媒により反応	塩素より弱く，水と反応する。
I_2 (254)	114	184	固　体	黒紫色	（小）	加熱・触媒によりわずかに反応	水に溶けにくく，反応しにくい。

注）第6周期のアスタチンには10数種の人工の放射性同位体がある。^{210}Atの半減期は8.3時間。

►ハロゲンの原子はいずれも陰イオンになりやすく，他の物質から電子を奪う力（**酸化力**）をもち，ハロゲン単体の反応性（酸化力）は，$F_2 > Cl_2 > Br_2 > I_2$の順に弱くなる❸。

たとえば，臭化カリウムの水溶液に塩素を作用させると，臭素が遊離する❹。このように，ハロゲンどうしの酸化力の違いを利用して，ハロゲンの単体が製造される。

詳説❸　半径の小さいF原子のほうが，半径の大きいI原子に比べて原子核の正電荷が最外殻電子に強く働き，結果的に，他の物質から電子を取り込む力が強くなるためである。

F (0.135)　Cl (0.180)　Br (0.195)　I (0.215)　（かっこ内の値は，ファンデルワールス半径〔nm〕を示している。）

補足❹　$2KBr + Cl_2 \longrightarrow 2KCl + Br_2$　この反応は，酸化力の強いCl原子が酸化力の弱いBr^-から電子を奪い取るためにおこる。一方，酸化力の弱いBr原子は酸化力の強いCl^-から電子を奪い取ることはできないので，この逆反応はおこらない。

2 フッ素 F_2

フッ素 F_2 は特異臭のある淡黄色の気体で猛毒である❺。ハロゲンの単体の中では酸化力が最強で，水 H_2O とも激しく反応して酸素 O_2 を発生させる❻。

$$2F_2 + 2H_2O \longrightarrow 4HF + O_2$$

補足❺ フッ素は常圧ではほぼ無色に見えるが，加圧して濃縮すると淡黄色に見えるようになる。1886 年，**モアッサン**(フランス)は，フッ化カリウム KF とフッ化水素 HF の混合溶液を電気分解する方法で F_2 の単離に成功した。現在でもこの方法で F_2 が製造されている。KF : HF ＝1 : 2(物質量比) の混合物を約 90℃で溶融塩電解を行うと，陰極(鉄)では H_2，陽極(炭素)では F_2 が発生し，実際には，HF だけが電気分解されていく。

フッ素は，Si 半導体の表面加工，リチウムイオン電池の電解液 ($LiPF_6$ など)，フッ素系合成樹脂(テフロンなど)の製造などに利用されている。

詳説❻ フッ素が水を酸化するときの反応式は，水の電気分解の陽極の反応式と同じである。

$$2H_2O \longrightarrow O_2 + 4H^+ + 4e^- \quad \cdots\cdots ①$$

一方，フッ素 F_2 は水分子から電子を奪い取り，フッ化物イオン F^- となる。

$$F_2 + 2e^- \longrightarrow 2F^- \quad \cdots\cdots ②$$

①＋②×2 より $2F_2 + 2H_2O \longrightarrow 4HF + O_2$

フッ素 F_2 の酸化力は，酸素 O_2 だけでなくオゾン O_3 の酸化力よりも強いので，フッ素と水の反応では，O_2 だけでなく O_3 が一緒に発生することが知られている。

3 塩素 Cl_2

塩素 Cl_2 は，工業的には塩化ナトリウム水溶液を電気分解して製造する (p. 415)。実験室では酸化マンガン(Ⅳ)に濃塩酸を加えて加熱して発生させる❼。

$$MnO_2 + 4HCl \longrightarrow MnCl_2 + 2H_2O + Cl_2\uparrow$$

詳説❼ この反応では，MnO_2 は触媒ではなく酸化剤として働き，その進行には加熱が必要である。

酸化剤 $MnO_2 + 4H^+ + 2e^- \longrightarrow Mn^{2+} + 2H_2O \quad \cdots\cdots ③$

還元剤 $2Cl^- \longrightarrow Cl_2 + 2e^- \quad \cdots\cdots ④$

③＋④より $MnO_2 + 4H^+ + 2Cl^- \longrightarrow Mn^{2+} + 2H_2O + Cl_2 \quad \cdots\cdots ⑤$

MnO_2 の代わりに強力な酸化剤 $KMnO_4$ を用いれば，加熱なしでも反応は進行する。⑤式において，酸化剤の強さは，Cl_2(E°＝1.36 V) ＞MnO_2(E°＝1.23 V) だから，本来は右向きへの反応はおこらない。そこで，加熱によって Cl_2 を反応系から追い出すことにより，反応を右へ進めている。したがって，加熱を止めると直ちに反応が止まり，有毒な Cl_2 の発生量をうまく調節することができる。

►揮発性の塩酸を加熱するから，多量の塩化水素が塩素とともに発生する。洗気びんの水は揮発した塩化水素を吸収するために❽，濃硫酸は乾燥剤として塩素中に含まれる水蒸気を吸収するために用いる。洗気びんを逆につなぐと，水蒸気を含んだ塩素が捕集されるので注意する。

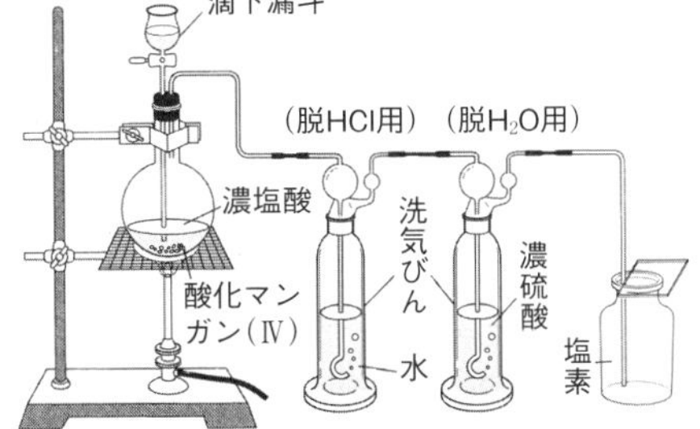

塩素の発生装置

補足❽　HCl は Cl_2 よりもはるかに水に溶けやすい。また，HCl を吸収した強い酸性の水溶液中では，$Cl_2 + H_2O \rightleftarrows HCl + HClO$ の平衡が大きく左に偏り，Cl_2 の水への溶解度はさらに小さくなるので，Cl_2 の捕集にとっては好都合である。

►塩素は刺激臭のある黄緑色の有毒気体で，空気より重い。塩素は水に少し溶け，その水溶液(**塩素水**)では，塩素の一部が水と反応して塩化水素と**次亜塩素酸** HClO を生じる。

$$Cl_2 + H_2O \rightleftarrows HCl + HClO \quad \cdots\cdots ⑧$$

この反応で生じた次亜塩素酸は強い酸化作用をもち，殺菌・漂白作用を示す❾。

補足❾　HClO は水溶液中でのみ存在する弱酸($K_a = 3 \times 10^{-8}$ mol/L)で，次式のように強い酸化作用を示す。$HClO + H^+ + 2e^- \longrightarrow Cl^- + H_2O$

塩素中に水で湿らせた青色リトマス紙を入れると，⑧式の反応で生成した HCl の酸性によりまず赤色になるが，直ちに HClO の酸化作用により脱色される。同様に，塩素中に水で湿らせたヨウ化カリウムデンプン紙を入れると，$2KI + Cl_2 \longrightarrow 2KCl + I_2$ の反応で生成した I_2 がヨウ素デンプン反応をおこして青紫色になるが，やがて HClO の漂白作用により脱色される。

►また，塩素 Cl_2 は，高度さらし粉 $Ca(ClO)_2 \cdot 2H_2O$ に希塩酸を加えても得られる❿。

$$Ca(ClO)_2 \cdot 2H_2O + 4HCl \longrightarrow CaCl_2 + 2Cl_2\uparrow + 4H_2O$$

詳説❿　**高度さらし粉**は，さらし粉 $CaCl(ClO) \cdot H_2O$ から吸湿性の原因となる $CaCl_2$ を除き，有効成分の $Ca(ClO)_2$ の割合を高めたものである。高度さらし粉に希塩酸を加えると塩素が発生する反応機構は次の通り。

①　次亜塩素酸イオン ClO^-(弱酸のイオン)が HCl(強酸)から H^+ を受け取る(**弱酸の遊離**)。

$$ClO^- + H^+ \longrightarrow HClO(\text{次亜塩素酸})$$

次のような HClO と HCl の間でおこる酸化還元反応により，塩素 Cl_2 が発生する。

一般に，2種類の物質から1種類の物質に変化する酸化還元反応を**均等化反応**という。

$$\underset{(+1)}{H\underline{Cl}O} + \underset{(-1)}{H\underline{Cl}} \longrightarrow \underset{(0)}{\underline{Cl}_2} + H_2O$$

酸化数　(+1)　(−1)　(0)

酸化剤の強さは，HClO($E^\circ = 1.49$ V)＞Cl_2($E^\circ = 1.36$ V)なので，反応は右向きに進行する。

塩素のオキソ酸　塩素の**オキソ酸**（酸素を含む酸）には，塩素原子の酸化数が＋1，＋3，＋5，＋7のものがある⓫。オキソ酸の酸性は，塩素の酸化数が大きいほど強くなる⓬。

化学式 (Cl の酸化数)	HClO (+1)	$HClO_2$ (+3)	$HClO_3$ (+5)	$HClO_4$ (+7)
名称	**次亜塩素酸**	**亜塩素酸**	**塩素酸**	**過塩素酸**
構造式 →は配位結合を示す。	H−O−Cl	H−O−Cl→O (Cl→O 1つ)	H−O−Cl(→O)→O	H−O−Cl(→O)(→O)→O

補足⓫　オキソ酸の名称は，ふつう最も安定な酸を基準とし，それより中心原子の酸化数が大きいものに“過”，小さいものには順に“亜”，“次亜”をつけてよぶ。

詳説⓬　オキソ酸の一般式を $MO_m(OH)_n$ とすると，m の数が多いほど酸性が強くなる（n の数の大小は酸性の強さには影響しない。）。塩素のオキソ酸の酸性の強さは，$HClO < HClO_2 < HClO_3 < HClO_4$ となる。これは，中心原子 M が O 原子の電子吸引性によって電子不足の状態となり，O−H 結合の共有電子対を強く引きつけ，H^+ が電離しやすくなるためである。

4 臭素 Br_2 とヨウ素 I_2

臭素 Br_2 は赤褐色の液体で，蒸気圧が大きく刺激臭のある有毒な蒸気を発生する。水には少し溶け，その水溶液を**臭素水**といい，黄褐色を示す⑬。

補足⑬ 常温で単体が液体の物質は，臭素(非金属)と水銀(金属)しかない。臭素水中では，次亜臭素酸 HBrO を生じ酸化力を示す。HBrO の酸化力は HClO より少し弱い(E°=1.35 V)。

$$Br_2 + H_2O \rightleftarrows HBr + HBrO$$

► **ヨウ素** I_2 は昇華性のある黒紫色の固体である⑭。ヨウ化カリウム水溶液に塩素を通じると，ヨウ素が遊離する。 $2KI + Cl_2 \longrightarrow 2KCl + I_2$

ヨウ素は水に溶けにくいが，ヨウ化カリウム水溶液によく溶けて褐色の水溶液となる⑮。この溶液を**ヨウ素ヨウ化カリウム水溶液**(**ヨウ素溶液**)という。ヨウ素溶液にデンプン水溶液を加えると青紫色を呈する。この反応を**ヨウ素デンプン反応**⑯といい，非常に鋭敏な反応で，ヨウ素やデンプンの検出に用いられる。

補足⑭ I_2 の結晶を加熱しても液体にはならず，直接，紫色の蒸気(気体)となり，冷却すると黒紫色の板状結晶となる。この性質を利用して，不純物を含むヨウ素を精製できる(**昇華法**)。

補足⑮ I_2 は KI 水溶液には，$I_2 + I^- \rightleftarrows I_3^-$ (**三ヨウ化物イオン**，p. 64 参照)となって溶ける。I_3^- が褐色を示す。

詳説⑯ デンプンのらせん構造の中に，I_3^- や I_5^-(五ヨウ化物イオン) などが入り込むと，両者の間で電荷移動がおこり青紫色に呈色する。50～60℃に加熱すると，I_3^- などがデンプンのらせん構造から出ていき青紫色が消失するが，30～40℃にすると復色する(p. 766)。

SCIENCE BOX ヨウ素の電荷移動錯体

ヨウ素 I_2 は，気体(蒸気)のとき，また，ヘキサンや四塩化炭素中ではヨウ素分子としての紫色を示すが，ベンゼン中では赤色を示す。

ベンゼンは正六角形の平面構造をとり，環平面の上下にドーナツ状の π 電子雲 (p. 678) が広がる。動きやすい π 電子を豊富にもつ芳香族化合物は，他の分子に対して電子供与性を示す。一方，ヨウ素のようなハロゲン分子は，構成原子の電気陰性度が比較的大きく，他の分子に対して電子吸引性を示す。いま，ヨウ素のベンゼン溶液中で，2つの分子が接近して互いの電子雲が重なるようになると，ベンゼン分子は π 電子の一部がヨウ素分子に移動し，ベンゼンはやや正($\delta+$)，ヨウ素はやや負($\delta-$)に帯電し，両者は静電気力で引き合う。こうして，ベンゼンとヨウ素が1：1の割合で結合した分子化合物($C_6H_6^{\delta+}+I_2^{\delta-}$)を生じる。

一般に，ベンゼンのような**電子供与体**(**ドナー**)から，ヨウ素のような**電子受容体**(**アクセプター**)に向かって電子が移動し，$D^{\delta+}+A^{\delta-}$ の状態となって形成された化合物 DA を，**電荷移動錯体**という。ヨウ素分子がベンゼン－ヨウ素錯体をつくると，もとのヨウ素の可視光線の吸収帯が短波長側にずれ，紫色→赤色への変化を示す。なお，$C_6H_6^{\delta+}\cdots I_2^{\delta-}$ の結合エネルギーは 7.1 kJ/mol，電荷移動の割合は約 3％と見積もられている。

ベンゼン－ヨウ素錯体は，X 線解析法によって，ヨウ素分子がベンゼン環平面に垂直に配置するような構造(下図)とされている。

C_6H_6　I_2

ベンゼン－ヨウ素錯体

5 ハロゲン化水素

ハロゲン化水素は，いずれも無色・刺激臭のある有毒気体である。また，極性分子で水によく溶け，水溶液(**ハロゲン化水素酸**という)は酸性を示す。HF 以外は強酸である⓱。

名称・化学式 / 性質	フッ化水素 HF	塩化水素 HCl	臭化水素 HBr	ヨウ化水素 HI
沸　点〔℃〕	20	−85	−67	−35
溶解度(20℃)〔L/ 水 1 L〕	∞	442	612	417
結合エネルギー〔kJ/mol〕	564	426	364	293
酸の名称 酸の強さ	フッ化水素酸 **弱酸**	塩　酸 強酸	臭化水素酸 強酸	ヨウ化水素酸 強酸

補足⓱ ハロゲン化水素 HX の酸の強さは，電離後に生じたハロゲン化物イオン X^- の安定性を比較すればよい。X^- のイオン半径が大きいほど，負の電荷密度は小さくなり，H^+ を受け取りにくくなる。つまり，$HX \rightleftharpoons H^+ + X^-$ の電離平衡はより右へ偏ることになり，HX の酸性は強くなると考えられる。したがって，強酸どうしの強さは，HCl＜HBr＜HI となる。

6 塩化水素 HCl

塩化水素 HCl は，工業的には，水素と塩素を直接反応させてつくられる。実験室では，塩化ナトリウムに濃硫酸を加え穏やかに加熱すると得られる。

$$NaCl + H_2SO_4 \longrightarrow NaHSO_4 + HCl\uparrow$$ ⓲

塩化水素の水溶液を**塩酸**といい，代表的な強酸として化学工業で広く用いられる。塩化水素とアンモニアを接触させると，塩化アンモニウムの白煙を生じる。この反応は，HCl，NH_3 それぞれの検出に利用される。　$HCl + NH_3 \longrightarrow NH_4Cl$

補足⓲ 左辺の H_2SO_4，右辺の HCl はともに強酸であり，水溶液中では水の**水平化効果**（p. 290）によって，硫酸と塩酸の間には強弱の差はない。しかし，濃硫酸という水分の少ない環境では，酸として相手に H^+ を与える力の差があらわれる。すなわち，電離定数が大きい酸ほど強い酸であり，左辺の H_2SO_4 の第一電離定数 ($K_1=10^{3.3}$mol/L) よりも右辺の HCl の電離定数 ($K=10^{5.9}$mol/L) のほうが少し酸として強いので，本来，この反応は左向きに進むはずであるが，実際には平衡状態となり，気体の発生はほとんど見られない。

穏やかに加熱した場合には，不揮発性の H_2SO_4 は反応系に残るが，揮発性の HCl は反応系から出て行くため，この反応は右向きに進行するようになる。したがって，この反応は，NaCl(揮発性の酸の塩)＋H_2SO_4(不揮発性の酸) ⟶ $NaHSO_4$(不揮発性の酸の塩)＋HCl(揮発性の酸) の反応形式に従う反応といえる。ただし，この反応は発熱反応であるため，最初に少し加熱すれば，あとは反応熱によって HCl の発生は継続するので，加熱は不要となる。

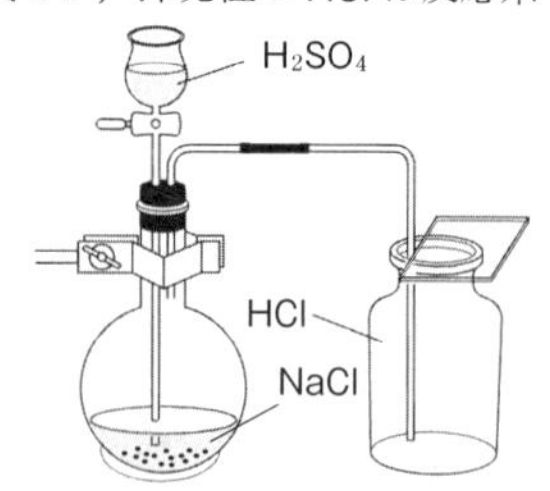

塩化水素の製法（最初は加熱）

また，H_2SO_4 の第二電離定数 ($K_2=10^{-2.0}$mol/L) は第一電離定数に比べてかなり小さいので，この反応では H_2SO_4 は第一電離のみがおこり，酸性塩の $NaHSO_4$ が生成することに留意したい。なお，H_2SO_4 の第二電離がおこり，正塩の Na_2SO_4 が生成する反応は，500℃以上の高温でないとおこらない。

$$2NaCl + H_2SO_4 \longrightarrow Na_2SO_4 + 2HCl$$

7　フッ化水素 HF

フッ化水素 HF は，白金，または鉛の容器中で，フッ化カルシウム CaF_2(ホタル石)に濃硫酸を加えて加熱すると発生する[19]。

$$CaF_2 + H_2SO_4 \longrightarrow CaSO_4 + 2HF$$

フッ化水素は分子量が小さいが，他のハロゲン化水素に比べて沸点が著しく高い[20]。また，フッ化水素酸は，他のハロゲン化水素酸とは異なり，電離度が小さく弱酸である[21]。

補足[19]　この反応では加熱が必要であるが，(揮発性の酸の塩)＋(不揮発性の酸) ⟶ (不揮発性の酸の塩)＋(揮発性の酸)の反応形式に従う反応ではない。(弱酸の塩)＋(強酸) ⟶ (強酸の塩)＋(弱酸)の反応形式に従い，H_2SO_4(強酸)の電離で生じた H^+ を F^-(弱酸のイオン)が受け取り，HF(弱酸)が遊離する反応である。また，加熱するのは，水に極めて溶けやすい HF を，加熱によってその溶解度を小さくしてより多く捕集するためである。また，左辺の H_2SO_4 の第二電離定数($K_2=1\times10^{-2}$mol/L)は右辺の HF の電離定数($K=2\times10^{-3}$mol/L)よりも大きいので，本反応では，H_2SO_4 は第二電離まで完全に進み，正塩の $CaSO_4$ が生成することに留意したい(酸性塩の $Ca(HSO_4)_2$ は生成しない)。

また，発生した HF(気)は 90℃以上では単量体の HF として存在するが，常温付近では，水素結合により，ほぼ二量体 $(HF)_2$ として存在するので，捕集は**下方置換**で行う。

詳説[20]　フッ素の電気陰性度は極めて大きいので，HF 分子は強い極性をもつ。その結果，HF 分子間にかなり強い静電気力が働き，H 原子を仲立ちとした**水素結合**が形成される。HF 分子が水素結合により会合しているため，分子量から予想される値より高い融点・沸点を示す。

詳説[21]　フッ化水素酸の酸性が弱いのは，H–F の結合エネルギーが他の H–X の結合エネルギーよりも大きいため，ハロゲン化水素酸の電離に伴う反応熱 Q ($HX\,aq = H^+aq + X^-aq$) が最も小さくなり，フッ化水素酸の電離がエネルギー的に有利ではないからである(p. 434)。

▶フッ化水素酸は，ガラスの主成分である二酸化ケイ素 SiO_2 を溶かす性質がある[22]。

$$SiO_2 + 6HF(aq) \longrightarrow H_2SiF_6\text{(ヘキサフルオロケイ酸)} + 2H_2O$$

$$SiO_2 + 4HF(気) \longrightarrow SiF_4\text{(四フッ化ケイ素)} + 2H_2O$$

この性質は，ガラスに目盛りを刻んだり，曇りガラスの製造に利用されている。

補足[22]　SiO_2 は，SiO_4 正四面体を基本単位とした立体網目状の共有結合の結晶である。SiO_2 がふつうの酸にはまったく溶けず，フッ化水素酸にのみ溶解する理由は次の通りである。

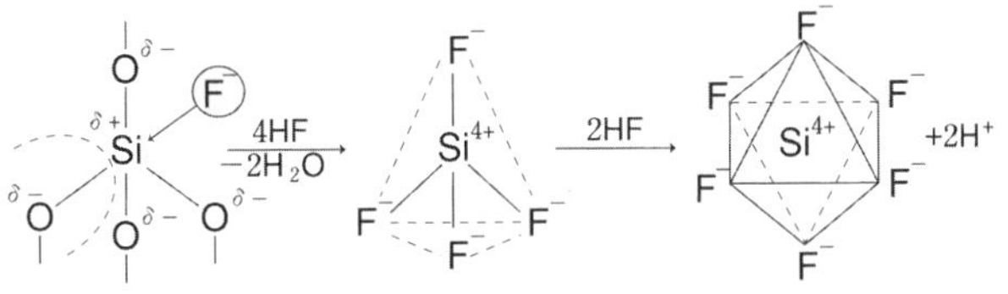

Si と O の電気陰性度は，それぞれ 1.9，3.4 であるから，Si–O の共有結合はかなり強い極性をもつ。図の左のように，中心の Si に F^- が攻撃して，新たな Si–F 結合をつくると同時に，背後にある Si–O の結合が点線の部分で切れてゆく。この反応の繰り返しによって SiF_4 を生成する。水溶液中ではさらに 2 分子の HF が配位結合して，水溶性のヘキサフルオロケイ酸イオン $[SiF_6]^{2-}$ という錯イオンとなる。これをふつうヘキサフルオロケイ酸 H_2SiF_6(強酸)として表す。なお，フッ化水素酸はガラスを溶かすため，ポリエチレン容器に保存しなければならない。

SCIENCE BOX　フッ化水素酸が弱い酸性である原因

(1)　HXaq の電離に伴う反応熱について

ハロゲン化水素酸 HXaq のうち，フッ化水素酸 HFaq だけが弱い酸性を示す理由は，①式のハロゲン化水素酸 HXaq の電離に伴う反応熱 Q を比較することでわかる。

HXaq ⟶ H^+aq＋X^-aq（＋Q kJ）…①

Q の値(発熱)が大きいほど，エネルギー的に HXaq の電離が進行しやすいので，HXaq は強い酸性を示し，Q の値（発熱）が小さいほど，HXaq は弱い酸性を示すと考えてよい。

ハロゲン化水素酸 HXaq の電離に伴う反応熱 Q は，直接測定できないが，熱力学データから，ボルン・ハーバーサイクルを利用し，次表のように求められる。

	脱水熱*	H-X の結合エネルギー	H のイオン化エネルギー	X の電子親和力	H^+ の水和熱	X^- の水和熱	**合計反応熱 Q**
HF	−48	−566	−1311	＋333	＋1091	＋515	**＋14**
HCl	−18	−431	−1311	＋348	＋1091	＋381	**＋60**
HBr	−21	−366	−1311	＋324	＋1091	＋347	**＋64**
HI	−23	−299	−1311	＋295	＋1091	＋305	**＋58**

数値の＋は発熱，−は吸熱を示し，単位は kJ/mol。
*　HXaq から水を除き，HX(気)にするときの反応熱。

(2)　フッ化水素酸 HFaq が弱い酸性を示す原因

HFaq～HIaq いずれも $Q>0$（発熱）であり，HXaq は H^+ を電離するほうがエネルギー的に有利である。特に，HFaq の Q の値が HClaq～HIaq に比べてかなり小さいので，HFaq の電離によるエネルギー的な安定性は最小である。

一般に，異種の原子 A，B が共有結合したとき，原子 A，B の電気陰性度の差が大きいほど，A-B 結合の極性は大きくなり，その結合エネルギーも大きくなる（p. 66）。したがって，結合エネルギーは次の順に大きくなることが理解できる。

H-I＜H-Br＜H-Cl＜H-F　（電気陰性度の差）
0.5　　0.8　　1.0　　1.8

一般には，H-F の結合エネルギーが他の H-X の結合エネルギーに比べて大きな値をもつことから，HFaq の電離に伴う発熱量が小さくなり，HFaq が弱い酸性を示す主原因であるという具合に説明されている。

しかし，H-F の結合エネルギーは H-Cl の結合エネルギーよりも 135 kJ(吸熱)大きいが，F^- の水和熱は Cl^- の水和熱よりも 134 kJ(発熱) 大きいので，両者の発熱量と吸熱量はほぼ相殺される。したがって，HFaq が弱い酸性を示す原因としては，反応系のエネルギー変化だけでなく，反応系のエントロピー(乱雑さ)変化も考慮する必要がある。

熱力学データから，HXaq 1 mol あたりの電離に伴うエントロピー S の変化量 $T\Delta S$ を 25℃ で求めると，次の通りである。

HFaq：−29 kJ，HClaq：−13 kJ，HBraq：−4 kJ，HIaq：+4 kJ であり，HIaq 以外はすべて H^+ を電離すると系のエントロピーは減少することに着目したい。

小さな F^- はその周囲に水分子を強く引きつけるので(**正の水和**)，水分子の構造化が進み，系のエントロピーは大きく減少する。一方，大きな I^- はその周囲に水分子をあまり強く引きつけないので（**負の水和**），水分子の構造化は進まず，系のエントロピーはむしろ増加している。

HFaq では，電離に伴う発熱量が少なく，しかも，電離に伴う系のエントロピーの減少量が大きいので，HFaq は電離しにくくなり，弱い酸性を示す。一方，HClaq や HBraq では，電離に伴う系のエントロピーの減少量は比較的小さく，電離に伴う発熱量は大きいので，HClaq や HBraq は電離しやすくなり，強い酸性を示す。また，HIaq では，電離に伴う系のエントロピーは増加し，電離に伴う発熱量も十分に大きいので，HIaq は最も強い酸性を示す。

SCIENCE BOX ハロゲンの単体はなぜ有色なのか

不対電子の入った2つの原子軌道の一部が重なり合うと，共有電子対がつくられ，分子ができる。この考え方を**原子軌道法**という。一方，原子どうしが接近すると，新たに分子軌道が形成され，そこへ電子が入ることによって分子ができる。この考え方を**分子軌道法**という。ここでは，後者の考え方に従って分子の形成を考えていく。

たとえば，2個の水素原子が近づいたとき，2つの原子軌道の相互作用により，次の2種類の分子軌道が生じると考える。すなわち，1つは，2原子間の電子密度が高く，2個の原子核を結びつける働きをする**結合性軌道 σ_{1s}** で，もう1つは，2原子間の電子密度が低く，2個の原子核を引き離そうとする**反結合性軌道 σ_{1s}^*** である※。なお，H_2 分子の分子軌道のエネルギー準位は，下図のようになる。

※ σ は σ 結合，π は π 結合を表し (p. 580)，σ_{1s} の添字は1s軌道を表し，＊は反結合性の分子軌道であることを示す。

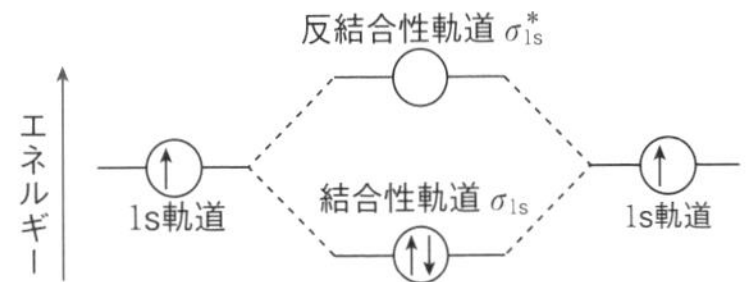

H_2 分子の場合，2個の電子はエネルギーの低い結合性軌道へ入って電子対をつくる。その結果，H_2 分子のほうがH原子のときに比べて安定であることがわかる。

また，水素分子の**結合次数 n**（共有結合の多重性を表す量）は次式で求められる。

$$n=\frac{1}{2}\left(\text{結合性軌道の電子の数}-\text{反結合性軌道の電子の数}\right)$$

すなわち，H_2 分子では，$n=\frac{1}{2}(2-0)=1$ となり，単結合に相当することがわかる。

次に，F_2 分子について考えてみよう。F原子の電子配置は $1s^2\,2s^2\,2p^5$ であり，これをもとにした F_2 分子の分子軌道のエネルギー準位は，下図のようになる。

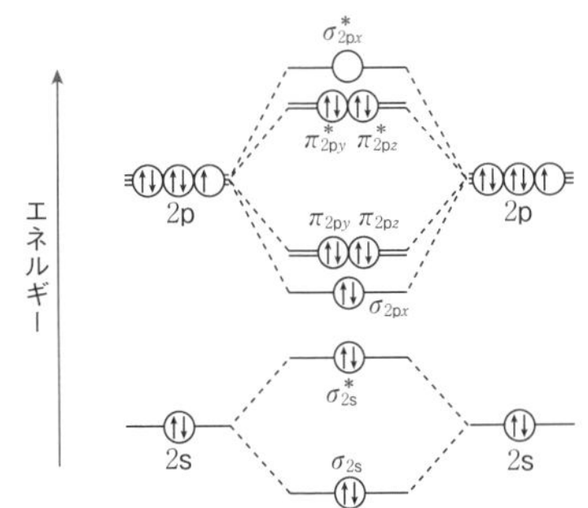

この分子軌道へ，2個のF原子がもつ価電子 7×2＝14 個をエネルギーの低いほうから順に入れる。結合性軌道をすべて満たした後，反結合性軌道 π_{2p}^* も満たされる。F_2 分子の結合次数は，$n=\frac{1}{2}(8-6)=1$ となり，単結合に相当する。

F_2 分子の π_{2p}^* 軌道と σ_{2p}^* 軌道のエネルギーの差は，可視光線に最も近い紫外線の波長領域（吸収ピークは 285 nm）に相当する。F_2 分子に光が当たると，この波長領域の光が吸収され，π_{2p}^* に詰め込まれていた電子の一部が σ_{2p}^* に励起される。このとき，π_{2p}^* に残された電子間の反発が緩和され，また σ_{2p}^* に励起された電子は自由度が増すことで，F_2 分子は安定化する。このように，F_2 分子は π_{2p}^* と σ_{2p}^* のエネルギー差に相当する波長領域の近紫外線を吸収することで，その補色の淡黄色に見えるのである。

ハロゲン分子が Cl_2 → Br_2 → I_2 と大きくなると，p軌道どうしの重なりは減少してその相互作用も小さくなり，π_{2p}^* と σ_{2p}^* のエネルギー差も減少する。それに応じて，光の吸収ピークの波長も，Cl_2（330 nm）→ Br_2（415 nm）→ I_2（520 nm）と，エネルギーが低くなる長波長側へシフトし，我々の目に見えるその補色（ハロゲン分子の色）も，黄緑色→赤褐色→紫色へと変化する。

SCIENCE BOX

蛍光と燐光

以前は，刺激を取り去ると直ちに消滅する発光を**蛍光**，刺激を取り去ってもしばらく持続する発光を**燐光**と呼んでいたが，現在は，両者は発光機構の違いにより区別されている。

一般に，分子中の価電子は分子全体に広がる**分子軌道**上に存在する。各電子は回転の自由度に相当する角運動量(**スピン**)をもち，その方向の違いを上向き・下向きの矢印で区別する。いま，分子軌道が異なるエネルギー準位に分かれているとき，その1組を**多重項**といい，次の3種類がある。

分子軌道は，電子が詰まったエネルギーの最高準位にある**最高被占軌道（HOMO）**と，電子が詰まっていないエネルギーの最低準位にある**最低空軌道(LUMO)**がある。

分子が熱・光・電気・放射線などの刺激を受けると，HOMO にある電子が LUMO へ飛び移る。これを**遷移**という。なお，遷移前の状態を**基底状態**，遷移後の状態を**励起状態**という。その励起状態には，2つのスピンが逆平行の**一重項状態**と，平行の**三重項状態**がある。

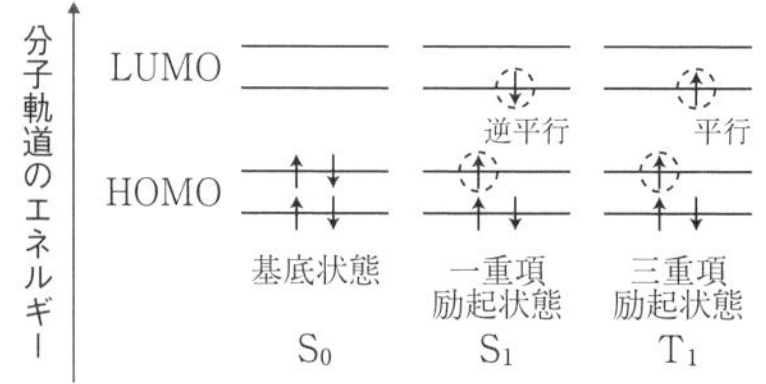

なお，フントの規則(p. 35)によると，スピンが平行の T_1 のほうが，スピンが逆平行の S_1 よりも少しだけエネルギーが低い。

光刺激では，電子のスピンは変化しないので，$S_0 \rightarrow S_1$ の遷移はおこりやすいが，$S_0 \rightarrow T_1$ への遷移はおこりにくい。前者のような遷移を**許容遷移**，後者のような遷移を**禁制遷移**という。ただし，禁制遷移であっても，$S_1 \rightarrow T_1$ への遷移がおこることがある。このように，発光を伴わずにスピンの向きが変わる遷移を**項間交差***という。

* 項間交差は，電子スピンの方向と，電子の運動によって生じる弱い磁場との相互作用でおこる。特に，分子中に重い原子をもつ場合，その原子核の大きな正電荷により，項間交差が速やかにおこる(**重電子効果**)ことが知られている。

一方，$S_2 \rightarrow S_1$，$T_2 \rightarrow T_1$ のように，励起状態の間どうしでも遷移はおこるが，このようにスピンの向きが変わらない遷移を**内部転換**という。また，各エネルギー準位にある電子が余分にエネルギーをもっている場合，周囲に熱を放出して，各準位の最低のエネルギー準位となることがある。これを**無放射遷移**という。

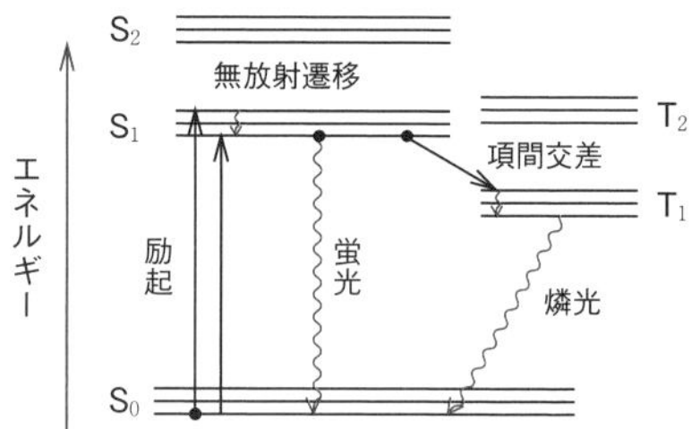

上図で，電子が $S_1 \rightarrow S_0$ に戻るとき，余分なエネルギーを光として放出する。これは許容遷移であり，発光寿命は 10^{-9}～10^{-6} 秒程度と短い。この発光が**蛍光**である。

一方，電子が $T_1 \rightarrow S_0$ に戻るときも発光するが，これは禁制遷移であり，スピンの反転に時間を要するので，発光寿命は 10^{-3}～10 秒程度にも及ぶ。この発光が**燐光**である。

蛍光と燐光は，熱を伴わない発光現象なので，**ルミネセンス**，または冷光とも呼ばれ，道路標識，蛍光灯，蛍光インク，ケミカルライトやルミノール反応 (p. 236) などさまざまな分野に応用されている。

4-3 酸素・硫黄とその化合物

1 酸 素

酸素は，無色・無臭の気体で，空気中に体積で約21%含まれる❶。水・岩石の成分元素として地殻中に最も多量に含まれる❷。

詳説❶ 地球が誕生した約46億年前，酸素は岩石中に酸化物として取り込まれており，単体の O_2 はほとんど存在しなかった。約43億年前に水蒸気が凝縮して海ができ，約38億年前には海中に原始生物が出現した。その後，シアノバクテリア（ラン藻類）の光合成により多量の O_2 が放出されるようになり，現在のような O_2 に富む大気になったのは約5億年前のことである。

詳説❷ 地表から10マイル（約16 km）下までの岩石圏93.06%（質量%），水圏6.91%，大気圏0.03%を含む範囲における元素の存在率（質量%）を**クラーク数**という。たとえば，水素はクラーク数では0.87%であるのに，地殻中にはわずか0.14%しか含まれない。これは，水素は H_2O の形で海水(水圏)中に多量に存在するためである。

元 素	O	Si	Al	Fe	Ca	Na	K	Mg	H	Cl
クラーク数	49.5	25.8	7.56	4.70	3.39	2.63	2.40	1.93	0.87	0.19

►酸素の単体は二原子分子で，工業的には液体空気の分留や水の電気分解によって製造される❸。実験室では，酸化マンガン(Ⅳ)を触媒として，過酸化水素 H_2O_2 や塩素酸カリウム $KClO_3$ を分解してつくられる。

$$2\,H_2O_2 \xrightarrow{MnO_2} 2\,H_2O + O_2\uparrow$$ ❹

$$2\,KClO_3 \xrightarrow{MnO_2} 2\,KCl + 3\,O_2\uparrow$$ ❺

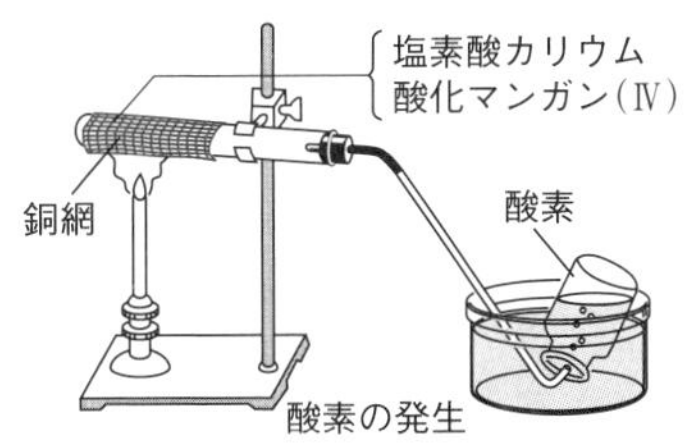

補足❸ 液体空気を精留塔に入れ，常温で放置すると，沸点の低い N_2(−196℃) のほうが蒸発しやすいので，はじめに出る気体には N_2 が多く含まれ，一方，残った液体には O_2(−183℃) が多くなる。分留を何回も繰り返すことによって，O_2 と N_2 をほぼ完全に分離することができる。

詳説❹ 過酸化水素の構造式は H−O−O−H と表され，分子中に酸素2原子による −O−O− 結合をもつ。このような化合物を**過酸化物**といい，一般に不安定で，分解して酸素を放出しやすい。これは，−O−O− 結合の各酸素原子の非共有電子対が互いに反発して，O−O 間の共有電子対の重なりが小さく，その結合エネルギーが小さい(211 kJ/mol)ためである。

また，過酸化水素の約3%水溶液は**オキシドール**とよばれ，家庭用消毒薬に使用される。

補足❺ 塩素酸カリウム $KClO_3$ の Cl の酸化数は+5であるが，Cl の最も安定な酸化数は−1である。そこで，加熱により O から Cl へ電子が6つ移動して，KCl と O_2 に分解する。このように，反応系に適当な酸化剤，還元剤が存在しない場合，同一種類の物質中で電子の授受が行われ，異なる2種類の物質に変化することがある。このような反応を**自己酸化還元反応**（**不均化反応**）（p. 353）という。$KClO_3$ だけを加熱した場合は，600℃以上でないと分解しないが，MnO_2 を混合しておくと，約300℃で分解がおこるようになる。なお，上図で試験管に銅網を巻いてあるのは，内容物を均一に加熱するためである。

$6e^-$
K Cl O_3
(+5)(−2)

SCIENCE BOX　酸素 O_2 の分子構造

(1)　酸素 O_2 の電子式

高校化学では，価電子を点・で表した電子式で分子の構造を表す。しかし，O 原子の 2 個の不対電子を解消するように O_2 分子の電子式を書くと，下の(a)のようになる。しかし，(a)は酸素分子のもつ性質を十分に満たすものではない。

酸素分子 O_2 には，**常磁性**(分子が外部磁場の方向に磁化される性質)があり，かつ，反応性が大きいことから，分子中に不対電子をもつことが推定され，現在，分子中に 2 個の不対電子をもつ**ビラジカル**であることがわかっている。

(a)　:Ö::Ö:　　(b)　·Ö:Ö·

(a)の電子式は，二重結合をもちオクテット則は満たしているが，不対電子は存在しない。一方，不対電子を 2 個もつ電子式(b)では，二重結合は存在せず，オクテット則も満たしていない。したがって，(a)，(b)どちらの電子式も不十分である※。そこで，分子軌道法 (p. 435) の考え方を利用して，酸素分子の構造を考えてみよう。

※　3 個の電子で形成される共有結合を**三電子結合**といい，結合次数は $\frac{1}{2}$ である。よって，O_2 の電子式は次のようにも表せる。

(c)　·O⁝⁝O·

(2)　O_2 の分子軌道ダイヤグラム

分子軌道のエネルギー準位を表す図を**分子軌道ダイヤグラム**という。酸素分子 O_2 の分子軌道ダイヤグラムは右上の図のように表される。

酸素原子 O の 1s 軌道は原子核の近くにあり，分子の形成には関与しないので省略する。酸素原子 O のエネルギー準位の最も下側には 2s 軌道を書き，その相互作用によって，結合性の σ_{2s} と反結合性の σ^*_{2s} の分子軌道ができる。その上位には 2p 軌道があり，O 原子が x 軸方向で結合すると

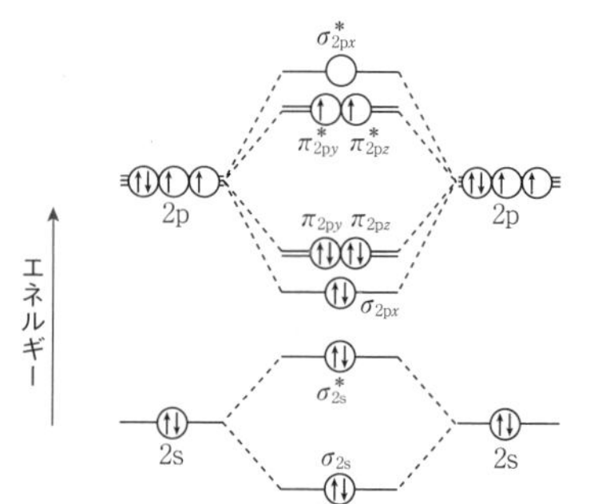

O 原子軌道　　O_2 分子軌道　　O 原子軌道

O_2 の分子軌道ダイヤグラム

した場合，$2p_x$ 軌道どうしが σ 結合するので，結合性の σ_{2px} と反結合性の σ^*_{2px} の分子軌道ができる。その上位には，残った $2p_y$ 軌道と $2p_z$ 軌道があり，それらが y 軸や z 軸方向で π 結合するので，結合性の π_{2py}，π_{2pz} と，反結合性の π^*_{2py}，π^*_{2pz} の分子軌道ができる。なお，π_{2py} と π_{2pz}，および π^*_{2py} と π^*_{2pz} のエネルギー準位はそれぞれ等しい。

この O_2 の分子軌道に，2 個の O 原子がもつ価電子 6×2＝12 個をエネルギー準位の低い σ_{2s} 軌道から順に入れる。ただし，同じエネルギー準位の π^*_{2py}，π^*_{2pz} には，フントの規則に従い，1 個ずつ電子のスピンが同方向に入れる (逆方向は少しだけエネルギーが高い)。したがって，O_2 分子の電子配置は次のようになる。

$$(\sigma_{2s})^2(\sigma^*_{2s})^2(\sigma_{2p})^2(\pi_{2p})^4(\pi^*_{2p})^2$$

一般に，**分子の結合次数** (共有結合の多重性を表す量) n は，次式で求められる。

$$n=\frac{1}{2}\left(\begin{matrix}\text{結合性軌道の}\\\text{電子の数}\end{matrix}-\begin{matrix}\text{反結合性軌道の}\\\text{電子の数}\end{matrix}\right)$$

O_2 分子の結合次数 n は，$\frac{1}{2}(8-4)=2$ で，二重結合に相当する。また，O_2 分子には反結合性の π^*_{2py}，π^*_{2pz} 軌道に入った 2 個の不対電子をもつので，常磁性を示し，大きな化学的反応性をもつ事実とも一致する。

SCIENCE BOX　過酸化水素 H_2O_2 の分子構造

過酸化水素 H_2O_2 に考えられる分子構造を下図に示す。

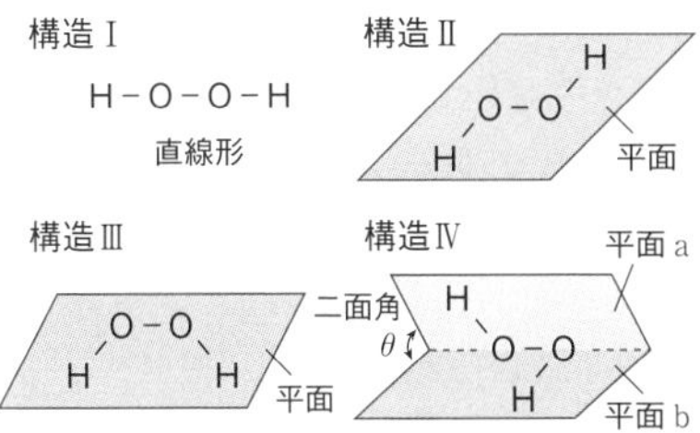

ジオキサン $C_4H_8O_2$ 中での H_2O_2 の双極子モーメント（p. 69）は 2.1 D（デバイ）である。したがって，双極子モーメントが 0 となる構造 I や，非常に小さな値となる構造 II は，その候補から除外される。また，構造 III における双極子モーメントの理論値は約 2.5 D であり，実測値とは異なる。したがって，構造 IV において，平面 a と b のなす角（二面角）θ が 90° 近い値になれば，2.1 D の双極子モーメントをとる可能性があり，H_2O_2 分子は構造 IV に近い構造と考えられる。

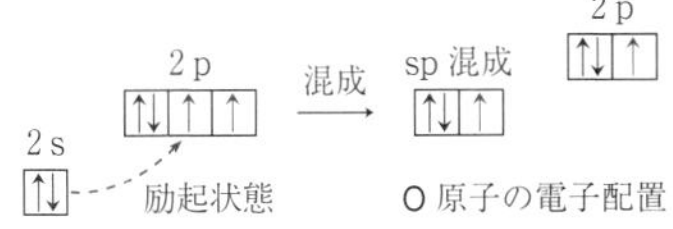

上図のように，O 原子の 2 s 電子 1 個が 2 p 軌道に昇位し，sp 混成軌道をつくる。これが x 軸方向で重なり合って，O−O 結合をつくる。なお，sp 混成軌道のもう一方には非共有電子対が収容され，x 軸の逆方向に延びる。また，O 原子には未混成の 2 p_y，2 p_z 軌道がある。右上図のように，左側の O 原子の 2 p_y 軌道を使って H 原子と O−H 結合をつくるとすると，2 p_z 軌道には非共有電子対が収容される。一方，右側の O 原子では，2 p_y 軌道に非共有電子対が入り，2 p_z 軌道を使って H 原子と O−H 結合をつくる。結果，H_2O_2 は右上図のように構造 IV に近い構造となり，理論上，二面角は y 軸と z 軸のなす角の 90° になる。

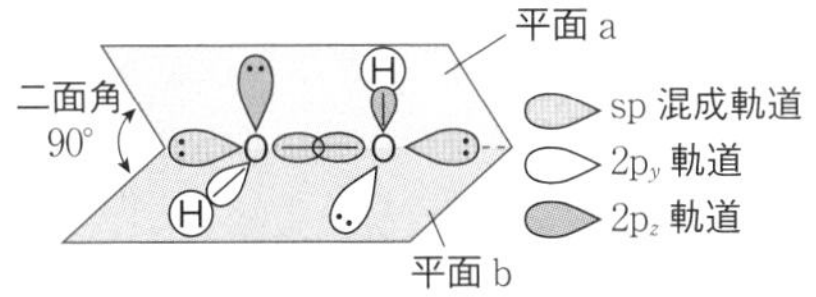

以降，共有電子対は bp，非共有電子対を lp と略し，上図をもとにして H_2O_2 分子の構造を考えていく。

① lp 間の反発が最小となる立体配座は，lp どうしが最も離れたトランス形になるときであるが，このとき O−H 結合の bp どうしは最も近いシス形になる。これは構造 III に相当する。このとき bp 間の反発は最大になる。

② bp 間の反発が最小となる立体配座は，O−H 結合どうしが最も離れたトランス形になるときであるが，このとき lp どうしは最も近いシス形になる。これは構造 II に相当する。このとき lp 間の反発は最大になる。

③ O−H 結合の bp どうしがトランス形とシス形の中間，ゴーシュ形（ねじれ形）になるのが構造 IV である。このとき，lp どうしはゴーシュ形に，O−H 結合の bp どうしもゴーシュ形となり，lp どうしの反発と O−H 結合の bp どうしの反発は，トータルでは最小となる。

したがって，H_2O_2 分子は，ゴーシュ形の構造をとるのが最もエネルギー的に安定となる。

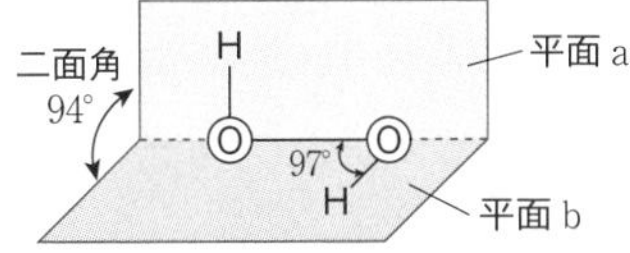

過酸化水素分子は，非共有電子対を 2 つもった O 原子が単結合で結合しており，H−O−O−H は折れ曲がった構造をとっている。H−O−O の 3 つの原子は同一平面状にあり，二面角は 94° である。結合距離は，O−H 間が 0.097 nm，O−O 間が 0.149 nm。

2 オゾン

酸素の単体には，酸素 O_2 とオゾン O_3 があり，これらは互いに**同素体**である。オゾンは，酸素中で**無声放電**❻を行うか，酸素に強い紫外線を当てると生成する❼。

$$3O_2 \longrightarrow 2O_3 \quad \Delta H = 284\,\text{kJ}$$

詳説❻ 右図のようにガラス管の中に銅線を通し，さらに管の外側にも銅線を巻きつける。この装置に乾燥した酸素を一定速度で送り込みながら，誘導コイルで数万Vの電圧をかけると，体積で約5〜10%のオゾンが生成する。酸素に直接，高電圧をかけると，音や光を伴う激しい火花放電がおこる。一方，ガラス管を隔てた2本の電線に高電圧をかけると，ガラス（絶縁体）が安定層となって，火花や音を伴わない静かな放電が管全体で効率よくおこる。このような放電を**無声放電**という。供給する O_2 を乾燥するのは，管内の絶縁性を高め，火花放電をおこさないようにするためである。

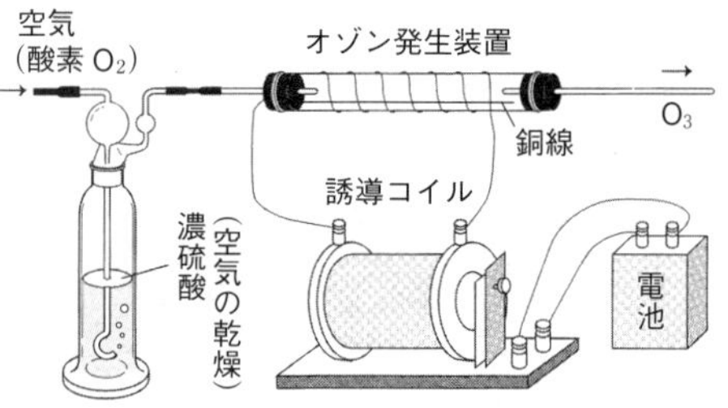

補足❼ 電気エネルギーだけでなく，波長が240 nm前後の比較的強力な紫外線を当てても生成する。オゾンの生成は吸熱反応なので，何らかの形でエネルギーを与え続けなければ反応は進行しない。地球上層，および殺菌用の低濃度の O_3 はこの方法によってつくられる。

►オゾンは，淡青色でニンニクに似た特異臭をもつ有毒気体で，下図のような構造をしており❽，水に少し溶ける❾。オゾンは分解して酸素に変わりやすく，このとき強い**酸化作用**を示すので，空気の殺菌や消臭，繊維の漂白および水道水の脱臭処理などに用いられる。オゾンは，湿らせたヨウ化カリウムデンプン紙を青変することで検出される。この呈色反応は，O_3，Cl_2，H_2O_2 などの酸化剤により KI が酸化されて I_2 を生じ，**ヨウ素デンプン反応**をおこしたためであり，酸化剤の検出に利用される。

$$2KI + O_3 + H_2O \longrightarrow I_2 + 2KOH + O_2$$

詳説❽ 酸素分子 O_2 の非共有電子対ともう1つの酸素原子が配位結合を行ったと考えればよい。オゾン分子の中央の酸素原子には，まだ1対の非共有電子対が残っており，そのため直線形ではなく折れ線形となる。さらに，オゾンには下図(a)，(b)2つの構造式が書け，実際の分子の姿はこの2つの式を重ね合わせた状態にある。このような状態を**共鳴**しているという。共鳴がおこると，電子の自由度が大きくなり，エネルギー的な安定化がおこる。このエネルギーを**共鳴エネルギー**という。したがって，オゾン分子内のO–O結合の強さは，いずれも1.5重結合に相当する。

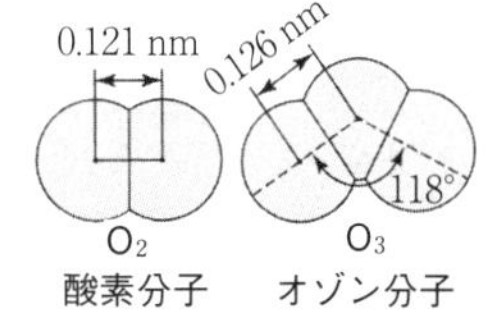

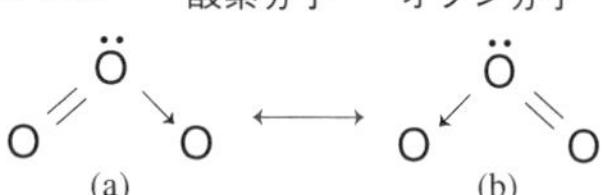

詳説❾ オゾンの中央のO原子は，配位結合により電子対を提供したので，正の部分電荷をもち，提供されたO原子は負の部分電荷をもつ。ただし，共鳴構造(a)，(b)により，両端のO原子は $\frac{1}{2}$ の確率で負の部分電荷をもつ。O_3 分子の双極子モーメント（p. 69）の実測値は0.53 D（デバイ）であり，水1Lに対する O_3 の溶解度は0℃で0.49 Lと，O_2 の0.049 Lよりも一桁大きい。

SCIENCE BOX　オゾン層と環境問題

地球の大気圏は地上十数 km までが対流圏，さらに高度 50 km 付近までが成層圏とよばれる。大気中のオゾン O_3 は，地上から高度 20～40 km に濃度のピークをもって分布しており，この層を**オゾン層**という。オゾンは，成層圏上部において，酸素分子 O_2 が太陽からの波長 240 nm 以下の強い紫外線を吸収して，酸素原子 O に分解し，この酸素原子と他の酸素分子との結合で生成する。一方，生成したオゾンは，主として 320 nm 以下の紫外線を吸収して分解し，もとの酸素分子に戻る。このように成層圏内では，オゾンの生成と分解のバランスによってオゾン濃度が一定に保たれる一方，生物にとって有害な 320 nm 以下の紫外線が地表へ届くのを防いでいる。

電子部品の洗浄剤，エアコンや冷蔵庫の冷媒，スプレーの噴射剤などに多量に使われてきた**フロン**とよばれる物質が，オゾン層を破壊している事実が明らかになった。

フロンは正式にはクロロフルオロカーボンとよばれ，炭化水素の水素をフッ素や塩素で置換した化合物の総称である*。代表的なフロン-12 CCl_2F_2，フロン-11 CCl_3F などは化学的に非常に安定で，容易に分解せず約 10 年かかって成層圏まで拡散していく。フロンは，成層圏で強い太陽の紫外線を受けて分解し，塩素原子 Cl· を生じる。

$$CCl_2F_2 \xrightarrow{\text{紫外線}} CClF_2 + Cl\cdot$$

この塩素原子は不対電子をもち，非常に反応性が高く，成層圏のオゾンを次のような機構で破壊して酸素 O_2 に変えていく。

$$\left.\begin{array}{l} Cl\cdot + O_3 \longrightarrow ClO\cdot + O_2 \\ ClO\cdot + \cdot O\cdot \longrightarrow Cl\cdot + O_2 \end{array}\right\}$$

このように 1 個の Cl· は，O_3 分子を分解しながら自らも再生されるので，数万個の O_3 分子が連鎖的に破壊されていく。1980 年代以降，北極・南極上空では，毎年春になると，オゾン層の密度が減少した

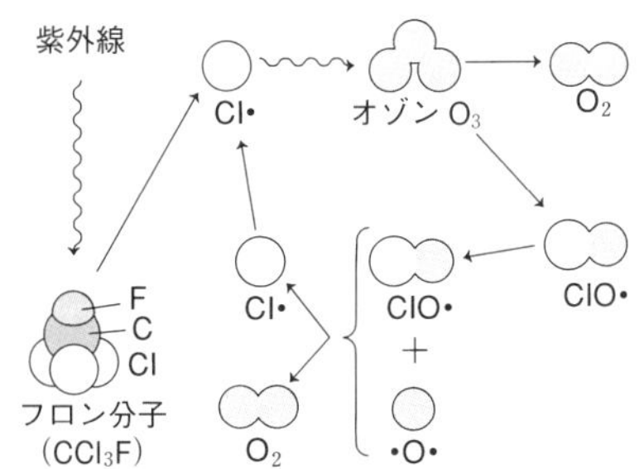

状態（**オゾンホール**）が観測されている。これは，春になり長時間の日光の照射が始まると，冬期中に氷晶中に閉じ込められていた Cl や NOCl などが解放され，オゾンの分解が促進されるためと考えられる。

成層圏中のオゾン濃度が 10％減少すると，地表では生物に有害な紫外線量が約 20％増加する。そのため，皮膚ガンの増加，白内障などの眼の障害，免疫力の低下，農作物の収量の低下などが心配されている。また，対流圏においても，フロンは CO_2 よりも強い温室効果 (p. 470) を示し，地球の温暖化への影響が心配されている。

このように，フロンの地球環境への悪影響を防止するため，世界の主要国が次のようなオゾン層保護のための取り組みを行っている。(1)オゾン層の破壊作用の大きい**特定フロン**とよばれるクロロフルオロカーボン CFC の生産は，1996 年末に全廃した。(2)炭化水素の H の一部を F や Cl で置換したハイドロクロロフルオロカーボン HCFC（**指定フロン**）類も，2019 年末に生産を中止した。(3)現在，炭化水素の H の一部を F で置換したハイドロフルオロカーボン HFC（**代替フロン**）が冷媒として広く利用されているが，地球温暖化への影響がより小さな冷媒への転換が進められている。

* 冷媒の識別番号は，最初の数字は C 原子数－1（0 の場合は省略），次の数字は H 原子数＋1，最後の数字で F 原子の数を表す。

SCIENCE BOX　水の特性

液体のうちで地球上に最も多量に存在する水は，人体中には成人では60%，新生児では80%もの水が含まれ，生命にとって最も重要な物質である。水には，他の液体には見られない多くの特異性がある。

水は，陽性の強い水素原子と陰性の強い酸素原子とが共有結合してできた分子で，両原子の電気陰性度の差が大きいので，強い**極性分子**である。このため，水は多くの物質やイオンの優れた溶媒として働き，物質運搬の媒体として機能する。また，電気的に陽性なH原子は別の水分子のO原子の非共有電子対の方向へ近づいて，静電気力に基づく結合をつくる。このようなH原子を仲立ちとした分子間の結合を**水素結合**という。水が同族の水素化合物に比べて著しく高い融点・沸点を示すのは，水分子どうしを引き離すためにファンデルワールス力よりも強い水素結合を断ち切らなければならないからである。

また，水以外の多くの物質では，固体のほうが液体よりも密度が大きく，液体の密度は温度上昇とともにしだいに減少する。これに対して，水は，氷のほうが水よりも密度が小さく，水の密度は温度が4℃のとき最大を示すという特異性をもつ(p. 77)。

氷が水面に浮くということは，水中で生存する生物にとって大変都合のよいことである。冬季に温度が下がるとまず表面から氷結し，密度の大きい4℃付近の水が底へ沈んでいく。このとき，下層部と上層部との間で水の撹拌(かくはん)がおこり，下層の栄養塩類が上層まで供給される。また，氷にはすき間が多く，中に含まれた空気によって熱が伝わりにくい。したがって，氷の下にある水の温度を急激に低下させないので，ある程度の深さがある池や湖ならば，かなり寒くなっても底までは凍結することはない。

さらに，水の水素結合はかなり強いので，融解により氷がすべて水になった段階でも，約85%の水素結合は残されているという。すなわち，液体の水には右図のように部分的な氷の構造（**クラスター構造**という）が残っている。この構造は，水分子の熱運動により絶えずできたり壊れたりしている。液体の水の温度が上昇すると，この構造はしだいに壊れながらやがて沸点に達する。この時点でも水素結合の約75%は残っており，完全に水素結合が切れるのは水蒸気になった時点である。つまり，水の温度上昇は水素結合を切断しながら行わなければならないので，他の液体に比べてかなり大きい**比熱**をもつ。このおかげで，多量の水を含む生物体は外界の急激な温度変化の影響を受けにくくなっているのである。

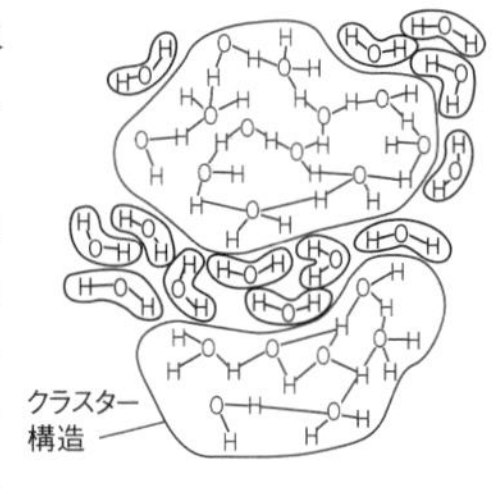

水の構造（二次元的描像）

また水は，温度が上昇したときには融解熱・蒸発熱を吸収して温度を下げ，逆に温度が低下したときには，凝固熱・凝縮熱を放出してまわりの温度を上げる働きをする。つまり，水が存在するおかげで，地球の急激な温度変化も抑えられている。

水は**表面張力***が大きく，重力に逆らって細い管内を上昇していく（**毛細管現象**）。この性質は高い植物の枝先まで水を送ったり，血圧の低い毛細血管の先まで血液を送ることを助けている。

* 液体内部の分子Ⓐは，すべての方向から引力を受けるが，液面の分子Ⓑは，液体内部のみから引力を受ける。よって，液体には表面積を小さくしようとする表面張力を生じる。

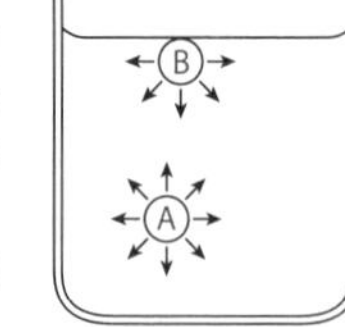

SCIENCE BOX　金属と非金属の酸化物と水との反応性

一般に，金属の酸化物は，金属イオンと酸化物イオンとからなるイオン結合性の化合物である。これが水と反応するとき，まず水の電離で生じた H^+ が酸化物の O^{2-} と結合して OH^- に変わる。一方，金属イオン M^{n+} は，この OH^- と水の電離で生じた OH^- とともに，新たにイオン結合性の**水酸化物** $M(OH)_n$ をつくる。

例　$Na_2O + H_2O \longrightarrow 2NaOH$

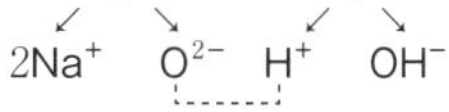

　　$2Na^+$　O^{2-}　H^+　OH^-

こうして生じた水酸化物は，中心金属の陽性が大きい(価数小，イオン半径大)ほど塩基性は強くなる。つまり，Mの陽性が大きいほどM-O間の極性が大きく，水中では水分子の攻撃を受けて M^+ と OH^- として切れやすくなり，塩基性は強くなる。

一方，非金属の酸化物が水と反応すると**オキソ酸** $XO_m(OH)_n$ を生じる。オキソ酸では，中心原子の陰性が大きいほど酸性は強くなる。つまり，Xの陰性が大きいと，X-Oの極性が小さく，水中ではその結合は切れない。むしろO-H間の極性が大きくなり，水分子の攻撃を受けて XO^- と H^+ として切れやすくなり，酸性は強くなる。たとえば，三酸化硫黄 SO_3 には，$S^{\delta+}$-$O^{\delta-}$ という極性のある3本の共有結合が存在する。この SO_3 を水に溶かすと，やはり極性のある部分を水分子が攻撃する。S-O結合1本に対し水1分子が反応できるので，SO_3 全体では水3分子が反応できる。こうしてできる $S(OH)_6$ は仮想の化合物であり，実際には水1分子が反応した化合物しか存在しない。その理由を考えてみる。

(a)　水3分子が反応

$$SO_3 + 3H_2O \longrightarrow S(OH)_6 = H_6SO_6$$

(b)　水2分子が反応

$$SO_3 + 2H_2O \longrightarrow SO(OH)_4 = H_4SO_5$$

(c)　水1分子が反応

$$SO_3 + H_2O \longrightarrow SO_2(OH)_2 = H_2SO_4$$

中心のS原子は第3周期に属するので，多くの -OH が結合した(a)や(b)のような立体構造はとりえず，実際に存在するのは(c)だけである。

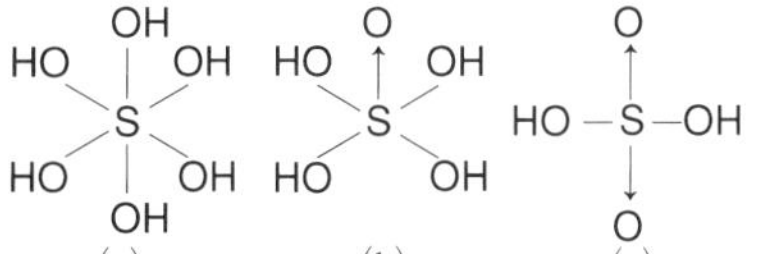

(a) $S(OH)_6$　(b) $SO(OH)_4$　(c) $SO_2(OH)_2$

すなわち，非金属の酸化物では中心原子が小さく，実際には最大量以下の水分子しか反応できないのである。そのため，オキソ酸では，中心原子Xに -OH と，いくつかのO原子が結合した，$XO_m(OH)_n$ という一般式をもつ物質になる。

オキソ酸では，陰性の強い中心原子Xだけでなく，Xに直接結合したO原子が共同して電子を吸引するので，下図の②，③の共有電子対がXのほうへ引っぱられ，最終的にO-Hの極性が最も大きくなって H^+ が電離し，酸性を示すことになる。このことから，オキソ酸の酸性は，中心原子Xの陰性（電子を引っぱる力）が強いほど，またXが同じならば，Xに直接結合したO原子の数 m が多くなるほど，その酸性は強くなる傾向を示す。

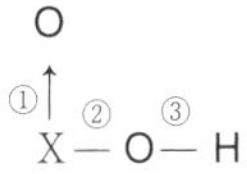

O ←①― X ―②― O ―③― H

一般的傾向として，第3周期元素のオキソ酸は $SO_2(OH)_2$，$PO(OH)_3$ のように，中心原子のサイズが比較的大きいので，配位数が4のオキソ酸が安定であり，四面体構造をとりやすいのに対して，第2周期元素では，$NO_2(OH)$，$CO(OH)_2$ のように，中心原子のサイズが小さいので，配位数が3のオキソ酸が安定で，平面構造をとりやすい。

逆に，第5周期以上の元素では，中心原子の配位数が5や6のオキソ酸も存在する。たとえば，中心原子の配位数が6の過ヨウ素酸 $IO(OH)_5 = H_5IO_6$ や，テルル酸 $Te(OH)_6 = H_6TeO_6$ などである。

3 硫黄の単体

硫黄 S の単体は，黄色のもろい固体で火山地帯で多く産出するほか，石油を精製するときにも得られる。単体の硫黄には，**斜方硫黄**，**単斜硫黄**，**ゴム状硫黄**などの同素体が存在する。それぞれの性質は，下表の通りである。

	斜方硫黄⑩	単斜硫黄⑪	ゴム状硫黄⑫
外　観	黄色，八面体の結晶	黄色，針状の結晶	暗褐色，無定形固体
融　点 密　度	112.8℃ $2.07\,g/cm^3$	119.3℃ $1.96\,g/cm^3$	不　定 $1.92\,g/cm^3$ (20℃)
結晶形 分子の形	(真上)　環状分子 S_8	(真横) 105°　環状分子 S_8	108°　長い鎖状分子 S_x
特　性 溶解性	常温～95.3℃で安定。 CS_2 に溶ける。	95.3～119℃で安定。 CS_2 に溶ける。	弾性あり。 CS_2 に溶けない。

補足⑩ 粉末状の硫黄（硫黄華）を二硫化炭素 CS_2 に溶かして放置すると，八面体形の**斜方硫黄**の結晶が析出する。この分子式は，沸点上昇による分子量測定の結果とX線回折法により，上図のような環状分子であることがわかった。斜方硫黄は，分子間力によって S_8 分子の環平面が交互に45°ずつずれて積み重なってできている。

補足⑪ 粉末状の硫黄をゆっくりと加熱して得た融解液を，四つ折りにしたろ紙上に注ぐ。放冷し，表面が固まり始めたころにろ紙を開くと，針状の**単斜硫黄**が得られる(p. 17)。単斜硫黄は S_8 分子の環平面が交互に上下逆向きになって積み重なってできており，斜方硫黄よりやや密度が小さい。これは，高温型の単斜硫黄では，S_8 分子の熱運動が激しくなり，1分子あたりの占める空間の体積が，斜方硫黄に比べて少し大きくなっているからと思われる。また，単斜硫黄を常温で放置すると，しだいに表面から斜方硫黄へと変化していく。

補足⑫ 硫黄の融解液を加熱すると，最初は粘性の小さい黄色の液体であるが，やがて赤褐色から褐色へと変化し，160℃付近で最も粘性が大きくなる。さらに加熱すると，再び流動性を回復するので，沸点（445℃）に達する前に，水中へ流し込み急冷すると，暗褐色で弾性をもつ**ゴム状硫黄**が得られる(p. 17)。高温では，分子内の共有結合が切れたものどうしが，互いの不対電子によって多数つながって長い鎖状分子となっている。これを急冷すると，安定な環状分子に戻ることができず，そのまま固化してゴム状硫黄になる。これを，常温で2～3週間放置すると，表面から斜方硫黄へと変化し，CS_2 に溶けるようになる。なお，斜方硫黄，単斜硫黄を構成する S_8 分子は比較的小さいので CS_2 に溶けるが，ゴム状硫黄は巨大な分子なので CS_2 にも溶けない。

►硫黄の単体は，温度によって次のような変化を示す⑬。

斜方硫黄	95.3℃ ⇄	単斜硫黄	119.3℃ ⇄	液体硫黄	160℃ ⇄	液体硫黄	444.6℃ ⇄	気体硫黄	850℃ ⇄	気体硫黄
S_8		S_8		S_8		S_x		S_8～S_4		S_2
				（黄色，流動性）		（褐色，粘性大）				

詳説⑬ 斜方硫黄を95.3℃以上に長く放置すると，単斜硫黄に変化する。このように，固体どうしで結晶構造が変化する現象を**相転移**という。実際に斜方硫黄を熱した場合，単斜硫黄へ

の転移速度が極めて小さいため，単斜硫黄に相転移することなく，斜方硫黄のまま112.8℃で融解するが，119.3℃以上の融解液を空気中で放冷すると単斜硫黄の結晶が得られる。さらに温度が上がると，共有結合の一部が切れ開環する。分子の両端に生じた不対電子どうしが結合して，多数の硫黄原子からなる長い鎖状分子となり，160℃付近でその分子量が最大になる。この分子どうしのからみ合いによって粘性が生じるが，さらに高温になると分子鎖が切れはじめ，分子量が減少していくので，約250℃で再び流動性が回復する。さらに熱すると，444.6℃で沸騰して S_8 分子の蒸気となる。これを冷却したものが粉末状の硫黄（硫黄華(か)）という）である。

►硫黄は，常温では安定であるが，高温では金・白金を除く多くの金属と化合して**硫化物**をつくる。 $Fe + S \longrightarrow FeS$

また，空気中で点火すると青い炎をあげて燃焼し，二酸化硫黄の気体を発生する。

$$S + O_2 \longrightarrow SO_2\uparrow$$

4 硫化水素

硫化水素 H_2S は無色，腐卵臭の有毒な気体[14]で，火山ガスやある種の温泉水に含まれるほか，タンパク質が腐敗するときにもわずかに生成する。

詳説[14] 硫化水素は極めて毒性が強く長く吸い続けていると，眼やのどに強い痛みや頭痛，目まい，吐き気などの症状が生じ，これが進むと，意識不明になり倒れてしまうことさえある。また，硫化水素は高濃度でもさほど不快感はなく，嗅覚を麻痺させるので，知らないうちに多量のガスを吸い込んで中毒になってしまう危険性が高い。とにかく，使用中には換気に十分に気をつけ，もし，気分が悪くなったら，屋外で十分に新鮮な空気を吸うことである。

►実験室では，硫化鉄(Ⅱ)に希塩酸，または希硫酸を加えて発生させる[15]。

$$FeS + 2\,HCl \longrightarrow FeCl_2 + H_2S\uparrow$$

補足[15] これは，(弱酸の塩) + (強酸) ⟶ (強酸の塩) + (弱酸) の反応形式に従う反応である。硫化鉄(Ⅱ)は硫化水素という弱酸の塩であるから，硫化水素より強い酸を加えると，弱酸のイオンである S^{2-} が強酸から H^+ を受け取り，弱酸である硫化水素が遊離し，気体として発生する。ただし，強酸として希硝酸を用いてはならない。それは，H_2S が硝酸により酸化されて S を遊離し，白濁してしまうからである。

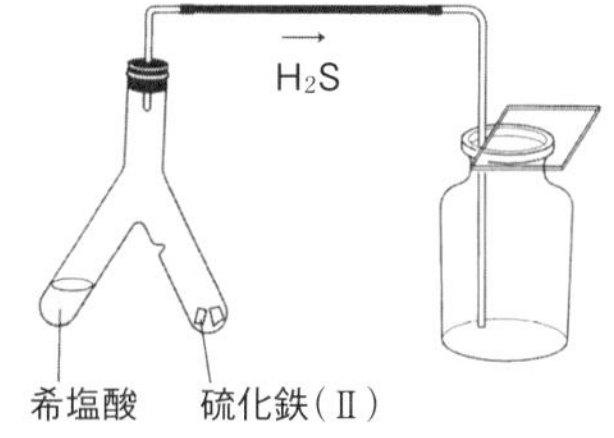

二叉試験管は，突起のあるほうに固体試薬，ないほうに液体試薬を入れる。H_2S は，水にかなり溶け，空気より重いので，下方置換で捕集する。H_2S は毒性が強いので，この実験は風通しのよい場所，またはドラフト内で行う。キップの装置を用いてもよい。

►硫化水素は水に少し溶け（2.6 L / 水 1 L，20℃。約 0.1 mol/L），一部が電離して弱い酸性を示す[16]。

補足[16] $H_2S \rightleftarrows H^+ + HS^-$ （$K_1 = 1\times10^{-7}$〔mol/L〕），
$HS^- \rightleftarrows H^+ + S^{2-}$ （$K_2 = 3\times10^{-14}$〔mol/L〕）

電気陰性度が O(3.4) > S(2.6) であるから，H-O の極性は H-S の極性よりも大きい。したがって，H_2O のほうが H_2S よりも酸性が強くなるはずである。しかし，実際は H_2S が H_2O よりも酸性が強い。その理由として，(1) S-H 結合（347 kJ/mol）は O-H 結合（459 kJ/mol）よりも結合力が弱いこと，(2) 電離後に生成した HS^- が OH^- よりもサイズが大きいので，プロトン（H^+）に対する親和性が小さく，上式の電離平衡がより右に偏ること，(3) 強い極性

をもつ H_2O 分子間には水素結合が働き，H^+ が電離しにくくなっていることが考えられる。

►硫化水素は酸化されて，単体の硫黄へと変化しやすい。このとき強い**還元作用**を示す⑰。

$$2H_2S + SO_2 \longrightarrow 2H_2O + 3S\downarrow$$

詳説⑰ 硫化水素水を空気中にしばらく放置すると，白濁してくる。これは，次式のように空気中の O_2 によって徐々に酸化され，単体の硫黄Sを遊離するためである。

$$2H_2S + O_2 \longrightarrow 2H_2O + 2S\downarrow$$

このように，H_2S は，Sの取りうる最低の酸化数をもち，極めて酸化されやすい性質をもつ。このとき他の物質を還元させる力が強い。たとえば，SO_2 はふつう H_2SO_4 に変わりやすく，還元剤として作用する物質であるが，強い還元作用をもつ H_2S と反応する場合には，酸化剤として働いてしまう。

$$H_2S \longrightarrow S + 2H^+ + 2e^- \quad \cdots\cdots①$$

$$SO_2 + 4H^+ + 4e^- \longrightarrow S + 2H_2O \quad \cdots\cdots②$$

①×2+②より，上式が得られる。強い還元作用をもつ H_2S は，色素に対する脱色作用は強力であるにもかかわらず，ふつう漂白剤に用いられないのは，せっかく漂白した繊維上に，単体の硫黄が遊離して汚してしまうからである。

►硫化水素は，多くの重金属イオンと反応して，硫化物の沈殿を生成する。また，金属イオンの種類によって，沈殿の生じるpHが異なることを利用して，金属イオンの分離・分析の試薬に用いられる。

硫化物の沈殿は圧倒的に黒色が多い。黒色以外のものを覚えておくとよい。

酸性溶液中でも沈殿するもの⑱	Ag_2S(黒)，PbS(黒)，HgS(黒)，CuS(黒)，CdS(黄)，SnS(褐)
中性，塩基性溶液から沈殿するもの⑲	ZnS(白)，NiS(黒)，MnS(淡赤)，FeS(黒)
沈殿しないイオン	Na^+，K^+，Ca^{2+}，Ba^{2+}，Mg^{2+}，〔$Al^{3+} \longrightarrow Al(OH)_3\downarrow$ ⑳〕

詳説⑱ 溶液の酸性が強いほど，$H_2S \rightleftarrows 2H^+ + S^{2-}$ の電離平衡はより左辺へ偏り，溶液中の S^{2-} の濃度が減少する。それにもかかわらず，溶解度積 K_{sp} の小さい硫化物（イオン化傾向が小：Sn～Ag）では，$[M^{2+}][S^{2-}]$ の値が K_{sp} に達して硫化物が沈殿する。

詳説⑲ K_{sp} の少し大きい硫化物（イオン化傾向が中程度：Zn～Ni）では，溶液の酸性を弱めていくと，$H_2S \rightleftarrows 2H^+ + S^{2-}$ の平衡が右辺へ移動して，溶液中の S^{2-} の濃度が増加する。すると，$[M^{2+}][S^{2-}]$ の値が K_{sp} を上回るようになって，硫化物が沈殿するようになる。

逆にいうと，これらの硫化物が酸性溶液中で沈殿しないのは，S^{2-} の濃度が減少すると，$[M^{2+}][S^{2-}]$ の値が K_{sp} より小さくなって，沈殿が溶解し始めるからである。

補足⑳ Al_2S_3 は，水溶液中では，次式のように加水分解しやすいので，少量の $Al(OH)_3$ の白色沈殿が生成する。

$$Al_2S_3 + 6H_2O \longrightarrow 2Al(OH)_3\downarrow + 3H_2S$$

►陽性の強い金属元素（1族，2族）の硫化物は，イオン結合性で水に溶けやすい。それ以外の金属元素の硫化物では，共有結合性が強くなるほど水に溶けにくくなる。

硫化水素は，水で湿らせた酢酸鉛(Ⅱ)紙（酢酸鉛(Ⅱ)$(CH_3COO)_2Pb$ を浸み込ませたろ紙）に触れると，黒色の硫化鉛(Ⅱ)が生成することにより検出される。

5 二酸化硫黄

二酸化硫黄 SO_2 は，亜硫酸ガスともよばれる無色・刺激臭の有毒な気体で㉑，実験室では，亜硫酸ナトリウムに希硫酸を作用させるか㉒，銅に濃硫酸を加えて加熱しても得られる。

$$Na_2SO_3 + H_2SO_4 \longrightarrow Na_2SO_4 + H_2O + SO_2\uparrow$$

$$Cu + 2\,H_2SO_4 \longrightarrow CuSO_4 + 2\,H_2O + SO_2\uparrow$$

補足㉑ 石油や石炭中の硫黄分が，燃焼したときに発生する。呼吸器を激しく侵す窒息性の有毒ガスで，吸い込むと強いせきが出る。大気汚染の原因物質であるばかりか，さらに酸化されて SO_3 となり，雨水に溶けて酸性雨の原因物質にもなる。

詳説㉒ 反応形式は，弱酸の塩＋強酸 ⟶ 強酸の塩＋弱酸 であり，強酸(H_2SO_4)の右向きの反応推進力のほうが，弱酸(H_2SO_3)の左向きの反応推進力よりも強いので，反応は右へ進む。強酸の塩＋強酸 ⟷ 強酸の塩＋強酸 の場合には，左右どちらにも進む推進力が等しいので，反応はどちらへも進まない。ところで，液中に生じた亜硫酸 H_2SO_3 は，そのままの形で取り出すことはできない。それは，H_2SO_3 の濃度がある程度以上になると，$H_2SO_3 \rightleftarrows H_2O + SO_2\uparrow$ の平衡が右へ移動して，SO_2 と H_2O に分解してしまうからである。

► 二酸化硫黄は水にかなり溶けて，弱い酸性を示す㉓。

$$H_2SO_3 \rightleftarrows H^+ + HSO_3^- \qquad (K_1 = 2.0\times10^{-2}\,[\text{mol/L}])$$

$$HSO_3^- \rightleftarrows H^+ + SO_3^{2-} \qquad (K_2 = 1.6\times10^{-7}\,[\text{mol/L}])$$

二酸化硫黄や亜硫酸塩は**還元性**を示すので，絹や羊毛などの漂白剤に用いられる㉔。

補足㉓ SO_2 の分子は，図のように折れ線形の構造をしており，NH_3(双極子モーメント μ=1.45 D) よりも強い極性 (μ=1.59 D) をもつ。また，水と一部反応することから ($SO_2 + H_2O \rightleftarrows H_2SO_3$)，水への溶解度は，20℃で 40 L/水 1 L と大きい。中心の S 原子は，二重結合と配位結合により，2 個の O 原子と共有結合している。すなわち，SO_2 分子は，(a)，(b) 2 通りの共鳴構造で表せるから，S−O 結合の強さは平均して 1.5 重結合に相当する。

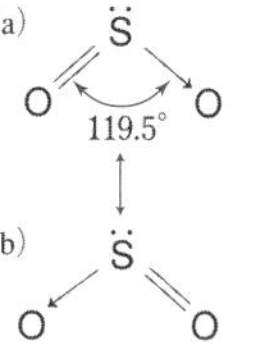

詳説㉔ SO_2 は水の存在下で，相手から電子を奪って SO_4^{2-} に変わりやすいという性質があるため，他の物質に対して還元作用を示す。

$$SO_2 + 2\,H_2O \longrightarrow SO_4^{2-} + 4\,H^+ + 2\,e^-$$

たとえば，硫酸酸性の $KMnO_4$ 水溶液に SO_2 を通じると，MnO_4^-(赤紫色) が Mn^{2+}(無色) へと脱色される。一方，SO_2 による還元漂白作用は，次のように行われる。

SO_2 の還元作用によって，$2\,H^+ + 2\,e^- \longrightarrow 2(H)$ という原子状水素が生じたとする。これが，図(a)のアゾ色素 (p. 674) 中の発色を表すアゾ基 (-N=N-) の二重結合に付加して，単結合に変えてしまう (図(b))。すると，2 つのベンゼン環の π 電子の通り道が，途中で切られたことになり，可視光線の吸収がなくなり色が消える。

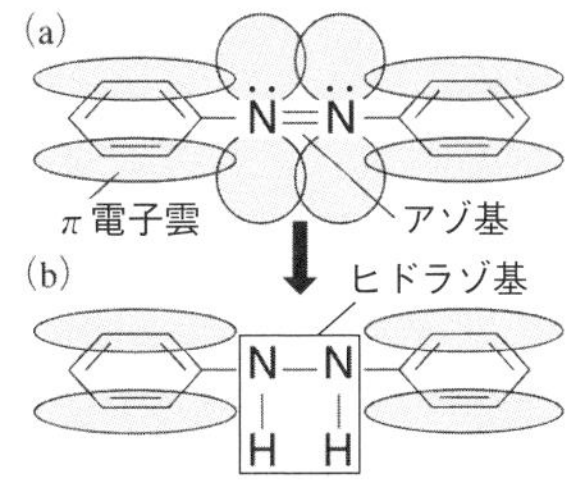

このように，SO_2 による還元漂白作用は，色素分子中の発色に関係する部分の構造を少し変化させるだけなので，かなり穏やかである。一方，塩素による酸化漂白作用は，色素分子そのものを破壊してしまうほど激しい。そこで，Cl_2 で漂白すると生地が傷んでしまう絹・羊毛などの動物性繊維の漂白には，SO_2 や SO_3^{2-} が用いられる。

6 チオ硫酸ナトリウム

亜硫酸ナトリウム水溶液に，硫黄を加えて加熱した溶液を冷却すると，チオ硫酸ナトリウム五水和物の無色透明な結晶㉕が得られる。　$Na_2SO_3 + S \longrightarrow Na_2S_2O_3$

補足㉕　この結晶は，俗にハイポとよばれ，写真の定着剤に使われる。これは，未感光のハロゲン化銀にチオ硫酸イオン $S_2O_3^{2-}$ が作用して，銀の錯イオンとして溶かし出す働きを利用したものである (p. 550)。チオ硫酸イオン $S_2O_3^{2-}$ は，右図のように硫酸イオン SO_4^{2-} の O 原子1個を S 原子で置換してできたもので，S–O 間の距離はどれも 0.147 nm，S–S 間の距離は 0.201 nm で，多少ひずんだ四面体構造をもつ。

$$\left[\begin{array}{c} O \\ \uparrow \\ S-S-O \\ \downarrow \\ O \end{array}\right]^{2-}$$

►ヨウ素のような比較的弱い酸化剤とは，次式のように定量的に反応するので，ヨウ素滴定の際の還元剤の標準溶液として用いられる㉖。

$$2\,Na_2S_2O_3 + I_2 \longrightarrow Na_2S_4O_6 + 2\,NaI$$

四チオン酸ナトリウム

詳説㉖　この反応では，2個の $S_2O_3^{2-}$ の S 原子がそれぞれ1個ずつ電子を放出して，残った不対電子どうしが共有結合して二量体の $S_4O_6^{2-}$(四(テトラ)チオン酸イオン)を生じる。

$$^-O-\overset{\displaystyle O\atop\uparrow}{\underset{\downarrow\atop\displaystyle O}{S}}-S{:}\;\;{:}S-\overset{\displaystyle O\atop\uparrow}{\underset{\downarrow\atop\displaystyle O}{S}}-O^- \Longrightarrow\ ^-O-\overset{\displaystyle O\atop\uparrow}{\underset{\downarrow\atop\displaystyle O}{S}}-S-S-\overset{\displaystyle O\atop\uparrow}{\underset{\downarrow\atop\displaystyle O}{S}}-O^- + 2\,e^-$$

►一方，塩素のような強い酸化剤とは，次式のように反応する㉗。

$$Na_2S_2O_3 + H_2O + Cl_2 \longrightarrow Na_2SO_4 + S + 2\,HCl$$

詳説㉗　この反応は，次のように2段階に分けて考えるとわかりやすい。まず，(1) $Na_2S_2O_3$ の分解がおこり，$Na_2S_2O_3 \rightleftharpoons Na_2SO_3 + S\downarrow$　次いで，(2) Cl_2 によって Na_2SO_3 が酸化されたと考えればよい。　$SO_3^{2-} + H_2O \longrightarrow SO_4^{2-} + 2\,e^- + 2\,H^+$，　$Cl_2 + 2\,e^- \longrightarrow 2\,Cl^-$

これらをまとめると，本文の式が得られる。この反応を利用して，チオ硫酸ナトリウムは水道水の脱塩素剤(カルキ取り)にも用いられる。

7 硫酸の工業的製法

硫酸の工業的製法では，固体触媒の接触作用 (p. 255) を利用していることから，**接触法**とよばれる。この方法は次の3つの反応からなる。

① 硫黄を燃焼させて，二酸化硫黄をつくる㉘。　$S + O_2 \longrightarrow SO_2 \quad \Delta H = -297\,kJ$

② 酸化バナジウム(V) V_2O_5 を触媒㉙として，二酸化硫黄を酸化して三酸化硫黄にする㉚。

$$2\,SO_2 + O_2 \rightleftharpoons 2\,SO_3 \quad \Delta H = -184\,kJ$$

③ 三酸化硫黄を濃硫酸に吸収させて**発煙硫酸**㉛とし，これを希硫酸で薄めて濃硫酸にする㉜。　$SO_3 + H_2O$(濃硫酸中の水) $\longrightarrow H_2SO_4$

補足㉘　以前は，硫化鉄鉱 (黄鉄鉱，主成分 FeS_2) を燃焼させて SO_2 を得ていた。この SO_2 には不純物を多く含むので，十分に精製する必要があった。現在は，原油中に不純物として1～3％含まれる硫黄分を除去する操作の**脱硫** (**水素化脱硫**：原油中の硫黄分を Co，Ni，Mo を含む触媒を用いて加圧 H_2 と反応させ，H_2S として除去する。) で得られる**脱硫硫黄**を原料としている。この H_2S の一部を燃焼させて SO_2 に変え，$2\,H_2S + SO_2 \longrightarrow 3\,S + 2\,H_2O$ の反応で硫黄の単体を得る。この SO_2 は，不純物をほとんど含まないので精製する必要はない。

脱硫硫黄を原料とする硫黄の燃焼炉は，鉄製でその内面を耐火レンガで内張りしたものである。ここへ約130℃に加熱した液体状態の硫黄と十分量の乾燥空気を送り込み，バーナーで燃焼させてSO_2をつくる。ただし，燃焼炉で生成したSO_2と空気の混合気体の温度は約1100℃もあるので，次の触媒層のある装置(転化器)に送る前に，熱交換器によって触媒の最適温度である約450℃まで温度を下げる必要がある。

詳説㉙ $SO_2 \longrightarrow SO_3$の反応には，以前は高価な白金触媒が用いられていたが，現在は安価な酸化バナジウム系触媒が使用される。これは，酸化バナジウム(V)V_2O_5に助触媒としてK_2SO_4を加え，これらを担体のSiO_2(シリカゲルなど) に保持させ，5～10 mm程度のリング状に成形したものである。V_2O_5の触媒作用は，次の①，②の繰り返しによると考えられる。

$$V_2O_5 + SO_2 \longrightarrow V_2O_4 + SO_3 \quad \cdots\cdots ①$$
$$2V_2O_4 + O_2 \longrightarrow 2V_2O_5 \quad \cdots\cdots ②$$

なお，V_2O_5の融点は675℃であるが，これにK_2SO_4を加えると，融点降下により約450℃(共融点)まで融点が下がる。このため，V_2O_5触媒を約450℃に保持すると，その一部が融けて，その中にSO_2やO_2が溶け込み，$2SO_2 + O_2 \longrightarrow 2SO_3$の反応が進みやすくなる。

補足㉚ SO_3は，常温では無色の結晶であるが，約50℃で昇華する。水に入れると激しい音を発して反応し，硫酸となる。金属酸化物とも発熱しながら反応し，硫酸塩となる。$MO + SO_3 \longrightarrow MSO_4$　なお，SO_3分子は右図のようにSを中心とする正三角形の平面構造で，S–O間の距離はすべて0.143 nmである。

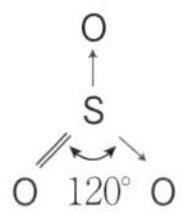

補足㉛ **発煙硫酸**は，濃硫酸に過剰のSO_3を吸収させたもので，常にSO_3の蒸気を出し，空気中の水蒸気と反応して生じる硫酸の霧を生じるので，この名がつけられた。発煙硫酸中では，次の平衡が存在し，SO_3は主に二硫酸(ピロ硫酸$H_2S_2O_7$)の形で溶けている。

$$H_2SO_4 + SO_3 \rightleftarrows H_2S_2O_7$$

“発煙”という現象は，(1)揮発性の高い(沸点の低い)気体であること。(2)その気体が水に溶けやすいこと。この二つの条件が揃うとおこり，濃塩酸や濃アンモニア水でこの現象が見られる。また，発煙硫酸では，揮発性の高いSO_3が蒸発し，これが空気中の水蒸気に溶け込み，目に見える程度の大きさの水滴となったもの(硫酸の霧)が発煙の正体である。

詳説㉜ SO_3を直接水に吸収させると，多量の発熱(93 kJ/mol) のため，水が激しく沸騰する。生じた水蒸気にSO_3が溶け込み，硫酸の霧となって空気中に発煙してしまう。この硫酸の霧はかなり大きな粒子であるため，水中への拡散速度は極めて遅く，水にはほとんど吸収されない。そこで，この硫酸の霧の発生を抑えるために，蒸気圧が最小の濃硫酸にSO_3をゆっくり吸収させて発煙硫酸とし，これを希硫酸で薄めて所定濃度の濃硫酸をつくる。実際には，SO_3を濃硫酸に吸収させると同時に，希硫酸で希釈するという方法で，発煙硫酸を経由せずに濃硫酸を製造している。

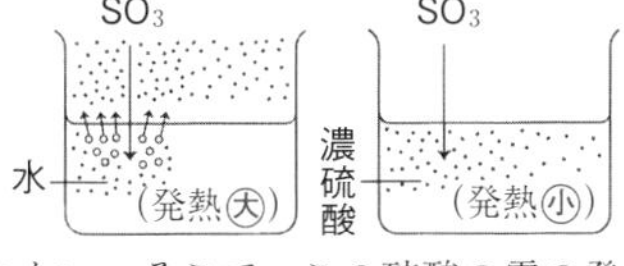

> **例題** 硫黄1.0 kgを完全に硫酸に変えたとすると，98%硫酸は何kgできるか。$H_2SO_4 = 98$

［解］ 原料中のSは，最終製品のH_2SO_4の中にすべて含まれる($S \longrightarrow H_2SO_4$)から，S 1 molから$H_2SO_4$も1 mol生成する。得られる98%硫酸を$x$〔kg〕とすると，

$$\frac{1.0\times10^3}{32}\times98 = x\times10^3\times\frac{98}{100} \text{ より，} \qquad \therefore\ x \fallingdotseq 3.12 \fallingdotseq \mathbf{3.1〔kg〕}$$ 答

SCIENCE BOX

硫酸の工業的製法(接触法)

現在，黄鉄鉱を原料とした硫酸の製造は行われていないが，銅・亜鉛・鉛などの硫化物鉱から各金属を製錬する際に副生する SO_2 からの硫酸製造は小規模に行われており，その際には，以下の方法が利用されている。

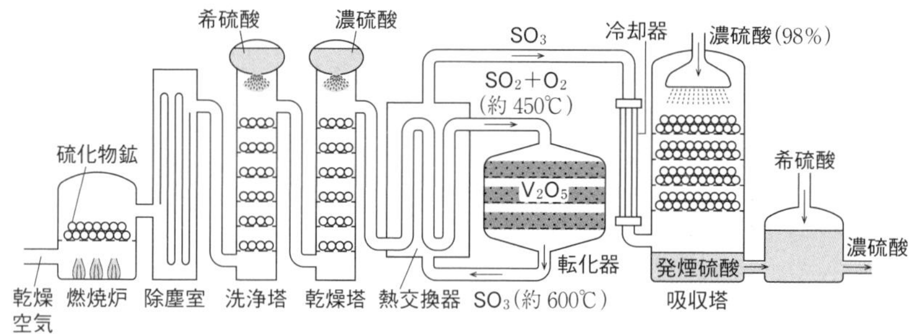

硫酸の工業的製法(接触法)

(1) SO_2 の精製について

硫化物鉱の燃焼で生成するガス（約 750℃）は，SO_2 のほかに，硫化物鉱や未燃焼の S の微粉(鉱塵)などを多く含み，このまま触媒層に通すことはできない。まず，除塵室に導き，ガスの流速を緩めて大粒の鉱塵を除去する。このとき，ガスの温度は約 400℃まで低下する。

次の洗浄塔(冷却塔)では，上部から希硫酸(20〜30%)を注下し，小粒の鉱塵を除去し*1，ガスの温度を 30〜40℃まで下げる。

続く乾燥塔では，上部から濃硫酸(95%)を注下する。これは，ガス中の水分を除くことにより，次の反応に用いる V_2O_5 を触媒粒の崩壊を防ぐためである。

このように，硫化物鉱の燃焼で発生した SO_2 と O_2 の混合ガスには，鉱塵やヒ素(As)やセレン（Se）などの酸化物が不純物として含まれる。このまま，V_2O_5 触媒層に通すと，触媒の活性を著しく低下させる（**触媒の被毒**という)。したがって，除塵・洗浄・乾燥などの操作により，SO_2 をよく精製しておく必要がある。

＊1　この過程で，ガス状のヒ素やセレンの酸化物を，希硫酸に溶解させて除去する。

(2) SO_2 の SO_3 への転化について

精製された SO_2 と O_2 は，触媒層のある装置(転化器)を通過させて酸化し SO_3 にする。

$SO_2 \longrightarrow SO_3$ の反応は，発熱反応で，気体の分子数が減少するので，SO_3 への転化率を高めるには，ルシャトリエの原理より，低温・高圧が望ましい。しかし，十分に加圧するためには，反応装置の強度を上げねばならない。また，低温（400℃）では SO_3 への転化率は高いが，反応速度が遅く，なかなか平衡状態に達しない。一方，高温（600℃）では反応速度は速いが，SO_3 への転化率は低くなる。そこで，工業的には反応速度を維持できる限界の約 450℃に設定し，V_2O_5 触媒を用いて反応速度の低下を補う。

(3) SO_3 の水への吸収について

転化器を出た SO_3 ガスは高温なので，熱交換器と冷却器で約 100℃まで冷却する。吸収塔では上部から濃硫酸を注下し，下部から SO_3 を送り込む向流法(p. 494)により，塔全体でまんべんなく SO_3 を濃硫酸中の水と反応させている*2。

＊2　SO_3 が水蒸気に触れると硫酸の霧を生じて発煙してしまう。そこで，水蒸気圧が最小の 98%濃硫酸に吸収させて発煙を防いでいる。

7　硫酸の性質

[1]　濃硫酸に見られる性質

市販の濃硫酸(濃度約98%)は，無色で粘性が大きく，密度(1.84 g/cm³)の大きな油状の液体である。また，濃硫酸は高い沸点(98.3%で338℃)をもつ**不揮発性**の酸である㉝。

補足㉝　濃硫酸が高い粘性をもつのは，分子どうしが下図のように水素結合で会合しているためである。濃硫酸を加熱すると，338℃で沸騰し始める。このとき，溶液と蒸気は全く同じ組成(H_2SO_4：98.3%)を示し，共沸混合物(p.187)となる。一方，純硫酸を加熱すると，約290℃でSO_3とH_2Oに分解し始めるので，純硫酸の沸点は測定不能である。(ただし，融点は測定可能で10.4℃である。)したがって，濃硫酸をいくら蒸留しても純硫酸は得られず，濃硫酸に計算量のSO_3を溶かし込む方法で純硫酸がつくられる。

```
…HO＼   ↗O…HO＼   ↗O…HO＼   ↗O…
     S          S          S
…HO／   ↘O…HO／   ↘O…HO／   ↘O…
```

►濃硫酸は強い**吸湿性**をもち，乾燥剤に用いられるほか㉞，スクロースなどの有機化合物中からHとOを2：1の割合で奪う**脱水作用**をもち㉟，最後に炭素が遊離する。

$$C_{12}H_{22}O_{11} \longrightarrow 12\,C + 11\,H_2O$$

補足㉞　上の**補足**㉝のように，H_2SO_4分子どうしだけでなく，濃硫酸は水分子とも強い水素結合をつくるので，H_2SO_4の周りに多くの水分子を引き寄せることにより，吸湿性を示す。

補足㉟　濃硫酸の脱水作用は，主に有機物のヒドロキシ基 -OH に対して次のように行われる。

```
  H                 H                  H
 -C-Ö-H    ⟹     -C ( -O⁺-H    ⟹     -C⊕ + H₂O
  H  ↓              H    H              H⁺
     H⁺
(H⁺の付加)        (H₂Oの脱離)       (H⁺の脱離)
```

デシケーター
(desiccate 乾かすの意味)

►加熱した濃硫酸(**熱濃硫酸**)は強い**酸化作用**をもち，銅・銀のほか，炭素や硫黄などの非金属をも酸化して溶解する。

$$C + 2\,H_2SO_4 \longrightarrow CO_2 + 2\,SO_2 + 2\,H_2O$$

$$S + 2\,H_2SO_4 \longrightarrow 3\,SO_2 + 2\,H_2O$$

濃硫酸の水への**溶解熱**は極めて大きい(74.4 kJ/mol)ので，濃硫酸を水で薄めるときは，安全に十分注意する必要がある㊱。

補足㊱　希硫酸をつくるときは，水の中へ濃硫酸を少しずつ加える。逆に，濃硫酸に水を注ぐと，加えた水は密度の大きい濃硫酸の表面に浮かんだ状態になる。このとき，多量の溶解熱により，加えた水が急激に沸騰して，その勢いで濃硫酸を周囲に飛散させるからとても危険である。

[2]　希硫酸に見られる性質

希硫酸は**強い酸性**を示す㊲。

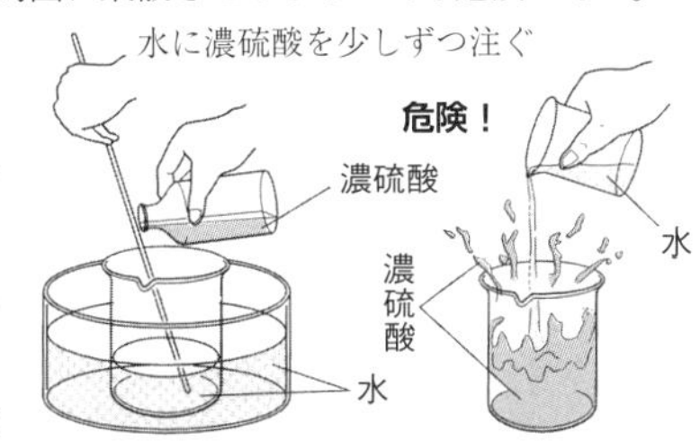

詳説㊲　ほとんど水分を含まない濃硫酸は電離度が小さく，オキソニウムイオンH_3O^+も少ないので，その酸性は弱い。しかし，濃硫酸の酸としての性質が弱いわけではなく，相手にH^+を与えようとする能力をもった強酸である。ただし，希硫酸には濃硫酸がもつ酸化作用，脱水作用，吸湿性などの性質はない。

4-4　窒素・リンとその化合物

1 窒素の単体

窒素 N_2 は，空気中に体積で約78％含まれ，工業的には液体空気の分留で得られる。実験室では，濃い亜硝酸アンモニウムの水溶液を約70℃に加熱してつくる❶。

$$NH_4NO_2 \longrightarrow N_2\uparrow + 2\,H_2O \quad \cdots\cdots\cdots ①$$

また，加熱した銅網中に空気を通すと，酸素が銅と化合して除かれ，少量の不純物を含んだ窒素が得られる❷。

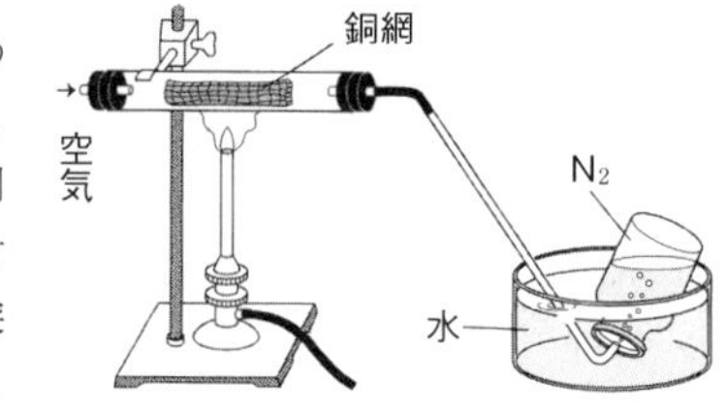

詳説❶ NH_4^+ は，N原子の取りうる最低の酸化数の-3をもつので，常に還元剤として働く。一方，NO_2^- のN原子の酸化数は$+3$で，酸化剤・還元剤いずれの働きも可能であるが，還元剤の NH_4^+ に対しては酸化剤として働く。いま，両イオンが衝突して，NH_4^+ から電子3個が NO_2^- へ移動すると，N_2 と H_2O を生成する。このような反応を**自己酸化還元反応**(**不均化反応**)(p. 353)という。

同様に，硝酸アンモニウム NH_4NO_3 の結晶を約200℃に加熱すると融解し，NH_4^+ と NO_3^- の衝突の際に，電子4個が移動して，Nの酸化数が$+1$の化合物 N_2O を生成する。

$NH_4NO_3 \longrightarrow N_2O\uparrow + 2\,H_2O$　　一酸化二窒素 N_2O は，無色で少し甘味のある気体で，吸入すると顔面の筋肉がけいれんして笑っているように見えるので，“笑気”とも呼ばれる。現在でも，約80％の N_2O と20％の O_2 の混合ガスは手術の際の全身麻酔剤に用いられるが，その作用はさほど強くないので，他の麻酔薬とあわせて使用される。

補足❷ イギリスの**レイリー**と**ラムゼー**は，この方法で得られた N_2 の密度（1.2572 g/L）が，①式で得られた純粋な N_2 の密度(1.2505 g/L)より少し大きいことに気づいた。そこで，空気から O_2 を除いて得た窒素をさらに熱したMgと反応させて，完全に N_2 を除去したところ，最後に N_2 よりも密度の大きい気体が得られた。この気体は反応性に乏しいことから，ギリシャ語のargos(怠け者)にちなんでアルゴンArgonと命名された(1894年)。

►窒素は無色・無臭の気体で，水には溶けにくい。常温では化学的に不活発であるが❸，高温では種々の元素と反応する❹。

詳説❸ 窒素分子 N_2 は，窒素原子どうしが三重結合で結合している。窒素が貴ガスに次いで反応性に乏しい理由は，N≡N結合の結合エネルギーが945 kJ/molと非常に大きな値をもつことが原因と考えられる。

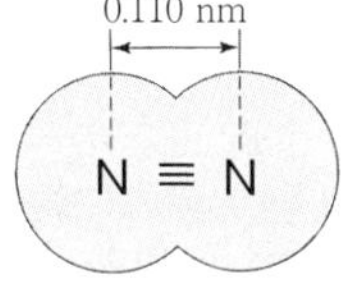

三重結合で原子間距離が短くなっている。

補足❹ 高温では，Mg，Alなどの金属と反応して窒化物をつくる。

$$3\,Mg + N_2 \longrightarrow Mg_3N_2 \quad (Mg^{2+}\cdots N^{3-}：イオン結合)$$

炭素やタングステンWなどの電極を接触させて大電流を通じた後，電極をわずかに引き離すと両電極間に火花を発し，続いて円弧状の火炎（電弧，アークという）を生じる。この放電を**アーク放電**という。アーク内では陰極から放出された熱電子によって，強い発光と約4000℃の高温が得られる。空気中でアーク放電を行うと，N_2 と O_2 の一部が化合してNOを生じる(p. 454)。このように，空気中の N_2 を窒素の化合物に変えることを**空中窒素の固定**という。

2 アンモニア

アンモニア NH_3 は，工業的には，窒素と水素の体積比 1：3 の混合気体を，四酸化三鉄 Fe_3O_4 を主成分とする触媒を用いて，約 500℃，2×10^7～5×10^7 Pa で直接反応させて得られる。この方法を**ハーバー・ボッシュ法**という。

$$N_2 + 3H_2 \rightleftarrows 2NH_3 \quad \Delta H = -92\,\mathrm{kJ}$$ ❺

詳説❺ この反応は可逆反応で，一定条件のもとで平衡状態に達する。NH_3 の生成は気体の分子数が減少する反応だから，ルシャトリエの原理によると，圧力については高圧ほど有利となり，実際には数 $\times10^7$ Pa で行われる。一方，温度については発熱反応だから低温ほど有利だが，反応速度に関しては高温ほど有利である。そこで，実際には約 500℃という中間程度の温度を設定し，さらに，反応速度の低下を補うために触媒を使用する。鉄触媒は，その表面に窒素や水素を吸着して，原子間の結合を弱め，遷移状態にする役割を果たす(下図)。また，生成した NH_3 は冷却して液化すると，さらに平衡が右へ移動して NH_3 の生成量は多くなる。

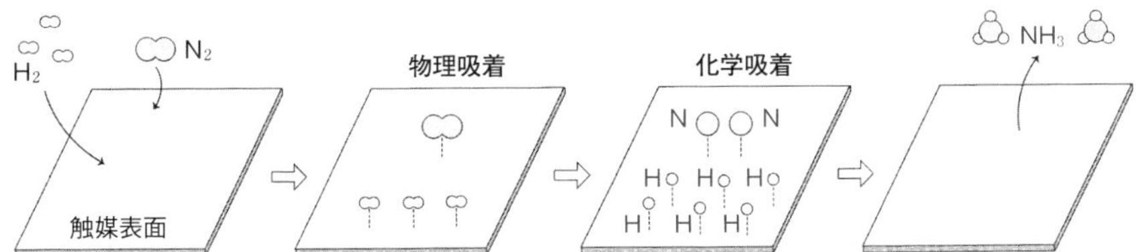

►実験室では，塩化アンモニウムと水酸化カルシウムの混合物を加熱し，上方置換で捕集する❻。 $2NH_4Cl + Ca(OH)_2 \longrightarrow CaCl_2 + 2NH_3\uparrow + 2H_2O$

詳説❻ (弱塩基の塩)＋(強塩基) ⟶ (強塩基の塩)＋(弱塩基)の反応形式に従う反応である。弱塩基のイオンの NH_4^+ がブレンステッドの酸として働き，強塩基の OH^- に H^+ を与えて，弱塩基の NH_3 に戻っていく反応である。よって，NH_4Cl の代わりに $(NH_4)_2SO_4$ でもよく，$Ca(OH)_2$ の代わりに NaOH を用いてもよい。

参考 一般に，固体どうしを反応させる場合，いくら細かく砕いたつもりでも，固体粒子間で本当に接触している部分はごくわずかである。そこで，固体粒子の衝突回数を増やすためには，どうしても加熱が必要となる。また，固体を加熱する場合，必ず試験管の口は少し下げておく。これは，反応で生成する水蒸気が試験管の口付近で冷却されて生じた水滴が，再び加熱部のほうへ流れ落ちると試験管が割れてしまうからである。また，反応により H_2O が生成しない場合でも，固体試薬には水和水などの形で水分が含まれていることが多いので，加熱の際には同様の注意が必要となる。

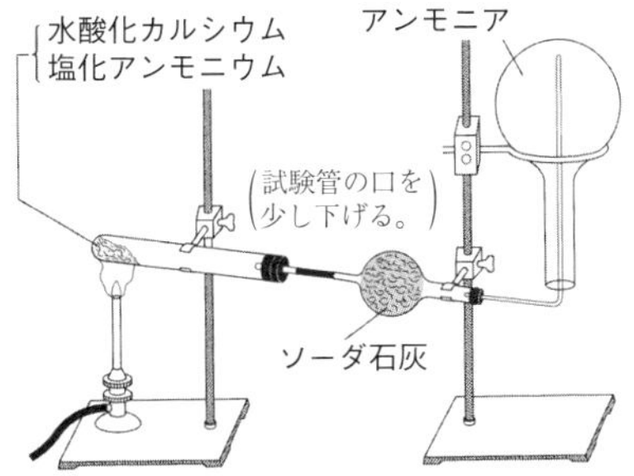

アンモニアの乾燥には，CaO やソーダ石灰(NaOH と CaO の混合物)を用いる。NH_3 は塩基性の気体であるから酸性の乾燥剤 (H_2SO_4, P_4O_{10}) は不適当である。また，中性の乾燥剤である $CaCl_2$ とは水和物に似た分子化合物 $CaCl_2\cdot8NH_3$ をつくるため使用できない。

►アンモニアは，無色・刺激臭の気体で，加圧すると容易に液化する❼。水によく溶け，水溶液は弱い塩基性を示す❽。

$$NH_3 + H_2O \rightleftarrows NH_4^+ + OH^-$$

詳説[7] アンモニアは，三角錐形の分子(p. 67)で，分子内の共有電子対はN原子側に偏り，かなり強い極性をもつ。NH_3が同族の水素化合物のPH_3(ホスフィン)やAsH_3(アルシン)に比べて高い沸点をもつのは，分子間に-H…N-Hという水素結合が働き，分子が会合しているためである。このため，NH_3は凝縮しやすく，蒸発するとき大きな蒸発熱(1.38 kJ/g)を周囲から奪うので，製氷のための大型冷凍機の冷媒などに使用されている。

補足[8] NH_3は極めて水によく溶ける(477 mL/水1 mL，0℃)が，弱い塩基性しか示さない。大部分のNH_3分子は，水和された形で溶けており，その一部だけが電離するためである。

►アンモニアは，塩化水素と反応して塩化アンモニウムNH_4Clの白煙を生じる反応で検出する[9]。　$NH_3 + HCl \longrightarrow NH_4Cl$

また，NH_3は高温・高圧でCO_2と反応して，**尿素**$(NH_2)_2CO$を生成する。

$$2NH_3 + CO_2 \xrightarrow[1.2\times10^7\,\mathrm{Pa}]{200℃} (NH_2)_2CO + H_2O$$

補足[9] 高校段階では，NH_3は唯一の塩基性気体であるから，水で湿らせた赤リトマス紙が青変すれば，その気体はNH_3とみなしてよい。

3 一酸化窒素

空気中で雷のような火花放電がおこると，窒素と酸素が直接反応し，**一酸化窒素**NOが生成する[10]。　$N_2 + O_2 \rightleftarrows 2NO \quad \Delta H = 180\,\mathrm{kJ}$

補足[10] この反応は吸熱反応で，活性化エネルギーが非常に大きいため，よほど高温でないと実際には反応が進行しない。2500℃でもNOの生成率は約5%である。

►一酸化窒素NOは，無色の水に溶けにくい気体で，空気中では容易に酸化され，赤褐色の二酸化窒素NO_2になる。　$2NO + O_2 \longrightarrow 2NO_2$

実験室では，銅と希硝酸を反応させるとNOが発生する。NOは水上置換で捕集する。

$$3Cu + 8HNO_3 \longrightarrow 3Cu(NO_3)_2 + 2NO\uparrow + 4H_2O$$

4 二酸化窒素

銅に濃硝酸を加えると，**二酸化窒素**NO_2が発生する[11]。

$$Cu + 4HNO_3 \longrightarrow Cu(NO_3)_2 + 2NO_2\uparrow + 2H_2O$$

詳説[11] 濃硝酸と希硝酸の酸化剤としての標準電極電位$E°$は，それぞれ+0.84 V，+0.96 Vで大差はない。したがって，銅と濃硝酸，希硝酸のいずれの反応においても，NO，NO_2の両方が同時に発生しても不思議ではない。実際には，濃硝酸と希硝酸中に含まれる水の量が主原因となり，一方の気体が主に発生する。

(1) Cuと希硝酸との反応では，発生したNO_2は希硝酸中の水に溶けて吸収されるので，NO_2はあまり発生してこない。

(2) Cuと濃硝酸との反応では，発生したNOは濃硝酸によってさらに酸化されるので，NOはあまり発生してこない。硝酸の濃度によりNO，NO_2の発生量が異なる理由を，次の平衡式を使って考えることもできる。　$3NO_2 + H_2O \rightleftarrows 2HNO_3 + NO$

希硝酸ではH_2Oが多くHNO_3が少ないので，平衡が右へ偏りNOの発生量が多くなるが，濃硝酸ではHNO_3が多くH_2Oが少ないので，平衡が左へ偏りNO_2の発生量が多くなる。

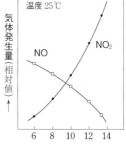

Cu過剰において，硝酸濃度の違いによるNO，NO_2の発生量の変化を示す。

SCIENCE BOX 一酸化窒素 NO の分子構造

(1) NO の分子軌道ダイヤグラム

二原子分子である NO の場合，エネルギー準位の近い N 原子の 2s 軌道と 2p 軌道，O 原子の 2s 軌道と 2p 軌道が組み合わさって分子軌道がつくられると考えればよい。NO 分子の分子軌道のエネルギー準位を表す図（**分子軌道ダイヤグラム**）を書き，ここへ NO 分子がもつ価電子 5+6=11 個を，エネルギー準位の低い σ_{2s}，σ_{2s}^*，σ_{2p}，π_{2p}，π_{2p}^*，σ_{2p}^*(右上の無印は結合性軌道を，＊印は反結合性軌道を表す）から順に入れていけばよい。したがって，NO 分子の分子軌道における電子配置は次のようになる。

$$(\sigma_{2s})^2(\sigma_{2s}^*)^2(\sigma_{2p})^2(\pi_{2p})^4(\pi_{2p}^*)^1$$

結合次数 n は，

$$n=\frac{1}{2}\left(\begin{matrix}結合性軌道の\\電子の数\end{matrix}-\begin{matrix}反結合性軌道の\\電子の数\end{matrix}\right)$$

より，NO の結合次数 $n=\frac{1}{2}$ (8−3) =2.5 となり，N，O 間の共有結合は，二重結合と三重結合の中間，平均 2.5 重結合に相当する。また，NO 分子には不対電子を 1 個もち，**常磁性**（分子が外部磁場の方向に磁化される性質)をもつ事実とも一致する。

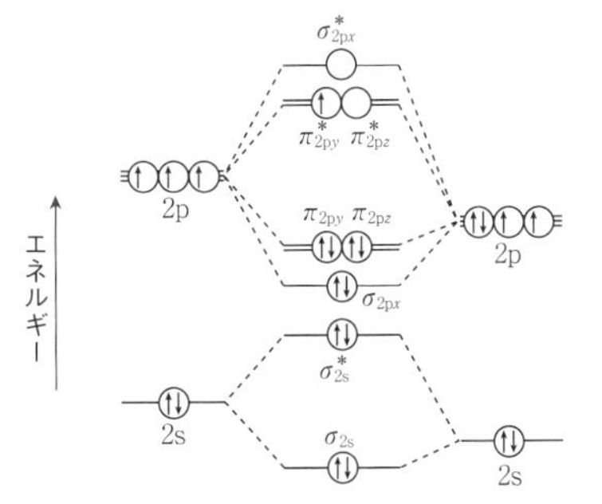

NO の分子軌道ダイヤグラム

(2) NO 分子の電子式と極性について

右上表でわかるように，NO は O_2 と等電子構造である NO^- より電子が 1 個少ないことから，O_2 の電子式に基づいて (a) の電子式が考えられる。また，NO は N_2 と等電子構造である NO^+ より電子が 1 個多いことから，N_2 の電子式に基づいて (b) の電子式も考えられる。

	結合次数	結合距離	磁性	構造
NO^+	3	0.106 nm	反磁性	N_2 と等電子構造
NO	2.5	0.115 nm	常磁性	N_2 より +1，O_2 より −1
NO^-	2	0.118 nm	常磁性	O_2 と等電子構造

(a) :N::O: （7 個 8 個） ↕ (a′) $\overset{-}{}$:N::O:$\overset{+}{}$ （8 個 7 個）

(b) :N⋮⋮O: （8 個 9 個） ↕ (b′) $\overset{-}{}$:N⋮⋮O:$\overset{+}{}$ （9 個 8 個）

(a) では，O 原子はオクテット則を満たすが，N 原子はオクテット則を満たしていない。そこで，N 原子が O 原子から電子を 1 個もらうと (a′) になる。ただし，(a′) では N 原子は負電荷，O 原子は正電荷をもつことに留意する。

(b) では，N 原子はオクテット則を満たすが，O 原子はオクテット則を満たしていない。そこで，O 原子が N 原子に電子を 1 個与えると (b′) になる。ただし，(b′) では N 原子は負電荷，O 原子は正電荷をもつことに留意する。実際の NO 分子は，(a) と (a′) および (b) と (b′) の共鳴構造の中間的状態にあると考えられる。なお，(a)，(b) の共有電子対はそれぞれ電気陰性度の大きい O 原子側に偏るから，N 原子はやや正電荷 (δ+)，O 原子はやや負電荷 (δ−) を帯びる。一方，(a′)，(b′) では，N 原子が負 (−) 電荷，O 原子が正 (+) 電荷を帯び，かつ，共有電子対はそれぞれ O 原子側に偏る。上記の効果の兼ね合いにより，NO 分子は N 原子にわずかの δ+，O 原子にわずかの δ− が残り，双極子モーメントは 0.16 D（デバイ）(p. 69) という小さな値をもつことになる。

二酸化窒素は，赤褐色で特有の刺激臭のある有毒な気体で，水に溶けると硝酸を生じ，強い酸性を示す⓬。

詳説⓬ NO_2 と同じ酸化数（+4）をもつ窒素のオキソ酸は存在しない。そこで，NO_2 を冷水に溶かすと，自己酸化還元反応(不均化反応)（p. 353）により，硝酸と亜硝酸が生成する。

$$2\,NO_2 + H_2O \longrightarrow HNO_3 + HNO_2 \quad \cdots\cdots(a)$$

ただし，亜硝酸は不安定な酸であり，温度が上がると，次のような自己酸化還元反応（不均化反応)をおこす。

$$3\,HNO_2 \longrightarrow HNO_3 + 2\,NO + H_2O \quad \cdots\cdots(b)$$

結局，NO_2 を約50℃の温水に溶かすと，{(a)×3+(b)}÷2 より，次の(c)式が得られる。

$$3\,NO_2 + H_2O \longrightarrow 2\,HNO_3 + NO \quad \cdots\cdots(c)$$

►常温付近では，NO_2 の一部が無色の四酸化二窒素に変化し，平衡状態にある⓭。

詳説⓭ NO_2 も NO と同様に1個の不対電子をもつが，右図のように2種の共鳴構造が存在し，NO に比べて幾分安定である。また，不対電子をもつ NO_2 2分子は重合して N_2O_4 に変化しやすい(p. 276)。

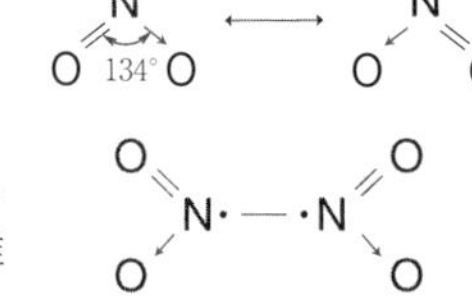

$$2\,NO_2 \rightleftarrows N_2O_4 \qquad \Delta H = -57\,kJ(発熱)$$

上式の平衡が成り立つのは，0～140℃であり，140℃を超えると，NO_2 は次のように解離するため色は薄くなり，600℃で完全に解離する。　$2\,NO_2 \rightleftarrows 2\,NO + O_2 \qquad \Delta H = 114\,kJ(吸熱)$

5　硝酸の工業的製法

硝酸 HNO_3 は，工業的には，**オストワルト**（ドイツ）が1902年に発表した次のような方法(**オストワルト法**)によってつくられる。

[1]　NH_3 と空気(酸素)を混合し，約800℃の白金 Pt 網に接触させて NO にする⓮。

$$4\,NH_3 + 5\,O_2 \longrightarrow 4\,NO + 6\,H_2O \quad \cdots\cdots①$$

[2]　NO と O_2 を含む混合気体を冷却すると，自動酸化されて NO_2 に変化する⓯。

$$2\,NO + O_2 \longrightarrow 2\,NO_2 \quad \cdots\cdots②$$

[3]　NO_2 を水に吸収させて，硝酸がつくられる⓰。

$$3\,NO_2 + H_2O \longrightarrow 2\,HNO_3 + NO \quad \cdots\cdots③$$

生成した NO は捨てずに回収し，②式の反応に戻され，すべて HNO_3 に変えられる。①～③式から，反応中間体の NO，NO_2 を消去すると，1つの反応式が得られる。

(①+②×3+③×2)÷4 より，$NH_3 + 2\,O_2 \longrightarrow HNO_3 + H_2O$

詳説⓮ NH_3 と過剰の空気(NH_3 の体積の12～15倍)の混合気体を，約800℃の白金網に約0.001秒間接触させると，NO が生成する。この接触時間が長くなると，次の副反応がおこる。

$$4\,NH_3 + 6\,NO \longrightarrow 5\,N_2 + 6\,H_2O$$

また，空気(酸素)不足や，無触媒でも次の副反応がおこる。

$$4\,NH_3 + 3\,O_2 \longrightarrow 2\,N_2 + 6\,H_2O$$

一酸化二窒素 N_2O の生成する副反応にも注意が必要である。

$$2\,NH_3 + 2\,O_2 \longrightarrow N_2O + 3\,H_2O$$

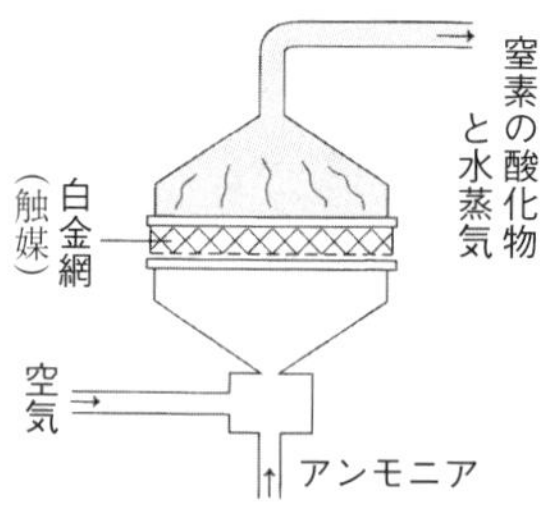

なお，白金 Pt－ロジウム Rh 系触媒を使用すると，N_2O の副生をかなり抑制することができる。

詳説⑮ ［1］で生成した混合気体を 140℃以下に冷却すると，NO は過剰の O_2 と自然に反応して NO_2 に変化する。このように，化合物が O_2 分子によって無触媒で酸化される現象を**自動酸化**という。実際は，熱交換器（右図）を用いて，生成した高温のガスで原料ガスの予熱（約 90℃）をすることで，生成ガスを冷却するという合理的な方法がとられる。

詳説⑯ **NO_2 の水への吸収はどのように行われるのか。**

約 50℃まで冷却した NO_2 と O_2 の混合気体を，第一吸収塔の下部から送り込み，第二吸収塔から送り込まれた希硝酸のシャワーに吸収させて（向流法 p. 494），50～60％硝酸とする。また，第一吸収塔から出た反応ガスは，第二吸収塔の下部に送り込まれ，上部から純水のシャワーに吸収させ，約 10％希硝酸とする。NO_2 の水への溶解（③式）は発熱反応なので，各吸収塔から出た硝酸液は高温となり，NO_2 の吸収能力が落ちる。これを防ぐため，硝酸液は約 50℃に冷却されて使用される。実際には，NO_2 は常温の水や希硝酸に吸収させて硝酸がつくられるが，その反応熱のために液温はかなり上昇するので，そのときの反応式は，NO_2 を温水に溶かしたときの前ページの(c)式と同じとなる。

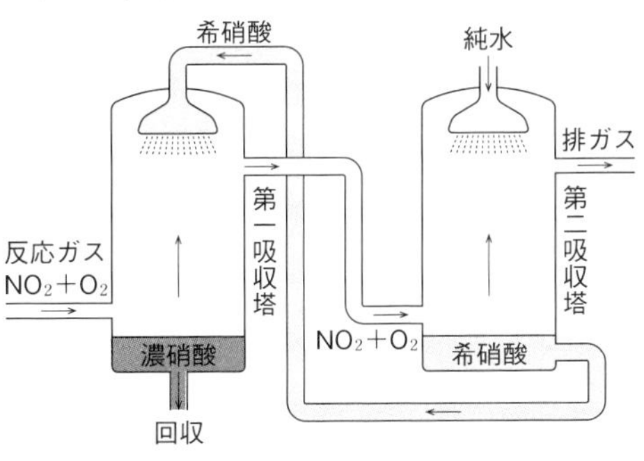

6 硝酸の性質

市販の濃硝酸は約 70％（密度 1.4 g/cm^3）で，無色・揮発性の強酸である。実験室では，硝酸ナトリウムなどの硝酸塩に濃硫酸を加え加熱してつくる。生じた硝酸の蒸気を冷水に導き，液体の硝酸を得る⑰。

$$NaNO_3 + H_2SO_4 \xrightarrow{150℃以下} NaHSO_4 + HNO_3 \quad \cdots①$$

詳説⑰ ①式では，左辺の H_2SO_4 と右辺の HNO_3 の酸の強さはほぼ等しいので，混合しただけでは平衡状態になる。これを温めると，揮発性の HNO_3 が気体（蒸気）となって反応系外へ出ていくので，平衡が右へ移動する。つまり，この反応は加熱によってはじめて右向きに進行するので，（揮発性の酸の塩）＋（不揮発性の酸）⟶（不揮発性の酸の塩）＋（揮発性の酸）の反応形式に従う反応と考えられる。

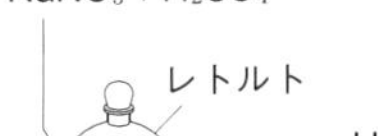
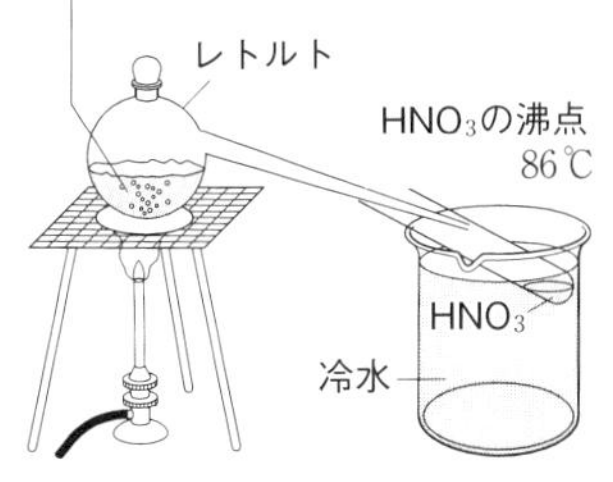

硝酸はゴムせんやコルクせんを腐食するので，レトルトという特殊なガラス製の器具を用いる。
発生した HNO_3 蒸気は分解しやすいので，あまり強熱してはいけない。

►硝酸は光により分解しやすいので，褐色びんに入れて保存する⑱。また，硝酸は強い**酸化作用**を示し，イオン化傾向の小さい Cu，Hg，Ag などの金属だけでなく，C，S，P などの非金属の単体も酸化して溶解する。このとき，H_2 は発生せず，HNO_3 の還元生成物，すなわち濃硝酸では NO_2，希硝酸では NO が発生する⑲。

補足 ⑱ 濃硝酸は，本来無色の液体であるが，光や熱によって一部が分解して NO_2 を生じ，さらに NO_2 が濃硝酸に溶け込み黄褐色を呈する。

$$4\,HNO_3 \longrightarrow 4\,NO_2 + 2\,H_2O + O_2$$

濃硝酸に過剰の NO_2 を溶かしたものを**発煙硝酸**といい，強力な酸化剤に用いられる。

HNO_3 は酸化する物質がない場合には，同種の分子間で自己酸化還元反応（不均化反応）(p. 353)をおこし，しだいに分解する。

詳説 ⑲ C, S, P などの非金属単体を濃硝酸と熱すると，酸化物の CO_2，またはオキソ酸の H_2SO_4，H_3PO_4 に変化する。

$$C + 4\,HNO_3 \longrightarrow CO_2 + 4\,NO_2 + 2\,H_2O$$
$$S + 6\,HNO_3 \longrightarrow H_2SO_4 + 6\,NO_2 + 2\,H_2O$$
$$P + 5\,HNO_3 \longrightarrow H_3PO_4 + 5\,NO_2 + H_2O$$

また，体積比で，濃硝酸と濃塩酸を 1：3 の割合で混合した橙黄色の液体を**王水**という。王水は，硝酸では溶かすことのできない白金 Pt や金 Au をも溶かすことができる(p. 382)。

►ただし，Fe，Al，Ni，Cr，Co などの金属は，希硝酸には溶けるが，濃硝酸には**不動態**となって溶解しない⑳。

補足 ⑳ これらの金属は濃硝酸の強い酸化作用により，その表面に緻密な酸化被膜が形成されて，内部が保護されるためである。たとえば，鉄釘を 15℃の濃硝酸に入れると直ちに不動態となったが，30℃の濃硝酸に入れると激しく NO_2 を発生して溶け，不動態にはならなかった。これより，濃硝酸による不動態は低温ではおこりやすく，高温ではおこりにくいことが推定できる。また，不動態化した鉄釘を，① 0.1 mol/L 硝酸銅（Ⅱ）$Cu(NO_3)_2$ 水溶液と，② 0.1 mol/L 塩化銅（Ⅱ）$CuCl_2$ 水溶液に浸し，しばらく放置すると，①では不動態が維持され，鉄釘の表面に Cu は析出しなかったが，②では不動態が解消され，鉄釘の表面に Cu が析出した。以上より，いったん不動態化した酸化被膜は，絶えず溶解と生成を繰り返しながら存在しており，酸化作用のある NO_3^- の存在下では酸化被膜は安定に存在できるが，還元作用のある Cl^- の存在下では酸化被膜は不安定となることが考えられる。

►硝酸塩はすべて水に溶けやすく，沈殿をつくらない。そこで，水中の硝酸イオン NO_3^- は次の**褐輪**（かつりん）**反応**によって検出する㉑。

詳説 ㉑ NO_3^- を含む試料水溶液と等容量の濃硫酸を混合したものを冷却後，濃い硫酸鉄（Ⅱ）$FeSO_4$ の水溶液を試験管の壁に伝わらせながら静かに流し込む。このとき，両液の境界面に黒褐色の輪ができる。この反応は**褐色環反応**ともよばれ，NO_3^- や NO_2^- の検出に利用される。

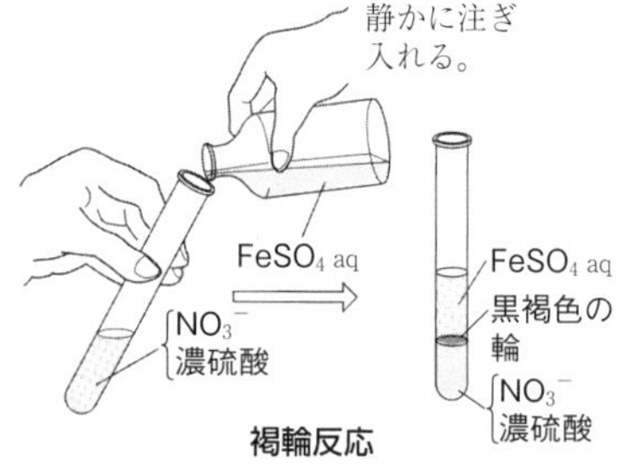

褐輪反応

硝酸イオン NO_3^- は，酸性では次式のように酸化剤として働き，Fe^{2+} を Fe^{3+} に酸化する。

$$NO_3^- + 4\,H^+ + 3\,e^- \longrightarrow NO + 2\,H_2O$$

この反応は，Fe^{2+} の供給が受けられる二層の境界面で進行しやすい。この NO は溶液中に残っている Fe^{2+} に配位結合して，$[Fe(NO)(H_2O)_5]SO_4$ などの黒褐色の錯体をつくり呈色する。しかし，この錯体はかなり不安定であるため，常温で放置すると，徐々に Fe^{2+} と NO に分解して，黒褐色の輪は消失してしまう。また，亜硝酸イオン NO_2^- も同様の反応を示すが，その場合は希硫酸でも反応が進行する。

SCIENCE BOX 硝酸の酸化作用

(1) 濃硝酸と希硝酸の酸化還元電位

濃硝酸と希硝酸の酸化力の大小は，次の標準電極電位 E^0(p. 402)の大小で比較できる。

$$HNO_3 + H^+ + e^- \rightleftarrows NO_2 + H_2O \quad E^0 = +0.803\ V$$

$$HNO_3 + 3H^+ + 3e^- \rightleftarrows NO + 2H_2O \quad E^0 = +0.956\ V$$

酸化剤の電子を受け取る力が強いほど，上式の平衡はより右辺に偏るから，希硝酸の酸化力は濃硝酸よりも少し強いといえる。しかし，E^0 の値が大きいということは，その反応の平衡がより右辺に偏っていることを示し，硝酸が酸化剤としての反応速度の大小関係を示しているわけではない。

(2) 硝酸の酸化剤としての反応速度

濃硝酸が酸化作用を示すには，HNO_3 の出す H^+ 以外に1個の H^+ が，希硝酸では，HNO_3 の出す H^+ 以外に3個の H^+ が必要である。H^+ の供給がなく，硝酸が酸化剤として働き続けると H^+ の不足が生じる。

たとえば，銅を希硝酸に加えると，穏やかに無色の気体 NO が発生する。ここへ少量の濃硫酸を加えて H^+ を供給すれば，激しく赤褐色の気体 NO_2 が発生する。

すなわち，硝酸が酸化作用を示すには，多量の H^+ が必要であり，希硝酸であっても外部から H^+ を供給すれば，濃硝酸と同じように激しく反応することがわかる。

(3) 硝酸の酸化作用について

銅と硝酸の反応の詳しい機構は次の通り。

① 銅が硝酸 HNO_3 により酸化され，亜硝酸 HNO_2 が生じる。

$$HNO_3 + 2H^+ + Cu \rightarrow HNO_2 + Cu^{2+} + H_2O \quad \cdots①$$

② 亜硝酸 HNO_2 は速やかに銅を酸化して一酸化窒素 NO となる。

$$2HNO_2 + 2H^+ + Cu \rightarrow 2NO + Cu^{2+} + 2H_2O \quad \cdots②$$

③ ②で生じた NO は過剰の硝酸 HNO_3 と反応して HNO_2 を再生する。このとき次の2通りの反応を起こす。

$$HNO_3 + 2NO + H_2O \rightarrow 3HNO_2 \quad \cdots③$$

$$HNO_3 + NO \rightarrow HNO_2 + NO_2 \quad \cdots④$$

(i) NO に比べて HNO_3 が多い**濃硝酸**の場合，④式の反応が起こりやすく，亜硝酸 HNO_2 と二酸化窒素 NO_2 が生成する。このとき，①式は②式より遅いので，銅と濃硝酸の反応では，②式と④式のみが起こっていると考えてよい。すなわち，中間体の NO，HNO_2 を消去すると，②＋④×2 より，次の反応式が得られる。

$$Cu + 4HNO_3 \rightarrow Cu(NO_3)_2 + 2NO_2 + 2H_2O$$

(ii) NO に比べて HNO_3 が少ない**希硝酸**の場合，③式の反応が起こりやすく，亜硝酸 HNO_2 のみが生成する。同様に，①式は②式より遅いので，銅と希硝酸の反応では，②式と③式の反応のみが起こっていると考えてよい。すなわち，中間体の NO，HNO_2 を消去すると，②×3＋③×2 より，次の反応式が得られる。

$$3Cu + 8HNO_3 \rightarrow 3Cu(NO_3)_2 + 2NO + 4H_2O$$

(4) 亜硝酸の酸化作用について

銅と硝酸の反応では，反応中間体として亜硝酸 HNO_2 が関与しており，標準電極電位 E^0 は硝酸よりも大きく酸化力も強い。

$$HNO_2 + H^+ + e^- \rightleftarrows NO + H_2O \quad E^0 = +0.996\ V$$

① まず，銅は硝酸 HNO_3 により酸化され，HNO_2 が生成する。（銅と硝酸の反応の**開始反応**で，その反応は遅い。）

② 続いて，銅は亜硝酸 HNO_2 により酸化され，NO が生成する。（銅と硝酸の反応の**主反応**で，その反応は速い。）

③，④ 亜硝酸 HNO_2 の**再生反応**である。

実際，1 mol/L 硝酸と銅板との反応では，わずかに NO が発生するだけであるが，ここに $NaNO_2$ 水溶液を加え NO_2^- を供給すると，銅板は激しく NO を発生し始めた。以上より，銅に対する酸化作用は，硝酸よりも亜硝酸のほうが大きいことが理解できる。

7 リンの単体

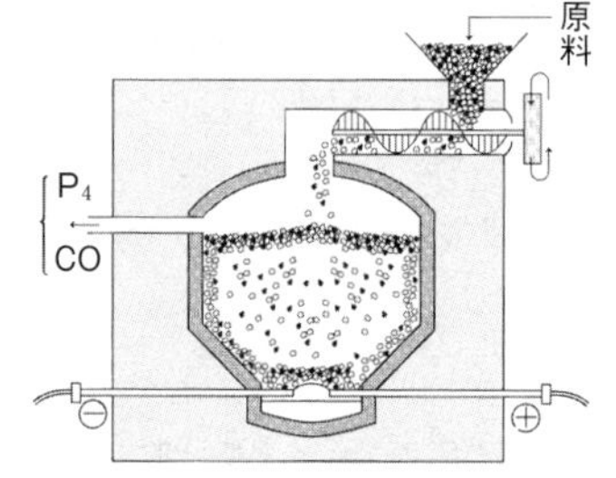

リン P は，自然界に単体としては存在しないが，地殻中にはリン酸塩の形で存在する。リン酸カルシウム $Ca_3(PO_4)_2$ を主成分とするリン鉱石に，ケイ砂やコークスを混ぜて強熱すると，リン蒸気が発生する。これを水中で凝縮させると**黄リン**が得られる[22]。

また，黄リンを空気を絶ち窒素中で約250℃で熱すると，**赤リン**に変化する[23]。

詳説[22] リン鉱石 $Ca_3(PO_4)_2$ に融剤としてケイ砂 SiO_2，還元剤としてコークス C を適当な割合で混合し，図のような電気炉で約1500℃に加熱すると，リン蒸気が発生する（リン蒸気は280～800℃では P_4 分子，800℃以上で P_2 分子として存在)。このリン蒸気を水中に導くと，黄リンの結晶(体心立方格子)ができる。

$$2\,Ca_3(PO_4)_2 + 6\,SiO_2 + 10\,C \longrightarrow 6\,CaSiO_3 + 10\,CO + P_4 \quad \cdots\cdots\cdots ①$$

①式の反応は，次のように進む。$Ca_3(PO_4)_2$ は，高温では，②式のように解離する。

$$2\,Ca_3(PO_4)_2 \rightleftarrows 6\,CaO + P_4O_{10} \quad \cdots\cdots\cdots ②$$

②式で生じた塩基性酸化物の CaO は，酸性酸化物の SiO_2 と次のように反応する。

$$CaO + SiO_2 \longrightarrow CaSiO_3 \quad \cdots\cdots\cdots ③$$

加熱により P_4O_{10} が反応系から追い出されるので，②式の平衡も右へ移動する。この P_4O_{10} は，高温の C により直接還元され，P_4 分子を生じる。

$$P_4O_{10} + 10\,C \longrightarrow 10\,CO + P_4 \quad \cdots\cdots ④$$

►リン蒸気を凝縮させたり，黄リンを精製した白色のリンは**白リン**とよばれる。白リンを放置すると表面から淡黄色になる。このように，白リンは紫外線により赤リンに変化する性質があるので，黄リンは白リンと微量の赤リンとの混合物と考えられている。

補足[23] 黄リン（白リン）を鉄製の釜に入れ，空気を遮断して250℃程度で20～30時間熱する。赤リンは黄リン（白リン）中の一部の P-P 結合が切れ，-P・ ・P- のように生じた不対電子を使って多数の分子どうしが重合してできた鎖状，または層状の複雑な高分子化合物である。

►**黄リン**と**赤リン**はリンの同素体で，その性質と構造は下表の通りである。

	黄リン(白リン)	**赤　リン**
外観	淡黄色，ロウ状の固体	暗赤色，粉末
融点〔℃〕，密度〔g/cm^3〕	44℃，1.82 g/cm^3	590℃ (43 atm)，2.16 g/cm^3
発火点〔℃〕	約35℃，自然発火する[24]。	260℃，自然発火しない。
毒　性	**猛毒**[25]	**微毒**
CS_2 への溶解性，におい	溶ける，ニンニク臭	溶けない，無臭
構　造 発　光	60° P_4 分子 湿った空気中で黄色く発光する。**(化学発光)**	P_n：巨大分子[26]，発光しない。
用　途	N型半導体の原料	マッチ[27]，農薬など

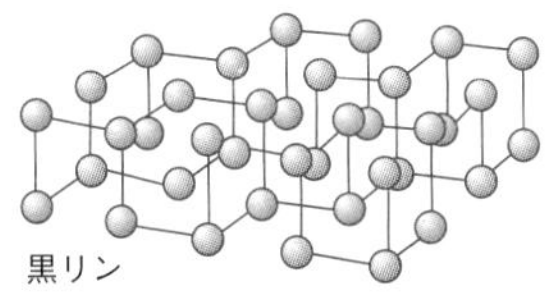

詳説㉔　黄リン(白リン)の化学反応性が大きいのは，結合角(60°)が小さく，分子内にかなり大きな歪(ひず)みをもっているからである。つまり，この歪みを解消しようとして，P–P 結合の一部がかなり切れやすくなっている。この結合が切れると，不対電子をもつラジカルを生じて，同じく不対電子をもつ O_2 とは容易に反応する。この酸化による発熱により，やがて発火点（可燃物が着火源なしに空気中で燃焼を開始する温度のこと）に達して自然発火をする。よって，黄リン（白リン）は空気から遮断するために**水中保存**しなければならない。また，黄リン（白リン）を 200℃，1.2×10^9 Pa のもとで長く熱すると，規則的な配列をした**黒リン**(上図)が得られる。黒リンは，黒灰色の金属光沢をもつ結晶(密度 2.69 g/cm^3)で，半導体の性質をもち，二硫化炭素 CS_2 にも溶けない。

補足㉕　黄リン（白リン）は比較的小さな球状の無極性分子で，二硫化炭素などの無極性溶媒にはよく溶ける。皮膚に接触すると火傷をおこし，蒸気を吸うと骨が侵される。また，反応性が大きいため，毒性も極めて強い。致死量は約 0.1 g と言われている。

補足㉖　赤リンは，黄リン（白リン）の P–P 結合の 1 つが切れ，分子内の歪みが少なくなるように再結合してできた高分子であり，黄リンほど化学的に活発ではない。しかし，他の物質に比べればかなり発火点は低く，マッチの側薬として用いられる。

補足㉗　マッチの発火の原理は次の通りである。

① 摩擦熱により，側薬中の赤リンが発火する。

② この火がマッチの頭薬に移り，可燃剤の硫黄などが燃焼すると同時に，酸化剤の塩素酸カリウム $KClO_3$ が分解して O_2 を供給するので，燃焼が激しくなり，この火がマッチの軸木に燃え移る。

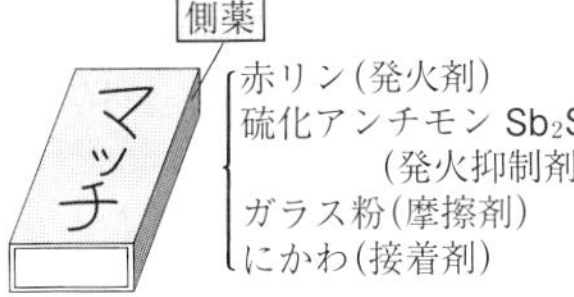

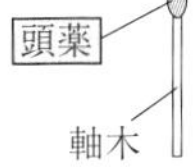

8　リンの化合物

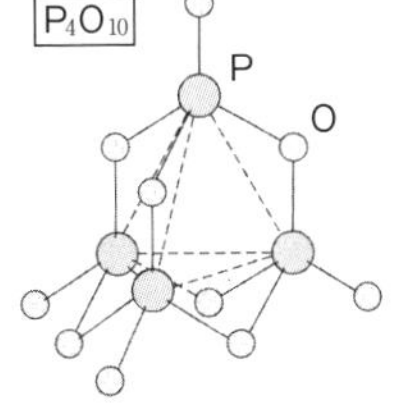

リンを空気中で点火すると，**十酸化四リン**の白煙をあげて激しく燃焼する㉘。　$4P + 5O_2 \longrightarrow P_4O_{10}$

詳説㉘　分子量の測定から，P_4O_{10} という分子の存在が明らかとなった。P_4O_{10} の構造は，4 個のリン原子が正四面体の頂点に位置し，6 つの P–P 結合の間に O 原子をはさんで共有結合して P_4O_6 となり，さらに，4 つの P 原子の非共有電子対がそれぞれ 4 つの O 原子に配位結合してできている。

►十酸化四リンは吸湿性・脱水性が極めて強く，強力な乾燥剤に用いられる。水を加えて加熱するとリン酸 H_3PO_4 が生成する㉙。

$$P_4O_{10} + 6H_2O \longrightarrow 4H_3PO_4$$

詳説㉙　P_4O_{10} 分子は見方を変えると，PO_4 正四面体が 4 個集まった構造とも見られる。右図のように，水 1 分子が反応すると，P–O–P の結合 1 本が切れる。よって，P_4O_{10} には 6 本の P–O–P 結合が存在するから，すべての結

$(HPO_3)_n$　$\xrightarrow{H_2O}$　$\xrightarrow{H_2O}$　H_3PO_4

合を切るのに，6分子の水が必要となる。冷水では，すべての結合は切れず，メタリン酸$(HPO_3)_n$を生じる（オキソ酸は，酸性酸化物と水との反応で生成するが，その反応の程度（水和度）が最も高いものをオルト形，最も低いものをメタ形，その中間のものをメソ形として区別する）。

►純粋な**リン酸** H_3PO_4 は無色の結晶で，潮解性があり，水によく溶ける[30]。その水溶液は，中程度の強さの酸性を示す[31]。

O
↑
…HO−P−OH…
OH…
（…水素結合）

補足[30] 純粋なリン酸は無色の結晶（融点42℃）であるが，通常はシロップ状の濃厚水溶液（85%）として販売されている。リン酸の粘性と潮解性の原因は，リン酸分子が水素結合によって立体網目状に会合しているからである。また，リン酸は高い沸点(407℃)をもち，代表的な不揮発性の酸である。

詳説[31] リン酸は分類上は弱酸に分類され，次式のように3段階に電離する。

$$\begin{cases} H_3PO_4 \rightleftarrows H^+ + H_2PO_4^- & \cdots\cdots\text{①} & K_1=10^{-1.8}\ \text{mol/L} \\ H_2PO_4^- \rightleftarrows H^+ + HPO_4^{2-} & \cdots\cdots\text{②} & K_2=10^{-6.6}\ \text{mol/L} \\ HPO_4^{2-} \rightleftarrows H^+ + PO_4^{3-} & \cdots\cdots\text{③} & K_3=10^{-11.5}\ \text{mol/L} \end{cases}$$

補足[31] **NaH_2PO_4 の水溶液は弱い酸性，Na_2HPO_4 の水溶液は弱い塩基性を示す理由**

リン酸二水素ナトリウム NaH_2PO_4 の電離で生じた $H_2PO_4^-$ は，さらに電離して H^+ を放出する傾向（②式の正反応）が，①式の逆反応（加水分解）$H_2PO_4^- + H_2O \rightleftarrows H_3PO_4 + OH^-$ によって H_3PO_4 に戻る傾向よりも大きいため，NaH_2PO_4 水溶液は弱い酸性を示す。

リン酸水素二ナトリウム Na_2HPO_4 の電離で生じた HPO_4^{2-} は，②式の逆反応（加水分解）$HPO_4^{2-} + H_2O \rightleftarrows H_2PO_4^- + OH^-$ によって $H_2PO_4^-$ に戻る傾向が，電離して H^+ を放出する傾向（③式の正反応）よりも大きいため，Na_2HPO_4 水溶液は弱い塩基性を示す。

►水に溶けにくいリン酸カルシウムを硫酸と加熱すると，水溶性のリン酸二水素カルシウムと硫酸カルシウムの混合物となる。これは**過リン酸石灰**とよばれ，リン酸肥料として用いられる[32]。また，過リン酸石灰には肥料効果のない $CaSO_4$ が含まれている。そこで，$Ca_3(PO_4)_2$ に H_2SO_4 の代わりに H_3PO_4 を反応させると，$Ca(H_2PO_4)_2$ のみが得られる。これは**重過リン酸石灰**とよばれ過リン酸石灰に比べて肥料効果が大きい。

$$Ca_3(PO_4)_2 + 2\,H_2SO_4 \longrightarrow Ca(H_2PO_4)_2 + 2\,CaSO_4$$

$$Ca_3(PO_4)_2 + 4\,H_3PO_4 \longrightarrow 3\,Ca(H_2PO_4)_2$$

詳説[32] リン酸は，生物にとって細胞核中の核酸の成分として，成長に不可欠な要素である。これを植物に与えるとき，水に不溶性のリン酸カルシウムのままでは肥料として使えない。カルシウムのリン酸塩の中では，リン酸二水素カルシウムだけが水に可溶である。これは，

$PO_4^{3-} \rightarrow HPO_4^{2-} \rightarrow H_2PO_4^-$ と陰イオンの電荷を下げると，Ca^{2+} との間に働く静電気力が弱くなり，結晶の格子エネルギーが減少することが原因と考えられているが，格子エネルギー（吸熱）の減少は水和熱（発熱）の減少を伴い，両者はほぼ相殺し合うので，格子エネルギーの大小だけで塩類の溶解度を予想することは難しい。また，塩類の溶解度の大小は水和殻の重なりやすさで判断することもできる(p. 164)。すなわち，水和力の強い Ca^{2+} と PO_4^{3-} は同種の水和殻のために重なりやすく，$Ca_3(PO_4)_2$ の水への溶解度は小さい。一方，水和力の強い Ca^{2+} と水和力の弱い $H_2PO_4^-$ とは異種の水和殻のために重なりにくく，$Ca(H_2PO_4)_2$ の水への溶解度は大きくなるとも考えることができる。

$Ca_3(PO_4)_2$，$CaHPO_4$　水に不溶
$Ca(H_2PO_4)_2$　水に可溶

静電気力
(強) Ca^{2+} — PO_4^{3-}
Ca^{2+} — HPO_4^{2-}
(弱) Ca^{2+} — $H_2PO_4^-$

SCIENCE BOX 肥料

19世紀初めまでは，植物の生育には有機物の腐敗によって生じる腐植質が必要であるとされていた（**腐植説**）。これに対し，1840年，ドイツの**リービッヒ**は，植物の生育には，リンやカリウムなどの鉱物質が必要であると主張した（**鉱物説**）。さらに，植物の生育に必要な元素は，それぞれについて最少量が決まっており，「植物の生育は，必要元素の最も不足しているものに支配される」と述べた。これを**リービッヒの最少律**という。

ドベネックは最少律を桶にたとえて表現した。

植物の生育に必要とされる17種の元素のうち，酸素，水素，炭素は，水や二酸化炭素から取り入れられるが，その他の元素は，すべて土壌から水に溶けたイオンの状態で吸収される。自然の状態では，植物が枯れると，これまで根から吸収した元素は再び土に戻る。しかし，農業では作物を収穫するので，土壌中からこれらの元素が減少する。そこで，外部からこの不足した元素を補給しないと，農作物の十分な生育は望めない。一般に，植物の生育を促すために土壌に加える物質を**肥料**という。

高等植物を構成する元素

	元素	割合〔%〕	吸収形態
多量要素	酸素 O	45	H_2O，CO_2
	炭素 C	45	CO_2，HCO_3^-
	水素 H	6.0	H_2O
	窒素 N	1.5	NH_4^+，NO_3^-
	カリウム K	1.0	K^+
中量要素	カルシウム Ca	0.5	Ca^{2+}
	硫黄 S	0.4	SO_4^{2-}，SO_3^{2-}
	マグネシウム Mg	0.2	Mg^{2+}
	リン P	0.2	PO_4^{3-}，HPO_4^{2-}，$H_2PO_4^-$

	元素	割合〔ppm〕	吸収形態
微量要素	塩素 Cl	100	Cl^-
	鉄 Fe	100	Fe^{2+}，Fe^{3+}
	マンガン Mn	50	Mn^{2+}，Mn^{4+}
	ホウ素 B	20	BO_3^{3-}
	亜鉛 Zn	20	Zn^{2+}
	銅 Cu	6	Cu^+，Cu^{2+}
	モリブデン Mo	0.1	MoO_4^{2-}
	ニッケル Ni	0.1	Ni^{2+}

肥料には，自然界にある動植物の遺骸（いがい）や排泄（はいせつ）物などを利用した**天然肥料**と，化学的に合成された**化学肥料**とがある。また，その成分が，有機物からなる**有機肥料**と，無機物からなる**無機肥料**に分けられる。天然肥料のほとんどは有機肥料であり，土壌中で微生物によって無機物に分解された後に植物に吸収されるので，遅効性の肥料といえる。一方，化学肥料はすべて無機肥料であり，植物にそのまま吸収されるので，速効性の肥料といえる。天然肥料は次の通り。

- **緑肥**…レンゲなどの青草を土壌中に埋めて腐らせたもの
- **堆肥**…わら，落ち葉などを積み重ねて，腐らせたもの
- **厩肥**（きゅうひ）…家畜の糞尿と敷きわらを一緒に腐らせたもの
- **油粕**…ナタネ，ダイズなどの種子から油を絞ったかす
- **骨粉**…脱脂した動物の骨を砕いたもの

植物の生育に必要な元素のうち，窒素 N，リン P，カリウム K は，植物によって土壌から大量に吸収され，最も不足しがちな元素である。これらを**肥料の三要素**という。

化学肥料のうち，肥料の三要素の一成分だけを含むものを**単肥**，2成分以上を適当な割合に混合したものを**配合肥料**という*3。

＊3 配合肥料中の窒素，リン，カリウムの割合は，$N : P_2O_5 : K_2O$ の質量比に換算した値で表す約束になっている。

4-5　炭素・ケイ素とその化合物

1　炭素の単体

ダイヤモンドは，各炭素原子の4個の価電子がすべて共有結合に使われ，正四面体形の立体網目構造をつくっている。このC−C結合が強固で，結晶中のすべてのC原子が対称性の高い結晶構造をとっていることが，ダイヤモンドの硬さの原因である❶。また，結晶内の価電子は自由に動けないので，ダイヤモンドは電気を通さない❶。

黒鉛は，各炭素原子の3個の価電子が共有結合に使われ，正六角形が連続した平面構造をつくっている。結晶は，平面構造どうしが弱い分子間力で積み重なった層状構造をしており，外力を加えると各層は容易にずれるので軟らかい。また，各炭素原子に残る1個の価電子は，平面内を自由に動くことができるので，電気をよく通す❷。

	ダイヤモンド	黒鉛(グラファイト)	無定形炭素
構造 主な性質	0.154 nm 0.154 nm 無色透明。 密度 $3.5\ g/cm^3$ 極めて硬い。 電気伝導性なし。 立体網目構造	0.142 nm 0.335 nm 黒灰色・金属光沢あり。 密度 $2.3\ g/cm^3$ 軟らかい。 電気伝導性あり。 平面層状構造	黒鉛の微結晶が不規則に集合❺。 黒色・不透明。 密度 $1.8\sim2.1\ g/cm^3$ 多孔質で吸着力大。 電気伝導性あり。
その他の性質	光の屈折率が大きい❸。	層状にはがれる(劈開(へきかい)性)。	グラファイト(約700℃)より発火点が低い（約350℃）。
生成条件	高温・高圧下で生成❹	無定形炭素を2500〜3000℃に加熱	有機化合物の分解，不完全燃焼で生成
用途	宝石，ガラス切り，研磨剤，削岩機の刃先	電極，鉛筆の芯，減摩剤	黒色顔料（印刷インキ），脱臭剤，脱色剤

補足❶　たとえば，ダイヤモンドに一方向から強い外力が加わったとしても，対称的な立体網目構造をしているため，力がうまく分散されて，結晶はなかなか壊れない。

ダイヤモンドは電気の絶縁体であるが，一方，熱伝導率はCuの5倍，Agの4.7倍もあり，天然物では最大の値を示す。これは，自由電子が存在しなくても結晶格子に欠陥がなく，緊密な共有結合によって熱がすばやく伝えられる(**格子振動**という)ためである。

詳説❷　黒鉛の電気伝導性は，各層に平行な方向では垂直な方向に比べて，室温で約1000倍ほど大きい。これは，層内では電子の移動が容易に行われるのに対し，層と層の間では直接の結合がなく，電子の移動が円滑に行えない事情による。

補足❸　電磁波の1種である光は，何も存在しない真空中でその速度が最も速い。しかし，ダイヤモンド中のように，強固に結びついた価電子によって生じる電場が存在すると，光はこれを揺らしながら進んでいかなければならないので，それだけ進行速度が遅れることになる。このため，ダイヤモンドの光に対する屈折率が大きくなり，また各波長に対して屈折率が違うため，よく磨かれたダイヤモンドは色美しく光るのである。なお，世界最大のダイヤは，イギリス王室が所有する“アフリカの巨星”とよばれる530カラット(1 ct≒0.2 g)のものである。

詳説❹ 1955年，アメリカのGE社で，Ni，Fe，Coなどの金属を触媒として，高温・高圧(約2000℃，6×10^9 Pa）で，長さ1mm程度のダイヤモンドの合成に成功した。すなわち，2つのNi板に黒鉛を挟み，両側から高圧を加えると同時に，黒鉛に電流を流して加熱する。まず，Ni(融点1453℃）が溶融し，その中に黒鉛が溶け込むが，その温度・圧力がダイヤモンドの安定領域(p.16）にあれば，Niの中に溶けたC原子はゆっくりと結晶構造を変え，ダイヤモンドの結晶が析出する。現在では，溶融Niの中に，黒鉛ではなくダイヤモンドの粉末を溶解させ，その中にダイヤモンドの種結晶を入れるという方法で，約1500℃，5.5×10^9 Paの条件でやや黄色味を帯びた10カラット程度の人工ダイヤモンドが合成されている。

また，1981年に日本で開発された**化学気相蒸着法**によるダイヤモンドの合成法の概略を紹介する。

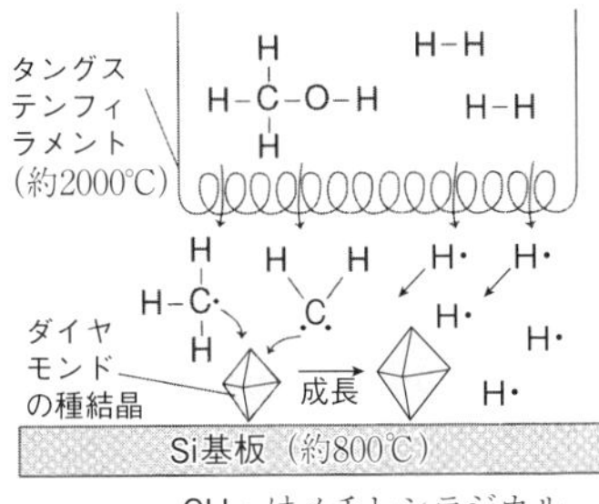

右図のように，フィラメントで約2000℃に加熱したメタノールと水素の混合ガスを，約1～2mmほど離れたSi基板へ一定速度で吹き付けると，常圧でもダイヤモンドが合成される。この反応は，高温状態でH_2の一部が解離して水素ラジカルH・を生じ，このH・がメチルラジカルCH_3・からH・を引き抜き，H_2に戻るというもので，反応を続けると，Si基板上にダイヤモンドが生成されてくる。このとき，Si基板上にダイヤモンドの種結晶を入れておくと，ダイヤモンドの成長はより促進される。

詳説❺ 黒鉛では，六員環の平面構造は大きくて，上下で規則正しく配列している（図a)。無定形炭素の平面構造は比較的小さく，上下の平面間の距離は黒鉛より少し大きい。その積み重なり方には，ある程度の規則性はあるが，ずれが見られる。したがって，無定形炭素を強熱するとグラファイト化するのは，高温によってこのずれた配列が規則正しい配列に変わっていくとともに，結晶がしだいに成長していくためと考えられ，完全な黒鉛にするには，2500℃～3000℃の高温が必要である。

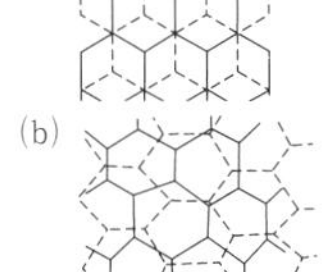

(a) 1層目を実線，2層目を破線とすると，3層目は1層目に完全に重なる。

(b) 1層目と2層目はずれており，3層目も1層目には重ならない。

無定形炭素には，木炭・煤・カーボンブラックなどがあり，微結晶と微結晶の間には多くのすき間をもつ。ヤシ殻などを焼いたものに，高温の水蒸気を当てて表面積をさらに大きくしたものを，とくに**活性炭**という。1gの活性炭は，1000～2000 m^2の表面積をもつ。これは，活性炭の内部には無数の小孔が存在しているためであり，吸着力が大きいので脱臭剤・脱色剤として利用される。

► 1985年，各種の方法でつくられた煤の中からC_{60}などの新しい炭素の同素体が発見された❻。

詳説❻ C_{60}，C_{70}，C_{76}のような球状の炭素分子は**フラーレン**と総称される。このほか，黒鉛の平面構造が丸まって筒状になったものを**カーボンナノチューブ**，黒鉛の平面構造のうち1層分だけを取り出したものを**グラフェン**という(p.466)。

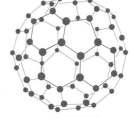

C_{60}の分子模型

SCIENCE BOX　種々の炭素の同素体

1985年，**クロトー**（イギリス）と**スモーリー**(アメリカ)は，1×10^4 Pa程度のHeガス中で，黒鉛を用いたアーク放電（p.452）によって得られた煤(すす)の中から，C_{60}，C_{70}分子など**フラーレン***1を単離した。

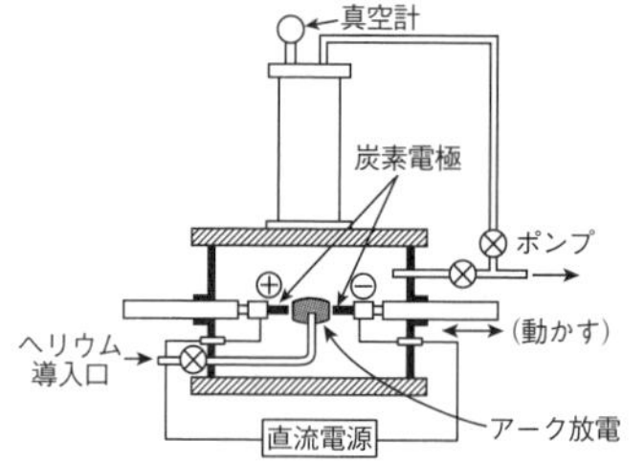

C_{60}分子は，20個の六員環と12個の五員環からなるサッカーボール形の構造をもち，エネルギー的には黒鉛よりもやや不安定であるが，閉じた多面体構造は力学的に丈夫な構造のため，常温・常圧ではかなり安定に存在できる。

C_{60}分子の直径は0.71 nmで，分子間力によって，一辺1.41 nmの面心立方格子を形成する。C_{60}分子の結晶は絶縁体の性質をもつが，アルカリ金属を添加して得られたフラーレンは，19.3 K以下で電気抵抗が0になる**超伝導性**をもつ。また，フラーレンの内部の空間に，ある種の金属原子(Csなど）を閉じ込めた金属内包フラーレンは，金属原子とフラーレンとの間で電子の授受が可能で，電気スイッチへの応用が期待されている。

*1　フラーレンは，クロトーがアメリカの建築家バックミンスター・フラーの建てたドーム建築に似ていることからバックミンスターフラーレンと名付けたことに由来する。

炭素でできた微細な筒状の分子を，**カーボンナノチューブ**（以下，ナノチューブとよぶ）といい，単層のもの（直径1～2 nm）と，多層のもの（直径4～50 nm）がある。これらは，**飯島澄男**(日本)が炭素のアーク放電を行い，陰極に堆積した煤の中から発見したもので，1991年に多層のナノチューブが，1993年に単層のナノチューブがそれぞれ発見された。

単層のナノチューブは，黒鉛シートの巻き方の違いによって電気的性質が異なる。

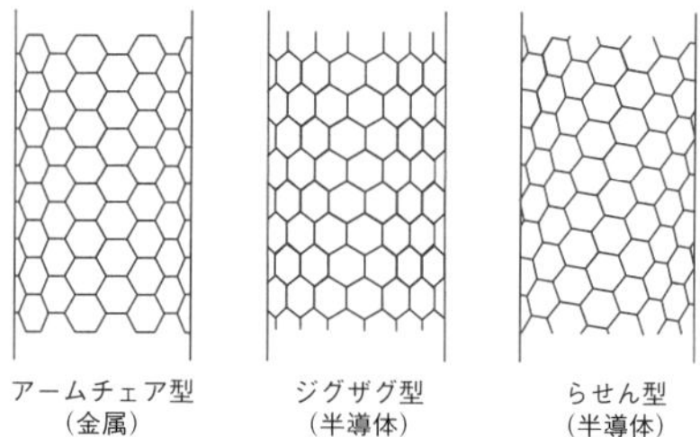

ナノチューブは高弾性で高強度（同質量で鋼鉄の約20倍)のため，炭素繊維の補強剤となる。また，ナノチューブの筒の中には，水素を高密度で吸蔵できるので，水素吸蔵合金（p.545）の代用となる。さらに，黒鉛に代わる高寿命のリチウムイオン電池の負極材料となることが期待されている。

2004年，**ガイム**（オランダ）と**ノボセロフ**(ロシア)は，当時，不安定で単離は困難とされていた黒鉛のシート1層分を粘着テープを使って剥がしとることに成功した。このシートは，黒鉛(graphite)と二重結合(-ene)から**グラフェン**（graphene）と名付けられた*2。グラフェンが多層に積み重なったものが黒鉛，筒状に丸まったものがカーボンナノチューブ，球状に閉じたものがフラーレンといえる。

グラフェンはほぼ透明な物質で，理論的には銅を上回る電気伝導度が予測されているが，実際には銅の$\frac{1}{20}$程度の電導度を示す。また，グラフェンにさまざまな物質を添加すると，その電導度を変えることが可能である。また，グラフェンは銅の10倍以上の熱伝導率を示し，Siに代わる次世代の半導体材料として期待されている。

*2　両名はこの業績によって，2010年ノーベル物理学賞を受賞した。

2 一酸化炭素

一酸化炭素 CO は，炭素の不完全燃焼で生じるほか，二酸化炭素が高温の炭素に触れると生成する。この平衡は，1000℃以上ではほとんど CO 側に偏っている。

$$CO_2 + C(固) \rightleftarrows 2CO \quad \Delta H = 172\ kJ$$

工業的には，約 1000℃以上に加熱したコークスに水蒸気を反応させて得られる❼。

$$C(固) + H_2O(気) \rightleftarrows H_2 + CO \quad \Delta H = 131\ kJ \quad \cdots\cdots\cdots ①$$

詳説❼ こうして得られた H_2 と CO の混合気体を**水性ガス**といい，燃料，メタノールの合成原料に用いられる。①式は吸熱反応であるから，高温ほど H_2 と CO の生成量は多くなる。実際の反応過程では，必要な熱量を補給するため，$C + O_2 \longrightarrow CO_2 \quad \Delta H = -394\ kJ$ ……② の発熱反応を利用する。すなわち，炉の中に積んだコークスに点火し，空気を送って②式の反応により炉内の温度を上げたのち，水蒸気を送って①式の反応を行わせて水性ガスがつくられる。この操作を数分ごとに繰り返す。

►一酸化炭素の生成は，実験室では，ギ酸 HCOOH，またはシュウ酸 $(COOH)_2$ に濃硫酸（脱水剤）を加えて熱する。シュウ酸の場合は，同時に発生する CO_2 を強塩基の水溶液で除く必要がある❽。

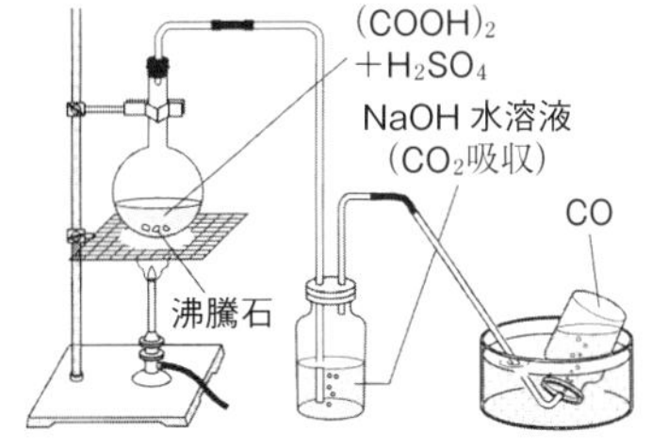

$$HCOOH \longrightarrow CO + H_2O,$$
$$(COOH)_2 \longrightarrow CO + CO_2 + H_2O$$

一酸化炭素は，無色・無臭の極めて有毒な気体で，無臭であるため非常に危険である❾。また，水に溶けにくいので水上置換で捕集する❿。

補足❽ CO は，塩化銅(Ⅰ)CuCl のアンモニア水溶液に吸収されて，$[Cu(CO)NH_3]Cl$ という錯体をつくり沈殿する性質があるので，CO のガス分析では，これを利用して CO を定量できる。

補足❾ 血液中の赤血球には，**ヘモグロビン**という赤い色素タンパク質がある。これは，分子の中央部に Fe^{2+} があって，肺の中で O_2 をとらえ，体組織へ O_2 を運ぶ役割をしている。ところが，CO は O_2 よりもヘモグロビン中の Fe^{2+} と約 200 倍も強く配位結合するので，一度 CO と結合したヘモグロビンは，O_2 とは結合できなくなる。よって，O_2 を運ぶヘモグロビンの量が減少して，体組織が酸欠状態になる。これが一酸化炭素中毒である。空気中に CO が 0.1%（1000 ppm）含まれていると 2 時間以内に，1%では数分以内に死亡するといわれている。ちなみに，タバコの煙には約 100 ppm の CO が含まれている。

詳説❿ C と O が二重結合で分子(a)をつくると，C 原子はオクテット則を満たさない。そこで，C 原子が O 原子から電子 1 個を受け取り，三重結合をつくると，N_2 と等電子構造の分子(b)ができる。C と O の結合距離が，N≡N の結合距離と近いこと，CO と N_2 の物理的性質がよく似ていることから，実際の CO 分子は電気陰性度が C<O であるにもかかわらず(b)に近い構造と考えられる。CO 分子が小さな双極子モーメントをもつ理由は，次の "SCIENCE BOX" を参照すること。

(a) :C=Ö:（6 個 8 個）

(b) $\overset{-}{:}C\equiv O\overset{+}{:}$

► CO は，空気中で点火すると，青色の炎をあげて燃焼し CO_2 になる（**可燃性**）。

また，CO は，高温では他の物質から酸素を奪って CO_2 に変わりやすい性質（**還元性**）があり，鉄の製錬に利用される。 $Fe_2O_3 + 3CO \longrightarrow 2Fe + 3CO_2$

SCIENCE BOX　一酸化炭素COの分子構造

(1)　COの分子軌道ダイヤグラム

二原子分子であるCOは，NOと同様に，エネルギー準位の低いC原子の2s軌道と2p軌道，O原子の2s軌道と2p軌道が組み合わさって分子軌道がつくられる。ただし，C原子よりもO原子のほうが有効核電荷(p. 40)が大きいので，エネルギー準位は，C原子の2s軌道，2p軌道よりも，O原子の2s軌道，2p軌道のほうが少しずつ低くなるが，全体の傾向はNO分子のものとよく似ている。

CO分子の分子軌道のエネルギー準位を表す分子軌道ダイヤグラムを書き，ここへCO分子がもつ価電子4+6=10個を，エネルギー準位の低いσ_{2s}から順に入れていけばよい。したがって，CO分子の分子軌道における電子配置は次のようになる。

$$(\sigma_{2s})^2(\sigma_{2s}^*)^2(\sigma_{2p})^2(\pi_{2p})^4$$

また，COの結合次数$n=\frac{1}{2}(8-2)=3$となり，C，O間の共有結合は，N_2分子と同じ三重結合に相当する。また，CO分子は不対電子をもたず，**反磁性**（分子が外部磁場の方向に磁化されない性質）をもつ事実とも一致する。

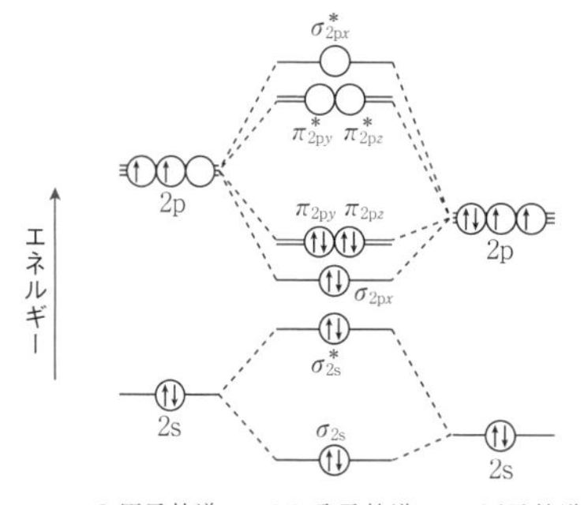

COの分子軌道ダイヤグラム

(2)　CO分子の電子式と極性について

C原子とO原子が二重結合をつくったとすると，(a)の電子式が考えられる。(a)ではO原子はオクテット則を満たすが，C原子はオクテット則を満たしていない。そこで，C原子がO原子から電子を1個もらって，新たに共有結合をつくると，(b)の電子式となる。(b)では，三重結合をもつN_2分子と等電子構造になる。ただし，(b)ではC原子は負の部分電荷，O原子は正の部分電荷をもつことに留意する。

(a)　:C::Ö:　　　(b)　$\overset{-}{:}$C⋮⋮O$\overset{+}{:}$

なお，COがN_2と等電子構造をとっている証拠として，その物理的性質がよく似ていることがあげられる。

	CO	N_2
融点〔℃〕	−204	−210
沸点〔℃〕	−192	−196
融解熱〔kJ/mol〕	0.84	0.72
蒸発熱〔kJ/mol〕	6.0	5.6
原子間距離〔nm〕	0.113	0.110
結合エネルギー〔kJ/mol〕	1066	940
双極子モーメント〔D〕	0.11	0

COがN_2よりもすべて高い値を示すのは，COがわずかに極性をもつためである。（ただし，原子間距離は除く。）

CO分子の電子式については，その結合次数が3であるから，三重結合をもつ(b)で考えるべきである（二重結合をもつ(a)の寄与は少ない）。

(b)では，C原子が負の部分電荷，O原子が正の部分電荷をもつ。一方，3組の共有電子対は電気陰性度の大きいO原子側に偏るから，C原子はやや正（$\delta+$），O原子はやや負（$\delta-$）の電荷を帯びる。この2つの効果の兼ね合いにより，CO分子は，C原子にわずかの−，O原子にわずかの＋が残り，小さな双極子モーメント0.11 D（デバイ）(p. 69)しかもたない。これが，COが水に溶けにくい主原因と考えられる。

3 二酸化炭素

二酸化炭素 CO_2 は，実験室では，石灰石や大理石に希塩酸を作用させて発生させる⓫。

$$CaCO_3 + 2HCl \longrightarrow CaCl_2 + CO_2\uparrow + H_2O$$

補足⓫ 希塩酸の代わりに希硫酸を用いると， $CaCO_3 + H_2SO_4 \longrightarrow CaSO_4\downarrow + CO_2 + H_2O$ の反応で生じた水に不溶性の $CaSO_4$ が石灰石の表面を覆う。そのため，石灰石と希硫酸との接触が妨げられ，CO_2 の発生が止まるので不適である。

► 二酸化炭素は無色・無臭の気体で，空気中には約 0.04％含まれている⓬。水に少し溶けて弱い酸性を示す⓭。

$$CO_2 + H_2O \rightleftarrows [H_2CO_3] \rightleftarrows H^+ + HCO_3^-$$

詳説⓬ 大気中の CO_2 の濃度は，長い間 0.03 vol％以下の水準に保たれていた。しかし，近年は化石燃料の大量消費や大規模な森林伐採により，年々増え続けている(p. 470)。

反応性に乏しい CO_2 は不燃性の気体で，呼気中には約 4％含まれる。低濃度では無毒であるが，高濃度になると呼吸中枢を麻痺(まひ)させるので有毒となる。たとえば，空気中に CO_2 が 5％含まれると人間は呼吸に障害があらわれ，10％以上では意識不明となり，40％では数分で中毒死するといわれている。ドライアイスを使用する場所では，CO_2 が危険濃度を超えないように十分な換気が必要である。

詳説⓭ CO_2 は無極性分子であるが，$O^{\delta-}=C^{\delta+}=O^{\delta-}$ のように，部分的な極性をもつので，水に少し溶ける（0.88 L/ 水 1 L, 20℃）。また，その一部が右図のように反応して，炭酸 H_2CO_3 を生じる。ただし，H_2CO_3 は水溶液中にのみ存在する弱酸で，ある濃度以上になると，自然に CO_2 と H_2O に分解してしまい，空気中に取り出すことはできない。

```
δ−O ←‥ Hδ+                    O−H
  ‖     |                      |
δ+C ←‥ Oδ−−Hδ+   ⟹           C−O−H
  ‖                            ‖
  O                            O
```

炭酸は極めて弱い 2 価の酸であり，ふつう，第一電離だけがおこると考えてよい。

► CO_2 を石灰水に通じると，水に不溶性の炭酸カルシウムを生じて白濁する。

$$Ca(OH)_2 + CO_2 \longrightarrow CaCO_3\downarrow + H_2O \quad (CO_2 \text{の検出})$$

さらに CO_2 を通じ続けると，水に可溶性の炭酸水素カルシウムを生じて白濁は消える。

$$CaCO_3 + CO_2 + H_2O \longrightarrow Ca(HCO_3)_2$$

CO_2 の固体(**ドライアイス**)は分子結晶で，1×10^5 Pa のもとでは−78.5℃で昇華する。このとき周囲から多量の熱を奪うので，冷却剤として用いられる⓮。

詳説⓮ CO_2 の状態図(p. 129)をみれば，1×10^5 Pa でも−78.5℃以下にすれば，CO_2 の気体を固体にできるはずである。しかし，体積の大きい気体を直接冷却するこの方法では，わずかの固体しか得られないので経済的ではない。

そこで，CO_2(気) は 31℃以下（工業的には 0℃付近）で加圧して凝縮させ，ボンベに詰めて貯蔵される。この液体 CO_2 を細孔から大気中へ噴出させると，多量の蒸発熱を吸収するとともに，**断熱膨張**（周囲との熱の出入りがない条件で気体が膨張すると，外界に対して仕事をしなければならず，それに必要なエネルギーを自身から供給する）によって温度が急激に下がり，雪状に固化する。これを型に入れて押し固めたものがドライアイスである。

冷却剤としての能力がドライアイスのほうが氷よりも大きいのは，ドライアイスの昇華熱は 585 J/g で，氷の融解熱の 334 J/g よりも大きいからである。

SCIENCE BOX　大気中の CO_2 の温室効果

地球の大気は，太陽からの可視光線のような比較的波長の短い光は吸収しないでよく通す。このため，可視光線は地表に届き，そこで熱エネルギーに変換される。こうして暖められた地表面は比較的波長の長い赤外線を放射するが，この赤外線は大気中の水蒸気や CO_2 によってよく吸収されるため，宇宙空間に対しては放出されにくい。このような現象を大気の**温室効果**という。

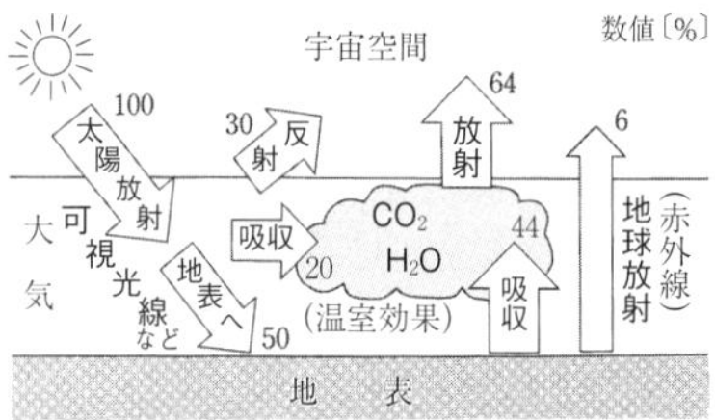

仮に，地球大気にまったく温室効果を示すガスが存在しないとすれば，太陽放射量と地球放射量のつり合うときの温度は，約 −18℃になると計算されている。他方，実際の地球の平均気温は約 15℃だから，CO_2 や H_2O を含んだ地球大気の温室効果により，地球の平均温度が 33 K も高く保たれていることになる。このように，温室効果そのものは，地球上の生物にとってむしろ有用な役割を果たしているといえよう。

大気中の H_2O の量はほぼ一定で問題はないが，CO_2 の量は近年の産業の発達に伴う石炭や石油などの化石燃料の大量消費や森林の大規模な伐採のために，増加の一途をたどっている。大気中の CO_2 濃度は産業革命以前には 280 ppm(0.028%) であったことは，南極の氷(氷河時代のもの)の中に閉じ込められた大気の測定値から明らかにされた。19 世紀終わり頃には 290 ppm，1960 年には 315 ppm，2000 年には 370 ppm，2021 年には 415 ppm に到達した。

右上図は過去 60 年以上にわたってハワイ島のマウナロワ山頂で，大気中の CO_2 濃度を測定したものである。CO_2 濃度は，植物が成長する春～夏には減少し，逆に活動が衰える秋～冬には増加する。このような季節的要因を除くと，観測開始時では 1 年で約 0.7 ppm の増加率であったが，近年では約 2.3 ppm の割合で増加している。産業革命から 2000 年までの間に地球の平均気温は約 1 K 上昇した。これより，2050 年頃には，大気中の CO_2 濃度が 450 ppm になり，以下のような事態が予想される。

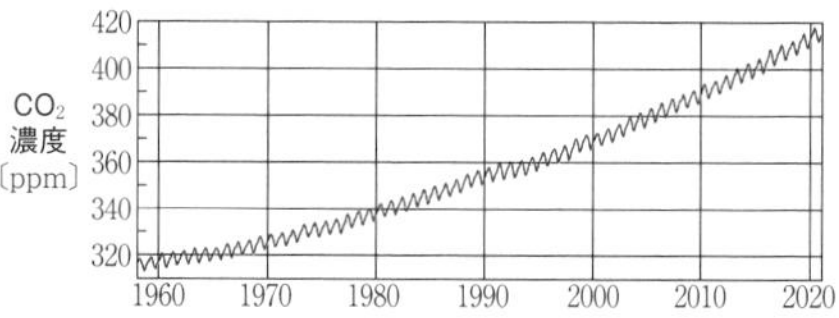

① 南極大陸の氷の融解や海水自体の熱膨張により，海水面が上昇し，海岸地帯にある多くの都市や干潟が水没する恐れがある。
② 世界の降水分布の変化により，乾燥地帯（北緯 20～30 度）が北方へずれ，現在の穀倉地帯が乾燥化する。また，水の蒸発が盛んになり，河川の水量が減少し，利用可能な農業・工業用水が減少する。
③ マラリア，デング熱，黄熱病，西ナイル熱などの熱帯性の感染症の伝染可能地域が温帯まで拡大する恐れがある。
④ 雨の降り方が変化し，集中豪雨や台風，洪水や干ばつなどの災害が増加する。

1997 年，地球温暖化防止京都会議が開かれ，次のような内容の議定書が採択された。

(1) 先進国は，2008～2017 年にかけて，温室効果ガスの総排出量を 1990 年に比べて平均 5.2%(日本は 6%)削減する。
(2) 対象となる温室効果ガスは，CO_2，CH_4，N_2O，指定フロン(2 種)と SF_6。

2015 年，地球温暖化防止パリ会議が開かれ，次のような内容が合意された。

(1) 21 世紀末に世界の平均気温上昇を 1.5 K 以内に抑える。
(2) すべての国に CO_2 の排出削減の目標を提出することを義務づける。

4 ケイ素の単体

ケイ素は地殻中に酸素に次いで多く存在する元素である。単体のケイ素 Si は天然には存在せず⑮，酸化物を還元してつくる⑯。

補足⑮ ケイ素と炭素は同族元素であるが，その燃焼熱は Si のほうが C よりもずっと大きい。

$$Si(結晶) + O_2 \longrightarrow SiO_2(石英) \quad \Delta H = -910.9\,kJ$$

$$C(黒鉛) + O_2 \longrightarrow CO_2 \quad \Delta H = -394\,kJ$$

すなわち，Si は C よりも少し陽性が強く，陰性元素の O とは結合しやすい。これが Si が単体として地球上に存在しない理由の1つと考えられる。

詳説⑯ 実験室では，SiO_2 を Mg 粉(還元剤)とともに加熱すると，Si が得られる。

$$SiO_2 + 2\,Mg \longrightarrow Si + 2\,MgO \quad \Delta H = -293\,kJ \quad (ゴールドシュミット法)$$

工業的には，ケイ砂 SiO_2 にコークス C を加え，電気炉で 2000℃以上に強熱してつくる。

$$SiO_2 + 2\,C \longrightarrow Si + 2\,CO \quad \Delta H = 690\,kJ \quad \cdots\cdots ①$$

同様に，ケイ砂にコークス C を過剰に加え，電気炉で 1800〜1900℃に熱すると，炭化ケイ素 SiC(**カーボランダム**) が得られる。これは，Si と C が交互に共有結合してできたダイヤモンド型の結晶で，非常に硬いので研磨剤に用いられる。

$$SiO_2 + 3\,C \longrightarrow SiC + 2\,CO \quad \Delta H = 627\,kJ \quad \cdots\cdots ②$$

►ケイ素の結晶は，黒灰色の金属光沢をもつ共有結合の結晶で，ダイヤモンド型の結晶構造をもつが，融点はダイヤモンドよりやや低く，硬いがもろい⑰。

補足⑰ C-C 結合 (354 kJ/mol) に比べて，Si-Si 結合 (226 kJ/mol) の結合エネルギーが小さい値をとるのは，Si-Si 間距離 (0.234 nm) が C-C 間距離 (ダイヤモンドで 0.154 nm) より大きく，内殻電子も多いため，原子どうしは十分に接近して，共有電子対の重なりの大きな共有結合をつくりにくいためである。一方，カーボランダム (硬度 9.5，融点 2900℃) 中の Si-C 結合は 288 kJ/mol であり，ダイヤモンド(硬度 10，融点 4430℃)と Si(硬度 7，融点約 1400℃)のほぼ中間の値を示す。

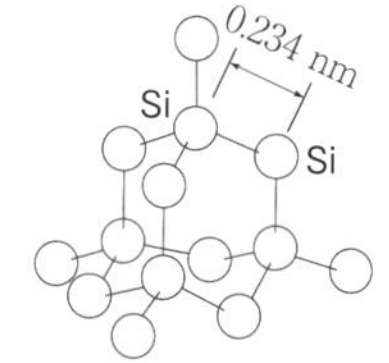

►高純度のケイ素の結晶は電気をわずかに通し，**半導体**としての性質をもつので⑱，コンピューターの電子部品や太陽電池などの材料に用いられる。

詳説⑱ Si-Si 間の結合エネルギーは比較的小さいので，光や熱のエネルギーを受けると共有結合の一部が切れ，価電子が結晶中に遊離して電導性を表す。半導体では，高温ほど結合が切れやすくなり，電導性が大きくなるのに対して，金属では，高温になるほど結晶を構成する金属原子の熱運動が激しくなり，自由電子の動きが妨げられるので，電導性は減少する。

高純度の Si の結晶をつくるには，**帯域融解法(ゾーンメルティング法)**を行う。この方法は，棒状の試料をゆっくりとした速度で部分的に熱しながら融かしていく。こうすると，不純物

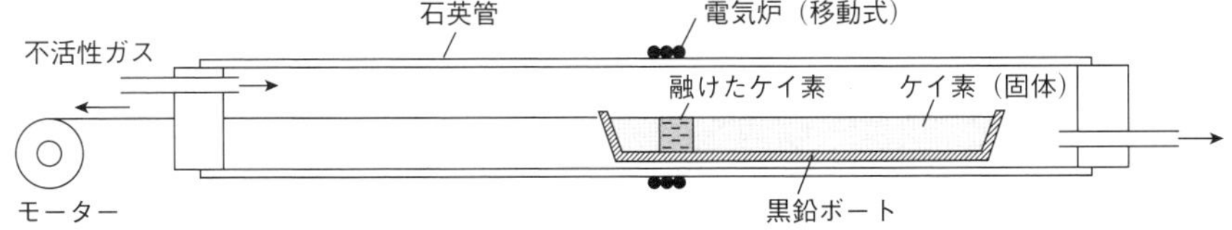

ケイ素の帯域融解法

は融解した部分に濃縮されて，他端まで集められる。最後に，不純物の集まった部分を切り落とすと，純粋な Si 結晶が得られる。さらにこの操作を繰り返すことで純度を向上させる。

5 ケイ素の化合物

二酸化ケイ素 SiO_2 は，石英，水晶，ケイ砂(しゃ)などの主成分として天然に存在する[19]。SiO_2 の結晶は，ケイ素の結晶の Si-Si 結合を Si-O-Si 結合で置き換えた構造をもち，下図のように SiO_4 の正四面体が三次元的に連なった共有結合の結晶である[20]。

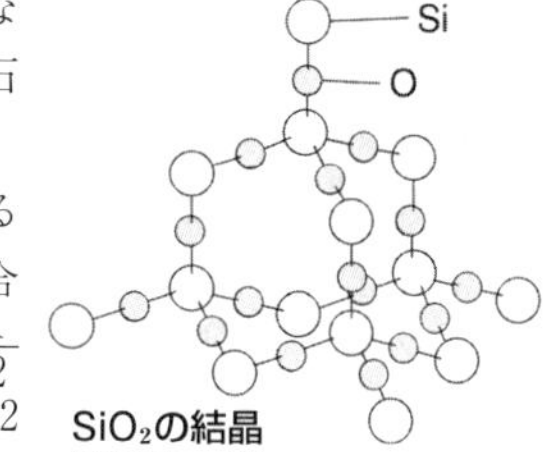

SiO_2の結晶構造の一例

補足[19] SiO_2 の造岩鉱物名を**石英**といい，このうち透明で大きな結晶（六角柱状）であるものを，とくに**水晶**とよぶ。また，石英の風化などで生じた SiO_2 成分の多い砂を**ケイ砂**という。

補足[20] この結晶は，SiO_4 正四面体を基本単位としてできているが，組成式は SiO_4 ではない。なぜなら，4個の O 原子は隣り合う Si 原子によって共有されており，Si 原子1個あたり実質 $\frac{1}{2}$ 個分しか所属していない。よって，Si：O＝1：$\left(\frac{1}{2}\times4\right)$＝1：2 で，組成式は SiO_2 と表される。

► Si-O の結合エネルギーが大きいので，SiO_2 の結晶は硬く，融点も高い[21]。

結合エネルギー〔kJ/mol〕			
C-C	357 } 大	Si-Si	226
C-H	415 } 大	Si-H	318
C-Cl	342	Si-Cl	397 } 大
C-O	351	Si-O	443 } 大
		Si-F	539 } 大

詳説[21] C 原子は比較的小さく，内殻電子が少ないので，より接近して重なりの大きい共有結合をつくりやすい。しかし，C 原子が非共有電子対をもつ Cl，O などの原子と結合する場合，非共有電子対との反発により，原子どうしが十分に接近できず，共有結合はあまり強くならない。

これに対して，Si 原子は，非共有電子対をもった原子との間に強い共有結合をつくる傾向がある。これは，Si 原子には結合に使われていない空の 3d 軌道と，酸素原子の非共有電子対の 2p 軌道とがうまく重なり合って，共有結合を強化できるからである。このような理由で，Si-O の結合エネルギーが大きくなる。

3d　Si — O —

参考 Si-O の結合が C-C 結合よりずっと強いのに，逆に，ダイヤモンドの融点・硬度（約4430℃，硬度10）が，SiO_2（融点約1550℃，硬度7）より大きくなるのはなぜか。

結晶構造がまったく同じならば，結合エネルギーの大きい結晶のほうが当然，融点や硬度が大きくなるはずである。SiO_2 では Si と O が交互に共有結合をしており，結晶内での共有結合の数に着目すると，Si 原子が4本に対し O 原子は2本なので，平均1原子あたり $\frac{8}{3}$ 本となる。これに対して，ダイヤモンドでは，C 原子はすべて4本ずつの結合をもつ。すなわち，1本あたりの結合力は Si-O 結合のほうが C-C 結合よりも強いが，逆に，結晶内での1原子あたりの共有結合の数は，C よりも SiO_2 のほうが少ないので，結晶全体としての共有結合の結合力は，ダイヤモンドのほうが強くなると考えられる。

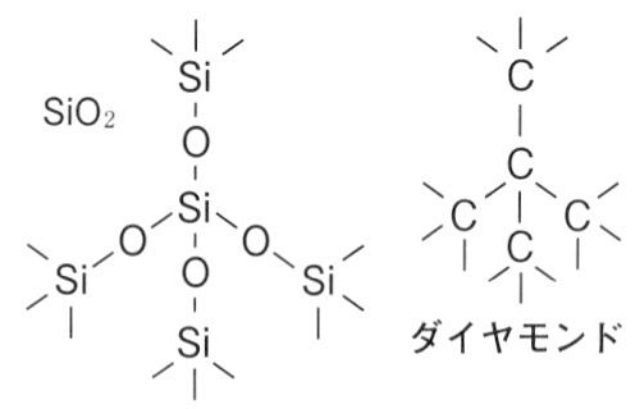

► SiO_2 は化学的に安定で，ほとんどの試薬とは反応しないが，フッ化水素およびフッ化水素酸には溶かされる[22]。

$$SiO_2 + 4HF(気) \longrightarrow SiF_4\uparrow + 2H_2O$$
$$SiO_2 + 6HF(aq) \longrightarrow H_2SiF_6 + 2H_2O$$

また，立体網目構造をもつ SiO_2 は水酸化ナトリウムや炭酸ナトリウムなどの塩基とともに融解すると，二次元構造をもつケイ酸ナトリウム Na_2SiO_3 を生じる[23]。

$$SiO_2 + 2NaOH \longrightarrow Na_2SiO_3 + H_2O$$
$$SiO_2 + Na_2CO_3 \longrightarrow Na_2SiO_3 + CO_2$$

補足[22] SiO_2 がフッ化水素と反応するのは，Si－O 結合（443 kJ/mol）を 4 本切り，Si－F 結合（539 kJ/mol）を 4 本つくったほうが，エネルギー的に安定な状態になるからである。

また，SiO_2 がフッ化水素酸と反応しやすいのは，比較的小さな Si 原子に対して，F^- のように小さな陰イオンが 6 個取り巻き，安定な錯イオン $[SiF_6]^{2-}$ をつくることが原因と考えられる。

詳説[23] SiO_2 は酸性酸化物なので，水と反応すればオキソ酸である H_2SiO_3 が得られるはずであるが，SiO_2 は共有結合の結晶でできており，実際には，水に不溶で反応もおこらない。しかし，SiO_2 は強塩基の NaOH と加熱融解すれば，徐々に中和反応によりケイ酸ナトリウムという塩を生成する。よって，強塩基の濃厚水溶液を試薬びんで長期間保存する場合，ガラス栓のすり合わせの部分で上記と同様の反応がおこり，栓が取れなくなってしまうのでゴム栓を使用する。

詳説[23] SiO_2 と NaOH との反応は次のように考えられる。

Si と O の電気陰性度は，それぞれ 1.9 と 3.4 で，その差が 1.5 もあるため，Si-O 間の共有結合はかなり強い極性をもつ。NaOH を加えて熱すると，OH^- が $Si^{\delta+}$ を図(a)のように攻撃して，背後の Si-O 結合が点線のように切れると同時に，新たに Si-OH の結合を生じる。強い塩基性の条件では図(b)のように Si-OH から H^+ が電離して，$Si-O^-$ の形になる（図(c)）。これを繰り返すと，図(d)のような長い鎖状構造のケイ酸イオン $SiO_3{}^{2-}$ と Na^+ 2 個とがイオン結合してできたケイ酸ナトリウム Na_2SiO_3 が生成する。

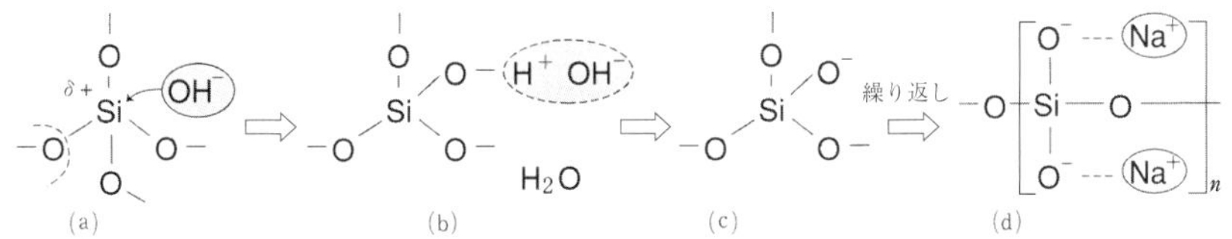

►ケイ酸ナトリウムに水を加えて耐圧鍋の中で熱すると，無色透明で粘性の大きな液体が得られる。これを**水ガラス**という[24]。

詳説[24] ケイ酸ナトリウムはイオン結晶でありながら，水への溶解は極めて遅い。これは，$SiO_3{}^{2-}$ が独立したイオンではなく，長い鎖状構造のイオンであるため，水和がおこっても容易に水中に拡散できないからである。また，$SiO_3{}^{2-}$ は水中では複雑に曲がりくねった状態で存在しており，強い粘性を示す。さらに，水ガラスを空気中に放置すると，次のように反応して，ケイ酸(弱酸)を遊離し，これが脱水して SiO_2 となり固まる性質がある。

$$Na_2SiO_3 + H_2O + CO_2 \longrightarrow Na_2CO_3 + \boxed{H_2SiO_3} \quad (\Longrightarrow SiO_2 + H_2O)$$

この性質によって，水ガラスは陶器，段ボールの接着剤，土壌硬化剤などに利用される。

►水ガラスの水溶液に塩酸を加えると，不規則な立体網目構造をもつ**ケイ酸** H_2SiO_3（弱酸）が遊離し，白色ゲル状の沈殿が生成する[25]。

$$Na_2SiO_3 + 2HCl \longrightarrow 2NaCl + H_2SiO_3$$

水洗したケイ酸を加熱・乾燥させると，無定形固体の**シリカゲル**が得られる㉖。シリカゲルは多孔質で，水分や他の気体を吸着する力が強く，乾燥剤や吸着剤などに用いる。

補足㉕　ケイ酸イオンの $-Si-O^-Na^+$ が強酸から H^+ を受け取り $-Si-OH$ となると，電荷をもたない鎖状の高分子となるため，水に溶けずに沈殿するようになる。ケイ酸は極めて弱い酸であるため，常温でも一部は $HO-Si-O\boxed{H\ \ HO}-Si-OH$ のように $-Si-OH$（シラノール基）の間で脱水がおこり，不規則な立体網目構造をもつようになる。その化学式はふつう $H_2SiO_3=SiO_2\cdot H_2O$ と表されるが，実際には $SiO_2\cdot nH_2O$（$0<n\leqq1$ で，n は 1，$\frac{1}{2}$，$\frac{1}{3}$，$\frac{1}{4}$ など任意の数）の状態になっている。

詳説㉖　小さな塊状にしたものを，約 150～200℃ に加熱乾燥すると，さらに脱水がおこり，無色半透明の固体であるシリカゲル $SiO_2\cdot nH_2O$（n は 0 に近い任意の数，水分約 5%）が得られる。

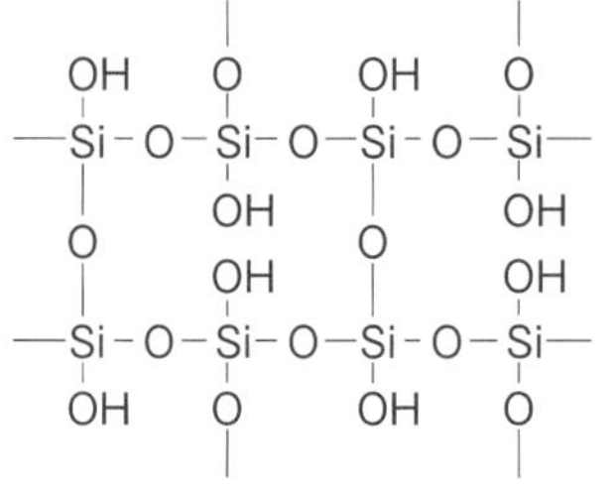
シリカゲルの構造

シリカゲルには，右図のような多くの空洞と，その表面にまだ脱水されないで残っている親水性の $-OH$ があるので，空気中の H_2O や NH_3 分子などを水素結合によって吸着する能力をもつ。水を吸ったシリカゲルを穏やかに加熱すると，吸着した H_2O は追い出され，再び乾燥剤として使用できる。しかし，あまり高温（600℃～）に加熱すると，表面の $-OH$ がすべて脱水されて，水分を吸着する能力を失ってしまうので注意を要する。

6 ケイ酸塩工業

地殻を構成する岩石の大部分は，いろいろな構造をもつケイ酸イオンと各種の金属イオンとが結合した**ケイ酸塩**からできている。

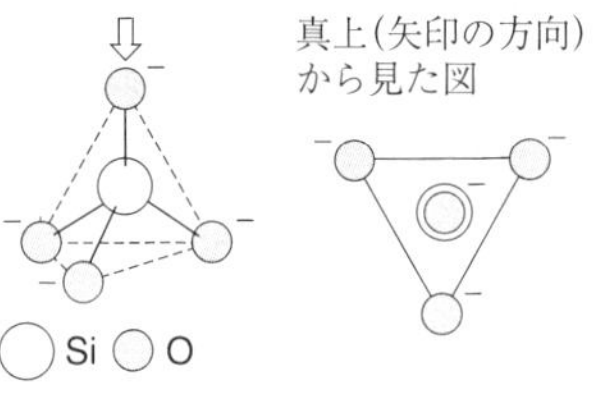

ケイ酸塩の鎖状構造　Na_2SiO_3 のようなケイ酸塩は，SiO_4 の正四面体（右図）が鎖状に結合した構造をもつ。アスベスト（石綿）は，この鎖状構造のケイ酸イオンが合わさって繊維状になったものである。

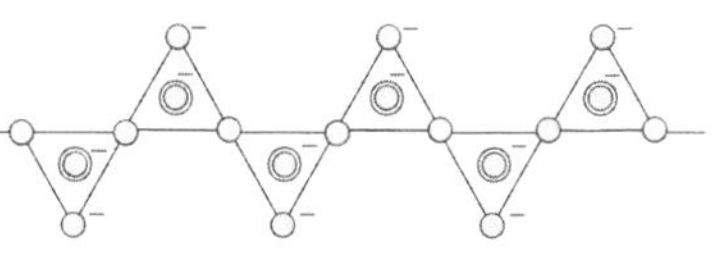

各正四面体には専属の O^- が 2 個，他の 2 個の O 原子は隣接する Si 原子の間で共有されている（右中図）。したがって，Si：O＝1：3 で，電荷は－2 なので，組成式で SiO_3^{2-} と表す。

ケイ酸塩の層状構造　SiO_4 の正四面体の平面構造が，さらに層状に重なったもので，雲母はこのような平面層状構造からなり，薄くはがすことができる（次ページ図）。

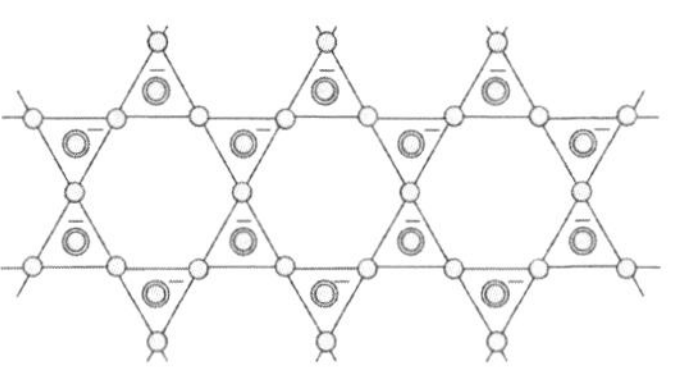

各四面体には専属の O^- が 1 個だけあり，他の 3 個の O 原子は，隣接する Si 原子との間で共有されている（右図）。したがって，Si：O＝1：2.5 で，電荷は－1 なので，組成式で $Si_2O_5^{2-}$ と表す。

アルミノケイ酸塩 SiO_4 正四面体が立体的に結合した SiO_2 の結晶と同じ構造をもち，Si の一部が Al によって置換された立体網目構造をもつケイ酸塩（長石など）を**アルミノケイ酸塩**という㉗。

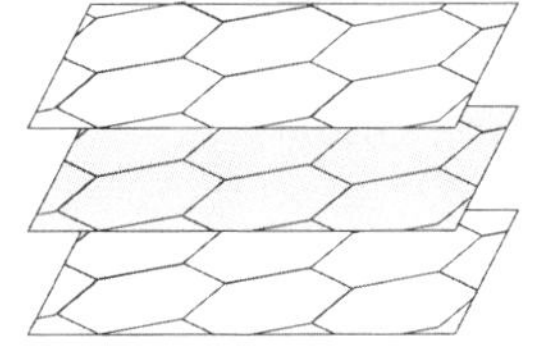
雲母の層状構造

補足㉗ Al^{3+} は Si^{4+} とイオン半径が似ており，地殻中での存在率も大きいので，互いに入れ替わることができる。ただし，Si^{4+} を Al^{3+} に置き換えても，ケイ酸の立体構造は保持されるが，＋電荷が1つ不足するので，電気的中性を保つために，Na^+ や K^+ のほか Ca^{2+} などの金属イオンを伴って置換する。

►ケイ砂（SiO_2），ケイ酸塩を含む粘土，陶土㉘，石灰石などの無機物の原料を高温処理してつくられる固体を**セラミックス**㉙という。代表的なセラミックスには，陶磁器，ガラス，セメントなどがあり，これらをつくる工業を**ケイ酸塩工業（窯業）**㉚という。

詳説㉘ 岩石が温度変化・水・CO_2 などの作用により，分解されて粉末になる現象を**風化**という。たとえば，火成岩の造岩鉱物であるカリ長石は，CO_2 を含んだ水で次のように風化する（このうち，K_2CO_3 は水に溶け，SiO_2 も流水で流れ去る）。

$$K_2O\cdot Al_2O_3\cdot 6\,SiO_2 + CO_2 + 2\,H_2O \longrightarrow Al_2O_3\cdot 2\,SiO_2\cdot 2\,H_2O + 4\,SiO_2 + K_2CO_3$$

カリ長石　　　　　　　　　　　　カオリン

アルミノケイ酸塩の風化で生じる微細な粉末（直径0.01 mm以下）を**粘土**と総称し，さらに風化が進んでほぼケイ酸アルミニウムの状態になった良質の粘土を**陶土（カオリン）**という。

補足㉙ セラミックスの語源は，「高温で焼き固める」を意味するギリシャ語のケラモス（keramos）に由来する。セラミックスの長所は，(1)酸化物なので，燃えず，さびない，(2)融点が高く，耐熱性に優れる，(3)硬くて，傷がつきにくい，などである。一方，(1)脆（もろ）くて割れやすい，(2)急激な温度変化に弱い，などの欠点がある。

補足㉚ セラミックスの原料として，各種のケイ酸塩を使用することから，セラミックスをつくる工業のことをケイ酸塩工業，または焼成に窯（かま）を用いることから窯業ともいう。わが国では，良質の石灰石，ケイ石，粘土などを多量に産出するので，ケイ酸塩工業は盛んである。

►セラミックスのうち，粘土や岩石など天然の材料をそのまま使用しているものを**伝統的セラミックス**という。これに対して，高度に精製されたり，人工合成された材料を用いて，焼成温度，焼成時間などを厳密に制御してつくられたものを**ファインセラミックス（ニューセラミックス）**㉛という。

補足㉛ ジルコニア ZrO_2，窒化ケイ素 Si_3N_4 および炭化ケイ素 SiC などでつくられたセラミックスは，硬度，強度がともに高く，耐熱性，耐摩耗性などに優れた性質を示し，自動車エンジンや発電用タービンの部品，切削工具などに用いられる。また，アルミナ Al_2O_3 や窒化アルミニウム AlN でできたセラミックスは，電気絶縁性だが熱伝導性に優れており，集積回路（IC）や大規模集積回路（LSI），および超大規模集積回路（VLSI）の放熱基板に利用される。また，チタン酸バリウム $BaTiO_3$ は誘電率（p. 154）が大きいので，コンデンサーの材料に用いられ，チタン酸鉛(Ⅱ) $PbTiO_3$ などは，圧力と電気を相互変換する性質をもつので，マイク，イヤホン，プリンター，ガスコンロの点火装置などに用いる圧電素子として用いられる。また，アルミナ Al_2O_3 やヒドロキシアパタイト $Ca_5(PO_4)_3OH$ などでできたセラミックスは，生体内で劣化せず生体と適合性が高いので，人工骨，人工歯，人工関節などに用いられる。

SCIENCE BOX　水晶の構造と利用

SiO_2の結晶構造は，中心にSi^{4+}(0.04 nm)があり，その周囲に4個のO^{2-}(0.13 nm)が取り囲んだSiO_4正四面体が多数連結したものと考えるとよい。SiO_4正四面体中でSiの結合角は常に109.5°であるが，SiO_4四面体どうしをつなぐOの結合角は，温度・圧力により130～180°の範囲で変化する。

一般に，高温ではSiO_4正四面体どうしの反発力が増すので，Oの結合角は大きく，低密度の構造が安定となる。一方，高圧ではSiO_4正四面体どうしの隙間が減るように，Oの結合角は小さく，高密度の構造が安定となる。SiO_2のように，同一組成の物質に2種以上の結晶構造が存在するとき，これらを**多形**といい，各多形間の変化を**相転移**という。SiO_2(シリカ)が温度・圧力によって相転移するようすを**状態図**(下図)に示す。

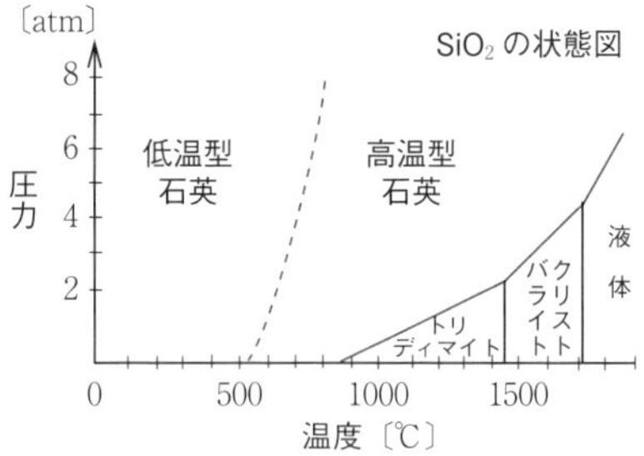

(1)　**クリストバライト**は，立方晶系の結晶でOの結合角は180°で，密度は2.3 g/cm^{3}である。教科書やp. 472のSiO_2の図は，この結晶構造を示しているが，Siだけに着目すると，ダイヤモンドの結晶と同じになる。

(2)　**トリディマイト**は，六方晶系の結晶でOの結合角は180°で，密度は2.2 g/cm^{3}である。p. 472の図のSiをO，OをHで置き換えると，氷の結晶構造と同じになる。

(3)　石英には2種類あり，500℃～で安定な**高温型石英**は六方晶系の結晶で，Oの結合角は155°，密度は2.5 g/cm^{3}である。常温・常圧で安定な**低温型石英**(**石英**)は三方晶系の結晶で，六角柱状の水晶もこれに属する。Oの結合角は146°，密度は2.7 g/cm^{3}である。石英の結晶構造の特徴は，SiO_4正四面体3個分でちょうど1回りする**らせん構造**をもつことであり，そのらせんが左回りのものは右旋性を示すので**右水晶**，右回りのものは左旋性を示すので**左水晶**とよばれる。両者は**鏡像異性体**(p. 644)の関係にあり，別々に産出する。

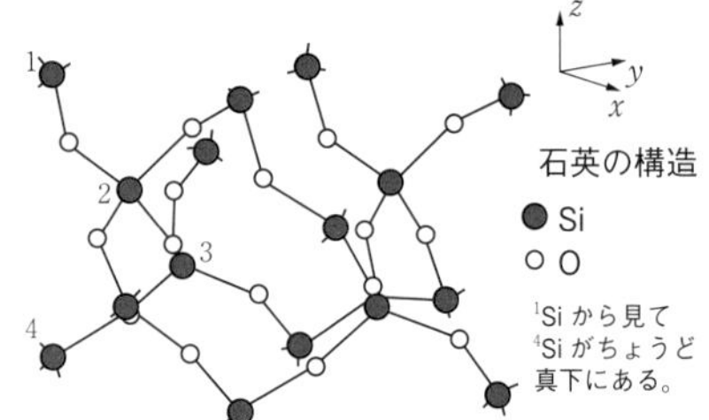

1880年，フランスのジェリオ・キュリーとピエール・キュリー(ピエールの夫人はRaの発見者のマリー・キュリー)兄弟は，水晶の薄片に圧力を加えると，電圧が発生する現象(**圧電効果**)を発見した*。

*　水晶の六角柱のx軸に平行なxy平面で，z軸から約35°の角度で切断(ATカット)した薄片は，安定した圧電効果を示す。

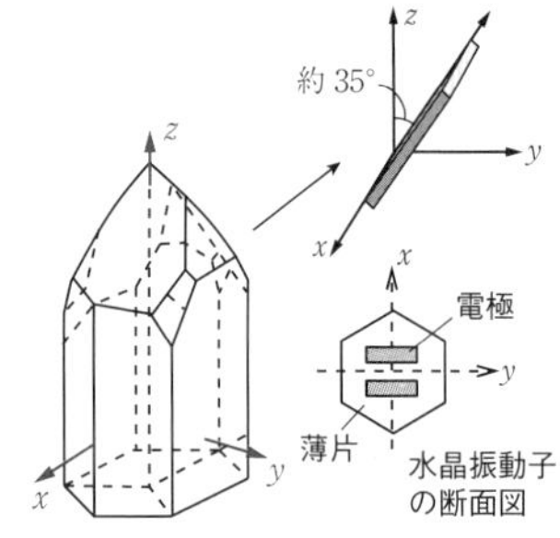

逆に，水晶の薄片に電圧をかけると変形する現象(**逆圧電効果**)を利用して，人工水晶から切り出した薄片に電極を取りつけて，**水晶振動子**をつくる。これと組み合わせて回路をつくると，定常的な発振をおこすことができるので，正確な時間を刻む水晶時計として広く用いられている。

SCIENCE BOX 光ディスク

文字・音楽・映像などの情報を記録する媒体（メディア）には，情報の読み書きに，強力磁石を用いる**磁気ディスク**，レーザー光を用いる**光ディスク**などがある。

光ディスクは，直径 12 cm，厚さ 1.2 mm のポリカーボネート製の透明な円盤の表面に薄いアルミニウムの記録層があり，その表面の微細な凹凸によって，(0, 1) のデジタル情報が記録されている。また，記録層の表面には薄い透明な樹脂製の保護膜がある。光ディスクには，文字・音楽情報を記録する CD，映像情報を記録する DVD，高画質映像を記録する BD などがある。

(1) **CD-ROM**（Compact disc Read only memory）

再生専用の光ディスク。元になる原盤にプラスチック板を押し付け，物理的に記録層の表面に凹凸をつけたもので，自分で情報を書き込むことはできない。

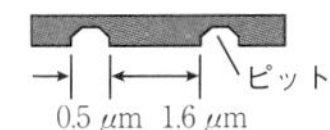

1 枚のディスクには約 60 億個のピットが並んでいる。

CD 情報の読み取り方法　Al の記録層には幅 0.5 μm，高さ 0.1 μm 程度の小さな窪み(**ピット**)，または突起(**マーク**)がある。この凹凸の連なった部分を**トラック**といい，それ以外の平担な部分を**ランド**という。

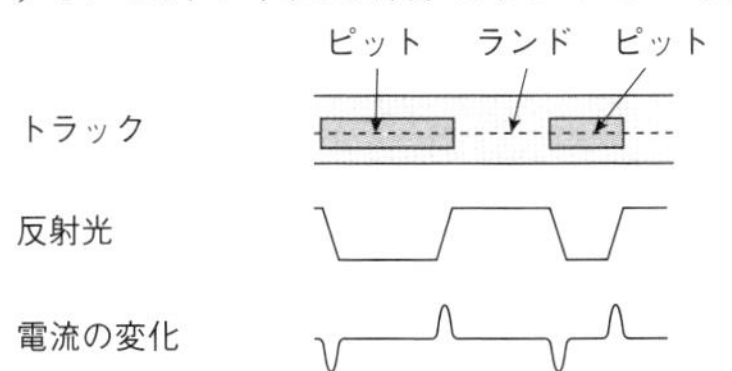

デジタル情報　0100010001010

レーザー発振器から波長 780 nm の赤外線レーザーが発射され，これをレンズで集光して，ディスクの記録面に当てる。ディスクを回転させると，レーザービームがトラック上を走査する仕組みになっている。

ピットでは，レーザー光は乱反射するので，反射光量が少ないが，ランドでは，レーザー光はよく反射するので，反射光量が多くなる。この反射光の強弱は，光センサーで電流の変化（電気信号）に変換される。こうして，ディスク上にある小さなピットとマークがデジタル信号に変換される。

(2) **CD-R**（Compact disc Recordable）

情報を 1 回だけ書き込める光ディスク。記録面に有機系色素が塗布され，これにレーザー光を照射して色素を焦がして情報を記録する。焦目が CD のピットに相当する。

(3) **CD-RW**（Compact disc Rewritable）

相変化現象（結晶化—アモルファス化）を応用してつくられた，再書き込み可能な光ディスク。一般に，物質を融点以上に加熱して急冷すると，結晶化する間がなく，**アモルファス**（**非晶質**）となる。こうして記録した情報の再生は，結晶相とアモルファス相の光の屈折率の違い，すなわち，レーザー光の反射率の違いを利用して行う*。

* 結晶相では屈折率が高く，レーザー光の反射率も大きい。一方，アモルファス相では屈折率が低く，レーザー光の反射率も小さい。

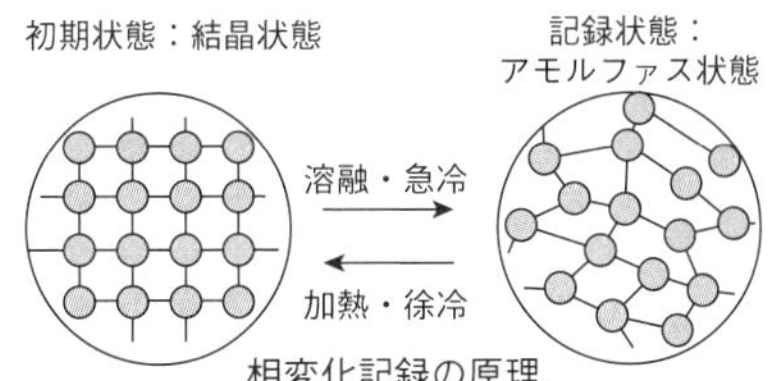

相変化記録の原理

(4) **DVD**（Digital versatile disc）

CD と形状や記録・読み取り方式は同じだが，記憶容量の大きな多用途の光ディスク。DVD の情報の読み取りには，650 nm の赤色レーザー光を用いることで，長時間の映像のデシタル記録が可能となった。

(5) **BD**（Blu-ray disc）

BD の情報の読み取りには，波長 405 nm の青色レーザー光を用いており，さらに高密度の映像のデジタル記録が可能である。

SCIENCE BOX　半導体と太陽電池

金属と絶縁体の中間程度の電気伝導性をもつ物質を**半導体**といい，高純度の Si, Ge などがその例である。一方，高純度の Si に少量 (10^{-4}%程度) のヒ素 As を加えると，As は Si の結晶の中に入り Si-As 結合ができる。しかし，As の価電子は5個あるので，1個の価電子が余り，これが結晶の中を動くことで，Si よりも電導性が大きくなる。これを **n 型半導体**という。

一方，不純物としてホウ素 B を加えた場合，同様に Si の結晶中で Si-B 結合を生じる。しかし，B の価電子が3個のため，共有結合が完成されずに，電子の入るべき場所が空のまま残される。これを**正孔**（ホール）といい，これを隣の電子が満たすとほかに正孔が移動する。これを **p 型半導体**[*1] という。

＊1　n 型半導体，p 型半導体のように，不純物の添加により電導性を大きくしたものを**不純物半導体**という。一方，Si や Ge のように不純物を含まないものを**真性半導体**という。

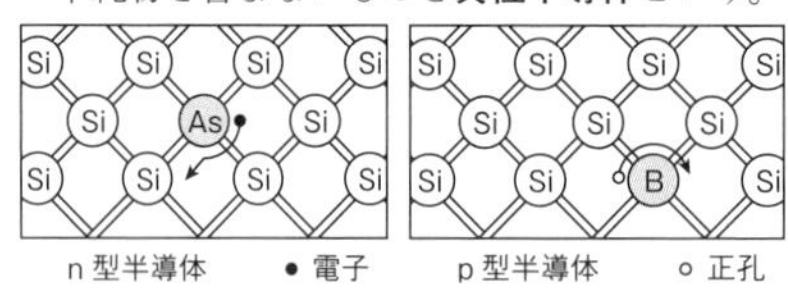

最も代表的な**太陽電池**は，n 型半導体の表面に薄い p 型半導体を接合し，それぞれに電極を取りつけたもので，その発電の原理を模式的に示すと下図のようになる。

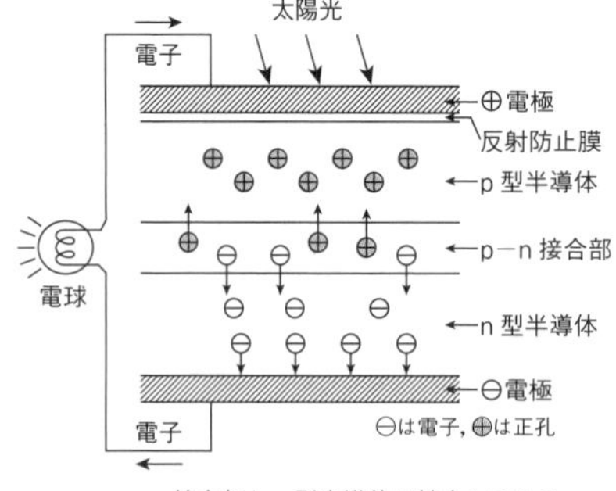

p−n 接合部と p 型半導体は拡大してある。

半導体のエネルギー準位には，電子の満たされた**価電子帯**と，エネルギーが高く電子が空の**伝導帯**がある。また，p 型半導体は n 型半導体よりも電位が高く，p-n 接合面には下図のような電位の勾配がある。

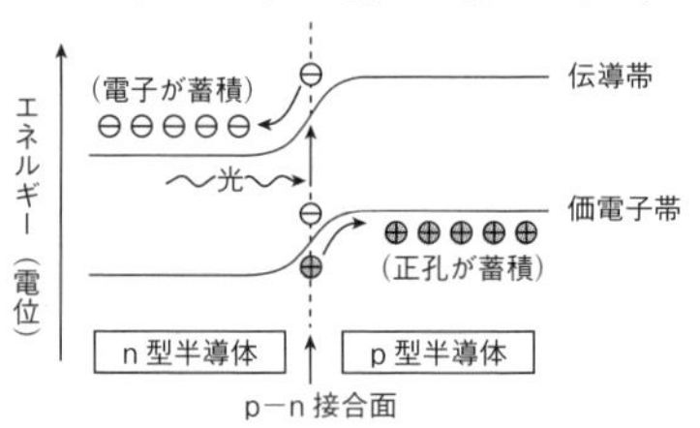

p-n 接合面に太陽光が当たると，その部分に電子と正孔の対(つい)が生成する。このうち電子は，価電子帯から伝導帯へと励起されるが，正孔は価電子帯に残る。したがって，電子と正孔は直ちに再結合して消滅することはない。

電子は，通常，低電位側から高電位側へと移動するが，励起された高エネルギー状態の電子の場合は，通常とは逆方向の低電位側の n 型半導体の領域へ侵入できる。同様に，光によって励起された高エネルギー状態の正孔は，通常とは逆方向の高電位側の p 型半導体の領域へ侵入できる。

こうして，n 型半導体には電子が蓄積されて負に帯電し，p 型半導体には正孔が蓄積されて正に帯電し，両電極間に起電力(晴天時で約 0.5 V) を生じる (**光起電力効果**)。つまり，n 型半導体内の伝導帯内に過剰になった電子が，導線を伝って p 型半導体に移動し，そこで価電子帯にある正孔と再結合し，もとの状態に戻るわけである。以上の繰り返しにより，光が当たっている限り起電力が生じて電流が流れ続ける[*2]。

＊2　夏の直射日光では，太陽電池 1 m^2 あたり約 100 W の電力が得られ，光エネルギーの電気エネルギーへの変換効率は，約 15%（アモルファスシリコン Si）～20%（結晶シリコン Si）である。

SCIENCE BOX　ガラス

ガラスは透明で硬く，成形加工しやすいので，人類の文化を古くから支えてきた。一般に，構成粒子の配列が不規則であり，一定の融点をもたない物質を**非晶質**（**アモルファス**）という。広義には，非晶質の状態にある無機物質を**ガラス**と総称する。

高純度のケイ砂 SiO_2 を約 1800℃に加熱すると，粘性の高い液体となる。これを徐冷すると，**石英ガラス**となる（図(b)）。このガラスは，耐熱性，耐薬品性に富み，急冷しても割れないなど，優れた熱的・化学的・機械的性質をもつが，軟化点が 1700℃と高く，成形加工が容易でない。

そこで，ケイ砂 SiO_2 は酸性酸化物なので，各種の塩基性酸化物を加えると，広義の中和反応がおこる。つまり，SiO_2 を構成する立体網目構造の一部が切断されるので，生じたガラスは石英ガラスに比べて軟化点が低く，成形加工が容易となる。ところで，日常生活の中で最も多量に使われているガラスは，**ソーダ石灰ガラス**である。このガラスは，ケイ砂 SiO_2 に炭酸ナトリウム Na_2CO_3 を 10〜15％と石灰石 $CaCO_3$ を 5〜10％加え，1300〜1500℃に加熱・融解した後，成形・徐冷してつくられる。このガラスは SiO_4 の正四面体が不規則につながった立体網目構造の隙間に，Na^+ や Ca^{2+} が複雑に入り込んだ構造をもつ（図(c)）。

ソーダ石灰ガラスの標準組成（質量％）は，SiO_2(73％)，Na_2O(15％)，CaO(11％)，その他（1％）で，このガラスは，窓ガラスや飲料用のガラスびん，および日用品などに使用されている。

ソーダ石灰ガラスの Na^+ を K^+ で置き換えたガラスは，**カリ石灰ガラス**とよばれ，ソーダ石灰ガラスに比べて硬質で，耐薬品性が大きい。これは，K^+ は Na^+ よりも電荷密度が小さいので，SiO_4 の正四面体を歪ませる度合いが小さいためである。

ソーダ石灰ガラスの CaO の代わりに比重の大きな PbO を加えたものを，**鉛ガラス**といい，PbO が 30％程度のものは光の屈折率が大きいので光学用レンズに用いられるほか，比較的軟らかく加工しやすいので，装飾用のカットガラスに用いる。また，PbO を 60％位に高めたものは，X 線遮蔽（しゃへい）用のガラスとして用いられる。

ソーダ石灰ガラスに，さらに B_2O_3 を加えたものは，**ホウケイ酸ガラス**（商品名 Pyrex®）とよばれ，熱膨張率が小さく，耐熱性，耐薬品性が高いので，耐熱食器，理化学器具などに用いられる。

一般に，Na_2O, K_2O, CaO, PbO などは，ガラスの立体網目構造を破壊し，軟化点，融液の粘度，強度などを低下させる。一方，B_2O_3，Al_2O_3 などは，破壊されたガラスの立体網目構造を修復し，軟化点，融液の粘度，強度などを上昇させる。

ところで，高純度の石英ガラス製の繊維（直径約 0.1 mm）は，光の吸収率が小さく，高い透明性をもつ。これは**光ファイバー**とよばれ，十数 km 先まで光をほとんど減衰させずに透過させることから，光通信用のケーブルとして広く利用されている。

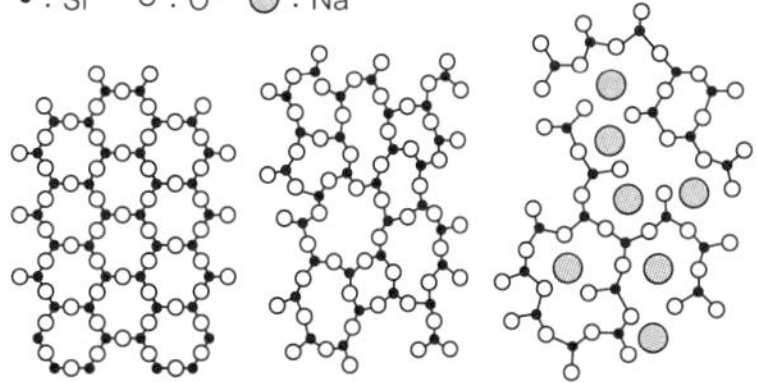

(a) 水晶　(b) 石英ガラス　(c) ソーダ石灰ガラス

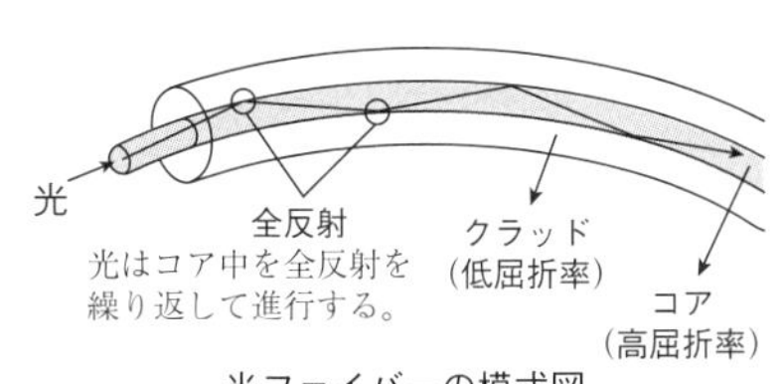

光ファイバーの模式図

SCIENCE BOX　ホウ素の化学

自然界で，ホウ素は単体では存在せず，ホウ酸 H_3BO_3，ホウ砂 $Na_2B_4O_7 \cdot 10H_2O$ などの形で産出する。

ホウ素Bの単体は，ホウ砂に酸を加えてホウ酸に変換した後，加熱して酸化物 B_2O_3 とし，Mgで還元して得られる。

$$B_2O_3 + 3Mg \longrightarrow 3MgO + 2B$$

その結晶は，ケイ素の単体に似た黒灰色で，ダイヤモンドに次ぐ硬さ（モース硬度9.3）をもち，融点も高い（約2300℃）。常温では半導体の性質をもつ。

ホウ素の単体にはいくつかの同素体が存在するが，その一つに B_{12} からなる正二十面体(右図)の基本骨格が，ほぼ立方最密構造に配列しているものがある。

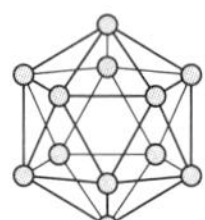

最外殻に8個の電子が所属する電子配置は**オクテット**とよばれるが，ホウ素原子の価電子は3個であり，ホウ素の化合物ではこの安定なオクテットを満たさない**電子不足化合物**が存在する。たとえば，フッ化ホウ素 BF_3 は，正三角形の平面状分子でB原子の周囲には6個の電子しかなく，オクテットを満たしていない。したがって，強い**ルイス酸**として，電子対をもつ**ルイス塩基**とは反応しやすい性質がある。

$$BF_3 + NH_3 \longrightarrow BF_3 \cdot NH_3$$

また，ホウ酸 H_3BO_3（または $B(OH)_3$）は，化学式からは3価の酸と見られるが，そのH原子は H^+ として電離しない。ホウ酸水溶液中では，ホウ酸分子が水分子と配位結合し，生じた化合物中の水分子に由来するH原子の一部が電離するので，実質上，1価の酸（$K_a \fallingdotseq 1 \times 10^{-9}$ mol/L）として働く＊。

$$B(OH)_3 + H_2O \longrightarrow [B(OH)_4]^- + H^+$$

＊　ホウ酸は，正三角形の $B(OH)_3$ が平面状に水素結合でつながり，その平面が層状に積み重なった構造をもつ。穏やかな殺菌作用があり，生体への腐食性が小さいので，洗眼薬，含嗽薬(うがい薬)，防腐剤として用いられる。

ホウ素と窒素の化合物の**窒化ホウ素** BN には，生成条件の違いにより次の2種類がある。

(1)　**常圧型** BN（密度 2.3 g/cm^3）は，ホウ砂とアンモニアを加熱すると得られる。黒鉛のC原子を交互にBとN原子で置き換えた構造をもち，軟らかい。しかし，黒鉛のように自由電子が存在しないので，電導性は小さく，可視光線の吸収もないので白色を示す。耐熱性の潤滑剤に使用される。

(2)　**高圧型** BN（密度 3.5 g/cm^3）は，常圧型BNを触媒を用いて高温・高圧で処理して得られる。ダイヤモンドのC原子を交互にBとNで置き換えた構造をもち，ダイヤモンド以上の硬度があり，耐熱性の研磨材や切削材に使用される。

例題　ホウ素の化合物のカルバボラン $B_{10}C_2H_{14}$ は，ホウ素 B_{12} の正二十面体の12個の頂点のうち，10個をB原子，2個をC原子が占め，H原子は各頂点の原子に1個ずつ結合している。この化合物は，C原子の位置の違いによって，何種類の構造異性体が存在するか。

［解］　ホウ素の正二十面体は，どの頂点を真上にしても同じ形になる。置換する1個目のC原子を真上の頂点に配置することにする。2個目のC原子は図の2段目の頂点①の5か所のどこに配置しても同じになる。3段目の頂点②の5か所についても同様である。これに真下の頂点③の1か所を合わせると，2個のC原子を置換する方法は，①，②，③の**3通り**。　答

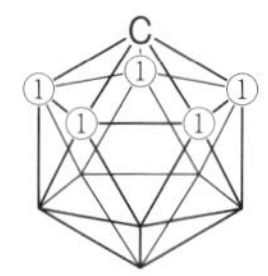

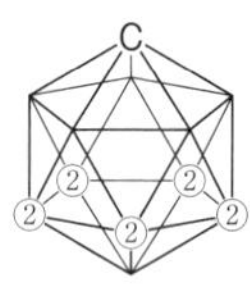

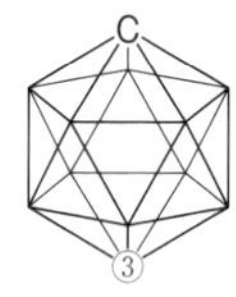

SCIENCE BOX セメント

水と練り合わせることによって固まる無機物の接着剤を，広義の**セメント**という。このうち，空気中でのみ硬化し，水中では硬化しないセメントを**気硬性セメント**といい，消石灰や焼きセッコウなどがある。一方，空気中でも水中でも硬化するセメントを**水硬性セメント**という。その代表が1824年，イギリスの**アスプディン**によって発明された**ポルトランドセメント**で，これを狭義の**セメント**という。

セメントは，石灰石と粘土の約5：1の混合物に，少量のケイ石，スラグ（p.533）を加えた原料を粉砕し，ロータリーキルン（回転炉）に入れ，約1500℃で半融解する程度に焼き，生じた小石状の塊（クリンカー）を冷却後，約3％のセッコウを混ぜ，再び細かく粉砕してできたものである。

普通のセメントの化学組成（質量％）は，およそ CaO(64％)，SiO_2(22％)，Al_2O_3(5％)，Fe_2O_3(3％）で，1tを生産するのに，石灰石1.2t，粘土210kg，ケイ石80kg，スラグ30kg，セッコウ40kg，重油100L，電力100kWh程度が必要である。

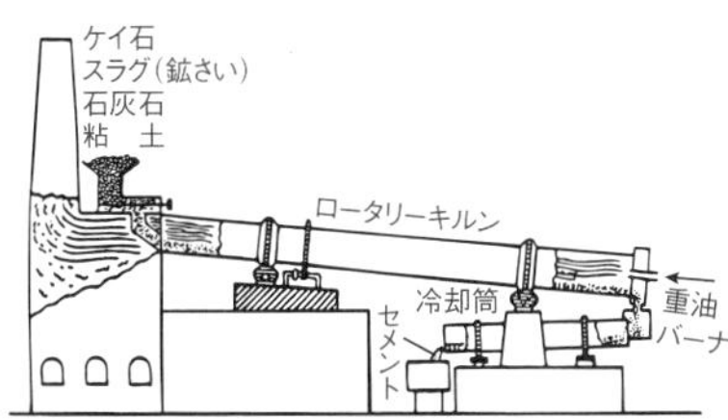

セメントの製造装置

ロータリーキルン内では，500℃付近で粘土の脱水，900℃付近で石灰石の分解，1100℃付近で $2\,CaO{\cdot}SiO_2$（ビーライト）が，1400℃以上で $3\,CaO{\cdot}SiO_2$（エーライト）の生成がはじまる。

セメントに水を加えて練ると，発熱しながらセメントが水と反応し，固化する。この反応を**水和反応**といい，水に対する溶解度の小さい水和物の結晶が析出し，これが砂，砂利（じゃり）（骨材という）と結合して，全体が固化する。なお，あらかじめ加えたセッコウは，セメントが急激に固まるのを防ぐ役割を果たす。

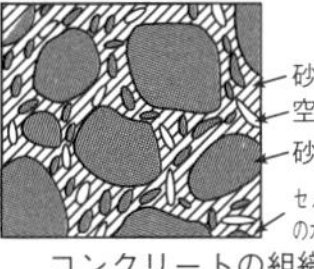

コンクリートの組織

$$2\,CaO{\cdot}SiO_2+(n+1)H_2O \longrightarrow CaO{\cdot}SiO_2{\cdot}nH_2O+Ca(OH)_2 \quad\cdots①$$

$$3\,CaO{\cdot}SiO_2+(n+2)H_2O \longrightarrow CaO{\cdot}SiO_2{\cdot}nH_2O+2\,Ca(OH)_2 \quad\cdots②$$

セメントの水和速度は，②式のエーライト（発熱量500kJ/kg）のほうが，①式のビーライト（発熱量260kJ/kg）よりも速い。通常の土木工事に使う**普通ポルトランドセメント**は，エーライトとビーライトを約半分ずつ含む。これに対し，エーライトの割合を高めた**早強ポルトランドセメント**は，早期強度が求められる道路，トンネル工事や，発熱量が大きいので水中や寒中の工事に適する。一方，ビーライトの割合を高めた**中庸熱（ちゅうよう）ポルトランドセメント**は，低発熱が求められるダムや護岸工事などに適する。

セメント，砂，砂利を1：2：4程度の混合物を水で練って固化させたものを**コンクリート**という。コンクリートは圧縮力には強いが，引っ張り力には弱い。そこで鋼材を加えて補強したものを**鉄筋コンクリート**といい，各種の構造材料として用いる。

なお，セメントの水和反応で生じた水酸化カルシウムは，コンクリートを塩基性に保ち，内部の鉄筋が錆びるのを防いでいるが，長い時間がたつと，コンクリートは空気中の二酸化炭素で中和される（**コンクリートの中性化**）。すると，内部の鉄筋の腐食が始まり，コンクリートの強度が低下することが問題となっている。また，コンクリートの骨材には，川砂，川砂利が理想的だが，現在は山砂やコンクリートの砕石が多く用いられている。

SCIENCE BOX　陶磁器

粉末にした鉱物を水で練って成形し，高温で焼き固めた製品を**陶磁器**という。陶磁器の主原料には，可塑性をもつ粘土が使われるが，粘土だけでは乾燥が容易でなく，しかも焼成温度が高く，焼成収縮も大きい。そこで，粘土に適当量の長石や石英の粉末を加えることが多い。長石は焼成温度を下げ，石英は焼成収縮を抑え，かつ，製品の機械的強度を大きくする役割をもつ。

陶磁器は，その原料と焼成温度の違いなどにより，**土器**，**陶器**，**磁器**に分けられる。

陶磁器の製作は，次のように行う。

① 粘土，長石，石英を細かく砕き，適量の水を加えてよく練る。このとき，気泡を完全に追い出すようにする。

② 坏土(はいど)(水を加えて練ったもの)をろくろか，石コウの型に押し込んで**成形**する。

③ よく乾燥後，比較的低温で**素焼き**する。

④ 絵付けをした後，**釉薬**(ゆうやく)[*1]をかけ，比較的高温で**本焼き**する。

⑤ ゆっくり冷却した後，窯(かま)出しを行い，製品とする。

陶磁器は，素焼き，本焼きを経るにつれて，しだいに硬く，丈夫になる。これは，高温に保つことで，粘土の微粒子の表面がわずかに融け，粒子どうしが接着し合う(**焼結**という)からである。なお，不純物の存在が局部的な融解を助けると考えられる。

土器　不純物(酸化鉄など)を含んだ粘土を用い，700～900℃の比較的低温で焼成したもの。レンガ，瓦，植木鉢，およびコンロ(七輪)などに用いる。

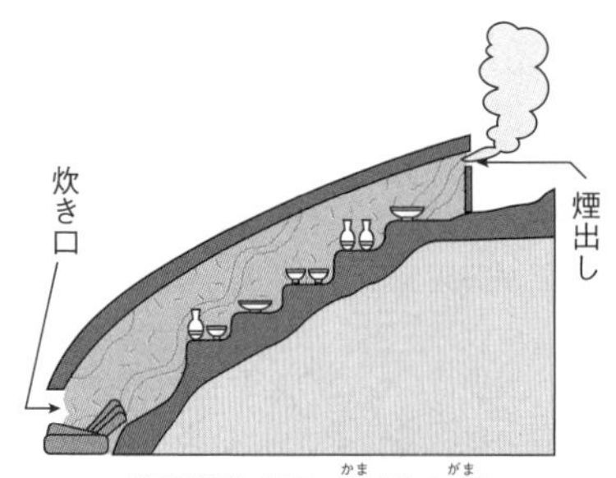

陶磁器焼成用の窯(かま)(登り窯(がま))

陶器　不純物の少ない陶土を用い，1100～1300℃の比較的高温で焼成したもの。次に述べる磁器に比べると焼成温度がやや低いので，低コストである。しかし，強度がやや小さいので，あまり肉薄のものはできない。厚手の食器，タイル，衛生陶器[*2]などに使われ，薩摩焼，信楽(しがらき)焼，益子(ましこ)焼，楽(らく)焼，萩焼などが属する。

炻器(せっき)　土器と陶器の中間(陶器に近い)のもの。常滑(とこなめ)焼，備前焼などが属する。

磁器　純度の高い白陶土を用い，高温の1300～1500℃で焼成したもの。陶器に比べて十分に焼結しており，生地は緻密で硬い。薄手の食器，美術工芸品，碍子(がいし)，実験用器具などに使われ，有田焼，瀬戸焼，伊万里焼，清水(きよみず)焼，九谷焼などが属する。

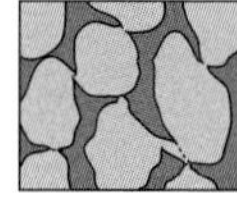
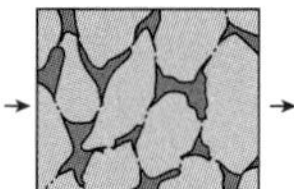
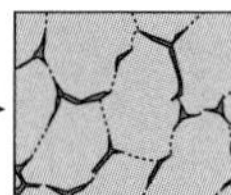

土器　　陶器　　磁器

焼結の程度

種類	土器	陶器	磁器
原料	粘土	陶土・石英	白陶土・石英・長石
焼締り	小	中	大
釉薬	なし	あり	あり
吸水性	大きい	小さい	なし
強度	劣る	中間	大きい
打音	濁音	やや濁音	澄んだ音
透光性	なし	なし	あり

＊1　うわ薬ともいい，石英，長石，石灰石などの粉末に水を加え泥状にしたもの。焼成時に，陶磁器の表面に薄いガラス層をつくる。陶磁器の吸水性をなくし，強度や耐久性を高めるのに役立つ。

＊2　トイレや洗面台に使う厚味のある陶器。

4-6　気体の製法と性質

1　気体の発生装置

反応物の状態(固体か液体)と加熱の必要性の有無によって，発生装置を使い分ける。

(1)　固体と液体(加熱不要)

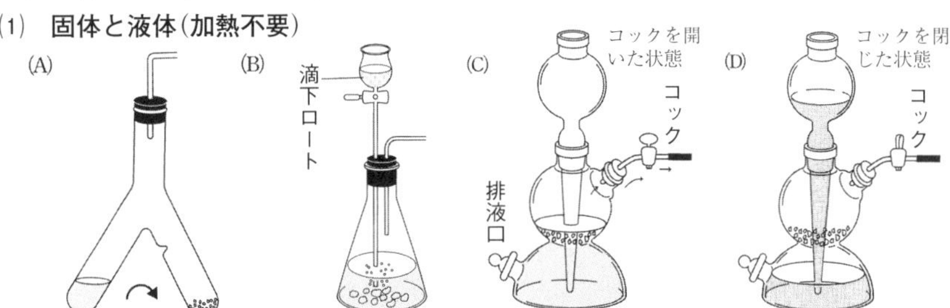

補足❶　突起のついたほうに固体を，もう一方に液体を入れる。気体を発生させたいときは，管を矢印の方向へ倒し，液体を固体のほうに入れる。気体の発生を止めるときは，逆方向に傾け，固体を突起の部分で止め，固体と液体を分離すればよい。

補足❷　三角フラスコの中に固体を入れ，滴下ロートのコックを開いて，液体を適量滴下した後，コックを閉じる。滴下ロートの先は，必ず液面下にあるようにする。ただし，発生し始めた気体の発生は途中で止めることはできないので，液体を一度に加えすぎないように注意する。

補足❸　塊状・粒状(粉末はダメ)の固体に液体を反応させて，加熱なしで気体を多量に発生させたい場合に用いられる。コックを開くと液面が上昇して，固体と液体が接触するので，気体が発生する。一方，コックを閉じると，発生した気体の圧力で液面が押し下げられ，固体と液体の接触が絶たれるので，気体の発生を停止させることができる。

(2)　固体と液体(加熱必要)　(3)　固体と固体(加熱必要)

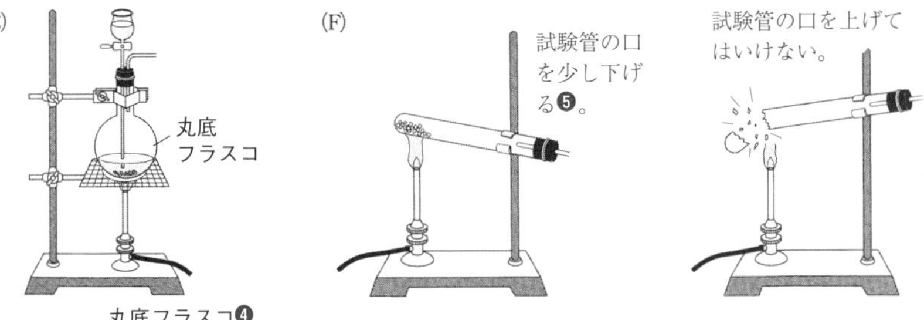

補足❹　丸底フラスコの中に固体を入れ，滴下ロートから液体を注ぐ。ただし，三角フラスコを加熱すると割れる恐れがあるので使用しない。丸底フラスコは熱したガラスに空気を吹いてつくったもので，容器全体に歪みが少なく，液体を加熱するのに最も適した器具である。

補足❺　固体どうしを試験管で加熱する場合，発生した水蒸気が管口付近で冷却され水滴となり，これが試験管の加熱部分に流れ落ち，試験管が破損するのを防ぐためである。水蒸気が発生しなくても，固体試薬には水和水などを含んでいるものが多いので，いつも試験管の口を少し下げて加熱するほうが安全である。

参考　気体の発生反応では，どうして液体と液体を反応させないのか。

液体と液体の反応では，いったん気体が発生し始めると，反応を途中で止められない。つまり，ブレーキのない車は使えないのと同様に，停止方法のない気体発生装置は使えない。

►以上をまとめると，加熱を必要とするのは，(i) 固体どうしの反応❻，(ii) 濃硫酸を使う反応❼と，(iii) MnO_2 を酸化剤として使う反応❽ということになる。

固体粒子

詳説❻　固体はいくら細かく砕いたつもりでも，粒子間で接触している部分はごくわずかである。したがって，加熱により反応物どうしの接触（衝突）回数を増やさない限り，実際には反応がおこらない。

詳説❼　濃硫酸の酸化作用は加熱したときにあらわれる性質であり，脱水作用も加熱したほうがより強くなる。このように濃硫酸の酸化作用や脱水作用を利用した気体の（SO_2，CO）発生反応では加熱が必要である。一方，濃硫酸は高い沸点をもつ不揮発性の酸である。この性質を利用した気体の(HCl)発生反応でも加熱が必要である。

補足❽　濃塩酸を用いた塩素発生の反応式は，$MnO_2+4\,HCl \longrightarrow MnCl_2+Cl_2\uparrow+2\,H_2O$ で，MnO_2 と Cl_2 の標準電極電位 E° はそれぞれ 1.23 V，1.36 V であり，酸化剤の強さが $Cl_2>MnO_2$ のため，加熱しなければ右向きへ反応を進めることはできない。すなわち，酸化力の比較的弱い MnO_2 を用いているので，加熱したときだけ Cl_2 が気体となって反応系から出ていくので，平衡が右向きに移動するが，加熱を止めると即座に Cl_2 の発生を止めることができる。

2　気体の捕集法

気体の水に対する溶解性や，空気に対する比重によって捕集方法を決める。

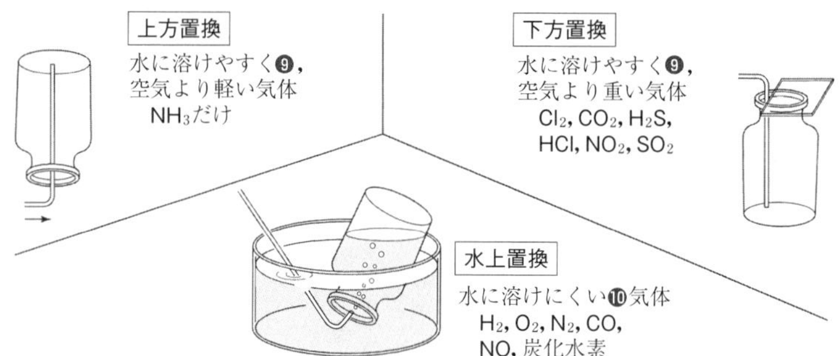

詳説❾　無極性分子でも CO_2 は，$O^{\delta-}=C^{\delta+}=O^{\delta-}$ のように部分的に極性があり，Cl_2 のように分子量が大きくなると，分子内での電荷の偏り(極性)が生じやすく，それが原因となって水と一部反応するので，水への溶解度は少し大きくなる（$Cl_2+H_2O \rightleftarrows HCl+HClO$）。また，極性分子(HCl，$H_2S$，$NO_2$，$SO_2$，$NH_3$)は水和がおこりやすいので，水によく溶ける。

その気体の分子量が空気の平均分子量 28.8(覚えておく）より小さい気体は空気より軽く，大きい気体は空気より重いと判断できる。なぜなら，アボガドロの法則より，気体はみな同体積中に同数の分子を含むから，分子量の比が密度の比に等しくなるためである。

詳説❿　水に溶けにくいのは，分子量が比較的小さな無極性分子（H_2，N_2，O_2，CH_4 など）および中性酸化物（低い酸化数をもつ非金属の酸化物で，CO，NO が該当）は，水上置換で捕集する。ただし，水をくぐった気体には，必ず水蒸気が混入していることに注意せよ。

注意　HF は分子量が 20 であるが，上方置換ではなく，下方置換で捕集する(p. 433 補足⑲)。

3　気体の乾燥剤

乾燥剤には酸性，中性，塩基性の物質があり，その気体と反応する乾燥剤を用いてはならない。つまり，酸性の気体には塩基性の乾燥剤を，塩基性の気体には酸性の乾燥剤を用いないようにする。また，中性の気体には，だいたいどの乾燥剤を用いてもよい。主な乾燥剤と乾燥装置を下に示す。

乾燥剤	化学式	性質	乾燥可能な気体	乾燥に不適当な気体
十酸化四リン 濃硫酸	P_4O_{10} H_2SO_4	酸　性	中性または酸性の気体	塩基性の気体(NH_3) NH_3 および還元性の気体(H_2S)⑪
塩化カルシウム シリカゲル	$CaCl_2$ $SiO_2\cdot nH_2O$	中　性	ほとんどすべての気体	NH_3 は不可($CaCl_2\cdot 8NH_3$ となるため) とくになし⑫
酸化カルシウム ソーダ石灰⑬	CaO CaO＋NaOH	塩基性	中性または塩基性の気体	酸性の気体 (Cl_2, HCl, H_2S, SO_2, CO_2, NO_2)⑭

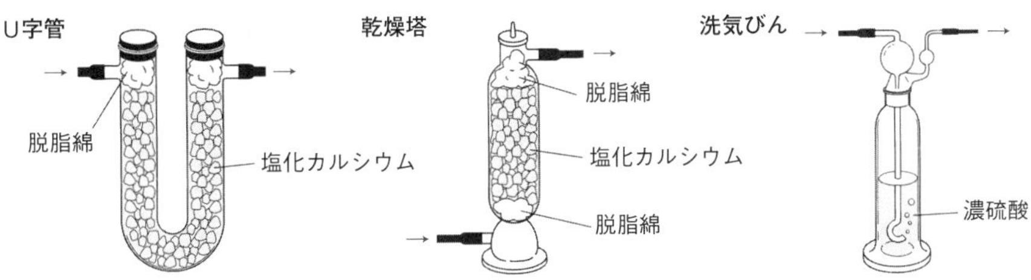

詳説⑪　濃硫酸は，加熱すると酸化作用を示すが，常温でも還元剤の H_2S に対しては酸化作用を示す。したがって，濃硫酸に H_2S を通すと，$H_2S \rightarrow S$ と酸化されるので不可。また，エチレン，アセチレンなどの不飽和炭化水素は，濃硫酸に吸収されるので不適。NO は O_2 の存在下では濃硫酸に吸収され，NO_2 も濃硫酸に吸収されて，いずれも硫酸水素ニトロシル (NO)HSO_4 を生じるので不適。ただし，還元性をもつ SO_2 は濃硫酸に通しても構わない。$SO_2 \rightarrow H_2SO_4$, $H_2SO_4 \rightarrow SO_2$ のように酸化還元反応がおこり，SO_2 が再生されるからである。

補足⑫　シリカゲルの主成分の SiO_2 は酸性酸化物であるから，塩基性の気体の NH_3 は一部吸収される恐れがある。

補足⑬　CaO を NaOH の濃厚水溶液中で加熱後，粒状にして乾燥させたものを**ソーダ石灰**という。ソーダ石灰は CaO の周りを NaOH で包んだ状態にあり，水分を吸収しても潮解性を示さず，取り扱いやすいので，乾燥剤，または CO_2 吸収剤として用いられる。

補足⑭　CO，NO は非金属の酸化物であるが，酸化数が低いため酸性酸化物ではなく**中性酸化物**に分類されている。

参考　U 字管，乾燥塔には固体の乾燥剤を，洗気びんには液体の濃硫酸(液量は $\frac{1}{2}$ 以下)を入れる。なお，洗気びんの上部にある膨らんだ部分は，発生する気体の圧力が小さくなったとき，濃硫酸の逆流を防止する働きがある。

主な乾燥剤の乾燥能力

種　類	空気 1 L 中に残存する水〔mg〕(30℃)
P_4O_{10}	2.5×10^{-5}
H_2SO_4	2×10^{-3}
CaO	3×10^{-3}
シリカゲル	3×10^{-2}
$CaCl_2$	1.25×10^{0}

4 主な気体の製法

×は水に難溶，○はかなり溶，◎は非常に溶

気体（分子量）	実験室での主な製法	加熱	水溶性	捕集法	乾燥剤	工業的製法
H_2 (2)	$Zn + H_2SO_4 \longrightarrow ZnSO_4 + H_2\uparrow$	不要	×	水上	E	水の電気分解 ナフサの熱分解
CH_4 (16)	$CH_3COONa + NaOH \longrightarrow CH_4\uparrow + Na_2CO_3$	要 ＊1	×	水上	E	天然ガスより分離
NH_3 (17)	$2\,NH_4Cl + Ca(OH)_2 \longrightarrow CaCl_2 + 2\,NH_3\uparrow + 2\,H_2O$	要 ＊1	◎	上方（これだけ）	A	$N_2 + 3\,H_2 \xrightarrow{触媒} 2\,NH_3$ ハーバー・ボッシュ法
C_2H_2 (26)	$CaC_2 + 2\,H_2O \longrightarrow Ca(OH)_2 + C_2H_2\uparrow$	不要	×	水上	C，D（Bは使用不可）	CH_4 の熱分解
N_2 (28)	$NH_4NO_2 \longrightarrow N_2\uparrow + 2\,H_2O$	要	×	水上	E	液体空気の分留
CO (28)	$HCOOH \xrightarrow{(H_2SO_4)} CO\uparrow + H_2O$	要 ＊2	×	水上	E	赤熱コークスCに CO_2 を通じる。
↑空気より軽い　空　気（平均分子量約29）　↓空気より重い						
NO (30)	$3\,Cu + 8\,HNO_3$(希) $\longrightarrow 3\,Cu(NO_3)_2 + 2\,NO\uparrow + 4\,H_2O$	不要	×	水上	A，C，D（Bは使用不可）	$4\,NH_3 + 5\,O_2 \xrightarrow{Pt} 4\,NO + 6\,H_2O$ オストワルト法
O_2 (32)	$2\,KClO_3 \xrightarrow{(MnO_2)} 2\,KCl + 3\,O_2\uparrow$	要 ＊1	×	水上	E	液体空気の分留 水の電気分解
	$2\,H_2O_2 \xrightarrow{(MnO_2)} 2\,H_2O + O_2\uparrow$	不要				
H_2S (34)	$FeS + 2\,HCl \longrightarrow FeCl_2 + H_2S\uparrow$	不要	○	下方	C，D（Bは使用不可）	石油精製による水素化脱硫（p. 612）
HCl (36.5)	$NaCl + H_2SO_4 \longrightarrow NaHSO_4 + HCl\uparrow$	要 ＊2	◎	下方	B，C，D	$H_2 + Cl_2 \longrightarrow 2\,HCl$
CO_2 (44)	$CaCO_3 + 2\,HCl \longrightarrow CaCl_2 + CO_2\uparrow + H_2O$	不要	○	下方	B，C，D	$CaCO_3 \xrightarrow{熱} CaO + CO_2$
NO_2 (46)	$Cu + 4\,HNO_3$(濃) $\longrightarrow Cu(NO_3)_2 + 2\,NO_2\uparrow + 2\,H_2O$	不要	○	下方	C，D（Bは使用不可）	$2\,NO + O_2 \longrightarrow 2\,NO_2$
SO_2 (64)	$Cu + 2\,H_2SO_4$(濃) $\longrightarrow CuSO_4 + SO_2\uparrow + 2\,H_2O$	要 ＊2	○	下方	B，C，D	$S + O_2 \longrightarrow SO_2$
	$Na_2SO_3 + H_2SO_4$(希) $\longrightarrow Na_2SO_4 + SO_2\uparrow + H_2O$	不要				
Cl_2 (71)	$MnO_2 + 4\,HCl$(濃) $\longrightarrow MnCl_2 + Cl_2\uparrow + 2\,H_2O$	要 ＊3	○	下方	B，C，D	食塩水の電気分解
	$Ca(ClO)_2{\cdot}2\,H_2O + 4\,HCl \longrightarrow CaCl_2 + 2\,Cl_2\uparrow + 4\,H_2O$	不要				

加熱

＊1）固体どうし　＊2）濃硫酸の脱水作用・酸化作用・不揮発性を利用　＊3）MnO_2 を酸化剤として使用

乾燥剤

A：ソーダ石灰　B：濃硫酸　C：十酸化四リン　D：塩化カルシウム　E：上のいずれでもよい。

5 主な気体の性質・検出法

分子式		色	臭	水溶液の液性	酸化力還元力	その他	検出法
非金属単体	H_2	—	—	—	還元力(高温)	可燃性，最も軽い	空気を混ぜ点火→爆発的に燃える。
	N_2	—	—	—	—	不燃性(熱 Mg と化合*1)	
	O_2	—	—	—	酸化力	助燃性	燃えさし→再燃する
	O_3	淡青	特異臭	—	強酸化力	(→漂白・殺菌)有毒	臭，KI デンプン紙を青変
	Cl_2	黄緑	刺激臭	酸性*2	強酸化力	(→漂白・殺菌)有毒	色，臭，KI デンプン紙を青変
非金属水素化合物	CH_4	—	—	—	—	可燃性	
	C_2H_4 エチレン	—	かすかな甘い臭気	—	—	可燃性(すす少量)	臭素水を脱色
	C_2H_2 アセチレン	—	ほぼ無臭(不純物で悪臭)	—	—	可燃性(すす多量)	アンモニア性硝酸銀溶液を通じると $Ag_2C_2\downarrow$ (白色)を生じる*3。臭素水を脱色
	H_2S	—	腐卵臭	弱い酸性	強還元力	重金属イオンを沈殿，有毒	臭，酢酸鉛(Ⅱ)紙を黒変($PbS\downarrow$)
	HCl	—	刺激臭	強い酸性	—	発煙性，有毒 Ag^+ で白沈	臭，濃 NH_3 水で白煙
	HF	—	刺激臭	弱い酸性	—	有毒	ガラスを侵す。
	NH_3	—	刺激臭	弱い塩基性	—	低濃度では毒性はないが，高濃度では有毒	濃 HCl で白煙，赤リトマス紙を青変，溶液はネスラー試薬で赤褐色沈殿
非金属酸化物	CO	—	—	—	還元力(高温)	可燃性 猛毒	点火すると青い炎を出して燃える(→ CO_2)
	CO_2	—	—	弱い酸性	—	不燃性	石灰水 $Ca(OH)_2$ を白濁(→ $CaCO_3\downarrow$) さらに過剰に通じると溶解
	NO	—	—	—	(還元力)		空気(O_2)に触れると赤褐色(NO_2)になる。
	NO_2	赤褐	刺激臭	強い酸性*4	酸化力(水中で)	有毒	色，臭，低温にすると無色に(→ N_2O_4)，高温で解離*5
	SO_2	—	刺激臭	酸性	還元力	(→漂白)有毒	$KMnO_4$ aq の脱色など

反応式

＊1) $3Mg + N_2 \longrightarrow Mg_3N_2$　＊2) $Cl_2 + H_2O \rightleftarrows HCl + HClO$

＊3) $HC{\equiv}CH + 2Ag^+ + 2NH_3 \longrightarrow AgC{\equiv}CAg\downarrow + 2NH_4^+$　＊4) $3NO_2 + H_2O \longrightarrow 2HNO_3 + NO$

＊5) (0～140℃)：N_2O_4(無色) $\rightleftarrows 2NO_2$(赤褐色)　(140～600℃)：$2NO_2 \rightleftarrows 2NO + O_2$

SCIENCE BOX　加熱を要する気体発生反応

気体の発生反応において，加熱を要する反応には，(1) 固体どうしを反応させる場合，(2) 濃硫酸を使用する場合，(3) MnO_2 を酸化剤として利用して塩素を発生させる場合，などがあげられる。

〔1〕 固体どうしを加熱して反応させる理由

固体はいくら細かく砕いて粉末にしても，固体粒子間の接触面積はごくわずかである。また，固体粒子の熱運動はとても穏やかなので，加熱して固体粒子の熱運動を激しくして，反応物どうしの衝突回数を増やさないと反応がおこらない。

〔2〕 酸化剤 MnO_2 を加熱して反応させる理由

酸化マンガン(Ⅳ)MnO_2 と濃塩酸 HCl を加熱して塩素 Cl_2 を発生させる反応式は次の通りである。

$MnO_2 + 4\,HCl \longrightarrow MnCl_2 + Cl_2 + 2\,H_2O$ …①

両辺にある酸化剤 MnO_2 と Cl_2 の標準電極電位 $E°$ を比較すると，次の通りである。

$MnO_2 + 4\,H^+ + 4\,e^- \longrightarrow Mn^{2+} + H_2O$　(+1.23 V)

$Cl_2 + 2\,e^- \longrightarrow 2\,Cl^-$　(+1.36 V)

標準電極電位 $E°$ の値だけから判断すると，酸化力は Cl_2 のほうが MnO_2 よりもわずかに強いので，常温では①式の反応は右向きには進行せず，平衡状態となるはずである。しかし，加熱すると，Cl_2 が気体となって反応系から出ていくので，この平衡は右方向に移動し，Cl_2 が発生する。一方，加熱を止めると，再び平衡状態となるので，Cl_2 の発生も停止する。有毒な塩素の発生を，加熱の有無で調節できるので，この方法はとても有用である。

$MnO_4^- + 8\,H^+ + 5\,e^- \longrightarrow Mn^{2+} + 4\,H_2O$　(+1.51 V)

一方，酸化力の強い $KMnO_4$ を濃塩酸と反応させると，常温でも Cl_2 が発生するが，いったん発生すると止めることができない。したがって，有毒な気体である Cl_2 の発生方法としては不適である。

〔3〕 濃硫酸を加熱して反応させる理由

濃度 96～98％の濃硫酸はほとんど水分を含まないので，その電離度は小さく，酸性は弱い。したがって，濃硫酸を気体発生に用いる場合は，酸としての性質ではなく，酸以外の性質（不揮発性，酸化作用，脱水作用）を利用していることになる。

ところで，希塩酸や希硫酸などを用いた気体発生反応では，なぜ加熱を必要としないのだろうか。

弱酸の塩＋強酸 ⟶ 強酸の塩＋弱酸…②

これは，電離度の大きい強酸から生じた H^+ が電離度の小さい弱酸のイオンに受け取られて，弱酸の分子が遊離する典型的な**イオン反応**であり，弱酸の陰イオンと水素イオン H^+ の間には静電気力が働くので，陽イオンと陰イオンは強く衝突しなくても，接触しただけで互いに合体し，反応が進行することが可能である。つまり，イオン反応の活性化エネルギーは非常に小さく，加熱しなくても容易に反応が進行するのである。

一方，濃硫酸のもつ不揮発性，酸化作用，脱水作用などは，加熱しないとその性質があらわれない。濃硫酸中で H_2SO_4 はほとんど電離しておらず，分子として存在する。したがって，濃硫酸の酸以外の性質は，有機化合物どうしの反応に見られる典型的な**分子反応**と考えられる。分子反応では，分子間にイオン間のような静電気力は働かないので，分子どうしが強く衝突する必要がある。しかも，極性分子である H_2SO_4 の場合，分子中の正(δ＋)と負(δ－)の部分が，それぞれ，反応の相手物質の負(δ－)と正(δ＋)の部分にちょうど合致する方向から，一定以上のエネルギーで衝突しなければ反応がおこらない。つまり，このような分子反応の活性化エネルギーは大きく，加熱しないと反応は進行しないのである。

第 2 章　典型金属元素の性質

4-7　アルカリ金属とその化合物

周期表で，水素以外の 1 族元素を**アルカリ金属**という。各原子は 1 個の価電子をもち，1 価の陽イオンになりやすい❶。この傾向は，原子番号が大きくなるほど強くなる❷。

補足❶　価電子 1 個を放出すると，それぞれ安定な貴ガス型の電子配置をとることができる。このため，天然には単体としては存在せず，1 個の陽イオンとなってイオン結合性の化合物(塩)をつくり，岩石，海水中に多量に存在する。

詳説❷　原子番号が大きくなると，価電子がより外側の電子殻に存在することになり，原子核からの距離が遠く，内殻電子により原子核からの引力が遮蔽(しゃへい)されるため，価電子が離れやすくなる。すなわち，アルカリ金属原子は原子番号が大きいほどイオン化エネルギーは小さくなる。

右図に，アルカリ金属の金属結合半径 (数字の単位は nm，1 nm＝10^{-9} m)を示す。

Li	Na	K	Rb	Cs
0.152	0.186	0.231	0.244	0.262

1　アルカリ金属の単体

アルカリ金属の単体は，一般に，塩化物の**溶融塩電解**❸によって得られる。

元素記号	電子配置 K L M N O P 殻	イオン化エネルギー〔kJ/mol〕	反応性	融点〔℃〕	沸点〔℃〕	固体の密度〔g/cm³〕20℃	炎色反応
Li	2 1	520	小	180	1336	0.53 ↑水に浮く	赤
Na	2 8 1	496	↓	98	883	0.97	黄
K	2 8 8 1	419	↓	63	760	0.86 ↓	赤紫
Rb	2 8 18 8 1	403	大	40	700	1.53	深赤
Cs	2 8 18 18 8 1	376		28	670	1.87	青紫

アルカリ金属の単体は銀白色で，どれも軟らかい軽金属である。また，単体の融点は低く，原子番号が大きくなるほど低くなる❹。

フランシウム ^{223}Fr は放射性元素(半減期 22 分)で，詳しい性質はよくわかっていない。

詳説❸　**ダウンズ法**による NaCl 溶融塩電解の模式図を示す。NaCl は融点が 801℃と高いため，融点降下剤として $CaCl_2$ を約 60％加えると，約 600℃で融解する。陽極には Cl_2 に対して抵抗性がある黒鉛，陰極には安価な鉄，両電極間には Ni 製の金網を置き，隔膜とする。Ca は Na よりもわずかにイオン化傾向が大きいので，Na^+ が十分にあれば，電圧を調節することにより，陰極に Na だけを析出させることができる。また，生成した液体 Na(密度 0.88 g/cm³) は電解液 (密度約 2.1 g/cm³) よりも軽いので，サイフォンを通って上へ浮き上がり，Na 溜(だめ)に蓄えられる。電解槽内の温度は，電流による発熱 (ジュール熱)によってほぼ一定に保たれるように調節する。

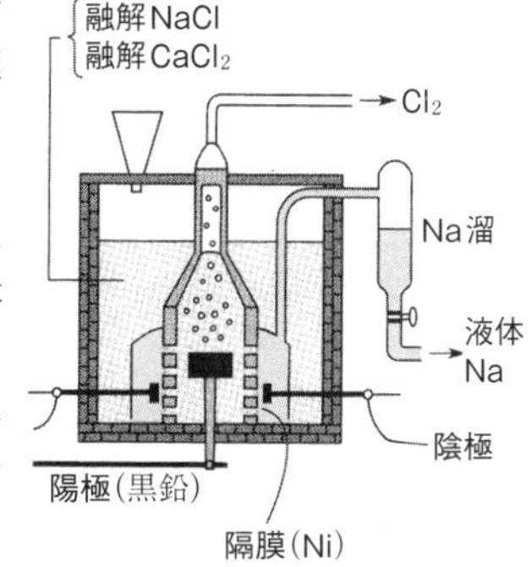

詳説❹　1原子あたりの自由電子の数はどれも1個で等しいが，原子半径が大きくなるほど，単位体積あたりの自由電子の数は相対的に少なく(まばらに)なり，金属結合が弱くなって融点が低くなる。また，各周期のはじめに位置するアルカリ金属は，原子半径が極大値を示し，密度は小さい。密度4〜5 g/cm^{3}以下の金属を**軽金属**といい，1族（H を除く），2族（Ra を除く），Al，Sc，Ti などの十数種類の金属である。また，金属結合の弱いアルカリ金属は，すべて体心立方格子というやや隙間の多い結晶構造をとる。

►いずれの単体も反応性は大きく，乾いた空気中でも速やかに酸化され光沢を失う❺。

$$4\,Na + O_2 \longrightarrow 2\,Na_2O$$

また，常温の水とも激しく反応して水素を発生し，水酸化物になる。

$$2\,Na + 2\,H_2O \longrightarrow 2\,NaOH + H_2\uparrow \qquad \Delta H = -369\,\mathrm{kJ}$$

K は Na よりも水と激しく反応し，単体の反応性は，Li＜Na＜K の順となる❻。

このように，アルカリ金属は空気や水とも激しく反応するので，**石油中**に保存する。

詳説❺　アルカリ金属の単体は軟らかく，ナイフでも切れる。その切り口はいずれも銀白色の金属光沢をしているが，空気中では直ちに酸素と化合して，表面が酸化物(白色)で覆われてしまう。空気中で Na を熱すると燃焼がおこり，淡黄色の過酸化ナトリウム Na_2O_2 を生じる。

Na_2O_2 は過酸化物イオン（$(O-O)^{2-}$）を含み，常温の水と反応して酸素を発生し，NaOH を生成する。

$$2\,Na_2O_2 + 2\,H_2O \longrightarrow 4\,NaOH + O_2$$

この反応は，過酸化物イオンが水から H^+ を受け取り，生じた H_2O_2 が分解したと考えればよい。

また，Na を水素と熱すると水素化ナトリウム NaH を生じる（p. 425）。水素化物は，水素化物イオン H^- を含むイオン性の白色固体で，水と容易に反応して水酸化物と水素を生成する。

$$NaH + H_2O \longrightarrow NaOH + H_2$$

なお，アルカリ金属は皮膚につくと激しく腐食するから，絶対に素手で触れてはならない。

ナトリウムと水銀の合金（ナトリウムアマルガム）は，Na 含量が1%までは液体である。Na 含量が1〜3%では固体であるが，空気中では酸化されにくく扱いやすいので，有機物合成の強力な還元剤として用いられる。

詳説❻　アルカリ金属の単体の反応性は，原子半径が大きいものほど，価電子を放出しやすくなるため激しくなる。たとえば，水との反応で比較すると，Li は穏やかに反応し発火しないが，Na は激しく反応し，その反応熱により融解する。また，空気が存在すれば，発生した H_2 が発火する。K では発生する H_2 が反応熱によって直ちに発火する。Na をビーカー中の多量の水に加えた時は発火しないが，右図のように，ろ紙をのせた少量の水と反応させると発火する。

►アルカリ金属の化合物は，みな水に可溶で沈殿をつくらない。したがって，成分元素の検出には**炎色反応**が利用される❼。

補足❼　揮発性で発色が容易な塩化物などの試料水溶液を白金線の先につけ，バーナーの炎の高温部(外炎)に差し入れる。このとき直ちにあらわれる炎の色を観察する。これは非常に鋭敏な反応で，微量の元素の存在も確認することができる(p. 18)。

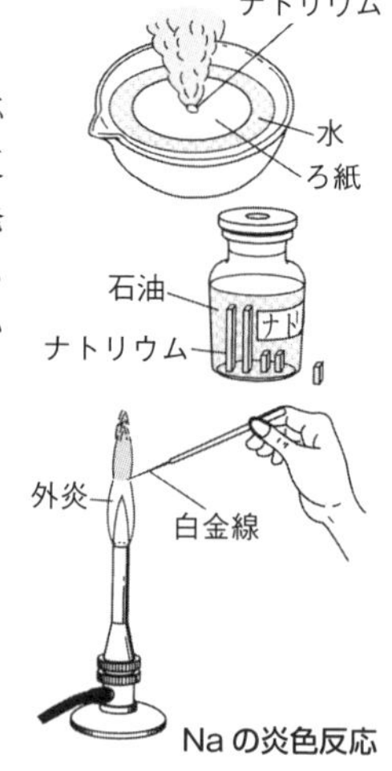

Naの炎色反応

SCIENCE BOX 炎色反応の生じるわけ

Na 原子の電子配置は，$1s^2 2s^2 2p^6 3s^1$ であり，最外殻の 3s 軌道にある価電子は，バーナーの炎の熱エネルギーで，容易にすぐ上の 3p 軌道に励起される。そこはエネルギーの高い不安定な状態で，約 10^{-10} 秒という短い時間しか留(とど)まることができず，再び空いた 3s 軌道に戻るとき，強い黄色光（589 nm）を発する。このとき発する光の波長は，両軌道間のエネルギー差 ΔE によって決まり，ΔE が大きくなるほど波長の短い光を放出することになる。

私たちの目に見える光(可視光線)の波長は，およそ 400～800 nm の範囲で，ΔE の大きさによって決まる光の波長が，ちょうどこの範囲にあるものだけが炎色反応として観察されることになる。

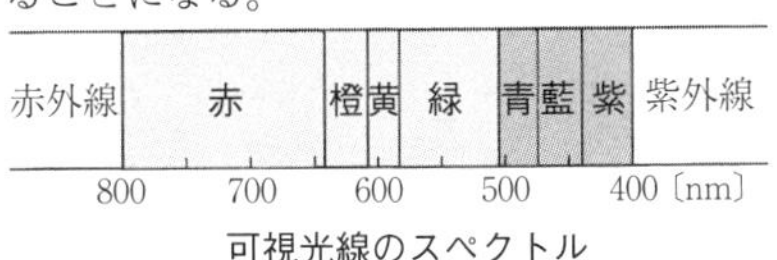

可視光線のスペクトル

アルカリ金属がとくに炎色反応を示しやすい理由は，次の通りである。

(1) アルカリ金属の化合物は，バーナーの炎の温度でも容易に熱分解がおこり，金属原子を生成しやすいことがあげられる。

たとえば，NaCl のような塩の水溶液中には，Na 原子ではなく Na^+ というイオンが存在する。これが炎色反応の光を発するためには，どこかで電子を取り込む必要がある。このプロセスはあまりよくわかっていないが，Na^+ が高温で激しく動き回っている間に，Cl^- に衝突して受け取る場合が考えられる。また，高温の炎の中には炭化水素の原子から放出された電子も存在しているから，それを取り込んでもよい。いずれにしても，炎色反応で光を出す化学種は Na 原子そのものであって，Na^+ ではない。

(2) アルカリ金属原子のエネルギー準位が，最も安定な基底状態と，すぐ上の励起状態とのエネルギー差 ΔE が比較的小さく，波長の長い可視光線を放出しやすいことがあげられる。

下図からわかるように，Na の場合には，基底状態（3s）から見て，最も低い励起状態(3p)からの波長 589 nm の黄色光だけが観察される。一方，K の場合には，基底状態(4s)から見て，最も低い励起状態(4p)からの赤色光（768 nm）と，さらに上の励起状態(5p)からの紫色光(405 nm)とが混合した赤紫色の光が観察される。

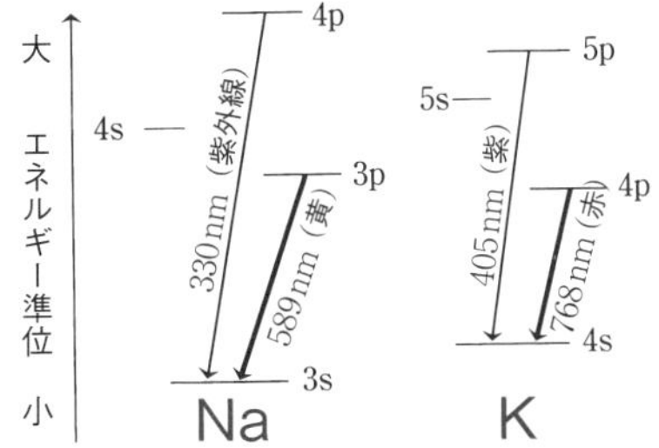

電子が，s 軌道から s 軌道，p 軌道から p 軌道へ遷移するときに，光の放出や吸収はおこりにくい(**禁制遷移**(p. 436))。また，d 軌道から p 軌道への電子の遷移は禁制されていないが，光の強度が弱く，その波長が赤外線の領域に入ってしまい，目には見えない。よって，ふつう，p 軌道から s 軌道の間での電子の遷移（**許容遷移**）によって，炎色反応の光が発生すると考えてよい。

参考 バーコードで商品の情報を読み取ったり，自動ドアを開閉させるのに，Cs 光電管と赤色 Rb レーザー光(波長 694.3 nm)が使われている。イオン化エネルギーの小さい Cs や Rb は，可視光線のようなエネルギーの小さな光でも，金属表面から電子が飛び出す**光電効果**がおこり，光エネルギーを電流に変換することができる。

SCIENCE BOX　花火(煙火)の原理

日本の花火の歴史は，1543年の鉄砲伝来とともに，火薬の配合が伝えられたことに始まる。夏の夜空を賑わす花火は，花火の**玉**を打ち上げて，上空で破裂させ，玉の中心に詰められている**星**を周囲に飛ばす。

星は燃えながら光や煙を出し，大空に花の模様を描く。このような花火を**打揚花火**といい，このほかには，**仕掛花火**，**玩具花火**がある。以降，打揚花火の仕組みについて説明するが，その大きさは玉の直径により，3寸，4寸，…10寸，…30寸などがある。

打揚花火の玉は，導火線，割薬，星，玉皮などで構成されている。

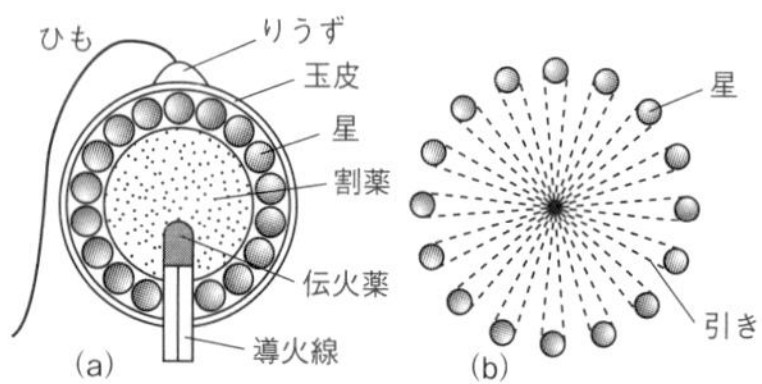

玉の構造(a)と上空での構図(b)

(1)　**導火線**…黒色火薬（硝石 KNO_3，木炭粉 C，硫黄 S の混合物）を紙で包み，アスファルト類で防水被覆したもの。発射薬の点火と同時に点火され，玉が最高点に達した瞬間に，割薬に点火するようにその長さを加減する。

(2)　**割薬**…玉の中心部に詰められ，導火線からの火により上空で玉を破裂させ，星を周囲に飛ばす。籾殻・綿の実などに黒色火薬を塗り付けたもので，発音薬として $KClO_3$ や Sb_2S_3，As_2S_3 などが用いられる。(割薬の量が，玉の開く大きさを決定する。)

(3)　**星**…炭素・硫黄・デンプンの粉末などの燃焼剤に，$KClO_3$，$KClO_4$ などの酸化剤* と金属化合物を発色剤として加え，水とともに球状に練り固めたものを芯とし，その周囲にやや炭素粉の多い火薬(引薬)をまぶし，最外層には酸化剤の多い火薬（着火薬）をまぶしつけたもの。玉の爆発と同時に，着火薬に，続いて引薬に火が付き，星は燃焼しながら，放射状に火の粉を引きながら飛び，やがて，発色剤の入った芯に火がつき，**炎色反応**により発色する。

発色剤として用いられる金属化合物には次のようなものがある。

赤色	硝酸ストロンチウム	$Sr(NO_3)_2$
緑色	硝酸バリウム	$Ba(NO_3)_2$
青色	緑青	$CuCO_3 \cdot Cu(OH)_2$
黄色	シュウ酸ナトリウム	$Na_2C_2O_4$
白色	Mg や Al の微粉末	

*　江戸時代の花火(和火)は，酸化剤として硝石 KNO_3 を用いていたので，燃焼温度が低く，光も色も弱いものであった。

明治10年以降になり，強力な酸化剤の塩素酸カリウム $KClO_3$ が輸入されると，花火(洋火）の燃焼温度が高くなり，光は強く色鮮やかなものになったと言われる。

(4)　**玉皮**…薄い紙でつくった内皮の周囲に，和紙などを厚く貼り(外皮)，強度をつけたもの。

〈花火の打ち上げ方〉

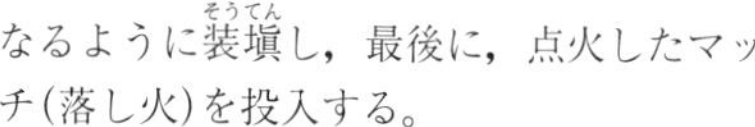

鉄製の打ち上げ筒を地面に固定し，底に打ち上げ用の黒色火薬（この量で，玉の上がる高さが決まる）を入れる。続いて玉を導火線が下になるように装塡し，最後に，点火したマッチ(落し火)を投入する。

導火線(1.1 cm/秒の速さで燃える)に火がつき，計算された高さに達すると，玉の中心の割薬に点火し，その爆発で玉が破裂する。玉の破裂と同時に星に火がつき，星は中心から放射状に火の粉を引きながら飛ぶ(これを**引き**という)。やがて，芯にある発色剤により，赤・緑・黄などの球状の閃光(光露)を発して消える。これが**菊火型**である。一方，引薬を入れない場合は，玉が破裂すると，すぐに着色した光露を発して消える。これを**牡丹型**という。

2 水酸化ナトリウム

水酸化ナトリウム NaOH，無色半透明の固体❽で，水によく溶け，水溶液は強い塩基性を示す❾。そのため，結晶を空気中に放置すると，しだいに水分を吸収して溶けてしまう。このような現象を**潮解**という❿。

詳説❽ 色の感じ方は，同じ物質でも表面の状態によって変化する。たとえば，塊状の氷砂糖は無色に見えるが，粉末状にすると表面積が大きくなり，光の反射量が増えるので白色に見えるようになる。化学では，無色と白色は本質的には同じ色とみなす。

補足❾ 皮膚や粘膜などの動物組織を激しく侵す。これは，アルカリがタンパク質のペプチド結合や油脂のエステル結合を切断して，その構造を破壊するためと考えられる。このため，NaOH の別名を**苛性**(かせい)**ソーダ**ともいう。とくに，濃厚水溶液が目に入ったときは失明の危険があるので，流水中で 10 分以上洗ったのち，直ちに医師の手当てを受けなければならない。

詳説❿ NaOH は極めて水に溶けやすい（溶解度：109 g/100 g 水，20℃）結晶で，潮解がおこりやすい。NaOH の結晶を空気中に放置すると，その表面に空気中の水分が凝縮し，NaOH 飽和水溶液ができる。この飽和水溶液の質量モル濃度 (27.3 mol/kg) が大きいため，蒸気圧は非常に小さい（20℃，約 2×10^2 Pa)。そこで，空気中の水分がどんどん溶け込み，溶液の量が増える。さらに，この溶液に NaOH が溶け込むという繰り返しによって，ついに結晶は完全に溶けてしまう。潮解性を示す物質として KOH，$MgCl_2$，$CaCl_2$，$FeCl_3$ などがあげられる。このように，溶解度が大きく，その飽和水溶液の質量モル濃度の大きい物質では潮解がおこりやすい。ただし，スクロース $C_{12}H_{22}O_{11}$ は，その溶解度（198 g/100 g 水）は極めて大きいが，分子量が大きいため，その飽和水溶液の質量モル濃度（5.8 mol/kg）はさほど大きくないので，潮解性を示さないことが理解できる。

また，$CaCl_2$ や $MgCl_2$ のように，2 族の塩化物でも潮解性が見られるのは，$Ca^{2+}\cdots Cl^-$ のイオン結合が比較的弱く，Ca^{2+} に強く水和がおこるためである。しかし，$Ca^{2+}\equiv SO_4^{2-}$ のように，イオン結合が強い場合には，結合が切れにくいので，潮解はおこらない。

► NaOH は空気中に放置すると，CO_2 を吸収して徐々に炭酸ナトリウムに変化し，その水溶液に過剰の CO_2 が反応すると，炭酸水素ナトリウムを生じる⓫。

$$2\,NaOH + CO_2 \longrightarrow Na_2CO_3 + H_2O$$

$$Na_2CO_3 + CO_2 + H_2O \longrightarrow 2\,NaHCO_3$$

NaOH は，セッケン，紙パルプ，合成繊維などの製造に多量に用いられる⓬。

詳説⓫ 1 番目の反応は，強塩基で激しい性質をもつ NaOH が，空気中の CO_2(酸性酸化物) をよく吸収して，温和な強塩基である炭酸ナトリウム(塩)に変化するという広義の中和反応である。2 番目の反応は，水溶液に CO_2 が十分に存在するとき，$CO_2+H_2O \rightleftarrows H^++HCO_3^-$ の反応で生じた H^+ が，CO_3^{2-} に付加して HCO_3^- に変化するという広義の中和反応である。

補足⓬ 現在，NaOH は NaCl 水溶液の電気分解（イオン交換膜法）により生産されているが，塩素需要の小さい時代には次の苛性化とよばれる反応によって製造されていたことがある。

$$Na_2CO_3 + Ca(OH)_2 \longrightarrow CaCO_3\downarrow + 2\,NaOH$$

この反応は，強塩基の $Ca(OH)_2$ から強塩基の NaOH を得るめずらしい可逆反応であるが，この反応が右向きに進む理由は，**詳説⓭** で説明するのと同様に，$CaCO_3$ が沈殿となって反応系から除かれることにより，平衡が右へ移動するためである。

3 アンモニアソーダ法

炭酸ナトリウム Na_2CO_3 は，ガラス製造の原料としてとくに重要な物質で，工業的には次のような方法で大量に製造されている。

塩化ナトリウムの飽和水溶液にアンモニアを十分に吸収させてから，CO_2 を吹き込むと，比較的溶解度の小さい炭酸水素ナトリウムが沈殿する⑬。

$$NaCl + NH_3 + CO_2 + H_2O \longrightarrow NaHCO_3\downarrow + NH_4Cl \quad \cdots\cdots ①$$

生成した沈殿をろ別し，これを焼くと，炭酸ナトリウムが得られる。

$$2NaHCO_3 \longrightarrow Na_2CO_3 + CO_2\uparrow + H_2O \quad \cdots\cdots ②$$

最初に使用した CO_2 の半分は，②式で回収されるが，不足分は石灰石を熱分解して補う。

$$CaCO_3 \longrightarrow CaO + CO_2\uparrow \quad \cdots\cdots ③$$

③式で生成する CaO は，水と反応させて $Ca(OH)_2$ にしたのち，①式で生成する NH_4Cl と反応させると，最初に使用した NH_3 の全量を回収できる⑭。

$$2NH_4Cl + Ca(OH)_2 \longrightarrow CaCl_2 + 2NH_3\uparrow + 2H_2O \quad \cdots\cdots ④$$

このような炭酸ナトリウムの工業的製法を**アンモニアソーダ法(ソルベー法)**という⑮。

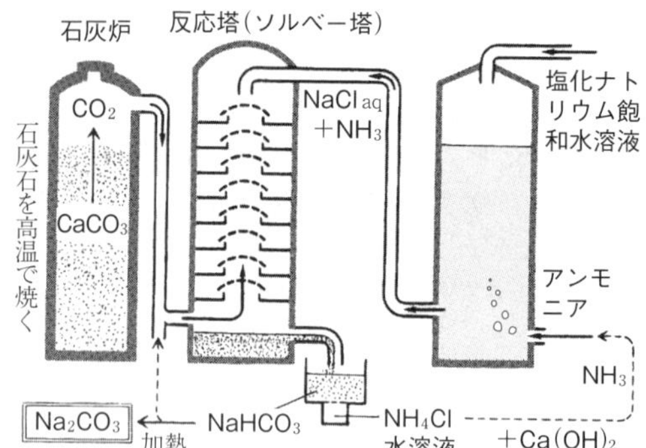

アンモニアソーダ法(ソルベー法)

反応塔の上部からアンモニアかん水(NH_3 を溶かした濃い食塩水)を流下させ，CO_2 は塔の下部から送り込む(**向流法**)。上部では，濃いアンモニアかん水に希薄な CO_2 を，下部では薄いアンモニアかん水に濃厚な CO_2 を反応させることで，塔全体でまんべんなく反応がおこるように工夫している。

この反応は発熱反応なので，温度が 30℃ を超えないように，反応塔を冷却しながら反応が進められる。

詳説⑬ 水に対する溶解度は，20℃，水 1 mL に対して NH_3 は 319 mL，CO_2 0.88 mL(標準状態)である。単に NaCl 水溶液に CO_2 を溶かすよりも，まず NH_3 を十分に溶かした塩基性の溶液にしておくほうが，CO_2 の溶解量を大きくすることができる。すなわち，加えた NH_3 は CO_2 の水への溶解度を大きくし，溶液中に HCO_3^- の濃度を大きくする働きをする。溶液中には，NaCl の電離で生じた Na^+ と Cl^- のほか，

$$\underset{(塩基)}{NH_3} + \underset{(酸)}{CO_2 + H_2O} \rightleftarrows NH_4^+ + HCO_3^-$$

の反応で生じた NH_4^+ と HCO_3^- の 4 種のイオンが共存する。これらのイオンの組み合わせのうち，溶解度の一番小さい $NaHCO_3$ が沈殿となって反応系から除かれることにより，①式の反応が右向きに進行することに注目したい。

溶解度〔mol/kg〕(20℃)

	Cl^-	HCO_3^-
Na^+	NaCl 6.2×10^{-2}	$NaHCO_3$ 1.1×10^{-2}
NH_4^+	NH_4Cl 6.9×10^{-2}	NH_4HCO_3 2.8×10^{-2}

補足⑭ アンモニアソーダ法で副生する $CaCl_2$ は用途が少なく，これに対して①式で生じる NH_4Cl(塩安) は化学肥料として重要な物質である。そこで，NH_3 を回収する代わりに，$NaHCO_3$ を取り出した残液に NH_3 を溶解させて $NaHCO_3$ の析出を抑えつつ，NaCl(固) を

多量に溶解させてから（塩析），15℃以下に冷却して NH_4Cl を析出させる。この方法を**塩安ソーダ法**という。従来，日本では Na_2CO_3 の約70%を塩安ソーダ法で製造していたが，現在ではアンモニアソーダ法と塩安ソーダ法を併用した方法で操業されることが多い。

詳説⑮ ①×2+②+③+④で，中間生成物の $NaHCO_3$，CO_2，NH_3，NH_4Cl などをすべて消去すると，次のような反応式が得られる。

$$2\,NaCl + CaCO_3 \longrightarrow Na_2CO_3 + CaCl_2 \quad \cdots\cdots⑤$$

この反応は，NaCl や $CaCO_3$ のような価格の安い原料を用い，反応で副生する CO_2 や NH_3 を捨てることなく，うまく再利用しており，無駄のない非常に経済的にすぐれた方法といえる。⑤式で $CaCO_3$ が水に不溶性であるから，本来は左に進むべき反応である。これに，NH_3 をうまく仲介させることによって右向きに反応を進行させている。この反応は Na_2CO_3（ソーダ灰ともいう）を製造することから，**アンモニアソーダ法**とよばれている。

また，ベルギーの化学工業家の**ソルベー**は，1862年に向流法による反応塔を完成し，この反応の工業化に成功したことから，**ソルベー法**ともよばれる。

4 炭酸ナトリウム・炭酸水素ナトリウム

炭酸ナトリウムの濃厚水溶液を室温で放置すると，無色透明な炭酸ナトリウム十水和物 $Na_2CO_3 \cdot 10\,H_2O$ の結晶が析出する。この結晶を空気中に放置すると，自然に水和水の一部が失われて，白色粉末状の一水和物 $Na_2CO_3 \cdot H_2O$ になる。この現象を**風解**という⑯。

詳説⑯ 水溶液中に存在する金属イオンに水和していた水分子の一部が，結晶の中へ取り込まれることがある。このように，結晶内で一定の位置を占め，その結晶を安定に維持するのに必要な水を**水和水**（**結晶水**）という。水和水をもつ結晶は，空気中に置かれたとき一定の飽和蒸気圧を示す。もし，結晶の飽和蒸気圧が空気中の水蒸気圧より大きければ，平衡に達するまで結晶中から水分子が蒸発し続け，やがて結晶は砕けて粉末状となる。この現象が**風解**である。

たとえば，$Na_2CO_3 \cdot 10\,H_2O$ の結晶の25℃の飽和蒸気圧は 2.8×10^3 Pa もある。25℃の水の飽和蒸気圧は 3.2×10^3 Pa だから，空気中の相対湿度が $\frac{2.8}{3.2} \times 100 \fallingdotseq 88\%$ 以下では，この結晶は風解しはじめる。Na^+ と CO_3^{2-} のように大きさの異なるイオンが水中で結晶をつくる場合，小さい Na^+ は水和水をもった状態で大きな CO_3^{2-} と結晶化したほうがより隙間の少ない安定な結晶が構成できる。しかし，このような結晶を水中ではなく空気中に放置した場合は，価数の小さな Na^+ は水分子を引きつける力が弱いため，水和水が蒸発しやすいので風解がおこる。他の風解性物質として，$Na_2SO_4 \cdot 10\,H_2O$（芒硝（ボウショウ））や $Na_2B_4O_7 \cdot 10\,H_2O$（硼砂（ホウシャ））などがある。ただし，$Al_2(SO_4)_3 \cdot 18\,H_2O$ のように，いくら水和水を多くもつ結晶でも，風解がおこらない場合もある。これは価数の大きな Al^{3+} は，水分子を強く引きつけているためである。一方，$CuSO_4 \cdot 5\,H_2O$，$FeSO_4 \cdot 7\,H_2O$，$ZnSO_4 \cdot 7\,H_2O$ などの水和物の結晶では，Cu^{2+}，Fe^{2+}，Zn^{2+} の水分子を引きつける力は Al^{3+} ほど強くないので，弱い風解性を示す。ただし，$Na_2CO_3 \cdot H_2O$ は100℃以上に加熱すると，水和水を失って Na_2CO_3 に変化するが，常温では自然に水和水を失うことはないので，$Na_2CO_3 \cdot H_2O$ は風解性の物質としては扱われない。

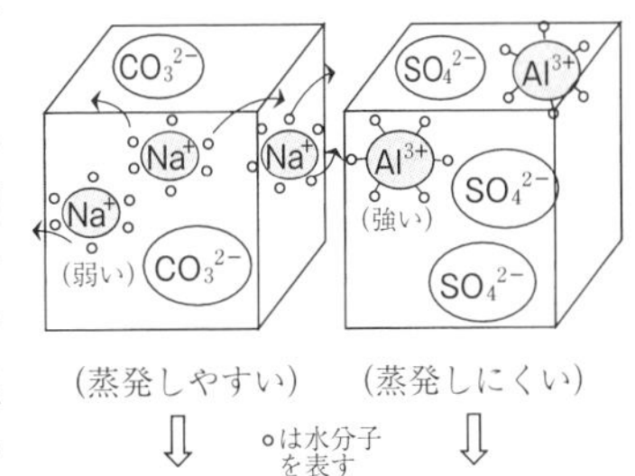

►炭酸ナトリウム Na_2CO_3 は白色の粉末で，水によく溶け加水分解により塩基性を示す。

$$CO_3^{2-} + H_2O \rightleftarrows HCO_3^- + OH^-$$

一方，炭酸水素ナトリウム $NaHCO_3$ は，白色の粉末で**重曹**(じゅうそう)ともよばれる。水に少し溶け，加水分解により弱い塩基性を示す[17]。 $HCO_3^- + H_2O \rightleftarrows H_2CO_3 + OH^-$

詳説[17] CO_3^{2-} と HCO_3^- ではどちらが加水分解しやすいのか。

$$H_2CO_3 \rightleftarrows H^+ + HCO_3^- \quad \cdots\cdots\cdots ① \quad K_1 = 4.3\times10^{-7}\text{〔mol/L〕}$$
$$HCO_3^- \rightleftarrows H^+ + CO_3^{2-} \quad \cdots\cdots\cdots ② \quad K_2 = 5.6\times10^{-11}\text{〔mol/L〕}$$
$$K_1 \gg K_2$$

同じ弱酸のイオンである HCO_3^- と CO_3^{2-} を比較した場合，①式より②式の平衡はずっと左に偏っているから，CO_3^{2-} は HCO_3^- よりも弱酸分子に戻ろうとする傾向，つまり，加水分解をおこしやすい。よって，加水分解しやすい Na_2CO_3 のほうが水溶液の塩基性は強くなる。

Na_2CO_3 が水によく溶け，$NaHCO_3$ が水に少ししか溶けない理由は次の通りである。

水和力の弱い Na^+ と水和力の弱い HCO_3^- とは同種の水和殻 (p. 164) のため，互いに重なり合いやすすので $NaHCO_3$ の水への溶解度は小さい（11 g/100 g 水，30℃）。一方，水和力の弱い Na^+ と水和力の強い CO_3^{2-} とは異種の水和殻のため，互いに重なりにくいので，Na_2CO_3 の水への溶解度は大きくなる(45 g/100 g 水，30℃)と考えられる。

►炭酸ナトリウムを加熱しても融解するだけで容易に熱分解しないが，一方，炭酸水素ナトリウムを加熱すると，容易に熱分解して炭酸塩に変化する[18]。

$$2\,NaHCO_3 \longrightarrow Na_2CO_3 + CO_2 + H_2O$$

詳説[18] 炭酸水素塩の熱分解は，次式のように炭酸水素イオンどうしで H^+ のやり取りを行う広義の中和反応と考えられる。 $2\,HCO_3^- \rightleftarrows CO_3^{2-} + H_2O + CO_2\uparrow$ ………Ⓐ

一般に，中和反応は活性化エネルギーが小さく，常温でも反応が完全に進行するのがふつうであるが，この場合，HCO_3^- の酸，あるいは塩基としての強さは，いずれもあまり大きくないので，反応は平衡状態となる。しかし，加熱によって CO_2 を反応系から追い出してやると，平衡が右へ移動してⒶ式の反応が進行するようになる。

$NaHCO_3$ の熱分解は，約 130℃ で始まり，160℃ で完全に進行する。

►しかし，炭酸ナトリウムや炭酸水素ナトリウムに強酸を加えると，いずれも分解して二酸化炭素を発生する[19]。

$$Na_2CO_3 + 2\,HCl \longrightarrow 2\,NaCl + H_2O + CO_2\uparrow$$
$$NaHCO_3 + HCl \longrightarrow NaCl + H_2O + CO_2\uparrow$$

炭酸ナトリウムは，ガラスの製造や洗剤などに多量に使用される。また，炭酸水素ナトリウムは，医薬品，ベーキングパウダー，発泡性入浴剤などに用いられる[20]。

補足[19] この反応形式は，弱酸の塩＋強酸 ⟶ 強酸の塩＋弱酸 であり，弱酸として遊離した H_2CO_3 が自然に分解して，CO_2 が発生する。

詳説[20] 水中で弱い塩基性を示す $NaHCO_3$ は，胃酸過多（胃液中の HCl）を中和する制酸剤に使われる。また，ベーキングパウダーは，重曹，デンプン，酒石酸と酒石酸カリウムの混合物を約 1：1：1 の割合で混合したもので，粉末状態では何も変化しないが，水を加えると，重曹に酒石酸（$[CH(OH)COOH]_2$，酢酸より少し強い酸）が少しずつ反応して，CO_2 を発生する。また，加熱すると $NaHCO_3$ の分解がおこり，さらに CO_2 を発生して，大きく膨らませる作用がある。発泡性入浴剤には，$NaHCO_3$ とフマル酸(p. 642)などが含まれる。

4-8　アルカリ土類金属とその化合物

周期表2族元素の原子は，いずれも価電子を2個もち，2価の陽イオンになりやすい。

2族元素は**アルカリ土類金属**とよばれるが，［Be，Mg］と［Ca，Sr，Ba，Ra］の2つのグループのうち，化学的性質がとくによく似ている後者を，アルカリ土類金属とする場合もある❶。

詳説❶ アルカリ金属の塩がみな水に可溶であるのに対して，アルカリ土類金属のイオンは，多価の陰イオン(CO_3^{2-}，SO_4^{2-}，PO_4^{3-} など)と水に不溶性の塩をつくりやすい。これは，多価のイオン間にはかなり強い静電気力が働き，結晶の格子エネルギーが大きくなるためである。ただし，$MgSO_4$ のように，陽イオンと陰イオンの半径の差が大きくなると，各イオンの水和エネルギーの和が大きくなり，水に可溶性の塩になる。なお，アルカリ土類金属の「土類」は，その酸化物が水に溶けにくく，熱にも強いという性質から名づけられた。

1　アルカリ土類金属の単体

単体は銀白色の軽金属であるが，同周期のアルカリ金属よりも密度はやや大きく，融点も高い❷。また，単体の反応性はアルカリ金属に次いで活発である❸。

詳説❷ 1族と比べると，1原子あたりの自由電子の数が多くなり，また，原子核の正電荷の増加により原子半径が小さくなっている。よって，金属結合の強さは1族よりも強くなり，密度・融点・硬さともに大きくなる。Ra(密度 5.0 g/cm³)以外が軽金属に該当する。

詳説❸ 同周期のアルカリ金属と比べると，原子核の正電荷が1つ増えるので，原子核が最外殻電子を引きつける力が強くなり，原子から電子1個を引き離すのに要するエネルギー(第一イオン化エネルギー)はやや大きくなる。したがって，単体の反応性はアルカリ金属に比べると，やや穏やかである。しかし，他の多くの金属と比較すれば，かなり活発である。

元素記号	原子半径〔nm〕	イオン化エネルギー〔kJ/mol〕	反応性	融点〔℃〕	密度(20℃)〔g/cm³〕	水との反応		硫酸塩の溶解度(20℃)〔g/100 g 水〕	炎色反応
						条件	水酸化物の溶解度(20℃)〔g/100 g 水〕		
Be	0.111	899	小	1278	1.85	反応せず	5.5×10^{-5}	106	なし
Mg	0.160	738	↓	649	1.74	熱水	9.8×10^{-4}	34	なし
Ca	0.197	590	↓	839	1.55	冷水	1.6×10^{-1}	0.21	橙赤
Sr	0.215	549	↓	769	2.54	冷水	0.80	1.3×10^{-2}	赤
Ba	0.224	503	大	725	3.59	冷水	3.9	2.4×10^{-4}	黄緑

►アルカリ土類金属の単体は反応性が大きく，いずれも水と反応する（Be を除く）。この反応は，原子番号が大きいほど激しい。たとえば，Ca，Sr，Ba の単体は，常温の水とも反応して水素を発生する。

$$Ca + 2H_2O \longrightarrow Ca(OH)_2 + H_2$$

その水酸化物は水に可溶で，水溶液は強い塩基性を示す。

一方，Mg の単体は常温の水とは反応しにくいが，熱水とは反応して水素を発生する。

その水酸化物 $Mg(OH)_2$ は水に難溶で，水溶液は弱い塩基性を示す。

アルカリ土類金属に共通する性質は，次の通りである。

(1) 炭酸塩（$MgCO_3$，$CaCO_3$，$BaCO_3$ など）は，いずれも水に溶けにくい。

(2) 塩化物（$MgCl_2$，$CaCl_2$，$BaCl_2$ など）は，いずれも水に溶けやすい。

一方，アルカリ土類金属のうち，［Be，Mg］は他と少し異なる性質を示す❹。

(3) Be，Mg は炎色反応を示さないが，Ca，Sr，Ba，Ra は炎色反応を示す❺。

(4) Be，Mg の水酸化物は水に難溶だが，Ca，Sr，Ba，Ra の水酸化物は水に可溶である。

(5) Be，Mg の硫酸塩は水に可溶だが，Ca，Sr，Ba，Ra の硫酸塩は水に難溶である。

詳説❹ Mg は 12 族の Zn との類似性，Be は 13 族の Al との類似性が見られる。以上のことを総合的に判断すると，2 族元素を［Be，Mg］と［Ca，Sr，Ba，Ra］の 2 グループに分け，特に化学的性質が類似している［Ca，Sr，Ba，Ra］だけをアルカリ土類金属とする意見も多い。

補足❺ Mg は原子半径が小さく，価電子は強く原子核に引きつけられている。したがって，Mg の炎色反応では，可視光線よりもさらにエネルギーの大きな紫外線を放出している可能性があるが，私たちの肉眼では紫外線を認識できないので，炎色反応は観察されない。

参考　2 族元素の単体の密度が Be，Mg，Ca では逆転している理由

金属結晶の密度を d とすると，$d=k\dfrac{M}{r^3}$（k：比例定数，M：原子量，r：原子半径）…①

と表せる。①によると，Be の密度が Mg の密度より大きくなるのは，原子量の減少割合に比べて原子半径の減少割合が大きいこと，つまり，Be の原子半径がかなり小さいことが主原因である。同様に，Ca の密度が Mg の密度より小さくなるのは，原子量の増加割合に比べて原子半径の増加割合が大きいこと，つまり，Ca の原子半径がかなり大きいことが主原因である。一般に第 3 周期から第 4 周期になるとき，原子量の増加割合に比べて原子半径の増加割合がかなり大きいことが原因で，単体の密度の逆転がおこる（Na(0.97 g/cm^3)，K (0.86 g/cm^3)）。

2　炭酸カルシウム・酸化カルシウム

炭酸カルシウム $CaCO_3$ は，石灰石や大理石の主成分として天然に大量に存在するほか，卵殻や貝殻の中にも含まれている❻。

補足❻ 石灰岩は地質時代にサンゴ，有孔虫の遺骸，貝殻などが堆積してできた岩石で，微粒子で不純物を含むために灰色をしている。これがマグマなどの熱変成作用により大きな方解石の結晶に変化したものが大理石で，白色で純度の高い $CaCO_3$ からできている。

►炭酸カルシウムを約 800℃以上に加熱すると，熱分解がおこり酸化物になる。この反応は，工業的な CO_2 の製法としても利用される。

$$CaCO_3 \longrightarrow CaO + CO_2\uparrow \qquad \Delta H=178\,\mathrm{kJ}$$

酸化カルシウム CaO は**生石灰**（せい）ともよばれ，水を加えると多量の熱を発生しながら反応して，白色粉末状の水酸化カルシウムになる❼。

$$CaO + H_2O \longrightarrow Ca(OH)_2 \qquad \Delta H=-63.6\,\mathrm{kJ}$$

酸化カルシウムにコークス C を混ぜ，電気炉で強熱すると，**炭化カルシウム**（カーバイド）が得られる。　$CaO + 3C \xrightarrow{\text{約 2000℃}} CaC_2 + CO\uparrow \qquad \Delta H=465\,\mathrm{kJ}$

補足❼　これは，酸化物イオン O^{2-}（OH^- から H^+ がとれたもので，最強の塩基である）が，水から H^+ を奪い取る広義の中和反応である。このように，水分を吸収しやすい性質を利用して，生石灰 CaO は乾燥剤に用いられるほか，その反応熱を利用して，燻蒸（くんじょう）用殺虫剤や弁当の発熱剤に利用されている。また，CaO は密閉容器で，できるだけ乾燥した場所で保存する。

$$O^{2-} + H^+\text{-}O\text{-}H \longrightarrow 2\,OH^-$$

3　水酸化カルシウム

水酸化カルシウム $Ca(OH)_2$ は**消石灰**ともよばれ，水に少し溶け強い塩基性を示す。水酸化カルシウムの飽和水溶液を**石灰水**，さらに過剰の水酸化カルシウムを加えた白色の液状物を**石灰乳**といい，工業用の中和剤に用いられる❽。

消石灰 $Ca(OH)_2$ の生成

補足❽　水に多量の $Ca(OH)_2$ を加えた石灰乳では，底に泥状の $Ca(OH)_2$ がたまっており，右図のような溶解平衡が成立している。いま，OH^- が中和反応で消費されると，$Ca(OH)_2$ の固体が溶けて OH^- の減少を補う。このように，最終的には溶けきれずに底に残っていた $Ca(OH)_2$ は，すべて酸と反応することになる。消石灰は，穏やかな性質をもつ強塩基で安価であることから，さらし粉の製造や酸性土壌の中和剤などにも用いられる。

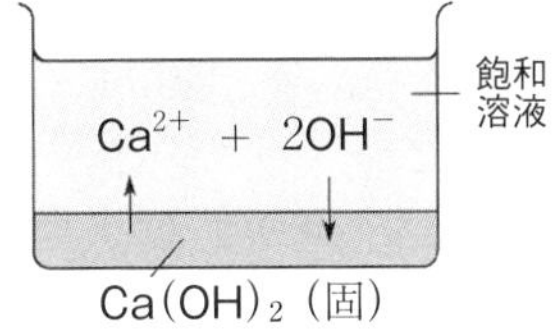

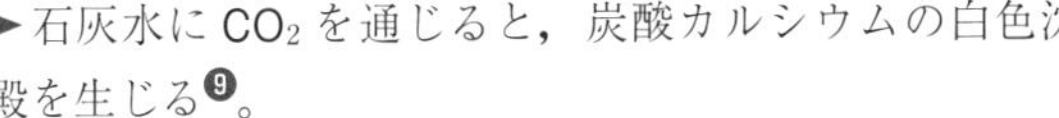

►石灰水に CO_2 を通じると，炭酸カルシウムの白色沈殿を生じる❾。

$$Ca(OH)_2 + CO_2 \longrightarrow CaCO_3\downarrow + H_2O \quad (CO_2\text{の検出})$$

補足❾　漆喰（しっくい）は $Ca(OH)_2$ に海藻からとった粘着剤（フノリ）や糸屑と水を加えて練ったもので，壁材に用いられる。その硬化は，水分の蒸発で析出する $Ca(OH)_2$ の結晶と，空気中の CO_2 を吸収することによって生じる $CaCO_3$ の結晶が入り混じって固まる性質を利用している。

►生じた炭酸カルシウムの沈殿に，さらに過剰に CO_2 を通じると炭酸水素カルシウムを生じて溶ける❿。

$$CaCO_3 + CO_2 + H_2O \rightleftarrows Ca(HCO_3)_2 \quad \cdots\cdots\cdots①$$

この溶液を加熱して CO_2 を追い出すと，逆反応がおこり，炭酸カルシウムが沈殿する。

詳説❿　この反応は，次のように考えられる。水中で，$CaCO_3$ は極めてわずかに溶け，溶解平衡の状態となる。$CaCO_3 \rightleftarrows Ca^{2+} + CO_3^{2-}$ ……②　CO_3^{2-} は弱酸のイオンだから，CO_2 を十分に溶かして生じた炭酸 H_2CO_3 から H^+ を受け取り，HCO_3^- に変化する。よって，水溶液中の CO_3^{2-} が減少するので，②式の平衡が右へ移動して，$CaCO_3$ は少しずつ溶解するようになる。生成した $Ca(HCO_3)_2$ の水に対する溶解度は，もとの $CaCO_3$ に比べると約 100 倍ほど大きく，水に可溶となる。これは，Ca^{2+} と HCO_3^- の間に働く静電気力が，もとの Ca^{2+} と CO_3^{2-} の間に働く静電気力よりもかなり弱くなるからである。

►石灰岩地帯では，CO_2 を含む地下水によって，上の①式の正反応がおこり，地下に鍾乳洞ができたり，①式の逆反応により，鍾乳洞の内部に鍾乳石や石筍（せきじゅん）ができたりする⓫。

詳説⑪ 地中では微生物や動・植物による有機物の分解が盛んに行われており，CO_2 の分圧は空気中の10倍程度と高くなっている。このように，CO_2 を溶かしこんだ地下水の通路に沿って，著しい石灰岩の化学的浸食がおこると，長い年月を経て大きな洞窟(**鍾乳洞**)がつくられる。一方，$Ca(HCO_3)_2$ を多く含んだ水が，石灰岩の割れ目に沿って流れ落ち，鍾乳洞の天井からゆっくりとしみ出る際に，空気中へ水分が蒸発すると同時に，CO_2 も放出されるので，①式の逆反応がおこり $CaCO_3$ が析出する。こうして長い年月の間に生じたつらら状のものが**鍾乳石**であり，200年で約1cm成長するといわれている。一方，この水滴が落ちた部分でも同様に $CaCO_3$ が析出して，たけのこ状の**石筍**(せきじゅん)ができる。また，両者がつながったものは**石柱**とよばれる。

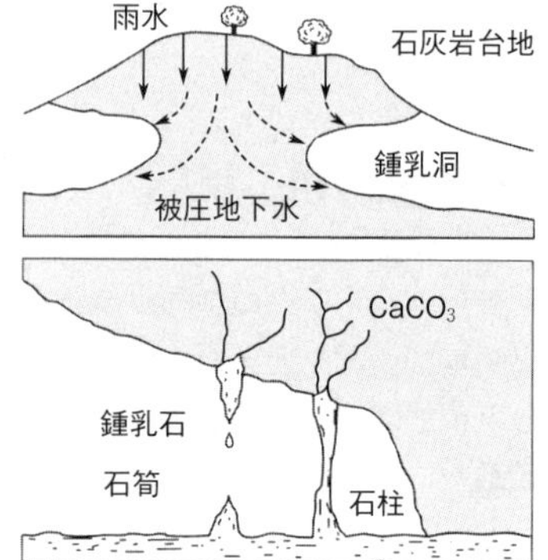

► 消石灰 $Ca(OH)_2$ に塩素を十分に吸収させると，さらし粉 $CaCl(ClO)\cdot H_2O$ が得られる⑫。

$$Ca(OH)_2 + Cl_2 \longrightarrow CaCl(ClO)\cdot H_2O$$

詳説⑫ 組成式 $CaCl(ClO)\cdot H_2O$ を2倍すると，$CaCl_2\cdot Ca(ClO)_2\cdot 2H_2O$ となり，さらし粉は塩化カルシウムと次亜塩素酸カルシウムとの複塩であることがわかる。したがって，さらし粉を水に溶かすと，各成分イオン Ca^{2+}，Cl^-，ClO^- に電離する。このうち，次亜塩素酸イオン ClO^- は次式のように酸化剤として働き，強い殺菌・漂白作用を示す。

$$ClO^- + 2H^+ + 2e^- \longrightarrow Cl^- + H_2O$$

さらし粉中の $CaCl_2$ には吸湿性があり，空気中の水分を吸収し，有効成分である $Ca(ClO)_2$ を分解して HClO を遊離させてしまう。そこで，$CaCl_2$ を除き $Ca(ClO)_2$ だけを抽出したものを**高度さらし粉** $Ca(ClO)_2\cdot 2H_2O$ といい，有効塩素量が多く安定で長期保存に耐えられる。

4 硬水と軟水

Ca^{2+} や Mg^{2+} を多く含んだ水を**硬水**，少量しか含まない水を**軟水**という⑬。炭酸水素イオン HCO_3^- の形で含まれている硬水は，煮沸するだけで $CaCO_3$ が沈殿して軟水に変えられる。このような硬水を**一時硬水**という。なお，硬水を軟水に変える操作を**水の軟化**という。

$$Ca(HCO_3)_2 \longrightarrow CaCO_3\downarrow + H_2O + CO_2$$

また，一時硬水に適当量の石灰乳を加えても，軟水に変えることができる。

$$Ca(HCO_3)_2 + Ca(OH)_2 \longrightarrow 2CaCO_3 + 2H_2O$$

一方，Cl^- や SO_4^{2-} などの強酸のイオンを含む硬水は，煮沸しても軟水にはならないので**永久硬水**という。この水に，Na_2CO_3 を加えて Ca^{2+} や Mg^{2+} を炭酸塩として沈殿させてもよいが，陽イオン交換樹脂を用いて軟化することが多い。

詳説⑬ 硬水でセッケンを使うと，泡立ちがわるいうえに，多量の沈殿(セッケン垢(かす))を生じて，セッケンの洗浄力は低下する。これは，Ca^{2+} や Mg^{2+} がセッケンとは次のように反応して不溶性の塩を形成するためである。　$2R\text{-}COO^- + Ca^{2+} \longrightarrow (R\text{-}COO)_2Ca\downarrow$

SCIENCE BOX 硬水と軟水

(1) 水の硬度とは

Ca^{2+}，Mg^{2+} を多く含む水を**硬水**（hard water），少ない水を**軟水**（soft water）という。水の硬度の基準は各国で異なる。日本では，アメリカ硬度を採用しており，水1Lに含まれる Ca^{2+} と Mg^{2+} の質量〔mg〕を $CaCO_3$ の質量〔mg〕に換算した値で表される。たとえば，"Volvic"（仏）の水の場合，水1Lに，Ca^{2+} 12mg，Mg^{2+} 8mg を含むので，その硬度は $\left(\frac{12}{40}+\frac{8}{24}\right)\times100=63$ となる。日本では，硬度100未満の水を軟水，100以上の水を硬水とすることが多い。

(2) 軟水，硬水の成因

火山国の日本では，マグマに由来する花こう岩質（水の透過性が小）の地質が多く存在し，地下水に岩石中の鉱物質は溶け出しにくい。しかも雨が多く，山岳が発達した地形では，河川は急流となり，河川水は鉱物質をあまり含まない軟水となりやすい。

一方，欧州や北米などでは，石灰岩の地質（水の透過性が大）が多く存在し，地下水に岩石中の鉱物質が溶け出しやすい。また，雨が比較的少なく，平野が発達した平坦な大陸地域では，河川は緩流となり，河川水は鉱物質を多く含む硬水となりやすい。

(3) 軟水と硬水の特徴

軟水と硬水の特徴をまとめると，下の表のようになる。

硬水を染色に用いると，染斑（そめむら）を生じて美しい色調が損われる。その原因は，水中でコロイド状態になっている染料分子が，Ca^{2+} や Mg^{2+} により凝析されて，繊維への染着性が悪くなるためである。一方，硬水をボイラー水に用いると，加熱により缶石（主成分 $CaCO_3$ など）を生じ，パイプを詰まらせる危険性がある。

また，硬度のかなり高い水は，飲料水には適さない。それは，私たちの細胞は Mg^{2+} や Ca^{2+} に強く水和した水分子を利用できないからである。

特に，工業用水には軟水が必要である。一方，農業用水には軟水・硬水を問わないが，硬水は鉱物質が豊富であり，農作物の生育はむしろ良好である。

項目	軟水	硬水
口当たり	まろやか	しっかり
緑茶	色・味が出やすい	色・味が出にくい
セッケン	泡立ちやすい	泡立ちにくい
染色	きれいに染まる	色斑ができる
加熱	何も生じない	沈殿を生じる
体への吸収	吸収されやすい	吸収されにくい

(4) 日本酒の醸造水について

代表的な日本量の醸造水に，灘（神戸市）の宮水（みやみず）と伏見（京都市）の御香水（ごこうすい）がある。灘の宮水は硬度約60で鉱物質が多く，アルコール発酵が進みやすくて辛口の酒ができやすい。一方，伏見の御香水は硬度約40で鉱物質が少なく，アルコール発酵がゆっくりと進み，甘口の酒ができやすい。

(5) 料理水として

日本料理には，昆布だしや鰹だしがよく使われる。軟水を使うと，昆布や鰹の旨味成分であるグルタミン酸やイノシン酸などが抽出されやすく，美味しい出汁（だし）がとれる。旨味の少ない野菜類に出汁を含ませることで美味しい煮物ができあがる。

一方，西洋料理では，出汁は使わない。旨味の多い肉類を美味しく食べる工夫が必要となる。たとえば，肉を煮た場合，最初はかなり固くなるが，長時間煮ていると軟らかくなり，同時に灰汁（あく）が出てくる。肉を硬水で煮ると灰汁が出やすく，肉の臭みが消え，軟らかく旨味が出やすい。丁寧に灰汁を取ると，美味しい肉のスープをつくることができる。また，硬水でパスタを茹でるとコシが出ると言われる。すなわち，西洋料理には硬水が向いているのである。

5　硫酸カルシウム・硫酸バリウム

硫酸カルシウムは，天然には二水和物 $CaSO_4 \cdot 2H_2O$（セッコウ），または無水物として産出する。セッコウを約140℃に加熱すると，水和水の一部を失って半水和物 $CaSO_4 \cdot \frac{1}{2}H_2O$（**焼きセッコウ**）になる。焼きセッコウを適量の水と練って粥(かゆ)状にしたものを放置すると，やや体積を増しながら硬化し，再びセッコウに戻る⓮。この性質から，焼きセッコウは塑像，セッコウ細工，セッコウボードなどに用いられる⓯。

$$CaSO_4 \cdot \frac{1}{2}H_2O + \frac{3}{2}H_2O \xrightarrow[20\sim30\text{分}]{\text{硬化}} CaSO_4 \cdot 2H_2O$$
（66℃以下では二水和物として析出する。）

詳説⓮　焼きセッコウを約400℃で一定時間熱すると，無水物 $CaSO_4$ となる。これは水を加えてもセッコウには戻らないので，死セッコウ，または硬セッコウといい，チョークやセメントの原料に用いられる。

焼きセッコウは，水和水を取り入れながら溶解度の小さいセッコウとなって固化する。このとき，最大7%体積が膨張するので，ひび割れをおこすことなく，精密な原型の鋳型をとることができる。焼きセッコウに水を加えると，右図のように Ca^{2+} と SO_4^{2-} の間に水分子が入り込み，両イオンを橋渡しする架橋結合ができて固化すると考えられる。このとき，H_2O は Ca^{2+} に対しては配位結合で，SO_4^{2-} には水素結合で結合している。この水素結合の方向性によって，焼きセッコウがセッコウになると体積が増加する。

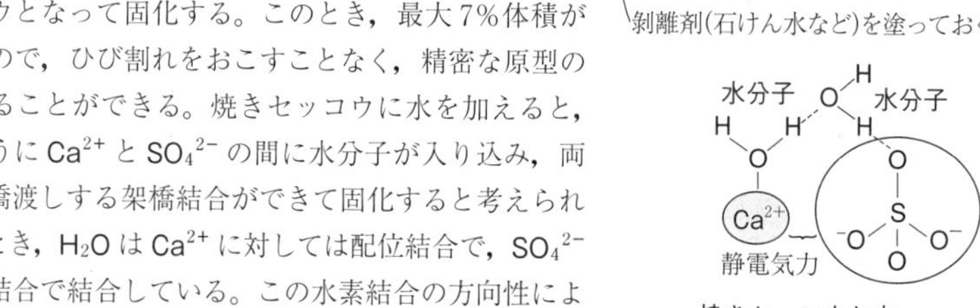

焼きセッコウと水

補足⓯　従来は，医療用ギプスとしてセッコウが用いられてきたが，現在では，軽量で硬化時間が短いという特徴を生かしたガラス繊維（プラスチックギプス）が広く用いられている。

下巻き材　プラスチックギプス

医療用ギプス

►アルカリ土類金属のイオンを含む水溶液に炭酸イオン CO_3^{2-} を加えると，炭酸塩の白色沈殿を生じる。

$$Ba^{2+} + CO_3^{2-} \longrightarrow BaCO_3\downarrow$$　〈強酸に可溶〉

一方，アルカリ土類金属のイオン（Be^{2+}，Mg^{2+} を除く）を含む水溶液に，硫酸イオン SO_4^{2-} やシュウ酸イオン $C_2O_4^{2-}$ を加えると，硫酸塩やシュウ酸塩の白色沈殿を生じる⓰。

$$Ba^{2+} + SO_4^{2-} \longrightarrow BaSO_4\downarrow$$ ⓱　〈強酸に不溶〉…Ba^{2+} の検出に利用。

$$Ca^{2+} + C_2O_4^{2-} \longrightarrow CaC_2O_4\downarrow$$　〈強酸に可溶〉…Ca^{2+} の検出に利用。

補足⓰　$CaSO_4$ は水に少し溶ける（20℃での水への溶解度は0.21 g/100 g 水）。したがって，Ca^{2+}，または SO_4^{2-} の濃度があまり小さいときは，沈殿を生じないことがある。$BaCO_3$，$BaSO_4$ はいずれも白色沈殿で，外見上はまったく区別がつかない。しかし，前者は弱酸の塩なので強酸を加えると溶けて CO_2 を発生するが，後者は強酸の塩なので強酸にも不溶で変化しない。

補足⓱　硫酸バリウムは，水に対する溶解度が極めて小さな白色の固体で，空気，熱，光に対しても安定で，白色ペンキや製紙の充填剤として用いられるほか，X線をよく遮蔽(しゃへい)し，胃液（塩酸を含む）によっても溶解しないので，胃・腸のX線検査の造影剤として用いられる。

SCIENCE BOX 2族の水酸化物と硫酸塩の溶解度の傾向

2族の水酸化物の水への溶解度は，原子番号が大きいほど増加するのに，2族の硫酸塩の水への溶解度は逆の傾向を示すのはなぜだろうか。イオン半径を Be^{2+} 0.059 nm，Mg^{2+} 0.086 nm，Ca^{2+} 0.114 nm，Sr^{2+} 0.132 nm，Ba^{2+} 0.149 nm として考えてみる。

塩類の水への溶解度をエネルギーの面から考察すると，結晶の格子エンタルピーが小さく，イオンの水和エンタルピーが大きいほど易溶になると考えられる。ところが，イオンの電荷が大きく，サイズが小さいほど，格子エンタルピーも水和エンタルピーもともに大きくなるので，塩類の水への溶解度を考えるときは，イオンの電荷とサイズだけでなく，各イオンの水和の状態を考慮する必要がある。

(1) 電荷が大きく，サイズの小さなイオンは，周囲に水分子を強く引きつけるので，**正の水和イオン**と呼ばれる。

(2) 電荷が小さく，サイズの大きなイオンは，周囲に水分子を弱くしか引きつけないので，**負の水和イオン**という。

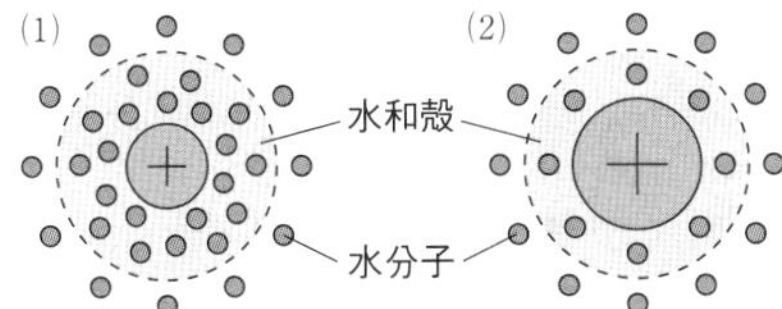

	正の水和イオン	負の水和イオン
水和殻	厚い	薄い
水和の状態	強く水和し，水分子の自由度が小	弱く水和し，水分子の自由度が大

(i) 正の水和イオンどうし，負の水和イオンどうしは相性が良い。つまり，同種の**水和殻**（p. 164）をもった陽イオンと陰イオンの水和殻どうしは重なりやすく，沈殿への移行も容易に進行する。したがって，そのような塩類の水への溶解度は小さくなる傾向がある。

(ii) 正の水和イオンと負の水和イオンとは相性が悪い。つまり，異種の水和殻をもった陽イオンと陰イオンの水和殻どうしは重なりにくく，沈殿への移行も容易には進行しない。したがって，そのような塩類の水への溶解度は大きくなる傾向がある。

(1) 2族の水酸化物の水への溶解度

水酸化物イオン OH^- は，比較的サイズが小さく，O原子は−1の負電荷をもち，水素結合によって H_2O を引きつける力が大きいので，正の水和イオンと考えてよい。

サイズの小さな Be^{2+} や Mg^{2+} は，正の水和イオンであるから，OH^- とは水和殻が同種であり，水への溶解度は小さくなると考えられる。一方，サイズの大きな Sr^{2+} や Ba^{2+} は，負の水和イオンであるから，OH^- とは水和殻が異種であり，水への溶解度は大きくなると考えられる。

水への溶解度〔g/100 g 水〕（20℃）

$Be(OH)_2$	$Mg(OH)_2$	$Ca(OH)_2$	$Sr(OH)_2$	$Ba(OH)_2$
5.5×10^{-5}	9.8×10^{-4}	1.6×10^{-1}	0.8	3.9

(2) 2族の硫酸塩の水への溶解度

硫酸イオン SO_4^{2-} は，比較的サイズが大きく，しかもその共鳴構造によって，−2の負電荷は4個のO原子に均等に分散されているので，各O原子のもつ負電荷は−0.5に過ぎない。したがって，SO_4^{2-} は負の水和イオンとして扱うのが適切である。

サイズの小さな Be^{2+} や Mg^{2+} は正の水和イオンであり，SO_4^{2-} とは水和殻の種類が異なるので，水への溶解度は大きくなると考えられる。一方，サイズの大きな Sr^{2+} や Ba^{2+} は負の水和イオンであり，SO_4^{2-} とは水和殻の種類が同じなので，水への溶解度は小さくなると考えられる。

水への溶解度〔g/100 g 水〕（20℃）

$BeSO_4$	$MgSO_4$	$CaSO_4$	$SrSO_4$	$BaSO_4$
106	34	0.21	1.3×10^{-2}	2.4×10^{-4}

SCIENCE BOX　炭酸塩の熱分解

炭酸塩の熱分解反応（炭酸塩──→酸化物＋二酸化炭素）では，炭酸イオン CO_3^{2-} から酸化物イオン O^{2-} が脱離し，同時に生成した二酸化炭素 CO_2 が反応系から出ていくことによって，反応が右向きに進行すると考えられる。

① 下図(i)で表された CO_3^{2-} 中には，電荷を帯びていない O 原子（>C=O で表す）1個と，負電荷を帯びた O 原子（-O⁻で表す）が2個存在する。このうち，一方の -O⁻ の π 電子が C 原子のほうへ移動すると，C=O 結合が形成される。

② 図(ii)の CO_3^{2-} の中心にある C 原子は負電荷を帯び，原子価が5価（不安定）となるため，4価（安定）に戻る必要がある。

③ もう一方の C-O⁻ 結合が点線部分で切れると，O^{2-} が脱離するとともに，CO_2 が発生することになる。

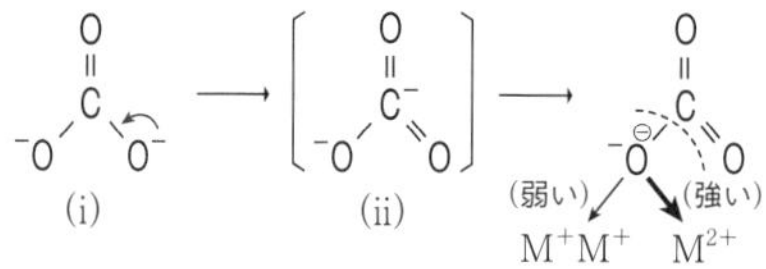

CO_3^{2-} から O^{2-} の脱離する反応の難易には，-O⊖ と金属イオンとの間に働く静電気力の強弱が強く影響する。

(1) 1族と2族の炭酸塩の熱分解反応

各金属イオンの電荷密度は，価数が大きく，イオン半径が小さいほど大きくなる。たとえば，Na^+(0.116 nm) と Ca^{2+}(0.114 nm) を比較すると，イオン半径はほぼ等しいので，価数の大きな Ca^{2+} のほうが電荷密度は大きい。したがって，-O⊖に対して働く静電気力は，Ca^{2+} のほうが 2 Na^+ よりも大きい。さらに，O^{2-} の形で引き抜く際に働く静電気力も Ca^{2+} のほうが 2 Na^+ よりも強くなる。以上のことから，2族の炭酸塩 MCO_3 のほうが1族の炭酸塩 M_2CO_3 よりも熱分解しやすいことが理解できる。

(2) 2族の炭酸塩の熱分解反応

2族元素のイオン半径は次の通りである。

	Mg^{2+}	Ca^{2+}	Sr^{2+}	Ba^{2+}
〔nm〕	0.086	0.114	0.132	0.149

表から，イオン半径の小さな Mg^{2+} の電荷密度が大きく，CO_3^{2-} から O^{2-} を引き抜く際に働く静電気力が強くなる。一方，イオン半径の大きな Ba^{2+} の電荷密度は小さく，CO_3^{2-} から O^{2-} を引き抜く際に働く静電気力は弱くなる。したがって，2族の炭酸塩を比べると，炭酸マグネシウム $MgCO_3$ は最も熱分解しやすく，炭酸バリウム $BaCO_3$ は最も熱分解しにくいことが予想される。

密閉容器中で炭酸塩を加熱して，

$$MCO_3(固) \rightleftarrows MO(固) + CO_2(気)$$

の解離平衡が平衡状態になったとき，CO_2 の示す圧力を炭酸塩の**解離圧**という。2族の炭酸塩の解離圧は，温度上昇とともに下図のように変化する。

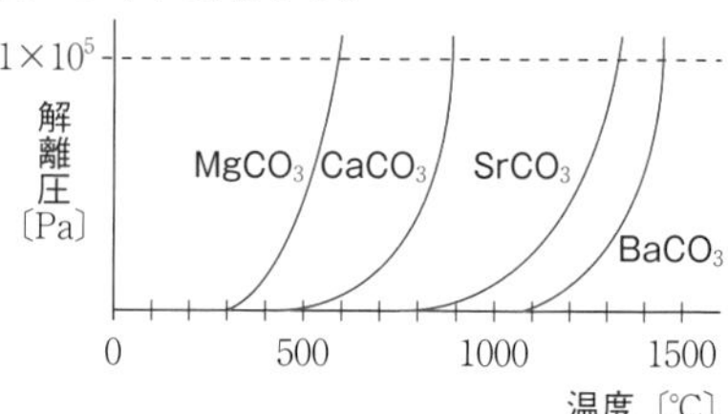

大気圧（1×10^5 Pa）下において，炭酸塩を加熱したときに熱分解する温度を，解離圧が 1×10^5 Pa に達する温度で示すと下表のようになり，$MgCO_3$ が最も熱分解しやすく，$BaCO_3$ が最も熱分解しにくいことが理解できる。

	$MgCO_3$	$CaCO_3$	$SrCO_3$	$BaCO_3$
〔℃〕	600	890	1340	1450

SCIENCE BOX　2族の硫酸塩と炭酸塩の水への溶解性

(1)　塩類 MX の溶解度とイオン半径の関係

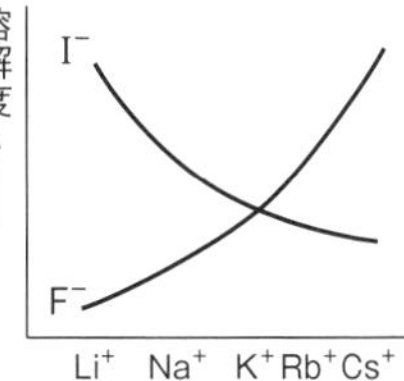

アルカリ金属の塩 MX の水への溶解度と構成イオンの半径との関係を調べると，イオン半径の差が大きな塩ほど水に溶けやすいことがわかる。この理由を，塩類の水への溶解過程におけるエネルギー変化，つまり，イオン結晶の格子エンタルピー E_1 と構成イオンの水和エンタルピーの和 E_2 との大小関係から考えてみた。

(2)　イオン半径の異なるイオン結晶が水に溶けやすい理由

陽イオン M^+(価数 x，半径 r^+)，陰イオン X^-(価数 x，半径 r^-) とすると，イオン結晶 MX の格子エンタルピー E_1 は，イオンの価数の積に比例し，イオン半径の和に反比例するので，④式で表される。

$$E_1=\frac{A\times x^2}{r^++r^-}\quad \cdots ④\quad (\text{A は正の定数})$$

一方，イオンの水和エンタルピーは，イオンの価数の2乗に比例し，イオン半径に反比例するので，その和 E_2 は⑤式で表される。

$$E_2=B\times\left(\frac{x^2}{r^+}+\frac{x^2}{r^-}\right)\quad \cdots ⑤\quad (\text{B は正の定数})$$

r^+ と r^- の和を 0.30 nm(一定) とし，その半径比 $\frac{r^+}{r^-}$ の異なる2種類のイオン結晶では E_1 と E_2 の値がどう変化するかを調べると，

(i)　$r^+=0.15$ nm，$r^-=0.15$ nm のとき，

$$E_1=A\ \frac{x^2}{0.30}$$

$$E_2=B\times\left(\frac{x^2}{0.15}+\frac{x^2}{0.15}\right)=B\times\left(\frac{2x^2}{0.15}\right)$$

$$=B\times\left(\frac{x^2}{0.075}\right)\fallingdotseq 13.3\,Bx^2$$

(ii)　$r^+=0.10$ nm，$r^-=0.20$ nm のとき，

$$E_1=A\ \frac{x^2}{0.30}$$

$$E_2=B\times\left(\frac{x^2}{0.10}+\frac{x^2}{0.20}\right)=B\times\left(\frac{3x^2}{0.20}\right)$$

$$=B\times\left(\frac{x^2}{0.067}\right)\fallingdotseq 14.9\,Bx^2$$

よって，イオン半径の差が大きくなると，結晶 MX の格子エンタルピー E_1 は変わらないが，水和エンタルピーの和 E_2 はしだいに大きくなるので，結晶 MX の水への溶解度も大きくなると考えられる。

(3)　$BeSO_4$ と $MgSO_4$ だけが水に溶けやすい理由

硫酸イオン SO_4^{2-} の半径は 0.244 nm と見積もられている。小型の (Be^{2+}，Mg^{2+}) と大型の SO_4^{2-} とのイオン半径の差が大きいので，格子エンタルピーよりも水和エンタルピーの和のほうが大きくなり，水に溶けやすくなる。一方，Ca^{2+}，Sr^{2+}，Ba^{2+} の順に SO_4^{2-} とのイオン半径の差が小さくなると，格子エンタルピーよりも水和エンタルピーの和のほうが小さくなり，水に溶けにくくなると考えられる。

(4)　2族の炭酸塩 MCO_3 が水に溶けにくい理由

炭酸イオン CO_3^{2-} の半径は 0.164 nm と見積もられている。小型の (Be^{2+}，Mg^{2+}) と CO_3^{2-} とはイオン半径の差が大きく，水に可溶になると予想される。しかし，2族の炭酸塩がみな水に難溶なのはなぜだろうか。SO_4^{2-}(半径 0.244 nm)を 100 とすると，CO_3^{2-}(半径 0.164 nm) は約 67%に相当する。しかし，これらの値はいずれもイオンが球形であるとみなして求めた計算値であり，実測値ではないことに留意したい。

すなわち，SO_4^{2-} は正四面体形でほぼ球形に近いが，CO_3^{2-} は正三角形の平面構造である。2族の炭酸塩では，陽イオンと CO_3^{2-} との最短距離はそのイオン半径和よりさらに接近していると推定される*。

よって，2族の炭酸塩はその硫酸塩よりもイオン半径和から予想される以上に格子エンタルピーは大きく，水に溶けにくい。

＊　方解石 $CaCO_3$ の結晶中で Ca^{2+} と CO_3^{2-} の最短距離は，CO_3^{2-} が球形とみなして求めた最短距離の約 74%と見積もられている。

4-9　アルミニウムとその化合物

アルミニウム Al は，地殻中に化合物として約8％含まれ，酸素，ケイ素に次いで多く存在する。Al 原子は3個の価電子を放出して，3価の陽イオンになりやすい。

1　アルミニウムの製錬

まず，原料鉱石の**ボーキサイト**（主成分は $Al_2O_3 \cdot nH_2O$）から純粋な酸化アルミニウム Al_2O_3（アルミナ）を取り出す❶。アルミナは融点が高い（2054℃）ので，氷晶石 Na_3AlF_6（融点 1010℃）に少しずつ加えて融点を下げ，炭素電極を用いて**溶融塩電解**を行う。この方法を**ホール・エルー法**という。

$$Al_2O_3 \longrightarrow 2\,Al^{3+} + 3\,O^{2-}$$

補足❶　原料鉱石のボーキサイトの平均組成は，Al_2O_3 53～60％，Fe_2O_3 6～13％，SiO_2 4～6％であるので，電気分解する前に Fe_2O_3 や SiO_2 などの不純物を取り除く必要がある。それには，Al_2O_3 が両性酸化物であることを利用する。以下に，ボーキサイトから純粋な Al_2O_3 を精製する方法（**バイヤー法**）の工程の概略を示す。

ボーキサイト →（NaOHaq 加熱）→ 溶解① → ろ過② →（H_2O）→ 希釈③ →（種結晶）→ ろ過 → 加熱④ → 酸化アルミニウム Al_2O_3

① 粉砕したボーキサイトに濃 NaOH 水溶液（約 9 mol/L）を加えて，加熱溶解させる。

$$Al_2O_3 + 2\,NaOH + 3\,H_2O \longrightarrow 2\,Na[Al(OH)_4]$$

② テトラヒドロキシドアルミン酸ナトリウム水溶液をろ過し，不溶性の Fe_2O_3 などの不純物（赤泥（せきでい）という）を分離する。もう一つの不純物の SiO_2 は酸性酸化物であるが，NaOH 水溶液には溶解せず，赤泥と一緒に分離される。

③ ろ液に約2倍量の水と $Al(OH)_3$ の種結晶を加え撹拌すると，$Al(OH)_3$ が沈殿する。塩基性を少し弱め，$[OH^-]$ を小さくすると，OH^- を補うように平衡が右へ移動し，$Al(OH)_3$ が沈殿する。

$$Na[Al(OH)_4] \rightleftarrows Al(OH)_3\downarrow + NaOH$$

④ 生じた $Al(OH)_3$ をろ別し，約 1200℃に加熱して結晶化した α-アルミナ Al_2O_3 をつくる。（約 300℃の加熱で生成する無定形の γ-アルミナは，吸湿性が強く Al の溶融塩電解の原料には使用できない。）

$$2\,Al(OH)_3 \longrightarrow Al_2O_3 + 3\,H_2O$$

2　アルミニウムの単体

アルミニウムは，銀白色の軟らかい軽金属（密度 2.7 g/cm^3）❷で，展性・延性に富み，電気・熱の伝導性も大きい❸。

補足❷　Al を主成分とし，Cu（4％），Mg，Mn を約 0.5％ずつ含む軽合金を**ジュラルミン**といい，軽くて強度が大きいので，航空機の機体や電車の車体，自動車部品などに用いられる。

詳説❸　電気伝導度の大きい金属は，Ag＞Cu＞Au＞Al の順である。高電圧用の送電線には Cu に代わって Al が多く使われている。これは，Al と Cu を比較すると，Al の電気伝導度は Cu の $\frac{2}{3}$ であるが，Al の密度は Cu の $\frac{1}{3}$ しかないので，同じ質量で比較すれば Al は Cu の2倍の電気量を運べることになり，送電線を支える鉄塔の数を減らすことができるからである。

アルミニウムを空気中に放置しても，表面に緻密な酸化被膜を生じて内部を保護するため，さびることはない。このような状態を**不動態**という❹。空気中で Al の表面に自然に生成する酸化被膜は薄いので，人工的に酸化被膜を厚くつけた製品(**アルマイト**)として利用される❺。

詳説❹ イオン化傾向の大きい Al は，私たちが身近に接する金属の中では最も酸化されやすい金属である。しかし，実際に空気中に放置しても鉄のようにさびない理由は次の通りである。

Al は非常に酸化されやすく，空気中ではすぐに酸化される。しかし，生成した Al_2O_3 の酸化被膜は鉄の酸化被膜などとは異なり，非常に緻密で Al の表面を完全に覆ってしまい，さらに内部の Al と酸素との接触を断つ保護膜の役割をする。よって，それ以上さびが内部まで進行していかないのである。しかも，この酸化被膜は無色透明であるから，これで覆われているかどうかは，肉眼ではまったく判断できない。したがって，Al の表面が金属の地肌そのものと錯覚されやすく，世間では Al は空気中ではさびないという誤解が生じているように思われる。

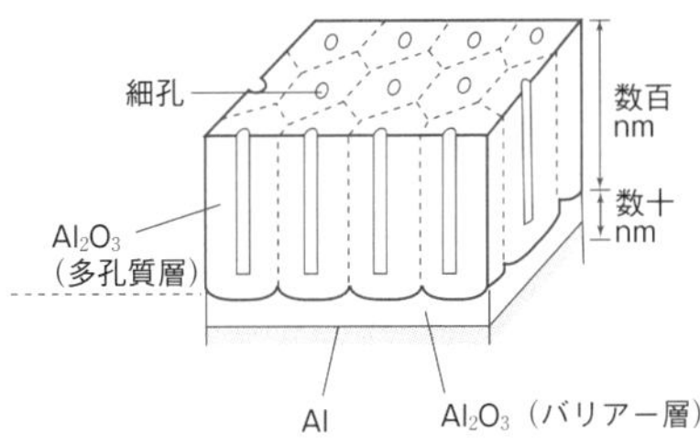

補足❺ アルミ製品をあらかじめ洗浄し，これを陽極につないで希硫酸やシュウ酸溶液中で電気分解すると，表面に非晶質の酸化被膜(右図)が生成する。この膜は，六角柱の細孔をもつ多孔質層(数百 nm)と，金属表面までの薄い緻密なバリアー層(数十 nm)の二層構造からなる。多孔質層は色素による染色が可能で，その後，加圧水蒸気で処理すると，Al_2O_3 は $Al_2O_3 \cdot H_2O$ となって膨張し，細孔が塞がれる。この処理により，酸などに対して耐食性が著しく向上する。

私たちが日常使う Al 製品のほとんどは，アルマイト処理がなされたものである。この方法は，1932 年，日本の**瀬藤象二**(理化学研究所)らにより発明されたものである。

► Al の単体は化学的に活発で，アルミ箔(はく)を酸素中で点火すると，多量の熱と光を発生しながら激しく燃焼する。 $Al + \frac{3}{4}O_2 \longrightarrow \frac{1}{2}Al_2O_3 \quad \Delta H = -837\,\mathrm{kJ}$

また，Al 粉末と酸化鉄(Ⅲ)Fe_2O_3 の混合物(**テルミット**という)に点火すると，反応とともに多量の熱が発生し，融解した鉄が生成する。この反応を**テルミット反応**という❻。

$$2Al + Fe_2O_3 \longrightarrow Al_2O_3 + 2Fe \qquad \Delta H = -852\,\mathrm{kJ}$$

詳説❻ Al : Fe_2O_3 = 2 : 1(物質量比) の混合物を，図のように円錐形に折ったろ紙の中に詰め，これを植木鉢の中に入れる。Mg リボンを図のように埋め込み，その根元に少量の $KClO_3$ を盛っておく。そして，導火線に点火すると，多量の熱と光をあげて激しく反応がおこり，植木鉢の底から真赤に融けた鉄の小塊が落下してくる。この反応の原理は，Al が酸化されやすく強い還元性をもっていることに基づく。すなわち，Al の燃焼熱は金属中で最大であるから，この発熱量から，Fe_2O_3 の還元に必要な吸熱量を差し引いても，十分に余りがある。よって，反応により 2000℃ 以上の高温が得られ，融解状態の Fe が遊離するので，簡便な鋼管やレールの溶接に利用されている。

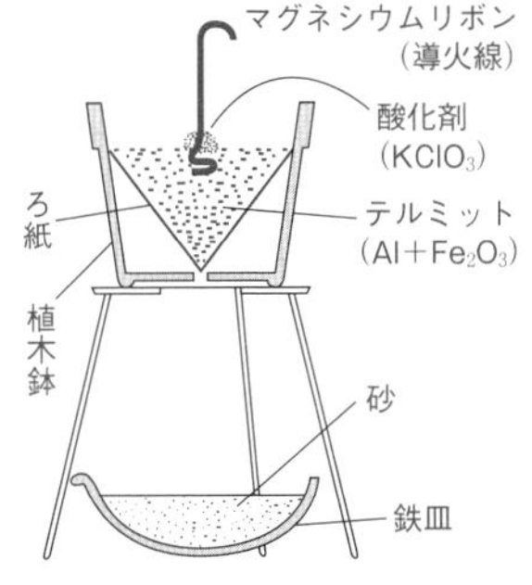

また，この反応は，イオン化傾向が比較的大きく，炭素では還元しにくい金属単体(Cr, Mn, Co など）を，その酸化物から取り出すのに利用される。このように，Al の強い還元力を利用した金属の製錬法を，一般に**ゴールドシュミット法**という。

例　$2\,Al + Cr_2O_3 \longrightarrow Al_2O_3 + 2\,Cr \quad \Delta H = -549\,kJ$

►アルミニウムの単体は**両性金属**で，酸にも強塩基の水溶液のいずれとも反応し，水素を発生して溶解する❼。ただし，濃硝酸には**不動態**となって反応しない。

$$2\,Al + 6\,HCl \longrightarrow 2\,AlCl_3 + 3\,H_2\uparrow$$
$$2\,Al + 2\,NaOH + 6\,H_2O \longrightarrow 2\,Na[Al(OH)_4] + 3\,H_2\uparrow$$

詳説❼　Al と希塩酸との反応では，Al 原子は3個の価電子を放出して Al^{3+} になる。一方，酸の H^+ がこの電子を受け取り H_2 が発生し，水溶液中には $AlCl_3$ という塩が生成する。

Al と NaOH 水溶液との反応では，Al 原子が放出した3個の価電子を，Na^+ は受け取らず（Na のイオン化傾向が極めて大きいため），代わりに，水分子が電子を受け取り，H_2 が発生する。このとき，水溶液中に生成するのは，Na^+ と Al^{3+} と $4\,OH^-$ からなる塩で，まず，価数の大きい Al^{3+} が $4\,OH^-$ を強く引きつけて，テトラヒドロキシドアルミン酸イオン $[Al(OH)_4]^-$ という錯イオンになり，残った Na^+ と錯塩 $Na[Al(OH)_4]$（テトラヒドロキシドアルミン酸ナトリウム)をつくると考えればよい。Al^{3+} は配位数6の錯イオンをつくりやすいので，実際には，さらに2分子の水が配位した $[Al(OH)_4(H_2O)_2]^-$ というアクア錯イオンとして存在している。

$$\begin{cases} Al \longrightarrow Al^{3+} + \boxed{3\,e^-} \\ NaOH \longrightarrow Na^+ + OH^- \\ 3\,H_2O \rightleftharpoons 3\,H^+ + 3\,OH \end{cases}$$

一般に，金属イオンは水中では水和イオンとして存在しており，Al^{3+} の場合も $[Al(H_2O)_6]^{3+}$ の形で存在しているが，通常は水を省略して Al^{3+} と簡略化されることが多い。したがって，$[Al(OH)_4(H_2O)_2]^-$ は $[Al(OH)_4]^-$ と表してもよい。

参考　オキソ酸の名称は，リン酸 H_3PO_4，塩素酸 $HClO_3$ のように，元素名に「酸」をつけたものと，炭酸 H_2CO_3，硫酸 H_2SO_4 のように，元素名の語尾を「～酸」に変えたものがあるが，後者のほうが多い。アルミニウムの場合も後者に該当し，アルミニウム酸ではなく，アルミン酸とよばれる。

3　アルミニウムの化合物

酸化アルミニウム Al_2O_3 は**アルミナ**ともよばれる。白色粉末で水に不溶で，融点が高い❽。また，**両性酸化物**で，酸および強塩基の水溶液とも反応して溶解する❾。

$$Al_2O_3 + 6\,HCl \longrightarrow 2\,AlCl_3 + 3\,H_2O$$
$$Al_2O_3 + 2\,NaOH + 3\,H_2O \longrightarrow 2\,Na[Al(OH)_4]$$

詳説❽　Al_2O_3 の結晶は，天然には無色透明の鋼玉（コランダム）として産出し，ダイヤモンドに次ぐ硬さ（モース硬度9）をもち，研磨剤に用いられる。コランダムに不純物として Cr_2O_3 (0.2～0.3%)を含んだものはルビー(赤色)，FeO と TiO_2 とを 0.1～0.2% 含んだものがサファイア（青色など）とよばれ，宝石に用いられる。現在では，アルミナの粉末を2000℃以上の酸水素炎中で融解させたものを結晶化させる方法で，人工合成が可能となった。

以上のような，1000℃以上に加熱して得られる結晶化した α-アルミナは，酸や塩基の水溶液とはまったく反応しない安定な物質である。酸や塩基の水溶液に溶解するのは，結晶化していない無定形の γ-アルミナ($Al(OH)_3$ を約300℃で加熱したもの)である。

詳説❾　Al，Al_2O_3，$Al(OH)_3$ が酸と反応した場合，いずれも同じ塩(塩酸では $AlCl_3$，硫酸では $Al_2(SO_4)_3$)ができる。一方，Al，Al_2O_3，$Al(OH)_3$ が強塩基の NaOH 水溶液と反応した場合，テトラヒドロキシドアルミン酸ナトリウム$Na[Al(OH)_4]$という塩ができることを覚えておく。

►アルミニウムイオンAl^{3+}を含む水溶液に，少量のNaOH水溶液，またはアンモニア水を加えると，白色ゲル状の水酸化アルミニウム$Al(OH)_3$が沈殿する❿。

$$Al^{3+} + 3\,OH^- \longrightarrow Al(OH)_3\downarrow \quad \cdots\cdots\cdots①$$

水酸化アルミニウムは**両性水酸化物**で，酸および強塩基の水溶液とも反応して溶解する。ただし，過剰のアンモニア水を加えても，この沈殿は溶解しない⓫。

$$Al(OH)_3 + 3\,HCl \longrightarrow AlCl_3 + 3\,H_2O$$

$$Al(OH)_3 + NaOH \longrightarrow Na[Al(OH)_4] \quad (無色)$$

補足❿　イオン反応式(①式)ではなく，化学反応式ではそれぞれ次のように表せる。

$$AlCl_3 + 3\,NaOH \longrightarrow Al(OH)_3\downarrow + 3\,NaCl$$

$$AlCl_3 + 3\,NH_3 + 3\,H_2O \longrightarrow Al(OH)_3\downarrow + 3\,NH_4Cl$$

ただし，Al^{3+}を含む水溶液に，強塩基であるNaOHaqを加えすぎると，いったん生じた沈殿$Al(OH)_3$が$Na[Al(OH)_4]$となって再溶解してしまうので，注意すること。

詳説❿　高い電荷をもつAl^{3+}は，水中では周りにH_2O分子を強く引きつけ，$[Al(H_2O)_6]^{3+}$というアクア錯イオンとして存在している。ここへ水酸化物イオンOH^-を加えていくと，下図のように6個のH_2Oの中から順次H^+が電離して中和されていく。ちょうど3番目のH_2OからH^+が電離した時点では，電荷をもたない$[Al(OH)_3(H_2O)_3]$が生じ，水中に溶けられなくなって沈殿する。ふつう$Al(OH)_3$と書き表している金属元素の水酸化物の沈殿は，実は非常に多くの$Al(OH)_3$が脱水縮合してできた巨大分子であることに注意したい。

補足⓫　強塩基のNaOH水溶液を加えて，水溶液中のOH^-を増加させると，第4番目のH_2OからもH^+が電離がおこって，次式のように中和する。

$$[Al(OH)_3(H_2O)_3] + OH^- \longrightarrow [Al(OH)_4(H_2O)_2]^- + H_2O$$

こうして，1価の陰イオンとなって，再び水に溶けるようになる。生じた錯イオンがテトラヒドロキシドアルミン酸イオン$[Al(OH)_4]^-$である。ただし，弱塩基のNH_3をいくら過剰に加えても，液中のOH^-はそれほど増えず，また，Al^{3+}にはアンモニア錯イオンをつくる性質はないので，水酸化アルミニウムの沈殿はNH_3水には溶解しない。

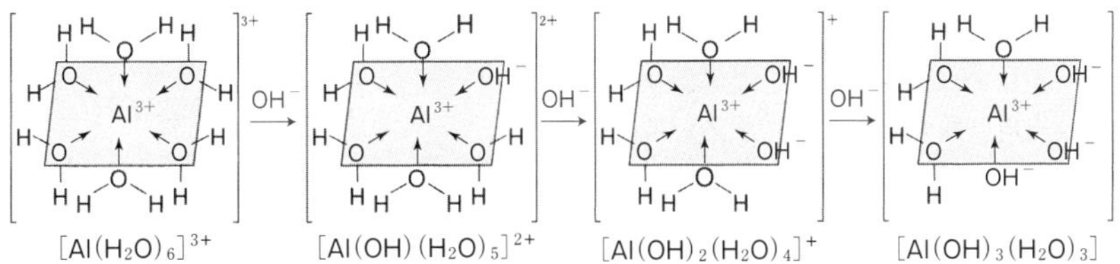

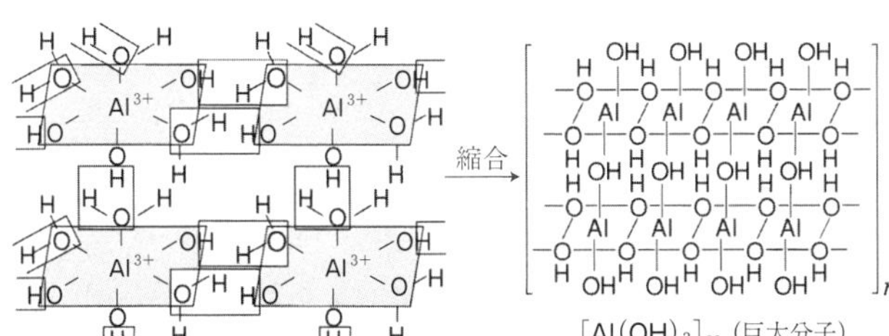

多くの$[Al(OH)_3(H_2O)_3]$のヒドロキシ基-OHとH_2O分子との間でH_2Oを脱離する(これを縮合という)現象がおこり，$[Al(OH)_3]_\infty$で表される巨大分子が生じる。

4 ミョウバン

硫酸アルミニウム $Al_2(SO_4)_3$ と硫酸カリウム K_2SO_4 の混合水溶液を冷却すると，無色透明で正八面体の**ミョウバン** ($AlK(SO_4)_2 \cdot 12H_2O$，硫酸カリウムアルミニウム十二水和物) の結晶が得られる。ミョウバンのように，2種以上の塩が一定の割合で結合した塩で，水に溶かしたときその成分イオンに電離するものを**複塩**という⑫。

$$AlK(SO_4)_2 \cdot 12H_2O \longrightarrow Al^{3+} + K^+ + 2SO_4^{2-} + 12H_2O$$

詳説⑫ Al^{3+} と K^+ のように3価と1価の金属の硫酸塩からなる複塩をミョウバンといい，$M^{I} \cdot M^{III}(SO_4)_2 \cdot 12H_2O$ の組成式で表される。
K^+，NH_4^+ など（M^{I}）　Al^{3+}，Fe^{3+}，Cr^{3+} など（M^{III}）

各イオンの組み合わせによっていろいろな種類がある。いずれも，高温の飽和溶液から再結晶しやすく，純粋な結晶が得やすい。通常，アルミニウムとカリウムからなるカリミョウバンを単に，**ミョウバン**という。

ミョウバンの結晶構造は，いずれも正八面体の構造をもつ$[Al(H_2O)_6]^{3+}$と$[K(H_2O)_6]^+$が，右図のようにNaClと同様に配列しており，SO_4^{2-}はこれらを結ぶ対角線上の隙間(四面体孔)に位置し，両イオンを結びつける役割をしている。ミョウバンの水和水のうち，6分子はAl^{3+}と強く配位結合して錯イオンをつくっているので**配位水**という。残り6分子はK^+のまわりに配列し，結晶格子の隙間を満たしているだけなので**格子水**という。したがって，ミョウバンの結晶を100℃付近まで熱すると，自身のもつ結晶水中に溶解するが，さらに200℃付近まで熱すると，すべての配位水を失って，白色粉末状の無水物のミョウバン(焼きミョウバン)となる。

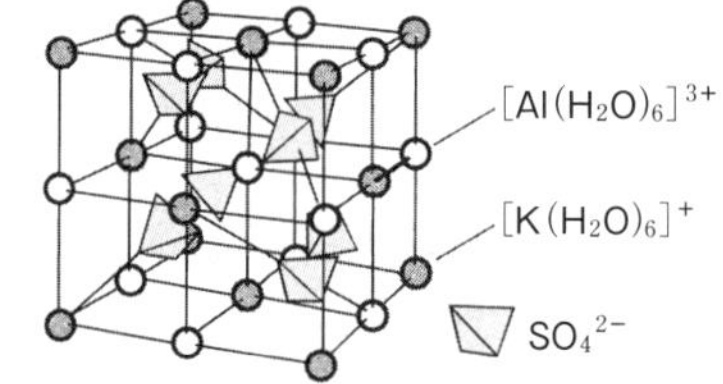

► ミョウバンの水溶液は，加水分解により弱い酸性を示す⑬。

詳説⑬ 金属イオンは，水中ではすべて水和イオンとして存在しているが，高い価数をもつイオンほど水分子を引きつける力は強くなる。たとえば，K^+を取り巻くH_2O分子との距離(K^+-OH_2)は0.294 nmであるのに対して，Al^{3+}-OH_2間の距離は0.198 nmでかなり小さくなる。このことから，K^+の周りの水分子はその静電気力に引かれて集まっているだけだが，Al^{3+}の場合では，周りを取り巻いたH_2O分子との間に配位結合が形成され，**アクア錯イオン**を形成するようになる。こうして，水分子中のO-H結合にあずかっていた共有電子対がAl^{3+}のほうへ引っぱられるので，O-H結合の極性は大きくなってH^+を放出しやすくなる。つまり，価数が大きくイオン半径の小さな金属のアクア錯イオンほど，H^+を電離しやすくなり，水溶液の酸性は強くなる。この現象を**金属イオンの加水分解**という(p. 291)。各種の金属のアクア錯イオンの酸電離定数K_aを次に示す。

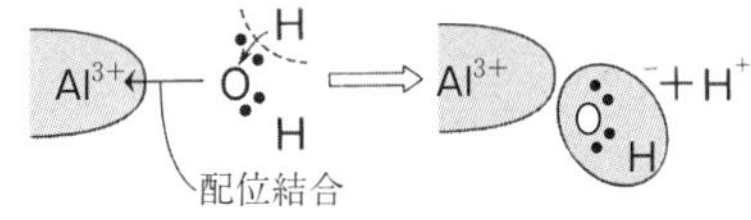

Al^{3+}に配位した水分子の変化

$$[Al(H_2O)_6]^{3+} + H_2O \rightleftarrows [Al(OH)(H_2O)_5]^{2+} + H_3O^+ \qquad K_a = 1 \times 10^{-5} \text{[mol/L]}$$
$$[Fe(H_2O)_6]^{3+} + H_2O \rightleftarrows [Fe(OH)(H_2O)_5]^{2+} + H_3O^+ \qquad K_a = 6 \times 10^{-3} \text{[mol/L]}$$
$$[Cr(H_2O)_6]^{3+} + H_2O \rightleftarrows [Cr(OH)(H_2O)_5]^{2+} + H_3O^+ \qquad K_a = 1 \times 10^{-4} \text{[mol/L]}$$
$$[Cu(H_2O)_4]^{2+} + H_2O \rightleftarrows [Cu(OH)(H_2O)_3]^{+} + H_3O^+ \qquad K_a = 2 \times 10^{-8} \text{[mol/L]}$$

ミョウバンや硫酸アルミニウムは，上水道の清澄(せいちょう)剤，染色の媒染(ばいせん)剤，紙のにじみ止め(サイジング)などに利用されている⓮。

詳説⓮　ケイ酸塩の微粒子からなる粘土のコロイド溶液は，負に帯電した疎水コロイドである。ここへ価数の大きな陽イオンである Al^{3+} を加えると，粘土のコロイドを有効に沈殿させられる（**凝析**）。身近な例では，粘土のコロイドで濁った河川水に $Al_2(SO_4)_3$ を加えて，まず，透明度の高い水に変え，次に活性炭などで脱色，脱臭後，最後に，塩素 Cl_2 を注入して殺菌・消毒する方法で水道水が供給される。

繊維が染色されるには，繊維と染料の分子が互いに結びつく（**染着**という）必要がある。繊維と染料の間に結合しやすい部分が少ないと，なかなか染色されないことがある。このような場合には，あらかじめ Al^{3+} や Fe^{3+} や Cr^{3+} などを含む水溶液に浸した繊維を，染料水溶液中に入れて加熱して染色をする。この方法を**媒染法**という。このとき各金属イオンは次式のように加水分解されて，水酸化物となって繊維の -OH と水素結合する。

$$Al_2(SO_4)_3 + 6H_2O \longrightarrow 2Al(OH)_3 + 3H_2SO_4$$

この水酸化物中の金属イオンが，染料分子と配位結合によって安定な錯体 (p. 521) をつくることによって，染料分子を繊維にしっかりと染着させる。このように染色を助ける金属化合物を**媒染剤**という。

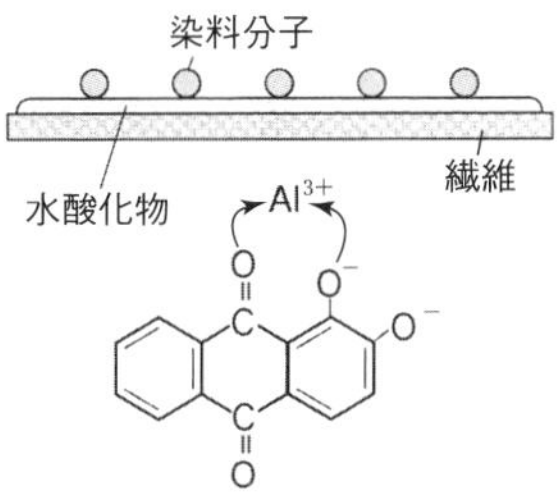

アリザリンと Al^{3+} との錯体

木綿繊維と水酸化物との間は主に水素結合，水酸化物と染料分子との間は，上図のような配位結合の形成による。

アカネの根からとったアリザリンは代表的な媒染染料で，数％のミョウバン水溶液で繊維を媒染処理しておくと，きれいな赤色に染色される。同じ染料を用いても媒染剤の種類を変えると，染色後の色調を微妙に変化させることができる。たとえば，アリザリンの場合，Al^{3+} では赤色，Fe^{3+} では褐色，Cr^{3+} では紫色，Cu^{2+} では赤褐色に発色する。

参考　**酸性紙に関する話題**

木材は，セルロース繊維がリグニン(20～30％含有)という粘着成分によって固められたもので，このうちリグニンを化学的に水に溶かしてセルロースだけを残したものを**パルプ**という。パルプを水中で叩(と)きほぐし，網にすくい上げると紙になるが，このままでは吸い取り紙やろ紙のように，インキがにじみ使用できない。そこで，松脂(やに)からつくったロジンという物質をすき間に埋め込んで，にじみを防止する操作（**サイジング**）を行わねばならない。パルプ液にロジン（酸性物質）のアルカリ水溶液（サイズ液）と $Al_2(SO_4)_3$ 水溶液を加えると，ロジンはアルミニウム錯体をつくってセルロースの -OH に固定される。しかし，$Al_2(SO_4)_3$ 中の SO_4^{2-} が空気中の水分と反応し，紙の中で H_2SO_4 が生じるため，紙のセルロースが徐々に加水分解されてしまうことになる。高温・多湿では 50 年，遅くても 100 年経過すると，この**酸性紙**でつくられた書籍が劣化することが問題となった。このため，1970 年代以降，書籍，ノート，コピー用紙など長期保存を必要とする用紙では，すべて中性のにじみ防止剤を使用した**中性紙**へと切り換えられた。(新聞・雑誌等の長期保存を要しない用紙では，酸性紙も使用されている。)

酸性紙の寿命は50～100年

4-10　スズ・鉛とその化合物

周期表14族の**スズ** Sn，**鉛** Pb は，ともに軟らかい重金属で，かなり融点が低い。

元素記号	原子の電子配置	単体の融点〔℃〕	密度〔g/cm^3〕(20℃)	主要な鉱石	用　途
${}_{50}Sn$	〔Kr〕$4d^{10}5s^25p^2$ (最外殻電子)	232	5.76(灰色スズ) 7.28(白色スズ)	スズ石 (SnO_2)	無鉛はんだ(Sn＋Ag，Cu) 青銅(＋Cu)，ブリキ
${}_{82}Pb$	〔Xe〕$4f^{14}5d^{10}6s^26p^2$ (最外殻電子)	328	11.4	方鉛鉱 (PbS)	鉛ガラス，鉛蓄電池， X線遮蔽材料

スズと鉛の単体はいずれも**両性金属**で，酸にも強塩基の水溶液のいずれにも溶ける。また，スズ，鉛とも化合物中では，いずれも＋Ⅱ，＋Ⅳの酸化数をとるが，スズでは酸化数＋Ⅳのほうが安定であるが，鉛では酸化数＋Ⅱのほうが安定である❶。

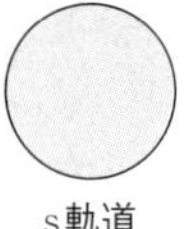
s軌道
(球)

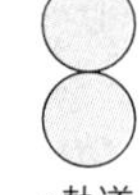
p軌道
(亜鈴)

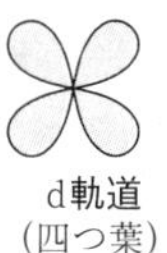
d軌道
(四つ葉)

f軌道
(六つ葉)

詳説❶ スズでは Sn^{2+} より Sn^{4+} のほうが安定なのに，鉛では，Pb^{4+} より Pb^{2+} のほうが安定になるのはなぜか。

最外殻電子が原子核から受ける引力は，内殻に存在する電子によって一部が打ち消されている。この働きを**遮蔽**(しゃへい)**効果**という。この効果は，球形のｓ軌道で最も大きく，亜鈴形のｐ軌道ではやや小さく，四つ葉形のｄ軌道ではさらに小さく，六つ葉形のｆ軌道ではほとんど0に等しい。すなわち，軌道の形が複雑になるほど，原子核の正電荷の遮蔽が不完全になってしまう。

Pb には遮蔽効果の最も小さい4ｆ軌道に電子が存在するが，Sn には存在しない。Sn から Pb への原子核の正電荷の増加に対して，ｆ軌道の遮蔽効果は非常に小さいので，Sn の最外殻電子に比べて，Pb の最外殻電子には，ずっと強い原子核の静電気力が働くことになる。

Pb の最外殻電子には，6ｓ軌道と6ｐ軌道にそれぞれ2個計4個が存在する。このうち，6ｓ軌道のほうが6ｐ軌道よりも原子核近くまで入り込んでいるため，6ｓ電子は原子核の強い引力を受けて身動きがとれなくなり，反応性が小さくなる。具体的には，Pb の6ｓ電子は化学結合したり，イオン化には関与しにくい。このような現象を**不活性電子対効果**といい，とくに質量の大きな第6周期以降の原子の6ｓ電子で顕著にあらわれる。

不活性電子対効果により，Pb では6ｐ電子は放出されて，Pb^{2+} にはなりやすいが，6ｓ電子は放出されにくく，Pb^{4+} にはなりにくい。一方，ｆ軌道に電子をもたない第5周期の Sn では，まだ不活性電子対効果はあらわれず，Sn^{2+}，Sn^{4+} のうち，内殻の4ｄ軌道が閉殻となる Sn^{4+} のほうが安定となる。また，${}_{80}Hg$ の金属結合が弱く，他の金属に比較して著しく融点が低い(−39℃)のは，Hg の6ｓ電子の不活性電子対効果が大きく影響している。

1 スズの単体と化合物

スズ(錫) Sn は銀白色の金属光沢をもち，常温でも比較的安定でさびにくいので，めっきに利用される❷。また，スズの単体には，いくつかの同素体が存在する❸。

補足❷ 鉄板にスズをめっきしたものは**ブリキ**とよばれ，缶詰の缶などに用いられる。展性・延性に富み，加工が容易であるので，スズ箔(はく)や種々の容器に使われる。また，銅とスズ(5〜25%)の合金を**青銅**という。また，鉛とスズ(50〜60%)の合金は，**はんだ**とよばれ，低融点(約

180℃)であるため，電気配線の接合剤などに用いられていたが，人体に有害な鉛を含まないSn，Ag，Cu 系の**無鉛はんだ**への転換が進められている。

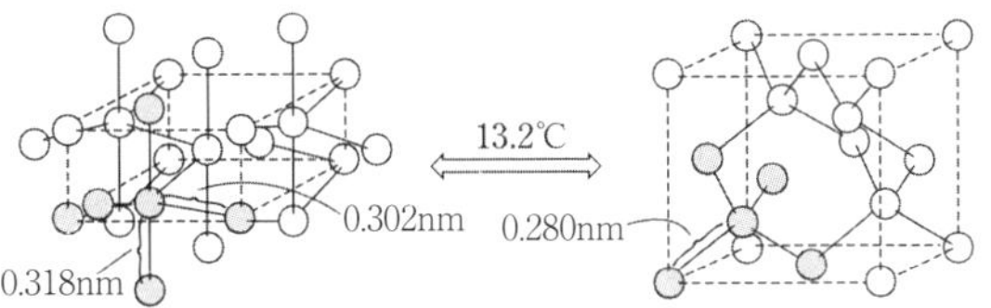

白色スズ(金属結晶) 密度 7.28 g/cm³　　灰色スズ(ダイヤモンド型格子) 密度 5.76 g/cm³

詳説❸ 室温では金属結合(6 配位) をもつ白色スズのほうが安定であるが，13.2℃以下ではダイヤモンド型の共有結合の結晶である灰色スズのほうが安定となる。

ところで，白色スズを 0℃付近に放置しても，灰色スズへの相転移速度が極めて小さいため，依然として白色スズのまま存在する。しかし，−20℃ぐらいの低温になると，灰色スズへの相転移速度はかなり大きくなる。具体的には，白色スズの表面に黒い染み(灰色スズ)が生じ，やがてそこから突起が生じて，これが全体に急速に広がる。このとき，密度の減少に伴って体積が膨張するので，スズ製品はぼろぼろに壊れてしまう。この現象は，ちょうどスズが伝染病に侵されていくことに似ているので，**スズペスト**とよばれた。

なお，ナポレオンがロシア遠征でモスクワへ進攻した際，冬の寒さのために将兵の衣服のボタンに用いていたスズが壊れて難渋したという。また，南極を探検したスコット隊の遭難は，石油容器に用いていたはんだ中のスズが，低温で壊れたことが一因といわれている。

► スズは希塩酸には水素を発生して溶け，その反応溶液から塩化スズ(Ⅱ)二水和物 $SnCl_2 \cdot 2H_2O$ の無色の結晶が得られる。　$Sn + 2HCl \longrightarrow SnCl_2 + H_2\uparrow$

Sn^{2+} は Sn^{4+} に酸化されやすいので，$SnCl_2$ は強い**還元作用**をもつ❹。

補足❹ 塩化鉄(Ⅲ) $FeCl_3$ 水溶液に塩化スズ(Ⅱ)を加えると，次の反応により Fe^{3+} は Fe^{2+} へと還元されて，水溶液の黄褐色が消える。　$2FeCl_3 + SnCl_2 \longrightarrow 2FeCl_2 + SnCl_4$

また，スズは**両性金属**なので強塩基の NaOH 水溶液と加熱すると，水素を発生して溶ける。

$$Sn + 2NaOH + 4H_2O \longrightarrow Na_2[Sn(OH)_6] + 2H_2\uparrow$$

► スズの酸化物には，黒色の酸化スズ(Ⅱ) SnO と白色の酸化スズ(Ⅳ) SnO_2 があり，ともに**両性酸化物**で，酸・塩基の水溶液に溶ける❺。また，酸化スズ(Ⅳ)はスズ石として天然に産出し，これを炭素で還元(1200〜1300℃)してスズの単体が得られる。

補足❺ SnO と NaOH 水溶液との反応では，$[Sn(OH)_4]^{2-}$ ではなく，$[Sn(OH)_3]^-$ が得られる。これは Sn^{2+} には Zn^{2+} とは異なり非共有電子対が 1 組残っているので，OH^- は 3 個しか配位できないためである。また，$[Sn(OH)_3]^-$ は NH_3 のような三角錐形(結合角約 87°)をしている。(SnO_2 と NaOH 水溶液との反応では，$[Sn(OH)_6]^{2-}$ が得られる。)

$$SnO + NaOH + H_2O \longrightarrow Na[Sn(OH)_3]$$

2 鉛の単体と化合物

鉛 Pb は青味を帯びた灰色の金属光沢をもち，軟らかくて密度の大きい(11.4 g/cm³)金属である❻。鉛は水素よりイオン化傾向が大きいが，塩酸や希硫酸に対しては表面に不溶性の塩化鉛(Ⅱ) $PbCl_2$，硫酸鉛(Ⅱ) $PbSO_4$ を生じるため，ほとんど溶けない。しかし，酸化力のある硝酸には溶けるほか，酸素が存在すれば酢酸のような弱酸にも溶ける❼。

$$2Pb + O_2 + 4CH_3COOH \longrightarrow 2(CH_3COO)_2Pb + 2H_2O$$

補足❻ 鉛の単体は，方鉛鉱（主成分 PbS）を焼いて PbO とし，これを炭素で還元してつくられる。高密度の鉛はＸ線などの放射線を通しにくいので，Ｘ線装置や原子炉の遮蔽(しゃへい)板としても用いられるが，大部分は鉛蓄電池の電極として用いられる。

詳説❼ この反応は，まず Pb が O_2 と反応して PbO となり，次に PbO(塩基性酸化物）が酢酸と中和するという２段階に分けて考えると理解しやすい。反応後の溶液からは，無色の結晶の酢酸鉛(Ⅱ)三水和物 $(CH_3COO)_2Pb\cdot 3H_2O$ が析出する。この結晶は水によく溶け(44 g/100 g 水，20℃)，少し甘味をもつので“鉛糖”ともよばれるが，極めて有毒である。一般に，鉛の化合物はタンパク質を変性させる力が強く有毒なので，取り扱いには注意を要する。

►鉛を空気中で約 335℃に加熱すると，黄色の粉末の酸化鉛(Ⅱ)PbO が得られる。さらに，PbO を空気中で約 400℃で長時間加熱すると，赤色の粉末の四酸化三鉛 Pb_3O_4 が得られる❽。さらに 500℃以上に熱すると，酸素を放出して分解し，PbO になる。一般に，鉛の化合物には，酸化数が＋Ⅱ，＋Ⅳのものがあるが，＋Ⅱのほうが化学的に安定である。したがって，酸化鉛(Ⅳ) PbO_2，酢酸鉛(Ⅳ) $(CH_3COO)_4Pb$ には酸化力がある❾。

詳説❽ PbO は密陀僧(みつだそう)ともいわれ，黄色顔料のほか，鉛ガラス，陶器の釉薬(ゆうやく)に用いられる。Pb_3O_4 は $PbO_2\cdot 2PbO$ とも表せる複酸化物 (p. 535) で，酸化鉛(Ⅳ)二鉛(Ⅱ)ともいう。鉛丹(えんたん)ともよばれ，赤色顔料のほか，鉛ガラス，鉄のサビ止め塗料などに用いられる。

Pb_3O_4 を希硝酸に溶かすと，$Pb_3O_4 + 4HNO_3 \longrightarrow 2Pb(NO_3)_2 + PbO_2\downarrow + 2H_2O$ のように反応して，水に不溶性の PbO_2 と硝酸鉛(Ⅱ)の水溶液が得られることから，Pb_3O_4 は塩基性酸化物の PbO(硝酸と反応する)と酸性酸化物の PbO_2(硝酸と反応しない)からなる複酸化物であって，$PbO\cdot Pb_2O_3$ ではないことがわかった。

補足❾ PbO_2 は二酸化鉛ともよばれる黒褐色の粉末で，鉛蓄電池の正極に使われる。$KMnO_4$ ほどではないが，MnO_2 を上回るほどの酸化力をもち，PbO_2 に塩酸を加えて少し温めると塩素が発生する。　$PbO_2 + 4HCl \longrightarrow PbCl_2 + 2H_2O + Cl_2\uparrow$

►硝酸鉛(Ⅱ) $Pb(NO_3)_2$ や酢酸鉛(Ⅱ) $(CH_3COO)_2Pb$ は水に溶けるが，その他の鉛の化合物は，水に溶けにくいものが多い。たとえば，鉛(Ⅱ)イオン Pb^{2+} を含む水溶液に塩酸や希硫酸を加えると，いずれも白色の塩化鉛(Ⅱ) $PbCl_2$，硫酸鉛(Ⅱ) $PbSO_4$ が沈殿する。

$$Pb^{2+} + 2Cl^- \longrightarrow PbCl_2\downarrow\ (白)$$
$$Pb^{2+} + SO_4^{2-} \longrightarrow PbSO_4\downarrow\ (白)$$

このうち，$PbCl_2$ を含む水溶液を熱したり，$PbCl_2$ に熱湯を注ぐと，沈殿は溶解する❿。

補足❿ $PbCl_2$ の水に対する溶解度は，水 100 g に 1.08 g(25℃)，3.34 g(100℃）と少し大きいので，Pb^{2+} を完全に $PbCl_2$ として沈殿させることはできない。

►また，Pb^{2+} を含む水溶液にクロム酸カリウム K_2CrO_4 の水溶液を加えると，クロム酸鉛(Ⅱ) $PbCrO_4$ の黄色沈殿を生じる。この反応は，Pb^{2+} の検出に利用される。

$$Pb^{2+} + CrO_4^{2-} \longrightarrow PbCrO_4\downarrow\ (黄)$$

Pb^{2+} を含む水溶液に硫化水素を通じると，黒色の硫化鉛(Ⅱ)PbS が沈殿する⓫。

$$Pb^{2+} + S^{2-} \longrightarrow PbS\downarrow\ (黒)$$

補足⓫ この反応は，水で湿らせた酢酸鉛(Ⅱ)紙（ろ紙に $(CH_3COO)_2Pb$ を浸み込ませたもの）を用いることにより，硫化水素の検出に用いられる。

SCIENCE BOX 超伝導と MRI

ある温度（**臨界温度** T_c）以下になると，物質の電気抵抗が 0 になる現象を**超伝導**という。この現象は，1911 年**オンネス**（オランダ）が水銀で最初に発見した。それ以降，Pb，Nb などの金属のほか，NbTi，Nb_3Al，Nb_3Sn，Nb_3Ge と，しだいに臨界温度の高い超伝導合金が発見された。1987 年，**ミューラー**（スイス）により，Y-Ba-Cu-O 系（T_c=93 K）の**高温超伝導体**が発見され，今まで高価な液体ヘリウム（沸点 4.2 K）を使って冷却していたが，安価な液体窒素（沸点 77 K）を使って，超伝導をおこすことが可能となった。

超伝導状態では，電気抵抗が 0 なので，大きな電流を流してもジュール熱の損失がない。よって，強い磁力をもつ電磁石をつくることができる。現在，NbTi（T_c=9.7 K）や Nb_3Sn（T_c=18 K）を主成分とする超伝導磁石が，リニアモーターカー（磁気浮上鉄道[*1]）や医療機器の **MRI**（**核磁気共鳴画像診断装置**）などに用いられる。

＊1 超伝導磁石の内部には，外部からの磁界がまったく侵入しない（**マイスナー効果**）により，超伝導磁石の上に置かれたふつうの磁石は，強い反発力を受けて浮き上がる。この原理を利用し，摩擦力がほぼ 0 の状態で，車体を高速走行させることができる。

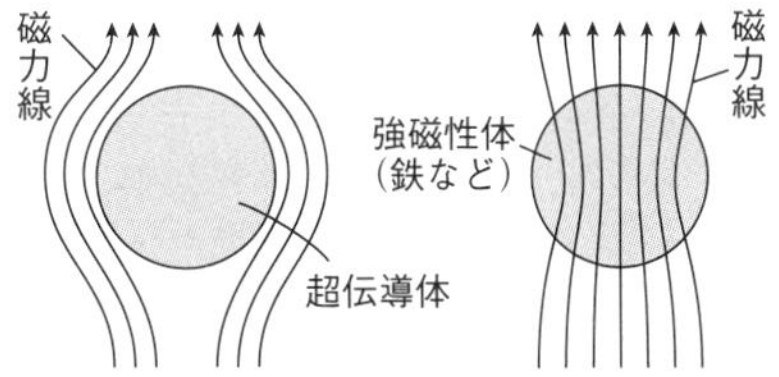

原子を構成する原子核も，電子と同様に，自転に相当する固有の角運動量（**核スピン**という）をもつ。生物の体内に最も多量に存在する水素原子のように，奇数個の陽子から構成されている原子核は，この核スピンにより，小さな磁石のようなふるまいをする（一方，偶数個の陽子をもつ原子核では，核スピンは打ち消し合い，磁石のような性質を示さない）。

さて，人体を，液体の He で冷却した超伝導磁石による強力な磁場の中に置くと，体内の H の原子核（プロトン）は，その磁力によって一定方向に配列する。ここへ，周波数 300〜1000 MHz のマイクロ波を与えると，この H の原子核は，このエネルギーを吸収し励起状態となる。この現象を**核磁気共鳴（NMR）**という。

次に，外部からの電波を切ると，水素原子核は蓄えたエネルギーを再び電波（MR 信号）として放出し，もとの状態に戻る。この間に要する時間を**緩和時間**という。この体内の水素原子核から核磁気共鳴で発生する電波の強さと，緩和時間などの情報を，コンピューターで解析し，画像化したものが MRI である。

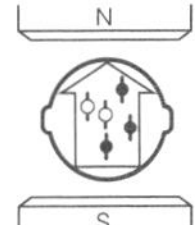

強力な磁場を与えると，水素の原子核は一斉に一方向を向く。

電波を当てると水素の原子核は一斉にある特定の方向を向く。

電波を切ると水素の原子核はもとの状態に戻る。

体内で，H 原子を最も多く含むのは水である。したがって，MRI では主に体内にある水の状態を精密に測定し，病気の診断を行う。すなわち，同じ臓器でも，正常組織に比べてがん組織の場合，水のプロトンの MRI を測定すると，緩和時間が長くなる傾向がある[*2]。

肺の正常組織 0.79 秒，がん組織 1.11 秒
胃の正常組織 0.77 秒，がん組織 1.24 秒

＊2 これは，活発に分裂しているがん組織では水分量が多く，しかも水の水素結合の程度が少ないことが理由と考えられる。こうした緩和時間の違いを手掛かりとして，体組織中のがんを発見する試みが進められている。

SCIENCE BOX

鉛の毒性

鉛は青味を帯びた灰色の金属で，軟らかく，低融点（328℃）で，密度が大きい（11.4 g/cm³）という独特な性質をもつ。また，製錬や精錬*1が容易で，加工しやすく，耐食性も大きいので，人類が古くから利用してきた金属の1つである。

＊1　方鉛鉱（PbS）を焙焼して酸化物に変え，コークス，石灰石とともに溶鉱炉で強熱して還元し，粗鉛をつくる。これを**電解精錬**して純鉛をつくる。

古代ローマ時代の遺跡から，鉛製の水道管が発見され，古代ローマ人の骨に高濃度の鉛が検出された。これらのことから，歴史家のギルフィランは，古代ローマ帝国の衰退の原因の1つに鉛中毒があると考えた。

彼の説によると，BC150年頃からブドウ酒の甘味料と防腐剤として**鉛糖**（酢酸鉛(Ⅱ)）が用いられるようになり，ブドウ酒を飲む機会が多かった貴族社会で鉛中毒が蔓延し，不妊などの生殖障害がおこったのではないかと推定している。

日本では，692年に僧観成がつくった**鉛白**（塩基性炭酸鉛(Ⅱ)）のすぐれた被覆力のため，昭和初期までお白粉として使用されてきた。江戸時代には，歌舞伎役者を中心に相当数の鉛中毒が発生した。また，大正時代には，幼児の鉛毒性脳症が授乳の際にお白粉を舐めたことによる鉛中毒が原因であることが判明したが，1935年（昭和10年）になってやっとお白粉への鉛白の使用が禁止された。

鉛は金属や鉛化合物の粉塵として呼吸器から，水や食物中に含まれる鉛化合物は消化器から，それぞれ体内に吸収される。そのうち，金属鉛の大部分は酸化されてPb^{2+}となり，赤血球のヘモグロビンなどと結合して体全体に運ばれ，その90％以上が骨に蓄積される。鉛の体内半減期は5〜10年といわれ，慢性の中毒症状は長く続くことになる。一方，金属鉛は血液脳関門を通過し，脳内にも蓄積され，神経障害を表す。

鉛中毒*2の主な症状は，①血液障害（顔面蒼白，貧血），②消化器・腎臓障害（腹痛・便秘・排尿障害），③神経障害などである。

＊2　これらの症状はいずれも，酵素タンパク質を構成する含硫アミノ酸のシステインの－SH残基にPb^{2+}が配位結合し，酵素の機能が阻害されるためと考えられる。

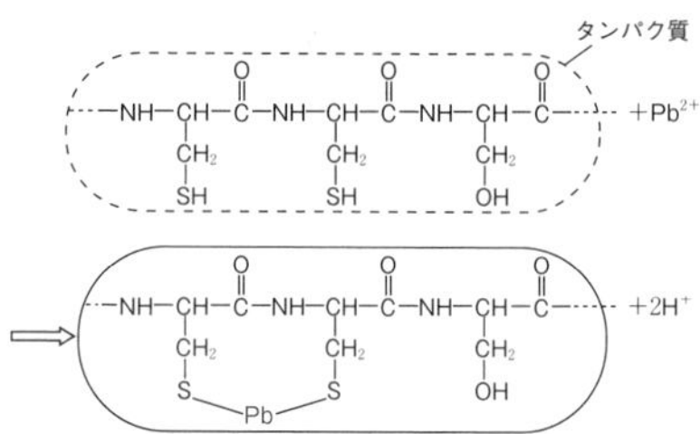

2019年，世界での鉛の年生産量は約1170万tで，これは金属中では，鉄，アルミ，銅，亜鉛に次いで第5位である。日本では，鉛地金の生産量における一次（鉱石）と二次（リサイクル）の比率は37%，63%（2020年）であり，その約85%は車のバッテリーに，約10%は化学薬品，約5%は合金の材料などに使われている。

電子部品の接合に使われていた**はんだ**には約40%の鉛が含まれるが，現在，**無鉛はんだ**（p.513）への移行が進行中である。また，猟銃の弾丸や釣りの錘にも鉛が多く使われているが，野生生物への影響が懸念されている。

日本では，1970年代まで鉛製の水道管が使用され，現在も約10%の家庭の引き込み管に鉛管が残っていると推定されている。

また，以前は自動車のノッキング（p.613）を防止するアンチノック剤としてテトラエチル鉛(Ⅳ)入りの**有鉛ガソリン**が使用されていた。しかし，排ガス中の鉛汚染が深刻となり，日本では1980年にはガソリンへの添加が禁止され，**無鉛ガソリン**への転換が完了した。

第3章　遷移元素の性質

4-11　遷移元素の特徴

周期表の 1，2 族および 13〜18 族は**典型元素**とよばれ，最外殻の s 軌道，または p 軌道に電子が満たされていく。一方，3〜12 族の**遷移元素**では，最外殻の電子数は 2，1 個のまま，内殻の d 軌道，さらに内殻の f 軌道に電子が満たされていく。このような電子配置をとる遷移元素には，典型元素には見られない種々な特徴が見られる。

(1)　典型元素では原子番号の増加とともに，その性質が規則的に変化していくが，遷移元素では原子番号が増加しても，その性質はあまり変化せず，周期表で縦に並んだ元素のほかに，同一周期の隣り合う元素でも互いによく似た性質を示す。また，典型元素では非金属と金属元素の両方があるが，遷移元素はすべて金属元素である❶。

詳説❶　典型元素では，電子が最外殻へと配置されていくので，原子番号の増加とともに価電子の数が 1 個ずつ増加し，その化学的性質も規則的に変化する。一方，遷移元素では電子が内側の電子殻へと配置されていくので，原子番号が増えても最外殻電子の数は 2，または 1 個で変化しない。また，遷移元素では最外殻電子が 2，または 1 個と少なく，それらは原子から放出されて陽イオンになりやすく，すべて金属元素となる。

また，第 6 周期 3 族のLa（ランタン）に続く 14 元素（**ランタノイド**）と第 7 周期 3 族の Ac（アクチニウム）に続く 14 元素（**アクチノイド**）では，内殻の d 軌道よりさらに内側の f 軌道に電子が配置されるので，**内部遷移元素**とよばれ，各元素の性質は互いに非常によく似ている。

参考　**第 4 周期の遷移元素で，${}_{24}$Cr と ${}_{29}$Cu だけが最外殻電子の数が 1 個となるのはなぜか。**

第 4 周期の ${}_{19}$K では，M 殻の 3 d 軌道のエネルギー準位よりも N 殻の 4 s 軌道のほうが少しだけ低い（p. 35）ので，19 番目の電子は M 殻の 3 d 軌道ではなく N 殻の 4 s 軌道へ入る。次の ${}_{20}$Ca で 4 s 軌道が満たされると，続く 4 p 軌道のエネルギー準位はかなり高いので，${}_{21}$Sc 以降では，${}_{20}$Ca では飛ばしていた内殻の 3 d 軌道へ電子が入り始める。

電子配置は，${}_{21}$Sc$(3\,d^1, 4\,s^2)$，${}_{22}$Ti$(3\,d^2, 4\,s^2)$，${}_{23}$V$(3\,d^3, 4\,s^2)$ となる。しかし，${}_{24}$Cr では $(3\,d^4, 4\,s^2)$ とはならずに，$(3\,d^5, 4\,s^1)$ となっている。これは 3 d 軌道が完全に電子で満たされた閉殻の状態 $(3\,d^{10})$ が最も安定であるが，3 d 軌道が半分だけ電子で満たされた半閉殻の状態 $(3\,d^5)$ も安定であるからである。したがって，4 s 軌道と 3 d 軌道とのエネルギー差はあまり大きくないので，3 d 軌道を半分だけ満たした半閉殻の状態になるために，4 s 軌道の電子 1 個が 3 d 軌道へ移ってきたと考えればよい。

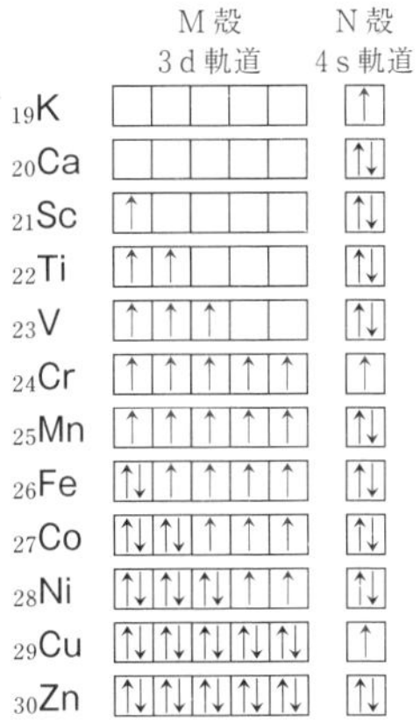

同様に，${}_{29}$Cu の電子配置は $(3\,d^9, 4\,s^2)$ ではなく，$(3\,d^{10}, 4\,s^1)$ となるのも，3 d 軌道を完全に満たした閉殻の状態となるために，4 s 軌道の電子 1 個が 3 d 軌道へ移ってきたと考えればよい。

	M殻 3 d 軌道					N殻 4 s 軌道
${}_{19}$K						↑
${}_{20}$Ca						↑↓
${}_{21}$Sc	↑					↑↓
${}_{22}$Ti	↑	↑				↑↓
${}_{23}$V	↑	↑	↑			↑↓
${}_{24}$Cr	↑	↑	↑	↑	↑	↑
${}_{25}$Mn	↑	↑	↑	↑	↑	↑↓
${}_{26}$Fe	↑↓	↑	↑	↑	↑	↑↓
${}_{27}$Co	↑↓	↑↓	↑	↑	↑	↑↓
${}_{28}$Ni	↑↓	↑↓	↑↓	↑	↑	↑↓
${}_{29}$Cu	↑↓	↑↓	↑↓	↑↓	↑↓	↑
${}_{30}$Zn	↑↓	↑↓	↑↓	↑↓	↑↓	↑↓

(2)　典型元素では一定の酸化数をとるのに対して，遷移元素では同一元素でも多様な酸化数を示す。一般的には，＋Ⅱ，＋Ⅲという共通の酸化数をもつ化合物が多い❷。

詳説❷ 第４周期の遷移元素では，3d 軌道と 4s 軌道のエネルギー準位は非常に接近しているので，最外殻の 4s 電子だけでなく，内殻にある 3d 電子の一部が価電子の役割を果たし，多様な酸化数をとることが可能となる。たとえば，Fe(3d^6，4s^2) では，最外殻の 4s 電子が２個放出されると Fe^{2+} になり，さらに内殻の 3d 電子が１個放出されると，Fe^{3+} になる。Cu(3d^{10}，4s^1) では，最外殻の 4s 電子が１個放出されると Cu^+(3d^{10}) になるが，さらに内殻の 3d 電子が１個放出されると，Cu^{2+}(3d^9) になる。このように，遷移元素の酸化数は非常に多く存在する可能性があるが，3d 電子があまり多く移動すると，原子核と電子殻とのバランスを崩すことになるから，3d 軌道の電子配置が少しでも安定化するような複数の酸化数をとる傾向がある。

遷移元素の定義は「内殻の電子殻が完全に満たされていない元素」から「内殻の電子殻に電子が満たされていく元素」に変更された。これによると，$_{30}Zn$ の電子配置は (3d^{10}，4s^2) であり，30 番目の電子は 3d 軌道を満たしたので，遷移元素に分類される。一方，Zn は 3d 軌道が閉殻になったため，亜鉛イオンは Zn^{2+}(3d^{10}) の１種のみであり，その化合物は複数の酸化数を示さないので，典型元素としての性質も示す。したがって，12 族元素(Zn, Cd, Hg) を遷移元素に含めない場合もある。

遷移元素の酸化物の中で，酸化数の低い CrO, MnO のようなものは**塩基性酸化物**であるが，酸化数のとくに高い CrO_3 や Mn_2O_7 のようなものは**酸性酸化物**となる。また，酸化数がこの中間にある Cr_2O_3 や MnO_2 などは**両性酸化物**としての性質を示す。

(3) 遷移元素は典型元素と比べて，一般に融点が高く，密度が大きい❸。

詳説❸ 遷移元素が典型元素に比べて金属結合が強くなるのは，最外殻電子だけでなく，内殻電子の一部が，自由電子となって金属結合に関与するためである。また，遷移元素の密度が大きいのは，最外殻電子がほぼ同じだが，原子番号が増加すると原子核と最外殻電子の間に働く静電気力が大きくなり，原子半径が小さくなるためである。遷移元素では，スカンジウム Sc とチタン Ti，イットリウム Y だけが軽金属で，残りはみな重金属である。

元素記号	K	Ca	Sc	Ti	V	Cr	Mn	Fe	Co	Ni	Cu	Zn
金属結合半径〔nm〕	0.235	0.197	0.164	0.147	0.135	0.129	0.137	0.126	0.125	0.125	0.128	0.137
単体の密度〔g/cm^3〕	0.86	1.54	2.99	4.50	6.09	7.14	7.44	7.87	8.89	8.91	8.96	7.13
融点〔℃〕	63.3	839	1539	1660	1890	1857	1244	1535	1495	1453	1083	420

第４周期元素のうち，表中の赤枠内が遷移元素である。

亜鉛 Zn では，内殻の 3d 軌道が閉殻となり，原子核の正電荷が有効に遮蔽されるので，原子核からの最外殻電子への静電気力は少し弱められ，原子半径は少し大きくなる。

また，原子半径が大きくなった影響で，単体の密度はやや小さくなる。さらに，内殻の d 軌道が閉殻となり，最外殻の 4s 電子だけが自由電子としてふるまうため，Zn の金属結合は Cu の金属結合よりも幾分弱くなり，融点が低くなる。

(4) 遷移元素は安定な**錯イオン**をつくりやすく❹，その化合物には有色のものが多い❺。

詳説❹ 鉄 Fe が鉄(Ⅱ)イオン Fe^{2+} になった場合，その電子配置はふつう下図の(a)である。しかし，条件の違いによっては，(b)のように 3d 軌道の電子配置は，２つの空軌道を残すこと

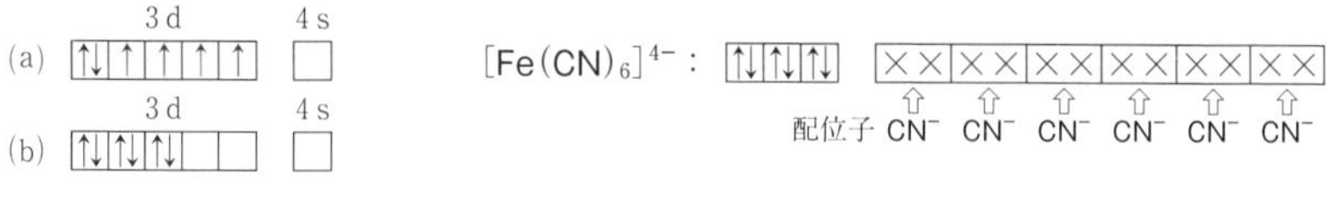

(a) 3d ↑↓ ↑ ↑ ↑ ↑　4s □

(b) 3d ↑↓ ↑↓ ↑↓ □ □　4s □

$[Fe(CN)_6]^{4-}$：↑↓ ↑↓ ↑↓ ×× ×× ×× ×× ×× ××

配位子 CN^- CN^- CN^- CN^- CN^- CN^-

も可能である。この3d軌道2つと4s軌道および4p軌道3つを混ぜ合わせて，新しいd^2sp^3混成軌道をつくることができる。一般に，金属イオンに対して，非共有電子対をもつ分子やイオンが配位結合すると，**錯イオン**(p.520)がつくられる。こうしてできた錯イオンの中心をなす金属イオンの電子配置は，多くの場合，d軌道や，その他のs軌道，p軌道が混ざり合った混成軌道に，配位子から電子対が供与されて，貴ガス型の電子配置をとっていることが多い。これが，錯イオンが安定に存在できる原因の1つと考えられる。

参考 1938年**ルイス**(アメリカ)は，電子対の受容体を酸，電子対の供与体を塩基と定義した。現在，ルイスの酸・塩基の定義に基づく酸，塩基を，**ルイス酸**，**ルイス塩基**という。

$$Ag^+ + 2\,:NH_3 \longrightarrow [Ag(NH_3)_2]^+$$

$$AlCl_3 + :Cl^- \longrightarrow [AlCl_4]^-$$

ルイス酸　　ルイス塩基　　錯イオン

(この定義に従うと，錯イオンの生成反応も，広義の酸・塩基反応といえる。)

詳説❺ d軌道は5つの軌道からなり，配位子が結合していない状態では，5つの軌道がもつエネルギーはみな等しい。しかし，このイオンの周りに配位子が接近すると，金属イオンのd軌道と配位子との間の相互作用によって，d軌道のエネルギー準位が分裂する。この分裂幅は，配位子の種類などによっても変化するが，6配位の錯イオンの場合，もとより少しエネルギーの低い3つのd軌道と，少しエネルギーの高い2つのd′軌道に分裂することが多い。

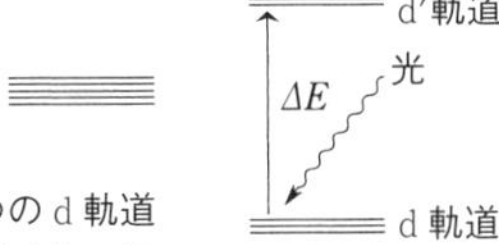

5つのd軌道(錯イオンをつくる前)

3つと2つに分裂したd軌道(錯イオンをつくった状態)

この2つの状態のエネルギー差ΔEが，多くの錯イオンの場合，私たちの目に感じる可視光線のエネルギーに相当する。したがって，この状態の金属イオンに可視光線が当たると，このΔEに相当する特定波長の光だけが吸収される(**d～d′遷移**という)ので，私たちの目は，吸収された光以外の色(補色)を感じることになる。下表に遷移元素の水和イオンの色を示す。

イオン	Sc^{3+}	Ti^{3+}	V^{3+}	Cr^{3+}	Mn^{2+}	Fe^{2+}	Fe^{3+}	Co^{2+}	Ni^{2+}	Cu^{2+}	Ag^+
d電子	d^0	d^1	d^2	d^3	d^5	d^6	d^5	d^7	d^8	d^9	d^{10}
色	無色	紫色	青色	緑色	淡赤色	淡緑色	黄褐色	赤色	緑色	青色	無色

$Zn^{2+}(3d^{10})$，$Ag^+(4d^{10})$のようにd軌道が閉殻の場合，および$Sc^{3+}(3d^0)$のようにd軌道に電子が存在しない場合には，上記のような可視光線のd～d′遷移がおこらないので無色となる。また，配位子の結合していない無水状態のCu^{2+}では，d軌道のエネルギー準位は分裂しておらず，可視光線のd～d′遷移がおこらないので無色となる。一方，$[Cu(H_2O)_4]^{2+}$のように，配位子が結合した場合は，可視光線のd～d′遷移がおこるので着色する。

(5) 遷移元素の単体や化合物は触媒になるものが多い❻。

詳説❻ 完全に満たされていないd軌道の空所に，反応する気体分子A_2，B_2から電子の一部が移動して，一種の共有結合をつくるため，もとの分子中の共有結合が弱められる。

こうして，原子の状態に近くなったA，Bが，触媒上で出合って再び新しい共有結合をつくり，表面から離れる。この場合，遷移元素の原子やイオンはd軌道をうまく使うことで，反応の活性化エネルギーを下げる触媒としての役割を果たしている。

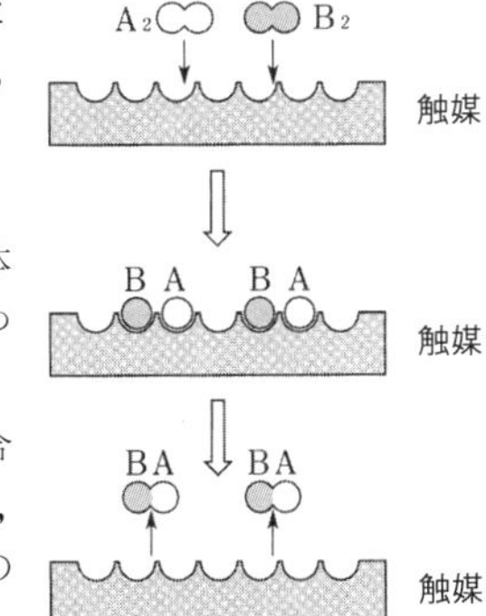

4-12　錯イオンと錯塩

1　錯イオンの構造

Fe^{2+}，Cu^{2+}，Ag^{+} などの中心となる金属イオンに，NH_3，H_2O，CN^- などの非共有電子対をもつ分子や陰イオンが配位結合してできた多原子イオンを**錯**(さく)**イオン**❶という。金属イオンに配位結合する分子や陰イオンを**配位子**，その数を**配位数**という❷。

補足❶　Al^{3+}，Sn^{4+}，Pb^{2+} のような典型元素のイオンでも錯イオンはつくられるが，Fe^{3+}，Cu^{2+}，Ag^{+} のような遷移元素のイオンのほうがより安定な錯イオンをつくりやすい。

詳説❷　配位子には次のような種類があり，それぞれの名称は覚えておくこと。

化学式	NH_3	CN^-	H_2O	OH^-	Cl^-	Br^-	$S_2O_3^{2-}$
名　称	アンミン	シアニド	アクア	ヒドロキシド	クロリド	ブロミド	チオスルファト

イオン	Ag^+	Cu^{2+}	Zn^{2+}	Cd^{2+}	Fe^{2+}	Fe^{3+}	Co^{3+}	Ni^{2+}	Cr^{3+}	Al^{3+}
配位数	2	4	4	4	6	6	6	6	6	6

(1)　配位数は，2，4，6 の錯イオンが多いが，特に，6配位の錯イオンが圧倒的に多い。

(2)　金属イオンに空の d 軌道が多いほど，配位数は多くなる傾向がある。

d^1～d^6 のとき(空の d 軌道が 2 以上)……d^2sp^3 混成軌道により 6 配位となる。

d^7～d^9 のとき(空の d 軌道が 1 つ)……dsp^2 混成軌道により 4 配位となる。

d^{10} のとき(空の d 軌道なし)……Ag^+ などは sp 混成軌道により 2 配位となる。

Zn^{2+}，Cd^{2+} などは sp^3 混成軌道により 4 配位となる。

►錯イオンの立体構造は中心となる金属イオンの種類や配位子によって決まる❸。各配位子は金属イオンの周りをできるだけ相互反発が少なくなるような対称的な配置をとる。たとえば，Ag^+ の錯イオンは 2 配位で**直線形**，Cu^{2+} の錯イオンは 4 配位で**正方形**，Zn^{2+} は 4 配位で**正四面体形**，Fe^{2+} や Fe^{3+} は 6 配位で**正八面体形**の立体構造をとる❹。

補足❸　たとえば，Ni^{2+} は配位子が NH_3 のときは，6 配位の $[Ni(NH_3)_6]^{2+}$(正八面体形) の錯イオン，配位子が CN^- のときは，4 配位の $[Ni(CN)_4]^{2-}$(正方形)の錯イオンをつくる。

詳説❹

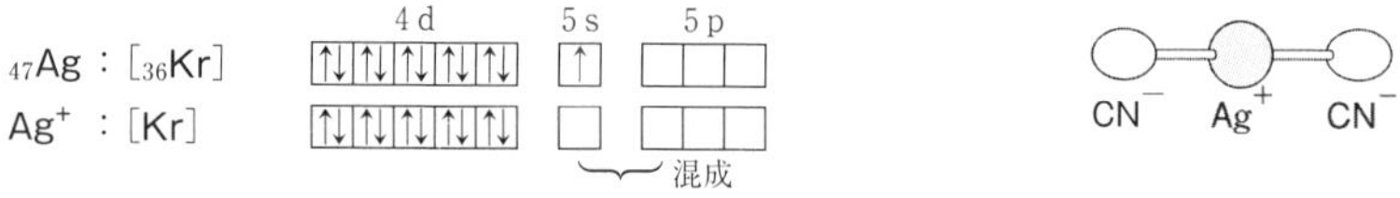

	4d	5s	5p
$_{47}Ag$: $[_{36}Kr]$	↑↓ ↑↓ ↑↓ ↑↓ ↑↓	↑	□□□
Ag^+ : [Kr]	↑↓ ↑↓ ↑↓ ↑↓ ↑↓	□	□□□

(5s と 5p の 1 個：混成)

CN^-　Ag^+　CN^-

Ag^+ の場合は，5 s 軌道 1 個と 5 p 軌道 1 個を使って sp 混成軌道をつくる。sp 混成軌道は直線的な広がりをもつので，Ag^+ の錯イオンは直線形となる。

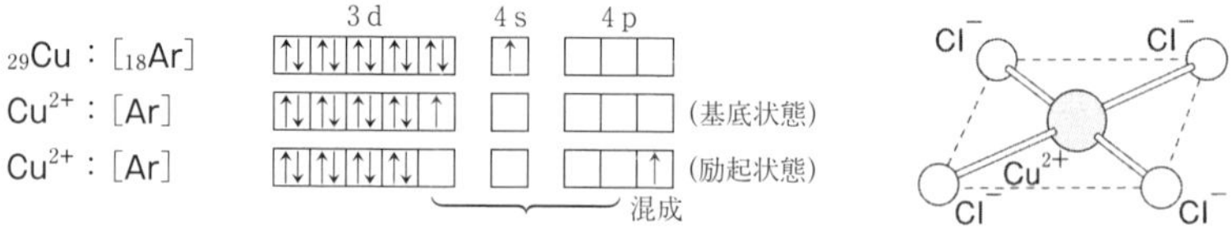

	3d	4s	4p	
$_{29}Cu$: $[_{18}Ar]$	↑↓ ↑↓ ↑↓ ↑↓ ↑↓	↑	□□□	
Cu^{2+} : [Ar]	↑↓ ↑↓ ↑↓ ↑↓ ↑	□	□□□	(基底状態)
Cu^{2+} : [Ar]	↑↓ ↑↓ ↑↓ ↑↓ □	□	□□↑	(励起状態)

(3d の 1 個，4s，4p の 2 個：混成)

Cl^-　Cl^-　Cu^{2+}　Cl^-　Cl^-

Cu^{2+} の場合，基底状態では d 軌道を使わないで 4 s 軌道 1 個と 4 p 軌道 3 個から sp^3 混成軌道がつくられる。一方，励起状態では，3 d 軌道の電子 1 個を 4 p 軌道に励起させると，

3 d 軌道 1 個と 4 s 軌道 1 個，および 4 p 軌道 2 個から dsp^2 混成軌道がつくられる。一般に内殻の d 軌道を使った dsp^2 混成軌道からなる錯イオンのほうが，d 軌道を使わない sp^3 混成軌道からなる錯イオンよりも安定度が大きい。したがって，dsp^2 混成軌道は正方形の頂点の方向に広がりをもつので，Cu^{2+} の錯イオンは正方形となる。

3d　4s　4p

${}_{30}Zn$ ：$[{}_{18}Ar]$　↑↓ ↑↓ ↑↓ ↑↓ ↑↓　↑↓

Zn^{2+} ：$[Ar]$　↑↓ ↑↓ ↑↓ ↑↓ ↑↓　混成

NH3　NH3　Zn2+　NH3　NH3

Zn^{2+} の場合，3 d 軌道が完全に詰まっているので，4 s 軌道と 4 p 軌道 3 個を使って sp^3 混成軌道がつくられる。この混成軌道は CH_4 と同じで，正四面体の頂点の方向に広がりをもち，Zn^{2+} や Cd^{2+}，Hg^{2+} など，Cu^{2+} 以外の 4 配位の錯イオンは正四面体形となる。

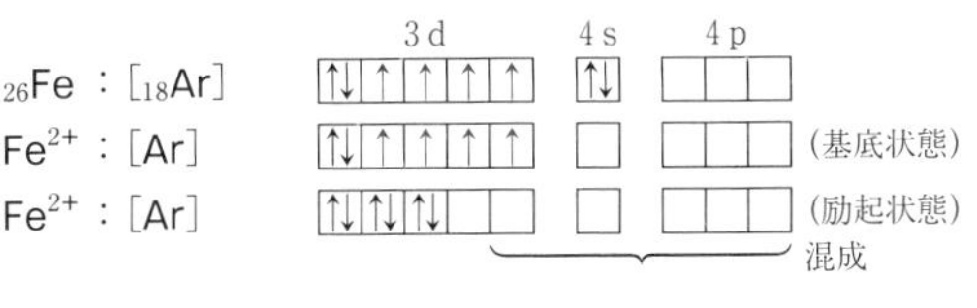

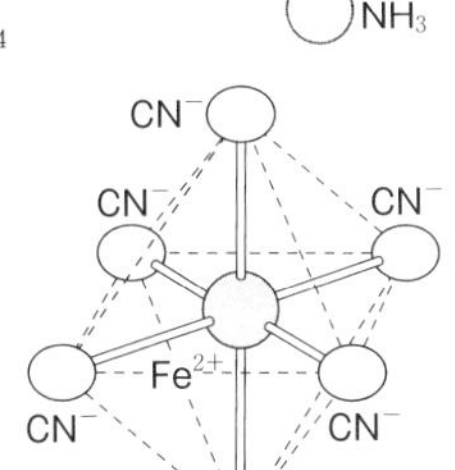

Fe^{2+} の場合は，励起状態になって配位結合が形成されることが多い。このため，3 d 軌道 2 個と 4 s 軌道 1 個，および 3 個の 4 p 軌道が d^2sp^3 混成軌道を形成して，6 個の配位子を受け入れる。この混成軌道は正八面体の頂点の方向に広がりをもつので，Fe^{2+}，Fe^{3+}，Co^{3+} など，6 配位の錯イオンはみな正八面体形となる。

► 遷移元素の錯イオンは，水溶液中では特有の色を示すことが多い。これは，金属イオンに水分子が配位した**アクア錯イオン**の色と考えられる❺。

補足❺ アクア錯イオンは，通常，配位結合した水分子を省略して示される。したがって，水溶液中の Cu^{2+} と表現されたら，実際は $[Cu(H_2O)_4]^{2+}$ のことを表す。

2 錯イオンの化学式と命名法

(1) 化学式は，中心となる金属を先に示し，次に配位子（多原子の場合は（　）でくくる）と，その配位数を右下に記し，続いて，錯イオン全体を［　］で囲み，その電荷を右上に書く❻。

補足❻ 配位子の種類が複数あるときは，陰イオン，中性分子の順とする。ただし，陰イオンどうし，中性分子どうしではアルファベット順となる。中心金属イオンの電荷と配位子の電荷の総和が，錯イオンの電荷となる。　例　Fe^{2+} と 6 個の CN^- ⟶ $[Fe(CN)_6]^{4-}$

(2) 名称は，化学式の後ろから順に，配位子の数（ギリシャ語の数詞）と名称を書き，次に中心となる金属名とその酸化数を示すローマ数字を（　）でくくって示す。ただし，錯イオンが陽イオンの場合は，最後に「…**イオン**」を付け，陰イオンの場合には，「…**酸イオン**」とする❼。

補足❼ 配位子が複数あるときは，配位子名のアルファベット順（数詞は考慮しない）によぶ。

例　$[CoCl_2(NH_3)_4]^+$　テトラアンミンジクロリドコバルト(Ⅲ)イオン

► $K_4[Fe(CN)_6]$ のように錯イオンを含む塩を**錯塩**，これに加えて $[CoCl_3(NH_3)_3]$ のように電荷をもたない**錯分子**，およびキレート化合物 (p. 526) など，配位結合によって生じた化合物を総称して**錯体**という。

(3) 錯塩の命名は，常に錯イオンを先に，他のイオンを後回しにする❽。

詳説❽ $[Cu(NH_3)_4]SO_4$　テトラアンミン銅(Ⅱ)硫酸塩

$[Co(NH_3)_6]Cl_3$　ヘキサアンミンコバルト(Ⅲ)塩化物

錯塩では，[　]内にある金属イオンと配位子の間は配位結合で結合しており，水中でも解離しない。[　]とその外側のイオンとの間はイオン結合で，水中ではその部分で解離する。

3 錯塩の立体構造

$CoCl_3 \cdot 6NH_3$，$CoCl_3 \cdot 5NH_3$，$CoCl_3 \cdot 4NH_3$，$CoCl_3 \cdot 3NH_3$ の組成式をもつ4種類のコバルトアンミン錯塩 A，B，C，D がある❾。各水溶液に $AgNO_3$ 水溶液を加えて，化合物 1 mol あたり何 mol の AgCl の沈殿が生じるかによって，配位結合している Cl^- とイオン結合している Cl^- を区別して，構造決定を行うことができる。

A：$[Co(NH_3)_6]Cl_3 \longrightarrow [Co(NH_3)_6]^{3+} + 3Cl^- \xrightarrow{Ag^+} 3AgCl\downarrow$

B：$[CoCl(NH_3)_5]Cl_2 \longrightarrow [CoCl(NH_3)_5]^{2+} + 2Cl^- \xrightarrow{Ag^+} 2AgCl\downarrow$

C：$[CoCl_2(NH_3)_4]Cl \longrightarrow [CoCl_2(NH_3)_4]^{+} + Cl^- \xrightarrow{Ag^+} AgCl\downarrow$

D：$[CoCl_3(NH_3)_3] \xrightarrow{Ag^+}$ 沈殿なし　(錯分子は水に溶けにくく有機溶媒に溶けやすい。)

補足❾ $CoCl_2$ と NH_4Cl，過剰の NH_3 の混合水溶液を H_2O_2 で酸化すると，次の反応がおこる。

$$2Co^{2+} + 2NH_4^+ + 10NH_3 + H_2O_2 \longrightarrow 2[Co(NH_3)_6]^{3+} + 2H_2O$$

このとき，活性炭(触媒)を用いると，錯塩 A(ルーテオ塩，黄橙色)が，無触媒では錯塩 B(プルプレオ塩，赤紫色)が，錯塩 B を氷冷下で濃塩酸で処理すると，2種の錯塩 C が得られる。

►錯塩 C の錯イオンには，2個の配位子 Cl^- が中心金属に対して隣り合う位置にある**シス形**と，互いに反対側にある**トランス形**の2種類が存在する。錯塩 C の錯イオンのように，化学式は同じでも，配位子の結合位置の違いより，異なる性質をもつ化合物を生じることがある。このような関係を錯イオンの**シス-トランス異性体**という❿。

補足❿ 6配位の正八面体形の錯イオンには，次のようなシス-トランス異性体が存在する。

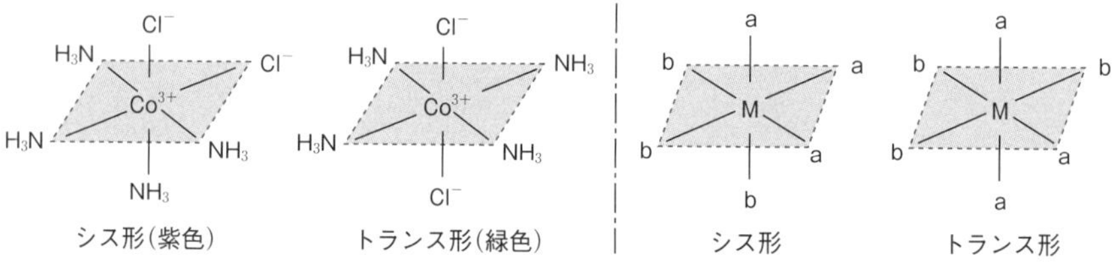

シス形(紫色)　トランス形(緑色)　シス形　トランス形

一方，4配位の正方形の錯イオンには，次のようなシス-トランス異性体が存在する。このうち，シスジアンミンジクロリド白金(Ⅱ)は**シスプラチン**とよばれ，制ガン剤として利用されている。なお，4配位でも正四面体形の錯イオンには，シス-トランス異性体は存在しない。

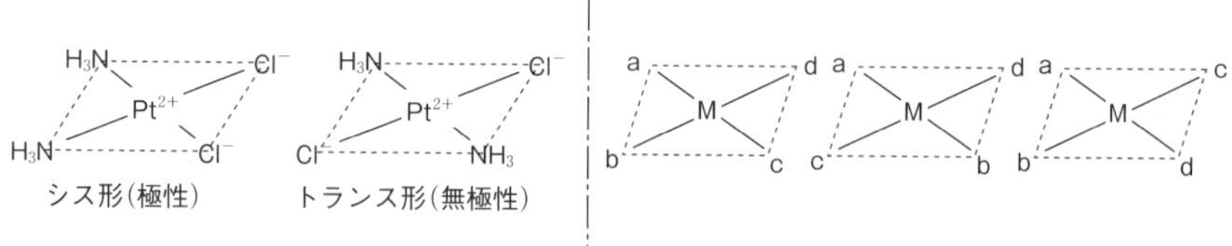

シス形(極性)　トランス形(無極性)

SCIENCE BOX　錯体の立体異性体

配位結合で生じた化合物(**錯体**)には，化学式は同じであっても，配位子の結合位置の違いによって，**立体異性体**が生じる場合がある。代表的な正八面体形(6 配位)の錯体の立体異性体について調べてみよう。

正八面体形の錯体では，6 個の配位子は中心の金属イオンを原点として，x 軸，y 軸，z 軸の前後のそれぞれ等距離の位置に存在している。

そのうち，2 個の配位子に着目したとき，

(A)　同じ軸上に 2 個ともある場合，その配置を**トランス形**という。

(B)　異なる軸上に 1 個ずつある場合，その配置を**シス形**という。

したがって，コバルトアンミン錯体の場合，$[Co(NH_3)_6]^{3+}$ や $[CoCl(NH_3)_5]^{2+}$ には，立体異性体が存在しない。

(1)　$[CoCl_2(NH_3)_4]^+$ の場合

2 個の Cl^- の結合位置に着目すると，次の 2 種類の立体異性体が存在する。

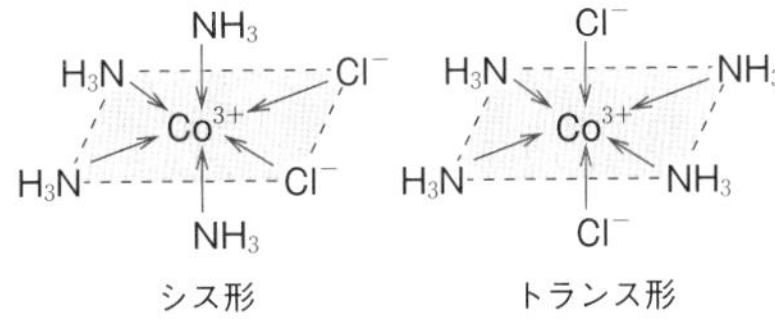

シス形　　トランス形

(2)　$[CoCl_3(NH_3)_3]$ の場合

3 個の Cl^- の結合位置を決めれば，残る 3 個の NH_3 の結合位置も決まる。したがって，Cl^- の結合位置に着目する。

①　3 個の Cl^- がすべてシス形に結合。

②　2 個の Cl^- がトランス形で，もう 1 個の Cl^- がシス形に結合。

③　3 個の Cl^- がすべてトランス形に結合することは不可能。

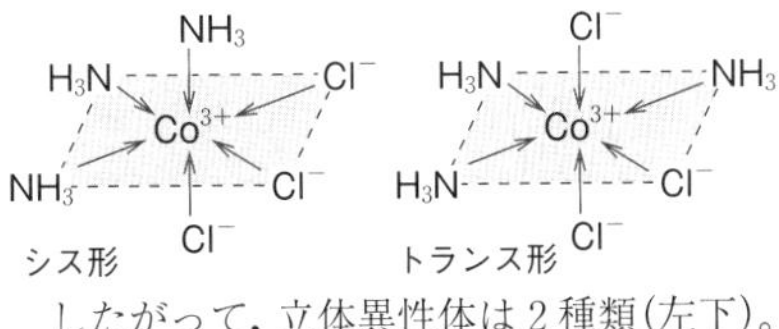

シス形　　トランス形

したがって，立体異性体は 2 種類(左下)。

(3)　$[CoCl(H_2O)_2(NH_3)_3]^{2+}$ の場合

まず，3 個の NH_3 の結合位置を確定した後で，2 個の H_2O の結合位置を決める（1 個の Cl^- の位置は自動的に決まるので考慮する必要はない)。

①　3 個の NH_3 がすべてシス形に結合したとき，残る 2 個の H_2O はシス形に結合するしかない。

②　3 個の NH_3 のうち，2 個がトランス形に，1 個がシス形に結合したとき，残る 2 個の H_2O の結合位置には，次の 2 通りがある。

(i)　2 個の H_2O がトランス形に結合したとき。

(ii)　2 個の H_2O がシス形に結合したとき。

したがって，立体異性体は 3 種類(右上)。

(4)　$[CoCl_2(H_2O)_2(NH_3)_2]^+$ の場合

①　2 個の Cl^-，2 個の H_2O，2 個の NH_3 がいずれもシス形に結合。

②　2 個の Cl^-，2 個の H_2O がシス形で，2 個の NH_3 がトランス形に結合。

③　2 個の Cl^-，2 個の NH_3 がシス形で，2 個の H_2O トランス形に結合。

④　2 個の H_2O，2 個の NH_3 がシス形で，2 個の Cl^- がトランス形に結合。

⑤　2 個の Cl^-，2 個の H_2O，2 個の NH_3 がいずれもトランス形に結合。

2 個の Cl^-，2 個の H_2O がトランス形で，2 個の NH_3 がシス形に結合したものは存在しない。2 個の Cl^-，2 個の NH_3 がトランス形で，2 個の H_2O がシス形に結合したものも存在しない。2 個の H_2O，2 個の NH_3 がトランス形で，2 個の Cl^- がシス形に結合したものも存在しない。

したがって，立体異性体は 5 種類。

例題 示性式 $[CoCl_x(NH_3)_y]Cl_z$ で表されるコバルト(Ⅲ)錯塩の式量は250.5である。この錯塩0.100gを溶かした水溶液(溶液A)を使って，以下の実験を行った。(Ag=108，Cl=35.5)

(a)　強い光を当てないように注意しながら，溶液Aに硝酸銀水溶液を十分に加えたら，生じた沈殿の質量は0.115gであった。

(b)　溶液Aに水酸化ナトリウム水溶液を加えて塩基性とし，しばらく加熱した。その後，希硝酸を加えて微酸性とした溶液について，(a)と同様の操作を行ったら，生じた沈殿の質量は0.172gであった。

(c)　溶液Aに十分な量の水酸化ナトリウム水溶液を加えて加熱して錯塩を完全に分解した。この反応で発生した気体を0.100mol/L硫酸30.0mLにすべて吸収させ，この溶液を0.100mol/L水酸化ナトリウム水溶液でメチルレッド(変色域：pH 4.4～6.2)を指示薬として滴定したら，終点までに40.0mLを要した。

(1)　実験(a)で強い光を当てないように注意した理由を述べよ。

(2)　実験(a)，(b)から，錯塩の示性式中の x，z の値を求めよ。

(3)　実験(c)から，錯塩の示性式中の y の値を求めよ。

［解］ (1)　塩化銀AgClに強い光が当たると $2AgCl \longrightarrow 2Ag+Cl_2$ のように分解して，銀Agを遊離する(**感光性**)。そのため，AgClの質量が変化し，Cl^- の定量分析ができなくなる。

光により，塩化銀が分解するのを防ぐため。 答

(2)　この錯塩には，Co^{3+} と配位結合している Cl^-(**内圏イオン**)と，錯イオンとイオン結合している Cl^-(**外圏イオン**)が存在する。このうち，外圏イオンの Cl^- は水中で解離するので，$AgNO_3$ 水溶液を加えると，AgClとして沈殿する。

実験(a)で，AgClの式量は143.5より，そのモル質量は143.5g/molである。

生じたAgClの物質量は，$\dfrac{0.115[g]}{143.5[g/mol]} \fallingdotseq 8.00\times10^{-4}[mol]$

この錯塩の式量は250.5より，そのモル質量は250.5g/molである。

この錯塩の物質量は，$\dfrac{0.100[g]}{250.5[g/mol]} \fallingdotseq 4.00\times10^{-4}[mol]$

よって，この錯塩には，2個の Cl^-(外圏イオン)が存在する。　$\boldsymbol{z=2}$ 答

実験(b)で，NaOH水溶液を加えて加熱すると，配位子の NH_3(弱塩基)がNaOH(強塩基)によって追い出され，内圏イオンの Cl^- も Co^{3+} から離れる。微酸性にした水溶液に $AgNO_3$ 水溶液を加えると，内圏イオンと外圏イオンの両方の Cl^- がAgClとして沈殿する。

生じたAgClの物質量は，$\dfrac{0.172[g]}{143.5[g/mol]} \fallingdotseq 1.20\times10^{-3}[mol]$

よって，この錯塩には，1個の Cl^-(内圏イオン)が存在する。$\boldsymbol{x=1}$ 答

(3)　実験(c)で，この錯塩から発生した NH_3 の物質量を w[mol]とすると，

終点では，**(酸の出した H^+ の物質量)＝(塩基の出した OH^- の物質量)** が成り立つ。

$$0.100\times\frac{30.0}{1000}\times2 = w + 0.100\times\frac{40.0}{1000}\times1$$

$\therefore\quad w=2.00\times10^{-3}[mol]$

この錯塩1molあたり $\dfrac{2.00\times10^{-3}}{4.00\times10^{-4}}=5$ mol の NH_3 が発生した。　$\boldsymbol{y=5}$ 答

SCIENCE BOX コバルト(Ⅲ)錯体の立体構造

(1) 6配位型錯体の立体構造について

6配位型錯体の場合，中心金属Mと6個の配位子Lがすべて等距離にあるとすれば，次の3種の立体構造が考えられる。

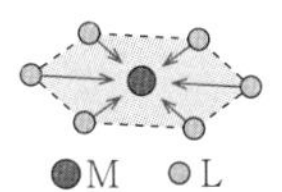
●M ○L

(a)正六角形

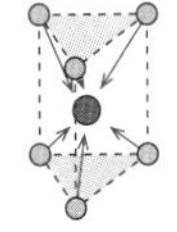

(b)正三角柱

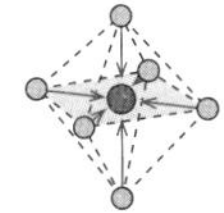

(c)正八面体

コバルト(Ⅲ)錯体[$CoCl_3(NH_3)_3$]について，上図の(a)〜(c)では何種類の異性体が存在するかを考えてみる。

●Co^{3+} ○NH_3 ○Cl^-

(a)

隣接型　　非対称型　　対称型

(b)

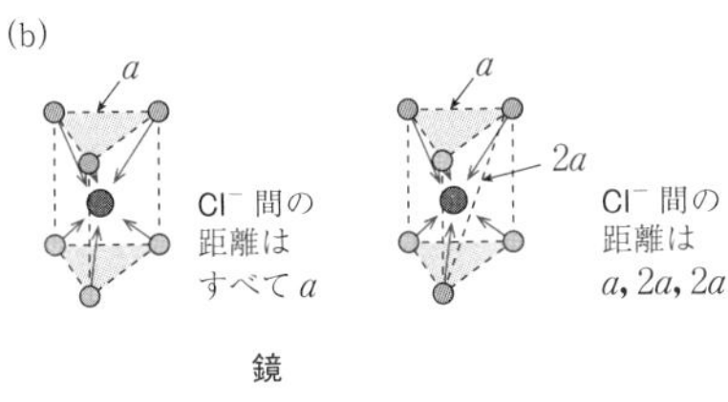

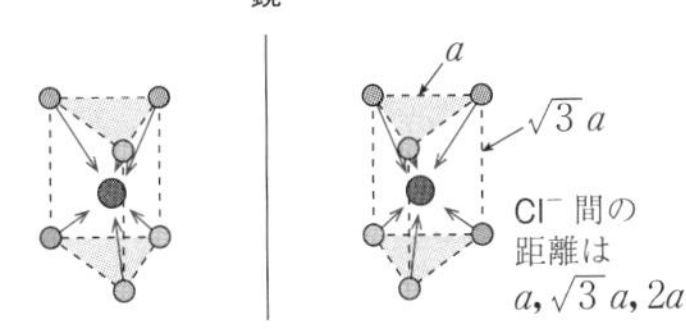

(c)

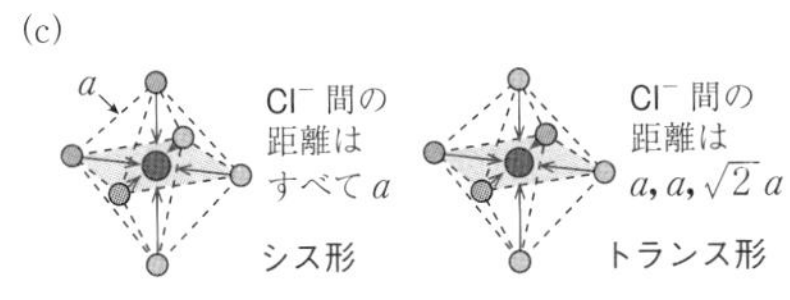

[$CoCl_3(NH_3)_3$]に2種類の異性体が見つかったからといって，その立体構造を(c)の正八面体と決定することはできない。なぜなら，(a)の正六角形の3種類の異性体のうち1種類が未発見であるか，(b)の正三角柱の4種類の異性体のうち2種類が未発見である可能性が否定できない。そこで，立体構造が正八面体であることを，Co^{3+}のエチレンジアミン錯体について調べてみる。

(2) エチレンジアミン錯体について

エチレンジアミン $H_2N\text{-}CH_2\text{-}CH_2\text{-}NH_2$（以後enと略記）は，両端のN原子の非共有電子対が，Co^{3+}と2か所で配位結合できる**二座配位子**である（p. 526）。ただし，エチレンジアミンには分子の長さに限界があり，隣接する2つの頂点(シス位)で配位結合できるが，向い合う2つの頂点（トランス位）では配位結合できないとする。また，鏡像異性体は，不斉炭素原子をもつ化合物に存在するが，不斉炭素原子がなくても存在する場合がある。一般に，不斉炭素原子の有無に関係なく，分子内に対称面や対称中心などの対称要素をもたない化合物には，鏡像異性体が存在する(p. 715)。

(a)の正六角形の場合，鏡像異性体だけでなく，異性体そのものが存在しない。

(b)の正三角柱の場合，下図のように対称面が存在するので，鏡像異性体は存在しない。

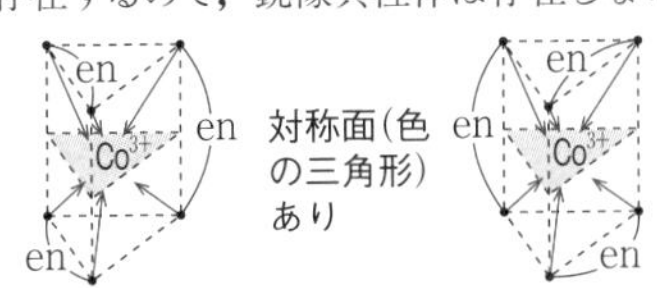

(c)の正八面体の場合，下図のような鏡像異性体が存在する*。

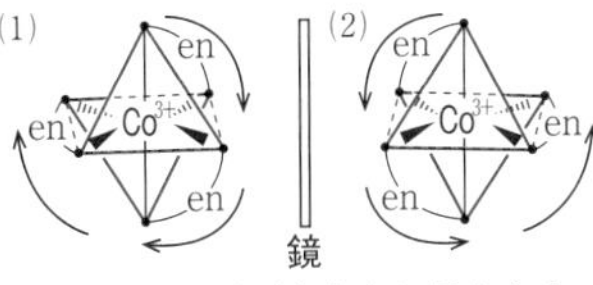

* 正三角形△の正面方向から見たとき，連結した二座配位子が時計回りにあるもの(1)を**Δ体(デルタ体)**，反時計回りにあるもの(2)を**Λ体(ラムダ体)**という。

[$Co(en)_3$]$^{3+}$には1対の鏡像異性体（*d*, *l*型が存在することから，コバルト(Ⅲ)錯体[$CoCl_3(NH_3)_3$]の立体構造は，(c)の正八面体であることが証明された。

SCIENCE BOX　錯イオンの安定性とキレート錯体

銅(Ⅱ)イオンを含む水溶液にアンモニア水を加えると，テトラアンミン銅(Ⅱ)イオンが生成する。この反応式は，次式のように表される。

$$Cu^{2+} + 4NH_3 \rightleftarrows [Cu(NH_3)_4]^{2+} \cdots ①$$

実際には，水溶液中の金属イオンの多くは，アクア錯イオンとして存在するので，上の反応は，水溶液中のアンモニアの濃度が増加するにつれて，H_2O と NH_3 による**配位子変換**がおこったためと考えられる。

錯イオンの安定性を比較するため，錯イオンの生成する反応の平衡定数を考え，これを錯イオンの**安定度定数**という。

$[Cu(NH_3)_4]^{2+}$ の安定度定数 K は，次式で表される。

$$K=\frac{[Cu(NH_3)_4{}^{2+}]}{[Cu^{2+}][NH_3]^4}$$

錯イオン	イオン半径〔nm〕	安定度定数 K
$[Cd(NH_3)_4]^{2+}$	0.097	4.0×10^6
$[Zn(NH_3)_4]^{2+}$	0.074	3.8×10^9
$[Cu(NH_3)_4]^{2+}$	0.069	2.2×10^{13}
$[Ni(NH_3)_6]^{2+}$	0.078	2.1×10^7
$[Co(NH_3)_6]^{2+}$	0.082	7.7×10^4
$[Co(NH_3)_6]^{3+}$	0.069	4.5×10^{33}

安定な錯イオンほど解離しにくく，①式の平衡は右に偏ることになるから，安定度定数は大きくなる。

上表でわかるように，配位子が同種の場合，中心金属イオンの半径が小さいほど，配位子を引きつける力が強く，その錯イオンは安定である*1。また，一般に，同じ中心金属イオンの場合でも，中心金属イオンの電荷が大きいほど，配位子を引きつける力が強く，その錯イオンは安定となる。

例　$[Fe(CN)_6]^{4-}$　$K \fallingdotseq 10^{24}$

　　$[Fe(CN)_6]^{3-}$　$K \fallingdotseq 10^{31}$

＊1　第4周期で，＋2価の金属の錯イオンの安定性の順序は，配位子の種類にかかわらず，次の関係にある（**アービング・ウイリアムス系列**）。

$$Mn^{2+} < Fe^{2+} < Co^{2+} < Ni^{2+} < Cu^{2+} > Zn^{2+}$$

0.091　0.083　0.082　0.078　0.069　0.074〔nm〕

また，錯イオンの安定性は，配位子の種類によっても大きく変化する。

NH_3，H_2O，OH^- のように，中心金属イオンの1か所でしか配位結合しない配位子を**単座配位子**という。これに対し，シュウ酸イオン，エチレンジアミンのように，中心金属イオンの2か所で配位結合できる配位子を**二座配位子**といい，二座配位子以上の配位子を**多座配位子**という。

シュウ酸イオン　　エチレンジアミン

多座配位子は，中心金属イオンを，あたかもカニが獲物をはさむように，環状構造をもつ**キレート錯体**をつくりやすい*2。

＊2　キレート(chelate)とは，ギリシャ語で「カニのはさみ」を意味する言葉から名付けられた。

金属

一般に，キレート錯体は普通の錯イオンに比べて，かなり安定度が高くなる。これを**キレート効果**という(p. 700)。

例　$[Cu(NH_3)_4]^{2+}$　$K \fallingdotseq 10^{12.6}$

　　$[Cu(H_2NCH_2CH_2NH_2)_2]^{2+}$　$K \fallingdotseq 10^{20.0}$

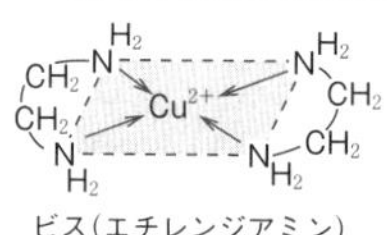

ビス(エチレンジアミン)銅(Ⅱ)イオン

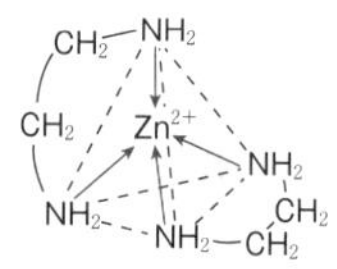

ビス(エチレンジアミン)亜鉛(Ⅱ)イオン

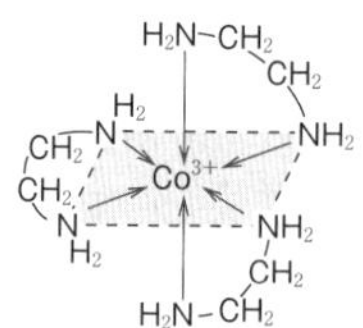

トリス(エチレンジアミン)コバルト(Ⅲ)イオン

エチレンジアミンのN原子がCo^{3+}を中心とする正八面体の頂点に位置する。キレート環をもつ錯体を，キレート錯体とよぶ。

4-13　亜鉛・水銀とその化合物

典型元素との境に位置する**亜鉛 Zn** と**水銀 Hg** は，周期表 12 族に属し，いずれも価電子を 2 個もち，2 価の陽イオンになりやすい。ただし，水銀は 1 価の陽イオンにもなる。

1　亜鉛の単体

亜鉛 Zn の単体は，閃(セン)亜鉛鉱（主成分 ZnS）を炭素で還元して得られる❶。亜鉛は，アルカリ土類金属に比べ，密度は大きい(7.1 g/cm^3)が，融点はやや低い(420℃)❷。

詳説❶　それぞれの金属の原料鉱石の種類と製錬法との関係を表に示す。

金　属	K　Ca　Na　Mg	Al	Zn　Fe　Ni　Sn	Pb　(H)	Cu　Hg　Ag	Pt　Au
原料鉱石	塩 化 物	酸 化 物	酸 化 物・硫 化 物	硫 化 物	硫 化 物	単体で産出
製 錬 法	溶融塩電解	溶融塩電解	C，CO による還元	C，CO による還元	熱分解	

イオン化傾向の小さい金属ほど還元されやすい。つまり，化合物(鉱石)から単体に戻すことは容易である。一方，イオン化傾向の大きい金属ほど酸化されやすい。つまり，化合物として安定に存在し，単体に戻すには C，CO などの還元剤の助けを必要とする。

イオン化傾向が Al より大きくなると，適当な還元剤を使って還元することが困難となり，溶融塩電解という電気エネルギーを用いた強制的手段でしか単体にすることができない。

補足❷　Zn は遷移元素に分類されるが，内殻の d 軌道が閉殻であり，内殻電子が価電子として働くことはない。そのため，金属結合もさほど強くなく，単体は比較的低い融点をもつ。

なお，12 族の Zn と 2 族の Mg は，周期表ではかなり離れた位置にあるが，よく似た化学的性質を示す。また，Zn は一定の酸化数(+2)をとり，無色のイオン・化合物をつくるなど，典型元素としての性質を示す。一方，Zn は安定な錯イオンをつくりやすく，硫化物が水に難溶であるなど，遷移元素としての性質も示す。

►亜鉛の単体は**両性金属**で，酸や強塩基の水溶液と反応し，水素を発生して溶ける❸。

$$Zn + 2HCl \longrightarrow ZnCl_2 + H_2\uparrow$$

$$Zn + 2NaOH + 2H_2O \longrightarrow Na_2[Zn(OH)_4] + H_2\uparrow$$

詳説❸　Zn と NaOH 水溶液との反応は，Al の場合と同様に考えればよい。

Zn は 2 個の価電子を放出して，2 価の陽イオンになりやすい。この価電子は Na^+ ではなく，水 H_2O 分子に渡されて H_2 が発生するとともに，OH^- が生成する。Zn^{2+} は，この OH^- を強く引き付けて，ヒドロキシド錯イオンを形成する。ただし，水溶液中に安定に存在するのは，$[Zn(OH)_4]^{2-}$(テトラヒドロキシド亜鉛(Ⅱ)酸イオン）であって，$[Zn(OH)_3]^-$ ではない。これは，Zn^{2+} には Sn^{2+} とは異なり非共有電子対がなく，sp^3 混成軌道による配位数 4 の錯イオンをつくるためである。$[Zn(OH)_4]^{2-}$ と Na^+ とは，$Na_2[Zn(OH)_4]$（テトラヒドロキシド亜鉛(Ⅱ)酸ナトリウム)という錯塩が生成する。

Zn，ZnO，$Zn(OH)_2$ が塩酸と反応するときは，いずれも $ZnCl_2$ という塩を生成し，同様に，NaOH 水溶液と反応すると，いずれも $Na_2[Zn(OH)_4]$ という錯塩が生成することを覚えておくと，複雑な反応式もわりと楽に書くことができる。

2 亜鉛の化合物

亜鉛を空気中で加熱すると，燃焼して酸化亜鉛 ZnO になる。酸化亜鉛は白色の粉末で**亜鉛華**(か)ともよばれ，白色顔料や外用薬などに用いられる❹。また，水には溶けないが，酸・強塩基いずれの水溶液にも溶ける**両性酸化物**である。

詳説❹ ZnO は H_2S により黒変しないことから，ジンクホワイトとよばれる白色顔料として絵の具などに用いられる。**顔料**とは溶媒に溶けない着色剤のことで，絵の具のように物の表面を覆って色をつける。これに対して，溶媒に溶け，繊維などに浸み込んで染着する着色剤を**染料**という。また，ZnO は収れん性（皮膚を引き締める作用）や殺菌力があるが，毒性はないので，湿疹(しっしん)を防ぐ軟膏(外用薬)や化粧品(ベビーパウダー)などに用いられる。

► Zn^{2+} を含む水溶液に塩基を少しずつ加えると，白色ゲル状の水酸化亜鉛 $Zn(OH)_2$ が沈殿する。　$Zn^{2+} + 2\,OH^- \longrightarrow Zn(OH)_2\downarrow$

水酸化亜鉛は**両性水酸化物**で酸・強塩基の水溶液とも反応して溶ける。たとえば，NaOH 水溶液を過剰に加えると，テトラヒドロキシド亜鉛(Ⅱ)酸イオンを生じて溶ける。

$$Zn(OH)_2 + 2\,OH^- \longrightarrow [Zn(OH)_4]^{2-}\quad(\text{無色})$$

また，水酸化亜鉛にアンモニア水を過剰に加えると，Zn^{2+} にアンモニア分子４個が配位結合して，無色の**テトラアンミン亜鉛(Ⅱ)イオン**$[Zn(NH_3)_4]^{2+}$ を生じて溶ける❺。

$$Zn(OH)_2 + 4\,NH_3 \longrightarrow [Zn(NH_3)_4]^{2+} + 2\,OH^-$$

また，この水溶液に硫化水素を通じると，白色の硫化亜鉛 ZnS が沈殿する❻。

詳説❺ 両性水酸化物（$Al(OH)_3$，$Zn(OH)_2$，$Sn(OH)_2$，$Pb(OH)_2$）は，強塩基の NaOH 水溶液とは反応して，ヒドロキシド錯イオンを生じて溶けるが，弱塩基の NH_3 水とは反応しない。

ただし，$Zn(OH)_2$ が過剰の NH_3 水に溶けるのは，両性水酸化物としての性質ではなく，Zn^{2+} が NH_3 分子と錯イオンをつくりやすいという性質に基づくものである。

$$\begin{cases}[Zn(OH)_2(H_2O)_2] + 2\,H_2O \rightleftarrows [Zn(H_2O)_4]^{2+} + 2\,OH^- & \cdots\cdots\text{①}\\ [Zn(H_2O)_4]^{2+} + 4\,NH_3 \rightleftarrows [Zn(NH_3)_4]^{2+} + 4\,H_2O & \cdots\cdots\text{②}\end{cases}$$

$Zn(OH)_2$ に，過剰に NH_3 水を加えると，Zn^{2+} に対する H_2O と NH_3 の交換反応(②式)がおこり，水溶液中に$[Zn(NH_3)_4]^{2+}$ が生成しはじめる。すると，$[Zn(H_2O)_4]^{2+}$ が少なくなるので，これを補うように，①式の平衡が右に移動して，$Zn(OH)_2$ が溶解するようになる。両性金属(Al, Zn, Sn, Pb)のイオンのうち，アンモニアと錯イオンをつくるのは Zn^{2+} だけである。

補足❻ Zn^{2+} の強い酸性の水溶液($pH<2.5$)では ZnS は沈殿しないが，弱い酸性($pH\geqq3$)では ZnS が沈殿する。また，白色の硫化物は ZnS ただ１種しかないので，Zn^{2+} が検出できる。

ZnS が沈殿し始める pH は，ZnS の溶解度積 $K_{sp}=[Zn^{2+}][S^{2-}]=2.2\times10^{-18}\,(\text{mol/L})^2\cdots$①

と H_2S の電離定数 $K_a=\dfrac{[H^+]^2[S^{2-}]}{[H_2S]}=1.2\times10^{-21}\,(\text{mol/L})^2\cdots$②から求められる。

$[Zn^{2+}]=0.10\,\text{mol/L}$ のとき，ZnS が沈殿し始めるときの$[S^{2-}]$は，

①より $[S^{2-}]=2.2\times10^{-17}\,\text{mol/L}$。これを②式へ代入すると，$[H_2S]=0.10\,\text{mol/L}$ より，

$$[H^+]^2 \fallingdotseq \frac{K_a\cdot[H_2S]}{[S^{2-}]}=\frac{1.2\times10^{-21}\times0.10}{2.2\times10^{-17}}=5.4\times10^{-6}\,(\text{mol/L})$$

$$\therefore\ [H^+]\fallingdotseq2.3\times10^{-3}\,(\text{mol/L})\qquad pH\fallingdotseq-\log_{10}(2.3\times10^{-3})=3-\log_{10}2.3\fallingdotseq2.6$$

3 水銀とその化合物

水銀 Hg は，天然に辰砂(シンシャ)HgS として産出し，これを加熱すると得られる❼。水銀の単体は，常温で唯一の液体の金属(融点−39℃)で，常温では酸化されない❽。多くの金属(Fe, Co, Ni 以外)と合金をつくりやすい。水銀と他の金属との合金を**アマルガム**という。

補足❼ HgS を空気中で熱するだけで還元されて Hg が蒸気として発生するので，これを冷却すれば Hg の単体が得られる。 $HgS + O_2 \longrightarrow Hg + SO_2$ (400〜600℃)

補足❽ 水銀の蒸気圧は極めて小さい (20℃, 0.16 Pa) が，水銀は毒性が極めて強く，蒸気として肺から吸収されると神経障害をおこすので，取り扱いには細心の注意が必要である。また，蛍光灯中には希薄な水銀の蒸気が入れてあり，放電によって生じた紫外線を蛍光塗料によって可視光線に変え，照明に利用している。また，水銀は，広い温度範囲においても体膨脹率が一定であるため温度計に，高密度の液体であるため圧力計に使われる。

►水銀の化合物には，酸化数＋Ⅰと＋Ⅱのものがある。塩化水銀(Ⅰ)Hg_2Cl_2 は，甘汞(カンコウ)ともいい，水に溶けにくい白色の粉末で，毒性はない❾。塩化水銀(Ⅱ)$HgCl_2$ は，昇汞(ショウコウ)ともいい，水に溶けやすい無色の結晶で，極めて毒性が強い❿。

詳説❾ 塩化水銀(Ⅱ)と水銀の混合物を加熱してつくる。 $HgCl_2 + Hg \longrightarrow Hg_2Cl_2$

水銀(Ⅰ)イオン Hg^+ には，不対電子が1個残っており，$Hg^+\cdot\ \cdot Hg^+ \Longrightarrow [Hg\text{–}Hg]^{2+}$ のように共有結合によって，二量体を形成する。こうして生じたイオンを Hg_2^{2+} で表し，二水銀(Ⅰ)イオンとよぶ。Hg^+ は単独で存在することはないので，塩化水銀(Ⅰ)を HgCl とは表さない。Hg_2Cl_2 は 25℃で水 100 g に 0.21 mg しか溶けない。淡い甘味があり，以前は緩下剤に使われた。光に当てると Hg と $HgCl_2$ に分解するので，褐色瓶で保存する。

補足❿ $HgCl_2$ は昇華性があり，25℃で水 100 g に 7.3 g 溶ける。極めて毒性が強く，ヒトの致死量は 0.2〜0.4 g といわれる。昔は，希薄水溶液を殺菌・消毒薬として用いていた。

水銀は希塩酸，希硫酸とは反応せず，硝酸や熱濃硫酸とは反応し溶ける。ただし，希硝酸との反応では，冷時，水銀が過剰にあれば硝酸水銀(Ⅰ)を生じるが，熱時，硝酸が過剰にあれば，硝酸水銀(Ⅱ)を生じる。

$$6Hg + 8HNO_3 \longrightarrow 3Hg_2(NO_3)_2 + 4H_2O + 2NO \quad (冷時)$$

$$3Hg + 8HNO_3 \longrightarrow 3Hg(NO_3)_2 + 4H_2O + 2NO \quad (熱時)$$

► Hg^{2+} を含む水溶液に NaOH 水溶液を加えると，$Hg(OH)_2$ ではなく酸化水銀(Ⅱ)HgO の黄色沈殿が生成する⓫。また，硫化水素を通じると，黒色の硫化水銀(Ⅱ)HgS が沈殿する⓬。 $Hg^{2+} + 2OH^- \longrightarrow HgO\downarrow + H_2O$

補足⓫ イオン化傾向の小さい金属 (Hg, Ag) の水酸化物は，常温でも直ちに脱水がおこり，代わりに酸化物が沈殿する (p. 548)。この黄色沈殿を加熱すると，粒径が大きく成長して赤色の HgO を生じ，さらに 400℃以上に熱すると分解しはじめ，550℃では完全に Hg と O_2 になる。

補足⓬ これを加熱して約 450℃で昇華させると，結晶形が変化して赤色顔料の朱ができる。

► $HgCl_2$ 水溶液に $SnCl_2$ 水溶液 (還元剤) を少量加えると，Hg^{2+} は還元されて，白色の塩化水銀(Ⅰ)を沈殿する。 $2HgCl_2 + SnCl_2 \longrightarrow Hg_2Cl_2\downarrow(白) + SnCl_4$

$SnCl_2$ 水溶液を過剰に加えると，さらに還元が進んで，水銀の単体(微粒子)が遊離して黒色になる。 $Hg_2Cl_2 + SnCl_2 \longrightarrow 2Hg\downarrow(黒) + SnCl_4$

参考　カドミウムの単体とその化合物

カドミウム Cd は，銀白色の軟らかい金属で，12 族元素の亜鉛と性質がよく似ている。天然には，亜鉛の鉱石に伴って産出することが多い。Cd の融点・沸点（321℃，765℃）は，Zn の融点・沸点（420℃，907℃）よりも低いので，亜鉛の製錬の際に得られる亜鉛とカドミウムの混合蒸気は，分留を繰り返すことによって，Zn から Cd を分離している。

Cd のイオン化傾向は，Fe＞Cd＞Ni であり，希酸に溶けて H_2 を発生し，無色の Cd^{2+} となる。Cd^{2+} は生体内の亜鉛酵素（酵素の活性に亜鉛を必要とするもの）の働きを阻害するので有毒である。Cd^{2+} の水溶液に NaOH 水溶液を加えると，$Cd(OH)_2$ の白色沈殿を生じる。$Cd(OH)_2$ は両性水酸化物ではないので，過剰の NaOH 水溶液には溶けないが，過剰の NH_3 水には $[Cd(NH_3)_4]^{2+}$ という無色のアンモニア錯イオンを生じて溶ける。

0.1 mol/L の Cd^{2+} 水溶液に H_2S を通じると，酸性の条件（pH≧1.6）ならば，硫化カドミウム CdS（溶解度積 $K_{sp}=2.1\times10^{-20}(\mathrm{mol/L})^2$）の黄色沈殿を生じる。CdS はカドミウムイエローとも呼ばれ，黄色の絵の具に用いられる。また，Cd^{2+} はイタイイタイ病の原因物質として知られ，体内では Ca^{2+} と置換して骨をぼろぼろにするので有毒である。これは 2 族 Ca^{2+} と 12 族 Cd^{2+} の類似性によると思われる。

SCIENCE BOX　亜鉛の製錬法

亜鉛は，鉄・アルミニウム・銅に次いで生産量の多い金属であり，鉄の腐食防止，合金の材料，乾電池の電極などに利用される。

亜鉛は酸化物よりも硫化物として産出しやすい。製錬の際は，亜鉛の主要な鉱石である閃亜鉄鉱（主成分 ZnS）を粉砕後，不純物を除き焙焼[*1]して，酸化亜鉛 ZnO とする。

$$2\,ZnS + 3\,O_2 \longrightarrow 2\,ZnO + 2\,SO_2$$

＊1　鉱石を溶融しない程度に加熱しながら酸素と反応させて，硫黄分など除去する操作。

このあと，亜鉛（単体）を得る方法には，乾式製錬法と湿式製錬法があるが，現在は，後者のほうが主流になっている。

(1) **乾式製錬法**　酸化亜鉛とコークス（C）の混合物を約 1400℃ で加熱すると，ZnO が高温の C で還元されて Zn を生成するが，Zn の沸点（907℃）が低いため，亜鉛蒸気が発生する。

$$ZnO + C \longrightarrow Zn + CO$$

亜鉛蒸気が空気に触れると，ZnO に戻ってしまうので，空気を遮断できるレトルト状の電気炉での加熱が必要となる（右図）。

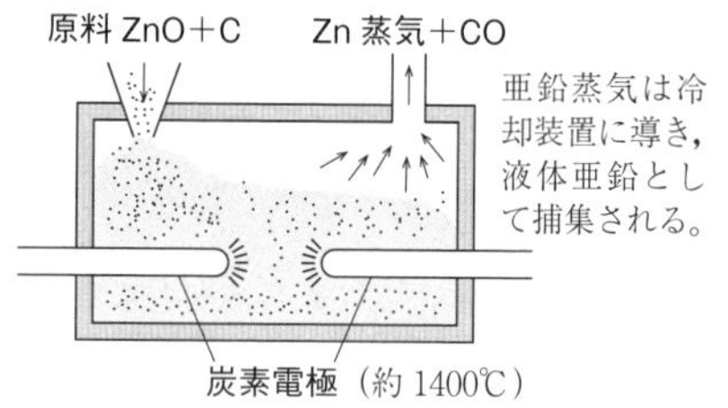

(2) **湿式製錬法**　酸化亜鉛を硫酸に溶かして硫酸亜鉛 $ZnSO_4$ の水溶液をつくる。硫酸亜鉛の水溶液に希硫酸を加えて酸性とし，陰極に Zn，陽極に Pb-Ag 合金を用いて**電解精錬**を行うと，陽極から O_2，陰極から Zn（純度 99.9%）が得られる。

亜鉛はイオン化傾向が H_2 よりも大きく還元されにくい金属であるが，水素過電圧（p. 410）が大きく，H_2 が発生しにくいため，水溶液中から Zn を陰極に析出させることができる[*2]。

＊2　陰極では，低電流では $2H^+ + 2e^- \longrightarrow H_2$ の反応がおこりやすいが，高電流では，H_2 の発生が抑制されることで，亜鉛の析出がおこりやすくなる。

SCIENCE BOX 錯イオンの安定性

多くの金属イオンは，水中ではH_2O分子が配位結合した**アクア錯イオン**で存在する。

(1) 遷移元素のZn^{2+}は，3d軌道がすべて電子で満たされている。$[Zn(H_2O)_4]^{2+}$では，H_2OのO原子は1組の非共有電子対をZn^{2+}に提供して配位結合しているだけである。O原子のもう1組の非共有電子対はZn^{2+}との配位結合には関与していないばかりか，Zn^{2+}の3d電子とは反発し合うので，Zn^{2+}とH_2Oとの配位結合を弱める働きをする。一方，Zn^{2+}はNH_3のような1組の非共有電子対しかもたない配位子とはより強い配位結合をつくることができる。したがって，$[Zn(H_2O)_4]^{2+}$にNH_3水を加えていくと，配位子交換がおこり，より安定な$[Zn(NH_3)_4]^{2+}$が生成する。

(2) 遷移元素のFe^{3+}は，3d軌道が完全に電子で満たされていない。$[Fe(H_2O)_6]^{3+}$では，H_2OのO原子は1組の非共有電子対をFe^{3+}に提供して配位結合しているだけではない。O原子のもう1組の非共有電子対がFe^{3+}の3d軌道とπ結合をつくり，Fe^{3+}とH_2Oとの配位結合を強める働きをする。一方，Fe^{3+}はNH_3のような1組の非共有電子対しかもたない配位子とは，強い配位結合はつくれない。むしろ，$[Fe(H_2O)_6]^{3+}$では，配位子H_2OのO–H結合は分極し，H^+を放出しやすい状態にある(p. 510)。

$$[Fe(H_2O)_6]^{3+} \longrightarrow [Fe(OH)(H_2O)_5]^{2+} + H^+ \quad \cdots\cdots ①$$

したがって，$[Fe(H_2O)_6]^{3+}$にNH_3水を加えても，配位子交換はおこらず，むしろ，①式のH^+の電離が進み，酸化水酸化鉄(Ⅲ) FeO(OH) などの水酸化物が沈殿が生成するだけである。

一般に，d軌道の電子の数が少ないCr^{3+}(3個)，Fe^{3+}(5個)，Fe^{2+}(6個) などは，非共有電子対を複数もつ配位子と強い配位結合による安定な錯イオンをつくりやすい。一方，d軌道の電子の数が多いNi^{2+}(8個)，Cu^{2+}(9個)，Ag^+(10個)，Zn^{2+}(10個)などは，非共有電子対を1個しかもたない配位子と強い配位結合による安定な錯イオンをつくりやすい傾向がある。

SCIENCE BOX 水銀が常温で液体である理由

原子番号が大きくなり，原子核の正電荷が増大すると，最内殻の1s電子は特に強く原子核に引きつけられ，1s軌道は大きく収縮する*1。この影響により，2s，3s…6s軌道も同様に収縮し，所属する電子はより強く原子核に引きつけられ，エネルギー的に安定になる。(p軌道もs軌道ほどではないが少し収縮する。)

s，p軌道の収縮により，原子核の正電荷は有効に遮蔽されるため，逆にd，f軌道は膨張し，所属する電子はエネルギー的に不安定になる。このような効果を**相対論効果**といい，特に，第6周期以降の重い元素であらわれやすい傾向がある。

＊1 相対性理論によると，$_{80}Hg$の6s電子は$_1H$の1s電子の約80倍(光速の約0.6倍)の速さで運動しており，その質量は1s電子の約1.2倍ある。このため，Hgの1s軌道はHの1s軌道に比べて約20%収縮する。

$_{80}Hg$の電子配置は，$[_{54}Xe]\,4f^{14}，5d^{10}，6s^2$であり，その相対論効果によって，6s軌道の2個の電子は，原子核からの強い静電気力を受け，**不活性電子対効果**(p. 512)を示し，自由電子として働きにくくなる。このため，水銀の金属結合はかなり弱くなり，他金属と比べて著しく低い融点(−39℃)を示し，常温では液体となる唯一の金属となることが理解できる*2。

＊2 Hgの6s電子は電子対をつくっており，かなり放出されにくい。そのうち，1個だけが放出されて生じた$\cdot Hg^+$どうしが共有結合したものが二水銀(Ⅰ)イオンHg_2^{2+}である。

4-14　鉄とその化合物

1　鉄の単体

鉄 Fe は，金属元素の中では Al に次いで地殻中に多く存在する。鉄の単体は，主に赤鉄鉱(主成分 Fe_2O_3)や磁鉄鉱(主成分 Fe_3O_4)を，溶鉱炉で CO や高温の C により還元して得られる。こうして得られた鉄は**銑鉄**(せん)とよばれ，多量の炭素(約 4%)および不純物を含み，展性・延性に乏しい。そこで，融解した銑鉄を転炉に入れて酸素を吹き込み，炭素の割合を 2%以下に減らすとともに不純物を除くと，強くて粘りのある**鋼**(こう)が得られる❶。鋼ははがねともよばれ，機械部品・建築材料などに多量に使われる。

詳説❶　Fe に S や P などの不純物が含まれていると，冷却して固化したとき，鉄の組織を弱くするのでできるだけ減らすほうがよい。

鋼にはさらに種々の特性を持たせるため，C 以外の Si，Mn，Ni，Cr，Cu，Mo，Co などの元素を微量加えた**特殊鋼**の形で用いられることも多い。たとえば，Fe に Cr，Ni を混ぜてつくった合金(p. 544)は**ステンレス鋼**とよばれ，さびにくいという特徴をもつ。これは，Fe よりも不動態になりやすい Cr や Ni を添加することにより，鋼の表面に不動態による緻密な酸化被膜が形成されるためである。

補足❶　日本古来の製鉄方法に，**たたら製鉄**がある。右図のように，「たたら」とよばれる炉の中に，砂鉄と木炭を交互に積み上げ，ふいごで約 70 時間送風すると，砂鉄(磁鉄鉱を含む岩石が風化されたもの)が還元されて炉底に鉄がたまるので，冷えてから炉を壊して鉄を取り出す。得られた鉄は玉鋼(たまはがね)とよばれ，炭素分 0.9～1.8%，不純物をほとんど含まない高純度の鉄で，日本刀の材料として重宝された。

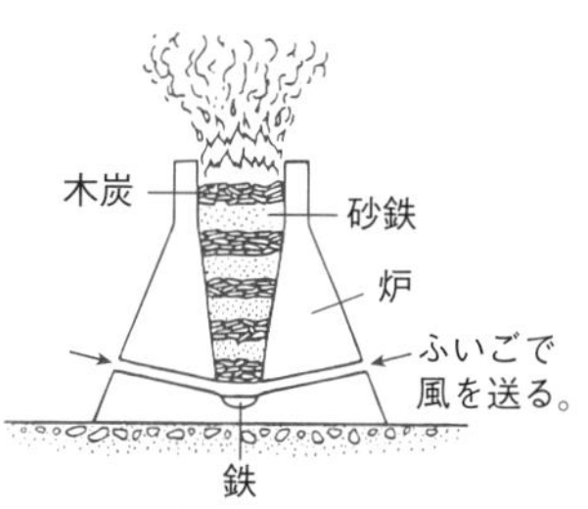

SCIENCE BOX　鉄の製錬

原料の鉄鉱石(主成分 Fe_2O_3)とコークス(C)と石灰石($CaCO_3$)を適当な割合で，次頁の図のような**溶鉱炉**[*1](**高炉**ともいう)に層状に積み重ねる[*2]。炉の下部にある羽口(はぐち)から約 1200℃の熱風を高圧で吹き込むと[*3]，コークスの燃焼で生じた CO_2(一部は石灰石の熱分解でも生じる)が，高温の C に触れ，次式のように CO に変化する。

$$CO_2 + C \longrightarrow 2\,CO$$

こうして生じた高温の CO ガスが炉内を上昇していくとき，鉄鉱石は，

$$Fe_2O_3 \rightarrow Fe_3O_4 \rightarrow FeO \rightarrow Fe$$

のように段階的に還元されていく。

$$Fe_2O_3 + 3\,CO \longrightarrow 2\,Fe + 3\,CO_2$$

このように，鉄鉱石の多くは，高温の CO により**間接還元**される。

一方，鉄鉱石の一部には，高温の炭素に触れて**直接還元**されるものもある。

$$Fe_2O_3 + 3\,C \longrightarrow 2\,Fe + 3\,CO$$

通常の操業では，CO による間接還元の割合が 60～70%とされている。

＊1　高さ 100 m 以上，内容積約 5000 m^3 程度で，日産 1 万 t 前後の鉄を生産する能力をもつものが多い。一度，操業を開始すると，炉が使えなくなるまで 10 年間以上，昼夜連続した操業が行われる。

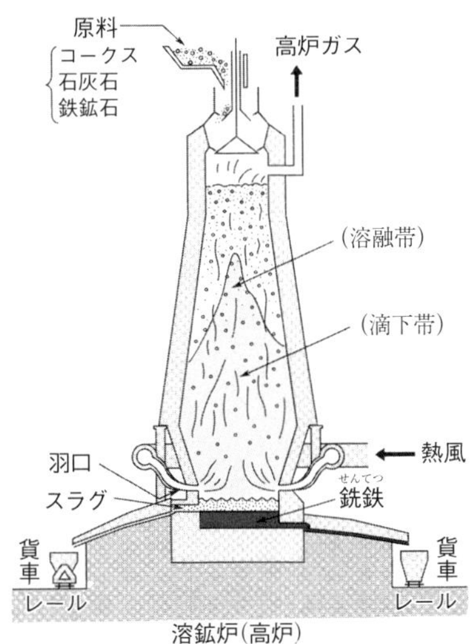

溶鉱炉(高炉)

＊2 粉末状の鉄鉱石やコークスはそのまま高炉に入れると，炉内が目づまりをおこし，COガスが十分に流れない。そこで，これらに石灰石を加えたものを一定の大きさに焼き固め，ペレット状にしたものを高炉へ入れる。銑鉄を1t生産するのに，鉄鉱石1.6t，コークス0.4t，石灰石0.2tを必要とする。

＊3 羽口は，図には2か所しかないように見えるが，実際には溶鉱炉の周囲に約40か所もついている。また，羽口の上部で溶鉱炉に少し膨らみをもたせてあるのは，鉄の溶融物が安定して落下するようにするためで，その角度は経験的に決められている。

前記のように，還元反応は溶鉱炉の下から上へ，また中心部から周囲へと進行し，生成した鉄は炉芯に近い所から豪雨のように滴下し，炉底にたまる。この鉄を**銑鉄**という。一方，鉄鉱石中の不純物は石灰石と反応して，**スラグ**[*4]とよばれる物質となり，銑鉄(密度7.0 g/cm^3)の上に浮かぶ。

＊4 不純物のSiO_2やAl_2O_3が，石灰石の熱分解で生じたCaOと反応して，$CaSiO_3$や$Ca(AlO_2)_2$に変化したもの。スラグは，密度約3.5 g/cm^{3}のガラス状の物質で，粉砕してセメントの原料とするほか，道路の地盤改良剤などに用いられる。

約1時間ごとに出銑口を開け，銑鉄とスラグとを別々に取り出す。こうして取り出した銑鉄は，炭素分を多量(約4%)に含んでおり，硬いが脆くて割れやすい[*5]。そこで，銑鉄の大部分は，炭素分を減らして，粘り強い性質をもつ**鋼**に変えられる。

銑鉄を下図のような**転炉**に移して，上から高圧のO_2を10分ほど吹き込んで，余分なCや不純物のSやPなどを酸化させて除くと，鋼ができる。

＊5 銑鉄は，炭素による融点降下により，比較的低い融点(1150～1250℃)をもち，融けやすい性質がある。また，溶融銑鉄中の炭素の多くは，冷却時に黒鉛として析出することになるが，黒鉛は鉄に比べて$\frac{1}{3}$以下の密度しかないので，黒鉛の析出によって銑鉄の体積は，約6%増加するとされている。この性質を利用して，銑鉄は鋳型に流し込んで複雑な形の鉄製品(**鋳物**)をつくるのに使われる。

鋼の中に含まれる炭素の量によって，鋼は硬鋼と軟鋼などに分けられ，それぞれの用途に利用される(下表)。

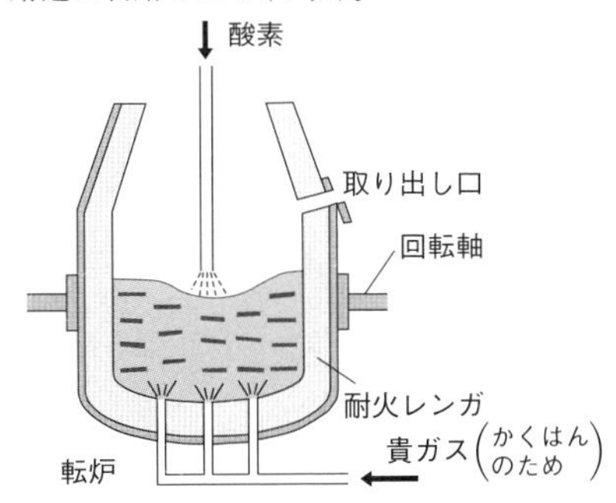

鋼の種類	極軟鋼	軟　鋼	硬　鋼	最硬鋼
炭素の割合〔%〕	0.12以下	0.40以下	0.80以下	0.80以上
製品用途	薄板，トタン，ブリキ板，針金，	鉄骨，鉄筋，鋼板，リベット(鋲)	車軸，歯車などの機械部品，ボルト	レール，ワイヤロープ，ばね，刃物

SCIENCE BOX　熱処理による鋼の硬さの変化

炭素を0.4％以上含んだ鋼は，**熱処理**の仕方によって硬くなったり軟らかくなったり，その性質が変化する。熱処理による効果は炭素量の多い鋼ほど顕著にあらわれる。

(1)　**焼き鈍し**（なま）……900℃程度に熱した鋼を，鉄製の箱中でゆっくりと冷却すると，軟らかさが増すので加工しやすくなる。

(2)　**焼き入れ**……900℃程度に熱した鋼を，水や油に浸して急冷すると，著しく硬度が増すが，同時に脆くなる。

(3)　**焼き戻し**……一度焼き入れした鋼を，300～600℃に熱してから徐々に冷却すると，硬さは減るが鉄の粘り強さがあらわれる。

熱処理によって硬さが変化するのは，鋼の組織の変化と密接な関係がある。鉄には，α，β，γ，δ の４種の同素体があり，このうち α，β，δ 鉄が体心立方格子で，γ 鉄だけが面心立方格子である。また，α 鉄だけが**強磁性体**で，770℃（**キュリー温度**）以上では強磁性ではなく，常磁性となる。

$$\alpha\text{鉄} \xrightleftharpoons{770℃} \beta\text{鉄} \xrightleftharpoons{910℃} \gamma\text{鉄} \xrightleftharpoons{1390℃} \delta\text{鉄}$$

（鉄の融点は1535℃である。）

α 鉄では隙間が小さく，炭素は0.02％までしか溶けられない。0.02％までの炭素を含んだ α 鉄を**フェライト**とよび，鉄本来の軟らかさと粘りをもつ。一方，γ 鉄は，α 鉄より炭素の入る隙間が大きく，炭素は1.7％まで溶けられる*。

*　面心立方格子は，隙間の総量は少ないが，隙間のサイズは大きい。体心立方格子は，隙間の総量は多いが，隙間のサイズは小さい。

そこで，鉄はふつう，炭素の溶解量の多い γ 鉄の状態に加熱してから鍛造（たんぞう）や圧延などの加工（**熱間加工**）を行う。たとえば，炭素が0.9％程度の γ 鉄をゆっくり冷却していくと，まずフェライトだけが析出する。続いて，溶けきれなくなった炭素は，鉄と Fe_3C という非常に硬い炭化物（**セメンタイト**）を形成し，フェライトと交互に層をなして析出する。この層状の組織を**パーライト**という。すなわち，焼き鈍しをした鉄の組織中には，フェライトの中に微細なセメンタイトが層状に含まれるパーライトの組織になり，全体としてはフェライトの軟らかくて粘り強い性質を示す。

一方，γ 鉄を急冷すると，フェライトとセメンタイトとが層状に分離したパーライトになる時間がないので，α 鉄の中に過剰の炭素が溶け込んだまま固化してしまう。この組織を**マルテンサイト**とよび，炭素をわずかしか溶かせない α 鉄の中に，炭素が異物として無理に閉じ込められており，結晶内には多くの歪みが生じている。したがって，鉄原子の動きは互いに妨げられ，非常に硬いが脆い鉄となる。これを焼き戻しすれば，マルテンサイト内の一部の炭素原子が，セメンタイトの小粒子として析出する。この組織を**トルースタイト**といい，結晶内の歪みが幾分緩和され，硬さは少し減るが，粘り強さがあらわれる。

融解銑鉄（炭素約4％）を急冷した場合は，鉄中の炭素はすべてセメンタイトとして析出する。しかし，融解銑鉄を徐冷するときは，γ 鉄でも1.7％の炭素しか溶けないので，残りの炭素は黒鉛として析出し，さらに冷却するとパーライトが析出する。銑鉄では，パーライトの組織が腐食しにくい黒鉛の結晶の中に包み込まれた状態にあるので，鋼よりもさびにくいという特性をもつ。

パーライトの顕微鏡写真
フェライト（白色部分）
セメンタイト（黒色部分）

（×300）

銑鉄の顕微鏡写真
黒鉛（黒色部分）
パーライト（白色部分）

鋼(炭素量0.02〜2.0%)の硬さは，含まれる炭素Cの含有率でほぼ決まる。Cの含有率が多くなるほど鋼は硬くなり，逆に，少なくなるほど鋼は軟らかくなる❷。

補足❷ 純鉄は比較的軟らかいが，FeはCと非常に硬い炭化物（Fe_3Cと表され，**セメンタイト**という）をつくる性質がある。鉄中の炭素の割合が大きくなると硬くなるのは，軟らかい鉄の組織(**フェライト**という)が減り，硬いセメンタイトとフェライトを層状に含む組織(**パーライト**という）が増えるためである（p.534)。また，鋼がさびやすいのは，Fe_3Cが正極，Feを負極とする局部電池(p.539)が形成されるためである。少量の銅(0.5%)を含む特殊鋼はさびにくいことが発見され，本州四国連絡橋にこの**耐候性鋼**が使われた。

2 鉄の化合物

鉄の酸化物には，酸化鉄(Ⅱ)FeO(黒色)，酸化鉄(Ⅲ)Fe_2O_3(赤褐色)，および四酸化三鉄Fe_3O_4(黒色）などがある。Fe_2O_3は，Feが湿った空気中で酸化されて生じる鉄の**赤さび**の主成分である❸。一方，Fe_3O_4は，赤熱したFeに高温の水蒸気を吹きつけたり，鋼を焼き入れしたときに生成し，鉄の**黒さび**の主成分である❹。このように，鉄の化合物には酸化数＋Ⅱと＋Ⅲの2つの系列があるが，一般に＋Ⅱの酸化数の化合物は，空気中で酸化されて，＋Ⅲの酸化数の化合物に変化しやすい性質がある❺。

詳説❸ 鉄の赤さびは，$Fe_2O_3 \cdot nH_2O$で表され，きめが粗く表面に密着しておらず，内部を保護しない。さらに，空気中のH_2OやO_2を吸着して，内部までさびが進行するのを助けてしまう。このように，生成物自身が触媒作用を示す現象を**自触媒作用**という。純粋なα-Fe_2O_3は赤褐色の粉末で，赤色顔料(べんがら)やレンズの研磨剤などに用いられる。

参考 インドのデリー市の郊外に「クップの鉄塔」がある。これは約2500年前に建てられたものであるが，屋外でもほとんどさびていないので有名である。この理由は，この鉄塔が特殊な成分を含むためではなく，当地の気候が非常に乾燥しているためであることがわかった。

補足❹ $3Fe + 4H_2O \rightleftharpoons Fe_3O_4 + 4H_2$ という反応で生成する。Fe_3O_4は$Fe^{II}Fe_2^{III}O_4$とも表され，Fe^{2+}とFe^{3+}が1：2(物質量比)の割合で含まれた**複酸化物**である。強磁性を示す物質で，酸化二鉄(Ⅲ)鉄(Ⅱ)ともよばれる。鉄の黒さびは，緻密で密着性がよいので，内部を保護する働きをもつ。よって，鉄製品のさび止めに有効である。鉄は濃硝酸に対しては，**不動態**となって溶解しないが，このとき鉄の表面には緻密なγ-Fe_2O_3(Fe_3O_4の酸化で得られる)の薄膜が生じている。

参考 FeOは天然には存在せず，Fe_2O_3を約300℃で水素還元するか，Feを酸素の少ない状態で加熱後，急冷すると生成する。黒色の粉末で，発火性のある不安定な物質である。

詳説❺ 最外殻のN殻の4s軌道の電子を2個失ってFe^{2+}になるほか，内殻のM殻の3d軌道($3d^6$)から電子1個を失ってFe^{3+}にもなることができる。

►鉄は，水素よりもイオン化傾向が大きく，希硫酸とは水素を発生しながら反応し，Fe^{2+}を含む淡緑色の水溶液が得られる❻。

$$Fe + H_2SO_4 \longrightarrow FeSO_4 + H_2\uparrow$$

この溶液を濃縮すると，硫酸鉄(Ⅱ)七水和物$FeSO_4 \cdot 7H_2O$の淡緑色の結晶が得られる。Fe^{2+}はFe^{3+}に酸化されやすいので，$FeSO_4 \cdot 7H_2O$は還元剤として用いられる。

補足❻ 空気中では，Fe^{2+}よりもFe^{3+}のほうが安定であるが，鉄と希硫酸との反応式は，

$$2\,Fe + 3\,H_2SO_4 \longrightarrow Fe_2(SO_4)_3 + 3\,H_2$$ と書いてはいけない！

この反応が進行している間は，H_2 が発生している。この H_2 が還元剤として水中に溶け込む O_2 をどんどん H_2O に変えてしまうので，H_2 が発生している限り，Fe^{2+} が Fe^{3+} へ酸化されることはない。したがって，この反応では，Fe^{2+} と $SO_4{}^{2-}$ からなる $FeSO_4$ という塩が生成することに注意する。しかし，H_2 の発生が止まった後，水溶液を放置しておくと，水中に溶け込んだ O_2 によって Fe^{2+}(淡緑色)は Fe^{3+}(黄褐色)へとしだいに酸化されていく。

►鉄を希塩酸に溶かすと，まず $FeCl_2$ の水溶液が得られる。これに塩素(酸化剤)を通じると，黄褐色の $FeCl_3$ の水溶液となる。　$2\,FeCl_2 + Cl_2 \longrightarrow 2\,FeCl_3$
この溶液を濃縮すると，塩化鉄(Ⅲ)六水和物 $FeCl_3 \cdot 6\,H_2O$ の結晶が得られる。これは，黄褐色の結晶で潮解性が強く，水溶液は加水分解して酸性を示す❼。

詳説❼　$[Fe(H_2O)_6]^{3+}$ の本当の色は淡紫色であるが，通常は次式のような加水分解によって，$[Fe(OH)(H_2O)_5]^{2+}$ のようなヒドロキシド錯イオンを生成して，水溶液が黄褐色に見える。

$$[Fe(H_2O)_6]^{3+} \rightleftharpoons [Fe(OH)(H_2O)_5]^{2+} + H^+$$

さらに加水分解が進むと，$[Fe(OH)_2(H_2O)_4]^+$ を生じ，さらに濃い褐色を示す。このように，結合する配位子の種類が変わると，遷移金属イオンの色もそれに応じて変化する。ちなみに，この溶液に硝酸のような配位能力のない強酸（pH=0 以下）を加えると，上式の平衡がほとんど左に移動して，溶液はごく薄い紫色を示す $[Fe(H_2O)_6]^{3+}$ に変化するのが観察できる。

3　鉄イオンの反応

Fe^{2+} と Fe^{3+} を含む各水溶液に，NaOH 水溶液，または NH_3 水を加えると，緑白色の水酸化鉄(Ⅱ)$Fe(OH)_2$ のゲル状沈殿と，赤褐色の酸化水酸化鉄(Ⅲ)FeO(OH) のゲル状沈殿を生成する❽。

$$Fe^{2+} + 2\,OH^- \longrightarrow Fe(OH)_2\downarrow$$

$$Fe^{3+} + 3\,OH^- \longrightarrow FeO(OH)\downarrow + H_2O$$

$Fe(OH)_2$ は水溶液中の O_2 によって容易に酸化され，FeO(OH)に変化する❾。

$$4\,Fe(OH)_2 + O_2 \longrightarrow 4\,FeO(OH) + 2\,H_2O$$

詳説❽　$Fe^{3+} : OH^- = 1 : 3$ の割合で結合した水酸化鉄(Ⅲ)$Fe(OH)_3$ は実在しない。Fe^{3+} の水溶液中には，Fe^{3+} に H_2O 6 分子が配位結合したアクア錯イオン $[Fe(H_2O)_6]^{3+}$(正八面体形）が存在する。中心にある Fe^{3+} は高電荷のため，H_2O 分子を強く引きつけるので，O-H 結合は分極し，H^+ を放出しやすくなり，$[Fe(H_2O)_6]^{3+}$ の水溶液は弱い酸性を示す($K_a = 6\times10^{-3}$ mol/L)。したがって，Fe^{3+} の水溶液に塩基を加えてその pH を上げていくと，配位子の H_2O から H^+ が順次放出され，**ヒドロキシド錯イオン**に変化し，その電荷は，+3 → +2 → +1 → 0 と変化する。

$$[Fe(H_2O)_6]^{3+} \xrightarrow[-H^+]{} [Fe(OH)(H_2O)_5]^{2+} \xrightarrow[-H^+]{} [Fe(OH)_2(H_2O)_4]^+ \xrightarrow[-H^+]{} [Fe(OH)_3(H_2O)_3]$$

最後の無電荷のものは**錯分子**とよばれ，水に溶けにくく沈殿しやすい。また配位子の H_2O を省略すると，$Fe(OH)_3$ と表すことができる。

錯分子 $[Fe(OH)_3(H_2O)_3]$ どうしは，正八面体の各辺を共有する形で，ヒドロキシ基 -OH と水分子 H_2O との間で脱水縮合すると二量体となる。さらに脱水縮合を繰り返すと最終的に鎖状の高分子が生成することになる。

いま，錯分子$[Fe(OH)_3(H_2O)_3]$どうしが鎖状に脱水縮合するようすを模式的に示す。

$$\cdots[Fe(OH)_3(H_2O)_3][Fe(OH)_3(H_2O)_3][Fe(OH)_3(H_2O)_3]\cdots$$

（隣り合う錯分子の間で$-H_2O$）

$[Fe(OH)_3(H_2O)_3]$どうしは(OH)の部分が隣の(H_2O)との間で，(H_2O)の部分が隣の(OH)との間で脱水縮合して，H_2O分子を脱離する。中央の部分に着目すると，H_2O分子が2個脱離しているように見えるが，両隣の$[Fe(OH)_3(H_2O)_3]$で半分ずつ出し合っているから，実質上，H_2O分子が1個脱離しているだけである。よって，$[Fe(OH)_3(H_2O)_3]$どうしが脱水縮合した鎖状の高分子の化学式は，$[Fe(OH)_3(H_2O)_3]$の$(OH)_3$からH_2O 1分子，$(H_2O)_3$からH_2O 1分子を除いた$[FeO(OH)(H_2O)_2]$となるが，残った配位子の$(H_2O)_2$を省略すると，その化学式はFeO(OH)となる。

したがって，Fe^{3+}の水溶液に塩基を加えて生成する赤褐色の沈殿は$Fe(OH)_3$ではなく，$Fe(OH)_3$からH_2O 1分子を除いたFeO(OH)と表すのが適切である。なお，$[Fe(OH)_3(H_2O)_3]$どうしがさらに脱水縮合が進んだ立体網目構造の高分子である場合，鎖状の高分子の化学式が$2\,FeO(OH)=Fe_2O_3\cdot H_2O$であることから，$Fe_2O_3\cdot nH_2O$ $(0<n<1)$と表せばよい。

補足❾ 純粋な$Fe(OH)_2$は白色とされているが，空気中で生成した$Fe(OH)_2$では，ごく一部が酸化されて生じたFeO(OH)との混合物となるため，通常，緑白色に見える。やがて$Fe(OH)_2$の酸化が進むと赤褐色のFeO(OH)に変化していく。

►鉄の主な錯塩には，ヘキサシアニド鉄(Ⅱ)酸カリウム三水和物$K_4[Fe(CN)_6]\cdot 3\,H_2O$と，ヘキサシアニド鉄(Ⅲ)酸カリウム$K_3[Fe(CN)_6]$❿がある。

補足❿ $K_4[Fe(CN)_6]\cdot 3\,H_2O$は，現在，シアン化ナトリウムNaCNと硫酸鉄(Ⅱ)$FeSO_4$と塩化カリウムKClを加熱してつくられる。18世紀初頭には，動物の血液や内臓に植物の灰汁(あく)(K_2CO_3)と鉄くずを加熱してつくられていていた。黄色の結晶なので，**黄血塩**ともよばれ，水溶液は淡黄色である。

$K_3[Fe(CN)_6]$は，現在，$K_4[Fe(CN)_6]$水溶液を電気分解で陽極酸化するか，塩素Cl_2で酸化してつくられる。暗赤色の結晶なので**赤血塩**ともよばれ，水溶液は黄色である。

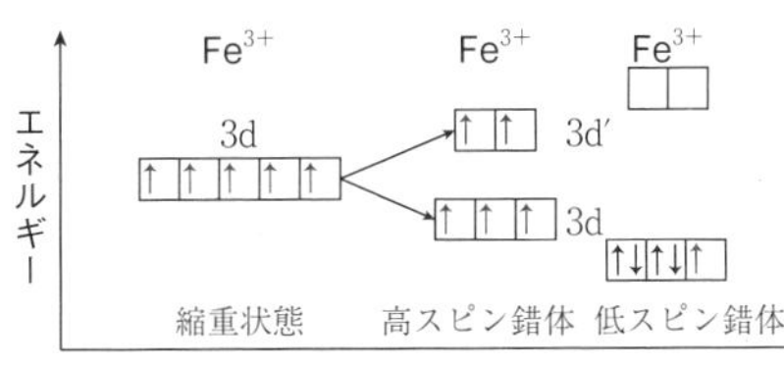

金属イオンが6配位の錯イオンをつくると，d軌道は配位子との相互作用によって，エネルギーの低い3つのd軌道とエネルギーの高い2つのd′軌道に分裂する（右図）。Fe^{3+}にH_2OやCl^-など配位能力の弱い配位子が結合すると，エネルギーの分裂幅は小さくなるので，電子配置は可能な限り対をつくらずに分かれて入るほうがエネルギーが低くなる。このような錯体は不対電子の数が多いので**高スピン錯体**という。また，この錯体は3d軌道が配位結合に使えないので，**外部軌道錯体**となり，金属イオンと配位子との結合力は弱く，他の配位子との交換がおこりやすい（**置換活性**）。一方，Fe^{3+}にCN^-など配位能力の強い配位子が結合すると，エネルギーの分裂幅は大きくなるので，電子配置はエネルギーの低い軌道に対をつくって入るほうがエネルギーが低くなる。このような錯体は不対電子の数が少ないので**低スピン錯体**という。この錯体は3d軌道が配位結合に使えるので，**内部軌道錯体**となり，金属イオンと配位子との結合力は強く，他の配位子との交換はおこりにくい(**置換不活性**)。

Fe^{2+}，Fe^{3+} に CN^- が配位結合した $[Fe(CN)_6]^{4-}$ や $[Fe(CN)_6]^{3-}$ は，いずれも低スピン錯体である。この錯体は，金属イオンと配位子が強く結合しており，水溶液中でも配位子は解離しにくい。特に，エネルギーの低い3つのd軌道を電子6個で満たした $[Fe(CN)_6]^{4-}$ は，電子5個が入った $[Fe(CN)_6]^{3-}$ に比べて錯イオンの安定度が大きい。したがって，赤血塩 $K_3[Fe(CN)_6]$ は光が当たるとわずかに CN^- を解離するので生物毒性を示すが，黄血塩 $K_4[Fe(CN)_6]$ は光が当たっても CN^- を解離しないので，生物毒性は示さないとされている。

► Fe^{2+} を含む水溶液に，ヘキサシアニド鉄(Ⅲ)酸カリウム $K_3[Fe(CN)_6]$ 水溶液を加えると，濃青色の沈殿(**ターンブル青**)を生じる⓫。一方，Fe^{3+} を含む水溶液に，ヘキサシアニド鉄(Ⅱ)酸カリウム $K_4[Fe(CN)_6]$ 水溶液を加えると，濃青色の沈殿(**紺青**(こんじょう)，**プルシアン青**)を生じる⓫。また，Fe^{3+} を含む水溶液にチオシアン酸カリウム KSCN 水溶液を加えると，血赤色の溶液となる。

これらの反応はいずれも鋭敏で，Fe^{2+} と Fe^{3+} のそれぞれを検出するのに利用される。

詳説⓫　ターンブル青と紺青(プルシアン青)は，多少色合いが異なるので，異なる物質と考えられていたが，X線回折の結果，両者は同一組成($KFe[Fe(CN)_6]\cdot H_2O$，または $Fe_4[Fe(CN)_6]_3\cdot nH_2O$)の物質であることがわかった。いずれも絵の具・青色顔料に用いられる。

参考　**ターンブル青，紺青(プルシアン青)はどんな構造か。**

①　Fe^{3+} 水溶液に過剰の $K_4[Fe(CN)_6]$ 水溶液を加えると，組成式 $KFe[Fe(CN)_6]\cdot H_2O$ で表される**可溶性プルシアン青**が得られる。その構造は，Fe^{2+} と Fe^{3+} が NaCl 型の結晶構造をとり，その間には配位子 CN^- が位置する。このとき，CN^- はC原子側で Fe^{2+} と，N原子側で Fe^{3+} と配位結合しており，Fe^{2+} と Fe^{3+} が CN^- によって架橋された状態にある。このため，Fe^{2+}(電子供与体) から Fe^{3+}(電子受容体) への電荷移動によって可視光線の強い吸収がおこり，濃青色に着色していると考えられている。また，結晶全体の電気的中性を保つため，単位格子を8等分した小立方体の1つおきに K^+ と H_2O が入っている。

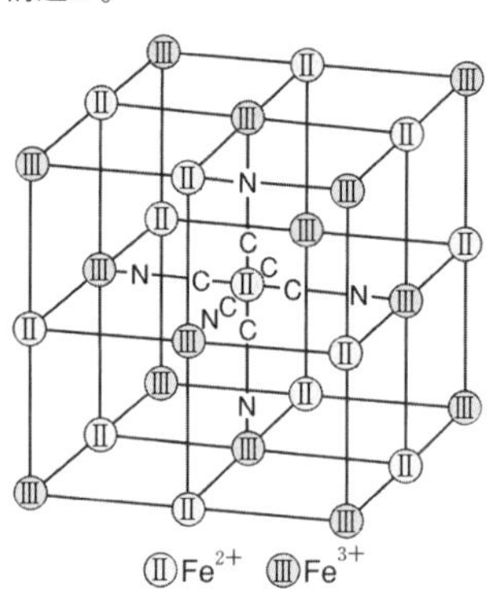

$KFe[Fe(CN)_6]\cdot H_2O$ の構造 (K^+, H_2O は省略)

②　過剰の $K_4[Fe(CN)_6]$ 水溶液に Fe^{3+} 水溶液を加えると，組成式 $Fe_4[Fe(CN)_6]_3\cdot nH_2O$ で表される**不溶性プルシアン青**が得られる。不溶性プルシアン青では $Fe^{3+}:[Fe(CN)_6]^{4-}=4:3$ であるが，可溶性プルシアン青では4：4であるから，$[Fe(CN)_6]^{4-}$ が1つ分少ない。そこで，不溶性プルシアン青は，可溶性プルシアン青の単位格子中の Fe^{2+} 1個分と CN^- 6個分を除き，代わりに H_2O が配位したような構造と考えられている。

プルシアン青を Na_2SO_3(還元剤)で還元すると，Fe^{2+} と $[Fe(CN)_6]^{4-}$ からなる白色の沈殿(プルシアン白)が得られる。一方，プルシアン青を $KMnO_4$(酸化剤)で酸化すると，Fe^{3+} と $[Fe(CN)_6]^{3-}$ からなる褐色の溶液(ベルリン褐)が得られる。このように，Fe^{2+} と $[Fe(CN)_6]^{4-}$ のように電子供与体どうしや，Fe^{3+} と $[Fe(CN)_6]^{3-}$ のように電子受容体どうしの組み合わせでは，上記のような電荷移動はおこらないので，濃青色の呈色は見られない。

SCIENCE BOX　鉄の腐食と局部電池

鉄は，乾燥した空気中ではほとんどさびないが，湿った空気中ではかなり速くさびる。このことは，鉄は空気中の O_2 と直接反応して酸化物となり，さびるのではないことを示す。一般に，イオン化傾向の異なる他の金属（不純物）を含んだ金属が，水，または電解液と接触すると，2種の金属と電解液との間に一種の小規模な電池（**局部電池**）が形成される。たとえば，私たちが日常使用している鉄の多くは，純鉄ではなく炭素を含んだ鋼（こう）である。炭素はイオン化しないので，鉄が負極，炭素が正極となり，鉄板の表面に吸着された水分子によって局部電池が形成され，鉄が腐食される。

次に，鉄の腐食のメカニズムを理解するのに，**エバンス**の行った実験を紹介する。

(1)　3%食塩水（この濃度で鉄の腐食速度が最大で，これより濃くなると O_2 の溶解度が減少するので，腐食速度は低下する）をつくり，これに少量のヘキサシアニド鉄(Ⅲ)酸カリウム $K_3[Fe(CN)_6]$ と，指示薬としてフェノールフタレインを少量溶解しておく。

(2)　汚れを落とし，よく磨いた鉄板の表面に(1)でつくった溶液を静かに落とし液滴をつくる（図(a)）。

(3)　滴下直後から，液滴の中央部がしだいに青色に変化し始める（図(b)）。

(4)　少し時間がたつと，液滴の周辺部が徐々にピンク色に変化していく（図(c)）。

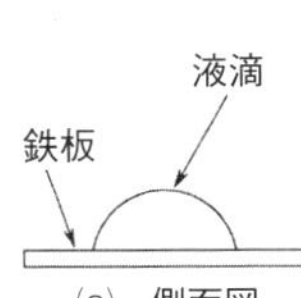

(a)　側面図

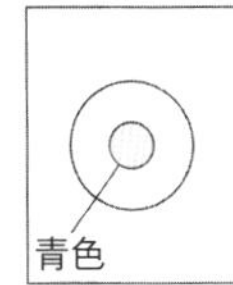

(b)　平面図

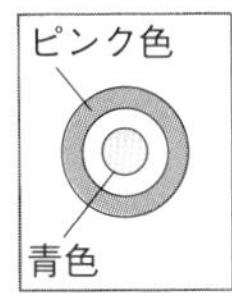

(c)　平面図

この実験中，鉄板上の液滴からは気体の発生は見られなかった。

(3)の結果は，鉄板から鉄(Ⅱ)イオン Fe^{2+} が溶解し，これが $K_3[Fe(CN)_6]$ と反応して，**ターンブル青**とよばれる青色の物質が生成したことを示す。

$$Fe \longrightarrow Fe^{2+} + 2e^- \quad \cdots\cdots①$$

$$Fe^{2+} + K_3[Fe(CN)_6] \longrightarrow KFe[Fe(CN)_6]\downarrow + 2K^+$$

すなわち，液滴の中心部では，主として①式で示す酸化反応がおこったことから，この部分が負極として働いたことがわかる。

一方，(4)の結果は，水中の溶存酸素（酸化剤）は，水分子とともに鉄（還元剤）の放出した電子を受け取って，水溶液中に塩基性を示す OH^- が生成されたことを示す（電解液が酸性ならば，$2H^+ + 2e^- \longrightarrow H_2$ の反応により，水素ガスが発生する）。

$$O_2 + 4e^- + 2H_2O \longrightarrow 4OH^- \quad \cdots②$$

すなわち，液滴の周辺部では，主に②式の反応がおこったことから，この部分が正極として働いたことがわかる。液滴の中央部と周辺部では，空気中からの酸素の供給量にわずかな違いがあることから，O_2 の供給量の多い液滴の周辺部では，①式よりも②式の反応が優勢におこるが，O_2 供給量のやや少ない液滴の中央部では，むしろ①式の反応のほうがおこりやすくなると考えられる。さらに時間がたつと，鉄板上の青色とピンク色の領域が接触する部分では，Fe^{2+} と OH^- の拡散によって，$Fe^{2+} + 2OH^- \longrightarrow Fe(OH)_2\downarrow$ の反応がおこり，水に不溶性の水酸化鉄(Ⅱ)を生成する。この物質は非常に酸化されやすく，水中の溶存酸素によってしだいに酸化される。

$$4Fe(OH)_2 + O_2 \longrightarrow 4FeO(OH) + 2H_2O$$

この反応で生じた酸化水酸化鉄(Ⅲ)は，鎖状構造の高分子と考えられているが，時間がたつにつれてさらに脱水縮合を繰り返し，複雑な立体網目構造をもつ高分子に変化していく。これが，鉄の**赤さび**の正体である。

$$2FeO(OH) \longrightarrow \underset{\text{含水酸化鉄(Ⅲ)}}{Fe_2O_3 \cdot nH_2O} \quad (0 < n < 1)$$

SCIENCE BOX

青写真の原理

〔1〕 青写真の種類について

青写真は，Fe^{3+} が紫～青色光を受けると，Fe^{2+} に還元される**光化学反応**を利用しており，白線法(陰画)と青線法(陽画)がある。

白線法(陰画)

青線法(陽画)

白線法は，シュウ酸鉄(Ⅲ)塩などを塗った感光紙に原稿を当て露光する。感光部では，生じた Fe^{2+} が現像液の $K_3[Fe(CN)_6]$ (赤血塩)水溶液と反応し，水に不溶の青色物質(**ターンブル青**) $Fe_4[Fe(CN)_6]_3$ が生成する。非感光部では，Fe^{3+} は $K_3[Fe(CN)_6]$ とは反応せず水で洗い流されて白色になる。こうして，青地に白線が描かれた陰画(青写真)が得られる。

青線法では現像液に $K_4[Fe(CN)_6]$（黄血塩）を用いる。非感光部では Fe^{3+} と $K_4[Fe(CN)_6]$ が反応して，水に不溶の青色物質(**ベルリン青**)を生じるが，感光部でも Fe^{2+} と $K_4[Fe(CN)_6]$ が反応して青白色物質を生成するので，白地に青線が描かれた陽画は，青地に白線が描かれた陰画に比べて，青と白のコントラストが低く，精密な図面には不向きである。

〔2〕 青写真の反応について

$Fe^{3+} \rightarrow Fe^{2+}$ の光化学反応に関与する光の波長は300～500 nmで，近紫外線から可視光線の短波長域（紫～青色光）が有効で，長波長域(緑～赤色光)では全く無効である。

感光剤のシュウ酸鉄(Ⅲ)塩に青色光を当てると，一部がシュウ酸鉄(Ⅱ)塩に変化し，CO_2 が発生する。この CO_2 はシュウ酸鉄(Ⅲ)塩から遊離したシュウ酸イオン $C_2O_4{}^{2-}$ が還元剤として働いたことで生成し，その結果，Fe^{3+} が Fe^{2+} に還元される。

$$[Fe(C_2O_4)_3]^{3-} + e^- \longrightarrow [Fe(C_2O_4)_2]^{2-} + C_2O_4{}^{2-} \quad \cdots①$$

$$C_2O_4{}^{2-} \longrightarrow 2\,CO_2 + 2\,e^- \quad \cdots②$$

①×2＋②より

$$2[Fe(C_2O_4)_3]^{3-} \longrightarrow 2[Fe(C_2O_4)_2]^{2-} + C_2O_4{}^{2-} + 2\,CO_2 \quad \cdots③$$

③式は，$[Fe(C_2O_4)_3]^{3-}$ が酸化剤・還元剤の両方の働きをする**自己酸化還元反応**（**不均化反応**）といえる。

〔3〕 光化学反応の反応割合について

③式より，CO_2 に変化した $C_2O_4{}^{2-}$ の割合を調べると，③式の光化学反応の割合(%)が求められる。

例題 0.015 molの $[Fe(C_2O_4)_3]^{3-}$ を含む水溶液に青色光を一定時間照射した溶液に，別の試薬を加えて錯イオンを完全に解離したら，$C_2O_4{}^{2-}$ は0.040 mol生成した。この実験について次の問いに答えよ。

(1) 1.0 molの $[Fe(C_2O_4)_3]^{3-}$ が③式に従って完全に反応したとき，酸化されて CO_2 に変化した $C_2O_4{}^{2-}$ の物質量は何molか。

(2) 本実験では，溶液中の $[Fe(C_2O_4)_3]^{3-}$ の何%が $[Fe(C_2O_4)_2]^{2-}$ に変化したか。

［解］(1) 最初，$[Fe(C_2O_4)_3]^{3-}$ 1.0 mol中に $C_2O_4{}^{2-}$ は3.0 mol存在する。反応後，$[Fe(C_2O_4)_2]^{2-}$ 1.0 mol中には $C_2O_4{}^{2-}$ 2.0 molが存在するから，遊離した $C_2O_4{}^{2-}$ 0.50 molを含めて，$C_2O_4{}^{2-}$ は合計2.5 mol存在する。

よって，CO_2 に変化した $C_2O_4{}^{2-}$ の物質量は **0.50 mol** 答

(2) 最初 $[Fe(C_2O_4)_3]^{3-}$ 0.015 mol中に $C_2O_4{}^{2-}$ は0.045 mol存在する。反応後，$C_2O_4{}^{2-}$ は0.040 mol生成したので，CO_2 に変化した $C_2O_4{}^{2-}$ は0.0050 molである。もし，0.015 molの $[Fe(C_2O_4)_3]^{3-}$ が③式の反応によって完全に進行した場合，CO_2 に変化した $C_2O_4{}^{2-}$ の物質量は，(1)より　$0.015 \times 0.50 = 0.0075$ mol

∴ 反応した割合は，

$$\frac{0.0050}{0.0075} \times 100 = 66.66\cdots \fallingdotseq \mathbf{67\%}$$ 答

4-15 銅とその化合物

1 銅の製錬

銅 Cu の主要な鉱石は**黄銅鉱** $CuFeS_2$ で，これにコークス C，ケイ砂 SiO_2，石灰石 $CaCO_3$ などを加えて溶鉱炉に入れ，空気を吹き込みながら 1200～1300℃に加熱する。やがて，鉱石中の銅成分は硫化銅(Ⅰ)Cu_2S となって下層に，鉄成分はケイ酸鉄(Ⅱ) $FeSiO_3$ などとなって上層に分離される❶。

$$2CuFeS_2 + 4O_2 + 2SiO_2 \longrightarrow Cu_2S + 2FeSiO_3 + 3SO_2\uparrow$$

この硫化銅(Ⅰ)を転炉に移し，酸素を吹き込むと**粗銅**(Cu：約 99%)が得られる❷。

$$Cu_2S + O_2 \longrightarrow 2Cu + SO_2\uparrow$$

これを下の右の図のように**電解精錬**すると，**純銅**(Cu：約 99.99%)が得られる。

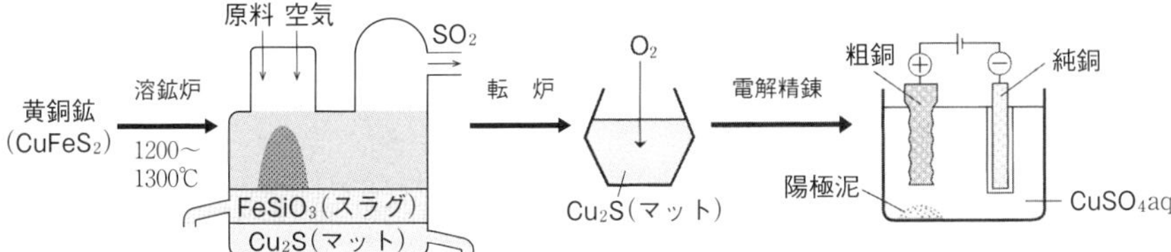

詳説❶ 黄銅鉱から Cu 成分と Fe 成分を分離する必要がある。銅精鉱 (銅の割合を 10～15%に高めたもの) とケイ砂と石灰石を小型の溶鉱炉に入れ，酸素の割合を高めた空気 (O_2：30～40%)を吹き込み酸化する。イオン化傾向は Fe>Cu なので，Cu は酸化されずに密度の大きい硫化銅(Ⅰ)(密度約 5.6 g/cm³：鈹(かわ) (マット) という) のまま炉底にたまる。一方，Fe は酸化されて FeO(塩基性酸化物)となり，加えた SiO_2(酸性酸化物)と反応して，$FeSiO_3$(密度約 3.5 g/cm³：鍰(からみ) (スラグ) という) という塩をつくり，上層に浮かぶ。実際には次のような 3 段階の反応が連続的に進行すると考えられている。

$$\begin{cases} 2CuFeS_2 \longrightarrow Cu_2S + 2FeS + S & \text{(熱分解反応)} \\ 2FeS + S + 4O_2 \longrightarrow 2FeO + 3SO_2 & \text{(酸化反応)} \\ FeO + SiO_2 \longrightarrow FeSiO_3 & \text{(広義の中和反応)} \end{cases}$$

詳説❷ この反応は，実際には次のような 2 段階の反応が連続的に進行すると考えられている。

$$\begin{cases} 2Cu_2S + 3O_2 \longrightarrow 2Cu_2O + 2SO_2\uparrow & \cdots\cdots\cdots ① \\ Cu_2S + 2Cu_2O \longrightarrow 6Cu + SO_2\uparrow & \cdots\cdots\cdots ② \end{cases}$$

まず融解した硫化銅(Ⅰ)Cu_2S を転炉に入れ，O_2 を供給すると，硫化銅(Ⅰ)の一部が酸化されて酸化銅(Ⅰ)Cu_2O となる (①式)。Cu_2O がある程度生成したとき，O_2 の供給を中断すると，Cu_2O が残存する Cu_2S と相互に反応して，効率よく Cu が生成する (②式)。副生する SO_2 は排煙脱硫装置で回収して，硫酸 H_2SO_4 の原料とする(p. 448)。

参考 銅の製錬における石灰石の役割

石灰石 $CaCO_3$ は溶鉱炉の高温条件では次のように熱分解される。$CaCO_3 \longrightarrow CaO+CO_2$ CaO(塩基性酸化物) は SiO_2(酸性酸化物) とは広義の中和反応によって，ケイ酸カルシウム $CaSiO_3$(融点 1190℃) を生成する。$CaSiO_3$ は SiO_2(融点 1550℃) の融点を下げ，銅の製錬におけるスラグの生成を助ける働きをする。(加える $CaCO_3$ は SiO_2 に比べて少量でよい。)

2 銅の単体

銅は赤味を帯びた金属光沢をもち，展性・延性に富み，電気・熱の伝導性は Ag に次いで大きい。主に電気材料や熱交換器などとして用いられる❸。このほか銅は，黄銅・青銅などの合金の材料としても重要である❹。

補足❸ 電気伝導度は，Ag の約 90％である。一般に，金属に不純物が含まれると結晶格子に乱れを生じるため，自由電子の動きが妨害され，電気抵抗が大きくなる。抵抗が大きくなると，ジュール熱の発生が大きくなり，電気エネルギーの損失が大きくなる。すなわち，電線にはできるだけ不純物を少なくした純銅(99.99％)を使う必要がある。

詳説❹ 純銅は軟らかくて，十分な強度が出せないので，合金の形で使用する。合金にすると硬度が増すのは，結晶格子の乱れが生じて，外力によるずれがおこりにくくなるためである。

黄銅 (brass) ……Cu に Zn(30～40％) を含む合金。適当な硬さをもち，加工性がよく機械的強度が大きい。機械部品，家庭用具，楽器などに広く使われる。

青銅 (bronze) ……Cu に Sn(約 10％) を含む合金。耐食性，硬度において黄銅を上回る。寺の梵(ぼん)鐘には，Sn 15～20％(硬度大)を使う。銅像，水道器具などに使われる。

白銅 (cupro-nickel) ……Cu に Ni(約 25％) を含む合金。美しく，展・延性，耐食性に富む。硬貨(50 円玉，100 円玉)や湯沸器の熱交換パイプなどに用いられる。さらに Zn(25％) を加えたものは**洋銀**(German Silver)といい，食器・計器類・医療器具などに使われる。

500 円玉には，**ニッケル黄銅**(Cu 72％，Zn 20％，Ni 8％)が使われている。

►銅を 1000℃ 以下で熱すると，黒色の酸化銅(Ⅱ)CuO を生じ，1000℃ 以上では赤色の酸化銅(Ⅰ)Cu_2O を生じる❺。　$4\,CuO \longrightarrow Cu_2O + O_2$

銅は，常温では表面がわずかに酸化される程度であるが，湿った空気中に放置すると，表面に青緑色のさび(**緑青**(ろくしょう))を生じる❻。

詳説❺ **銅は Cu^+ よりも Cu^{2+} のほうが安定である理由**

銅には酸化数＋Ⅰと＋Ⅱの化合物があるが，＋Ⅱの酸化数をもつ化合物のほうが安定である。

電子配置は，Cu^+:〔Ar〕$3d^{10}$，Cu^{2+}:〔Ar〕$3d^9$ なので，3d 軌道が閉殻である Cu^+ のほうが，Cu^{2+} より安定なようにみえるが，実際には，Cu^{2+} のほうがずっと安定である。Cu の 3d 軌道は Ag の 4d 軌道よりも軌道半径が小さく，ここへ電子を 10 個詰めたときの電子どうしの反発はかなり大きい。この不安定効果のほうが，3d 軌道が閉殻となった安定化効果を上回るので，Cu^+ よりも Cu^{2+} のほうが安定と考えられる。また，3d 軌道は 4d 軌道よりも原子核に近く，より引き締まった状態にあるので，原子核の正電荷を遮蔽する効果は大きい。したがって，Cu の有効核電荷 (p. 40) は Ag よりも小さく，Ag に比べて Cu は価数の大きな陽イオンになりやすいと考えられる。

補足❻ 銅は乾いた空気中で，表面が徐々に酸化され，酸化銅(Ⅰ)の被膜が生じる。この酸化被膜は緻密で密着性もあるので，内部を保護する働きがある。通常，私たちが見ている銅の色は，この酸化被膜の色であり，これを希酸で溶かし去ると，本当の銅の色があらわれてくる。一方，銅を湿った空気中に放置すると，CO_2 と H_2O の作用で表面に青緑色の緑青を生成する。主成分は炭酸水酸化銅(Ⅱ)$CuCO_3 \cdot Cu(OH)_2$，または炭酸二水酸化二銅(Ⅱ)$Cu_2CO_3(OH)_2$ であり，大きな毒性はない。銅屋根に生じた緑青は，水にも不溶で密着性がよいので，内部の銅を保護する働きがある。

3 銅の化合物

銅は塩酸や希硫酸には溶けないが，酸化力のある硝酸や熱濃硫酸には溶ける❼。

$$Cu + 2H_2SO_4(熱濃) \longrightarrow CuSO_4 + 2H_2O + SO_2\uparrow$$

補足❼ H_2 は発生せず，H_2SO_4 や HNO_3 の還元生成物の SO_2，または NO，NO_2 などが発生する。

►この水溶液からは**硫酸銅(Ⅱ)五水和物** $CuSO_4\cdot5H_2O$ の青色結晶が得られる❽。この結晶を 150℃以上に加熱すると，白色粉末状の硫酸銅(Ⅱ)無水物 $CuSO_4$ になる。これは，水分を吸収すると再び青色の結晶に戻るので，水分の検出に利用される❾。

補足❽ 水 1 L に硫酸銅(Ⅱ)の結晶 4.5 g，消石灰 4.5 g の割合でよく混合した溶液は**ボルドー液**とよばれ，リンゴ，ブドウ，ナシなどの果樹の消毒に用いられる。Cu^{2+} による殺菌力と，葉への付着力を高めるために $Ca(OH)_2$ が加えられており，他の有機系農薬に比べて薬効が長持ちするという特徴をもつが，連続使用は避けたほうがよい。

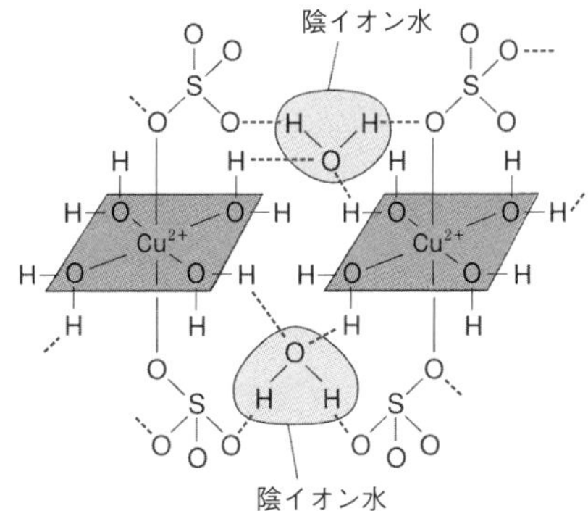

詳説❾ $CuSO_4\cdot5H_2O$ の結晶中の水和水のうち，4 個は Cu^{2+} に対して正方形の頂点方向から比較的強く配位している（**配位水**という）。また，この平面の少し離れた位置には $SO_4{}^{2-}$ があり，Cu^{2+} に弱く配位結合している。残る 1 個の水和水は $[Cu(H_2O)_4]^{2+}$ と $SO_4{}^{2-}$ との隙間にあり，水素結合で $SO_4{}^{2-}$ と配位水につながっている（**陰イオン水**という）。$CuSO_4\cdot5H_2O$ を加熱すると，結合力の最も弱い陰イオン水と配位水 1 分子が失われて $CuSO_4\cdot3H_2O$ になる。このとき，配位水 1 分子が抜けた場所には $SO_4{}^{2-}$ が配位し，結晶の密度は増加する。さらに配位水 2 分子が失われ，$CuSO_4\cdot H_2O$ になる。このとき，配位水 2 分子が抜けた場所にも $SO_4{}^{2-}$ が配位し，結晶の密度は増加する。$CuSO_4\cdot H_2O$ は，$CuSO_4\cdot5H_2O$ の H_2O と $SO_4{}^{2-}$ の配置を入れ替えたような構造をしており，その H_2O は Cu^{2+} と Cu^{2+} の間をつなぐ役割をもつ**架橋配位水**なので，加熱により最も脱離しにくい。

$$\underset{青色結晶}{CuSO_4\cdot5H_2O} \xrightleftharpoons{102℃\sim} CuSO_4\cdot3H_2O \xrightleftharpoons{113℃\sim} \underset{淡青色結晶}{CuSO_4\cdot H_2O} \xrightleftharpoons{150℃\sim} \underset{白色粉末}{CuSO_4} \xrightleftharpoons{650℃\sim} CuO + SO_2, O_2$$

► Cu^{2+} を含む水溶液に NaOH 水溶液を加えると，水酸化銅(Ⅱ) $Cu(OH)_2$ の青白色ゲル状沈殿を生じる。 $Cu^{2+} + 2OH^- \longrightarrow Cu(OH)_2\downarrow$

この沈殿に過剰の NH_3 水を加えると，**テトラアンミン銅(Ⅱ)イオン** $[Cu(NH_3)_4]^{2+}$ という錯イオンを生じて溶け，深青色の溶液となる❿。

$$Cu(OH)_2 + 4NH_3 \longrightarrow [Cu(NH_3)_4]^{2+} + 2OH^-$$

また，水酸化銅(Ⅱ)を 60～80℃に加熱すると，脱水して黒色の酸化銅(Ⅱ)に変化する⓫。

$$Cu(OH)_2 \longrightarrow CuO + H_2O$$

Cu^{2+} を含む水溶液に H_2S を通じると，硫化銅(Ⅱ) CuS の黒色沈殿を生じる。また，$K_4[Fe(CN)_6]$ 水溶液を加えると，ヘキサシアニド鉄(Ⅱ)酸銅(Ⅱ) $Cu_2[Fe(CN)_6]$ の赤褐色沈殿を生じる。また，$CuCl_2$ など揮発性の塩の水溶液は，青緑色の炎色反応を示す。

補足⑩ Cu^{2+} に対する配位子の結合能力は H_2O，OH^- よりも NH_3 のほうが強い (p. 531)。このため，配位子の交換がおこって $[Cu(NH_3)_4]^{2+}$ が生じる。この溶液を濃縮後，エタノールを十分に加えて放置すると，青紫色の $[Cu(NH_3)_4]SO_4\cdot H_2O$ という錯塩が結晶として析出する。

補足⑪ 金属の水酸化物が脱水する温度は，$Al(OH)_3$ が約 300℃，$Zn(OH)_2$ は約 125℃，$Cu(OH)_2$ が約 60～80℃のように，イオン化傾向が小さくなるほど低くなる傾向を示す。とくに，Ag，Hg のように，イオン化傾向が小さな金属では，イオン結合性の強い水酸化物 AgOH，$Hg(OH)_2$ から，共有結合性の強い酸化物に変化しやすい傾向を示し，常温でも容易に脱水がおこって Ag_2O，HgO が生成する (p. 548)。

SCIENCE BOX　合金

ある金属に他の金属，または非金属を融かし合わせたものを**合金**という。Au と Ag，Cu と Ni のように結晶構造が同じで，原子半径の差が 14%以内のときは，あらゆる割合で完全に溶け合う。このような合金を**置換型合金**という。しかし，Cu(0.128 nm，面心) と Zn(0.137 nm，六方) の場合，原子半径の差は約 7%であるが，結晶構造が異なるので，とくに Zn が 5～40%の範囲でのみ**黄銅**(**真鍮**(しんちゅう))という合金がつくられる。

一方，原子の大きさが極端に違う場合を**侵入型合金**といい，たとえば，大きい Fe 原子の結晶格子の隙間に小さな C 原子が入り込んだ**鋼**や，Pd 結晶中に H 原子が入り込んだ水素吸蔵合金が，その例である。

いずれの場合にも，純金属に比べて結晶格子の乱れ (**転位**という) が多くなり，外力によるずれがおこりにくくなる。つまり，合金はもとの純金属に比べて硬いという特徴をもつ。また，転位が多くなると自由電子の動きが妨げられ，電気・熱の伝導性は低くなる傾向を示す。たとえば，**ニクロム** (Ni 80%，Cr 20%) の電気抵抗は，Ni の約 15 倍もあり，電熱線などに用いられる。

これに対して，成分金属どうしで金属間化合物をつくる場合には，ある決まった温度以下になると，一定の割合になった各成分があたかも純物質のように溶液全体が結晶化する。この温度を**共融点** (**共晶点**) といい，このような合金を**共融合金** (**共晶合金**) という。この合金の特徴は，純粋な成分金属よりも融点が低くなる*。Bi-Pb-Sn-Cd 系のウッド合金 (共融点 65℃) などの**易融**(いゆう)**合金**は，スプリンクラーなどに使用される。

図(c)は，Pb 50%，Sn 50%のはんだの融解液を徐冷したものの結晶組織である。融点の高いほうの Pb が先に結晶しはじめるので，大きな粗粒の結晶 (斑晶) に成長している。残りの融解液は Pb の析出により，Sn 成分に富むようになり，図(b)の融解曲線を右下に向かって進み，やがて，融解液の成分が Pb 36%，Sn 64%になる 183℃で，Pb と Sn の微細な結晶が同時に互いに入り混じって結晶化する。このような状態を**共融混合物** (**共晶**) といい，図(c)では石基の部分がそれに相当する。

* Sn 原子 (半径 0.14 nm) に Pb 原子 (半径 0.17 nm) が混ざると，Sn 原子の凝固が妨げられ，融点が下がる。

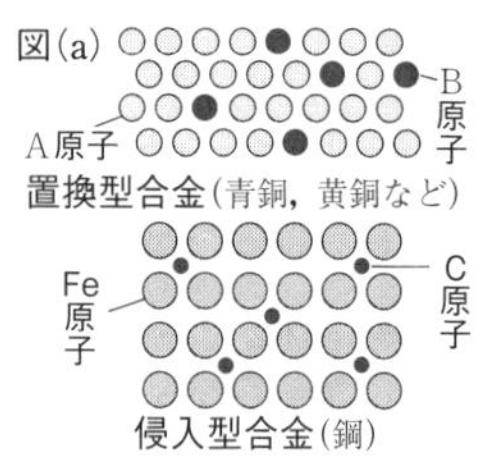

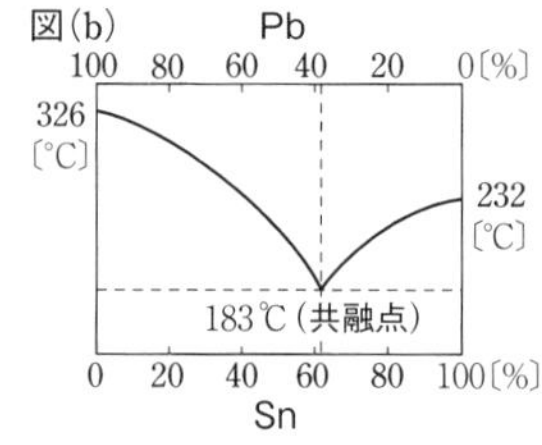

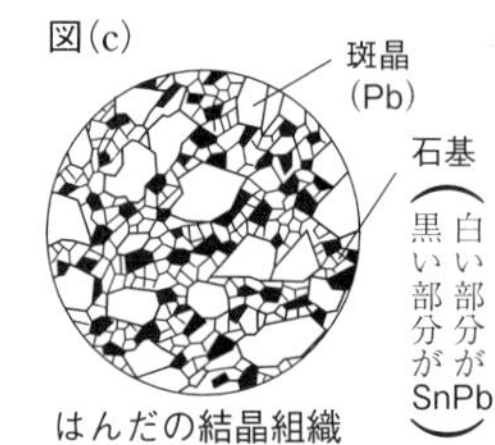

SCIENCE BOX 新しい合金

常温で変形させても，ある温度（**変態温度**）以上にすると，もとの形に戻る性質をもつ合金を**形状記憶合金**という。現在，実用化されているのは，Ni-Ti 合金（ニチノール）と Cu-Zn-Al 合金（ベータロイ）である。この合金に形を覚えさせるには，目的の形に成形した後，500℃位に加熱すればよい。

ふつうの金属に外力を加えた場合，結晶格子の乱れ（転位）を利用したすべり変形がおこり，このとき，隣接する原子間での移動がおこる。しかし，形状記憶合金に外力を加えた場合，隣接する原子どうしが移動するのではなく，結晶格子が一定方向に向きを変えることで変形する。

たとえば，Ni-Ti 合金の場合，高温では下の図(a)の結晶構造が安定だが，これを冷却すると 60℃（転移温度）で図(b)の結晶構造に変化する。このとき，外形は変化しない。図(b)は変形に都合のよい構造を含んでおり，外力を加えると，容易に図(c)の結晶構造に変化し，このとき，外形も変化する。しかし，図(c)を 78℃（変態温度）以上に加熱すると，蓄えられていた歪みエネルギーが解放されて，図(a)の結晶構造に戻る。このとき，外形も同時に変化する。

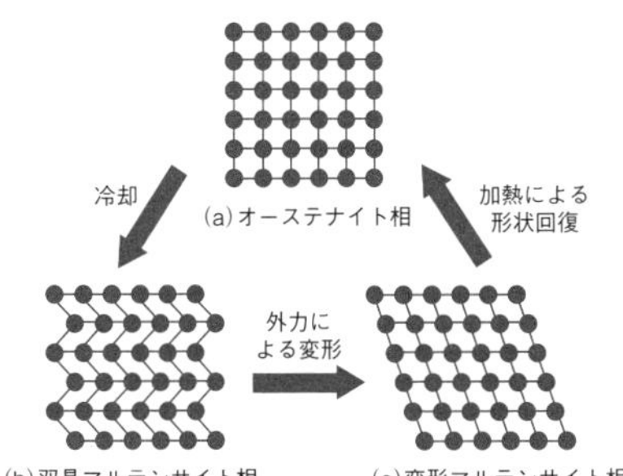

このような合金を変態温度以上に保持すると，常にもとの形に戻ろうとする力が発生する。この**超弾性効果**を利用したものに，眼鏡のフレーム，歯列矯正用のワイヤー，ブラジャー用のワイヤーなどがある。

大量の水素を吸収し，貯蔵できる合金を**水素吸蔵合金**という。水素の吸蔵過程は発熱反応のため，水素を吸蔵するときは温度を下げればよく，一方，水素の放出過程は吸熱反応のため，水素を放出するときは温度を上げればよい*1。

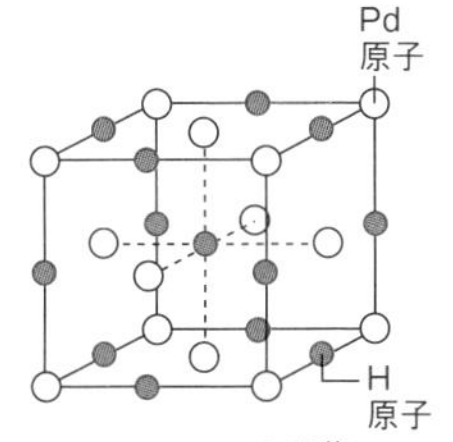

Pdへの H の吸蔵

$$2\mathrm{M}+\mathrm{H_2} \underset{\text{加熱・減圧}}{\overset{\text{冷却・加圧}}{\rightleftarrows}} 2\mathrm{M\text{-}H}$$

＊1 代表的な水素吸蔵合金には，$LaNi_5$，Mg_2Ni などがある。前者の常温での水素貯蔵能力は，気体水素の約 1000 倍あり，安全に水素を貯蔵できる。現在，ニッケル・水素電池の負極活物質として使用されている。

一定の結晶構造をもたない物質を**アモルファス（非晶質）**という。融解した合金を急速に冷却すると（下図(a)），各原子が結晶化する前に，原子がランダムな状態のまま固化する。こうして得られた固体が**アモルファス合金**である。

通常の金属は，数多くの微結晶が不規則に集合したもので，多くの結晶粒界や，各微結晶にも構造上の欠陥が存在する（下図(b)）。一方，アモルファス合金は，液体に近い構造をもち，結晶内には構造上の欠陥は見られず，比較的均一な構造をもつ*2。

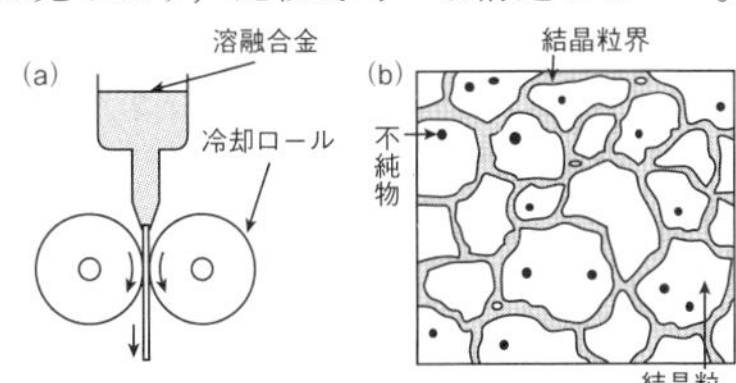

アモルファス合金の製法　　通常の金属の微細構造

＊2 このため，高強度，耐摩耗性，耐食性に優れるので，強靭バネ，電極，原子炉材料などに，また，結晶粒界がなく，容易に磁化されるので，ハードディスク（HDD）の磁気ヘッドにも利用される。

SCIENCE BOX　水素吸蔵合金

常温付近で水素を吸蔵・放出できる合金を**水素吸蔵合金**という。

水素をよく吸蔵する金属にパラジウムPdがある。Pdは面心立方格子で，その空隙のうち大形の正八面体孔（p. 51）のすべてにH原子が収容されるとM：H=1：1となる。しかし，Pdの水素化物MHが安定であるため，いったん吸蔵された水素を取り出すのは容易ではない。そこで，容易に水素を吸蔵・放出できる水素吸蔵合金が開発された。

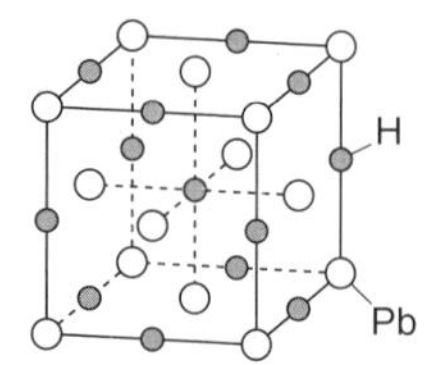

(1)　水素吸蔵合金が H_2 を吸蔵する過程

① H_2 分子がファンデルワールス力により金属表面に物理吸着（p. 257）される。

② 金属表面で H_2 分子がH原子に解離し，化学吸着（p. 257）される。

③ H原子が金属の結晶格子を広げながら内部の隙間に拡散し，固溶体*1をつくる。

④ 固溶体中のH原子の数が多くなると，結晶内の安定な位置に落ち着き，金属水素化物をつくる。このとき，水素溶解熱（金属水素化物の生成熱）が発生する。

＊1　固体中に他の原子が入り込み，ランダムに存在する状態を**固溶体**という。

$$2\,M + x\,H_2 \underset{\text{放出}}{\overset{\text{吸蔵}}{\rightleftarrows}} 2\,MH_x \quad \Delta H = -Q\,\text{kJ}$$

（M：金属　x は $0<x<3$ の任意の数）

金属Mには，水素の溶解熱 Q が発熱型のAと吸熱型のBがある。Aには，Ti, Zr, V，希土類（13族）など遷移元素の前周期と2族元素があり，Bには，Fe, Co, Ni, Cu, Crなど遷移元素の後周期のものが多い。Aは，容易に水素を吸蔵するが，高温にしないと水素は放出しない。一方，Bは水素を吸蔵しにくいが，低温でも水素を放出する。

水素吸蔵合金は，発熱型のAと吸熱型のBを，水素吸蔵時にわずかに発熱するような割合で混合してつくられ，代表的なものに次の3種類がある*2。

(1)　AB_5 型　（例：$LaNi_5$，$CaCu_5$ など）

(2)　AB_2 型　（例：$MgZn_2$，$MgCu_2$ など）

(3)　AB型　（例：TiFe，TiCr など）

＊2　水素吸蔵合金は，Aの含量が多いほど水素の吸蔵量は増加し，Bの含量が多いほど反応温度が低下し，水素が放出しやすくなる。

(2)　La-Ni 合金の構造

La-Ni合金は，下図のような六方格子の単位格子をもつ。最上面と最下面はLa（ランタン）とNi（ニッケル）の混合層で，各面は2つの正三角形からなる平行四辺形で，その頂点にLa原子，各三角形の重心をNi原子が占める。中間面はNiの単独層で，平行四辺形の中心と各辺の中点をNi原子が占める。よって，その組成式は $LaNi_5$ となる。

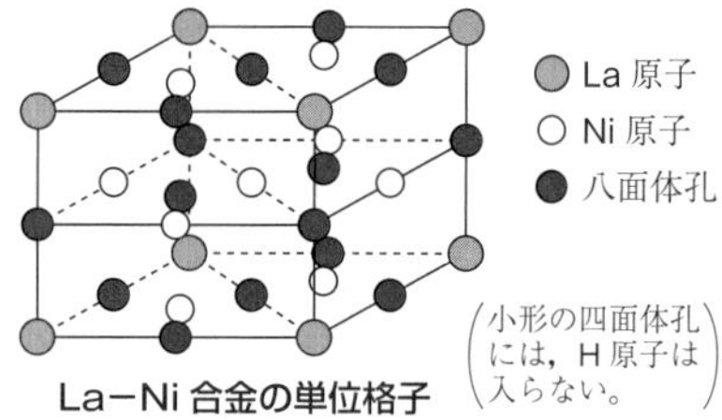

La−Ni合金の単位格子

La：$\frac{1}{6}$（内角120°）×4＋$\frac{1}{12}$（内角60°）×4＝1（個）

Ni：$\frac{1}{2}$（各面）×8＋1（内部）×1＝5（個）

La-Ni合金が水素を吸蔵すると，H原子は2個のLa原子と4個のNi原子から構成される大形の八面体孔（●印）へ収容される*3。

＊3　八面体孔は，最上面，最下面では，平行四辺形の中心と各辺の中点に存在する。

$\frac{1}{2}$（中心）×2＋$\frac{1}{4}$（各辺）×8＝3（個）

中間面では，平行四辺形の各頂点と正三角形の重心の位置に存在する。

$\frac{1}{6}$（60°）×2＋$\frac{1}{3}$（120°）×2＋1（重心）×2＝3（個）

La-Ni合金のH原子の最大収容数は6個である。

4-16　銀とその化合物

1　銀の単体

銀 Ag は白色の美しい金属光沢をもち，電気や熱を最もよく導き❶，展性・延性も Au に次いで大きい。また，空気中で熱しても酸化されないが，硫化水素とは容易に反応して黒色の硫化銀 Ag_2S を生じる❷。

詳説❶　銀は，ふつう硫化物（輝銀鉱 Ag_2S）として産出し，銀の単体は，銅の製練の副産物として得られることが多い（p. 417）。一方，粉砕した輝銀鉱と 0.1～0.4％の NaCN 水溶液を空気を通じながら攪拌（かくはん）すると，Ag は $[Ag(CN)_2]^-$ となって溶解するので，この溶液に Zn を浸して，イオン化傾向の差で Ag を析出させるという方法もある（シアン化法）。銀は光の反射率が約 95％と大きいので，鏡や魔法瓶に使われる。また，デジタルカメラの普及により写真材料としての使用量は減少したが，Ag の電気伝導度が金属中で最大であることから，携帯電話，パソコン，太陽電池などの電子部品への使用量が増加している。

補足❷　酸化銀を約 300℃に加熱すると，容易に分解して Ag を遊離する。

$$2\,Ag_2O \xrightarrow{300℃} 4\,Ag + O_2\uparrow$$

$$4\,Ag + 2\,H_2S + O_2 \longrightarrow 2\,Ag_2S + 2\,H_2O$$

このように，銀と酸素との化合力は弱いが，硫化水素とは常温でもかなり速やかに反応する。したがって，硫化水素を含む温泉や自動車の排気ガスによって，銀製品が黒く汚れてくるので注意が必要である。この汚れは薄いアンモニア水でふき取るときれいに落とせる。

►銀は希酸には溶けないが，硝酸や熱濃硫酸のような酸化力のある酸に溶ける。また，銀は常に**酸化数＋Ⅰ**の化合物をつくる。

$$Ag + 2\,HNO_3(濃) \longrightarrow AgNO_3 + H_2O + NO_2\uparrow$$

$$3\,Ag + 4\,HNO_3(希) \longrightarrow 3\,AgNO_3 + 2\,H_2O + NO\uparrow$$

2　銀の化合物

硝酸銀 $AgNO_3$ は無色の結晶で，水によく溶け，感光性をもつ❸。

詳説❸　銀の化合物には，AgCl のように水に溶けにくいものが多いが（Ag_2SO_4 は 0.79 g/100 g 水，20℃で，かなり水に難溶），硝酸銀は，銀の代表的な可溶性塩（220 g/100 g 水，20℃）として，種々の銀化合物をつくる原料として重要である。

Ag の化合物には，程度の差はあるが，光によって分解しやすい性質（**感光性**）があるので，必ず褐色びんで保存しなければならない。また，$AgNO_3$ の水溶液を皮膚につけると，黒い染みができる。これはイオン化傾向の小さい Ag^+ が有機物から電子を奪って，Ag の微粒子を遊離したためで，このとき皮膚は弱く腐食されるから，$AgNO_3$ の取り扱いには注意を要する。

参考　**なぜ金属の微粒子には，金属光沢がなく黒く見えるのか。**

本来，金属の結晶中には多くの自由電子が存在していて，入射した光エネルギーをいったんすべて吸収した後，また同じだけのエネルギーを放出するという方法で光を反射し，金属光沢を保っている。しかし，金属の結晶格子の完成していない微粒子の段階では，金属表面に凹凸や無数の隙間があって，そこで光の乱反射を繰り返すうち，入射光の大部分が金属中に閉じ込められ外へ出てこなくなるので，黒く見えてしまう。**補足**❷で説明した酸化銀の熱分解で生成したばかりの Ag は灰黒色をしており，Ag 本来の白色の金属光沢は示さない。

しかし，銀の微粒子を金槌でたたいていると，粒子が互いにくっついて，隙間が減ってくる。すると，金属中に閉じ込められていた光が周囲へ出てくるようになって，しだいに白色の金属光沢があらわれてくる。

► Ag^+ を含む水溶液（無色）に，NaOH 水溶液，または少量の NH_3 水を加えると，褐色の酸化銀 Ag_2O が沈殿する。

$$2Ag^+ + 2OH^- \longrightarrow Ag_2O\downarrow + H_2O$$

この沈殿に過剰の NH_3 水を加えると，酸化銀は無色の**ジアンミン銀（Ｉ）イオン**を生じて溶ける❹。

$$Ag_2O + H_2O + 4NH_3 \longrightarrow 2[Ag(NH_3)_2]^+ + 2OH^-$$

補足❹ Ag_2O の褐色沈殿に希 NH_3 水を少しずつ注意して加えていき，沈殿がちょうど溶けて無色透明になった溶液を**アンモニア性硝酸銀溶液**という。これは，還元性物質に出合うと Ag を遊離する（**銀鏡反応**という）ので，還元性物質の検出に用いられる。

参考 イオン化傾向の小さい Ag^+ や Hg^{2+} の水酸化物は，なぜ脱水して酸化物に変化しやすいのか。

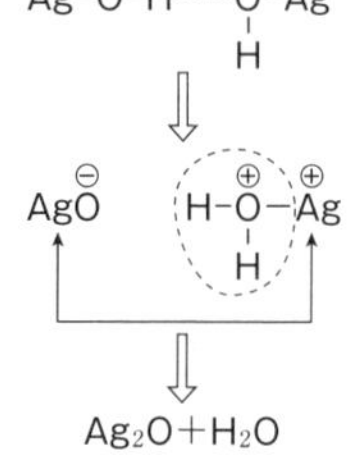

たとえば，AgOH のような陽性の小さな金属の水酸化物では，Ag-O 間の電気陰性度の差が小さくなる。代わりに，O-H 間の極性が大きくなって，図のように AgOH の間に水素結合（---）が形成される。続いて，左側の AgOH から右側の AgOH へプロトン（H^+）が移動すると，直ちに脱水がおこり，酸化物が生成することになる。一般に，プロトンは小さく，その移動に伴う活性化エネルギーは小さいので，プロトンの移動は常温でも十分におこる可能性がある。一方，NaOH のような陽性の大きな金属の水酸化物では，Na-O 間の電気陰性度の差が O-H 間よりもずっと大きく，Na から O へと電子が与えられ，Na^+ と OH^- として電離するので，上記のような水素結合の形成に伴う脱水反応はおこらない。

► Ag^+ はハロゲン化物イオン X^- と反応して**ハロゲン化銀**を生成する。ハロゲン化銀のうち，フッ化銀 AgF を除く他の３つは，水に溶けにくく沈殿として生成する❺。

ハロゲン化銀の沈殿は光によって分解しやすく，銀を析出する（**感光性**）。この性質を利用してフィルム写真の感光剤に用いられる。　$2AgBr \xrightarrow{光} 2Ag + Br_2$

詳説❺ なぜ，フッ化銀だけが水に溶けやすいのか。

Ag の電気陰性度は 1.9 に対して，F，Cl，Br，I の電気陰性度はそれぞれ 4.0，3.2，3.0，2.7 である。Ag−F 間の電気陰性度の差は 2.1 と大きいので，Ag−F 間はイオン結合性が大きく，かつ，1価の陽イオンと陰イオンどうしのイオン結合なので，静電気力もさほど強くなく水によく溶ける。一方，AgCl（差 1.3），AgBr（差 1.1），AgI（差 0.8）の順に Ag とハロゲンとの電気陰性度の差が小さくなると，イオン結合性が小さくなる代わりに，共有結合性が大きくなるので，水に溶けにくくなると考えられる。

AgCl，AgBr，AgI はいずれも強酸に不溶。また，紫外線が当たると分解して Ag の微粒子を生じて黒化する性質（感光性）がある。感光性の大きさは AgBr＞AgCl＞AgI の順である。

► AgF を除くハロゲン化銀には以下のような共通した性質が見られる。

化学式	AgF	AgCl	AgBr	AgI
水への溶解度 30℃〔mol/L〕	0.49	1.6×10^{-4}	9.7×10^{-6}	2.6×10^{-7}

(1) 塩化銀にアンモニア水を加えると，ジアンミン銀(Ⅰ)イオンを生じて溶ける❻。

$$AgCl + 2NH_3 \longrightarrow [Ag(NH_3)_2]^+ + Cl^-$$

(2) チオ硫酸ナトリウム水溶液 $Na_2S_2O_3$ やシアン化カリウム水溶液 KCN を加えると，それぞれ錯イオンを生じて溶ける。銀の錯イオンはいずれも無色で直線形をしている❼。

$$AgBr + 2S_2O_3^{2-} \longrightarrow [Ag(S_2O_3)_2]^{3-}\text{❽} + Br^-$$

$$AgBr + 2CN^- \longrightarrow [Ag(CN)_2]^-\text{❾} + Br^-$$

補足❻ AgCl は NH_3 水によく溶けるが，AgBr は NH_3 水に溶けにくい。AgI はとくに共有結合性が大きいので，濃 NH_3 水にも溶けない。

詳説❼ Ag^+ の電子配置は $(4d^{10})$ で閉殻状態にあり，可視光線の d〜d′ 遷移による吸収がおこらないので，Ag^+ の錯イオンはすべて無色である。

ハロゲン化銀と硫化銀の溶解性

試薬＼沈殿	AgCl（白）	AgBr（淡黄）	AgI（黄）	Ag_2S（黒）	錯イオンの安定度定数
NH_3 水	溶ける	溶けにくい	溶けない	溶けない	$[Ag(NH_3)_2]^+$ 1.7×10^7
$Na_2S_2O_3$ 水溶液	溶ける	溶ける	溶ける	溶けない	$[Ag(S_2O_3)_2]^{3-}$ 2.4×10^{13}
KCN 水溶液	溶ける	溶ける	溶ける	溶ける	$[Ag(CN)_2]^-$ 7.9×10^{19}

(注) 錯イオンの安定度定数(p. 526)が大きいほど，錯イオンは解離しにくく安定である。溶解度の小さな沈殿を錯イオンとして溶解するには，安定度定数の大きい強力な錯化剤（錯イオン形成剤）が必要である。

詳説❽ $[Ag(S_2O_3)_2]^{3-}$ は，ビス（チオスルファト）銀(Ⅰ)酸イオンというが，化学式だけを覚えておくだけでよい。チオスルファト $S_2O_3^{2-}$ のように，配位子自身が2音節以上の長い名称をもっていたり，$H_2N(CH_2)_2NH_2$ エチレンジアミンのように，数詞を含んだ配位子の場合には，配位子名を(　)でくくり，数詞ジ，トリ，テトラの代わりに別の倍数詞ビス，トリス，テトラキスをつけて表すという規則がある。チオスルファトとは，SO_4^{2-} の酸素1個を硫黄(チオ)1個で置換した $S_2O_3^{2-}$ を表している。これを，ジチオスルファトというと，SO_4^{2-} の酸素2個をS 2個で置換した $S_3O_2^{2-}$ を表すことになり混乱するので，$S_2O_3^{2-}$ が2個あるということを正確に表すために，チオスルファトを(　)でくくり，前にビスを付けて表している。

詳説❾ Ag^+ の水溶液に少量の KCN を加えた場合には，AgCN の白色沈殿を生じるが，さらに過剰に加えたときは，ジシアニド銀(Ⅰ)酸イオン $[Ag(CN)_2]^-$ をつくって沈殿は溶解する。この錯イオンは銀めっき液に使われる。

SCIENCE BOX　写真の原理

白黒写真フィルムは，臭化銀 AgBr の微結晶をゼラチン水溶液中に保護コロイドとして分散させてつくった感光乳剤を，プラスチックフィルムに薄く塗ったもので，次の4段階の反応で写真がつくられる。

① **感光**……フィルム上の特定の部分に光が当たると，光化学反応により臭化銀のごく一部が銀と臭素とに解離する。

$$Ag^+Br^- \xrightarrow{\text{光}} Ag + Br$$

生じた臭素原子は，ゼラチンと反応して吸収されるため，逆反応はおこらない。上の反応は，Br^- が光を吸収すると，その最外殻電子の1個が近くの Ag^+ の空軌道へ移ることで，Ag^+ が還元されるというものである。こうして，10〜100個程度の銀原子が集まった**潜像核**ができる。

② **現像**……感光したフィルムをヒドロキノンなどの還元剤に浸すと，感光して生じた潜像核を中心に AgBr の還元が進んで，銀の粒子が成長し，目に見える黒化した**本像**があらわれる。

すなわち，光によって直接還元できる銀はごく微量であるが，現像によってこれが何万倍にも増幅されて，光の明暗に応じた濃淡の像がフィルム上にあらわれてくる。

HO-⬡-OH ⟶
ヒドロキノン

O=⬡=O ＋ $2e^-$ ＋ $2H^+$
キノン

適当に現像が進んだら，フィルムを酢酸水溶液に浸す(この操作を**停止**という)。上式の反応では酸が生成するので，溶液が塩基性でないと，ヒドロキノンはうまく働かない。そのため，現像液には塩基性の炭酸ナトリウムが促進剤として加えてある。酸 (H^+) を加えると，上式の還元剤の働きが抑制されてしまうのである。

③ **定着**……写真フィルム上に残った未反応の AgBr を残しておくと，光を当てたら再び感光してしまう。そこで，フィルム上に残った未反応の AgBr をチオ硫酸ナトリウム $Na_2S_2O_3$aq に浸して，可溶性の錯イオンとして除く。

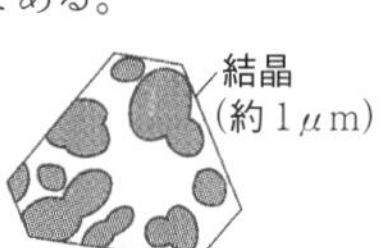

結晶の中の黒い部分は遊離した銀である。
感光した臭化銀(結晶)

$$AgBr + 2\,S_2O_3{}^{2-}$$
$$\longrightarrow [Ag(S_2O_3)_2]^{3-} + Br^-$$

これをよく水洗すると，光の当たった場所は黒く，当たらなかった所は透明な，実物の明暗とは逆になった**陰画**(**ネガ**)が得られる。この定着液の廃液には，多量の銀イオンが含まれているので，Zn とのイオン変換反応により単体の Ag を回収する。

$$2\,Ag^+ + Zn \longrightarrow 2\,Ag + Zn^{2+}$$

④ **焼付**……ネガを AgCl を感光剤として

塗った印画紙の上に置き，上の３段階と同じ操作を繰り返すと，今度は，実物と同じ明暗をもつ**陽画**(**ポジ**)ができる。

カラー写真フィルムでは，赤，緑，青の光に感光する乳剤を３層に重ねてある。

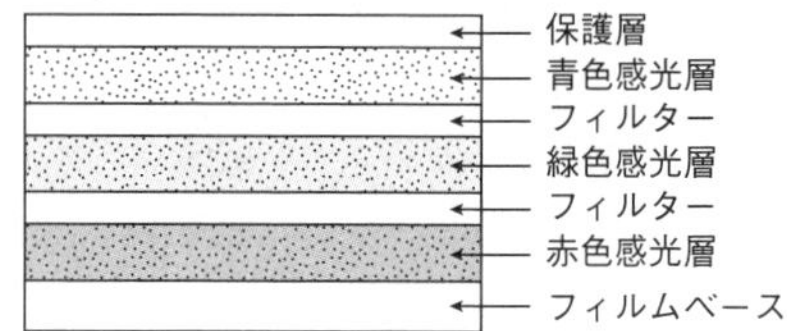

(1) 各層では，特定の光によって感光した AgBr は，潜像核中の Ag^+ を中心に加えてある現像剤(還元剤の一種)によって還元され Ag となる。

(2) 現像剤自身は酸化され，その酸化生成物があらかじめ各層に加えてある発色剤(**カプラー**)をカップリング (p. 730) して，各層を赤，緑，青に発色させる(**現像**)。

(3) 不要な Ag は酸化剤(エチレンジアミン四酢酸鉄(Ⅲ)錯塩)で Ag^+ に戻す(**漂白**)。

(4) 定着剤 ($Na_2S_2O_3$ など) により残った AgBr とともに Ag^+ をフィルム上から除く(**定着**)と，実物とは補色の関係にあるネガが得られる。

(5) 白色光をネガに照射すると，印画紙には実物と同じ色調のポジができる。

被写体	白	青	緑	赤	黒
青色感光層					
緑色感光層					
赤色感光層					
(感光部分)					
ネガ	黒	黄	赤紫(マゼンタ)	青(シアン)	白
ポジ	白	青	緑	赤	黒

4-17 クロム・マンガンとその化合物

1 クロムとその化合物

クロム Cr は周期表の 6 族に属し，銀白色の光沢をもち，硬くて融点の高い（融点 1860℃）金属である。常温では極めて安定で，空気中でも水中でも酸化されない。そのため，Cr はめっきや合金に広く用いられている❶。

Cr は水素よりもイオン化傾向が大きいので，希塩酸や希硫酸には溶けるが，濃硝酸に対しては，Fe と同様に**不動態**となって溶解しない❷。

詳説❶ Cr は，Al と同様に，非常に緻密で安定な酸化被膜(Cr_2O_3)を生じて不動態となりやすいので，耐食性が極めて大きい。また，硬度(モース硬度 9)が大きく，耐摩耗性があるので，鉄にクロムをめっきして，鉄の酸化を防ぐのに用いられる。また，Cr を 12%以上含めることで耐食性を向上させた鉄合金を**ステンレス鋼**という。18-ステンレス（Cr 18%）や 18-8 ステンレス(Cr 18%，Ni 8%)などがあり，後者は特に耐食性にすぐれ，海水中でもさびない。

補足❷ たとえば，クロムは希塩酸には徐々に反応して溶ける。

$Cr + 2HCl \longrightarrow CrCl_2 + H_2$　この反応で生じる Cr^{2+}(青色) は，非常に不安定で，空気に触れると直ちに酸化されて Cr^{3+}(緑色) に変わる。また，Cr^{3+} は水溶液中では強く水和しており，アクア錯イオン $[Cr(H_2O)_6]^{3+}$ として存在している。$[Cr(H_2O)_6]^{3+}$ の本来の色は紫色であるが，水中に Cl^- や $SO_4{}^{2-}$ が共存すると，これらが配位子の H_2O と入れ替わった $[Cr(SO_4)(H_2O)_4]^+$ や $[CrCl(H_2O)_5]^{2+}$，$[CrCl_2(H_2O)_4]^+$ などの錯イオンができ，緑色を示す。

►クロムには酸化数＋Ⅱ，＋Ⅲ，＋Ⅵの化合物が存在するが，＋Ⅲの化合物が最も安定である❸。また，Cr の酸化物には，CrO(黒)，Cr_2O_3(緑)，CrO_3(暗赤) などがある❹。このうち，CrO_3 は酸性酸化物で，水と反応するとクロム酸 H_2CrO_4 になる。

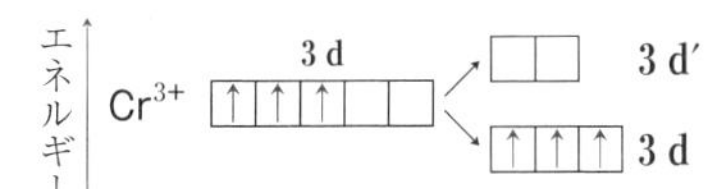

詳説❸ Cr^{3+} の 3 d 軌道が配位子の影響を受けて，右上図のように分裂したとき，エネルギー準位の低い 3 d 軌道を電子が半分だけ満たすことで，安定な状態となるからと考えられる。このため，酸化数＋Ⅵの化合物は還元されて，安定な酸化数＋Ⅲの化合物になろうとして強い酸化作用を示す。

補足❹ いくつかの酸化数を示す遷移元素の場合，一般に低酸化数のものが金属的で，その酸化物は塩基性を，高酸化数のものが非金属的で，その酸化物は酸性を示す傾向がある。

► Cr の酸化物では，CrO が塩基性酸化物，CrO_3 が酸性酸化物であり，両者の中間にある Cr_2O_3 は両性酸化物としての性質を示す❺。

詳説❺ CrO_3 と水の反応は次の通りである(右図)。

$\overset{\delta+}{Cr}\overset{\delta-}{O_3} + H_2O \longrightarrow CrO_2(OH)_2$ （H^+，OH^-）

Cr 原子は，配位結合した O 原子から電子を引っぱられるので，Cr の δ＋が大きくなる。すると，O-H 結合の O 原子の非共有電子対は $Cr^{\delta+}$ のほうへ引きつけられ，O 原子は電子が不足する。このとき，O-H 間の共有電子対は，より O 原子のほうへ引きつけられ，H^+ が電離しやすくなる。すなわち，酸素が数多く結合した金属の酸化物では，水と反応すると水酸化物ではなくオキソ酸となる。

O ← Cr − O − H（Cr の上に O，下に O − H）

┆┆の部分は，電子吸引基として働き，O-H の極性をより大きくする。

► Cr^{3+} を含む水溶液に塩基水溶液を少量加えると，水酸化クロム(Ⅲ)$Cr(OH)_3$ の灰緑色沈殿を生成する。　$Cr^{3+} + 3OH^- \longrightarrow Cr(OH)_3\downarrow$

$Cr(OH)_3$ は**両性水酸化物**で，過剰の NaOH 水溶液に$[Cr(OH)_4]^-$(緑色)となって溶ける。さらに過酸化水素水(酸化剤)を加えて加熱すると，クロム酸イオンが生成する❻。

$$2[Cr(OH)_4]^- + 3H_2O_2 + 2OH^- \longrightarrow 2CrO_4^{2-} + 8H_2O$$

補足❻ Cr^{3+} は酸性条件で最も安定であり，酸化剤の H_2O_2 を使っても酸化できないが，塩基性条件では，$[Cr(OH)_4]^-$ は H_2O_2 によって容易に酸化されて CrO_4^{2-} に変化する（最後に H_2O_2 は加熱により十分に追い出しておく。H_2O_2 が残ったまま溶液を酸性にすると Cr^{3+} へ戻る恐れがある)。これは，塩基性条件で生成する CrO_4^{2-} は H_2O_2 よりも酸化力が弱いためである。

►酸化数が＋Ⅵの化合物には，黄色結晶のクロム酸カリウム K_2CrO_4 と，赤橙色結晶の二クロム酸カリウム $K_2Cr_2O_7$ とがあり，ともに水に溶けやすく毒性が強い❼。

補足❼ いずれも酸化作用をもち，体の組織を強く腐食するので，皮膚に触れないように十分注意して取り扱うこと。六価クロムは，ふつう，不溶性の $Cr(OH)_3$ に変換して処理される。

►クロム酸イオン CrO_4^{2-}(黄色) を含む水溶液に酸を加えると，二クロム酸イオン $Cr_2O_7^{2-}$ を生じて赤橙色に変化する。逆に，$Cr_2O_7^{2-}$ を含む水溶液に塩基を加えると，再び CrO_4^{2-} に戻る❽。

$$2CrO_4^{2-} + H^+ \underset{\text{塩基性}}{\overset{\text{酸性}}{\rightleftarrows}} Cr_2O_7^{2-} + OH^- \quad \cdots\cdots\cdots①$$

詳説❽ 水溶液中では，CrO_4^{2-} と $Cr_2O_7^{2-}$ との間に上式のような平衡が成立する。この反応は，CrO_4^{2-}，$Cr_2O_7^{2-}$ の Cr の酸化数がともに＋Ⅵであるから，酸化還元反応ではない。CrO_4^{2-} は Cr を中心とした正四面体構造のイオンである。酸性にすると，H^+ がそれぞれ-O$^{\ominus}$の部分に結合して，-OH に変わる。この -OH どうしで縮合すると，$Cr_2O_7^{2-}$ が生成する(下図)。

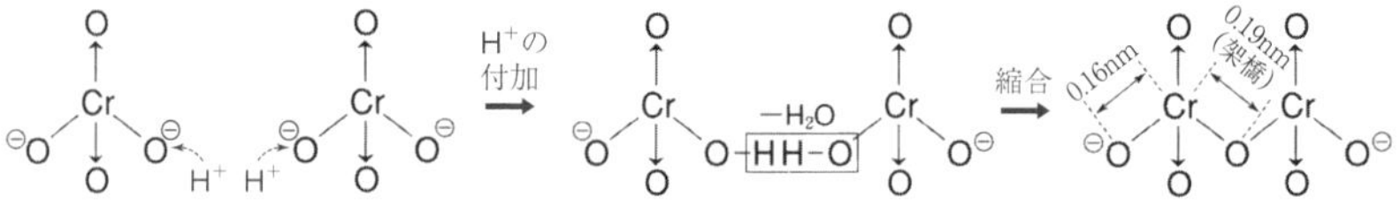

塩基性にすると，OH^- が中心原子の $Cr^{\delta+}$ を攻撃して，$Cr^{\delta+}-O-Cr^{\delta+}$ 間の結合が切れて，2個の CrO_4^{2-} ができる(右図)。

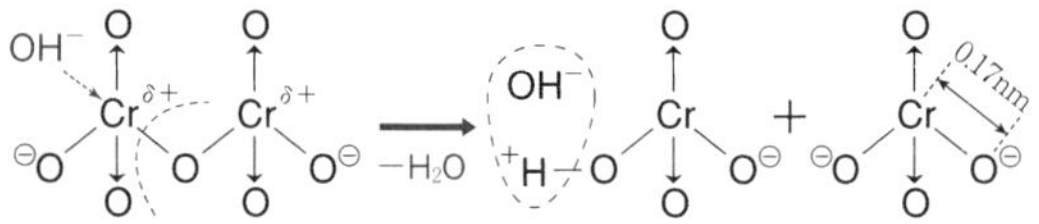

►二クロム酸イオンは，酸性溶液中で強い**酸化作用**を示し，自身は Cr^{3+} と変化する。

$$\underset{\text{(赤橙色)}}{Cr_2O_7^{2-}} + 14H^+ + 6e^- \longrightarrow \underset{\text{(暗緑色)}}{2Cr^{3+}} + 7H_2O$$

また，クロム酸イオン CrO_4^{2-} は，Pb^{2+}，Ag^+，Ba^{2+} などと反応して，難溶性のクロム酸塩を沈殿する❾。これらの反応は金属イオンの検出にも利用される。

$Pb^{2+} + CrO_4^{2-} \longrightarrow PbCrO_4\downarrow$　クロム酸鉛(Ⅱ)　(黄色沈殿)

$2Ag^+ + CrO_4^{2-} \longrightarrow Ag_2CrO_4\downarrow$　クロム酸銀　(赤褐色沈殿)

$Ba^{2+} + CrO_4^{2-} \longrightarrow BaCrO_4\downarrow$　クロム酸バリウム　(黄色沈殿)

詳説❾ CrO_4^{2-} は酸化力はさほど強くないが，沈殿をつくりやすい性質がある。Pb^{2+} の水溶液に CrO_4^{2-} ではなく，$Cr_2O_7^{2-}$ を加えた場合でも，$PbCr_2O_7$ ではなく，$PbCrO_4$ が沈殿する。これは，水溶液中では①式の平衡が成立しており，溶解度の小さいほうの $PbCrO_4$ が少しでも沈殿すると，①式の平衡が左へ移動するため，最終的に Pb^{2+} はすべて $PbCrO_4$ として沈殿する。

$$2\,Pb^{2+} + Cr_2O_7^{2-} + H_2O \rightleftharpoons 2\,PbCrO_4\downarrow + 2\,H^+ \quad \cdots\cdots\cdots ②$$

逆に，$PbCrO_4$ に HNO_3(強酸）を十分に加えると，②式の平衡は左へ移動して，$PbCrO_4$ が $PbCr_2O_7$ となって溶解する。このように，二クロム酸塩の多くは水に溶けやすい。

2　マンガンとその化合物

マンガン Mn は周期表の 7 族に属し，単体は灰色の金属で，鉄よりも硬いが脆い。マンガンのイオン化傾向は，Al＞Mn＞Zn＞Cr＞Fe とかなり上位にあり，空気中では容易に酸化されやすい。また希酸に溶けて水素を発生し，マンガン(Ⅱ)イオン Mn^{2+} を生じる❿。マンガンは酸化数が＋Ⅱ，＋Ⅳ，(＋Ⅵ)，＋Ⅶのさまざまな化合物をつくる。

詳説❿ Mn^{2+} は結晶や濃厚な水溶液中では淡桃色の $[Mn(H_2O)_6]^{2+}$ として存在するが，溶液が薄いときはほとんど無色に見える。酸性溶液中では酸化数＋Ⅱの状態が，中性および塩基性溶液中では＋Ⅳの状態が最も安定となる。

Mn^{2+} の水溶液に塩基を加えると，水酸化マンガン(Ⅱ)$Mn(OH)_2$ の白色沈殿を生じる。これは極めて酸化されやすく，水中に存在する O_2 によってほぼ完全に $MnO(OH)_2$ の褐色沈殿に変化する。この性質を利用して水中の溶存酸素量が測定される(p. 369)。

►酸化マンガン(Ⅳ)MnO_2 は，黒褐色の粉末で水に溶けない。化学反応の触媒のほか，酸化剤として乾電池の正極活物質として用いられる⓫。

詳説⓫ $2\,H_2O_2 \xrightarrow{MnO_2} 2\,H_2O + O_2\uparrow$　における MnO_2 の役割は触媒であるが，

$MnO_2 + 4\,HCl \longrightarrow MnCl_2 + Cl_2\uparrow + 2\,H_2O$　において MnO_2 は酸化剤として働いている。

MnO_2 を空気中で KOH と強熱すると，緑色のマンガン酸カリウムができる。

$$2\,MnO_2 + 4\,KOH + O_2 \longrightarrow 2\,K_2MnO_4 + 2\,H_2O$$

この溶液を酸性にすると，次式のように自己酸化還元反応(不均化反応)がおこる。

$$3\,MnO_4^{2-} + 4\,H^+ \longrightarrow 2\,MnO_4^- + MnO_2 + 2\,H_2O$$

また，MnO_4^{2-} を含んだ水溶液を電気分解で陽極酸化しても，MnO_4^- を生成する。

$$MnO_4^{2-} \longrightarrow MnO_4^- + e^- \quad (KMnO_4 \text{ の工業的製法})$$

►過マンガン酸カリウム $KMnO_4$ は，黒紫色の結晶で，水によく溶け，赤紫色の MnO_4^- を生じる⓬。MnO_4^- は硫酸酸性溶液中では，強い**酸化作用**を示す。

$$MnO_4^- + 5\,e^- + 8\,H^+ \longrightarrow Mn^{2+} + 4\,H_2O$$

また，中性・塩基性溶液では，酸性のときに比べて酸化力は弱くなる。

$$MnO_4^- + 2\,H_2O + 3\,e^- \longrightarrow MnO_2\downarrow + 4\,OH^-$$

＋Ⅶ MnO_4^-
＋Ⅵ MnO_4^{2-}
＋Ⅳ MnO_2
＋Ⅱ Mn^{2+}

詳説⓬ MnO_4^- の中心原子 Mn は酸化数＋Ⅶの状態で，電子配置は$(3\,d^0)$であるから，d～d′ 遷移に伴う可視光線の吸収は考えられない。マンガン(Ⅶ)原子に結合する配位子の O 原子には，結合に使われていない非共有電子対がある。この電子が Mn^{7+} の空の 3 d 軌道に流れ込んで非局在化する。このように，配位子から Mn(Ⅶ)原子に対する電荷移動に伴う強い可視光線の吸収が原因で MnO_4^- は着色して見える。CrO_4^{2-} や $Cr_2O_7^{2-}$ の着色も同じ原因に基づく。

SCIENCE BOX　原子力発電

ウランのような重い原子核に中性子を当てると，2つの原子核に分裂(**核分裂**)する。このとき発生する熱*1で水を水蒸気に変え，発電機のタービンを回して発電する方法を**原子力発電**という。

＊1　ウラン1gあたり約1mgの質量欠損がおこるので，$E=mc^2$ の公式(p. 31)によれば，

$$E=1\times10^{-6}\,[\mathrm{kg}]\times(3\times10^8)^2\,[\mathrm{m/s^2}]$$
$$\fallingdotseq 9\times10^{10}\,[\mathrm{J}]$$

約 9×10^7〔kJ〕の熱が発生する。炭素1gあたりの燃焼熱は約33kJより，上記の熱量は炭素約2.7トンを燃焼させた熱量に等しい。

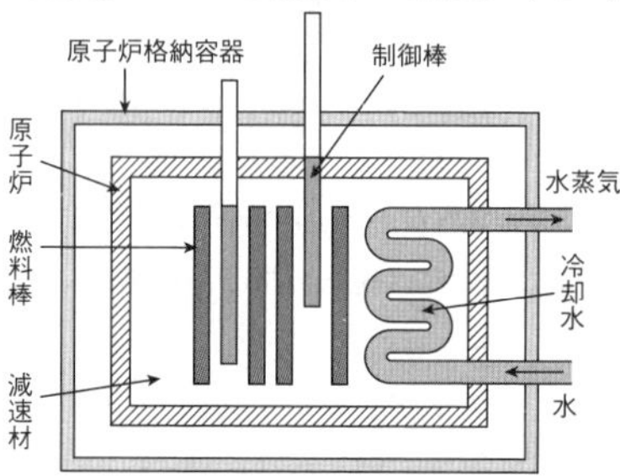

原子力発電は**原子炉**(上図)を使って行う。

燃料棒…ウラン鉱石中の ^{235}U(約0.7%)を3〜5%に濃縮したものを焼き固め，Zr金属製の管に閉じ込めたものを使う。

減速材…核分裂で生じる中性子の速度を落とし，^{235}U に捕獲されやすくする物質*2。

制御棒…核分裂の速度を調節するため，中性子を吸収しやすいホウ素Bなどを含有した鋼でつくられた棒。引き抜くと中性子が燃料棒に多くあたり，核分裂は盛んになる。

＊2　現在，日本の電力会社で使われている原子炉は，減速材に普通の水(軽水)を用いる**軽水炉**である。軽水炉には，原子炉で水蒸気を発生させ，それで直接タービンを回す**沸騰水型軽水炉**(東京，東北，中部，中国電力)と，加圧した高温の熱水(一次水)で，別の水(二次水)を間接的に加熱して水蒸気を発生させ，それでタービンを回す**加圧水型軽水炉**(関西，四国，九州，北海道電力)がある。なお，重水(^2H_2O)を用いた**重水炉**では，濃縮しない天然ウランを核燃料として利用できる。

^{235}U の原子核に低速の中性子が衝突すると，中性子は核内に吸収され，核分裂がおこる*3。

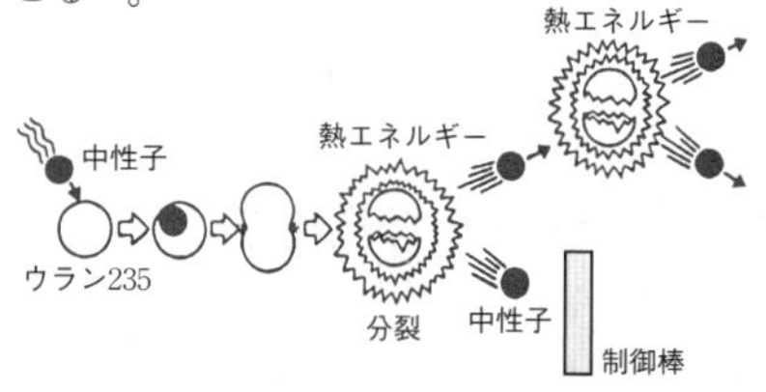

核分裂のしくみ

このとき，いくつかの放射性の原子核と，2〜3個の中性子，および多量の熱エネルギーが発生する。この中性子が別の ^{235}U の原子核に捕獲されると，再び核分裂がおこる。このような反応を**連鎖反応**という。

＊3　核分裂で飛び出す中性子には，高速のものと低速のものがある。高速の中性子は ^{235}U には捕獲されずに衝突を繰り返すだけで，核分裂には関与しない。低速の中性子をさらに減速材で分子の熱運動と同程度まで減速させると，^{235}U によく捕獲されるようになる。

原子力発電では，核分裂で生じた中性子のうち，1個だけが次の核分裂に捕獲されるように調節することで，核分裂の速度を一定に保ちながら運転する。この状態を**臨界**という*4。

＊4　臨界を超えて核分裂がおこる状態を**臨界超過**といい，原子炉の温度が上昇するので，危険である。

3〜4年間使用した核燃料には，燃え残った ^{235}U とプルトニウム ^{239}Pu，および核分裂生成物(**高レベル放射性廃棄物***5)を含む。これから，新たに燃料となる ^{235}U と ^{239}Pu を回収することを，核燃料の**再処理**という。再処理で生成した ^{239}Pu 数%を混合した**MOX**(モックス)**燃料**は，軽水炉で燃やすことができる。これを**プルサーマル**という。

＊5　強い放射能をもつため，ガラス固化体にした後，地下500m以深に地層処分される予定であるが，まだ最終処分地が決まっていない。

4-18 金属イオンの分離・確認

1 金属イオンの分離

今まで学習した金属イオンの沈殿生成反応や錯イオンの形成反応を利用して，たとえば河川などの水に含まれる金属イオンの種類を確認することができる。この操作を金属イオンの**定性分析**という。これに対して，各イオンの含まれる量を正確に決定する操作を**定量分析**という。

試料溶液中に含まれるイオンが数種類であるときは，次のような簡単な定性分析が行われる。金属イオンの定性分析には，塩酸，硫酸などの酸の水溶液，および水酸化ナトリウム水溶液やアンモニア水などの塩基の水溶液が多く用いられる。

(1) 特定のイオンだけを沈殿させるような特異性にすぐれた試薬（HClaq，H_2SO_4aq）を加え，ろ過する。

(2) (1)のろ液に，多くのイオンが沈殿するような試薬（NH_3 水，NaOHaq）を加え，ろ過する。

(3) (2)で生じた沈殿の一部が，再び溶解するような錯イオン形成剤（NH_3 水，NaOHaq）を加え，ろ過する。

(4) (2)のろ液に沈殿生成のための試薬（$(NH_4)_2CO_3$aq）を加え，ろ過する。

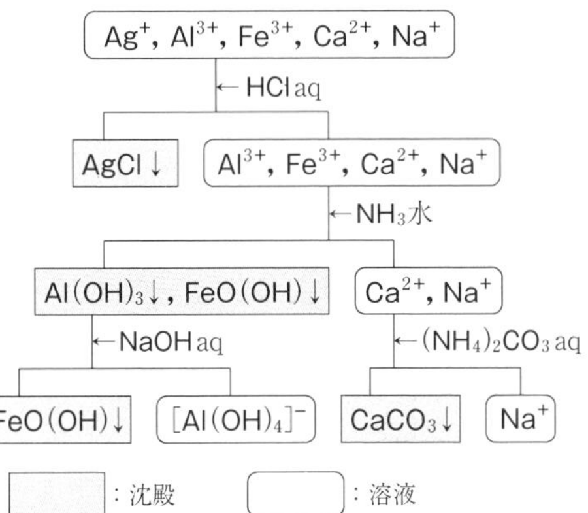

以上のように，数種類の金属イオンを沈殿として分離していくためには，どのような金属陽イオンと陰イオンの組み合わせで沈殿が生成するのかという，塩類の溶解性をしっかり理解しておく必要がある。

2 塩類の溶解性

[1] 1族（Na^+，K^+ など）の塩，アンモニウム（NH_4^+）塩は，すべて水によく溶ける。

[2] 硝酸（NO_3^-）塩，酢酸（CH_3COO^-）塩も，すべて水によく溶ける❶。

補足❶ いずれも1価のイオンばかりであり，イオン半径も比較的大きく，かさ張っている。よって，これらのイオンからなるイオン結晶では，格子エネルギーがあまり大きくないので，水に溶けやすくなると考えられる。

[3] 強酸の塩（塩化物，硫酸塩）は，水に溶けやすいものが多いが，例外的に，次の塩化物，硫酸塩は水に溶けないので必ず覚えておく。したがって，塩酸，硫酸は，**1**(1)で述べた特異性にすぐれた分析試薬として利用される。

☆塩化物で水に不溶であるもの（3種）❷。

AgCl↓（白）……NH_3 水に溶ける。　PbCl$_2$↓（白）……熱湯で溶ける。

Hg_2Cl_2↓（白）……NH_3 水，熱湯にも不溶（$SnCl_2$ を加えると，Hg の小滴（黒）を遊離）

☆硫酸塩が水に不溶であるもの(4種)。　$CaSO_4$↓(白), $SrSO_4$↓(白), $BaSO_4$↓(白), $PbSO_4$↓(白), いずれも強酸(硝酸)に不溶である。

補足❷ 塩化物イオンは1価の陰イオンであるから，**補足❶**の考え方を適用すると，塩化物は水に可溶となるはずである。しかし，AgCl，$PbCl_2$，Hg_2Cl_2 が水に溶けないのは，いずれも金属元素の陽性が小さいために，各結合の共有結合性が大きくなるためである。

4 水酸化物は，水に溶けにくいものが多い。例外的に，アルカリ金属，アルカリ土類金属（Be，Mgを除く）の水酸化物は水に可溶である。ただし，$Al(OH)_3$，$Zn(OH)_2$，$Sn(OH)_2$，$Pb(OH)_2$ のような両性水酸化物は過剰の NaOH 水溶液に溶ける。また，Ag_2O，$Cu(OH)_2$，$Zn(OH)_2$，$Ni(OH)_2$ は過剰の NH_3 水に溶ける。

5 2価以上の弱酸の塩である硫化物，炭酸塩は，水に溶けにくいものが多い。例外的に，炭酸塩は1族だけ，硫化物は1，2族は沈殿しないと覚えておく❸。したがって，2族のイオンを沈殿させるのに，$(NH_4)_2CO_3$ 水溶液が用いられる。

補足❸ イオン化傾向の大きな金属Mの硫化物は，そのM−S結合のイオン結合性が大きいので水に溶けやすい。一方，イオン化傾向の小さな金属M′の硫化物は，そのM′−S結合の共有結合性が大きくなるので水に溶けにくい。

SCIENCE BOX　酸・塩基の硬さ，軟らかさ(HSABの原理)

ルイスの酸・塩基の定義（p. 519）によると，非共有電子対を供与する陰イオン・分子は**ルイス塩基**，非共有電子対を受容する金属イオンは**ルイス酸**ということになる。したがって，錯イオンの形成反応は，広義の酸・塩基の反応に含まれることになる。

例　$Ag^+ + 2NH_3 \longrightarrow [Ag(NH_3)_2]^+$

ピアソン（アメリカ）は，1963年，ルイス酸・塩基の反応性の大小と，その生成物の安定性を考える指標として，酸・塩基の硬さ，軟らかさという概念を提唱した。

半径が小さく，正電荷の大きい陽イオンを**硬い酸**，半径が大きく，正電荷の小さい陽イオンを**軟らかい酸**という。一方，半径が小さく，分極*1しにくい陰イオンを**硬い塩基**，半径が大きく，分極しやすい陰イオンを**軟らかい塩基**という。

＊1　外部からの電場の影響を受けて，電子分布に偏りを生じる現象を**分極**という。電気陰性度の大きいF，O，Nの配位原子をもつ配位子は硬い塩基，電気陰性度の小さいI，S，Pの配位原子をもつ配位子は軟らかい塩基に分類されることになる。

硬い酸	軟らかい酸
H^+，Li^+，Mg^{2+}，Ca^{2+}，Al^{3+}	Ag^+，Cu^+，Hg^{2+}，Pd^{2+}
硬い塩基	**軟らかい塩基**
OH^-，F^-，Cl^-，NO_3^-	I^-，CN^-，SCN^-，$S_2O_3^{2-}$

硬い酸と硬い塩基はイオン結合によって安定度定数（p. 526）の大きな錯イオンつくる。一方，軟らかい酸と軟らかい塩基は共有結合によって安定度定数の大きな錯イオンをつくる傾向がある。これを**HSAB**(Hard & Soft Acid & Base)**の原理**という*2。

たとえば，Fe^{2+} と Fe^{3+} はともに SCN^- と錯体を形成するが，硬い酸である Fe^{3+} には硬い塩基であるN原子が配位しやすく，軟らかい酸である Fe^{2+} には軟らかい塩基のS原子が配位しやすい。

＊2　たとえば，Ag^+ は軟らかい酸であり，塩基としての軟らかさの順は $F^- < Cl^- < Br^- < I^-$ なので，$AgF \ll AgCl < AgBr < AgI$ の順に共有結合性が大きくなるので，ハロゲン化銀の水への溶解度は $AgF \gg AgCl > AgBr > AgI$ の順に小さくなる。

イオン化傾向と金属イオンの反応のまとめ(重要)

イオン化列 ( )以外は無色	Li^+ K^+ Ca^{2+} Na^+	Mg^{2+}	Al^{3+}	Mn^{2+}	Zn^{2+}	Fe^{2+} (淡緑)	Fe^{3+} (黄褐)	Ni^{2+} (緑)	Sn^{2+}	Pb^{2+}	Cu^{2+} (青)	Hg^{2+}	Ag^+
水酸化物 ( )以外は白色	沈殿しない	$Mg(OH)_2$❹	$Al(OH)_3$	$Mn(OH)_2$	$Zn(OH)_2$	$Fe(OH)_2$ (緑白)	$FeO(OH)$ (赤褐)	$Ni(OH)_2$ (緑)	$Sn(OH)_2$	$Pb(OH)_2$	$Cu(OH)_2$ (青白)	HgO (黄)	Ag_2O (褐)
NaOHaq 過剰 すべて無色			$[Al(OH)_4]^-$		$[Zn(OH)_4]^{2-}$				$[Sn(OH)_3]^-$	$[Pb(OH)_4]^{2-}$			
NH_3 水過剰 ( )以外は無色					$[Zn(NH_3)_4]^{2+}$			$[Ni(NH_3)_6]^{2+}$ (青紫)			$[Cu(NH_3)_4]^{2+}$ (深青)		$[Ag(NH_3)_2]^+$
硫化物 ( )以外は黒色	沈殿しない		中性・塩基性で沈殿						酸性でも沈殿				
			$Al(OH)_3$❺ として沈殿	MnS (淡赤)	ZnS (白)	FeS	FeS❻ ($Fe^{3+} \rightarrow Fe^{2+}$)	NiS	CdS (黄) SnS (褐)	PbS	CuS	HgS	Ag_2S

詳説❹ $Mg(OH)_2$ の溶解度積は比較的大きい。したがって，NaOHaq($[OH^-]$ →㊅)を加えたときは，完全に沈殿する。一方，NH_3 水では（$[OH^-]$ →やや㊇)，沈殿は不完全になる。さらに,NH_4Cl を加えた緩衝溶液中では，$NH_3+H_2O \rightleftarrows NH_4^+ + OH^-$ の平衡が左へ偏り,$[OH^-]$ がかなり小さくなり，$Mg(OH)_2$ は沈殿しない。

補足❺ Al^{3+} を含む水溶液に $(NH_4)_2S$ 水溶液を加えても，Al_2S_3 は生成しない。これは Al_2S_3 が加水分解して，少量の $Al(OH)_3$ の白色沈殿を生じるからである。

$$Al_2S_3 + 6\,H_2O \rightleftarrows 2\,Al(OH)_3\downarrow + 3\,H_2S$$

過剰に $(NH_4)_2S$ を加えると，溶液の塩基性が強くなるため，$Al(OH)_3$ は $[Al(OH)_4]^-$ となって溶けることに留意する。

補足❻ Fe^{3+} は H_2S の還元作用により Fe^{2+} へと還元されてしまう。よって,Fe_2S_3 ではなく FeS(黒)が沈殿する。

強酸で沈殿するもの

塩化物: Ag^+, Hg_2^{2+}
共通: Pb^{2+}
硫酸塩: Ca^{2+}❼, Sr^{2+}, Ba^{2+}

水酸化物の溶解性❽

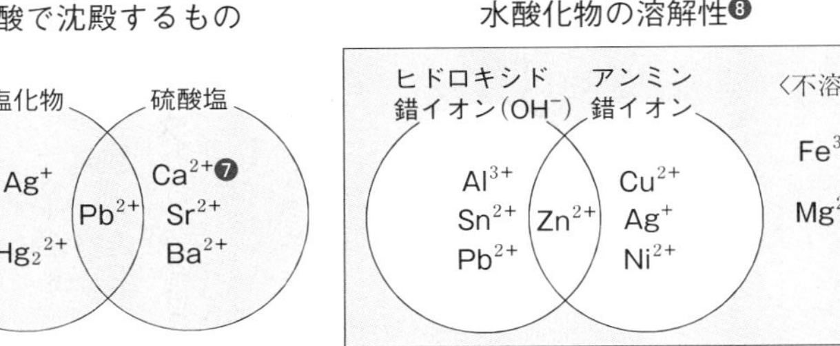

補足❼ 硫酸塩の水 100 g に対する溶解度（20℃）は，$CaSO_4$ 2.0×10^{-1}〔g〕, $PbSO_4$ 2.8×10^{-3}〔g〕, $SrSO_4$ 1.4×10^{-2}〔g〕，$BaSO_4$ 1.2×10^{-4}〔g〕であり，Ca^{2+} に少量の SO_4^{2-} を加えた場合は，$CaSO_4$ が沈殿しないことがある。

詳説❽ 水酸化物が過剰の NaOHaq に溶けるのは，両性金属（Al, Zn, Sn, Pb, Cr）の水酸化物のみである。

過剰の NH_3 水に溶けるのは，Zn, Cu，Ni の水酸化物と Ag の酸化物のみである。

3 金属イオンの系統分析

試料水溶液中に，数多くの金属イオンが含まれている場合，各イオンの存在を確認することは困難である。そこで，試料水溶液に適当な試薬を加えて，まず，金属イオンを性質の類似したグループ（**属**という）に分離する。この操作を金属イオンの**分属**といい，これに用いる試薬を**分属試薬**といい，沈殿をつくる**沈殿試薬**と沈殿を溶かす**溶解試薬**がある。そこで試料水溶液に沈殿試薬を一定の順序で加えていくと，金属イオンはいくつかの属に分かれて次々と沈殿として分離される。一般には，硫化水素を用いた**6属系統分析法**が最も広く行われている。各属に分離された沈殿に溶解試薬を加えた後，別の沈殿試薬を加えると，最終的に1種類のイオンだけを含む水溶液が得られる。そのイオンに特有の検出反応を利用すれば，そのイオンの種類を特定できる[9]。

補足[9] 金属イオンの特有な検出反応として，次のようなものがある。

Ag^+：K_2CrO_4 水溶液で Ag_2CrO_4（赤褐）の沈殿を生成する。

Pb^{2+}：K_2CrO_4 水溶液で $PbCrO_4$（黄）の沈殿を生成する。

Fe^{3+}：$K_4[Fe(CN)_6]$ 水溶液で濃青色沈殿，または KSCN 水溶液で血赤色溶液となる。

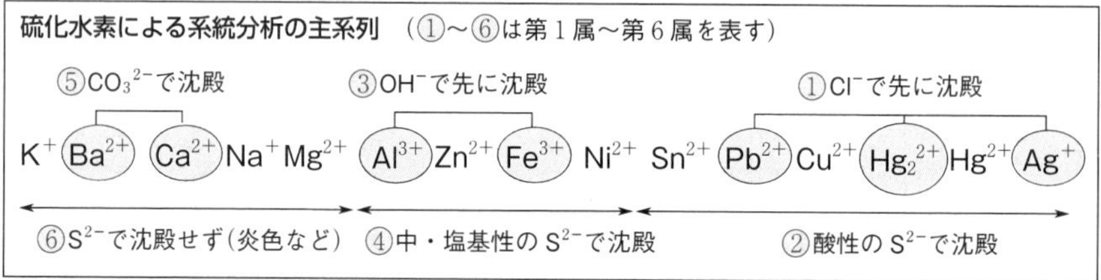

第1，2属は硫化物の溶解度積が小さく，酸性溶液からでも硫化物が沈殿する[10]。このうち，塩化物の溶解度が小さく，希塩酸で沈殿するものを第1属，残りを第2属とする。

第3，4属は硫化物の溶解度積がやや大きく，中・塩基性溶液でなければ硫化物が沈殿しない[10]。このうち，NH_4^+ を含む NH_3 水（緩衝液）中のように，OH^- の濃度がかなり小さくても，水酸化物が沈殿する3価の陽イオン Fe^{3+}，Al^{3+}，Cr^{3+} を第3属，残りを第4属とする。

第5，6属は硫化物の溶解度積が大きく，いかなる条件でも硫化物が沈殿しない。このうち，炭酸塩が沈殿する2族元素を第5属，残りを第6属とする。ただし，Mg^{2+} は多量の NH_4^+ が存在すると，$(NH_4)_2CO_3$ 水溶液を加えても，$MgCO_3$ は沈殿しないので第6属とする。また，第6属イオンに対する沈殿試薬はないので，炎色反応で検出される。

詳説[10] 水溶液の pH によって，沈殿する硫化物の種類が異なる理由は次の通りである。

弱酸である硫化水素 H_2S は，水溶液中で次のような電離平衡の状態にある。

$$H_2S \rightleftarrows 2H^+ + S^{2-} \quad \cdots\cdots ①$$

酸性溶液中では，①式の平衡が大きく左に偏り，溶液中の $[S^{2-}]$ は非常に小さい。一方，塩基性溶液中では，①式の平衡が右に偏り，溶液中の $[S^{2-}]$ は大きくなる。

Cu^{2+} のようにイオン化傾向の小さい金属イオンは，S^{2-} との親和力が強いので，$[S^{2-}]$ の小さい酸性溶液中でも CuS の沈殿が生成する（もちろん，中性・塩基性溶液ではよく沈殿する）。一方，Fe^{2+} のようにイオン化傾向が中程度の金属イオンでは，S^{2-} との親和力がそれほど強くないので，$[S^{2-}]$ の大きい中性・塩基性溶液中でないと FeS の沈殿は生じない。

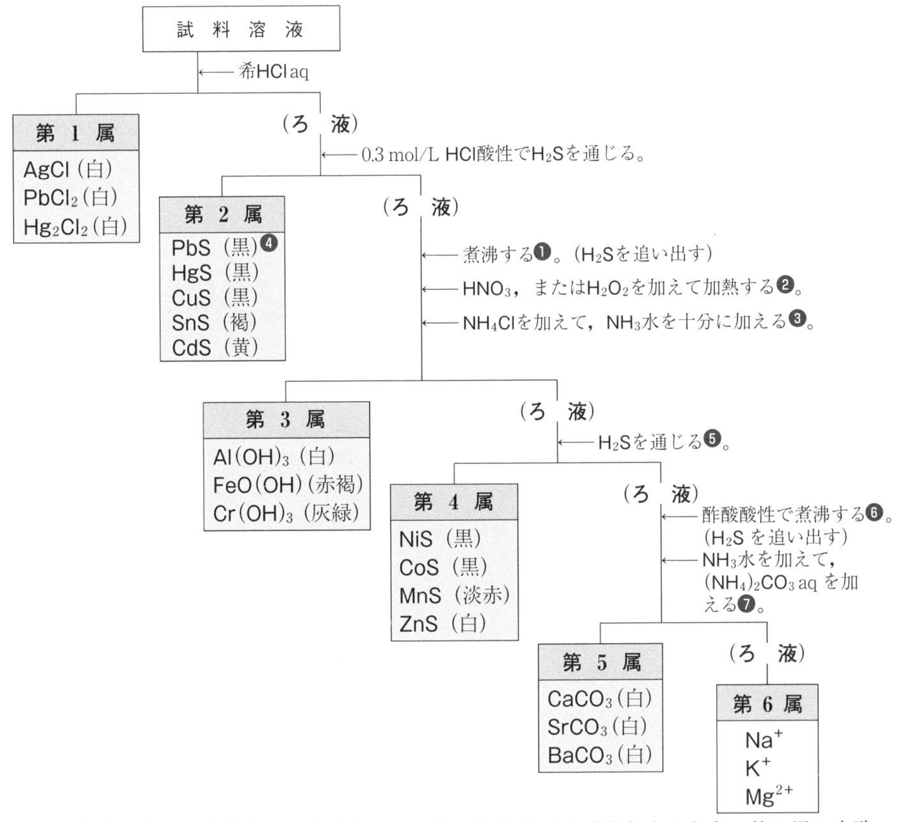

❶　ろ液中からH_2Sを除去しておかないと，次の操作でNH_3水を加えたとき，第3属の水酸化物の沈殿に第4属の硫化物の沈殿が混入する恐れがある。また，H_2Sを除去せずにHNO_3を加えた場合，H_2Sが酸化されて多量のSを生じるため，加えたHNO_3が無駄になる。

❷　H_2S(還元剤）によりFe^{3+}が還元されてFe^{2+}になっていたものを，酸化して元のFe^{3+}に戻すためである。　　$3Fe^{2+} + NO_3^- + 4H^+ \longrightarrow 3Fe^{3+} + NO + 2H_2O$

水への溶解度は$Fe(OH)_2$よりもFeO(OH)のほうがずっと小さい（$Fe(OH)_2$：9.3×10^{-6} mol/L，FeO(OH)：1.6×10^{-10} mol/L）ので，Fe^{2+}のままNH_3水を加えると$Fe(OH)_2$が不完全にしか沈殿しないため，ろ液中にFe^{2+}が残り，次の操作でH_2Sを通じたとき，第4属の硫化物の沈殿にFeSが混入する恐れがある。すなわち，鉄イオンを水酸化物として完全に沈殿させるには，Fe^{2+}を酸化してFe^{3+}にしておく必要がある。

❸　実際は，NH_3水だけを加えるのではなく，ろ液にNH_4Clに溶かした溶液（$NH_3-NH_4^+$の緩衝液）にNH_3水を十分に加える。つまり，NH_4^+の存在によって，NH_3の電離平衡　$NH_3 + H_2O \rightleftharpoons NH_4^+ + OH^-$　……①　①式は左に移動するので，水溶液のpHを弱い塩基性（pH 8程度)に保つ。こうして，3価の金属イオンのAl^{3+}，Fe^{3+}，Cr^{3+}(第3属)だけを水への溶解度の小さい水酸化物として沈殿させることができる。この条件では，第4属の$Ni(OH)_2$，$Mn(OH)_2$，$Zn(OH)_2$や第6属の$Mg(OH)_2$は沈殿しない。

❹　$PbCl_2$ は幾分水に溶ける(3.0×10^{-3} mol/L)ので，第1属の中では不完全にしか沈殿しない。よって，ろ液中に残った Pb^{2+} は，第2属の硫化物と一緒に PbS となり沈殿する。

❺　ろ液は塩基性になっているので，H_2S を通じるか，$(NH_4)_2S$ 水溶液を加えてもよい。

❻　ろ液に酢酸を加えて酸性としたのち，煮沸して H_2S を追い出す。酢酸酸性にしなければ，前の操作で通じた H_2S が HS^- や S^{2-} の形でろ液中に残ってしまうからである。

参考　H_2S を追い出さずに，$(NH_4)_2CO_3$ 水溶液を加えたらどうなるのか。

ろ液は塩基性なので，溶液中には HS^- や S^{2-} が残っている。ここへ $(NH_4)_2CO_3$ を加えたら，次の反応がおこり $[NH_4^+]$ が減少する。　$NH_4^+ + S^{2-} \rightleftarrows NH_3 + HS^-$　……②

(NH_4^+ の $K_a \fallingdotseq 10^{-9.2}$ mol/L，HS^- の $K \fallingdotseq 10^{-13.9}$ mol/L なので，②式は右向きに進行する。)

$[NH_4^+]$ が少なくなると，NH_3 の電離平衡(前ページ①式)は右へ移動し，$[OH^-]$ を低く保つことができないので，もし，ろ液に Mg^{2+} が入っていたら，$Mg(OH)_2$ が生成してしまう恐れがある。

❼　実は，炭酸アンモニウムは不安定な物質であり，市販の炭酸アンモニウム $(NH_4)_2CO_3$ には約半量の炭酸水素アンモニウム NH_4HCO_3 を含んでいる。そこで，炭酸アンモニウム水溶液に適量の NH_3 水を加えて，NH_4HCO_3 を $(NH_4)_2CO_3$ に変えたものを使用する。

補足　$(NH_4)_2CO_3$ 水溶液中では，次の平衡が成立している。

$$NH_4^+ + CO_3^{2-} \rightleftarrows NH_3 + HCO_3^- \quad \cdots\cdots③$$

(NH_4^+ の $K_a \fallingdotseq 10^{-9.2}$ mol/L，HCO_3^- の $K_2 \fallingdotseq 10^{-10.3}$ mol/L なので，③式は右向きに進行する。) ここへ NH_3 水を加えると，③式の平衡は左に移動するから，$[CO_3^{2-}]$ が大きくなり，第5属の炭酸塩を完全に沈殿させることができる。同時に，$[NH_4^+]$ も大きくなり，NH_3 の電離平衡（前ページ①式）の平衡が左に移動して，$[OH^-]$ を低く保つことができ，第6属の $Mg(OH)_2$ は沈殿しない。

参考　NH_3 水を加えずに，$(NH_4)_2CO_3$ 水溶液を加えたらどうなるのか。

ろ液は酢酸酸性なので，$CO_3^{2-} + H^+ \rightleftarrows HCO_3^-$ の平衡が右へ移動して，$[CO_3^{2-}]$ が小さくなり，第5属の炭酸塩を完全に沈殿させることができない。

4　各属の金属イオンの分離と確認

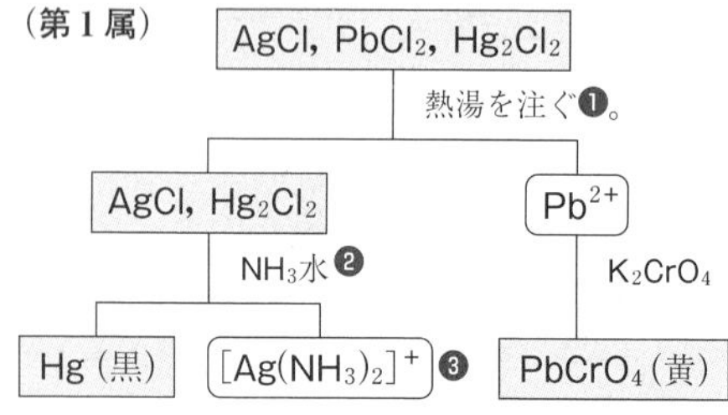

❶　白色沈殿に熱湯を反復して注ぎ，$PbCl_2$ を Pb^{2+} として溶かす。この溶液に K_2CrO_4 水溶液を加えて $PbCrO_4$ の黄色沈殿が得られたら，Pb^{2+} が確認される。

❷　NH_3 水を十分に注ぐと，$Hg_2Cl_2 + 2NH_3 \longrightarrow Hg + Hg(NH_2)Cl + NH_4Cl$ の不均化反応が進み，Hg の微粒子を生じて黒変する。この反応により Hg_2^{2+} が確認される。

❸　この溶液に希硝酸を加えて微酸性にしたとき，$[Ag(NH_3)_2]^+$ が分解して再び AgCl の白色沈殿が生成すれば，Ag^+ が確認される。また，AgCl の白色沈殿を日光に当てておくと，しだいに灰紫色に変色する（AgCl が分解されて単体の Ag が生成するため）ことで Ag^+ を確認してもよい。

（第２属）

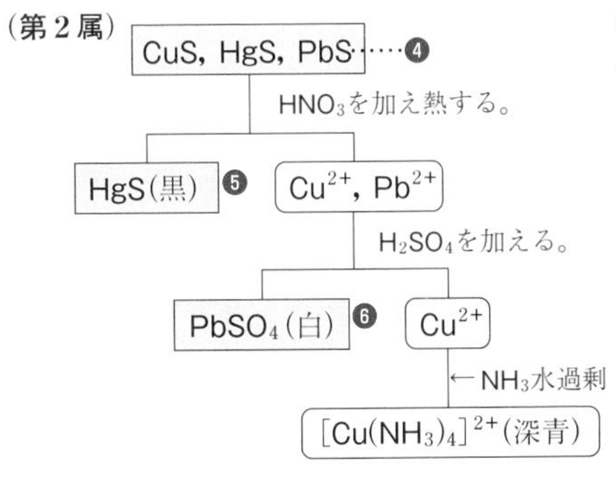

❹　黄色沈殿（CdS）ならば，Cd^{2+} が確認される。

❺　硝酸の酸化力により，S^{2-} を S へと酸化することにより，CuS，PbS は Cu^{2+}，Pb^{2+} として溶解する。ただし，HgS は溶解度が極めて小さく，王水にしか溶解しない。HgS の黒色沈殿が残れば Hg^{2+} が確認される。

❻　$PbSO_4$（強酸の塩）は HNO_3（強酸）にも不溶であるが，CH_3COONH_4 水溶液には錯塩をつくって溶ける。これに K_2CrO_4 水溶液を加えて $PbCrO_4$ の黄色沈殿が生成すれば，Pb^{2+} が確認される。

（第３属）

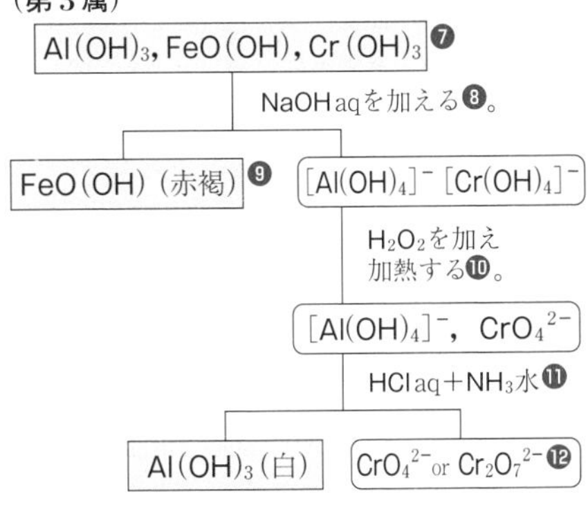

❼　白色沈殿（$Al(OH)_3$）ならば，Al^{3+} が確認される。

❽　NaOH aq を過剰に加えると，両性水酸化物の $Al(OH)_3$ と $Cr(OH)_3$ は溶けるが，両性水酸化物ではない FeO(OH) は不溶である。

❾　希 HCl aq に溶かし Fe^{3+} とし，$K_4[Fe(CN)_6]$ 水溶液で濃青色沈殿が得られるか，KSCN 水溶液で血赤色溶液になれば，Fe^{3+} が確認される。

❿　$[Cr(OH)_4]^-$ は，塩基性条件では酸化剤 H_2O_2 によって $CrO_4{}^{2-}$ まで酸化される（p. 552）。最後に，煮沸して H_2O_2 を追い出しておく。

⓫　まず，希 HCl aq に溶かして Al^{3+} としたのち，改めて NH_3 水を加えて白色沈殿 $Al(OH)_3$ が生成すれば，Al^{3+} が確認される。

⓬　酢酸鉛（Ⅱ）水溶液を加え，$PbCrO_4$ の黄色沈殿が生成すれば，Cr^{3+} が確認される。

（第４属）

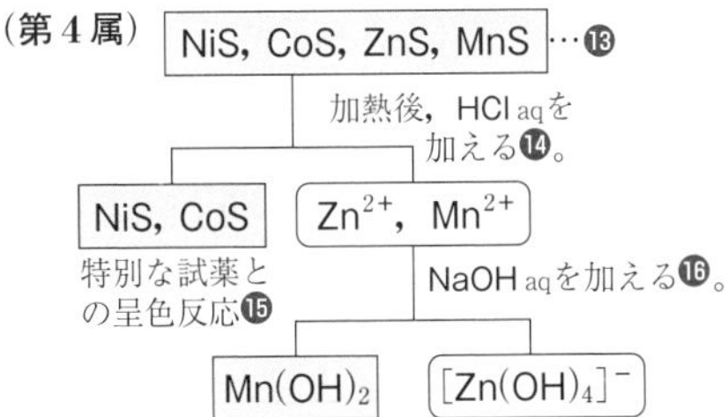

⓭　白色沈殿（ZnS）ならば，Zn^{2+} が確認される。淡赤色沈殿（MnS）ならば，Mn^{2+} が確認される。

⓮　加熱により NiS, CoS, は結晶形が変化し，希塩酸に不溶となり，黒色沈殿が残る。一方，ZnS，MnS は希塩酸に溶ける。

⓯　濃硝酸に溶かして Ni^{2+}，Co^{2+} とし，NH_3 水を加えて微塩基性にしたのち，Ni^{2+} はジメチルグリオキシムのアルコール溶液を加えると，Co^{2+} は 1-ニトロソ-2-ナフトールの水溶液を加えると，いずれもキレート錯体（次ページ図）を生成して赤色に呈色する。

ビス(ジメチルグリオキシマト)ニッケル(Ⅱ)

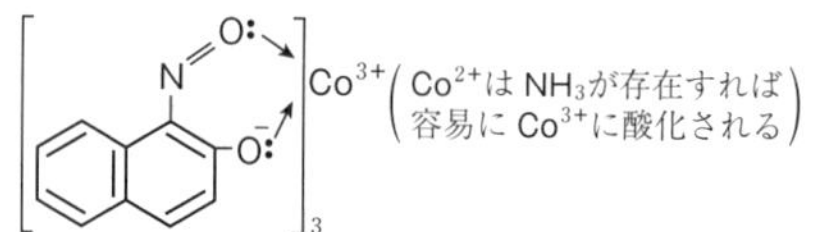

トリス(1-ニトロソ-2-ナフトール)コバルト(Ⅲ)

⑯　NaOHaq を過剰に加えると，両性水酸化物の $Zn(OH)_2$ は溶けるが，両性水酸化物ではない $Mn(OH)_2$ は不溶である。$Mn(OH)_2$ は白色の沈殿であるが，水中の O_2 によって容易に酸化されて，褐色の酸化水酸化マンガン(Ⅳ) $MnO(OH)_2$ に変化する。

(第５属)

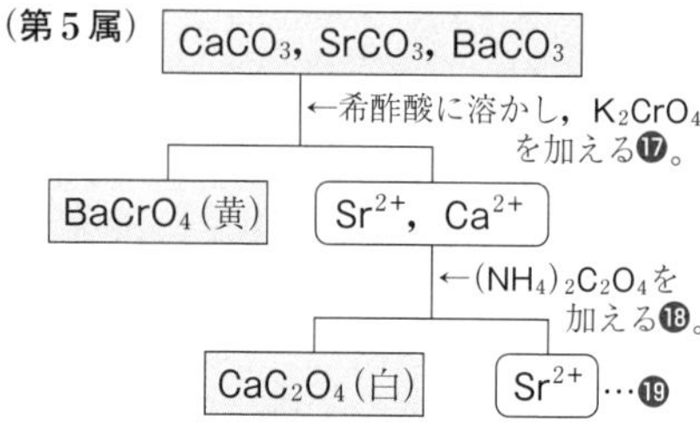

⑰　$CaCrO_4$，$SrCrO_4$，$BaCrO_4$ のうち，$BaCrO_4$ の溶解度が最も小さいので，希酢酸に溶かし，K_2CrO_4 水溶液を加えて黄色沈殿($BaCrO_4$)が生成すれば，Ba^{2+} が確認される。

⑱　SrC_2O_4 よりも CaC_2O_4 の溶解度が小さいので，$(NH_4)_2C_2O_4$ 水溶液を加えて白色沈殿(CaC_2O_4)が生成すれば，Ca^{2+} が確認される。

⑲　ろ液を濃縮後，炎色反応によって Sr^{2+}(紅色)を検出してもよい。

参考　⑱では $CaSO_4$ よりも $SrSO_4$ の水への溶解度が小さいので，$(NH_4)_2SO_4$ 水溶液を加えて白色沈殿($SrSO_4$)が生成すれば，Sr^{2+} が確認される。ろ液を濃縮後，炎色反応で Ca^{2+}(橙赤色)を検出してもよい。

(第６属)　Mg^{2+}，Na^+，K^+
←Na_2HPO_4 を加える⑳。
$MgNH_4PO_4$(白)　　Na^+，K^+ ㉑

⑳　ろ液は NH_3-NH_4Cl の緩衝液となっている。リン酸水素二ナトリウム Na_2HPO_4 の水溶液を加えて，リン酸アンモニウムマグネシウム $MgNH_4PO_4$ の白色沈殿を生成すれば，Mg^{2+} が確認される。

$$Mg^{2+} + NH_3 + HPO_4^{2-} \longrightarrow MgNH_4PO_4$$

㉑　ろ液を濃縮後，炎色反応により Na^+(黄色)，K^+(赤紫色) を検出する。K^+ の炎色反応は，混入する Na^+ の黄色を除くため，青色のコバルトガラスを通して観察する。

例題　Cu^{2+}，Fe^{3+}，Mn^{2+}，Pb^{2+}，Ag^+，Cd^{2+} を含む水溶液から，以下の操作で，各イオンを分離した。なお，各操作において，試薬は完全に反応が終了するまで加えるものとする。

(操作 1)　試料溶液に希塩酸を加えてろ過し，沈殿 1 とろ液 1 を得た。

(操作 2)　沈殿 1 に熱水を加えてろ過し，沈殿 2 とろ液 2 を得た。

(操作 3)　ろ液 1 に硫化水素を通じてろ過し，沈殿 3 とろ液 3 を得た。

（操作4）　沈殿3に希硝酸を加え煮沸し，生じた硫黄を除去した溶液に希硫酸を加えてろ過し，沈殿4とろ液4を得た。
（操作5）　ろ液4に$K_4[Fe(CN)_6]$を加えてろ過し，沈殿5とろ液5を得た。
（操作6）　ろ液5を酢酸で弱い酸性にした後，硫化水素を通じてろ過し，沈殿6とろ液6を得た。
（操作7）　ろ液3を(ア)臭いが消えるまで煮沸し，(イ)希硝酸を加えて加熱し，(ウ)NH_4Clを加えてからNH_3水を十分に加えてろ過し，沈殿7とろ液7を得た。
（操作8）　ろ液7に硫化水素を通じてろ過し，沈殿8とろ液8を得た。
(1)　下線部の沈殿2，4，5，6，7，8の化学式を答えよ。
(2)　波線部の(ア)，(イ)，(ウ)の各操作を行う目的をそれぞれ説明せよ。

［解］　(1)　（操作1）　$Ag^+ + Cl^- \rightarrow AgCl\downarrow$（白），$Pb^{2+} + 2Cl^- \rightarrow PbCl_2\downarrow$（白）が生成する。
（操作2）　AgClは熱水に不溶なので，**沈殿2はAgCl**
$PbCl_2$は熱水に溶けてPb^{2+}となり，ろ液2に含まれる。
（操作3）　酸性条件なので，$Cu^{2+} + S^{2-} \longrightarrow CuS\downarrow$（黒），$Cd^{2+} + S^{2-} \longrightarrow CdS$（黄），$Pb^{2+} + S^{2-} \longrightarrow PbS\downarrow$（黒）が生成する。
（$PbCl_2$の溶解度はやや大きいので，操作1ではPb^{2+}は完全に沈殿せず，ろ液1に残ることに留意する。）
（操作4）　CuS，CdS，PbSは希塩酸には溶けないが，希硝酸の酸化作用により，S^{2-}をSに酸化すると，Cu^{2+}，Pb^{2+}，Cd^{2+}となり溶ける。このうち，Pb^{2+}だけが希硫酸を加えると沈殿する。　$Pb^{2+} + SO_4^{2-} \longrightarrow PbSO_4\downarrow$（白）　**沈殿4は$PbSO_4$**
（操作5）　Cu^{2+}は$[Fe(CN)_6]^{4-}$と沈殿を生成する。$2Cu^{2+} + [Fe(CN)_6]^{4-} \longrightarrow Cu_2[Fe(CN)_6]\downarrow$（赤褐）　$Cu_2[Fe(CN)_6]$は，ヘキサシアニド鉄(Ⅱ)酸銅(Ⅱ)とよばれる。
沈殿5は$Cu_2[Fe(CN)_6]$
（操作6）　弱い酸性条件なので，$Cd^{2+} + S^{2-} \longrightarrow CdS\downarrow$（黄）が生成する。　**沈殿6はCdS**
（操作7）　Fe^{3+}にNH_3水を十分に加えると，水酸化鉄(Ⅲ)$Fe(OH)_3$ではなく，酸化水酸化鉄(Ⅲ)FeO(OH)が生成する。

$$Fe^{3+} + 3OH^- \longrightarrow FeO(OH)\downarrow(\text{赤褐}) + H_2O$$ 　**沈殿7はFeO(OH)**

（操作8）　塩基性条件なので，$Mn^{2+} + S^{2-} \longrightarrow MnS\downarrow$（淡赤）　**沈殿8はMnS**

沈殿2…AgCl，沈殿4…$PbSO_4$，沈殿5…$Cu_2[Fe(CN)_6]$，沈殿6…CdS，沈殿7…FeO(OH)，沈殿8…MnS　答

(2)　(ア)　煮沸して，H_2Sを追い出しておかないと，次にNH_3水を加えたとき，第4属のMn^{2+}がMnSとして沈殿してしまう恐れがある。
(イ)　Fe^{2+}のままでNH_3水を加えると$Fe(OH)_2$が沈殿する。Fe^{3+}に酸化した後にNH_3水を加えるとFeO(OH)が沈殿する。FeO(OH)のほうが$Fe(OH)_2$よりも溶解度が小さいので，試料液中の鉄イオンを完全に沈殿として分離することができる。
(ウ)　$NH_3 - NH_4^+$の緩衝液で，ろ液3を弱い塩基性に保つことで，3価のFe^{3+}だけをFeO(OH)として沈殿させることができる。（NH_3水だけでは塩基性が強く，第4属のMn^{2+}が$Mn(OH)_2$として沈殿してしまう恐れがある。）

(ア)　溶液中に溶けている硫化水素を追い出すため。　答
(イ)　硫化水素で還元されていたFe^{2+}を希硝酸で酸化してFe^{3+}に戻すため。　答
(ウ)　溶液を弱い塩基性に保ち，Fe^{3+}だけを溶解度の小さい水酸化物として沈殿させるため。　答

例題 鉄，ニッケル，クロムの混合金属粉末を試料とし，各金属をイオン，または化合物(沈殿) の形で分離する実験を行った。その方法を，下図に簡略な系統図で示した。なお，各操作において，試薬は完全に反応が終了するまで加えるものとする。

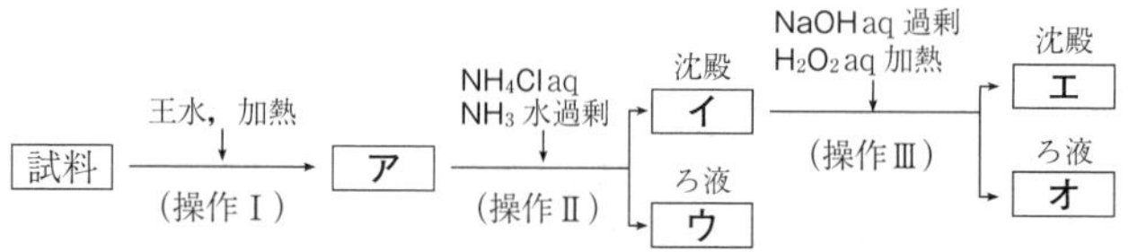

(1) 図中の[　　]に適する化合物・イオンの化学式を記せ。

(2) 沈殿**イ**からろ液**オ**のイオンが生じるときのイオン反応式を記せ。

(3) ろ液**オ**を酢酸酸性にして酢酸鉛(Ⅱ)水溶液を加えた。生成物の化学式を記せ。

［**解**］ (1) (操作Ⅰ) 王水は強力な酸化作用をもつので，この操作により，成分金属は酸化され，Fe^{3+}，Ni^{2+}，Cr^{3+} となり溶ける。

(注) Fe を塩酸に溶かすと H_2 が発生するので Fe^{2+} が生成する。今回は，Fe^{2+} が王水により酸化されるので，Fe^{2+} ではなく Fe^{3+} が生成する。

(操作Ⅱ) **ア**に NH_3 水を過剰に加えると，Ni^{2+} はヘキサアンミンニッケル(Ⅱ)イオンの $[Ni(NH_3)_6]^{2+}$(青紫)となって溶けるが，Fe^{3+}，Cr^{3+} はそれぞれ FeO(OH) (赤褐)，$Cr(OH)_3$ (灰緑)として沈殿する。

(注) NH_4Cl を加えてから NH_3 水を入れるのは，アンモニアの電離平衡 $NH_3+H_2O \rightleftarrows NH_4^+ + OH^-$ が，NH_4^+ を加えたことで左へ移動して，$[OH^-]$をできるだけ小さく保つことにより，溶解度の小さい3価の金属イオンである Fe^{3+} と Cr^{3+} だけを水酸化物として沈殿させるためである。

(操作Ⅲ) FeO(OH)，$Cr(OH)_3$ のうち，後者は両性水酸化物であるから，過剰の NaOH 水溶液には，テトラヒドロキシドクロム(Ⅲ)酸イオン$[Cr(OH)_4]^-$(暗緑)となって溶ける。

FeO(OH)は両性水酸化物ではないので，過剰の NaOH 水溶液に溶けない。また，Fe^{3+} はアンミン錯イオンをつくらないので過剰の NH_3 水にも溶解しない。

さらに，H_2O_2(酸化剤)を加えて加熱すると，$Cr(OH)_3$ は酸化され，黄色のクロム酸イオン CrO_4^{2-} に変化する(ただし，反応条件が中～塩基性なので，生成物は $Cr_2O_7^{2-}$ ではない)。

(2) 反応条件が酸性ではないので，H^+ ではなく OH^- を用いてイオン反応式をつくる。

$$Cr(OH)_3 + 5\,OH^- \longrightarrow CrO_4^{2-} + 3\,e^- + 4\,H_2O \quad \cdots\cdots①$$

(+3)　　(+6) 酸化数が3増加したので，右辺に $3\,e^-$ を加える。

左辺に $5\,OH^-$ (塩基性条件)を加えて電荷を合わせ，右辺に $4\,H_2O$ を加えて原子の数を合わせる。

$$H_2O_2 + 2\,e^- \longrightarrow 2\,OH^- \quad \cdots\cdots②$$

①式×2+②式×3 より，電子 e^- を消去すると，

$$\mathbf{2\,Cr(OH)_3 + 3\,H_2O_2 + 4\,OH^- \longrightarrow 2\,CrO_4^{2-} + 8\,H_2O}$$ 答

(3) 水溶液中では，CrO_4^{2-}(黄色)と $Cr_2O_7^{2-}$(赤橙色)の間には，次の平衡関係がある。

$$2\,CrO_4^{2-} + H^+ \rightleftarrows Cr_2O_7^{2-} + OH^- \quad \cdots\cdots③$$

よって，CrO_4^{2-} を酢酸酸性にして$(CH_3COO)_2Pb$ 水溶液を加えても，$PbCr_2O_7$ ではなく，$PbCrO_4$ の黄色沈殿が沈殿することになる(理由は p. 553 詳説❾を参照)。

答 (1) **ア** Fe^{3+}，Ni^{2+}，Cr^{3+}　**イ** FeO(OH)，$Cr(OH)_3$　**ウ** $[Ni(NH_3)_6]^{2+}$
エ FeO(OH)　**オ** CrO_4^{2-}　(2) **上式を参照**　(3) $PbCrO_4$

第5編
有機物質の性質

ウェーラー（Friedrich Wöhler, 1800～1882，ドイツ）　はじめ医者を志していたが，21歳のとき化学の道に入り，ベルセリウスの門下になる。1828年，無機物のシアン酸アンモニウムから有機物の尿素の人工合成に成功し，いわゆる“生命力”が有機物合成の原因ではないことを明らかにした。また，1832年，官能基の概念を発表し，その後の有機化学の発展に大きな貢献を果たした。

リービッヒ（Justus von Liebig, 1803～1873，ドイツ）　1831年，彼の考案した元素分析装置は，微量の有機物試料の組成式の決定を可能とした。教育にも熱心で，ギーセン大学に世界最初の学生実験室を設け，近代的な化学教育を実践し，多くの化学者を輩出させた。また，応用化学の業績として，植物の生育に関する窒素・リン・カリの3要素を提唱し，最初の化学肥料をつくった。

ケクレ（Friedrich August Kekulé, 1829～1896，ドイツ）　はじめ建築家を志していたが，ギーセン大学でリービッヒの講義を聞いて感銘し，化学の道に入った。炭素の原子価が4価であることを確かめ，構造式によって鎖式の有機化合物を系統化した。彼の最大の業績はベンゼンの六員環構造を決定したことであり，これにより，環式の有機化合物の研究への道が拓かれた（1865年）。

ノーベル（Alfred Bernhard Nobel, 1833～1896，スウェーデン）　1867年，“気狂い油”と恐れられていたニトログリセリンを，ケイ藻土にしみ込ませたダイナマイトを発明した。彼は特許を取得して工場をつくり，事業家として大成功を収めた。彼の遺産はスウェーデン学士院に寄付され，毎年，物理学，化学，医学・生理学，文学，経済学，平和に功労のあった人に賞金を贈ることを遺言した。

第１章　有機化合物の特徴と分類

5-1　有機化合物の特徴

1　有機化合物とは

19 世紀初頭までは，生物体がつくり出した物質を**有機化合物**，生物体とは無関係につくられた岩石や食塩のような物質は**無機化合物**と区別されていた。また，有機化合物は生命力によってのみつくられ，人工合成はできないと考えられていた(**生気説**(せいき))。

1828 年ドイツの**ウェーラー**は，無機物のシアン酸アンモニウム NH_4OCN を加熱して，有機物の尿素 $CO(NH_2)_2$ の合成に成功した。この実験により，有機物の合成には生命力は必要でないこと，つまり，有機物と無機物との間には本質的な差異はないことが人々に認識されることになった。これ以後，多くの有機化合物が人工合成されるようになり，有機化学は急速な発展を遂げ，現在に至っている。

今日では，炭素 C を含む化合物を**有機化合物**とよび❶，炭素以外の元素を含む**無機化合物**と区別している。その理由は，炭素の化合物(有機化合物)は極めて種類が多く，他の無機化合物とはかなり性質や反応性などが異なっているので，両者を区別して扱ったほうが便利であり，研究しやすいからである。

補足❶　炭素の化合物のうち，CO_2 や CO などの酸化物や，$CaCO_3$ のような金属元素を含んだ炭酸塩，KCN のようなシアン化物は，慣例上，無機化合物として扱われる。

2　有機化合物の多様性

有機化合物の構成元素は，炭素以外に，水素，酸素，窒素のほか，硫黄，リンなどで，その種類は比較的少ないにもかかわらず，生成する有機化合物の種類は非常に多い。その数は，現在，1 億種以上に及ぶといわれている。これは，次に述べる炭素原子の特性，とくにその結合の特殊性に原因があると考えられている。

(1)　炭素は周期表の 14 族の非金属元素で，陽性・陰性いずれもさほど強くない❷。そのため，水素のような陽性の非金属元素とも，酸素やハロゲンのような陰性の非金属元素とも安定な共有結合をつくることができる。

補足❷　炭素原子がイオン化して C^{4+}，C^{4-} という貴ガス型の電子配置をとるためには，莫大なエネルギーを必要とする。したがって，炭素原子はふつうイオン化せず，原子のままで価電子を出し合って共有結合をつくりやすい性質がある。

(2)　炭素原子には，同種の原子がいくつでも共有結合でつながるという性質(**連鎖性**)がある❸。このため，鎖状や環状などの多様な炭素骨格がつくられやすい。

補足❸　たとえば，第 2 周期の C 原子は原子半径が小さく，その価電子は原子核に近い所にあ

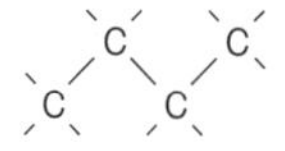

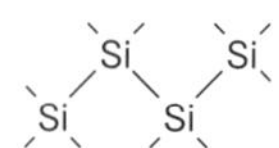

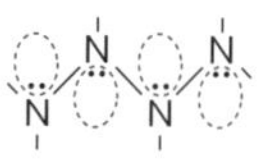

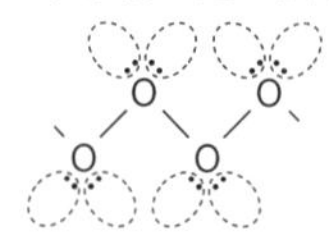

226 kJ/mol(Si-Si)　159 kJ/mol(N-N)　138 kJ/mol(O-O)

る。かつ，非共有電子対をもたないので，相互のC−C結合は強くなる。また，同じ第2周期でも，N原子やO原子では，共有結合には関係しない非共有電子対が存在するので，それらの反発によって，相互に強いN−N結合やO−O結合をつくることはできない。

(3)　炭素原子は4個の価電子をもち，これらはすべて不対電子となり最大の**原子価**4を示す❹。また，その結合方法には，単結合だけでなく二重結合や三重結合といった多様な共有結合をつくることができる。

	2s	2p
C(励起状態)	↑	↑ ↑ ↑
C(基底状態)	↑↓	↑ ↑

補足❹　基底状態のC原子には，不対電子は2個しか存在しないので，2つのH原子としか共有結合できない。しかし，2s軌道の電子1個を2p軌道へ励起させると，不対電子が4個となり，4つのH原子と共有結合できる。このとき，多くの結合エネルギーが得られ，励起に要したエネルギーを十分に補うことができる。よって，ほとんどの場合，C原子は励起状態の4価として共有結合を行う。

3　有機化合物の特徴

有機化合物と無機化合物の性質には，次のように対照的な違いが見られる。

	有機化合物	無機化合物
化学結合	共有結合による分子からなる。	イオン結合による塩からなる。
融点	一般に融点は低い(300℃以下)。 高温では，分解しやすい❺。	一般に融点は高い(300℃以上)。
水溶性	一般に，水に溶けにくく，有機溶媒に溶けやすい❻。(例外)エタノール，酢酸など	水に溶けやすく，有機溶媒には溶けにくいものが多い。
電離	一般に，非電解質	一般に，電解質
燃焼	可燃性のものが多い。	不燃性のものが多い。
反応性	反応は遅く，完全に進行しにくい。副反応がおこりやすい❼。	反応は速く，完全に反応するものが多い❽。

詳説❺　多くの有機化合物は，分子間力によって分子結晶をつくりやすい。そのため，イオン結晶をつくる無機化合物に比べて融点が低く，強熱すると分解して炭素を遊離しやすい。また，空気中ではよく燃焼して，二酸化炭素と水を生成し，このとき多量の熱を発生する。

詳説❻　炭素原子は周期表のほぼ中央にあり，これと結合する他の原子との電気陰性度の差は小さく，できた分子は極性をもたないか，あってもわずかである。そこで，水のような極性の強い溶媒には溶けにくく，ベンゼンやヘキサンのような無極性の溶媒，あるいはエーテルのような極性の小さな溶媒には溶けやすい。

補足❼　有機化合物の反応では，共有結合の切断を伴う。これには大きな活性化エネルギーが必要で，反応速度は小さい。そこで，反応を進めるために加熱したり，触媒を使う場合が多い。また，C−C結合，C−H結合などの結合エネルギーは，分子中ではどの場所でもあまり変わらない。そこで，反応条件は同じでも，反応のおこる場所が必ずしも一定せず，目的としない反応(副反応)がおこりやすいので，反応の調節がなかなかむずかしい。

補足❽　無機化合物の多くは電解質で，水溶液中でイオンに電離する。このイオンどうしの間には静電気力というかなり強い引力が働くため，弱い分子間力しか働かない分子どうしの反応に比べて，活性化エネルギーが小さく，反応速度が大きくなると考えられる。

5-2　有機化合物の分類

有機化合物の分類には，その骨格をつくる炭素原子の結合の仕方に基づく分類法と，化合物の特性を表す原子，原子団(**官能基**(かんのうき)という)の種類に基づく分類法とがある。

1　炭素骨格による分類

炭素原子が鎖状に結合している化合物を**鎖式化合物**(**脂肪族化合物**❶ともいう)，また，環状に結合した部分を含む化合物を**環式化合物**という。また，炭素原子どうしがすべて単結合で結合している**飽和化合物**と，炭素原子間に**不飽和結合**(二重結合，三重結合)を含む**不飽和化合物**とがある。さらに，環式化合物のうち，ベンゼン C_6H_6 のような特別の環状構造(**ベンゼン環**)をもつ化合物を**芳香族化合物**❷，残りのものを**脂環式化合物**という。また，環の構成原子中に炭素以外の原子を含むものを**複素環式化合物**という。

鎖状構造	C－C－C－C　直鎖 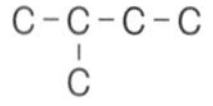 C－C－C－C（2番目のCに枝C）　枝分かれ	飽和結合	単結合 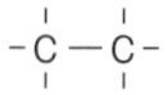 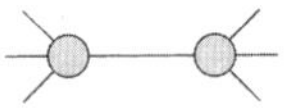	－C－C－
環状構造	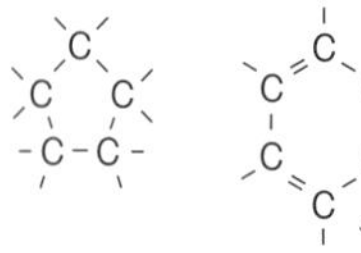 （五員環の構造） （六員環の構造）　ベンゼン環	不飽和結合	二重結合 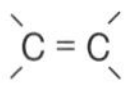 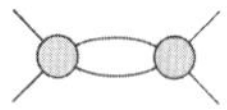	C＝C
			三重結合	－C≡C－ 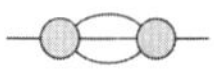

炭素と水素だけからなる有機化合物を**炭化水素**といい，炭化水素はすべての有機化合物の骨格をなす重要な化合物であり，次のように分類される。

	鎖式炭化水素	環式炭化水素
飽和炭化水素	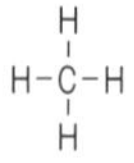 メタン 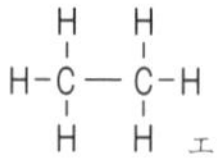　エタン　**アルカン**❸	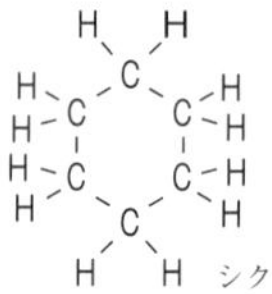 シクロヘキサン　**シクロアルカン**（接頭語 cyclo-(環の)をつける。）
不飽和炭化水素	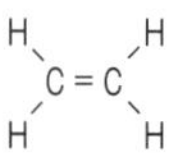 エチレン　**アルケン**	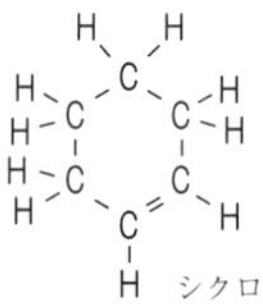 シクロヘキセン　**シクロアルケン**❹
	H－C≡C－H　アセチレン　**アルキン**	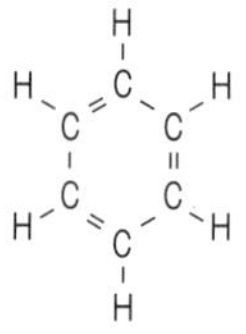 ベンゼン 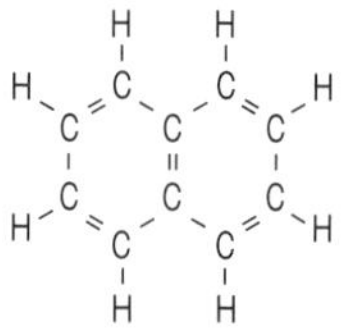　ナフタレン　**芳香族炭化水素**(アレーン)

補足❶ 炭素原子が直鎖状につながっているか，途中で枝分かれがあっても，環式構造をもたない化合物は，天然の油脂の中に多く存在することから**脂肪族化合物**とよばれる。

補足❷ 6個のC原子が，交互に単結合と二重結合によって，正六角形に結合した構造を**ベンゼン環**という。分子内にベンゼン環をもついくつかの化合物は特有の芳香をもつことから，ケクレ(ドイツ)により芳香族化合物と名づけられたが，必ずしも芳香をもつとは限らない。

補足❸ 有機化合物の名称には，古くから用いられている**慣用名**と，国際的な規約に基づいた系統的な名称(**組織名**)がある。組織名では，ギリシャ語の数詞(p. 579)の語尾 -a を除き，アルカンは -ane(アン) を，アルケンは -ene(エン) を，アルキンは -yne(イン) を接尾語としてつけて命名する。

補足❹ **シクロアルキンは存在しないのか？** 三重結合の炭素 (-C≡C-) の結合角が 180° であるため，炭素の数が少ない場合，環をつくったときの歪みが非常に大きくなり存在しない。しかし，炭素の数が多くなり，8員環以上になるとシクロアルキンも存在しうる。

2 官能基による分類

炭化水素の水素原子を他の原子，または原子団で置き換えると，いろいろ性質の異なる化合物ができる。これらは，炭化水素の誘導体❺と考えることができる。

たとえば，メタン CH_4 は水に溶けない気体だが，その水素原子1個をヒドロキシ基 -OH で置き換えたメタノール CH_3OH は，液体で水によく溶ける性質がある。ヒドロキシ基のように，有機化合物の特性を示す原子，または原子団を**官能基**❻という。

補足❺ 分子から何個かの原子がとれた形の原子団を**基**という。また，ある化合物が反応して分子内の一部が変化した化合物を，もとの化合物の**誘導体**という。

詳説❻ 一般に，炭素，水素以外の原子を含む部分が官能基となるが， >C=C< や -C≡C- などの不飽和結合は，それぞれ反応性の大きな部分であるので官能基として取り扱う。しかし，ハロゲン原子はさほど特徴を示さないので，ふつう官能基とは扱わない。一方，炭素と水素だけで構成されている基を**炭化水素基**という。この部分は，反応性に乏しいが，有機化合物の骨格をなす部分である。たとえば，メタンからH原子1個除いた CH_3- をメチル基という。

►ところで，同じ官能基をもつ化合物どうしは，共通した化学的性質を示すので**同族体**とよばれる。官能基の種類によって，有機化合物は次ページの表のように分類される。

3 有機化合物の表し方

有機化合物の表し方には，分子式，示性式，構造式などがある。分子をつくっている原子の種類と数を表した式を**分子式**という。有機化合物の分子式では，ふつう，C，Hの順に元素記号を並べ，これ以外の原子はアルファベット順に並べる。分子式の中から官能基を抜き出して明示した式を**示性式**という❼。また，分子中の各原子の結合のようすを価標(-)を使って表した式を**構造式**という❽。

分子式	C_2H_6O
示性式	C_2H_5OH
構造式	H H | | H-C-C-O-H | | H H
簡略構造式	CH_3CH_2OH

補足❼ 複雑な化合物を示性式で表した場合，炭化水素基の部分の構造が完全に表現しきれないことがある。官能基の種類が示された示性式は，その化合物の種類や性質を表すのには便利な化学式であり，一般には，単結合の価標はすべて省略してよい。ただし，炭素間の二重結合や三重結合の価標は官能基とみなすので省略してはならない。一方，これら以外の不飽

和結合を含む官能基，たとえばカルボニル基やシアノ基などはその価標を省略してよい。

補足❽ 構造式は，各原子の結合状態を価標とよばれる線（-）を用いて平面的に表したものであって，実際の分子の立体的な構造(形)を正確に表したものではないことに注意したい。

►有機化合物を正しく表すには，構造式を用いるのが最もよいが，すべての価標をいちいち書くのはわずらわしい。そこで，原子のつながり方に誤解が生じない程度に，価標の一部を省略して書き表すことが多い❾（**簡略構造式**）。また，H 原子を省略し，炭素鎖のみを折れ線で描いた構造式を**骨格構造式**といい，次の約束に従って表す。①線の両端，屈曲部に C 原子が存在する。② すべての C 原子には省略された価標分の H 原子が結合している。③ C，H 以外の原子は省略しない。

補足❾ 下の構造式では，C-H 結合の価標を省略し，各炭素原子に結合する水素原子の数を示す方法（略式 1），不飽和結合や枝分かれの価標だけを残して，残りの単結合の価標を省略する方法(略式 2)，不飽和結合の価標だけを残して，枝分かれの部分は(　)をつけて表す方法(略式 3)など，さまざまな表し方がある。一般に，問題文の書き方の例に従って表せばよい。

```
        H   H
        |   |
H-C≡C-C — C-O-H      CH≡C-CH2-CH-OH      CH≡CCH2CHOH      CH≡CCH2CH(CH3)OH
        |   |                  |               |
        H H-C-H               CH3             CH3
            |
            H
                          (略式１)          (略式２)           (略式３)
```

官能基の種類		同族体の名称	示性式	化合物の名称
ヒドロキシ基	-O-H	アルコール	C_2H_5OH	エタノール
		フェノール類	C_6H_5OH	フェノール
エーテル結合	-O-	エーテル	$C_2H_5OC_2H_5$	ジエチルエーテル
ホルミル基*（アルデヒド基）	O=C(-H)- （-C(=O)-H）	アルデヒド	CH_3CHO	アセトアルデヒド
カルボニル基*	-C(=O)-	ケトン	CH_3COCH_3	アセトン
カルボキシ基	-C(=O)-O-H	カルボン酸	CH_3COOH	酢　酸
ニトロ基	-N(=O)→O	ニトロ化合物	$C_6H_5NO_2$	ニトロベンゼン
アミノ基	-N(-H)-H	アミン	$C_6H_5NH_2$	アニリン
スルホ基	-S(→O)(→O)-O-H	スルホン酸	$C_6H_5SO_3H$	ベンゼンスルホン酸
シアノ基	-C≡N	ニトリル	CH_3CN	アセトニトリル
エステル結合	-C(=O)-O-	エステル	$CH_3COOC_2H_5$	酢酸エチル
アミド結合	-C(=O)-N(-H)-	アミド	CH_3CONH_2	アセトアミド

（注）　-は共有結合，→は配位結合を示す。

5-3 有機化合物の構造決定

有機化合物の構造を決定するには，まず，その化合物を純粋にする必要がある。次に，構成元素の種類を調べ(**定性分析**)，それらの元素の含有量(割合)を決定しなければならない。この一連の操作を**元素分析**という。

1 有機化合物の分離・精製

抽出 有機化合物は一般に水に溶けにくいので，水溶性の無機化合物とは混じり合わない。そこで，これらの混合物を分液漏斗に入れ，エーテルやヘキサンなどの有機溶媒を加えてよく振ったのち静置すると，液は2層に分かれる。上層だけを取り出し溶媒を除くと，目的の有機化合物が得られる。このように，固体や液体の混合物から目的の成分だけを特定の溶媒に溶解させて分離する方法を**抽出**という。抽出溶媒には，沸点の低いエーテルなどがよく用いられる。

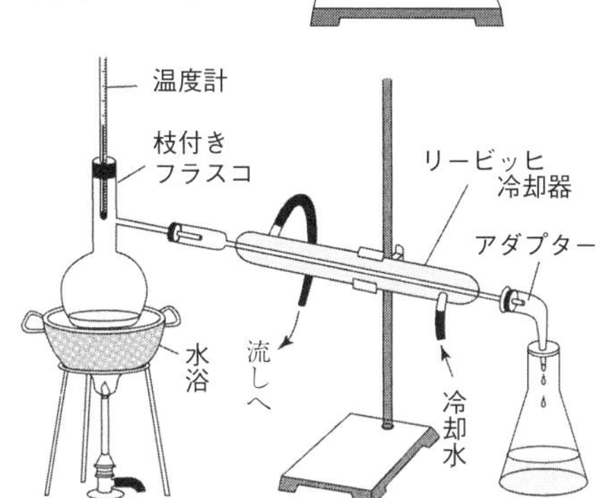

蒸留 いくつかの液体が均一に溶けあった混合物で，各成分の沸点にある程度の違いがあるときは，蒸留により分離できる。すなわち，混合溶液を枝付きフラスコに入れて加熱すると，最初には低沸点の成分が留出し，あとになるほど高沸点の成分が留出するようになる。したがって，ある決まった温度付近で留出してくる成分を再蒸留すれば，目的の物質をほぼ純粋な形で取り出すことができる。このように，液体の混合物を沸点の差を利用して各成分に分離する方法を**分留**(**分別蒸留**)という❶。

補足❶ 沸点が高くて，それまで温度を上げて蒸留すると分解してしまうような有機化合物は，圧力を下げて蒸留を行うとよい(**減圧蒸留**)。これは，圧力が下がると沸点はそれに応じて低くなるので，分解することなく蒸留を行うことができる。

再結晶 不純物を含む結晶を適当な溶媒に加熱して溶かす。(活性炭を加えて不純物を吸着して除く)。まだ熱いうちに**吸引ろ過**して，活性炭と溶けないで残っている不純物を除く。ろ液を徐々に冷却すると，少量の不純物は飽和に達せずに溶液中に残り，やがて純粋な結晶が析出する。このように，温度による溶解度の差を利用した固体物質の精製法を**再結晶法**❷という。

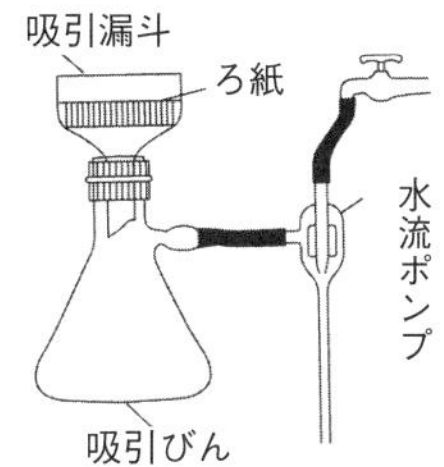

補足❷ 再結晶で精製した結晶Aが既知物質Bと同一であるかどうかを確認するには，次のような**混融試験**を行うとよい。すなわち，物質A，Bの融点が同じでも，両者の混合物の融点を測定する。融点降下がおこらないときは，A，Bは同一物質と判断してよい。

クロマトグラフィー　ろ紙，シリカゲル，アルミナゲルなどの吸着剤(固定相)の表面に試料を吸着させ，適当な有機溶媒(移動相)を流す。すると，物質によりわずかな吸着力の差があるため，物質の移動速度に違いがあらわれ，各物質の分離や精製を行うことができる。この方法は，着色物質の分離にとくに便利で，ギリシア語の chroma(色)と graphos(記録)という意味から，**クロマトグラフィー**と名づけられた❸。

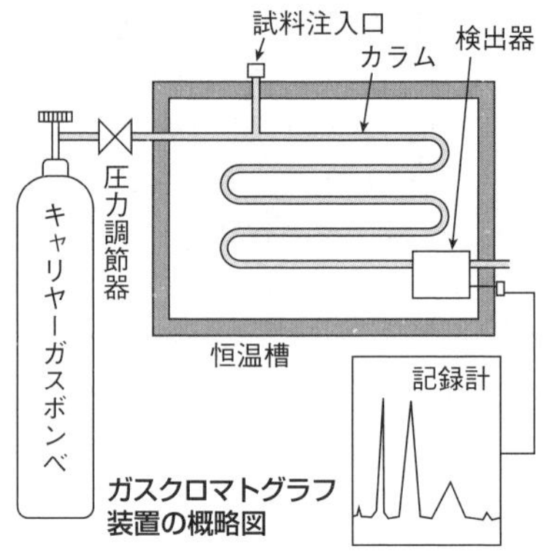

補足❸ たとえば，移動相に気体を用い，固定相との間の分配平衡(吸着平衡)を利用して混合物の分離を行う方法を**ガスクロマトグラフィー**という。図のカラムに注入された試料は加熱により蒸発し，キャリヤーガス(He などの不活性気体)により運ばれる。試料物質は，カラム中の充塡物(シリカゲルやアルミナゲルなどに不揮発性液体を浸み込ませたもの)との間の吸着力の差に応じた移動速度でカラムを流出し，熱伝導率検出器に入り，チャートに記録される。一般に，沸点の低い順に流出するが，極性が大きいほど流出は遅れる傾向がある。得られたチャートのピークの保持時間(試料注入時～ピークまでの時間)で定性分析，ピークの面積から定量分析を同時に行うことができ，現在，高分子を除く有機化合物の最も重要な分析装置となっている。

2 成分元素の検出

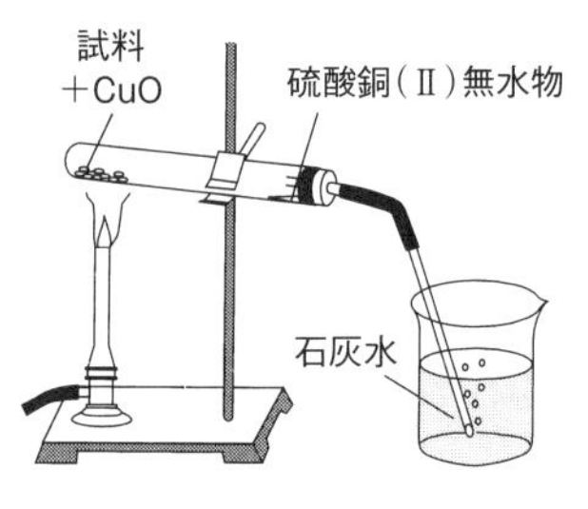

炭素と水素　試料に乾燥した酸化銅(Ⅱ)CuO を加えて，よく混ぜ合わせて加熱すると，CuO が酸化剤として働き，有機化合物の構成元素である C は CO_2 に，H は H_2O になる。発生した CO_2 は石灰水に導き，$CaCO_3$ の白濁，または白沈を生じることによって炭素を検出する。

一方，発生した H_2O は試験管の管口付近で冷やされて水滴として生成するので，硫酸銅(Ⅱ)無水物 $CuSO_4$ の着色(白→青)によって水素を検出する❹。

補足❹ Cu^{2+} が青色のアクア錯イオン $[Cu(H_2O)_4]^{2+}$ に変化することに基づく。また，塩化コバルト(Ⅱ)紙が $[CoCl_4]^{2-}$(青色)から $[Co(H_2O)_6]^{2+}$(淡赤色)へ変色することでも確認できる。

窒素　試料とソーダ石灰❺の混合物を加熱して，NH_3 が発生することで窒素を検出する。NH_3 は，(1) 赤色リトマス紙の青変，(2) ネスラー試薬を加えて黄褐～赤褐色の沈殿が生成，(3) 濃塩酸を近づけ白煙を生じることなどで調べる。この方法は，試料中の窒素が $-NH_2$(アミノ基)のときは有効であるが，$-NO_2$(ニトロ基)のときは有効でない❻。

補足❺ ソーダ石灰は，砕いた CaO を濃 NaOH 水溶液に浸し，加熱・乾燥してつくった白色粒状の固体。強い塩基性を示し，潮解性がなく CO_2 や H_2O をよく吸収する。ここでは強塩基として働き，弱塩基の NH_3 を追い出すのに用いられている。

補足❻ 一般的には，試料に金属ナトリウムの小片を加えて融解すると，窒素が含まれている場合にはシアン化ナトリウム NaCN を生じる。これに $FeSO_4$ 水溶液を少量加えて加熱すると，ヘキサシアニド鉄(Ⅱ)酸ナトリウム $Na_4[Fe(CN)_6]$ に変化するので，$FeCl_3$ 水溶液を加えて濃青色の沈殿(紺青)を生じることで窒素を検出する。

硫黄　試料に金属ナトリウムを加えて融解すると，硫黄が含まれている場合には，硫化ナトリウム Na_2S が生成する。この融解物を水に溶かしてから酢酸鉛(Ⅱ)水溶液を加えると，黒色の硫化鉛(Ⅱ)PbS が生成する❼。

補足❼ 簡単な方法として，Na の代わりに NaOH(固体) を用いることもできるが，この場合には，有機化合物中のすべての硫黄が検出できないこともある(p. 814)。

塩素　黒く焼いた銅線の先に試料をつけて，高温の炎の中に入れて加熱すると，塩素が含まれる場合には，揮発性の塩化銅(Ⅱ)$CuCl_2$ が生成して，青緑色の銅の炎色反応があらわれる。この反応を**バイルシュタイン反応**という。

酸素　簡単に調べられる酸素の検出法はない。

未知の有機化合物の構造決定は，ふつう次のような手順で行われる。

純粋な試料 —元素分析→ 組成式の決定 —分子量測定→ 分子式の決定 —化学的性質を調べる→ 構造式の決定

3 組成式の決定

成分元素が炭素 C，水素 H，酸素 O だけの場合，その有機化合物の組成式は，正確に質量を量った試料を完全燃焼させ，生成した CO_2 と H_2O の質量から求められる。

1 炭素・水素の元素分析

まず，正確に質量を量った試料を図の燃焼管に入れ，乾燥した酸素，または空気を一定速度で通しながら，酸化銅(Ⅱ)によって試料を完全に燃焼させる❽。燃焼で発生した気体は，まず，塩化カルシウム管に通して H_2O を吸収させ，次いで，ソーダ石灰管に通して CO_2 を吸収させる❾。それぞれの吸収管の質量の増加量から，生成した H_2O，CO_2 の質量を求め，炭素と水素の質量を計算する。

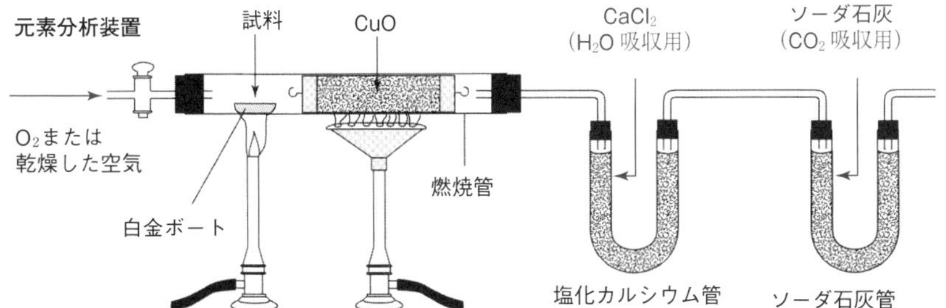

補足❽ 耐熱ガラスでできた燃焼管には，試料を入れた白金ボートと酸化銅(Ⅱ)CuO を入れてあり，それぞれをバーナーで加熱する。単に加熱するだけでは，試料中の炭素分は完全燃焼されずに，不完全燃焼して CO などが生成することがある。そこで，高温の CuO(粒状とし

通気性をよくしたもの）は酸化作用があることを利用して，これに燃焼ガスを通すことによって完全に CO_2 に変えることができる。

詳説❾ ソーダ石灰は，CO_2 だけでなく H_2O も吸収する能力がある。もし，吸収管をつなぐ順序を逆にすると，最初のソーダ石灰管に H_2O と CO_2 がいっしょに吸収されてしまい H_2O と CO_2 のそれぞれの質量が求められない。つまり，C と H の定量ができなくなる。そこで，吸収管をつなぐ順序は，必ず塩化カルシウム管→ソーダ石灰管としなければならない。前記の炭素・水素の元素分析装置は，1834 年にドイツの**リービッヒ**が初めて考案したものである。

２ 試料中の C，H，O の質量の求め方

たとえば，試料 5.87 mg の完全燃焼により，CO_2 が 11.73 mg，H_2O が 4.80 mg が得られたとする。炭素，水素，酸素の質量をそれぞれ m_C〔mg〕，m_H〔mg〕，m_O〔mg〕とすると，

$$m_C = 11.73\text{〔mg〕} \times \frac{C}{CO_2} = 11.73 \times \frac{12.0}{44.0} = 3.20\text{〔mg〕}$$

$$m_H = 4.80\text{〔mg〕} \times \frac{2H}{H_2O} = 4.80 \times \frac{2.0}{18.0} = 0.53\text{〔mg〕}$$

$$m_O = 5.87\text{〔mg〕} - m_C - m_H = 5.87 - 3.20 - 0.53 = 2.14\text{〔mg〕}$$ ❿

補足❿ 酸素の質量は，直接求められない。これは，生成物中に含まれる酸素には，試料だけでなく，外部から供給された O_2 や酸化剤の CuO に由来するものがあるためである。酸素の質量は試料の質量から酸素以外のすべての元素の質量を差し引いて求めなければならない。

３ 組成式（実験式）の求め方

このようにして求めた各元素の質量をそれぞれのモル質量〔g/mol〕で割ると，その比が各元素の物質量〔mol〕の比，すなわち各元素の原子数の比になる。これを最も簡単な整数比で表した化学式が**組成式（実験式）**である。２の結果を用いると，

$$C : H : O = \frac{3.20}{12.0} : \frac{0.53}{1.0} : \frac{2.14}{16.0} = 0.27 : 0.53 : 0.13 \fallingdotseq 2 : 4 : 1 \quad \therefore \quad \text{組成式は } C_2H_4O$$

問 元素分析値 C：93.7％，H：6.3％（質量％）の炭化水素の組成式を求めよ。

〔解〕 C：H（原子数比）$= \frac{93.7}{12.0} : \frac{6.3}{1.0} = 7.81 : \boxed{6.3} \fallingdotseq 1.24 : 1 = \frac{5}{4} : 1 = 5 : 4$　**答** C_5H_4

（小さいほうを１とおく）（小数点以下の数字を見て，分数に直す）

SCIENCE BOX　窒素の定量法

有機化合物中の窒素を定量するには，〔1〕NH_3 に変えて中和滴定で求めるケルダール法と，〔2〕N_2 に変えてその体積から求めるデュマ法とがある。〔1〕の方法では，試料中に $-NH_2$（アミノ基）の形で含まれる窒素分しか定量できないが，〔2〕の方法ではすべての窒素分が定量できる。

〔1〕 ケルダール（Kjeldahl）**法**

一定量の試料に濃硫酸と分解促進剤（硫酸カリウム，硫酸銅（Ⅱ））を加えて強熱すると，試料中の窒素分は硫酸アンモニウム $(NH_4)_2SO_4$ に変化する。冷却後，これに NaOH（固）を加えて加熱すると，弱塩基の NH_3 が発生してくるので，これを一定量の酸の標準溶液に吸収させる。さらに残っている酸を塩基の標準溶液で逆滴定（指示薬はメチルオレンジ）して，NH_3，および窒素の含有量を求める方法である。

〔2〕 デュマ（Dumas）**法**

二酸化炭素の気流中で*1，一定量（少量）

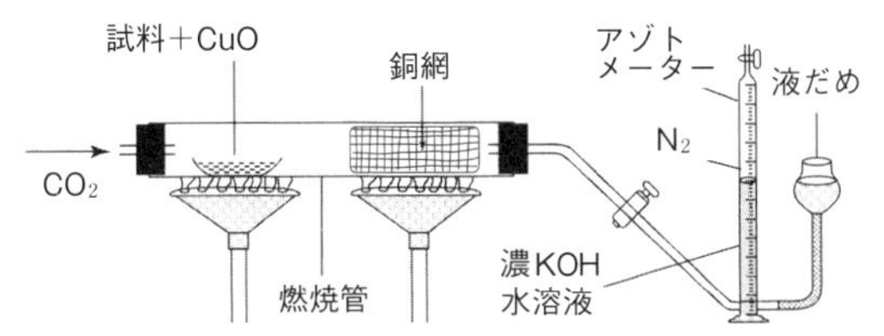

これらの気体を50%のKOH水溶液(CO_2を除くため)を入れた窒素体積測定装置（アゾトメーター）に導き，N_2だけを捕集する。液だめを上下させて，液面を一致させてからN_2の体積を正確に測定する*2。この値から試料中の窒素含有量が求められる。

の試料とCuOの混合物を加熱すると，試料はCuOによって完全に酸化され，CはCO_2に，HはH_2Oに変化する。

上記の操作により，試料中の窒素の大部分はN_2になるが，一部は窒素酸化物NO_xに変化する可能性がある。そこで，途中に銅網Cu(銅網をメタノール蒸気で還元したもの）を置き，これを通過させて窒素酸化物を銅で還元してすべてN_2ガスに変える。

＊1　O_2の気流中で燃焼させない理由は，燃焼に使われずに残ったO_2と生成したN_2とが，いずれもKOH水溶液に吸収されずにいっしょに捕集されてしまうので，窒素の定量ができなくなるからである。

＊2　ただし，捕集したN_2の物質量を求めるには，50% KOH水溶液の飽和水蒸気圧の補正を必要とする。

4　分子式の決定

組成式(実験式)は，化合物中の元素組成を最も簡単な整数比で表したものであり，必ずしも実際の分子式とは一致しない。つまり，組成式中の各原子の数は，これから求める分子式中の各原子の数を，それらの最大公約数で割った値である。そこで，組成式を整数倍したものが分子式であり(①式)，分子量は組成式の式量の整数倍となる(②式)。

分子式＝(組成式)$_n$　………①

分子量＝(組成式の式量)×n　………②　（ただし，nは正の整数）

したがって，別の方法で分子量を求めておき⓫，それを組成式の式量と比較することにより，②式によりnの値を求め，①式によって分子式が決定できる⓬。

問　組成式CH_2O(式量30)で，分子量が90の化合物の分子式を求めよ。

［**解**］　$n=\dfrac{\text{分子量}}{\text{組成式の式量}}=\dfrac{90}{30}=3$　　$(CH_2O)_3$より，分子式は$C_3H_6O_3$ 答

補足⓫　分子量の測定方法は，それぞれの試料に応じて最も適当な方法が選択される。(1) 揮発性物質の場合は気体の状態方程式を用いる方法，(2) 不揮発性物質の場合は凝固点降下法，(3) 酸性・塩基性物質の場合は中和滴定，(4) 高分子化合物の場合は浸透圧法が適している。

補足⓬　有機化合物を完全燃焼するのに必要なO_2の量から分子式を求める方法がある。

問　ある炭化水素1 molを完全燃焼するのに，酸素5.5 molを必要とした。この炭化水素の分子式を推定せよ。

［**解**］　炭化水素の分子式をC_mH_nとおくと，燃焼反応式は次の通りである。

$$C_mH_n+\left(m+\frac{n}{4}\right)O_2 \longrightarrow mCO_2+\frac{n}{2}H_2O$$

反応式の係数比より，$m+\dfrac{n}{4}=5.5$　　$\therefore$　$4m+n=22$　（m，nは正の整数）

$m=1$ とすると，$n=18$　CH_{18}　(存在しない)
$m=2$ とすると，$n=14$　C_2H_{14}　(存在しない)　｝Hが多すぎる。
$m=3$ とすると，$n=10$　C_3H_{10}　(存在しない)
$m=4$ とすると，$n=6$　C_4H_6　(存在する)
$m=5$ とすると，$n=2$　C_5H_2　(実在しない)　Hが足りない。　答　C_4H_6

参考　飽和炭化水素(アルカン)の一般式 C_nH_{2n+2} に比べて，不足しているH原子の数の $\frac{1}{2}$ をその化合物の**不飽和度**と定義する。分子内に二重結合 >C=C< が1個存在すると，飽和炭化水素 -C-C- に比べてH原子が2個不足する。また，分子内に左下のような環構造が1個存在してもH原子が2個不足する。このような化合物では，不飽和度が1となる。また，分子内に三重結合 -C≡C- が1個存在すると，飽和炭化水素に比べてH原子が4個不足し，不飽和度は2となる。このように，不飽和度は分子中に不飽和結合や環構造がいくつ含まれるかを調べる目安になる。分子式 C_4H_6 の炭化水素は，炭素数が同じ飽和炭化水素の C_4H_{10} に比べて，Hが4個不足しているから，不飽和度は2となる。

不飽和度が2である炭化水素には，表中の構造が考えられる(炭素骨格のみを示す)。

①，②は鎖式炭化水素である。③，④は環式炭化水素で，いずれも不安定な化合物である。

① 三重結合1個	C-C-C≡C　　C-C≡C-C
② 二重結合2個	C-C=C=C　　C=C-C=C
③ 環2個	(環状構造)
④ 二重結合1個・環1個	(環状構造)

5 構造式の決定

有機化合物には分子式は同じでも性質の異なる化合物(**異性体**)が多く存在するので，分子式が決まっても，その化合物が何であるかを特定することはできない。簡単な化合物の場合には，まず分子式を満たす可能な構造式を書き，その化合物の化学的性質を調べ，その化合物に含まれる官能基の種類を決定すればよい。

たとえば，分子式が C_2H_6O の化合物には，エタノールとジメチルエーテルの2種の構造式が書ける。この化合物が室温で液体であり，金属ナトリウムと反応して水素を発生したならば，ヒドロキシ基をもつことが確認され，構造式は(a)と決定される。

(a) CH_3-CH_2-OH　エタノール(沸点78℃)　　(b) CH_3-O-CH_3　ジメチルエーテル(沸点−25℃)

有機化合物の構造決定は，最近ではいろいろな機器を用いて行うことが多い[13]。

詳説[13] **赤外線吸収スペクトル法，紫外線吸収スペクトル法，核磁気共鳴スペクトル法**などがある(次ページの“SCIENCE BOX”参照。なお，紫外線吸収スペクトル法では，C=OやC=C，C≡C結合やベンゼン環などの存在がわかる)。

SCIENCE BOX 赤外線吸収スペクトル法

分子に赤外線（波長0.75 μm～1 mm）を当てたとき，その吸収のようすから分子の構造を解析する方法を**赤外分光法**（略称IR）といい，各分子が異なる波数の赤外線を吸収するようすを示したものを**赤外線吸収スペクトル**＊1という。

＊1 波数とは，単位の長さ（通常1 cm）あたりに含まれる波の数で，赤外線の場合には，振動数の代わりに用いられ，赤外線のエネルギーに比例する。単位は〔/cm〕で赤外線の波長を波数で表すと，13000～10/cmとなる。

赤外線は可視光線（波長0.40～0.75 μm）よりも波長が長く，エネルギーも小さい。そのエネルギーは，分子中の共有結合が伸び縮みする**伸縮振動**や，分子が開いたり閉じたりする**変角振動**のエネルギーに相当する。下図は水分子の主な振動様式を示す。

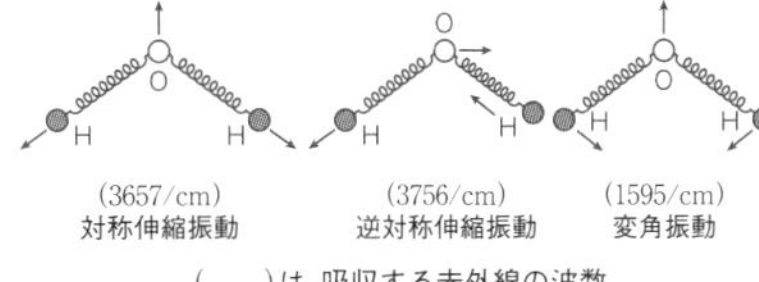

（　）は，吸収する赤外線の波数

いま，分子の伸縮振動を2個のおもりをバネでつないだモデルで考えてみよう。この分子は，おもりの質量とバネの強さに応じた固有の振動数をもつが，ある波数の赤外線を当てた場合，両者が一致すれば，赤外線が吸収され，分子はより激しく振動することになる。一方，両者が一致しない場合は，赤外線は吸収されない＊2。

＊2 赤外線が吸収されるには，分子の振動によって双極子モーメント（p.69）が変化することが必要となる。また，赤外線よりさらに波長の長い**マイクロ波**（波長0.3 mm～30 cm程度）を分子に当てると，分子の回転運動が激しくなる。この回転に伴って生じる摩擦熱で食品を温める装置が**電子レンジ**（p.70）がである。水は極性分子なので，電場が変化するとその方向に配向する。電場の変化があまり速すぎると分子は回転できないが，通常，2450 MHz（メガヘルツ）のマイクロ波を当てると，食品中の水分子が1秒間に約10^9回も回転し，温度が上がり，食品を短時間に加熱できる。

実際に，ある分子に波数を変えながら赤外線を当てると，化合物の種類によらず，同じ結合なら，ほぼ同じ波数に決まった吸収が見られる。これを**特性吸収帯**という。たとえば，C−H結合の伸縮振動は約3000/cm付近，変角振動は約1400/cm付近に観測され，各結合の特性吸収帯のデータが蓄積されており，それをもとに分子中に含まれる結合や官能基の種類が推定できる。

特性吸収帯の波数は，構成原子の質量と結合の強さにより決まる。バネの強さが同じ場合，構成原子の質量が大きいほど，振動をおこすのに多くのエネルギーが必要となり，特性吸収帯は高波数側へずれる（下図(i)）。また，構成原子の質量が同じ場合，バネの強さが強くなると，振動をおこすのに多くのエネルギーが必要となり，特性吸収帯はやはり高波数側にずれる（下図(ii)）。

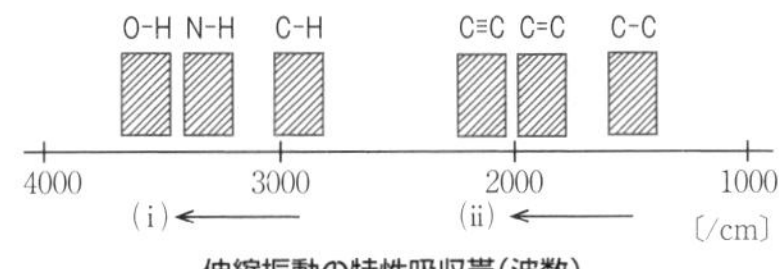

伸縮振動の特性吸収帯（波数）

また，波数約1300～600/cmの領域では，C−C，C−N，C−Oなどの単結合の伸縮振動や変角振動に基づく吸収が重なり，吸収帯の範囲が広くなる。この領域を**指紋領域**といい，各化合物の同定に利用される。

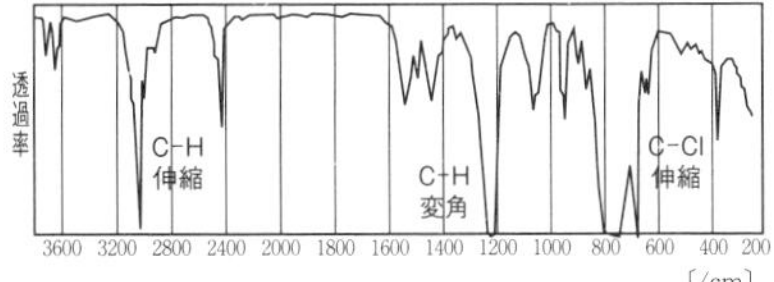

クロロホルム（$CHCl_3$，液体）の赤外線吸収スペクトル

SCIENCE BOX　核磁気共鳴スペクトル法

水素のように，奇数の原子番号の原子核は，**核スピン**(p. 488)により，小さな磁石のような性質をもつ。これが強力な磁場のもとに置かれたとき，特定の振動数をもつ電磁波を吸収して，低エネルギー準位から高エネルギー準位へと励起される(下図)。

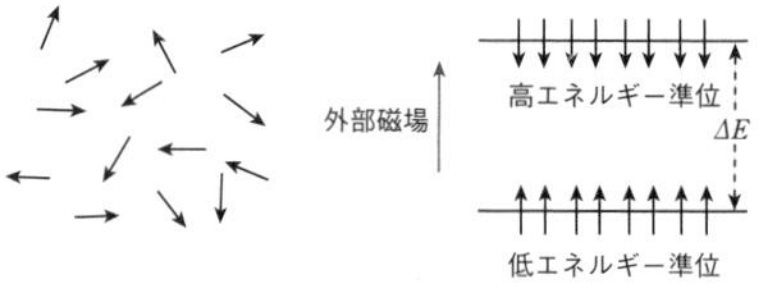

この現象を**核磁気共鳴**といい，このようすを表した図を，**核磁気共鳴スペクトル**(**NMR**)という。また，化合物中で異なる化学的環境に置かれた水素の原子核(以下，プロトン H^+ という)は，それぞれ異なる位置に吸収ピークをつくる。このNMRの波形のわずかなずれを**化学シフト**という*1。

＊1　Hが電気陰性度の大きいO原子と結合した水と，Hが電気陰性度の小さいC原子と結合した炭化水素を比べると，炭化水素のHのほうが周りの電子密度が高く，プロトンに働く磁場は外部磁場に比べて幾分弱くなる(遮蔽(しゃへい)効果)。一般に，遮蔽効果が増すほど，化学シフトは高磁場側の右側へずれる。なお，化学シフトは，基準物質のテトラメチルシラン $(CH_3)_4Si$ を0としたとき，吸収される電磁波の振動数 V とそのずれ ΔV との比 $\Delta V/V$ を 10^6 倍したppm単位で示す。

化学シフトは，有機化合物中でのH原子の結合状態の違いを表し，各ピークの面積(**積分強度**という)は，H原子の数の違いを表す。これらを調べることで，有機化合物の構造決定を行うことができる。

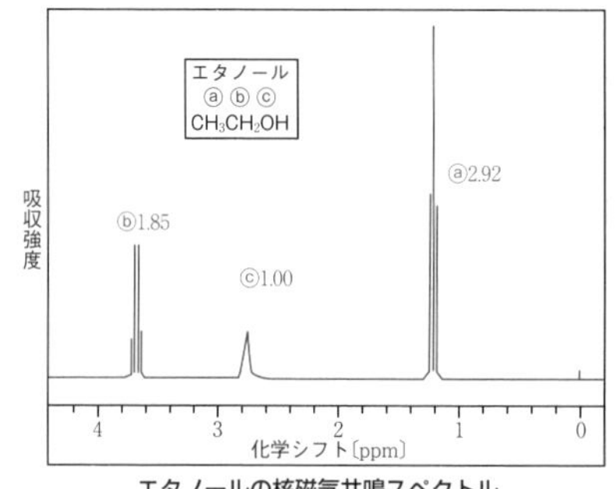

エタノールの核磁気共鳴スペクトル

各吸収ピークを詳しく見ると，いくつかに分裂しているのがわかる。これは，H^+ のエネルギー準位は，その近傍の H^+ がつくる磁場の影響をわずかに受けるからで，この現象を**スピン-スピン結合**という。ⓐ，ⓑ，ⓒのピークの各積分強度は，それぞれ3，2，1であるから，低磁場側から順に，メチレン基 $-CH_2-$，ヒドロキシ基，メチル基とわかる。

メチル基の3個の H^+ は，隣接するメチレン基の2つの H^+ の影響を受け，3つのピークをもつ三重線に，メチレン基の各 H^+ は隣接するメチル基の3つの H^+ の影響を受け，4つのピークをもつ四重線の波形をつくる。一般に，着目した H^+ に隣接する H^+ が n 個の場合は，$(n+1)$ 個の吸収ピークに分裂することがわかっている*2。

＊2　メチル基の H^+ のように，まったく等価な H^+ 間では，スピン-スピン結合は生じない。これは，メチル基の3個の H^+ はC-H結合の自由回転のために，NMRの遷移時間内では区別できないからである。また，-OHでは $R\text{-}OH \rightleftharpoons R\text{-}O^- + H^+$ のように自己解離して，他の同種の分子の-OH間で H^+ の交換がおこる。これに要する時間はNMRの遷移時間に比べて短く，実際には，隣接するメチレン基の H^+ 間ではスピン-スピン結合は生じない。

例題　1-プロパノール $CH_3CH_2CH_2OH$ のNMRの概形を予想せよ。

［**解**］

	ⓐ CH_3	ⓑ $-CH_2$	ⓒ $-CH_2$	ⓓ $-OH$
積分強度	3	2	2	1
隣接水素	2	5	2	0
分裂ピーク	3	6	3	1

よって，左図を参考にして，低磁場(左)側から順に，OHに隣接したメチレン基，ヒドロキシ基，中央のメチレン基，メチル基の順となる。　答

第 2 章　脂肪族炭化水素

5-4 アルカンとシクロアルカン

1 アルカンとは

メタン CH_4 やエタン C_2H_6 のように，鎖状の炭素骨格をもち，炭素原子間の結合がすべて単結合からなる鎖式飽和炭化水素を，**アルカン**という。アルカンの分子中の炭素原子 C の数を n とすると，すべての C 原子に 2 個ずつの H 原子が，両端の C 原子にはさらに H 原子が 1 個ずつ結合するので，一般式は C_nH_{2n+2} で表される。このように，共通の一般式で表される一群の化合物を**同族体**という❶。

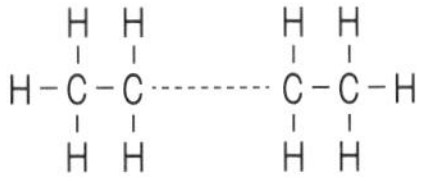

```
 H  H        H  H
 |  |        |  |
H-C-C--------C-C-H
 |  |        |  |
 H  H        H  H
```

アルカン分子

詳説❶ 同族体は互いに化学的性質がよく似ているが，融点・沸点のような物理的性質は，分子量が大きくなるにつれてほぼ一定の割合で高くなる傾向がある。

直鎖状のアルカンは，常温(20℃)では，$n=1$〜4 が気体，$n=5$〜16 で液体，$n=17$ 以上は固体となる。これは分子量が大きくなるほど分子間力が強く働くためである。

名称	英語名	分子式	示性式	沸点〔℃〕	常温での状態		数詞(ギリシャ語)
メタン	methane	CH_4	CH_4	−161	気体		1：mono
エタン	ethane	C_2H_6	CH_3CH_3	−89			2：di
プロパン	propane	C_3H_8	$CH_3CH_2CH_3$	−42			3：tri
ブタン	butane	C_4H_{10}	$CH_3(CH_2)_2CH_3$	−0.5			4：tetra
					液体	密度〔g/cm³〕(20℃)	
ペンタン	pentane	C_5H_{12}	$CH_3(CH_2)_3CH_3$	36		0.626	5：penta
ヘキサン	hexane	C_6H_{14}	$CH_3(CH_2)_4CH_3$	69		0.659	6：hexa
ヘプタン	heptane	C_7H_{16}	$CH_3(CH_2)_5CH_3$	98		0.684	7：hepta
オクタン	octane	C_8H_{18}	$CH_3(CH_2)_6CH_3$	126		0.703	8：octa
ノナン	nonane	C_9H_{20}	$CH_3(CH_2)_7CH_3$	151		0.718	9：nona (ラテン語)
デカン	decane	$C_{10}H_{22}$	$CH_3(CH_2)_8CH_3$	174		0.730	10：deca

名称	メタン	エタン	プロパン
立体構造	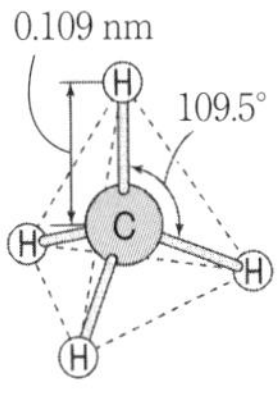 0.109 nm 109.5° C, H	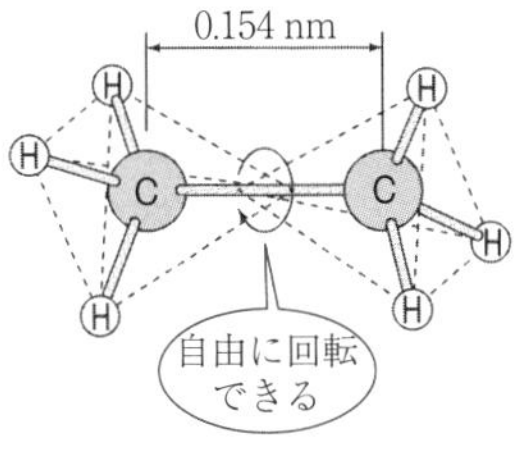 0.154 nm C, H 自由に回転できる	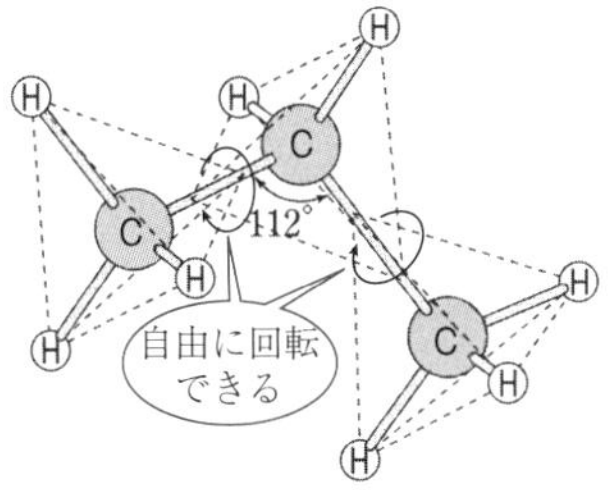 C, H 112° 自由に回転できる
構造式	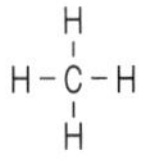 H H−C−H H	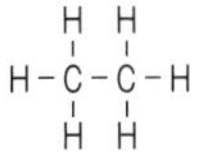 H H H−C−C−H H H	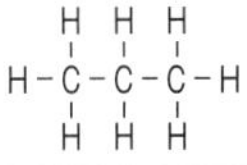 H H H H−C−C−C−H H H H

2 アルカンの構造

最も簡単なアルカンであるメタンは，前ページの図のような正四面体構造をしており，正四面体の中心に炭素原子が，各頂点に4個の水素原子が位置している。エタン，プロパンでは，メタンの正四面体が2，または3個連結したような構造をしている❷。

詳説❷ アルカンの分子中にあるC-C結合は，それを軸として自由に回転できるので，アルカン分子は炭素の四面体構造を保ったまま，立体的にいろいろな形を取りうる。たとえば，エタンの塩素一置換体のクロロエタンは，構造式では上の(a)～(c)の3通りの書き方がある。しかし，C-C結合が自由に回転するので，(a)，(b)，(c)はいずれも同一の分子である。

(a)　　(b)　　(c)

H H　　H H　　H Ⓒl
H-C←C-Ⓒl ＝ H-C←C-H ＝ H-C←C-H
H H　　H Ⓒl　　H H

参考 メタンには，次の(a)正方形，(b)四角錐，(c)正四面体の3種の構造が考えられる。いま，メタンのH原子2個をCl原子で置き換えたジクロロメタン CH_2Cl_2 を調べてみると，(a)，(b)には2種類の異性体が考えられるが，実際には1種類しかない。このような事実から，オランダの**ファントホッフ**は，メタン分子が正四面体構造をとっていることを明らかにした。

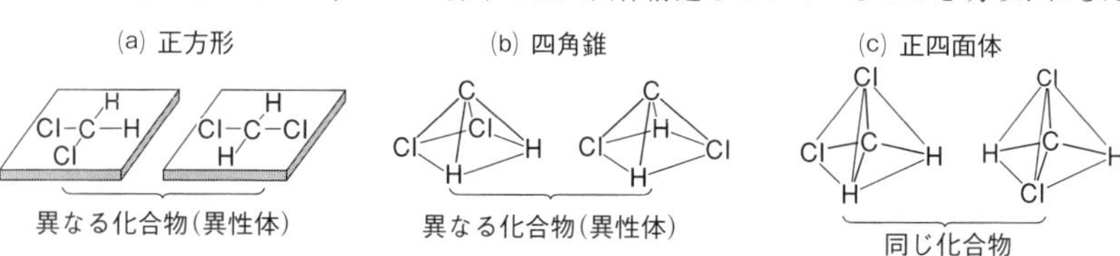

SCIENCE BOX　共有結合の種類

共有結合は，2つの原子の間で不対電子をもつ電子軌道(オービタル)が重なって電子対を形成し，これを両原子で共有することで生じる。

このとき，軌道の重なり方によって，次の2種類の共有結合がある。

σ結合　2つの原子核を結ぶ直線（結合軸という）に沿って軌道の重なりをもつ。軌道の重なりが大きく，強い共有結合となる。σ結合をつくる電子を**σ電子**という。σ結合は回転しても，軌道間の重なりは変わらないので，回転は自由に行われる。

π結合　σ結合で生じた面の上下に広がりをもつp軌道が，側面で重なり合う。軌道の重なりが小さく，比較的弱い共有結合となる。π結合をつくる電子を**π電子**という。π結合を回転させると，軌道の重なりがなくなるので，回転に対して大きな抵抗を示す（つまり，回転することはできない）。

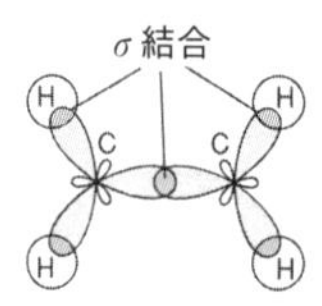

エチレン分子(真上から)

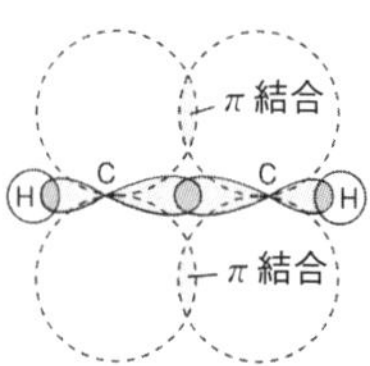

エチレン分子(真横から)

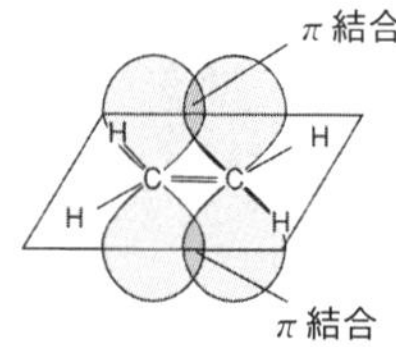

π結合している

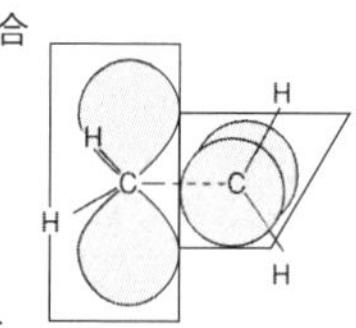

π結合していない

基底状態の炭素原子の電子配置は，1s [↑↓] 2s [↑↓] 2p [↑|↑|] であり，不対電子は2個しか存在しない。ところが，2s軌道と2p軌道の間にはそれほど大きなエネルギー差はないので，外からエネルギーを与えると，2s電子1個を2p軌道へ励起させることができる。このときのエネルギーは，あとで2本から4本に増えた結合エネルギーの増加分でまかなうことができる。1s [↑↓] 2s [↑] 2p [↑|↑|↑] のような励起状態の炭素原子には，4個の不対電子ができている。さらに，2s軌道と3個の2p軌道が混じり合って新しい4個の等価な電子軌道がつくられる。このように，2種以上の電子軌道が混じり合ってできたものを**混成軌道**といい，今回できたものは**sp^3混成軌道**という。この混成軌道は，p軌道に似ているが，片方に大きく膨らんだ形をしており，下図のように正四面体の中心から頂点に向かう4つの軌道からなる。

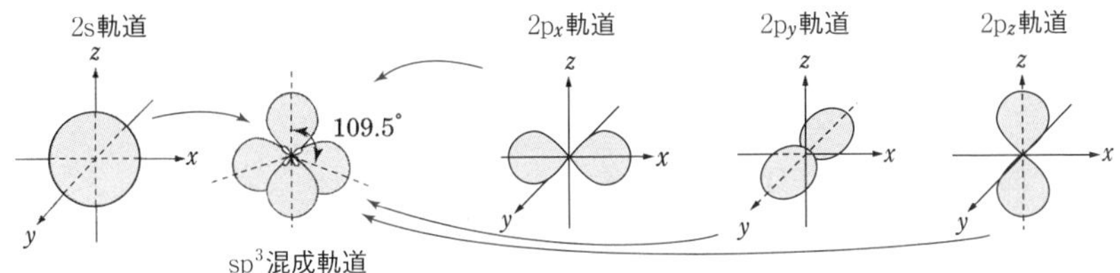

3 アルカンの異性体

炭素数が1～3のアルカンは，それぞれ1種類ずつしか存在しないが，炭素数が4のアルカン C_4H_{10} には，直鎖状のブタンと，枝分かれ状のイソブタンの2種類が存在する❸。

```
  H H H H
  | | | |
H-C-C-C-C-H      ブタン
  | | | |        (沸点−0.5℃)
  H H H H

  H H H
  | | |
H-C-C-C-H        イソブタン
  | | |          (沸点−12℃)
  H | H
  H-C-H
    |
    H
```

分子式は同じであるが，性質の異なる化合物を**異性体**というが，ブタンとイソブタンのように，構造式が異なる異性体を，とくに**構造異性体**という❹。

```
C-C-C      =   C-C-C-C
    |
    C
 (a)              (b)
```

補足❸ アルカンのC-C結合は回転が自由であるから，右の(a)と(b)は同一物質であることに注意せよ。両端の炭素に別のC原子をどのように結合させても，異性体にはならない。両端以外の炭素にC原子を結合させると，異性体となる。

詳説❹ 一般に，**構造異性体**では原子のつながり方が異なる。上記のように，(1)炭素骨格の違いによるもののほか，(2)官能基の種類や位置，(3)不飽和結合の位置の違いなど，さまざまな原因で構造異性体が生じる。

これに対して，原子のつながり方や結合の種類は同じであるが，分子を組み立てたとき，原子や原子団の立体的な配置が異なる異性体を**立体異性体**という。立体異性体には，炭素間の二重結合が原因で生じる**シス-トランス異性体**（p. 592）と，不斉炭素原子が原因で生じる**鏡像異性体**（p. 644）とがある。

炭素の数	異性体の数
6	5
7	9
8	18
9	35
10	75
15	4347
20	366319
30	4111846763

アルカンの構造異性体

▶分子式が C_5H_{12} で表されるアルカンには，次の3種類の構造異性体が存在するが，炭素数が増えると，異性体の数は急激に増加する。

```
                                                CH3
                          CH3-CH2-CH-CH3         |
                                  |          CH3-C-CH3
CH3-CH2-CH2-CH2-CH3              CH3             |
                                                CH3
```

ペンタン（沸点 36℃）　イソペンタン（沸点 28℃）　ネオペンタン（沸点 9.5℃）

同一炭素数のアルカンの異性体の沸点を比較すると，直鎖のものが最も沸点が高く，枝分かれが多くなるほど低くなる傾向がある❺。

詳説❺ 枝分かれが多くなるほど，分子は球形に近づく。球形になるほど分子の表面積は小さくなるので，分子どうしが近づいたとき，分子の表面に生じる瞬間的な電荷の偏り（極性）に基づく，ファンデルワールス力が弱くなるからである。

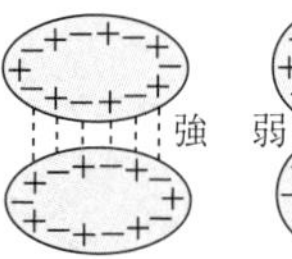

> **例題** ヘキサン C_6H_{14} の異性体の構造式をすべて示せ。

［解］ まず炭素鎖が６連続（枝なし）→５連続（枝１つ）→４連続（枝２つ）の順に考えていく。

(i) ６連続の炭素鎖の右端から取り除いたＣ原子を，両端でない位置に枝としてつける。このとき，両端にいくらＣ原子を枝としてつけても異性体とはならないので注意する。これは，隣のC-C結合を回転すると，Ｃ１個分だけ長い直鎖の炭素鎖となるからである。

(ii) ５連続の炭素鎖の右端のＣ原子を取り去って，(i)と同様の位置に枝をつける。

(iii) 最後に同じものが重複していないかを確かめると，左記のように，５種類の構造異性体が書ける。

```
６連続  C-C-C-C-C-C

５連続  C-C-C-C-C      C-C-C-C-C
          |                |
          C                C

                             C
                             |
４連続  C-C-C-C          C-C-C-C
          | |                |
          C C                C
```

> **例題** ヘプタン C_7H_{16} の構造異性体の構造式をすべて記せ。

［解］ ヘキサンの場合と同様に，Ｃ原子の枝をつけると，以下の９種類の構造異性体が書ける。

```
７連続  C-C-C-C-C-C-C

６連続  C-C-C-C-C-C      C-C-C*-C-C-C
          |                   |
          C                   C
```

＊は不斉炭素原子である。

５連続　(i) 残り２個をいっぺんにつける。

```
C-C-C-C-C
    |
    C
    |
    C
```

注意

```
C¹-C²-C³-C⁴-C⁵
   |
   C
   |
   C
```

上の３つ目と同じ。

２位の炭素にはＣ１個しか枝につけられないことから，x 位の炭素には $(x-1)$ 個までのＣ原子しか枝につけられない。

(ii) 残りの２個を別々につける。

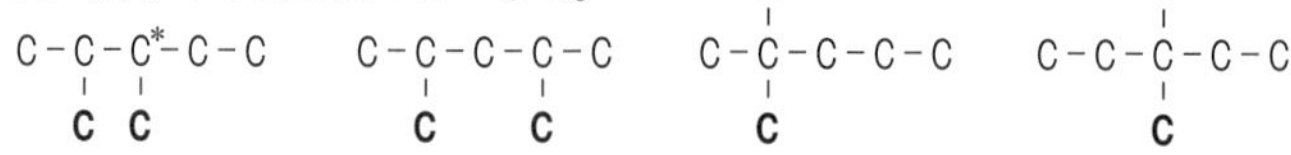

```
４連続    C
          |
        C-C-C-C
          | |
          C C
```

注意 ２位の炭素には，２個以上のＣ原子を枝としてつけることはできないので，２位と３位の炭素に１個ずつばらばらにＣ原子をつけなければならない。

4 アルカンの命名法

有機化合物の名称には，**IUPAC**(国際純正・応用化学連合）の規則に基づいた世界共通の名称(**組織名**)と，それ以外に古くから呼びならわされてきた名称(**慣用名**)とがある。以下に，IUPACの定めたアルカンの命名法を示す。

(1) C_1～C_4 までは慣用名を用い，C_5 以上では炭素数を示すギリシャ語の数詞 (p. 579) の語尾を「-ane(アン)」に変えて命名する。

(2) 炭化水素分子からいくつかの水素原子を除いた原子団(基)を**炭化水素基**といい，記号(R-)で表す。とくに，アルカンから水素原子を1個除いた1価の基を**アルキル基**といい，一般式は C_nH_{2n+1}- で表す。

主な炭化水素基

	化学式	名称
アルキル基	CH_3-	メチル基
アルキル基	CH_3CH_2-	エチル基
アルキル基	$CH_3CH_2CH_2$-	プロピル基
アルキル基	$(CH_3)_2CH$-	イソプロピル基
	CH_2=CH-	ビニル基
	-CH_2-	メチレン基

(3) 分子の鎖で最も長い炭素鎖を**主鎖**といい，枝分かれしている短い炭素鎖を**側鎖**という。主鎖に相当する炭化水素の名称の前に，側鎖のアルキル基名をつけて表す。また，側鎖の位置は，主鎖の端からつけた位置番号（1位，2位，…という）で示し，その番号はなるべく小さな数になるように右端，または左端から番号をつける。同じ基がいくつかあるときは，基の名称の前にジ，トリ，テトラ，……などの数詞をつけておく。

(4) 位置番号と基，または主鎖の名称との間は - (ハイフン)でつないでおく。

例

```
                          CH3
 5      4      3        |2    1
 CH3 - CH - CH2 - C - CH3
        |               |
        CH3             CH3
```

2,2,4-トリメチルペンタン

（主鎖の名称がペンタン，側鎖の名称がメチル基。メチル基の位置番号は，右端からでは2,2,4- となり，左端からでは2,4,4- なので，小さいほうの前者を選ぶ。）

例

```
       1      2      3      4
       5      4      3      2      1
CH3 - CH - CH - CH2 - CH2 - CH3
       |      |
       CH3   CH2
              |
              CH3
```

3-エチル-2-メチルヘキサン

（2種類の違う側鎖(アルキル基)がある場合，アルファベット順に並べるが，位置番号はできるだけ小さくなるように選ぶ。上段の数字で，3-エチル-2-メチル…と読む。）

参考 2-メチルブタンの慣用名はイソペンタン，2,2-ジメチルプロパンの慣用名はネオペンタンという。慣用名では分子中の炭素の総数で名称を示すのに対して，組織名では最も長い炭素鎖(主鎖)の名称で示す。

```
CH3 - CH2 - CH - CH3
             |
             CH3
```

2-メチルブタン
(イソペンタン)

```
       CH3
        |
CH3 - C - CH3
        |
       CH3
```

2,2-ジメチルプロパン
(ネオペンタン)

5 アルカンの性質

アルカンの沸点は，分子量が大きくなるほど分子間力(ファンデルワールス力)が強くなるので，単調な右上がりの曲線となる。一方，融点は，はじめのうちは階段状の変化をしているが，しだいになだらかな右上がりの曲線となる[6]。

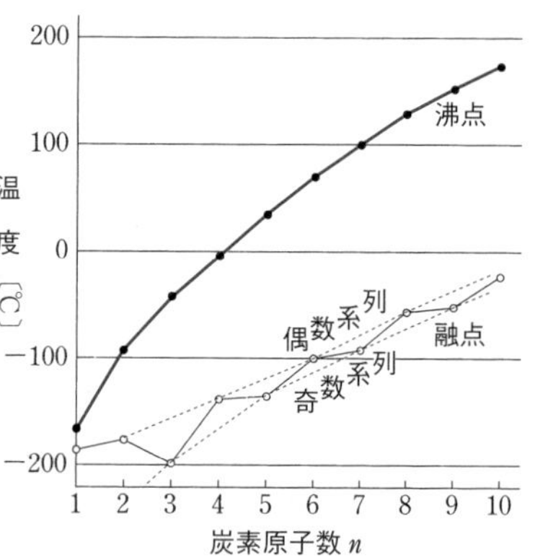

詳説❻　直鎖のアルカンの融点が，炭素数が偶数の系列が奇数の系列よりも高い傾向を示す。この現象を**偶奇効果** (odd-even effect) という。たとえば，ペンタン C_5H_{12} とヘキサン C_6H_{14} の分子構造を比較すると，ペンタンでは末端にある2個のメチル基が，分子の中心線に対して同じ側にあるので，180°回転するともとの形とは違った形になる。一方，ヘキサンでは末端にある2個のメチル基が反対側にあるので，180°回転するともとと同じ形になる。このことから，ヘキサンのほうがペンタンよりも対称性が高いことがわかる。

すなわち，対称性の低い分子ほど，ある特定の方向に並んだときしか，結晶格子に組み込まれないが，対称性の高い分子ほど，結晶格子に組み込まれる確率が高くなる。結局，より高い温度でも結晶化できるので，融点が高くなると考えられる。

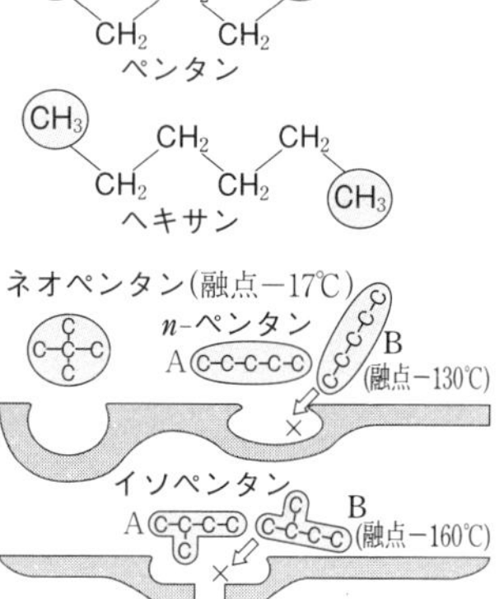

ペンタン C_5H_{12} の異性体を調べると，最も対称性が高く球形に近いネオペンタンでは，どんな方向からでも結晶格子に組み込まれるので，最も結晶化しやすく融点も高い。n-ペンタンでは，少し対称性が低い細長い形をしているので，分子が図のAの方向（裏側に向いていてもよい）からやってきたときは，結晶化できるが，Bの方向からやってきたときは，結晶化できない。イソペンタンでは最も対称性が低く，n-ペンタンよりもさらに結晶格子に組み込まれる確率が低くなり，融点が最も低くなる（より低温にして結晶化の勢いを強めてやらなければならない）。

►アルカンは水にはほとんど溶けないが，極性の小さい有機溶媒には溶けやすい❼。また，化学的に安定な物質で，ふつう，酸，塩基，酸化剤，還元剤とも反応しない❽。しかし，空気中でアルカンに点火すると，分子中のHの割合が多いので完全燃焼し，その際，多量の熱を発生するので燃料として多量に利用されている。

H　H　(2.6)
H－C－C－H
H　H←(2.2)
数値は電気陰性度

詳説❼　CとHの電気陰性度の差はあまり大きくないので，C-H結合の極性は小さい。また，直鎖状のアルカンは対称構造のため無極性分子であり，枝分かれをもつアルカンでもその極性は非常に小さい。したがって，極性の大きな水にはほとんど溶けず，代わりに無極性もしくは極性の小さな有機溶媒にはよく溶ける。

補足❽　アルカンのC-H結合，C-C結合の極性が小さいのでイオンの攻撃を受けにくいこと，さらに結合エネルギーが大きいことが，アルカンの化学的反応性が乏しい原因となっている。しかし，燃焼時においては，活性な酸素 O_2 によるラジカル反応を受けるので，化学的に安定なアルカンといえども分子が酸化されていく。

6 アルカンの反応

アルカンは，塩素や臭素などのハロゲンとは，光を当てると反応する。たとえば，メタンと塩素の混合気体に光(紫外線)を当てると，次式のように，メタンの水素原子が次々と塩素原子に置き換わったメタンの誘導体と塩化水素が生成する。このように，分子中の原子が他の原子や原子団に置き換わる反応を**置換反応**という❾。

CH_4 $\xrightarrow{Cl_2,\ 光}$ CH_3Cl $\xrightarrow{Cl_2,\ 光}$ CH_2Cl_2 $\xrightarrow{Cl_2,\ 光}$ $CHCl_3$ $\xrightarrow{Cl_2,\ 光}$ CCl_4

メタン	クロロメタン	ジクロロメタン	トリクロロメタン	テトラクロロメタン
	(塩化メチル)	(塩化メチレン)	(クロロホルム)	(四塩化炭素)
(分子量 16 沸点−161℃)	(分子量 50.5 沸点−24℃)	(分子量 85 沸点 40℃)	(分子量 119.5 沸点 61℃)	(分子量 154 沸点 77℃)

詳説❾ 置換反応で置き換わった原子や原子団を**置換基**，できた化合物を**置換体**という。ハロゲンの置換体は，置換したハロゲンの名称を接頭語として，炭化水素名につけて命名する。置換基名は，F，Cl，Br，I をそれぞれフルオロ，クロロ，ブロモ，ヨードという。複数の置換基があるときは，基の名称の前にその位置番号と数詞を合わせて示す。側鎖にアルキル基，置換基にハロゲンをもつ化合物では，両者をアルファベット順に並べる(数詞は考慮しない)。

例

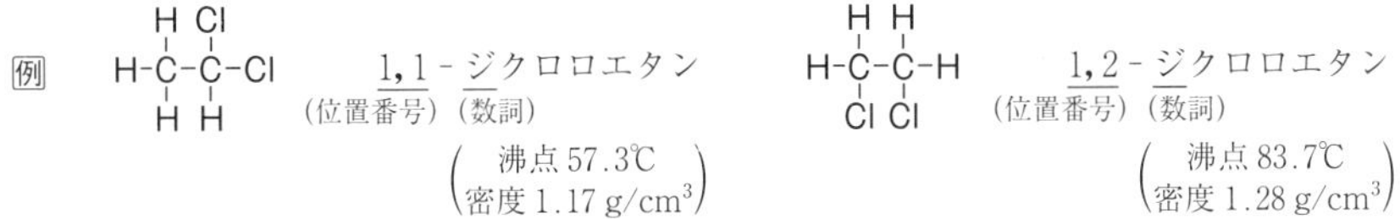

$CH_3-CH(CH_3)-CH(Cl)-CH_3$

2-クロロ-3-メチルブタン

CH_2Cl_2(密度 1.3 g/cm^3)，$CHCl_3$(密度 1.5 g/cm^3)，CCl_4(密度 1.6 g/cm^3) は，いずれも水に溶けにくい無色の液体で，水に沈む。いろいろな有機物をよく溶かすので，有機溶媒として用いるが，毒性があるので，取り扱いには注意を要する。

参考 有機溶媒の密度をどう考えたらよいか。

密度 d は〔質量/体積〕で表されるから，調べようとする液体分子の分子量と占有体積とを比較すればよい。

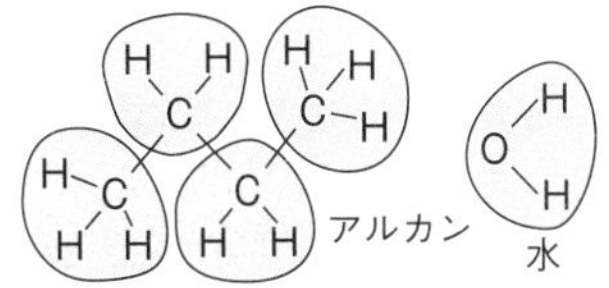

いま，炭化水素のメチレン基 $-CH_2-$ と水分子の占有体積はほぼ等しいと仮定すると，$-CH_2-$ と H_2O の分子量は，それぞれ 14，18 であり，

$$d_{アルカン} : d_{水} \fallingdotseq \frac{14}{1} : \frac{18}{1} \fallingdotseq 0.78 : 1$$

多くの液体の炭化水素の密度は 0.62〜0.79 g/cm^3 の範囲内にあるから，上記の仮定はほぼ正しい。一方，メタンの二〜四塩素置換体(液体)の密度が水よりも大きいのは，H 原子を Cl 原子のような原子量の大きい原子で置換すると，分子の占有体積は少ししか増えないのに，分子量だけがかなり大きくなり，密度が大きくなるためと考えられる。

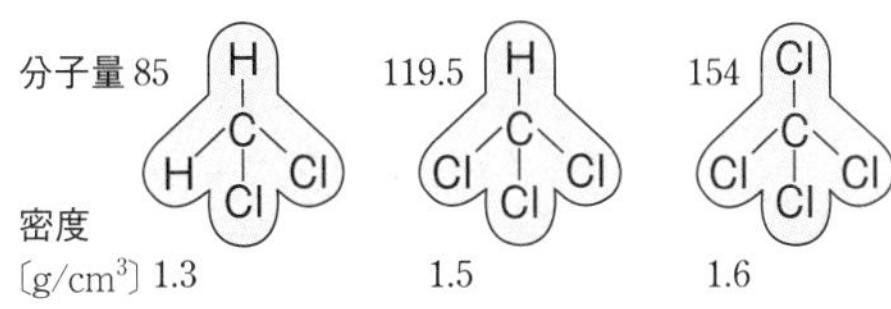

SCIENCE BOX　メタンと塩素のラジカル反応

メタンと塩素の混合気体に光を当てると，置換反応がおこり，CH_3Cl，CH_2Cl_2，$CHCl_3$，CCl_4 などのメタンの塩素置換体と塩化水素を生成する（p. 585）。この反応機構は次の通りである。

塩素分子の結合エネルギーは比較的小さいので，光により Cl-Cl 結合が切れ，塩素原子を生じる（Cl-Cl の結合エネルギーは 243 kJ/mol で，これは波長 493.1 nm の光がもつエネルギーに等しい）。

$$Cl\text{-}Cl \xrightarrow{光} Cl\cdot + Cl\cdot \quad \cdots\cdots①$$

不対電子をもつ塩素原子 Cl・は，エネルギーが高く不安定で，非常に大きな反応性をもつ。このような化学種を**ラジカル**（遊離基）といい，ラジカルが関係する反応を**ラジカル反応**という。この塩素ラジカル Cl・は，②式のように CH_4 分子に衝突すると，H・を引き抜いて安定な HCl 分子になるが，そのときメチルラジカル・CH_3 を生じる。

$$Cl\cdot + CH_4 \xrightarrow{H\cdot の引き抜き} HCl + \cdot CH_3 \quad \cdots\cdots②$$

メチルラジカルも非常に反応性に富み，③式のように，Cl_2 分子と衝突すると，Cl・を引き抜いてクロロメタン CH_3Cl になる一方，Cl・が再生産される。

$$\cdot CH_3 + Cl\text{-}Cl \xrightarrow{Cl\cdot の引き抜き} CH_3Cl + Cl\cdot \quad \cdots\cdots③$$

このように，最初に Cl・がつくられると，②式と③式が何回も繰り返される**連鎖反応**となる。反応がある程度進み，反応混合物中に CH_3Cl の量が蓄積してくると，Cl・は反応物の CH_4 ではなく，生成物の CH_3Cl からも H・を引き抜く可能性が生じる。

$$Cl\cdot + CH_3Cl \longrightarrow HCl + \cdot CH_2Cl$$

$$\cdot CH_2Cl + Cl\text{-}Cl \longrightarrow CH_2Cl_2 + Cl\cdot$$

すなわち，CH_4 1 mol と Cl_2 1 mol を反応させても，CH_3Cl 1 mol だけをつくることはできない。これは CH_3Cl がさらに Cl・と反応して CH_2Cl_2，さらに Cl・と反応して $CHCl_3$，CCl_4 となって反応が進んでいくからである。結果的にこれら 4 種の塩素置換体の混合物（CH_3Cl 37%，CH_2Cl_2 41%，$CHCl_3$ 19%，CCl_4 3%）が得られる。

最終的に，どんな生成物がどんな割合で得られるかは，反応条件，とくに最初に加えた CH_4 と Cl_2 の物質量の割合によって決まるが，他の条件によっても左右されるので，正確に予測することは困難である。ただ，最初に加えた Cl_2 の割合が多いほど，生成物中の塩素多置換体の割合が多くなる。

上記の連鎖反応では，①式を**連鎖開始反応**，②，③式を**連鎖成長反応**というが，この連鎖が永久に続くわけではない。ときどき次のようなラジカルどうしの反応がおこって，連鎖反応が停止することがある。④，⑤，⑥のような反応を**連鎖停止反応**という。

$$\cdot Cl + \cdot Cl \longrightarrow Cl_2 \quad \cdots\cdots④$$

$$\cdot CH_3 + \cdot CH_3 \longrightarrow CH_3CH_3 \quad \cdots\cdots⑤$$

$$\cdot CH_3 + \cdot Cl \longrightarrow CH_3Cl \quad \cdots\cdots⑥$$

このラジカル置換反応では，1 個の塩素ラジカルの生成によって，平均すると②，③式の反応を約 5000 回も繰り返して終わるということが確かめられている。

また，アルカンと Cl_2 のラジカル反応（光存在下）では，解離した Cl・は電子密度の最も高い部分を攻撃しやすい。たとえば，プロパンの場合では，メチル基の電子供与性により，中央の炭素原子の電子密度が最も高くなるので，この炭素原子と塩素原子とのラジカル置換反応がおこりやすくなる。

$$CH_3CH_2CH_3 + Cl_2 \longrightarrow \begin{cases} \underset{\text{2-クロロプロパン}}{CH_3CHClCH_3} \ (57\%) + HCl \\ \underset{\text{1-クロロプロパン}}{CH_3CH_2CH_2Cl} \ (43\%) + HCl \end{cases}$$

これは，反応の途中で生じるラジカル（下式）の安定性を考えると納得がいく。

（ラジカルの安定性）　$CH_3\text{-}\dot{C}H\text{-}CH_3 > \dot{C}H_2\text{-}CH_2\text{-}CH_3$

7 メタンの製法

メタンは，酢酸ナトリウムをNaOH，またはソーダ石灰と混ぜて加熱すると得られる。

$$CH_3COONa + NaOH \longrightarrow CH_4\uparrow + Na_2CO_3$$

この反応は，最終的にCO_3^{2-}が脱離して炭酸塩が生成するので**脱炭酸反応**という⑩。

詳説⑩ 反応機構は次の通りである(途中からNa^+は省略してある)。

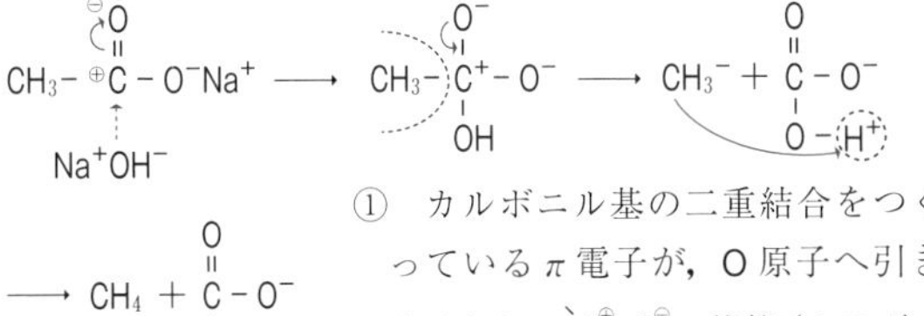

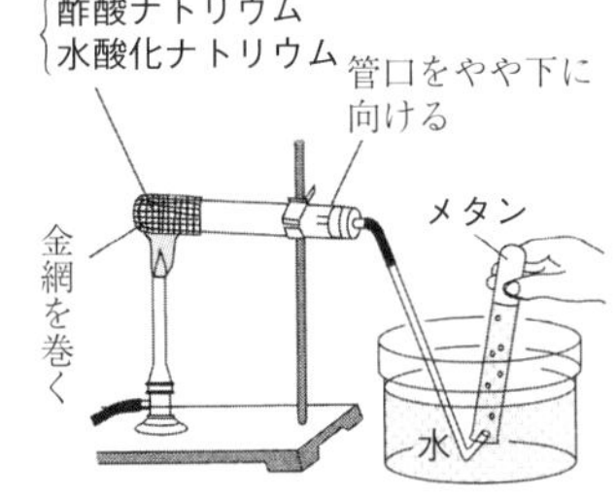

① カルボニル基の二重結合をつくっているπ電子が，O原子へ引き寄せられ，$\mathrm{C^{\oplus}{-}O^{\ominus}}$の状態(**カルボニル基の立上がり**という)となって反応が開始される。カルボニル基の分極によって，電気的に陽性となったカルボニル基の炭素原子に対して，OH^-が求核攻撃し，置換反応を行う。

② カルボニル基のπ電子がもとの状態に戻ると，カルボニル基の炭素原子の原子価は5となるので，隣のC−C結合が上図のように開裂して，CH_3^-(メチルアニオン)が脱離する。

③ CH_3^-は極めて強いブレンステッドの塩基で，直ちにHCO_3^-からH^+を受け取り，安定なメタンCH_4分子となる一方，CO_3^{2-}が生成する。

上記のように，反応物質中の電子密度の小さい電気的に陽性な部分に対して，陰性試薬(OH^-，Cl^-，CN^-など)が攻撃しておこる置換反応を**求核置換反応**という。一方，反応物質中の電子密度の大きい電気的に陰性な部分に対して，陽性試薬(H^+，Cl^+，NO_2^+など)が攻撃しておこる置換反応を**求電子置換反応**という。

8 シクロアルカン

炭素原子が単結合だけで環状に結合した炭化水素を**シクロアルカン**という⑪。アルカンが環をつくったとき，両端の水素が1個ずつ失われたと考えてもよいから，一般式はC_nH_{2n}($n\geqq3$)で表される。また，次に学ぶアルケンとは構造異性体の関係にある。

補足⑪ シクロアルカンは，同じ炭素数のアルカンの名称の前に，接頭語「cyclo-(シクロ)」をつけて表す。また，環を構成する原子の数により，三員環，四員環，…，n員環などとよぶ。

シクロプロパン	シクロブタン	シクロペンタン	シクロヘキサン
沸点−33℃	沸点12℃	沸点49℃	沸点81℃

►シクロアルカンの中では，シクロペンタンC_5H_{10}やシクロヘキサンC_6H_{12}が安定で，アルカンとともに石油の主成分として産出する⑫。また，これらのシクロアルカンの化学的性質は，炭素原子数の等しいアルカンの性質によく似ている⑬。

詳説⑫ シクロアルカンは，炭素原子がすべて単結合で結合した飽和炭化水素であり，アルカンと同様に，化学的に安定な化合物である。しかし，三員環や四員環のシクロアルカンの反応性が大きいのは，環を構成するC原子の結合角が約60°，90°となり，本来のC–C結合の結合角の109.5°よりもかなり小さく，環の歪みが大きいためと考えられる。この考え方を**バイヤーの張力説**という。なお，五員環や六員環のシクロアルカンでは，環の歪みが小さく，かなり安定な化合物で，反応性は小さい。

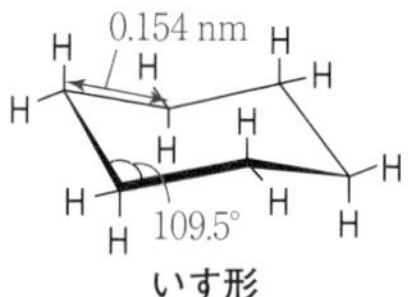

いす形

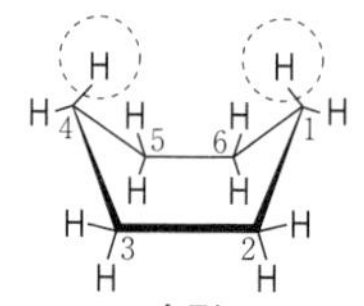

舟形
1,4位のH原子間の距離が近い。

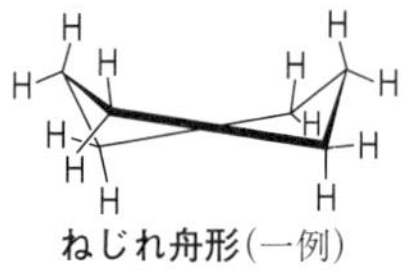
ねじれ舟形(一例)
(太線は手前側の結合を示す。)

また，シクロヘキサンでは，6個のC原子が同一平面上にはなく，次のような立体構造が知られている。一般に，C–C結合の回転で生じるさまざまな分子の形を**立体配座**といい，シクロヘキサンには，**いす形，舟形，ねじれ舟形**などの立体配座が知られている。このうち，いす形は隣り合うC原子どうしの立体配座がすべて**ねじれ形**で最も安定であるが，舟形は隣り合うC原子どうしの立体配座がすべて**重なり形**であり，かつ，舟の舳先(へさき)にある1，4位のH原子の反発があり，いす形に比べて28.4 kJ/molだけ不安定であり，常温ではほとんど(99.9%)がいす形で存在する。また，舟形の環がねじれ，その不安定さが少し軽減されたねじれ舟形(舟形より7.4 kJ/molだけ安定)もわずかに存在する。

シクロヘキサンのいす形，舟形などは，立体配座の違いによる異性体で，厳密には**配座異性体**とよばれるが，室温でも，環のC–C結合を切断しなくても相互変換が可能なので，立体異性体には含めない。

補足⓭　三員環のシクロプロパンは環の歪みが大きく，反応性が最も大きい。たとえば，常温でも容易にハロゲンと反応し，シクロプロパンは開環して鎖式化合物になる。

$$\text{(cyclo-}CH_2\text{–}CH_2\text{–}CH_2\text{)} + Br_2 \xrightarrow{\text{常温}} CH_2Br-CH_2-CH_2Br \quad \text{(開環反応)}$$

1,3-ジブロモプロパン

メチルシクロプロパンは酸触媒のもとでハロゲン化水素と反応する。このとき，マルコフニコフ則(p.598)に従う。

$$\text{(cyclo-}CH_2\text{–}CH_2\text{–}CH(CH_3)\text{)} + HBr \xrightarrow{\text{触媒}} \begin{array}{ll} \text{(主)} & CH_3-CH_2-CHBr-CH_3 \\ \text{(副)} & CH_2Br-CH_2-CH_2-CH_3 \\ & CH_3-CH(CH_3)-CH_2Br \end{array}$$

$$\text{(cyclo-}CH_2\text{–}CH_2\text{–}CH_2\text{)} + H_2 \xrightarrow[\text{(Ni, Pt)}]{120℃} CH_3-CH_2-CH_3$$

四員環のシクロブタンは，シクロプロパンに比べて環の歪みが小さく，反応性はやや小さい。

$$\begin{array}{ccc} CH_2 & - & CH_2 \\ | & & | \\ CH_2 & - & CH_2 \end{array} + H_2 \xrightarrow[\text{(Ni, Pt)}]{200℃\sim} CH_3-CH_2-CH_2-CH_3$$

安定な環構造をもつシクロペンタンやシクロヘキサンでは，上記のような開環反応はおこらない。

SCIENCE BOX　シクロアルカンの異性体数

(1)　分子式 C_5H_{10} のシクロアルカン

五員環 → 四員環＋側鎖 1 つ → 三員環＋側鎖 1 つ → 三員環＋側鎖 2 つの順で考える。

(i) CH_2 5 個からなる五員環
シクロペンタン

(ii) CH_2-CH_2 / $CH_2-CH-CH_3$（四員環）
メチルシクロブタン

(iii) CH_2 / CH_2—$CH-C_2H_5$（三員環）
エチルシクロプロパン

(iv) CH_2 / CH_2—C(CH_3)(CH_3)（三員環）
1, 1-ジメチルシクロプロパン

(v) CH_2 / $\overset{*}{C}H$—$\overset{*}{C}H$（三員環），各 $\overset{*}{C}H$ に CH_3
1, 2-ジメチルシクロプロパン

(v)のように，環をつくった C−C 結合では，自由な回転ができないため，2 つの置換基が環平面に対して同じ側に固定された**シス形**と，反対側に固定された**トランス形**の異性体が存在する。同時に，分子中に不斉炭素原子 C^* が 2 個存在するので，最大，$2^2=4$ 種類の立体異性体が存在する。

シス形　　トランス形

シス形は，分子内に対称面をもつので，分子内で旋光性が打ち消し合い，旋光性を示さない**メソ体**となる。トランス形には，分子内に対称面はなく，互いに実像と鏡像の関係にある 1 組の鏡像異性体 (p. 649) が存在する（メソ体には鏡像異性体が存在しない）。

(v)には 3 種類の立体異性体が存在する。

∴　構造異性体は，(i)〜(v)の 5 種類，立体異性を含む総異性体数は，7 種類ある。

(2)　分子式 C_6H_{12} のシクロアルカン

(i) CH_2 6 個からなる六員環

(ii) CH_2 4 個と $CH-CH_3$ からなる五員環

(iii) CH_2-CH_2 / $CH_2-CH-C_2H_5$（四員環）

(iv) CH_2-CH_2 / $CH_2-C(CH_3)-CH_3$（四員環）

(v) CH_2-CH_2 / $\overset{*}{C}H-\overset{*}{C}H$（四員環），各 $\overset{*}{C}H$ に CH_3

(vi) $CH_2-CH-CH_3$ / $H_3C-CH-CH_2$（四員環）

(vii) CH_2 / CH_2—$CH-C_3H_7$（直鎖）

(viii) CH_2 / CH_2—$CH-C_3H_7$（分枝あり）

(ix) CH_2 / CH_2—C(CH_3)(C_2H_5)

(x) CH_2 / $\overset{*}{C}H$—$\overset{*}{C}H$，C_2H_5 と CH_3

(xi) CH_2 / (H_3C)(H_3C)C—$\overset{*}{C}H$，CH_3

(xii) CH_3-CH / CH—CH，CH_3 と CH_3

(v)には，不斉炭素原子が 2 個存在するが，分子内に対称面をもつメソ体が存在し，3 種類の立体異性体が存在する。

(vi)には，不斉炭素原子は存在しないが，メチル基が環平面の同じ側にあるシス形と反対側にあるトランス形の異性体がある。

(x)には，不斉炭素原子が 2 個存在し，分子内に対称面をもつメソ体が存在しないので 4 種類の立体異性体が存在する。

(xi)には，不斉炭素原子が 1 個存在し，1 組の鏡像異性体が存在する。

(xii)には，不斉炭素原子は存在しないが，メチル基が環平面の(上, 上, 上)と(上, 上, 下)の 2 種類の立体異性体が存在する。これらはいずれも分子内に対称面をもつメソ体である。

∴　構造異性体は，(i)〜(xii)の 12 種類，立体異性体を含む異性体は，19 種類ある。

SCIENCE BOX　メタンハイドレート

液体状態の水では，複数個の水分子が水素結合の形成と解離を繰り返しながら，**クラスター構造** (p. 77, 442) を形成している。この構造は，冷却，加圧したりすると，構成する水分子の数が増え，しだいに安定化することが知られている。この状態で，疎水性の気体分子が存在すると，水分子がつくる**かご状の構造**の中に，各種の気体分子がすっぽりと包み込まれるような形で水和される。これを**疎水性水和**という (p. 164)。このような化合物を**ガスハイドレート**といい，このうちメタンが取り込まれたものを，特に**メタンハイドレート**という。その外観は，氷やドライアイスに似たシャーベット状の固体物質である。

ガスハイドレートを構成するかご構造には，次の3種類があり，小さなメタンや二酸化炭素分子では，(a)と(b)の組み合わせでできたⅠ型ハイドレート，やや大きなプロパンやブタン分子では，(a)と(c)の組み合わせでできたⅡ型ハイドレートからなる。このようにゲストの (p. 767) 分子の大きさによってガスハイドレートの構造は変化する。

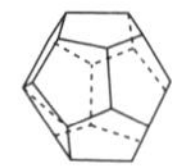
(a) 十二面体
(五角形 12)

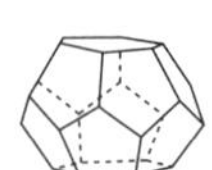
(b) 十四面体
(五角形 12, 六角形 2)

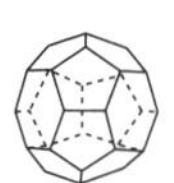
(c) 十六面体
(五角形 12, 六角形 4)

メタンハイドレート中では，メタン分子は水分子のかご状の構造と分子間力によって結合し，エネルギー的に安定化している。すなわち，メタンハイドレートの生成反応は発熱反応である。メタンハイドレートは，ばらばらの水分子やメタン分子に比べてずっと体積が小さい(密度は大きい)*[1]。

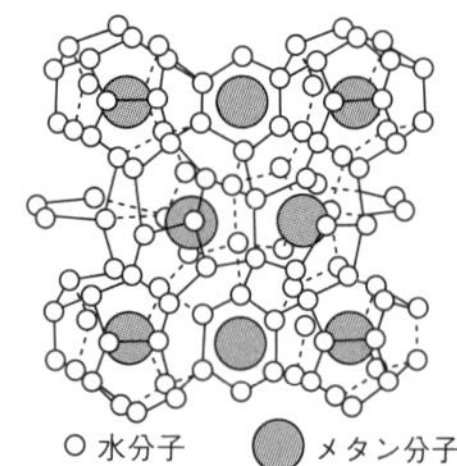

メタンハイドレートの結晶構造

＊1　メタンハイドレートは，46個の水分子が2つの十二面体と6つの十四面体を構成しているかご状の構造に，8分子のメタンが取り込まれている。その組成は $CH_4 : H_2O = 4 : 23$ で，密度は 0.91 g/cm^3 である。

したがって，ルシャトリエの原理によれば，低温・高圧ほど，メタンハイドレートの生成には有利である。事実，天然のメタンハイドレートは，ツンドラ(寒地荒原)の永久凍土や氷河の氷床や，500 m 以深の大陸斜面および海洋底の地層中に存在することが，近年明らかとなった。

メタンハイドレートは，メタンの周囲に豊富に水があり，ある温度，圧力の条件を満たしたときに生成される。たとえば，水深 500 m (水圧 5×10^6 Pa，水温 4℃) の地点は，メタンハイドレートの安定領域にあり，この条件では生成が可能である。しかし海洋底では，深さが増すと，地温が上昇(温度勾配 3℃ /100 m)するので，海面から 3000 m 以深では，メタンハイドレートは安定には存在できないことになる。

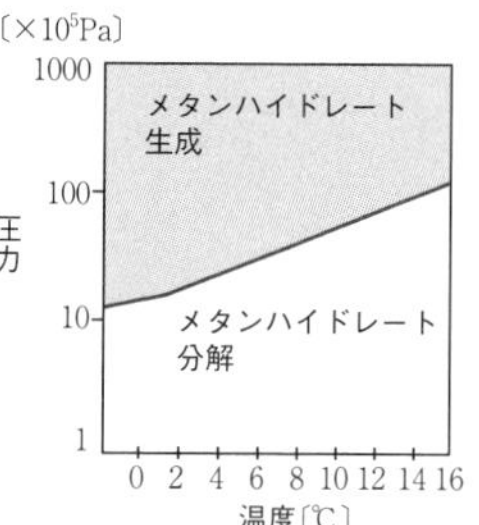

メタンハイドレートは，日本の近海では北海道の奥尻島沖，十勝・日高沖，網走沖の他，南海トラフ(静岡〜和歌山沖)，四国沖などにその存在が確認されている。その埋蔵量は，国内の天然ガス消費量の100年分以上と推定され，将来のエネルギー資源として注目され，研究が始まっている*[2]。

＊2　トラフとは，比較的小さな海溝をさす。海底のメタンハイドレートを得るには，高度な海底掘削技術が必要となる。もし，掘削中の事故などで，メタン(CO_2 の約20倍の温室効果を示す) が大気中に大量に拡散すれば，重大な環境汚染を引きおこすことになる。

5-5　アルケン

エチレン C_2H_4 のように，炭素原子間に二重結合を1個もつ鎖式不飽和炭化水素を，**アルケン**という。二重結合の存在により，同一炭素数のアルカンに比べて水素原子が2個少ない。その一般式は C_nH_{2n} で表され，シクロアルカンとは構造異性体の関係にある。アルケンの命名は，同じ炭素数のアルカンの語尾 -ane を -ene(エン) に変える。

1　アルケンの構造

最も簡単なアルケンはエチレン C_2H_4 で，右図に示すような平面構造をもった分子である。一般に，アルケンでは二重結合をした炭素原子と，これに直接結合した4個の原子は常に同一平面上にあり，その結合角は約120°である❶。

エチレンの水素原子1個をメチル基で置換すると，プロペン(プロピレン)になる。炭素数が4以上のアルケンには，炭素原子のつながり方や二重結合の位置の違いによる構造異性体のほかに，シス-トランス異性体(p.592)も存在する。

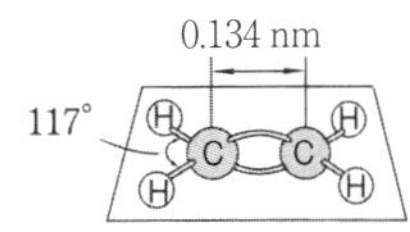

示性式　$CH_2{=}CH_2$
名　称　エチレン

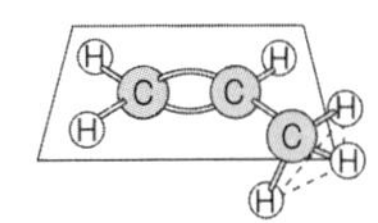

示性式　$CH_2{=}CHCH_3$
名　称　プロペン(プロピレン)

詳説❶　基底状態の炭素の電子配置は 1s [↑↓] 2s [↑↓] 2p [↑|↑|] であるが，励起状態では2s電子1個が2p軌道へ昇位して，1s [↑↓] 2s [↑] 2p [↑|↑|↑] となる。メタンの場合は sp^3 混合軌道がつくられたが，エチレンの場合，各炭素原子は2s軌道と2個の $2p_x$，$2p_y$ 軌道が混じり合って **sp^2 混成軌道**をつくり，$2p_z$ 軌道はそのままの状態を保っている。

sp^2 混成軌道は図(A)に示したように xy 平面上で互いに120°の方向に広がりをもつ3つの電子軌道からなり，2つはH原子と，もう1つはC原子と強い **σ結合**をつくる（図(B)）。さらに，炭素原子に残された1個の価電子は，σ結合でできた平面に対して垂直な方向に伸びた $2p_z$ 軌道に属している。図(C)のように，この $2p_z$ 軌道どうしが側面で一部が重なり合うことによって，もう1本の比較的弱い **π結合**をつくる。

このπ結合によって，エチレンのC=Cの結合距離（0.134 nm）は，エタンのC-Cの結合距離（0.154 nm）に比べて短い。また，このπ結合を切るためには，C=CとC-Cの結合エネルギーの差 588−348＝240 kJ/mol が必要である（炭素間のπ結合はσ結合の70%程度の結合力）。また，二重結合は単結合のように自由に回転することはできない。(重要)

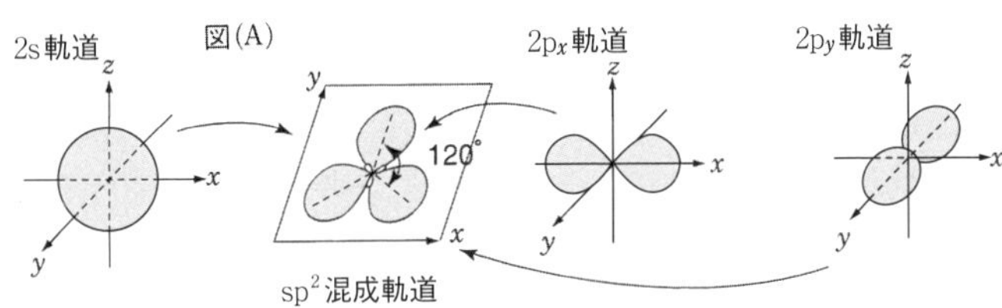

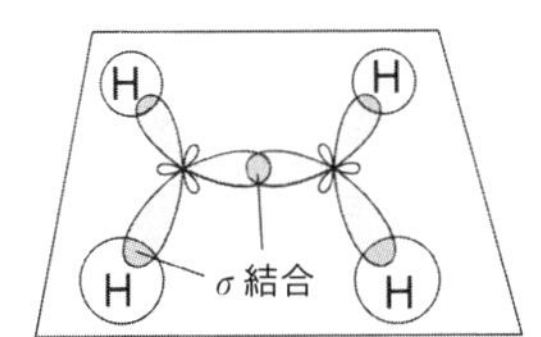

エチレンを手前上方から見た図(B)

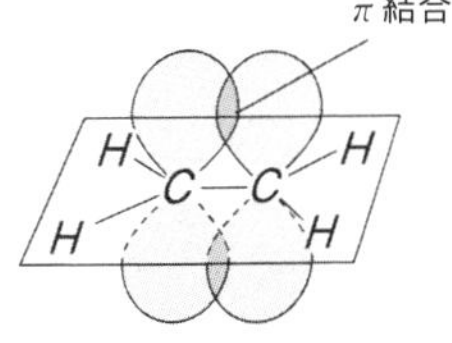

エチレンを斜め上方から見た図(C)

2 アルケンの異性体

エチレン C_2H_4 やプロペン C_3H_6 には構造異性体は存在しないが，ブテン C_4H_8 には，下記のような構造異性体が存在する❷。

$CH_2=CH-CH_2-CH_3$　　$CH_3-CH=CH-CH_3$　　$CH_2=C(CH_3)-CH_3$

1-ブテン　　2-ブテン　　2-メチルプロペン

補足❷ アルケンの命名法については次の通りである。

(1) アルケンは，二重結合を含んだ最長の炭素鎖を主鎖とし，同じ炭素数のアルカンの語尾アン-ane をエン-ene に変える。二重結合が2つ以上存在するときは，語尾をジエン(-diene)，トリエン(-triene)などとする。

(2) 二重結合と別の置換基の両方を含む化合物では，二重結合を形成する炭素原子により小さい数を与えるようにする。また，二重結合の位置は，その二重結合を構成する炭素原子の位置番号のうち小さいほうの数で示し，化合物名の前にハイフン(-)をつけて表す。

► 2-ブテンには，2個のメチル基が二重結合をはさんで同じ側にある *cis*(シス)-2-ブテンと，反対側にある *trans*(トランス)-2-ブテンの2つの異性体が存在する❸。このように，二重結合に結合した置換基の立体配置が異なる立体異性体を，**シス-トランス異性体(幾何異性体)**という。

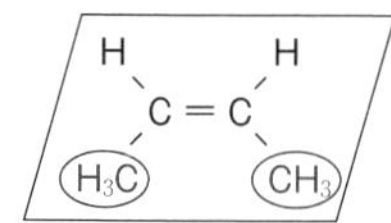

cis-2-ブテン
(融点−139℃，沸点4℃)

H　CH₃ / C = C / H₃C　H

trans-2-ブテン
(融点−106℃，沸点1℃)

これは，アルケンの C=C 結合は，その結合を軸とした回転ができない(これを**回転障害**という)ため，4つの置換基どうしの位置関係(立体配置)が固定されてしまうからである。つまり，シス形とトランス形の異性体は相互変換できずに，別々の化合物として存在することになる❹。

詳説❸ シス(cis)とはラテン語で“こちら側”，トランス(trans)とは“横切って”という意味をもつ。現在，シス-トランスによるアルケンの命名は，置換基が2つのものに適用される。置換基が3つ以上のアルケンには，次の ***E*，*Z* 命名法**が用いられる。二重結合している C 原子に結合する原子の原子番号を比較し，原子番号の大きいほうを上位とする。(原子番号が同じときは，2番目の原子について同じ比較を行う。) 上位のものどうしが二重結合に対して反対側にあるものを ***E* 型**(ドイツ語の entgegen，反対の)，同じ側にあるものを ***Z* 型**(zusammen，一緒の)と決めている。

R_1　R_3 / C = C / R_2　R_4

詳説❹ 右上図のように，二重結合している炭素原子にそれぞれ異なる原子(団)が結合する場合($R_1 \neq R_2$，$R_3 \neq R_4$)に限って，一組のシス-トランス異性体が存在する。しかし，$R_1=R_2$，$R_3 \neq R_4$ のときは，(I)を裏返すと(II)と完全に重なり合うので，これらは同一物質となる。すなわち，1-ブテンや 2-メチルプロペンのように，炭素鎖の末端に二重結合のあるアルケンには，シス-トランス異性体は存在しない。末端以外の位置に二重結合がある場合にはシス-トランス異性体が存在することが多いので，注意する必要がある。

H　R_3 / C = C / H　R_4　(I)

H　R_4 / C = C / H　R_3　(II)

► シス-トランス異性体では，各置換基どうしの結合状態は変わらないため，多くの化学的性質はよく似ているが，置換基間の距離に違いがあるので，物理的性質では違いが見られる❺。また，環式化合物にもシス-トランス異性体が存在することがある。これは，C 原子が環状構造をつくったために，C−C 結合は自由回転ができなくなったためである(p. 588)。

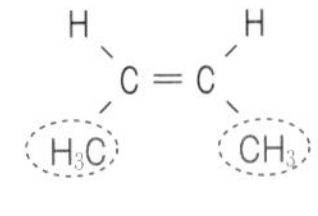

詳説❺ 極性のあるシス-2-ブテンは，無極性のトランス-2-ブテンよりも少しだけ沸点が高い。これは，極性分子ではファンデルワールス力に加えて，極性引力が余分に働くためである。一方，トランス形は分子の対称性が高く，結晶格子に組み込まれやすいので，シス形よりも融点が高くなる。また，一般に，置換基が互いに接近したシス形のほうが，トランス形よりも置換基どうしの反発（これを**立体障害**という）によって，保有するエネルギーが大きく，エネルギー的に不安定である場合が多い。たとえば，シス-2-ブテンの燃焼熱はトランス-2-ブテンの燃焼熱よりも 4.6 kJ/mol だけ大きい。

参考 **二重結合を 2 個もつ化合物のシス-トランス異性体の数はどう考えたらよいか。**

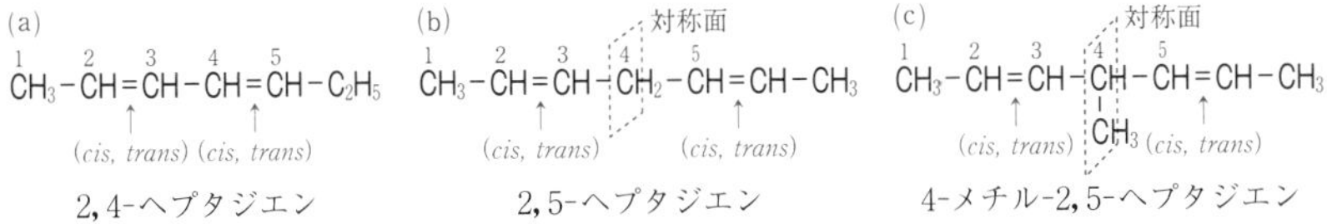

(a)には，各 C=C 結合に *cis*，*trans* の立体配置があるので，(*cis-cis*)，(*cis-trans*)，(*trans-cis*)，(*trans-trans*) の 4 種類のシス-トランス異性体が存在する。(b)には，分子内に対称面が存在するので，(*cis-trans*) と (*trans-cis*) は裏返すと重なる同一物であり，シス-トランス異性体は 3 種類。(c)には分子内に対称面があり，シス-トランス異性体は 3 種類。ただし，左右にある CH_3-CH=CH- が(*cis-trans*)，または(*trans-cis*)のように異なる立体配置の場合は 4 位の C が不斉炭素原子となり 1 対の鏡像異性体 (p. 644) が存在する。よって，立体異性体の数は 1 つ増えて 4 種類となることに留意したい(4 位の C は**擬似不斉炭素原子**(p. 757)になる)。

3 アルケンの製法

アルケンは，工業的には，触媒の存在下で炭素数の大きなアルカン(ナフサなど)を熱分解してつくる❻。

(1) アルコールと濃硫酸の混合物を熱すると，分子内で脱水反応がおこりアルケンが生成する。たとえば，エタノールと濃硫酸の混合物を **160〜170℃** に加熱すると，エチレンが発生する。また，エタノールを十酸化四リン P_4O_{10} とともに約 50℃ に加熱してもよい。

$$H-\underset{H}{\overset{H}{C}}-\underset{OH}{\overset{H}{C}}-H \xrightarrow[160\sim170℃]{(H_2SO_4)} CH_2=CH_2 + H_2O$$

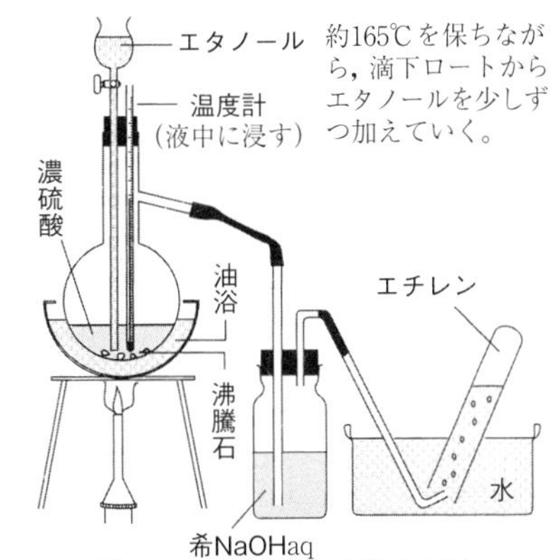

エチレンは，無色でかすかに甘い匂いをもつ気体で❼，水に溶けにくく水上置換で捕集する。

補足❻ たとえば，ペンタン C_5H_{12} の熱分解では，次のような種々の反応がおこる。

$$CH_3CH_2CH_2CH_2CH_3 \longrightarrow CH_2{=}CH_2 + CH_3CH_2CH_3$$
$$CH_3CH_2CH_2CH_2CH_3 \longrightarrow CH_3CH_3 + CH_2{=}CHCH_3$$
$$CH_3CH_2CH_2CH_2CH_3 \longrightarrow CH_4 + CH_2{=}CHCH_2CH_3$$

詳説❼ エチレンは，果実が成熟するのを促進させる働きをもつ**植物ホルモン**の一種として知られている。未熟なバナナやキウイフルーツは，エチレンガスを発生しやすいリンゴといっしょにビニール袋の中に入れておくと，早く熟して食べ頃になる。また，植物の若芽が何かの障害物にぶつかると，そこで多量のエチレンが放出され，芽の茎は太く育ち，驚異的な生命力を示す。同様な効果をねらった例として，昔から経験的に行われている麦ふみがある。

(2) ハロゲン化アルキルを強塩基と反応させると，脱ハロゲン化水素がおこりアルケンを生成する❽。このように，１つの分子から水やハロゲン化水素のような簡単な分子が取れて，不飽和結合を生成する反応を**脱離反応**という。

$$CH_3-\underset{\boxed{H}}{\overset{H}{C}}-\underset{\boxed{Cl}}{\overset{H}{C}}-H + KOH \longrightarrow CH_3-CH{=}CH_2 + KCl + H_2O$$

1-クロロプロパン　　　　プロペン

補足❽ ハロゲン化水素を脱離するには，アルカリを用いるのがよい。ただし，アルカリ水溶液にはハロゲン化アルキルは溶けないので，KOH のエタノール溶液(アルコールカリ溶液という)にハロゲン化アルキルを溶かし，これを加熱してつくる。

4 アルケンの付加反応

アルケンの二重結合は反応性に富み，他の原子や原子団と結合しやすい性質をもつ。このとき，必ず二重結合のうち弱いほうの π 結合が切れ，σ 結合が残って単結合となる。同時に，それぞれの炭素原子に原子価に余裕が生じるから，そこへ他の原子・原子団が新たな σ 結合をつくる❾。

このように，二重結合などの不飽和結合が切れ，その部分に他の原子・原子団が結合する反応を**付加反応**という。たとえば，エチレンは以下のような付加反応を行う。

$$>C{=}C< \xrightarrow{+\ A\text{-}B\ (試薬)} >\underset{A}{C}-\underset{B}{C}<$$

詳説❾ アルケンの付加反応では，アルケンの比較的弱い π 結合１本と反応試薬中の σ 結合１本を切るのに吸収されるエネルギーよりも，新たに２本の σ 結合をつくるのに放出されるエネルギーのほうが大きくなり，発熱反応となることが多い。

(1) エチレンを臭素の四塩化炭素溶液 (赤褐色) に通じると，容易に臭素付加がおこり，無色の 1,2-ジブロモエタンを生じる❿(加熱も触媒も不要である)。

$$H_2C{=}CH_2 + Br-Br \longrightarrow H-\underset{Br}{\overset{H}{C}}-\underset{Br}{\overset{H}{C}}-H$$

二重結合などの不飽和結合に臭素付加がおこると，臭素の色が脱色される。この反応は，不飽和結合(C=C 結合，C≡C 結合)の検出に利用される⓫。(重要)

補足❿ この反応は，>C=C< だけでなく，-C≡C- でも同様におこるから，二重結合だけを検

出することはできない。また，カルボニル基 $>C=O$ の二重結合には Br_2 は付加しない。

なお，エチレンに対して臭素ではなく臭素水を作用させた場合，主生成物は CH_2Br-CH_2Br（1,2-ジブロモエタン）ではなく，CH_2Br-CH_2OH（ブロモヒドリン）であることがNMR(p. 578)の測定により明らかになっている。

詳説⓫ エチレンへの臭素付加の反応機構は，次のように考えられている。

① $H_2C=CH_2$（$Br^{\delta+}-Br^{\delta-}$ が近づく，切れる） ⟶ ② 環状ブロモニウムイオン（$C-C$ に Br^+ が架橋） $+\ Br^-$ ⟶ ③ Br^- が反対側から炭素を攻撃 ⟶ ④ $H-CHBr-CHBr-H$

① エチレンのπ電子（電子密度が大）に臭素分子が近づくと，Br−Br の共有電子対はエチレンのほうから見て，遠ざかるように分極する。

② Br_2 がさらに近づくと，Br−Br 結合の分極はさらに大きくなり，次の段階で Br^+ がエチレンと環状のブロモニウムイオンをつくり，Br^- が脱離する。

③ ②で生じた Br^- は，環状ブロモニウムイオンを形成したほうの反対側から，一方の炭素原子を攻撃して結合するとともに，電子の移動がおこって，環状に結合していた Br^+ 原子は他方の炭素原子と結合するようになり，反応が終了する。

この付加反応では，二重結合の炭素に対して，Br^+ と Br^- が互いに反対側から付加しているので，**トランス付加**という。ところで，アルカンに対するハロゲンの置換反応が**ラジカル反応**であったのに対して，アルケンに対するハロゲンの付加反応では，反応の過程でイオンが生成して，その静電気的相互作用で反応が進むと考えられる。このような反応を**イオン反応**という。

(2) エチレンと水素は混合しただけでは反応しないが，エチレンと水素の混合気体を，熱した Ni, Pt（微粉末）触媒上に通すと，水素付加がおこりエタンを生じる⓬。

$$H_2C=CH_2 + H-H \xrightarrow{(Ni,\ Pt)} H_3C-CH_3 \quad \text{エタン}$$

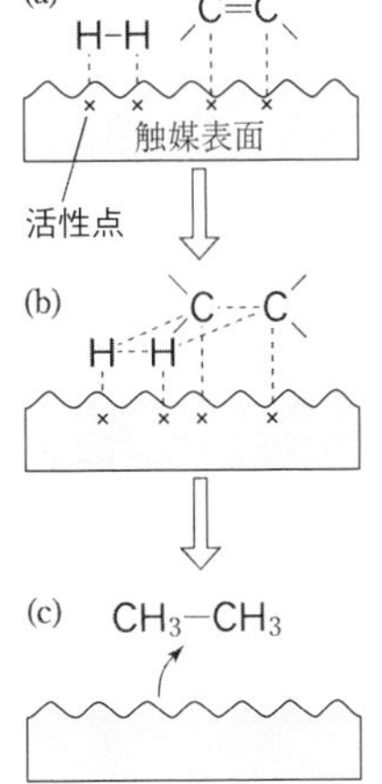

詳説⓬ 図(a)のように，水素分子やエチレン分子が触媒表面の活性点に吸着されると，図(b)のような活性錯体をつくる。このとき，それぞれの分子と金属との間に一種の化学結合を生じ，エチレンの C=C 結合，水素の H−H 結合が弱まるとともに，新しい C−H 結合が生成されて，エタン分子となって触媒表面から脱離する（図(c)）。

この付加反応では，2つの H 原子は，エチレンの二重結合に対して同一方向から付加することになるので，**シス付加**という。

(3) エチレンに濃硫酸かリン酸を触媒として，水を付加させるとエタノールを生じる⓭。

$$H_2C=CH_2 + H-OH \xrightarrow{(H_2SO_4)} H_3C-CH_2-OH \quad \text{エタノール}$$

詳説[13] 濃硫酸にアルケンを通じると吸収されてしまう。これは硫酸分子が二重結合の炭素原子に付加するからである。この反応を利用して，アルカンとアルケンを分離できる。

① エチレンに硫酸が付加すると，硫酸水素エチルを生じる。

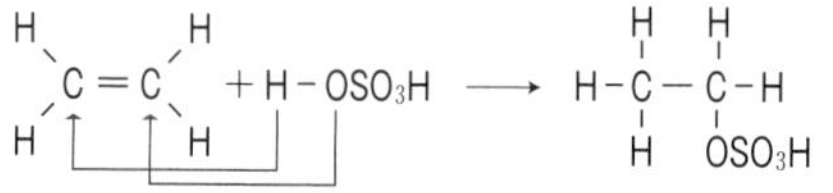

硫酸水素エチル
（極性が強く，水，硫酸に溶けやすい。）

② 硫酸水素エチルに水を加えて加熱すれば，加水分解がおこり，エタノールが生成する。

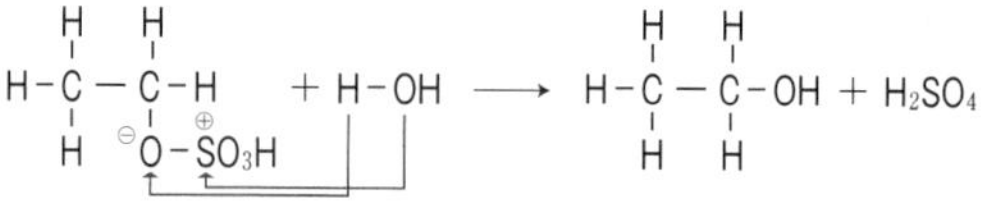

(4) エチレンやプロピレンは適当な条件のもとでは次々に付加反応を起こして，多数の分子が互いにつながり，分子量の大きな化合物(**高分子化合物**)を生じる。

X＝-H(エチレン)⟶ ポリエチレン
X＝-CH_3(プロピレン)⟶ ポリプロピレン
X＝-Cl(塩化ビニル)⟶ ポリ塩化ビニル
（できたポリマーは，いずれもプラスチックの原料として利用される。）

エチレンからポリエチレンが生じる反応のように，分子量の小さい物質（**単量体，モノマー**)から分子量の大きな物質(**重合体，ポリマー**)をつくる反応を**重合**といい，とくに，付加反応によって進む重合反応を**付加重合**という。

5 アルケンの酸化反応

(1) アルケンをアルカリ性の希過マンガン酸カリウム水溶液(約1%)に通じると，次式のように反応して，MnO_4^- の赤紫色が消え，黒褐色の MnO_2 の沈殿が生成する。エチレンの場合には，エチレングリコールという2価アルコールに変化する[14]。

$$3\,CH_2{=}CH_2 + 2\,KMnO_4 + 4\,H_2O \longrightarrow 3\,CH_2(OH)CH_2(OH) + 2\,MnO_2 + 2\,KOH$$

補足[14] アルカリ性では，$KMnO_4$ の酸化力はそれほど強くないので，アルケンの C=C 結合のうち，弱いほうの π 結合だけが切断される。しかし，酸性条件にすると $KMnO_4$ の酸化力が強くなり，強いほうの σ 結合も切断されてしまう。この酸化反応は，下図のように環状中間体を経て進行するので，シス付加となる。

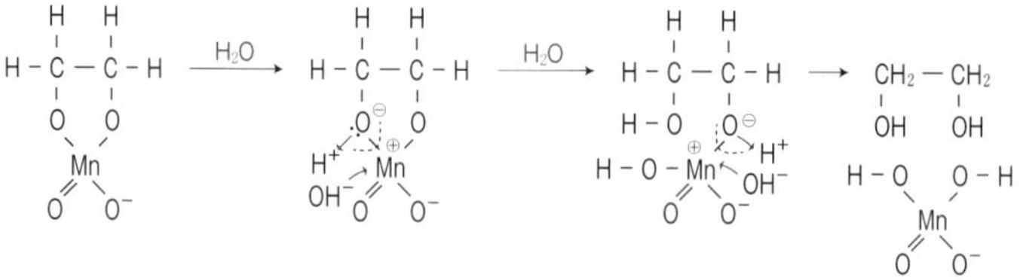

エチレングリコール

マンガン(V)酸イオン
(Mnの酸化数+5)

（$3\,H_2MnO_4^- \longrightarrow 2\,MnO_2 + MnO_4^- + 2\,H_2O + 2\,OH^-$ の自己酸化還元反応(不均化反応)で生じた MnO_4^- は，再びエチレンを酸化するのに使われる。）

(2) アルケンにオゾン O_3 を作用させるとオゾニドを生成し，これを加水分解するとアルケンの二重結合が開裂して，アルデヒド，またはケトン(**カルボニル化合物**)を生成する。この一連の反応を**オゾン分解**といい，アルケンの構造決定に利用される⑮。

詳説⑮ CCl_4 などの溶媒にアルケンを溶かし，低温で O_3 を通じると，粘稠(ちょう)な油状物質(**オゾニド**) が得られる。これを，亜鉛粉末（還元剤）と酢酸によって還元的条件で加水分解すると，カルボニル化合物が生成する。オゾニドの生成と加水分解の反応機構は次の通り。

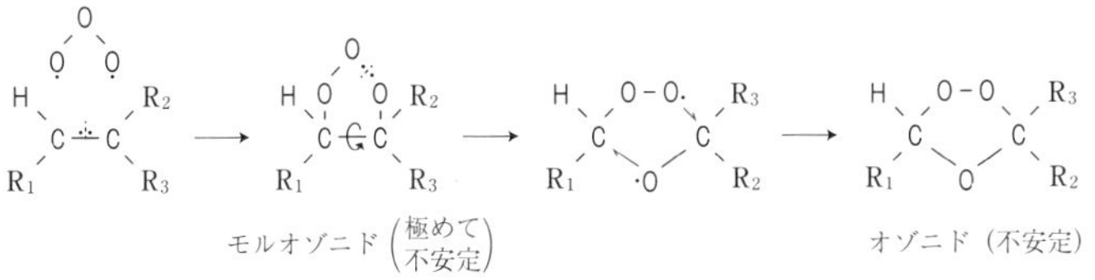

モルオゾニド（極めて不安定）　　オゾニド（不安定）

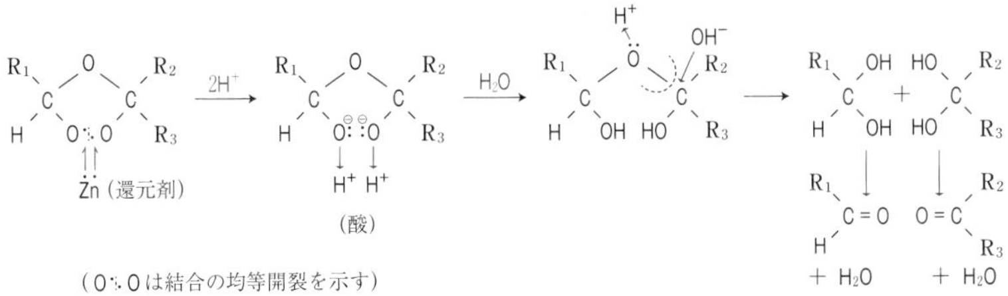

Zn（還元剤）　（酸）

（O∵O は結合の均等開裂を示す）

オゾン分解の生成物（カルボニル化合物）の O 原子どうしを向かい合うように並べ，O 原子を取り除くと，もとのアルケンの構造が推定できる。ただし，オゾン分解では，シス-トランス異性体を区別することはできない。

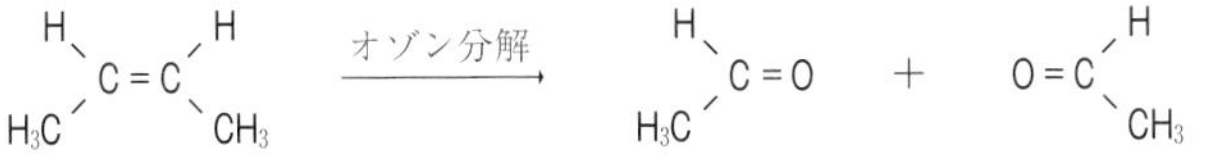

cis-2-ブテン(*trans*-2-ブテン) —オゾン分解→ アセトアルデヒド ＋ アセトアルデヒド

(3) アルケンを硫酸酸性の過マンガン酸カリウム水溶液中で加熱する（酸化条件をさらに強くする)と，二重結合が開裂してケトン，またはカルボン酸が生成する⑯。

詳説⑯ ケトンが生成したときは，それ以上変化はおこらないが，アルデヒドの場合は，さらに酸化が進行して，最終的にカルボン酸が生成することになる。

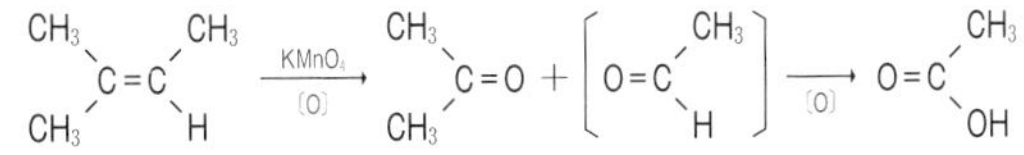

2-メチル-2-ブテン —$KMnO_4$ [O]→ アセトン ＋ [アセトアルデヒド] —[O]→ 酢酸

また，末端の二重結合 $=CH_2$ では，生成したホルムアルデヒドは酸化されてギ酸となり，ギ酸はさらに酸化されて最終的に二酸化炭素が生成することに注意したい。

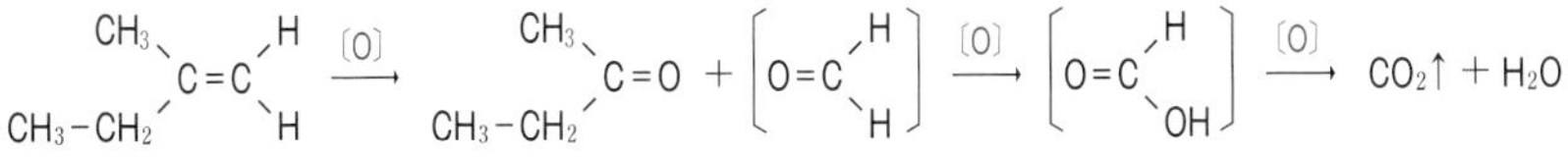

2-メチル-1-ブテン —[O]→ エチルメチルケトン ＋ [ホルムアルデヒド] —[O]→ [ギ酸] —[O]→ $CO_2\uparrow + H_2O$

SCIENCE BOX　付加反応の方向性─マルコフニコフ則─

プロペン $CH_2=CH-CH_3$ のような非対称のアルケンに，HX(X＝Cl，Br，I，OH など)型の分子が付加する場合，H と X が二重結合の炭素のどちらに結合しやすいかを推定できる経験則がある。

たとえば，プロペンに塩化水素 HCl が付加するとき，2つの生成物を生じる可能性がある。

塩化水素は $H^{\delta+}-Cl^{\delta-}$ と分極しており，電子密度の大きなエチレンの π 電子に対しては，

$$CH_2=CH-CH_3 + H^{\oplus}-Cl^{\ominus} \begin{cases} ① \rightarrow CH_3-\overset{+}{C}H-CH_3\ (A) \xrightarrow{Cl^-} CH_3-CH(Cl)-CH_3 & \text{2-クロロプロパン（主生成物）} \\ ② \rightarrow \overset{+}{C}H_2-CH_2-CH_3\ (B) \xrightarrow{Cl^-} CH_2(Cl)-CH_2-CH_3 & \text{1-クロロプロパン（副生成物）数\%} \end{cases}$$

H^+ のほうから先に付加して，反応中間体のカルボニウムイオン（炭化水素から生じた陽イオンのこと)を生じ，最後に Cl^- が付加して反応が終了する。

一般に，カルボニウムイオンの＋電荷を帯びた C 原子の空軌道と，すぐ隣にある C−H 結合の σ 軌道とは，一部が重なっているから，下図のように，＋電荷を帯びた C 原子へ C−H 結合の σ 電子の一部が流れ込み，＋電荷を一部中和して，カルボニウムイオンを安定化させる。この効果を**超共役**という。

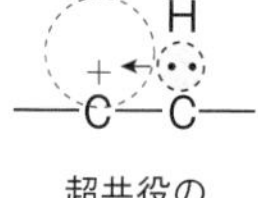

超共役の効果

反応中間体 A(上図)では，中心の＋電荷が両隣にある2つのメチル基の合計6個の C−H 結合から σ 電子の供給を受け，＋電荷が全体に広がるという超共役効果を受けられるのに対して，中間体 B では，左端の＋電荷は右隣にある2個の C−H 結合からの超共役効果しか受けられない。よって，中間体 A は B に比べて安定であり，A を通る反応のほうが活性化エネルギーが小さくなり，その反応速度が大きくなる。よって，主生成物は 2-クロロプロパンとなり，この反応は**速度論支配の反応**(p. 693)といえる。

一般に，反応の途中に生成するカルボニウムイオンの安定性は，次のような順序となる。すなわち，アルキル基ができるだけ多く結合したカルボニウムイオンのほうが，多くの C−H 結合からの超共役効果によって，＋電荷が分子全体に分散させることができ，安定性が大きくなる。言いかえれば，より安定なカルボニウムイオンから生じた生成物ほど，X の結合した炭素原子にアルキル基が多く結合していることになる。

$$R'-\overset{R}{\underset{R''}{C^+}} \cdots X^-\ \left(\text{第三級カルボニウムイオン}\right) > R'-\overset{R}{\underset{H}{C^+}} \cdots X^-\ \left(\text{第二級カルボニウムイオン}\right) > H-\overset{R}{\underset{H}{C^+}} \cdots X^-\ \left(\text{第一級カルボニウムイオン}\right)$$

（最後に X^- が結合して生成物になる。）

> 非対称のアルケンに HX 型の分子が付加する場合，二重結合を形成している2個の C 原子のうち，H 原子の結合数が多いほうの C 原子に H 原子が付加しやすい。この経験則を**マルコフニコフ則**という(1869年)。

すなわち，H 原子は，自分と同じ H 原子が多く結合したほうの C 原子に結合しやすいといえる。このように，マルコフニコフ則に従う付加を**マルコフニコフ付加**（**正常付加**）という。

SCIENCE BOX　付加反応の方向性—ザイチェフ・ワグナー則—

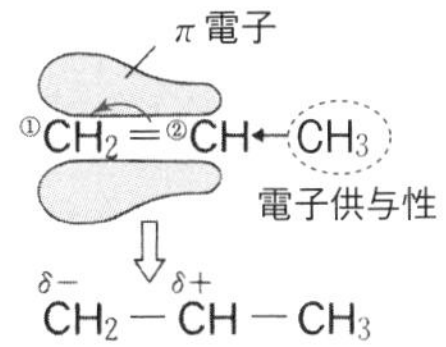

マルコフニコフ則とは別の考え方でプロペンへのHX型の分子の付加反応を説明すると，プロペンのメチル基には電子供与性があるので，プロペンの二重結合を形成するπ電子は，メチル基より遠いほうのC①原子（右図）のほうへ押し出される。すると，H^+は先に電子密度の高いC①と結合しやすくなり，中間体Aが生成しやすくなるとも説明できる。

π電子
①CH_2＝②CH←CH_3　電子供与性
δ−　δ+
CH_2 − CH − CH_3

次に，マルコフニコフ則では予想できない2-ペンテンへのHBrの付加反応を考えよう。

$CH_3-CH_2-CH=CH-CH_3$（2-ペンテン）
→(H^+) $CH_3-CH_2-\overset{+}{C}H-CH_2-CH_3$（中間体A）→($Br^-$) $CH_3-CH_2-CHBr-CH_2-CH_3$　3-ブロモペンタン（副生成物）
→(H^+) $CH_3-CH_2-CH_2-\overset{+}{C}H-CH_3$（中間体B）→($Br^-$) $CH_3-CH_2-CH_2-CHBr-CH_3$　2-ブロモペンタン（主生成物）

C=C結合とアルキル基との**超共役効果**(p. 623)は，C−H結合の数が多いほど大きい。したがって，アルキル基の超共役による電子供与性の大きさは，次の順序になる。

$$-CH_3 > -CH_2CH_3 > -CH(CH_3)_2 > -C(CH_3)_3$$

2-ペンテンの場合，電子供与性の大きいメチル基によって，C=C結合のπ電子はC③原子に押し出され，その電子密度が高くなるので，H^+は先にC③原子に付加して，中間体Bが生成しやすい。これにBr^-が付加するので，主生成物は2-ブロモペンタンとなる。

CH_3-CH_2→③CH＝②CH←①CH_3

> C=C結合に同数のH原子が結合したアルケンにHXが付加する場合，XはCH₃基が結合するC原子，または分子の末端に近いC原子に付加しやすい。この経験則を，**ザイチェフ・ワグナー則**という。

アルケンへのHBrの付加反応において，酸素，過酸化物の存在下，または光照射で行うと，マルコフニコフ則に反する**逆マルコフニコフ付加**(**異常付加**)がおこることがある。

$CH_3-CH=CH_2$ ＋ HBr
→（正常付加，O_2なし）$CH_3-CHBr-CH_3$　2-ブロモプロパン
→（異常付加，O_2あり）$CH_3-CH_2-CH_2Br$　1-ブロモプロパン

マルコフニコフ付加(正常付加)の場合，HBr ⟶ H^+ ＋ Br^- のように，イオン反応(p. 595)で進行するが，逆マルコフニコフ付加（異常付加）の場合，HBr ⟶ H・ ＋ Br・ のように，ラジカル反応（p. 586）で進行する。すなわち，反応性の大きいBr・が先にアルケンに付加し，後からH・が付加することになる。

CH_3-②CH＝①CH_2（切れる） ＋ Br・ →（①に付加）$CH_3-\dot{C}H-CH_2Br$　中間体Ⅰ
＋ Br・ →（②に付加）$CH_3-CHBr-\dot{C}H_2$　中間体Ⅱ

臭素ラジカルBr・のアルケンへの付加で生成した中間体の炭素ラジカルC・は，その両端に多くの置換基をもつ中間体Ⅰのほうが安定である。したがって，中間体Ⅰが別のHBr分子からH・を奪うと，主生成物は1-ブロモプロパンとなる。

$$CH_3-\dot{C}H-CH_2Br + HBr \longrightarrow CH_3-CH_2-CH_2Br + Br\cdot$$

SCIENCE BOX　アルケンの異性体の数

アルケンの異性体は，アルカンの構造異性体をもとにして，二重結合の位置の違いを正確に区別すればよい。ただし，アルケンの二重結合が炭素鎖の末端部にあるときは，シス-トランス異性体は存在しないが，それ以外の炭素鎖の部分にあるときは，シス-トランス異性体の存在に十分に注意すること。

(1)　C_5H_{10} のアルケンの異性体の総数

まず，C_5H_{12} のアルカンの構造異性体は，

```
(a) C-C-C-C-C      (c)    C
                          |
(b) C-C-C-C             C-C-C
      |                   |
      C                   C
```

(a)に二重結合を１つ入れると，

```
(i) C=C-C-C-C        (ii) C-C=C-C-C
    1-ペンテン             (シス,トランスあり)
                           2-ペンテン
```

(b)に二重結合を１つ入れると，

```
(iii) C=C-C-C          (iv) C-C=C-C
        |                     |
        C                     C
  2-メチル-1-ブテン     2-メチル-2-ブテン

(v) C-C-C=C            ( C-C-C-C     )
      |                (   ||        )
      C                (   C         )
  3-メチル-1-ブテン    ( は(iii)と同じ )
```

(c)には二重結合は入らない。

（中央部の C 原子は４個の C 原子と結合しており，二重結合を入れると，C 原子の価標が５本となり不適となる。）

答　6 種類

(2)　C_6H_{12} のアルケンの異性体の総数

まず，C_6H_{14} のアルカンの構造異性体は，

```
(a) C-C-C-C-C-C

(b) C-C-C-C-C
            |
            C

(c) C-C-C-C-C
        |
        C

        C
        |
(d) C-C-C-C        (e) C-C-C-C
        |                |  |
        C                C  C
```

(a)に二重結合を１つ入れると，

```
(i)   C=C-C-C-C-C      1-ヘキセン
(ii)  C-C=C-C-C-C      2-ヘキセン
        (シス，トランスあり)
(iii) C-C-C=C-C-C      3-ヘキセン
        (シス，トランスあり)
```

(b)に二重結合を１つ入れると，

```
(iv) C=C-C-C-C           (v) C-C=C-C-C
             |                       |
             C                       C
4-メチル-1-ペンテン      4-メチル-2-ペンテン*
                         (シス，トランスあり)

(vi) C-C-C=C-C           (vii) C-C-C-C=C
             |                         |
             C                         C
  2-メチル-2-ペンテン    2-メチル-1-ペンテン
```

＊　側鎖をもつアルケンでは，二重結合を形成する C 原子により小さな数を与えるように，主鎖の端から位置番号をつける。

(c)に二重結合を１つ入れると，

```
              *
(viii) C=C-C-C-C           (ix) C-C=C-C-C
           |                          |
           C                          C
  3-メチル-1-ペンテン       3-メチル-2-ペンテン
  (鏡像異性体あり)          (シス，トランスあり)

(x) C-C-²C-³C-⁴C           2-エチル-1-ブテン
         ||
         ¹C
```

（二重結合を含む最長の炭素鎖を主鎖とするので，２位の炭素についたエチル基が側鎖となる。）

(d)に二重結合を１つ入れると，

```
          C
          |
(xi) C=C-C-C        3,3-ジメチル-1-ブテン
          |
          C
```

(e)に二重結合を１つ入れると，

```
(xii)  C=C-C-C      2,3-ジメチル-1-ブテン
         | |
         C C

(xiii) C-C=C-C      2,3-ジメチル-2-ブテン
         | |
         C C
```

答　18 種類

SCIENCE BOX 視覚のしくみ

私たちが物を見ることができるのは，目の網膜にある視細胞に，**ロドプシン**という感光性の色素タンパク質が含まれるためである。ロドプシンは，オプシンというタンパク質と，**レチナール**という共役二重結合 (p. 861) をもつ不飽和アルデヒドから構成されている。ロドプシン中のレチナールには C=C 結合が 4 か所あるが，そのうちの中央付近の 1 か所だけがシス形である。この 11-*cis*-レチナールのホルミル基が，オプシンのリシン残基の $-NH_2$ と脱水縮合してつながったものがロドプシンである。

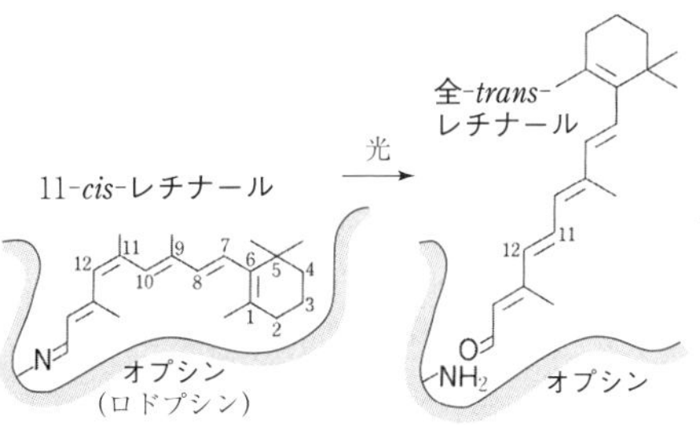

ロドプシンに光が当たると，オプシンにうまくはまり込んでいたレチナールがシス形から分子の形が伸びたトランス形に変わり，オプシンからはずれてしまう。

ロドプシンに適当なエネルギーをもった可視光線が当たると，色素中のシス形のレチナールが異性化して，全トランス形のレチナールに変化する (上図)。折れ曲がったシス形と直線状のトランス形では形状が異なるので，これと結合していたオプシンの形状もこれに応じて変形させられる。このタンパク質の変形が引き金となって視細胞が興奮する。このとき，視細胞の細胞膜に生じた膜電位の変化 (興奮) が視神経を通って大脳まで伝えられ，視覚として認識される。

上記の過程が視覚現象のすべてであれば，ロドプシン中に存在するシス形のレチナールはやがて消費され尽くし，私たちはほんの少しの間しか物を見ることができないことになる。幸いにも，視細胞中には全トランス形のレチナールをもとのシス形のレチナールに戻すための酵素が存在する。生成した全トランス形のレチナールは光刺激のない状態では，直ちに加水分解されてオプシンから脱離する。続いて，視細胞中のレチナールイソメラーゼという酵素の作用によって，もとのシス形のレチナールとなり，オプシンと結合してロドプシンが再生される。こうして，私たちは前記の視覚サイクルを繰り返すことにより，物を見続けることができる。

さて，視覚にとって必要な物質に**ビタミン A** がある。ビタミン A が不足すると，わずかな光は感じなくなり，**夜盲症**になる。このビタミン A は，レチナールの $-CHO$ を $-CH_2OH$ に還元したアルコールの構造をもち，**レチノール**ともよばれる。ビタミン A は植物中に含まれる β-カロテンを原料として動物体内で簡単に合成される。すなわち，β-カロテンは酵素作用を受けて中央部の二重結合が開裂して，2 分子のレチナールになる。レチナールは別の酵素で還元されてビタミン A となり，主に高級脂肪酸 (パルミチン酸など) とのエステルの形で肝臓に貯蔵される。ビタミン A は必要に応じて酵素のアルコールデヒドロゲナーゼによってレチナールに酸化されて，視覚作用に関与する。

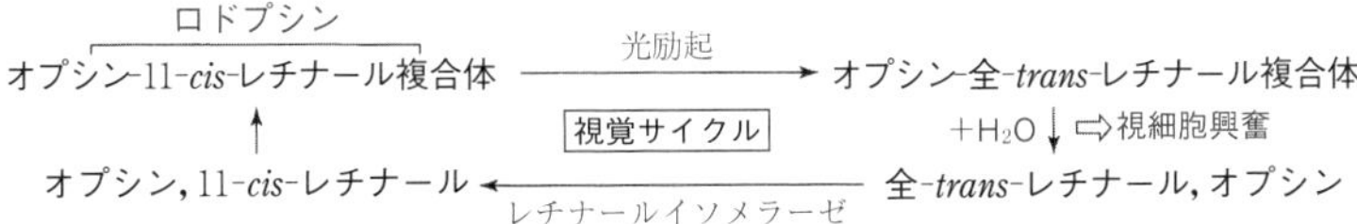

例題 分子式 C_8H_{14} で表される化合物 A，B がある。A，B には炭素鎖に分岐した構造，三重結合，連続した二重結合，および環状構造をもたない。A はメチル基を1つだけ，B はメチル基を2つもつ。B と十分な量の $KMnO_4$ を酸性条件で反応させると，二種類の化合物を生じたが，その一方を加熱すると，分子内で脱水反応がおこり酸無水物に変化した。

(1)　A として可能な異性体には，シス-トランス異性体を含めて何種類あるか。

(2)　B として可能な異性体には，シス-トランス異性体を含めて何種類あるか。

［解］ A，B の分子式 C_8H_{14} は，C_8 のアルカン C_8H_{18} より H 原子が4個少ないので，**不飽和度は2**である。A，B は環構造と三重結合をもたないので，二重結合を2個もつ**アルカジエン**であり，しかも，直鎖の炭素骨格をもつ。A はメチル基を1個しかもたないので，炭素鎖の末端の一方が CH_3 基であれば，他方には C=C 結合が1個ある。もう1個の C=C 結合は，次の①～④のいずれかに入る。(題意より，連続した二重結合の×の位置を除く。)

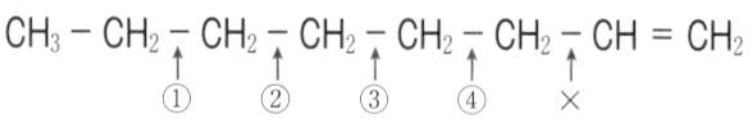

$CH_3-CH_2\underset{\uparrow ①}{-}CH_2\underset{\uparrow ②}{-}CH_2\underset{\uparrow ③}{-}CH_2\underset{\uparrow ④}{-}CH_2\underset{\uparrow \times}{-}CH=CH_2$

A として可能な構造は4種類あり，それぞれにシス形，トランス形が存在するから，可能なシス-トランス異性体は，4×2＝**8種類** 答

B はメチル基を2個もつから，炭素鎖の両末端には CH_3 基がある。(2つの C=C 結合は末端にはない。)また，題意より，連続した二重結合を除外すると，考えられる構造は次の通り。

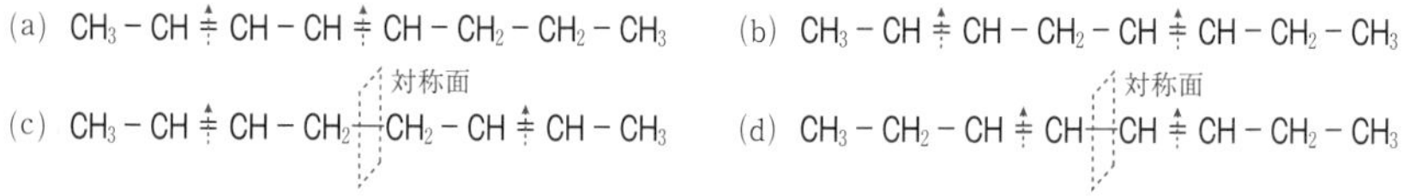

(a)　$CH_3-CH=CH-CH=CH-CH_2-CH_2-CH_3$　　(b)　$CH_3-CH=CH-CH_2-CH=CH-CH_2-CH_3$

(c)　$CH_3-CH=CH-CH_2-CH_2-CH=CH-CH_3$（対称面）　　(d)　$CH_3-CH_2-CH=CH-CH=CH-CH_2-CH_3$（対称面）

$KMnO_4$(硫酸酸性)による酸化(⇡)では，C=C 結合が開裂して，次のカルボン酸 (p. 636) を生じる。

(a)からは　$CH_3COOH:(COOH)_2:CH_3CH_2CH_2COOH=1:1:1$
(b)からは　$CH_3COOH:CH_2(COOH)_2:CH_3CH_2COOH=1:1:1$
} 3種類(不適)

(c)からは　$CH_3COOH:(CH_2COOH)_2=2:1$
(d)からは　$CH_3CH_2COOH:(COOH)_2=2:1$
} 2種類(適)

題意より，B は(c)か(d)のいずれかである。(c)，(d)の生成物のうち，加熱により酸無水物に変化するのは，二価カルボン酸のうち，コハク酸$(CH_2COOH)_2$だけである。よって **B は(c)**。

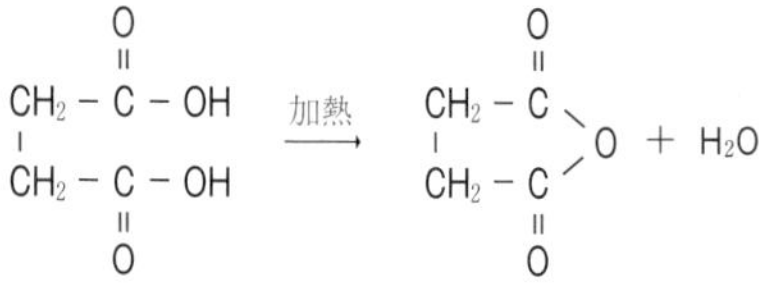

$$\begin{array}{l} CH_2-C(=O)-OH \\ | \\ CH_2-C(=O)-OH \end{array} \xrightarrow{\text{加熱}} \begin{array}{l} CH_2-C(=O) \\ | \qquad\qquad\quad \diagdown O \\ CH_2-C(=O) \diagup \end{array} + H_2O$$

(1価のカルボン酸を加熱しても酸無水物は得られない。(強力な脱水剤を必要とする。))

(c)には，2か所の二重結合があり，それぞれシス形とトランス形があるので，4種類のシス-トランス異性体が考えられるが，分子内に対称面が存在するので，(i)(シス-シス)，(ii)(トランス-トランス)，(iii)(シス-トランス)，(iv)(トランス-シス)の組合せのうち，(iii)，(iv)は同一の化合物となるため，B として可能なシス-トランス異性体は **3種類** 答

参考 (a)，(b)には対称面がないので4種類のシス-トランス異性体が存在するが，(c)，(d)には対称面が存在するので，3種類のシス-トランス異性体しか存在しない。

5-6 アルキン

アセチレン C_2H_2 のように，炭素原子間に三重結合を1個もつ鎖式炭化水素を**アルキン**という。三重結合の存在により，同一炭素数のアルカンに比べて水素原子が4個少なく，一般式は C_nH_{2n-2} で表す。アルキンの命名は，アルカンの語尾 -ane を -yne（イン）に変える。

1 アルキンの構造

アセチレンは右図のように，三重結合をしている炭素原子に直接結合する2個の原子が一直線上に存在するので，直線状分子である。また，炭素原子間の結合距離は，二重結合の場合(0.134 nm)よりもさらに短い❶。

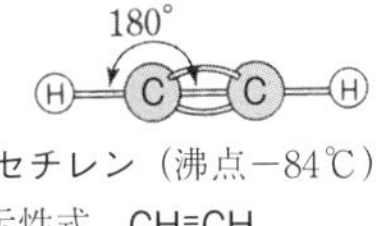

アセチレン（沸点−84℃）
示性式　CH≡CH

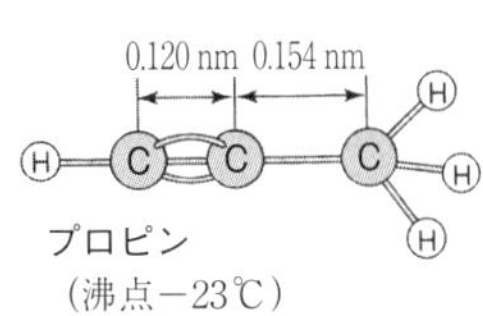

プロピン
（沸点−23℃）
示性式　CH≡C-CH_3

詳説❶ アルカンの場合は sp^3 混成軌道，アルケンの場合には sp^2 混成軌道によって分子がつくられていた。アセチレンのC原子では，励起状態にある4個の価電子のうち，2s軌道と $2p_x$ 軌道だけを使って新しい**sp混成軌道**がつくられる（A）。この軌道は x 軸上で互いに最も離れた180°の角度をなす方向に広がり，他のC原子やH原子との間で強い σ 結合をつくる(B)。そして，残りの直交する $2p_y$，$2p_z$ 軌道どうしは互いに側面で重なり，やや弱い2組の π 結合をつくる(C)。

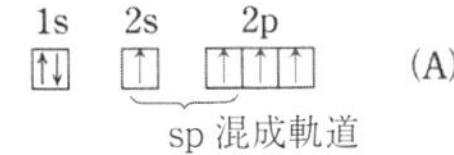

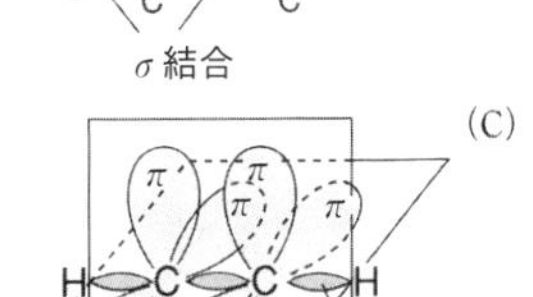

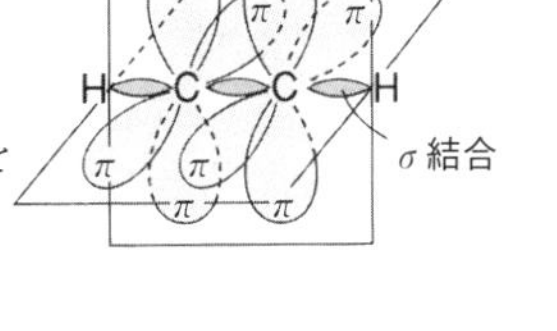

このように，アセチレンの三重結合は，σ 結合1本と π 結合2本からできている。結合エネルギーの値は，C-C結合が348 kJ/mol，C=C結合が588(＝348＋240)kJ/molに対して，C≡C結合が808(＝348＋240＋220)kJ/molと最も大きいが，π 結合1本あたりの結合力はエチレンよりも少し弱い。

2 アセチレンの製法

アセチレンは，炭化カルシウム（カーバイド）CaC_2 に水を加えてつくられる❷。

$$CaC_2 + 2H_2O \longrightarrow Ca(OH)_2 + CH{\equiv}CH \uparrow$$

補足❷ カーバイドは，生石灰(CaO)とコークス(C)を電気炉で2000℃以上に加熱してつくる。Ca^{2+} と $^-:C{\equiv}C:^-$(アセチレン化物イオン)からなる灰白色の硬い(純品は白色)イオン結晶である。

$$CaO + 3C \longrightarrow CaC_2 + CO\uparrow \qquad \Delta H = 405\ \text{kJ}$$

CaC_2 に水を加えると，直ちに加水分解して，アセチレンを発生する。

$$^-:C{\equiv}C:^- + 2H_2O \longrightarrow CH{\equiv}CH + 2OH^-$$

純粋なアセチレンは無臭であるが，通常はカーバイド中の不純物が水との反応によって発生した PH_3（ホスフィン）や H_2S のため，特有の不快臭がある。

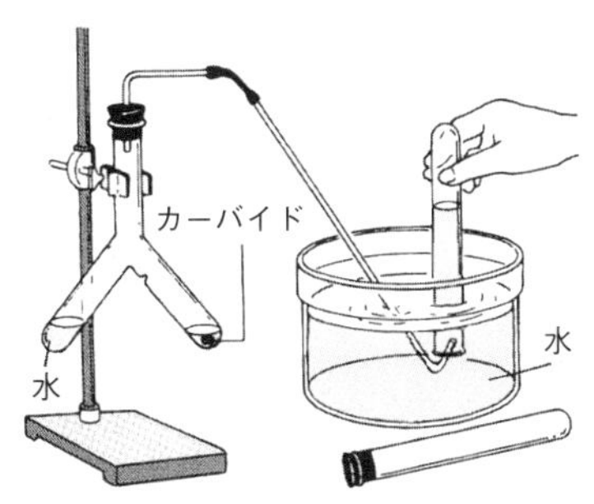

これまではカーバイドを原料としてアセチレンが

つくられていたが，多量の電力を消費するので，現在では，メタンを高温(1500℃以上)で熱分解する方法で製造されている。

$$2\,CH_4 \longrightarrow C_2H_2 + 3\,H_2 \qquad \Delta H = 397\,\mathrm{kJ}$$

スス
明るい炎
水
CaC_2

アセチレンは吸熱化合物で分解しやすい性質があり，圧縮したり，空気との混合気体(爆発範囲，2.5～81%)に点火すると，激しく爆発するなど非常に反応性に富む気体である❸。

また，アセチレンを空気中で点火すると不完全燃焼をおこし，多量のススを出す。しかし，十分に酸素を供給しながら完全燃焼させると，約3000℃の高温の炎(**酸素アセチレン炎**)が得られ，金属の溶接や切断に利用される❹。

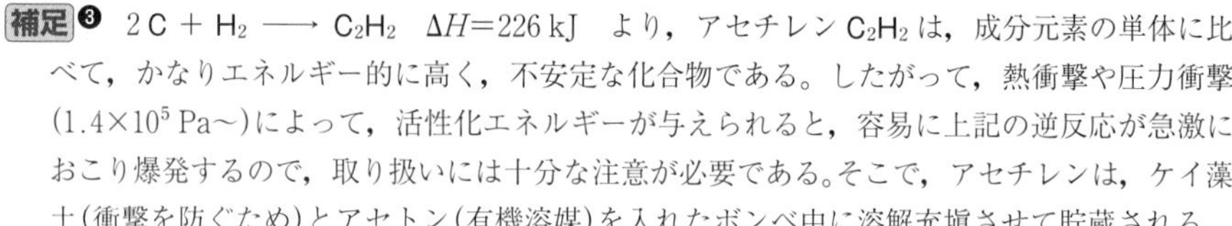

補足❸ $2\,C + H_2 \longrightarrow C_2H_2 \quad \Delta H = 226\,\mathrm{kJ}$ より，アセチレンC_2H_2は，成分元素の単体に比べて，かなりエネルギー的に高く，不安定な化合物である。したがって，熱衝撃や圧力衝撃($1.4 \times 10^5\,\mathrm{Pa}$～)によって，活性化エネルギーが与えられると，容易に上記の逆反応が急激におこり爆発するので，取り扱いには十分な注意が必要である。そこで，アセチレンは，ケイ藻土(衝撃を防ぐため)とアセトン(有機溶媒)を入れたボンベ中に溶解充塡させて貯蔵される。

詳説❹ アセチレンは炭素の含有率が大きいので，空気中で点火すると，黒いススをあげて不完全燃焼をする。しかし，外から空気を送ってやると，ススはほとんど出なくなり，明るいオレンジ色の炎をあげて燃焼するようになる。これは，遊離した炭素の微粒子が炎の中で熱せられて光を発するからで，以前はこの炎は照明用のアセチレン燈として使われた。このようにアセチレンの燃焼で高温が得られるのは，燃焼熱(+1309 kJ/mol)が大きいことや，燃焼生成物の熱容量(比熱×質量)が小さいため，温度が上昇しやすいことが原因と考えられる。

3 アセチレンの反応

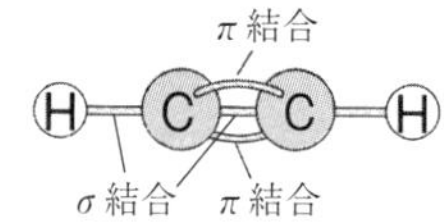

アセチレンの三重結合には，結合力の異なるσ結合とπ結合とが存在する。このうち，結合力の弱い2本のπ結合は比較的切れやすいので，反応条件を調節すると，三重結合から二重結合を経て，単結合の化合物へと，2段階の付加反応を行うことができる。

(1) Ni，Pt，Pd(微粉状)を触媒として水素を付加すると，まずエチレンになり，さらにエタンが生成する❺。

$$CH{\equiv}CH \xrightarrow[v_1]{+H_2,\ (Ni)} CH_2{=}CH_2 \xrightarrow[v_2]{+H_2,\ (Ni)} CH_3{-}CH_3 \quad (v_1 > v_2)$$

詳説❺ 三重結合へは二重結合よりも容易にH_2が付加するので，アセチレン1 molに対してH_2 1 molを与え，特別な触媒(リンドラー触媒：パラジウムPdを$(CH_3COO)_2Pb$で部分的に被毒させて活性を弱めたもの)を用いると，エチレンの段階で反応を止めることができる。しかし，十分量のH_2と活性の高い白金触媒を用いると，エタンまで反応が進んでしまう。

上記の反応は，触媒表面上へ吸着された遷移状態の水素(H・のようなラジカルの状態)が同時に吸着されたアルキン，またはアルケン分子に付加反応していくと考えられる。したがって，アルケンよりもアルキンのほうがπ電子の密度が大きいので，アルキンは触媒表面へより強く吸着されること，および1対のπ軌道しかもたないアルケンよりも2対のπ軌道をもつアルキンのほうが，触媒表面上では水素原子H・の攻撃を受ける機会が多くなるなどの理由で，二重結合よりも三重結合へのほうがH_2が付加しやすいと考えられる。

(2) アセチレンに対するハロゲン(Br_2, Cl_2)の付加は，次のように2段階でおこる❻。

$$CH\equiv CH \xrightarrow[v_1]{+Br_2} CHBr=CHBr \xrightarrow[v_2]{+Br_2} CHBr_2-CHBr_2 \qquad (v_1<v_2)$$

1,2-ジブロモエチレン　1,1,2,2-テトラブロモエタン

臭素の四塩化炭素溶液にアセチレンを通じると，臭素の色(赤褐色)が消失する。

詳説❻ 三重結合に対するハロゲンの付加は，水素付加とは逆に，三重結合よりも二重結合に対しておこりやすい。したがって，二重結合と三重結合を含む化合物1molに臭素1molを低温で作用させると，選択的に二重結合だけに臭素を付加させることができる。

$$CH_2=CH-CH_2-C\equiv CH + Br_2 \longrightarrow CH_2Br-CHBr-CH_2-C\equiv CH$$

三重結合よりも二重結合に対してハロゲンが付加しやすい原因は，次の通りである。

中間体(Ⅰ)　中間体(Ⅱ)

C-C結合，C=C結合の本来の結合角はそれぞれ109.5°，120°であるから，中間体が三員環構造をとったときの結合角の歪みは，中間体(Ⅱ)のほうが中間体(Ⅰ)よりも大きい。また，C=C結合はC-C結合よりも結合距離が短い分だけ，三員環の安定性には不利に働いている。

►アルキンに対する付加反応は，アルケンの場合に比べてややおこりにくいので，一般には適当な触媒の存在下で行われることが多い。

(3) アセチレンに塩化水素を付加させると塩化ビニルを生成する。続く，塩化ビニルへの塩素付加，および$Ca(OH)_2$による脱塩化水素によって塩化ビニリデンが生成する。同様に，アセチレンに酢酸を付加させると酢酸ビニルが生成する❼。

$$HC\equiv CH + H-Cl \xrightarrow{(HgCl_2)} CH_2=CHCl \xrightarrow{+Cl_2,\ -HCl} CH_2=CCl_2$$

塩化ビニル　塩化ビニリデン

$$HC\equiv CH + CH_3COO-H \xrightarrow{(CH_3COO)_2Zn} CH_2=CH(OCOCH_3)$$

酢酸ビニル

詳説❼ 塩化水銀(Ⅱ)を活性炭表面に付着させた触媒に，アセチレンと塩化水素の混合気体(200℃)を通すと，塩化ビニルが生成する。また，酢酸亜鉛を活性炭に付着させた触媒へ酢酸とアセチレンの混合気体(200℃)を通すと，酢酸ビニルが生成する(気相反応)。

現在の塩化ビニルの工業的製法は，エチレンに液相でCl_2を付加させて1,2-ジクロロエタンCH_2Cl-CH_2Clをつくり，気相で加熱してHClを脱離させて，塩化ビニル$CH_2=CHCl$がつくられる。

$$CH_2=CH_2 \xrightarrow[FeCl_3\text{触媒}]{+Cl_2,\ 30\sim50℃} ClCH_2CH_2Cl \xrightarrow{500℃} CH_2=CHCl + HCl$$

エチレン　1,2-ジクロロエタン　塩化ビニル

(4) アセチレンにシアン化水素HCNを付加させると，アクリロニトリルが生成する❽。

$$HC\equiv CH + H-C\equiv N \xrightarrow{\text{触媒}} CH_2=CH(C\equiv N)$$

アクリロニトリル

詳説 ❽ 塩化銅(Ⅰ) CuCl と NH_4Cl(銅(Ⅰ)塩の可溶化剤)を加えた塩酸酸性溶液に，熱したアセチレンとシアン化水素の混合ガスを吹き込むと，アクリロニトリルが生成する(液相反応)。シアノ基 -CN に炭化水素基が結合した有機化合物を**ニトリル**といい，ニトリルは塩基を触媒として加水分解することによって生じるカルボン酸の誘導体として命名される。

例　$CH_3-CN + 2H_2O \longrightarrow CH_3COOH + NH_3$　（アセトニトリル → 酢酸）

$CH_2=CH(CN) + 2H_2O \longrightarrow CH_2=CH(COOH) + NH_3$　（アクリロニトリル → アクリル酸）

生成物はいずれもビニル基 $CH_2=CH-$ をもち，付加重合により高分子化合物になる。

(5) 硫酸水銀(Ⅱ) $HgSO_4$ を含んだ希硫酸中にアセチレンを通じると，水が付加してビニルアルコールが生成するが，ビニルアルコールは不安定で，直ちに安定な異性体のアセトアルデヒドに変化する❾。

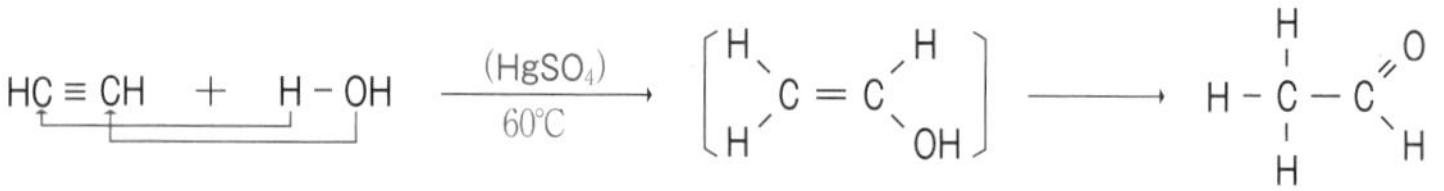

$$HC\equiv CH + H-OH \xrightarrow[60℃]{(HgSO_4)} \left[\begin{array}{c} H \\ H \end{array} \!\!>C=C<\!\! \begin{array}{c} H \\ OH \end{array} \right] \longrightarrow H-\underset{H}{\overset{H}{C}}-C\!\!\begin{array}{l} =O \\ -H \end{array}$$

ビニルアルコール　　アセトアルデヒド

補足 ❾ Hg^{2+} はアセチレンと錯体を形成し，水への溶解度を高め，アセチレンに対する H_2O 分子の付加をおこりやすくする触媒作用をする。この反応の触媒に使われた有毒な Hg^{2+} が水俣(みなまた)病の悲劇を引きおこしたため，この方法は日本では現在，まったく行われていない。

SCIENCE BOX　ビニルアルコールの転位反応

二重結合のπ軌道と隣接する酸素の非共有電子対のp軌道とが一部重なっているため，酸素原子から二重結合のπ軌道へ電子の一部が流れ込む(電子の**非局在化**)。このため，ビニルアルコールのヒドロキシ基 -OH は，通常のアルコールよりも H^+ が電離しやすくなる。また，H^+ が電離して生じた陰イオンは，その負電荷が一か所に集中するよりも，二重結合のπ電子のほうへ流れ込むほうが分子全体に分散されて，より安定に存在できる。

一方，酸素原子からの電子の流入によって，C=C 結合のπ電子は，-OH より遠いほうの C 原子に押し出されるから，そこへビニルアルコールの -OH から電離した H^+ が移動して，アセトアルデヒドに変化する。

結果的には，-OH から電離した H^+(プロトン) が隣の C 原子に移動したことになる。このように，分子中のある原子(団)が，同一分子中の別の位置(通常は隣)に移動する反応を**転位反応**といい，とくにプロトン H^+ は非常に小さく，分子内を移動しやすい。この反応の反応熱は 56 kJ/mol で，活性化エネルギーが小さいので (約 21 kJ/mol)，常温でも容易に進行するが，逆反応はおこりにくい。一般に，ビニルアルコールのように，C=C 結合に -OH が結合した化合物(**エノール**という)は不安定で，H 原子の転位反応により，安定なカルボニル化合物に変化しやすい。この反応では，エノ

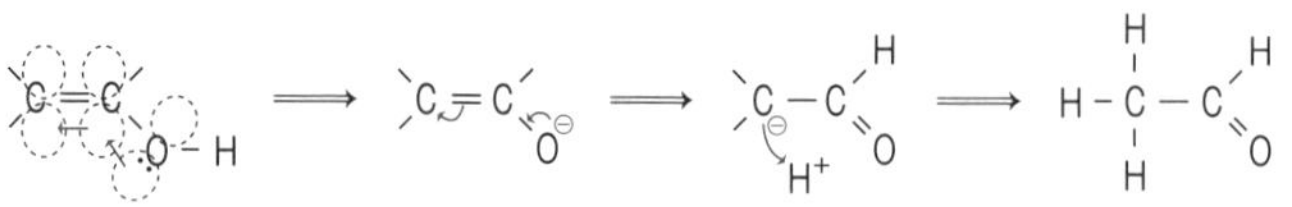

$$>C=C<_{O-H} \Longrightarrow >C=C<_{O^{\ominus}} \Longrightarrow >\overset{\ominus}{C}-C\!\!\begin{array}{l} -H \\ =O \end{array} \;(H^+) \Longrightarrow H-\underset{H}{\overset{H}{C}}-C\!\!\begin{array}{l} -H \\ =O \end{array}$$

ールはO-H結合(459 kJ)とC=Cのπ結合(719－370＝349 kJ)を切断されるので，808 kJの吸熱となる。一方，カルボニル化合物では，C-H結合(410 kJ)とC=Oのπ結合(803－353＝450 kJ)が生成されるので，860 kJの発熱となる。よって，エノールがカルボニル化合物へと異性化する反応は発熱反応となり，おこりやすい。一方，その逆反応は吸熱反応となり，おこりにくい。これは，分極したC=O結合のほうが，分極していないC=C結合よりも結合エネルギーが大きいためである。

(6)　アセチレンを赤熱(約500℃)した鉄管，または石英管に通すと，3分子が重合して，ベンゼンC_6H_6が生成する。

$$3\,CH\equiv CH \Rightarrow \left[\text{(3分子の環状付加)}\right] \Rightarrow C_6H_6$$

ベンゼン

(7)　アセチレンを塩化銅(Ⅰ)CuClとNH_4Clの塩酸酸性溶液中に通すと，その触媒作用で2分子が重合して，ビニルアセチレン$CH_2=CH-C\equiv CH$が生成する。

$$HC\equiv CH + H-C\equiv CH \xrightarrow{\text{触媒}} CH_2=CH-C\equiv CH \quad \text{ビニルアセチレン}$$

さらに，ビニルアセチレンにリンドラー触媒(p. 604)を用いてH_2を付加すると，1,3-ブタジエンが得られる。

$$CH_2=CH-C\equiv CH + H_2 \xrightarrow{\text{触媒}} CH_2=CH-CH=CH_2 \quad \text{1,3-ブタジエン}$$

4　アルキンの検出法

アセチレン$HC\equiv CH$は塩基性条件でAg^+やCu^+などと反応し，水に不溶性の**アセチリド**を生成する[10]。これは，三重結合に直接結合した水素原子が弱い酸としての性質をもち[11]，放出されたH^+と1価の金属イオンが置換されやすいからである。この反応はアセチレンのほか，$-C\equiv C-H$のような末端の三重結合をもつアルキンの検出に使われる。

アンモニア性硝酸銀溶液にアセチレンを通じると銀アセチリドが沈殿する。

$$HC\equiv CH + 2[Ag(NH_3)_2]^+ \longrightarrow Ag-C\equiv C-Ag\downarrow + 2\,NH_4^+ + 2\,NH_3$$

アンモニア性硝酸銀溶液　　銀アセチリド(白)

$$HC\equiv CH + 2[Cu(NH_3)_2]^+ \longrightarrow Cu-C\equiv C-Cu\downarrow + 2\,NH_4^+ + 2\,NH_3$$

アンモニア性塩化銅(Ⅰ)溶液　　銅アセチリド(赤褐)

補足[10]　アセチレンの水素原子2個，または1個が金属原子で置換した化合物を，**アセチリド**という。重金属のアセチリドは，乾燥状態では激しい爆発性があるから危険である。

プロピン$HC\equiv C-CH_3$のような末端アルキンでは，アセチレンと同様の反応がおこる。しかし，2-ブチン$CH_3-C\equiv C-CH_3$のような内部アルキンでは，この反応はおこらない。

詳説[11]　アセチレンのC-H結合は，sp混成軌道(p. 603)でできている。球形のs軌道は，亜鈴形のp軌道よりも原子核近くまで軌道が入り込んでおり，原子核からの強い引力を受けやすい。したがって，メタンのsp^3混成軌道よりも，アセチレンのsp混成軌道のほうが，s軌道の割合が大きいので，C-H結合の共有電子対はより強く炭素の原子核に引きつけられる。よって，C-H結合の極性($\equiv C^{\delta-}-H^{\delta+}$)が大きくなって，$H^+$が放出されやすくなる($K_a \fallingdotseq 10^{-25}$ mol/Lで，ごく弱い酸としての性質をもつ)。このため，アセチレンは無極性分子でありながら，結合の極性をもつので，水に対してほぼ等体積が溶解する。

SCIENCE BOX　アルカジエンの性質と反応性

分子中に二重結合を2個もつ炭化水素を**アルカジエン**(**ジエン**)という。また，1,3-ブタジエン（以下，略してブタジエンという）$CH_2=CH-CH=CH_2$ のように，二重結合と単結合が交互に並んだ構造を**共役**(きょうやく)**二重結合**という。ブタジエンはビニル基を2個つないだような構造をしており，2つの二重結合を含む平面 a，b は，それぞれ同一平面上にある。

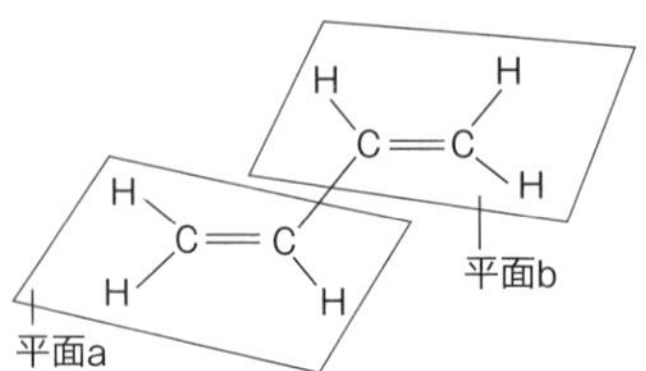

これは，二重結合を構成する**π電子**（p. 580）は，各平面 a，b の上下方向に，下図のような亜鈴形の**π軌道**をもち，この軌道は，平面 a，b が同一平面上に来たとき，その重なりが最も大きくなるためである。

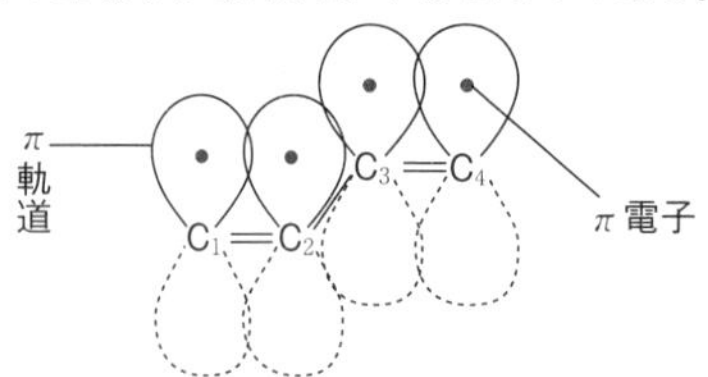

この軌道の重なりを利用して，π電子は $C_1=C_2$ および $C_3=C_4$ 結合を利用して，分子全体に広がって存在するようになる。このような状態を電子の**非局在化**といい，電子の自由度が大きくなった分だけ，この化合物はエネルギー的に低い安定な状態になる。また，電子の非局在化により，中央部の C_2-C_3 の単結合は，かなり二重結合性を帯びることになる。

ブタジエン　$CH_2=CH-CH=CH_2$
　0.137　0.146　0.137

エタン CH_3-CH_3　0.153　　エチレン $CH_2=CH_2$　0.134

炭素間の結合距離(単位 nm)の比較

ブタジエン 1 mol に Br_2 1 mol を作用させると，次の2種の化合物が生成する。

$CH_2=CH-CH=CH_2 + Br_2 \longrightarrow$

(i)　$CH_2Br-CHBr-CH=CH_2$

(ii)　$CH_2Br-CH=CH-CH_2Br$

生成物(i)ができる反応を**1,2-付加**，生成物(ii)ができる反応を**1,4-付加**という。溶媒の種類，温度などでその生成割合が異なる(下表)。

溶媒の種類	温度	1,4-付加物	1,2-付加物
酢酸	−80℃	20%	80%
酢酸	40℃	80%	20%

C=C 結合に対する臭素付加は，Br−Br の分極で生じた Br^+ がまず C=C 結合に付加した後，その背後から Br^- が付加する**トランス付加**(p. 595 詳説⓫)でおこる。

$CH_2=CH-CH=CH_2$

↓ Br^+付加

$[CH_2Br-\overset{\oplus}{C}H-CH=CH_2] \rightleftarrows [CH_2Br-CH=CH-\overset{\oplus}{C}H_2]$

中間体(i)　　中間体(ii)

↓ Br^-付加　　↓ Br^-付加

$CH_2Br-CHBr-CH=CH_2$　　$CH_2Br-CH=CH-CH_2Br$

生成物(iii)　　生成物(iv)

第二級カルボニウムイオンの中間体(i)のほうが，第一級カルボニウムイオンの中間体(ii)よりも安定である(p. 598)。

一方，二重結合が末端部にある生成物(iii)よりも，二重結合が内部にある生成物(iv)のほうが，安定である。

したがって，低温では，安定な中間体(i)を通る反応の反応速度が大きくなり，1,2-付加物が主生成物となる(**速度論支配の反応**)。

高温では，反応速度も十分に大きいので，速やかに平衡に到達する。よって，熱力学的に安定な1,4-付加物が主生成物となる(**熱力学支配の反応**)。

SCIENCE BOX アルキンの環化三量化反応

(1) アルキンのホモ環化三量化反応

アセチレンを赤熱した鉄管に通すと，その一部が3分子重合してベンゼンを生成する。

$$3CH \equiv CH \xrightarrow{Fe} \text{(ベンゼン)} \quad \Delta H = -594\,\text{kJ}$$

レッペ(ドイツ)は遷移金属を触媒として用いると，100℃以下でもアルキンの**環化三量化反応**がおこることを発見した。現在では，次の三段階の素反応からなることが知られている。

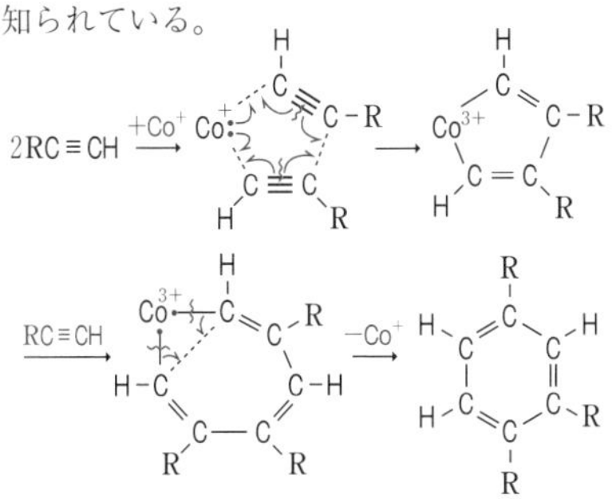

$2RC \equiv CH \xrightarrow{+Co^{+}}$ (Co⁺–アルキン錯体) ⟶ (コバルタシクロペンタジエン) $\xrightarrow{RC \equiv CH}$ (七員環中間体) $\xrightarrow{-Co^{+}}$ (置換ベンゼン)

① $Co^{+} \rightarrow Co^{3+}$ への酸化に伴い，アルキン2分子がカップリングして，五員環構造の中間体をつくる。

② ①の中間体にアルキン1分子がさらに挿入されて，七員環構造の中間体になる。

③ $Co^{3+} \rightarrow Co^{+}$ への還元に伴い，②の中間体から Co^{+} が脱離すると，六員環構造のベンゼンの置換体を生じる。

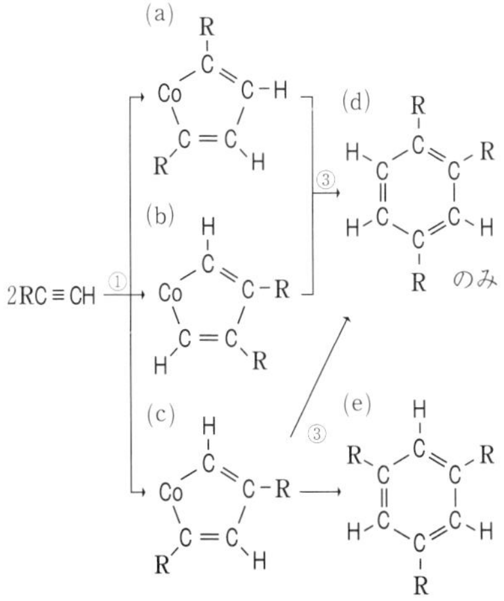

$2RC \equiv CH \xrightarrow{①}$ (a), (b), (c)；(a), (b) $\xrightarrow{③}$ (d) のみ；(c) $\xrightarrow{③}$ (d), (e)

①で生成する五員環構造の中間体には，(a)，(b)，(c)の3種類が考えられる。反応③では，(a)，(b)からはすべて1,2,4-置換体の(d)を生じ，(c)からは(d)と1,3,5-置換体の(e)が生じる。よって，アルキンの環化三量化反応では，非対称型の(d)が主生成物，対称型の(e)が副生成物となる。ただし，隣接型の1,2,3-置換体は生成しないことに留意する。

(2) アルキンのヘテロ環化三量化反応

(A) アセチレン $CH \equiv CH$ とプロピン $CH \equiv CCH_3$ を混合して環化三量化反応を行う場合

(i) C_2H_2 3分子，(ii) C_2H_2 2分子と C_3H_4 1分子，(iii) C_2H_2 1分子と C_3H_4 2分子，(iv) C_3H_4 3分子の4通りの組合せが可能である。

(i) ベンゼン　(ii) トルエン（CH_3）

(iii) 1,2-（CH_3, CH_3），1,3-（CH_3, CH_3），1,4-（CH_3, CH_3）ジメチルベンゼン

(iv) 1,2,4-（CH_3 ×3），1,3,5-（H_3C, CH_3, CH_3）トリメチルベンゼン（1,2,3-（CH_3 ×3）は生成しない）

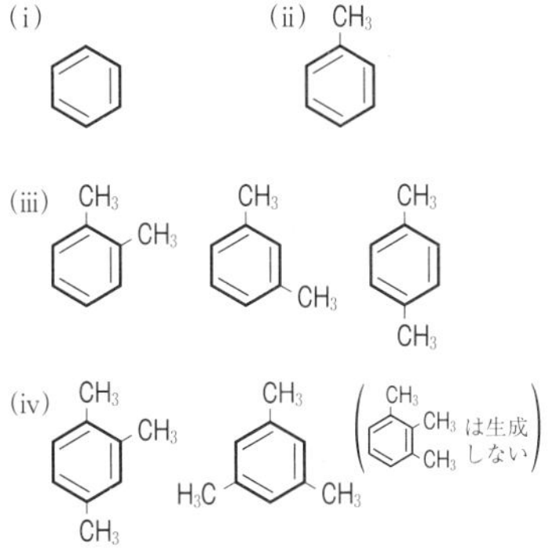

(B) プロピン $CH \equiv CCH_3$ と1-ブチン $CH \equiv CCH_2CH_3$ を混合して環化三量化反応を行う場合

(i) C_3H_4 3分子，(ii) C_4H_6 3分子，(iii) C_3H_4 2分子，C_4H_6 1分子，(iv) C_3H_4 1分子，C_4H_6 2分子の4通りの組合せが可能である。

(i) 1,2,4-（CH_3 ×3），1,3,5-（H_3C, CH_3, CH_3）　(ii) 1,2,4-（C_2H_5 ×3），1,3,5-（H_5C_2, C_2H_5, C_2H_5）

(iii) （CH_3, CH_3, C_2H_5），（CH_3, C_2H_5, CH_3），（C_2H_5, CH_3, CH_3），（CH_3, H_3C, C_2H_5）

(iv) （C_2H_5, C_2H_5, CH_3），（C_2H_5, CH_3, C_2H_5），（CH_3, C_2H_5, C_2H_5），（C_2H_5, H_5C_2, CH_3）

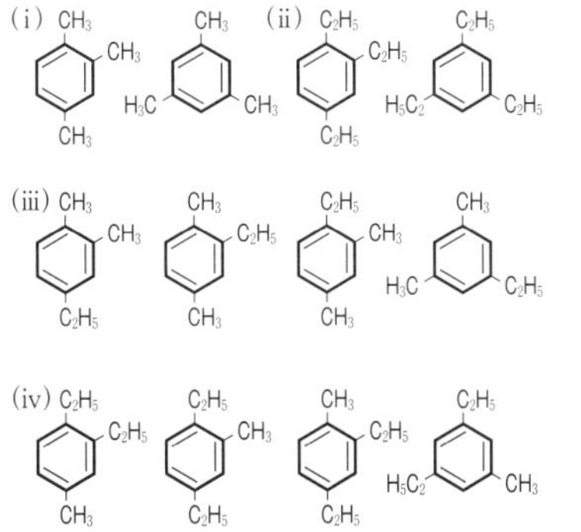

例題 化合物Ａ～Ｅは分子式 C_8H_{14} の炭化水素で，触媒の存在下で水素 H_2 と反応させるといずれも1,2-ジメチルシクロヘキサンを生じる。Ａは不斉炭素原子をもたず，Ｂ，Ｃは不斉炭素原子を１つもち，Ｄ，Ｅは２つもつ。Ｂ，Ｃに臭素 Br_2 を付加させると，それぞれ不斉炭素原子を２つもつ化合物と３つもつ化合物を生じる。Ｄ，Ｅに触媒の存在下で水 H_2O を付加させると，それぞれ１種類のアルコールと２種類のアルコールを生じる。

(1) 化合物Ａ～Ｅの構造式を記せ。

(2) 化合物Ｄに臭素 Br_2 を付加させた化合物には，何種類の立体異性体が存在するか。

［解］ (1) 分子式 C_8H_{14} は C_8 のアルカン C_8H_{18} よりもＨ原子が４個少ないので，不飽和度は２。Ａ～Ｅに水素付加すると，1,2-ジメチルシクロヘキサンを生じるから，Ａ～Ｅは六員環構造とメチル基２つ（1,2位）の他に，C=C 結合が１つ存在するシクロアルケンである。考えられる構造は次の①～⑤の５種類である。（＊は不斉炭素原子を表す）

不斉炭素原子をもたない**Ａは①**。不斉炭素原子を１つもつＢ，Ｃは②，⑤のいずれか。Br_2 を付加させると②からは不斉炭素原子を３つもつ化合物，⑤からは不斉炭素原子を２つもつ化合物を生じる。　∴　**Ｂは⑤，Ｃは②**

不斉炭素原子を２つもつＤ，Ｅは③，④のいずれか。H_2O を付加させると③からは２種類のアルコール，④からは１種類のアルコールを生じる。　∴　**Ｄは④，Ｅは③**

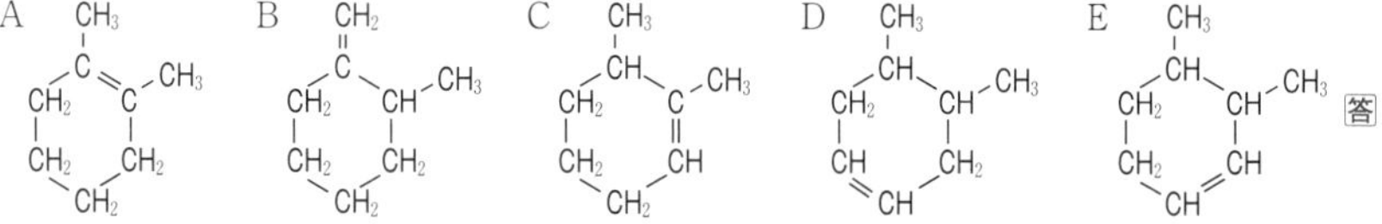

(2) Ｄ(④)に臭素を付加させた化合物には，不斉炭素原子(＊)が４つ存在する。このうち，(a)と(b)，

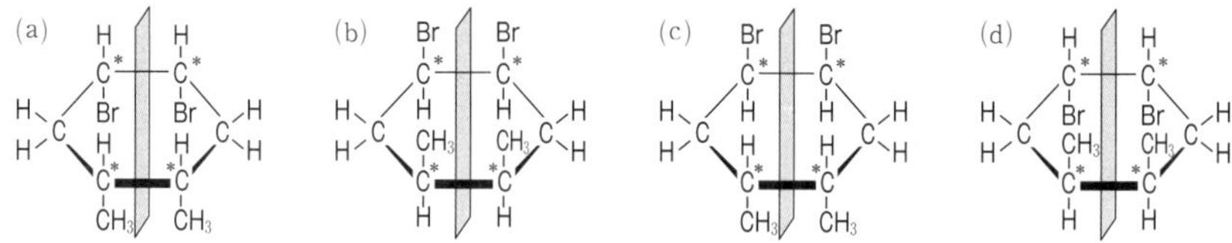

および(c)と(d)は分子内に対称面をもち裏返すと重なるので同一物であり，分子内で旋光性が打ち消し合う**メソ体**である。　　∴　立体異性体の数は 2^4-2（メソ体）＝**14 種類** 答

5-7　石油と天然ガスと石炭

太古に生息していた動植物が地中に埋没し，長い年月の間に地熱や圧力の影響を受けて変化してできた，石炭，石油，天然ガスなどの可燃性の地下資源を**化石燃料**という。これらは，現代社会のエネルギー源の大部分をまかなうだけでなく，有機化学工業を支える原料物質としても重要である。

1　石油

油田から汲み上げられたままの石油は**原油**とよばれ，粘り気のある黒褐色の液体である。原油は炭素原子数が 2～40 ぐらいの各種の炭化水素を主成分とし，少量の硫黄，窒素，酸素などの化合物を不純物として含んだ複雑な混合物である❶。石油中の炭化水素にはアルカンが最も多く，産地によりシクロアルカンや芳香族炭化水素を含むものもあるが，アルケン・アルキンはほとんど含まれていない❷。

補足❶　日本がサウジアラビアから輸入している代表的な原油のアラビアンライトは，密度 0.86 g/cm^3 で，硫黄分 1.6%，窒素分 0.2%を含み，分留によってナフサ 25%，灯油 13.5%，軽油 13.5%，残査油 48%(一例を示す)が得られる。

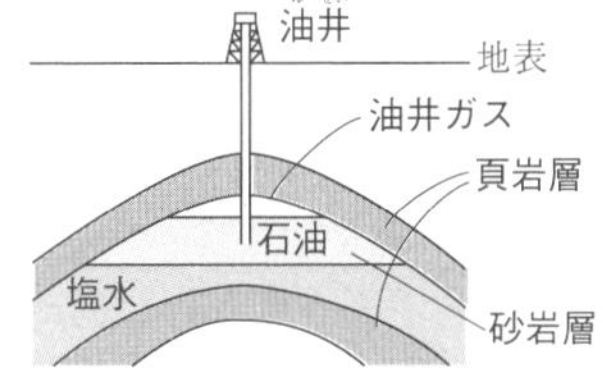

補足❷　石油は，堆積岩とくに多孔質の砂岩や石灰岩層に最も含まれやすく，その上下には必ず石油の浸透を防ぐ緻密な頁岩(けつがん)(粘土質からなる堆積岩)層が存在する。また，石油の貯留に有利な背斜構造（トラップ）の地層に多く含まれ，その中では通常，比重の差によって天然ガス，石油，塩水に分かれて層状に存在している。

2　天然ガス

天然ガスの主成分はメタンであり，石油とともに産出することもある❸。これを冷却圧縮して液体にしたものを**液化天然ガス**(LNG)❹といい，冷凍タンカーによって輸入され，都市ガスや化学工業の原料として利用している。天然ガスはほとんど硫黄分を含まないので，地球環境への負荷の少ないクリーンな燃料として評価されている。

補足❸　油田地方で石油とともに産出する気体を**油井**(ゆせい)**ガス**といい，メタンのほか，少量のエタン，プロパン，ブタンなどを含む(例：メタン 90%，エタン 5.6%，プロパン 3.4%，ブタン 1.0%)。このうち，プロパンやブタンなどは，常温でも加圧するだけで液化するので，ボンベに詰めて運搬・貯蔵される。これを**液化石油ガス**（LPG）といい，家庭用や工業用の燃料として利用される。また，ブタンはとくに液化しやすいので，市販のガスライターなどに用いられる。

補足❹　メタンは沸点が−161℃，臨界温度が−82℃と低いので，常温では液化できない。そこで，冷却下で圧縮して，液化したものがLNGである。LNGは，専用のタンカーで液体窒素により沸点以下に冷却しながら運搬される。また，蒸発する際，LNG 1 g あたり 815 J もの蒸発熱を吸収するので，冷却媒体として冷熱発電や冷凍食品の製造などに利用される。

3　石油の分留

原油は，常圧で図のような精留塔を用いて，沸点の異なるいくつかの各成分(留分)に分けられる。この方法を**分留**（**分別蒸留**）という❺。沸点の低いものから順に石油ガス，

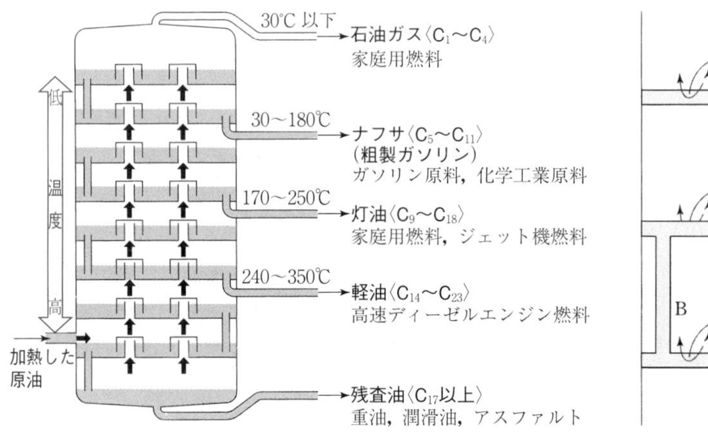

原油の分留と各留分　　　　　　**精留塔の原理**

ナフサ(粗製ガソリン)，灯油，軽油，残査油などに分留され，さらに残査油を減圧下でもう一度分留すると，重油，潤滑油，アスファルトなどが得られる。

詳説❺　タンクからパイプを通して送られてきた原油は，加熱炉で 300～350℃に加熱され，上図の左下側より**精留塔**へ送られる。精留塔の内部には 30～40 段ものトレー（棚板）があり，それぞれには蒸気が昇るための小孔Ａと，溜まった液が流れ落ちるための溢流管(いつりゅう)Ｂを備えており，さらに小孔Ａの上にはお椀を伏せた形のキャップＣが取り付けてある。下段から昇ってきた混合蒸気は，トレーに溜(た)まった液体中を泡となって通り抜ける際，蒸気のうち高沸点成分は再び凝縮して液体と混合する。一方，液体中の低沸点成分は，蒸気のもってきた熱によって再び蒸気となり，残っている蒸気とともにさらに精留塔を上昇する。この間，液体が多く溜まれば，管Ｂを通って一部は下段のほうへ流れ落ちる。このようにして，各段での凝縮と蒸発を繰り返すうちに，沸点の高い留分は下段に，沸点の低い留分は上段に溜まることになる。こうして，一定時間ごとに塔の側面にある数か所の排液口Ｄから液体を抜き取れば，所定の沸点範囲(上図)の各留分が得られる。

分留によって得た各留分は，各種の不純物を含んでいるから，次の方法で精製する。

⑴　硫酸を加えてよくかくはんすると，アルケンその他の硫黄，窒素，酸素などの不純物が硫酸に溶けたり，沈殿するのでこれを除く。

⑵　水酸化ナトリウム溶液を加えて，酸性の不純物(フェノール，脂肪酸など)を水層へ除く。

⑶　触媒(Al_2O_3 に Co，Mo の酸化物を添加したもの)に加圧した水素を吹き込み，硫黄分を硫化水素として除去する(これを**水素化脱硫**という)。

4　ガソリンと石油化学工業

ナフサを精製して得られた**ガソリン**は，炭素数 6～11 の直鎖状アルカンで，このまま自動車の燃料に用いると熱効率がよくない❻。そこで金属系の触媒を用いて高温(約 500℃) で処理すると，分子量はあまり変化せずに，異性化，環化・脱水素がおこり，その一部が枝分かれの多い炭化水素や芳香族炭化水素に変化する。このような操作を**接触改質**(リホーミング)といい，これによって圧縮比の高い良質の**改質ガソリン**が得られる。

補足❻ ガソリン機関のエンジン内で，ガソリンと空気との混合気体を十分圧縮する前に，燃料自身が自然発火する現象を**ノッキング**(早爆)という。ノッキングがおこると，エンジンの出力が低下する。直鎖のアルカンはノッキングをおこしやすいので，エンジンの圧縮比をあまり大きくできず，熱効率がよくない。しかし，枝分かれや環構造をもつガソリンは，直鎖のアルカンに比べてノッキングをおこしにくく，エンジンの圧縮比を大きくできるので熱効率が上昇し，燃費も向上する。

►一方，軽油や重油などをゼオライト (p. 258) 系の触媒を用いて高温(約 500℃) で分解すると，炭素鎖の切断，脱水素，異性化などの反応がおこり，低沸点成分に変化する。この操作を**接触分解（クラッキング）**という。このとき得られるエチレンやプロピレンなどの気体は，各種の有機化合物の合成原料となる。また，このとき得られる液体は**分解ガソリン**とよばれ，改質ガソリンと混合したものがそのまま自動車用燃料として用いられる。

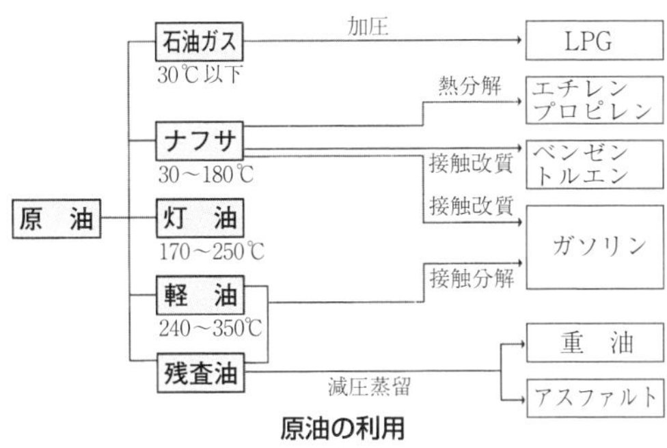

原油の利用

5 石炭

石炭は太古の植物が地中に埋もれ，地熱・地圧の作用で分解し，堆積物中の水素や酸素が揮発性物質として失われ，炭素の含有量が増加してできたものである。この作用を**炭化**という。炭化の程度により，亜炭 (～70%)，褐炭 (70～80%)，瀝青炭 (80～90%)，無煙炭(90%～)に分類される(数値は炭素の質量%の一例)。石炭の分子は非常に大きく，主に多環式の芳香族化合物からできており，炭素，水素以外にも酸素，窒素，硫黄などを含んでいる。石炭はそのまま燃料として使用するよりも，これを約 1000℃ で**乾留**（空気を絶って高温で熱分解すること）して，次のような各成分に分けて利用されることが多い❼。

補足❼ **コークス** (70%) 強く熱せられた石炭は溶融し，揮発性成分を放出する結果，多孔質で炭素に富んだ黒色の固体が残る。これは，製鉄用の燃料や還元剤として多量に用いられるほか，黒鉛やカーバイドの製造などにも用いられる。

コールタール (5%) 乾留により揮発した成分を冷却すると得られる黒褐色の粘性のある液体。この中の主成分は芳香族炭化水素で，これを分留すると重要な化学工業薬品が得られる。

石炭ガス (25%) 乾留により得られた気体成分で，主成分はメタンと水素で，ほかに有毒な一酸化炭素などを含む。以前は都市ガスとして多く用いられたが，現在では工業用の燃料として用いられる。(数字の%は収率の一例)

石炭の分子構造の概念図

SCIENCE BOX　石油のクラッキング

軽油や重油に比べてガソリンの需要が多いため，石油工業では，高沸点の軽油成分を熱，または触媒を用いて分解し，低沸点のナフサを製造している。この操作を**クラッキング**といい，次の3種類がある。

(1) **熱分解法**　無触媒で，常圧，500℃程度に加熱する。熱分解はラジカル反応（p. 586）であり，炭素鎖の切断により，低分子量で直鎖のアルカンやアルケンが主に生成し，芳香族炭化水素は少ない。また，得られるガソリンの**オクタン価***は低い。

* ノッキング（p. 613）をおこしにくいイソオクタンを100，おこしやすいヘプタンを0としたガソリンの性能を表す数値。アルカン<アルケン<脂環式<芳香族の順に高くなる。また，直鎖より分枝をもつほうがオクタン価は高くなる。

(2) **接触分解法**　SiO_2-Al_2O_3 系の固体触媒を用い，常圧，500℃程度に加熱する。接触分解はイオン反応（p. 595）であり，反応中間体としてカルボニウムイオン（炭素陽イオン）を経由する。カルボニウムイオンは，直鎖状より分枝状のものが安定であるため，生成物には低分子量で分枝をもつアルカンやアルケンが多く，芳香族炭化水素も含まれる。(1)に比べて，得られるガソリンのオクタン価は高い。近年，触媒活性が高く，長期間使用できる**ゼオライト**（p. 258）を用いて行うことが多い。

(3) **水素化分解法**　SiO_2-Al_2O_3 を担体としてその表面に Pt や Pd を付着させた触媒を用い，約 1.5×10^7 Pa の H_2 加圧下で 400℃程度に加熱する。高圧下の H_2 で反応させるので，(1)や(2)では軽質化が困難な残渣油の処理に適する。この方法では，接触分解と水素付加が同時におこり，主に分枝の多いアルカンが生成する。また，得られるガソリンのオクタン価は(1)に比べて高い。ただし，H_2 消費量が多くコストは高い。

直鎖の炭化水素は，高分子量より低分子量のもののほうが熱力学的に安定であるから，加熱するとより分解する傾向を示す。結合エネルギーは，C–C：370 kJ/mol，C–H：415 kJ/mol だから，アルカンを加熱すると，C–C 結合から先に切れ，低分子量のアルカンやアルケンを生成する。このとき，加熱条件や触媒の有無により，生成物の種類や割合が変化する。

また，遷移金属の触媒が存在すると，その表面には H が吸着されやすいため，C–C 結合よりも C–H 結合から先に切れ，環化がおこりやすくなる。これは，**接触改質法**（p. 612）に利用されている。

さらに，500℃以上になると，炭化水素よりも単体の炭素・水素のほうが熱力学的に安定となり，生成した炭素の触媒表面への付着による触媒の不活性化が重大な問題となる。そこで，接触分解法では粒状のゼオライト触媒を循環させ，触媒上に付着した炭素を燃焼させて除去し，再生させている。一方，水素化分解法では過剰の H_2 を用いるため，触媒上への炭素の付着はほとんどない。

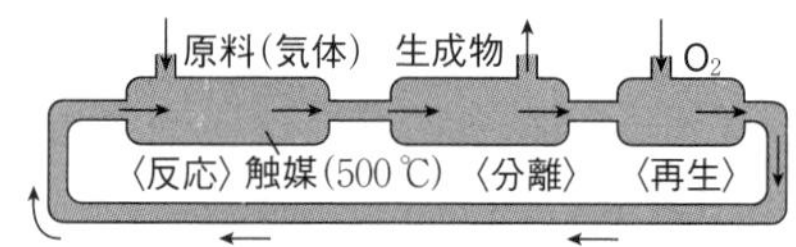

接触分解法の装置（概念図）

また，水素化分解法や接触改質法に用いる金属触媒は，硫黄によって被毒されやすいので，原料からあらかじめ硫黄分を除去する**脱硫**が必要となる。すなわち，Co と Mo の酸化物をアルミナに担持させた触媒上に，約 1.5×10^7 Pa の H_2 を吹き込みながら約 400℃で反応させる。この操作で，石油中の S は H_2S に変化し，また，一部を空気酸化して SO_2 とし，残りの H_2S と反応させて S として回収する。こうして得られた脱硫硫黄を，硫酸 H_2SO_4 の原料として利用している（p. 448）。

SCIENCE BOX　ディールス・アルダー反応

ブタジエンの1,4付加 (p. 608) には，次のような興味深い反応が知られている。すなわち，共役二重結合をもった化合物（**共役ジエン**）に，二重結合などの不飽和結合をもった化合物（**親ジエン体**）が付加すると，六員環構造の化合物が生成する。

この反応は，発見者の名前をとって**ディールス・アルダー**（Diels Alder）**反応**という。たとえば，ブタジエンとエチレンを加熱すると，シクロヘキセンが生成する（収率約20%）。

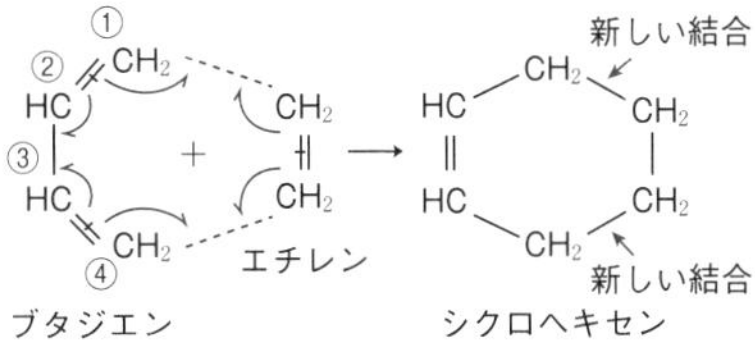

この反応では，ジエンの中央の②（2位）と③（3位）にC=C結合が形成される一方，両端の①（1位），④（4位）の2か所で新たにC−C結合が形成される。この反応は，鎖式化合物から環式化合物を合成するのに利用される。

共役ジエンに電子供与性基，親ジエン体に電子吸引基がついている場合は，ディールス・アルダー反応は促進される。たとえば，ジメチルブタジエンと無水マレイン酸との反応の場合，共役ジエンには電子供与性のメチル基があり，電子が豊富である。一方，親ジエン体には電子吸引性のカルボニル基があり，電子が不足である。したがって，共役ジエンから親ジエン体に向かって電子が移動しやすいので，両者はディールス・アルダー反応をおこしやすくなる。

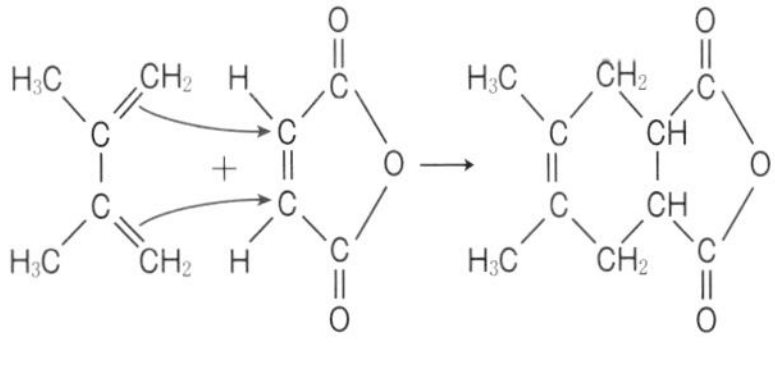

次に，ブタジエン（共役ジエン）とマレイン酸，およびフマル酸（親ジエン体）との反応を考えてみよう。

ブタジエンに，シス形のマレイン酸を反応させると，環平面に対して同一方向に-COOHが結合したシス-4-シクロヘキセン-1,2-ジカルボン酸を生成する。

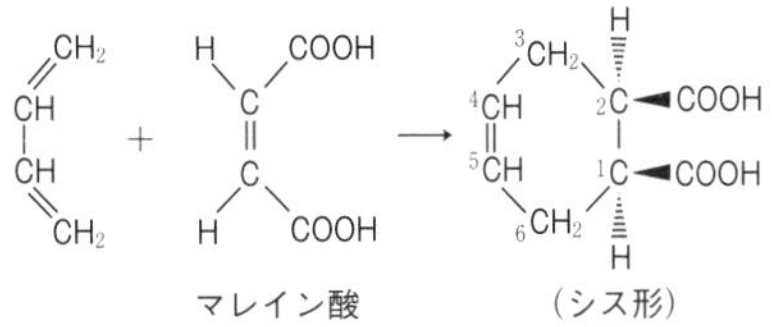

ブタジエンに，トランス形のフマル酸を反応させると，環平面に対して異なる方向に-COOHが結合したトランス-4-シクロヘキセン-1,2-ジカルボン酸を生成する。

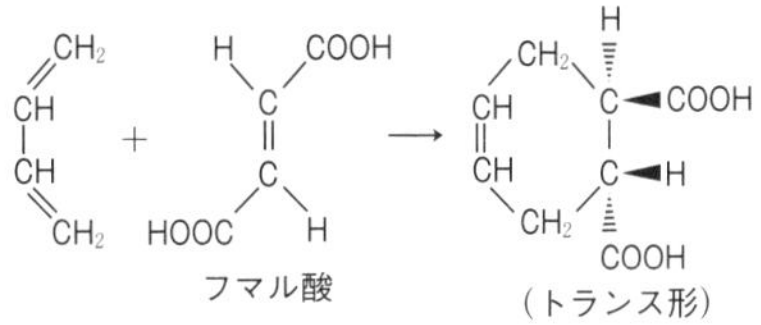

この反応の前後では，シス-トランス形の立体配置が保持されている。これは，共役ジエンの二重結合平面に対して，親ジエン体がいずれも同一方向から**シス付加**したことを示す。

この反応のように，反応中間体が生成せず，結合の切断と生成が同時に進行する反応を**協奏反応**といい，一段階で進む**素反応**と考えてよい。

一方，反応中間体を生じながら多段階で進む反応を**複合反応**（**多段階反応**）という*。

* 一般に，反応前後で有機化合物の立体配置が保持された場合は，その反応は協奏反応であり，反応前後で有機化合物の立体配置に変化が見られた場合は，その反応は多段階反応であると判断してよい。

SCIENCE BOX　メタセシス反応

2分子のアルケンが反応して異なる2分子のアルケンを生成する反応を，**メタセシス反応**[*1]という。

たとえば，タングステンWとモリブデンMoなどの遷移金属を触媒としてプロペンどうしを反応させると，2-ブテンとエチレンが生成する。

$$2\,H_3C(H)C=CH_2 \underset{}{\overset{触媒}{\rightleftarrows}} H_3C(H)C=C(H)CH_3 + H_2C=CH_2$$

＊1　メタセシスとは，ギリシャ語で「位置を交換する」という意味をもつ。化学では，「2分子間で複数の原子を交換する」という意味で用いられる。

この反応は，C=C結合が切断され，その組み換えがおこって，新たなアルケンが生成しているように見えるが，実際は，次のような遷移金属による特異な触媒作用によることが明らかになった。

(1)　触媒となる**金属-カルベン錯体**[*2]をつくる。

＊2　R-C̈H のように，不対電子を2個もったラジカルを**カルベン**という。これが遷移金属イオンに配位結合してできた錯体を，金属-カルベン錯体という。

(2)　金属-カルベン錯体はアルケンと反応して，四員環構造の反応中間体を生成する。

(3)　この中間体が解離するとき，アルケンの組み換えがおこる。すなわち，点線aで結合が切断されると元へ戻るが，点線bで結合が切断されると，新しいアルケンと金属-カルベン錯体を生成する。

$$R_1(H)C=M + H(R_2)C=C(H)R_3 \rightleftarrows \text{[H-C(R_1)-C(H)(R_2) / M-C(H)(R_3)]} \rightleftarrows R_1(H)C=C(H)R_2 + \cdot\dot{M}=C(H)R_3$$

金属-カルベン錯体(触媒)　アルケン(原料)　反応中間体（点線a，点線b）　アルケン(生成物)　金属-カルベン錯体(触媒)

生じた金属-カルベン錯体と別のアルケンとのメタセシス反応を繰り返すと，多種類のアルケンが得られるので，目的のアルケンだけを得ることは難しい。

実は，メタセシス反応は可逆反応であり，目的とする方向へ反応を進行させるには，平衡を偏らせる工夫が必要となる。すなわち，末端部にC=C結合をもつアルケン(末端アルケン)に対してメタセシス反応を行うと，炭素鎖の内部にC=C結合をもつアルケン(内部アルケン)を高収率で得ることができる[*3]。

$$R_1(H)C=CH_2 + H(R_2)C=CH_2 \xrightarrow{触媒} R_1(H)C=C(H)R_2 + H_2C=CH_2$$

末端アルケン　内部アルケン　エチレン

＊3　これは，生成物のうち，低沸点のエチレンを反応系から除去すれば，平衡がより右方向へ移動できるからである。

メタセシス反応を鎖状のアルカジエン(p.608)に適用すると，環状のシクロアルケンが生成する[*4]。この反応を**閉環メタセシス**という。

$$\text{アルカジエン}\ (\cdots CH=CH_2,\ \cdots CH=CH_2) \xrightarrow{触媒} \text{シクロアルケン}\ (CH=CH) + CH_2=CH_2\ \text{(エチレン)}$$

メタセシス反応を環状のシクロアルケンに適用すると，大員環のシクロアルカジエンが生成する。この反応を**開環メタセシス**という。

$$n\,員環 + n\,員環 \xrightarrow{触媒} 2n\,員環$$

＊4　この反応で生成するのはすべてシス形である。トランス形は二重結合が平面状になれないため歪みが大きく不安定であり，8員環以下では単離されていない。

第3章 脂肪族化合物

5-8 アルコールとエーテル

メタンやエタンのような脂肪族炭化水素の水素原子を，ヒドロキシ基 -OH で置換した化合物 R-OH を**アルコール**という。

1 メタノールとエタノール

メタノール CH_3OH は，**メチルアルコール**ともよばれ，無色の有毒な液体である❶。水とは任意の割合で溶け合い，多くの有機溶媒にもよく溶ける。昔は木材の乾留により得られたが，現在では，ZnO や Cr_2O_3 を触媒に用いて，一酸化炭素と水素の混合気体を高温・高圧下で反応させて合成される❷。 $CO + 2H_2 \xrightarrow{(ZnO)} CH_3OH$

メタノールは，燃料，有機溶媒や化学工業の原料に広く用いられている。

補足❶ 高濃度のメタノール蒸気を吸入すると，頭痛，目まいを引きおこす。また，18～20 g 飲用すると，目の網膜が侵され失明し，30～50 g で死亡するといわれている。メタノールの毒性の原因は，体内にあるアルコール脱水素酵素によって酸化されたときに生成するホルムアルデヒド (p. 629) が，タンパク質を重合させてその機能を失わせるからである。とくに，目の網膜中には，ビタミン A(レチノール) をレチナールに酸化する (p. 601) のに必要な上記の酵素が多く含まれるため，メタノールの毒性は目に最も強く作用する。

詳説❷ 工業的には，合成ガス ($CO : H_2 = 1 : 2$ (体積比) の混合気体) を $ZnO-Cr_2O_3$ の触媒上を $250 \sim 300 \times 10^5$ Pa，300～400℃の条件下で反応させて製造されている。

$$\ddot{C}{=}\ddot{O}{:} + H{-}H \xrightarrow{\text{付加}} \left[\begin{array}{c}\ddot{C}-H \\ :\ddot{O}-H^+\end{array}\right] \xrightarrow{\text{転位}} H{-}\underset{\underset{O}{\|}}{C}{-}H + H{-}H \xrightarrow{\text{付加}} H{-}\overset{H}{\underset{O-H}{C}}{-}H$$

►**エタノール** C_2H_5OH は，**エチルアルコール**ともよばれ，無色の液体で酒類の中に含まれる。単にアルコールといえば，エタノールのことをさす。水と任意の割合で溶け合い，多くの有機溶媒にもよく溶ける。エタノールは，グルコース (ブドウ糖) $C_6H_{12}O_6$ を酵母のもつ酵素を使って分解すると生成する。この反応を**アルコール発酵**という❸。

$$C_6H_{12}O_6 \xrightarrow{\text{チマーゼ}} 2C_2H_5OH + 2CO_2\uparrow$$

工業的には，リン酸触媒で，エチレンに高温・高圧の水蒸気を作用させてつくる。

$$CH_2{=}CH_2 + H_2O \xrightarrow{(H_3PO_4)} CH_3CH_2OH$$

エタノールはアルコール飲料，有機溶媒，消毒薬，化学薬品の原料などに用いる❹。

補足❸ 有機化合物が微生物の働きで分解される反応のうち，人間にとって有用な物質を生じる場合を**発酵**といい，有害な物質を生じる場合を**腐敗**という。

詳説❹ 飲料用のエタノールには高額の酒税が課せられるが，工業用のエタノールは免税とされている。したがって，工業用アルコールには工業的にはまったく支障はないが，容易に分離できないような物質，たとえばガソリン，メタノール (有毒) や赤い色素 (エオシンなど) などを混ぜ，飲料用に転用されるのを防いでいる。これを**変性アルコール**という。

2 アルコールの分類

1 分子中のヒドロキシ基 -OH の個数による分類❺

分子中に -OH が1個のものを**1価アルコール**，2個のものを**2価アルコール**，3個のものを**3価アルコール**といい，2価以上のものを**多価アルコール**という❻。

また，CH_3OH や C_2H_5OH のように炭素数の少ないアルコールを**低級アルコール**，$C_{12}H_{25}OH$ のように炭素数の多いアルコールを**高級アルコール**(一般に C_{11} 以上)という。低級アルコールは水に溶けやすいが，高級アルコールでは水への溶解度は小さくなる。

価数	名　称	示性式	融点〔℃〕	沸点〔℃〕	密度〔g/cm^3〕	水に対する溶解度〔g/100 g 水〕
1価	メタノール	CH_3OH	−93	65	0.79	∞
	エタノール	CH_3CH_2OH	−115	78	0.79	∞
	1-プロパノール	$CH_3CH_2CH_2OH$	−127	97	0.80	∞
	2-プロパノール	$(CH_3)_2CHOH$	−90	82	0.79	∞
	1-ブタノール	$CH_3(CH_2)_3OH$	−90	117	0.81	8.0
	1-ペンタノール	$CH_3(CH_2)_4OH$	−79	138	0.81	2.3
	1-ヘキサノール	$CH_3(CH_2)_5OH$	−45	157	0.82	0.6
2価	エチレングリコール(1,2-エタンジオール)	$HO(CH_2)_2OH$	−13	198	1.12	∞
3価	グリセリン(1,2,3-プロパントリオール)	$HOH_2CCH(OH)CH_2OH$	18	290	1.26	∞

(∞は自由に水と混ざり合うことを示す。)

補足❺ アルコールの組織名は，-OH を含む最長の炭素鎖を主鎖とし，それに相当する炭化水素名の語尾 -e を -ol(オール)に変える。-OH が複数あるときは，-diol(ジオール)，-triol(トリオール)のように，オールの前に数詞をつけて表す。-OH の位置番号は C=C や他の置換基に対して優先して，できるだけ小さな数字となるように，主鎖の端から番号をつけて表す。なお，低級アルコールは，炭化水素基の名称にアルコールをつけた慣用名でよばれることもある。

例　$CH_3CH_2CH_2OH$　プロピルアルコール　　$(CH_3)_2CHOH$　イソプロピルアルコール

詳説❻ 同一炭素に2個の -OH のついた化合物を gem-ジオール (gemini 双児) といい，不安定である。その理由は次の通りである。① -OH どうしが接近して水素結合ができる。② 一方の -OH から H^+ がとれ，他方の O 原子の非共有電子対との配位結合がおこり，H_2O の脱離がおこりやすいためである。

① H−C(H)(O−H)−O−H (水素結合) ⟶ ② H−C(H)(O−)−O−H (H⁺の移動) ⟶ H₂C=O + H_2O (水の脱離，アルデヒドの生成)

一般に，同一炭素には -OH は1つしか安定に結合することはできない (**エルレンマイヤーの法則**という)。また，ビニルアルコール $CH_2=CH(OH)$ のように，二重結合の炭素原子に -OH が結合した化合物を**エノール**という (enol は，アルケンの語尾 (-ene) とアルコールの語尾 (-ol)を合わせた語)。この化合物も不安定で，安定なカルボニル化合物へと変化しやすい(p. 606，634)。

2 分子中のヒドロキシ基 -OH の結合している炭素原子による分類

アルコールは，-OH が結合している炭素原子に，何個の炭化水素基 R- が結合しているかによって，下表のように分類される。すなわち，0 および 1 個の場合を**第一級アルコール**，2 個の場合を**第二級アルコール**，3 個の場合を**第三級アルコール**といい，単に構造が違うだけでなく，互いに反応性にも顕著な違いが見られるので，アルコールの反応を考える際には，特に重要な分類の 1 つである❼。

一般式 $C_nH_{2n+1}OH$ で表される飽和 1 価アルコールには，$n \geqq 3$ で異性体が存在する。たとえば，$n=3$ のときは $CH_3CH_2CH_2OH$(1-プロパノール) と $(CH_3)_2CHOH$(2-プロパノール)の 2 種類，$n=4$ のときは下表のように 4 種類の構造異性体が存在する。

補足❼ 簡単にいえば，炭素鎖の末端部に -OH がついているのが第一級アルコール，炭素鎖の途中に -OH がついているのが第二級アルコール，炭素鎖の枝分かれ部分に -OH がついているのが第三級アルコールとなる。

分　類	第一級アルコール		第二級アルコール	第三級アルコール
構　造	H Ⓡ - C - OH H		Ⓡ Ⓡ′ - C - OH H	Ⓡ Ⓡ′ - C - OH Ⓡ″
簡略構造式	CH_3-CH_2-CH_2-CH_2-OH	CH_3-CH(CH_3)-CH_2-OH	CH_3-CH_2-CH(OH)-CH_3	CH_3-C(CH_3)(CH_3)-OH
名　称	1-ブタノール	2-メチル-1-プロパノール	2-ブタノール	2-メチル-2-プロパノール
沸点〔℃〕	117	108	99	83
水への溶解度〔g/100 g 水〕	8.0	11.1	12.5	∞

(R，R′，R″ はともに炭化水素基を表す。)

3 アルコールの性質

アルコールの物理的性質は，炭素原子の数，および -OH の数によって変化する。アルコールの沸点は，炭素数が増加するにつれて高くなるが，同程度の分子量をもつ炭化水素や，構造異性体のエーテル(p. 625)と比べてもかなり高い❽。

補足❽ これは，アルコールの -OH の間で**水素結合**を形成しているためである。

上の表の C_4H_9OH の異性体の沸点を比較すると，第一級＞第二級＞第三級の順で，第一級どうしでは，直鎖＞分枝の順となっている。アルコールの沸点には，水素結合の形成されやすさが最も大きく影響する。すなわち，第一級アルコールでは，-OH が分子の末端にあり，水素結合を形成する際の立体障害が少なく沸点が高いが，第三級アルコールでは -OH の周りが混み合っており，水素結合を形成する際の立体障害が大きく沸点が低い。

	エタノール	ジメチルエーテル	プロパン
(分子量)	CH_3CH_2OH (46)	CH_3OCH_3 (46)	$CH_3CH_2CH_3$ (44)
沸点	78℃	−25℃	−42℃

水素結合

►アルコールはヒドロキシ基 -OH をもつが，水酸化ナトリウムの -OH と異なり，水に溶けても水酸化物イオン OH^- は電離しない。したがって，アルコールの水溶液は中性である。炭素数が少ないものは無色の液体で，水によく溶けるが，炭素数が増えるとしだいに水に溶けにくくなる⑨。また，分子中の -OH の数が多くなると，水への溶解度が増し，また沸点もかなり高くなる。

詳説⑨　低級アルコールを水に加えると，右図のように，アルコールと水分子との間に水素結合が形成されて溶解する。

アルコール分子中には，極性が小さく水和しにくい疎水性の炭化水素基と，極性が大きく水和しやすい親水性のヒドロキシ基がある。アルコールの炭素数が増加すると，アルコール分子全体に占める疎水基の影響が大きくなる一方，親水基の影響が小さくなるので水に溶けにくくなる。

4　アルコールの反応

アルコールは中性の物質であるので，酸・塩基とは中和反応をしない⑩。

(1)　アルコールは，陽性の強い金属 Na(または K) と反応して水素を発生し，**ナトリウムアルコキシド**を生成する⑪。この反応は，有機化合物中の -OH の検出に利用される。

$$2\,C_2H_5OH + 2\,Na \longrightarrow 2\,C_2H_5ONa + H_2\uparrow$$

エタノール　　ナトリウムエトキシド

補足⑩　厳密には，アルコールも水と同様に電離平衡の状態にある。

$$C_2H_5OH \rightleftarrows C_2H_5O^- + H^+ \qquad K_a \fallingdotseq 10^{-15.9}\,[\mathrm{mol/L}]$$

$$H_2O \rightleftarrows H^+ + OH^- \qquad K_a \fallingdotseq 10^{-15.7}\,[\mathrm{mol/L}]$$

一般に，アルコールのように，水の電離定数と同程度，あるいは水よりも小さな物質は，H^+ を放出する力が弱く，中性物質として扱われる。また，エタノールと水の混合溶液では，電離によって生じた H^+ によって互いに電離が抑制されることになり，やはり中性を示す。

詳説⑪　まず，アルコールが金属 Na に近づき，還元力の強い Na から電子１個がアルコールの -OH 基の陽性部分である H 原子に与えられ，アルコールの陰イオンラジカルを生じる。

$$R\text{-}OH + Na \longrightarrow R\text{-}OH\cdot^- + Na^+ \quad \cdots①$$

アルコールの陰イオンラジカルは，別のアルコールから水素イオン H^+ を引き抜き，アルコキシドラジカル R-O・，H_2 分子，アルコキシドイオンを生成する。

$$R\text{-}OH\cdot^- + R\text{-}OH \longrightarrow R\text{-}O\cdot + H_2 + R\text{-}O^- \quad \cdots②$$

アルコキシドラジカルは金属 Na から電子を奪って，アルコキシドイオンを生じる。

$$R\text{-}O\cdot + Na \longrightarrow R\text{-}O^- + Na^+ \quad \cdots③$$

この反応は多段階反応であり，最も複雑な②式が律速段階とすると，-OH が結合する C 原子にアルキル基が多く結合するほど，立体障害によって H 原子を引き抜くことが困難になるので，アルコールと金属 Na との反応性は，第一級＞第二級＞第三級の順に小さくなる。

ナトリウムアルコキシドは，アルキル基名の -yl を -oxid(オキシド)(酸化物)に変えて命名する。

CH_3ONa：ナトリウム metyl＋oxid メトキシド

CH_3CH_2ONa：ナトリウム ethyl＋oxid エトキシド

$CH_3CH_2CH_2ONa$：ナトリウム propyl＋oxid プロポキシド

$R\text{-}O^-Na^+$ は，極めて弱い酸と強塩基からなる塩なので，水溶液は強い塩基性を示す。

(2) アルコールにハロゲン化水素(濃ハロゲン化水素酸)を反応させると，アルコールの -OH がハロゲン -X で置換され，ハロゲン化アルキルを生成する。この反応の反応性は，第三級アルコール≫第二級アルコール＞第一級アルコールの順である⓬。

$$R\text{-}\boxed{OH + H}\text{-}Cl \longrightarrow R\text{-}Cl + H_2O$$

詳説⓬ この反応は，① 酸から生じた H^+ が，アルコールの O 原子の非共有電子対に配位結合することから始まる。② $O^{\oplus}$ のため，アルコールの R-O 結合の共有電子対を強く引きつけ，H_2O を脱離し，$R^{\oplus}$ (カルボニウムイオン) を生じる。③ $R^{\oplus}$ に Cl^- が結合して RCl を生成する。

$$R-\ddot{O}-H + H^+ + Cl^- \longrightarrow R-\overset{\oplus}{O}(H)-H + Cl^- \longrightarrow R^{\oplus} + H_2O + Cl^- \longrightarrow R-Cl + H_2O$$

$$R_2-\overset{R_1}{\underset{R_3}{C^{\oplus}}} \gg R_2-\overset{R_1}{\underset{H}{C^{\oplus}}} > H-\overset{R_1}{\underset{H}{C^{\oplus}}}$$

第三級カルボニウムイオン　第二級カルボニウムイオン　第一級カルボニウムイオン

この反応での律速段階は，② の反応であり，このとき生成するカルボニウムイオンの安定性は，左に示す順であるから (p. 598)，結局，この反応は，第三級アルコールで最も反応性が大きく，第二級，第一級アルコールの順に反応性が小さくなる。

濃塩酸に $ZnCl_2$(触媒) を溶かした試薬を**ルーカス試薬**という。この試薬に第三級アルコールを加えると，数秒で塩化アルキル(水に不溶)を生じて液は白濁するが，第二級アルコールでは反応が始まるのに数分かかり，第一級アルコールでは常温では反応しない (加熱を必要とする)。この反応のようすから，アルコールの第一級，第二級，第三級の違いを識別することができる(**ルーカス試験**という)。

(3) アルコールの脱水反応には，2 分子間で水 1 分子が失われる反応 (**分子間脱水**) と，1 分子内で水 1 分子が失われる反応(**分子内脱水**)との 2 種類がある。

(i) エタノールと濃硫酸の混合物 (約 2 : 1) を **130〜140℃** に加熱すると，分子間脱水がおこり，ジエチルエーテルを生成する⓭(エーテルの実験室的製法)。

例
$$C_2H_5-O\text{-}\boxed{H + HO}\text{-}C_2H_5 \xrightarrow{(H_2SO_4)} C_2H_5-O-C_2H_5 + H_2O$$

ジエチルエーテル

この反応のように，2 つの分子から水などの簡単な分子が失われて，2 分子が結合する反応を**縮合**という。縮合は，同種の 2 分子だけでなく異種の 2 分子間でもおこる。

詳説⓭ 酸素原子に 2 個の炭化水素基 R- が結合した形の化合物 R-O-R，または R-O-R′ を**エーテル**という。エーテルは，先に学習した飽和 1 価アルコールとは共通の分子式「$C_nH_{2n+2}O$」をもつので，構造異性体の関係にあるが，その性質はまったく異なる(p. 625)。

エーテルは，エーテル結合 -O- に結合する 2 個の炭化水素基名をアルファベット順に並べ，その後にエーテルをつけて命名する。

なお，ジエチルエーテルは，p. 593 の図と同様の装置を使用して生成させることができる。注意点は，(1) 温度計を反応液に浸し，反応温度 (130〜140℃) を確かめながら，エタノールの滴下とバーナーの火力を調節する。(2) 沸点の低いジエチルエーテルを完全に捕集するため，受け器を氷水で冷却する。

(ii) エタノールと濃硫酸の混合物（約1：2）を**160～170℃**に加熱すると，分子内脱水がおこり，エチレンが生成する（アルケンの実験室的製法）。

例　$H-C(H)(H)-C(H)(OH)-H \xrightarrow{(H_2SO_4)} H_2C=CH_2 + H_2O$

エチレン

この反応のように，1つの分子から2個の原子，原子団が取れて不飽和結合を生成する反応を**脱離反応**といい，ふつう，隣接する炭素原子に結合している原子，原子団が安定な化合物（H_2O，H_2，HClなど）となって離れると，反応後には二重結合が形成されることが多い。とくに，水分子が脱離する反応を**脱水反応**という。

アルコールの脱水反応では，-OHの結合する位置によって反応性に違いがある。一般に，第一級アルコール＜第二級アルコール＜第三級アルコールの順に反応しやすくなる⑭。このように，アルコールと濃硫酸（脱水剤）との反応では，アルコールが過剰で比較的低温ではエーテルが，濃硫酸が過剰で比較的高温ではアルケンが生成する⑮（反応温度の違いに十分注意すること）。

詳説⑭　アルコールの脱水反応は，次の3段階の反応を経て進行する。

① -OHのO原子の非共有電子対に，触媒H_2SO_4から生じたH^+が配位結合する。

② 生成した中間体からH_2Oが脱離して，カルボニウムイオンを生じる（律速段階）。

③ カルボニウムイオンが，隣のC-H結合の電子対を引きつけると，アルケンが生成する。

$$CH_3-CH_2-\ddot{O}-H + H^+ \longrightarrow CH_3-CH_2-\overset{\oplus}{O}H_2 \longrightarrow CH_3-CH_2^{\oplus} + H_2O \longrightarrow CH_2=CH_2 + H^+$$

安定なカルボニウムイオンが生成しやすいアルコールほど，脱水反応はおこりやすい。

カルボニウムイオンは，アルキル基（とくにメチル基）が多く結合しているほど安定である（p. 621）。よって，第三級アルコールの脱水が最も容易で，第一級アルコールの脱水が最も困難である。

詳説⑮　アルコールを濃硫酸で脱水して，アルケンを生成する温度は次の通りである。

2-メチル-2プロパノール（60℃），2-ブタノール（100℃），1-ブタノール（120℃），
1-プロパノール（130℃），2-プロパノール（100℃）

エタノールと脱水剤との反応の第一段階，第二段階まではどちらも同じである。最後の第三段階で，カルボニウムイオンの$C^{\oplus}$が，別のエタノール分子のO原子の非共有電子対を攻撃すれば，直ちにH^+が脱離してジエチルエーテルが生成する。

$$CH_3-CH_2^{\oplus} + :O(H)-CH_2-CH_3 \longrightarrow CH_3-CH_2-\overset{\oplus}{O}(H)-CH_2-CH_3 \longrightarrow CH_3-CH_2-O-CH_2-CH_3$$

このとき，共有結合の生成（発熱）と切断（吸熱）の両方を伴うので，それほど大きな活性化エネルギーは必要としない。一方，カルボニウムイオンが隣のC-H結合の電子対を引きつけて，H^+を脱離させるには，共有結合の切断（吸熱）だけを伴うので，大きな活性化エネルギーを必要とする。したがって，より高温でないとエチレンは生成しないと考えられる。

SCIENCE BOX　脱離反応の方向性—ザイチェフ則—

第二級，または第三級アルコールの分子内脱水では，アルコールの構造により 2 種類のアルケンの生成が可能となる場合がある。

たとえば，2-ブタノールの脱水では，-OH の結合する炭素原子②の両隣に結合する炭素原子①，または③のうち，どちら側の水素原子が失われるかによって，1-ブテンと 2-ブテンの生成が考えられる。

```
  H   H   H   H
  |①  |②  |③  |④        (H2SO4)    ┌→ CH3 - CH = CH - CH3  (82%)
H-C - C - C - C-H      ─────────┤   2-ブテン（トランス形 75%，シス形 25%）
  |   |   |   |          100℃     └→ CH2 = CH - CH2 - CH3  (18%)
  H   OH  H   H                       1-ブテン
```

この反応における主生成物を予想するのに，次の**ザイチェフ則**（1875 年）が利用される。「アルコールの脱水では，-OH の結合した炭素原子の両隣の炭素原子のうち，水素原子の数の少ないほうから水素原子が失われた化合物が主生成物となる」。

2-ブテンと 1-ブテンの構造を比較して気づくことは，2-ブテンでは C=C 結合の炭素に 2 個のメチル基が結合しているのに対して，1-ブテンでは 1 個のエチル基が結合しているだけである。以上のことから，ザイチェフ則は次のように言いかえることができる。「脱水反応によって 2 種以上のアルケンが生成する場合，アルケンの C=C 結合の炭素にできるだけ多くのアルキル基が結合した，安定な構造をもつアルケンが主生成物となる」。

それでは，アルケンの C=C 結合の炭素に，アルキル基が多く結合するとどうして安定になるのかが問題となる。それは，アルケンの C=C 結合を形成している π 結合の軌道と，隣り合う C-H 結合の σ 結合の軌道とが一部重なり合う（**超共役**という）ので，C-H 結合の σ 電子と C=C 結合の π 電子とが相互移動する（電子の**非局在化**という）ことによって安定化するためと考えられる。したがって，2-ブテンの C=C 結合の炭素の両隣には，C=C 結合と超共役できる C-H 結合は計 6 本あるのに対し，1-ブテンでは，C=C 結合と超共役できる C-H 結合は 2 本しかない。したがって，アルケンの超共役に基づく安定性から，前者が主生成物となることがわかる。

次に，ザイチェフ則では予想できない 3-ヘキサノールの脱水反応の主生成物を考えよう。

```
  H   H   H   H   H   H
  |   |   |   |   |   |          ┌→ CH3 - CH = CH - CH2 - CH2 - CH3
H-C - C - C - C - C - C-H  ──────┤   2-ヘキセン（主生成物）
  |   |   |   |   |   |          └→ CH3 - CH2 - CH = CH - CH2 - CH3
  H   H   OH  H   H   H              3-ヘキセン（副生成物）
```

2-ヘキセンの C=C 結合の炭素に隣接していて，C=C 結合と超共役できる C-H 結合は，3+2=5 本であるが，同様に，3-ヘキセンでは 4 本である。したがって，前者のアルケンの安定度が少し大きいので，主生成物は 2-ヘキセンとなる。すなわち，アルケンの C=C 結合の炭素に結合するアルキル基の数が同数のときは，とくに超共役効果の大きいメチル基の数の多いほうを主生成物と考えればよい(p. 599)。

一般に，アルキル基による C=C 結合との超共役効果の大きさは，次の順序となる。

$-CH_3 > -CH_2CH_3 > -CH(CH_3)_2 > -C(CH_3)_3$

SCIENCE BOX 1-ブタノールの脱水—転位反応—

1-ブタノールの脱水では1-ブテンの生成が予想されるが，実際には2-ブテンが得られる。

$$\mathrm{H{-}\underset{H}{\overset{H}{C}}{-}\underset{H}{\overset{H}{C}}{-}\underset{H}{\overset{H}{C}}{-}\underset{OH}{\overset{H}{C}}{-}H} \xrightarrow{(H_2SO_4)} \underset{\text{1-ブテン（副生成物）}}{CH_3-CH_2-CH=CH_2} + \underset{\text{2-ブテン（主生成物）}}{CH_3-CH=CH-CH_3}$$

$$CH_3-CH_2-CH_2-CH_2-\ddot{O}H + H^+ \rightarrow CH_3-CH_2-CH_2-CH_2-\overset{\oplus}{O}H_2 \rightarrow CH_3-CH_2-CH_2-\overset{\oplus}{C}H_2$$

この事実を説明するためには，1-ブタノールの脱水過程で生じる第一級カルボニウムイオンから，第二級カルボニウムイオンへの変化を考えなければならない。

一般に不安定なカルボニウムイオンは，原子や原子団が比較的容易に移動（**転位反応**という）できるならば，より安定な構造に変化する傾向が見られる。この場合は，$C^{\oplus}$（炭素カチオン）の隣の炭素原子に結合するH原子が，共有電子対を引きつけてH^-（水素アニオン）の状態で$C^{\oplus}$に転位すれば，より安定な第二級カルボニウムイオンに変化できる。

$$\underset{\text{第一級カルボニウムイオン}}{CH_3-\underset{H}{\overset{H}{C}}-\underset{H}{\overset{H}{C}}-\overset{H}{\overset{\oplus}{C}}-H} \xrightarrow{H^{\ominus}\text{の転位}} \underset{\text{第二級カルボニウムイオン}}{CH_3-\underset{H^+}{\overset{H}{C}}-\overset{H}{\overset{\oplus}{C}}-CH_3} \xrightarrow{-H^+} \underset{\text{2-ブテン}}{CH_3-CH=CH-CH_3}$$

このように，$H^{\ominus}$などの転位に基づくカルボニウムイオンの構造変化は，**ワーグナー・メーアワイン転位**とよばれ，必ず1，2位のような隣接する炭素原子間でおこり，第一級→第二級→第三級のように，より安定なカルボニウムイオンに変化するのが特徴である。

ところで，ネオペンチルアルコールの濃硫酸による脱水では，-OHが結合している炭素原子の隣の炭素原子に水素原子がまったく存在しないので，脱水反応がおこらないと予想される。しかし，実際には，次式のように脱水反応がおこり，主生成物として2-メチル-2-ブテンが生成する。

$$\underset{\text{ネオペンチルアルコール}}{CH_3-\underset{CH_3}{\overset{CH_3}{C}}-\underset{H}{\overset{H}{C}}-\ddot{O}H} \xrightarrow[-H_2O]{H^+} \underset{\text{第一級カルボニウムイオン}}{CH_3-\underset{CH_3}{\overset{CH_3}{C}}-\underset{H}{\overset{\oplus}{C}}-H} \xrightarrow{CH_3^{\ominus}\text{の転位}} \underset{\text{第三級カルボニウムイオン}}{CH_3-\underset{CH_3}{\overset{\oplus}{C}}-\underset{H}{\overset{H^+}{C}}-CH_3} \xrightarrow{-H^+} \underset{\text{2-メチル-2-ブテン}}{(H_3C)_2C=C(CH_3)H}$$

脱水過程の最初に生じた第一級カルボニウムイオンの$C^{\oplus}$に隣接する炭素原子には，水素が存在しないので，H^+の脱離によるアルケンの生成や，H^-の転位もおこりえない。そこで，隣接する炭素原子に結合するメチル基が，共有電子対を引きつけてCH_3^-（メチルアニオン）の状態で$C^{\oplus}$の部分へ転位すると，かなり安定な第三級カルボニウムイオンに変化できる（**ネオペンチル転位**という）。この転位がおこるのは，メチルアニオンという大きな原子団の移動に伴う困難さよりも，第一級カルボニウムイオンから第三級カルボニウムイオンへの変化によって得られる安定性の効果のほうが上回っているからである。なお，この転位のしやすさは，およそ，アリール基＞アルキル基＞水素アニオンの順となる。

5　エーテル

酸素原子に2個の炭化水素基R- が結合した化合物R-O-R′ を**エーテル**といい，C-O-C の結合を**エーテル結合**という。エーテルは，$C_nH_{2n+2}O$ の一般式をもち，飽和1価アルコールと構造異性体の関係にある。

CH_3-O-CH_3	C_2H_5-O-CH_3	C_2H_5-O-C_2H_5
ジメチルエーテル	エチルメチルエーテル	ジエチルエーテル
(沸点−25℃)	(沸点7℃)	(沸点34℃)

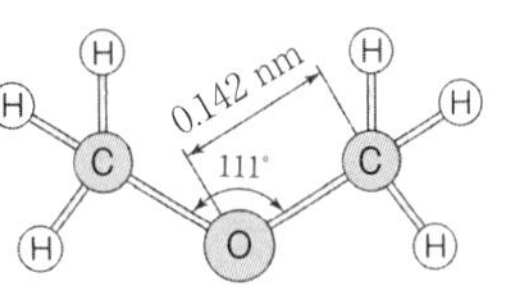

ジメチルエーテル

エーテルの沸点は，異性体の関係にあるアルコールに比較してかなり低く，同程度の分子量のアルカンと似ている⑯。

$CH_3CH_2CH_2OH$	沸点97℃
$CH_3CH_2OCH_3$	沸点7℃
$CH_3CH_2CH_2CH_3$	沸点−1℃

詳説⑯　エーテルには，水やアルコールのように -OH が存在せず，同種分子間では水素結合をつくらないためである。

►対称なエーテル R-O-R は，アルコールの脱水縮合によってつくられるが，非対称なエーテル R-O-R′ は，次のような方法でつくられる⑰(**ウィリアムソンのエーテル合成法**)。

詳説⑰　2種のアルコール (R-OH と R′-OH) の混合物を分子間脱水した場合，3種のエーテル (R-O-R，R-O-R′，R′-O-R′) を生成し，いずれも揮発性で完全分離が困難である。そこで，R-O-R′ は，ナトリウムアルコキシド $R-O^-Na^+$ とハロゲン化アルキル R′-X を無水の状態で加熱して得る。　例　$C_2H_5O^-Na^+ + CH_3I \longrightarrow C_2H_5-O-CH_3 + NaI$

►ジエチルエーテルは，単にエーテルともよばれる揮発しやすい液体で，麻酔性がある。また，その蒸気は空気より重く，引火性があるので，火気の使用時には十分な注意が必要である。水とは混じりにくいので⑱，有機溶媒として広く用いられる。

補足⑱　エーテルと水分子は水素結合を形成するので，炭化水素基の小さなエーテルは水に少し溶けるが，炭化水素基の大きなエーテルは水に溶けにくい。

►エーテルにはアルコールの -OH が存在せず，金属 Na とも反応しない。(重要)
ただし，エーテル結合の酸素原子 $-\ddot{\underset{\cdot\cdot}{O}}-$ は非共有電子対をもつので，濃塩酸や濃硫酸などから H^+ を受け取り，次のようなオキソニウム塩となって溶解する⑲。

$$C_2H_5-\ddot{\underset{\cdot\cdot}{O}}-C_2H_5 + HCl \longrightarrow C_2H_5-\overset{+}{\ddot{\underset{|\atop H}{O}}}-C_2H_5 + Cl^-$$

補足⑲　この反応は，エーテルとアルカンの分離に利用される。たとえば，ジエチルエーテルとヘキサンの混合物に濃硫酸を加えて振とうすると，冷時，エーテルは濃硫酸に溶解して，ヘキサン(上層)と濃硫酸とエーテルのオキソニウム塩(下層)に分離される。下層に徐々に水を加えて希釈すると，エーテル結合から H^+ が脱離して，エーテルが再生する。

エーテルに濃厚なヨウ化水素酸 HI を作用させると，次式のようにエーテル結合が開裂して，アルコールとヨウ化アルキルが生成する。まず，H^+ がエーテルの酸素原子に配位結合すると，両隣の C-O 結合が切れやすくなる。このとき，脱離しやすいのは，炭素数の少ないメチル基のほう (炭素数が同じときは複雑な構造の基) なので，ヨウ化メチル CH_3I が主に生成する。

$$H_3C-\ddot{\underset{\cdot\cdot}{O}}-C_2H_5 + HI \longrightarrow \overset{I^-\curvearrowright}{H_3\overset{\oplus}{C}}-\overset{H}{\underset{\oplus}{O}}-CH_2-CH_3 \longrightarrow CH_3I + C_2H_5OH$$

例題 分子式 $C_4H_{10}O$ で表される化合物 A～G がある。これらを濃硫酸とともに高温で加熱すると，A と D からは H，B からは I，C からは I とその構造異性体 J が生じたが，E，F，G は変化しなかった。また，A～G を硫酸酸性の二クロム酸カリウム水溶液とともに加熱すると，B，C，D のみが反応した。また，H，I，J は褐色の臭素水を脱色した。

核磁気共鳴という現象を利用した分析法(NMR)により，有機化合物中の水素原子のうち，同じ性質をもつものどうしをグループ分けすることができる。たとえば，エタノールの場合，①をつけた 3 個の水素原子，②をつけた 2 個の水素原子，③をつけた 1 個の水素原子の 3 つのグループに分けられる。この方法によると，E の水素原子は 4 つのグループに，F の水素原子は 2 つのグループに，G の水素原子は 3 つのグループに分けられた。以上より，化合物 A～J の構造を，それぞれ示性式で記せ。

```
    ①  ②
    H   H
①   |   |       ③
H - C - C - O - H
    |   |
    H   H
    ①  ②
```

［解］ 分子式 $C_4H_{10}O$ は一般式 $C_nH_{2n+2}O$ に該当するので，飽和 1 価アルコールかエーテル。A～D は濃硫酸と反応するからアルコール，E～F は濃硫酸と反応しないのでエーテル。

〔1〕 $C_4H_{10}O$ のアルコールとして考えられる構造は(i)～(iv)であり，濃硫酸と反応させると，分子内脱水がおこり臭素水を脱色するアルケンを生成する。(構造は，炭素骨格と官能基のみで示す。)

```
(i) C-C-C-C-OH       (ii) C-C-C-C      (iii) C-C-C-OH     (iv)   C
                               |                 |                |
                               OH                C              C-C-C
                                                                  |
                                                                  OH
   ↓(H2SO4)              ↓(H2SO4)             ↓(H2SO4)        ↓(H2SO4)
C-C-C=C           C-C-C=C, C-C=C-C          C-C=C              C-C=C
                                              |                  |
                                              C    ←── H ──→     C
└──────── I ───────┘       J
```

2 種類のアルケン(I と J)が生成する C は，(ii)の 2-ブタノールである。

同種のアルケン(H)が生成する A と D は，(iii)か(iv)のいずれかである。

残る B は 1 種類のアルケン(I)が生成する(i)の 1-ブタノールである。

(i)～(iv)のうち，$K_2Cr_2O_7$ によって酸化されないのは第三級アルコールであるから，A は(iv)の 2-メチル-2-プロパノールである。よって，D は(iii)の 2-メチル-1-プロパノールである。

〔2〕 $C_4H_{10}O$ のエーテルとして考えられる構造は(v)～(vii)である。

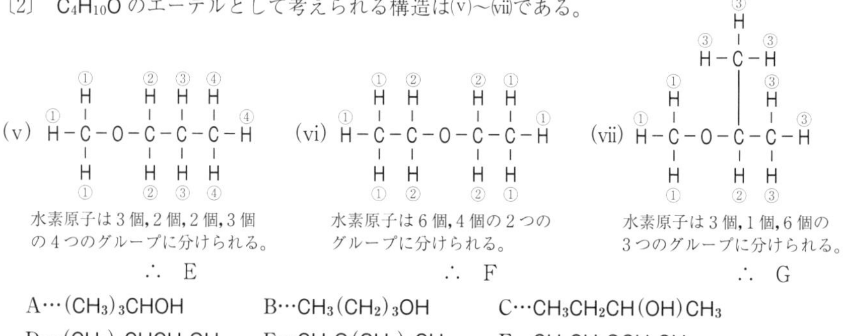

A…$(CH_3)_3COH$　B…$CH_3(CH_2)_3OH$　C…$CH_3CH_2CH(OH)CH_3$

D…$(CH_3)_2CHCH_2OH$　E…$CH_3O(CH_2)_2CH_3$　F…$CH_3CH_2OCH_2CH_3$

G…$CH_3OCH(CH_3)_2$　H…$(CH_3)_2C{=}CH_2$　I…$CH_3CH_2CH{=}CH_2$

J…$CH_3CH{=}CHCH_3$　　**答**

SCIENCE BOX

アルコールの求核置換反応

分子中の陽性部分を陰性試薬（**求核試薬**）が攻撃しておこる置換反応を**求核置換反応**（S_N **反応**）という。一方，分子中の陰性部分を陽性試薬（**求電子試薬**）が攻撃しておこる置換反応を**求電子置換反応**（S_E **反応**）という。多くの脂肪族化合物の置換反応は S_N 反応であり，多くの芳香族化合物の置換反応は S_E 反応である。なお，反応速度が基質1分子に依存する S_N 反応を **S_N1 反応**（**一分子的求核置換反応**）といい，反応速度が基質と求核試薬の2分子に依存する S_N 反応を **S_N2 反応**（**二分子的求核置換反応**）という。

(1) S_N1 反応について

アルコール R-OH とハロゲン化水素 HX との S_N1 反応について考えてみよう。

① 基質の R-OH の O 原子に酸の出す H^+ が付加し，水 H_2O が脱離して，反応中間体のカルボニウムイオン R^+ を生じる。

$$R\text{-}OH + HX \xrightarrow[\text{遅い}]{} R^+ + H_2O + X^-$$

② カルボニウムイオンの C^+ を求核試薬の X^- が攻撃して，ハロゲン化アルキル RX を生じる。

$$R^+ + X^- \xrightarrow[\text{速い}]{} RX$$

全体の反応速度は，遅い①の反応（律速段階）で決まる。S_N1 反応では，反応中間体の安定性が，第三級カルボニウムイオン＞第二級カルボニウムイオン＞第一級カルボニウムイオンの順（p. 598）なので，S_N1 反応のおこりやすさは，第三級アルコール＞第二級アルコール＞第一級アルコールの順になる。なお，S_N1 反応の反応中間体のカルボニウムイオンは正三角形の平面構造のため，求核試薬はその表・裏の方向から50％確率で攻撃する。したがって，元の基質に不斉炭素原子があった場合，生成物は鏡像異性体のD体とL体の等量混合物（**ラセミ体**）になる。

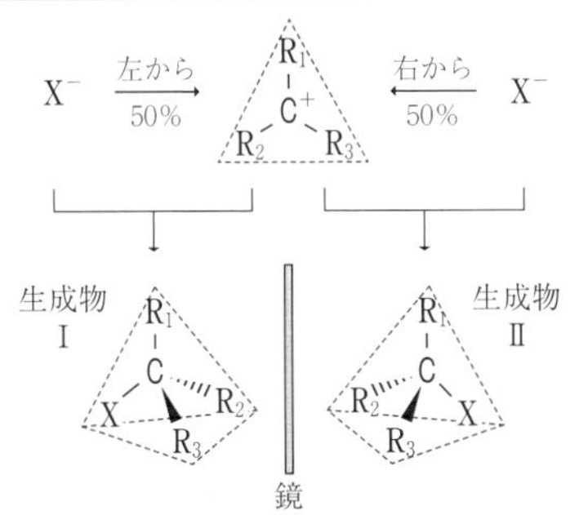

(2) S_N2 反応について

S_N2 反応では，基質への求核試薬の攻撃と，脱離基の脱離が同時に進行する。すなわち，S_N2 反応の律速段階において，反応に関係するのは基質と求核試薬の2分子である。S_N2 反応における反応中間体では，三方両錐形（p. 64）の立体構造をとり，置換基どうしがかなり混み合う。したがって，立体障害の少ない第一級アルコールが最も反応しやすく，第二級アルコールでは反応性が低下し，第三級アルコールでは事実上 S_N2 反応はおこらない。

S_N2 反応では，求核試薬の攻撃方向は立体障害の少ない脱離基の脱離方向の反対側に限られる。このため，基質と生成物の立体配置は反転する（これを**ワルデン反転**という。たとえば，元の基質に鏡像異性体のL型を用いたとすると，生成物はすべてD型となる。

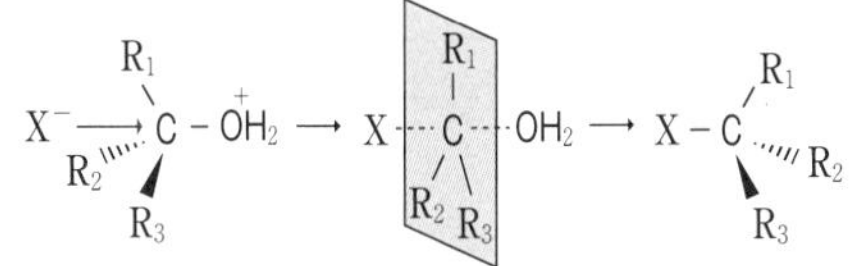

一般に，S_N1 反応では，反応中間体の陽イオンを生成しやすくするために酸性条件で行われることが多い。一方，S_N2 反応では，求核試薬の反応性を大きくするために塩基性条件で行われることが多い。

5-9　アルデヒドとケトン

1　カルボニル化合物

炭素原子と酸素原子間に二重結合のある官能基 >C=O を**カルボニル基**といい，この基をもつ化合物を**カルボニル化合物**という❶。このうち，カルボニル基に水素原子が1個結合した化合物を**アルデヒド**，2個の炭化水素基が結合した化合物を**ケトン**という。

詳説❶　カルボニル基の炭素とそれに結合する3個の原子は，図(a)のようにすべて同一平面上にあり，結合角はみな120°である。つまり，カルボニル基の炭素が sp^2 混成軌道をつくって R−C，R′−C，C−O の3つの σ 結合をつくり，残る炭素の2p軌道1個と酸素の2p軌道とが，側面で重なりあって π 結合をつくる。でき方はエチレンの C=C 結合と同じだが，C=O 結合の場合は，電気陰性度が C<O のため，動きやすい π 電子が酸素原子側に偏って存在し，強い極性をもち，分極している(これを**カルボニル基の立上がり**という)。

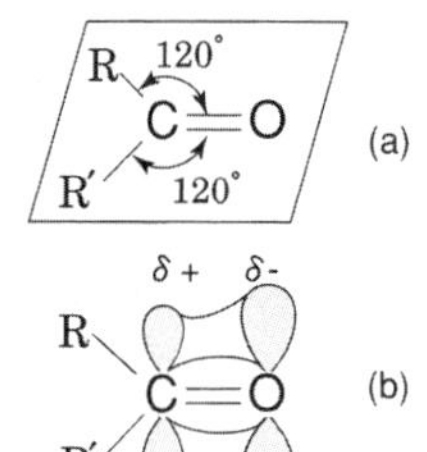

►アルデヒドやケトンは，分子量が同程度のアルコールに比べると沸点は低いが，同程度の分子量をもつアルカンに比べると沸点は高い❷。また，低分子量のアルデヒドやケトンは，水に溶けやすい中性の化合物である❸。

$CH_3CH_2CH_2CH_2OH$ 沸点118℃

$CH_3CH_2CH_2CHO$ 沸点75℃

$CH_3CH_2CH_2CH_2CH_3$ 沸点36℃

詳説❷　アルデヒドやケトンは −OH が存在しないので，同種の分子間ではアルコールやカルボン酸のように，水素結合は形成されない。このため沸点が低くなる。しかし，カルボニル基の立上がりによる極性があるので，分子の陽性部分と他の陰性部分が引き合う極性引力を生じる。したがって，無極性分子であるアルカンよりも沸点は高くなる。

>C^δ+^=O^δ−^ …H−O−H

詳説❸　カルボニル化合物どうしは水素結合を形成できないが，−OH をもつ水とは容易に水素結合を形成するので，炭化水素基が比較的小さい場合には，水によく溶ける。また，分子中の C−H 結合は極性が小さく H^+ としては電離しない。したがって，アルデヒドやケトンの水溶液は中性を示す。

2　アルデヒド

ホルミル基(**アルデヒド基**) −C(=O)−H をもつ化合物を**アルデヒド**といい，一般式 R−CHO で表す❹。

アルデヒドの慣用名は，一般にそれを酸化して得られるカルボン酸から命名される❺。

H−C(=O)−H，HCHO　ホルムアルデヒド(沸点−19℃)

CH_3−C(=O)−H，CH_3CHO　アセトアルデヒド(沸点20℃)

CH_3−CH_2−C(=O)−H，C_2H_5CHO　プロピオンアルデヒド(沸点48℃)

補足❹　アルデヒド基の示性式を原子の結合順に書くと −COH となるが，ヒドロキシ基 −OH との混同を避けるために，わざと −CHO と書くのが習慣となっている。

詳説❺　アルデヒドは対応するカルボン酸の英語名の—ic acid を取り，—aldehyde をつける。

HCHO ⟷ HCOOH　　CH_3CHO ⟷ CH_3COOH

formaldehyde　formic acid(ギ酸)　　acetaldehyde　acetic acid(酢酸)

CH_3CH_2CHO ⟷ CH_3CH_2COOH　　$CH_3CH_2CH_2CHO$ ⟷ $CH_3CH_2CH_2COOH$
propionaldehyde　propionic acid (プロピオン酸)　butyraldehyde　butyric acid (酪酸)

IUPAC の組織名では，炭素数の等しいアルカンの語尾 -e を -al(アール) に変えて命名する。

CH_3CH_2CHO propanal プロパナール　　$CH_3CH_2CH_2CHO$ butanal ブタナール

►アルデヒドは，一般に，第一級アルコールを硫酸酸性の二クロム酸カリウム $K_2Cr_2O_7$ 水溶液を用いて穏やかに酸化するか，加熱した銅，または白金を触媒とし空気酸化しても得られる。アルデヒドをさらに酸化すると，カルボン酸へと変化する❻。また，アルデヒドは Ni 触媒(微粉状)を用いた水素還元(接触還元)により，第一級アルコールに戻すことができる。しかし，同じ条件ではカルボン酸は還元されない。

$$R-CH_2-OH \underset{+2H}{\overset{-2H}{\rightleftarrows}} R-CHO \xrightarrow{+O} R-COOH \quad\big|\quad R-C(H)(H)-O-H + O \longrightarrow R-CHO + H_2O$$

第一級アルコール　アルデヒド　カルボン酸

補足❻ 有機化合物の酸化には，(1) 脱水素(−2 H)による酸化と，(2) 酸素付加(+O)による酸化の 2 通りがある。(1)の場合には，2 H + (O) ⟶ H_2O により水の副生を伴うが，(2)の場合には副生成物はない。アルデヒドはアルコール脱水素化合物 (alcoholdehydrogenated compound) の意味をもち，第一級アルコールの -OH の水素原子と，-OH に隣接する炭素原子(α 位)に結合する水素原子が脱離(脱水素)することで生成する。また，アルデヒドからカルボン酸への酸化は，ホルミル基の C-H 結合に対する酸素付加によっておこる。

なお，生物体内で行われる酸化反応は，圧倒的に(1)の形式が多い。

3 ホルムアルデヒド

図のように，加熱した銅線をメタノールの蒸気に接触させると，無色・刺激臭の気体(沸点−19℃)である**ホルムアルデヒド HCHO** が生成する❼。ホルムアルデヒドは水によく溶け，その約 40%水溶液は**ホルマリン**とよばれ，消毒剤，防腐剤，合成樹脂の原料などに広く用いられる。

詳説❼ 赤熱した銅線を空気に触れさせると，黒色の酸化銅(Ⅱ)に変化する。　$2Cu + O_2 \longrightarrow 2CuO$ ……①

熱いうちにメタノールの蒸気に近づけると，次式の酸化還元反応がおこり，もとの銅に戻る。

$$CH_3OH + CuO \longrightarrow HCHO + H_2O + Cu \quad \cdots\cdots ②$$

この操作を数回繰り返すと，刺激臭のあるホルムアルデヒド(気体)が発生する。この反応で，Cu はいったん CuO になるが，反応後は Cu に戻るので，Cu は触媒として働いている。

①+②×2 より，　$2CH_3OH + O_2 \longrightarrow 2HCHO + 2H_2O$ (Cu は触媒)

ホルマリンを長く放置すると，白い沈殿(パラホルムアルデヒド)が生じることがある。これは HCHO が重合してできたもので，加熱すると容易に分解してもとの HCHO に戻る。このため，ホルマリンには HCHO の重合を防ぐため，10〜15%のメタノールが添加してある。

$$n\,H_2C{=}O \xrightarrow{\text{重合}} HO{+}CH_2-O{+}_nH$$

パラホルムアルデヒド

4 アセトアルデヒド

アセトアルデヒド CH_3CHO は，実験室では硫酸酸性の二クロム酸カリウム水溶液を用いて，エタノールを酸化することで得られる❽。アセトアルデヒドは，刺激臭のある無色の液体(沸点20℃)で，水や有機溶媒によく溶け，さらに酸化すると酢酸になる❾。

$$CH_3CH_2OH \xrightarrow{-2H} CH_3CHO \xrightarrow{+O} CH_3COOH$$

エタノール　　アセトアルデヒド　　酢酸

アセトアルデヒドは，以前は水銀(Ⅱ)塩を触媒として，アセチレンに水を付加させてつくられていたが，現在では，エチレンを塩化パラジウム(Ⅱ) $PdCl_2$ および塩化銅(Ⅱ) $CuCl_2$ を触媒として空気酸化して得られ❿，さらに酸化して酢酸が製造される。

$$2\,CH_2{=}CH_2 + O_2 \xrightarrow{(PdCl_2+CuCl_2)} 2\,CH_3CHO$$

詳説❽ 図のような装置を組み立て，70～80℃の水浴で穏やかに加熱する。このとき，エタノールは酸化されるまで反応液中に残るが，生成したアルデヒドは揮発性が大きいので，生成と同時に留出し，酢酸へと酸化されることを免れる。留出液は蒸発しやすいので氷水で冷却した試験管中へ捕集する。

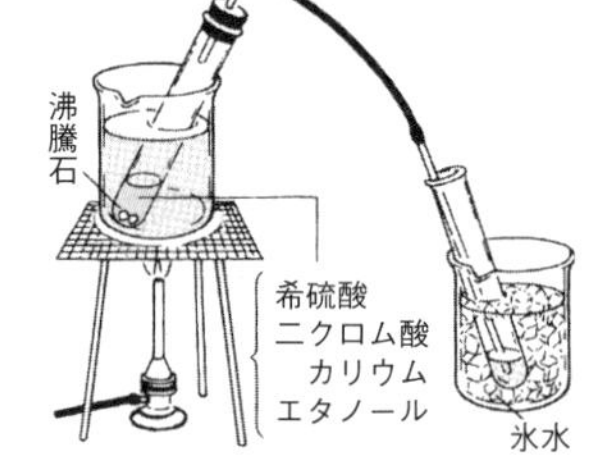

詳説❾ 呼気中のアルコール濃度はどのようにして測るのか。
飲酒運転の取り締まりは，呼気中のエタノール濃度の測定で行われる。呼気中に含まれるエタノールは，硝酸銀 $AgNO_3$ を触媒として，酸化剤の $K_2Cr_2O_7$ によって酸化され，同時に，$K_2Cr_2O_7$(赤橙色) は $Cr_2(SO_4)_3$(暗緑色)となって還元される。

$$3\,CH_3CH_2OH + K_2Cr_2O_7 + 4\,H_2SO_4 \xrightarrow{(AgNO_3)} 3\,CH_3CHO + Cr_2(SO_4)_3 + K_2SO_4 + 7\,H_2O$$

呼気中のエタノール濃度が大きいほど，多くの $K_2Cr_2O_7$ が消費され，$Cr_2(SO_4)_3$ の生成する割合が大きく，赤橙色から暗緑色への変化も大きい。これを検知管の目盛りで測定する。

補足❿

$$CH_2{=}CH_2\,(\cdots Pd^{2+}) \longrightarrow {}^{+}CH_2{-}CH_2{-}Pd^{+}\ (+\,H_2O) \longrightarrow HO{-}CH_2{-}CH_2{-}Pd^{+} \xrightarrow{脱離} H{-}\underset{OH}{C}H{-}\overset{+}{C}H_2 \xrightarrow{転位} H{-}\overset{+}{\underset{OH}{C}}{-}CH_3 \longrightarrow H{-}\underset{O}{\overset{}{C}}{-}CH_3\ (C{=}O)$$

エチレンと Pd^{2+} が錯体をつくると，C=C 結合のπ電子が Pd^{2+} のほうへ移動し，その反対側の C 原子が求核試薬と反応しやすくなる。H_2O が C^+ に求核攻撃後，Pd の脱離と H^-(水素アニオン)の転位がおこり，アセトアルデヒドが生成する。一方，Pd はいっしょに加えてある $CuCl_2$ で酸化されて，$PdCl_2$ として再び触媒として利用される。このとき $CuCl_2$ は還元されて CuCl となるが，溶液中へ吹き込んだ O_2 により酸化され，再び $CuCl_2$ に戻る。このようなアセトアルデヒドの工業的製法を**ヘキストワッカー法**という。

5 アルデヒドの還元性

アルデヒドは，酸化されてカルボン酸になりやすい。したがって，相手物質を還元する性質(**還元性**)が強い⓫。還元性を利用したアルデヒドの検出法には以下の3種類がある。

詳説⓫ アルデヒドR-CHOがカルボン酸R-COOHになる半反応式は，O原子の数をH_2O，H原子の数をH^+，電荷をe^-で合わせてつくる。

$$R\text{-}CHO + H_2O \longrightarrow R\text{-}COOH + 2e^- + 2H^+$$ ………① （中性条件）

塩基性条件では，①の式の両辺に2 OH^-を加えて，2 H^+を中和しておけばよい。

$$R\text{-}CHO + 2OH^- \longrightarrow R\text{-}COOH + 2e^- + H_2O$$ ………② （塩基性条件）

NaOH過剰では，生成物のR-COOHは中和されて$R\text{-}COO^-$となっているから，

$$R\text{-}CHO + 3OH^- \longrightarrow R\text{-}COO^- + 2e^- + 2H_2O$$ ………③ となる。

銀鏡反応 アンモニア性硝酸銀溶液にアルデヒドを加えて温めると，ジアンミン銀(Ⅰ)イオン$[Ag(NH_3)_2]^+$が還元されて銀Agが析出する。この反応を**銀鏡反応**という⓬。

$$[Ag(NH_3)_2]^+ + e^- \longrightarrow Ag\downarrow + 2NH_3$$ ………④

③+④×2より，

$$R\text{-}CHO + 2[Ag(NH_3)_2]^+ + 3OH^- \longrightarrow R\text{-}COO^- + 2Ag + 4NH_3 + 2H_2O$$ ……⑤

詳説⓬ 銀鏡反応やフェーリング液の還元など，塩基性条件では次のように酸化される。

(1) 1個目のOH^-がカルボニル炭素に付加すると，カルボニル酸素がアニオンになる。
(2) Ag^+が酸素のアニオンから電子1個を引き抜き，カルボニル酸素はラジカルになる。
(3) 2個目のOH^-がC-H結合からH^+を引き抜き，カルボニル炭素がアニオンになる。
(4) Ag^+が炭素のアニオンから電子1個を引き抜き，カルボニル炭素はラジカルになる。
(5) カルボニル炭素とカルボニル酸素の電子どうしが結合して，C=O結合をつくる。
(6) 3個目のOH^-がカルボキシ基から電離したH^+と中和し，H_2Oを生成する。

(1) R-C(=O)-H ＋ OH^- ⟶ (2) R-C(-O^- → Ag^+)(-OH)-H ⟶ (3) R-C(O·)(OH)-H ＋ OH^- （$-H_2O$） ⟶ (4) R-C(O·)(OH)$^-$ → Ag^+
⟶ (5) R-C·(O·)(OH) ⟶ (6) R-C(=O)-O-H ＋ OH^- （$-H_2O$）

ところで，Ag^+は酸性では安定に存在しうるが，塩基性にすると不溶性のAg_2Oを生成して沈殿してしまう。そこで，水に溶けやすいアンモニア錯イオン$[Ag(NH_3)_2]^+$に変えて，溶液中に存在するアルデヒドと反応しやすくしたものが，**アンモニア性硝酸銀溶液**である。この溶液は，$AgNO_3$水溶液にNH_3水を加えていき，一度生じたAg_2Oの褐色沈殿がちょうど消えるまで加えたものである。NH_3水を加えすぎると，④式の平衡が大きく左へ偏ってしまい，⑤式の反応速度が小さくなり，うまく銀鏡ができない。また，$AgNO_3$水溶液にNaOH水溶液を加えて生じた褐色沈殿Ag_2Oが消失するまでNH_3水を加えた**トレンスの試薬**を用いると，塩基性が強いために反応速度が大きくなり，体温程度でも十分に銀鏡反応が進行する。

フェーリング液の還元 フェーリング液⓭にアルデヒドを加えて熱すると，Cu^{2+}が還元され酸化銅(Ⅰ)Cu_2Oの赤色沈殿が生成する反応を**フェーリング液の還元**という⓮。

補足⑬　**フェーリング液**は，$CuSO_4$ 水溶液（A 液）と，酒石酸ナトリウムカリウム（ロッシェル塩）KOOCCH(OH)CH(OH)COONa と NaOH の混合水溶液（B 液）を使用直前に等量ずつ混合して使用する。塩基性条件では Cu^{2+} は $Cu(OH)_2$ となって沈殿するので，Cu^{2+} を酒石酸イオンによって安定なキレート錯イオンの状態にすることで Cu^{2+} を低濃度に保ち，$Cu(OH)_2$ の生成を抑えながら，Cu^{2+} が溶液中のアルデヒドと反応しやすく工夫してある。この試薬はドイツの**フェーリング**が 1848 年に糖類の検出と定量のために考案した試薬であるが，現在ではホルミル基の検出にも利用されている。

酒石酸イオンと Cu^{2+} とのキレート錯体の構造（Hörner，2016 年）

$$2\,Cu^{2+} + 2\,e^- + 2\,OH^- \longrightarrow Cu_2O\downarrow + H_2O \qquad \cdots\cdots⑥$$

③＋⑥より，　$R\text{-}CHO + 2\,Cu^{2+} + 5\,OH^- \longrightarrow R\text{-}COO^- + Cu_2O\downarrow + 3\,H_2O$

補足⑭　還元剤であるアルデヒドの量が少ないときは，未反応の Cu^{2+} が残るため，反応液には青味が残る。一方，還元力の強いホルムアルデヒドを過剰に加えて加熱した場合には，試験管の内壁（液面との境界付近）に銅鏡ができることがある。また，沈殿した Cu_2O の粒子は，最初は小さく黄色に見えるが，加熱していくとしだいに粒子が大きくなり赤色に変化する。

シッフ試薬との反応　シッフ試薬に少量のアルデヒドを加えると，赤色に呈色する⑮。この反応は，アルデヒドでは鋭敏であるが，ケトンでは反応しない⑯。

補足⑮　約 0.1％のフクシン（別名マゼンタ）という赤色色素の水溶液に SO_2 ガスを吸収させると，色素は脱色されて無色の溶液となる。これを**シッフ試薬**という。この試薬にアルデヒドを加えると，カルボニル基に亜硫酸が付加して，再びもとのフクシンの赤色があらわれる。

$$\mathrm{R(H)C^{\oplus}{=}O^{\ominus}} + \mathrm{H{-}SO_3H}\ (\text{亜硫酸}) \xrightarrow{\text{付加}} \mathrm{R(H)C(OH)(SO_3H)}$$

補足⑯　カルボニル基への付加反応が，アルデヒドよりケトンでおこりにくい理由は次の通り。

① 2 つの炭化水素基から電子が供与されて，カルボニル基の炭素 $C^{\oplus}$ の陽性が弱められる。

② $C^{\oplus}$ の周りに嵩（かさ）高い炭化水素基が 2 つ結合しているため，立体障害が大きくなる。

参考　アルデヒドの硫酸酸性の二クロム酸カリウムによる酸化反応は次のように考えられる。

① アルデヒドは酸性条件で水分子が付加して，gem-ジオール（p. 618）となる。

② 酸性条件で，二クロム酸イオン $Cr_2O_7{}^{2-}$ からクロム酸 H_2CrO_4 が生成する。

③ gem-ジオールがクロム酸とエステルを生成する（p. 633）。

④ Cr が Cr-O 結合の電子対を持ち去るように Cr-O 結合が開裂し，隣の C-H 結合の電子対が O 原子に引きつけられて H^+ が脱離し，カルボン酸と亜クロム酸を生成する（**補足**⑱参照）。

$$\mathrm{R{-}CHO} \xrightarrow{H_2O} \mathrm{R{-}CH(OH){-}OH} + \mathrm{HO{-}CrO_2{-}OH} \xrightarrow{-H_2O}$$
アルデヒド　　gem-ジオール　　クロム酸

$$\longrightarrow \mathrm{R{-}CH(OH){-}O{-}CrO_2{-}OH} \longrightarrow \mathrm{R{-}COOH} + \mathrm{H_2CrO_3}$$
クロム酸エステル　　カルボン酸　　亜クロム酸

6 ケトン

カルボニル基に2つの炭化水素基R-が結合した化合物R-CO-R′を**ケトン**という[17]。

一般に，ケトンは第二級アルコールを酸化すると生成する[18]。ケトンにNi，Pt触媒を用いて水素で還元すると，対応する第二級アルコールに戻る[19]。

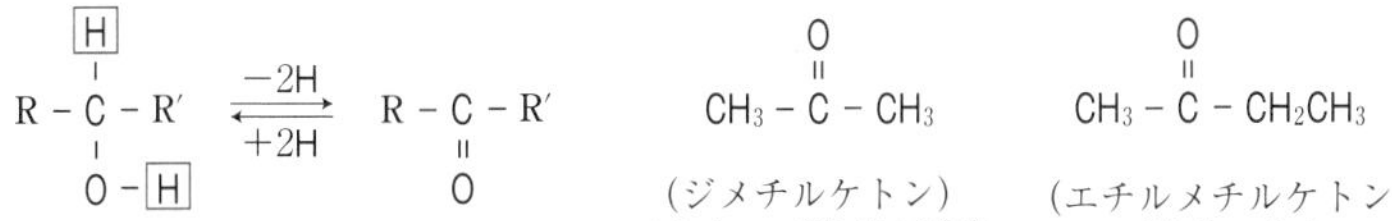

$$R-\underset{\underset{O-\boxed{H}}{|}}{\overset{\overset{\boxed{H}}{|}}{C}}-R' \underset{+2H}{\overset{-2H}{\rightleftarrows}} R-\underset{\underset{O}{\|}}{C}-R' \qquad CH_3-\overset{\overset{O}{\|}}{C}-CH_3 \qquad CH_3-\overset{\overset{O}{\|}}{C}-CH_2CH_3$$

（ジメチルケトン）アセトン（沸点56℃）　（エチルメチルケトン）（沸点80℃）

ケトンは，アルデヒドと異なり酸化されにくく，還元性を示さない[20]。この性質を利用して，互いに構造異性体の関係にあるアルデヒドとケトンを区別できる。

詳説[17] ケトンの慣用名は，2個の炭化水素基をアルファベット順に並べ，その後にケトンをつけて表す。ただし，最も簡単なジメチルケトンは，以前は木材の乾留で得た木酢液を中和して得た酢酸カルシウムの乾留でつくられていたので，**アセトン**とよばれる。IUPACの組織名は，炭素数の等しい炭化水素名の語尾-eを-one（オン）に変え，カルボニル基の位置番号を前に示しておく。例 $CH_3COCH_2CH_3$ 2-ブタノン

補足[18] 第二級アルコールを硫酸酸性の$K_2Cr_2O_7$水溶液で酸化する反応では，まず，二クロム酸イオンが酸のH^+と反応してクロム酸H_2CrO_4となり，アルコールとエステル（p.655）が生成する。続いて，CrがCr−O結合の電子対をもち去るようにCr−O結合が開裂し，隣のC−H結合の電子対がO原子に引きつけられてH^+が脱離し，カルボニル基が形成される。

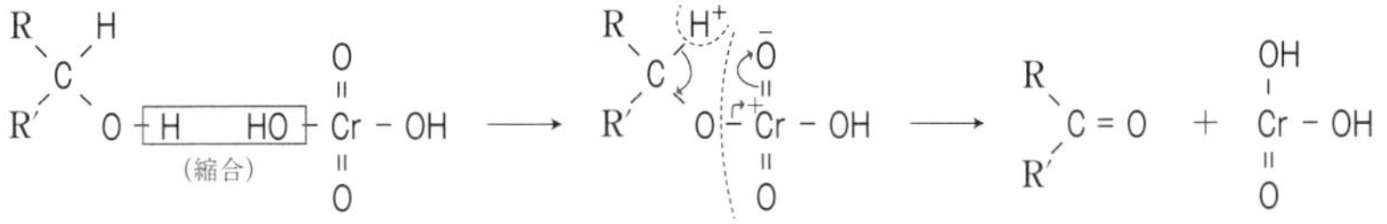

$$\begin{matrix}R & & H\\ & C & \\ R' & & O\end{matrix}\!-\!\boxed{H\quad HO}\!-\!\underset{\underset{O}{\|}}{\overset{\overset{O}{\|}}{Cr}}-OH \;(\text{縮合}) \longrightarrow \begin{matrix}R & & H^+\\ & C & \\ R' & & O\end{matrix}\!-\!\underset{\underset{O}{\|}}{\overset{\overset{O^-}{\|}}{Cr}}-OH \longrightarrow \begin{matrix}R & \\ & C=O\\ R' & \end{matrix} + \underset{\underset{O}{\|}}{\overset{\overset{OH}{|}}{Cr}}-OH$$

この反応で得られた亜クロム酸H_2CrO_3は，水溶液中では安定ではない。そこで，直ちに次式のような自己酸化還元反応（不均化反応）をおこし，生じたクロム酸が反応を続ける。

$$3\,H_2CrO_3 + 6\,H^+ \longrightarrow 2\,Cr^{3+} + H_2CrO_4 + 5\,H_2O$$

上記の反応機構より考察すると，-OHの結合する炭素（α位）に酸化すべきH原子をもたない第三級アルコールは，硫酸酸性の$K_2Cr_2O_7$水溶液では酸化されないことが理解される。

補足[19] カルボニル基>C=Oへの水素付加は，>C=C<に対する水素付加に比べて，より高温・高圧の反応条件を必要とする。

詳説[20] アルデヒドの場合には，カルボニル基に水素原子が残っているため，酸化されやすいが，ケトンの場合には，カルボニル基には水素原子が結合していないため，通常の条件では酸化されない。したがって，銀鏡反応，フェーリング液の還元もおこらない。しかし，ケトンに強力な酸化剤を作用させると，カルボニル基に隣接する炭素鎖が切断され，カルボン酸が得られる。なお，このようなケトンのカルボン酸への酸化は，ケト・エノール平衡（p.634）のエノール形を経ておこると考えられる。

7 アセトン

アセトンCH_3COCH_3は，2-プロパノールを二クロム酸カリウムや過マンガン酸カリ

ウム（硫酸酸性）で酸化するほか，酢酸カルシウム $(CH_3COO)_2Ca$ の乾留でも得られる㉑。また，プロピンの三重結合に H_2O が付加すると，主としてアセトンが生成する㉒。

工業的には，プロペンの空気酸化，クメン法（p. 702）などによっても製造される。

$$2\,CH_3\text{-}CH{=}CH_2 + O_2 \xrightarrow{(PdCl_2)} 2\,CH_3COCH_3$$

詳説㉑　酢酸カルシウムの乾留（固体物質を空気を遮断して加熱する操作）は，次式で表される。

カルボニル基 >C=O に隣接する C 原子（α 位）に結合する H 原子は，わずかに酸の性質をもち，H^+ が電離して生じたカルボアニオンは，カルボニル基との共鳴によって安定化している。このカルボアニオンと別のカルボン酸イオンどうしが互いのカルボニル炭素に求核攻撃すると，四員環構造の反応中間体を生じる。四員環の２か所の結合が切れ，さらに H^+ が付加するとアセトンと $CaCO_3$ が生成する。

（付加）　（電子対の移動）　（H^+ の付加）（CO_3^{2-} の脱離）

補足㉒　プロピンに硫酸水銀（Ⅱ）$HgSO_4$ と濃硫酸を触媒として水を付加させると，アセトンが生成する。三重結合に対する HX の付加反応の場合においても，マルコフニコフ則に従う。

$$CH\equiv C-CH_3 + H-OH \xrightarrow[(H_2SO_4)]{(HgSO_4)} \left[(H)_2C{=}C(CH_3)OH \right] \longrightarrow CH_3-CO-CH_3$$

反応途中に生じた化合物のエノール（p. 618）は不安定で，H^+ が転位して安定な異性体のアセトンに変化する。このように，H 原子の移動によって相互変換しうる構造異性体を互いに**互変異性体**という。とくに，カルボニル化合物と不飽和アルコールの間に**ケト・エノール平衡**が成り立ち，通常，ケト形がエノール形に比べてずっと安定である。

$$H_3C\text{-}CO\text{-}R \rightleftarrows H_2C{=}C(OH)R$$

ケト形　　エノール形

►アセトンは，無色の芳香のある液体（沸点 56℃）で，親水性のカルボニル基をもつため，水によく溶ける。また，疎水性のメチル基をもつため，多くの有機化合物をよく溶かすので，有機溶媒として広く用いられる。

アセトンにヨウ素 I_2 と水酸化ナトリウム水溶液を加えると，特有の臭気をもつ**ヨードホルム** CHI_3 の黄色結晶が生成する。この反応を**ヨードホルム反応**という。

$$CH_3COCH_3 + 3\,I_2 + 4\,NaOH \longrightarrow CHI_3\downarrow + CH_3COONa + 3\,NaI + 3\,H_2O$$

この反応は，メチルケトン基の部分構造（$CH_3CO\text{-}R$）をもつケトンやアセトアルデヒド（R=H）に見られる。また，酸化して上記の構造に変化しうる $CH_3CH(OH)\text{-}R$ の部分構造をもつ第二級アルコールやエタノール（R=H）にも見られる㉓。

詳説㉓　エタノールの水溶液にヨウ素の結晶を加え，約 70℃のお湯で数分加熱する。さらに水酸化ナトリウム水溶液をヨウ素の色が消えるまで１滴ずつ加えていくと，CHI_3 が生成する。

$$C_2H_5OH + 4\,I_2 + 6\,NaOH \longrightarrow CHI_3\downarrow + HCOONa + 5\,NaI + 5\,H_2O$$

SCIENCE BOX

ヨードホルム反応

(1) アセトンのヨードホルム反応

アセトンのヨードホルム反応は，まず，アセトンのエノール化で生じたC=C結合に，ヨウ素I_2が付加することで始まる。

塩基性条件でアセトンは，H原子の移動によりエノール形へ変化する。これは，カルボニル基>C=Oの分極（π電子の立上がり）によって正電荷を帯びたC原子が，α位の$-CH_3$から電子を吸引し，$-CH_3$のH原子がわずかに酸の性質をもつことで，塩基のOH^-がH^+として引き抜きやすくなるからである。そして，アセトンのエノール形にI_2が付加した後，HIが脱離すると，もとの>C=Oが再生し，モノヨードアセトンCH_2ICOCH_3が生成する。

$$CH_3-\underset{\|}{\overset{O}{C}}-CH_3 \xrightarrow{\text{エノール化}} CH_2=C\begin{matrix}\diagup OH\\ \diagdown CH_3\end{matrix}$$

$$\xrightarrow[\text{付加}]{I_2} CH_2I-\underset{I}{\overset{OH}{C}}-CH_3 \xrightarrow[\text{脱離}]{HI} CH_2I-\underset{O}{\overset{}{C}}-CH_3$$

CH_2ICOCH_3のエノール化には，2通りの可能性が考えられる。しかし，同じα位にあるCH_2I-と$-CH_3$のうち，CH_2I-のほうがI原子の電子吸引性によってH原子の酸としての性質が少し強くなり，OH^-がH^+として引き抜きやすくなる。したがって，次のエノール化はCH_2I-で進み，続いてI_2付加とHI脱離がおこると，ジヨードアセトンCHI_2COCH_3が生成する。ジヨードアセトンのエノール化も，モノヨードアセトンと同様，α位にあるCHI_2-のほうで進むので，最終的にトリヨードアセトンCI_3COCH_3が生成する。

CI_3COCH_3の>C=OのC原子は，CI_3-の電子吸引性で正電荷が大きく，ここへOH^-が容易に求核攻撃して中間体を生成する。中間体の>C=Oのπ電子がもとへ戻るには，CI_3^-かCH_3^-が脱離する必要があるが，CI_3^-はCH_3^-よりもC原子の負電荷がI原子の電子吸引性によって非局在化しており，エネルギー的に安定である。よって，CI_3^-が脱離してH^+を受け取り，ヨードホルムCHI_3となる。一方，中間体の残りの部分からは酢酸CH_3COOHが生じるが，塩基性条件のため，酢酸ナトリウムに変化する。

$$CI_3-\underset{}{\overset{O}{\overset{\|}{C}}}-CH_3 \longrightarrow CI_3-\overset{+}{\underset{OH}{\overset{O^-}{C}}}-CH_3$$

$$\xrightarrow{\text{分解}} \begin{cases} CH_3COONa \\ CHI_3 \end{cases}$$

このように，アセトン1 mol中のCH_3-のH原子をすべてI原子で置換するのにI_2 3 molが必要であり，生じたHI 3 molを中和するのにNaOH 3 molが必要である。また，トリヨードアセトンの加水分解にも1 molのNaOHが必要なので，ヨードホルム反応全体では，アセトン1 molあたり，I_2 3 molとNaOH 4 molが反応して，CH_3COONa，CHI_3各1 molと，NaI，H_2O各3 molが生成することになる。

(2) ヨードホルム反応が陰性の化合物

ヨードホルム反応は，CH_3CO-に炭化水素基R-やH原子が結合した場合に陽性である。したがって，CH_3CO-に-OHが結合した酢酸では陰性となる。酢酸は塩基性条件では，酢酸イオンとして存在するが，酢酸イオンには下図のような共鳴構造が存在し，>C=OのC原子の正電荷はさほど大きくない。したがって，α位の$-CH_3$に対する電子吸引力が弱くなり，ヨードホルム反応が陰性になると考えられる。

$$CH_3-C\begin{matrix}\nearrow O\\ \searrow O^-\end{matrix} \xleftrightarrow{\text{共鳴}} CH_3-C\begin{matrix}\nearrow O^-\\ \searrow O\end{matrix}$$

酢酸のエステルやアミドの場合も同様で，>C=OのC原子に隣のO原子やN原子の非共有電子対が流れ込むので，>C=OのC原子の正電荷が弱められ，ヨードホルム反応は陰性になると考えられる。

5-10　カルボン酸

1　カルボン酸の分類

分子中にカルボキシ基 $-COOH$ をもつ化合物を**カルボン酸**といい❶，第一級アルコールやアルデヒドの酸化によって得られる。分子中のカルボキシ基の数によって，**1価カルボン酸**，**2価カルボン酸**などという。酢酸 CH_3COOH のように，鎖式構造をもつ1価カルボン酸は，油脂の構成成分であることから，とくに**脂肪酸**とよばれる。脂肪酸のうち，炭化水素基がすべて単結合だけからなるものを**飽和脂肪酸**(一般式：$C_nH_{2n+1}-COOH$)，不飽和結合を含むものを**不飽和脂肪酸**という。また，炭素原子の数が多い脂肪酸を**高級脂肪酸**(一般に C_{12} 以上)，炭素原子の数が少ない脂肪酸を**低級脂肪酸**という。

補足❶　多くのカルボン酸の名称は，最初に発見された動植物の名前から命名された慣用名である（これらは覚えるより仕方がない)。IUPAC による組織名では，炭素原子数の等しいアルカンの名称に酸をつけて命名する。たとえば，CH_3COOH はエタン酸，CH_3CH_2COOH はプロパン酸，$HOOCCH_2COOH$ はプロパン二酸，$CH_2=CHCOOH$ はプロペン酸などである。

►以下の表に，主なカルボン酸の例を示す。

(∞は自由に水と混ざり合うことを示す。)

種類		名称	示性式 (＊は構造式)	融点 〔℃〕	溶解度 〔g/100 g 水〕	所在，その他
1価カルボン酸	飽和カルボン酸	ギ酸	$HCOOH$	8	∞	蟻(アリ)，イラクサ **還元性あり**
		酢酸	CH_3COOH	17	∞	食酢の成分
		プロピオン酸	C_2H_5COOH	−21	∞	(proto(第一)と pion(油)に由来)
		酪(らく)酸	C_3H_7COOH	−5	∞	バター　}腐敗臭
		吉草(きっそう)酸	C_4H_9COOH	−34	3.7	纈(かの)草　}腐敗臭
		ラウリン酸	$C_{11}H_{23}COOH$	44	不溶	ヤシ油
		パルミチン酸	$C_{15}H_{31}COOH$	63	不溶	油脂の成分
		ステアリン酸	$C_{17}H_{35}COOH$	71	不溶	油脂の成分
	不飽和カルボン酸	アクリル酸	$CH_2=CHCOOH$	14	∞	重合しやすい。
		オレイン酸	$C_{17}H_{33}COOH$	13	不溶	C=C 結合1個
		リノール酸	$C_{17}H_{31}COOH$	−5	不溶	C=C 結合2個
		リノレン酸	$C_{17}H_{29}COOH$	−11	不溶	C=C 結合3個
2価カルボン酸	飽和カルボン酸	シュウ酸	$(COOH)_2$	182 (分解)	8.7	カタバミなど **還元性あり**
		コハク酸	$HOOC(CH_2)_2COOH$	188	5.8	貝のうまみ
		アジピン酸	$HOOC(CH_2)_4COOH$	153	1.5	ナイロンの原料
	不飽和カルボン酸	マレイン酸 (シス形)	＊ H　　H C＝C HOOC　　COOH	133	78	(リンゴ酸の乾留で見出された無水物。) **シス-トランス異性体**が最初に発見された。
		フマル酸 (トランス形)	＊ H　　COOH C＝C HOOC　　H	300 (封管中)	0.8	**シス-トランス異性体**が最初に発見された。 (フマリアという植物から発見。)

2 カルボン酸の性質

示性式(分子量)		沸点〔℃〕
CH_3CH_2OH	(46)	78℃
HCOOH	(46)	101℃
$CH_3CH_2CH_2OH$	(60)	97℃
CH_3COOH	(60)	118℃

沸点　カルボン酸の沸点は，同程度の分子量をもつアルコールよりも高い。これは，分子中に極性の大きいカルボキシ基 -COOH があり❷，下図のように，水素結合によって分子どうしが会合しているためである❸。

(a)

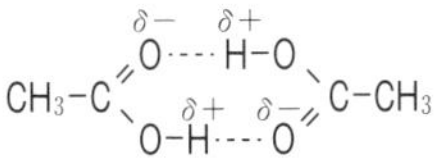

2分子間の水素結合（二量体）

(b)

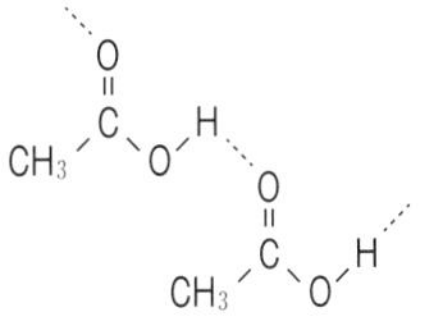

(c)

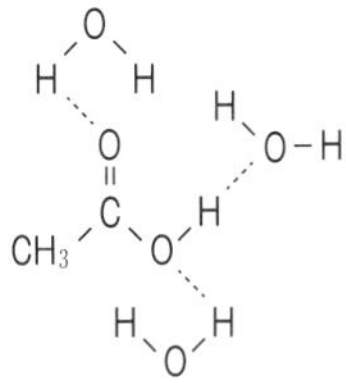

詳説❷ アルコール R-OH では，ヒドロキシ基に電子供与性のアルキル基が結合しているので，O-H 結合の極性は，水の O-H 結合の極性に比べて少し弱い。しかし，カルボキシ基の O-H 結合には電子吸引性のカルボニル基 ＞C=O が結合しているので，カルボン酸の O-H 結合の極性は，水の O-H 結合の極性よりも大きい。

また，カルボン酸では，-OH の水素原子は，-OH の酸素原子ではなく，より負電荷の大きなカルボニル基の酸素原子と ＞C=O···HO- のように強い水素結合をつくりやすい。

補足❸ 純粋な酢酸の液体中では，図(b)のように酢酸分子どうしで水素結合をしているが，水溶液にすると，図(c)のように，酢酸分子と水分子との間にも水素結合がつくられるようになる。酢酸の電離度は 0.01 (0.1 mol/L) 程度なので，酢酸の水溶液の凝固点降下度から分子量を測定すれば，ほぼ 60 に近い値が得られる。

一方，強い極性分子である酢酸は，無極性溶媒であるベンゼン (p. 677) には溶けないと予想されるが，実際にはかなりよく溶ける。これは，ベンゼン中では親水基のカルボキシ基どうしが，図(a)のように水素結合によってほぼ完全な二量体をつくり，あたかも疎水性の分子のようにふるまうためである。このため，酢酸のベンゼン溶液の凝固点降下度から分子量を測定すると，真の分子量のほぼ 2 倍近い値が得られる。

また，ビクトル・マイヤー法 (p. 135) により求めた酢酸の分子量から，気体の酢酸分子でも二量体が形成されていることがわかった。

一般に，多くのカルボン酸のうち，とくに分子量の小さなカルボン酸(ギ酸，酢酸など)で二量体をつくりやすい傾向が強く見られる。

溶解度　炭素数の少ない低級脂肪酸は，刺激臭のある無色の液体で水に溶けやすいが，高級脂肪酸になると水に溶けにくくなり，においも消え白色の固体となる。

また，一般に，脂肪酸はエーテル，ベンゼンなどの有機溶媒にはよく溶ける❹。

詳説❹ カルボキシ基が極性の大きな親水基なので，炭素数が 4 の酪酸までは水と任意の割合で溶け合う。これに対し，炭素数が 5 の吉草酸以上になると，分子全体に占める疎水基の影響が大きくなるので，水に溶けにくくなる。

一方，2 価カルボン酸では，カルボキシ基どうしの間に水素結合が強く働くので，融点が高くなって，常温ではすべて白色の固体である。

また，芳香族カルボン酸 (p. 704) はいずれも融点が100℃以上の固体で，冷水には溶けにくい。これは，ベンゼン環の疎水性が大きいためである。

酸の強さ　カルボン酸は，水溶液中では一部が電離して弱い酸性を示す❺。

$$\text{R-COOH} \rightleftarrows \text{R-COO}^- + \text{H}^+$$

酸の強さを他の無機酸と比較すると，HCl，H_2SO_4＞R-COOH＞H_2CO_3 となる。

同じ脂肪酸を比べると，炭素数の少ないものほど酸性は強くなる❻。

詳説❺　カルボキシ基 -COOH は，カルボニル基 ＞C=O とヒドロキシ基 -OH が合体した官能基である。電子吸引性の強いカルボニル基が結合したことで，-OH の極性がかなり大きくなり，H^+ が電離しやすくなっていることを，もう少し詳しく説明する。

① ＞C=O の π 電子が O 原子に引っぱられて分極（カルボニル基の立ち上がり）し，C 原子が電気的に陽性な $C^{\oplus}$ となる。

② この $C^{\oplus}$ へ，隣の -OH の O 原子にある非共有電子対の一部が電子軌道の重なりを使って流れ込む(電子の非局在化)。

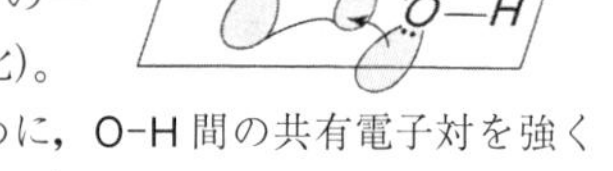

③ O 原子は電子不足の状態となり，これを解消するために，O-H 間の共有電子対を強く引きつけるので，O-H 結合の極性がさらに大きくなって H^+ が電離しやすくなる。

詳説❻　カルボニル基に結合するアルキル基 R- の電子供与性が大きくなるほど，カルボニル基の炭素の δ＋ を幾分中和する。したがって，O-H 結合の極性が小さくなり酸性は弱くなる。

H- よりも CH_3- の電子供与性が大きいので，脂肪酸の中ではギ酸の酸性が最も強い。

H-CO-OH	＞	CH_3-CO-OH	≒	CH_3-CH_2-CO-OH	≒	CH_3-CH_2-CH_2-CO-OH
ギ酸		酢酸		プロピオン酸		酪酸
$K_a=10^{-3.6}$		$K_a=10^{-4.6}$		$K_a=10^{-4.8}$		$K_a=10^{-4.8}$〔mol/L〕

酢酸から酪酸までの K_a の値はほとんど一定であるということは，CH_3-，C_2H_5-，C_3H_7- のカルボニル基の $C^{\oplus}$ に対する電子供与性の効果はほとんど変わらないことを示している。

逆に，カルボニル基に電子吸引性の基がつくと，カルボニル基の炭素の δ＋ はより大きくなり，酸性は強くなる。いま，酢酸のメチル基 CH_3- の H を電気陰性度の大きい Cl 原子で置換していくにつれて，クロロ酢酸の酸性は強くなっていく。

CH_3-CO-OH	＜	CH_2Cl-CO-OH	＜	$CHCl_2$-CO-OH	＜	CCl_3-CO-OH
酢酸		クロロ酢酸		ジクロロ酢酸		トリクロロ酢酸
$K_a=2.8\times10^{-5}$		$K_a=1.6\times10^{-3}$		$K_a=5.1\times10^{-2}$		$K_a=9.0\times10^{-1}$〔mol/L〕

また，Cl 原子の電子吸引性の効果は，Cl 原子がカルボニル基に近い位置ほど大きく，遠ざかると急に小さくなるので，酸性もこの順に弱くなっていく。

CH_3-CH_2-CH_2-CO-OH	CH_2Cl-CH_2-CH_2-CO-OH	CH_3-CHCl-CH_2-CO-OH	CH_3-CH_2-CHCl-CO-OH
酪酸	γ-クロロ酪酸	β-クロロ酪酸	α-クロロ酪酸
$K_a=1.5\times10^{-5}$	$K_a=3.0\times10^{-5}$	$K_a=8.9\times10^{-5}$	$K_a=1.4\times10^{-3}$〔mol/L〕

（カルボキシ基 -COOH のついている C 原子から順に，α，β，γ，δ と記号をつける。）

3 ギ(蟻)酸

ギ酸 HCOOH は，刺激臭のある無色の液体(沸点 101℃)で，はじめ赤蟻(あり)の水蒸気蒸留により得られた，一部の蟻の毒液中に含まれる脂肪酸である。脂肪酸の中では，最も酸性が強く，浸透性・腐食性があり，皮膚につくと水泡を生じ，激しい痛みを与え，有毒である❼。工業的には，水酸化ナトリウムの粉末に一酸化炭素を高温・高圧で反応させて，ギ酸ナトリウム HCOONa とし，これに希硫酸を加えて分解させて得られる❽。

$$NaOH + CO \xrightarrow[7\times10^5 Pa]{150℃} HCOONa \xrightarrow{H_2SO_4} HCOOH$$

補足❼ 蜂毒の主成分はセロトニンなどのアミン類で，激しい痛みは即時型のアレルギー反応による。したがって，NH_3 水の塗布は有効ではなく，抗ヒスタミン剤などによる治療が有効である。

詳説❽

$$\overset{\oplus}{C}=\overset{\ominus}{O}\ (\uparrow OH^-) \xrightarrow{付加} :C(-O^-)(-O-H^+) \xrightarrow{転位} H-C(=O)-O^-Na^+$$

C=O が分極した炭素原子 $C^{\oplus}$ に OH^- が求核攻撃して結合する（求核付加）。炭素原子が 2 価の状態は不安定なので，H^+ が転位して，炭素原子は 4 価の状態のギ酸ナトリウムとなる。

►カルボン酸は，一般に酸化されにくいが，ギ酸は酸化されやすく**還元性**を示す❾。これは，分子中に酸化されやすいホルミル基をもつからである。なお，ギ酸は酸化されると二酸化炭素に変化する。

ホルミル基

H－C(=O)－OH

カルボキシ基

$$HCOOH \longrightarrow CO_2\uparrow + 2H^+ + 2e^-$$

このため，ギ酸と硫酸酸性の $KMnO_4$ 水溶液を熱すると，MnO_4^- の赤紫色が脱色される。 $2MnO_4^- + 6H^+ + 5HCOOH \longrightarrow 2Mn^{2+} + 5CO_2 + 8H_2O$

また，ギ酸は銀鏡反応を示すが，フェーリング液の還元はおこりにくい❿。

補足❾ 2 価カルボン酸では，シュウ酸が酸化されやすく還元性を示す。

$$(COOH)_2 \longrightarrow 2CO_2\uparrow + 2H^+ + 2e^-$$

シュウ酸もギ酸も酸化されると CO_2 が発生する。加熱して CO_2 を追い出すと，この反応はより進行しやすくなる。加熱しないとこの反応はなかなか進行しない。

詳説❿ アンモニア性硝酸銀溶液 2 mL にギ酸 0.1 mL を加え，60℃，70℃，80℃の湯に 5 分間浸しても銀鏡は生成しなかったが，トレンスの試薬 (p. 631) 2 mL にギ酸 0.1 mL を加え，85℃の湯に 5 分間浸すと銀鏡が生成した。塩基性水溶液ではギ酸はギ酸イオンとして存在する。60～70℃では Ag^+ とギ酸イオンは 2 配位の錯イオン $[Ag(HCOO)_2]^-$ を形成しており，銀鏡は生成しないが，80℃以上では銀の錯イオンが熱的に解離して，自由に反応できる Ag^+ とギ酸イオンが生成するようになり，銀鏡が生成したと考えられる。アルデヒド R-CHO の酸化反応は，カルボニル基 >C=O の正電荷を帯びた $C^{\oplus}$ 原子に対する，水酸化物イオン OH^- の**求核置換反応** (p. 656) によって進行する。このため，塩基性の弱いアンモニア性硝酸銀溶液よりも塩基性の強いトレンスの試薬のほうが銀鏡反応はおこりやすいと考えられる。

フェーリング液は pH 14 程度の強い塩基性を示す。加えるギ酸が少量の場合は，ギ酸イオン $HCOO^-$ となり Cu^{2+} と安定なキレート錯体を形成し，還元性を示さない。ギ酸が多量の場合，塩基性が弱くなり，カルボニル基を攻撃する OH^- が少なくなり，還元性を示さない。しかし，反応後の pH が 8～10 となる条件，98％ギ酸 0.50 mL にフェーリング液 9.1～9.5 mL を加えたものを 80℃の温浴で 10 分間加熱すると，赤褐色沈殿を生じたとの報告がある。

4 酢　酸

酢酸 CH_3COOH は，刺激臭のある無色の液体（融点 17℃，沸点 118℃）で，純粋なものは冬期には凝固するので**氷酢酸**とよばれる⑪。水によく溶け，食酢中には 4〜5%含まれる。工業的には，酢酸マンガン（Ⅱ）を触媒としてアセトアルデヒドを酸化してつくる。

$$2\,CH_3CHO + O_2 \xrightarrow{(CH_3COO)_2Mn} 2\,CH_3COOH$$

食酢は，エタノールに酢酸菌を加えて発酵させてつくられる（**酢酸発酵**）⑫。

補足⑪ 水分を含むと凝固点降下により凝固点が下がり凝固しにくくなる。いま，95%酢酸の凝固点を計算で求めてみると（酢酸のモル凝固点降下は 3.9 K･kg/mol とする），95%酢酸 100 g 中には，酢酸（溶媒）95 g と水（溶質）5 g が含まれるから，$\Delta t = k_f \cdot m$ より，

$$\Delta t = 3.9 \times \left(\frac{5}{18} \times \frac{1000}{95}\right) \fallingdotseq 11.4\,[\mathrm{K}] \qquad \therefore\ \text{凝固点は，} 17 - 11.4 = 5.6℃\text{となる。}$$

補足⑫ 米酢の製造では，日本酒に米酢と水を加えて，エタノール濃度 3.5%，酢酸濃度 2.0%の仕込液をつくる。これに酢酸菌を移植し，空気を通じながら 35〜38℃に保ち酢酸発酵させると，約 1 か月で約 4.5%の酢酸濃度の米酢が得られる。また，仕込液のエタノール濃度を高く設定すると，高濃度（9〜10%）の酢酸も製造できる。なお，仕込液に酢酸を加えるのは，雑菌の繁殖を抑えるためである。

►酢酸に塩化ホスホリル $POCl_3$ などの強力な脱水剤を加えて熱するか，酢酸蒸気を約 600℃に熱したリン酸塩触媒上を通すと，2 分子の酢酸から水 1 分子が失われて**無水酢酸**を生じる。

$$\begin{matrix} CH_3-\overset{\overset{\displaystyle O}{\|}}{C}-O-H \\ CH_3-\underset{\underset{\displaystyle O}{\|}}{C}-O-H \end{matrix} \xrightarrow{\text{脱水剤}} \begin{matrix} CH_3-\overset{\overset{\displaystyle O}{\|}}{C} \\ \!\!>O \\ CH_3-\underset{\underset{\displaystyle O}{\|}}{C} \end{matrix} + H_2O$$

無水酢酸（沸点140℃）

このように，カルボン酸 2 分子から水 1 分子が取れて縮合した化合物を**酸無水物**といい，カルボン酸の名称の前に「無水」をつけてよぶ⑬。

補足⑬ 無水酢酸のように，カルボン酸の前の「無水」は，酸無水物を表す。一方，無水エタノールのように，アルコールの前の「無水」は，水分を含まない純粋なアルコールを表す。

►無水酢酸 $(CH_3CO)_2O$ は水に溶けにくい油状の液体で，カルボキシ基がないので中性である。水とともに加熱すると，徐々に加水分解されて酢酸の水溶液となる⑭。

詳説⑭ 無水酢酸は無色の液体（密度 1.1 g/cm³）で，エーテルなどによく溶け，水には約 2.7%まで溶ける。冷水とは徐々に反応し加水分解されるが，沸騰水，または無機塩（触媒）の存在下では速やかに加水分解される。無水酢酸は氷酢酸に比べて反応性が大きく，R-OH，R-NH_2 などから水素原子 H を奪って酢酸となる一方，反応性の大きい -OH，-NH_2 の保護基としてアセチル基 CH_3CO- を導入する反応（**アセチル化**）に使われる試薬である。

$$(CH_3CO)_2O + H_2O \longrightarrow \cdots \longrightarrow CH_3-C(=O)-O^{+}H_2\ \ {}^{\ominus}O-C(=O)-CH_3\ (H^+) \longrightarrow 2\,CH_3-\overset{\overset{\displaystyle O}{\|}}{C}-OH$$

5 カルボン酸の反応

カルボン酸 R-COOH は，水溶液中でわずかに電離して弱い酸性を示し，水酸化ナトリウムなどの強塩基と反応して，水に溶けやすい塩を生成する⓯。

$$\text{R-COOH} \rightleftarrows \text{R-COO}^- + \text{H}^+ \quad \cdots\cdots\text{①}$$

$$\text{R-COOH} + \text{NaOH} \longrightarrow \text{R-COONa} + \text{H}_2\text{O}$$

詳説⓯ カルボン酸の水溶液中では，上の①式のような電離平衡が成立している。ここへ強塩基を加えていくと，H^+ が中和されて減少するので，ルシャトリエの原理より，①式の電離平衡は右へ移動して，最終的に $R\text{-}COO^-$ と Na^+ からなる塩と水が生成する。

参考 **水に溶けにくい高級カルボン酸が塩になると，どうして水に溶けやすくなるのか。**

塩はイオン性物質で水中では完全に電離する。 $R\text{-}COONa \longrightarrow R\text{-}COO^- + Na^+$ 中和反応により R-COOH 分子をイオンの状態の $R\text{-}COO^-$ に変えることによって，分子全体に占める親水基の影響が強まり，水に溶けやすくなる。この反応を利用すると，複数の有機化合物の中から，カルボン酸と他の酸性でない化合物とを分離できる。さらに，この塩の水溶液に強酸を加えると，①式の平衡が左に移動して，水に溶けにくいカルボン酸(弱酸)が遊離する。

►一般に，カルボン酸の酸としての強さは，塩酸，硫酸，硝酸に比べるとはるかに弱いが，炭酸 H_2CO_3 に比べると強い。

酸の強さ　HCl，H_2SO_4，HNO_3 ≫ R-COOH ＞ H_2CO_3

したがって，カルボン酸を炭酸水素ナトリウムや炭酸ナトリウムの水溶液に加えると，二酸化炭素を発生しながら溶解し，カルボン酸の塩を生じる⓰。

$$\text{NaHCO}_3 + \text{R-COOH} \longrightarrow \text{R-COONa} + \text{CO}_2\uparrow + \text{H}_2\text{O} \quad \cdots\cdots\text{②}$$

$$\text{Na}_2\text{CO}_3 + 2\,\text{R-COOH} \longrightarrow 2\,\text{R-COONa} + \text{CO}_2\uparrow + \text{H}_2\text{O} \quad \cdots\cdots\text{③}$$

逆に，カルボン酸の塩の水溶液に塩酸を加えると，カルボン酸が遊離する。

$$\text{R-COONa} + \text{HCl} \longrightarrow \text{NaCl} + \text{R-COOH} \quad \cdots\cdots\text{④}$$

②～④式の反応は，**弱酸の塩 ＋ 強酸 ⟶ 強酸の塩 ＋ 弱酸** とまとめられる。

詳説⓰ 炭酸水素ナトリウムはイオン性物質であるから，水中で完全に電離して，HCO_3^- が生成する。この中へ炭酸よりも強いカルボン酸を加えたので，当然，カルボン酸が放出した H^+ を弱いほうの酸のイオンである HCO_3^- が受け取り，弱酸の分子へ戻る反応がおこる($HCO_3^- + H^+ \longrightarrow H_2CO_3$，**弱酸の遊離**)。一方，強いほうの酸の分子は H^+ を放出してイオンとなり($R\text{-}COOH \longrightarrow R\text{-}COO^- + H^+$)，水に溶けるようになる(**強酸の塩の生成**)。

この反応形式を考えるときの酸の強弱は，あくまで相対的なものであることに留意すること。すなわち，酢酸は一般的には弱酸に分類されているが，炭酸塩や炭酸水素塩との反応を考える場合は，炭酸よりも強い酸であると考えなければならない。

炭酸水素ナトリウム水溶液に未知の有機化合物を加えて，気体が発生した（炭酸水素ナトリウムが分解された）ということは，加えた有機化合物が炭酸よりも強い酸であることを意味する。無機酸(HCl，H_2SO_4 など)を除いて，有機酸(構成元素が C，H，O に限る)の中で炭酸よりも強い酸は，高校段階ではカルボン酸しかない。よって，炭酸水素ナトリウム水溶液に気体の発生を伴って溶解する反応は，カルボキシ基 -COOH の検出に用いられる。(重要)

6 マレイン酸とフマル酸

分子式 $C_4H_4O_4$ の2価の不飽和カルボン酸には，シス形の**マレイン酸**とトランス形の**フマル酸**という1組の**シス-トランス異性体**が存在する⑰。ともに無色の結晶であるが，物理的，化学的性質が異なり⑱，シス-トランス異性体が最初に発見された化合物である。

① 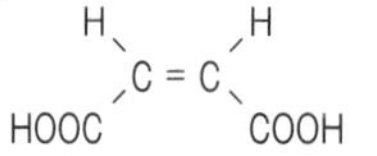
H　　H
C=C
HOOC　　COOH
マレイン酸（融点133℃）

② 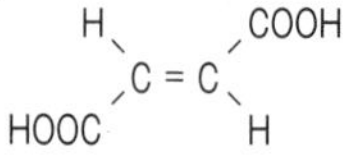
H　　COOH
C=C
HOOC　　H
フマル酸（封管中での融点300℃）

③ 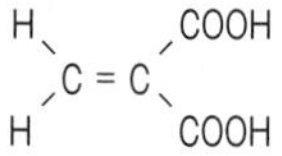
H　　COOH
C=C
H　　COOH
メチレンマロン酸

詳説⑰ ①のマレイン酸と②のフマル酸以外にも，③というやや不安定な構造異性体が考えられる。触媒を用いた接触水素還元を行うと，マレイン酸とフマル酸はいずれもコハク酸に変化するので，同一の炭素骨格をもつことがわかる。

HOOC-CH=CH-COOH ＋ H_2
　⟶ HOOC-CH_2-CH_2-COOH

	マレイン酸	フマル酸
溶解度（毒性）〔g/100 g 水〕	79（有毒）	0.7（無毒）
酸の電離定数〔mol/L〕	$K_1=1.1\times10^{-2}$ $K_2=6.0\times10^{-7}$	$K_1=8.2\times10^{-4}$ $K_2=4.1\times10^{-5}$
密度〔g/cm^3〕	1.59	1.64
燃焼エンタルピー〔kJ/mol〕	−1367	−1338

詳説⑱ マレイン酸は極性分子で，水への溶解度が大きいのに対して，フマル酸は無極性分子で，水にはあまり溶けない。また，両者の融点を比較すると，フマル酸のほうがはるかに高い。これは，フマル酸は，分子間の水素結合のみを形成しているのに対して，マレイン酸では図のように分子内の水素結合を形成した分だけ，分子間の水素結合の数が少なくなっているためである。

マレイン酸 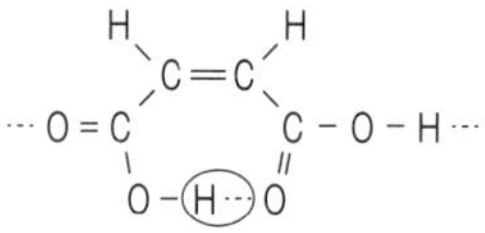
分子内水素結合

フマル酸 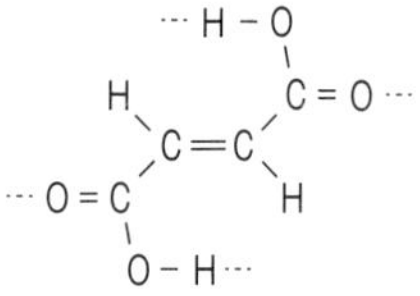
分子間水素結合

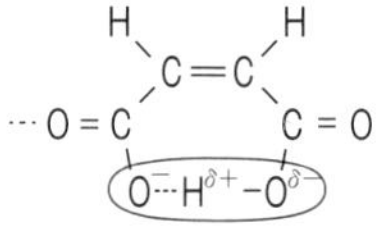

両者の第一電離定数 K_1 を比較すると，マレイン酸のほうがかなり大きい。これは，第一電離によって生じた陰イオン（$-COO^-$）が，右図のように，もう1つのカルボキシ基 -COOH の $H^{\delta+}$ 原子を引きつけ，環状の水素結合をつくって安定化するからである。このため，マレイン酸の第一電離の平衡はより右に偏り，第一電離定数 K_1 はフマル酸よりかなり大きくなる。一方，2番目の -COOH は，前述の水素結合の形成によって拘束されて，H^+ が電離しにくくなり，マレイン酸の第二電離定数 K_2 はフマル酸よりかなり小さくなる。

また，マレイン酸を希 $KMnO_4$ 水溶液で酸化するとメソ酒石酸を生じ，フマル酸を希 $KMnO_4$ 水溶液で酸化すると *d, l*-酒石酸（ラセミ体）を生じる。これは，C=C 結合に対する -OH の付加が同一方向から行われる**シス付加**であることを示す(p. 652)。

►シス形のマレイン酸を約160℃に加熱すると，容易に分子内脱水がおこって，環状の**無水マレイン酸**（融点53℃）に変化する。一方，160℃では，トランス形のフマル酸は分子内脱水はおこらず酸無水物を生じない⑲。また，無水マレイン酸に水を加えて温めると，加水分解がおこりマレイン酸に変化する。

マレイン酸 ⇄(160℃ / H_2O) 無水マレイン酸 ←(230℃ 減圧下) フマル酸

詳説⑲ シス形のマレイン酸では，2個のカルボキシ基 -COOH が互いに接近した位置にあるため，開管中で融点に近い温度まで加熱すると，容易に酸無水物を生成する。

一方，トランス形のフマル酸では，2個の -COOH が分子中で互いに離れた位置にあるため，この条件では，容易には脱水反応がおこらず，約200℃で昇華してしまう。

フマル酸を減圧下で230℃以上に長時間加熱した場合，ケト・エノール平衡 (p. 634) によって，カルボニル基の隣に C=C 結合が生じる代わりに，これまでの C=C 結合が C−C 結合となる。この C−C 結合の自由回転によって，シス形に異性化したのち，最終的には無水マレイン酸が生成することが知られている。

一方，メチレンマロン酸を140℃に加熱するとアクリル酸 CH_2=CHCOOH を生成する。このように，カルボン酸から CO_2 を脱離する反応を**脱炭酸反応**という。一般に，同一炭素に -COOH が2個以上結合した化合物は，加熱により脱炭酸反応がおこりやすい。

参考 燃焼エンタルピーの値を比較すると，マレイン酸のほうがフマル酸よりも 29 kJ/mol だけ大きい。これは，マレイン酸では大きなカルボキシ基間の距離が近く，置換基どうし間の反発(**立体障害**という)が大きいためである。よって，エネルギー的にはフマル酸のほうが安定な化合物といえる。一方，フマル酸の水溶液に50℃で紫外線を2〜3時間照射し続けると，光励起によって C=C 結合が回転し，約75%が不安定なシス形に変化して平衡状態(**シス-トランス平衡**)となる。

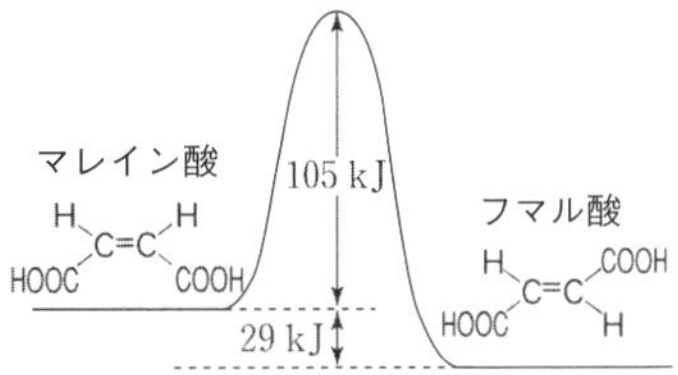

マレイン酸 105 kJ 29 kJ フマル酸

マレイン酸とフマル酸は，リンゴ酸の脱水によって図のような割合で生成する。

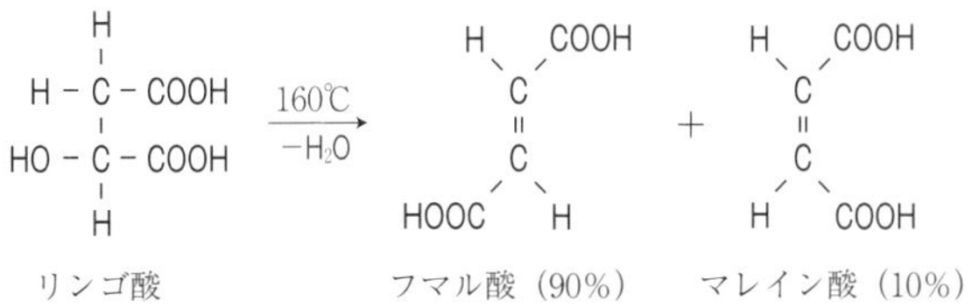

リンゴ酸 —(160℃ / $-H_2O$)→ フマル酸 (90%) ＋ マレイン酸 (10%)

また，リンゴ酸を約250℃で急速で加熱(乾留)すると，無水マレイン酸を生じ，これに水を加えて温めていくと，マレイン酸のみを生じる。

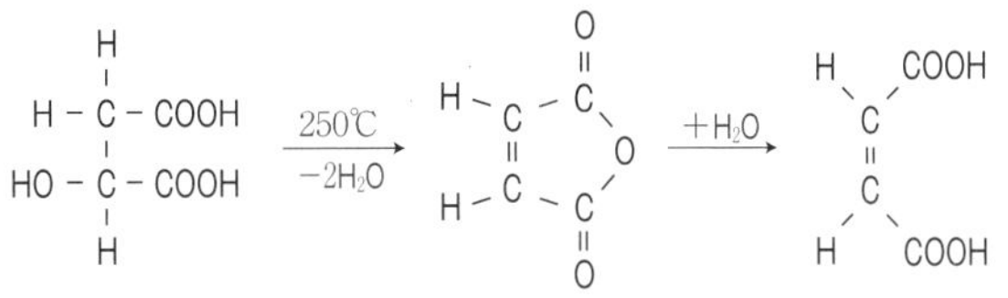

リンゴ酸 —(250℃ / $-2H_2O$)→ 無水マレイン酸 —($+H_2O$)→ マレイン酸

また，ベンゼンを酸化バナジウム(V) V_2O_5 を触媒として，450℃で空気中の酸素で酸化すると，ベンゼン環自身が開裂して，無水マレイン酸が生成する。

$$C_6H_6 + \frac{9}{2}O_2 \xrightarrow{(V_2O_5)} (HC-CO)_2O + 2CO_2 + 2H_2O$$

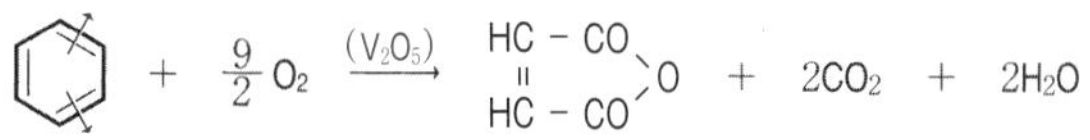

7　ヒドロキシ酸

分子中にカルボキシ基とヒドロキシ基とをもつ化合物を**ヒドロキシ酸**という。ヒドロキシ基をもつため，炭素数の等しいカルボン酸より水に溶けやすく，酸性もいくぶん強い。ヒドロキシ酸は，多くの果実中に含まれる爽快な酸味成分で，生体内で糖類が代謝される際の中間生成物でもある。また，これらの分子には，結合する４種の原子，または原子団がすべて異なる炭素原子（**不斉炭素原子**という）を含んでいることが多い(不斉炭素原子は，右図のように＊をつけて区別される)。代表的なヒドロキシ酸を下表に示す。

$$
\begin{array}{c}
H \\
| \\
H_3C - C^{*} - OH \\
| \\
COOH
\end{array}
$$

乳酸分子

名　称	乳　酸	リンゴ酸	酒石酸	クエン酸
構造式	$CH_3-\overset{*}{C}H-COOH$ $\quad\;\; OH$	$\quad\; CH_2-COOH$ $HO-\underset{*}{C}H-COOH$	$HO-\overset{*}{C}H-COOH$ $HO-\underset{*}{C}H-COOH$	$\quad\; CH_2-COOH$ $HO-C-COOH$ $\quad\; CH_2-COOH$
融点〔℃〕	52.8(16.8)	100(133)	170(206)	100
電離定数〔mol/L〕	$K=1.4\times10^{-4}$	$K_1=3.5\times10^{-4}$ $K_2=1.0\times10^{-5}$	$K_1=1.3\times10^{-3}$ $K_2=7.4\times10^{-5}$	$K_1=7.4\times10^{-4}$ $K_2=1.7\times10^{-5}$ $K_3=4.0\times10^{-7}$
所　在	ヨーグルト，漬物，筋肉中	リンゴ，モモ，ブドウ	ブドウ（フェーリング液）	ミカン，レモン（柑橘(かんきつ)類）

（注）　クエン酸以外は，L 体の融点，（　）内はラセミ体の融点を示す。

8　鏡像異性体

乳酸 $CH_3-C^{*}H(OH)-COOH$ の分子の中央の炭素原子（＊）は，４種の異なる原子，または原子団と結合している。このような炭素原子を**不斉炭素原子**という。この不斉炭素原子をもつ化合物は正四面体構造をしており，分子内にいかなる対称要素も存在せず，どんな手段を用いても重ね合わすことのできない２種の異性体(a)，(b)が存在する。(a)，(b)は結合の仕方が同じだから構造異性体ではなく，分子中に二重結合も存在しないのでシス-トランス異性体でもない。(a)，(b)で異なるのは不斉炭素原子に結合する置換基の空間配置のみである[20]。したがって，(a)，(b)は立体異性体の関係にある。

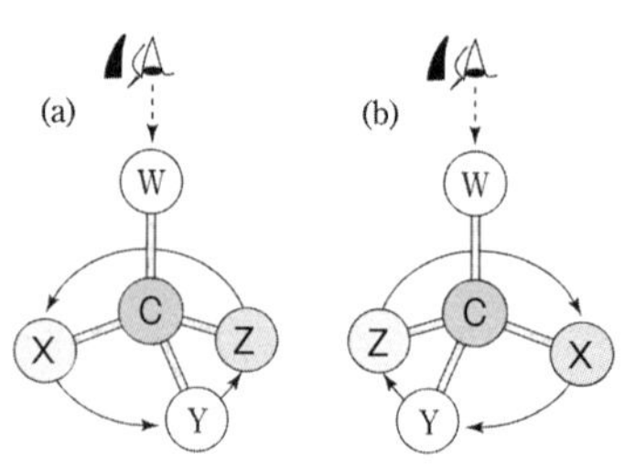

詳説[20]　Ⓦ→Ⓒ方向から見たとき，分子(a)ではⓍ→Ⓨ→Ⓩは反時計回りだが，分子(b)では時計回りであるため，２つの分子は結合を切断しない限り，２つの置換基を重ねることができない。

►さて，分子(a)と(b)の間に鏡を置いてみると，分子(a)を鏡に映すと(b)になり，逆に，(b)を鏡に映すと(a)になるので，互いに実像と鏡像の関係にある。このような化合物を互いに**鏡像異性体**(**鏡像体**：enantiomer(エナンチオマー))という[21]。

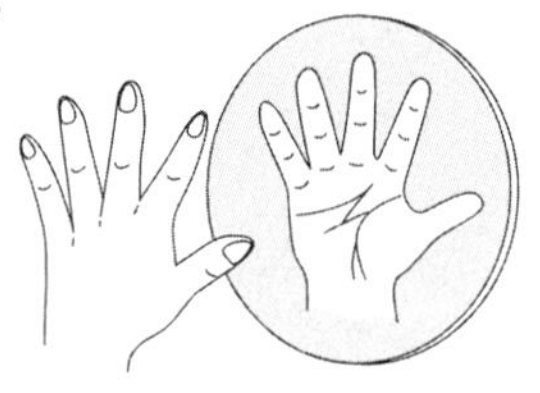

左手の鏡像はもはや左手ではなく，右手の像となっている。

詳説[21]　一般に，実像と鏡像は重なり合わない。これらは，左手と右手の関係にも等しいので，分子(a)と(b)は**対掌体**(たいしょうたい)ともいう。

►分子(a), (b)の例を乳酸にとると，Ⓧ＝$-H$，Ⓨ＝$-CH_3$，Ⓩ＝$-OH$，Ⓦ＝$-COOH$ に相当するが，自然界にはやはり 2 種類の乳酸が存在することが知られている[22]。

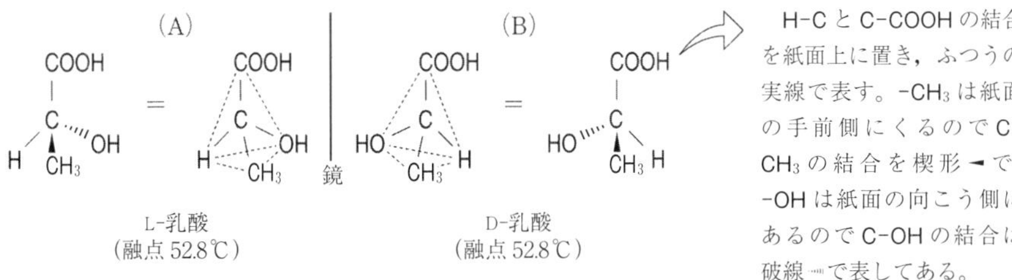

詳説[22] L-乳酸は動物の疲労した筋肉中に蓄積されるもので，肉乳酸ともよばれる。一方，腐敗した牛乳や糠(ぬか)漬物中に含まれる発酵乳酸は，2 つの異性体に分けられ，その 1 つは上記の L-乳酸であり，他の一つは D-乳酸である。発酵にあずかる微生物の種類により，D-乳酸，または L-乳酸の一方が過剰に生産されることもあるが，人工合成したものは必ず D 型と L 型の等量混合物(**ラセミ体**)となる(p. 646 **詳説**[24])。

►(A)と(B)の鏡像異性体は，原子の結合状態はまったく同じなので，化学的性質はもちろん，融点や沸点，密度，溶媒への溶解性などの物理的性質も変わらない。ただし，次項で述べる偏光面を回転させる性質(**旋光性**という)だけが異なる。よって，鏡像異性体(A)と(B)は，光学的性質の違いによってのみ区別できるので**光学異性体**ともいう。

9 旋光性と光学活性

光は電磁波の一種で，ふつうの光(自然光)は進行方向に対して垂直な面内をあらゆる方向に振動している。この光を偏光板（方解石の結晶をへき開面で切り出した 2 枚の薄板をはり合わせたものなど）に通すと，ある一平面内だけで振動する光が得られる。このような光を**偏光**，その振動面を**偏光面**という。この偏光を，不斉炭素をもつ化合物の一方の鏡像異性体の溶液に通したとき，偏光面を左，右いずれかに回転させる性質を**旋光性**という。通過してくる光に向かって偏光面が右方向（時計回り）に回転する場合を，右旋性(dextrorotatory)，左に回転させる場合を左旋性(levorotatory)という[23]。便宜上，右旋性は d- または＋，左旋性は l- または－の符号をつけて区別する。また，旋光性をもつ物質は**光学活性**，旋光性をもたない物質は**光学不活性**であるという。

詳説[23] 旋光性の大きさ(旋光度)は，次のような装置(旋光計)で測定される。まず光源(Na ランプ）を点灯し，試料管に何も入れないで検光子を回転させ，視野が最も暗くなるように調節する（このとき，偏光子の軸と検光子の軸は直角である)。次に，液体試料を試料管に入れる。もし試料が光学活性な物質であれば偏光面を回転させるので，視野をのぞくといくらか明るく見える。そこで，検光子を回転させて，視野が再び最も暗くなる角度 α (実測旋光度) を読み取る。光学活性な物質の実測旋光度は，その溶液の濃度，密度，層の厚さ，温度の影響を受ける。よっ

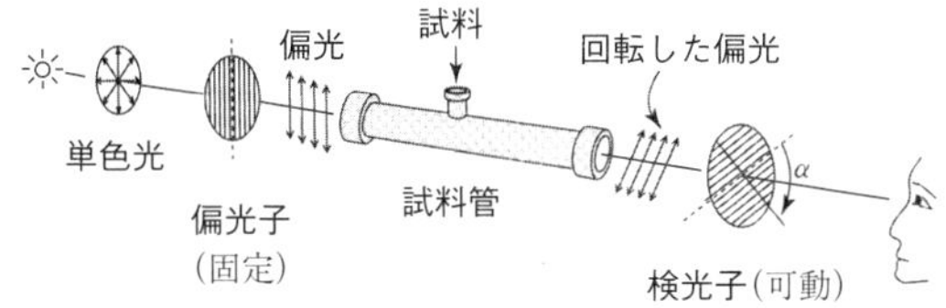

て，いくつかの異なる物質の旋光度の度合いを比較するときは，通常，25℃の溶媒1 mL 中に光学活性物質が1 g 溶けている溶液を，10 cm の試料管に入れて測定した旋光度を基準とし，**比旋光度**〔α〕とする。〔α〕は光学活性な物質にそれぞれ固有の値となる。

►乳酸の比旋光度を測定すると，(A)の鏡像体（L-乳酸）では，〔α〕＝＋3.8°，(B)の鏡像体（D-乳酸）では，〔α〕＝－3.8°であった。このように鏡像体の一方が右旋性であれば，他方は左旋性となり，その回転角は必ず等しくなる㉔。このように，不斉炭素原子を1個含む化合物には，1対（＝2種）の鏡像異性体が存在する。同様に，不斉炭素原子が2個の化合物には最大 2^2 個の，n 個の化合物には最大 2^n 個の立体異性体が存在する。

詳説㉔ L-乳酸は〔α〕＝＋3.8°なので *d*-乳酸であり，D-乳酸は〔α〕＝－3.8°なので *l*-乳酸である。*d*，*l* は旋光性の方向を示す記号であるのに対して，D，L は不斉炭素原子を中心とした4種の置換基の立体配置の系列を示す記号であり，両者は必ずしも対応していない。

一般に，光学活性な物質中の不斉炭素原子の立体配置は *R* 型，*S* 型で区別される（p. 653）が，糖やアミノ酸などの不斉炭素原子の立体配置はD型，L型で区別されている（p. 750）。

d-乳酸と *l*-乳酸を等物質量ずつ混合した溶液では，旋光度がちょうど打ち消し合うために，偏光面はまったく回転しないで見かけ上，光学不活性となる。このような混合物を**ラセミ体**といい，*dl*- または±の記号で表す。ラセミ体には，単に混合物の状態にある**ラセミ混合物**と，鏡像体が分子化合物をつくった**ラセミ化合物**とがある。ラセミ混合物を一定温度以下で結晶化させると，異なる結晶形をもつ *d* 体と *l* 体が別々に析出することがある。

参考 **乳酸の融点（53℃）が，同数の炭素数のプロピオン酸の融点（－21℃）より高い理由。**

プロピオン酸のような低級脂肪酸は，-COOH の間で水素結合を形成して二量体をつくりやすい。脂肪酸が二量体をつくると，それ以上水素結合は形成できない。一方，乳酸のようなヒドロキシ酸は二量体をつくらず，-COOH や -OH の間で多くの水素結合を形成できるので，分子間に働く引力が強くなり，融点が高くなると考えられる。

10 光学活性物質の生理作用

生物体の構成物質には光学活性なものが多く，そのうちの一方の型だけが多量に存在する㉕。2種の鏡像異性体は旋光性以外に，味，臭い，生理作用が異なる場合が多い㉖。

補足㉕ 私たちが毎日摂取するタンパク質はL-アミノ酸，デンプンはD-グルコースからできており，これらは消化され栄養分として利用されるが，これらの鏡像体（D-アミノ酸，L-グルコース）はいずれも栄養にはならず，もし摂取されてもすぐに排泄されてしまう。

詳説㉖ たとえば，L-グルタミン酸ナトリウムにはコンブのうま味があり，化学調味料に用いられるが，D-グルタミン酸ナトリウムにはうま味がない。また，*l*-メントールには清涼感のある強いハッカ臭があり，香料・食品などに使われるが，*d*-メントールはカビくさい弱いハッカ臭で清涼感がない。これは，ヒトの嗅覚や味覚の受容体が光学活性な物質でできているためである。また，生体に対する医薬品の薬理作用も，鏡像異性体では異なる場合が多い。たとえば，*l*-アドレナリンは強心剤としての薬理作用をもつが，*d*-アドレナリンは無効である。しかし，人工合成した化合物はいつも *dl*-化合物（ラセミ体）として得られるので，そのうちの一方だけを得るには生物の力を借りるしかなかった。**野依**（のより）**良治**は，遷移金属と光学活性な有機化合物からなるBINAP（バイナップ）-ルテニウム（Ru）触媒を用いて，一方の鏡像異性体だけをつくり分ける方法（**不斉合成法**）を開発し，2001年ノーベル化学賞を受賞した（p. 653）。

SCIENCE BOX ヒドロキシ酸を識別する方法

4種のヒドロキシ酸を化学的に識別する方法を考えてみよう。

$$CH_3-\overset{\displaystyle H}{\underset{\displaystyle OH}{C^*}}-COOH$$

乳酸

$$HOOC-\overset{\displaystyle H}{\underset{\displaystyle H}{C}}-\overset{\displaystyle H}{\underset{\displaystyle OH}{C^*}}-COOH$$

リンゴ酸

$$HOOC-\overset{\displaystyle H}{\underset{\displaystyle OH}{C^*}}-\overset{\displaystyle H}{\underset{\displaystyle OH}{C^*}}-COOH$$

酒石酸

$$HOOC-\overset{\displaystyle H}{\underset{\displaystyle H}{C}}-\overset{\displaystyle COOH}{\underset{\displaystyle OH}{C}}-\overset{\displaystyle H}{\underset{\displaystyle H}{C}}-COOH$$

クエン酸

乳酸には，$CH_3-CH(OH)-$ の部分構造があり，ヨウ素 I_2 によって酸化されて，メチルケトン基 CH_3CO- の構造に変化するので，ヨードホルム反応を示す。

硫酸酸性の $K_2Cr_2O_7$ 水溶液を少量用いると，第一級アルコールはアルデヒドに，第二級アルコールはケトンに酸化される。リンゴ酸の -OH，酒石酸の -OH はいずれも第二級アルコールの構造をもつので，酸化されてケトンを生成する。この際，$Cr_2O_7^{2-}$ の赤橙色から Cr^{3+} の暗緑色に変化する。

クエン酸の -OH は第三級アルコールの構造をもつので，$K_2Cr_2O_7$ では酸化されず，$Cr_2O_7^{2-}$ の赤橙色は変化しない。

最後に，酒石酸のように，隣接するC原子に -OH 基をもつ1,2-ジオール類は，酸化剤によって，C=C 結合と同様に開裂して，2分子のカルボン酸を生成する。

硫酸酸性の $K_2Cr_2O_7$ 水溶液を過剰量用いると，酒石酸の中央の C-C 結合が酸化・開裂して，2分子のシュウ酸が生成し，さらに酸化されて，二酸化炭素が発生する*。

$$HOOC-\overset{\displaystyle H}{\underset{\displaystyle OH}{C}}\dagger\overset{\displaystyle H}{\underset{\displaystyle OH}{C}}-COOH \xrightarrow[\text{開裂}]{\text{酸化}} 2(COOH)_2 \xrightarrow{\text{酸化}} 4CO_2$$

* 1,2-ジオール類が酸化開裂しやすいのは，隣り合う -OH 基どうしがクロム酸 H_2CrO_4 とエステルを形成することにより，電子の移動に伴う酸化開裂がおこりやすくなるためと考えられる。

SCIENCE BOX パスツールの光学分割法

ワイン醸造の際，樽の中に付着する結晶（酒石）の主成分が酒石酸である。1848年，**パスツール**（フランス）は，ラセミ体の酒石酸の複塩の1つである酒石酸ナトリウムアンモニウム

$NaOOC-CH(OH)-CH(OH)-COONH_4^+$ の水溶液を冷却したところ，その形が鏡像対称の関係にある2種類の結晶を得た（右図）。さらに，それぞれの結晶をルーペとピンセットで丹念に分別する（**光学分割**）ことに成功した。また，各結晶を，別々に水溶液にしたところ，逆方向の旋光性を示すことがわかった。これは，有機化学における立体化学の扉を開く大発見であった*。

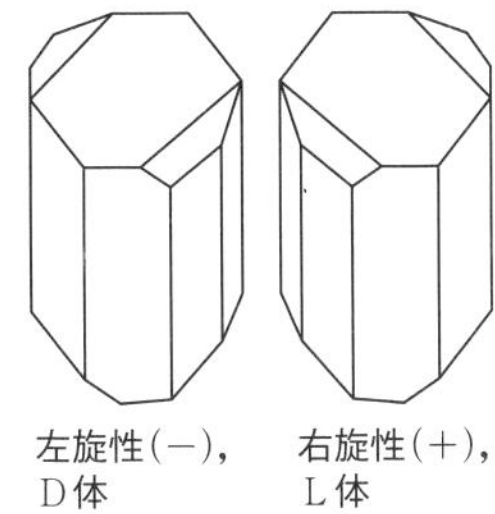

酒石酸ナトリウムアンモニウムの結晶

* 自然界のラセミ体の結晶のうち，ラセミ混合物であるのは10％未満である。彼が選んだ複塩は，偶然にもラセミ混合物であった。しかも，この複塩は27℃以下の比較的低温で再結晶したときのみラセミ混合物として自然分晶するので，彼の実験室が寒かったことが幸運な結果をもたらした。通常の熱い飽和溶液からの再結晶では，ラセミ化合物として1種類の結晶しか析出しなかったはずである。

SCIENCE BOX　酒石酸の立体異性体

分子中に2個の不斉炭素原子をもつ酒石酸 HOOC-*CH(OH)-*CH(OH)-COOH の立体異性体について考えてみよう。酒石酸分子は不斉炭素原子を中心とする2つの正四面体からなり，図1のような立体構造をもつ。この立体構造については，以後は紙面手前側への結合を◄で，紙面の背後への結合を⋯で示すことにする。

図1

酒石酸には2個の不斉炭素原子が存在するので，理論上 $2^2=4$ 種類の立体異性体の存在が予想される(図2)。

図2の(A)と(B)，(C)と(D)は互いに鏡像体であるが，(A)を同一平面上で矢印の方向に180° 回転させると，(B)に重なり合うので，(A)と(B)は同一物である。しかも，(B)の分子中の2つの不斉炭素原子は，それぞれ結合する4種の置換基の立体配置が逆であり，

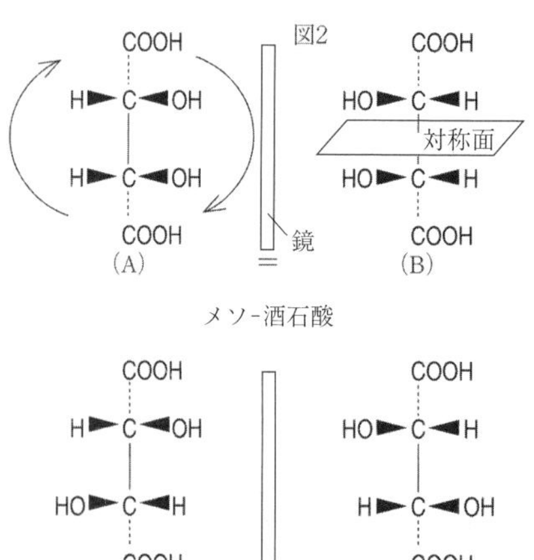

分子内に対称面をもつ。したがって，分子の上半分と下半分とが互いに鏡像の関係となり，分子内で旋光性が打ち消されて，光学不活性となる（この現象を**分子内償却**という）。また，このような化合物を**メソ体**という*1。これに対して，(C)，(D)は分子内に対称面をもたず，回転しても，裏返しても重なり合わず，互いに鏡像異性体である。

＊1　メソ体は複数の不斉炭素原子をもち，かつ，分子内に対称面，または対称中心がある場合に限って存在する。

(B)と(C)，あるいは(B)と(D)の関係は図2でわかるように，鏡像体の関係にはない。このように，鏡像異性体の関係にない立体異性体を互いに**ジアステレオマー**（diastereomer）という。一般に，2個以上の不斉炭素原子をもつ化合物では，各不斉炭素原子の立体配置をすべて反転させたものが鏡像異性体の関係となり，不斉炭素原子の立体配置の一部だけを反転させた化合物とはジアステレオマーの関係となる。ジアステレオマーでは，各置換基間の距離が違っているので，旋光性だけでなく，他の物理的性質も異なる。

酒石酸の立体異性体の性質

	融点〔℃〕	比旋光度〔20%〕	溶解度(20℃)〔g/100 g 水〕
d-酒石酸	170	＋12°	139
l-酒石酸	170	−12°	139
dl-酒石酸(ラセミ体)	206	0°	20.6*2
メソ-酒石酸	151	0°	125

さて，メソ体では，その構造の対称性のため，本来存在すべき鏡像体が存在しない。したがって，酒石酸の立体異性体の数は 4−1=3 種類となる。

＊2　酒石酸のラセミ体(ラセミ化合物)の水への溶解度が *d*-，*l*-体よりも小さいのは，ラセミ体の結晶中の水素結合が *d*-，*l*-体の結晶よりもやや発達しているためである。

SCIENCE BOX 環式化合物の立体異性体

シクロアルカンの異なる炭素原子に結合する水素原子を，2 個以上別の原子（基）で置換した化合物では，シス-トランス異性体と鏡像異性体が一緒にあらわれる場合がある。たとえば，1,2-ジメチルシクロプロパンの場合，次の立体異性体が存在する。

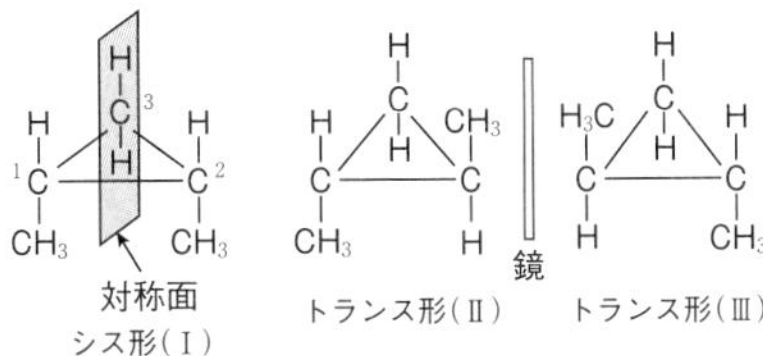

（Ⅱ）と（Ⅲ）は，互いに回転しても裏返しても重ねることはできず，異なる化合物である。これらは，ちょうど鏡像異性体の関係にある。

なお，この化合物中の 1，2 位の炭素は，それぞれ不斉炭素原子であるから，最大 $2^2=4$ 種類の立体異性体が存在するはずである。しかし，（Ⅰ）には，分子内に対称面が存在するので，分子内で旋光性が打ち消し合い，光学不活性となる（この現象を，**分子内償却**という）。また，このような化合物を**メソ体**という。したがって，1,2-ジメチルシクロプロパンの立体異性体は，全部で 3 種類となる。当然ながら，（Ⅱ），（Ⅲ）からみると（Ⅰ）は，鏡像異性体の関係にはない立体異性体なので，**ジアステレオマー**という。

このように，立体異性体の数は，不斉炭素原子 n 個につき最高 2^n 個考えられるが，実際には，分子内に対称面，または対称中心をもつ化合物（メソ体）の個数分だけ減じた数となる。

一方，1,2,3,4,5,6-ヘキサクロロシクロヘキサン（別名，ベンゼンヘキサクロリド，略号 BHC）は，ベンゼンに光照射下で塩素付加して得られる。不斉炭素原子をもたず，その立体異性体を，C，H 原子を省略して示すと，次の通りとなる。［網掛け］は対称面。

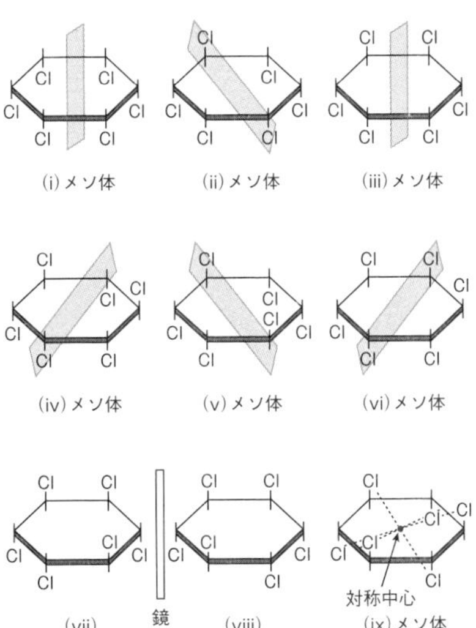

(i)～(vi)には対称面があり，いずれもメソ体。(ix)には対称中心があり，メソ体。(vii)は対称面も対称中心をもたないので，鏡像異性体の(viii)が存在する。よって，立体異性体の総数は，9 種類となる。環式化合物の場合，(vii)のように不斉炭素原子が存在しなくても，対称面，対称中心が存在しなければ，鏡像異性体が存在する。

BHC はかつて殺虫剤・農薬として多量に使用された。(i)～(ix)のなかで，最も殺虫力が強いのは(v)で，次に(vii)，(viii)の殺虫力が強い。実際には，ベンゼンの塩素付加で得られる異性体の混合物をそのまま殺虫剤として用いたため，化学的に安定な(ix)が土壌中に残留し，環境汚染が問題となった。このため，米国では 1969 年に，日本では 1972 年に使用が禁止された*。

* BHC などの化学物質の生物に対する影響は，レイチェル・カーソンが『沈黙の春』(1962 年)の中で指摘し，社会問題となった。

SCIENCE BOX　環式化合物 C_4H_8O の異性体数

分子式 C_4H_8O の環式化合物には，アルコールとエーテルの構造異性体が存在する。

〔1〕 環式アルコールの異性体数

四員環および三員環の炭素骨格に，ヒドロキシ基 -OH を結合させればよい。

```
(1) CH2 - CH2          (2)      CH2
     |     |                    /  \
    CH2 - CH - OH           H2C ―― CH - CH2 - OH

(3)     CH2            (4)      CH2
       /  \                    /  \
   H2C ―― C - CH3            HC* ―― C*H
           |                  |      |
           OH                 OH     CH3
```

よって，構造異性体は **4 種類**ある。(1), (2), (3)には不斉炭素原子が存在しないので，鏡像異性体は存在しない。また，(4)には不斉炭素原子（＊）が２個存在するので，鏡像異性体は，次の４種類が存在する。

```
    H                    H
    |                    |
    C                    C
H  / | \ H          H  / | \ H
| /  H  \|          | /  H  \|
C ―――――― C    ||    C ―――――― C
|        |    ||    |        |
OH      CH3         CH3      OH
   (a)        鏡        (b)

    H                    H
    |                    |
    C                    C
H  / | \ CH3       H3C / | \ H
| /  H  \|          | /  H  \|
C ―――――― C    ||    C ―――――― C
|        |    ||    |        |
OH       H          H        OH
   (c)        鏡        (d)
```

(a)と(b)，(c)と(d)は互いに**鏡像異性体**（**エナンチオマー**）である。また，(a)と(c)，(a)と(d)，(b)と(c)，(b)と(d)の関係は，鏡像異性体ではない立体異性体（**ジアステレオマー**）である。

以上のことから，立体異性体を含む異性体の総数は，1＋1＋1＋4＝**7 種類**である。

〔2〕 環式エーテルの異性体数

四員環および三員環の炭素骨格に，エーテル結合 -O- を結合させればよい。ただし，エーテル結合 -O- が環内にある場合と，環外にある場合の２通りを考えなければならない。

A. -O- が環内にある場合

```
(1)     O              (2)     O
       / \                    / \
    CH2   CH2              CH2   C*H - CH3
     |     |                  \  /
    CH2 - CH2                  CH2

(3)    O               (4)      O
      / \                      / \
   CH2   CH2               H2C ―― C*H - CH2 - CH3
      \  /
     CH - CH3

(5)     O       CH3    (6)            O
       / \     /                     / \
   H2C ―― C                CH3 - HC* ―― C*H - CH3
           \
            CH3
```

B. -O- が環外にある場合

```
(7)     CH2
       /  \
    H2C ―― CH - O - CH3
```

よって，構造異性体は **7 種類**ある。また，(2)，(4)には不斉炭素原子（＊）が１個ずつあるので，それぞれ２種類の鏡像異性体が存在する。また，(6)には不斉炭素原子が２個あるが，立体異性体は次の３種類しかない。

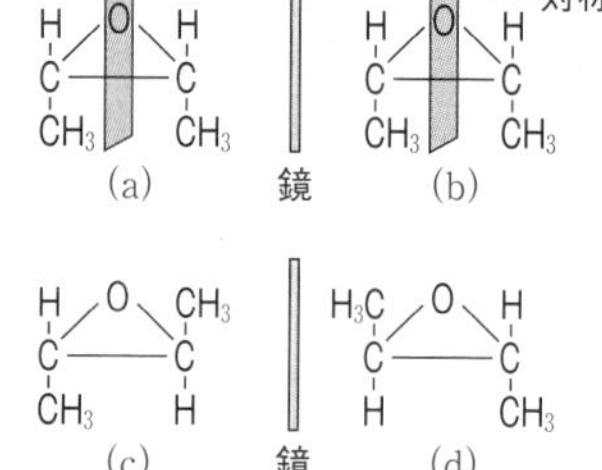

(a)と(b)は同一物であり，しかも，分子内に対称面をもち，分子内で旋光性が打ち消し合う**メソ体**である。一方，(c)と(d)は互いに重ね合わせることができない鏡像異性体である。なお，(a)と(c)，(a)と(d)はジアステレオマーの関係にある。

以上のことから，立体異性体を含む異性体の総数は，1＋1＋1＋1＋2＋2＋3＝**11 種類**である。

SCIENCE BOX　立体特異的反応

シス形のマレイン酸に臭素を付加させると，ラセミ体の1,2-ジブロモコハク酸のみが得られる。また，トランス形のフマル酸に臭素を付加させると，メソ体の1,2-ジブロモコハク酸のみが得られる。このように，出発物質が立体異性体であるとき，生成物にもそれぞれ特定の立体異性体が得られる場合がある。このような反応を，**立体特異的反応**という。上記の反応が立体特異的に進行したのは，Br_2 が二重結合でつくる平面の両側から Br^+，Br^- となって**トランス付加**したためである(p. 595 の 詳説 ⓫)。

この反応を理解するには，まず，分子の立体構造の表し方の約束を学ばねばならない。分子の立体構造を表すには，主に2つの方法がある。分子の立体構造を紙面に投影して表す方法が**投影式**である。図2のように，紙面手前側に向く結合を水平な線で，紙面背後に向く結合を垂直な線で表し，その中心原子を省略したものを**フィッシャーの投影式**という。一方，図3のように，分子の立体構造を遠近法を用いて表す方法が**ハースの構造式**である。ふつう，注目した原子を含む基準平面を紙面に置き，紙面上の結合を実線―，紙面前方への結合を楔形◄，紙面後方への結合を破線┄で表す。

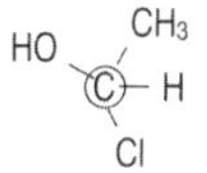

また，C-C 結合の自由回転によって生じる原子の立体配置の違い(**立体配座**という)を表すには，**ニューマンの投影式**が便利である。すなわち，C-C 結合軸を紙面に垂直に立て，真上から紙面に投影して表す。このとき，手前側の原子を円の中心で，奥側の原子を円で表すと，図4右のように，手前側の原子から出る結合を円の中心から出る直線でＹと表し，奥側の原子から出る結合を円周から出る直線で⏃と表す。置換基の相対的な位置関係がよくわかる利点がある。

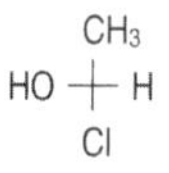

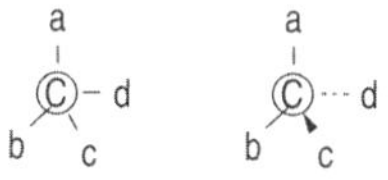

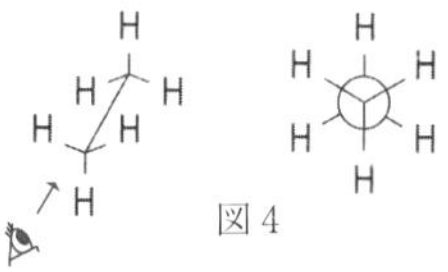

図1　図2

図3

図4

(1)　マレイン酸への臭素付加

二重結合への臭素付加反応では，まず，ブロモニウムイオン Br^+ が二重結合のつくる平面の一方から攻撃して，環状の中間体(図B)がつくられる。直ちに臭化物イオン Br^- が立体障害を避けるために，Br^+ の攻撃した反対方向から付加する(ただし，(a)，(b) 2通りの方法がある)。

図Bの(a)のC原子にBr^-が付加した場合

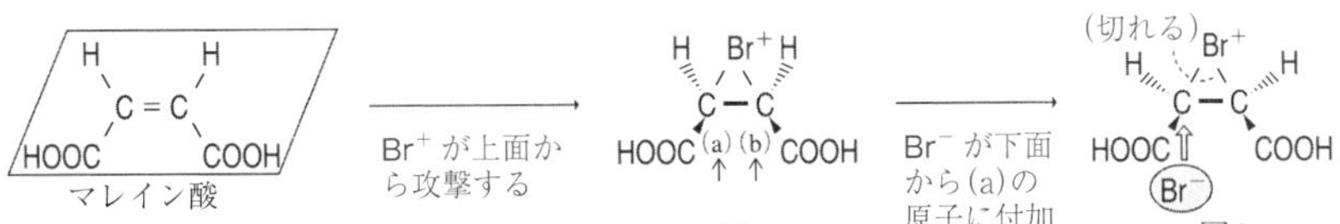

マレイン酸
図A

Br^+ が上面から攻撃する

図B

Br^- が下面から(a)の原子に付加

(切れる)
図C

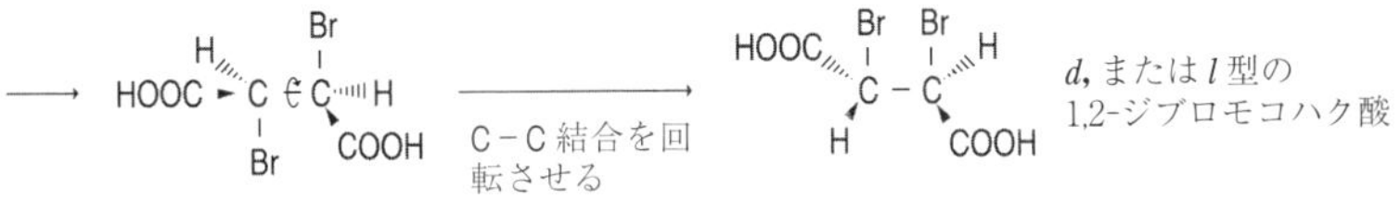

図D

C－C 結合を回転させる

図E

d, または *l* 型の1,2-ジブロモコハク酸

図Bの(b)のC原子にBr^-が付加した場合

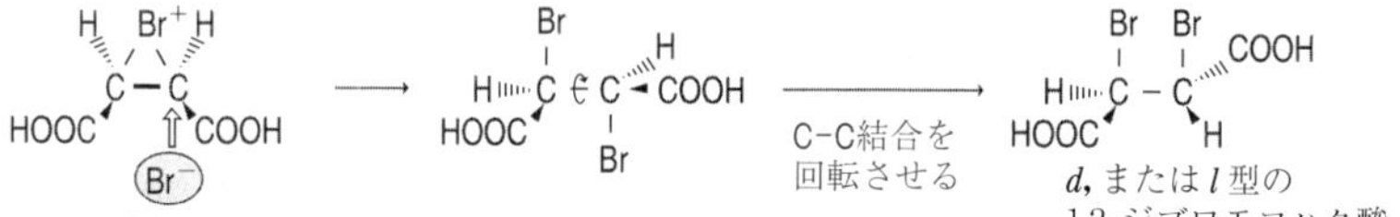

図F　　図G　　図H

図Ｅと図Ｈの化合物を比較すると，分子内に対称面をもたないのでメソ体ではなく，また，互いに重ね合わすことができないので，鏡像体(対掌体)の関係にあることがわかる。また，Br^- が図Ｂの(a)のＣ原子と(b)のＣ原子に対して50%ずつの確率で付加すると考えられ，結果的に，図Ｅと図Ｈの等量混合物(**ラセミ体**)が生成することになる。

〔2〕 フマル酸への臭素付加

図Jの(c)のC原子にBr^-が付加した場合

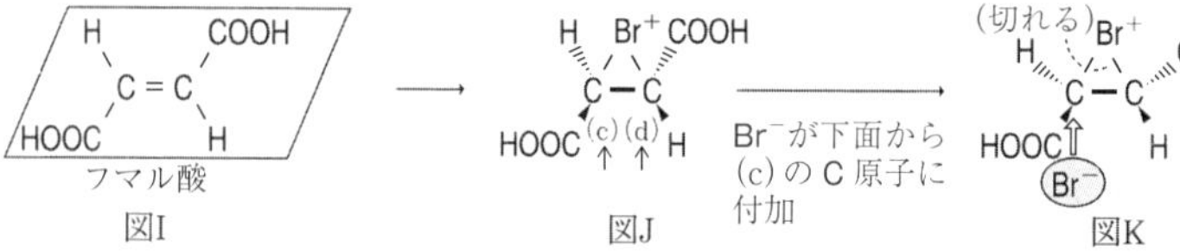

図I　　図J　　図K

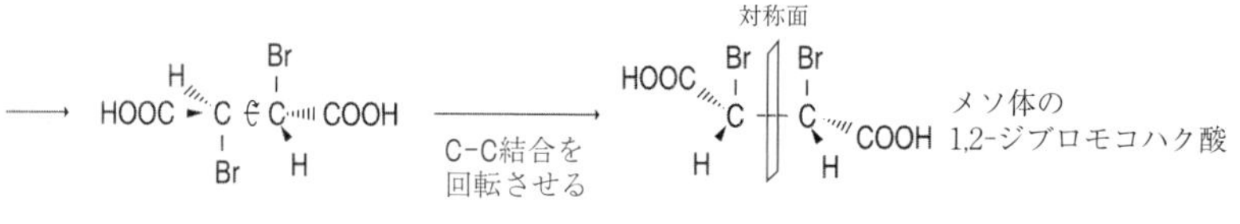

図L　　図M

図Jの(d)のC原子にBr^-が付加した場合

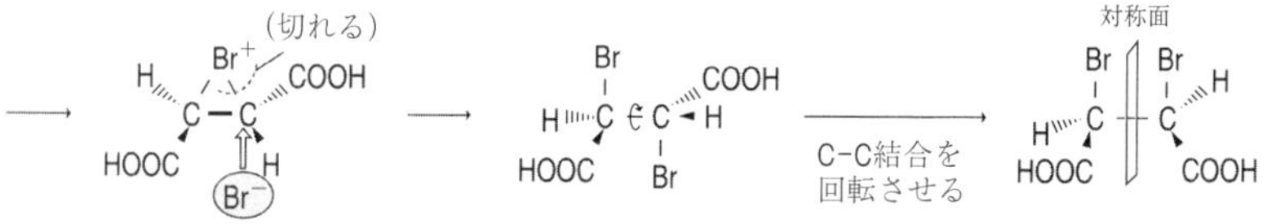

図N　　図O　　図P（図Mと同じ化合物）

図Ｍと図Ｐの化合物を比較すると，いずれも分子内に対称面をもち，互いに重ね合わすことができるので同一の化合物(**メソ体**)であることがわかる。

もし，二重結合に対する臭素の付加が，二重結合の同一方向から行われる**シス付加**であるならば，上記とは逆の結果が得られることになるはずである。

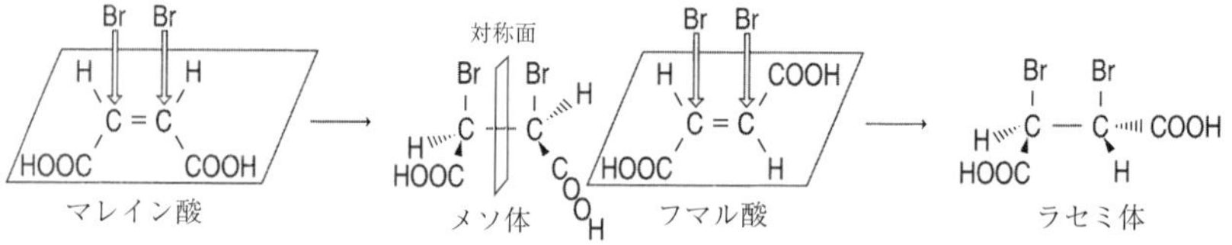

SCIENCE BOX　不斉合成法

不斉炭素原子をもつ光学活性物質を化学的に合成すると，*R* 型と *S* 型[*1]の等量混合物(**ラセミ体**)が得られ，光学不活性となる。*R* 型と *S* 型は，それぞれ光学活性な鏡像異性体であり，旋光性以外の物理的性質・化学的性質はまったく同じであるが，その生理作用は異なる[*2]。

＊1　不斉炭素原子に直接結合した 4 種の原子を，原子番号の大きい順に a → b → c → d と並べる。d を一番奥に置き，不斉炭素原子を通して矢印の方向から見たとき，a → b → c が時計回りのものを ***R* 型**，反時計回りのものを ***S* 型**と決めている。*R* はラテン語の rectus(右)，*S* は sinister(左)を意味する。

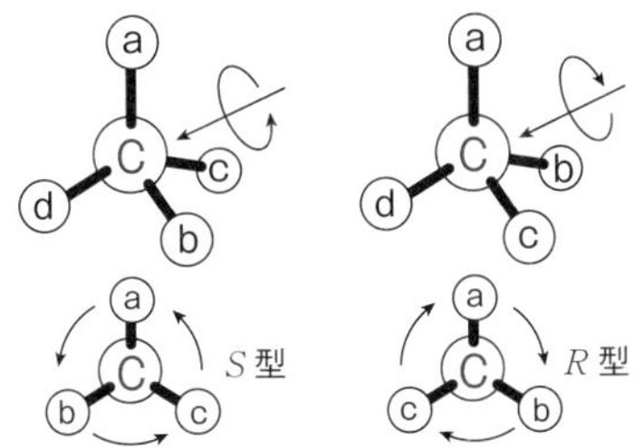

＊2　人工甘味料のアスパルテームの *S* 型は，スクロース(ショ糖)の約 180 倍の甘味をもつが，*R* 型には苦味がある。また，医薬品のサリドマイドの *R* 型には鎮痛作用があるが，*S* 型には強い催奇性があり社会問題となった。

一般に，医薬品，農薬，香料，食品添加物など，特定の生理作用を利用した製品では，一方の鏡像異性体を多量につくる必要がある。そのためには次の方法がある。

(1)　化学的な合成法で得られたラセミ体をそれぞれの鏡像異性体に分離する。この方法を**光学分割**という(p. 784)。

この例として，分割したい *R* 型と *S* 型の等量混合物から，別の純粋な鏡像異性体との間で塩やエステルなどの化合物をつくる。その生成物は，不斉炭素原子を 2 個もつことになり，互いに**ジアステレオマー**(p. 648)の関係となる。ジアステレオマーはもとの**エナンチオマー**(**鏡像異性体**)とは異なり，融点・沸点・溶解度など，旋光性以外の性質も異なるので，蒸留・再結晶・クロマトグラフィーなどの方法で分離することが可能である。

(2)　生物のもつ酵素は自然界に存在する不斉触媒の一つで，これを利用して光学活性物質の一方だけをつくることができる。酵素の分離・抽出は容易ではないので，生物の機能を利用して有用な物質を生産する**バイオテクノロジー**（生物工学）の技術を応用して，大腸菌などの微生物で，ヒトのインスリンや成長ホルモンの合成が行われている。

(3)　光学活性な一方の鏡像異性体を選択的に化学合成する。この方法を**不斉合成法**という。下図のように，反応物 D が平面状の基質の右側から攻撃して *R* 型が生じるならば，左側から攻撃すれば *S* 型が生成することになる。

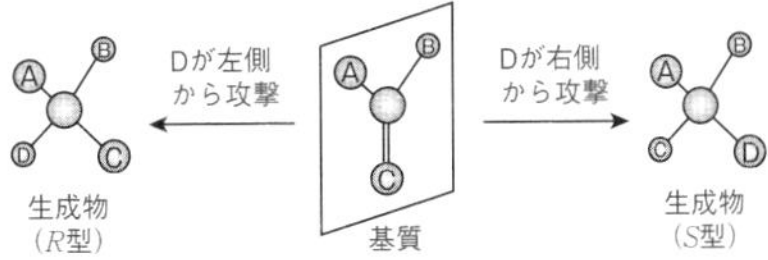

この考え方を応用して，1977 年，日本の**野依良治**(のより)は，*R* 型と *S* 型を見分けられる不斉配位子 BINAP(バイナップ）と遷移金属のルテニウム Ru などの錯体（**BINAP—金属触媒**）が，不斉合成に有効であることを発見した。現在，*S* 型の BINAP—Ru 触媒を用いることにより，天然物よりもさらに高純度の *S* 型の *l*-メントール（ハッカ臭をもつ物質）がつくられている。この方法は，医薬品などの合成にも利用されている。

BINAP－金属触媒

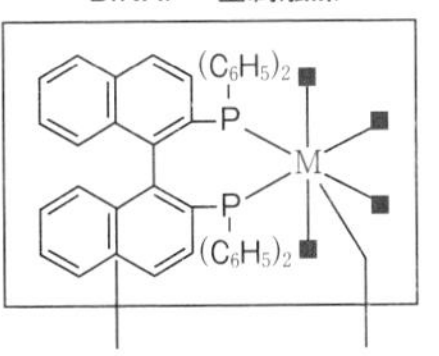

立体選択性をつかさどる BINAP配位子

反応にかかわる金属原子

■の場所にAやBの分子が配位して反応が進行する

SCIENCE BOX　ラセミ体と光学分割

(1) ラセミ体について

等物質量の鏡像異性体の混合物を**ラセミ体**という。

乳酸 CH_3-CH(OH)COOH	D体, L体 52.8℃	DL体 (ラセミ体) 16.8℃
リンゴ酸 HOOCCH_2-CH(OH)COOH	D体, L体 100℃	DL体 (ラセミ体) 133℃

乳酸のように，ラセミ体の融点がその鏡像体よりも低いものと，リンゴ酸のように，ラセミ体の融点がその鏡像体よりも高いものがある。ラセミ体は水溶液では，各鏡像体が混合物として存在するが，結晶状態では化合物として存在するものと，結晶状態でも混合物として存在するものがある。

(2) ラセミ混合物とラセミ化合物について

ラセミ体のうち，D体とL体が別々に結晶化したものを**ラセミ混合物**といい，D体とL体がペア(二量体)となって結晶化したものを**ラセミ化合物**という。

① ラセミ混合物の結晶と融点の変化

D体の水溶液にL体を加えていくと，D体の結晶化は妨げられて，融点が下がる(**融点降下**)。L体の水溶液にD体を加えても融点降下がおこる。結局，D体：L体＝1：1のラセミ体では，最低の融点(**共融点**)を示す。このように，ラセミ混合物の融点は，D体，L体の融点よりも低くなる。これより，乳酸のラセミ体はラセミ混合物とわかる。

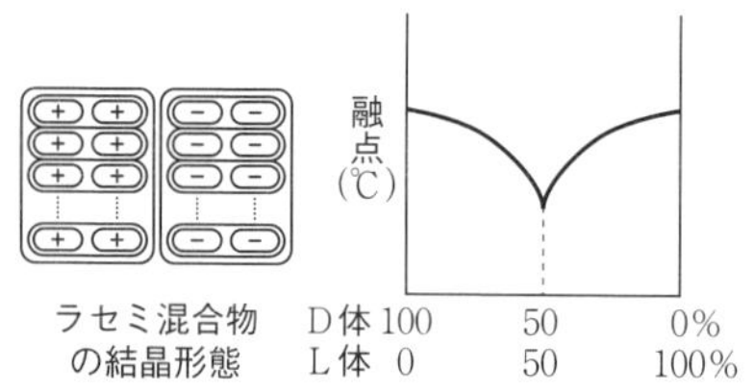

② ラセミ化合物の結晶と融点の変化

D体の水溶液にL体を加えていくと，融点降下がおこり，やがて極小点(共融点)になる。D体：L体≒1：1に近づくと，D体とL体のペア（二量体）の割合が多くなり，結晶化しやすくなり，融点は極大値を示す。しかし，D，L体にL体を加えていくと，融点は下がり，極小点(共融点)を経て，再びL体の融点まで上昇する。このように，ラセミ化合物の融点は，D体，L体の融点よりも高くなる。これより，リンゴ酸のラセミ体はラセミ化合物とわかる。

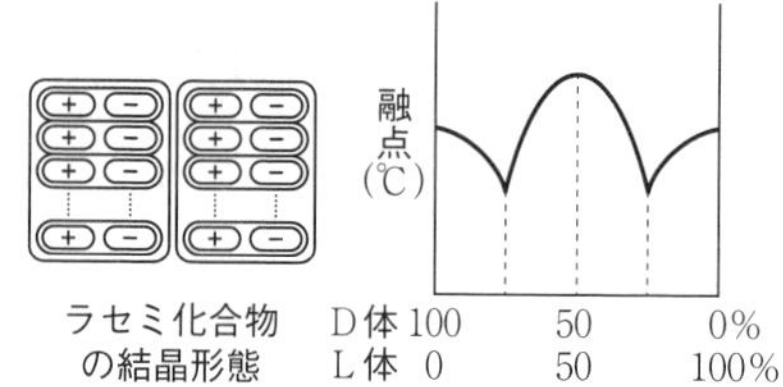

(3) ラセミ混合物の光学分割について

ラセミ体を2種の鏡像体に分離することを**光学分割**という。ラセミ混合物の場合，D体とL体が別々に結晶化するので，ラセミ体の飽和溶液に一方の鏡像体の種結晶を入れると，その鏡像体の結晶が析出する。この方法を**優先晶出法**という。たとえば，27℃以下の酒石酸ナトリウムアンモニウムの飽和水溶液にL体の種結晶を加えると，L体の結晶が得られる。また，このろ液にD体の種結晶を加えると，D体の結晶が得られる。

ラセミ化合物の場合は，D体とL体が二量体となって結晶化するので，上記の方法では光学分割できない。そこで，ラセミ体を構成するD体とL体それぞれに，適切な別の光学活性体を反応させて，2個の不斉炭素原子をもつジアステレオマー（鏡像体ではない立体異性体）に変換する。ジアステレオマーどうしは物理的性質（溶解度など）が異なるので，再結晶法によって両者を分離した後，光学活性体の部分を除くと，ラセミ体をD体とL体を分離できる。この方法を**ジアステレオマー法**という。

5-11 エステル

1 エステルの生成

カルボン酸とアルコールが脱水縮合して生じる化合物を**エステル**といい，エステルが生成する反応を**エステル化**という❶。また，$-\overset{\overset{\displaystyle O}{\|}}{C}-O-$ の結合を**エステル結合**という❷。

$$R-\overset{\overset{\displaystyle O}{\|}}{C}\boxed{-O-H} + \boxed{H}-{}^{18}O-R' \rightleftarrows R-\overset{\overset{\displaystyle O}{\|}}{C}-{}^{18}O-R' + H_2O$$

詳説❶ カルボン酸とアルコールからの脱水縮合の仕方については，酸素の同位体 ^{18}O を用いた実験により明らかになった。^{18}O を多量に含む $C_2H_5{}^{18}OH$ を用いて上記の実験を行うと，^{18}O は水ではなく，必ずエステル中に含まれていた。つまり，カルボン酸の -OH とアルコールの -H から水が生成することが確かめられた。なお，この反応は，カルボニル基 $>C=O$ の O 原子に対して H^+ が付加することから始まる複雑な多段階反応であり，単純な脱水反応ではない。

補足❷ エステル結合を示性式で表す方法は，次の2通りある。一般には，カルボン酸を先頭にして[酸]$-\overset{\overset{\displaystyle O}{\|}}{C}-O-$㋐のように書くことが多いので，-COO- と表されるが，アルコールを先頭にして書くときは，-OCO- と表さねばならない。また，エステルはカルボン酸の名称の後に，アルコールの炭化水素基の名称をつけて命名する。

[例] 酢酸とメタノールのエステル…酢酸＋メチルアルコールと考え，酢酸メチルとする。

►たとえば，酢酸とエタノール各1 molずつ混合し，少量の濃硫酸❸を加え，約70℃で反応させると，酢酸エチルと水を約 $\frac{2}{3}$ molずつ生成し，やがて平衡状態となる❹。

補足❸ この反応では，硫酸から生じる H^+ が触媒として働くとともに，生成する水が濃硫酸に水和して反応系から除かれるので，下式の平衡がより右へ移動する。

$$CH_3-COOH + HO-C_2H_5 \xrightleftharpoons{(H_2SO_4)} CH_3-COO-C_2H_5 + H_2O$$

濃硫酸の代わりに塩化水素ガスを用いてもよいが，希塩酸や希硝酸を用いた場合は含まれている水分によって，上式の平衡が左へ戻されるので，生成するエステルの収率が低くなる。また，エステルの収率を高めるために，アルコール，またはカルボン酸のいずれかを過剰に用いることが多い。たとえば，酢酸1 mol，エタノール2 molを用いて，70℃で反応させた場合，平衡定数を使って計算すると，酢酸エチルは約0.85 mol生成することがわかる。

詳説❹ エステル化の反応では，C-O 結合，O-H 結合が切断されるかわりに，再び同じ結合が生成されている。すなわち，反応エンタルピー ΔH ＝(反応物の結合エネルギー)－(生成物の結合エネルギー) ≒0 となるから，正反応の活性化エネルギー E_1 と逆反応の活性化エネルギー E_2 はほぼ等しい。たとえば，酢酸エチルが生成する場合の反応エンタルピーは約6 kJ/molであり，この反応は典型的な可逆反応で，平衡定数は下式で求められる。

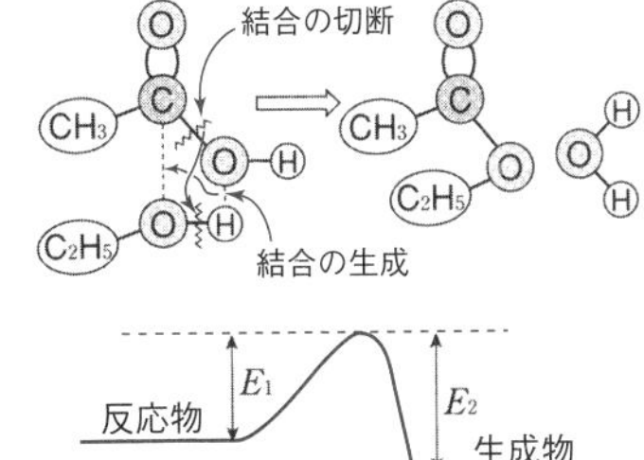

$$K=\frac{[CH_3COOC_2H_5][H_2O]}{[CH_3COOH][C_2H_5OH]}=\frac{\frac{2}{3}\times\frac{2}{3}}{\frac{1}{3}\times\frac{1}{3}}=4.0$$

SCIENCE BOX　エステル化の反応機構

エステル化では，まず，触媒から放出された H^+ が，カルボン酸，またはアルコールのどの部分に結合して，反応が開始されるのかを考える必要がある。右下図の(b)，(c)では H^+ が結合したあと，H_2O が脱離しないと，反応性の大きなカルボニウムイオン（C^+ の状態になったイオン）を生成しないが，(a)では H^+ が結合するだけで，カルボニウムイオンが生成できる。すなわち，水の脱離が不要な分だけ活性化エネルギーが低くなり，反応がおこりやすくなる。

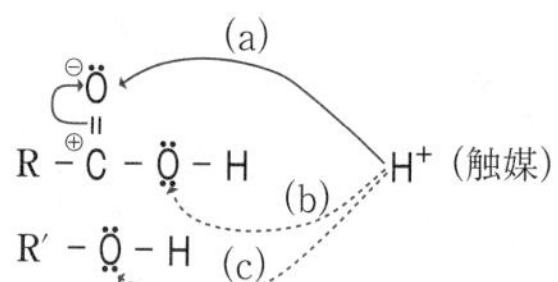

① カルボニル基の酸素への H^+ の付加により，カルボニル基の炭素の正電荷が強められ，アルコールの −O−H による**求核置換反応**（陰性試薬が，分子中の正電荷を帯びた部分を攻撃する反応）を受けやすくなる。

② アルコール部分の H^+ がカルボン酸の O 原子に転位して，カルボン酸の −OH とアルコールの −H とから脱水する。

さらに，触媒として結合した H 原子が反応液中の陰イオンに引きつけられて H^+ として脱離し，エステル化が終了する。なお，この多段階反応は，それぞれ可逆的に進行する。

R−C(=O)−O−H ＋ H^+ ⇄(R−OH) R−C⁺(−O−H)−O−H ＋ R′−O−H ⇄ R−C(−O−H)(−O−H)−O⁺(H⁺)−R′

H^+の結合　　求核置換反応　　H^+の転位

⇄ R−C(−O−H)(−O⁺−H)(−O−R′)（H）⇄($-H_2O$) R−C⁺(−O−H⁺)−O−R′ ⇄($-H^+$) R−C(=O)−O−R′

脱水　　H^+の脱離

しかし，酢酸と 2-メチル-2-プロパノールのような第三級アルコールとのエステル化は，上記と反応経路が異なっている。

これは，途中で生じる第三級カルボニウムイオンの安定性が大きいためである。この場合，結果的には，アルコールの −OH と触媒の H から水が生成していることになる。

$(CH_3)_3C-O-H \xrightarrow{H^+} (CH_3)_3C-O^+H_2 \xrightarrow{-H_2O} (CH_3)_3C^+ \xrightarrow{CH_3COOH}$

$(CH_3)_3C^+ + CH_3-C(=O)-O-H \longrightarrow (CH_3)_3C-O^+(H^+)-C(=O)-CH_3 \xrightarrow{-H^+} (CH_3)_3C-O-C(=O)-CH_3$

一般に，エステル化の反応速度は，第一級＞第二級＞第三級アルコールの順となる。これは，上記①の反応のカルボニル基の炭素に対するアルコールの −OH の求核置換反応が，立体障害により第一級＞第二級＞第三級アルコールの順におこりにくくなるためである。

2 エステルの製法

よく乾燥した丸底フラスコにエタノール 0.5 mol と氷酢酸 0.4 mol を加え，冷却しながら濃硫酸 5 mL を少しずつ加える❺。コルク栓で還流冷却器を取りつけ，沸騰石を入れたのち，軽く沸騰する程度に約 20 分間，水浴を用いて加熱還流する❻。

反応後，冷却したのち，反応液をビーカーに取り冷水を加えると，2 層に分離する❼。この上層部分だけを分液漏斗に入れ，ジエチルエーテルと飽和炭酸水素ナトリウム水溶液を加えてよく振り混ぜたのち，水層をすてる。

残ったエーテル層に 50%塩化カルシウム水溶液を加えて振り混ぜたのち，水層をすてる❽。残ったエーテル層を三角フラスコに移し，粒状の無水塩化カルシウムの結晶を加えて一晩放置する❾。

ろ過したのち，ろ液を枝付きフラスコに取り，蒸留装置を組み立て，まずゆっくりと加熱して，ジエチルエーテルを蒸留して取り去り，次いで，温度が 75～78℃付近の留分を集めると，目的の**酢酸エチル** $CH_3COOC_2H_5$(分子量 88)が得られる❿。

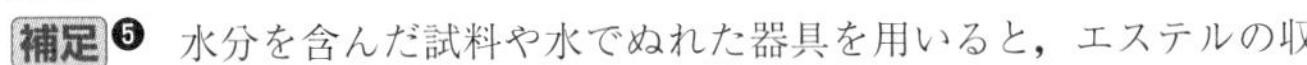

補足❺ 水分を含んだ試料や水でぬれた器具を用いると，エステルの収率が低くなる。濃硫酸を徐々に加えないと，激しく発熱し，内容物が吹き出す恐れがある。

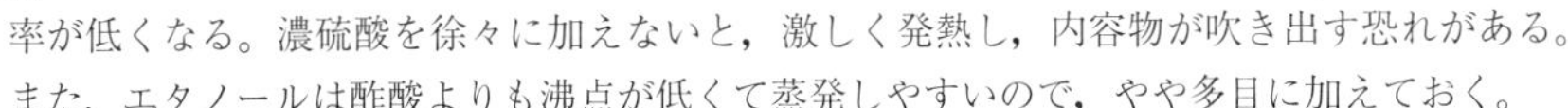

また，エタノールは酢酸よりも沸点が低くて蒸発しやすいので，やや多目に加えておく。

詳説❻ 溶媒の蒸気を冷却し，液体にして下の容器に戻すための装置を**還流冷却器**という。溶媒を失うことなく，沸点近い温度で反応を続けることができる。球管冷却器の代わりに，リービッヒ冷却器を用いてもよい。また，可燃性の有機物を直火で熱すると，引火したりフラスコが割れたりして火災になる恐れがあり危険である。100℃以下の加熱には水浴，100℃以上では油浴，200℃以上では砂浴を用いるとよい。なお，接続部にゴム栓を用いると，有機溶媒の蒸気で溶かされて，実験後にとれなくなることがあるのでコルク栓を用いる。

補足❼ エステルは水に溶けにくく，密度が小さい（約 0.9 g/cm^3）ので，上層に分離される。水層には未反応のエタノールや触媒の硫酸が存在する。

詳説❽ 未反応の酢酸は，右図のような二量体となって，エステル中に混入している。これを，炭酸水素ナトリウム水溶液と振り混ぜることにより，酢酸ナトリウム(塩)として水層に分離する。

$$CH_3COOH + NaHCO_3 \longrightarrow CH_3COONa + H_2O + CO_2\uparrow$$

また，エタノールの沸点は 78℃，酢酸エチルの沸点は 77℃なので，分留では両者は分離できない。そこで，未反応のエタノールは濃い $CaCl_2$ 水溶液と振り混ぜ，$CaCl_2 \cdot 4\,C_2H_5OH$ という分子化合物に変え水層へ除いておく。

詳説❾ 無水 $CaCl_2$ はジエチルエーテル中に含まれる水分を，水和水として塩化カルシウムに結合させて除く乾燥剤として作用している。この代わりに，無水 Na_2SO_4 を用いてもよい。

詳説❿ この反応の収率が 100%とすると，酢酸エチルは 0.4 mol 生成する。実際に得られた酢酸エチルが 24.6 g とすると，この反応の収率は，$\dfrac{24.6}{0.4\times88}\times100 \fallingdotseq 70\%$ となる。

3 エステルの性質

エステルは中性の物質で，一般に水に溶けにくいが，有機溶媒には溶けやすい⓫。互いに構造異性体の関係にあるエステルとカルボン酸の沸点を比較すると，エステルの沸点のほうがかなり低い⓬。また，分子量の比較的小さなエステルは，揮発性で果実のような芳香をもつ液体で，香料や有機溶媒として広く用いられる⓭。

詳説⓫ エステル化により，酸性を示すカルボキシ基 $-COOH$ が失われて中性となる。また，エステル結合には極性があり，親水基として働く。しかし，両側を疎水基ではさまれているため，水和がおこりにくく，分子全体では疎水基の影響が強く，水に溶けにくくなる。ただし，分子量の小さなエステルであるギ酸メチル，ギ酸エチル，酢酸メチルだけは水に溶ける。

補足⓬ これは，カルボン酸は分子間で強い水素結合をつくるのに対し，エステルは水素結合をつくらないためである。また，カルボン酸が分子量の小さいメタノールやエタノールとエステルをつくった場合，分子量が増えているにもかかわらず，沸点はもとのカルボン酸よりかえって低くなる傾向がある。

名 称	化学式	分子量	沸点〔℃〕
ギ 酸	$HCOOH$	46	101
ギ酸メチル	$HCOOCH_3$	60	32
ギ酸エチル	$HCOOC_2H_5$	74	54
酢 酸	CH_3COOH	60	118
酢酸メチル	CH_3COOCH_3	74	56
酢酸エチル	$CH_3COOC_2H_5$	88	77
プロピオン酸	C_2H_5COOH	74	141
プロピオン酸メチル	$C_2H_5COOCH_3$	88	80
プロピオン酸エチル	$C_2H_5COOC_2H_5$	102	99

補足⓭ 自然界に存在する芳香のある低級エステルの一例は次の通りである。

エステル	化学式	香り	エステル	化学式	香り
酢酸ペンチル	$CH_3COOC_5H_{11}$	ナシ	酪酸エチル	$C_3H_7COOC_2H_5$	パイナップル
酢酸オクチル	$CH_3COOC_8H_{17}$	オレンジ	酪酸ペンチル	$C_3H_7COOC_5H_{11}$	アンズ

低分子量のエステル R-COO-R′ は揮発性なので，容易に空気中を拡散して私たちの鼻の粘膜にある嗅細胞に到達する。R と R′ の種類によって，エステル分子の形や大きさに違いが生じ，私たちの嗅(きゅう)覚受容体との相互作用の仕方が異なり，特有の香りを感じるのである。

しかし，高分子量のエステルには油脂とろうがあり，ともに不揮発性の固体なので無臭である。高級脂肪酸と高級アルコールからなるエステルを**ろう**(wax)といい，木ろう，鯨ろう，蜜ろうなどの種類がある。ろうは油脂よりも加水分解されにくく安定性が大きい。

4 無機酸エステル

カルボン酸に限らず，硝酸，硫酸やリン酸などのオキソ酸とアルコールとの脱水縮合で生じた化合物も広義の**エステル**というが，分子中にはエステル結合 -COO- は含まれない。たとえば，グリセリンに濃硝酸と濃硫酸(触媒)からなる混合溶液(**混酸**という)を低温で反応させると，**ニトログリセリン**とよばれる淡黄色油状の液体が生成する。ニト

$$\begin{array}{l} CH_2-O-\boxed{H \quad - \quad HO}-NO_2 \\ | \\ CH-O-\boxed{H \quad - \quad HO}-NO_2 \\ | \\ CH_2-O-\boxed{H \quad - \quad HO}-NO_2 \end{array} \xrightarrow{(H_2SO_4)} \begin{array}{l} CH_2-O-NO_2 \\ | \\ CH-O-NO_2 \\ | \\ CH_2-O-NO_2 \end{array} + 3H_2O$$

ログリセリンは強い爆発性をもつので，ダイナマイトの原料として用いられる⓮。ただし，ニトログリセリンはニトロ基 -NO_2 が炭素原子に直結していないので，ニトロ化合物ではなく，グリセリンの**硝酸エステル**である。

詳説⓮ **ニトログリセリン**は，分子中に複数のニトロ基をもち，O_2 の供給がなくても点火や衝撃により急激に分解し，爆発する性質をもつ。1866 年スウェーデンの**ノーベル**は，当時“気狂い油”として人々に恐れられていたニトログリセリンを多孔質のケイ藻土に吸収させて，安全に導火線で点火できる**ダイナマイト**を発明した。また，ニトログリセリンは皮膚や粘膜から体内に吸収され，血管を一時的に拡張させる働きがあるので，血圧降下剤として狭心症の特効薬に用いられる。また，アルコールも濃硫酸と反応して**硫酸エステル**をつくる。たとえば，硫酸ドデシルナトリウムは合成洗剤(p. 675)に用いられる。

5 エステルの加水分解

エステルに水を加えて加熱すると，エステル化の逆向きの反応が進んで，もとのカルボン酸とアルコールになる。この反応を**エステルの加水分解**という。少量の酸を加えると，H^+ が触媒として働き，反応は促進される⓯。

$$\mathrm{R{-}\overset{\overset{\large O}{\|}}{C}{-}O{-}R' + H{-}OH \xrightleftharpoons{(H^+)} R{-}\overset{\overset{\large O}{\|}}{C}{-}OH + R'{-}OH}$$

補足⓯ この反応はエステル化の逆反応であり，エステル化と同様に可逆反応である。

$$\mathrm{R{-}\overset{\overset{\ominus}{O}}{\overset{\|}{\overset{\oplus}{C}}}{-}O{-}R' \xrightleftharpoons{H^+(触媒)} R{-}\overset{\overset{O-H}{|}}{\overset{+}{C}}{-}O{-}R' \xrightleftharpoons{:\ddot{O}H_2} R{-}\overset{\overset{O-H}{|}}{\underset{\underset{{}^+O-H^+}{|}}{C}}{-}\ddot{O}{-}R' \rightleftharpoons R{-}\overset{\overset{O-H^+}{|}}{\underset{\underset{O-H}{|}}{C}} + R'{-}OH}$$

カルボン酸　　アルコール

一方，エステルに塩基の水溶液を加えて加熱すると，エステルはより速やかに加水分解され，カルボン酸の塩とアルコールになる。このように，塩基を用いたエステルの加水分解を，特に**けん化**という⓰。

$$\mathrm{R{-}\overset{\overset{\large O}{\|}}{C}{-}O{-}R' + NaOH \longrightarrow R{-}\overset{\overset{\large O}{\|}}{C}{-}O^-Na^+ + R'{-}OH}$$

詳説⓰ エステルの一種である油脂をアルカリで加水分解すると，セッケンができることからこうよばれる。けん化では，最後の段階で生じるカルボン酸がアルカリとの中和反応で平衡系から除かれるので不可逆反応となる。また，酸による加水分解よりも反応速度が大きい。けん化によりエステルの構成成分を明らかにすれば，もとのエステルの構造決定ができる。

第一段階：エステルのカルボニル基の炭素 $C^{\oplus}$ に対する OH^- の求核攻撃(p. 656)

第二段階：反応中間体からのアルコキシドイオン(R-O^-)の脱離

第三段階：カルボン酸からの H^+ の脱離，およびアルコキシドイオンへの H^+ の結合

$$\mathrm{R{-}\overset{\overset{\ominus}{O}}{\overset{\|}{\overset{\oplus}{C}}}{-}O{-}R' + OH^- \xrightleftharpoons{第一段階} R{-}\overset{\overset{O^{\ominus}}{|}}{\underset{\underset{O-H}{|}}{C}}{-}O{-}R' \xrightleftharpoons{第二段階} R{-}\overset{\overset{\large O}{\|}}{C}{-}O{-}H^+ + R'{-}O^{\ominus}}$$

$$\mathrm{\xrightleftharpoons{第三段階} R{-}\overset{\overset{\large O}{\|}}{C}{-}O^- + R'{-}OH}$$

例題 分子式 $C_5H_{10}O_2$ で表される有機化合物 A～G の構造式を記せ。
- A，B，C，D 30.6 g を完全に加水分解したら，いずれもカルボン酸 H 13.8 g と，アルコール I，J，K，L 22.2 g がそれぞれ得られた。
- J，K を酸化するとフェーリング液を還元する M，N を生じ，L を酸化するとヨードホルム反応を示す O を生じた。
- アルコール I, J, K, L の沸点を比較すると，K の沸点が最も高く，I の沸点が最も低かった。
- E を加水分解して得られたアルコール P を酸化すると，アセトンが得られた。
- F を加水分解して得られたアルコール Q は，ヨードホルム反応を示した。
- G を加水分解すると，直鎖のカルボン酸 R とアルコール S が生成した。S と濃硫酸を加熱してもアルケンは生成しなかった。

［**解**］ エステル A～D(分子量 102)の加水分解で得られるカルボン酸 H の分子量を x とおくと，

$RCOOR' + H_2O \longrightarrow RCOOH + R'OH$　より

$\dfrac{30.6}{102}=\dfrac{13.8}{x}$　　$x=46.0$　　よって，カルボン酸 H はギ酸 HCOOH

A～D の加水分解で得られるアルコール I，J，K，L の分子式は，$C_5H_{10}O_2 + H_2O - CH_2O_2 = C_4H_{10}O$　である。I，J，K，L に考えられる構造は次の 4 種類である。

① $CH_3-CH_2-CH_2-CH_2-OH$　② $CH_3-CH(CH_3)-CH_2-OH$　③ $CH_3-CH_2-CH(OH)-CH_3$　④ $CH_3-C(CH_3)(OH)-CH_3$

J，K の酸化生成物 M，N がフェーリング反応を示したので，J，K は第一級アルコールの①か②。①，②の沸点を比べると，炭素骨格が直鎖＞分枝の順になるので，K が①，J が②である。

L の酸化生成物 O がヨードホルム反応を示したので，O は CH_3CO- の構造をもつ。よって，L は $CH_3CH(OH)-$ の構造をもつ第二級アルコールの③である。

I の沸点が最も低いので，分子の形が球形に最も近い第三級アルコールの④である。

∴ **A はギ酸と 2-メチル-2-プロパノールのエステル，B はギ酸と 2-メチル-1-プロパノールのエステル，C はギ酸と 1-ブタノールのエステル，D はギ酸と 2-ブタノールのエステル**である。

アルコール P を酸化するとアセトンを生じたので，**P は 2-プロパノール**。エステル E の炭素数は 5 なので，相手のカルボン酸は C_2 の**酢酸**である。

アルコール Q はヨードホルム反応を示したので，$CH_3CH(OH)-$ の構造をもつ。よって **Q はエタノール**。エステル F の炭素数は 5 なので，相手のカルボン酸は C_3 の**プロピオン酸**である。

アルコール S は濃硫酸と加熱してもアルケンが生成しないので，C_1 の**メタノール**である。エステル G の炭素数は 5 なので，相手のカルボン酸 R は C_4 で直鎖の炭素骨格をもつ**酪酸**である。

A… $H-C(=O)-O-C(CH_3)_2-CH_3$　B… $H-C(=O)-O-CH_2-CH(CH_3)-CH_3$　C… $H-C(=O)-O-CH_2-CH_2-CH_2-CH_3$

D… $H-C(=O)-O-CH(CH_3)-CH_2-CH_3$　E… $CH_3-C(=O)-O-CH(CH_3)-CH_3$　F… $CH_3-CH_2-C(=O)-O-CH_2-CH_3$

G… $CH_3-CH_2-CH_2-C(=O)-O-CH_3$

答

例題 分子式$C_6H_{10}O_2$で表されるエステルA〜Dの構造がわかるように示せ。
Aを加水分解すると，カルボン酸Eと分子式C_3H_8OのアルコールFが得られた。Fを酸化するとHに変化し，Hはクメン法でも生じる。
Bを加水分解すると，分子内にヒドロキシ基とカルボキシ基を1個ずつGを生じた。
また，Gを酸化するとナイロン66の原料であるIを生じた。
Cを加水分解すると，2個の不斉炭素原子をもつカルボン酸Jとメタノールを生じた。
Dを加水分解すると，直鎖状のカルボン酸Kと分子式C_2H_4Oのアルコールを生じたが，直ちにその構造異性体であるLに変化した。

［解］ 分子式$C_6H_{10}O_2$はO原子を2個含むので，A〜Dはエステル結合を1個ずつもつ。

〔A〕 $C_6H_{10}O_2 + H_2O \longrightarrow E + C_3H_8O$ (F)　　Eの分子式は$C_3H_4O_2$

Eはカルボン酸なので，$C_3H_4O_2$はC_2H_3COOHと書ける。C_2H_3-はC_2H_5-に比べてH原子が2個少ないので，不飽和度は1。

∴ EはC=C結合を1個含むCH_2=CHCOOH(アクリル酸)

また，Fの酸化生成物であるHはクメン法でも生成するからアセトン。よって，Fは第二級アルコールの2-プロパノール。よって，**Aはアクリル酸と2-プロパノールのエステル**

〔B〕 $C_6H_{10}O_2 + H_2O \longrightarrow C_6H_{12}O_3$ (G)　　Gの分子式は$C_6H_{12}O_3$

Gは，-OHと-COOHを1個ずつもつヒドロキシ酸で，酸化するとナイロン66の原料I(アジピン酸)を生じるから，直鎖の炭素骨格と第一級アルコールの構造-CH_2OHをもつ。

よって，**BはGの分子内の-COOHと-OHでエステル結合してできた環状エステル(ラクトン)**

Bは加水分解によって開環し，ヒドロキシ酸Gが生成したと考えられる。

```
   CH2 - CH2 - O                        O
  /            |                        ‖
CH2            |   +  H2O  ──→  HO - C - CH2 - CH2 - CH2 - CH2 - CH2 - OH   (G)
  \            |
   CH2 - CH2 - C = O
```

〔C〕 $C_6H_{10}O_2 + H_2O \longrightarrow J + CH_4O$　　Jの分子式は$C_5H_8O_2$

Jはカルボン酸なので，$C_5H_8O_2$はC_4H_7COOH　と書ける。C_4H_7-はC_4H_9-に比べてH原子が2個少なく，鎖状構造でC=C結合1個，または環状構造を1個含む。

C_4H_7-は鎖状構造でC=C結合1個をもち，不斉炭素原子2個含むものは存在しない。

C_4H_7COOHに環状構造を1個含むのは次の①〜③であるが，このうち不斉炭素原子2個含むJは③。　　∴ **Cは③とメタノールのエステル。**

```
① CH2 - CH2          ②    CH2             ③    CH2
   |     |               /   \                 /   \
   CH2 - CH - COOH     CH2 - C - COOH        *CH - *CH
                             |                |      |
                             CH3              CH3    COOH
```

〔D〕 $C_6H_{10}O_2 + H_2O \longrightarrow K + C_2H_4O$ (L)　　Kの分子式は$C_4H_8O_2$

Kは直鎖状のカルボン酸なので，$CH_3CH_2CH_2COOH$(酪酸)。分子式C_2H_4Oのアルコールは直ちに構造異性体のLに変化したので，このアルコールはビニルアルコールCH_2=CHOHで，Lはアセトアルデヒド。　∴ **Dは酪酸とビニルアルコールとのエステル。**

```
                           CH2 - CH2 - O            CH2
                          /            |           /   \
A… CH2 = CHCOOCHCH3   B… CH2           |     C… CH - CH        D… CH3CH2CH2COOCH = CH2
             |            \            |         |    |
             CH3           CH2 - CH2 - C=O       CH3  COOCH3
```

答

例題 エステルを水素化アルミニウムリチウム $LiAlH_4$ で還元的に分解すると，①式のように2種類のアルコールが生成する。R，R′ はアルキル基を表す。

$$R\text{-}COO\text{-}R' \longrightarrow R\text{-}CH_2\text{-}OH + R'\text{-}OH \quad \cdots\cdots①$$

$LiAlH_4$ は，Li^+ と AlH_4^- からなるイオン結晶で，水素化物イオン H^- がカルボニル基のC原子を求核攻撃するので，アルデヒドやカルボン酸を第一級アルコールに，ケトンを第二級アルコールに還元できるが，アルケンやアルキンをアルカンに還元することはできない。

分子式 $C_{20}H_{36}O_6$ で3個のエステル結合をもつAがある。Aを $LiAlH_4$ で還元したところ，B，C，Dが1：2：1の物質量比で得られた。Bの示性式は $C_4H_7(OH)_3$ で旋光性を示した。Cはエタノールで，Aの不斉炭素原子に存在していた2つのエステル結合が還元的に切断されて生成した。Dは直鎖の炭素骨格をもつ高級アルコールで合成洗剤の原料に用いる。

Aを酸を触媒として加水分解すると，C，D，E，Fが得られ，Eは酢酸であった。Fを加熱すると1molあたり2molの水が取れて酸無水物Gを生じた。Gに褐色の臭素水を加えると，その色が消失した。

(1) 化合物Dの名称を書け。

(2) 化合物A，B，Gの構造式を書け。(不斉炭素原子には＊をつけよ。)

［**解**］ (1) Aを $LiAlH_4$ で還元的に分解すると，①式より，エステル結合1個につきH原子は4個増加する。よって，Aはエステル結合を3個もつので，合計H原子は12個増加する。

∴ Dの分子式は，$C_{20}H_{36}O_6 + 12H - C_4H_{10}O_3(B) - C_4H_{12}O_2(2C) = C_{12}H_{26}O$

Dは直鎖の炭素骨格をもつ高級アルコールなので，示性式は $C_{12}H_{25}OH$ の **1-ドデカノール** 答

(2) Aを酸を触媒として加水分解すると，C，D，E，Fが得られ，Aの還元生成物のB，C，C，Dと比較すると，C，Dは変化がないが，E，Fのもつ -COOH が還元されて $-CH_2OH$ になったものがCとBである。題意より，Eは酢酸であり，Eが還元されるとCのエタノールになる。よって，Fが還元されて生成したものがB($C_4H_7(OH)_3$)である。

Fを加熱すると，H_2O 2分子が取れて酸無水物Gとなる。また，Gは臭素水を脱色するので C=C 結合をもつ。FおよびGの炭素数はBと同数の4なので，Gは無水マレイン酸。また，Fはマレイン酸に H_2O 1分子が付加した化合物のリンゴ酸と考えられる。

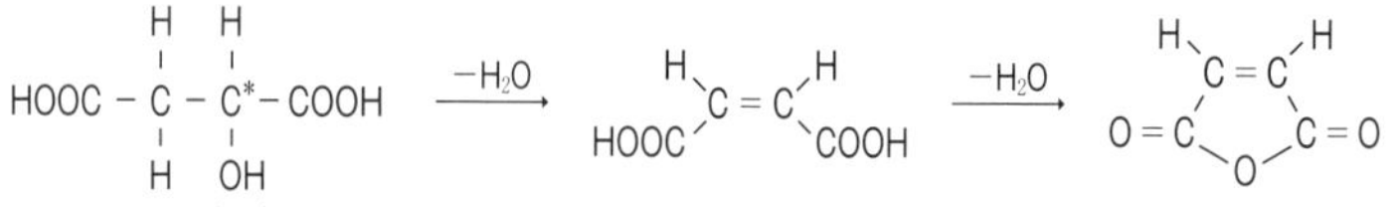

HOOC－CH(H)－C*H(OH)－COOH　$\xrightarrow{-H_2O}$　HOOC(H)C＝C(H)COOH　$\xrightarrow{-H_2O}$　(H)C＝C(H)，O＝C－O－C＝O（環状）

リンゴ酸 (F)　　マレイン酸　　無水マレイン酸 (G)

Fを還元して得られる3価アルコールBは，$HOCH_2\text{-}CH_2\text{-}C^*H(OH)\text{-}CH_2OH$ である。

よって，Aはリンゴ酸とエタノール，酢酸，1-ドデカノールとのエステルであるが，題意よりリンゴ酸の不斉炭素原子＊に存在していた2つのエステル結合が還元的に分解されてエタノールが生成したことから，Aはリンゴ酸の不斉炭素原子に結合している -COOH にエタノールが，-OH に酢酸がそれぞれエステル結合しており，残った -COOH に $C_{12}H_{25}OH$ がエステル結合していたことがわかる。

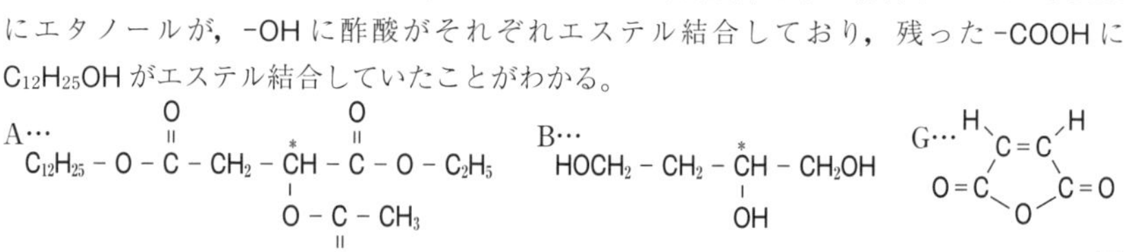

A… $C_{12}H_{25}\text{-}O\text{-}C(=O)\text{-}CH_2\text{-}C^*H(\text{-}O\text{-}C(=O)\text{-}CH_3)\text{-}C(=O)\text{-}O\text{-}C_2H_5$

B… $HOCH_2\text{-}CH_2\text{-}C^*H(OH)\text{-}CH_2OH$

G… (H)C＝C(H)，O＝C－O－C＝O（環状：無水マレイン酸）

答

5-12 油　脂

1 油脂の構造

動植物中に含まれる疎水性の物質を**油脂**といい，主に動物では皮下組織に，植物では種子の中に蓄えられている。油脂のうち，牛脂や豚脂のように，常温で固体のものを**脂肪** (fat)，大豆油やオリーブ油のように，常温で液体のものを**脂肪油** (oil) という。これらの油脂は，図のような装置を用いて抽出される❶。

詳説❶ **ソックスレー抽出器**は，チェコの化学者**ソックスレー**が発明した抽出器で，円筒ろ紙(A)の中に砕いた固体試料を，丸底フラスコには溶媒のエーテルやヘキサンをそれぞれ入れて水浴で加熱する。蒸気は右側の側管(B)を通って上昇し，最上部の還流冷却器で凝縮されて，円筒ろ紙中に落ちて油脂分を抽出する。溶媒が(A)の中を一杯に満たすとサイホン(C)が働いて，抽出液は再びフラスコ内に戻される。この繰り返しによって，連続的に油脂が抽出される。

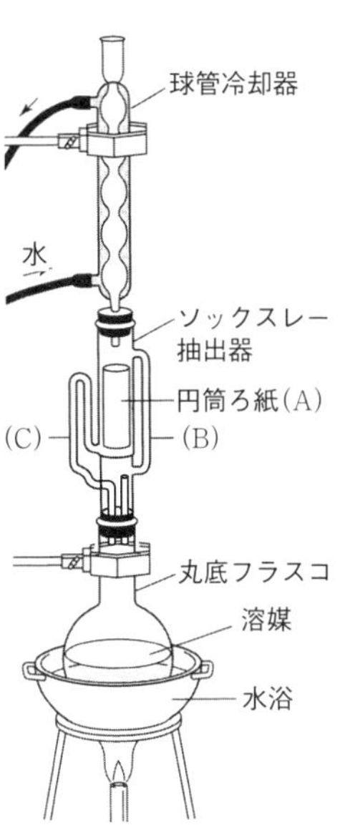

►油脂は常温では水と反応しないが，触媒(ZnO など)の存在下で過熱水蒸気によって加水分解(下式の逆反応)すると，グリセリンと種々の高級脂肪酸が得られる。すなわち，油脂は，3価アルコールのグリセリンと種々の高級脂肪酸とのエステル(**トリグリセリド**)である。高級脂肪酸を R-COOH(R：炭化水素基)とすると，油脂の生成と加水分解は次式で表される❷。

$$
\begin{array}{l}
H_2C-O\boxed{H + HO}OC-R_1 \\
HC-O\boxed{H + HO}OC-R_2 \\
H_2C-O\boxed{H + HO}OC-R_3
\end{array}
\rightleftarrows
\begin{array}{l}
H_2C-OCO-R_1 \\
HC-OCO-R_2 \\
H_2C-OCO-R_3
\end{array}
+ 3H_2O
$$

詳説❷ 油脂では，グリセリンの -OH が3つとも脂肪酸とエステル結合しており，トリグリセリドとなっている。また，油脂を構成する脂肪酸は1種類ではなく，通常，2種類か3種類の組み合わせでできており（つまり，R_1，R_2，R_3 は異なる)，それらの組み合わせによって多くの構造異性体が存在する。さらに，それらが複雑に混合したものが油脂の本当の姿なのである。したがって，油脂は純物質ではないので，分子量や融点は一定ではない。

ところで，すべて同じ脂肪酸からなる油脂では，1種類の構造しか存在しないのに対して，3つの異なる脂肪酸からなる油脂には，下の(ア)，(イ)，(ウ)の3種類の構造異性体が存在し，それぞれに不斉炭素原子が存在する。また，2つの異なる脂肪酸からなる油脂では，(エ)，(オ)，(カ)，(キ)の4種類の構造異性体が存在し，そのうち(エ)と(カ)には不斉炭素原子が存在する。

すなわち，下記の構造異性体のうち，不斉炭素原子をもつ(ア)，(イ)，(ウ)，(エ)，(カ)の構造の油脂には1対の鏡像異性体が存在する。油脂の多様性はこのような多くの異性体によってもたらされていると言える。

$$
\begin{array}{llccc}
CH_2-OCO- & R_1 & -R_2 & -R_2 \\
CH\ \ -OCO- & R_2^* & -R_1^* & -R_3^* \\
CH_2-OCO- & R_3 & -R_3 & -R_1 \\
 & (ア) & (イ) & (ウ)
\end{array}
\qquad
\begin{array}{lcccc}
CH_2-OCO- & R_1 & -R_1 & -R_2 & -R_2 \\
CH\ \ -OCO- & R_1^* & -R_2 & -R_2^* & -R_1^* \\
CH_2-OCO- & R_2 & -R_1 & -R_1 & -R_2 \\
 & (エ) & (オ) & (カ) & (キ)
\end{array}
$$

2 油脂の性質

油脂は水には不溶であるが，ジエチルエーテルやヘキサンなどの有機溶媒には溶けやすく，密度は0.89～0.93 g/cm^3 である。また，高純度のものは無色・無臭である❸。

補足❸ とくに，植物油には酸化防止作用をもつトコフェロール（ビタミンE），カロテノイドなどの色素が含まれるので，黄色を帯びているものが多い。また，二重結合を多く含む油脂を空気中に放置すると，酸素，光，熱，金属などの作用により二重結合の部分が徐々に酸化されて過酸化物となり，やがて低級な脂肪酸やアルデヒドなどを生じる。これらの生成物には特有の酸味と悪臭があり，有毒なものも多い。こうした油脂の劣化現象を**油脂の酸敗**という。

►油脂を構成する主な脂肪酸は，下表に示したように炭素数が偶数で，とくに C_{16}，C_{18} のものが多い❹。また，油脂１分子中に含まれる C=C 結合の数を油脂の**不飽和度**という。

分類	名称	示性式	炭素数	融点〔℃〕	C=C 結合の数（不飽和度）	主な所在
飽和脂肪酸	ミリスチン酸	$C_{13}H_{27}COOH$	14	58	0	ヤシ油
	パルミチン酸	$C_{15}H_{31}COOH$	16	63	0	牛脂，豚脂，バターなどの脂肪
	ステアリン酸	$C_{17}H_{35}COOH$	18	70	0	
不飽和脂肪酸	**オレイン酸**	$C_{17}H_{33}COOH$	18	14	1	ほとんどの油脂
	リノール酸	$C_{17}H_{31}COOH$	18	−5	2	大豆油，アマニ油などの脂肪油
	リノレン酸	$C_{17}H_{29}COOH$	18	−11	3	

常温で固体状の油脂(**脂肪**)には，パルミチン酸やステアリン酸のような高級飽和脂肪酸が多く含まれ❺，常温で液体状の油脂(**脂肪油**)には，リノール酸やリノレン酸などの高級不飽和脂肪酸が多く含まれる❻。一般に，動物性油脂には固体のものが多く，植物性油脂には液体のものが多い❼。

補足❹ これは，生体内での脂肪酸の分解と合成のいずれもが，C_2 の脂肪酸である CH_3COOH を単位として行われているからである。脂肪酸の合成の場合には，CH_3COOH の炭素鎖が２個ずつ，カルボキシ基の方向へ増やされていく。

詳説❺ 飽和脂肪酸は，図(a)のような直鎖状の分子で，分子どうしが接近しやすく，分子間力が強く働くため，融点が高くなる。また，二重結合を含まないので，化学的に安定で酸化を受けにくい。一方，天然の不飽和脂肪酸にはふつう二重結合だけを含み，しかも図(b)のようにすべてシス形であるので，分子中に二重結合を多く含むほど折れ曲がった分子となる。したがって，分子どうしの結晶化が妨げられ，その融点は二重結合の数とともに低くなる。

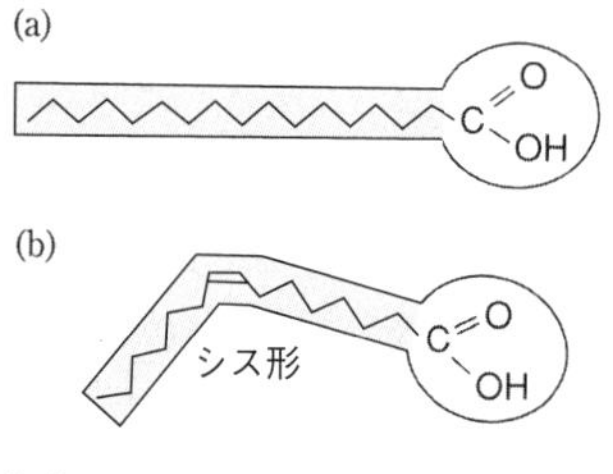

補足❻ ヤシ油の融点（約 20℃）が他の植物油に比べて高いのは，不飽和脂肪酸をあまり含まず，ラウリン酸 $C_{11}H_{23}COOH$ やミリスチン酸など比較的炭素数の少ない飽和脂肪酸を多く含むためである。また，ほ乳類は，不飽和度２以上の不飽和脂肪酸は体内で合成できない。これらを**必須脂肪酸**(p. 670)といい，食物から摂取しなければならない。

補足❼ 植物性油脂の場合，脂肪酸組成は生育温度で変化する。たとえば，サンフラワー油(ひまわり油）の場合，高緯度ではリノール酸の割合が多いが，低緯度ではオレイン酸の割合が多くなる。動物性油脂の場合，陸生動物の油脂は融点が高いが，海産動物の油脂の融点は低い傾向がある。一般に，動・植物の油脂の融点は，その動・植物の体温や生育温度と深い関係がある。油脂は液体よりも固体にしたほうが，単位体積あたり多くの分子を貯蔵できる。一方，これをエネルギー源として各細胞に運搬するには，液体にするほうが都合がよい。この変化を最も効率的に行うには，油脂の融点を体温にできるだけ近づけ，固体と液体の中間の状態を保っておくのが最適であると考えられる。

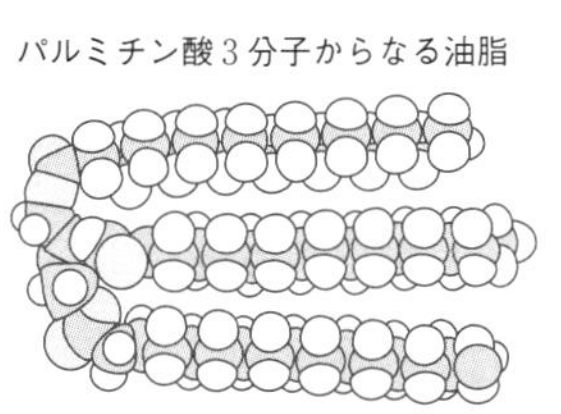

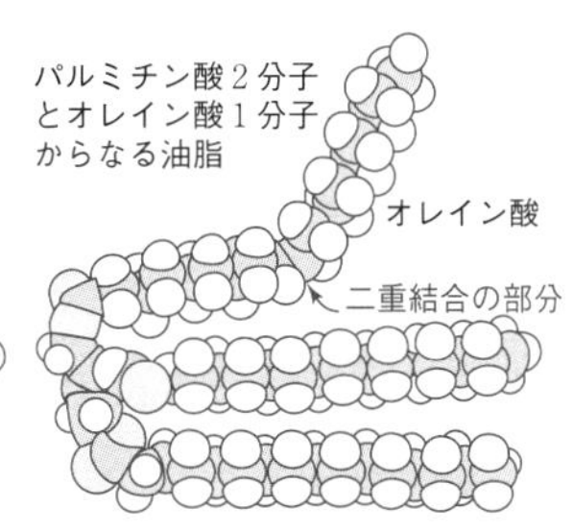

魚油に含まれるイコサペンタエン酸（イコサ C_{20}，ペンタエン C=C 5 個，略称 EPA）や，ドコサヘキサエン酸（ドコサ C_{22}，ヘキサエン C=C 6 個，略称 DHA）などの**高度不飽和脂肪酸**（p. 670）は，体内で血栓を予防したり，血液中の脂質量を低下させたり，炎症やアレルギーを抑える働きをもつ**プロスタグランジン**とよばれる一群の生理活性物質の合成原料となる。

►二重結合を多く含むために常温で液体の油脂に，Ni 粉末を触媒として約 180℃で H_2 を加圧（$3\sim4\times10^5$ Pa）しながら反応させると，二重結合の部分に H_2 が付加して，飽和脂肪酸を多く含む油脂となり硬化する。この操作で得られた固体の油脂を**硬化油**といい，セッケン，ローソクやマーガリンなどの原料に用いられる[8]。

詳説[8] 油脂に対する水素付加では，油脂中の C=C 結合から C−C 結合への変化と同時に，不飽和脂肪酸のシス形から熱力学的に安定なトランス形への変化もおこる。トランス形の不飽和脂肪酸（**トランス脂肪酸**，p. 671）は，飽和脂肪酸以上に血液中のコレステロール値を上昇させる。　例 オレイン酸（シス-オクタデセン酸）⟶ エライジン酸（トランス-オクタデセン酸）

二重結合を多く含む魚油は，空気中で酸化されやすく変質しやすいが，この操作により白色で硬く，はじめにもっていた悪臭も消え，空気中でも安定な油脂に変化する。一方，マーガリンの原料には，植物油に部分的に水素を付加させて適当な硬さにした硬化油を用いる。

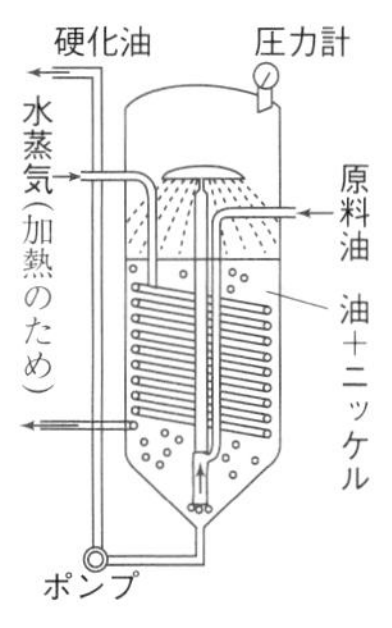

►油脂に強塩基（KOH，NaOH など）水溶液を加えて加熱（**けん化**）すると，グリセリンと脂肪酸のアルカリ金属塩（**セッケン**）が得られる。

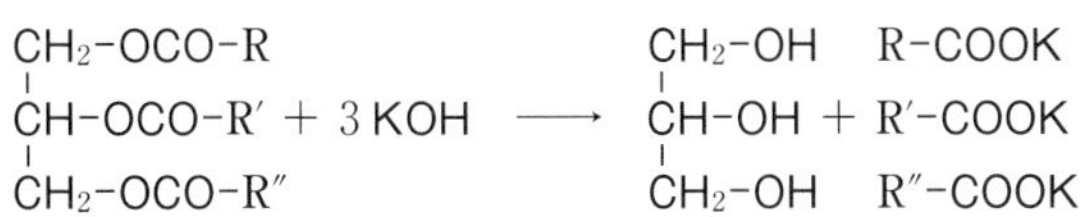

$$\begin{array}{l} CH_2-OCO-R \\ | \\ CH-OCO-R' \\ | \\ CH_2-OCO-R'' \end{array} + 3\,KOH \longrightarrow \begin{array}{l} CH_2-OH \\ | \\ CH-OH \\ | \\ CH_2-OH \end{array} + \begin{array}{l} R-COOK \\ R'-COOK \\ R''-COOK \end{array}$$

上式より，油脂 1 mol を完全にけん化するのに，3 mol の KOH（または NaOH）が必要である[9]。この関係は，油脂を構成する脂肪酸の種類には無関係である。

詳説[9] 油脂 1 g を完全にけん化するのに必要な KOH の質量（単位は mg）の数値を，その油脂の**けん化価**といい，油脂および油脂を構成する脂肪酸の分子量を推定する目安となる。油脂の平均分子量を M，けん化価を a とすると，KOH＝56 より，

$$a=\frac{1}{M}\times3\times56\times10^3$$

1 g　　1 g

上式から，けん化価と油脂の平均分子量とは反比例しており，その大小関係は逆になる。つまり，構成脂肪酸の分子量が小さいほど，けん化価は大きくなり，構成脂肪酸の分子量が大きいほど，けん化価は小さくなる。

►不飽和脂肪酸を含んだ油脂には，分子中に C=C 結合が存在するので，ハロゲン分子や水素が付加しやすい。このとき，油脂1分子あたり n 個の C=C 結合があれば，油脂 1 mol あたりでは，n〔mol〕の I_2 が付加できる⑩。したがって，一定量の油脂に付加するヨウ素の質量から，その油脂の不飽和度を推定することができる⑪。

$$-C=C\cdots C=C\cdots C=C-\cdots + nI_2 \longrightarrow -\underset{I}{C}-\underset{I}{C}\cdots\underset{I}{C}-\underset{I}{C}\cdots\underset{I}{C}-\underset{I}{C}-\cdots$$

C=C 結合 n 個

詳説⑩ 油脂 100 g に付加するヨウ素の質量（単位は g）の数値を，その油脂の**ヨウ素価**という。油脂の平均分子量を M，油脂1分子中の C=C 結合の数（**不飽和度**という）を n 個とすると，ヨウ素価 b は次式で示される。$I_2=254$ より，

$$b=\frac{100}{M}\times n\times 254 \qquad \therefore \text{ ヨウ素価は，油脂中の C=C 結合の数に比例する。}$$

詳説⑪ 油脂のヨウ素価を測定する場合，直接 I_2 を用いることはできない。これは，I_2 はハロゲン中では最も不活性で，C=C 結合への付加速度が極めて小さいからである。

実際には I_2 の代わりに，塩化ヨウ素 ICl を作用させる。一定量の油脂をクロロホルムに溶かしたものに，十分量の ICl を加える。残った ICl を KI に作用させて I_2 を遊離させ，この I_2 をデンプンを指示薬として $Na_2S_2O_3$ 標準溶液で滴定した結果から，油脂に付加した ICl の物質量を求め，これを I_2 に換算してヨウ素価を求める（**ウィース法**）。

$$>C=C< + ICl \longrightarrow -\underset{I}{\overset{|}{C}}-\underset{Cl}{\overset{|}{C}}- \qquad \underset{(残)}{ICl} + KI \longrightarrow I_2\downarrow + KCl$$

別法として，I_2 だけでは反応が極めて遅いが，触媒として $HgCl_2$ 水溶液を加えておくと，I_2 が速やかに油脂に付加するようになる。

参考 油脂 1 g 中に含まれる遊離脂肪酸を中和するのに要する KOH の質量（単位は mg）の数値を，その油脂の**酸価**という。新鮮な油脂は非常に低い値を示すが，貯蔵・加工により油脂の酸敗がおこると，遊離脂肪酸が生成して酸価が高くなるので，この値が大きいほど油脂の品質が不良とされる。日本農林規格(JAS)では，食用油は酸価が1以下でなければならない。

例題 油脂 A 10 g に Ni を触媒として H_2 を完全に付加させると，0℃，1.0×10^5 Pa で 0.51 L を要し，油脂 B に変化した。油脂 B 1.0 g を完全にけん化するのに，0.10 mol/L KOH 水溶液 33.7 mL を要し，この反応液を酸性にすると，1種類の飽和脂肪酸 C が得られた。

(1) 脂肪酸 C の示性式を示せ。

(2) 油脂 A には鏡像異性体を含めて何種類の異性体が考えられるか。ただし，脂肪酸部分でのシス-トランス異性体は考えないものとする。

［**解**］ (1) 油脂 B の示性式は，1種類の飽和脂肪酸 C（示性式 $C_nH_{2n+1}COOH$）からなるので，$C_3H_5(OCOC_nH_{2n+1})_3$ とおける。また，その分子量を M とすると，油脂 1 mol のけん化には，常にアルカリ 3 mol が必要なので，

$$\frac{1.0}{M}\times 3 = 0.10\times\frac{33.7}{1000}$$

$\therefore\ M \fallingdotseq 890$

$C_3H_5(OCOC_nH_{2n+1})_3=890$ より，　$41+(14n+45)\times 3=890$　　∴　$n=17$

よって，脂肪酸Cはステアリン酸で，その示性式は，$C_{17}H_{35}COOH$ 答

(2) 油脂A 1分子中の C=C 結合の数（不飽和度）を n(個）とすると，油脂Aの分子量は $(890-2n)$と表され，この油脂 1 mol には n〔mol〕の H_2 が付加できるから，

$$\frac{10}{890-2n}\times n=\frac{0.51}{22.4}\qquad \therefore\ n\fallingdotseq 2$$

したがって，油脂Aには2個の C=C 結合があり，油脂Aを構成する3個の脂肪酸の C=C 結合の数の組み合わせは(0, 0, 2)と(0, 1, 1)である。油脂Aの構造異性体は，グリセリンへの脂肪酸の結合位置の違いを区別すると次の4種類が存在する。

(i) *⓪⓪②　(ii) ⓪②⓪　(iii) *⓪①①　(iv) ①⓪①

⓪：ステアリン酸
①：オレイン酸
②：リノール酸

(i), (iii)には不斉炭素原子*が存在し，1対の鏡像異性体が存在するので，異性体の総数は **6 種類**となる。　答

3 油脂の乾燥

アマニ油(亜麻の種子から得られた油)のように，構成脂肪酸に多くの二重結合をもつ脂肪油の中には，空気中に放置すると，徐々に酸化による重合をおこして固化するものがある⓬。このような脂肪油を**乾性油**という。一方，空気中に放置しても固化しないものを**不乾性油**，これらの中間のものを**半乾性油**という。

詳説⓬ このような現象を**油脂の乾燥**といい，油が蒸発してなくなるという意味ではなく，油の流動性がなくなり，樹脂状の被膜をつくって固化する現象をいう。一般に，二重結合にはさまれたメチレン基 $-CH_2-$ (**活性メチレン基**という) は反応性が大きく，不対電子をもつ遊離基（ラジカル）によってそのHを奪われやすい。こうして生じたラジカルはさらに O_2 の攻撃を受け，ラジカル反応を繰り返しながら油脂の重合が進む。そのため，O_2 と接触しやすい表面からしだいに流動性を失い固化する。

乾性油に少量（1～2%）の PbO，MnO，CoO やこれらの金属セッケン (p. 674) などを加えたものに，空気を送りながら加熱すると，二重結合の数が増え，粘性が大きくなるとともに，より一層，乾燥性が強くなる。これを**ボイル油**といい，顔料に混ぜて油性ペイント，油絵の具などをつくるのに使われる。

−CH=CH−ĊH−CH=CH−
↓ O_2
−CH=CH−CH−CH=CH−
|
O
|
O
|
−CH=CH−CH−CH=CH−

分類	乾　性　油	半乾性油	不乾性油
ヨウ素価	130 以上	100～130	100 以下
主な成分と性質	不飽和度の高い脂肪酸（リノール酸，リノレン酸）を多く含む油脂。 乾燥性が強い。	乾性油と不乾性油の中間の性質をもつ油脂。多くの天然油脂がこれに該当する。 いくらか乾燥性をもつ。	飽和脂肪酸や不飽和度の低い脂肪酸（オレイン酸）を多く含む油脂。 空気中で常に液体を保つ。
種　　類	アマニ油，桐油，荏(えの)油，大豆油，サフラワー油	菜種油，ゴマ油，綿実油，米糠油，コーン油	椿油，オリーブ油，ヒマシ油，落花生油，パーム油
用　　途	油性ペイント，印刷用インク	食用油	化粧品，食用油

例題 油脂A 0.30 g を四塩化炭素 10 mL に溶かし，一塩化ヨウ素 (ICl) の酢酸溶液を一定過剰量加え，ときどき振り混ぜながら室温・暗所で1時間放置した。このとき，油脂の二重結合部位(-CH=CH-)では，①式の反応が完全に進行するものとする。

-CH=CH- ＋ ICl ⟶ -CHI-CHCl- ……①

次に，10% ヨウ化カリウム水溶液 20 mL を加えると，②式の反応が完全に進行する。

ICl ＋ KI ⟶ KCl ＋ I_2 ……②

生成したヨウ素をデンプン水溶液を指示薬として，0.10 mol/L チオ硫酸ナトリウム $Na_2S_2O_3$ 水溶液で滴定したら，終点までに 10.0 mL を要した。この反応は③式で表される。

2 $Na_2S_2O_3$ ＋ I_2 ⟶ 2 NaI ＋ $Na_2S_4O_6$ ……③

なお，試料である油脂Aを加えずに，他はすべて同様の操作を行ったところ，終点までに加えた 0.10 mol/L チオ硫酸ナトリウム水溶液は 28.0 mL であった。次の問いに答えよ。(原子量は，H＝1.0，C＝12，O＝16，Cl＝35.5，I＝127 とする。)

(1) 油脂Aのヨウ素価(油脂 100 g に付加するヨウ素の質量〔g〕)を求めよ。

(2) 油脂Aはパルチミン酸 ($C_{15}H_{31}COOH$) とオレイン酸 ($C_{17}H_{33}COOH$) から構成されたトリグリセリドであるとして，油脂Aの平均分子量を求めよ。

［解］ 油脂に過剰の ICl を加えて十分に反応させる。未反応の ICl を KI 水溶液と反応させて，生成した I_2 を $Na_2S_2O_3$ 水溶液で滴定する。一方，油脂を加えずに同様の操作を行う空試験(ブランクテスト)の滴定値との差を求め，油脂と反応した ICl に相当する I_2 の質量を算出する。

(1) 油脂A 1 mol 中に -CH=CH- 結合が n〔mol〕含まれているとすると，

$$\left[\mathrm{CH=CH}\right]_n + n\,\mathrm{ICl} \longrightarrow \left[\mathrm{CHI-CHCl}\right]_n \quad \cdots\cdots ①$$

①式より，油脂A 1 mol に対して，ICl は n〔mol〕付加することになる。

0.30 g の油脂A(平均分子量を M とする)に付加する ICl の物質量は，$\dfrac{0.30}{M}\times n$〔mol〕である。

②式より，油脂に付加せずに残った ICl 1 mol から I_2 1 mol が生成する。

③式より，I_2 1 mol に対して $Na_2S_2O_3$ 2 mol が過不足なく反応することがわかる。

油脂Aを加えない空試験では，$Na_2S_2O_3$aq の滴定値は，(最初に加えた ICl の物質量) を表す。油脂Aを加えた本試験では，$Na_2S_2O_3$aq の滴定値は，(最初に加えた ICl の物質量)－(油脂Aに付加した ICl の物質量)を表す。

油脂Aに付加した ICl の物質量は，空試験と本試験の $Na_2S_2O_3$aq の滴定値の差で求まる。

$$\frac{0.30}{M}\times n=0.10\times\frac{(28.0-10.0)}{1000}\times\frac{1}{2} \qquad \therefore \quad \frac{n}{M}=3.0\times10^{-3}\ \mathrm{mol}$$

ヨウ素価は，油脂 100 g に付加するヨウ素 I_2(分子量 254)の質量〔g〕の数値を表すから，

$$\frac{100}{M}\times n\times254=\frac{n}{M}\times25400=3.0\times10^{-3}\times25400=\mathbf{76.2}$$ 答

(2) 油脂Aをオレイン酸(分子量 282) n 分子，パルチミン酸(分子量 256) $(3-n)$分子からなるとすると，その分子量は，$282\times n+256(3-n)+92-54=26n+806$

$$\frac{n}{M}=\frac{n}{26n+806}=3.0\times10^{-3} \qquad \therefore \quad n\fallingdotseq2.62$$

油脂Aの平均分子量は，$26\times2.62+806\fallingdotseq\mathbf{874}$ 答

例題 不斉炭素原子をもつ油脂Xがある。油脂Xは，直鎖の脂肪酸A，Bとグリセリンからなり，分子量は880である。油脂XにNiを触媒としてH_2を完全に付加させて油脂Yを得た。油脂YをNaOH水溶液と加熱後，塩酸を加えると，脂肪酸Cが得られた。一方，脂肪酸A，Bそれぞれを硫酸酸性の$KMnO_4$水溶液と加熱すると，脂肪酸中のC=C結合が全て切断されて，脂肪酸Aからは2種類（分子式$C_9H_{18}O_2$と$C_9H_{16}O_4$）の，脂肪酸Bからは3種類（分子式$C_6H_{12}O_2$と$C_3H_4O_4$と$C_9H_{16}O_4$）のカルボン酸がそれぞれ等物質量ずつ得られた。（原子量：H＝1.0，C＝12，O＝16）

(1) 脂肪酸A, Bに考えられる構造を例にならい示性式で示せ。

（例）$CH_3CH{=}CH(CH_2)_5COOH$

(2) 油脂Xとして考えられる構造異性体には何種類あるか。

［解］(1) 1分子中にC=C結合を1個もつ脂肪酸Aの場合，$KMnO_4$によってC=C結合を切断すると，カルボン酸($C_9H_{18}O_2$)とジカルボン酸($C_9H_{16}O_4$)を1分子ずつ生じる。

A　$CH_3-(CH_2)_7-CH \neq CH-(CH_2)_7-COOH$

⇓ $KMnO_4$ 酸化

$CH_3-(CH_2)_7-COOH \quad + \quad HOOC-(CH_2)_7-COOH$

1分子中にC=C結合を2個もつ脂肪酸Bの場合，$KMnO_4$によってC=C結合を切断すると，カルボン酸($C_6H_{12}O_2$)とジカルボン酸($C_3H_4O_4$，$C_9H_{16}O_4$)を1分子ずつ生じる。

B_1　$CH_3-(CH_2)_4-CH \neq CH-CH_2-CH \neq CH-(CH_2)_7-COOH$

B_2　$CH_3-(CH_2)_4-CH \neq CH-(CH_2)_7-CH \neq CH-CH_2-COOH$

（B_1, B_2を$KMnO_4$酸化すると，どちらも同じ生成物が得られる。したがって，Bには2つの構造が考えられる。）

⇓ $KMnO_4$ 酸化

$CH_3-(CH_2)_4-COOH \quad + \quad HOOC-CH_2-COOH \quad + \quad HOOC-(CH_2)_7-COOH$

A…$CH_3(CH_2)_7CH{=}CH(CH_2)_7COOH$

B…$CH_3(CH_2)_4CH{=}CH\boxed{CH_2}CH{=}CH(CH_2)_7COOH$,

$CH_3(CH_2)_4CH{=}CH(CH_2)_7CH{=}CHCH_2COOH$ 答

（$\boxed{}$の部分が活性メチレン基（反応性大）である。）

(2) 脂肪酸A，Bの水素付加で得られる脂肪酸Cは，$C_{17}H_{35}COOH$（ステアリン酸）である。

ステアリン酸のみからなる油脂Yの分子量は，$(C_{17}H_{35}COO)_3C_3H_5$＝890である。

油脂Xは油脂Yに比べて分子量が10だけ小さいので，1分子中にC=C結合を5個含む。

∴ 油脂Xは，脂肪酸A：脂肪酸B＝1：2（物質量比）で含むことがわかる。

なお，脂肪酸Aの構造は1種類しかないが，脂肪酸Bの構造には2種類（B_1，B_2とする）あることに留意すると，不斉炭素原子をもつ油脂Xに考えられる構造は，不斉炭素原子（＊）の存在しない(v)，(vi)を除くと**5種類** 答

(i)	(ii)	(iii)	(iv)	(v)	(vi)	(vii)
CH_2-A	CH_2-A	CH_2-A	CH_2-A	CH_2-B_1	CH_2-B_2	CH_2-B_2
$^*CH-B_1$	$^*CH-B_2$	$^*CH-B_2$	$^*CH-B_1$	$CH-A$	$CH-A$	$^*CH-A$
CH_2-B_1	CH_2-B_2	CH_2-B_1	CH_2-B_2	CH_2-B_1	CH_2-B_2	CH_2-B_1

参考 複数のC=C結合をもつ不飽和脂肪酸では，二重結合に挟まれたメチレン基$-CH_2-$（**活性メチレン基**）をもつものが多い。活性メチレン基をもつ脂肪酸B_1（リノール酸）は天然に存在するが，活性メチレン基をもたない脂肪酸B_2は天然には存在しない。

SCIENCE BOX　不飽和脂肪酸

生物体に存在する油脂を構成する脂肪酸は，炭素数が偶数で直鎖状のものが多い。これには，生物体内での脂肪酸の合成・分解の仕組みが関係している。クエン酸回路の重要な中間体であるアセチル CoA（活性酢酸）は，補酵素 A にアセチル基が結合した炭素数 2 の化合物で，ATP からエネルギーを受けると，CO_2 と結合可能となり，炭素数 3 のマロニル CoA に変わる。アセチル CoA とマロニル CoA が反応後，CO_2 を放出すると，炭素数 4 の脂肪酸が生成する。こうして，各種の脂肪酸は，-COOH の隣の炭素（β 位）を起点として炭素鎖を 2 個ずつ伸長することでつくられる。一方，脂肪酸の分解も -COOH の β 位の炭素から，アセチル CoA として切り取られていく。このような脂肪酸の分解を **β 酸化**という[*1]。

$$\overset{n}{\underset{\omega}{CH_3}}\cdot\uparrow\cdots\cdots\uparrow\cdot\overset{5}{\underset{\varepsilon}{CH_2}}\cdot\uparrow\cdot\overset{4}{\underset{\delta}{CH_2}}-\overset{3}{\underset{\gamma}{CH_2}}\uparrow\overset{2}{\underset{\beta}{CH_2}}-\overset{1}{\underset{\alpha}{COOH}}$$

＊1　β 位に側鎖があると，β 酸化はおこらない。通常，メチル基（ω 位）からの酸化はおこらないが，飢餓状態や糖尿病では進行することがある。

天然の不飽和脂肪酸には三重結合は含まれず，二重結合を多く含む。また，その分布は，…CH=CH-CH_2-CH=CH…のように，二重結合の間にメチレン基（-CH_2-）がはさまれたものが多い。このメチレン基は O_2 などの攻撃を受けやすく，反応性が大きいので，**活性メチレン基**[*2] とよばれる。

＊2　H を奪われて生じたラジカルが，両隣の二重結合によって安定化されるためである。

炭化水素基に C=C 結合を 4 個以上含む脂肪酸を**高度不飽和脂肪酸**といい，動物体内では，**プロスタグランジン**（p. 665）とよばれる生理活性物質の原料として重要であることがわかっている。

一般に，不飽和脂肪酸は慣用名とIUPAC による組織名が併用されることが多い。組織名は，炭素数（ギリシャ語の数詞）に酸をつけてカルボン酸名とし，二重結合の位置番号と数詞をつけて次のように表す。

リノール酸　*cis*-9, 12-オクタデカジエン酸
リノレン酸　*cis*-9, 12, 15-オクタデカトリエン酸
アラキドン酸　*cis*-5, 8, 11, 14-イコサテトラエン酸

不飽和脂肪酸は，末端にある C=C 結合が，分子のメチル基末端から数えて何番目にあるかによって，***n*-9 系**（オレイン酸系），***n*-6 系**（リノール酸系），***n*-3 系**（リノレン酸系）に分類される。植物はこの三つの系統を自由に合成できるが，ほ乳類は体内で *n*-9 系のみしか合成できない。したがって，私たちは *n*-6 系と *n*-3 系の脂肪酸は食物から摂取しなければならず，これらの脂肪酸は**必須脂肪酸**とよばれる。

アラキドン酸などの *n*-6 系の高度不飽和脂肪酸は，大豆油，キャノーラ油（菜種油），コーン油（とうもろこし油），サフラワー油（紅花油）などの植物油に多く含まれ，これらは，体内で血液凝固や免疫反応などを促進する働きをもつ促進型のプロスタグランジンの原料となる。

一方，イコサペンタエン酸（EPA）やドコサヘキサエン酸（DHA）などの *n*-3 系の高度不飽和脂肪酸は，魚油などに多く含まれ，これらは，体内で炎症，血液凝固や免疫反応を抑制する働きをもつ抑制型のプロスタグランジンの原料となる。

ほ乳類は，*n*-6 系と *n*-3 系の脂肪酸の相互変換はできない。両者は，同じ酵素群によって，上記のようにそれぞれ正反対の性質をもつ生理活性物質に変換されるので，一方の過剰摂取により他方の欠乏障害をおこす恐れがある[*3]。年齢・性別によっても異なるが，*n*-6 系と *n*-3 系の不飽和脂肪酸の摂取比は 2〜3：1 が理想とされている。

＊3　*n*-6 系脂肪酸の過剰摂取により，促進型のプロスタグランジンが多量に生産された場合，生体の恒常性を維持するため，抑制型のプロスタグランジンを多量に生産する必要があり，*n*-3 系脂肪酸の欠乏を引き起こす。

SCIENCE BOX トランス脂肪酸

植物性油脂は，常温で液体であり，化学的にやや不安定で酸化されやすいものが多い。一方，動物性油脂は，常温で固体で，化学的にも安定で酸化されにくいものが多い。20世紀初頭から，生産量の多い液体状の油脂を原料として，生産量の少ない固体状の油脂をつくり出そうとする**油脂工業**が発達し，現在に至っている。

不飽和脂肪酸を多く含む植物油に，Ni などの触媒を加え，加熱しながら H_2 を通じると，C=C 結合に対して水素の付加反応がおこり，飽和脂肪酸を多く含む固体状の油脂が得られる。この操作を**油脂の硬化**といい，生成した油脂を**硬化油**という。水素付加を部分的に行うと，C=C 結合が一部残った比較的軟らかい固体状の油脂となり，水素付加を完全に行うと，すべて C−C 結合のみになった硬い固体状の油脂となる。前者はマーガリンやショートニング* などに，後者はセッケンやローソクなどの原料に用いられる。

* 植物油に水素付加して得た固体状油脂から不純物を除いたもので，菓子・パン・アイスクリーム，揚げ物などに広く用いられる。

マーガリンやショートニングの製造時の油脂の水素付加では，次のことがおこる。

(1) 水素は，すべての C=C 結合に均等に付加するわけではなく，-COOH から遠いほうの C=C 結合に付加しやすい。たとえば，リノレン酸・リノール酸・オレイン酸からなる油脂の水素付加では，まず，リノレン酸がリノール酸に，次に，リノール酸がオレイン酸になり，最後にオレイン酸がステアリン酸となる。この傾向を**水素付加の選択性**という。

(2) 水素付加の過程では，**異性化**がおこりやすい。すなわち，シス形から熱力学的に安定なトランス形への変化，および二重結合が隣へ移動し，共役二重結合 (p. 861) をもつ脂肪酸などへの変化がおこり，生成物は，多様な異性体の混合物となる。たとえば，リノール酸からなる油脂を部分的に水素付加すると，反応性の大きい 12 位の C=C 結合から水素が付加し，シス形のオレイン酸とともに，トランス形のエライジン酸，および 9 位の C=C 結合が 10 位の位に移ったイソオレイン酸なども生成する。

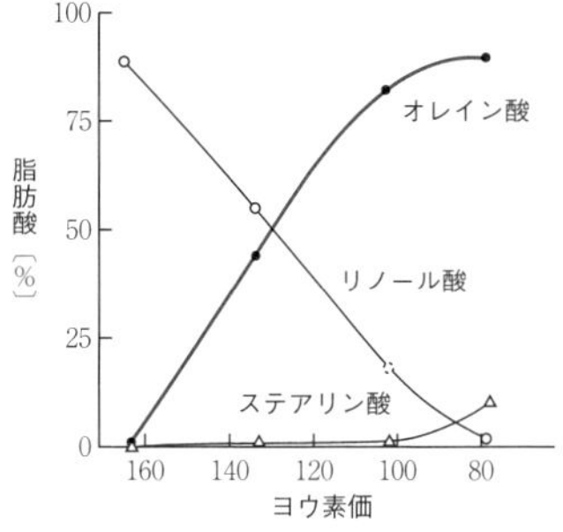

リノール酸メチルエステルの水素付加(100℃，触媒 Ni)

このとき生成した**トランス脂肪酸**は，通常の油脂中に含まれるシス形の脂肪酸の屈曲した構造に対して，真っすぐに伸びた構造をもち，常温でも固体で，酸化されにくく，安定性が高い。一方，トランス脂肪酸は体内でもエネルギー源とはなりにくく，体内に蓄積されやすい。また，トランス脂肪酸が細胞膜の構成材料となるリン脂質に使われると，膜の流動性が低下する。トランス脂肪酸の有害性をまとめると，次の通りである。

① 血液中の低密度リポタンパク質(LDL)を増加させることにより，動脈内壁へのコレステロールの沈着が促進され，動脈硬化や心臓疾患へのリスクが高まる。

② 細胞膜の流動性を低下させ，細菌やウイルスの侵入が容易となり，免疫力の低下や免疫の過剰反応(アレルギー)がおこりやすくなる。

欧州連合 (EU) では，2021 年 4 月から，「食品中のトランス脂肪酸の割合を，脂質 100 g あたり 2 g 以下にする。」との法的規則が始められている。

5-13　セッケンと合成洗剤

1　セッケンの製造法

油脂に水酸化ナトリウム水溶液を加えて加熱すると，油脂は加水分解(**けん化**)されて，脂肪酸ナトリウム(**セッケン**)とグリセリンになる❶。

補足❶　ふつうの石鹸は，ステアリン酸Na(C_{18})やパルミチン酸Na(C_{16})のほか，低温でも水への溶解度が大きいラウリン酸Na(C_{12})，ミリスチン酸Na(C_{14})などが含まれている。

また，水への溶解度の大きいカリウムセッケンは，液体セッケンとして用いられる。

►セッケンの製造法には，(1) 原料油脂を計算量の水酸化ナトリウムにより直接けん化し，塩析によってグリセリンとセッケンとを分離する方法(**けん化法**❷)と，(2) 原料油脂をあらかじめ加水分解して脂肪酸をつくり，グリセリンを回収したのち，脂肪酸だけを中和する方法(**中和法**)などがある❸。

詳説❷　牛脂，ヤシ油（標準は4：1）などの原料に，計算量よりやや過剰量のNaOH水溶液を加えて100℃前後に加熱する。このとき，メタノールが添加される。これは油脂を構成する脂肪酸がメタノールによってエステル化(**エステル交換反応**)されて，油脂のけん化が促進されるからである。内容物は，最初は乳濁状態であるが，やがて淡黄色・透明な状態になるので，けん化反応の終了の目安とする。反応液には，セッケンとグリセリンの混合物が生成しており，セッケンとグリセリンを分離する必要がある。すなわち，熱いままの反応液にNaCl飽和水溶液，またはNaClの結晶を加えて放置すると，セッケン（約1.05 g/cm^3）は飽和食塩水（約1.2 g/cm^3）に対して不溶で，かつ密度が小さいため，上層に分離される。

一方，残った水層には食塩，グリセリンおよび未反応のアルカリが含まれているから，塩酸を加えて中和後，減圧蒸留してグリセリンを回収する。また，上層に得られた粗セッケンには不純物が含まれているので，水を加えて煮沸し，食塩を加えて再沈殿させる。これを水分15％程度まで乾燥しよく練り，香料などを加えて成型したものが市販のセッケンである。

参考　油脂をけん化した反応液中では，セッケンは会合コロイドとして存在している。ここへ多量のNaClなどの電解質を加えると，電離したNa^+とCl^-に対して水分子が強く水和するため，いままでセッケンのコロイド粒子に比較的弱く取り巻いていた水和水が奪われ，やがて沈殿する。この現象を**塩析**という。また，この現象は，次のようにも説明できる。

$$\text{R-COONa} \rightleftarrows \text{R-COO}^- + \text{Na}^+ \quad \cdots\cdots\cdots ①$$

セッケンの飽和水溶液中では，①式の溶解平衡が成立している。ここへ多量のNaClを加えると，Na^+の共通イオン効果により平衡が左に移動して，セッケンR-COONaが沈殿する。

補足❸　油脂を高温・高圧の水蒸気（6～8×10^5 Pa，160～180℃）で処理すると，互いに溶解し合って加水分解がおこる。実際には，油脂と水蒸気とを連続的にオートクレーブ（高温・高圧用の耐圧容器）に送り，触媒（ZnO）の存在下，高温・高圧で加水分解される。生成物の脂肪酸とグリセリンは減圧蒸留により分離したのち，脂肪酸に適当量のNaOHを加えて中和して，セッケンが製造される。NaOHの代わりにKOHを用いると，軟らかく溶解性の大きなカリセッケンが得られる。現在，この中和法が工業的なセッケン製造の主流となっている。

2 セッケンの洗浄作用

ステアリン酸ナトリウム

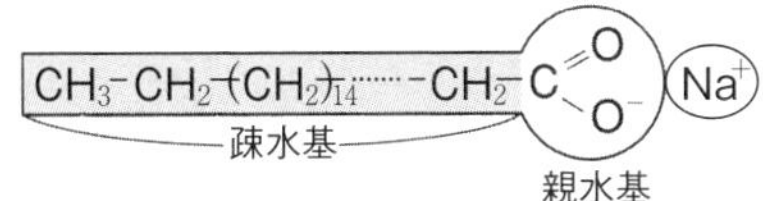

セッケン分子は，極性がない疎水性の炭化水素基 C_mH_n- と，極性をもつ親水性の脂肪酸イオン $-COO^-$ とからできている。水にセッケンをある濃度（約 0.1%）以上に溶かすと，親水基の部分を外側に，疎水基の部分を内側に向けてコロイド粒子をつくる。これをセッケンの**ミセル**という❹。一方，水面では，親水基の部分を水中に，疎水基の部分を空気中に向けて配列する❺。

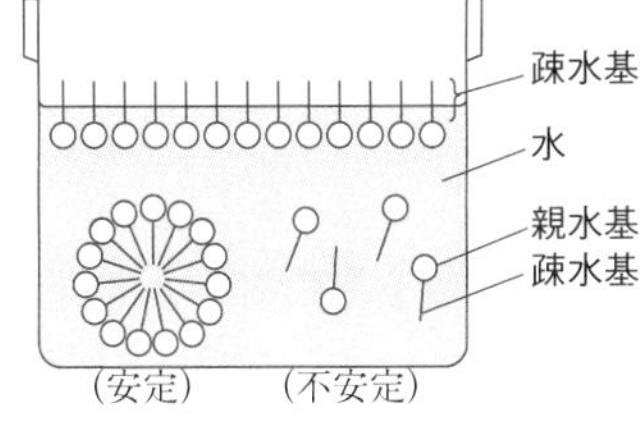

詳説❹ セッケンを水に溶かした場合，親水基の部分では水和がおこり，水分子と混じり合おうとするのに対して，疎水基の部分は水分子の中へ混じり込むよりも，炭化水素基どうしがファンデルワールス力で集まっていたほうが安定な状態にある。そこで，セッケン分子は 50～100 個程度が集合した直径 6～7 nm の球形のミセルをつくりやすい。ただし，セッケンの濃度が高くなると，棒状や層状のミセルがあらわれることがある。

セッケン分子のミセル

油滴

詳説❺ セッケン分子は水と空気（油）などの界面に配列しやすい性質がある。このため水分子が界面に存在できなくなり，水の表面張力が著しく低下して，泡が立ちやすくなる。純水は表面張力が大きいので，繊維の細かい隙間に入り込めないが，セッケン水は純水よりも表面張力が小さいので，繊維の細かい隙間にも容易に浸透できる（**浸透作用**）。

このように，少量で水の表面張力を小さくする働きをもつ物質を**界面活性剤**という。洗剤としての働きをもつ界面活性剤の条件は，親水基と疎水基のバランスがとれていなければならない。すなわち，疎水基を構成する炭化水素基が炭素数で 11～21 の範囲にあり，とくに，炭素数が 15, 17 のものがよく利用される。一方，親水基として $-COOH$ や $-SO_3H$（スルホ基）のほか，$-OH$，$-O-$ などがあり，この両者を組み合わせたものが広く使用されている。

►油汚れのついた繊維をセッケン水に浸すと，水の表面張力が約 $\frac{1}{3}$ に低下して，繊維の隙間にも浸透する。次に，セッケンの疎水性の部分が油汚れのほうに向き，親水性の部分を水のほうに向けて**吸着**する（下図の(a)）。油汚れと繊維の結合力は弱まり，さらに，物理的な力を加えると，(b)，(c)のように繊維から細かな粒子となって脱離し，やがて，(d)のように安定な親水性の微粒子（**ミセル**）となって水中に分散する。セッケンのもつこのような作用を**乳化作用**といい❻，得られた溶液を**乳濁液**という。

乳濁液となって水中に分散された油汚れは，周囲を取り囲んでいる親水基のために再び繊維に付着することなく，多量の水によって洗い流されると，繊維の表面や内部はもとのきれいな状態に戻る。

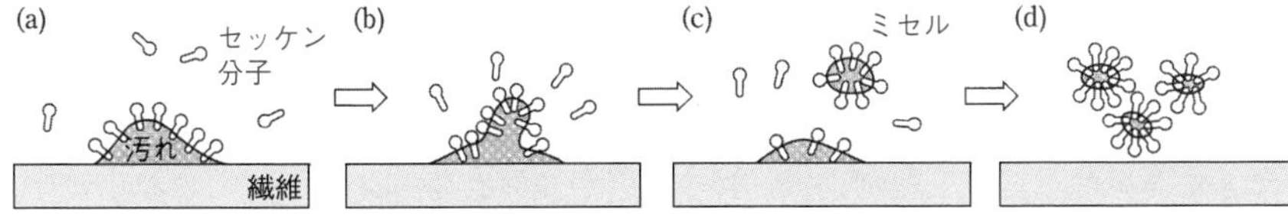

補足❻　セッケンの洗浄作用の原因は，次のように考えられる。① 水の表面張力を小さくして，繊維の隙間にセッケン水を浸み込みやすくする**浸透作用**により，表面だけでなく繊維内部の油汚れまで落とすことができる。② 繊維についた油汚れに吸着し，それを安定なミセルとして水中に分散させるという**乳化作用**による。

3　セッケンの性質

(1)　セッケンは高級脂肪酸のアルカリ金属塩，つまり弱酸と強塩基の塩なので，水溶液中では，次式のように一部が加水分解して弱い塩基性を示す❼。

$$\text{R-COO}^- + H_2O \rightleftarrows \text{R-COOH} + OH^-$$

詳説❼　セッケンはアルカリに弱い絹や羊毛（動物性繊維）の洗濯には不適である。これは，アルカリによって絹や羊毛をつくっているタンパク質を変性（p. 812）させ，繊維が縮んだり硬くなってしまうからである。

(2)　セッケンを Ca^{2+} や Mg^{2+} を多く含む水（**硬水**という）で使用すると，次式のように反応して，水に不溶性の物質（**金属セッケン**）が沈殿し，洗浄能力を失う❽。

$$2\,\text{R-COO}^- + Ca^{2+} \longrightarrow (\text{R-COO})_2Ca\downarrow$$

また，酸性の水で使用したときや，低濃度のセッケン水を使用したときも，いずれも十分な洗浄能力を示さない❾。

詳説❽　セッケンを硬水（海水や温泉の湯など）中で使用すると，多くのセッケンが上式の反応により無駄に使われるので，泡立ちが非常にわるい。また，生じた沈殿が繊維の隙間に付着し，風合いをわるくする。

硬水中でセッケンが沈殿をつくるのは，脂肪酸イオン（$-COO^-$）が配位結合によって Ca^{2+} や Mg^{2+} と錯体をつくり，その負電荷が中和されて親水性が減少するためである。一方，硬水中でも合成洗剤が沈殿をつくらないのは，親水基の $-SO_3^-$ や $-OSO_3^-$ は Ca^{2+} や Mg^{2+} とは錯体をつくらず，その負電荷によって親水性を維持しているためである。一般に，脂肪酸のアルカリ金属以外（たとえば，Ca，Mg，Fe，Cu など）の塩を**金属セッケン**といい，水にほとんど溶けないが，防水・撥（はっすい）水剤や炭素数の多い液状炭化水素に混ぜて潤滑油（グリース）や，塗料に混ぜて増粘剤に使用される。

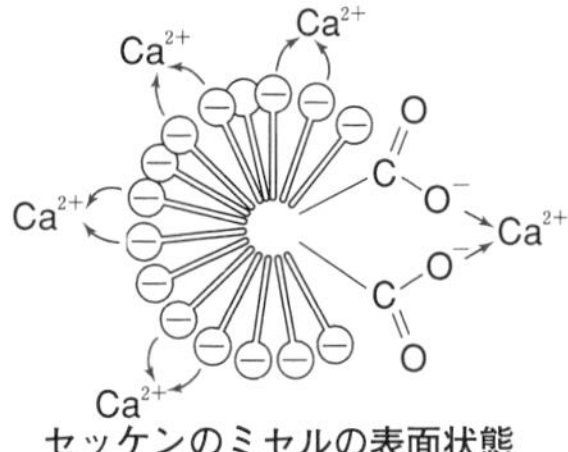

セッケンのミセルの表面状態

補足❾　たとえば，酸性の強い温泉水では，$\text{R-COO}^- + H^+ \longrightarrow \text{R-COOH}\downarrow$ の反応がおこり，脂肪酸が遊離するためである。一方，セッケンの希水溶液では加水分解がおこりやすくなり，脂肪酸が遊離するためである。

(3)　セッケンは，土壌や河川に含まれている微生物によって生分解されやすく，水を汚染する心配が最も少ないので，地球環境に最も優しい洗剤である。

4　合成洗剤

セッケンは洗浄力のすぐれた洗剤であるが，① その水溶液が弱い塩基性を示し，絹や羊毛を痛める。② 硬水中で使用すると，水に不溶性の物質を生じ，洗浄能力を失うなどの欠点をもつ。合成繊維の発達に伴い，分子中にセッケンとは異なる種類の疎水基と親水基をもち，さらに洗浄力の大きな界面活性剤が開発された❿。一般に，化学合成によってつくられたセッケン以外の界面活性剤を**合成洗剤**といい，代表的なものに次の2種があり，前者は主に台所用，後者は衣料用の洗剤として広く用いられる。

(1) 高級1価アルコールの $C_{12}H_{25}OH$(ラウリルアルコール，1-ドデカノール) などを濃硫酸で**硫酸エステル**とし，これを水酸化ナトリウム水溶液で中和したものである⓫。

$$C_{12}H_{25}-O\boxed{H + HO}-SO_3H \xrightarrow[\text{エステル化}]{} C_{12}H_{25}-OSO_3H + NaOH \xrightarrow[\text{中和}]{} C_{12}H_{25}-OSO_3Na + H_2O$$

1-ドデカノール　　　硫酸水素ドデシル　　　硫酸ドデシルナトリウム

(2) 石油からつくったアルキルベンゼンに濃硫酸を加えてスルホン化 (p. 684) し，さらに水酸化ナトリウム水溶液を加えて中和したものである⓬。

$$C_nH_{2n+1}-C_6H_4-\boxed{H + HO}-SO_3H \xrightarrow[\text{スルホン化}]{} C_nH_{2n+1}-C_6H_4-SO_3H + H_2O$$

アルキルベンゼン　　　アルキルベンゼンスルホン酸

$$\xrightarrow[\text{中和}]{NaOH} C_nH_{2n+1}-C_6H_4-SO_3Na + H_2O$$

アルキルベンゼンスルホン酸ナトリウム（ABS 洗剤）

補足⓾ 合成洗剤は，第一次世界大戦のときに食糧の不足したドイツで，食糧となる油脂をなるべく使わないで洗剤をつくろうとして，はじめて製造された。

詳説⓫ ラウリルアルコールは，ヤシ油から得られたラウリン酸 $C_{11}H_{23}COOH$ を，CuO-Cr_2O_3 触媒を用いた接触水素還元でつくられる。濃硫酸とのエステル化は約 40℃ を適温とし，中和は発熱が激しいので，冷却しながら計算量の NaOH を少しずつ加えて行う。

詳説⓬ 初期につくられた ABS 洗剤は，低コストのアルキル基の部分に多くの枝分かれをもつもので，微生物による分解(生分解という)がおこりにくかった。その排水はいつまでも泡立ち，空気中からの O_2 の溶解を妨げ，河川の**自然浄化**（好気性微生物による有機物の分解）を低下させるなどの問題を引きおこした。その後，この問題を解決するため，比較的生分解性のよい直鎖状のアルキル基をもつ直鎖アルキルベンゼンスルホン酸ナトリウム（LAS 洗剤）に切り換えられた。この生分解性のよい洗剤を**ソフト型洗剤**，従来の生分解性の悪い洗剤を**ハード型洗剤**とよぶ。日本では，1980 年代にソフト型洗剤への転換が完了した。しかし，LAS 洗剤の生分解性は，天然物を原料としたセッケンには及ばない。

►これらの合成洗剤は，いずれも強酸と強塩基からなる塩なので，加水分解を受けず，水溶液は中性である⓭。また，Ca 塩も Mg 塩も水によく溶け，合成洗剤は硬水や海水中でも洗浄力を示す。

詳説⓭ これらの合成洗剤は**中性洗剤**ともよばれているが，洗浄力を高めるために Na_2CO_3 などが加えられているものでは，水溶液は弱い塩基性を示す。

参考 硫酸エステル塩 R-OSO_3Na とスルホン酸塩 R-SO_3Na を比較すると，前者は容易に加水分解されるが，後者は容易に加水分解されない。すなわち，生分解性では前者のほうが後者よりも優れている。

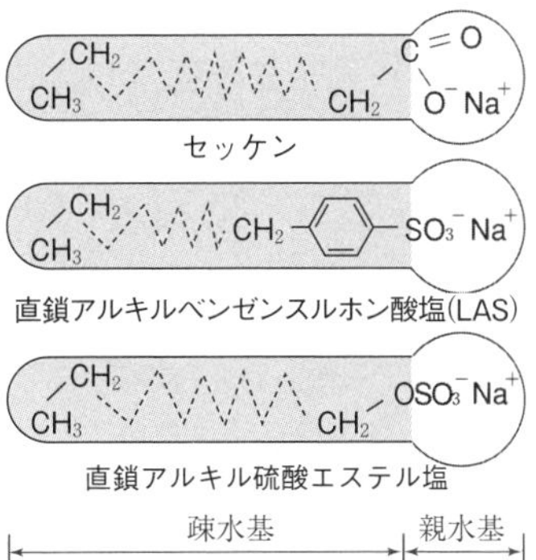

SCIENCE BOX　界面活性剤

洗剤には，浸透・乳化・分散などの働きにより，主に洗浄作用を示す**界面活性剤**(p. 673)と，その働きを向上させるための**ビルダー**(**洗浄補助剤**)からなる。

界面活性剤は，その親水基の性質によって，次のように分類される。

(1)　陰イオン界面活性剤

親水基が陰イオンとなるもので，セッケン($R-COONa$)，硫酸アルキルエステル塩($R-OSO_3Na$)，アルキルベンゼンスルホン酸塩($R-C_6H_4-SO_3Na$)などがある。洗浄力に優れ，衣料洗濯用，台所用洗剤などとして最も多量に使用されている。

(2)　陽イオン界面活性剤

親水基が陽イオンとなるもので，**逆性セッケン**とも呼ばれる。洗浄作用は小さいが，殺菌作用*1があるので，殺菌消毒剤に用いる。また，繊維上に残った陰イオン界面活性剤の電荷を中和するので，帯電防止剤，柔軟剤，リンスなどに用いる。

代表的なものに，脂肪族の高級アミンを原料につくられた第四級アンモニウム塩のトリメチルドデシルアンモニウム塩化物(ベタイン)がある。

$$C_{12}H_{25}-\overset{\displaystyle CH_3}{\underset{\displaystyle CH_3}{\overset{|}{\underset{|}{N^{\oplus}}}}}-CH_3\quad Cl^{\ominus}$$

＊1　細菌のタンパク質(表面電荷が負)に大きな陽イオンが結合し，凝固させるためである。

(3)　非イオン界面活性剤

親水基が水中で電離しないもので，ポリオキシエチレン基$\text{-}[CH_2CH_2O]_n\text{-}$などが親水基として働く。代表的なものに，アルキルフェノールにエチレンオキシドを付加重合して得られるポリオキシエチレンアルキルフェニルエーテルがあり，皮膚に対する刺激や脱脂力が少ないので，台所用洗剤やシャンプーなどに多く利用される。

$$R-C_6H_4-OH \;+\; n\,CH_2-CH_2 \;(\text{-O-}) \longrightarrow$$

アルキルフェノール　　エチレンオキシド

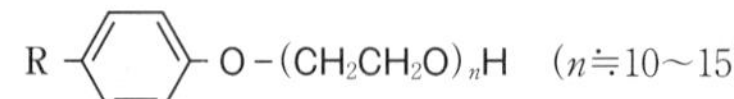

親水基に陽イオン，陰イオンの両方となる官能基をもつ**両性界面活性剤**もある。その代表として，マヨネーズの乳化剤に用いるレシチン(卵黄の一成分)がある。

(4)　ビルダー

ビルダーには，(i)金属封鎖剤，(ii)アルカリ剤，(iii)再汚染防止剤，(iv)酵素などがある。

金属封鎖剤　洗濯水中のCa^{2+}やMg^{2+}をNa^+と交換して，硬水を軟化させる物質である。現在，粘土鉱物の一種のゼオライト(p. 870)が，この目的で加えられている。

アルカリ緩衝剤　Na_2CO_3やNa_2SiO_3などのことで*2，油汚れには酸性のもの(遊離の脂肪酸など)が多く，洗濯水が酸性に傾くと洗剤自身の洗浄効果が弱まるので，これを防ぐためにアルカリが加えてある。

＊2　台所用やシャンプーなど体に触れる洗剤には皮膚を傷めるアルカリは加えていない。

再汚染防止剤　$-OCH_2COO^-Na^+$をセルロースの$-OH$に導入したカルボキシメチルセルロースは，繊維の表面に吸着されて負電荷を与え，静電気的な反発力により，繊維への汚れの再付着を防止する。

酵素　汚れには，脂肪，タンパク質系のものが多く，これらを分解する酵素のうち，アルカリ性の洗濯水でもよく働くアルカリプロテアーゼや，リパーゼが添加されているものがある。また，アルカリセルラーゼは，セルロースの一部を加水分解することにより，非結晶部分に侵入した汚れを外へ出やすくして，洗浄効果を高めている。

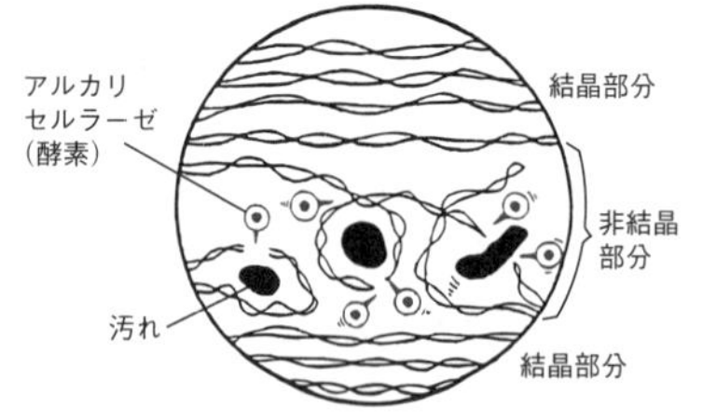

第4章　芳香族化合物

5-14　芳香族炭化水素

1　ベンゼンの構造式

　ベンゼンは，1825年**ファラデー**によって，照明用の鯨油を熱分解したときの生成物の中からはじめて発見され，その分子式は，1834年**ミッチェルリッヒ**によって C_6H_6 と確認された。これを鎖式の化合物とすれば，たとえば，$>C=\overset{|}{C}-C\equiv C-\overset{|}{C}=C<$ のような構造となり，アルケンやアルキンのように強い不飽和性を示すことが予想される。

　しかし，実際には，ベンゼンには臭素は容易に付加しない。また，化学的にも比較的安定であることから，当時，ベンゼンは不思議な物質とされ，その構造はなかなか解明されなかった。

　1865年にドイツの**ケクレ**は，下記の図(A)，(B)のように，炭素原子からなる六員環構造をもち，各炭素原子に1個ずつ水素原子が結合し，さらに，炭素原子間には単結合と二重結合が交互に配列したベンゼン C_6H_6 の環状構造式を提案した。

　この環状構造式は，提案者のケクレにちなんで**ケクレ構造式**とよばれ，現在でも(A)，(B)を略記した(C)，(D)とともに，ベンゼンの構造式として用いられている❶。

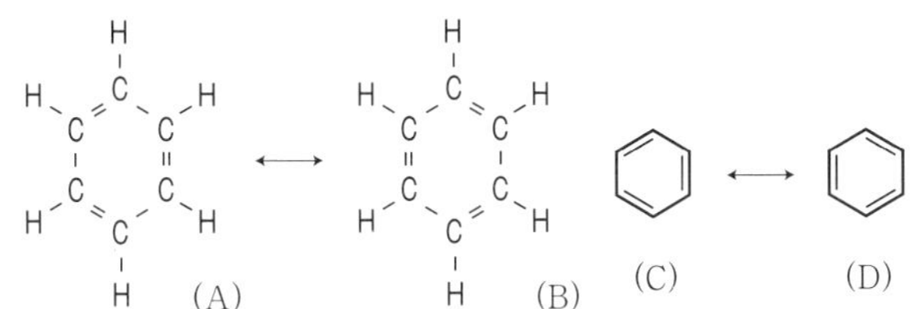

一般に，構造式では元素記号は省略できないが，ベンゼンの構造式では，C，Hの元素記号も省略して，C−C結合の価標だけで略記される(p. 570)。

補足❶　ケクレは，ベンゼンの不飽和性が小さいことを説明するために，ベンゼン環の二重結合の位置は(A)，(B)の間で絶えず移動しており，エチレンの二重結合のように固定されたものではないと説明した。

► X線回折を用いた研究によると，ベンゼン分子は正六角形の平面構造をもち，その炭素原子間の結合距離 (0.140 nm) は，C−C結合の結合距離 (0.154 nm) と C=C結合の結合距離 (0.134 nm) のほぼ中間の値をもつ。すなわち，ベンゼンを構成する炭素原子間の結合はすべて同等であって，単結合と二重結合の中間的な状態にあると考えられる❷。したがって，ベンゼン分子においては，二重結合で表した6個の π 電子が，環全体に広がって分布していると考えられ，ベンゼンの構造式を下の(E)のようにも表す。

詳説❷　ベンゼンの真の構造は，上記の構造式(A)と(B)のいずれでもなく，(A)と(B)を重ね合せたような構造をとって安定化していると考えられる。このとき，ベンゼンは(A)と(B)の構造式の間を**共鳴**しているといい，この(A)，(B)を**極限構造式**という。ベンゼン C_6H_6 分子に見られる独特な炭素骨格を**ベンゼン環**という。また，共鳴によって安定化するときに放出されるエネルギーを**共鳴エネルギー**という。

(E)

SCIENCE BOX　ベンゼンの構造

ベンゼンの炭素原子はそれぞれ4個の価電子をもつが，そのうち3個が sp^2 混成軌道 (p. 591) を形成する。同一平面上に伸びたこの3本の混成軌道は，2個のC原子と1個のH原子と**σ結合**し，正六角形の環状構造をつくる (a)。残る1個の価電子は，sp^2 混成軌道のつくる平面に対して垂直方向に広がる亜鈴形の $2p_z$ 軌道に存在し，隣り合う $2p_z$ 軌道が側面で重なり合って**π結合**をつくる(b)。

ベンゼンのσ結合に関与している電子(**σ電子**)は，特定の原子間に局在化しているが，ベンゼンのπ結合に関与している6個の電子(**π電子**)は，すべての炭素原子の間に広がるように存在（**非局在化**）している。電子が非局在化すると分子全体が安定化する。具体的にベンゼンの構造は，sp^2 混成軌道でつくられた正六角形の平面が，上下にある大きなドーナツ状の**π電子雲**によってはさまれたような構造 (c) をしている。

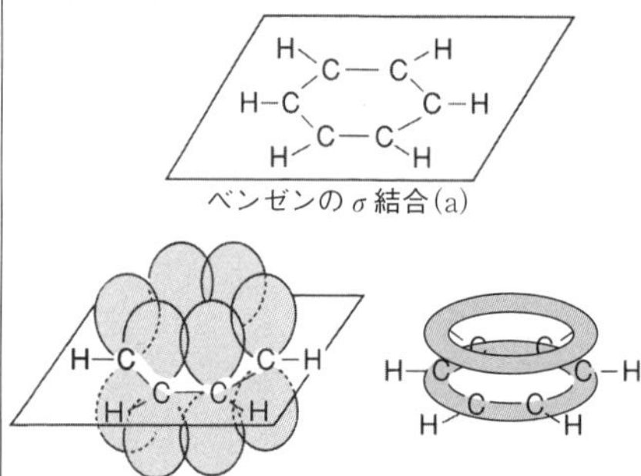

ベンゼンのσ結合(a)

ベンゼンのπ結合(b)　　ベンゼンのπ電子雲(c)

ベンゼンの6個のπ電子は，特定のC原子に固定されるのではなく，分子全体に広がり非局在化しているため，いわば電子の自由度が大きくなり，エネルギー的に安定な状態になっている。この共鳴安定化により得られるエネルギー(**共鳴エネルギー**)は，次のようにして求められる。

シクロヘキセン C_6H_{10} は，炭素原子6個が環状に結合し，分子内にアルケン型の二重結合を1個もつ。この1 mol に H_2 が1 mol 付加すると，シクロヘキサン C_6H_{12} が生成し，このとき120 kJ/mol の水素化熱が発生する。

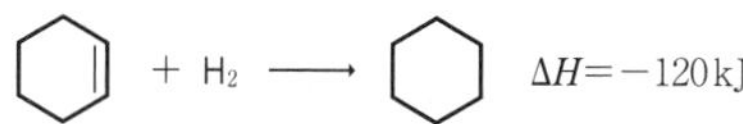

もし，ベンゼン C_6H_6 がアルケン型の固定された二重結合3個をもつ仮想的な化合物（1,3,5-シクロヘキサトリエン）とすると，その1 mol に H_2 3 mol が付加してシクロヘキサンが生成する場合には，120×3＝360 kJ/mol の水素化熱が発生するはずである。

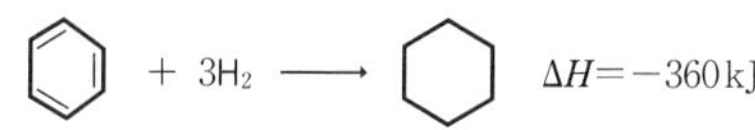

しかし，実際にベンゼン1 mol に H_2 3 mol が付加してシクロヘキサンが生成するときの水素化熱は，208 kJ/mol である。

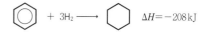

$$+\ 3H_2 \longrightarrow \qquad \Delta H = -208\,\mathrm{kJ}$$

ベンゼンの水素化熱が1,3,5-シクロヘキサトリエンの水素化熱に比べて，152 kJだけ少なく，ベンゼンはその分の共鳴エネルギーの安定化を得ていることがわかる。

このように，ベンゼンはπ電子の非局在化によって，不飽和性はずっと小さくなり，付加反応がおこりにくくなっている。言いかえると，ベンゼンに付加反応がおこると，大きな共鳴エネルギーの損失を伴うため，かなり強い条件でないと付加反応はおこらない。これに対して，置換反応では共鳴エネルギーが保存されるので，比較的穏やかな条件でも置換反応はおこりやすい。このような，ベンゼン環をもつ化合物に見られる，$4n+2$ ($n=1,2,\cdots$) 個のπ電子を原因とする特有な性質を**芳香族性**という。

2 芳香族炭化水素

芳香族炭化水素は，石炭の乾留で得られるコールタール (p. 613) を分留して得られるが(下表)，現在では，石油の分留によって得るナフサに触媒を加えて，高温，高圧の水素中で処理する**接触改質(リホーミング)**により多量に生産される❸。

留　分	留出温度	割合	主　な　成　分
軽　油	90～170℃	1～ 6%	ベンゼン C_6H_6，トルエン $C_6H_5CH_3$，キシレン $C_6H_4(CH_3)_2$
中　油	170～240℃	6～12%	フェノール C_6H_5OH，クレゾール $C_6H_4(CH_3)OH$ など
重　油	240～290℃	6～12%	ナフタレン $C_{10}H_8$，ナフトール $C_{10}H_7OH$ など
アントラセン油	290～360℃	10～25%	アントラセン $C_{14}H_{10}$，フェナントレン $C_{14}H_{10}$ など

コールタールの分留における固体の残留物は**ピッチ**とよばれ，電極，炭素繊維の原料などに用いる。

詳説❸ ナフサを Pt-Al_2O_3 系触媒中で約 500℃に加熱すると，ナフサ中の直鎖状アルカンは，まず Pt により脱水素されたのち，直ちに担体の Al_2O_3 により，環化，芳香族化されると考えられる。このように，2つ以上の異なる機能をもった触媒を**二元機能触媒**という。なお，この反応が H_2 加圧下で行われる理由は，高温のため原料の炭化水素の熱分解によって生じた炭素が触媒上に付着することによっておこる，触媒の活性低下を防ぐためである。

►ベンゼン環をもつ炭化水素を**芳香族炭化水素**，または**アレーン**という(下表)。

C_6H_{14} (ヘキサン) $\xrightarrow{-H_2}$ シクロヘキサン $\xrightarrow{-3H_2}$ ベンゼン

(骨格構造式 p. 570)

名　称	ベンゼン❹	トルエン❺	*o*-キシレン❻	*m*-キシレン	*p*-キシレン	エチルベンゼン
示性式	分子式 C_6H_6	$C_6H_5CH_3$	*o*-$C_6H_4(CH_3)_2$	*m*-$C_6H_4(CH_3)_2$	*p*-$C_6H_4(CH_3)_2$	$C_6H_5CH_2CH_3$
密度〔g/cm³〕	0.88	0.87	0.88	0.87	0.86	0.87
融点〔℃〕	5.5	−95	−28	−47	13.4	−94
沸点〔℃〕	80	111	142	139	138	136
状　態	液体	液体	液体	液体	液体	液体

名　称	スチレン❼	クメン❽	ナフタレン❾	アントラセン	フェナントレン
構造式	$CH=CH_2$	$CH_3-CH-CH_3$			
示性式	$C_6H_5CH=CH_2$	$C_6H_5CH(CH_3)_2$	分子式 $C_{10}H_8$	分子式 $C_{14}H_{10}$	分子式 $C_{14}H_{10}$
密度〔g/cm³〕	0.91	0.86	1.145	1.25	1.175
融点〔℃〕	−31	−96	80	216	100
沸点〔℃〕	146	152	218	342	340
状　態	液体	液体	固体	固体	固体

補足❹［**ベンゼン**］ 特有のにおいをもつ無色の液体で，融点が比較的高く，氷冷すると凝固する。多くの有機化合物をよく溶かし，その蒸気は極めて有毒で，神経鞘(しょう)中に溶け込み，興奮の伝導を妨げる。ベンゼンは，芳香族化合物の合成原料としてとくに重要な物質である。

補足❺［**トルエン**］ 天然樹脂のトルーバルサムの乾留によってはじめて得られたので，この名がついた。トルエンはベンゼンの一置換体で，異性体は存在しない。ベンゼン環に結合する炭素鎖は，とくに**側鎖**とよばれる。トルエンは，ガソリンの性能を高めるためにプレミアムガソリンに混合されるほか，ベンゼンに比べて毒性がやや低いので，有機溶媒のシンナーの主成分として広く用いられている。その理由は，体内に入ったトルエンは側鎖のメチル基が酸化されて安息香酸となり，体外へ排泄されやすいからである(p. 687)。

詳説❻［**キシレン**］ 最初，木材の乾留で得られたので，ギリシャ語の xylo(木) から命名された。キシレンのようにベンゼンの二置換体には，ベンゼン環に結合する2個のメチル基の位置関係から，3種類の構造異性体が存在する。ベンゼン環の隣り合う位置（1,2-）を**オルト**(*o*-)，次隣りの位置(1,3-)を**メタ**(*m*-)，反対側の位置(1,4-)を**パラ**(*p*-)として表示する。

オルトとはギリシャ語で「正規の」，メタは「後に，間に」，パラは「反対側の」という意味をもつ。IUPAC命名法によると，芳香族化合物の最初の置換基のついた炭素の位置番号を1として，ベンゼン環に右回りに番号をつけ，置換基の位置を示す。たとえば，*o*-キシレンは1,2-ジメチルベンゼン，*p*-キシレンは1,4-ジメチルベンゼンと表してもよい。

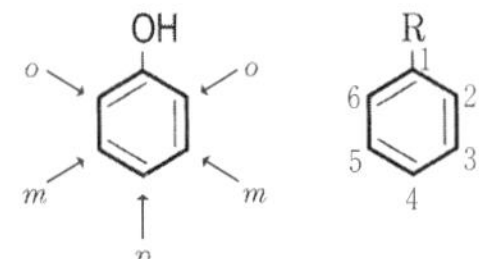

詳説❼［**スチレン**］ ベンゼン環にビニル基 $CH_2=CH-$ が結合した化合物で，二重結合をもった側鎖が反応性に富み，付加重合してポリスチレンという高分子化合物になる。スチレンは，エチルベンゼンと水蒸気を触媒（Fe_2O_3 など）とともに高温に加熱し，脱水素してつくられる。

$$C_6H_5CH_2CH_3 \xrightarrow[600℃]{(Fe_2O_3)} C_6H_5CH=CH_2 + H_2$$

補足❽［**クメン**］ 分子式 C_9H_{12} をもつ芳香族炭化水素の構造異性体には，次の8種類がある。

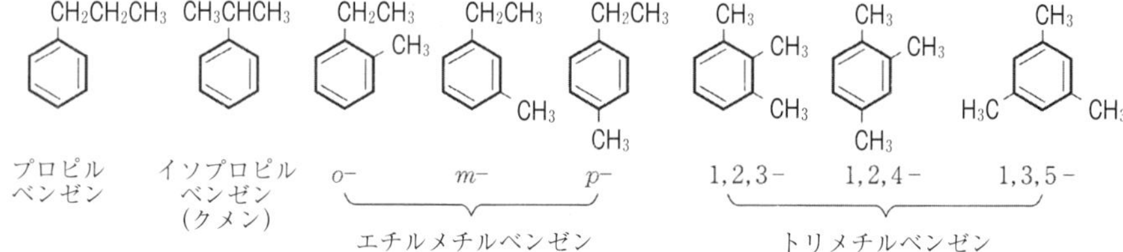

詳説❾［**ナフタレン**］ ベンゼン環の2個の炭素原子がつながった構造をもち，特有のにおいをもつ無色の結晶で，昇華性があり，防虫剤や染料の原料として用いられる。ナフタレンの炭素の位置番号は，下図のように決められている。中央の2個の炭素原子には水素原子が結合していないので，置換基は結合できず，位置番号をつけない。

また，ナフタレンの一置換体には，1-置換体と2-置換体の2種の構造異性体がある(右図)。

ナフタレンやアントラセンのように，環式化合物において2個以上の原子を共有して結合している環構造を**縮合環**といい，縮合環をもつ芳香族化合物には発ガン作用をもつものが多い。

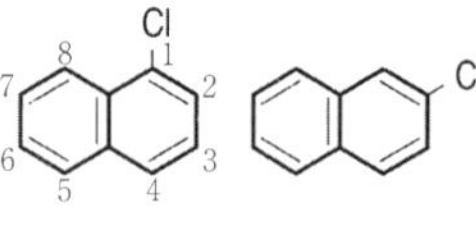

SCIENCE BOX　縮合環をもつ芳香族炭化水素

2つ以上の環構造をもつ化合物において，ナフタレンのように，1つの環を構成する2個以上の原子を共有している環構造を，**縮合環**という。縮合環をもつ多環式化合物のうち，ベンゼン環の一辺だけを共有する化合物について異性体の数を考える。

(1)　多環式化合物の異性体数

ベンゼン環が2つつながった分子はナフタレン $C_{10}H_8$ だけであり，3つつながった分子 $C_{14}H_{10}$ として，直線状のアントラセンと折れ曲がったフェナントレンがある。4つつながった分子 $C_{18}H_{12}$ には，直線状のテトラセンと，折れ曲がったもの3種類，枝分かれをもつ1種類を含めて，合計5種類の異性体がある。

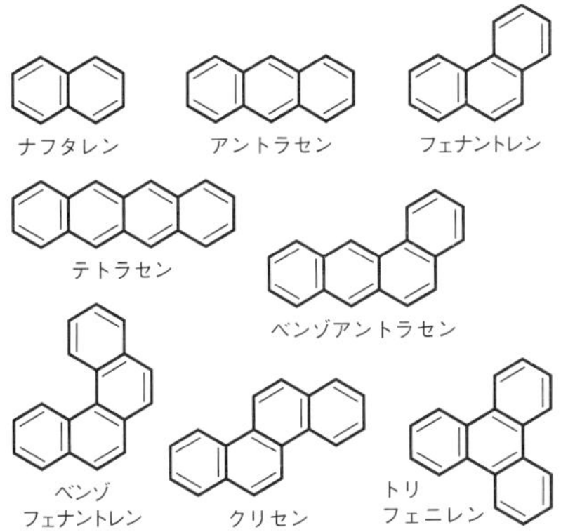

ベンゼン C_6H_6 にもう1つベンゼン環を結合させると，一辺共有により C_4H_2 だけ増えた分子式になる。よって，x 個のベンゼン環をつなげると，$C_6H_6 + x(C_4H_2) = C_{6+4x}H_{6+2x}$ となる。もとのベンゼン環を含めて，分子中に含まれるベンゼン環の総数を n とすると，$x = n - 1$ を上式に代入して，一般式は $C_{4n+2}H_{2n+4}$　$(n \geqq 2)$ となる。

(2)　ナフタレンの置換体の異性体数

ナフタレンの一置換体 $C_{10}H_7X$ の異性体

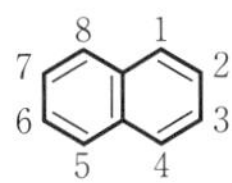

1，4，5，8位を α 位，2，3，6，7位を β 位という。

は α-，β-の2種類である。また，二置換体 $C_{10}H_6X_2$ と $C_{10}H_6XY$ には，次の異性体がある(矢印はもう1つの置換基が付く位置)。

(1) α, α 位　(2) β, β 位　(3) α, β 位

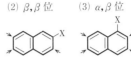

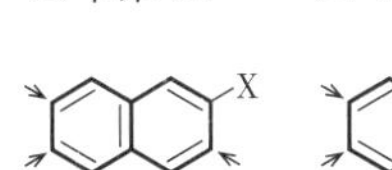

(4) β, α 位

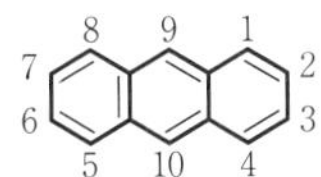

置換基が同種の XX のときは，(3)と(4)が同じになり，異性体は10種類，置換基が異種の XY のときは，(3)と(4)は同じにならず，異性体は14種類となる。

(3)　アントラセンの置換体の異性体数

1，4，5，8位を α 位，2，3，6，7位を β 位，9，10位を γ 位という。

アントラセンの一置換体 $C_{14}H_9X$ の異性体は，α-，β-，γ-の3種類である。また，二置換体 $C_{14}H_8X_2$ と $C_{14}H_8XY$ には，次の異性体がある。

(1) α, α 位　(2) β, β 位

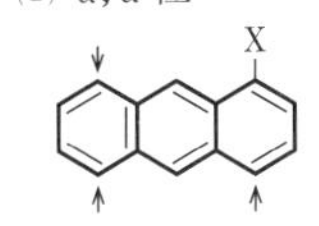

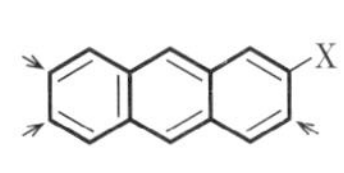

(3) γ, γ 位　(4) α, β 位

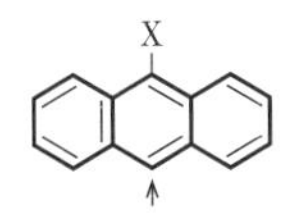

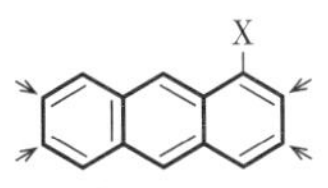

(5) α, γ 位　(6) β, γ 位

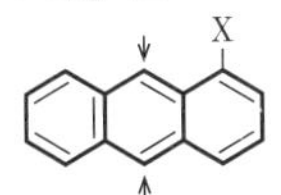

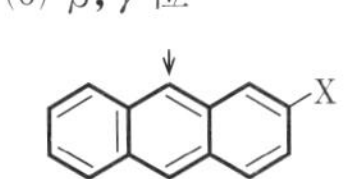

置換基が同種の XX のときは，上の15種類である。置換基が異種の XY のときは，さらに，(7) β，α 位の4種類，(8) γ，α 位の2種類，(9) γ，β 位の2種類が加わるから，合計23種類となる。

3 ベンゼンの置換反応

ベンゼン環は，その上下にある厚いπ電子雲によって包まれた構造をしているため，陽イオンだけが近づいて反応することができる(陰イオンは電気的反発で近づけない)。ベンゼンに対する置換反応は，一般に，次のように進行する。

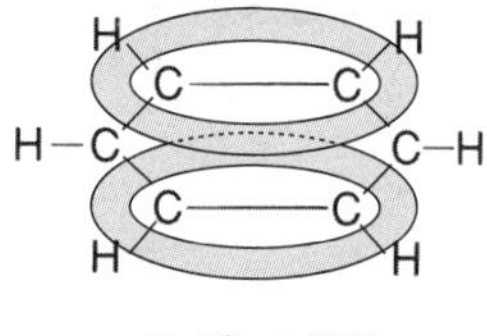

ベンゼンの構造

① 陽イオンA^+がベンゼン環のπ電子に近づいて付加し，次のような陽イオン中間体をつくる。この中間体には4個のπ電子しか存在せず，ベンゼン環の6個のπ電子の非局在化に基づく共鳴エネルギーの一部が失われ，エネルギーの高い状態にある。

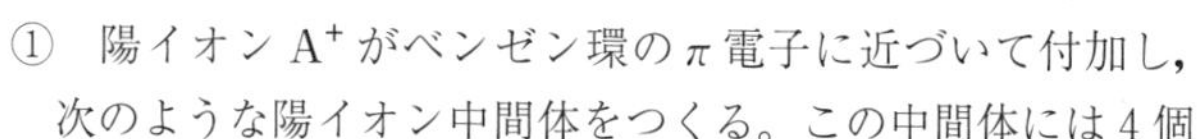

② そこで，:B^-が下図のように水素をH^+として引き抜くと，再びベンゼン環が再生し，大きな共鳴エネルギーによる安定化が得られる。

A　+　:B⁻　⟶　A　⟶　−A　+　HB

つまり，A^+の付加と中間体からのH^+の脱離が連続しておこることにより，A^+とH^+の置換反応が進行することになる⑩。

補足⑩ ベンゼンが置換反応をおこしやすいのは，置換反応により安定なベンゼン環が保存されるからであり，ベンゼン環が壊されてしまう付加反応はおこりにくい。以上のように，芳香族化合物の置換反応では，一部の例外を除くと，**陽性試薬**(**求電子試薬**)がベンゼン環のπ電子を攻撃することによっておこる**求電子置換反応**が多く見られる。

[1] **ハロゲン化**　ベンゼンに鉄粉，または塩化鉄(Ⅲ)$FeCl_3$(触媒)を加えて，等物質量の塩素Cl_2を通じると，クロロベンゼンC_6H_5Clが生成する⑪。

このように，ベンゼンの$-H$を$-Cl$で置換する反応を**塩素化**，一般には，ハロゲンで置換する反応を**ハロゲン化**という⑫。

$$C_6H_5\text{−}H + Cl\text{−}Cl \xrightarrow[\text{約}50℃]{FeCl_3} C_6H_5\text{−}Cl + HCl$$

クロロベンゼン(沸点132℃)

詳説⑪ クロロベンゼン(密度1.11 g/cm³)は水に溶けにくい液体で，反応液を冷水に注ぐと，ビーカーの底に遊離する。さらに，過剰の塩素を通じ，温度を上げて塩素化すると，*p*-ジクロロベンゼン(融点53℃)(55%)，*o*-ジクロロベンゼン(融点−18℃)(39%)，*m*-ジクロロベンゼン(融点−24℃)(6%)が得られる。*p*-異性体(対称性が大)は*o*-異性体よりも融点が高いので，反応液を冷却すれば結晶として分離できる。*p*-ジクロロベンゼンは，パラゾール®とよばれる無色の結晶で，防虫剤としてよく用いられる。

詳説⑫ この反応での$FeCl_3$の触媒としての働きを考えてみると，$FeCl_3$は$Cl-Cl$結合を分極

$$C_6H_5-H + Cl^+ \longrightarrow C_6H_5(H^+)(Cl)^+ \quad H^+ \rightarrow [FeCl_4]^- \longrightarrow C_6H_5-Cl + HCl + FeCl_3$$

させて$[FeCl_4]^-$という錯イオンとなり，正電荷をもつCl^+(クロロニウムイオン)をつくるルイス酸としての働きをしている。生成したCl^+は，ベンゼン環のπ電子を攻撃して中間体をつくる。一方，$[FeCl_4]^-$はベンゼン環からH^+を引き抜いて$FeCl_3$に戻り，HClが生成する。

[2] **ニトロ化**　ベンゼンに濃硝酸と濃硫酸の混合物(**混酸**という)を加えて，約60℃で反応させると，ニトロベンゼン$C_6H_5NO_2$が生成する[13]。このように，ベンゼンの -H をニトロ基 $-NO_2$ で置換する反応を**ニトロ化**という。また，ニトロベンゼンのように，ニトロ基が炭素原子に結合した化合物を**ニトロ化合物**という。

$$C_6H_5-H + HO-NO_2 \longrightarrow C_6H_5-NO_2 + H_2O$$

ニトロベンゼン（融点 6℃，沸点 211℃）

詳説[13] 反応機構は次の通りである。硝酸に硫酸から生じたH^+が付加し，H_2Oが脱離して，ニトロニウムイオンNO_2^+が生成する。脱離した水は，濃硫酸に吸収される形で存在する。

$$H-\ddot{O}-NO_2 + H^+ \rightleftarrows H-\overset{\oplus}{\ddot{O}}(H)-NO_2 \rightleftarrows H_2O + NO_2^+$$

混酸中では，硫酸($K_a \fallingdotseq 10^{3.3}$)が硝酸($K_a \fallingdotseq 10^{1.4}$)よりも強い酸として働くため，硝酸は本来の$H^+$と$NO_3^-$に電離ができずに，$OH^-$と$NO_2^+$という特別な電離の仕方をしている。

$$C_6H_5-H + \overset{+}{N}O_2 \rightarrow C_6H_5(H^+)(NO_2)^{\oplus} \rightarrow C_6H_5-NO_2$$

NO_2^+はベンゼンに付加して中間体をつくり，さらに，HSO_4^-が中間体からH^+を引き抜いてH_2SO_4が再生する(求電子置換反応)。結局，H_2SO_4は触媒として働いたことになる。

►**ニトロベンゼン**は，水より重い淡黄色の液体で，水に溶けにくい。

参考　**ニトロベンゼンの分離・精製**

ニトロベンゼン(密度 1.2 g/cm^3)は混酸(密度約 1.6 g/cm^3)より軽いので，最初は上層に存在する。上層を取り出して冷水に加えると，今度は，ニトロベンゼンは水よりも重いので下層に分離される。下層を取り出して$NaHCO_3$水溶液を加えてよく振り，残った酸を中和後，水層をすてる。さらに，粒状の$CaCl_2$結晶(乾燥剤)を加えて一夜放置し，濁り(水分)がなくなったら蒸留するか，エーテルで抽出後，エーテルを蒸発させると，淡黄色で杏(あんず)のようなにおいのする油状の液体が得られる。蒸気および液体は人体に有害である。

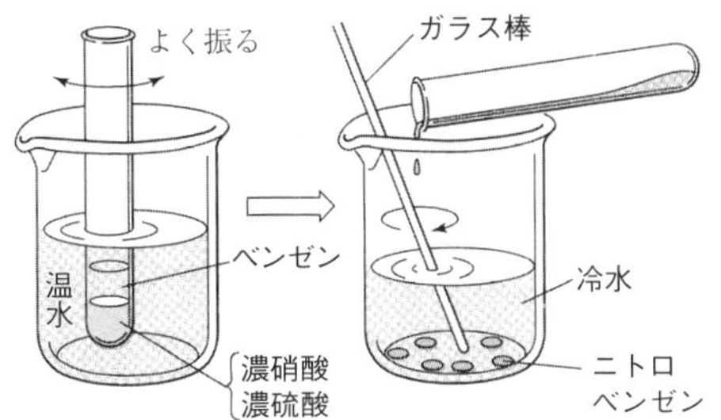

ニトロベンゼンの生成　爆発性のある *m*-ジニトロベンゼンの生成する条件が95℃以上だから，60℃を超えないように反応させる。

3 スルホン化　ベンゼンに濃硫酸を加えて約80℃に加熱するか，常温で発煙硫酸を反応させると，ベンゼンスルホン酸 $C_6H_5SO_3H$ が生成する⑭。このように，ベンゼンの -H をスルホ基 $-SO_3H$ で置換する反応を**スルホン化**という。ベンゼンスルホン酸のように，スルホ基が炭素原子に結合した化合物を**スルホン酸**という⑮。この反応は，有機化合物の水に対する溶解性を高めたいときにも行う。

$$C_6H_5\text{–H} + \text{HO–}SO_3H \rightarrow C_6H_5\text{–}SO_3H + H_2O$$

ベンゼンスルホン酸（融点 65℃）

詳説⑭ 硫酸どうしが次のように反応して，$^+SO_3H$（スルホニウムイオン）を生成する。

$$\text{H–}\ddot{\text{O}}\text{–}SO_3H + H^+ \ HSO_4^- \rightleftarrows \text{H–}\ddot{\text{O}}(\text{H})\text{–}\overset{+}{S}O_3H + HSO_4^-$$

また，発煙硫酸（濃硫酸に過剰の SO_3 を溶かしたもの）の場合，SO_3 は陽イオンではないが，強く正に帯電した硫黄原子がベンゼン環の π 電子を攻撃することができる。この場合には，最後に，ベンゼン環から脱離した H^+ は，$-SO_3^-$ と結合してスルホ基 $-SO_3H$ となる。

$$C_6H_6 + O=S^{\oplus}(O)(O^-) \rightleftarrows {}^+[C_6H_6\text{–}SO_3^-] \rightleftarrows C_6H_5\text{–}SO_3H$$

補足⑮ スルホ基には，硫酸分子のもっていた2個のH原子のうちの1個が残っており，水中ではほぼ完全に電離して強い酸性（$K_a = 2.0 \times 10^{-1}$ mol/L）を示す。ベンゼンスルホン酸は，吸湿性の強い無色の結晶で，水にはよく溶けるが，ベンゼン，エーテルなどには不溶である。

4 アルキル化　ベンゼンに塩化アルミニウム $AlCl_3$ を触媒として，ハロゲン化アルキルを反応させると，アルキルベンゼンが生成する⑯。この反応は**フリーデル・クラフツ反応**ともいい，ベンゼン環に側鎖のアルキル基を導入するために広く用いられる。

$$C_6H_5\text{–H} + \text{Cl–}CH_2\text{–}CH_3 \xrightarrow[\text{常温}]{(AlCl_3)} C_6H_5\text{–}CH_2CH_3 + HCl$$

エチルベンゼン（沸点 136℃）

詳説⑯ $AlCl_3$ 中の Al 原子は，オクテットを満たさず電子不足の状態にある。そこで，塩化エチルの Cl 原子の非共有電子対を配位結合で受け入れ，錯イオン $[AlCl_4]^-$ を形成し，エチルカチオン $CH_3C^+H_2$ をつくり出す。これがベンゼンを攻撃して付加すると同時に，$[AlCl_4]^-$ がベンゼンから H^+ を引き抜いて，$AlCl_3$ と HCl を生成する。（求電子置換反応）。

$$CH_3CH_2\text{–}\ddot{Cl}: + AlCl_3 \rightarrow CH_3\overset{+}{C}H_2 + [Cl\rightarrow AlCl_3]^-$$

$$C_6H_6 + \overset{+}{C}H_2CH_3 \rightarrow {}^{\oplus}[C_6H_6\text{–}CH_2CH_3] \rightarrow C_6H_5\text{–}CH_2CH_3 \ (+H^+)$$

同様に，ベンゼンに濃硫酸を触媒としてエチレンを反応させてもエチルベンゼンを生成する。

$$C_6H_6 + CH_2=CH_2 \xrightarrow{H^+} C_6H_5\text{–}CH_2CH_3$$

これは，エチレンに酸の H^+ が付加するとエチルカチオン $CH_3C^+H_2$ が生成し，これがベンゼンに求電子置換反応を行うためである。この反応も広義のフリーデル-クラフツ反応である。

SCIENCE BOX フリーデル・クラフツ反応

(1) フリーデル・クラフツ反応 (アルキル化)

ベンゼン環にアルキル基を導入する反応を，**フリーデル・クラフツ反応***という。

たとえば，ベンゼンに触媒 $AlCl_3$ の存在下，塩化エチル CH_3CH_2Cl を作用させると，求電子置換反応によってエチルベンゼン $C_6H_5CH_2CH_3$ が得られる(p. 684)。

同様に，ベンゼンに 1-クロロプロパン $CH_3CH_2CH_2Cl$ を反応させても，プロピルベンゼン $C_6H_5CH_2CH_2CH_3$ はほとんど生成せず，代わりに，主にイソプロピルベンゼン $C_6H_5CH(CH_3)_2$ が生成する。これは，フリーデル・クラフツ反応では，反応中間体としてカルボカチオン (炭素陽イオン) が関与するため，水素転位(p. 624)により安定なカルボカチオン (第一級＜第二級＜第三級) への異性化がおこりやすいためである。すなわち，本反応では，第一級のプロピルカチオン $CH_3CH_2C^+H_2$ から，第二級のイソプロピルカチオン $CH_3C^+HCH_3$ へ異性化した後，ベンゼンに求電子置換反応が行われる。

また，ベンゼンに電子供与性のアルキル基が導入されると，ベンゼン環の反応性が大きくなり，多置換体を生成しやすくなるから，反応の制御が必要になる。たとえば，一置換体のアルキルベンゼンのみを合成するには，原料のベンゼンを過剰に用いるか，$AlCl_3$ よりも活性の低い $FeCl_3$ などの触媒を用いる必要がある。また，この反応は，ニトロ基 $-NO_2$ のような電子吸引性の置換基がついた芳香族化合物では，ベンゼン環の反応性が減少しておりおこりにくい。

(2) フリーデル・クラフツ反応(アシル化)

フリーデル・クラフツ反応を利用すれば，ベンゼン環にアセチル基 CH_3CO- などのアシル基 (カルボン酸から OH を除いた原子団) も導入できる。

たとえば，$AlCl_3$ を触媒として，ベンゼンに塩化アセチル CH_3COCl を作用させると，芳香族ケトンであるアセトフェノン $C_6H_5COCH_3$ が生成する。(下図)

$AlCl_3$ 中の電子不足の Al 原子は塩化アセチルから Cl^- を奪い取り，錯イオン $[AlCl_4]^-$ となる一方，C-Cl 結合が切断され，反応中間体のアセチルカチオン CH_3C^+O を生成する。これがベンゼン環を求電子攻撃して付加した後，$[AlCl_4]^-$ がベンゼン環から H^+ を引き抜いてアセトフェノンと塩化水素が生成する(求電子置換反応)。

反応中間体として比較的安定なアシルカチオンが関与するアシル化の場合は，反応途中で，カルボカチオンに見られる異性化はおこりにくい。また，アシル基は電子吸引性の置換基であるから，アシル化がおこるとベンゼン環の反応性は減少するので，多置換体が生成しにくく，反応の制御は比較的容易である。

また，この反応は，ヒドロキシ基 $-OH$ のような電子供与性の置換基がついた芳香族化合物ではおこりやすいが，ニトロ基 $-NO_2$ のような電子吸引性の置換基がついた芳香族化合物ではおこりにくい。

* 1877 年，フランスの Friedel とアメリカの Crafts が発見した反応なのでこう呼ばれる。

$$CH_3-\overset{O}{\overset{\|}{C}}-Cl: \longrightarrow \underset{Cl}{\overset{Cl}{Al}}-Cl \longrightarrow CH_3-\overset{O}{\overset{\|}{C^+}} + Cl-\underset{Cl}{\overset{Cl}{Al^-}}-Cl$$

$$C_6H_6 + {}^+\overset{O}{\overset{\|}{C}}-CH_3 \xrightarrow{\text{求電子置換}} [C_6H_6-\overset{O}{\overset{\|}{C}}-CH_3]^+ \xrightarrow{-H^+} C_6H_5-\overset{O}{\overset{\|}{C}}-CH_3$$

4 ベンゼンの付加反応

ベンゼン環内の6個のπ電子は，ベンゼン環全体に広がって非局在化しており，独特な安定性(**芳香族性**という)を保っている⑰。しかし，特別な条件下においては，ベンゼン環中のπ電子のつながりが切れ，付加反応がおこることがある。

補足⑰ 六員環の平面構造をもつベンゼンでは，6個のπ電子は6個の炭素原子を包むように均等に分布して安定化し，芳香族性を最もよく示す。しかし，アセチレンの四分子重合などで得られるシクロオクタテトラエン C_8H_8 では，各炭素原子は平面構造をとれずに，右図のような舟形の立体構造をとる。このため，8個のπ電子は分子全体に広がることはできず，その分布は不均一で，芳香族性を示さない。すなわち，二重結合が固定されており，アルケンのように，容易に付加反応や酸化反応がおこることが知られている。

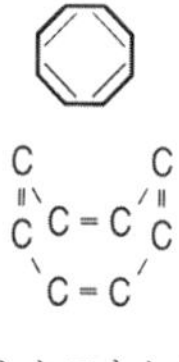

シクロオクタテトラエン

(1) ベンゼンに加熱したNi, Pt触媒のもとで，高温・高圧の水素を反応させると，シクロヘキサン C_6H_{12} が生成する⑱。

$$+ \ 3H_2 \xrightarrow{(Ni,\ Pt)}$$

シクロヘキサン（沸点81℃）

詳説⑱ 200℃，10～30×10⁵ Paというかなり激しい条件を必要とする。触媒表面上に吸着されて生じた水素原子H・が，ベンゼン環のπ電子を激しく攻撃するラジカル反応である。

H・がまず1個のπ電子と結合すると，ベンゼン環内のπ電子の結合が切断され，ベンゼン環の安定性は急に減少する。すると，反応が一層おこりやすくなり，6個のπ電子がすべて水素原子と結合するまで反応は進む。途中の や の段階で反応は止められない。

(2) ベンゼンを無酸素の条件で，光を当てながら塩素を作用させると，1,2,3,4,5,6-ヘキサクロロシクロヘキサン $C_6H_6Cl_6$ が生成する⑲。

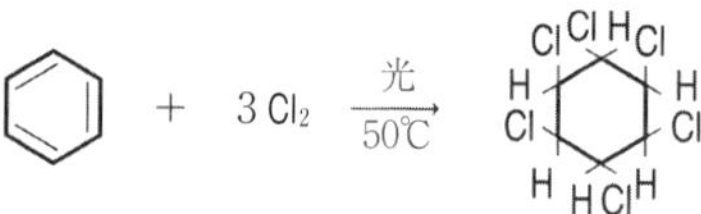

詳説⑲ この反応も紫外線のエネルギーにより，Cl_2 分子が解離して生じた塩素原子Cl・が，ベンゼン環を激しく攻撃することによって進行する。まず，6個のπ電子のつながりの一部が切断され，Cl・がベンゼンの炭素原子と次々と新しいσ結合をつくって結合するという，典型的なラジカル反応である。生成物のベンゼンヘキサクロリド（BHC）は強力な殺虫剤として用いられたが，吸入すると急性中毒や慢性の肝臓障害などの毒性があること，難分解性のため環境中に残留し土壌汚染をおこすことから，日本では1972年に使用が禁止された。

5 酸化反応

アルケンの二重結合は，硫酸酸性の過マンガン酸カリウムによって酸化されるが，ベンゼン環の不飽和結合は，同じ条件では酸化されない。しかし，ベンゼン環に炭化水素基(**側鎖**)の結合した化合物では，ベンゼン環に直接結合した炭素原子から酸化されてカルボキシ基 -COOH となる。このとき，ベンゼン環自身は酸化されない。たとえば，トルエンを過マンガン酸カリウム水溶液(中性)と煮沸すると，側鎖のメチル基が酸化され

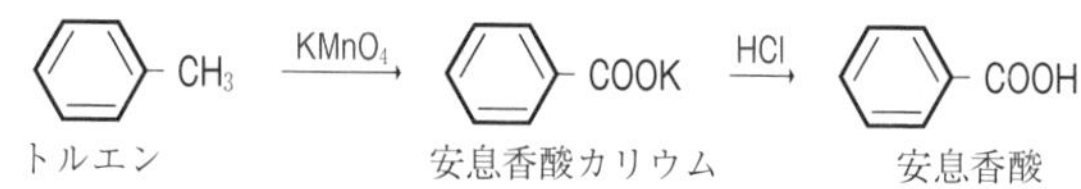

てカルボキシ基となり，**安息香酸** C_6H_5COOH が生成する[20]。

詳説[20]

$$\begin{cases} C_6H_5\underset{(-3)}{\underline{C}}H_3 + 7\,OH^- \longrightarrow C_6H_5\underset{(+3)}{\underline{C}}OO^- + 6\,e^- + 5\,H_2O \quad \cdots\cdots ① \\ \underline{Mn}O_4^- + 2\,H_2O + 3\,e^- \longrightarrow \underline{Mn}O_2 + 4\,OH^- \quad \cdots\cdots ② \end{cases}$$

①+②×2 より，$C_6H_5CH_3 + 2\,MnO_4^- \longrightarrow C_6H_5COO^- + 2\,MnO_2\downarrow + OH^- + H_2O$

中性条件で反応を開始しても，反応が進むと塩基性となるので，安息香酸は中和され，安息香酸カリウムという塩が生成する。反応液に残った MnO_4^- と後で加える HCl が酸化還元反応するのを防ぐため，反応液に Na_2SO_3(還元剤) を加え，MnO_4^- を MnO_2 に変えておく。生成した MnO_2 をろ別したのち，ろ液に塩酸を加えると安息香酸(白色結晶)が析出する。

強力な酸化剤である $KMnO_4$(硫酸酸性) にトルエン (還元剤として働く) を加えて熱したほうが反応が速く進むと思われるが，実際に加熱すると，爆発する恐れがあるので危険である。

►ベンゼン環に側鎖 1 個が結合した化合物を酸化すると，ベンゼン環に直接結合した 1 位の C 原子が酸化されやすいので，主生成物は安息香酸 C_6H_5COOH となる[21]。

$$C_6H_5-CH_2-CH_3 \xrightarrow[\text{加熱}]{KMnO_4} C_6H_5-COOH + CO_2$$ (エチルベンゼンの酸化)

詳説[21] 芳香族炭化水素の側鎖の酸化は，酸化剤による水素原子 H・の引き抜きによって開始されると考えられている。エチルベンゼンの場合において，反応の途中に生じるラジカルの安定性を比べると，(A)ではラジカルの不安定性がベンゼン環の π 電子の共鳴効果，およびメチル基の電子供与性の効果でいくらか緩和されている。したがって，(B)よりも(A)を通る反応のほうがおこりやすくなる。

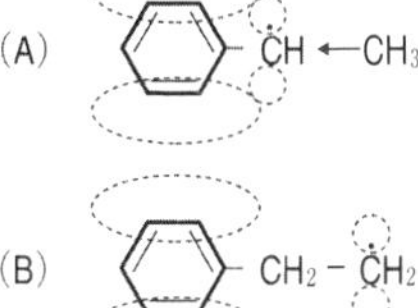

エチルベンゼンを V_2O_5 触媒下で空気酸化すると，アセトフェノンを経由して安息香酸に至るので，下の反応経路が予想される。

$C_6H_5-CH(H)-CH_3$ —[O_2による H・の引き抜き／・OOHの結合]→ $C_6H_5-C(-O-O-H)-CH_3$ —[O-O結合の開裂／・OHによるH・の引き抜き (H₂Oの生成)]→ $C_6H_5-C(=O)-CH_3$ (アセトフェノン) ⇌[H⁺の転位／ケト・エノール平衡]

$C_6H_5-C(OH)=CH_2$ —[二重結合の開裂／〔O〕]→ C_6H_5-COOH + [$O=CH_2$] —〔O〕→ $CO_2\uparrow + H_2O$

400℃で空気酸化した場合，エチルベンゼンでは安息香酸のみが得られるが，プロピルベンゼン $C_6H_5\overset{1}{C}H_2\overset{2}{C}H_2\overset{3}{C}H_3$ では，1 位の C 原子が酸化されて安息香酸(約 8%)が生成するほか，多くは 3 位の C 原子が酸化され，3-フェニルプロパン酸 $C_6H_5CH_2CH_2COOH$ を生成し，*o* 位の H と脱水して環状構造のケトンとなり，ケト-エノール平衡で生じた C=C 結合が開裂してフタル酸となり，直ちに脱水して無水フタル酸(約 92%)が生成するとの報告がある。

►トルエンを硫酸酸性の二クロム酸カリウムで酸化すると，ベンズアルデヒドを経て安息香酸まで酸化されるが，MnO_2(酸化剤) と 60%硫酸で穏やかに酸化すると，ベンズアルデヒドの段階で反応を止めることができる[22]。

ベンジルアルコール（沸点 205℃）　ベンズアルデヒド（沸点 179℃）　安息香酸（沸点 123℃）

詳説㉒ ベンズアルデヒドは，苦偏桃(くへんとう)や杏(あんず)の精油中に含まれるアーモンドに似た香気をもつ液体であり，空気中で徐々に酸化されて表面から安息香酸に変化しやすい(還元性を有する)。

ただし，ベンゼン環にホルミル基が直結した芳香族アルデヒドは，銀鏡反応は示すが，フェーリング液は還元しない。これは，フェーリング液が NaOH を含む強い塩基性であり，加熱によりベンズアルデヒドどうしが自己酸化還元反応(不均化反応)をおこし，ベンジルアルコールと安息香酸に変化する反応(**カニッツァロ反応**)がおこるからである。

▶キシレンを $KMnO_4$(中性)で酸化すると，下図のように芳香族ジカルボン酸が生成する。

o-キシレン　フタル酸　*p*-キシレン　テレフタル酸　*m*-キシレン　イソフタル酸

フタル酸を融点近くに加熱すると，容易に脱水して無水フタル酸になる㉓。また，ナフタレンを V_2O_5 を触媒として高温で空気酸化しても，無水フタル酸が得られる㉔。

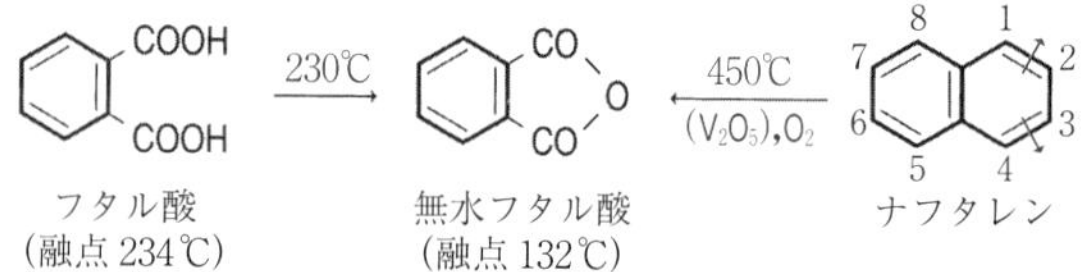

詳説㉓ フタル酸だけがカルボキシ基が接近した位置にあるので，容易に酸無水物に変化するが，テレフタル酸，イソフタル酸は変化しない。この反応は，ベンゼン環に結合した2つのカルボキシ基の置換位置の判別に利用される。

詳説㉔ ベンゼン環の1つが酸化開裂してフタル酸に変化するが，高温のため直ちに脱水して，無水フタル酸が生成する。無水フタル酸は，水とは徐々に，熱水とは速やかに反応して，フタル酸に変化する。2つのベンゼン環の1辺を共有した縮合環の構造をもつナフタレンでは，たとえば，左側の環を π 電子を6個もった完全なベンゼン環とすれば，右側の環は π 電子を4個しかもたない不完全なベンゼン環とみなせる。そこで，右側の環では二重結合が1,2位と3,4位にやや固定化されるようになり，その部分が酸化剤の攻撃を受けやすくなっている。

さらに強い条件でベンゼンを空気酸化すると，ベンゼン自身も酸化開裂して，最終的に無水マレイン酸となる。

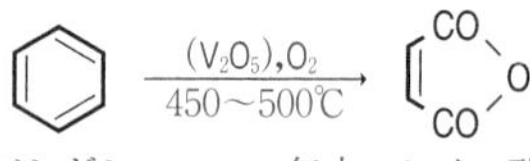

SCIENCE BOX　ベンゼンの側鎖の酸化

トルエンを過マンガン酸カリウム水溶液(中性条件)と煮沸するか，コバルト(Ⅱ)塩を触媒として，トルエンと 2×10^6 Pa 程度の加圧酸素 O_2 を約 200℃ に加熱すると，安息香酸 C_6H_5COOH が生成する。前者のように，液相で試料を酸素で酸化する反応を**液相空気酸化**といい，後者のように，気相で試料を酸化する反応を**気相空気酸化**という。

(1)　***t*-ブチルベンゼンの液相空気酸化**

t(ターシャリー)-ブチルベンゼン $C_6H_5\overset{\alpha}{C}(CH_3)_3$ の側鎖の α 位には，酸素 O_2 が引き抜くべき H 原子がないので，液相空気酸化を受けない。

(2)　**クメンの液相空気酸化**

クメン $C_6H_5\overset{\alpha}{C}H(CH_3)_2$ の側鎖の α 位には，O_2 が引き抜くべき H 原子が 1 個あるので，液相空気酸化は，①，②までは反応が進行し，クメンヒドロペルオキシドが生成する。しかし，③で O-O 結合が開裂して ·OH が生成しても，α 位には ·OH が引き抜くべき H 原子はもう存在しない。したがって，③，④以降の反応は進まない。

① $C_6H_5-\dot{C}^{\alpha}(CH_3)-CH_3$（H の引き抜き）⟶ ② $C_6H_5-C(CH_3)(O-OH)-CH_3$（クメンヒドロペルオキシド）

⟶ ③ $C_6H_5-C(CH_3)(O\cdot\!\!\!\cdot OH)-CH_3$（O-O 結合の開裂）✕ ·OH による H· の引き抜きができない　②で反応が停止

(3)　**エチルベンゼンの液相空気酸化**

エチルベンゼン $C_6H_5CH_2CH_3$ の側鎖の α 位には，O_2 が引き抜くべき H 原子が 2 個あるので，次の①～⑥の反応がすべて進行し，安息香酸と CO_2 が生成する。

① 酸素 O_2 による側鎖の α 位から水素原子 H· の引き抜き。

酸素 O_2 がエチルベンゼンの側鎖から H を引き抜く場合，α 位のときは(i) $C_6H_5\dot{C}HCH_3$，β 位のときは(ii) $C_6H_5CH_2\dot{C}H_2$ が生成する。(i)はベンゼン環との相互作用があるので，相互作用のない(ii)に比べて幾分安定である。よって，O_2 による H 原子の引き抜きは，α 位でおこりやすい。

② エチルベンゼンラジカルへの酸素 O_2 の付加と水素原子 H· の引き抜きにより，ヒドロペルオキシド R-OOH を生成。

③ ヒドロペルオキシドの O-O 結合の開裂と，生じたヒドロキシルラジカル ·OH による α 位から水素原子 H· の引き抜き。

④ α 位にカルボニル基 C=O を生じ，アセトフェノンを生成する。

⑤ アセトフェノンのケト型からエノール型への変化(**ケト・エノール平衡**)により，C=C 結合をもつビニルアルコールの生成。

⑥ 酸素 O_2 による C=C 結合の酸化・開裂により，安息香酸 C_6H_5COOH を生成。

副生するホルムアルデヒド HCHO はさらに酸化され，ギ酸 HCOOH を経て，CO_2 と H_2O が生成する。

① $C_6H_5-\dot{C}^{\alpha}(H)-CH_3$（H の引き抜き）⟶ ② $C_6H_5-C(H)(O-OH)-CH_3$（エチルベンゼンヒドロペルオキシド）

⟶ ③ $C_6H_5-C(\dot{H})(O\cdot\!\!\!\cdot OH)-CH_3$（O-O 結合の開裂　·OH による H· の引き抜き）⟶ ④ $C_6H_5-C(=O)-CH_3$（アセトフェノン）

⟶ ⑤ $C_6H_5-C(OH)=CH_2$（ケト・エノール平衡）⟶ $C_6H_5-C(OH)\ddagger CH_2$（C=C 結合の開裂）

⟶ ⑥ $C_6H_5-C(OH)=O$（安息香酸）＋ [$O=CH_2$]（ホルムアルデヒド）さらに酸化 CO_2 と H_2O

SCIENCE BOX　芳香族置換反応の配向性

ベンゼンにはじめて置換基が入る場合，ベンゼンのどの水素原子が置換されても生成物の種類は変わらない。しかし，ベンゼン環にすでに第一の置換基が存在する場合，その置換基の種類によって，新たに導入される第二の置換基の位置および反応性が決定されてしまう。このような現象を置換基の**配向性**という。これは，ベンゼン環に置換基が結合すると，ベンゼン環内のπ電子の密度が変化するためにおこると考えられる。

〔1〕 オルト-パラ配向性

ベンゼン環に電子を与える性質（**電子供与性**という）の置換基が結合した芳香族化合物では，その置換基に対してオルト位，またはパラ位で電子密度が高くなり，その位置で求電子置換反応がおこりやすくなる。このような置換基は，**オルト-パラ（*o*, *p*-）配向性**であるという。

***o*,*p*-配向性の基**　$-\ddot{O}H$　$-\ddot{N}H_2$　$-\ddot{O}-CH_3$　$-\ddot{N}HCOCH_3$　$-\ddot{Cl}$（ハロゲン）　$-CH_3$（アルキル基）

o，*p*-配向性の置換基には，ベンゼン環のπ軌道と重なり合う非共有電子対の軌道をもつものが多い。また，アルキル基のように，-C:H 結合の共有電子対の軌道が，ベンゼン環のπ軌道と重なりをもつものもある。これらの置換基からベンゼン環へ電子が流れ込むことにより，オルト，パラ位の電子密度が大きくなる。

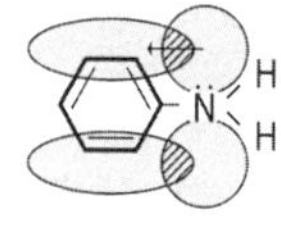

そこで，求電子試薬（NO_2^+，Cl^+，$^+SO_3H$ など）は，電子密度の高いオルト位，パラ位を攻撃しやすくなる。また，ベンゼン環全体としての電子密度も高くなっているから，反応速度はベンゼンの場合よりもかなり大きくなる。つまり，同じ種類の反応でも，より穏やかな反応条件で反応を進行させることができる。

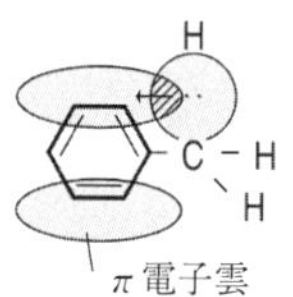

まとめて

ただし，クロロベンゼンは *o*，*p*-配向性ではあるが，反応速度はベンゼンの場合よりも小さくなる。これは，(a) 塩素原子には非共有電子対があるので，そのπ電子はベンゼン環のほうへ流れ込み，*o* 位，*p* 位の電子密度は *m* 位に比べて大きくなる。しかし，(b) 塩素原子は電気陰性度が大きいため，ベンゼン環を構成している炭素原子のσ電子を引き寄せる。

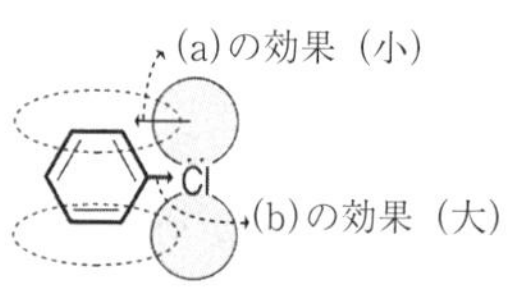

この相反する２つの作用のうち，(b)の影響が(a)の影響よりも少し強いので，ベンゼン環全体としての電子密度はベンゼンの場合よりも低くなる。よって，*o* 位，*p* 位はベンゼンに比べて電子密度が少し低い状態，*m* 位はかなり低い状態となる。したがって，クロロベンゼンは *o*，*p*-配向性でありながら，その反応速度はベンゼンより小さくなる。

〔2〕 メタ配向性

ベンゼン環から電子を引きつける性質（**電子吸引性**という）の置換基が結合した芳香族化合物では，その置換基に対してメタ位で求電子置換反応がおこりやすくなる。このような置換基は，**メタ（*m*-）配向性**であるという。

m-配向性の基 $-NO_2$　$-SO_3H$（$-S(\rightarrow O)(\rightarrow O)-O-H$）　$-COOH$（$-C(=O)-O-H$）　$-C(=O)-CH_3$　$-C\equiv N$

m-配向性を示す置換基の中心原子（ベンゼン環に直結した原子）には，いずれも非共有電子対は存在しない。また，中心原子は電気陰性度の大きな原子（O や N など）と不飽和結合や配位結合で結合している場合が多いので，電気的に陽性の状態にある。そのため，ベンゼン環の π 電子を引きつけるので，o 位，p 位の電子密度が低くなる。

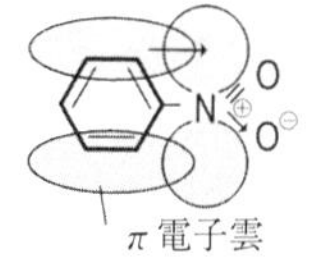

NO_2 ⟷ NO_2 ⟷ NO_2 ⟷ NO_2 ⟷ NO_2 ┊ まとめて NO_2

したがって，メタ位の電子密度がオルト位，パラ位に比べて相対的に高くなり，メタ位に求電子置換反応がおこるようになる。しかし，ベンゼン環全体としての電子密度は低くなっているので，反応速度はベンゼンの場合よりかなり小さくなる。つまり，同じ種類の反応でもより激しい反応条件を与えないと，反応は進行しない。

[o，p-配向性の例]

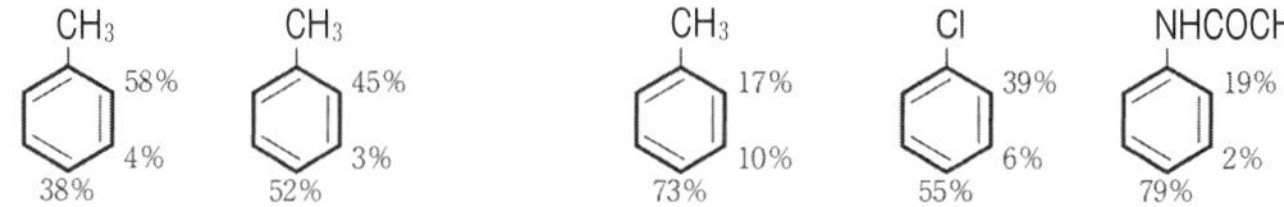

ニトロ化　スルホン化（0℃）　スルホン化（100℃）　ハロゲン化　ニトロ化

[m-配向性の例]　　**[o，p-配向性から m-配向性への変化]**

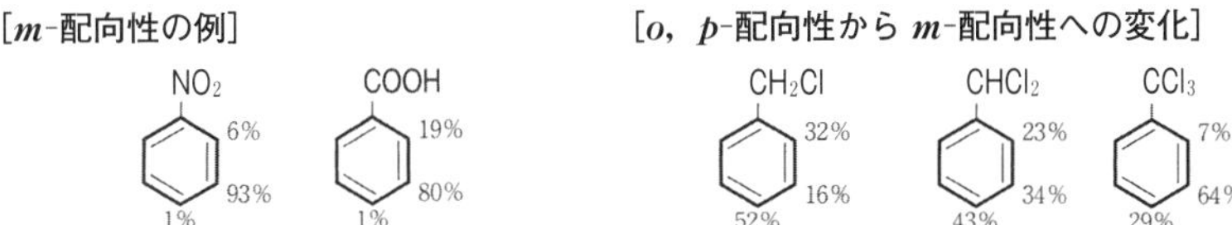

ニトロ化　ニトロ化　ニトロ化　ニトロ化　ニトロ化

スルホ基のように置換基が大きいときや，高温で反応させた場合には，立体障害の大きい o 位よりも p 位に置換しやすい傾向を示す。また，側鎖のメチル基がハロゲン置換されると，o，p-配向性から m-配向性へと変化する。また，同じ置換基でもイオンになった場合，配向性が変化することがある。たとえば，$-NH_2$（o，p-配向性）から $-N^+H_3$（m-配向性），$-COOH$（m-配向性）から $-COO^-$（o，p-配向性）となる。

次に，ベンゼンの二置換体の配向性は，よりベンゼン環を活性化させるオルト-パラ配向性の基の影響が強くあらわれる。一般に，置換基が大きくなるほど，立体障害の少ない p 位に入りやすく，メタ体では 2 つの置換基にはさまれた位置にはやや入りにくい傾向がある。

CH_3, CH_3 ↑　CH_3, CH_3 ⬆　CH_3, CH_3　CH_3, NO_2 ⬆　OH, NO_2 ↑　OH, NO_2

SCIENCE BOX　ナフタレンの反応

ナフタレンと酸化剤との反応では，一方の環はまったく変化せず，他方の環だけが酸化されるなど，ナフタレンを構成する2つのベンゼン環はまったく等価とはいえない。

ナフタレン（位置番号 1, 2, 3, 4, 4a, 5, 6, 7, 8, 8a）　$\xrightarrow[450℃]{(V_2O_5), O_2}$　（主生成物）無水フタル酸　＋　（副生成物）1,4-ナフトキノン

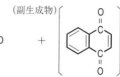

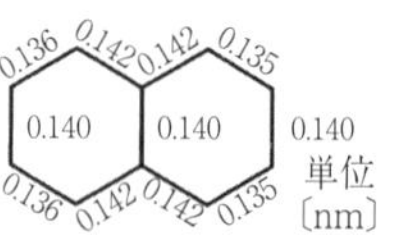

X線回折により，ナフタレンの結晶における各炭素原子間の結合距離を調べると，上図の通り，1,2結合と3,4結合が最も短く，二重結合性が強くなっている。このような二重結合の部分固定化は，ナフタレンに可能な3つの共鳴構造式より理解される。下記の(Ⅰ)，(Ⅱ)，(Ⅲ)の取りうる確率が等しいとすると，ナフタレンの11個の炭素間結合のうち，7個の二重結合性は$\frac{1}{3}$で，4個の二重結合性は$\frac{2}{3}$である。特に，後者の4か所において，ハロゲンの付加反応や酸化反応を受けやすくなっている。

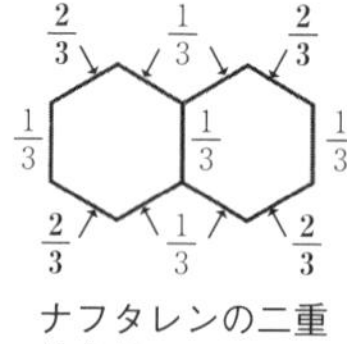

ナフタレンの二重結合性

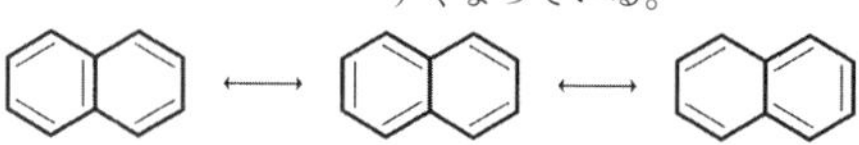

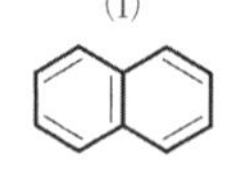
ナフタレン

$\xrightarrow[150℃,\ 3\times10^6Pa]{(Ni), 2H_2}$

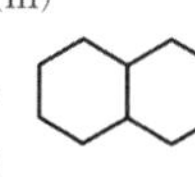
テトラリン

$\xrightarrow[200℃,\ 1\times10^7Pa]{(Ni), 3H_2}$　デカリン

ナフタレンに存在する10個のπ電子のうち，6個のπ電子の入った環は完全な芳香族性を示し，ベンゼンと同じ152 kJ/molの共鳴エネルギーの安定化が得られる。一方，4個のπ電子の入った環では，105 kJ/molの共鳴エネルギーの安定化しか得られないことから，その分だけ反応性が大きくなっている。

たとえば，ナフタレンにNi触媒を用いて水素で還元すると(左下図)，一方の環がまず水素付加されてテトラリンとなり，さらに強い条件で水素化すると，残ったベンゼン環が水素付加されて，最終的にデカリンが生成する。

次に，ナフタレンに対する求核置換反応(ニトロ化，ハロゲン化，スルホン化など)は，主に1位(α位)におこりやすい理由を考えてみる(左の最下図)。

α位のほうがβ位よりもπ電子の密度が高いために，反応性が大きくなるという結論になるが，ここでは，求電子試薬のCl^+がナフタレン環の1位と2位のそれぞれを攻撃したときに生じる中間体の安定性によって，反応性の大小を比較してみる。

(1)　1位にCl^+が結合した中間体：
(a)，(b)，(f)，(g)には，左側の環にベンゼン環が保持された安定構造，(c)，(d)，(e)が不安定構造となる(次ページ図1)。

(2)　2位にCl^+が結合した中間体：
同様に，(h)，(l)が安定構造となり，(i)，(j)，(k)，(m)が不安定構造となる(次ページ図2)。

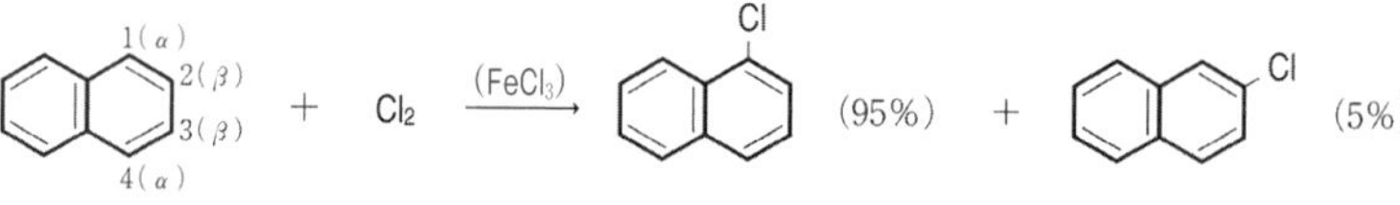

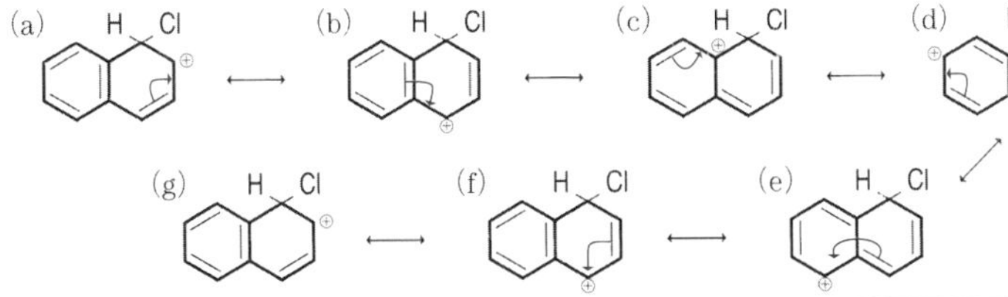

図1

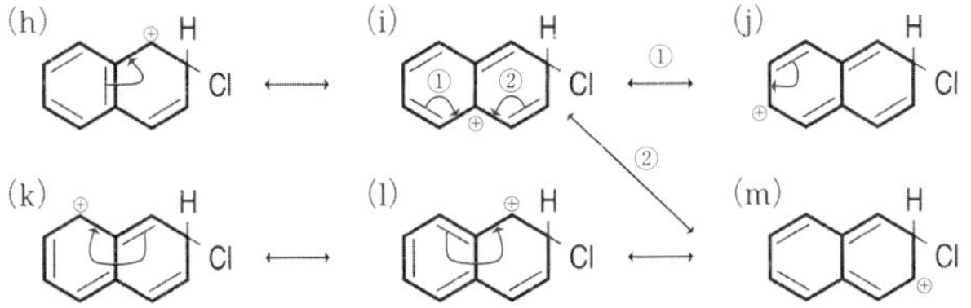

図2

よって，1位置換の中間体のほうが2位置換の中間体よりも，安定構造の数が多いため，反応の活性化エネルギーが低くなり，1位での置換反応がおこりやすくなると考えられる。

また，ナフタレンを80℃でスルホン化すると，主として1-ナフタレンスルホン酸が生成する。これは，低温ではナフタレンの1位が2位よりも電子密度が大きく，求電子置換反応の反応速度が大きいためである。このように活性化エネルギーの大小で決まる反応を**速度論支配の反応**という。一方，160℃で長時間反応させると，主として2-ナフタレンスルホン酸が得られる。

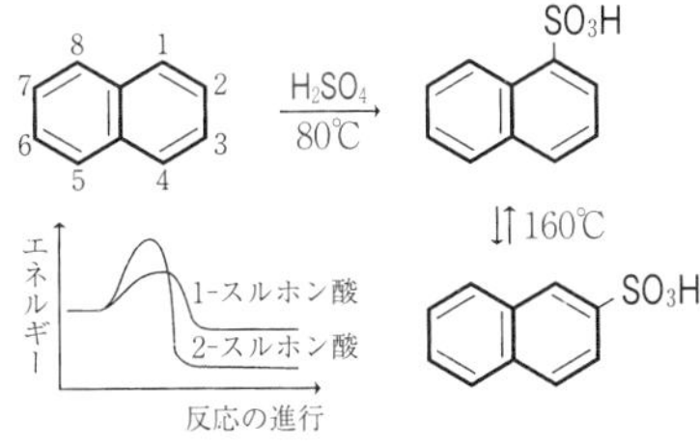

これは，高温ではエネルギー的に不安定な1-ナフタレンスルホン酸から，より安定な2-ナフタレンスルホン酸への平衡移動がおこったためと考えられる*。このように生成物のエネルギー的な安定性の大小で決まる反応を**熱力学支配の反応**という。

* 1位のスルホ基と8位の水素原子が近接しており，立体障害が大きいことと，高温になると1位のスルホ基と8位の水素原子が接触するようになり，2つのベンゼン環の平面性が保てなくなって，共鳴エネルギーによる安定性が減少することによる。

ナフタレンの配向性は，第一の置換基による電子密度の変化と，元来，ナフタレン環のもつα位がβ位よりも反応性が大きいという，2つの要因の組み合わせで決まる。

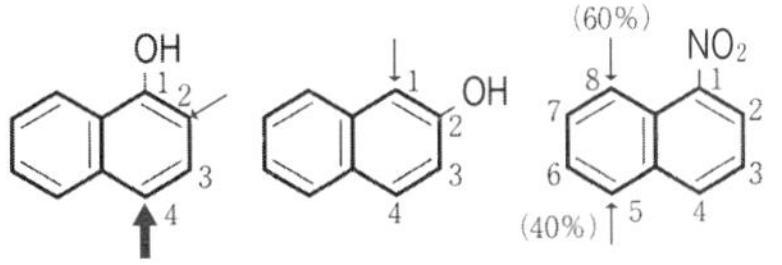

o，*p*-配向性を示す活性基が存在する場合，次の置換は電子密度の高い同一の環でおこる。1-ナフトールの場合，4位(*p*位でα位)が最も置換しやすく，次いで2位(*o*位でβ位)であるが，3位(*m*位でβ位)にはほとんど置換しない。2-ナフトールの場合は，1位(*o*位でα位)が最も置換しやすく，3位(*o*位でβ位)と4位(*m*位でα位)はほとんど置換しない。一方，*m*-配向性を示す不活性基が存在する場合，次の置換は相対的に電子密度の大きくなる他方の環のα位(5位，8位)でおこりやすくなる。

6 トルエンの置換反応

トルエンはメチル基によってベンゼン環が活性化されているから，ベンゼンよりもニトロ化が容易である。トルエンを混酸でニトロ化すると，*o*- および *p*-ニトロトルエンを経て，2,4-ジニトロトルエン，2,6-ジニトロトルエン(副生成物)となり，最後に **2,4,6-トリニトロトルエン(TNT)** が生成する。TNT は黄褐色の結晶で爆薬に用いられる。

o-ニトロトルエン（融点 −9℃）58%　*p*-ニトロトルエン（融点 52℃）38%　2,4-ジニトロトルエン（融点 71℃）　2,4,6-トリニトロトルエン（融点 81℃）

（トルエン →[混酸, 30℃] *o*-ニトロトルエン または *p*-ニトロトルエン →[混酸, 60℃] 2,4-ジニトロトルエン →[混酸, 120℃] 2,4,6-トリニトロトルエン）

トルエンを Fe，または $FeCl_3$ を触媒として，常温で等物質量の塩素を作用させると，ベンゼン環の水素との置換反応がおこり，*o*- および *p*-クロロトルエンの混合物が得られる(**核置換**)。

トルエン + Cl_2 →(Fe) *o*-クロロトルエン (59%) または *p*-クロロトルエン (37%) + HCl

トルエンを沸点近くまで加熱し，光を照射しながら塩素を作用させると，側鎖のメチル基の水素が塩素で次々と置換される[25](**側鎖置換**)。

$C_6H_5CH_3$ →[Cl_2, 光 / −HCl] $C_6H_5CH_2Cl$ →[Cl_2, 光 / −HCl] $C_6H_5CHCl_2$ →[Cl_2, 光 / −HCl] $C_6H_5CCl_3$

塩化ベンジル（α-クロロトルエン）　塩化ベンザル（α, α-ジクロロトルエン）　ベンゾトリクロリド（α, α, α-トリクロロトルエン）

詳説[25] この反応は，光のエネルギーにより塩素原子 Cl・ を生じ，これが側鎖のメチル基の -H と次のように置換される(**ラジカル反応**)。

$C_6H_5CH_3 + Cl\cdot \xrightarrow{H\cdot の引き抜き} C_6H_5\dot{C}H_2 + HCl$ ……①
$C_6H_5\dot{C}H_2 + Cl_2 \xrightarrow{Cl\cdot の引き抜き} C_6H_5CH_2Cl + Cl\cdot$ ……②
(連鎖反応)

側鎖がもっと長い炭化水素基の場合でも，ベンゼン環に直接結合した炭素が最も反応性が大きい。これは，遷移状態で存在するラジカル $C_6H_5\text{-}\dot{C}HR$ が，ベンゼン環の π 電子との共鳴効果によって安定化されるためである。

トルエンに Cl_2 を過剰に加えて反応を続けると，順次，メチル基の側鎖置換が進行する。

►塩化ベンジルと水酸化ナトリウム NaOH 水溶液とを加熱すると，次のような求核置換反応(p. 701)によりベンジルアルコールが得られる[26]。

補足[26] アルコールを極めて弱い酸($K_a \fallingdotseq 10^{-16}$)とみなすと，弱酸の塩が NaOHaq で分解されて，弱酸が遊離されたことになるから，この反応を加水分解とよぶ場合がある。

$C_6H_5CH_2Cl + Na^+OH^- \rightleftarrows C_6H_5CH_2OH + NaCl$

例題 分子式 C_9H_{12} で表される芳香族炭化水素 A，B，C，D の構造式を記せ。

(1) A, B, C, D を $KMnO_4$ 水溶液と反応後，溶液を酸性にすると E, F, G, H が得られた。

(2) E，F，G，H を各 2.0×10^{-5}mol 取り，それぞれに水 20 mL を加えて水溶液とし，よく振り混ぜながら 2.0×10^{-2}mol/L NaOH 水溶液を滴下し中和滴定すると，E では 3.0 mL，F，G では 2.0 mL，H では 1.0 mL で終点に達した。

(3) A，B，C，D に濃硝酸と濃硫酸の混合物を反応させると，ベンゼン環の 1 つの H 原子がニトロ基で置換され，A, D からは 3 種, B からは 2 種, C からは 4 種の異性体が得られた。

(4) E，F，G，H を加熱したところ，E のみが分子量の小さい化合物に変化した。

(5) D を高温で空気酸化すると過酸化物を生じ，希硫酸を作用させると，有機溶剤に用いる脂肪族化合物と殺菌作用や腐食性のある芳香族化合物が得られる。

［解］ 分子式 C_9H_{12} の芳香族炭化水素には，次の 8 種類の構造異性体が存在する。(H 原子を省略)

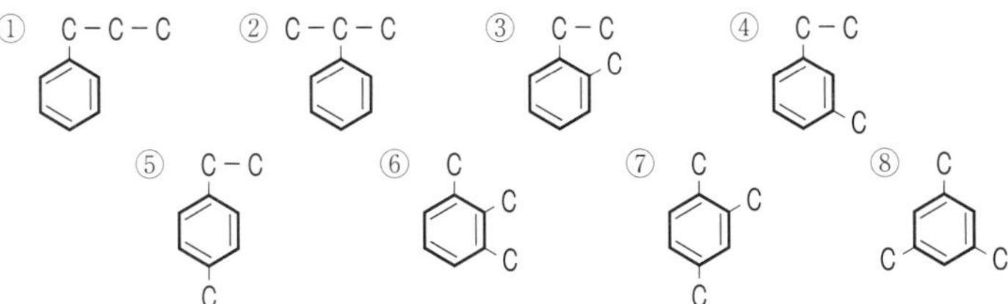

A，B，C，D の酸化生成物の E，F，G，H は芳香族カルボン酸で，その中和に必要な NaOH の物質量が，H を 1 とすると，E は 3 倍量，F，G は 2 倍量なので，H を 1 価カルボン酸とすると，E は 3 価カルボン酸，F，G は 2 価カルボン酸である。

よって，A はベンゼンの三置換体の⑥，⑦，⑧のいずれか，B，C はベンゼンの二置換体の③，④，⑤のいずれか，D はベンゼンの一置換体の①，②のいずれかである。

A のモノニトロ置換体の異性体数を調べると，次の通りである。

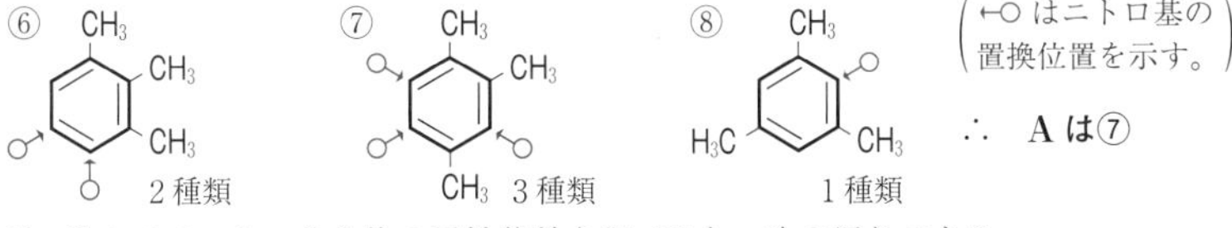

∴ **A は⑦**

B，C のモノニトロ化合物の異性体数を調べると，次の通りである。

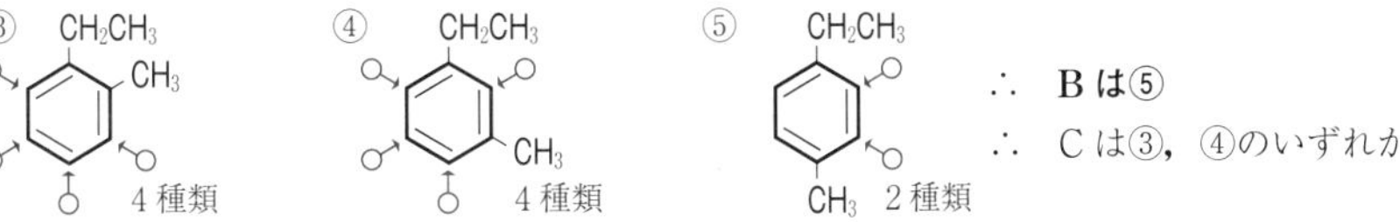

∴ **B は⑤**

∴ C は③，④のいずれか

G を加熱しても酸無水物に変化しないから，C の側鎖は離れたメタ位にある。 ∴ **C は④**

D を空気酸化すると過酸化物を生じ，希硫酸で分解すると，脂肪族化合物 (アセトン) と芳香族化合物(フェノール)が得られる(**クメン法**)。 ∴ **D は②**

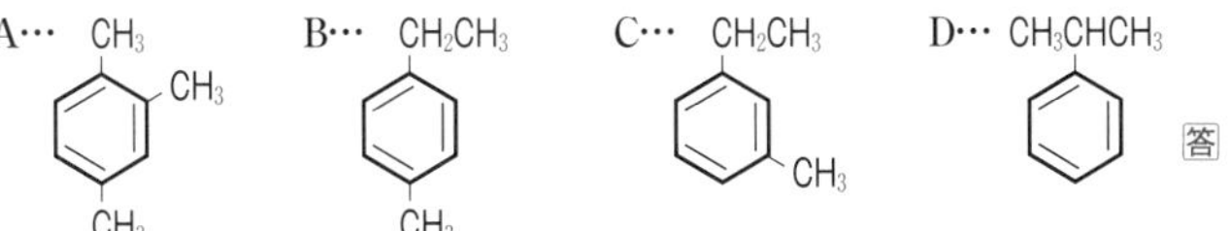

答

5-15　フェノール類

1　フェノール類

ベンゼン環にヒドロキシ基 -OH が直接結合した化合物を，**フェノール類**という❶。このうち最も簡単な構造のものが**フェノール** C_6H_5OH である❷。

詳説❶　ベンゼン環に -OH が直接結合した化合物だけをフェノール類といい，脂肪族の炭化水素基に -OH が結合した化合物はすべてアルコールという。

フェノール類では，O 原子の非共有電子対の 2p 軌道が，ベンゼンの π 電子雲と側面で重なりをもつ。したがって，O 原子の非共有電子対の一部がベンゼン環へ流れ込んで非局在化し，安定化するようになる。このため，O 原子は自らの電子不足の状態を解消するために，O-H 結合の共有電子対をより強く引きつけて，H^+ が放出されやすくなる。このような -OH を**フェノール性ヒドロキシ基**といい，弱い酸性を示す。

一方，ベンジルアルコールでは，ベンゼン環と -OH がメチレン基 $-CH_2-$ によって隔てられているので，上記のような電子の非局在化はおこらない。このような -OH を**アルコール性ヒドロキシ基**といい，中性を示す。

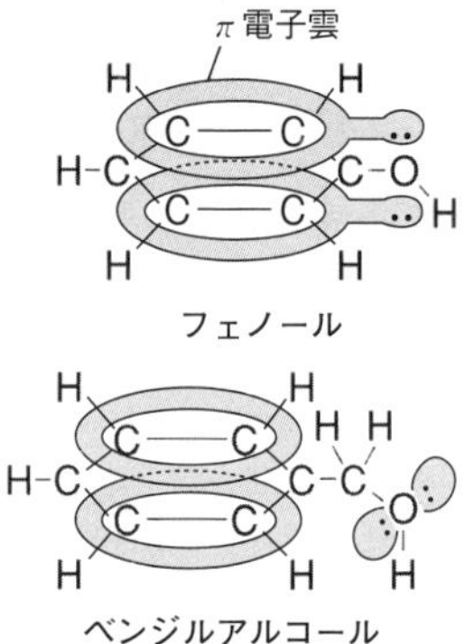

補足❷　C_6H_5- をフェニル基，$C_6H_5CH_2-$ をベンジル基という。このような芳香族の炭化水素基を総称して，**アリール基**(Ar-)という。フェノールは，石炭の乾留で得られたコールタールの中から，はじめて弱い酸性の物質として分離されたので**石炭酸**ともいう。

名　称	示性式	融点[℃]	$FeCl_3$ による呈色	用　途
フェノール❸	C_6H_5OH	41	紫	合成樹脂の原料
o-クレゾール	*o*-$C_6H_4(CH_3)OH$	31	青	防腐剤❹ 殺菌剤 消毒剤
m-クレゾール	*m*-$C_6H_4(CH_3)OH$	12	青紫	
p-クレゾール	*p*-$C_6H_4(CH_3)OH$	35	青	
ヒドロキノン❺	*p*-$C_6H_4(OH)_2$	173	青すぐに退色	写真の現像液
サリチル酸	*o*-$C_6H_4(OH)COOH$	159	赤紫	医薬品の原料
1-ナフトール	1-$C_{10}H_7OH$	96	紫	染料の原料
2-ナフトール	2-$C_{10}H_7OH$	122	緑	

主なフェノール類

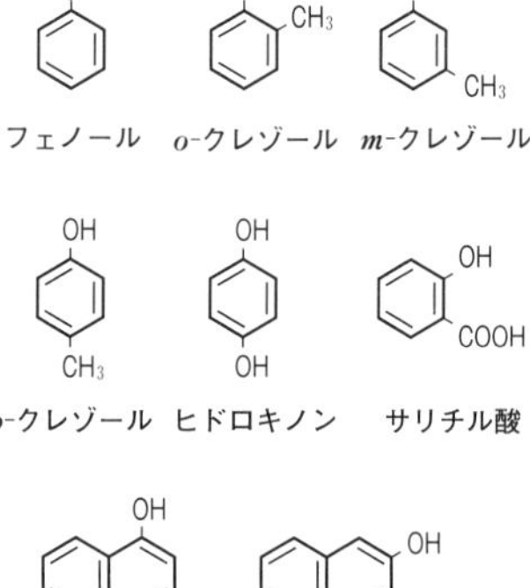

詳説❸　フェノールは，特有のにおいのある無色の結晶で，水分を含むと，凝固点降下により液体となる。空気中に長く放置したり，光が当たると，徐々に酸化されて赤味を帯びてくる。これは，複雑な組成をもつ着色物質が生じるからであり，電子供与性の -OH が結合したため，ベンゼン環全体の電子密度が高くなり，酸化されやすくなっていることが原因である。染料，

合成樹脂，医薬，合成繊維などの原料として用いられる。

また，タンパク質を凝固・変性させる力が非常に強く，細菌にもよく浸透して，強い殺菌・消毒作用を示す。一方，皮膚や粘膜を強く侵す腐食性があり，濃い水溶液が手などにつくと，突き刺すような激しい痛みを感じる。よって，取り扱いには十分注意する必要がある。

補足❹　クレゾールは，フェノールよりも腐食性が少なく，殺菌力は強い(約2.5倍)。しかし，水に溶けにくいので，カリウムセッケン液と混合して乳化させて用いられる。これを**クレゾールセッケン液**といい，通常1～2%に希釈して消毒液として利用される。

詳説❺　多価フェノール類は水に溶けやすく，酸化されやすいので，還元剤として作用する。とくに，ヒドロキノンは還元作用の強くなる塩基性条件にして写真の現像薬に用いられる。ヒドロキノンの場合，強い還元作用によって Fe^{3+} を Fe^{2+} に還元するため，$FeCl_3$ による呈色反応の青色はすぐに消失する。

$$\text{HO}-C_6H_4-\text{OH} + 2Ag^+ \longrightarrow \text{O}=C_6H_4=\text{O} + 2Ag\downarrow + 2H^+$$

ヒドロキノン　　　　キノン

2　フェノール類の性質

フェノール類は，分子量が同程度の芳香族炭化水素に比べ，融点・沸点がかなり高く，大部分は常温で固体である❻。これは，分子間で水素結合を形成することが原因である。

補足❻

フェノール	C_6H_5OH	(分子量　94)	融点　41℃	沸点 182℃
トルエン	$C_6H_5CH_3$	(分子量　92)	融点 −95℃	沸点 110℃
o-クレゾール	$C_6H_4(CH_3)OH$	(分子量 108)	融点　31℃	沸点 181℃
o-キシレン	$C_6H_4(CH_3)_2$	(分子量 106)	融点 −25℃	沸点 144℃

►フェノール類の多くは，水にあまり溶けないが，アルコールやエーテルなどの有機溶媒には溶けやすい❼。一方，水に溶けたものはアルコールとは異なり，一部が電離して H^+ を放出する。したがって，その水溶液はごく弱い酸性を示す❽。しかし，その酸性は炭酸水よりも弱く，青色リトマス紙を赤変させるほどの力はない。

$$C_6H_5-\text{OH} \rightleftarrows C_6H_5-\text{O}^- + H^+ \qquad K_a = 1.0\times10^{-10}\ \text{mol/L}$$

フェノキシドイオン

補足❼　フェノールは水100gに常温で8.2g溶けるので，水に少し溶けるとも表現される。クレゾールは水100gに，オルト体2.5g，メタ体2.1g，パラ体1.9gが溶ける(常温)。

詳説❽　フェノール類がアルコールに比べて酸性が強いことは，H^+ を電離したのちに生じる陰イオンの安定性の違いによっても説明できる。フェノキシドイオンの負電荷は，ベンゼン環のほうへ流れ込んで非局在化しているから，アルコキシドイオンよりも安定化しており，フェノール類の電離がおこりやすくなっている。また，逆反応で考えると，フェノキシドイオンの負電荷が非局在化しているので，O原子の電子密度が低く，H^+ を受け取る力がアルコキシドイオンの場合よりも小さくなっていることも，フェノール類が弱い酸性を示す原因と考えられる。

酸の強さ	塩酸 ＞	硫酸 ＞	硝酸 ＞	スルホン酸＞	カルボン酸＞	炭酸＞	フェノール類	＊は参考値
K_a の概数値	＊10^6	＊10^3	＊10^1	10^{-1}	10^{-5}	10^{-7}	10^{-10}	〔mol/L〕

►フェノールに水酸化ナトリウム水溶液(強塩基)を加えると，中和反応がおこり塩をつくって溶解する❾。

詳説❾ フェノールの塩のことを，フェニル基が酸化されたという意味で，phenyl＋oxid(酸化物の意味) フェノキシドとよばれる。**ナトリウムフェノキシド**は，水溶液中では完全電離してフェノキシドイオン $C_6H_5O^-$ を生じるが，このイオンにはベンゼン環が存在するにもかかわらず，イオンの部分に強い水和がおこるため水によく溶ける。

$$C_6H_5\text{-}OH + NaOH \longrightarrow C_6H_5\text{-}ONa + H_2O$$

ナトリウムフェノキシド

フェノールがアンモニア水(弱塩基)に溶けるかどうかを，電離定数を使って考えてみよう。

$$C_6H_5OH + NH_3 \rightleftarrows C_6H_5O^- + NH_4^+$$

$K_a=1\times10^{-10}$　$K_b=1.7\times10^{-5}$　$K_b=1\times10^{-4}$　$K_a=5.6\times10^{-10}$〔mol/L〕

フェノールと NH_4^+ の酸の強さを比較すると，NH_4^+ のほうが少しだけ強い。また，NH_3 と $C_6H_5O^-$ の塩基の強さを比較すると，$C_6H_5O^-$ のほうが少しだけ強い。よって，上式の平衡は左に偏るので，フェノールと NH_3 とは完全に反応しないと予想される。

►フェノールは炭酸よりも弱い酸なので，ナトリウムフェノキシドの水溶液に CO_2 を十分に通じると，フェノールが遊離して白濁する❿。この逆反応，すなわち，フェノールは炭酸水素ナトリウム水溶液とは反応しない。

$$C_6H_5\text{-}ONa + CO_2 + H_2O \longrightarrow C_6H_5\text{-}OH\downarrow + NaHCO_3$$

(弱酸の塩)　(フェノールに対して強酸)　(弱酸)　(フェノールに対して強酸の塩)

詳説❿ 水中にフェノールの油滴が分散した状態(乳濁液)となっているために白く見える。長時間放置すると，水溶液との密度の差によって，フェノール(密度 1.07 g/cm^3)はふつう下層に分離されてくる。短時間で分離したいときは，分液漏斗でエーテルとともに振り，静置すると，フェノールは水よりもエーテルに溶けやすいので，エーテル層(上層)に分離される。最後にエーテルを蒸発させるとフェノールが得られる。

3 フェノール類の検出

フェノール類は塩化鉄(Ⅲ) $FeCl_3$ 水溶液(1～2%)と反応して，**紫色**(青～赤紫色)に呈色する。この反応は鋭敏な反応であり，フェノール類の検出に用いられる⓫。

詳説⓫ この呈色は，Fe^{3+} に対してフェノキシドイオン $C_6H_5O^-$ が配位結合して錯イオンが形成されることで，フェノキシドイオンの O 原子から Fe^{3+} の 3d 軌道への電荷移動に伴う可視光線の吸収によると考えられる。クレゾールのように，ベンゼン環に電子供与性のメチル基がつくと，可視光線の吸収は長波長側に移り，呈色は青色になる。一方，サリチル酸のように，ベンゼン環に電子吸引性のカルボキシ基がつくと，可視光線の吸収は短波長側へ移り，呈色は赤紫色を帯びる。また，Fe^{3+} は6配位の錯イオンをつくりやすいが，フェノキシドイオンはかなり大きく，立体障害によって Fe^{3+} に6個とも結合するのは困難であるから，$[Fe(OC_6H_5)_n(H_2O)_{6-n}]^{3-n}$ ($n=1\sim3$)のような構造の錯イオンの存在が考えられる。

また，この反応はできるだけ中性に近い条件で行うのがよい。酸性が強くなると，$C_6H_5OH \rightleftarrows C_6H_5O^- + H^+$ の平衡が左に移動するため，フェノキシドイオンが減少して呈色しなくなる。一方，塩基性条件では，$Fe^{3+} + 3OH^- \longrightarrow FeO(OH)\downarrow + H_2O$ の反応がおこり，赤褐色の酸化水酸化鉄(Ⅲ)が沈殿するので，呈色はおこらない。

4 フェノールの反応

フェノールはベンゼンよりも反応性が大きく，置換反応を受けやすい。これは，ベンゼン環に電子供与性の -OH が結合したことによって，ベンゼン環の電子密度(とくに *o*, *p* 位)が大きくなったことによる。たとえば，フェノール水溶液に十分量の臭素水(赤褐色)を加えると，直ちに**2,4,6-トリブロモフェノール**の白色沈殿を生成する⑫。このとき，触媒はまったく必要としない。

補足⑫ この反応は定量的に進行するので，生成した沈殿の質量からフェノールの定量ができる。

$$C_6H_5OH + 3Br_2 \xrightarrow{\text{常温}} C_6H_2Br_3OH\downarrow + 3HBr$$

2,4,6-トリブロモフェノール(融点 96℃)

►フェノールを希硝酸(30%)でニトロ化すると，ニトロフェノールが生成する。

$$C_6H_5OH + HO-NO_2 \longrightarrow o\text{-}C_6H_4(OH)NO_2 + p\text{-}C_6H_4(OH)NO_2$$

o-ニトロフェノール 57%(融点 45℃)　*p*-ニトロフェノール 40%(融点 114℃)

フェノールを濃硝酸(68%)でニトロ化すると，ジニトロフェノールが生成する。

$$C_6H_5OH + 2HO-NO_2 \longrightarrow$$ 2,4-ジニトロフェノール + 2,6-ジニトロフェノール

2,4-ジニトロフェノール 主生成物(融点 114℃)　2,6-ジニトロフェノール 副生成物(少量)(融点 64℃)

フェノールに濃硝酸と濃硫酸(混酸)を作用させると，ベンゼンの3個の水素原子がニトロ基で置換されて，**2,4,6-トリニトロフェノール(ピクリン酸)**を生成する⑬。

$$C_6H_5OH + 3HO-NO_2 \xrightarrow{H_2SO_4} C_6H_2(NO_2)_3OH + 3H_2O$$

2,4,6-トリニトロフェノール(融点 123℃)

ピクリン酸は黄色の結晶で，加熱や衝撃により爆発する性質があり，爆薬にも用いられた。

詳説⑬ ピクリン酸の水溶液は，苦味(ギリシャ語：pikroo 苦い)があり，かなり強い酸性($K_a = 4.7\times10^{-1}$ mol/L)を示す。これは，ベンゼン環にニトロ基のような強い電子吸引性の置換基が3個も結合したことによって，ベンゼン環の π 電子の密度がかなり小さくなり，-OH の極性が大きくなって，H^+ がさらに電離しやすくなるためである。

ピクリン酸はトリニトロトルエンよりもやや爆発力が大きいが，不安定でその取り扱いがむずかしい(金属を腐食させる性質がある)ので，現在は爆薬としては使用されていない。

SCIENCE BOX　フェノール類の塩化鉄(Ⅲ)反応

フェノールとサリチル酸に $FeCl_3$ 水溶液を加えると，それぞれ紫色，赤紫色に呈色する。この呈色液に酢酸を過剰に加えてみると，フェノールの呈色は消失するが，サリチル酸の呈色は赤紫色のままである。これは，フェノキシドイオン $C_6H_5O^-$ は，分子中の１か所でしか Fe^{3+} と配位結合できない**単座配位子**であるのに対して，サリチル酸イオン(o-$C_6H_4(O^-)COO^-$ を以後「*sal*」と表す)は，分子中の２か所で Fe^{3+} と配位結合できる**二座配位子**である違いに基づく。一般に，多座配位子は金属イオンをはさみ込むように配位結合して，安定度の大きい**キレート錯体**をつくる。すなわち，多座配位子による錯体は，単座配位子による錯体よりも安定である。この現象を**キレート効果**という。これは，二座配位子１分子が単座配位子２分子と置換してキレート錯体をつくるほうが，錯体形成に伴う系のエントロピーが増加するためである。

Fe^{3+} と *sal* とのキレート錯体の構造として，Fe^{3+} に対する *sal* の配位数によって，次の３種類の存在が考えられる。

$[Fe(sal)\ (H_2O)_4]^+$：紫色　……(ア)
$[Fe(sal)_2(H_2O)_2]^-$：赤色　……(イ)
$[Fe(sal)_3]^{3-}$　：黄色　……(ウ)

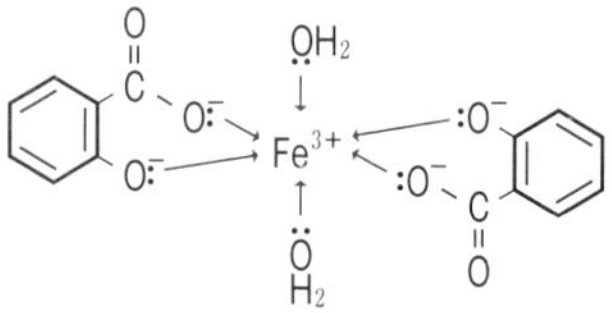

O=C–O⁻→Fe³⁺ ←OH₂ ... (構造式)

以上より，サリチル酸と Fe^{3+} との呈色は，(ア)と(イ)の混合成分によると考えられる。一般に，二座配位子となるオルト置換の２価フェノール類(カテコール)では，より安定なキレート錯体を形成するため，強い呈色が見られるのに対して，メタ置換の２価フェノール類(レゾルシノール)の呈色は弱い。また，2,6 位に大きな置換基（*tert*-ブチル基）(ターシャリー)のついたフェノール類では，$FeCl_3$

tert-ブチル基

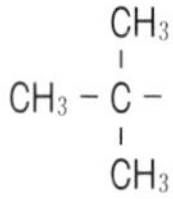

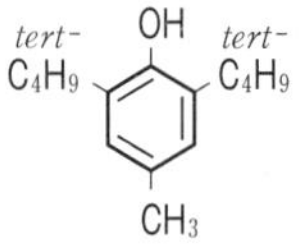

$CH_3-C(CH_3)_2-$　　　*tert*-C_4H_9, OH, *tert*-C_4H_9, CH_3

による呈色反応が陰性となる。

〈$FeCl_3$ 反応が陰性の化合物について〉

p-ヒドロキシ安息香酸や m-ヒドロキシ安息香酸では，カルボキシ基が電離して生じた H^+ のために，フェノール性ヒドロキシ基の電離がかなり抑えられ，Fe^{3+} に対する配位能力が低下し，$FeCl_3$ との呈色反応は陰性となる。

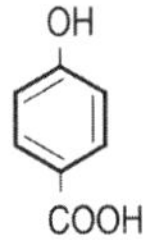

OH / COOH
$K_1=2.8\times10^{-5}$ mol/L
p-ヒドロキシ安息香酸

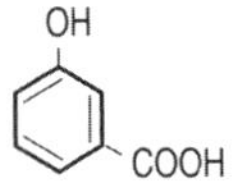

OH / COOH
$K_1=8.7\times10^{-5}$ mol/L
m-ヒドロキシ安息香酸

次に，o-ニトロフェノールでは，o 位にある -OH と $-NO_2$ の間に，分子内水素結合が形成されている。このように，分子内水素結合をもつ化合物も**キレート**とよばれ，キレート環の形成により，Fe^{3+} との錯イオン形成がしにくいため，呈色反応は陰性になる。

最後に，ピクリン酸はどうして $FeCl_3$ と反応を示さないのであろうか。ピクリン酸の水溶液は強い酸性を示し，ほぼ完全に電離して，ピクラートイオンとなっている。ニトロ基の強い電子吸引性によって，ベンゼン環の電子密度が下がり，結果的に酸素原子の非共有電子対の電子密度がかなり小さくなり，Fe^{3+} に対する配位能力がかなり小さくなっていることが原因と考えられる。

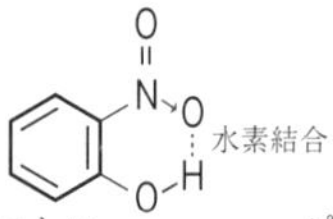

水素結合
o-ニトロフェノール

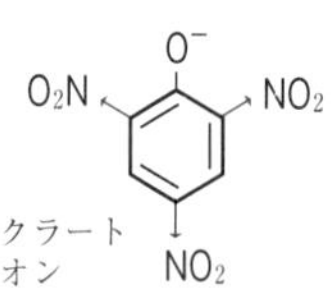

O^-, O_2N, NO_2, NO_2
ピクラートイオン

5 フェノールの製法

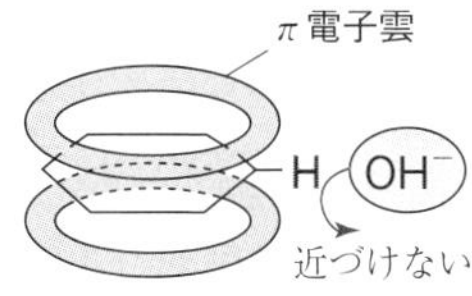

ベンゼン環は厚いπ電子雲によって包まれた構造をしているので，陰イオンである OH^- はなかなかベンゼン環に近づくことはできない。したがって，ベンゼンに対する**陰性試薬**（**求核試薬**）による反応（**求核置換反応**）は非常におこりにくい。ただし，ベンゼン環に強い電子吸引基（$-SO_3H$，$-Cl$ など）を結合させて，ベンゼン環に電気的に陽性な部分をつくっておき，その部分に対して OH^- を高温・高濃度の条件で激しく攻撃させると，求核置換反応がおこって，フェノールを合成することができる。

① ベンゼンスルホン酸ナトリウムのアルカリ融解

ベンゼンを濃硫酸でスルホン化してベンゼンスルホン酸をつくり，水酸化ナトリウム水溶液で中和して，ベンゼンスルホン酸ナトリウムとする⓮。この結晶を水酸化ナトリウムの固体とともに約300℃に加熱し，融解状態で反応させてナトリウムフェノキシドとする。この反応を**アルカリ融解**という⓯。ナトリウムフェノキシドを水溶液にしたのち，酸を加えてフェノールを遊離させる⓰。

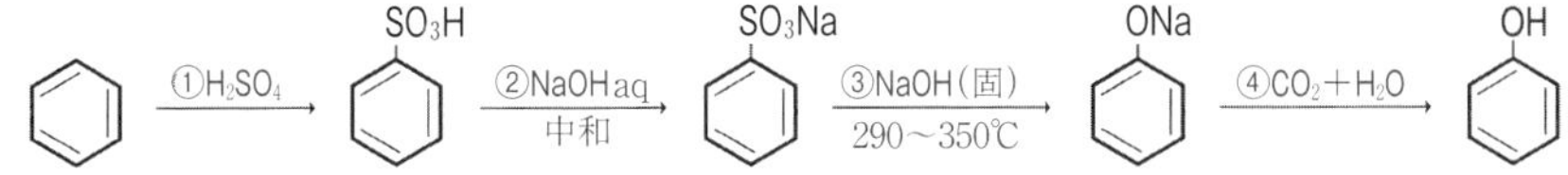

詳説⓮ ベンゼンスルホン酸ナトリウムは，強酸の塩で水によく溶ける。これを結晶化させるには，飽和食塩水を加えて塩析すればよい。すると，溶解度の小さくなったベンゼンスルホン酸ナトリウムが結晶として析出する。

詳説⓯ NaOH（融点318℃）の融解液にベンゼンスルホン酸ナトリウムを融解しながら反応させる。このとき，スルホ基は強い電子吸引性をもっているので，ベンゼン環の電子密度は全体として小さくなって，OH^- が近づきやすくなっている。とくに，スルホ基の結合した炭素原子の電子密度が小さくなっており，ここを狙って OH^- を激しく攻撃すれば，OH^- が結合し，代わりに亜硫酸イオン SO_3^{2-} を脱離させることができる（求核置換反応）。また，生成したフェノールは，過剰の NaOH により直ちに中和されて，ナトリウムフェノキシドになる。

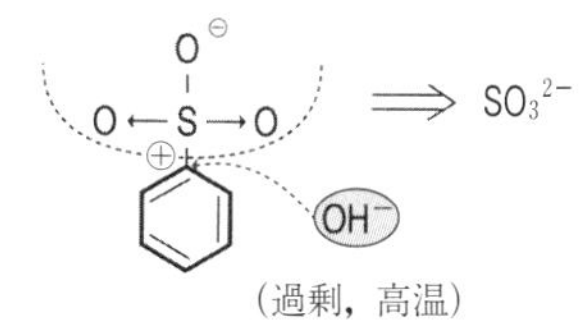

$$C_6H_5-SO_3Na + 2NaOH \longrightarrow C_6H_5-ONa + Na_2SO_3 + H_2O$$

詳説⓰ 最も古くに工業化された方法で，設備は簡単でよいが，③の反応では，多量のエネルギーや NaOH を必要とすることや，副生する Na_2SO_3 の処理にも問題点があり，現在では行われていない古典的なフェノールの製法である。

② クロロベンゼンの加水分解

クロロベンゼン（p. 682）を高温・高圧の条件で，水酸化ナトリウム水溶液と反応させ

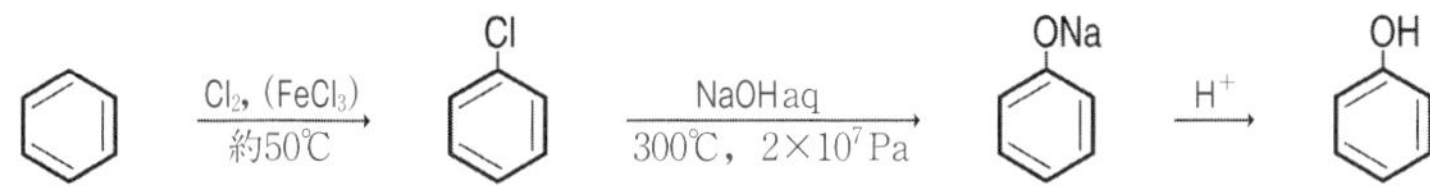

てナトリウムフェノキシドとしたのち，水溶液を酸性にすると，フェノールが得られる[17]。

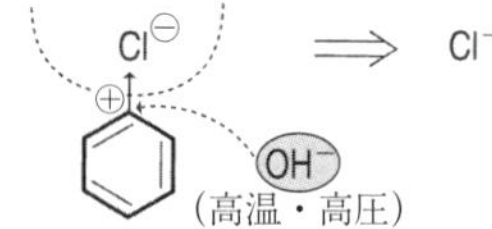

詳説[17] 常圧では，NaOH 水溶液の温度を 100℃以上に上げることは難しいが，オートクレーブ(耐圧容器)にクロロベンゼンと約 10% NaOH 水溶液を入れて，約 2×10^7 Pa まで加圧すると 300℃ぐらいまで温度を上げることができる。このとき，OH^- はクロロベンゼンの最も電子密度の低い，塩素原子と結合した C 原子に結合し，その代わりに Cl^- を脱離させることができる(求核置換反応)。生成したフェノールは過剰の NaOH により中和され，ナトリウムフェノキシドが生成する。

$C_6H_5SO_3^-Na^+$ はイオン性物質であるから，300℃程度の高温でも蒸発することなく，アルカリ融解を行うことができた。しかし，C_6H_5Cl は分子性物質で沸点（132℃）が低いため，300℃ではすぐに蒸発してしまうので，常圧ではアルカリ融解を行うことはできない。

3　クメン法

ベンゼンとプロペンを触媒の存在下で反応させて**クメン**をつくる[18]。これを空気酸化してクメンヒドロペルオキシドとしたのち[19]，希硫酸で分解すると，フェノールとアセトンが生成する[20]。この方法を**クメン法**といい，現在，我が国では，フェノールは 100 %この方法で製造されている。

$$C_6H_6 \xrightarrow[(H_2SO_4,\ AlCl_3)]{CH_2=CHCH_3} C_6H_5\text{-}CH(CH_3)_2 \xrightarrow[5\times10^5\ \text{Pa}]{O_2,\ 100^\circ C} C_6H_5\text{-}C(CH_3)_2\text{-}O\text{-}O\text{-}OH \xrightarrow[50\sim60^\circ C]{H_2SO_4} C_6H_5\text{-}OH + CH_3\text{-}CO\text{-}CH_3$$

クメン　　　　クメンヒドロペルオキシド

詳説[18] この反応は，プロペンの C=C 結合に対するベンゼンの付加反応と考えるとよい。

$$C_6H_5\text{-}H + \overset{①}{C}H_2 = \overset{②}{C}H\overset{③}{C}H_3 \longrightarrow C_6H_5\text{-}CH(CH_3)_2$$

（イソプロピルベンゼン）
クメン（主生成物）

このときマルコフニコフ則が成り立つから，フェニル基 C_6H_5- は C=C 結合のうち，水素原子数の少ないほうの C[②]に結合したものが主生成物となる。実際の反応は次の通りである。

π電子

$$^{①}CH_2 = {}^{②}CH_2 \leftarrow CH_3 + H^+ \longrightarrow CH_3-\overset{\oplus}{C}H-CH_3 \quad C_6H_6\cdots H^+ \longrightarrow C_6H_5\text{-}CH(CH_3)_2 + H^+$$

電子供与性のあるメチル基の働きによって，プロペンのπ電子が C[①]のほうへ偏る。ここへ触媒の H^+ が付加して，イソプロピル陽イオンができる。これがベンゼンに付加すると，直ちに H^+ が脱離して反応が終了する(求電子置換反応)。

詳説[19] -O-O- 結合をもつ化合物をペルオキシド（過酸化物）といい，そのうち，一方に H が結合した R-O-O-H をヒドロペルオキシドという。この化合物は，結合エネルギーの小さ

$$C_6H_5\text{-}CH(CH_3)_2 + \cdot R \rightarrow C_6H_5\text{-}\dot{C}(CH_3)_2 + RH \xrightarrow{\cdot O\text{-}O\cdot} C_6H_5\text{-}C(CH_3)_2\text{-}O\text{-}O\cdot + HR \rightarrow C_6H_5\text{-}C(CH_3)_2\text{-}O\text{-}OH + R\cdot$$

い O-O 結合を含んでいる。この反応は，p. 687 **詳説**㉑ と同様のラジカル反応である。

詳説⑳ クメンヒドロペルオキシドを，希硫酸(10%)中で 50～60℃に加熱すると分解する。これはフェニル基の転位による極めて複雑な反応で，反応式を参考として示す。

$$C_6H_5-C(CH_3)_2-O-\ddot{O}-H \xrightarrow{H^+} C_6H_5-C(CH_3)_2-O-\overset{+}{O}H-H \xrightarrow{-H_2O} C_6H_5-C(CH_3)_2-O^+ \ (A) \xrightarrow{転位} {}^+C(CH_3)_2-O-C_6H_5 \ (B)$$

(A)は陰性の強い O 原子が＋の電荷を帯びているので，極めて不安定な陽イオンである。そこで，隣接位置にあるメチル基とフェニル基のうち，電子をより多くもち，強い電子供与性のあるフェニル基のほうが O^+ へ転位しやすい(p. 624)ので，(B)が生成する。(B)の C^+ に対して，H_2O の付加，H^+ の脱離，H^+ の付加を繰り返すと，やがてフェノールとアセトンが生成する(メチル基が O^+ に転位した場合は，アセトフェノンとメタノールが副生する)。

$$H_2O \cdots {}^+C(CH_3)_2-O-C_6H_5 \rightarrow H-\overset{+}{O}H-C(CH_3)_2-\ddot{O}-C_6H_5 \rightarrow H^+ + O-C(CH_3)_2-\overset{+}{O}H-C_6H_5 \rightarrow O=C(CH_3)_2 + HO-C_6H_5$$

6 フェノール類とアルコールの比較

	フェノール類	アルコール
液　性	水に溶けると弱い酸性を示す。	水に溶けると中性を示す。
Na との反応㉑	水素を発生し，フェノキシドを生成。	水素を発生し，アルコキシドを生成。
エステル化㉒	無水酢酸を用いないと困難。	氷酢酸を用いると容易におこる。
塩化鉄(Ⅲ)反応	青～赤紫色を呈する。	呈色しない。
酸化剤による反応	キノンおよび複雑な酸化物を生成する。 $C_6H_5-OH + [O] \rightarrow O=C_6H_4=O + H_2O$	アルデヒド→カルボン酸，またはケトンを生成する。
濃硫酸と加熱	ベンゼン環がスルホン化される。	エーテルやエチレン(高温)を生成。

詳説㉑ アルコール，フェノール類ともヒドロキシ基をもっており，金属 Na と反応して H_2 を発生する。ただし，アルコール $R \rightarrow O^{\delta-}-H^{\delta+}$ に比べてフェノール類 $Ar \leftarrow O^{\delta-}-H^{\delta+}$ のほうが，ヒドロキシ基の極性が大きいので，金属 Na との反応はかなり激しい。

詳説㉒ フェノール類のエステル化は，アルコールの場合に比べてかなり困難である。エステル化では，カルボン酸分子中のカルボニル基の炭素 $C^{\oplus}$ に，フェノール類やアルコールの -OH の O 原子の非共有電子対が求核付加する必要があるが，フェノール類の -OH の O 原子は，非共有電子対がベンゼン環のほうへ非局在化し，電子密度が低下しているため，付加しにくい。したがって，フェノール類のエステル化では，反応性の大きい無水酢酸を使用する。

$$C_6H_5-OH + (CH_3CO)_2O \xrightarrow{アセチル化} C_6H_5-O-\overset{O}{\overset{\|}{C}}-CH_3 + CH_3COOH$$

$CH_3C^{\oplus}=O^{\ominus}$

酢酸フェニル

5-16　芳香族カルボン酸

1　芳香族カルボン酸

通常，ベンゼン環にカルボキシ基 -COOH が直接結合した化合物を**芳香族カルボン酸**という。また，フェニル酢酸 $C_6H_5CH_2COOH$ のように，ベンゼン環の側鎖に -COOH が結合した化合物も芳香族カルボン酸として扱われる。芳香族カルボン酸は，常温では固体で，冷水には溶けにくいが，アルコールやエーテルにはよく溶ける❶。また，温水には溶けて，その水溶液は弱い酸性を示す。

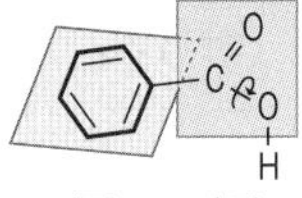

平面 a　平面 b

詳説❶　安息香酸には，ベンゼン環 (平面 a) とカルボニル基 (平面 b) の 2 つの平面構造が存在するが，その間の C-C 結合が回転できるので，平面 a と平面 b は常に同一平面上にあるわけではない。しかし，ベンゼン環の π 電子雲とカルボニル基の π 電子雲が側面で重なり合うことにより，電子の移動 (**非局在化**) がおこり，安定化する。したがって，平面 a と b の間の C-C 結合はやや二重結合性を帯び，両者は同一平面上にある確率が高い。しかも，平面 b 内の C-O 結合が回転すると，H 原子も同一平面上に乗せることが可能である。

また，水のような極性溶媒中では，カルボキシ基に水和がおこって溶解しているが，エーテル，ベンゼンなどの極性の小さな有機溶媒中では，水素結合により二量体を形成して溶解している (右図)。

名称，示性式	構造式	融点〔℃〕	電離定数〔mol/L〕	用途
安息香酸❷ C_6H_5COOH		123	$K=6.3\times10^{-5}$	防腐剤，医薬品，染料，香料の原料
フタル酸 o-$C_6H_4(COOH)_2$		234	$K_1=1.3\times10^{-3}$ $K_2=3.9\times10^{-6}$	合成樹脂，染料，医薬品の原料
テレフタル酸 p-$C_6H_4(COOH)_2$		300 昇華	$K_1=3.1\times10^{-4}$ $K_2=1.5\times10^{-5}$	合成繊維 (ポリエステル) の原料
サリチル酸 o-$C_6H_4(OH)COOH$		159	$K_1=1.8\times10^{-3}$ $K_2=4.0\times10^{-13}$	防腐剤，医薬品，香料の原料

$K_1=2.9\times10^{-4}$〔mol/L〕
$K_2=2.5\times10^{-5}$〔mol/L〕
イソフタル酸 (融点 345℃)

$K_1=2.8\times10^{-5}$〔mol/L〕
$K_2=3.3\times10^{-10}$〔mol/L〕
p-ヒドロキシ安息香酸 (融点 215℃)

補足❷　熱帯地方に生育するバルサム樹に傷をつけたときに分泌する樹脂は，イラン北部の王国パルティア (漢名：安息) から輸入された香料の香りと似ているので，安息香 (benzoin) とよばれた。これを乾留し，昇華して得られた白色の結晶なので，安息香酸 (benzoic acid) と名づけられた。細菌やカビの生育を抑える作用があり，食品の防腐剤としても用いられた。

2 安息香酸

安息香酸は白色の針状結晶で，冷水には溶けにくいが，熱水には溶ける❸。その水溶液は酢酸と同程度の酸性を示し，水酸化ナトリウム水溶液(塩基)には塩をつくって溶ける。また，炭酸塩や炭酸水素塩を加えると，二酸化炭素を発生して溶ける。

$$C_6H_5COOH + NaOH \longrightarrow C_6H_5COONa + H_2O$$

$$C_6H_5COOH + NaHCO_3 \longrightarrow C_6H_5COONa + H_2O + CO_2\uparrow$$

(炭酸より強酸)　(弱酸の塩)　(炭酸より強酸の塩)　(弱酸)

補足❸ 100 g の水に対する溶解度は，0.29 g(20℃)，0.85 g(50℃)，6.80 g(95℃) である。以上より，高温の飽和水溶液を冷やしていく再結晶法により，容易に精製することができる。
トルエンを触媒を用いて空気酸化するか，過マンガン酸カリウム(中性)や二クロム酸カリウム(酸性)などで酸化すると安息香酸が得られる❹。

$$2\,C_6H_5CH_3 + 3O_2 \xrightarrow[200℃,\ 2\times10^6\,Pa]{(Co, Mn\ の酢酸塩)} 2\,C_6H_5COOH + 2H_2O$$

補足❹ ベンゼン環に炭化水素基(側鎖)が1個結合した化合物を酸化すると，主に安息香酸が生成する (p. 687)。一方，側鎖のほかに $-NO_2$ のような電子吸引性の置換基が結合した化合物では，側鎖のほうが酸化されやすいが，側鎖のほかに $-OH$ や $-NH_2$ のような電子供与性の置換基が結合した化合物では，ベンゼン環の電子密度が大きくなって，ベンゼン環自身の酸化もおこりやすくなる。

$$O_2N-C_6H_4-CH_3 \xrightarrow{[O]} O_2N-C_6H_4-COOH$$

(o-クレゾール $\xrightarrow{[O]}$ COOH を持つキノン構造: O, COOH, O)

► 安息香酸の結晶にソーダ石灰を加えて加熱すると，ベンゼンが生成する❺。

詳説❺ 安息香酸をソーダ石灰 (CaO の小粒と NaOH 濃厚水溶液を加熱し乾燥したもの) と加熱すると，まず，中和反応がおこり，安息香酸ナトリウムとなり，生成した水はソーダ石灰に吸収される。安息香酸ナトリウムには，右図のような共鳴構造が存在し，負電荷が非局在化しているため，カルボニル基の炭素の正電荷はさほど大きくない。したがって，OH^- をかなり激しく求核攻撃させないと，反応がおこらない。すなわち，水溶液では 100℃以上に温度を上げるのはむずかしいが，無水の状態で加熱すると，100℃以上に温度を上げることは簡単である。

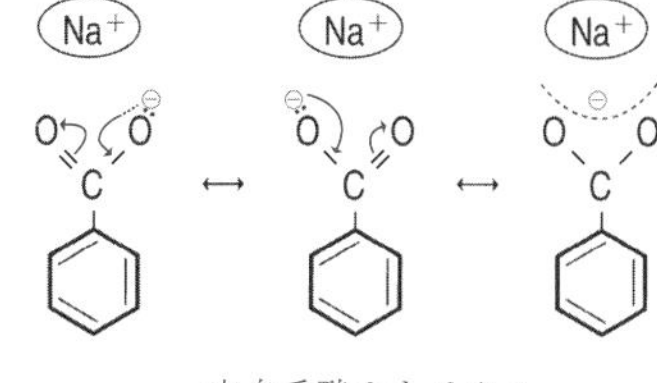

安息香酸ナトリウム

カルボン酸を強塩基とともに加熱すると，炭酸イオンが脱離する反応を**脱炭酸反応**という。

$$C_6H_5COO^-(Na^+) + OH^- \longrightarrow C_6H_5C(O^-)(O^-)(OH) \longrightarrow C_6H_5^- + HO-CO-O^- \longrightarrow C_6H_6 + CO_3^{2-}$$

3 フタル酸

ベンゼン環に２個のカルボキシ基のついた化合物 $C_6H_4(COOH)_2$ には，-COOH の位置の違いによる３種類の異性体が存在し，それぞれ対応するキシレンの酸化で得られる。

o-キシレン $\xrightarrow{〔O〕}$ フタル酸　　*m*-キシレン $\xrightarrow{〔O〕}$ イソフタル酸

$H_3C-C_6H_4-CH_3$（*p*-キシレン）$\xrightarrow{〔O〕}$ $HOOC-C_6H_4-COOH$（テレフタル酸）

このうち，フタル酸は２個の -COOH がオルト位で互いに接近した位置にあるので，融点近くまで加熱すると，容易に脱水がおこり，酸無水物の**無水フタル酸**に変化するが，他の異性体ではこの反応はおこらない❻。また，ナフタレンと空気の混合気体を，高温で触媒の酸化バナジウム(Ⅴ)上に通すと，無水フタル酸が生成する。

フタル酸 $\xrightarrow[\text{約230℃}]{\text{脱水}}$ 無水フタル酸（融点132℃） $\xleftarrow[\text{450℃}]{(V_2O_5),O_2}$ ナフタレン

補足❻ フタル酸のようなベンゼンの二置換体には，置換基の位置の違いによる３種類の構造異性体が存在する。これらは，もう１つ別の置換基をベンゼン環に導入した三置換体の異性体数がいくつできるかにより，もとの二置換体の *o*-，*m*-，*p*- を区別することができる。

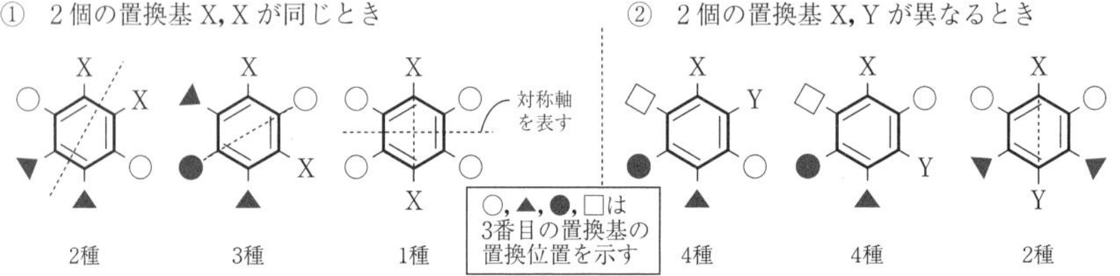

►無水フタル酸にメタノールを加え穏やかに加熱すると，モノエステルであるフタル酸メチルが得られる。次いで，触媒として濃硫酸を加えて加熱すると，ジエステルのフタル酸ジメチルを生成する❼。

無水フタル酸 $\xrightarrow{CH_3OH}$ $C_6H_4(COOH)(COO-CH_3)$ フタル酸メチル（酸性） $\xrightarrow[(H_2SO_4)]{CH_3OH}$ $C_6H_4(COO-CH_3)_2$ フタル酸ジメチル（中性） ＋ H_2O

詳説❼ 第一段の反応は，触媒を加えなくても反応は完全に進行する。これは，無水フタル酸にはカルボニル基が2個存在しているので，それぞれのカルボニル基の炭素は，フタル酸のカルボニル基の炭素よりも強い正電荷を帯び，アルコールによる求核攻撃を受けやすいからである。また，第二段の反応では，触媒を加えてエタノールを反応させると，フタル酸エチルメチルのような置換基の異なるジエステルをつくることができる。

4 サリチル酸の製法

サリチル酸 *o*-$C_6H_4(OH)COOH$ は，ベンゼン環にヒドロキシ基 -OH とカルボキシ基 -COOH とがオルト位に結合した化合物である。サリチル酸は，白色の針状結晶（融点159℃）で，冷水には溶けにくいが，熱水には溶け，中程度の酸性を示す❽。

補足❽ 水 100 g に対する溶解度は 0.2 g(20℃)，0.9 g(60℃)，6.8 g(100℃) である。白ヤナギ(ラテン語：salix)の樹皮中にグルコースとの配糖体サリシン(p. 716)の形で存在する。古くから生薬として解熱剤，鎮痛剤として使われ，現在も医薬品の原料として重要である。

►サリチル酸は，フェノールと NaOH との塩であるナトリウムフェノキシドの結晶に，高温・高圧の状態で二酸化炭素を反応させてサリチル酸ナトリウムとし，これに希硫酸を作用させてつくられる❾。この一連の反応を**コルベ・シュミットの反応**という。

$$C_6H_5ONa \xrightarrow[125℃,\ 4\sim7\times10^5 Pa]{CO_2} C_6H_4(OH)COONa \xrightarrow{H^+} C_6H_4(OH)COOH$$

（結晶）　　サリチル酸ナトリウム　　サリチル酸

詳説❾ CO_2 は分子全体としては無極性であるが，$O{=}C^{\oplus}{=}O^{\ominus}$ のように，部分的には C 原子が正電荷を帯びており，ベンゼン環に対しては，求電子置換反応を行うことができる。ただし，CO_2 の C 原子の正電荷はあまり大きくないため，フェノール C_6H_5-OH をフェノキシドイオン C_6H_5-O^- の形にして，ベンゼン環の電子密度(とくに *o*，*p* 位)を高めておかないと反応はおこらない。また，水溶液で反応させたのでは，CO_2 の水への溶解度が大きくないため，反応に必要な濃度を保つことはできない。そこで，ナトリウムフェノキシドの融解液に加圧した CO_2(気体) を反応させる方法がとられる。次に，フェノールの Na 塩を用いたときは，*o*-置換がおこりやすいが，K 塩を用いた場合には，*p*-置換がおこりやすくなる。

$O^-\ Na^+$，$O^{\ominus}$，$^{\oplus}C$，O，H^+ → O^-…Na^+，C-O^-，O → O^-→H^+，Na^+，C-O^-，O → OH，COONa

中間体　　サリチル酸ナトリウム

o-置換がおこりやすいのは，フェノキシドイオンの近くに位置している Na^+ に引き寄せられるように，$O{=}C^{\oplus}$-$O^{\ominus}$ が近づき，図のような中間体を形成しながら，反応が進行していくからと考えられる。また，ベンゼン環から脱離した H^+ は，酸として強いほうのカルボン酸イオンではなく，酸として弱いほうのフェノキシドイオンに受け取られ，フェノール性 -OH が遊離する。一方，強いほうのカルボン酸イオンは変化なく，Na^+ とイオン結合をしたサリチル酸ナトリウムが生成する。冷却後，水溶液にして強酸を加えると，サリチル酸が遊離する。

ところで，カリウムフェノキシドを用いて，上と同じ条件で反応させると，今度はp-ヒドロキシ安息香酸が主生成物となる。これは，イオン半径の大きなK^+がo位を塞いでしまったためと考えられる。

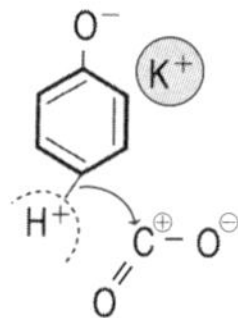

5 サリチル酸の反応

サリチル酸は分子中にヒドロキシ基 -OH とカルボキシ基 -COOH をもつので，フェノール類とカルボン酸の両方の性質を示し，酸ともアルコールとも反応して，2種類のエステルを生成する。なお，サリチル酸は$FeCl_3$水溶液により赤紫色に呈色する。

塩基との反応では，まず酸性の強い -COOH($K_1=1.8\times10^{-3}$ mol/L)が中和したのち，酸性の弱いフェノール性 -OH($K_2=4.0\times10^{-13}$ mol/L)が中和される。

$$C_6H_4(OH)COOH \xrightarrow{NaOH} C_6H_4(OH)COONa \xrightarrow{NaOH} C_6H_4(ONa)COONa$$

サリチル酸ナトリウム　　サリチル酸二ナトリウム

1 カルボン酸としての反応

サリチル酸にメタノールと少量の濃硫酸を加えて加熱すると，-COOH が**エステル化**されて，**サリチル酸メチル**(融点−8.6℃)が生成する。サリチル酸メチルは，強い芳香をもつ油状の液体(密度 1.18 g/cm^3)で，筋肉などの消炎鎮痛剤として外用塗布薬・湿布薬に用いられる。また，フェノール性 -OH が残っており，$FeCl_3$水溶液との反応は赤紫色を示す。

$$C_6H_4(OH)CO\boxed{OH} + CH_3O\boxed{H} \xrightarrow[\text{エステル化}]{(H_2SO_4)} C_6H_4(OH)COOCH_3 + H_2O$$

サリチル酸メチル(融点−8.6℃)

実験 乾いた試験管にサリチル酸 0.5 g，メタノール 3 mL を加えて完全に溶かす。これに濃硫酸（触媒）0.3 mL と沸騰石数粒を加えてよく振り，空気冷却管を取り付け，軽く沸騰する程度に穏やかに加熱する。反応液が少し濁ってきたら，さらに 2〜3 分加熱を続ける[10]。反応後は冷水で冷却したのち，飽和炭酸水素ナトリウム水溶液に注ぐと，激しく気体を発生し，油状物質がビーカーの底に沈む[11]。これがサリチル酸メチルである。

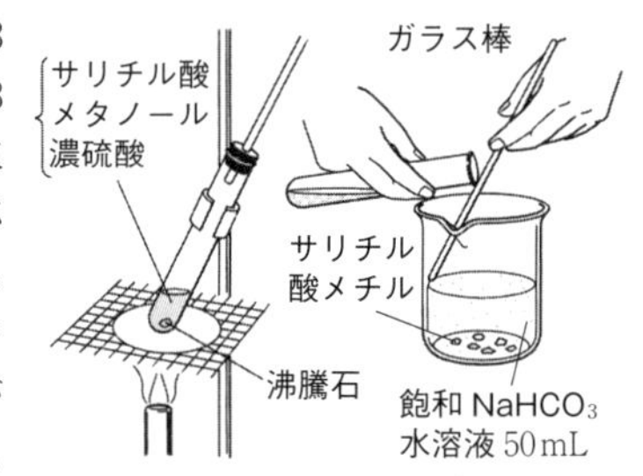

補足[10] 反応液が透明から濁ってくるということは，メタノールが減りサリチル酸メチルが液中に増加してきたこと，つまり，反応が終わりに近づいていることを示している。

詳説[11] 単に冷水に加えただけでは，未反応のメタノール，触媒のH_2SO_4は除去できるが，サリチル酸メチル中には未反応のサリチル酸が混入したままである。したがって，反応液に$NaHCO_3$水溶液を加えて弱い塩基性にして，未反応のサリチル酸を次式のように水溶性の塩に変えると，エステル中から水層へ分離することができる。なお，発生した気体は二酸化炭素である。

$$C_6H_4(OH)COOH + NaHCO_3 \longrightarrow C_6H_4(OH)COONa + H_2O + CO_2\uparrow$$

(炭酸より強酸)　(弱酸の塩)　(炭酸より強酸の塩)(115 g/100 g 水, 20℃)　(弱酸)

[2] フェノール類としての反応

サリチル酸を無水酢酸と加熱すると，酢酸とのエステルである**アセチルサリチル酸**が生成する。この反応は，フェノール性ヒドロキシ基 -OH の H をアセチル基 CH_3CO- で置換することから**アセチル化**とよばれる⓬。

アセチルサリチル酸は，白色の針状の結晶（水への溶解度 1 g/100 g 水，37 ℃）で，フェノール性ヒドロキシ基が存在しないので，$FeCl_3$ 水溶液との呈色反応は陰性である⓭。また，商品名はアスピリン®ともよばれ，解熱・鎮痛剤として用いられている⓮。

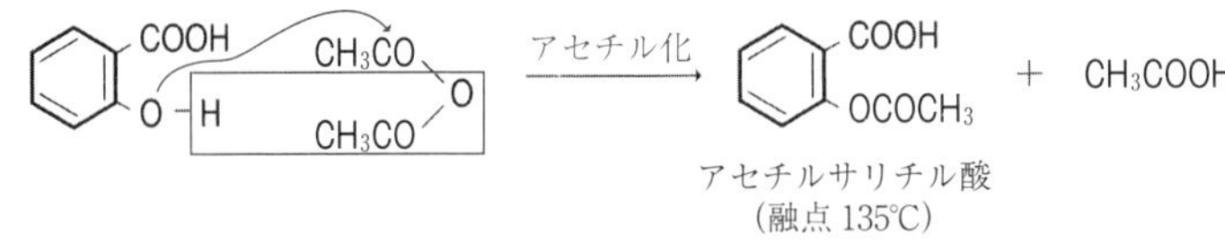

詳説⓬ アセチルサリチル酸は，エステル結合をもっているから間違いなくエステルである。したがって，この反応はエステル化とよんでも構わないはずである。しかし，一般的には，この反応はアセチル化とよぶことが多い。エステルは，カルボン酸の名称にアルコールの炭化水素基名をつけて命名されている。すなわち，あくまでもカルボン酸を中心として考えており，-COOH の H がアルコールの -R で置換されたものとして名称をつけているのである。

上記の反応では，サリチル酸と酢酸という 2 種の酸が使われているが，中心となる酸は，やはりサリチル酸と考えられる。その誘導体として命名するとすれば，サリチル酸の -OH の H が $-COCH_3$（アセチル基）で置換されたと考えて，この反応名を**アセチル化**，生成物をアセチル化されたサリチル酸という意味で，**アセチルサリチル酸**という。

補足⓭ アセチルサリチル酸には，極性の強い -COOH が残っており，分子間水素結合の形成により，芳香族カルボン酸としての比較的高い融点と酸性を示す（$K_a=3.3\times10^{-4}$ mol/L）。

一方，サリチル酸メチルにはフェノール性 -OH しか残っておらず，フェノール類としての比較的低い融点（常温付近）とごく弱い酸性を示す（$K_a=1\times10^{-9}$ mol/L 程度）。

詳説⓮ アスピリンの薬効については，1971 年，**ベイン**（イギリス）が発熱・発痛・炎症の発現に関係する**プロスタグランジン**とよばれる一群の生理活性物質*の産生にかかわる酵素シクロオキシゲナーゼの活性阻害によっておこることを発見した。その後の研究によると，アスピリンはこの酵素の活性部位にあるセリン残基をアセチル化することによって，酵素の活性を不可逆的に阻害することが明らかになった。また，アスピリンは胃や小腸から体内に吸収されると，速やかに加水分解されてサリチル酸に変化する。近年の研究によると，アスピリンの代謝産物であるサリチル酸には抗炎症作用，抗リウマチ作用があることが報告されている。

＊主に，細胞膜のリン脂質に含まれるアラキドン酸（炭素数 20，C=C 結合を 4 個もつ高度不飽和脂肪酸）を原料として動物体内でつくられる。

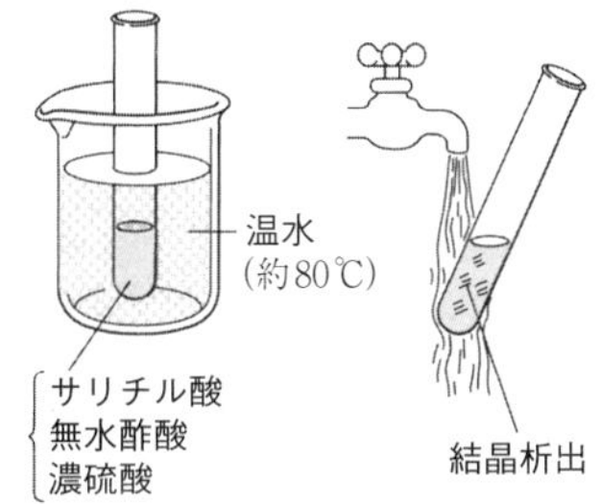

実験 乾いた試験管にサリチル酸 0.5 g と無水酢酸 2 mL を加え，サリチル酸が完全に溶解し透明な溶液となるまでよく振り混ぜる。ここへ濃硫酸（触媒）を数滴加えてから軽く振り混ぜ，約 80℃の湯浴で 10 分ほど反応させる（以後は，試験管を振らないこと。これは十分に反応が進行

しないうちに，未反応のサリチル酸の結晶が析出してしまうのを防ぐためである)。反応液が白濁してきたら加熱を止め，試験管を流水で常温まで冷却した後，蒸留水 10 mL を加えると，白色の結晶が析出してくる（水を加えるのは過剰の無水酢酸を加水分解することにより，その中に溶けていたアセチルサリチル酸を析出させるためである)。続いて，この結晶を吸引ろ過すると，アセチルサリチル酸の粗結晶が得られる。粗アセチルサリチル酸を湯浴で加熱したものを氷冷して再結晶すると，純粋なアセチルサリチル酸が得られる。再結晶法で十分に精製しないと，未反応のサリチル酸が混入してしまうため，$FeCl_3$ 水溶液で呈色することがある。

►芳香族のヒドロキシ酸のうち，-COOH と -OH が接近した位置関係にあるときは，加熱により容易に分子内脱水して環状の分子内エステル (**ラクトン**) が形成される[15]。一般にラクトンは芳香をもつ液体で，五員環が最も安定で六員環がこれに次ぐ[16]。

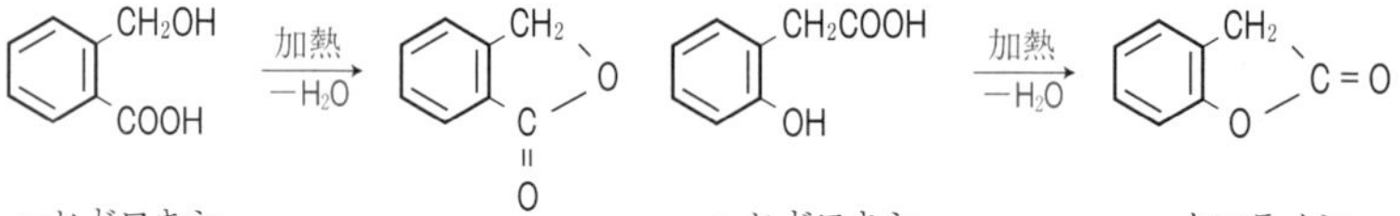

o-ヒドロキシメチル安息香酸 →(加熱, $-H_2O$) フタリド

o-ヒドロキシフェニル酢酸 →(加熱, $-H_2O$) クマラノン

補足[15] サリチル酸も -COOH と -OH が互いに近い o 位に結合しているが，生成が予想されるラクトン環は四員環で，かなり歪みが大きく不安定なので，ラクトンは生成しない。また，o- ヒドロキシケイ皮酸のうち，シス形のクマリン酸は -COOH と -OH が互いに接近した位置にあり，加熱すると容易にラクトンであるクマリン（化粧品などの香料としても用いられる）に変化するが，トランス形のクマル酸では -COOH と -OH が互いに離れた位置にあるので，加熱しただけではラクトンには変化しない。

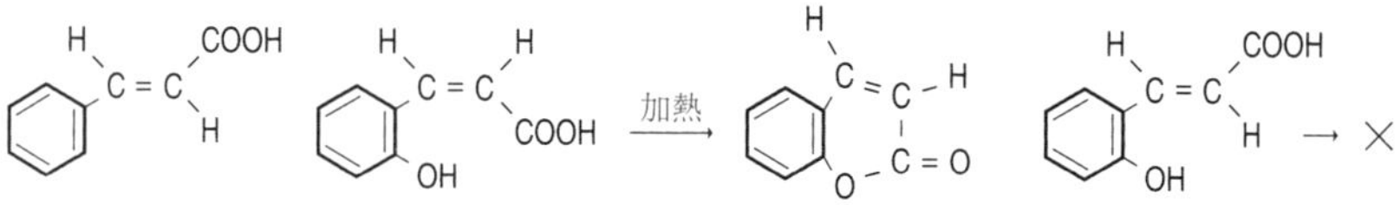

ケイ皮酸（トランス形）　クマリン酸（シス形） →(加熱) クマリン　クマル酸（トランス形） → ×

詳説[16] 脂肪族のヒドロキシ酸でも，C-C 単結合の自由回転によって，分子内で -COOH と -OH が近づいて最も安定な五員環，安定な六員環ができる場合，ラクトンが形成される。

$$HO-\overset{\gamma}{C}H_2-\overset{\beta}{C}H_2-\overset{\alpha}{C}H_2-COOH \xrightarrow[H^+]{加熱} \gamma\text{-ブチロラクトン} + H_2O$$

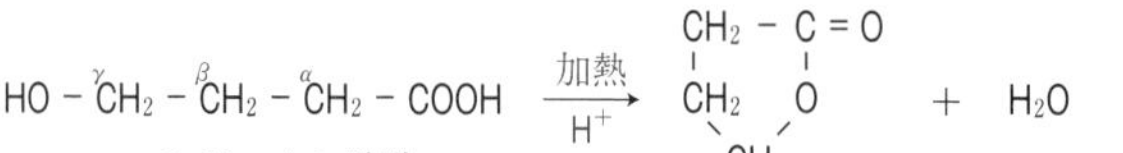

γ-ヒドロキシ酪酸　γ-ブチロラクトン　（酸性条件で加熱すると容易に閉環する。）

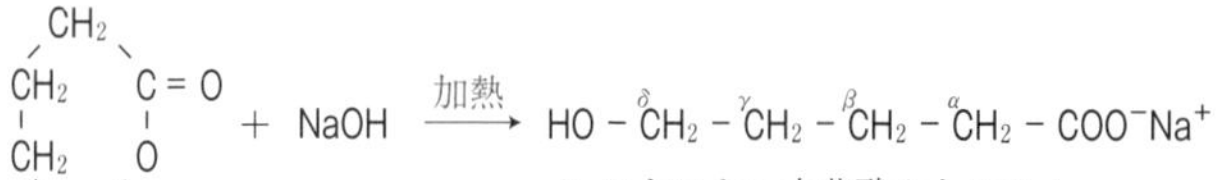

$$\delta\text{-バレロラクトン} + NaOH \xrightarrow{加熱} HO-\overset{\delta}{C}H_2-\overset{\gamma}{C}H_2-\overset{\beta}{C}H_2-\overset{\alpha}{C}H_2-COO^-Na^+$$

δ-バレロラクトン　δ-ヒドロキシ吉草酸ナトリウム　（塩基性条件で加熱すると開環し，ヒドロキシ酸の塩になる。）

例題 分子式 $C_9H_{10}O$ をもつ A〜C は互いに構造異性体の関係にあり，いずれもベンゼンの一置換体である。A は分子中に不斉炭素原子を含み，フェーリング液を還元する。B は I_2 と NaOH 水溶液を加え温めると黄色沈殿を生じる。C にはシス-トランス異性体が存在するが，メチル基は存在しない。ただし，A〜C には，ベンゼン環以外に環状構造を含まないものとする。以上より，有機化合物 A，B，C の構造式を記せ。

[解] A〜C はベンゼンの一置換体なので，側鎖の化学式は $C_9H_{10}O - C_6H_5 = C_3H_5O$。

C_3H_5- (O を除く)は，アルキル基 C_3H_7- よりも H が 2 個少ないので，側鎖の不飽和度は 1。題意より，側鎖には環状構造を含まないので，C=C 結合を 1 個含み，-OH 基，または -O- 結合を 1 個もつ。側鎖の炭素骨格は(i)〜(iii)があり，-OH 基の結合位置を①〜⑧，-O- の結合位置をⒶ〜Ⓕで示す。

(i) ①C=②C−③C（ベンゼン環と①Cの間にⒷ，③Cの位置にⒶ）　(ii) ④C−⑤C=⑥C（ベンゼン環と④Cの間にⒹ，④C−⑤C間にⒸ）　(iii) ⑦C−C=⑧C（ベンゼン環はC=の中央Cに結合，Ⓔ，Ⓕ）

ただし，C=C 結合に -OH が結合した化合物（**エノール**）は不安定で，H 原子が隣りの C 原子へ移動する水素転位により，安定なカルボニル化合物(アルデヒドまたはケトン)に変化することに留意する。

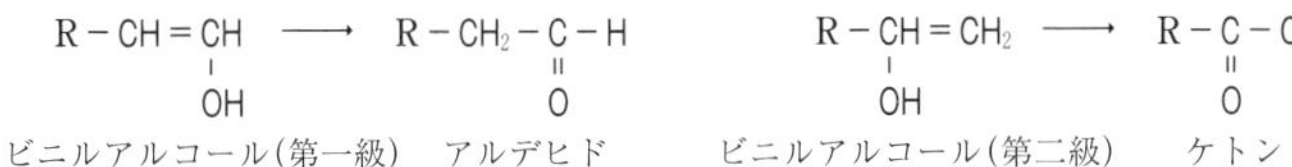

①〜⑧に -OH が結合した化合物，A〜F に -O- が結合した化合物は次の通りである。

不斉炭素原子（∗）をもつ A は④と⑧であるが，フェーリング液を還元するのは -CHO 基をもつ⑧。

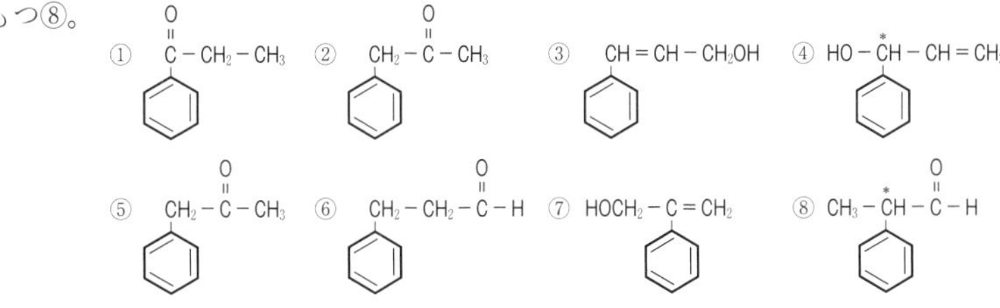

ヨードホルム反応を示す B は CH_3CO- の構造をもつ②，または⑤(同一物質)。

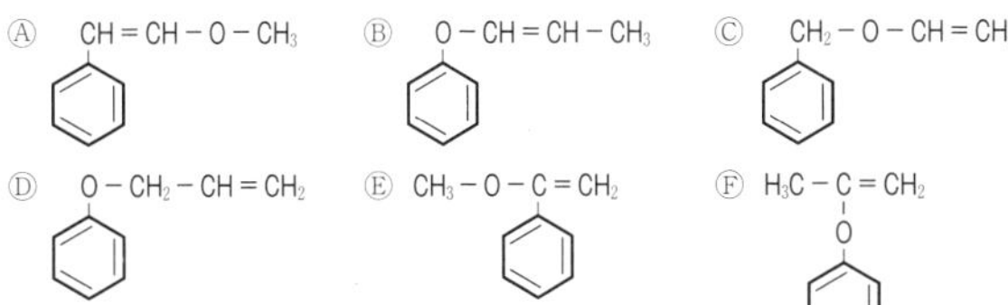

シス-トランス異性体が存在する C は $\begin{matrix}x\\ y\end{matrix}\!\!>C=C<\!\!\begin{matrix}z\\ w\end{matrix}$ の構造をもつ③，Ⓐ，Ⓑであるが，このうちメチル基が存在しないのは③。

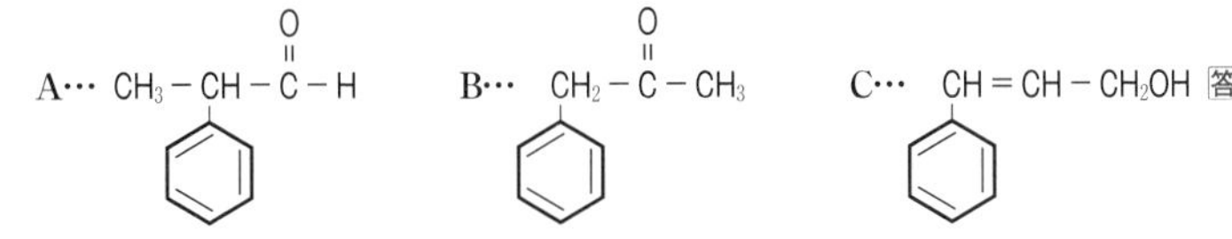

例題 ベンゼン環に酸素原子が結合した一置換体 A，B，C は分子式が $C_{10}H_{12}O$ である。

A をオゾン分解すると，芳香族化合物 D とホルムアルデヒドを生成した。D を I_2 と NaOH 水溶液を加えて加熱すると，黄色沈殿を生じた。B をオゾン分解すると，芳香族化合物 E と脂肪族化合物 F を生成した。E を加水分解すると，芳香族化合物 G と脂肪族化合物 H を生成した。F を酸化しても H を生成した。C はオゾン分解されない。金属触媒下，C に高温で水素を反応させると，開環反応がおこり，3つのメチル基をもつ芳香族化合物が得られた。これらより，化合物 A，B，C の構造式を記せ。

［解］ A～C は，ベンゼン環に O 原子が結合した一置換体なので，O を除く側鎖の化学式は，$C_{10}H_{12}O - C_6H_5O = C_4H_7$ である。これは，アルキル基 C_4H_9- よりも H 原子が2個少ないので不飽和度は 1。つまり，側鎖には C=C 結合1つ，または環状構造1つもつと考えられる。

側鎖の炭素骨格には，次の(i)～(iv)があり，C=C 結合の位置を①～⑧で示す(H 原子は省略)。

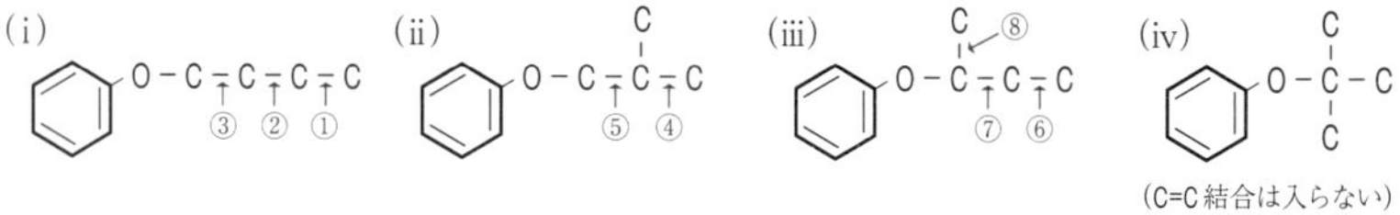

(i) C_6H_5-O-C-C-C-C（③ ② ①）
(ii) C_6H_5-O-C-C(C)-C（⑤ ④）
(iii) C_6H_5-O-C(C)-C-C（⑦ ⑥，⑧）
(iv) C_6H_5-O-C(C)(C)-C
(C=C 結合は入らない)

A はオゾン分解で HCHO を生じるから，C=C 結合が炭素鎖の末端にあるので，①，④，⑥，⑧が該当する。このうち，**オゾン分解生成物の D がヨードホルム反応を示すのは，メチルケトン基 CH_3CO- の構造をもつ④だけである。**

①～⑧のうち，オゾン分解するとエステルを生じるのは，③，⑤，⑦，⑧である。
(C=C 結合に O 原子が隣接する場合のみ，オゾン分解するとエステル結合 -COO- を生じる。C=C 結合が O 原子から離れている場合はオゾン分解してもエステル結合は生じない。)

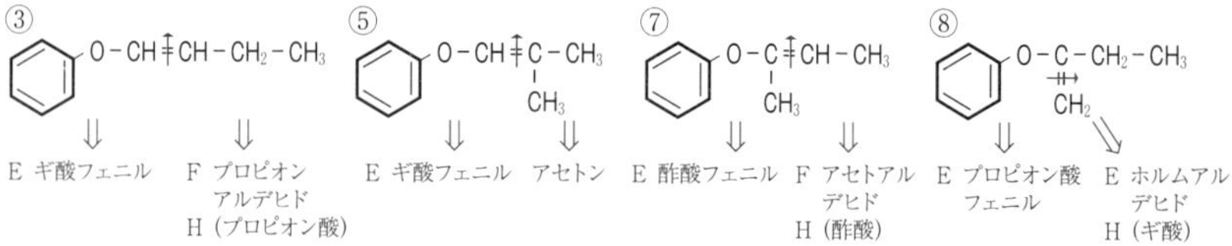

③ C_6H_5-O-CH=CH-CH_2-CH_3 ⇓ E ギ酸フェニル　⇓ F プロピオンアルデヒド　H (プロピオン酸)
⑤ C_6H_5-O-CH=C(CH_3)-CH_3 ⇓ E ギ酸フェニル　⇓ アセトン
⑦ C_6H_5-O-C(CH_3)=CH-CH_3 ⇓ E 酢酸フェニル　⇓ F アセトアルデヒド　H (酢酸)
⑧ C_6H_5-O-C(=CH_2)-CH_2-CH_3 ⇓ E プロピオン酸フェニル　⇓ E ホルムアルデヒド　H (ギ酸)

H はカルボン酸であり，F を酸化しても E を加水分解しても得られるので，H，F と E の側鎖の炭素数はすべて等しい。よって，F はアセトアルデヒド，H は酢酸なので，G はフェノールで E は酢酸フェニル。　∴ **B は⑦である**

C はオゾン分解されないので，側鎖に環状構造をもつ。考えられる構造は⑨～⑫である。

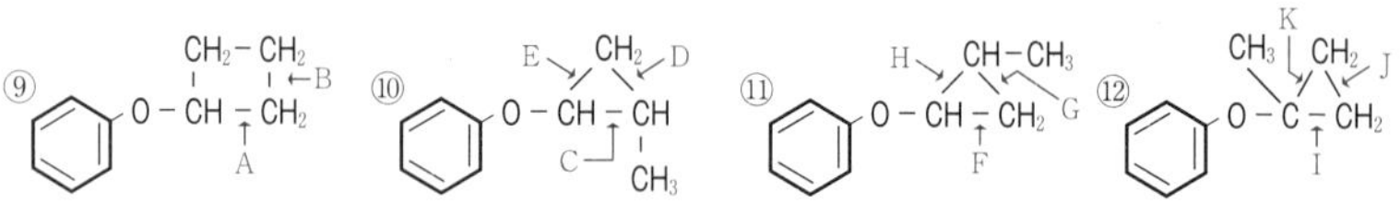

⑨ C_6H_5-O-CH(シクロブチル環：CH_2-CH_2-CH_2)（結合 A，B）
⑩ C_6H_5-O-CH(-CH_2-)CH-CH_3（シクロプロパン環，結合 C，D，E）
⑪ C_6H_5-O-CH(-CH_2-)CH-CH_3（シクロプロパン環，結合 F，G，H）
⑫ C_6H_5-O-C(CH_3)(-CH_2-CH_2-)（シクロプロパン環，結合 I，J，K）

触媒存在下，高温の H_2 による開環反応では，-CH →-CH_2，-CH_2 →-CH_3 と変化する。A，C，H で開環すればメチル基1個の化合物，B，D，E，F，G，I，K で開環すればメチル基2個の化合物，J で開環したときのみメチル基3個の化合物が生成する。　∴ **C は⑫である**

A… C_6H_5-O-CH_2-C(CH_3)=CH_2
B… C_6H_5-O-C(CH_3)=CH-CH_3
C… C_6H_5-O-C(CH_3)(-CH_2-CH_2-)（シクロプロパン環） 答

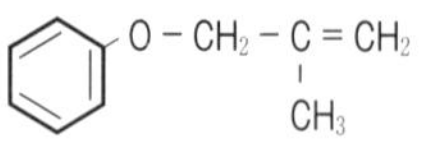

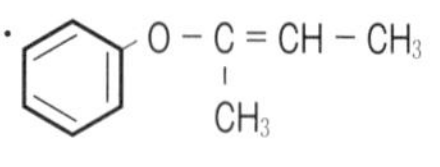

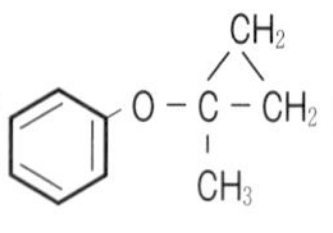

例題 (1) 分子式 $C_{13}H_{14}O_2$ をもつ芳香族化合物 A に NaOH 水溶液を加えて加熱した後，希塩酸で中和すると，芳香族化合物 B（分子式 $C_9H_{10}O_2$）と不斉炭素原子を 1 個もつ C が得られた。
(2) B，C に $NaHCO_3$ 水溶液を加えると，B では気体を発生したが，C は反応しなかった。
(3) B に濃硝酸と濃硫酸の混合物を作用させると，2 種類のモノニトロ化合物が得られた。
(4) B を $KMnO_4$ 水溶液と反応後，溶液を酸性にすると D が得られた。D を 1.0×10^{-5} mol を水溶液とし，1.0×10^{-2} mol/L KOH 水溶液で滴定したら，3.0 mL で中和点に達した。
(5) D を十分に加熱すると，分子内に新たな環状構造をもつ化合物に変化した。
(6) 白金を触媒として C に水素を十分に付加させると，不斉炭素原子を 1 個もつ E が得られた。このとき C 1 mol に対して水素 2 mol が付加した。B，C，D の構造式を記せ。

［解］ A は B と C に加水分解されるので，分子中にエステル結合を 1 個だけもつエステル。

B は $NaHCO_3$ 水溶液を分解するのでカルボン酸。分子式より，O 原子を 2 個もつので -COOH を 1 個だけもつ。C の分子式は，$C_{13}H_{14}O_2 + H_2O - C_9H_{10}O_2 = C_4H_6O$。C はエステルの加水分解でカルボン酸 B とともに生じた化合物なのでアルコール。飽和 1 価アルコールの $C_4H_{10}O$ よりも H が 4 個少ないので不飽和度が 2。C 1 mol に H_2 2 mol が付加するから，C には環状構造は含まれず，C=C 結合 2 個，または C≡C 結合 1 個のいずれかを含む。

C (C_4H_6O) 1 mol に H_2 2 mol を付加して得られる E ($C_4H_{10}O$) は飽和アルコールで，不斉炭素原子を 1 個もつのは，2-ブタノール $CH_3CH_2C^*H(OH)CH_3$（* は不斉炭素原子）のみである。

したがって，C は 2-ブタノールに C=C 結合 2 個，または C≡C 結合 1 個が入った不飽和アルコール。

(i)，(ii) は，C=C 結合に -OH が結合した化合物（**エノール**）で不安定であり，安定なカルボニル化合物に変化する。また，不斉炭素原子は存在しないので不適。(iii) には不斉炭素原子が 1 個存在するので，**C は (iii)**。

(i) $CH_2=C=C(OH)-CH_3$　(ii) $CH_2=CH-C(OH)=CH_2$　(iii) $CH\equiv C-C^*H(OH)-CH_3$

B を $KMnO_4$ で酸化して得られる D もカルボン酸であり，その価数を n とおくと，
中和滴定の結果より　$1.0\times10^{-5}\times n=1.0\times10^{-2}\times3.0\times10^{-3}$　　$n=3$

∴ D はベンゼン環に -COOH が 3 つ結合したカルボン酸で，次の 3 種類が考えられる。このうち，加熱により分子内脱水がおこるのは，-COOH どうしがオルト位にある (iv) か (v)。

(iv) 1,2,3-ベンゼントリカルボン酸（COOH，COOH，COOH が隣接）　(v) 1,2,4-ベンゼントリカルボン酸　(vi) 1,3,5-ベンゼントリカルボン酸（HOOC-）

∴ B は D の -COOH のうち 2 個を $-CH_3$ で置き換えた 1 価のカルボン酸である。B として考えられる構造は，①～⑤であり，ニトロ基の置換位置を • で示す。よって，モノニトロ化合物が 2 種類存在するので，**B は②，D は (iv)**。

① COOH, CH_3, CH_3（3 種類）　② CH_3, COOH, CH_3（2 種類）　③ COOH, CH_3, CH_3（3 種類）　④ CH_3, COOH, CH_3（3 種類）　⑤ CH_3, CH_3, COOH（3 種類）

B… 2,6-ジメチル安息香酸（CH_3，COOH，CH_3）　C… $CH\equiv C-CH(OH)-CH_3$　D… (iv)（COOH，COOH，COOH）答

SCIENCE BOX　オルト効果

ベンゼンの二置換体において，2個の置換基がオルト位にある場合，これらがメタ位，パラ位にある場合と比べて，化学的性質や物理的性質が異なる現象が見られることがある。このように，オルト位にある置換基が反応性や電離平衡に影響を及ぼすことを**オルト効果**という。この原因として，2つの隣り合う置換基による①立体障害，②分子内の相互作用(水素結合)などが考えられる。たとえば，安息香酸およびその置換体を，メタノールと HCl(触媒) で反応させると，それぞれ下記のような収率(%)でエステルが生成する。

安息香酸	3,5-ジメチル安息香酸	2,4,5-トリメチル安息香酸
92〜95%	92〜93%	83〜87%

2,6-ジメチル安息香酸	2,6-ジニトロ安息香酸	2,4,6-トリメチルフェニル酢酸
0%	0%	容易にエステル化

CH_3- が m 位や p 位にあっても，エステルの収率には影響しないが，o 位に1個の CH_3- があると少し収率が下がる。o 位に2個の CH_3- や $-NO_2$ が結合すると，エステル化はまったくおこらない。これは両方の o-置換基によって，CH_3OH が -COOH に近づくのを立体的に妨げるからである。

サリチル酸とその異性体を比較すると，サリチル酸の第一電離定数 K_1 が特に大きい。これは，サリチル酸の第一電離で生じたサリチル酸イオンが，分子内水素結合によって安定な六員環の**キレート** (p. 700) を形成するため，H^+ が電離しやすくなることが原因と考えられる。

	サリチル酸	ヒドロキシ安息香酸 (m)	ヒドロキシ安息香酸 (p)
〔mol/L〕	$K_1=1.8\times10^{-3}$	$K_1=7.8\times10^{-5}$	$K_1=2.8\times10^{-5}$
	$K_2=4.0\times10^{-13}$	$K_2=1.1\times10^{-10}$	$K_2=3.3\times10^{-10}$

また，このキレートの形成により，第二電離は非常に抑制されることになり，サリチル酸の第二電離定数 K_2 は他の異性体に比べてずっと小さい。

サリチル酸イオンのキレート

	フタル酸	イソフタル酸	テレフタル酸
	$K_1=1.3\times10^{-3}$	$K_1=2.9\times10^{-4}$	$K_1=3.1\times10^{-4}$
	$K_2=3.9\times10^{-6}$	$K_2=2.5\times10^{-5}$	$K_2=1.5\times10^{-5}$

同様に，フタル酸とその異性体の電離定数を比較すると，o 体であるフタル酸の酸性がかなり強く，フタル酸の K_1 と K_2 の比 $\frac{K_1}{K_2}$(≒330)が，テレフタル酸の $\frac{K_1}{K_2}$(≒20) やイソフタル酸の $\frac{K_1}{K_2}$(≒12) に比べて大きい値を示す。

これも，サリチル酸の場合と同様に，第一電離で生じたフタル酸イオンが，分子内の水素結合で安定化するためである。しかし，生じたキレートは七員環であり，サリチル酸イオンの六員環のキレートの場合ほど，大きな安定性は得られない。また，フタル酸では，第一段と第二段の電離場所が近く，第一電離で生じた負電荷の影響により，第二電離はややおこりにくくなっている。

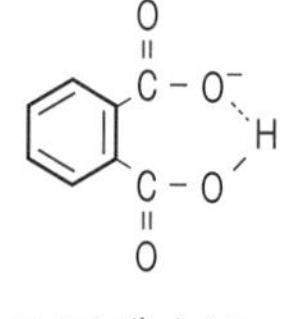

フタル酸イオンのキレート

SCIENCE BOX 分子不斉

分子中に，不斉炭素原子がなくても，対称面や対称中心（p. 649）をもたない場合，つまり，分子全体として対称要素をもたない場合は鏡像異性体が存在する。この現象を**分子不斉**といい，その二例を紹介する。

(1) アレンの鏡像異性体

2 個以上の連続した二重結合をもつ化合物を**アレン類**といい，その最も簡単な構造のものが 1,2-プロパジエン（アレン）である。中央の C 原子は sp 混成軌道と 2 個の 2 p 軌道をもつ。一方，両端の C 原子はそれぞれ sp^2 混成軌道と 1 個の 2 p 軌道をもつ。まず，中央の C 原子の sp 混成軌道と両端の C 原子の sp^2 混成軌道とが x 軸上で重なり σ 結合をつくる。残った両端の C 原子の sp^2 混成軌道は H 原子の 1 s 軌道と重なり σ 結合をつくる(図 1)。

残った C^1 と C^2 の 2 p 軌道どうしが y 軸方向で π 結合をつくったとすると，C^2 と C^3 の 2 p 軌道どうしは z 軸方向で π 結合をつくるしかない。したがって，A 平面と B 平面は直交することになる(図 2)。

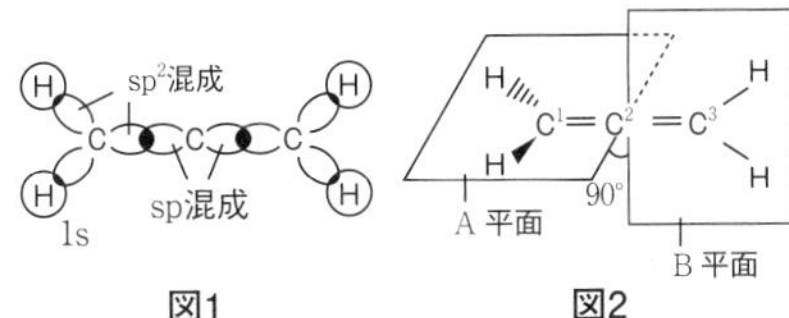

図1　図2

以上のことから，両端につく置換基が $R_1 \neq R_2$，$R_3 \neq R_4$ の分子では，不斉炭素が存在しないにもかかわらず，分子不斉原子となるので 1 対の鏡像異性体が存在する(図 3)。

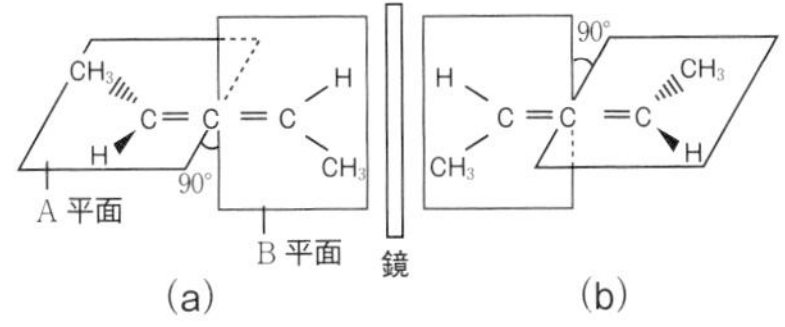

ー は紙面上，► は紙面手前側
ⅢⅠ は紙面奥側に向かう結合を示す。

図3

一方，二重結合が 3 個連続した 1,2,3-ブタトリエンでは，A 平面，B 平面，C 平面がそれぞれ直交するから，A 平面と C 平面は同一平面上にある。よって，A 平面につく置換基が $R_1 \neq R_2$ で，C 平面につく置換基が $R_3 \neq R_4$ のときは，鏡像異性体ではなく，シス-トランス異性体が存在する(図 4)。

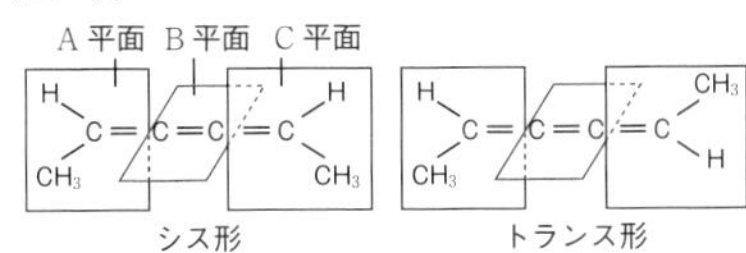

図4

(2) ビフェニルの鏡像異性体

ベンゼンの二量体であるビフェニル $(C_6H_5)_2$ の各ベンゼン環（以下，A 環，B 環という）は，中央部の C-C 結合は回転可能で，通常，同一平面上にある。しかし，A 環，B 環のオルト位に大きな置換基がつくと，その立体障害のため，中央の C-C 結合は回転できなくなる*。しかも，置換基どうしの反発を避けるため，A 環と B 環は互いに直角に位置するようになる。つまり，不斉炭素原子が存在しないにもかかわらず，1 対の鏡像異性体が存在する（図 5）。

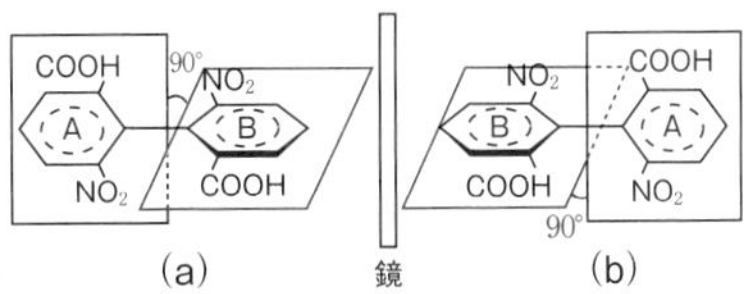

B 環は紙面上に，A 環は紙面垂直方向にある。

図5

＊ オルト位の置換基が小さくなると，中央の C-C 結合は回転可能となり，鏡像異性体は存在しない。また，A 環，B 環のどちらかに同じ置換基がついた化合物でも，分子中に対称面が存在し，分子不斉の条件を満たさなくなり，鏡像異性体は存在しない。

SCIENCE BOX　医薬品

病気の診断・治療や予防などに用いられる物質を**医薬品**という。医薬品が生物に与える作用を**薬理作用**といい，そのうち本来の目的に合う作用を**主作用**(**薬効**)，それ以外の作用を**副作用**という。

人類は長年の経験によって，植物，動物，鉱物などを病気の治療に利用してきた。このように，天然物をそのまま薬にしたものを**生薬**(しょうやく)という。やがて，生薬の中から有効な成分だけを抽出して利用したり，化学的に合成した有効成分だけを薬として用いるようになった。

紀元前から，ケシの実からとれる阿片(あへん)に麻酔・鎮痛作用があることが知られていたが，19世紀初頭，**セルチュルナー**(ドイツ)によって，阿片から**モルヒネ**[*1]が単離された。その鎮痛作用は強力で，現在も，末期がん患者の痛みの緩和に用いられている。

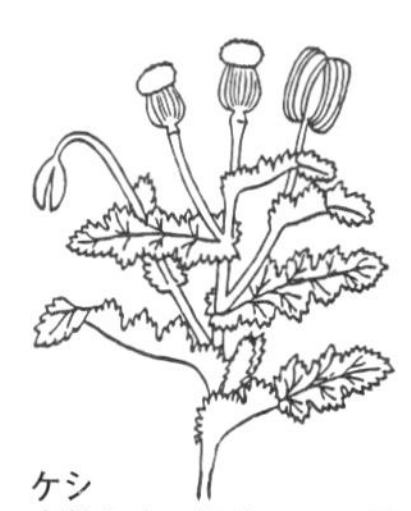

ケシ
未熟な実に傷をつけ，浸み出す乳液を乾燥したものが阿片である。強い習慣性，依存性があり，麻薬に指定されている。

＊1　モルヒネは，ギリシャ神話の眠りの神「モルフェウス」にちなんで命名された。

また，ヤナギの樹皮にも解熱作用のあることが知られていたが，19世紀中頃，樹皮に含まれるサリシンを加水分解後，酸化して得られる**サリチル酸**が有効成分であることがわかった。しかし，サリチル酸をそのまま飲むと胃腸に障害を起こすので，サリチル酸をアセチル化して酸性を弱め，副作用を軽減したものが**アセチルサリチル酸**[*2]である。

カワヤナギ
樹皮・葉を煎じて服用する。薬効成分はサリシンである。

＊2　ドイツのバイエル社が「**アスピリン**」として発売後，世界的に知られるようになった。現在でも，解熱鎮痛剤だけでなく，リウマチの治療薬にも用いられる。

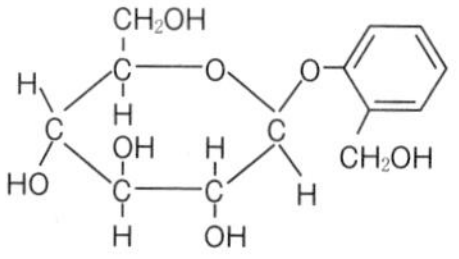

サリシン
(サリチルアルコールの配糖体)

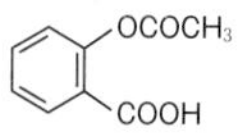

アセチルサリチル酸

病気の原因となる微生物を病原微生物といい，これによって引きおこされる病気を**感染症**という。1865年，イギリスの**リスター**は，外科手術の際，傷口をフェノール水溶液で洗うと，化膿を防止できることを発見した[*3]。やがて，フェノールよりも毒性の弱いクレゾールやエタノールが，けがなどの消毒薬として利用されるようになった。

＊3　フェノールやエタノールは，細胞内によく浸透し，細菌のタンパク質を変性させ，その働きを失わせるので，殺菌作用を示す。

19世紀後半，ドイツの**コッホ**は，炭疽(そ)菌，結核菌，コレラ菌などを次々に発見し，はじめて，感染症を引きおこす原因が細菌であることを明らかにした。それ以降，多くの研究者によって，人間の細胞には害はなく，病原菌だけを選択的に殺すような抗菌薬が必死で探し求められた。

1935年，ドイツの**ドーマク**は，偶然，赤色のアゾ色素の一種であるプロントジルが細菌の増殖を抑えるが，ヒトの細胞には無害であることを発見した。後になって，この色素自体は細菌を殺さないが，これが体内で分解されて生じたスルファニルアミド(スルファミン)が細菌の増殖を抑制することがわかった。

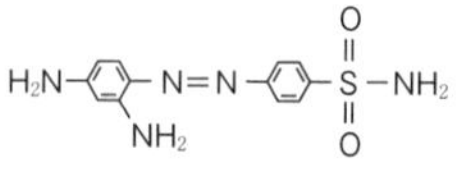

プロントジル

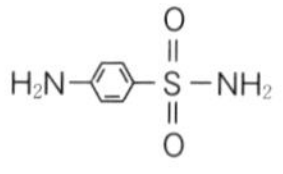

スルファニルアミド

その後，多種類のスルファニルアミドの誘導体がつくられ，**サルファ剤**[*4]と総称されている。サルファ剤は，化膿性疾患，敗血症（血液中にも細菌が繁殖している状態）など多くの感染症の治療に用いられる。

＊4 サルファ剤は，細菌の増殖に必要な葉酸の原料となるp-アミノ安息香酸と構造が似ている。そのため，細菌の葉酸合成酵素に誤って取り込まれ，酵素の働きを阻害して細菌の葉酸の生成を妨げ増殖を抑制する。

1928年，イギリスの**フレミング**は，アオカビから抽出した物質に細菌の増殖を抑える作用があることを発見し，アオカビの学名にちなんで**ペニシリン**[*5]と命名した。ペニシリンのように，微生物によって生産される物質のうち，他の微生物の発育を阻害する作用をもつ物質を**抗生物質**という。ペニシリンは，サルファ剤が効かない細菌にも作用し，副作用も比較的に少なく，肺炎，梅毒などの治療に大きな成果をあげた。

＊5 ペニシリンは，細菌が細胞壁を合成するのを阻害し，細菌の増殖を抑える。ペニシリンは，1940年以降，**フローリー**と**チェイン**（イギリス）らの精製・結晶化の成功により，大量生産の道が拓かれた。1944年，肺炎にかかったイギリスのチャーチル首相が，ペニシリンによって命拾いしたことで有名になった。

1944年，アメリカの**ワックスマン**は，土壌細菌の一種がつくる抗生物質を発見し，放線菌の学名にちなんで**ストレプトマイシン**[*6]と命名した。これは，ペニシリンの効かない結核の特効薬として用いられたが，聴覚障害という副作用が問題となった。

＊6 細菌のリボソームの小サブユニットに結合し，タンパク質合成を阻害する作用がある。

サルファ剤や抗生物質のように，病気の原因に直接作用する薬を**化学療法薬**という。一方，病気に伴う不快な症状を和らげ，体が自発的に病気を治す力（**自然治癒力**）を促すために用いる薬を**対症療法薬**という。古くからある解熱剤，鎮痛剤，胃腸薬，頭痛薬など多くの薬が後者に該当する。

抗生物質が感染症の治療に広く使用されるようになると，これらの薬が効かない細菌（**耐性菌**）が出現してきた。ところが，抗生物質の分子構造を一部変化させた誘導体をつくると，耐性菌に対しても効果があらわれた。このような操作を**化学修飾**という。たとえば，泥中のカビから発見された**セファロスポリン**（**β-ラクタム系抗生物質**）を微生物につくらせ，その一部の置換基を化学修飾してつくった合成ペニシリンが，感染症の治療に広く用いられている[*7]。

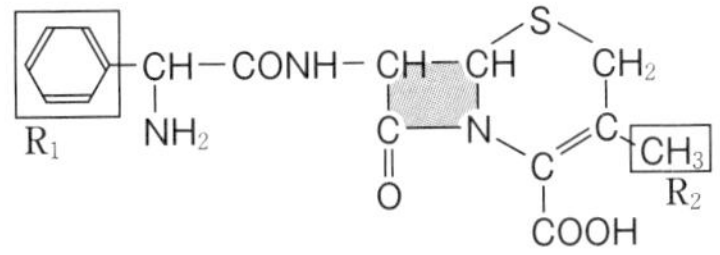

合成ペニシリン（セファレキシン）

（▒▒ はβ-ラクタム構造とよばれ，ペニシリンの抗菌活性をもつ部分。R_1とR_2は化学修飾された部分。）

このほか，土壌中のカビから発見されたオーレオマイシンは，細菌，リケッチア，スピロヘータなど多くの病原微生物に有効で，4個の六員環をもつ類似の化合物は，**テトラサイクリン系抗生物質**と呼ばれ，広範囲の感染症の予防，治療に用いられる。

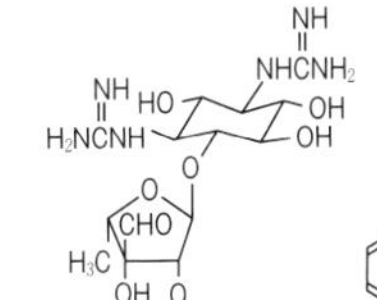

ストレプトマイシン 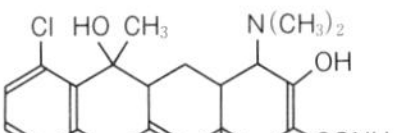　　オーレオマイシン

＊7 MRSA（メチシリン耐性黄色ブドウ球菌）にも有効で，現在，最強の抗生物質といわれるバンコマイシンに対しても，VRE（バンコマイシン耐性腸球菌）があらわれ，医療現場で大きな問題となっている。人類のつくった抗生物質と耐性菌との闘いは，今後限りなく続くことになると思われるが，この耐性菌に対する対策として，医療現場において，(i)必要以上に抗生物質を多用しないこと，(ii)抗生物質に頼らず，清掃，手洗い，うがい等を励行することなどがあげられる。

5-17　芳香族アミン

1　アミンの性質

アンモニア NH_3 の水素原子を炭化水素基で置換した化合物を**アミン**といい，とくに炭化水素基がベンゼン環の場合を**芳香族アミン**，これ以外のものを**脂肪族アミン**という。

また，置換した炭化水素基が1個のものを**第一級アミン**，2個のものを**第二級アミン**，3個のものを**第三級アミン**という。また，第三級アミンにもう1個の炭化水素基が結合したものを**第四級アンモニウム塩**という。

第一級アミンに存在する官能基 $-NH_2$ を，**アミノ基**という。

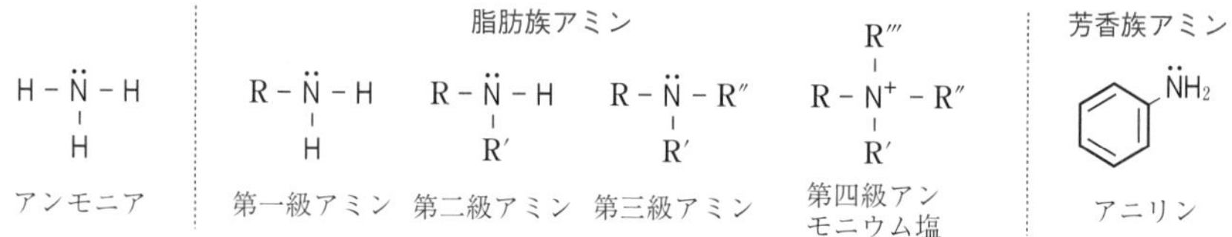

アミンの窒素原子には，いずれも1対の非共有電子対があり，H^+ を引き寄せる性質をもち，有機化合物の中では代表的な塩基に分類される。脂肪族アミンの塩基性は，アンモニアよりも少し強い程度である。しかし，芳香族アミンの塩基性は，アンモニアに比べるとはるかに弱い❶。したがって，芳香族アミンの代表である**アニリン**には赤色リトマス紙を青変させる力はない。

詳説❶　脂肪族アミンの塩基性を比較すると，アンモニア，メチルアミン，ジメチルアミンへとN原子に置換したアルキル基が多いほど，電離定数 K_b が大きくなり，塩基性が強くなる。これは，アルキル基の電子供与性により，N原子の電子密度が高くなり，H^+ を取り入れやすくなっているためである。この考え方によると，トリメチルアミンの塩基性はさらに強くなると予想されるが，実際には逆に弱くなっている。これは，第三級アミンでは，N原子を取り巻く置換基による立体障害の影響が大きく，H^+ を取り入れにくくなっているためである。

$H-\ddot{N}H_2$	$CH_3-\ddot{N}H_2$	$CH_3-\ddot{N}(CH_3)-H$	$CH_3-\ddot{N}(CH_3)-CH_3$
アンモニア	メチルアミン	ジメチルアミン	トリメチルアミン
$K_b=1.7\times10^{-5}$	$K_b=4.4\times10^{-4}$	$K_b=5.1\times10^{-4}$	$K_b=5.9\times10^{-5}$〔mol/L〕

トリメチルアミン，アンモニアは，ともにN原子を頂点とする三角錐形の構造をしている。いま，トリメチルアミンが塩基として働き，H^+ を受け取った場合，中心のN原子は結合角109.5°の正四面体形の構造に変化する。このとき，メチル基どうしがより接近することになり，お互いの反発により，生じたイオンに歪みが生じて安定性が減少する。つまり，生じた陽イオンが不安定であるほど，①式の平衡は左方向に偏り，塩基性が減少することが予想される。

$$(CH_3)_3N + H^+ \rightleftarrows (CH_3)_3NH^+ \quad \cdots\cdots①$$

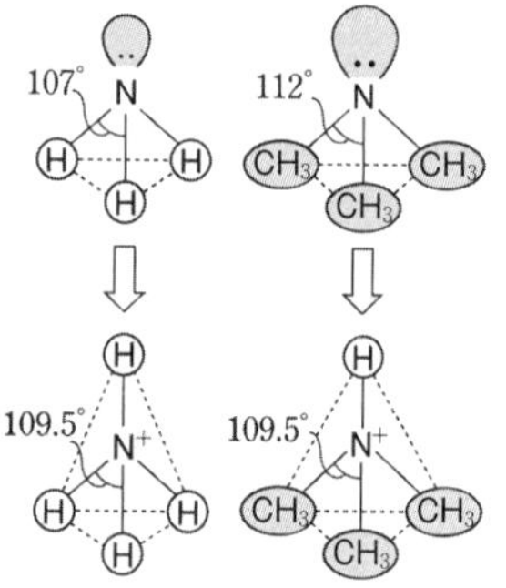

SCIENCE BOX　芳香族アミンの塩基性

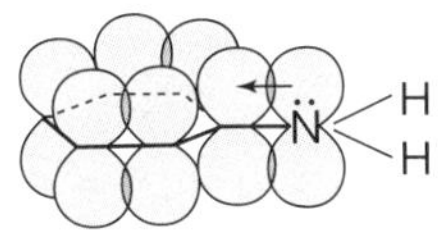

アニリン $C_6H_5NH_2$ の N 原子には 5 個の価電子があるが，このうちの 3 個は sp^2 混成軌道を使って C 原子と H 原子 2 個と σ 結合をつくる。残った 2 個の価電子は $2p_z$ 軌道にあり，この軌道がベンゼン環の π 軌道と右図のような重なりをもつ。

このため，N 原子の非共有電子対はベンゼン環のほうへ流れ込んで(**非局在化**)安定化し，N 原子の電子密度が小さくなり，H^+ を受け取る能力(塩基性)が弱まってしまう。

〔1〕 ベンゼン環に電子供与性のメチル基 $-CH_3$ が結合したトルイジンの塩基性を考えてみる。

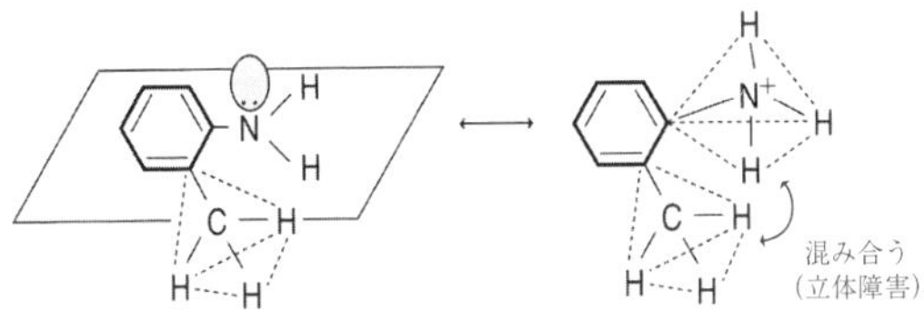

電子供与性の $-CH_3$ が *o*, *p* 位に結合すると，共鳴効果により，アミノ基 $-NH_2$ の N 原子の電子密度が大きくなり，アニリンよりも塩基性が強くなる。一方，*m* 位に結合した場合には，電子供与性の $-CH_3$ による共鳴効果は，$-NH_2$ にはほとんど影響しないので，アニリンの塩基性とほぼ変わりないと予想される。

電離定数 K_b を調べると，*p*-トルイジンはアニリンよりも塩基性が少し強まっているが，*o*-トルイジンでは逆に塩基性は弱まっている。これは，$-CH_3$ の立体障害によるオルト効果(p. 714)によって，生じた陽イオンが不安定になるためである。

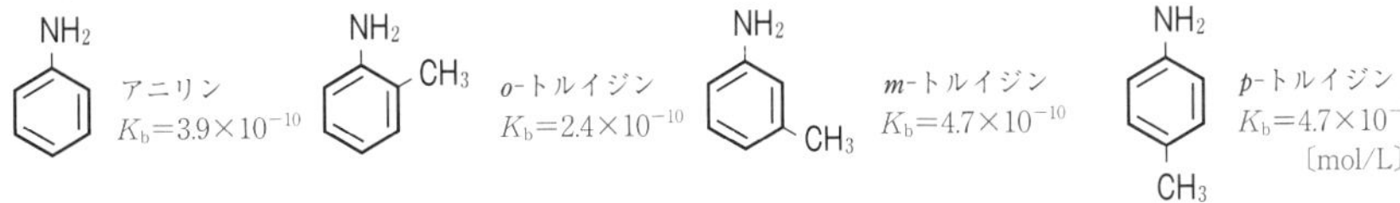

〔2〕 ベンゼン環に電子吸引性のニトロ基 $-NO_2$ が結合したニトロアニリンの塩基性を考えてみる。

水素結合

o-ニトロアニリン

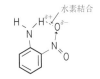

電子吸引性の $-NO_2$ が *o*, *p* 位に結合すると，共鳴効果によりアミノ基 $-NH_2$ の N 原子の電子密度がかなり小さくなるので，アニリンよりも塩基性が弱くなる。一方，*m* 位に結合した場合には，電子吸引性の $-NO_2$ による共鳴効果は $-NH_2$ に対しては，*o*, *p* 位のときほど大きく影響しないので，*m*-ニトロトルエンの塩基性は，この 3 つの異性体中では最も強いと予想される。

電離定数 K_b を調べると，*o*-ニトロアニリンの塩基性が著しく弱いことがわかる。これは，*o* 位にある $-NH_2$ と $-NO_2$ が，上図のように，水素結合により六員環構造を形成して安定化してしまうため，$-NH_2$ の N 原子の非共有電子対が H^+ を受け取りにくくなるというオルト効果が主な原因と考えられる。もし，H^+ を受け取ったとすると，水素結合が切断され，エネルギー的に不安定となるからである。

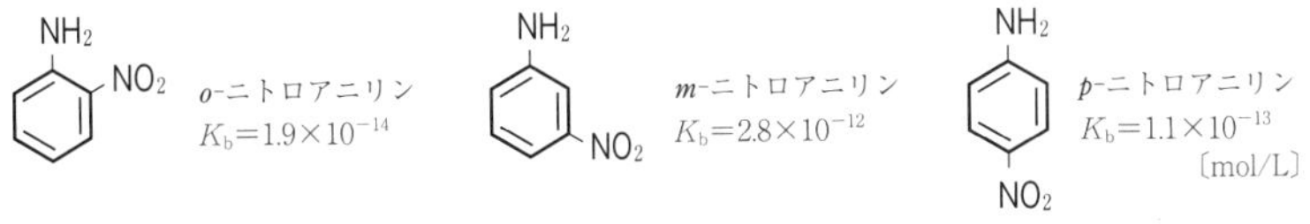

アミンの沸点は，同程度の分子量をもつアルカンに比べるとかなり高いが，アルコールに比べると低い❷。また，低分子量の脂肪族アミンは，アンモニアに似た，腐った魚のような不快な臭いをもつ気体，または液体で水によく溶けるが，芳香族アミンはあまり水に溶けない❸。

詳説❷ アミンの分子間には，N−H---Nのような水素結合が働いており，対応するアルカンに比べて沸点は高くなる。しかも，この水素結合は，アルコール分子間に働くO−H---Oの水素結合よりも少し弱い。

化学式	(分子量)	沸点	化学式	(分子量)	沸点
CH_3CH_3	(30)	−89℃	$CH_3CH_2CH_3$	(44)	−42℃
CH_3NH_2	(31)	−6.3℃	$CH_3CH_2NH_2$	(45)	17℃
CH_3OH	(32)	65℃	CH_3CH_2OH	(46)	78℃

詳説❸ アミノ基は，水分子との間に右図のように水素結合を形成して水和されるので，親水基として働く。炭化水素基が比較的小さいアミンは，分子全体に占める親水基の影響が強く，水に溶ける。しかし，芳香族アミンは，ベンゼン環という大きな疎水基の影響が強く，水に溶けにくい。

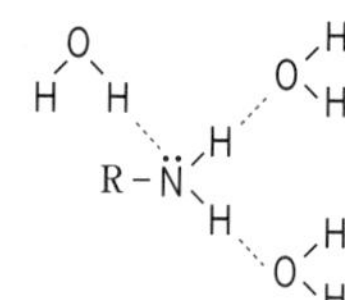

2 アニリンの性質

アニリン $C_6H_5NH_2$ は最も簡単な芳香族アミンであり，特有の香気をもつ油状の液体で，有毒である❹。水にはあまり溶けないが，アルコール，エーテルなどの有機溶媒にはよく溶ける。また，塩基性のアニリンに希塩酸を加えると，**アニリン塩酸塩** $C_6H_5NH_3Cl$ を生成する。これは，アニリニウムイオン $C_6H_5NH_3^+$ と Cl^- とがイオン結合をした物質で水によく溶ける❺。アニリン塩酸塩の水溶液に水酸化ナトリウム（強塩基）水溶液を加えると，アニリン（弱塩基）が遊離する❻。

$$C_6H_5\ddot{N}H_2 + HCl \longrightarrow C_6H_5\overset{+}{N}H_3Cl^-$$ アニリン塩酸塩

$$C_6H_5NH_3Cl + NaOH \longrightarrow C_6H_5NH_2 + NaCl + H_2O$$

アニリン（沸点 185℃）

補足❹ 1826年ドイツの**ウンフェルドルベン**は，天然染料の藍（あい）（スペイン語でAnilという）を分解・蒸留後，強塩基を加えて遊離した成分をアニリンと命名した。

詳説❺ アニリン分子（溶解度 3.6 g/100 g 水）中の $-NH_2$ が，$-NH_3^+$ というイオンの状態に変化したことにより，親水性がずっと強くなって水によく溶けるようになる（100 g/100 g 水）。

アニリン塩酸塩のことを塩化アニリニウムともいう。また，アニリンに希硫酸を加えた場合には，アニリン硫酸塩ではなく，アニリン硫酸水素塩 $C_6H_5NH_3(OSO_3H)$ を生じて溶ける。

詳説❻ アニリンの密度は20℃で $1.026\ g/cm^3$ であり，純水に加えると底に沈むが，たとえば，食塩水などに加えた場合には浮くこともある。

遊離した直後のアニリンは微粒子であるため，液は白く濁って見える。やがて，粒子が集まって油滴となって上層に分離されてくるが，エーテルを加えて抽出すると，アニリンは水よりもエーテルに溶けやすいので，直ちにエーテル層（上層）に分離される。

アニリンの乳濁液
エーテルで抽出
エーテル層（アニリン）
下層（NaClaq）

3 アニリンの製法

ニトロベンゼンをスズ(または鉄)と濃塩酸を作用させて還元すると，まずアニリン塩酸塩となり，続いて強塩基を加えるとアニリンが遊離する❼。また，気相中でニトロベンゼンを，ニッケルなどの触媒を用いた接触水素還元する方法でも得られる❽。

$$2\ C_6H_5\text{-}NO_2 + 3Sn + 14HCl \longrightarrow 2\ C_6H_5\text{-}NH_3Cl + 3SnCl_4 + 4H_2O \quad \cdots\cdots①$$

（$C_6H_5\text{-}NH_3Cl$：アニリン塩酸塩）

$$C_6H_5\text{-}NO_2 + 3H_2 \xrightarrow[50℃,\ 3\times10^6\,Pa]{(Ni)} C_6H_5\text{-}NH_2 + 2H_2O$$

詳説❼ ニトロベンゼンからアニリンを生成するときの半反応式は，O 原子の数を H_2O で合わせ，H 原子の数を H^+ で合わせ，電荷を e^- で合わせると，次の②式のようになる。

$$C_6H_5\text{-}NO_2 + 6H^+ + 6e^- \longrightarrow C_6H_5\text{-}NH_2 + 2H_2O \quad \cdots\cdots②$$

また，スズ Sn は希酸に溶けて Sn^{2+} となるが，強い還元作用をもつ Sn^{2+} は直ちに酸化されて Sn^{4+} へと変化する。

$$Sn \longrightarrow Sn^{4+} + 4e^- \quad \cdots\cdots③$$

②×2＋③×3＋12 Cl^- より，

$$2\ C_6H_5\text{-}NO_2 + 3Sn + 12HCl \longrightarrow 2\ C_6H_5\text{-}NH_2 + 3SnCl_4 + 4H_2O \quad \cdots\cdots④$$

また，この反応は過剰の塩酸を用いて反応させているので，生成物はアニリンでなく，アニリン塩酸塩である。よって，④式の両辺に 2 HCl を加えて整理すると，①式の反応式となる。

工業的には，Sn の代わりに安価な Fe が使われる。

参考 **ニトロ基の還元には，Zn ではなく Sn や Fe のような 2 種の酸化数を取りうる金属を使うのはなぜか。**

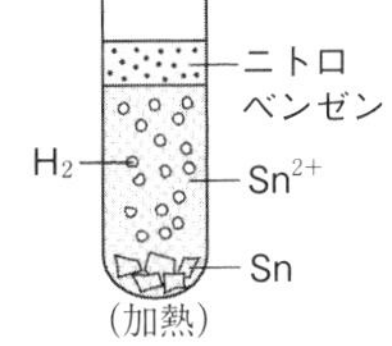

ニトロ基の還元には金属と酸により生成した水素原子 H· が有効と考えられているが，この H· は，金属表面から離れるときには水素分子に変化しており，上層のニトロベンゼンまで達したときには，その還元力はほとんど失われている。一方，水素発生と同時に生成した Sn^{2+} は溶液中に拡散していき，ニトロベンゼン層に達したときも，その還元力は衰えていない。この Sn^{2+} がニトロ基の還元に対して主要な役割を果たしていると考えられる。実際，ニトロベンゼンを塩酸酸性条件で塩化スズ(Ⅱ) $SnCl_2$ と反応させると，アニリン塩酸塩へと還元することもできる。

$$C_6H_5NO_2 + 3SnCl_2 + 7HCl \longrightarrow C_6H_5NH_3Cl + 3SnCl_4 + 2H_2O$$

ところで，スズと濃塩酸の反応液に塩化ナトリウムを加えておくと，ニトロベンゼンに対する還元力は強くなる。このことから，実際には，Sn^{2+} はニトロベンゼンに対して，錯イオン $[SnCl_3]^-$ (p. 513)の形で強い還元力を発揮していると考えられる。

補足❽ Ni を 40～50％含んだ Al 合金を NaOH 水溶液で処理すると，Al だけが溶けて多孔質の Ni 触媒が得られる。これをラネー -ニッケルといい，H_2 還元用の触媒として用いる。

注意 この反応名は，ベンゼン環の −H を直接 $-NH_2$ で置換したわけではないので，アミノ化とはいわない。O 原子が取り除かれ，H 原子が結合した反応なので**還元**とよばれる。

実験　ニトロベンゼンの還元

試験管にニトロベンゼンを1mL取り，粒状スズ3gと濃塩酸5mLを加え，約60℃の温湯につけ，穏やかに加熱する❾。

試験管中にニトロベンゼンの油滴がなくなったら加熱を止め，液体部分だけを三角フラスコに移す（スズを残しておくと，あとで加えるNaOHと反応してしまうので除いておく）。これを冷却しながら，6mol/L NaOH水溶液を，一度生じた白色沈殿が溶けてアニリンが乳濁液として遊離してくるまで，徐々に加えていく❿。

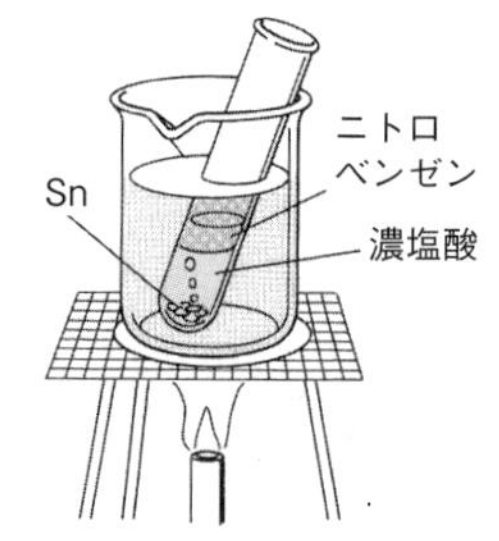

冷却後，ジエチルエーテルを加えて，振り混ぜて静置し，二層に分離したら，上部のエーテル層だけをスポイトで蒸発皿に取り，放置後，ジエチルエーテルを蒸発させると，目的のアニリンが残留物として得られる⓫。

詳説❾　ニトロベンゼンと濃塩酸の密度は，ともに約1.2 g/cm^{3}である。最初，溶液中に沈んでいたニトロベンゼンは，水素の発生とともに浮き上がってくる。

補足❿　反応後の溶液中には，アニリン塩酸塩および塩化スズ(Ⅳ)がいっしょに溶けている。ここへ水酸化ナトリウム水溶液を冷却しながら加えていくと，次の順序で反応がおこる。

① まず，未反応の塩酸が中和され，続いて塩化スズ(Ⅳ)が中和され，水酸化スズ(Ⅳ)の白色沈殿を生成する。　$Sn^{4+} + 4OH^- \longrightarrow Sn(OH)_4\downarrow$

② 水酸化スズ(Ⅳ)は両性水酸化物で，過剰のNaOH水溶液にはヘキサヒドロキシドスズ(Ⅳ)酸イオンを生じて溶ける。　$Sn(OH)_4 + 2NaOH \longrightarrow Na_2[Sn(OH)_6]$　(無色)

③ 続いてNaOH水溶液を加えると，アニリン塩酸塩からアニリンが遊離し始め，乳濁液の状態となる。さらに過剰に加えると，淡黄色の油状物質(アニリン)が上層に浮いてくる(いずれも発熱を伴う中和反応なので，よく冷却しながら行うこと)。

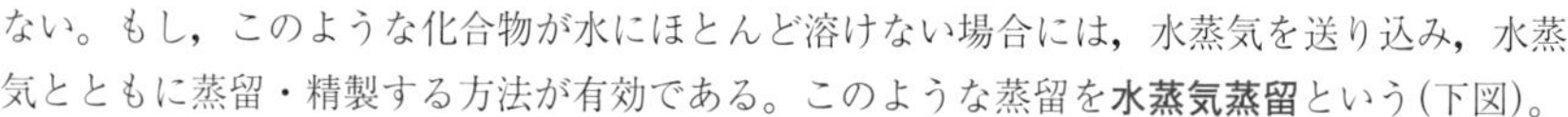

補足⓫　アニリンのように沸点が高く(185℃)，熱により酸化・分解されやすい有機化合物は，そのまま蒸留することはできない。もし，このような化合物が水にほとんど溶けない場合には，水蒸気を送り込み，水蒸気とともに蒸留・精製する方法が有効である。このような蒸留を**水蒸気蒸留**という(下図)。

たとえば，アニリンを含む混合溶液を右図の丸底フラスコに入れ，水蒸気を送り込むと，この水蒸気中へアニリンが蒸発し，両者の蒸気圧の和が1×10^5 Pa(大気圧)になった状態で沸騰がおこる。この状態は，溶液中のアニリンがすべてなくなるまで続く。

この混合蒸気を冷却し，得られたアニリンの乳濁液にNaClを加えて塩析(p.733)した後，エーテルで抽出すれば，純粋なアニリンが得られる。

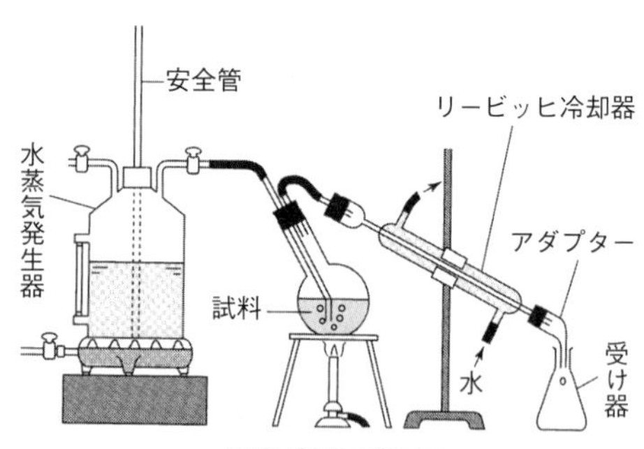

水蒸気蒸留の装置図

SCIENCE BOX 水蒸気蒸留の原理

水(B)とベンゼン(A)のように，互いに溶け合わない液体を1つの容器に入れて加熱する場合を考える。2つの液体は本質的には互いに不溶であるから，B中にあるAの小滴は，近くにあるBによって希釈されることはなく，蒸気圧降下はおこらない。したがって，この混合物は下図の右側のように，仕切りのある容器に分けて入れてあるとみなすことができる。すなわち，AはBに影響されずに蒸発でき，また，BはAに影響されずに蒸発できる。つまり，互いにそれぞれの蒸気圧を示すことになる。

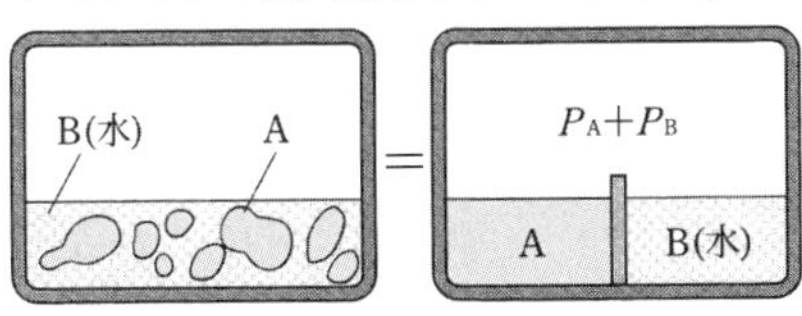

Aの成分の蒸気圧をP_A，Bの成分の蒸気圧をP_Bとすると，混合蒸気の全圧PはP_A+P_Bであり，この全圧Pが大気圧に達したとき（$P_A+P_B=1\times10^5$ Pa），この混合溶液は沸騰する。たとえば，ベンゼンの蒸気圧が760 mmHgに達するのは80.1℃であるが，ベンゼンと水との混合物を加熱していくと，69.3℃のときに，$P_{ベンゼン}+P_{水}=535+225=760$ mmHgとなり沸騰する。

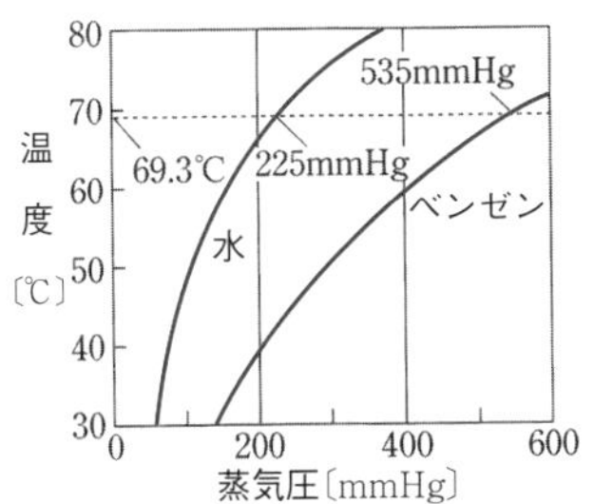

このように，互いに溶け合わない2つの成分が共存するときには，Aの成分がP_Aだけの圧力を，Bの成分がP_Bだけの圧力を独立して示すことになるから，別々に存在するときよりも低い温度で，全蒸気圧が1×10^5 Paに達して混合溶液は沸騰する。

この現象は，一方の成分がなくなるまで続く。このとき，留出する蒸気の組成（物質量比）は，その温度における各成分の蒸気圧の比に等しい。(重要)

例題 互いに溶け合わないアニリンと水の混合物を加熱すると，98.5℃で沸騰がおこった。この温度におけるアニリンと水の飽和蒸気圧をそれぞれ43 mmHg，717 mmHgとすると，沸騰した混合蒸気中におけるアニリンの質量百分率はいくらか。($H_2O=18$，$C_6H_5NH_2=93$)

［解］ 混合気体では，

(物質量比)＝(分圧比)

の関係が成り立つので，混合蒸気中のアニリンと水の物質量比は，蒸気圧の比に等しい。混合蒸気中のアニリンの質量をx%とし，混合蒸気が100 gあるとすると，

$$アニリン：水=\frac{x}{93}:\frac{100-x}{18}〔mol〕$$
$$=43:717〔mmHg〕$$

∴ $x=$**23.7〔%〕** 答

例題 分子量が未知の炭化水素Aを，大気圧782 mmHgのもとで水蒸気蒸留を行ったところ，92.7℃で沸騰がおこった。その留出液中には，Aが質量百分率で67%含まれていた。Aの分子量を求めよ。ただし，92.7℃における水の蒸気圧は582 mmHgとする。($H_2O=18$)

［解］ 92.7℃での炭化水素Aの蒸気圧は，782−582＝200 mmHgである。

炭化水素Aの分子量をMとおき，留出液が100 gあったとすると，混合気体では，

(物質量比)＝(蒸気圧の比)より，

$$A：水=\frac{67}{M}:\frac{33}{18}=200:582$$

∴ $M=$**106** 答

4 アニリンの反応

純粋なアニリンは無色の液体であるが，ふつう淡黄色に着色している。また，アニリンは空気や光に曝(さら)しておくと，しだいに酸化されて，黄褐色から赤褐色へと変化するので，褐色びんで保存する⓬。

補足⓬ アニリンが酸化されやすいのは，電子供与性のアミノ基 $-NH_2$ によりベンゼン環の電子密度が大きくなり，酸化剤の攻撃を受けやすくなっているからである。アニリンの酸化はフェノールと同様で，まず酸化剤により $-NH_2$ の H 原子1個が引き抜かれて，不安定なアニリンラジカル $C_6H_5\dot{N}H$ を生じる。このラジカルは，次式のような共鳴構造をとることができ，このラジカルどうしが重合を繰り返して，複雑な組成をもつ着色化合物に変化していく。

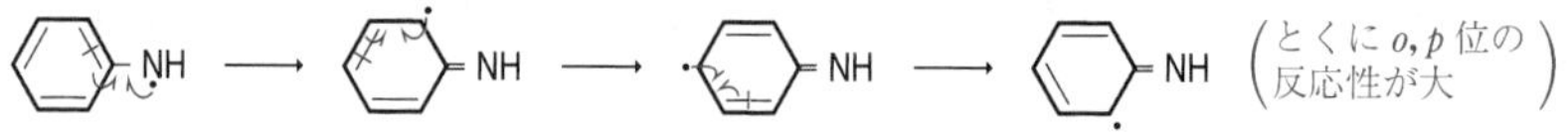

（とくに *o*, *p* 位の反応性が大）

この着色物質は，Zn(還元剤)を加えて蒸留すると除去でき，無色のアニリンが得られる。

►アニリンにさらし粉 $CaCl(ClO) \cdot H_2O$ 水溶液を加えると，ClO^- により酸化され，赤紫色に呈色する(**アニリンのさらし粉反応**)。この反応はアニリンの検出に用いられる⓭。

また，アニリンに硫酸酸性の二クロム酸カリウム水溶液を加えて加熱し，十分に酸化すると，黒色の物質(**アニリンブラック**)が得られる。これは黒色染料に用いられる⓮。

詳説⓭ 各種のアミンについてさらし粉反応を調べたところ，次のような結果が得られた。

(1) 脂肪族アミンでは，さらし粉反応は見られなかった。これは，反応の最初の段階で生じるラジカル $R-\dot{N}H$ が芳香族アミン $Ar-\dot{N}H$ のような共鳴構造をとりえず，極めて不安定であることから，この段階の活性化エネルギーが極めて大きく，酸化されにくいためと思われる。

(2) 芳香族第一級アミンが，一般的に最も強く呈色し，第二級アミンでは呈色が少し弱くなり，第三級アミンではまったく呈色が見られない傾向を示した。また，ベンゼン環に結合した置換基の種類や位置 (*o*, *m*, *p*-) によって色調に微妙な違いが見られた。第三級アミンが呈色しないのは，酸化剤が引き抜くべき水素原子が存在しないためである。また，これらの反応は中〜塩基性で $-NH_2$ の状態のとき最も酸化されやすく，酸性条件で $-NH_3^+$ になると酸化されにくくなるので，反応液が酸性にならないように十分に注意する。

詳説⓮ アニリンに $CuSO_4$(触媒) の存在下で硫酸酸性の $K_2Cr_2O_7$ 水溶液を加えると，アニリン硫酸水素塩 $C_6H_5NH_3(OSO_3H)$ が生成するが，やがて暗緑色を経て黒緑色へと変化する。加熱して完全に酸化すると黒色の物質(アニリンブラック)ができる。これは，光，洗濯により色落ちせず，堅牢(ろう)度が極めて高いので，黒色染料や黒色顔料として用いられる。

以下に，酸化剤によるラジカル反応によって，アニリンが重合していくようすを示す。

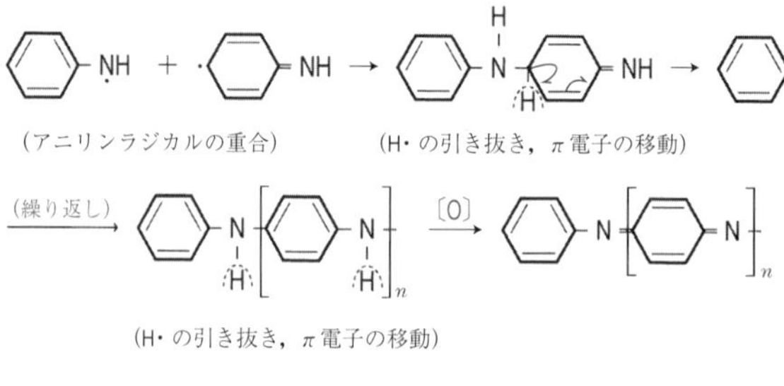

(アニリンラジカルの重合)　(H・の引き抜き，π電子の移動)

(繰り返し)　〔O〕

(H・の引き抜き，π電子の移動)

5 アセチル化

アニリンに氷酢酸と少量の濃硫酸(触媒)を加えて加熱するか，無水酢酸と反応させると，アミノ基 $-NH_2$ の H 原子がアセチル基 CH_3CO- で置換（**アセチル化**）されて，**アセトアニリド**を生じる[15]。

この分子中の -CONH- 結合を**アミド結合**といい，この結合をもつ物質を**アミド**という。アミドは，アミンとカルボン酸との脱水縮合により生成する中性の物質であり，酸，または塩基(触媒)の水溶液を加えて加熱すると，エステルと同様に，加水分解されてアミンとカルボン酸に戻すことができる。

$$C_6H_5-\ddot{N}H_2 + (CH_3CO)_2O \xrightarrow{\text{アセチル化[16]}} C_6H_5-NH-CO-CH_3 + CH_3COOH$$

アセトアニリド(融点 115℃)

詳説[15] アセトアニリドは白色の結晶で，塩基性をほとんど示さない。これは，右図のようにカルボニル基の電子吸引性により，N 原子の電子密度が小さくなっているためである。アセトアニリドは，以前は解熱鎮痛剤として使用されていたが，副作用（溶血作用）のため現在は使用されていない。代わりに，*p*-アミノフェノールをアセチル化した**アセトアミノフェン**が広く利用されている。

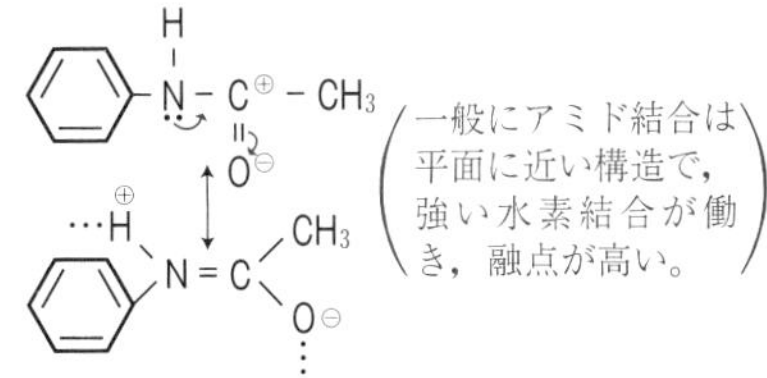

一般にアミド結合は平面に近い構造で，強い水素結合が働き，融点が高い。

詳説[16] アセチル化は，酸化されやすい $-NH_2$ や -OH を一時的に保護するのに有効な手段となる。また，アセチル化により N 原子の電子密度を小さくすることにより，ベンゼン環に流れ込む π 電子が少なくなり，ベンゼン環自体の反応性を小さくすることができる。

たとえば，アニリンを混酸でニトロ化すると，アニリン自体が酸化されてしまう。そこで，まず，アニリンをアセチル化してアセトアニリドとしてアミノ基を保護したうえで，混酸でニトロ化すると，主として *p*-ニトロアセトアニリドが得られ，これに水酸化ナトリウム水溶液を加えて加水分解すると，目的とする *p*-ニトロアニリンが生成する。

$$C_6H_5NH_2 \xrightarrow{(CH_3CO)_2O} C_6H_5NHCOCH_3 \xrightarrow{\text{混酸}} p\text{-}NO_2C_6H_4NHCOCH_3\ (90\%) \xrightarrow{NaOHaq} p\text{-}NO_2C_6H_4NH_2$$

(立体障害が大)

アセチル化の反応は，電気的に陽性なカルボニル基の炭素 $C^{\oplus}$ に，N 原子の非共有電子対が求核攻撃しておこる。以上より，アミドはアミノ基の H とカルボン酸の OH から H_2O がとれて生成することがわかる。よって，アセチル化は第一級アミンだけでなく，H 原子を 1 個もつ第二級アミンでもおこるが，H 原子をもたない第三級アミンではおこらない。

$$C_6H_5-\ddot{N}H_2 + HO-C^{\oplus}(-O^{\ominus})-CH_3 \longrightarrow C_6H_5-N^{\oplus}H_2-C(-O^{\ominus})(-OH)-CH_3 \longrightarrow C_6H_5-NH-C(=O)-CH_3$$

実験　アセトアニリドの合成

アニリンに氷酢酸を加えて加熱しても，アセトアニリドの収率はよくない。それは，酢酸の酸性によってアニリンの $-NH_2$ が $-NH_3^+$ となり，その反応性が低下するためである。そのため，氷酢酸の代わりに反応性の大きな無水酢酸を用いる。

乾燥した試験管にアニリン 1 mL を入れ，ここへ無水酢酸 2 mL を少しずつ振り混ぜながら加える。沸騰石を数粒加え，約 80℃の温水中で約 5 分間加熱する。この反応液を放冷した後，冷水約 20 mL の中に流し込み，よくかき混ぜると，アセトアニリドの白色結晶が析出するので，吸引ろ過で分離する。こうして得られた粗結晶を，酢酸：水＝1：2 の混合水溶液を使って再結晶させ，吸引ろ過で分離後，乾燥させる⑰。

補足⑰　反応液には，生成したアセトアニリドが未反応の無水酢酸に溶解している。そこで，冷水中に注ぎよくかき混ぜると，無水酢酸は加水分解されて酢酸となり，冷水に溶けにくいアセトアニリドの結晶が析出してくる。

SCIENCE BOX　アセトアミノフェンの合成法

アセチル化は，分極して電気的に陽性となったカルボニル基の炭素 $C^{\oplus}$ に対して，アミノ基 $-NH_2$ やヒドロキシ基 $-OH$ 中の N，O 原子の非共有電子対が求核置換反応することで進行する。

O 原子は 2 組，N 原子は 1 組の非共有電子対をもっているが，相手に電子対を与える力（**求核性**）は N 原子のほうが少し大きい。なぜなら，電気陰性度が O＞N のため，O 原子のほうが電子対をより強く原子核に引きつけており，$C^{\oplus}$ 原子に対する求核性は少し小さくなるからである。

そこで，*p*-アミノフェノールと等物質量の無水酢酸を反応させると，反応性の少し大きい $-NH_2$ だけがアセチル化されてアセトアミノフェン（*p*-アセトアミドフェノール）だけが得られるかというと，実際には，$-NH_2$ だけでなく $-OH$ もアセチル化される可能性がある。したがって，$-NH_2$ だけを選択的にアセチル化させて**アセトアミノフェン**だけを得るには工夫が必要となる*。

(1)　*p*-アミノフェノール 0.5 g に 1 mol/L 塩酸 10 mL を加えると，*p*-アミノフェノールは塩酸塩となって溶ける。

$$HO-C_6H_4-NH_2 + HCl \longrightarrow HO-C_6H_4-NH_3Cl$$

(2)　これに無水酢酸 0.5 mL を少しずつ撹拌しながら加え，さらに飽和酢酸ナトリウム水溶液 1 mL を少しずつ加えると反応がおこり白濁する。

(3)　反応液を氷冷すると白色結晶が析出するので，吸引ろ過で分離する。さらに，粗結晶を酢酸：水＝1：2 の混合水溶液で再結晶させ，乾燥する。

$$HO-C_6H_4-NH_3Cl + CH_3COONa \longrightarrow HO-C_6H_4-NH_2 + CH_3COOH + NaCl$$

$$HO-C_6H_4-NH_2 + (CH_3CO)_2O \longrightarrow HO-C_6H_4-NHCOCH_3 + CH_3COOH$$

＊　*p*-アミノフェノールの塩酸塩の $-NH_3^+$ は非共有電子対をもたないので，無水酢酸とは反応しない。そこで $-NH_3^+$ を $-NH_2$ に戻すために，NaOH や Na_2CO_3 などの強塩基を加えると，フェノール性 $-OH$ から H^+ が放出されて，$-OH$ がアセチル化されてしまう。そこで，弱い塩基性を示す CH_3COONa を用いて，$-NH_3^+$ を少しずつ $-NH_2$ に戻すことによって，$-NH_2$ だけをアセチル化させることができると考えられる。

6 ジアゾ化

アニリンを希塩酸に溶かして氷冷したものに，亜硝酸ナトリウム水溶液を加えると，**塩化ベンゼンジアゾニウム** $C_6H_5N_2Cl$ が得られる[18]。このように，芳香族第一級アミンに亜硝酸を反応させて，ジアゾニウム塩をつくる反応を**ジアゾ化**という[19]。

$$C_6H_5-NH_2 + 2HCl + NaNO_2 \xrightarrow[\text{ジアゾ化}]{0\sim5℃} C_6H_5-\overset{+}{N}\equiv NCl^- + NaCl + 2H_2O$$

塩化ベンゼンジアゾニウム

詳説[18] ジアゾニウムとは，di(2)，azote(フランス語で窒素の意味)，-nium(陽イオン)を合わせた，窒素2原子で陽イオンとなったものを意味する。$C_6H_5-\overset{+}{N}\equiv N$ をベンゼンジアゾニウムイオンという。また，$[C_6H_5-\overset{+}{N}\equiv N]Cl^-$ のように，ジアゾニウムイオンが酸の陰イオンと塩になった化合物を**ジアゾニウム塩**といい，水によく溶ける性質をもつ。

ここで，電荷をもたない中性の窒素原子は $-\ddot{N}-$ のように原子価は3であるが，$-N^+-$ のように，＋の電荷をもつ窒素原子は原子価が4になっていることに十分注意せよ。

詳説[19] 亜硝酸は不安定な弱酸（$K_a=6.0\times10^{-4}$ mol/L）で，水溶液中でのみ存在する。したがって亜硝酸塩に強酸を加えて分解し，その場で生成した亜硝酸をジアゾ化反応に用いる。

$$NaNO_2 + HCl \longrightarrow HNO_2 + NaCl$$

参考 **ジアゾ化はなぜ低温で反応させなければならないのか。**

ジアゾ化を低温で行う理由は，ベンゼンジアゾニウムイオン $C_6H_5-N_2^+$ はかなり不安定なイオンで，温度が上がると次式のように加水分解がおこり，窒素を発生してフェノールに変化してしまうからである(そこで，氷冷下でジアゾ化しなければならない)。

$$C_6H_5-\overset{+}{N}\equiv NCl^- + H_2O \xrightarrow[50\sim60℃]{\text{加水分解}} C_6H_5-OH + N_2\uparrow + HCl$$

$$\left[C_6H_5-\overset{+}{N}\equiv NCl^- \xrightarrow{-N_2} C_6H_5^{\oplus} + H-\ddot{O}-H \longrightarrow C_6H_5-\overset{+}{O}(H)-H \longrightarrow C_6H_5-OH \right]$$

電子の移動によりまず窒素 N_2 が発生し，フェニル陽イオンを生じる。この陽イオンは水中で，最も多量にある H_2O 分子の攻撃を受けた後，H^+ が脱離し，主にフェノールが生成する。塩酸酸性の塩化ベンゼンジアゾニウム水溶液の加水分解において，等量の塩化銅(Ⅰ)CuCl を加えておくとクロロベンゼンが主に生成する。この反応を**ザンドマイヤー反応**という。

$$C_6H_5-\overset{+}{N}\equiv NCl^- \xrightarrow[60℃]{(CuCl)} C_6H_5Cl(75\%) + N_2\uparrow \quad \text{副生成物}\quad C_6H_5OH(25\%)$$

参考 この反応の重要な点は，CuCl の Cl が直接ベンゼン環に入ることである。$C_6H_5-N_2^+$ に $[CuCl_2]^-$ が配位して，$C_6H_5-N_2\cdot CuCl_2$ なる錯体が形成され，これが分解して C_6H_5Cl が生成する。

芳香族ジアゾニウムイオン $Ar-\overset{+}{N}\equiv N$ の＋電荷は，次式の共鳴構造により幾分かは安定化されているが，脂肪族ジアゾニウムイオン $R-\overset{+}{N}\equiv N$ には，上記のような安定化の効果はなく，極めて不安定である。よって，氷冷下でさえ直ちに分解してアルコールに変化してしまう。

$$C_6H_5-\overset{+}{N}\equiv N \longleftrightarrow C_6H_5-\overset{+}{N}\equiv N \longleftrightarrow {}^{\oplus}C_6H_5=\overset{+}{N}=\overset{-}{N} \longleftrightarrow {}^{\oplus}C_6H_5=\overset{+}{N}=\overset{-}{N} \longleftrightarrow {}^{\oplus}C_6H_5=\overset{+}{N}=\overset{-}{N}$$

7 カップリング

冷却した塩化ベンゼンジアゾニウムの水溶液にナトリウムフェノキシドの水溶液を加えると，橙赤色の ***p*-ヒドロキシアゾベンゼン**が生成する。

この化合物はアゾ基 -N=N- をもつので**アゾ化合物**とよばれる[20]。

このように，ジアゾニウム塩がフェノール類や芳香族アミンと反応して，アゾ化合物を生じる反応を**カップリング**という[21]。

アゾ化合物は，一般に黄～赤色の鮮やかな色調をもつので，**アゾ染料**として広く用いられる。アゾ染料は，工業用染料の約60％を占めている。

$$C_6H_5-N^+\equiv NCl^- + C_6H_5-O^-Na^+ \xrightarrow{\text{カップリング}} C_6H_5-N=N-C_6H_4-OH + NaCl$$

p-ヒドロキシアゾベンゼン
p-フェニルアゾフェノール（橙赤色結晶　融点159℃）

詳説[20] アゾ化合物の命名の仕方は，次の2通りである。

アゾベンゼンの *p* 位の -H が -OH で置換された化合物とみれば，*p*-ヒドロキシアゾベンゼンとなる。

フェノールの *p* 位がフェニルアゾ基で置換された化合物とみれば，*p*-フェニルアゾフェノールとなる。

(i) $C_6H_5-N=N-C_6H_4-$[OH]　アゾベンゼン　置換基とみる。

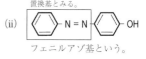

(ii) [$C_6H_5-N=N-$]C_6H_4-OH　置換基とみる。フェニルアゾ基という。

詳説[21] この反応は，結果的には2つの芳香族化合物が合体してアゾ基 -N=N- で連結されたことになるので，カップリング(配偶化)という。このとき，ジアゾ化に用いた芳香族第一級アミンを**ジアゾ成分**，カップリングされる芳香族化合物を**カップリング成分**という。

ベンゼンジアゾニウムイオンの共鳴構造のうち，末端の N 原子上に正電荷をもつ陽イオンが，カップリング成分の電子密度の最も大きい C 原子を攻撃して反応が開始される（**求電子置換反応**）。ベンゼンジアゾニウムイオンはあまり強力な求電子試薬ではないので，電子供与性の置換基(-OH や $-NH_2$ など)をもつ芳香族化合物でないと，カップリングはおこらない。

さらに，ナトリウムフェノキシドの形で反応させているのは，ベンゼン環内の電子密度をより高めるためである。事実，酸性条件下では容易にカップリング反応が進行しない。

フェノールに対するカップリングは，-OH に対して電子密度の高い *o* 位，*p* 位のうち，*p* 位が優先しておこる（大きなベンゼンジアゾニウムイオンは，立体障害のため *o* 位には置換しにくい)。*p* 位にすでに置換基が結合しているときは，*o* 位にもカップリングが行われる。

$$C_6H_5-N=\overset{\oplus}{N} + \overset{\ominus}{O}-C_6H_4-CH_3 \longrightarrow C_6H_5-N=N-C_6H_3(OH)(CH_3)$$

2-フェニルアゾ-4-メチルフェノール（黄色結晶，融点108℃）

参考 アゾ化合物は各種の還元剤によって，次式のように還元されて漂白される(p. 447)。

$$\underset{\text{アゾ化合物}}{R-N=N-R'} \xrightarrow{H_2} \underset{\text{ヒドラゾ化合物}}{R-NH-NH-R'} \xrightarrow{H_2} \underset{\text{第一級アミン}}{R-NH_2 + N_2H-R'}$$

Na_2SO_3 を用いるとヒドラゾ化合物までしか還元できないが，$SnCl_2$ と HCl を用いると第一級アミンまで還元することができる。

SCIENCE BOX ジアゾ化の反応

ジアゾ化の反応を考えるとき，反応試薬の亜硝酸がどのようにしてアニリン分子，またはアニリニウムイオンと反応するのかが問題となる。まず，亜硝酸は弱酸であるから，強酸に対してはブレンステッドの塩基として働き，強酸から H^+ を受け取り，H_2O を脱離して，ニトロソニウムイオン NO^+ がつくられる。

$$H-O-N=O \ + \ H^+ \longrightarrow H-\overset{+}{O}(H)-N=O \longrightarrow \overset{+}{N}=O \ + \ H_2O$$

生成した NO^+ が，アニリン分子中の $-\ddot{N}H_2$ の非共有電子対を求電子攻撃して共有結合がつくられ，さらに H_2O が脱離して，最終的に塩化ベンゼンジアゾニウムが生成する。

$$C_6H_5-\ddot{N}H_2 \cdots\rightarrow \overset{+}{N}=O \longrightarrow C_6H_5-\overset{+}{N}H_2-N=O \xrightarrow{-H_2O} C_6H_5-\overset{+}{N}\equiv NCl^- \quad \cdots\cdots①$$

塩化ベンゼンジアゾニウム

酸性を強くすると，②式の平衡が右に偏り，反応にあずかるアニリン分子の濃度が減少するため，ジアゾ化の反応速度が低下する*[1]。

$$C_6H_5NH_2 + H^+ \rightleftarrows C_6H_5NH_3^+ \quad \cdots\cdots②$$

＊1 求電子試薬のニトロソニウムイオン NO^+ とアニリニウムイオン $C_6H_5NH_3^+$ が静電気的な反発により，互いに近づいて共有結合をつくることができないからである。

塩基性を強くすると，ジアゾ化の反応速度は大きくなるが，生じたジアゾニウム塩は $C_6H_5N=NOH$ に変化し，次のカップリング反応をおこさなくなる。したがって，ジアゾ化反応では弱い酸性の条件を保つ必要がある。一般的には，アニリンと塩酸の物質量比が 1：2.5(反応式の係数比 1：2 に対して塩酸が少し過剰)ぐらいが理想的とされている。

次に，アニリンに NO^+ が求電子攻撃をして H_2O が脱離する過程は，次式の通りである。

$$C_6H_5-\overset{+}{N}H_2-N=O \xrightarrow[\text{脱離}]{H^+\text{の}} C_6H_5-\ddot{N}H-\overset{\oplus}{N}=O \xrightarrow[H^+\text{の付加}]{N=O\text{の分極}} C_6H_5-NH-\overset{+}{N}=O-H \xrightarrow[\text{脱離}]{H^+\text{の}}$$

$$C_6H_5-N=N-\ddot{O}-H \xrightarrow[\text{付加}]{H^+\text{の}} C_6H_5-N=N-\overset{+}{O}H-H \xrightarrow[\text{脱離}]{H_2O\text{の}} C_6H_5-\ddot{N}=\overset{+}{N} \rightleftarrows C_6H_5-\overset{+}{N}\equiv N$$

結論としては，芳香族第一級アミンをジアゾ化すると，①式のように H_2O がとれて，水溶性の塩化ベンゼンジアゾニウムが生成し，加熱すると N_2 が発生する。一方，芳香族第二級アミンの *N*-メチルアニリンをジアゾ化すると，求電子試薬の NO^+ がアミンの N 原子についた H^+ と置換反応をおこして，*N*-ニトロソ-*N*-メチルアニリンが生成し*[2]，これ以上ジアゾニウム塩への反応は進まない。この物質はイオンではなく分子なので，水に溶けにくい黄橙色の油状物質として遊離してくる。また，第三級アミンをジアゾ化しようとしても，NO^+ と置換すべき H^+ が N 原子に結合していないので，ジアゾ化されない。以上の反応性の違いにより芳香族アミンの種類が区別ができる。

$$C_6H_5-\overset{+}{N}(CH_3)(H)-N=O \rightarrow C_6H_5-N(CH_3)-N=O$$

＊2 *N*- の記号は，N 原子に置換基が結合していることを示す。

SCIENCE BOX　カップリング反応

アニリンへのベンゼンジアゾニウムイオンのカップリングは，フェノールの場合と異なり，酢酸酸性の弱い酸性の条件で行われる。これは，塩基性条件ではベンゼン環ではなく，より電子密度の高いアミノ基の窒素原子へカップリングがおこってしまうからである。

したがって，*p*-アミノアゾベンゼンをつくるには，上記の副反応をできるだけ抑える必要がある。このため，酸濃度を大きくし，温度を少し高くすると，ジアミノアゾベンゼンは不安定となり，可逆的にジアゾニウムイオンとアニリンに解離し，今度は不可逆的にアニリンの *p* 位の炭素にカップリングがおこり，黄色の *p*-アミノアゾベンゼンが生成する。

p-アミノアゾベンゼン(融点 126℃)

アミン類へのカップリングでは，N 原子に直接結合する H 原子がない第三級アミンのほうが，上記の副反応がおこらないので，より簡単に進行する。たとえば，塩化スルホベンゼンジアゾニウムが *N,N*-ジメチルアニリンへカップリングする反応は，次式の通りである。

弱い酸性

この生成物を NaOHaq で中和すると，中和の指示薬に用いるメチルオレンジになる。

次に，塩化ベンゼンジアゾニウムと 2-ナフトールとのカップリング反応を考える。

2-ナフトールでは，電子供与性の -OH が結合している右側の環の電子密度のほうが大きい。また，-OH に対して *p* 位にあたる 4a の位置には H 原子が結合しておらず，反応はおこらない。よって，2つの *o* 位のうち，1位(α位)のほうが3位(β位)よりも反応しやすいので，カップリングは1位でおこる。これは，1位に置換したときの中間体には，6個の π 電子をもつ完全なベンゼン環が1つ存在しており，共鳴安定化が得られるのに対して，3位に置換したときの中間体には，4個の π 電子をもつ不完全なベンゼン環しか形成されないためである。

ナフタレン環をもつアゾ染料には，スルファニル酸(*p*-アミノベンゼンスルホン酸)をジアゾ化したのち，1-ナフトールや2-ナフトールにカップリングさせたオレンジⅠ，オレンジⅡなどが広く用いられている。

1位に置換　　完全なベンゼン環である。　中間体(安定)　　1-フェニルアゾ-2-ナフトール

赤橙色結晶
(融点 134℃)
“オイルオレンジ”
(商品名)

3位に置換　　完全なベンゼン環ではない。　中間体(不安定)

オレンジⅠ(赤褐色結晶)　　オレンジⅡ(赤橙色結晶)

SCIENCE BOX 染料の構造と染色のしくみ

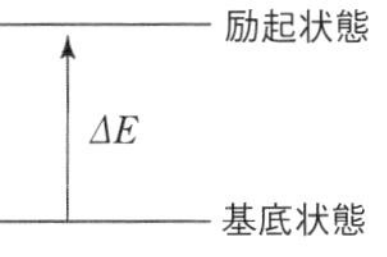

ある分子に光を当てると，その分子は光のエネルギーを選択的に吸収して，基底状態から励起状態になる。このエネルギー差 ΔE は，それぞれの分子に固有の値をもつが，分子中に動きやすい π 電子があれば，ΔE は小さくなる傾向がある。とくに，私たちが色として感じる可視光線（400〜750 nm）に吸収領域をもつためには，染料分子中に，π 結合をもつ二重結合と単結合を交互に含んだ**共役**（きょうやく）**二重結合**が長く伸びている必要がある。そうすれば，π 電子の移動（**非局在化**）により，励起状態のエネルギー準位が下がるので，ΔE は小さくなる。つまり，分子中に長い共役二重結合を多く含むほど，選択的に吸収する光が長波長側にシフトして色調が深色に変化する。このように，染料分子中で発色の原因となる部分を**発色団**といい，下記のようなものがある。

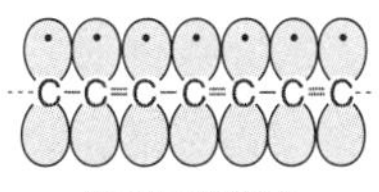

共役二重結合

発色団	$>C=C<$	$>C=O$	$-NO_2$	$-N=O$	$-N=N-$	$=C_6H_4=$

分子中に発色団をもつだけでは，吸収光が紫，青などの部分に限られ，一般にその補色は黄色を示すだけであるが，この分子に非共有電子対をもつ官能基が結合すると，共役系に電子を送り込んで π 電子をより動きやすい状態にするので，光の選択吸収がより長波長側へ移り，黄→橙→赤→青へと色を深くすることができる。このように，発色を強める働きをする電子供与性の原子団を**助色団**という。また，極性の強い助色団には，染料分子を水溶性に変えたり，染料分子を繊維の表面にある官能基に結合させたりして，繊維への染着性を高める働きもある。

吸収光	波長〔nm〕	あらわれる補色
紫	400	黄緑（浅色）
青		黄
青緑	500	橙
緑		赤
黄緑		紫
黄	600	青
橙		緑青
赤	700	青緑（深色）
↓		↓

助色団	$-\ddot{O}H$	$-SO_3H$	$-COOH$	$-\ddot{N}H_2$	$-\ddot{N}(CH_3)_2$
		親水性を高める	親水性を高める		

酸性染料　染料分子中に酸性の基（$-SO_3H$，$-COOH$ など）をもち，これを Na 塩としたもの。弱い酸性の溶液中では，繊維中の $-NH_2$ が $-NH_3^+$ と変化するので，染料の $-SO_3^-$ や $-COO^-$ の部分がイオン結合で強く染着する。羊毛や絹などの動物性繊維やナイロンなどをよく染める。

塩基性染料　染料分子中に塩基性の基（$-NH_2$ など）をもち，これを塩酸塩としたもの。中性〜弱い塩基性溶液中では繊維中の $-COOH$ が $-COO^-$ となっているので，染料の $-NH_3^+$ の部分がイオン結合で強く染着する。羊毛や絹やナイロンのほかアクリル繊維も染まる。

直接染料　ベンゼン環をもち，複数のアゾ基をもつ大きな染料分子で，水溶性とするためスルホン酸 Na などの構造にしてある。分子量が大きいため，水溶液中では会合してコロイド状となり，80〜90℃に加熱すると，木綿，レーヨン，麻などのセルロース内部の非結晶部分に拡散して，主にファンデルワールス力と水素結合により染着する。しかし，このままでは洗濯時の堅牢度（けんろうど）があまりよくないので，凝析剤として Na_2SO_4 などの電解質を添加したり，金属（銅など）塩水溶液に浸したりして，染料を水に不溶化することがある。このほか，木綿，麻などの植物性繊維の染色には，**媒染法**（p. 511）を用いることもある。

5-18　有機化合物の分離

1　有機化合物の溶解性

無機化合物の学習で，各種の金属イオンの混合溶液に特定の試薬を加えて，各金属イオンを水に溶けにくい沈殿の形に変えて分離する方法を学んだ。これと同様に，有機化合物の混合物から各成分を分離する方法を考えていこう。

一般に，多くの芳香族化合物は水に溶けにくく，有機溶媒（たとえばジエチルエーテルやヘキサンなど）には溶けやすい❶。そこで，芳香族化合物の混合試料を有機溶媒に溶かしておく。そこへ，酸，塩基の水溶液を順次加えて振り混ぜると，特定の成分だけが中和されて，塩(イオン)の形となり，有機溶媒層から水層へと転溶するので，分離が可能となる。このように，混合物から各溶媒に対する溶解性の違いを利用して，特定の成分だけを分離する操作を**抽出**という。

有機化合物は，次のような酸性物質，塩基性物質，中性物質に分けられるが，このうち，中性物質以外は，すべて酸，塩基と中和反応を行う。たとえば，酸性物質に塩基水溶液を加えると，中和して水溶性の塩(イオン)に変わり，有機溶媒に溶けにくくなるので，残りの物質と分離できるわけである。

酸 性 物 質……カルボン酸，フェノール類，スルホン酸（水中でほぼ完全に電離し，水に溶けやすい。）
塩基性物質……アミン
中 性 物 質……アルコール，炭化水素，ニトロ化合物，エステル，アミドなど

補足❶　炭素数が少なく，親水基(-OH，-COOH，-CO-，$-NH_2$)をもつ化合物や，アミノ酸，糖類などは水に溶けやすい。

2　分液漏斗の使い方

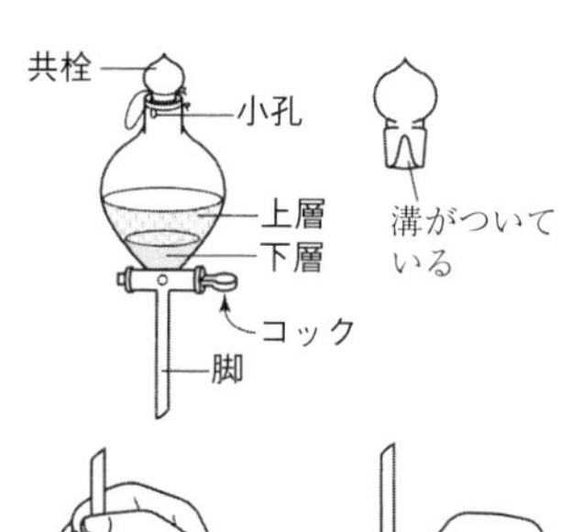

互いに混じり合わない２種類の液体を分離するのに，**分液漏斗**が用いられる。分液漏斗は下部に活栓（コック），上部に共栓のついた球状の漏斗である。

たとえば，分液漏斗に I_2 を溶かした褐色の KI 水溶液と，抽出しようとする有機溶媒のヘキサンを加える。全体の液量は，内容量の $\frac{3}{4}$ までにとどめる。まず，栓の小孔を閉じた状態（栓の溝と本体上部の小孔をずらす）であることを確認したのち，一方の手で栓を，他方の手でコックをしっかりと押さえ，漏斗の脚部を上にして上下方向に振り動かす（このとき，栓やコックから液が漏れ出さないように注意する）。

栓やコックを両手で押えて上下に振る。

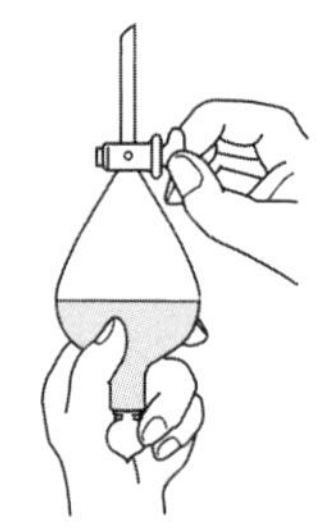
コックを開いてガスを抜く。

振り混ぜていると，加えた溶媒が蒸発して，内部の気圧が上昇してくる。そこで，ひんぱんにコックを開いて

ガスを抜き，内外圧を合わせる必要がある（これを行わないと，分液漏斗内の圧力が高まり，栓の部分から液体が激しく吹き出す危険がある）。この操作を数回以上繰り返したのち，リングにかけて静置すると，I_3^-(三ヨウ化物イオン)の形で水に溶けていたヨウ素は，I_2(紫色)となってヘキサン層に転溶する。このとき溶媒は，密度の違いによりヘキサンが上層，水層が下層となって分離している❷。

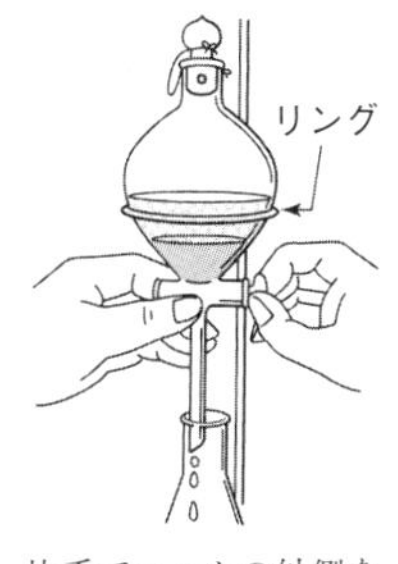

片手でコックの外側を押さえ，もう一方の手でコックをもつ。心もち軽く押すようにして，コックを回す。

下層液を流出させるときは，栓の小孔を開いた状態(栓の溝と本体の小孔を合わせて，外気が通じるようにする)で，コックを回して液を取り出す。2 層の境界面がコックの位置にきたところでコックを閉じる❸。

上層液を取り出したい場合は，共栓を外してから分液漏斗を傾けて，上口から別の容器に移す（もし，上層液を下の活栓を開けて流出させると，漏斗の脚部に付着していた下層液が混入する恐れがある)。

詳説❷ 抽出に用いた有機溶媒が，ジエチルエーテル ($0.71\ g/cm^3$)，ヘキサン ($0.65\ g/cm^3$)，ベンゼン($0.88\ g/cm^3$)，トルエン($0.87\ g/cm^3$)などのときは，有機溶媒が上層，水が下層となる。また，多量の有機物を溶かした場合には，本来上層にくるべき有機溶媒層が下になることもある。しかし，四塩化炭素($1.6\ g/cm^3$)，クロロホルム($1.5\ g/cm^3$)，ジクロロメタン ($1.3\ g/cm^3$) を用いたときは，有機溶媒が下層，水が上層となる。抽出溶媒として最もよく使われるのがジエチルエーテル(単にエーテルともいう)であり，その理由は次の通りである。

(1) 水に溶けにくく，多くの有機物をよく溶かす。安価である。

(2) 水に比べて密度差が大きいので，水と振り混ぜると 2 層に分離しやすい。

(3) 揮発性が大きいので，溶媒がより低温でも除去でき，熱にかなり不安定な物質でも，分解せずに取り出すことができる。

しかし，エーテルは可燃性で，とりわけ引火性が強いので，火気には十分注意して扱わねばならない。エーテルが用いられない場合もある。抽出すべき物質の沸点とエーテルの沸点が接近している場合，あとの分離・蒸留が困難となるので，他の溶媒を用いたほうがよい。

補足❸ 長時間静置しても，2 液の界面が乳濁液となり，うまく分離しないことがある。この原因にはいろいろ考えられるが，目的の有機物が水に対してかなり大きな溶解度をもっている場合には，溶液中に $NaCl$ や Na_2SO_4 などの多量の電解質を加えることによって，2 層をきれいに分離させ，かつ，目的の物質をより完全に抽出させることができる（この操作を**塩析**という)。これは，電解質から生じたイオンに水和がおこって自由水が減少し，有機物の水への溶解度が減少するためである。

塩析の応用として，強酸であるベンゼンスルホン酸は水によく溶けるが，この水溶液に飽和食塩水を加えると，溶解度が著しく下がり，ベンゼンスルホン酸ナトリウムの結晶として沈殿してくるので，これを分離することができる。

3 分配平衡について

水とベンゼンのように，互いに溶け合わずに 2 層に分かれて存在するときに，ヨウ素を加えてよく振り混ぜたとする。ヨウ素は水とベンゼンのいずれにも一定の割合で溶け，次の①式で示すような平衡状態となる。

$$I_{2(水)} \rightleftarrows I_{2(ベンゼン)} \quad \cdots\cdots ①$$

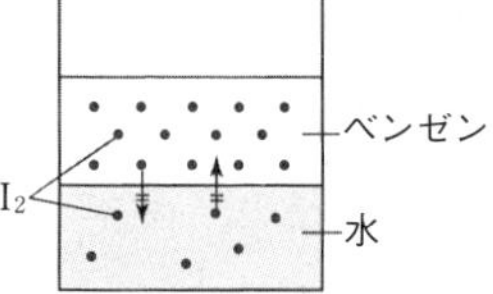

このとき，各溶媒に溶解したヨウ素の濃度を $[I_2]_{(水)}$，$[I_2]_{(ベンゼン)}$ とすれば，分配に関する平衡定数 K は，次式で表される。

$$K=\frac{[I_2]_{(ベンゼン)}}{[I_2]_{(水)}}$$ （K は，一定温度では一定値をとる。）

一般に「互いに溶け合わないで2液相をつくる溶媒に，どちらの溶媒にも溶ける溶質を少量加え，一定温度でよく混合して平衡状態になったとする。このとき，各溶媒中での溶質の濃度を C_1，C_2 とすれば，C_1 と C_2 の比 $\frac{C_1}{C_2}=K$(一定) となる」。この関係を，**ネルンストの分配の法則**といい，上式の K を**分配係数**という。たとえば，ヨウ素に対する四塩化炭素と水，二硫化炭素と水の分配係数(20℃)は，それぞれ85，420である。

ただし，この法則は各溶媒における溶質の濃度が低い希薄溶液でのみ成立する。

注意　溶媒中である物質が解離したり会合したりする場合，その全化学種について，水相と有機溶媒相での濃度比を**分配比 D** という。（両液相に共通する成分の濃度比が**分配係数 K** である。）

たとえば，ある弱酸 HA は，水相では HA と A^- で存在するが，有機溶媒相では HA のみで存在するので，

$$D=\frac{[HA]_o}{[HA]_w+[A^-]_w} \qquad K=\frac{[HA]_o}{[HA]_w} \qquad \begin{pmatrix} w：水相 \\ o：有機相 \end{pmatrix}$$

なお，溶媒中で解離も会合もしない物質では，分配比 D と分配係数 K は同じ値になる。

例題　ある物質Aに対するベンゼンと水の分配係数 $K=\frac{C_{ベンゼン}}{C_{水}}=4$ として，次の問いに答えよ。ただし，溶解前後における液体の体積変化は無視できるものとする。

(1)　水 100 mL に物質A 1.0 g が溶解した溶液に，ベンゼン 100 mL を加えてよく振り混ぜたとき，何%のAがベンゼン中に抽出されるか。

(2)　水 100 mL に物質A 1.0 g が溶解した溶液に，ベンゼン 50 mL ずつ2回に分けて抽出を行った場合，合わせて何%のAがベンゼン中に抽出されるか。

［**解**］ (1)　物質Aがベンゼン中に x〔g〕抽出されたとする。濃度の単位を〔g/L〕で表すと，

$$K=\frac{\dfrac{x}{0.1}}{\dfrac{1.0-x}{0.1}}=4 \text{ より，} \quad \frac{x}{1.0-x}=4 \qquad \therefore \ x=0.8〔g〕 \quad 0.8\times100=\mathbf{80\%}$$ 答

(2)　物質Aが，1回目に y〔g〕，2回目に z〔g〕ベンゼン中に抽出されたとする。

$$K=\frac{\dfrac{y}{0.05}}{\dfrac{1.0-y}{0.1}}=4 \text{ より，} \quad y=\frac{2}{3}〔g〕 \qquad K=\frac{\dfrac{z}{0.05}}{\dfrac{\frac{1}{3}-z}{0.1}}=4 \text{ より，} \ z=\frac{2}{9}〔g〕$$

合計　$\frac{2}{3}+\frac{2}{9}=\frac{8}{9}$〔g〕　　$\therefore \ \frac{8}{9}\times100=\mathbf{89\%}$ 答　（以上より，一度に多量の溶媒を用いるより，少量の溶媒で何回も抽出するほうが効果的である。）

4 カルボン酸とフェノール類の分離

カルボン酸は，NaOH 水溶液や $NaHCO_3$ 水溶液のどちらにもよく溶ける。しかし，フェノール類は，強い塩基性の NaOH 水溶液には溶けるが，弱い塩基性の $NaHCO_3$ 水溶液には溶解しない❹。これは，同じ酸性物質でもその強さに違いがあるためである。

酸の強さ	HCl	> H_2SO_4	> HNO_3	> C_6H_5-SO_3H	> C_6H_5-COOH	> H_2CO_3	> C_6H_5OH
電離定数 K_a（*は推定値）	$*10^6$	$*10^3$	$*10^1$	10^{-1}	10^{-5}	10^{-7}	10^{-10}〔mol/L〕

詳説❹ $NaHCO_3$ 水溶液を用いて，安息香酸とフェノールを分離できる理由は次の通りである。

$$C_6H_5\text{-COOH} + HCO_3^- \rightleftarrows C_6H_5\text{-COO}^- + H_2O + CO_2 \quad \cdots\cdots ①$$

$K_a=10^{-5}$　　　10^{-7}〔mol/L〕

$$C_6H_5\text{-OH} + HCO_3^- \rightleftarrows C_6H_5\text{-O}^- + H_2O + CO_2 \quad \cdots\cdots ②$$

$K_a=10^{-10}$　　　10^{-7}〔mol/L〕

両辺の K_a を比較すると，①式では C_6H_5-COOH>H_2O+CO_2 なので，平衡は右に偏り，②式では H_2O+CO_2>C_6H_5-OH なので，平衡は左に偏る。よって，平衡状態では，C_6H_5-COOH は電離したイオンである C_6H_5-COO^- の状態に，C_6H_5-OH は電離せず分子の状態となる。

よって，安息香酸とフェノールの混合物に $NaHCO_3$ 水溶液を加えると，安息香酸ナトリウム(水層)とフェノール(エーテル層)にそれぞれ分離できる。

また，①，②式の平衡を右辺から左辺へと見てみると，C_6H_5-COO^- と C_6H_5-O^- の混合水溶液に CO_2 を十分に吹き込み，エーテルで抽出したとすると，強いほうの酸のイオンである C_6H_5-COO^- はそのままで変化しないが，弱いほうの酸のイオンである C_6H_5-O^- は弱酸の C_6H_5-OH として遊離し，エーテル層に抽出されることになる。以上をまとめると，

弱酸の塩 ＋ 強酸 ⟶ 強酸の塩 ＋ 弱酸

弱酸のイオン ＋ 強酸の分子 ⟶ 強酸のイオン ＋ 弱酸の分子　となる。

つまり，強酸は塩(イオン)として存在するほうが安定なのに対して，弱酸は分子として存在するほうが安定であるといえる。

参考 Na_2CO_3 水溶液を用いて，安息香酸とフェノールを分離することができるか。

$$\left(\begin{array}{ccc} C_6H_5OH \rightleftarrows C_6H_5O^- + H^+ & H_2CO_3 \rightleftarrows H^+ + HCO_3^- & HCO_3^- \rightleftarrows H^+ + CO_3^{2-} \\ K_a=1.0\times10^{-10}\ \text{mol/L} & K_1=4.3\times10^{-7}\ \text{mol/L} & K_2=5.6\times10^{-11}\ \text{mol/L} \end{array}\right)$$

$$C_6H_5\text{-OH} + CO_3^{2-} \rightleftarrows C_6H_5\text{-O}^- + HCO_3^- \quad \cdots\cdots ③$$

$K_a=1.0\times10^{-10}$ mol/L　　　$K_2=5.6\times10^{-11}$ mol/L

③式の両辺にある酸性物質の K_a と K_2 を比較すると，C_6H_5-OH>HCO_3^- である（酸の強さは，約 $1.0\times10^{-10}/5.6\times10^{-11}\fallingdotseq1.8$ 倍，フェノールのほうが強い）。したがって，フェノールは濃い Na_2CO_3 水溶液と一部は反応し，平衡状態となる。ただし，完全には反応しない。

5 芳香族化合物の分離の例　(下図，図中の❺〜❼に注意)

詳説❺ 塩基性物質のアニリンが，塩酸と中和してアニリン塩酸塩となってエーテル層から水層へと転溶してくる。なぜなら，塩(イオン)になると，親水基の影響が強くなるためである。

詳説❻ 炭酸よりも強い酸である安息香酸だけが $NaHCO_3$ 水溶液と反応し，CO_2 を発生しながら塩(イオン)となって水層へ転溶してくる。

このとき，多量の CO_2 が発生するので，頻繁にガス抜きを行うこと。これが不十分だと，液中の CO_2 濃度が大きくなって，上式の反応が右へ進みにくくなる(反応が完結しない)。

しかし，フェノールは炭酸よりも弱い酸であるから，$NaHCO_3$(強酸の塩)には溶けない。

詳説❼ 強塩基の NaOH 水溶液を加えて振ると，フェノールが塩(イオン)となり，水層へ転溶してくる。最後にエーテル層に残った中性物質の分離は，沸点の違いを利用した分留を行う。

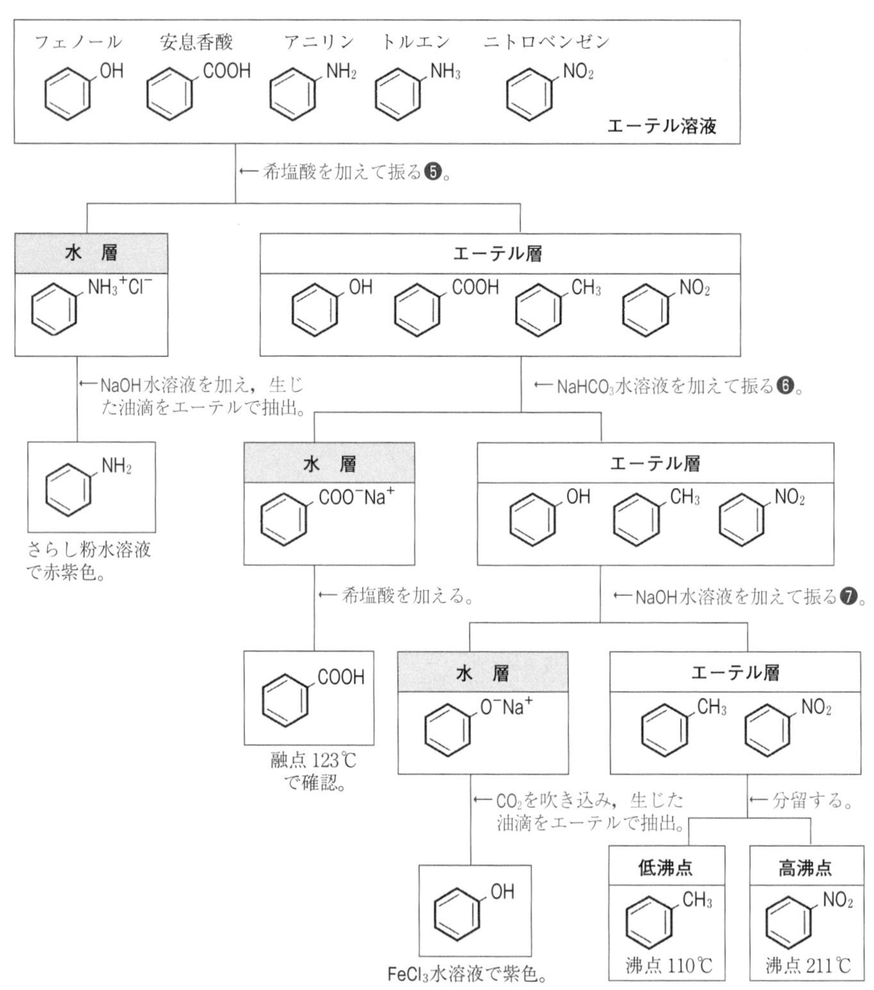

SCIENCE BOX 分配係数と分配率

分配の法則 (p. 734) を扱う際に注意しなければならないのは，2 液相に分配された溶質が解離したり会合した場合，分配の法則は両液相に共通する化学種でしか成立しないことである。この意味を考えてみよう。

溶質 HA が，水相で $HA \rightleftarrows H^+ + A^-$ のように解離し，有機相で $2HA \rightleftarrows (HA)_2$ のように会合したとすると，**分配の法則は 2 液相に共通する HA の間のみで成り立つ。** すなわち**分配係数**を K_d とおくと，

$$K_d = \frac{[HA]_o}{[HA]_w} \qquad \begin{pmatrix} o：有機相 \\ w：水相 \end{pmatrix}$$

溶媒抽出の際に必要な水相，有機相での溶質の全濃度を C_w，C_o とすると，

$$C_w = [HA]_w + [A^-]$$

$$C_o = [HA]_o + 2[(HA)_2]$$

$$\therefore \quad \frac{C_o}{C_w} = K \text{ の関係は成立しない。}$$

したがって，2 液相で溶質が解離や会合をする場合，溶質がどちらの液相に移りやすいかを示すには，分配係数 K_d ではなく，次式で示す**分配比** D が便利である。

$$D = \frac{\text{有機相中の溶質の全濃度}}{\text{水相中の溶質の全濃度}} = \frac{C_o}{C_w}$$

〔1〕 安息香酸の水と C_6H_6 への分配平衡

$$2\,C_6H_5COOH \overset{K_a}{\rightleftarrows} (C_6H_5COOH)_2$$

C_6H_6 の層

$\uparrow\downarrow K_d$

$$C_6H_5COOH \overset{K_a}{\rightleftarrows} C_6H_5COO^- + H^+$$

水の層

$$K_d = \frac{[C_6H_5COOH]_o}{[C_6H_5COOH]_w} \quad \cdots\cdots ①$$

二量体の生成の平衡定数を K_α とおくと，

$$K_\alpha = \frac{[(C_6H_5COOH)_2]}{[C_6H_5COOH]_o^2} \quad \cdots\cdots ②$$

計算を簡単にするため，pH 3 以下では安息香酸の電離は無視できると考え，水相での化学種は $[C_6H_5COOH]_w$ のみとする。

$$D = \frac{[C_6H_5COOH]_o + 2[(C_6H_5COOH)_2]}{[C_6H_5COOH]_w}$$

①より，

$$[C_6H_5COOH]_o = K_d[C_6H_5COOH]_w$$

②より，

$$[(C_6H_5COOH)_2] = K_\alpha[C_6H_5COOH]_o^2$$

$$D = \frac{K_d[C_6H_5COOH]_w + 2K_\alpha K_d^2[C_6H_5COOH]_w^2}{[C_6H_5COOH]_w}$$

$$= K_d(1 + 2K_\alpha K_d[C_6H_5COOH]_w)$$

したがって，分配比 D は，$[C_6H_5COOH]_w$ が小さいときは K_d に近づき一定値を示す。一方，$[C_6H_5COOH]_w$ の増加に伴い，D もしだいに増加する。

〔2〕 I_2 の KIaq と CCl_4 への分配平衡

$$I_2 + I^- \overset{K_\beta}{\rightleftarrows} I_3^- \qquad \text{水の層}$$

$\uparrow\downarrow$

I_2 　　　　CCl_4 の層

I_2 の H_2O と CCl_4 に対する分配係数は，

$$K_d = \frac{[I_2]_o}{[I_2]_w} = 90 \qquad \begin{pmatrix} o：CCl_4 \text{ の層} \\ w：水の層 \end{pmatrix}$$

ここへ KI を加えると，I_2 と I^- が反応して三ヨウ化物イオン I_3^- を生じる。そのため，水相の I_2 が減少し，それを補うために I_2 が有機相から移動してくる。

I_3^- の生成定数を K_β (8.0×10^2) とおく。

$$K_\beta = \frac{[I_3^-]}{[I_2]_w[I^-]} \quad \cdots\cdots ③$$

$$D = \frac{[I_2]_o}{[I_2]_w + [I_3^-]} \quad \cdots\cdots ④ \quad \begin{pmatrix} \text{水相での}[I] \\ \text{は無視する。} \end{pmatrix}$$

③式より，$[I_3^-] = K_\beta[I_2]_w[I^-]$

$$D = \frac{[I_2]_o}{[I_2]_w(1 + K_\beta[I^-])}$$

$$= \frac{K_d}{1 + K_\beta[I^-]} \quad \cdots\cdots ⑤$$

したがって，分配比 D は，$[I^-]$ が小さいときは K_d に近づき一定値を示すが，$[I^-]$ の増加に伴い，しだいに減少する。

問 上記の値を用いて，同体積の 0.2 mol/L KIaq と CCl_4 の中へ，少量の I_2 を加えて振り混ぜたとき，I_2 の分配比 $D = C_o/C_w$ を求めよ。

[解] ⑤式に K_d，K_β，$[I^-]$ の値を代入。

$$D = \frac{90}{1 + 800 \times 0.2} \fallingdotseq 0.56 \quad \text{答}$$

例題 ヨウ素は水に溶けにくいが，有機溶媒には溶けやすい。純水と四塩化炭素にヨウ素を加えてよくかき混ぜて静置する。このとき，水中のヨウ素濃度 $[I_2]aq$ と有機溶媒中のヨウ素濃度$[I_2]org$ の比は分配係数 K_D とよばれ①式で表される。25℃での，K_D は 90 とする。

$$I_2aq \rightleftarrows I_2org \qquad K_D=\frac{[I_2]org}{[I_2]aq} \quad \cdots\cdots①$$

ヨウ化物イオン I^- を含む水溶液では，ヨウ素は三ヨウ化物イオン I_3^- を形成してよく溶ける。その平衡定数 K は②式で表される。25℃のとき，K は $7.0\times10^2(mol/L)^{-1}$ である。

$$I_2 + I^- \rightleftarrows I_3^- \qquad K=\frac{[I_3^-]}{[I_2]aq[I^-]} \quad \cdots\cdots②$$

ただし，I^- と I_3^- を含む水溶液に四塩化炭素 CCl_4 が接している場合のように，水，または有機溶媒に複数の化学種が存在する場合は，①式は適用できない。そこで，水中と有機溶媒中の溶質の全濃度の比(分配比 D という)を用いて，ヨウ素の分配平衡を考える必要がある。

$$D=\frac{\text{有機溶媒に溶解しているヨウ素(溶質)の全濃度}}{\text{水に溶解しているヨウ素(溶質)の全濃度}}=\frac{[I_2]org}{[I_2]aq+[I_3^-]} \quad \cdots\cdots③$$

(1) 濃度未知のヨウ化カリウム水溶液 1.0 L にヨウ素 1.0×10^{-2} mol を加えてよくかき混ぜ静置した。加えたヨウ素はすべて溶解し，そのうち 50% が三ヨウ化物イオンになったとする。このとき，水溶液中のヨウ化物イオン濃度$[I^-]$は何 mol/L か。

(2) 分配比 D を，K_D，K，および$[I^-]$を用いて表せ。

(3) 四塩化炭素 1.0 L と濃度未知のヨウ化カリウム水溶液 1.0 L に，3.0×10^{-1} mol のヨウ素を加えてよくかき混ぜ静置した。ヨウ素はすべて溶解し，有機溶媒中のヨウ素濃度 $[I_2]org$ は 1.5×10^{-1} mol/L とすると，水溶液中のヨウ化物イオン濃度$[I^-]$は何 mol/L か。

［**解**］ (1) 水溶液中でのヨウ素の溶解平衡（②式）を用いて解く。最初に与えた KI 水溶液の濃度を C〔mol/L〕とおく。

	I_2	+ I^-	$\rightleftarrows$ I_3^-	
平衡前	1.0×10^{-2}	C	0	〔mol/L〕
(変化量)	-5.0×10^{-3}	-5.0×10^{-3}	$+5.0\times10^{-3}$	〔mol/L〕
平衡時	5.0×10^{-3}	$C-5.0\times10^{-3}$	5.0×10^{-3}	〔mol/L〕

平衡時の各化学種の濃度を②式に代入すると，

$$K=\frac{[I_3^-]}{[I_2]aq[I^-]}=\frac{5.0\times10^{-3}}{5.0\times10^{-3}(C-5.0\times10^{-3})}=7.0\times10^2 \qquad C=6.42\times10^{-3}〔mol/L〕$$

$\therefore$ $[I^-]=6.42\times10^{-3}-5.0\times10^{-3}=1.42\times10^{-3}$〔mol/L〕　**$1.4\times10^{-3}$ mol/L** 答

(2) ③式中の$[I_2]org$，$[I_2]aq$，$[I_3^-]$を消去すればよい。

①より，$[I_2]org=K_D[I_2]aq$，②より，$[I_3^-]=K[I_2]aq[I^-]$　これらを③式に代入すると，

$$D=\frac{K_D[I_2]aq}{[I_2]aq(1+K[I^-])}=\boldsymbol{\frac{K_D}{1+K[I^-]}}$$ 答

(3) $$D=\frac{\text{有機溶媒中のヨウ素(溶質)の全濃度}}{\text{水中のヨウ素(溶質)の全濃度}}=\frac{1.5\times10^{-1}〔mol/L〕}{1.5\times10^{-1}〔mol/L〕}=1.0$$ であるから，

(2)より，$$D=\frac{K_D}{1+K[I^-]}=\frac{90}{1+7.0\times10^2[I^-]}=1.0$$

$\therefore$ $[I^-]=\dfrac{89}{700}=1.27\times10^{-1}\fallingdotseq$ **1.3×10^{-1} mol/L** 答

参考 分配係数 K_D は温度一定ならば常に一定値をとるが，分配比 D には$[I^-]$の項が含まれることに留意する。すなわち，$[I^-]$が大きくなるほど，D(有機溶媒に分配される I_2 の割合)が小さくなる。

第6編
高分子化合物

シュタウディンガー（Hermann Staudinger，1881～1965，ドイツ）1920年，ゴムやデンプンなどのポリマーは，低分子の集合体であるとする当時の学説に抗し，彼は，分子そのものが巨大であるとする巨大分子説を唱えた。そして，多くの高分子化合物についても自説の正しさを根気よく実証し続けた。この考えは以後の高分子化学発展の基礎となり，1953年，ノーベル化学賞を受けた。

カロザース　(Wallace Hume Carothers，1896～1937，アメリカ）32歳の若さでデュポン社の基礎研究部長となり，シュタウディンガーが提唱した巨大分子説の立場から高分子合成の基礎研究を精力的に行った。1930年にはクロロプレンゴムを，1935年には世界初の合成繊維のナイロン66の合成に成功したが，1937年に41歳の若さで亡くなった。

フィッシャー（Emil Fischer，1852～1919，ドイツ）　フェニルヒドラジンという化合物を発見し，これを使って単糖類の多くの異性体の構造を決定した。また，糖を分解する酵素についても研究し，酵素と基質の関係を錠と鍵の関係にたとえた（1894年）。当時，全く不明であったタンパク質の分子構造を推定する有力な手がかりを得ることに成功した。1902年，ノーベル化学賞を受けた。

パスツール（Louis Pasteur，1822～1895年，フランス）　貧しい革なめし職人の家庭に生まれたが，勉学に励み，ソルボンヌ大学へ入学した。26歳のとき，酒石酸のラセミ体の結晶を注意深く選別して2種の鏡像異性体の光学分割に成功し，一躍有名になった。また，発酵と腐敗には必ず細菌が作用することを確かめ，生物の自然発生説を完全に否定し，生物学にも重要な足跡を残した。

第1章　天然高分子化合物

6-1　高分子化合物の分類と特徴

1　高分子化合物の分類

これまで学習してきた無機化合物や有機化合物は，分子量が500以下で分子の構造も比較的簡単であった。これに対して，天然の物質中には，デンプン・セルロースなどの糖類や，タンパク質・核酸・天然ゴムなどのように，分子量が10000を超えるような物質が存在する。一般に，分子量が約10000を超える化合物を**高分子化合物**という。

高分子化合物には，炭素原子を骨格とする**有機高分子化合物**と，ケイ素やホウ素など炭素以外の原子を主な骨格とする**無機高分子化合物**とがある❶。

補足❶　その種類は，有機高分子化合物のほうが圧倒的に多く，ふつう，高分子化合物といえば有機高分子化合物をさすことが多い。

►また，高分子化合物のうち，デンプン・タンパク質・天然ゴムのように自然界から得られたものを**天然高分子化合物**，ポリ塩化ビニル・ナイロン・合成ゴムのように人工的に合成されたものを**合成高分子化合物**といい，右表のように分類される。

	天然高分子化合物	合成高分子化合物
有機高分子化合物	デンプン，セルロース，タンパク質，核酸，天然ゴム	ナイロン，ポリエステル，ポリエチレン，ポリ塩化ビニル，フェノール樹脂，ポリブタジエン
無機高分子化合物	石英，雲母，アスベスト，長石	シリコーン樹脂，シリコーンゴム，ガラス

2　高分子化合物の構成

これらの高分子化合物は，分子量の小さな分子（低分子）が多数結合してできている。たとえば，ポリエチレンはエチレン$CH_2=CH_2$分子を，デンプンはα-グルコース$C_6H_{12}O_6$分子を多数結合させたものである。高分子化合物を合成するとき，用いる低分子量の物質を**単量体（モノマー）**といい，生成した高分子化合物を**重合体（ポリマー）**という❷。単量体が互いに結合して重合体ができる反応を**重合**といい，重合体を構成する繰り返し単位の数nを**重合度**という❸。

$$n\,CH_2=CH_2 \longrightarrow \left[CH_2-CH_2\right]_n \quad \cdots\cdots①$$

エチレン　　ポリエチレン

補足❷　単量体は，通常，重合体を合成するときの出発物質（原料）として用いる低分子量の物質をいい，①式では$CH_2=CH_2$がそれにあたる。また，単量体は，重合体を構成する最小単位という意味で使われる場合もあり，①式では$-CH_2-CH_2-$がそれにあたる。

補足❸　高分子化合物の重合度は，100以上の大きな数となり，ふつうnで表す。したがって，重合体は，その最小単位である単量体と重合度を用いて［単量体］$_n$と表す。とくに，2種以上の単量体を混合したものを重合させることを**共重合**といい，生じた高分子を**共重合体**という。

►高分子化合物の合成には，主に次の2種類の重合反応が利用される。

(1) **付加重合**……塩化ビニルのような不飽和化合物（炭素間の二重結合や三重結合をもつ化合物）の不飽和結合が開いて，付加反応を繰り返しながら重合することを**付加重合**といい，生じた高分子を**付加重合体**という。

(2) **縮合重合**……2つの単量体の間から水のような簡単な分子が取れて，縮合反応を繰り返しながら重合することを**縮合重合**といい，生じた高分子を**縮合重合体**という。

縮合重合がおこるためには，単量体に縮合反応する官能基を2個以上もっていなければならない。高分子化合物を重合形式により分類すると，右の通りである。

	天然高分子化合物	合成高分子化合物
付加重合体	天然ゴム	ポリ塩化ビニル，ポリエチレン，ポリプロピレン，合成ゴム
縮合重合体	デンプン，セルロース，タンパク質，核酸	ナイロン，ポリエステル

3 高分子化合物の特徴

純粋な低分子化合物では，その分子量が一定であるのに対して，高分子化合物では同じ分子式で表される物質でも，その分子量は右図のようにある範囲にわたって広く分布している❹。このように，高分子化合物は，分子量の異なった分子の混合物であるから，種々の方法で測定された分子量は，あくまでも構成分子の**平均分子量**であることに留意してほしい。

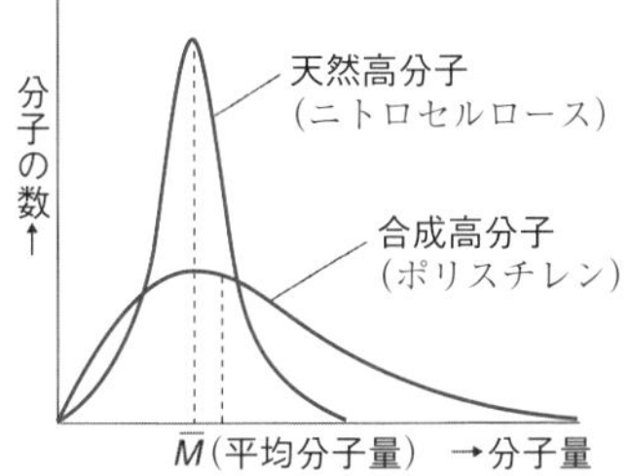

天然高分子では（例 炭水化物），分子量の分布する範囲が狭いが，合成高分子では，広い分子量の分布をもつものが多い。

詳説❹ ある特定のタンパク質や核酸のように，分子量が一定の分子だけからなる高分子化合物もあるが，一般には，高分子化合物の分子量は一定にならないことが多い。

►また，純粋な低分子化合物の固体は，一般に各分子が規則正しく配列した結晶となり，一定の融点をもつ。ところが，高分子化合物の固体では，分子全体が規則正しい配列をとることはほとんどなく，右図のように分子の配列が規則正しい部分(**結晶部分**)と，分子の配列が不規則な部分(**非結晶部分**)とが入り混じったモザイク構造をとることが多い❺。場合によっては，結晶部分がまったく存在せず，非結晶部分だけからなる高分子もある。

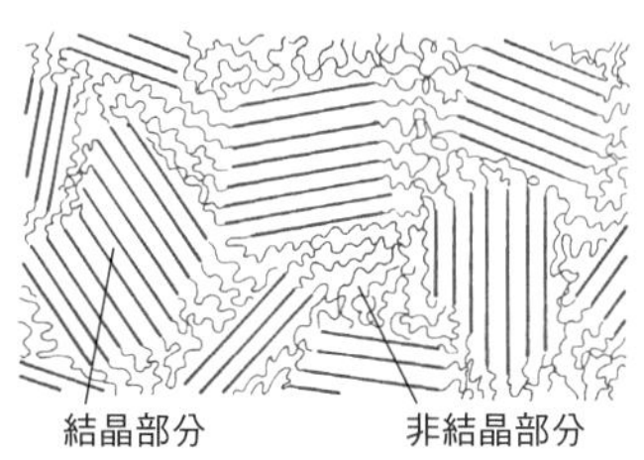

ポリエチレンの構造

詳説❺ これは，高分子は巨大な分子であり，しかもその分子量が不揃いであるため，低分子のように完全な結晶をつくるのは困難で，部分的に結晶をつくるにとどまるからである。結晶部分では分子間の結合力が比較的強いので，密度も大きく硬いが，非結晶部分では分子間の結合力が比較的弱いので，密度も小さく比較的軟らかい。このように，高分子の性質は，結晶部分と非結晶部分の割合によって決まるが，その割合は高分子の合成の方法や条件などによって大きく左右される。

►また，高分子は規則的な配列をとっていないので，加熱しても明確な融点を示さず，ある温度で軟らかくなり変形し始める❻（この温度を**軟化点**といい，加熱・冷却速度で変化する）。続いて温度を上げていくと，しだいに流動性を増し，やがて液体となる（この温度は物質固有の**融点**である）。さらに，高分子を加熱しても気体にはならず，ついに分子内の結合が切れて分解することが多い。したがって，沸点というものがなく，蒸留によって精製することはできない。

詳説❻ 高分子化合物が明確な融点を示さないのは，分子の分子量が不揃いであるばかりでなく，分子内に結晶部分が混在しているからである。高分子化合物を加熱していくと，部分的な熱運動（これを**ミクロブラウン運動**という）が行われるようになる。この温度が軟化点である。とくに，合成高分子では，このような性質を利用して，軟らかいうちに望みの形に成型する。このような性質を**熱可塑性**という。たとえば，ポリエチレンでは約100℃から軟化し始め，120℃以上で自由に成型ができ，さらに約140℃で粘性の大きな液体となる。

►高分子のうち，溶媒に溶けるのは鎖状構造をもつものだけであり，立体網目構造をもつものはいかなる溶媒にも溶けない❼。また，鎖状構造の高分子が溶媒に溶ける過程は，低分子の場合と異なり，かなり複雑である。

まず，高分子はからみ合ったり，部分的に結晶化しているが，非結晶部分へは比較的溶媒分子が入り込みやすい。そうして高分子鎖に沿って溶媒和がおこり，膨れ上がる。この現象を**膨潤**（ぼうじゅん）という。やがて，溶媒和の進んだ高分子鎖が1本ずつ解きほぐされて溶解し，ついにコロイド溶液となる❽。このとき，高分子鎖間に働く引力あるいは，溶媒間に働く引力が，高分子と溶媒間に働く引力とその大きさが似ているほど，溶解しやすい。一般に，高分子の繰り返し単位の構造とよく似た構造をもつ溶媒には溶けやすい。

詳説❼ がっちりと共有結合で組み立てられた立体網目状の高分子化合物の内部には，溶媒分子がなかなか入り込めないので，溶媒には溶けない。

詳説❽ 希薄な高分子の溶液は，粘性のある流動性のあるコロイド溶液（ゾル）であるが，さらに濃くなると，溶液中で高分子の鎖がからみ合い，流動性を失ってゲルとなる。豆腐・こんにゃく・寒天・ゼリーなどは高分子化合物のゲルの例である。

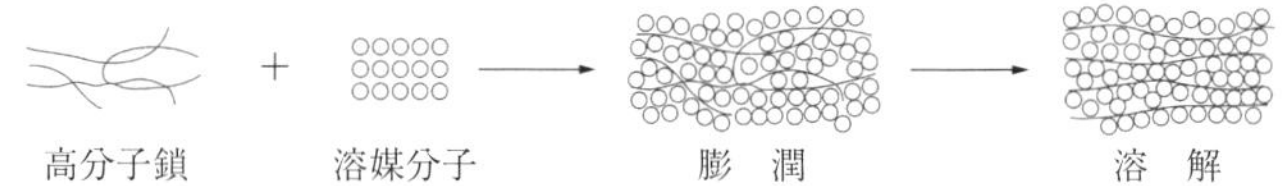

高分子の溶解過程

4 高分子の分子量の測定

高分子化合物は分子量が大きいので，その希薄溶液の質量モル濃度は小さく，凝固点降下度や沸点上昇度は実測できないくらいの小さな値となる。そこで，これらの方法で分子量を求めることは困難である。また，高分子は気体にならないので，気体の状態方程式を使って分子量を求めることもできない。そこで，一

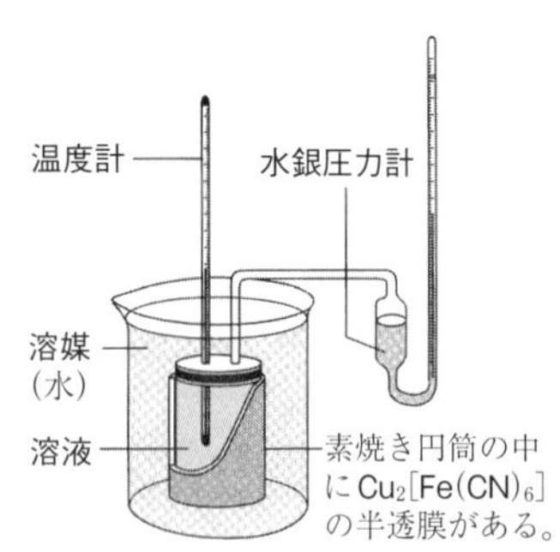

定温度で高分子溶液の浸透圧を測定する方法を用いて平均分子量が求められる❾。

詳説❾ 高分子溶液の場合，溶媒と溶質の粒子の大きさにはかなり差があるので，溶媒だけを通して溶質を通さないという条件を満たす半透膜(セロハン膜，ぼうこう膜など)が数多くある。また，極めて低い濃度でも，高分子溶液の浸透圧によって生じる溶液柱の高さは，かなりの精度で測定できる。以上の理由により，高分子化合物の分子量測定には浸透圧法が多く用いられる。また，高分子溶液は大きな粘性を示し，粘性の度合い(**粘度**)は分子量によって変化するので，粘度の測定から高分子の分子量を求めることもできる。

SCIENCE BOX　高分子溶液の浸透圧の求め方

低分子化合物の希薄溶液では$\Pi=CRT$（Π：浸透圧，C：モル濃度，R：気体定数，T：絶対温度）という**ファントホッフの法則**が成立する。温度一定ならば，$\dfrac{\Pi}{C}=RT$で，Cが変化しても$\dfrac{\Pi}{C}$は変化しないので，どの濃度で測定した浸透圧の値を使っても，正しい分子量が求められる。

ところが高分子化合物の希薄溶液について，$\dfrac{\Pi}{C}$をCに対してプロットするとほぼ下図のようになり，濃度が大きくなるほどファントホッフの法則を満たす理想溶液とのずれが大きくなる。これは，高分子化合物ではいくら希薄溶液といっても，分子自体が極めて大きいため，多くの溶媒分子が高分子との溶媒和に使われ，予想以上に溶液の濃度が大きくなっていると考えなければならない。したがって，高分子化合物の溶液の場合には無限希薄溶液でないと，厳密にはファントホッフの法則が成立しない。

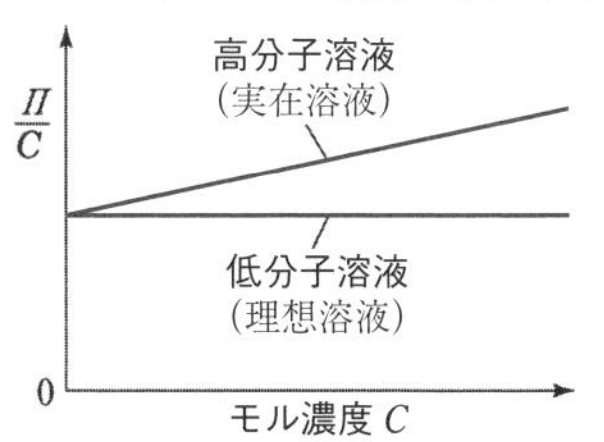

ある高分子化合物を溶媒に溶かし，27℃でいろいろな濃度m〔g/L〕で浸透圧を測定したところ，右上の表のような結果が得られた。この表から，この高分子化合物の平均分子量Mを求めてみよう。

m〔g/L〕	Π〔Pa〕	$\dfrac{\Pi}{m}$〔Pa･L/g〕
1.0	2.1×10^2	2.1×10^2
2.0	4.6×10^2	2.3×10^2
3.0	7.5×10^2	2.5×10^2

上表より，$\dfrac{\Pi}{m}$がmに対して一定ではないので，いずれの濃度でも厳密にはファントホッフの法則は成立しない。ファントホッフの法則が成立するのは，$m\to0$すなわち無限希薄溶液のときだけである。しかし，mが0に近づくほど，Πの測定はむずかしくなるので，実際には，上表の$\dfrac{\Pi}{m}$をy軸，mをx軸としてグラフに描き，$m\to0$に外挿すれば，$\dfrac{\Pi}{m}$の極限値である$\left(\dfrac{\Pi}{m}\right)_0$が求められる。

$$\left(\frac{\Pi}{m}\right)_0=1.9\times10^2\ \text{Pa･L/g}$$

ファントホッフの公式より，

$\Pi V=\dfrac{w}{M}RT$において，$\dfrac{w}{V}=m$〔g/L〕とおくと，

$$\Pi M=mRT$$

$$\therefore\quad \frac{\Pi}{m}=\frac{RT}{M}\quad\cdots\cdots①$$

①式について，$\dfrac{\Pi}{m}=1.9\times10^2$ Pa･L/g，$R=8.3\times10^3$ Pa･L/(K･mol)，$T=300$ K を代入して，

$$1.9\times10^2=\frac{8.3\times10^3\times300}{M}$$

$$\therefore\quad M\fallingdotseq1.31\times10^4\text{〔g/mol〕}$$

求める高分子化合物の平均分子量は，

1.3×10^4　となる。

SCIENCE BOX　高分子の熱的性質

多くの高分子は，分子鎖が規則的で密に配列した**結晶部分**と，不規則で疎に配列した**非結晶部分**で構成される（p. 741）。このような高分子を**結晶性高分子***といい，繊維やプラスチックなどがこれに属する。一方，結晶部分をもたず，非結晶部分のみで構成されている高分子を**非晶性高分子**といい，ゴムやガラスなどがこれに属する。

*　結晶部分の多いプラスチックは，各微結晶が光を散乱するので不透明であり，分子間力が大きいので強度は大きい。一方，非結晶部分の多いプラスチックは，光が透過しやすいので透明であり，強度は劣るが柔軟性に富む。

低分子の固体を加熱していき，ある温度に達すると，体積が急激に増加して液体へと変化する。この温度が**融点 T_m** である。一方，高分子の固体を加熱していくと，ある温度を境に，体積の変化の割合（熱膨張率）が増加し始める。この温度を**ガラス転移点 T_g**，または**軟化点 T_s** という。

非晶性高分子を加熱した場合は，T_g に達すると軟化が始まり，温度上昇とともに軟らかさが増し，いつの間にか液体状態となってしまう。

結晶性高分子を加熱した場合には，非結晶性高分子とよく似た変化を示すが，ある温度で体積が増加して，液体への変化がおこる。このときの温度が T_m である。

すなわち，非晶性高分子では T_g だけが見られ，T_m が見られないのに対して，結晶性高分子では T_g だけでなく T_m も見られる点が異なる。

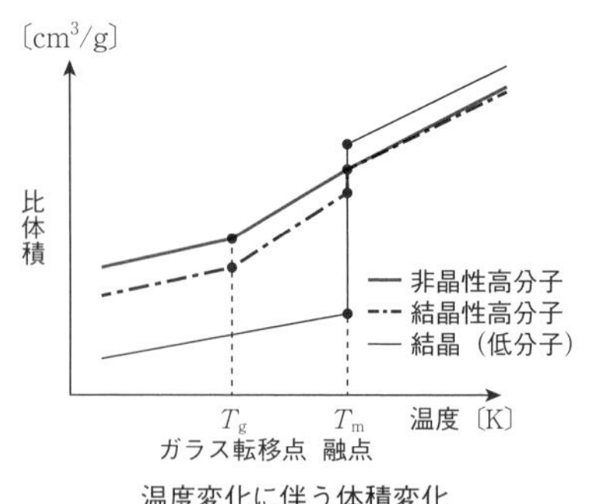

温度変化に伴う体積変化

T_g 以下の温度では，結晶部分だけでなく，非結晶部分でも，分子鎖のミクロブラウン運動（p. 742）は分子間力によって凍結されている。このような状態を**ガラス状態**という。

T_g 以上 T_m 以下の温度では，結晶部分の分子鎖は，分子間力によって拘束されているため動けないが，非結晶部分の分子鎖ではミクロブラウン運動が行われている。このような状態を**ゴム状態**という。さらに T_m 以上になると，結晶部分でもミクロブラウン運動が行われるようになる。この状態が，結晶性高分子が液体となった状態である。

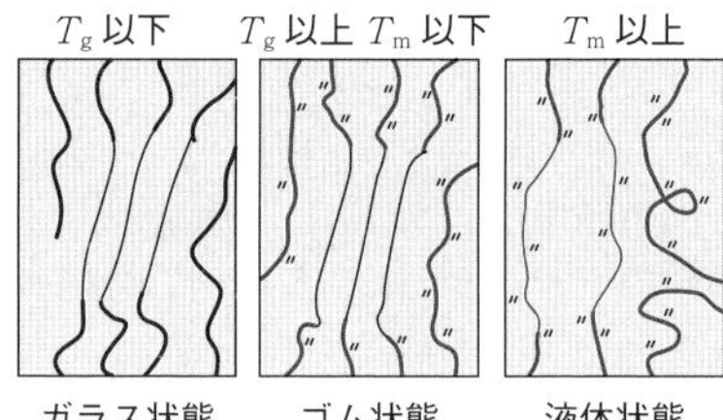

（—，— は結晶部分，—，— は非結晶部分を示す）（〃 は分子鎖がミクロブラウン運動している状態を表す）

種々の高分子の T_g と T_m を調べてみると，次のような傾向があることがわかる。

(1)　分子鎖にメチレン基 $-CH_2-$，エーテル結合 -O-，エステル結合 -COO- があると，分子鎖は回転しやすく，T_g は低くなる。

(2)　分子鎖に大きなベンゼン環，極性基の -Cl，水素結合を形成する -CONH- が入ると，分子鎖は回転しにくくなり，T_g は高くなる。

(3)　分子構造の対称性の高いもののほうが T_m が高く，T_g〔K〕は T_m〔K〕の $\frac{2}{3}$ 程度の値を示すものが多い。

SCIENCE BOX 高分子の平均分子量

高分子化合物では，反応条件などにより分子量にばらつきがあり，また，分子量の測定方法によって**平均分子量**の値も異なる。

各分子の分子量の総和をその総分子数で割った値を，**数平均分子量**（M_n）といい，高分子溶液の浸透圧から求めた平均分子量がこれに該当する。

各分子の分子量とその重量（分子量に比例する）の積，すなわち(分子量)^{2}の総和をその総重量（分子量の総和）で割った値を，**重量平均分子量**（M_w）といい，光散乱法*1で求めた平均分子量がこれに該当する。

たとえば，分子量100のもの10分子と，分子量1000のもの5分子が混ざった場合の各平均分子量を求めると，

$$M_n=\frac{10\times100+5\times1000}{10+5}=400$$

$$M_w{}^{*2}=\frac{10\times(100)^2+5\times(1000)^2}{100\times10+1000\times5}=850$$

＊1　高分子溶液中のコロイド粒子に光が当たるとチンダル現象がおこる。分子が大きいほど動きが遅いので，光の散乱強度は小さくなる。この関係から粒子の大きさが求められる。

＊2　$(100)^2=100$(分子量)$\times100$(重量)を意味し，M_wは各分子の分子量にその重量を考慮して求めた分子量の平均値である。

高分子化合物では，分子量が大きくなるほど分子間力が大きくなり，その溶液の粘度も大きくなる。この性質を利用して求められる分子量を，**粘度平均分子量**（M_v）という。

下図は，オストワルトの粘度計を示し，液だめの上下に標線a，bがある。溶液を標線aより上まで吸い上げた後，自然落下させる。液面がaを通過し始めてからbを通過し終わるまでの通過時間を測定する。そして，分子量既知の溶媒の通過時間と比較すると，粘度平均分子量が求められる。

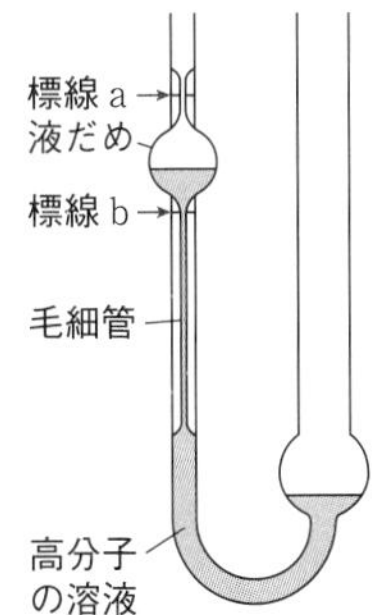

粘度計の標線a~b間を，高分子溶液，純溶媒が通過する時間を，それぞれt，t_0〔s〕，高分子溶液の濃度をC〔g/mL〕とおくと，次の関係式が成り立つ。

$$相対粘度\ \eta=\frac{t-t_0}{t_0C}$$

高分子溶液の相対粘度は，その濃度とともに大きくなり，次の関係が成り立つ。

$$\frac{\eta}{C}=[\eta]+AC$$

Aは定数，$[\eta]$は固有粘度(極限粘度)といい，η/Cの$C\to0$に外挿して求められる。この固有粘度$[\eta]$と粘度平均分子量M_vの間には，**マーク-ホーウィンク-桜田の式**が成り立つ。

$$[\eta]=(KM_v{}^{\alpha+1})^{\frac{1}{\alpha}}\quad(0.5\leqq\alpha\leqq2.0)$$

Kは定数，αは高分子の屈曲性によって決まる定数で，剛直性高分子では1.0~2.0，屈曲性高分子では0.5，通常は0.6~0.7の値を示す。

また，M_vは，$K=1$，$\alpha=0.6$とすると，

$$M_v=\left(\frac{10\times(100)^{1.6}+5\times(1000)^{1.6}}{100\times10+1000\times5}\right)^{\frac{1}{0.6}}=811$$

数平均で求めたM_nでは，大きい分子も小さい分子もM_nに対する寄与は同じだが，重量平均で求めたM_wでは，大きい分子のM_wに対する寄与は大きく，一般には$M_n<M_w$になる。また，M_vはM_wに近い値を示す。なお，$\frac{M_w}{M_n}$はその高分子集団のばらつき（**分散度**）を示し，1.0より大きいほど，その高分子の分散度は大きい傾向がある。

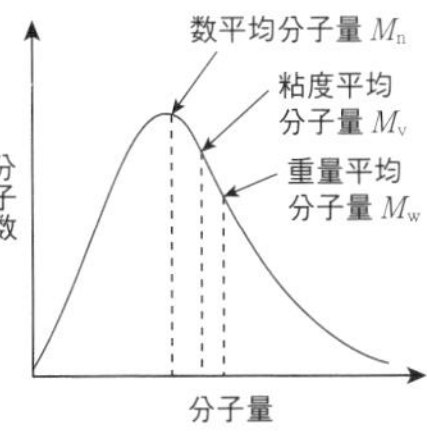

SCIENCE BOX　結晶性・非晶性高分子

(1) 結晶性高分子・非晶性高分子について

ポリエチレンやナイロンのように，結晶部分をもつ鎖状高分子を**結晶性高分子**，ゴムやポリスチレンのように，結晶部分をもたない鎖状高分子を**非晶性高分子**という。

結晶性高分子には，結晶部分と非結晶部分が存在し，高分子鎖が分子間力により集合して，多数の微結晶(**ミセル**という)を形成している。このような構造を**房状ミセル構造**という。一方，鎖状高分子は溶液中，または融解液中では，コイル状に丸まった状態にあるが，この状態から結晶化するとき，折りたたまれて結晶化することが多い。このような構造を**折りたたみ構造**といい，従来，結晶性高分子は房状ミセル構造をしているとされていたが，近年，折りたたみ構造を形成しているものが圧倒的に多いことがわかっている*[1]。

＊1　水素結合の発達したセルロースや，剛直な構造をもつアラミド繊維，あるいは，延伸操作でつくられたナイロンなどでは房状ミセル構造が見られるが，水素結合の発達していないトリアセチルセルロースや多くの熱可塑性樹脂では折りたたみ構造を形成しているものが多い。

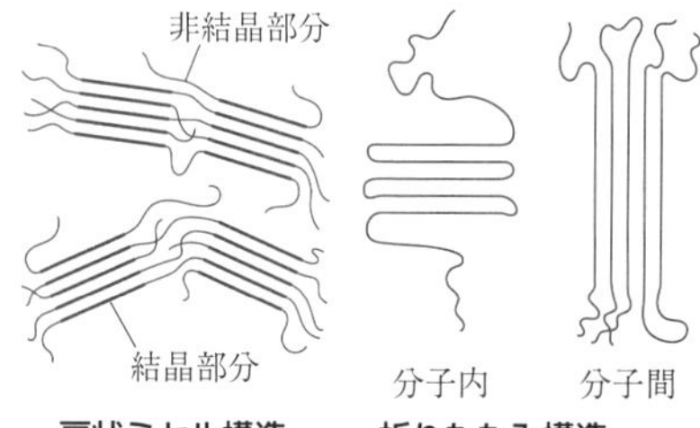

房状ミセル構造　　**折りたたみ構造(ラメラ構造)**

(2) 結晶性高分子と非結晶性高分子の相違点

高分子が結晶化している割合を**結晶化度**という。高分子の分子量が小さいほど，結晶化の速度が速くなり，結晶化度は大きくなる。逆に，高分子の分子量が大きいほど，結晶化の速度が遅くなり，結晶化度は小さくなる。また，溶融した高分子を急冷すると，微結晶が多く生成し結晶化度は小さくなる。高分子を徐冷すると，結晶は大きく成長し結晶化度は大きくなる。

結晶部分では強い分子間力が働くので，結晶化度が高くなると，力学的性質（弾性率，剛性など)が大きくなる。

結晶部分は分子鎖が折りたたまれているので，密度が大きくなる。また，結晶化度が大きいほど，結晶部分と非結晶部分との光の屈折率の違いから，結晶部分の表面での光の散乱が大きくなり，不透明で乳白色となる。

結晶性高分子・非晶性高分子の違いをまとめると，次のようになる。

	結晶性高分子	非晶性高分子
結晶化度	大	小
強度・弾性率	大	小
透明性	不透明	透明
耐薬品性*[2]	大	小
耐摩耗性	大	小
気体透過性*[3]	小	大
接着性*[2]	小	大
その他	軟化点，融点をもつ	軟化点のみをもつ
例	ポリエチレン，ポリプロピレン，ナイロン，PET*[4]，ポリ塩化ビニル	ポリブタジエン，ポリ酢酸ビニル，ポリメタクリル酸メチル

＊2　結晶部分には薬剤分子が入り込みにくく，結晶性高分子のほうが耐薬品性は大きい。非結晶部分には薬剤・色素分子が入り込みやすく，非晶性高分子の耐薬品性は小さい。

＊3　結晶部分は非結晶部分に比べて気体の透過性が小さい。

＊4　ポリエチレンテレフタラート(PET)は結晶性高分子なので，普通に冷却すると乳白色となる。そこで，PETボトルの製造では，溶融原料を急冷して結晶化度が少ない状態で固化させ，透明度を維持している。

6-2 単糖類と二糖類

1 糖の分類

天然高分子のデンプンやセルロースは，分子式$(C_6H_{10}O_5)_n$で表され，加水分解するとマルトース（麦芽糖）$C_{12}H_{22}O_{11}$やグルコース（ブドウ糖）$C_6H_{12}O_6$などが得られる。これらはすべて植物の光合成によってつくられる物質である。

また，一般式$C_m(H_2O)_n$（$m \geqq n$，$m \geqq 3$）で表される化合物を**糖類**といい❶，形式的には炭素と水の化合物とみなせるので，**炭水化物**ともよばれる❷。

詳説❶ 正式には，糖類は，2個以上のアルコール性ヒドロキシ基 -OH とカルボニル基をもつ化合物の総称で，多価アルコールの最初の酸化生成物（アルデヒド，ケトン），およびそれらが脱水縮合，または縮合重合して生成した化合物と定義されている。一般式は，単糖類では$m=n$であるが，二糖類，多糖類では$m>n$である。分子量の比較的小さな糖類は，分子中に多数の -OH があるので水によく溶け甘味を示す。

補足❷ ホルムアルデヒド HCHO，酢酸 CH_3COOH，乳酸 $CH_3CH(OH)COOH$ などもこの一般式に該当するが，炭水化物には含めない。現在，三炭糖（$m=3$）以上を糖類としている。

・不斉炭素原子を含まない最も簡単な糖類には，ジヒドロキシアセトン $CH_2(OH)COCH_2OH$ がある。また，不斉炭素原子を含むものでは，グリセルアルデヒド $CH_2(OH)CH(OH)CHO$ が最も簡単な糖類といえる。

►デンプンを希塩酸，または希硫酸と加熱すると，加水分解がおこりグルコースが得られるが，これ以上加水分解されない。グルコースのように，それ以上加水分解されない糖類を**単糖類**という。したがって，単糖類は糖類を構成する基本単位と考えられる。

また，マルトースのように，加水分解によって単糖2分子を生じるものを**二糖類**という❸。さらに，デンプンやセルロースのように，加水分解によって多数の単糖分子を生じるものを**多糖類**という❹。

補足❸ 2〜10個程度の単糖分子が結合した糖類は，**少糖類（オリゴ糖）**とよばれ，結合した単糖分子の数により，二糖類，三糖類，四糖類，……などとよばれる。

補足❹ 多数の単糖分子が縮合重合してできた高分子化合物で，冷水には溶けにくく，ほとんど甘味を示さない。

代表的な糖類

分類	名称	分子式	構成単糖	所在
単糖類	グルコース フルクトース ガラクトース	$C_6H_{12}O_6$		果実，植物体，動物体 果実，植物体 ラクトースの構成成分
二糖類	スクロース マルトース ラクトース	$C_{12}H_{22}O_{11}$	グルコース＋フルクトース グルコース＋グルコース グルコース＋ガラクトース	サトウキビ，テンサイ 麦芽，水あめ 母乳，牛乳
多糖類	デンプン セルロース グリコーゲン	$(C_6H_{10}O_5)_n$	α-グルコース β-グルコース α-グルコース	細胞中のデンプン粒 植物の細胞壁 動物の肝臓や筋肉

2 単糖類

単糖類は一般式で $C_nH_{2n}O_n$ と表されるが，天然に存在するものには炭素原子が6個のものが最も多く，**ヘキソース(六炭糖)**とよばれる。次いで炭素原子が5個である**ペントース(五炭糖)**のものが多い。ヘキソースには，グルコース・フルクトース(果糖)・ガラクトース・マンノースなどがあり，分子式は $C_6H_{12}O_6$ で表される❺。

補足❺　ペントースには，核酸の構成成分であるリボース，アラビアゴムの主成分であるアラビノース，木材やわらに含まれるキシロースなどがあり，分子式は $C_5H_{10}O_5$ で表される。これらは，酵母によるアルコール発酵(p. 617)を受けない。

►また，単糖類は，それを構成するカルボニル基の種類で分けられる。グルコースのようにホルミル基(アルデヒド基)をもつものは**アルドース**といい❻，フルクトースのようにカルボニル基(ケトン基)をもつものは**ケトース**という❼。

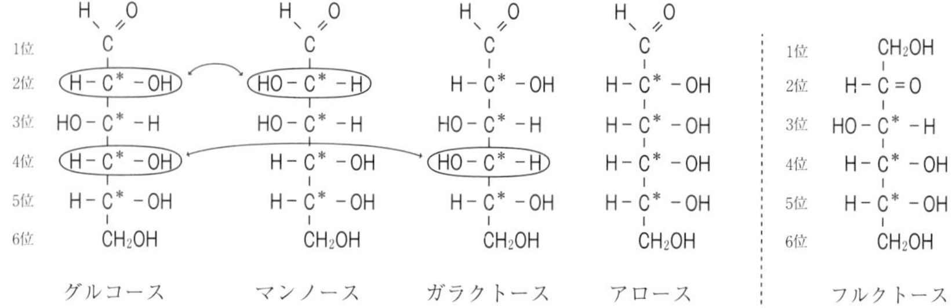

詳説❻　グルコースとフルクトースは官能基の種類が違うので，互いに構造異性体の関係にある。一方，上記の4種のアルドヘキソースは官能基の種類や結合の仕方はまったく同じだが，各炭素原子に結合する -H と -OH の立体配置が違うので，互いに立体異性体である。

鎖状構造のアルドヘキソースには，2, 3, 4, 5位に4個の不斉炭素原子があるので，理論的には $2^4=16$ 種の立体異性体，内訳はD型の8種，L型の8種の鏡像異性体が考えられる。このうち，天然に存在するのはD型の8種のうち5種だけで，L型はほとんど存在しない。

たとえば，グルコースの3位の炭素に結合する -H，-OH の立体配置はそのままにして，2位の -H と -OH の立体配置を入れ替えると，**マンノース**という単糖となり，同様に，グルコースの4位の -H と -OH の立体配置を入れ替えたものが**ガラクトース**となる。このように，不斉炭素原子の立体配置のうち，1か所だけが逆の関係になっている立体異性体を**エピマー**という。マンノースはグルコースの2-エピマー，ガラクトースはグルコースの4-エピマーである。

補足❼　鎖状構造のケトヘキソースには，3, 4, 5位に3個の不斉炭素原子が存在し，$2^3=8$ 種の立体異性体，すなわち，D型の4種，L型の4種の鏡像異性体が考えられるが，天然に存在するのはD型の4種だけである。

名　称	分子式	融点〔℃〕	還元性	甘味(スクロースを1)	所　在
グルコース	$C_6H_{12}O_6$	146	あり	0.6〜0.7	果実，はち蜜，血液中
フルクトース	$C_6H_{12}O_6$	104	あり	1.3〜1.7	果実，はち蜜
ガラクトース	$C_6H_{12}O_6$	167	あり	0.3	乳汁，発芽時の種子

(注)　ガラクトースは，脳や神経細胞が発達中の乳幼児には必要な成分とされている。

3　グルコースの構造

グルコース(**ブドウ糖**)は，多くの果実をはじめ動物の血液中にも広く存在し，生体内ではエネルギー源として重要な役割を果たしている。グルコースはスクロースの約半分ほどの甘味をもつ白色の結晶で，デンプンやセルロースの構成成分として多量に存在している。工業的には，デンプンに希酸を加えて加水分解して生産されている。

グルコースは1位の炭素にホルミル基を，残る2～6位の炭素にそれぞれ1個ずつヒドロキシ基が結合した構造をもつ。また，結晶状態では，5位の炭素に結合したヒドロキシ基がホルミル基の ＞C=O の部分に付加して，酸素原子を含んだ6個の原子からなる六員環構造をつくる(同時に，6位の $-CH_2OH$ は環外に押し出される)。

カルボニル基に -OH が付加して生じた構造，すなわち，同一炭素にヒドロキシ基とエーテル結合を1個ずつ含んだ構造を**ヘミアセタール構造**という❽。アルドースが環状構造をとると，ホルミル基は消失するが，1位の炭素原子は新たに不斉炭素原子となり，2種の立体異性体ができる。一般に，D-グルコースの6位の $-CH_2OH$ を六員環構造の上側にくるように並べたとき，1位のヒドロキシ基が，環の下側にくるものを ***α*-グルコース**(融点146℃)，環の上側にくるものを ***β*-グルコース**(融点148～150℃)という。

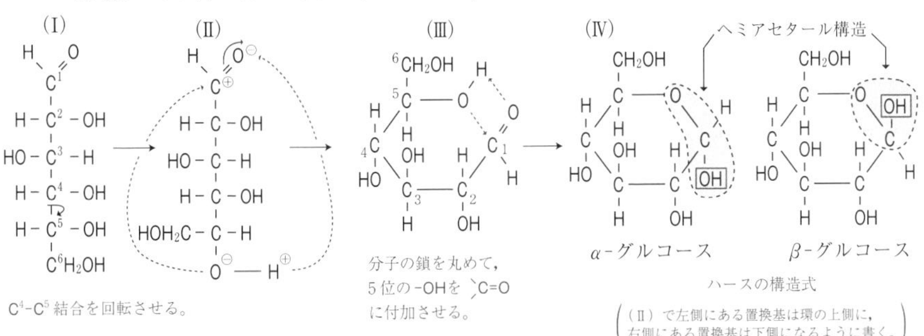
(Ⅰ)
(Ⅱ)
(Ⅲ)
(Ⅳ)
ヘミアセタール構造
α-グルコース
β-グルコース
ハースの構造式
C^4-C^5 結合を回転させる。
分子の鎖を丸めて，5位の -OH を ＞C=O に付加させる。
（Ⅱ）で左側にある置換基は環の上側に，右側にある置換基は下側になるように書く。

詳説❽　グルコースの水溶液は還元性を示すので，ホルミル基が存在することは間違いない。しかし，結晶状態ではまったく還元性を示さないので，ホルミル基は酸化されにくい環状構造に変化していると推定される。すなわち，グルコースには反応性の大きなホルミル基がある。この中に存在するカルボニル基は強く分極し，その負電荷を帯びたO原子にはヒドロキシ基のH原子が，その正電荷を帯びたC原子にはヒドロキシ基のO原子が付加しやすい。グルコースでは2～6位の炭素原子に1個ずつヒドロキシ基が結合しているが，このうち5位のヒドロキシ基がカルボニル基に付加した場合のみ，酸素原子を含んだ六員環構造ができる(上図Ⅳ)。もし，4位のヒドロキシ基がカルボニル基に付加すると，酸素を含む五員環構造ができる(下図)。このとき，$-\overset{5}{C}H(OH)-\overset{6}{C}H_2OH$ が環外に押し出されることになる。これに対して，グルコースの六員環構造は，各置換基間の立体障害が少なく，五員環構造よりも熱力学的な安定性が大きくなる。

一方，フルクトースのように，五員環構造と六員環構造の安定性にほぼ大差がない場合もある。六員環構造をもつ単糖を**ピラノース**，五員環構造をもつ単糖を**フラノース**という。

SCIENCE BOX　糖の環状構造と異性体

環状構造の糖類の立体配置は，1929年，イギリスの**ハース**(Haworth)が提唱した**ハースの構造式**により表示される。グルコースを例にとって説明すると，できた六員環は1位の炭素をいちばん右側に，2位から5位までの炭素を時計回りに環状に並べ，環内の酸素原子を右奥になるように置く（五員環では環内の酸素原子を中央奥になるように置く）。また，環内の炭素原子は省略してよく，それに結合する原子や置換基は，それぞれ正六角形の角から上下に価標をつけて表す(ただし，-H は省略されることがある)。

このように，グルコースが六員環構造をとったとき，1位の炭素が新たに不斉炭素原子(**アノマー炭素**という)となり，2種の立体異性体ができる。これらを互いに**アノマー**といい，α，β の記号をつけて区別される。α-グルコースと β-グルコースの違いは1位の炭素に結合するヒドロキシ基が逆向きになっている点だけで，これらは互いに鏡像異性体ではなくジアステレオマーの関係にあり，比旋光度だけでなく，他の物理的性質（融点・溶解度・甘みなど)も異なっていることに注意してほしい(甘味の強さは，β 型は α 型の約 2/3 位である)。

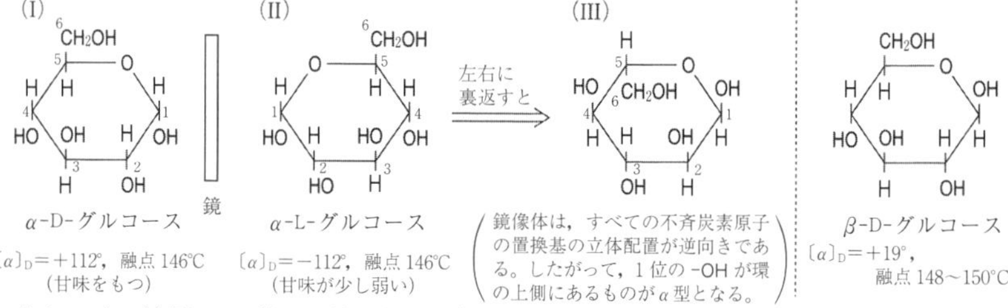

α-D-グルコース　〔α〕$_D$＝＋112°，融点 146℃（甘味をもつ）

α-L-グルコース　〔α〕$_D$＝−112°，融点 146℃（甘味が少し弱い）

β-D-グルコース　〔α〕$_D$＝＋19°，融点 148〜150℃

それでは，糖類のD型，L型はどのようにして決められるかというと，糖類の不斉炭素原子の位置番号の最大のもの（-CHO から最も遠い位置）の立体配置で決められている。グルコースのようなヘキソースの場合では，5位の不斉炭素原子に着目し，それに結合する $-CH_2OH$ がハースの構造式において環の上側にあるものがD型，下側にあるものがL型となる。これは，不斉炭素原子を1個もつ最も簡単な三炭糖のグリセルアルデヒドの立体配置を基準としてD,Lの記号が決められたためである(フィッシャーの方法)。グリセルアルデヒドのホルミル基をいちばん上に置いて**フィッシャーの投影式**(p. 651)を書いたとき，2位の不斉炭素原子に結合するヒドロキシ基が右側，水素原子が左側にあるものをD系列，その鏡像体をL系列と約束したのである。以後，四炭糖，五炭糖，六炭糖，…といくら炭素鎖を増やしても，最初に決めたD-グリセルアルデヒドの立体配置を基準としてD,L型が決められた。このように，D型，L型の記号は糖の立体配置の一部(不斉炭素原子の位置番号の最大のものだけ) を表したものであって，旋光性の方向を表したものではない。たとえば，D-グルコースの水溶液は右旋性を示すが，D-フルクトースの水溶液は左旋性を示す。右旋性を表す記号としては，英語の dextrorotatory(右旋性の)より *d*- または＋，左旋性の場合は levorotatory(左旋性の)より *l*- または−が使われる(p. 645)。

ヘキソースの場合，2,3,4位の不斉炭素原子の立体配置は，各種の糖によりそれぞれ異なっており，8種類のD型の糖（立体異性体)を区別するのに使われている。

グリセルアルデヒド

グリセルアルデヒド		D-グルコース
		^{1}CHO
		H − ^{2}C − OH
		HO − ^{3}C − H
^{1}CHO		H − ^{4}C − OH
H − ^{2}C − OH	＝	H − ^{5}C − OH
$^{3}CH_2OH$		$^{6}CH_2OH$
D型		D-グルコース

4 グルコースの還元性

α-グルコースの結晶を水に溶かすと，その一部の環状構造が開環して鎖状構造となり，再び閉環してβ-グルコースになる❾。水溶液中では，最終的にα型，鎖状構造，β型が一定の割合で混合した平衡状態となる❿。また，β-グルコースの結晶を水に溶かした場合も，到達する平衡状態は上記とまったく同じである。グルコースの水溶液が還元性を示すのは，水溶液中で生じた鎖状構造にホルミル基が存在するためである⓫。

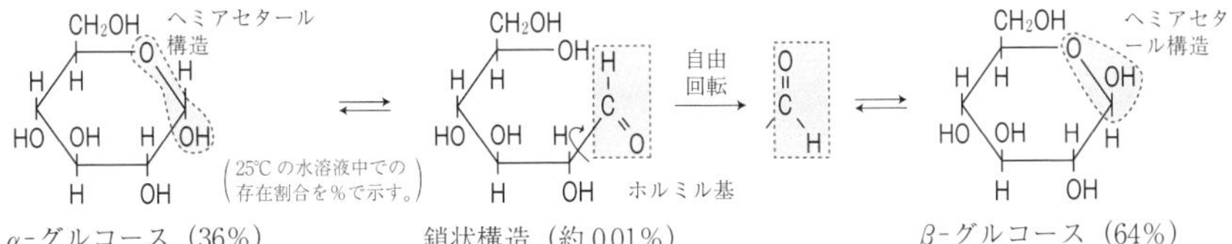

詳説❾ α-グルコース，β-グルコースはいずれも白色の結晶で，前者は冷エタノールや冷水から，後者は熱ピリジンや熱酢酸から結晶化させて得られる。水溶液中ではα⇄βの平衡が存在するが，98℃以下ではα型のほうが溶解度が小さいので，α型が析出しやすい。また，98℃以上ではβ型のほうが溶解度が小さくなるのでβ型が析出しやすい。グルコースの開環は，必ずヘミアセタール構造の部分でおこる。環内のO原子が電子を引きつけるので，隣の1位の-OHを強く分極させる。そこで，1位の-OHからH^+(プロトン)が放出されて，環内のO原子の非共有電子対へ転位すると，上図のように電子の移動がおこって，ヘミアセタール構造のC-O結合が点線部分で開裂し，ホルミル基をもつ鎖状構造に戻る。

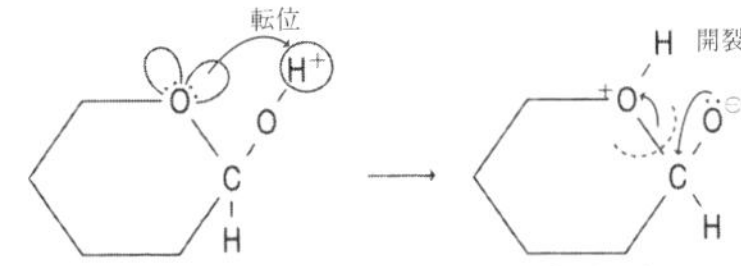

詳説❿ α-グルコースを20℃の水に溶かした直後の比旋光度は+112°であるが，時間がたつと+52.7°で一定となる。一方，β-グルコースを水に溶かした直後は+19°であるが，最終的には+52.7°に達する。このように，光学活性な物質の比旋光度が時間とともに変化する現象を**変旋光**という。

水溶液でα型⇄β型の変換が行われるためには，どうしても開環しなければならない。このとき，ごくわずかの鎖状構造（約0.01%）が存在し，これが還元性を示す。平衡状態において，α型の割合をxとすると，鎖状構造は無視できるので，

$112x+19(1-x)=52.7$ より，$x=0.362$ 　∴ $\alpha:\beta=0.36:0.64\fallingdotseq1:2$

なお，グルコース水溶液中でのα型⇄β型の平衡定数は，$K=\dfrac{[\beta]}{[\alpha]}\fallingdotseq2.0$ となる。

詳説⓫ グルコースにフェーリング液を加えて加熱すると，わずかに存在する鎖状構造のホルミル基が次式のようにカルボキシ基に変化して，グルコン酸$C_6H_{12}O_7$となる。すると，溶液中から鎖状構造のものが減少するので，α型，β型のいずれからも平衡移動がおこり，最終的には酸化剤を加えた分だけのグルコースが酸化される。一般的には，グルコースなどに十分量のフェーリング液を加えて反応させ，生じたCu_2Oの質量から還元糖の定量を行う。(フェーリング液は尿素とも反応するので，尿中の糖の定量には不向きである。)

$R\text{-}CHO + 3OH^- \longrightarrow R\text{-}COO^- + 2H_2O + 2e^-$ ……①

$2Cu^{2+} + 2e^- + 2OH^- \longrightarrow Cu_2O + H_2O$ ……②

①+②より，$R\text{-}CHO + 2Cu^{2+} + 5OH^- \longrightarrow R\text{-}COO^- + Cu_2O + 3H_2O$

SCIENCE BOX

グルコースの構造決定の歴史

(1) グルコースの鎖状構造について

グルコース $C_6H_{12}O_6$ の構造を考えるポイントは，次の通りである。

① C原子はどのように結合しているか。

② O原子はどのような官能基として存在しているか。

③ ②の官能基がどのC原子に結合しているか。

グルコースは水によく溶け，甘味を有することから，-OHが多く存在する。また，水溶液がフェーリング液を還元するので，ホルミル基-CHOをもつ。さらに，臭素水を加えて加熱すると，グルコン酸 $C_6H_{12}O_7$ (1価カルボン酸) に変化するので，グルコースには-CHO1個と-OH5個が存在する。したがって，糖類は多価アルコールの最初の酸化生成物であるといえる。

グルコースを濃ヨウ化水素酸と赤リンで還元すると，ヘキサンが得られるので，直鎖の炭素骨格をもつ。また，同一のC原子に2個の-OHが結合した化合物 (*gem*-ジオール)は不安定で存在できない。以上より，グルコースは6個のC原子が直鎖状に結合し，その末端に-CHO，残りのC原子に-OHを1個ずつ結合した構造と考えられる。

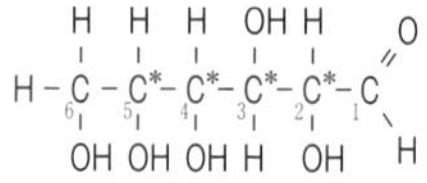

H　H　H　OH H　　O
H－C－C*－C*－C*－C*－C
OH OH OH H　OH　H

上記のような分子式 $C_6H_{12}O_6$ のアルドヘキソースには，2～5位に4個の不斉炭素原子*が存在するので，$2^4=16$ 種類の立体異性体が存在する。その代表がグルコースである。

(2) グルコースの環状構造について

グルコースの水溶液は還元性を示すが，結晶は還元性を示さない。これは，グルコースが結晶状態にあるとき，普通のホルミル基ではなく，酸化されにくい特別の構造をとっているためと考えられる。また，グルコースには性質の異なる α 型と β 型の立体異性体が発見されたことで，それまでの鎖状構造では説明しきれなくなり，1位にも不斉炭素原子が存在しており，安定な六員環構造をとっていると考えられた。

グルコースが六員環構造をとるには，反応性の大きな1位の-CHOと5位の-OHがヘミアセタール構造をつくればよい。実際のグルコースの鎖状構造は，次図のような構造式で表される。すなわち，1～5位のC原子を紙面に置いたとき，各C原子の上下に出た価標は紙面の前方に，1位の-CHOと6位の-Hは紙面の後方に出ている。

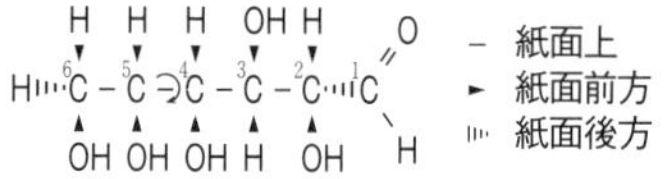

H　H　H　OH H　　O
H⋯C－C－C－C－C⋯C
OH OH OH H　OH　H

－ 紙面上
► 紙面前方
⦙⦙⦙ 紙面後方

5位の-OHのH原子が，>C=Oの負電荷を帯びたO原子に付加してできる1位の-OHが，2位の-OHと同じ側にできると α 型となり，反対側にできると β 型となる。

1位のC原子の価標は紙面後方に出ているが，5位のO原子の価標は紙面前方に出ているため，このままでは両者は結合できない。そこで，5位のO原子の価標が紙面後方にくるまで C^4–C^5 結合を回転すると，両者の価標の方向が紙面後方に揃い，ヘミアセタール構造が形成されて，Oを含む六員環構造のグルコースができる。このとき，6位の-CH_2OHは環外に押し出される。

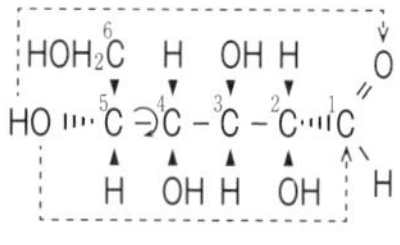

HOH₂C　H　OH H　　O
HO⋯C－C－C－C⋯C
H　OH H　OH　H

生成したグルコース環状構造を**ハースの構造式**(p.750)で示すと，次のようになる。

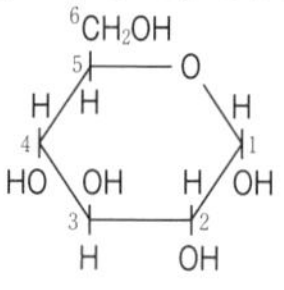

⁶CH₂OH
H H O H
HO OH H OH
H OH

SCIENCE BOX　グルコースの立体構造

これまで，グルコースの構造は**ハースの構造式**（p. 750）により，ベンゼンのような正六角形の平面構造で表してきた。しかし，環を構成する C–C 結合と –O– 結合を六員環に歪みが生じないようにつなぐと，結合角が 109.5° であるシクロヘキサンの立体構造になる。シクロヘキサンには，いす形と舟形という**立体配座**が存在するが（p. 588），グルコースもこのうち安定ないす形の立体配座をとっている。グルコースの六員環中の C 原子に結合する置換基には，図(C)の a，e で示した 2 方向の結合がある。a は環面の上下方向に向いた結合で，**アキシアル結合**（axial：軸方向の）とよばれ，e は環面の水平方向に向いた結合で，**エクアトリアル結合**（equatorial：赤道方向の）という。

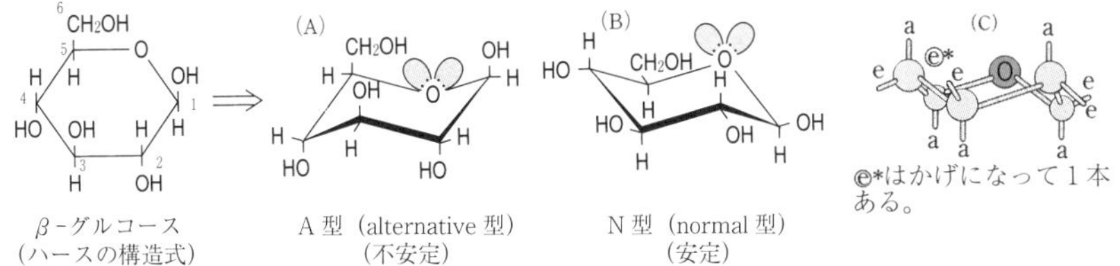
β-グルコース（ハースの構造式）　A 型（alternative 型）（不安定）　N 型（normal 型）（安定）
(C)　e*はかげになって 1 本ある。

一般に，置換基が離れたエクアトリアル位にある化合物は，置換基が接近したアキシアル位にある化合物よりも，双極子相互作用や立体障害が少なく安定である。したがって，D-グルコースの場合，大きな置換基の $-CH_2OH$ が，図(A)のアキシアル位にある A 型よりも，図(B)のエクアトリアル位にある N 型のほうが安定となり，N 型の立体配座をとっている。シクロヘキサンのいす形と舟形が変換するのと同様に，D-グルコースの N 型と A 型は相互に変換できる（D-グルコースでは，N 型が A 型より約 20 kJ/mol だけ安定である）。

D-グルコース（N 型）において，1 位の –OH がアキシアル位にあるものが α 型，エクアトリアル位にあるものが β 型である。なお，六炭糖の中で，D-グルコース（N 型）が天然に最も多量に存在するのは，エクアトリアル位を占める置換基の数が多く，最も安定な構造であることが理由と考えられる。

グルコースの 1 位のアノマー炭素（p. 750）に結合する –OH を調べると，α 型はアキシアル位，β 型はエクアトリアル位にあり，β 型のほうが少し安定である。これは，グルコースでは，α 型よりも β 型のほうが水和しやすいためであり，水溶液中では $\alpha:\beta \fallingdotseq 1:2$（平衡値）である事実がこれを裏付けている。しかし α 型もかなりの割合で存在するので，α 型にも特別な安定性が予想される。すなわち，1 位の –OH と環内の O 原子の非共有電子対との間に働く静電気的な反発力は，–OH がエクアトリアル位にある β 型よりも，アキシアル位にある α 型のほうが小さく，安定となるからである。

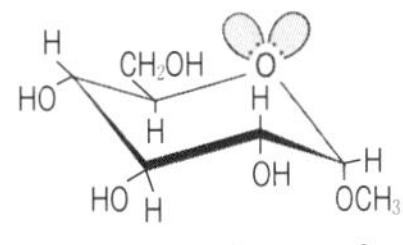
α-メチルグルコシド
主生成物

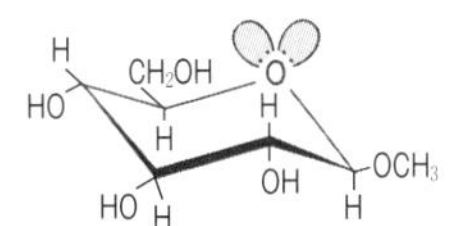
β-メチルグルコシド
副生成物

（ともにヘミアセタール構造がつぶされたので，両者はともに還元性は示さない。）

グルコースのメタノール溶液に塩化水素 HCl を通じると，反応性の大きな 1 位の –OH だけがメチル化され，主生成物は α-メチルグルコシド，副生成物が β-メチルグルコシドとなる。このように，1 位の置換基が大きくなるほど，環内の O 原子との相互作用の小さな α 型がより安定となる。このような現象を**アノマー効果**という。

5 フルクトース

フルクトース（果糖）は，吸湿性の強い白色結晶で，天然の糖類では最も甘味が強い。フルクトースは代表的なケトースで，末端から2番目にカルボニル基 >C=O を，これ以外の5個の炭素原子にはそれぞれ1個ずつヒドロキシ基 -OH が結合している（p. 748）。フルクトースのカルボニル基は，隣接する -OH の影響で反応性が大きくなり，分子中の他の -OH が付加して環状構造をつくる⓬。

補足⓬　5位の -OH がカルボニル基に付加すると五員環構造が，6位の -OH がカルボニル基に付加すると六員環構造をとる。フルクトースの結晶中では下図(a)，(b)のように六員環構造をとり，スクロースなど二糖類の結晶を構成するときは図(c)，(d)のような五員環構造をとる。

►水溶液中では，フルクトースはカルボニル基をもつ鎖状構造と，4つの環状構造とが混ざりあった複雑な平衡状態にある⓭。また，フルクトースの鎖状構造には，**ヒドロキシケトン基** $-COCH_2OH$ が存在するので還元性を示す⓮。

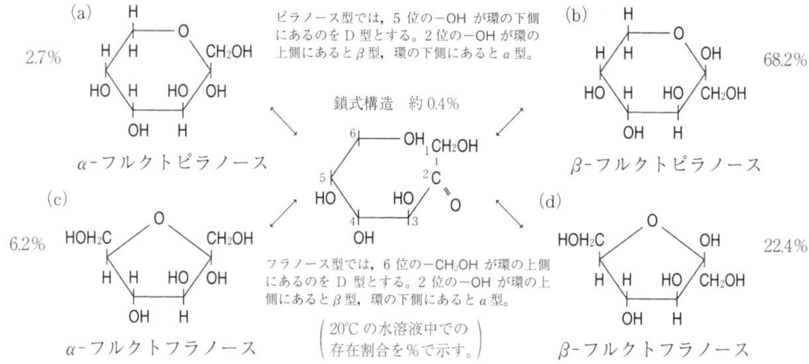
(a)
2.7%
α-フルクトピラノース
ピラノース型では，5位の−OH が環の下側にあるのを D 型とする。2位の−OH が環の上側にあると β 型，環の下側にあると α 型。
(b)
68.2%
β-フルクトピラノース
鎖式構造　約0.4%
(c)
6.2%
α-フルクトフラノース
フラノース型では，6位の−CH₂OH が環の上側にあるのを D 型とする。2位の−OH が環の上側にあると β 型，環の下側にあると α 型。
(d)
22.4%
β-フルクトフラノース
（20℃の水溶液中での存在割合を%で示す。）

補足⓭　一般にヘキソースの場合，アノマーの -OH（フルクトースでは2位）と次位（フルクトースでは3位）の -OH がシス形にあるもののほうが甘味が強い。フルクトースの場合，低温ほど，α 型の3倍の甘味をもつ β 型の割合が大きくなるので，5℃ではスクロースの約1.5倍，60℃では約0.8倍の甘味を示す。したがって，フルクトースを多く含むスイカやメロンなどの果物は，冷やすほうがより甘味を強く感じることになる。

補足⓮　ケトースのカルボニル基 >C=O に隣接する C-H 結合の H はわずかに酸の性質をもち，塩基性条件では H^+ として脱離し，カルボニル基の $-O^{\ominus}$ に付加して**エンジオール構造**（C=C 結合に -OH が2個結合した構造）に変化する。一方，アルドースにもホルミル基に隣接する -OH の構造が存在し，上記の逆反応によってエンジオール構造に変化する（**ケト・エノール平衡**，p. 634）。アルドースとケトースはいずれもエンジオール構造を経由してフェーリング液の Cu^{2+} と反応すると考えられている。（フェーリング液との反応速度は，フルクトースのほうがグルコースよりも大きく，Cu_2O の生成量も多いことが確認されている。）

R−C(=O)−CH(OH)−H ⇄ R−C(−O⊖)−C(H)(OH) ⇄ R−C(OH)=C(OH)−H ⇄ R−CH(OH)−C(=O)−H

H^+ の転位　　エンジオール構造　　H^+ の転位

►基本的には，六炭糖の水溶液は酵母による**アルコール発酵**（p. 617）を受ける。

SCIENCE BOX　ヘミアセタールとアセタール

〔1〕 ヘミアセタールについて

(i)アルコールの-OHは，アルデヒド・ケトンのカルボニル基 >C=O に対して求核付加を行う。(ii)R-O の O が正に帯電するので，これを解消するために H^+ が脱離する。(iii)負に帯電したカルボニル酸素に H^+ が付加すると反応が終了する。

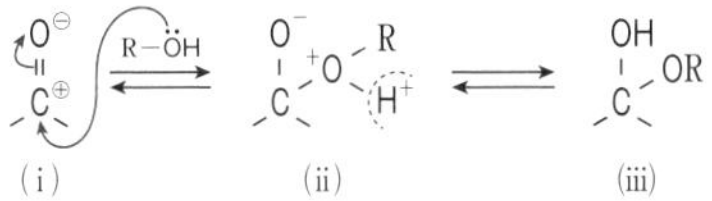

(i)　(ii)　(iii)

このように，カルボニル化合物に1分子のアルコールが付加した化合物を**ヘミアセタール**といい，同じC原子に -OH と -O- が1個ずつ結合した**ヘミアセタール構造**をもつ。この反応はいずれも可逆反応であり，水溶液中ではヘミアセタールは容易に元のカルボニル化合物とアルコールに戻る性質がある。なお，ヘミアセタールは不安定な化合物で単離できないが，反応性の大きなカルボニル基を一時的に保護するのに有効である。

この性質により，糖類の開・閉環反応が調節されている。グルコースの場合，1位のホルミル基に対して5位の -OH が求核付加を行うと，ヘミアセタール構造をもつ α，β-の結晶が形成され，還元性は示さない。一方，水溶液中でこの逆反応がおこると，ホルミル基をもつ鎖状構造となり，還元性を示す。

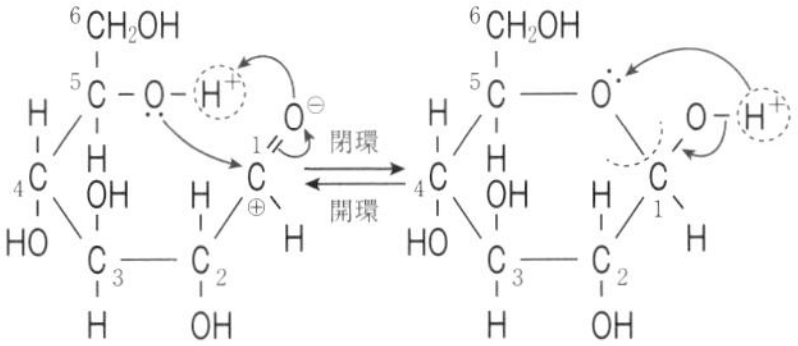

閉環　開環

環内の O 原子は，両端の C 原子から電子を引き付けるが，特に，1位の -OH が強く分極し，H^+ が脱離する。この H^+ が環内の O 原子の非共有電子対に転位すると，その O 原子が正に帯電するので，これを解消するために，環内の C-O 結合(点線部分)が切れ，ホルミル基が再生する。

〔2〕 アセタールについて

酸触媒 (H^+) を使うと，ヘミアセタールはもう1分子のアルコールの求核付加を受ける。このように，カルボニル化合物に2分子のアルコールが付加した化合物を**アセタール**といい，同じ C 原子に2個の -O- が結合した**アセタール構造**をもつ。

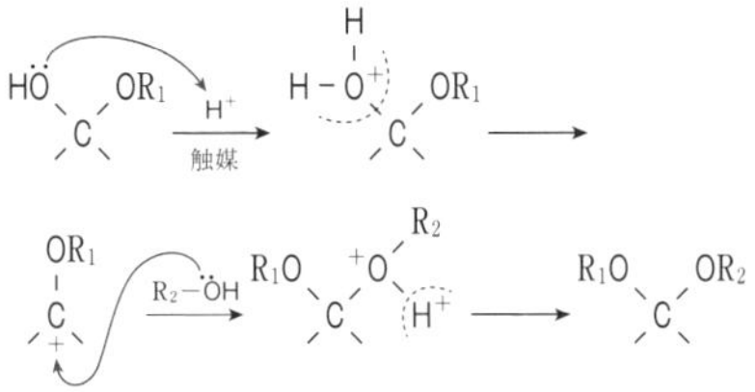

触媒

この反応はいずれも可逆反応であり，ヘミアセタールの -OH がプロトン化を受け，H_2O として脱離し，カルボカチオン（炭素陽イオン）を生じる。これが R-OH の求核付加を受け，最後に H^+ が脱離して反応が終了する。このアセタール化の最初の反応には酸触媒が必要であり，中性～塩基性ではアセタール化はおこらない。

アセタールは比較的安定な化合物であり，単離できる。また，アセタールを酸性条件で過剰の水と加水分解すると，逆反応がおこり，ヘミアセタールを経由して元のカルボニル化合物に戻る性質がある。したがって，アセタールは反応性の大きいカルボニル基の安定な保護にも利用される。

一方，アセタールは，近接するヒドロキシ基 -OH の保護にも利用される。たとえば，アセトンと1,2-ジオール，または1,3-ジオールが縮合してできた環状のアセタールを**アセトニド**といい，五員環のものが六員環のものよりも安定であり，優先的に生成する。

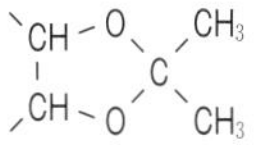

1,2-ジオールのアセトニド 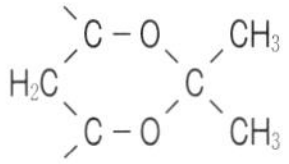　　1,3-ジオールのアセトニド

例題 グルコースに適切な触媒を用いて水素を付加するとグルシトール $C_6H_{14}O_6$ とよばれる糖アルコールが得られた。グルシトール1分子は適切な酸性条件でアセトン2分子と反応すると，アセタール構造をもつA1分子と水2分子が得られた。

Aを過ヨウ素酸 HIO_4 と反応させると，A1分子からB2分子が生成した。

Bに適切な触媒を用いて水素を付加すると，分子量がBより2.0増加したCを生成した。

Cの水溶液に希硫酸を加えて加熱すると，Dとアセトンが生成した。

アセトンのカルボニル基に対するアルコールの求核反応は次の2段階で行われる。

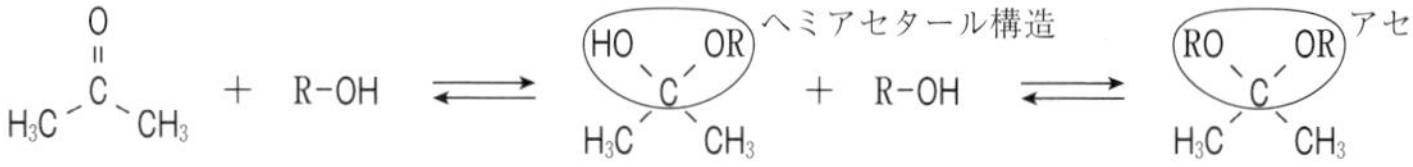

$$(CH_3)_2C{=}O + R{-}OH \rightleftarrows (CH_3)_2C(OH)(OR) + R{-}OH \rightleftarrows (CH_3)_2C(OR)(OR) \quad \cdots\cdots ①$$

（ヘミアセタール構造：$C(OH)(OR)$，アセタール構造：$C(OR)(OR)$）

隣接するC原子に -OH が結合した化合物への過ヨウ素酸酸化は次のように行われる。

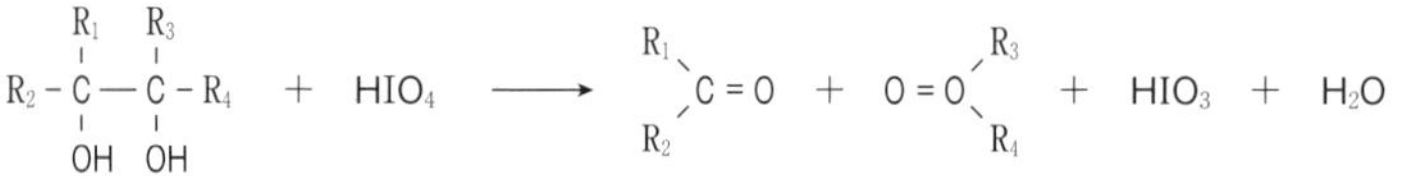

$$R_2{-}C(R_1)(OH){-}C(R_3)(OH){-}R_4 + HIO_4 \longrightarrow R_1R_2C{=}O + O{=}CR_3R_4 + HIO_3 + H_2O \quad \cdots\cdots ②$$

化合物A，B，C，Dの構造式を答えよ。

［解］　グルコース $C_6H_{12}O_6$ の鎖状構造の1位にホルミル基が存在するので，還元するとグルシトール $C_6H_{14}O_6$ になる。単糖類を還元して得られる多価アルコールを**糖アルコール**という。

①式より，アセトン1分子にアルコール2分子が反応するとアセタール構造ができる。題意より，グルシトール1分子にアセトン2分子が反応したので，グルシトール1分子中の -OH 6個のうち，4個がアセトンとの反応に使われ，残る2個が次の HIO_4 との反応に使われたことになる。アセトン，および HIO_4 との反応に使われたグルシトールの -OH の反応位置の組み合わせは，(i) (1,2位)，(ii) (2,3位)，(iii) (3,4位)，(iv) (4,5位)，(v) (5,6位) である。このうち HIO_4 との反応で C-C 結合が開裂したとき，同一の生成物が得られるのは(iii)のみである。よって，アセトン2分子との反応に使われた -OH の反応位置は，(i)と(v)に決まる。

アセトンに対する1回目の -OH の付加反応によって**ヘミアセタール構造**ができ，2回目の隣接する -OH との間の脱水反応によって**アセタール構造**をもつAが生成すると考えればよい。

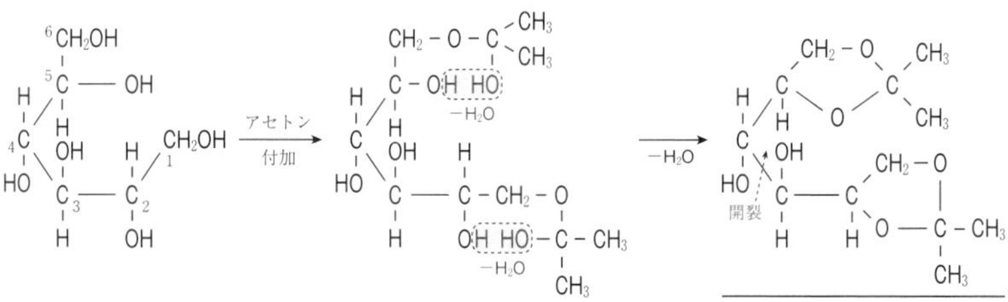

（図：グルシトール（1位～6位）→アセトン付加→ $-H_2O$（2か所）→ A（1,2位と5,6位がそれぞれアセトンとアセタール構造を形成；3,4位間のC-C結合に「開裂」の表示））

A

②式より，Aを HIO_4 で酸化すると，3,4位の C-C 結合が開裂して2分子のアルデヒドBを生じる。Bに H_2 を付加すると，ホルミル基が還元されて $-CH_2OH$ をもつ第一級アルコールCになる。Cを加水分解すると，アセトンと三価アルコールのグリセリンDが生成する。

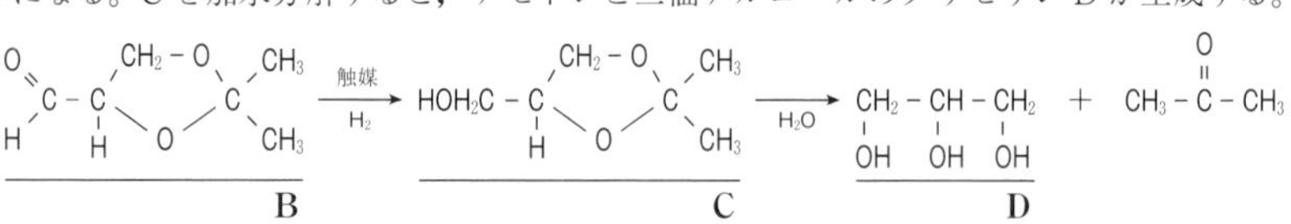

B：$OHC{-}CH(O{-})CH_2{-}O{-}$ で環をなす $C(CH_3)_2$（アセタール）　$\xrightarrow[H_2]{触媒}$　C：$HOH_2C{-}CH{-}CH_2{-}O$ 環（$C(CH_3)_2$）　$\xrightarrow{H_2O}$　D：$CH_2(OH){-}CH(OH){-}CH_2(OH)$ ＋ $CH_3{-}CO{-}CH_3$

B　**C**　**D**

SCIENCE BOX 糖アルコールの立体異性体

〔1〕 糖アルコールについて

単糖類をH_2で還元して得られる多価のアルコールを**糖アルコール**という。たとえば，グルコースの糖アルコールは，グルシトール(ソルビトール)と呼ばれ，低カロリーの食品の甘味料として使用されている。

さて，ホルミル基をもつ五炭糖（アルドペントース)$C_5H_{10}O_5$を還元して得られる糖アルコール（ペンチトール)$C_5H_{12}O_5$の立体異性体について考えてみよう。その立体構造は，炭素骨格を紙面上に置き，紙面上の結合は実線で，紙面前方への結合は楔形►で，紙面後方への結合を破線⋯で示した**破線 -楔形表記法**(下図)で表している。

〔2〕 リビトールやキシリトールの立体異性体について

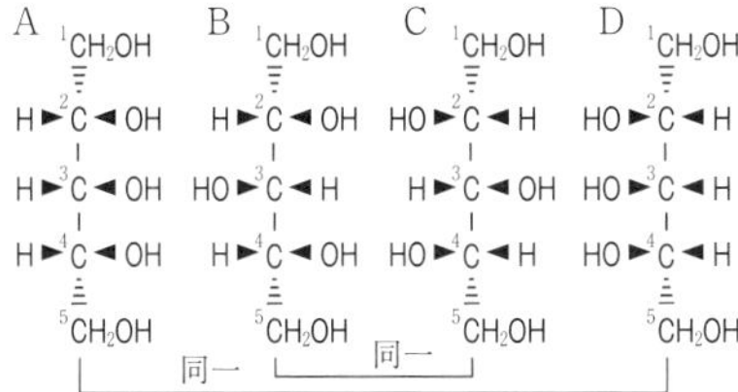

AとD，BとCは，それぞれ紙面上で180°回転すると完全に重なるので，同一物質である。Aは糖リボースの糖アルコールで**リビトール**，Bは糖キシロースの糖アルコールで**キシリトール**と呼ばれ，いずれも天然に存在する。AとBの2位と4位の炭素は，4種の異なる原子（基）と結合しており，不斉炭素原子である。

一方，AとBの3位の炭素は，上下の置換基（2位と4位）の平面構造は全く同じだが，立体配置が異なる*（4位はD型で，2位はL型である)。3位のような炭素原子を，**擬似不斉炭素原子**という。

* 糖アルコールであるA，Bの場合，1位と5位の置換基がいずれも$-CH_2OH$であるため，2位と4位の不斉炭素原子のD型，L型は区別できない。仮に，4位の不斉炭素原子を基準とすればA，BはともにD型となるが，2位の不斉炭素原子を基準とすればA，BはともにL型となる。このとき，構造式の上下の逆方向から見ると，D，Lが区別しやすい。

しかし，AとBには，3位の炭素を含む対称面が存在し，その上下の不斉炭素原子（2位と4位）の立体配置がちょうど逆転しており，分子内で旋光性が打ち消し合い，旋光性は示さない。つまり，AとBは光学不活性な**メソ体**である。リビトールやキシリトールには，光学活性なD型，L型は存在せず，メソ体のみが存在する。

〔3〕 アラビトールの立体異性体について

E	F	G	H
$^1CH_2OH$	$^1CH_2OH$	$^1CH_2OH$	$^1CH_2OH$
H►^{2}C◄OH	H►^{2}C◄OH	HO►^{2}C◄H	HO►^{2}C◄H
H►^{3}C◄OH	HO►^{3}C◄H	HO►^{3}C◄H	H►^{3}C◄OH
HO►^{4}C◄H	HO►^{4}C◄H	H►^{4}C◄OH	H►^{4}C◄OH
$^5CH_2OH$	$^5CH_2OH$	$^5CH_2OH$	$^5CH_2OH$
同一（E・F）		同一（G・H）	

EとF，GとHは，それぞれ紙面上で180°回転すると重なるので同一物質である。EとGは糖アラビノースの糖アルコールで**アラビトール**と呼ばれ，天然に存在する。

EとGの2位と4位の炭素は，不斉炭素原子である。一方，3位の炭素は上下の置換基（2位と4位）の平面構造だけでなく，その立体配置がともに，EではL,L型だが，GではD,D型で立体配置は同じである。したがって，3位の炭素は疑似不斉炭素原子ではない。また，分子内で旋光性が打ち消し合わず，旋光性を示すのでEとGは光学活性な化合物である。通常，最高位の不斉炭素原子(4位)の立体配置の違いから，EはL-アラビトール，GはD-アラビトールと呼ばれ，両者は鏡像異性体である。

一般に，不斉炭素原子をもつ化合物の立体異性体の総数は，擬似不斉炭素原子を除いた本来の不斉炭素原子の数をnとするとき，2^n個を超えないことが確認されている。

6 二糖類

二糖類には，マルトース(麦芽糖)，スクロース(ショ糖)，ラクトース(乳糖)，セロビオースなどがあり，これらはいずれも分子式 $C_{12}H_{22}O_{11}$ で表される。

二糖類には単糖2分子が，互いのヒドロキシ基どうしで脱水縮合した構造をもつ。とくに，ヘミアセタール構造 (p. 749) のヒドロキシ基と，他のヒドロキシ基との間でつくられたエーテル結合を**グリコシド結合**という⑮。

詳説⑮ アノマー炭素の立体配置が α 型と β 型との違いによって，α-グリコシド結合と β-グリコシド結合とがある。グリコシド結合は，ふつうのエーテル結合に比べて反応性が大きく，加水分解されやすい特徴をもつ。

二糖類も単糖類と同様で，白色結晶で水によく溶け甘味をもち，かつ，エタノールには少ししか溶けず，他の有機溶媒にはほとんど溶けない。単糖類の水溶液がすべて還元性を示すのに対して，二糖類は還元性を示すもの(**還元糖**)と，還元性を示さないもの(**非還元糖**)とに分類される。すべての多糖類は，分子鎖の末端に1つの還元性を示すヘミアセタール構造が存在するが，分子全体からみるとその割合は極めて小さく，還元性を示さない。

名　称	分子式	融点〔℃〕	還元性	所　在	甘味*	構　成　単　糖
マルトース	$C_{12}H_{22}O_{11}$	103	あり	水あめ	0.3～0.4	グルコース＋グルコース
スクロース	$C_{12}H_{22}O_{11}$	182	**なし**	サトウキビ テンサイ	1.0	グルコース＋フルクトース
ラクトース	$C_{12}H_{22}O_{11}$	201	あり	母乳，牛乳	0.2～0.3	グルコース＋ガラクトース

*)スクロースを1としたときの値。

7 マルトース

マルトース(麦芽糖)は，α-グルコースの1位の -OH と別のグルコースの4位の -OH との間で脱水縮合した構造をもつ⑯。このとき生じた結合を**α-グリコシド結合**という。

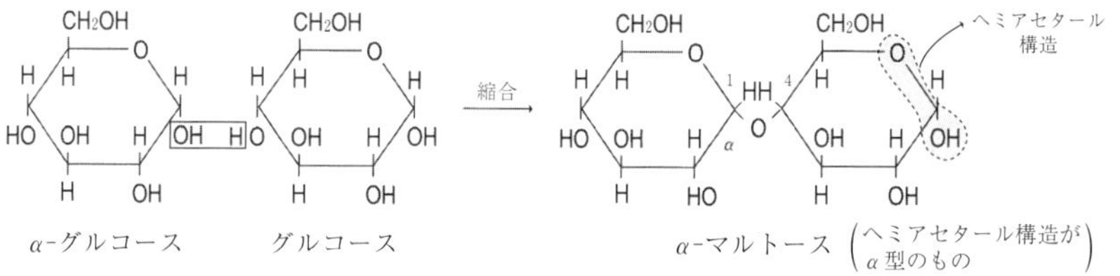

マルトース分子の右側の[破線枠]部分にヘミアセタール構造があり，水中では一部の分子が開環してホルミル基を生成するので，還元性を示す⑰。

補足⑯ マルトースは，水あめの主成分である。デンプンを麦芽 (大麦を発芽させたもの) に多く含まれる酵素のアミラーゼで加水分解するとマルトースが生成する。また，おかゆにコウジカビを加えて保温すると，マルトースが生成し甘酒ができる。

補足⑰ β-マルトースを水に溶かすと比旋光度は＋112° を示すが，時間がたつと一部が α 型に変化して＋130° で一定となる。このときの α 型と β 型の存在比は，α-マルトースの比旋光度は＋141° なので，平衡状態での β 型の割合を x とおくと，$112x+141(1-x)=130$ より，$x=0.38$　$\therefore\ \alpha:\beta=0.62:0.38\fallingdotseq3:2$ となる。

►マルトースを希酸や酵素マルターゼで加水分解すると，グルコースが得られる[18]。

詳説[18]　マルトースを加水分解しても，α-グルコースだけが得られるわけではない。水溶液中で加水分解すると，必ずα型とβ型の平衡混合物が得られる点に留意せよ。

マルトースの酸による加水分解

①グリコシド結合のO原子の非共有電子対へ触媒のH^+が付加する。②グリコシド結合は，ヘミアセタール構造を含む点線部分で結合が切れる。③生じたグルコースの陽イオンは，隣接するO原子の非共有電子対からのπ電子の流入（非局在化）によって正電荷が分散されており，比較的安定である。④H_2Oの付加およびH^+の脱離で加水分解が終了する。すなわち，糖のグリコシド結合は，酸により加水分解されやすいが，塩基では加水分解されにくい。

8　スクロース

スクロース(**ショ糖**)は代表的な二糖類で，多くの植物中に含まれるが，とくに，サトウキビ(甘蔗)の茎(約20%)やテンサイ(甜菜)の根(約15%)に多く含まれ，砂糖として用いる代表的な甘味料である[19]。グラニュー糖や氷砂糖は純粋なスクロースの結晶である。

補足[19]　一般的な砂糖の製法は次の通りである。サトウキビ（甘蔗）の茎を根元から切り取り，これをローラーで圧搾して糖分をしぼり出す（甘蔗中に含まれる有機酸により，スクロースが加水分解されるのを防ぐため，できるだけ速やかに処理する)。この汁液に石灰乳$Ca(OH)_2$を加えて酸を中和したのち，80～90℃に熱してタンパク質，その他の不純物を凝固させる。さらに，この液にCO_2を十分に通じて，溶けているCa^{2+}を$CaCO_3$として沈殿させる。ろ過して得た透明なろ液を，減圧下で真空蒸発を行いながら濃縮し，糖分が約90%のとき種結晶を加えると，結晶が析出してくる。これを遠心分離機にかけると，結晶(粗糖)と糖蜜が得られるから，粗糖には活性炭を加えて脱色・再結晶を繰り返すと，精製糖(白砂糖)が得られる。

►スクロースは，α-グルコースの1位の-OHと，β-フルクトースの2位の-OHが脱水縮合してできるが，このとき，還元性を示すヘミアセタール構造の-OHどうしで縮合しており，ヘミアセタール構造がアセタール構造(p. 843)に変化したため，スクロースの水溶液は還元性を示さない[20]。

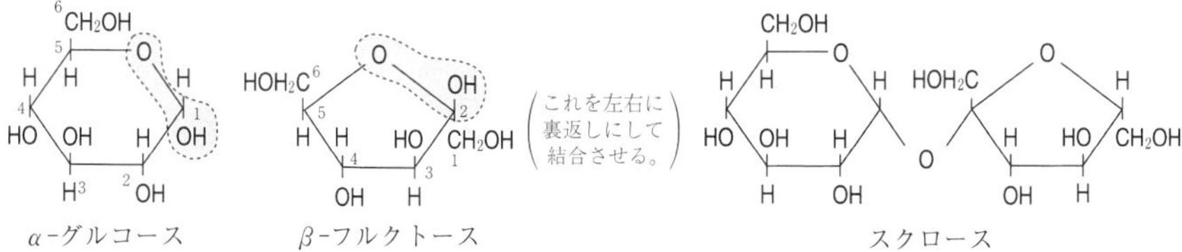

α-グルコース　　β-フルクトース　　スクロース

詳説[20]　フルクトースの五員環では，上図のように6位の$-CH_2OH$を環の上側に置いたとき，2位の-OHが環の上側にあるものがβ型である（p. 754)。スクロースは，少なくともグルコースの1位か，フルクトースの2位のヘミアセタール構造の-OHの部分で縮合しなければならない。これら以外の-OHどうしで脱水縮合すれば，生じたエーテル結合は加水分解できない。

α-グルコースとβ-フルクトースの脱水縮合の可能な位置としては，(i) α-グルコースの1位とβ-フルクトースの1,2,3,4,6位，(ii) β-フルクトースの2位とα-グルコースの2,3,4,6位の9通りが考えられる。これらのうち，脱水縮合によって，ヘミアセタール構造どうしが縮合してアセタール構造に変化するのはα-グルコースの1位の -OH とβ-フルクトースの2位の -OH が脱水縮合した場合だけであり，水中では開環できない。よって，スクロース水溶液は還元性を示さず(変旋光も示さず，甘味も変化しない)，水溶液の状態でも安定に存在しうる二糖類である。ただし，ヘミアセタール構造のヒドロキシ基どうしで脱水縮合してしまったため，スクロースはこれ以上脱水縮合して多糖類になることはできない。

►スクロース(ショ糖)1分子を希酸や酵素スクラーゼ(またはインベルターゼ)で加水分解すると，グルコースとフルクトース各1分子が生成する。スクロースを加水分解することをとくに**転化**といい，生じたグルコースとフルクトースの等量混合物を**転化糖**という㉑。スクロースの水溶液は還元性を示さないが，転化糖は還元性を示す。

$C_{12}H_{22}O_{11}$	+ H_2O ⟶	$C_6H_{12}O_6$	+	$C_6H_{12}O_6$
スクロース		グルコース		フルクトース
〔α〕＝＋66°		〔α〕＝＋52°		〔α〕＝－92°
右旋性		平均[α]＝－20°(左旋性)		

詳説㉑ スクロースは右旋性であるが，加水分解するとグルコースの右旋性よりもフルクトースの左旋性のほうが大きいため，左旋性を示す。このように，スクロースの加水分解では旋光方向が逆転することから**転化** (invert) とよばれ，そのとき働く酵素を転化酵素 (インベルターゼ) という。スクロースの甘味を1.0とすると，グルコースは約0.5，フルクトースは約1.5となり，転化糖の甘味はスクロースの約2倍となる。たとえば，レンゲ蜜は，糖分が約80%(グルコース約36%，フルクトース36%，スクロース20%など)と水分約20%からなる。

ミツバチが集める花蜜の主成分はスクロースであるが，ミツバチのだ液にはインベルターゼが含まれているので，花蜜にだ液が混じり込み，これが巣の中で貯蔵されている間に自然に加水分解されて転化糖が生じる。これが蜂蜜である。

たいていの蜂蜜は糖の過飽和溶液であり，寒くなると結晶化してくるが，この結晶化したほうにはグルコース，結晶化しない蜜の部分にはフルクトースが多く含まれる。フルクトースの多く含まれるミカン蜜ではなかなか結晶化しないが，ナタネ蜜のようにグルコースが多く含まれる場合には，結晶化しやすい傾向がある。また，蜂蜜はスクロースよりも人体に吸収されやすい特徴をもつ。これは，蜂蜜の主成分のグルコースとフルクトースがともに単糖類で，これ以上加水分解(消化)される必要がなく，体内に摂取されると短時間で小腸壁から吸収されるからである。単糖の体内への吸収には，(1) 濃度勾配に逆らった**能動輸送**(エネルギーを必要とする)，(2) 拡散による**受動輸送**(エネルギーを必要としない)とがある。

グルコースの場合は能動輸送による吸収が中心で，吸収速度が大きく，激しい運動のあとに摂取すれば，約15～20分で血液中に入り，血糖値を速やかに上昇させるので，疲労回復には効果が大きい。一方，フルクトースの吸収は受動輸送が中心であり，ゆっくりと血液中に吸収され，血糖値を急激に上昇させることが少ない。

参考 スクロース(ショ糖)の加水分解はどのようにしておこるのか。

① 触媒の H^+ がグリコシド結合をしているO原子の非共有電子対に付加する。

② グリコシド結合は，ヘミアセタール構造を含む点線部分のⒶ，Ⓑで切れやすいが，スクロースは2つのヘミアセタール構造のヒドロキシ基どうしで脱水縮合したものだから，結合の切れ方は2通り考えられる。酵素による加水分解ではグルコース側から行われる場合と，フルクトース側から行われる場合とがある(スクロースの場合は後者である)。

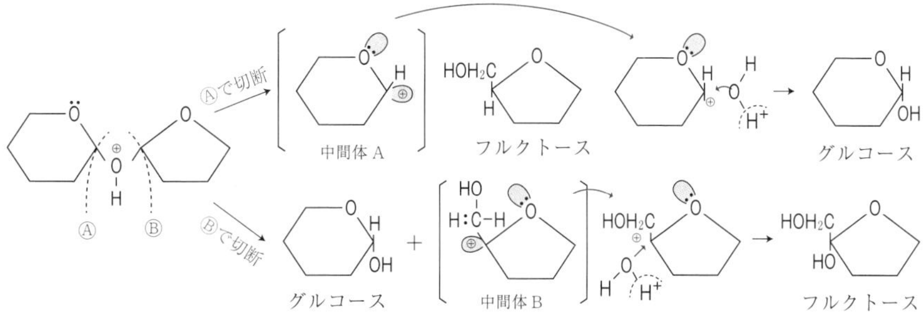

Ⓐで切断

中間体A　フルクトース　グルコース

Ⓑで切断

グルコース　中間体B　フルクトース

③ H_2O の付加および H^+ の脱離で，加水分解が終了する。

中間体A，B(ともに陽イオン) の安定性を比較すると，中間体Aでは環内の酸素原子の非共有電子対からの電子の流入 (非局在化) による正電荷の分散がおこっているだけである。一方，中間体Bではこれに加えて $-CH_2OH$ の C−H 結合の共有電子対からの電子の流入 (超共役)により，正電荷の分散は大きくなっており，中間体Bは中間体Aよりも安定性が大きい。よって，スクロースでは，AよりもBのほうが少し結合が切れやすくなっている。

9 他の二糖類

ラクトース（**乳糖**）　β-ガラクトースの1位の -OH とグルコースの4位の -OH で脱水縮合した二糖類。右側の環にヘミアセタール構造が残り，水溶液は還元性を示す。希酸や酵素ラクターゼで加水分解すると，ガラクトースとグルコースが生じる。

セロビオース　β-グルコースの1位の -OH と別のグルコースの4位の -OH で脱水縮合した二糖類。右側の環にヘミアセタール構造が残り，水溶液は還元性を示す。セルロースによる加水分解で生じ，甘味は弱く，自然界での存在は松葉に少量含まれる程度である。希酸や酵素セロビアーゼで加水分解されると，グルコースのみを生じる。

トレハロース　α-グルコース2分子が1,1位の -OH で脱水縮合した二糖類。ヘミアセタール構造がともに脱水縮合に使われたため水溶液は還元性を示さない㉒(**非還元糖**)。

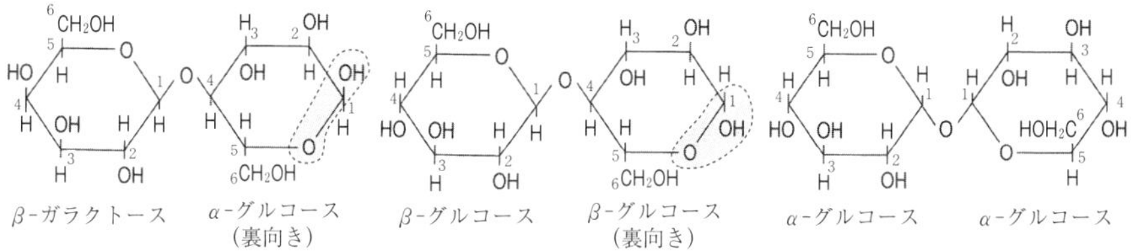

β-ガラクトース　α-グルコース(裏向き)

α-ラクトース

β-グルコース　β-グルコース(裏向き)

β-セロビオース

α-グルコース　α-グルコース

トレハロース

補足㉒ 少し甘味のある白色の粉末で，細胞が乾燥して水分子の抜けた部分に入り込み，細胞の構造や形態を保持する働きをする。干(ほし)シイタケ，砂漠の植物，昆虫の血液などに存在する。

SCIENCE BOX 三糖類の構造決定

デンプンをアミラーゼで部分的に加水分解すると，二糖類のマルトースとともに，三糖類のマルトトリオース（以下，Xという）を生成することがある。

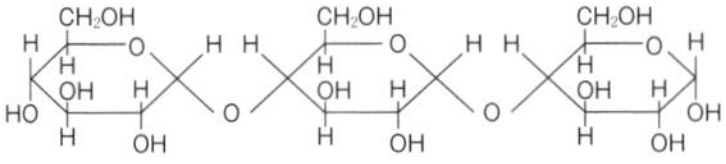

① 構成単糖の種類は，酸を用いて完全に加水分解するとわかる。Xの場合，グルコースのみが生成する。

② X中の -OH の結合位置は，すべての -OH をヨウ化メチル CH_3I でメチル化し，硫酸で加水分解すると，異なる生成物が得られることから推定できる。

(a) (b) 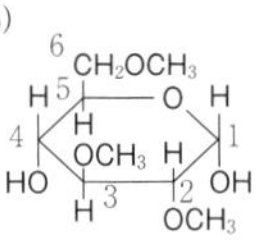 (c)

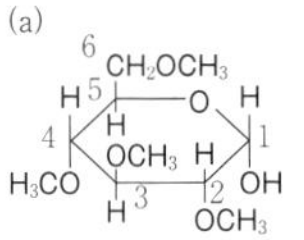

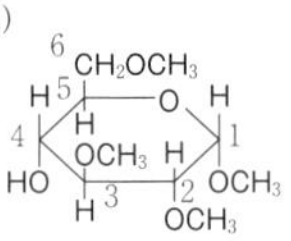

Xの左端の非還元末端からは(a)，中央部からは(b)，右端の還元末端からは(c)の生成が予想されるが，酸の加水分解ではグリコシド結合とともに，反応性の大きい1位の $-CH_3O$ も加水分解されてしまう。したがって，(c)は生成せず，(a)：(b)＝1：2の割合で生成する。

③ Xの還元性の有無を調べる。銀鏡反応が陽性ならば，(b)のうち1個の1位の -OH が結合に使われずに残っているはずである。よって，Xのグリコシド結合はともに1,4結合である。

④ グリコシド結合のα型，β型を区別するには，酵素の基質特異性を利用する。すなわち，α-グルコシダーゼで完全に加水分解されれば，Xのグリコシド結合はすべてα型である。Xを調べ，これに該当するならば，その構造は左上図のように決まる。

また，β-グルコシダーゼで完全に加水分解されれば，その三糖類のグリコシド結合はすべてβ型と決まる。

もし，α-グルコシダーゼによってグルコースとセロビオースが得られ，β-グルコシダーゼによってグルコースとマルトースが得られた場合，その三糖類はα型とβ型のグリコシド結合を1個ずつ含む。考えられる構造は，次の通りである。

(A)

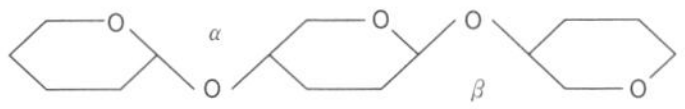

(B)

Xのように還元性のある三糖類の場合，②の操作により，非還元末端からは(a)，中央部と還元末端からはいずれも(b)を生成する。よって，中央部と還元末端を区別するには，③の還元性を調べた後にできる生成物の種類を調べればよい。すなわち，単糖類は臭素水や $[Ag(NH_3)_2]^+$ のような弱い酸化剤により，鎖状構造に存在する -CHO が -COOH に酸化され，1価のカルボン酸に変化することを利用する。

(A)，(B)の還元性を調べてから，α-グルコシダーゼで加水分解したとすると，

(A) グルコース セロビオン酸

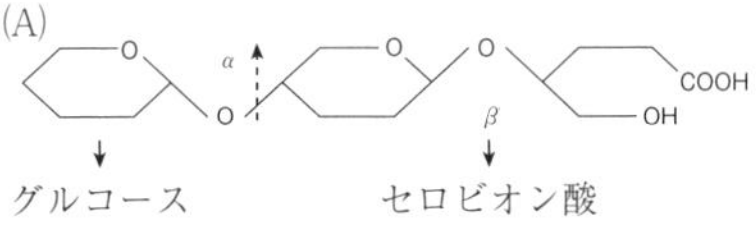

(B) セロビオース グルコン酸

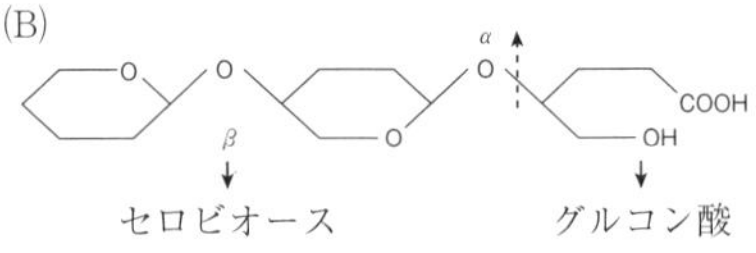

上記のように，生成物の違いから，グリコシド結合のα型，β型の結合順序の違いがわかる。

例題 グルコースが脱水縮合した糖 X(分子式 $C_{18}H_{32}O_{16}$)について，次の問いに答えよ。

実験 1：糖 X の -OH 基をすべてメチル化したのち，希硫酸でグリコシド結合*とグルコースの 1 位の炭素に結合した $-OCH_3$ を加水分解したら，グルコースの 2,3,4,6 位の炭素に $-OCH_3$ が結合した化合物と，2,3,6 位の炭素に $-OCH_3$ が結合した化合物が得られた。

実験 2：糖 X を穏やかに酸化した後，α-グルコシダーゼで加水分解すると，糖の誘導体 A と糖 B を生じた。同様に，糖 X を穏やかに酸化した後，β-グルコシダーゼで加水分解すると，糖の誘導体 C と糖 D が生じた。分子量は糖の誘導体 A のほうが糖の誘導体 C より大きかった。

＊グリコシド結合は，糖の 1 位の -OH と他の糖の -OH との間で脱水縮合してできたエーテル結合。

(1) 糖 B，糖 D の名称，および糖 X の構造式をグリコシド結合の α，β がわかるように示せ。

(2) 糖 X 2.0 mg を α-グリコシダーゼで一部加水分解した後，十分量のフェーリング液に加えて加熱したら 0.80 mg の赤色沈殿を生じた。糖 X の何%が加水分解されていたか。ただし，還元糖 1 mol から赤色沈殿 1 mol が生成するものとする。(原子量：H=1.0，C=12，O=16，Cu=64)

［解］ (1) 糖 X の分子式 $C_{18}H_{32}O_{16}$(=3 $C_6H_{12}O_6$−2 H_2O)よりグルコースの三糖類である。

実験 1 より，糖 X の -OH をすべてメチル化した化合物には，いずれも 6 位の炭素に -OH 基が結合したものが存在しないので，1,6-グリコシド結合は含まず，4 位の炭素に -OH が結合したもののみが得られるので，糖 X には 1,4-グリコシド結合のみを含む。

実験 2 より，糖 X は，α-グルコシダーゼと β-グルコシダーゼのいずれでも加水分解を受けるから，糖 X には α-1,4-グリコシド結合と β-1,4-グリコシド結合の両方を含む。

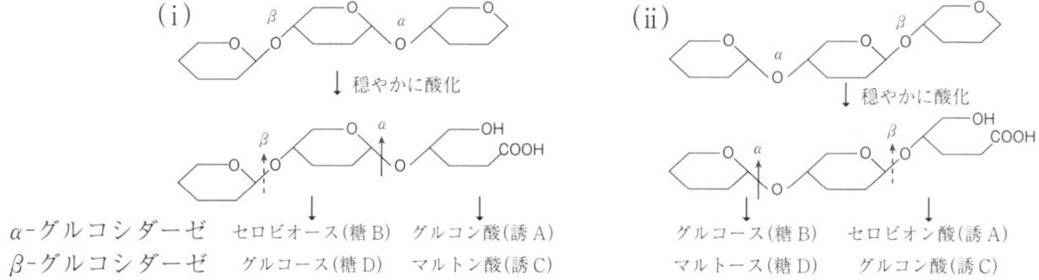

誘導体 A の分子量が誘導体 C の分子量よりも大きいので，**糖 X は(ii)，糖 B はグルコース，糖 D はマルトース**　　**糖 X**

答

(2) 糖 X 1.0 mol のうち，x mol が加水分解されたとすると，糖 X，グルコース，セロビオースはみな還元糖である。題意より，各糖 1 mol から酸化銅(Ⅰ) Cu_2O 1 mol を生じるから，

	X	+	H_2O	⟶	グルコース	+	セロビオース		
加水分解後	(1.0−x)				x		x	(mol)	合計 (1.0+x)mol

糖 X の分子量は $C_{18}H_{32}O_{16}$=504，式量は Cu_2O=144 より

$$\frac{2.0\times10^{-3}}{504}\times(1.0+x)=\frac{0.80\times10^{-3}}{144}\qquad x=0.40$$

40% 答

6-3　多糖類

1　デンプン

デンプンは植物の光合成でつくられ，植物の種子・根・地下茎などにデンプン粒として蓄えられている❶。デンプンは冷水には溶けにくいが，熱水につけておくと，溶け出してコロイド溶液となる成分と，不溶性の成分に分けられる❷。前者は比較的分子量が小さく，直鎖状の構造をしており**アミロース**という。一方，後者は比較的分子量が大きく，枝分かれの多い構造をしており**アミロペクチン**とよばれる。一般に，デンプンはアミロースとアミロペクチンの2成分から構成されている❸。

補足❶　デンプン粒の形や大きさは，植物の種類によって異なるが，基本的な構造は下図の通りである。アミロペクチンの配列した隙間に，アミロースがはさみこまれた状態で存在しており，外皮部分にはアミロースは含まれない。ウルチ米ではアミロース 20～25%，アミロペクチン 75～80%，モチ米はアミロペクチンがほぼ100%でできている。

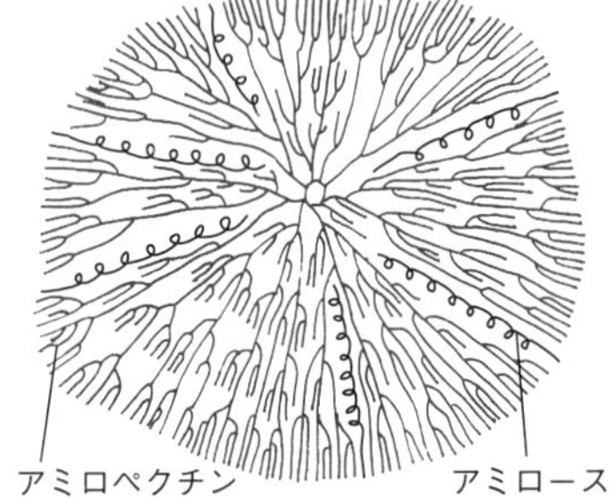

デンプン粒の分子模型

補足❷　デンプン粒の表層部は，果粒状のタンパク質で覆われており，デンプンを熱水につけておくと，その隙間から比較的分子量の小さなアミロースだけが溶け出し，親水コロイド溶液になる。

詳説❸　アミロースは，多数の α-グルコースの1位と4位の -OH が脱水縮合してできた直鎖状の構造をしている。一方，アミロペクチンは，多数の α-グルコースの1位と4位の -OH が脱水縮合しているほか，所々で1位と6位の -OH どうしが脱水縮合したもので，分子中には多数の枝分かれ構造をもつ。アミロペクチンが熱水

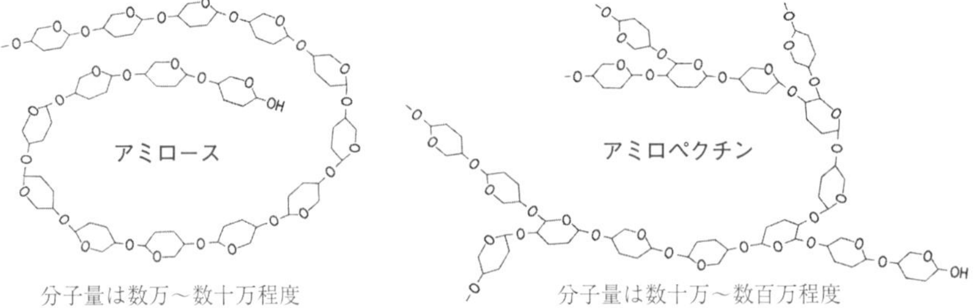

分子量は数万～数十万程度　　分子量は数十万～数百万程度

にもほとんど溶けないのは，(1)アミロースに比べて分子量がかなり大きいこと，(2)分子の枝分かれにより，水分子が内部まで入り込みにくいこと，などが考えられる。

►デンプンの分子は，グルコース単位6個で1回転するような左巻きの**らせん構造**をしており，その形は分子内の水素結合によって保持されている❹。また，デンプンの水溶液にヨウ素ヨウ化カリウム水溶液(ヨウ素溶液)を加えると，青紫色に呈色する。この呈色反応を**ヨウ素デンプン反応**といい，アミロースでは濃青色，アミロペクチンでは赤紫色を示す❺。

詳説❹　**デンプンはどうしてらせん構造をとるのか。**

α-グルコースの1位の -OH は環平面に対し約90°下側（**アキシアル位**）に出ているのに対し，4位の -OH は環平面にほぼ平行に（**エクアトリアル位**）に出ている(p.752)。このままで分子が同じ方向(表表…)で結合すると，生じたグリコシド結合のO原子の結合角は約90°となってしまう。そこで，結合角が約110°になるまでグリコシド結合が開くことによって，安定な1,4結合ができ上がる。この折れ曲がりによって，ともにエクアトリアル位にある2位と隣の3位の -OH の距離は一層近くなって，分子内水素結合がつくられ，らせん構造が安定に維持されることになる。

また，このように結合を続けていくと，右下図のようなグルコース6個で1回転するようならせん構造ができ上がる。なお，アミロース分子内には，2,3,6位と，末端の1位と4位に -OH が存在する。このうち，6位の $-CH_2OH$ はらせんの外側に飛び出した形になっている。アミロース鎖がさらにつながる場合，反応性の最も大きい1位の -OH は，立体障害の最も少ない6位の $-CH_2OH$ と脱水縮合しやすくなる。

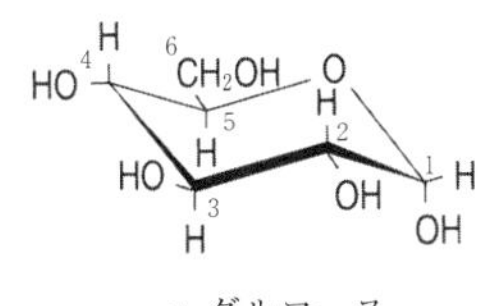

α-グルコース

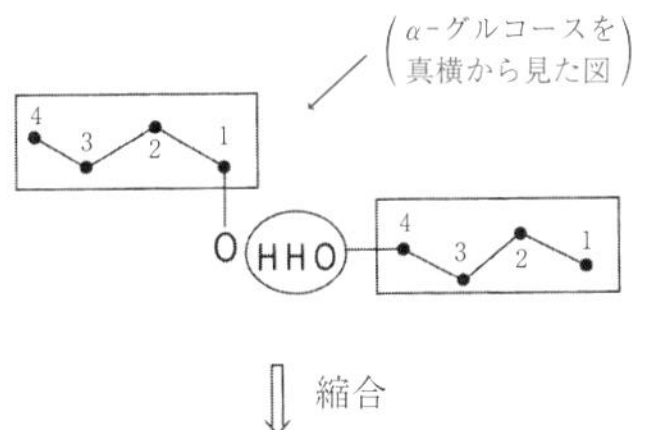

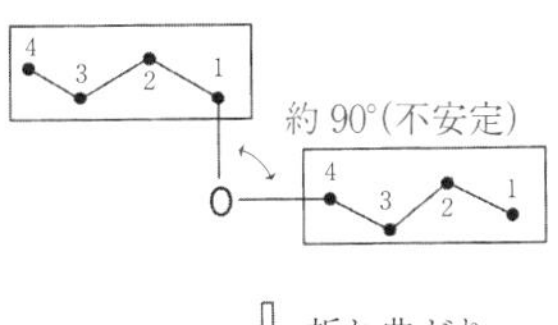

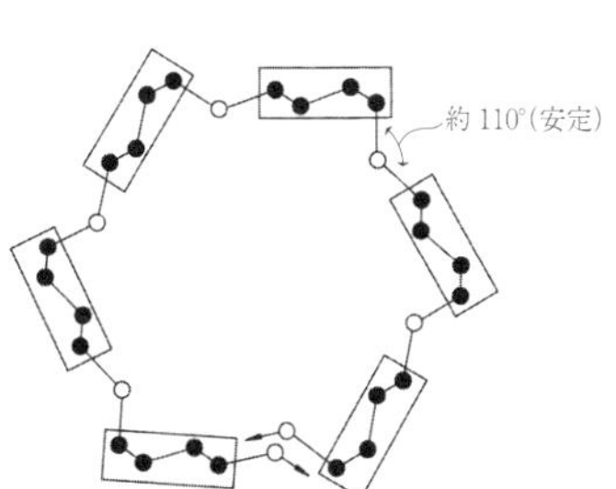

詳説❺　デンプンのらせん構造(内径約0.90 nm)は，外側に2，3位の -OH が出ており親水性を示し，内側にはC-H結合があり疎水性を示す。また，電気陰性度はC>Hのため，H原子はわずかに正電荷を帯びており，らせんの内側は陰イオンにとって不安定な環境ではない。この中に三ヨウ化物イオン I_3^- や五ヨウ化物イオン I_5^- などが取り込まれ，デンプン分子の間に**ヨウ素デンプン錯体**（このような化合物を**包接**(ほうせつ)**化合物**という）が形成される。それに伴って，電子の豊富な部分から不足した部分への電荷移動に伴って，可視光線の吸収がおこり，青紫色に呈色する。

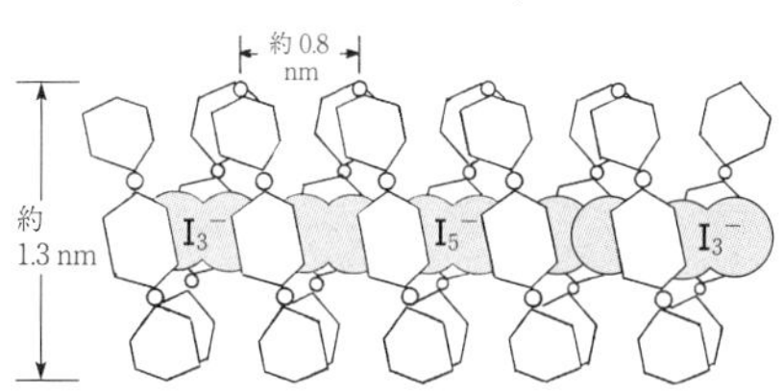

グルコースの数	ヨウ素デンプン反応の色
45個以上	青　色
35～45個	紫　色
20～30個	赤　色
12個以下	無　色

包接化合物中でのI_3^-の共有結合半径は0.145 nm，ファンデルワールス半径は0.20 nmなので，I_3^-の長径は約1.0 nmとなる。なお，デンプンのらせん1回転（1ピッチ）の長さが約0.8 nmなので，5ピッチの中にI_3^-が4個分取り込める計算になる。また，入り込んだI_3^-の数が多くなると，包接化合物による可視光線の吸収は長波長側にずれ，呈色は，赤→紫→青色へと変化する。デンプンはグルコース6個で1回転するようならせん構造をとるので，上表よりデンプンがI_3^-を6個以上取り込むと青色，4～5個で紫色，3～4個で赤色に呈色し，2個以下では呈色しないことになる。

アミロースは長い1本のらせんからできており，I_3^-は取り込まれやすく，また，取り込まれるI_3^-の数も多いので，呈色は濃青色となる。一方，アミロペクチンには枝分かれが多く，1本あたりのらせんはかなり短い。しかも，らせんが複雑にからみ合っており，I_3^-が入り込みにくい。したがって，色調は赤紫色となり，その呈色はアミロースに比べると弱くなる。

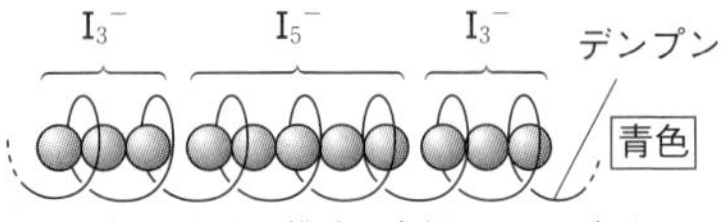

デンプンのらせん構造の内部に，ヨウ素はI_3^-やI_5^-などの形で取り込まれると，両者の間で電荷移動がおこって呈色する。また，デンプン水溶液を加熱すると，らせん構造を維持している水素結合の一部が切れ，らせん構造が崩れることから，I_3^-，I_5^-などがらせん構造から出ていき，呈色が消失すると考えられる。

ヨウ素デンプン反応の呈色は，50～60℃で消失するが，30～40℃で復色する。これは，ヨウ素デンプン反応の呈色液では，デンプン＋I_3^-など⇄ヨウ素デンプン錯体 $\Delta H = -45$ kJ，（$K \fallingdotseq 8\times10^8$）のような平衡が成立するからである。したがって，呈色液を加熱すると吸熱方向へ(左)へ平衡が移動して退色するが，冷却すると発熱方向(右)へ平衡が移動して復色することになる。

►デンプンに酵素アミラーゼを作用させると，途中にさまざまな分子量をもつ**デキストリン**とよばれる加水分解生成物を経て，最終的にはマルトースまで加水分解される❻。

詳説❻　デンプンを部分的に加水分解して生成する中間生成物を，総称して**デキストリン**といい，分子量の大きいものから小さいものまである。一般的に，加水分解が進行して分子量が小さくなるにつれ，ヨウ素デンプン反応の色調は，青→赤紫→赤褐色と変化する。さらに低分子量となるとヨウ素デンプン反応は示さなくなり，かわりに還元性を示すようになる。

〈デンプンの加水分解に働く酵素アミラーゼの種類〉

α-アミラーゼ　デンプン鎖の任意の位置から，1,4グリコシド結合を，ちょうどグルコース5個分を1単位として切断する。枝分かれ部分の1,6結合には作用しにくいので，小さな限界デキストリンが残る。

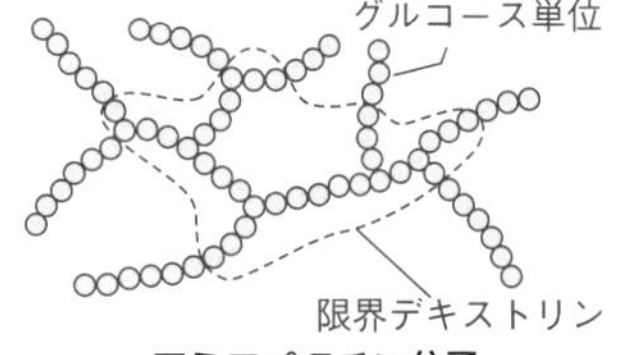

アミロペクチン分子

β-アミラーゼ　デンプン鎖の非還元性末端より，マルトース単位で正確に1,4-グリコシド結合を切断する。1,6結合の分岐点で働きが止まり，それ以降は加水分解されないので，大きな限界デキストリンが残る。

イソアミラーゼ　分岐点の1,6結合のみを分解する。私たちの消化液中にも少量ある。

グルコアミラーゼ　カビ類に主に存在し，デンプンの非還元性末端から，グルコースを1個ずつ切断していく。デンプンを構成するグルコースの総数を調べるのにも利用される。

SCIENCE BOX シクロデキストリンとは何か

デンプンに，細菌 *Bacillus macerans* などから抽出した酵素アミラーゼを作用させると，6, 7, 8 個の α-グルコース分子が，1, 4-グリコシド結合によって結合した環状のオリゴ糖ができる。これを**シクロデキストリン**という*1。

＊1 α-グルコース 6, 7, 8 個からなるものを，それぞれ α-, β-, γ-シクロデキストリンという。さらに，α-グルコースが 9, 10 個からなる δ-, ε-シクロデキストリンなどもある。

シクロデキストリンは，直鎖のデキストリンに比べて，熱・pH・酸化剤・還元剤などにも強く，β-アミラーゼ（p. 766）では加水分解されない。また，還元性を示すヘミアセタール構造(p. 749)がすべて脱水縮合に使われており，水溶液は還元性を示さない。

シクロデキストリンの中央部は空洞になっており，全体として，底なしバケツのような形をしている。右図に示すように，空洞の内部は，極性の小さな C-H 結合のために疎水性を示し，外側はヒドロキシ基 -OH のために親水性を示す。また，6 位の $-CH_2OH$ が結合した上側は，2 位，3 位の -OH が結合した下側よりも環の内径が少しだけ小さくなっている。

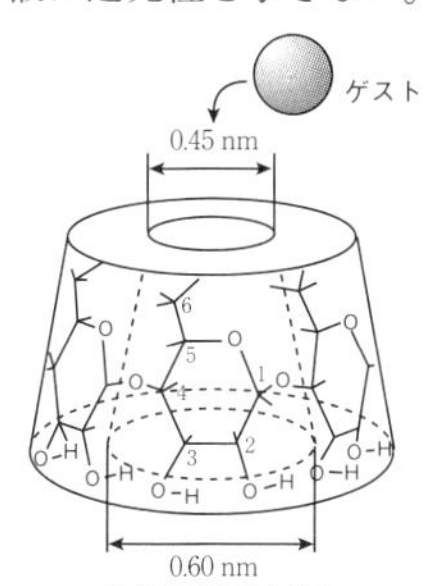

α-シクロデキストリン
（シクロヘキサアミロース）

シクロデキストリンの空洞部分には，適当な大きさの有機物の分子などを取り込む能力がある。このような現象を**包接作用**といい，生じた化合物を**包接化合物**という*2。

＊2 シクロデキストリン分子の中に I_3^- や I_5^- などが入り込み，包接化合物をつくることによって，青色の呈色がおこる。

デンプンやシクロデキストリンのように，小さい分子を取り込む働きをする分子を**ホスト**，ヨウ素のように取り込まれる分子を**ゲスト**という。ホストとゲストの関係は，酵素と基質の関係によく似ており，シクロデキストリンを人工酵素として利用しようとする研究も近年盛んになっている。

ところで，シクロデキストリンは生体にまったく無害であるので，食品，医薬品など，さまざまな分野で利用されている。

たとえば，緑茶の成分であるカテキン類をシクロデキストリンにマスキングさせておくと，不快な苦味や渋味成分が軽減される。

また，天然のワサビの細胞内では，その香り・辛み成分は，グルコースと結合した安定な形（**配糖体**という）で存在する。これをすり潰すと，酵素の作用で加水分解がおこり，香り・辛み成分のイソチオシアン酸アリル $CH_2=CHCH_2N=C=S$ が遊離する。市販の練りワサビでは，この成分の酸化を防止するとともに，揮発して失われることを防止するために，シクロデキストリンの包接作用が利用されている。

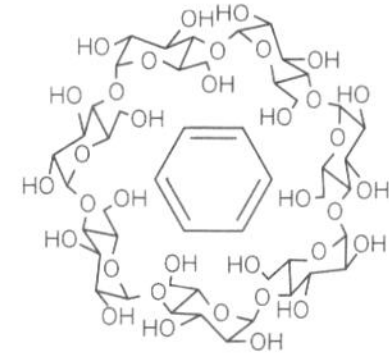
β-シクロデキストリンへのベンゼンの包接

シクロデキストリンの空洞部分には，吉草酸やアミンのような不快な臭いのある有機化合物も包接されやすい。この性質は，悪臭を除く消臭スプレーに，また，香料を包接させると少しずつ揮発するので，トイレの芳香剤に利用されている。

シクロデキストリンに，ビタミン A, D などの脂溶性ビタミンを取り込ませて，その酸化を防止したり，フェノバルビタール(催眠薬)などの水に難溶性の薬剤を取り込ませて可溶化させたり，プロスタグランジンなどの化学的に不安定な生理活性物質を安定化させるときなどにも利用されている。

SCIENCE BOX　アミロペクチンの構造

アミロースは熱水に可溶であるから，各種の濃度の水溶液をつくり，その浸透圧を測定後，無限希薄溶液の浸透圧を求めると(p. 743)，その平均分子量は比較的簡単に求められる。

しかし，アミロペクチンの場合は熱水にも不溶なので，まずこれを溶かす溶媒を考えなければならない。それには，アミロペクチン中のヒドロキシ基 -OH をヨウ化メチル CH_3I などでメチル化(-OCH_3)すると，有機溶媒に可溶となるので，浸透圧を測定することができる。ただし，この方法で求まった平均分子量は，メチル化されたアミロペクチンの平均分子量だから，重合度を求めたあと，もとのアミロペクチンの平均分子量に直しておく必要がある。

アミロペクチンは，分子鎖の所々に枝分かれ部分をもつが，1分子あたり何か所の枝分かれがあるかは，次の方法で求める。

まず，試料となるアミロペクチンに過剰の硫酸ジメチル $(CH_3O)_2SO_2$ を反応させると，グリコシド結合していない遊離の -OH が完全にメチル化されたアミロペクチンが得られる。これを希硫酸とともに加熱すると，グリコシド結合の部分だけが加水分解される。ただし，反応性の大きい1位に結合した -OCH_3 だけは，酸の加水分解により，もとの -OH に戻ってしまうことに注意する。こうした得られた単糖分子をクロロホルムで抽出後，石油エーテルを少しずつ加え，注意深く分別沈殿（溶解度のわずかの差を利用して，化学的に似ている物質を分離する方法）をくり返すと，次の3種類の化合物 A, B, C が単離できる。

例題　平均分子量 4.05×10^5 のデンプンがある。このデンプン 2.431 g の -OH をすべて -OCH_3 にしたのち，希硫酸で加水分解すると，次の化合物 A が 3.064 g，B は 0.142 g，C は 0.125 g 生成した。この結果から，このデンプン1分子中に平均何か所

A 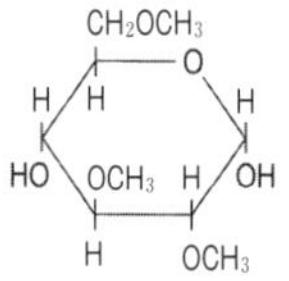
CH_2OCH_3, O, H, H, H, HO, OCH_3, H, OH, H, OCH_3
3.064 g

B 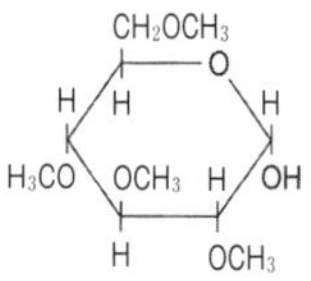
CH_2OCH_3, O, H, H, H, H_3CO, OCH_3, H, OH, H, OCH_3
0.142 g

C 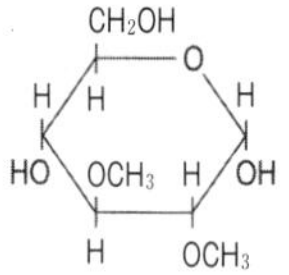
CH_2OH, O, H, H, H, HO, OCH_3, H, OH, H, OCH_3
0.125 g

非還元末端　還元末端
連鎖部分
枝分かれ部分

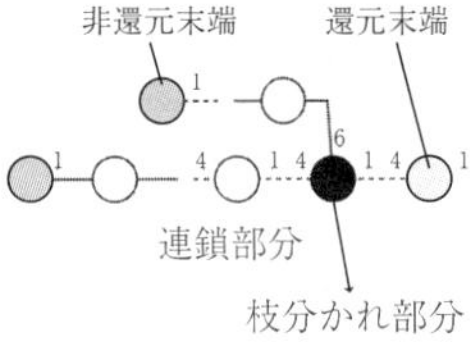

の枝分かれがあるかを求めよ。(H=1.0, C=12, O=16)

［解］　A がグリコシド結合していたのは 1, 4 位で，もとのデンプン鎖の連鎖部分，または還元末端である。B がグリコシド結合していたのは1位だけで，もとのデンプン鎖の非還元末端である。C がグリコシド結合していたのは 1, 4, 6 位で，もとのデンプン鎖の枝分かれ部分である。

-OH が -OCH_3 に変わるごとに，分子量は 14 ずつ増すので，

A の分子量：$180+(14\times3)=222$
B の分子量：$180+(14\times4)=236$
C の分子量：$180+(14\times2)=208$

A，B，C の物質量の比を求めると，

$$A:B:C=\frac{3.064}{222}:\frac{0.142}{236}:\frac{0.125}{208}$$

$\fallingdotseq 0.0138:0.0006:0.0006\fallingdotseq 23:1:1$

このデンプンはグルコース単位 25 個あたり，1か所の枝分かれがあることがわかる。また，このデンプンをつくるグルコース単位の数(重合度)を n とすると，

$(C_6H_{10}O_5)_n=4.05\times10^5$ より，

$$n=\frac{4.05\times10^5}{162}=2500 \qquad \therefore \quad \frac{2500}{25}=100$$

よって，このデンプン1分子あたりでは **100 か所**の枝分かれが存在する。 答

SCIENCE BOX 過ヨウ素酸酸化

過ヨウ素酸 HIO_4 は，酸性水溶液中で強い酸化力を示し，隣接位の C 原子に -OH 基をもつ 1,2-ジオールと反応して，その C-C 結合を酸化的に開裂する。この反応を**過ヨウ素酸酸化**という。

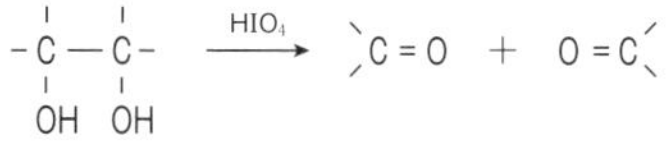

$$\text{-}\underset{OH}{\overset{|}{C}}\text{—}\underset{OH}{\overset{|}{C}}\text{-} \xrightarrow{HIO_4} \rangle C=O + O=C\langle$$

この反応は，過ヨウ素酸イオン IO_4^- の 1 個の O 原子が 1,2-ジオールの 2 個の -OH の H 原子と脱水縮合することで開始され，五員環構造の中間体を生じる。

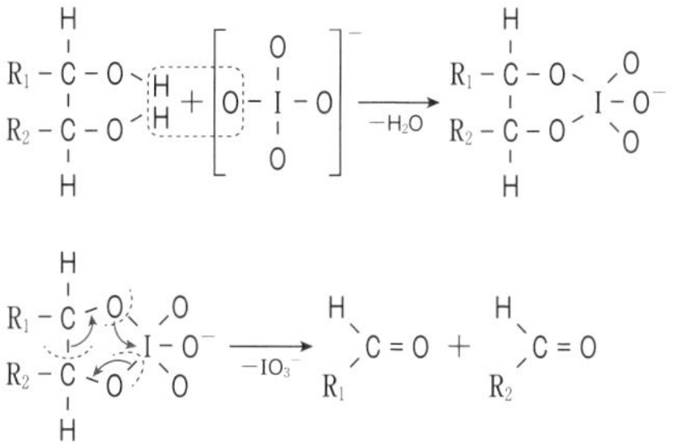

$$R_1\text{-}CH(\text{-}O\text{-}H)\text{-}CH(\text{-}O\text{-}H)\text{-}R_2 + [O\text{-}I(=O)_2\text{-}O]^- \xrightarrow{-H_2O} \text{五員環中間体 } R_1CH\text{-}O\text{-}I(O)(O^-)(O)\text{-}O\text{-}CHR_2$$

$$\text{五員環中間体} \xrightarrow{-IO_3^-} R_1(H)C=O + R_2(H)C=O$$

過ヨウ素酸イオン IO_4^- は 1,2-ジオールから電子を奪って還元されてヨウ素酸イオン IO_3^- になる。この過程で，電子の移動(→)がおこり，C-C 結合が開裂して，2 つのカルボニル化合物を生じる。したがって，糖類などの多価アルコールが過ヨウ素酸酸化を受けるには，2 個の -OH が隣接位の C 原子に結合していなければならない。

環式化合物の 1,2-シクロヘキサンジオールの場合，シス形では HIO_4 と五員環構造の中間体をつくれるので反応は進行するが，トランス形では HIO_4 と五員環構造の中間体をつくれないので反応は進行しない。

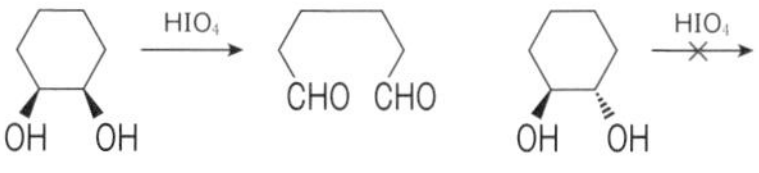

シス形：1,2-シクロヘキサンジオール(OH, OH) $\xrightarrow{HIO_4}$ OHC-(CH₂)₄-CHO (CHO CHO)

トランス形：1,2-シクロヘキサンジオール(OH, OH) $\xrightarrow{HIO_4}$ ×（反応しない）

① **α-ヒドロキシアルデヒドの酸化**

α-ヒドロキシアルデヒドは，2 個の -OH が隣接していないが，水溶液中ではカルボニル基に水が付加し，同一炭素に 2 個の -OH が結合した gem-ジオール (p. 618) として存在するので，過ヨウ素酸酸化を受ける。

$$R_1\text{-}CH(OH)\text{-}CHO \rightleftarrows R_1\text{-}CH(OH)\text{-}CH(OH)\text{-}OH$$

$$R_1\text{-}CH(OH)\text{-}CH(OH)\text{-}OH \longrightarrow R_1\text{-}CHO + HCOOH$$

アルデヒド　ギ酸

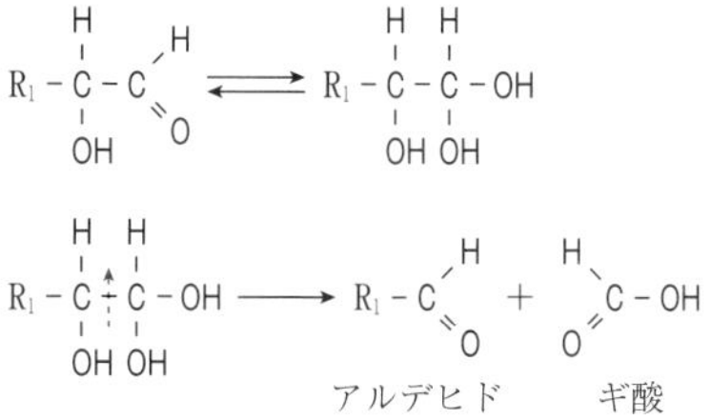

② **α-ヒドロキシケトンの酸化**

α-ヒドロキシケトンも，2 個の -OH が隣接していないが，水溶液中ではカルボニル基に水が付加し，gem-ジオールとして存在するので，①と同様に過ヨウ素酸酸化を受ける。

$$R_1\text{-}CH(OH)\text{-}C(=O)\text{-}R_2 \rightleftarrows R_1\text{-}CH(OH)\text{-}C(R_2)(OH)\text{-}OH$$

$$R_1\text{-}CH(OH)\text{-}C(R_2)(OH)\text{-}OH \longrightarrow R_1\text{-}CHO + R_2\text{-}COOH$$

アルデヒド　カルボン酸

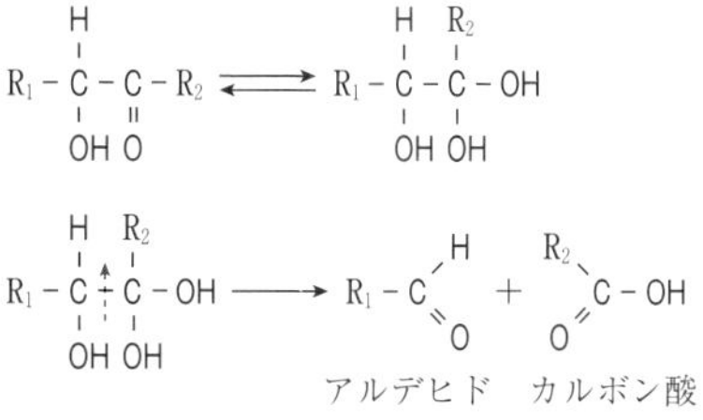

③ **α-ジケトンの酸化**

隣接位にカルボニル基をもつ α-ジケトンも，①，②と同様に過ヨウ素酸酸化を受ける。

$$R_1\text{-}C(=O)\text{-}C(=O)\text{-}R_2 \rightleftarrows R_1\text{-}C(OH)_2\text{-}C(OH)_2\text{-}R_2$$

$$R_1\text{-}C(OH)_2\text{-}C(OH)_2\text{-}R_2 \longrightarrow R_1\text{-}COOH + HO\text{-}C(=O)\text{-}R_2$$

カルボン酸　カルボン酸

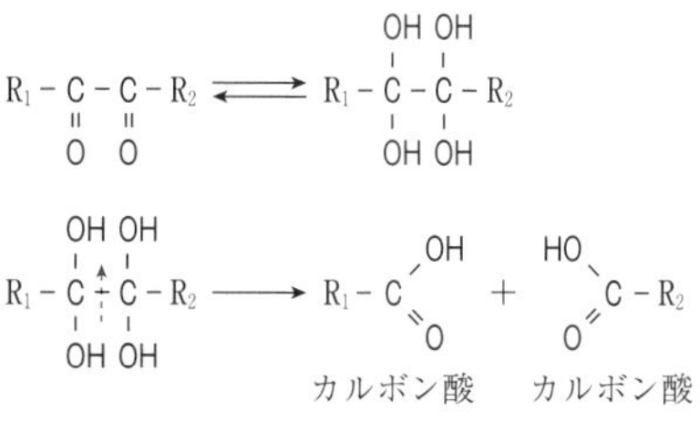

SCIENCE BOX　アミロペクチンの構造決定(過ヨウ素酸酸化法)

隣接する3つのC原子に -OH基をもつ1, 2,3-トリオールを**過ヨウ素酸**(HIO_4)**酸化**(p. 769) すると，両端のC原子からはアルデヒド，中央のC原子からはギ酸が生成する。

$$R_1-\underset{OH}{\overset{H}{C}}-\underset{OH}{\overset{H}{C}}-\underset{OH}{\overset{H}{C}}-R_2 \xrightarrow{HIO_4} R_1-\overset{H}{C}=O + O=\overset{H}{C}-\underset{OH}{\overset{H}{C}}-R_2$$

アルデヒド　α-ヒドロキシアルデヒド

$$O=\overset{H}{C}-\underset{OH}{\overset{H}{C}}-R_2 \rightleftarrows HO-\underset{OH}{\overset{H}{C}}-\underset{OH}{\overset{H}{C}}-R_2$$

$$\xrightarrow{HIO_4} HO-\overset{H}{C}=O + O=\overset{H}{C}-R_2$$

ギ酸　アルデヒド

α-グルコース3分子がα-1,4-グリコシド結合で脱水縮合したマルトトリオース(下図)1分子を HIO_4 で酸化したら，ギ酸は何分子生成するかを考えてみよう。

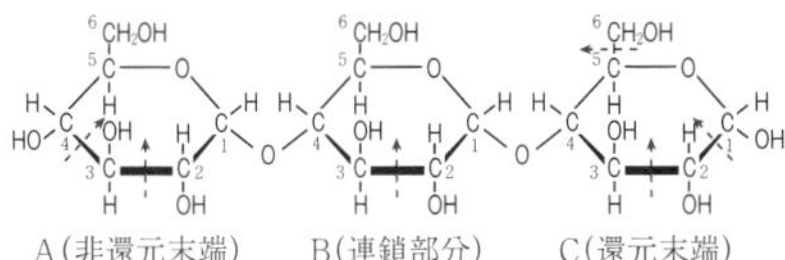

A(非還元末端)　B(連鎖部分)　C(還元末端)

-OHが3つ連続した部分の中央のC原子からギ酸が生成するから，Aの3位のC原子からギ酸1分子を生じ，Cの2位のC原子からギ酸1分子を生じるはずである*。

* Cのグルコース単位には，ヘミアセタール構造（同一のC原子に，-OHと -O- が結合した構造）が存在し，水溶液中では開環して鎖状構造となる。したがって，1，2位のC原子からギ酸2分子，3,5位のC原子はそれぞれホルミル基に変化し，6位のC原子からホルムアルデヒドHCHOを生成する。(ホルムアルデヒドは隣接するC原子に -OH基をもたないので，HIO_4 による酸化を受けない。)

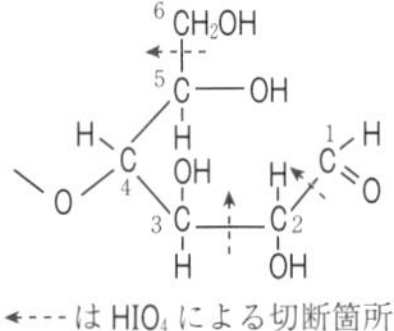

←---は HIO_4 による切断箇所を示す。

糖類は，-OH基が隣接したC原子に結合しているので，過ヨウ素酸酸化を用いると多糖類の構造決定ができる。

アミロペクチンは下図のような構造をとり，その分枝部分が x 個あるとすると，非還元末端の数は $(x+1)$ 個である。過ヨウ素酸酸化により生成するギ酸分子の数は，非還元末端では1末端あたり1分子と，分子中に1個だけしか存在しない還元末端では2分子である。よって，アミロペクチン1分子を過ヨウ素酸酸化したとき，生成するギ酸分子の数は，$(x+3)$ 個である。

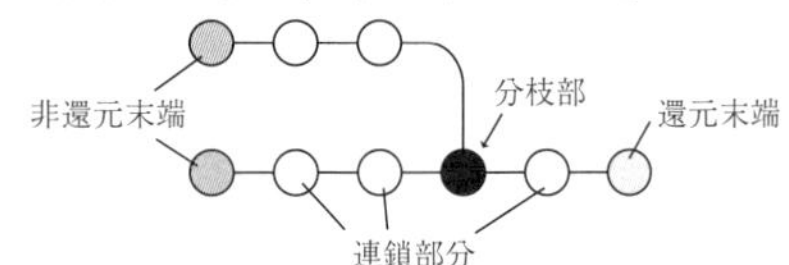

アミロペクチンの構造(模式図)

例題　分子量 2.0×10^6 のアミロペクチン 1.0 g を過ヨウ素酸 HIO_4 で酸化したところ，ギ酸 HCOOH が 2.5×10^{-4} mol 生成した。次の問いに答えよ。(原子量：H=1.0，C=12，O=16)

(1)　このアミロペクチン1分子あたり何個の枝分かれが存在するか。

(2)　このアミロペクチンは，平均してグルコース何分子あたり1個の枝分かれが存在することになるか。

[解]　(1)　アミロペクチン1分子に x 個の枝分かれが存在すると，HIO_4 酸化で生成するギ酸分子の数は $(x+3)$ 個である。

$$\frac{1.0}{2.0\times10^6}\times(x+3)=2.5\times10^{-4}$$

$$\therefore\ \boldsymbol{x=497\fallingdotseq5.0\times10^2}$$ 答

(2)　アミロペクチンの重合度を n とすると，

$(C_6H_{10}O_5)_n=2.0\times10^6$

$162\,n=2.0\times10^6$　　$n=1.23\times10^4$

よって，$\dfrac{1.23\times10^4}{497}=24.7\fallingdotseq\boldsymbol{25}$ 答

SCIENCE BOX　α-デンプンと β-デンプン

デンプンは，直鎖状構造の**アミロース**と枝分かれ構造の**アミロペクチン**から構成されている。その構造を調べてみると，アミロペクチンは房状の構造(**クラスター構造**)がいくつも連結しており，その隙間にアミロースがはさみ込まれたような状態にある(下図(a))。

分子中に1個だけ存在する還元末端は，分子鎖が比較的緩やかに集まった，隙間の多い非結晶の部分に見られる。一方，非還元末端は，分子鎖が比較的密に集まった，結晶化した部分（**ミセル**という）に見られ，これらの部分が入り混じっている。このようなデンプンを**β-デンプン**という。

β-デンプン（生のコメ）に水を加えて60～75℃に加熱すると，まず，ミセルの水素結合が緩み，水が侵入して膨潤し，やがて，粘性のある親水コロイド溶液となる。このような現象をデンプンの**糊化**(こか)(**α 化**)といい，α 化したデンプンを **α-デンプン**という。

デンプンの糊化は，水と熱の働きによって，アミロペクチンのミセル構造が広がり，内部に水分子が入り込んだ状態であるとともに，内部に閉じ込められていたアミロースが自由になった状態であるといえる。α-デンプンは，ミセル構造が消失しており，軟らかくて消化が良い。すなわち，食用に適した状態といえる。

しかし，α-デンプンをそのまま放置しておくと，α 化したデンプンの組織から水分子が分離し，アミロペクチンのミセル部分が収縮する。また，ミセルの中にある程度アミロースが戻ってきて，もとの生のデンプンに近い密な構造に変化していく。このような現象をデンプンの**老化**（**β 化**）といい，β 化したデンプンを **β-デンプン**という。β-デンプンは，ミセル構造が存在しているので硬くて消化は良くない。すなわち，食用には不適な状態といえる。

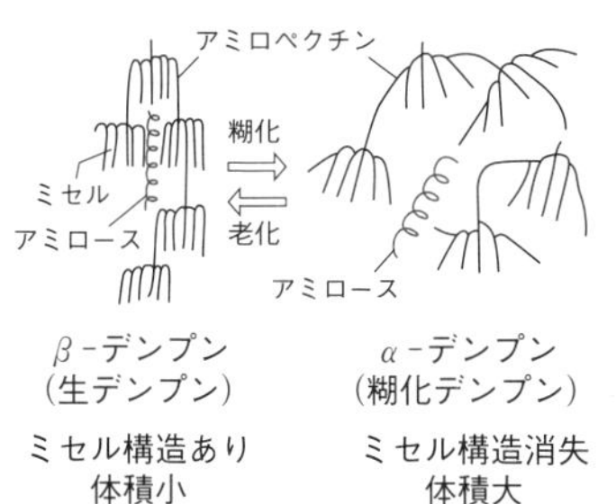

β-デンプン（生デンプン）　ミセル構造あり　体積小

α-デンプン（糊化デンプン）　ミセル構造消失　体積大

以下に，代表的な植物デンプンのアミロース含量〔質量%〕を示す。

種子			塊茎	塊根	
コムギ	コメ		ジャガイモ	サツマイモ	タピオカ
	ウルチ	モチ			
30	19	0	25	20	17

各植物デンプンの老化のしやすさは，コムギ＞ジャガイモ＞コメ(ウルチ)＞タピオカ＞コメ(モチ)の順である。一般に，アミロース含量の多いデンプンほど，老化はおこりやすい傾向がある。これは，鎖長の長いアミロースのほうが水素結合が形成されやすく，結晶化しやすくなるためである。

また，デンプンの老化は，水分量が30～60%，温度が2～5℃で最もおこりやすい。したがって，ご飯やパンを冷蔵庫に入れておくと，最も老化しやすいので注意を要する。一方，α-デンプンを加熱して水分量を10%以下にすると，老化しにくくなる。また，0℃以下に冷却しても老化はおこりにくくなる。前者の例がせんべい，クッキーなどであり，後者の例が冷凍ご飯である。

また，スクロース，マルトース，トレハロースなどの二糖類は，デンプンの老化を遅らせる働きがあるので，水分量の多い和菓子類にはさまざまな二糖類が添加され，デンプンの老化を抑える工夫をしている。

2 セルロース

セルロースは植物の細胞壁の主成分で，植物体の重量の30〜50％を占めている。木綿や麻およびパルプはほぼ純粋なセルロースである❼。

補足❼ 木材の砕片(チップ)を Na_2SO_3 や NaOH などの薬品で化学的に処理し，セルロース以外のリグニンやヘミセルロースなどの成分（約30%）を除いたものを**パルプ**という。パルプのセルロース繊維を機械的な方法でからみ合わせてできたものが紙である。

►セルロースはデンプンと同じ分子式 $(C_6H_{10}O_5)_n$ で表されるが，デンプンとは構成単糖の種類が異なり，β-グルコースが縮合重合してできた高分子化合物である（分子量は数十万〜一千万にも達する)。セルロースでは，構成するβ-グルコース単位が，表裏表裏と交互に上下の向きを逆転しながら結合している❽(**β-グリコシド結合**という)。このため，分子は真直ぐに伸びた**直鎖状構造**となり，ヨウ素とは呈色反応を示さない❾。

詳説❽ β-グルコースの1位と4位のヒドロキシ基 -OH の結合方向はともにエクアトリアル位にあり，1位は環平面に対しやや上向きに，4位は環平面に対しやや下向きに出ている。β-グルコース分子が同じ向き（表-表-表…）で結合したとすると，グリコシド結合しているO原子の結合角がほぼ180°となり，かなり不安定となる。

そこで，β-グルコースの1位の -OH(環平面に対してやや上向きに出ている）に対して，もう1つのβ-グルコースを裏返しに結合すると，いままで環平面に対してやや下向きに出ていた4位の -OH は，環平面に対してやや上向きに結合を伸ばすことになる。このように，1位と4位の結合の方向をそろえた状態で脱水縮合がおこると，生じたβ-グリコシド結合のO原子の結合角は，ほぼ安定な約110°に近づくことになる。

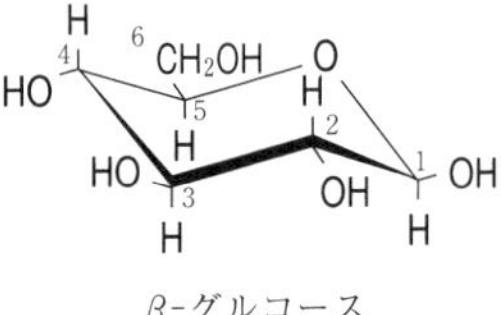

β-グルコース

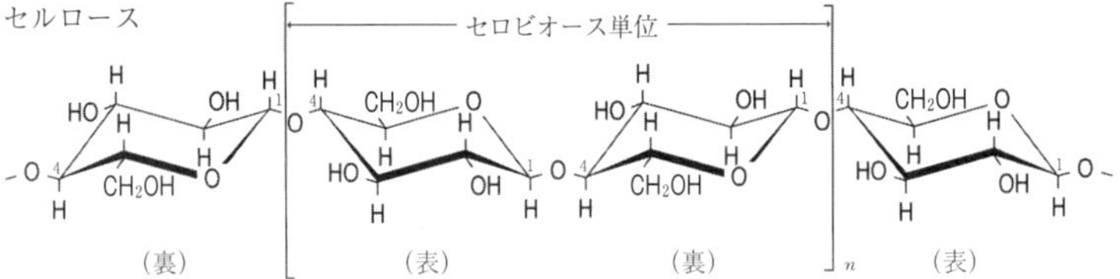

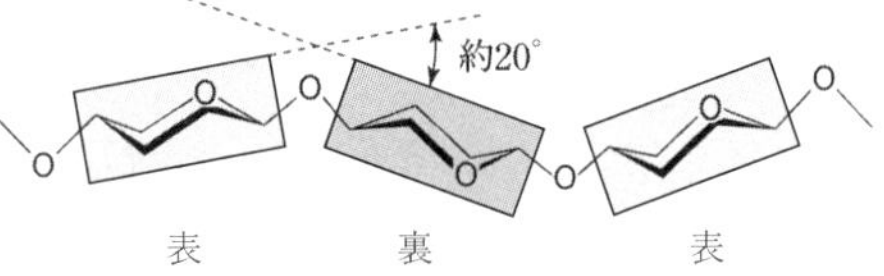

詳説❾ 実際のセルロース鎖は，約20°ずつ上下に折れ曲がりながらも，分子全体としてはほぼ直鎖状に伸びた構造をとる。さらに，3位の -OH の H と環内の O との分子内の水素結合，および2位の -OH の H と6位の $-CH_2OH$ の O との分子内の水素結合は，セルロースの分子鎖を直鎖状に保つのに役立っている。

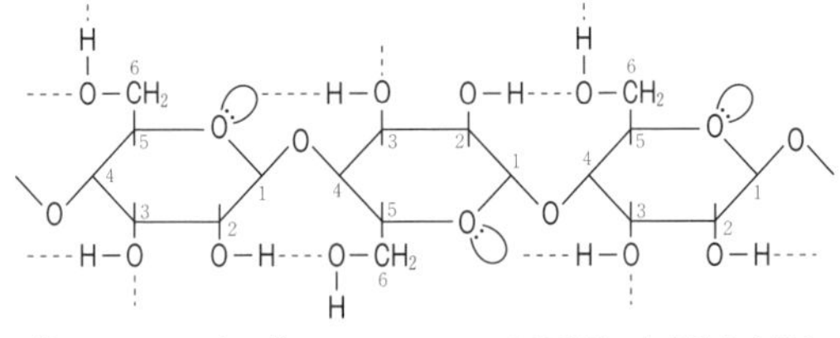

3位の-OH の O と6位の $-CH_2OH$ の H は分子間の水素結合も行う。(2位の-OH の O は水素結合に関与していない。)

►直鎖状のセルロース分子では，分子間の水素結合が形成されやすいので，分子どうしが強く結びついた結晶部分の範囲が広く，非常に強い繊維となる。セルロースは熱水や多くの有機溶媒に溶けず，化学的にも安定な物質である⑩。

詳説⑩ セルロースは水にはなじむが溶解はしない。これは，分子量がデンプンに比べて大きいことと，分子間の水素結合によって多くの部分（約70～85%）が結晶化しているため，内部まで水分子が浸み込むことが困難なためと考えられる。

►セルロースに希酸を加えて長時間加熱すると，加水分解されてグルコースになる。また，セルラーゼという酵素で加水分解すると，まず二糖類の**セロビオース**を生じ，これはさらにセロビアーゼという酵素の作用でグルコースまで加水分解される⑪。

補足⑪ セルロースの加水分解は，デンプンに比べるとその反応速度ははるかに小さい。ほ乳類の消化液中には，セルラーゼは含まれていないので，私たちはセルロースを消化し，栄養分とすることはできない。ただし，草食動物やシロアリは腸内に生息する細菌類がセルラーゼをもっているため，この助けによりセルロースを分解し，栄養分とすることができる。

3 グリコーゲン

グリコーゲンは動物の肝臓や筋肉中に含まれ，**動物デンプン**ともよばれる。アミロペクチンと構造はよく似ているが，さらに枝分かれが多く，分子量は数十万から一千万にも達する。また，分子量が大きいにもかかわらず水に溶け，ヨウ素デンプン反応は赤褐色を示す。グリコーゲンは，動物体内で必要に応じて速やかにグルコースに分解され，エネルギー源として使われる⑫。

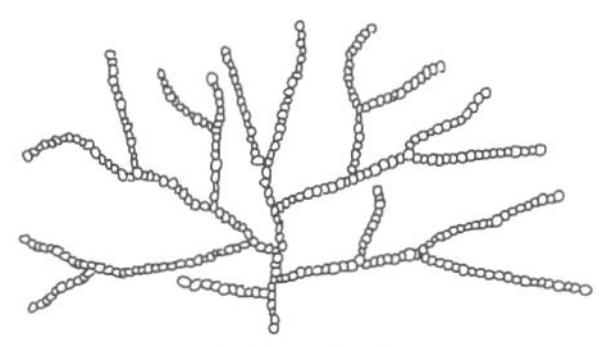
アミロペクチン

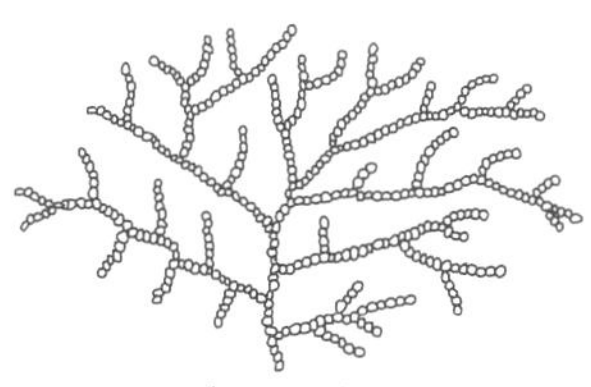
グリコーゲン

枝分かれが多く，1本の枝も短い

補足⑫ 私たちの体内に摂取された糖類は，加水分解されて最終的にはグルコースになるが，血液中のグルコース濃度は一定濃度（0.1%）に保たれている。これは，余分なグルコースが，肝臓や筋肉などでホルモンの作用を受けてグリコーゲンの形として一時的に貯蔵されるためである。

血液中のグルコース濃度が減少すれば，グリコーゲンがまた別のホルモンの作用を受けて分解し，グルコースを供給するので，血液中のグルコースの濃度は常に一定に保たれる。ヒトの肝臓には約100 g，全身の筋肉には約200 gのグリコーゲンが含まれるが，合わせて約半日分の活動に要するエネルギー，約1200 kcalに相当するのみである。

参考 その他の多糖類としては次のようなものがあるが，私たちは，それらいずれに対しても加水分解酵素をもたないので，消化吸収することはできない。

グルコマンナン コンニャクイモの粉末に水を加えて糊状にし，水酸化カルシウム$Ca(OH)_2$を加えて加熱し，凝固させたものがこんにゃくである。こんにゃくはグルコースとマンノースをほぼ1：2の割合で含み，これらが主にβ-1,4グリコシド結合してできた多糖類のグルコマンナンからなる。こんにゃくは食物繊維を多く含み，大腸がんの予防効果がある。

イヌリン ほとんどの植物は，デンプンを貯蔵するのに対して，キクイモ・ダリヤなどのキク科植物は，イヌリンという多糖類を塊茎に貯蔵している。フルクトースが β-1,2 グリコシド結合により直鎖状に数十個結合したのち，その還元末端には α-グルコースの1位が結合しており，ヨウ素デンプン反応，および還元性は示さない。冷水には難溶だが，熱水には可溶である。イヌリンを加水分解すると，甘味の強いフルクトースが大量に得られる。

4 セルロース工業

木綿や麻のセルロース繊維は，そのまま糸にして衣料に用いられる。一方，木材のセルロースは短繊維なので，そのまま糸にして衣料に用いることはできない。そこで，20世紀以降，短繊維のセルロースをいったん溶液の状態にしてから，長繊維として再生させようとする**セルロース工業**が盛んになった。

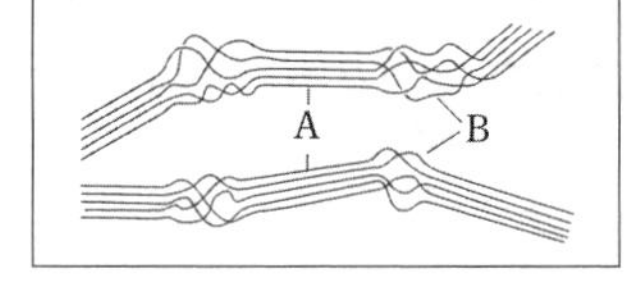

セルロース分子の配列状態

セルロース分子をX線回折で調べると，分子が規則的に配列した結晶部分A(分子全体の70〜85%を占める）と，配列が乱れている非結晶部分Bとからできている⑬。セルロースを溶媒に溶かすには，まずAの部分の水素結合を弱め，分子鎖をほぐす必要がある。実際には，Aの部分に直接薬品を侵入させることは難しいので，Bの部分から酢酸や硝酸などを徐々に侵入させる。そしてセルロース分子中のヒドロキシ基をエステル化させていくと，分子間に働く水素結合の数が減り，結果的にAの部分にも溶媒が浸み込んで膨潤し，やがて溶解するようになる。こうしてつくられたセルロースのコロイド溶液から紡糸して長繊維をつくり，最後に溶媒を除去するとセルロースが再生する。このように，天然繊維を適当な溶媒に溶解したのち，繊維として再生したものを**再生繊維**といい，セルロース系の再生繊維は，美しい光沢をもつので ray(光)と cotton(綿)にちなんで**レーヨン**とよばれる。

詳説⑬ セルロースがすべて結晶部分でできていたとすると，さらに強度は大きくなるが，硬くてごわごわした繊維となるに違いない。非結晶部分がいくらか含まれているからこそ，繊維に適当な伸縮性や柔らかさ，および染色性が生まれてくるのである。

►レーヨンの原料には，木材パルプや木綿のリンター(種子毛(リント)を採取したあと，種子に付着して残るごく短い繊維)が使われる。

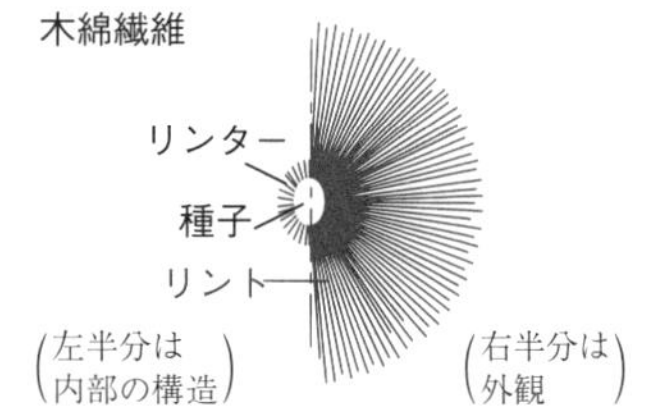

5 ニトロセルロース

分子式で $(C_6H_{10}O_5)_n$ で表されるセルロースは，構成するグルコース1単位あたり3個のヒドロキシ基をもつので，示性式では $[C_6H_7O_2(OH)_3]_n$ と表される。

セルロースは多価アルコールの一種であるから，各種の酸と反応してエステルをつくる。たとえば，純粋なセルロース(脱脂綿がよい)に濃硝酸と濃硫酸の混合溶液(混酸)を

SCIENCE BOX グリコーゲン

〔1〕 グリコーゲンの性質

グリコーゲンは，動物の肝臓や筋肉（骨格筋）に存在する動物の貯蔵多糖で，**動物デンプン**とも呼ばれる。グリコーゲンは分子量が大きいにもかかわらず水溶性であり，ヨウ素デンプン反応では赤褐色を示す。

肝臓と筋肉中のグリコーゲンの分子量を比べると，肝臓のほうが数倍も大きい。グリコーゲンはアミロペクチンよりも多くの枝分かれがあるが，これは，緊急時にグルコースをより速く多量に血液中に供給するのに都合がよい。

〔2〕 グリコーゲンの構造

グリコーゲンの単位鎖には，自身に分岐点をもたないA鎖，自身に分岐点をもつB鎖，還元末端XをもつC鎖(1本のみ)からなり，理想的にはA鎖:B鎖＝1:1である。

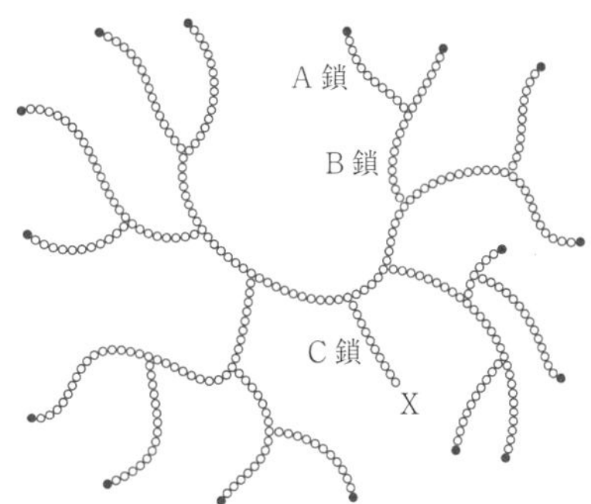

∘はグルコース残基を示す
Xは還元末端　•は非還元末端を示す
グリコーゲンの分子形態

グリコーゲンにリン酸の存在下，酵素ホスホリラーゼを加えると，非還元末端から順次α-1,4-グリコシド結合が分解され，グルコース-1-リン酸を生じる。この分解はα-1,6-グリコシド結合（以後，1,6結合という）の分岐点の手前で停止し，大きな**限界デキストリン**を生成する。これに，1,6結合だけを切断する酵素イソマルターゼを作用させると，グルコースを生成する。両酵素の協同作用により，グリコーゲンを完全に分解して，その生成物を定量することにより，分岐部の数（生成したグルコースの数に一致），および連鎖部の数(生成したグルコース-1-リン酸の数に一致)がわかるので，非還元末端1個あたりのグルコースの重合度を求めることができる。

〔3〕 グリコーゲンの合成について

グリコーゲンの合成は，グリコーゲン合成酵素によってα-1,4結合が形成されて，糖鎖が非還元末端の方向に伸びていく。糖鎖がある程度の長さになると，別のグリコーゲン分枝酵素が作用して，α-1,4結合を切り，生じた断片を別の場所にα-1,6結合として転移させて分枝がつくられる。この繰り返しによって，グリコーゲンが生成する。

〔4〕 グリコーゲンが水に溶けやすい理由

グリコーゲンはA鎖とB鎖が約1：1で規則的に枝分かれを繰り返し，還元末端は分子の内部に1個だけが存在し，非還元末端はみな分子の表層部に露出している。

動物体内のグリコーゲンは全体として球形をしたグリコーゲン粒として存在し，中心部よりも表層部ほど技分かれが多い。そのため，中心部ではらせん構造をとることが可能であるが，表層部では単位鎖の長さが短いため，らせん構造をとることは困難であると考えられる。

グリコーゲンの表層部がらせん構造をとらないとすれば，親水性の -OH がグリコーゲン粒の表面に露出し，水和がおこり，水溶性が高くなると考えられる。

グリコーゲン粒のうち，筋肉のグリコーゲン粒は，比較的小粒で親水性が大きく，冷水にも可溶と予想される。一方，肝臓のグリコーゲン粒は，比較的大粒で親水性が小さく，冷水には不溶であるが，温水には可溶であると予想される*。

* 筋肉のグリコーゲンが小粒であるのは，極めて短時間に多量のグルコースを供給するのに適した構造と考えられる。

作用させると，グルコース1単位あたり，3個の -OH，または一部がエステル化された**ニトロセルロース**が得られる⓮。セルロース中の -OH がすべて硝酸エステル化されたものを**トリニトロセルロース**といい，無煙火薬の原料に用いる⓯。

$$[C_6H_7O_2(OH)_3]_n + 3nHO\text{-}NO_2 \xrightarrow{(H_2SO_4)} [C_6H_7O_2(ONO_2)_3]_n + 3nH_2O$$

補足⓮ ニトロセルロースは，ニトロベンゼンのようにニトロ基 $-NO_2$ が炭素原子に直接結合していないので，ニトロ化合物ではなく，**硝酸エステル**である点に注意せよ。

詳説⓯ **トリニトロセルロース**は強綿薬とよばれ，135℃で分解が始まり，180℃で発火する。また，燃焼速度が非常に大きいので，密閉容器中で点火すると，多量の気体を発生し爆発する。実際のつくり方は，混酸によく乾燥した脱脂綿を浸し，約20℃で1～2時間放置するだけでよい。反応後は多量の水でよく洗い風乾する。できた強綿薬の外観は，もとのセルロースとほとんど変わらないが，引っ張るとすぐにちぎれてしまう。これは，エステル化で分子間水素結合が少なくなったためである。**ジニトロセルロース** $[C_6H_7O_2(OH)(ONO_2)_2]_n$ を主成分とするものは，弱綿薬とよばれる。これをエーテルとエタノールの混合溶液に溶かしたものを**コロジオン**といい，溶媒を蒸発させて薄い膜にしたものは，コロイドを透析する半透膜に使われる。

さらにエステル化の度合の低いものは脆(ぜい)綿薬とよばれ，このアルコール溶液に可塑剤のショウノウを加えて練り，アルコールを蒸発させると，合成樹脂の一種である**セルロイド**ができる。セルロースが硝酸エステル化された度合いを**硝化度**といい，生成物中の窒素の質量%で表される。硝化度は，使用した混酸中に含まれる水分の割合が少なくなるほど大きくなる。

名称	硝化度〔窒素%〕	溶媒への溶解性	用途	
強綿薬	13%前後	アセトン可溶	無煙火薬	(乾燥すると)爆発性あり。
弱綿薬	10～13%	エタノール可溶	ダイナマイト，ラッカー塗料	(乾燥すると)爆発性あり。
脆綿薬	10%以下	エタノール可溶	セルロイド(ピンポン球)	…爆発性なし。

トリニトロセルロース $[C_6H_7O_2(ONO_2)_3]_n$ の理論窒素量は $\frac{14\times3}{297}\times100=14.1\%$ であるが，実際につくられている強綿薬の硝化度は，13%程度に抑えている。その理由は，強綿薬をそれ以上硝化させるには，濃硝酸よりも高濃度の発煙硝酸が必要となるだけでなく，その酸化作用によってセルロースの加水分解が激しくなるからである。また，遊離の -OH が少し残っているからこそ，アセトン(極性溶媒)にも可溶なのであり，完全に硝化した場合，もっと極性の小さな溶媒(クロロホルム $CHCl_3$ や四塩化炭素 CCl_4)にしか溶けなくなる。

6 アセチルセルロース

セルロースを無水酢酸，氷酢酸および少量の濃硫酸と反応させると，分子中の -OH の -H が $-COCH_3$ で置換され(**アセチル化**)，**トリアセチルセルロース**が生成する⓰。

$$[C_6H_7O_2(OH)_3]_n + 3n(CH_3CO)_2O \xrightarrow{(H_2SO_4)} [C_6H_7O_2(OCOCH_3)_3]_n + 3nCH_3COOH$$

詳説⓰ この反応の主な材料はセルロースと無水酢酸であるが，セルロースはかさ高いので，反応式から計算された量の無水酢酸を用いたのでは，液量が不足してしまう。そこで，液量を増やすための希釈剤として適当量の氷酢酸を加える。また，濃硫酸(触媒)を加えておくと，常温でも反応が進行するようになるので，セルロースの加水分解を抑えることができる。

►トリアセチルセルロースは完全にアセチル化されているため，かえって溶媒には溶けにくい。そこで，約10％の水を加えて約30℃に保つと，エステル結合の一部(主に2位)が加水分解されて，アセトンに可溶な**ジアセチルセルロース**が得られる⑰。

$$[C_6H_7O_2(OCOCH_3)_3]_n + n\,H_2O \longrightarrow [C_6H_7O_2(OH)(OCOCH_3)_2]_n + n\,CH_3COOH$$

ジアセチルセルロースのアセトン溶液（約20％）を，細孔から温かい空気中へ押し出し，アセトンを蒸発させると**アセテート繊維**が得られる⑱（このような紡糸法を**乾式紡糸**という）。アセテート繊維のように，セルロースの基本骨格は変わらないが，その -OH の一部を化学変化させた繊維を**半合成繊維**という。

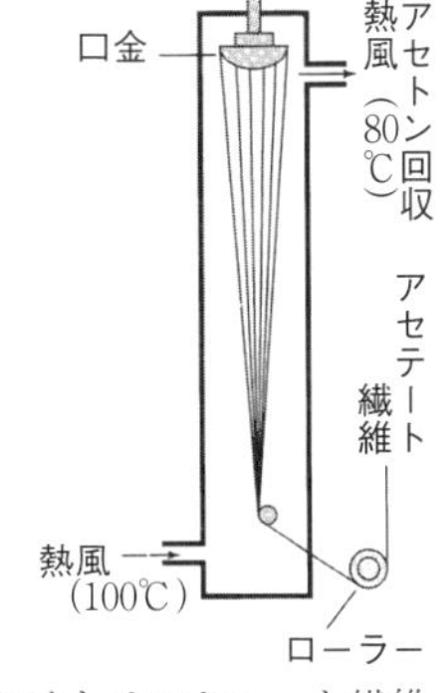

詳説⑰ トリアセチルセルロースは，親水基の -OH が存在しないので，四塩化炭素やクロロホルム(極性の小さな有機溶媒)のような高価な溶媒にしか溶けない。ジアセチルセルロースはアセトンやメタノール(極性の大きい有機溶媒)に可溶である。また，モノアセチルセルロースまで加水分解すると，水にも溶けるようになる。

補足⑱ アセテートとは酢酸エステルを意味している。トリアセチルセルロースをジクロロメタン CH_2Cl_2 に溶かし，膜状に加工したものはトリアセテート繊維とよばれ，燃えにくいので写真用のフィルムなどに用いられる。

7 銅アンモニアレーヨン

水酸化銅(Ⅱ) $Cu(OH)_2$ を濃アンモニア水に溶かした深青色の溶液を，特に**シュワイツァー試薬**という⑲。この試薬にセルロース（約10％）を溶かすと粘稠な溶液が得られる。これを細孔から希硫酸中に押し出すと，セルロースが再生する。このような再生繊維を**銅アンモニアレーヨン**，または**キュプラ**という⑳。

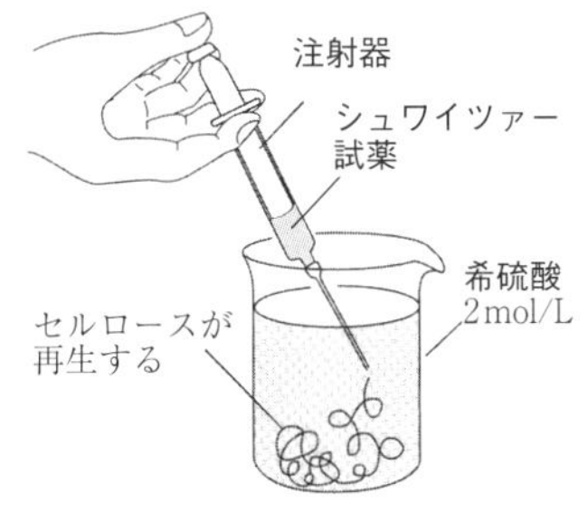

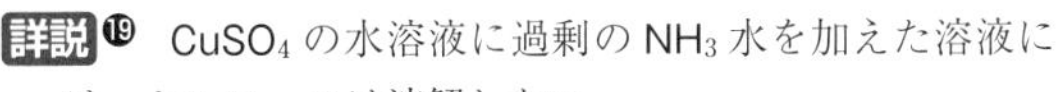

詳説⑲ $CuSO_4$ の水溶液に過剰の NH_3 水を加えた溶液には，セルロースは溶解しない。

セルロースを溶かすには，$[Cu(NH_3)_4]^{2+}$ を含む強い塩基性の溶液が必要である。まず $CuSO_4$ 水溶液に NaOH 水溶液を加えて $Cu(OH)_2$ を沈殿させ，ろ過して水分を完全に切る。さらに水洗して SO_4^{2-} を完全に除去する。この水酸化銅(Ⅱ)の沈殿に濃 NH_3 水（30％）を加えて完全に溶かすと，深青色で強い塩基性の溶液(**シュワイツァー試薬**)ができる。

$$Cu(OH)_2 + 4\,NH_3 \longrightarrow [Cu(NH_3)_4](OH)_2$$ テトラアンミン銅(Ⅱ)水酸化物

シュワイツァー試薬にセルロースを加えると，$[Cu(NH_3)_4]^{2+}$ は，セルロースの分子間および分子内の水素結合の一部を切り，2，3位の -OH 基と右図のようなキレート錯体 (p. 526) を形成して溶解する。一方，錯体を形成しなかった6位の $-CH_2OH$ の間で水素結合を形成すると，ゲル化し，粘稠なコロイド溶液となる。

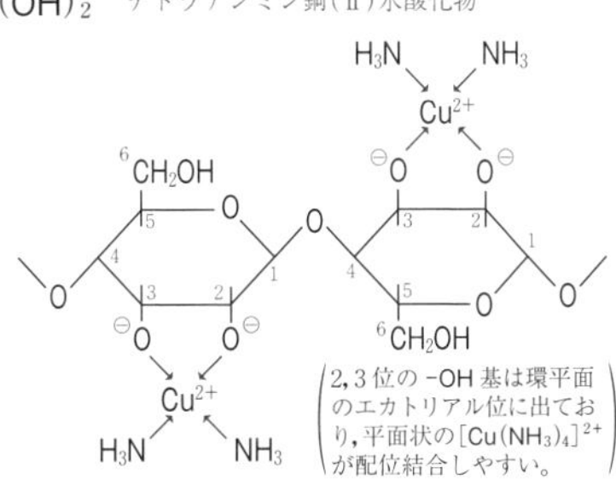

実際の銅アンモニアレーヨンは，次の2つの工程でつくられる。

① セルロースの銅アンモニア錯体を含む溶液を，延伸しながら細孔から水中に押し出し，凝固させる。この過程で脱アンモニアがおこり，銅セルロース錯体(青糸)になる。

② 青糸を希硫酸に通すことによって脱銅し，セルロース(白糸)にした後，水洗・乾燥する。

補足[20] キュプラ(cupro)とは，フランス語でcupro-ammoniaquve-rayonne(銅アンモニアレーヨン)の「銅」を意味している。紡糸の段階で張力を加えて延伸しているので，非常に細い繊維となる。商品名はベンベルグとよばれ，絹によく似た感触と美しい光沢をもち，また，滑らかで肌触りがよく吸湿性もあるので，洋服の裏地やスカーフ，ネクタイなど絹の代用として用いられる。近年では，人工腎臓用の血液透析装置の中空糸などにも用いられる。

8 ビスコースレーヨン

セルロースを濃水酸化ナトリウム(約20%)で処理して，**アルカリセルロース**とする。これを老成させた後，圧搾・粉砕して，二硫化炭素CS_2を加えると，**セルロースキサントゲン酸ナトリウム**とよばれる橙黄色のゼリー状の物質が得られる[21]。これを希水酸化ナトリウム水溶液(約5%)に溶かすと，赤褐色透明で粘性のあるコロイド溶液ができる。これを**ビスコース**という。このビスコースを熟成後，細孔から希硫酸と硫酸ナトリウムの混合水溶液(凝固液)中へ押し出すと，ビスコースが希硫酸によって加水分解され，セルロースが再生する(このような紡糸法を**湿式紡糸**という)。この繊維を**ビスコースレーヨン**という[22]。また，ビスコースを細長い隙間から凝固液の中へ押し出すと，薄い透明な膜(**セロハン**)が得られる。

詳説[21] セルロースを濃NaOH水溶液に浸すと，セルロースは半透明のアルカリセルロースになる。このとき，セルロースの結晶部分が少し膨潤して別の構造へと変化し，またセルロースの加水分解がおこるので，重合度は少し低下する(老成)。よって，ビスコースレーヨンの強度は木綿よりも弱くなるが，アルカリとの反応により，非結晶部分が増えた分だけ染色性が向上する。次の二硫化炭素CS_2との硫化反応は，セルロース中の-OHのうち，主に2位におこることが多い。2位の-OHに結合したキサントゲン酸基は，セルロース分子鎖を互いに接近させずに溶媒に溶けやすくする働きをする。なお，化学工業では，物質の経時変化のうち，望ましい変化を**熟成**，望ましくない変化を**老成**と区別する。

R：$C_6H_7O_2(OH)_2$

$$R-O^-Na^+ + {}^{\oplus}C(=S)S^{\ominus} \longrightarrow R-O-C(=S)S^- \quad Na^+$$

細孔(直径0.05～0.1mm)
口金
滑車
レーヨン糸
ろ過されたビスコース溶液
凝固液
組成例 (H_2SO_4 10%, Na_2SO_4 15%)

詳説[22] セルロースキサントゲン酸R-OCS_2Hは，CS_2にセルロースが付加してできた弱酸(酢酸と同程度)である。よって，セルロースキサントゲン酸ナトリウムに強酸を加えると，弱酸であるセルロースキサントゲン酸がまず遊離する。さらに酸性条件では，次のように加水分解して，セルロースと二硫化炭素が再生する。続いて，溶液の粘性が低下するまで熟成させた後，紡糸作業を行う。

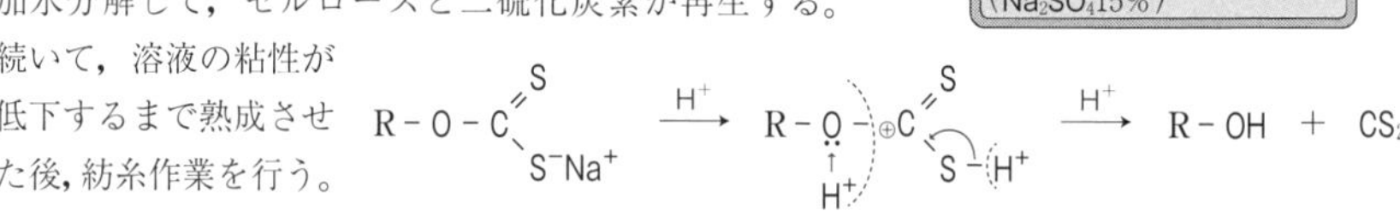

SCIENCE BOX テルペン

多くの植物中には，一般式 $(C_5H_8)_n$ で表されるイソプレンの重合体とみなせる炭化水素が存在する。これらを**テルペン**という。

テルペンは，構成するイソプレン単位の数(n)により，モノテルペン(2)，セスキテルペン(3)，ジテルペン(4)，セスタテルペン(5)，トリテルペン(6)，テトラテルペン(8)，…と分類される。モノテルペンには，柑橘類の皮などに含まれるリモネンがあり，香料に使用されるほか，プラスチック類をよく溶かすので，そのリサイクルにも利用される。また，ビタミンA(p. 601)や植物ホルモンの一種のジベレリンは，ジテルペンに属する。さらに，トマトの赤色色素のリコペンや，ニンジンやカボチャに含まれる赤色色素のβ-カロテンは，テトラテルペンに属する。

このほか，テルペンには，抗菌・殺虫作用や抗腫瘍作用をもつものが発見されており，食品，化粧品，医薬品，農薬などさまざまな分野での利用が期待されている。

モノテルペンの分子式は $C_{10}H_{16}$ で，単にテルペンともよばれる。イソプレン2分子の結合の仕方により，**鎖式テルペン**と**環式テルペン**とがある。

テルペンの構造決定では，最初に炭素骨格の形だけを決め，次にオゾン分解などの結果から，二重結合の位置を決定する方法がとられる。

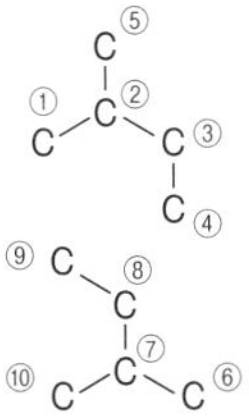

いま，①と⑨のC原子が結合すれば，右上の図(A)のような**鎖式テルペン**が得られる。続いて，④と⑧のC原子も結合すれば，(B)のような**単環式テルペン**が得られる。さらに，②と⑦のC原子も結合すれば，(C)のような**二環式テルペン**も得られる。

ヤマモモや月桂樹に含まれる**ミルセン**とよばれる物質は(A)の炭素骨格をもつ鎖式のモノテルペンである。ハッカから抽出されたメントールは(B)の炭素骨格をもつ単環式のモノテルペンである。クスノキから抽出されたカンファー(樟脳(しょうのう))は(C)の炭素骨格をもつ二環式のモノテルペンである。

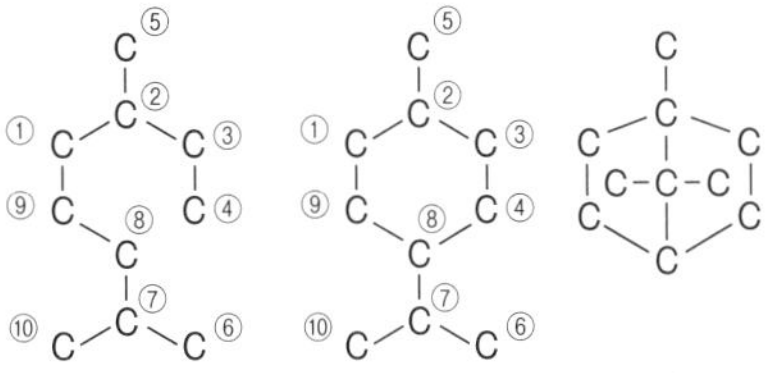

(A)　(B)　(C)

〈ミルセンの構造決定の方法〉

ミルセンの分子式は $C_{10}H_{16}$ で，アルカン $C_{10}H_{22}$ よりもH原子が6個少なく，不飽和度は3である。ミルセンには環構造や三重結合は含まれないので，二重結合を3個もつ。また，シス-トランス異性体が存在しないので，二重結合は上の(A)の炭素骨格中では，③と④，②と⑤，⑦と⑧，⑥と⑦，⑦と⑩のうち3か所に存在する。ただし，⑦と⑧，⑥と⑦，⑦と⑩には，同時に二重結合は1組しか結合できない。よって，③と④，②と⑤には必ず二重結合があり，ミルセンに考えられる構造は，次の(i)，(ii)の2通りしかない。

(i)　(ii)

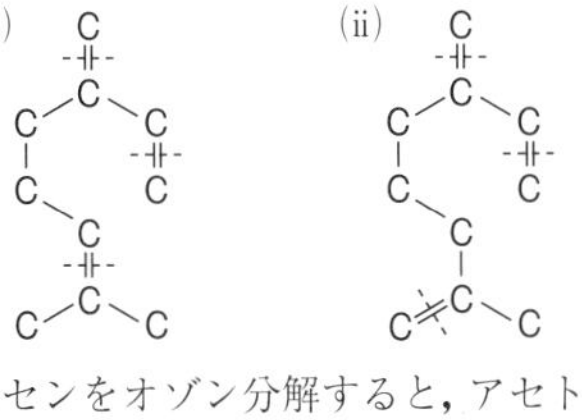

ミルセンをオゾン分解すると，アセトン，ホルムアルデヒドともう1種の化合物を生成したことから，その構造は(i)と決まる。

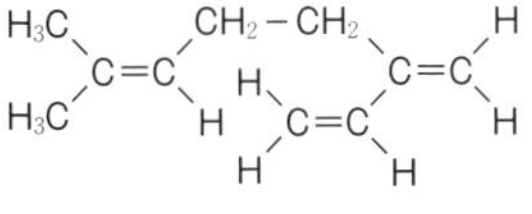

SCIENCE BOX　キチン，キトサンの化学

エビやカニの殻を構成する物質は，**キチン**＊1とよばれる多糖類で，セルロースの構造式のうち，2位の炭素に結合する $-OH$ をアセチルアミノ基 $-NHCOCH_3$ で置き換えた構造をもつ。キチンは，甲殻類だけでなく，昆虫類の外骨格や，菌類の細胞壁の構成成分として，地球上にセルロースに次いで多く存在する有機物である。

(1)　キチンに濃塩酸を作用させると，アセチルアミノ基中のアミド結合と，糖のβ-1,4-グリコシド結合がともに加水分解され，単糖の**グルコサミン**（2-アミノグルコース）と酢酸が生成する。

(2)　キチンに濃水酸化ナトリウム水溶液を作用させると，主にアミド結合の部分が加水分解され，**キトサン**（キチンの脱アセチル化物，つまり，グルコサミンのポリマー）と酢酸が生成する。

＊1　キチンは，ギリシャ語で「封筒」という意味をもち，生物体の外皮を形成する。化学成分は，*N*-アセチルグルコサミンのポリマーである。

キチン

キトサン

キチンは，官能基のアミノ基がアセチル化されているので反応性に乏しく，水にもセルロースを溶かすシュワイツァー試薬にも不溶である。一方，キトサンはキチンの脱アセチル化処理で，官能基のアミノ基が存在するので反応性に富む。水，アルカリに難溶だが，酸には塩をつくって溶ける。

キトサンの $-NH_2$ は，通常 $-NH_3^+$ という陽イオンとして存在するが，細菌やウイルスのタンパク質の表面は，$-COO^-$ という陰イオンの状態にあることが多いので，キトサンに容易に吸着され，その増殖が抑制される。また，水中に浮遊するコロイド粒子の多くは負に帯電しているので，キトサンに吸着され，その電荷が中和され凝集される。

また，キトサンからつくられた人工皮膚は，生体に対する親和性が高く，鎮痛・殺菌・止血・肉芽促進作用があるので，火傷の治療などに使われる。

キトサンは，Cu，Zn，Cd，Hg，U などの重金属や，体内に蓄積した各種の発がん物質などを吸着し，体外に排出する作用があることが動物実験で明らかにされている。

キトサンには，強い抗がん作用(がん細胞の増殖と，転移を抑制する)，免疫機能の増進(Tリンパ球の活性化)，神経の再生作用，血中コレステロールの低下作用，血圧降下作用など，種々の働きが知られている＊2。

＊2　胆汁中の胆汁酸は，肝臓でコレステロールを原料につくられる。キトサンが胆汁酸と結合して体外へ排出させるので，血中コレステロールが減少する。キトサンは，食塩中の Cl^- と塩を生成し，体外に排出させるので，血圧上昇が抑制される。

以上のようにキチン，キトサンは代表的な**バイオマス資源**で，枯渇の心配がない。また，体内ではリゾチームなどの酵素で容易に分解されるので，毒性がなく，安全性も高い。また，自然界においても，微生物により分解されやすいので，環境汚染の心配がない。このような理由で，キチン，キトサンは，食品分野(食品添加物)，医療分野（人工皮膚，手術用の縫合糸，人工靱(じん)帯など），農業分野（土壌改良剤，抗菌剤），工業分野（洗剤，日用品），環境分野（廃液凝集剤）など，幅広い分野への利用が期待されている。

6-4 アミノ酸

タンパク質は，核酸とともに，生命の根源をなす重要な物質で，炭素・水素・酸素・窒素などを含む天然高分子化合物である❶。とくに，私たちの身体の大部分や，生体内での代謝を促進する働きをもつ酵素，インスリンなどの一部のホルモン，免疫をつかさどる抗体，酸素の運搬体であるヘモグロビンもタンパク質でできている。

補足❶ タンパク質は漢字で蛋白質と書く。蛋白とは卵の白身を意味する。英語の “protein” という言葉は，生命活動で最も重要な役割を果たす物質という意味から，ギリシャ語の「第一人者」を意味する “proteios” から名づけられた。

1 α-アミノ酸

1つの分子中に，アミノ基 $-NH_2$ とカルボキシ基 $-COOH$ をもっている化合物を，**アミノ酸**という。これら2つの官能基が同一の炭素原子に結合したものを，とくに**α-アミノ酸**という❷。天然のタンパク質を希酸により加水分解すると，すべてα-アミノ酸が得られるが，その種類は20種類もある。これは，デンプンやセルロースが，グルコースという1種類の物質だけからできていたのと対照的である。多種類のα-アミノ酸の組み合わせから，多種多様な機能をもつタンパク質をつくることが可能となる。

詳説❷ カルボキシ基の結合している炭素原子から順に，炭素鎖に $\alpha, \beta, \gamma, \delta, \cdots$ と記号をつける。アミノ基が α-位に結合したものを α-アミノ酸といい，β, γ 位，…に結合したものを β-, γ-, …アミノ酸という。このうち，最も重要なものは α-アミノ酸であり，単にアミノ酸といえば，α-アミノ酸のことをさす。

$$\underset{\varepsilon}{C}-\underset{\delta}{C}-\underset{\gamma}{C}-\underset{\beta}{C}-\underset{\alpha}{C}-COOH$$

（慣用名の場合に，α，β，…の記号を用いる。）

$$H_2N-\underset{4}{\overset{\gamma}{CH_2}}-\underset{3}{\overset{\beta}{CH_2}}-\underset{2}{\overset{\alpha}{CH_2}}-\underset{1}{COOH}$$

γ-アミノ酪酸（慣用名）
4-アミノブタン酸（組織名）

$$H_2N-\underset{6}{\overset{\varepsilon}{CH_2}}-\underset{5}{\overset{\delta}{CH_2}}-\underset{4}{\overset{\gamma}{CH_2}}-\underset{3}{\overset{\beta}{CH_2}}-\underset{2}{\overset{\alpha}{CH_2}}-\underset{1}{COOH}$$

ε-アミノカプロン酸（慣用名）
6-アミノヘキサン酸（組織名）

α-アミノ酸では，α-炭素に結合する置換基のうち，$-NH_2$，$-COOH$，$-H$ の3つの部分はどれも共通だが，アミノ酸の**側鎖**とよばれるもう1つのR-の部分の違いでアミノ酸の種類が変化する。したがって，α-アミノ酸の一般式は $R-CH(NH_2)-COOH$（R：炭化水素基，または水素など）で表される。また，アミノ酸の名称は，すべて慣用名（それらが初めて取り出された物質等にちなんで命名されたもの）でよばれる。20種類すべて覚える必要はないが，重要なもの約10種（次ページの表）の名称と構造式は覚えておくことが望ましい。

►アミノ酸のうち，アミノ基とカルボキシ基を1個ずつもつものは，それらが分子中で中和しているとみなせるので**中性アミノ酸**という。また，側鎖の部分にカルボキシ基をもつものを**酸性アミノ酸**，側鎖の部分にアミノ基などをもつものを**塩基性アミノ酸**という。さらに，アミノ酸の主要な成分元素はC，H，O，Nであるが，このほか，硫黄Sを含むアミノ酸を**含硫アミノ酸**，ベンゼン環を含むアミノ酸を**芳香族アミノ酸**という。

$$R-\underset{NH_2}{\overset{H}{C}}-COOH$$

側鎖（R）　共通部分

α-アミノ酸

2 アミノ酸の種類

＊ かっこ内は，1文字表記する場合の略号。

分類	名称	略号*	構造式❸ (側鎖) ⋮ (共通部分)	等電点 pH	特徴
中性アミノ酸	グリシン	Gly(G)	H⋮CH(NH$_2$)COOH	6.0	最も簡単なアミノ酸 鏡像異性体なし。
	アラニン	Ala(A)	CH$_3$⋮CH(NH$_2$)COOH	6.1	タンパク質に広く分布する。
	セリン	Ser(S)	HO-CH$_2$⋮CH(NH$_2$)COOH	5.7	絹のタンパク質（フィブロインに多い）。アルコール性 -OH あり。
	フェニルアラニン◉	Phe(F)	C$_6$H$_5$-CH$_2$⋮CH(NH$_2$)COOH	5.5	タンパク質に広く分布。ベンゼン環をもつ。
	チロシン	Tyr(Y)	HO-C$_6$H$_4$-CH$_2$⋮CH(NH$_2$)COOH	5.7	牛乳のタンパク質に多い。フェノール性 -OH あり。
	トレオニン◉	Thr(T)	CH$_3$-CH(OH)⋮CH(NH$_2$)COOH	5.7	2個の不斉炭素原子をもつ。ヨードホルム反応を示す。
	トリプトファン◉	Trp(W)	(インドール環, N-H)-CH$_2$⋮CH(NH$_2$)COOH	5.9	ベンゼン環(左)，ピロール環(右)をあわせてインドール環という。
	システイン❹	Cys(C)	HS-CH$_2$⋮CH(NH$_2$)COOH	5.1	毛，羊毛，爪のタンパク質（ケラチン）に多い。含硫アミノ酸
	メチオニン◉❺	Met(M)	CH$_3$-S-(CH$_2$)$_2$⋮CH(NH$_2$)COOH	5.7	含硫アミノ酸 牛乳のタンパク質（カゼイン）に多い。
酸性アミノ酸	アスパラギン酸	Asp(D)	HOOC-CH$_2$⋮CH(NH$_2$)COOH	2.8	水溶液は酸性
	グルタミン酸	Glu(E)	HOOC-(CH$_2$)$_2$⋮CH(NH$_2$)COOH	3.2	水溶液は酸性 小麦のタンパク質（グルテリン）に多い。
塩基性アミノ酸	リシン◉	Lys(K)	H$_2$N-(CH$_2$)$_4$⋮CH(NH$_2$)COOH	9.7	水溶液は塩基性 肉のタンパク質に多い。

詳説❸ α-アミノ酸のα位の -NH$_2$ と -COOH でペプチド結合を行う。各アミノ酸の特性は側鎖 R- の部分で決まる。α位の共通部分と側鎖との相互作用を防ぐため，多くのアミノ酸にはメチレン基 -CH$_2$- が存在していると考えられる。R が H であるグリシンだけは，α位の炭素が不斉炭素原子ではないので鏡像異性体は存在せず，各アミノ酸をつなぐ役割を果たしている。

補足❹ **システイン** (cysteine) は，側鎖のチオール基 -SH が空気中の O$_2$ などにより容易に酸化されて，ジスルフィド結合 -S-S- をもつ二量体の**シスチン** (cystine) に変化しやすい。(システインは還元性を示し，フェーリング液を還元する。) また，酵素の働きや生体内での酸化還元反応に深いかかわりをもつ。タンパク質の加水分解では，ふつう酸化生成物のシスチンの形で得られるので，これをスズと濃塩酸で穏やかに還元するとシステインが得られる。シスチン分子中には不斉炭素原子が2個存在するが，分子内に対称面をもつメソ体が存在するので，その立体異性体は $2^2-1=3$ 種類しか存在しない。

$$2\times\begin{matrix}CH_2-SH\\ |\\ CH-NH_2\\ |\\ COOH\end{matrix} \underset{H_2}{\overset{[O]}{\rightleftarrows}} \begin{matrix}CH_2-S-S-CH_2\\ |\qquad\qquad\quad |\\ HC^*-NH_2\ H_2N-{}^*CH\\ |\qquad\qquad\quad |\\ COOH\qquad\quad COOH\end{matrix}$$

Cys　システイン　　(Cys)$_2$　シスチン　（対称面）

詳説❺ 表中で◉をつけたアミノ酸は，ヒトの体内では合成できず，食物として摂取することが必要なので，**必須アミノ酸**(不可欠アミノ酸)という。必須アミノ酸の種類は生物によって異なる。ヒトの場合は，フェニルアラニン，リシン，メチオニン，トレオニン以外にバリン，ロイシン，イソロイシン，トリプトファン，ヒスチジンの計9種類である。幼児ではアルギニンが加わるので10種類となる。その他のアミノ酸は体内で必須アミノ酸や他の物質から合成できるので，**可欠アミノ酸**とよばれる。たとえば，チロシンはフェニルアラニンから，システインはメチオニンからそれぞれ合成される。なお，植物や細菌類は，CO_2，H_2O や NH_3 などの無機窒素化合物を原料として必要なアミノ酸やタンパク質をすべて体内で合成することができる(**窒素同化**)。

参考 **プロリン**は，アミノ基 $-NH_2$ の代わりにイミノ基 $>NH$ をもち，環状に結合しているので，厳密にはイミノ酸である。プロリンは，動物の結合組織を構成するタンパク質のコラーゲンに多く含まれる(p. 809)。

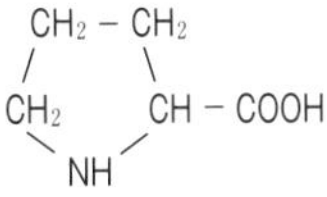

CH₂ – CH₂ / CH₂ CH – COOH / NH

プロリン

►グリシン $CH_2(NH_2)COOH$ 以外のすべての α-アミノ酸 $R-CH(NH_2)COOH$ には不斉炭素原子が存在するので，下図のアラニン(a)，(b)のように互いに重ね合わせることのできない少なくとも1対の鏡像異性体が存在する。これらの異性体はD型とL型に区別されるが❻，自然界に存在する α-アミノ酸のほとんどはL型の構造をしており，その鏡像異性体であるD型の構造はほとんど存在しない(糖類がD型のみでできていたのと対照的である)。

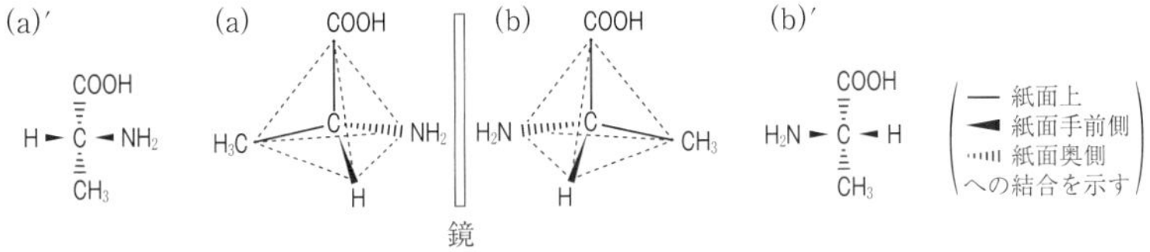

(a)′ COOH / H ► C ◄ NH₂ / CH₃
(a) COOH / H₃C C NH₂ / H
鏡
(b) COOH / H₂N C CH₃ / H
(b)′ COOH / H₂N ► C ◄ H / CH₃

(— 紙面上 / ◄ 紙面手前側 / ⁞ 紙面奥側 / への結合を示す)

詳説❻ アミノ酸も糖類と同様に，グリセルアルデヒドを基準としてD，L型が決められている。まず，不斉炭素原子を中心とし，酸化数の大きな炭素を上に，酸化数の小さな炭素を下に置き，さらに，上下にある置換基を紙面奥側に，左右にある置換基を紙面手前側にくるように分子を向ける。これを紙面前方から眺めると，**破線-楔形表記法**で表せる。

CHO / H C OH / CH₂OH ｜ 鏡 ｜ CHO / HO C H / CH₂OH

CHO / H ► C ◄ OH / CH₂OH　D-グリセルアルデヒド
CHO / HO ► C ◄ H / CH₂OH　L-グリセルアルデヒド

COOH / H ► C ◄ NH₂ / CH₂OH　D-セリン
COOH / NH₂ ► C ◄ H / CH₂OH　L-セリン

アミノ酸の場合，セリンを基準として，D，L型を決定する。すなわち，$-COOH$ を上に，$-CH_3$ を下に置き，破線-楔形表記法で表すと，2位の $-NH_2$ が右側にあるものがD型，左側にあるものがL型となる。

この基準をもとに，アラニン(a)，(b)のD，L型を次のように決定できる。(a)，(b)の炭素鎖を $-COOH$ が上，$-CH_3$ が下に置き，かつ，上下の $-COOH$ と $-CH_3$ が紙面奥側にくるように分子を向けると，(a)′，(b)′となる。(a)′では $-NH_2$ が右側にくるからD型。よって(a)がD-アラニン。(b)′では $-NH_2$ が左側にくるからL型。よって(b)がL-アラニンと決まる。

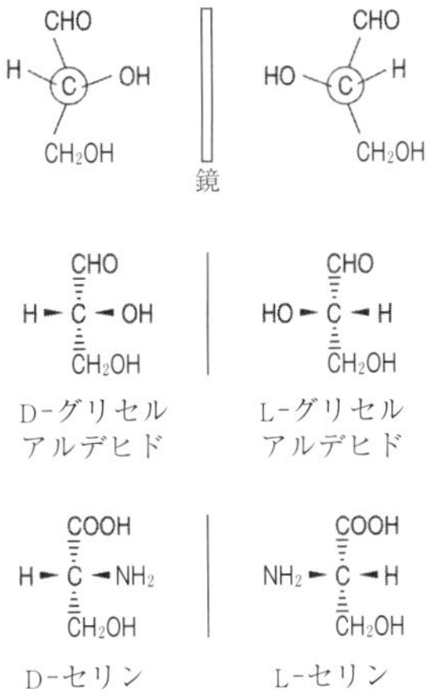

SCIENCE BOX　イソロイシンの立体異性体

分子内に不斉炭素原子が2つある場合，一般に，4種類の立体異性体ができるが，そのうち，互いに鏡像異性体の関係にはない立体異性体を**ジアステレオマー**という。天然に存在するL-イソロイシンAとその立体異性体をB～Dを下図に示す。Aの鏡像異性体，およびAのジアステレオマーはB～Dのどれに該当するかを考えてみよう。

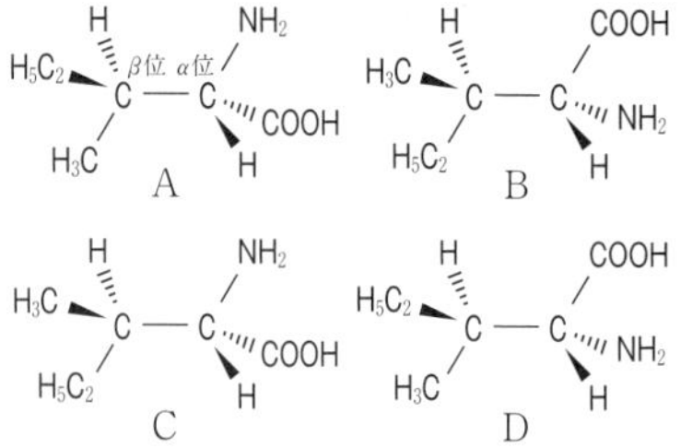

一般に，分子内に不斉炭素原子が1個ある場合，不斉炭素原子に結合する4個の置換基の立体配置を奇数回入れ替えると元の化合物の鏡像体になり，偶数回入れ替えると元の化合物になる。分子内に不斉炭素原子が2個ある場合，不斉炭素原子の立体配置を両方とも入れ替えた化合物が元の化合物の鏡像異性体であり，不斉炭素原子の立体配置を一方だけ入れ替えた化合物は元の化合物のジアステレオマーになる。

イソロイシンでは，α位とβ位の立体配置がともにL型のものを**L-イソロイシン**，ともにD型のものを**D-イソロイシン**という。

Bでは，A(L-イソロイシン)と立体配置が一致しているのは $-H$ のみである。α位のCに結合する $-NH_2$ と $-COOH$ を，β位のCに結合する $-CH_3$ と $-C_2H_5$ をそれぞれ入れ替えると，Aに一致する。したがって，BはAの鏡像異性体であるD-イソロイシンである。

Cでは，α位の立体配置はAと一致しており，β位のCに結合する $-CH_3$ と $-C_2H_5$ を入れ替えると，Aに一致する。したがって，CはAのジアステレオマーである。ただし，アミノ酸のD，L型はα位のC原子で区別されるから，Cはα位の立体配置がAと同じなのでL型である。しかし，β位の立体配置がAとは異なるから，ギリシャ語でallo-(非天然物)の接頭語をつけて，**L-アロイソロイシン**という。

Dでは，β位の立体配置はAと一致しており，α位のCに結合する $-NH_2$ と $-COOH$ を入れ替えると，Aに一致する。したがって，DはAのジアステレオマーである。ただし，Dはα位の立体配置がAとは異なるのでD型である。しかし，β位の立体配置がAと同じなので，**D-アロイソロイシン**という。

	融点(℃)	比旋光度 $[\alpha]_D^{20}$
L-イソロイシン	284	+11.3°(水)
D-イソロイシン	284	−11.3°(水)
L-アロイソロイシン	291	+37.2°(HCl)
D-アロイソロイシン	291	−37.2°(HCl)

► D-アラニンとL-アラニンのような鏡像異性体の物理的，化学的性質はほとんど同じであるが，旋光性(p. 645)が異なり，生理作用が異なる場合が多い。

たとえば，L-グルタミン酸ナトリウムにはコンブの旨(うま)味があるが，その鏡像体であるD型には旨味がなく，少し苦味をもつ。これは，私たちの体の受容体がすべてL型のアミノ酸からなるタンパク質でできているためである。しかし，化学的な方法でグルタミン酸を合成すると，ふつうD型とL型の等量混合物(**ラセミ体**という)が得られるので，L型だけを分離(**光学分割**という)したものを旨味調味料に用いている❼。なお，光学活性な物質が**ラセミ体**に変化する現象を**ラセミ化**といい，光や熱のエネルギー，および酸・塩基の添加でおこる場合がある。

補足❼　1908年，日本の**池田菊苗**(きくなえ)は，昆布40 kgを熱水抽出し，約30 gのL-グルタミン酸を取り出し，その塩が昆布の旨味の正体であることを発見した。グルタミン酸は分子中にカルボキシ基を2個もっており，そのままでは酢酸よりやや強い程度の酸性を示す。そこで，NaOH水溶液で部分的に中和すると，酸味が弱まり旨味が強くなると同時に，水に溶けやすくなる。このような理由で，ふつうグルタミン酸ナトリウム $NaOOC(CH_2)_2CH(NH_2)COOH$ の形で旨味調味料"味の素"に用いられる。当初，グルタミン酸は，それを比較的多く含んでいる小麦のタンパク質のグルテリンを塩酸で加水分解し，生じたラセミ体にL体の種結晶を加えてL体だけを優先晶出法(p. 654)で結晶化していたが，現在では，スクロースの製造で得られる糖蜜(スクロースを結晶化したあとに残る液体)のグルタミクス菌(L型-アミノ酸生産菌)による発酵で得ている。発酵は，微生物の酵素を利用したものであり，微生物の種類を変えると，グルタミン酸だけでなく各種の α-アミノ酸を製造することができる(生物を利用した方法なので，ラセミ体ではなく，L体のみが得られるので光学分割は不要である)。

参考　天然のタンパク質を希酸で加水分解した場合の反応速度は，塩基を用いた場合ほど大きくないが，L型のアミノ酸だけを生じる。一方，アルカリによる加水分解では，反応速度は大きくなるが，L型のアミノ酸の一部がD型にラセミ化する。したがって，タンパク質の加水分解はふつう酸性条件で行われる。これは，アミノ酸を強塩基とともに加熱すると，電子吸引性のカルボニル基の影響で，α位の水素が塩基によって H^+ として引き抜かれやすく，次式のように，立体配置の反転がおこるからである。

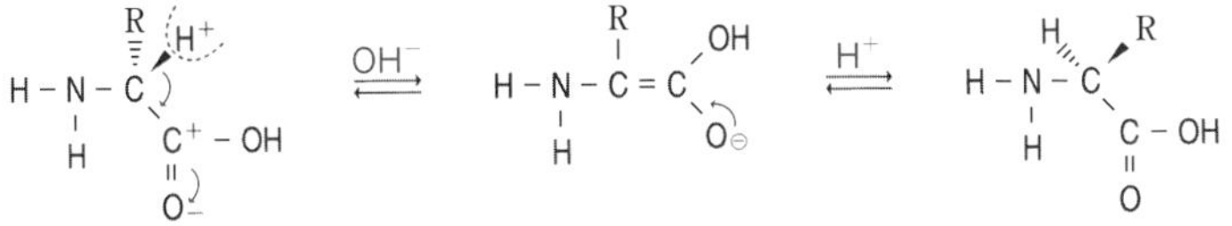

R, H⁺, H－N－C, H, C⁺－OH, O⁻ 　$\underset{}{\overset{OH^-}{\rightleftarrows}}$　 R, H－N－C＝C, OH, H, O⁻　$\overset{H^+}{\rightleftarrows}$　H, R, H－N－C, H, C－OH, O

したがって，タンパク質が酸よりも強塩基で強い被害を受けるのは，加水分解が速やかにおこるだけでなく，引き続いておこるラセミ化によって，L型のアミノ酸がその生物にとってまったく価値のないD型のアミノ酸に変えられてしまうことにも原因がある。

3　アミノ酸の性質

アミノ酸は，塩基性を示すアミノ基 $-NH_2$ と酸性を示すカルボキシ基 $-COOH$ をあわせもつので，酸と塩基の両方の性質を示す**両性化合物**である。結晶や水溶液中では，分子中で $-COOH$ から $-NH_2$ の非共有電子対へと H^+ が移動して**分子内塩**の構造をとっている❽。このとき生じた $R-CH(NH_3^+)COO^-$ のように，同一の分子内に正電荷と負電荷をあわせもったイオンを**双性イオン**という。

補足❽　α-アミノ酸では，$-COOH$ と $-NH_2$ が近い位置にあり，H^+ が移動しやすいことが原因である。以後，アミノ酸を中性分子の形 $R-CH(NH_2)COOH$ で表してあったとしても，実際には上記のような双性イオンの状態で存在していると考えてほしい。事実，中性分子の状態で存在する α-アミノ酸はほとんどない。

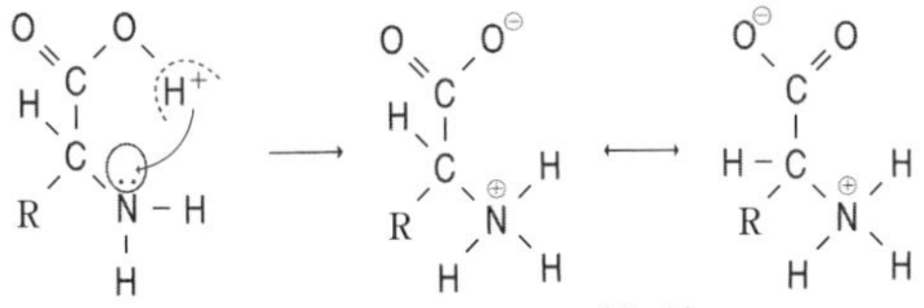

(共鳴)

►アミノ酸の結晶は，双性イオンどうしが静電気力で引き合い，イオン結晶に近い構造になっているため，他の有機化合物に比べて比較的高い融点をもつ❾。また，アミノ酸の分子内には酸性の -COOH と塩基性の $-NH_2$ があり，水中ではこれらが電離した構造をとるため，水に溶けやすいが，エーテルやベンゼンなどの有機溶媒には溶けにくい。

詳説❾　アミノ酸を加熱していくと，双性イオンの $-COO^-\cdots{}^+H_3N-$ イオン結合の部分が切れて融解する前に，側鎖 R- やその他の部分の共有結合が切れ，分解してしまうことが多い。

SCIENCE BOX　アミノ酸の親水性と溶解性

(1)　アミノ酸の水への溶解度

代表的なアミノ酸の水への溶解度(20℃)の値を示す。

アミノ酸	溶解度(g/100g水)	アミノ酸	溶解度(g/100g水)
グリシン	22.5	トレオニン	9.0
アラニン	15.8	フェニルアラニン	2.7
バリン	5.6	チロシン	**0.038**
ロイシン	2.4	アスパラギン酸	**0.42**
セリン	36.2	グルタミン酸	**0.72**

側鎖 R が H のグリシンを基準にすると，R が CH_3 のアラニンの溶解度はやや小さく，R が C_3H_7 のバリン，R が C_4H_9 のロイシンでは，疎水性が大きくなり，溶解度は小さくなる。バリンの $-CH_3$ を -OH に置き換えたトレオニン，アラニンの -H を -OH に置き換えたセリンでは，親水性が増加し，溶解度はやや大きくなる。

(2)　アミノ酸の結晶構造

結晶中では，アミノ酸は**双性イオン**の状態にあり，イオン結晶に近い構造とされているが，その結晶を構成する主要な力は，$-NH_3^+$ と $-COO^-$ の間に働く**水素結合**と，側鎖 R-の間に働く**分子間力**である*。水素結合はその方向性の制約から隙間の多い結晶となり，方向性がなく隙間の少ない典型的なイオン結晶とは少し異なる。

中性アミノ酸 $R-CH(NH_3^+)COO^-$ の一般的な結晶構造は，アミノ酸の親水基どうしが内側に向かい合い，x，y 軸の平面方向で水素結合をつくる。一方，疎水基どうしを外側に向けた分子の二量体が，ファンデルワールス力によって z 軸方向に積み重なったものである*。

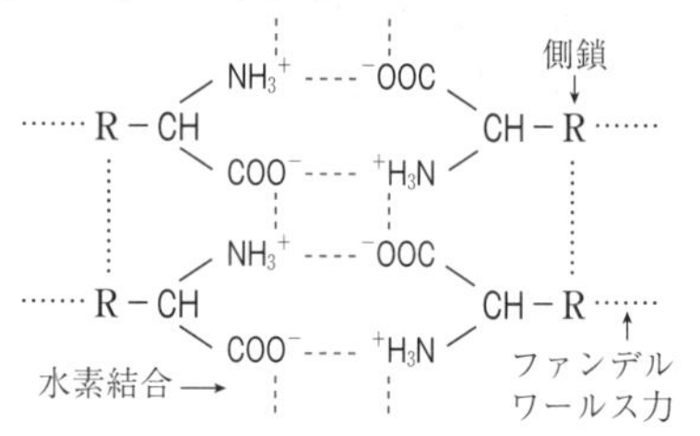

中性アミノ酸の結晶構造(模式図)

(3)　芳香族アミノ酸，酸性アミノ酸の水への溶解性

芳香族アミノ酸では，フェニルアラニンよりもチロシンのほうが水へ溶けにくいのはなぜだろうか。フェニルアラニンは，親水基の $-NH_3^+$ と $-COO^-$ の部分だけで水素結合が形成され，側鎖部分ではファンデルワールス力しか働いていない。チロシンでは，親水基の $-NH_3^+$ と $-COO^-$ の部分だけでなく，側鎖の -OH が別の分子の $-COO^-$ や $-NH_3^+$ などと水素結合を形成し，立体網目構造をつくることにより，水に溶けにくくなると考えられる。

また，側鎖に親水基 -COOH をもつ酸性アミノ酸の水への溶解度が小さいのはなぜだろうか。酸性アミノ酸では，親水基の部分どうしが $-NH_3^+$ と $-COO^-$ の間に水素結合を形成するだけでなく，側鎖の -COOH も水素結合を形成し，立体網目構造をつくるため，水に溶けにくくなると考えられる。

*　永嶋伸也　アミノ酸と結晶多形について　日本結晶学会誌 35 号(1993)より

4　アミノ酸の電離平衡

アミノ酸の水溶液では，陽イオン，双性イオン，陰イオンが次式で示すような平衡状態にあり，水溶液の pH によってそれらの比率は変化する。中性付近では，ふつう双性イオンが最も多く存在し，陽イオンと陰イオンは少量しか存在しない⑩。

詳説⑩ アミノ酸を水に溶かすと，次のような2つの電離平衡が存在する。

$$\underset{\text{陽イオン}}{R-CH(NH_3^+)-COOH} \underset{H^+}{\overset{OH^-}{\rightleftarrows}} \underset{\text{双性イオン}}{R-CH(NH_3^+)-COO^-} \underset{H^+}{\overset{OH^-}{\rightleftarrows}} \underset{\text{陰イオン}}{R-CH(NH_2)-COO^-}$$

①式ではアミノ酸は H^+ を受け取るので塩基，②式ではアミノ酸は H^+ を放出するので酸として働く。ただし，アミノ酸の酸，塩基としての能力はいずれも弱く，しかも同程度であるから，①，②の平衡はあまり右に進行せず，大部分が双性イオンの状態で存在する。

$$R-CH(NH_3^+)-COO^- + H^+ \rightleftarrows R-CH(NH_3^+)-COOH \quad \cdots\cdots\cdots ①$$

$$R-CH(NH_3^+)-COO^- + OH^- \rightleftarrows R-CH(NH_2)-COO^- + H_2O \cdots ②$$

►しかし，アミノ酸の水溶液を酸性にすると，①式の平衡が右へ移動して，水溶液中には陽イオンが多くなる。一方，塩基性にすると，②式の平衡が右へ移動して陰イオンが多くなる。

このことは，アミノ酸水溶液に直流電圧を加えて電気泳動を行うと，酸性水溶液ではアミノ酸は陰極へ，塩基性水溶液ではアミノ酸は陽極へ移動することから確認できる⑪。

また，水溶液の pH がある値に達すると，アミノ酸の陽イオン，双性イオン，陰イオンの共存する平衡混合物の電荷が全体として 0 になり，アミノ酸はどちらの電極にも移動しなくなる。このときの pH をアミノ酸の**等電点**という⑫。等電点では，アミノ酸は電気的に中性な双性イオンの濃度が最大となるほか，溶液中にわずかに残っている陽イオンと陰イオンの濃度も等しくなる。

補足⑪ 図のように，ろ紙の中央にアミノ酸水溶液を塗布し，ろ紙の両端を pH を調節した緩衝溶液の入った電解槽に浸す。電解槽には電極が差し込んであり，数百 V の直流電圧をかけると，アミノ酸の電気泳動がおこる。

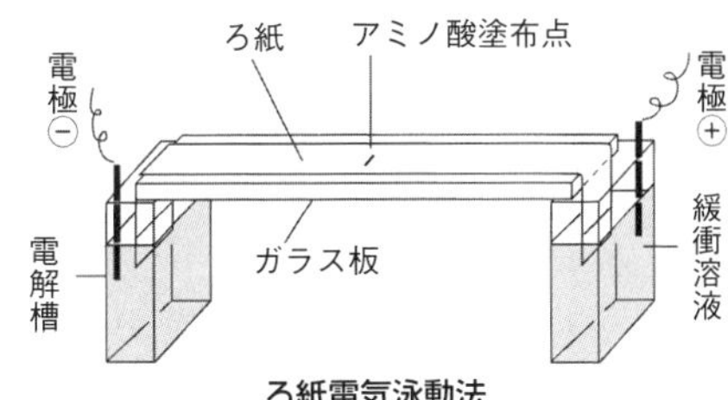

ろ紙電気泳動法

詳説⑫ 等電点の値は各アミノ酸によってそれぞれ固有の値をもち，個々のアミノ酸の特性を示すものとして重要である。等電点の異なるアミノ酸の混合溶液に，pH を変化させながら電気泳動を行わせると，アミノ酸の種類により電極への移動方向がそれぞれ異なるので，アミノ酸の分離を行うことができる。

1　グリシンの等電点を求める

グリシンの水溶液では，主に双性イオンが存在しているが，その一部は酸として働きグリシン陰イオンに，一部は塩基として働きグリシン陽イオンになる。

$$H_3N^+\text{-}CH_2\text{-}COO^- + H_2O \rightleftarrows H_2N\text{-}CH_2\text{-}COO^- + H_3O^+ \quad \cdots\cdots ③$$

$$H_3N^+\text{-}CH_2\text{-}COO^- + H_2O \rightleftarrows H_3N^+\text{-}CH_2\text{-}COOH + OH^- \quad \cdots\cdots ④$$

グリシンの平衡混合物全体の電荷が0となるときのpHが，グリシンの**等電点**である。すなわち，溶液中の双性イオンの濃度が最大であるほか，溶液中のグリシン陽イオンとグリシン陰イオンの濃度が等しくなる。(これが**等電点の条件**である。)

③式はグリシン双性イオンの酸としての電離式を，④式はグリシン双性イオンの塩基としての電離式を表しているが，酸と塩基の電離定数を同時に考えてpHを求めるのは，大変面倒である。そこで，次のような考え方がとられる。グリシンに十分量の塩酸を加えて，グリシン塩酸塩 $CH_2(COOH)NH_3Cl$ にしたとする。この水溶液に対して NaOH の標準水溶液を滴下していくと，グリシン陽イオンは⑤式のように，あたかも2価の弱酸(たとえば炭酸)のように2段階に中和されていく。

$$^+H_3N\text{-}CH_2\text{-}COOH \xrightarrow{OH^-} {}^+H_3N\text{-}CH_2\text{-}COO^- \xrightarrow{OH^-} H_2N\text{-}CH_2\text{-}COO^- \quad \cdots\cdots ⑤$$

グリシン陽イオン中の -COOH と $-NH_3^+$ のうち，-COOH のほうが $-NH_3^+$ より H^+ を電離しやすい(**第一電離**)。なぜなら，もし，$-NH_3^+$ から先に H^+ が電離すれば，不安定な中性分子の $H_2N\text{-}CH_2\text{-}COOH$ が生じることになり，このような電離は水溶液中ではおこり得ないからである。次に，第一電離の終了した時点(**第一中和点**)で，溶液中での双性イオンの濃度が最大となるから，このときのpHがグリシンの等電点にほかならない。このあと，電離しにくいほうの $-NH_3^+$ から H^+ の電離が始まる(**第二電離**)。

例題 グリシンの第一電離と第二電離の電離定数 K_1, K_2 をそれぞれ次式のように表す。

$$K_1 = \frac{[^+H_3NCH_2COO^-][H^+]}{[^+H_3NCH_2COOH]} = 4.0\times10^{-3}\,[\text{mol/L}]$$

$$K_2 = \frac{[H_2NCH_2COO^-][H^+]}{[^+H_3NCH_2COO^-]} = 2.5\times10^{-10}\,[\text{mol/L}]$$

これらの値より，グリシンの等電点のpHを求めよ。

［**解**］ 第一中和点では，双性イオンの一部が水と本文の③，④式のように反応して，溶液中にグリシン陽イオンもグリシン陰イオンも生成しているが，

$$[^+H_3NCH_2COOH] = [H_2NCH_2COO^-]$$

のとき，はじめてグリシン全体の電荷が0となる。(グリシンの等電点の条件)

この条件式を使うには，K_1 と K_2 の式をまとめる必要がある(K_1, K_2 単独では使えない)。

$$K_1K_2 = \frac{[H_2NCH_2COO^-][H^+]^2}{[^+H_3NCH_2COOH]}$$

この式で $[^+H_3NCH_2COOH] = [H_2NCH_2COO^-]$ の条件を用い，K_1, K_2 の値を代入すると，

$$[H]^2 = K_1K_2 \quad \therefore \quad [H^+] = \sqrt{K_1K_2} = \sqrt{1.0\times10^{-12}} = 1.0\times10^{-6}\,[\text{mol/L}]$$

$$\therefore \quad pH = -\log_{10}(1.0\times10^{-6}) = 6.0$$

答　**6.0**

2　グリシン陽イオンの二段階中和

いま，0.1 mol/L のグリシン塩酸塩 $CH_2(COOH)NH_3Cl$ 水溶液 10 mL を，0.1 mol/L の NaOH 水溶液で滴定していくと，グリシン塩酸塩の電離で生じたグリシン陽イオン

は，2価の弱酸のように2段階に中和されるため，第一中和点，第二中和点をもつ下図のような滴定曲線が得られる。

$$\begin{cases} {}^{+}H_3N\text{-}CH_2\text{-}COOH \rightleftarrows {}^{+}H_3N\text{-}CH_2\text{-}COO^- + H^+ & \cdots\cdots⑥ \\ \qquad K_1 = 4.0\times10^{-3}\ \text{mol/L} & \\ {}^{+}H_3N\text{-}CH_2\text{-}COO^- \rightleftarrows H_2N\text{-}CH_2\text{-}COO^- + H^+ & \cdots\cdots⑦ \\ \qquad K_2 = 2.5\times10^{-10}\ \text{mol/L} & \end{cases}$$

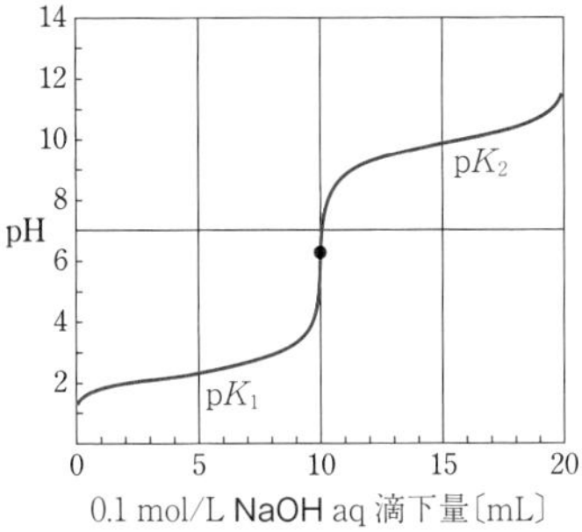

第一中和点までは，グリシンの $-COOH$ だけが中和される。つまり，電離定数の大きい第一電離のみがおこり（この間，電離定数の小さい第二電離はおこらない），グリシン陽イオンはしだいに双性イオンに変わっていく。第一電離が終了した時点（第二電離はまだおこらない）で pH ジャンプがおこる。この点が第一中和点であり，溶液中のグリシン双性イオンの濃度が最大となる等電点でもある。

続いて，第二電離すなわち，グリシンの $-NH_3^+$ による中和が行われるので，溶液中の双性イオンはしだいにグリシン陰イオンに変わっていく。第二電離が終了した時点，すなわち第二中和点はかなり強い塩基性であり，pH ジャンプはわずかに見られるだけである。

例題 次の(1)〜(4)の pH を求めよ。電離定数は上記の値を用い，$\log_{10}2=0.30$，$\log_{10}3=0.48$ とする。

(1) 0.1 mol/L のグリシン塩酸塩 $CH_2(COOH)NH_3Cl$ 水溶液の pH

(2) (1)の溶液 10 mL に 0.1 mol/L の NaOH 水溶液を 5 mL 加えた時点，つまり，グリシン陽イオンのちょうど半分だけが中和されて双性イオンに変化したときの pH

(3) (1)の溶液 10 mL に 0.1 mol/L の NaOH 水溶液を 15 mL 加えた時点，つまり，グリシン双性イオンのちょうど半分だけが中和されて陰イオンに変化したときの pH

(4) (1)の溶液 10 mL に 0.1 mol/L の NaOH 水溶液を 20 mL 加えた時点，つまり，第二中和点の pH

［**解**］ (1) 第二電離は無視できるほど小さい($K_1 \gg K_2$)ので，第一電離のみを考えればよい。

グリシン陽イオンの濃度を C〔mol/L〕，電離度を α とおくと，

$$ {}^{+}H_3N\text{-}CH_2\text{-}COOH \rightleftarrows {}^{+}H_3N\text{-}CH_2\text{-}COO^- + H^+$$

(平衡時)　$C(1-\alpha)$　　$C\alpha$　　$C\alpha$　〔mol/L〕

$$K_1 = \frac{C\alpha\cdot C\alpha}{C(1-\alpha)} = \frac{C\alpha^2}{1-\alpha}$$

（グリシンの K_1 はかなり大きいので $1-\alpha \fallingdotseq 1$ の近似は不成立。よって，厳密解で α を求める。）

$C\alpha^2 + K_1\alpha - K_1 = 0$　　$C=0.1$，$K_1=4.0\times10^{-3}$ の値を代入し，二次方程式を解く。

(×10) より，$\alpha^2 + 4\times10^{-2}\alpha - 4\times10^{-2} = 0$

$$\alpha = -2\times10^{-2} \pm \sqrt{4\times10^{-4} + 4\times10^{-2}} = -2\times10^{-2} \pm \sqrt{404\times10^{-4}}$$

$$\fallingdotseq -2\times10^{-2} \pm 20.1\times10^{-2}$$ より，$\alpha \fallingdotseq 0.18$，$-0.22$(不適)

よって，$[H^+]=C\alpha=0.1\times0.18=1.8\times10^{-2}$〔mol/L〕

$\mathrm{pH}=-\log_{10}(18\times10^{-3})=3-\log_{10}2-2\log_{10}3=1.74$　　　答 **1.7**

(2) グリシン陽イオンを半分だけ中和した点なので，

$[{}^+H_3N\text{-}CH_2\text{-}COOH]=[{}^+H_3N\text{-}CH_2\text{-}COO^-]$　　これを K_1 の式に代入すると，

$K_1=\dfrac{[{}^+H_3N\text{-}CH_2\text{-}COO^-][H^+]}{[{}^+H_3N\text{-}CH_2\text{-}COOH]}$ より，　$[H^+]=K_1$

$\therefore$　$[H^+]=4\times10^{-3}$〔mol/L〕　　$\mathrm{pH}=3-2\log_{10}2=2.4$　　　答 **2.4**

(3) (2)と同様にグリシン双性イオンを半分だけ中和した点なので，

$[{}^+H_3N\text{-}CH_2\text{-}COO^-]=[H_2N\text{-}CH_2\text{-}COO^-]$　　これを K_2 の式に代入すると，

$K_2=\dfrac{[H_2N\text{-}CH_2\text{-}COO^-][H^+]}{[{}^+H_3N\text{-}CH_2\text{-}COO^-]}$ より，　$[H^+]=K_2$

$\therefore$　$[H^+]=2.5\times10^{-10}=\dfrac{10^{-9}}{4}$〔mol/L〕　　$\mathrm{pH}=9+2\log_{10}2=9.6$　　　答 **9.6**

(4) 第二中和点ではグリシン陰イオン $H_2N\text{-}CH_2\text{-}COO^-$ の加水分解を考える必要がある。

グリシン陰イオンの濃度を C〔mol/L〕，加水分解度を h とおくと，

$$H_2N\text{-}CH_2\text{-}COO^- + H_2O \rightleftarrows {}^+H_3N\text{-}CH_2\text{-}COO^- + OH^-$$

(平衡時)　$C(1-h)$　　一定　　Ch　　Ch　〔mol/L〕

また，この加水分解定数を K_h とし，分母と分子に$[H^+]$をかけて整理すると，

$$K_h=\frac{[{}^+H_3N\text{-}CH_2\text{-}COO^-][OH^-][H^+]}{[H_2N\text{-}CH_2\text{-}COO^-][H^+]}=\frac{K_w}{K_2}=\frac{1.0\times10^{-14}}{2.5\times10^{-10}}=4\times10^{-5}\text{〔mol/L〕}$$

$$\therefore\quad [OH^-]=Ch\fallingdotseq\sqrt{CK_h}=\sqrt{\frac{0.1}{3}\times4\times10^{-5}}=\sqrt{\frac{4}{3}\times10^{-6}}=\frac{2}{\sqrt{3}}\times10^{-3}\text{〔mol/L〕}$$

（液量がもとの3倍→濃度は$\frac{1}{3}$となっている。）

$\therefore$　$\mathrm{pOH}=3-\log_{10}2+\dfrac{1}{2}\log_{10}3=2.94$　　$\mathrm{pH}+\mathrm{pOH}=14$ より，

$\therefore$　$\mathrm{pH}=14-2.94=11.06$　　　答 **11.1**

► pH を$-\log_{10}[H^+]$ で定義したのと同様，酸の電離定数 K_a についても$-\log_{10}K_a=\mathrm{p}K_a$ と定義すると，$\mathrm{p}K_a$ はその数値が小さいほど強酸，その数値が大きいほど弱酸であることを表すので，**酸解離指数**とよばれる。上の**例題**(2)より，第一電離の中間点では $[H^+]=K_1$ なので，$\mathrm{p}K_1$ は pH と等しくなる。

同様に(3)より，第二電離の中間点では$[H^+]=K_2$ なので，$\mathrm{p}K_2$ は pH と等しくなる。

一方，グリシンのような中性アミノ酸の等電点の pH は，p. 788 の**例題**より，
$[H^+]=\sqrt{K_1K_2}$ なので，

$$\mathrm{pH}=-\log_{10}[H^+]=-\frac{1}{2}\log_{10}K_1-\frac{1}{2}\log_{10}K_2=\frac{1}{2}(-\log_{10}K_1-\log_{10}K_2)$$
$$=\frac{\mathrm{p}K_1+\mathrm{p}K_2}{2}$$

滴定曲線を見ると，$\mathrm{p}K_1$ とは第一電離の中間点，$\mathrm{p}K_2$ は第二電離の中間点を表している。また，等電点とは第一電離の終了(第一中和点)を表す点であるから，第一電離の中間点 $\mathrm{p}K_1$ と第二電離の中間点 $\mathrm{p}K_2$ のちょうど真ん中に等電点が位置することになる。

よって，アミノ酸の等電点は $\mathrm{p}K_1$ と $\mathrm{p}K_2$ の平均値 $\dfrac{\mathrm{p}K_1+\mathrm{p}K_2}{2}$ として求められる。

5 アミノ酸の分離

タンパク質を構成するアミノ酸の分離と定量は次のようにして行う。まず，タンパク質に6 mol/L の塩酸を加えて，高圧釜(110℃)で1～2日煮沸して加水分解する(アルカリで加水分解すると，一部のアミノ酸がラセミ化 (p. 784) する恐れがある)。次いで，過剰の塩酸を減圧除去して得られたアミノ酸の塩酸塩を，下図のような構造をもつ陽イオン交換樹脂 (p. 870) に通す。強い酸性の溶液中では，アミノ酸はすべて陽イオンの状態にあり，樹脂中の $-SO_3^-$ の部分に完全に吸着される。

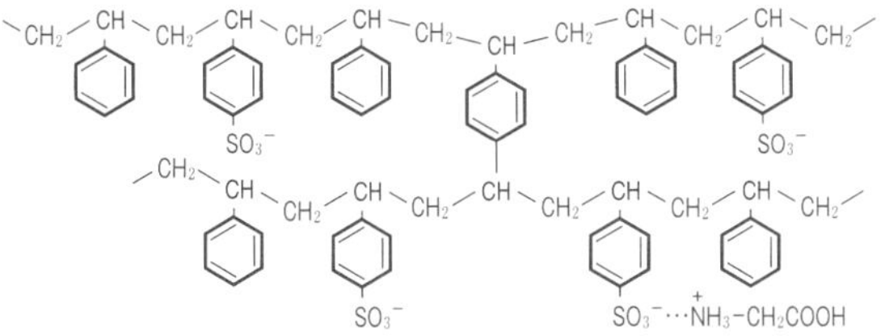

次に，クエン酸の緩衝液の pH を順次上げながら流していくと，各アミノ酸が中和され，等電点に達したものから樹脂への吸着力を失って，順次溶出してくる。このように，各アミノ酸の等電点の違いを利用したイオン交換クロマトグラフィーによって，アミノ酸の分離が行われる⓭。

SO_3^- … $\overset{+}{N}H_3-CH_2COOH$

陽イオン交換樹脂

また，それぞれの溶出液にニンヒドリンを加えて加熱すると，紫色になる (p. 795)。この色調は，アミノ酸の濃度に比例して濃くなるので，分光光度計で吸光度を測定すれば，アミノ酸の定量を行うこともできる。

詳説⓭ 酸性アミノ酸である**アスパラギン酸(Asp)の等電点**を求めてみよう。

強い酸性の溶液中では1価の陽イオンの状態にあるが，これをアルカリで中和していくと，しだいに H^+ を電離して双性イオン→陰イオンと変化していく。

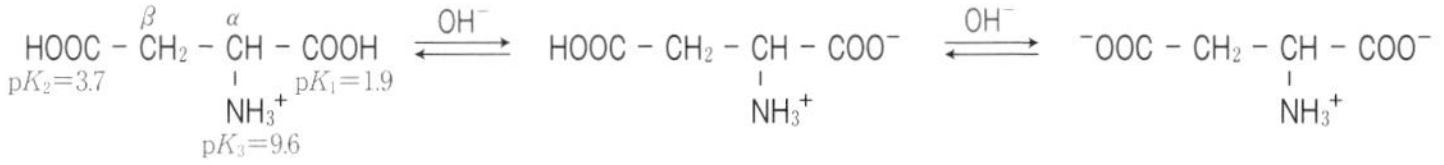

$$\underset{\text{p}K_2=3.7}{HOOC}-\overset{\beta}{CH_2}-\overset{\alpha}{CH}(\underset{\text{p}K_3=9.6}{NH_3^+})-\underset{\text{p}K_1=1.9}{COOH} \xrightleftharpoons{OH^-} HOOC-CH_2-CH(NH_3^+)-COO^- \xrightleftharpoons{OH^-} {}^-OOC-CH_2-CH(NH_3^+)-COO^-$$

陽イオン　　　双性イオン　　　1価の陰イオン

$$\xrightleftharpoons{OH^-} {}^-OOC-CH_2-CH(NH_2)-COO^-$$

2価の陰イオン

α 位と β 位の -COOH の酸性の強さを比較すると，α 位のほうが強い。これは，陽イオンである $-NH_3^+$ の電子吸引性の影響は，隣接する α 位の -COOH の酸性を強めるが，その効果は距離の離れた β 位の -COOH の酸性にはさほど影響しない。また，α 位の -COOH の電離で生じた双性イオンは，＋と－の電荷が近接しており，β 位の -COOH の電離で生じた双性イオンよりも安定性が大きいことも原因である。また，pK_1 が1.9ということは，Asp の陽イオン：Asp の双性イオン＝1：1(物質量比) になったときの pH が1.9ということである。これは，酢酸 CH_3COOH の pK_a が4.6であることと比較すると，かなり酸性が強くなっている(これは CH_3- の電子供与性で酢酸の酸性が弱められ，一方，$-NH_3^+$ の電子吸引性でアミノ酸の酸性が強まっていることを示す。)。

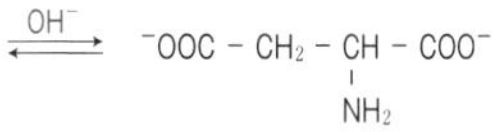

α 位の -COOH からの H^+ の電離に引き続いて，β 位の -COOH から H^+ が電離する。pK_2 が3.7ということは，Asp の双性イオン：Asp の1価の陰イオン＝1：1(物質量比) になるときの pH が3.7ということである。したがって，アスラパラギン酸の場合，pK_1 と pK_2 の中

間点にAspの双性イオンの濃度が最大となる等電点が存在する。すなわち，$\frac{1.9+3.7}{2}=2.8$ と求められる。

このように，Aspの陽イオンは3価の弱酸のように3段階に電離するので，3つの中和点をもつ滴定曲線が得られることになる。

詳説⓭　塩基性アミノ酸である**リシン(Lys)の等電点**を求めてみよう。

$$\underset{pK_3=10.5}{H_3\overset{+}{N}}-(CH_2)_4-\underset{\underset{pK_2=8.9}{NH_3^+}}{CH}-\underset{pK_1=2.2}{COOH} \xrightleftharpoons{OH^-} H_3\overset{+}{N}-(CH_2)_4-\underset{NH_3^+}{CH}-COO^- \xrightleftharpoons{OH^-} H_3\overset{+}{N}-(CH_2)_4-\underset{NH_2}{CH}-COO^-$$

2価の陽イオン　　　1価の陽イオン　　　双性イオン

$$\xrightleftharpoons{OH^-} H_2N-(CH_2)_4-\underset{NH_2}{CH}-COO^-$$

陰イオン

強い酸性の溶液中では，リシンは2価の陽イオンの状態であるが，これにアルカリを加えて中和していくと，順次H^+を放出して双性イオン→陰イオンへと変化していく。

まず，$-COOH$からH^+が電離する。次に，α位とε（イプシロン）位のどちらの$-NH_3^+$からH^+が電離しやすいのかが問題となる。これにはα位とε位の$-NH_2$の塩基性の強さを比較すればよい。リシンの$-NH_2$を無水酢酸と反応させると，優先的にε位の$-NH_2$がアセチル化される。したがって，$-NH_2$の反応性を求核性≒塩基性と考えると，$-NH_2$の塩基性は，ε位のほうがα位よりも大きいことになる。よって，$-NH_2$の共役な酸(p. 287)である$-NH_3^+$の酸性は，α位のほうがε位よりも強くなり，α位($pK_2=8.9$)の$-NH_3^+$からのH^+の電離が先になり，ε位($pK_3=10.5$)の$-NH_3^+$からのH^+の電離は後になる。もう1つの理由として，α位の$-NH_3^+$が$-NH_2$に変化することで，より大きな安定性が得られる場合には，α位からのH^+の電離が促進されるはずであり，それは，正四面体構造をとっていたα位の$-NH_3^+$がH^+を放出して$-NH_2$になり，より平面に近い構造となって，$-COO^-$と右図のような水素結合を形成し安定化するためと考えられる。

$\Downarrow -H^+$

(水素結合)

リシンの等電点は，pK_2とpK_3のちょうど中間点にあたる$\frac{8.9+10.5}{2}=9.7$と求められる。

したがって，陽イオン交換樹脂からの溶出順は，等電点の小さいものからで，$Asp_{(2.8)} \rightarrow Gly_{(6.0)} \rightarrow Lys_{(9.7)}$の順となる。ところで，pHの小さいときは各アミノ酸は陽イオンとして樹脂に強く吸着している。まず，酸性アミノ酸は早く等電点に達して溶出する。セリンなどの極性の強い中性アミノ酸は，陽イオン交換樹脂中のベンゼン環(疎水性)とは親和力が小さいので，比較的速く溶出する。極性の小さな中性アミノ酸はこの樹脂との親和力が大きいので，溶出が遅れる(中性アミノ酸では，ベンゼン環をもつフェニルアラニンが最も遅い)。最後に等電点が大きな塩基性アミノ酸が溶出してくる(右図)。

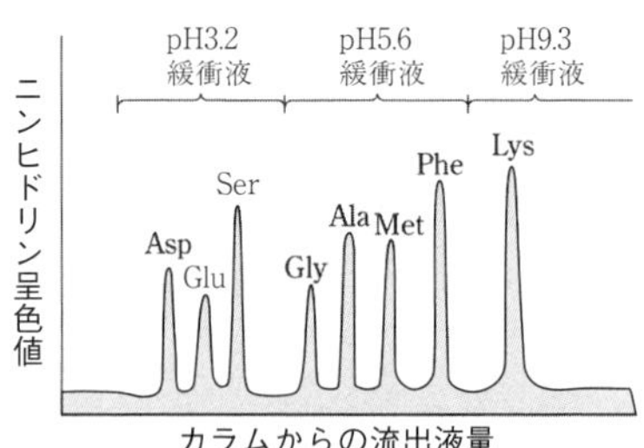

イオン交換クロマトグラフィー

緩衝液に8種のアミノ酸が含まれていることを示す。アミノ酸の含有量は各ピークの面積から計算できる。

SCIENCE BOX アミノ酸の電離平衡と電気泳動

あるアミノ酸Xの水溶液中での電離平衡と電離定数は次の通りとする。

$X^{2+} \rightleftarrows X^{+} + H^{+}$ …① $K_1 = 10^{-2}$ mol/L

$X^{+} \rightleftarrows X^{\pm} + H^{+}$ …② $K_2 = 10^{-6}$ mol/L

$X^{\pm} \rightleftarrows X^{-} + H^{+}$ …③ $K_3 = 10^{-10}$ mol/L

各イオンの存在比は，水溶液のpHによって変化する。

(1) **pH2.0の緩衝液中では**

X^{2+}とX^{+}の存在比は，K_1と$[H^{+}]$を用いると，$K_1 = \dfrac{[X^{+}][H^{+}]}{[X^{2+}]}$より

$$\frac{[X^{+}]}{[X^{2+}]} = \frac{K_1}{[H^{+}]} = \frac{10^{-2}}{10^{-2}} = 1$$

$[X^{+}] = [X^{2+}]$

X^{+}と$X^{\pm}$の存在比は，K_2と$[H^{+}]$を用いると，$K_2 = \dfrac{[X^{\pm}][H^{+}]}{[X^{+}]}$より

$$\frac{[X^{\pm}]}{[X^{+}]} = \frac{K_2}{[H^{+}]} = \frac{10^{-6}}{10^{-2}} = 10^{-4}$$

$[X^{\pm}] = 10^{-4}[X^{+}]$

$X^{\pm}$とX^{-}の存在比は，K_3と$[H^{+}]$を用いると，$K_3 = \dfrac{[X^{-}][H^{+}]}{[X^{\pm}]}$より

$$\frac{[X^{-}]}{[X^{\pm}]} = \frac{K_3}{[H^{+}]} = \frac{10^{-10}}{10^{-2}} = 10^{-8}$$

$[X^{-}] = 10^{-8}[X^{\pm}]$

$[X^{2+}] = 1$とおくと，$[X^{+}] = 1$，$[X^{\pm}] = 10^{-4}$，$[X^{-}] = 10^{-8} \times 10^{-4} = 10^{-12}$

$\therefore$ $[X^{2+}] : [X^{+}] : [X^{\pm}] : [X^{-}]$
$= 1 : 1 : 10^{-4} : 10^{-12}$

全イオンに占める存在率が0.1%以下の$[X^{\pm}]$と$[X^{-}]$を無視すると，

平均電荷＝$\dfrac{\text{イオンの電荷の総和}}{\text{イオンの総数}}$より

$$\left(\text{アミノ酸Xの平均電荷}\right) = \frac{(+2)\times 1 + (+1)\times 1}{1+1} = +1.5$$

(2) **pH4.0の緩衝液中では**

$$\frac{[X^{+}]}{[X^{2+}]} = \frac{10^{-2}}{10^{-4}} = 10^{2} \quad [X^{+}] = 10^{2}[X^{2+}]$$

$$\frac{[X^{\pm}]}{[X^{+}]} = \frac{10^{-6}}{10^{-4}} = 10^{-2} \quad [X^{\pm}] = 10^{-2}[X^{+}]$$

$$\frac{[X^{-}]}{[X^{\pm}]} = \frac{10^{-10}}{10^{-4}} = 10^{-6} \quad [X^{-}] = 10^{-6}[X^{\pm}]$$

$[X^{2+}] : [X^{+}] : [X^{\pm}] : [X^{-}]$
$= 1 : 10^{2} : 1 : 10^{-6}$

非常に小さな$[X^{-}]$を無視すると，

平均電荷
$$= \frac{(+2)\times 1 + (+1)\times 10^{2} + 0\times 1}{1+10^{2}+1} = +1.0$$

(3) **pH6.0の緩衝液中では，**(1)，(2)と同様に

$[X^{2+}] : [X^{+}] : [X^{\pm}] : [X^{-}]$
$= 1 : 10^{4} : 10^{4} : 1$

$[X^{2+}]$と$[X^{-}]$を無視すると，

$$\text{平均電荷} = \frac{(+1)\times 10^{4} + 0\times 10^{4}}{10^{4}+10^{4}} = +0.5$$

(4) **等電点では，$[X^{+}] = [X^{-}]$である。**

（$[X^{2+}]$は無視する）

$$K_2 \cdot K_3 = \frac{[X^{\pm}][H^{+}]}{[X^{+}]} \cdot \frac{[X^{-}][H^{+}]}{[X^{\pm}]} = \frac{[X^{-}][H^{+}]^{2}}{[X^{+}]}$$

$[H^{+}]^{2} = 10^{-6} \times 10^{-10} = 10^{-16}$

$[H^{+}] = 10^{-8}$ 等電点は pH＝8.0

等電点では，アミノ酸の平均電荷は0。

(5) **pH10.0の緩衝液中では，**(1)，(2)と同様に

$[X^{2+}] : [X^{+}] : [X^{\pm}] : [X^{-}]$
$= 10^{-12} : 10^{-4} : 1 : 1$

$[X^{2+}]$と$[X^{+}]$を無視すると，

$$\text{平均電荷} = \frac{0\times 1 + (-1)\times 1}{1+1} = -0.5$$

アミノ酸の電気泳動における移動距離は，各pHにおけるアミノ酸の平均電荷に依存するから，アミノ酸Xの各pHにおける電気泳動のようすは次のようになる。

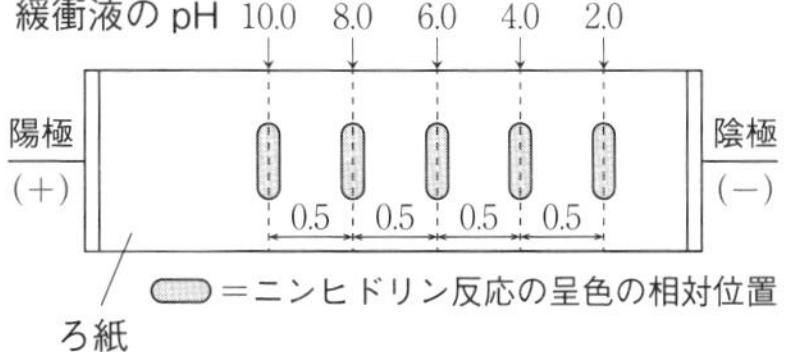

6 アミノ酸の反応

アミノ酸をアルコールに溶かし，少量の濃硫酸などを加えて加熱すると，エステルが生成し，酸としての性質を失う⑭。

詳説⑭ 実際には，アミノ酸の混合物をエタノールに溶かし，加熱しながら乾燥したHClガス（触媒）を通じると，アミノ酸エステルの塩酸塩が得られる。これに$NaHCO_3$水溶液を加えて中和すると，アミノ酸エステルが得られる。アミノ酸エステルは双性イオンになれないため，有機溶媒に溶けやすく，揮発性も大きく，減圧蒸留により各アミノ酸が分離できる。この反応は，選択的なペプチド合成をする際に利用される。

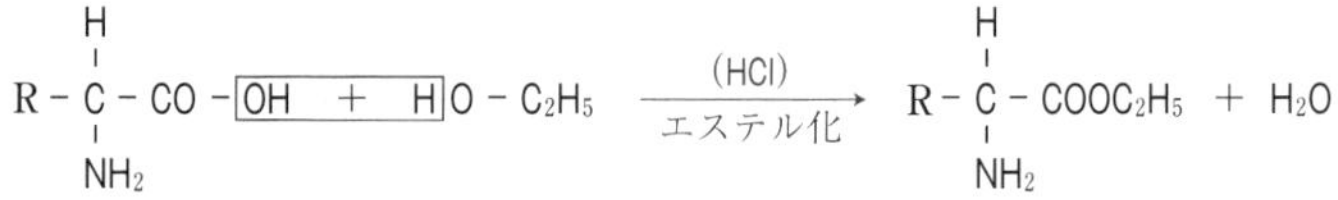

$$R-CH(NH_2)-CO-\boxed{OH + H}O-C_2H_5 \xrightarrow[\text{エステル化}]{(HCl)} R-CH(NH_2)-COOC_2H_5 + H_2O$$

►アミノ酸に無水酢酸を作用させると，アミノ基$-NH_2$のHがアセチル基CH_3CO-で置換されてアミドを生成し，塩基としての性質を失う⑮。

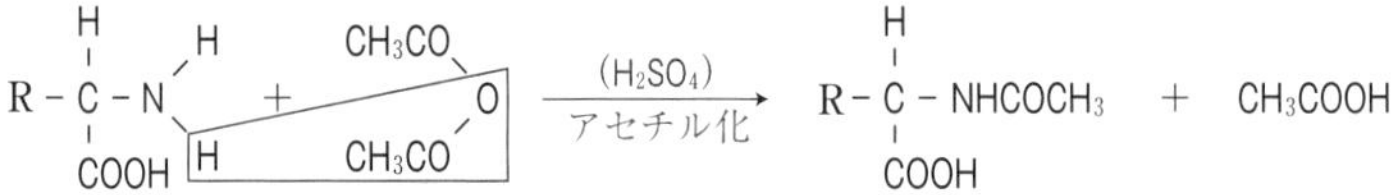

$$R-CH(COOH)-NH_2 + (CH_3CO)_2O \xrightarrow[\text{アセチル化}]{(H_2SO_4)} R-CH(COOH)-NHCOCH_3 + CH_3COOH$$

詳説⑮ セリンのアセチル化はα位の$-NH_2$とβ位の$-OH$でおこる可能性がある。セリンに等物質量の無水酢酸を作用させると，α位の$-NH_2$だけがアセチル化されて*N*-アセチルセリンが生成するが，酸性で無水酢酸を作用させると，β位の$-OH$だけがアセチル化されて*O*-アセチルセリンが生成する。一方，セリンに反応性の大きな塩化アセチルCH_3COClを作用させると，*N*-アセチル-*O*-アセチルセリンが生成する（*O*-，*N*- はアセチル基が結合した原子を表す）。

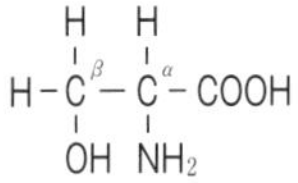

$$H-\overset{H}{\underset{OH}{C^{\beta}}}-\overset{H}{\underset{NH_2}{C^{\alpha}}}-COOH$$

セリン

►アミノ酸は酢酸酸性で亜硝酸ナトリウム水溶液とは次式のように反応して窒素N_2を発生する。このとき，アミノ基1 molにつきN_2 1 molの割合で発生するので，遊離のアミノ基$-NH_2$の定量に利用される⑯（**バン-スライク法**という）。ただし，リシン1 molからはN_2 2 molが発生する。

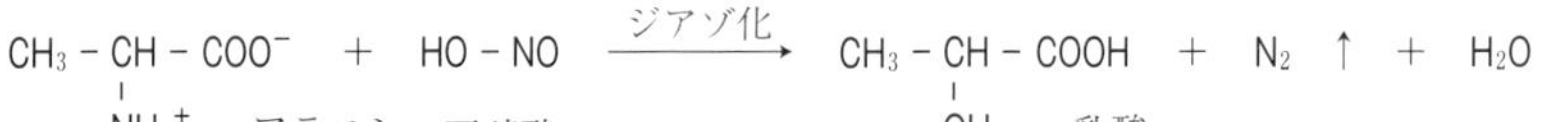

$$CH_3-CH(NH_3^+)-COO^- + HO-NO \xrightarrow{\text{ジアゾ化}} CH_3-CH(OH)-COOH + N_2\uparrow + H_2O$$

L-アラニン　亜硝酸　L-乳酸

補足⑯ ジアゾ化は，脂肪族・芳香族を問わず，アミノ基$-NH_2$をもつ第一級アミンでおこり，イミノ基 >NH をもつ第二級アミンのプロリン（p. 783）ではおこらない。α-アミノ基は数分で反応が終了するが，リシンのε-アミノ基の反応にはその数倍の時間を要する。

►γ-アミノ酸やδ-アミノ酸を加熱すると，容易に環状アミド（**ラクタム**）をつくる。しかし，α-アミノ酸，β-アミノ酸では環の歪みが大きいので，ラクタムは形成されない。

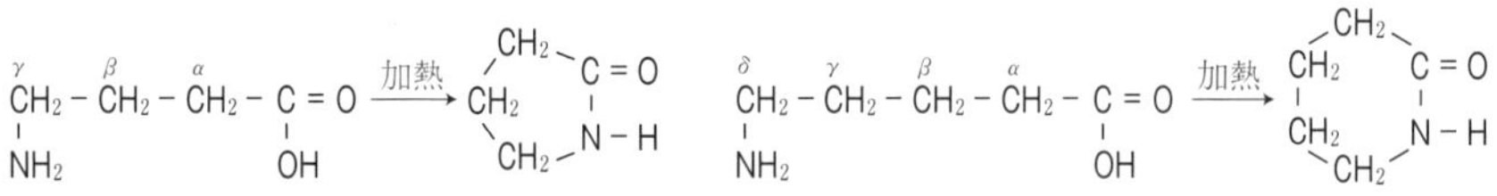

$$\overset{\gamma}{C}H_2(NH_2)-\overset{\beta}{C}H_2-\overset{\alpha}{C}H_2-C(OH)=O \xrightarrow{\text{加熱}} \text{(環状)}\ CH_2-CH_2-CH_2-C(=O)-NH$$

γ-アミノ酪酸　γ-ブチロラクタム

$$\overset{\delta}{C}H_2(NH_2)-\overset{\gamma}{C}H_2-\overset{\beta}{C}H_2-\overset{\alpha}{C}H_2-C(OH)=O \xrightarrow{\text{加熱}} \text{(環状)}\ CH_2-CH_2-CH_2-CH_2-C(=O)-NH$$

δ-アミノ吉草酸　δ-バレロラクタム

7　ニンヒドリン反応

アミノ酸にニンヒドリン水溶液を加えて温めると，青紫〜赤紫色に呈色する。この反応は**ニンヒドリン反応**とよばれ，α-アミノ基の検出に利用される⑰。また，アミノ酸の濃度が大きいほど濃く発色するので，比色法によるアミノ酸の定量が可能である⑱。

詳説⑰　この反応は非常に鋭敏な反応であり，α-アミノ酸だけでなく，タンパク質に含まれる末端のα-アミノ基とも反応するので，タンパク質や各種のペプチド類も検出できる。(ただし，ニンヒドリンはペプチド結合とは反応せず，また，リシンのε-アミノ基との反応性はかなり低い。)

① ニンヒドリン(無水型)の2位のC=O基へのアミノ酸のα-NH_2基の求核攻撃から始まり，脱水縮合の後，脱炭酸($-CO_2$)に続いて，C=N結合をもつ中間体(**イミン**)が生成し，イミンの加水分解（C=NのCにOH，NにHが付加する）により，アミノ酸はアルデヒドに酸化される。一方，ニンヒドリンはその還元体(第一級アミン)に変化する。

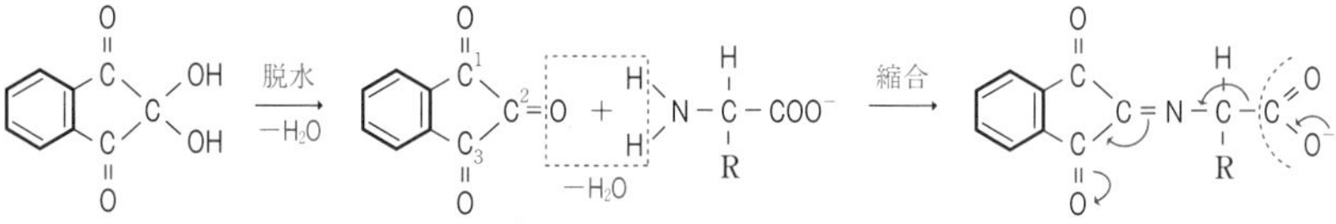

ニンヒドリン　脱水 $-H_2O$　ニンヒドリン(無水型)　α-アミノ酸　縮合

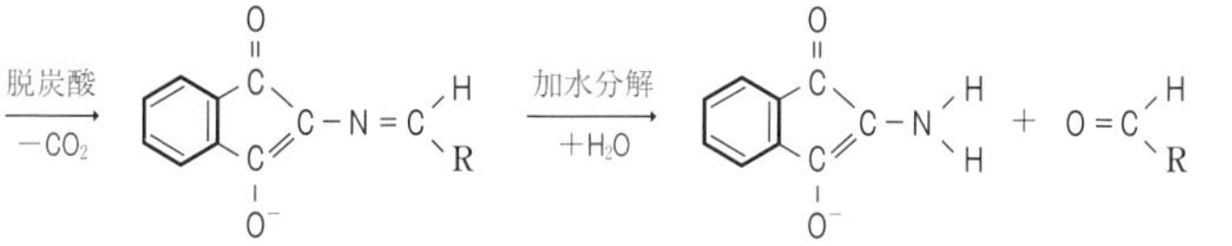

脱炭酸 $-CO_2$　中間体(イミン)　加水分解 $+H_2O$　還元体(第一級アミン)　アルデヒド

② ニンヒドリンの還元体は別のニンヒドリン（無水型）と脱水縮合すると，共役二重結合(p. 731)をもった紫色の色素(**ルーヘマン紫**)を生成する。

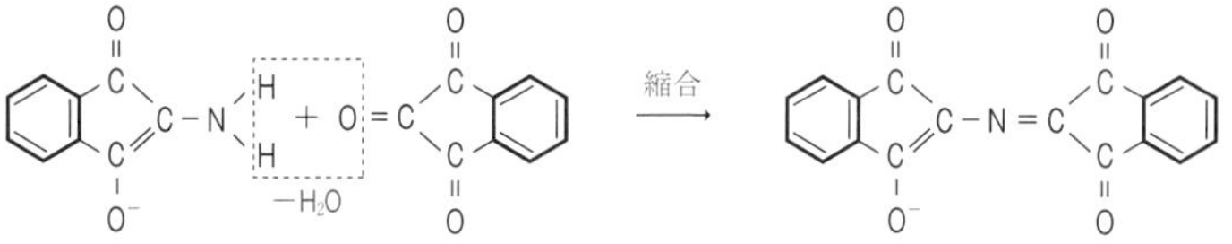

$-H_2O$　縮合

プロリンのように，環状のイミノ基-NH-をもつα-イミノ酸では，脱炭酸までで反応が終了し，ルーヘマン紫ではない別の黄色の色素(**プロリン黄**)が生成する。

補足⑱　ニンヒドリン反応は，有機化合物中のα-アミノ基と定量的に進行するが，反応途中に生成するニンヒドリンの還元体は空気酸化されやすい。そのため，ニンヒドリン反応をアミノ酸の定量に用いるときは，反応液に塩化スズ(Ⅱ) $SnCl_2$ やビタミンCなどの還元剤を加えたクエン酸緩衝液（pH=5.1）中で行われている。また，多くのα-アミノ酸のニンヒドリン反応では紫色を示すが，リシンだけは褐色を示し，還元剤を加えたときだけ紫色を示したという報告がある。これは，多くのα-アミノ酸の場合，ニンヒドリン反応で生じたアルデヒドがニンヒドリンの還元体の酸化を抑制しているが，リシンの場合，ニンヒドリン反応で生じたアルデヒドのホルミル基にε-位のアミノ基が付加・脱水すると，六員環構造をもつイミンに変化する（詳説⑰①参照）。このため，ホルミル基の還元作用がなくなり，ニンヒドリンの還元体の酸化を抑制できなくなり，ルーヘマン紫が生成しなかったのではないだろうか。

6-5　タンパク質

1　ペプチドの生成

2個のアミノ酸は，一方のアミノ酸のカルボキシ基 -COOH と他方のアミノ酸のアミノ基 $-NH_2$ から水1分子がとれて縮合できる。このように，アミノ酸どうしが脱水縮合して生じたアミド結合 -CONH- を**ペプチド結合**という。この結合をもつ物質を**ペプチド**という。

```
     R  O             R' O                   R  O    R' O
     |  ||            |  ||                  |  ||   |  ||
 H - N - C - C -[OH + H]- N - C - C - OH  ⟶  H - N - C -[C - N]- C - C - OH  +  H2O
     |   |            |   |                  |   |       |   |
     H   H            H   H                  H   H       H   H
```

2分子のアミノ酸が縮合してできたペプチドを**ジペプチド**，3分子のアミノ酸が縮合したものを**トリペプチド**，4分子のアミノ酸が縮合したものを**テトラペプチド**，10個以上のアミノ酸が縮合したものを通常**ポリペプチド**という❶。また，タンパク質はポリペプチドの構造をもつ高分子化合物❷で，生命活動を支える極めて重要な物質である。

補足❶　縮合するアミノ酸の数に応じて，ジペプチド，トリペプチド，……という。しかし，分子中に含まれるペプチド結合の数はそれぞれ1,2,……個である。また，ペプチドやタンパク質を構成する各アミノ酸の単位(-NHCHRCO-)の部分を，**アミノ酸残基**という。

詳説❷　天然のタンパク質をつくっているペプチド結合は，通常，α 位の -COOH と $-NH_2$ との間で脱水縮合して生じたものである。一般に，構成アミノ酸の数が100個以上で分子量が10000以上のものをタンパク質というが，インスリンのようにアミノ酸の数が50個程度，すなわち，分子量が5000程度のものでも，特有の機能をもつものはタンパク質として扱う。

►2分子のグリシンからなるジペプチドは1種類のみで，略号で Gly-Gly と表す。

グリシンとアラニンからなるジペプチドは，グリシンの -COOH とアラニンの $-NH_2$ とが脱水縮合してできたグリシルアラニン (Gly-Ala) と，アラニンの -COOH とグリシンの $-NH_2$ が脱水縮合してできたアラニルグリシン (Ala-Gly) が存在し，これらは構造異性体の関係にある❸。

```
         H  O     CH3 O                  CH3 O     H  O
         |  ||    |   ||                 |   ||    |  ||
 H - N - C -[C - N]- C - C - OH   H - N - C -[C - N]- C - C - OH
     |   |       |   |                |   |       |   |
     H   H       H   H                H   H       H   H
       グリシルアラニン                  アラニルグリシン
```

詳説❸　ペプチドの末端には，縮合に使われなかった遊離の $-NH_2$ と -COOH が存在する。$-NH_2$ の残った末端を **N 末端**，-COOH の残った末端を **C 末端**といい，ペプチドは N 末端Ⓝを左に，C 末端Ⓒを右に書き，その名称は，N 末端のアミノ酸から C 末端に向かって順に，語尾 ine や ic acid を yl に変えながらよぶ。

例　Ⓝ−Gly−Glu−Phe−Ⓒ　グリシルグルタミルフェニルアラニン

►このように，ペプチド結合には必ず2通りの結合の仕方があるので，構造異性体が存在することに十分注意する必要がある。2つの構造異性体は，（方法1）のようにペプチドのN末端を左側にして2つの構造式を用いて区別してもよいが，（方法2）のように構造式を1つだけ書き，N末端をⓃ，C末端をⒸとつけると，2種類の構造異性体は簡単に区別することができる。

（方法1）

Ala*−Gly　　Gly−Ala*

（方法2）

Ⓝ/Ⓒ − Ala* — Gly − Ⓒ/Ⓝ

例題 グリシン(Gly)，アラニン(Ala)，フェニルアラニン(Phe)からなる鎖状トリペプチドの異性体は何種類あるか。ただし，鏡像異性体は考慮しないものとする。

［解］ 各アミノ酸の結合順が違う3種類の構造異性体が存在する。また，それぞれに対してペプチド結合の仕方の違う構造異性体がある。これを，N末端，C末端で区別すると，構造異性体の総数は，　3×2＝**6種類** 答

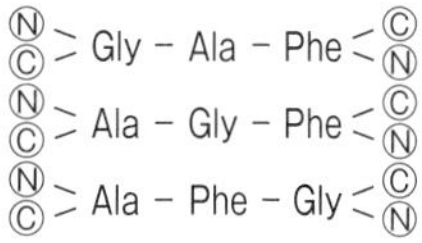

Ⓝ/Ⓒ ＞ Gly − Ala − Phe ＜ Ⓒ/Ⓝ
Ⓝ/Ⓒ ＞ Ala − Gly − Phe ＜ Ⓒ/Ⓝ
Ⓝ/Ⓒ ＞ Ala − Phe − Gly ＜ Ⓒ/Ⓝ

例題 グルタミン酸(Glu)，リシン(Lys)からなる鎖状ジペプチドの異性体は何種類あるか。ただし，鏡像異性体は考慮しないものとする。

［解］ グルタミン酸のα位，γ位の −COOH をⒸ₁，Ⓒ₂，リシンのα位，ε位の $-NH_2$ をⓃ₁，Ⓝ₂とする。

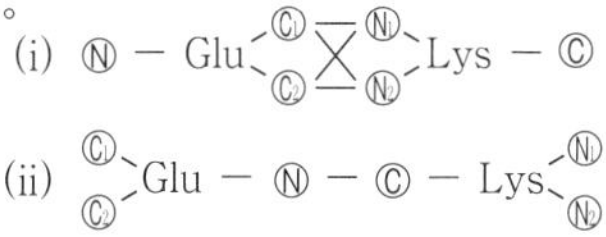

(i) Ⓝ − Glu ＜ Ⓒ₁/Ⓒ₂ ⨯ Ⓝ₁/Ⓝ₂ ＞ Lys − Ⓒ

(ii) Ⓒ₁/Ⓒ₂ ＞ Glu − Ⓝ − Ⓒ − Lys ＜ Ⓝ₁/Ⓝ₂

(i)には構造異性体が4種類存在するが，(ii)には，構造異性体が1種類のみである。よって，構造異性体の総数は**5種類** 答

例題 グリシン(Gly)1分子とアラニン(Ala)2分子からなる鎖状トリペプチドの異性体は何種類あるか。ただし，鏡像異性体を考慮するものとする。

［解］ 各アミノ酸の結合順およびペプチド結合の仕方の違う構造異性体が3種類存在する。また，このトリペプチドには合計2個の不斉炭素原子が存在するので，鏡像異性体は，それぞれの構造異性体について**(D, D)**，**(D, L)**，**(L, D)**，**(L, L)**，すなわち，2^2＝4種類ずつある。

よって，異性体の総数は，3×4＝**12種類** 答

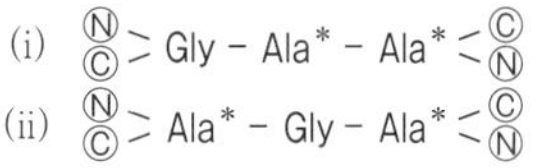

(i) Ⓝ/Ⓒ ＞ Gly − Ala* − Ala* ＜ Ⓒ/Ⓝ
(ii) Ⓝ/Ⓒ ＞ Ala* − Gly − Ala* ＜ Ⓒ/Ⓝ

(ii) どうしは，180°回転させると重なり合うので，同一物質である。

例題 アラニン(Ala)，グルタミン酸(Glu)，チロシン(Tyr)からなる鎖状トリペプチドの異性体は何種類考えられるか。ただし，鏡像異性体は考慮しないものとする。

［解］ グルタミン酸のα位の −COOH をⒸ₁，γ位の −COOH をⒸ₂とすると，(i)には4種類，(ii)には3種類，(iii)にも3種類の構造異性体がある。それに，もう1つ忘れてはならないのは，グルタミン酸のⒸ₁，Ⓒ₂が同時にペプチド結合した(iv)の2種類である。

よって，構造異性体の総数は**12種類** 答

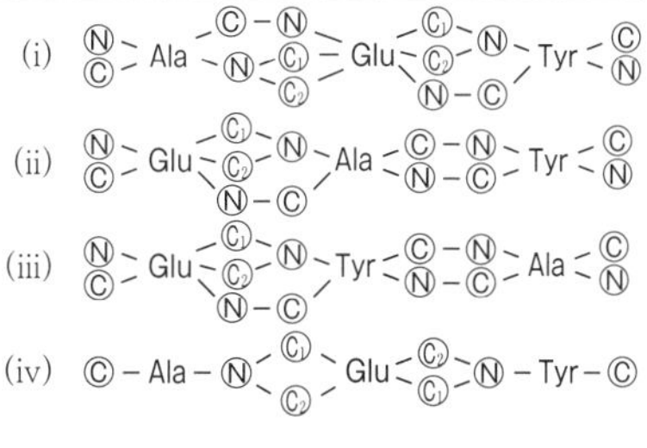

(i) Ⓝ/Ⓒ ＞ Ala ＜ Ⓒ−Ⓝ / Ⓝ−Ⓒ₁/Ⓒ₂ ＞ Glu ＜ Ⓒ₁/Ⓒ₂−Ⓝ / Ⓝ−Ⓒ ＞ Tyr ＜ Ⓒ/Ⓝ
(ii) Ⓝ/Ⓒ ＞ Glu ＜ Ⓒ₁/Ⓒ₂−Ⓝ / Ⓝ−Ⓒ ＞ Ala ＜ Ⓒ−Ⓝ / Ⓝ−Ⓒ ＞ Tyr ＜ Ⓒ/Ⓝ
(iii) Ⓝ/Ⓒ ＞ Glu ＜ Ⓒ₁/Ⓒ₂−Ⓝ / Ⓝ−Ⓒ ＞ Tyr ＜ Ⓒ−Ⓝ / Ⓝ−Ⓒ ＞ Ala ＜ Ⓒ/Ⓝ
(iv) Ⓒ − Ala − Ⓝ ＜ Ⓒ₁/Ⓒ₂ ＞ Glu ＜ Ⓒ₂/Ⓒ₁ ＞ Ⓝ − Tyr − Ⓒ

SCIENCE BOX　鎖状テトラペプチドの構造異性体

ペプチドの構造異性体は，(i)アミノ酸の結合順の違い，(ii)ペプチド結合の向きの違いを，(i)，(ii)の順に考慮すればよい。

〔1〕　グリシン(G)，アラニン(A)，フェニルアラニン(F)，セリン(S)からなる鎖状テトラペプチドの構造異性体数。

(i)　各アミノ酸の結合順の違いを，アミノ酸を2個ずつのグループに分け，その組み合わせを考えると，次の12種類がある。

(1)　G−A−F−S　(2)　G−A−S−F
(3)　A−G−F−S　(4)　A−G−S−F
(5)　G−F−A−S　(6)　G−F−S−A
(7)　F−G−A−S　(8)　F−G−S−A
(9)　G−S−A−F　(10)　G−S−F−A
(11)　S−G−A−F　(12)　S−G−F−A

(ii)　それぞれについて，ペプチド結合の向き(-CONH-か-NHCO-)が異なる2種類の構造異性体が存在する。これは，ペプチドの末端部にある$-NH_2$(N末端，Ⓝ)，-COOH(C末端，Ⓒ)で区別できる。たとえば，(1)の場合は，次の通りである。

Ⓝ- G -CONH- A -CONH- F -CONH- S -Ⓒ
Ⓒ- G -NHCO- A -NHCO- F -NHCO- S -Ⓝ

∴構造異性体の総数は，12×2＝**24種類**。

〔2〕　グリシン1分子，アラニン2分子，フェニルアラニン1分子からなる鎖状テトラペプチドの構造異性体数。

(i)　各アミノ酸の結合順は，次の6種類。

(1)　G−A−A−F　(2)　G−A−F−A
(3)　A−G−A−F　(4)　A−G−F−A
(5)　G−F−A−A　(6)　F−G−A−A

(ii)　それぞれについて，ペプチド結合の向きの違う2種類の構造異性体が存在する。

∴　構造異性体の総数は，6×2＝**12種類**。

〔3〕　アラニン，フェニルアラニン，セリン，グルタミン酸(E)からなる鎖状テトラペプチドの構造異性体数。

(i)　各アミノ酸の結合順は，次の12種類。

(1)　A−F−S−E　(2)　A−F−E−S
(3)　F−A−S−E　(4)　F−A−E−S
(5)　A−S−F−E　(6)　A−S−E−F
(7)　S−A−F−E　(8)　S−A−E−F
(9)　A−E−F−S　(10)　A−E−S−F
(11)　E−A−F−S　(12)　E−A−S−F

(ii)　それぞれについて，ペプチド結合の向きの違う構造異性体が存在する。ただし，グルタミン酸には2個の-COOHが存在し，α位のものをC_1，γ位のものをC_2と区別すると，

①　(1)，(3)，(5)，(7)，(11)，(12)のように，グルタミン酸Eが末端にあるときは，構造異性体は3種類ずつある。

(1)の場合は，

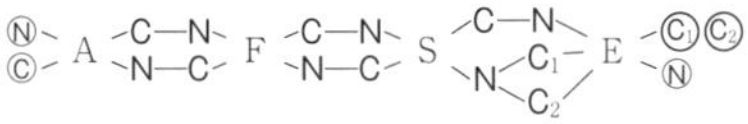

Ⓝ- A -C—N- F -C—N- S -C—N- E -ⒸⒸ
Ⓒ- A -N—C- F -N—C- S -N<C_1,C_2>- E -Ⓝ

②　(2)，(4)，(6)，(8)，(9)，(10)のように，グルタミン酸Eが中央部にあるときは，構造異性体は4種類ずつある。

(2)の場合は，

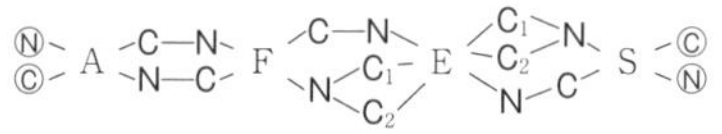

Ⓝ- A -C—N- F -C—N- E -C_1>N- S -Ⓒ
Ⓒ- A -N—C- F -N<C_1,C_2>- E -C_2 / N—C- S -Ⓝ

なお，グルタミン酸のC_1とC_2が同時にペプチド結合したものも2種類ずつある。

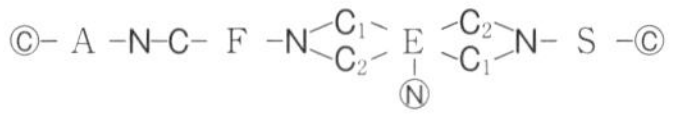

Ⓒ- A -N-C- F -N<C_1,C_2> E <C_2,C_1>N- S -Ⓒ
（E の下に Ⓝ）

③　グルタミン酸Eが中央部にあるとき，右図のような枝分かれが1種類考えられる。Eの$-NH_2$，-COOH(α位)，-COOH(γ位)がペプチド結合するアミノ酸の組み合わせは6種類。

□-E-□
　 |
　 □

	$-NH_2$	-COOH(C_1)	-COOH(C_2)
1	A	F	S
2	A	S	F
3	F	A	S
4	F	S	A
5	S	F	A
6	S	A	F

∴　構造異性体の総数は，

(3×6)＋(4×6)＋(2×6)＋(1×6)＝**60種類**。

SCIENCE BOX　環状ペプチドの構造異性体

同じ炭素数で比べたとき，**鎖状ペプチド**よりも**環状ペプチド***のほうが構造異性体の数が少なくなる。

*　ある種のホルモンや抗生物質（p. 717）は，部分的に環状ペプチドの構造をもつものがある。一般に，環状ペプチドは同じアミノ酸組成をもつ鎖状ペプチドに比べて水に溶けにくい傾向がある。それは，鎖状ペプチドの両端にある親水性の $-NH_2$ と $-COOH$ がペプチド結合に使われ，水和がおこりにくくなるためである。

〔1〕　アラニン（A），グリシン（G），フェニルアラニン（F）の環状トリペプチド

鎖状トリペプチドの場合，どのアミノ酸が中央になるかで3通りの並び方があり，さらに，ペプチド結合の向きを $-NH_2$ 末端Ⓝ，$-COOH$ 末端Ⓒで区別すると，合計6種類の構造異性体が存在する（p. 797，例題）。

環状トリペプチドの場合，Gは必ずAとFとが結合しており，中央のアミノ酸は区別できず，A，G，Fの結合順は1通り，ペプチド結合の向きを考慮すると，次の**2種類**の構造異性体が存在するだけである。

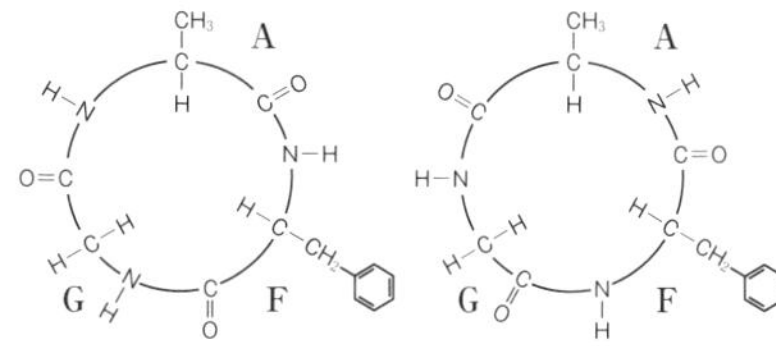

〔2〕　アラニン1分子とグリシン2分子の環状トリペプチド

A，G，Gのアミノ酸の結合順は1通り。次に，ペプチド結合の向きを考慮すると

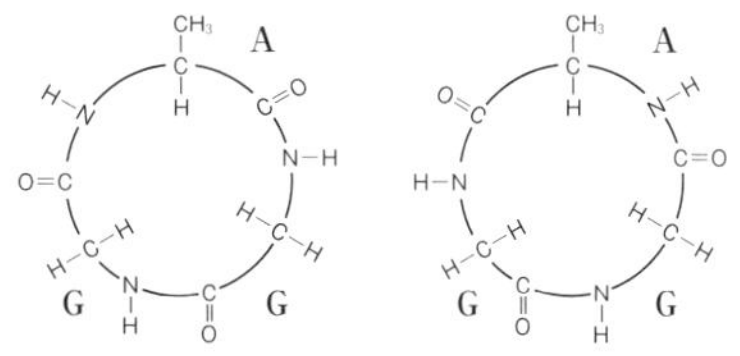

(a)と(b)は左右に裏返すと重なるので，同一物質。∴ 構造異性体は**存在しない**。

〔3〕　グリシン，アラニン，フェニルアラニン，セリン（S）の環状テトラペプチド

グリシン（G）を中心に考えると，両隣には必ず2つのアミノ酸が結合するので，グリシンと直接結合できないアミノ酸（図中の色文字）が存在することに着目する。次の3通りのアミノ酸の結合順が考えられる。

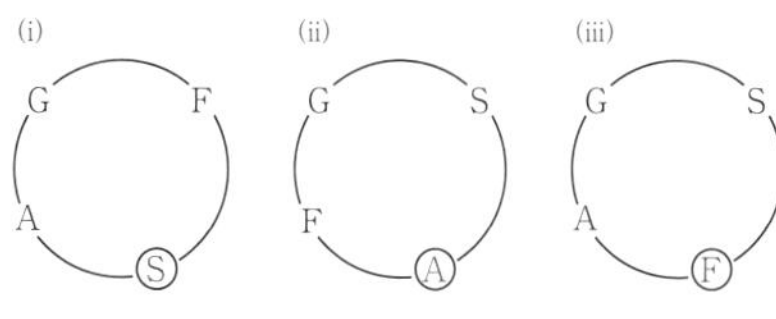

(i)〜(iii)について，ペプチド結合の向きの違いを考慮すると，それぞれに2種類ずつ構造異性体が存在する。

∴　構造異性体は 3×2＝**6 種類**。

〔4〕　グリシン2分子，アラニン，フェニルアラニンの環状テトラペプチド

Aを中心に考えると，次の2通りのアミノ酸の結合順が考えられる。

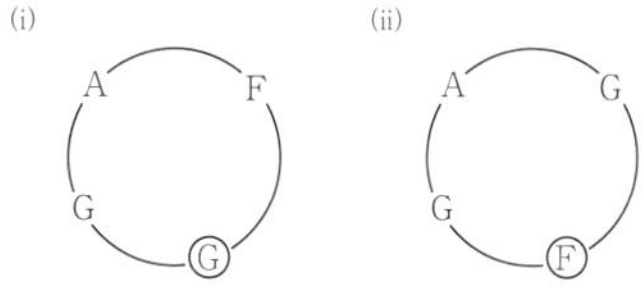

(i)には，ペプチド結合の向きを考慮すると，2種の構造異性体が存在する。しかし，(ii)には構造異性体は存在しない（下図）。

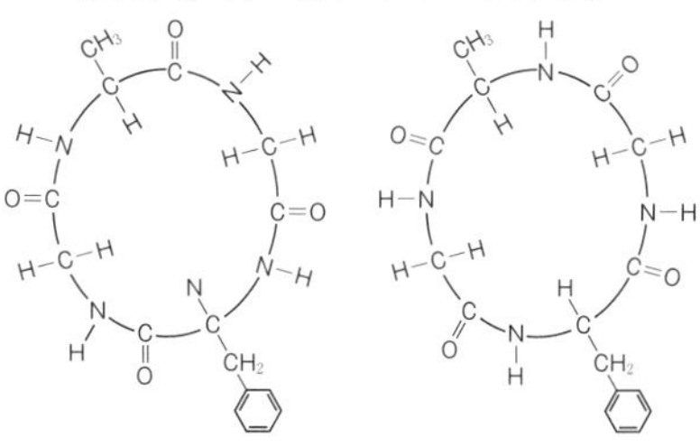

これらは左右に裏返すと重なるので同一物質。

∴　構造異性体は 1×2＋1＝**3 種類**。

SCIENCE BOX　アスパルテーム

(1) アスパルテームの性質

アスパルテームは水に溶けやすい白色の結晶で，砂糖に最もよく似た甘みをもつ人工甘味料である。砂糖と同様，4 kcal/g のカロリーを有するが，同質量で砂糖の約200倍の甘味をもつため使用量は砂糖の1/200ですむので，低カロリーな甘味料となる。また，虫歯菌（ミュータンス菌）の栄養分とならないので，虫歯の原因にならない。

アスパルテーム水溶液の濃度と甘味度の関係を調べると，アスパルテーム濃度が0.01％では砂糖の甘味度の約200倍あるが，濃度が0.1％では，砂糖の甘味度の約100倍に低下する。したがって，できるだけ低濃度で使用するのが有効である。

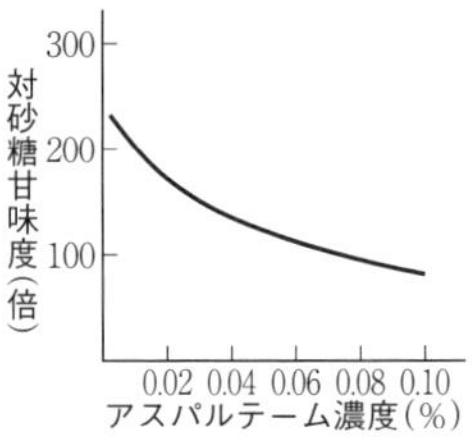

アスパルテームは常温では安定だが，100℃以上で加熱すると，安定性は低下する。また，塩基性になると不安定化する。これは，分子中のペプチド結合とエステル結合のうち，後者のほうが加水分解されやすいためと考えられる。生体内に摂取されたアスパルテームは，数時間程度で各酵素により，ペプチド結合とエステル結合がともに加水分解される。3つの分解産物のうち，L-アスパラギン酸とL-フェニルアラニンは栄養素である。残るメタノールは大量に摂取すれば危険だが，甘味料として使用される少量であれば，健康へのリスクは低いとされている。

(2) アスパルテームの製法

アスパルテームは次のように製造される。

① L-フェニルアラニンにメタノールを作用させてエステル化する。

② L-アスパラギン酸の $-NH_2$ に保護基Zをつけ無水酢酸を作用させると，-COOHが脱水してL-アスパラギン酸無水物となる。

③ この化合物をL-フェニルアラニンのメチルエステルと反応させると，L-アスパラギン酸とL-フェニルアラニンメチルエステルのジペプチドとなる。

この合成法では，L-アスパラギン酸の α 位の -COOH がペプチド結合したジペプチド（α 体：主生成物）と，L-アスパラギン酸の β 位の -COOH がペプチド結合したジペプチド（β 体：副生成物）が約4：1の割合で生成する。

④ 保護基Zを除去したのち，α 体と β 体の混合物に塩酸を加えると，各ジペプチドのL-アスパラギン酸残基の $-NH_2$ が $-NH_3Cl$ となる。このとき，α 体の塩酸塩だけが結晶として析出するので，これを再結晶して精製するとアスパルテームが得られる。

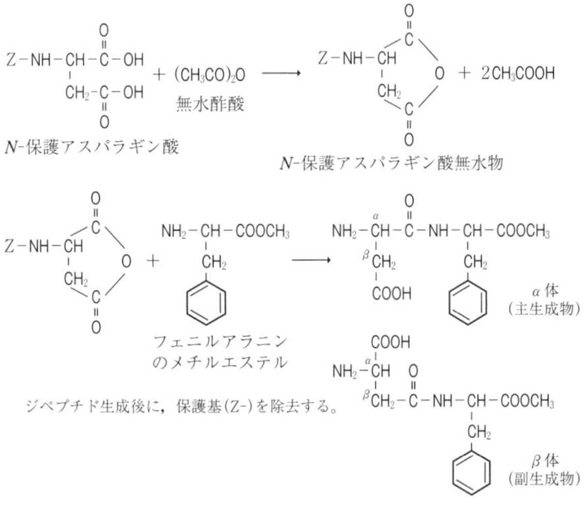

SCIENCE BOX

グルタチオン

酸素呼吸を行う生物にとって O_2 は必要不可欠な物質であるが，反面，酸素ラジカルや過酸化物などの**活性酸素**が副生し，細胞を攻撃して深刻なダメージを与える。このため，酸素呼吸を行う生物には，活性酸素を消去する仕組みがあり，その役割を担うグルタチオンは，一部の微生物を除きほとんどの生物の細胞内に多量に含まれる。

〔1〕 グルタチオンとは

グルタチオンはグルタミン酸，システイン，グリシンからなる鎖状のトリペプチドである。ただし，システインとグリシンの間は，α 位の -COOH と α 位の $-NH_2$ が縮合した普通のペプチド結合であるが，グルタミン酸とシステインの間は，側鎖（γ 位）の -COOH と α 位の $-NH_2$ が縮合した特別なペプチド結合（厳密にはアミド結合）である。このため，グルタチオンは通常のタンパク質分解酵素では直接分解されず，生体内では比較的に安定に存在できる。

$$H_2N-\underset{\underset{COOH}{|}}{CH}-(CH_2)_2-CONH-\overset{*}{\underset{\underset{CH_2-SH}{|}}{CH}}-CONH-CH_2-COOH$$

グルタチオン（L-グルタミル-L-システイニルグリシン）

〔2〕 グルタチオンの働きについて

グルタチオンには酸化型と還元型の 2 種類がある。還元型はシステイン残基がチオール基（-SH）の状態にあるが，酸化型はグルタチオン 2 分子がジスルフィド結合（S-S）でつながった二量体として存在する*。

$$2\,\text{グルタチオン} \rightleftarrows (\text{グルタチオン})_2 + 2\,e^-$$

* 生体内のグルタチオンの 98％以上は還元型で存在している。

グルタチオンには，体内の活性酸素から生体を守る**抗酸化作用**がある。すなわち，グルタチオンは還元型から酸化型に変化しやすい（$E^\circ = +0.24\,V$）ので，相手物質である活性酸素を還元して無害化できる。

グルタチオンの -SH 基は，さまざまな毒物中の -SH と容易に S-S 結合を形成して**グルタチオン抱合体**をつくる。そして，自らが排出されることで，体内から有害な毒物を除く**解毒作用**もある。また，グルタチオンの -SH 基の S 原子は有害な重金属イオンに配位結合し，錯体を形成することで，無害化する働きもある。

グルタチオンは，必要に応じて，タンパク質中の S-S 結合を還元して，2 個の -SH 基に戻す役割をもつ。また，グルタチオンは，細胞内には $0.5 \sim 1 \times 10^{-3}$ mol/L という高濃度で存在するが，細胞外では細胞内の $10^{-2} \sim 10^{-3}$ 程度しか存在しない。すなわち，グルタチオンは細胞内を還元的状態に保ち，細胞の老化を防ぐ役割を果たす。

グルタチオンは肝臓の解毒作用を助ける働きがあるので，薬物中毒，金属中毒や慢性の肝疾患の治療薬に用いる。また，メラニン色素の生成を抑制したり，自身の還元作用によって化粧品類にも利用される。

例題 グルタチオンの酸化型（二量体）には，何種類の立体異性体が存在するか。

［解］ グルタチオンの酸化型の不斉炭素＊を，順に x，y，z，w とおき，その D 型，L 型の組み合わせは，

$$H_2N-\overset{*x}{\underset{\underset{COOH}{|}}{CH}}-(CH_2)_2-CONH-\overset{*y}{CH}-CONH-CH_2-COOH$$
$$\text{(}CH\text{ の下に } CH_2-S-S-CH_2 \text{)}$$
$$H_2N-\overset{*w}{\underset{\underset{COOH}{|}}{CH}}-(CH_2)_2-CONH-\underset{*z}{CH}-CONH-CH_2-COOH$$

$2^4 = 16$ 通り考えられるが，同じものを除くと次の **10 種類**。

①(D，D，D，D)，②(L，L，L，L)，
③(D，D，D，L)，④(D，L，D，D)，
⑤(L，L，L，D)，⑥(L，L，D，L)，
⑦(D，L，L，D)，⑧(L，D，D，L)，
⑨(D，L，D，L)，⑩(D，D，L，L)

①と②，③と⑤，④と⑥，⑦と⑧が互いに鏡像異性体で光学活性。⑨，⑩は分子内で旋光性が互いに打ち消し合う光学不活性なメソ体。

例題 次の問いに答えよ。(原子量 H=1.0，C=12，N=14，O=16，S=32)

3種類のα-アミノ酸A，B，Cから合成された鎖状のトリペプチドXがある。Xを穏やかな条件で部分的に加水分解すると，ジペプチドD，Eが得られ，さらに加水分解すると，DからはAとB，EからはBとCが生成した。なお，D，EおよびXの分子量はそれぞれ178，284，341であった。XのN末端のアミノ酸を調べたところ，旋光性は示さなかった。

Bと水酸化ナトリウム水溶液を加熱後，酢酸鉛(Ⅱ)水溶液を加えると黒色沈殿を生じた。また，Cはキサントプロテイン反応が陽性で，塩化鉄(Ⅲ)水溶液により青紫色に呈色した。さらに，Cに鉄を触媒として臭素を作用させると，2種類の臭素一置換体を生じた。なお，A，B，Cにはいずれもメチル基は存在しないことが判明している。

(1) アミノ酸A，B，Cそれぞれの名称を記せ。

(2) 鎖状のトリペプチドXには，何種類の立体異性体が考えられるか。

[解] (1) アミノ酸A，B，Cの各分子量をM_A，M_B，M_Cとおくと，

$$\begin{cases} M_A+M_B-18=178 & \cdots\cdots① \\ M_B+M_C-18=284 & \cdots\cdots② \\ M_A+M_B+M_C-36=341 & \cdots\cdots③ \end{cases}$$

①，②，③式を解くと $M_A=75$，$M_B=121$，$M_C=181$

α-アミノ酸の一般式は，R—CH—COOH（CHの下に NH₂）で表される。

側鎖　共通部分は $C_2H_4NO_2$(分子量 74)

アミノ酸Aの側鎖R_1=H。　よって，Aはグリシン。

アミノ酸Bの側鎖R_2の原子量の和は，121−74=47。R_2には硫黄S原子を含むから，残りの原子量の和は，47−32=15。よって，R_2に考えられる構造は，

(i) $-SCH_3$　(ii) $-CH_2SH$

題意より，Bはメチル基をもたないから，(ii)が適する。よって，Bはシステイン。

アミノ酸Cの側鎖R_3の原子量の和は，181−74=107。R_3にはベンゼン環とフェノール性$-OH$($-C_6H_4OH$，分子量93)を含むから，これを差し引くと，残りは107−93=14。

これは，メチレン基$-CH_2-$に相当する。

ベンゼン環に結合する$-OH$の位置は，臭素一置換体が2種類より，パラ位。

よって，R_3の構造は$-CH_2-C_6H_4-OH$。よって，Cはチロシン。

(2) トリペプチドXを部分的に加水分解して得られるジペプチドD，Eの両方にアミノ酸Bが含まれるから，システインがXの中央部に位置することがわかる。

題意より，XのN末端のアミノ酸は旋光性を示さないので，不斉炭素原子をもたないグリシン。したがって，XのC末端のアミノ酸はチロシンである。よって，Xの構造式は，

$$H_2N-CH_2-\overset{O}{\overset{\|}{C}}-NH-\underset{CH_2SH}{\underset{|}{\overset{*}{C}H}}-\overset{O}{\overset{\|}{C}}-NH-\underset{CH_2-C_6H_4-OH}{\underset{|}{\overset{*}{C}H}}-\overset{O}{\overset{\|}{C}}-OH$$

グリシンには鏡像異性体は存在しないが，システイン，チロシンには各1個の不斉炭素原子(*)が存在するから，それぞれに1対(D型,L型)の鏡像異性体が考えられる。よって，トリペプチドXには(D,D)，(D,L)，(L,D)，(L,L)の4種類の立体異性体が存在する。

答 (1) **A…グリシン，B…システイン，C…チロシン**　(2) **4種類**

例題 グリシン(Gly)，アラニン(Ala)，セリン(Ser)，システイン(Cys)，リシン(Lys)，グルタミン酸 (Glu)，フェニルアラニン (Phe) 各1分子からなる鎖状のヘプタペプチドXがある。(1)〜(6)よりペプチドXのアミノ酸配列を左側をN末端として略号で示せ。

(1) ペプチドXのN末端のアミノ酸には鏡像異性体は存在しない。また，C末端のアミノ酸に常温で塩酸と亜硝酸ナトリウム水溶液を作用させると乳酸を生じた。

(2) ペプチドXにキモトリプシン（芳香族アミノ酸の -COOH 側のペプチド結合を加水分解する酵素)を作用させると，ペプチドA，Bを生じた。

(3) ペプチドXにトリプシン（塩基性アミノ酸の -COOH 側のペプチド結合を加水分解する酵素)を作用させると，ペプチドC，Dを生じた。

(4) ペプチドA，C，Dはビウレット反応を示したが，ペプチドBはビウレット反応を示さなかった。

(5) ペプチドA，B，C，DにNaOH(固体)を加えて加熱後，酢酸鉛(Ⅱ)水溶液を加えたら，ペプチドB，Dから黒色沈殿を生じた。

(6) pH 6.0の緩衝液中でC，Dの電気泳動を行うと，Cは陰極へ，Dは陽極へ移動した。

［**解**］ (1)より，ペプチドXのN末端は鏡像異性体が存在しないので，グリシン。

常温でアミノ基 $-NH_2$ を HCl と $NaNO_2$ でジアゾ化すると，生成したジアゾニウム塩が不安定なので，直ちに加水分解して，ヒドロキシ基 -OH に変化する。

$$CH_3CH(COO^-)NH_3^+ \xrightarrow{\text{ジアゾ化}} [CH_3CH(COOH)N_2Cl] \longrightarrow [CH_3CH(COOH)OH]\text{(乳酸)}$$

よって，ペプチドXのC末端は，$CH_3CH(COOH)NH_2$ のアラニン。

(2)より，キモトリプシンの加水分解で生じるペプチドA，Bのうち，ビウレット反応が陰性のBはジペプチド，陽性のAはペンタペプチドである。その切断場所はⅠ，Ⅱのいずれか。

(i) 切断場所がⅠのとき，Ⅰの左側がPheとなり，Bに硫黄 (S) を含むという(5)の結果に反するので不適。

(ii) 切断場所がⅡで，Ⅱの左側がPhe，右側がCysであれば，(5)の結果に合致する。

(3)より，トリプシンの加水分解で生じるペプチドC，Dは，いずれもビウレット反応を示したので，トリペプチドかテトラペプチドのいずれかで，その切断場所はⅢ，Ⅳのいずれか。

〔N末端〕 Gly − □ − □ −Ⅲ↓− □ −Ⅳ↓− Phe − Cys − Ala 〔C末端〕

(iii) 切断場所がⅣのとき，Cysを含むペプチドDをpH 6.0の緩衝液中で電気泳動すると，($-NH_3^+$ の数)=($-COO^-$ の数)のため移動しない。これは(6)の結果に反するので不適。

(iv) 切断場所はⅢであり，Ⅲの左側はLysである。Ⅲの右側は，Cysを含むペプチドDがpH 6.0の緩衝液中で電気泳動すると陽極へ移動したので，($-NH_3^+$ の数) < ($-COO^-$ の数)より，酸性アミノ酸のGluである。よって，ペプチドCに残るのは，Serと決まる。

なお，ペプチドCには塩基性アミノ酸のLysを含むので，pH6.0の緩衝液中で電気泳動を行うと($-NH_3^+$ の数) > ($-COO^-$ の数)より，陰極へ移動する。これは題意に適する。

よって，ペプチドXのアミノ酸配列は，N末端から並べると次のように決まる。

〔N末端〕 **Gly−Ser−Lys−Glu−Phe−Cys−Ala** 〔C末端〕 答

例題　寒天状のゲルを支持体とし，この上に陽極から陰極へ向かう pH 勾配を保つ処理を施し，これにアミノ酸 A の水溶液を含ませて両端に電圧をかける。pH の低い場所の A^+ は陰極へ，pH の高い場所の A^- は陽極へ移動し，やがて，これらは pH が等電点と一致する位置に達したところで $A^{\pm}$ に変化して移動しなくなるため，最終的にアミノ酸 A はすべて自身の等電点の位置に集まる。この方法を**等電点電気泳動**といい，等電点の異なるアミノ酸をそれぞれ異なる位置で分離できる。ただし，ペプチドの場合，ペプチド結合に使われなかった -COOH を C 末端，$-NH_2$ を N 末端といい，C 末端と N 末端の電離定数 K_1'，K_2' は，表に示すように，もとのアミノ酸 A，B の電離定数 K_1，K_2 とは少し異なる。また，K_1'，K_2' はアミノ酸の配列によらず一定であり，ペプチドの等電点は，K_1'，K_2' の組み合わせのみで決まるものとする。

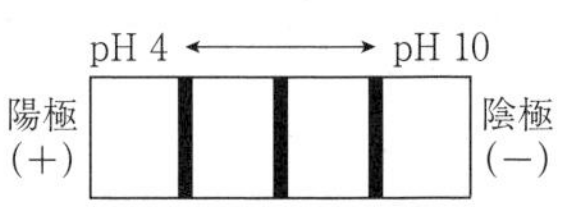

アミノ酸 A〔mol/L〕	アミノ酸 B〔mol/L〕
$K_1=\dfrac{[A^{\pm}][H^+]}{[A^+]}=10^{-2.3}$	$K_1=\dfrac{[B^{\pm}][H^+]}{[B^+]}=10^{-2.0}$
$K_2=\dfrac{[A^-][H^+]}{[A^{\pm}]}=10^{-9.7}$	$K_2=\dfrac{[B^-][H^+]}{[B^{\pm}]}=10^{-10.6}$
K_1'(C 末端のとき)$=10^{-3.4}$	K_1'(C 末端のとき)$=10^{-3.0}$
K_2'(N 末端のとき)$=10^{-8.0}$	K_2'(N 末端のとき)$=10^{-9.4}$

(1)　アミノ酸 A，B からなる鎖状のトリペプチド (3つとも同じアミノ酸のものも含む) の混合物において，上記の電気泳動を行った場合，寒天ゲルにあらわれるバンド(帯)の数は何本になるか。

(2)　陰極に最も近い位置に集まるトリペプチドの分子量をすべて答えよ。(ただし，A の分子量：89，B の分子量：115 とする。)

(3)　分子量が最も大きいトリペプチドが集まる位置の pH はいくらか。

［**解**］(1)　トリペプチドの等電点は，両端のアミノ酸の種類で決まり，中央のアミノ酸には関係しない。したがって，両末端が同じアミノ酸からなるペプチドは等電点が等しいので，集まる位置も同じになる。トリペプチドの両末端の組み合わせ(N 末端をⓃ，C 末端をⒸとする)は，次の 4 種類あるから，ゲル上にあらわれるバンドの数も **4 本** 答

(i)　Ⓝ－A－[A or B]－A－Ⓒ　　(ii)　Ⓝ－A－[A or B]－B－Ⓒ

(iii)　Ⓝ－B－[A or B]－A－Ⓒ　　(iv)　Ⓝ－B－[A or B]－B－Ⓒ

(2)　アミノ酸の電離平衡　$A^+ \rightleftarrows A^{\pm} + H^+$　…①　　$A^{\pm} \rightleftarrows A^- + H^+$　…② において
アミノ酸の等電点の条件は，$[A^+]=[A^-]$である。　①×②より

$$K_1\cdot K_2=\frac{[A^{\pm}][H^+]}{[A^+]}\cdot\frac{[A^-][H^+]}{[A^{\pm}]}=[H^+]^2 \qquad \therefore\quad [H^+]=\sqrt{K_1\cdot K_2}$$

(i)の等電点は，$[H^+]=\sqrt{10^{-3.4}\times10^{-8.0}}=\sqrt{10^{-11.4}}=10^{-5.7}$　　pH＝5.7

(ii)の等電点は，$[H^+]=\sqrt{10^{-3.0}\times10^{-8.0}}=\sqrt{10^{-11.0}}=10^{-5.5}$　　pH＝5.5

(iii)の等電点は，$[H^+]=\sqrt{10^{-3.4}\times10^{-9.4}}=\sqrt{10^{-12.8}}=10^{-6.4}$　　pH＝6.4

(iv)の等電点は，$[H^+]=\sqrt{10^{-3.0}\times10^{-9.4}}=\sqrt{10^{-12.4}}=10^{-6.2}$　　pH＝6.2

よって，陰極の最も近くに集まるのは，等電点の最も高い 6.4 のペプチド(iii)である。

Ⓝ－B－A－A－Ⓒ のとき，分子量は，(89×2)＋115－36＝**257** 答

Ⓝ－B－B－A－Ⓒ のとき，分子量は，89＋(115×2)－36＝**283** 答

(3)　分子量が最大のトリペプチドは，Ⓝ－B－B－B－Ⓒであり，両端のアミノ酸が B であるから，その等電点は，(2)の(iv)に該当するので，**6.2** 答

2 タンパク質の一次構造

同じ種類のタンパク質では，構成するアミノ酸の数や種類だけでなく，その配列順序も一定に決まっている❹。ポリペプチド鎖中でのアミノ酸の配列順序は，タンパク質の構造を決定する最も基本的な要素であるので，タンパク質の**一次構造**という❺。

補足❹ これは，それぞれの生物がもつDNAの遺伝情報をRNAが転写し，その指令に基づいて正確にアミノ酸をつなぎ合わせてタンパク質が合成されていくからである。

詳説❺ 1955年，イギリスの**サンガー**は，ウシのインスリン（血糖値を低下させる働きをもつホルモン，欠乏すると糖尿病になる）の51個のアミノ酸の配列順序を決定した。その方法は，まずタンパク質をいくつかのペプチドに分割し，それぞれのペプチドのN末端から，アミノ酸を1個ずつ切り出してその種類を決定するというもので，約10年の歳月を要した。この業績により，彼は1958年ノーベル化学賞を受賞している。

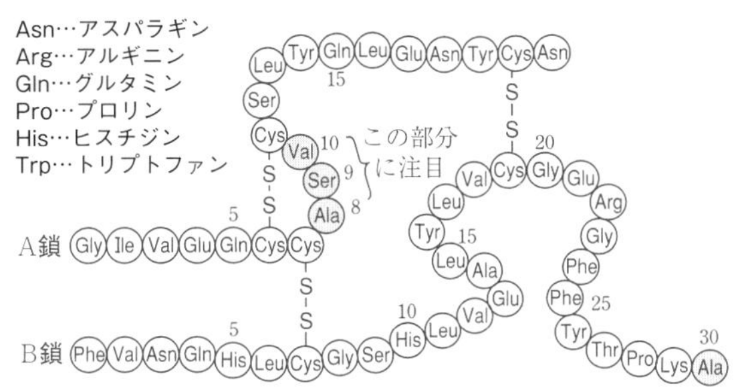

ウシのインスリンの一次構造

その後，現在までに1万種におよぶタンパク質の一次構造が決定されているが，いまだ構造の解明されていないタンパク質もある。これら一連の研究から，同じ種類のタンパク質でも，生物種によって，アミノ酸の配列がわずかに異なることがわかった。たとえば，ほ乳類のインスリンのアミノ酸配列を調べてみると，短いほうのA鎖の8，9，10番目と，長いほうのB鎖の30番目だけが違っているだけで，あとはみな同じであった。

例

	8	9	10	30		8	9	10	30		8	9	10	30
ウシ	Ala –	Ser –	Val	Ala	ブタ	Thr –	Ser –	Ile	Ala	ヒト	Thr –	Ser –	Ile	Thr
ヒツジ	Ala –	Gly –	Val	Ala	ウマ	Thr –	Gly –	Ile	Ala	クジラ	Thr –	Ser –	Ile	Ala

（Val…バリン，Thr…トレオニン，Ile…イソロイシン）

SCIENCE BOX アミノ酸配列順序の決定

(1) N末端の決定

サンガーが用いた試薬は，2,4-ジニトロフルオロベンゼンであり，これはペプチドがもつ遊離の $-NH_2$ と結合して，黄色の2,4-ジニトロフェニル基（以下，DNPと略す）をもつ結晶化しやすい化合物を生成する。

これを6 mol/L塩酸で加水分解後，クロマトグラフィーで同定したとき，たとえば，アラニンのDNP化合物とグリシンが生成したならば，N末端はアラニンと決定できる。よって，もとのジペプチドはアラニルグリシン（Ala-Gly）ということにな

$$O_2N-C_6H_3(NO_2)-F + H_2N-CH(CH_3)-CO-NH-CH_2-COOH \longrightarrow O_2N-C_6H_3(NO_2)-NH-CH(CH_3)-CO \vdots NH-CH_2-COOH$$

（加水分解）

る。なお，DNP 化合物は水に溶けにくく，有機溶媒で抽出して分離されやすい。

〔2〕 C 末端の決定

カルボキシペプチターゼという，ペプチドの C 末端からアミノ酸を順次切り出していく酵素がある。ただし，この酵素は最初の C 末端のアミノ酸を切断した後も，C 末端からアミノ酸を切断し続ける。したがって，C 末端からのアミノ酸配列を決定するには，ペプチドからのアミノ酸の生成速度を測定しなければならない。

いま，あるペプチドをカルボキシペプチダーゼで加水分解したときの結果から，C 末端からのアミノ酸配列順の決定法を調べてみよう。30 時間後のグラフより，ペプチド 1 mol 中から Ser 3 mol，Gly，Ala 各 1 mol が生成し，Phe はさらに反応を続けると 1 mol 生成すると予想できる。よって，このペプチドはヘキサペプチドである。

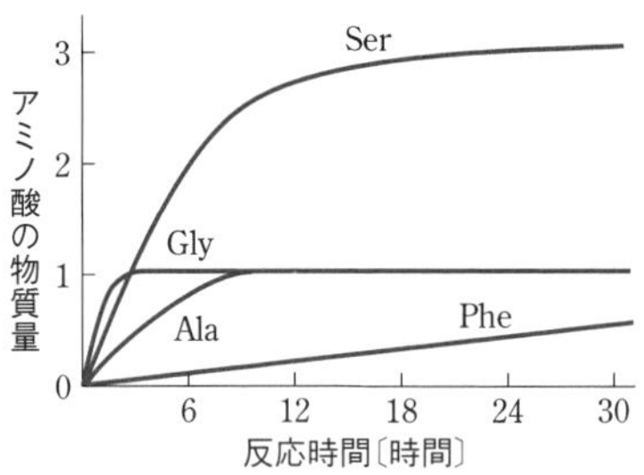

①反応直後では，Gly のグラフの傾きが最も大きいので，C 末端が Gly である。次に，Ser のグラフの傾きが Ala のそれより大きいので，Ser は Ala よりも C 末端に近い位置にある。

②6 時間後，Ser が 2 mol 生成したとき，Ala 1 mol はまだ完全に分解していない。また，約 10 時間後，Ala 1 mol が完全に分解したとき，Ser はまだ完全に分解せずにいくらか残っている。よって，Ser 3 mol のうち 2 mol 分だけは Ala よりも C 末端に近い位置に，残り 1 mol 分は Ala よりも遠い位置にあることがわかる。

③30 時間後でも Phe 1 mol は完全に分解されておらず，また，グラフの傾きが最も小さいので，Phe は C 末端から最も遠い位置，すなわち N 末端にある。

したがって，このヘキサペプチドを N 末端から並べると，次のようになる。

Phe－Ser－Ala－Ser－Ser－Gly

〔3〕 ペプチド鎖の部分分解

短いペプチドならば，N 末端あるいは C 末端から順次アミノ酸を切り出すという方法で，アミノ酸の配列が決定できる。しかし，この方法による N 末端，C 末端からの有効なアミノ酸の切り出し個数は十数個であるため，大きなタンパク質ではあらかじめ小さなペプチドに切り刻んでおく必要がある。そこで，タンパク質を異なる基質特異性(ある特定のペプチド結合だけを切断する性質)をもつ酵素を使って加水分解し，異なる何種類かのペプチド断片をつくる。

酵　素	開 裂 位 置
トリプシン	塩基性アミノ酸(Lys)などのカルボキシ位
キモトリプシン	芳香族アミノ酸 (Phe など)のカルボキシ位
ペプシン	芳香族アミノ酸や酸性アミノ酸のカルボキシ位

〈ポリペプチドの特異的開裂〉

1 種類の酵素を使った加水分解では，得られたペプチド断片にはまったく重なりはない。しかし，複数の酵素を使った加水分解では，得られたペプチド断片に必ず重複する部分が見られるはずである。このような重複部分をうまくつなぎ合わせることによって，もとのタンパク質の全アミノ酸配列順序を決定することができる。たとえば，異なる 2 種の酵素を用いた加水分解で，次の 3 種のペプチド断片 (N 末端から並べたもの)が得られたとする。

C－L－G－A　M－F－C－L　A－F－D

よって，もとのペプチドを N 末端から並べると，次の結合順になる。

M－F－C－L－G－A－F－D

3 タンパク質の二次構造

タンパク質の構造は，アミノ酸の配列順序(一次構造)だけで決まるのではない。

タンパク質をつくるペプチド結合は，$\mathrm{>C^{\delta+}=O^{\delta-}}$ および $\mathrm{>N^{\delta-}-H^{\delta+}}$ のような強い極性をもつ。このため，タンパク質では，ペプチド結合のカルボニル基の O 原子とイミノ基の H 原子の部分に $\mathrm{>C=O^{\delta-}\cdots\cdots H^{\delta+}-N<}$ のような水素結合がつくられる❻。

詳説❻ ペプチド結合には，図のような共鳴構造が存在するので，図の C-N 結合は約 40%の二重結合性をもつ。よって，ペプチド結合をしている主要な原子は，同一平面上にあるから，できた水素結合はしっかりと固定されやすい。

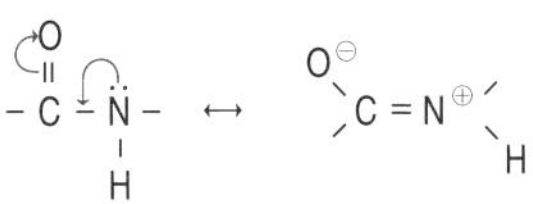

(実際はこの中間の状態にあると考えられる。)

►このような水素結合が，同一分子内でできるだけ多く形成されると，右図のような右巻きのらせん構造ができる。これを **α-ヘリックス構造**という❼。

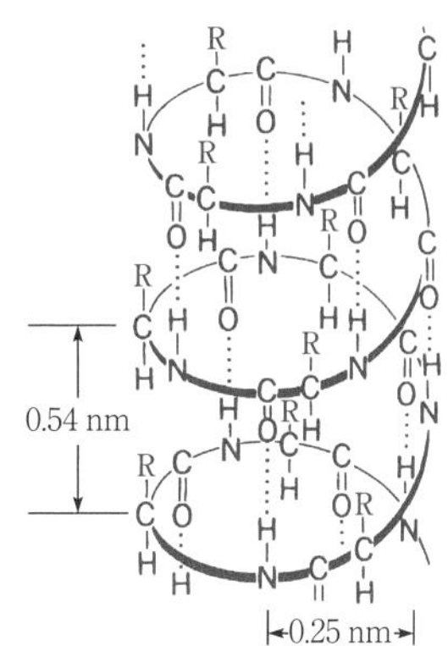

詳説❼ このらせん1巻きには，平均 3.6 個のアミノ酸残基が含まれており，あるアミノ酸から見て 4 番目のアミノ酸との間に規則的に水素結合が繰り返されている。また，アミノ酸の側鎖 R- はできるだけ立体障害が少なくなるようにらせんの外側に，水素原子はらせんの内側に向いている。

►平行に並んだポリペプチド鎖間で水素結合が形成されるとひだ状の構造になる。これを **β-シート構造**という❽。

詳説❽ β-シート構造には，平行型（爪(つめ)や毛のタンパク質のケラチンが引き伸ばされたときの構造）と，逆平行型（絹のタンパク質のフィブロインの構造）とがある。とくに，逆平行型では，側鎖 R- が向い合って出ているので，-R が大きくなると水素結合が形成されにくくになる。絹のフィブロインでは，R- が比較的小さいものが多いので，この構造をとることができる(p. 838)。R- が大きいものが多くなると，β 構造より α 構造のほうが安定となる。

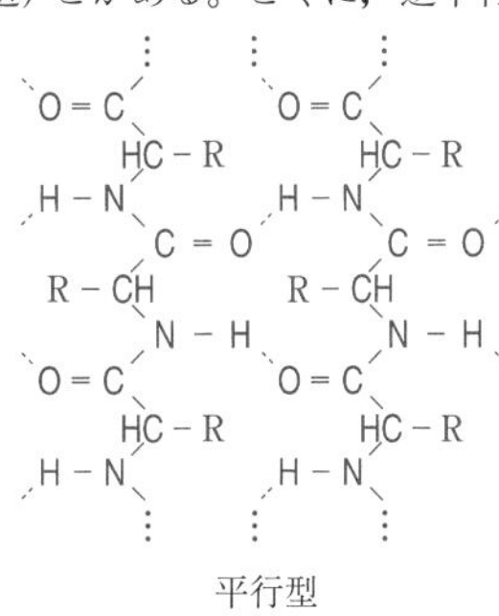

平行型

逆平行型

►このように，ペプチド結合の水素結合によってできた上記 2 つの構造と，ポリペプチド鎖がほぼ 180° に折り返された **β-ターン構造**などを含めて，ポリペプチドの主鎖に見られる部分的な立体構造をタンパク質の**二次構造**という❾。

詳説❾ ポリペプチド鎖が二次構造をつくると，引っ張り力や圧縮力に強くなり，外力に対する抵抗性が増す。また，外部から熱が加えられても，水素結合の切断に熱が使われるので，熱に対する抵抗性も増す。二次構造には，α-ヘリックス構造や β-シート構造が不規則に連なった**ランダムコイル構造**も含まれる(p. 808)。

4 タンパク質の三次・四次構造

二次構造をとったポリペプチド鎖は，さらに複雑に折りたたまれて，そのタンパク質に特有の立体構造をとる。このような構造をタンパク質の**三次構造**という。タンパク質の三次構造は，ポリペプチド鎖にある側鎖R-の部分に働く種々の相互作用によってつくられる⑩。

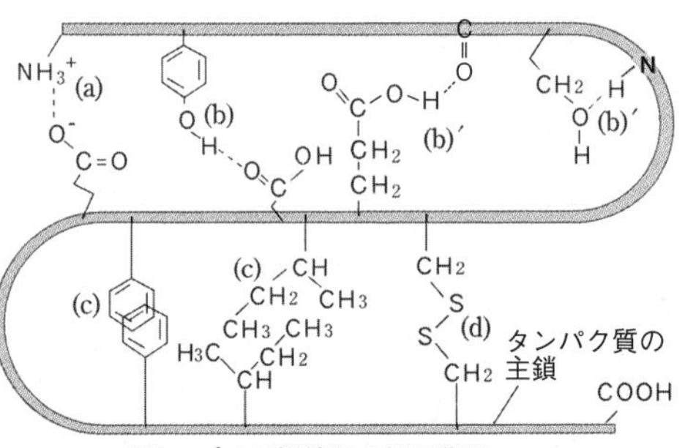

ポリペプチド側鎖間の相互作用
(a)静電気力によるイオン結合　(b)側鎖間の水素結合　(b)′側鎖と主鎖間の水素結合　(c)ファンデルワールス力による疎水結合　(d)ジスルフィド結合

補足⑩ どのような折りたたみ構造になるかは，アミノ酸の配列順序で決められる。イミノ基をもつプロリン(p.783)だけは，ペプチド結合によりH原子がなくなるので，水素結合に必要な ＞N-H が欠落し，α-ヘリックス構造は形成されない。よって，その部分でポリペプチド鎖が折れ曲がりやすい。

一般に，体内には多量の水が存在するので，親水基を外側に向け，疎水基はできるだけ内側に向けるような三次構造をとりやすい。

►三次構造が形成されて，タンパク質の形が決まると，その形に応じた機能をもつようになる。右図にミオグロビンというタンパク質の三次構造を示す。

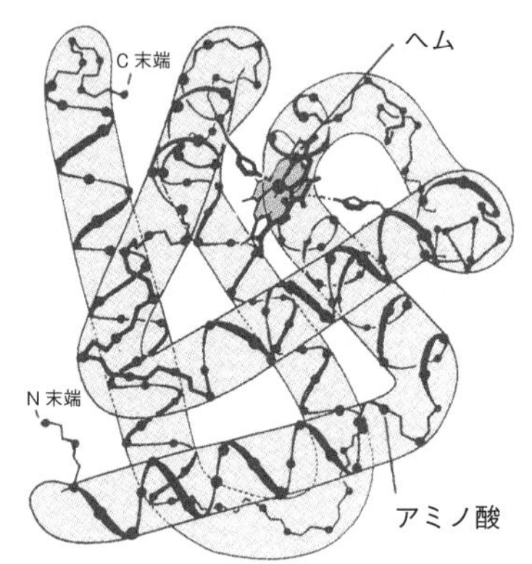

ミオグロビン（三次構造）
ミオグロビンは筋組織中で酸素を貯蔵する働きをもつ153個のアミノ酸からなるタンパク質。分子中の77％はα-ヘリックス構造，残りはα構造がくずれた**ランダムコイル構造**をなし，分子鎖の6か所で折れ曲がっている。

三次構造をとったポリペプチド鎖がいくつか集合して複合体を形成することがある。このような構造をタンパク質の**四次構造**⑪といい，その構成単位を**サブユニット**という。たとえば，血液中で酸素を運搬する働きをもつ**ヘモグロビン**は，2つのα鎖(141個のアミノ酸で構成)と2つのβ鎖(146個のアミノ酸で構成)の計4個のサブユニットが，卍型に集まって球形に近い形をとる⑫。

タンパク質の二次，三次，四次構造をまとめて，タンパク質の**高次構造**という。

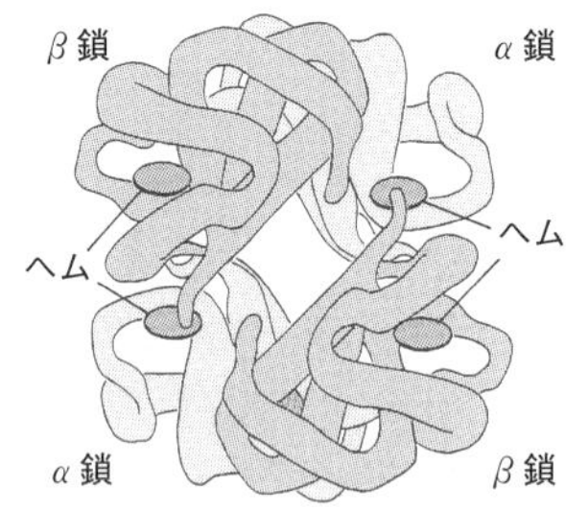

ヘモグロビン（四次構造）
各サブユニットの中央部に鉄を含むヘムが位置している。

補足⑪ 四次構造をもつタンパク質では，三次構造ではなしえなかったような複雑な働きをすることができ，さらにその生理作用を効果的にコントロールする能力をもつ。

補足⑫ ヘモグロビンは，サブユニットの相互作用によって分子全体の立体構造を変えることによって，組織へのO_2の供給量を調節している。すなわち，酸素分圧の高い肺

では酸素 O_2 と強く結合する一方，酸素分圧の低い組織では O_2 との結合が弱まり，O_2 を放出しやすくなる性質をもつ。

5 タンパク質の分類

タンパク質に希酸を加えて加水分解すると，いろいろな α-アミノ酸を生じる。タンパク質のうち，加水分解により α-アミノ酸だけを生じるものを**単純タンパク質**という。これに対して，α-アミノ酸以外に，糖，色素，脂質，リン酸（このような低分子化合物を**補欠分子族**という），核酸などを生じるものを**複合タンパク質**という。複合タンパク質は生体内での特殊な機能をつかさどっているものが多い。また，単純タンパク質は分子の形状と溶媒に対する溶解性により，**球状タンパク質**と**繊維状タンパク質**に分類される⓭。

単純タンパク質の例

分類	名　称	溶解性	特徴・所在・その他
球状タンパク質	アルブミン	水，食塩水に可溶 希酸・希アルカリに可溶	卵白，血液，牛乳など。 熱凝固しやすい，グロブリンと共存。
	グロブリン	水に難溶，食塩水に可溶⓮ 希酸・希アルカリに可溶	卵白，血液，牛乳，筋肉など。 抗体の成分，熱凝固しやすい。
	グルテリン	水，食塩水に不溶 希酸・希アルカリに可溶	小麦・米などの穀物中。 グルタミン酸を多く含む。
	ヒストン	水，食塩水に可溶 希酸に可溶，希アルカリに不溶	細胞核で DNA と染色体を構成。 塩基性アミノ酸が多い。熱凝固しない。
	プロタミン	水，食塩水に可溶 希酸・希アルカリに不溶	動物の精子の核に多い。熱凝固しない。 塩基性アミノ酸が特に多い。
繊維状タンパク質	ケラチン	通常の溶媒に不溶	毛髪，爪，羽，角(つの)，鱗(うろこ)，甲羅など。 含硫アミノ酸(システイン)が多く硬い。
	コラーゲン	通常の溶媒に不溶 水と煮るとゼラチンになる。	皮膚，骨，軟骨，腱(けん)，歯，靭(じん)帯など。 3本のポリペプチド鎖のらせん構造。
	フィブロイン	熱水，希酸に不溶，強酸に可溶	絹糸，クモの糸。

詳説⓭ ポリペプチド鎖が，折りたたまれて球状に近い形になったタンパク質を**球状タンパク質**という。親水基を外側に向けた構造をしているので，水などの溶媒に溶けやすく，生命活動の維持を担う。血液やリンパ液，酵素，ホルモンなどの**機能タンパク質**に多く見いだされる。

球状タンパク質

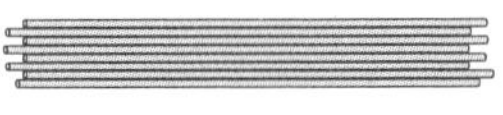
繊維状タンパク質

一方，ポリペプチド鎖が何本か束になって繊維状となったタンパク質を**繊維状タンパク質**といい，水などの溶媒にはふつう溶けない。硬タンパク質ともいい，動物の筋肉や結合組織などをつくる**構造タンパク質**に多く見いだされ，物理的にも化学的にも安定である。

補足⓮ 透明な卵白（タンパク質）に水を加えると，白く濁る。ここへ NaCl を加えて，攪拌(かくはん)すると，水に溶けにくかったグロブリンが薄い NaCl 水溶液に溶けて全体が透明になる。このように，加える電解質の量が比較的少ない場合，物質の溶解度が増加する現象を**塩溶**という。一方，加える電解質の量が多くなると，物質の溶解度が減少する現象を**塩析**という。

複合タンパク質の例

名称	タンパク質以外の成分	所在・その例と役割など
色素タンパク質	色　素	赤血球(ヘモグロビン)，葉緑体(クロロフィル…光合成)
リンタンパク質	リン酸	牛乳(カゼイン…セリン残基の -OH にリン酸がエステル結合)
糖タンパク質	多　糖	だ液(ムチン…粘液)，生体膜(カドヘリン…細胞接着)
リポタンパク質	脂　質	血液(HDL…コレステロールの運搬)，視細胞(ロドプシン)
核タンパク質	核　酸	核(ヒストン…DNA とともに染色体を構成) リボソーム(リボソームタンパク質)
金属タンパク質	金　属	銅タンパク質(ヘモシアニン)，鉄タンパク質(フェリチン)

注）**ヘモシアニン**は甲殻類などの呼吸色素で，O_2 と結合すると Cu^{2+} となり青色，O_2 が解離すると Cu^{+} となり無色となる。フェリチンは肝臓などにあって，鉄の貯蔵にあずかる。ヘモグロビンはヘム鉄が Fe^{2+} の状態で O_2 と結合し，Fe^{3+} に酸化されると O_2 との結合能力を失う。

6 タンパク質の定量

単純タンパク質中の窒素の質量百分率は，タンパク質の種類によっていくらかの差はあるが，平均16%である。たとえば，ある食品中の窒素の含有量を別の方法で求め，その値に $\frac{100}{16}$(=6.25)倍すれば，その食品に含まれるタンパク質の含有量が求められる。

タンパク質のように窒素を含む有機化合物の試料に，濃硫酸と分解促進剤として硫酸銅(Ⅱ)と硫酸カリウムを加えて煮沸すると，タンパク質中の窒素はすべて硫酸アンモニウム $(NH_4)_2SO_4$ に変化する。これを水で薄め，水酸化ナトリウムなどの強塩基を加えて加熱すると，$(NH_4)_2SO_4+2\,NaOH \longrightarrow Na_2SO_4+2\,NH_3\uparrow+2\,H_2O$ の反応により，アンモニアが留出する。これを，一定量の酸の標準溶液に完全に吸収させたのち，別の塩基の標準溶液で逆滴定すると，NH_3 の物質量がわかり，試料中の窒素の含有量が求められる(**ケルダール法**)。この方法は，デュマ法(p. 574)のようにすべての有機窒素化合物には適用できないが，タンパク質のアミノ態窒素の分析には有効である。

例題 ある食品10 g を濃硫酸とともに加熱し，含有する窒素分をすべて硫酸アンモニウムとした。これに濃厚な NaOH 水溶液を加えて加熱し，発生した気体を2.0 mol/L の希硫酸20 mL 中に完全に吸収させた。残った硫酸を1.0 mol/L の NaOH 水溶液で中和滴定したところ，20 mL を要した。この食品中のタンパク質には窒素分が16%含まれているとして，この食品中に含まれるタンパク質の質量パーセントを求めよ。(N=14)

［解］　発生した NH_3 の物質量を x〔mol〕とおくと，中和の条件は，
(酸の出す H^+ の総物質量)＝(塩基の出す OH^- の総物質量)より，

$$\underbrace{2.0\,[\text{mol/L}]\times\frac{20}{1000}\,[\text{L}]\times 2\,(\text{価})}_{H_2SO_4}=\underbrace{x\,[\text{mol}]\times 1\,(\text{価})}_{NH_3}+\underbrace{1.0\,[\text{mol/L}]\times\frac{20}{1000}\,[\text{L}]\times 1\,(\text{価})}_{NaOH}$$

∴ $x=6.0\times10^{-2}$〔mol〕……(NH_3 の物質量と窒素原子の物質量は等しい)

この食品中にタンパク質が y〔%〕含まれるとして，窒素 N の質量に関する式を立てると，

$$10\times\frac{y}{100}\times\frac{16}{100}=6.0\times10^{-2}\times14 \qquad \therefore\ y=\mathbf{52.5}\,[\%]$$ 答

SCIENCE BOX コラーゲンとゼラチン

コラーゲン*は，動物体のタンパク質の約25%を占め，その構造の維持を担う主要な**構造タンパク質**である。

* コラーゲン (collagen) とは，ギリシャ語で coll(膠，にかわ)，gen(基になるもの) という意味をもつ。

現在，ヒトのコラーゲンは27種類が確認されているが，繊維を形成するI型コラーゲンは，真皮，腱，骨，靱帯，軟骨など動物の結合組織に広く存在し，コラーゲン全体の約90%を占める。この構造と特徴，およびその熱処理で得られるゼラチンについて解説する。

(1) コラーゲンの特徴

タンパク質の多くは，α-ヘリックス，β-シートなどの二次構造をとるが，コラーゲンは3本のポリペプチド鎖が合わさった**三重らせん構造**の二次構造をとる。

① 分子の末端には，10～30個のアミノ酸残基からなる**非らせん領域**があり，ここには極性をもつアミノ酸が多く，コラーゲン分子同士が架橋結合している。

③ 分子の中央部には，1000個程度のアミノ酸残基からなる**らせん領域**があり，ここにはグリシン(Gly)-プロリン(Pro)-ヒドロキシプロリン(Hyp)の繰り返し配列が多く見られる。

プロリン　　ヒドロキシプロリン(トランス形)　　アロヒドロキシプロリン(シス形)

Pro と Hyp は，アミノ基 ($-NH_2$) の代わりにイミノ基 (-NH-) をもつので**イミノ酸**とよばれる。-COOH と -NH- が脱水縮合すると，H をもたないペプチド結合 -CO-N- が生成する。らせん領域のポリペプチド鎖には，水素結合の形成に必要なイミノ基は Gly にしかない。このため，プロリンを含むポリペプチド鎖は α-ヘリックス構造をとりにくく，ほぼ真っすぐな直鎖状構造をとりやすい。これはコラーゲンの強度の維持に貢献している。

(2) コラーゲンの三重らせん構造について

コラーゲンのポリペプチド鎖は，Gly-Pro-Hyp の3残基で1回転するようならせん構造をとり，さらに，このポリペプチド鎖3本がアミノ酸残基を1個ずつずらしながら寄り集まり，さらに大きなならせんを描き，コラーゲンの三重らせん構造が形成されている。

コラーゲンのポリペプチド鎖

↓

3本が寄り集まったコラーゲン

結局，Gly の N-H と隣の Pro や Hyp の C=O との間で水素結合が形成され，コラーゲンの三重らせん構造が安定に維持されている。

(3) コラーゲンとゼラチンの関係について

コラーゲンは分子量が大きく，温水にも溶けず，酵素プロテアーゼでも加水分解されにくい。一方，コラーゲンを熱水抽出して得られた**ゼラチン**は，温水にもよく溶け，酵素プロテアーゼで加水分解されやすい。これは，ゼラチンでは，コラーゲンの三重らせん構造がほどけて1本鎖の構造をとり，さらに，熱処理の過程で部分的に加水分解され，分子量が少し小さくなったためと考えられる。

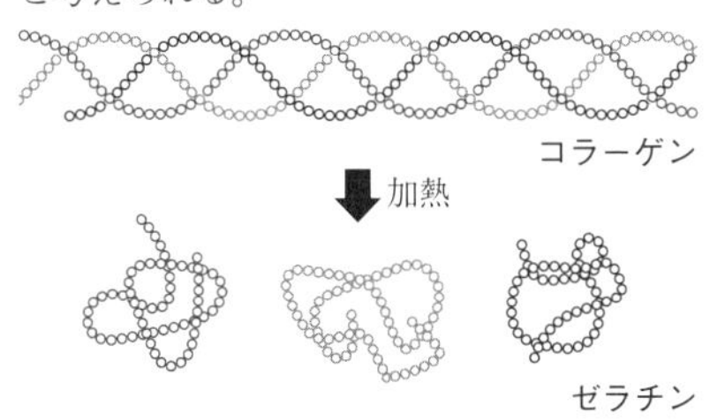

7 タンパク質の反応

アルブミンのような球状タンパク質は，デンプンと同様に，水に溶けると親水コロイド（分子コロイド）の溶液となる。このコロイド溶液に NaCl，Na_2SO_4 などの電解質を多量に加えると，タンパク質が沈殿する。この現象を**塩析**という⑮。

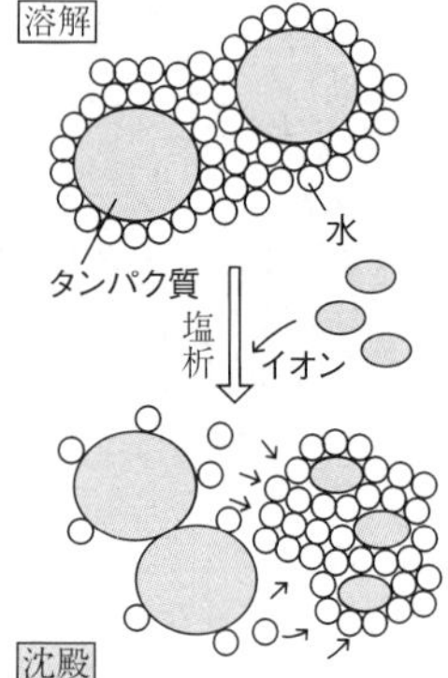

詳説⑮ これは加えた電解質から生じたイオンが，タンパク質を取り巻いていた水和水を奪い取ったためにおこった一時的な現象である。この沈殿を半透膜チューブに入れ純水に浸して透析を続けると，電解質が取り除かれて沈殿は再び溶解する。しかし，電解質があまり高濃度の場合や，塩析後に長時間放置したものは，水を加えてももとに戻らないことが多い。

►タンパク質は，熱，強酸，強塩基，重金属イオン（Cu^{2+}，Pb^{2+}，Hg^{2+}，Ag^{+} など），有機溶媒（アルコール，アセトンなどの極性溶媒），紫外線などにより凝固したり沈殿したりする。この現象を**タンパク質の変性**といい⑯，一度変性したタンパク質を，再びもとの状態に戻すのは困難である。これは，タンパク質の立体構造（高次構造）が変化したためであり，複雑な構造の球状タンパク質のほうが，単純な構造の繊維状タンパク質よりも変性を受けやすい。また，生理的な機能をもつタンパク質（酵素など）では，変性によりその機能（触媒作用）が失われる⑰。

詳説⑯ タンパク質の変性とは，タンパク質の一次構造，つまりペプチド結合が切れてしまうのではなく，その立体構造を保っている水素結合やファンデルワールス力などが切れて，分子の形状が変化する現象をいう（比較的小型であれば，変性してももとに戻ることがある（**タンパク質の復元**））。タンパク質の構成アミノ酸には，疎水性のものが意外と多い。しかし，ペプチド鎖は親水基が外側に，疎水基が内側になるように折りたたまれているので，変性によりペプチド鎖が伸びた形状の分子になると，内側の疎水基が表面にあらわれ，分子全体の親水性が減少するとともに，疎水性の側鎖どうしが分子間力で集合することで沈殿する。

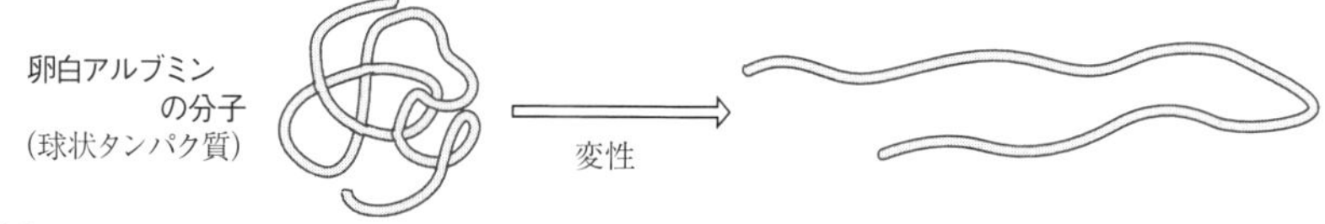

補足⑰ 色素タンパク質のヘモグロビンでは，約65℃で酸素 O_2 と結合する能力を失う。

なお，日常生活でタンパク質の変性をうまく利用している例がある。70〜80％エタノール水溶液を消毒薬に用いるのは，エタノールが細菌のタンパク質を変性させることを利用している。また，食品を加熱調理すると，タンパク質の変性がおこって分子が伸びた形となるから，消化酵素が働きやすくなる。また，卵を66〜68℃のお湯に1時間ほどつけておくと，卵白が固まらず卵黄だけが固まった温泉卵ができる。卵白だけが固まった普通の半熟卵とは逆である。これは，卵白の熱変性をおこす温度が約70℃，卵黄のそれは約65℃であるためである。

参考 タンパク質の変性がおこる原因には次のようなものがある。

熱…熱運動が盛んになり，水素結合，ファンデルワールス力など比較的弱い結合が切れる。

強酸・強塩基…pH の変化によるイオン間の電離状態の変化や，水素結合の切断。

$-COO^{-}\cdots\cdots{}^{+}NH_3- \xrightarrow{+H^{+}} -COOH \quad -NH_3^{+}$　　$-COO^{-}\cdots\cdots{}^{+}NH_3- \xrightarrow{+OH^{-}} -COO^{-} \quad NH_2-$

親水性の有機溶媒…水素結合を切断したり，タンパク質の水和水が奪われる。

界面活性剤…水素結合，ファンデルワールス力などの比較的弱い結合の切断。

激しいかくはん…物理的な力により，タンパク質の立体構造が変化する。

紫外線・X 線…電磁波のエネルギーで側鎖間の弱い結合が切れる。X 線では，ペプチド結合の一部が切断されることもある。

重金属イオン…S 原子との親和力の強い重金属イオンは，ジスルフィド結合(-S-S-)を切断する。(S 原子との親和力の弱い軽金属イオンは，-S-S- 結合を切断しない。)

8 タンパク質の検出反応

タンパク質にはペプチド結合や種々の官能基が含まれている。そこで，各種の試薬を加えると，独特の呈色反応がおこるので，タンパク質の検出・確認に利用される。

1 ビウレット反応

タンパク質水溶液に水酸化ナトリウム水溶液を加えたのち，硫酸銅(Ⅱ)水溶液を少量加えると赤紫色になる。この反応を**ビウレット反応**という。この反応は，タンパク質に含まれている連続する 2 個以上のペプチド結合が，Cu^{2+} とキレート錯体をつくることによって呈色する⑱(p. 815)。

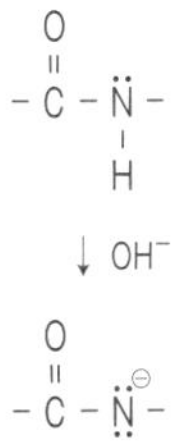

詳説⑱ ビウレット反応は，尿素 NH_2CONH_2 を穏やかに熱分解して得られるビウレット(biuret)$NH_2CONHCONH_2$ とよばれる化合物と Cu^{2+} との間に見られる赤紫色の呈色が，タンパク質においても同様に観察されることから名づけられた。

中和滴定で使うビュレット(buret)と混同しやすいので注意すること。

ビウレット分子中にはタンパク質に存在するペプチド結合 -CONH- が 2 個存在する。ところで，ペプチド結合の N 原子の非共有電子対は，電子吸引性のカルボニル基の存在により，その電子密度がかなり小さく，このままでは Cu^{2+} に対する配位子とはなりにくい。そこで，ペプチド結合の ＞NH はごく弱い酸（K_a≒10^{-16} mol/L）の性質をもっているので，塩基性の条件にして H^{+} を引き抜き，窒素アニオンの状態にすると，Cu^{2+} に対して配位子として有効に働くようになる。塩基性の溶液中では，ビウレット分子(2 か所の $N^{\ominus}$ の部分)が二座配位子として Cu^{2+} と強く配位結合して，安定な六員環構造のキレート錯体(p. 700)を形成し，赤紫色の呈色を示す(図(A))。

O=C(-)-N(H)- ↓ OH^{-} O=C(-)-$N^{\ominus}$-

一方，NaOH などで塩基性にしたタンパク質でも，図(B)のように隣り合うペプチド結合の 2 か所で，Cu^{2+} をはさみ込むような五員環構造のキレート錯体を形成し，赤紫色に呈色する。

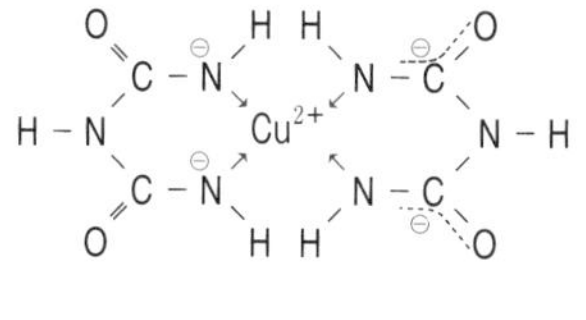

(A) ビウレットと Cu^{2+}のキレート錯体

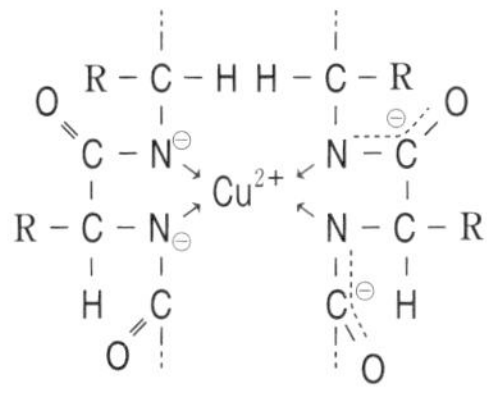

図の左半分と右半分が少し違って書かれているが，これは共鳴構造をもつことを示す。

(B) タンパク質と Cu^{2+}のキレート錯体

２　キサントプロテイン反応

タンパク質水溶液に濃硝酸を加えて熱すると黄色となり，冷却後，アンモニア水などを加えて塩基性にすると橙黄色に変化する。この反応を**キサントプロテイン反応**(xantho〔黄〕，protein〔タンパク質〕) という。この呈色の原因は，チロシンなどの芳香族アミノ酸のベンゼン環に対して，ニトロ化がおこるためである[19]。

詳説[19] たとえば，卵白水溶液に濃硝酸を加えた当初は，タンパク質の変性により白色沈殿を生じる。加熱すると，ベンゼン環へのニトロ化がおこり，この沈殿はしだいに黄色へ変化していく。

その反応は，タンパク質だけでなく，ベンゼン環を含むアミノ酸単独でもおこる。調べてみると，ベンゼン環をもつアミノ酸でも，フェニルアラニンは非常にニトロ化されにくく，呈色はかなり弱いが，チロシンはずっとニトロ化されやすい (p. 817)。これは，チロシンの場合，フェノール性 -OH によって，ベンゼン環の *o* 位の電子密度が高くなっているからである。また，反応液を塩基性にすると，ベンゼン環に結合した官能基 (-OH) の電離状態が変化するために，色調が変化する。つまり，チロシンの -OH から H^+ が電離して，発色団となるキノン型構造ができるため，発色が濃くなるのである。このことによって，微量の検出が可能となる。さらに，ゼラチンのように，芳香族アミノ酸の含有率が極端に少ないタンパク質（フェニルアラニン 2.6%…〈発色が弱い〉，チロシン 1.0%，トリプトファン 0%）では，キサントプロテイン反応の発色が極めて弱くなる。

$-CH_2-C_6H_4-OH \xrightarrow{HNO_3} -CH_2-C_6H_3(NO_2)-O-H^+$（黄色） $\xrightarrow{OH^-} -CH_2-C_6H_3(=O)(=NO-O^-)$（橙黄色）

３　硫黄反応

タンパク質水溶液に NaOH の固体を加えて加熱したのち，酢酸鉛(Ⅱ)水溶液を加えると，黒色の硫化鉛(Ⅱ) PbS の沈殿を生成する[20]。この反応は，タンパク質中の含硫アミノ酸の存在，またはタンパク質中の硫黄の検出に用いられる (p. 818)。

詳説[20] タンパク質水溶液に濃 NaOH 水溶液と酢酸鉛(Ⅱ) $Pb(CH_3COO)_2$ を混合したのち，加熱しても同様の反応がおこる。塩基の OH^- によって，システインのメチレン基 ($-CH_2-$) の C 原子に対して求核置換反応 (p. 587) がおこり，HS^- が脱離し，直ちに中和されて S^{2-} となるので，Pb^{2+} を加えると，PbS の黒色沈殿を生じる。

$$HOOC-CH(NH_2)-CH_2-SH + OH^- \longrightarrow -CH_2-OH + HS^- \xrightarrow{OH^-} S^{2-} + Pb^{2+} \longrightarrow PbS\downarrow$$

メチオニンの場合，メチル基 $-CH_3$ の電子供与性のため，メチレン基の C 原子の電気的陽性はシステインよりも弱くなり，塩基 OH^- による求核置換反応がおこりにくい。なお，メチオニンから CH_3S^- を脱離させるには，NaOH の融解液や金属 Na との反応が必要となる。

$$HOOC-CH(NH_2)-CH_2-CH_2-S-CH_3 + OH^- \xrightarrow{OH^-} \text{（反応しにくい）}$$

SCIENCE BOX　ビウレット反応

ビウレット反応は，ペプチド結合を 1 個しかもたないジペプチドでは陰性であり，ペプチド結合を 2 個もつトリペプチド以上で陽性になるといわれている。本当だろうか。

ところで，アミノ酸はエチレンジアミンと同様に多くの金属イオンと**キレート錯体**（p. 526）をつくり呈色する。たとえば，Cu^{2+} とグリシンのキレート錯体（下左図）では，$-NH_2$ の N 原子だけでなく，$-COO^{\ominus}$ の O 原子も Cu^{2+} に配位結合している。

Cu^{2+} とペプチドとの錯体形成については，グリシンのテトラペプチドで調べられており，pH が高くなると，まず $-NH_2$，続いてアミノ基側のペプチド結合から H^+ が段階的に電離し，Cu^{2+} に配位結合する（下右図）*。

このことから，ジペプチドやトリペプチドも同様に，$-NH_2$，ペプチド結合，$-COO^-$ の順に Cu^{2+} に配位結合すると考えられる。

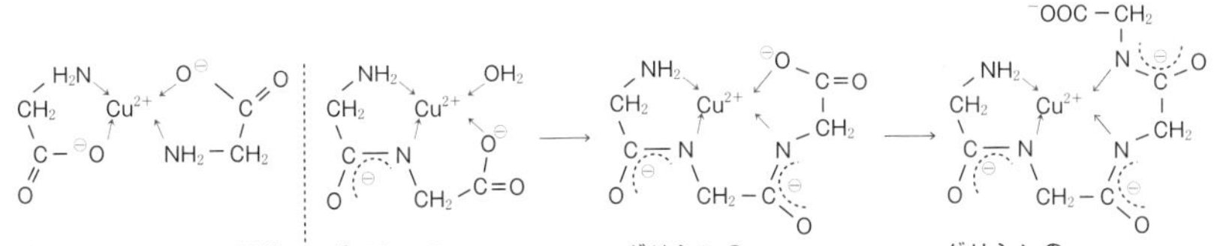

グリシンのキレート錯体　　グリシンのジペプチドの配位　　グリシンのトリペプチドの配位　　グリシンのテトラペプチドの配位

【実験】 0.1 mol/L 各試料の水溶液 2 mL に，2 mol/L NaOH 水溶液 2 mL を加えて振り混ぜ，さらに 0.1 mol/L $CuSO_4$ 水溶液 0.2 mL を加えてよく振り混ぜる。その呈色のようすは，分光光度計を用いて可視光線の吸収スペクトルを測定する。

【結果】 グリシンのジペプチドとトリペプチドの最大吸収波長は，いずれも 580 nm（青紫色）で，肉眼では区別はつかなかった。タンパク質とグリシンアミド $H_2NCH_2CONH_2$ の最大吸収波長は，いずれも 540 nm（赤紫色）で，肉眼では区別はつかなかった。

【考察】 Cu^{2+} に対して，グリシンのジペプチドは $-NH_2$，ペプチド結合 1 個と $-COO^-$ が，グリシンのトリペプチドは $-NH_2$，ペプチド結合 2 個，$-COO^-$ がそれぞれ配位結合している。いずれも，Cu^{2+} に対し配位結合した原子は，N 原子だけでなく O 原子も含んでいる。

Cu^{2+} に対して，タンパク質はペプチド結合のみで，グリシンアミドは $-NH_2$ 2 個が配位結合している。いずれも，Cu^{2+} に対し配位結合した原子は，N 原子だけである。

以上より，ビウレット $H_2NCONHCONH_2$ と同じ赤紫色の呈色を示すのは，すべて N 原子だけで Cu^{2+} と配位結合が可能なタンパク質，グリシンアミド，およびテトラペプチド以上のペプチドと考えられる。

また，ジペプチドとトリペプチドは N 原子と O 原子の両方を使って Cu^{2+} と配位結合しており，ビウレット反応ではほぼ同色を示し，肉眼による呈色の区別は不可能であった。

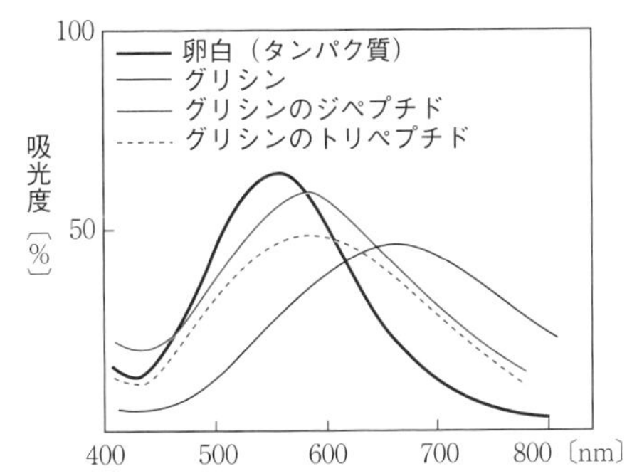

* 菅原潔，副島正美　蛋白質の定量法　学会出版センター pp.74～79 (1977)

SCIENCE BOX　タンパク質の等電点沈殿

読者から,「ヨーグルトの製法や牛乳にレモン汁を加えて沈殿ができる現象は，酸によるタンパク質の変性ですか。」という質問を受けた。そこで，牛乳を酸性にすると沈殿が生じる理由とヨーグルトの製法との関連を調べてみた。

〔1〕 タンパク質の等電点沈殿について

牛乳にレモン汁(主成分：クエン酸)を加えると，沈殿物を生じる現象については，次のような報告がある。

【実験】 ① 2.4%脱脂粉乳水溶液にレモン汁を加えていき，よく撹拌する。
② 沈殿が生じ始めたpH，沈殿が最大量になったpH,沈殿が消失したpHを調べる。

【結果】 pH 5.0で溶液が濁り始め，pH 4.6で沈殿物が最大量に達し，pH2.0では沈殿物が消失した。

【考察】 タンパク質には，多くの $-COOH$ や $-NH_2$ などの解離基をもつが，通常，$-COO^-$ や $-NH_3^+$ の状態にあり，水溶液のpHによって電荷の状態が変化する。タンパク質水溶液があるpHになると，正電荷と負電荷がつり合い，タンパク質全体の電荷が0となることがある。このpHを**タンパク質の等電点**という。等電点では，タンパク質分子間に働く静電気的な反発力が小さくなり，最も沈殿しやすくなる（溶解度が最小になる)。一方，タンパク質の水溶液を等電点より酸性にすると陽イオンになり，等電点より塩基性にすると陰イオンとなり，いずれも互いの静電気的な反発力が大きくなり，等電点のときに比べて沈殿しにくくなる(溶解度が大きくなる)。

実験において，牛乳(pH＝約7)に酸を加えてpHを下げると，牛乳のタンパク質の主成分であるカゼインの等電点(pH≒4.6)付近で沈殿が多く生成している。この現象をタンパク質の**等電点沈殿**という。この現象は可逆的な変化であり，pHを元に戻すと沈殿は再び溶解する。

〔2〕 ヨーグルトの製法について

牛乳中のタンパク質の約80%はカゼインであり，残り約20%がホエー（乳清）タンパク質である。カゼインはリンタンパク質に分類され，セリンの側鎖($-CH_2OH$)やトレオニンの側鎖（$-CH(OH)CH_3$）にリン酸 H_3PO_4 がエステル結合しており，そのリン酸基は電離して負電荷をもつので，Ca^{2+} とは次図（左）のようにイオン結合している。つまり，タンパク質のカゼインは Ca^{2+} の貯蔵の役割も果たす。なお，牛乳のタンパク質のうち，カゼインは熱変性しにくいが，牛乳を80℃以上に加熱すると，その表面に薄い膜ができるのは，もう1つのホエータンパク質が熱変性しやすいためである。

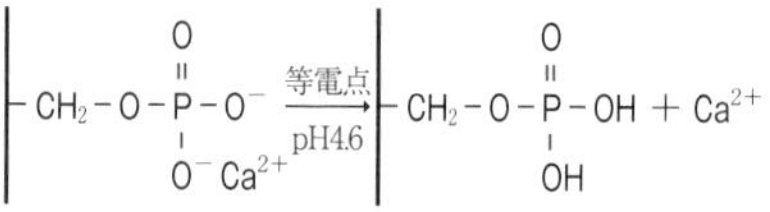

$$-CH_2-O-\overset{\overset{O}{\|}}{\underset{\underset{O^-\ Ca^{2+}}{|}}{P}}-O^- \xrightarrow[\text{pH4.6}]{\text{等電点}} -CH_2-O-\overset{\overset{O}{\|}}{\underset{\underset{OH}{|}}{P}}-OH + Ca^{2+}$$

カゼインはその等電点であるpH 4.6付近になると，上図(右)のように，側鎖のリン酸基に負電荷がなくなり，沈殿する。したがって，ヨーグルトの製法では，乳酸発酵で生成した乳酸によるカゼインの等電点沈殿の現象を利用しており，タンパク質の酸による変性ではない。

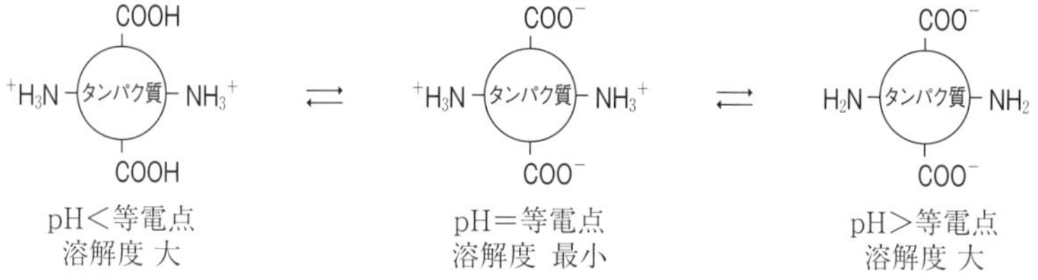

$$\mathrm{^+H_3N}-(\text{タンパク質; COOH, COOH})-\mathrm{NH_3^+} \rightleftarrows \mathrm{^+H_3N}-(\text{タンパク質; COO^-, COO^-})-\mathrm{NH_3^+} \rightleftarrows \mathrm{H_2N}-(\text{タンパク質; COO^-, COO^-})-\mathrm{NH_2}$$

pH＜等電点　溶解度 大　　pH＝等電点　溶解度 最小　　pH＞等電点　溶解度 大

SCIENCE BOX 芳香族アミノ酸のキサントプロテイン反応

タンパク質や芳香族アミノ酸の検出には，**キサントプロテイン反応**が利用される。この反応は，ベンゼン環のニトロ化によるものとされている。そこで，3種類の芳香族アミノ酸水溶液を濃硝酸と反応させ，呈色の違いを調べてみた。

【実験】 ① フェニルアラニン，チロシン，トリプトファン各0.05 g を試験管に取り，純水2 mL を加える。

② ①の各溶液に濃硝酸1 mL を加えて振り混ぜる。

③ ②の各溶液を2分間加熱する。

④ ③の各溶液に6 mol/L NaOH 水溶液4 mL を加える。

【結果】 フェニルアラニンは水に溶け（実験①），さらに，実験②～④ではまったく変化が見られなかった。

チロシンは水に溶けにくいが（実験①），硝酸を加えると溶解した（実験②）。さらに，加熱によりキサントプロテイン反応が見られるようになり（実験③），水溶液を塩基性にすると色が濃くなった（実験④）。

トリプトファンは水に溶け（実験①），その水溶液に硝酸を加えて（実験②）加熱すると，チロシンよりも強くキサントプロテイン反応がおこった（実験③）。また，実験④では，トリプトファンは酸化・分解などの副反応がおこした可能性が高い。

	フェニルアラニン	チロシン	トリプトファン
実験①	無色	白濁	無色
実験②	無色	無色	無色
実験③	無色	黄褐色溶液	赤褐色沈殿
実験④	無色	赤褐色沈殿	黒褐色沈殿

(1) チロシンのキサントプロテイン反応

チロシンは，ベンゼン環の反応性が高い。それは，ベンゼン環に電子供与性の -OH が結合しているためで，そのオルト位が活性化され，ニトロ化がおこりやすくなっている。また，水溶液を塩基性にすると -OH から H^+ が電離し，分子中に新たに発色団ができるため，呈色が濃くなると考えられる。

(2) トリプトファンのキサントプロテイン反応

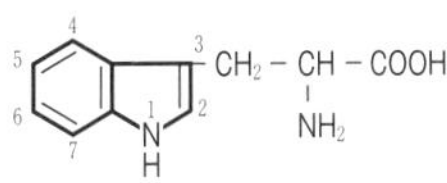

トリプトファンは，ベンゼン環とピロール環が合体したインドール環の構造をもつ。ベンゼン環だけでなく，ピロール環の1位にある -NH の N 原子には非共有電子対があり，それを含めて6個の π 電子が環全体に分散しているので芳香族性を示す。

一般に，インドール環中では，ベンゼン環よりもピロール環の反応性が高い。トリプトファンの場合，ピロール環の3位にアミノ酸の基本骨格が結合しているので，濃硝酸との反応でニトロ化されるのは，2位である。しかし，硝酸酸性の強い酸性の条件で，ピロール環の1位の N 原子にさらに H^+ が付加して $-NH_2^+$ になると，ピロール環内には π 電子が4個しかなく，芳香族性が消失する。したがって，濃硝酸との反応では，ベンゼン環がニトロ化されるだけでなく，ピロール環の2位がニトロ化されることや，ピロール環自体が酸化・分解される副反応がおこる可能性が高いと考えられる。

一般に，タンパク質中のトリプトファンは，チロシンに比べて $\frac{1}{4}$～$\frac{1}{6}$ 程度と少ないことから，タンパク質水溶液のキサントプロテイン反応は，主にチロシンによっておこっていると考えられる。

(3) フェニルアラニンのキサントプロテイン反応

フェニルアラニンの水溶液に濃硫酸を加えて加熱してもキサントプロテイン反応が見られないが，濃硝酸に溶かして加熱すると，淡黄色に呈色し，水溶液を塩基性にすると呈色が黄褐色に変化した。このことから，フェニルアラニンのキサントプロテイン反応は，極めておこりにくいといえる。

SCIENCE BOX　含硫アミノ酸の硫化鉛(Ⅱ)反応

(1)　含硫アミノ酸の硫化鉛(Ⅱ)反応

【実験】①　システイン，シスチン，メチオニン 0.05 g を試験管に取り，2 mol/L NaOH 水溶液 2 mL を加え，2 分間加熱する。

②　①の各水溶液に，0.1 mol/L 酢酸鉛(Ⅱ) $(CH_3COO)_2Pb$ 水溶液 1 mL を加える。

③　②の各水溶液を，さらに加熱する。

【結果】実験②と③より，最も硫化鉛(Ⅱ)反応がおこりやすいのはシスチンであり，酢酸鉛(Ⅱ)水溶液を加えると直ちに黒色沈殿が生じた。次いでシステインが反応しやすく，酢酸鉛(Ⅱ)水溶液を加えて加熱すると黒色沈殿が生じた。しかし，メチオニンはいずれの場合でも反応しなかった。

	システイン	シスチン	メチオニン
実験①	無色溶液	**黄色溶液**	無色溶液
実験②	無色溶液	**黒色沈殿**	無色溶液
実験③	**黒色沈殿**	**黒色沈殿**	無色溶液

(2)　システインとシスチンの硫化鉛(Ⅱ)に対する反応性の違い

実験①の結果より，シスチンと塩基の水溶液を加熱した段階(黄色溶液)で，すでに HS^-，S^{2-} が脱離しており，Pb^{2+} を加えると，直ちに PbS の沈殿が生成した。一方，システインと塩基の水溶液を加熱した段階(無色溶液) では，まだ HS^-，S^{2-} は脱離しておらず，Pb^{2+} を加えても PbS の沈殿が生成しなかった。そこで，システインの酸化生成物であるシスチンを経由して，HS^-，S^{2-} が脱離し，PbS の黒色沈殿を生成するという反応経路が予想される。

(3)　含硫アミノ酸の硫化鉛(Ⅱ)反応

システインは酸性条件では安定だが，中性・塩基性条件では容易に空気酸化されて，シスチンとなることが知られている。

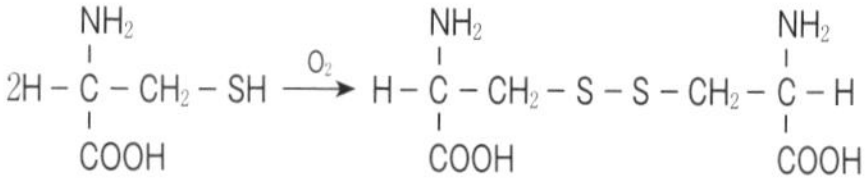

$$2\,H-\underset{COOH}{\overset{NH_2}{C}}-CH_2-SH \xrightarrow{O_2} H-\underset{COOH}{\overset{NH_2}{C}}-CH_2-S-S-CH_2-\underset{COOH}{\overset{NH_2}{C}}-H$$

システイン　　　　シスチン

シスチンは，強い塩基性の条件で加熱すると，求核試薬の OH^- の攻撃により C−S 結合が切断され，シスチンジスルホネートとセリンを生じ，セリンは脱水してデヒドロアラニンに変化する。シスチンジスルホネートの S−S 結合は，強い塩基性で高温の場合，S 原子を放出する反応(**硫黄放出反応**)をおこしやすい。この反応がおこると，直ちにデヒドロアラニンと結合して，ランチオニンを生成すると考えられている(下図)。

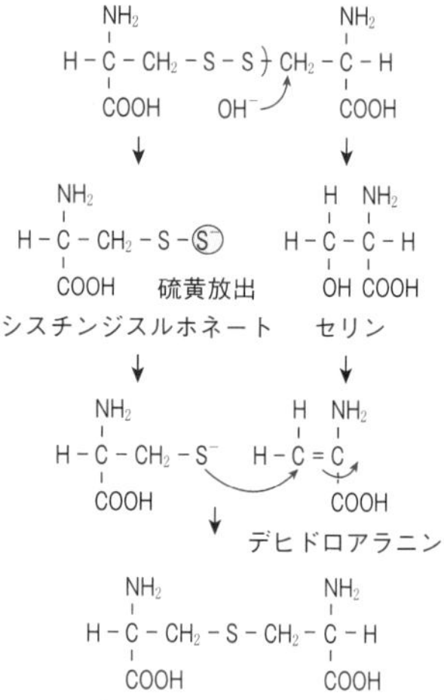

$$H-\underset{COOH}{\overset{NH_2}{C}}-CH_2-S-S\,\big|\,CH_2-\underset{COOH}{\overset{NH_2}{C}}-H \quad (OH^-)$$

$$\downarrow$$

$$H-\underset{COOH}{\overset{NH_2}{C}}-CH_2-S-\text{Ⓢ}^- \qquad H-\underset{OH}{\overset{H}{C}}-\underset{COOH}{\overset{NH_2}{C}}-H$$

硫黄放出

シスチンジスルホネート　　セリン

$$\downarrow$$

$$H-\underset{COOH}{\overset{NH_2}{C}}-CH_2-S^- \qquad H-\overset{H}{C}=\underset{COOH}{\overset{NH_2}{C}}$$

デヒドロアラニン

$$\downarrow$$

$$H-\underset{COOH}{\overset{NH_2}{C}}-CH_2-S-CH_2-\underset{COOH}{\overset{NH_2}{C}}-H$$

ランチオニン(タンパク質の構成アミノ酸ではない)

含硫アミノ酸の硫化鉛(Ⅱ)反応では，まず，システインが空気酸化されてシスチンとなる。次に，強塩基によってシスチンの C−S 結合が切断され，生じた化合物の S−S 結合が強い塩基性で加熱されると，硫黄放出反応をおこす。この放出された S 原子と Pb^{2+} が反応し，PbS が生成すると考えられる。また，システインと強塩基水溶液を加熱後，酢酸を加えて酸性にすれば，かえって硫黄放出反応がおこりにくくなる可能性がある。むしろ，システインと NaOH 水溶液と酢酸鉛(Ⅱ)水溶液を一緒に加熱すると，より簡単に PbS の黒色沈殿を検出することができる。

SCIENCE BOX パーマと染毛の原理

毛髪は**ケラチン**という鎖状のタンパク質からなり，その分子鎖は所々でジスルフィド結合(S-S 結合)によって結ばれている。**パーマネントウェーブ**は，この S-S 結合に対して酸化還元反応を行うことによって，S-S 結合の組み換えを行うことを目的としている。

パーマをかける際には，まず，チオグリコール酸やシステインなどの還元剤と，NH_3 などのアルカリを含む第 1 液*を髪に塗布し，S-S 結合を還元して，-SH として切断する。

$$\underset{\text{ケラチン(反応前)}}{R\text{-}CH_2\text{-}S\text{-}S\text{-}CH_2\text{-}R} + \underset{\text{チオグリコール酸アンモニウム}}{2\,HS\text{-}CH_2\text{-}COONH_4} \rightleftarrows \underset{\text{ケラチン(反応後)}}{\begin{matrix} R\text{-}CH_2\text{-}SH \\ R\text{-}CH_2\text{-}SH \end{matrix}} + \underset{\text{ジチオジグリコール酸アンモニウム}}{\begin{matrix} S\text{-}CH_2\text{-}COONH_4 \\ | \\ S\text{-}CH_2\text{-}COONH_4 \end{matrix}}$$

続いて，髪をロッドに巻いて変形させた状態で，臭素酸ナトリウムや過酸化水素などの酸化剤を含む第 2 液を塗布すると，曲げられた位置で -SH は酸化されて，新しく S-S 結合が再形成される。このようにして，髪に望みのウェーブをつけることができる。

$$\begin{matrix} R\text{-}CH_2\text{-}SH \\ R\text{-}CH_2\text{-}SH \end{matrix} + \frac{1}{3}NaBrO_3 \longrightarrow R\text{-}CH_2\text{-}S\text{-}S\text{-}CH_2\text{-}R + \frac{1}{3}NaBr + H_2O$$

* 還元剤にシステイン (p. 782) を用いたものは，還元力が弱く，髪への影響が少ない (反応後，システインはシスチンになる)。また，最初の式は可逆反応のため，生成物のジチオジグリコール酸アンモニウムを第 1 液に加えておくと，この反応をより穏やかに進行させ，パーマのかかり過ぎを防止することができる。

また染毛では，**染毛剤**(ヘアカラー)の第 1 剤と第 2 剤の混合したものを髪に塗布すると，毛髪中のメラニン色素が酸化分解され，同時に，染料の前駆体が酸化重合して発色する。

$$\underset{p\text{-フェニレンジアミン}}{H_2N\text{-}C_6H_4\text{-}NH_2} + \underset{\text{レゾルシノール}}{C_6H_4(OH)_2} \xrightarrow{[O]} \underset{\text{インドフェノール}}{H_2N\text{-}C_6H_4\text{-}N{=}C_6H_3(OH){=}O} \xrightarrow{[O]} \longrightarrow \begin{matrix}\text{ポリインドフェノール} \\ \text{(褐色)}\end{matrix}$$

第 1 剤には，NH_3 などのアルカリと酸化染料の前駆体を含み，毛髪を膨潤・軟化させ，薬剤の浸透を高めるとともに，H_2O_2(酸化剤) の働きを促進する。第 2 剤の H_2O_2 は毛髪内に浸透し，メラニン色素を酸化させる働きをする。同時に，第 1 剤中の染料の前駆体は低分子のため，毛髪内部まで浸透し，そこで H_2O_2 により酸化的に重合して，発色する。発色した色素は高分子化しており，毛髪中に閉じ込められ，2～3 か月は色落ちしない。

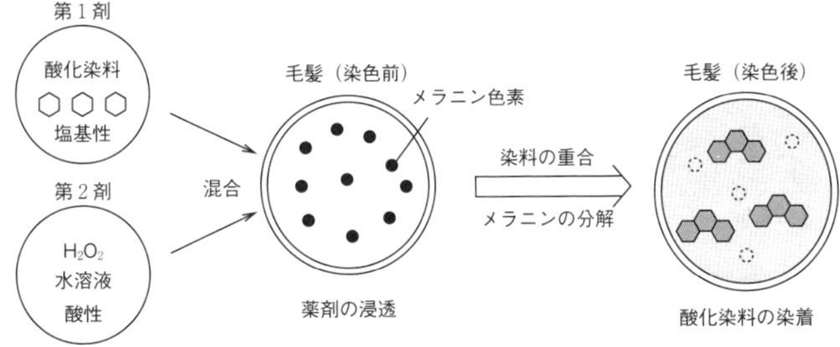

SCIENCE BOX

天然繊維

天然繊維には，植物からとれる**植物繊維**と，動物からとれる**動物繊維**がある。なお，天然繊維以外の繊維を**化学繊維**という。

植物繊維はセルロースからなり，酸には弱いが，塩基には比較的強い。一方，動物繊維はタンパク質からなり，塩基には弱いが，酸には比較的強いという特徴がある。

綿　種子の表面に密生した2～4 cmの種子毛(リント)を，繊維として利用する。

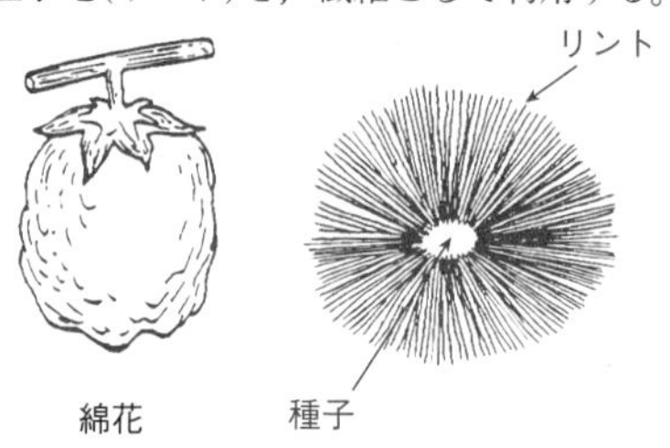

その断面は，扁平で中空部分(**ルーメン**)をもち，側面には，天然の撚りがある。この撚りがあるために，繊維がよくからみ合い，紡糸しやすい。できた綿糸は，弾力性があり，摩擦にも強く丈夫である。また，ルーメンは，水分を吸収するので，綿は吸湿性，吸水性に富む。さらに，ルーメンは，空気も含むので，綿には保温性もある。

綿糸に力を加えながら約20％水酸化ナトリウム水溶液に浸して伸張すると，セルロースの結晶構造が変化して，表面が平滑となり，光沢を増し，染色性が向上する。この操作を**シルケット加工**という。

また，綿は水に濡れると強くなり，繰り返しの洗濯にも耐えることから，肌着だけでなく，衣料全般に用いられる。

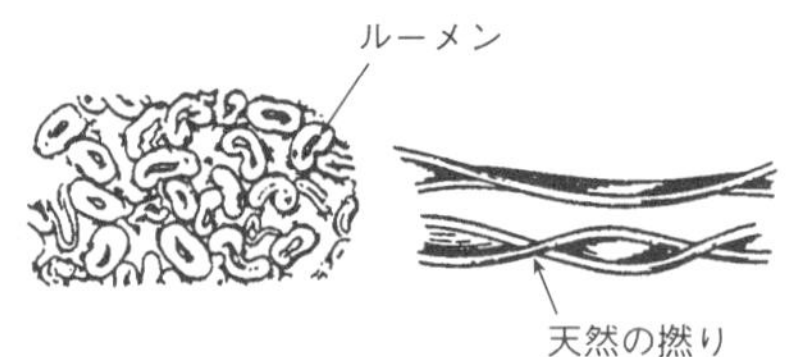

綿の断面　(各240倍)　綿の側面

麻　大麻，亜麻，苧麻などの茎の内側にある靭皮繊維（師部繊維）を利用する。靭皮繊維を取り出すには，皮(表皮)を剝ぎ，アルカリで煮たり，水に浸して発酵させたりして，不純物を除く。その断面は，多角形で中空部分がある。しかし，綿のように天然の撚りはないので，撚り合わせながら糸にする。

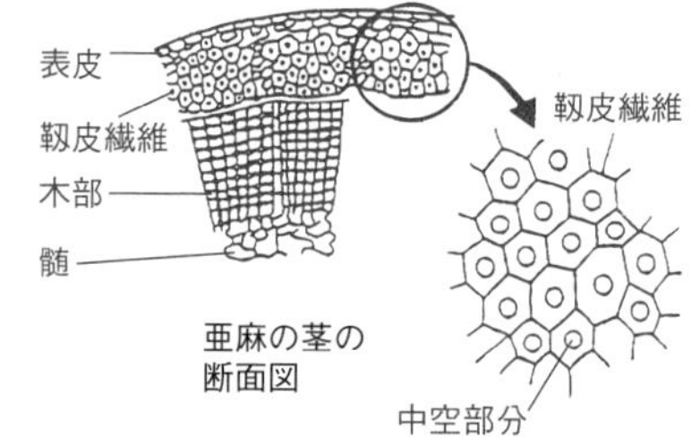

亜麻の織物を，リネンという。

麻は，綿と同様に，水に濡れると強くなり，繰り返しの洗濯にも耐える。しかし，繊維が少し木化しているので，ごわごわした感じがして，肌着には向かない。麻の特徴は，よく熱を伝えることで，体温を奪って冷感を与え，吸水性も大きく乾きが速いので，夏用の衣料には最適である。

絹　蚕の繭から得られる長繊維を利用する。1個の繭から太さ20 μm程度で，1000～1200 mの糸が得られる。その断面は，フィブロインとよばれるタンパク質からなる丸味のある三角形をした2本の繊維を，セリシンとよばれるニカワ質のタンパク質が覆った構造をしている。

通常，1本の糸では細すぎるので，数十個の繭から引き出した繊維を合わせ，撚りをかけながら1本の糸にする。こうしてできた糸が**生糸**である。

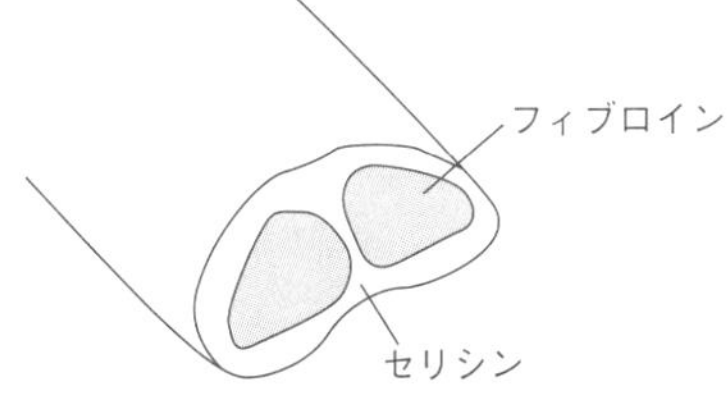

絹の断面図

生糸には，セリシンが残っているために光沢が少ない。そこで，セッケン水とともに煮沸すると，セリシンだけが除かれ[*1]，光沢のある**絹糸**になる。これを**絹の精練**という。

絹の繊維はタンパク質でできており，アミノ酸残基の $-NH_2$，$-COOH$，$-OH$ などの部分で，水分子や染料分子と結合をつくりやすい。したがって，吸湿性があり，染色性も良い。また，絹の繊維の断面が三角形をしていることから，他の繊維にはない美しい光沢や，独特な手触りが生まれる[*2]。しかし，繊維中に空気を含む構造がないので，綿，羊毛に比べて保温性に欠ける。また，絹は，側鎖の小さなグリシンやアラニンを多く含むほか，チロシンなどの芳香族アミノ酸を含み，光により黄変しやすい。

＊1　セリシンには親水性のアミノ酸が多く含まれ，熱水に溶ける。一方，フィブロインには疎水性のアミノ酸が多く，熱水に溶けにくい。絹の精練によりその質量は約30％減少する。

＊2　絹織物がこすれると“キュッ，キュッ”という独特な音がする。これを絹鳴りという。

羊毛　緬羊の長さ数cmの体毛を，繊維として利用する。よく洗浄して脂肪分を除いた後，繊維の束に撚りをかけながら引き伸ばして糸にする。羊毛の繊維は，ケラチンとよばれるタンパク質からできており，絹よりも硫黄Sを多く含むので，燃やすと絹よりも強い臭気を発する。

その断面は円形に近く，親水性の繊維本体(**コルテックス**)を，疎水性で鱗状の表皮(**キューティクル**)が覆っている。

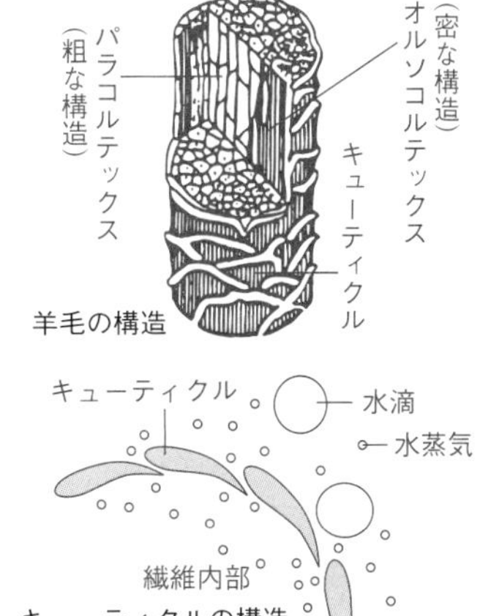

羊毛の構造

キューティクルの構造

キューティクルには水をはじく撥水性がある一方，キューティクルの間にはわずかな隙間があり，ここを水蒸気が出入りするため，羊毛は天然繊維中で最大の吸湿性を示すという，相反する性質をもつ。

また，内部のコルテックスは密度の異なる二層構造をしており，羊毛には天然の縮れ(クリンプ)を生じる。羊毛が保温性に富むのは，この縮れのためにかさ高く，内部に多量の空気を含むことができるからである。

羊毛のケラチンは，シスチンという含硫アミノ酸を多く含み，そのS–S結合(ジスルフィド結合)によって架橋結合している。すなわち，分子間のずれが生じにくく，しわになりにくい。羊毛は，アミノ酸残基に多くの $-NH_2$，$-COOH$ などの官能基をもち，染料分子と結合をつくりやすく，極めて染色性に富む。しかし，繊維中で最も虫害を受けやすい。また，羊毛のキューティクルは乾燥時に閉じ，高湿時に開く。したがって，キューティクルが開いている水中で羊毛の繊維を揉み洗いすると，キューティクルが搦み合い，縮んだり固くなる(**フェルト化**)ので洗濯には注意を要する。

9 酵 素

生体内でおこる種々の反応が，体温付近でも速やかに進行しうるのは，これらの反応に対して触媒作用をもつ物質が生体内に存在するためである。生体内の種々の化学反応を触媒する機能をもつ物質を**酵素**という[21]。

酵素は，無機触媒に比べてはるかに強い触媒作用を示すが[22]，ある特定の物質（酵素が作用する物質を**基質**という）にしか作用しない。この性質を酵素の**基質特異性**という[23]。たとえば，インベルターゼはスクロースの加水分解だけに作用し，他の二糖類の加水分解には作用しない。また，酵素は特定の反応だけを触媒し，決まった生成物を生じる。この性質を酵素の**反応特異性**という。なお，酵素は水溶液中でのみ働き，無機触媒に比べて光，熱，酸，塩基，化学物質に対する抵抗力はずっと弱い。

補足[21] 現在，ヒトの体内で約4000種の酵素が発見されている。酵素は，体内の細胞中や消化液中などに多く含まれ，生体外に取り出しても適当な条件を与えるとその作用を発揮する。

補足[22] たとえば，$2H_2O_2 \longrightarrow 2H_2O + O_2$ の反応における活性化エネルギーは，触媒なしでは75 kJ/mol，白金黒(はっきんこく)(白金を微粒状にしたもの)49 kJ/mol，カタラーゼ23 kJ/molである。

詳説[23] 酵素名には，トリプシン，ペプシンのような慣用名が使われることもあるが，通常，反応の種類や基質の名称に語尾アーゼ（−ase）をつけて命名される。たとえば，デンプン(amylumともいう）の加水分解酵素をアミラーゼ（amylase），エステル（ester），タンパク質(protein)の加水分解酵素は，それぞれエステラーゼ(esterase)，プロテアーゼ(protease)，また，異性化酵素をイソメラーゼ(isomer＋ase)という。

►酵素と基質の関係は，右図のような鍵(基質)と鍵穴(酵素)の関係にたとえられる。タンパク質からなる酵素は，それぞれ特有の立体構造をもつ。

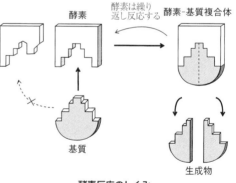

酵素において，触媒作用を行う部分(部位) を**活性部位** (**活性中心**) という。酵素反応では，基質が酵素の活性部位と結合して**酵素-基質複合体**をつくり活性化される。そして，この複合体中で基質が反応して生成物となって複合体から離れると，酵素が再生される。

酵素　酵素は繰り返し反応する　酵素-基質複合体　基質　生成物

酵素反応のしくみ

無機触媒では，温度が高くなるほど反応速度は大きくなるが，酵素では，最もよく働く温度（**最適温度**という）が決まっている。ふつうは，恒温動物では体温付近(ヒトでは約40℃)にあるものが多い。

温度を上げると主に基質の熱運動が盛んになり，酵素に対して基質がはまり込む確率が高くなり，反応速度が大きくなる。

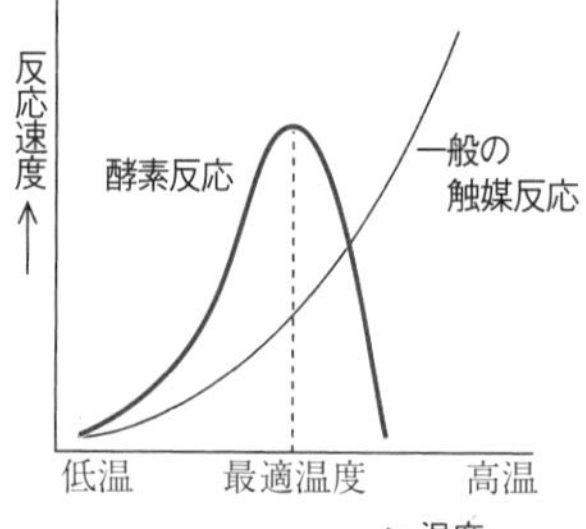

多くの酵素は60℃を超えると，酵素のタンパク質が熱変性をおこすために，活性部位の立体構造が変化して，酵素の働きが失われる(これを酵素の**失活**という)。酵素が失活してしまうと，再び常温に戻してもその働きは回復しない。一方，酵素を0℃近くに冷却した場合は，酵素の触媒作用が低下するが，失活したわけではないから，常温に戻すとその働きは再び回復する。

それぞれの酵素では，各反応に適したpHの範囲が決まっている。これを酵素の**最適pH**という。一般には，pH 6〜8の中性付近で最もよく働く酵素が多いが，胃液中に含まれるペプシンのように，pH 2付近の強い酸性の下で最もよく働き，pH 7以上ではまったく働かない例もある㉔。

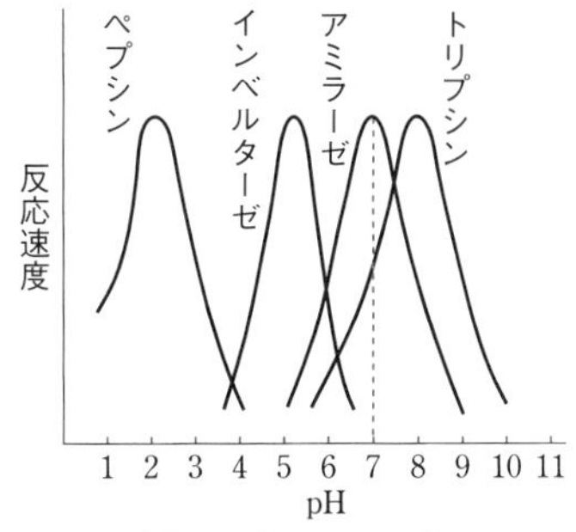

酵素の反応とpHの影響

詳説㉔　同じタンパク質加水分解酵素でも，すい液中に含まれるトリプシンは，最適pHが約8である。酵素はタンパク質でできているので，pHが大きく変化すると，その電離状態が変化して変性するので，その機能が失われてしまう。また，酵素の作用はいろいろな物質によって促進されたり，阻害されたりすることがある。たとえば，だ液を透析してNa^+とCl^-を完全に除くと，アミラーゼの働きが失われるが，NaClまたはKClを加えると，再びもとの働きを回復する。すなわち，アミラーゼの作用にはCl^-が必要であると推定される。また，Hg^{2+}，Cu^{2+}，Pb^{2+}などの重金属イオンは，しばしば酵素タンパク質を変性させるので，有毒である。また，CN^-は金属タンパク質の中心金属に強く配位結合して，その機能を失わせるので極めて有毒である。

酵素の例

分　類	名　称	基　質 ⟶ 生成物	所　在
糖類の加水分解酵素	アミラーゼ	デンプン ⟶ マルトース	だ液，すい液，麦芽
	マルターゼ	マルトース ⟶ グルコース	だ液，すい液，腸液，酵母
	インベルターゼ スクラーゼ	スクロース ⟶ {グルコース フルクトース	腸液，酵母
	セルラーゼ	セルロース ⟶ セロビオース	ある種の細菌類
エステルの加水分解酵素	リパーゼ	脂肪 ⟶ {脂肪酸 モノグリセリド	胃液，すい液
ペプチドの加水分解酵素	ペプシン	タンパク質 ⟶ ペプチド*	胃液
	トリプシン	タンパク質 ⟶ ペプチド	すい液
	ペプチダーゼ	ペプチド ⟶ アミノ酸	腸液，酵母
酸化還元酵素	カタラーゼ	過酸化水素 ⟶ 水＋酸素	肝臓，血液中
	チマーゼ	単糖類 ⟶ {エタノール 二酸化炭素	酵母
異性化酵素	グルコース イソメラーゼ	グルコース ⟶ フルクトース	ある種の細菌類

*　タンパク質が部分的に加水分解されたもので，タンパク質よりも分子量の小さなポリペプチドである。ペプトン，プロテオースなどともよばれる。

SCIENCE BOX　酵素反応の速度論(ミカエリス定数)

ミカエリス(ドイツ)と**メンテン**(カナダ)は，酵素 enzyme を E，基質 substrate を S，酵素-基質複合体を ES，生成物 product を P とすると，酵素反応は，次式のように酵素 -基質複合体を形成する二段階反応であると考え，その反応速度式 (次ページ⑨式)を以下のように導いた。

①，②式の矢印で示す各反応の速度定数を k_1，k_2，k_3 とすると，

$$\mathrm{E + S} \underset{k_2}{\overset{k_1}{\rightleftarrows}} \mathrm{ES} \quad \cdots\cdots\cdots①$$

$$\mathrm{ES} \xrightarrow{k_3} \mathrm{E + P} \quad \cdots\cdots\cdots②$$

酵素反応は大変効率がよいので，ふつう，酵素濃度に比べて基質濃度を大過剰に加えて実験が行われる(すなわち，[S]≫[E])。E に S を加えると，ES が瞬時に生成されて①式で示す平衡状態が成立する。さらに，ES から E と P を生成するには，S 分子内の共有結合の切断を必要とするので，②式の反応の活性化エネルギーが最も大きく，この段階が**律速段階**となる。また，反応の初期では P はほとんど生成しておらず，②式の逆反応は無視できるので，②式は不可逆反応とみなせる。

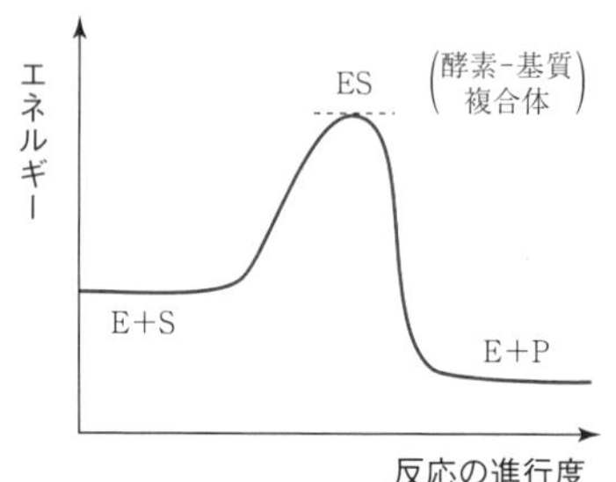

ここで，E，S，ES のモル濃度をそれぞれ[E]，[S]，[ES] とすると，各反応の速度式は次のようになる。

$$v_1 = k_1[\mathrm{E}][\mathrm{S}]$$
$$v_2 = k_2[\mathrm{ES}]$$
$$v_3 = k_3[\mathrm{ES}]$$

酵素反応では，[E]≪[S] の条件で反応させているので，ES が②式の反応で E と P に変化しても，E は直ちに過剰の S と反応して ES に変化する。よって，[S] が過剰に存在する反応系では，反応直後に[ES] は一定となり，それ以後，S がかなり少なくなるまで変化しない。このような状態を**定常状態**という。つまり，①，②式ともに平衡が成立していれば，[ES] が変化しないのは当然のことであるが，②式が平衡状態ではないにもかかわらず，[ES] が一定になっているので，平衡状態と区別してこうよばれる。

ES の生成速度 v_1 は，①式より基質の結合していない酵素の濃度[E] と基質の濃度[S]の積に比例する。

酵素には，基質と結合しているものと結合していないものしかなく，酵素の全濃度 $[\mathrm{E}]_t$ は，反応を通じて変化しないので，

$$[\mathrm{E}]_t = [\mathrm{E}] + [\mathrm{ES}]$$

の関係が成り立つ。

よって，

$$[\mathrm{E}] = [\mathrm{E}]_t - [\mathrm{ES}]$$

となる。

$$v_1 = k_1([\mathrm{E}]_t - [\mathrm{ES}])[\mathrm{S}] \quad \cdots\cdots③$$

一方，ES の分解速度 v' には，分解して初めの反応物に戻るもの (①式の逆反応)と，生成物に変化する (②式の正反応) の 2 つがあることに留意する。

$$v' = k_2[\mathrm{ES}] + k_3[\mathrm{ES}] \quad \cdots\cdots④$$

定常状態では，ES の生成速度 v_1 と ES の分解速度 v' が等しく，次式が成り立つ。

$$k_1([\mathrm{E}]_t - [\mathrm{ES}])[\mathrm{S}] = k_2[\mathrm{ES}] + k_3[\mathrm{ES}] \quad \cdots\cdots⑤$$

$$k_1[\mathrm{E}]_t[\mathrm{S}] - k_1[\mathrm{ES}][\mathrm{S}] = k_2[\mathrm{ES}] + k_3[\mathrm{ES}]$$
$$k_1[\mathrm{E}]_t[\mathrm{S}] = (k_2 + k_3 + k_1[\mathrm{S}])[\mathrm{ES}]$$

⑤式を[ES]について解くと，

$$\therefore \quad [\mathrm{ES}] = \frac{k_1[\mathrm{E}]_t[\mathrm{S}]}{k_2 + k_3 + k_1[\mathrm{S}]}$$

k_1 で分母・分子を割ると，

$$[ES]=\frac{[E]_t[S]}{\frac{k_2+k_3}{k_1}+[S]}$$

上式の $\frac{k_2+k_3}{k_1}$ を新しい定数 K_m と定義し，この K_m を**ミカエリス定数**という。

この定数は，酵素の基質に対する親和性の大小を比較する重要な定数である。

$$\therefore \quad [ES]=\frac{[E]_t[S]}{K_m+[S]} \quad \cdots\cdots⑥$$

一方，定常状態におけるPの生成速度 V は，②式が律速段階となるので，次式で表される。　$V=k_3[ES]$……⑦

ここへ⑥式を代入すると，

$$V=\frac{k_3[E]_t[S]}{K_m+[S]} \quad \cdots\cdots⑧$$

いま，[E] を一定にして[S] だけを大きくしていくと，やがてEはSによって飽和されていき，Pの生成速度 V は最大値をとるはずである。このときのPの生成速度を，この酵素反応の**最大速度 V_{max}** という。⑧式において，[S] →大にすると，$K_m+[S]\fallingdotseq[S]$ と近似できるから，

$$V_{max}=\frac{k_3[E]_t[S]}{[S]}=k_3[E]_t$$

これを⑧式へ代入すると，

$$\boldsymbol{V=\frac{V_{max}[S]}{K_m+[S]}} \quad \cdots\cdots⑨$$

⑨式を**ミカエリス・メンテンの式**という。

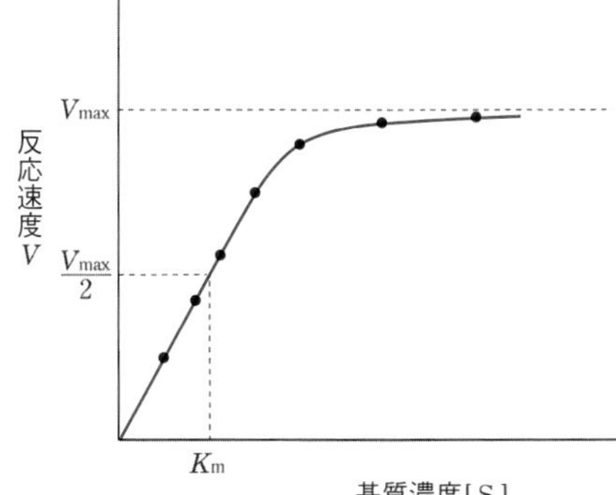

(i) 基質濃度が大きく，$[S]\gg K_m$ のとき：

⑨式は，$V=\frac{V_{max}[S]}{[S]}=V_{max}$　となる。

V は [S]には関係しない0次反応となり最大速度 V_{max} を示す。

(ii) 基質濃度が小さく，$[S]\ll K_m$ のとき：

⑨式は，$V=\frac{V_{max}}{K_m}[S]$　となる。

K_m，V_{max} はともに定数なので，V は[S]に比例する一次反応となる。

ところで，ミカエリス定数 $K_m=\frac{k_2+k_3}{k_1}$ は何を意味しているのだろうか。

多くの酵素反応では，k_3 は k_1, k_2 に比べて小さいので，$K_m\fallingdotseq\frac{k_2}{k_1}$ となる。

一方，酸素-基質複合体ESの解離定数を K_s とおくと，$ES \underset{k_1}{\overset{k_2}{\rightleftarrows}} E+S$ より，

$$\therefore \quad K_s=\frac{[E][S]}{[ES]}=\frac{k_2}{k_1}$$

よって，　$\boldsymbol{K_m\fallingdotseq K_s}$

すなわち，K_m が大きいということはESが解離しやすいこと，すなわち，酵素と基質の親和性が小さいことを示し，⑨式より，同じ[S]では V が小さくなる。一方，K_m が小さいということはESが解離しにくいこと，すなわち，酵素と基質の親和性が大きいことを示し，⑨式より，同じ [S] では V が大きくなる。

(iii) ⑨式で　$[S]=K_m$ となるときの V を求めると

$$V=\frac{V_{max}[S]}{2[S]}=\frac{V_{max}}{2}$$

すなわち，ミカエリス定数 K_m は，最大速度 V_{max} の半分になるときの基質濃度[S]と等しくなる。

したがって，K_m が小さく，k_3 が大きい酵素ほど酵素活性が高く，逆に，K_m が大きく，k_3 が小さい酵素ほど酵素活性が低いということになる。

例題 酵素は，その活性部位に基質(S)を取り込んで酵素－基質複合体(ES)を形成する。ここから反応が進行して，生成物(P)と酵素(E)が生成する。また，酵素－基質複合体から酵素と基質に戻る反応もおこる。これらの反応はまとめて①式のように表される。

$$\mathrm{E} + \mathrm{S} \underset{k_2}{\overset{k_1}{\rightleftarrows}} \mathrm{ES} \xrightarrow{k_3} \mathrm{E} + \mathrm{P} \quad \cdots ①$$

ここで，k_1〔L/(mol·s)〕，k_2〔/s〕，k_3〔/s〕は，①式の矢印で示す各反応の速度定数である。いま，酵素による加水分解反応は①式のような経路で進行し，その反応速度 V〔mol/(L·s)〕は②式で表される。

$$V=\frac{k_3[\mathrm{E}]_t[\mathrm{S}]}{K_M+[\mathrm{S}]} \quad \cdots ② \qquad K_M(\text{ミカエリス定数})=\frac{k_2+k_3}{k_1}$$

（$[\mathrm{E}]_t$：反応に用いた酵素の全濃度，[S]：基質の濃度を表す。）

(1) k_1，k_2，k_3，$[\mathrm{E}]_t$ が一定のとき，酵素反応の最大速度 V_{max} を表す式を②式より導け。

(2) ある基質 $\mathrm{S_1}$ を酵素トリプシンと反応させた場合，速度定数は，$k_1=5.05\times10^8$ L/(mol·s)，$k_2=1000$/s，$k_3=10$/s であった。このとき K_M の値を単位も含めて答えよ。

(3) トリプシンの全濃度$[\mathrm{E}]_t$ を 1.0×10^{-6} mol/L として，この酵素反応の V_{max} を求めよ。

(4) 基質濃度$[\mathrm{S_1}]$を 0 ～ 20×10^{-6} mol/L の範囲で変化させたとき，この酵素反応の V と$[\mathrm{S_1}]$の関係をグラフ中に実線(—)で示せ。(解答欄に横軸$[\mathrm{S_1}]$，縦軸に V のグラフ用紙がある。)

［**解**］ (1) ②式では[S]のみが変数である。②式の分母・分子を[S]で割ると，分母のみに[S]が残るので，[S]と V の関係を調べやすくなる。

$$V=\frac{k_3[\mathrm{E}]_t}{\dfrac{K_M}{[\mathrm{S}]}+1} \quad [\mathrm{S}]\to\infty \text{ では，} \frac{K_M}{[\mathrm{S}]}\to 0 \text{ となり，} V \text{ は最大となる。}$$

$\therefore$ $\boldsymbol{V_{max}=k_3[\mathrm{E}]_t}$ 答

(2) $K_M=\dfrac{k_2+k_3}{k_1}=\dfrac{1000+10}{5.05\times10^8}=\dfrac{1.01\times10^3〔/\mathrm{s}〕}{5.05\times10^8〔\mathrm{L/(mol\cdot s)}〕}=\mathbf{2.0\times10^{-6}〔mol/L〕}$ 答

(3) $V_{max}=k_3[\mathrm{E}]_t=10〔/\mathrm{s}〕\times1.0\times10^{-6}〔\mathrm{mol/L}〕=\mathbf{1.0\times10^{-5}〔mol/(L\cdot s)〕}$ 答

(4) ②式に$[\mathrm{S_1}]$の値を代入して V を求めると，

(i) $[\mathrm{S_1}]=0$ のとき，$V=0$(原点)

(ii) $[\mathrm{S_1}]=K_M=2.0\times10^{-6}$ mol/L のとき，(1)より

$$V=\frac{V_{max}}{2}=5.0\times10^{-6}〔\mathrm{mol/(L\cdot s)}〕$$

(iii) $[\mathrm{S_1}]=20\times10^{-6}$ mol/L のとき，②式より

$$V=\frac{1.0\times10^{-5}\times20\times10^{-6}}{2.0\times10^{-6}+20\times10^{-6}}\fallingdotseq 9.1\times10^{-6}〔\mathrm{mol/(L\cdot s)}〕$$

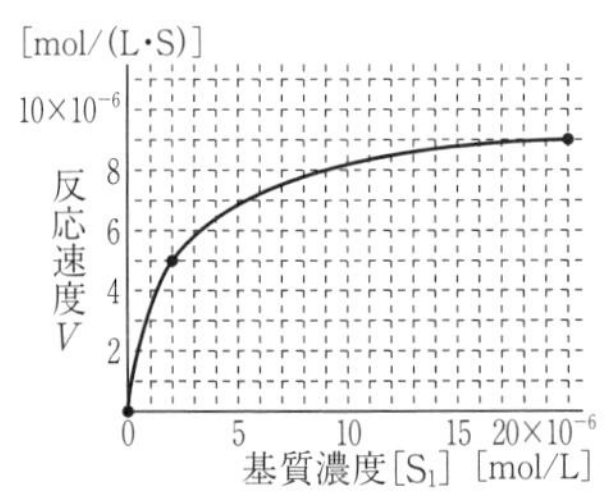

(i)～(iii)の3点をなめらかに結ぶと，**図のグラフ**が得られる。 答

参考 (i) $K_M\gg[\mathrm{S}]$のとき，②式は $V=\dfrac{V_{max}}{K_M}[\mathrm{S}]$となり，$V$ は[S]に比例する。

(ii) $K_M\ll[\mathrm{S}]$のとき，②式は $V=V_{max}$ となり，V は一定となる。

(iii) $K_M=[\mathrm{S}]$のとき，②式は $V=\dfrac{1}{2}V_{max}$ となる。

よって，V のグラフは，$V_{max}=k_3[\mathrm{E}]_t$ を漸近線とする双曲線の一部を表すものとなる。

SCIENCE BOX 酵素の種類と果実の褐変反応

酵素は，その触媒する反応の種類により，次の6種のグループに分けられる。

⑴ **酸化還元酵素(オキシドレダクターゼ)**

2種の基質間でおこる酸化還元反応を触媒する。基質からHを奪う脱水素酵素（デビドロゲナーゼ）と，基質にOを与える酸化酵素(オキシダーゼ)などがある。

⑵ **転移酵素(トランスフェラーゼ)**

2種の基質間で，特定の基を移動させる反応を触媒する。リン酸基を転移するリン酸基転移酵素(ホスホトランスフェラーゼ)と，アミノ基を転移するアミノ基転移酵素(アミノトランスフェラーゼ)などがある。

⑶ **加水分解酵素(ヒドロラーゼ)**

基質の加水分解を触媒する。大部分の消化酵素のほか，ATPの高エネルギーリン酸結合を切るATPアーゼなどがある。

⑷ **脱離酵素(リアーゼ)**

加水分解によらず，基質から特定の基を除去する反応を触媒する。水の脱離を行う脱水酵素(デヒドラターゼ)と，二酸化炭素の脱離を行う脱炭酸酵素（デカルボキシラーゼ)などがある。

⑸ **異性化酵素(イソメラーゼ)**

基質がその異性体に変化する反応を触媒する。鏡像異性体をラセミ体 (p.784) にするラセマーゼや，不斉炭素原子の立体配置を変えて対応するエピマー (p.748) を生成するエピメラーゼなどがある。

⑹ **合成酵素(リガーゼ)**

ATPなどのエネルギーを使い，基質を重合させる反応を触媒する。デンプン合成酵素，タンパク質合成酵素，DNA合成酵素，RNA合成酵素などがある。

なお，各酵素は，国際生化学連合の定めた4組の数字からなる **EC(enzyme code)** 番号で整理される[*1]。

＊1　第一の数字は，上記の1~6の番号で分類し，第二，第三の数字は，基質の種類の数，酵素のもつ特徴などにより細分類され，第四の数字は，各酵素に与えられた登録番号を示す。例乳酸からピルビン酸をつくる乳酸脱水素酵素のEC番号は，EC 1.1.1.27である。

バナナ，リンゴ，モモなどの果実の皮をむくと，果肉が褐色に変わる現象を**褐変反応**という。この反応は，植物細胞中に含まれる酵素が関係している。すなわち，植物細胞が破壊されて酸素に触れ，果肉中に含まれるカテコールやピロガロール（タンニンの分解産物）や，ドーパミンなどの**ポリフェノール**[*2]が，果肉中に存在するポリフェノールオキシダーゼという酵素によってキノン類へと酸化され，褐変がおこる。

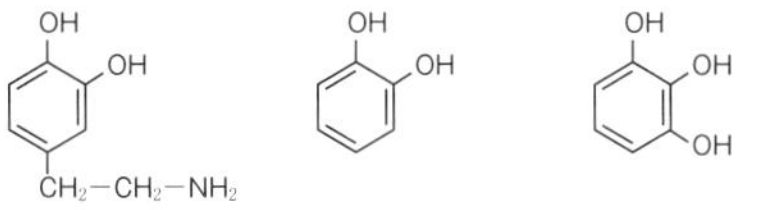

ドーパミン（HO, HO, $CH_2-CH_2-NH_2$）　カテコール　ピロガロール

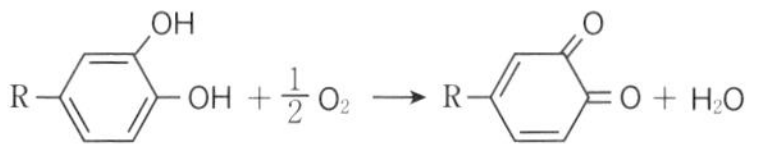

$$R-C_6H_3(OH)_2 + \frac{1}{2}O_2 \longrightarrow R-C_6H_3(=O)_2 + H_2O$$

ポリフェノール類　キノン類

褐変反応を防止するには，ポリフェノール類，酸素，酵素のいずれか1つを除くか，その働きを止めればよい。たとえば果肉を砂糖でシロップ漬けにすることは，空気中の酸素との接触を少なくして（O_2の溶解度が小さくなるため），褐変を防いでいる。また，果実の加熱処理では，酵素を失活させて褐変を防いでいる。さらに，果肉の保存液にリンゴ酸・クエン酸などを加えたり，皮をむいたバナナにレモン汁をかけるとpHが下がることで酵素の活性が低下して，褐変を遅らせることができる。また，皮をむいたリンゴを薄い食塩水に浸すと褐変しないのは，塩化ナトリウムが酵素作用を阻害するためである。

＊2　分子内に2個以上のフェノール性 -OH をもつ化合物の総称。タンパク質や脂質を酸化する活性酸素を分解・除去する抗酸化作用があり，動脈硬化や心筋梗塞などの予防に効果が高いといわれている。

6-6 核　酸

1 核酸の成分

生物体を構成する高分子化合物には，タンパク質，多糖類のほかに，**核酸**とよばれる物質がある。核酸は，1869年，**ミーシャー**（スイス）によって，動物の傷口に生じる膿（うみ）から発見され，細胞の核から得られた酸性物質であることから，核酸と名づけられた。

核酸を酸を用いて完全に加水分解すると，リン酸 H_3PO_4，五炭糖（ペントース）と，窒素原子を含む環状構造の塩基（**核酸塩基**という）が１：１：１の物質量比で生成する。一般に，糖，核酸塩基，およびリン酸が１分子ずつ結合した化合物を**ヌクレオチド**といい，核酸は，ヌクレオチドのポリマーである**ポリヌクレオチド**からできている。

核酸には２種類あって，リボース（$C_5H_{10}O_5$）を構成成分とするものを**リボ核酸（RNA）**，デオキシリボース（$C_5H_{10}O_4$）を構成成分とするものを**デオキシリボ核酸（DNA）**という❶。

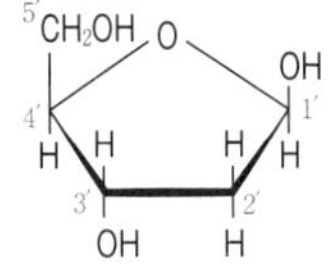

デオキシリボース

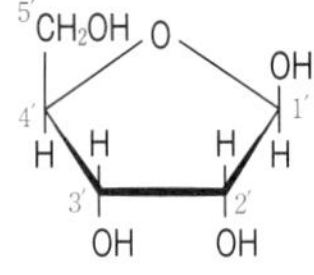

リボース

詳説❶　リボースの2′位の -OH に代わって，-H が結合したものを，de（脱），oxygen（酸素）の接頭語をつけて**デオキシリボース**という。RNA は，主に細胞質に存在しタンパク質合成に重要な役割を果たす高分子化合物である。一方，DNA は，主に細胞の核に存在し，遺伝子の本体をなす高分子化合物である。

2 核酸塩基

核酸塩基には，ピリミジン骨格をもつ**ピリミジン塩基**と，プリン骨格をもつ**プリン塩基**とがある。プリン塩基には，アデニン（adenine，A）とグアニン（guanine，G）がある。ピリミジン塩基には，シトシン（cytosine，C），チミン（thymine，T），ウラシル（uracil，U）がある。ただし，DNA にはウラシル（U）は含まれず，RNA にはチミン（T）は含まれない。いずれも，N 原子の非共有電子対の存在によって，弱い塩基性を示す❷。

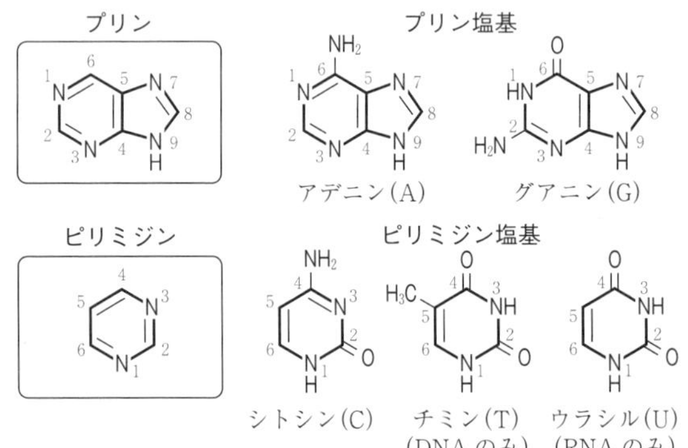

アデニン（A）　グアニン（G）

補足❷　核酸の構成成分のうち，糖はプライム（′）をつけた番号で炭素原子の位置を区別し，核酸塩基はプライムをつけない番号で構成原子の位置を区別する。複素環式化合物（p. 568）では，環を構成する C 原子は省略してよいが，それ以外の原子は省略しない。

3 ヌクレオシド

五炭糖と核酸塩基が結合した化合物を**ヌクレオシド**という。ヌクレオシドは還元性を示さないことから，糖の1′位のヒドロキシ基 -OH(立体配置はいつもβ型) と，核酸塩基のイミノ基 ＞NH(ピリミジン塩基は1位，プリン塩基は9位) から脱水縮合してできた化合物であり，このとき生じた結合を ***N*-グリコシド結合**という❸。

補足❸ 糖類のヘミアセタール構造(p. 749)の -OH が，糖や糖以外の分子の -OH，$-NH_2$，＞NH などとの間で脱水縮合してできた化合物を**配糖体**(グリコシド)という。このとき，新しく形成された結合は，結合原子の種類により，*O*-グリコシド結合，*N*-グリコシド結合という。ヌクレオシドは，構成成分であるリン酸，五炭糖に極性のある -OH をもち，核酸塩基にも $-NH_2$，＞NH，＞C=O などの極性をもつ官能基をもち，水和がおこりやすいので水に溶けやすい。なお，ヌクレオシドは加水分解されやすい。たとえば，アデニンのヌクレオシドを酸性水溶液中で加熱すると，リボースとアデニンを生成する。

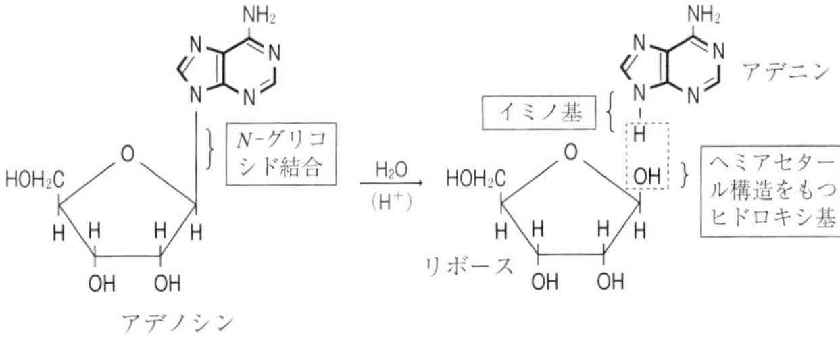

ヌクレオシドの命名は次のようにする。アデニンとグアニンなどのプリン塩基を含むヌクレオシドは，アデノシン，グアノシンのように，塩基名の語尾を「シン」に変える。シトシン，チミン，ウラシルなどのピリミジン塩基を含むヌクレオシドは，シチジン，チミジン，ウリジンのように，塩基名の語尾を「ジン」に変える。また，糖成糖が D-リボースのものを**リボヌクレオシド**，D-デオキシリボースのものを**デオキシリボヌクレオシド**という。

4 ヌクレオチド

ヌクレオシドとリン酸が結合した化合物を**ヌクレオチド**という。ヌクレオチドは，糖の -OH の H とリン酸の -OH から脱水縮合してできた化合物であり，このとき生じた結合を**リン酸エステル結合**という。ヌクレオチドには，リン酸と糖との結合位置に種々のものが存在する。たとえば，リボヌクレオチドには，リン酸が糖の2′，3′，5′位に結合可能なので3種類の異性体，デオキシリボヌクレオチドには，リン酸が糖の3′，5′位に結合可能なので2種類の異性体が存在する。天然には，いずれも5′位にエステル結合したものが最も多い。下に，アデニンのリボヌクレオチドの構造を示す。

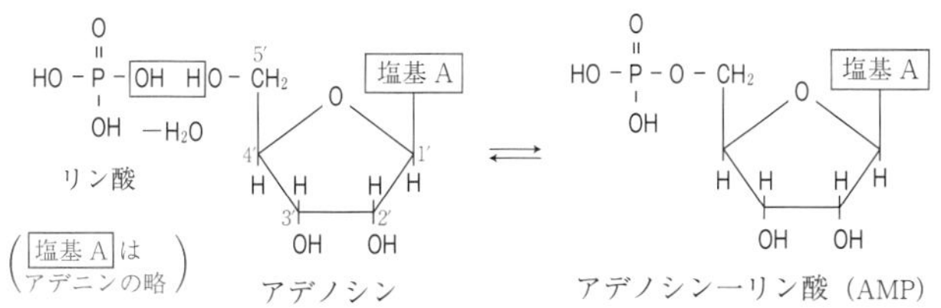

ヌクレオチドの命名は次のようにする。ヌクレオチドはヌクレオシドがリン酸エステル結合した酸性物質なので，塩基名の語尾を「イル」に変えて「酸」をつける。アデニン，グアニン，シトシン，チミン，ウラシルの各ヌクレオチドは，アデニル酸，グアニル酸，シチジル酸，チミジル酸，ウラジル酸という。ただし，生体内のヌクレオチドには，リン酸が2分子，3分子が結合したものが存在するので，その命名には，「ヌクレオシド名」＋「リン酸基の数(漢数字)」＋「リン酸」で表す方法が一般的である。すなわち，アデニル酸，グアニル酸，シチジル酸，チミジル酸，ウラジル酸は，それぞれアデノシン一リン酸，グアノシン一リン酸，シチジン一リン酸，チミジン一リン酸，ウリジン一リン酸となる❹。

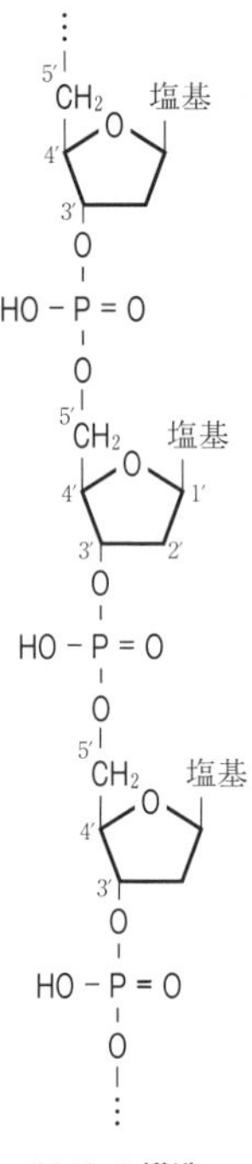

DNA の構造

詳説❹ **アデノシン一リン酸(AMP)** に，もう1分子のリン酸が結合したものを**アデノシン二リン酸(ADP)**，さらにもう1分子のリン酸が結合したものを**アデノシン三リン酸（ATP）**という。ADPは1個の，ATPは2個の**高エネルギーリン酸結合**を含み，これらが加水分解される際に放出されるエネルギーが生命活動に利用される。

高エネルギーリン酸結合
塩基A
ADP
ATP

$$\mathrm{ATP} + \mathrm{H_2O} \longrightarrow \mathrm{ADP} + \mathrm{H_2P_2O_7} \qquad \Delta H = -31.8\,\mathrm{kJ}$$

$$\mathrm{ADP} + \mathrm{H_2O} \longrightarrow \mathrm{AMP} + \mathrm{H_3PO_4} \qquad \Delta H = -9.9\,\mathrm{kJ}$$

高エネルギーリン酸結合では，電気陰性度の大きなO原子がかなり接近した位置にあるため，その電気的な反発力によって，この結合はかなり高いエネルギー状態に置かれていると考えられる。

5　ポリヌクレオチド

ヌクレオチドの糖の5′位に結合したリン酸基の－OHと，他のヌクレオチドの糖の3′位の－OHとの間で次々とリン酸エステル結合してできた鎖状の高分子化合物(これを**ポリヌクレオチド**という)がDNAである。RNAも全く同様につくられる❺。

詳説❺ DNAは，DNAのヌクレオチド(デオキシヌクレオシド一リン酸)どうしが，直接重合してできるのではない。実際には，単量体であるデオキシヌクレオシド三リン酸どうしがピロリン酸($H_2P_2O_7$)を放出しながら重合して，DNAがつくられる。RNAも全く同様である。これは，DNAやRNAをつくる単量体のヌクレオシド三リン酸には高エネルギーリン酸結合が含まれ，これらの結合が切れる際に放出されるエネルギーを利用して，DNAやRNAの合成反応(吸熱反応)が進行するからである。

参考 **DNAとRNAの安定性**　糖の2′位に－Hのみが結合したDNAに比べて，糖の2′位に反応性の大きな－OHが結合したRNAでは，塩基性条件ではH^+が解離し，$-O^{\ominus}$となり，これがRNAの主鎖のリン酸エステル結合に求核攻撃することにより，主鎖の切断がおこりやすい。つまり，RNAはDNAに比べて加水分解されやすいという特徴をもつ。

6 DNAの二重らせん構造

生物種	塩基組成〔mol%〕			
	G	A	C	T
コムギの胚	22.7	27.3	22.8	27.1
サケの精子	20.8	29.7	20.4	29.1
ウシの胸腺	21.2	29.0	21.2	28.5
ヒトの胸腺	19.9	30.9	19.8	29.4
鳥類の結核菌	34.9	15.1	35.4	14.6

塩基組成のよく似た生物どうしは，進化の過程でより近縁とされている。高等動植物はG+Cの含量が少なく，また，細菌などのようにG+Cの含量が多いDNAほど，熱に対する抵抗性が大きい。

シャルガフ（アメリカ）が1950年前後に種々の生物のDNAの塩基組成を調べた結果から，アデニン(A)とチミン(T)，グアニン(G)とシトシン(C)はそれぞれが常に等物質量ずつ存在するという**シャルガフの法則**が導き出された。

この事実とX線回折の結果から，1953年，**ワトソン**（アメリカ）と**クリック**（イギリス）は，次のようなDNAの**二重らせん構造**を提案した❻。

(1) DNAは，親水性の糖とリン酸が外側に，やや疎水性の塩基が内側に向き，2本のポリヌクレオチド鎖が互いに逆方向からねじれ合って，大きな二重らせんをつくる。

(2) 2本のポリヌクレオチド鎖は，右図のように塩基部分の水素結合により塩基対を形成する。すなわち，アデニン(A)の相手はチミン(T)，グアニン(G)の相手はシトシン(C)と決まっている。このような塩基どうしの関係を**相補性**という。

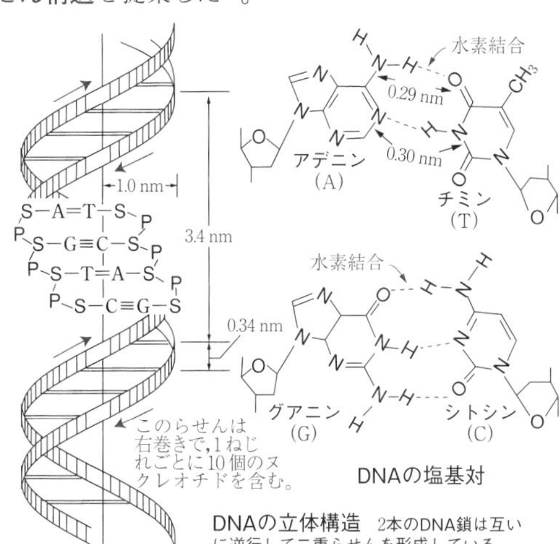

DNAの立体構造　2本のDNA鎖は互いに逆行して二重らせんを形成している。

このDNA分子中には，生物体が必要とするタンパク質の合成方法などの全遺伝情報が，4種の塩基A，G，C，Tの並び方（塩基配列）で決まる遺伝暗号として組み込まれている。

補足❻　この業績により，1962年，両名はノーベル医学・生理学賞を受賞した。

以下に，DNAの特徴をRNAと比較しながら示す。

(1) RNAは一本鎖構造であるのに対して，DNAは二重らせん構造をとっている。これにより，DNAは，一方の鎖をそれぞれ鋳型として同じDNAを2分子つくることができる（これをDNAの**半保存的複製**といい，このときDNAポリメラーゼなどの酵素が働く）。すなわち，DNAはRNAよりも遺伝情報を正確に保持するのに適した構造をもっている。

(2) RNAは希塩酸で加水分解されるが，DNAは濃塩酸でないと加水分解されない。つまり，RNAよりDNAのほうが化学的な安定性は大きい。

(3) DNAがウラシルの代わりにチミンという塩基をもつのも，正確な遺伝情報の保持に有利であるからと考えられている。というのも，シトシンは，体内で生じた亜硝酸が作用してジアゾ化・加水分解されると，ウラシルに変化してしまう。もし，DNAがウラシルを塩基として使用していたとすると，正確な遺伝情報に誤りを生じやすくなるからである。

このようなことから，DNAはRNAよりも進化した構造であるといえる。したがって，生命の進化の過程において，最初にRNAがあらわれて(**RNAワールド**)，その指令に基づいて種々のタンパク質が合成され，その触媒作用によって，より進化した構造をもつDNAがつくられるようになった(**DNAワールド**)とする考え方がある。いずれにせよ，DNAは遺伝子の本体(遺伝情報をもつ化学物質)であるという意味で，生命にとって最も重要な物質なのである。

7 タンパク質の合成

タンパク質の合成は，まず，核に含まれるDNAの二重らせんのうち，必要な部分だけがほどかれ，そのうちの1本を鋳型としてこれと相補的な塩基配列をもつRNAが合成される。この過程を遺伝情報の**転写**という。このRNAは，DNAからの情報を細胞質のリボソームへ伝達する役割をするので，**メッセンジャーRNA**(伝令RNA，mRNA)とよばれ，分子量は約100万である。

その後の研究によって，DNA，RNAともに，3個ずつの塩基配列の組がそれぞれ1つのアミノ酸を指定することがわかった。このうちmRNAにある3個の塩基配列の組を**コドン**（遺伝暗号）という。たとえば，GGGはグリシン，UUUはフェニルアラニン，UUAはロイシンに対応しており，この暗号は多くの生物で共通である❼。

転写の際の塩基の相補性

DNA		mRNA
アデニン(A)	⟶	ウラシル(U)
グアニン(G)	⟶	シトシン(C)
シトシン(C)	⟶	グアニン(G)
チミン(T)	⟶	アデニン(A)

補足❼　A，G，C，Uの中から，3文字の単語をつくる組み合わせの総数は，4×4×4＝64通りである。タンパク質を構成するアミノ酸は20種なので，3文字のコドンで1つのアミノ酸を指定するのは十分可能である。事実，20種のアミノ酸には61組のコドンが対応し，タンパク質合成の停止の役割をもつ**終止コドン**が3組ある。また，**開始コドン**はメチオニンに対応するが，タンパク質合成が進むと，やがて酵素ペプチダーゼで除去されてしまう。

DNAの遺伝情報を転写したmRNAは細胞質へ移動し，タンパク質の合成の場であるリボソームと結合する。細胞内には，分子量2〜3万の小型のRNAが存在する。このRNAは，細胞内に散らばっている個々のアミノ酸を拾い集めて，mRNAの結合したリボソームまで運搬する役割をしているので，**トランスファーRNA**(運搬RNA，tRNA)という。

tRNAは，その一端に -OH をもち，この部分でそれぞれ特定のアミノ酸の -COOH とエステル結合によって結合している。すなわち，各アミノ酸にはそれぞれ専用のtRNAが存在する。また，tRNAには，mRNAのコドンの部分と水素結合できる3個の塩基配列，すなわち**アンチコドン**がある。

►リボソームはmRNA上を移動しながら，mRNAのコドンと相補的なアンチコドンをもつ特定のtRNAを次々に拾い集める。続いて，リボソームに含まれる**リボソームRNA**(rRNA)の働きによって，tRNAが運んできたアミノ酸を連結させて，ポリペプチド鎖を合成する。この過程を遺伝情報の**翻訳**という。

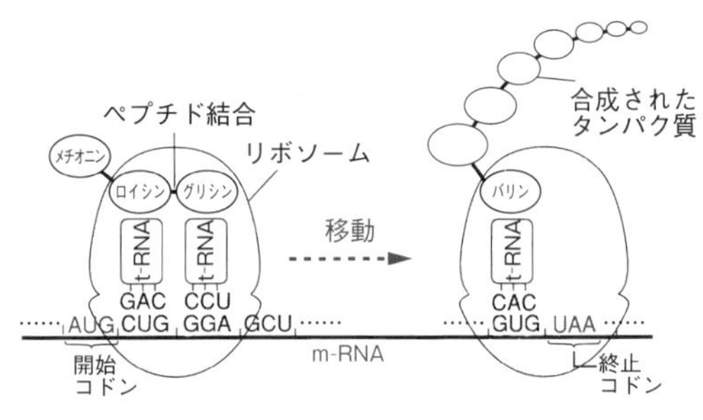

タンパク質合成の模式図

SCIENCE BOX　DNA の水素結合

DNA を構成する 4 種類の核酸塩基のうち，1 つの環をもつシトシンとチミンは**ピリミジン塩基**，2 つの環をもつアデニンとグアニンは**プリン塩基**とよばれる。

DNA の二本鎖構造においてペアとなるのは，ピリミジン塩基とプリン塩基に限られる。これは，DNA のポリヌクレオチド鎖間の距離がピリミジン塩基 2 つ分より長く，プリン塩基 2 つ分より短いからである。

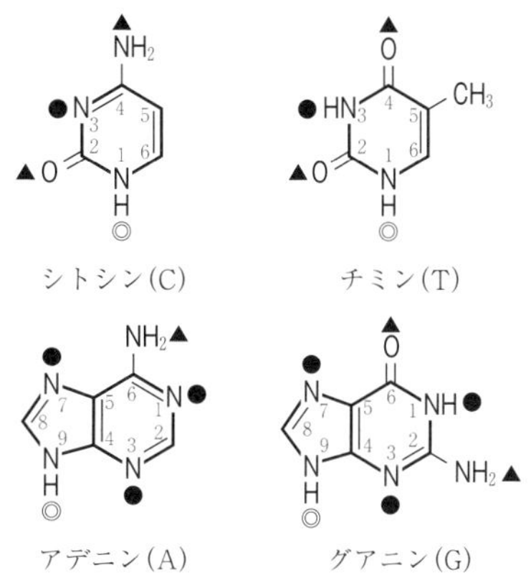

各塩基間で水素結合が可能な部位は，

① カルボニル基（>C=O）の O とアミノ基（$-NH_2$）の H（▲で表す）である。

② 二重結合の N（$-\ddot{N}=$）とイミノ基（>N−H）の H（●で表す）である。

また，各塩基が糖の 1 位の -OH と結合できるのは，イミノ基の H だけであり，その脱水縮合で生じた C-N 結合を，***N*-グリコシド結合**という。調べてみると，この結合をしているのは，プリン塩基では 9 位，ピリミジン塩基では 1 位のイミノ基（◎で表す）と決まっている。この部位は，各塩基が水素結合している部位から最も離れた場所でもある。

また，各塩基が水素結合している部位は，水素結合が可能な部位（▲または●）が 2 つ，あるいは 3 つ連続しており，しかも，糖との結合部位（◎）から最も離れた場所である。

以上の条件に該当するのは，アデニンでは 1, 6 位，グアニンでは 6, 1, 2 位であり，シトシンでは 2, 3, 4 位，チミンでは 2, 3, 4 位となる。

DNA で実際に水素結合している部位を調べてみると，次の 2 通りである。

(1) グアニンの $(\underset{2}{\blacktriangle}\underset{1}{\bullet}\underset{6}{\blacktriangle})$ とシトシンの $(\underset{2}{\blacktriangle}\underset{3}{\bullet}\underset{4}{\blacktriangle})$ には，3 本の水素結合が形成される*。

グアニン(G)　シトシン(C)

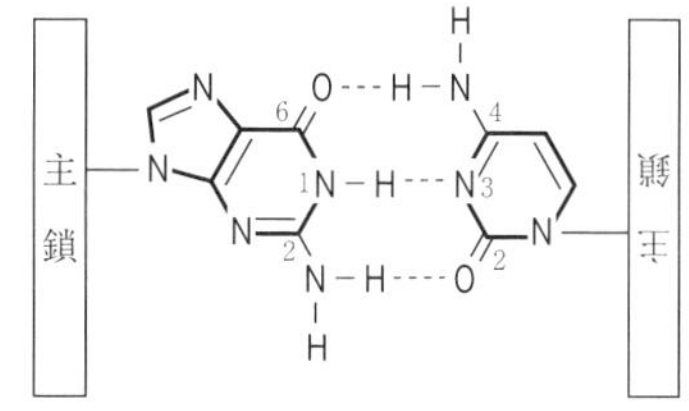

(2) アデニンの $(\underset{1}{\bullet}\underset{6}{\blacktriangle})$ とチミンの $(\underset{3}{\bullet}\underset{4}{\blacktriangle})$ には，2 本の水素結合が形成される*。

アデニン(A)　チミン(T)

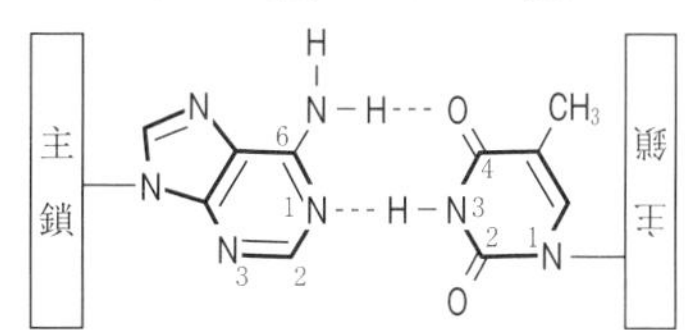

なお，チミンの $(\underset{3}{\bullet}\underset{2}{\blacktriangle})$ は，糖との結合部位（◎）に近く，水素結合が形成されにくいと考えられる。

* グアニンの 1 位，チミンの 3 位のイミノ基（>NH）の酸電離定数 $K_a=10^{-9.2}$ mol/L であり，溶液の pH が 9.2 を超えると H^+ の放出が始まり，その水素結合は不安定となる。一方，アデニンの 1 位，シトシンの 3 位の二重結合の N（$-\ddot{N}=$）の塩基電離定数 $K_b=10^{-4.1}$ mol/L であり，溶液の pH が 4.1 以下になると H^+ の付加が始まり，その水素結合は不安定となる。したがって，DNA の二本鎖構造は，pH が 4 以下の酸性条件，pH が 10 以上の塩基性条件では解離する現象（**DNA の変性**）がおこりやすくなる。

SCIENCE BOX　DNAの変性とPCR法

DNAをある温度以上に加熱すると，その二本鎖構造が解離して一本鎖構造となる。この現象を，**DNAの変性（メルティング）**という。また，二本鎖DNAの50%が解離して一本鎖となる温度を，**解離温度 T_m** という。

標準的なDNAの解離温度は約85℃であるが，アデニンとチミンの含有量の多いDNAでは解離温度が低くなり，グアニンとシトシンの含有量の多いDNAでは解離温度が高くなる。いろいろなDNAの解離温度とグアニンとシトシンの含有量の間には次のような直線関係が存在する[*1]。

＊1　これは，グアニンとシトシンの含有量が増すと，1塩基対あたりの水素結合の数が多くなるためである。

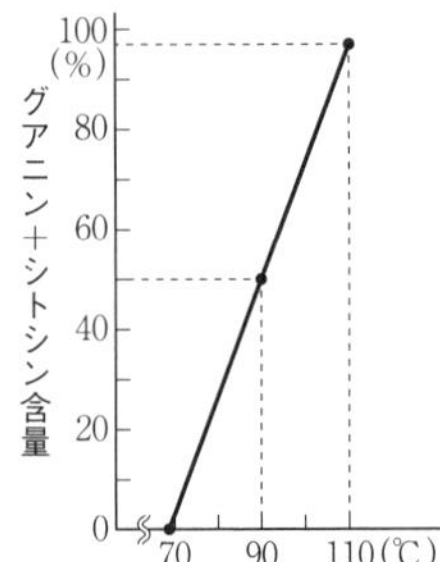

一方，熱で変性したDNAの温度を徐々に下げると，再び，相補的な塩基対の間に水素結合が形成され，二本鎖の構造に戻る。この現象を，**DNAの再生（アニーリング）**という。しかし，強く加熱したり，急激に冷却すると，DNAがうまく再生できないことがある。

また，一本鎖DNAの特定の遺伝子を含む領域に，相補的な塩基配列をもつ短いDNA鎖（**プライマー**）を結合させ，特別な酵素と基質を加えて反応させると，プライマーを起点として新たな相補的DNAが合成されていく。

これらの性質を用いて，ごく微量のDNA中の特定の領域を，短時間で大量に複製する技術が**PCR(Polymerase Chain Reaction，ポリメラーゼ連鎖反応)法**である。

一連の反応は大まかに以下の手順で行う。

① **熱変性**(約95℃，約30秒間)

試料の二本鎖DNAを熱によって一本鎖DNAに解離させる。

② **アニーリング**(約65℃，約30秒間)

温度を少し下げて，一本鎖DNAの増幅したい領域の両端部にプライマー（20塩基程度のDNA断片）を結合（アニーリング）させる。

③ **伸長反応**(約72℃，約1分間)

耐熱性DNAポリメラーゼ[*2](DNAのヌクレオチドを5′位から3′位の方向に連結させる酵素）の最適温度まで温度を上げ，目的とするDNAの領域だけを増幅する。この反応は，酵素だけでなく，DNAの合成原料となるATP(アデノシン三リン酸)，GTP(グアノシン三リン酸)，CTP(シチジン三リン酸)，TTP(チミジン三リン酸）とともに，この酵素が働くための補助因子として Mg^{2+} を含む緩衝液中で反応させる。

＊2　本方法では，高温加熱と冷却を繰り返すため，多くの生物がもつDNAポリメラーゼでは効率が非常に悪い。そこで，好熱菌がもつ高い最適温度の耐熱性DNAポリメラーゼが使用される。

このサイクルを n 回繰り返すと理論的には目的のDNA領域を 2^n 倍に増幅させることができる。

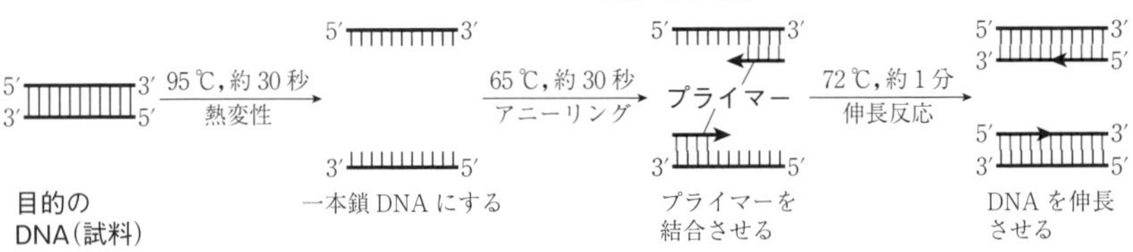

PCRの原理（1サイクルを示す）

SCIENCE BOX　免疫とワクチン

脊椎動物では，ある種の感染症にかかると，同じ病気には感染しにくくなり，感染しても症状は軽くてすむ。このように，細菌やウイルスなど異物の再侵入に対して，生物が抵抗性をもつ現象を**免疫**という。広義には，異物が体内に侵入することを防いだり，侵入した異物を排除したりする，生物がもつ仕組みも**免疫**とよんでいる。

免疫には次のような特徴がある。

(1)　病原体やその毒素など，免疫反応を引きおこす物質を**抗原**という。免疫反応には，白血球の一種の**リンパ球**が関与する。リンパ球は他の血球と同様に骨髄でつくられ，そのうち，骨髄で成熟したものを**B 細胞**，胸腺で成熟したものを**T 細胞**という。抗原が体内に侵入し，**ヘルパー T 細胞**がそれを非自己と認識すると，その情報を B 細胞に伝える。すると，B 細胞は抗原に対抗する物質(**抗体**)をつくり出す。抗体は**免疫グロブリン**とよばれるタンパク質(右図)からなり，抗原と結合することによって，その働きを不活性化させる。このような反応を**抗原抗体反応**という。この反応は，極めて特異的で，ある抗体は決まった抗原としか反応しない。このように，体液中の抗体に基づく免疫を**体液性免疫**という。

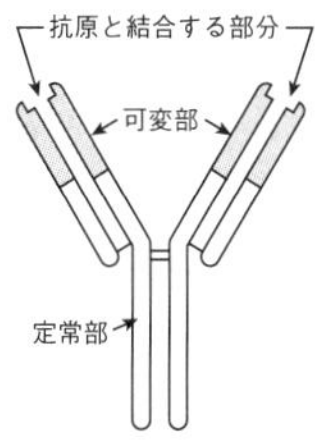

抗体の構造

一方，**キラー T 細胞**がウイルス感染細胞やがん細胞などを直接攻撃する免疫を**細胞性免疫**といい，他人の皮膚や臓器を移植したときにおこる**拒絶反応**もその例である。

(2)　子供の頃にはしか (麻疹) にかかると，大人になっても二度と発病しない。これは，はしかの抗体をつくり出した B 細胞の一部(**記憶細胞**)が，以前に侵入した抗原の情報を記憶しており，同じ抗原が再度侵入したとき，直ちに増殖して，迅速に多量の抗体をつくり出すためである。

(3)　抗原抗体反応が過敏におこり，生体に不都合な現象があらわれることを**アレルギー**という。アレルギーは個人差が大きく，花粉，ダニ，特定の食品のほか，ペニシリンなどの薬品が原因物質 (**アレルゲン**という) になることもある。その症状として，じんましん，目，皮膚のかゆみ，鼻水，ぜんそくなどが知られ，ショック死することもある。

(4)　**ジェンナー**(イギリス)は，牛痘(ぎゅうとう)(ウシの天然痘)にかかった人は，天然痘にかかりにくいことに着目し，牛痘の膿(うみ)を事前に注射することで，天然痘を予防する方法(**種痘法**)を発見した (1796 年)。これは，牛痘と天然痘のウイルスがよく似ているため，体内に共通の抗体ができ，免疫が獲得されたからである。このように，病気の予防に用いる病原性を弱めた生菌，死菌，無毒化した毒素などの抗原を総称して**ワクチン***という。

*　ワクチン (vaccine) の名称は，ラテン語の「牛痘」に由来する。ワクチンには，毒性を弱めた生きた病原体(弱毒生ワクチン)と，病原体から必要成分を抽出したもの (不活化ワクチン)，細菌が産生した毒素を無毒化したもの(トキソイド)がある。弱毒生ワクチンには，麻疹，ポリオ，風疹，BCG(結核菌)，水痘などがあり，免疫効果は強いが，軽い副作用(発熱，発疹など)が出ることがある。不活化ワクチンには，百日咳，狂犬病，日本脳炎などがある。トキソイドには，ジフテリア，破傷風などがあり，いずれも免疫効果がさほど強くないので追加接種の必要性がある。

2020 年から世界的に流行した COVID-19 (通称，新型コロナウイルス)に対して，はじめて **mRNA ワクチン**が使用された。

このワクチンは，ウイルスが細胞に侵入する際に使う「スパイク」とよばれるタンパク質を作る情報をもつ mRNA を脂質の膜で包んだものである。これを注射すると，ヒトの体内でウイルスのタンパク質がつくられ，これが抗原となり，体内にその抗体がつくられ，ウイルスの増殖を抑制し，発症・重症化を予防できる。

第2章　合成高分子化合物

6-7　合成繊維

人工的な方法で直鎖状の高分子を合成し，これを繊維状に加工したものを**合成繊維**という。一方，直鎖状の高分子をそのまま固めると樹脂状の物質(**合成樹脂**)となる。

合成繊維は，単量体の重合の仕方や結合の種類によって次のように分類できる。

縮合重合型……水などの簡単な分子がとれて縮合を繰り返すことにより重合する。

- **ポリアミド系合成繊維**…分子内に多数のアミド結合 -NHCO- をもつ合成繊維。
- **ポリエステル系合成繊維**…分子内に多数のエステル結合 -COO- をもつ合成繊維。

付加重合型……二重結合をもつ分子が付加反応を繰り返すことにより重合する。

ポリビニル系合成繊維…ビニル基をもつ化合物が付加重合してできた合成繊維。

1　ナイロン66

天然繊維の絹や羊毛は，ペプチド結合によってできた高分子であるが，ペプチド結合と同じアミド結合でできた脂肪族のポリアミド系合成繊維を**ナイロン**という❶。

補足❶　ナイロンは絹によく似た世界初の合成繊維で，アメリカの**カロザース**によって初めて合成された。彼は，1928年32歳でデュポン社の研究所の基礎研究部長として迎えられ，高分子合成の研究に精力的に取り組み，1931年には合成ゴムのポリクロロプレンを，1935年には合成繊維のポリマーの合成に成功した。また，1936年には，アメリカ科学アカデミー会員に選ばれるなど彼の学問的名声は高まったが，しだいに精神を病み，翌年41歳の若さで亡くなった。生涯に，高分子に関する52の論文，69の米国特許を取り，高分子化学工業発展の大きな基盤を築いた。1938年，デュポン社は彼の合成したポリマーを「ナイロン66」と命名し，「水と空気と石炭からつくられ，クモの糸よりも細く，鋼鉄よりも強い夢の繊維」として発売した。これは，軍用パラシュート，女性用靴下(ストッキング)などに重用された。

►鎖状の2価カルボン酸であるアジピン酸 $HOOC(CH_2)_4COOH$ と，鎖状のジアミンであるヘキサメチレンジアミン $H_2N(CH_2)_6NH_2$ の混合物を加熱すると，脱水縮合がおこり，これらの単量体がアミド結合でつながった**ナイロン66**❷が生成する❸。

詳説❷　当初，“ナイロン”はデュポン社の商標名であったが，現在は，脂肪族のポリアミド系合成繊維の総称として使われる。66という数字のうち，最初の6はジアミンの炭素数を，後の6は2価カルボン酸の炭素数を意味する。アジピン酸の代わりにセバシン酸 $HOOC(CH_2)_8COOH$ を用いるとナイロン610

$$n\ \boxed{HO}-\overset{\overset{O}{\|}}{C}-(CH_2)_4-\overset{\overset{O}{\|}}{C}-\boxed{OH}\ +\ n\ \boxed{H}-\underset{\underset{H}{|}}{N}-(CH_2)_6-\underset{\underset{H}{|}}{N}-\boxed{H}$$

アジピン酸　　ヘキサメチレンジアミン

$$\xrightarrow{\text{縮合重合}} HO\left[\overset{\overset{O}{\|}}{C}-(CH_2)_4-\overset{\overset{O}{\|}}{C}-\underset{\underset{H}{|}}{N}-(CH_2)_6-\underset{\underset{H}{|}}{N}\right]_n H + (2n-1)H_2O$$

(半分)　アミド結合　(半分)

ナイロン66

となり，ナイロン 66 よりも融点がやや低い。

参考　反応式の書き方は前ページの通りである。生成したナイロン 66 の 1 分子中にあるアミド結合の数だけ水分子が生成したことに着目する。繰り返しの最小単位の中には，アミド結合はちょうど 2 個分入っており，分子全体では $2n$ 個となる。ただし，厳密には分子の両端に -OH と -H が残っているから，アミド結合の数は $(2n-1)$ 個となる。

詳説❸　ナイロン 66 の工業的製法は次の通りである。酸であるアジピン酸と塩基であるヘキサメチレンジアミンを等物質量ずつ水中で混合すると，$[H_3N(CH_2)_6NH_3]^{2+}[OOC(CH_2)_4COO]^{2-}$ のような塩を生じて溶ける。この 40% 水溶液を濃縮したのち圧力釜に入れ，水蒸気を除きながら約 270℃ まで加熱すると，縮合重合が始まる。最終的に，ナイロンの分子量をさらに大きくするために，数 mmHg 程度に減圧して生成する水を除いて反応を完結させる。生成したナイロンは溶融状態のまま，細孔から N_2 気流中へ押し出し，糸にする（これを**溶融紡糸**という）。まだ軟らかいうちに外力を加えて数倍の長さに引き伸ばすと，多くの分子が伸ばされた方向に配列するので，より結晶化が進んで，強度のある繊維を得ることができる。

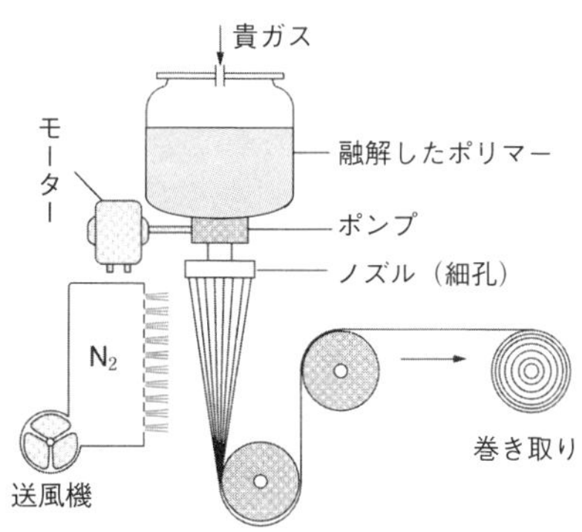

ナイロンの溶融紡糸

$$C_6H_5OH \xrightarrow[+3H_2]{(Ni)} \text{シクロヘキサノール} \xrightarrow{HNO_3} \left[\text{シクロヘキサノン} \underset{\text{ケト・エノール平衡}}{\rightleftarrows} \text{エノール形}\right] \xrightarrow{HNO_3} HO-\overset{O}{\overset{\|}{C}}-(CH_2)_4-\overset{O}{\overset{\|}{C}}-OH$$

アジピン酸

$$\xrightarrow{+2NH_3} H_2N-\overset{O}{\overset{\|}{C}}-(CH_2)_4-\overset{O}{\overset{\|}{C}}-NH_2 \xrightarrow[-2H_2O]{P_4O_{10}} N\equiv C-(CH_2)_4-C\equiv N \xrightarrow[+4H_2]{(Ni)} NH_2(CH_2)_6NH_2$$

シクロヘキサノール　シクロヘキサノン　アジポアミド　アジポニトリル　ヘキサメチレンジアミン

アジピン酸とヘキサメチレンジアミンの工業的製法

実験　**ナイロン 66 の合成**　実験室でナイロン 66 をつくろうとする場合には，アジピン酸の代わりに，反応性の大きなアジピン酸ジクロリドを使うと，加熱や加圧がまったく不要となる。

1〜3% のアジピン酸ジクロリドのジクロロメタン CH_2Cl_2 溶液（A 液）に，1〜3% のヘキサメチレンジアミンの NaOH 水溶液（B 液）を静かに注ぎ入れる。しばらくすると，二液の界面に半透明なナイロン 66 の薄膜が生成するので，これを下図のようにゆっくりと巻き取った後，アセトンと水で交互に洗い乾燥するとよい。また，B 液に NaOH を加える理由は，反応で生成した HCl を NaOH で中和することで，ナイロン 66 生成の方向へ平衡を移動させるためである。また，生成した HCl がヘキサメチレンジアミンと反応して塩酸塩になると，ヘキサメチレンジアミンの濃度が減少し，ナイロン 66 の生成速度が低下するので，生成した HCl を中和して反応系から除くことにより，反応を促進させるためでもある。

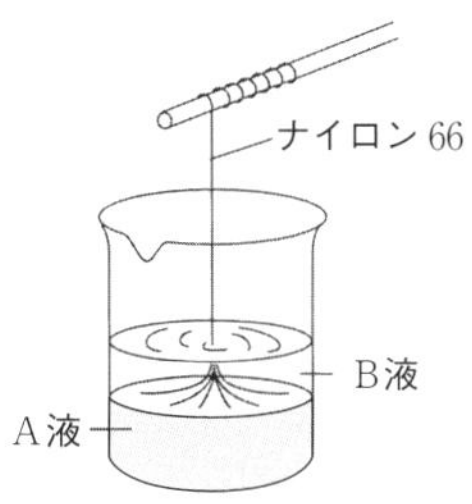

2 ナイロン６

環状の ε（イプシロン）-カプロラクタム❹に 15～20％の水を加えたものを，約 260℃に加熱し，減圧下で水分を除去しながら反応させると，アミド結合の部分で環が開き，次々と重合してナイロン６を生成する(下図)。このように，環状のモノマーが開環して鎖状のポリマーが生成する重合を**開環重合**という❺。

$$n\ \begin{matrix} CH_2-CH_2-N-H \\ CH_2 \quad\quad\quad\quad \vdots \\ CH_2-CH_2-C=O \end{matrix} + H_2O \xrightarrow{\text{開環重合}} H\left[\begin{matrix} N-(CH_2)_5-\overset{\displaystyle O}{\overset{\|}{C}} \\ | \\ H \end{matrix}\right]_n OH$$

ε-カプロラクタム　　　　　　ナイロン６

補足❹ 環状のアミド結合をもつ物質を**ラクタム**といい，C_6 の脂肪酸であるカプロン酸の ε(イプシロン)位に $-NH_2$ をもつ ε-アミノカプロン酸のラクタムという意味である。

詳説❺ 開環重合のしやすさは，環の構成員数つまり環の不安定性と関係が深い。三,四員環は環の歪みが大きく開環重合しやすいが,五,六員環は安定であり,開環重合はおこりにくい。七員環をもつ ε-カプロラクタムは，環外に出た水素原子どうしの反発が大きくなり，環の安定性が減少しており，開環重合しやすくなっている。

水を加えずに ε-カプロラクタムだけを 260℃以上に加熱してもまったく重合はおこらず，水を加えてはじめて重合が開始される。まず，加えた水で開環して生じた化合物が重合することにより，次の開環重合を引きおこすので，加えた水は重合開始剤として働いている。

実験室では，ε-カプロラクタムに少量の金属 Na を加えて，約 260℃に加熱すると，簡単にナイロン６を合成できる。ナイロン６は，1941 年，日本の**星野孝平**（東洋レーヨン社）らが開発した合成繊維である。

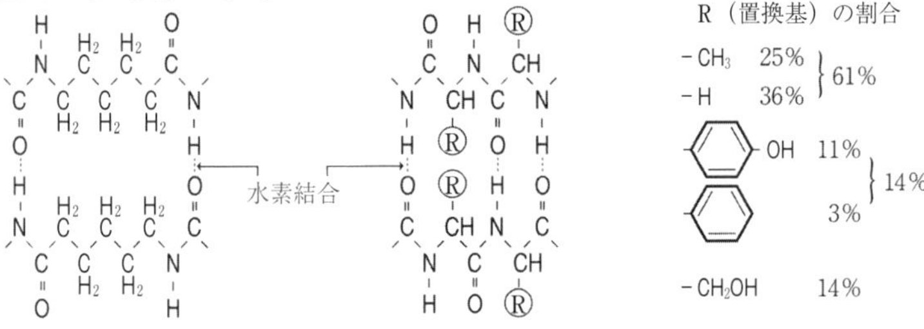

ナイロン６の構造　　　　絹の β-シート構造（逆平行型）

►ナイロンは化学構造が絹によく似ており，絹のような光沢や感触（肌ざわり）がある。また，ナイロンは長い鎖状分子で，アミド結合の部分において上図のような水素結合が形成される。この分子間の水素結合によって，分子が平行に配列した結晶状態をとることができ，外力を加えても分子と分子がずれにくく，強い丈夫な繊維となる❻。

補足❻ ナイロンの天然繊維には見られない長所としては，①高強度(切れにくい)で，耐摩耗性に優れる。②高弾性(伸びにくい)で，しわになりにくい。③耐薬品性，防虫性に優れている。④軽い。などがある。短所としては，①吸湿性が小さい。②熱に比較的弱い。などがある。

上図より，絹のほうがナイロンよりも水素結合の数が多く形成されており，絹のほうが引っ張り強度が大きくなると予想されるが，実際にはナイロンのほうが強度がかなり大きい。

これは，絹のタンパク質のフィブロインは，逆平行型のβシート構造のため，嵩(かさ)高い側鎖Rの部分どうしが向かい合って配置されており，分子鎖どうしが十分に接近できなくなって，水素結合が少し弱まっているからと思われる。しかし，絹には親水基として働くペプチド結合や，側鎖Rが$-CH_2OH$のセリンなどが多数存在するので，ナイロンに比べて吸湿性に富む。また，ナイロンは，構成するアミド結合が絹や羊毛のタンパク質を構成するペプチド結合と異なり，生物の酵素により加水分解されないので，害虫に対する抵抗力も強い。なお，ナイロンが比較的熱に弱いのは，分子中に長いメチレン鎖$\{CH_2\}_n$をもつためと考えられる。

ナイロンではメチレン鎖の部分が繊維に軟らかさ(伸縮性)を与えている。このような部分を**ソフトセグメント**(軟質相)という。アミド結合の部分が水素結合により，繊維に硬さ(強度)を与える役割を果たす。このような部分を**ハードセグメント**（硬質相）という。ナイロン12では，ナイロン6よりも疎水性のメチレン鎖が長くなるので，耐水性は高くなるが融点が低くなり，逆に，ナイロン4では耐水性は低くなるが融点が高くなる。また，ナイロン6の構成単位は$C_6H_{11}NO$(式量113）で，この2倍がナイロン66の構成単位$C_{12}H_{22}N_2O_2$(式量226)となり，両者の組成式はまったく同じである。両者の性質もほとんど変わらないが，ナイロン6の融点は約225℃，ナイロン66の融点は約265℃であり，ナイロン66のほうが少し高い。これはアミド結合間の$-CH_2-$の数がナイロン6は奇数，ナイロン66は偶数であるためである。

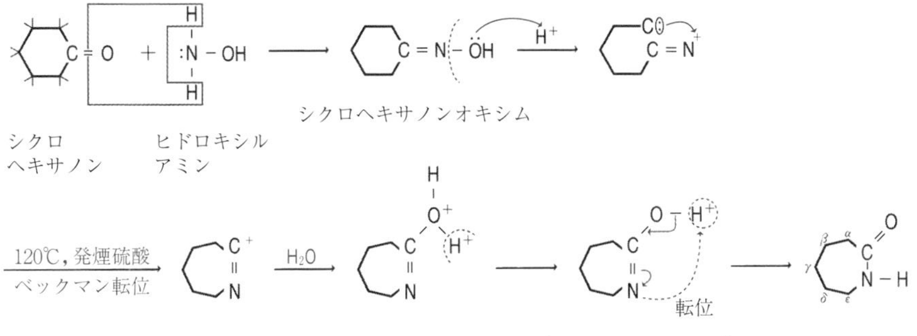

シクロヘキサノン　＋　ヒドロキシルアミン　⟶　シクロヘキサノンオキシム　$\xrightarrow{H^+}$

$\xrightarrow[\text{ベックマン転位}]{120℃,\text{発煙硫酸}}$　$\xrightarrow{H_2O}$　⟶（転位）⟶　ε-カプロラクタム

ε-カプロラクタムの工業的製法

（ビニルアルコールからアセトアルデヒドへの転位と同じ反応である。）

> **例題**　ナイロン6を1.0 kg合成するのに，ε-カプロラクタムは何mol必要か。ただし，原子量は，H＝1，C＝12，N＝14，O＝16とし，有効数字2桁で答えよ。

［**解**］

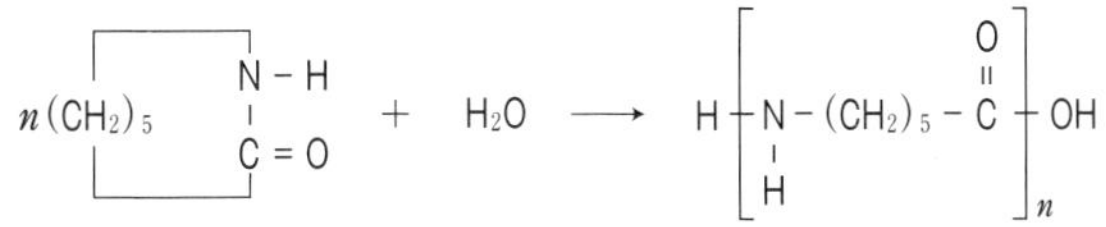

$$n(CH_2)_5\langle NH-C(=O)\rangle + H_2O \longrightarrow H\!\left[\!-NH-(CH_2)_5-C(=O)-\right]_n\!OH$$

反応式の係数より，ナイロン6を1 molつくるのに，ε-カプロラクタムn molが必要である。

ナイロン6の分子量は$113n+18$であるが，分子量の大きい高分子化合物では，$n\to$㊅となるため，$113n+18\fallingdotseq113n$と計算してよい。本問以降，高分子の量的関係を考える場合，両末端の構造(-Hや-OHなど)を無視し，繰り返し単位の構造だけで計算するものとする。

$$\frac{1.0\times10^3[\text{g}]}{113n[\text{g/mol}]}\times n\fallingdotseq8.84[\text{mol}]$$

答　**8.8 mol**

►芳香族2価カルボン酸と芳香族ジアミンを，縮合重合させて得られる芳香族のポリアミド系繊維を**アラミド繊維**という。たとえば，テレフタル酸ジクロリドと*p*-フェニレンジアミンを縮合重合させると，ポリ-*p*-フェニレンテレフタルアミド(ケブラー®)が得られる❼。

$$n\left(\boxed{Cl}-\overset{O}{\overset{\|}{C}}-C_6H_4-\overset{O}{\overset{\|}{C}}-\boxed{Cl + H}-\underset{H}{\underset{|}{N}}-C_6H_4-\underset{H}{\underset{|}{N}}-\boxed{H}\right)\xrightarrow[-HCl]{縮合重合}\left[\overset{O}{\overset{\|}{C}}-C_6H_4-\overset{O}{\overset{\|}{C}}-\underset{H}{\underset{|}{N}}-C_6H_4-\underset{H}{\underset{|}{N}}\right]_n$$

テレフタル酸ジクロリド　*p*-フェニレンジアミン　　　ケブラー（軟化点350℃）

補足❼　ナイロン66のメチレン鎖(ソフトセグメント)をベンゼン環(ハードセグメント)で置き換えると，分子鎖が剛直になり，耐熱性，耐薬品性に優れたポリアミドが得られる。この繊維は，約10年の歳月と500億円の研究費を投入し，1972年，アメリカのデュポン社が“ケブラー”という商標で売り出したもので，高強度(切れにくい)，高弾性(伸びにくい)という性質(密度は鉄の1/5，強度は同質量の鋼鉄線の7倍以上)をもち，防弾チョッキ，スポーツ用品のほか，宇宙船，自動車や航空機の複合材料にも使われる。また，*p*-フェニレンジアミンの代わりに*m*-フェニレンジアミンを用いたアラミド繊維“ノーメックス”は，分子鎖がやや折れ曲がっているため，直線状の分子鎖をもつケブラーに比べてやや軟化点が低く（280℃)，成形しやすく，耐熱性・難燃性に優れるので消防服などに使われる。

3　ポリエチレンテレフタラート

芳香族2価カルボン酸であるテレフタル酸 $HOOCC_6H_4COOH$ と2価アルコールのエチレングリコール $HO(CH_2)_2OH$ を縮合重合させると，**ポリエチレンテレフタラート**（略称PET）が得られる❽。ポリエチレンテレフタラートのように，エステル結合 -COO- を主鎖にもつ高分子化合物を**ポリエステル**という❾。

$$n\ HO-\overset{O}{\overset{\|}{C}}-C_6H_4-\overset{O}{\overset{\|}{C}}-OH + n\ HO-(CH_2)_2-OH \xrightarrow{縮合重合}$$

テレフタル酸　　エチレングリコール

$$\left[\boxed{\overset{O}{\overset{\|}{C}}}-C_6H_4-\boxed{\overset{O}{\overset{\|}{C}}-O}-(CH_2)_2-\boxed{O}\right]_n + 2n\ H_2O$$

（エステル結合）

ポリエチレンテレフタラート（略称PET）

詳説❽　テレフタル酸はエチレングリコールとは直接反応しにくいので，実際には，テレフタル酸に過剰のメタノールを反応させて，テレフタル酸ジメチル(エステル)をつくる。これに，PbOなどの触媒を用いて約200℃で過剰のエチレングリコールと反応させると，エステル交換反応(p.672)によってポリエチレンテレフタラートとメタノールが生成する。

$$n\ H_3COOC-C_6H_4-COOCH_3 + n\ HO(CH_2)_2OH \longrightarrow \left[OC-C_6H_4-COO(CH_2)_2O\right]_n + 2n\ CH_3OH$$

補足❾　カロザースは，アジピン酸とエチレングリコールの縮合重合で脂肪族のポリエステルを試作したが，軟化点が低く（57℃)，強度も不十分でまったく実用性はなかった。しかし，

1941 年に**ウィーンフィールド**（イギリス）らはアジピン酸の代わりに，ベンゼン環をもつテレフタル酸を用いて，結晶性がよく軟化点の高い(260℃)，実用性のある繊維をつくった。

►ポリエステルは吸湿性が小さいので，洗ったあと乾きが速く，型くずれしないという特徴をもつ⑩。このため，現在，最も多くの衣料に用いられている合成繊維である（ただし汗を吸収しないので下着類には不向きであり，染色性がないのが欠点である）。

補足⑩ 油脂を構成するエステル結合をもち，分子中には親水基も水素結合も存在しない。ベンゼン環の部分がハードセグメント(p. 839)となり，繊維に強度を与えている。また，紫外線を吸収し，機械的強度も大きいことから，飲料用の容器(**PET ボトル**)として使用される。

参考 *p*-キシレンの酸化では，*p*-トルイル酸までは容易に酸化されるが，次の段階が酸化されにくいので，下記のようにカルボキシ基をエステル化して，その電子吸引性を少なくしてから酸化するという工夫が必要である。また，エチレングリコールは，エチレンを酸化してエチレンオキシドとし，これを希硫酸で加水分解してつくられる。

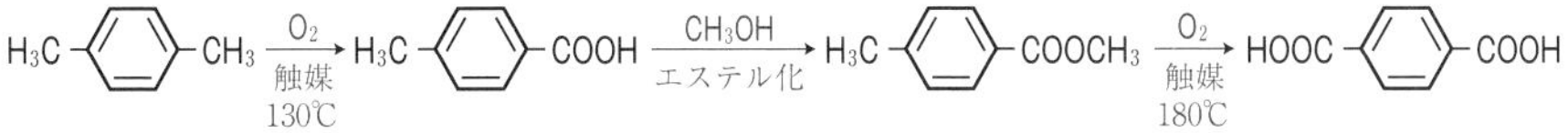

$$H_3C-C_6H_4-CH_3 \xrightarrow[\text{130℃}]{O_2 \text{ 触媒}} H_3C-C_6H_4-COOH \xrightarrow[\text{エステル化}]{CH_3OH} H_3C-C_6H_4-COOCH_3 \xrightarrow[\text{180℃}]{O_2 \text{ 触媒}} HOOC-C_6H_4-COOH$$

p-キシレン　　*p*-トルイル酸　　*p*-トルイル酸メチル　　テレフタル酸

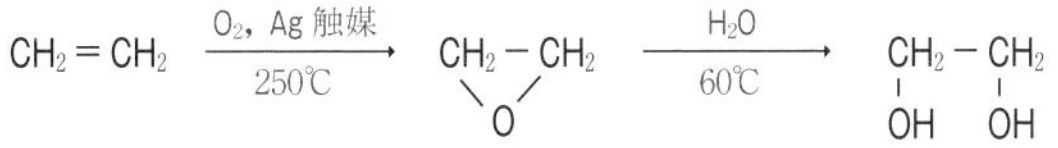

$$CH_2=CH_2 \xrightarrow[\text{250℃}]{O_2,\ \text{Ag 触媒}} CH_2-CH_2\ (\text{-O-}) \xrightarrow[\text{60℃}]{H_2O} CH_2(OH)-CH_2(OH)$$

エチレン　　エチレンオキシド　　エチレングリコール

参考 **ポリエステルの種類について**

(1) **ポリブチレンテレフタラート(略号 PBT)**

テレフタル酸と 1,4-ブタンジオールの縮合重合で得られる。PET と比べると，ソフトセグメントのメチレン基が増えたので，融点は少し低く，柔軟性が大きい。メチレン基が長くなると，高分子鎖は折りたたみ構造(p. 746)をとりやすく，PET よりも結晶化しやすく，強度はやや大きい。

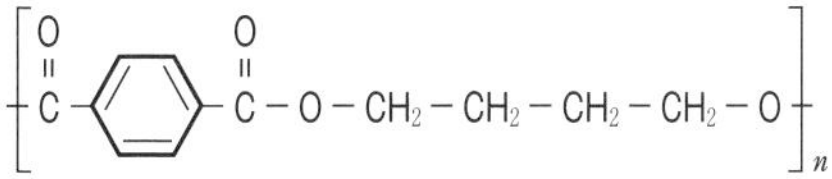

$$\left[-\overset{O}{\overset{\|}{C}}-C_6H_4-\overset{O}{\overset{\|}{C}}-O-CH_2-CH_2-CH_2-CH_2-O-\right]_n$$

(2) **ポリトリメチレンテレフタラート(略号 PTT)**

テレフタル酸と 1,3-プロパンジオールの縮合重合で得られる。PET と比べると，メチレン基が増えたので，融点は少し低く，柔軟性が大きい。ただし，メチレン鎖の中央部分が屈曲しやすく，高分子鎖に隙間が生じるため，ゴムに似た弾性を示す。

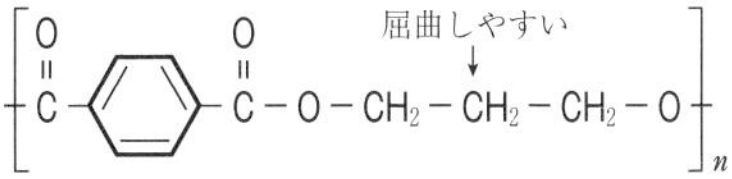

$$\left[-\overset{O}{\overset{\|}{C}}-C_6H_4-\overset{O}{\overset{\|}{C}}-O-CH_2-CH_2-CH_2-O-\right]_n$$

（中央の CH_2 に「屈曲しやすい」）

(3) **ポリエチレンナフタラート(略号 PEN)**

2,6-ナフタレンジカルボン酸とエチレングリコールの縮合重合で得られる。PET と比べると，ハードセグメントのベンゼン環が増えたので，融点は高く，強度はかなり大きい。ナフタレン環の紫外線の吸収能力は大きく，PET よりも気体の透過性は低くなる。

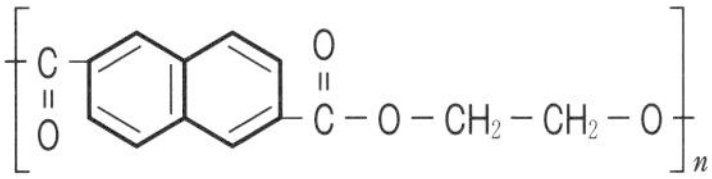

$$\left[-\underset{O}{\underset{\|}{C}}-C_{10}H_6-\overset{O}{\overset{\|}{C}}-O-CH_2-CH_2-O-\right]_n$$

4 ビニロン

ビニロンは，1939年，日本の**桜田一郎**が発明した初の国産合成繊維である。天然繊維の木綿によく似た性質をもつが，その製法はかなり複雑である。

まず，酢酸ビニルをつくり，それを付加重合させてポリ酢酸ビニルとし⓫，このメタノール溶液に水酸化ナトリウムなどの塩基を加えて**けん化**すると，**ポリビニルアルコール**(略称 PVA)が得られる⓬。

詳説⓫ 酢酸ビニルの製法は，以前は，$HgSO_4$(触媒) を加えた氷酢酸中にアセチレンを通じる方法で行われていたが，現在では，触媒として塩化パラジウム(II)を用いて，エチレンを気相で酸化させる方法がとられる。

$$CH_2{=}CH_2 + CH_3COOH + \frac{1}{2}O_2 \xrightarrow{(PdCl_2)} CH_2{=}CH(OCOCH_3) + H_2O$$

酢酸ビニルの付加重合は，次のように溶液中で行われることが多い。酢酸ビニルの約30%メタノール溶液をつくり，ここへ過酸化ベンゾイル(重合開始剤)を少量加えて，60～80℃に5～6時間放置すると，ラジカル重合(p. 856)によりポリ酢酸ビニルが生成する。

詳説⓬ ポリ酢酸ビニルは水にあまり溶けないので，ふつうメタノールに溶かして加水分解(けん化)を行う。酸よりも塩基触媒を用いたほうが反応速度が大きく，また完全に加水分解できて都合がよい。このときの反応は，水溶液中とは異なり，主に**エステル交換反応**(エステルにアルコール，またはカルボン酸を作用させて新しいエステルを生成させる反応)で行われる。

$$\begin{cases} \left[CH_2-\underset{\displaystyle OCOCH_3}{\underset{|}{CH}} \right]_n + n\,CH_3OH \xrightarrow{(NaOH)} \left[CH_2-\underset{\displaystyle OH}{\underset{|}{CH}} \right]_n + n\,CH_3COOCH_3 \\ CH_3COOCH_3 + NaOH \longrightarrow CH_3COONa + CH_3OH \end{cases}$$

生成したPVAは水にはよく溶けるが，有機溶媒のメタノールにはほとんど溶けないので，メタノール中に白色沈殿として生成してくる。ここで，PVAは形式上はビニルアルコール $CH_2{=}CH(OH)$ の付加重合体であるが，ビニルアルコールを直接，付加重合させて得ることはできない(重要)。これは，ビニルアルコール自体が極めて不安定な化合物で，重合させる前に，安定なアセトアルデヒドに異性化してしまうためである。そこで，酢酸ビニルを付加重合させ，加水分解してPVAをつくるという遠回りの方法がとられるわけである。

► PVAは，親水性のヒドロキシ基を多く含む鎖状高分子のため，水に溶けて親水コロイドの溶液となる。この水溶液を細孔から飽和 Na_2SO_4 水溶液 (凝固液) 中へ押し出し，繊維状に凝固させる⓭。しかし，この状態ではまだ水に溶けるので，乾燥後，適当量のホルムアルデヒドの水溶液を作用させて(この反応を**アセタール化**という)耐水性を高めると，水に不溶性の**ビニロン**という繊維になる⓮。

詳説⓭ PVAを約80℃の温水に溶かし，約15～20%の濃度のコロイド溶液（これは合成糊に使われる)をつくる。これを細孔から，約40℃に保った飽和 Na_2SO_4 水溶液中へ押し出すと，透明なPVAは多量の電解質(イオン)に水和水を奪われて白濁し，凝固する。この操作がいわゆる**塩析**である。塩析により凝固させた糸を乾燥後，約200℃の空気中で外力を加えて延伸すると分子の配列がよくなり，結晶度が増し繊維としての強度も大きくなる。しかし，この状態の糸では熱水に溶けてしまうので，ホルムアルデヒドと反応させて不溶化する。

詳説⑭ PVA の -OH どうしを脱水縮合させてエーテル結合をつくるのは容易ではない。なぜなら，生じる四員環構造の歪みが大きいからである。そこで，以下のようなアルデヒドとアルコールは酸(触媒)が存在すると，容易に反応する性質を利用する。

$$-CH_2-CH(OH)-CH_2-CH(OH)- \xrightarrow{-H_2O} -CH-CH_2-CH-\ (\text{O で架橋した四員環})\ (\text{不安定})$$

アルデヒドのカルボニル基にアルコール1分子が付加した化合物を**ヘミ（半）アセタール**，さらに1分子のアルコールが付加した化合物を**アセタール**という。ヘミアセタールは容易に加水分解され，アセタールは酸(触媒)があると加水分解されて，それぞれアルデヒドを再生するので，酸化されやすいアルデヒドを保護するのに利用される(p. 755)。

$$\text{RHC=O} \underset{}{\overset{H_2O}{\rightleftarrows}} [\text{RHC(OH)}_2] \xrightarrow{R'-OH} \text{RHC(OH)(OR')} \xrightarrow{R'-OH} \text{RHC(OR')}_2$$

アルデヒド　gem-ジオール　ヘミアセタール　アセタール

上記の PVA 糸を，濃硫酸（触媒）を加えた約 5%のホルムアルデヒド水溶液に 70℃で約 1 時間浸しておくと，主に非結晶部分の -OH の部分（分子全体から見ると約 30〜40%の -OH にあたる)で，ホルムアルデヒドと次のような反応がおこる。

$$-CH_2-CH(OH)-CH_2-CH(OH)- + HCHO \xrightarrow{(\text{付加})} -CH_2-CH(O-CH_2-OH)-CH_2-CH(OH)- \xrightarrow{(\text{縮合})} -CH_2-CH-CH_2-CH-\ (\text{O-CH}_2\text{-O で環化})$$

（付加）　ヘミアセタール構造　（縮合）　アセタール構造

まず PVA の -OH がホルムアルデヒドの >C=O に求核付加してヘミアセタール構造(同一炭素にエーテル結合と -OH が結合した構造）ができる。次に，このヘミアセタール構造の -OH は反応性が大きいので，隣接する -OH と容易に縮合する。この生成物は，一般にアセタール構造(同一炭素に2つのエーテル結合が結合した構造)をもつので，この一連の反応を**アセタール化**という。この反応で，隣り合った2個の -OH の部分が，メチレン基 $-CH_2-$ で結ばれ，疎水性で六員環のエーテル結合に変化するので，水に溶けなくなる。

ビニロンでは，PVA の -OH のうち 30〜40%だけをアセタール化するにとどめてある。残った 60〜70%の -OH は，繊維に適度な吸湿性を与えるのに役立つ。また，ビニロンは，分子間に多くの水素結合が形成されるため，引っ張っても分子と分子がずれにくく，強度や耐摩耗性が大きいので，作業着，ロープ，テント，漁網などに用いられる。

参考 綿製品の防縮・防しわ加工について

綿は吸水性・吸湿性に優れる反面，洗濯によって収縮・しわになりやすい。収縮・しわの原因として，セルロース分子中の 20〜40%を非結晶部分に水分子が浸入し，その水素結合の組み換えをおこすことがあげられる。したがって，綿製品の防縮・防しわ加工では，セルロースの非結晶部分に水を浸入しにくくすることが必要である。たとえば，綿製品にホルムアルデヒド HCHO と HCl(触媒)の混合ガスを吹き付けると，セルロースの -OH の一部がアセタール化されて -OH の数が減り，新たな水素結合の形成を防ぐとともに，セルロース分子を架橋することで，非結晶部分への水の浸入を防ぎ，防縮・防しわを実現できる。なお，反応後は，水で洗浄して未反応の HCHO や HCl(触媒)を除去しておく必要がある。

5 アクリル繊維

アクリロニトリル CH_2=CHCN を付加重合させると，ポリアクリロニトリルが得られる。ポリアクリロニトリルは染色性が良くないので，少量のアクリル酸メチルなどを混合して得られた共重合体 (p. 740) として使用されることが多い。ポリアクリロニトリルを主成分とする合成繊維を**アクリル繊維**という⑮。

補足⑮ アクリル繊維は，天然繊維の羊毛に似て，軽くて柔らかく，保温性に富む。セーターや毛布，じゅうたんなどに用いられるほか，羊毛と混紡した衣料品に用いられる。ポリアクリロニトリルは，ニトリル基 ($-C^{\oplus}\equiv N^{\ominus}$) の極性が強いため，結晶部分が多い (非結晶部分は少ない)。このため，染料分子が内部へ拡散しにくく染色性が悪い。そこで，他成分との共重合によって分子間力を弱めると，非結晶部分が多くなり，染色性が向上する。また，アクリロニトリルに塩化ビニルを共重合させたものは，難燃性 (p. 851) なので，防炎用のカーテンやカーペットなどに用いられる。なお，アクリル繊維を高温で燃焼させると，有毒なシアン化水素 HCN が発生するので注意が必要である。

$$n\ CH_2=CH(C\equiv N) \xrightarrow{\text{付加重合}} \left[CH_2-CH(C\equiv N) \right]_n$$

6 ポリウレタン

イソシアナート基 -N=C=O のような連続した二重結合 (**累積二重結合**という) をもつ化合物は反応性が大きく，活性な水素 (-OH，$-NH_2$ など) を有する化合物と容易に反応する。たとえば，適当な溶媒にジイソシアナートと2価アルコールを溶かしたものを約110℃に加熱すると，イソシアナート基の N 原子と C 原子に，アルコールの H 原子と O 原子がそれぞれ付加し，ポリマーの主鎖にウレタン結合 -NHCOO- をもつ**ポリウレタン**が生成する⑯。

$$n\ O=C=N-(CH_2)_6-N=C=O + n\ HO-(CH_2)_4-OH \xrightarrow{\text{付加}} \left[\overset{O}{\overset{\|}{C}}-\underset{H}{\underset{|}{N}}-(CH_2)_6-\underset{H}{\underset{|}{N}}-\overset{O}{\overset{\|}{C}}-O-(CH_2)_4-O \right]_n$$

ヘキサメチレンジイソシアナート　　ブタンジオール　　ポリウレタン　(ウレタン結合)

ポリウレタン繊維は商品名でスパンディクス® とよばれ，伸縮性が大きい (繊維自身の2倍以上に伸びる) ので，ファンデーションや衣料品として用いる⑰。

詳説⑯ この重合は，水などの小さな分子が脱離していないので縮合重合ではない。また，2種の単量体のうち，ブタンジオールには二重結合が存在せず，ジイソシアナートの C=N 結合にブタンジオールの O 原子と H 原子が付加することで高分子が形成されており，二重結合が開裂して重合する通常の付加重合とは厳密には異なっている。そこで，この重合はとくに**重付加**とよばれるが，広義には付加重合の一種と考えてよい。

補足⑰ ウレタン結合は，下図のように ＞N=C＜ 結合にシス形とトランス形の配置をとることができるが，このうち，シス形は屈曲した分子鎖をもち，これを伸ばすともとに戻ろうとして，ゴムと同じような弾性を示す。

$$-\underset{H^+}{\overset{}{N}}-\overset{}{\underset{\|O}{C}}-O- \longleftrightarrow \text{N}=C(O^-)(OH) \longleftrightarrow \text{N}=C(O^-)(OH)$$

転位　　トランス形　　シス形

例題 ビニロンは，酢酸ビニルを付加重合させてポリ酢酸ビニルをつくり，これを水酸化ナトリウム水溶液でけん化してポリビニルアルコール(PVA)とした後，PVA の -OH の一部をホルムアルデヒド水溶液でアセタール化して得られる。(H=1.0，C=12，O=16)

(1) 酢酸ビニルからポリ酢酸ビニルを経て PVA をつくる反応が収率 100％で進み，PVA の -OH の 30.0％をホルムアルデヒドと反応させてビニロンを合成した。このビニロン 150 g を得るために必要な酢酸ビニルの質量は何 g か。

(2) PVA100 g をホルムアルデヒドで部分的にアセタール化すると，その質量が 5.44 g 増加した。このビニロンはもとの PVA の -OH の何％がアセタール化されたものか。

［解］ ビニロンの計算では，(i) PVA の -OH が部分的に反応したとして，問題に忠実に反応式を書いて解く方法と，(ii) PVA の -OH を完全に反応させたと仮定して，生成物の量を求める方法とがある。(1)では，-OH の反応した割合が既知なので(i)の方法を，(2)では，-OH の反応した割合が不明なので(ii)の方法で解いていくほうが間違いが少ない。

(1) 酢酸ビニルからポリ酢酸ビニルを経て PVA を作り，さらにビニロンに至る反応式は，

$$n\,\mathrm{CH_2{=}CH(OCOCH_3)} \xrightarrow{\text{付加重合}} \left[\mathrm{CH_2-CH(OCOCH_3)}\right]_n \xrightarrow[\text{けん化}]{\mathrm{NaOH}} \left[\mathrm{CH_2-CH(OH)}\right]_n$$

$$\left[\mathrm{CH_2-CH(OH)}\right]_n \xrightarrow[\text{アセタール化}]{\mathrm{HCHO}} \underbrace{\left[\mathrm{CH_2-CH(OH)}\right]_{0.7n}}_{\mathrm{A}}\underbrace{\left[\mathrm{CH_2-CH-CH_2-CH}\ (\mathrm{O-CH_2-O})\right]_{0.15n}}_{\mathrm{B}}$$

(B の部分の重合度は $0.3\,n$ ではない。B の部分は，繰り返し単位を 2 倍に引き伸ばして考えているから，その重合度は A の部分の半分，つまり，$0.15\,n$ にしておく必要がある。)

反応式の係数比より，酢酸ビニル n mol から PVA 1 mol，さらにビニロンも 1 mol 生成する。酢酸ビニルの分子量は 86，ビニロンの分子量は $44\times0.7\,n+100\times0.15\,n=45.8\,n$ より，このビニロン 150 g を得るのに必要な酢酸ビニルを x〔g〕とおくと，

$$\frac{x}{86}\times\frac{1}{n}=\frac{150}{45.8\,n} \qquad x\fallingdotseq 281.6\fallingdotseq 282\text{〔g〕}$$

答　**282 g**

(2) PVA を完全にアセタール化するときの反応式は，

$$\left[\mathrm{CH_2-CH-CH_2-CH}\ (\mathrm{OH}\ \ \mathrm{HO})\right]_{\frac{n}{2}} + \frac{n}{2}\mathrm{HCHO} \longrightarrow \left[\mathrm{CH_2-CH-CH_2-CH}\ (\mathrm{O-CH_2-O})\right]_{\frac{n}{2}} + \frac{n}{2}\mathrm{H_2O}$$

(PVA の -OH 2 個と HCHO 1 分子とがちょうど反応するので，便宜上，PVA の繰り返し単位を 2 倍に伸ばして考えるほうがわかりやすい。よって，重合度は通常の半分の $\frac{n}{2}$ で考えていく。)

反応式の係数比より，PVA 1 mol からビニロン 1 mol が生成する。PVA の分子量は $44\,n$，ビニロンの分子量は $50\,n$ より，完全にアセタール化して得られるビニロンを y〔g〕とおく。

$$\frac{100}{44\,n}=\frac{y}{50\,n} \qquad \therefore\ y\fallingdotseq 113.6\text{〔g〕}$$

実際には，100+5.44=105.44 g のビニロンしか得られなかったことから，得られたビニロンの質量増加量は，PVA の -OH が反応した割合に比例すると考えてよい。

∴　反応した -OH の割合は，$\dfrac{5.44}{113.6-100}\times100=40.0$〔％〕

答　**40.0％**

SCIENCE BOX　炭素繊維

〔1〕 炭素繊維の種類

炭素繊維(カーボンファイバー)には，合成繊維のポリアクリロニトリル (PAN) を原料とする**PAN系炭素繊維**と，ピッチ(p. 679) を原料とする**ピッチ系炭素繊維**がある。いずれも，単位重量あたりの引張強度や弾性率が大きく，耐熱性，耐薬品性にも優れる。なお，ピッチ系の比較的低弾性率の炭素繊維は，釣竿やゴルフシャフトやテニスラケット，スキー板などのスポーツ用品などに，PAN系の比較的高弾性率の炭素繊維は，航空機の機体，ロボットアーム，競技用自転車，人工衛星の部品などに利用される。

〔2〕 PAN系炭素繊維

① ポリアクリロニトリル$[CH_2\text{-}CH(CN)]_n$をジメチルホルムアミド $(CH_3)_2NCHO$ などの極性のある有機溶媒に溶かし，細孔から凝固液に噴出させて，PAN系繊維をつくる*(**湿式紡糸**)。

* PANは熱分解温度と融点が接近しており，溶融紡糸はできないので，湿式紡糸が行われる。

② PAN系炭素繊維を空気(酸素) 存在下で，200～300℃に加熱する。この操作を**耐炎化**という。加熱によって，隣接するニトリル基(-CN)どうしが重合して環化し，Nを含む六員環が長く連なった構造になる。同時に，酸素によって脱水素がおこり，高温でも融解しない繊維となる。

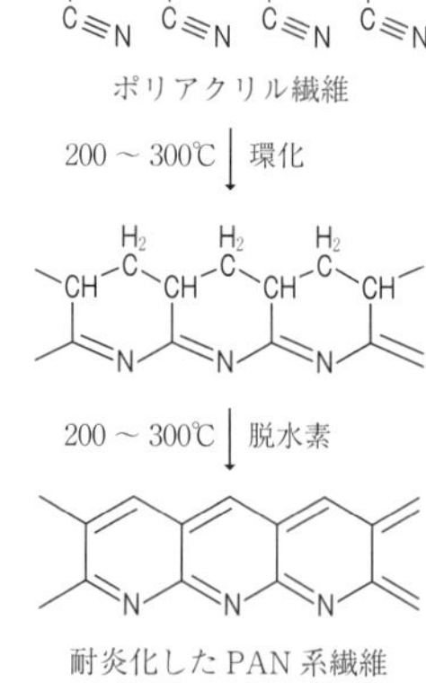

耐炎化したPAN系繊維

③ 耐炎化したPAN系炭素繊維を窒素中で，1000～2000℃に加熱すると，C以外のNやH原子が除去され，炭素分が90%程度の炭素繊維となる。この操作を**炭素化**という。炭素化により，N原子を含んだやや不完全な黒鉛の平面網目構造となる。

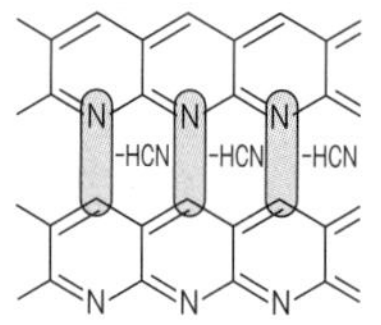

耐炎化したPAN系繊維

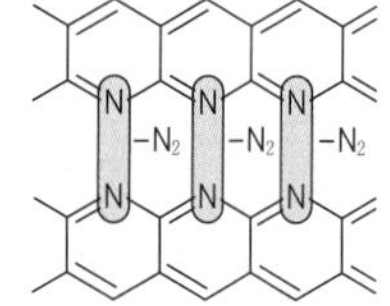

耐炎化したPAN系繊維

1000～2000℃
炭素化

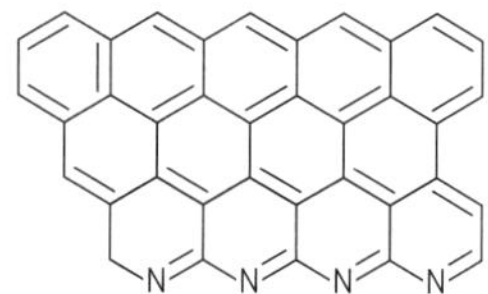
炭素化した炭素繊維

④ 炭素化した炭素繊維を窒素中で延伸しながら，2000～3000℃に加熱すると，N原子がN_2分子として除去され，炭素分が約100%の炭素繊維となる。この操作を**黒鉛化**という。黒鉛化によって，黒鉛の平面網目構造が発達し，高強度・高弾性率の炭素繊維が得られる。

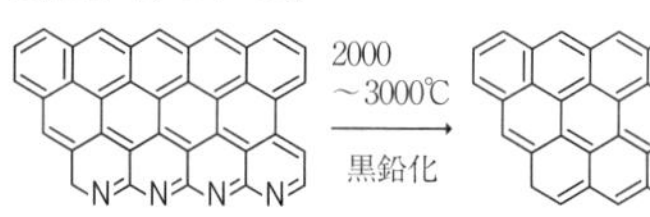

炭素化した炭素繊維　　黒鉛化した炭素繊維

〔3〕 ピッチ系炭素繊維

① 原料ピッチに水素添加 (改質) を行い，不純物を除去して繊維化しやすくする。

② 改質ピッチを300～400℃に加熱し，ピッチ系炭素繊維をつくる。

③ ピッチ系炭素繊維は，PAN系炭素繊維と同様に，耐炎化，炭素化，黒鉛化を経て，高強度・高弾性率の炭素繊維となる。

SCIENCE BOX　アクリル繊維

〔1〕 アクリル繊維の性質

教科書には,「アクリル繊維は，羊毛に似て，軽くて柔軟で保温性に優れる。」と記述されている。この性質は，本来，アクリル繊維自体が有しているものではなく，アクリル繊維を羊毛の性質に近づけるために行われた特別な加工法によってもたらされたものである。

湿式紡糸で得られた直後のアクリル繊維のフィラメント(長繊維)は，絹に似た光沢と感触をもち，和装のかつらなどに用いられている。このフィラメントを短く切断して得られるステープル（短繊維）に，同種，もしくは他種の繊維のステープルを混合して糸に紡ぐと，アクリル繊維の混紡糸が得られる。この熱収縮率の異なるアクリル繊維の混紡糸を熱処理すると，熱収縮率の違いによって，繊維の内部に隙間が生じるため，その部分に多くの空気を含み，保温性に優れた羊毛に似た嵩高い繊維になる*。すなわち，アクリル繊維が羊毛と似た性質を示すのは，この熱処理によって生じた独特な構造のためである。

＊　一般に，結晶化度の大きい樹脂は熱収縮率が大きく，結晶化度の小さい樹脂は熱収縮率が小さい。同じ組成のアクリル繊維であっても，その結晶化度を調節すると熱収縮率を変えることができる。アクリル繊維を紡糸する際，その張力を大きくして延伸すると，繊維の結晶化度が上がり，熱収縮率は大きくなる。逆に，その張力を小さくすると，繊維の結晶化度が下がり，熱収縮率は小さくなる。

〔2〕 ポリアクリロニトリル(PAN)の吸湿性と染色性

アクリル繊維と羊毛はよく似た性質をもつが，両者の吸湿性は大きく異なる。すなわち，羊毛は繊維本体が表皮(クチクラ)で被われた構造をしており，空気中の水分量の変化によって表皮が開閉し，繊維内部に水蒸気が出入りすることにより，天然繊維では最大の吸湿性を示す。一方，アクリル繊維は強い極性のニトリル基 -CN をもつにもかかわらず，吸湿性はかなり低い。また，羊毛は染色性に優れるが，アクリル繊維の染色性はあまりよくない。

近年，シアン化水素 H-C≡N 分子では，CN 基の電子吸引性により，N 原子は負電荷を，C 原子が正電荷を帯びるだけでなく，H 原子も正電荷を帯び，分子間で C-H…N 型の水素結合（O-H…O 型の水素結合の約40％の結合力）が存在するとわかった。同様に，PAN の側鎖の CN 基の電子吸引性により，その N 原子と隣接する PAN の C-H 結合の H 原子との間に C-H…N 型の水素結合が形成される。したがって，PAN 分子は，CN 基どうしの双極子-双極子相互作用だけでなく，上記の水素結合によっても高度に結晶化しているため，水分子や染料分子が繊維内部に侵入しにくく，吸湿性や染色性も低くなると考えられる。

〔3〕 アクリロニトリルの製法

かつて，アクリロニトリルは，アセチレンに塩化銅(Ⅰ)を触媒としてシアン化水素 HCN を付加する方法でつくられていた。現在では，バナジウム V-スズ Sn 系の触媒を用いて，プロペンに酸素とアンモニアを気相状態で反応させて，アクリロニトリルがつくられる(**ソハイオ法**)。

$$CH_2=CH-CH_3 + NH_3 + \frac{2}{3}O_2 \longrightarrow CH_2=CHCN + 3H_2O$$

①炭化水素が酸化されアルデヒドとなる。
②アルデヒドがさらに酸化されてカルボン酸になる。
③カルボン酸がアンモニアと反応しアミドになる。
④アミドが脱水してニトリルになる。

現在，上記のような反応経路が推定されているが，それぞれの反応中間体を確認するまでには至っていない。

6-8　合成樹脂

1　合成樹脂の分類

合成高分子化合物のうち，熱や圧力を加えると成形・加工ができる材料を**合成樹脂**，または**プラスチック**という❶。

補足❶　合成高分子は，細い繊維状に加工した合成繊維のほか，外力を加えると変形し，外力を除くともとに戻る性質(弾性)をもつ合成ゴムと，外力を除いてももとに戻らない性質(塑性)をもつ合成樹脂とに分類される。“plastic” とは英語で「自由に成形できる」という意味である。

►合成樹脂の中には，低温では硬いが，加熱すると軟化し，冷却すれば再び硬化するものがある。このような樹脂を**熱可塑性樹脂**といい，合成繊維と同じように，長い鎖状構造をもつ高分子である❷。熱可塑性樹脂は，付加重合で得られるすべてのポリマーと，１分子中に２個の官能基，または反応部位をもつモノマー（**2官能性モノマー**という）が縮合重合して得られるポリマーが該当する。

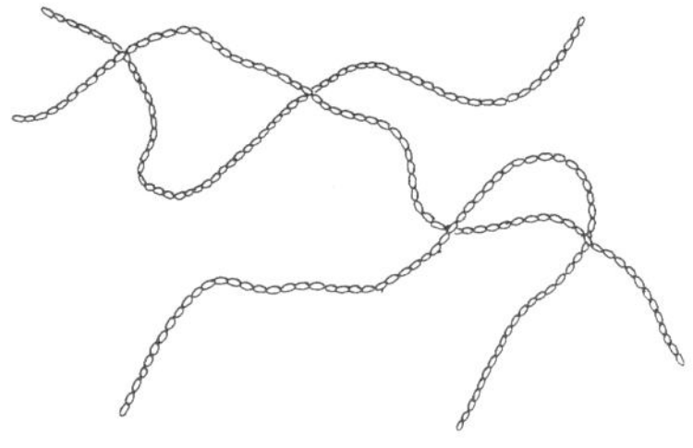

熱可塑性樹脂
熱可塑性樹脂の長い鎖状分子は，互いにからみあっていることが多い。

補足❷　ナイロンやポリエステルなどは長い鎖状の高分子なので，外力を加えて延伸すれば合成繊維となり，外力を加えずにそのまま成形すれば熱可塑性樹脂(プラスチック)になる。ただ加工方法が違っているだけである。

►一般に，熱可塑性樹脂は成形加工がしやすいので，いろいろな用途をもつ。また，成型品だけでなく，適当な有機溶媒を加えて溶かしたものは接着剤や塗料としても用いられる❸。しかし，耐熱性，耐溶剤性においては，次に述べる熱硬化性樹脂のほうが優れている。

可塑剤を入れると，分子間の結合が切れ，分子鎖どうしが動きやすくなる。

補足❸　用途によっては，常温でも加熱したときのように軟らかくしたプラスチック製品もある。これはポリマー内部に，大きな異分子(このような物質を**可塑剤**という)を入れることで，分子間力を弱め，分子鎖どうしを動きやすくしたものである。たとえば，プラスチック消しゴムは，ポリ塩化ビニル $\text{-}[CH_2\text{-}CHCl]\text{-}_n$ に可塑剤として30〜40%のフタル酸ジオクチルなどを加えて軟らかくしてある。

$C_6H_4(COOC_8H_{17})_2$

フタル酸ジオクチル

►一方，合成樹脂の中には，加熱すると軟化せず，さらに硬化してしまうものがある。このような樹脂を**熱硬化性樹脂**という。重合の初期には，この樹脂はまだ熱可塑性をもつ（**プレポリマー**という p. 855）ので，この段階で成形したのち，最後に加熱して製品とする。この熱処理により，立体網目構造の発達した熱硬化性樹脂となる❹。

詳説❹　一般には，熱処理だけでなく，硬化剤や大量の充塡剤や補強剤を加えて熱処理されることが多い。熱可塑性樹脂は鎖状構造の高分子でできているので，加熱すると分子の熱運動が盛んになって軟化するが，熱硬化性樹脂では分子が立体網目状に共有結合しており，その動きが束縛されているため，再び加熱しても分子は容易に動くことはできず軟化しない。さらに温度を上げると，立体網目構造をつくる共有結合が切れて熱分解がおこり，やがて炭化する。

また，熱硬化性樹脂は1個の分子が非常に大きく，さらに立体網目構造をとっているため，通常の状態ではどのような溶媒にも溶けない。耐熱性，耐薬品性，耐溶剤性が大きいだけでなく，機械的強度も熱可塑性樹脂に比べてはるかに優れている。ただし，成形加工はかなり複雑で，簡単には再利用はできない欠点がある。

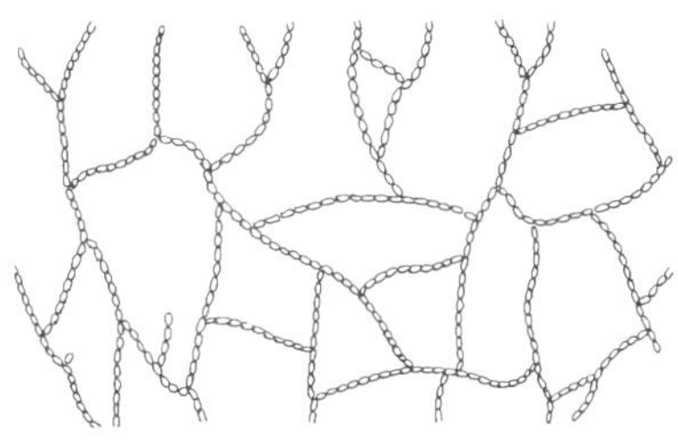

熱硬化性樹脂
単量体が立体網目状に結合して，全体が大きな分子になっている。

►熱硬化性樹脂は付加縮合 (p. 854) で得られるすべてのポリマーと，3官能性以上のモノマーの縮合重合で得られるポリマーが該当する。たとえば，2官能性モノマーと3官能性モノマーが重合すれば，鎖状構造の高分子の所々に枝分かれを生じる。さらに重合が進むと，この枝分かれ部分の官能基どうしが縮合して立体網目構造の高分子となり，熱硬化性樹脂ができあがる❺。

補足❺　一般に多官能性モノマー (3官能性モノマー以上) どうしの重合で，熱硬化性樹脂ができる。ふつうは，2官能性モノマーと多官能性モノマーの組み合わせが最も多い。

また，2官能性モノマーに酢酸などの1官能性モノマーを加えると，重合反応は停止してしまう。このような化合物は重合反応の停止剤とよばれている。

2,2官能性モノマーの反応：

○—○＋⊗—⊗ ⇨ …○⊗—⊗○—○⊗…

鎖状高分子

►合成樹脂に共通する特徴について，長所と短所を列挙すると次の通りである。

(長所)	(短所)
①　成形加工が容易である。	①　比較的熱に弱い。
②　化学的に安定で，腐食しない。	②　廃棄物になると，自然に分解しない❻。
③　軽くて丈夫である。	③　燃焼時に高熱，有毒ガス，煙を発生する。
④　電気絶縁性に優れる。	④　静電気を発生しやすい。

補足❻　石油を原料に人工的に合成されたプラスチックは，生物が生産した天然高分子とは異なり，自然界にはこれを分解する微生物が存在しない。したがって，使用済みのプラスチックはいつまでも分解されずにゴミとして残ってしまう。環境保護の観点からは，使用後に無害な物質に分解されて，生態系の中に組み込まれるような物質になることが望まれる。

このようなプラスチックには，光によって分解される**光分解性プラスチック**と，微生物によって分解される**生分解性プラスチック** (p. 875) とがある。たとえば，少量の CO を加えてエチレンを付加重合させると，右図のような光分解性プラスチックができる。

これに紫外線を長時間照射すると，カルボニル基に隣接する C-C 結合が開裂して，ラジカル反応によって光分解が進んでいくが，地中に埋められた場合は，光が当たらないためまったく分解しない。

$$\left[\left(CH_2-CH_2 \right)_x \overset{\overset{O}{\|}}{C} \right]_n$$

2 熱可塑性樹脂

付加重合でつくられる合成樹脂は，すべてビニル基 $CH_2=CH-$ をもつ単量体（**ビニル化合物**）に適当な温度，圧力のもとで重合開始剤を加えてつくられる。できた付加重合体は鎖状構造をもつため**熱可塑性樹脂**となる。単量体としては，エチレン，プロピレン，塩化ビニル，酢酸ビニル，スチレン，メタクリル酸メチルなどが重要である。

$$n\ CH_2=CH(X) \xrightarrow[\text{(開始剤)}]{\text{付加重合}} \left[CH_2-CH(X) \right]_n$$

X…H：エチレン，CH_3：プロピレン，Cl：塩化ビニル，C_6H_5：スチレン

$$n\ (H)_2C=C(X)(Y) \xrightarrow[\text{(開始剤)}]{\text{付加重合}} \left[C(H)(H)-C(X)(Y) \right]_n$$

X, Y…Cl：塩化ビニリデン
X…CH_3,　Y…$COOCH_3$：メタクリル酸メチル

名　称	構造式	性　質	用　途
ポリエチレン❼	$[CH_2-CH_2]_n$	熱可塑性，耐薬品性大 薄膜は酸素を通しやすい。	薄膜，容器，薬品瓶，電気絶縁材料
ポリプロピレン❽	$[CH_2-CH(CH_3)]_n$	熱可塑性，耐薬品性大 ポリエチレンよりも耐熱性，機械的強度大	容器，ロープ，繊維 ペットボトルのふた
ポリ塩化ビニル❾	$[CH_2-CH(Cl)]_n$	硬いが可塑剤で軟化 難燃性，耐薬品性大	軟質…薄膜，電線被覆 硬質…水道管，建材
ポリ酢酸ビニル❿	$[CH_2-CH(OCOCH_3)]_n$	溶媒(アルコールなど)に溶けやすい。 柔軟性大，接着力大	接着剤，塗料，ビニロンの原料 チューインガムのベース
ポリスチレン⓫ (スチロール樹脂)	$[CH_2-CH(C_6H_5)]_n$	透明，硬い。 溶媒に溶けやすい。	電気絶縁材料， 発泡ポリスチレン(硬質)(断熱，衝撃吸収材料)
ポリ塩化ビニリデン⓬	$[CH_2-CCl_2]_n$	重い。耐候性(海水)大，難燃性。薄膜は気体，水蒸気を通しにくい。	魚網，食品包装用ラップ
ポリメタクリル酸メチル⓭	$[CH_2-C(CH_3)(COOCH_3)]_n$	無色透明で硬い。 溶媒に溶ける。	有機ガラス，透明板，光ファイバー，ハードコンタクトレンズ
ポリテトラフルオロエチレン (テフロン)	$[CF_2-CF_2]_n$	不燃性，耐熱性大，耐薬品性最大，摩擦係数最小	調理器具，絶縁材料，理化学器具 防水スプレー
ポリカーボネート	$[O-C_6H_4-C(CH_3)_2-C_6H_4-O-C(=O)]_n$	強度，耐衝撃性大 耐熱性・耐寒性大 無色透明	CD 基盤 ヘルメットの風防

注意　カーボネート結合 $-OCOO-$ をもつ熱可塑性樹脂を**ポリカーボネート**とよぶ。

詳説❼ ポリエチレンには，重合反応の条件により，**低密度ポリエチレン(LDPE)**と**高密度ポリエチレン(HDPE)**とがある。

エチレンを 1.0〜2.0×10^8 Pa，200〜300℃で微量の O_2，または過酸化物を開始剤として付加重合させると，図(A)のように副反応により分子中に多くの枝分かれをもつ**低密度ポリエチレン**を生じる。これは，結晶部分が少なく，低密度かつ柔軟で，透明なポリ袋などに用いられる。枝分かれにより分子間力は相対的に弱まるので，強度はさほど大きくなく，外力を加えるとその方向に伸び，やがてちぎれてしまう。

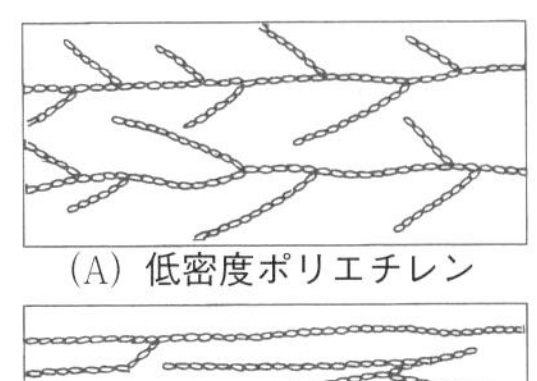

(A) 低密度ポリエチレン

(B) 高密度ポリエチレン

一方，1953 年**チーグラー**（ドイツ）は，エチレンを 1〜5×10^6 Pa，60〜80℃で四塩化チタン $TiCl_4$ とトリエチルアルミニウム $Al(C_2H_5)_3$（**チーグラー触媒**という）を触媒として付加重合させ，図(B)のように枝分かれの非常に少ない**高密度ポリエチレン**の製造に成功した。これは，分子が密に並んだ結晶部分が多く，高密度で軟化点も高い。また，乳白色で硬く強度も大きいので，ポリ容器などに用いられる。

	低密度	高密度
密度〔g/cm³〕	0.91〜0.93	0.94〜0.96
軟化点〔℃〕	100〜110	120〜130
結晶化度〔%〕	約 60	約 90
相対的な硬さ	1	4

補足❽ 1955 年，イタリアの**ナッタ**は，$TiCl_3-Al(C_2H_5)_3$ 系の触媒（**ナッタ触媒**という）を用いてプロピレンを付加重合させ，イソタクチック構造をもち，軟化点の高い（175℃）ポリプロピレンの合成に成功した。下図で表されるポリマーには，C^*で表される不斉炭素原子が存在するので，置換基 R- の立体配置によって D，L 型の立体異性体が区別できる。

下図(a)のように，置換基の立体配置が D, D, D, …または L, L, L, …のようにすべて同じ立体規則性ポリマーを**イソタクチックポリマー**といい，結晶化しやすく，軟化点も高く，強度や耐久性も大きいなど優れた品質をもつ。一方，下図(b)のように，置換基が D, L, D, D, …のようにランダムな配置をもつポリマーを**アタクチックポリマー**といい，結晶化しにくく比較的強度の小さいプラスチックになる。下図(c)は，ジルコニウム系の触媒を用いて合成したもので，D, L, D, L, …のように側鎖の立体配置が交互に入れ換わった立体規則性ポリマーである。これを**シンジオタクチックポリマー**といい，(a)を上回る結晶化度を示し，軟化点は(a)よりも少し高い。ナッタ触媒を用いることにより，立体規則性のあるポリマーが効率よく合成されるのは，触媒表面上で，モノマーが一定方向に配列させられた反応中間体を経由して，付加重合がおこるためである。

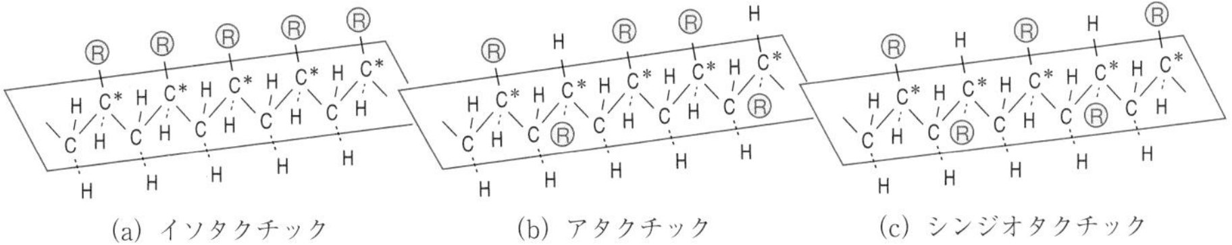

(a) イソタクチック　　(b) アタクチック　　(c) シンジオタクチック

補足❾ ポリ塩化ビニルは，密度が大きく(1.4 g/cm³)，耐候性，耐薬品性に優れ，難燃性（Cl・が燃焼の連鎖反応を止めるため）である。ただし，高温で燃焼させると塩化水素 HCl などの有毒ガスが発生するので注意が必要である。ポリ塩化ビニルには -Cl という極性のある官能基が結合しているので，分子間力が強く，常温ではかなり硬いプラスチックとなる。

ふつう，フタル酸ジオクチル(p.848)のような可塑剤を30〜40%加えたものを**軟質ポリ塩化ビニル**といい，ビニルシート，電線の被覆，ビニル袋などに用いる。また，可塑剤を加えないものを**硬質ポリ塩化ビニル**といい，水道パイプ，屋根用の波板などに使われる。

また，ポリ塩化ビニルは，光や熱の作用で徐々に脱塩化水素（-HCl）をおこし，共役二重結合（p.861）を生じるため，黄変して弱くなる性質がある。これを防ぐため，光を遮断するための安定剤として顔料が加えられ，着色していることが多い。

補足⑩ ポリ酢酸ビニルは軟化点がかなり低い（55℃）ため，プラスチックの成型品には用いられない。ポリ酢酸ビニルは水には不溶であるが，乳化状態にして水に分散させたものは，水素結合により木材をよく接着させるので，木工用ボンドとして使われる。また，低重合度のものは軟化点がさらに低く（38〜40℃），ゴム状なのでチューインガムのベースに，高重合度のものはビニロンの原料に用いられる。

ポリ酢酸ビニルのように大きな側鎖をもつポリマーの軟化点が低いのは，側鎖がかさ張るために，ポリマー内部に隙間が多くでき，分子鎖がかえって動きやすくなるためと考えられる。ポリスチレンの軟化点が80〜100℃と低いのもこれと同じ理由である。

補足⑪ ポリスチレンは透明であるが，ポリエチレンに比べると硬くて割れやすく，耐熱性にも劣る。また，発泡させて内部に多数の空隙や気泡を含ませた**発泡ポリスチレン**として利用される。

具体的には，①ビーズ法発泡ポリスチレン(EPS)は，直径1mm程度の細粒(ビーズ)にブタンやペンタンなどを浸み込ませたものを金型に入れ，これに100℃以上の高温と圧力を加える。すると，ポリスチレンが軟化するとともに発泡したビーズ同士が融着し，様々な形状の製品に加工される。EPSは断熱性が高いので，保温・保冷容器，輸送用の梱包材などに利用される。②ポリスチレンペーパー(PSP)は，押出機に原料と発泡剤を入れて加熱すると，ポリスチレンが液体状態で厚さ数mm程度のシート状となって発泡しながら押し出される。PSPは必要な大きさに切り分けた後，加熱しながら金型でプレスすると，食品トレーやカップ麺の容器などに加工される。

補足⑫ 塩化ビニリデン $CH_2=CCl_2$ は次のようにつくられる。

1. 塩化ビニルに塩素を付加し，1,1,2-トリクロロエタンをつくる。

$$CH_2=CHCl + Cl_2 \longrightarrow CH_2ClCHCl_2$$

2. これを塩基と加熱すると，ザイチェフ則(p.623)より，H原子の結合数の少ないC原子からH，もう一方のC原子からClが取れて塩化水素が脱離し，塩化ビニリデンが主生成物となる。

$$CH_2ClCHCl_2 \xrightarrow{Ca(OH)_2} CH_2=CCl_2 + HCl$$

ポリ塩化ビニリデンはポリ塩化ビニルよりも柔軟であるが，耐熱性は少し劣る。（ただし，ポリエチレンに比べると，耐熱性は高い。）

塩化ビニル15%，塩化ビニリデン85%の共重合体(サラン®)からつくられた薄膜は，気体の透過性が非常に小さいので，酸素による食品の劣化を防ぐための食品包装用ラップ（主に肉・魚など）に利用される。また，ポリ塩化ビニリデンは密度が大きい(2.0 g/cm³)ので，漁網に用いられるほか，難燃性なので耐炎性のカーテンなどにも使われる。

詳説⑬ メチルアクリル酸 methyl-acrylic acid は，略してメタクリル酸とよばれ，このメチルエステルなので，続けてメタクリル酸メチルという。

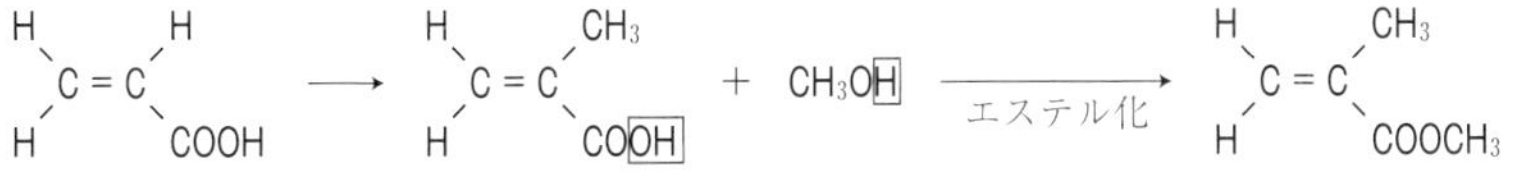

$$\mathrm{H_2C{=}CH{-}COOH} \longrightarrow \mathrm{H_2C{=}C(CH_3){-}CO\boxed{OH}} + \mathrm{CH_3O\boxed{H}} \xrightarrow{\text{エステル化}} \mathrm{H_2C{=}C(CH_3){-}COOCH_3}$$

アクリル酸　　メタクリル酸　　メタクリル酸メチル

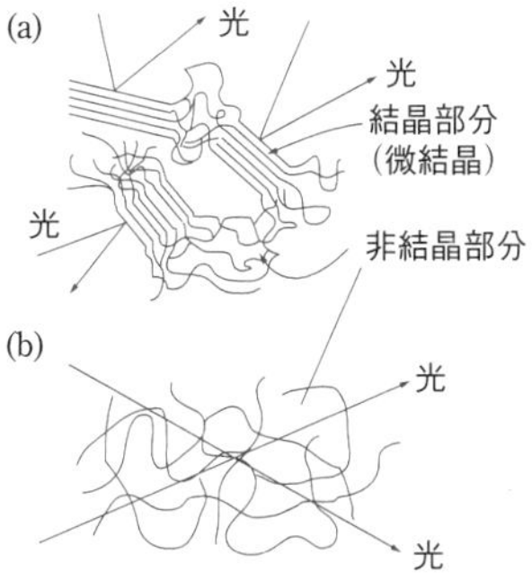

氷砂糖のように大きな結晶は透明に見えるが，これを砕いて粉末（微結晶）の状態にすると，白くて不透明に見える。これは，スクロースの微結晶が入射した光をあらゆる方向へ散乱（乱反射）するためである。ポリマーの内部でもこれと同様のことがおこっており，枝分かれの少ない鎖状の高分子ほど結晶化しやすく，右図(a)のように結晶部分（微結晶）が多い状態で固化しているから，微結晶の部分で光が乱反射し，乳白色で濁った感じに見える。

一方，ポリスチレンやポリメタクリル酸メチルのように，主鎖から大きな側鎖が数多く出ている高分子では，図(b)のように液体に似た非晶質（アモルファス）の状態で固化している。よって，光はポリマー内部を散乱されずにそのまま直進できるので，透明度が高い。メタクリル酸メチルは光の透過率が約 95 %で，ガラスに匹敵するほどの透明度をもち，ガラスに比べて密度が約 1/2 と軽くて割れにくい。そこで，航空機の窓ガラスや短距離光通信用の光ファイバー，たとえば胃カメラ用の光ファイバーなどとして用いられる。ただし，結晶化度が低いので，軟らかくて傷がつきやすい欠点がある。

3 ポリカーボネート

一般的には，炭酸と 2 価フェノールがエステル結合してできたポリマーを**ポリカーボネート**といい，主鎖中にカーボネート結合 -O-CO-O- を含む。通常，ビスフェノール A⓮とホスゲン⓯を塩基性条件で反応させると，塩化水素が脱離しながら縮合重合して得られる高分子化合物のことをさす。透明で，機械的強度や耐衝撃性が大きく，CD や DVD の基盤，ヘルメットなどに用いられる。

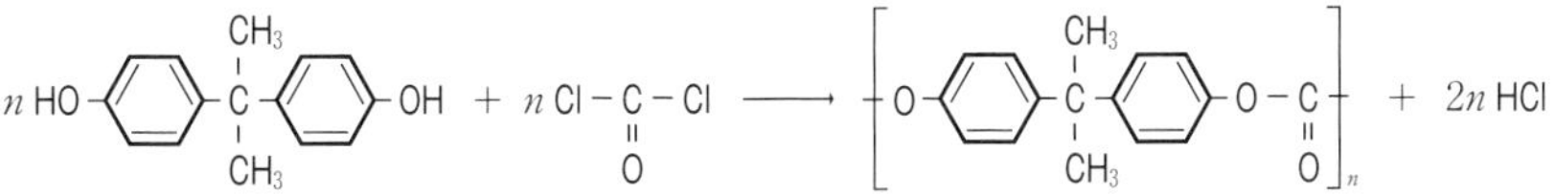

$$n\,\mathrm{HO{-}C_6H_4{-}C(CH_3)_2{-}C_6H_4{-}OH} + n\,\mathrm{Cl{-}CO{-}Cl} \longrightarrow \left[\mathrm{O{-}C_6H_4{-}C(CH_3)_2{-}C_6H_4{-}O{-}CO}\right]_n + 2n\,\mathrm{HCl}$$

ビスフェノール A　　ホスゲン　　ポリカーボネート

補足⓮ ビスフェノール A は，フェノールとアセトンの付加縮合（p. 858）で生成するが，アセトンのような大きな分子は，立体障害のため，フェノールの p-位で反応しやすい。

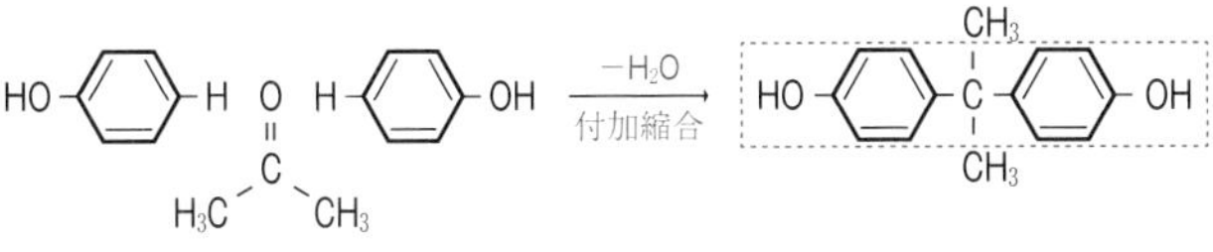

$$\mathrm{HO{-}C_6H_4{-}H} + \mathrm{O{=}C(CH_3)_2} + \mathrm{H{-}C_6H_4{-}OH} \xrightarrow[\text{付加縮合}]{-\mathrm{H_2O}} \mathrm{HO{-}C_6H_4{-}C(CH_3)_2{-}C_6H_4{-}OH}$$

ヒドロキシフェニル基 2 つ（ビスフェノール）

2 個のヒドロキシフェニル基を有する化合物を**ビスフェノール**といい，十数種類が知られている。そのうち，中央の C 原子に CH_3 基が 2 個結合したものをビスフェノール A という。

補足⓯ 塩化カルボニルともいい，工業的には一酸化炭素 CO と塩素 Cl_2 を活性炭（触媒）と加熱して合成される。無色，刺激臭のある窒息性の有毒ガスである。

4 フェノール樹脂

酸，または塩基の触媒を用いて，フェノールとホルムアルデヒドを加熱すると，付加反応と縮合反応が繰り返される**付加縮合**がおこり，高分子化合物の**フェノール樹脂**が生成する。フェノールは，オルト位とパラ位の3個の水素がホルムアルデヒドと反応できるので3官能性モノマーである。一方，ホルムアルデヒドは，まず官能基 >C=O が1個であるが，ここへフェノールが付加すると -CH_2OH が生じ，これが別のフェノールと縮合できるので，合わせて2官能性モノマーとして働く⓰。この反応で生じたポリマーは立体網目構造をもつ**熱硬化性樹脂**となる。これは，**ベークランド**が発明した世界初の合成樹脂で，**ベークライト**ともよばれる⓱。

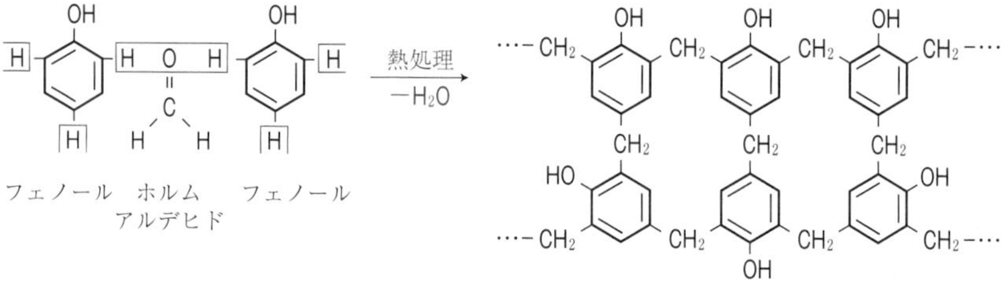

詳説⓰ ① ホルムアルデヒドがフェノールの *o*，*p* 位に求電子付加反応を行う。

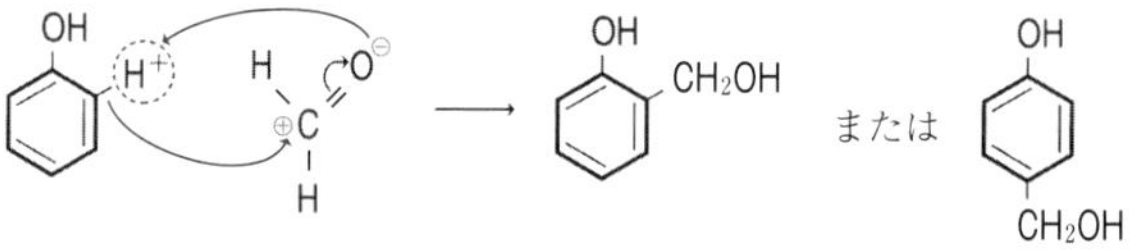

生成物にはメチロール基 -CH_2OH が含まれており，この付加反応は**メチロール化**ともいう。反応溶液を塩基性にしてフェノールをフェノキシドイオンに変えると，*o*，*p* 位の電子密度がより大きくなり，ホルムアルデヒドの付加反応は一層おこりやすくなる。

② このメチロールフェノールが別のフェノール分子と次のように脱水縮合する。

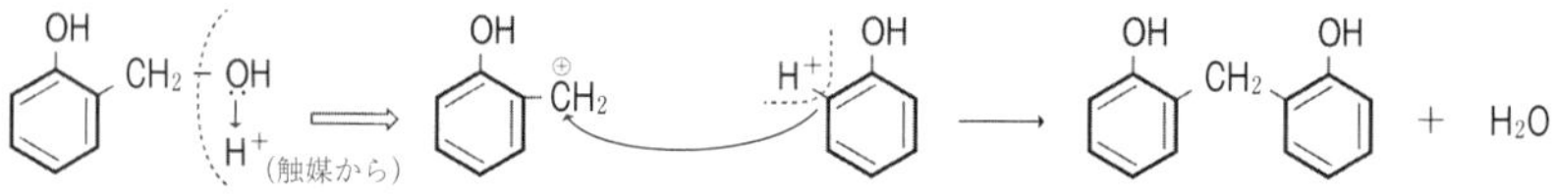

生成物にはメチレン基 -CH_2- が含まれているので，この縮合反応を**メチレン化**という。メチロール基の -OH から水が脱離する反応は，酸性条件にするほど H_2O が脱離しやすく，反応速度は大きくなる。こうして生じたカルボニウムイオンは，別のフェノール分子の *o*，*p* 位に求電子置換反応を行う。

実際のフェノール樹脂が生成する重合反応では，①の H^+ の移動を伴う付加反応と，②の脱水を伴う縮合反応が交互に連続的におこるので，この反応は**付加縮合**とよばれる（①の付加だけが，また②の縮合だけがおこっても立体網目構造の高分子はできない）。

補足⓱ ベークランドは，ベルギー生まれのアメリカの化学者。1907年，フェノールとホルムアルデヒドを反応させて得られる樹脂状の物質に木粉を混ぜて高温に熱すると，固くて丈夫な物質ができることを発見し，この物質に自らの名前をとってベークライトと命名した。電気産業が発達しつつあった当時，優れた電気絶縁性をもつベークライトは，電気絶縁材料として急速に普及し，爆発的な売れ行きを示した。

►フェノールとホルムアルデヒドに，希硫酸のような酸触媒を加えて加熱すると，軟らかい固体物質（分子量は約 500～1000）ができる。これを**ノボラック**といい，下図のような鎖状構造をしている。ノボラックは熱可塑性樹脂で，単独で加熱しても硬化しないが，これに硬化剤などを加えて，圧力をかけながら熱処理すると，重合反応が進んで立体網目構造をもつフェノール樹脂となる[18]。

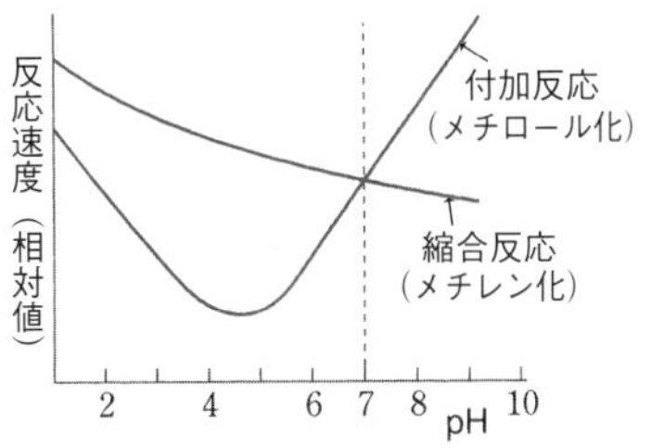

反応液のpHと反応速度の関係

OH（フェノール） + HCHO $\xrightarrow{H^+}$ HO–C₆H₄–CH_2–C₆H₃(OH)–…–[C₆H₃(OH)–CH_2]$_n$–C₆H₄–OH　ノボラック ($n<5$)

詳説[18] 実際には，pH＝1～3 で，フェノール 1 mol に対して HCHO を 0.5～0.8 mol を加え，約 100℃で反応させる。酸性では付加反応より縮合反応のほうが速く進むので，生成物はほとんど $-CH_2OH$ をもたず，鎖状構造をもつ**ノボラック**とよばれる**プレポリマー**（成形が可能な重合度の低いポリマー）が生成する。次に，ヘキサメチレンテトラミン $(CH_2)_6N_4$（硬化剤としてよく用いられる物質で，水に加えて加熱するとアンモニア 4 分子とホルムアルデヒド 6 分子に分解する）と，木粉などの充塡剤や，着色剤などを加えて，150～180℃で加熱成形され製品となる。

酸性条件では，メチロールカチオンの状態でフェノールの *o*，*p* 位に求電子置換反応を行う。*o* 位よりも *p* 位のほうが約 3 倍反応しやすい。

H^+（触媒から） → $^+CH_2OH$
メチロールカチオン

したがって，ノボラックは主に *p* 位どうしがメチレン基でつながった鎖状構造，一部は *p* 位と *o* 位がメチレン基でつながったものと予想される。

►フェノールとホルムアルデヒドに，NaOH, KOH などの塩基触媒を加えて加熱すると，分子量が 500 以下の粘性の大きな液体を生じる。これを**レゾール**という。これは加熱するだけで重合反応が進んで立体網目構造をもつ**フェノール樹脂**になる[19]。

OH（フェノール） + HCHO $\xrightarrow{OH^-}$ （OH，CH_2OH，CH_2OH）または（OH，HOH_2C，CH_2OH，CH_2OH）または（OH，CH_2OH – CH_2 – OH，CH_2OH，CH_2OH）

詳説[19] 実際には，pH 7～8 で，フェノール 1 mol に対して HCHO 2～3 mol を加え，60～70℃で反応させる。こうしてメチロール基が *o*，*p* 位にたくさん結合した重合度の低い**レゾール**とよばれる**プレポリマー**が生成する。レゾールは粘性の大きな液体で，メタノールなどの有機溶媒にも可溶なので，この溶液を紙や布などに浸みこませ，メタノールを除いたのち，140℃，1～3×10^7 Pa において硬化させると，電気絶縁板（プリント配線基板）ができる。

塩基性条件では，フェノールがフェノキシドイオンとなり，*o*，*p* 位の電子密度が高くなっており，フェノールのメチロール化がかなり進みやすく，生成比は $o/p \fallingdotseq 1.1～1.5$ 倍と，酸性条件に比べ *o* 位の反応性が大きくなる。

SCIENCE BOX　付加重合の進み方

ビニル化合物 $CH_2=CHX$ が付加重合するためには，少量の重合開始剤とよばれる物質を加える必要がある。重合開始剤の1つに，過酸化ベンゾイルやアゾビスイソブチロニトリルなどがあり，加熱により容易に不対電子をもつ**ラジカル**を生じやすい物質である。

$$C_6H_5-C(=O)-O-O-C(=O)-C_6H_5$$

過酸化ベンゾイル

$$H_3C-C(CH_3)(CN)-N=N-C(CH_3)(CN)-CH_3$$

アゾビスイソブチロニトリル

生じたラジカル R・の付加によって，原料モノマーが次々と連鎖的に重合していくとき，このような重合を**ラジカル重合**という。重合開始剤を多く使うと反応速度が大きくなるが，分子量の比較的小さな重合体が生成してしまう。付加重合の大部分を占めるラジカル重合は，次の3つの段階，すなわち，開始反応，連鎖成長反応，停止反応からなる。

（開始反応）　ラジカル R・がスチレンに付加し，新しいラジカルを生成させる。

$$R\cdot + CH_2=CH(C_6H_5) \longrightarrow R-CH_2-\dot{C}H(C_6H_5)$$

（連鎖成長反応）　さらに別のスチレンに付加する反応が繰り返され，ポリマーとなる。

$$R-CH_2-\dot{C}H(C_6H_5) + CH_2=CH(C_6H_5) \longrightarrow R-CH_2-CH(C_6H_5)-CH_2-CH(C_6H_5)\cdots\cdots CH_2-\dot{C}H(C_6H_5)$$

（停止反応）　上記のラジカルどうしが結合すると，不対電子はなくなり反応は止まる。

$$R-CH_2-CH(C_6H_5)-CH_2-\dot{C}H(C_6H_5) + \dot{C}H(C_6H_5)-CH_2-CH(C_6H_5)-CH_2-R \longrightarrow R\cdots CH_2-CH(C_6H_5)-CH(C_6H_5)-CH_2\cdots R$$

この場合，ポリマーの両端には，重合開始剤に由来する R が結合していることになる。

一方，重合開始剤として加えた酸，または塩基が，原料モノマーに付加してイオンを生じ，このイオンが連鎖的に重合していくとき，このような重合を**イオン重合**という。イオン重合には，陽イオンによる**カチオン重合**と，陰イオンによる**アニオン重合**がある。

カチオン重合の場合，H_2SO_4 などの酸，BF_3 や $AlCl_3$ などのルイス酸（電子対受容体となる空軌道をもつ化学種を**ルイス酸**，電子対供与体となる非共有電子対をもつ NH_3 などの化学種を**ルイス塩基**という）を開始剤とし，有機溶媒 C_6H_{14}，CH_2Cl_2，CCl_4 などの中で重合を行わせる。ルイス酸の $AlCl_3$ と微量の水が存在すると，常温でも反応が進む。

$$AlCl_3 + H_2O \rightleftharpoons [AlCl_3(OH)]^- + H^+$$

（開始反応）

$$H^+ + CH_2=CH(CH_3) \longrightarrow H-CH_2-\overset{+}{C}H(CH_3)\cdots\cdots[AlCl_3(OH)]^-\quad(対イオン)$$

（連鎖成長反応）

$$H-CH_2-CH(CH_3)-CH_2-\overset{+}{C}H(CH_3)\cdots\cdots\cdots[AlCl_3(OH)]^-$$

⇧（割り込み）$CH_2=CH(CH_3)$

カチオン重合

生じたH^+がプロピレンに付加するとカチオン（陽イオン）を生じるが，これには必ず反対符号の対イオンがくっついている。この間へ新たなモノマーが割り込むようにして連鎖成長反応を繰り返す。また，塩基を加えれば，直ちにカチオンに結合するので，反応を停止させることができる。

ここで，カチオンと対イオンの間の静電気力は，使用した溶媒の種類，つまり極性の大きさで変化する。たとえば，空気中（誘電率 1）での NaCl に働く静電気力の大きさを 1 とすれば，水中(誘電率 80)での静電気力は $\frac{1}{80}$ になる。したがって，誘電率の大きい溶媒を使うと，カチオンと対イオン間の静電気力は小さくなり，原料モノマーの割り込みがおこりやすくなる。つまり，生成したポリマーの重合度は大きくなる。ただし，誘電率の大きい水を溶媒に使うと，せっかく生成したカチオンに水分子が結合して重合を停止させるので，実際には使用されない。また，生成したカチオンは側鎖部分に電子供与性の置換基(たとえばフェニル基など）が結合しているほど，カチオンが正電荷の非局在化により安定化することができるので有利である。よって，スチレンのようなモノマーの場合には，カチオン重合がおこりやすいということになる。

一方，金属 Na やナトリウムアルコキシド R-ONa などの開始剤を用いると，有機溶媒中でアニオン重合を行わせることもできる。開始剤がモノマーに結合するとアニオン（陰イオン）を生じ，これが連鎖成長反応を繰り返す。反応を止めたいときには酸を加えればよい。

$$R-\overset{-}{O}\ \ CH_2=\underset{|\atop CN}{CH}\ \cdots\cdots\rightarrow\ R-O-CH_2-\underset{|\atop CN}{CH}-CH_2-\underset{|\atop CN}{\overset{-}{CH}}\cdots\cdots\cdots Na^+$$

⇧（割り込み）

$$CH_2=\underset{|\atop CN}{CH}$$

アニオン重合

アニオン重合の場合は，側鎖に電子吸引性の置換基(シアノ基 -CN，カルボキシ基 -COOH など)が結合しているほど，アニオンが安定化するので有利である。

このように，ポリマーへの連鎖成長反応の段階に注目すると，ラジカル重合では，簡単にポリマーをつくれる代わりに，置換基の立体配置がランダムな**アタクチックポリマー**ができやすい。一方，イオン重合では，反応の調節がむずかしく，なかなかポリマーがつくりにくい代わりに，できたポリマーは立体的に規則性のある**イソタクチックポリマー**や**シンジオタクチックポリマー**の割合が多くなる。

最後に，瞬間接着剤として使われるシアノアクリレートのアニオン重合について説明しておく。シアノアクリレートの単量体は，シアノアクリル酸メチルを主成分とするビニル化合物で，これが空気中の水分や物質表面に存在する水分と急激に反応してポリマーとなる性質を接着剤として利用している。

$$CH_2=\overset{CN\atop |}{\underset{|\atop COOCH_3}{C}}\ +\ \underset{H^+\ \ OH^-}{H_2O}\ \cdots\cdots\rightarrow\ HO^-\ \ CH_2=\overset{CN\atop |}{\underset{|\atop COOCH_3}{C}}\ \cdots\cdots\rightarrow\ HO-CH_2-\overset{CN\atop |}{\underset{|\atop COOCH_3}{C^+}}\cdots\cdots\cdots H^+$$

割り込み ⇩

重合の途中に生じるアニオンは，2 つの電子吸引性の置換基 -CN と $-COOCH_3$ によりかなり安定化されている。微量の水で反応が開始され，最後は微量の水で反応が停止する。したがって，金属，ガラス，木材のような極性物質をよく接着するが，ポリエチレンのような無極性物質は接着することができない。

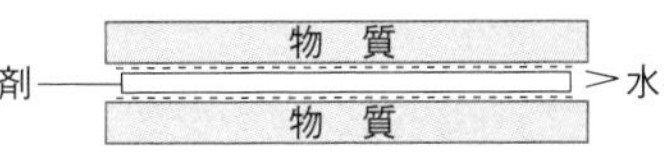

SCIENCE BOX　フェノールの付加縮合

フェノール樹脂の合成は，フェノールとホルムアルデヒドとの付加反応，引き続いておこる縮合反応の逐次反応で進行する。

OH + HCHO —付加反応→ OH, CH_2OH

OH, CH_2OH + OH —縮合反応→ OH, CH_2, OH

(1)　酸触媒を用いた場合

酸触媒を用いると，付加反応よりも縮合反応が優先的に進行する。その反応機構は，次の通りである。

① ホルムアルデヒドに H^+ が付加して，メチロールカチオン $^+CH_2OH$ が生成する。

② これがフェノールの *o* 位，または *p* 位に対して求電子置換反応を行う（*o* 位よりも *p* 位のほうが約3倍反応しやすい）。

③ フェノールに導入されたメチロール基 $-CH_2OH$ へ H^+ が付加し，脱水してカルボニウムイオン $R-C^+H_2$ が生成する。

④ これがフェノールと求電子置換反応し，*o* 位，*p* 位にメチレン基 $-CH_2-$ が生成する。この酸触媒下で生成した中間生成物を**ノボラック***という（*o* 位よりも *p* 位のほうが約20倍反応しやすい）。

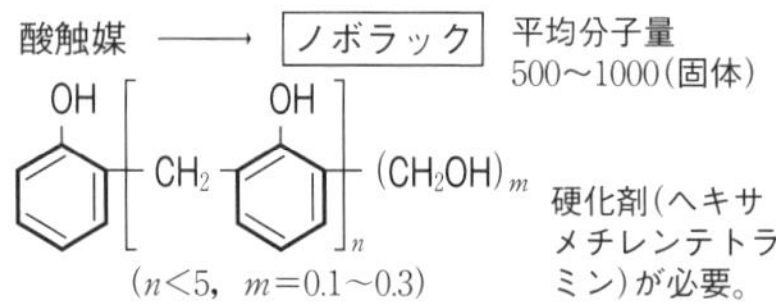

ノボラックは平均分子量が500～1000程度の軟らかい固体状物質で，軟化点は40～90℃である。ノボラックはメチロール基が少ないため，加熱しただけでは硬化しない。通常，ヘキサメチレンテトラミンのようなアミン系の硬化剤と加熱すると，立体網目構造のフェノール樹脂となる。ノボラックの硬化過程ではアンモニアが脱離する。

* ノボラックでは，教科書などでよく見かける *o* 位どうしがメチレン基で結合したものは実際にはあまり見いだされていない。

(2)　塩基触媒を用いた場合

塩基触媒を用いると，縮合反応よりも付加反応が優先的に進行する。その反応機構は，次の通りである。

① フェノールが塩基と中和反応して，フェノキシドイオン $C_6H_5O^-$ が生成する。

② $C_6H_5O^-$ の *o* 位，または *p* 位に対して，ホルムアルデヒドが求核置換反応を行い，$-CH_2OH$ が1，2，3個導入されたモノメチロール体，ジメチロール体，トリメチロール体がそれぞれ生成する（*o* 位と *p* 位の反応性はほぼ等しい）。

OH, CH_2OH　モノメチロール体
OH, HOH_2C, CH_2OH, CH_2OH　トリメチロール体
OH, HOH_2C, CH_2OH / OH, CH_2OH, CH_2OH　ジメチロール体

この塩基触媒下で生成した中間生成物を**レゾール**という。レゾールの平均分子量は500以下で，粘性のある液体状物質である。

塩基触媒 → レゾール　平均分子量 500以下(液体)

OH, CH_2OH, CH_2OH, OH, CH_2, CH_2OH, OH, CH_2OH, CH_2OH　などの混合物　硬化剤不要

レゾールは $-CH_2OH$ が多いため，酸を加え加熱することによって立体網目構造をもつ，不溶不融のフェノール樹脂となる。

レゾールの硬化過程ではホルムアルデヒドが脱離する。レゾールは木材用の接着剤としても利用されるため，ホルムアルデヒドの除去が十分でないと，シックハウス症候群の原因となる可能性がある。

5 尿素樹脂

尿素とホルムアルデヒドを塩基性条件で反応させ，低分子のプレポリマーをつくる。これを酸性条件で加熱すると付加縮合がさらに進行して，熱硬化性樹脂ができる。これを**尿素樹脂**という。尿素のことを英語で "urea" というので**ユリア樹脂**ともいう[20]。

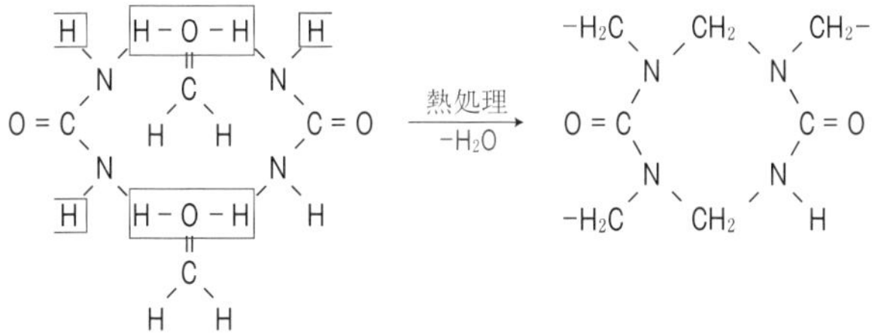

熱処理
$-H_2O$

詳説[20] 尿素分子は4官能性モノマーなので，2官能性モノマーのHCHOと反応させると，立体網目構造の高分子が生成する。実際には，尿素中のH原子4個すべてが反応せず，未反応のH原子が残っていることもある。この反応はフェノール樹脂と同じ**付加縮合**であり，まずHCHOが尿素の$-NH_2$に付加してメチロール尿素となったのち，他の尿素の$-NH_2$との間で縮合反応が連続的に進行する。

実際の合成方法は，まず，尿素1 molに対して2〜3 molのホルムアルデヒドを加え，pH 7〜8の微塩基性で60〜70℃に加熱すると，尿素に対するホルムアルデヒドの付加反応がおこり，主としてモノ，ジメチロール尿素を生じる。これらは，親水基をもち，水に溶けて無色透明の粘性の大きな液体になる。木材合板などの接着剤に使われている。モノ，ジメチロール尿素を主成分とする**プレポリマー**に，パルプなどの充塡剤(強度を大きくする)や着色剤，および少量の酸（触媒）を加えて150℃前後に加熱すると，縮合反応が進行して硬化し，尿素樹脂ができる。尿素樹脂は，強度・耐久性などの点で，フェノール樹脂やメラミン樹脂には及ばないが，安価で美しく着色できるので，日用品には広く用いられている。

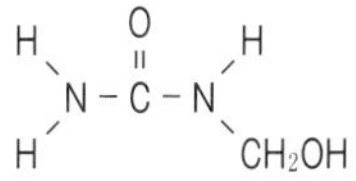

モノメチロール尿素

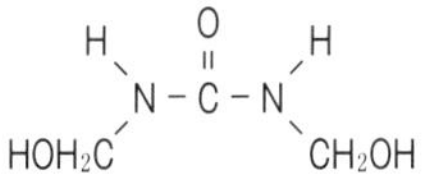

ジメチロール尿素

6 メラミン樹脂

メラミンとホルムアルデヒドを付加縮合させて得られる熱硬化性樹脂を**メラミン樹脂**という。尿素樹脂よりもさらに硬く，耐熱性に富み，美しい光沢をもつ[21]。

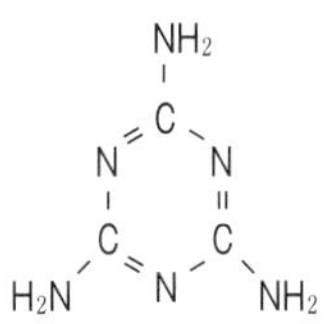

メラミン分子

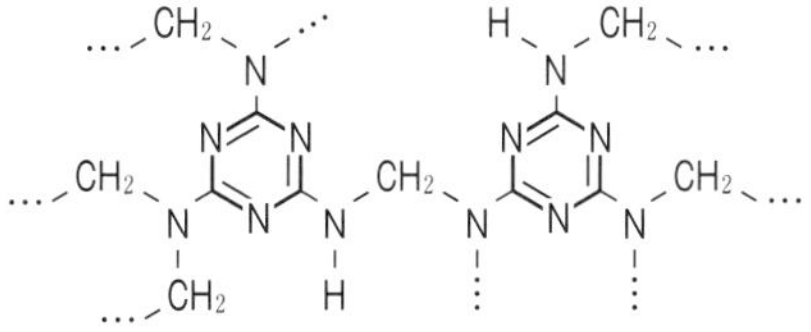

メラミン樹脂の部分構造

詳説[21] メラミン分子は6官能性モノマーなので，2官能性モノマーのホルムアルデヒドと反応させると，強固な立体網目構造が形成される。さらに，メラミン分子中の六員環はベンゼン環と同様に平面構造をもつことも，メラミン樹脂に合成樹脂中で最高の強度，硬さを与える原因となっている。耐熱性，耐水性，硬くて傷がつきにくいなどの利点から，メラミン化粧板として家具や建材に，耐薬品性にも優れるので，実験室のテーブルなどにも用いられる。

7 アルキド樹脂

多価アルコールと多価カルボン酸の縮合重合で得られるポリエステル樹脂を，**アルキド樹脂**という。たとえば，無水フタル酸とグリセリンの混合物を100℃に熱すると，まず長い鎖状構造のプレポリマーとなる。これを150℃以上に加熱すると，残った -OH がさらに無水フタル酸と反応して，立体網目構造をもつ**グリプタル樹脂**を生じる[22]。

グリプタル樹脂の部分構造

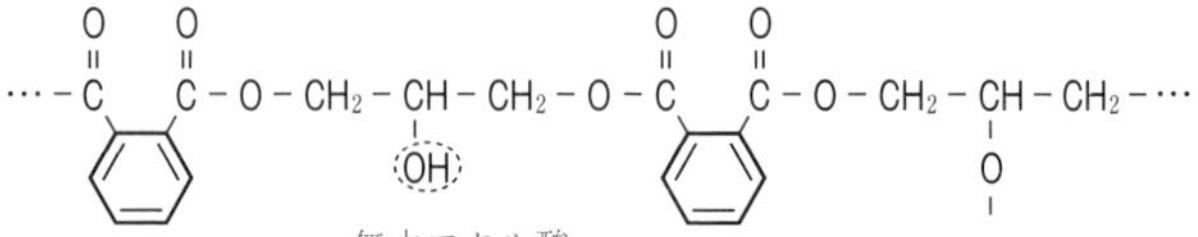

無水フタル酸とエステル化

補足[22] この樹脂はふつう成型品には用いず，プレポリマーの段階で残っている -OH に，飽和脂肪酸や不飽和脂肪酸をエステル結合させ，顔料を加えて塗料とする。この塗料は，加熱すると非常に耐候性が大きく丈夫な被膜が得られるので，自動車用の塗装に用いる。

8 不飽和ポリエステル樹脂

フマル酸や無水マレイン酸などの不飽和2価カルボン酸と，エチレングリコールなどの2価アルコールを縮合重合させると，二重結合をもった比較的低分子量のポリエステル樹脂が得られる。これにスチレンなどを加えて共重合させて架橋構造をつくると，立体網目構造をもつ**不飽和ポリエステル樹脂**[23]が得られる。

補足[23] 機械的強度が大きく，耐衝撃性の熱硬化性樹脂としてヘルメットなどに用いられるほか，炭素繊維やガラス繊維を加えた**繊維強化プラスチック**(FRP)として，自動車，航空機の材料，スポーツ用品などに用いられる。

9 エポキシ樹脂

エピクロロヒドリンとビスフェノールAの縮合反応（脱 HCl を伴う）で中間体をつくる。その構造内のエポキシ環（┆┆部分）が別の中間体のフェノール性 -OH と反応（開環重合）して，鎖状構造の高分子（主剤）となる。これに硬化剤のジエチレントリアミン $(H_2NCH_2CH_2)_2NH$ などを加えると，常温でも主剤中に残ったエポキシ環と硬化剤中のアミノ基 $-NH_2$ が反応（開環重合）して，立体網目構造の高分子となって硬化する。

エポキシ樹脂は，2液式の強力な接着剤として利用されており，耐久性，耐水性，耐薬品性に優れている。

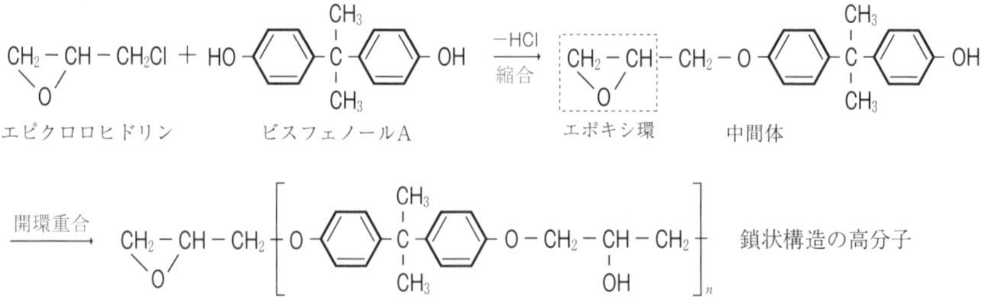

−HCl 縮合

エピクロロヒドリン　ビスフェノールA　エポキシ環　中間体

開環重合

鎖状構造の高分子

6-9 ゴ　ム

1 天然ゴム

パラゴムの木の幹に傷をつけると，**ラテックス**とよばれる白い粘性のある樹液が浸み出してくる。ラテックスは，ゴムの炭化水素がコロイド粒子の状態で水中に分散したもので，ギ酸や酢酸のような有機酸を加えると凝固する❶。この沈殿を水洗したのち乾燥させると，黄褐色で半透明の固体となる。これを**生ゴム**，または**天然ゴム**という。

詳説❶ 天然ゴムのラテックスは，直径 500 nm 程度の炭化水素からなる疎水コロイドで，タンパク質の保護作用により水中に分散したコロイド溶液である。中～弱い塩基性では，タンパク質中のアスパラギン酸やグルタミン酸残基は電離して $-COO^-$ の状態にあり，コロイド粒子は電気的な反発力により水中に安定に存在する。しかし，酸性になると $-COO^-$ は $-COOH$ となり負電荷が失われるので，下図のようにゴムのコロイド粒子は凝析され沈殿する。また，塩酸はゴム分子中の二重結合へ付加する副反応をおこしやすいので，凝析には用いない。

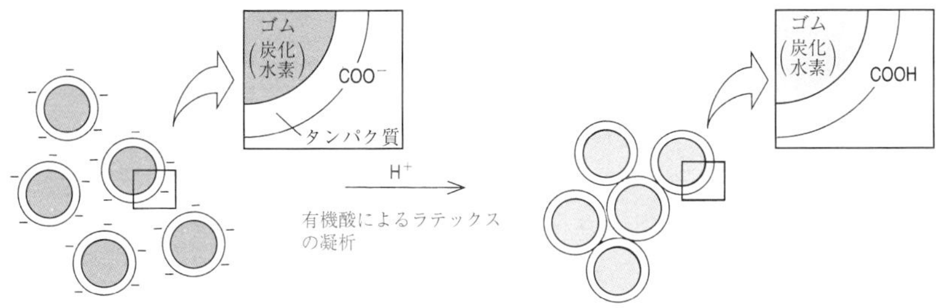

有機酸によるラテックスの凝析

►天然ゴムを乾留（空気を絶って加熱分解すること）すると，**イソプレン** C_5H_8 という無色の液体（沸点 34℃）を生じる。イソプレンは，$CH_2=CH-C(CH_3)=CH_2$ の示性式で表されるジエン系の炭化水素で，1 個の側鎖と，単結合を間にはさんだ二重結合（このような二重結合を**共役**(きょうやく)**二重結合**という）をもつ化合物である。すなわち，天然ゴムはイソプレンが付加重合した構造をもつ**ポリイソプレン**でできている。

共役二重結合をもつ単量体を付加重合させると，必ず分子中に二重結合を残した重合体ができる。この付加重合において，2 個の二重結合のうちどちらが反応しやすいか，または同程度に反応しやすいかによって，それぞれ異なった重合の仕方が考えられる。

(A) 1, 2 位の二重結合だけが反応する場合。(B) 3, 4 位の二重結合だけが反応する場合。

$$\text{(A)}\quad n\ {}_1CH_2={}_2C(CH_3)-{}_3CH={}_4CH_2 \xrightarrow{1,2\text{-付加}} \left[-CH_2-\underset{\underset{\large CH=CH_2}{|}}{\overset{\overset{\large CH_3}{|}}{C}}-\right]_n$$

$$\text{(B)}\quad n\ {}_1CH_2={}_2\overset{\overset{\large CH_3}{|}}{C}-{}_3CH={}_4CH_2 \xrightarrow{3,4\text{-付加}} \left[-\underset{\underset{\large C(CH_3)=CH_2}{|}}{CH}-CH_2-\right]_n$$

(C) 1,2位と3,4位の二重結合が同時に反応し，両端の1,4位で重合して，二重結合が2,3位に移動する場合(常温ではこの1,4-**付加**が最も おこりやすい)。

$$(\mathrm{C})\quad n\ \overset{1}{CH_2}=\overset{2}{\underset{|}{C}}(CH_3)-\overset{3}{CH}=\overset{4}{CH_2} \xrightarrow{1,4\text{-付加}} \left[-\underset{1}{CH_2}-\underset{2}{C}(CH_3)=\underset{3}{CH}-\underset{4}{CH_2}-\right]_n$$

1,4-付加の生成物には，二重結合がポリマーの主鎖に含まれており，さらにシス形とトランス形のシス-トランス異性体が存在する(右図)。

シス形：$\left[-CH_2(CH_3)C=C(H)CH_2-\right]_n$　トランス形：$\left[-CH_2(CH_3)C=C(H)CH_2-\right]_n$

シス形　　トランス形

SCIENCE BOX　ブタジエンに対する付加反応

ブタジエン $CH_2=CH-CH=CH_2$ に臭化水素HBrを付加させると，−80℃では1,2-付加体の $CH_3-CHBr-CH=CH_2$ が主生成物(80%)として，40℃では1,4-付加体の $CH_3-CH=CH-CH_2Br$ が主生成物（シス形20%，トランス形60%，計80%)として得られる。

このように，温度によるブタジエンの反応性に違いがある理由を考えてみる。

アルケンへのHBrの付加は，まず，二重結合のπ結合に対して H^+ が付加して，中間体のカルボニウムイオン(陽イオン)を生じ，最後に，Br^- が付加するという過程をたどる。反応の途中に生じる中間体には，次の(I)，(II)，(III)が考えられ，これらの安定性を比較してみる。

中間体(I)は，＋電荷に対して，ビニル基のπ電子の非局在化による共鳴安定化と，メチル基のσ電子による超共役の安定化(p. 598)により，最も安定である。中間体(II)は，1-プロペニル基のπ電子の共鳴安定化により，(I)ほどではないが，かなり安定である。したがって，中間体(III)が最も不安定である。

一方，生成物の安定性を比べると，末端にC=C結合をもつ生成物(I)，(III)よりも，内部にC=C結合をもつ生成物(II)のほうが安定となる。なぜなら，C=C結合に結合するアルキル基の数が多いほど，より大きな超共役の安定化が得られるからである。

以上より，ブタジエンへのHBrの付加反応は次ページのような反応経路図になる。

活性化エネルギーの最も高い中間体(III)を通る反応はほとんどおこらない。また，平衡状態に到達しにくい低温では，逆反応がほとんどおこらないので，活性化エネルギーが最小の中間体(I)を通る反応が主反応と

$$\overset{①}{CH_2}=\overset{②}{CH}-\overset{③}{CH}=\overset{④}{CH_2} \xrightarrow[\text{が付加}]{①\text{Cに}H^+} \left[CH_3-\overset{+}{CH}-CH=CH_2\right] \xrightarrow{Br^-} CH_3-CHBr-CH=CH_2$$

中間体(I)　　3-ブロモ-1-ブテン 生成物(I)（1,2-付加体）

↕共鳴

$$\left[CH_3-CH=CH-\overset{+}{CH_2}\right] \xrightarrow{Br^-} CH_3-CH=CH-CH_2Br$$

1-プロペニル基

中間体(II)　　1-ブロモ-2-ブテン 生成物(II)（1,4-付加体）

$$\overset{①}{CH_2}=\overset{②}{CH}-\overset{③}{CH}=\overset{④}{CH_2} \xrightarrow[\text{が付加}]{②\text{Cに}H^+} \left[\overset{+}{CH_2}-CH_2-CH=CH_2\right] \xrightarrow{Br^-} CH_2Br-CH_2-CH=CH_2$$

中間体(III)　　4-ブロモ-1-ブテン 生成物(III)（1,2-付加体）

なる(**速度論支配の反応**)。

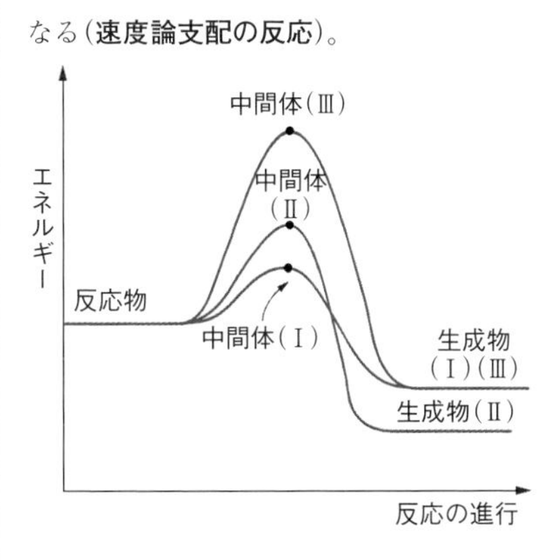

一方，平衡状態に到達しやすい高温では，活性化エネルギーの大きな反応もかなりおこりやすいので，生成物(Ⅰ)よりもエネルギー的に，より安定な生成物(Ⅱ)に変化する反応が主反応となる(**熱力学支配の反応**)。

このことは，私たちの買い物行動とよく似ている。すなわち，同じ品物を買う場合でも，急いでいるときや深夜の場合は，値段が少し高くても，近くにあるコンビニエンスストアで品物を買うが，時間に余裕がある場合は，値段の安いものを探して，遠くのディスカウントショップまで出かけて買い物をするのとよく似ている。

2 ゴムの弾性

シス形のポリイソプレンからなる**天然ゴム**では，分子鎖が折れ曲がった構造をとっているので，分子鎖が不規則な形をとりやすい。そのため，ゴムの分子鎖の間には比較的多くの隙間を生じ，また，分子間力があまり強く作用しない。したがって，ほとんど結晶化はおこらず，軟らかな物質となる（側鎖のメチル基は，さらに多くの隙間をつくり出し，ゴム分子の結晶化を妨げるのに役立つ)。

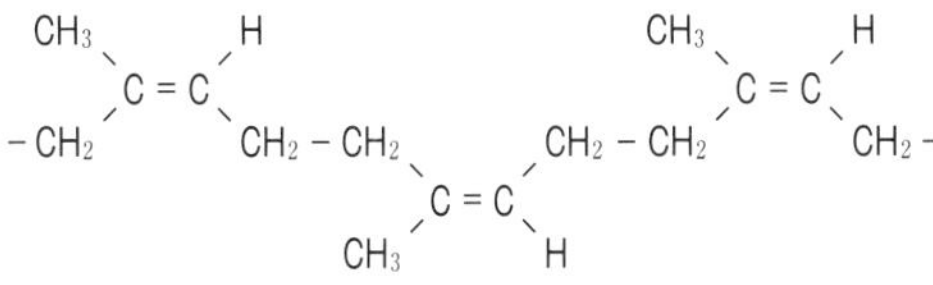

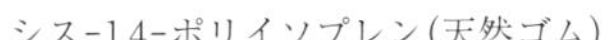
シス-1,4-ポリイソプレン(天然ゴム)

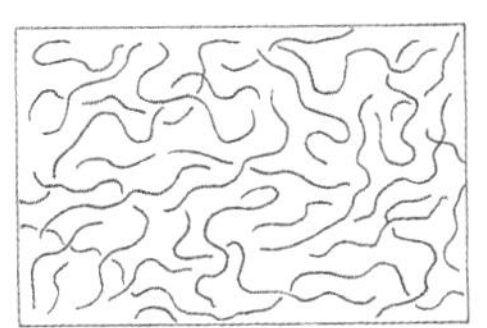
ほとんど非結晶領域である。

一方，トランス形のポリイソプレンからなる**グッタペルカ**❷では，分子鎖がまっすぐに伸びた構造をとりやすく，分子鎖がより近くまで接近できる。したがって，分子間力が強く作用して結晶化しやすくなり，結晶部分が発達した硬い樹脂状の物質となる。

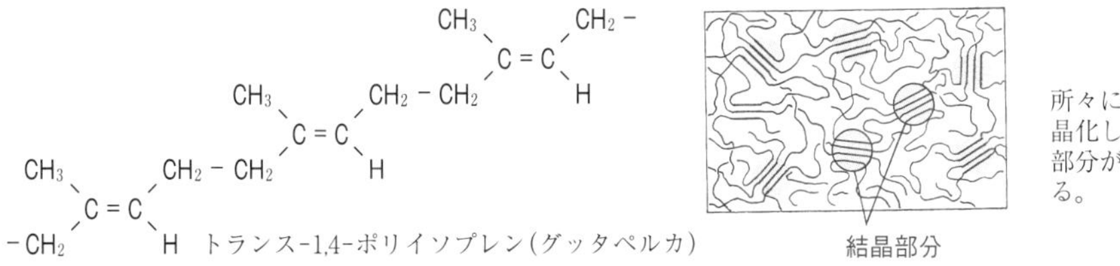

トランス-1,4-ポリイソプレン(グッタペルカ)

所々に結晶化した部分がある。

補足❷ 東南アジアに生育するアカテツ科の常緑高木の樹液から得られる天然樹脂の1つで，重合度は天然ゴムの$\frac{1}{10}$程度である。常温では硬い固体であるが，50℃以上に熱すると軟らかくなり，弱い弾性と熱可塑性を示す。電気絶縁体，ゴルフボールの外皮などに使われた。

►次に，天然ゴムがどうして伸び縮み（弾性）をするのかを考える。C=C 結合は結合軸の周りで回転ができないので，その周りの構造は固定されている。しかし，C−C 結合はそれを軸として回転が自由であるため，分子鎖はいろいろな形をとることが可能である。このような分子鎖内部での部分的な熱運動を**ミクロブラウン運動**という。つまり，ゴムの伸び縮みは，C=C 結合ではなく，C−C 結合の自由回転によって行われる。それでは，C=C 結合はどのような役割をしているかというと，分子内部に多くの隙間をつくり出し，分子鎖内部でのミクロブラウン運動を可能にしている。

天然ゴムは，常温ではほとんど結晶化しておらず，C−C 結合の回転がよくおこって弾性を示すが，冷却していくと，0℃近くで弾性は弱まり，−70℃では完全に弾性を失う。これは，温度が低下すると，分子鎖のミクロブラウン運動が弱まるとともに，結晶部分が増えていくためである。一方，温度を上げると，分子鎖のミクロブラウン運動が活発になり，弾性が強まるように思われるが，外力を加えると分子鎖がすべりやすくなり，80℃では完全に弾性を失う。

外力（引き伸ばし）
熱運動
丸まった形
エネルギー(大)
エントロピー(大)
伸びた形
エネルギー(小)
エントロピー(小)

天然ゴムでは，常温でも分子鎖のミクロブラウン運動が盛んに行われているので，さまざまな分子の形をとることができる。それらの形の中でも丸まった形をとる確率が圧倒的に多く，伸びきった形をとる確率はほとんど0に等しい。仮に，ゴム分子に外力を加えて，伸びきった一通りの配置しかとれないようにしたとしても，外力を除くと，ゴムの分子鎖はミクロブラウン運動によって再びいろいろな配置が可能な丸まった形に戻ろうとする。これが**ゴム弾性**の原因である❸。

詳説❸　ゴムを引き伸ばすと，分子鎖のミクロブラウン運動が行われにくい固体に近い状態になるから，ゴムのもっているエネルギーはもとの状態より減少する。つまり，この変化は発熱反応となる。一方，分子の配列は規則正しくなるので，エントロピー（乱雑さ）は減少する。逆に，ゴムが縮む変化は，分子の熱運動が盛んな液体に近い状態になるから，物質のもっているエネルギーはもとに比べて増加し，吸熱反応となる。また，分子の配列はより乱雑な状態となっており，エントロピーは増大する。

金属や繊維などに強い力を加えるとわずかに伸びるが，力を離すともとへ戻る。これは，外力を加えたことにより，原子と原子の結合距離や結合角が少し変化し，エネルギーの高い状態となるが，外力を除くと，もとの安定なエネルギーの低い状態に戻ろうとして弾性を生じる。この弾性を**エネルギー弾性**という。

一方，ゴムの場合は外力を加えたときのエントロピーの小さい状態から，もとの安定なエントロピーの大きな状態に戻ろうとして弾性を生じる。この弾性を**エントロピー弾性**という。

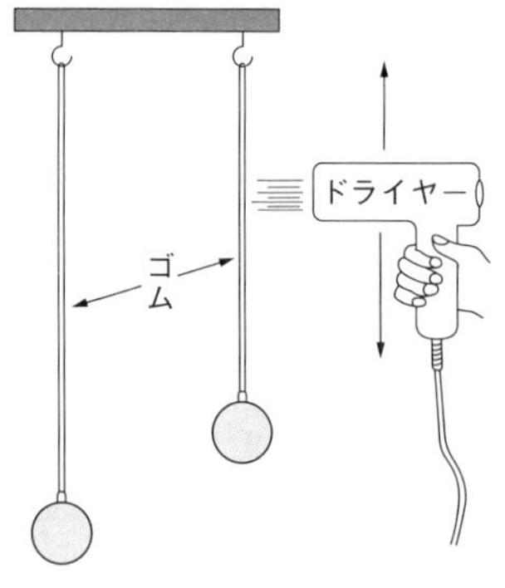

加熱すると，分子鎖のミクロブラウン運動が激しくなり，ゴムは縮む。

3 ゴムの加硫

生ゴムにゆっくりと力を加え続けると，ずるずると伸びて塑性変形をおこし，もとの状態には戻らなくなる(流動性を示し，弾性は弱い)。また，高温では軟らかくべとべとした状態になる反面，低温では硬くなる。さらに，空気中に放置すると，二重結合の部分が酸素やオゾンなどの作用で酸化的に開裂されて，ゴム弾性が失われる（これをゴムの**老化**という)。このように，生ゴムは弾性が弱いだけでなく，耐熱性・耐寒性および耐久性が十分でなく，有機溶媒に溶けやすいなどの欠点があり，このままでは実用にはならない。

そこで，生ゴムをローラーでよく素練りをしたのち，硫黄を3～5%ほど加え，約140℃で30分～1時間ほど加熱すると，弾性だけでなく機械的強度や耐久性も向上する。この操作を**加硫**(かりゅう)という❹。私たちが日常生活で使っているのはすべて加硫を行ったゴムで，**弾性ゴム**または**加硫ゴム**という。

生ゴムに30～40%の硫黄を加えて長時間加熱すると，**エボナイト**とよばれる黒色で弾性のないプラスチック状の物質となる❺。また，10～20%程度の硫黄を加えて加硫すると，弾性の小さな皮革状物質となる。

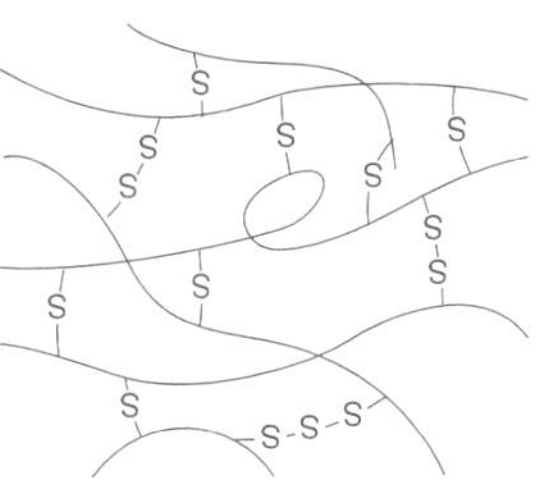

加硫ゴムの構造

詳説❹ ゴムの加硫法は，1839年，アメリカの**グッドイヤー**により発明された。鎖状のポリイソプレン分子中に残っている二重結合の周辺部分に硫黄原子が橋かけをつくるように結合(**架橋結合**という)することによって，ゴム分子鎖の一部が立体網目構造となる。このため，分子間のすべりがなくなり，ゴム弾性が強くなるだけでなく，同時に，機械的強度も向上する。また，石油などの有機溶媒にも溶けにくくなるとともに，分子中の二重結合は O_2 や O_3 などに対して酸化されにくくなるなど，耐久性も向上する。このように，加硫ゴムはすべての面において，生ゴムよりも優れた性質をもつ。実際には，硫黄と補強剤（カーボンブラックなど)はともに素練り(ゴム分子を適当に切り，長さをほぼ一定にそろえるために行う操作)の段階で加え，ゴム全体を均一に混合しておき，最後に加熱して製品とする。

硫黄を数%加えて行うふつうの加硫では，約100個のイソプレン単位に約1個の割合で硫黄の架橋結合が存在する程度であるが，エボナイトではポリイソプレンの二重結合のほとんどが硫黄で架橋されているという。

詳説❺ エボナイトとは，英語の“ebony”(黒檀(こくたん)：インド・マレーシア地方に産する常緑高木で，黒くて硬いので，家具・仏壇などの材料となる）に似ていることから名づけられた。以前は万年筆の軸や電気絶縁体として電球のソケットなどに盛んに利用された。

4 合成ゴム

イソプレンに似た構造(共役二重結合をもつ)をもつ単量体を付加重合させると，ゴム弾性をもつ高分子が得られる。このような重合体を**合成ゴム**という❻。

補足❻ 天然ゴムの供給不足を補うために，まず1914年にドイツで，次いでアメリカで合成ゴムの開発が始まった。第二次世界大戦後には，天然ゴムにはない新しい特性をもった合成ゴムが生産されるようになった。現在，使用されているゴムの約3/4は合成ゴムが占めているが，生分解性においては天然ゴムには及ばない。

►イソプレンのメチル基を塩素原子で置き換えた化合物 $CH_2=CCl-CH=CH_2$ をクロロプレンといい，これを付加重合させたものを**クロロプレンゴム**(略称 CR)という。これは，1931 年にアメリカのカロザースが発明したもので，弾性力は天然ゴムには及ばないが，難燃性で，オゾンなどに対する抵抗力 (耐老化性)，耐熱性，耐油性，耐候性が大きいなどの優れた特徴をもつので，屋外やベルトなどの機械部品として使うのに適している❼。

$$n\ CH_2=\underset{\displaystyle Cl}{\underset{|}{C}}-CH=CH_2 \xrightarrow{\text{付加重合}} \left[CH_2-\underset{\displaystyle Cl}{\underset{|}{C}}=CH-CH_2\right]_n$$

クロロプレン　　　　ポリクロロプレン（クロロプレンゴム，CR)

補足❼ 得られたポリマーは，シス形 7～11%，トランス形 81～96%，その他 2～4%で，弾性力が十分ではなかった。クロロプレンゴムのような合成ゴムは，天然ゴムほど弾性力は強くないが，その他の性質(耐久性，耐熱性，耐寒性，耐油性，耐老化性)において優れている。

►イソプレンのメチル基を水素原子で置き換えたブタジエン $CH_2=CH-CH=CH_2$ は，合成が簡単であり，これを金属 Na を触媒として付加重合させたものを**ブタジエンゴム**(略称 BR)という❽。

$$n\ CH_2=CH-CH=CH_2 \xrightarrow{\text{付加重合}} \left[CH_2-CH=CH-CH_2\right]_n$$

ブタジエン　　　　ポリブタジエン（ブタジエンゴム，BR)

補足❽ 1930 年にドイツでつくられたブタジエンゴムは，シス形の割合が少なく，弾性は十分なものではなかった。しかし，1953 年にドイツのチーグラーの発見した $TiCl_4-Al(C_2H_5)_3$ 系のチーグラー触媒を用いて，ブタジエンをイオン重合させると，ほぼシス形のみからなる立体規則性ポリマーが得られるようになった。

このポリマーは，メチル基がない分だけ，分子鎖はより自由に回転でき，天然ゴムと同じぐらいの大きな弾性をもっている。しかし，軟らかく強度がやや不足のため，他のゴムとのブレンドに用いるほか，有機溶媒に溶かして合成ゴム系の接着剤として用いられる。

►1 種類の単量体ではなく，2 種類以上の単量体を混合したものを付加重合（**共重合**という）させて，さまざまな性質をもつ合成ゴムがつくられている❾。

補足❾ 共重合では，単量体の混合割合によって，生成した共重合体の組成も変えられる。しかし，ナイロン 66 のように，いくら単量体の混合割合を変えても，できた重合体が 2 種類の単量体が必ず交互(同じ割合)であるものは共重合とよばない。3 種類の単量体による共重合を**三元共重合**といい，アクリロニトリル-ブタジエン-スチレン樹脂(ABS 樹脂)がその例である。

参考 共重合体は，構成単量体の配列状態により，次のように分類される(p. 868)。

単量体の配列状態が不規則な**ランダム共重合体**(ラジカル重合でできやすい)，同種の単量体がある程度連続した配列をとる**ブロック共重合体**，幹となる重合体の所々から他種の重合体が接木(つぎき)のように配列した**グラフト共重合体**(イオン重合でつくる場合が多い)の 3 種類である。なお，ランダム共重合体では各重合体の中間的な性質を示すことが多い。

►ブタジエンにスチレンを 20～25%ほど混合し，適当な触媒を用いて共重合させると，

スチレン-ブタジエンゴム(略称 **SBR**)が得られる⑩。

$$xn\ \mathrm{CH_2=CH-CH=CH_2} + yn\ \mathrm{CH_2=CH(C_6H_5)} \longrightarrow \left[\mathrm{\left(CH_2-CH=CH-CH_2\right)_x \left(CH_2-CH(C_6H_5)\right)_y} \right]_n$$

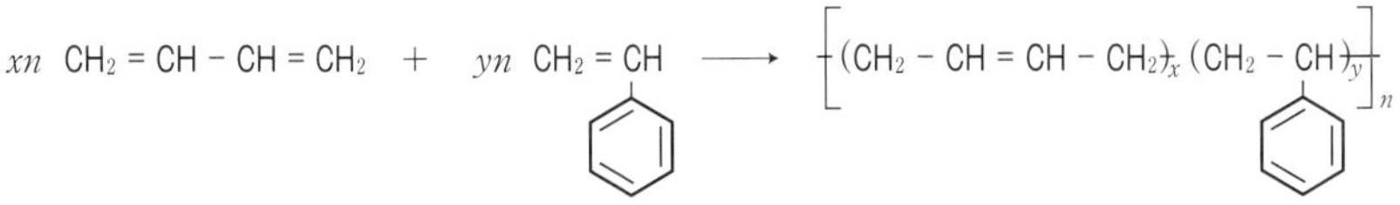

ブタジエン　　スチレン　　スチレン-ブタジエンゴム(SBR)

詳説⑩ ベンゼン環を入れると，機械的強度が大きくなるので，主に自動車用タイヤに用いられる（合成ゴム中の約60%を占め，最も使用量が多い)。スチレンが70%ほど入ったハイスチレンゴムは，弾性が減る代わりに硬さが増すので，靴底などに用いる。ふつうのSBRは，スチレンとブタジエンの配列順序が不規則なランダム共重合体で，ブタジエン部分の割合が，シス形が約18%，トランス形が約65%，1,2結合が約17%のものが一般的である。大きな置換基が結合しているため伸縮時の抵抗による発熱が大きい。したがって，強い衝撃力を受ける航空機のタイヤには，伸縮時の置換基どうしの抵抗が少なく，低発熱性の天然ゴムが用いられる。

►ブタジエンに30～50%のアクリロニトリルを混ぜて共重合させると**アクリロニトリル-ブタジエンゴム**(略称 **NBR**)が得られる⑪。

$$xn\ \mathrm{CH_2=CH-CH=CH_2} + n\ \mathrm{CH_2=CH(C\equiv N)} \longrightarrow \left[\mathrm{\left(CH_2-CH=CH-CH_2\right)_x CH_2-CH(C\equiv N)} \right]_n$$

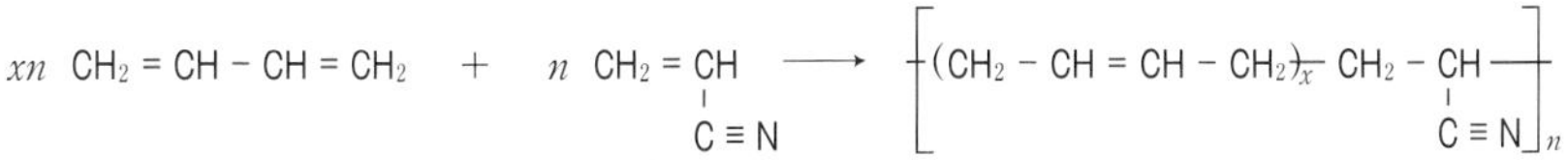

ブタジエン　　アクリロニトリル　　アクリロニトリル-ブタジエンゴム(NBR)

詳説⑪ ニトリル基 $-\mathrm{C^{\delta+}{\equiv}N^{\delta-}}$ という強い極性基が存在するので，無極性の石油の分子の浸透が防止される。アクリロニトリルの割合が多いものほど耐油性の大きなゴムになる。石油ホース，印刷機のロール，耐油パッキンなどに用られる。

►いままでの合成ゴムはどれも二重結合を含んでいるので，長期間空気にさらされると酸化されて，ゴムの弾性を失い，老化する。しかし，二重結合を含まない**シリコーンゴム**は，耐久性，耐薬品性，耐熱性，耐寒性に優れた性質をもつ⑫。シリコーンゴムは，塩基を触媒としてジクロロジメチルシランを加水分解して得られる。

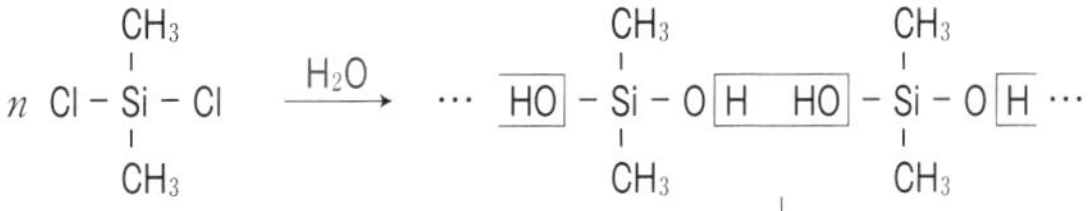

$$n\ \mathrm{Cl-Si(CH_3)_2-Cl} \xrightarrow{\mathrm{H_2O}} \cdots \boxed{\mathrm{HO}}-\mathrm{Si(CH_3)_2}-\mathrm{O}\boxed{\mathrm{H\ \ HO}}-\mathrm{Si(CH_3)_2}-\mathrm{O}\boxed{\mathrm{H}}\cdots$$

ジクロロジメチルシラン

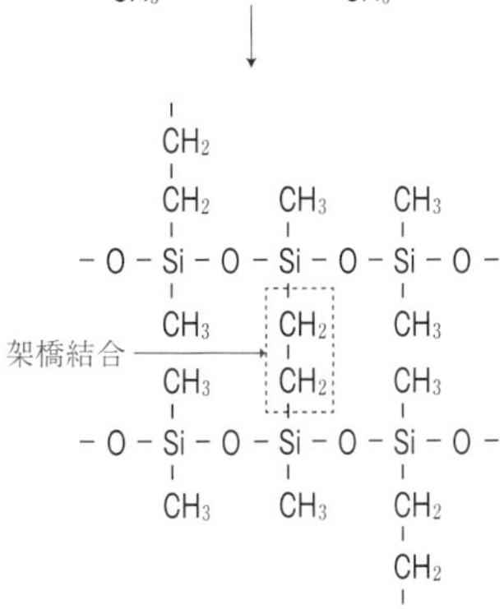

シリコーンゴム

補足⑫ シリコーンゴムは，硫黄ではなく過酸化ベンゾイルなどの重合開始剤を少量加えることにより，架橋結合がつくられる。このように，過酸化物や放射線など，硫黄を用いないで行うゴムの分子間に架橋結合をつくる反応も総称して**加硫**という。シリコーンゴムは，耐久性，耐薬品性，耐熱性，耐寒性に優れた特性があるので，理化学器具，パッキング材料などに，また，生体に対する影響が少ないので，人工血管などの医療器具にも用いられる。

SCIENCE BOX

共重合体

2種類以上の単量体を付加重合させることを**共重合**といい，生じた重合体を**共重合体**という。共重合体は，単量体の配列状態により，次のように分類される。単量体の配列が不規則なものを**ランダム共重合体**(a)，同種の単量体がある程度連続した配列をとる**ブロック共重合体**(b)と，幹となる重合体から別の重合体が接木(つぎき)された構造をもつものを**グラフト共重合体**(c)という。

(a) 

(b) 

(c) 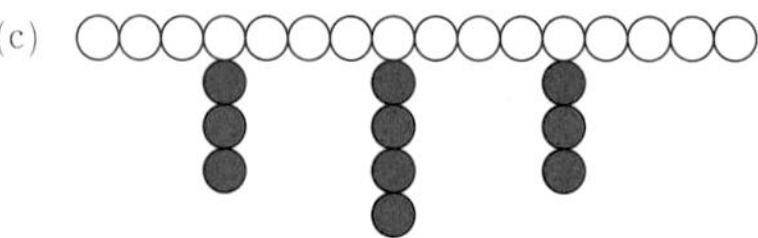

〔1〕 ランダム共重合体

ランダム共重合体は，ラジカル重合（p.856）で生成しやすく，単量体A，Bの割合を変えると，生じた共重合体の性質は連続的に変化する。一般には，AとBの中間的な性質を示すことが多い。その例として，合成ゴムのSBRや，合成繊維のアクリル系繊維などがある。

〔2〕 ブロック共重合体

ブロック共重合体は，次のようにつくる。

(1) 第一の単量体の重合中に，少量のテトラブロモメタン CBr_4 を加えると，重合体の末端に CBr_4 が結合して重合は停止する。ここへ第二の単量体を加え，加熱，光照射すると，C−Br結合が切れて新たなラジカルが生じる。ここが重合開始点となり，第二の単量体の重合が進むので，ブロック共重合体ができる。

(2) ナフタレンにNaを加えた特別な触媒を用いて重合を行うと，生じた重合体の末端は非常に安定となる（活性末端）。ここへ第二の単量体を加えれば，引き続いて重合が進行し，ブロック共重合体ができる。このように，活性末端を生じる重合を**リビング重合**という。

(3) 重合体Aと重合体Bの混合物をロールで素練りすると，物理的に重合体の主鎖が切断され，ラジカルが生じる。このとき，同種間よりも異種間のほうがラジカル重合しやすい場合，ブロック共重合体[*1]が生成する。

＊1　エチレンとプロピレンのブロック共重合体は，透明かつ耐衝撃性に優れ，ランダム共重合体に比べて剛性・軟化点も高い。

〔3〕 グラフト共重合体

グラフト共重合体は，次のようにつくる。

(1) 幹となる重合体を低温でオゾン化するか，比較的高温で酸化すると，オゾニドあるいは，過酸化物を生じる。これを第二の単量体中でラジカル重合すると，グラフト共重合体ができる。

(2) 幹の重合体に放射線や紫外線を照射するとラジカルが生じる。これが重合開始点となり，第二の単量体に浸漬(しんし)して重合が進むとグラフト共重合体ができる[*2]。

＊2　プラスチックの表面を別のプラスチックでグラフト重合することで，その表面の性質だけを変えることができる。

〔4〕 ポリマーアロイ

2種の金属を混合して合金（alloy）をつくるように，2種以上の重合体を混ぜ合わせたものを**ポリマーアロイ**といい，どんな重合体どうしでも混合することが可能である。たとえば，ポリスチレンとゴムはそのままでは混じり合わないが，ゴムとポリスチレンのブロック共重合体を加えると，うまく混ざり合う[*3]。こうしてつくられたポリスチレンとゴムのポリマーアロイは，**耐衝撃性ポリスチレン**とよばれ，**エンジニアリングプラスチック**（エンプラ）（高い耐熱性・機械的強度をもつプラスチックの総称）として使用されている。

＊3　ブロック共重合体が，ゴム分子とポリスチレン分子をうまく接着するように働く。

SCIENCE BOX シリコーン

(1) シリコーンの製法と特徴

メタン CH_4 の C を Si で置換した化合物がシラン SiH_4 であり，さらに，その -H を -Cl や $-CH_3$ 基で置換した化合物を**クロロメチルシラン類*** $(CH_3)_nSiCl_{4-n}$ (n=1，2，3) という。これらはいずれも水と激しく反応 (加水分解) して，シラノール類 (Si-OH をもつ化合物) となり，これを加熱すると容易に脱水縮合して，各種の高分子化合物が得られる。このクロロメチルシラン類を単量体とする高分子は**シリコーン**と総称され，各方面で利用されている。

* ケイ素 Si 粉末を，銅粉を触媒として約 600 ℃で塩化メチル CH_3Cl と反応させると，$\cdot CH_3$ と $\cdot Cl$ によるラジカル反応により，CH_3SiCl_3，$(CH_3)_2SiCl_2$，$(CH_3)_3SiCl$ などのクロロメチルシラン類が得られる。

クロロメチルシラン類からは，その割合や重合度を変えることにより，各種のシリコーンを得ることができる。

$$\mathrm{Cl{-}Si(CH_3)(Cl){-}Cl} \xrightarrow{\text{加水分解}} \mathrm{HO{-}Si(CH_3)(OH){-}OH} \xrightarrow{\text{脱水縮合}} \text{立体網目構造}$$

$$\mathrm{Cl{-}Si(CH_3)_2{-}Cl} \xrightarrow{\text{加水分解}} \mathrm{HO{-}Si(CH_3)_2{-}OH} \xrightarrow{\text{脱水縮合}} \text{鎖状構造}$$

たとえば，立体網目構造のものは**シリコーン樹脂**として，電気絶縁材，耐熱性塗料などに利用される。鎖状構造で比較的高分子量のものは**シリコーンゴム**として，パッキン，医療材料，ゴム栓などに利用され，比較的低分子量のものは**シリコーン油**として，電気絶縁油，防水スプレー，シャンプー，自動車ワックスなどに利用される。

高分子の多くが C 原子を主鎖にもつ有機高分子であるが，シリコーンは主鎖に Si-O 結合と，側鎖にメチル基をもつので，無機高分子と有機高分子の特徴を合わせもつハイブリッド型の高分子といえる。

(2) シリコーンゴムの特徴

シリコーンゴムは天然ゴムに比べて耐熱性が大きい。たとえば，クロロプレンゴムは 150℃で弾性を失うが，シリコーンゴムは 200℃でも弾性を失わない。これは，Si-O 結合の結合エンタルピー (ΔH=444 kJ) が C-C 結合の結合エンタルピー (ΔH=356 kJ) よりもかなり大きいためである。また，Si-O 結合は二重結合を含まないので，空気中で放置しても酸化されにくく，耐久性・耐候性も大きい。

① Si-O の結合距離 (0.164 nm) は C-C の結合距離(0.154 nm)よりも長い。② Si-O の結合角(130°～160°で変化)は，C-C の結合角 (約 110°) よりも大きい。③ Si-O 結合の回転エネルギー 0.8 kJ/mol は，C-C 結合の回転エネルギー 1.5 kJ/mol に比べて小さい。これらにより，シリコーンゴムの主鎖の Si-O 結合は，普通のゴムの C-C 結合に比べて，ミクロブラウン運動がかなり容易となる。したがって，シリコーンゴムは軟らかな弾性をもつゴム状の物質となる。

(3) シリコーンゴムの種類

シリコーンゴムは下図の構造をもち，次の種類がある。

$$\left[\mathrm{-Si(R)_2-O-}\right]_n$$

R：側鎖
$-CH_3$ メチル基
$-CH{=}CH_2$ ビニル基
$-C_6H_5$ フェニル基

① 側鎖に 2 個のメチル基をもつ**メチルシリコーンゴム**は，加硫が容易でなく，あまり使用されていない。

② 側鎖にメチル基とフェニル基をもつ**フェニルシリコーンゴム**は，フェニル基が大きいため，低温でも結晶化しにくく，耐寒性に優れる。

③ 側鎖にメチル基とビニル基をもつ**ビニルシリコーンゴム**は，ビニル基の C=C 結合に加硫ができるので，現在，最も多く使用されている。

6-10　イオン交換樹脂

SiO_4 四面体構造をもつケイ酸塩鉱物の中には，Si の一部が Al で置換されたアルミノケイ酸塩とよばれるものがある。この仲間の**ゼオライト**(沸石)とよばれる鉱物を硬水中に浸しておくと，硬水を軟水に変えることができる❶。これは，ゼオライト中の Na^+ や K^+ と硬水中の Ca^{2+} や Mg^{2+} とがイオン交換されたためである。このような働きをもつ物質を**イオン交換体**という❷。

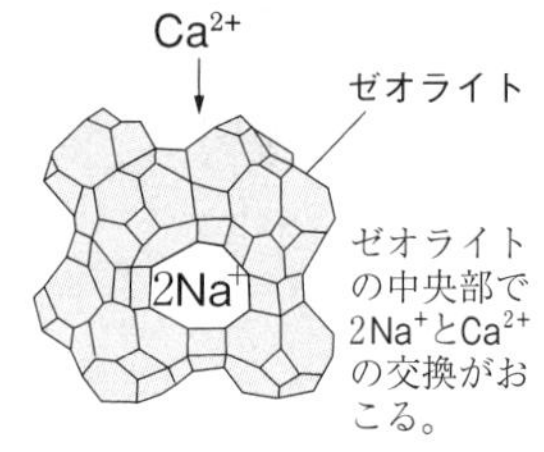

ゼオライトの中央部で $2Na^+$ と Ca^{2+} の交換がおこる。

補足❶ イオン半径のほぼ等しい Si^{4+} と Al^{3+} が 1：1 の割合で置換されると，電荷のつり合いが保てないので，Si^{4+} は必ず Al^{3+} に 1 価の陽イオン M^+ を伴った形で置換され，長石に代表されるアルミノケイ酸塩ができる。いま，$Na_{12}((AlO_2)_{12}(SiO_2)_{12})\cdot 27\,H_2O$ の組成式で表されるゼオライト A は，右図のような立体網目構造をもち，中央部に大きな空間をもつ。ふつう，この中に水和水を取り込んでおり，加熱すると発泡するので沸石とよばれる。また，合成洗剤には硬水を軟化させる目的でビルダーとして 30 %ほどゼオライトが加えてある。

詳説❷ 1935 年イギリスの**アダムス**と**ホームズ**は，砕いたレコード板(フェノール樹脂の一種)を食塩水に一晩つけておくと，溶液が酸性に変化したことから，有機物である合成樹脂にもイオン交換作用があることを発見し，以後，イオン交換作用のある合成樹脂を**イオン交換樹脂**とよぶようになった。

1　陽イオン交換樹脂

スチレンに *p*-ジビニルベンゼン（約 10%）を混ぜて共重合を行うと，*p*-ジビニルベンゼンが 2 本のポリスチレン鎖を架橋するように連結した立体網目構造の高分子が得られる。これを 0.5〜1.0 mm 程度の細粒に加工したのち，濃硫酸でスルホン化すると，ベンゼン環に強い酸性をもつスルホ基が導入されて，右図のような架橋構造をもつポリスチレンスルホン酸が生成する。

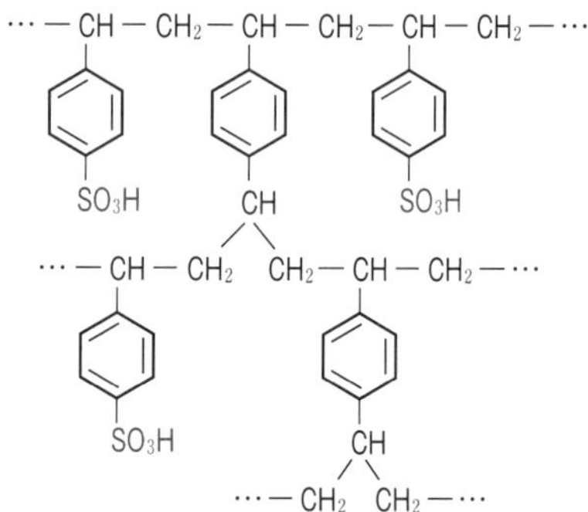

この樹脂のように，分子中に $-SO_3H$ や $-COOH$ などの酸性の基を導入した水に不溶性の合成樹脂は，これらの基が電離して生じた H^+ と，水溶液中の他の陽イオンとを交換することができる。このような樹脂を**陽イオン交換樹脂**という❸。

補足❸ *p*-ジビニルベンゼン(架橋剤)を加えすぎると，あとのスルホン化が困難となり，イオン交換樹脂としての交換能力が低下する。これは，スルホン化は主としてスチレンの *p* 位におこるので，*o* 位しか残っていない *p*-ジビニルベンゼンは，立体障害のためスルホン化しにくくなるからである。また，立体網目構造があまり発達しすぎると，溶液が樹脂の内部まで

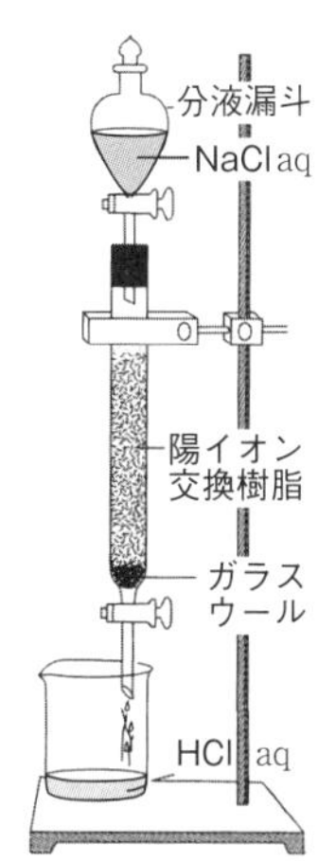

浸み込むことも困難となる。

►たとえば，粒状の陽イオン交換樹脂を円筒(カラム)に詰め，上から NaCl 水溶液をゆっくり流すと，樹脂表面では，Na^+ が吸着される代わりに H^+ が脱離して，①式のように Na^+ と H^+ が 1：1(物質量比)でイオン交換される。一方，Cl^- は樹脂には吸着されないので，結局，下から希塩酸が溶出してくる❹。

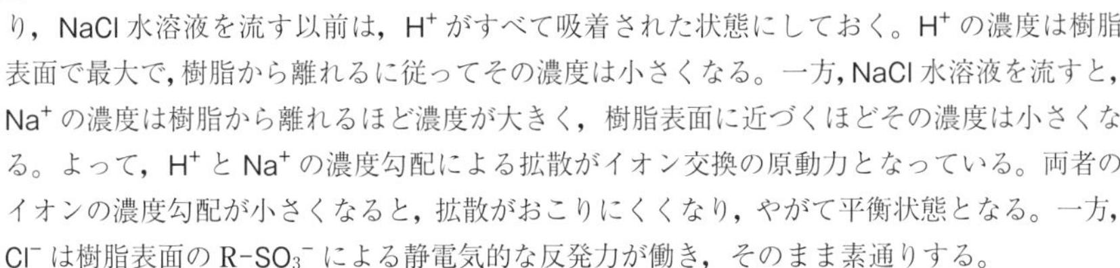

$$\left[\begin{array}{l} R - \\ | \\ SO_3H \end{array}\right]_n + n\,Na^+Cl^- \rightleftarrows \left[\begin{array}{l} R - \\ | \\ SO_3Na \end{array}\right]_n + n\,H^+Cl^- \quad \cdots\cdots ①$$

（R：樹脂を構成する炭化水素基を表す。）

また，①式の反応は可逆反応であるから，使用済みの陽イオン交換樹脂にやや濃い希塩酸や希硫酸を通すと，逆反応が容易におこり，もとの状態に戻る。これを**イオン交換樹脂の再生**という。

詳説❹ 大部分の樹脂表面は $R\text{-}SO_3^-$ で表される通り，負電荷を帯びており，NaCl 水溶液を流す以前は，H^+ がすべて吸着された状態にしておく。H^+ の濃度は樹脂表面で最大で，樹脂から離れるに従ってその濃度は小さくなる。一方，NaCl 水溶液を流すと，Na^+ の濃度は樹脂から離れるほど濃度が大きく，樹脂表面に近づくほどその濃度は小さくなる。よって，H^+ と Na^+ の濃度勾配による拡散がイオン交換の原動力となっている。両者のイオンの濃度勾配が小さくなると，拡散がおこりにくくなり，やがて平衡状態となる。一方，Cl^- は樹脂表面の $R\text{-}SO_3^-$ による静電気的な反発力が働き，そのまま素通りする。

スルホン酸型の陽イオン交換樹脂に対する吸着力は，(1) イオンの電荷が大きいほど強くなる（1 価＜2 価＜3 価）。よって，Na^+ を吸着した陽イオン交換樹脂に，2 価の Ca^{2+}，Mg^{2+} や 3 価の Al^{3+}，Cr^{3+} などを含んだ水を通すと，イオン交換が容易におこる。しかし，その逆の交換はおこりにくい。(2) 電荷が等しい同族のイオンでは，イオン半径ではなく，水和イオンの半径が小さいほど強く吸着される（$Cs^+ > Rb^+ > K^+ > Na^+ > Li^+$：イオン半径が小さい Li^+ が最も多くの水和水をもつので，水和イオンの半径は最も大きくなる）。

このように，陽イオン交換樹脂は各金属イオンと異なる強さで吸着するので，この違いを利用して，アルカリ金属のような分離しにくい(沈殿しにくい)イオンの分離が行われる。まず，試料水を陽イオン交換樹脂に流して完全に吸着させておく。ここへ 0.1 mol/L 程度の希塩酸を徐々に滴下していくと，吸着力の弱い Li^+，Na^+，K^+ の順に溶出してくるので，多数の試験管で少量ずつ集めていくと，各イオンを分離することができる。

2 陰イオン交換樹脂

架橋構造をもつポリスチレン樹脂に，トリメチルアンモニウム基 $-N^+(CH_3)_3$ のような強い塩基性の原子団を導入し，さらにアルカリで処理して，$-N^+(CH_3)_3OH^-$ のような状態にしておく。この樹脂中の OH^- は，水溶液中の他の陰イオンと交換する働きをもつので，このような樹脂を**陰イオン交換樹脂**という❺。

たとえば，粒状の陰イオン交換樹脂をカラムに詰めて，上から NaCl 水溶液を流すと，次の②式の反応がおこり，樹脂表面の OH^- と溶液中の Cl^- とが 1：1 の物質量比で交換され，下から NaOH の水溶液が流出してくる。また，使用済みの陰イオン交換樹脂に濃

$$[CH_2-CH(C_6H_4CH_2N^+(CH_3)_3\,OH^-)]_n + n\,Na^+Cl^- \rightleftarrows [CH_2-CH(C_6H_4CH_2N^+(CH_3)_3\,Cl^-)]_n + n\,Na^+OH^- \quad \cdots\cdots②$$

い NaOH 水溶液を流すと，②式の逆反応がおこり，もとの状態に再生することができる。

詳説❺ スチレン-*p*-ジビニルベンゼン共重合体に，まずクロロメチルメチルエーテル CH_3OCH_2Cl を触媒 $AlCl_3$ を用いて反応させて，ベンゼン環にクロロメチル基 $-CH_2Cl$ を導入し，続いてトリメチルアミンを反応させると得られる。

$$CH_3-\ddot{O}-CH_2-Cl + \bigcirc AlCl_3\ (空軌道) \longrightarrow CH_3-O(\rightarrow AlCl_3)-CH_2-Cl \longrightarrow CH_3-O^{\ominus}(\rightarrow AlCl_3) + {}^{+}CH_2Cl$$

$$C_6H_5(H^+) + {}^{+}CH_2Cl + CH_3-O^{\ominus}(-AlCl_3) \longrightarrow C_6H_5-CH_2Cl + CH_3-OH + AlCl_3\ (触媒)$$

$$C_6H_5-CH_2^{\oplus} \cdots Cl^{\ominus} + :N(CH_3)_3 \longrightarrow C_6H_5-CH_2-N^+(CH_3)_3Cl^-$$

塩化ベンジル　　　　トリメチルアミン

3 イオン交換樹脂の利用

陽イオン交換樹脂と陰イオン交換樹脂を混合してカラムに詰め，上部から水道水を少しずつ流し込む。水道水中の陽イオンは陽イオン交換樹脂に，陰イオンは陰イオン交換樹脂に吸着され，また，イオン交換によって生じた H^+ と OH^- は直ちに中和されて水となり，下部から純水が得られる。このような純水を**脱イオン水**という❻。

補足❻ この方法では，非イオン性の物質（非電解質）のケイ酸や，多くの有機物は除くことができない。これらを除くには蒸留を行うことが必要である。

►イオン交換樹脂は純水の製造だけでなく，硬水の軟化や工場排水中に含まれる有害金属イオン（Cd^{2+}，Hg^{2+}，Cu^{2+} など）の処理，性質のよく似た金属イオン（アルカリ金属や3族の希土類元素）の分離❼，食塩の製造などに用いられる。

補足❼ ランタノイドの各元素は，互いに性質がよく似ているので，普通の方法では分離できない。ところで，ランタノイド元素（La, Ce, Pr, Nd, Pm, Sm, Eu, Gd, Tb, Dy, Ho, Er, Tm, Yb, Lu）のイオン半径 M^{3+} は，原子番号の増加とともに少しずつ減少（**ランタノイド収縮**）し，イオン半径が小さくなるほど，逆に，水和イオンの半径は大きくなる。陽イオン交換樹脂は，イオンの価数が大きいほど，また，同じ価数のときは，水和イオンの半径が小さいほど吸着力は強くなる （p. 871）。したがって，陽イオン交換樹脂に吸着させたランタノイド元素のイオン M^{3+} に pH 6 のクエン酸緩衝液をゆっくり流すと，${}_{71}Lu \rightarrow {}_{57}La$ の順に溶出してくるので，各イオンを分離できる。

例題 (1) スチレンと*p*-ジビニルベンゼンの共重合体に濃硫酸を反応させると，ベンゼン環にスルホ基が導入された陽イオン交換樹脂が得られる。これにある濃度の硫酸銅(Ⅱ)水溶液 20.0 mL を通した後，その樹脂をよく水洗し，流出液の全量を 0.100 mol/L 水酸化ナトリウム水溶液で滴定したら 12.0 mL を要した。硫酸銅(Ⅱ)水溶液のモル濃度を求めよ。

(2) 平均分子量 6.24×10^4 のポリスチレン 10.5 g を濃硫酸とともに加熱し，ベンゼン環の一部にスルホ基を導入した。この重合体の元素分析を行うと，硫黄 S は 10.0% であった。

① 得られた重合体の平均分子量と質量を求めよ。(H=1.0，C=12，O=16，S=32)

② 得られた重合体 1.00 g のスルホ基を完全に中和するのに，0.200 mol/L 水酸化ナトリウム水溶液は何 mL 必要か。

［解］ (1) 陽イオン交換樹脂を $R-SO_3H$（R：樹脂の炭化水素基を表す）とすると，Cu^{2+} とのイオン交換反応は次式で表される。

$$2R-SO_3H + Cu^{2+} \longrightarrow (R-SO_3)_2Cu + 2H^+$$

上式より，$Cu^{2+}:H^+=1:2$（物質量比）の割合で交換されるから，硫酸銅(Ⅱ)水溶液の濃度を x〔mol/L〕とおくと，次式が成り立つ。

$$\underset{\text{(溶出した H}^+\text{ の物質量)}}{\frac{x\times20.0}{1000}\times2} = \underset{\text{(中和に要した OH}^-\text{ の物質量)}}{\frac{0.100\times12.0}{1000}\times1} \qquad \therefore\ x=3.00\times10^{-2}\text{〔mol/L〕}$$

(2) ①

$$\left[\text{CH}_2-\text{CH}(\text{C}_6\text{H}_5)\right]_n \quad (104)$$

$$\left[\text{CH}_2-\text{CH}(\text{C}_6\text{H}_5)\right]_{600-x}\left[\text{CH}_2-\text{CH}(\text{C}_6\text{H}_4\text{SO}_3\text{H})\right]_x \quad (104)\ (184)$$

ポリスチレンの平均分子量について，

$$104n=6.24\times10^4 \qquad \therefore\ n=600$$

このポリスチレン1分子には，ベンゼン環が 600 個存在する。これにスルホ基が x〔個〕導入されたとすると，得られた重合体の平均分子量は，左図より，

$$104(600-x)+184x=62400+80x$$

このうち，硫黄 S の質量パーセントが 10.0% より，

$$\frac{32x}{62400+80x}\times100=10.0 \qquad \therefore\ x=260$$

よって，重合体の平均分子量は，$62400+80\times260=8.32\times10^4$

生成した重合体の質量を y〔g〕とおくと，ポリスチレンとスルホン化で得られた重合体も物質量は変化しないから，

$$\frac{10.5}{6.24\times10^4}=\frac{y}{8.32\times10^4} \qquad \therefore\ y=14.0\text{〔g〕}$$

② ①より，得られた重合体1分子あたり 260 個のスルホ基が含まれるので，重合体 1.00 g 中のスルホ基の物質量は，$\frac{1.00}{8.32\times10^4}\times260$〔mol〕である。

スルホ基と水酸化ナトリウムは次のように，物質量比 1：1 でちょうど中和する。

$$R-SO_3H + NaOH \longrightarrow R-SO_3Na + H_2O$$

よって，求める水酸化ナトリウム水溶液の体積を V〔mL〕とすると，

$$\frac{1.00}{8.32\times10^4}\times260=0.200\times\frac{V}{1000} \qquad \therefore\ V\fallingdotseq15.62\text{〔mL〕}$$

答 (1) **3.00×10^{-2} mol/L** (2) ① **8.32×10^4，14.0 g** ② **15.6 mL**

6-11　機能性高分子

結合している官能基の化学変化などにより，特殊な機能を発揮する高分子を，**機能性高分子**といい，機械・電気工学や農学，医学，薬学など，多方面で利用されている。

1　高吸水性高分子

アクリル酸ナトリウム $CH_2=CH-COONa$ に少量の架橋剤(鎖状ポリマーに架橋結合をつくり，立体網目構造にする物質）を加えて共重合させ，乾燥後，粉砕したものが**高吸水性高分子**である。乾燥時には，側鎖は $-COONa$ の形で電気的に中和された形で存在しており，高分子鎖は密に絡み合った下図の(a)のような状態にある。ここへ水が加えられると，側鎖の部分は $-COO^-$ と Na^+ に電離し，Na^+ は水中へ拡散し，残った陰イオンの $-COO^-$ どうしが電気的に反発して，ポリマーの立体網目構造が数百倍に広がり，隙間の大きな構造になる。さらに，ポリマーの内側は外側よりイオン濃度が大きい溶液なので，その浸透圧により，どんどん水が入り込む。この水は，立体網目構造の中に完全に閉じ込められてゲル化しており，加圧しても容易には外へ出ていかない❶。

補足❶　1gの粉末樹脂で約1Lの水を吸収する能力をもつ。このような機能を生かして紙おむつ，生理用品に用いるほか，砂漠緑化のための土壌保水剤，人工雪などの利用法もある。

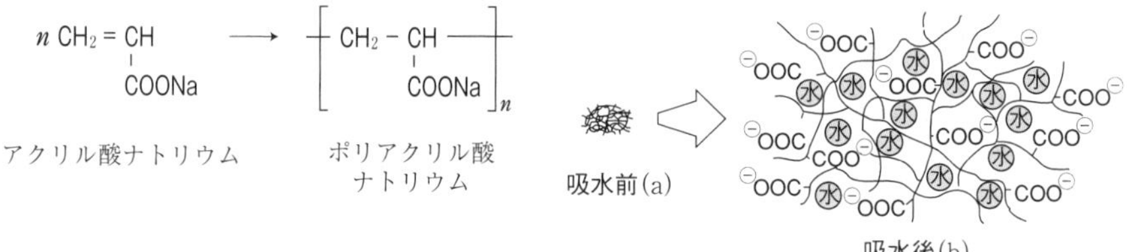

2　感光性高分子

ポリビニルアルコール $[CH_2-CH(OH)]_n$ とケイ皮酸 $C_6H_5-CH=CH(COOH)$ をエステル化した高分子（ポリケイ皮酸ビニル）の薄膜に，紫外線を当てると，ケイ皮酸の側鎖のビニレン基 $-CH=CH-$ の部分で付加重合がおこり，シクロブタン環の構造をもつ二量体となる❷。この反応がポリケイ皮酸ビニルの分子間でおこると，高分子鎖は架橋されて立体網目構造となり，有機溶媒に対して不溶化する。このような高分子を**感光性高分子**という。一方，光の当たらなかった部分は鎖状構造のままなので，適切な有機溶媒で洗うと，支持体上に上図のような凹凸をつくることができる。

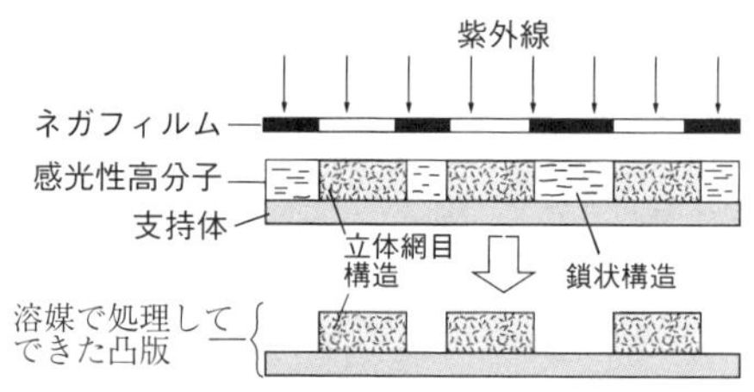

この高分子は，印刷用の凸版の製造や，IC(集積回路)やLSI(大規模集積回路)の製造の際の，基板への電子回路の書き込みのほか，虫歯治療の充塡剤にも利用される。

補足❷　シス形のアロケイ皮酸は不安定で，天然にはトランス形のケイ皮酸として存在する。また，ポリケイ皮酸ビニル分子どうしが付加重合するために光(紫外線)が必要な理由は，トランス形ではベンゼン環どうしの立体障害が大きく付加重合しにくいが，光を照射してベンゼン環どうしの立体障害の少ないシス形にすれば，付加重合がおこりやすくなるためである。

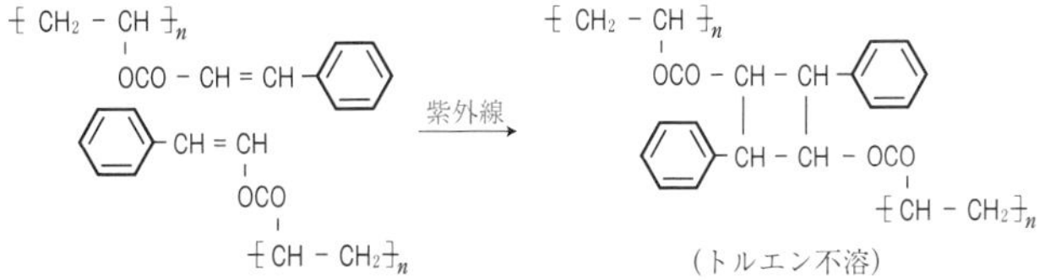

紫外線

（トルエン不溶）

3 生分解性高分子

人工合成されたプラスチックは，耐久性，耐薬品性が大きいという長所をもつが，廃棄物になると自然界ではなかなか分解されず，環境汚染を引きおこすことが社会問題となっている。自然界で微生物の分泌する酵素の働きにより比較的容易に分解される高分子を**生分解性高分子**という。

一般に，高分子化合物は，ポリビニルアルコールのように，親水性が大きくなるほど，生分解されやすくなることが確認されている。そこで，親水性が大きくなるように工夫したポリアミド(下図)は，普通のナイロンよりもかなり生分解性が大きくなる。

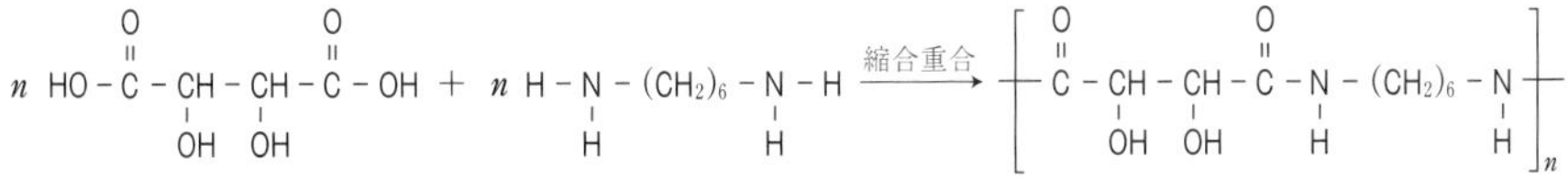

$$n\ HO-\overset{O}{\overset{\|}{C}}-\underset{OH}{CH}-\underset{OH}{CH}-\overset{O}{\overset{\|}{C}}-OH + n\ H-\underset{H}{N}-(CH_2)_6-\underset{H}{N}-H \xrightarrow{\text{縮合重合}} \left[-\overset{O}{\overset{\|}{C}}-\underset{OH}{CH}-\underset{OH}{CH}-\overset{O}{\overset{\|}{C}}-\underset{H}{N}-(CH_2)_6-\underset{H}{N}-\right]_n$$

酒石酸　　ヘキサメチレンジアミン

また，微生物の中には，ポリエステルを合成し，体内に蓄積する細菌が存在する。この細菌のつくるポリマーは，ポリ-3-ヒドロキシ酪酸とよばれる脂肪族のポリエステルで，自然界の微生物よって容易に CO_2 と H_2O に分解されるので，生分解性プラスチックとして利用することができる❸。

補足❸ ポリ-3-ヒドロキシ酪酸よりも，下記のような共重合体のほうが機械的強度が優れている。この共重合体は，ある種の微生物を用いた発酵法で生産されている。

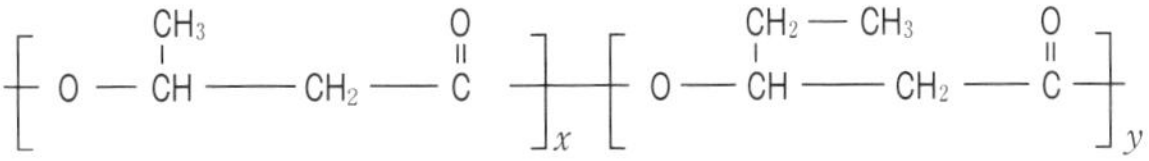

$$\left[-O-\overset{CH_3}{\overset{|}{CH}}-CH_2-\overset{O}{\overset{\|}{C}}-\right]_x\left[-O-\overset{CH_2-CH_3}{\overset{|}{CH}}-CH_2-\overset{O}{\overset{\|}{C}}-\right]_y$$

3-ヒドロキシ酪酸(左)と3-ヒドロキシ吉草酸(右)の共重合体

►また，α-アミノ酸のポリマー（ポリアミノ酸）のうち，水溶性のものには生分解性がある❹。

補足❹ たとえば，α 位の $-NH_2$ と γ 位の $-COOH$ が縮合重合した γ-ポリグルタミン酸は納豆菌の出すネバネバの主成分で，強い保水力があるので化粧品や保湿剤だけでなく医薬品の徐放剤などに用いられる。また，α 位の $-COOH$ と ε 位の $-NH_2$ が縮合重合した ε-ポリリシンは土壌中の放線菌から抽出され，強い抗菌作用があるので食品保存料などに用いられる。

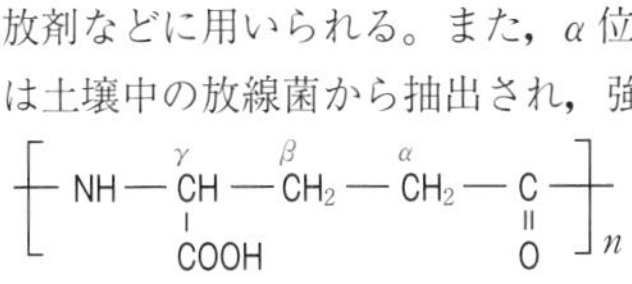

$$\left[-NH-\underset{COOH}{\overset{\gamma}{CH}}-\overset{\beta}{CH_2}-\overset{\alpha}{CH_2}-\underset{O}{\underset{\|}{C}}-\right]_n \qquad \left[-NH-\overset{\varepsilon}{CH_2}-\overset{\delta}{CH_2}-\overset{\gamma}{CH_2}-\overset{\beta}{CH_2}-\underset{NH_2}{\overset{\alpha}{CH}}-\underset{O}{\underset{\|}{C}}-\right]_n$$

γ-ポリグルタミン酸　　ε-ポリリシン

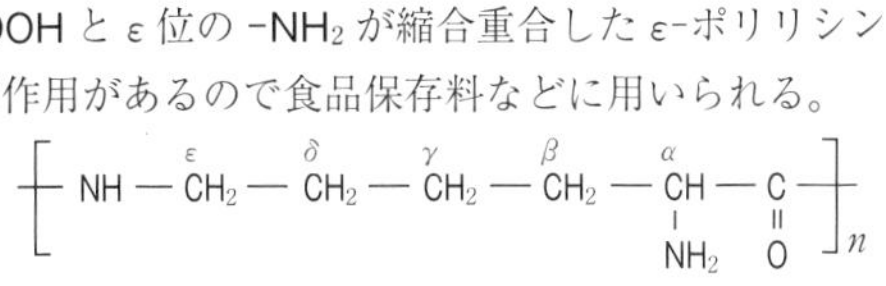

4 生体吸収性高分子

乳酸 $CH_3CH(OH)COOH$ やグリコール酸 $CH_2(OH)COOH$ のような，α-ヒドロキシ酸（同一の炭素に -COOH と -OH が結合したもの）の縮合重合で得られる脂肪族ポリエステルは，生体に対する適合性が高く，しかも，体内で CO_2 と H_2O に分解されて体外に排出される。このような生分解性高分子を特に，**生体吸収性高分子**という。

乳酸やグリコール酸の直接的な縮合重合では，低分子量の重合体しか得られない。そこで，乳酸2分子あるいはグリコール酸2分子を脱水縮合させて，環状の二量体であるラクチド❺やグリコリドをつくり，これらを開環重合させて高分子量の重合体を得ている。

$$2\,HO-\underset{\displaystyle\ }{\overset{\displaystyle CH_3}{\underset{|}{\overset{|}{C}}}}H-\overset{\displaystyle O}{\overset{\|}{C}}-OH \xrightarrow[250℃]{(Sb_2O_3)} CH_3-CH\begin{matrix}\diagup O-C(=O)\diagdown \\ \diagdown C(=O)-O\diagup\end{matrix}CH-CH_3$$

L-乳酸　　　L-乳酸のラクチド

$$\frac{n}{2}\;CH_3-CH\begin{matrix}\diagup O-C(=O)\diagdown \\ \diagdown C(=O)-O\diagup\end{matrix}CH-CH_3 \xrightarrow[開環重合]{(Sn^{2+})} \left[O-\overset{\displaystyle CH_3}{\overset{|}{C}}H-\overset{\displaystyle O}{\overset{\|}{C}}\right]_n$$

L-乳酸のラクチド　　　ポリ-L-乳酸

補足❺　広義には，ヒドロキシ酸が分子間で脱水縮合してできた環状エステルを**ラクチド**というが，狭義には，乳酸2分子間の脱水縮合で得られた環状ジエステルをさす場合もある。

►ポリグリコール酸からつくられた外科手術用の縫合糸は，一般のポリエチレンテレフタラート製の縫合糸とほぼ同程度の強度をもち，傷口が癒合した後，約2〜4か月で体内に吸収・分解され，抜糸の必要がないので，広く利用されている。

L-乳酸とグリコール酸の共重合体(poly lactic glycolic acid，略称 PLGA)は，L-乳酸とグリコール酸の組成比を変えることにより，その強度や生分解速度を調節することができる❻ので，外科手術用の縫合糸のほか，骨折治療用の骨の接合剤，歯周組織の再生膜，創傷被覆材，薬物送達システムにおける薬剤の放出制御材料などに利用される。

$$n\,HO-\overset{\displaystyle O}{\overset{\|}{C}}-\underset{\displaystyle CH_3}{\underset{|}{\overset{\displaystyle H}{\overset{|}{C}}}}-OH + n\,HO-\overset{\displaystyle O}{\overset{\|}{C}}-\underset{\displaystyle H}{\underset{|}{\overset{\displaystyle H}{\overset{|}{C}}}}-OH \xrightarrow{共重合} \left[\overset{\displaystyle O}{\overset{\|}{C}}-\underset{\displaystyle CH_3}{\underset{|}{\overset{\displaystyle H}{\overset{|}{C}}}}-O-\overset{\displaystyle O}{\overset{\|}{C}}-\underset{\displaystyle H}{\underset{|}{\overset{\displaystyle H}{\overset{|}{C}}}}-O\right]_n$$

L-乳酸　　　グリコール酸　　　（物質量比 1：1 のものを示す）

補足❻　L-乳酸の割合を高めた PLGA では，強度は大きくなる一方，柔軟性は減少する。一方，グリコール酸の割合を高めた PLGA では，強度は小さくなるが，柔軟性は増加する。

	軟化点(℃)	強度(MPa)	質量損失*(月)
PLGA(乳酸 85：グリコール酸 15)	55	65	12〜18
PLGA(乳酸 10：グリコール酸 90)	40	45	3〜4

*完全に分解されるのに要する月数

5 耐熱性高分子

テトラカルボン酸の無水物と芳香族ジアミンから合成される芳香族のポリイミド樹脂は，約500℃の高温にも耐える。このような高分子を**耐熱性高分子**という❼。

$$n\ \text{(ピロメリト酸無水物)} + n\ H_2N-C_6H_4-NH_2\ \text{(}p\text{-フェニレンジアミン)} \xrightarrow{\text{加熱}} \text{ポリイミド} + 2n\ H_2O$$

ピロメリト酸無水物　*p*-フェニレンジアミン　ポリイミド

補足❼　主鎖中にイミド結合 -CONCO- をもつ高分子を**ポリイミド**といい，耐熱性・耐寒性・耐薬品性が高く，宇宙，航空，原子力分野，およびコンピューターの基板などに用いられる。

6　導電性高分子

アセチレンをチーグラー触媒 (p. 866) を用いて付加重合すると，黒色粉末状のポリアセチレンを生成する。ポリアセチレンには**共役二重結合** (p. 861) を含み，わずかに電導性を示す。これでは電導性が十分ではないので，ポリアセチレンの薄膜に少量のヨウ素などを添加(ドーピング)すると，金属並みの電導性を示す。このような高分子を**導電性高分子**という❽。

詳説❽　1967 年，日本の**白川英樹**は，高濃度の有機金属化合物(チーグラー触媒)の溶液にアセチレンガスを通じると，溶液の表面に金属光沢をもつポリアセチレンの薄膜が生成することを発見した。ポリアセチレンには，シス形とトランス形の異性体が存在するが，低温(−78℃)で重合させるとすべてシス形，高温 (60℃～) で重合させると，すべてトランス形ができる。なお，シス形は不安定で熱処理すると，異性化してトランス形に変化する。電気伝導度は，トランス形(約 10^{-4} /Ω･cm)のほうがシス形(約 10^{-9} /Ω･cm)よりも大きいが，それでも半導体並みの電導性しか示さない。そこで，トランス形のポリアセチレンの薄膜に電子吸引性の物質(I_2，Br_2，$FeCl_3$ など，**アクセプター**という)，または電子供与性の物質(Na，K，Li など，**ドナー**という)を少量ドーピングすると，電導性は金属並みの値(約 10^3 /Ω･cm)まで上昇する。

シス形　**ポリアセチレン**　トランス形

►ポリアセチレンは，空気中では徐々に分子中の C=C 結合が酸化・切断され，その電導性を失うという欠点がある。そこで，ベンゼン環などの環状の構造をもち，酸化されにくい導電性高分子が開発され，携帯電話やノートパソコンの二次電池，コンデンサー，タッチパネル，有機 EL などの電子部品にも広く利用されている。

ポリパラフェニレン　ポリアニリン　ポリアセン

参考　ポリアセチレンの化学ドーピングのしくみ

トランス形のポリアセチレンには，二重結合が右肩上りの A 相と右肩下りの B 相があり，両者はエネルギー的に全く等しいが，A 相と B 相の境界部には反応性の高い不対電子を生じる。このため，ポリアセチレンの薄膜にアクセプターを加えると，この不対電子が引き抜かれ，正の荷電担体(正孔)が生じ，ドナーを加えると，不対電子の部分が負の荷電粒子(電子対)となり，これらの移動によって電導性が向上する。

SCIENCE BOX　生分解性高分子の種類

生分解性高分子には，生分解の仕方によって次の２種類がある。
(1) 酵素によって分解が進む**酵素分解型**と，
(2) 環境中の水との接触によって分解が進む**自然分解型**がある。その生分解速度は，(2)よりも(1)のほうが圧倒的に大きい。

生分解性プラスチックとして利用されるものは，土壌中や水中の微生物のもつ酵素により分解される酵素分解型が適している。使用中には分解されず，環境中に放棄された時点で速やかに分解することが望まれるからである。これには，炭素数が4〜5のヒドロキシ酸を単位とする脂肪族ポリエステルがよく使われる。

$$\left[O-CH(CH_3)-CH_2-C(=O) \right]_n \qquad \left[O-CH_2-CH_2-CH_2-C(=O) \right]_n$$

ポリ-β-ヒドロキシ酪酸　　ポリ-γ-ヒドロキシ酪酸

生体吸収性高分子としては，自然分解型が適している。自然分解型では，体液との接触により分解が進むため，生体部位により分解速度に大きな違いは見られないからである。酵素分解型では，生体の部位により酵素の種類や存在量が違うため，分解速度が大きく異なるため適さない。

生体吸収性高分子には，α-ヒドロキシ酸*を単位とする脂肪族のポリエステルがよく使われる。

*　α-ヒドロキシ酸は，生体内の代謝機能によって最終的に CO_2 と H_2O に分解されるからである。

なお，下記の高分子の生分解速度は，側鎖の親水性が大きいほど速くなる。

$$\left[O-CH(CH_3)-C(=O) \right]_n < \left[O-CH_2-C(=O) \right]_n < \left[O-CH(CH_2OH)-C(=O) \right]_n$$

ポリ-L-乳酸　ポリグリコール酸　ポリ-L-リンゴ酸

SCIENCE BOX　ラクチドの立体異性体

D-乳酸から得られるラクチドは**D-ラクチド**，L-乳酸から得られるラクチドは**L-ラクチド**で，いずれも融点は95℃である。一方，D, L-乳酸（ラセミ体）から得られるラクチドのうち，**D, L-ラクチド**（図(a)）は，融点は125℃である。これらは，分子内に対称中心・をもち，鏡像体が存在せず，分子内で旋光性が打ち消し合う光学不活性な**メソ体**となる。

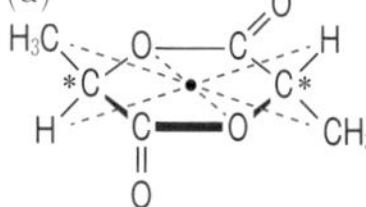

(b)

鏡

また，図(b)，(c)は互いに重ね合わせることができないので，一方をＤ型とすれば他方がＬ型となり，互いに光学活性な**鏡像異性体**である。

なお，Ｌ型のみを重合させるとポリＬ-乳酸，Ｄ型のみを重合させるとポリＤ-乳酸が得られ，立体規則性ポリマーとなる。Ｄ型，Ｌ型の立体配置の違いにより，ポリマーはそれぞれ逆回りのらせん構造をとるので，両者を混合したものは，左右のらせん構造がうまくかみ合って耐熱性のある樹脂となる。一方，Ｄ型，Ｌ型をランダムに重合させるとポリＤ,Ｌ-乳酸が得られるが，結晶性が低く，実用的な樹脂とはならない。

また，生体吸収性高分子として利用する医療材料としては，立体規則性のあるポリL-乳酸のみを用いなければならない。これは，ヒトの体内では，L-乳酸のほうが加水分解されやすいからである。

SCIENCE BOX 生分解性高分子の加水分解（0次反応）

代表的な生分解性高分子である乳酸とグリコール酸の3：1(物質量比) の共重合体を，一定温度下で加水分解させた場合，その濃度変化は下表のようになった。

日	0	2	5	8	13
c〔$\times10^{-4}$ mol/L〕	8.40	7.90	7.15	6.40	5.15
$\bar{v}$〔$\times10^{-4}$ mol/(L・日)〕		0.25	0.25	0.25	0.25

各時間間隔における平均の反応速度が一定になったことから，この反応は反応物の濃度によらない **0 次反応**[*1] と判断できる。

＊1 通常のエステルの加水分解反応は，エステルに対して水が多量に存在するので，$v=k$[エステル]で表される**擬一次反応**である。

反応物 A の濃度を［A］，速度定数を k とおくと，0 次反応の反応速度式は，

$v=-\frac{d[\mathrm{A}]}{dt}=k$ と表され，これを積分すると，

$[\mathrm{A}]=-kt+\mathrm{C}$ （C：積分定数）

初期条件として，$t=0$ のとき A の初濃度を$[\mathrm{A}]_0$とすると，

$$\mathbf{[A]=-}\boldsymbol{kt}\mathbf{+[A]_0}$$

$$\therefore\ k=\frac{[\mathrm{A}]_0-[\mathrm{A}]}{t}=\frac{(8.4-7.9)\times10^{-4}}{2-0}$$

$$=2.5\times10^{-5}〔\mathrm{mol/(L\cdot 日)}〕$$

［A］が$[\mathrm{A}]_0$の 1/2 になる時間 $t_{1/2}$(半減期)は，$t_{1/2}=\frac{[\mathrm{A}]_0}{2k}$[*2]$=\frac{8.40\times10^{-4}}{2\times2.5\times10^{-5}}≒17$ 日

＊2 したがって，0 次反応の半減期は，反応物の初濃度だけで決まることがわかる。

SCIENCE BOX プラスチックのリサイクル

プラスチックは安定で分解されにくいため，長く自然界に残留する。この廃棄プラスチックは焼却処分されることが多く，リサイクルされる割合は高くない。そこで，プラスチック製品に，次の 6 種類の**リサイクルマーク**をつけ，リサイクルの効率化と周知の徹底を図っている*。

ポリエチレンテレフタラート

PET

高密度ポリエチレン

HDPE

ポリ塩化ビニル 3 PVC

低密度ポリエチレン 4 LDPE

ポリプロピレン 5 PP

ポリスチレン 6 PS

プラスチックのリサイクルマーク

番号	略号	密度〔g/cm³〕	燃焼性
1	PET	1.38～1.39	燃えにくい
2	HDPE	0.94～0.97	燃えやすい
3	PVC	1.35～1.55	自己消火
4	LDPE	0.92～0.93	燃えやすい
5	PP	0.90～0.91	燃えやすい
6	PS	1.04～1.07	ゆっくり燃える

＊ 水に浮くのは，塩素を含まないポリエチレンやポリプロピレンなどである。また，ポリスチレンは水に沈むが，飽和食塩水（密度 1.2 g/cm^2）には浮く。一方，ポリ塩化ビニルやポリエチレンテレフタラートは密度が大きく，飽和食塩水に沈む。前者は，塩素を含むので，バイルシュタイン反応(p. 573)を示す。

たとえば，廃プラスチックのリサイクル技術には，次のような方法がある。

(1) **マテリアル(材料)リサイクル**

原料を融解するなどして再利用する。再生加工品にしたり，再生加工原料にする。

(2) **ケミカル(化学)リサイクル**

原料に熱や圧力を加えて元の単量体や低分子に戻し，それから新しい樹脂をつくる。

(3) **サーマル(熱)リサイクル**

焼却の際に発生した熱を有効に利用する。ゴミ発電，冷暖房，温水プールなどに利用するほか，原料を石油に戻したり(**油化**)，圧縮して固形燃料 (RDF) にしたり，ガス化したりして，それぞれ燃料として利用する。

索引

（人名については**太字**で示す）

[ア]

[イ]

[キ]

[サ]

[シ]

［ス］

［セ］

［ソ］

［ト］

［ナ］

［ニ］

[ヘ]

[ホ]

[ル]

[レ]

[ロ]

[ワ]

[A−Z]

[0−9]

[α−ω]

装丁　(株)志岐デザイン事務所（岡崎善保）
組版　株式会社シーアンドシー
図表作成　中央印刷株式会社
　　　　　(株)日本グラフィックス
　　　　　株式会社シーアンドシー

理系大学受験
化学の新研究 第3版

2023年 3 月10日　第 1 刷発行

著　者　卜部吉庸
発行者　株式会社　三省堂
　　　　代表者　瀧本多加志
印刷者　三省堂印刷株式会社
発行所　株式会社　三省堂

〒102-8371　東京都千代田区麴町五丁目7番地2
電話　(03)3230-9411
https://www.sanseido.co.jp/

〈3版化学の新研究・896 pp.〉

落丁本・乱丁本はお取り替えいたします。ISBN 978-4-385-26094-5

元素の周期表 その2

例

	H 0.88 1s −1, ① 1312 2.2 0.00	
元素記号	H	地殻での元素の質量百分率〔%〕（クラーク数）
電子配置	1s	
化合物中の酸化数（○は重要なもの）	−1, ①	
	1312	第一イオン化エネルギー〔kJ/mol〕
電気陰性度（ポーリングの値）	2.2 0.00	標準電極電位〔V〕（水溶液中）（ ）は電極反応の価数

$$E^{n+} + ne^- \rightleftarrows E$$
$$E + ne^- \rightleftarrows E^{n-}$$
（右向きが還元反応）

周期＼族	1	2	3	4	5	6	7	8	9
1	H 0.88 1s −1, ① 1312 2.2 0.00								
2	Li 6×10^{-3} 〔He〕$2s^1$ ① 520 1.0 −3.04	Be 5×10^{-4} 〔He〕$2s^2$ ② 899 1.6 −1.97							
3	Na 2.64 〔Ne〕$3s^1$ ① 496 0.9 −2.71	Mg 1.94 〔Ne〕$3s^2$ ② 738 1.3 −2.36							
4	K 2.4 〔Ar〕$4s^1$ ① 419 0.8 −2.93	Ca 3.39 〔Ar〕$4s^2$ ② 590 1.0 −2.84	Sc 5×10^{-4} 〔Ar〕$3d^14s^2$ ③ 631 1.4 −2.03(3)	Ti 0.41 〔Ar〕$3d^24s^2$ 3, ④ 658 1.5 −1.63(2)	V 0.01 〔Ar〕$3d^34s^2$ 3, ⑤ 650 1.6 −1.13(2)	Cr 0.02 〔Ar〕$3d^54s^1$ 2, ③, 6 653 1.7 −0.74(3)	Mn 0.09 〔Ar〕$3d^54s^2$ ②, 3, 4, 6, 7 717 1.6 −1.18(2)	Fe 4.7 〔Ar〕$3d^64s^2$ 2, ③ 759 1.8 −0.44(2)	Co 4×10 〔Ar〕$3d^74s^2$ ②, 3 759 1.9 −0.28(2
5	Rb 0.03 〔Kr〕$5s^1$ ① 403 0.8 −2.92	Sr 0.01 〔Kr〕$5s^2$ ② 549 1.0 −2.89	Y 3×10^{-3} 〔Kr〕$4d^15s^2$ ③ 616 1.2 −2.37(3)	Zr 0.02 〔Kr〕$4d^25s^2$ ④ 660 1.3 −1.55(4)	Nb 2×10^{-3} 〔Kr〕$4d^45s^1$ 3, ⑤ 664 1.6 −1.10(3)	Mo 1×10^{-3} 〔Kr〕$4d^55s^1$ 3, 4, ⑥ 685 2.2 −0.20(3)	Tc 5×10^{-16} 〔Kr〕$4d^65s^1$ 6, ⑦ 702 1.9 +0.40(2)	Ru 2×10^{-6} 〔Kr〕$4d^75s^1$ ③, ④, 6, 8 711 2.2 +0.46(2)	Rh 1×10 〔Kr〕$4d^85s^1$ ①, ③, 4, 720 2.3 +0.76(3
6	Cs 6×10^{-4} 〔Xe〕$6s^1$ ① 376 0.8 −2.92	Ba 3×10^{-2} 〔Xe〕$6s^2$ ② 503 0.9 −2.92	La~Lu ランタノイド	Hf 4×10^{-4} 〔Xe〕$4f^{14}5d^26s^2$ ④ 654 1.3 −1.51(4)	Ta 8×10^{-4} 〔Xe〕$4f^{14}5d^36s^2$ ⑤ 714 1.5 −0.75(5)	W 6×10^{-3} 〔Xe〕$4f^{14}5d^46s^2$ 2, 3, 4, 5, ⑥ 733 2.4 −0.09(4)	Re 1×10^{-7} 〔Xe〕$4f^{14}5d^56s^2$ 2, 4, 6, ⑦ 749 1.9 −0.25(4)	Os 1×10^{-6} 〔Xe〕$4f^{14}5d^66s^2$ 2, 3, ④, 6, 8 799 2.2 +0.85(8)	Ir 1×10 〔Xe〕$4f^{14}5d^76$ ①, 2, 3, ④, 870 2.2 +1.16(3
7	Fr 1×10^{-21} 〔Rn〕$7s^1$ ① — 0.7 —	Ra 1×10^{-10} 〔Rn〕$7s^2$ ② 509 0.9 −2.92	Ac~Lr アクチノイド	Rf 〔Rn〕$5f^{14}$ $6d^27s^2$	Db 〔Rn〕$5f^{14}$ $6d^37s^2$	Sg 〔Rn〕$5f^{14}$ $6d^47s^2$	Bh 〔Rn〕$5f^{14}$ $6d^57s^2$	Hs 〔Rn〕$5f^{14}$ $6d^67s^2$	Mt 〔Rn〕$5f^{14}$ $6d^77s^2$